新版
ファッション大辞典
THE
FASHION
LOGOS

吉村 誠一

はじめに

　本書はファッションにかかわる用語を基本的なものから最新語まで収録した、まさしく最新のファッション用語辞典である。ファッション全般とファッションビジネス関係の用語、およびファッションに関連する現代用語や若者用語に加え、今回は新たにインテリア・デザイン関係の基礎的な用語も収集した。

　結果、１万6500余という膨大な収録語数となってしまったが、これはけっして他の追随を許すものではないと自負している。また収録語数のみならず、他にない大きな特徴のひとつは、ファッションビジネス用語の周辺や若者用語、風俗用語も細大漏らさず収録することに力を注いでいる。

　よく「ファッションは時代を映す鏡」ともいわれ、故にライフスタイルの反映にほかならないとすれば、その時代のあり様や空気から生まれた言葉はファッションと密接にかかわっているもの。「ファッション用語辞典」に収録される所以である。

　執筆・編集にあたってはできるだけ学生などのファッションビギナーにも利用しやすい辞典になることを心がけた。得てして辞書の類は親しげのない解説文となる傾向にあるが、本書は引きやすくはもちろんだが、用語の意味や解説もわかりやすく、読み物としても「面白い本」、そんな用語辞典があってもよいのではないか。そう思っていただけるなら、これに優る喜びはない。

　とかくファッション関係の言葉の世界は面白い。私の好奇心の続く限り、最新ファッション用語およびその関連用語渉猟の旅は終わらないのである。

2019年3月　吉村　誠一

ファッション全般

あ

カーの特許商品とされる。

イヤーバンド⇒バグドレイユ

イヤーピース⇒テンプル

イヤーフック [ear hook] 耳に掛けるものの意で、耳の後ろに掛けて装着するようにしたアクセサリーの一種。イヤーカフとも呼ばれ、大振りで華やかなところに特徴がある。単体で発売されることが多く、一般に片側だけに用いられる。

イヤーフラップ⇒ディアストーカー

イヤーボタン⇒ボタンイヤリング

イヤーマッフル⇒イヤーマフ

イヤーマフ [ear muff]「耳を温めるもの」という意味で、防寒用の耳当ての一種をいう。毛皮やフェイクファー*で作られ、ヘッドフォン型となったものが多い。耳を帽子のように覆うところからイヤーキャップ [ear cap]、また耳を覆うという意味からイヤーマッフル [ear muffle] などと呼ばれることもある。イヤーウオーマー [ear warmer] とかイヤーマフラー [ear muffler] の別称もある。

イヤーマフラー⇒イヤーマフ

イヤールーブス [ear loops] 耳に付ける輪という意味で、耳たぶではなく耳の内側に装着する形になった耳飾りの一種。

イヤリング [earring] イアリングとも。「耳飾り」の総称で、耳たぶに穴を開けて用いるピアス式のものと、耳たぶに挟んで用いるスクリュー式の2タイプに大別され、さらにクリップ型やネジ型などさまざまな留め方がある。古来、顔の飾り物として用いられ、そのデザインには多彩なものがある。フランス語ではブクル [boucle 仏] などと呼ばれる。

イリジアン [elysian] フランスを原産地とする紡毛地で、波状に表れた毛羽を特徴とする。

イリデセント⇒シャンジャン

イリュージョン・ネックライン [illusion neckline] イリュージョンは「幻想、思い違い」また「幻覚、錯覚」の意。肩、デコルテ（胸の開き）、背中を透明度の高いレースで覆って、そこにほどこした刺繍や宝飾品などが素肌の上に置かれているかのように見えるデザイン。首周りの服と肌の境目が分かりにくいことから、このような名が付いたもの。露出感は増すが、実際的な肌の露出は多くないところから、大胆に胸元や背中の開いたドレスを好まない日本人の女性には向くとされる。

イリュージョンヘアバンド⇒フェミニンコーム

イレギュラーストライプ⇒ランダムストライプ

イレギュラーヘムライン [irregular hemline] 不揃いの裾線。均一の形ではなく、ギザギザになったり花弁状になったり、片側に寄っているようなデザインの裾線を総称し、アンイーブンヘムライン [un-even hemline] とも呼ばれる。ハンカチーフヘム*などに代表される。

色足 [いろあし] ストッキングを穿かない「生足（なまあし）」に対して、ベージュ色や明るい蛍光色などの色使いのストッキングを用いる若い女性たちの流行を指す。2012年春ごろからこうした傾向が復活して、このような名称で呼ばれるようになっている。

色石 [いろいし] 天然に産する宝石の総称で、ダイヤモンド以外の天然宝石をいう。英語ではカラードストーンと呼ばれ、オニキス（縞めのう、黒めのう）やヘマタイト（鏡鉄鉱）、サファイヤ、ルビー、エメラルドなどに代表される。

色ブレ⇒紺ブレ

イン・アンド・アウター [in-and-outer] 裾が水平にカットされ短いサイドスリットが入った、多くは半袖のシャツで、パン

ファッション全般

ツの外に出しても中に入れても着用可能であるところから、このように呼ばれるアウターシャツの一種。別にイン・オア・アウトシャツ［in or out shirt］とも呼ばれる。

イン・オア・アウトシャツ⇒イン・アンド・アウター

インクジェットプリント［ink jet print］インクを噴射させることで布地に模様を表現するプリント法、またそうして作られたプリント柄を指す。

イングリッシュ・グルカショーツ⇒グルカショーツ

イングリッシュ・スプレッドカラー［English spread collar］「英国の広幅襟」の意で、ドレスシャツに見るセミワイドスプレッドカラーのこと。最も英国らしい気品を漂わせるシャツ襟であることからこのように呼ばれる。レギュラーカラー（75〜90度程度）よりやや広い100度くらいの開きを持ち、フランス風のワイドスプレッドカラー（100〜140度程度）に次ぐ広さを持つ。衿羽も襟足も大き目となっているのが特徴で、オーソドックスな英国型スーツによく合うとされる。

イングリッシュドレープ［English drape］1930年代にロンドンに登場したスーツの新スタイルを指す。ドレープは肩から胸や背にかけて表れる優美な布のたるみをいったもので、きわめて広い肩幅と胸から胴にかけてのゆったりとしたシルエット、同様にゆったりとしたパンツの男性的な雰囲気を特徴とする。元は1928年頃、ロンドン、ヘドン通りのテーラー〈ショルテ〉によって考案されたものとされ、30年代に英国で流行、32年に至って初めてアメリカに紹介され、このような名称が付けられた。別にイングリッシュブレード［English blade］とかロンドンカット［London cut］などとも呼ばれる。ここ

でのブレードは「肩胛骨」の意味。

イングリッシュブレード⇒イングリッシュドレープ

インサイドアウト［inside out］「裏返しに、引っくり返して」という意味。服をわざと裏返しにして着るという新しい着こなし方のひとつ。また、わざと裏地を見せるようにデザインされた衣服のこともいう。

インサイドスリーブ［inside sleeve］ツーピーススリーブ＊（二枚袖）で、内側の部分をいう。「内袖」と呼ばれ、「下袖」ともいう。

インサイドポケット［inside pocket］衣服の内側に付くポケットの総称。インナーポケット［inner pocket］ともいい、「内ポケット」とか「内隠し」の俗称もある。

インジェクションモールドプロセス［in-jection molded process］製靴法のひとつで、略して「INJ製法」とも呼ばれる。「射出成型式」と訳され、吊り込み済みのアッパー＊を金型にあらかじめセットしておき、加熱すると軟化する塩化ビニールなどの合成樹脂剤をすき間なく注入し、一気に本底を形作ってアッパーと接着させる方法を指す。生産時間が早く、コストも安価なことから、ケミカルシューズ＊やスポーツシューズなどに多く用いられている。

インシグニア⇒エンブレム

インシュレーション［insulation］「詰め物」の意で、特に羽毛衣料やシュラフ（シュラーフザック Schlafsack 独／寝袋）などに用いる断熱保温材としてのものを指す。ポリエステルのファイバーフィル＊やシンサレート＊といった新しい化学素材が代表的。

インシュレーテッドウエア［insulated wear］インシュレートは「隔離する、絶縁する」という意味で、ダウン（羽毛）やポリエ

60

〈凡例〉

◆本書は〈1〉ファッション全般、〈2〉ファッションビジネス関連、〈3〉インテリア・デザイン関連、〈4〉ファッション関連現代風俗（現代用語系と若者用語系）、（5）ファッション関連欧文略語の5分類で構成されている。

◆見出し語の配列は各分類ごとに五十音順としている。長音（ー）は前音の重なりとみなし、カーはカア、シーはシイと解釈する。

◆アルファベット略語には、純然たるアルファベットの略語だけでなく、「Aシャツ」のようにアルファベットで始まる用語すべてをここに収録している。

◆各用語の外国語表記は、英語の「小文字」を原則とし、英語以外の語は次の略を付記している。
　（仏）→フランス語　（伊）→イタリア語　（西）→スペイン語　（独）→ドイツ語　（羅）→ラテン語
　その他は（ポルトガル）のように示し、また固有名詞の頭は「大文字」で表す。

◆参照語は本文中に「*」で示す。

◆見出し語のあとの「⇒」は、そのあとの語のなかに説明があることを示す。

〈目　次〉

はじめに

〈凡例〉

ファッション全般 ……………………………………… 1

- ●「あ」行　2
- ●「か」行　129
- ●「さ」行　255
- ●「た」行　423
- ●「な」行　533
- ●「は」行　567
- ●「ま」行　807
- ●「や」行　869
- ●「ら」行　879
- ●「わ」行　953

ファッションビジネス ……………………………… 963

- ●マーケティング＆マーチャンダイジング　964
- ●ファッション産業（構造・企業／生産系）　983
- ●ファッション産業（小売関係）　997
- ●ファッションイベント情報　1023
- ●ファッションスペシャリスト　1033
- ●ブランド　1055
- ●その他の関係用語　1065

インテリア・デザイン ……………………………………… 1087

現代・若者用語 …………………………………………… 1135

ファッション関連欧文略語………………………………… 1185

ファッション全般

ファッション全般

あ

アーカイブドレス［archive dress］アーカイブは記録や公文書の保管所または公文書館といった意味だが、最近では多く「保存記録」といった意味で用いられる。過去に発表されたオートクチュールの作品などを復刻させたドレスをこう呼び、なかには当時と同じ工房などで作られるものもあるという。バレンシアガのドレスなどファンからの要望で、最近こうしたドレスに注目が集まっている。

アーガイル［argyle］一般に「ダイヤ柄」と呼ばれる菱形の連続したチェック模様。英国の代表的なニット柄として知られる。アーガイルチェック［argyle check］とも呼ばれ、アーガイルはスコットランド西部の地名を指す。より正確にはアーガイルプラッド［argyle plaid］という。

アーガイルセーター［argyle sweater］一般に「ダイヤ柄」と呼ばれる菱形のチェック模様であるアーガイルを特徴としたセーター。英国を代表する伝統的なセーターのひとつで、アイビールックの主要アイテムともされる。アーガイルはスコットランド西部の地名に由来する。

アーガイルチェック⇒アーガイル

アーガイルプラッド⇒アーガイル

アーキテクチャーシェイプ⇒ジオメトリックライン

アーキテクチャーネックレス⇒スカルプチャーネックレス

アーキテクチャーヒール［architecture heel］アーキテクチャーは「建築学、建築術」という意味で、建築学的な観点からデザインされたヒールといったほどの意味。2008〜09年秋冬デザイナーコレクションの「アーキテクチャー＆スカルプチャー」と呼ばれるファッショントレンドから登場したもののひとつで、建造物を作るように四角いフォルムを組み合

わせる感じのものが多く見られる。メカニックヒール［mechanic heel］と呼ばれることもあり、足元をシャープに見せる効果があるとされる。

アーキテクチャーライン⇒ジオメトリックライン

アーキュエットステッチ［arcuate stitch］ジーンズのバックポケット（ヒップポケット）に飾られるステッチワークのひとつで、弓を引く形をした二重ステッチのこと。これは『リーバイ・ストラウス』社（以下『リーバイ』社と略）、のジーンズに特有のデザインとされるもので、ロッキー・マウンテン・イーグルの翼の形を表したとされるが、本来は裏に付く毛布などの補強布を縫い付けるために考案されたもので、単なる飾りとは異なる。なおジーンズのバックポケットに付くステッチワークは、そのジーンズのシンボル的な役割を果たし、それを見ただけでどこのものかが即座に分かる仕掛けとなっている。

アークエンジェルスリーブ［archangel sleeve］アークエンジェルは「大天使、天使長」の意で、そうしたものの絵に見るように肩口から肩先を立たせ、天使の羽のように見立てた袖を指す。

アークティックパーカ［Arctic parka］アークティック（アークティックとも）は「北極」の意で、北極でも着られるようなというところから命名された保温性抜群のパーカ。本来はアメリカのアウトドアウエアメーカー『ウールリッチ』社の商品名で、イタリアのサッカーチーム〈ＡＣミラン〉がベンチウオーマーとして着用したところから一躍知られるようになったもの。最近のアウトドアウエアには、このように特定のメーカーの商品名がそのまま一般化する傾向が目立つようになっている。

ファッション全般

あ

アークティックブーツ⇒バニーブーツ

アークパンツ [arc pants] アークは「弧、円弧、弓形」の意で、膝のところが「くの字」形に曲がった形にデザインされたパンツを指す。人間本来の動きやすさを追求してデザインされたもので、オランダのジーンズブランド "ジースター" の立体裁断ジーンズのひとつとして知られる。

アースカラー [earth color] 「地球の色」の意。1970年代にエコロジー運動の一環として提唱されたころは、地球の大地をイメージする茶系の土の色が代表的とされたが、現在ではエコロジーカラー*やナチュラルカラー*と同義に扱われるようになっている。基本的に自然環境に見る色調を総称する。アーストーン [earth tone] とも。

アースシューズ [earth shoes] スウェーデンのアン・カルソー女史によって考案され、1970年代に一世を風靡した靴の名称。かかとが低く爪先が高くなるという、一般の靴とは逆の靴底となっているのが最大の特徴で、これを履くと背骨が伸びて健康になるという機能をもつとされた。当時のエコロジー運動の影響で、このような「地球靴」という名が付けられたもの。

アーストーン⇒アースカラー

アースレザー [earth leather] 白かベージュのステアハイド（成牛革）を100%植物のタンニンでなめしたヌメ革（素染め仕上げ）の一種。経年変化で「飴色」に変色していくのが特徴とされる。

アーチカラー⇒アーチトカラー

アーチトカラー [arched collar] アーチ（門）型に曲線を描いて開いたシャツ襟型。比較的硬めに仕上げられたものが多いのが特徴とされる。アーチカラーとも。

アーチライン [arch line] 靴の部分名称で、かかとから土踏まずまでを支えているアーチ（弓形）の部分をいう。

アーチレッグタイプ⇒スクエアレッグタイプ

アーチ眉 [arch＋まゆ] アーチ（弓形）を描いたように丸みを帯びた眉の形。自然な感じが特徴だが、よく手入れされている点にも特徴がある。細め、長め、太めなどとその形にもさまざまなものがあり、2006年初頭から人気の眉形となっている。女性の眉の形は、1980～90年代前半の「太眉」から、90年代後半の「細眉」、2000年ごろからの「角眉」と変化しながら、今日のアーチ眉に至っている。いずれもその当時のファッション傾向を反映しているとされる。

アーツ・アンド・クラフツ・ムーブメント [arts and crafts movement] 「アーツ・アンド・クラフツ運動」と訳される。19世紀後半の英国において、ウイリアム・モリスらを中心に興った「美術工芸運動」のこと。当時台頭してきた機械による大量生産の方向に反対して、手仕事を重視し、工芸を芸術にまで高めようとした芸術家たちの運動の総体を指す。後のアールヌーボー*につながる芸術・デザイン上の大きな動き。

アーティーヒール [arty heel] アーティーは「芸術家気取りの、芸術品まがいの」という意味で、過剰なデザインでやり過ぎの感がある靴のヒールのデザインをいったもの。最近のデコラティブデザインの傾向を揶揄していう表現。

アーティスティックメイクアップ [artistic make-up] 芸術的な化粧法の意。顔や体をキャンバス（画布）に見立てて、自由な感覚でメイクアップを施すもので、タトゥー（入れ墨）的なものやボディーペインティングなどさまざまな表現方法がある。

ファッション全般

あ

アーティストTシャツ [artist T-shirt] 人気アーティストの顔などをプリントしたTシャツ。特にレイバー系などと呼ばれるディスコ好きの若者たちの間から生まれたものに人気があり、ここでのアーティストにはDJやダンサーといった人たちも含まれる。またアートTシャツ [art T-shirt] といえば、アーティストによるメッセージTシャツ*を意味することがある。

アーティフィシャル・レザー [artificial leather] アーティフィシャルは「人工の、人為的な」の意で、つまりは「人工皮革」のこと。超極細の合繊で作られた特殊な不織布などにポリウレタン樹脂を含ませ、天然皮革のような高収縮、微多孔性の構造体にしたものを指す。この意味で、一般的な織物や編物にコーティングした「合成皮革（合皮）」と区別される。フェイクレザーと呼ばれる他、ハイテクレザーの呼称もある。

アートインスパイヤ柄 [art inspire ＋がら] さまざまなアート（芸術）作品にインスピレーションを得てデザインされた柄という意味。インスパイヤ（インスパイアとも）は「奮い立たせる、呼び起こす、霊感を与える、原動力になる」といった意味で、有名な絵画などに触発された柄模様を総称する。

アートクロス [art cloth] 日本の「風呂敷」をいう現代的なネーミングのひとつ。アートラッピングクロス [art wrapping cloth] とも呼ばれるが、最近は現代的な感覚でデザインされ、従来の風呂敷とは違って、スカーフやターバン、ベルトなどとしても使えるようにしたものも多い。

アートストッキング [art stocking] 美術的な感覚のプリント模様や複雑な編み柄、刺繍などを駆使してデザインされたスト

ッキングを総称する。普通のストッキングよりもやや厚手の生地が用いられ、1960年代のミニスカートの流行とともに登場し、繰り返し流行線上に現れている。俗に柄ストッキング [がら＋stocking] と呼ばれる。

アートタイツ [art tights] プリント柄などの模様をあしらったタイツの総称。アートストッキング（柄ストッキング）のタイツ版で、一般に「柄タイツ」とも呼ばれる。これのレギンス版は「柄レギンス」となる。

アートタトゥー⇒フェイクタトゥー

アートTシャツ⇒アーティストTシャツ

アートテキスタイル [art textile] 美術的な感覚でデザインされた生地の総称。アートファブリック [art fabric] とも呼ばれ、通常のものとはひと味違った糸使いや織り、編みの変化、また後加工の工夫などで、素材の持つ楽しさや面白さを表現しようとするところに狙いがある。

アートパターン [art pattern] あらゆるアート（美術）にモチーフを得て表現される柄デザインの総称。また絵画的なイメージの柄表現を指す。

アートピケ⇒ピケ

アートファッション⇒アートモード

アートファブリック⇒アートテキスタイル

アートメイキング⇒アートメイク

アートメイク [art make] アートメイキング [art making] とも。化粧と入れ墨の要素を取り入れて、洗顔しても落ちない半永久的なメイクを特徴とする化粧法のこと。具体的には眉、目の際、唇などに専用の針で色素を入れ込んでメイクをしたように見せる方法を指す。長持ちするというところから、アメリカではパーマネントメイクアップ [permanent make-up] と呼ばれている。

アートモード [art mode] アート（美術）、

4

ファッション全般

とりわけ20世紀のモダンアートをモチーフに展開されるファッションのさまざまな表現をいう。キュービズム（立体派）やフォービズム（野獣派）、ダダイズムなどから、その色調、柄使い、シルエット作り、アクセサリーなどのヒントを得、身近なファッションとして表現する動きを指す。アートファッションともいう。

アートラッピングクロス⇒アートクロス

アーバン・ラグジュアリー［urban luxury］「都会の贅沢」と直訳されるが、これは2016年のファッション十大ニュースのひとつに取り上げられた言葉で、ストリートとラグジュアリーのミックスによるファッション表現を意味している。2015年にデビューし、その後のファッション界を席巻しているデザイナー、デムナ・ヴァザリア（1981・3・25～　旧ソ連グルジア出身）による「ヴェトモン」や「バレンシアガ」が醸し出す雰囲気に代表されるという。英国ファッション評議会主催の「The Fashion Awards 2016」では「インターナショナル・アーバン・ラグジュアリー・ブランド」賞が新設されている。

アーバンウエア［urban wear］アーバンは「都市の、都会の、都市特有の」という意味で、街中で着る都会風に洗練された服装を指す。また「都会風の、あか抜けした、洗練された」という意味からアーベインウエア［urbane wear］という言葉もあり、両者は同義語とされる。最近アメリカのファッション業界では、ヒップホップ*調のファッションをこのように呼称する傾向も現れている。

アーバンエスニック⇒エスノシック

アーバンカジュアル⇒シティーカジュアル

アーベインウエア⇒アーバンウエア

アーマースタイル［armor style］アーマーは「鎧（よろい）、甲冑（かっちゅう）」また「防護具、防護服」の意で、鎧兜（よ

ろいかぶと）を装着したスタイルを指す。なおアーマード armored となると「武装した、装甲した」の意味になり、例えばアーマードメッシュジャケット［ar-mored mesh jacket］といったプロ用の特殊な武装服を挙げることができる。

アーマードメッシュジャケット⇒アーマースタイル

アーマーブーツ［armor boots］アーマーは「鎧（よろい）、兜（かぶと）」また「防護器官、装甲部隊」といった意味で、軍隊で用いられるような頑丈なイメージのブーツを指す。コンバットブーツ*やバトルブーツ*などと同義。

アーミーサープラス［army surplus］サープラスは「余り、過剰」という意味で、つまり「軍隊の放出品」を指す。特に軍隊での着用年限の切れた軍服を指すことが多く、これが民間に出回って一般にアーミールックとして親しまれることになる。元は米軍のものが多かったが、最近ではヨーロッパの軍物や旧日本軍の服、また自衛隊からの放出品なども見られるようになっている。

アーミージャケット［army jacket］ミリタリージャケット*の一種だが、とくに現代の各国の陸軍（アーミー）で用いられる「野戦」用のヘビーデューティーな上着を指すことが多い。アメリカ軍のM-65タイプに見るフィールドジャケット*（フィールドパーカ）にモチーフをとったものが中心となっているが、ベルト付きの立襟を特徴としたものや、大型のポケットやエポーレットを付けるなど、いかにも軍隊を感じさせるデザインが人気のもととなっている。色は軍服特有のオリーブドラブ（カーキ色）やグレーなどが多く見られる。

アーミーシャツ［army shirt］軍隊で用いるシャツの総称。特にアメリカ陸軍で使

ファッション全般

われているものを指すことが多い。パイロットシャツ*に似たデザインが特徴で、カジュアルなアウターシャツのひとつとして一般にも供されている。カーキ色のチノクロス製のものが基本とされる。

アーミースタイル⇒ミリタリースタイル

アーミーセーター [army sweater] 軍隊で使用する、カーキグリーン色を特徴としたシンプルな形のセーターを総称する。第1次大戦時にアメリカ陸軍の歩兵に支給されたのが始まりとされ、現在では小型のショールカラーを付けたUSアーミーセーター [US army sweater] などが知られる。ミリタリーセーター [military sweater] というほかソルジャーセーター [soldier sweater] (兵士のセーターの意) の名でも呼ばれる。

アーミーパーカ⇒フィールドパーカ

アーミーバッグ [army bag] 軍隊で用いるカーキグリーン色のショルダーバッグをいう俗称。ミュゼットバッグ*と同種の丈夫なバッグで、大きめのカバー(ふた)が付いた形を特徴としている。ミリタリーバッグ [military bag] ともいう。

アーミーパンツ⇒ミリタリーパンツ

アーミーファティーグシャツ⇒ファティーグシャツ

アーミーファティーグパンツ [army fatigue pants] ファティーグは軍隊における「労働、雑役」の意で、そうした目的に用いる軍隊用パンツをいう。多くはカーキ色のチノクロスで作られ、機能的なデザインが特徴。

アーミーベルト [army belt] 軍隊で用いるベルトの総称。特にアメリカ陸軍のカーキグリーンのキャンバス製布ベルトに代表され、金具を組み合わせて留めるデザインにも特徴がある。幅5センチ程度のワイドベルトとなったものが多いのも特徴のひとつで、ミリタリーベルト [mili-

tary belt] などとも呼ばれ、アメリカの兵隊が用いるGIベルト [GI belt] や、弾丸入れを模したカートリッジベルト [car-tridge belt] などもここに含まれる。

アーミーベレエ [army beret] 軍隊用のベレエ帽。フロント部分を高く盛り上げ、そこに軍隊のエンブレムなどを取り付けたデザインのものが多く見られる。各国の軍隊で用いられるほか、一般向けの帽子としても人気がある。ミリタリーベレエともいう。なお原初のベレエはバスクベレエと、それより大型のブレトンベレエの2種に分かれていたという。

アーミールック⇒ミリタリールック

アーミッシュスタイル [Amish style] アーミッシュはアンマン派の信徒で、アメリカ東部のペンシルベニア、オハイオなどに住み、18世紀そのままの生活を営んでいることで知られる。そうした人たちに見る特有の服装を指し、全身を黒っぽい簡素な宗教服で固めるのが特徴。

アーミン [ermine] イタチ科の小動物であるオコジョ(白テン、エゾイタチ)、およびその毛皮をいう。寒冷地方に分布し、冬季には黒い尾の先を除いて純白の体毛に覆われる。英国の戴冠式のガウンに用いられることでも知られる。夏季の茶褐色のものはストート [stoat] あるいはサマーアーミンと呼ばれる。

アームウオーマー [arm warmer] 「腕を温めるもの」という意味で、セーターの袖の部分だけを切り取ったような形のニットアクセサリーをいう。ノースリーブトップスと呼ばれる袖なし型のセーターなどを寒い季節にも着用する流行から、腕を温める目的で生まれたもの。さまざまな長さのものがあるが、ポイントは肩口や二の腕を見せるところにあり、手の甲が隠れるように用いるのが、今風の着こなしとされている。アームストール [arm

6

ファッション全般

stole]などさまざまな名称でも呼ばれる。

アームカバー[arm cover]「腕カバー」の意。かつては事務員などが用いた、両端をゴムで絞った「腕貫（うでぬき）」のことをいったものだが、現在では女性が日焼け防止の目的で腕にかぶせるアクセサリーの一種を指すことが多くなっている。またニットなどで作られるファンシーなアクセサリーとしての腕カバーを意味することもある。

アームサイ⇒アームホール

アームズ⇒エンブレム

アームストール⇒アームウオーマー

アームニッティング[arm knitting]編み棒を用いず、腕だけを使って編む方法。太い毛糸を腕だけでザクザクと編んでいくもので、ざっくり感と優しい風合いに富むマフラーやスヌード、ブランケットなどを作るのに適している。ヨーロッパ生まれの手法で、日本に入ってからは「腕編み」などと呼ばれて親しまれている。

アームバンド⇒アームベルト

アームベルト[arm belt]シャツガーター*の一種で、アームバンド[armband]ともいう。輪ゴム状になったものが多く、ゴム布製やバネ式の金属製のものも見られる。実用的な目的のほかクラシックスタイルを表現するアクセサリーのひとつとして用いられることもある。なおアームバンドには「腕章」の意味もある。

アームポーチ[arm pouch]正確にいうならアームパウチ。上腕部にベルトで巻き付けて留めるようにした小型のバッグ。元々はスキー用に開発されたものとされる。

アームホール[armhole]「袖刳（ぐ）り」のこと。袖を付けるための身頃の部分、およびその寸法を指す。古い用語ではアームサイ[armscye]というが、これはサイズと呼ばれる「草刈り鎌」に形が似

ているところからの名称で、このため日本のテーラーの間では「カマ」という俗称でも呼ばれる。「カマ深」などというのがその応用例。

アームレット[armlet]腕飾りの一種で、腕、特に「二の腕」と呼ばれる上膊部に飾る輪状の装身具を指す。手首に用いるブレスレットと区別する意味でこのように呼ばれるもの。

アームロング[arm long]肘の上まで覆う女性用の長い手袋の一種。多くはイブニングドレスやカクテルドレスなど夜会の装いに用いられる。フランス語ではパスクード[passe-coude]と呼ばれる。

アーモンドチップ⇒アーモンドトウ

アーモンドトウ[almond toe]アーモンドの実のように尖った形を特徴とする爪先型。アーモンドチップ[almond tip]ともいい、エレガントなイタリア靴に多く見られる。

アーユルヴェーダ[ayurveda 梵語]インドの伝承医学で、「生命工学」を意味する。近年、予防医学や健康増進の生活法として関心を集めるようになり、エステティック*にオイルマッサージなどが取り入れられるようになっている。人間の生理機能のバランスを整えて自然治癒力を高めようとするのが目的とされる。

アーリーアメリカンルック[Early American look]アーリーアメリカンは「初期アメリカ時代」という意味で、とくに19世紀前半のアメリカ開拓時代を意味することが多い。そうした時代の服装にモチーフを求めたもので、ウエスタンルック*や牧歌的な農婦スタイルなどが代表的とされる。

アーリーナインティーズ[early nineties]「1990年代初期」の意で、その当時に流行したファッションをいう。ちょうどバブルのはじけた頃の時代で、ファッショ

7

ファッション全般

ンでは過激なディスコルックがはやるとともに、渋カジに代表されるストリートカジュアルが台頭していた。その頃の流行をモチーフとして表現されるファッションのこともいう。

アールデコ ［art déco 仏］1920〜30年代の美術や建築、工芸などに見られるデザイン様式。1925年にパリで開催された「装飾美術国際展覧会」を機に広まったものとされ、アールデコはその〈art décoratif〉のタイトルからとったものという。近代的合理主義をモットーとしており、きわめて簡潔な表現にあふれ、モダンデザインの礎を築いている。ファッションに与えた影響も大きい。

アールヌーボー ［art nouveau 仏］フランス語で「新しい芸術」を意味する。1890年頃から1900年代初頭にかけて、ヨーロッパ全土に広がった美術運動およびその様式を指す。「世紀末美術」とも呼ばれ、曲線や装飾的なデザインを特徴とした退廃的な雰囲気が多く感じられる。

アイウエア ［eye wear］「目に着けるもの」の意で、サングラスの類を含んでのメガネの総称として用いられる。メガネのファッション化の傾向を受けて1970年頃から用いられるようになった比較的新しい用語。

アイクジャケット ［Ike jacket］アイゼンハワージャケット Eisenhower jacket の愛称。バトルジャケット*の一種で、オリジナルはノッチトラペルと両胸の大型パッチ＆フラップポケット、幅広のウエストバンドを特徴とする。第2次大戦時の連合軍総司令官であったドワイト・アイゼンハワーにちなんでの名称。

アイグラシーズ ［eyeglasses］メガネを指す丁寧な表現。グラシーズだけでもメガネの意味になるが、単数形で「アイグラス eyeglass となると「片メガネ」の意味

になる。

合いコート⇒トップコート

アイコンバッグ ［icon bag］そのブランドにとって象徴的な位置にあるバッグのことで、きわめて魅力的なデザイン性を盛り込んだハンドバッグを総称する。アイコンは「聖像」の意。

愛され服 ［あいされふく］男性から好感を持たれる服といった意味で、「モテ服」などが話題となった2006年ごろ、「愛され髪」などとともにもてはやされた流行語のひとつ。

愛されメイク ［あいされ＋ make「愛され顔メイク」とも。自分を可愛く幼く見せて愛されたいという男受けを狙ったメイクアップのひとつで、ピンク系の色味や透明感のあるベースメイクなどで、ふんわり、やわらかいイメージに仕上げるのが特徴とされる。お人形さんのように仕上げるドーリーメイク*などと同じで、最近では眉をハの字の形に下げて（困り眉）、困ったような顔に仕上げる「困り顔メイク」という方法も現れている。いずれも守ってあげたくなるような愛らしさを表現するのがポイントとされる。

アイシェイド⇒サンバイザー

アイシャドー ［eye shadow］「目の影」の意で、目元を強調させるために目の縁に影のように塗る化粧品の一種。

アイスクリームカラー⇒シャーベットカラー

アイスグレー ［ice gray］氷を思わせるグレー。青みがかった薄いグレー。さらに青みが増すとアイスブルーということになる

アイスセーター⇒アイスランディッシュセーター

アイスランディックセーター⇒アイスランディッシュセーター

アイスランディッシュセーター ［Icelandish sweater］アイスランド原産のフィッシャ

ファッション全般

ーマンズセーター*の一種。アイスラン
ド産の羊毛を未脱脂、未染色のまま編み
上げたもので、毛足のある柔らかな感触
が特徴とされる。アイスランドセーター
[Iceland sweater] とかアイスランディッ
クセーター [Icelandic sweater]、また単
にアイスセーター [Ice sweater] などと
も呼ばれる。

アイスランドセーター⇒アイスランディッ
シュセーター

アイデンティティーコットン [identity
cotton] オーガニックコットン*に代表
される地球環境に配慮したり、農家支援
などを考慮した観点からさまざまな基準
を設けた持続可能な綿花生産のプログラ
ムを総称する用語。オーガニックコット
ンの生産システムのほかに、フェアトレ
ードコットン、コットンメード・インア
フリカ、ベターコットン・イニシアチブ
の各活動が含まれる。

アイドル服 [idol ＋ふく] アイドルたちの
ステージ衣装としての服装。特にAKB48
に代表されるアイドルグループのそれを
指す例が多く、可愛さの極致として評価
されている。制服、ロリータ服、少女服
などと並んで、ファッションとしても確
立する存在となった。

アイパー⇒アイロンパーマ

アイパッチ⇒アイマスク

アイビーカット [Ivy cut] アイビールック
*に特有の男性の髪型。元々アメリカ東
海岸地方のアイビーリーグ校と呼ばれる
男子大学生たちに愛好されたヘアスタイ
ルで、きっちりと七三（しちさん）に分
けた清潔な印象のもの。アメリカのケネ
ディ大統領に代表される髪型であるとこ
ろから、これをケネディカット [Kennedy
cut] と呼ぶこともある。日本では1960
年代前半アイビールック大流行のとき
に、ヘアリキッドとドライヤーとともに

若者たちの風俗と化した。

アイビーキャップ [Ivy cap] ハンチング*
の一種で、レジメンタルストライプ*（英
国の連隊旗縞）を特徴としたものを指
す。アイビールック*の一環として1950
年代から60年代中期にかけて流行したも
ので、1枚天井で尾錠付きのものが多く、
小紋プリントの柄ものも見られた。英国
では単にフラットキャップ [flat cap] と
いい、ひさしの付いたフラットな帽子は
全てフラットキャップと呼ばれる。

アイビーキャンパスルック⇒アイビールッ
ク

アイビーシャツ [Ivy shirt] アイビー調の
ファッションに多く用いられるカジュア
ルな感覚のシャツで、ボタンダウンカラ
ー*を最大の特徴とする。オックスフォ
ード無地のものからギンガムチェックや
マドラスチェックなど伝統的な柄付きの
ものもあり、長袖、半袖ともに見られる。

アイビーショーツ [Ivy shorts] アイビール
ック*調のファッションによく用いられ
るショートパンツの意味で、一般にバミ
ューダショーツ*と同義とされる。時と
して尾錠付きでプレーンフロント*のア
イビーパンツのショーツ版を指すことも
ある。

アイビースーツ [Ivy suit] アイビーリーグ
モデル*のスーツを指す俗称。元々アメ
リカ東海岸のアイビーリーグの大学生や
そのOBたちによって愛好されていた伝
統的なスーツのひとつで、アメリカでは
1940年代後半から60年代初頭にかけて流
行を見た。より一般化したのは52年頃か
らとされ、日本ではアイビールック*の
大流行とともに、60年代初頭から中期に
かけて若者たちの間で人気を集めた。

アイビーストライプ [Ivy stripe] アイビー
ルック*に特有の縞柄という意味で、主
として英国のレジメンタルストライプ*

9

ファッション全般

（連隊旗縞）をモチーフとして、アメリカ東部で独自にデザインされた伝統的な色合いの縞柄を総称する。ネクタイなどに使用される赤、茶、紺といった色で構成される渋い感覚の多色縞として知られる。

アイビーストラップ⇒バックストラップ

アイビースラックス⇒パイプドステム

アイビーセーター⇒レタードカーディガン

アイビー族［Ivy＋ぞく］アイビールック*に身を固めた若い男女の群れをいう。みゆき族*と同じ頃に銀座を中心に台頭したもので、こちらはヴァンヂャケット製の正統派のアイビーファッションを着ているのが特徴とされた。みゆき族と並んで、1960年代前半を象徴する若者の動きといえる。

アイビーネック⇒クルーネック

アイビーパンツ⇒パイプドステム

アイビーフォールド⇒パフトスタイル

アイビーブレザー［Ivy blazer］アイビーリーグモデル*型のブレザー。シングル3ボタン上2個掛けのフロントデザインを特徴とする伝統的なブレザーで、1950年代の流行時には各大学のカレッジカラーやアイビーストライプと呼ばれる縞柄をのせたものなどが見られた。現在ではそうしたアイビー的な雰囲気をもつブレザーを総称する。

アイビーベルト⇒リボンベルト

アイビーリーグスタイル⇒アイビールック

アイビーリーグモデル［Ivy league model］アメリカのIACD（国際衣服デザイナー協会）が1955年に発表したスーツの流行型に付けられた名称。元々アイビーリーグ校と呼ばれるアメリカ東部の8つの私立大学の学生やそのOBたちの間で着られていた伝統的なスーツを、改めて流行型として紹介したもので、これによってアイビースーツ*が世界的に知られるようになった。トラッドスーツ*と同じく狭めのナチュラルショルダーとずん胴のシルエットを特徴とするが、フロントが、胸開きが狭くボタン間隔の広い3ボタン・シングルのスタイルになっており、これを上2つ掛けで着用するのが原則とされる。後ろ裾がセンターフックドベントという独特のデザインになっているのも、トラッドスーツとは異なるところ。

アイビーリーググルック⇒アイビールック

アイビーループ⇒ハンガーループ

アイビールック［Ivy look］アイビーリーグと呼ばれるアメリカ東海岸の有名8大私立大学のキャンパスで醸成された、伝統的な服装スタイルを基盤とするファッション表現。トラッド*＆アイビーと総称されることも多く、日本ではヴァンヂャケットの総帥であった故石津謙介氏によって紹介され、1960年代にわが国最初の若者ファッションとして大流行した。アイビーは植物の「蔦（つた）」の意味で、アイビーリーグ校の壁に生い茂った蔦から名付けられたとされる。日本ではアイビーキャンパスルック［Ivy campus look］と呼ぶこともあるが、アメリカではアイビーリーググルック［Ivy league look］、英国ではアイビーリーグスタイル［Ivy league style］と呼ばれる。現在においてもアメカジ*の定番としての人気には高いものがある。

アイプチ［Eye Putti］一重まぶたを簡単に二重まぶたにする化粧品。まぶたの上に接着剤のようなものを着けるだけで、二重まぶたを作ることができるというもので、2004年春頃から中学生から大人の女性にまで大流行するようになった。本来は『イミュ』社の登録商標で〈オペラアイプチ リキッドテープN〉〈オペラアイプチP〉などの正式名称があるが、一般にはそうした化粧品の総称として用

ファッション全般

いられている。

アイブラシ⇒アイペンシル

アイブロウトリートメント [eyebrow treatment] アイブロウは「眉、眉毛」の意で、眉の形をきれいに整える方法を指す。近年は眉の形を特に気にする傾向が強まり、各地に専門のサロンが生まれるまでになっているが、最近では男性向けのものも登場するようになって注目されている。

アイペンシル [eye pencil] 目元用化粧道具のひとつで、ペンシル（鉛筆）タイプのアイライナーのこと。アイライナーにはジェルやリキッド、パウダーなどさまざまなタイプがあるが、これはシンプルでアイラインの引き方も簡単として人気がある。ブラシ状のものはアイブラシと呼ばれ、これはアイシャドウを作るのに用いられる。

アイボタンホール [eye buttonhole] 鳩目穴ボタンホールのことで、テーラードボタンホール*と同義。テーラードな上着などに多く用いられるボタン穴のひとつで、先端に鳩目穴（アイレット）と呼ばれる丸い穴がとられるのが特徴。一般的な「玉縁ボタンホール」よりも丈夫なところが持ち味とされる。

アイマスク [eye mask] 睡眠時に両眼の部分を覆うようにして用いるマスク状の道具。同じように眼を覆うものでも「眼帯」はアイパッチ [eyepatch] と呼ばれる。

アイライナー [eyeliner] 目の輪郭をくっきりと見せる化粧品のことで、目の縁に沿わせて引くもの。単にライナー [liner] ともいう。

アイラッシュカーラー⇒ビューラー

アイランドショーツ [island shorts] アイランドは「島」の意で、熱帯地方の島々で穿かれている伝統的なショートパンツを総称する。バミューダパンツ*を始め

として、それより短めのジャマイカ産のジャマイカショーツ [Jamaica shorts]、またバミューダパンツとジャマイカショーツの中間型のナッソーショーツ [Nassau shorts]（ニュープロビデンス島の地名から）などがあげられる。

アイランドソール [island sole] プラットフォームソール*の一種で、靴のサイズより少し小さい靴底のデザインを指す。小島に乗ったようなというところからのネーミングと思われる。

アイランド・フォーマル [island formal]「島のフォーマル」。主として南洋の暑い島国で着用するフォーマルウエア、またそうしたドレスコードをいったもので、暑さを考慮してノーネクタイのシャツスタイルでよいとされる例が多い。2015年4月の天皇・皇后両陛下パラオ訪問に際して一般化した言葉。ハワイやグアムなどでのアロハシャツ、フィリピンのバロン・タガログなどもそのひとつで、こうしたカジュアルな衣服も「島での正装」として許されることになる。

アイリッシュジュエリー [Irish jewelry] 独特の歴史とケルト文化を背景としたアイルランド特有のジュエリー類を総称する。幾何学模様を特色としたハンドクラフトの伝統的な作りが特徴で、シルバージュエリーが中心となっている。ケルティックジュエリー（ケルト人の手作りによる伝統的な宝石類）のひとつでもあり、代表的なところにクラダーリング*と呼ばれる指輪がある。伝統的なものだが、最近日本でも注目されるようになってきた。

アイリッシュセーター [Irish sweater] アイルランドのセーターという意味で、アランセーター*の別称とされる。

アイリッシュツイード⇒ドニゴールツイード

アイリッシュ・ツイードウールキャップ⇒

ファッション全般

ハンチング

アイリッシュ・ツイードハット [Irish tweed hat] ドニゴールツイード*などアイルランド産のツイード地で作られたカントリー調の帽子。クルーハット*に似た形状のもので、フィッシングやハンティングなどに用いられる。

アイリッシュ・フィッシャーマンズハット
⇒レックス・ハリスン・ハット

アイリッシュフリーズ⇒フリーズ

アイリッシュリネン⇒リネン

アイレット [eyelet] 鳩目。靴紐を通す小さな穴のことで、鳩の目に似ているところから、日本では一般に「鳩目」と呼ばれている。これには表面から見える「表鳩目」と、腰裏に挿入して固定した表面には表れない「裏鳩目」の別があり、裏鳩目のほうがドレッシーとされる。またドレスシューズにおいては鳩目の数が多いほどドレッシーとされ、5つ穴が基本となっている。なお周囲を金属の環で処理したアイレットは、正確にはグロメット [grommet] という。

アイレット編 [eyelet knitting] 機械によるレース編の一種で、ペレリンジャックという目移し針を使うことからペレリン編 [pelerine stitch] ともいう。アイレットは「小さな穴、鳩目」の意で、透孔模様を特徴とする緯編の変化組織を指す。こうしたレース地をアイレットレース [eyelet lace] ともいう。

アイレットカラー⇒ピンホールカラー

アイレットベルト [eyelet belt] アイレットは「鳩目」の意味で、鳩目を全面に穿(うが)ったデザインを特徴とするベルトをいう。タテに2個、また3個の配列で鳩目を設けたものが多く、ダブルピンベルト*の形になったものが多く見られる。

アイレットレース⇒アイレット編

アイロンパーマ [iron perm] ヘアアイロンと呼ばれる「電気鏝(ごて)」を使って行うパーマネントウエーブの方法。俗に「アイパー」と略称されることが多く、代表的なものにパンチパーマ*がある。

アヴァンギャルド [avant-garde 仏] フランス語で「前衛、前衛派」の意。元は第1次世界大戦後、フランスを中心に起きた革新的な芸術運動をいったもので、ファッションではきわめて斬新な感覚に満ちた、常識では考えられないような大胆なデザインの服装などについて用いる。

アウター⇒アウターウエア

アウターウエア [outerwear] 「外衣(がいい)、表着(おもてぎ)」の意で、外側に着る衣服を総称する。これには下着の上に着る服を指す場合と、さらに防寒などの目的で上着の上に着るコートなどを指す場合がある。またアメリカでは「カジュアルアウターウエア」の略として、気軽に着ることができる防寒衣料全般を指すニュアンスが強い。別にアウトウエア [outwear]、また単にアウター [outer] と呼ばれることもある。対語はインナーウエア*、またインナー。

アウターウエア・スポーツジャケット [outer wear sports jacket] 簡便なアウターウエアとしても、スポーツジャケット(替え上着)としても着ることができる背広型の上着。ここでのアウターウエアとはカジュアルなスポーツウエアといったほどの意味で、つまりはドレスアップ*にもドレスダウン*にも耐える多用途の性格を持つ。

アウターカラールック [outer collar look] シャツの襟をジャケットの襟の上に出して重ねる様子をいう。ヨーロッパ風のドレスダウンさせた着こなし方として、とくにモード系*と呼ばれる若者たちのファッションに取り入れられている。オーバーカラールック [over collar look] と

も呼ばれる。

アウターシェル⇒アウターレイヤー

アウタージャケット [outer jacket] 広義にはオーバージャケット*を意味するが、特にスポーツ感覚の強い各種のジャケット類をこのように総称することがある。背広型のスポーツジャケット以外のマウンテンジャケット*やソフトシェルジャケット*などで、アメリカでカジュアルアウターウエア*と呼ばれる分野に属するシャツジャケット型のものの多くがここに含まれる。単にアウターの略称で呼ばれることもある。

アウターシャツ [outer shirt] それ1枚でアウターウエア（外衣）として着用できるシャツの総称。内着として用いられるインナーシャツ [inner shirt] の対語とされ、アロハシャツ*などが代表的。

アウターセーター⇒バルキーセーター

アウターＴ⇒インナーＴシャツ

アウターＴシャツ⇒インナーＴシャツ

アウタードレスシャツ [outer dress shirt] アウターウエア（外衣）として着ることを目的としたドレスシャツ。上着なしで着用されるのが最大の特徴で、多くは夏季用のビジネスシャツとして機能している。パイロットシャツ*型のものなどが代表的なアイテムで、時にミッドサマーシャツ [midsummer shirt]（真夏のシャツの意）などと呼ばれることがある。

アウターニット [outer knit] アウターウエア（外衣）として着用されるニットウエアを総称する。ニットコートを始めとしてロングカーディガンやボレロまで、さまざまな種類がある。単にニットアウター [knit outer] と呼ばれたり、より正確にニッテッドアウターウエア*といったりする。

アウターブラ [outer bra] 外衣として着用されるブラジャー。ブラジャーの形をし

たトップスを総称するもので、俗に「ブラトップ*」ともいう。チューブブラ*やバンドゥーブラ*が代表的とされる。

アウターベスト [outer vest] アウターウエア（外衣）として単独で着ることができる独立したベストの総称。あくまでも上着の内側に着用するインナーベスト [inner vest] の対語として用いられる。

アウターボトムルック [outer bottom look] インナー（内着）として中に着込んだシャツの裾を、パンツの外側に出して着る様子をいう。かつては子供じみた行儀の悪い着方とされたものだが、世界的なドレスダウンの流れの中で、すっかり一般化した着こなしとなっている。オーバーボトムルック [over bottom look] とかボトムアウトルック [bottom out look] ともいう。要は「裾出しルック」。

アウター水着 [outer＋みずぎ] 街中で着てもおかしくないような感覚にデザインされた女性水着のひとつ。アウターウエア（外衣）の要素を大胆に取り入れたもので、ミニスカートやミニドレスなどコーディネートさせるアイテムを揃えてセットで販売されることが多い。

アウターレイヤー [outer layer] 外側に重ねるものという意味で、登山服などのスポーツウエアにおいて、いちばん外側に着用する衣服を指す。アウターシェル [outer shell] ということもあるが、シェルは「外殻」の意。その内側に着る服はミドルレイヤー [middle layer] あるいはミドラー [middler] と呼ばれ、いちばん下に着る服、つまり下着はベースレイヤー [base layer] またインナーレイヤー [inner layer] などと呼ばれる。

アウティングジャケット [outing jacket] アウティングには現在「他人の秘密を暴露すること」などの意味があるが、ここでは正直に「外出すること、散策するこ

ファッション全般

と、遠足、遠出、小旅行」の意味にとる。そうした目的のために着用する上着類を総称し、ツイード製のハンティングジャケットやオイルドジャケット、また各種のアウトドアスポーツウエアなどが含まれる。

アウトウエア⇒アウターウエア

アウト・オブ・デイト⇒アウト・オブ・ファッション

アウト・オブ・ファッション [out-of-fashion] 流行の盛りを過ぎたファッション。「流行遅れの」という意味で、アウト・オブ・デイト [out-of-date] (時代遅れの、旧式の、廃れた) と同じように用いられる。

アウトサイドクオーター⇒クオーター

アウトサイドスリーブ [outside sleeve] ツーピーススリーブ*(二枚袖)で、外側の部分をいう。「外袖」と呼ばれ、トップスリーブ [top sleeve] ともいうが、この場合は「上袖(うわそで)」とも呼ばれる。

アウトサイドポケット [outside pocket] 衣服の外側(表側)に付くポケットの総称。

アウトソール [out sole] 靴の「表底」。地面と直接接する部分を指し、「本底」とか「外底」ともいう。基本的に、「革底」、「合成底」、「ゴム底」の種類がある。

アウトドアアスレティックシューズ [outdoor athletic shoes] 山道などのオフロードを走るトレイルランニングやマウンテンバイクなど激しいアウトドアスポーツ用に開発されたスニーカーを指す。アッパーをメッシュにして通気性をもたせるとともに、靴底にはグリップ機能の高い衝撃吸収材を用いて激しい動きに耐えるようにしたものが多く、軽量なことも特徴。

アウトドアウエア [outdoor wear] アウトドアは「戸外の、野外の」という意味で、戸外で用いる「外着」、またアウトドアクローズ [outdoor clothes] と同義で「外出着」の意味になるが、現在ではアウトドアライフに伴うカジュアルなアウターウエア*の類を指すことが多くなっている。

アウトドアクロージング⇒アウトドアスポーツウエア

アウトドアクローズ⇒アウトドアウエア

アウトドアジャケット [outdoor jacket] アウトドアウエアのうちジャケットタイプのものを総称する。特にアウトドアスポーツに用いるようなフード付き、ジップフロント型の簡便な上着を指すことが多い。

アウトドアスポーツウエア [outdoor sportswear] 戸外で用いるスポーツウエア、またアウトドアスポーツ(戸外で行われるスポーツ)用の衣服の総称。現在では1970年代に現れた一大ライフスタイル革命ともいうべき「アウトドアライフ*」に派生したファッション=アウトドアルック*に用いられるヘビーデューティーな衣料の数々をこのように呼んでいる。アウトドアウエア [outdoor wear] とかアウトドアクロージング [outdoor clothing] とも呼ばれ、ここでは特に登山やトレッキング、バックパッキング、キャンピング、フィッシング、ハンティングといった野外スポーツに関連したものを意味することが多く、別にヘビーデューティースポーツウエア [heavy-duty sportswear] とかヘビーデューティーウエア*などとも呼ばれる。ヘビーデューティーとはアメリカの俗語で「きわめて頑丈な」という意味をもつ。

アウトドアファッション [outdoor fashion] アウトドアは「戸外の、野外の」という意味だが、単なる庭着というのではなく、アウトドアライフと呼ばれる、自然環境

14

ファッション全般

とともに生きる暮らし方に根ざしたファッションを総称する意味合いが強くなっている。

アウトドアベスト⇒サバイバルベスト

アウトドアルック［outdoor look］アウトドアは「戸外の、野外の」の意で、自然と素朴な生活を志向するアウトドアライフにふさわしいファッションを総称する。特にヘビーデューティー*なイメージの衣服を用いることが多く、1970年代のエコロジーブームの始まりとともに台頭してきた歴史をもつ。

アウトバストリートメント［out bath treatment］バスは「入浴」の意で、洗い流しが要らないヘアトリートメントを総称する。入浴しなくても使える手軽さが特徴とされ、クリームタイプやスプレータイプなどの種類がある。

アウトバックハット［outback hat］アウトバックは「奥地、荒野」の意で、the outbackと綴るとオーストラリアの内陸部を指す。そうした場所をイメージして作られた帽子ということで、多くはテンガロンハット（ウエスタンハット）のような広いつばを持つカジュアルな帽子をいう。多くのメーカーが用意し、さまざまな素材で作られるが、最近ではアメリカの靴メーカー、ミネトンカによる「ミネトンカ・モカシン・アウトバック・ラフレザーハット」という牛革製の商品でよく知られる。これはまたロープのバンドが付くのも特徴。

アウトフィッター⇒アウトフィット

アウトフィット［outfit］装備一式の意で、ファッションでは（特に婦人の）「服装一式、服装のひと揃い」をいう。アウトフィッター［outfitter］となると、登山用具などを揃える「旅行用品店」や「運動具商」、また「紳士服の小売商」を指すことになる。

アウトフォーカス・チェック［out focus check］アウトフォーカスは和製英語で「ぼかし撮影」のこと（英語では out of focus）。そうした調子の格子柄のことで、拡大し過ぎてピンボケしたように見えるチェックを指す。最近のファッションに現れているマキシマリズムのデザイン傾向に乗って登場したもの。

アウトポケット⇒パッチポケット

アウトラスト［Outlast］NASA（アメリカ航空宇宙局）の宇宙飛行士の船外作業用手袋の素材として開発された新素材で、寒くなると熱を放出し、暑くなると熱を吸収するという優れた温度調節機能を持つ。ここから一般のフリースジャケットなどの防寒衣料に使用したり、下着や手袋、スキーソックス、またベッド関連商品などにも用いられるようになっている。

アウトラペル［out lapel］⇒ソウンオンラペル

アウトロースタイル［outlaw style］アウトローは「無法者、犯罪者」また「非合法とする、禁止する」の意で、脱ルール的な雰囲気のスタイル表現を指す。これまでのルールや新しいトレンドなどにはこだわらず、自由勝手に創り上げるスタイルを総称したもので、2018年春夏のデザイナーコレクションに現れた傾向のひとつ。

アヴリルメイク［Avril make］アメリカの女性歌手でアイドルのアヴリル・ラヴィーンに見る独特の化粧法をいう。目の下をまっ黒にするのが特徴で、アヴリルのファンの女の子たちによって世界中に広まった。2005年春頃からの流行。

アオザイ［ao dai ベトナム］ベトナムの女性が着用するチャイナドレス*風の衣服。ベトナム語でアオは「服」、ザイは「長い」という意味で、中国服の影響を受け

ファッション全般

ながら、ベトナム特有の気候に合うように改良され、発展してきたもの。立襟と深いサイドスリットを特徴とし、これにクワンザイ［cuan dai ベトナム］と呼ぶゆったりしたズボン風の下衣を合わせて着装される。こうした服装全体をクワンアオ［cuan ao］と呼んでいる。

赤耳⇒セルビッジ

赤耳ジーンズ⇒セルビッジ

上がり肩⇒ピッチトショルダー

秋色夏素材［あきいろなつそざい］素材は薄手の夏物だが色使いは秋物、というファッション商品を指す。最近のファッションに見る季節感の前倒し傾向から生まれたもので、2001年頃から使われている。早いところでは6月下旬から店頭に並べられ、売れ筋把握のパイロット的な役割を果たしている。これに関連して07年には春色冬素材という新商品も登場した。

空羽［あきは］3ミリ前後の間隔でタテ糸を通さない箇所を作って、タテ方向に筋状の透けた部分を表した薄手の平織綿布、またそのような透けた部分をいう。「空羽ピケ」の略ともされる。

アキバ系ファッション［あきばけい＋fashion］アキバは東京の秋葉原（あきはばら）をいう若者言葉で、正しくいうなら「秋葉原系ファッション」となる。秋葉原に集ってくるいわゆる「オタク」たちに見るファッションのことで、一般にあか抜けないダサい若者ファッションの代名詞とされている。「アキバ系オタクスタイル」とも呼ばれる。

開き見せ⇒ドクタースタイル

アキュムレーション［accumulation］「集積、積み重ね」という意味で、柄と柄を組み合わせて表現される模様をいう。要はパッチワーク風の柄。

アクアウォッシュ［aqua wash］洗い加工を

ほどこしたデニム地の意で、1990年、イタリアの生地メーカー「モンテベロ」社の開発によるデニムに付けられた名称。アクアはラテン語で「水」を表す。冴えたインディゴブルーとなるのが特徴とされる。

アクアサンダル［aqua sandals］アクアはラテン語で「水」の意。水遊びに用いるサンダルのことで、クロックス（アメリカ生まれのサンダルの一種）のような形や、古代ローマの革サンダルを思わせるものなどさまざまなデザインがある。

アクアシャツ⇒バスクシャツ

アクアシューズ［aqua shoes］アクアはラテン語で「水」を意味し、水の中を歩くときやカヌーなどのウオータースポーツに興ずるときに履くスポーツ靴を指す。柔らかく滑りにくい底をもち、通気性に優れた作りになったものが多く見られる。ウオーターシューズ［water shoes］とも呼ばれ、また子供用にはアクアソックス［aqua socks］とかスイムシューズ［swim shoes］などという同種の靴がある。

アクアスキュータム［Aquascutum］1851年にゴムを溶け込ませた生地で防水コートを作り特許を受けた英国のレインコートメーカー。アクアスキュータムというのは「水の盾」を意味するラテン語から来たもので、当時の社名『バックス』社の商品名であった。スリッカー*やマッキントッシュ*に代わる画期的なレインウエアとされ、これはその後レインコートの代名詞として発展を遂げることになる。現在はレインコートだけでなく総合アパレルメーカーとしてつとに知られる。

アクアソックス⇒アクアシューズ

アクアリネン［Aqualinen］日本のモリリンによる開発素材のひとつで、フランダース地方産の上質リネン（亜麻）100%の

16

ファッション全般

紡績糸を水の中でゆっくり潜らせながら、糸に強い撚りをかけて作られる「水撚強撚リネン」を指す。しなやかでさらっとした風合いに富み、清涼感にあふれているのが特徴とされる。英語ではウォーターツイストリネン water twist linen と表記される。

アクアレザー［Aqualeather］水洗い可能で発色性のよさを特徴とした新しい天然皮革の名称。神戸の靴革商「オンリーワン」社の開発によるもので、他のウオッシャブルレザーや表面加工された撥水レザーとも異なる特性を持つ、撥水性に長けた革とされる。

アク・カルパク［ak kalpak, aq qalpaq］中央アジア、キルギスの白いフェルト製民族帽子のひとつで「白帽」と訳される。単にカールパークとも呼ばれ、ふつう縁を折り返して被る。映画『馬を放つ』（キルギス他合作、2017）から注目を集めるようになった。

アクショングローブ⇒ドライビンググローブ

アクションプリーツ［action pleat］動きを楽にする目的で、袖の後ろの部分や背中の中央にとる機能的なプリーツ。ハンティングジャケット*などに見られるもので、背中中央に付くものを特にセンタープリーツ［center pleat］ということがある。なお、こうしたプリーツをとった袖をガシットスリーブ［gusset sleeve］ということがあるが、ガシットは「襠（まち）」を意味する。

アクションペインティング［action painting］第2次大戦後、アメリカに起こった新しい芸術活動のひとつで、描く行為そのものを重視する抽象表現主義のことをアクションペインティングと呼び、これを日本では「行動美術」と称したが、最近のファッションでは、こうしたインクが飛び散ったような激しい調子のプリント柄を、そのままこのように呼ぶようになっている。

アクセ⇒アクセサリー

アクセサリー［accessory］通例複数形で「アクセサリーズ accessories」と用い、最近の日本では「アクセ」と略して用いられることも多い。第一義は「付属品、部品」の意味で、ここから「服飾用付属品」の意味を引き出す。ファッション用語としては、衣服を身に着けたり服装を美しく整えるために必要な付属品の総称として用いられる。米語では accessory とも表記する。

アクセサリーウエア［accessory wear］ウエア（服）のような感覚で身に着けられるアクセサリー的なグッズの総称。アームウオーマーやショルダーウオーマーといったウオーマーアイテム*やチューブケープレットなどと呼ばれる小さなケープやポンチョなど、ウエアの延長として用いられるグッズ類をこのように呼んでいる。ここではウエアとコーディネートできるパーツファッションとしての性格が重視されることになる。

アクセサリーウオッチ⇒ペンダントウオッチ

アクセサリーサンダル［accessory sandal］装飾的なデザインを施したサンダルの総称。多くはトング*型のサンダルにチェーンなどのきれいな装飾品を飾ったもので、いかにもきゃしゃな感じを特徴とし、エレガントな雰囲気が演出できるとして人気がある。

アクセサリージャケット［accessory jacket］アクセサリーのような感覚で着ることのできる女性用の上着を指す新名称。軽くてソフトな素材で作られ、着心地が良くて動きやすいといった数々の特色を持つ羽織感覚のものが多く見られ

17

ファッション全般

る。

アクセサリーパンプス [accessory pumps]
アクセサリーのような感覚で履くことが
できるパンプスの意。ラインストーンや
スパンコールなどで飾って、キラキラし
たイメージを強調させたり、ヒールや
ストラップ部分にチェーンをあしらうなど
装飾的なデザインが目立つパンプスを総
称する。同様デザインのアクセサリーブ
ーツ [accessory boots] もある。

アクセサリーブーツ⇒アクセサリーパンプ
ス

アクセサリールーペ [accessory Lupe] 首
から下げて用いる老眼鏡を指す商品名の
ひとつ。まるでアクセサリーのようなと
いうことで名付けられたもので、このほ
かに首飾りとして拡大鏡が付いているペ
ンダントルーペ [pendant Lupe] と呼ば
れる同種の商品もある。またこれらに似
た、手持ちのメガネを引っ掛けておく首
飾りを「メガネホルダー」とも呼んでい
る。なおルーペは、ドイツ語で「拡大鏡、
虫眼鏡」の意。

アクセシブル・ラグジュアリー [accessible
luxury] アクセシブルは「近づきやすい、
行きやすい」また「手に入れやすい」と
いう意味で、これは「手の届く高級感」
あるいは「手の届く高級品」といった意
味で用いられる。欧米の有名ブランド企
業が打ち出した「手頃に買える高級感」
戦略から一般化した流行語。

アクセソワール [accessoire 仏] アクセサ
リーを意味するフランス語。形容詞と
して「付属的な、従の」という意味もある。

アクセバッグ [accessory + bag] アクセは
アクセサリーをいう最近の短縮語のひと
つで、アクセサリーのように扱うことの
できる装飾的な小さいバッグ類を指す。
ボディーアクセサリー * などと呼ばれる
装飾品のひとつともされ、手首に着ける

財布のような形のものや、肩から斜め掛
けする小さなポシェット * のようなもの
がある。

アクセントカラー [accent color]「強調色」
の意。服装の配色で、アクセントをつける
ために用いられる少量の色を意味し、
地色に対して反対色などを用いる例が多
い。最近ではこれを日本語で「差し色」
と呼ぶ傾向が強くなっている。

アクセントバッグ [accent bag] 着こなし
にアクセントを添えるという意味で、こ
のように名付けられた女性用のバッグ。
服をシンプルにして、その分バッグでア
クセントを付けようとするもので、スパ
ンコール * を配したトートバッグ * や華
やかな色柄のハンドバッグなどがそう呼
ばれることになる。

アクティブ [active]「活動的な、活発な」
の意。ファッションにおいてはスポーティ
ブルック * のような若々しく活力に満
ちたファッション表現について用いられ
ることが多い。

アクティブアパレル [active apparel] スポ
ーツウエア * を指す新しい名称のひと
つ。アクティブウエア * やアスレティッ
クウエア * と同義とされる。

アクティブウエア [active wear] アクティ
ブスポーツウエアと同義だが、特に1980
年代にアメリカ西海岸のスポーツウエア
業界で考え出された、スポーツウエアの
新しい分類法のひとつとされる。これは
さらにスポーツメーカーによる正統派の
オーセンティック・アクティブウエア
[authentic active wear] と、アクティブ
の要素を取り入れてファッション性を加
味したコレクション・アクティブウエア
[collection active wear] の2タイプに分
けられるという。

アクティブショーツ⇒ショーツパンツ

アクティブストリートルック [active street

ファッション全般

look] アクティブスポーツウエアと呼ばれる純競技着をそのままカジュアルな街着として着こなす様をいう。アスレティックスポーツルック*と同義で、アメリカにはこれをスポーツジムから直接やってきたという意味で、ストレートフロムジムルック [straight from gym look] と呼ぶ面白い表現がある。

アクティブスポーツウエア [active sportswear] アスレティックスポーツウエア [athletic sportswear] ともいい、スポーツ競技そのものに用いられる衣服を総称する。「純競技着」と呼ばれ、専門性が高いのが特徴。広義には、競技施設への行き帰りに用いられるビフォア・アンド・アフタースポーツウエア [before and after sportswear] とかプレ・アンド・アフタースポーツウエア [pre and after sports-wears] などと呼ばれる、いわゆる「道中着」を含むこともできる。

アグブーツ [UGG boots] 平たい靴底を特徴とするフラットブーツ [flat boots] の一種で、アメリカのシープスキンブーツの専門ブランド〈アグ・オーストラリア〉の商品名を指す。1978年の創業以来、カリフォルニアのサーファーたちに愛用されていたものだが、やがてニューヨークやロサンゼルスでおしゃれなブーツとして人気を集め、ヨーロッパにも広がった。特にロンドンではシープスキン（羊皮）製ブーツの代名詞として親しまれている。オーストラリアンブーツ [Australian boots] とかムートンブーツ [mouton boots] とも呼ばれる。

アグリースニーカー [ugly sneaker] アグリーは「醜い、見苦しい」といった意味で、昔風のずんぐりむっくりした形を特徴とするスニーカーをいう。ダッドシューズやボリュームスニーカーと同様の用法。

アグリーセーター [ugly sweater] アグリーは「醜い、見苦しい」といった意味で、クリスマスなどにあえてジョークまじりの気分で着るサンタクロースなどの編み込み模様が入ったセーターを指す。いわば「ダサいセーター」の謂いだが、アメリカには「アグリー・クリスマス・セーター・コンテスト」といったイベントもある。

アグリファッション [agriculture ＋ fashion] アグリはアグリカルチャー（農業、農芸、農学）の略で、「農業ファッション」の意。農作業やガーデニングを楽しむためのファッション的な衣服などを総称するもので、近年人気を集めるようになっている。ノギャル*などの動きもこれと関連しているとみることができる。

アクリル [acrylic] アクリロニトリルを原料とする合成繊維のひとつ。1950年、アメリカの『デュポン』社から「オーロン」の名で生産されたのが最初で、毛（ウール）を模した合成繊維としてニット製品に多用されている。アクリルとポリエステル、ナイロンの3者をして「3大合繊繊維」と呼ばれる。なお、アクリロニトリルの含有率の低いものは「アクリル系」といい、これをモダクリル [modacrylic] とも呼んで、本来のアクリルとは区別している。

アグレット [aglet] 靴紐の先端に付く鞘（さや）状の金具。鳩目穴に通しやすくするために付けられたもので、フランス語のエギーユ aiguille（針の意）から派生した語とされる。

アクロマティックカラー⇒モノカラー

アゲ嬢スタイル [age ＋じょう＋ style]「age嬢スタイル」とも「AGE嬢スタイル」とも表記される。キャバクラ嬢向けのギャル系ファッション雑誌として知られる『小悪魔ageha』のモデルたちから生まれたファッション表現をいったもので、

ファッション全般

「age嬢ヘア」と呼ばれる高く盛り上げたヘアスタイルや「デカ目メイク」「白肌」といった化粧法などが特徴とされる。服装としては「姫ロリ」や「白ギャル」と呼ばれるLAセレブ系の要素が入っているのが特徴。

アゲ嬢ヘア［age＋じょう＋hair］キャバクラ嬢たちをターゲットにした女性雑誌『小悪魔ageha』に登場するモデルたちに見る独特のヘアスタイルを総称する。高く大きく盛り上げるのが特徴の、多くは金髪ヘアで、これを「盛り（もり）ヘア」とか英語でパイルアップヘア［pile up hair］（積み重なった髪の意）などとも呼んでいる。こうした髪型をした若い女の子たちを、ageha から「アゲ嬢」と呼んだり、こうしたデカヘア（デカい髪の意）を作る美容師を「揚げ師」と呼んだりすることで大きな話題を集めるようになった。

アコーディオン編［accordion knitting］緯編の変化組織のひとつで、プリーツ状の編地を作るのに用いられる編み方をいう。アコーディオンの蛇腹に似ているところからこう呼ばれるもので、基本的なシングルジャージーの編組織とされる。

アコーディオンプリーツ［accordion pleat］楽器のアコーディオンに見る蛇腹（じゃばら）のようなプリーツ。幅0.5～1.5センチ程度の細かく立体的に折り畳まれたものを指す。

アコーディオンプリーツスカート［accordion pleat skirt］アコーディオンプリーツ*を特徴とするスカートの総称。楽器のアコーディオンの蛇腹に見るような細かく幅の狭いプリーツを全面にあしらったもので、全円裁ちのサーキュラースカート*となったものが多く見られる。正しくはアコーディオンプリーティドスカート［accordion pleated skirt］となる。

アコーディオンプリーティドスカート⇒アコーディオンプリーツスカート

アコーディオンポケット［accordion pocket］楽器のアコーディオンのような「畳み襞（ひだ）」を特徴とした大型のポケット。カーゴパンツなどに用いられることで知られる。

麻［あさ］靭皮繊維としての亜麻（あま）、苧麻（ちょま）、黄麻、大麻と、葉脈繊維としてのマニラ麻、サイザル麻、ニュージーランド麻などを総称する言葉として用いられる。「麻」と呼ばれるものには30ほどの種類があり、そのうち「亜麻」と「苧麻」だけが、「麻」と表示することを衣料品の品質表示法で認められている。この二つは夏向きの衣服の代表的な素材として用いられる。葉脈繊維系のそれはロープなどの産業用資材やインテリアクロスなどに用いられることが多い。

アザージーンズ［other jeans］「他のジーンズ」という意味で、大手のメーカー以外の業者が手掛ける個性的なジーンズを総称する。1990年代後半から用いられるようになった言葉で、アザーベーシック［other basic］ということもあり、これはまた14オンスデニム以外の素材を使用する、工夫を凝らしたジーンズについていうこともある。

アザーベーシック⇒アザージーンズ

麻芯⇒毛芯

アサシン⇒ビューティースポット

麻ネクタイ⇒コットンタイ

麻番手［あさばんて］麻糸や麻紡方式で紡出される糸の太さを表す単位として用いられる。1ポンドの重さで300ヤードの長さを持つものを「1番手」とする恒重式が適用され、300ヤードの長さの倍数によって2番手、3番手というように規定される。英語ではフラックスカウント［flax count］という。

アジアンカジュアル［Asian casual］アジア調のカジュアルファッションの総称。インドや東南アジアの民族衣装を始めとして、中国や日本などアジア特有の服装をモチーフとしたカジュアルな洋服類を指す。欧米のデザイナーによるオリエンタル（東洋）志向の産物とされるが、最近ではアジアの国々そのものから発信されるカジュアルなファッションも多く登場するようになっている。

アジアンノット［Asian knot］日本や中国、韓国など東アジア特有の結び方（ノット）を特徴としたアクセサリー。日本古来の花結びや台湾の中国結び、韓国の装飾具「ノリゲ」などの要素を取り入れた飾り結びアクセサリーで、ネックレスやペンダントなどとして用いられる。

アシストスーツ⇒ロボットスーツ

足駄［あしだ］下駄の一種で、本来は歯と鼻緒の付いた板状の履物を総称するが、現在では高い二枚歯の付いた、いわゆる「高下駄」を指す。かつては雨天時や学生の通学用としてよく用いられたもので、特に「朴歯（ほおば）」のものに人気があった。

アシッドイエロー⇒アシッドカラー

アシッドウォッシュ［acid wash］ジーンズの洗い加工のひとつで、脱色の際、酸化剤（アシッド）を用いるものをいう。元々は1980年代にイタリアのカンディーダ・ランドリー社によって開発されたもので、一般に「酸洗い」と呼ばれ、1986年、イタリアのジーンズメーカー「ライフル」社がこの加工をほどこしたジーンズを発表して以来、人気となった。

アシッドカラー［acid color］アシッドは「酸っぱい、酸味のある」という意味で、酸っぱさを感じさせる色を総称する。柑橘系の果物に見るアシッドグリーン［ac-id green］とかアシッドイエロー［acid yellow］といった色が、その代表的なものとしてあげられる。「柑橘類」という意味でシトラスカラー［citrus color］とも呼ばれる。

アシッドクチュール［acid couture］LSDなどの幻覚剤（アシッド＝本来はACIDと綴る）から得るような、超現実的な感覚を基にした未来的な服作りの方向を指す。モダンクチュール*の最も過激な形ともされる。

アシッドグリーン⇒アシッドカラー

アシッドハウスルック［acid house look］アシッドハウスは狭義には電子音楽の一分野を指し、広義には1987年にシカゴとロンドンで始まった音楽、ファッション、クラブカルチャーをミックスしたカルト的な若者文化を意味する。そうしたところに見られるクラブカジュアルとしての服装をいうことになるが、ファッション界では一般に90年代になって復活してきたヒッピー調の60年代ルックを指すことが多い。

アシッドファッション［acid fashion］アシッドは「酸っぱい、酸味のある」という意味とともにLSDなどの「幻覚剤」としての意味もある。そうした麻薬が流行した時代のファッションということで、1960年代調のサイケデリック*な雰囲気を特徴とするファッションをこのように呼ぶ。

脚長スーツ［あしなが＋suit］脚が長く見えるように工夫がなされたスーツ。婦人服における美脚パンツ*の流行から考え出されたメンズスーツで、上着丈とのバランスを考えたり、脚をより長く見せるカッティングなどを特徴としたものを指す。

アシメトリー［asymmetry］左右非対称の意味。左右でバランスの異なる形を指し、ファッションデザインではワンショルダ

ファッション全般

ー*の服などに多用されている。

アシメトリーイヤリング［asymmetry earring］アシンメトリーイヤリングとも。左右非対称のイヤリングという意味で、左右で大きさの異なるイヤリングを総称する。

アシメトリーカット［asymmetry cut］アシメトリーは「非対称」の意で、左右を非対称にデザインしたヘアスタイルを総称する。また、そうしたカット方法も指す。

アシメトリースカート［asymmetry skirt］非対称スカートの意。左右非対称のデザインとなったスカートを総称するが、多くの場合、裾線が斜めにカットされたイレギュラーヘムのスカートを指す例が多い。

アシメトリートップ［asymmetry top］アシメトリーは「非対称」の意で、左右でバランスの異なるデザインを特徴とする上衣類をいう。ワンショルダー*のデザインや左右の襟の大きさを違えるものなど、デザイナーの感性によってさまざまな形のものが考え出される。

アシメトリーヘム［asymmetry hem］アシメトリーは「非対称」の意味で、左右が不均衡になっているデザインの裾線をいう。裾線を斜めにカットしたものなどが代表的。

アシメトリカルデザイン［asymmetrical design］アシメトリカルは「非対称的な、不均衡の」といった意味で、左右が非対称となったデザインを総称する。そうした前部の形をアシメトリックフロント［asymmetric front］などという。

アシメトリカルカラー［asymmetric collar］左右非対称となったデザインを特徴とする襟型。一方が大きく、もう一方が小さい形の襟といった不揃いのデザインが代表的。

アシメトリックフロント⇒アシメトリカル

デザイン

アジャスタブルカフス⇒ツーボタン・アジャスタブルカフス

アジャスタブルバンド⇒アジャストバンド

アジャスタブルベルト⇒アジャストバンド

アジャストタブ［adjust tab］多くはベルトレス*型ズボンのウエストバンド脇に付くサイズ調節用のタブ（持ち出し）。正しくはサイド・アジャストメントタブ［side adjustment tab］といい、これはその略称。

アジャストバンド［adjustable band］レインコートなどの袖口に付けられることの多い広狭調節用のバンド。正しくはアジャスタブルバンドで、アジャスタブルベルト［adjustable belt］などとも呼ばれる。これも正しくはアジャスタブルベルトというのが正しい。実際の機能よりも装飾として用いられることが多い。

アジャストベルト⇒アジャストバンド

アジュラク［ajrakh］パキスタン南部シンド州やインド西部ラジャスターン州およびグジャラート州だけで生産される更紗布。木製の判子を布に押して染めるブロックプリントと呼ばれる型染め更紗のひとつで、伝統的なイスラム文様を特徴とする。本来は男性のターバンや腰巻き用とされるが、現在ではショールとしての使用が多くなっている。

網代格子［あじろこうし］網代の形に交差させた格子模様。竹などを斜めに組み合わせる形を表したもので、ニットの場合には「網代編み」ということになる。

アズーロ・エ・マローネ［azzurro e、marrone 伊］イタリア語で「青と茶」の意。イタリアのメンズファッションの定番とされる配色をいったもので、濃紺のスーツに茶色の靴を合わせるといったものから、ベージュのジャケットにブルーのシャツを合わせ、茶のネクタイをあしらうとい

った方法も見られる。

アスコット⇒アスコットタイ

アスコットクラヴァット⇒アスコットタイ

アスコットシャツ［ascot shirt］アスコットタイ*がシャツと共地で、最初から作り付けとなっているシャツ。アイビーシャツ*と同じようにトラッド＆アイビー調ファッションの重要アイテムとされ、特にタッタソール柄のヴィエラ*地を使用したものをもって本格とされる。

アスコットスカーフ［ascot scarf］礼装用のアスコットタイ*をカジュアルにしたもので、柔らかなシルク地などで作られ、シャツの襟元にたくし込んで用いられることが多い。最初から「蝉型タイ」のよだれかけのような形に作られているのが何よりの特徴となる。日本では単に「アスコット」とも呼ばれ、アスコットタイと混同して用いられているが、本来両者は明確に区別されている。

アスコットタイ［ascot tie］アスコットは英国アスコット・ヒースの王室所有競馬場の名称で、ここで貴族たちがモーニングコートに幅広のネクタイを着けたのがアスコットタイの始まりとされる。本来は礼装専用のネックウエアのひとつで、日本では蝉の形に似ているところから「蝉型ネクタイ」、略して「蝉タイ」とも呼ばれる。モーニングコートやフロックコートなど昼間の第一礼装に用いるのが原則とされ、スピットルフィールズ*と呼ばれる厚手の紋織シルク地で作られるものが本格とされる。着用時には必ず真珠などを頭にあしらった長いスティックピン*で留めるのも大きな特徴のひとつ。日本ではこのアスコットタイとカジュアルなアスコットスカーフ*が混同され、ほぼ同義に扱われているのが実情だが、本当はアスコットタイはフォーマル専用、アスコットスカーフはレジャー用

途と明確に使い分けされなければならない。単にアスコット［ascot］と呼ばれるほか、アスコットクラヴァット［ascot cravat］とも称される。

アスコット・パフ⇒フラットスカーフ

アスコットモーニング［Ascot morning］上着、ベスト、ズボンの３つを明るいグレー無地で揃えたモーニングコート*の一式。元々英国アスコット競馬場での正礼装とされるもので、昼間の礼装の中でも最も晴れやかな正装となる。グレーモーニング［gray morning］とも呼ばれ、日本では花婿専用の衣装とされている。

アズテックパターン［Aztec pattern］アズテック柄。中米の古代アステカ文明に見る模様の数々を指す。同心円や渦巻き、菱形、ジグザグなど宗教性を帯びた幾何学的なデザインを特徴とするもので、現在では民族調模様のひとつとして人気がある。

アストラカン（毛皮）［astrakhan］カラクル種の羊の生後２週間くらいまでの毛皮を指す。ロシア南西部ボルガ川河口のアストラカンという町がこの羊の集散地であったためにこう呼ばれるもので、アメリカや英国ではペルシャンラム［Persian lamb］（パージャンラムとも）と呼ばれる。やや硬めの巻き毛状の綿毛を特徴としたものが多く見られる。

アストラカン（生地）［astrakhan］巻き毛状の毛玉を特徴とした厚手の生地。本来はロシアのアストラカン地方を原産とする羊の毛皮を指すが、現在ではこれに似せて作られた織物をこう呼んだり、アストラカンクロス［astrakhan cloth］などと呼んでいる。

アストラカンクロス⇒アストラカン（生地）

アストリンゼント［astringent］「収斂（しゅうれん）剤」の意味で、肌を引き締める効果のある化粧水のこと。

ファッション全般

アスベスト⇒鉱物繊維

アスペロ ［aspero］ アスペロコットン（ア
スペロ綿）のこと。南米ペルーの北部ア
ンデス山麓で栽培され手摘みされる原綿
で、農薬や化学肥料をほとんど用いない
オーガニック系コットンのひとつとされ
る。繊維が極めて太く、獣毛に近い風合
いがあり、稀少価値が高いことから「幻
の古代綿」の異名もある。コシの強さ、
弾力性、吸湿性、発色性に優れることで
も知られる。

東コート ［あずま＋coat］着物の上から羽
織る床上までの長さがある女性用和装コ
ート。セルなどの羅紗地で作られ、明治
時代中期から流行を見た。東京を中心と
する東日本で考えられたことから、この
名がある。吾妻コートとも。

アスリージャー ［athleisure］ アスリート
athlete（運動選手）とレジャー leisure（暇、
余暇）から成る造語。ヨガウエアなどの
運動着をカジュアルウエアとして着よう
とする新しいカジュアルファッションの
動きを指すもので、2014年、アメリカで
台頭したニュームーブメント。日本風に
アスレジャーと発音する向きもある。

アスリートタオル ［athlete towel］ 運動選
手（スポーツ選手）たちのために用意さ
れたタオルの総称。140×90センチほど
の大きさで、スポーツメーカーなどのロ
ゴがプリントされた綿製のものが多く見
られ、スポーツに用いられるほかアウト
ドア用のグッズなどとしても広範に用い
られている。

アスリートトップ⇒スエットジャケット

アスリートルック ［athlete look］ アスリー
トは「競技者、運動選手」という意味で、
そうしたスポーツ選手たちが着用する競
技用ユニフォームの感覚を取り入れたフ
ァッションを指す。アスレティックスポ
ーツルック*などと同義。

アスレ ［athle］ アスレティック（アスレチ
ック＝運動競技の、体育の）の略で、こ
こではアスレティックウエアを示す。最
近のスポーツ業界では多くの競技に対応
できる汎用性の高いトレーニングウエア
やトレーニングシューズの類いを指す言
葉としてよく用いられるようになってい
る。ウインドブレーカーやいわゆるジャ
ージー、スエット、ウオーキングシュー
ズなどが該当する。ただし、サッカーや
野球など具体的な競技用のアイテムを指
す場合には使用されない。

アスレアパレル⇒アスレティックアパレル

アスレインナー⇒スポーツアンダー

アスレティックアイビー ［athletic Ivy］ ア
イビーを背景としたアスレティックスタ
イル。スエットシャツやスエットパンツ、
またトラックジャケットなどクラシカル
なアメリカのアスレティックウエア（運
動着）やスポーツシューズなどで構成さ
れたアイビー的なファッション表現。日
本のメンズ・ライフスタイル誌『Free &
Easy』のネーミングによるもので、同誌
では、ほかに「ラギッドアイビー」や「ネ
イビーアイビー」といった今日的なファ
ッションの提案を数多く打ち出してい
る。

アスレティックアパレル ［athletic apparel］
アスレティック（運動競技）用の衣服、
またそうした要素を取り入れたファッシ
ョン衣料の総称。1980年代に登場した「ス
ポーツアパレル*」という用語の進化形
とされる。なおアスレティックという言
葉は、最近では「アスレ」と略されて用
いる例が増えており、これもアスレアパ
レルなどと呼ばれることがある。

アスレティックインナー⇒スポーツアンダー

アスレティックウォッチ ［athletic watch］
運動競技用の時計の意。特にマラソンや
トライアスロンなど陸上競技に用いられ

ファッション全般

る機能的な時計を指すことが多く、デジタル表示のものが多く見られる。広義にはスポーツウォッチに含まれる。

アスレティックサポーター⇒ジョックストラップ

アスレティックジャケット［athletic jacket］運動選手が着る上着の意で、俗にいうジャージ上着、アメリカでいうトラックジャケット*のこと。主として陸上競技の選手が着用するものとされる。

アスレティックシャツ⇒Aシャツ

アスレティックシューズ［athletic shoes］アスレチックシューズとも。各種の運動競技（アスレティック）に用いられる靴の総称で、日本語でいう「運動靴」に相当する。かつてはそれまでのスニーカーの概念では把握しきれない新しいタイプのカジュアルシューズをこのように称していたものだが、現在ではトレーニングやランニングなどに用いるスポーツ用のスニーカーをこのように呼ぶことが多くなった。一般にはスポーツシューズ*と同義になる。

アスレティックショルダー［athletic shoulder］アスレティックシャツ*に見る肩のデザインのことで、運動機能を高める目的で、袖刳（ぐ）りを背中のほうへ食い込ませて幅を狭くさせた形を指す。一般的なショルダーラインとは意味が異なり、タンクトップ*に用いられるレーサーバック*のデザインに相当する。

アスレティックショーツ［athletic shorts］運動競技用のショートパンツの総称。ジョギングパンツ*（ジムショーツ*）を始めとして、各種のランニングパンツ［running pants］（略してランパン）、またバレーボールトランクス［volleyball trunks］やバスケットボールトランクス（バスケットトランクス*）、ボクサートランクス*（ボクサーショーツ）などこの分野のア

イテムは多く、最近ではこうしたものをそのままカジュアルな短パンとして着用する傾向も目立っている。

アスレティックスーツ［athletic suit］アスレティックは「運動競技の、体育の」の意で、多くはスポーツ選手が練習時に着用する、トラックジャケットとトラックパンツのセットアップ、いわゆるジャージー上下をいう。これとは別に「アスレチックスーツ」というと、最近登場した自転車通勤用のビジネススーツを指すことがあり、これは超ストレッチ素材を使用し、動きやすさや通気性、視認性などに気を配って作られた機能的な新次元のスーツを意味することになる。2011年、ザ・スーツカンパニーによって開発された「N.G.A.Cアスレチックスーツ」などに代表される。

アスレティックスポーツウエア⇒アクティブスポーツウエア

アスレティックスポーツルック［athletic sports look］アスレティックスポーツ（運動競技）用のウエアをアレンジ、あるいはそのまま取り入れたファッション。スポーツルック*と同義で、こうしたものを街中で着こなす様子をタウンアスレティック［town athletic］などと呼んでいる。

アスレティックソックス⇒スポーツソックス

アスレティックTシャツ［athletic T-shirt］スポーツ競技に用いられるTシャツ類の総称。アメリカンフットボールの選手が着用するフットボールシャツに代表され、これをフットボールTシャツとも呼んでいる。学校などのチーム名やゼッケン番号などを大きくプリントしたものが多く見られる。これを一般向きとした市販タイプもある。

アスレティックバッグ［athletic bag］アスレティックは「運動競技の、体育の」の

25

ファッション全般

意で、スポーツ選手が用いるいわゆるスポーツバッグを指す。さまざまな形が見られるが、一般にマディソン・スクエア・ガーデン・バッグ（通称マディソンバッグ）型のものをいう例が多い。

アスレティックレジャーウエア⇒タウンアスレティックウエア

畦編⇒リブ編

畦織［あぜおり］畝織ともいう。タテかヨコどちらかに畦（畝）を太く織り出す織り方。英語ではリブウイーブ［rib weave］という。博多帯などに用いられる博多織もこの一種で、これはまた琥珀（こはく）織とか単に「琥珀」とも呼ばれる。

アセクシュアルルック［asexual look］アセクシュアルは「性別のない、無性の」という意味で、一般に男女の性別がよくわからない服装を指す。アンドロジナスルック*やユニセックスルック*などと同義の言葉。

アセテート［acetate］半合成繊維*を代表する繊維。木材パルプを原料とする酢酸セルロース系繊維で、レーヨンと同じように用いられる。酸化度45％以上のものをアセテートというが、これを正式には「ジアセテート」とか「ダイアセテート」と呼び、酸化度59.5％以上のものをトリアセテート［triacetate］と呼んでいる。トリアセテートは合成繊維により近いものとされる。

アソートカラー［assort color］アソートは「調和する、合う」という意味で、配色でベースカラー［base color］（基調色）やドミナントカラー［dominant color］（支配色）と呼ばれる色に対し、それらを引き立てる役に当たる色を指す。「配合色」とも呼ばれる。

アゾフリー染料［azo free＋せんりょう］アゾはアゾ化合物のことで、アゾベンゼ

ンなどの芳香族アゾ化合物には色素となるものが多く、アゾ染料として使われている。最近、これに発ガン性があると指摘されるようになり、ドイツなどではその使用が認められなくなった。そうしたアゾを使用していない染料をこのように呼んでいる。

アタイア⇒アレイ

アタックザック⇒バックパック

アタッシェケース［attaché case］アタッシュケースとも。ビジネス用のバッグとして最も一般的に知られる比較的薄手の角型カバン。アタッシェはフランス語で「大使館員、公使館員」また「（大使・公使の）随行員」を意味し、そうした人たちが携行した書類入れとしての手提げ鞄から発したもの。アメリカではエグゼクティブケース［executive case］（重役が持つ鞄の意）と呼ぶことが多い。日本では1960年代中期の「007」映画のヒットから流行するようになった。

アタッチトカラー［attached collar］アタッチトは「取り付けた」という意味で、「取り付け襟」「縫い付け襟」のこと。つまりは一般に見られるシャツ襟を指す。かつては礼装用のフォーマルシャツに用いられる、身頃から取り外しのできる襟をこのように呼んでいたもので、現在でもそのような意味で使われることがあるが、それはデタッチト dettached（分離されたの意）の誤用ではないかという説が強くなっている。

アタバッグ［ata bag］インドネシアのバリ島を中心として生産される籠（かご）バッグのこと。いわゆるバリ雑貨のアタ製品のひとつで、素朴な編み籠として知られる。アタはバリ島やロンボク島などに自生するシダ科植物の一種で、葉を取り、茎の部分を乾燥させたものが材料となる。これを裂いて手編みで籠状としたも

ファッション全般

ので、最近人気を呼ぶようになっている。

アダルトカジュアル［adult casual］大人たちのためのカジュアルファッションの総称。とかく若い人たちに限定されがちだったカジュアルファッションも、いわゆる団塊の世代のリタイア現象などがあり、大人、とりわけその男性たちに向けられるようになり、大きく注目されるようになってきた。そうした衣服をアダルトメンズカジュアルウエアとも呼んでいる。

アダルトモヘア⇒モヘア

厚司［あつし］北海道のアイヌによって作られる織物で、現地語の「アットゥーシ」からきたもの。「厚司織」のことで、アイヌの伝統的な衣服のこともこの名で呼ぶ。

アッシュグレー［ash gray］アッシュは「灰、燃え殻」の意で、直訳すれば「灰・灰色」となるが、これは特に麦わらを燃やした時の灰殻に見るやや緑みがかった明るい灰色を指す。フランス語にも gris cendre（グリセンドレ＝灰色の灰色）という同様の表現があるが、これは「灰白色」を意味する。

厚底おでこ靴［あつぞこおでこぐつ］底の部分が分厚く、爪先がもっこりと大きく膨らんだ形を特徴とする靴をいう俗称。1990年代中期に流行したアムラー系のコギャルファッションとともに人気を集めた女性用の靴のひとつで、短靴からブーツまでさまざまな種類がある。底の部分を厚くした女性用のサンダルを「厚パン（あつ＋pan）」ということもあるが、これはフランス語で「裾」を示すパンから名付けられた俗称。

アッパー［upper］靴の底より上の足全体を覆う部分。いわゆる甲部の総称。日本語ではほかに「甲皮（革）」とか「製甲」ともいう。

アッパーカジュアル［upper casual］一般的なものより少し格が上のカジュアルファッション。大人の女性やお金持ちのお嬢様が好むような、少し気取って上品なイメージのあるカジュアルファッションを総称する。

アッパッパ［――］大正年間、関東大震災（1923）以後に普及した、きわめて簡単な仕立ての夏季用ワンピース。関西で生まれた名称で、全体にだぶっとして裾がぱっと開くところからこのように呼ばれたという。一説には日本で最初の婦人既製服とされる。別名「簡単服」。

厚パン⇒厚底おでこ靴

アップサイクル［up cycle］廃棄処分される服や素材を新たな視点で見直して、新しい製品や素材に変換し、新たな価値を与えて再生利用すること。単なるリメイクやリサイクルではなく、製品の価値を再利用する前よりも高めていこうとする考え方からアップサイクルと呼ばれる。こうして作られるアップサイクルバッグや、これらを専門に手掛けるアップサイクルブランドといったものが見られる。

アップサイクルデニム［up cycle denim］アップサイクル*の考え方で作られたデニム地およびその製品。単なるリサイクル（再利用）ではなく、新たな発想で作られる新しいデニムのひとつを指す。

アップサイクルドレス［upcycle dress］アップサイクルの考え方で生まれ変わらせたドレス。スカーフなどとの組み合わせやデザイン・テクニックによって新しい価値を生み出すようにしたドレスなどが見られる。

アップサイドダウンドレス［upside-down dress］アップサイドダウンは「上下逆さまの、ひっくり返した」の意で、上下を逆にデザインしたドレスを指す。たとえ

27

ファッション全般

ばキャミソールドレス*を逆にしたような形のものがあり、裾にストラップ（肩紐）が付くのが面白いデザインとされる。

アップシューズ⇒エレベーターシューズ

アップスタイル [up style] 髪の毛全体を高く梳き上げて、頭頂部でまとめる女性のヘアスタイルの総称。襟足をすっかり見せるのが特徴で、華やかな印象が強くなり、パーティーなどにうってつけの髪型とされる。全体を上げるオールアップスタイル [all up style] が知られるが、これに対して片一方だけを上げるサイドアップスタイル [side up style] も見られ、こうした髪をアップヘア [up hair]、後者を特にサイドアップヘア [side up hair] とも呼んでいる。また後頭部の中ほどで髪をまとめたものはセミアップスタイル [semi up style] と呼ばれ、これは古代ギリシャの時代から見られるクラシックな髪型として知られる。

アップデーテッド⇒アップトゥデート

アップトゥデート [up-to-date]「現代的な、最新の」の意。アップデーテッド [up-dated] と同じだが、アップデート [up-date] となると、コンピューターでファイル修正して新しい情報に置き換えることなどを示す。

アップヘア⇒アップスタイル

アップリケ [appliqué 仏] アプリケとも。さまざまな形に切り抜いたフェルトや革などを貼り付けたり、縫い付けたりする装飾の技法を指す。本来装飾などを付けることという意味で、ファッション用語としては「縫い付け飾り」などと訳される。

アップリフト⇒ブラジャー

アップルジャックキャップ⇒カスケット

アティテューディナルルック [attitudinal look]「アティテュード（態度、心構え）を表す装い」といった意味で用いられ

る。これには、既成の考え方にとらわれることなく自分なりの着こなしを素直に楽しもうとする態度を打ち出した服装、という意味が込められている。

アドービブラウン [adobe brown] アドービはアメリカの南西部やメキシコに多く見られる乾きレンガ（日干しレンガ）のことで、その赤茶けた色をいう。いわゆるサンタフェ調のファッション表現として、デザートピンク [desert pink]（砂漠のピンク）やサンタフェブルー [Santa Fe blue]（サンタフェ調の青）などとともに、ドライ感のある色として用いられる。

アドーン [adorn]「（装飾品などで）飾る、装飾する」といった意味で、アタイア*やアレイ*などの同義語とされる。これの派生語のひとつアドーンメント [adornment] は「装飾品、アクセサリー」の意味になり、オーナメントと同義になる。

アドーンメント⇒アドーン

後染め [あとぞめ] 先染め*の対語。織物や編物を生地の状態で染色することをいう。「反染め（たんぞめ）」とも「疋染め（ひきぞめ）」とも呼ばれ、英語ではピースダイング [piece-dyeing] と呼ばれる。また1色に染まることから「無地染め」という表現もある。染液に浸すという意味で「浸染（しんせん）」また「ずぶ染め」とか「泥染め」などという用語もある。

アドナイズ [adonize]「美しくする、おめかしする、盛装する」ときに「色男ぶる」といった意味で、主として男性の着こなしに用いられる言葉。

アドバンスト [advanced]「先端の、前進の、先取りした」の意。ファッションテースト*では最も感度の鋭い先進的なレベルを指す。

アドバン仕上げ [――＋しあげ] 紳士靴に

見る革の仕上げ方法のひとつで、表面に色ムラを付けるもの。アンティークフィニッシュ（アンティーク仕上げ）と似ているが、これは色付けを塗装の段階で完全に済ませておくのが特徴とされる。アドバンは英語のアドバンス（進歩する、進歩させる）を略した靴業界用語とされ、それには「色が浮き出る」の意もあるとされる。

アドバンスト・アシメトリー [advanced asymmetry] 最先端を行く非対称デザインの意で、これまでの非対称のさらに上を行く左右非対称となったデザイン表現を指す。2016/17年秋冬向けに登場したファッショントレンドのひとつで、アヴァンギャルド（前衛的）な感覚に特徴がある。

アドベンチャースポーツウエア [adventure sportswear] 「アドベンチャースポーツ」と呼ばれる冒険心を必要とするスポーツに用いられるウエアを指す。ハンググライディング、スカイダイビング、スキューバダイビング、トローリングといったスポーツに代表される。

アドベンチャートラベルウエア [adventure travel wear] 冒険心にあふれたトラベルウエア（旅行着）という意味で、あらゆる気候条件に対応できる実用的で丈夫な旅行用の衣服を指す。実際的には軽登山用に開発されたトレッキングウエア [trek-king wear] と同義とされる。トレッキングには「長く苦しい旅をする」という意味がある。

アドベンチャーハット⇒サファリハット

アトマイザー [atomizer] 香水のスプレー（噴霧器）、香水吹き。アトマイズは本来「原子に分離する」という意味で、「液体を霧にする、固体を粉々にする」という意味もあり、ここからアトマイザーは薬液などの噴霧器を指すようになった。

アドミラルキャップ⇒マリンキャップ

アトラス編 [atlas stitch] 経編*のひとつで、降り柄と呼ばれるジグザグ状の編み目を作るのに適する。アーガイル柄を表現するのに用いられ、シングルアトラス編とダブルアトラス編（ダイヤモンド編ともいう）の２種がある。別にバンダイク編 [vandyke stitch] の名でも呼ばれる。

アナキサリデス [anaxyrides] 古代ペルシャ人が着用したズボン状の穿き物を、古代ギリシャ人が蔑視してこう名付けたもの。大昔ペルシャの砂漠地帯で穿かれていたもので、現在のズボンの源とされる。

アナトミカルシューズ [anatomical shoes] コンフォートシューズ*をいうヨーロッパでの呼称のひとつ。アナトミカルは「解剖学的な」という意味で、人体構造学的な観点から設計された、足に快適な靴を指す。足裏のカーブに合わせて盛り上がったフットベッドをもつ靴や、足指の開きを自然に保つオブリークトウ*の靴などがあげられる。この分野ではドイツの『ビルケンシュトック』社の健康靴が世界的に知られる。

アナトミカルファッション [anatomical fashion] アナトミカルは「解剖学的な」という意味で、人の体を解剖学的に造形しようとするファッションデザインの表現を指す。肉体を強く意識するボディーコンシャス*の延長上に現れた考え方のひとつで、ジャンポール・ゴルチエなどによって1991年ごろから提唱された。

アナログウオッチ⇒デジタルウオッチ

アニカジ [animation + casual] 「アニメーションカジュアル」の短縮語。アニメーション（動画。アニメとも略）に登場するキャラクターをモチーフとして展開されるカジュアルファッションの表現。特に日本のアニメをモチーフとしたものはジャパニメーションモード [Japanimation mode]、またアメリカなど世界的なキャラクターを採用したものはワールドキャラクターモード [world character mode] などとも呼ばれている。

アニマル柄 [animal ＋がら] さまざまな動物の皮膚表面に現れた模様をモチーフとした柄の総称。プリント柄で表現されるものが多いところから、アニマルプリント [animal print] と称されることが多い。イグアナ柄、パイソン柄、ゼブラ柄、ダルメシアン柄、ホルスタイン柄（カウ柄）、豹（ヒョウ）柄などと数多くの種類がある。

アニマルファイバー⇒動物繊維

アニマルプリント⇒アニマル柄

アニマルヘア [animal hair] 羊毛以外の動物（特に獣類）の毛を原料とした素材を総称し、単にヘア [hair] とも呼ばれる。日本語では「獣毛」と称するが、これにはカシミヤ（カシミア）、モヘア、ビキューナ、アルパカ、キャメル、アンゴラといった種類がある。

アニマルマスク⇒ファッションマスク

アニマルレザー [animal leather] 動物の革の意だが、特に野生動物のそれを指す。オーストリッチ*、エミューなどの鳥類革から、エレファント（象）、ゼブラ（シマウマ）など陸棲動物の革、ビーバーやアザラシなど水棲動物の革などが含まれる。最近ではワシントン条約によって保護されるものも多くなっている。

アニメーションカジュアル⇒アニカジ

アニメヘア [animation ＋ hair] アニメーション（動画）に出てくるような髪型。ボーカロイド（ボーカル×アンドロイド）あるいはバーチャルシンガーとして知られる「初音ミク」に見るツインテールに代表され、ブルーやシルバーなどアニメ調のヘアスタイルを総称する。

アニリンカーフ [anilline calf] 合成染料のアニリンで染色したカーフ*のこと。「本染め革」と呼ばれるものに最も近い染色法とされ、革本来の銀面模様が美しく生かされるのが特徴。こうした加工を「アニリン仕上げ」といい、カーフのほかキップ*にも用いられる。

アノー [anneau 仏] フランス語でいう「指輪」。ただしフランス語では装飾的なアクセサリーとしての指輪はバグ [bague 仏] と称し、結婚指輪など契約や身分を表す象徴としての指輪をアノーと呼んで区別している。婚約指輪はアノー・ド・フィアンセイユ [anneau de fiançailles 仏]、結婚指輪はアノー・ド・マリアージュ [anneau de mariage 仏] といい、この略としてアノーの言葉を用いることもある。

アノー・ド・フィアンセイユ⇒アノー

アノー・ド・マリアージュ⇒アノー

アノニマス・ファッション [anonymous fashion] アノニマスは「匿名の、作者不明の」「名もない、無名の」という意味で、匿名性のファッションを指す。プロのデザイナーやメーカーなどによって提供される受け身のファッションではなく、街の中で若者たちによって創り出されたような無名性を特徴とするファッションをいう。ロンドンパンクや東京ロリータなど街で自然発生したファッションに代表される。

アノラック [anorak] パーカの別称のひとつで、特に英国ではこう呼ぶ例が多い。本来はグリーンランドに住むイヌイットたちが用いたシールスキン（オットセイやアザラシの毛皮）製のフード付き防寒着を「アノラク」と呼んだことに由来するもので、女性用のものは「アマウト」と呼ばれた。なお、アメリカにはこうしたものをホエラーズ [whalers]（鯨を獲る人の意）と俗称する習慣がある。

ファッション全般

アバ［aba, abba アラビア］中東アラブで広く用いられるコート状の衣服。全体にゆったりとした丈の長い形を特徴とするもので、男女ともに外出着として着用される。アラビア半島から西アジアの地方で着られる同種の衣服の総称としても用いられ、イラクでは「アバー」、バーレーンではアバヤ［abaya, abadjeh］、カタールの女性用のものは「アバーヤ」ともいう。

アバクロ［Abercrombie & Fitch］アメリカのカジュアルウエアのＳＰＡ（製造小売業）である「アバクロンビー＆フィッチ」社およびそのブランドの略称。Ａ＆ＦとかＡＦとも略される。1892年ニューヨークに設立されたアウトドアスポーツウエアと用具の老舗だが、1988年にリミテッド社の傘下に入り、その後ヴィンテージ風カジュアルブランドに変身して人気を復活させた。2009年12月には日本の銀座にもオープンし、アバクロの愛称で親しまれている。

アパッシェスカーフ［apache scarf］アパッシェはフランス語で「都会の与太者」といった意味があり、元々はアパッシェダンサーと呼ばれる踊り手たちが用いた赤いシルクスカーフを指したものだが、1965年ごろからパリのモンマルトル周辺の不良少年たちに用いられるようになって流行するようになった。カラフルな大判の布地を、ネクタイのような結び方をして首に直接巻き付けるスタイルが特徴とされる。単に「アパッシェ」ともいう。

アパッチメイク⇒ペインティングメイク

アバヌ［havane 仏］フランスの伝統色のひとつで、渋い真鍮のような薄茶色を指す。アバヌは本来フランス語読みでキューバの首都ハバナを指し、ハバナ産葉巻タバコに見る茶色を意味した。

アバヤ⇒アバ

アパレイユ［apareille 仏］古代フランス語でアパレル*の語源とされる。本来は「フィットさせる」という意味を持つ。

アパレル［apparel］「衣服、服装」という意味で、特に既製服としての衣料を表すことが一般的。本来は英語の古語・雅語であったが、1960年代後半からのファッションビジネスの台頭によって衣服関係を指す用語として使われるようになった。現在ではアパレルというだけでファッション業界やその仕事などを意味するようにもなっている。

アパレル小物［apparel＋こもの］アパレル（衣服）に関連する小物の総称で、ネクタイやレッグニット（靴下類）、手袋、帽子、スカーフなどが含まれる。アクセサリー*と同義。

アパレルジュエリー［apparel jewelry］ジュエリーメーカーやアクセサリーメーカーではなく、既製服を作り出すアパレルメーカーによって作られるジュエリー類を総称する。アパレルメーカーが直接デザインを手掛けて独自のルートで販売するもので、1980年代以降、いわゆるＤＣブランドアパレルが開発したものをこのように呼ぶようになった。

アパレルパーツ［apparel parts］アパレル（衣服）のパーツ（部分品）という意味で、衣服を構成するボタンやファスナー、フリル、ブレードなどのいわゆる「付属」類を総称する。これまで特別な名称がなかった付属類をこのように新しくネーミングしたもので、広義には芯地や裏地、パッドなどのあらゆる服飾用副資材までが含まれることになる。

アビ［habit 仏］フランス語で単に「衣服、上着、法衣」といった意味だが、ファッション史上では18世紀に男性貴族たちによって着られた上着や、それ以降の男性用礼装上衣を指す。ジュストコール*が

18世紀に入っていっそう華麗になってこのように名を変えたもので、アビ・ア・ラ・フランセーズ*などさまざまな名称でも呼ばれる。

アビ・ア・ラ・フランセーズ [habit à la française 仏] 18世紀のロココ文化を象徴する男子貴族たちの礼装用上衣。「フランス風のアビ*」の意で、ジュストコール*をさらに装飾的なデザインにし、細身の優雅なシルエットを特徴とした。

アビ・ア・ラングレーズ⇒フラック

アビエイターキャップ [aviator cap] 飛行家がかぶる帽子の意で、昔のパイロットたちが用いたような、頭にぴったりフィットする耳当て付きの丸帽を指す。最近のコレクションに好んで用いられるようになったもので、レザーや布帛、ニット製のものが見られる。これに飛行用のゴーグルを付けたものもある。いわゆる「飛行帽」。

アビエイターグラス⇒マッカーサーグラス

アビエイタージャケット⇒エイビエイタージャケット

アビエイターハット⇒ウシャンカ

アビエイターパンツ [aviator pants] 「飛行家たちのパンツ」の意で、エイビエイターパンツともいう。本来は1920年代から40年代にかけての飛行家たちに愛用された作業ズボンの一種を指すが、現在ではこれにモチーフを得ながらも比較的タイトに作られた女性用のカジュアルなパンツを指すことが多い。

アビエイターモデル⇒ティアドロップモデル

アビエーションウオッチ [aviation watch] アビエーションは「飛行、航空、飛行術」また「航空機産業」の意で、そうした現場で用いられる専門的な腕時計をいう。いわゆる「航空時計」のことで、パイロットウオッチと同義。飛行機の操縦室の意からコックピットウオッチとも呼ばれる。こうした時計は、懐中時計を腕に巻いたことから生まれた腕時計の原点とされている。

アビト [àbito 伊] スーツを意味するイタリア語。アビト・ダ・ウオモ [àbito da uomo 伊]（男の服の意）の略。アビトそのものは「衣服、ドレス」一般を指す。

アビト・ダ・ウオモ⇒アビト

アビ・フラック⇒フラック

アビ・ルダンゴト⇒ルダンゴト

アフガニスタンコート⇒アフガンコート

アフガン [Afghan] 中近東で用いられるタテヨコ100センチほどの正方形のウール布のことで、現地ではクフィーヤ（クーフィーヤ Kufiyah）とかシュマグ（シュマーグ）などと呼ばれる。もともと男性のかぶり物や乳幼児のおくるみとして用いられるもので、これが首巻きとなってアフガンショールとかアフガンストールなどと呼ばれるようになった。特に赤ちゃん用のものはベビーアフガンと呼ばれ、これは綿のガーゼやタオル地などが用いられ、おくるみの他、タオルケットや毛布代わりとしても用いられる。

アフガンコート [Afghan coat] アフガニスタンの民族衣装のひとつで、長い毛足が付いたままの羊革と黄、赤、青などのカラフルなアフガン模様を特徴としたハーフコートの一種。アフガニスタンコート [Afghanistan coat] ともいい、1960年代のヒッピーファッションのアイテムに用いられて知られるようになった。独特の臭いが難点とされる。

アフガンショール [Afghan shawl] アフガンストール [Afghan stole] とも。中近東の男性が用いる首巻きをいう日本の俗称。民族調ファッションの雰囲気をよく表すとして、最近男性に人気が出てきたもの。フリンジの付いた格子柄大判スカーフといった形に特徴がある。バンダナ

ファッション全般

風に三角巻きにして首にあしらうほか、腰に巻き付けるといった用い方も見られる。本来はアラブ地方で「シュマーグ」と呼ばれる。なおイスラム教徒の女性が着用するスカーフは「トゥドン」という。

アフガンストール⇒アフガンショール

アフガンネック［Afghan neck］アフガンショール*（アフガンストールとも）をそのまま首に取り付けたようなデザインの襟をいう。アフガンショールの人気から、このようなデザインが取り入れられたもの。

アフガンブロードテール⇒ブロードテール

アフガンベスト［Afghan vest］アフガニスタンの民族衣装のひとつで、ムートン（羊革）で作られる派手な刺繍入りのベストをいう。長短さまざまな長さのものがあり、アームホールや身頃の縁の毛皮のトリミングが特徴となる。1960 ～ 70年代のヒッピールック流行時に用いられたアイテムのひとつ。

アフガンベルト［Afghan belt］アフガニスタン伝統のアンティークベルトの一種。アンティークなコインやスタッド、ビーズまた編み模様などを全面にあしらった幅10センチほどのワイドなベルトで、両端を紐でつなぐ形を特徴としている。ひとつひとつ手作りされるのも特徴のひとつで、エスニック（民族調）ファッションのアクセサリーとして多く用いられるようになった。こうしたベルトの模様を裾にプリントしたTシャツも見られ、これを「アフガンベルト・プリントTシャツ」などと呼んでいる。

アブストラクトアート［abstract art］抽象的な芸術表現の総称。具象的な絵画や写真、彫刻などとは反対の概念を持つ芸術を指し、モダンアート*を代表するものとされる。アートの本質はフォルム（形）とカラー（色彩）にあるとする考え方が根底に流れている。

アブストラクトパターン［abstract pattern］アブストラクトは「抽象的な」の意で、いわゆる「抽象柄」を総称する。フィギュラティブパターン*の対語。

アフターエイト⇒アフターシックス

アフタヌーンコート⇒ビジティングコート

アフタヌーンシャドー［afternoon shadow］朝剃った髭が午後になってうっすらと伸びて、影のように見える状態を指す。男性の魅力（チャームポイント）のひとつとして語られることもある。

アフタヌーンスーツ［afternoon suit］午後の社交の場に用いられる女性用のスーツ。一般にドレッシーな雰囲気のスカートスーツが多く見られ、かちっとしたテーラードな感覚のものは少ない。こうしたものをニューソーシャルウエア［new social wear］（新しい社交服）と総称する傾向もある。

アフタヌーンドレス［afternoon dress］女性の正式な昼間礼装として用いられるドレッシーな雰囲気のドレスを総称する。主として午後からの社交の場で用いられるもので、夜間のイブニングドレスよりは万事控え目なデザインが良いとされる。フランス語ではローブ・ダプレミディ［robe d,après-midi］（午後の服の意）という。

アフターシェーブバーム⇒アフターシェーブローション

アフターシェーブローション［aftershave lotion］男性が髭剃り後に肌荒れを防ぐ目的で用いる化粧水のこと。アフターシェーブだけでも同じ意味を表す。アフターシェーブバーム［aftershave balm］という同種の化粧品もあるが、バームは「香油、芳香性樹脂」また「鎮痛剤、慰め」という意味になる。

アフターシックス［after six］「午後6時以

ファッション全般

降」の意で、夜間のフォーマルウエア全般を指すとともに、昼間と夜間の礼服の着分け時間のことも表している。オーソドックスな礼装においては昼と夜とで、それにふさわしい服装に着分ける習慣があり、それをおおむね午後6時としたころからこのような言葉が用いられるもの。季節などによってアフターファイブ［after five］（午後5時以降）とかアフターエイト［after eight］（午後8時以降）、またアフターダーク［after dark］（暗くなってから）といった言葉も用いられる。

アフターダーク⇒アフターシックス

アフターノート⇒ノート

アフターファイブ⇒アフターシックス

アプランド綿⇒ピマ綿

アフリカン・グラフィックプリント［African graphic print］アフリカンバティック（アフリカ更紗）と呼ばれる布地などに描かれたプリント柄。いかにもアフリカを思わせる自然の植物や動物のモチーフを幾何学的に表現した素朴でのどかな絵柄が多く、いわゆるトライバル柄＊の代表的なものとして人気を集めている。

アフリカン・バスケットバッグ［African basket bag］アフリカ調のバスケットバッグ（カゴバッグ）の総称。天然麻でざっくり編まれたケニアバッグと呼ばれるものなどさまざまな種類がある。総じてアフリカ特有の柄模様を編み込んだタイプが多く、最近リゾート用やカジュアル用として人気を得ている。

アフリカンバティック⇒更紗

アフリカン・ワックスプリント⇒パーニュ

アプリケドレス［appliqué dress］アップリケドレスとも。手芸細工に見るアプリケを全面に施した造形的なドレス。

アプレゲール［après-guerre 仏］フランス語で「戦後」を意味し、フランスでは第1次大戦後に起きた新しい芸術運動を指

すが、日本では第2次大戦後の若者たちの無軌道な行動やそうした集団を呼ぶようになった。単にアプレとか「アプレ族」などともいい、つまりは「戦後派世代」を指す。

アフロ⇒アフロヘア

アフロキャップ［Afro cap］アフロヘア＊と呼ばれる髪型に似せて作った特異なデザインの帽子。まるでアフロヘアの鬘（かつら）をかぶったように見えるのが特徴。

アフロヘア［Afro hair］アフロは「アフリカの、アフリカ人の」という意味で、元は黒人特有の縮れ毛を梳いて立たせ、大きく丸く仕上げた特異な形のヘアスタイルを指す。1960年代、ソウル音楽系の黒人ミュージシャンが取り入れたところから世界的に流行するようになった。単にアフロというだけでも通じる。

アポロキャップ［Apollo cap］アポロ宇宙船基地の作業員ユニフォームから生まれた帽子で、ひさしの月桂冠の飾りなど派手なレタリング刺繍を特徴としたフェルト製の丸帽を指す。元は軍隊における作業用帽子のひとつで、現在では軍隊だけでなく、さまざまな場所で作業帽として用いられるほか、カジュアルなキャップとしても人気がある。宇宙から地球に帰還した宇宙飛行士に贈られる帽子という伝統もあり、またこの名称は日本独自のものともされている。

甘顔メイク［あまがお＋make］可愛く見せたい、モテたいという気持ちから、男受けをめざした王道モテメイクのひとつ。薄めのつけまつ毛や薄めのメイクなどで、甘い顔付きに仕上げるのが特徴とされる。ナチュラル甘顔メイクとかナチュラル可愛い甘顔メイクなどとも呼ばれ、2012年3月、雑誌の表紙を飾った前田敦子（元ＡＫＢ４８）のそれから始まったとされる。

ファッション全般

甘カジ［あまカジ］「甘いカジュアル」の意で、2004年ごろから始まったスイートファッションやスイートカジュアルといったファッションの発展形。子供っぽさや可愛さ、甘い色調などを特徴としたガーリーなカジュアルファッションの表現を総称するもので、甘カジファッションとか甘カジスタイルとも呼ばれる。局所的に「渋谷系甘カジ」と呼んだりもする。

雨合羽⇒合羽

甘辛ミックス［あまから＋mix］異なるファッションテイストを組み合わせて面白い効果を表現する「テイストミックス」の一手段で、甘い感じのものと辛口のものをいっしょにしたそれを指す。たとえば、ハードなイメージのミリタリー調のジャケットとガーリーな雰囲気のシフォンスカートの組み合わせといったもので、別に「ビタースイート」などとも呼ばれる。2008年春から渋谷中心に流行を見ている。

アマゾーヌ⇒ライディングスーツ

アマゾネスルック［Amazones look］アマゾネスはギリシャ神話に登場する伝説的な女武人族を指し、そこから強い女性を思わせるファッション表現を意味するようになった。肩を大きく張って、ウエストを強く絞ったシルエットの服装で表されることが多く、ストロングウーマンルック＊と同義に扱われる。

アマゾンスカート［Amazon skirt］フランス語でジュップ・アマゾーヌ［jupe amazone 仏］ともいう。19世紀の女性用の乗馬服やそうした乗馬姿を指すアマゾーヌという言葉から派生したもので、たっぷりした量感を特徴とするロングスカートをいう。ライディングスカート［riding skirt］の別称もある。

甘撚り糸⇒撚糸

余り袖［あまりそで］⇒エクストラ・ロン

グスリーブ

アマレッタ［amaretta］『クラレ』の開発による人工皮革の商標名。ナイロンの超極細繊維を使用してヌバック＊のような感触を持たせた微起毛仕上げの高級人工皮革で、スエードよりも滑らかで軽く、イージーケア性に長けるのが特徴とされる。ほかにリアルレザー風の「アマレッタZ」などのバリエーションもある。

甘ロリ⇒スイートロリータ

アミーゴハット［amigo hat］アミーゴは「友だち」を表すスペイン語で、これは中南米一帯に見られる帽子を総称する。ブリムが大きくまくれ上がったメキシコのソンブレロ風の帽子やクラウンが高く作られたウエスタンハット風の帽子などがある。最近の帽子人気から注目されるようになったもののひとつ。

アミーゴバンド⇒プロミスバンド

網ソックス［あみ＋socks］網タイツのソックス版とされるレッグウエアの一種。網タイツが持つセクシーな雰囲気そのままにソックスとしたもので、いわゆるチラ見せ効果があるとして2017年春夏に人気となった

編タイ⇒ニットタイ

網タイ⇒網タイツ

網タイツ［あみ＋tights］網目状のタイツのことで、ネットタイツ［net tights］とかフィッシュネットタイツ［fishnet tights］（漁網タイツの意）ともいう。日本では俗に「網タイ」ともいい、さまざまな透かし模様をあしらったものは、ラッセル編機で作られるところからラッセルタイツ［raschel tights］と呼ばれる。これはまた柄タイツ［がら＋tights］ともいい、「柄タイ」の俗称もある。こうしたものを総称してデザインタイツ［design tights］とも呼んでいる。

編手袋［あみてぶくろ］編んで成形した手

35

袋の総称で、ニットグローブ［knit glove］とも呼ばれる。これには機械編みと手編みの2種がある。

アミュレット [amulet、amulette 仏]「お守り、魔除け」の意で、チャーム*と同義。

アムンゼン ［amunzen］ジョーゼット*のような梨地織を特徴とした生地。現在ではシボのある綿、毛、ポリエステルなどの変わり織を総称しているが、元々は梳毛織物の一種で、和服地として日本の尾州産地で考案されたもの。当時、極地探検で有名だったノルウェーのロアルド・アムンゼン Roald Amundsen（1872～1928）にちなんで命名された。

雨カジ ［あめ＋casual］「雨の日カジュアル」の意。梅雨どきの若い女の子のファッションを、2009年6月、ＮＨＫ総合テレビの『東京カワイイ★ＴＶ』がこのように名付けて放映したもので、色鮮やかなレインブーツ（長靴）やレインコートなどが代表的なアイテムとして紹介された。また、こうした長靴を好む女の子たちを「長靴族」とも呼んでいる。

アメカジ ［American casual］「アメリカンカジュアル」の短縮語で、日本ではＡＣとも略称されている。アメリカに見るカジュアルファッションの総称で、トラッド＆アイビー系の基本的なカジュアルウエアのほか、ジーンズやワークウエア、ミリタリーウエア、各種のスポーツウエアなど、アメリカを発祥とするスポーティーな服装の全てが含まれる。実用的で機能的なものが多い。

アメグラルック⇒アメリカン・グラフィティルック

アメサロ ［American＋salon］アメリカンカジュアルとサロン系*から作られた語。最近の渋谷や原宿を中心に見られる若者ファッションのひとつで、アメリカンカジュアルのテーストを加えたサロン

系のスタイルを指す。きれいめな色彩を取り入れて、重ね着で着こなすのが特徴とされる。2008年春頃から登場したもので、「お兄カジ*」と人気を二分している。

アメトラ⇒アメリカントラディショナル

アメニティーファッション ［amenity fashion］アメニティーは「快適さ、心地よさ」という意味で、1980年代後半から快適な環境や快適性の質を表す概念としてよく用いられるようになっている。そのような快適感のあるファッションを総称する。

アメフトＴシャツ ［American football T-shirt］アメリカンフットボールのユニフォームに模して作られたＴシャツ。数字のロゴを大きく取り付けた長袖タイプのものが多く見られる。フットボールジャージー*とは異なる。スリーブ

アメリカンアームホール⇒アメリカンスリーブ

アメリカンウエイ ［American way］レジメンタルタイ*に代表されるストライプ（縞柄）のネクタイで、縞の方向が英国とは逆になった「アメリカ式の方法」を指す。ネクタイの縞柄は普通、向かって右上から左下へ流れる「ノの字」型のストライプが多く、こうしたものを「英国式ストライプタイ」などと呼んでいるが、アメリカではこれが逆、すなわち向かって左上から右下へ流れる形が主となっている。これはネクタイ地の裁断の違いによるものというが、これをリバースストライプ［reverse stripe］とかインバースストライプ［inverse stripe］（ともに逆縞の意）と呼んでいる。また自分の体を中心として、英国式をハイレフト・ローライト［high-left low-right］（左側が高く、右側に低い）、アメリカ式をハイライト・ローレフト［high-right low-left］（右側が高く、左側に低い）と表現することもある。

ファッション全般

アメリカン・エジプシャンコットン⇒米綿
アメリカンオポサム⇒オポサム
アメリカンカジュアル⇒アメカジ
アメリカン・グラフィティルック [American graffiti look] アメリカ映画『アメリカン・グラフィティ』(1973) に見るアメリカの1950年代から60年代初期にかけての若者ファッションを指す。グラフィティは「落書き、いたずら書き」の意で、単にアメグラルックとかグラフィティルックとも呼ばれて70年代に流行を見た。
アメリカンコットン⇒米綿
アメリカンスタイル [American style] アメリカのスタイル。俗に「アメリカ調」と呼ばれるファッションで、ヨーロッパの審美的な感性と比べると、機能的で実用的な面が強くうかがえる。アメリカの服がよりファッションビジネス的といわれるのはここに起因するが、アメリカ特有の伝統的な服作りの姿勢も見逃すことができない。ことにアメリカントラディショナルスタイル [American traditional style]、略してアメトラとかトラッドなどと呼ばれるスタイルは、もはやメンズファッションにおける定番とされている。
アメリカンスリーブ [American sleeve] 正しくはアメリカンアームホール [American armhole] と呼ばれるデザインをいう俗称で和製英語。首の根元から袖剝(ぐ)りの下までを斜めに大きくカットしたデザインを指し、ホールターネック*のように見えるものの紐などで吊るのではなく、後ろにも前部と同じ形の身頃が付いているのが特徴。いわゆるノースリーブのデザインの一種で、肩が大きく露出し、アメリカ的な開放感があるところからこのように呼ばれる。フランス語でアンマンシュール・アメリケーヌ [emmanchure américaine 仏] ともいう。

アメリカンタトゥー [American tatoo] アメリカ風の入れ墨。アメリカのロックミュージシャンなどの間で流行している入れ墨で、上腕部や肩、背中など服を着ているときには見えない場所に密かに彫る例が多い。
アメリカントラディショナル [American traditional] アメリカの風土に連綿として伝えられた伝統的な服装の総体、またそこから喚起されたファッションのイメージを指す。トラディショナル(伝統的なの意)を略してトラッド*といい、さらに日本ではそこからこれをアメトラと略称するようになった。スポーティーで機能的な服が多いのが特徴で、日本にはこれを信奉するファンがたくさん存在する。
アメリカン・トラディショナルスタイル⇒アメリカンスタイル
アメリカントラディショナルモデル [American traditional model] アメリカ東部のニューイングランド地方を中心に培われてきた伝統的(トラディショナル)な味わいを持つスーツ型を指し、そうした服装全般を広くトラディショナルスタイル、また日本ではトラッドとかアメトラ、また単にトラなどと総称している。トラディショナルモデルと呼ばれるスーツは、元々『ブルックス・ブラザーズ』社の〈ナンバーワン・サックスーツ*〉を母体に発展してきたもので、狭めのナチュラルショルダー(自然肩)と前ダーツなしのずん胴シルエット、3ボタン段返りと呼ばれるフロントスタイルを何よりの特徴としている。1961年、IACD(国際衣服デザイナー協会)によって「トラディショナル・ナチュラルショルダーモデル」の名が公認され、一般に広まった。
アメリカントレンチ⇒アルスターコート
アメリカン・ナチュラル [American natu-

ral] 1954年にアメリカのIACD（国際衣服デザイナー協会）が発表したスーツの流行型のひとつで、全く無理することのない自然体のボディーラインを特徴としたもの。このラインの登場で、戦前から続いていたボールドルック*は完全に終わりとなり、男のスーツは以後この形をスタンダードとして発展することとなった。こうしたスーツで表現されるファッションをナチュラルルック [natural look] とも総称している。

アメリカンハーネスレザー⇒サドルアップレザー

アメリカン・ブリティッシュモデル⇒ブリティッシュ・アメリカンモデル

アメリカンフレアード [American flared] 裾にわずかな広がりを持たせたフレアードラインのことで、ジェントリーフレアード [gently flared]（穏やかなフレアードの意）と同義。1970年代、アメリカのメンズパンツやジーンズに用いられたことからこの名で呼ばれた。

アメリカンブロードテール⇒ブロードテール

アメリカンヘアピン⇒ヘアピン

アメリカンマーテン⇒マーテン

アメリカンモデル [American model] アメリカ調のスーツモデルの総称。大量生産の既製服を中心に発達してきただけに、審美性よりも機能性と実用性を重んじる傾向が強く、きわめて合理的なデザインや着心地の良さが特徴とされる。誰が着ても平等に見えるというスーツ本来の性格を有しているのもアメリカらしいところで、これにもさまざまな流行型がある。

アメリカンレトロ [American retro]「アメリカの郷愁」の意。古き良きアメリカの時代をしのぶ懐古調のファッションをいう。19世紀前半のアーリーアメリカン調から、1920～30年代のシカゴ・ギャン

グスタイル、1950～60年代のいわゆるアメリカン・グラフィティ調まで、アメリカが最もアメリカ的であった時代の風俗やファッションが見直されて、再びファッション化している現象を指す。

アモルファス金属繊維 [amorphous＋きんぞくせんい] アモルファスは「無定形質、非結晶質」という意味で、結晶構造を持たない特殊な合金をアモルファス金属と呼んでいる。これを繊維の状態にして、樹脂やゴムなどと組み合わせた繊維をいう。優れた弾力性があるところから、衣料としてはストラップレスブラジャーなどの高機能素材として用いられる。

綾織 [あやおり] 織りの三原組織*のひとつで、畝が斜めに表現される織り方をいう。「斜紋織（しゃもんおり）」とも呼ばれ、英語ではツイルウイーブ [twill weave] という。

綾金巾⇒ドリル

ア・ラ・シュビーユ [à la cheville 仏] フランス語で「当世風のくるぶし丈」を意味し、英語のアンクルレングス [ankle length] と同義とされる。つまり、くるぶしまでの長さを指し、スカートやドレスなどの丈に適用される。

アラスカンコート [Alaskan coat] 本来はアラスカン・シールスキン（アラスカ産のオットセイの毛皮）で作られた毛皮コートを指し、かつては「エスキモーコート Eskimo coat」として知られたものだったが、現在ではシールスキンに似せた生地で作り、部分的に毛皮をあしらった防寒コートをこう呼ぶことが多くなっている。

アラスカンシャツ [Alaskan shirt] グレーのダイヤゴナル地で作られた非常に丈夫な防寒用アウターシャツ。テール（後ろ裾）が長めで、両胸に大型のボタンフラップポケットが付くのが特徴。語意は不

詳。

アラビアンパンツ [Arabian pants] アラビアの女性が穿くようなパンツの意で、股上が深く、裾口を紐で絞って穿くデザインの、ゆったりとしたシルエットのパンツをいう。一般にハーレムパンツ * として知られるもので、エスニック（民族調）の雰囲気をよく伝えるアイテムとして好まれる。

アラビアンルック [Arabian look] アラビア風ファッションの総称。アラビックドレス * やハーレムパンツ * などいかにもアラビアの風俗を感じさせるファッションで、いわゆるオリエンタル調をよく表すとされる。

アラビックドレス [Arabic dress] アラビア風のドレス。オリエンタルドレス * のひとつで、アラベスクと呼ばれるアラビア独特の紋様や「千夜一夜物語」を思わせるエキゾチックなデザインに特徴がある。

アラブスカーフ ⇒シュマグ

アラブパンツ [Arab pants] イスラム文化圏の男性が着用する伝統的なパンツ型下体衣の総称。たっぷりと布を使い、スカートの裾を縫い合わせたような形を特徴としており、サルエルパンツ * と同様の雰囲気を持つ。現在では動きやすいパンツのひとつとして、老若男女を問わず広く用いられるようになっている。

アラベスク柄 [Arabesque ＋がら] アラベスクは「アラビア装飾様式の」また「唐草模様の」という意味で、イスラム教徒によって多用されるアラビア風の模様を総称する。花や葉、蔓（つる）などの植物を抽象化して表現する図柄が多く見られる。

アラミド繊維 [aramid ＋せんい] 芳香族ポリアミド系の合成繊維のひとつ。耐熱性の高さと超強度で知られるスーパー繊維 * のひとつで、ケブラー [KEVLAR]（米『デュポン』社の商標）などの名称で知られる。原料によってポリパラフェニレン・テレフタルアミドと呼ばれる「パラ系アラミド繊維」（高強力と高弾性率に長ける）と、ポリメタフェニレン・イソフタルアミドと呼ばれる「メタ系アラミド繊維」（耐熱性と耐炎性に優れる）の2タイプに分かれる。最近では、この中で特に優れた機能を持つものを、スーパーアラミド繊維 [super aramid ＋せんい] と呼ぶようになっている。

アラモ [――] アラウンドモードを略した造語で、ファッション新聞『WWDジャパン』2011年11月28日号紙上の提唱による。同紙によるとアラモとは「ギャル文化を通過してきた女性デザイナーが作るデザイン性の高い日常着」「モード感、リアルクローズ度、バリュー感、チャレンジ度、キャリア度の5要素が不可欠」「デザイン性とミックス感があって、通勤にもオフにも着ることができ、、お買い得感があること」と定義されている。

ア・ラ・モード [à la mode 仏]「最新流行の、いまはやりの」を表すフランス語。英語のファッショナブル * と同義に扱う。

アランカーディガン [Aran cardigan] アランセーターのカーディガン版。アランセーター特有のアラン模様を特徴に、丸襟、前ボタンとしたバルキーセーターの一種で、伝統的なニットウエアのひとつとして愛好されている。鉄紺色を始め、白、生成り色のものが多く見られる。

アランセーター [Aran sweater] アランニット [Aran knit] とも。アイルランド西海岸のゴルウェイ湾にのぞむアラン諸島原産の素朴な手編みセーター。フィッシャーマンズセーター * の原型とされるセーターのひとつで、これに見る独特の編柄の数々を「アラン模様 *」と称する。

39

ファッション全般

あ

アランニット⇒アランセーター

アラン模様 [Aran＋もよう] フィッシャーマンズセーター*に代表されるコースゲージセーター（太い糸で編まれたセーター）によく用いられる編柄。元々アイルランドのアランニット（アランセーター*）に用いられていたところからこの名が生まれたもので、これは本来一家に一柄と定められる由緒正しい模様とされる。これにはまた遭難した時にどこの家の者かがすぐ分かるように、各家で必ず違った模様を用いるように配されたといういわれもある。

アリゲーター [alligator] 北米のミシシッピーワニや中国の揚子江ワニ、また南米のカイマン [caiman]（石ワニ）などに代表されるアリゲーター科のワニ。口先が短く広いのが特徴で、口を閉じると歯が見えなくなるのがクロコダイル*との違いとされる。「ワニ革」の一種として珍重される。

アルカンターラ⇒エクセーヌ

アルスター⇒アルスターコート

アルスターカラー [ulster collar] 昔の旅行用コートとして有名なアルスターコートに特有の襟型。上襟と下襟の幅が等しく、縁を太いステッチ掛けとした幅広の形に特徴がある。

アルスターコート [ulster coat] アイルランド北部のアルスター地方産の紡毛地で作られた伝統的な旅行用コート。単にアルスターとも呼ばれ、ダブルブレステッド、共地ベルト、丈長のシルエットを特徴とする。トレンチコートの原型となったコートとしても知られ、これに見る独特の襟型はアルスターカラーと呼ばれる。これを簡略にしたコートをアルスターレット [ulsterlet] とかアメリカントレンチ [American trench]、またセミアルスター [semi ulster]、ショートアルス

ター [short ulster] などという。

アルスターレット⇒アルスターコート

アルチザナルウエア⇒リアルクチュール

アルチザン [artisan 仏] アルティザンとも。フランス語で職人、工匠という意味で、アート心を解する職人という意味が込められた言葉。イタリア語ではアルティジャーノ [artigiàno 伊] と呼ばれる。

アルティジャーノ⇒アルチザン

アルティメイトピマ [ultimate pima] アルテミットピマとも。アルティメイト（アルテミット）は「究極の、最高の、最終の」といった意味で、世界最高峰のピマ綿を指す。すべての製造過程で化学薬品を一切使用しない最高級のオーガニックコットンで、「超長綿ピマ綿」として知られる。カリブ海・西インド諸島産のシーアイランドコットン（海島綿）をルーツに持つところから、U.S. シーアイランドピマと呼ばれることもある。

アルニススタイル [Arnys style] フランス・パリの名門紳士服店「アルニス」が創り出したポケットチーフの飾り方。丸くふくらませるパフスタイルと角をのぞかせるクラッシュスタイルをいっしょにしたもので、きわめて洒落た方法とされる。なおアルニスは2012年6月からLVMH グループ傘下となっている。

アルバートスリッパー [Albert slipper] 本来室内履きとされる華奢な感覚の紳士靴のひとつで、19世紀英国のヴィクトリア女王の夫君、アルバート公の愛した説に因む。オペラパンプスに似た浅靴で、アッパーには黒や緑、バーガンディーなどのベルベット生地が多く用いられ、甲に持ち主のイニシャルや家の紋章に用いる動植物などの刺繍があしらわれるのが特徴。ライニング（裏地）にも赤や緑のキルティング地が用いられる。一般にベルベットスリッパーとも呼ばれる。

ファッション全般

アルバートブーツ［Albert boots］両脇に
ゴムの襠（まち）を付けたサイドゴアブー
ツの別称のひとつ。1836年にビクトリ
ア女王のために作られたこの種のブーツ
を夫君のアルバート公が気に入り、翌年、
紳士靴として採用されたところからこの
名が生まれたとされる。いわばサイドゴ
アブーツのオリジナル（起源）というべ
き靴。

アルパインショルダー⇒ウイングショルダー

アルパインソックス［Alpine socks］アル
パインは「アルプスの」という意味で、
小文字のalpineでは「高山の、高山性の」
という意味になる。一般にトレッキング
やハイキングなどに用いられる丈夫な靴
下のひとつを指し、チロリアンソックス
*などとも呼ばれる。

アルパインハット⇒チロリアンハット

アルパカ［alpaca］南米ペルーを主産地と
するラマ属の動物アルパカの毛を原料と
して作られる素材。コートやスーツ、ニ
ットウエアなどに用いられ、薄地にも厚
地にもすることができる。薄地のものは
滑りが良く光沢があるところから、高級
裏地として多く用いられる。

アルパカアイ［alpaca eye］より正しくは
アルパカアイメイク。黒目の上下だけを
集中的にサイズアップさせるアイメイク
の一種で、人気動物アルパカのような「ま
んまる、うるうる、黒目がち」の表情を
特徴としたもの。目尻を強調して小悪魔
っぽい表情をあらわすキャッツアイメイ
ク（猫の目メイク）に代わり、2011年夏
ごろから人気を集めている。守ってあげ
たくなるような「愛され系」メイクが特
徴とされる。

アルパルハータ⇒エスパドリーユ

アルファベットライン［alphabet line］ア
ルファベットの文字の形になぞらえたシ
ルエット表現を総称する。Aライン*、

Xライン*といったものがそれで、1954
年秋冬向けパリ・オートクチュールコレ
クションで、クリスチャン・ディオール
が発表したHライン*がその始まりとさ
れる。こうした傾向は58年頃まで続き、
ファッション史ではこの時代を「アルフ
ァベットラインの時代」と呼んでいる。
ラインの意味がきわめてわかりやすいの
が特徴。

アルペンストック［alpenstock］「登山杖」
のこと。トレッキングポール*をより頑
丈にした感じのものが多い。

アルペンハット⇒マウンテンハット

アルマーニカラー⇒ショートラウンデッド
カラー

アルミケース⇒アルミバッグ

アルミバッグ［aluminium(alminum)bag］ア
ルミニウム製の鞄類の総称。アルミケー
スともいう。現在ではジュラルミンを使
ったものに取って替わられる例が多くな
っている。

アルルカン⇒ハーリキンチェック

アレイ［array］英語の文語で「装う、盛装
する」また「衣装、美装」の意。同様の
英語にアタイア［attire］という文語も
あり、これは特に「（儀式などのために）
装わせる、盛装させる」また「（特に豪
華な）衣装」といった意味を持つ。いず
れも装飾的な意味合いで用いられる言
葉。

アロウヘッド⇒ヘリンボーン

アロハシャツ［aloha shirt］ハワイ原産の
派手なプリント柄を特徴とするオープン
カラー型のアウターシャツの一種。元々
はハワイ移民の日本人が、現地の農夫た
ちが着ていた「パラカ」という衣服を古
い着物や浴衣地で仕立て直して着ていた
のが始まりとされるなど、日本人による
発明説が多い。ハワイでは昼夜、公私の
別なく着られる一種の万能着とされてお

41

り、ハワイアンシャツ[Hawiian shirt]
とかワイキキシャツ[Waikiki shirt]、ま
たトロピカルシャツ[tropical shirt]と
いった名称でも呼ばれる。最近のボディ
ーラインを絞った新しいデザインのもの
はニューアロハシャツ[new aloha shirt]
とも呼ばれている。アロハはハワイ語で
本来「愛」を意味し、一般に「ようこそ、
さようなら」などのハワイでのあいさつ
の言葉とされる。

アロハパンツ⇒カバナショーツ

アロマグッズ[aroma goods] アロマは「芳
香、香り、香気」の意で、いわゆる「芳
香製品」のこと。特に室内やトイレなど
の消臭作用に効果のあるものを指すこと
が多く、香水やオーデコロンなどの芳香
製品は一般にフレグランス*と呼ばれる。

アロマコロジー[aromacology] アロマ(香
り、芳香、香気)とエコロジー(生態学)
の合成語で、香りのリラックス効果など
を研究する「芳香心理学」を意味する。

アロマセラピー[aromatherapy]「芳香療法」
と訳され、フランス語でアロマテラピー
[aromathérapie 仏]ともいう。神経の鎮
静作用を目的として、芳香薬草などを蒸
気状にして香りを発散させ、大脳に働き
かける療法を指す。ストレス解消の自然
療法のひとつとして人気がある。

アロマテラピー⇒アロマセラピー

アワーグラスライン[hourglass line] アワ
ーグラス(砂時計)のような形を特徴と
するシルエット。くびれたウエストと豊
かに張った胸と腰の曲線的で女性らしい
ラインを強調するもので、同じ意味のフ
ランス語を用いてサブリエライン[sab-
lier line]とも呼ばれる。

アワードカーディガン⇒レタードカーディ
ガン

アワードジャケット[award jacket] アワ
ードは「(人に賞などを)与える、授与

する」また「賞、賞金、奨学金」という
意味で、スタジアムジャンパーのアメリ
カでの呼称のひとつ。ハイスクールやカ
レッジで、毎年スポーツで活躍した選手
に贈る「栄誉を称える上着」ということ
でこう呼ばれるもの。

アンイーヴンヘムライン⇒イレギュラーヘ
ムライン

アンイーヴンヤーン[uneven yarn] 均一で
はない糸の意。いわゆる「ムラ糸」のこ
とで、これで織り上げたデニム地は「タ
テ落ち」感が生じ、ヴィンテージ加工ジ
ーンズにとっては不可欠の要素になると
される。

アンウオッシュトデニム[un-washed den-
im] 防縮加工(サンフォライズ加工*)
を施さない昔ながらのデニム地。洗い加
工をしないデニム地という意味ではない
ことに注意。

アンカーシャツ⇒バスクシャツ

アンカットパイル⇒カットパイル

アングラ族[アングラぞく] アングラはアン
ダーグラウンド(地下)の略で、陽の
届かない場所、つまり公ではないところ
で行われる芸術活動を指し、1960年代後
半の日本における一種の反体制運動を意
味している。そうした思想を持つ映画や
演劇、舞踏、美術、音楽、詩の創作など
さまざまなジャンルがあったが、とりわ
け演劇に関する活動が盛んで、それに共
鳴する若者たちをこのように呼んだ。唐
十郎の『状況劇場』と寺山修司の『天井
桟敷』が前衛劇の双璧とされる。

アングラーズパーカ[angler's parka] 釣
り人用のパーカ。多くのポケットを取り
付けたヘビーデューティー*な雰囲気の
フィッシングウエアのひとつで、別にフ
ィッシングパーカ[fishing parka]とか
ゲーム・アンド・フィッシングパーカ
[game and fishing parka]の名称もある。

ファッション全般

アンクルウオーマー［ankle warmer］アンクルは「足首、くるぶし」の意味で、足首のところに用いる短めのレッグウオーマーを指す。アンクルカバー［ankle cover］ともいう。厚手のニットのほかレーシー（レース状）の女性らしい素材を使ったものも見られる。

アンクルカットジーンズ［ankle cut jeans］アンクル（足首、くるぶし）のところで切断したジーンズ。足首丈のジーンズのことで、通常のジーンズよりは短めの部類に入る。一般に細身のジーンズに多く見られる。

アンクルカバー⇒アンクルウオーマー

アンクルストラップシューズ［ankle strap shoes］足首（アンクル）の部分を巻いて留めるストラップをデザイン上の特徴とする女性用の靴を総称する。足首をしっかり固定するところから、安心して履くことができる。

アンクルソックス⇒アンクレット

アンクルタイドパンツ⇒アンクルバンドパンツ

アングルドカラー⇒イタリアンカラー

アングルドポケット⇒スラントポケット

アングルドボトム［angled bottom］角度を変えたズボンの裾という意味で、裾線に角度をつけて後方へ斜め下げとしたカット法またそうした形を指す。モーニングコートのズボンがこの形になっているところから、俗にモーニングカット［morning cut］と呼ばれ、ドレッシーなズボンの象徴的なデザインともされている。これにはまっすぐ斜めに切り落とす方法と、少し波を打たせるように丸みを帯びてカットする方法があるが、いずれもシングルカフのものだけに用いるのが特徴。

アンクルバッグ⇒レッグバッグ

アンクルパンツ［ankle pants］アンクル（足首、くるぶし）までの丈を特徴とするパンツ。一般にくるぶし上丈の女性用パンツを指す例が多いが、男性用のそれは新しいイメージが生まれるとして、最近好まれるようになっている。

アンクルバンドパンツ［ankle band pants］アンクルは「足首、くるぶし」の意味で、それのある裾口の部分をバンド（帯）状に切り替えて細くすぼめたパンツをいう。アンクルタイドパンツ［ankle tied pants］とも呼ぶが、このようなデザインのものはほかにも多数あり、タブ（持ち出し布）を用いてベルト留めのようにしたベルテッドパンツ［belted pants］や、リブ編のジャージーを取り付けたリブニットヘムパンツ［rib knit hem pants］などが代表的。こうしたデザインのパンツをレッグバインデッドパンツ［leg binded pants］（脚に縁を付けたパンツの意）と総称することがある。

アンクルブーツ⇒ショートブーツ

アンクルブーティー［ankle bootees］くるぶし（アンクル）がすっかり見えるくらい履き口の浅いブーティーのこと。ブーティーそれ自体がくるぶし丈の短いブーツを指すが、その中でもさらに短いタイプをこのように呼ぶ。パンプスの延長上にあることから服を選ばず、華奢な印象もあることからスカートにもパンツにも合う靴として人気を集めている。

アンクルレングス［ankle length］くるぶし丈の意で、いわゆるソックスタイプの靴下がここに含まれる。

アンクレット（装身具）［anklet］足首に用いる装身具。多くは金属製の輪の形になっており、小さなワンポイント飾りを付けるものも多い。アンクル ankle（足首、くるぶし）から来たもので、脚（レッグ leg）の意味からレグレット［leglet］と呼ぶこともある。

ファッション全般

アンクレット（靴下）[anklet] 足首までの短い靴下を指し、ソックレット [socklet] とかアンクルソックス [ankle socks] ともいう。また、穿き口を折り返して穿く短いソックスを意味することもある。

アングロアメリカン・モデル・スーツ [Anglo-American model suit] 英国（アングロ）とアメリカの融合を特徴としたスーツモデル。英国調のスパイスを加えた優雅で格調高い雰囲気のアメリカンスーツで、あまりにも保守的なアメリカン・トラディショナル・モデルにも伝統的なブリティッシュ・トラディショナル・モデルにも与しないアメリカのビジネスマンに最も与しやすいスーツモデルとして人気が高い。ラルフ・ローレンの「ポロ」が創り出したブリティッシュ・アメリカン・モデルがこの代表例とされる

アングロイタリアーノ [Anglo-Italiano] 英国（アングロ）とイタリアの融合ファッション。英国の伝統的な紳士服のスタイルをイタリア特有のテーストで表現したファッションを指す。英国のように堅苦しくはなく、アメリカのように機能的過ぎることもないところが特徴。アングロラテン [Anglo-Latin] ということもあり、クラシコ・イタリア*の源流ともされる。

アングロマニア [Anglomania]「英国狂、英国かぶれ」の意。18世紀後半、ヨーロッパ諸国に見られた英国の服装や習慣にあこがれる気分やそうした人たちを指す。特に男性貴族たちに見るそうした傾向を意味することが多く、当時の英国が持つ自然な生活志向や簡素な服装などがフランスやドイツの男性たちに影響を与え、やがて婦人服にも波及していった。フランス語ではアングロマネ Anglomane と呼ばれる。

アングロラテン⇒アングロイタリアーノ

アンクロワヤブル [Incroyables 仏] アンク

ロワイヤブルとも。フランス総裁政府時代（ディレクトワール＝1795〜99）に登場した奇妙な風体の男たちを指す。一般に王党派の伊達男のことで、イヌの垂れ耳状の長髪や派手な服装を特徴とし、フランス革命後の徒花とされた。アンクロワヤブルの原意は「信じられない」といったことで、彼らの風俗は次の執政政府時代（1799〜1804）のコンシュラー [Consulat 仏] と呼ばれるスタイルに受け継がれていった。

アンゴラ [angora] アンゴラ兎（うさぎ）の毛。ごく柔らかで滑らかな感触が特徴で、多くはセーター用の素材とされる。なおアンゴラ山羊の毛を原料としたものはモヘア*と呼ばれ、これとの混同に注意しなければならない。アンゴラという名称は原産地トルコの首都アンカラの旧名から来ている。ちなみに一般の兎毛はフェルト*の原料として欠かせない。

アンコリュール [encolure 仏] フランス語でいうネックラインの意。本来は「首、首の長さ」を表す。

アンコリュール・エバゼ・アン・ベニチエ [encolure évasée en bénitier 仏] オフネックライン*をさらに立体的にした感じの襟開きのデザインをいうフランス語。アンコリュールは「襟刳（ぐ）り、襟開き」、エバゼは「朝顔のような形に広がった」、ベニチエは「しゃこ貝の類」の意味で、しゃこ貝が開いたように朝顔状に広がった襟開きを指す。

アンコン⇒アンコンストラクト

アンコンジャケット [unconstructed jacket] アンコンストラクテッドジャケットの略称。裏地や芯地、肩綿などを省略して、できるだけソフトに仕立てられたジャケットの総称。外観はテーラードジャケットそのままだが、内部の構造がまるで異なるところに特徴がある。そうしたこと

ファッション全般

からイージージャケット［easy jacket］とかソフトジャケット［soft jacket］などとさまざまな名称でも呼ばれる。

アンコンシューズ［unconstructed shoes］アンコンストラクテッドシューズの略で、構築的ではない靴という意味。かかとの部分をわざと踏みつぶして履くようなイージーな感覚の靴を総称する。アンコンジャケット*などイージー感覚の服の流行が靴にも影響を及ぼしたもので、わざとそのようにデザインしたスリップオンやスリッパ風の履物が、その代表的なものとされる。

アンコンスーツ⇒アンスーツ

アンコンストラクテッド［unconstructed］「構築しない、組み立てない」といった意味で、ファッションでは裏地、芯地、パッドといった服作りには欠くことのできなかった付属類を極力省略、あるいは全く排除して仕立てる「無構造仕立て」や「非構造仕立て」をいう。こうした服の作り方を「シャツ仕立て」とか「1枚仕立て」また「シャツスリーブ仕立て」などとも呼んでいる。アンストラクチュアード［unstructured］と同義。

アンコンストラクテッドジャケット⇒アンコンジャケット

アンコンストラクテッドスーツ⇒アンスーツ

アンコンストラクト［unconstruct］「組み立てることのない、構築しない」の意で、フランス語でいうデコントラクテ*に相当する。芯地やパッドなどを省略した簡便な仕立ての上着をアンコンストラクテッドジャケットと呼ぶように用いる。略してアンコンともいう。

アンコンベンショナルウエア［unconventional wear］アンコンベンショナルは「非伝統的な、非因習的な」という意味で、伝統的な考えに左右されることのない、

ありきたりではない服を総称する。現代のファッション衣料を大別する方法のひとつとして考え出されたもので、ここでは「伝統服」と「非伝統服」の2タイプに分けられることになる。

アンサンブル［ensemble 仏］フランス語で「いっしょに、共に」また「調和、統一」といった意味で、着こなし用語としては「組み合わせ」という意味で用いられるが、現在では共地で組み合わせた女性のジャケットとスカートのような「ひと揃い」を指すことが多くなっている。

アンジーンズ⇒ノンジーンズ

アンスーツ［un suit］アンコンストラクテッドスーツ［unconstructed suit］またアンストラクチュアードスーツ［unstructured suit］の略称で、ともに従来のスーツに欠かすことのできなかった、パッドや芯地、裏地といったものを極力省略して作られた「非構築」仕立てのスーツを指す。ノンスーツ*と同じく1970年代初頭、アメリカのファッション業界に登場したもので、ノンスーツとの語呂合わせでこのように呼ばれた。「無構造服」の訳もあり、アンコンスーツの略称もある。スーツの形は崩さないが、内部構造に改革を加えたニュースーツといえる。

アンストラクチュアード⇒アンコンストラクテッド

アンストラクチュアードスーツ⇒アンスーツ

安全靴［あんぜんぐつ］工事現場などで用いることの多い至極丈夫な作りの靴。重いものが落ちても大丈夫なように、爪先に鋼材などを入れて補強したものが代表的で、油などで滑りにくい堅牢な靴底を付けたものが多く見られる。ほとんどは編み上げ式となっているのも特徴のひとつ。英語でセーフティーシューズ［safety shoes］ともいう。

アンダーウエア［underwear］「肌着」およ

ファッション全般

び「下着」の総称。「肌着」は肌に直接着ける下着の意で、下着と肌着の境界はあいまいだが、今日ではそうしたことを含んでアンダーウエアと総称することが多くなっている。ほかにアンダークロージング［under clothing］とかアンダーガーメント［under garment］ということもあり、凝った言い回しではネザーガーメント［nether garment］（下の方の衣料という意味）という表現もある。基本的に実用的な肌着類を意味することが多い。

アンダーウエアテクニック⇒エスプリランジェリー

アンダーウエアトップス［underwear tops］下着のうち上半身に着用するものの総称。特にアンダーシャツの類を指すことが多い。

アンダーウエアブラウス⇒キャミソールトップ

アンダーウエアボトムス［underwear bottoms］下着のうち下半身に着用するものの総称。男性の下着パンツや女性のショーツ類を指す。

アンダーガーメント⇒アンダーウエア

アンダークロージング⇒アンダーウエア

アンダーサイズドカラー⇒スーパーショートポインテッドカラー

アンダーサイズドスーツ［undersized suit］アンダーサイズドは「ふつうより小さい」という意味で、体にぴったりとフィットした小さめのスーツをいう。当初は1970年代ルックの流行に見るピタピタのTシャツやセーターの影響を受けて現れた女性用のスーツをいったものだが、21世紀に入るとシルエットの変化から、メンズスーツにもこうしたデザインのスーツが目立つようになってきた。

アンダーシャツ［undershirt］下着や肌着として用いるシャツの総称だが、主として男性用のものを指すことが多い。これ

にはTシャツ型の丸首シャツ［まるくび＋shirt］やネックラインがUの字型に刳（く）られたU首シャツ［U＋くび＋shirt］、またVネックになったV首シャツ［V＋くび＋shirt］などがあり、アウタータイプのTシャツに比べ、より薄手で伸縮性のあるメリヤス地が用いられている。

アンダーショーツ⇒インナーショーツ

アンダースカート［underskirt］女性の衣服のスカート部の下に用いる下着の一種で、ペチコート*やパニエ、フープなどと同種のもの。スカートの滑りを良くしてシルエットを整えたり、スカートを広げるのに用いられる。特にドレスに合わせて用いられるものをこのように呼ぶことが多い。

アンダースコート［under skort］主としてテニスのユニフォームに用いられる短いスカートの下に穿く女性用のパンツ。フリルなどの飾りをあしらったものが多く、きわめて下着的な要素を含んでいる。スコートは元々テニスなどに用いる短いスカートの一種を指し、これの下に用いるところからこの名がある。アメリカではテニスブリーフ［tennis brief］、英国ではテニスニッカーズ［tennis knickers］と呼ばれている。

アンダータイバー［under tie bar］ネクタイ留めの一種で、ネクタイの小剣とシャツを留めるように用いる変わり型のタイバー*。ネクタイ留めは普通、表に出る大剣のほうに用いて外から見えるように飾るものだが、これは大剣の内側に用いるのが特徴。オリジナルは英国の老舗ブランド『ダンヒル』社の2000年秋の新製品。

アンダードレス［underdress］広義には下着全般を意味するが、一般には特定のドレスに合わせて作られた、スリップ*の

46

ファッション全般

ような形をした女性下着を指す。ウエディングドレスやイブニングドレスなどに用いられることが多く、ドレスのシルエットを美しく表現する目的をもつ。コスチュームスリップ [costume slip] とも呼ばれる。

アンダーニーレングス [under knee length] 「膝下丈」のこと。着丈が膝よりも下にあるドレスやスカートなどについて用いる。

アンダーノット [under knot] ネクタイの代表的な柄のひとつで、ノット（結び目）の下10センチくらいのところに模様を織り込んだものをいう。日本では「胸柄」とも呼ばれ、これがひとつだけの柄であるときは「ワンポイント」という。

アンダーバスト [under bust] 乳房の膨らみの下部を水平に一周する寸法、またその部分をいう。

アンダーパンツ [underpants] 下着としてのパンツという意味で、男性にあってはブリーフやトランクスなどの下着パンツを指す。これらを単に「パンツ」とも呼ぶが、最近ではパンツはズボンの意味に解されるようになっている。女性用のアンダーパンツは「下ばき」の意で用いられることが多く、それは特定のボトムの滑りをよくするなどの目的で作られた下着類を意味している。

アンダーブラウス⇒オーバーブラウス

アンダーフレーム⇒アンダーリムグラス

アンダーリムグラス [under rim glasses] リムはメガネのレンズの外枠のことで、フレーム＊ともいう。それが下側にだけ付いているメガネ類を指し、最近人気のメガネのひとつとなっている。こうしたデザインをアンダーフレーム [under frame] とも呼び、アメリカではトップリムレス [top rimless] と呼ばれる。

アンダイド [undyed] 染めてないの意。未

漂白、未染色の糸の状態を指し、いわゆる「生成り（きなり）」を意味する。白でもベージュでもなく、フランス語でいうエクリュと同じ。

アンタイドシャツ [un-tied shirt] アンタイドスタイルと呼ばれる、ネクタイを着けない格好にふさわしいドレスシャツの総称。クールビズ＊の提唱とともに、にわかに注目されたアイテムのひとつで、ドゥエボットーニ＊型のシャツなどが代表的とされる。

アンタイドスタイル [un-tied style] ネクタイを着けないスタイル。特にスーツやジャケットなど通常ネクタイが必要とされる装いに、わざとネクタイなしのシャツだけの着こなしをした場合に用いられる言葉。こうした着こなしをイタリア語でセンツァ・クラヴァッテ＊と呼んでいる。俗にいうノータイスタイル [no tie style] と同じ。

アンチエコロジーカラー [anti ecology color] 反エコロジーカラーの意。エコロジーブームの影響でエコロジーカラー＊に人気が集まっているが、こうした傾向に嫌気をさして白や鮮やかなビビッドカラー＊系の色も一部で人気を博するようになっている。このような色を総称してアンチエコロジーカラーと呼んでいる。

アンチタイト [anti tight] タイト（きっちりした、きつい）なシルエットに対抗するという意味で、特に最近のパンツに見る傾向のひとつ。パンツのシルエットはぴったりフィットするスキニー型が主流となっていたが、これとは反対にゆったりしたテーパード型やサルエルパンツなどの台頭で、こうした傾向が浮上してきた。

アンチドボタン⇒アンボタンマナー

アンチフィット [anti-fit] スリムフィットに抗するフィット感ということで、要は

47

ファッション全般

ルーズフィット（ゆったりしたフィット感）を表す。ジーンズのシルエットについて用いられることの多い用語。

アンチフォルム [anti-forme 仏] フランス語で「形を否定した」の意。そもそもは1980年代初頭、パリに乗り込んだ日本の川久保玲や山本耀司、英国のヴィヴィアン・ウエストウッドなどの破壊型ファッションをこのように呼んだもので、これまでの伝統的な服の形を否定して新しい創造性を見せたファッションを総称している。

アンツーク [Anzug 独] スーツを意味するドイツ語で、とくに男性用の背広を指す。

アンディ⇒アンディーズ

アンティーク [antique] アンティックとも。「骨董的な、古めかしい」また「古い時代の、古来の」といった意味で、骨董品的な価値のある古着をアンティークファッションなどというように用いる。中でさらに価値の高いものがヴィンテージ*と呼ばれる。

アンティーク着物 [antique ＋きもの] 時代ものの着物という意味で、特に大正時代から昭和初期にかけて作られた着物を指すのが一般的。草花や鳥、太幅の縞、水玉など大胆な柄と鮮やかな色を用いたものが多く見られる。現代の着物にはない斬新でモダンな感覚が新鮮として、現在また見直される傾向が生まれている。大正ロマン着物、昭和モダン着物などと呼ぶ向きもある。

アンティークコーデュロイ [antique corduroy] アンティーク（古風な）な表情を特徴としたコーデュロイ。糸や織りに工夫を凝らして、色をまだらに表したものなどが代表的で、一風変わったカジュアル素材のひとつとして、最近のメンズジャケットなどに用いられている。

アンティークゴールド [antique gold] 古風

な金色の意。ピカピカの金色ではなく、控え目な感じの鈍い光沢感を特徴とする品のよい金色をいう。くすんだ調子のアンティークカラーのひとつ。

アンティークジュエリー⇒エステイトジュエリー

アンティークジーンズ [antique jeans] アンティークは「骨董的な、古い時代の」という意味で、骨董品的な価値を持つジーンズをいう。一般に1930～50年代に作られたジーンズについてこう呼ぶことが多く、特に年代もののジーンズはヴィンテージジーンズ*の形容で呼ばれることになる。

アンティークフィニッシュ [antique finish] ドレスシューズ*の革に施される「アンティーク仕上げ」のことで、最初から履き込んだような色合いに仕上げる方法をいう。茶色の靴に黒の靴墨を塗り込むものが多く見られる。こうした色着けの方法をフランス語でパティーヌと呼び、なかでもベルルッティ社のそれが独自の方法として知られている。パティーヌは本来「緑青」という意味。

アンディーズ [undies] アンダーウエア、アンダークローズの婉曲的な短縮形で、特に女性用の下着ショーツ類を指す口語として用いられる。同様に英国ではこれらをスモールズ [smalls]（可愛くて小さなものの意）ということがある。両方ともアンディ [undy]、スモールと単数形で用いることはないが、愛称として用いる例は見られる。

アンテーラード⇒ノンテーラード

アンドロジナスルック [androgynous look] アンドロジナスは「男女両性の、雌雄同花のある」という意味で、「両性具有ファッション」というように訳される。男の服を女性が着たり、女性の服装を男が真似るなどして、従来の性差を超越する

様子をいう。フランス語ではアンドロジーヌ [androgyne 仏] と表現し、ユニセックスルック*などよりも、より内面的な意味を含むとされる。

アンドロジーヌ⇒アンドロジナスルック

アンノッチトカラー [un-notched collar] 襟刻み（ノッチ）のない背広襟の一種。上襟と下襟の合わせ目に菱形の刻みがないもので、カジュアルなテーラードジャケットなどに用いられる。ノッチレスカラーやノッチレスラベルと同義。

アンノン族 [アンノンぞく] 女性ファッションの2大ライバル誌『アンアン』(1970年創刊) と『ノンノ』(71年創刊) から生まれた若い女性たち。彼女たちはこの雑誌が発信する日本の観光地を旅して回り、両誌の名をとってアンノン族と呼ばれるようになった。1971年から78年にかけての頃で、ちょうどこの頃に展開された国鉄（現・JR）の〈ディスカバー・ジャパン〉のキャンペーンによる影響も強く見られる。雑誌から生まれた「族」第1号として特記される。

アンピール⇒エンパイアスタイル

アンピールライン⇒エンパイアライン

アンファン⇒チルドレンズウエア

アンフィニッシュ・ウーステッド [un-finished worsted] 仕上げをしていないウーステッド*という意味で、生地表面の毛羽を刈り取っていない、毛足が長めに残っているウーステッドをいう。ちゃんと刈り取ったタイプはフィニッシュト・ウーステッド [finished worsted] とかクリアカット・ウーステッド*などと呼ばれる。

アンフィニッシュトデニム [un-finished denim] 表面の毛羽を残したままの昔ながらのデニム地。毛羽があるところからヘアリーデニム [hairy denim] ともいう。これに対して毛羽を刈り取ったものをフィニッシュトデニム [finished denim] あるいはクリアカットデニム [clear-cut denim] と呼び、これは実際にはガスの炎で焼いて除去される。

アンフィニッシュトレザー [un-finished leather]「仕上がっていない革」の意で、使い込むほどに色の変化などを楽しむことができるように仕上げた革をいう。いわゆる「経年変化」を楽しむ皮革素材のことで、オイルをたっぷり浸透させ、退色しにくく、柔らかで伸縮性に富むといった特性を持つものが多い。

アンフォールスカート [amphore skirt] アンフォール（アンフォラとも）は古代ギリシャの把手が2つある壺をいうフランス語で、これに似た形のスカートを指す。ちょうちんのような膨らみがあって、裾で細くなる形を特徴としたもの。フランス語でジュップアンフォール [jupe am-phore 仏] とも呼ばれる。

アンフォールライン [amphore line] アンフォール（アンフォラとも）は古代ギリシャの把手が2つ付いた壺を指すフランス語で、これに似た、提灯（ちょうちん）のような膨らみがあって裾で細くなるシルエットを指す。一般には「壺形ライン」と呼ばれる。

アンプル・アンド・ナローライン [ample and narrow line] アンプルは「たっぷりの、十分な」、ナローは「狭い、細い」の意で、トップがたっぷりと膨らみ、ボトムがほっそりとした上下対照的なシルエット構成を指す。大きくたっぷりしたセーターにぴたぴたのレギンスの組み合わせなどが代表的。

アンプルショルダー [ample shoulder] アンプルは「十分な、たっぷりの」また「広い、広大な」の意で、ゆったりとした作りを特徴とする肩線を総称する。肩をゆったり、たっぷりと大きく作って、逆三角形のラインを強調しようとするもの。

ファッション全般

あ

アンプルドレス［ample dress］アンプルは「広い、たっぷりの」という意味で、大きくゆったりした形に作られたドレスを総称する。イージードレス*の代表的なもので、1970年代中期に大流行したことがある。

アンプルパンツ［ample pants］アンプルは「十分な、たっぷりの」の意で、全体にたっぷりしたシルエットのパンツをいう。こうした表現としては、ルーズパンツ［loose pants］（ゆるやかなパンツの意）とかワイドパンツ（幅広パンツの意）といった用法もある。

アンプルライン⇒オフボディーライン

アンプレストプリーツ［unpressed pleat］プレスをしない（アイロンをかけない）プリーツのことで、はっきりした襞（ひだ）山を付けない柔らかな仕上げを特徴とするもの。ソフトプリーツ［soft pleat］とも呼ばれ、フランス語でプリ・ロン［pli ronds 仏］（丸みを帯びたプリーツという意味）ともいう。

アンプレストプリーツスカート［unpressed pleat skirt］アンプレストプリーツ*（プレスをしないプリーツの意）を特徴とするスカート。襞（ひだ）山をきっちりと折ることなく、ソフトに畳んだ感じが持ち味となる。

アンブレラ［umbrella］「傘、長傘」特に「こうもり傘」のこと。雨天時に用いられる「雨傘」を称し、英国ではガンプ［gamp］ということもある。これはディケンズの『マーティン・チャズルウィット』という小説に登場する助産婦サラ・ガンプ夫人の傘をからかって呼んだところから生まれた言葉で、とくに不恰好なこうもり傘を指すことになる。ちなみに日本でいう「こうもり傘」は、開いた形が動物の蝙蝠（こうもり）に似ているというところからの命名。

アンブレラスカート［umbrella skirt］雨傘（アンブレラ）のような裾広がりのシルエットを特徴とするスカート。ゴア（3角形の襠〈まち〉布）を接ぎ合わせて作るゴアードスカート*の一種とされ、パラソルスカート［parasol skirt］とも呼ばれるほか、パラシュートスカート*とも同義とされる。パラソルは雨傘に対する「日傘」の意。

アンブレラドレス［umbrella dress］アンブレラ（洋傘）のようなイメージを持つ裾広がり型のドレス。ギャザーやプリーツをたっぷりとって、そのようなイメージにしたものが多い。

アンブレラバック⇒アンブレラヨーク

アンブレラプリーツ［umbrella pleat］傘（アンブレラ）のように放射状に折り目が立つプリーツ。アコーディオンプリーツ*に似るが、それよりも幅の広いのが特徴とされる。

アンブレラヨーク［umbrella yoke］トレンチコートなどの背中の肩部分に見られる独特のヨーク（切り替え）のデザインをいう。激しい風雨を防ぐために二重の浮かし型となったもので、ちょうど雨傘（アンブレラ）を思わせることからこのように呼ばれる。別にアンブレラバック［umbrella back］、またケープを連想させるところからケープトバックヨーク［caped back yoke］あるいはケープトヨーク［caped yoke］とかケープトバック［caped back］ともいう。

アンペルメアブル［imperméable 仏］フランス語で「不浸透性の、防水した」といった意味で、ここからレインウエア全般を指すようになったもの。つまり、フランス語でいうレインコート。

アンボタンマナー［unbutton manner］アンボタンは「ボタンをはずす」という意味で、男服の着こなしにおいてテーラード

ファッション全般

なジャケットやベストのいちばん下のボタンを決して留めない着方を指す。アンチドボタンとも呼ばれ、これは男のスマートな着こなし方の基本とされている。

アンボーンカーフ⇒ハラコ

アンマッチトマッチング [unmatched matching] 本来合うはずもないものを組み合わせて新しい魅力を作り出そうとする着方をいう。ソフトとハード、スポーティーとドレッシーなど、アンバランスなものを組み合わせることによって意外性が生まれるというテーストミックス*やスーパーミックス*の手法と同じ。

アンマンシュール・アメリケーヌ⇒アメリカンスリーブ

アンライニングコート [unlining coat] 裏地の付かないコート。ライニングは「裏地」のことで、コートによく付けられる「裏張り」はライナーと呼ばれることが多い。裏地を略すことによって、軽快な印象がより強く表現されることになる。

アンラインドブレザー [unlined blazer] 裏地がないブレザーの意で、一重仕立ての本格的なブレザーを指す言葉でもある。これに対して裏地を付けたタイプは、フルラインドブレザー [full lined blazer] という。

ファッション全般

イージーウエアリング [easy wearing] きわめてリラックスした感じの着こなしを指す。ドレスダウン*の極致といった感覚のもので、一見だらしなく見えるが、「だらしなさの中のカッコ良さ」といった雰囲気のあるところが、現代的なファッションの特性に通じるとされる。

イージーオーダー [easy-order] 「簡単仕立て」の意。あらかじめ用意されたスタイルや生地の中から好みのものを選び、細部のデザインを指定して、自分のサイズに合った服を作るシステムを指す。完全なオーダーメード（注文服）ではなく、個人の型紙も仮縫いもないが、手っ取り早く、かつ安価に作れるのが特徴。日本の『花菱縫製』の命名によるものとされ、英語ではメジャーメード*とかメード・トゥ・メジャーというのが正しい。EOと略すほか、和製語でイージーメード [easy made] とも呼ばれる。

イージーケア加工⇒ウォッシュ・アンド・ウエア加工

イージーコート [easy coat] ゆったりとしたシルエットで羽織るような感覚の、主として女性用コートの総称として用いられる。気軽に着られるところからのネーミング。

イージージャケット⇒アンコンジャケット

イージースーツ [easy suit] 取り扱いが非常に簡単（イージー）なスーツという意味で、アンスーツ*などと呼ばれる無構造仕立てのスーツを総称する。何よりも着心地の良さを優先させてデザインされたところに現代的な特性がある。

イージースカート [easy skirt] 楽にはくことのできるスカートの意。多くはウエストを平ゴムベルト使いとしたもので、サイズを気にしないではけるのがイージーと呼ばれるゆえん。同様のものにイージートラウザーズと呼ばれるパンツタイプ

もあるが、これは特にイージーパンツに比べて、きちんとした感覚があるパンツを指す意味で用いられることが多い。

イージースパッツ⇒ルーズスパッツ

イージートラウザーズ⇒イージースカート

イージードレス [easy dress] ゆったりした作りを特徴としているため、動きやすく着やすくなったドレスを総称する。またプルオーバードレス*など着脱が容易なドレスのこともいう。

イージードレッシング [easy dressing] 「気楽な着こなし」の意で、イージーウエアリング*と同義に扱われる用語のひとつ。

イージーパンツ [easy pants] くつろいだ感じを特徴とするきわめてカジュアルな雰囲気のパンツを指す。柔らかな素材使いで、ゆったりとしたシルエットのものが多く、ウエストをゴムや紐で留めるようにしたデザインのもの（いわゆるゴムパンツや紐パンの類）が多く見かけられる。ルーズパンツ [loose pants]（ゆったりしたの意から）とかビーチパンツ [beach pants]（海辺で穿くようなの意から）など、この種のパンツの呼称は多い。なお、イージーパンツというのはプレイパンツ*の異称のひとつともされる。

イージーフィット [easy fit] 極端なスリムフィットでもなく、ぶかぶかのルーズフィットでもない適度な調子を保つフィット感のこと。最近のジーンズなどに見られるもので、コンフォートフィット（快適なフィットの意）などとも呼ばれる。

イージーブラウス [easy blouse] 楽に着ることのできるブラウスの意。ボタンフロントではなく、プルオーバー（かぶり式）となったものを指すことが多く、チュニックやスモックなどと同様に扱われる。

イージーメード⇒イージーオーダー

イーディ・ミニ [Edie mini] 1980年代初頭にアメリカのデザイナー、ベッツィ・ジ

ョンソンが、イーディ・セジウィック
(1943～71) をイメージして作ったミニ
スカートやミニドレスに付けられた名
称。イーディは60年代のファッション
アイコンと呼ばれたアメリカの女優・モデ
ルで、アンディ・ウォーホルなどに愛さ
れ、若くして逝った伝説上の人物。

イートンカラー [Eton collar] 英国の名門
パブリック校「イートン・カレッジ」の
制服に見るシャツ襟から来たもので、折
り返しの大きい幅広の白いフラットカラ
ー*を指す。

イートンキャップ⇒イートンハット

イートンクロップ [Eton crop] 英国の有名
なパブリックスクール〈イートン・カレ
ッジ〉の生徒たちに見る髪型をモチーフ
として作られた女性のヘアスタイル。全
体に短くカットした断髪スタイルの一種
で、1925から30年にかけて流行し、こ
れをアメリカではボーイッシュボブ[boy-
ish bob] と呼んで大流行した。

イートンジャケット [Eton jacket] 英国の
有名なパブリックスクール〈イートン校〉
の制服とされるジャケット。大きな襟と
短い丈を特徴としたブレザー風上着で、
前ボタンを留めずに着用する習わしがあ
る。また、これとは別に日本では襟なし
型の背広風上着をこのように呼ぶことも
あるが、その由来については不明。

イートンハット [Eton hat] 英国の名門校
イートン・カレッジの学生が用いるドレ
ッシーな黒のシルクハット*。また同校
で使用する短い前びさし付きの丸型制帽
はイートンキャップ [Eton cap] と呼ば
れる。

イールスキン [eelskin] ウナギ革の意。衣
料用には特にアブラウナギという、食用
にはならないウナギの皮が用いられる。

イエイエルック [yé-yé look] 1960年代の
パリ、サンジェルマン地区に登場して話

題を集めたおしゃれな若者たちのグルー
プ〈イエイエ族〉に端を発するファッシ
ョン風俗。ぴたぴたのセーターやパンツ、
ミニスカートなどいかにもパリっ子好み
の最先端風俗を作り上げたもので、60年
代ルックの復活傾向から注目されるよう
になった。イエイエというのは英語のヤ
ー！ヤー！に相当し、当時の流行歌の一
節から来たものとされる。

イエナカ着 [イエナカぎ]「家中着」の意で、
自宅の室内で快適に過ごすために着るル
ームウエアの類いをいう。カジュアルな
感覚のスエットウエアやパジャマ、また
「着る毛布」といったものが挙げられる。
以前は女性専用の感があったが、近ごろ
では若い男性用のものも現れて注目を集
めるようになっている。

家パン [いえパン] 家用の下着パンツをい
う最近の女子用語。外出用のちゃんとし
たものとは違って、全体にゆるやかで派
手な色柄デザインのものが多いとされ
る。自分の部屋でゆるく寛ぐために用い
るのが目的。

イエローオーカー⇒オーカー

イエロースリッカー⇒スリッカー

イカット [ikat] 絣織物の総称。本来はマ
レー語で「くくる、しばる」といった意
味で、インドネシアやマレーシアの絣を
いったものだが、現在では世界共通の用
語とされている。この生地に見る独特の
文様を「イカット柄」と呼んでいる。そ
の他、地方によってタイス tais（東ティ
モール）とかリマール limar（スマトラ
島東部）などさまざまな名称で呼ばれる。

怒り肩⇒ピッチトショルダー

イギリスゴム編 [――] バルキーな表情が
生まれるゴム編の一種をいう日本的な俗
称。表目と裏目を交互に編んでいくもの
で、ヨットマン用のオイルドセーターな
どに見られ、しっかりとした編地が特徴。

イケイケスタイル [——style] イケイケは「行け行け」からきたもので、1990年ごろ流行したケバカジ*と呼ばれる大阪発の超過激なセクシー系ファッションに見られる服装を指す。こうしたファッションを身に着けた女性たちを「イケイケギャル」といったところから生まれた用語。

異形断面糸⇒テクスチャードヤーン

石目織 [いしめおり] 石垣のような表面感を特徴としたもので、ネクタイの生地としてよく用いられる。この変化組織に「石目崩し」と呼ばれるものがある。。

衣裳⇒衣装

衣装 [いしょう] 着るもの、衣服の意だが、とくに演劇や映画、テレビドラマなどで俳優たちが着用する特別な衣服を総称する。衣裳と表記することもあるが、これは上半身に着る「衣」と下半身に着ける「裳（も）」を表し、上下が揃った衣服一式を指す。かつては「衣裳」の文字を使うことが多く、現在でも映画衣裳などと用いるが、一般には「衣装」という方が多くなった。能楽では「装束（しょうぞく）」という。英語ではコスチューム*に相当。

意匠糸⇒ファンシーヤーン

石綿⇒鉱物繊維

いせ込み [いせこみ] 平面の布地を体に沿わせるよう立体的に形作っていくテクニック。こうした方法を「いせる」といい、まず「ぐし縫い」と呼ばれるやり方で糸を軽く引き締め、アイロンの技術で立体感を出すことになる。スーツの袖山や肩線、またパンツのウエストなどに用いられ、英語ではマニピュレーション [ma-nipulation]（巧妙な扱い、巧みな操作の意）などという。

イタ・アメリカン [Italian + American] イタリアのファッション感覚で解釈したアメリカンカジュアルの意味。「ちょい

ワルオヤジ」で一世を風靡した元『LEON』編集長だった岸田一郎が、2008年春、自身のブログで名付けたもので、ほかにイタリア解釈の英国ファッションを意味する「イタ・ブリティッシュ」という造語もある。

イタカジ [Italian + casual]「イタリアンカジュアル」の短縮語。イタリア調のカジュアルファッションの総称で、日本ではICと略されることもある。特にミラノを中心とする若者たちのカジュアルファッションを指すことが多く、アメカジ調のファッションをイタリア特有のしゃれた感覚で着こなすのが特徴。

イタ・ブリティッシュ⇒イタ・アメリカン

イタリアンアーミーセーター⇒フレンチアーミーセーター

イタリアンアイビー [Italian Ivy] イタリア調の感覚を取り入れたアイビールック*。イタリア特有のカラフルな色使いや粋な着こなしで表現される新しいアイビールックを指し、一般にソフトアイビー*とも呼ばれる。

イタリアンカジュアル⇒イタカジ

イタリアンカット⇒ポインテッドトウ

イタリアンカットジーンズ⇒ヨーロピアンカットジーンズ

イタリアンカットシューズ [Itaiian cut shoes] イタリア調の靴の総称。全体に爪先の形が細く長く反り返り、薄底のきゃしゃな感覚のものが多く見られる。男女ともに用いられるが、ことに紳士靴においては重厚な作りの「英国調」と比較対照させて用いられる用語となっている。狭義にはイタリア特有のデザイン感覚を生かした工芸的なイメージの靴を指す。

イタリアンカラー [Italian collar] オープンカラーの一種で、菱形のような形を特徴とする一枚襟をいう。元々は1930年代中期にイタリアはカプリ島で誕生したリ

ファッション全般

ゾートシャツに見る襟型で、セーラーカラー*にヒントを得たものといわれている。襟の中ほどに角度が付いているところからアングルドカラー [angled collar] と呼ばれたり、俗にコンチネンタルカラー [continental collar] などとも呼ばれる。なお日本ではこれを翼の形になぞらえてウイングカラー*ということもある。

イタリアンコンチネンタル [Italian continental] イタリア系のコンチネンタルファッション*。特に1960年代に流行したメンズにおけるファッションを指すことが多く、ジョルジオ・アルマーニ登場以前のテーラー系デザイナーによる構築的なデザインが特徴とされた。

イタリアンコンチネンタルモデル [Italian Continental model] イタリア調のコンチネンタルモデル*。つまり、1970年代より前のイタリアのスーツ型を指す用語で、当時はテーラー出身のデザイナーによって作られる構築的で芸術的なスーツが多く見られた。今日的なイタリアンスーツが見られるようになるのは、ウォルター・アルビーニやジョルジオ・アルマーニといったデザイナーが活躍する70年代以降のこと。

イタリアンスタイル [Italian style] イタリアのスタイル。かつては英国やフランスのファッション生産基地に甘んじていたイタリアだが、1970年代から復活の気配を見せるようになり、現在ではパリモードを凌駕するほどのファッション大国に成長した。先鋭的なデザイン感覚と手仕事的な巧みさが特徴とされ、今やヨーロピアンスタイル*を代表する存在となっている。

イタリアンストライプ [Italian stripe] 陽気なイタリアの雰囲気を感じさせる明快な色調の棒縞をいう。比較的幅広で、夏のリゾートウエアに多く用いられる。

イタリアン台場 [Italian＋だいば] 「お台場*」仕立ての一種で、最近のクラシコ・イタリア*に代表されるイタリア調の高級スーツに見られるデザイン。日本では俗に「角台場」とか「切り台場」などと呼ばれているもので、内ポケットの周りを両玉縁飾りのように直線的にすっきりと仕上げる形を指す。胸のボリュームを抑え、シルエットを美しく見せる効果がある。

イタリアン・テニスポロ [Italian tennis polo] イタリア生まれのテニスポロの総称。1970年代後半にイタリアのスポーツウエア業界から作り出されたテニス用のポロシャツのことで、それまで白に限るとされていたこの世界に斬新な色使いのテニスウエアを登場させ、大人気を博するとともに以後のテニスウエアのファッション化を促した。フィラ、マジア、エレッセが代表ブランド。

イタリアンボーイカット⇒ヘップバーンスタイル

イタリアンモカ⇒ビットモカシン

イタリアンモデル [Italian model] イタリア調スーツの流行型。1351年にギルド結成というナポリの服作りの伝統を受け継ぐイタリアのスーツは、現在最もファッショナブルなメンズスーツとして人気がある。〈クラシコ・イタリア*〉に代表され、英国調を基本としながらもイタリア人特有の感性でソフトにセクシーに作られ、世界のメンズスーツの中でも確固とした地位を築いている。

イタリアンレザー [Italian leather] イタリアの伝統的なレザー（皮革）を総称する用語。昔からの技術を誇るイタリアのなめし加工は世界的に有名で、「フルグレイン・カウハイド」などと呼ばれる成牛の1枚革などは、まことにイタリアの伝統を感じさせてくれる。

ファッション全般

あ

一眼⇒シールド

一分丈ショーツ [いちぶたけ＋shorts] 股下部分が少し付いた下着のパンツ。股の喰い込みを防ぎ、はき心地がよいとされるもので、女性や子供用の下着によく見られる。一分は全体の10分の1の意で、足首と股下の付け根の寸法を意味している。実際にはこれより短いものがほとんど。「一分パンツ」とか「一分丈ボックスショーツ」などの名でも呼ばれる。

一枚仕立て⇒総裏

市松格子⇒ブロックチェック

市松模様⇒ブロックチェック

109系ファッション [いちまるきゅーけい＋fashion] 東京・渋谷の有名ファッションビル『SHIBUYA109』を発信地とするヤングカジュアルファッションの総称。最も旬とされるファッションを揃え、カリスマ店員＊などと呼ばれる販売員の魅力で売りにつなげるなど、常に話題性を提供し続けている。略してマルキュー系とかマルキューファッションとも呼ばれ、1999年ごろからマルキューブームと呼ばれる流行現象を作り出した。

一文字⇒ストレートチップシューズ

イッセイプリーツ [Issey pleat] 日本のファッションデザイナー、三宅一生によるオリジナルのプリーツの名称。ヘリンボーンプリーツ＊やハロープリーツ＊などさまざまな技法を取り入れたアート感覚あふれる斬新なプリーツを、誰言うとなく「イッセイプリーツ」の名で親しまれるようになった。

一珍染 [いっちんぞめ] 一珍糊と呼ばれるうどん粉で作った防染糊の上に染料を置いて、茶碗が割れたような模様を表現する技法、またそのような柄をいう。「一珍糊染」とも呼ばれ、元々和服地に見られる伝統的な技法だが、近年、これをジーンズの染めに用いる例が現れて注目さ

れるようになったもの。

イットバッグ [it bag] きわめて魅力的だが、ワンシーズンで古くなってしまうような価値しか持たない有名ブランドの婦人用バッグについて用いる俗称。イットには俗説で「性的魅力」と言った意味がある。

イッピー [yippie] 政治的前衛派のヒッピーを1968年頃からこのように呼ぶ傾向が生まれた。元々はヒッピーであった一部の若者が、より急進的な活動を見せるようになってヒッピーからイッピーに変化したもの。「闘うヒッピー」とも呼ばれた。

イニシャルアイテム [initials item] U.M.などイニシャル（頭文字）を冠したバッグやケータイなどのアクセサリー類を指す。アメリカの女優ニコール・リッチーが発信したものとされ、2011年の流行のひとつとなった。

イニシャルセーター⇒レターマンセーター

イノーガニックファイバー⇒鉱物繊維

ノーマスカラー⇒ジャイアントカラー

イノセントカラー [innocent color] イノセントは「清浄な、無垢の、純潔な」という意味で、全く汚れのない、きわめてロマンティックな感じの色を総称する。イノセントホワイト [innocent white] と呼ばれる潔白なイメージの白や、砂糖に見るシュガーパステル [sugar pastel]、また透き通る肌のようなスキンペール [skin pale] などがあげられる。

イノセントホワイト⇒イノセントカラー

衣服 [いふく] 人が体にまとって着るものの総称。下着からマフラーなどのアクセサリーや帽子、靴などを含むこともあり、英語のアパレル＊に相当するほか、ウエアやクローズ＊、ガーメント＊などに置き換えることができる。

イブニングガウン⇒イブニングドレス

イブニンググラブ⇒オペラグラブ

イブニングケープ⇒オペラクローク

ファッション全般

イブニングコート [evening coat] 男性の夜間の正礼装。モーニングコート*と同じように、長い裳裾（もすそ）を特徴とする礼服で、別にスワローテールコート [swallow-tailed coat] とかテールコート [tailcoat]、また単にテールズ [tails] などと呼ばれるのは、その燕の尾のような形状から来ている。日本で一般に燕尾服というのはその直訳。これが夜間の正礼服となったのは1850年代のこととされ、以来、男性の夜間第一礼装の立場を守って今日に至っている。ただし現在では、皇室や政府主催による公式レセプションなどに用いられる以外には礼装としての出番はなくなり、社交ダンスの正式衣装やオーケストラの指揮者および演奏者、またオペラ歌手たちに用いられるのみというのが実情となっている。英国ではイブニングドレスコート [evening dress coat] と呼ばれる。

イブニングジャケット [evening jacket] タキシード（ディナージャケット）の別称のひとつ。また女性がイブニングドレスの上に着用する丈の短いジャケットを指すこともある。

イブニングシャツ [evening shirt] 夜間のパーティーなどフォーマルな機会に着用するドレスシャツの一種。タキシードに用いるプリーツ付きのウイングカラーシャツなども含まれるが、最近では特にフォーマルウエアにはこだわらず、ドレッシーな感覚のスーツやジャケットなどに合わせることのできる白のシャツなどをこのように称することが多くなっている。

イブニングシューズ [evening shoes] 夜間のフォーマルな機会に用いられるドレッシーな表情の靴を総称する。男性のオペラパンプス*に代表されるが、女性では優雅な感覚のヒール付きパンプスが用い

られることが多い。それらはエナメルやサテン、またゴールドやシルバーのメタリック加工を施した素材で作られることが多く、宝石やラインストーン*などを飾った華やかなデザインのものも見られる。

イブニングスーツ [evening suit] 夜間の略礼装として用いられる女性用の服装のひとつ。イブニングドレス*とジャケット、またジャケットとロングスカートが共地で構成された一式を指し、サテンなど夜向きのドレッシーな生地が用いられる。男性の礼服にこうした名称や表現は用いられない。

イブニングスカーフ [evening scarf] イブニングコート（燕尾服）とともに用いるスカーフのことで、多くは白やシルバーグレーのシルク製のものを指す。大きな正方形のものが多く見られ、端にフリンジ（飾り房）が付くのも特徴とされる。襟に沿わせて用いるのが粋とされる。

イブニングドレス [evening dress] 女性の夜間正礼装とされる格調高いドレス。基本的には男女を問わない夜会服の総称で、イブニングガウン [evening gown] とかイブニングフロック [evening frock] とも呼ばれるが、一般には女性のドレッシーなロングドレスを指す。光沢感のある生地を用いて作られ、肩や背中、腕を露出させたデザインが多く用いられる。

イブニングドレスコート ⇒イブニングコート

イブニングバッグ [evening bag] 夜間のフォーマルな機会に用いられる女性向きのバッグ。物入れとしての機能はほとんどないのが特徴で、正装に合うアクセサリーとして用いられることが多い。シルク地、刺繍、ビーズ、また金糸・銀糸といった素材が用いられ、華やかな雰囲気をもっている。観劇にも用いられるところから、オペラバッグ [opera bag] の別称

ファッション全般

でも呼ばれる。

イブニングパンツ⇒スカートパンツ

イブニングフロック⇒イブニングドレス

イブニングベスト［evening vest］イブニングコート（燕尾服）専用のベスト。ボウタイと同じマーセラコットンと呼ばれる生地で作られた白ピケを原則とし、シングル前とダブル前の２タイプがある。いずれも胸元が深く刳（く）られたショールカラー付きのものが基本とされ、正しくは燕尾服のウエストシーム（腰の縫い目線）より少し長めに作られたものをもって本格とする。これは昔のジュストコールなどのスカーテッドコート（裳裾〈もすそ〉付きの上着の総称）の着こなしにおいて、長いチョッキを用いていたことの名残りとされる。

イマーションスーツ［immersion suit］船舶からの緊急脱出時に用いられる特殊な救命具としての服。潜水服のような形をしたボディスーツ型のもので、浮力を有し、高保温性、耐水性に優れるなど数々の特性　を持つ。船舶の必需品とされ、これを着用していればライフジャケットは不要とされる。イマーションは本来「（液体に）浸すこと、浸されること」の意。

イミテーションカフス［imitation cuffs］「偽の袖口」の意で、テーラードなジャケットなどで袖口を見せかけの開きにして、飾りボタンを付けたデザインを指す。日本の業界用語では「開き見せ（明き見せとも）」とか「飾り開き」などという。スーツの上着ではこれが一般的な形となっている。

イミテーションジュエリー［imitation jewelry］模造宝飾品の意で、天然宝石を模した人造石や偽の貴金属などで作られるジュエリーを総称する。ファインジュエリー＊を真似たコスチュームジュエリー＊を指すこともあるが、この言葉には

いかにも偽物、安物といったニュアンスが強く感じられる。

イミテーションパール⇒フェイクパール

イミテーションファー⇒フェイクファー

イミテーションポケット⇒シャムポケット

イミテーションレザー⇒フェイクレザー

イヤーアート［ear］耳にさまざまな装飾をほどこして楽しむおしゃれ。日本では「耳チーク」といって、耳たぶや耳のふちをほんのりと赤く染めるくらいのことをいうが、海外では耳全体を銀色で縁取ったり、耳たぶの下半分を黒く塗りつぶすなどエキセントリックな表現が見られる。いわゆる「インスタ映え」のひとつとして現れたとされる。

イヤーウオーマー⇒イヤーマフ

イヤーカフ［ear cuff］イアカフとも。耳に飾る装身具のひとつで、耳を覆うように飾る大きめのイヤリングの一種だが、これは耳たぶより上の耳殻という部分に挟むようにして留めるのが特徴で、一般に片方の耳だけに用いられる。

イヤーキャップ⇒イヤーマフ

イヤークライマー［ear climber］クライマーは「よじ登る人、登山者」の意で、耳によじ登るような感じにデザインされたピアス型のイヤリングを指す。

イヤードロップ［eardrop］ドロップは「滴（しずく）、落下」また「滴る、落ちる」といった意味で、耳から垂れ下がる形を特徴としたイヤリングを指す。ドロップイヤリング［drop earring］ともいう。

イヤーバッグ［ear bag］耳を覆う防寒具の一種。耳をすっぽりと包むフリースやベルペットなどの布製カバーで、内側から耳を押さえるリング状の板が付いている。おしゃれな感覚があり、髪が乱れることもなく、コンパクトに収納できるところから、自転車通学の女子高校生中心に広がった。元々はスウェーデンのメー

58

ステル綿（わた）などの詰め物を入れて防寒性を高めた衣料を総称する。ダウンウエアと同じように扱われるが、この言葉には究極の防寒性能を目指すといったニュアンスが強く感じられる。これはまた化学綿の断熱素材を詰め物とした衣料のみを指すという見方もある。

インステップ [instep] 足の甲。靴や靴下類の甲に当たる部分をいう。より正確には足の「土踏まず」の直上に当たる部分を指し、ちょうど靴紐を結ぶ場所に相当する。

インステップストラップ⇒ローファーズ

インソール [in sole] 靴の「中底」。内側の底部分を指し、普通はここに「中敷き」と呼ばれる、ブランド名などが入ったシートが貼り付けられる。

インソックライナー [in sock liner] 靴の中底（インソール）の上にかぶせる「中敷（なかしき）」のこと。着地時のショックから足を保護するなどの役割があり、ここにブランド名などを刻印する例が多い。ソックライナーはインソールと同義で、ほかにインナーソックス（靴の中に入るミニソックス）と同じ意味も持つ。

インターシャ [intarsia]「挿入柄、配色柄」の意。編地の中に別糸で柄模様を編み込むもの。柄の裏側には地糸が走らず、独立したパネル状に表現されるのが特徴で、そうでないタイプはモック・インターシャ [mock intarsia]（擬似インターシャ）という。靴下に用いる場合は、特に「アーガイル」と呼ばれる。この語はイタリア語で「象眼で飾る」を意味する〈インターシアーレ intarsiare〉からきたものとされ、インレイと同義になる。

インダストリアルヒール [industrial heel] インダストリアルは「産業（上）の、工業（上）の、工業用の」といった意味で、工業的なタッチでデザインされた靴のか

との形をいう。多くは女性のハイヒールに見られるもので、アーキテクチャーヒール*などと同種のデザインとされる。

インタック⇒リバースプリーツ

インタリオ⇒カメオ

インターナショナルモデル [international model]「世界標準型」と表現されるスーツ型。全体に誇張を避けた普遍的なスタイルを特徴とするもので、特徴のないのが特徴とされる中庸デザインのメンズスーツ。元々は1954年にアメリカで発表された〈アメリカン・ナチュラル〉という流行型を母体に発展してきたものとされ、世界のどこに行っても通用するベーシックスーツとしてその価値は高い。シングル2ボタンの何でもないスタイルが多いが、時どきの流行の影響も適度に取り入れながら、今日に至っている。レギュラーモデル [regular model] とかスタンダードモデル [standard model] などとも呼ばれ、アメリカではミドルアメリカン*の呼称もある。

インターライニング [inter lining]「芯地」のこと。ネクタイの形を整えるのに重要なもので、先端部を除く内側の部分に用いられる。高級品には俗にパンピーチと呼ばれる毛芯を使用することが多い。

インターロック [interlock] 縫い合わせの仕方の一種で、2枚以上の布を縫い合わせるときに、地縫いをしながら「かがる」縫い方をいう。インターロックミシンを用いるところからこう呼ばれる地縫い縫製で、縫い代が片倒しになるのが特徴とされる。また、縫い代を固定させるために、縫い代を倒した側にコバステッチをかけることもある。インターロックシームともセーフティーステッチともいう。

インターロック（ニット）⇒両面編

インディアマドラス [India madras] インド東南部のマドラス（現・チェンナイ）

ファッション全般

地方を原産地とする平織綿布。無地、紋様柄、ストライプ、チェックなどさまざまな種類があるが、日本では多色使いの不規則な大格子柄がマドラスチェックと呼ばれて人気がある。盛夏向きの生地として多用される。

インディアンジュエリー [Indian jewelry] アメリカの先住民族であるアメリカインディアン（現在はネイティブアメリカンと呼ばれる）の手作りによる装飾品の総称。ターコイズブルーのトルコ石とシルバーメタルを組み合わせたものが中心で、ネックレスやブレスレット、リング、またベルトのバックルといったものがある。そのほかに鷲の羽根をモチーフにしたフェザートップ*など、エスニックな香りに満ちたものが多く見られる。

インディアンパンツ⇒ハーレムパンツ

インディアンモカシン⇒モカシン

インディアンモカシンブーツ⇒モカシンブーツ

インディオセーター [Indio sweater] インディオニット [Indio knit] ともいう。中南米の高地に住むインディオたちが常用するセーター類のことで、現在ではインカ模様を特徴とする手編み感覚のバルキーセーターを総称する。作られる場所や紋様によって、メキシカンニット [Mexican knit]、ペルーニット [Peru knit]、チリニット [Chile knit]、ボリビアニット [Bolivia knit] などの種類がある。

インディオニット⇒インディオセーター

インディゴ [indigo] 植物の「藍（あい）」およびそれから採れる染料のこと。一般にはインディゴブルー [indigo blue] と呼んで、ブルージーンズに欠かせない色調とされている。これには虫除けになったり、ガラガラ蛇が嫌う色や匂いであるところから使われるようになったという、いわゆるジーンズ伝説がある。最も

珍重されるのは「インド藍」という天然の植物染料だが、今日ではほとんどがコールタールなどを原料とする「合成インディゴ」となっている。

インディゴブルー⇒インディゴ

インディ・ジョーンズ・ハット [Indiana Jones hat] アメリカ映画『インディ・ジョーンズ』シリーズで主人公インディアナ・ジョーンズ教授（ハリソン・フォード）が使用する帽子のことで、単にインディハット [Indie hat] ともいう。本来はアメリカの有名な帽子ブランド〈ステットソン〉のソフトフェルトハット*のひとつで、テンガロンハットをひと回り小さくしたような形に特徴がある。ちなみにこうした小型のテンガロンハットをファイブガロンハット [five gallon hat]（5ガロン帽）ということがある。

インディハット⇒インディ・ジョーンズ・ハット

インティマシーズ⇒インティメートアパレル

インティメーツ⇒インティメートアパレル

インティメートアパレル [intimate apparel] 肌に親密な衣料といったほどの意味で、特に女性の下着類を指すアメリカ発の業界用語。肌に直接着ける衣料品の意から、ラウンジウエアなどの部屋着も含まれる。下着を表すインナーファッション [inner fashion] やインナーウエア*に代わって最近よく用いられるようになっている。この略称としてインティマシーズ [intimacies] とかインティメーツ [inti-mates] といった用語もある。インティメートは本来「親密な、個人的な」という意味。

インテリジェントウエア [intelligent wear] 高度な機能を備えた未来的な衣服の概念を意味する。たとえば、地球の温暖化に対応する冷却機能を備えた衣服などが考えられる。インテリジェントは本来「理

ファッション全般

解力のある、利口な」といった意味だが、最近では〈インテリジェントシティー〉などという言葉があるように、高度情報化社会のキーワードとして広く用いられている。

印伝 [いんでん] 印伝革の略で、羊や鹿の皮を鞣した革をいう。現在では鹿革が主となっており、これを「鹿革印伝」という。鞣した革に染色し、漆で模様を描いたものに代表され、札入れや印鑑入れ、巾着、がま口、またハンドバッグやベルトなどに用いられる。印伝というのはインド（印度）から伝来したものという意味と、ポルトガル語やオランダ語のインドを表す言葉を日本語に当てはめたものという語源説がある。今は山梨県の工芸品「甲州印伝」として広く知られる。

インドアアパレル [indoor apparel] インドアは「屋内の、室内の」の意で、家の中で着用する衣服を総称する。要はホームウエア、ラウンジウエアを指す業界ぽい用語。

インド綿 [Indian cotton] インドで栽培され産出されるコットンの総称。コットンは元々インドが原産地とされ、現在では1品種1地方に限られ、その産地の名を品種名としている。最近では異種交配の促進で、南インドのスヴィンコットン [Suvin cotton] など優れた品質を持つ超長綿も生産されるようになっている。

イントレチャート [intrecciarto 伊] イタリア語で「組み合わせ、（糸などを）なうこと、交差」といった意味で、ベルトなどに見る「編み込み」を指す。細幅の革などを編み込んで作ったベルトの模様などをこのように呼び、一般にはメッシュベルト*を意味することが多い。

インナー⇒インナーウエア

インナーウエア [inner wear] 略してインナー [inner] ともいう。衣服の内側に着

用するものの意で、いわゆる「下着」の総称として用いられる。またジャケットインなど上着のすぐ内側に着る服を意味することもあり、そのために下着としてはメンズインナー*とかレディースインナーといった用い方をすることもある。広義にはアウターウエア*の対語となる。

インナーキャミソール [inner camisole] インナー（下着）としてのキャミソールを強調した表現。キャミソールはもともと下着としての要素が強いが、最近ではアウターとしてのキャミソールが一般的になってしまったため、それと対比させる意味でわざわざこのような言葉が使われるようになった

インナーコスメ [inner + cosmetics]「内側の化粧品」という意味で、一般に美肌効果を目的としたサプリメント（栄養補助食品）の類を指す。ビタミンCやアミノ酸などを配合したものが多く見られ、俗に「飲む化粧品」とか「美肌サプリ」などとも呼ばれている。

インナーシャツ⇒アウターシャツ

インナーショーツ [inner shorts] スポーツウエアの内側に用いる下着パンツとしてのショーツの総称。水着の下に用いるアンダーショーツ [under shorts] もこの一種で、ともにセットで用意されていることが多い。

インナースーツ⇒インナーパンツ

インナーダウン [inner down] コートやジャケットの内側に用いる形になったダウンウエア。薄手のダウンジャケットといったもので、コートとセットになったり、それだけでも様になるシルエットとしたものなどさまざまなデザインが見られる。

インナーTシャツ [inner T-shirt] 下着として用いるTシャツのこと。一般のTシャツよりも生地が薄手で、ボディーにフ

ファッション全般

ィットする感覚のものが多い。これに対し、表に出して外衣として堂々と着ることのできるTシャツを、わざとアウターTシャツ [outer T-shirt]、またこれを略して「アウターT」ということもある。

インナーニット [inner knit] アウターニット*に対して、インナーウエア（中衣）として着用するニットウエアを総称する。コートやジャケットの下に用いるセーターや各種のカットソー・アイテムが代表的。

インナーパンツ [inner pants] パンツの下に穿くパンツの意味で、自転車のレースパンツの内側に用いる保護用の下着パンツなどを総称する。こうした下着には、全身を覆うインナースーツ [inner suit] やインナーワンピース [inner one-piece] といったものも見られる。多くはスポーツウエアとセットで用いられるアイテム。

インナーファッション⇒インティメートアパレル

インナーベスト⇒アウターベスト

インナーベルト [inner belt] シャツの裾がまくれ上がらないように、ズボンの内側に締めるゴム製のベルト。ズボンの腰帯（ウエストバンド）の裏側に作り付けとした布帯をこのように呼ぶこともあり、それはまた「マーベルト」という業界用語でも呼ばれる。

インナーポケット⇒インサイドポケット

インナーレイヤー⇒アウターレイヤー

インナーワンピース⇒インナーパンツ

インバースストライプ⇒アメリカンウエイ

インバーテッドタック⇒リバースプリーツ

インバーテッドトライアングラーライン⇒インバーテッドトライアングルライン

インバーテッドトライアングルライン [inverted triangle line]「逆三角形ライン」のことで、インバーテッドトライアング

ラーライン [inverted triangular line]、またリバーストライアングラーライン [re-verse triangular line] ともいう。インバーテッドは「逆にした」、リバースは「逆の、逆にする」の意で、ともに肩が広く作られ、裾に向かって細く狭まっていくシルエットを指している。

インバーテッドプリーツ⇒ボックスプリーツ

インバーテッドプリーツスカート [invert-ed pleat skirt] インバーテッドプリーツ（箱襞〈ひだ〉の逆の形）を特徴としたスカートの総称。

インバーテッドベント [inverted vent] 切れ目を入れず、畳み襞（ひだ）としたベント*の一種で、一般にインバーテッドプリーツ*と呼ばれる。ボックスプリーツ（箱襞）の逆（インバーテッド）の形であるところからこのように呼ばれる。

インパクトカジュアル [impact casual] インパクトは「強い印象、強い影響、衝撃」の意で、まさしく衝撃的な印象を与えるカジュアルファッションの表現を指す。特に西日本のメンズファッションに多く見られる傾向で、動物柄などを大きく派手にあしらったトレーナーやポロシャツなどに代表される。ヤンキーファッション*にも通じる、あまり品の良くないファッションとして知られる。

インバッグストラップ [in bag strap] バッグ用のチャームの一種で、パスケースや携帯電話をつないで収納できるアクセサリーをいう商品名。アクセサリーメーカー「ミックスコアファクトリー」（大阪）の2009年秋冬向け開発商品のひとつとされる。

インバネス [inverness] 日本では俗に「トンビ」とか「二重回し（にじゅうまわし）」などと呼ばれるケープ型の外套。内側に袖なしの丈の長いコートを配し、外側は

64

ファッション全般

肩全体を覆う丈の短いケープという二重構造になっているのが特徴。スコットランドのインバネス（ネス湖の入口の意味）という地名に由来するもので、日本では1887（明治20）年前後から和服用の外套として流行するようになった。ツイード製のインバネスはシャーロック・ホームズの衣装として知られている。フランス語でマクファーレン[macfarlane 仏]とも呼ばれるが、これは人名から来たとされる。よりフォーマルなものはドレスインバネス[dress inverness]という。

インヒール [in heel] 靴の中に入れる上げ底用のかかと。背を高く見せかけるシークレットヒールとしても用いられる。

インヒールスニーカー [in heel sneaker] ヒール（かかと）が内蔵されたスニーカー。見た目はふつうのハイカット型スニーカーだが、内側に高いヒールが取り付けられていて脚を長く、背を高く見せてくれる効果を持つ。海外のセレブに愛用されていたものが、日本でも2013年ころから人気を集めるようになった。

インビジブルソックス [invisible socks] インビジブルは「目に見えない、隠れた」の意で、靴の中に隠れて、外からは気付かれることのない靴下を指す。スニーカーソックスとかシューズインソックスなどと呼ばれるものと同種のアイテム。

インビジブルネックレス [invisible necklace] インビジブルは「目に見えない、隠れた、気付かれない」という意味で、ラインストーン*やクリスタルビーズ*などを、釣り糸のような透明の糸に留めて、その紐部分を見えなくさせたネックレスをいう。飾り物だけが肌から浮いて見えるという不思議な効果を狙ってデザインされたもので、ヌードネックレス[nude necklace]などとも呼ばれる。

インファッション [in fashion]「まさに流

行中の」という意味で、アウト・オブ・ファッション*の対語として用いられる。

インファント⇒チルドレンズウエア

インフォーマルウエア [informal wear]「略礼装」の意。セミフォーマルウエア（準礼装）に次ぐ礼装のことで、「略装」とも称される。インフォーマルは「正式でない、非公式の、略式の」という意味で、服装や態度が「打ち解けた、形式ばらない、くつろいだ」という意味もあり、ここからうちだけの雰囲気のカジュアルウエアを指すという誤解が生じそうだが、これはあくまでも礼装におけるそうした雰囲気の服装を指す。昼夜による着分けもそれほど問われることがなく、男性はブラックスーツ*やダークスーツ*、女性はインフォーマルドレス*などの略装が許される。

インフォーマルジャケット [informal jacket] インフォーマルウエア*（略礼装）として着用されるジャケット。多くは黒の生地で作られる背広型の上着を指す。これに共地のズボンを合わせたものはインフォーマルスーツ[informal suit]となり、ブラックスーツ*と同義とされる。最近では濃紺の生地を用いたものもこのように呼ばれることがある。

インフォーマルスーツ⇒インフォーマルジャケット

インプレッショニスム [impressionnisme 仏]「印象主義」と訳される。19世紀末、1870〜80年代にかけて展開された近代絵画運動で、フランス画家モネの『印象・日の出』という作品にちなんでこのように名付けられた。自然の光と色をそのまま描きつけることによって感覚の解放をめざそうとしたもので、その後の芸術に大きな影響を与えている。これに属する画家たちを「印象派」と呼ぶ。

インベストメントクロージング [invest-

ファッション全般

ment clothing] インベストメント・クローズ [investment clothes] とも。インベストメントは「投資、出資」の意で、投資するに見合うだけの価値を持つ衣料を指す。買うときに多少の金額がかかっても、十分に長持ちし、着る人のプライドも満たせるような高級品などをいう。1970年代中期に現れた用語で、現在でも十分に通用する。

インポートカジュアル [import casual] インポートは「輸入、輸入品、輸入する」という意味で、海外、特に欧米の国から輸入されるカジュアルウエアを総称する。こうしたものを一般に「インポート物」と呼ぶ。

インポートプレタ [import prêt-à] インポートは「輸入、輸入品、輸入する」の意で、海外から輸入されるプレタポルテ*（高級既製服）を総称する。日本では特にフランスやイタリアからの輸入品を指すことが多い。

インラペル [in lapel] ⇒ソウンオンラペル

インレイ [inlay] ネクタイの裏側に見る「縫い代」部分をいう。布を縫い合わせるときに合わせる先端の縫い込みになる部分のこと。インレイそのものは「はめ込む、象眼する、挿入する」といった意味で、縫い代そのものを表す英語にはシームアローアンス [seam allowance] という用語がある。

インレイ編 [inlay stitch] インレイは本来「象眼、象眼細工」の意で、「はめ込む、象眼する」といった意味を持つ。ニットにおいては「挿入糸」を指し、地糸の編み立て中に別の糸を編み目の間に入れて飾り用とする編み方をいう。こうした編地をインレイジャージー [inlay jersey] ともいう。

インレイジャージー ⇒インレイ編

ファッション全般

ヴァーシティジャケット［varsity jacket］
スタジャン（スタジアムジャンパー）の
別称のひとつ。ヴァーシティーは米語で
「（大学などの）代表チーム」という意味
で、そうした選手たちに与えられるジャ
ケットというところからのネーミングと
される。

ヴァン・ダイク・カラー［Van Dyck collar］
17世紀のオランダの画家アンソニー・ヴ
ァン・ダイク（1599～1641）の絵画に
よく見られる、肩を覆うほどに幅広の襟
型で、一般には17世紀に流行したフォー
リングバンド［falling band］のことをい
う。これはラバ＊と同じで、ネクタイの
原型のひとつとされるフォーリングバン
ドとは別物とされる。ほかに「ルイ13世
カラー」の別称もある。

ヴァンプモカシン⇒コブラヴァンプ

ヴィーガンシューズ［vegan shoes］ヴィー
ガンはベジタリアン（菜食主義者）のな
かでも、特に徹底した完全菜食主義者を
指し、そうした人たちのために作られた
エコロジー感覚の靴をいう。皮革などの
動物性材料を用いず、厚手のキャンバス
や合皮スエードといった素材を使い、リ
ーズナブルな価格設定がなされているの
が特徴とされる

ヴィーガンドレス［vegan dress］ヴィーガ
ン＊（ビーガン、ベーガンとも）は「純
粋菜食者、完全菜食主義者」の意味で、
動物から採れるものを一切拒否するヴィ
ーガンたちのために、動物性の素材を完
全に排除して作られたドレスを指す。

ウィークエンドスポーツウエア⇒レジャー
スポーツウエア

ウィージンズ⇒ノーウィージャン・フィ
ッシャーマンズシューズ

ウィーゼル［weasel］イタチおよびその毛
皮。野生のイタチにはコリンスキー
［ko-linsky］とかフィッチ［fitch］とい

った種類もあり、これらはイタチの毛皮
の中でも高級品とされる。

ウイートジーンズ⇒ホワイトジーンズ

ヴィエラ［Viyella］ビエラ、バイエラ、ヴ
ァイエラなどとも。梳毛糸55％と綿糸
45％の交織によって作られたフランネル
仕上げの綾織地で、正確には「ヴァイエ
ラ・フランネル」と称し、英国『ウイリ
アム・ホーリンス』1894年に開発した商
品名に由来する。現在ではウールと綿が
半々の混紡によるものが多く、独特の柔
らかな感触が特徴とされる。タッタソー
ル＊柄を用いたものが多いのも特徴のひ
とつで、英国調のスポーツシャツのほか、
パジャマなどにも用いられている。

ウィグ［wig］ウィッグとも。「鬘（かつら）」
のことで、特に頭髪全体を覆うものをい
う。これに対して「部分鬘」はヘアピー
ス［hairpiece］と呼ばれる。さらにいえ
ば帽子のようにすっぽりかぶるものをオ
ールウィグ[all wig]あるいはフルウィグ
[full wig]、前髪や三つ編み、お団子のよ
うに部分的にピンで留めるものをポイン
トウィグ[point wig]と呼んでいる。

ウィグレット［wiglet］正しくはウィグリ
ットと発音される。女性用のヘアピース
（付け毛、部分かつら）のこと。

ウイズ⇒ボールガース

ウイズアウトフロントダーツ⇒フロントダ
ーツ

ウイズアウトベント［without vent］「ベン
トを除いて」という意味で、いわゆるノ
ーベント［no vent］のこと。運動量をそ
れほど必要としないジャケットなどに見
られるほか、ドレッシーな趣を特徴とす
るスーツなどに用いられる。日本では一
般に「ノーベンツ」と呼ばれる。何もな
い背中という意味でプレーンバック
[plain back]、ベントなしということでベ
ントレス[ventless]などともいう。

67

ファッション全般

ウイスカーズ⇨ビアード

ウイスク [whisk] 16〜17世紀に流行した
襟型のひとつで、首の周りを取り巻く平
らな形状を特徴とした襟。麻やレースな
どで作られ、男女ともに飾り襟として用
いられた。

ウイップコード [whipcord] ホイップコー
ドとも。梳毛の強撚糸で織り上げた綾織
地で、くっきりと浮き立った太い綾目を
特徴とする。ウイップコードとは本来「鞭
の縄」という意味。

ヴィノフィスマッサージ [veno-phys massage]
静脈 (vein) の解剖と生理 (physiology)
に基づいたマッサージ。皮膚の静脈を解
剖学的に観察し、静脈血を効果的に心臓
に戻すマッサージ法のことで、医療と美
容、心理学の融合を目的とする「医・美・
心研究会マッサージドクターコース」の
開発による。新陳代謝を高め、むくみや
クマの改善、脂肪の軽減などの効果が期
待できるという。

ウィピール [huipil] ウィピルともイピル
ともウェピーリ huepilli ともいう。メキ
シコやグアテマラの女性が着用するポン
チョ型の上衣、また袖無しのブラウス型
の貫頭衣を指す。独特のカラフルな模様
が特徴で、中米の各インディオたちによ
ってその名称と模様は変化する。また女
性の盛装用のかぶりものはウィピールグ
ランデ [huipil grande] と呼ばれる。

ウィピールグランデ⇨ウィピール

ウィメンズウエア [women's wear] 成人女
性が着る洋服の総称。「女子服、女性服、
女服」の意で、一般には「婦人服」と呼
ばれている。日本ではレディースウエア
（レディスウエアとも表記）[ladies'
wear] のほうが多く使われる傾向がある
が、これには「淑女服」という趣があり、
最近では国際的に通用するウィメンズウ
エアが多く使われるようになっている。

なおウーマン woman 女）に相当するフ
ランス語はファム [femme 仏]、イタリ
ア語はドンナ [donna 伊]、ドイツ語はダ
ーメ [Dame 独]（淑女の意味で複数形は
ダーメン [Damen 独]）、またフラウ [Frau
独]（一般的に女性の意味で複数形はフ
ラウエン [Frauen 独]）となる。

ウィローグレイン [willow grain] グレイン
レザー（銀付き革）の一種で、細かい一
文字状のシボをきわめて軽く出したもの
をいう。ウィローは「ヤナギ」の意。

ウイングカラー [wing collar] 燕尾服やタ
キシードなどの礼服に用いるフォーマル
シャツに多く見られる襟型。立襟の一種
で、襟先だけが三角形に折り返った形に
なっているのが特徴。鳥の翼（ウイング）
に似ていることからこの名があり、日本
語では「立ち折れ襟」とか「前折れ立襟」
の名でも呼ばれる。フランス語でコルカ
ッセ [col casse 仏] ともいい、最近では
カジュアルなシャツや女性のブラウスな
どにも用いられるようになっている。ま
たモーニングカラー [morning collar] の
別称で呼ばれるのは、礼服のモーニング
コートに合わせるシャツの襟という意味
から来たもの。また、これらとは全く別
の意味で、いわゆるイタリアンカラー*
型の一枚襟を指すこともある。

ウイングショルダー [wing shoulder] 肩先
にちょうど鳥の翼（ウイング）のような
張り出しを付けた特異な肩線。肩を強調
するファッション傾向から生まれたデザ
インのひとつで、同種のものにローデン
ショルダー [loden shoulder]（ローデン
コート*に見るデザインから）、アルパイ
ンショルダー [Alpine shoulder]（アルプ
スの肩の意。同じくローデンコートから
の命名）、ウエルテッドショルダー [welted
shoulder]（縁飾りを付けた肩の意）、フ
ローティングショルダー [floatin

ファッション全般

shoulder]（浮かんでいる肩の意）、オーバーショルダー［over shoulder］（重なった肩の意）、フランジショルダー［flange shoulder］（出縁、輪縁、つばを付けた肩の意）、また日本の裃（かみしも）のようなという意味でカミシモショルダー［kamishimo shoulder］などとさまざまな名称がある。

ウイングスリーブ［wing sleeve］ウイングドスリーブとも。翼（ウイング）のような印象を与える袖のデザイン。肩口からゆったりと流れる感じで袖口が広がる形となったもので、天使の絵を思わせるような形でもあるところからエンジェルスリーブ［angel sleeve］とも呼ばれる。

ウイングタッセル［wing tassel］甲部にタッセル（房飾り）を取り付けたタッセルスリップオンのうちで、甲周りからモカシン飾りを排し、その代わりに爪先にウイングチップ（おかめ飾り）をほどこした靴を指す。重厚なイメージが特徴とされる。

ウイングチップ［wing tip］爪先に英文字Wに似た翼（ウイング）のような飾りを施した重厚な感覚の紳士靴。本来はそうした飾りを指し、正確にはウイングチップシューズ［wing tip shoes］となるが、この言葉だけでもそうした靴を意味するようになっている。日本では俗に「おかめ」と呼ばれるが、これは「おかめ」の面に似ていることからの命名。多くはメダリオン＊とかパーフォレーション＊などと呼ばれる穴飾りとともに用いられ、これは本来通気や水切りのためのデザインとされる。これを「おかめ飾り」というのも日本の俗称。

ウイングチップシューズ⇒ウイングチップ
ウイングドカフス［winged cuffs］折り返したカフスの両端が尖り、鳥の翼（ウイング）のように外側に開いた形になっている袖口のデザインを指す。ポインテッドカフス［pointed cuffs］ともいう。

ウイングドスリーブ⇒ウイングスリーブ
ウイングボウ⇒バットウイングボウ
ウィンクルピッカー［winkle picker］複数形でウィンクルピッカーズとも。爪先が尖った「とんがり靴」のことで、かつて英国でテディーボーイやモッズと呼ばれる若者たちに愛用された靴を指す。ウィンクルは「タマキビガイ」という食用の巻き貝のことで、そうした巻き貝の身をほじくり出す細く尖った器具から命名されたもの。トゥースピック（爪楊枝）トウ型の靴と同じ謂われで、現在も「とんがり靴」の代名詞として用いられている。

ウインザーカラー⇒ワイドスプレッドカラー
ウインザーチェック［Windsor check］グレンチェックの上にさらに大きな格子柄を重ねたチェックのことで、これを好んだ英国のウインザー公にちなむ名称とされる。いわゆるオーバーチェック（越格子）の一種で、よき英国の伝統を感じさせる柄のひとつとしてジャケットなどに用いられる。

ウインザーノット［Windsor knot］「太結び」と呼ばれるネクタイの結び方。ノット（結び目）が大きく表現されるもので、輪を左右両方に引っ掛けて結ぶところから、この独特の形ができあがる。ワイドスプレッドカラー＊など襟開き角度の広いシャツに適した結び方で、かのウインザー公の発明によるものとされるが、実際には公はそれを好んだだけで、考案に関与したことはないという。

ウインターサンダル［winter sandal］冬季用のサンダル。厚手の靴下やレッグウオーマーなどと合わせて用いるもので、ウェッジソールを伴うものが多く見られる。

ウインターパステル［winter pastel］「冬の

69

ファッション全般

パステルカラー」の意。冬でもパステルカラーの服を着ようとする流行から生まれたもので、常識を逆手にとった流行色のひとつ。少しくすんだアイスブルーやパステルピンク、サックスブルーといった色調に代表される。

ウインターブーツ [winter boots] 冬季用のブーツ。本来は南極などの極寒地での作業用として開発された長靴のことで、アウトドア用品メーカーから一般向きにも開放されるようになって人気となったもの。ふくらはぎの中間くらいの深さのもので、撥水加工や防水加工がほどこされ、中綿を詰めたり内側を起毛させるなど保温性にも気を配ったものが多い。明るい色使いや迷彩柄などのデザインでファッション性を高めたところにも人気の原因がある。

ウインターホワイト [winter white] 「冬の白」の意。冬でも白い服を着ようとする流行から生まれたもので、常識を逆手にとったところに現われた流行色のひとつ。

ウインターリネン [winter linen] 「冬の亜麻」の意で、秋冬向きの衣服に用いられるリネン素材をいう。リネンに代表される麻素材は、本来は夏向きとされるが、そうした概念を打ち破って秋冬用に開発された麻をこのように呼ぶ。最近の麻の人気から、ウールなどとの組み合わせでこうした素材が開発されて、注目されている。

ウインタム [wintumn] ウインター（冬）とオータム（秋）から作られた造語で、秋冬通して着ることができる袖付きのスリップ*を指す。

ヴィンテージ [vintage] ビンテージとも。本来は豊作の年に作られた極上のワインやワインの当たり年を指し、そこから古くて値打ちのあるものを表すようになった。一般に「年代ものの、銘柄の、特に

優れた」という意味で用いられる。

ヴィンテージ加工 ⇒エイジング加工

ヴィンテージ加工色 [vintage ＋かこうしょく] わざと古ぼけた感じに見せる「ヴィンテージ加工」されたジーンズや靴、家具などに見られる色調。長年使い込んだといった感じの褪色感が特徴で、最近の流行色のひとつとなっている。

ヴィンテージカジュアル [vintage casual] ヴィンテージジーンズ*など骨董品的な価値のあるアイテムでコーディネートしたカジュアルファッションの表現。また実際にヴィンテージ物だけで揃えなくても、そのように見える古着風の衣服で着こなすカジュアルな服装もこのように呼ぶことがある。

ヴィンテージショップ [vintage shop] 年代もので希少価値の高い商品を扱う専門店。さまざまなヴィンテージものを扱うが、特にそうしたスニーカーを専門とする店をこのように呼ぶことがある。

ヴィンテージジーンズ [vintage jeans] アンティークジーンズ*などと呼ばれる骨董品的な価値を持つジーンズの中でも、特に価値の高いジーンズを指す。ヴィンテージは元々豊作の年に作られた極上のワインのことで、そこから古くて風格のあるものを意味するようになった言葉。ただ古いだけではなく、原型としての完成度がきわめて高いと評価されるジーンズだけをこのように呼んでおり、したがって値段的にも相当に高価なものが見られる。

ヴィンテージスニーカー [vintage sneaker] 非常に価値の高い年代もののスニーカーの意。コンバースやアディダス、バンズ、ナイキなどの初期のランニングシューズに代表され、そうしたスニーカー好きの人たちにはたまらない魅力を与えている。こうした商品を扱う店はヴィンテー

ジスニーカーショップなどと呼ばれ、単にヴィンテージショップともいう。

ヴィンテージ・バイオ [vintage bio] ジーンズなどに見るバイオウオッシュ*の一種で、通常3時間かける洗いを4時間半ほどかけ、独特の暖かみと起毛がかった表面感を表す加工法を指す。いかにも使い込んだようなヴィンテージ感覚が表現されるところから、このように名付けられた。

ヴィンテージ・プレッピースタイル [vintage preppie style] ヴィンテージ感のあるプレッピースタイル。ネオプレッピーなどとは違って、70年代のプレッピー登場のころのプレッピースタイルを指したもので、トラディショナルな雰囲気を残した昔なつかしいイメージのポロシャツなどで構成されるのが特徴。ラルフ・ローレンなどに見るそれが代表的とされる。

ヴィンテージ・ミックス [vintage mix] ヴィンテージ感をミックスさせるスタイルや着こなしを指し、「古着ミックス系コーデ」などとも表現される。2016/17年秋冬のファッショントレンドとして登場したもので、レトロな雰囲気をどこかに感じさせることがポイントとされる。

ヴィンテージランジェリー [vintage lingerie] クラシックな趣のある女性下着を総称する。昔の婦人が着ていたようなレトロ（懐古的）な雰囲気のキャミソールやスリップなどを指し、これらは外衣として着てもおかしくないところから、いわゆる「下着ルック」の一部として使われることがある。

ウインドーペイン [windowpane] ウインドペイン、ウインドーペーンとも。西洋の家に見る窓枠（ウインドーペイン）をモチーフに生まれたとされる格子柄。大きなタテ長の長方形が連続模様になったもので、日本語では「窓枠格子」と呼ばれる。

ウインドウエア [wind wear] ウインドブレーカー*やウインドパンツ*などスポーツ時の防風用などに着用する衣服の総称。最近では静電気防止効果のあるポリエステル素材で作られ、超耐久撥水加工や花粉症対策加工が施されるなどした高機能タイプのものが多く登場し、ゴルフだけでなくトレイルランニングなどにも使用されるようになっている。

ウインドジャケット [wind jacket] ウインドブレーカー*の新名称のひとつで、基本的にゴルフ用に考案された「防風衣」を指す。テフロン加工されたポリエステル地で作られたものが多く、特に冬の冷気から身を護るための上着をこのように呼ぶことが多い。

ウインドシャツ [wind shirt] 薄手のコットン地や麻混地などで作られる夏向きのアウターシャツの俗称。風をはらむような、軽やかで涼しげな印象からこう呼ばれるもので、パイロットシャツ*型のものからアロハシャツ風のものまで、その変化と種類は多い。

ウインドジャマー [windjammer] 英国でいうウインドブレーカーの別称。「風をふさぐもの」の意で、ほかにウインドチーターともいうが、チーターには「だますもの、ごまかすもの」の意味がある。

ウインドチーター⇒ウインドブレーカー

ウインドチーターパンツ⇒ウインドパンツ

ウインドパンツ [wind pants] ウインドブレーカーパンツ [windbreaker pants] のアメリカでの名称。ウインドブレーカー*と対になる防風用パンツのことで、英国ではウインドチーターパンツ [windcheater pants] と呼ばれる。ポリエステル100％素材で作られるものが多く、冷気を遮断する特性をもち、トレーニングパンツ同様の形で知られる。これとは別にレイブピープルと呼ばれるニューヨーク

ファッション全般

のストリート系の若者たちがパーティーで着るルーズシルエットのペラペラした感じのパンツをこう呼ぶことがあり、これはアメリカの『UFO コンテンポラリー』社のものがオリジナルとされる。

ウインドブレーカー[windbreaker]「防風衣」の意で、元はアメリカの商標名だったものが一般名に転じて用いられるようになったものとされる。ゴルフや野球の選手たちが防風や防雨の目的で着用したのが始まりとされ、袖口や裾をゴムなどで絞ったジャンパータイプの軽快なデザインを特徴としている。英国では**ウインドチーター**[windcheater]とか**カグール***の名称で呼ばれる。海外では基本的にジャンパー（ブルゾン）と同義とされる。

ウインドブレーカーパンツ⇒ウインドパンツ

ウィンプル[wimple]12 ～ 13世紀の中世ヨーロッパで用いられた女性用頭巾で、ベールの一種とされる。白やサフラン色の亜麻、絹で作られた四角い布で、筒型に丸めて髪にピンで留め、頭から首、あごをおおって用いた。

ウーステッド[worsted]**ウーステッドヤーン***（梳毛糸）で織られたウール生地で、「梳毛地」のこと。広義には梳毛地の総称として用いられ、狭義には梳毛糸で緻密に織り上げたスーツ地を指す。この名称は、ヨーロッパからこの織り方が初めて伝わった英国ノーフォーク地方の町の名に由来している。

ウーステッドサージ⇒サージ

ウーステッドサキソニー⇒サキソニー

ウーステッドシェトランド⇒シェトランド

ウーステッドツイード[worsted tweed]梳毛糸（ウーステッドヤーン）を用いたツイード*で、「梳毛ツイード」とも呼ばれる。ツイードは一般に紡毛糸から作られるが、これは梳毛糸を使用するためにや

や薄手になり、腰の強さが生まれるのが特徴。

ウーステッドファブリック⇒ウーステッドヤーン

ウーステッドフラノ[worsted flannel]梳毛糸（ウーステッドヤーン）で織り上げたフラノ（フランネルの和名）。「梳毛フラノ」とも呼ばれる。

ウーステッドヤーン[worsted yarn]ウールの原毛の段階で、約５センチ以上の毛足の長い羊毛を梳（くしけず）って作られた長くて細い糸のことで、「梳毛糸（そもうし）」と呼ばれる。これで織り上げた生地は梳毛地（ウーステッドファブリック[worsted fabric]）という。

ウースドレス⇒ローブウース

ウースライン[housse line]ウース（ウスとも）はフランス語で、「（家具などの）カバー」、またそれに用いる大きな布をいう。つまり、そうした家具覆いのように大きくゆったりしたシルエットを指し、1970年代に登場したものをこのように称した。

ウーブン[woven]ウィーブ weave（織る）の過去分詞で、ファッション業界では一般に「織り」また「織って作られたもの」を意味する。対語は**ニット** knit で、これは「編み」を意味する。

ウーブンストライプ[woven stripe]「織縞」の意。同じ色の糸を用いて縞と地の部分を異なる織り方で織り、それによって縞柄を表したものを指す。こうしたものを**セルフストライプ***ともいう。

ウーリーナイロン[woolly nylon]ウーリーは「羊毛の、羊毛のような」という意味で、ウールのような感触を持つナイロンをいう。ナイロンに嵩高加工を施して、ウールが持つクリンプ（縮れ）の特質を与えたナイロンを指し、このような加工法で仕上げた糸を「ウーリー加工糸」と総称

する。

ウール [wool]「羊毛」の総称。厳密には緬羊（めんよう）の毛だけを意味する。天然繊維のうち動物繊維の代表的なもので、多くのウール製品が作られる。特にメリノ種羊毛は世界最高の品質とされる。こうした羊毛繊維をウールファイバー [wool fiber] と呼ぶ。フランス語ではレン [laine 仏]、イタリア語ではラナ [lana 伊]、ドイツ語ではヴォレ [Wolle 独] という。

ウールギャバジン⇒ギャバジン

ウールクレバネット [wool cravenette] クレバネット*は目の詰んだやや厚手の綾織地で、これをウールで織り上げたものをいう。元々はクレバネットプルーフという名の防水加工された生地を指したもので、転じてレインコート用のギャバジンをクレバネットと呼ぶようになった。

ウールシャーリー [wool challie] 梳毛で作られる薄手の平織地で、ペーズリー*や小紋などのプリント柄が多くのせられて、ネクタイの生地として用いられることが多い。シャーリーは本来シャリー [chal-lie, challis, challys] と呼ばれ、梳毛糸あるいは紡毛糸による薄地のソフトな平織物を指す。

ウールシャギー [wool shaggy] シャギーは「毛深い、毛むくじゃらの、もじゃもじゃの」また「（織物などが）毛羽立った」という意味で、そのような表情を持つウール地を指す。

ウールソックス [wool socks] ウール（羊毛）製の靴下を総称する。コットンと並んでウールは最も人気のある素材とされ、一般的なビジネスソックスには普通の梳毛糸が用いられ、カジュアルソックスやスポーツソックスの一部には、ラムやシェトランドウールなどの紡毛糸が多く用いられる。ウール系の高級品として、カシ

ミヤ、モヘア、ビキューナといった獣毛素材も使われる。

ウールタイ [wool tie] ウール（毛織物）を素材としたネクタイの総称。暖かみのあるラフな表情を特徴とし、主としてカジュアルな用途に向くものとされるが、フランネルやツイードなど紡毛調のスーツには相性の良いネクタイとして、ビジネスウエアの分野にも進出している。ウールタイはボリュームのある生地という性質上、大剣、小剣ともに裏地を付けない「袋縫い」という技法で作られるものが多いのも特徴のひとつとなっている。

ウールダッファー⇒ダッフルクロス

ウールドレスシャツ⇒ウオームシャツ

ウールトレンチコート [wool trench coat] ウール地で作られたトレンチコート。レインコートの王様とされるトレンチコートは普通、防水加工を施したコットン地で作られるが、これはウールを用いてしゃれたタウンコートに仕立てたもの。色使いによっては、タキシードの上に着用することも可能とされるほどドレッシーな表情をもつものも見られる。

ウールパンツ [wool pants] ウール地を使って作られたパンツの総称。主としてドレッシーなタイプにウーステッドが用いられ、カントリー調のものにはツイードやフランネルなどの紡毛地が用いられる。

ウールファイバー⇒ウール

ウールブルゾン [wool blouson] ツイードやフランネルなどのウール地で作られたブルゾンの総称。ジャンパーといえばレザーやコットン地、化繊などで作られるものが多いという印象があるのに対し、ブルゾンはウール製というイメージが強く、これはしゃれた感覚のヨーロッパ調ジャンパーの代名詞的な使い方がされている。

ファッション全般

ウールラインドジーンズ〔wool lined jeans〕毛布などのウール地を裏張りしたジーンズのことで、初期の防寒用ジーンズなどに見られる。毛布地を使ったものをブランケットラインドジーンズ〔blanket lined jeans〕と呼んだりするが、真紅のフラネレット（綿ネル）を膝下辺りから裏張りしたものもある。

ウーレン〔woolen〕ウールンとも。一般に「羊毛（製）の、ウールの」また「毛織物の」という意味で用いられるが、ファッション業界では「紡毛」の意味とされる。原毛の段階で梳（くしけず）られたとき、機械に落とされた太く短く毛羽立った糸を指し、これをウーレンヤーン〔woolen yarn〕（紡毛糸）と呼んでいる。これで織り上げた生地は紡毛地（ウーレンファブリック〔woolen fabric〕）と呼ばれる。

ウーレンファブリック⇒ウーレン

ウーレンヤーン⇒ウーレン

ウエア〔wear〕本来は「身に着けている」という意味で、衣服を「着ている」状態を表す言葉。英語で「着る、穿く、履く」という動作はプットオン put on、「脱ぐ」はテイクオフ take off と表現するほうが正しい。また名詞では「身に着けること、着用」という意味があり、集合的に「衣類、着物」という意味で用いられる。サマーウエアが「夏着」の意味になるのがその好例。

ウエアラブルデバイス〔wearable device〕身に着けることのできる装置、考案物、仕掛けという意味で、一般にそうした電子機器のことを指し、ウエアラブルテクノロジー wearable technology ともいう。テクノロジー（科学技術）の発展によって、こうしたものが続々と現れるようになり、眼鏡型や腕時計型のものが代表的とされる。今後は、衣服と一体化したまさしく着ることのできる電子機器の発明

が期待されている。

ウエアラブルファッション〔wearable fashion〕ウエアラブルは「身に着けられる」という意味。ウエアラブルコンピューターなどと呼ばれる、体に着けて用いる情報機器を装備した衣服の概念をいう。携帯端末などを付けたジャケットなどがあり、ＩＴ（情報技術）とファッションのコラボレーション（協業）として注目されている。

ウエアリング〔wearing〕英語本来は「着る、着用するための」また「疲労させる」という意味だが、日本のファッション用語では「着こなし」また「着装法」といった意味で用いられている。ただ服を着ている（ウエア wear）だけではなく、着た服を自分のものとしてこなしているというのが「着こなし」の本当の意味となる。人に服を着せるという意味ではクローズ clothe という英語があげられる。

ウエイダー〔wader〕「（川などを）歩いて渡る人」という意味からきたもので、川で釣り人が用いるゴム製のオーバートラウザーズ*をいう。正しくはウエイダーズ waders と表記し、腰までの長さをもつ防水長靴という解釈もある。なかで腰までの高さのものをウエストハイウエイダー〔waist-high wader〕、胸までの高さのものをチェストハイウエイダー〔chest-high wader〕という。和名で「胴長（どうなが）」とも。

ウエイタージャケット⇒ベルボーイジャケット

ウエイダーズ⇒ヒップブーツ

ウエイティングコート〔waiting coat〕ウエイティングは「待つこと」の意で、本来サッカー選手たちのベンチでの待機用として作られたコートの一種を指す。ベンチコート*と同義で、最近ではナイロン製のものなどがＪリーグファンの間で愛

ファッション全般

用されるようになっている。

ウエイディングシューズ [wading shose] ウエーディングシューズとも。ウエイディングは「(川などを) 歩くこと、歩いて渡ること」という意味で、主として釣り人が川渡りに用いる靴をいう。特に渓流釣りには必携の道具とされ、滑り止めのためにスパイクを取り付けたフェルトの靴底 (ピンフェルトソール) を特徴としたものが多く見られる。ワークブーツ型のレースアップシューズで、自然保護の目的 (フェルトに水藻などが付かないよう) から、最近ではラバーソール (ゴム底) のものも多くなってきた。

ウエイディングパーカ [wading parka] 主に川釣りに用いるフード付きの短いジャケットをいう。ウエイド wade は「川などを歩いて渡る」という意味で、ウエイダーというと、釣り人が着用するゴム製の長靴状のズボンの一種を指すが、これはその上着のみを意味している。ルアーフィッシングやフライフィッシングなどのゲーム性の高いスポーツフィッシングの流行から注目されるようになった。

ウエイトコート⇒ポロコート

ウエイトジャケット [weight jacket] ウエイトは「重さ、重量、おもり」の意で、陸上競技や野球の選手たちが練習時に用いる「おもり」を付けた上着を指す。負荷を与えて筋力をアップさせようとする目的をもつ。

ウエイトベルト [weight belt] ウエイトトレーニング (筋トレ) に用いるベルトのことで、「加重ベルト」などとも呼ばれる。腹圧を高め、体幹を固めるとともに、腰の怪我防止としても用いられる。リフティングベルトとかトレーニングベルトなどとも呼ばれ、ダイエットベルトと称することもある。腰に重りをぶら下げるタイプのものはディッピングベルト [dipping

belt] と呼ばれ、これはディップス (dips = 上半身の筋肉を鍛える自重トレーニング) に用いるものとされる。他にスキンダイビングの加重に用いるベルトもこの名で呼ばれる。

ウエイブソール [wave sole] デッキシューズ*に多用される波状の靴底デザインの総称。スペリーソール*に代表される。

ウエイブパターン [wave pattern] 波 (ウエイブ) をモチーフとした柄デザインの総称。大小さまざまな波や波紋などをコンピューター的な処理で表現したもので、日本ではこうしたものを「水紋柄 (すいもんがら)」と称している。水紋柄は狭義には水面に現れる水紋だけをモチーフとした柄表現をいう。

ウエートレスドレス [waitress dress] レストランなどのウエートレスの制服にモチーフをとったドレス。清楚なイメージを特徴とするが、最近ではメイドカフェ*の流行などから、セクシー系のものが人気を集めるようになっている。それらは胸元を大きく開けたり、超ミニのデザインになったりしている。

ウエービーヘア [wavy hair] ウエービーは「波のような、うねっている」という意味で、波のように揺れ動くイメージを特徴とするヘアスタイルを指す。ウエーブヘア [wave hair] と呼ばれたり、また「動くヘア」の意から、ムーブヘア [move hair] あるいはスイングヘア [swing hair] などともいう。

ウエービーボブ [wavy bob] 波のように揺れ動くイメージを取り入れてカットされるボブヘア* (断髪) のこと。

ウエービー眉毛 [wavy +まゆげ] 波のような形に描く眉毛のことで、英語ではウエービーアイブロウとかウエービーブロウズ、またスクウィッグリーブロウズ [squiggly brows] (くねった線の眉毛) などと呼ば

れる。「インスタ映え」する特殊なメイクとして考え出されたもので、ゆがんだ形の眉毛や「有刺鉄線眉」と呼ばれるものも見られる。ジェルで整えたり、ペンシルで描き足すといったテクニックが用いられる。

ウエーブキルト⇒ダイヤキルト

ウエーブヘア⇒ウエービーヘア

ウエーブヘム［wave hem］波（ウエーブ）のような形を特徴としたヘムライン（裾線）。女性的なイメージを醸し出すとして、女性用のテーラードジャケットなどに用いられる例が多い。

ウエザークロス［weather cloth］正確にはウエザープルーフクロス［weatherproof cloth］（風雨に耐える布の意）で、そうした用途に向く生地を総称する。ちなみに、耐水性のあることはレインプルーフという。

ウエザーコート［weather coat］オールウエザーコート［all-weather coat］の略。「全天候型コート」の意で、どんな天候にも対応できる晴雨兼用型のコートをいう。トレンチコート*もこの一種ということができる。最近では透湿防水素材を用いたものが多く見られるようになっている。

ウエザープルーフクロス⇒ウエザークロス

ウエス⇒ラグ

ウエスキット［weskit］スカートと組み合わせて着用する女性用のベストを指す。ウエストコート*の語が転化したもので、その形は男性のウエストコートと似通っているのが特徴。

ウエスキットヘム［weskit hem］ウエスキット*に見る裾のデザイン。ウエスキットはアメリカにおける女性用のベストのことで、それに見る逆三角形にカットされたヘムラインを指す。尖っていることからポインテッドフロント［pointed front］とも呼ばれる。

ウエスタンカジュアル［Western casual］アメリカ西部のカウボーイたちの服装をモチーフに表現されるカジュアルなファッションの総称。オーソドックスなブルージーンズを中心に、ウエスタンシャツやランチコート、テンガロンハット、ウエスタンブーツといったアイテムがあり、日本にはこうした服装にこだわりを持つ男たちが多く見られる。

ウエスタンコート⇒カウボーイコート

ウエスタンジャケット［Western jacket］アメリカ西部のカウボーイたちが着用する、随所に長いフリンジ（房飾り）を付けたジャケット。シープスキンのスエードで作られるものが多く、いかにもウエスタンというイメージを感じさせる。これのヨークの色を変化させたり素材を変えるなどファッション的なアレンジを加えたタイプを、フレンチ・ウエスタンジャック［French Western jac］と呼ぶ。

ウエスタンシャツ［Western shirt］アメリカ西部のカウボーイたちに愛用され発展してきたワークシャツの一種。逆山型のショルダーヨークや、切り替えを特徴としたカフスのデザイン、またW型のフラップポケットや開閉が簡便な押し込み式のドットボタンなどの特性を有する。ダンガリーやデニムなどの丈夫な生地で作られるものが多く、カウボーイシャツ［cowboy shirt］とも呼ばれる。また、これをサテン地などで作り、派手な刺繍や変わり型のポケットなどを付けたものは、ウエスタン・フィエスタシャツ［Western fiesta shirt］とかロデオシャツ［rodeo shirt］と呼ばれ、これらは祭り用、またロデオ競技用の衣装とされている。

ウエスタンジャンパー⇒デニムジャケット

ウエスタンジーンズ［Western jeans］アメリカ西部地方のジーンズという意味で、

ファッション全般

初期のジーンズがカウボーイたちによって愛用されたことを強調しての表現。クラシックジーンズ*の異称のひとつで、俗にウエスタンパンツ [Western pants] とも呼ばれる。

ウエスタンタイ⇒ループタイ

ウエスタンディテール [Western detail] アメリカ西部のカウボーイたちの服装に見られる特有のディテールデザインの総称。山型のショルダーヨークやポケットフラップのデザイン。胸や袖などに付くフリンジ（房飾り）、スナップボタン留めなどが代表的。カウボーイテーストのファッションの流行から、一般の服にも用いられるデザインのひとつともなっている。

ウエスタンハット⇒テンガロンハット

ウエスタンパンツ⇒ウエスタンジーンズ

ウエスタン・フィエスタシャツ⇒ウエスタンシャツ

ウエスタンブーツ [Western boots] カウボーイブーツ [cowboy boots] ともいう。アメリカ西部のカウボーイたちに用いられる独特の装飾を施したロングブーツを指す。キューバンヒール*と呼ばれる馬の鐙（あぶみ）から外れにくいかかとと、鐙に入れやすい尖った爪先を特徴とし、脚部は太めとなって上に向かって広がり、ハート型の曲線を描く履き口にはミュールイア [mule ear]（ラバの耳の意）と呼ばれるプルストラップ（引き上げて履くための持ち出し）が付くのが特徴。

ウエスタンベスト⇒デニムベスト

ウエスタンベルト [Western belt] アメリカ西部のカウボーイたちの間で用いられてきたベルトで、幅広の形と大型の飾りバックル、および細工を施した革を特徴とする。ワイドベルト*の代表的なもので、ブルージーンズと合わせることにより最高の存在感を発揮する。

ウエスタンポケット [Western pocket] ジーンズに見るフロントポケット [front pocket]（前ポケット）の俗称。アメリカ西部（ウエスタン）のパンツの意味からそう呼ばれるもので、開拓者の意味からフロンティアポケット [frontier pocket] とも呼ばれ、円く弧を描いた形が特徴とされる。これをLポケットと呼ぶこともあるが、Lポケットは文字どおりL字型のポケットを指すわけで、厳密にはウエスタンポケットとは区別されなければならない。『リーバイ』社ではこれを「すくう」とか「小シャベル」の意でスクープポケット [scoop pocket] と呼んでいる。

ウエスタンヨーク⇒ファンシーヨーク

ウエスタン・ランチジャック⇒ランチジャック

ウエスタンルック [Western look] アメリカ西部（しばしば大文字で Western と綴る）のカウボーイや開拓者たちに見る伝統的な服装の総称。ウエスタンシャツやウエスタンブーツなど特有のアイテムが数多くあり、現在では都会的に洗練されたものをシティーウエスタンルック [city Western look]、昔ながらのものをカントリーウエスタンルック [country Western look] などということがある。カウボーイルック [cowboy look] とも呼んでいる。

ウエストインターライニング⇒ウエストライニング

ウエストコーストルック⇒カリフォルニアルック

ウエストコート [waistcoat] 英国でいうベストのこと。本来は「胴着」という意味で、17世紀ごろからダブレット*やコートの内着として用いられ、当時はきわめて丈の長いことが特徴であった。ウエイストコートとも発音される。

ウエストコンシャス⇒ウエストマーク

ウエストシーム [waist seam]「腰の縫い目」

ファッション全般

の意。モーニングコートや燕尾服などの
ウエストラインに見られる縫い目線のこ
とで、クラシックなディテールデザイン
のひとつとされる。

ウエストシェイプコート⇒ウエストシェイ
プスーツ

ウエストシェイプスーツ [waist shape suit]
ウエストを強く絞ったジャケットで構成
されるスーツ。主として婦人服に見られ
るもので、デザイン上、ジャケットの着
丈は長く、Ｖゾーンを浅くしたものが多
い。同じようなシルエットのコートはウ
エストシェイプコートと呼ばれる。

ウエストチューブ⇒タミーバンド

ウエストニッパー [waist nipper]「ウエス
ト（腰）を挟むもの、つねるもの」とい
う意味で、ウエストラインを引き締めて、
細く美しく見せるために使われる補整下
着の一種。コルセットの現代版として用
いられる。

ウエストバッグ [waist bag] 腰の周りにぴ
ったりと着けて用いる小型のバッグ。ベ
ルト式の長いストラップが付いており、
それで腰にぴったりと巻き付ける仕掛け
になっている。ウエストポーチ [waist
pouch] とも呼ばれる。ウオーキングポ
ーチ [walking pouch] とも。

ウエストバンド [waistband] ズボン上端の
「腰帯」の部分をいう。日本のテーラー
用語では、これを訛ってウエスマンと呼
んでいる。ズボンにはこれが付くものと
付かないものの２タイプがあるが、これ
が付いているタイプを正確には、スプリ
ットウエストバンド [split waistband]
あるいはセパレートウエストバンド [sep-
arate waistband] という。スプリットは「分
裂させる」、セパレートは「切り離す」
の意で、いずれもズボン本体とは別に裁
断されるところからの命名。

ウエストポイント [West Point] アメリカ

陸軍の制服規格に基づいて作られた丈夫
な綾織のコットン地。独特の光沢感が特
徴で、チノクロス＊と同様に扱われる。
ウエストポイントはアメリカの陸軍士官
学校の地名から来ており、日本ではこれ
を短縮させて「ウエポン」とも呼んでい
る。

ウエストポーチ⇒ウエストバッグ

ウエストポケット⇒サイドポケット

ウエストマーク [waist mark] ウエスト（腰、
胴部）に注目するといった意味で、ウエ
ストのくびれを強調したり、ベルトをあ
しらうなどして、ウエストにポイントを
置く着こなしをいう。ウエストを意識す
るという意味で、ウエストコンシャス
[waist conscious] とも呼ばれる。

ウエストライニング [waist lining] ウエス
トインターライニング [waist interlining]
ともいう。パンツのウエスト内側のボロ
を隠す目的で取り付ける別素材の生地お
よびそうした作業のことで、一般に「腰
裏」と呼ばれる。日本の業界ではこれを
マーベルトとか「腰裏マーベルト」と呼
称し、滑り止めの機能にも当てている。
マーベルトは帽子の内側にも用いられる
が、その語源やスペルは不詳とされる。

ウエストライン [waistline] 衣服の製図法
でいう「腹囲線」のこと。腹部で最もく
びれた部分を水平に一周する線をいう。
男性の場合は身長の４分の１くらいの位
置に設定したり、肘の位置で決めたりさ
れる。

ウエストレングス [waist length] ネックラ
インからウエストライン＊までの長さを
指す。また、ブルゾンなどショートジャ
ケットの「腰丈」の長さをいうこともあ
る。

ウエスマン⇒ウエストバンド

ウエッジカット [wedge cut] 髪形の一種で、
サイドを抑えてトップを高めにセットす

ファッション全般

る一種のショートカットとされる。かつては女性に多く用いられたが、最近ではメンズに多く見られ、ウエッジショートとかナチュラルウエッジなどとも呼ばれる。ウエッジは「楔（くさび）」の意で、全体の形が楔に見えるところからの命名。

ウエッジスリーブ［wedge sleeve］ウエッジは「楔（くさび）」の意で、袖付けの線が身頃に楔のような形で食い込み、その部分が袖のほうから裁ち出す形になった袖をいう。

ウエッジソール［wedge sole］ウエッジは楔（くさび）の意で、楔のような形をした靴底をいう。土踏まずの部分を設けないで、かかとから爪先に向かって直角三角形の形になったもの。「舟底型」とも呼ばれる。

ウエッジソールサンダル⇒ウエッジヒールサンダル

ウエッジソールスニーカー［wedge sole sneakers］楔（くさび）型の靴底＝ウエッジソールを特徴とするスニーカー。かかとの高さは5～7センチくらいのものが多い。

ウエッジヒール［wedge heel］ウエッジは楔（くさび）の意味で、楔のような形をしたヒールのデザインをいう。かかとの部分が高く、接地面が平らで、そのまま先端に向かって直角三角形のような形になっているのが特徴とされる。ウエッジソール*と同義。

ウエッジヒールサンダル［wedge heel sandal］ウエッジヒールと呼ばれる楔（くさび）形の靴底を特徴としたサンダル。かかとが高く、そのまま爪先に向かって狭くなっていく形のもので、ウエッジソールサンダル［wedge sole sandal］ともいう。

ウェッジライン［wedge line］ウェッジは

丸太などに打ち込む「楔（くさび）」また「V字形のもの」の意味で、その形に似た「逆三角形」のシルエットをいう。Vライン*やインバーテッドトライアングルライン*などと同義。

ウエットカット［wet cut］調髪法のひとつで、洗髪して濡れた状態のままでヘアカットを行うことを指す。その反対に乾いた状態のままで髪を切ることをドライカット［dry cut］という。

ウェットグリース⇒グリース

ウエットクロス⇒エナメルクロス

ウエットシェービング［wet shaving］「濡れた髭剃り」の意で、シェービングフォーム（髭剃り用の泡の意）などを用い、剃刀（かみそり）で仕上げる髭剃りを指す。これに対してシェーバー（電気カミソリ）で行う髭剃りをドライシェービング［dry shaving］と呼んでいる。

ウエットスーツ［wet suit］スキューバダイビング（潜水）や水上スポーツに用いる、体にぴったりフィットするラバー製のコンビネーション*型衣服。ウエットは「濡れた、湿った」の意で、内部に水が染み込み、体温で水分が温められるようになっているところからそう呼ばれる。これに対して、首や手首のところが肌に密着して水が内部に入らないため、下着を着けたままでも大丈夫なタイプをドライスーツ［dry suit］という。これはウエットスーツに比べ、防寒性には優れるが、少々動きにくいのが難点とされる。

ウエットブルー［wet blue］金属のクロムで鞣された革のこと。濡れた状態で、ごく淡い青色を発することからこのように呼ばれる。製品にする前段階の革で、これを染色、乾燥などを経て製品用の革となる。金属クロムではなく、植物タンニンなど非クロムで鞣したものはウエットブルーよりも白くなることから「ウエッ

ファッション全般

トホワイト」と呼ばれる。

ウエットヘア [wet hair] 濡れたような感じに見える髪の総称。ポマードやチックなどで塗り固めた男性の50年代調ヘアスタイルや、ムースやジェルなどで濡らしたように見せる現代的なヘアスタイルなどがある。ウエットヘッド [wet head] ということもある。

ウエットヘッド⇒ウエットヘア

ウエットホワイト⇒ウエットブルー

ヴェットモン [vêtement 仏] フランス語で「衣料、衣類、着物、服」の意味を表す。

ウエディングウエア [wedding wear] 結婚式の衣装、とりわけ新郎新婦の衣装を総称する。男性にあっては最上級のフォーマルウエアであるモーニングコート（昼間）が用いられるが、最近ではグレーのアスコットモーニング*や結婚式用に特別にデザインされたスーツなどが用いられる。女性には純白のウエディングドレスが用いられ、このほかに和装による婚礼衣装も用意されている。

ウエディングガウン⇒ウエディングドレス

ウエディングシューズ [wedding shoes] 結婚式で花嫁が用いる靴を総称し、ブライダルシューズ [bridal shoes]（花嫁の、婚礼の靴の意）ともいう。純白のウエディングドレスに合わせて、白やシルバー、またアイボリーといった色調のサテンやエナメルなどのエレガントな靴が用いられる。ドレッシーなヒール付きパンプスのほか、最近ではスリングバック*式やアンクルストラップ付きのサンダルなども見られる。

ウエディングタイ [wedding tie] 結婚式で男性が用いる銀色のネクタイ。シルバータイともいう。

ウエディングドレス [wedding dress] 結婚式で花嫁が着用する衣装。ウエディングガウン [wedding gown] またブライダル

ドレス [bridal dress]、ブライダルガウン [bridal gown] などとも呼ばれるが、ウエディングは「結婚式、婚礼」、ブライダルは「花嫁の、婚礼の」という意味。一般に純白のフルレングス・ワンピースが用いられ、ベールや手袋、靴などの装飾品も白色で揃えられるが、一部に「サムシングブルー」といって青色のものを用いると幸せになれるという言い伝えもある。最近ではこうした形にこだわらず、ミニドレス型やパンツスタイルなど変わり型の花嫁衣装も登場するようになっている。また2度目以降にはライトグレーなど薄い色付きのものを用いることがある。

ウエディングバンド⇒ウエディングリング

ウエディングベール⇒ベール

ウエディングリング [wedding ring] 結婚指輪。結婚していることを示す指輪で、一般に心臓にいちばん近いとされる左手の薬指にはめ、男女ともに用いる。普通「かまぼこ」と俗称される金環状の無飾りの金、銀、プラチナタイプのものが用いられ、内側に結婚年月日や名前など数字やアルファベット文字が彫られている。ウエディングバンド [wedding band] というほかマリッジリング [marriage ring] とも呼ばれ、フランス語では「アノー・ド・マリアージュ*」という。

ヴェネシャン⇒コブラヴァンプ

ヴェネチアレザー [Venezia leather] パリの有名な紳士靴専門店〈ベルルッティ〉で使われる革の名称。同店のオリジナルによるもので、きわめて優れた特質をもつとされる。

ヴェネチアンチェーン [Venetian chain]「ベニス風の鎖」の意で、ボックス（箱）状のモチーフを交互につなぎ合わせたチェーン。定番チェーンのひとつとされ、滑らかで直線的、かつスマートな印象を与

える。強度も高く、高級感があるところ
から、一粒ダイヤネックレスなどに多用
される。ベネチアンチェーンとも。

ウェビングベルト [webbing belt] ウェビ
ングは「帯紐（おびひも）」の意で、吊
革や座席ベルト、馬の腹帯などに用いる
丈夫な紐をいう。そうした紐状のベルト
を指し、クライミングパンツ（登山ズボ
ン）などに見られる作り付けとなったデ
ィテールデザインとしてのベルトを意味
することが多い。これには片手で調節で
きるという特性がある。

ウエフト⇒ワープ

ウエフトストライプ [weft stripe] ウエフ
トは「緯糸」のことで、緯糸の色糸で織
り出される先染めの縞柄を指す。ネクタ
イの織り柄として最も一般的なものとさ
れる。

ウエフトニット⇒緯編

ウェブベルト⇒クロスベルト

ウエポ [――] ウエストポーチの日本的な
略称。腰に巻いて用いるウエストポーチ
（ウエストバッグ）のことだが、2018年
頃から、これを肩からワンショルダーで
前掛けして用いる使い方が現れて人気を
再燃させた。ウエストポーチそのものも
最近ではファニーラッパーとかファニー
パックなどと呼ばれて面目を施すように
なっている。

ウエポン⇒ウエストポイント

ウエリーズ [Wellies] レインブーツとして
用いられるウエリントンブーツ*をいう
英国での愛称。単にウエリン [Wellin]
と呼ばれることもある。英国ではゴム長
のことを一般にウエリントンブーツの名
で呼ぶ。

ウェリッシュ・マウンテンウール [Walish
mountain wool] 英国ウェールズを原産地
とする山岳種の羊から採れる羊毛。保温
性と耐久性に優れ、ヘビーデューティー

なセーターなどに多く用いられる。

ウエリン⇒ウエリーズ

ウエリントンブーツ [Wellington boots] 本
来は英国のアーサー・ウエルズリー将軍
（ウエリントン公＝1769～1852）によっ
て考案された革製の乗馬用ロングブーツ
の一種で、主にミリタリーブーツ*とし
て用いられていたものをいう。現在では
履き口を水平にカットしたハーフブーツ
型の作業用長靴をこのように呼ぶ傾向が
強く、特に英国ではレインブーツ（ゴム
長）を指す言葉とされることが多い。こ
の種のものをハーフウエリントン [half
Wellington] と呼ぶことがあるが、これ
も本来は19世紀初頭に昼間正装用とされ
た半長靴を指す。

ウエリントンモデル [Wellington model]
メガネフレームの代表的な形のひとつ
で、角が丸みを帯びた四角形のものを指
す。俗にいう「ウエリントン型」。アメ
リカの地名からとられたもので、トラデ
ィショナルなメガネの原型とされる。

ウエルテッドショルダー⇒ウイングショル
ダー

ウエルテッドポケット⇒ウエルトポケット

ウエルト [welt] 靴の表底と甲革の間に挟
み込む防水用の革のことで、「細革」と
呼ばれる。より強固なものはストームウ
エルト [storm welt] と呼ばれ、これは
本格的なウイングチップシューズなどに
用いられる。

ウエルト編 [welt stitch] 「浮き編（うきあ
み）」のことで、浮き目を特徴とする編
地を指す。英語でウエルトステッチ [welt
stitch] と称し、フロートステッチ [float
stitch] ともいう。こうした部分的に針
に糸をかけないで編地の裏に浮かせるよ
うにした編み組織また編地を、日本では
「針抜編（はりぬきあみ）」と呼んでいる。
ウエルトには「みみずばれ」の意味があ

81

ファッション全般

る

ヴェルトショーン［veldtschoen］紳士靴の底付け方法のひとつで、ウエルト（細革）の上側に表革を出し縫いで縫い付ける仕様をいう。ウエルトと表革の隙間がなくなり、雨水の浸入をほとんど防ぐことになる。南アフリカで用いられる「草原の靴」を意味するveldtskoenを語源としたもので、ここからヴェルトスクーンとかヴェルシャンなどともいう。ウエルトが完全に隠れてしまうことから「ヒドゥン・ウェルテッド」製法とも呼ばれる。

ウエルトシーム［welt seam］ウエルトは「（衣服の）縁飾り」の意で、幅7ミリ程度のシングルステッチ（1本線の縫い飾り）を指す。アイビー調の上着の襟や肩、背中などに特徴的に用いられる。これはまた「伏（ふせ）縫い」のことも意味する。

ウエルトステッチ⇒ウエルト編

ウエルトポケット［welt pocket］「箱ポケット」のこと。ウエルテッドポケット［welted pocket］とも称し、縁飾りの当て布（ウエルト）を付けたところからこの名がある。スーツに見る胸ポケットがこの典型。

ウエルドレッサー⇒ベストドレッサー。

ウオーキンググローブ⇒ランニンググローブ

ウオーキングジャケット［walking jacket］太ももの半ばくらいの長い丈を特徴としたクラシックでエレガントな雰囲気のジャケット。20世紀初頭の英国エドワーディアン時代に流行した貴族好みの散歩服をモチーフとしてデザインされたもので、俗にエドワーディアンジャケット［Ed-wardian jacket］と呼ばれることが多い。

ウオーキングシューズ［walking shoes］「散歩靴」という意味だが、最近では人間工学の見地から「歩く」という機能を重視

してデザインされた靴を総称することが多い。甲素材や内部構造、底素材などに工夫を凝らして、歩きやすさを第一に考えて作られているのが特徴。旅行やハイキングなどに用いられるほか、人工皮革やゴム底などを使って、ビジネスシューズに使えるようにしたものも多く見られる。単にウオーキングスポーツ用の靴も指す。

ウオーキングショーツ⇒ウオークショーツ

ウオーキングステッキ⇒ステッキ

ウオーキングパンツ［walking pants］スポーツとしてのウオーキング用に開発されたパンツのことで、単なる「散歩用ズボン」の意味とは異なる。吸汗性などに優れた機能をもつものが多く、しわになりにくいジャージー素材を使ったものが目立つ。美脚効果を謳ったものも現れ、注目を集めている。

ウオーキングパンプス［walking pumps］長い歩行に適したパンプス。歩きやすく、疲れにくく、足に負担を与えにくい特徴を持つパンプスのことで、営業や就活に向く婦人靴のひとつとして登場したもの。低いヒールのものだけでなく、8センチほどの高さのヒールを持つものもあり、ビジネス靴としてちゃんとした表情があるのが最大の特質とされる。

ウオーキングブーツ［walking boots］歩くためのブーツという意味で、本来は軍隊で用いることの多い編上靴（へんじょうか）に似たハーフブーツを指すが、現在ではトレッキングブーツの別称ともされている。

ウオーキングプリーツ⇒キックプリーツ

ウオーキングベスト［walking vest］スポーツや散歩としてのウオーキングに適するとされるアウターベストの一種。さまざまなデザインがあるが、一般には軽い素材使いで、多くのポケットが付けられた

機能的な形のものが見られる。夜向きのものでは危険防止のため反射テープ付きとしたものもある。

ウオーキングポーチ [walking pouch] ウオーキングに用いる小さなバッグ。ボディーバッグ型のショルダーバッグになったものが多く見られ、女性中心に用いられる。ウオーキングパウチともいう。

ヴォーグ [vogue] 流行、はやりの意味でファッションと同義だが、欧米ではとくに「服飾の流行」について用いることが多い。イタリア語のヴォガ*、また中世ドイツ語のヴォーグ [woge] がフランス語に入ってこのような意味に変化したとされる。

ウオークインクローゼット⇒クローゼット

ウオークショーツ [walk shorts] プレイショーツ*と並ぶショートパンツ類の2大分類のひとつで、ウオーキングショーツ [walking shorts] とも呼ばれる。散歩に適しているところからこのように呼ばれるもので、多くは男性用のショートパンツとされる。基本的に膝上ちょうどくらいの長さを持つもので、バミューダショーツ*やグルカショーツ*が代表的。スポーツ競技用以外の半ズボンの類がここに含まれることになる。

ウオータークッションシューズ [water cushion shoes] 中底に水を入れることによりクッション性を高めた靴を総称する。歩きながら足裏のツボが刺激され、自然にマッサージ効果が生まれることから、ウオーターマッサージシューズ*と呼ばれることもある。

ウオータークッションソール⇒クッションソール

ウオーターグリース⇒グリース

ウオーターシューズ⇒アクアシューズ

ウオータースネーク [water snake] 「水蛇」の革。主にアジア南部からオーストラリア北部にかけての淡水に生息するヘビで、きめ細かな肌質に特徴がある。

ウオーターダウン・アイビー [water-down Ivy] ウオーターダウンは「水で薄める、水で割る」また「弱める、和らげる」といった意味で、オーセンティック・アイビー（正統的なアイビー）に対して、崩した感じのアイビールック*を指す。いわば「水増しアイビー」あるいは「崩れアイビー」。

ウオーターブラ [water bra] 胸を大きく見せることを目的とするいわゆるバストアップブラ*の一種で、水と特殊なオイルをブレンドした液体を入れた袋を内側に取り付けて、バスト全体を自然に豊かに見せるようにしたブラジャー。またベビーオイルを入れて同様の効果を持たせたオイルブラ [oil bra] というアイテムもあり、こうしたものを総称して液体パッドブラ [えきたい＋ pad bra] などと呼んでいる。

ウオータープルーフ [waterproof] プルーフは「防ぐ、耐える」の意で、「防水の」という意味を表す。つまりは「防水加工」のこと。レインプルーフ [rainproof] と同義。

ウオーターマッサージシューズ [water massage shoes] インソール（中底）の部分に水を注入して、歩くことによって自然なマッサージ効果を生むように作られた靴を指す。クッション性があり、足裏のツボも刺激されて健康増進に役立つという特性ももつとされる。

ウォーターレスジーンズ [waterless jeans] 生産工程で使用する水の量を削減した環境配慮型のジーンズ。もともとは2011年に開発されたリーバイスによるそれを指し、これは平均28％、最高96％の水が節約できるとされる。通常1本のジーンズには濯ぎや洗い加工などで約42リットル

ファッション全般

の水が使用されるという。

ウオーマーアイテム［warmer item］体を温めることを目的とした小物の総称。アームウォーマー*やショルダーウォーマー*といったものが代表的で、衣服の延長として着られるところから、こうしたものを「アクセサリーウエア*」とも呼んでいる。

ウオーミングアップシューズ⇒トレーニングシューズ

ウオームアップジャケット［warm-up jacket］スポーツ選手がウオームアップ時に着用するジャケットの意で、スタジアムジャンパー*のアメリカでの呼称のひとつ。

ウオームアップスーツ［warm-up suit］ウオーミングアップ（準備運動）時に着用するスポーツ服のひとつで、一般にスエットスーツ*（トレーニングスーツ）と同じ。

ウオームアップパンツ⇒スエットパンツ

ウオームウエア［warm wear］ウオームは「暖かい、温かい」また「暖（温）める、暖（温）まる」の意で、あたたかそうなイメージの服を総称する。ダウンやキルティング、ニットといったウオーム素材をポイントにした服が、2008～09年秋冬パリ・プレタポルテ・コレクションに大挙現れ、そうした服にこのような名を与えたもの。

ウオームジャケット⇒ピットマンジャケット

ウオームシャツ［warm shirt］暖かいシャツの意だが、特にウール地で作られた冬季向きのドレスシャツをいうことが多い。ウオームビズ*の提唱から見直されるようになったアイテムのひとつで、ウールのほかヴィエラ*などの素材も用いられるようになっている。ウールドレスシャツ［wool dress shirt］ということもある。

ウオームパンツ［warm pants］防寒用として着用するパンツの総称で、普通のパンツの内側に用いる新しいズボン下といった感じのものが代表的。また普通のパンツの上に重ねて用いるオーバーパンツ型のものもあり、これはオートバイライダーなどに用いられる。

ウオームビズ［WARM BIZ］環境省主導による冬の省エネルギー政策の一環。クールビズ*の冬版として2005年秋冬シーズンから始まったもので、室温20℃に耐えるオフィスファッションとして、ベスト付きのスリーピーススーツやニットベスト、セーターなどが注目されるようになった。

ウオームブーツ［warm boots］暖かさに配慮したブーツの意で、ウインターブーツなどと呼ばれるものと同種。保温性に長け、真冬の使用に特化した防寒用ブーツの総称で、ボアを張り付けるなどしたデザインに特徴がある。ザ・ノース・フェイス社（米）の「ヌプシ・ブーティーNuptse Bootie」などに代表される。

ウォーレス・ビアリー・シャツ⇒グランパシャツ

ウオーワーカーズキャップ［warworkers cap］ウオーワーカーズは「兵隊」という意味で、兵士たちが夏季に用いる、日除けの布を脇に垂らした軍帽を指す。この形をヒントにデザインされた婦人帽も見られる。

ウォーンアウト［worn-out］「使い古した、擦り切れた」の意で、そのような調子にまで穿き込んだブルージーンズの様子、またそうしたジーンズを指す。そのようなジーンズ加工の方法について用いることもある。ウォーンだけでも「着古した、使い古した」の意味がある。

ウォーンインルック［worn-in look］ウォーンインはウォーンアウト（擦り切れた、着古した）の反対概念として作られた言葉で、上品に色褪せていく色の調子をい

ファッション全般

う。

ヴォガ [voga 伊] イタリア語で流行、はやりという意味。英語でいうモード*やヴォーグ*に当たる。これがフランスに渡ってvogueに変化したとされるが、かつてファッションの源泉はイタリアにあったことが知れる。

ウオッシャブルウール⇒セラミックウール

ウオッシャブルスーツ [washable suit] 家庭で丸洗いが可能なスーツの総称。ポリエステル加工糸などで作られ、シワになりにくいといったメリットを持つ。最近では〈シャワークリーンスーツ（商品名）〉など同種の高機能スーツも登場している。

ウオッシュ・アンド・ウエア加工 [wash and wear finish] ウオッシュ・アンド・ウエアは「洗ってすぐ着られる」という意味で、ドレスシャツなどに施されるノーアイロン加工のことを総称する。織物に樹脂加工を施すことによって、こうした性質が付与される。「W＆W加工」と略称されることが多く、これの発展形としてパーマネントプレス加工[permanent press finish]（ＰＰ加工）がある。取り扱いが簡単というところからイージーケア加工[easy care＋かこう] とも呼ばれる。

ウオッシュアウト [wash-out]「洗いざらしの、色のさめた」という意味で、インディゴブルーのジーンズを5回ほど水洗いした感じに仕上げる加工法をいう。本来のインディゴブルーとブリーチアウト（漂白加工＝ブリーチアウトジーンズ*参照）の中間の感覚を狙ったもので、フェードアウト[fade-out] ということもある。フェードアウトは本来、音声や映像が自然に消えていくという意味で、ともに自然にさめた感じが特徴。

ウオッシュトジーンズ [washed jeans] 洗いをかけたジーンズの総称。ほとんどロ

ーデニム*に近いワンウオッシュ（1回洗い）のものから、5～6回洗いのウオッシュアウトなどさまざまな洗い加工によって表現される。

ウオッシュトレザー [washed leather] 洗い加工を施した柔らかな風合の革の総称。最近バッグに用いる例が増えている。

ウオッチ⇒フォブウオッチ

ウオッチキャップ⇒ワッチキャップ

ウオッチコート [watch coat] ピーコート*の別称のひとつ。ウオッチは「見張り」の意で、英国海軍の軍艦において着用されたところからの名称。同じようなものにブリッジコート[bridge coat] という別称もあり、これは軍艦の艦橋（ブリッジ）からきている。

ウオッチチャーム [watch charm] 懐中時計の鎖の先に付ける「魔除け」としての小さな飾り物をいう。いわゆるトリンケット*のひとつで、フォブ[fob] ともいう。

ウオッチフォブポケット⇒フォブポケット

ウオッチポケット⇒フォブポケット

ウオッチマンプラッド⇒ブラックウオッチタータン

ウオッチングジャケット [watching jacket] バードウオッチング（観鳥）などのクワイエットスポーツ（静かなスポーツの意）と呼ばれるアウトドアスポーツに用いられるジャケット。特定のデザインはなく、多くはコットン製のサファリジャケット型のものが着られている。この種のスポーツでは、インセクトウオッチング（虫の観察）やスターウオッチング（星の観察）なども人気を集めるようになっている。

ウオモ⇒メンズウエア

ウォルト [Worth] 英国生まれのファッションデザイナー、シャルル・フレデリック・ウォルト Charles-Frederic Worth

（1825〜95）。英語読みでチャールズ・フレデリック・ウォース（ワースとも）とも呼ばれる。フランス皇帝ナポレオン3世妃ユージェニーのお抱えデザイナーなどとしてモード界に君臨し、1857年、パリに最初のオートクチュール・メゾンを開設した。そのためにオートクチュールの始祖とされる。英語ではフーブランドと発音される。

ヴォレ⇒ウール

ウオレット［wallet］ワレットとも。財布の一種で、「札入れ」「紙入れ」の意。普通、革製で折り畳み式のものを指し、紙幣がそのままの形で収められる長い形のものはロングウオレット［long wallet］と呼ばれることがある。時として革製の書類カバンをウオレット（ワレット）と呼ぶこともある。

ウオレットコード⇒ウオレットチェーン

ウオレットチェーン［wallet chain］財布（ウオレット）に付ける鎖。盗難防止や落下を防ぐ目的で、財布とパンツのベルトループをつなぐ鎖のことで、これを長くたるませてウエストのカジュアルな飾りとして用いるもの。金属製のチェーンのほか、革や紐などのウオレットコード［wallet cord］もある。

ウガンダコットン⇒ジンバブエコットン

浮き編⇒ウエルト編

うさ耳カチューシャ［うさみみ＋Katyusha］ウサギの耳のような尖った部分を付けたカチューシャ。2013年夏人気のかぶりもののひとつとなったヘアアクセサリー。

ウシャンカ［ushanka 露］ウシャーンカとも。防寒用ロシア帽のことでラッシャン・ウシャンカともいう。あごを完全に覆う長い耳当てが付いた毛皮の帽子で、額の部分が折り返した独特の形を特徴とする。零下数十度の厳寒にも耐えるとされるヘビーデューティーな帽子で、軍隊の制帽に用いられるほか男女を問わずカジュアルなスタイルにも向く。英語でトラッパーハットというほか「飛行帽」の意味で、アビエイターハットとかパイロットキャップなどとも呼ばれる。

内隠し⇒インサイドポケット

内羽根式⇒バルモラル

内ポケット⇒インサイドポケット

ウッズマンルック［woodsman look］ウッズマンは「森の住人」の意で、木こりや狩猟家、また森林管理者などを指す。そうした人たちに見る特有のルックスで、特にカナダやアメリカ北部の場合が多い。バッファロープレイド*など大柄の格子模様のウールシャツなどが代表的。

ウッデンボタン⇒ウッドボタン

ウッドソール［wood sole］木製の靴底の意。木靴のほかサンダルなどに用いられる。

ウッドハンドルバッグ［wood handle bag］取っ手の部分が木でできているハンドバッグ類の総称。昔の買物バッグのような感じが懐かしさを与え、また花柄などの布地製のものが多いところから、レトロなぬくもりを感じさせるバッグとして近年人気を集めている。

ウッドビーズ⇒ヒッピーネックレス

ウッドヒール［wood heel］木で作られたヒール（かかと部）。そうしたサンダルを「ウッドヒールサンダル［wood heel sandal］」という。

ウッドヒールサンダル⇒ウッドヒール

ウッドフレーム⇒鼈甲フレーム

ウッドボタン［wood button］木製のボタンの総称で、ウッデンボタン［wooden button］ともいう。一般的なプラスティックボタンとは違って人間的な温もりが感じられ、アロハシャツなどに用いられることが多い。なかには芸術的な工夫を凝らした大きめのものも見られる。

ウッドマンズパンツ［woodman's pants］

ファッション全般

木こりや猟師など山仕事に従事する人たちのために作られたパンツ。厚手のウール地を使った股上の深いものが多く見られ、サスペンダーを用いるのが特徴。

ウッドマンプレイド [woodman plaid] 木こりたちが用いるカナディアンシャツ *などに特徴的に見られる寝ぼけたような調子の大柄の格子模様。

畝織⇒畦織

ウプランド [houppelande 仏] 14世紀から15世紀にかけてのゴシック期ヨーロッパで男女ともに用いられたガウン状の衣服。丈は短いものから床丈の長いものまであり、広く開いた袖を特徴としていた。コタルディ *と並んでゴシック期を代表する衣服とされる。

馬乗り⇒センターベント

裏クチュール [うら＋couture] パリのオートクチュール *のコレクション開催中に、裏で行われるコレクション、またそれを行うオートクチュール系のデザイナーをいう日本での俗語。オートクチュール組合の正式メンバーでも招待メンバーでもなく、ゲリラ的にイベントを行うのが特色。

裏毛編 [うらげあみ] 平編の変化組織の「添え糸編」の一種で、裏側に太い糸を添えて編み、さらに裏面を起毛させた編地をいう。英語ではフリーシーニッティング [fleecy knitting] とかフリーシーステッチ [fleecy stitch] という。これの編機の針間のループを長くするとパイル状の編地が生まれるが、これは裏毛パイル [うらげ＋pile] と呼ばれる。ともにスエットシャツ（トレーナー）の素材としておなじみのもの。

裏毛パイル⇒裏毛編

裏天⇒平編

裏原系 [うらはらけい] 裏原宿と呼ばれる東京・原宿の一地域を発信地とするファッション表現の意味で、裏原宿に存在する有名ブティックなどに見る個性的なストリート系のファッションをいう。といってもこれといった定型があるわけではなく、そうした雰囲気で総称されるニュアンスが強い。

裏ボタン⇒チェンジボタン

ウルトラウオッシュ⇒ケミカルウオッシュ

ウルトラウオームビズ [ULTRA WARM BIZ] クールビズの秋冬版とされるウオームビズの進化系で、さらに節電対策に留意した職場での装いをめざそうとするもの。これはとくに百貨店の大丸・松坂屋がウルトラクールビズ *に続いて提案したもので、おしゃれにウオームビズを楽しむための造語とされる。2011年3月11日に発生した東日本大震災によって、2011年は一層の節電が求められるようになったところからの対策のひとつ。

ウルトラクールビズ [ULTRA COOL BIZ] 官製のスーパークールビズ *に対して、百貨店の大丸・松坂屋が提唱したキャッチフレーズ。スーパーよりも強力にということで、ウルトラ（「超」の意）の文字を冠したもの。

ウルトラスーパーファインウール⇒ファインウール

ウルトラスエード⇒エクセーヌ

ウルトラストレッチジーンズ [ultra stretch jeans] 極めて伸縮性に富むジーンズ。まるでパッチのように脚にぴったりフィットする細身のジーンズで、それでいて動きやすさは抜群というのか特性とされる。美脚効果抜群のジーンズとして人気がある。

ウルトラバイオレット [ultraviolet] 鮮やかな青紫のことで、日本語でいう「すみれ色」に当たる。「パントン」社（米）の発表した〈パントン・カラー・オブ・ザ・イヤー 2018〉に選定された『今年の色』で、

ファッション全般

2017年12月に発表された。ウルトラバイオレットには本来「紫外線の」の意味がある。いわゆる PANTONE カラーは世界共通の色見本の商標。

ウルトラヒールパンプス［ultra heel pumps］ヒールがきわめて高い形となったパンプスの総称。ハイヒールは一般に7センチ以上のものについていうが、これはさらに高くなっているのが特徴。ちなみに最近の日本ではハイヒールパンプスのことを、単に「ヒールパンプス*」とか「ヒールシューズ」などと呼び、さらにこれらを略して「ヒール」と俗称する傾向が生まれている。

ウルトラファインウール⇒ファインウール

ウルトラマリンブルー［ultramarine blue］いわゆる「群青（ぐんじょう）」色のこと。ラピスラズリ（青金石）と呼ばれる宝石を砕いて作られた顔料の色を指し、そのことからラピスラズリ［lapis-lazuli 仏］とも呼ばれる。鮮やかな深い青が特徴で、「瑠璃色（るりいろ）」ともいう。

ウルトラミニ⇒ショートボトム

ウルトラライトダウン［Ultra light down］ユニクロが東レと共同開発した超軽量ダウンジャケット用の素材およびそのジャケットをいう。22デシテックスの極細ナイロン糸で織った生地をシレ（光沢）加工し、織物の目を詰めることで、ダウンパックを使わないで直接羽毛を生地に詰めることにより、206グラム（ライトパーカLサイズ）にまで軽くしている。2010～11年秋冬向けの新商品で、ちなみに昨季のプレミアムダウンを使用した同製品は270グラムの重さであった。

ウルトラリーンプロポーション⇒リーンライン

ウルフ［wolf］オオカミ。北半球の各地に生息し、その毛皮にはさまざまなものが見られるが、衣料用にはトリミングとして用いられる程度のものとなっている。かつてはメンズファーコートの主要素材とされたこともある。

ウルフカット［wolf cut］「狼カット」の意で、俗に「オオカミヘア」とも呼ばれる。レイヤーカット*（段カット）の一種で、オオカミのたてがみのようにワイルドなイメージを持つもの。襟足を長くとっているのが特徴で、1970年代に流行し、サーファーカット*の原型となった。現在でも人気があり、時にウルフレイヤー［wolf layer］と呼ばれることがある。

ウルフ盛り［wolf＋もり］ウルフカット*をベースにして、思い切り盛り上げるようにアレンジした髪型。「お兄系」と呼ばれる男性ファッションに特有のヘアスタイルとして、2008年の夏頃から注目されるようになった。「アゲ嬢ヘア*」に対抗するメンズヘアのひとつという見方もできる。

ウルフレイヤー⇒ウルフカット

ウレタンソール［urethane sole］合成繊維の一種であるポリウレタンを泡状に形成して靴底に用いたもの。ゴムの合成底に比べ10倍ほどの耐摩耗性があり、耐油性、弾力性に優れるなど多くの利点がある。

ウワソス⇒ソンブレロ

雲斎［うんさい］足袋底などに用いられる丈夫な綾織綿布。「太綾（ふとあや）」と呼ばれる日本固有の厚地の綿織物のひとつで、白あるいは無地染めのものを特にこう呼んでいる。本来は「雲斎織」で、「運斎織」ともいい、これは作州津山の雲斎という人物が織り出した生地から来たものという。

ファッション全般

あ

エアウエーブ [air wave] 第3のパーマと呼ばれるエア（空気）の力を活用した新しい形状記憶パーマをいう。空気の力で温度と湿度をコントロールして、これまでのパーマにはなかったカール感や保持力を出し、乾いた状態でウエーブをかけるところなら髪も傷めないという数々の特質をもつとされる。本来は『タカラベルモント』社の開発によるもので、一般にはエアパーマ[air perm]とも呼ばれる。

エアウォッシュ [air wash] ジーンズの洗い加工のひとつで、オゾンを使って脱色する方法をいう。倉敷市の豊和によって開発されたもので、これによるとブリーチの強さがコントロールでき、シャツなどに用いても生地を傷めず、ヴィンテージの風合いが出せるという。

エアウール [air wool] 羊毛の長い繊維だけを揃えて無撚糸とし、その毛足の1本1本にたっぷりと空気をからませて、ふんわりと織り上げたウール素材。軽くて暖かく、防寒用に最適の素材とされる。イタリア、トスカーナの Lanificio Becagli 社の製品で知られる。

エアクッションシューズ⇒エアシューズ

エアクッションソール [air cushion sole] 衝撃吸収用の厚い空気層を持つ構造を特徴とした靴底。元々は1945年に当時の西ドイツの医学博士であったクラウス・マーチンによって考案されたもので、そのことからドクター・マーチン・ソール [Dr. Martin sole] の名でも呼ばれたもの。現在ではその仕組みにもさまざまなタイプがあり、軽くて歩きやすいところからウオーキングシューズやスニーカーなどに多用されている。こうした靴をエアクッションシューズとかエアシューズなどと呼ぶ。なお〈ドクター・マーチン〉は現在、こうした独特のデザインを特徴とするブーツの商品名として知られる。

エアコンジャケット [air condition jacket] エアコンディションジャケットの略で、空調機能を備えた上着をいう。内部に小さな電動ファン（扇風機）を仕込んで風を起こしたり、ベンチレーション機能を高めるデザインにしたり、涼感素材を用いるなど、できるだけ涼しくさせる機能をもたせたワークウエアの類いを指す。一般に「空調服」と呼ばれる。

エアコンディションシューズ⇒エアシューズ

エアシューズ [air shoes] 衝撃吸収用の厚い空気層のある構造を特徴とする、エアクッションソール * と呼ばれる靴底をもつ靴の総称。軽く歩きやすいという特性をもち、エアクッションシューズ [air cush-ion shoes] とかエアコンディションシューズ [air condition shoes] とも呼ばれる。

エアストッキング [air stocking] スプレー式のストッキング。実際にストッキングを穿くわけではなく、超微粒子化したシルク繊維を脚に直接スプレーして、あたかもストッキングを穿いているかのように見せるもの。日用雑貨メーカー『日新メディコ』の開発による2003年の新商品で、ブロンズ、テラコッタ、ナチュラルの3色があり、"穿かないストッキング"として人気を集めた。この名称は見えないギターを演奏する「エアギター」などの流行と同系列にある。

エアタンブラー加工⇒タンブラー加工

エアテック [AIR TECH] 防寒衣料の中綿として使われるユニクロのオリジナル素材の名称。極細原綿の無数の空気層が生み出す暖かさと軽さを特徴とした新機能素材のひとつで、蒸気は外に逃がすが暖かい空気は逃がしにくい構造になっているという。ヒートテック * と並ぶ同社の防寒素材ヒット作として広く知られる。

エアパーマ⇒エアウェーブ

ファッション全般

エアバッグ⇒エアラインバッグ

エアバッグジャケット [air bag jacket] 車の衝突時に膨らんで衝撃緩衝の役目を果たすエアバッグを取り付けたジャケット。多くはオートバイライダーのために考え出されたもので、「ライダーベスト」などの商品名でも呼ばれている。

エアパン [――] エアロビクスパンツの略。エアロビクス（有酸素運動）に用いるエアロビクスウエアのひとつで、多くは軽いストレッチ素材を使った布帛パンツとなっている。一般にトレーニングやエクササイズ時のパンツとしても用いられる。

エアフォースパーカ [air force parka] エアフォースは「空軍」の意で、特にアメリカ空軍に用いられた防寒上衣としてのパーカを指す。表にナイロン、裏にキルティングを用い、毛皮付きフードを特徴とした腰丈のジャケット。

エアフォースルック [air force look] エアフォースは「空軍」の意味で、空軍で用いられる各種のユニフォームを題材とした装いを指す。ミリタリールック*の一種で、とくにＭＡ‐１ジャケットなどで知られる米空軍（ＵＳＡＦ）ものの人気が高い。

エアブラシメイク [airbrush make] エアブラシアートのように、専用の器具を使ってファンデーション*などを顔に吹きつけて用いる化粧品およびそうした化粧法を指す。ニューヨークの『ウスル・エアラインズ』社によるものが知られ、むらなくファンデーションをつけることができ、落ちにくく衛生的、かつ自然なメイクに見えるという特性があるとされる。

エアラインバッグ [airline bag] 航空会社（エアライン）が従業員や乗客のために用意する鞄のことで、これをカジュアルな街用のバッグとして愛用する傾向が生ま

れ、一般の人気を博するようになったもの。これを模したデザイナーブランドのロゴ入りバッグも現れて注目を集めた。単にエアバッグ [air bag] とも略称されるが、この場合は自動車の安全装置としてのエアバッグと混同されることがあるので注意を要する。

エアリーコート [airy coat] 風をはらんでやさしく揺れ動くような雰囲気のある女性用コート。エアリーは「風通しのよい」また「空気の、空気のような」「軽快な、浮き浮きした」といった意味で、薄手の素材を用いた春夏向きのそうしたコートを総称している。

エアリースカート [airy skirt] 風になびくような優しく儚げなイメージのスカート。いわゆるエアリー調のファッションから登場したアイテムのひとつ。薄手の生地を使い、ギャザーやプリーツでふんわりとさせたデザインのものが多く見られる。エアリーは「風通しの良い、空気のような」の意。

エアリードレス [airy dress] エアリーは「空気のような、ふんわりとした」といった意味で、ふっくらした感じを特徴としたドレスを総称する。日本風にエアリーワンピース [airy one-piece] とも称する。

エアリーバッグ [airy bag] たっぷりと空気を含んだような印象を受ける大きめの女性用バッグをいう俗称。「シーバイクロエ（仏）」のジョイライダーシリーズに見るナイロンのキルティング素材バッグに代表されるもので、軽くて容量の大きいところから働く女性たちに受けているという。

エアリーブラウス [airy blouse] 空気を含んで揺れ動くような感じを特徴としたブラウス。シフォンやボイルといった薄くて軽やかな生地を使ったものが多く見られる。

ファッション全般

エアリーマテリアル [airy material] エアリーは「空気のような、風通しの良い」といった意味で、空気のような感覚のある軽やかでソフトな感じの素材を指す。シフォンやジョーゼットに代表され、ブラウス、キャミソール、スカートなどに用いられる例が多くなっている。「エアリー素材」とも呼ばれ、ここでは透き通るような感覚も無視できない。

エアリーレイヤード [airy layered] エアリーは「空気のような」という意味で、ふっくらとした感じを持ち味とする服同士の重ね着を指す。

エアリーワンピース⇒エアリードレス

エアリズム [AIRism] ユニクロが2013年夏から販売を開始した機能性インナー（肌着）のシリーズ名。それまでのシルキードライ（男性用）とサラファイン（女性用）の下着シリーズを統合したもので、ユニクロでは「ヒートテック」「ウルトラライトダウン」などと並ぶグローバル戦略ブランドの一環に位置付け、世界展開を図っている。商品そのものは、1年中、衣服内環境を快適に保つ特性を持ち、これまでの肌着の概念を変えるものとしている。

エアリネン [air linen] エアタンブラーという特殊な方法で加工された新しいリネン（亜麻）素材のことで、薄手でしなやか、張りがあってシワが寄らないという特質を持つ。

エアロビクスウエア⇒エアパン

エアロビクスシューズ⇒フィットネスシューズ

エイグレット [aigrette] フランス語でエグレットともいう。鳥の羽根と宝石でこしらえた大型の髪飾りの一種。本来は「シロサギ」の意で、それを用いた髪飾りが19世紀にインドから渡来したことから、この名称で流行した。頭部の前面に立て

て用いるものだが、現在では帽子の羽根飾りの意味もある。

英式番手⇒綿番手

エイジリミックス [age re-mix] 過去の時代を素材にして、それらを自由に組み合わせて表現するファッションおよびそうした時代感覚を指す。ディケードブレンディング*やヒストリカルミックス*などと同じ用法で、歴史ファッションを茶化して着こなすパロディー精神が面白い。

エイジレスウエア [ageless wear] エイジレスは「老いない、不老の、永遠の」の意。年齢にこだわることなく、いつまでも若々しい感覚を持つ衣服のイメージを表す。アンチエイジング（抗老）が話題になる中で、このようなコンセプトを持つファッション衣料の開発が進んでいる。

エイジングケア [aging care] エイジングは「加齢、老化」の意で、老化していく体に対するさまざまな手入れを総称する。最近では加齢による目の衰えをケアする目薬が開発され、それを特に「エイジングケア目薬」というように呼んでいる。

エイジング加工 [aging＋かこう] エイジングは「年をとること」の意で、わざと古ぼけたように見せる加工法をいう。皮革製品に用いることが多く、最近のヴィンテージブームの影響を受けて取り入れられるようになった。こうした加工法をヴィンテージ加工 [vintage＋かこう] と総称する向きもある。

エイティーズファッション [eighties fashion] 1980年代調ファッションの総称。ニュートラ*が一段落した80年代初期からDCブランド*の隆盛を経て、インポートブランドブームやワンレンボディコンに至る80年代末までのファッションを指し、バブル景気を背景にファッションが

91

ファッション全般

最も華やかだった時代観をよく表している。そのような時代を見直そうとする傾向も現れ、ファッションにもエイティーズルック［80's look］として登場することがある。

エイティーズルック⇒エイティーズファッション

エイトロック［eightlock］両面編機使用のダブルジャージーの一種。表裏ともに同じ表情の編地で、インターロックのスムーズ編よりさらに重厚な感じが特徴。表目2目、裏目2目のゴム編（これを2×2ゴムと称する）が2重に重なったような編地であるところから「8」の名がある。

エイビエイタージャケット［aviator jacket］アビエイタージャケットとも発音される。エイビエイターは「飛行士、航空士」の意味で、飛行機に乗る人たちが着用する機能的なジャケットをいう。フライトジャケット*と同義で、元々1930年代から第2次大戦中に軍隊の飛行士ジャンパーとして発展してきた経緯をもつ。

エイビエイターチノーズ［aviator chinos］チノーズ*の一種で、第2次大戦中にアメリカ軍の飛行士（エイビエイター）に支給されたチノーズをいう。ミリタリーベージュと呼ばれる色を特徴としたツータック入りのベルトレスパンツで、本格的なクラシックチノーズのひとつとして現在も人気が高い。

エイビエイターパンツ⇒アビエイターパンツ

液アン加工⇒液体アンモニア加工

エキゾチックレザー［exotic leather］風変わりな皮革という意味で、従来の牛、豚、羊、山羊といった動物以外の、荒々しくて野性味あふれる素材感を持つ皮革を総称する。ガルーシャ*（エイ皮）、エレファントレザー（象革）といったものから、クロコダイル、リザード（トカゲ）、パイソン（ニシキヘビ）などのレプタイルレザー（爬虫類皮革）まで含まれる。

液体アンモニア加工［えきたい＋ammonia＋かこう］略して「液アン加工」ともいう。綿、麻、レーヨンなどのセルロース系繊維およびその複合素材に施される防縮、防シワ加工のひとつで、マイナス34℃以下の超低温の液体アンモニアに浸けることからこのように呼ばれる。そのほか手触りが良くなる、ドレープ性が生まれる、引っ張りや摩擦強度が増すという効果も生まれる。

液体パッドブラ⇒ウォーターブラ

エクイップメントルック［equipment look］エクイップメントは「装備、準備」という意味で、さまざまな装備品を用意するアウトドアライフ用の服装を指す。いわば「重装備ルック」ということになる。サバイバルルック*などと同義。

エクササイズインナー［exercise inner］フィットネス運動などのトレーニング時に着用する女性用下着をいう。吸汗性や伸縮性など各種の機能性に富むデザインのものが考えられている。

エクササイズウエア［exercise wear］「運動着、練習着、けいこ着」といった意味だが、特にフィジカルフィットネス*運動などに用いられるレオタードやスエットスーツなどが代表的。ジャズダンスやエアロビクス、ヨガなどの流行から台頭したもの。

エクササイズシューズ⇒フィットネスシューズ

エクステ［extension］エクステンションヘア［extension hair］の略。エクステンションは「伸張、伸ばすこと」という意味で、地毛に付け毛を結び付けるなどして全体に長く伸ばした状態にし、それに毛糸やビーズ、モールなどを飾るファンシーなヘアスタイルをいう。単に「付け毛」の

ファッション全般

意味で用いられることもあり、髪全体に付けたり部分的にあしらうなどその方法はさまざま。

エクステンションウエストバンド⇒ベルトレス

エクステンションカフス [extension cuffs] エクステンションは「延長、拡張、広げること」の意で、袖先から延ばして付けられたカフスをいう。多くは朝顔状に広がる特徴を持つ。

エクステンションヘア⇒エクステ

エクステンデッドウエストバンド⇒ベルトレス

エクステンデッドショルダー [extended shoulder] エクステンデッドは「伸ばした、広げた」という意味で、広がった肩線を総称する。これはビッグショルダー*やワイドショルダー*の凝った表現ともされる。

エクストラファインウール⇒ファインウール

エクストラロングステープルコットン⇒超長綿

エクストラ・ロングスリーブ [extra long sleeve] 手を全部隠してしまうほどに超長い袖。スーパーロングスリーブと同じで、日本語で「余り袖」とか、ぶらふらしたという意味で「ぶら袖」などとも呼ばれる。エクストラは「余分の、特別の」という意味。

エクストリーム系 [extreme＋けい] 狭義のストリート系ファッションの中で、B系と並ぶスケーター系、サイクル系のファッションをいう。スケボーやスノボーといったスポーツモチーフにヒップホップの要素が加わったもので、ハードにしてシンプル、かつスポーティーなアメカジスタイルをベースとしている。ゆったりした感じも特徴のひとつで、パンツの片足まくり上げも見られる。エクストリームは「過激な、極度の」という意味で、

元々はエクストリームスポーツと呼ばれる現代的なスポーツに派生したものとされる。

エクストリーム・シルエット [extreme silhouette] 過激なシルエットの意で、極端に大きな形を描く肩や着丈、袖丈などを強調したデザイン表現を指す。2016/17年秋冬向けデザイナーコレクションに登場したファッショントレンドのひとつで、かつてのビッグシルエットの再来として話題になった。

エクストリームスーティング [extreme suiting] スーツの極端な着こなし方という意味で、ジャケット、パンツ、シャツ、ネクタイのすべてを同じ色・柄の生地で揃える着こなしを指す。きわめてエキセントリックな着こなしで、色・柄に微妙な差をつけるのも高等なテクニックのひとつとされる。

エクスプローラージャケット [explorer jacket] エクスプローラーは「探検家、探検者」の意。そうした人たち専用の上着といった意味だが、一般にちょっとした旅行や軽登山などに用いるアウトドアタイプのジャケットを総称する。ベンタイルなど通気性に富む軽い生地を用いたものが多く、フードを付けたり、防雨用のショルダーヨークを付けたデザインのものが多く見られる。

エクスペディションウエア [expedition wear] エクスペディションは「遠征、探検」また「遠征隊、探検隊」という意味で、そうした目的に使用する衣服を総称する。いわば探検隊服、遠征隊服で、南極観測などの観測隊用の衣服も含まれる。いかなるアクシデントにも耐えうる丈夫で機能的なものが多く見られる。

エクスペディションパンツ [expedition pants] エクスペディションは「遠征、探検」また「遠征隊、探検隊」という意味で、

ファッション全般

そうした目的に合うようにデザインされた機能的なパンツを指す。カーゴパンツ*やミリタリーパンツ*と似たタイプのものが多く、脚の部分にたくさんのポケットを付けたものが代表的。

エクスボーイフレンドデニム⇒ボーイフレンドジーンズ

エクセーヌ［Ecsaine］『東レ』によって開発された人工スエードの商標名。「革より革らしい」というキャッチフレーズで知られ、現在ではスエード調高級人工皮革として世界的な名声を得ている。なお、これのヨーロッパでの商標はアルカンターラ（アルカンタラとも）［Alcantara］といい、これは高級車のシートカバーや高級家具にも用いられている。ちなみにアメリカでは当初ウルトラスエード［Ultra suede］と称された。

エグゼクティブケース⇒アタッシェケース

エクセスルック［excess look］エクセスは「過度、やり過ぎ、行き過ぎ」の意。色や柄使いなどで過剰なほどに演出した派手派手のファッション表現を指す。バナールルック*への反動として台頭したもの。

エクリュ［écru 仏］フランス語で「晒してない、生の」という意味で、ベージュに似た淡黄色をいう。英語でいうオフホワイト（生成り色）と同義とされる。

エクレクティシズム［eclecticism］折衷主義。さまざまな要素を混ぜ合わせて中和を図る考え方を指し、ファッションではアメリカとヨーロッパの様式の折衷とか、ドレッシーとスポーティーの取り合わせといったことが考えられる。

エグレット⇒エイグレット

エコウエア［eco wear］エコロジーウエアまたエコロジカルウエアの略。自然環境を大切にしようという考え方から生まれた衣料全般をいう。オーガニックコット

ン*などで作られたシャツやパンツといったものが代表的で、あくまでも自然であることを強調するものが多く見られるようになってきた。アトピー性皮膚炎などに悩むアレルギー体質の人に向けて作られた、優しく安全な衣料品というのもこの一環とされる。エコロジーは本来「生態学」を意味する用語。

エコカラー⇒エコロジーカラー

エコ・クチュール［eco couture］エコフレンドリー eco-friendly（環境に優しい、自然環境に合っている）であることを意識した服作りの考え方をいう。エコという概念はいまやファッションにとって欠かせないキーワードのひとつとなっている。

エコジーンズ［eco jeans］地球環境の保護を意識して作られるジーンズ。例えばオーガニックコットン*素材を使用したジーンズなどで、こうしたものはなるべく化学的な処理を施さない製造法が考えられている。

エコシューズ［eco shoes］地球環境の保護を意識して作られた靴の意。できる限り環境への負荷の少ない材料を使うのがポイントとされ、革靴では接着剤もなるべく使わないといった配慮のなされたものが見られる。アッパーをオーガニックコットン*や天然の麻素材にして、裏地に竹素材、中敷にコルク、靴底を天然ゴム使いにしたスニーカーもこうしたもののひとつで、このようなスニーカーはエコスニーカー［eco sneaker］と呼ばれることになる。

エコスニーカー→エコシューズ

エコテキスタイル⇒エコファイバー

エコバッグ［eco bag］自然環境に配慮したバッグといった意味で、スーパーなどでの買物時に持参するナイロン布地製などの簡便なトートバッグ状のバッグを指

ファッション全般

す。元々は都内の高級スーパーが使い捨
てのビニール袋をなくそうという目的で
店名入りのものを売り出したのが最初と
され、その第1号は東京・紀ノ国屋で
1995年に作られたという。エコロジー運
動の高まりから、今ではさまざまなもの
が作られ、一種のファッションとなるま
でに広がっている。エコロジーバッグ
[ecology bag] とかレジエコバッグ [reg-
ister＋eco bag]、また自分で持っていく
という意味でマイバッグ [my bag] など
とも呼ばれるが、海外で正しくはエコフ
レンドリーショッピングバッグ [ecofriend-
ly shopping bag] と呼称されるという。

エコファー [eco fur] フェイクファー（模
造毛皮）を指す欧州的用法。日本では本
物のリアルファーに対して、人工的に作
られる模造毛皮をフェイクファーと呼ぶ
ことが多いが、イタリアを中心とするヨ
ーロッパ諸国ではこの表現のほうが一般
的とされる。エコロジー感覚にあふれた
毛皮という意味。

エコファイバー [eco fiber] 「エコ繊維」の
意。環境保護を目的に開発された繊維の
総称。最近では特に植物を原料とした新
しい繊維群をこう呼ぶ傾向が強い。たと
えばバナナや竹、トウモロコシ、大豆な
どから作られる新植物繊維があり、こう
した糸をエコヤーン [eco yarn] とかエ
コマテリアル [eco material]、素材をエコ
テキスタイル [eco textile]、布地をエコ
ファブリック＊と呼んでいる。エコ素材
には広くオーガニックコットン＊やペッ
トボトル再生素材、また抗アレルギー素
材や抗菌素材といったものも含まれる。

エコファッション ⇒エコモード

エコファブリック [eco fabric] 自然環境に
配慮して作られたエコロジー関連素材の
うち、特に織物地や編物地といった生地
類を総称する。いわゆる「地球に優しく、

人にも優しい」というコンセプトで開発
されたもので、ペットボトル再生素材の
フリースやオーガニックコットン＊など
があげられる。また抗アレルギー素材や
抗菌素材といったものもここに含まれ
る。エコテキスタイルともいう。

エコフレンドリーショッピングバッグ ⇒エ
コバッグ

エコマテリアル ⇒エコファイバー

エコモード [eco mode] エコはエコロジー
[ecology] あるいはエコロジカル [ecolog-
ical] の略で、環境生態学をコンセプト
としたファッションの動きを示す。自然
環境を大切にしようとするエコロジー運
動と結びついたモードの表現は、きわめ
て21世紀的な考え方とされており、人々
のこの分野に対する関心は高まるばかり
となっている。エコファッション [eco
fash-ion] ともいう。

エコヤーン ⇒エコファイバー

エコレザー [eco leather] エコロジーレザ
ーの略で、自然の動物を保護しようとい
う目的から開発された人工的な皮革の類
をいう。フェイクレザー＊と同義で、こ
のところ急激に使用頻度が増している。
最近では天然の革を使いながらも、燃焼
時に有害物質が出ないようにした新しい
レザーも現れている。

エコロジーカラー [ecology color] 「生態学」
系の色という意味で、地球の自然環境に
見られる自然な色を総称する。アースカ
ラー＊やナチュラルカラー＊と同義に扱
われ、茶系やグリーン系の色調が代表的
とされる。エコカラー [eco color] とも。

エコロジーバッグ ⇒エコバッグ

エシカルウエア [ethical wear] エシカル（倫
理の、道徳的な）の発想で作られる衣服
の総称。エコロジーにも通じるエシカル
ファッションの広がりから生まれたもの
で、一般にオーガニックコットン（有機

95

ファッション全般

栽培綿）などのエコ素材で作られた、人にも環境にも優しい衣服に代表される。要は社会貢献や環境保護につながる思想で作られる衣服の総称。

エシカルジュエリー［ethical jewelry］エシカルは「倫理の、道徳的な」の意で、一般に人や環境に優しい素材で作られたジュエリー（宝飾品）類を総称する。本来は不当な搾取や環境破壊、紛争への加担などを防ぐためにフェアトレード（公正な貿易）やトレーサビリティー（追跡可能）に配慮したジュエリーを指す。

エシカルファッション［ethical fashion］エシカルは「倫理の、道徳的な」という意味で、これはモードエティック*の英語版。新しさや効率の良さばかりを狙ったものではなく、人間的な健全なものづくりによるファッションのあり方を指す。エコライフ*にふさわしい考え方として注目を集めるようになった。

エジプシャンコットン⇒エジプト綿

エジプト綿［Egypt＋めん］英名ではエジプシャンコットン［Egyptian cotton］と呼ばれる。元々エジプトで栽培された綿花の実から作られたことでこの名がある上質の綿素材。毛筋が長く細く、よく揃っていて光沢に富むところから、細番手の高級綿糸として人気がある。

エシャルプ⇒スカーフ

エスカイアノット［Esquire knot］アメリカのメンズ雑誌『エスカイア』が紹介したところからこの名があるもので、セミウインザーノット［semi Windsor knot］とかハーフウインザーノット［half Wind-sor knot］と呼ばれる結び方と同じネクタイの結び方。すなわち、ウインザーノット*の手間を１回省いたもので、プレーンノット*とウインザーノットの中間の結び目が表現される。きれいな三角形が生まれるのが特徴とされ、レギュ

ラーカラーを始めとして多くのシャツの襟型にマッチする。あらゆる結び方の中で最も応用範囲が広い結び方とされている。

エスカルゴスカート［escargot skirt］エスカルゴはフランス語で「かたつむり」の意。ちょうどかたつむりのように、渦巻き状に布を斜め接ぎにしたデザインを特徴とするスカート。「渦巻き、らせん」の意からスパイラルスカート［spiral skirt］、また「渦巻き、回転、旋回」の意からスワールスカート［swirl skirt］とも呼ばれる。1970年代にデニムで作られたロングスカート型のそれが流行した。

エスケープメント⇒トゥールビヨン

エスタブリッシュ［established］「確立した、定着した」の意で、ファッションテースト*では、ひとつのスタイルとして完全に成立したレベルを指す。エスタブリッシュメント［establishment］となると「体制、主流派」また「確立、設立、制定」といった意味になる。

エステイトジュエリー［estate jewelry］エステイトは「財産、遺産」という意味で、財産としての価値が高いと評価される古い宝飾品を総称する。骨董的価値のあるアンティークジュエリー［antique jewelry］と同義。

エステティック［esthétique 仏］フランス語で「審美、美学」を意味し、一般に体全体の美しさを心身両面から考える「全身美容」を指す。英語では aesthetic とか esthetic と綴る。日本ではエステと略称されることが多い。

エスニック［ethnic］「民族の、人種の、非キリスト教徒の」といった意味で、ファッションでは伝統的な民族調の装いやそうしたイメージを指す。エスノ［ethno］と略して呼ぶこともあり、「民俗調」を

ファッション全般

表すフォークロア＊とは区別される。

エスニックショール [ethnic shawl] エスニック（民族調）な雰囲気を特徴としたショールの総称。かぎ針編みや中近東風のプリント模様などでそうした雰囲気を表したもので、アフガンショール＊や房飾り付きのフリンジスカーフ [fringe scarf] などが代表的なアイテムとされる。ちなみに、こうしたものを三角形に折って腰に巻くスタイルを「スカート巻き」などと呼んでいる。

エスニックモダン⇒エスノシック

エスノ⇒エスニック

エスノシック [ethno-chic] シックな着こなしによるエスニック（民族調）ファッションの意。民族的な雰囲気を取り入れながらも、全体的には都会風に洗練された着こなしにもっていくファッションを指し、エスニックモダン [ethnic modern] とかアーバンエスニック [urban ethnic] などともいう。

エスパドリーユ [espadrille 仏] フランスとスペインの国境地帯にあるバスク地方原産の民族的な履物のこと。エスパドリーユ（エスパドリエ、エスパドリルとも）は「海浜履き」を意味し、スペイン語ではアルパルハータ（アルパルガータとも）[alpargata] と呼ばれる。サンダル式のものとスリップオン式のものがあるが、特にキャンバス地の甲部とジュート麻のロープソールと呼ばれる靴底を特徴とした簡単靴が有名。

エスプリランジェリー [esprit lingerie 仏] 女性の下着（ランジェリー）のエスプリ（機微）をアウターウエアに取り入れるファッション表現を指す。下着風のデザインや素材の使い方などが特徴とされ、下着の雰囲気を楽しむセクシーファッションのテクニックのひとつとして好まれている。英語でランジェリーテースト [lin-gerie taste] とかアンダーウエアテクニック [underwear technic] ともいう。

エタニティーリング [eternity ring] エタニティーは「永遠、永久、永遠性」という意味で、永遠の愛を誓って誕生日や結婚記念日などに贈る指輪を指す。一般に輪を一周する形で小さな宝石を並べたデザインのものが見られるが、これにこだわることはない。「フォーエバーリング forever ring」といった商品名でも知られる。なお全周型をフルエタニティー、半周型をハーフエタニティーともいう。

エタミン [étamine 仏] 薄い平織綿布の一種。日本では「エターミン」ということが多いが、本来はフランス語で「網状の織物、篩（ふるい）布、漉（こ）し布」という意味をもつ。

エッグコート⇒エッグシェルコート

エッグシェイプトシルエット⇒エッグライン

エッグシェイプトスカート [egg shaped skirt] 卵の形をしたスカート。風船のようにふくらんだバルーンスカートなどと同種のもの。

エッグシェイプバッグ [egg shape bag] 文字どおり「卵の形」をした女性用ハンドバッグの一種。2008～09年秋冬デザイナーコレクションのトレンド〈アーキテクチャー＆スカルプチャー〉に乗って登場したもののひとつで、こうしたデザインのバッグがシャネルの新作に見られる。

エッグシェルコート [eggshell coat] 卵の殻のようなシルエットを特徴とする女性用コート。丸みを帯びた肩から全身を丸くやさしく包み込むような形を持つもので、1950～60年代のオートクチュール作品を思わせるようなデザインが懐かしさを感じさせる。単にエッグコートとも呼ばれる。

エッグシェルシルエット⇒エッグライン

ファッション全般

エッグトウ [egg toe] 卵のような丸みを帯びた爪先型。オーバルトウ [oval toe]（楕円形の意）の別称もある。

エッグライン [egg line] 卵のような形を特徴とするシルエットのことで、エッグシェイプトシルエット [egg shaped silhouette] とかエッグシェルシルエット [eggshell silhouette] などとも呼ばれる。エッグシェルは「卵の殻」の意味。全体に丸く膨らみを帯びたシルエットで、コクーンライン*などとも同種のもの。

エッジ⇒ソールエッジ

エディターズバッグ [editor's bag]「編集者のバッグ」と直訳できる大きめで横長型の女性用バッグ。元々はアメリカの女性写真家が考案したものというが、2004年頃から欧米のファッション誌の女性編集者が持ち歩くようになって人気となった。Ａ４サイズの書類が入る大きさがあり、外部にポケットを付けたり、金具やフリンジを飾るなど、実用性と装飾性を兼ね備えたデザインが特徴。デキル女に見えるというのが人気の理由となっている。

エディンバラツイード [Edinburgh tweed] エジンバラツイードとも。スコットランドのエディンバラ地方産のツイードの名称。タテ糸に白か生成り、ヨコ糸に茶色やグリーン、エンジなどの色糸を使って平織したツイードで、上品な感じが特徴。

エトール⇒ストール

エドワーディアンジャケット⇒ウオーキングジャケット

エドワーディアンボウ [Edwardian bow] 20世紀初頭のエドワーディアン時代に流行したボウタイの一種。きわめて大きな形が特徴で、ちょうど大判のスカーフを巻いて、その両端を垂らすように用いられた。現在でもビッグボウ*の変形として用いられることがある。フランス

語でいうラバリエール [lavalliere 仏] という大型の蝶結びネクタイもこの一種とされる。

エドワーディアンルック [Edwardian look] 英国王エドワード７世（在位1901 ～ 10）の時代にモチーフを得たロマンティックなファッション表現。エドワーディアンジャケットと呼ばれる丈長の上着と細身のパンツの組み合わせが特徴的で、第２次大戦後にロンドンで大流行し、テディーボーイルック*に受け継がれた。現在でもその影響は残されており、時として流行線上に現れることがある。

エトワール⇒スターチェック

エナメルクロス [enamel cloth] コーティングクロス*の一種で、琺瑯（ほうろう）引きを施した綿布をいう。光沢を特徴とし、ラッカークロス [lacquer cloth]（漆塗りの生地）などと同類とされる。こうしたものは濡れたような外観を持っているところからウエットクロス [wet cloth] とも総称される。エナメルクロスはまたエナメル革と同様にパテントレザークロス [patent leather cloth] とも呼ばれる。これらはみな鮮やかな色使いが持ち味で、子供用のレインウエアやレインブーツとして多用される。

エナメルスニーカー⇒メタリックスニーカー

エナメルパンプス⇒オペラパンプス

エナメルレザー⇒パテントレザー

エナン [hennin 仏] 15世紀ゴシック後期に流行した尖塔のような形をした婦人のかぶりもの。円錐形の土台にきれいな布を張り、その上にさらに大きなベール状の布を飾ったもので、きわめて高く大きく、長さは地面に着くほどであった。ゴシック*様式を象徴する造形物のひとつとされる。

エニウエイコート [anyway coat] いつでもどこでも好きなように着ることができ

ファッション全般

る、というところからこう呼ばれるコートの一種。たとえば、内側にベストやブルゾンを付けて、それぞれ単独でも着られるようにしたものがある。ハーフコート型のものが多いのも特徴となる。

恵比寿系 ［えびすけい］東京の恵比寿界隈にあるショップを中心とするストリートファッションの俗称のひとつ。特に駒沢通りから西側の恵比寿西から代官山にかけての一帯が注目ゾーンとなっており、隣りの渋谷や原宿とは一味ちがう新しい感覚のショップが集積している。2000年に入るころから急速に目立つようになってきたもので、恵比寿には個性的なファッション専門学校が多いのも、その要因のひとつと考えられる。

エフォートレス ［effortless］「努力を要しない、骨の折れない、容易な、努力しない」といった意味で、ここから現在では「簡単な、楽な、自然な」という意味で用いられることが多くなっている。2014年ころからファッションを象徴する言葉のひとつとして急速に台頭してきたもので、特にレディースファッションの分野で多く用いられ、肩の力の抜けた心地よさやリラックスした感じを大切にする着こなしなどを意味するようになっている。エフォートレスシック*といった用法がある。

エフォートレス・シック ［effortless chic］エフォートレスは「努力を要しない、骨の折れない、軽々とやってのける」といった意味で、肩の力が抜けたほどよい崩し感のある大人のカジュアルスタイルの表現について用いる。エフォートレスという言葉は、2010年代トレンドのキーワードのひとつともされている。

エブリデイクローズ ［everyday clothes］エブリデイは「毎日の、日常の、ふだんの」という意味で平日に着る服、つまり「ふ

だん着」のこと。

エプロン ［apron］俗に「前掛け」と呼ばれる、汚れ防止のために用いる布状のもの。腰から下だけに用いるものや、肩から吊って用いるもの、またジャンパースカートのような形になったものなどさまざまな形が見られる。最近では着こなしのアクセントとして、装飾品のように用いる例も多くなっている。

エプロンスカート ［apron skirt］エプロンを掛けたように見えるスカート。二枚重ねのオーバースカートで表現するものや、切り替えデザインを工夫してそのように見せるもの、また胸当てを付けたエプロン風のスカートなどさまざまなタイプがある。

エプロンチェック⇒ギンガムチェック

エプロンチュニック⇒チュニックスカート

エプロンドレス ［apron dress］エプロンを思わせるワンピースの総称で、後ろ開きになったスカートを重ねるなどしたデザインがある。またエプロンとワンピースを兼ねる実用的な家庭着をこう呼ぶこともある。ピナフォアドレス［pinafore dress］の別称もあるが、ピナフォアは「（幼児用の）よだれ掛け、胸当て付きエプロン」を意味する。

エプロンバッグ ［apron bag］ボディーバッグ*の一種で、エプロンのような形をしたものをいう。腰にあしらう小さな前掛け状のバッグというもので、ボディーと一体化して用いられるのが特徴。

エプロンファッション ［apron fashion］さまざまなデザインのエプロンを、仕事着としてではなく、重ね着のアイテムとして用いるファッション表現。パンツやスカートの上に長めのエプロンを割烹着のように用いたり、短いエプロンを前掛け風に重ねるなどして、ちょっと変わった着こなしを演出する。

ファッション全般

エプロンポケット ［apron pocket］エプロンのような形のポケット。昔のデニム製オーバーオールなどによく見られるディテールデザインのひとつで、ちょうど腰の前部分にパッチポケットの仕様で付くことが多い。たくさんの物が入れられるように大型のポケットとなっている。

エポーレット ［epaulet, epaulette］多くは軍服の肩に付く「肩章」を指す。フランス語で「小さな肩」を表わすエポレットが英語に転じたもので、軍服のデザインとしてのそれには絢爛豪華なものが見られるが、現在ではトレンチコートやミリタリージャケットなどに「肩飾り」として用いられるのが一般的となっている。

エポーレットシャツ ［epaulet shirt］エポーレット（肩章）を付けたシャツという意味で、アウタードレスシャツ*の別称のひとつ。

エポンジ ［éponge 仏］フランス語で「海綿」の意。英語でいうスポンジと同義で、スポンジのように柔らかいことを特徴とした生地を指す。英語ではスポンジクロス［sponge cloth］とも呼ばれる。

エマージェンシーカラー ［emergency color］エマージェンシーは「非常の場合、緊急事態」の意で、危機を知らせる色を表す。消防士などが緊急時に着用する服などに見られるオレンジ色や黄色といったもので、近年こうしたビビッドな色調がファッション衣料にも取り入れられて人気を集めるようになっている。

エマーユ⇒七宝

エミュー⇒オーストリッチ

エモスタイル ［emo style］ロンドンを発祥地とする若者ファッションのひとつ。「エモーショナル・ハードコア」と呼ばれる音楽を発端に台頭した、いわゆるロックファッション*のひとつで、長い前髪とスキニージーンズ、バンドTシャツ、パ

ーカ、カーディガン、それにクラシックなスニーカーなどが代表的なアイテムとされる。同じようにロンドンで「チャブ」と呼ばれた流行の後を受け継ぐ10代ボーイズのファッションとして、2008年に流行した。

エラスタン ［elastin, elasthanne］エラスティン、エラスチンとも。ポリウレタン（スパンデックス）のヨーロッパでの呼称。ポリウレタン弾性繊維のこと。

エラスティックサイズドウエスト ［elastic-sized waist］日本ではエラスティサイズドウエストともいう。エラスティックは「伸縮自在の」また「ゴム入り生地」という意味で、伸縮自在な素材を用いて脱着を容易にしたウエスト部分のこと。ゴム糸を襞（ひだ）縫いしたシャーリングやエラスティック素材を挟み込むものなどがある。

エラスティック芯⇒接着芯

エラスティックファブリック⇒ポリウレタン

エラボレートファブリック ［elaborate fabric］エラボレートは「苦心して作り上げた、手の込んだ」の意で、きわめて精巧に作られた最近の布地素材をいう。「エラボレーション素材」とも呼ばれる。

エリアウエア ［area wear］特定のエリア（地域、区域、範囲）で着用する衣服という意味。多くは自宅付近のエリアでのものを指し、ワンマイルウエアとほぼ同義。適度な外出着としてのアウター性とファッション性を備えているのが特色。

襟越⇒カラースタンド

襟腰⇒カラースタンド

襟殺し⇒襟のぼり

エリザベーザンカラー ［Elizabethan collar］英国の女王エリザベス1世（在位1558～1603）が好んだとされる襟型で、ラフ*と呼ばれる飾り襟の一種。大きな扇形に広がる襞（ひだ）飾り襟が特徴で、エ

リザベスカラー［Elizabeth collar］とも
呼ばれる。

エリザベスカラー⇒エリザベーザンカラー

エリシルク［eri silk］インドのアッサム地
方を原産地とする野蚕「エリ蚕」を原料
とするシルクの一種。桑の葉を主食とす
る家蚕とは違い、キャッサバ（タピオカ）
などを主食とする蚕で、短繊維のみを生
産し独特の野趣に満ちた絹糸ができあが
る。現在ではベトナムやエチオピア、フ
ィリピンなどでも生産されている。一般
にワイルドシルク［wild silk］とも呼ばれ、
この種のものにはほかに金色の糸を生む
インド特産のムガシルク［muga silk］と
いったものもある。

襟芯⇒芯地

襟台⇒カラースタンド

襟のぼり［えりのぼり］スーツの仕立てに
見るテーラー用語のひとつで、襟を中心
として両肩から山にのぼるように描かれ
る形をいう。「襟のぼりが良い」とか「吸
い付くようなのぼり」といった表現があ
り、上襟が首に沿って立ち上がり、シャ
ツ襟と過不足なくフィットした状態が最
も良いとされている。これを可能にする
技術を「襟殺し（えりごろし）」と呼ん
でいる。

エルカジ［L.A. + casual］LAカジュアル
の短縮語。LAはロサンゼルスの略で、
アメリカ西海岸のロサンゼルスに見られ
るきわめて健康的で現代的なカジュアル
ファッションを指す。特にこんがりと陽
に焼けたギャルに代表される開放的でセ
クシーなリゾート調ファッションをいう
ことが多く、1990年代初頭、日本のギャ
ルたちのファッションにも大きな影響を
及ぼした。

エルク［elk］「大鹿」の一種で、そのなめ
し革をいう。現在は牛革などを用いて、
そのような表情を出したものをこのよう

に呼ぶ傾向が強い。

エルボースリーブ⇒エルボーレングススリ
ーブ

エルボーパッチ［elbow patch］衣服の袖に
付く「肘（ひじ）当て」のこと。カント
リー調の上着によく用いられるもので、
本来は擦り切れた肘の修繕として革やコ
ーデュロイなどを当て布としたものだ
が、現在ではこれがカントリー調を表わ
すデザインとして用いられるようになっ
た。

エルボーレングススリーブ［elbow length
sleeve］エルボーは「肘（ひじ）」の意で、
ちょうど肘くらいまでの長さの袖をい
う。単にエルボースリーブ［elbow
sleeve］ともいう。

エルメスオレンジ［Hermès orange］フラ
ンスの『エルメス』社のテーマカラーと
して知られるオレンジ色のこと。黄色味
を帯びた明るめのオレンジで、いわゆる
アシッドカラー＊系のひとつとして人気
を集め、このような名称で一般化した。

エルメス柄［Hermès ＋がら］フランスの
名門ブランド『エルメス』社のスカーフ
に見られる独特の絵柄をいう。特に「馬
蹄（ばてい）」の柄で知られる。

エルメル⇒スリーブ

エレカジ［elegant casual］「エレガントカ
ジュアル」また「エレガンスカジュアル
［elegance casual］」の短縮語。エレガン
ト（優雅な）な雰囲気のカジュアルファ
ッションを総称するものだが、これとは
別に若者向けのライフスタイル誌『ポパ
イ』が2004年12月の月刊化に当たり、新
しいメンズファッションのあり方を示す
キーワードとしてこの言葉を用い注目さ
れた。

エレガンス［elegance］「優雅、上品、気品」
の意。形容詞のエレガント［elegant］と
なると「優雅な、上品な」また「気品の

あ

ある、格調高い」といった意味になり、グレイスフル [graceful] などと同義とされる。ファッションイメージにおいては、きわめて洗練された大人の女性の服装などについて用いられる。

エレガンスカジュアル⇒エレカジ

エレガンスジーンズ⇒ソフトジーンズ

エレガンスパンク⇒フレンチパンク

エレガント⇒エレガンス

エレガントカジュアル⇒エレカジ

エレガント・ゴスロリ [elegant gothic ＋ Lolita] エレガント（優雅）な雰囲気を強く押し出したゴスロリ*調のファッション。ゴスパンク*とは対極にあるゴスロリの表現で、より可愛らしく女の子っぽく表現するのが特徴。

エレガントミリタリー [elegant military] ソフトで優しい表情のあるミリタリー調ファッションの表現。最近人気のある女性向きの軍隊調ファッションのひとつ。ソフトミリタリーと同義。

エレガント・ミリタリールック [elegant military look] エレガント（上品な、優雅な）な雰囲気を特徴とした軍服調ファッションの表現。いかつい軍服のイメージではなく、ソフトな調子でそれを取り入れたもの。スタイリッシュミリタリーとかロマンティックミリタリーなどと呼ばれるものと同じで、エポーレット（肩章）や共ベルト、ミリタリー的なフラップポケットといったデザインに特徴がある。

エレクトリックカラー [electric color] エレクトリックは「電気の」という意味で、電気がショートしたときに見られる強烈な火花の色をいう。エレクトリックブルー [electric blue] と呼ばれる強い緑みの青などがある。

エレクトリックブルー⇒エレクトリックカラー

エレクトロボーイ [electro boy] エレクトロなどと呼ばれる電子系のロック音楽に触発されて生まれた男の子たちのファッションの流れを指す。2008年春ごろから原宿に台頭した若者風俗のひとつで、蛍光色系の色を好むほか、派手なアクセサリーまたスニーカーを愛好するのが特徴とされる。

エレファント [elephant] 象革。エレファントレザーとも呼ばれ、アジア象（インド象）とアフリカ象の2種があるが、現在はともにワシントン条約で保護されている。バッグなどに用いられることがある。

エレファントパンツ [elephant pants] 正確にはエレファントレッグパンツ [elephant-leg pants] という。象の脚のようなパンツという意味で、裾が広がるベルボトムパンツ*の一種を指す。本来は極端に幅広で裾口が広がったファンシーな女性用パンツをいったものだが、最近では短めの丈で裾が少し広くなっているものもこのように呼ぶことがある。フランス語でパットデレファン [pattes d'éléphant] ともいい、パラッツオパンツ*の一種ともされる。

エレファントレッグパンツ⇒エレファントパンツ

エレベーターシューズ [elevator shoes] 背を高く見せるように内部に上げ底の仕掛けを施した靴をいう。エレベーターのように一段高く見えるということからの商品名から来たものとされ、同種のものにシークレットシューズ [secret shoes] と呼ばれる昔からの商品もある。またヒールアップの意味でアップシューズ [up shoes] ということもあるが、これには野球などで用いるトレーニングやウオーミングアップ用としてのアップシューズや、シェイプアップ用のダイエットシュ

ファッション全般

ーズなどの意味もあって、一般に使うには紛らわしい言葉となっている。

エロティシズム [eroticism]「性愛、官能的な愛、好色性」といった意味だが、実用性、社会性と並ぶ服装成立の条件のひとつに装飾性があり、その中でエロティシズムの要素が無視できないとされている。すなわち男女が互いに惹きつけ合う性の要素から来たエロティシズムの表現こそが美しい服装を生んだというわけ。

鉛管服⇒メカニシャンスーツ

エンゲージメント・ペンダント [engagement pendant] エンゲージリング（婚約指輪）のペンダント版。リングに用いるダイヤモンドや婚約者の誕生石などをペンダントヘッドとしたもので、婚約者の証しとして用いられる。

エンゲージメントリング⇒エンゲージリング

エンゲージリング [engage ring] 婚約指輪。婚約の印の意味で男性から女性に贈る指輪のことで、一般にダイヤモンドや婚約者の誕生石などを飾ったものが多く見られる。エンゲージは「婚約させる、約束をする」といった意味で、正しくは「婚約」の意味からエンゲージメントリング [engagement ring] という。また文語でいう「婚約」の意味を用いてベトローサルリング [betrothal ring] と呼ぶこともある。フランス語では「アノー・ド・フィアンセイユ*」となる。

エンザイムウオッシュ⇒バイオウオッシュ

エンジェルスリーブ⇒ウイングスリーブ

エンジニアジャケット [engineer jacket]「技術者用のジャケット」という意味で、ワーク調ジャケットの一種。デニム使いのゆったりしたシルエットのシャツジャケットといったものが代表的で、フェイクファーの襟を付けるなどのデザイン変化も多く見られる。

エンジニアドジーンズ [engineered jeans] 立体裁断で作られたジーンズに付けた「リーバイ」社の商品名。デニム地をボディーラインに合わせて立体裁断したもので、一般の平面裁断のジーンズに比べると、膝のところから「く」の字型に曲がっているのが特徴とされた。動きやすさという観点からデザインされたもので、1999年末から発売されて大きな反響を呼んだ。日本の「エドウイン」社から発売された「３Ｄジーンズ」なども、この新しい機能ジーンズの一種とされる。なお、こうした「立体裁断ジーンズ」と呼ばれるものは、1995年にオランダに登場したのが最初。

エンジニアトラウザーズ [engineer trousers] エンジニアは「技師、機関士、陸軍工兵」といった意味。そうした人たちが現場で用いるズボンということで、つまりはワークパンツと同義。デニムやチノなど丈夫な生地で作られ、機能的なディテールを備えたものが多い。

エンジニアブーツ [engineer boots] エンジニアーズブーツ [engineer's boots] とも。エンジニア（技師）が工事現場で用いるというところからこの名称があるもので、きわめて頑丈なイメージの革製ロングブーツの一種。スティールキャップトウ [steel cap toe] と呼ばれる鉄入りの爪先と、足首と履き口にあしらう尾錠が大きな特徴で、油や薬剤から保護するオイル・アンド・ケミカル・レジスタンスソール [oil & chemical resistance sole] と呼ばれる靴底のデザインもこのブーツに特有のものとされる。1990年代の「渋カジ*」ファッションに用いられて有名になったもの。これの短いタイプをショートエンジニアシューズ [short engineer boots] と呼ぶ。

塩縮加工 [えんしゅくかこう] 生地が塩に

ファッション全般

よって縮む性質を利用して、織物表面にシボをもつ立体感を出す後加工の方法をいう。ウールの梳毛糸とシルクの絹紡糸を一定本数に配列して製織した後に行われる仕上げで、これによって絹紡糸が収縮し、独特の凹凸感が生まれることになる。現在では硝酸カリウム液が用いられる。

エンジー⇒ロンジー

遠赤パンスト⇒ヘルシーパンティーストッキング

エンゼルメイク［angel make］病院で死後に施される化粧のこと。これまでは看護師の手による、いわゆる「死に化粧」がほとんどだったが、これは亡くなってからもきれいにしてあげようとする考えから生まれたもので、専門家による本格的なメイクアップが施されるのが特徴。〈エンゼルメイク研究会〉という組織も発足し、看護師に対しての指導も行われるようになっている。

エンドアンドエンド⇒エンドオンエンド

エンドオンエンド［end-on-end］エンドアンドエンド［end-and-end］ともエンドツーエンド［end-to-end］とも呼ばれ、いわゆる「刷毛目（はけめ）」調のシャツ地を指す。タテ糸に白糸と色糸を交互に絡ませ、晒したような感じになるのが特徴。

エンドツーエンド⇒エンドオンエンド

エンドピース⇒テンプル

エンパイアスカート［empire skirt］エンパイアスタイル*を特徴としたスカートの意で、ナポレオン皇帝によるフランス第1帝政時代（1804〜25）に見るドレスのデザインを踏襲した、ハイウエスト型のスカートを指す。ウエストの位置を高めに設定して、全体にゆったりとした直線的なシルエットをもたせたロングスカートをいうことが多く、こうしたものを

ハイウエストスカート［high waist skirt］と総称するほか、特にウエストラインが胸部にまで達するものをハイライズスカート［high-rise skirt］と呼んでいる。ここでのライズは「股上」の意。

エンパイアスタイル［Empire style］エンパイアは「帝王の統治、帝政」の意味で、大文字で綴ると特に「ナポレオンの第1帝政時代」を指す。そうした時代（1804〜14）に見られる女性の服装を意味するもので、フランス語でアンピールとも称する。古代ギリシャ・ローマへの回帰をめざしたとされる、自然賛美のハイウエストでゆったりしたシルエットが特徴のシュミーズドレスが代表的。別にこの時期（フランス革命後から1820年頃まで）の服装をクラシックスタイル［classic style］とも呼んでいる。

エンパイアドレス［Empire dress］エンパイア（フランス語ではアンピール）は「帝政」の意味で、19世紀初頭のフランス第1帝政時代に流行した下着風のドレスを指す。ハイウエストの切り替えを特徴とした直線的なシルエットのドレスで、現在でもこうしたモチーフは繰り返し採用されている。

エンパイア・ベビードール［empire baby-doll］エンパイアライン*を特徴としたベビードール型のキャミソールトップ*。胸元の高い位置で切り替えて、裾に向かって広がるシルエットを特徴としている。最近は透け感のある薄手の綿地で作られたものに人気がある。

エンパイアライン［empire line］ごく高めにとったウエストラインと、そこから流れる自然なラインを特徴とするシルエット。ナポレオン第1帝政（エンパイア）時代に見るラインということで、一般にはハイウエストスタイルとして知られる。フランス語では同じ綴りでアンピー

104

ファッション全般

ルと発音することから、これをアンピールラインとも呼んでいる。元々は古代ギリシャの衣服にモチーフを求めたものとされる。

エンハンス・ニップル⇒ボディーパークス

燕尾服［えんびふく］イブニングコート*の日本名。燕の尾のような裳裾（もすそ）を特徴としているところからそう呼ばれるもので、英語でいうスワローテールコートの直訳である。英語ではほかにドレスコート［dress coat］などという表現もある。

エンブレム［emblem］「象徴、記章、印、マーク」といった意味で、日本では一般にブレザーの胸ポケットに付けるクラシックなデザインの「縫い取り飾り」を指す。インシグニア［insignia］、クレスト［crest］、ヘラルドリー［heraldry］、ブレイゾン［blazon］またドイツ語でワッペン［Wappens 独］、フランス語でブラゾン［blason 仏］というように同義の言葉が多数あるが、これらを「紋章」と訳すのは、コートオブアームズ［coat of arms］（盾型の紋所で、単にアームズともいう）の一種に属するものというところから来ている。

エンブロイダリー［embroidery］「刺繍」の意。針と各種の糸、またビーズなどの装飾物を使って、基布に刺すなどの技法で装飾したものを指す。「縫い取り」ともいい、広義にはニードルワーク［needlework］（原意は針仕事の意）と同義とされる。フランス語でブロドリ［broderie 仏］とも呼ばれる。

エンベロープシュミーズ⇒テディー

エンベロープスカート［envelope skirt］封筒（エンベロープ）のような長方形のシルエットを特徴としたスカート。ストレートスカート*の一種で、特に細身でロング丈のものを指すことが多い。

エンベロープスリップ⇒テディー

エンベロープネック［envelope neck］封筒（エンベロープ、エンベロップ）のような長方形の形となったネックラインのこと。プルオーバー（かぶり型）式のカットソーなどに見られるデザインのひとつで、かぶり口の部分が封筒の折り返しフタのようなかぶせる形になっているところから、このような名称で呼ばれるもの。

エンベロープバッグ［envelope bag］エンベロープは「封筒、包むもの、覆い」という意味で、開け口を封筒のかぶせぶたのような形にしたハンドバッグ類を総称する。持ち手を付けたデザインのものも見られる。

エンベロープポケット⇒パッチ・アンド・フラップポケット

エンボス加工［embossing finish］エンボスは「（模様・文字を）浮き出せる、打ち出す」という意味で、布地表面に浮き出た模様を表す加工法をいう。「型付け加工」ともいう。

ファッション全般

オイルアップレザー⇒オイルレザー

**オイル・アンド・ケミカル・レジスタンス
ソール**⇒エンジニアブーツ

オイルウオッシュ［oil wash］油で汚した
ように仕上げる加工法。アンティークジ
ーンズ*やヴィンテージジーンズ*のよ
うな表面感が生まれるのが特徴で、いわ
ゆる「古着加工」の一種とされる。その
方法にはさまざまなものがあり、これも
メーカーによって独特の名称が数多く考
え出されている。

オイルクロス［oilcloth］「油布」の意。オ
イルコーティングクロス［oil coating
cloth］から来たもので、油を塗布した布
地を指す。亜麻仁油や大豆油など植物性
の油を綿布や絹布に引き、防水地として
使ったのが始まりとされる。現在ではそ
うした感じの光沢を特徴にした生地をそ
のようにも称している。また、オイルス
キン［oilskin］というと、油布で作られ
たレインコート（しばしばoilskinsとい
う複数形で）や、そうした油布、防水布
を意味する。オイルクロスはまた、この
オイルスキンの俗称ともされる。

オイルクロスパーカ⇒レインパーカ

オイルコーティングクロス⇒オイルクロス

オイルスキン［oilskin］「油布」という意味
で、そのような素材で作られたレインコ
ート（これをオイルスキンコート oil-
skin coat と呼び、オーストラリアの牧童
たちに愛用されている）やそうした油布、
防水布を指す。これに似たオイルクロス
［oilcloth］は、オイルコーティングクロ
スのことで、つまり、油を塗布した布地
をいう。これは亜麻仁油や大豆油など植
物性の油を綿布や絹布に引き、防水地と
して使ったのが始まりとされる。これを
使用した防水用の上着をオイルドジャケ
ット［oiled jacket］とかオイルドコート
［oiled coat］と呼ぶことがある。

オイルスキンコート⇒オイルスキン

オイルスリッカー⇒スリッカー

オイルタンドレザー⇒オイルレザー

オイルチケット⇒レザーパッチ

オイルドコート［oiled coat］オイルコート
とも。オイルクロスという防水加工生地
で作られたショートコートのことで、日
本ではオイルジャケット*などと呼ば
れる。英国を代表するハンティングコー
ト*としても知られる。

オイルドジャケット［oiled jacket］オイル
クロスなどのオイルスキン*素材を用い
たジャケットで、多くはアウトドアに着
用するシャツジャケット型のものを指
す。防水性が高いということから、レイ
ンジャケットとしても用いられる。英米
では、こうしたものをオイルドコート*
と総称する。

オイルドスキン⇒オイルレザー

オイルドステア⇒オイルレザー

オイルドセーター［oiled sweater］羊毛の
原毛を脱脂しないで（これを未脱脂羊毛
という）編み上げたセーターという意
味。実際にはアルカリと石鹸が混合され
た液で洗った原毛を編み上げ、製品の段
階で油脂加工をを施すものを指す。この
加工法を「オイル仕上げ」といい、ラノ
リン油が残っているため水をはじく力が
強く、防水性、防湿性、保温性に優れる
という特質をもつ。アランセーター*に
代表されるフィッシャーマンズセーター
がその典型とされるが、一般にはヨット
やフィッシングなどに用いる太い畦編の
丸首型セーターをいうことが多い。

オイル美容［oil＋びよう］植物オイルを使
って行う肌、髪、爪などの手入れ。分子
の小さい上質植物オイルを使用するの
で、ベタつくことがなく、保湿や弾力ア
ップなどの効果があるとして人気を集め
ている。アンチエイジング効果も期待さ

れるという。

オイルブラ⇒ウオーターブラ

オイルレザー [oil leather] 油に浸した革。オイルアップレザー [oil-up leather] と呼ばれる油を染み込ませた革や、オイルタンドレザー [oil-tanned leather] と呼ばれる油脂加工を施した革などを総称するもので、防水性に長けるところからデッキシューズや登山靴などに多く用いられる。オイルドスキン [oiled skin] ともいい、牛革を使ったものはオイルドステア [oil-ed steer] などと呼ぶ。

王子ロリ [おうじ＋Lolita]「姫ロリ*」と対をなすファッション表現で、中世の王子様のような雰囲気を特徴とするロリータファッション*をいう。プリンスロリータ [prince Lolita] とも呼ばれるが、必ずしも男の子だけが着るわけではなく、女性のボーイッシュスタイルとして着られることも多い。

オウニングストライプ [awning stripe] オウニングは「日除け、雨覆い」の意で、日除けカバーやビーチパラソルに見るような鮮やかな色使いで幅の広い縞柄をいう。「日除け縞」とも呼ばれる。

近江麻 [おうみあさ] 滋賀県の湖東産地（愛知川、能登川方面）で生産される麻糸を用いた伝統的な織物。鎌倉時代から麻布が織られたとされ、江戸時代には近江商人によって全国的に行商された。清涼感のある春夏物を中心に、寝具や服地、服飾雑貨など幅広い用途がある。

オーカー [ocher] 絵の具の原料となる黄色の粘土のことで、黄土色を指す。フランス語でオークル [ocre 仏] ともいい、別にイエローオーカー [yellow ochre] とも呼ばれる。

オーガナイザー [organizer] 第一義は「組織者、まとめ役」といった意味だが、ほかに「書類整理挟み」とか「書類入れ」

の意味もある。近頃では特に長財布よりは大きく、セカンドバッグよりは小さい、スマートフォンなどを入れるのに適当なコンパクトな収納バッグをこのように呼ぶことが多くなっている。

オーガニック衣料⇒オーガニックファッション

オーガニックウール [organic wool] オーガニックは「有機栽培の」という意味で、一切の化学的な処置や染色などを施さない自然のままのウールを指す。そうした厳密な管理におかれた牧場で育った羊から採れる羊毛をこのように呼んでおり、なかにはオーガニック食肉用の羊から採るものだけをオーガニックウールと称するという厳しい認定基準を設けたものも見られる。こうしたものを最近ではグリーンウール [green wool] と呼んで、販売促進に用いる傾向も現れている。なおオーガニックコットン*とは違って、オーガニックウールには今のところ統一した基準はない

オーガニックウエア [organic wear] オーガニックは「有機栽培の」といった意味で、オーガニックウール*やオーガニックコットン*などの素材を使い、加工にも配慮して環境に優しくなるように作られた衣服を総称する。エコウエア*と同義。。

オーガニックカラー [organic color] オーガニックは「有機体の、有機栽培の」といった意味で、自然な感覚の色調を総称する用語のひとつ。ミルクティーのような淡いピンクベージュやグレージュ*、エクリュ*といったところが代表的で、最近のリゾートウエアなどに多用されるようになっている。

オーガニックコスメ⇒ナチュラルコスメ

オーガニックコットン [organic cotton] 農薬や化学薬品を使用しないで栽培された

ファッション全般

綿花から作られるコットン素材。厳密な意味ではアメリカなど綿花の産出国やヨーロッパの団体が厳格な基準で調査し、出荷する作物ごとにお墨付きを与えたものだけをこう呼ぶ。一般にはこうした製法の「有機栽培」綿を総称している。最近話題のエコロジカル素材のひとつ。

オーガニックTシャツ［organic T-shirt］オーガニックコットン*を使用し、草木の製品染めなど、素材から染色、プリントまでを含めてすべてオーガニック（有機）で仕上げたTシャツのこと。

オーガニックデニム［organic denim］3年以上の期間、農薬や化学肥料を使っていない健康な土地で育った綿花を原料としたオーガニックコットンを使用したデニム地、またそうした素材で作られたジーンズをいう。エコロジー志向を体現したものとして人気がある。

オーガニックナチュラルコスメ⇒ナチュラルコスメ

オーガニックファイバー⇒鉱物繊維

オーガニックファッション［organic fashion］オーガニックは「有機栽培の」という意味で、化学的な処置や染色などを施さない自然のままのオーガニックウール*やオーガニックコットン*などの素材で知られるが、このようにエコロジー環境に配慮したファッションを総称する。そうした肌に優しい衣料などをオーガニック衣料と呼んでいる。

オーガニックリネン［organic linen］有機栽培を特徴とするリネン（亜麻）をいう。エコロジーのブームに伴うオーガニックの動きから登場した現代的な素材のひとつで、オーガニックウール*やオーガニックコットン*とともに注目を集めている。

オーガニックレザー［organic leather］原皮をなめすときに有機溶剤などの物質を使わず、植物の樹液から抽出した植物タンニンだけを使ってなめし加工される天然の皮革素材を総称する。エコロジカルな皮革として注目されているもので、使えば使うほどなじんで、革本来の艶と特有の味が生まれるとされる。ベジタブルタンニング*で作られる皮革と同義。

オーガンザ［organza］オーガンジー*のやや硬めのタイプで、これはアメリカでよく用いられる言葉。ドレスやブラウス、また帽子、造花の材料など用途はオーガンジーと同じ。

オーガンジー［organdie, organdy］オーガンディーとも。薄くて軽く、透明感覚のある平織綿布のひとつ。擬麻加工*（ぎまかこう）を施し、硬めの手触り感と光沢感を特徴としたもので、綿のほか絹やレーヨン、アセテート、ポリエステルなどでも作られる。本来は硫酸を使用した「スイス仕上げ」と呼ばれる独特の加工法で仕上げた綿織物のみを指していた。

オーキッドピンク［orchid pink］オーキッドは「ラン」のことで、その花に見る鮮やかな紫味を帯びたピンク色をいう。単にオーキッドという場合は「薄紫色」を指す。

オークル⇒オーカー

オーストラリア・カジュアル［Australia casual］オーストラリア発のカジュアルファッションの総称。特にシドニーのファッションウィークに参加しているブランドから発信されるものをいうことが多く、アメリカのロサンゼルスのような明るい雰囲気と、アメリカとヨーロッパのいいとこ取りのミックス感が特徴的とされる。近年はファッション新興国のひとつとしてオーストラリアが注目されるようになっている。

オーストラリアンオポサム⇒オポサム

オーストラリアンブーツ⇒アグブーツ

ファッション全般

あ

オーストリアン・ローデン・シューティングコート⇒ローデンコート

オーストリッチ [ostrich] 駝鳥（ダチョウ）のことで、その革を意味する。オーストリッチレザーとも呼ばれ、羽根を抜いたあとの渦巻き状に表れる毛穴に特徴がある。また、その羽根は舞台衣装などとして用いられる。エミュー [emu] やレア [rhea] もオーストリッチと同じ走鳥類の動物だが、これらはオーストリッチよりも価値が下がる。

オーストリッチレッグ [ostrich leg] オーストリッチ（駝鳥）のレッグ（脚）部分を使用した革素材。ここにはオーストリッチ特有の「クイルマーク」[quil mark]（羽根の印の意）と呼ばれる羽根を抜いた跡が丸く隆起した部分が見られないのが特徴で、靴やバッグなどに用いられる。爬虫類と同じうろこ状の模様があるのも特徴とされる。

オーセンティック [authentic]「真正の、ほんものの」といった意味で、まがいものでない正統派のものごとについて用いる。オーセンティック・トラッド＝本格的なトラディショナルモデル*というのが一例。

オーセンティックアウター [authentic outer] 普遍的な魅力を持つ昔ながらのアウターウエアの類いを総称する。オーセンティックは「正統の、本ものの、真正な」また「信頼すべき、信用できる、確かな」といった意味で、最近のデザインものとは異なる正統派の上着類を、尊敬の念を込めてこのように称したもの。

オーセンティック・アクティブウエア⇒アクティブウエア

オーセンティックジーンズ [authentic jeans] 正統派のジーンズの意で、クラシックジーンズ*と同義。「真正のジーンズ」という意味もあり、ここからはリアルジ

ーンズ [real jeans] という表現と同じ意味になる。なおリアルジーンズという言葉は、リアルクローズ*という言葉が流行となる前の1980年代によく用いられ、これはファッションジーンズ*の対語ともされた。

オーセンティックブレザー [authentic blazer] 正統的なブレザーの意で、原則的な仕様に忠実に作られた、いかにもブレザーらしい特徴をもつブレザーをいう。濃紺や真紅のフランネル製のものや、初期のクリケットユニフォームに見るような太い縞柄のブレザー、また白のパイピングを施したスポーツブレザーなどがここに含まれる。いずれも金属製のボタン（夏季にあっては白蝶貝ボタンも）が付くことをもってオーセンティックブレザーの原則とする。ベーシックブレザー [basic blazer] ともいう。

オーソドックスフォーマルウエア [orthodox formal wear] オーソドックスは「伝統的な、因習的な」また「一般に認められた」の意で、昔からあるフォーマルウエアを総称する。主として冠婚葬祭目的の礼服の数々を指し、伝統的な服種で構成されている。儀式用の礼服という意味でセレモニーフォーマル*とも呼ばれる。

オーソペディックシューズ [orthopedick shoes]「整形外科の靴」という意味。整形外科的な見地から作られた靴ということで、あくまでも履きやすさを考慮して作られる、健康的で体に安全な靴を総称する。コンフォートシューズ*やアナトミカルシューズ*などと呼ばれる足に快適な靴と同類のもの。

オーダージーンズ [order jeans] オーダーメードによるジーンズ。つまり、個人の注文に応じて作り上げるジーンズのことで、オーダーメードのスーツなどと同じように、いくつかのパターン（型）とサ

ファッション全般

ンプル生地、リベットボタンなどを用意
して好み通りに仕上げるジーンズを指
す。テーラードデニム [tailored denim]
などとも呼ばれ、完全な手作りによるフ
ルオーダーのほか、パターンオーダー*
による簡易仕立ても用意されている。

オーダーメード [order-made] 注文仕立て、
注文服の意。客をひとり毎に採寸して型
紙を作り、客の注文どおりに仕立てる服
(誂え服)をいう。とくに紳士服におけ
るそれを指すことが多い。この言葉は日
本だけで通じる用語で、英語ではメード・
トゥ・オーダー [made-to-order] という
のが正しい。

オータムカラー [autumn color]「秋の色」
の意。いかにも秋を思わせる濃い茶色な
どを、このように表現する傾向がある。

オータムコート⇒スプリングコート

オーデコロン [eau de cologne 仏] オーデ
コローニュとも。芳香性化粧品のひとつ
で、アルコールに対する賦香率(アルコー
ルに対する香料の割合)が2〜5%程
度のものをいう。香水類の中では香りが
最も軽く、大量に、また気軽に使うこと
のできるのが特徴とされる。この語は「ケ
ルンの水」の意で、1709年にドイツのケ
ルン(フランス語でコローニュ)で作ら
れたところからこう呼ばれる。単に「コ
ロン」ともいう。

オーデトワレ [eau de toilette 仏] オード
トワレとも。芳香性化粧品のひとつで、
賦香率(アルコールに対する香料の割合)
が3〜5%くらいのものを指す。オーデ
パルファン*とオーデコロン*の中間タ
イプで、フランス語ではまさしく「化粧
水」という意味がある。

オーデパルファン [eau de parfum 仏] オ
ーデパルファム、オードパルファムと
も。パルファン*(香水)とオーデトワ
レ*の中間の香りを指し、アルコールに

対する香料の割合(賦香率)が5〜10%
の芳香性化粧品をいう。香水よりその割
合が少なく、香水よりも気軽に使うこと
ができる。和製語でパフュームコロン
[perfume cologne] ともいう。

オードゥフォルム⇒シルクハット

オートクチュール [haute couture 仏] フラ
ンス語で高級仕立て、高級裁縫の意で、
「高級注文服」また「高級衣裳店」を指す。
とりわけパリにおける婦人服のそれをい
うことが多く、パリ・オートクチュール
は今や注文服作りの最高の位置にあると
される。生地、仕立てともに最高級の完
成度を持ち、値段も驚くほど高価になる。

オートクチュール刺繍⇒リュネビル

オー・ド・ショース [haut de chausses 仏]
16世紀から17世紀にかけて着用された男
性の半ズボン型の脚衣。ショース*が分
断された上の部分をいったもので、英語
ではトランクホーズ [trunk hose] とか
トランクブリーチズ [trunk breeches]
などと呼ばれる。フランス貴族の穿いた
キュロット*の前身。

オートミール [oatmeal] 朝食に用いるオー
トミールに見るような感覚の柄。白黒が
ごちゃまぜになったぽんやりとした外観
が特徴とされ、そうした織地をいうこと
もある。

オートモービルコート [automobile coat]
自動車(オートモービル)に乗るために
用意されたコートの意で、元々はオープ
ンタイプのスポーツカーに乗るのに用い
たシープスキンコートなどを指す。現在
ではフィンガーチップレングス(指先丈)
ほどの軽快なショートコートをこのよう
に呼ぶことがある。一般にいうカーコー
トと同じで、ちょっとレトロな感じのあ
るところが受けている。

オーナメント [ornament]「装身具」の意。
広義には「装飾、飾り、装飾品」の意味

110

ファッション全般

で用いられるが、狭義では体を直接的に飾るイヤリングやネックレス、ブローチ、ブレスレットなどを指すことが多い。いわゆるジュエリー*類が大半を占めることになる。

オーナメントトップ [ornament top] オーナメントは「装飾、装飾品」の意味で、宝石類やメタル片、コサージュなどをふんだんに飾った装飾的な上衣をいう。デコラティブと称されるファッション傾向から生まれたアイテムで、服そのものがアクセサリー化したような印象がおもしろい。

オーバー⇒オーバーコート

オーバーオール [overall] ジーンズという名称が生まれるまでのジーンズをいう名称。重ねて着る作業服の意味からそう呼ばれていたもので、かつては〈ウエストハイ・オーバーオール waist-high overall〉(腰丈の作業ズボンの意)とか〈ウエストハイ・リベット・オーバーオール waist-high rivet overall〉(「リーバイ」社の商品名)などの言葉があった。ジーンズという名称は、1947年にアメリカの「ブルーベル」社が同社の〈ラングラー〉ブランドの11MWモデルに「オーセンティック・ウエスタン・ジーンズ」という名称を付けたのが始まりとされる。なおオーバーオールは複数形でオーバーオールズとも呼ばれるが、これはいわゆる「つなぎ型」のパンツとは異なる。

オーバーオールズ [overalls] オーバーオールとも。上部に胸当てを付けた「つなぎ服」の一種で、幅広のサスペンダーが作り付けとされ、肩から吊して穿くのが特徴。より正確にはビブ・オーバーオールズ [bib overalls] と呼ばれるが、ビブは「よだれ掛け、胸当て」を表す。カーペンターパンツ*やサロペット*と同義。

オーバーオールボタン⇒ドットボタン

オーバーカラールック⇒アウターカラールック

オーバーコーティング⇒コーティング

オーバーコート [overcoat] 防寒用コートの総称。スーツなどの上に重ねて着用するところからこのように呼ばれるものだが、日本ではこれをオーバーとコートという二つの言葉に分け、オーバー [over] は毛織物や化繊類で作られた防寒用の外套、コートは綿織物や化繊類で作られたトップコート*などを意味するという使い分けの習慣が生まれた。現在ではオーバー(外套)という言葉も死語と化し、コートというだけであらゆる外套類を指すようになっている。

オーバーサイズコート [over size coat] ふつうよりも全てにわたって大きな形を特徴としたコート。たっぷりした身幅や袖、また落ち気味の肩線やゆったりしたアームホールなどがそれで、とくにそうしたデザインでジャケット程の短い丈の女性用コートを呼ぶ傾向が強い。2011〜12年秋冬、それまでのコンパクトでほっそりしたアウターに代わって登場した新しいアイテム。

オーバーサイズジャケット [oversize jacket] 標準より大きな形を特徴とするジャケットの総称。ビッグルック*の流行時に登場した、ぶかぶかで袖丈も長いジャケットに代表されるが、こうしたものは繰り返し流行線上に現れる。

オーバーサイズドカラー [oversized collar] 常軌を逸するくらいに大きくデザインされた襟を総称する。ファンシーなデザイン表現のひとつで、ストールを巻いたようなストールカラー [stole collar] などが挙げられる。

オーバーサイズニット [oversize] ふつうのサイズよりもひとまわり以上大きなサイズのニットウエア。ビッグニットなど

111

の言い換えとして登場したもので、ぶか
っとしたセーターを着こなすことが、
2018年秋のトレンドとして浮上した。

オーバーサイズパンツ [oversize pants] ふ
つうでは考えられないほどに大きな形の
パンツ。俗にいう「デカパン」で、スキ
ニーなパンツが流行する一方で、こうし
たバギー系のパンツにも人気がある。

オーバーサイズフード⇒フード

オーバーザカーフ⇒ガーターレングス

オーバーザカーフレングス⇒カシュモレ

オーバーザシートレングス [over the seat
length] シートは「尻、臀部（でんぶ）」
の意で、尻を隠す丈をいう。ヒップレン
グス＊とフィンガーティップレングス＊
の中間に当たる丈。

オーバーザニーレングス [over the knee
length]「膝上丈」のことで、オーバーニ
ーレングスともいう。ニーハイレングス
[knee high length] とも呼ばれるが、こ
うした言葉はよく靴下やストッキングの
名称にも用いられ、時として「膝下丈」
のことを指す例もある。衣服でいえば膝
を越す長さということで「オーバーザニ
ー」と称されるわけだが、その適用は個々
のケースによって分かれることがある。

オーバーシーズキャップ [overseas cap]
オーバーシーズは「海外へ、外国へ」ま
た「海外（で）の、海外向けの」という
意味で、ここではアメリカ陸軍の海外派
兵用の制帽を指す。前後に長く、ひさし
のない小さめの帽子で、折り畳むことが
できる特性を持っている。日本ではこれ
を俗に GI キャップ [GI cap] と呼んだ。
GI は特に第2次大戦中のアメリカ兵を
意味し、形容詞的に「アメリカ兵の、兵
隊の、官給品の」という意味になる。

オーバージャケット [over jacket] オーバ
ーコートのようなジャケットという意味
で、普通のジャケットより丈が少し長め

に作られ、コートに用いるような生地で
ゆったりと仕立てられるところに特徴が
ある。

オーバーシャツ [over shirt] 通常の服の上
に重ねるようにして着るルーズなシルエ
ットのシャツ類を総称する。幼稚園児の
制服のスモック（上っ張り）にモチーフ
を得たスモックシャツ [smock shirt] も
このひとつとされる。

オーバーシューズ [overshoes] 重ね履きす
る靴の意で、雨天や降雪時などに靴の上
にかぶせる靴を総称する。多くはブーツ
型となっており、これらをギャロシーズ
[galoshes] とも称する。ビニール製など
の簡便なものはポータブル・オーバーシ
ューズ [portable overshoes] などと呼ば
れ、また防寒のために室内履きに用いる
フェルト製のものなども見られる。

オーバーショルダー⇒ウイングショルダー

オーバースカート [overskirt] ドレスやス
カートあるいはパンツなどの上に重ねて
用いるスカートをいう。いわゆる重ね着
用のアイテムで、特定のデザインやスタ
イルがあるわけではなく、より良い着こ
なしに仕上げるために、さまざまな工夫
が求められることになる。

オーバーストライプ [over stripe] 細かい
縞の上に色糸で縞を重ねた縞柄。地のス
トライプより重ねるストライプのほうの
間隔が広くなるのが特徴。

オーバーダイ [over dye]「後染め」の英名
のひとつとして用いられるが、現在では
「重ね染め」の意として用いられる例が
多い。要は「上染め」のことで、たとえ
ばブルージーンズを黒に染め直すといっ
たことがあり、こうしたジーンズをブラ
ックトッピングデニム [black topping
denim] などということがある。

オーバーチェック [over check] 格子の上
に格子を重ねた柄。地のチェックが小柄

で、上に重ねるチェックが大柄になる。オーバープラッド [over plaid] ともいい、日本語では「越格子」と表現される。

オーバートラウザーズ [over trousers] ズボンの上に穿くもの、またズボンを覆うものという意味で、ヨットマンや漁師たちが作業時に着用する「つなぎ型」のズボン類を総称する。オーバーパンツ＊ともいう。

オーバーナイター⇒オーバーナイトケース

オーバーナイトケース [overnight case] 旅行鞄の一種で、1泊程度の旅行や出張などに適する大型の手提げ鞄を指す。ソフトな作りのものをオーバーナイトバッグ [overnight bag] と称することがあるほか、シングルナイト・トラベルバッグ [single-night travel bag] とも呼ばれる。ほかにオーバーナイター [overnighter] と呼ばれることも。

オーバーナイトバッグ⇒オーバーナイトケース

オーバーニーソックス⇒ニーハイソックス

オーバーニーブーツ⇒ニーハイブーツ

オーバーニーレングス⇒バミューダレングス

オーバーパンツ [over pants] スキーパンツ＊などの上に防寒や防風などの目的で重ねて穿くパンツの総称。特殊なものとしてカウボーイが用いるチャップス [chaps] という前部分だけを被う形になった革製のものがあるが、これは潅木やトゲから身を護るためのもので、これを日本では1960年代前半に人気のあったテレビ西部劇のタイトルから「ローハイド rawhide」（なめされていない牛皮の意）と呼んでいた。

オーバーブラウス [over blouse] 裾をスカートなどの上に出して着用するブラウスの総称。これに対して裾をスカートなどの中にたくし込んで着用するブラウスはアンダーブラウス [under blouse] とか

タックインブラウス [tuck-in blouse] と総称される。

オーバープラッド⇒オーバーチェック

オーバープリント [over print] プリントした生地の上からさらに重ねてプリントすること、またそうしたプリント柄を指す。カバープリント [cover print] とも呼ばれる。

オーバーペイン⇒カラードペイン

オーバーベスト [over vest] 主として女性用のアウターベストのひとつで、ジャケットなどの上着の上に重ねて着用する、ゆったりとしたベストの総称。この中には「半袖ベスト」といった短い袖付きのものも見られる。

オーバーベルト [over belt] 衣服の上に重ねて用いる大きなベルト状のアクセサリーを指す。2010～11年秋冬パリ・メンズコレクションにおけるランバンの作品に特徴的に見られたアクセサリーで、スーツのウエストに用いるカマーバンドのようなそれや、コートのウエストに用いてシルエットを強調させるワイドベルトのようなそれに代表される。

オーバーボトムルック⇒アウターボトムルック

オーバーレイ・プラッグ⇒Uチップ

オーバーレイ・プラッグシューズ⇒Uチップ・オックスフォード

オーバルトウ⇒エッグトウ

オーバルネック [oval neck] オーバルは「卵形の、楕円形の」という意味で、Uネック＊よりも少し剝（く）りを深くして、微妙な丸みをつけた感じのネックラインをいう。これとは別にクルーネック＊とボートネック＊の中間に当たるゆるやかな「変わり丸首」型のネックラインを意味することもあり、これはときにソフトクルー [soft crew] などとも呼ばれている。

ファッション全般

オーバルモデル⇒ティアドロップモデル

オーバルライン [oval line] オーバルは「卵形の、長円形の、楕円形の」という意味で、そのような形を特徴とするシルエットをいう。エッグライン*と同じ。

オーブ・アンド・クロスマーク⇒ハリスツイード

オープニング⇒プラケット

オープンエンドタイ⇒ポインテッドエンドタイ

オープンカラー [open collar] いわゆる「開襟」。昔のスポーツシャツやオープンシャツに見られる襟の形で、襟腰のない「1枚襟」（ワンピースカラー*）を特徴とする。第1ボタンを留めないことを前提としたシャツ襟ともいえるもので、パジャマやアロハシャツに用いられるのを代表例とするほか、イタリアンカラーやハマカラー、ミディカラーといった変化形もある。

オープンクラウンハット⇒クラウンハット

オープンシェルフブラ [open shelf bra] ⇒シェルフブラ

オープンシャツ [open shirt] オープンカラーシャツの略で、襟をオープンカラー*にしたシャツの総称。狭義にはスポーツカラーと呼ばれるコンバーティブルタイプ（両用型）の襟を特徴とするシャツを指し、これをスポーツシャツ*とか開襟シャツと呼んだものだった。広義にはアロハシャツ*などもここに含まれる。

オープンシャンクシューズ [open shank shoes] シャンクは「土踏まず」の部分で、靴底の上の土踏まずの部分を切り取って開いた形にした婦人靴をいう。サイドオープンシューズ [side open shoes] とも呼ばれる。

オープントウ [open toe] 靴の爪先（トウ）が開いているものの総称。女性のパンプスやサンダルによく見られるデザイン

で、さまざまな開け方が見られる。そうした靴のこともいう。

オープントウパンプス [open toe pumps] トウ（爪先）の部分が開いた形になったパンプスの総称。ピープトウパンプス*のようにわずかに開くものから、大胆に指先をのぞかせるものまで、さまざまなデザインが見られる。

オープントウ・ブーティー [open toe bootie] 爪先（トウ）の部分が開いた形にデザインされたブーティー*。

オープンバック [open back] 後部が解放された形の靴やサンダルのデザインで、バックレス [backless] とも呼ばれる。

オープンバックサンダル [open back sandal] かかと部分が切り取られてオープン（開いた形）になっているデザインのサンダルを総称する。バックレスサンダルとも呼ばれるが、これはまたミュール*の異称ともされる。

オープン・パッチポケット [open patch pocket] フラップ（雨ぶた）の付かない貼り付け型のポケット。つまり、ごく普通のパッチポケットのことで、フラップレス・パッチポケットとかプレーン・パッチポケットともいう。

オープンブラ⇒シェルフブラ

オープンフロント⇒コートフロント

オープンワーク⇒カットワーク

オーラルケア [oral care] オーラルは「口の、口腔の」という意味で、特に歯と口の内部の手入れをいう。日常の的確な歯磨きや口濯ぎなどによって虫歯や歯周病などを予防し、かつ口臭などを防ぐことをいったもので、近年この分野への人々の関心は高まるばかりとなっている。

オーリンダコットン [Olinda cotton] ブラジル産の超長綿*の名称。オーリンダ（オリンダとも）はブラジル東端の港町の名前。

ファッション全般

オールアップスタイル⇒アップスタイル

オールイヤーラウンドスーツ［all-year round suit］1年中、四季を通して着用可能なスーツをいう。7〜8月の夏季を除いて着られるスーツは、10カ月間着用可能ということで、テンマンススーツ［ten-months suit］と呼ばれる。

オールインライン［all in line］4個から8個ボタンのダブルブレステッド（両前）型のスーツ上着やブレザーなどで、ボタンの配列が垂直で等幅になっているものをいう。スプレッドアウト*の対語とされる。

オールインワン［all-in-one］ひとつで全体になったものという意味で、トップ*とボトム*がつながったジャンプスーツ*（つなぎ服）を指す。また、ブラジャーとガードル、コルセットの機能を一体化した女性下着をいうこともあり、これはボディースーツ（ボディーウエア）と同義とされる。

オールインワンクリーム⇒DDクリーム

オールインワン水着［all-in-one＋みずぎ］上下が一体化した水着で、最近、競泳用として登場したもの。多くは太ももまでの丈で、昔のタンクスーツ*を想像させる。またハイレグ型の水着を着たときのような恥ずかしさを覚えることがなく、腰から脚にかけて冷えにくいということで、水中エアロビクスを好む中高年女性にも人気を集めている。スパッツを穿いたように見えるところからスパッツ水着［spats＋みずぎ］とも呼ばれ、膝上までの長さのものを「ショートスパッツ型（ハーフチューブとかハーフスパッツ、またショートジョン*ともいう）」、足首まであるものを「ロングスパッツ型」とも呼んでいる。こうした脚部付きの水着をレッグスーツタイプ［leg suit type］と総称している。

オールウィグ⇒ウィグ

オールウエザーウエア［all-weather wear］どんな天候にも対応できる機能を持った衣服の総称。いわゆる「全天候型」の衣服のことで、晴雨兼用型のオールウエザーコートなどに代表される。

オールウエザーコート⇒ウエザーコート

オールウエザーシューズ［all-weather shoes］全天候型靴の意。晴雨を問わずあらゆる天候に対応できる靴の総称で、主として人工皮革製でラバーソール（ゴム底）のものが多く見られる。レインシューズ代わりに用いられることもあり、これの深靴型をオールウエザーブーツ［all-weather boots］と呼んでいる。

オールウエザーパーカ⇒レインパーカ

オールウエザーブーツ⇒オールウエザーシューズ

オールオーバーパターン［allover pattern］ひとつの模様を布地の全面に繰り返し表した柄を指し、一般に「総柄」とか「総模様」と呼ばれる。

オールディーズファッション［oldies fashion］オールディーズは本来「古い流行歌、なつメロ」を意味するアメリカの俗語で、とくに1950〜60年代のポップスを指すことが多い。そこから昔懐かしいファッションを総称するようになったもので、とくに40〜60年代の若者風俗をモチーフにしたファッションをいうことが多い。

オールドイングランドルック［old England look］古き良き時代の英国を思わせるファッション表現。伝統的なカントリー調の装いが特徴で、ブリティッシュトラディショナル*の原点としての雰囲気を色濃く残している。オールドブリティッシュルック［old British look］と同義。

オールドウォッシュ⇒ハードウォッシュ

オールドカレッジスタイル［old college

ファッション全般

style]昔懐かしい学生スタイルという意味で、特に1960〜70年代に流行したメンズのベーシックアイテムを基本とした着こなしをこのように呼ぶことが多い。スタジアムジャンパーやダッフルコート、ピーコートなど往年のアイビーアイテムが代表的で、このことから逆にニューアイビースタイル[new Ivy style]と呼ばれることもある。

オールドスクールスニーカー⇒クラシックスニーカー

オールドスクールルック[old school look]文字通り昔の学校の制服にモチーフを求めたファッション表現。特に1950年代の英国の女子校などから来たものを指すことが多く、伝統的なイートンジャケットにプリーツスカートの組み合わせなどが典型とされる。これとは別にヒップホップ*の世界で1988年以前のラッパーを「オールドスクール」、それ以降を「ニュースクール」と区分して呼ぶことがあり、昔のラッパーのファッションを指すこともある。ここでのスクールには「趣味を同じくする者の群れ」という意味がある。

オールドチアリーダーセーター⇒チアリーダーセーター

オールドファッション[old fashion]「流行(時代)遅れの」また「旧式の、古風な」といった意味で、正確にはオールドファッションド[old fashioned]という。否定的な意味だけではなく、『オールドファッションド・ラブソング』(曲名)のように昔の良さを回顧する意味でもしばしば用いられる。

オールドファッションド⇒オールドファッション

オールドブリティッシュルック⇒オールドイングランドルック

オールドマスキュリン[old masculine]昔懐かしい雰囲気で表現する男性風ファッ

ション。女性が男性の服装を真似るマスキュリンファッションのひとつで、古くは18世紀の宮廷スタイルから、クラシカルな英国紳士風のスタイルまでがモチーフとされ、宝塚歌劇の男装を思わせる世界を繰り広げる。

オールドムービースタイル[old movie style]昔の映画に出てくる服装をモチーフとしたファッション表現で、特に1930〜50年代の映画を題材としたものが多く見られる。シネモード*のひとつで、レトロモードともいえる。

オールドワーカージャケット⇒ワークジャケット

オールバック[all back]リーゼント*のように、すべての髪を分け目をつけずに後ろへ流しつけたヘアスタイルをいう和製英語。英語ではストレートバック*といい、プルバックスタイル[pull-back style](後ろへ引く型の意)という表現もある。本来は男性専用の髪型とされていたが、現在では額(ひたい)をすっきりと出す形が女性にも好まれるようになっている。

オールプリーツスカート[all pleat skirt]スカート全体に同一方向へ等間隔にプリーツをあしらったスカートの総称。

陸サーファー⇒サーフカジュアル

おかっぱ⇒シングルボブ

拝み合わせ[おがみあわせ]フロントの打ち合わせなどで、左右の布地を重ねることなく、突き合わせの形にしたものをいう。人が合掌して拝む形に似ているところからこう呼ばれるもので、「突き合わせ」ということもある。英語ではリンクフロント[link front]というが、リンクは「つなぐ、連結する」の意。

拝みボタン⇒リンクボタン

おかめ⇒ウイングチップ

おかめ飾り⇒ウイングチップ

ファッション全般

オクタゴンタイ⇒フラットスカーフ

オクタゴンモデル⇒ペンタゴンモデル

おくるみ⇒バローコート

オケージョナルドレス [occasional dress]
オケージョナルは「特別な場合のための」という意味で、結婚式や祝賀会などの特別な機会に着用する女性の服装を総称する。ウエディングドレスなどが代表的なものとされる。

オケージョナルドレッシング [occasional dressing] 場面に合わせた着装法という意味。生活のそれぞれの場面（オケージョン）によって正しく服を着分けようとする考え方をいったもので、その基本は個々人のライフスタイルにあるとされる。FOP*の考え方もここに発している。

オケージョンタイ⇒ニットタイ

オケージョンライン [occasion line] オケージョンは「（特別な）場合、機会」また「（特別な）行事、式典、式日」という意味で、冠婚葬祭など特別な日のために着用するドレッシーな服のラインナップをいう。そうした機会のためのドレスを「オケージョンドレス」などという。

オジカジ [──] オジさんのようなカジュアルファッションの意で、「おじカジ」とか OJI カジなどとも綴る。紐結び式の革靴やソフト帽などオジさんの好むアイテムを採り入れて楽しむ若い女性のカジュアルな着こなしをいったもので、最近では若い男の子たちのそうしたファッションを指すようにもなっている。

オジグツ [──]⇒男靴

おじコーデ [おじ＋ coordinate]「おじさんのようなコーディネート」という意味で、若い女性が好んでおじさんの穿くようなゆったりしたパンツやサスペンダー、ベスト、ソフト帽、紐留めの革靴などを組み合わせて着こなしを楽しむ様子、またそうした服の組み合わせを指す。英

国風のトラッドスタイルを基本にした「レトロ可愛い」雰囲気が特徴とされ、オジガールなどと呼ばれる若い女性が好む着こなしとして知られる。

おじパン [──] おじさんの穿くようなパンツの意で、オジパンとも表記する。オジカジ*と呼ばれるカジュアルファッションを代表するアイテムのひとつで、いかにも中年男性が好むようなダサい雰囲気のズボンを指す。これを若い男女がファッションとして穿くのがミソ。

おしゃ P [おしゃ＋ピー]「おしゃれプロデューサー」を略した俗語で、ファッション雑誌『ＪＪ』の2010年夏からの命名による。プロデューサーやデザイナー、またプレスの立場で自らのファッションブランドを作り出すクリエイターとされ、自社のブランドのファッションをまとい、誌面でもモデル顔負けのスタイルとクリエイターならではのセンスを披露する。読者がそのキャラクターやライフスタイルそのものにあこがれる現象が生まれた。

おしゃれ七三 [おしゃれしちさん] おしゃれな感覚のある七三分けの男性用髪型。とかく古臭いイメージでとらえられがちな七三分けヘアスタイルだが、2012年10月放映のフジテレビ『笑っていいとも』の中で、歌手の hitomi が伊勢谷友介のような髪型をこう呼んだところから、一躍流行語となった。

おしゃれ髭⇒デザイン髭

オセロット [ocelot] 中南米に生息する大型のヤマネコ。ネコ科の動物の中では最も美しい種のひとつとされ、最高級の毛皮が供される。灰白や灰黄色の地に黒いリボン状の楕円形の斑点が鎖のように連なっているのが特徴とされる。

おそろコーデ⇒リンクコーデ

お台場 [おだいば]「台場」とも。スーツ

などテーラードな上着に見るデザインの
ひとつで、上着の見返し部の生地をその
まま内ポケットの周りにまで延長し、内
ポケットのポケット口を取り巻く形とし
たものをいう。こうした作りを「お台場
仕立て」と称し、「本切羽*」と同じよう
に高級ハンドメードスーツであることの
証しとされている。昔のスーツで裏地を
取り替えるときに、わざわざポケットを
作り直す手間が省けるという理由からこ
うなったなどといわれている。その形が
東京湾の「お台場」に似ているからとい
うのが命名の由来。

オタク族［オタクぞく］自分だけの世界に
はまり込んで、マニアックに趣味を追求
する若者たちを指す。元々は互いに「お
宅」と呼び合うアニメファンの男の子た
ちの言動を見て、コラムニストの中森明
夫が1984年に名付けたとされ、今では「オ
タッキー」などとも呼ばれている。自宅
に閉じこもって暗い生活を送る若者たち
だけを指す言葉ではなくなっていること
にも注意したい。最近の英俗語ではギー
ク［geek］（人、やつの意）とかナード［nerd,
nurd］という。

オタクファッション［おたく＋ fashion］オ
タクと呼ばれる男の子たちに特有のファ
ッションを指し、現在ではアキバ系ファ
ッション*と同義とされる。つまり、東京・
秋葉原の電器街にたむろするゲーム好き
の若者たちに見る服装を指し、チェック
柄のシャツなど一般にあか抜けないダサ
いファッションを指す。

オタファッション［オタ＋ fashion］いわゆ
るオタク少年の服装を真似たファッショ
ンのことで、若い女の子たちのあいだで
2011年秋ごろから好まれるようになっ
た。おじベストやおじメガネなどと呼ば
れるアイテムが好まれ、ここでは「オタ
クかわいい」「ダサかわいい（ダサこ

そおしゃれ）」がキーワードにもなって
いる。

オダリスクスタイル［odalisque style］オ
ダリスクは「トルコ皇帝の妻妾、ハーレ
ムの女」を表すフランス語で、トルコの
民族衣装をモチーフとした東洋調の服装
を指す。シースルー素材を使ったハーレ
ムパンツ*やロングドレスといった幻想
的なファッションに特徴がある。

お団子ヘア［おだんご＋ hair］お団子のよ
うな丸い髷（まげ）を作った「ひっつめ髪」
のヘアスタイル。この髷をフランス語で
シニョン*というが、これを頭の上で大
きなものをひとつ作ったり、両脇に作る
などさまざまな方法が見られる。最近は
これにシニョンキャップをかぶせたり、
リボンを飾るなどしたあしらいが流行と
なっている。

オックス⇒カウ

オックスフォード⇒レースアップシューズ

オックスフォードクロス［Oxford cloth］
オクスフォードクロスとも、単にオック
スフォードとも呼ばれる。ブロードクロ
ス*よりも目の粗い平織シャツ地。正し
くはオックスフォードシャーティング
［Oxford shirting］と称し、アイビースタ
イルに見るボタンダウンシャツの生地と
して知られる。本来は太めの40番手の綿
糸でバスケットウイーブ（斜子織）とし
た厚手の粗い綿布で、これをオリジナル・
オックスフォードとしている。英国のオ
ックスフォード大学にちなんだ名称で、
霜降り調のフラノ地であったケンブリッ
ジシャーティング［Cambridge shirting］
に対比させて生まれた言葉とされてい
る。

オックスフォードシャーティング⇒オック
スフォードクロス

オックスフォードシャンブレー⇒シャンブ
レー

ファッション全般

オックスフォードシューズ⇒レースアップ
シューズ

オックスフォードストライブ [Oxford stripe]
ロンドンストライプ*を少し細めにした
感じの、地と縞が等間隔の縞柄。オック
スフォード地のドレスシャツに多く用い
られることからこの名があるもので、キ
ャンディーストライプ*の名でも呼ばれ
る。広義にはオックスフォード地のドレ
スシャツに見られる縞柄を総称すること
になり、さまざまなものがあるが、なか
でもキャンディーストライプとトラック
ストライプ*の2種が代表的。

オックスフォードバッグス [Oxford bags]
オクスフォードバッグズともいう。バッ
グスは「袋」の意で、英国俗語で「ぶか
ぶかのズボン」も指す。1924年秋に英国
オックスフォード大学の学生たちによっ
て考案されたという極端に幅広のズボン
のことで、これは、教室内で穿くことを
禁じられた流行のニッカーボッカーズを
隠すためにその上から穿いた、オーバー
パンツとしてのズボンが始まりという。
翌25年にはアメリカ東部の大学生たちに
も飛び火し、26年に大流行するまでにな
った。今日のバギーパンツ*の原型とし
て、つとに知られる。

オックスフォードモデル [Oxford model]
メガネフレームの形のひとつで、六角形
の変形フレームを指す。一般にヘキサゴ
ン [hexagon] と呼ばれるが、こうした
別称もあり、日本ではこれを「角型ボス
トン」とも呼んでいる。

おっさんパンツ [おっさん＋pants] まる
で「おっさん」が穿くようなというとこ
ろから名付けられた女性用のパンツの一
種。全体にぶかっとした太いシルエット
を特徴とするもので、ウエストのタック
を寄せるなどして女性が穿けるようにア
レンジしたという感じが持ち味となって

いる。

オッター [otter] カワウソおよびその毛皮。
シーオッター [sea otter] というとカワ
ウソの一種でラッコということになる。

オッドウエストコート⇒オッドベスト

オッドジャケット [odd jacket] オッドは「半
端の、片方だけの」という意味で、ズボ
ンと組み合わせてはじめて上下が揃う上
着を指す。日本でいう「替え上着」がま
さにそれで、これをスポーツジャケット
とも呼んでいる。「替え上着」というのは、
スーツ上着の替わりになる上着というと
ころからの命名と思われる。

オッドトラウザーズ⇒オッドパンツ

オッドパンツ [odd pants] オッドは「半端
の、片方の」といった意味で、それだけ
では服装が成立しないパンツ、すなわち
「替えズボン」のことをいう。スラック
ス*と同義で、オッドトラウザーズ [odd
trousers] とも呼ばれる。

オッドベスト [odd vest] オッドは「(両方、
全部が揃わずに) 半端の、片方の」とい
う意味で、ほかの上着などと組み合わせ
て用いられる「替えベスト」また「変わ
りチョッキ」のことをいう。ファンシー
ベスト*と同義。オッドウエストコート
[odd waistcoat] とも呼ばれる。

オットマン [ottoman] 正しくはオットマン
シルクという。日本では「太目琥珀 (こ
はく) 地」と呼ばれる、太くて粗い横畝
を特徴とする光沢感の強いシルク地。フ
ァイユ*に似ているが、ファイユよりも
地合が厚く、畝も太く丸みを帯びている
のが両者の違い。

おでこ靴 [おでこぐつ] バルブトウ*など
と呼ばれる、ずんぐりと球のように盛り
上がった爪先を特徴とする靴をいう俗
称。まるで「おでこ」のような爪先とい
うところから名付けられたもので、全体
に大きめで丸い形も特徴。1980年代半ば

119

ファッション全般

あ

からの流行靴のひとつ。

男靴［おとこぐつ］若い女性が好むまるで紳士靴のようなデザインの婦人靴を指す。「おじさん靴」を略して「オジグツ」「オジ靴」また「メンズ靴」などとも呼ばれる。オジカジ＊などの流行から人気となったもので、パンプスなどよりもクラシックな印象が強くなり、ハンサムモード（男前）なカッコイイ女性像が生まれるとして人気を集めている。

大人買い［おとながい］子供のころ、また、お金がなかったころに密かにあこがれていたものを、思い切って買うことができる大人ならではの買い物の仕方、また大胆な買い物行動をいう。これを「成長し、大人になった自分への証し」と説明する向きもある。

大人カワイイ⇒大人ガーリー

大人ガーリー［おとな＋ girlie］ガーリーは「女の子らしい、娘っ子」といった意味で、大人になっても少女のころの気持ちを持ち続ける可愛らしい様子を指す。「大人カワイイ」とも呼ばれ、「大人カワイイ小物」とか「大人カワイイ系ファッション」などと用いられる。可愛いけれど甘すぎないというのもポイントとされ、そうした服装を「大人ガーリースタイル」などとも呼んでいる。要はいつでも可愛いものが大好きな今どきの大人の女性の気分を表したもの。

オトナ系コーディネート⇒オトナ系ファッション

オトナ系ファッション［おとなけい＋ fashion］大人の女性のように見えるファッション。若い女の子が人っぽく見せるためのファッション表現をいい、そうした服装の組み合わせ方を「オトナ系コーディネート」とも呼んでいる。大人といっても「お姉系＊」ファッションとは異なり、わざわざカタカナで表現すると

ころに味がある。

大人服［おとなふく］1980年代半ばから登場した言葉で、大人のエレガンスを感じさせる服、また大人の観賞に耐えるだけの質の高さと品の良さを備えた服を総称する。

お兄カジ［おにい＋ casual］「おにカジ」と発音される。「お兄系＊」にアメリカンカジュアル＊のテイストを足して、カジュアルに着崩したファッションを指す。アメカジ特有の明るい色使いが加えられているのが従来のお兄系とは異なるところで、2008年春頃からの傾向とされる。

お兄系［おにいけい］「お姉系＊」の男性版とされるファッション。ワイルド、セクシー、ゴージャスの3つをキーワードに展開される若者ファッションのひとつで、そのテーストは「きれいめホスト系」やハードな「ギャル男系」などさまざまなタイプに分かれる。元々は2003年頃に渋谷や原宿などに登場した、ちょっとお兄さんぽい雰囲気のあるファッションを指したもので、06年春の『SHIBUYA 109-』におけるワイルド＆セクシーメンズフロアの開設によって、そのイメージが決定的となった。「お兄系スタイル」ともいう。

鬼コール［おに＋ cord］きわめて太い畝を特徴とするコーデュロイをいう日本的な俗称。同じような表現に、太い畝と細い畝が2本並んで組みになっているコーデュロイを「親子コール」ということがある。

お姉系［おねえけい］渋谷系ファッションの中で、「お姉ギャル」などと呼ばれる大人っぽい雰囲気のセクシーな女性たちに好まれるファッションを総称する。2000年頃から登場をみている。

お姉系エロガンス［おねえけい＋ erotic ＋ elegance］「渋谷エロガンス＊」と呼ばれ

120

ファッション全般

るファッションから派生した言葉で、ギャル*たちのものとはひと味違う大人っぽくてセクシーなファッション表現を指す。2004年春頃からの流行。

オパール加工 [opal finishing] 「抜染（ばっせん）」と呼ばれる染色法の一種で、生地の表面に透けた模様を表す加工法を指す。酸化剤を用いて捺染し、形のついた部分の糸を溶かして模様を表現するもので、「抜触加工」とも呼ばれる。フランス語でデボレ [dévorer 仏] ともいうが、これには「朽ち落ちる」という意味がある。

オバマ・ルック [Obama look] アメリカ初の黒人大統領バラク・オバマに見る装い。典型的なミドルアメリカンスタイルのスーツを着こなす様子が、「オバマスタイル」として2009年初頭から話題を集めるようになった。

オビ⇒オビベルト

オビスタイルド・サッシュ⇒オビベルト

オピニオンカスタマー⇒ファッションリーダー

オピニオンリーダー⇒ファッションリーダー

オビベルト [obi belt] オビは日本語の「帯」からきたもので、「帯ベルト」とも表記される。キモノの帯を思わせる幅広のベルトの一種で、後ろ側で紐結びにする形となったものが多い。英米では単にオビ [obi] と呼ばれるほか、オビスタイルド・サッシュ [obi-styled sash] ともいう。最近ではキモノの帯をそのまま使って作られるものも見られる。

オフィサーカラー [officer collar] オフィサーは「武官、将校、士官」という意味で、オフィサージャケットやオフィサーコートなど軍人が着用する衣服に用いられる立襟の一種をこのように呼ぶ。本物のマオカラー*のように立襟から折り返したタイプもあり、日本では俗に「士官襟」

とも呼ばれ、またミリタリーカラー [military collar] （軍隊調の襟の意）とも総称される。

オフィサーキャップ [officer cap] オフィサーは「将校、士官」また「公務員、役人」「警官、巡査」「高級船員、船長」などの意で、そうした人たちが着用する制帽としての帽子を総称する。一般には前ひさしの付いた軍帽を指すことが多い。

オフィサーコート [officer coat] 軍隊の将校や士官用のコートの意。いかにも軍隊の制服を思わせるミリタリー調コートの総称で、立襟のデザインとなったものが多い。なかで最も基本的なものとして、スウェーディッシュ・オフィサーコート [Swedish officer coat] があり、これはスウェーデンの将校用外套として用いられたものをいう。これはまたスウェーディッシュ・アーミーコート [Swedish army coat] とも呼ばれ、シャンペンホワイトなる白色の羊革で一枚仕立てされるのが特徴。

オフィサージャケット [officer jacket] オフィサーは「武官、将校、士官」という意味で、オフィサーカラーと呼ばれる立襟を特徴とする軍服調のジャケットを指す。

オフィサーズシューズ [officer's shoes] 官給品として与えられる靴、また、それに似せて作られた靴のこともいう。質実剛健な作りの短靴や編上げ式のミドルブーツなどがあり、多くは軍隊や警察あるいは官公庁などで用いられる。サービスシューズとも呼ばれ、それといっしょにしてオフィサーサービスシューズということもある。

オフィシャルウエア [official wear] オフィシャルは「公の、公務（上）の」の意で、公的な場での服装を総称する。フォーマルウエアやビジネスウエア、ソーシャルウエア*などに代表され、いわゆるカジ

121

ュアルウエア*などと対比させて用いられる。オフィスウエア[office wear]となると勤務時の服装の意。

オフィシャルスーツ[official suit]「公の、公務(上)の」スーツの意で、一般のビジネススーツのことも指すが、多くは公的な行事などに参加するときに着用する「(政府、団体などの)公認のスーツ=公式スーツ」といった意味で用いられる。オリンピックやサッカーのワールドカップなどの選手団着用のスーツが代表的。

オフィシャルドレスアップ[official dress up]オフィシャルは「公の、公務(上)の、公式の」という意味で、ビジネス関係の公的な集まりごとのためのドレスアップをいう。入社式や会社関係の公的なパーティーなどに出席するための盛装を指し、セレモニードレスアップ*ほどの格式の高さは求められない。

オフィスウエア⇒オフィシャルウエア

オフィスカジュアル[office casual]オフィス(職場)におけるカジュアルな服装を総称する。オフィス環境の服装のカジュアル化から生まれたもので、金曜日だけでもカジュアルな服装で過ごそうとするフライデーカジュアル[Friday casual]の考え方を基に発展した。特に夏季の涼感を訴える軽快なビジネスウエアが代表的で、これはクールビズ*とも連動している。

オフィスブリーチング⇒ホームブリーチング

おフェロ顔[おフェロがお]⇒ほてりチーク

オフグレー[off gray]ほとんど灰色に近い色、またわずかに色みを感じさせるグレーのこして、カラードグレー*とも呼ばれる。

オフ・ザ・ショルダー⇒オフショル

オフ・ザ・フェイス[off-the-face]「顔から離れる」の意で、髪全体を後ろに流して、額(ひたい)をすっかり現したヘア

スタイルをいう。ストレートバック[straight back]の名でも呼ばれる。

オフ・ザ・ペッグ[off-the-peg]英国でいう(安物の)既製服の意。ペッグは洋服掛けなどの「留めくぎ、掛けくぎ」のことで、そうしたくぎから簡単に外せるということから、このように呼ばれる。オフ・ザ・ラック〜rackともいう。ラックは「置き棚、物を掛けるもの」の意。

オフ・ザ・ラック⇒オフ・ザ・ペッグ

オフジャケット[off jacket]オフタイムに着用するジャケットのこと。さまざまなアイテムがあるが、最近では特に団塊の世代を対象に、その人たちのオフシーンにふさわしいジャケットを指すことが多い。ここでは目的に応じた現代的な感覚のものが求められている。

オフショル[off shoulder]オフショルダーを略したもので、肩の部分を大きく空けて、二の腕は隠した形になったデザインをいう。2013年春夏、こうしたデザインのトップスやワンピースなどが流行し、若い女性たちが略してこのように呼ぶようになったもの。なお、オフショルダーはオフ・ザ・ショルダーともいう。

オフショルダーネックライン[off shoulder neckline]肩をすっかりのぞかせるネックラインの総称。イブニングドレスなどに多く用いられる。

オフスケール[off scale]羊毛(ウール)の繊維表面に付く鱗(うろこ)状の物質をスケールといい、ウールは濡れた状態で熱や薬品、力を加えるとこのスケールが絡み合って縮絨(フェルト化)する。酸でスケールの先端を削ぎ落とすことをオフスケール加工といい、こうして作られた製品は水洗いが可能となる。ウールを改質する防縮加工のひとつとして知られる。

おブスファッション[おぶす+fashion]語

ファッション全般

るに価しないファッションの着こなしのこと。日本テレビ『ラジかる』のファッション診断のなかで、ファッションコメンテーターの植松晃士が街の女性たちのファッションについて診断したもののひとつ。素敵な着こなしについては「モテファッション」といい、そのほかに「ちょいモテファッション」と「ちょいおブスファッション」のランク付けがある。2007年からの流行語としてちょっと注目を浴びた。

オフスーツ [off suit] オフタイムに着用するスーツという意味で、多くは男性がディスコなどでの遊び服として用いる派手な色使いのスーツを指す。ここから色つきのスーツということでカラードスーツ [colored suit] とも呼ばれ、オレンジや黄、紫、緑といった鮮やかな色のものが見られる。

オフセンターフロント [off center front] 前打ち合わせを中央（センター）ではなく、左右いずれかに寄せたデザインを指し、アシメトリックフロント゜の一種とされる。ワンサイドフロント [one-sided front] とかオフバランスフロント [off balance front] などとも呼ばれる。

オフタートル⇒フレンチタートルネック

オフタートルシャツ⇒タートルシャツ

オプティカルカラー [optical color] オプティカルは「視覚の、光学の」という意味で、1960年代に流行したオプティカルアート（視覚芸術。略してオプアート）に見られるような、人工的でハッとするような鮮やかな色調をいう。フューチャールック゜など60年代的なファッションのリバイバル現象から、こうした色使いの服も復活してきた。

オプティカルパターン⇒オプティカルプリント

オプティカルプリント [optical print] オプ

ティカルは「視覚の、光学の」という意味で、視覚的な効果を狙ってデザインされたオプアート゜のようなプリント柄を指す。ここから「オプアート柄」とか「オプ調柄」などとも呼ばれる。また、こうした柄を総称してオプティカルパターン [optical pattern] という。

オプティモ [optimo] パナマハット゜の一種で、クラウンの前後にかけて付けられた筋状の峰を特徴とする。

オフニュートラルカラー [off neutral color] ニュートラルカラー゜に限りなく近い印象の、曖昧でくすんだ調子の色を指す。少し色味を感じさせるところが特徴とされるが、基本的に無彩色のひとつとされる。

オフネックライン [off neckline] オフは「離れて」の意で、首から離れたネックラインを総称する。離れる度合いはさまざまで、オフタートルネック゜やボートネック゜などの種類がある。

オフバランスフロント⇒オフセンターフロント

オプファッション [optical + fashion] オプティカル（視覚的な、光学的な）ファッションの略で、一般にオプアートと呼ばれる幾何学的錯覚美術の感覚を取り入れたファッション表現を指す。元々は1960年代のニューヨークにおける前衛芸術の流行がファッションに影響を与えて生まれたもので、オプアート・プリントと呼ばれる光学的な模様を配したミニドレスなどが代表的な産物。

オフフィールド・ユニフォーム [off-field uniform] 本来の試合用以外にデザインされたスポーツ・ユニフォーム。プロサッカー・チームなどで、結束を図る目的で作られるものが多い。

オフブラック [off black] ほとんど黒に近い黒という微妙な色調を指す。チャコー

123

ファッション全般

ルグレー＊のような黒や、ほんの少し色みを感じさせる黒などがこれということになる。

オフベージュ [off beige] 白とベージュの中間的な色調。本来のベージュから有彩色の感覚が抜けたような色調をいったもので、オフホワイトやオフグレーといった色名にならって名付けられたもの。甘く優しい調子の色のひとつとして、パウダーカラーなどとともに人気を集めている。

オフボディー⇒ルーズライン

オフボディーライン [off-body line] 衣服が体から離れてゆったりとして見えるシルエットをいう。ルーズライン＊と同義で、アンプルライン [ample line] とも呼ばれる。アンプルは「十分な、たっぷりの、広い」の意。

オフホワイト [off white] 純白ではないが、ほとんど白に見える色。「生成り（きなり）色」とも呼ぶように、未晒しの状態の白色を総称する。別にボーンカラー [bone color]（骨の色の意）などとも呼ばれる。

オブリークトウ [oblique toe] オブリックトウとも発音される。オブリークは「斜めの、はすの」という意味で、足指の形に合わせて斜めにカットされた形を特徴とする爪先型を指す。足の健康を考慮してそのような自然な形にしたもので、履きやすく歩きやすいという利点を持つ。その形が魚のナマズに似ているというところから、日本では俗に「ナマズ頭」と呼んでいる。

オブリークネック [oblique neck] オブリークは「斜めの、斜角の」という意味で、片方の肩から、もう一方の腕の腋の下へと斜めに流れるネックラインを指す。いわばワンショルダー＊型のネックライン。

オブリークポケット [oblique pocket] オブリークは「斜めの、斜角の」という意味で、

斜めに取り付けたポケットのこと。スラントポケット＊（スランテッドポケット）と同義。

オブロングカラー [oblong collar] オブロングは「長方形の、横長の」という意味。オープンカラーの一種で、刻みがなく、襟が身頃とひと続きになっている襟。開いたときに長方形に見えることからこう呼ばれる。

オブロングネック [oblong neck] オブロングは「長方形の、横長の」また「長円形の」という意味で、横方向のゆるやかな長円形に刳（く）られたネックラインをいう。このことから「卵形ネックライン」とも呼ばれる。

オペイク [opaque] ストッキングとタイツの中間的なレッグアイテム。オペイクは「不透明な、くすんだ」という意味で、履いた時に脚がはっきり見えないところからこのような名が付いたもの。ストッキング分野の新商品として登場した。

オペラ⇒オペラネックレス

オペラグラス⇒フォールディンググラス

オペラグラブ [opera glove] オペラの観劇に用いられることからこの名がある女性の長い手袋。アームロング＊と同様のドレッシーな雰囲気が特徴。イブニンググラブ [evening glove] とも呼ばれる。

オペラクローク [opera cloak] オペラの観劇や正式の夜会などに着用するケープの一種。主として女性のイブニングドレスの上に用いることが多く、毛皮などの豪華な素材で作られたゆるやかなシルエットのものが見られる。別にオペララップ [opera wrap] とも呼ばれるが、ラップとは巻きつけるものという意味。オペラケープ [opera cape]、イブニングケープ [evening cape] とも。

オペラケープ⇒オペラクローク

オペラネックレス [opera necklace] オペラ

ファッション全般

の観劇に用いるところからこの名がある長めの真珠ネックレスのこと。長さが28インチ＝約71センチ程度のもので、いわゆるマチネレングス [matinee length] （21インチ＝約53.5センチ）とロープレングス [rope length] （42インチ＝約107センチ）の中間に当たる。そのままの長さで用いるほか、2連にして短めに扱ったり、結び目を作ってあしらうなど、そのアレンジの仕方は自由。なおこうした長さをオペラレングス [opera length] とか単にオペラと呼んでいる。

オペラバッグ⇒イブニングバッグ

オペラハット [opera hat] オペラの観劇用に作られたとされるシルクハット*の一種で、クラウンの部分がバネを使用した折りたたみ式となっているのが特徴。これを開発したフランスの帽子屋アントワーヌ・ジビユスの名をとって、ジビユスハット [gibus hat] と呼ばれたり、フランスでは単に「ジビユス」ともいう。なお本来のシルクハットは絹の黒フラシ天（毛足の長いベルベットの一種）で作られ独特の光沢感を持つが、これは艶のないファイユ（畝織の絹地）で作られるのが特徴で、オペラのほか観劇や夜会にも用いられた。なおジビユスを英語読みして「ギブス」ともいう。

オペラパンプス [opera pumps] 男性用のパンプス*で、夜間の礼装専用のドレッシーな靴を指す。もとはオペラの観劇や舞踏用に履かれたもので、フォーマルパンプス [formal pumps] とかドレスパンプス [dress pumps] の別称もある。一般には黒のエナメル革で作られているところからエナメルパンプス [enamel pumps] として知られる。甲にシルクグログランのパンプボウ [pump bow] （ボウ飾り）を付けるのが特徴で、豪華なものでは宝石をあしらったものも見られる。光沢感

の強いエナメルを使用するのは、ダンスの際に女性の履物やドレスの裾を靴墨で汚すことのないようにという紳士的な配慮から来たものとされる。革だけではなくベルベットなど布製のものも見られる。「舞踏会の靴」の意からボールシューズ [ball shoes] とも呼ばれる。

オペラピンク [opera pink] 英国王立歌劇場の装飾に使われているところからこう呼ばれる明るい紫みのピンク。

オペララップ⇒オペラクローク

オペラリングス⇒オペラネックレス

オペレーションスーツ⇒ドクタースーツ

オポサム [opossum] オポッサムとも。北米・南米に生息する有袋動物の一種で、日本では「袋ネズミ」と称される。またオーストラリアンオポサム [Australian opossum] （袋ギツネ）と区別するために、これをアメリカンオポサム [American opossum] とも呼んでいる。ともに有袋類ではあるが、両者は別種の動物とされる。この毛皮が衣料などに用いられる。

オポジットカラー [opposite color] オポジットは「反対側の、反対の、逆の」という意味で、いわゆる「反対色」のこと。色彩学上では色相環で向かい合っている色を指し、「補色」やコントラストカラー [contrast color] と同義。

オム⇒メンズウエア

オメロピット [omero pit 伊] 原意はイタリアの医学用語で「前肩上腕部の骨」。ここから、肩周りを優しく包み込んで肩の自然な動きに追従するようなテーラードジャケットの作り方を指すようになった。イングリッシュドレープ*のイタリア的表現ともされ、最近のイタリアンスーツの特徴のひとつとされる。いわゆるテーラリング・テクニック用語のひとつで、時としてクラシコ・イタリア*調のスーツに見る袖付け部分のシワのことも

125

ファッション全般

意味する。

オモカジ［――］「表参道カジュアル」の略。東京・原宿の表参道辺りで見られるカジュアルファッションをいったもので、ファッション雑誌『インレッド』の2008年春頃の造語から広まったもの。

オモニエール［aumônière 仏］豪華な装飾が施された女性用の中世風手提げ小袋のこと。オモニエというのは「施し、お布施」という意味で、元々は中世の時代に財布として用いられた布施袋を指す。これがやがてレティキュール［réticule 仏］と呼ばれる小さな手提げ袋に発展し、現在の手提げバッグにつながったとされる。

重めバングス［おもめ＋bangs］バングスは「おかっぱにした前髪」また「切り下げ前髪」の意で、眉下や目の上のギリギリラインで切り揃えた、少し重い感じのヘアスタイルを指す。

親子買い［おやこがい］親子、とくに母親と娘が一緒になって仲良く買物をする行動。母娘の姉妹化現象がもたらした、まことに現代的な現象とされ、20代の娘と40～50代の母親が連れ立って買物することが、1996年頃から特に目立つようになったとされる。別に「母娘消費（おやこしょうひ）」とも呼び、それは買物だけでなく、旅行や化粧品などの共有にまで及んでいる。

母娘消費⇒親子買い

オヤカジ［オヤジ＋casual］「オヤジカジュアル」の短縮語。中高年の親父世代特有のダサいカジュアルなルックスを指すとともに、若い人たちがいかにもオヤジ好みの格好をしたときにも用いられる。いわゆるトッチャン坊やのくそまじめスタイルというのもこれに当たる。

親子コーデ⇒リンクコーデ

親子コール⇒鬼コール

オヤジカジュアル⇒オヤカジ

オヤ・ネックレス［oyah necklace］トルコの鉤針レース「オヤ」で作られるネックレス。花や蝶々などのモチーフを盛り上げるようにして作るもので、色絹糸で編んで仕上げるところにエキゾチックな印象が生まれる。オヤレースは、英語でターキッシュ・ポイント・レース［Turkish point lace］とも呼ばれる。

オラオラ系［オラオラけい］お兄系＊の上を行くコワイ系の若者ファッション。怖いお兄さんがよく用いる「オラオラ」という脅し文句から名付けられたもので、黒一色のジャージーに身を包んだ格好が多く見られる。不良っぽさを前面に押し出すのが特徴で、人気音楽グループEXILE（エグザイル）のスタイルも感じさせる。2009年春夏から目立つようになってきた。元は雑誌『SOUL JAPAN』から発したもので「悪羅悪羅系」とも表される。

オラ爽スタイル［オラそう＋style］爽やかになったオラオラ系＊スタイルの意。全身黒ずくめで硬派のイメージが強かったオラオラ系男子の外見が、2011年夏ごろから色ものの服装を採り入れるようになり、すっかり爽やかになってきた。そうしたスタイルをメンズ誌のいくつかがこのように名付けている。

オリーブドラブ⇒ドラブ

オリエンタルカラー［Oriental color］東洋風の色使いの総称。オリエンタル調ファッションの台頭に伴って注目を集めるようになった色調で、朱、臙脂（えんじ）、紫、藍（あい）、海老茶（えびちゃ）といった、いかにも東洋を感じさせる色を総称する。オリエンタルブルーなどの色名がある。

オリエンタルスタイル［Oriental style］オリエンタルは「東洋の、東洋風な」の意で、アジアを中心とする東洋全般の服装スタイルを指す。西洋人から見た東洋はエキ

ゾチックな魅力に満ちており、ファッションのモチーフとしても多くのものが採り上げられている。オリエンタルは時として oriental とも綴る。

オリエンタルドレス [Oriental dress] 東洋調のドレスの総称。日本、中国、東南アジア、インド、中近東といった、西洋から見て東方に当たるアジア諸国の雰囲気を湛えたドレス類のことで、そのエキゾチックな魅力に人気がある。

オリエンタルフラワー [Oriental flower] 東洋調の花柄。蓮（はす）や菊など東洋的な花の数々がモチーフとなって展開される柄を総称する。

オリエンタル・ホワイト・マザーダック⇒マザーグースダウン

折りカバン⇒セルビエット

オリジナルジーンズ [original jeans] 原型としての最初のジーンズという意味で、クラシックジーンズ*をいう別称のひとつ。

織りの三原組織⇒ファンシークロス

オリラグ [orylag] フランス西部のシャラント・マリチーム地方でのみ産出される食用ウサギのことで、その毛皮が高級毛皮のひとつとして用いられる。日本ではその端皮が縫いぐるみとして用いられたところから知られるようになった。本来は短上毛変種のウサギの一種とされる。

オルタネートストライプ [alternate stripe] オルタネートは「交互の、ひとつ置きの」という意味で、色変わりなど2種類の異なる縞が、1本置きに交互に構成された縞柄。「交互縞」という。

オルタネートチェック [alternate check] オルタネートストライプ*（交互縞）をタテヨコに配して表現した格子柄。2色の異なる縞で線を形作るのが特徴で、日本語では「交互格子」と呼ばれる。

オルチャンメイク [——make] オルチャン

は韓国語の「オルグチャン」からきた略語で、「美少女、最高に可愛い顔」といった意味を表す。韓国風メイクアップのひとつで、韓国のアイドルグループ「KARA」や「少女時代」のような化粧法を指し、韓流ブームの続く日本でも流行した。

オルテガベスト⇒チマヨベスト

オルメテックス [Olmetex] 1952年、イタリアはロンバルディア州コモ県オルメーダに創業した生地メーカーのブランド名による。同社は先染め高密度コットンギャバジンやテフロン加工をほどこした高密度マイクロファイバーのタフタなどの高機能素材を主力商品としており、バーバリーやバラクータなどによって製品化されている。オルメテックスは一般に伝統的なトレンチコート素材として知られる。

オンブレ [ombré 仏] フランス語で「陰をつけた、濃淡をつけた」また「くすんだ色の」という意味で、そのようなぼやけた調子の柄表現を指す。オンブレストライプ*のほかオンブレチェック [ombré check] と呼ばれる陰影のある格子柄などが代表的。

オンブレストライプ [ombré stripe] 1色の濃淡で影のような効果を表した縞柄。オンブレはフランス語で「濃淡をつけた」という意味。

オンブレチェック⇒オンブレ

温冷ケア⇒スプーンパッティング

ファッション全般

カーキ [khaki] カーキ色。茶褐色また黄褐色のことで、元はペルシャ語やヒンズー語で「埃（ほこり）、塵（ちり）」を表す。1848年、インド駐留の英国軍の制服に採用したところから生まれたもので、陸軍の迷彩色として発展してきたとされる。これの緑みがかったタイプはカーキグリーン [khaki green] と呼ばれ、日本ではかつて「国防色」と呼ばれていた。

カーキーズ⇒カーキパンツ

カーキグリーン⇒カーキ

カーキスタイル [khaki style] ここでのカーキはカーキ色したパンツ、すなわちチノーズ（チノパン）のことで、こうしたカーキパンツをユニフォームのように着用しているアメリカのコンピューター技術者たちの仕事スタイルをいったもの。

カーキドリル⇒ドリル

カーキパンツ [khaki pants] チノーズ*（チノパン）をいうアメリカでの最近の名称。チノーズには中国（チノ）を蔑視する意味があるとする世評を受けて、チノーズを代表するカーキ（土ぼこりの意）色からこのように呼ぶようになったもの。なお、カーキーズ [khakis] となると、一般にカーキ色の軍服を指すことになる。

カーコート [car coat] 自動車用コートの意。本来はオープンタイプのスポーツカー用にデザインされたもので、20世紀初頭のモータリングコート*から始まったものだが、現在ではフィンガーチップレングス（指先丈）までの軽快な感じのショートコートを指すことが多い。ウール地でテーラードな作りがされたテーラード・カーコート [tailored car coat] という新種も現れている。ドライビングコート [driving coat] とも。

カーコートジャケット [car coat jacket] コートジャケット*の一種で、1950〜

60年代に流行したカーコート（自動車用のコート）にモチーフを得てデザインされたもの。膝丈程度の長さを特徴としている。

カーゴカプリパンツ⇒クロップト・カーゴパンツ

カーゴジャケット [cargo jacket] カーゴは「積荷、貨物、船荷」の意味で、貨物船の乗組員が着ていたとされる作業着のひとつ。両胸と両脇に付いた大型のパッチ＆フラップポケットを特徴としたシャツジャケットで、前開きにジッパーを使用したものが多い。

カーゴショーツ [cargo shorts] カーゴパンツ*のショートパンツ版。最近ではスラッシャー*系のストリートファッションに用いられるルーズなシルエットのショーツを指す傾向も現れている。

カーゴスカート [cargo skirt] カーゴパンツ*にヒントを得てデザインされたスカートで、前面太もものところに大きなポケットを2個付けたスカートをいう。これに脇ポケットとバックポケットを2個ずつ付けたスカートは、俗に6Pスカート（シックスポケットスカートの略で、ろくぴースカート）と呼ばれる。カーゴパンツ同様にチノクロスなど丈夫なコットン地で作られるものが多く、ミニ丈からロング丈までさまざまなデザインがある。

カーゴディテール [cargo detail] カーゴパンツに見る特有のディテールデザインをいう。太ももの両脇に配された大型のパッチ＆フラップポケットが代表的で、これをカーゴポケットと呼び、他のパンツやスカートなどに用いた場合にこのように呼ばれる。

カーゴハーフパンツ⇒ハーフカーゴパンツ

カーゴパンツ [cargo pants] カーゴは「貨物、積み荷」の意味で、本来は貨物船の乗組

員が穿いていたところからこの名が生まれたとされる、丈夫なワークパンツの一種をいう。厚手のコットン地で作られ、両太ももの外側部分に大型のアコーディオンポケットが貼り付けになっているのが最大の特徴。このポケットの仕様をカーゴポケットと称し、現在では普通のパッチ＆フラップ式のものも多く用いられている。

カーゴブルマー［cargo bloomers］女性用のファンシーなパンツのひとつで、ブルマー（ブルーマーズ*）にカーゴポケット*を取り付けたもの。

カーゴポケット［cargo pocket］カーゴパンツ*の太ももの両側部分に付く大型のアコーディオンポケット*の一種を指す。現在では本格的なアコーディオンポケット仕様のポケットのほか、ボタン付きのパッチ・アンド・フラップポケットなどを取り付けたカーゴパンツの類も見られ、そうしたものもこの名で呼ばれるようになっている。

カーゴミニ［cargo mini］カーゴスカートのミニスカート版。カーゴポケットと呼ばれる脇に付く大型のポケットを特徴としたもの。カーキ色のチノクロスで作られることが多いのも特徴のひとつとされる。

カーゴレギパン［cargo leggings pants］カーゴパンツ仕様のレギパン*。太ももの外側部分にカーゴパンツ特有のカーゴポケットと呼ばれる大型のパッチポケットを取り付けたレギンスのような細身のパンツ。きわめてストレッチ性の強いパンツで、美脚効果も高いとして人気がある。

カージー⇒カバート

ガージーチェック［gauzy check］ガーゼのように透けて見える格子柄。ガージー（正しくはゴージー）は「紗のような、薄く透き通る」の意で、セーターなどに用い

られると、下に着たシャツが透けて見えるといった効果を持つ。

ガーズコート⇒ガーズマンコート

ガーズマンコート［guardsman coat］ガーズマンとは英国の近衛歩兵第一連隊の衛兵の意味で、彼らが冬季に着用した頑丈な軍用コートをいう。ダブルブレステッド、ベルト付きの丈長コートで、裾回りが広く、背中中央に深いインバーテッドプリーツ（内襞〈ひだ〉）をとっているのが特徴。単にガーズコート［guards coat］ともいい、これをモチーフに作られた同様のタウンコートもこのように呼ばれる。素材はダークブルーのメルトンやアイリッシュフリーズが多く見られる。

ガーゼクロス［gauze cloth］単にガーゼとかゴーズとも呼ばれ、フランス語で gaze とも綴る。甘撚りの単糸をきわめて粗く織り上げた平織綿布のことで、マスクなどの衛生用具や幼児用の肌着、ハンカチーフなどに用いられる。日本でいう「絽」や「紗」に当たる。

ガーター［garter］「靴下留め、靴下吊り」のこと。シャツガーター*と区別する意味で、特にソックスガーター［socks garter］と呼ぶことがあるが、これらはすべてアメリカで用いられる言葉で、英国ではこの種のものをサスペンダー*と呼び、時にソックサスペンダー[sock suspender]と表現することがある。これらの多くは伸縮性のあるゴム布で作られた輪状のもので、靴下を留めるのに用いられるが、口ゴム付きの靴下が全盛の今日では使われることは少なく、わずかにクラシック好みの人たちの間で使われるくらいのものとなっている。なお〈ザ・ガーター the Garter〉といえば、英国最高の勲位であるガーター勲位およびガーター勲章を意味する。

ファッション全般

ガーター（下着）［garter］「靴下留め、靴下吊り」また「ストッキング吊り」のことで、ガーターベルト［garter belt］ともいう。元は男性専用であったが、後に女性にも用いられるようになり、現在では専ら女性がストッキングを穿くときに用いられるようになっている。ゴム布などで直接巻きつけるようにしたバンド状のものや、腰に付けたベルトと留め具で吊る下着的なもの、またガードルに付けるようにしたものなど、さまざまな形と種類がある。

ガーター編⇒パール編

ガータークリップ⇒ガーターベルト

カーターシャツ［kartah shirt］元々インド北方で着られていた低い立襟と深い前立てを特徴とするかぶり式の民族調シャツをいう。パンジャブ地方の「クルタ」という衣服が英語化したもので、これと同種の衣服に「カフタン」と呼ばれるロングシャツ形式のものもある。ともに1960〜70年代のヒッピー風俗からファッション化したアイテムとして知られる。

ガーターストッキング［garter stocking］ガーターは「靴下留め」のことで、これを用いてはくセパレート式の女性用ストッキングを指す。ボストンと呼ばれるガータークリップや輪状のガーターベルトなどを用いるため、穿き口が二重編みされたり、脚部より太い糸で補強したり、レース飾りを縫い付けたものなどが見られる。トリコットストッキング、フルファッションストッキング、シームレスストッキングなどの種類がある。

ガーターベルト［garter belt］ガーター*のうちベルトで吊す式になったものをいう。紳士用としては相当に旧式のものだが、女性のセパレートストッキング*を吊るのには、いまだに用いられる。腰のベルトに留め具を付けてストッキングを

吊るようにしたもので、このほかにクリップを用いて吊すガータークリップ［garter clip］（ボストンという俗称でも呼ばれる）や「キャットガーター*」といった種類もある。

ガーターレスストッキング［garterless stocking］ガーター（靴下留め）なしで穿くことのできるセパレートタイプのストッキング。両脚に分かれたこのタイプのストッキングは、一般にガーターを用いるが、これは穿き口のレースの裏にシリコンストッパーが付けてあるため、ガーターなしでも穿くことができる。2000年春に上陸したイタリアの〈ステイフィット〉ブランドの商品が代表的とされるが、この種のアイテムは昔からあり、最初から薄いストレッチレースの靴下留めを付けたり、穿き口にゴムを編み込んだりしたものも見られる。こうしたものをフランス語ではバ・ジャルティエール［bas jarretière 仏］と呼んでいる。ジャルティエールは「靴下留め」の意。

ガーターレングス［garter length］ふくらはぎを覆う丈のことで、いわゆるハイソックスタイプの靴下を指す。ガーターは「靴下留め」のことで、昔はこれを使って靴下を吊ったところから、この名が遣されているもの。ミッドカーフレングス［mid calf length］とかフルレングス［full length］とも呼ばれ、こうした靴下をハーフホーズ［half hose］ともいう。また、この長さをオーバーザカーフ［over the calf］と呼ぶこともある。

カーチフ⇒チーフホルダー

カーデ⇒カーディガン

カーディガン［cardigan］プルオーバー*とは対照的な「前開き式」のセーターの総称。一般にVネックラインでボタンフロントとなったものが知られるが、これにもボタン位置の高いハイボタン型の英

ファッション全般

国調モデルと、それが低いローボタン型のアメリカンモデルと呼ばれる2タイプがある。またジップフロントのものや襟付きのもの、丸首型やハイネック型となったものなど、さまざまなデザイン変化が見られる。この名称はクリミア戦争で有名な英国のカーディガン伯爵から来たもので、1855年に伯爵が戦場で考案した襟なしの手編みの上着に発したものとされる。最近の日本では単に「カーデ」と呼ぶことがある。

カーディガンコート ［cardigan coat］ニットのカーディガンをそのまま長く伸ばしたような形を特徴とする女性用コート。いわばロングカーディガンといえるものだが、膝丈から床上丈のものまでがあり、その細く長いシルエットからは、やはりコートといわざるをえないアイテムとなっている。

カーディガンジャケット ［cardigan jacket］カラーレスジャケット*の一種で、カーディガンのように前開きをV字型に刻（く）ったり、丸首型としたデザインのものを指す。シャネルスーツ*の上着などに代表される。またアウタータイプのカーディガンのこともいう。

カーディガンスーツ ［cardigan suit］襟なしのカーディガン型ジャケットと共地のパンツまたはスカートを組み合わせた一式。シャネルスーツ*に代表されるように、本来は婦人服の基本的なアイテムとされるが、最近ではカジュアルスーツの一種としてメンズスーツなどにも登場している。

カーディガンセット⇒ツインセーター

カーディガンドレス ［cardigan dress］ニットドレス*の一種で、カーディガンの形そのままに長く伸ばしてワンピースとしたデザインが特徴。いわばロングカーディガンといったもので、丈は長短さま

まな種類がある。

カーディガンネック ［cardigan neck］カーディガン*に見られるネックラインの総称で、丸首型のラウンドネックタイプのものと、胸元がVの字形になったVネック型のものに大別される。Vネックタイプは、さらにボタン位置の高い「ハイボタン」型と、低めに付けられた「ローボタン」型の2種がある。

カーディガンベスト ［cardigan vest］ニットベスト*のうち前開きでボタンフロント型となったものを指す。まさしくカーディガンのようなベストということで、これにはカーディガンボディス［cardigan bodice］（カーディガンのような胴着の意）のほか、ベストカーディガン［vest cardi-gan］、スリーブレスカーディガン［sleeveless cardigan］などさまざまな名称がある。また最近ではこうしたニットベストをプルオーバー*に対してプルアンダー［pull-under］と呼ぶ新しい傾向も生まれている。

カーディガンボディス⇒カーディガンベスト

カーディジャケット ［cardigan ＋ jacket］カーディガンのように着ることのできるジャケットのことで、最近のファッション造語のひとつとして生まれたもの。多くは女性向きのアイテムで、カーディガンのように軽く羽織れるところが特徴とされる。

カーディング⇒スライバー

ガーデナーパンツ ［gardener pants］ガーデナーは「庭師、植木屋、園芸家」の意で、そうした人たちのために作られたパンツをいう。丈夫なコットン地などで作られ、機能的なポケットを付けるなど、作業しやすいデザインに仕上げられたものが多い。最近のガーデニングブームから、庭いじりをする一般の人たちにも愛用者が増えている。

ファッション全般

ガーデニングスタイル⇒ガーデニングファッション

ガーデニングバッグ [gardening bag] 最近流行のガーデニング（庭いじり）に用いるバッグ。トートバッグのような大きめのカバンで、ガーデニング用具や草花などを入れておくのに役立つ。

ガーデニングファッション [gardening fashion] ガーデニングは「庭いじり、庭作り」また「園芸、造園術」の意味で、近年特に英国式が注目されるようになっている。そうした作業時に着用する衣服類を総称し、エプロンや手袋（ガーデングローブ）、またゴム製のブーツなども含まれる。そうした服装をガーデニングスタイル [gardening style] という。

ガーデンシューズ [garden shoes] 庭仕事に用いる靴の総称で、多くはゴム製で足全体をすっぽり覆う形になったものが見られる。ガーデニングの流行から、最近ではしゃれた感覚のものも多くなり、ブーツ型となったものも多く見られる。

カーテンプリント [curtain print] カーテンに見るようなプリント柄の総称。いかにもカーテンぽい感じの花柄などが代表的で、ひと味ちがう柄として人気がある。壁紙に見る花柄なども同種のものとしてうけている。

カード糸 [card＋し] 英語では「カーデッドヤーン carded yarn」と呼ばれる。カードは綿糸を作るときの工程のひとつで、この工程を通しただけの普通の綿糸を指す。これより細番手の糸は、さらにコーマという工程を経て精製され、カード糸より美しさ、柔らかさ、光沢に優れる高級綿糸ができあがる。これをコーマ糸 [comber＋し] といい、英語では「コームドヤーン combed yarn」と呼ばれることになる。

カートウィール [cartwheel] カートホイー

ルハット [cartwheel hat] ともいう。カートウィールは馬車の車輪の意味で、その形に似た極大のブリムが水平に張り出した女性用の日除け帽を指す。クラウンは一般に低いものが多く、これはまたカサブランカ*と同種の帽子とされる。

カートホイールハット⇒カートウィール

カートリッジケース⇒カートリッジバッグ

カートリッジバッグ [cartridge bag] カートリッジは「弾薬筒、薬包」という意味で、元々は弾薬などを入れるのに用いられた軍隊用の小さな鞄を指すが、現在ではこれにモチーフを得て作られたショルダーバッグ型の小さな鞄をいう。カートリッジケース [cartridge case] とも呼ばれる。

カートリッジプリーツ [cartridge pleat] カートリッジは「弾薬筒、薬包」の意で、ここでは弾丸を入れる弾装ベルトを指す。機関銃などのカートリッジように、タテ型で丸い細長の筒状プリーツが連続しているものをいう。

カートリッジプリーツスカート [cartridge pleat skirt] カートリッジは本来「弾薬筒、薬包」という意味で、弾丸を入れる弾装ベルトに見るような細長い筒状の襞（ひだ）をカートリッジプリーツと呼び、それを特徴としたプリーツスカートをこのように呼んでいる。⇒アーミーベルト

カートリッジベルト⇒アーミーベルト

カートル⇒シェーンス

ガードル [girdle] 腹部やヒップ、大腿部の形を美しく整えるための女性下着の一種で、ブラジャーと並んでファンデーションの代表的なものとされる。コルセットから発展したもので、現在ではスパンデックスなど伸縮性に優れた素材使いのショーツ形式のものが中心となっている。ショーツの上に重ねて用いるのが一般的だが、なかには蒸れるのを嫌って直接着用するタイプも見られる。米英では

133

ファッション全般

コントロールブリーフ［control brief］とかコントロールパンツ［control pants］と呼ばれることが多い。

カーナビーファッション［Carnaby fashion］カーナビーはロンドン、ソーホー地区にある小さな通り〈カーナビーストリート〉のこと。1960年代、そこに店を構えたジョン・スティーブンなる男が、当時台頭してきたモッズ*たちをモチーフに作り上げたファッションを指し、一般にモッズルック*と同義とされる。花柄のシャツやパンツなどユニセックス*的なものが多く、ファッションモッズ［fashion mods］と呼ばれることもある。66年、世界的に流行して注目を集めた。

カービーコート［curvey coat］カービーはカーブ curve（曲線）の派生語で、曲線的なシルエットを特徴としたボリューム感のある女性用コートをいう。デザインはさまざまで、量感のある形が何よりのポイントとされる。同様のケープもある。

カービーシルエット⇒カーブドシルエット

カービーヒール［curvy heel］曲線的なイメージを特徴とするヒールのデザインのことで、女性のファンシーなハイヒールパンプスに用いられる。カービーには「曲がった、曲線美の」といった意味がある。

カービーヒールパンプス［curvy heel pumps］カービーヒールは曲線的な形を特徴とするヒール（かかと）のことで、こうしたデザインを持つ女性のファンシーなハイヒールパンプスをいう。カービーは「曲がった、曲線美の」といった意味。

カービーライン⇒カーブドシルエット

カーフ［calf］仔牛のことで、特に生後3〜6カ月以内のものをいう。素材ではそうした仔牛のなめし革を指し、これをカーフスキン［calfskin］とも呼ぶ。薄手できめ細かく、牛革の中では最高級品とされる。牛という大型動物の革という分類

からすると、カーフレザー［calf leather］という表現もできる。また生まれたばかりの牛の赤ちゃんの革はベビーカーフ［baby calf］と呼ばれて珍重されている。

ガーブ［garb］特定の職業や民族などに特有の服装や衣装を指す文章語。「（人に）服を着せる」という意味もある。

カーフスキン⇒カーフ

カーブチェーン［curve chain］ネックレスなどに用いられるチェーン（鎖）の一種で、輪状の金具を次々につないで、90度ずつねじって押しつぶしたデザインを指す。日本の業界用語で「喜平（きへい）」と呼ばれているもので、チェーンデザインの基本型とされる。

カーブドシルエット［curved silhouette］曲線的なイメージを特徴としたシルエットの総称。カービーライン［curvy line］、カーブライン［curve line］、カービーシルエット［curvy silhouette］などとも呼ばれ、きわめて女らしくソフトな雰囲気を醸し出す。

カーブドプリーツ［curved pleat］曲線を描くプリーツ。プリーツの中にさらに細かいプリーツをとって、襞（ひだ）山を曲線状に表現したものをいう。アコーディオンプリーツ*のスカートに多く見られるもので、腰の部分をぴったりフィットさせるのに向くプリーツとされる。

カーブドベルト［curved belt］フィット感をより強くするために、中央に向かってカーブ状にややえぐった形を特徴とする曲線型のベルト。コントゥアベルト［contour belt］とかシェイプトベルト［shaped belt］ともいう。コントゥア、シェイプともに「外形、輪郭」の意。こうしたベルトはパンツの後ろ部分がフィットしやすく、シルエットを美しく表現するのに役立つ。

カーブライン⇒カーブドシルエット

ファッション全般

カーフレザー⇒カーフ

カーフレングス⇒ミディレングス

カーフレングスパンツ [calf length pants] カーフは人体における「ふくらはぎ」の意で、要するにふくらはぎ丈のパンツを総称する。ミッドカーフパンツ [mid calf pants] ともいうが、ミッドカーフは「ふくらはぎの真ん中」という意味。「8分の7丈パンツ」と呼ばれることもあり、ふくらはぎ辺りでストンと切りっ放しにした感じの女性用の幅広パンツが代表的。中間を意味するミディという新語から生まれたミディパンツ [midi pants] もこれと同義。

カーペットバッグ [carpetbag] 絨毯地で作られた古風な手提げカバン。昔流行したバッグのひとつ。

カーペンタージャケット [carpenter jacket] カーペンターは「大工」の意で、大工が着用する丈夫な仕事用の上着をいう。大工道具を収納するために多くのポケットを付けたデザインが特徴。

カーペンタージーンズ [carpenter jeans] 大工さんのジーンズの意で、胸当て付きのいわゆるオーバーオールズ*を指す。カーペンターパンツ*ともいう。

カーペンターパンツ [carpenter pants] 大工のパンツの意。大工さんが穿く作業用パンツを総称するもので、ペインターパンツ*もその一種だが、一般には胸当ての付いたいわゆるオーバーオールズ*を指すことが多い。

カーボンファイバー⇒炭素繊維

ガーメンチュアー⇒ガーメント

ガーメンツ⇒ガーメント

ガーメント [garment]「衣服（の1品）」の意。複数形でガーメンツ [garments] になると「（一揃いの）衣服、衣類」という意味になり、ガーメンチュアー [garmenture] と同義。ちなみに衣服業者が集中しているニューヨーク、マンハッタンの一画は《ガーメントセンター》とか《ガーメントディストリクト》と呼ばれている。

ガーメントウオッシュ [garment wash]「製品洗い」の意。ガーメントは「衣服」という意味で、できあがった衣服を洗いにかけて、生地に独特の風合いを出す加工法を指す。特に中古風に見せるのに用いられることが多く、最近では皮革製品にもほどこされる例が目立つ。

ガーメントケース⇒ガーメントバッグ

ガーメントバッグ [garment bag] 衣服（ガーメント）を収納するバッグという意味で、内部に取り付けたハンガーでスーツなどを容易に持ち運びできるようにした薄型のバッグを指す。ガーメントケース [garment case] というほか、ハンガーケース [hanger case] とも呼ばれる。

ガーメントレングスセーター [garment length sweater] 丸編機の一種のガーメントレングス機で作られるセーターをいう。ガーメントレングス機はセーター編機とも呼ばれ、着分ごとに区切りながら連続して編成するのが特徴の編機で、これはフルファッションセーターとジャージーセーターの中間的な性格を持つとされる。業界用語ではこれで作られた製品を「マルもの」とか単に「マル」などと呼ぶ傾向がある。

カーラー [curler] 髪に巻き付けてカール（巻き毛）をつける円筒状の用具。またパーマをかけるときに用いる髪を巻く器具のことで、カーリングロッド [curling rod] とか単にロッド [rod]（竿、棒、杖の意）と呼ばれるものと同じ。

ガーリー・アンド・ボーイ⇒ガーリーボーイッシュスタイル

ガーリースタイル [girlie style] ガーリーは「娘、娘っ子、嬢ちゃん」といった意

味で、いかにも女の子らしい雰囲気のファッション表現をいう。ガーリッシュルック*と同義。

ガーリーセクシー [girlie sexy] 若い女の子が表現するセクシーなルックスのファッションをいう。たとえばチュチュ風のきわめて短いミニスカートにガーターベルトを覗かせるといった格好。ロックでワイルドな雰囲気も特徴のひとつとされる。

ガーリートラッド [girlie trad] いかにも若い女の子好みとしたトラディショナル・ファッションの表現。タータンチェックを使ったミニスカートやパイピング付きのブレザーなどで着こなすアメリカントラッド風の装いをガーリー（娘、お嬢ちゃん）の言葉に乗せて呼んだもの。

ガーリードレス [girlie dress] ガーリーは「娘、嬢ちゃん」といった意味で、いかにも女の子っぽい雰囲気を持つワンピースを総称する。特に最近のファッションに見る、妖精やバレリーナを思わせるようなロマンティックなイメージのものをこう呼ぶ例が多い。

カーリーヘア [curly hair] 巻き毛で構成したヘアスタイルの総称で、軽い感じのものから、パンチパーマ*のようにきっちりと巻かれたものまで、さまざまな巻き髪スタイルが含まれる。カーリーには「(髪が)巻き毛の、カールしている」という意味がある。

ガーリーボーイッシュスタイル [girlie boyish style] 可愛らしい女の子のイメージを表したボーイッシュスタイル。男の子のような格好をしながらも、女の子らしい情感ものぞかせるのが特徴とされる。俗にガーリー・アンド・ボーイとも呼ばれる。

カーリーロープ [curly rope] エクステ*と呼ばれる付け毛ファッションのひとつ

で、「タテロール」と呼ばれる縦型の巻き毛と直毛を混ぜて、ふわふわの乱れ髪を作るのに用いる紐をいう。好みの長さにカットして用いることができるのが特徴。

ガーリッシュルック [girlish look] ガーリッシュは「少女の、娘らしい」という意味で、きわめて女の子らしい様子を表す。いかにも今どきの女の子を思わせるロマンティックな雰囲気のカジュアルファッションが代表的で、同様の意味からガーリースタイル*とも呼ばれる。

カーリングロッド ⇒ カーラー

カール [curl] 「巻き毛」の意で、複数形でカールズ [curls] となると「巻き毛の髪」を意味する。専門的には渦巻き状にした巻き毛を指すことが多く、一般には「巻き髪スタイル」として知られる。あしらい方によってさまざまな形が生まれ、毛束を大きくとって全体に膨らませるボリューム巻き [volume＋まき] など、その種類は多い。なお巻き毛を表す言葉には、ほかにリングレット [ringlet] もある。

カールズ ⇒ カール。

ガールズロッカースタイル [girl's rocker style] 女の子たちに見るロッカースタイル。ちょっと不良がかった雰囲気を特徴とするファッション表現のひとつで、ロックミュージシャンが愛好するレザーのライダースジャケットや編み上げのロッカーブーツ*に身を包み、チェーンなどのアクセサリーを散りばめたスタイルが代表的とされる。少女漫画『NANA ナナ』から生まれた「ナナファッション」もモチーフのひとつとなっている。

ガーンジーセーター [Guernsey sweater] イギリス海峡チャンネル諸島（英領）のガーンジー島を原産地とするフィッシャーマンズセーター*の一種。鉄紺色の太い糸で緻密に編み上げたもので、胸の部

分に独特の編み模様があしらわれ、浅い
ハイネックに白の貝ボタンが付くデザイ
ンも特徴。ジャージー*とともにセータ
ーの原点とされるもので、スコットラン
ド北東部からイングランドの東海岸にか
けては「ギャンジーセーター」と呼ばれ
るなど、北海一帯に広く分布している。

ガーントレット［gauntlets］ガントレット
またゴーントレットとも。肘まであるよ
うな長い手袋のことで、主として婦人用
とされる。元は中世ヨーロッパにおいて、
騎士が腕を保護するために用いた、金属
や革で作られた籠手（こて）をいったも
ので、武具のひとつとされていた。17世
紀ころから手首から肘にかけて広がりの
あるカフスを付けた手袋を指すようにな
って今日に至っている。フランス語では
ガントリ［ganterie 仏］と呼ばれる。

開襟シャツ⇒オープンシャツ

介護シューズ［かいご＋shoes］足に難点
を抱える人向きに作られた靴のことで、
「健康・快適シューズ」などとも呼ばれ
る。外反母趾や巻き爪、むくみなどの足
のトラブルに対処した靴で、特に中高年
向きの「足に優しい靴」として人気を集
めている。布製の接着テープなどで脱ぎ
履きを楽にするなど、さまざまな工夫が
なされたものが多い。

蚕繊維⇒動物繊維

怪獣ファッション［かいじゅう＋fashion］
モコモコしたファー（毛皮）をふんだん
に使い、全身毛むくじゃらの怪獣のよう
な印象を与えるファッションを称したも
の。2010年秋冬に登場したギャルたちに
見る流行現象のひとつで、ファー付きの
上着やブーツ、またファーテイル・チャ
ーム*（毛皮のしっぽ）など毛皮を好む
のが特徴とされる。こうした女の子たち
を「怪獣ギャル」とも呼んでいる

ガイズ［guise］「外観、外見」といった意で、

英語の古語で「服装、身形」を表す。

海賊巻き⇒パイレーツロール

海賊ルック⇒パイレーツルック

海島綿［かいとうめん］英名でシーアイラ
ンドコットン［sea island cotton］という。
エジプト綿*と同じ性質を持つ最高級綿
のひとつ。アメリカ南部の沿岸地方から
西インド諸島にかけて栽培されるもの
で、繊維長が最も長いという特質をもち、
しなやかさでは世界最高級の綿とされ
る。カリブ海の小アンチル諸島が原産地
とされ、ここで採れたものを「ウエスト
インディアン・シーアイランドコットン」
と呼んで、海島綿の本格としている。

掻巻［かいまき］綿入れの夜着。広い袖の
付いた掛け夜具のひとつで、冬季に掛け
布団の下掛けとして用いる。着物を思わ
せる形に特徴がある。

カイマン⇒アリゲーター

カインケパラ［kain kepala インドネシア語］
インドネシア・ジャワ島で男性が盛装時
にかぶるバティック製の頭巾。カインは
「布」、ケパラは「頭」の意。

カイン・パンジャン［kain pandjang イ
ンドネシア語］インドネシアで作られるジャ
ワ更紗を用いた腰布のひとつで、特にジ
ャワ島の王室内で発展した盛装用の衣装
とされる。150×250センチほどの更紗地
を巻いて用いるもので、男性の着用は少
なくなっている。

カウ［cow］牛革の一種で、特に牝の既産
成牛のなめし革をいう。生後18カ月～3
年以上のものをこのように呼んでいる。
生後数カ月で去勢した牡牛のステア
［steer］（スティアとも）と並んで、最も
一般的な牛革とされる。また牡の成牛を
ブル［bull］、去勢された牡牛をオックス
［ox］、未出産の牝牛をカルピンというが、
こうした牛類や牛革を総称してキャトル
［cattle］、牛皮をキャトルハイド［cattle

137

ファッション全般

hide］と呼んでいる。

カウ柄［cow ＋がら］牛の柄という意味で、特にホルスタイン種の乳牛に見る白と黒の大きな斑（ぶち）模様を指す。カウパターンともいうが、一般には「ホルスタイン柄」として知られる。

カウズ⇒カウズコート

カウズコート［Cows coat］単にカウズ［Cowes］ともいう。ディナージャケット*の直接の前身とされる上着で、英国南部のワイト島カウズで着用された夜会用の服を指す。ショールカラー*の襟型を原則としたゆったりしたもので、1870年代から着られ、やがてロンドンにも広まって90年代中頃まで着用された。英国ではディナージャケットの俗称としても用いられている。

ガウチョ⇒ソンブレロ

ガウチョシャツ［gaucho shirt］南米のカウボーイであるガウチョたちが着用するニットまたは布帛製のプルオーバー型スポーツシャツ。フロントに開きをとり、それを4個のループでボタン留めとするデザインが特徴で、これを基にしてポンデロサス［ponderosas］という同様デザインのアウターシャツが作られ、1960年代中期にカリフォルニアで流行した。

ガウチョハット⇒ソンブレロ

ガウチョパンツ［gaucho pants］ガウチョは南米の草原地帯に住むカウボーイのことで、彼らが着用する裾広がり型のゆったりした七分丈のパンツをいう。一般には女性のおしゃれなパンツとして用いられる。

ガウチョブラウス［gaucho blouse］ガウチョシャツ*（ポンデロサス）のブラウス版。ニットまたは布帛製のプルオーバー式のブラウスで、前開きをループ付きのボタンで留めるデザインが特徴。

ガウチョルック［gaucho look］ガウチョは

南米アルゼンチンに住むカウボーイ（牧童）のことで、彼らの服装にモチーフを得たファッションを指す。なかで七分丈ほどのガウチョパンツと呼ばれるアイテムが代表的。

カウチンセーター［Cowichan sweater］カナダ西海岸バンクーバー島のカウチン湖周辺に住むサリッシュ・インディアン（俗にカウチン族と呼ばれる）の手による防寒用の素朴なセーター。元は山犬や山羊や牛の毛に杉の皮を編み込むなどして作ったものとされるが、現在では羊の原毛の汚れを洗い落とした糸に羊やアザラシの油脂を染み込ませて、防水性に優れたセーターに仕上げている。木や動物などをモチーフとした独特の模様と小さなショールカラーが特徴で、プルオーバー型のほかジップフロントとしたカーディガン型のものも見られる。これにフードを付けたカウチンパーカ*やラグビージャージー*仕立てにしたカウチンラガーセーター［Cowichan rugger sweater］といったものも現れている。

カウチンパーカ［Cowichan parka］パーカ型にしたカウチンセーター*。カナダの民族調セーターとして知られるカウチンセーターにフードを付けたもので、前合わせをジップフロントとしたものが多く見られる。

カウチンベスト［Cowichan vest］カナダのバンクーバー島原産として知られるカウチンセーターのベスト版。カウチンセーターの形はそのままに、袖を無くしてベスト型としたもので、野趣あふれるニットウエアのひとつとして人気がある。

カウチン帽［Cowichan ＋ぼう］カウチンセーター*と同じ糸を使って編まれたニットキャップ*の一種。多くは茶色とグレーおよび白からなる毛糸帽で、耳当てが付くのが特徴。

カウチンラガーセーター⇒カウチンセーター

カウナッパ⇒ナッパ

カウハイド⇒ハイド

カウボーイコート [cowboy coat] ランチコート*の別称のひとつ。いうまでもなくカウボーイが用いるところからの名称で、ウエスタンコート [Western coat] というのもこれと同義。変わったところではモータリングコート [motoring coat] というのもあるが、これは20世紀初頭、自動車の運転に用いられたところからのネーミングとされる。

カウボーイジャケット [cowboy jacket] ブルーデニムで作られたデニムジャケット（いわゆるジージャン）の別称のひとつ。アメリカ西部でカウボーイたちに愛用されたところからこう呼ばれるもの。リーバイスでは最近発売したこの種の商品に「トラッカージャケット」の名を与えている。おそらくはトラックドライバーたちを現代のカウボーイになぞらえての命名であろう。

カウボーイシャツ⇒ウエスタンシャツ

カウボーイハット⇒テンガロンハット

カウボーイヒール⇒キューバンヒール

カウボーイブーツ⇒ウエスタンブーツ

カウボーイヨーク⇒ファンシーヨーク

カウボーイルック⇒ウエスタンルック

カウルネック [cawl neck] カウルとは中世の修道僧が用いた頭巾付きの僧衣、またそうした頭巾のことで、頭巾が垂れ下がったようなデザインのネックラインをいう。ドレープトネックライン*の一種で、美しく現れた布のたるみを特徴としている。

ガウン [gown] ドレスの同義語のひとつで、特に女性用の正式なロングドレスや華麗な雰囲気のドレスを指すことが多い。ほかに部屋着としてのガウンの意味や、裁判官の法衣、聖職者の僧衣などの式服と

いった意味もある。ラテン語の gunna（ゆったりした服）が語源とされる。

ガウン・アンド・ローブ⇒ナイトアンサンブル

ガウンカーディガン [gown cardigan] ガウンのような感じにデザインされたカーディガン。着丈が長く、前後で着丈の差をつけたタイプもある。ショールカラーが付いているのもガウンと呼ばれるゆえんのひとつ。

ガウンコート [gown coat] ドレッシングガウン*のような巻きつけ式のゆったりしたシルエットを特徴とするコート。ニットなどで作られ、羽織る感覚で着こなすロングコートといったデザインのものが多い。

カウンター [counter] 靴の「かかと革」。かかと部に当てる細い帯状の革のことで、バックステイ [backstay] ともいい、日本では「月型」という名称でも呼ばれる。

カウンタートレンド [counter trend]「反トレンド」の意。ファッションの主流を行くトレンドに対して、その反対側に位置する流れを指す。たとえば、モード系に対するグランジ系のようなものを意味し、現代のファッションではこうしたもののほうが面白いという声が上がっている。

替え上着⇒オッドジャケット

かえる股 [かえるまた]「蛙股」の意で、ちょうどカエルが股を広げたような形からそう呼ばれる、ズボンの前開き部分に付く布片、またそのような作りを指す。昔の男性のズボンに見られる前開きのデザインで、英語ではフォール*（ズ）とかホールフォールス [whole falls] と呼ばれる。現在ではセーラーパンツと一部の男児用ズボンにのみ残る形となっている。

ファッション全般

化学繊維［かがくせんい］人工的に作り出された繊維のことで、天然繊維*の対語。元々絹に近いものの開発から始まったもので、再生繊維*と半合成繊維、合成繊維と一部の無機繊維*が含まれる。「化繊」と略されることも多く、英語ではケミカルファイバー［chemical fiber］と称される。また、マンメードファイバー［man-made fiber］という表現もあり、これは「人造繊維」と訳される。

ガガスタイル⇒GAGA様ファッション

かきあげバング［かきあげ＋bang］バングは「前髪」の意で、「かきあげ前髪」ともいう。手ぐしでかきあげたような前髪を特徴とするヘアスタイルのことで、フワッとした立ち上げ感が特徴。ミランダ・カーや中村アン、篠原涼子らに代表される髪形で、2015年から流行し始めた。昔のワンレンの現代版ともいわれ、80年代の復活として話題になる。大人っぽくセクシーな表情に人気があるとされる。こうしたヘアスタイルの女性を「かきあげ前髪女子」と呼ぶ傾向もある。

角刈り⇒クルーカット

学生服［がくせいふく］男子生徒や男子学生が着用する日本独特の黒の詰襟の制服。明治時代にヨーロッパの軍服に倣って作られたもので、現在でも多くの中学校や高校などで採用されている。俗称で学ランと呼ばれるのは、かつて舶来生地のことを「ランダ」と称し、それをランと約め、学生服と結び付けてのこととされる。ランダはオランダの短縮とされ、応援団の学生が着用するきわめて丈の長いのは「長ラン」、また逆にきわめて丈の短いのは「短ラン」と呼ばれる。小学生の用いるものは、詰襟に折り返しが付いた「折り返り襟」式の学生服も見られる。

角タイ⇒スクエアエンドタイ

カクテルコート［cocktail coat］カクテルドレス*用にデザインされたドレッシーなコートの総称。防寒用ではなく、あくまでも装飾用として用いられるもので、カクテルドレスと対で作られたものは、羽織ったままで会場に入ってもよいとされている。一般に毛皮やシルク製のものが多く見られる。

カクテルスーツ［cocktail suit］ファンシースーツ*の別称のひとつ。夕方から夜間にかけて催されるカクテルパーティー時にふさわしいスーツというところからのネーミング。女性のカクテルドレス*にも対応している。

カクテルドレス［cocktail dress］元々はカクテルパーティーに用いられることからこの名称があるドレッシーなドレス。アフタヌーンドレスとイブニングドレスの中間的な性格があるとして用いられたが、現在では夕方から夜間にかけての準礼装といった趣きがある。女性にとってのタキシードに相当する装いで、さまざまなデザインがあり、男性のタキシードがそうであるように現在では昼間のパーティーなどに用いられる傾向も現れている。

カクテルバッグ［cocktail bag］カクテルパーティーなどのフォーマルな機会に使用する女性用のドレッシーなバッグ類の総称。イブニングバッグ*とほぼ同じ扱いがなされ、ビーズや宝石、刺繍などを飾った華麗なデザインのものが多く見られる。手提げ型と抱え型のタイプがある。

カクテルハット［cocktail hat］カクテルドレス用の帽子の意で、フォーマルな婦人帽の中でも最もファンシーなデザインのものが多く見られる。全体に小型のものが多く、ドレスと共布や光沢のある素材で作られ、羽根飾りやビーズ、造花などをあしらったものが代表的。

140

ファッション全般

カクテルリング［cocktail ring］カクテルパーティーなどに用いる指輪。夜向きの指輪とされ、多くの宝石を高くセットした華やかなデザインのものが多く見られる。ディナーリングと呼ばれることもある。

角帽⇒モーターボードキャップ

学ラン⇒学生服

カグール［cagoule 仏，cagoul 英］カゴールとも。フード付きの防水・防風コートで、膝くらいまでの長さを特徴に、ナイロン素材で作られるものが多い。レインパーカ*の一種でもあり、古くはビバークヤッケ［biv-ouac jacke］（野宿用のヤッケ*）の名で親しまれていた。カグールは本来フランス語で、頭にぴったりしたフードを特徴とするケープのことを指す。

カグール（帽子）［cagoule 仏］頭部をぴったりと覆うフード（頭巾）の一種。11～13世紀のフランスで農民が使った半円形のフード付きケープを元とするもので、僧侶が用いるフード付きの袖なし外套のことも意味する。また目と口のところに穴を開けた頭巾や、軍隊で用いる防毒マスクを指すこともある。

カクーンライン⇒コクーンライン

加工糸⇒テクスチャードヤーン

籠信玄⇒合財袋

カゴバッグ⇒パニアー

カザック⇒ジュストコール

カザノバブラウス［Casanova blouse］昔の貴族が着用していたようなフリフリのシャツブラウス。カザノバは18世紀イタリアに生きた冒険家で、『回想録』の著者としても知られ、正しくはカザノーヴァと発音される。前立てや袖口に装飾的なフリルをたっぷり付けたブラウスが、カザノバのイメージに合うとしてこのように名付けられたもの。

カサブランカ［casablanca］麦わらなどで作られる大型の夏季用婦人帽。山型のクラウンと大きく下向きになった幅広のブリムを特徴とするエキゾチックな雰囲気の帽子で、北アフリカのモロッコにある港町カサブランカにちなむ名称。

ガザール［gazier, gaziére（仏）］フランス語でいうガーゼ類の布地の総称。紗、絽といったものを含む薄手の布を指し、繰り返しデザイナーコレクションの作品に使われている。

ガジェット［gadget］機械の小さな装置や、小さくて気の利いた器具や道具を指す言葉で、ファッションでは一般に「面白小物」といった意味で用いられる。

カシゴラ［cashgora］カシミヤ*の原料となるカシミヤ山羊と、モヘア*の原料となるアンゴラ山羊の交配種であるカシゴラと呼ばれる山羊の毛から作られる繊維や糸および生地を指す。独特の光沢としなやかで上品な質感を特徴としており、カシミヤに次ぐ高級なアニマルヘア（獣毛素材）のひとつとされる。

果実繊維⇒植物繊維

ガシット［gusset］ガセット、ガゼットとも。補強や運動量を増すことなどを目的に、衣服やバッグの脇、手袋の指、またポケット口などに当てる三角布のことを総称し、日本語では「襠（まち）」と呼ばれる。ドレスシャツのそれはピース（チーピース）、ムーシェなどとも呼ばれ、5角形や6角形のものもある。

ガシットスリーブ⇒アクションプリーツ

ガジットディテール［gadget detail］ガジットは（機械などの）付属品やちょっとした機械装置、また仕掛け、妙案を意味し、ちょっとした仕掛けを特徴とした面白いディテールデザインを総称する。非実用的なポケットや飾りだけのボタンといった遊び気分いっぱいのものが代表

ファッション全般

的。

ガジットバッグ [gadget bag] ガジットは本来、機械の小さな「装置」とか小さくて気の利いた「器具、道具」を意味する。ここからさまざまな仕掛けのことも意味するようになったもので、ポケットや内部の仕切りなどに面白い仕掛けを施したバッグを総称する。ハンティングバッグ*やフィッシングバッグ*などによく見られるもので、機能性に富むバッグとして好まれる。

カシドス [cashmere + doeskin] カシミヤとドスキンから作られた和製語で、主として男性の礼服に用いられる上品な感覚の生地を指す。本来はドスキン仕上げを施されたカシミヤをいうが、現在では一般にそれに似せた礼服地を指すことが多くなっている。

カシミヤ [cashmere] カシミアとも。アニマルヘア（獣毛）の代表的な素材で、元々はインド北方のカシミール地方に産した山羊（カシミヤ山羊）の柔毛（産毛）を原料としたものをいう。毛質が細く、独特のぬめり感と美しく柔らかな感触を特徴とする。「繊維の宝石」とか「最高級の天然素材」などと称され、高級コートやニット製品などに用いられるが、現在ではカシミヤとウールの混紡ものも多く使われている。カシミヤ原毛は最高級のホワイトカシミヤ [white cashmere]（ホワイト1級原料）を始めとして、ホワイト、ブラウン（ライトブラウンを含む）、グレーの3タイプに分けられる。現在の産地は中国内蒙古自治区（内モンゴル）を中心として、モンゴルおよび中近東のイランやアフガニスタン、パキスタン、イラク、トルコなどに広く分布している。

カシミヤクロス [cashmere cloth] カシミヤのような感触を特徴とする生地の総称。本物のカシミヤを「本カシミヤ」と

いうのに対し、これらは「薄地カシミヤ」とか「カシミヤ織」などと呼ばれる。タテ糸に絹糸や梳毛糸、綿糸を用い、ヨコ糸に良質の梳毛糸を使ってゆるやかに斜文織として仕上げたものなどが代表的。元は19世紀のスコットランドのペーズリーでカシミヤの代替品として作られたもので、1824年に開発された「チベットクロス」という生地が最初であったとされる。現在はカシミヤバラシア [cashmere barathea] などの種類がある。ペーズリーはヨーロッパにおけるカシミヤショールの生産地として知られる都市で、今では独特の紋様（カシミール模様）で有名。

カシミヤバラシア ⇒カシミヤクロス

カジュアル [casual] 本来は「偶然の、思いがけない」また「その時どきの、臨時の」といった意味だが、現在の日本では「何気ない、くつろいだ、気楽な、手軽な」といった意味で多く用いられている。ここから「ふだん着の、略装の、くだけた」というカジュアルウエアの本質を表す意味が引き出されている。

カジュアルアウター [casual outer] カジュアルな感覚を持つアウターウエア*の総称。コート、ジャケットからアウタータイプのシャツまで、さまざまなアイテムが含まれる。

カジュアルアウターウエア [casual outerwear] 気軽に着ることができる防寒用衣料全般を指すアメリカの用語。マウンテンジャケット*やフリースジャケット*などスポーツ感覚の強いものが代表的で、こうしたものをアメリカでは「アウター」と呼んでいる。

カジュアルアタイア ⇒カジュアルズ

カジュアルアップ [casual up] カジュアルな服装にドレッシーな要素を加えて、さらに高級感を高めていく着こなしをい

ファッション全般

う。要はカジュアルなテーストを後退させて、ちょっと上品な着こなしにすることを総称する。これをカジュアルダウンということもあったが、現在カジュアルダウン［casual down］というと、それはカジュアルをさらにダウンさせる無造作な着こなしという意味で用いられることが多い。この辺の言葉の用法は時代によって変化することもあるので注意を要したい。

カジュアルインナー［casual inner］カジュアルな感覚を特徴とし、アウターウエアとしても着用することができるような女性下着類を総称する。現代的な感覚を持つシンプルなデザインのものが多く、そうしたタンクトップ型のものなどが代表的なアイテムとされる。

カジュアルウエア［casual wear］カジュアルな感覚の衣服の総称。つまり、気軽でくつろいだ感覚の日常着（ふだん着）という意味で用いられ、日本ではフォーマルウエアやビジネスウエアなどのオフィシャルウエア（公的な服）に対するプライベートウエア（私的な服）の総体としてとらえられている。欧米にはそうした用法はあまりなく、特にアメリカではスポーツウエアという言葉がこれに相当する例が多い。単にカジュアルズ＊（ふだん着の意）と呼ばれることもある。

カジュアル下駄⇒下駄サンダル

カジュアルコート［casual coat］フォーマルコート＊やビジネスコート＊などドレッシーな表情をもつコート以外の、カジュアル＊雰囲気のコートを総称する。ごく気軽にスポーティーな気分で着こなすことのできるスポーツ感覚のコートを指し、しばしばオーバーコート＊の対義語ともされる。

カジュアルサスペンダー［casual suspender］カジュアルな服装にアクセント効果を与える目的であしらうサスペンダー＊の総称。遊びの要素が強く、人目にさらしてもかまわないアウタータイプであることを最大の特徴としている。幅も5センチくらいが中心と広めのものが多く、ファンシーなプリント柄やカラフルなストライプをあしらうなど、色柄ともに派手なものが多く見られる。フォーマルサスペンダー＊以外のものは全てここに含まれる。なおサスペンダーのパンツとの留め方には、ボタン式とクリップ式の2種がある。

カジュアルジャケット［casual jacket］カジュアル＊な雰囲気とデザインを特徴とした上着類の総称。フォーマルとビジネス用途以外のジャケット類を指し、その種類とデザイン変化には多彩なものがある。

カジュアルシャツ［casual shirt］カジュアル＊な表情をもつシャツの総称。一般にドレスシャツ（ワイシャツ、フォーマルシャツ）以外のメンズシャツの総称とされ、かつてのスポーツシャツ＊からカジュアル感覚の強いシャツのすべてが含まれる。広義にはそうした感覚の襟付き布帛シャツからニット製のTシャツに至るまで、あらゆるタイプのシャツがあげられる。

カジュアルシューズ［casual shoes］気軽に履くことのできる日常的な感覚の靴のことで、基本的にドレスシューズ＊以外の靴を総称する。タウンシューズやスポーツシューズなどカジュアルな用途に向く靴のすべてを指すことになる。

カジュアルジュエリー［casual jewelry］気軽に扱うことのできるジュエリーの総称。買いやすい価格とカジュアルにコーディネートできる手軽さを特徴としたもので、その軽い感覚から業界ではライトジュエリー［light jewelry］とも呼ばれ

ファッション全般

ている。

カジュアルズ [casuals] カジュアル*な雰囲気のある衣服の総称で、つまりは「ふだん着」の意。一般にはカジュアルウエアということが多いが、このような表現もある。別にカジュアルアタイア [casual attire] ということもあるが、アタイアは文語で「衣装、装い」という意味。

カジュアルスーツ [casual suit] カジュアル*な雰囲気を持ったスーツの総称。基本的なスーツにカジュアルなデザイン要素を加えたものと、カジュアルジャケットと呼ばれる上着に共地のパンツを組み合わせてスーツとしたものの2タイプがある。いずれにしても遊び着的な雰囲気が強くなる。

カジュアルスポーツウエア⇒プロフェッショナルスポーツウエア

カジュアルソックス [casual socks] ドレスソックス*の対語で、カジュアルな用途に向く靴下を総称する。いわゆるスクールソックスやスポーツソックスもここに含むことができる。明るい色調で、さまざまな柄を用いたものが多く見られる。

カジュアルタイ [casual tie] ビジネスタイ*以外の遊び感覚のあるネクタイ類を総称する。ウールタイ*やコットンタイ*、レザータイ*を始めとして、極端なナロータイ*などの結び下げ式ネクタイと、ループタイ*に代表されるストリングタイ*（紐タイ）がここに含まれ、これらは一部のものを除いて、フォーマルやビジネス用のネクタイとは分けられることになる。

カジュアルダウン→カジュアルアップ

カジュアルデー⇒金カジ

カジュアルドレス [casual dress] カジュアル*感覚を持つドレスの総称で、公的なフォーマルドレスやビジネス向きのドレス以外の私的な用途に用いる日常的なドレスのすべてが含まれる。

カジュアルパジャマ [casual pajamas] 遊び着的な感覚のパジャマを総称する。単に寝るときに着用するだけでなく、就寝前まで室内で着用されるラウンジウエア的な感覚を持つものを指し、今日的なパジャマとして好まれている。これにはシャツ型だけではなく、Tシャツ型やトレーナー型などさまざまなものがある。スポーツパジャマ [sports pajamas] などと呼ばれるアウターウエアタイプのものもこの一種。

カジュアルバッグ [casual bag] 気軽に持ち歩くことのできる鞄類の総称。通勤用のビジネスバッグ*やフォーマル用途のドレッシーなハンドバッグなどの対語として用いられる。

カジュアルパンツ [casual pants] カジュアル*な雰囲気を特徴とするズボンの総称。日本では一般的にパンツというだけでカジュアルなズボンを指すことになるが、これはドレッシーなズボンを意味する「ドレスパンツ」の対語として用いられる言葉とされる。つまり、トラウザーズ*やスラックス*（替えズボン）以外のズボンがここに含まれることになる。

カジュアルファッション [casual fashion] カジュアル*の意味のうち「何気ない、くつろいだ」という意をとって、何気ない感覚の日常的なファッションを総称する。カジュアルファッションとは本来、衣服の形態上の分類に用いる言葉ではなく、感覚的な分類に用いるファッション用語ということができる。現在では着る人やTPO（時・場所・場合）を問わない服装の総称という解釈も現れている。

カジュアルフライデー⇒金カジ

カジュアルプレイパンツ⇒プレイパンツ

カジュアルリング [casual ring] フォーマルリング*以外の遊び感覚が強い指輪の

ファッション全般

総称。校章をモチーフとしたカレッジリング [college ring] のほか紋章、コイン、動物、人の顔などをモチーフとしたポップなデザインのものが多く見られる。なお、こうしたものにはフリーサイズのイージーフィット型のリングが多いのも特徴。

カシュクール [cache-coeur 仏] フランス語で「胸を隠す」という意味で、和服のように前合わせを巻きつけて着る形を指す。そのようなデザインの短めの女性用トップスも意味する。

カシュコル⇒マフラー

カシュモレ [cache-mollet 仏] カッシュモレとも。フランス語でカシュは「隠れる」、モレは「ふくらはぎ」の意で、ちょうどふくらはぎを隠すくらいの丈をいう。英語ではオーバーザカーフレングス [over the calf length] ということになる。

カスク [casque 仏] フランス語でいうヘルメット*類の総称。本来、軍人や消防士、潜水夫などの兜（かぶと）を意味するが、最近の日本では自転車のロードレースに用いる、頭にぴったりした流線形のヘルメットをこのように呼ぶ傾向がある。トライアスロンの自転車レース時に用いるトライアスロンヘルメット [triathlon hel-met] などと呼ばれるヘルメットもこの一種。

カスケーディングカラー⇒カスケードカラー

カスケーディングヘム [cascading hem] 滝になって落ちるような流麗な形を現した裾線のこと。エレガントなドレスなどのデザインに見られる。カスケードには小さい滝のほか「滝状になったもの」の意味があり、滝状の花火や波状のレース飾りなどが該当する。

カスケード [cascade]「小さい滝、分かれ滝」の意で、滝のような形になったレース飾りなどの装飾ものを指す。

カスケードカラー [cascade collar] カスケードは「滝」の意で、襟元から胸にかけてドレープをとり、滝のように流れるような形を取り入れた襟を指す。動詞形でカスケーディングカラー [cascading col-lar] ともいう。

カスケードストライプ⇒シェーデッドストライプ

カスケット [casquette 仏] キャスケットともいうが、フランス語で正しくはカスケットと発音される。フランスでいうハンチング*（鳥打帽）のことだが、日本では一般に接ぎが多く、かつ天井のてっぺんにポンポン飾りを付けたデザインのハンチングをこう呼ぶことが多い。アメリカではこの種のものをニューズボーイキャップ [newsboy cap]（新聞配達少年の帽子）とかアップルジャックキャップ [applejack cap] と呼ぶことがあり、英国ではこれもフラットキャップ*という。

カスタマイズ [customize]「注文どおりに作る」という意味で、自分の好みに合わせて作り変えることや特注で作ることをいう。一般に「特注（特別注文）」とか「別注（別途注文）」と呼ばれ、こうした方法で作られる服をカスタマイズドウエア [customized wear] と呼んでいる。一般にカスタムオーダー [custom order] ということが多い。

カスタマイズドウエア [customized wear] カスタマイズは「自分の好みに合わせて作り変える」とか「特注で作る」といった意味で、いわゆる特注品や一点物の服をいう。元は古着のリメークから始まった動きで、染め直したりボタンを付け替えたりするだけで、どこにもない「あなただけの一着」ができるというデザイナーブランドやショップ側の作戦から生まれたものとされる。

カスタムオーダー⇒カスタマイズ

か

ファッション全般

カスタムクローズ⇒カスタムメード

カスタムテーラー⇒カスタムメード

カスタムメード［custom-made］カスタムは米語で「誂えの、注文で作る」の意味があり、これはアメリカでいう注文服を指す。英国でいうビスポーク*、日本でいうオーダーメード*に相当し、そうした注文紳士店店や技術者をカスタムテーラー［custom tailor］と呼んでいる。そこで作られた誂え服はカスタムクローズ［cus-tom clothes］と呼ばれる。

カストロコート［Castro coat］寒冷地の工事現場などで用いられることの多いボア襟付きのハーフコート。キューバのカストロ元議長のイメージから来たものと思われるが、日本ではこの種の作業服の俗称として古くから用いられている。

カストロパンツ［Castro pants］カストロコート*やパイロットジャンパー*などと対で用いられることの多い作業ズボンの一種。裏にボアを貼り付けた仕様が特徴で、防寒性が高いという特性をもつ。

カスパリー編［Caspary＋あみ］130年余りの歴史を持つ特殊編みのひとつで、カギ針で1本の糸を切らずに連続して花モチーフを編んでいく技法を指す。いわゆる「連続モチーフ編み」の別名とされるが、これは英国の宣教師カスパリー夫人によってもたらされたもので、その技法は長く門外不出とされていた。日本では「国際カスパリー編協会」によって伝授されている。

ガス糸［gas＋いと］英語では「ガストヤーン gassed yarn」。ガスの炎で糸の毛羽を焼いて、光沢と張力をもたせた平滑な綿糸をいう。綿ガス糸が中心だが、絹紡糸や麻糸、梳毛糸などにも見られる。

ガゼットプリント［gazette print］ガゼットは「新聞、官報、公報」の意味で、ニューズペーパープリント*（新聞プリン

ト）と同義。新聞のページそのものをプリントの模様としたもの。

化繊⇒化学繊維

カセンティーノ［Casentino］イタリアはトスカーナ地方で作られる伝統的な織物名。生地表面に現れた毛玉を特徴とするナッピングウールの一種で、元々はアウトドア向きの生地とされたが、現在ではスーツやコートなどにも用いられる人気素材のひとつとなっている。この毛玉はハンターや羊飼いたちが木の枝に引っ掛けた時、キズが目立たないように最初から毛足を巻いて仕上げたことに由来するといわれる。

カソック［cassock］牧師や司祭が日常用いる法衣のことで、「司祭平服」とも呼ばれる。黒い生地で作られ、床上までの長い丈を特徴とするドレスコート*の一種でもある。

ガソリンカラー［gasoline color］ガソリンや石油に見る色のことで、特にブルーグリーンなど濃いターコイズ系の色を指す。ガソリンを意味する英国での言葉「ペトロール」から、ペトロール［petrol］とも呼ばれる。

肩裏仕立て［かたうらじたて］「背抜き*」の別称で、特に背中の肩部分だけに裏地を付けた仕立て方をいう。「半裏（はんうら）」と呼ぶこともあるが、これは肩裏とともに前身頃や袖の裏地を付けたタイプを指すこともある。

カタカナTシャツ［カタカナ＋T-shirt］カタカナでブランド名やメッセージなどを描いたTシャツ。アルファベットは当たり前だが、日本語のカタカナによるデザインは珍しくて面白いというところから、人気を集め出したアイテム。2014年夏ごろからの傾向とされる。

肩台⇒ショルダーパッド

片玉縁⇒パイピングポケット

ファッション全般

肩パッド⇒ショルダーパッド

肩綿⇒ショルダーパッド

カチーフ⇒ネッカチーフ

ガチャベルト［ガチャ＋belt］簡単なローラーバックルでガチャッと留めることのできる綿キャンバス製のベルト。いわゆるGIベルト（アーミーベルト）と同種のものだが、これをさまざまな色でカラフルにし、百均ショップでも買えるように安価にしたところから、「カワイイ」アクセサリーのひとつとして人気を集めるようになった。長めのものを用いて、余った部分を結び、わざと長く垂らして見せるのが用い方のポイントとされる。

カチューシャ［Katyusha ロシア］女性の髪飾りのヘアバンドの一種で、丸く曲げて弾力性を持たせた細長い金属やプラスティック製の飾りを指す。カチューシャは元々、ロシアの文豪トルストイの小説『復活』の女主人公の名前で、これが1914（大正3）年、日本で舞台化されて大人気を博し、簪（かんざし）や櫛（くし）などのカチューシャグッズが売り出されたところから広まったもの。こうした商品は当初、商標登録されていたが、その中から髪飾りがカチューシャと呼ばれるようになり、今日まで生き残ることになった。ちなみに最初にカチューシャを演じたのが、日本の女優第1号とされる松井須磨子で、彼女は劇中歌『カチューシャの唄』を歌って大ヒットし、これが日本最初の流行歌ともされている。

カチューシャネックレス［Katyusha necklace］髪を飾るカチューシャと兼用型になったネックレス。長いネックレスをそのまま頭に掛けるようにしたものともいえる。ファンシーなヘアアクセサリーのひとつとして登場した。

カチューム［katyumu, katyum］カチューシャとゴムの合成語で、カチューシャのよ

うに使えるゴムタイプのヘアアクセサリーのひとつ。クリスタルビーズやリボンを付けたものもあり、シュシュを付けたタイプはシュシュカチューム*と呼ばれる。頭を締め付けないというところに人気があり、2009年春ごろから登場している。

カック［cack］カックス cacks とかカックスシューズ cacksshoes とも呼ばれる。本来はかかとのない柔らかな幼児用の靴を指すが、現在では取り扱いの簡単なスリップオンスニーカー*タイプの靴を呼ぶ俗称とされる。

カックス⇒カック

カックスシューズ⇒カック

かっさ［中国語］中国の伝統的な民間療法のひとつで、「かっさプレート」と呼ばれる水牛の角や石などで作られた板で、皮膚をマッサージして新陳代謝を高める美容法をいう。プレートのほかマッサージ用の美容液などもある。

合財袋［がっさいぶくろ］「合切袋」とも。持ち物の一切合財を詰め込むというところから、このように呼ばれる日本の布製の袋物の一種。一般には「信玄袋（しんげんぶくろ）」の名で知られ、これは女性用の手提げ袋として明治時代中期に生まれたものとされる。上部に開いた口を紐で絞るようにした形が特徴で、底部を籠（かご）状にしたものは「籠信玄」という。

カッターシャツ［―＋shirt］主として関西地方中心に用いられるドレスシャツ*の呼称。関東地方のワイシャツ*に対して、関西地方ではカッターシャツとか単に「カッター」と呼んでいるが、これは元々神戸のスポーツ用品メーカー『美津濃（現ミズノ）』の創業者 水野利八が、大正7（1918）年ごろに、日本が第1次大戦に勝利したことを記念して、「勝ったシャツ」をもじってカッターシャツと名付け

147

ファッション全般

たことに始まるとされる。またワイシャツが、襟とカフス取り外し式のものを指したのに対して、それらが最初から作り付けとなったスポーティーなシャツをカッターシャツと呼んでワイシャツと区別していた時代もあったという。いずれにしても、これがボートのカッター競技のユニフォームから来たという説は間違いとなる。

カッターシューズ [cutter shoes] カッターと呼ばれる競走用ボートに似ているというところからこの名が付けられた婦人靴の一種。1～2センチ程度の低いヒールを特徴とするパンプス型の靴で、通勤用などとして広範に用いられる。

カッタウエイ [cutaway] モーニングコート*をいう主としてアメリカでの用語。モーニングコートは元々フロックコート*の前裾を斜めに大きく切り落とす（カット・アウェイ cut away）ことによって生まれたことからこの名があるもので、同じ理由からカッタウエイフロック [cutaway frock] と呼ぶこともある。

カッタウエイカット [cutaway cut] フロントカット*のひとつで、大きくカッタウエイ（切り落とす）した形を指す。カッタウエイフロント [cutaway front] ともいい、モーニングコートの前裾がその代表。

カッタウエイカフ [cutaway cuff] シャツカフス*のデザインのひとつで、先端の角を斜めに切り落としたデザインを総称する。

カッタウエイカラー [cutaway collar] シャツの襟型のひとつで、襟開きの角度が180度あるいはほとんどそれに近いほどに大きく開いた形をいう。ホリゾンタルカラーまた超ワイドスプレッドカラーというべき襟型で、夏のノーータイスタイルに合うデザインとして人気を得てきた。

別にストレートカラー（一直線になった襟）と呼ぶこともある。

カッタウエイショルダー [cut away shoulder] カッタウエイは「切り取る、切り落とす」の意で、肩先を大きく切り落としたドレスなどのデザインを指す。いわゆるノースリーブをもっと大胆に表現するところに特徴があり、セクシーな魅力も生まれるとされる。

カッタウエイフロック⇒カッタウエイ

カッタウエイフロント⇒カッタウエイカット

カットアウトグラブ⇒ドライビンググローブ

甲冑パンツ [かっちゅう＋pants] インナーメーカー「ログイン」から売り出された「包帯パンツ」をさらに見せる "勝負パンツ" として進化させた男性用下着パンツの商品名。織田信長、武田信玄など戦国武将の甲冑や家紋をモチーフとしたデザインが特徴で、2008年末から発売され社会的な話題も集めた。

カットアウター [cut outer] カットソー*（裁断もの）で作られたアウターウエアという意味。厚手のニット生地を用いて裁断、縫製し、アウターウエアの用に供したニットウエアを総称する。

カットアウト [cutout] 「切り抜く、刳（く）り抜く」という意味で、衣服の一部を刳り抜いてアクセントを付けるデザインをいう。さまざまな形に切り抜く方法が見られ、ピーカブー [peek-a-boo]（いないいないばあ、のぞき見、のぞき穴の意）とも呼ばれる。

カットアウトブーツ [cutout boots] カットアウトは「切り抜き、刳り抜き」の意味で、足首部分などにわざと刳り抜いたデザインを加えたブーツを指す。ファンシーなブーツのひとつ。

カット アンド ソーン [cut and sewn] 丸編機や経編機などで流し編みして反物状にした編地（ニット生地、ジャージー）を、

148

ファッション全般

織物の衣服を作るのと同じように、裁断（カット）し、縫製（ソーン）して製品化する方法をいう。そうして出来上ったニット製品を「カット アンド ソーン・ニット」と呼び、これを略して日本ではカットソーン［cut sewn］、さらにカットソー＊と呼んでいる。これらはニット製品に限って用いられる言葉で、織物製品をわざわざこのように呼ぶことはない。

カット アンド ソーン・シャツ⇒ニットシャツ

カットインコート［cut-in coat］イブニングコート＊（燕尾服）の前身とされる男性用上着で、カットインは上着の前裾を水平や曲線状に切り取る裁ち方をいう。1789年、当時男子の日常着とされていたスカーテッドコート［skirted coat］（長い裳裾〈もすそ〉付きの上着の総称で、ジュストコール＊などがこれに当たる）に採用されたのが最初とされている。カットインと同義語であるチェックという言葉を用いて、チェックインフロックコート［check-in frock coat］とも呼ばれ、これがイブニングコートに発展していった。

カットウインドウ［cut window］衣服の一部に切り込みを入れて、肌を見せるデザイン。脇腹に取り入れて、くびれを強調させるようなデザインに代表される。カットアウトやピーカブーと同義。

カットオフシャツ［cut off shirt］カットオフは「切り離す」という意味で、裾の部分を短く切り離したシャツをいう。特にそうしたデザインのTシャツやタンクトップの類いをいうことが多く、いわゆる「へそ出しルック」の主要なアイテムとして好まれる。

カットオフジーンズ［cut-off jeans］裾口を切りっぱなしにしたジーンズ。多くは太ももの辺りで無造作にカットしてショ

ートパンツ代わりに穿くもので、ダメージジーンズ＊とは違って、自分の手でそうした加工を行うところにジーンズ特有の良さが生まれるとされる。

カットオフパンツ［cut off pants］カットオフは「切り離す、切り落とす」の意で、脚部のどこかで切り離して短くしたパンツを総称する。多くはカットオフジーンズ＊に見るように、股下のすぐ下辺りで切ったり、膝上辺りで切り放しにして裾をフリンジ状に処理したものなどが見られる。

カットジャカード⇒フィルクペ

カットソー［cut＋sew］カット アンド ソーン＊の製品をいう日本的な略語。カット アンド ソーンが日本では「カットソーン」と呼ばれるようになり、さらにこのように略されることになったもの。こうしたカットソーによる上衣類をカットソートップ［cut＋sew top］と総称するほか、ニット製の上衣類をニットトップ［knit top］と称することもある。

カットソージャケット［cut & sewn jacket］ニット生地で作られたジャケット。ジャージージャケットとかニットジャケットなどとも呼ばれ、婦人服の分野では昔から見られるが、2010年春夏、紳士服の分野にもこの種のものが登場して話題を集めた。軽く伸縮性に富むこうしたジャケットは柔らかな着心地が特徴とされ、仕事や遊びにも向くところから新しいメンズジャケットのひとつとして期待されている。

カットソーシャツ⇒ニットシャツ
カットソートップ⇒カットソー
カットソーパーカ⇒Tシャツパーカ
カットソーン⇒カット アンド ソーン
カットタイ［cut tie］先端を斜めに切り落とした変形ネクタイのひとつ。ナイフカットタイ［knife cut tie］というのが正式

149

ファッション全般

な名称とされる。

カットパイル［cut pile］パイル編*やパイル織の生地において、パイルをカットして房状としたものをいう。ニットでは「立毛編（たちげあみ）」とも呼ばれ、毛羽を長く立てたものを「ボア*」、毛足の短いベルベット状のものを「ニットベロア*」という。逆にパイルをループのままにしておくものをアンカットパイル［un-cut pile］と称し、これをループ編［loop pile］とかニットパイル［knit pile］、またテリー*と呼んでいる。

カットパンツ⇒カットレングスパンツ

カットベスト［cut and sewn ＋ vest］カット・アンド・ソウン*のベストの意。ニット地を裁断して作られたベストを指す略称。

カットレングスパンツ［cut length pants］丈を短くカットしたパンツの意。クロップトパンツ*と同種のアイテムだが、これはショートパンツからハーフパンツ、また膝下丈のものを含み、幅もスリムからワイドまでさまざまな変化に富んでいるのが特徴。単にカットパンツ［cut pants］ともいうが、レングスパンツ*（レングス対応パンツ）とは異なる。

カットワーク［cutwork］オープンワーク［open work］と呼ばれる美しい開き模様を作る刺繍技法のひとつで、刺繍を施した布地の一部を切り取って透かし模様を表現する方法を指す。

合羽［カッパ］雨天時に用いる日本の外套の一種で「雨合羽（あまガッパ）」と同義。ポルトガル語の「カッパ capa（英語のケープ cape と同義）」が合羽に転じたもので、当初は雨天に限らず旅行着などさまざまな用に供され、その種類にも丸合羽や長合羽など多くのものがあった。

カップルコーデ［couple coordinate］かつてのペアルックの現代的表現のひとつ。

カップルは「1対、2つ」の意で、ペアとは違って必ずしも1組になるものではないという。恋人や夫婦などがお揃いの服で合わせるルックスを指すが、全く同じ色柄で揃えるのではなく、どこか違える着こなしが新しいとされる。

カップレスブ⇒シェルフブラ

割烹着［かっぽうぎ］炊事などをするときに着用する日本の家庭着のひとつ。多くは白のコットン製で、膝上程度の長さの上っ張りをいう。後ろは大きく開いており、筒袖型の袖をゴムで締めるようにした形が特徴。いかにも日本のお母さんをイメージさせる着物として知られる。ちなみにこれは大正時代、雑誌『婦人之友』の読者によって考案されたところから普及したもの。

葛城（かつらぎ）⇒ドリル

カディ［khadi］インドの手紡ぎの綿糸を手織りして作られる完全な手作りの綿布のことで、インド・オーガニック・カディ コットンとも呼ばれる。チャルカという手紡ぎの糸車を使って織られるもので、ガンジーがインド独立の象徴としたことでも知られる。

カデット・アイビースタイル［cadet Ivy style］カデットは陸・海・空軍の「士官学校生徒」また「士官候補生」の意で、ここでは特にアメリカの士官学校に見る服装をカデットスタイルと呼び、それにアイビーやスポーツの要素を加えた今日的なスタイルをこのように称している。ネイビーチノーズと呼ばれる紺色のチノパンやアメリカ海軍のデッキジャケット*などを中心とした着こなしで、要はプレッピー*のミリタリースクール版といえる。

カデット⇒デミグラブ

カドリアージュ⇒ダミエ

カドリーユ⇒ダミエ

ファッション全般

金巾 [かなきん] ポルトガル語の cane-quim を日本語化したもので、「カネキン」ともいう。比較的下級に属する平織綿布のひとつで、シーツやテーブルクロス、エプロンなどに用いられる。いわゆるシーチング*の一種。

カナディアンコート ⇒カナディエンヌ

カナディアンジャケット ⇒カナディアンシャツ

カナディアンシャツ [Canadian shirt] 大格子柄を特徴とするオープンカラー型のシャツジャケット。カナダの木こりたちが着用したことからこう呼ばれるもので、カナディアンジャケット [Canadian jacket] とかランバージャックシャツ [lumber-jack shirt] の名称もある。ランバージャックは「材木切り出し人」のことで、すなわち木こりを意味する。

カナディアンダッフル [Canadian duffel] カナダ版ダッフルコートの意だが、一般にトッグルの部分を金具使いにしたり、裾に横縞模様をあしらうなどした変形のダッフルコートをこのように称している。クルーズダッフル [cruise duffel] (船旅用のダッフルコートの意) と呼ばれるニット襟使いのものもこの一種とされる。

カナディアンパーカ [Canadian parka] カナダ風パーカの意。カメラマンコート*と呼ばれる機能的なショートコートと同じようなデザインを特徴とするパーカで、防水加工されたコットン地など実用的な素材で作られ、リベットボタン留めなどの特徴をもつ。

カナディアンワークシャツ [Canadian work shirt] カナダの森林地帯で用いられるワークシャツの一種で、独特の大格子柄を特徴としたものが多い。ランバージャックシャツ*などとも呼ばれる。元は「木こり」用の作業着。

カナディエンヌ [canadienne 仏] フランス語で「カナダ (人) の」という意味で、カナダの木こりたちによって用いられる防寒コートのこともいう。毛皮で作られ、襟や袖口に毛皮やボアがのぞく七分丈のハーフコートの形を特徴とする。カナディアンコート [Canadian coat] の別称もある。

カナパ [canapa 伊] 天然の葦 (あし) から採った繊維、またそれで作られた糸や布地のことを指す。麻のような感触があるのが特色で、セーター用の編み糸やエコバッグの素材などに用いられている。カナパには本来イタリア語で「麻、大麻」の意味がある。

カヌーシューズ [canoe shoes] 丸木舟のカヌーに似た形からこう呼ばれる婦人靴の一種。ぺたんこの靴底を特徴としたパンプス型の甲の大きく開いた靴で、爪先部分がカットされたものも見られる。

カヌーハット [canoe hat] カヌー乗りのための帽子という意味でネーミングされたアウトドア用の帽子のひとつで、オリジナルはアメリカの『オービス』社製のものとされる。表地に太陽熱を遮るスープレックスと呼ばれる『デュポン』社の生地を用い、内側にクールマックスという汗を素早く吸収して発散させる同じくデュポン社の素材を用いていることから、きわめて涼感にあふれる帽子として知られる。これは正しくは「オービス・カヌーハット」と呼ばれる。

カヌーモカシン [canoe moccasin] カヌーシューズ*型のモカシン*。履き口のごく浅いモカシンを、女性がよく履くカヌーシューズになぞらえてこのように呼ぶ。

鹿の子編 [かのこあみ] 平編の変化組織のひとつで、キモノの「鹿の子絞り」(仔鹿の背中に見る白い斑点のような模様)

ファッション全般

のように見えるところからこう呼ばれる。テニス用のポロシャツに多く用いられている編地で、英語ではモスステッチ[moss stitch]（苔編みの意）とかシードステッチ[seed stitch]（種編みの意）という。タック編[tuck stitch]と呼ばれる編み方のひとつとしても知られる。

カノティエ⇒キャノティエ

カノピー[canopy] キャノピーとも。「天蓋（てんがい）」の意味で、傘のカバーリング（張り）の部分を指す。現在はポリエステルが主流で、ナイロンは実用傘、ビニールは簡便な形式のもの、コットンはファッション的で、シルク100％は高級品といった使い方がなされている。ほかに傘の芯棒は「シャンク」あるいは「スティック」、握りの柄の部分は「ハンドル」あるいは「クロック」、突き出た突端の部分は「石突き（トップ）」などと呼ばれる。

カノン⇒ラングラーブ

カバーアップ[cover up] カバーラップとも。原意は「包み隠す」で、一般に女性が水着の上に羽織る、長袖でフード付きにした海浜着の一種を指す。ビーチドレス[beach dress]とかビーチコート[beach coat]ともいう。

カバーアップジャケット⇒カバーオール

カバーオール[coverall] シャツジャケットを代表する簡便な上着の総称。本来は「上っ張り」という意味で、作業用のジャケットをいったものだが、現在ではそうしたワークウエア調のものから、ドレッシーな用途に向くものまでさまざまなタイプがある。カバーオールジャケット[coverall jacket]とかカバーアップジャケット[cover up jacket]とも呼ばれるが、これに複数形のSを付けてカバーオールズ coveralls になると、上下がつながった「つなぎ服」を意味することになる。カ

バーオールという言葉は日本では1990年代から使われるようになったもので、年配者の中にはこれを混同する例が多く見られる。

カバーオールジャケット⇒カバーオール

カバーオールズ[coveralls] シャツ状の上着とパンツがひと続きになった服のことで、普通、仕事着として多く使用される。「カバーロールズ」とも発音され、単にカバーオールと単数形でも呼ばれるが、これは現在では作業着風の簡便な上着の意味で用いることが多いので注意を要する。服の上にすっぽりとかぶって着るところからこの名があるもので、上がビブ（胸当て）状になっているオーバーオールズ*とは区別される。ジャンプスーツ*やコンビネゾン*とも同義。

カバーソックス[cover socks] 爪先と足裏だけを覆う形になった靴下の一種。スニーカーソックスよりも小型で、最も小さい靴下といえる。フットカバーとも呼ばれ、女性のパンプスインと同種のもの。最近では5本指型や深履きのものもあり、ローカットの靴で靴下を見せたくない時などに多く用いられる。

カバート[covert] 霜降り調を特徴とした綾織あるいは朱子織の生地。本来はコットンやシルク、また合成繊維などとウールとの混紡で作られたウイップコード*を指し、日本では俗にカルゼと呼ばれる生地がこれに当たる。なお、カルゼは英語のカージー[kersey]（厚手綾織物の一種）が日本語に転訛したものとされる。カバートクロス[covert cloth]ともいう。

カバードウオッチ[covered watch] 文字盤のケースの上に蓋の付いた腕時計。ハンター（狩猟人）が用いたところから、こうした時計をハンターケース[hunter case]とかハンターウオッチ[hunter watch]とも呼んでいる。

152

ファッション全般

カバートクロス⇒カバート

カバートコート [covert coat] カバート*
と呼ばれる生地（日本ではカルゼともい
う）で作られたトップコート*を指す。
ウエストを軽く絞った感じの軽快な雰囲
気のハーフコート型のものが多く見られ
る。

カバードボタン [covered button]「包み釦
（くるみボタン）」のこと。衣服の共布や
皮革、編み地などでボタンの芯を包んで
作られたボタンの総称。単にカバーボタ
ンともいい、セルフカバードボタン [self-
covered button] とも呼ばれる。

カバードヤーン [covered yarn] カバリン
グヤーンとも。ポリウレタン糸やストレ
ッチ糸を芯糸にして、綿などの紡績糸や
フィラメント糸などを巻き付けた糸のこ
と。伸縮性に富み、ファンデーションや
水着などの素材に用いられる。1本の糸
を螺旋（らせん）状に巻き付ける「シン
グルカバードヤーン」と2本の糸をたす
き掛けに巻き付ける「ダブルカバードヤ
ーン」の種類がある。

カバープリント⇒オーバープリント

カバーリベット [copper rivet] カッパーリ
ベットまたコッパーリベットとも。ジー
ンズらしさを最もよく表しているディテ
ールデザインのひとつで、ポケット口の
端に「かんぬき」代わりとして打たれて
いる銅（カパー）製の鋲（リベット）を
いう。元はポケットの補強のために付け
られたもので、1873年の『リーバイ・ス
トラウス』社とジェイコブ・デイビスに
よる特許取得以来、オーソドックスなジ
ーンズには欠かせないデザインとして用
いられている。これには大抵の場合、社
名やブランド名などが刻印してあるとこ
ろから、ID リベットとも呼ばれる。ID
とはアイデンティフィケーション
identifi-cation（識別、身分証明書）とい

う意味。

カバーロールズ⇒カバーオールズ

カバナシャツ [cabana shirt] カバナセット
と呼ばれる海浜用リゾートウエアに用い
られる衣服のシャツ部分を指す。アロハ
シャツ*に似た派手なプリント柄のオー
プンカラーシャツ。カバナはスペイン語
で「海辺の小屋」を意味するカバーニャ
に由来したもので、こうしたシャツと同
じ生地で作られた海水パンツの一式をカ
バナセットと呼んでいる。

カバナショーツ [cabana shorts] 昔のビー
チウエアのひとつであるカバナセットの
組下としてのショートパンツをいう。カ
バナはスペイン語の「海辺の小屋」に由
来するもので、いかにも南国といった感
じの派手なプリント模様の配されたもの
が多く見られる。俗にアロハパンツ [alo-
ha pants] と呼ばれるものと同種のアイ
テム。

カバヤ⇒バジュ

カバリエ [cavalier 仏] フランス語で「騎士」
を意味し、17〜18世紀に騎士たちによ
って着用された服装をモチーフにデザイ
ンされた装飾的なブラウスを指す。英語
でキャバリアブラウス [cavalier blouse]
とも呼ばれる。

カバリング [covering]「覆うこと」の意で、
肌や衣服の上に透ける生地や薄布などを
重ねて覆うテクニックをいう。そうした
生地で包み込むことによって生まれる無
機質な肌の感覚や未来的なイメージを楽
しもうとする効果がある。

鞄⇒バッグ

カバン⇒カバンジャケット

カバンコート [caban coat] カバンはフラ
ンス語で「水夫用の厚地ショートジャケ
ット」や「士官の防水外套」といった意
味。今では一般にフランスの消防士のコ
ートとして親しまれているが、これをモ

チーフに作られたカジュアルなコートを
このように呼んでいる。フランスではト
ゥルマンタン [tourmantin] とも呼ばれ、
ときにパイロットコート*のことも意味
する。

カバンジャケット [caban jacket] カバンは
フランス語で「(水夫用の) 厚地ショー
トジャケット」や「(士官の) 防水外套、
合羽」を意味する。それにモチーフを得
てデザインされた軽快なカジュアルジャ
ケットで、カバンコート*とか単にカバ
ン [caban 仏] とも呼ばれる。

ガビアル⇒クロコダイル

カビグ [kabig] フランス・ブルターニュ地
方を原産地とするフェルト状の厚手ウー
ル地。水をはじき、風を通さないのが特
徴とされ、ダッフルコートに用いられる
ダッフルクロス*と同様の感触を持つ。

カピュション⇒カピューシュ

カピューシュ [capuce, capuche 仏] フラン
ス語で「(修道僧の) とがり頭巾」また「(婦
人用の) 頭巾」。一般に布製のフードを
指す。元はフード付きの外套も意味し
た。カピュション [capuchon] とも同義
とされる。

カフ [cuff] 上着やシャツなどの「袖口」
のことで、一般には複数形にしてカフス
[cuffs] というが、別にズボンの裾部分
のこともいう。特にアメリカではズボン
の「折り返し」を意味することが多く、
英国でのターンナップ*と同義とされ
る。ズボンの裾はボトム (底の意) とも
呼ぶ。

ガフィヤー⇒カフィーヤ

カフィーヤ [kaffiyeh] カフィエ、カフィ
ヤとも。アフガニスタン男性が用いるか
ぶりものを指すが、本来はアラビアの砂
漠地帯の遊牧民ベドウィンによって用い
られていた大きめのかぶりものを意味
し、中近東一帯で広く用いられている。

アラビア語でケフィエ [keffiyeh] と呼
ぶこともあり、またクエートの男性が用
いるターバン風のかぶりものはガフィヤ
ー [gahfiuya] と呼ばれる。別にクーフ
ィーヤ [kufiya] とも。

カフウオッチ⇒ブレスレットウオッチ

カフェエプロン⇒ギャルソンエプロン

カフェカジ⇒カフェカジュアル

カフェカジュアル [café casual] 東京・秋
葉原のメイドカフェのメイドたちに始ま
ったカジュアルファッションで、略して
「カフェカジ」ともいう。いわゆるロリ
ータ調の服装を中心としたもので、こう
したものを「萌え」ファッションとも呼
んでいる。

カフス [cuffs]「袖口」の意。本来はカフ [cuff]
で、カフスはその複数形となる。パンツ
の裾の折り返しも意味し、変わったとこ
ろでは「手錠」の意味にもなる。

カフストラップ⇒バックルドカフ

カフスプラケット⇒シャツカフス

カフスボタン⇒カフリンクス

カフタン [caftan, kaftan] 主としてイスラ
ム教文化圏で着用される、前開き、長袖
のゆったりとした長衣。直線裁ちの簡単
な作りの衣服で、脇にスリットが入り、
ときに帯を巻くなどして着用される。ま
たモロッコの女性が用いる、全身を覆う
フード付きの長衣をこう呼ぶこともあ
る。

カプチン [capuchin] 中世のヨーロッパに
見られるゆるやかなフード付きのマン
ト、またその先が尖ったフードのことも
いう。コウル [cowl] (カウルとも) と呼
ばれるノードと同義ともされる。

カフトボートネックライン [cuffed boat
neckline] ボートネック*の周りに折り返
しをあしらったネックライン。

カフトボトム⇒ターンナップカフス

カフボタン⇒シングルカフス

かぶら⇒ターンナップカフス

カプリーヌ [capeline 仏] キャプリーヌというほか、英語でキャプリンともキャペリンとも発音される。頭にぴったりした丸い山型のクラウンと、波打つように大きくしなやかなブリムを特徴とする婦人帽で、女性の代表的な帽子のひとつとされる。その優雅な雰囲気から「女優帽」と俗称されることもある。なおキャペリンという場合は麦わら帽子を指すという説もある。

カプリオレ [cabriolet 仏] ルイ16世（在位1774〜92）統治下の時代に流行した婦人用の大きなかぶり物のひとつ。カプリオレは幌付きの1頭立て2輪馬車のことで、そのような馬車の幌を思わせるところからこう呼ばれる。ロココ時代に特有の高く結い上げた髪型を崩さないように、帽子そのものを高くし、幌のように折り畳めるようになっているのが何よりの特徴。英語ではカラッシュ [calash] と呼ばれた。

カプリシャツ [Capri shirt] イタリアンカラーを特徴とするプルオーバー（かぶり式）のカジュアルなリゾート用シャツ。地中海のナポリ湾に浮かぶリゾート地として知られるカプリ島からイメージされたもので、7分丈の女性のカプリパンツと同じように、7分袖のデザインとなっているのが特徴とされる。

カプリタイツ [Capri tights] カプリパンツ状のタイツ。カプリパンツは女性用の七分丈を特徴とする細身のパンツをいうが、それをモチーフによりぴったりとしたタイツにしたもので、多くは新しいランニングパンツの一種として用いられている。

カプリパンツ [Capri pants] 七分丈を特徴とする女性用の細身パンツの一種。地中海のナポリ湾に浮かぶリゾート地として有名なカプリ島からイメージされたカジュアルなパンツで、1950年代にサブリナパンツ*やカリプソパンツ*など同種のパンツと並んで大流行した。現代のクロップトパンツ*の元祖のひとつともいえるもの。

カフリンクス [cuff links] ドレスシャツ（ワイシャツ）の袖口にあしらう飾りボタンの総称。日本でいうカフスボタン [cuffs＋button] と同義だが、カフスボタンは作り付けとなったものも含んで、シャツの袖口ボタンを総称することから、装飾用のそれはカフリンクス（袖口に飾る環状のものの意）と呼ぶのが正しくなる。ふつうダブルカフス*仕様のドレスシャツに用いられ、石もの（宝石、準宝石類）、メタリックもの（金属系）、また陶磁器類や七宝*といった材質のものがある。構造的にはバネ式、スナップ式（ボタン式）、チェーン式などの種類がある。

カフレス⇒プレーンボトム

カブレッタレザー [cabretta leather] カブレータレザーとも。シープレザー（羊革）の一種で、丈夫でしっとりとした質感を持ち、高級皮革素材のひとつとして知られる。用途の多くは手袋と靴で、特にゴルフグローブに多く用いられる。

カポート⇒ボンネット

カボション [cabochon 仏] 頂部を丸いまま磨いた宝石の一種。カボションは中世フランス語で「頭」の意味があり、現在は丸く光る石として知られる。カボションカットされた宝石のことでもあり、バッグなどの飾りとして用いられることがある。時として「飾り釘」の意にも用いられ、これは英語のスタッズと同義になる。

カポスパッラ [cappo spalla 伊] イタリア語でいうテーラードジャケット*。

かぼちゃパンツ⇒バルーンショーツ

カポック [kapok] カポックという樹木の

ファッション全般

実に生える白い綿を原料としたコットン系の素材で、クッションや枕などの詰め物として用いられることが多い。「カポック綿」ともいい、パンヤ［pan 〜 ha ポルトガル語］とも同義に扱われるが、パンヤはパンヤ科の常緑高木をいう。

カマーバンド［cummerbund］タキシードに用いる腹巻状の帯。タキシードの拝絹*と共地で作られ、通常黒を基本とする。ヒダを上向きにして用いるのも基本とされる。元々は英領インドに駐在した英国軍の将校が、1892年にイブニング時に着用する白ベストの代わりとして考案したのが最初とされ、それはヒンディー語でカマーバンドと呼ばれる腰帯にヒントを得たものだった。これをアレンジして、カマーベスト*と呼ばれるタキシード専用のベストが1906年に誕生している。

カマーベスト［cummervest］タキシードに用いられるベストの一種で、カマーバンド*をチョッキ型にアレンジしたもの。背中の部分は大きくカットされているところから、バックレス・イブニングベスト［backless evening vest］とも呼ばれる。1906年に登場したとされる。

カマーベルト［cummer belt］タキシードに用いるカマーバンド*にモチーフを得て作られた腹巻状のアクセサリー。幅の広い布製の腹帯で、これはカジュアルな用途に使われる。

カマイユ［camaieu 仏］18世紀のヨーロッパを中心に発展した単色画の絵画技法を指し、貝殻細工のカメオの古語ともされる。配色においては同系の色相でほとんど1色と見られるほどに色の差が微妙な色同士の配色をいう。

鎌襟［かまえり］スーツやコートの襟から肩にかけての形状を指すテーラー用語のひとつで、襟を低く平らに寝かせた形を指す。襟元がすっきりした感じになり、

服の重みが肩にあまりかからないという特性がある。英語で「フラットカラー」（別の意味もある）ということもある。これに対して、襟が立った感じになるものを「棒襟（ぼうえり）」と呼んでいる。

カミーズ［camise］イスラム教徒の男性が着用するゆるやかなシャツ状の長い衣を指す。特にパキスタンで上着とされているものをこのように呼ぶことがあり、「カミス」ともいう。ラテン語で亜麻製のシャツを表すカミシア［camisia］がアラビア語に変化して生まれた言葉とされており、カミシアは現在のシャツの起源になったものとされている。

カミーチェ⇒シャツ

カミーチャ⇒シャツ

紙糸［かみいと］紙をテープ状に細く裁断して、撚りをかけて作られた糸のこと。抄繊糸（しょうせんし）とも呼ばれ、日本で古くから作られてきたもの。2014年11月に、手漉き和紙がユネスコの世界無形文化遺産に登録されたところから、にわかに注目されることとなった。軽くてシャリ感があり、吸放湿性と通気性に優れ、麻に似た特徴を持つ。

カミサ⇒シャツ

カミサ・ロッサ⇒ガリバルディーシャツ

カミシア⇒カミーズ

カミシモショルダー⇒ウイングショルダー

ガミス［gamis］イスラム教徒の女性がラマダン明けの祭など特別な日のみに着用する衣装。床に届くほどに長いワンピース状の長衣で、イスラム教における正装とされる。これに対して上下分断型のものはムケナ［mukena］と呼ばれ、これは日常的に着用される。また男性用のイスラム服はバジュココと呼ばれる。いずれもインドネシア中心に用いられる言葉。

紙繊維⇒和紙ヤーン

カミナリ族［カミナリぞく］1950年代の終

ファッション全般

わりから60年代初期にかけて登場したオートバイ好きの若者たちによる集団。現在「暴走族＊」と呼ばれる若者たちのルーツとされるもので、けたたましいエンジン音がカミナリのようだとして、マスコミにこう名付けられたもの。猛スピードで走りまくるところから「マッハ族」、水平乗りなどの曲乗りをするところから「サーカス族」とも呼ばれた。当時は英国のトンアップボーイズ［ton-up boys］（時速100マイルを意味するtonから来たものでトンボーイともいう）やロッカーズ＊など世界的にオートバイが流行していた。

カムアクションジャケット［camouflage + action jacket］カムはカムフラージュ（カモフラージュとも）の略で、いわゆる「迷彩柄」を指す。そうした迷彩柄を特徴とした軍隊の戦闘服のことで、降雨時に着用するカムレインジャケット［camou-flage + rain jacket］といった種類もある。このような衣服を一般に「迷彩服」とか「迷彩スーツ」などと総称する。

カムデンメリノ［Camden merino］オーストラリアのニューサウスウェールズ州に産するメリノウール＊の一種。最高品質のウールのひとつとして知られる。カムデンは町の名称。

カムパンツ⇒迷彩パンツ

カムフィールドパンツ［camouflage + field pants］カムはカムフラージュの略で、迷彩柄を施した戦闘服用のパンツのこと。ミリタリーパンツ＊の一種で、カーゴパンツ＊型のものが多く見られる。

ガムブーツ［gum boots］ゴム製のブーツの意で、ラバーブーツ＊に同じ。レインブーツとも呼ばれ、いわゆる「ゴム長」に当たる。これはまたメイン・ハンティングシューの別名でもある。

カムフラパンツ⇒迷彩パンツ

カムフラージュプリント［camouflage print］カモフラージュプリントとも。カムフラージュは「偽装、迷彩」の意で、いわゆる「迷彩柄」をいう。植物の葉や木樹などをモチーフとした緑や茶色の独特のプリント柄で、主として陸軍の戦闘服に用いられ、敵の目をくらますのに役立たせている。俗に「カモ柄（がら）」とも呼ばれる。

カムフラージュルック⇒迷彩ルック

カムレインジャケット⇒カムアクションジャケット

カメオ［cameo］浮き彫りを特徴とした装飾品。普通、2色以上の色の層を持つ瑪瑙（めのう）や琥珀（こはく）などの宝石や貝の縞目などを利用してさまざまな図柄を浮かび上がらせるもので、天然宝石を使うストーンカメオ［stone cameo］、貝を使うシェルカメオ［shell cameo］、珊瑚（さんご）を使うコーラルカメオ［cor-al cameo］などの種類がある。こうしたカメオの中で、人物像などにさらに金や宝石をあしらった飾りを加えるものをカメオ・アビル［cameo habile 仏］と呼んでいる。なお、これの対語で「沈み彫り」を意味するものをインタリオ［intaglio］（陰刻。インタリヨとも）という。

カメオ・アビル⇒カメオ

カメラマンコート［cameraman coat］カメラマンのための機能的なコートという意味でネーミングされたスリークオーターレングス（4分の3丈）程度の長さを持つコート。大型の機能的なポケットや内側をジッパー使いとしたフライフロント、戸外で扱いやすいドットボタンなどの特徴をもち、フード付きとしたデザインのものが多い。1970年代に登場した比較的新しいアイテムで、これは和製英語。

カメラマンジャケット［cameraman jacket］

ファッション全般

カメラマンコート*のジャケット版。カメラマンコートのデザインそのままに軽快なジャケットとしたもので、ウエザークロスなどの生地で作られるものが多い。

カメラマンバッグ [cameraman bag] カメラマンが用いるショルダーバッグの一種。カメラなどの撮影機材を収納するためにスポンジなどの衝撃緩衝材を入れたり、フィルムなどを入れるポケットをたくさん付けるなど機能的なデザインに仕上がっている。このほかにジュラルミン製の角型バッグを指すこともある。

カメレオンドレス [chameleon] カメレオンのように色が変化する特質を備えたドレス。1997年春夏ロンドンコレクションで、オーエン・ガスターが発表したもので、温度によってグリーンが茶色に変色するという新素材を用いて作られたドレスをこう呼んだ。

ガモカジ [――]「おばあちゃんの原宿」として知られる東京・巣鴨（すがも）に見るカジュアルファッションというところから作られた言葉。発祥は2007年1～3月に放送されたフジテレビ系のドラマ『拝啓、父上様』にある。この脚本家・倉本聰が巣鴨地蔵に集まる中高年女性たちの服装をこのように名付けたことから一般化した。なお、こうした女性たちを「ガモーナ」と呼称しているのも面白い。

カモ柄 ⇒カムフラージュプリント

ガモコレ [――] 巣鴨（すがも）コレクションの略。「おばあちゃんの原宿」として知られる東京・巣鴨で、自主的に開催されているファッションショーのこと。60歳以上の素人モデルが自前服で披露するもので、2012年春の初開催から原則年2回のペースで行われ、注目を浴びている。

カラー [collar]「襟」の総称で、「衿」ま

た古くは「領」とも表記される。衣服の首を囲む部分を指し、スーツ上着などではラペル（下襟）に対する「上襟」をカラーと呼んでいる。

カラーアイライナー [color eyeliner] 色付きのアイライナー。黒や茶が中心だったアイライナーにもカラー化の傾向が及び、最近ではピンク、ブルーといった色ものが人気となっている。カラーマスカラやカラーまつエク（まつ毛エクステンション）など色を楽しむアイメイク商品が増えてきた。

カラーアレンジメント [color arrangement]「色の配列、配置、整理」の意で、いわゆる「配色」を意味する。「色の計画、企画」という意味でカラースキーム [color scheme] とも呼ばれる。

カラー・オン・カラー [color on color] 色味のものにさらに色を重ねるファッションの新しい配色法。単純なハーモニー配色やコントラスト配色のさらに上をいくテクニックが必要とされる。

カラーキーパー ⇒カラーステイ

カラーグラデーション [color gradation] 色彩や色調のぼかし、濃淡法、漸次移行のことで、色の調子が淡色から濃色へなどと徐々に変化していく様子、またそうしたデザインをいう。グラデーションは正しくはグレイデーションと発音される。

カラークリップ ⇒カラーピン

カラークロス [collar cloth] テーラードな上着類の襟裏に用いるフランネルなどの布をいう。襟をなじませる目的で使用する。この語は「裏襟」の意味で用いられることもある。

カラーコーディネーション [color coordination]「色の調整、統合」という意味で、カラーコーディネートともいい、一般に「配色」の意味で用いられる。2色以上

ファッション全般

の色のバランスのとれた組み合わせを指し、単なるカラーリング coloring やカラースキーム color scheme と呼ばれる「配色術」とは一線を画している。

カラージーンズ［color jeans］正しくはカラードジーンズ［colored jeans］という。色付きのジーンズという意味で、インディゴブルーと白以外の色もののジーンズを総称する。狭義にはカラーデニム＊と呼ばれる素材で作られるジーンズを指し、これをカラーデニムパンツ［color denim pants］ということがある。

カラーシャツ［color shirt］正しくはカラードシャツ colored shirt。白以外の色無地ドレスシャツの総称で、俗にカラーワイシャツとも呼ぶ。ペールカラー（淡色）からディープカラー（濃色）のものまで、さまざまな色が用いられており、こうした無地ものをソリッドシャツ［solid shirt］とも呼んでいる。ドレスシャツは1967年の〈ピーコック革命＊〉を機に、一気にカラフルになった。

カラースキーム⇒カラーアレンジメント

カラースキニー⇒カラースキニーパンツ

カラースキニーパンツ［color skinny pants］鮮やかな色を特徴とするカラーパンツのスキニーパンツ版で、単に「カラースキニー」とも呼ばれる。多くはジーンズのようなカッティング（裁断）がなされた極細のパンツで、カラータイツなどの流行から登場した。紫、ピンク、グリーンといった色調のものに人気がある。

カラースタンド［collar stand］襟を立てるために付く土台の部分。カラーバンド［collar band］とかネックバンド［neckband］とも呼ばれ、日本語では「襟腰（えりこし）」と呼ばれるほか、「襟台」「台襟」また「立ち代（たちしろ）」などともいう。また襟の外側の折り返った部分（カラー＊、襟羽根）を「襟越（えりこし）」とい

うが、これと混同するのを避けるために「襟腰」は「えりごし」と発音する向きもある。

カラーステイ［collar stay］襟の形を良く見せる目的で、ドレスシャツの襟先の裏側に入れるプラスティック製の小さな芯のこと。カラーキーパー［collar keeper］とも呼ばれる。また「襟の骨」の意からカラーボーン[collar bone]とも。

カラースティック⇒カラーピン

カラーストッキング［color stocking］色付きのストッキングの総称。広義にはナチュラルな肌色以外の色ものを指すが、一般には緑色や黄色、赤、青といった鮮やかな色使いのストッキングをいうことが多い。カラータイツ＊やレギンスの流行などから、再びこうしたものに人気が集まるようになった。

カラースリップ［collar slip］モーニングコートに用いる黒のベストの襟開きの部分に付く取り外し式の白縁飾りのこと。日本独特の習慣で、これを付けると慶事に、外すと弔事用になるという習わしがある。最近では徐々に廃れ、慶事には明るいグレーのファンシーベスト＊を用いる傾向が増えている。スリップには「（紙などの）細長い一片」という意味がある。単にスリップとも呼ばれる。

カラーセパレーテッドシャツ⇒クレリックシャツ

カラーセラピスト⇒カラーセラピー

カラーセラピー［color therapy］色によって心と体を癒やし、正常な状態に戻そうとする「色彩心理療法」を指す。これには英国のカラーセラピー用ボトル〈オーラ・ソーマ AURA-SOMA〉が特に知られ、これは2層の色に分かれた103種類のボトルから選び取った色によってその人の心理状態が分かるというもので、これをカラーヒーリング［color healing］とか

ファッション全般

カラーリーディング［color reading］などと呼んでいる。これを行う専門家をカラーセラピスト [color therapist] という。

カラータイ［color tie］きれいな色のネクタイを総称する。1990年代中期頃から狭くなってきたスーツのVゾーンに対応させる形で生まれたもので、当初は鮮やかな柑橘系の色調のものが目立った。今日では明るめの色を使ったソリッドタイ*（無地ネクタイ）をこのように呼ぶ傾向がある。

カラータイツ［color tights］色付きのタイツの総称。広義には肌色以外のものを指すが、一般には赤や青など鮮やかな色使いのタイツをいうことが多い。レギンスなどの流行とともに2007年秋冬から大流行となったもので、普通のタイツよりは厚手となったものが多く見られる。

カラータブ⇒スロートタブ

カラーチェーン［collar chain］ドレスシャツの襟元に飾る短い鎖。ピンホールカラーに飾るカラーピン*のように、左右の襟に渡して用いる。

カラーチップ［collar tip］シャツの襟先に飾る金属製のアクセサリー。元々はウエスタンシャツ*の襟先飾りとして用いられたもので、三角形の形を特徴としている。

カラーデニム［color denim］色つきデニムの意で、タテ糸にインディゴブルー（藍色）以外の色糸を用いて織られたデニム地を総称する。広義にはホワイトデニムやブラックデニムも含まれるが、一般に赤、オレンジ、ピンク、パープル、グリーン、イエロー、ブラウンといった色ものを指す。

カラーデニムパンツ［color denim pants］色物のデニム製パンツ。カラージーンズ*と同義ともされるが、ジーンズ仕立てのものとは別に、10オンスのカラーデニ

ムを用いたしゃれた感覚の女性用パンツをこのように称する傾向がある。鮮やかな色使いのもののほか、こうしたものをバイオウォッシュ*やブラスト加工などで色落ちさせたものも含まれる。

カラードカーディガン⇒ラペルドカーディガン

カラードグレー⇒カラードニュートラル

カラードコットン［colored cotton］「色つきの綿」という意味で、自然のままの綿花の色を生かしたコットン素材をいう。本来はアメリカのエコロジストで昆虫学者のサリー・フォックス女史がオーガニックコットン*の研究中、1982年に発見した色つきの綿を指す。現在では茶色を始めとして、その変種のグリーン、ベージュ、ペパーミントグリーンといった綿花が、カリフォルニア州を中心として栽培されている。エコロジーに対応した原種返りのコットンとして注目されている。

カラードジーンズ⇒カラージーンズ

カラードスーツ［colored suit］色付きのスーツという意味で、派手な色使いの遊び着的な感覚のスーツを総称する。俗に「ホストスーツ」とか「六本木スーツ」などと呼ばれることがあり、くだけたパーティーなどに用いられる一種のファンシースーツ*を指す。

カラードストーン⇒色石

カラードニュートラル［colored neutral］色味を帯びた無彩色の意味。うっすらと色を感じさせる白・黒・グレーのニュートラルカラーをいったもので、そうしたカラードグレー［colored gray］などが代表的とされる。

カラードハンカチーフ［colored handkerchief］色もののハンカチーフの総称。本来ハンカチーフの定番は白無地の「白ハンカチ」とされるが、これはさまざまな

ファッション全般

色を用いたもので、欧米風の流行から来たものとされる。特に濃色系のものがファッショナブルとされている。

カラードパンツ [colored pants] カラーパンツとも。色をつけたパンツの意だが、ここでは特に派手な色使いのパンツを指す。プレイパンツ*の一種で、赤や黄、緑色など通常あまり見られない色のものが目立つ。元は大手ジーンズメーカーがインディゴブルー以外のジーンズをカラーパンツと名付けたのが最初とされる。

カラードペイン [colored pane] 柄色を付けたウインドーペイン（窓枠格子）柄。特にグレーなどの落ち着いた地に、赤などはっきりとした色で載せたウインドーペインをこのように呼ぶことが多い。また格子柄の上に乗せたウインドーペインを、特に「オーバーペイン」と呼ぶこともある。

カラードレス [color dress] 「色付きのドレス」の意で、白のウエディングドレスに対する色ものフォーマルドレスを指す。特に花嫁がお色直しの際に着用する白以外のドレスを意味することが多い。

カラーネックレス [collar necklace] 襟型ネックレスの総称。文字通りシャツやブラウスの襟の形をした首飾りを始め、よだれかけのように広く胸元を覆うビブネックレス*のようなもの、また古代エジプト時代に見られる平たい襟のような形をしたものなどがある。

カラーバー ⇒カラーピン

カラーバンド ⇒カラースタンド

カラーパンプス [color pumps] 色鮮やかなパンプスの総称。1980年代ファッションの復活アイテムで、ビビッドカラー*使いのものが多く見られる。

カラーヒーリング ⇒カラーセラピー

カラーピン [collar pin] ピンホールカラー*のドレスシャツ用の飾りピン。襟の穴

に通して用いるもので、本来は「安全ピン」型のものを用いるのが正式とされるが、現在では差し込み式のカラークリップ [collar clip] や棒状のカラーバー[collar bar] が一般的に用いられている。カラーバーはカラースティック [collar stick] とも呼ばれる。こうしたものの中にはダイヤモンドなどの飾りを付けた豪華なものも見られる。

カラーファー [color fur] 色の着いた毛皮。特に人工的なカラフルな色を特徴とする毛皮のことで、ファッション的なファーコートやファージャケットなどに用いられる。

カラーフェイシング [collar facing] 「拝絹*（はいけん）」の別称。主として男性の礼服の襟に貼るシルクの生地を指す。フェイシングシルクなどとも呼ばれ、独特の光沢感を特徴としている。

カラーフォーマル [colored formal] より正しくはカラードフォーマル。色付きのフォーマルウエアのことで、特に婦人服におけるパーティーや観劇などに着用される派手な色使いのドレスアップウエアを総称する。ブラックフォーマル*の対語とされ、これは華やいだ雰囲気が特徴となる。

カラーブロック [color block] 「色の塊（かたまり）」の意で、大きな分量の色を二つ以上で組み合わせる配色法、またそのようなファッション表現を指す。ドレスなどの衣服に見られるほか、バッグや靴などのデザインにも用いられる。

カラーブロックバッグ [color block bag] 大きな色の塊で区分けされたデザインを特徴とする女性用のバッグ。赤や青、黄色といった配色で作られるカラフルでポップなデザインバッグとして知られる。また、これに似たさまざまな色をミックスさせて用いたバッグを、カラーミック

ファッション全般

スバッグ［color mix bag］とも呼んでいる。

カラーブロックパンプス［color block pumps］色分けされたパンプスの意で、パンプスの各部を大きく異なる色で分けて構成したもの。例えば、爪先と甲部、ヒール部を色分けしたパンプスなどがある。ブロックは「塊（かたまり）、区分」といった意味で、こうしたものを「配色パンプス」などということがある。

カラーポイント［collar point］シャツ襟の先端部分のことで、日本語では「剣先（けんさき）」などと呼ばれている。ここまでの長さによって、さまざまなデザインが生まれる。単に「ポイント」ともいう。

カラーボーン⇒カラーステイ

カラーミックスバッグ⇒カラーブロックバッグ

カラーメタルフレーム⇒メタルフレーム

カラーリング⇒カラーコーディネーション

カラーリーディング⇒カラーセラピー

カラーレス［collarless］一般には「襟なし」の意だが、台襟も付かないまったくのノーカラーとなったシャツ襟のデザインを指す。ごく特殊なドレスシャツのデザインとして採用されることがある。

カラーレスコート［collarless coat］襟なしのデザインを特徴とするコートの総称で、日本ではノーカラーコート［no-collar coat］とも呼ばれる。ネックラインの美しさだけで表現するもので、女性用のコートが主となる。

カラーレスジャケット［collarless jacket］襟のないデザインを特徴としたジャケットの総称。一般的なテーラードジャケットから襟の部分だけを省略した感じのもので、20世紀中期に登場したカラーレスブレザーをはじめとして、ピエール・カルダンによるカルダンジャケット*などが知られる。

カラーレススーツ［collarless suit］襟なし型の上着を伴ったスーツ。遊びの要素が強いスーツのひとつで、日本風にノーカラースーツ［no-collar suit］ともいう。

カラーレスベスト［collarless vest］襟の付かないベストの意で、ラペルドベスト*の対語として用いられる。こうしたものを日本の業界用語では「坊主襟（ぼうずえり）」と呼んでいる。

カラーレット⇒コルレット

柄足⇒生足

カラクルラム［karakul lamb］ロシアを原産とするカラクル種の羊の胎児また仔羊の毛皮。この中にアストラカン*やロシアンブロードテール［Russian broad-tail］、またスワカラ*といった種類が含まれる。

カラコ［caraco］18世紀後半に英国からフランスに伝えられた女性用上着の一種。上半身にぴったりフィットする前開き型のジャケットで、ウエストから大きく裾広がりになっているのが特徴。田園スタイルのひとつとして宮廷婦人たちに流行した。なお、カラコという名称の婦人服は、現代に至るまで繰り返し登場している。

カラコン［colored contact lenses］カラーコンタクトレンズの短縮語。色付きのコンタクトレンズのことで、さまざまな色のものが見られるが、最近では黒のそれも作られるようになり、これを「黒カラコン」などと呼んでいる。

柄コン［がら＋contact］柄入りカラーコンタクトレンズの略称。カラコン（カラーコンタクトレンズ）の次にきた流行で、特に2014年上半期、女子高生・女子中学生のあいだで大人気となった。ハート柄や星柄、レース柄、トランプ柄などさまざまなデザインがあり、コスプレ用の派手な柄入りのものも見られる。キティち

162

ゃんなどのキャラクター柄を入れたもの
は「キャラコン」などと呼ばれる。

カラシリス［kalasiris］古代エジプトの新
王国時代（前1580〜前1085）に見られ
る上流階級用の服装。全体にゆったりと
したシルエットが特徴で、いくつかの部
分品から構成されている。

柄スカート［がら＋skirt］さまざまな柄（模
様）を取り入れたスカートの総称。同様
のパンツ（柄パン）の流行に乗って、ス
カートにもそうした傾向がおよんだもの
で、織柄よりもプリントで表現されるも
のが多い。特に花柄やペーズリー柄など
を配した柔らかなタッチのものが中心と
なっている。2014年春夏の流行のひとつ。

ガラス繊維⇒鉱物繊維

カラス族［カラスぞく］カラス族と呼ばれ
る集団には2通りの解釈がある。ひとつ
は1960年代の中期に現れたアイビー族*
の別称で、常に黒っぽいダークスーツを
身に着けているところからの命名。もう
ひとつは1982年頃から台頭したボロルッ
ク*などと呼ばれる前衛的なファッショ
ンを身にまとった男女たちを指す。いず
れにしても黒一色という姿からカラスの
名がついたもの。

柄ストッキング⇒アートストッキング

柄タイ⇒網タイツ

柄タイツ⇒網タイツ

カラッシュ⇒カブリオレ

カラテスーツ［karate suit］「空手スーツ」
の意。日本の空手着にモチーフを得てデ
ザインされたファッション的な女性用ス
ーツで、これは2009〜10年秋冬パリコ
レクションにおいて、イッセイ・ミヤケ
の作品に与えられた名称のひとつ。

カラテパンツ［karate pants］日本の空手着
にモチーフを得てデザインされたファッ
ション的な女性用のパンツ。全体にゆっ
たりとした長方形のシルエットで、ウエ

ストを紐結びにしたデザインが特徴。

柄パンツ［がら＋pants］柄（模様）付き
のパンツの意。全面に鮮やかな柄を配し
たパンツのことで、カラーパンツならぬ
柄パンツが2013年春夏女性ファッション
のヒットアイテムとなった。「柄　パン」
の略称でも呼ばれるが、英語ではパター
ンドパンツということになる。柄をプリ
ントで表したものは「プリントパンツ」
とも呼ばれる。

ガラビア［galabeya アラビア］主としてエ
ジプトの男性に見られるワンピース型の
長い衣服。元は砂漠の遊牧民ベドウィン
が用いていたものとされ、ゆったりした
シルエットと長い筒袖などを特徴として
いる。

カラフルセル⇒セルフレーム

カラフルパッチ［colorful＋パッチ］色柄
鮮やかなパッチ（男のズボン下）という
意味で、股引（ももひき）のような雰囲
気を特徴とするレッグウオーマーの一種
をいう。元々は大阪の若い女性たちが、
親から借りたお古の肌色股引をそのまま
穿いたところから流行したもので、それ
が赤やピンクなどの派手な色を載せた
り、花柄やフルーツ柄などをあしらうな
どして、カラフルなレッグアクセサリー
に変身した。この他にフリース素材を使
った「フリースパッチ」なども現れた。

カラフルマルチボーダー⇒ランダムボーダー

ガラ紡［ガラぼう］俗に「はじき綿」と呼
ばれる下等な落ち綿や綿ボロなどから回
収した素材を紡糸した太くて粗末な糸の
ことで、正しくは「ガラ紡糸」という。
日本で開発された独特の紡糸機「ガラ紡
機」で作られることからこの名がある。

ガリサージ［gari serge］ガリ糸と呼ばれる
雑種羊毛から紡出した糸で作られるサー
ジ。堅い手触りを特徴とした下級サージ
とされる。これは別に、和製語で「ざら

ファッション全般

サージ」とも呼ばれる。

カリスマ店員 [charisma ＋てんいん] カリスマ性を持ったファッション販売員の意。カリスマはドイツ語で、「超人的な能力で大衆を操る統率力」を意味し、最初はカリスマ美容師などとヘアメイク業界で用いられていたが、1999年春ごろからの渋谷109系ファッションの爆発的な人気から、そこの『エゴイスト』などの販売員がこのように呼ばれるようになり、全国的に広がった。彼女たちは一時アイドル並みの人気を誇った。

カリスマバッグ [charisma bag] 強力なカリスマ性（教祖的に魅きつける力）を持つバッグという意味。スーパーブランドと呼ばれるメーカーやショップのブランドに特有のバッグで、ルイ・ヴィトンやシャネルの各シリーズものを始めとして、グッチの〈ジャッキー〉やエルメスの〈バーキン〉〈ケリーバッグ〉、またフェンディの〈バゲットタイプ〉などに代表される。

ガリバルディーシャツ [garibaldi shirt] 1860年に「赤シャツ隊」を率いてイタリア統一に貢献した独立の志士G・ガリバルディー将軍（1807 ～ 82）にちなむシャツのことで、イタリアではカミサ・ロッサ [camisa rossa 伊]（赤いシャツの意）という。現在のドレスシャツに続くデザインが特徴とされ、単にガリバルディーとも呼ばれて19世紀後半以降に女性のシャツブラウスにも転用されている。

カリブー⇒ロシアンカーフ

カリフォルニア・ウエストバンド⇒ワンピースウエストバンド

カリフォルニアカラー⇒バリモアカラー

カリフォルニア・ストレート⇒スリミーストレートシルエット

カリフォルニアスポーツルック⇒カリフォルニアルック

カリフォルニアパンツ [California pants] カリフォルニア・ウエストバンド＊と呼ばれる、身頃からひと続きとなった極端なハイライズの腰部を特徴とするルーズなシルエットのメンズパンツ。1930年代から40年代にかけ、アメリカ西海岸地方で流行した。これはまた1950年代のハリウッド映画全盛時代にも流行したことから、ハリウッドモデルパンツ [Hollywood model pants] またフィフティーズ・パパパンツ [fifties papa's pants] の名称でも呼ばれる。

カリフォルニア・ブラックタイ [California black tie] ブラックタイ＊は「タキシード」を表わし、カリフォルニア式のタキシードスタイルという意味で用いられる。近頃のアメリカ西海岸地方によく見られるカジュアルなパーティースタイルのひとつで、バミューダパンツのような半ズボンにカラフルなハイソックスとスニーカーを配し、ファンシーなデザインの蝶ネクタイをあしらうといった、きわめて現代のアメリカを思わせるカジュアル感覚いっぱいの男性用夜会服の装いを指す。

カリフォルニアプロセス [California process] 製靴法のひとつで「カリフォルニア式」のこと。アッパーとソックライニングと呼ばれる中底を縫い合わせて袋状にし、同時にプラットフォーム巻革と呼ばれる革を一緒に縫い付け、プラットフォームと呼ばれるクッション材を入れたあと、この外周をプラットフォーム巻革で巻き込むという方法。アメリカのカリフォルニア州で開発されたところからこの名があるとされ、プラットフォームプロセス [platform process]（プラット式）とも呼ばれる。かつてはスポーツタイプの婦人靴によく用いられたものだが、現在ではカジュアルシューズに多く用いられている。なお、このような作りの台底を付け

164

た靴底の形をプラットフォームソール [platform sole] と呼んでいる。

カリフォルニアルック [California look] アメリカ西海岸のカリフォルニア地方に見るファッションの総称。明るく健康的で遊びのあるカジュアルなスポーツファッションが特徴で、このことからカリフォルニアスポーツルック [California sports look] の名でも呼ばれる。近年は西海岸という意味からウエストコーストルック [west coast look] と呼ばれることのほうが多くなっている。

カリプソスタイル [calypso style] カリプソは、ハリー・ベラフォンテなどの歌によって知られるカリブ海トリニダード・トバゴ産の民俗音楽。そのヒット曲〈バナナボート・ソング〉をカバーした浜村美智子の衣装から大流行したファッションで、1957年、カリプソパンツと呼ばれる七分丈の細身のパンツがヒットアイテムとなった。

カリプソパンツ [calypso pants] 1950年代中期に流行したトリニダード・トバゴ発祥のラテン音楽「カリプソ」に合わせて作られた七分丈のスリムなパンツ。ほっそりした丈短のマンボズボンといった感じのもので、日本では浜村美智子の歌う『バナナボート・ソング』のヒットとともに若い女性たちの間で57年に大流行をみた。こうしたファッションを「カリプソスタイル」といった。

かりゆしウエア [かりゆし＋wear]「かりゆし」は沖縄の方言で「しあわせ」を意味する。沖縄県の官公庁や企業などで夏場の仕事服として古くから着られている衣服を指し、地元の織物で作り、沖縄特有の模様を入れたアロハシャツ型の開襟シャツに代表される。沖縄ではすっかり定着していたものだが、2000年の『沖縄サミット』時に各国の首脳がこれを着用

したところから全国的に知られるようになった。いわゆるクールビズ*に合う夏の職場服のひとつとしても注目される。

ガルーシャ [galuchat 仏] フランス語でサメやエイなどの皮をいう。特にアカエイを指すことが多く、この皮が時計のバンドなどに用いられる。英語ではスティングレー [stingray] となるが、最近ではこうした新奇な革素材をエキゾチックレザー*と総称するようになっている。なお、このような表面に粒起感のある皮革のことをシャグリーン [shagreen] とも呼んでいる。

カルガンラム [Kalgan lamb] 中国・張家口あたりを原産地とする仔羊の毛皮および革を指す。柔らかい巻き毛状の綿毛が特徴で、大半が白色のため染色して用いることが多い。中国を代表する素材で、最近また流行素材として注目されるようになっている。

カルサン [calcao ポルトガル語] 中世日本に渡来したポルトガル由来の服を和服に変化させたもので、日本語では「軽衫」と表記する。平安朝の貴族が蹴鞠などに用いた裾絞り型の袴「指貫（さしぬき）」に似て、筒太く、裾口を狭い形としたもので、これを「カルサン袴」とか「伊賀袴」「裾細（すそぼそ）」とも称した。近くは「裁着・裁衣（共にたっつけと発音する）」といい、特に「裁着袴（たっつけばかま）」ともいう。江戸時代には旅装として用いられたが、現在では大相撲の呼び出しの衣装などに遺されている。

カルジェル⇒ジェルネイル

カルゼ⇒カバート

カルソン [caleçon 仏] フランス語で男性用の「下着パンツ、ズボン下」の意だが、最近ではボクサートランクス*をこのように称する向きがある。カルソンにはレスリング選手などが用いるパンツの意味

もあり、カルソンパンツ*というと、脚にぴったりした女性のレギンス調のパンツを意味することになる。

カルソンパンツ［caleçon pants］カルソンはフランス語で「（男性の）下着パンツ、ズボン下」の意味だが、ここから女性の穿くタイツ状の細いパンツをこう呼ぶようになった。いわゆるスパッツやレギンスの意味でも用いられ、カルソンという言葉だけでも通用するようになっている。

カルダンジャケット［Cardin jacket］パリ・オートクチュールのデザイナー、ピエール・カルダンが1960年代に発表したカラーレスジャケット*の一種。襟をなくした学生服といった感じのもので、全体にパイピングをあしらい、この種のジャケットが初期ビートルズのステージ衣装としても用いられた。このことから俗にビートルズジャケット［Beatles jacket］とも呼ばれる。

カルツォーニ⇒パンタローニ

カルトン［carton 仏］おもに画家やイラストレーターたちが用いる帆布製の薄型のカバンで、これに大判の書類や作品を入れて持ち運ぶのに使われる。黒い樹脂製のものも見られるが、それはポートフォリオ*と呼ばれることが多い。カルトンは本来「厚紙、板紙、ボール紙」の意。

ガルボハット［Garbo hat］往年の名女優グレタ・ガルボ（1905〜95）が愛好したところから、そのように呼ばれるようになったカプリーヌ*型の帽子。頭にぴったりした丸いクラウンと広幅のブリムを特徴としている。ブリムを片方だけ傾げて、顔の半分にシャドー（影）をつけるかぶり方が「ガルボ・スタイル」として称賛された。

カルマニョール［carmagnole 仏］カルマニョルとも。フランス革命当時にサンキュロット*と呼ばれた革命党員たちが着用していた上着の名称。元はイタリア・ピエモンテ地方のカルマニョーラという町の名前に由来し、南フランスでこの服（イタリアではカルマニョーラと呼ばれた）をイタリア人労働者たちが着ていたところから、マルセイユ義勇軍の革命派の人たちに着用されるようになったという。丈が短くて大きな折り返し式の襟と金属製のボタンが付いており、今日の背広型上着の原型のひとつになったと伝えられている。

カレ⇒ムショワール

カレイドスコープ［kaleidoscope］「万華鏡」の意で、これに見る放射状のグラフィック模様をいう。ドレス全体にこうした柄を描くデザインが見られる。

彼カジ・スタイル［かれ＋ casual style］「彼の服をカジュアルに着こなしちゃう！」という意味から生まれた用語。2014年春、ファッション誌『JJ』の提案から始まったもので、メンズ服をカワイく、女のコっぽく着るスタイルを指す。

彼シャツワンピ［かれ＋ shirt ＋ one-piece］彼氏の着ているシャツを思わせるシルエットとデザインのワンピース。ブカッとした男のワイシャツだけを着ている女の子のセクシーなイメージをそのまま商品化したものといえるが、中にはチェック柄など何の変哲もないただ大きいだけのシャツドレスも見られる。ボーイフレンドシャツと同種のゆったり感が特徴の女の子アイテムのひとつ。

カレッジアンスポーツスーツ⇒ラーラースーツ

カレッジカラー［college color］学校に見る特有の色。カレッジは本来「大学」とくに「単科大学」の意で用いられるが、ここでは各種学校まで含めて、さまざまな学校を総称している。それぞれの学校

ファッション全般

の校旗などに見る特有の色をこのように呼ぶ。スクールカラー [school color] と同じ。

カレッジキャップ⇒モーターボードキャップ

カレッジジャケット [college jacket] 大学のジャケットの意で、スタジアムジャンパー*をいうアメリカでの名称のひとつ。ユニバーシティーブルゾン[university blouson] というのもこれと同じ。

カレッジスタイル⇒キャンパスルック

カレッジストライプ [college stripe] カレッジは「大学、単科大学」また英国でいう「学寮、学校」の意で、昔の英国の学校の制服に見るようなはっきりとした縞柄を指す。グリーン地に乗せた間隔の広い白の縞柄といったものなどで、英国テーストのファッションの流行から再び注目されるようになっている。クリケットジャケット*にもこうした縞柄が多く用いられている。

カレッジセーター⇒チアリーダーセーター

カレッジバッグ [college bag] さまざまな学校のロゴマークやロゴタイプなどをプリントしたキャンバス製のバッグ。多くはスポーツクラブ用として作られる。

カレッジリング⇒カジュアルリング

カレンダー加工 [calender ＋かこう] カレンダーは紙や布などをロールにかけて艶出しをする機械のことで、そうした機械を使って施す「艶出し加工」のことをいう。「カレンダー仕上げ」とか「カレンダー掛け」ともいい、これによって美しい光沢が表現される。

カロ [calot 仏] フランス語で俗に「略帽」の意とされる。一般には頭にぴったりした縁なしのお椀型の帽子を指し、この意味ではカロット（キャロットとも発音）[calotte 仏] と同義になる。カロットはカトリック僧が用いる帽子で、これを英語ではスカルキャップ [skullcap]（頭蓋骨の帽子の意）と呼んでいる。また、カロはケピ*という帽子の帽体の部分を指す言葉としても知られる。

カローラライン⇒ニュールック

カロタセグ [Kalotaszeg] ルーマニア、トランシルヴァニアの西端にあるカロタセグ地方に見られる伝統的な刺繍細工、また、そうした模様を特徴とするブラウスやスカート、エプロンなどの衣装を指す。イーラーショシュと呼ばれる刺繍やビーズ刺繍、カットワーク、ネット編み、クロスステッチなどがあり、今も受け継がれる伝統的なファッションとして知られる。一般にはハンガリー民族のものとして知られている。

カロット⇒カロ

可愛ゴー⇒プチゴージャス

革手袋 [かわてぶくろ] 皮革類で作られる手袋で、スキングローブ [skin glove] とかレザーグローブ [leather glove] とも呼ばれ、紳士手袋の90％を占める。柔軟性、耐久性、通気性に富み、はめ心地が良く、外観的にもクールでスマートという数々の長所を持つところから、紳士手袋の王者的存在とされるようになったもの。山羊革や羊革など多くの種類がある。

カワトラ [――]「可愛いトラッド」の意。いわゆるカワイイ感覚のあるトラディショナル・ファッションをいったものだが、東京・原宿にある制服ショップのひとつでは、女子高生の制服をルーツとして展開する大人可愛いトラッド服をこうしたコンセプトで包んで企画し、注目されるようになっている。

革パン⇒レザーパンツ

ガン [gant 仏] フランス語でいう「手袋」のことで、英語のグラブ*に相当する。

カンガ [khange] 東アフリカの女性が用いる150センチ×110センチ程度の長方形の綿布で、これを体に巻き付けたり、首に

167

ファッション全般

結び付けるなどして、ドレスやエプロンのように用いる。

カンガルースキン［kangaroo skin］オーストラリアに生息するカンガルーの革。薄手で丈夫、かつ柔軟性に富むところから、スポーツシューズなどに多用されるようになっている。小型のワラビーの革も同様に用いられる。

カンガルーポケット［kangaroo pocket］カンガルーの腹袋を思わせるところからこの名がある、腹部に付けられる大型のパッチポケット。ヨットパーカ*やエプロンなどによく用いられる。

カンカンドレス［cancan dress］19世紀末にパリのキャバレー〈ムーラン・ルージュ〉でヒットした「フレンチ・カンカン」という踊りにダンサーが着用したドレスを指し、それにモチーフを得た華やかなデザインのドレスも意味する。フリルがたくさん付いたペチコートにひとつの特徴がある。

カンカン帽［cancan＋ぼう］ボーター*の和名。パリのレビューに見る「カンカン踊り」からの命名で、かつてムーラン・ルージュなどの踊り場で行われたその種のダンスで、踊り手たちが用いた帽子に由来する。

ガンクラブチェック［gunclub check］同色の濃淡、または色違いの2種類のシェパードチェック*を組み合わせて作った小格子柄。1874年にアメリカ狩猟クラブのユニフォームの柄に採用されたところから、こう呼ばれるようになったもの。

ガングロ⇒ガンジロ

カンケンバッグ［KANKEN bag］スウェーデン生まれのリュック型バッグの名称。カンケンはスウェーデン語で「持ち運ぶ」を示し、リュックとして用いるほか、取っ手も付いているために手提げとしても使うことができる。ホッキョクギツネの

マークが付いた「フェールラーベンFJALLRAVEN」社のものが特に人気があり、16Lのバッグのほか7Lのカンケンミニ、20Lのカンケンビッグもある。何よりも20色以上のカラーバリエーションが可愛いとして、2004年初頭から流行となった。

看護婦ルック⇒ナースルック

関西エレガンス⇒神戸エレガンス

関西カジュアル⇒なにカジ

カンジャケット［Khan jacket］モンゴルの民族衣装「デール」を思わせるエスニック調のジャケット。カンはジンギス・カンから来たもので、モンゴリアンジャケット［Mongolian jacket］とも呼ばれる。立襟と深い打ち合わせを特徴とし、民族的なタッチの色と柄でデザインされたものが多い。

ガンジロ［——］顔を真っ白にする化粧法。いわゆるギャル用語で「ガンガンに白い」（顔白の説も）というところからきたもので、黒っぽい化粧にする「ガングロ」の対語として、1999年夏頃から流行するようになったもの。これに対抗するかのように、以前のガングロにも増して黒くしたものは「ゴングロ」と呼ばれ、これは同年秋から使われている。

カンタ［kanta］インドの西ベンガルとバングラデシュに見られる伝統的な刺し子縫いで作られる布地、またそうした刺繍ワークをいう。カンタは「刺す」という意味で、元々は古くなったサリーや腰巻きを数枚合わせて刺し留めることにより再び使えるようにした手仕事をいったものだった。自然の生活をモチーフとした刺繍が全面にあしらわれるのが特徴。

カンテ⇒レース

カンディス［candys］ペルシャ帝国時代（前558～前330）に王や貴族たちが着用した公服。ポンチョ（貫頭衣）型の衣服で、

168

腰に帯を締めて着こなすところに特徴がある。下にはチュニック*とズボン状のものを着用したと思われ、これもアーリア民族の古代ペルシャ人の特徴とされている。

カンデブーモヘア [Camdeboo mohair] 南アフリカのカンデブー地域で生産されるモヘア*の名称。南アフリカ・カンデブー協会傘下の牧場で飼育される血統書付きのアンゴラ山羊の毛は最も細いもので繊度*21ミクロンという細さを持ち、世界最高級と賞されるモヘアが作られる。年間で680トンしか生産できない希少な原料というのも特徴のひとつとされている。南アフリカは世界のモヘア生産の70％を占めるという一大産出国で、これは単に「カンデブー」とも呼ばれ、このほかにケープモヘア [Cape mohair] などの種類もある。こうしたものを「南アフリカモヘア」と総称する。

ガンドゥーラ [gandoura, gandourah] 中東諸国やアフリカ北東部で多く見られる袖なし、あるいは長袖付きのゆったりとした衣服。本来はバーヌース [burnoose, burnous アラビア] と呼ばれるフード付きのマント状の衣服の下に着用する下衣を指し、これは袖なしを特徴としていた。

カンドーラ [kandora] UAE（アラブ首長国連邦）における男性の民族服。白の綿布で作られるゆったりした長衣で、丸首と長袖を特徴とする。ディスダーシャ [dishdasher] とも呼ばれ、UAE以外のアラブの国ではソーブ [thobe] ともいい、これにはシャツのような襟が付く。

ガントリ⇒ガーントレット

カントリー [country] 国や国民の意味もあるが、一般に「田舎、郊外、地方」の意味で用いる。ファッションでは郊外に見られる田園調の服装のイメージについて用いることが多く、シティー（都会）の

対語とされる。

カントリーウエア [country wear]「郊外着」の意で、郊外への行楽や旅行などに用いる衣服を総称したもの。タウンウエアの対語とされるが、現在ではほとんど用いられることがなくなった。狭義には英国で紳士たちが、郊外の所領地で過ごすときに着た田園服やスポーツウエアの類を指す。

カントリーウエスタンルック⇒ウエスタンルック

カントリージャケット [country jacket] 郊外や田舎で着るジャケットという意味で、本来は英国のカントリーハウスやカントリークラブで紳士たちが着用したスポーツジャケットの数々を指す。現在では伝統的なツイード使いの替え上着を一般にこう呼んでいる。

カントリーシューズ [country shoes] 広義には郊外（カントリー）へのハイキングなどに用いる靴を総称し、狭義には英国のカントリーライフ（貴族や紳士の田園生活）にふさわしいバックスキンなどの短靴を意味することになる。

カントリースーツ⇒タウンスーツ

カントリースタイル [country style] カントリーは「郊外、田舎」の意味だが、ここでは特に英国紳士の伝統的な「田園スタイル」を指す例が多い。いわゆるカントリージェントルメン（田園紳士）たちのライフスタイルから発した服装スタイルを意味するもので、単なる田舎着や野良着をいうわけではない。

カントリーブーツ [country boots] 田舎、郊外で履くブーツの総称だが、狭義には英国のカントリーライフ（田園生活）で用いる紳士ブーツを指す例が多い。英国の伝統的な雰囲気を色濃く残すものが多く見られ、革製のアンクルブーツ*から膝下丈の乗馬靴型のロングブーツまでさ

ファッション全般

まざまなタイプがある。ブリティッシュトラッド*やアウトドアファッションの人気から再び注目されるようになっている。

ガントレットカフス [gauntlet cuffs] 正しくはゴーントリットカフスと発音する。ガントレットは中世騎士が用いた鎧に付く「篭手（こて）」や「長手袋」のことで、この形を取り入れてデザインされた、手首から肘に向かって折り返し、朝顔の花のように広がるカフスを指す。

ガントレットボタン [gauntlet button] シャツカフス*の剣ボロ*に付くボタン。カフスに付くボタンよりひと回り小さなものが用いられ、通常1～2個付けられる。剣ボロが短いものではこのボタンが付かないこともある。ガントレットとは本来「篭手（こて）」とか「長手袋」の意。

かんぬき留め [かんぬきどめ] ネクタイの小剣通し*の下部、大剣の先端から12～14センチのあたりに付く太めの縫い糸。裏地と芯地を留めるとともに、表地が左右に広がるのを防ぐ役目を果たす。安物のネクタイには通常付くことはない。英語では「バータック bar tack」という。

カンバセーショナルプリント [conversational print] カンバセーショナルは「会話の、会話体の」という意味で、ファッション用語では風俗画的なものをモチーフとしたプリント柄をいう。ネクタイやカジュアルシャツに用いられる。

カンバッジ [can badge] 缶バッジの意。瓶ジュースのふたのような形と大きさのバッジのことで、カラフルな絵柄が特徴とされる。服やバッグなどにいくつも着けて楽しむもの。

ガンパッチ [gun patch] 衣服の肩から胸にかけて付く当て布。ハンティングジャケットなどカントリー調の上着によく用いられるデザインで、元々銃床を支える目

的から考案されたもの。ショルダーパッチ [shoulder patch] の名もある。

ガンプ⇒アンブレラ

カンフーシューズ [kung fu shoes] 中国の拳法「功夫（カンフー、クンフー）」に用いる簡便な作りの布靴を指す。平たい靴底が付いたズック靴あるいはパンプスといった感じのもので、黒が中心となっている。

カンフーパンツ [kung fu pants] クンフーパンツとも。中国拳法のカンフー（功夫）に用いられる独特のズボンのことで、全体にギャザーをとってゆったりさせ、ウエストと裾をゴムや紐で絞った形を特徴とする。ふくらはぎから足首辺りまでとさまざまな丈のものがある。ブルース・リーなど一連のカンフー映画で注目を集め、一般的なファッションアイテムとしても用いられるようになった。

ガンフラップ [gun flap] トレンチコートの右肩部分に付くひらひらした布片の部分。本来「銃床当て」の意味だが、現在では襟元からの雨や風を完全に防ぐストームフラップ [storm flap] の目的をもつ。こうしたものをストームパッチ [storm patch] とも呼んでいる。

ガンベルト [gun belt] 銃用ベルト。拳銃（ピストル）を吊り下げるための頑丈なベルトで、拳銃を収納するためのホルスターが付けられる。アメリカ軍の「M1936ピストルベルト」が有名で、世界的にはこの種のものを「ピストルベルト」と呼ぶのがふつうとなっている。ショットガン用のホルスターが付かないタイプはカートリッジベルトと呼ばれる。

寒冷紗⇒ローン

ファッション全般

ギア [gear] 一般に「(自動車の) ギア、歯車装置」また「装備、道具一式」といった意味だが、「衣服、服装」の意でも用いられる。またヘッドギア (帽子類の意) のような使い方もある。

ギーク⇒オタク族

キーケース [key case] キーホルダー (鍵の収納具) の一種で、革などで作られたケースのこと。最近はこうしたもののファッション化も進むようになっている。キーホルダーにはこのほかに、環状になったキーリング [key ring] といったものもある。キーフォブ [key fob] とも。

キーストンネック [keystone neck] キーストンは「楔石 (くさびいし)」「要石 (かなめいし)」の意で、その形を模した逆台形型にカットされたネックラインを指す。スクエアードVネック [squared V neck] とも呼ばれる。

キーチェーン [key chain] 鍵用の鎖。特にキーホルダーに見られるチェーンを指すことが多く、最近ではこうしたものにもメンズジュエリーとしての価値をもつものが増えている。

キーネック [key neck] クルーネック*の中央部にカギ型の刻みを入れたデザインで、キーホールネックライン [keyhole neckline] を略したもの。刻みの形には三角、半円、台形などさまざまなものが見られる。

キーパージャージー⇒サッカージャージー

キーフォブ⇒キーケース

キーホールネックライン⇒キーネック

キーユ [quille 仏] フランス語で「九柱戯 (きゅうちゅうぎ)」という意味で、これに用いるボウリングのピンのような形に似ていることからこの名で呼ばれる三角形の布片を指す。スカートの広がりを出すために裾に挿し込むようにして用いられるもので、ゴデ*と同種のデザインとさ

れる。

キーリング⇒キーケース

キーループ [key loop] キーホルダーの一種で、環 (ループ) 状になったものを指す。キーリングとも呼ばれ、金属製の環の部分に鍵を通して使用する。全くの実用品だが、最近では若者たちのアクセサリーのひとつとして用いられるようになっている。

キヴィアック [qiviuk] 北アメリカの北極地方に生息するジャコウ牛の産毛をいう。キヴィアックは元々イヌイット語で「鳥の羽の下にある柔らかい羽毛」とか「動物の外毛の下にある細くて柔らかな産毛」という意味。氷河期を生き抜いたとされるジャコウ牛の産毛は繊維長80ミリを超え、繊度*17ミクロンというカシミヤ以上に優れた特質がある。ワシントン条約の保護動物だが、わずかに採れる原料から超高級ニット製品が作られるようになって、最近注目を集めるようになっている。

木型⇒ラスト

ギガホールド [GIGA HOLD] 東レがバッグ用に開発した極太ナイロン糸使いの高強力織物の名称。1000デニールクラスのナイロン糸を4本合わせて1本の糸にし、旧式のレピア織機で織り上げたもので、特殊な中空構造の糸のためにそれほどの重さは感じさせないという。ヘビーデューティーな見た目や耐久性の高さが特徴とされる。

貴金属 [ききんぞく] 空気中で酸化されず、化学変化を受けることも少ない貴重な金属を指し、金 (ゴールド gold)、銀 (シルバー silver)、白金 (はっきん＝プラチナ platinum)、イリジウム iridium が代表的。これに対して空中に放置すると酸化されやすく、水分や二酸化炭素などに簡単に侵される金属を「卑金属 (ひきんぞ

171

く）」といい、アルカリ金属やアルミニウム、鉄などがこれに含まれる。

着ぐるみファッション [きぐるみ＋fashion] おもに動物をモチーフとした着ぐるみで全身をおおって街中を歩くファッション。着ぐるみは元々「となりのトトロ」などの人気キャラクターをモチーフに作られたぬいぐるみ式のナイトウエアを指すが、2004年の夏、マンバと呼ばれるギャルたちがこうしたファッションを始めたことから注目を集めるようになった。

キコイ [kikoi] 淡いパステルカラーの糸で織られた東アフリカの綿織物。同種のカンガ＊より透け感のないのが特徴とされる。ソフトキコイと呼ばれる生地は新しく、ショールやストールとして用いられる。

ギザ綿 [Giza cotton] エジプト・ギザ産の綿花種子および原綿の名称。高級綿であるエジプト綿の中でも、最も高級なもので、中で「GIZA45」と呼ばれる超長綿は世界綿花生産量の0.001％しか採れない希少な原綿とされる。カシミヤの風合いとシルクの光沢を併せ持つとされる。

貴石 [きせき] 宝石類の中で資産性や宝飾品としての価値が高く評価される宝石を指す。英語ではプレシャスストーン[precious stone] と呼ばれ、一般にダイヤモンド、エメラルド、ルビー、サファイア、アレキサンドライト、キャッツアイ、ジェイダイトなどとされる。これらに対してそれほどの価値はないとされる宝石類を「半貴石（はんきせき）」と呼ぶが、両者の間に明確な定義はないとされる。なおこうした分類は「宝石」と「準宝石」という言葉によっても示される。

キチン／キトサン加工 [chitin/chitosan＋かこう] カニやエビなどの甲殻類から抽出した天然高分子である「キチン／キトサン」を用いた抗菌・防臭加工をいう。

こうした加工を施したパンティーストッキングや靴下などがある。

キックプリーツ [kick pleat] キックは「蹴る」という意味で、裾周りの狭いスカートを歩きやすくさせるために入れるプリーツを指す。別名ウオーキングプリーツ[walking pleat]。

キッシングストリング⇒キャプテンキャップ

キッシングボタン⇒キッスボタン

キッズファッション [kids fashion] キッズは本来「仔ヤギ」の意味だが、口語で「子供」を表し、アメリカの口語では「若者」の意味にもなる。日本では一般に子供たちのファッションを指し、チルドレンズウエアなどと同義となる。

キッスボタン [kiss button] メンズスーツの袖口に見る「重ねボタン」のこと。袖口のボタンは一般にひとつずつ離して付けられるものだが、これは互いのボタンが重なって付けられているところに特徴がある。元はクラシコ・イタリア＊調のスーツに見られるが、最近ではハンドメードの証しとして、こうしたデザインを取り入れるスーツが増えている。ボタンがくっついてキッスをしているようだというところからのネーミング。キッシングボタン[kissing button]とも。

キッチンカラー [kitchen color] 家庭の台所（キッチン）で自然に見られる色という意味で、調味料や野菜、果物などの色に代表される。ハチミツやシナモン、オリーブ、キャベツ、ホウレンソウなどに見る色がそれで、ナチュラルカラー＊の一種ともされる。

キッド⇒キッドスキン

キッドスキン [kidskin] 仔山羊のなめし革のことで、単にキッド [kid] ともいう。上品な光沢感に富み柔らかいのが特徴で、主として高級婦人靴に用いられるが、紳士靴でも最高級の位置付けがなされて

ファッション全般

いる。なお、靴用は成長した山羊革を指し、仔山羊革は手袋用のものを指す、という見方もある。

キッドナッパ [kid nappa] 仔山羊の鞣し革であるキッドスキンのうち、より柔軟に鞣された銀付き革のものを指す。この製法が考え出されたアメリカのカリフォルニア州ナパ（ナッパ）の名に因む。高級靴に用いるほかバッグや手袋などの素材ともされる。

キッドモヘア⇒モヘア

キッパ [kippa, kippah] イスラエルで宗教用として用いられる帽子の一種。本来はユダヤ教の民族衣装のひとつで、男性が教会に入るときにかぶるものとされている。小さな皿のような形をしているのが特徴。

キップスキン [kipskin] キップは仔牛（カーフ*）と成牛（カウ）の中間程度のもので、生後7カ月程度から2年くらいの中牛（若牛）をいう。キップスキンはそのなめし革のことで、単にキップ [kip] とも呼ばれ、用途はカーフに次ぐ。

キティサン [Kitty＋sandal] サンリオ「ハローキティ」のキャラクターグッズのひとつで、「キティちゃんサンダル」の略。本来はヘルシーサンダル（健康サンダル）として作られたシンプルなサンダルで、甲のカバーにキティ・ホワイト（キティちゃん）の顔がモチーフとして用いられている。これをヤンキーの女の子たちがジャージーなどとともに必携品として用いたところから、モテ美脚の演出などとして人気が集まった。ラメ付きのソールにも特色がある。

キドニーウオーマー [kidney warmer]「腎臓を温めるもの」の意で、後ろ裾が少し長めになったデザインを指す。腰を冷やさないためのアイデアからきたもので、ダウンベストやラグビージャージー、テ

ニスシャツなどによく用いられる。

キドニーベルト [kidney belt] キドニーは「腎臓」の意で、ちょうど腎臓のある部分を保護するような形の幅広の装飾用ベルトをいう。コースレットベルト*やワスピー*などと同種の女性用ウエストアクセサリーのひとつ。かつてはオートバイライダーの腹部を保護するための腹帯として用いられていたものだったとされる。

キトン [chiton] 古代ギリシャ時代の初期に着用された衣服のひとつで、元々はリネンのチュニックという意味がある。ドーリア（ドリアとも）式とイオニア式の2種があり、前者はペプロス*と同様のもの、後者はイオニア人によって着られた薄地のエレガントなタイプを指す。

キトンヒール [kitten heel] ピンヒールの一種で、高さ3.5～5センチ程度と低めのものをいう。キトンは「子猫」の意で、子猫のように可愛いというところからの命名と思われる。本来50～60年代に流行したデザインで、2010年代に入ってリバイバルの傾向を見せて注目されるようになっている。ハイヒールよりも履きやすく動きやすいのが受けている理由。

生成り色⇒オフホワイト

機能性アンダーウエア [きのうせい＋underwear] 疲労回復などの機能を持つアンダーウエアの総称。体を締め付ける「着圧」によって運動機能を高めて疲労を残さないコンプレッションウエアとか、プラチナなどの粒子状の鉱物を練り込んだ「PHT繊維」などの素材を使用するリカバリーウエアなどに代表される。多くはスポーツ時やアフタースポーツ用とされる。

機能性パンプス [きのうせい＋pumps] 歩きやすさなどに配慮して、さまざまな機能を盛り込んだパンプス。たとえば、中敷きにクッション性の高い素材を用いる

ファッション全般

などしたものがあり、かつては中高年向きの実用的なタイプが多く見られたが、最近ではデザイン性を高めたものが多く出回るようになり、若い女性たちの人気も集めるようになっている。

生機［きばた］できあがったばかりの織物のことで、精錬や染色加工する前の生地の状態をいう。英語でグレイ［grey, gray］ともいう。

きびそ［――］蚕が繭を作るときに最初に吐き出す糸のことで、漢字では「生皮苧」と綴る。一般に生糸を織る際に出る糸くずを集めて乾燥させたものをいい、絹糸紡績の原料に用いられる。最近これを有効活用して衣服やバッグなどの生地にする試みが行われるようになり、注目を集めるようになった。

ギピュールレース［guipure lace］ギピュールはフランス語で「糸レース」の意。本来は羊皮紙を細かく切って金糸や銀糸を巻き、丸紐のコードにしたものを指す。そうした糸で作られるレースを総称するとともに、今日ではケミカルレース*と同義ともされる。

ギブス⇒オペラハット

ギブソンウエスト［Gibson waist］19世紀末から20世紀初頭にかけて流行した女性のブラウスの名称で、当時活躍したアメリカの画家チャールズ・ダナ・ギブソンの絵に多く登場することからこの名が付いた。高い襟とギャザー入りの袖、および絞ったウエストを特徴とするもので、ブラウスを上着的なものへと発展させるきっかけになった衣服のひとつとして知られる。

ギブソンガールスタイル⇒Sカーブシルエット

喜平チェーン［きへい＋chain］チェーン(鎖)の基本形のひとつ。楕円形の環を単純につないだ「小豆（あずき）チェーン」の

環をひとつずつ90度ねじって叩き、平らにしたもの。環に作られた平らな面の数によって、2面、6面、8面などの種類がある。最も基本的で伝統的なデザインとされ、こうした首飾りを「喜平ネックレス」と呼んでいる。語源はこれを最初に編み出した職人「喜平」の名からとか、アメリカの昔の騎兵隊のサーベルに付いていた鎖の形から、騎兵が喜平に転化したものなどといわれている

擬麻加工［ぎまかこう］綿やレーヨンなどの織物に麻のような感じを与える加工法をいう。リンネット［linnet］などと呼ばれるものがそのひとつで、ゼラチンなどの擬麻剤に浸けたり、苛性ソーダ液で処理するなどして、リネン（亜麻）のような外観や感触を持たせたものをいう。

着回し［きまわし］1着の服をコーディネーション（組み合わせ）やアクセサリーの変化などで、何通りにも着こなすことをいう。基本的に色柄やスタイルなどの点で、あまり流行に左右されないものを吟味して選び、そうしたものをうまく組み合わせることによって何通りものスタイル表現が可能になるという考え方を示している。

着物［きもの］「着る物」の意で、日本では近世（江戸時代）以降、「衣（きぬ、ころも)」に代わって用いられてきた語だが、現在では洋服に対する「和服」の意味で用いることが多くなった。なかでも特に「長着（ながぎ）」と呼ばれる丈の長い着物を指すことが多く、最近では「キモノ」あるいは「きもの」と平易に表記される例が多くなっている。

キモノコート［kimono coat］日本の着物にモチーフを得てデザインされた女性用コートの総称。着物に見る前合わせや肩線、袖の形などの造形に特徴があり、着物特有の素材や柄を用いるものも見られる。

ファッション全般

キモノジャケット [kimono jacket] 日本の着物をモチーフとしてデザインされた女性用ジャケットの総称。着物風の前合わせ、着物風の袖などを特徴とし、日本好みのファッションを表現する。

キモノスリーブ [kimono sleeve] 日本のキモノ（着物）のように、身頃と袖がひとつなぎに裁断された形の袖をいう。

キモノディテール [kimono detail] 日本の着物に見られる特有のディテールデザインを総称したもの。前部の打ち合わせ、袖などの形が、洋服のデザインに取り入れられることによって、このように呼ばれる。

キモノドレス [kimono dress] 日本の着物をモチーフとしてデザインされたドレスの総称。平面的なカッティングと着物を思わせる前打ち合わせ、また着物特有の袖など随所に日本的なモチーフが見受けられるもの。欧米のデザイナーにも繰り返し好んで採用されている。

逆アイライン [ぎゃく＋eyeline] ふつうは目尻に向かって伸ばすアイラインを、鼻梁のほうへ逆に引くようにした形の描き方をいう。「インスタ映え」を狙って作り出されたアイデアのひとつ。

ギャザー [gather] 布を縫い縮めてシワや襞（ひだ）を寄せること、また、そうしてできたシワや襞を指す。本来は「集める、集まる」という意味で、衣服を体に巻き付けるという意味もある。

ギャザーアップスリーブ [gather up sleeve] ギャザーを寄せたデザインを特徴とする袖。最初から袖の中ほどにギャザーが寄せられた形になっているもので、最近の女性用のトレンチコートなどに用いられている。簡単にクシュクシュと袖をたくし上げて、活動的に見せることができるという利点もある。

ギャザースカート [gather skirt] ウエストにギャザー（寄せ襞〈ひだ〉）をとったスカートの総称。ギャザーは本来「集める、集まる」の意味で、衣服を体に巻きつけるという意味もある。一般には布を縫い縮めて襞を寄せることをいい、裾にかけて広がりをもたせるギャザーフレアスカート [gather flare skirt] といったものもある。

ギャザースリーブ [gather sleeve] 肩のところにギャザーを入れて立体感のある形にした袖。女性のブラウスやドレスに取り入れることの多いデザインのひとつで、丸みのあるラインが特徴とされる。ギャザーは布地を寄せ集めて作るヒダの一種を指す。

ギャザーフレアスカート⇒ギャザースカート

キャスケット⇒カスケット

キャスターバッグ⇒ローラーバッグ

キャタピラースカート [caterpillar skirt] キャタピラーは「毛虫、イモムシ」の意で、そうした虫の腹部に見るような鎖状のタックをデザイン上の特徴としたスカート。多くはロングタイト・シルエットのスカートに見られる。

キャタピラーソール⇒ラグソール

キャッシュウール [cash wool] イタリアの名門紡績企業「ゼニア バルファ」社（1850年創業）が誇る最高級ウール素材の名称。シルクのような光沢とカシミヤに似せた柔らかな風合いを持ち味としているところから、カシミヤタッチ cashmere touch のウールということでこの名が生まれた。肌触りがよく、毛玉ができにくく、発色に優れるという特色を持ち、特にニットウエアに用いられる例が多い。

キャッツレッグパターン [cat's-leg pattern] ネコの足跡のような柄。クラシックなツイード地によく見られるもので、日本では「猫足織」とも呼ばれる。

キャットウオーク [catwalk] ファッション

175

ファッション全般

ショーをいう俗語で、キャットウオークショーともいう。キャットウオーク本来の意味は、劇場の舞台などに設けられた狭い通路のことで、これをファッションショーのステージになぞらえてこのように呼ぶようになったもの。また女性モデルの動きがネコの歩き方を思わせるところから、という説もある。

キャットガーター［cat garter］ガーター用ストッキングの穿き口の縁辺りに用いるリング状の留め具のひとつ。レース状のリボンで作られ、中心にゴムが通った形を特徴とする。飾りとして結んだ紐がネコのヒゲに似ているところからこのように呼ばれるもので、ロリータぽい雰囲気があり、セクシーな演出ができるとして、最近のギャルたちに好まれている。

キャットスーツ［cat suit］首元から足首までをぴったりとおおう、ひと続きになった女性用の衣服。体にジャストフィットしたジャンプスーツ、またユニタード*型の衣服を指すもので、まさしくネコを思わせるようなイメージがあるところからこのように呼ばれる。

キャットライン［cat line］目の美容法のひとつで、猫の目のようなアイラインを指す。きりりとした目元を強調させるとして考え出された方法で、目尻から跳ね上げるようにアイラインを引くのが特徴とされる。直線的な太い眉とともに最近人気が出てきた。

ギャツビールック［Gatsby look］1920年代アメリカの享楽的な若者たちを描いたフランシス・スコット・フィッツジェラルドの小説『THE GREAT GATSBY』に登場する華麗なファッションを指し、特に主人公ジェイ・ギャツビーが着るホワイトフランネルのスリーピーススーツなどに代表される。ロバート・レッドフォードによる3回目の映画化『華麗なるギ

ャツビー』（1974）の公開によって話題を集め、世にレトロ*ファッションの流行をもたらすことになった。原題の頭文字からGGルックとも呼ばれる。この映画衣装のデザインはラルフ・ローレンによる。

キャップ［cap］頭部にぴったりフィットする縁なしの帽子の総称。一部に鍔（つば）の付くものもあるが、これはブリムではなく、バイザー［visor］（ひさし、前びさしの意）あるいはピーク［peak］（峰、突き出たものの意）と呼ばれる。概してスポーティーな雰囲気のものが多く、カジュアルな用途に多く用いられている。

キャップスリーブ［cap sleeve］肩先にキャップ（帽子）を乗せたようなデザインの袖。きわめて短い袖で、袖下はほとんど付かず、肩先が隠れるくらいのものをいう。

キャップトウ⇒ストレートチップ

キャップトウパンプス⇒メタルトウパンプス

キャトル⇒カウ

キャトルハイド⇒カウ

キャノティエ［canotier 仏］フランス語で正しくはカノティエと発音する。ボーター*（カンカン帽）のフランス名で、原意は「ボートを漕ぐ人」。まさしくボーターと同じ意味になる。キャノチエともいう。

ギャバ⇒ギャバジン

ギャバジン［gabardine］綿やウール、麻などから作られる緻密で丈夫な綾織物の一種。ウールのものを特にウールギャバジン［wool gabardine］という。タテ糸の密度がヨコ糸よりも高いため、綾目が斜め65度ほどと急傾斜に表れるのが特徴で、耐久力に富み、コートやスラックスなどに広く用いられる。特にレインコート向きのギャバジンをクレバネットと呼ぶことがある。ギャバジンには中世のユ

ファッション全般

ダヤ人が着た長衣（ガバディン）とか中世スペインの雨合羽（ガバルディナ）から来たという語源説がある。単に「ギャバ」とも略称される。

ギャバジンルック [gabardine look] 1948年から53年頃にかけて日本で大流行したギャバジンの服によるファッション。アメリカ文化の影響を受けた、いわゆるアメリカンスタイルのひとつで、明るい色調と金属的な光沢感が、いかにも開放的なアメリカ調を表現するファッションとして、日本の男たちに幅広く受け入れられた。スーツやジャケット、パンツといったものが代表的なアイテム。

キャバリアブラウス⇒カバリエ

キャバリエブーツ [cavalier boots] キャバリエは「騎士」という意味で、17世紀の騎士が履いた深靴を思わせるブーツをいう。バケットトップ [bucket top] と呼ばれるバケツのように大きく広がった履き口の折り返しを特徴とするブーツで、くるぶし丈のものからふくらはぎ丈のものまでが見られる。バケットトップだけでもそうしたブーツを意味する。

キャバリエポケット [cavalier pocket] キャバルリーポケットとも。キャバルリーパンツなどと呼ばれていた昔の軍用作業パンツに見るポケット。ブッシュパンツに見るような大型の貼り付け式ポケットや脚部の左脇に付く小さな切りポケットなどの特殊なデザインのポケットを指す。キャバリエは「騎士」、キャバルリーは「騎兵隊」を表し、特にアメリカの西部開拓時代に見られた騎兵隊のズボンの生地をキャバルリーツイルと称し、これを軍隊のワークパンツに用いたところからこのような名称が生まれたもの。

キャバルリーシャツ [cavalry shirt] キャバルリーは「騎兵隊」の意で、西部開拓時代に騎兵隊が着用した胸当て付きの軍

服調デザインのシャツを指す。

キャバルリーツイル [cavalry twill] キャバリーツイルとも。キャバルリー（キャバリー）は「騎兵隊」の意で、元は騎兵隊のズボンに用いられていたところからこう呼ばれる綾織物。急角度の二重になった綾畝を特徴とする弾力性に富んだ生地で、別にトリコティン [tricotine] とか「二重畝ギャバジン」ともいう。トリコティンはトリコット（ニット地）に似ているところからの命名。

キャビアドット [caviar dot] ドット（水玉模様）の一種で、ちょうどキャビア（チョウザメの卵の塩漬け）のような大きさのものをいう。ポルカドット*と同じようなものをいう新名称。

キャビアネイル [caviar nail] ネイルアートの一種で、爪をキャビア（チョウザメの卵の塩漬け）のような細かいビーズの粒で覆いつくす方法をいう。立体的な仕上がりになるのが特徴とされる。

キャビアバッグ [caviar bag] 外観が高級食材のキャビアのように見えるところからこう呼ばれる女性用のおしゃれなハンドバッグのひとつ。プラスティックなどの小さな玉を布地などに埋め込んで作られたもので、パーティーなどに用いられる。

キャビンコート [cabin coat] キャビン（船室）で着るような、というところから名付けられたハーフコートの一種。ピーコートを原型として、襟を普通のテーラードカラーにしたり、ポケットをマフポケットから普通のフラップポケットにするなど、ちょっとしたアレンジを加えたものが代表的。

キャプテンカラー⇒パジャマカラー

キャプテンキャップ [captain cap]「船長帽」の意。船長がかぶる帽子のことで、軍人や警察官などが用いる学生帽型のしっか

ファッション全般

りとした作りの前びさし帽を指す。前部に勲章などの飾りが付き、モール糸などで飾られるものも多い。こうした帽子に付く「あご紐」としてのバンドはキッシングストリング [kissing string] とかチンストラップ [chin strap] と呼ばれ、これは風が強いときの落下防止用とされる。

キャプテンジャケット⇒ヨッティングブレザー

キャプリン⇒カプリーヌ

キャプリーヌ⇒カプリーヌ

キャペリン⇒カプリーヌ

キャミ⇒キャミソールトップ

キャミオヌール [camionneur (仏)] フランス語で「トラック運転手、運送業者」の意だが、これはフランスのデザイナーズハウス「マルタン・マルジェラ」が自社のメンズニット製品に名付けた名称のひとつ。上下から開閉できるダブルジッパー式フロントを特徴とするセーターで、ジッパーを上まで閉めるとタートルネックのような高い襟になる。長袖タイプと袖無しのベストタイプがある。トラックの運転手が着用したところからこう呼ばれるものだが、一般には英語でドライバーズニット（ベストはドライバーズニットベスト）とか単にジップニットなどとも呼ばれる。作業しやすくするためにポケットがいっさい付かないのも特徴のひとつとされる。

キャミキニ⇒キャミソール水着

キャミソール [camisole] スリップ * の下半分を切り落としたような形を特徴とする女性下着のひとつ。元々はコルセット * を隠すためのコルセットカバーから生まれたものとされ、肩から吊るストラップと水平にカットされた胸元のラインを特徴としている。これをアウター（外衣）化した簡便なトップスを「キャミソール

トップ」というが、現在ではキャミソールだけでそうしたトップスも意味するようになっており、そのデザイン変化も多彩なものとなっている。

キャミソールトップ [camisole top] 女性下着のキャミソールを原型としてデザインされた袖なしのブラウスの一種。多くはネックラインがバスト上で水平にカットされ、肩紐で吊るようにして着装される。現在では夏季の簡便なトップスとして多用され、さまざまなデザインが見られる。単にキャミソール、さらにキャミと短縮して呼ばれることが多く、腰より長くした丈のロングキャミソールトップ [long camisole top] といったものもある。別にキャミソールブラウス [camisole blouse] の名称もあり、こうした下着発祥のブラウスをアンダーウエアブラウス [underwear blouse] とも総称している。現在のキャミソール（キャミ）のデザイン変化は多彩で、水平カットのネックラインだけにこだわらず、ブラジャー型やハートネック型、ゆるやかなオーバルネック型などのネックラインや、レースやフリルなどをあしらう胸元のデザインなどが見られる。

キャミソールドレス [camisole dress] 下着のキャミソールをモチーフとしたドレス。キャミソール・ネックラインと呼ばれる水平にカットされた襟ぐり線と肩紐で吊るスタイルが特徴とされる。こうしたものを最近の日本ではキャミワンピ [camisole＋one-piece] などと短縮させて呼ぶ傾向がある。

キャミソールネック [camisole neck] 下着のキャミソール * に見るネックラインを指し、多くはバストラインの少し上で水平にカットされた形のものをいう。最近ではキャミソールトップ * の流行によって、レース付きなどさまざまなデザイン

ファッション全般

のものが現れるようになった。いずれにしても、これに肩紐が付くのがキャミソールの原型とされる。

キャミソールパンツ [camisole pants] キャミソール型のトップスとショートパンツがひと続きになった女性用の衣服。調節自由の肩紐が付き、上半身を前後ともに覆う形になっているところが、これに似たショートオーバーオール [short overall] (胸当て付きのショートパンツの意)とは異なるとされる。シアサッカー*などソフトな素材で作られることが多く、1980年代に流行した。

キャミソールビキニ⇒キャミソール水着

キャミソールブラ [camisole bra] 下着のキャミソールのように上辺が水平にカットされた形を特徴とするブラジャー。装飾性の強いブラジャーのひとつとして用いられることが多い。ブラキャミソール*とは異なる。

キャミソールブラウス⇒キャミソールトップ

キャミソール水着 [camisole +みずぎ] 女性下着のキャミソール*のようなトップスを特徴とする水着。これにビキニショーツを組み合わせたものはキャミソールビキニ [camisole bikini] とか、これを略してキャミキニ [camikini] などと呼ばれる。

キャミソール・ミニドレス [camisole mini dress] 女性下着のキャミソール型のミニ丈ワンピース。肩紐が付き、肩から胸にかけて大きく露出させるセクシーなルックスが特徴で、セクシー服の代表的なアイテムとされる。

キャミチュニック [camisole + tunic] キャミソール型のチュニック。チュニックには色々な意味があるが、ここでは筒型シルエットを特徴とした腰下から膝丈くらいまでのシンプルな上着を指す。ゆったりしたミニドレスといった感じの女性服

がそれで、上部がキャミソール型にデザインされているものをこのように呼ぶ。キャミワンピと同種。

キャミ浴衣 [camisole +ゆかた] キャミソール・ドレス*の形を真似て作られたニュー浴衣のひとつで、裾がミニ丈のミニ浴衣 [miniskirt +ゆかた] とは対照的に、ロング丈が多いのが特徴とされた。1999年夏に流行。

キャミワンピ⇒キャミソールドレス

ギャミヌルック [gamine look] ギャミヌはフランス語で「お転婆娘、いたずらっ子」の意味。スーパーウエイフモデル*と呼ばれた初期のケイト・モスなどに見られるストリートファッションを指し、ちょっとイケナイ女の子といった雰囲気を特徴としている。

キャメル [camel] ラクダの毛。とりわけイラクやロシア、中国などに生息する「ふたこぶラクダ」の毛が衣服用の素材とされる。キャメルズヘア [camel's hair] とかキャメルヘアとも呼ばれ、暖かくて軽いところからポロコートなどの生地としてよく用いられる。キャメルカラー(ラクダ色)と呼ばれる独特の淡褐色も特色のひとつ。これに似た「ラクダ織り」の厚手紡毛絨はキャメルフリース [camel fleece] と呼ばれる。

キャメルズヘア⇒キャメル

キャメルフリース⇒キャメル

キャラコ [calico] 正しくは「キャリコ」という。薄手の平織綿布のひとつで、金巾(かなきん)*の上質なものとされる。強いカレンダー加工*を施して仕上げるところから滑らかな表面感と光沢が生まれ、足袋生地やシャツ、ハンカチーフなどに用いられる。こうした仕上げ方を「キャラコ仕上げ」とも呼んでいる。元々は南インドのカリカットから渡来したことによりこの名があるという。

ファッション全般

キャラコン⇒柄コン

キャラバッグ [character bag] キャラクター（個性）が際立ったバッグのことで、たとえば毛むくじゃらの動物の形をそのままバッグにしたようなものがある。いわゆるキャラ立ちのバッグ。

キャラバンシューズ [caravan shoes] 山歩きなどに向く軽登山靴のことで、元々日本の登山靴メーカー『キャラバン』社の商品名だが、今では一般にこうした靴の代名詞として通用するようになっている。合成ゴム底のビブラムソール*を特徴とした軽い感覚の靴で、街歩き用としても人気が高い。

キャリアウエア⇒キャリアスーツ

キャリアエレガンス⇒キャリアカジュアル

キャリアカジュアル [career casual] キャリアウーマン（いわゆるOL）たちに見るカジュアルなファッション表現。いかにも仕事着といったスタイルとは違い、ショートトレンチコートやブーツカットパンツといった現代的なカジュアルアイテムで仕上げる通勤スタイルを総称する。キャリアエレガンス [career elegance] とかOLカジュアル [OL casual] とも呼ばれ、OLたちが通勤着として着用してもOKというところから、OKカジュアル [OK casual] という異称でも呼ばれる。

キャリアスーツ [career suit] キャリアは「職業的な、生え抜きの」という意味で、社会的な経験を積んで自信と分別を備えた職業婦人、いわゆるキャリアウーマンと呼ばれる女性が着るのにふさわしいビジネススーツの類いを指す。テーラード仕立てのきちんとしたスカートスーツやパンツスーツが多く、男性のそれと同じようにダークトーンのものが多く見られる。こうした仕事服を総称してキャリアウエアとも呼んでいる。

キャリーオール [carryall] 大型の手提げ袋や手提げカゴのこと。何でも運ぶことができるというところからの名称。

キャリーオンバッグ [carry-on bag] キャリーオンは機内持ち込みを許される「手回り品」のことで、そうした目的にふさわしい大きさの旅行カバンを指す。

キャリーケース⇒キャリーバッグ

キャリーバッグ [carry bag] キャリーは「運ぶ、持って行く、持ち歩く」といった意味で、一般にキャスター（ローラー）付きの大型鞄の類を総称する。キャリーケース [carry case] ということもあり、またキャリートロリーバッグの意味から「キャリトロ」と俗称されることもある。また一方でこれは女性のハンドバッグを総称する別称としても知られる。

キャリーボーン⇒フレームパック

ギャリソンキャップ⇒グレンガリーボンネット

ギャリソンベルト [garrison belt] ギャリソンは「守備隊、駐屯兵」という意味で、頑丈な真鍮製のバックルとオイルレザーの一枚革で作られた軍隊調のワイドベルトを指す。元々は英国陸軍の将校用のベルトとして生まれたものとされ、軍服の上に着装するヘビーデューティーなアウターベルトとして用いられていたものという。ゆえにダブルピン式となったものも多く見られる。レインジャーベルト [ranger belt] などと呼ばれるものもこの一種とされる。

キャリトロ⇒キャリーバッグ

キャリバー⇒ムーブメント

ギャル系 [gal＋けい] 一般にギャルと呼ばれる元気な若い女の子たちに見るファッションを称するが、ちょっと不良がかったセクシーな雰囲気のそれを指すニュアンスが強い。これより若い女子高生たちのファッションをコギャル系と呼ぶこ

ファッション全般

ともあるが、最近ではその差も少なくなってきた。

ギャルソンエプロン [garçon apron] カフェのギャルソン（ウエーター）が用いるようなエプロンの意で、腰に布を巻き付けて着用する丈長のエプロンをいう。カフェエプロン [café apron] と呼ばれるほかサロンエプロン*の別称もある。

ギャルソンヌスタイル [garçonne style 仏] ボーイッシュスタイル*に続く1920年代後半の時期（1926～29）の女性ファッションをこう呼ぶ。「スクールガールの時代」とも呼ばれるこの時代は、基本的なシルエットは変わらないものの、幾分女らしい要素が増えてきたために、フランス語で「男の子のような女性」を意味するギャルソンヌの名で呼ばれるようになったもの。

ギャルソンヌスタイル（髪型）⇒マニッシュボブ

ギャルディアンブーツ [gardian boots] 南フランス原産のカウボーイブーツ。ギャルディアンはフランス語で「野生の牛の番人」を意味し、特に　南フランスのカマルグ地方で古くから用いられてきた、そうした人たちのためのブーツを指す。分厚い丈夫な革と厚い靴底を特徴とし、膝下丈のずんぐりしたシンプルなデザインで知られる。1958年、カマルグ地方に創業したラ・ボット・ギャルディアーヌの製品によって知られるところとなり、現在では一般的なカジュアルブーツとしても多く用いられている。

ギャルメイク [gal make] ギャル*と呼ばれる女の子たちに見る独特のメイクアップ。白のアイラインや白の口紅などを入れ、ラメジェル*系の化粧剤で仕上げる方法が代表的。ちょっと不良な女子高生にも広く受け入れられている化粧法で、「ギャル系メイク」とも呼ばれる。

ギャロウジズ [gallowses] ギャロウズは本来「絞首台」の意味だが、首を吊られるようなイメージから、この複数形はサスペンダー*の意味で用いられる。一般にはブレイシーズの古語とされる。

ギャロシーズ⇒オーバーシューズ

キャロットシェイプ [carrot shape] キャロットは「人参（にんじん）」の意で、そのような形をいう。とくにそうしたパンツの形に用いられる例が多く、中太のペグトップラインなどと同義とされる。キャロットラインとも呼ばれ、そのような形のパンツはキャロットパンツともいう。

キャロットパンツ [carrot pants] キャロットは野菜の「人参（にんじん）」のこと。人参のような形をしたパンツという意味で、つまり、中太の「紡錘形」シルエットを特徴とする女性用のパンツを指す。

キャロットライン [carrot line] キャロットは「ニンジン」の意で、ちょうどニンジンのような形を特徴とするシルエットを指す。スピンドルライン*と同義で、こうした形のパンツをキャロットパンツと呼ぶ。

ギャングスタールック⇒ヤートラ

キャンディーカラー [candy color] 砂糖菓子のキャンディーのような色。透明感がありながらも、深みのある冴えた色調で、最近の婦人服コレクションに用いられるようになっている。こうした色はクルマのボディーカラーとしてもよく用いられる。

キャンディーストライプ [candy stripe] 菓子のスティックキャンディーに見るような細い棒縞。白地に赤、黄、オレンジなど甘く明るい調子の色使いとしたものを特にこう呼ぶ。それとともに、これはいわゆる「シャツ縞」の代表的なもののひとつで、飴菓子に見るような単調な一色

181

ファッション全般

使いの細幅の棒縞のことも意味している。これはロンドンストライプ*より細い3ミリ程度の棒縞を指すことが多く、特に『ブルックス・ブラザーズ』社のオックスフォード地ボタンダウンカラーシャツの縞が典型とされている。

キャンディーネックレス⇒ボリュームネックレス

キャンバス［canvas］太い綿糸や亜麻糸で織り上げた厚手の生地。帆布やテントなどに用いられるごく厚手の平織綿布を指すことが多く、コットンダック［cotton duck］などもこの一種とされる。カンバスとも。

キャンバスシャツ⇒キャンプシャツ

キャンバスシューズ［canvas shoes］帆布などとして用いられるキャンバス（ズック）で作られる靴の総称だが、一般には運動靴やズック靴の別称として用いられることが多い。ゴム底のものはスニーカーと同義。

キャンバスデッキ⇒デッキシューズ

キャンバスバッグ［canvas bag］帆布やテント地、またスニーカーなどに用いられるキャンバスで作られるバッグ類の総称。きわめて丈夫なところが特徴で、セイルバッグ*やトートバッグ*を始めとして、ハンドバッグや通学鞄などさまざまなバッグ類に見られる。こうした布製のバッグをクロスバッグ*とも総称している。

キャンバスファッション［campus fashion］キャンパスは「大学などの構内、校庭」また「大学、学園」の意で、主としてアメリカの大学生たちに見る学園ファッションを総称する。日本で1960年代に大流行したアイビールック*などが典型的。

キャンバスルック［campus look］キャンパスは「（大学・学校の）構内」の意味で、一般に校庭や学園の意味で用いられる。

つまり「学園ルック」ということになるが、日本では特にアメリカのアイビーリーグ校を指すニュアンスが強く、そうした大学生たちの学内における服装、すなわちアイビーキャンパスルックの略称として用いられることが多い。カレッジスタイル［college style］と呼ぶこともあるが、カレッジは単科大学や専門学校の意味になる。

キャンピングウエア［camping wear］キャンプ（野営）用の衣服の総称。かつては登山服と同じようなものを意味したが、最近では手軽なオートキャンピングなどの流行もあって、特にこれといった衣服が用いられることは少なくなっている。基本的にはアウトドアスポーツウエア*と呼ばれるものやキャンピングショーツ*の類などが用いられている。

キャンピングショーツ⇒ブッシュショーツ

キャンプカラー［camp collar］ボーイスカウトのユニフォームとして知られるキャンプシャツ*に見る襟型。オープンカラー*（開襟）の一種で、なかにはワンナップカラー*型のものも見られる。

キャンプシャツ［camp shirt］キャンプ時に着用するシャツの意。ボーイスカウトシャツ*に似たオープンカラーのアウターシャツの一種。これはまたキャンパスシャツ campus shirt の略称という説もあり、これはアメリカの学園（キャンパス）で着られることの多いプリント柄のオープンシャツ*を総称する。

キャンプショーツ⇒ブッシュショーツ

キャンブリック［cambric］リネン（亜麻）に似せて、生地の片面を艶出し加工した緻密なコットン地。また上質のリネンをこの名で呼ぶこともある。これをシアリネン［sheer linen］とも呼び、最高級のハンカチーフとして用いられる。

ギャンブルストライプ［gamble stripe］ス

ファッション全般

ーツなどに見るストライプの一種で、黒地に白のストライプを配したものをいう。ギャンブラー（賭博師）に好まれた縞柄というところからの命名と思われるが、アメリカ西部のカウボーイたちが、祭りの際に着用するウエスタンスーツと呼ばれる衣装によく用いられる柄およびそうした生地としてもよく知られる。

キャンポベロ［campobellos］クルーハット（蟬取り帽）のアメリカでの呼称。キャンポベロはカナダのニューブランズウィック湾の小島の名で、アメリカの元大統領フランクリン・ルーズベルトの別荘地として知られる。同大統領がこの白いボート帽を好んだことからアメリカではこう俗称される。正しくはキャンポベローズで、「キャンポベロハット」ともいう。

キューティクル［cuticle］「表皮、外皮」の意で、毛髪の表皮（髪の毛の表面を覆ううろこ状の被膜）のほか、爪の甘皮を指す。爪の付け根にある甘皮をマニキュアの際、取りやすいように柔らかくする乳液を**キューティクルクリーム**［cuticle cream］という。

キューティクルクリーム⇒キューティクル

キューバビーチ［CUBA BEACH］ニッケ（日本毛織）のスーツ地の登録商標名。1960年代に開発され人気のあった夏生地のひとつで、これが再現されて話題を集めた。キッドモヘアと同じ太さのストロング・メリノウールを使用、最新のシュランク機で仕上げたもので、モヘアのようなハリコシと、より滑らかでソフトな感触を特徴にしているという。

キューバンシャツ［Cuban shirt］キューバのミュージシャンがよく着ているシャツ。前立てと袖口のところにフリルが付いた派手なイメージのシャツで、かつてキューバのラテン音楽であるマンボの楽団員たちがトレードマーク代わりに着て

いたものとして知られる。これが映画『ブエナ・ビスタ・ソシアル・クラブ』（1999・独）のヒットから話題となって復活した。

キューバンヒール［Cuban heel］「キューバのかかと」の意で、下部へ向かって細くなる靴のヒールの形をいう。前部は靴底に対して垂直で、後部が前に向かって傾斜しており、太めのスタックヒール*となったものが多い。婦人靴に用いられるほかウエスタンブーツ*にも見られ、このことからカウボーイヒール［cowboy heel］とも呼ばれる。また、その形からテーパードヒール［tapered heel］（先細り型のかかとの意）ということもある

キューバン・プランターズシャツ⇒グァイヤベラシャツ。

キュービック⇒ヘアキューブ

キュービックライン［cubic line］20世紀初頭に起こった絵画運動「キュビスム*（キュービズム）＝立体派・立体主義」をモチーフとしてデザインされたシルエット表現を指す。丸く膨らんだ襟や体から自然に離れるような布の膨らみを特徴とするデザインで、現在でもデザイナーの創作作品によく取り上げられる。

キューブチェーン［cube chain］キューブは「立方体」の意で、四角をモチーフとした環をつないで仕上げた鎖をいう。ブレスレットやネックチェーンなどに多く用いられる。

キューブバッグ［cube bag］キューブは「立方体、立方体のもの」という意味で、そうした角張った形を特徴とするハンドバッグの類いを総称する。最近では特にイタリアのバッグブランド〈グイアス guia's〉のものが女性ファッション誌に取り上げられ、「グイアス・キューブバッグ」として人気を得ている。

キューベン・ファイバー［Cuben fiber］アウトドア用素材のひとつ。強靭なポリエ

183

ファッション全般

チレンのダイニーマと呼ばれる繊維を
UV樹脂でラミネートした極薄・極軽量
の半透明のフィルム状生地。鉄の15倍、
アラミド繊維の40％以上の強さを持つと
され、水分や紫外線、化学薬品に対する
優れた耐久性がある。バッグに用いられ
るほか、防弾ベストなどにも使用される。

キュ・ド・カナール⇒ダックステール

キュ・ド・パリ［cul de Paris 仏］「パリの
お尻」の意で、17世紀末に登場したバッ
スル*状の腰当てをいう。パニエに代わ
って用いられたもので、18世紀末に登場
したものもこの名で呼んでいる。

キュバベラシャツ⇒グアイヤベラシャツ

キュビスム［cubisme 仏］キュービスムと
も。英語ではキュービズム cubism とい
う。「立体派、立体主義」と訳され、20
世紀初頭に起こった抽象派美術の一派と
される。ピカソやブラックなどを中心に、
自然のあらゆる形を立体的な形に分析し
てとらえる表現が特徴とされる。20世紀
の抽象芸術全ての出発点とされている。

キュプラ［cupra］再生繊維の一種。これは
コットンリンター［cotton linter］（綿の
種子周りに生えている短い繊維）を銅ア
ンモニアで溶かして紡糸するもので、絹
のような風合が生まれ、染色性に優れる
などの特徴をもつ。日本では「ベンベル
グ」の商標で知られ、裏地などに多く用
いられる。

キュロッツ⇒キュロットスカート

キュロット［culottes 仏］キュロットスカ
ート*やキュロットパンツ*の意でも用
いられるが、フランス語では「半ズボン、
ショーツ、トランクス」の意味がある。
特にファッション史上では17〜18世紀
の男性貴族が用いた、脚にぴったりした
膝丈の半ズボンを指し、貴族階級の象徴
ともされた。これを英語ではブリーチズ
（ブリーチーズ、ブリーチェス、ブリッ

チズとも）［breech-es］またニーブリー
チズ[knee breeches]と呼んでいる。当時
のそれにはドレス用のものからスポーツ
用のものまで、非常に多くの種類が見ら
れる。

キュロットスーツ［culottes suit］ここでい
うキュロットは、女性用のズボン式のス
カート、あるいはスカート型ズボンのこ
と。そうしたボトムと共布で作られたト
ップスを組み合わせてスーツとしたセッ
トをいう。

キュロットスカート［culotte skirt］脚部が
二股に分かれたパンツ式のスカートをい
う和製語で、フランス語のキュロットと
英語のスカートの合成による。英語では
キュロッツ［culottes］と呼ばれ、ほかに
脚部が分かれているところからディバイ
デッドスカート［divided skirt］、またフ
ランス語でジュップ・キュロット［jupe-
culotte 仏］ともいう。

キュロットドレス［culotte dress］キュロ
ットはフランス語で股の分かれたパンツ
風スカートの意。ボトム部分をそのよう
なデザインにしたスポーティーなイメー
ジのワンピースをこのように呼んでい
る。

キュロットペチ⇒ペチコート

業界巻き［ぎょうかいまき］セーターを体
に直接着ないで、肩に掛けて前で袖の部
分をマフラーのように結んだり、腰に巻
いてぶら下げるといった着こなしを指
す。ファッション業界や芸能界、またテ
レビ局の人たちに目立つ巻き方であると
ころから、このように俗称されるように
なった。1990年代初めごろからの流行で、
タレントの石田純一によく見られること
から「純一巻き」とも呼ぶ。

ギョーシェ［guilloche］ギョシェまたギロ
ッシェとも。時計の文字盤（ダイアル）
にほどこされる繊細な彫模様のことで、

ファッション全般

高級時計に用いられることが多い。手動の旋盤機で規則正しい波縞の模様を彫り込むといった手法があり、見た目の美しさと光の反射を防ぐ目的がある。18世紀にブレゲによって考案されたという。

ぎょうざ襟 [ぎょうざえり] 餃子（ぎょうざ）のような形をしたふくらみのある襟を指す。ミリタリー調のブルゾンなどによく見られるデザイン。

ギョウザ靴 [餃子＋くつ] フロント部にUの字型の縫い目があるモカシン型スリッポンの靴を揶揄していう言葉。そうした縫い目の下部にギャザー（しわ）が多数現れ、餃子（ギョウザ）のように見えることからこう呼ばれるようになったもので、多くは安価なビジネスシューズに対して用いられ、いわゆるオジさん靴、ひいてはオジさんそのものの代名詞ともされている。

ギョサン [――] 漁サン。漁業従事者用サンダルの意味で、とくに小笠原諸島の父島の関係者の間で用いられていたものを略して呼ぶ俗称。元々1968年の同島の返還後に磯での作業用として漁師の間に広まったものだが、今では島民の大半に普及し、父島の名物として知られるようになっている。赤、青、黄色など15色以上の種類があるカラフルなゴム草履状の履物で、観光みやげのひとつともされる。現地には「母島サンダル」もある。

強撚糸⇒撚糸

恐竜ドレス [きょうりゅう＋dress] 恐竜をモチーフとしたドレス。恐竜の背びれを思わせるひらひらカットを袖などにあしらったポップなドレスが代表的で、これらは2009年春夏ロンドン・コレクションにおけるクリストファー・ケインの作品に見られた。

キラ [kira] ブータンの女性が着用する巻き衣の名称。男性のゴに対する衣装で、

ティマと呼ばれるカラフルな模様の生地で作られる。

キラーヒール [killer heel] 英国の俗語で、かかととの高さが12センチ以上ある女性用のハイヒールをいう。キラーには「殺人者」のほか「非常に危険なもの」という意味がある。

ギリー [gillie, ghillie] ギリーシューズ [gillie shoes] とも。元々はケルト民族の舞踏靴として用いられていた靴で、舌革がなく、甲部に設けた鳩目の一種に紐を交差させて留める特異なデザインを特徴とする短靴。ギリーオックスフォード [gillie oxford] とも呼ばれ、いまでは英国の伝統的な靴のひとつとされている。日本では子供靴として用いられることもある

ギリーオックスフォード⇒ギリー

ギリーシューズ⇒ギリー

ギリースーツ [ghillie suit] 究極の偽装服とされる迷彩服の一種。本来、軍隊の狙撃手や観測手たちに用いられる戦闘服（BDU＝バトル・ドレス・ユニフォーム）の一種で、短冊状の布片や糸を多数縫い付けて垂らしたり、草木や葉っぱ、小枝などを取り付けたりし、まるで雑草をかぶったようにしか見えない軍装を指す。山間部や草原において身を隠すために用いるもので、近年ではサバイバルゲームの遊びにも使用されている。ギリーとは18世紀ころからスコットランドに伝わるギリードゥ Ghillie Dhu（暗い若者の意）という妖精に因むもので、ギリースーツも元々はスコットランドの猟場管理人によって開発されたという話がある。

キルティータン [kiltie tongue] 靴のタン（舌革）の一種で、短冊状の切り込み飾りを特徴としたもの。本来キルティータンはスコットランドの兵士の服に付けられたギザギザの房飾りを意味しており、単にキルトとかキルティー、またショー

ファッション全般

ルタン［shawl tongue］（肩掛けに似た舌
革の意）とも呼ぶ。

キルティーモックス［kiltie moccs］キルテ
ィータン*と呼ばれるデザインを取り入
れたモカシン*型の靴のことで、キルト
タッセル*などもここに含まれる。ゴル
フシューズ*にもこうしたデザインのも
のが見られる。

キルティング［quilting］「刺し子縫い」の意。
羊毛や羽毛などを入れて刺し縫いするこ
と、またそうしたものの材料を指す。そ
の完成品となる掛けぶとんなどはキルト
［quilt］と呼ばれる。

キルティングウエア［quilting wear］保温
や防護などの目的で、２枚の布の間に綿
などを挟んでステッチで押さえたものを
キルティング（キルトとも）というが、
そうした技法を特徴とする衣服をこのよ
うに総称する。いわゆる「詰め物服」の
ことで、広義にはダウンウエアもここに
含まれる。キルテッドウエア［quilted
wear］ともいう。

キルティングジャケット［quilting jacket］
保温を目的に二枚の布の間に綿を入れて
ステッチをかけたキルティング加工を特
徴とする上着の総称。ダウンジャケット
と同種のアイテムだが、これは人工綿を
詰め、きわめて薄く軽量に仕上がってい
るのが特徴。そうした一般のジャケット
をいうほか、冬季の工事現場などで用い
る防寒着の一種をこのように呼ぶことも
ある。

キルティングバッグ［quilting bag］キルテ
ィング素材を用いたバッグの総称。ダイ
ヤ形のステッチ留めを特徴としたもの
で、フランスの『シャネル』社によるシ
ャネルバッグ［Chanel bag］が代表的。

キルテッドウエア⇒キルティングウエア
キルト（布地）⇒キルティング
キルト［kilt］スコットランドの高地地方

に見る男性用のプリーツ入り巻きスカー
ト。タータン*柄を特徴としたもので、
膝丈程度の長さを持つ。本来スコットラ
ンド高地人や連隊の軍人の正装とされた
もので、男性の珍しいスカート姿として
広く知られている。フィリベッグ
［philibeg, filibeg］とも呼ばれるが、これ
はスコットゲール語で、feile（kilt）＋
beag(little)から来たもの。

キルトスカート［kilt skirt］キルト*は英
国スコットランド高地＝the Highlands
の男子の民族衣装で、男性のスカートと
して知られるが、これをモチーフに作ら
れた女性用のスカートを指す。タータン
チェックを基調とした巻きスカートの一
種だが、さまざまなデザインで変化を与
えたものをデザインキルト［design
kilt］、またミニ丈としたものをキルトミ
ニ［kilt mini］と呼んでいる。

キルトタッセル⇒タッセルモカシン

キルトツイード［quilt tweed］キルティン
グ（刺し子縫い）加工が施されたツイー
ド生地の意。ぷっくりと膨らむ効果が生
まれるところから、最近の子供服のコー
トなどに多用されるようになっている。

キルトミニ⇒キルトスカート

キレカジ［きれい＋casual］「きれいなカジ
ュアル」あるいは「きれいになったカジ
ュアル」の略として用いられる。1987年
頃に台頭し、だんだん無秩序になってい
った「渋カジ*」が、本来のきれいさを
取り戻したという意味で、90年秋ごろか
ら雑誌『アクロス』がこう名付けたもの
とされる。最近では鮮やかな色使いなど
のカジュアルファッションを称しての
「きれいめカジュアル」の略として再び
流行語となっている。

金カジ［きん＋casual］金曜日のカジュア
ルからきたもので、英語でいう「フライ
デーカジュアル」のきわめて日本的な

訳。アメリカではカジュアルフライデー [ca-sual Friday] ということが多く、そうしたカジュアルな服装が許される日のことをカジュアルデー [casual day] と呼んでいる。

ギンガム [gingham] 平織綿布の一種で、多くは白／青、白／赤などの単純な小格子模様を特徴とし、テーブルクロスや夏のシャツなどに多用される。フランスのブルターニュ地方のガンガン Guingamp という場所で最初に作られたところからという説と、マレー語でチェックの綿布をいう ginggang からきたものという二通りの語源説がある。

ギンガムチェック [gingham check] 平織綿布のギンガムに特有のテーブルクロス状の小格子柄。白に赤、白に青といった単純な組み合わせのものが多く、夏向きのシャツやジャケットなどに多用される。エプロンチェック [apron check] の別称があるのは、かつて英国の理髪店で前掛けの柄に用いられたことからといわれる。

キンキーパーマネントウエーブ⇒パンチパーマ

キンキーヘア [kinky hair] キンキーは「ねじれた、よじれた、（髪が）縮れた」の意で、名詞形でキンクヘア [kink hair] ともいう。要は「縮れ毛」の頭髪のことだが、ファッション的にはアフロヘア*やカーリーヘア*のように、わざと縮れさせたヘアスタイルを指す。特に細かく縮れさせた小型のアフロヘアといったものを意味することが多い。

キンキールック [kinky look] キンキーは本来「きつくよじれた、ひどくもつれた」という意味だが、英俗語で「風変わりな、異常な、奇異な」といった意味にもなる。1966年ごろからロンドン、チェルシー地区のキングスロードに起こった風変わり

な若者ファッションをこのように呼んだもので、いわゆるスウィンギン・ロンドン [swinging London]（揺れ動くロンドンの意）の火付け役となった。別にキングスロード・ファッション [King's Road fashion] とも呼ばれる。

キングストンモデル⇒ニューポートブレザー

キングスロード・ファッション⇒キンキールック

キンクヘア⇒キンキーヘア

金属繊維 [きんぞくせんい] 鉱物繊維*のひとつで、金糸・銀糸の貴金属繊維やステンレススチール繊維などをいう。英語ではメタリックファイバー [metallic fiber] と呼ばれ、そうした金属糸のことはメタリックヤーン [metallic yarn] とかメタリックスレッド [metallic thread] という。ラメ [lamé 仏] はその代表的なもの。

巾着バッグ [きんちゃく＋bag] 巾着は上部を紐絞り式にした日本古来の袋のこと。そうした形に似せて作られた現代的なバッグを総称するもので、革などで作られ、巾着絞りとするほか持ち手も付けられたデザインが多く見られる。「巾着型バッグ」などとも呼ばれる。

銀付き⇒グレイン

金箔プリント [きんぱく＋print] 金箔を貼り付けたプリント柄のことで、英語ではゴールドフォイルプリントという。転写紙の下地やアイロンプリントシールなどにプリントした後に金箔の箔シートを貼ることによって、メタリックなプリントに仕上げるもので、金箔の他に銀箔やオーロラ箔、カラー箔などのフォイル（箔、金属の薄片）も見られる。

ギンプ [gimp] 正しくはギンプト・エンブロイダリーという。「ささべり飾り」のことで、衣服や袋物の端を布や飾り紐、革などで細く縁取る細工を指す。ブラウ

ファッション全般

スやジャケットのポケット口に用いる例
が多い。教会の祭礼服に用いることから
チャーチ・エンブロイダリーとも呼ばれ
る

ギンプ（衣服）［guimpe 仏］元は14世紀ご
ろから用いられた女性が顔から首、胸元
までをおおうのに用いた白い木綿製の糊
付けされた布を指す。これがカトリック
の修道女服の一部として現代にも残り、
「垂れ頭巾」などと呼ばれるようになっ
た。また19世紀末から20世紀初期にかけ
て用いられた美しい薄布で作られた婦人
の胸当てを指したり、小さなシュミゼッ
ト（半袖や袖なしのブラウス、婦人用胸
着、男子用短袖シャツの意）を意味した
り、子供用の丈の短いブラウスをいうこ
ともある。さらに襟ぐりを目立たせない
ための「ひだ飾り」を指すこともある。

銀メッキ繊維［ぎんメッキせんい］電気を
通しやすい銀メッキをほどこした繊維
糸。消臭靴下などに用いられるが、近年、
身に着けた人の心拍数や心電などの生体
情報が計測できるとして、シャツ型のウ
エアラブル端末にも用いられるようにな
っている。京都市のミツフジの開発によ
る。

銀面⇒グレイン

ファッション全般

グアイヤベラシャツ ［guayabera shirt］キューバの砂糖キビ栽培園で働く人たちが用いたジャケット型のシャツで、ノーフォークジャケット*のような左右のボックスプリーツを特徴としたものが原型とされる。キューバン・プランターズシャツ［Cuban planter's shirt］とかキュバベラシャツ［Cubabera shirt］とも呼ばれる。

グアテマラコート ［Guatemala coat］赤、オレンジ、グリーン、ブルーといった派手な色使いで、きわめてプリミティブ（原始的）な模様を特徴とした民族調のコート。グアテマラは中央アメリカの国のひとつだが、そうした中南米諸国に特有の色柄使いということで、このように名付けられた。毛足の長いシャギー調の素材で作られ、ショートからロングまでさまざまな丈が見られるが、いずれもフリンジ（房飾り）付きというのが大きな特徴。

クアトロピエゲ ［quattro pieghe 伊］イタリア語で「4つの折り畳み」という意味で、4つ折りネクタイをいう。高級ネクタイのひとつで、芯地は使うが、裏地の部分から小剣通しまで表生地を使った贅沢な作りとなっているのが特徴。英語でフォアフォールド［four fold］とも呼ばれる。なお結び下げネクタイでは、バイアス裁ちの3枚接ぎ（3つ折り）が一般的な仕立て方とされ、これをイタリア語ではトレピエゲ［tre pieghe 伊］という。

グアナキート⇒グアナコ

グアナコ ［guanaco］ガナコとかグァナコともいう。南米アンデス山地に生息するラクダ科の野生動物の一種グアナコの毛を原料とする素材。ビキューナ*と同じく家畜化が不可能な動物で、現在は絶滅寸前の希少動物とされ、その毛はビキューナ以上に価値が高いとされている。若いグアナコはグアナキート［guanaquit］と

呼ばれ、生後2～3カ月のものの毛皮が珍重されている。

クイーンモデル⇒フォクシーモデル

クイッフスタイル ［quiff style］前髪を伸ばして高くかかげた髪型をいう英国での名称。アメリカでいうポンパあるいはポンパドールのことで、クイッフには「額に垂らした髪の毛」の意味がある。1950年代に流行を見たもので、1970年代に至りデイヴィッド・ボウイたちによって復活した。日本ではリーゼントと混同されるが、リーゼントはダックステールのことで特に前髪を伸ばす髪型とは限らない。これらをいっしょにしたものはクイッフリーゼントと呼ばれる。クイッフにはまた「身持ちの悪い女、ふしだらな女」という意味もある。

食止型 ［くいどめがた］バックルベルト*の一種で、締め金具にベルトを通して食い止めとするもの。これを俗にバックルと呼んでおり、尾錠表面をベルトと共革で包んだ「共バックル」や、ピン付きと併用になった「共くるみ」といった変形もある。こうしたものを英語ではラッチバックル［latch buckle］と呼んでいる。

クイルマーク⇒オーストリッチレッグ

クーズー ［kudu］クードゥーとも。アフリカ原産のウシ科の偶蹄類でレイヨウの一種。牛革の強さとカモシカ（アンテロープ）のしなやかさを持ち、表面にはいくつもの傷や筋の跡があってワイルドな雰囲気をかもし出す。デザートブーツや財布などに用いられる。

グースダウン ［goose-down］鵞鳥（ガチョウ）の綿毛のことで、北緯45～53度周辺の寒冷地で飼育されているものが質・量ともに優れたものとされている。こうした水鳥の胸や首の低い部分に生える綿毛は保温性に優れ、これを中綿としたダウンウエアは零下30度の厳寒にも耐える特性

か

189

ファッション全般

をもつとされる。ハンガリーやポーランドなどヨーロッパ産のそれは白色で特に優れたものとされ、これをホワイトグースダウン [white goose-down] とかプレミアムダウン [premium down] などと呼んで珍重している。アジアでは中国北方のものが高級品とされるが、アジア産のものには灰色が多く見られる。

グースダウンＶネック・プルオーバー⇒ダウンセーター

グースダウンベスト [goose-down vest] 詰め物に鵞鳥の綿毛（グースダウン）を使ったダウンベスト*で、高級品の代名詞とされる。1970年代初期のダウンウエアのブーム時にはこれがまず注目された。

空調服⇒エアコンジャケット

クーフィーヤ⇒カフィーヤ

クーリエバッグ [courier bag] クーリエは「急使、特使」また「添乗員、案内人、ガイド」といった意味で、いわゆ るメッセンジャーバッグと同様のショルダーバッグの名称のひとつ。背中全体に掛けるようにしたデザインのもので、軽快なバッグのひとつとして人気がある。

クーリーカラー [coolie collar] クーリーは中国の労働者をいう「苦力」のことで、彼らの衣服に見る立襟の一種を指す。グランドファーザーカラー*のような低めの台襟で知られる。

クーリージャケット [coolie jacket] クーリーは中国の日雇い人夫「苦力」のことで、彼らが着用した立襟のゆったりした上着にヒントを得てデザインされたシャツジャケットを指す。コットンギャバジン製のものが多いが、ファッション的にはカラフルなサテンなどが用いられ、いかにも中国といった雰囲気を表す。

クーリーシャツ [coolie shirt] 中国のクーリー（苦力＝革命前の下層労働者）が着ているようなシャツの意で、マンダリン

カラーと呼ばれる浅い立襟と中国調の前合わせを特徴としたエスニックな雰囲気のトップスを指す。いわゆるカンフージャケット*のシャツ版で、シルキーな感触の模様入り生地が多いのも特色のひとつ。

クーリーハット [coolie hat] 昔、中国の労働者クーリー（苦力）が用いた帽子に似ていることからこう呼ばれる婦人帽のひとつ。円錐形のストローハット*というのがデザイン的特徴。

クールウール [cool wool] 盛夏向きに開発された軽く薄く涼感のあるウーステッド地を指す呼称。元は当時のIWS（国際羊毛事務局＝現AWI）西ドイツ支部が1983年春夏に行ったクールウール・キャンペーンから始まったもので、その後のキャンペーンによって急速な普及を見た。着心地の良さ、シャリ感、ドライなタッチなどさまざまな優れた特質をもっている。

クールウエア [cool wear]「涼しい服」の意。暑い夏を涼しく過ごそうという目的から開発された服を指すもので、熱のこもりを防ぐ通気性の高い機能を持つものなどがデザインされるようになった。特に女性向けのそれを指すことが多く、「接触冷感」機能と呼ばれる素材を駆使したものが多く見られる。

クールカジュアル [cool casual] クールには「冷たい、冷静な」とともに「カッコいい」という意味があり、そのようなシャープな感覚のあるストリートファッションを総称している。1997年夏ごろから東京の街角で見られるようになった大人っぽい雰囲気の若者ファッションを指し、やがて男子高校生たちの間にも広がって一定の人気を得るようになった。「クール系」とも称される。

クール系⇒クールカジュアル

ファッション全般

クールスカーフ［cool scarf］水に漬けると
ひんやりする機能を持つスカーフ。東日
本大震災で電力不足に陥った2011年夏の
節電対策グッズのひとつとして登場した
もの。いわゆる涼感グッズのひとつでも
あり、暑さの厳しい地域では熱中症対策
としても活用された。冷却スカーフとか
涼感スカーフなどとも呼ばれる。

クールツイード［cool tweed］クールなイ
メージを与えるツイード素材。2011年春
夏向けのプルミエール・ヴィジョン東
京／ＪＩＴＡＣで提唱されたテキスタイ
ルトレンドのひとつで、青を基調とした
それが代表的とされる。

クール・ニットキャップ［cool knit cap］
夏にかぶる涼しい感覚のニット帽。デュ
ポン社のハイテク素材「COOLMAX」な
どを使用したもので、汗を素早く蒸発さ
せる快適なかぶり心地を特徴としてい
る。2012年ごろから流行し始めた、真夏
にニット帽をかぶる傾向に対処して生ま
れたもの。

クールビズ［COOL BIZ］地球温暖化対策
の一環として環境省主導で始まった新し
い省エネファッション*の愛称。クール
は「涼しい」、ビズはビジネスの略で、
夏の新ビジネススタイルのあり方を提唱
している。ノーネクタイやノージャケッ
トなど涼しくてカッコいい服装を勧める
もので、2005年からスタートしている。

クールファッション［cool fashion］ここで
のクールは「カッコいい」ではなく、ま
さしく「冷たい、涼しい」の意。節電対
策などで2011年夏活発化した「涼感ファ
ッション」をいう俗語のひとつ。

クールフラワー［cool flower］白黒調や暗
い色使いなどで表現される花柄。2014年
春夏のデザイナーコレクションに多く見
られた柄傾向のひとつで、シックな雰囲
気が魅力的として、クール（かっこいい）

の名が与えられたもの

クーンスキン⇒ラクーン

クエーカーボンネット⇒ボンネット

クオーター［quarter］靴の「腰革」。靴の
側面を覆う革で、これが爪先やレースス
テイ*の部分にまで及ぶことになる。か
かとを覆う部分の補強用となる後部の腰
革はアウトサイドクオーター［outside
quarter］と呼ばれる。

クオーターソックス⇒クルーソックス

クオータードット⇒コインドット

クオーターパンツ［quarter pants］「4分の
1」パンツの意。全体の丈を裾から4分
の1のところでカットした感じのパンツ
で、ふくらはぎ丈のパンツを指す新語と
して登場した。逆から見てスリークオー
ターパンツ［three quarter pants］（4分
の3丈パンツ）という表現も見られる。

クオーターブローグ［quarter brogue］ス
コットランド原産の伝統的な紳士靴であ
るブローグで、メダリオン（穴飾り）の
付かないタイプをいう。4分の1ほどに省
略されたブローグといったほどの意味。

クオーツウオッチ［quartz watch］「水晶腕
時計、クオーツ時計」のこと。発振部に
水晶振動子を用いた腕時計で、そうした
掛け時計や置き時計はクオーツクロック
［quartz clock］という。電圧をかけると
振動する水晶の性質を利用して歯車を動
かす仕組みにした時計で、これは1969年、
日本の『セイコー』社の開発による。

クオーツクロック⇒クオーツウオッチ

草木染⇒ベジタブルダイ

ぐし縫い［ぐしぬい］運針の基本とされる
縫い方のひとつで、布地に直角に針を入
れ、表裏ともに同じ細かな針目で縫って
いくことをいう。

くしゅくしゅブーツ［くしゅくしゅ＋
boots］布やニットなどで作られた女性用
のブーツの一種で、筒の部分がくしゅく

191

ファッション全般

しゅと撚れて縮んでいるところから、こ
のように呼ばれるもの。ごく柔らかな革
で、そのような効果を表したものも見ら
れる。布を縮めるという意から、これを
シャーリングブーツ［shirring boots］と
呼ぶ向きもある。

くちばしクリップ［くちばし＋clip］鳥の
くちばしのような形をした髪飾り用のク
リップ。10センチ以上と長いのが特徴で、
ラインストーンなどを飾ったものが登場
して、2005年春以降人気を集めている。

クチュール［couture 仏］フランス語で「裁
縫、仕立て、縫い方」の意。ここから「衣
装店、裁縫店」の意味が生まれ、一般に
婦人服の仕立て屋、注文服店を指すよう
になった。ファッション業界ではオート
クチュール*の略称として用いることも
ある。

クチュールアヴァンギャルド［couture
avant-garde 仏］オートクチュール*の感
覚で創り出すアヴァンギャルド*（前衛
的）なファッションといったほどの意
味。グランジ*やパンク*などのストリ
ートファッションを、オートクチュール
特有の高度な造形感覚で表現しようとす
る動きをいう。

クチュールカジュアル［couture casual］ク
チュール（裁縫）的な感覚を生かしたカ
ジュアルファッションの意。ドレープや
ギャザーを多用したカジュアルなワンピ
ースなどが代表的。

クチュールスリーブ［couture sleeve］パリ
のオートクチュール（高級注文婦人服）
の作品に見るような袖のデザインといっ
たほどの意味。非常に手の込んだ雰囲気
が感じられるデザインを総称したもの
で、コートやジャケットに見られる筒状
にゆるやかに広がる袖などが代表的。

クチュールドレス［couture dress］クチ
ュール仕立てのドレスの意で、非常に手の

込んだ感じの高級ドレスを指す。クチュ
ールは本来フランス語で「裁縫、縫い方」
の意で、ここから「衣装店、裁縫店」の
意味を引き出した。クチュールといって
もここではオートクチュール（高級注文
婦人服）を意味しているわけではない。

クチュールライク⇒リアルクチュール

クチュールルック［couture look］クチュ
ールは「裁縫」の意味だが、ここではオー
トクチュール*の略とされる。つまり、
オートクチュール風の装いをいったもの
で、特に1950年代のクリスチャン・ディ
オールなどに代表される高度な作りのオ
ートクチュール風ルックスを指してい
る。

クチュール系［couture ＋けい］プレタポ
ルテ*の中で、特にオートクチュール*
から発せられるファッションをこのよう
に呼ぶことが多い。また、特に構築的な
服作りをされたものや高級感のただよう
ファッションをいうこともある。

クチュリエ［couturier 仏］原意は「（男性の）
裁縫師」だが、主としてパリのオートク
チュール*における男性の主任デザイナ
ーを指す。女性のそれはクチュリエール
［couturière 仏］と呼ばれる。メゾン*（店）
において彼、彼女たちはメートル［maitre
仏］、メートレス［maitresse 仏］（女性形）
と呼ばれることが多いが、これはともに
「先生、主人」という意味。

クチュリエール⇒クチュリエ

クッサ［khussa］パキスタン東部パンジャ
ブ州が発祥の地とされる南アジア伝統の
革靴の一種。一般に靴底のかかとがなく、
左右の区別もないカラフルな靴を指し、
主に女性の履きものとされる。フォーマ
ルな場では男性も用いるが、パキスタン
人男性は普段チャッパル［chappal］と呼
ばれるインド発祥の伝統的な革サンダル
を履くことが多い。クッサはパキスタン

ファッション全般

に多い呼び名で、その他の地ではモジャ
リ［mojari］とも呼ばれる。かかと付き
や草履型、トングサンダル型などさまざ
まな形のクッサも見られる。

クッションソール［cushion sole］何らかの
クッション性を高める仕掛けを施した靴底
の総称。空気層を持つエアクッションソー
ル*を始めとして、中底などに水を入れた
ウオータークッションソール［wa-ter
cushion sole］などの種類がある。

クッションファンデ［cushion foundation］
肌の色を演出する基礎化粧品のひとつ
で、パウダータイプとリキッドタイプ両
方の特徴を兼ね備えた新しいファンデー
ション。クッションは「衝撃を緩和する
もの」また「急激な変化などを和らげる」
といった意味からきたもので、パウダー
タイプの手軽とリキッドタイプの潤い
を持ち、持ち運びしやすいために外出先
で重宝すると評判になっている。

グッチ・ビット⇒バンブービットモカシン
グッチローファーズ⇒ビットモカシン
グッドイヤーウエルトプロセス［Goodyear
welted process］靴のアッパー（上部）
とボトム（底部）をつなぎ合わせる製法
（これを「底付け」という）のひとつで、
最も複雑で重厚とされる製靴法をいう。
甲革と中底リブと細革をすくい縫いした
あと、中物を詰めて本底と細革を出し縫
いして作られるもの。いわゆるコバ*が
張り出して縫い糸が見えるのも特徴のひ
とつで、頑丈で安定感に富み、長時間の
使用にも耐えるという多くのメリットを
もつ。主に高級紳士靴に用いられ、単に
「グッドイヤー式」というだけでも通用
する。この名称は1875年ごろに製靴機械
を考案したチャールズ・グッドイヤーに
ちなんだもの。

靴紐ベルト［くつひも＋belt］靴紐をその
まま用いたベルト。また、そのように作

られたベルトも指す。もともとはプロ・
スケーターが競技中の怪我を避けるため
に用いた靴紐がヒントとなって若者ファ
ッションとなったもの。英語ではシュー
ストリングベルトとなる。

グドゥリー［guduli］インドやパキスタン、
バングラデシュなどに見られる布のひと
つで、サリーなどの古布を2～3枚重ねて、
刺し子をほどこしたもの。いわゆる「刺
し子布」で、リバーシブルのコートやス
カートなどに用いられるほか、スカーフ
としても愛用される。

クマ耳パーカ⇒ネコ耳パーカ
クラーゲン⇒コル
クライドルック⇒ボニー・アンド・クライ
ド・ルック
クライマーパンツ⇒クライミングパンツ
クライミングウエア⇒マウンテニアリング
ウエア
クライミンググラス［climbing glasses］登
山用のサングラスのこと。強烈な太陽光
線や雪原の反射などを防ぐ目的で用いる
もので、濃色で大きめのレンズを用いた
ティアドロップタイプ（ナス型）のもの
が多く見られる。
クライミングジャケット［climbing jacket］
登山用のジャケット。これは特に「岩登
り」用の上着を指すこともあり、一般に
はマウンテンジャケット［mountain jack-
et］と呼ばれることが多い。かつてはツ
イード製のシャツジャケット型のものが
多く見られたが、現在ではアメリカのア
ウトドアブランドの雄『シエラデザイン
ズ』社のマウンテンパーカ*に代表され
るパーカ型のものがこのように称される
ことが多くなっている。
クライミングシューズ⇒マウンテンブーツ
クライミングショーツ［climbing shorts］
登山用のショートパンツ。クライミング
パンツ*をショーツに改良したものだが、

ファッション全般

最近ではこうしたものを街の中で着ようとする傾向が目立ち、注目を集めている。これは比較的ボディーフィット型のショートパンツで、チノクロスなど丈夫なコットン地を使ったものが多い。

クライミングソックス [climbing socks] 登山用の靴下。登山という動きに合わせた機能性の高い靴下で、フィット性を高めるなどさまざまな工夫をほどこしたものが開発されている。

クライミングパンツ [climbing pants] クライミングは「登山」の意で、登山用の丈夫なパンツをいう。膝下部分まで布地を重ねた独特の構造で知られ、クライマーパンツ [climber pants] とも呼ばれる。「登山ズボン」は、かつてはツイード製のニッカーボッカーズ*型のものがその代表とされたが、現在ではこうしたデザインのものが主流とされるようになっている。マウンテンパンツ [mountain pants] とかマウンテニアリングパンツ [mountaineering pants] の名称でも呼ばれる。

クライミングブーツ⇒マウンテンブーツ

グラインディング [grinding] グラインドは「挽く、研ぐ、すり合わせる、磨く、粉にする」の意で、ブルーデニムにリューターと呼ばれる機械を用いて表面をこすり、穿き古したような経年変化の跡をわざと表現する加工法をいう。ダメージジーンズ加工のひとつ。

グラインドシューズ [grind shoes] インラインスケート（ローラーブレイドとも）から生まれた「グラインド」というアクションスポーツに向けて作られたスポーツシューズの一種。アウトソール中央部の深い溝が特徴。グラインドには「回転する」という意味がある。

クラヴァッタ⇒クラヴァット

クラヴァッテ⇒クラヴァット

クラヴァット [cravat] 英語でいうネクタイの別称。フランス語のクラヴァット [cravate 仏] が転化したもので、イタリアではクラヴァッタ [cravatta 伊]、ドイツ語ではクラヴァッテ [Krawatte 独] というように、海外ではネクタイよりもクラヴァットという表現のほうが一般的とされる。クラヴァットはもともとクロアチアの騎兵のことで、1656年（1668年説もある）、当時のルイ14世の警護にやってきたクロアチアの軽騎兵隊の兵士たちが首に白い布切れを巻いているのを見た王が、白いレースで同じようなものを作らせたのがネクタイの始まりになったという故事に由来している。クロアチアをフランス語でクロアット Croate と表現したのが、クラヴァットの名の起こりとされる。

クラウン⇒ハット

グラウンドコート⇒ベンチコート

グラウンドジャック⇒グラウンドジャンパー

グラウンドジャンパー [ground jumper] グラウンドジャック [ground jac] ともいう。スタジアムジャンパー*と同義で、グラウンド（運動場）で着用するところから生まれた名称。これは完全な和製英語で、スタジャンと同様に「グラジャン」と略して呼ばれることがある。また、きわめて日本的に「グランドジャンパー」と発音されることもある。

グラウンドナッツカラー [groundnuts color] グラウンドナッツはおもに英国でいうピーナッツのこと。つまり「ピーナッツ色」のことで、ピーナッツに見る淡い茶系の色調を指す。また、こうした木の実系の色を「ナッツカラー」と総称し、チェスナット（くり）色などの種類がある。またベリー（いちご類の果実）に見る色は「ベリーカラー」と呼ばれ、ともに最近の流行色のひとつとされている。

クラウンハット [crown hat] クラウン（冠

ファッション全般

の意で、帽子の山の部分をいう）を特徴とする帽子の総称で、一般にはソフトハット型のフェルト帽などを指す。ただし、最近の若者向けショップなどではバイザー（前びさし）付きの丸帽でもこのように呼ぶことがあり、その定義付けは難しくなっている。また clown hat と綴るとサーカスのピエロ（クラウン）がかぶるメガホン型の円錐帽を指し、オープンクラウンハット [open crown hat] といえば、高く結い上げた髪を見せるためにクラウンの部分が開いた形の帽子を意味することになる。

クラウンルック⇒ピエロルック

グラカジ [glamorous + casual]「グラマラスカジュアル」の短縮語。グラマラスは「魅力に満ちた、魅惑的な」の意で、いかにもセクシーな魅力にあふれたカジュアルファッションの表現をいう。特に「109系ファッション*」に見る「お姉系*」と呼ばれるファッションを指すことが多い。

暗髪 [くらがみ] 茶髪と黒髪の中間にある髪の毛の色を指す。まっ黒ではないダークトーンの髪色で、2014年ごろから人気を得るようになってきた。肌の色や季節を選ばず、幅広いファッションに合わせやすいとされる。

クラコー⇒プーレーヌ

グラシーズ⇒スペクタクルズ

クラシカル⇒クラシック

クラシカルエレガンス [classical elegance] クラシック*な良さを保ちながら、かつ優雅な雰囲気を併せ持つ服装全般の感覚、およびそうしたファッションを指す。古き良き時代を回顧させるファッション表現ともされる。

クラシカルノット⇒ボウノット

クラシコ・イタリア [Classico Italia 伊] 元々はイタリアの最高峰のテーラーたちが加

盟する『クラシコ・イタリア協会』から発信される服作りやその紳士服を指したが、やがてミラノやナポリなどに見るイタリア独特のデザインで作られるメンズスーツを総称するようになった。日本では1995年ごろから紹介されている。クラシコはイタリア語で「規範的な、正しい」という意味がある。

クラシコ・テーラード [classico tailored] クラシコ・イタリア*と同義。とくにイタリアの伝統的な紳士服作りの技術を指す。なお『クラシコ・イタリア』は毎年フィレンツェで開催されるピッティ・イマジネ・ウオモ展（メンズウエア見本市）の別格コーナーとして毎回グループ出展している。

クラシック [classic]「古典的な」また「第一級の、典型的な、一流の、模範となる」といった意味。ファッションイメージにおいては「伝統的な、昔風の」の意味で用いられることが多い。クラシカル [classical] も「古典の、古典的な、正統的な」の意で、クラシックと同様に扱われる。

クラシックジーンズ [classic jeans]〈リーバイス501*〉を原点とする基本的な形と素材使いを特徴とした古典的ジーンズの総称。14オンスの厚手ブルーデニムを中心として、素直な直線形のシルエットとリベット打ちされたファイブポケット（5個ポケット）のデザインをもってその典型とする。基本的なジーンズの意でベーシックジーンズ [basic jeans]、正規のジーンズの意でレギュラージーンズ [reg-ular jeans]、標準的なジーンズの意でスタンダードジーンズ [standard jeans] など多くの別称、異称でも呼ばれる。

クラシックスタイル⇒エンパイアスタイル

クラシックスニーカー [classic sneaker]

ファッション全般

昔風のスニーカーの総称。コンバースや
ケッズのバスケットシューズなどに見る
ような、キャンバス製で紐結び式の昔な
がらのスニーカーをいう。ハイテクスニ
ーカー主流の時代にも変わらぬ人気を保
っている。オールドスクールスニーカー
[old school sneaker]などとも呼ばれる。

クラシックパターン⇒ベーシックパターン

クラシックパンツ［classic pants］いわゆ
る「褌（ふんどし）」を上品に表現した
日本独特の用語。褌は元々南方系の衣類
のひとつで、日本では「六尺」「越中」「も
っこ」といったものが古来より用いられ
ている。また「締め込み」「下帯」「肌帯」
「たふさぎ」「まわし」「ふどし」といっ
た名称もあり、水泳用には「水褌（みず
ふんどし）」といったものが用いられた
という。

クラシックブラウス［classic blouse］昔風
の雰囲気を持ち味とするブラウスの総
称。本当にクラシックなビクトリアンブ
ラウス*を始めとして、女学生が着るよ
うな清楚なブラウスなどが含まれる。

クラシックミリタリー［classic military］
中世風の軍隊調ファッション。現代の軍
服とは違って、おもちゃの兵隊のような
ロマンティックなイメージにあふれてい
るのが特徴で、2006〜07年秋冬コレク
ションに登場して注目を集めた。かつて
のGS（グループサウンズ）の衣装にも
通じる感覚がある。

グラジャン⇒グラウンドジャンパー

クラスカジュアル［class casual］ここでい
うクラスは口語で「上品さ、気品」また「上
等な、優秀な」という意味で用いられる。
つまり他とはひと味違った品の良さを感
じさせるカジュアルファッションを指し
てこのように表現したもの。一般に「ク
ラス感のあるファッション」というよう
に用いる。クラスファッションともいう。

グラスコーム［glass comb］新しいヘアア
クセサリーのひとつとしての髪留め。二
つのコーム（櫛）がつながった形を特徴
とし、耳の後ろ辺りの髪を挟み込んで留
めるもの。クリスタルガラスやビーズな
どで飾られているところからこのように
呼ばれる。

クラスターストライプ⇒グループトストラ
イプ

グラスファイバー⇒鉱物繊維

クラスファッション⇒クラスカジュアル

グラスホルダー［glass holder］「メガネ吊し」
のこと。メガネを外したときに、それを
吊しておくための道具を指し、大抵はネ
ックチェーンにメガネを吊すための飾り
を付けたネックレス状のものとなってい
る。メガネを上手に収納するアクセサリ
ーのひとつとして登場したもの。

クラスリング［class ring］学校のクラス（学
級）で記念に作られた指輪。校章を彫り
込んだスクールリングと同じで、特に特
定の教育課程を卒業した年度を記した記
念指輪を指すことが多い。どの指に飾っ
てもよく、時にありきたりの安物の指輪
を指す代名詞として用いられる例もあ
る。

クラダーリング［Claddagh ring］クラダリ
ングとも。アイルランドの伝統的な指輪
で、アイリッシュジュエリー*の代表的
なもののひとつ。クラダー（クラダ）は
アイルランドの漁村の名からきたもの
で、付ける指と向きによってさまざまな
意味が生まれるとされる。当地では婚約
指輪として用いられる例が多い。

クラッキング加工［cracking＋かこう］ク
ラックは「ひび、裂け目」また「ひびを
入れる」といった意味で、主としてジー
ンズの表地にわざと「ひび」を入れる加
工法をいう。いわゆるダメージ加工のひ
とつで、ビンテージ感を表現するのに多

ファッション全般

く用いられる。

クラックトレザー [cracked leather] クラックトは「ひびの入った、割れた、砕けた」といった意味で、ひび割れたり、わざと傷つけたような表面感を特徴とする革を指す。あまりのみすぼらしさからディストレストレザー [distressed leather] と呼ばれることもある。ディストレスは「悲しませる、苦しめる」という意味だが、これはファッション的な観点からわざと傷つけているわけで、いわばダメージジーンズ*のレザー版といった趣があるもの。こうした革を「ユーズド加工レザー」とも呼んでいる。

クラックネイル [crack nail] ネイルアートの一種で、爪に2種類のネイルカラーを重ね塗りし、ひび割れ（クラック）状の模様を現す方法をいう。

クラックプリント [crack print] クラックは「ひび、割れ目、裂け目」また「ひびが入る、ひびを入れる」といった意味で、ひび割れしたような感じに表現するプリント柄を指す。いわば「ひび割れ模様、裂け目模様」のことで、染色や染料によってそうした柄を出す。

クラッシャー⇒クラッシャーハット

クラッシャーハット [crusher hat] 単にクラッシャーとも呼ばれる。クラッシャーは「押しつぶすもの、つぶれるもの」といった意味で、丸めても畳んでも、すぐに元の形に戻る簡便なフェルト製などの帽子を指す。

クラッシュトジーンズ⇒ダメージジーンズ

クラッシュトスタイル [crushed style] ポケットチーフのあしらい方のひとつで、ポケットチーフの角を花びらのように無造作にのぞかせる挿し方をいう。タックトイン [tucked in] と呼ばれるほか、ペタルトリートメント [petal treatment]、ペタルスタイル [petal style]（ペタルは

「花びら」の意）、またチップアップ [tip up] などとさまざまな名称でも呼ばれる。中央をつまんで、さっとしごき、4つの角をさりげなく見せるのがポイントで、ちょうどパフトスタイル*の反対のやり方となる。

クラッシュベロア [crushed velour] ぐしゃぐしゃにつぶされたような表面感を特徴とするベロア*。素材感の面白さを追求するファッション傾向から生まれたファンシー素材のひとつで、単にクラッシュベロアともいう。クラッシュは「押しつぶす、もみくしゃにする」といった意味。

クラッシュハット [crush hat] クラッシュは「押しつぶす、つぶれる」の意で、押しつぶすことが可能な帽子を総称する。一般には持ち運びに便利なように小さく押しつぶせる登山用の帽子などが挙げられるが、オペラハットのように折り畳める仕掛けとなった帽子のこともこのように呼ぶ。

クラッシュレギンス⇒ダメージレギンス

クラッチバッグ [clutch bag] クラッチは「つかむ、しっかり握る」といった意味で、抱え型の薄型バッグを指す。しゃれたビジネスバッグとして用いることが多く、アタッシェケース*に次ぐ2番目のバッグという意味のセカンドバッグ [second bag] としての価値観も強くなっている。全体に平たい形になったもののほか、「三角ポーチ」といって横から見ると三角形に見える、脇に挟むタイプも多く見られる。

クラッビング [crabbing] 毛織物の整理工程における「湯伸し（ゆのし）」のことで、業界では「煮絨（しゃじゅう）」と呼ばれる。織り上がったばかりの生地は糸が引っ張られて繊維同士が強く押しつけられ、弾力がなく、しわになりやすいこと

か

197

ファッション全般

から、いったん熱湯に浸し、糸1本1本の
ゆがみを取るとともに全体をリラックス
させる。この工程をこのように呼ぶ。

グラディエーターサンダル［gladiator san-
dal］グラディエーターは古代ローマで観
客のために人や猛獣などと真剣勝負をし
たプロの剣士（剣闘士）のことで、彼ら
が履いたとされる革製の戦闘用サンダル
にモチーフを得てデザインされたサンダ
ルを指す。ストラップを肋骨と背骨のよ
うに構成した形が特徴で、多くは足首の
上部までをそうしたストラップで覆う形
にしており、その形状からボーンサンダ
ル［bone sandal］（骨、骨格のサンダル
の意）とも呼ばれる。D＆G（ドルチェ・
アンド・ガッバーナ）のコレクションシ
ョーから火がついて2008年春夏にブレイ
クしたとされるが、映画『グラディエー
ター』（2000・米）の影響も無視できな
いと思われる。

グラディエーターブーツ［gladiator boots］
グラディエーターサンダル*のブーツ
版。またグラディエーターサンダルその
ものがブーツサンダル（ブーサン*）の
形となっているところから、その別称と
もされる。これがボーンブーツ［bone
boots］と呼ばれるのも、ボーンサンダル
*からの流用となる。

グラデーションカット［gradation cut］グ
ラデーションは「階調、段階的変化」の
意味で、段差をつけて刈る髪のカット法
を指す。細かい段が入り、なだらかで上
品な動きが生まれるのが特徴とされる。
毛先にゆるめの段をつけるグラデーショ
ンボブ［gradation bob］や、サイドやト
ップ（頭頂部）がふわふわと流れるグラ
デーションレイヤー［gradation layer］
といったバリエーションもある。

グラデーションカラーヘア［gradation
color hair］グラデーションは「階調、段

階的な変化」といった意味で、毛先に向
かって徐々に明るい色に変化していく髪
形を指す。ロングヘアで表現することが
多く、ピンク系などのそれが見られる。

グラデーショングラス［gradation glasses］
レンズの色そのものに濃淡の調子をつけ
たサングラス。上部が濃い茶色で、下部
へいくほど薄くなっていくといったもの
で、こうしたことからハーフグラス［half
glasses］ともいう。なおハーフグラスに
は通常のフレームの半分しかない半月形
の小型メガネを指す意味もある。これは
本来読書用メガネのひとつで、ハーフム
ーングラス［half-moon glasses］とも呼
ばれる。

グラデーションストライプ［gradation stripe］
グラデーションは「少しずつ変化するこ
と、段階的変化」という意味で、色の調
子や幅などを漸進的に変化させた縞柄を
指す。グラデュエーテッドストライプ
［graduated stripe］（等級別に配置した縞
柄の意）ともいい、日本では「段々縞」
と呼ばれる。

グラデーションボブ⇒グラデーションカット

グラデーションレイヤー⇒グラデーション
カット

グラデュエーションキャップ⇒モーターボ
ードキャップ

グラデュエーテッドストライプ⇒グラデー
ションストライプ

グラドストンバッグ［Gladstone bag］スー
ツケースの元になったとされる旅行鞄の
一種。革や布などで作られ、タテに左右
均等に開くのが特徴。英国の政治家ウィ
リアム・E・グラドストンの名にちなむ
もので、19世紀に流行をみた。

グラニーグラス［granny glasses］「おばあ
さんのメガネ」の意で、昔、おばあさん
が愛用したような雰囲気の強い、小さな
丸型のフレーム（枠）を特徴としたメガ

ファッション全般

ネおよびサングラスの類をいう。またモッズルック*特有の、横長に角張った小さなフレームのサングラスを指すこともある。

グラニースカート⇒グラニードレス

グラニードレス［grannie dress］「おばあちゃんのドレス」の意で、ハイウエストで切り替えの入った60年代風の丈長ドレスなどに代表される。クラシックな雰囲気が特徴で、同種のものにギャザー使いなどのグラニースカートなどもある。

グラニーバッグ［granny bag］「おばあちゃんのバッグ」という意味で、昔懐かしい感覚の女性用手提げバッグを指す。同様の意味からグランマーズバッグ［grandma's bag］ともいい、がま口型の大きな留め具が付いたバッグや、大きな木製の持ち手が付いた布地バッグなどが代表的。

グラニーブーツ［granny boots］「おばあちゃんのブーツ」という意味で、昔風の編み上げ式の中深靴を指す。日本ではこの種のものを「編上靴（へんじょうか）」などと呼ぶことがあるが、英語で正確にはレーストハイシューズ［laced high shoes］あるいはレーストハイブーツ［laced high boots］と呼ぶことになる。

グラニールック［grannie look］グラニーは「おばあちゃん」の意で、特に昔のアメリカ開拓時代に見られる女性の服装を指すことが多い。農婦風のスタイルが特徴で、フリル付きのロマンティックなロングスカートなどのアイテムが見られる。この「おじいちゃん」版とされるのがグランパルック［grandpa look］で、ここでは昔の農夫風の服装が散見される。

グラブ⇒グローブ

グラフィカルストライプ［graphical stripe］グラフィックデザイン的なタッチで処理された縞柄。グラフィカルは本来「絵を見るように、線図で、文字によって」を意味し、通常の直線ではなく、さまざまに工夫を凝らしてデザインされたストライプを総称することになる。最近ではCG（コンピューターグラフィック）で処理されるものが多い。

グラフィカルプリント［graphical print］グラフィックデザイン的な感覚で表現されるプリント柄を総称し、こうした柄をグラフィックパターン［graphic pattern］ともいう。グラフィックは本来「絵を見るような、生き生きとした」また「図案的な、図表の」という意味を持つ。

グラフィック・サイケプリント⇒サイケデリックプリント

グラフィックＴシャツ［graphic T-shirt］ここでのグラフィックは「図案的な」また「絵を見るような」という意味で、動植物などの絵柄をプリントしたTシャツを指す。広くはグラフィックデザインを取り入れたTシャツ全般をいうことになる。

グラフィックパターン⇒グラフィカルプリント

グラフィックパンツ［graphic pants］グラフィックプリントを特徴的な柄デザインとするパンツの総称。幾何学的な模様やサイケデリック調の柄、また草花などをモチーフとした具象的な柄など全体に派手でカラフルな印象のものが多く見られ、現在では1960〜70年代ファッションの雰囲気をよく表すアイテムとして人気がある。

グラフィティプリント［graffiti print］グラフィティは「落書き」という意味で、まるで落書きのように描きなぐった感じのプリント柄をいう。大胆でポップな柄表現のひとつで、例えばアメリカンコミックから飛び出したような絵柄があげられる。

199

ファッション全般

グラフィティルック⇒アメリカン・グラフィティルック

クラブカジュアル [club casual] 音楽やダンスを自由に楽しむ若い人たちのたまり場として知られるクラブから派生したカジュアルな装いの総称。クラブファッション＊と同義で、ヒップホップ系を始めとして、レゲエ系、ボーダー系、DJ系などさまざまなタイプが見られる。ジャズマン風に略してブラカジなどと称することもある。

クラブコート⇒クラブジャケット

クラブジャケット [club jacket] 同好の士による紳士たちの集まりである「クラブ」で着用されるユニフォームとしてのジャケット。日本語では「倶楽部服」とか「遊技服」などと訳され、クラブコート [club coat] やクラブブレザー [club blazer] とも呼ばれる。ファッション史上ではブレザー以前のブレザーを指す名称として知られ、クラブストライプ＊やクラブを示すエンブレム（紋章）などを特徴とした。

クラブストライプ [club stripe] 英国で発達した学生のスポーツクラブが、その象徴としてデザインした縞柄。多くはカレッジカラー＊（その学校特有の色）を同じ幅で2～3色交互に配置したもので、レジメンタルストライプ＊とよく似た雰囲気を持っている。日本では「クラブ縞」と呼び、こうしたネクタイを「クラブタイ＊」と称している。これとは別にクラブを「棒」の意味にとって、「棒縞＊」の意とする説もある。

クラブスポーツウエア [club sportswear] 乗馬やハンティング、ヨットなど趣味を同じくする人たちが集まり、会員制をとるスポーツを「クラブスポーツ」といい、それにふさわしい格調の高い貴族的な雰囲気のある服装をこのように呼ぶ。いわ

ばスポーツセレブたちの装いということになり、ブレザーなどをユニフォームとする例が多く見られる。

クラブタイ [club tie] クラブストライプ＊という縞柄を特徴としたネクタイ。これは元々英国で発達した学生のスポーツクラブがその象徴としてデザインしたもので、レジメンタルストライプ＊と似通った雰囲気をもっている。多くはカレッジカラー（その学校特有の色）を同じ幅で2～3色交互に走らせた縞柄を特徴としている。

グラフチェック [graph check] グラフ用紙（方眼紙）に見るような細かい格子柄。ドレスシャツの基本柄のひとつとされている。

クラフトドレス [craft dress] クラフトは「職人などの特殊な技術」の意で、きわめて巧妙な手工芸タッチで作られたドレスをいう。パリ・オートクチュールの作品に見る、目を見張るような手の込んだ作りのドレスに代表されるが、最近ではこのようなクラフトタッチのドレスがプレタポルテにも登場するようになって注目を浴びている。

クラブファッション [club fashion] 従来型のディスコに代わって1990年代から登場してきた若者向けの新しい遊び場を指すクラブを発信源とするファッションの総称。B系＊、DJ系＊、ヒップホップ系、レゲエ系、ボーダー系、スカ系などとそのクラブの性格によってさまざまな系統がある。

クラブフィギュア⇒ヘラルディックパターン

クラブブレザー⇒クラブジャケット

クラブヘア⇒ドレッドヘア

クラブボウ [club bow] 結んだときに蝶結びの両翼が一直線の形になる中幅のボウタイを指す。かつてアメリカのナイトク

200

ファッション全般

ラブで支配人やバーテンダーが用いたことからこの名があるとされるが、クラブには「棒」の意味もあり、まっすぐな棒状の形からこう呼ばれるという説もある。後者によれば、まさしく「棒タイ」ということになる。

グラマーガールルック [glamour girl look] グラマーガールは、肉感的な魅力を持つ女性の意。特に1950〜60年代に活躍したグラマー女優を思わせるセクシーな雰囲気のファッション表現をこのように呼んでいる。

グラマードレス [glamour dress] 1950〜60年代のグラマー女優を思わせる肉感的な雰囲気のドレス。豊かなバストとくびれたウエストを強調したボディーコンシャス型のシルエット表現が特徴で、50〜60年代シネモードの再来として注目されている。

グラマーニット [glamour knit] グラマーは魅惑的なの意から来たもので、1950〜60年代のグラマー女優を思わせるようなセクシーな雰囲気を持つニットドレスやセーターなどを指す。伸縮性のあるニットの特性を生かしたボディーラインぴったりの肉感的なシルエットが特徴。

グラマラス [glamorous] グラマー [glam-our]（女性の性的魅力、あでやかさ）から派生した言葉で、「魅惑的な、魅力に満ちた、人を惹き付けるような」の意。ラグジュアリー、ゴージャスと並んで、21世紀のファッションセレブ*たちに欠かせないファッション・キーワードのひとつとなった。

グラマラスカジュアル⇒グラカジ

クラミス [chlamys] クラミュスとも。古代ギリシャ時代に用いられた男性用の活動的なコートの一種。おもに軍人や旅行者が用いたもので、1枚の布を肩や背中の1カ所で留め、マントのようにして着用した。

クラムディガーズ [clam diggers] クラムディガーとは「はまぐり掘りをする人」という意味で、もとは潮干狩りに用いられたことからこう呼ばれる七分丈のパンツをいう。デッキパンツ*よりゆったりとしたシルエットのもので、裾に折り返しを付けたものが多く見られる。

グラムファッション⇒グラムロッカー

グラムロッカー [glam rocker] 1970年代初頭に登場したグラムロックの信奉者を指す。T．レックスのマーク・ボランやデヴィッド・ボウイたちに代表されるグラムロックは、それまでのハードロックやプログレッシブロックなどに代わる新しいロックミュージックとして台頭し、両性具有的なそのファッション表現とも相まって一世を風靡した。グラムはグラマラス glamorous（魅力的な）の略とされ、そのファッションはグラムファッション [glam fashion] とも呼ばれている。

クラレット⇒ボルドー

クラロリ [classical Lolita] クラシカルロリータの略。ロリータファッションのひとつで、いわゆる甘ロリ（姫ロリ）やゴスロリ（ゴシック＆ロリータ）ではない、落ち着いたお嬢様風の装いを特徴とするロリータファッションを指す。中世英国貴族のご令嬢といったイメージの、クラシカルで上品な雰囲気を持つところからこのように呼ばれるもので、全体に控え目な調子があるところから、20代後半からの大人のロリータとも称される。

グラン・クチュリエ [grand couturier 仏] フランス語で「偉大な裁縫師」を意味するが、特にパリ・オートクチュールにおける（男性の）大御所デザイナーを指す尊称として用いられる。女性の場合はグラン・クチュリエール [grand couturière 仏] となる。

ファッション全般

グラン・クチュリエール⇒グラン・クチュリエ

グラン・コスチューム⇒マント・ド・クール

グラン・サンク［Les Grand Cinq 仏］「パリ5大宝飾店」をいう通称。ブシェロン、ショーメ、モーブッサン、ヴァンクリーフ＆アーペル、メレリオ・ディ・メレーの5店。

グランジファッション［grunge fashion］グランジは「汚い、悪い、劣った」といった意味のアメリカ俗語。直接にはシアトル生まれのグランジロックと呼ばれるロックバンドのステージ衣装から来たもので、よれよれ、しわしわ、ぼろぼろのファッションをこのように呼ぶようになった。

グランジファー［grunge fur］グランジ（汚い、ひどい）なイメージを強調する毛皮という意味で、布屑のような端毛皮をずるずるとぶら下げたようなものなど、いかにも過激な表現の毛皮のデザインを指す。

グランジフリンジ［grunge fringe］汚らしいフリンジ（房飾り）という意味で、ジャケットやコートなどの裾から垂れ下がる、くず糸のような感じのデザインをいう。シャビールックなどわざと貧乏を気取るファッションの表現に用いられるデザインのひとつで、グランジという流行語を借りて、このように名付けたもの。

グランジヘア［grunge hair］全く手入れしていないようなボサボサの無造作な髪型。グランジは「汚い、悪い、劣った」といった意味の米俗語で、1990年代初期にシアトルで生まれたグランジロックという新しい音楽ムーブメントに派生したヘアスタイル。現在でも男女ともに見られる。

クランタータン［clan tartans］クランは「氏族」また「一族、一門」の意で、特にス

コットランド高地に見られる名門氏族を指す。「高地人」の意味でハイランダーとも俗称されるが、彼らが家紋として守ってきた格子柄をこのように称し、タータン＊の中でも最も基本的なものとされている。現在クランタータンと呼ばれるものは171柄あるとされ、これを基に作られた変化柄を合わせると、現在のタータンは800〜900柄ほどに達するのではないかといわれている。

グランドコンプリケーションウオッチ⇒コンプリケーションウオッチ

グランドシャツ⇒バギーシャツ

グランドファーザーカラー［grandfather collar］「おじいさんの襟」の意で、昔、おじいさんの着ていたシャツに見るような立襟をいう。バンドカラー＊と同義で、ファーマーズカラー［farmer's collar］（農夫の襟の意）など多くの名称でも呼ばれる。

グランドファーザーシングレット⇒グランパシャツ

グランドブル⇒ビッグブル

グランパシャツ［grandpa shirt］「おじいさんのシャツ」の意で、俗に「ラクダメリヤス」などと呼ばれるクラシックな肌着のシャツ、またそれを模したアウタータイプのニットシャツを指す。より正確にはグランドファーザーシングレット［grandfather singlet］（おじいさんのアンダーシャツの意）と称し、またその生地のアイルランドの原産地名からバルブリガンズ［balbriggans］、それを愛用したアメリカの映画俳優の名をとってウォーレス・ビアリー・シャツ［Wallace Beery shirt］とも呼ばれる。一般にはヘンリーT＊と同様のアイテムで、1960年代末葉にタイダイプリント（絞り染め）をあしらったものが、ヒッピー風俗のひとつとして大流行をみた。

202

ファッション全般

グランパセーター [grandpa sweater]「お
じいさんのセーター」の意で、古臭いイ
メージのセーターを揶揄していったも
の。いかにも昔風のVネックセーターな
どがそれに当たる。伝統的な味のあるク
ラシックなセーターを指す肯定的な見方
もある。

グランパブーツ [grandpa boots]「おじい
ちゃんのブーツ」という意味で、グラニ
ーブーツ*と同じようにこれまた日本的
な俗称とされる。靴は19世紀末ごろか
ら欧米で流行をみたボタン掛け式の中深
靴を指し、英語で本式にはボタンドハイ
シューズ [buttoned high shoes] とかボ
タンドハイブーツ [buttoned high boots]
と呼ばれる。

グランパルック⇒グラニールック

グランパンタロン [grand pantalon 仏] フ
ランス語で「大きな長ズボン」の意。ル
ーズなシルエットを特徴とする女性用の
パンツで、揺れ動くようなイメージがあ
ることからスイングパンツ [swing
pants] とも呼ばれる。

クランベリー [cranberry] ツツジ科の小低
木ツルコケモモの花に似た淡紅色、また
その実から作るジャムやジュースに見る
色調を指す。そうした赤や紫、ピンク系
の色を「ベリー系」と呼ぶことがあり、
最近の流行色のひとつとなっている。

グランマーズバッグ⇒グラニーバッグ

グラン・マリエ⇒ローブ・ド・マリエ

グラン・ムジュール [grand mesure 仏] フ
ランス語でフルビスポーク、つまり、完
全な手作りによるオーダーメードを指
す。グランは「偉大な」、ムジュールは「寸
法」といった意味で、シュール・ムジュ
ール（注文仕立て）の最上級に当たる。

クリアアクセ [clear＋accessory] クリア
は「澄んだ、透明な、すっきりした」と
いった意味で、透明感のあるきれいなア

クセサリーを指す。ブルーやピンクとい
ったきれいな色使いで、透き通った感覚
の強いブレスレットやネックレスなどの
アクセサリーを、2003年ごろから日本で
このように俗称するようになった。この
ようなブレスレットを、これまた日本的
な略称で「クリアブレス」などとも呼ん
でいる。

クリアカット・ウーステッド [clear-cut
worsted] 製織後に表面の毛羽を刈り取っ
て、織り組織を鮮明に表したウーステッ
ド*をいう。こうした加工をクリアフィ
ニッシュということから、クリアフィ
ニッシュト・ウーステッド [clear-finished
worsted] とも呼ばれ、俗に「クリアウー
ス」とも略称される。

クリアカットデニム⇒アンフィニッシュト
デニム

クリアカラー⇒ダルカラー

クリアシューズ [clear shoes] 透明感を特
徴とした婦人靴をいう最近の呼称。キラ
キラしたきれいな色使いも目立ち、足を
きれいに可愛く見せられるということで
人気がある。いわゆるヌード感のあるカ
ラフルなアクセサリーの流行とともに登
場したもの。

クリアバッグ [clear bag]「透明なバッグ」
の意。透明なビニールなどを使って、わ
ざと中身を分かるようにしたファンシー
なバッグ類を指す。ポシェットや小さな
ショルダーバッグとしたものが多く見ら
れる。

クリアヒール [clear heel] 透明感を特徴と
したヒールの総称。クリアシューズ*と
呼ばれる女性靴に特有のデザインのひと
つで、キラキラしたきれいな色使いのも
のも見られる。

クリアフィニッシュト・ウーステッド⇒ク
リアカット・ウーステッド

グリーク・フィッシャーマンキャップ [Greek

ファッション全般

fisherman cap]「ギリシャ人の漁夫帽」の意で、俗に「ギリシャ帽」と呼ばれるギリシャの海員帽のこと。日本ではヨット乗りの帽子として知られるもので、柔らかな船員帽といったところに特徴が見られる。ギリシャの海運王として知られたオナシス氏の愛用した帽子としても有名。

グリーシーヘア［greasy hair］グリージーヘアとも発音し、グリースヘア［grease hair］ともいう。ヘアグリース（整髪用の油脂剤）をべったりつけて、わざと汚らしくさせた男性のヘアスタイル。裏返しのおしゃれとして現れたファッションのひとつで、「3日ヒゲ」などと呼ばれる無精髭同様のファッション表現。グリーシーには「油のついた、油で汚れた」といった意味がある。

クリース［crease］ズボン類の脚部前後の中央に付けられる「折り目」線のこと。日本では「プリーツ」と呼ぶことが多いが、プリーツは「襞（ひだ）」の意味で、正しくはクリース（本来は折り目、しわの意）といい、さらにセンタークリース［center crease］とかフロントクリース［front crease］の名で呼ばれる。ズボンにクリースが付くようになったのは1890年代のことで、英国の軍服に始まり、20世紀に入って一般化した。

グリース［grease］「獣脂、潤滑油」のことで、ここでは整髪用の油類を総称する。固形タイプのポマード、チックや液状タイプのリキッドなどがあり、ウオーターグリース［water grease］という水性ポマードもある。なおウェットグリース［wet grease］は濡れたような光沢感が持続する整髪料を指す。こうしたものを総称してヘアオイル［hair oil］ともいい、日本では昔から「アブラ」と称していた。

グリースヘア⇒グリーシーヘア

クリースレスパンツ［creaseless pants］クリース（折り目）のないパンツの総称。クリースはドレッシーなズボンには不可欠とされるデザインで、これをわざと付けないことによってソフトな雰囲気が生まれることを狙いとしたもの。日本的にノークリースパンツ［no crease pants］といったり、また日本ではクリースのことをプリーツとも呼ぶことから、ノープリーツパンツ［no pleats pants］などとも呼んでいる。

クリートソール［cleat sole］正しくはラバークリートソール［rubber cleat sole］という。クリートは「すべり止め」の意で、そうした加工を施したラバーソール*を指す。靴底に「こぶ」のようなデザインを施し、そうした効果を出すということでラバーナブソール［rubber nub sole］とも呼ばれる。

クリーパーズソール［creepers sole］天然ゴムや合成ゴムで作られるラバーソールの一種。1950年代、英国のテディーボーイたちによって流行したブローセルクリーパーズ（売春街を忍び歩く奴の意）という靴からこの名があるもので、最近では2.5センチ以上の高さを持つずんぐりした「厚底」を呼ぶことが多い。

クリームスパ⇒クリームバス

クリームバス［creambath］クリームスパ［cream spa］とも。インドネシアのバリ島などに伝わる髪と地肌の美容法。アロエやアボカドなどの天然素材配合のクリームを、頭皮や背中などに塗ってもみほぐすもので、美容と癒やし両面の効果があるとして近年人気を集めている。

クリーン・アンド・シャビールック［clean & shabby look］素材やソフトな色使いなどで、透明感のある清潔なイメージを出したボロルック。シャビーは「みすぼらしい、ぼろぼろの」という意味だが、た

だ汚らしいだけのシャビールックではなく、きれいになった貧乏服ということから、別にクリーンアップシャビーなどとも呼ばれる。

クリーンアップシャビー⇒クリーン・アンド・シャビールック

グリーンウール⇒オーガニックウール

クリーンウエア [clean wear] 塵（ちり）の付かない、また、塵を防ぐ機能を持つ「無塵服（むじんふく）＝無塵衣」や「防塵服（ぼうじんふく）＝防塵衣」を指す英語表現。クリーンルームウエアとも呼ばれ、特殊環境作業衣のひとつとされる。リントフリー lint free（繊維や糸くずの脱落が少ないの意）という特殊な生地を用いたものが多く、「無菌衣」と呼ばれる服もここに含まれる。他にダストフリーガーメントとかダストプルーフ・ワークウエアといった表現もある。

グリーンスキン⇒スキン

グリーンダウン [green down] 再生羽毛。回収した羽毛製品から取り出したダウン（羽毛）を、ミネラル分の少ない軟水で洗浄することによって作られるダウンをいう。元は三重県の河田フェザー（株）の開発によるもので、こうしたリサイクルシステムによって得られる羽毛は新品より質がよく割安とされる。

グリーンテキスタイル [green textile] 天然繊維やテンセル*など環境に優しいとされる、いわゆるエコ素材を総称する言葉として用いられる。リヨセル*繊維「テンセル」の関係企業で組織されるThe TEN CEL-kai（テンセル会）という日本の団体によって提案されているもので、ここではサステイナブル（持続性のある）な植物系繊維やリサイクル繊維などを使用したテキスタイルを指す。

グリーンベレー⇒モンゴメリーベレエ

クリエイティブジーンズ⇒ファンジーンズ

クリケットカーディガン⇒クリケットセーター

クリケットジャケット [cricket jacket] 英国を代表するスポーツとされるクリケットの選手たちに着用されたスポーティーな上着で、白のフランネルあるいは派手なクラブストライプと呼ばれる縞柄を特徴としている。19世紀後半に流行し、ブレザーの原型のひとつになったとされる。

クリケットセーター [cricket sweater] 英国の国技クリケットのユニフォームに用いられるセーター。チルデンセーター*によく似た深いVネックと大胆なライン使いを特徴としたプルオーバーで、クリケットカーディガン [cricket cardigan] やクリケットベスト [cricket vest] といった同種のアイテムもある。

クリケットブレザー⇒ストライプトブレザー

クリケットベスト⇒クリケットセーター

クリス [coulisse 仏] フランス語でいうドローストリング*（引き紐）の意。本来は紐やゴムを通すために付けられた折り返しや縁縫いのことを指す。

クリスクロスストラップ⇒ジョドパーブーツ

クリスタルガラス⇒クリスタルビーズ

クリスタル族 [crystal＋ぞく] 1980年『文藝』賞受賞の小説『なんとなく、クリスタル』（田中康夫著）から生じた若い男女たちの生態をいったもので、タイトルを略して「なんクリ族」とも呼ばれた。有名ブランドのファッションを身に着けて、はやりの店でナンパに明け暮れる大学生たちを指すこの言葉は、まさしくリッチ感覚にあふれる全く新しい日本の若者像をとらえていた。

クリスタルビーズ [crystal beads] クリスタルガラス [crystal glasses] と呼ばれる無色透明の高品質ガラスで作られるビーズ*。本物のクリスタル（水晶）の輝

ファッション全般

きと美しさを特徴としたビーズといわれ、特にスワロフスキー*社のものが有名。

クリスタルプリーツ［crystal pleat］クリスタルは「水晶」、また水晶に似せたクリスタルガラスのことで、水晶のように襞（ひだ）山がきちんと立った状態の、きわめて細幅のプリーツを指す。

クリスピーコットン［crispy cotton］クリスピーは「ぱりぱりする、さわやかな」といった意味で、いわゆるシャリ感のある極薄タイプのコットン地を指す。最近のスイートファッション*などと称される、ふんわりとして軽さのあるファッションの表現に最適の素材のひとつとして台頭してきたもの。

クリスマスコフレ⇒コフレ

クリッカー⇒ダムジャケット

グリッターサンダル［glitter sandal］グリッターは「ぴかぴか光る、きらきら輝く」という意味で、ビーズなどをたくさん取り付けて、きらきら光るイメージにした女性用の派手なサンダルをいう。クリスタルビーズなどの人工宝飾品を飾ったこうしたサンダルを「ビジューサンダル」とも呼んでいる。ビジューはフランス語で「宝石」また「装身具」の意。

グリッターズ⇒グリッタールック

グリッタールック［glitter look］グリッターは「ぴかぴか光る、きらきら輝く」という意味で、玉虫調の生地やラメなどの光沢素材を使った服装を総称する。光沢感のあるファッションは今日的な感覚があるとして、21世紀に入って以降人気を集めている。「輝くもの」という意味で、単にグリッターズ［glitters］とも呼ばれる。

グリッチ［glitch］「故障、誤動作」の意で、特に電子、ネットワーク、コンピュータプログラムなどにおける「機能や連続性

の突然の中断」を意味することが多い。そうした故障を逆利用して行う音楽やアート（グリッチアート）の技法を指すが、最近ではデジタルプリントデータのそれを利用したアパレル製品のプリント柄としても用いられるようになり、注目を集めている。ここでのグリッチには意図的に作られるグリッチ・アライクと呼ばれるものが多く用いられる。本当の故障はピュア・グリッチという。

クリップオンイヤリング［clip-on earring］イヤリングの形式のひとつで、耳たぶを両側から挟んで留めるようにしたものをいう。

クリップオンサングラス［clip-on sunglasses］普通のメガネの上に取り付けて、クリップで上げ下げして用いる形になったサングラス。クリップサングラスとも。

クリップオンボウ⇒レディータイドボウ

クリップサングラス⇒クリップオンサングラス

クリノリンシルエット［crinoline silhouette］スカートを大きく膨らませるのに用いられたクリノリン*と呼ばれる下着の枠を入れたようなシルエットをいう。本来は19世紀半ばに流行した「新ロココスタイル」と呼ばれるもので、下半身を極端に膨らませるスタイルが、現在のウエディングドレスや、お色直し用のドレスに踏襲されている。

クリノリンスカート［crinoline skirt］19世紀半ばに流行した、スカートを丸く大きく膨らませるための下着の枠をクリノリンというが、それを用いたように見える丸く大きな張りのあるスカートを指す。現在ではペティコートや各種のアンダースカート*などでそのように表現することが多く、夜向きのドレッシーな衣装のひとつとして用いられることがある。

クリノリンスタイル［crinoline style］ナポ

206

ファッション全般

レオン第2帝政時代（1852〜70）の頃の女性の服装を指す。先のロマンスタイル*を受け継いだもので、さらに華美な様相が進み、まさにロココ*の再現となった観がある。そのために「新ロココ・スタイル」とも呼ばれるが、一般にはクリノリンスタイルと称されている。クリノリンは馬毛（crin 仏）を織り込んだ麻布（lin 仏）で作られたペチコートを指し、スカート全体を大きく膨らませる枠状の下着の一種として発展した。ここでは強いウエストの絞りと巨大なスカートの分量が特徴となる。

グリフ [griffe 仏] フランス語で原意は「署名、刻印」。ファッション界では特にパリのオートクチュール*のブランド名を表し、そのブランドのロゴやマークなども含めてこのように呼ぶ。

クリンジールック [clingy look] クリンジーは「くっつくような、まといつくような」の意で、衣服が体にまといつくようにぴったりとフィットする様子をいう。これをヌードルック*の一環とする見方もある。

クルーカット [crew cut] クルーは船の乗組員などの意味で、ここでは特に「下級船員」を意味する。仕事がしやすいように短く刈り上げた男性向きの髪型を指し、第2次大戦中から戦後にかけてアメリカ陸軍で多く用いられたそれはGIカット [GI cut] の名で呼ばれた。GIはアメリカの兵隊といった意味で、日本では「角刈り（かくがり）」と呼ばれる、スポーツマンや職人風の髪型に似たベリーショートカットが特徴。

クルージングウエア [cruising wear] クルージングは「航海、巡航、船旅」といった意味で、特にエンジン付きの大型ヨットなどによる巡航を指すことが多い。そうした時に着用する衣服のことで、ヨッ

ティングパーカ*などに代表される。

クルージングコート⇒ビーチジャケット

クルージングセーター⇒マリンセーター

クルージングドレス [cruising dress] クルージングは「巡航、航行」の意で、客船での船旅で着用するドレスを指す。持ち運びに便利なためにシワになりにくい素材を用いるとともに、夜のパーティーやレストランで着用するのにふさわしいドレッシーな雰囲気を備えているのも特徴とされる。

クルージングブレザー [cruising blazer] ヨットの外洋航海時に着用するブレザー*。多くはネイビーブルーのテリークロス（パイル地）で作られる。

クルーズウオーマー [cruise warmer] ヨットやパワーボートなどに用いるマリンウエアのひとつで、航海中に体が冷えないように着用するジャケットをいう。デザインはピーコートのようなものからフリースジャケット型まで多彩なものがある。

クルーズダッフル⇒カナディアンダッフル

クルーズドレス [cruise dress] クルーズは「（遊覧のための）巡洋航海、船旅」の意で、そうした時、客船の中で着用する特に夜間用のドレスコード（服装指定）をいう。一般にフォーマル、インフォーマル、カジュアルの三つのシーンに分けられ、それぞれにふさわしい服装が求められることになる。熟年層を中心にクルーズ客船による船旅が増加してきたところから、こうしたところにも目が向けられるようになっている。

クルーソックス [crew socks] 男子高校生などの通学用として用いられる白い靴下。元々クルー（船の乗組員）が好んで履いたとされる、太番手のコットン糸でざっくりと畦編にした白いスポーツソックス*の一種で、無地あるいは穿き口の

ファッション全般

辺りに赤や紺のラインをあしらったものが知られる。これは基本的にソックス（短靴下）とホーズ（長靴下）の中間的なものとされ、その長さによってハイクルーソックス［high crew socks］（4分の3丈の意味からスリークオーターソックス［thre-equarter socks］ともいう）や、ロークルーソックス［low crew socks］（4分の1丈の意味からクオーターソックス［quarter socks］ともいう）といった種類に分かれる。

クルーネック ［crew neck］「丸首型」のネックラインのひとつ。ラウンドネック*と同義で、Vネック*、タートルネック*と並ぶセーターの3大基本ネックラインのひとつとされる。クルーは本来「ボートの漕ぎ手」や「船の乗組員」の意で、彼らが着用したニットシャツのデザインから来た名称とされる。なお、本当のクルーネックは英国ケンブリッジ大学ボート部員のユニフォームのジャージー襟に由来するという説もあり、これによるとクルーネックはボートネック*を指すことにもなる。実際、英国においてはボートネックをクルーネックと称することが多いという。また、これはアイビールックに見るセーターによく用いられるデザインであることから、アイビーネック［Ivy neck］の異称で呼ばれることもある。

クルーネックカーディガン ［crew neck cardigan］クルーネック*と呼ばれるネックラインを特徴としたカーディガン。つまりは「丸首」のカーディガンで、一般的なVネック型のカーディガンと比べてクラシックな趣が強くなる。

クルーハット ［crew hat］白のコットン地や生成りのリネン地などで作られた簡便なスポーツハットの一種。ミシンステッチで何重にも飾った下がり気味の狭いブリムと、丸い帽体を特徴としたもので、

日本では俗に「蝉取り帽」として親しまれている。元はボートレースのクルー（乗組員、選手）によって考案されたところからこの名があり、一般に「ボート帽」とも呼ばれる。

クルーパンツ ［crew pants］クルーは船の乗組員のことで、船員が穿くようなといういメージからこう呼ばれる七分丈のスリムな女性用パンツ。夏季のカジュアルパンツのひとつとして、よく用いられる。

グループトストライプ ［grouped stripe］3本以上の縞がひとつのグループになって構成される縞柄。クラスターストライプ［cluster stripe］（群れの縞の意）とも呼ばれ、「群縞」の名がある。

グループトチェック ［grouped check］数本の縞がグループとなって形成される格子柄。色を混ぜて使い、特に変わった感覚を表現したものはファンシーグループトチェック［fancy grouped check］と呼ばれる。日本語では「群格子（むれごうし）」と表現される。

グルーミング ［grooming］グルーム（馬などの手入れをする、身形や頭髪などをきちんと整える）から派生した言葉で、一般に「身だしなみ」の意味で用いられる。ほかに「身づくろい、装い」の意味もある。

グルカサンダル ［Gurkha sandal］勇猛果敢で知られるグルカ兵が愛用したサンダルで、甲を覆う部分がメッシュ編となった革製のものをいう。色が焦げ茶に限られるのも特徴のひとつ。

グルカショーツ ［Gurkha shorts］グルカとは勇猛果敢で知られるグルカ兵（ネパール人兵士）のことで、彼らが用いた半ズボンを原型とする軍隊調のショートパンツを指す。正式にはイングリッシュ・グルカショーツ［English Gurkha shorts］と称し、全体にゆったりとした膝丈で、幅広のウエストバンドが付き、長く伸び

ファッション全般

たその先端で留めるようにしたデザインに特徴がある。グルカ兵が英国植民地インドの傭兵であったところから、コロニアルアーミーショーツ [colonial army shorts] とか単にコロニアルショーツとも呼ばれ、ブリティッシュ・アーミーショーツ [British army shorts] といった別称もある。これが登場したのは、1857年のインド・ベンガル地方における〈反英大反乱〉の際とされる。

グルカパンツ [Gurkha pants] グルカショーツ*の長ズボン版。ネパールの精兵として知られるグルカ兵が穿いた半ズボンを原型としたパンツで、ウエストベルトの仕様に特徴がある。

グルカレザー [Gurkha leather] グルカ兵が愛用したところからこう呼ばれる伝統的な革素材。かつては馬の鞍に用いられていたもので、特殊な鞣しの技術によって、耐久性や防水性に富むのが特徴とされる。現在では伝統的なメンズベルトに多く用いられる。

クルタ [kurta, khurta ヒンディー] パキスタン北部からインド西部にかけてのパンジャブ地方で用いられるチュニック風の上衣。ゆったりとしたかぶり式のシャツの一種で、これが英語に変化してカーターシャツ*kartah shirt と呼ばれるようになった。

クルチアーニ・ブレスレット⇒レースブレスレット

クルト [Kurt、Curt、Curd 北欧語] 北欧バルト三国のひとつ、エストニアの南西に浮かぶキヒヌ島（生きた博物館と呼ばれる）に伝わる赤いスカートのこと。特別な日に着用される伝統のスカートで、2015年2月にNHKの「地球イチバン」という番組で放送されて、話題を集めるようになった。クルトはまた帽子や手袋など伝統的な手編み小物としても知られる

グルヌイエール [grenouille 仏] フランス語で、原意は「カエル」。子供用つなぎ服をいう俗語で、形がカエルに似ているところからの命名か。

包み釦（くるみボタン）⇒カバードボタン

くるりんぱ [――] ヘアアレンジ法のひとつ。後ろに束ねる髪型のひとつで、ふんわり感が特徴とされる。髪を後頭部でひとつに束ねてゴムで結び、ゴムを少し下にずらして結び目の上のところをふたつに割る。その割れ目の上から毛の束をくぐらせ、毛先を引っ張って引き締めるというもの。編んだような仕上がりが特徴となる。

クレアトゥール [créateur 仏] 英語のクリエーターに相当する語で、「創作者、創造者」という意味。日本では一般にパリ・オートクチュール*におけるデザイナーを指すことが多い。すなわち、クチュリエ*、クチュリエール*の総称として用いられる言葉。

グレイ⇒生機

クレイジーパターン [crazy pattern] クレイジーは「気が狂った、気違いじみた」といった意味で、普通のパターンとは異なる変わった発想でデザインされた柄表現を総称する。パッチワーク風に色や柄を切り替えたデザインが代表的で、一風変わった雰囲気が特徴となる。鮮やかな色使いのものが多いのも特徴のひとつ。

クレイジーボタン [crazy button]「狂気じみたボタン」の意。文字通り常識では考えられないほどのアイデアにあふれたデザインのボタンを指すほか、ひとつの服に異なった色柄のボタンをいくつも取り付けて楽しむ様子、またそうしたボタンのこともいう。

クレイジーマドラス⇒マドラスチェック

クレイズ [craze] 気まぐれに発生する短期間の流行現象で、「一時的熱狂」などと

209

ファッション全般

訳される。ファドとほとんど同じだが、とくにクレイジー（狂気じみた）な雰囲気の強い流行をこのように呼ぶ。

グレイスフル⇒エレガンス

グレイッシュカラー［grayish color］灰色（ねずみ色）がかった色調の総称。全体に彩度を抑えた落ち着いた色調で、2015 〜16年秋冬レディーストレンドカラー（日本流行色協会選定）のひとつに推されている。

グレイン［grain］表皮層のすぐ下の部分のことで、一般に「銀面」という。美しく丈夫なのが特徴で、こうした銀面のある革のことを「銀付き」と呼ぶ。これを英語でグレインレザー［grain leather］というが、なかで粗い小石をばらまいたようなシボが表れるものをスコッチグレイン［Scotch grain］、丸い石目模様となったものをペブルドグレイン［pebbled grain］と呼び、ともに高級素材とされている。

グレインドエフェクト［grained effect］ざらざらとした質感を特徴とした表面効果の意。グレインドは「粒状にした、表面をざらざらにした」という意味。

グレインレザー⇒グレイン

グレーコントロール［gray control］中高年の男性を中心としたヘアカラーの一種で、俗に「白髪（しらが）ぼかし」と呼ばれる。まっ黒に染め上げる白髪染めではなく、グレー系の染料を使うことによって白髪を目立たせなくさせるのが特徴。自然な感じに仕上がり、髪の毛が伸びても生え際が目立たなくなるという。

グレージュ［grège 仏］グレーとベージュの中間色。グレーがかったベージュのことで、本来フランス語で「繭から採ったままの」という意味があり、「生糸色」とも呼ばれる。

グレージング［glazing］革に光沢を与える加工法のひとつ。多くはメノウの玉石を数百キログラムの加重で幾度も叩き付けるように往復させるグレージングマシンによる方法で、これをグレージング仕上げとか摩擦仕上げなどと呼んでいる。こうすることにより、革の均質化と自然な光沢を表現することができる。グレーズ glaze は「光沢をつける、艶を出す」の意。

グレーデニム［gray denim］グレー（灰色、ねずみ色）のデニム地およびそれで作られたジーンズのこと。新種のデニムとして登場したもので、2008年春夏シーズンからヨーロッパのジーンズカジュアル市場で注目されるようになった。

グレートコート［great coat］「偉大なコート」と直訳できるが、一般に毛皮の裏地などを付けた重々しく豪華な雰囲気を特徴とした防寒コートを総称する。元は英国で18世紀末から19世紀半ばにかけて流行した厚手のコートを指し、日本では「大外套」とも訳されたもの。ヘビーコート［heavy coat］の別称もある。

グレートッパー［gray topper］灰色のシルクハット*。グレーのフラシ天と呼ばれる生地で作られたもので、当初はカジュアルな帽子とされ、乗馬などにも用いられたが、徐々にフォーマルな帽子となり、現在では昼間の礼装であるアスコットモーニング*（グレーモーニング）のみに使用されるようになっている。

グレートパンツ⇒スカートパンツ

クレープ［crepe 米，crape 英，crêpe 仏］日本では「縮緬（ちりめん）」と呼ばれる縮み織の生地の一種。独特のシボを特徴とし、従来は夏向きのシャツや肌着などに用いられていたが、現在ではサマードレスシャツの素材としても使われるようになっている。これの片縮みタイプのものを、一般に「楊柳（ようりゅう）」と呼んでいる。その変化と種類は多い。

210

ファッション全般

クレープクレーペ⇒クレープデシン

クレープシャツ [crepe shirt] しぼ織物の
クレープを素材とした男性用下着シャツ
のことで、日本では楊柳クレープが多く
用いられ、いわゆるダボシャツの一種と
して夏のくつろぎ着に用いられることが
多い。一般にヘンリーネック状の前開き
を特徴とした半袖シャツを指し、本来の
ダボシャツとは異なるが、これにステテ
コを合わせる夏姿が、日本の昔の男たち
の風物詩とされていた。

クレープジョーゼット⇒ジョーゼット

クレープソール [crepe sole] 正しくはクレ
ープラバーソール [crepe rubber sole]
という。クレープは縮み織りの素材の一
種で、そのようなシボ（縮み）を表面に
表したゴムの靴底を指す。軽く歩きやす
いのが特徴とされ、本格的なデザートブ
ーツ*に採用されることで知られる。

クレープデシン [crêpe de Chine 仏] フラ
ンス語で「中国のクレープ」という意味
で、日本では一般にこれを略して「デシ
ン」と言い習わしている。平織の薄い縮
緬のことで、一般の縮緬よりも細い糸を
用いるところから、表面のシボが細かく
表れ、きわめて柔らかな手触り感が特徴
となる。クレープクレーペ [crêpe crêpé
仏] となると「細かく絞った縮緬」とい
う意味になり、クレープリス [crêpe
lisse 仏] では「フランス縮緬」を表す。
ここでのリスには「滑らかな、艶のある、
すべすべした」という意味がある。

クレープ・バックサテン⇒バックサテン

クレープラバーソール⇒クレープソール

グレーフランネル [gray flannel] その名の
通り灰色（特に霜降りグレー）を特徴と
するフランネル*の生地。これで作られ
るスーツはビジネススーツの定番中の定
番とされ、またそのズボンは「グレーフ
ランネルズ」と呼ばれてこれまた基本中

の基本アイテムとされている。1920年代
の欧米では白のフラノのスーツやズボン
が大流行したが、この生地はホワイトフ
ランネル[white flannel]と呼ばれている。

グレーフランネルズ⇒グレーフランネルス
ーツ

グレーフランネルスーツ [gray flannel suit]
霜降り調のグレー（灰色）を特徴とする
メンズスーツ。最も基本的な男のスーツ
のひとつとされるもので、多くはクラシ
カルなスリーピーススタイルで作られ
る。グレーフランネルズ [gray flannels]
といえば、同種の生地で作られた霜降り
グレーのパンツを指す。

クレープリス⇒クレープデシン

グレーモーニング⇒アスコットモーニング

グレカジ [――]「グレたカジュアル」を
約めた日本的なファッション用語。1992
年ごろ「キレカジ*」に対抗する形で登
場したカジュアルファッションのひとつ
で、流行のアイテムをわざと着崩してラ
フな雰囲気で着る様子を「ちょっとグレ
たカジュアル」という意味でこう名付け
たもの。別にラフカジと呼ばれることも
あるが、これはラフカジュアル [rough
casual] の略で、ラフは「粗野な、荒っ
ぽい、乱暴な」という意味。

グレコローマン [Greco-Roman]「ギリシャ・
ローマの」という意味で、ファッション
史においては古代エジプト時代に続く古
代ギリシャ時代と古代ローマ帝国時代の
服装様式や文化様式などを総称する。

クレスト [crest] 盾型に載せた「紋章」の
ことで、英国の伝統柄のひとつとされ
る。これをモチーフとしたネクタイは、
レジメンタルタイ*と並ぶトラディショ
ナルスタイルの代表的なアイテムとされ
る。別にヘラルディックパターン*とも
呼ばれる。

クレスト・アンド・ストライプ⇒レジメン

ファッション全般

タルタイ

クレセントシェイプポケット⇒クレセント
ポケット

クレセントスリーブ［crescent sleeve］ク
レセントは「三日月」の意で、内側を直
線的に、外側を弓形に丸く膨らませて、
三日月のような形に仕上げた袖を指す。

クレセントポケット［crescent pocket］ク
レセントシェイプポケット［crescent
shape pocket］とも。クレセントは「三
日月、三日月状のもの」という意味で、
切り口を三日月状に丸くカットしたデザ
インのポケットをいう。ウエスタンシャ
ツやジーンズの前ポケットなどに見られ
るが、その形が微笑んでいるようにも見
えるところから、スマイルポケット［smile
pocket］の俗称で呼ばれることもある。

グレナカートプレイド⇒グレンチェック

グレナディーン［grenadine］グレナーデン、
グレナディンとも。「絽織」と呼ばれる
織物の一種で、メッシュ状に粗く織られ、
盛夏用ネクタイ地の代表的なものとされ
る。この名称は最初の織元とされるスペ
インのグルナード（グレナダ）地方にち
なむとされる。

クレバネット［cravenette］防水加工を施
したギャバジン＊をいう。本来はウール
素材に施す通気性のある防水加工をいう
アメリカの『クラバネット』社の商標名
で、日本では特にレインコート向きの霜
降りギャバジンをこのように呼ぶ。「ク
レバ」と略して呼ばれることも多い。通
気性のある防水加工を施したサージ＊は
クレバネットサージ［cravenette serge］
という。正しくは社名の通り「クラバネ
ット」と発音する。

クレバネットサージ⇒クレバネット

クレポン［crêpon 仏］クレープ＊のような
表情を持つ織物という意味で、「クレポ
ン仕上げ」と呼ばれる加工法によって、

表面にやや大きめのシボを表した生地を
指す。

クレリカルカラー［clerical collar］クレリ
カルジャケットなどと呼ばれる僧服の上
着に見る立襟状の襟を指す。取り外し式
となったものも見られる。

クレリカルジャケット［clerical jacket］ク
レリカルは「聖職者の、僧職の、牧師の」
という意味で、そうした職業の人たちが
着る服にモチーフを得て作られたジャケ
ットをいう。さまざまなデザインがある
が、一般に黒の立襟型のものを指すこと
が多い。スタンドカラージャケット＊の
一種として人気がある。

クレリカルシャツ［clerical shirt］クレリ
カルは「聖職者の、僧職の、牧師の」と
いう意味で、そうした職業にある人が着
用するシャツのこと。立ち襟を特徴とし
た白いシャツで、これは日本でいうクレ
リックシャツとは異なる。

クレリックカラー⇒コントラストカラー

クレリックシャツ［cleric shirt］ボディー
部とカラー＆カフスを別布で切り替えた
デザインを特徴とするドレスシャツ。多
くは袖と身頃を色無地かストライプとし、
それに白の襟と袖口を付ける形をと
る。1920年代に大流行したクラシックな
ドレスシャツのひとつだが、現在もその
愛好者は多い。クレリックは「聖職者、
牧師」の意味で、そうした人たちが着て
いたところからそう呼ばれるというが、
欧米にそうした用法はなく、ホワイトカ
ラードシャツ［white collared shirt］と
かカラーセパレーテッドシャツ［collar
separated shirt］と称するのが正しいと
されている。クレリックはクラーク clerk
（事務員、社員、書記などの意）の誤記
からきたという説もある。

グレンガリー［glengarry］反毛（はんもう）
と呼ばれるくず糸やくず布から再生した

羊毛や、粗悪な羊毛で作られる手織りの紡毛織物を指す。霜降り調の表面感を特徴とする。グレンガリーはスコットランド高地の地名とされる。

グレンガリーボンネット [glengarry bonnet] グレンガリー帽。スコットランドの民族的な縁なし帽のひとつで、ギャリソンキャップと呼ばれる軍隊の略帽と酷似しているが、これは後部にストリーマーstreamer と呼ばれる飾りリボンの付くのが違いとされる。元々スコットランド・ハイランダー兵の軍帽とされたもので、ブルーボンネットともスコットランドの言葉で「ボネト・ヴィラヒ bonaid bhiorach」とも呼ばれる。ギャリソンキャップはこれの発展形とされる。ギャリソンは「守備隊、駐屯兵」の意。

クレンジング [cleansing] 「きれいにすること」の意で、化粧落とし用の化粧品を指す。クレンジングクリームの略として用いられるが、ほかにフォーム（泡）状やオイル、ジェルといったタイプもある。

グレンチェック [glen check] グルーブトストライプ*（群縞）をタテ・ヨコに走らせた格子柄。スコットランドのグレナカート（アーカート峡谷）に由来する伝統的なタータン*柄の一種で、グレナカートプレイド [glen-urquhart plaid]（より正しくはグレナカートプラッド）というのが正式な名称。グレンプレイド [glen plaid]（グレンプラッド）とも呼ばれ、エドワード7世やエドワード8世が皇太子時代に好んだとされるグレンチェックはプリンス・オブ・ウェールズ・プレイド [Prince of Wales plaid] とか単にプリンス・オブ・ウェールズとも呼ばれ、これは時として大きめのグレンチェックを指すともされる。日本語では「群縞格子」と呼ばれ、グレートーンのものが中心となって、カントリー調のジャケット

やスーツに多用される。

グレンプレイド⇒グレンチェック

クローク [cloak] ケープの一種で、ゆったりしたシルエットを特徴とする袖なしの長い外套をいう。フランス語で「釣り鐘」を意味するクロシュ cloche あるいはクローク cloque（膨れるの意）から、着た形が似ているということで英語に転じたとされる。マント―*と同義。日本ではホテルや劇場などでの手回り品預かり所のことをクロークと呼ぶことがあるが、これは「クロークルーム cloakroom」というのが正しい。

クロージズ⇒クローズ

クロージング [clothing] 衣服、衣類をいう集合的な意味で、主としてアメリカで多く使われる言葉。なお衣服や服装を意味する文語としてはレイメント [raiment] という言葉もある。

クロージングジュエリー⇒メンズジュエリー

クローズ [clothes] 「衣服、着物、衣類」の意。この語は常に複数形で用いられ、英国ではクロージズと発音されることが多く、米語のクローズやクロージング*に先行する。

クローズドネック [closed neck] クローズドは「閉じた、閉めた、ふさいだ」の意で、立襟のような感じになったブラウスなどの襟のデザインを指す。最近はやりのフリルドカラー*のブラウスなどに見られるもので、フリルが広がり過ぎないというメリットを持つ。

クローズバッグ⇒ランドリーバッグ

クローゼット [closet] クロゼットとも。トイレット（便所）の意味もあるが、日本では多く「物置、押し入れ、小部屋」の意味で用いられ、特に持ち衣装を収納する場所を指す。立って歩けるほどの広さのあるものはウオークインクローゼット [walk-in closet] と呼ばれる。

ファッション全般

クローバーリーフラペル [clover leaf lapel] いわゆるファンシーラペル*のひとつで、上襟と下襟の先をちょうどクローバーの葉のように丸くカットしたラペルをいう。正確にはノッチトラペルをこのようにデザインしたものを指し、ピークトラペルの両先端をカットしたものは、フラワーラペル [flower lapel] と呼ぶことが多い。

グローブ [glove] 「手袋」のことで、特に指が5本とも分かれているタイプを指す。グローブというのは日本的な発音で、本当は「グラブ」といわなければならない。また野球やボクシングに用いるものをグローブと呼ぶこともある。なお正式には gloves と複数形で綴る。

グローブホルダー [glove holder] 手袋（グローブ）を固定させる留め具。バッグなどに取り付けて、手袋を挟んでおくもので、金具で取り付けるようになったものが多く見られる。冬季に多い手袋の紛失を防ぐために開発された新商品。

グローブレザー [glove leather] 手袋（グローブ、グラブ）用に作られる皮革素材のこと。シープスキンやゴートスキンのほかペッカリーなどの素材がある。

黒髪戻し 〔くろかみもどし〕茶髪などに染めた髪を、元の黒い髪に戻すこと。アルバイトや就職など、茶髪では具合が悪いとされる場合に、元の黒髪に戻す行為を若者たちがこういったもので、専用の洗髪料なども多く売り出されるようになった。1999年頃から目立つようになった現象。

クロカンパーカ⇒クロスカントリーパーカ

グログラン [grosgrain] 厚手の畝織地。オールシルクあるいはシルクとコットンの交織で平織とした丈夫な生地で、ネクタイのほかリボンや拝絹、側章などにも用いられる。

クロコダイル [crocodile] 熱帯地方に広く分布するワニの一種。アリゲーター*に比べ口先が長いのが特徴で、その革が代表的な「ワニ革」のひとつとして好まれている。そのほかワニには世界最大とされるガビアル [gavial] がいるが、これはカイマン*同様に革が硬く商品価値は低いとされる。

クロシェドレス [cloche dress] クロシェ（クロシュとも）はフランス語で「鐘」の意。特に釣鐘型のシルエットを特徴とするドレスのことで、ウエストから裾に向かって釣鐘のような広がる形を特徴としたもの。また、crochet dress と綴るとクロシェニット（クロッシェレース*＝かぎ針編）のドレスの意味になる。

クロシュ [cloche 仏] クロッシュ、クロッシェ、クローシュに同じ。原意は「鐘」で、釣鐘型の帽子を総称する。狭く下向きになったブリムと丸くて高いクラウン部を特徴とするもので、多くはそうした婦人帽を指すが、男性用のクルーハット*（ボート帽）もフランスではこう呼ばれる。

クロス [cloth] 「布地、生地」また「織物」の意。ファブリック*よりは狭い意味で用いられ、特定の用途のための「布」とか「きれ」といったニュアンスがある。

クロスアウトスタイル [cross out style] 「常識はずれの格好」といった意味で、服を前後逆さまにして着るスタイルをいう。多くはヒップホップ*好みのアフリカ系アメリカ人の少年たちがよく見せるもので、ベースボールシャツやジーンズを「後ろ前」にして着ることが流行した。元はアメリカの少年ラッパーグループ〈クリス・クロス〉が考案して世界に広がったとされる。

クロスウエア [cross wear] 従来の服種をクロス（交差、越える）させたところに現れる新しい服種を示す用語。たとえば、

ファッション全般

インナーウエアとアウターウエアの中間的な服といったものが考えられ、これは下着としても部屋着としても着用可能という特質を持つことになる。

クロスオーバー [crossover] さまざまな要素を交差させた1970年代生まれの新しい音楽ジャンルをクロスオーバーというが、そうした考え方をそのままファッションに置き換えたものをこのように呼んでいる。そうした概念をクロスオーバーコンセプトといい、そこから新しいミックス調のファッションが多く生まれていった。

クロスオーバーVネック [crossover V neck] Vネックの先端の角が交差して重なったデザインを指す。Vネックのバリエーションのひとつとして知られる。

クロスオーバータイ⇒クロスタイ

クロスオーバー・タンクドレス⇒タンクドレス

クロスオーバーフライ [crossover] 男性用の下着パンツで前開き部分が重なった形になっているものをいう。ふつうのブリーフやボクサーブリーフなどに見られる。

クロスカルチャー [cross culture] さまざまな文化を越境して表現されるファッション造形。2016/17年秋冬向けに登場したファッショントレンドのひとつで、民族や時間などさまざまな要素を越えてデザインされるのが特徴とされる。

クロスカントリーパーカ [cross-country parka] クロスカントリースキー（山野横断型のスキー競技）に用いる1枚もののプルオーバー型パーカ。日本式に略して「クロカンパーカ」とも呼ばれる。

クロスストライプ⇒ホリゾンタルストライプ

クロスストラップ [cross strap] 交差した留め具の意で、多くは女性用サンダルに見る十文字掛けとなった靴バンドを指す。クロスベルトともいう。

クロスタイ [cross tie] クロスオーバータイ [crossover tie] ともいう。4センチ幅ほどの短い布帯を襟元で交差（クロス）させ、その合わせ目を飾りピンで留めるタキシード用ネックウエアのひとつ。グログランやサテンなどの光沢の強いシルク地が多く用いられ、ボウタイとはひと味異なる趣を表現する。ヨーロッパ大陸風のネクタイあるいはボウタイということで、コンチネンタルタイ [Continental tie] とかコンチネンタルボウ [Continental bow] とも呼ばれる。

クロスディテール [cross detail] 交差（クロス）させるディテールデザインの総称。最近のドレスなどに多く見られるデザインで、斜め使いにしたトップラインの扱いなどに代表される。

クロストレーニングシューズ [cross training shoes] ひとつのスポーツだけでなく、さまざまなスポーツに共通して用いることのできるスポーツシューズを指す。一足で色々なスポーツができる機能を備えており、その利便性が受けている。

クロストレーニングトップ [cross-training top] さまざまなスポーツのトレーニングに横断的に着用することができるトップスの意で、タンクトップ（ランニングシャツ）型のニットシャツの形を特徴としたものが多く見られる。

クロスドレッシング [cross dressing] クロスジェンダー * と呼ばれる男女の性差を横断する考え方の影響を受けた着こなし方をいう。性差を意識することなく、女性が男服を着たり、男性が女物を着るといった新しい感覚の着装を指す。また、ひとつの服装の中に男女両性の要素が同居しているような着こなしを意味することもある。

クロスノット [cross knot] ネクタイの結

か

215

ファッション全般

び方の一種で、結び目に交差させた形を表す方法。クロスは「交差する、横線を引く」の意で、ノット（結び目）に交差させた斜めの線が表れるのが特徴。シンプルな無地のネクタイに向くとされる。

クロスバッグ⇒トートバッグ

クロスハット⇒バケットハット

グロスプルセーター⇒ビッグプル

クロスベルト［cloth belt］クロスは「布地、生地、織物」の意味で、布製のベルトを総称する。綿素材や麻素材が多く用いられ、ウェブベルト［web belt］（織物ベルトの意）とかファブリックベルト［fabric belt］（同）などと呼ばれるほか、日本語では布帛ベルト［ふはく＋belt］ともいう。

クロスペンダント［cross pendant］クロスは「十字架」を表し、十字架の飾りを下げたペンダントを総称する。単に「クロス」と呼んだり、ポルトガル語でロザリオ［rosario］ともいう。なおロザリオは本来カトリック教徒が祈りの回数を数えるのに用いた「数珠」のことで、英語ではロザリー rosary という。

クロスボードウエア［cross-board wear］スキーウエアにもスノーボードウエアとしても着ることのできる、汎用性のあるウインタースポーツウエアを指す。スキーにしか着られないという従来のスキーウエアが飽きられて、用途の広いウエアとして開発されたもの。全体にルーズなシルエットが多いのが特徴。

クロスポケット⇒ホリゾンタルポケット

クロスボディーバッグ［crossbody bag］体を斜めに交差するバッグという意味で、いわゆる「斜め掛け」スタイルのショルダーバッグを指す。ベルト部分も斜め掛けに適するよう機能的なデザインになっているのが特徴とされる。

クロスマフラーカラー［cross muffler collar］マフラーを下端で交差させたような

襟という意味で、襟付きのセーターによく用いられるもの。ちょうど小さなショールカラー*を下端で交差させた形が特徴的。

グロスメイク［gloss make］グロスは「光沢、艶」の意で、ピカピカ、キラキラした表情を特徴とする化粧法をいう。ラメジェル*をまぶたに付けたり、光沢感のあるアイシャドーなどで仕上げるメイクアップで、俗にラメ化粧［lamé＋けしょう］などとも呼ばれる。

クロック⇒ワンポイント靴下

クロッグ［clog］通例は複数形でクロッグス clogs と綴る。「木靴」また「木製のサンダル」をいう。

クロッグサンダル［clogs sandal］木靴の一種のクロッグ*に似た形のサンダル。ずんぐりむっくりとした形が特徴で、甲を覆うカバーとストラップを付けたものが見られる。クロッグにはもともとサンダル型のものもある。

クロックス［Crocs］アメリカ生まれのサンダルおよびサンダルシューズの商品名。クロスライトと呼ばれる特殊樹脂PCCRで作られ、可愛らしいデザイン、カラフルな色使い、そして甲部分のカバーに開けられた多くの穴を特徴としている。初めは2002年にアメリカ・コロラド州デンバーの靴メーカーで作られたヨット用デッキシューズのひとつだったが、その機能性の高さとユニークなデザインで瞬く間に人気商品となった。特に甲の穴に飾る「ジビッツ*」と呼ばれる飾り物との相乗効果で07年に爆発的な人気を集めた。『クロックス』の社名はワニのクロコダイルからきたもので、その商品にも「ケイマン」などワニの名前が使われている。また冬用のフリース付きクロックスは「マンモス」という名称で呼ばれる。

ファッション全般

クロッケ⇒マトラッセ

クロッシェレース［crochet lace］クロッシェは本来フランス語で「鉤針編み」を指す。一般に「レース編」と呼ばれる手芸レースのひとつで、鉤針で1本の糸に輪奈を作って、それを面状に広げて透かし模様を作っていくレースをいう。

グロッシーレギンス［glossy leggings］グロッシーは「艶のある、光沢のある」の意で、艶感のあるレギンスを総称する。これに似た表現としてシャイニーレギンス（輝くレギンスの意）とかメタリックレギンス（金属のように光るレギンスの意）といった用語もある。いずれもラテックス素材などを用いて光沢感を持たせたところに特徴がある。

クロッチ［crotch］本来は「（木の）股」また「（人の）股」あるいはパンツやタイツなどの「股の部分」を指し、一般にはショーツなどに見る「股布」の意味で用いられる。

クロップト・カーゴパンツ［cropped cargo pants］カーゴパンツ*のクロップトパンツ*版。すなわち、カーゴパンツの丈を膝下からふくらはぎの真ん中辺りで切り落とす感じにしたもので、太ももの両脇にカーゴポケットが付くのはそのままとなる。これと似たものに、カプリパンツ*の太もも辺りにカーゴポケットを取り付けた、カーゴカプリパンツ［cargo Capri pants］という七分丈の女性用パンツもある。

クロップトサルエル［cropped sarrouel］膝下辺りでカットしたサルエルパンツ*。ハーフサルエルパンツ［half sarrouel pants］とも呼ばれ、本来のサルエルに比べて股下の下がった部分の分量も少なく作られ、軽やかに穿くことができるのが特徴。

クロップトジャケット［cropped jacket］ク

ロップト（クロプトとも）は「切り取られた、切り落とされた」という意味で、ちょうどそのような感じを与える、普通のものより丈の短いジャケットを指す。ウエスト丈くらいのショートジャケットが多いが、その独特のデザイン感覚から一般的なジャンパーなどとは区別される。クロップジャケットとかクロプトジャケットとも呼ばれ、アイテムは女性ものに多い。

クロップトスリーブ［cropped sleeve］クロップトは「切り取られた、切り落とされた」の意で、中間で無造作に切り取られた感じの袖を総称する。五分袖から九分袖くらいのものまで、その変化の具合にはさまざまなものが見られる。

クロップトタンク［cropped tank］クロップトは「切り取られた、刈り込まれた」の意で、みぞおちの辺りで短めにカットされたタンクトップ*を指す。いわゆるミドリフ（ミッドリフ）トップ*のひとつ。

クロップトップ⇒ハーフトップブラ

クロップトTシャツ［cropped T-shirt］クロップトタンク*と同種のアイテムで、みぞおちの辺りで短くカットされたTシャツの総称。「へそ出しルック」に格好のアイテムとして用いられることが多い。

クロップトパンツ［cropped pants］クロップトは「切り取られた、刈り込んだ」という意味で、裾が途中でカットされた感じを特徴とする短めの女性用パンツを指す。大抵は六分丈から七分丈くらいの膝下丈のものだが、九分丈程度にした男性用も見られる。クロプトパンツとかクロップパンツともいう。

クロップト・ブーツレッグ［cropped boots leg］短めにカットされたブーツカット型のパンツの意。ブーツレッグはウエスタンブーツを履く時にきれいなラインが生

ファッション全般

まれるように、わざとフレアを入れた裾の形を指し、ブーツカットと同義の言葉。

クロノグラフ [chronograph] 通常の時刻表示のほかにストップウオッチ機能を搭載した腕時計を指す。経過時間を計ることができることからこう呼ばれるもので、30分計や12時間計を装備したものが一般的。

クロノメーター [chronometer] 天文観測や航海用の高精度な機能を持つ時計のこと。

クロマ [chroma] 色の三属性のひとつである「彩度（さいど）」を示す英名で、Cの略号を用いる。色の鮮やかさや冴えの度合いを示すもの。有彩色のみに見られる性質で、彩度の最も高い色を「純色」といい、高彩度、中彩度、低彩度のグループに分類される。サチュレーション [sat-uration] とも呼ばれる。

クロマティックカラー⇒モノカラー

クロムエクセルレザー [Chromexcel leather] アメリカの皮革メーカー「ホーウィン」社がワークブーツ用に開発したレザーの名称。原皮をコンビ鞣しという方法で鞣し、4種以上の油脂をブレンドして塗り込み、じっくりと染み込ませて仕上げたレザーで、柔軟性、耐久性に富むとともに履きやすく、雨に強い特性もある。アメリカの伝統的な靴メーカー「オールデン」社のドレスシューズにも多く用いられるようになって、近年、価値を高めている。

クロムタンニッジ⇒クロムタンニング

クロムタンニング [chrome tanning] 塩基性硫酸クロムを用いる革のなめし法。クロムタンニッジ [chrome tannage] とか「クロムなめし」、また「鉱物なめし」とも呼ばれる。現在、最も一般的に行われているなめし法で、これで作られる革をクロムレザー [chrome leather] ともいう。

クロムなめし⇒クロムタンニング

クロムフリーレザー [chrome free leather] なめし加工の際に公害の原因となる重クロム塩酸（塩基性硫酸クロム）を使用しないノンクロムのなめし革。新しいエコレザー*の一種で、燃やしても有害な六価クロムが発生しないという特性をもつ。牛革や豚革など天然皮革を原材とし、安全靴やバッグなどに用いられている。

クロムレザー⇒クロムタンニング

グロメット⇒アイレット

クロワッサンショルダー⇒クロワッサンバッグ

クロワッサンバッグ [croissant bag] クロワッサンはフランス語で「三日月、上弦・下弦」の意。そのような形を特徴とする大きめのショルダーバッグを指し、別にクロワッサンショルダー [croissant shoulder] とも呼ばれる。

クロワッサンヘア [croissant hair] クロワッサンはフランス語で「三日月」の意で、パンのクロワッサンのことも意味する。前髪に毛束を作って膨らみとねじりを持たせ、すっきりと仕上げたヘアスタイルを指す。その形がパンのクロワッサンに似ているところからの命名。時として、額（ひたい）を出してすっきり見せ、後頭部にクロワッサンを思わせるような膨らみとねじりを持たせた髪型をいうこともある。

クロンビーコート [Crombie coat] チェスターフィールド*型のメンズコートの一種。特に1960年代の終わりごろ、英国の不良少年として知られるスキンヘッズ*たちに愛用されたコートをこう呼ぶことが多く、その生地にカシミヤのメーカーとして有名なスコットランドの『クロンビー』社のものを使用したところから、この名が生まれたとされる。フライフロントと深いセンターベント、脇のフラッ

218

プポケットを特徴とし、表地は黒、グレー、濃紺のメルトンやウールモッサで、裏地にタータンなどの柄物を用いたタイプが多く見られる。

クロンペン［Klompen オランダ］サボ*の元になったとされるオランダの木靴のこと。甲部に田園風景などの装飾を表したものが多く見られる。また、オランダやベルギーの水位の低い地域で用いられる、爪先が反り返った木靴を指すこともある。

クワイエットスポーツウエア［quiet sportswear］ジョギングのように、ひとりで静かに行うスポーツを「クワイエットスポーツ」と呼び、それに用いる服装を指す。バードウオッチング（観鳥）などもそのひとつといえる。

クワトロ・ピエゲ［quàttro pieghe（伊）］イタリア語で「4つ折り」の意味を示し、とくにそうしたネクタイを表す。多くはハンドメードで作る高級ネクタイとされ、セッテピエゲ（7つ折り）に次ぐものとされる。

クワンアオ⇒アオザイ

クワンザイ⇒アオザイ

軍足［ぐんそく］軍隊で用いられる靴下の総称。軍隊用の手袋である「軍手」に対して、その靴下をこのように呼んだもので、本来は特紡糸と呼ばれる「くず綿」を材料に円筒状に編んだものであったが、現在では多くがかかと付きとなり、作業用の靴下として用いられるようになっている。米軍が用いるカーキグリーンのものはファッション的にも人気が高い。

軍手［ぐんて］元は軍隊用に作られたことからこう呼ばれるもので、現在では「作業手袋」（これを略して「作手（さくて）」ともいう）の一種とされる。特紡糸と呼ばれるくず綿を原料とした綿糸で編み上げるもので、甲と掌（手のひら）の区別のない左右同形を特徴としている。軍手の変形として、ビニール引き、ゴム引き、革張り、滑り止めのイボ付き、3本指型といったものもある。そのほか精密作業用の作業手袋として、天竺編（丸編）などを用いた縫手袋*も見られる。

軍パン⇒ミリタリーパンツ

クンフーパンツ⇒カンフーパンツ

ファッション全般

ケアウエア［care wear］ケアは「世話、保護」の意で、いわゆる「介護服」を指す。身体障害者などの世話をするときに着用する衣服を総称し、最近の介護に対する関心の高さから注目を集めるようになっている。動きやすさを考慮したデザイン、衛生に配慮した生地使いなどが特徴とされる。

毛穴レス［けあな＋less］「毛穴がない」という意味。毛穴の存在を感じさせない滑らかな肌を指す最近の流行語で、こうしたことに対処する化粧品も登場している。最近の女性たちの美への関心は、こんなところにまで拡大するようになっている。なお毛穴は英語ではポア pore という。

軽衣料［けいいりょう］全体に軽い感覚の衣服全般を指し、シャツやセーター、スカート、パンツといったものが代表的。他のアイテムと組み合わせて服装が成立するものが大半で、このことから単品 * と同義とされる。アメリカでいうスポーツウエアは日本では「中軽衣料」の分野に入る。

形状記憶加工⇒形態安定加工

形状記憶シャツ⇒ノーアイロンシャツ

形状記憶パーマ⇒デジタルパーマ

ゲイター⇒ゲートル

形態安定加工［けいたいあんていかこう］シワや縮みを防ぎ、半永久的に元の形を保とうとする加工法で、衣服や生地などに施される。「形状記憶加工」ともいい、VP加工 * やSSP加工 * などに代表される。主としてドレスシャツのノーアイロン化から始まったもの。これは液体アンモニア加工 * と樹脂加工、および縫製後のポストキュアと呼ばれる熱処理を施すことによって可能となる。

形態安定シャツ⇒ノーアイロンシャツ

携帯ストラップ［けいたい＋strap］携帯電話に取り付ける紐状のアクセサリー。携帯電話の普及に伴って、デザインに工夫を凝らしたファンシーなものが多く現れるようになっている。

携帯ポケット［けいたい＋pocket］携帯電話用のポケットをいう俗称で、「ケータイポケット」とも称される。ビジネスマン向けのスーツの内側にこのような特別仕様のポケットが付けられ、現在では一般の衣服やバッグなどにも設けられるようになっている。

ケイン⇒ステッキ

ケーク⇒パウダー

ケークイーターズスーツ⇒ラーラースーツ

ゲージ⇒コースゲージセーター

ケージドレス［cage dress］ケージは「鳥かご」の意味で、薄く透き通った布をかけた鳥かごのように、体の線に沿わせた細身のドレスの上に、もう1枚透ける薄手の生地を重ねて二重にしたドレスを指す。

ゲージ服⇒システムオーダー

ケース［case］「箱、容器、入れ物」という意味で、しばしばバッグと同義とされる。アタッシェケース * とかブリーフケース *、スーツケース * などがその例。

ゲートル［guêtres 仏］脛（すね）を覆うレッグウエアのひとつで、日本でいう「脚半・脚絆（きゃはん）」に当たる。厚地の綿や麻、ウール、皮革、合成皮革などで作られ、外側を紐で編み上げたり、ボタン留めとするものなどがある。帯状のものを巻き付ける式のものもあり、これは俗に「巻きゲートル」と呼ばれ、パティ［puttee、puttie］という英名もある。英語ではゲイター［gaiter］といい、靴カバーのスパッツ（スパッターダッシズ *）もこの一種となる。

ケープ［cape］マントー * やクローク * の一種で、そうしたもののうち肩を被う形

ファッション全般

をした袖なしで短めのものを指す。イブ
ニングコート（燕尾服）用のドレッシー
なタイプは、特にドレスケープ［dress
cape］と呼ばれる。フランス語ではケー
プ状の衣類全般をペルリーヌ［pèlerine
仏］という。

ケープカラー［cape collar］ケープ*のよ
うに肩を包み込むような形を特徴とした
大きめの襟をいう。

ケープコート［cape coat］ケープを取り付
けたデザインを特徴とするコート。多く
は女性用のもので、コートの上にケープ
を重ねたように見えるのがファンシーと
される。袖の部分がフレア状になって、
ケープを羽織っているような感じになっ
たものもある。

ケープジャケット［cape jacket］ケープ付
きのジャケット。ブルゾンやスペンサー
ジャケットなどさまざまなデザインのジ
ャケットに、これまたさまざまなケープ
を取り付けたもので、多くは女性用のア
イテム。

ケープショール［cape shawl］ケープのよ
うな感覚で使用するショール（肩掛け）。
チューブショールなどと同種のアイテム
で、冷房対策用グッズのひとつとして開
発されたもの。透け感のある素材を使っ
て、季節感を出したものが多く見られる。

ケープスーツ［cape suit］ケープおよびケ
ープ状の上着を特徴とした女性用のスー
ツ。

ケープスリーブ［cape sleeve］ケープのよ
うな袖。ケープを羽織っているように見
えるゆったりとした広幅の袖で、裾広が
りになった形が特徴。これの短めのタイ
プはケープレットスリーブ［capelet
sleeve］と呼ばれる。

ケープトバック⇒アンブレラヨーク

ケープトバックヨーク⇒アンブレラヨーク

ケープトヨーク⇒アンブレラヨーク

ケープドレス［cape dress］ケープ付きの
ドレスの総称で、ケープは取り外し式と
なったものもある。

ケープブラウス［cape blouse］ケープのよ
うな形を特徴とした特異なデザインのブ
ラウス。裾に向かってたっぷりと広がる
シルエットと、前後に差をつけた着丈な
どがポイントとされる。

ケープモヘア⇒カンデブーモヘア

ゲーブルカラー⇒バリモアカラー

ケーブルステッチ［cable stitch］アラン模
様*のひとつで、「縄編柄」を指す。漁に
使うロープをパターン化したもので、「ロ
ープ柄」とも呼ばれ、アラン模様の中で
も最も一般的なものとされている。また
鎖をモチーフとしたものもこの一種で、
それはチェーンステッチ［chain stitch］
と呼ばれる。

ケーブルストライプ［cable stripe］ケーブ
ルは「太索（ふとづな）」という意味で、
縞がロープ状に作られ、凹凸感を特徴と
した縞柄を指す。

ケーブルチェック［cable check］ケーブル
は「綱」の意で、ロープのような凹凸感
のある縞で構成された格子柄をいう。

ケーブルテンプル［cable temple］テンプル
はメガネの弦（つる）の部分を指し、そ
の先端が耳に巻き付けるケーブル状にな
ったものをいう。レイバンのアビエイタ
ーグラスに特徴的に見られるスタイル
で、これによって激しい動きでもずれる
ことのないフィット性の高さが生まれ
る。日本のメガネ業界の専門用語では「縄
手」と呼ばれる。

ケープレット［capelet］通常よりも短くて
小さめのケープをいう。ショルダーケー
プ［shoulder cape］の別称もある。

ケープレットスリーブ⇒ケープスリーブ

ゲーム・アンド・フィッシングパーカ⇒ア
ングラーズパーカ

ファッション全般

ゲームジャケット［game jacket］英国調ツイードジャケットの一種。元は農夫たちの防寒用作業着として用いられたものだったが、英国貴族がハンティングやフィッシング、乗馬などゲームスポーツと呼ばれる遊びに用いるようになって、独特のカントリージャケットへと発展したもの。その究極はノーフォークジャケットとされるが、特有のバンドなどは付かなくても、丈夫なツイード製のものならこのように呼ばれる。袖口を補強用に折り返したラウンドカフスと呼ばれるデザインのものも見られる。

ゲームショーツ［game shorts］テニスなどゲームプレイ用のショートパンツ。ここでのゲームには「競技、試合、勝負」といった意味がある。

ゲームパーカ［game parka］さまざまな遊びやスポーツなどに着られる汎用性の高いパーカ*の一種。コットン60％／ナイロン40％のいわゆる「64クロス*」を使った軽くて薄手のパーカというのが代表的で、防風、防水性能に長けているのも特徴。

ゲームパンツ［game pants］ここでのゲームは「競技、試合、勝負」の意で、スポーツ競技の実戦に用いられるパンツ類をいう。特にサッカーの試合での例が多い。

ゲームベスト⇒ビブス

ゲームポケット［game pocket］ゲームジャケットと呼ばれる英国調のカントリージャケットに特有のポケット。襠（まち）を大きく採り、襞（ひだ）を採るなどした大型のパッチポケットで、多くは大きなフラップ（雨ぶた）が付き、それをボタンで留めるようになったものも見られる。どのような格好になっても、中のものが落ちないような仕掛けになっているのが最大の特徴。

袈裟（けさ）**バッグ**⇒モンクバッグ

化粧⇒マキアージュ

化粧ソール［けしょう＋sole］かかと部分に「リフト lift」と呼ばれる化粧を施した靴底のデザイン。靴底が磨り減っても本底を取り替えずに、このリフト部分を取り替えるだけで大丈夫という利点を持つ。こうした「化粧革」をトップリフト［top lift］と呼んでいる。

化粧筆［けしょうふで］女性の化粧に用いる筆の総称で、英語ではメイクブラシなどという。女子サッカー日本代表"なでしこジャパン"の2011年W杯の優勝で、国民栄誉賞の副賞として広島県熊野町の老舗化粧筆メーカー「竹田ブラシ製作所」の化粧筆セットが選ばれ、にわかに話題となった。熊野町は全国の筆の80％を生産するといわれる筆の都で、とりわけ化粧筆はヤギやイタチ、リス、アナグマなどの毛が用いられ、毛先にハサミを入れず、ベテラン職人によって1本ずつ手作りされるという特質を持つ。そのソフトな感触の良さは他に類を見ないといわれる。

毛芯［けじん］芯地の一種で、馬の尻尾の毛やモヘアと綿糸などを交織したものなどがある。スーツの前芯（前身頃に付く芯地）や襟芯*として用いられることが多い。特に優れているのは、馬の尻尾の毛を利用した本バス毛芯（バス芯とか本バスともいう）で、これは弾力性に富んでいるのが特徴とされる高級品。バスは「馬巣織（ばすおり）」からきたもので、英語ではホースヘアクロス［horsehair cloth］と呼ばれる。なお麻繊維で作られた麻芯（あさしん）などと区別するために、本バス毛芯やラクダの毛による「キャメル芯」、ヤギ類の毛などで作られたヘアクロス［hair cloth］と呼ばれる芯地を「毛芯」と呼ぶようになったとされる。

ゲストドレス［guest dress］ゲストは「(招

待された）客、賓客」という意味で、結婚式やパーティーなどの催しに招待されたときに着用する服装を総称する。文字通りのドレス（ワンピース）を始めとして、スーツやアンサンブルなどさまざまなものが用意されている。

下駄サンダル ［げた＋ sandal］サンダル型の底に日本の下駄の鼻緒を付けた新感覚の履き物。浴衣の流行から若い女性の需要を狙ってデザインされたもので、和風サンダルとして登場したもの。「カジュアル下駄(casual ＋げた)」とも呼ばれる。

結髪（けっぱつ）⇒束髪

ケナフ ［kenaf］アオイ科ハイビスカス属の1年草で、茎が赤くなるものが多いところから、中国では「紅麻」と呼ばれる。1年で3〜5メートルの丈に達するほど成長が早く、製紙原料として用いられるが、近年コットンとの混紡技術が開発され、ニットウエアなど衣料用の新しい天然素材としても注目されるようになっている。こうしたケナフとコットンの混紡素材を「紅麻綿（komamen）」とも呼んでいる。元々はインドやアフリカ原産の植物で、「ボンベイ麻」とか「洋麻」といった名称もある。

ケニアバッグ ［Kenya bag］アフリカのケニアの雰囲気を感じさせるというところからこのように呼ばれるバッグ。天然の麻でざっくりと編んだ買物カゴ風の素朴なバッグで、鮮やかな色使いの太い横縞を特徴としている。

ケネディカット⇒アイビーカット

ケネディ・フォールド ［Kennedy fold］ポケットチーフのあしらい方のひとつで、トライアングル*の変形とされる。ひとつのポイントを少しだけのぞかせる挿し方をいう。故ケネディ大統領が好んだ方法から来たものと思われる。

ケネディルック ［Kennedy look］第35代ア

メリカ大統領ジョン・F・ケネディ（1917〜63）の服装に見るトラディショナルなルックスをいう。ケネディはハーバード大学出身のアイビーリーガーで、彼の着こなしにはアメリカ東部特有の伝統的な香りを感じることができる。

ケバカジ ［ケバい＋ casual］「ケバいカジュアル」の短縮語で、「ケバい」はやたらと派手で目立つケバケバしい様子をいったもの。「イケイケギャル」などと呼ばれる行動的な女の子たちが装う大阪発のカジュアルファッションをこう呼んだもので、1990年代の前半に流行した。

ケバヤ⇒サロンケバヤ

毛パン ［け＋ pants］「毛糸のパンツ」の略。文字どおり毛糸で作られた女性用の下着パンツを指す。ダサいイメージの商品でしかなかったものを、2000年秋冬、女子高校生がミニ丈の制服スカートの下に穿き始めて一挙に普及した。可愛らしい模様と楽しい色調のものが多く、持ち味の暖かさも受けて、いまではOLやミセスにまで広がっている。

毛番手 ［けばんて］羊毛（ウール）の紡績糸の太さを表す単位で、1000グラムの重さで1000メートルある長さの糸を「1番手」と規定する。「恒重式」のひとつで、1000グラムに対して2000メートルあれば「2番手」、3000メートルになれば「3番手」というようになる。このことから毛番手はメートル番手［metrical count］ともいう。

ケピ ［képi 仏］フランス将校の軍帽、またフランスの学生帽や警官帽、郵便配達人などの官制帽子を総称する。てっぺんを平らにした円筒形の帽子で、前びさしを付けたものが多く見られる。

ゲピエール ［guêpière 仏］フランス語のゲプ guêpe（スズメバチ）を基に作られたもので、蜂の腰のようにウエストを細く

ファッション全般

締め付けるコルセット型のトップスをいう。元々はガーター付きのコルセットといった形の下着のひとつとされたものだが、現在では外衣化してベストのように扱うことがある。これを特にゲピエールジレ［guêpière gilet 仏］（ゲピエール風の胴着）とも呼ぶ。

ゲピエールジレ⇒ゲピエール

ケフィエ⇒カフィーヤ

ケブラー⇒アラミド繊維

ケブラージーンズ［KEVLAR jeans］超強度と耐熱性で知られる芳香族ポリアミド繊維のケブラー（米デュポン社の商標）を使用したジーンズ。いわゆる合繊使いジーンズのひとつで、一般にはハードなナイロンジーンズとして知られる。ケブラー単独で用いられることは少なく、タテ糸やヨコ糸に打ち込む形のものが多い。

ケミカルウオッシュ［chemical wash］ケミカルは「化学的」という意味で、塩素系の洗剤液などを用いてムラ染め状の脱色ジーンズに仕上げる洗い加工法を指す。ストーンウォッシュ*をさらに発展させたところに登場した中古加工の手法で、1987年に大流行を見た。雪が降ったように白く斑（まだら）に仕上がるところからスノーウォッシュ［snow wash］、大理石のような表情があるところからマーブルウオッシュ［marble wash］、激しい色落ちを起こすところからウルトラウオッシュ［ultra wash］などと、メーカーによってさまざまな名称でも呼ばれた。なお、こうしたデニム地をスノーデニム［snow denim］などともいう。

ケミカルカラー⇒シャイニーカラー

ケミカルジーンズ［chemical jeans］ケミカルウオッシュ*を施したジーンズの総称。ケミカルウオッシュジーンズともいい、独特の白っぽい斑模様を特徴とす

る。1980年代に大流行したものだが、最近復活の気配を見せ、このように呼ばれるようになっている。

ケミカルシューズ［chemical shoes］人工皮革製の靴の総称だが、海外で正しくはプラスティックシューズ［plastic shoes］という。ケミカルは「化学の、化学的な」という意味で、いわゆるケミカルレザー（合成皮革、人造皮革）やビニール、ナイロンなどの化学的な素材を甲部に用い、合成樹脂や合成ゴムの底材を接着製法でくっつけて仕上げた靴を総称するもので、安価で気軽に履けるというイメージを強調するならカジュアルシューズ*という表現が適当。

ケミカルピーリング［chemical peeling］化学（ケミカル）の技術を用いて、肌の美しさを取り戻す美肌術。酸の力を借りて肌を刺激し、肌がもっている働きを活性化させて肌本来の美しさをよみがえらせようとするもの。ピールは「剥がす」という意味で、肌表面にこびりついた古い角質などを取り除き、すべすべした張りのある肌を再生させるところからこう呼ばれる。

ケミカルファー［chemical fur］化学的に作られた毛皮という意味で、アクリルなどを使用し、本物の毛皮に似せて作られたものをいう。フェイクファー*などと同じだが、「模造毛皮」などという呼称よりも現代的なニュアンスが伝わるため、そうした用語に代わって多く用いられるようになっている。同じような表現としてシンセティックファー［synthetic fur］（合成毛皮の意）という言葉もある。

ケミカルファイバー⇒化学繊維

ケミカルモダン［chemical modern］ケミカルファイバー（化学繊維）の発達によってもたらされる、きわめて現代的なファッションの様相をいう。新合繊やテンセ

ル、マイクロファイバーなど、最近の新しい素材の開発には目を見張るものがあり、それによってファッションそのものにも21世紀的な新しい価値観が芽生えた。

ケミカルレース [chemical lace] ケミカルは「化学の、化学的な」の意で、化学的な処理によって模様を表現するレースのこと。一般に絹の基布に綿糸で刺繍を施し、それを苛性ソーダに浸して絹を溶かし、刺繍糸だけのレースとしたものを指す

ケラ⇒ゴ

ケリーバッグ [Kelly bag] フランスの『エルメス』社を代表する基本的なハンドバッグの名称。元は馬の鞍に着けていた狩猟用のバッグを、1930年に女性用ハンドバッグにしたものという。大きめの台形を特徴とし、しっかりしたかぶせ蓋にゴールドの錠前とそれを開閉するカギの入った革製ケースが付けられる。この名称はモナコ公妃となるアメリカの映画女優グレース・ケリーにちなむもので、米雑誌『TIME』のスクープ撮影時に、妊娠中のお腹をこのバッグで隠したところからこのように呼ばれるようになった。同社にはさらに英国女優ジェーン・バーキンにちなんで名付けられたバーキン [Birkin] などの定番商品が数多くある。

ゲル⇒ディップ

ケルティックジュエリー [Celtic jewelry]⇒アイリッシュジュエリー

ゲルマニウムアクセ [germanium + accessory] 電気の半導体などとして用いるゲルマニウムを利用して作られたアクセサリーの総称。ゲルマニウムセラミックから発する磁気が体に良いとして、スポーツ選手の間で評判を集め、そこからおしゃれなアクセサリーとして一般にも用いられるようになった。そうしたブレスレットをゲルマブレス [germanium + brace-let]、ネックレスをゲルマネックレス [ger-manium + necklace] などと略して呼ぶようにもなっている。

ゲルマネックレス⇒ゲルマニウムアクセ

ゲルマブレス⇒ゲルマニウムアクセ

健康靴⇒スポーツサンダル

健康サンダル⇒スポーツサンダル

健康下着 [けんこうしたぎ] 遠赤外線やマイナスイオン、磁気パワーなどを用いて、血行促進や細胞の活性化を目的とする下着類を総称する。そうした機能をもつとされるイタリア発祥のいわゆる「赤い下着」などもここに含まれる。

剣先⇒カラーポイント

剣玉縁⇒パイピングポケット

原着 [げんちゃく]「原液着色」の略。ポリプロピレン、ポリエチレンなど化学繊維の原料（原液、溶液、ポリマー）に顔料や染料などの色材を加え、着色された状態で繊維を作ること。こうしたできたものを「原着糸」という。繊維と色材が一体化しているため、糸や生地の段階で染色するものに比べ、染色堅牢度に優れるのが特色とされる。英語ではドープダイイング [dope dyeing] とかソリューションダイイング [solution-dyeing] と呼ばれる。ドープは「潤滑剤」、ソリューションは「溶剤」の意味。

剣吊り⇒サイドベンツ

ケンプ [kemp] 羊毛に含まれる「死毛」のこと。短く太く硬い、銀灰色の毛で、ツイードなどに混入して用いられる。

ケンブリッジシャーティング⇒オックスフォードクロス

剣ボロ [けんボロ] カフスプラケット（スリーブプラケット）をいう日本の用語。三角形の剣先の形をした留めの部分があるところからこのように呼ばれるもので、別に「手口（てぐち）」ともいう。

ファッション全般

　また上方の部分を「上（うわ）手口」あ
るいは本当の意味で「剣ボロ」、下方の
カフスと接する部分を「下（した）手口」
あるいは「下ボロ」と呼ぶ。剣ボロは袖
を捲（まく）りやすくするためにとられ
るもので、長いものが望ましいとされる。

剣もの［けんもの］フォーマルウエア全般
を指す日本のテーラー業界の用語。燕尾
服やモーニングコートなどこの種の礼服
は、ピークトラペルのものが多く、この
襟型を日本語で「剣襟」と称するところ
から、こうした言葉が生まれたもの。

元禄格子⇒ブロックチェック

元禄模様⇒ブロックチェック

ファッション全般

ゴ [gho] ゴーとも。ブータンの男性が着用する、筒袖で前合わせとした日本の着物に似た長衣。紬（つむぎ）や綿製で、日本の縞柄や格子柄に似た模様を特徴としたものが多い。ブータンの女性が着用する衣服はキラ*と呼ばれる巻衣で、男女ともにケラ [kera] という帯を用いて着装する。

ゴア [gore] 三角形の布片、扇形の布のことで、日本語では「襠（まち）」と呼ばれる。ゴアードスカート*やサイドゴアブーツ*などで知られる。またゴアライン [gore line] といえば、靴下のかかと部分に入るかがりのための縫い目線をいう。

ゴアードスカート [gored skirt] ゴアは「襠（まち）、三角布、扇形の布」という意味で、こうしたゴアを接ぎ合わせて作られるスカートを指す。裾にかけて広がる形を特徴とするフレアスカートの一種で、2枚接ぎから8枚接ぎのものまでが見られ、たとえば4枚接ぎのものはフォアゴアードスカート [four gored skirt] というように呼ばれる。またフランス語でゴアのことをゴデ godet というところから、これを英語読みしてゴディトスカート [godet skirt] ということもある。

ゴアシューズ [gore shoes] ゴアはゴム糸を織り込んだ伸縮性に富む布地で、これを履き口などに取り付けた靴を総称する。ブーツやスリップオン、また子供靴や作業用の靴などによく見られるが、サイドゴアシューズ*のようにきわめてドレッシーな感覚のものも見られる。

コアスパンヤーン [core spun yarn] フィラメント糸やポリウレタンなどの弾性糸を芯にして、その周りにステープル*糸を巻き付けるようにして紡績した糸をいう。ストレッチヤーン*のひとつとして用いられることの多いもので、弾性糸を紡績しないでカバリング糸として用いることもある。

ゴアテックス [Gore-tex] アメリカの『デュポン』社により1976年に開発された透湿防水素材*の代表的な商品名。耐熱・耐薬品性に長けたテフロン系樹脂を延ばして加熱し、それに微小な気孔を開けたPTFEと呼ばれる超薄フィルムを指す。これには1平方センチメートル当たり14億個もの孔があり、この孔は水滴より小さいものの水蒸気の分子よりは大きいため、水は通さず、体から汗として発散される水蒸気は透過させるという特質をもつ。このフィルムをラミネート加工によって張り付けた生地が「ゴアテックス・ファブリック」と呼ばれ、アウトドアクロージングの表地として最高の機能性を持つとされている。現在は『W. L. ゴア』社の管理に置かれている。最近ではゴアテックス・ソフトシェル [Gore-tex soft shell] といった最新素材も登場して、ますます注目を集めている。

ゴアテックス・ソフトシェル⇒ゴアテックス

ゴアブーツ⇒サイドゴアブーツ

ゴアライン⇒ゴア

鯉口シャツ [こいくち＋shirt] ダボシャツによく似た日本古来の男性用下着シャツの一種。本来は半纏（はんてん）の下に用いたもので、現在では祭衣装として着用されることが多い。ダボシャツと比べると、まず首元がVの字型に切れ込んでいるのが大きな違いで、身頃も袖もほっそりしているのが特徴。また日本的なモチーフのカラフルな模様が描かれているのも特徴のひとつだが、一般的にはダボシャツと混同されることが少なくない。この名称は首元の開きが鯉の口の形に似ていることからの命名と思われるが、定かではない。

ファッション全般

コイフ⇒コワフ

コイルチェーン⇒ネックチェーン

コイルファスナー［coil fastner］ファスナー（開閉装置、ジッパー）の一種で「樹脂ファスナー」とも呼ばれる。歯の部分がコイル状になったポリエステルなどの樹脂でできているのが特徴。エレメント（歯部）がつながった状態で作られているために柔軟性があり、止水ファスナーなどとして用いられる例が多い。

コイルリング［coil ring］巻いた形になった多くは金属製の指輪で、メビウスの輪のようなひねりのあるものなど、さまざまな形が見られる。個性的な味を持つ最近流行りの指輪のひとつ。

コインスカーフ⇒ヒップスカーフ

コインドット［coin dot］ドット（水玉模様）のひとつで、ちょうど硬貨（コイン）程度の大きさのものをいう。ポロドット［polo dot］の名でも呼ばれる。またアメリカの25セント硬貨大のものが代表的とされることから、こうしたものをクオータードット［quarter dot］と呼ぶこともある。

コインパース⇒パース

コインポケット［coin pocket］ジーンズの右側前ポケットの内部に付く小さな貼り付けポケットのこと。本来コイン（硬貨）やフォブ（懐中時計）などを収納したもので、フォブポケット＊とかウオッチポケットなどとも呼ばれる。昔のズボンにはこうしたポケットが必ず付いていたもので、ジーンズはそれを踏襲して現在に至っている。ジーンズに付いたのは1900年頃のことという。

コインローファーズ⇒ローファーズ

合コン服［ごうコンふく］合コン用に着ていく服のこと。合コン（合同コンパ）は男女の出会いのきっかけを作るコンパ（飲み会）のことで、ここ一発！の意気

込みで着る、いわゆる「勝負服＝キメ服」の意味合いもある。一般には女性の場合を指すことが多く、モテるための服＝モテ服とも同義とされる。なお「勝負服」といえば、元々は競馬の騎手が着るジョッキーウエア［jockey wear］を指していた。

高視認性安全服⇒ハイ・ビジビリティー・クロージング

交織［こうしょく］異なる種類の糸を2種類以上の組み合わせで織ること。綿糸とポリエステル糸との混用が代表的で、繊維の段階で混ぜ合わせる「混紡＊」とは区別される。タテとヨコに異なる糸を用いるのが一般的。

合成ゴム底［ごうせい＋gum＋ぞこ］合成ゴムとは天然のゴムに対して、化学的に合成して作られたゴム状の合成物を意味し、そうした素材を特徴とする靴底をいう。

合成繊維［ごうせいせんい］化学繊維のひとつで、石油や石炭、石灰石、塩素、空気、水などを原料にして化学的に合成した繊維を指す。化学繊維の中では最も成功した繊維とされ、ポリエステル、ナイロン、アクリルなど多くの種類がある。「合繊」とも略称され、英語ではシンセティックファイバー［synthetic fiber］と呼ばれる。

合繊⇒合成繊維

紅梅織［こうばいおり］最近の浴衣などに見る生地のひとつ。立体的な畝を特徴とした薄手の織物で、涼感にも長ける。読みは同じで「勾配織」とも「高配織」とも表記され、昔からある日本の伝統的な織物だが、浴衣のブームから素材感の変わった素材として見直されるようになったもの。

抗ピル加工［こう＋pill＋かこう］ピルは「丸薬、錠剤」の意だが、ここでは合成繊維の製品などにできる「毛玉」を指す。こ

228

ファッション全般

うしたピルの発生を防ぐ加工法をいい、そのように改質した繊維を「抗ピル繊維」と呼ぶ。また毛玉ができることをピリング[pilling]と呼んでいる。

鉱物繊維[こうぶつせんい]天然の鉱物から採られる繊維で、石綿＝アスベスト[asbestos]が代表的。鉱物を加工して作られるものにはガラス繊維＝グラスファイバー[glass fiber]や金属繊維*、また岩綿（がんめん）などの岩石繊維や鉱滓（こうさい）繊維などがある。こうした無機質からなる繊維を、植物繊維や動物繊維などの有機繊維＝オーガニックファイバー[organic fiber]に対して、無機繊維＝イノーガニックファイバー[inorgan-ic fiber]という。鉱物繊維そのものは英語ではミネラルファイバー[mineral fiber]と呼ばれる。

神戸エレガンス[こうべ＋elegance]神戸を発信地とするエレガントなファッションの流れを総称する。コンサバエレガンス*と呼ばれるファッションのひとつで、コンサバティブ*でありながらセクシーでトレンディー*な雰囲気を持ち、関西特有のケバさ（派手さ）も感じられるというのが特徴。関西発というところから「関西エレガンス」ということもある。

神戸ファッション美術館[Kobe Fashion Museum]1997年4月25日、神戸市が東灘区の六甲アイランドの「神戸ファッションプラザ」内に建設・オープンさせたファッションをテーマとする公立では日本初の美術館。約1万7千坪の館内に、照明、音楽、映像、絵画などと合わせて立体的に演出した歴史的な衣装のほか、最新ファッションや映画のビデオ、コレクションのスライド等、生地見本、本・雑誌などの資料等を揃えて、一級のファッション美術館に仕上がっている。

コウル⇒カプチン

コークヘルメット⇒トーピー

ゴーグル[goggles]オートバイライダーやスキーヤーなどが用いる防塵また防風用のメガネの一種。顔面にぴったりと張り付く大型のメガネで、「水中メガネ」のように立体感のあるのが特徴。いわゆる「水中マスク」もこの一種。ゴーグルそのものには「目をぎょろつかせる、目を丸くして見る」といった意味がある。

ゴーゴーウオッチ[go-go watch]きわめて幅広の派手なバンドを特徴とする腕時計。時計そのものはスナップボタンで留められ、バンドの取り替えが自由にできるようになっているのが特徴。激しい動きで知られるダンス「ゴーゴー」が流行していた1966年に登場したところからのネーミングと思われる。

ゴージ[gorge]テーラードな上着の襟に見られる「襟刻み」のこと。上襟と下襟が接する縫い目線はゴージライン[gorge line]と呼ばれ、これの角度と高低によって、時どきの流行感覚が表現されることになる。ゴージは本来「喉（のど）」を意味し、ゴージラインは背広型の服が立襟の服であったころの、喉元を一周する線の名残りとされる。

ゴージマニピュレーション[gorge manipu-ulation]テーラードなジャケットの前肩に空間を確保して、肩の動きやすさを第一に考えた新しい縫製技術のひとつ。肩にゆとりをもたせるとともに首への負担も軽くし、運動機能の向上を図るとしている。『オンワード樫山』の開発によるもので、ゴージは本来「喉（のど）」の意で、服飾用語では「襟刻み」や「首周り、襟刳（ぐ）り」などを示す。マニピュレーションは「巧妙な取り扱い」という意味。

ゴージャス[gorgeous]「豪華な、華麗な、華美な」の意。ラグジュアリー*と同じ

ファッション全般

意味で用いられる最近のはやり言葉で、〈ゴージャス&グラマラス〉のように近年のファッションを形容する言葉として多く用いられる。

ゴージャスカジュアル⇒モードカジュアル

ゴージャストラッド⇒ゴートラ

ゴージライン⇒ゴージ

コージーニット [cozy knit] コージーは「居心地のよい、(暖かくて)気持ちのよい」という意味の米語(イギリス英語ではcosy)で、そうした雰囲気を特徴とするニットウエアを総称する。たっぷりとしたボリューム感のあるカーディガンやセーターなどに代表される。

コースゲージセーター [coarse gauge sweater] バルキーセーター*の別称のひとつで、「粗いゲージ」のセーターという意味。ゲージ [gauge] とは編み目の基準となる目数のことで、一般のセーター類では1インチ(約2.54センチ)間の針数で表わされ、これが粗いところからこのように呼ばれるもの。コースゲージはローゲージ [low gauge] またヘビーゲージ [heavy gauge] とも呼ばれ、一般に3〜5ゲージのものを指す。

ゴーストソックス [ghost socks] スニーカーソックス*の別称のひとつ。その存在がほとんど見えないことから、アメリカでこのように呼ばれるようになったもの。

コースレット [corselet] コルスレ*の英語読みで、同種のオールインワン*型下着を指すとともに、ウエストをきつく締める筒状の補整下着のことも意味する。胸から腰まで覆う形のものも見られる。

コースレットベルト [corselet belt] 腹部から腰部にかかるほどのきわめて幅広の形を特徴とする女性用装飾ベルト。コースレットはブラジャーとコルセットを一緒にした女性下着を指すが、ここではウ

エストをぴったりと押さえる目的からこのように呼ばれるもの。

コーチジャケット [coach jacket] スポーツ競技でコーチによって着用されることから、この名で呼ばれるようになった軽快なブルゾン型のジャケット。襟付き、ボタンフロントの腰丈上着で、ナイロンタフタ製のものが多く、裾にゴムを入れて絞ることができ、袖口もニットやゴムで絞るデザインとなったものが多く見られる。

コーデ⇒コーディネート

コーデアプリ⇒ファッション・コーディネート・アプリ

コーディガン [coat × cardigan] コートとカーディガンを掛け合わせて作られた造語。カーディガンのような感覚で軽く羽織ることのできるニットアウターまたニットコートをいったもので、秋から冬への気候の変わり目に対応できる軽いアウターとして、2015年秋に台頭してきた新しいアイテムに名付けられたもの。

コーディネーション⇒コーディネート

コーディネーツ⇒コーディネートスーツ

コーディネート [coordinate] 元々は「同等の、同格の、等位の」という意味で、ここからファッション用語として2種以上のものを同一の感覚に統合、調整する意味に用いるようになった。スタイル、色柄、素材などを関連させてバランスを図り、ひとつの完成されたルックスに仕上げるもの。名詞でコーディネーション [coordination] ともいい、最近の日本では単にコーデと略したり、「合わせ」という言葉に置き換えたりしている。

コーディネートスーツ [coordinate suit] 上下分断型のセパレーツスタイルを特徴としたスーツで、ジャケットとトラウザーズ(ズボン)が必ずしも同じ生地で揃っている必要はないとする考え方から生

まれたニュースーツ。コーディネーツ [coordinates] とも呼ばれ、上下が色、柄、素材のいずれかでよくコーディネート（調整、統合）されており、形式的にはセパレーツだが、感覚的にスーツと見なされるものを総称している。いわばスーツスタイルの解体をめざしたニュースーツで、日本語で「組み合わせスーツ」とか「組み立てスーツ」などとも呼ばれる。

コーディネート水着 [coordinate＋みずぎ] 本来の水着のほかに、それとよくコーディネートされたワンピースやスカートやヘアバンドなどがセットとなって付けられた女性水着をいう。この場合の水着はビキニスタイルが多く、中にはスカートがミニドレスに変身するといったものも見られる。

コーディネートワンピース [coordinate one-piece] トップ（上半身）部分とボトム（下半身）部分を別生地で仕立てて組み合わせた（コーディネート）ワンピースのこと。一見すると上下別々のようで、実は1着のワンピースというもので、なかにはトップをブラウスにし、ボトムを別布のティアードスカートにするようなものも見られる。まるで重ね着のように見えるということで、これをフェイクレイヤードワンピース [fake layered one-piece] と呼ぶ傾向もある。

コーティング [coating] コート作りに用いる生地のことで、「コート地」を総称する。この場合のコートには「上着」（ジャケット）の意味も含まれ、上着用の生地の意味でも用いられる。ただし、コーティングには「塗装」や「上塗りをする」という意味もあるので、外套用の生地を示す場合にはオーバーコーティング [over-coating] というのが正しい。

コーディング [cording] さまざまなコード [cord]（紐類）を用いて表現される刺繍のことで、コーディングエンブロイダリー [cording embroidery]（コード刺繍）の略ともされる。紐を用いた線模様ということもでき、ブレーディング＊もこの一種となる。

コーディングエンブロイダリー⇒コーディング

コーティングクロス [coating cloth] 生地表面に化学的な塗装加工を施した素材の総称。コーティングは防水や艶出し、補強などの目的で行われるもので、油やゴム、エナメル、合成樹脂などが塗布される。

コーティングジーンズ [coating jeans] 生地表面にコーティング加工を施して、レザーパンツのように見せたジーンズ。ブラックペイントやレッドペイントなどの種類があり、ひと味違ったジーンズとして人気がある。コーティングには、艶出しのほか防水や装飾、補強などの目的もある。

コーデッドストライプ [corded stripe] コーデュロイなどに見られるコード（畝）を特徴とした縞柄。単にコードストライプ [cord stripe] ともいい、日本語では「畝縞」と呼ぶ。

コーデュラデニム [Cordura denim] アメリカの繊維メーカー、デュポン社の開発による強力ナイロン素材「コーデュラ」をヨコ糸に、コットンをタテ糸にして交織したデニム生地。耐摩擦性と引き裂き強度にきわめて優れるとともに、軽さもあるということで、新しいジーンズ素材のひとつとして用いられる。

コーデュロイ [corduroy] 日本では「コール天」の名で知られる綿織物の一種。タテ畝を特徴とした綿ビロードのことで、フランスのルイ14世が戴冠式で用いた「コード・ロワイヤル cord royal（皇帝の畝の意）」として開発されたことに由来

ファッション全般

するという説がある。生地表面の輪奈（ループ）を中央でカットすることによってタテに畝が表れるもので、畝の大きさや出方によってさまざまな種類がある。

コーデュロイジーンズ⇒リブジーンズ

コート［coat］コートという英語にはさまざまな意味があるが、日本では一般にオーバーコートの略とされ、衣服のうちでいちばん外側に着る袖付きで丈長の、いわゆる「外套」類を指す。しかし、コート本来の意味は「表面を覆うもの」ということで、ここから服飾用語としては単に体を覆う服、つまり外衣（アウターウエア）という概念につながる。つまり広義には、コートとはジャケットをも含んだ長めの丈のアウターウエアの総称とされる。

コード［cord］縞状の細い畝を織り出した生地の総称。綿製のそれをコットンコード［cotton cord］といい、ごく細い畝が表れた薄手のタイプをヘアコード［hair-cord］と称する。また、シャツ地としてのそれをピンコード［pincord］と呼んでいる。

ゴート⇒ゴートスキン

コートアップ［coat-up］コートのセットアップの意。同素材で作られたコートとボトムの組み合わせによる一式のことで、この場合のコートは軽く薄手のものを用いることが多い。

コード編［cord stitch］経編＊の組織のひとつ。コードは「畝」の意で、一般に畝を特徴とする、地が厚手の編地を指す。1枚筬（おさ）で作る「シングルコード編（一重コード編）」、これを重ねた「ダブルコード編」、表面に凹凸がない「プレーンコード編」、タテ縞がはっきりしている「クイーンズコード編」などの種類がある。

コートアンサンブル⇒スーツアンサンブル

コートイン［coat in］コートの内側に着る服の総称。同様にスーツの内側に着る服はスーツイン［suit in］、ジャケットの内側に着る服はジャケットイン［jacket in］というように用いられる。

コートウオレット［coat wallet］長財布の一種。コートのポケットに収納するのにふさわしい細長い形からのネーミングと思われる。

コートオブアームズ⇒エンブレム

コートカフス［coat cuffs］オーバーコートによく見られるカフスの総称。袖先を折り返した形のものや、袖とカフスを別個に作り、カフスを袖先にかぶせて縫い付ける形になったものなどがある。

コートジャケット［coat jacket］オーバーコートのように長い丈を特徴としたジャケット。おおむねスリークォーターレングス（4分の3丈）のもので、共地のベルトを付けたり、背広襟以外の変形襟を用いるなど、さまざまなデザイン変化が見られる。ウォーキングジャケット＊に代表される。

コートシャツ⇒プルオーバーシャツ

コートシューズ⇒パンプス

コートジレ［coat gilet］ジレはフランス語でいうチョッキ（ベスト）のことで、袖を取り去ったコート、またコートのようなベストをいう。いわゆる中間アイテムのひとつで、春先の軽い羽織り物のひとつとして人気を集めるようになっている。シャツコートの袖無し版といったところで、ジレンチ＊もこの一種。

コートスーツ［coat suit］コートとパンツまたはスカートを共生地で組み合わせてスーツとしたもの。さまざまなタイプがあり、男女ともに見られる。フランス語でコートを意味するパルトを使って、パルトスーツ［paletot suit］と呼ぶこともある。

ゴートスエード [goat suede] 山羊革（ゴートスキン）をスエード*仕上げとした素材で、登山靴などに用いられる。

ゴートスキン [goatskin] 山羊のなめし革。キッド（仔山羊）に対して成長した山羊をゴートといい、キッドに似た高級感があるところから、高級靴やハンドバッグなどに多く用いられる。単にゴート [goat] とも呼ばれ、ときに山羊の毛皮のことも意味する。

コードストライプ⇒コーデッドストライプ

コートセーター [coat sweater] 長い丈を特徴としたコートのようなセーターの意。セーターコート [sweater coat] とも呼ばれ、より外衣的なイメージが強いニットジャケット*の一種とされる。文字通りコート代わりとしても着られるようにバルキーな糸で編まれるのが特徴となる。

コードタイ [cord tie] コードは「紐、綱」の意で、紐状のネクタイを総称する。同様の意味からストリングタイ [string tie] ともいい、日本では俗に「紐タイ」と呼ばれる。リボンタイ*もその一種で、蝶結びにして襟元にあしらうが、近年では金具などに通して留める形式のものが多く見られ、こうしたものをループ・アンド・ジュエリー [loop and jewelry] などと呼ぶようになっている。ネックロープ [neck rope] と呼ぶこともある。

コートドレス [coat dress] コート風のドレスの意。トレンチコートをアレンジしたようなものなどが見られ、コートとしてもドレスとしても着用可能という特徴をもつ。なおCourt dressと綴ると、18世紀フランスのブルボン王朝時代に見る宮廷服の意味になる。

コートドレス（礼服）⇒大礼服

コードバン [cordovan] ホースレザー*の一種で、特に馬の背中や尻の部分からとった革を指し、一般に「馬の尻革」として知られる。毛穴がなく、光沢感に富むところから、高級紳士靴やベルトなどに好んで用いられ、通常、1枚もので作られる。なめし工業の中心地とされたスペインのコルドバにちなんでの名称。

コートプラスター⇒ビューティースポット

コードブレスレット [cord bracelet] 紐状のブレスレット。ミサンガのような手首に巻くタイプのものを指し、ラップブレスレット*と同種とされる。

コートフロント [coat front] 前が全開となったシャツなどのフロントスタイルを指すもので、オープンフロント [open front] とも呼ばれ、プルオーバー（かぶり式）の対語とされる。

コードベルト [cord belt] コードは「紐、綱」の意で、ジュート（黄麻）などの雑材や布帛などを組み紐のようにして作ったベルトを指す。ロープベルト [rope belt] ともいう。

ゴートラ [gorgeous + trad] ゴージャストラッドの短縮語。高級感と華やかな雰囲気を特徴としたニュートラ*系のファッション。金具やゴールドの小物などエルメスやグッチ調の要素を盛り込んでいるのが特徴で、いかにもリッチ・ジャパンを象徴するスノッブ*なファッションとして人気がある。

コードレーン [cordlane] 夏季に多く用いられる畝織地のひとつ。細い畝がストライプ状に表われた爽快な感触の生地で、白地にブルーやグレー、ベージュ、ピンクといった配色のものが主。コットンのほかレーヨン混やポリエステル混のものも見られ、こうした縞柄をコードレーンストライプ [cordlane stripe] とも呼んでいる。畝の出方がごく細いタイプはベビーコードレーン [baby cordlane]、またこれを略してベビーコード [baby

ファッション全般

cord] ともいう。

コートレングス⇒ショートレングス

コードレーンストライプ⇒コードレーン

コープ [cope] 聖職者が行列や儀式などの際に着用するマント*のこと。

コーポレートカジュアル [corporate casual] 企業（会社）のカジュアルという意味で、オフィスカジュアルやビジネスカジュアルなどと同義。1990年代に入って提唱されたフライデーカジュアルを端緒に発展してきたもので、現在ではクールビズ*やウオームビズ*の基盤とされている。

コーマ糸⇒カード糸

コーム [comb] 櫛（くし）の意。髪を梳いたり、飾りとして用いるヘア用具のひとつで、竹や黄楊（つげ）、またプラスティックや鼈甲（べっこう）などで作られる。髪飾りとして用いられるものに、針金状のワイヤーコーム [wire comb] やファンシーなデザインを施したフレンチコーム [French comb] といったものも見られる。

コームストライプ⇒ヒッコリーストライプ

コームバンド⇒フェミニンコーム

コーラスウエア [chorus wear] コーラスは「合唱、合唱曲」また「合唱団」の意で、各種の合唱団のためのユニフォームを総称する。ユニフォームの新分野として、最近ではマーチングウエア*などと並んで、こうしたものも作られるようになっている。

コーラルカメオ⇒カメオ

コーリレート [co-relate]「関連性」といったほどの意味で、服装を構成する各部分のアイテムに関連を持たせ、より良い着こなしをめざそうとする着こなし方を指す。コーディネートに続いて、1970年代に登場した用語。

ゴールドコート⇒スパニッシュコート

コールズボン⇒ストライプトトラウザーズ

コールドパーマ [cold perm] コールドパーマネントウエーブの略。「冷たいパーマ」の意味で、電熱などの熱を用いないで、薬剤だけでウエーブを作り上げる技術をいう。1936年頃に英国の化学者によって発明されたものといわれ、それまでのホットなパーマに対して、このように呼ばれるようになったもの。日本では第2次大戦後に普及し、現在のパーマの主流となっている。

ゴールドフィルド [gold-filled] ジュエリー類の表面にほどこす「金張り」のこと。表面に金を高熱で圧着してコーティングする加工法で、頭文字をとって「GF」とも称される。金メッキ（ゴールドプレート＝GP）に比べ、コーティング層が数十倍も厚くなるため剥げにくく、ニッケルを使わないため金属アレルギーにもならないというメリットがある。

ゴールドフォイルプリント [gold foil print] ⇒金箔プリント

コールマン髭 [Colman＋ひげ] 髭の形のひとつで、アメリカの往年の名優ロナルド・コールマン（1891～1958）に見る口髭の形をいう。きれいに手入れされた「八の字」型のもので、紳士の典型的な口髭の形とされる。男優クラーク・ゲーブルの口髭としても知られる。

ゴーントレット⇒ガーントレット

コーンヒール [cone heel] コーンは「円錐形」の意で、ちょうどアイスクリームコーンを付けたような逆円錐形のハイヒールを指す。

コーンフラワーブルー [cornflower] コーンフラワーは「ヤグルマギク」のことで、その花に見る深い青をいう。ロイヤルブルーやサファイアブルーにも近い色で、欧米では昔から高貴な色のひとつとされている。最近の流行色のひとつ。

コーンロースタイル [cornrow style] コーンローはトウモロコシの粒が列になっている様子をいったもので、髪の毛を少しずつ取り分けて細い三つ編みにし、その先端をカラフルなビーズで飾ったヘアスタイルを指す。元は黒人に見られる髪型のひとつで、1970年代にレゲエミュージックの登場とともに流行し、ファッションとして広まった。紐を編んで作った束という意味で、これをブレイデッド・バンチ [braided bunch] ということもある。

小顔化粧品⇒小顔メイク

小顔メイク [こがお＋make] 顔をすっきりと細く小さく見せようとするメイクアップ。こうしたことに用いる化粧品を「小顔化粧品」と呼んでいる。元々は1996年に始まった「アムラー」ブームに端を発するもので、歌手・安室奈美恵の茶髪と小顔にあこがれるコギャルたちの願望が「小顔ブーム」につながり、やがて「小顔メイク」が登場した。実際に顔をすっきりと引き締める効能をうたう商品も現れた。

コギャル系⇒ギャル系

コクーンコート [cocoon coat]「蚕の繭」のようなコクーンライン*などと呼ばれるシルエットを特徴とする女性用のコート。肩幅と裾幅を狭くして、中ほどで外に膨らませた女らしい形がおもしろい。

コクーンジャケット [cocoon jacket] コクーン（蚕の繭）のようなシルエットを特徴とする上着のことで、多くは若い女性が好むちょっと丈が長めの制服風のジャケットに見られる。AKB48のステージユニフォームに見るモノが代表的。

コクーンスカート [cocoon skirt] 蚕などの繭（コクーン）のように膨らんだシルエットを特徴とするスカートの総称。コクーンミニと呼ばれる短い丈のものから、下半身全体を覆うような長い丈のものまで

で見られる。

コクーンドレス [cocoon dress] コクーンは「（蚕などの）繭（まゆ）」の意で、体全体を繭のように丸く包み込んでしまうようなシルエットを特徴とするドレスを指す。カクーンドレスとも発音される。

コクーンバック [cocoon back] コクーンは蚕などの繭の意で、そのような背中全体を丸く包むデザインをいう。昔のオートクチュールの作品に見られるようなクラシックなデザインのひとつで、背中にポイントを持たせてヒップ下で膨らみを絞った形に特徴がある。

コクーンミニ [cocoon mini] コクーンは蚕などの「繭」のことで、それに似た丸く包むようなシルエットを特徴としたミニスカートを指す。

コクーンライン [cocoon line] コクーンは蚕などの「繭」のことで、そうした繭のように全体を丸く包み込むシルエットを指す。イタリア人デザイナー、ロメオ・ジリの作品によく見られるシルエットとして知られる。カクーンラインとも発音される。

ココナッツハット [coconuts hat] ココ椰子の木の繊維から作られる夏季用の紳士帽のひとつ。1928年にアメリカの『ブルックス・ブラザーズ』社から紹介されたもので、こげ茶色を中心とする。

コサージュ [corsage] コサージとも。主として女性がドレスの胸元や肩、また帽子などに付ける小さな花飾りをいう。コサージュは元々衣服の胴部分を指すフランス語の「コルサージュ」から来たもので、そこに付ける花飾りをいったもの。結婚式において、花婿は花嫁の持つブーケから一つの花を抜いてコサージュに用いる習慣が見られる。

コサージュサンダル [corsage] コサージュ（花飾り）を甲のストラップ部分に取り

ファッション全般

付けたサンダル。ロマンティックなイメージの夏サンダルのひとつとして最近人気を集めるようになった。

コサージュピン⇒ブローチピン

コサックキャップ［Cossack cap］ロシア南方に住むコサック（カザーク）たちの民族服に見る帽子。アストラカンなどの毛皮で作られた大きめの円筒形の帽子で、コサックハット［Cossack hat］ともいう。

コサックコート［Cossack coat］コサックダンスなどで知られるロシア南方のコサック農民たちに見る民族調のコート。組み紐飾りの前合わせや襟、袖口、裾に付けられた毛皮の飾りなどを特徴とするエキゾチックな雰囲気が強いもので、女性のおしゃれな防寒コートのひとつとして用いられる。

コサックハット⇒コサックキャップ

コサックブーツ［Cossack boots］本来はコサックダンスで有名なロシアのコサック民族が用いる毛皮ブーツを指すが、現在ではこれに似せた毛皮の折り返し付きの膝丈ブーツを呼ぶようになっている。全体にずんぐりした筒型の形を特徴とし、キューバンヒール＊を付けたものが多く見られる。

ゴシック［Gothic］12世紀から16世紀にかけて北フランス地方を中心に生まれた美術様式。ゴシックという名はゲルマンのゴート人を意味するイタリアの俗称からきたものとされ、ロマネスク＊に続くキリスト教美術のひとつとされる。尖塔や尖頭型アーチなどのゴシック建築で知られるが、ファッションでもそうした尖ったデザインが見られ、俗に奇怪な服装をゴシックスタイルと呼ぶようになった。

ゴシックメイク［gothic make］ゴシックテイストあふれるミステリアスな雰囲気のメイクアップ。2008 ～ 09年秋冬向けデザイナーコレクションのトレンドテーマ

〈ラブリーゴシック〉に沿って登場した化粧法のひとつで、目の周りを黒く隈取って、目尻をきゅっと吊り上げるものが代表的。なかには眉毛をつぶして、一層ミステリアスな雰囲気を強調するメイクも見られる。

ゴシックロリータ⇒ゴスロリ

腰穿き⇒ずり下げパンツルック

腰パン⇒ずり下げパンツルック

ゴススタイル［Goth style］ゴシックスタイルの略で、欧米では単に「ゴス Goths」とも呼ばれる。一種の怪奇趣味また神秘主義的なファッション表現で、パンクルック＊にも共通する雰囲気を特徴とする。実際にそうしたファッションとの融合も顕著で、たとえばサイバーゴス、ゴスパン（ゴス＋パンク）、エレクトロゴシックといった表現があり、また「和ゴス」（着物風のゴス）、「白ゴス」（白で統一したスタイルで、対語は黒ゴス）といった日本独特のゴススタイルも見られる。これとロリータファッション＊の結びついたのが「ゴスロリ＊」で、これにも「白ギャル系」「黒ギャル系」などさまざまなタイプが見られる。基本的に現実離れしたファッション感覚が特徴。

コスチューム［costume］「服装、身形」の意だが、とくにある時代や民族、階級、職業などに特有の服装を指す目的で用いられることが多い。服というよりも「衣装、衣裳、扮装」と訳したほうが適切で、映画や舞台、テレビドラマなどで使用する衣服がこれに当たる。

コスチュームアクセサリー［costume ac-cessory］コスチュームジュエリー＊と同義。また、コスチュームプレー（コスプレ＊）用の特別なアクセサリー類を指す意味で用いられることもある。

コスチュームジュエリー［costume jewelry］ファインジュエリー＊の対語で、使用す

ファッション全般

る素材を天然宝石や貴金属に限定しない装身具を総称する。元は舞台の演劇の際、衣装（コスチューム）に合わせてガラスや安価な石などでこしらえた装身具を、1933年にアメリカでこのように名付けたのが最初とされる。一般に卑金属やプラスティック、ガラス、木などを使用するが、最近ではきわめて高価なものも作られるようになり、これらをハイコスチュームジュエリー［high costume jewelry］、またこれを略して「ハイコスチューム」とも呼ぶようになっている。

コスチュームスーツ⇒コスチューム・タイユール

コスチュームスリップ⇒アンダードレス

コスチューム・タイユール［costume tailleur 仏］フランス語でいうテーラードスーツ＊。タイユールだけでそうした意味を持つが、それをさらに丁寧に表現したもので、英語ではコスチュームスーツ［cos-tume suit］ということになる。またタイユール・キュロット［tailleur culotte 仏］といえばキュロットスーツ＊、タイユール・ド・ディネ［tailleur de dîner 仏］はディナースーツ＊の意味になる。

コスチュームドレス［costume dress］コスチュームは演劇や祭などで用いる特別な衣装を指し、そうした特別な機会に着用する非日常的なドレスを総称する。たとえばコスチュームボールと呼ばれる「仮装舞踏会」などに着ていくようなドレスがそれに当たるが、最近ではコスプレ＊などの流行から、こうしたものを昼間から街中で着用する傾向も現れている。

コスチュームネックレス［costume necklace］きわめて大ぶりの形を特徴とするネックレス。まるで襟を思わせるような大きさのもので、ボリュームネックレスなどとも呼ばれる。ひとつ着けるだけで、ぐっ

と華やかな雰囲気が生まれるということで最近人気を集めている。コスチュームには特別な時のための服装という意味がある。

コスチュームファッション［costume fashion］アニメの登場人物の衣装（コスチューム）をそのまま着用して表現するファッション。コスプレ＊と同義で、コスプレイヤー＊と呼ばれる人たちの間で、さまざまな衣装が用いられている。

コスチュームブラ［costume bra］衣装（コスチューム）としてのブラジャーという意味で、アウターブラ＊の別称とされる。表に出して着用してもかまわないブラジャー。

コスチュム・ド・バン⇒マイヨー

ゴスパンク［gothic＋punk］ゴスロリ＊にパンクの感覚を加味したファッション表現。下着ルック的な要素を加えたり、切りっ放しにした黒のミニスカートなどで、より不気味な雰囲気を強調させたもの。本来は1980年代初頭、英国で生まれたパンクロックのひとつで、ゴシックパンクとも呼ばれた。

コズミックスタイル［cosmic style］コスミックスタイルとも。コズミックは「宇宙の」という意味で、1966年にピエール・カルダンによって提唱されたコスモコールルック＊にモチーフを得て、現代風に再現された未来的なスタイルを指す。白のタイトなミニドレスに白のロングブーツといった服装が代表的。

コスメ⇒コスメティック

コスメティック［cosmetic］通例複数形のcosmetics を用い、正しくはカズメティクス、あるいはコズメティクスと発音される。「化粧品」の総称で、口紅や各種のクリーム、整髪料などが含まれる。日本ではコスメチックともいい、略してコスメとも呼ばれる。

237

ファッション全般

コスメバッグ⇒コスメポーチ

コスメボックス⇒メイクボックス

コスメポーチ [cosmetic pouch] コスメティック（化粧品）を入れる小袋のことで、布やビニール、ナイロンなどでできたものが多く見られる。女性の外出時の必携品。コスメバッグ [cosmetic bag] とも。

コスモコールハット [cosmocorps hat] コスモコールはフランス語で「宇宙服」を意味し、コスモコールルック*とかスペースルック*などと呼ばれる、宇宙をモチーフとしたファッション表現に特有の帽子類を指す。宇宙服を思わせるようなヘルメット型のものや斬新なデザインの婦人帽などが見られる。

コスモコールルック [cosmocorps look] コスモコールはフランス語で「宇宙服」といった意味。1966年にフランスのデザイナー、ピエール・カルダンによって発表された宇宙服イメージの作品をいったもので、ここから未来的なイメージのファッション創作活動がスタートしたとされる。一般にはスペースルック*などと呼ばれる。

ゴスロリ [gothic＋Lolita] ゴシックとロリータを合わせた造語で、中世の怪奇的な要素を加えたロリータファッションの表現を指す。元々はビジュアル系ロックバンド『マリスミゼル』のメンバーによる〈エレガント・ゴシックロリータ〉というモードの提唱から始まったものとされ、中世の貴婦人を思わせるような幻想的な装いが特徴とされる。一般には黒ずくめのロリータルックをこのように呼ぶことが多く、ゴシックロリータとかゴススタイル [goth style] とも呼ばれる。

小袖 [こそで] 現在の着物の母体になったとされる着物の一種で、平安時代には貴族が着用する筒袖の下着とされ、鎌倉時代に袂（たもと）が付き、やがて武家や庶民の内着、上着として用いられ、室町時代後期に至って、武家の女性が袴を用いない小袖着流し姿として着用するようになった。そこから発展して現在の着物につながったとされる。

コタルディ [cotardie 仏、cotehardi 英] コット*をより装飾的にした衣服で、13世紀から15世紀にかけて男女ともに着用した。ゴシック*期を代表する衣服で、これによって人々は完全に体形を意識した服装を獲得したとされる。原意は「大胆なコット」ということで、主として上流階級の衣服とされた。

コックコート [cook coat] コック（料理人）が着る白い上衣のことで、独特の立襟やダブルの前合わせを特徴とする。シェフコート [chef coat] とも呼ばれるが、シェフは本来フランス語で「頭（かしら）、長（ちょう）」などを示し、英語で一般に「コック長」を意味する。

コックシャツ [cook shirt] コックが着用する「厨房衣（ちゅうぼうい）」のひとつ。2列ボタンが付くダブル前の立ち襟シャツというのがスタンダードとされ、白が多いが、黒や他の色ものも見られる。コックコート（シェフコート）の一種で、コックの他、パティシエ（菓子職人）なども用いる。シャツ襟やシングル前のものなど、最近ではさまざまなデザインがある。

コックテイルバング⇒バング

コックトハット⇒スラウチハット

コックハット [cook hat] コック（料理人）が用いる背の高い白い帽子で、一般に「コック帽」と呼ばれるほか、シェフハット [chef hat]（コック長の帽子の意）、またフランス語でトックブランシェ [toque blancche 仏]（白い縁なし帽の意）とかシェフトック [chef toque 仏] ともいう。あのように高くなったのは、背の低かっ

238

たフランス人名シェフ、オーギュスト・エスコフィエがひと目で厨房のどこにいるかを分からせるために考案したという説や、フランス料理の基礎を作ったとされる宮廷料理人アントナン・カーレムが1795年、客の高い帽子を気に入って取り入れたなどがある。基本的に15センチ、30センチ、40センチの種類があり、それは地位の高さと比例している。なおコックは本来オランダ語のkokから来たもので、英語ではクックとかククとというのが正しい。ちなみに日本料理の板前がかぶる帽子は「和帽子」という。

コックピットウオッチ⇒アビエーションウオッチ

ゴッサマー [gossamer] 薄くて柔らかく、透き通った感覚のある絹織物で、ベールなどに用いられる。また、綿や絹、ウールの薄い生地にゴムで防水した布地をこう呼ぶこともある。

ゴッデスドレス [goddes dress] まるで女神（ゴッデス）を思わせるような、華麗で神々しいまでの雰囲気をもつドレスの形容。まさしく現在のファッショントレンドのキーワードであるラグジュアリーとかゴージャス、グラマラスといった気分を体現させたドレスをこのように呼んでいる。これをギリシャ神話の「ミューズ神」に関連させて、ミューズドレス [Muse dress] とも呼んでいる。

コット [cotte 仏、cote 英] 13世紀から15世紀ごろまで男女ともに広く用いられたチュニック*型の衣服。形は多様で膝から足首までの丈があり、上にシュルコ [surcot 仏] と呼ばれる表着を重ねることが多かった。シュルコは「コットの上に」という意味で、英語ではサーコート*といい、元々は騎士たちが鎧の上に着用したものであった。

コッドピース [codpiece] 15世紀から16世紀、男性貴族の半ズボンであったオー・ド・ショース*の股間部分に付けられた袋状のものを指す。当初は開きを隠すために設けられたものだが、時代とともに飾りのひとつとなり、男性の股間を強調するデザインへと変化していった。服飾史上、奇妙な流行のひとつに数えられている。日本語では「前嚢（ぜんのう）」とも呼んでいる。フランス語でブラゲットbraguette（仏）、ドイツ語でラッツ Latz（独）ともいう。

コットン [cotton]「綿（めん）」また「木綿（もめん）」の総称。植物繊維*を代表する素材で、アオイ科の綿の木から採った種子毛（綿花）を原料とするもので、きわめて丈夫という特質をもつ。元々はインド原産であったが、世界中に広がり、現在では多くの種類が見られる。

コットンカシミヤ [cotton cashmere] コットンとカシミヤのブレンド素材。コットンの軽さと丈夫さ、カシミヤの上品な光沢感とぬめりが相まって、独特の質感が醸し出される。春夏のニットウエアなどに多用される。

コットンカバート [cotton covert] 綿製のカバート*。霜降り調の表情を特徴とするコットン地で、これをカルゼ*ということもある。

コットンギャバジン [cotton gabardine] コットン製のギャバジン*で、ギャバジンは英国バーバリー社の創業者トーマス・バーバリーによって、1879年に考案された生地の名称。農夫や羊飼いたちが着用したスモックフロックをヒントに開発されたもので、耐久性と防水性に優れた効果を発揮する。1888年に特許取得し、1917年までその製造権を独占した。この種のものを日本では一般に「綿ギャバ」と俗称する。

コットンコード⇒コード

ファッション全般

コットンサテン［cotton satin］サティーン［sateen］ともいう。朱子織のコットン地（綿朱子）のことで、これを起毛仕上げとしたタイプはデューンバギー［dune bug-gy］の名で知られる。

コットンシアサッカー⇒シアサッカー

コットンスエード［cotton suede］密に織り上げたコットン地を起毛し、毛羽を短くカットすることによってスエード*のように仕上げた生地を指す。ランチコート*などに多く見られる。

コットンソックス［cotton socks］綿糸を用いた靴下で、一般の紳士靴下用としてはペルー綿やエジプト綿などの高級綿を使った60〜120番手のものが見られる。ほかに130番手以上の超細番手糸を用いたものもあり、これはフォーマル用としても遜色ない。スポーツ＆カジュアル用には30番手以下とした太番手のバルキーな糸が多く用いられる。

コットンタイ［cotton tie］綿の織物地や編物地で作られるネクタイのことで、多くは夏向きのカジュアルなネクタイとして用いられる。織物タイプは鮮やかな色使いのものが多く、涼感を特徴としており、同じような性格を持つ「麻ネクタイ」とともに人気がある。編物タイプはいわゆる「コットンニットタイ」で、これも夏向きのネクタイの代表的なアイテムのひとつとされる。

コットンダック⇒キャンバス

コットンダックベスト⇒ハンティングベスト

コットンツイル［cotton twill］撚糸（2本ないし3本の糸を撚り合わせた糸）で織られた生地をツイルと総称するが、そのコットンタイプをこう呼ぶ。目が詰んでいるところから、トップコート*にふさわしい生地とされる。

コットンデニム⇒デニム

コットンドリル⇒ドリル

コットンパール［cotton pearl］模造真珠のひとつで、綿を圧縮加工して真珠（パール）のように仕上げたもの。1960年代に最盛期を迎え、その後廃れていたが、最近になって再びその魅力が見直されるようになっている。軽くて温かい感触が特徴で、気軽な装飾素材としてネックレスやイヤリングなどに用いられる。

コットンパイルクロス⇒テリークロス

コットンパンツ［cotton pants］コットン（綿）地で作られたパンツの総称。その意味ではジーンズもこの一種となるが、ジーンズに限っては基本的にこう呼ばれることはなく、一般的にはチノーズ（チノパン）などが代表的なアイテム。日本では1960年代のアイビールック流行のころからこの言葉に思い入れが深く、俗に「綿パン」とか「コッパン」の略称で親しまれている。

コットンフランネル⇒フラネレット

コットンブロード⇒ブロードクロス

コットンベルベット⇒ベルベッティーン

コットンポプリン⇒ポプリン

コットンリンター⇒キュプラ

骨盤ガードル［こつばん＋girdle］骨盤補正のガードルを指すサンテラボ（株式会社ビークルーズ）の商品名。骨盤をサポートするクロス型のベルトとガードル機能を一体化させたインナーウエアの一種で、お腹をしっかりくぼませるとともに、ヒップに丸みと高さを作り、太ももを引き締めて骨盤までしっかりサポートするのが特徴とされる。こうした身体機能をサポートする下着類を「多機能インナー」とも総称している。最近のヒット商品のひとつ。

骨盤水着［こつばんみずぎ］骨盤の直立・安定性をサポートする競泳用水着のことで、『アシックス』が2008年に開発した〈トップインパクトライン・スイムウエア〉

240

という商品に付けられた愛称かつ俗称。骨盤周りに搭載した高伸縮素材に高弾性シリコーンのラミネートフィルムを付けた「コアバランスベルト」という仕掛けが特徴で、これによって水中抵抗の少ない姿勢を保ち、筋肉の活動を促進する効果があるとされる。男女合わせてさまざまなタイプが用意されている。

コッポラ帽［Coppola ＋ぼう］イタリアのシチリア島名物とされている鮮やかな色柄使いのハンチングの愛称。映画『ゴッドファーザー』（1972・アメリカ）の監督として知られるフランシス・フォード・コッポラ（1939～）に因むもので、いかにもイタリア・マフィアといった雰囲気を特徴としている。

ゴデ［godet 仏］フランス語で布や衣服などの「しわ、たるみ、襞（ひだ）」また「フレア（広がり）」を指し、運動量を増したり、装飾のためにスカートなどに部分的に挟み込む、そうした布片を意味する。英語ではそのままゴデットと発音されて同様の意味をもつ。

ゴディトスカート⇒ゴアードスカート

ゴデット⇒ゴデ

コノートハット［Connaught hat］パナマハットの一種で、通常のパナマより少し大きめでエレガントな雰囲気に富む。英国ロンドンの高級ホテル「ザ・コノート」にちなむ名称で、コノートはもともとアイルランドの地名、またビクトリア女王7番目の子どもの名前でもある。コノートはコンノートとも呼ばれ、そこからこれをコンノート・パナマハットと呼ぶ向きもある。またアイルランドでコノートはコナハトと発音されるのが一般的。

琥珀織⇒畦織

呉服⇒和服

ゴブハット［gob hat］ゴブは米俗語で海軍の水兵をいう。白いキャンバスで作られ、ブリム全体が折り返った形を特徴とする。このような水兵がかぶる帽子をセーラーハット［sailor hat］とかセーラーキャップ［sailor cap］またセーラーベレエ［sailor beret］とも称し、日本では「水兵帽」と呼んでいる。

コブラヴァンプ［cobra vamp］モカシンのなかで、特に低くうねるような形のモカシン縫いのみの靴を、そのコブラ（毒蛇の一種）の頭のような形になぞらえて、このように呼ぶ。コインローファーズと双璧をなすモカシンシューズのひとつで、アメリカ・フローシャイム社のものが有名。ヴァンプは「爪先革」の意でパンプともいう。なお、こうしたモカシン縫いのみのスリップオンを海外ではヴェネシャン、日本ではヴァンプモカシンと呼んでいる。

コフレ［coffret 仏］フランス語で「小箱、手箱」という意味。そこからバッグやポーチに化粧品を詰め合わせたセットをこう呼ぶようになったもの。特にクリスマスシーズンに化粧品メーカーが用意するクリスマスコフレ［Christmas coffret］が注目され、メーカー独自のバッグやポーチも人気を集めている。このバッグ類だけを単独で用いる例も多い。

困り顔メイク［こまりがお＋make］⇒愛されメイク

コマンドーセーター［commando sweater］コマンドーは軍隊における「奇襲部隊（員）」のことで、彼らが着用するイメージからこのように名付けられたアーミーセーター＊の一種。特に英国軍のものを指すこともある。

コマンドソール［Commando sole］ラバーソール（ゴムの靴底）の一種で、特に英国ノーザンプトンで1829年から製造を続けている名門靴メーカー「トリッカーズ」社のカントリーシューズに多用されてい

ファッション全般

る靴底の名称。コマンドには「特別攻撃
隊員、ゲリラ隊員」といった意味があり、
ビブラムソールに似た頑丈な作りに特徴
がある。なお昔のコマンドソールはデッ
ドストックとなっており、現行のものを
本国では「グッドイヤーソール」と呼ん
でいるという。これを日本のシューリペ
ア専門店ユニオンワークスでは「コマン
ドライトヒール」と名付けている。

コミックスタイル［comic style］コミック
は「喜劇の、喜劇的な」また「こっけいな、
おかしな」という意味だが、ここでは「漫
画」の意味にとる。つまり、さまざまな
漫画に登場するカワイイキャラクターの
女の子のようなスタイルを総称する。コ
スプレとは違って、最近ではこのように
漫画から脱け出したような格好の女の子
が多く見られる。

ゴム編⇒リブ編

ゴム長⇒レインブーツ

ゴムパンツ⇒イージーパンツ

ゴムメッシュベルト［gum mesh belt］ゴム
素材をメッシュ（網目）状にデザインし
てベルトとしたもの。これには天然ゴム
とレーヨン混紡による素材を用いるもの
が多く見られる。

コモディティー［commodity］「日用品、生
活必需品」の意。コモディティーファッ
ション［commodity fashion］は日常的に
見る普通感覚の服で構成されるスタイル
を指すが、そこには当たり前の感覚で着
ることのできる完成度の高い服という概
念が秘められている。

コモディティーウエア［commodity wear］
コモディティーは「日用品、必需品」の
意で、ここから「普通服」の意味を込め
てこのように呼ばれるようになったも
の。流行を意識したファッショナブルな
服とは対照的に、流行に左右されず普通
の感覚で着ることができるきわめて日常

的な服という解釈がなされる。

コモディティーファッション⇒コモディテ
ィー

コモトーンプリント⇒イデア・コモ（FB）

コモプリント⇒イデア・コモ（FB）

小紋柄［こもんがら］単に「小紋」ともいう。
日本の着物に見られる模様のひとつで、
小型の紋様を生地全面に染め出したも
の。大紋、中形に対して細かい紋様を
モチーフとした伝統的な型染めを指し、「青
海波（せいがいは）」や「籠目（かごめ）」
といった渋い感覚のものが多く見られ
る。江戸時代、武士の裃の柄として生ま
れたもので、京都の「友禅染め」に対し
て「江戸小紋」の名でも呼ばれる。現在
ではネクタイなどの柄に用いられる小さ
なモチーフの模様も「小紋プリント」と
呼ばれ、これを英語でハンドブロックト
プリント［hand blocked print］とかスペ
ースオールオーバー［space allover］な
どと呼ぶようになっている。

小紋プリント⇒小紋柄

コヨーテ［coyote］北アメリカ、カナダの
平原に生息するイヌ科の動物で、日本で
は「草原オオカミ」と呼ばれる。その毛
は硬く、綿毛が豊富で、アウトドアウエ
アのフードのトリミングなどに多く用い
られる。なお、こうしたファートリミン
グは、厳寒でフードの縁が凍って顔にく
っつかないようにするための緩衝材とし
て軍隊で用いられたのが始まりという。
コヨーテファーとも呼ばれる。

コラーレ⇒コル

コラボレートファッション［collaborate
fashion］コラボレートは「共同して作業
する、共同研究する」といった意味で、
複数のメーカーやショップなどが協力し
合って開発したファッション商品などを
このように呼んでいる。

コラムスカート⇒チューブスカート

ファッション全般

コラムドレス［column dress］コラムは「円柱」の意味で、円柱のようにまっすぐで、ほっそりとして凹凸の少ない形を特徴としたドレスを指す。

コラン⇒タイツ

コリアン・ベットジャケット⇒スカジャン

コリンスキー⇒ウィーゼル

コル［col 仏］フランス語でいう「襟」の総称。英語のカラーもコルも語源はラテン語のコラーレ［collare 羅］にあり、これは「首輪」を意味している。ここからイタリア語ではコレット［colletto 伊］といい、ドイツ語ではクラーゲン［Kragen 独］と呼ばれる。

コル・ア・ラ・メディシス⇒メディチカラー

ゴルカジ［golf＋casual］ゴルフカジュアルの短縮語。ゴルフウエアをカジュアルに着こなすファッション。ゴルフプレイヤー用のポロシャツやセーターなどを街着として着ようとする傾向を指し、近年再び人気を集めるようになり、こんな言葉が用いられるようになった。

コルカッセ⇒ウイングカラー

コルシャール⇒ショールカラー

コルシュミネ⇒タートルネック

コルスレ［corselet 仏］ブラジャーとコルセットあるいはガードルを一緒にした補整下着の一種。20世紀初頭に開発されたもので、後に肩紐付きの胴着のことも意味するようになった。

コルセ⇒コルセット

コルセールパンツ⇒パイレーツパンツ

コルセット［corset］女性の胸から腰にかけてのラインを美しく整えるために用いられる補整下着の一種。特に19世紀に使用されたものを呼ぶことが多く、それは鯨のヒゲや針金などを使用し、紐でウエストを細く縛り上げる形のものが多く見られる。現在では伸縮性に富む素材が用いられ、実際にはガードルやウエストニ

ッパーなどがこれに代わって用いられている。フランス語ではコルセ［corset 仏］という。

コルセットジャケット⇒コルセットトップ

コルセットジレ⇒コルセットトップ

コルセットスカート［corset skirt］いわゆるハイウエストスカート*と同じ。上に延びた部分がコルセットを着けているような感じになるところから、このような名称で呼ばれるもの。俗に「腰高スカート」ともいう。

コルセットトップ［corset top］女性下着のコルセット*の形を特徴とした上衣。セクシールック*の一環としてデザインされたアイテムのひとつで、その形状からコルセットジャケット［corset jacket］とかコルセットジレ［corset gilet 仏］とも呼ばれる。ジレはフランス語でベスト（チョッキ）の意。

コルセットドレス［corset dress］あらかじめコルセットを仕込んでおいて、ウエストのくびれを強調するようにデザインされたドレス。気軽に「くびれ」ができるということで、近年人気を集めている。またコルセットをそのまま外衣としたような、昔からあるドレスを指すこともある。

コルセットベスト［corset vest］補整下着のコルセットをモチーフとして作られた女性用のベストの一種。ちょうどバストとウエストの中間をカバーするもので、ウエストにアクセントを与えるアイテムとして用いられる。

コルセットベルト［corset belt］女性下着のコルセットのような形を特徴とする太幅ベルト。胸の下あたりから腰骨あたりまでを覆う形となったもので、着こなしにメリハリをつけるアクセサリーのひとつとされる。硬く締め付けているように見えるが、多くはゴム製で、紐で調節で

243

ファッション全般

きるようになったものも見られる。

コルトワ［col toit 仏］フランス語で「屋根のような襟」の意。すなわち屋根を乗せたような大きな襟のことで、女性のコートやジャケットなどに見られる。英語でルーフトップカラー［rooftop collar］というのはこれの直訳。

コルネットスリーブ⇒トランペットスリーブ

ゴルフウエア［golf wear］ゴルフ用の衣服の総称。プレイしやすいように機能性に長けたものが多く用いられ、防風・防水性の高い軽快なジャンパーやパンツなどが見られる。かつてはノーフォークジャケットなどのテーラードな上着にニッカーボッカーズのズボン、ネクタイをあしらったシャツといったドレスアップスタイルが普通とされたが、近年ではセーターやポロシャツが主になり、きわめてカジュアルになっているのが特徴。これといった特定のスタイルはないが、ある程度の品格が求められ、常軌を逸したプロゴルファーの服装が問題にされることがよくある。

ゴルフキャップ［golf cap］ゴルフ用のスポーツキャップの総称。かつてはカスケット*やハンチング*などの帽子をかぶることが多かったが、最近では野球帽型の丸帽をかぶるゴルファーが多くなっている。特定のメーカーのブランドロゴが入ったものなどは、格好の宣伝材料として選手に提供される例も多い。

ゴルフグラブ［golf glove］ゴルフに用いる手袋の総称。合成皮革やシープスキン（羊皮）などの皮革で作られるものが多く、ゴルフクラブの握りを良くするために用いられる。両手用と片手用の2種があるのも特徴。

ゴルフシャツ⇒ゴルフポロ

ゴルフジャンパー⇒スイングトップ

ゴルフシューズ［golf shoes］ゴルフ用の靴の総称。かかとが低めの短靴型のものが多く見られ、靴底には滑り防止の金具が付くのが特徴。サドルシューズ*のデザインとなったものも多い。

ゴルフスカート［golf skirt］ゴルフのプレイ時に着用するスカートの総称。さまざまなデザインがあるが、総じて伸縮性に富む動きやすい素材を用い、機能的なデザインで仕上げられるものが多い。プリーツスカートやキュロットスカート、また最近ではカーゴスカート*タイプのミニスカートも見られる。

ゴルフパンツ［golf pants］ゴルフ用のパンツの総称で、かつてはポリエステル混紡タイプのテーラードニット*使いのものが代表的とされたが、現在ではストレッチ素材使いの布帛パンツが多く用いられるようになっている。特定の形があるわけではないが、最近では迷彩柄のカーゴパンツなどゴルフ場にふさわしくないものは規制する動きも見られる。

ゴルフホーズ⇒ニッカーホーズ

ゴルフベルト［golf belt］ゴルフに用いるスポーツ用ベルトの一種。白い革製のものなどが見られるが、ブランドマークを麗々しくバックルに飾ったタイプは、いわゆる「おやじベルト」として、時にひんしゅくを買うことがある。

ゴルフボウ⇒レディータイドボウ

ゴルフポロ［golf polo］ゴルフに用いるポロシャツの総称。テニスポロと並ぶポロシャツの2大典型とされ、1953年に半袖のニットシャツが初めてゴルフウエアに採用されたという歴史があるが、本格的なゴルフ用のポロシャツは、1956年に『マンシングウエア』社（米）が開発したペンギンマーク付きのゴルフポロからとされる。長めのシャツカラーで3個ボタン式のプラケット、さらに胸ポケット付きというデザインを特徴として、ラコステ

244

のテニスポロとは明確な違いを出し、現在ではこうしたものをイングランドタイプ（英国型）と呼ぶようになっている。一般にゴルフシャツと呼ばれることが多い。

コルレット [collette 仏] フランス語でいう「飾り襟」。英語ではカラーレット [collaret] に相当し、ラフ＊やピエロカラー＊などの飾り襟を総称する。

コレクション・アクティブウエア⇒アクティブウエア

コレクテッドグレインレザー [corrected grain leather] 補正・調整されたグレインレザー（銀付き革）という意味で、靴業界で「ガラス張り革」と呼ばれるもの。クロム鞣しをほどこした後、平らなガラス板やホーロー加工の鉄板に張り付けて乾燥させ、銀面をサンドペーパー掛けして、顔料系の塗料や合成樹脂を使って表面を均質に仕上げた革を指す。学生向きのローファーズなどに用いられる一般的な革靴の素材とされる。

コレスポンデントシャツ [correspondent shirt] コレスポンデントは「通信員、特派員」の意で、1960～70年代に報道関係者が着用したジャックシャツ（ジャケット型シャツ）の一種。特にベトナム戦争時に従軍記者や戦場カメラマンたちによって着られた厚手ナイロン製の半袖のシャツをこのように呼ぶことが多い。これは黒の上下型で作られ、彼らの休日の街着として着用されたという。

コレスポンデントシューズ⇒スペクテーターズシューズ

コレット⇒コル

コロニアルアーミーショーツ⇒グルカショーツ

コロニアルショーツ⇒グルカショーツ

コロニアルドレス⇒コロニアルルック

コロニアルルック [colonial look] コロニアルは「植民地の」という意味で、かつての帝国列強が支配した植民地における独特の服装を総称する。特に英国の植民地であったインドやアフリカなどにおける19世紀から20世紀にかけての英国人の服装が代表的なものとして知られる。一方でコロニアルはアメリカにおける英国植民地時代を指す意味もあり、ここからは当時のヨーロッパからの移民の服装をこのように呼ぶことになる。ここには昔風のコロニアルドレス [Colonial dress]（これに限って大文字で表記する）などのアイテムが含まれる。

コロラート⇒パティナート

コロルライン⇒ニュールック

コロン⇒オーデコロン

コワフ [coiffe 仏] 英語でコイフ [coif] ともいう。フランスのブルターニュ地方で用いられる白のレース地で作られた婦人帽、また頭にぴったりとした柔らかな布製のかぶりものを指す。現在では田舎を除いては用いられることが少なくなっている。

コワフォール⇒コワフュール

コワフュール [coiffure 仏] フランス語で「調髪の様式」また「髪の結い方」を表す。つまりはヘアスタイルのことだが、ほかに「かぶりもの、帽子」とか「理髪、結髪」の意味もある。コワフォール [couffeur 仏] となると「理髪師、髪結い、床屋」を意味する。

コンカジ⇒コンビニエンスカジュアル

ゴングロ⇒ガンジロ

コンケーブショルダー [concave shoulder] コンケーブは「凹型の、くぼんだ」という意味で、全体に弓なりに湾曲し、肩先で反り返った形になる肩線をいう。1960年代のフランスを代表とするヨーロピアンモデルのスーツに特徴的なものであったが、近年、1960年代調ファッションの

か

流行から復活の傾向も現れている。日本の業界ではこれを「コンケープショルダー」などと称する向きもあるが、これははっきりいって間違いとなる。

コンケーブボタン⇒コンベックスボタン

コンサバ⇒コンサバティブ

コンサバエレガンス [conservative + elegance] コンサバティブ（保守的な、控え目な）とエレガンス（優雅）から作られた日本独特の流行語で、ベーシックでありながらも現代的な優雅さを兼ね備えたファッション表現という意味で用いられる。ニュートラ*の再来といった感じで、2000年春ごろから台頭してきた。

コンサバティブ [conservative]「保守的な」また「控えめな、慎重な」の意で、より正確にはコンサーバティブと発音する。ファッションでは、元の形をよく保って流行を追うことのない服装を指すことが多く、俗にコンサバとも略称される。反対語はプログレッシブ [progressive]（進歩的なの意）で、これもプログレと略されることが多い。

コンサバティブカジュアル⇒サバカジ

コンサバリッチ [conservative + rich] コンサバティブ*（保守的）とリッチ（豊かさ）の合成語。元はニュートラ*の後を継ぐ形で関西に現れたファッション傾向を指すが、現在ではベーシックで保守的な雰囲気を持ちながらも、高級感やリッチ感をうまく加味したファッションを指すようになっている。いわばセレブ好みのエレガンス系ファッションということになる。

コンシーラー [concealer]「隠す、秘密にする」という意味のコンシール concealから名付けられたもので、シミやソバカス、ホクロなどを目立たなくさせてくれる化粧品をいう。いわば顔の欠点を隠してくれる化粧品というもので、近年、中

高年の女性だけでなく、若い人たちにも人気を集めている。

コンシールドリベット [concealed rivet] コンシールドは「隠した、見せなくした」の意で、隠し式にしたジーンズのカバーリベット*を指す。『リーバイ』社のジーンズで、かつてはヒップポケットの上端に打たれていたリベットを、1937年に隠し式としたもので、これと同時にサスペンダーボタン [suspender button]（ズボン吊り用に設けられていたボタン）も取り去られた。

コンシールファスナー [conceal fastener] コンシールは「隠す、見せない、秘密にする」という意味で、外からは噛み合わせの部分が見えない「隠し式ファスナー*」を指す。縫い目線のようにしか見えないのが特徴。

コンジュゲートヤーン [conjugate yarn] コンジュゲートは「（細胞に関して）接合させる」また「（対になって）結合した」という意味で、2つ以上の異なる成分を持つ物質を張り合わせて1本にした繊維（複合繊維）から作られる糸を指す。主として合成繊維に用いられ、バイコンポーネントヤーン [bicomponent yarn] とも呼ばれる。

コンシュラー⇒アンクロワヤブル

コンチ⇒コンチネンタルファッション

コンチネンタルカフス⇒フレンチカフス

コンチネンタルカラー [continental collar] ヨーロッパ大陸調のエレガントな感じのシャツ襟型を総称する。フレンチカラー [French collar] とも呼ばれ、古くは英米から見たフランス風のワイドスプレッドカラー*をこのように呼んでいた。

コンチネンタルタイ⇒クロスタイ

コンチネンタルファッション [continental fashion] コンチネンタルは「大陸風の」という意味で、特にヨーロッパ大陸のこ

とを指す。ヨーロッパのファッションを総称する言葉だが、特にフランスとイタリアのメンズファッションを意味することが多く、1960年代には俗にコンチと略されて呼ばれることが多かった。

コンチネンタルボウ⇒クロスタイ

コンチネンタルモデル [Continental model]
コンチネンタルは「ヨーロッパ大陸」の意味で、ヨーロッパ調のスーツ型を指す。つまり、ヨーロピアンモデル*と同義だが、この言葉は特に1960年代に多く用いられたもので、当時の日本では単にコンチと略しということが多かった。特にフレンチコンチネンタルモデル [French Conti-nental model] と呼ばれるスーツ型は、コンケーブショルダー*（湾曲して反り上がった肩線）とシェープトライン（絞り込まれたウエスト）を特徴としており、当時流行したアメリカントラディショナルモデル*の対抗馬とされた。60年代中期の日本では、これにコンテンポラリーモデル*の流行が加わり、トラッド vs コンチ vs コンポラという三者並立のメンズファッション合戦が繰り広げられたものだった。

紺チノ [こん＋chinos] 紺色のチノーズ*をいう日本的な俗称。1980年代の第2次チノパンブームの折に登場したもので、カーキやベージュなどではない新しい感覚のチノーズとして人気を集めた。現在では黒を始めとしてさまざまな色もののチノーズも見られる。

コンチャベルト [concha belt] コンチョベルト [concho belt] ともいう。コンチャ（コンチョ）はスペイン語で「貝」を意味し、元はネイティブアメリカンのナバホ族が愛用していたトルコ石や鋲を飾った金属製の装飾物を指す。こうしたものを使って作られた装飾的なベルトのことで、いわゆるウエスタンアクセサリーやインデ

ィアンジュエリー*のひとつとして人気がある。

コンチョベルト⇒コンチャベルト

コンチョボタン [concho button] コンチョ（コンチャとも）はスペイン語で「貝」を意味し、もとはネイティブアメリカンが用いた金属製の飾りを指す。これを用いてボタンとしたもので、大きなバッグなどの留め具として用いられることがある。

コンディショナー⇒リンス

コンディショニングウエア [conditioning wear] 健康状態を整えるための衣服という意味。特にスポーツによる障害を防止するために開発された、優れた機能を持つ新しいスポーツウエアの類をいうことが多い。ストレッチ素材を使った、テーピング効果とサポーター効果を兼ね備えたタイツ型のパンツなどがそれに当たる。

コンティニュアスタイプ [continuous type] コンティニュアスは「途切れのない」という意味で、ウエストバンドの付かないズボンのデザインについていう用語。つまり、ワンピースウエストバンド*と同義で、こうしたズボンは股上が深くとられ、バランス上、ベルトループが下のほうに付くのが特徴。

コンテンポラリー [contemporary]「同時代の、現代の、当世風の」の意。ファッションでは最も今日的な新感覚の装いを表し、単にコンポラと略称されることも多い。

コンテンポラリージュエリー [contemporary jewelry] コンテンポラリーアート（今日的な芸術の意）のデザイン感覚を生かした、きわめて芸術的な感覚があるジュエリーの総称。従来のジュエリーの概念を超えた自由な発想が何よりの特徴とされる。

ファッション全般

コンテンポラリーモデル［contemporary model］「現代型、当代型」と訳せるスーツの流行型のひとつで、1960年代初期から中期にかけて流行したアメリカ西海岸発のスーツスタイルを指す。元々は1958年頃から大流行した〈アメリカンコンチネンタル〉（通称アメコン）というスーツ型をベースにしてデザインされたもので、IACD（国際衣服デザイナー協会）が63年に正式に発表してから世界的に知られるようになった。ハリウッドの俳優や黒人ミュージシャンなどに好まれたこのスーツは、玉虫調の生地で作られるものが多く、シングル1ボタン、浅いサイドベンツ、変わった形の襟デザインなど、いかにも芸能人好みのスーツとして人気を呼び、俗にコンポラとかコンポラスーツといった略称でも呼ばれた。

コントゥア⇒フォルム

コントゥアベルト⇒カーブドベルト

コントゥアリング［contouring］陰影をつけて顔を小さく見せたり、目鼻立ちをくっきりさせたりするメイクアップの方法。コントゥアは「輪郭、外形」の意で、「等高線を示す」といった意味もある。ファンデーションよりも濃い茶色で顎や頬などに陰影をつける筆タイプのスティックなどが用意されている。

コントラストカラー［contrast collar］対照的な襟という意味。すなわち、身頃と対照的な色柄使いのシャツカラーを指し、クレリックシャツ*に見るクレリックカラー［cleric collar］が代表的なものとして知られるが、それよりも広い範囲で用いられることが多い。白襟だけではなく、色変わりのものが多く見られるのが、単なるクレリックカラーとは異なるところとされる。

コントラストカラーコーディネーション［contrast color coordination］ハーモニーカラーコ

ーディネーション*と並ぶカラーコーディネーション*の二大基本法のひとつで、対照的な色を組み合わせることで活動的な印象を出そうとする「対照色配色」をいう。赤と緑のように全くの反対色（補色）を組み合わせる「反対色配色」もここに含まれる。同系色同士でもベージュとダークブラウンのように、思い切った明度の差をつけて組み合わせる方法もある。

コントロールドフィット［controled fit］抑制されたフィット感という意味で、くっつき過ぎず、離れ過ぎず、適度にボディーにフィットしているシルエットの状態を表す。

コントロールパンツ⇒ガードル

コントロールブリーフ⇒ガードル

紺ハイ⇒ハイソックス

コンバーティブルカフス［convertible cuffs］変換可能なカフスという意味で、袖口の両側にボタン穴を開け、ふつうのボタン留めにもカフリンクス留めにも使えるようにした、両用型のシャツカフスを指す。二重にはなっていないが、カフリンクスを飾れるようにしたのが大きな特徴で、かつてはビジネスシャツに多く見られたものだが、現在では少なくなっている。ツーウエイカフス［two-way cuffs］などとも呼ばれる。

コンバーティブルカラー［convertible collar］二通りの使い方が可能な襟の総称。ステンカラー*のように、立てるとフルロールカラー*のようになり、寝かせると背広襟のような形になるものをいう。コンバーティブルには「変えられる、転換できる」といった意味がある。

コンバーティブルジャケット［convertible jacket］コンバーティブルは「転換できる、変えられる」の意で、二通りの使い方ができるジャケットをいう。例えば、襟に

248

ファッション全般

細工を施して、普通のノッチラペルとしてもスタンドカラーとしても着用できるようにしたデザインなどがある。

コンパクトアウター⇒コンパクトジャケット

コンパクトＧジャン⇒ジージャン

コンパクトジャケット [compact jacket] 小さめにデザインされたジャケットの総称。コンパクトは「小さくまとまった、小型の」という意味で、通常のものより小さく、体にぴったりフィットするジャケットを近年このように呼ぶようになっている。この種の上着を指す用語には次のように多彩なものがある。リトルジャケット [little jacket]、スモールジャケット [small jacket]、プチジャケット [petit jacket]、ミニジャケット [mini jacket]、マイクロジャケット [micro jacket]、タイニージャケット [tiny jacket]（ごく小さいの意）、またコンパクトアウター [compact outer]。

コンパクトスーツ [compact suit] コンパクトジャケット＊と呼ばれる小さめにデザインされたジャケットに、ショートボトムと呼ばれる丈の短いスカートやパンツを組み合わせた女性用スーツ。ミニマルスーツなどと同種のアイテム。

コンパクトパイル [compact pile] 細かいパイルを敷き詰めた添毛素材の一種。従来のパイルにくらべて表面変化に富み、メランジュ（混ぜ合わせ）の感覚も強い。コンパクトは「密集した、ぎっしり詰まった」の意。

コンパクトバッグ [compact bag] 小さめにデザインされた婦人用バッグの総称。小さいながらも収納力があり、使いやすさもあるというのが特徴とされる。

コンパクトボレロ [compact bolero] 小さめにかっちりと作られたボレロ＊。コンパクトアウター＊と呼ばれる一連のミニサイズの上衣アイテムのひとつで、ミニ

ボレロ [mini bolero] とも呼ばれる。

コンバットジャケット [combat jacket] 戦闘用ジャケット。多くは軍隊で用いる実戦的な上着の類いを総称するが、特にアイクジャケットのような短い上着丈で体にぴったりフィットしたタイプをこのように呼ぶこともある。バトルジャケットともいう。

コンバットソックス [combat socks] コンバットは「戦闘、戦い」の意で、軍隊で用いる軍用靴下を指す。厚手のウールソックスが多く、耐久性のあることで知られる。アウトドアミックスなどと呼ばれるファッションの流行から、近年こうした肉厚タイプのソックスが人気を集めるようになっている。ワークブーツなどがっちりした靴と合わせるのがポイントとされる。

コンバットドレス [combat dress] コンバットジャケットと同じで「戦闘服」を意味する。ここでのドレスは単に「衣服、服装」の意で用いられる。バトルドレス、バトルジャケットとも。

コンバットパンツ⇒ミリタリーパンツ

コンバットブーツ [combat boots] 戦闘用のブーツの意。軍隊などで用いられるきわめて実用的な性格を持つミディ丈（ふくらはぎの真ん中程度）のブーツで、編み上げ式のものが多く見られる。ミリタリールックの流行から街履き用のブーツとしても用いられるようになったもので、密林の戦闘用というところからジャングルブーツ [jungle boots] などとも呼ばれる。。

コンビ靴⇒サドルシューズ

コンビニエンスカジュアル [convenience casual] コンビニエンスストアに買物に行ったり、そこでたむろするといったときに着て行く簡単な服装をいう。ジャージーの上下やパジャマの上にマフラーを

249

ファッション全般

巻いたりジージャンを羽織るだけといった格好がそれで、まさしくコンビニエンス(便利)なスタイルといえる。略して「コンカジ」ともいう。

コンビニコスメ [convenience store + cosmetics] コンビニエンスストアで気軽に買うことのできる化粧品の総称。廉価なものが多く、特に男性用化粧品にはこの手のものが急増している。

コンビネーション [combination] 「結合、組み合わせ」といった意味で、ファッション用語としては (1) 上下がひと続きになったジャンプスーツ* (2) 同様に上下続きの下着(正しくは combinations と複数形で表記)を指し、これはフランス語のコンビネゾン [combinaison 仏] に相当する。また異素材の組み合わせになる作り方やそうした製品、および白と黒のように2色が組み合わされた靴(コンビシューズ)の意味でも用いられる。

コンビネーション(着こなし)[combination]「結合、配合、組み合わせ」の意。服装における上下の組み合わせなどを意味する用語で、現在では衣服や下着の一種を指す言葉として用いられることが多く、着こなし用語としては古い表現となってしまった。

コンビネーションシューズ⇒サドルシューズ

コンビネーションズ⇒ユニオンスーツ

コンビネーションタンニング [combination tanning] クロムなめし*と植物なめしを併用するような皮のなめし方をいう。2種類以上のなめし剤を使用するもので、両方の特徴を生かした新しい表情の革を生み出すことになる。「コンビなめし」とか「混合なめし」などともいう。

コンビネーションフレーム⇒ブロウタイプ

コンビネーションベルト [combination belt] 革と布帛のように異なる素材を組み合わせたベルト。時として合成皮革品

などで色違いにしたデザインのものを指すこともある。

コンビネーション仕上げ [combination +しあげ] ⇒ヒドンチャネル仕上げ

コンビネゾン⇒コンビネーション

コンピューター・グラフィックス・プリント⇒CGプリント

コンピュータージャカード⇒ジャカード

コンピュータープリーツ [computer pleat] コンピューターによって設計された、またそのようなイメージを感じさせる、きわめて繊細で複雑なプリーツを総称する。

コンピュテーショナル・ファッション [computational fashion] 3Dプリンターを用いて表現するファッションの新しいもの作りの概念。元はニューヨークのファッション学校パーソンズのサバイン・セイモア博士の提唱によるもので、人それぞれの形をスキャンして、それにぴったりしたファッションアイテムを3Dプリンターで製作する方法を指す。これまでの概念を覆すとして注目を集めている。コンピュテーショナルは「計算上の、コンピューターで計算した」といった意味を持つ。

コンビワンピ [combination + one-piece] コンビネーション・ワンピースの略。上下が別素材で作られてつながっているワンピースドレスのことで、コーディネートワンピースやドッキングワンピースなどと同じ。上下別々のようで、実は1着のワンピースというのがミソ。

コンフェクション [confection 仏] 英語読みでコンフェクションともいう。原意は「製造、仕立て、完成」といったことで、ファッションとしては「既製服=出来合い服」、とくに大衆的な婦人既製服を指すニュアンスが強い。プレタポルテ*が中級から高級の既製服を意味するのに対

比して用いられる。

コンフェクショナーオーバーオールズ⇒ブッチャーズオーバーオールズ

コンフォートウエア [comfort wear] コンフォートは「楽、気楽」の意で、ゆったりとしたシルエットで快適な着心地を約束してくれる衣服を総称する。かっちりしたテーラードな作りの衣服の対極にあるもので、近年こうした衣服への欲求が高まってきた。

コンフォートカジュアル [comfort casual] コンフォートは「楽にする、楽、気楽」といった意味で、妙なポリシーやこだわりなどのない、本当に着て楽なカジュアルファッションを総称する。1991年頃から台頭してきたファッションの一大潮流で、これを基にイージーなウエアリングなどが芽生えたといえる。

コンフォートサンダル [comfort sandal] 快適さ（コンフォート）を追求して作られたサンダルの意で、多くは男性向きの夏季用サンダルシューズ*を指す。本格的な牛革製となったものが多く見られる。

コンフォートシューズ [comfort shoes] 快適さ（コンフォート）を追求してデザインされた靴を指す。特に足の健康を重視して作られた靴を指すことが多く、足指を痛めずにゆったりと履くことができる靴を総称する。

コンフォートドレス [comfort dress] コンフォートは「安楽、快適さ」といった意味で、快適な気分を与えてくれるイメージを持つドレスについて用いられるもの。なお複数形のcomfortsという言葉には、生活面で快適にするものという意味があり、必需品 necessities ではないが贅沢品 luxuries というほどでもないものを指すニュアンスがある。

コンフォートフィット⇒イージーフィット

コンフォートブーツ [comfort boots] コンフォートシューズのブーツ版。快適性を追求してデザインされたブーツという意味で、特にムートンブーツのような履きやすくて動きやすく、防寒性にも長けるといったタイプに代表される。「スニーカーソール」と呼ばれるスニーカーと同じ仕様の靴底を備えたものもここに含まれる。

コンプリケーションウオッチ [complication watch] コンプリケーションは「複雑化、複雑さ」また「複雑にするもの」といった意味で、複数の機能をひとつに組み込んだ腕時計をいう。このうち2つ以上がひとつのムーブメント*に搭載されているクロノグラフ*を、グランドコンプリケーションウオッチ [grand complication watch] と呼ぶ。

紺ブレ [こん＋ blazer] 「紺色のブレザー」を短縮した語で、ネイビーブレザー*、つまり濃紺のベーシックな形のブレザーを指す日本的な俗称。「渋カジ*」ファッション後期の必須アイテムとしてトラッドなネイビーブレザーがもてはやされ、それをこのように呼んだのが始まりで、そのピークは1990年頃とされる。当時は両前型のそれにミニスカート、ロングブーツを合わせる女子大生ルックが流行した。こうした紺ブレ以外の色もののブレザーを「色ブレ（いろ＋ blazer）」と呼んだのも当時のはやり。

コンプレ [complet 仏] スーツを意味するフランス語。コンプレ・ア・ベストン [complet à veston 仏]（完全に揃った服の意で、本来は三つ揃いの背広を指す）の略とされ、ベストンだけでも「（男の）上着、背広」の意味になる。

コンプレ・ア・ベストン⇒コンプレ

コンプレッションインナー [compression inner] コンプレッションは「圧縮、圧搾」の意で、体を締め付ける効果を持つ下着

ファッション全般

をいう。特にスポーツウエアのアンダーウエアとして着用されるもので、トリコットなどの経編み地で作られるものが多い。「加圧下着」とも呼ばれる。こうした衣料を総称してコンプレッションウエアとも呼んでいる。

コンプレッションウエア⇒コンプレッションインナー

コンプレッションシャツ［compression shirt］コンプレッションは「圧縮、圧搾」という意味で、体に圧力を与えて血行促進などの効果を挙げる「着圧」タイプのシャツを指す。スポーツインナーとして多く用いられ、長袖のTシャツ型としたものが中心となっている。

コンプレッションタイツ［compression tights］脚に負荷を与える「着圧」タイプのタイツ。山登りやマラソン、ジョギングなどに用いられることの多いアウトドアスポーツ向けのスポーツタイツの一種で、機能性の高さに特徴がある。

権平⇒甚平

コンベックスボタン［convex button］コンベックスは「凸状の、凸面の」の意で、中央部が盛り上がった形になっている中高ボタン、凸型ボタンをいう。中空プレス加工されたメタルボタンが代表的。これに対して中央がくぼんだ凹型ボタンをコンケーブボタンという。

コンペティションウエア［competition wear］スポーツウエアの現代的な分類法として登場したものの一種で、従来のアクティブスポーツウエア＊（純競技着）を言い換えたもの。コンペティションは「競争、競技、試合」を意味している。これに対して従来のスペクテーターズスポーツウエア＊（観戦着）は単に「スペクテーターウエア」とし、これらにファッション化され街着としても着用できるようになったものを、新しくストリート

スポーツウエア［street sportswear］として加えようというのが、この考え方の骨子となっている。1980年代に提唱されたものとして知られる。

コンボイコート⇒モンゴメリーコート

混紡［こんぼう］異なる繊維を混ぜ合わせて紡績すること。合成繊維と天然繊維、また合成繊維と再生繊維の組み合わせが圧倒的で、その混ぜ合わせる率を「混紡率」、そうした糸を「混紡糸」と呼んでいる。

コンポーゼ⇒コンポーネントスーツ

コンポーネント⇒コンポゼ

コンポーネントスーツ［component suit］コンポーネントは「構成している、構成する」といった意味で、「組み立てスーツ」を指す。つまりコーディネートスーツ＊と同義で、フランス語でコンポーゼ［com-posé］（組み合わせの意）とも呼ばれる。

コンポーネントドレス［component dress］コンポーネントは「構成要素、部品、成分」といった意味で、一着のシンプルなドレスを用意して、それに組み合わせるTシャツやタンクトップ、ブラウスなどをセットにした組み合わせ型の一式を指す。いわば組み合わせ自由型の現代的な発想のドレス。

コンポゼ［composer 仏］フランス語で「組み立てる、構成する」という意味で、服装の組み合わせやその方法について用いる。英語のコンポーズ compose と同義だが、英語ではコンポーネント［component］と表現することのほうが多い。これらを略したコンポはニットコンポ［knit compo］（ニットウエア同士の組み合わせスタイル）のように多くの分野で用いられる。

コンポラ⇒コンテンポラリー

コンポラスーツ⇒コンテンポラリーモデル

ファッション全般

コンマヘア［komma hair］横書きの文の句
読点に用いられるコンマ（,）の形を前
髪に取り入れたヘアスタイル。「インス
タ映え」を狙って考え出された変わった
デザインのひとつで、髪をコンマの形に
して前に垂らす、あるいは貼り付けるよ
うにしたものをいう。「シースルー前髪」
とか「逆さハート型前髪」とも呼ばれ、
韓国生まれのデザインとされる。

か

ファッション全般

サーキュラー⇒ロイドメガネ

サーキュラーカフス [circular cuffs] サーキュラーは「円形の、丸い」の意で、円形に裁断して外側に向けてフレアを持たせた袖口のデザインをいう。またワインドカフス [wind cuffs] と呼ばれることもあり、ワインドは「曲がりくねる、うねる」の意を表わす。

サーキュラースカート [circular skirt] サーキュラーは「円形の、丸い」という意味で、スカートを広げたときに裾線が円形を描く形になるスカートをいう。裾へ向かって自然なフレアが現れる裾回りの広いスカートで、360度の全円形のものから円に近い形のものまでさまざまなデザインがある。

サーキュラーニッティング⇒マシンニット

サーキュラーホーズ⇒チューブソックス

サークルプリント [circle print] サークルは「円、円周、丸」という意味で、円形をモチーフとしたプリント柄を指す。その表現の仕方にはさまざまなものがある。

サーコート [surcoat] この言葉には中世の騎士が用いた西洋式「陣羽織」や、15〜16世紀の婦人用上着などさまざまな意味が含まれるが、現代のコートとしての意味ではジャンパーとショートコートの中間的なカジュアルな上着を指している。いわばロングジャンパーといった雰囲気のもの。また1940年代から50年代にかけて流行した、ステンカラー*、ジップフロント型のショートコートをこう呼ぶこともある。

サーコートジャケット [surcoat jacket] サーコートを現代風にデザインしたカジュアルなジャケット。サーコートは1940年代から50年代にかけて流行した上着兼用の軽快なコートで、ステンカラー*、ジッパーフロント、共地ベルトといったディテールを特徴としている。

サージ [serge] 薄手の綾織ウーステッド*の一種。綾目が斜め45度にはっきりと表れるのが特徴。「背広はサージに始まりサージに終わる」といわれるように、スーツの代表的な生地で、現在では学生服や各種のユニフォーム、スラックス、コートなどに多く用いられる実用的な生地とされる。ウーステッドサージ [worsted serge] とも呼ばれる。

サーシングルベルト [surcingle belt] リボンベルト（布ベルト）のうち、ふつうのベルトのバックルが付いたものをいう。レザーとのコンビ仕様となったものが一般的で、布にはグログランのほかツイードやリネンなど厚手のものが多く用いられる。トラッドの代表的なアイテムとされる。サーシングルは「（馬の）上腹帯、馬衣の上に締める腹帯の一種」また「帯、法衣の帯」の意。

サーティーズルック [1930's look] 1930年代ルックの意。30年代の服装をモチーフとしたファッション表現で、アメリカの30年代を描いた映画『俺たちに明日はない』(67) や『スティング』(74) などに触発されて、60〜70年代に大きな流行現象を作った。ボールドルック*に代表されるシカゴのギャングルックがとくに有名。

サードウェーブブラ [the third wave bra]「第3のブラジャー」の意。ワイヤ入りでもノンワイヤでもなく、特殊な素材や構造によって、胸を締め付けず、バストラインをきれいに見せることができるというところから、このように呼ばれるもので、ワイヤの代わりに樹脂フレームを用いたものなどが見られる。線ではなく面でバストを支えるのが特徴とされる。2015年からの登場。

サービスシューズ [service shoes] 軍隊な

255

ファッション全般

どで制服のひとつとして与えられる官制靴のこと。多くは黒の紐留め式オックスフォード型革靴が用いられる。ここでのサービスは「軍務、兵役」の意で用いられ、同様のものにサービスブーツなどがある。

サービスブーツ［service boots］軍隊で用いるミリタリーブーツの一種で、非戦闘用のブーツを指す。インナーの革が長く伸びたデザインを特徴とするもので、これにモチーフを得たカジュアルなブーツが注目されている。サービスには本来「軍務、兵役」また「軍の、軍用の」という意味がある。

サービス・ユニフォーム⇒ユニフォーム

サーファーカット［surfer cut］レイヤーカット * の一種で、高い位置から段カットされ、後部が長く伸びて風になびくような形になったヘアスタイルをいう。1970年代後半からのサーファーブームに乗って登場したもので、当初は男性サーファーに特有の髪型とされていた。

サーファーシャツ［surfer shirt］サーファー（波乗りの愛好者）たちが好むシャツの意で、一般にはアロハシャツと同義。椰子の木やハイビスカスの花など、いかにも南国的な事物をプリントしたシルクやレーヨン、コットンなどの半袖開襟シャツで、ハワイアンシャツなどとも呼ばれる

サーファールック［surfer look］サーファー（波乗り）たちに見る特有のファッション表現を指す。もともとアメリカ西海岸地方を中心に生まれたもので、1960年代以降変わらぬ人気を保って今日に至っている。服装だけでなく、サーファーたちのライフスタイル全般があこがれの的となっている。

サーフィントランクス⇒サーフトランクス

サーフウオーカーズ［surf walkers］水遊

びに用いる簡便な形の靴を指す英国での呼称のひとつ。特に幼児向けのそうしたものをいうことが多い。アクアソックス * とかスイムシューズ * とも呼ばれる。

サーフェイスインタレスト［surface in-terest］表面効果の面白さを強調した生地、またそうしたテクニックを指す。起毛や節糸、型押しなどでこれまでにない新鮮な感じを出そうとしたもので、1960年代後期に台頭した新しいファッション要素のひとつとされる。

サーフカジュアル［surf casual］サーファー（波乗り）たちのライフスタイルから生まれたカジュアルなファッションの総称。サーファーが特に好むウエアやアクセサリー、またヘアスタイルなどが一般のファッションにも影響を及ぼして、このようなジャンルを作り上げた。陸（おか）サーファーなどと呼ばれる風俗もここから生まれている。

サーフシャツ⇒マッスルT

サーフショーツ⇒サーフトランクス

サーフトランクス［surf trunks］サーフィンに用いられるトランクスのことで、サーフィントランクス［surfing trunks］、サーフショーツ［surf shorts］、サーフパンツ［surf pants］、またサーフライダー［surf rider］などとさまざまな名称でも呼ばれる。ルーズフィットのアウタータイプのもので、ワックスポケット（ろう入れ用のポケット）と太い紐留め式ウエストを特徴としたものが多く見られる。現在では本当のサーファーだけでなく、一般の男性にも水着として用いられている。

サーフパンツ［surf pants］サーフィン（波乗り）用のパンツのことで、トランクス * 型のショートパンツのひとつ。サーフライダーとかジャムズなどとも呼ばれて、男性の水着のひとつともされる。こ

ファッション全般

れとは別に、ゆったりとした感じで穿くことのできるイージーパンツ*の別称として用いられることもあり、これはビーチパンツという表現と同義とされる。

サーフライダー⇒サーフトランクス

サープラスファッション [surplus fashion] サープラスは元々「余り、過剰」という意味で、一般にアーミーサープラス、つまり「軍隊の放出品」を指す。軍隊での着用年限が切れた軍服の類をファッションとして楽しむ行為をこう呼ぶ。

サープリス [surplice] 聖職者や聖歌隊が儀式の際に着用する法衣、聖衣のこと。白の布で作られ、広い袖とキモノ式の前合わせを特徴とする。本来はかぶり式の上衣とされた。

サープリスセーター [surplice sweater] 前合わせがキモノのような重ね式となった特異な形のセーター。聖職者や聖歌隊員の儀式用の白衣であるサープリス*に似ているところからのネーミング。なお、このような上衣類のことをサープリストップ [surplice top] と総称する。

サープリストップ⇒サープリスセーター

サープリスネックライン [surplice neckline] 聖職者や聖歌隊員が着用する儀式用の白衣であるサープリスに見るネックラインで、和服の打ち合わせに見るような、前合わせが深く重ねられたV字形のデザインを指す。

サープリスブラウス⇒ラップブラウス

サーマルTシャツ [thermal T-shirt] 本来アウトドアウエアの下着として開発された保温力の高いTシャツを指す。細い糸で編んだ畝状のものとワッフル状の凹凸感のあるものとの2タイプが見られる。サーマルは「熱の、温度の」また「温かい、熱い」という意味で、こうした特性をもつニットウエアをサーマルニット [thermal knit] とも総称している。丸首

だけでなく、ヘンリーネック*型のものもある。

サーマルニット⇒サーマルTシャツ

サーマルパンツ [thermal pants] 本来はアメリカで下着として用いられている長ズボンの一種。サーマルは「熱の、温度の、温かい、熱い」といった意味で、アウトドアウエア用に開発された新素材を使って作られたものをいう。これにさまざまなプリント柄をあしらったものが、日本ではカジュアルパンツのひとつとされ、若い女性の間で穿かれるようになった。その形から「股引（ももひき）パンツ」の異称でも呼ばれる。

サーマルロングタイツ [thermal long tights] サーマルは「熱の、温度の」また「暖かい、熱い」といった意味で、本来アウトドアウエアの下着用として開発された新素材のロングタイツをいう。いわゆるサーマルパンツ*と同種のアイテムで、そのタイツ版とされる。

サーモクロス [thermo-cloth] サーモは「熱」の意で、体温の変化や温度差によって色が変化するという特質を備えた生地を指す。

サーモトロン [Thermotron] ユニチカトレーディングによる蓄熱保温素材の商標。太陽光を吸収し、その光エネルギーを熱に変換する機能を持つ機能性セラミックのミクロ粒子を繊維の芯部分に練りこんだもので、快適な暖かさを作り出し、寒い季節に最適の素材とされる。これに遠赤外線放射機能を加えた「サーモトロンラジポカ」もある。

サーモンスキン [salmonskin] 鮭の皮のことで、衣服用などとして用いられることがある。とくに北海道アイヌの人たちが用いた「魚皮衣」としてのサーモンスキンが知られ、履物としての用途もある。

サーモント [Sir Mont] サーモントフレー

257

ファッション全般

ム、サーモントモデルとも。メガネフレームの一種で、ウエリントン、ボストンと並んで3大基本型のひとつとされる。プラスティック製のブロウ（眉毛部分）とメタル製の下枠フレームをメタルのブリッジでつなげたもので、元は1950年代にアメリカ軍の将校モント氏が用いたことに由来する。一般にブロウフレームとかブロウラインフレームとも呼ばれ、セルとメタルのコンビ型メガネの総称ともされるが、この名称はこれを最初に開発したアメリカンオプティカル社（米）と、それを継承した日本のBJクラシックコレクションの製品のみに許されるという伝説もある。

サイエンスフューチャー ［science future］
ＳＦや宇宙、最新の科学技術などをモチーフとして表現されるファッションの方向。2016/17年秋冬向けに登場したファッショントレンドのひとつで、かつてのフューチャリズムとかフューチャリスティックなどと呼ばれるものと同種の傾向。未来的な感覚にあふれるとともに、ノスタルジックな感覚や人間性の味つけもなされているのが、今日的な特徴とされる。

サイクリストパンツ ［cyclist pants］自転車競技の選手が用いる膝上丈のぴったりしたショートパンツ。サイクリングパンツ ［cycling pants］とかサイクルパンツ ［cycle pants］またバイシクルパンツ ［bicycle pants］、バイクショーツ ［bike shorts］などさまざまな名称があり、本来の自転車用だけでなくランニングや各種のトレーニングなどにも用いられている。ストレッチ素材のものが中心。

サイクリングウエア ［cycling wear］自転車の遠乗り用に着用する衣服の総称。また自転車遊びや自転車スポーツに用いる服装も意味している。サイクルジャージ

ー*やサイクルシャツ*といったトップス、およびサイクリストパンツなどが代表的。

サイクリンググラブ⇒サイクルグローブ
サイクリングジャージー⇒サイクルジャージー

サイクリングジャケット ［cycling jacket］自転車乗り用のジャケット。といっても最近開発されているこれは、自転車競技などプロのためのものではなく、チャリカジなどと呼ばれる街乗りや休日の趣味としての自転車用にデザインされたものを指す。フード付きのジップアップジャケットや袖の取り外しができるキルティングジャケットなど楽しい感覚のものが揃っている。

サイクリングシューズ ［cycling shoes］自転車乗り専用の靴。基本的にロード用とマウンテンバイク用の2種があり、またフロントをバンドで留める取り外しの簡単なものと紐留め式の2タイプがある。ふつうのスニーカーとは異なってソール（靴底）が硬く丈夫にできており、これによって乗車時に足底が曲がらず、ペダルに力を伝えやすいという効力が発する。サイクルシューズ cycle shoes ともいう。

サイクリングショーツ⇒サイクルジャージー
サイクリングスパッツ ［cycling spats］特に自転車スポーツ用に開発されたスパッツ*の総称。膝上丈のものから足首丈のものまでさまざまな種類があり、本来の自転車用としてだけではなく、ボディーコンシャス*型のファッション衣料としても用いられる。

サイクリングバッグ⇒サイクルパック
サイクリングパンツ⇒サイクリストパンツ
サイクリングベスト ［cycling vest］自転車スポーツに用いられる、ノースリーブ型の体にフィットしたニットシャツを指

ファッション全般

す。

サイクルキャップ [cycle cap] 自転車用の帽子という意味で、短めの前びさしが付いた派手な色柄の丸帽を指すことが多い。自転車競走用のという意味からレーシングキャップ [racing cap] ということもあるが、本格的な自転車レースにはカスク*などと呼ばれるヘルメットが用いられ、これはあくまでも自転車を楽しむときにかぶるものとされる。

サイクルグローブ [cycle glove] サイクリンググラブ [cycling gloves] ともいう。自転車スポーツに用いる手袋のことで、指先がなく、甲がオープンになって面ファスナーなどではめ口を留める形式となったものが多く見られる。

サイクルジャージー [cycle jersey] より正確にはバイシクルジャージー [bicycle jersey] とかサイクリングジャージー [cy-cling jersey] と称し、自転車スポーツ用のニットシャツを指す。鮮やかな色使いで体にぴったりフィットするハーフジッパー、ハイネックのデザインとしたものが多く見られる。サイクルシャツ [cycle shirt] とかサイクルニット [cycle knit]、ロードシャツ [road shirt] などとも呼ばれ、同種の素材で作られた脚にぴったりしたハーフパンツを組み合わせてバイシクルスーツ [bicycle suit] と呼ばれることになる。こうしたパンツはサイクルパンツ*あるいはサイクリングショーツ [cycling shorts] などと呼ばれる。

サイクルジャケット [cycle jacket] サイクリングウエアとしてのジャケット。つまり自転車乗り用の上着で、実際に自転車に乗る人のことを考えた機能的で実用的なデザインのものが多い。最近の自転車人気からこうした専用のウエアが多く登場するようになっている。

サイクルシャツ⇒サイクルジャージー

サイクルシューズ⇒バイシクルシューズ
サイクルニット⇒サイクルジャージー
サイクルバッグ⇒サイクルパック
サイクルパック [cycle pack] 自転車用デイパック*のことで、サイクリングバッグ [cycling bag] とかサイクルバッグ [cycle bag]、バイクバッグ [bike bag] などとも呼ばれる。多くは背負い式だが、自転車に取り付ける形になったものも見られる。エコによる自転車ブームから、最近人気を高めるようになってきた。なかにはエコバッグ*として使えるデザインになったものも見られる。

サイクルパンツ⇒サイクリストパンツ

サイクルポンチョ [cycle poncho] 自転車の前かごまで全てをカバーしてくれる雨の日用大型ポンチョ。傘を差さなくてもよいように大きな形に作られているもので、さまざまな種類がある。

サイクルルック [cycle look] サイクリスト（自転車乗り）のユニフォームを取り入れたファッション表現。サイクルジャージーやサイクルパンツなど自転車競技に用いられるアイテムをそのまま街着としたもので、いわゆるスポーツルック*のひとつとして近年人気を集めている。

サイクルレインパンツ⇒レインパンツ

サイケ族 [サイケぞく] サイケはサイケデリック [psychedelic] の略で、本来 LSD などの幻覚剤の服用によって生じる幻覚体験をいう。ここからサイケデリックアートやサイケデリックロックといった流行が生まれるが、これに触発されて奇抜な格好を好んだりする日本の若者たちをこのように呼んだ。1967年から70年頃にかけての風俗で、彼らが LSD やマリファナなどの常用者であったわけではない。

サイケデリックファッション [psychedelic fashion] サイケデリックは LSD などの

259

幻覚剤を服用することによって生ずる幻覚的な感覚体験のことで、1960年代中期にアメリカで台頭したヒッピーたちに特有の現象として世界中に広まった。そうしたヒッピーたちに見るファッションを総称するもので、サイケデリックから生まれた幻想的なプリント模様の服やインド的なモチーフの民族衣装などがあげられる。

サイケデリックプリント [psychedelic print] LSD などの使用による幻覚から起こる体験をモチーフとしたサイケデリックアートを応用したプリント柄。1960年代に流行したものだが、現在ではこれをグラフィカルに処理したグラフィック・サイケプリント [graphic psyche print] と呼ばれる柄が再び人気を集めるようになっている。蛍光色的な色使いの派手な印象が特徴で、単にサイケプリント [psy-che print] とも呼ばれる。

サイケプリント⇒サイケデリックプリント

サイ・サーキュラー⇒ロイドメガネ

サイジング [sizing] 主としてフィラメント糸を経糸に用いる繊維の準備工程のうち、経糸に糊をつけて製織しやすくする工程をいう。サイズは礬水（どうさ）、糊の意で、そうした糊つけの機械のこともいう。

サイズオーダー [size order] その人のサイズに合わせたオーダーメード*という意味だが、本格的なオーダーメードではなく、いわゆるシステムオーダー*（工場仕立て）の別称とされる。

サイズリボン⇒スエットバンド

再生繊維 [さいせいせんい] 化学繊維*のひとつで、植物のセルロース [cellulose]（繊維素）を化学薬品で溶解して繊維の形にし、元の高分子に戻して再生させた繊維を指す。木材パルプを原料とするレーヨンやコットンリンターを原料とする

キュプラ、またポリノジックに代表され、セルロース系繊維とも呼ばれる。英語ではリジェネレーテッドファイバー [regen-erated fiber] という。

サイ・セン・タン [細・浅・短] 最近の若者たちのスーツ・シルエットを表す流行語で、ウエストとラペル幅が「細く」、パンツの股上が「浅く」、上着の丈が「短い」様子を略していったもの。こうした形から「もてスリム」といった細身のスーツを表すキャッチフレーズも用いられている。

彩度⇒クロマ

サイド・アジャストメントタブ⇒アジャストタブ

サイドアジャスタブルストラップ⇒サイドバックルストラップ

サイドアップスタイル⇒アップスタイル

サイドアップヘア⇒アップスタイル

サイドエラスティックシューズ⇒サイドゴアシューズ

サイドオープンシューズ⇒オープンシャンクシューズ

サイドオープンパンプス⇒サイドカットパンプス

サイドカットパンプス [side cut pumps] 土踏まずの横の部分を切り取ったデザインを特徴とする婦人靴のひとつ。伝統的なパンプスの一種で、サイドオープンパンプスとかオープンシャンクシューズなどとも呼ばれる。

サイドゴアシューズ [side gore shoes] 履き口の両脇部分にゴア（ゴムを織り込んだ布）を取り付けて脱着を容易にした靴。基本的にスリップオンと同じものだが、クラシックな作りでドレッシーな靴のひとつとされる。サイドといってもサイドゴアブーツ*のように靴の横のところにゴアを取り付けるのではなく、あくまでも紐留めの靴でいう羽根の部分の両

ファッション全般

脇がゴアになっているのが特徴で、これを革で隠して見えないようにしたデザインも見られる。サイドエラスティックシューズ［side elastic shoes］とも呼ばれ、フォーマルシューズとして十分通用するものもある。

サイドゴアブーツ［side gore boots］履き口の両脇にゴア（ゴム布製のマチ）を取り付けたアンクルブーツ*の一種。単にゴアブーツ［gore boots］とも称し、あの坂本龍馬も履いたといわれるほどに古い歴史を持つ。ドレスブーツ*として用いられることもあるが、ドレスブーツとしては古典に属する。

サイドシェイプ［side shape］サイド（脇）の部分だけを刈り上げる新しいヘアスタイルのひとつ。刈り上げた部分に剃りで模様を入れるなど、さまざまなデザインがほどこされるのが特徴とされる。

サイドジップスカート［side zip skirt］脇の縫い目に沿ってジッパーをあしらったスカート。ジッパーを自由自在に用いることによって、セクシーかつファンシーな表情が生まれるのが特徴となる。

サイドストライプ⇒側章

サイドストライプパンツ［side stripe pants］脇の縫い目線上にブレード（側章）テープを配したパンツ。軍服やフォーマルウエアのパンツにはよく見られるものだが、これをカジュアルなパンツに用いたところがミソとされる。スポーツウエアのジャージーパンツにもこうしたものがあるが、それは特にこのように呼ぶことはない。日本語で「側章パンツ」ということもある。

サイドストラップシューズ［side strap shoes］靴紐がなくバックル（尾錠）で留める式となったストラップシューズのうち、いわゆるモンクストラップシューズと異なる構造を持つ靴をいう。1対のストラップが甲の最上端まで内くるぶし側を包み込み、バックルも外くるぶし寄りに後退した位置に付くのが特徴。構造的には内羽根の紐靴と同じ形になっている。

サイドテール⇒ツインテール

サイドパート⇒細腹

サイドバーンズ［sideburns］長く伸ばしたもみあげ、ほおひげ。イギリス英語ではサイドボーズ sideboards という。

サイドバックルサンダル［side buckle sandal］甲に渡したバンドの脇にバックル（尾錠）を取り付けたデザインを特徴とする女性用サンダル。

サイドバックルストラップ［side buckle strap］パンツの脇やブルゾンの裾の脇に付けられる尾錠のこと。主としてサイズ調節用のデザインとされる。サイドアジャスタブルストラップとも呼ばれ、ふつうウエストバンドの両脇に設けられる。

サイドプリーツ⇒ワンウエイプリーツ

サイドプリーツスカート［side pleat skirt］脇にプリーツ（襞〈ひだ〉）をあしらったスカートの総称。またサイドプリーツには、襞の向きを一方向にとったプリーツ（追いかけ襞）の意味もあり、こうしたプリーツを特徴とするスカートも指す。

サイドブレイディング⇒側章

サイドベンツ［side vents］上着の両脇の裾を割ったもの。ベント*の中でもこれに限って「ベンツ」の形容が正しいことになる。英国調の端正なスーツやファッション的なスーツに多く用いられる。日本では「剣吊り」の俗称があるが、これはその昔、サーベルを下げるのに便利なように両脇を開けたことに由来する。ほかにダブルベンツ［double vents］とかツインベンツ［twin vents］とも呼ばれる。

サイドボーズ⇒サイドバーンズ

サイドポケット［side pocket］上着の「腰

261

ファッション全般

ポケット」やズボンの「脇ポケット」の総称。スーツ上着のそれを、特にウエストポケット［waist pocket］とかローアーポケット［lower pocket］と呼ぶことがある。ローアーは「下部の」という意味。

サイドポケット（パンツ）［side pocket］上着の腰ポケットやズボンの脇ポケットの総称。ズボンではスラッシュポケット［slash pocket］と呼ばれる「切りポケット」型が一般的で、これにはまたフォワードセット［forward set］と呼ばれる前傾型のものと、バーティカルポケット［vertical pocket］と呼ばれる脇の縫い目に沿って垂直に切り口がとられるものとの２種が代表的なデザインとなる。

サイドボディー⇒細腹

サイドポニー⇒ツインテール

サイドマッケイプロセス［side Mckay process］靴の製法のひとつであるマッケイ式の一種。アッパーと靴底を直接しっかりと縫い上げるので、底はがれの心配がなく、耐久性に優れるとされる。軽量化と優れた屈曲性の実現にも定評があり、ウオーキングシューズやスニーカーなどに用いられる。縫い糸がサイドに現れるのが特徴。

サイドメタル⇒メタルフレーム

サイドラインコート［sideline coat］アメリカンフットボールの試合で、控えにいる選手が防具の上に着用するコート。サッカーのベンチコートと同じようなもので、背中などにチーム名が入り、フード付きとなったハーフ丈のものが多い。サイドラインはコートのサイドライン（側線）の意で、コーチや控え選手などがいるサイドラインの外側のことも意味する。

サイドリングパンツ［side ring pants］脇の縫い目の部分をリング（環）使いにして、肌が見えるようにしたファンシーな

デザインのパンツ。リングは全面に付けるのではなく、裾口にかけて部分的にあしらうものが多く、主として女性用パンツのひとつとされる。

サイドレスブラ⇒三角カップ

サイバーカジュアル⇒サイバーファッション

サイバークチュール⇒サイバーファッション

サイバーゴス［cyber gothic］サイバーゴシックの略で、サイバーファッション＊にゴスロリ＊あるいはゴシックの要素が融合したファッション表現を指す。怪奇的な要素を持つ近未来調、SFイメージのファッションで、サイバーファッション系またはゴシック系ファッションのひとつとして、原宿系の若い女の子たちの間で独特の支持を集めている。エレクトロゴシックなどという表現もあり、インダストリアル＊などのノイズ音楽との関係も見られる。

サイバースポーツルック［cyber sports look］未来的な雰囲気と機能性およびファッション性を兼ね備えたスポーツウエア・ファッションといった意味。スポーツウエアのハイテク化の極致に登場してきたスポーツルックといった趣が感じられる用語。サイバーはサイバネティクス（人工頭脳学）から生まれた言葉で、今日では一般に「電脳」と訳されることが多い

サイバーファッション［cyber fashion］サイバーはサイバネティクス（人工頭脳学）から出たものとされ、コンピューター文化が生み出した未来的なイメージのファッションを指す。シルバーなどメタリックな光沢素材を多用した服装が多く見られ、サイバーカジュアル［cyber casual］やサイバークチュール［cyber couture］などその応用範囲は広い。いわば宇宙感覚のファッションといってもよい。

サイバープリント⇒レイヴプリント

サイハイウォーマー［thigh high warmer］

「サイハイ＝太ももまでの高さ」を特徴とするレッグウオーマーの意。つまりは太ももに届く超ロングのレッグウオーマー。足先を少し出すレギンスのようなはき方に人気がある。

サイハイストッキング [thigh high stocking] サイハイは「太ももまでの高さ」という意味で、そのような長さを特徴とするストッキングをいう。要は膝上丈のストッキングで、かつてはオバサン専用のダサいストッキングとされたものだが、今ではマイクロミニスカート*の格好のアクセサリーとして若い女の子たちに愛用されるようになっている。

サイハイスリット [thigh-high slit] サイハイは「太ももの高さ」のことで、太ももを大胆に露出させるほどに深く開けたスリットを指す。チャイナドレスに代表されるデザインだが、タイトなロングスカートなどにも用いられることがある。

サイハイソックス [thigh high socks] 太もも（サイ）の中ほどまでを隠す長い靴下。太もも丈のサイハイブーツの流行で注目されるようになった長靴下のひとつで、いわばサイハイストッキングのソックス版。

サイハイブーツ [thigh high boots] サイは「腿（もも）、大腿部」の意味で、ちょうど太ももの半分くらいまでの高さをもつロングブーツを指す。単に「サイブーツ」とも呼び、現在では多く女性用のブーツとされる。

サイハイレングス [thigh high length] サイは「もも、大腿部」という意味で、太ももの高さまでの丈を指し、サイレングス [thigh length] とかハイサイレングス [high thigh length] などとも呼ばれる。これはまたマイクロミニレングス*の別称ともされる。

細腹 [さいばら] スーツ上着やテーラードなジャケット、コートなどで、前身頃と後ろ身頃の間の脇のところに挟み込まれる細長い布の部分をいう。脇腹を細長く裁断するところからの日本のテーラー業界用語。英語ではサイドパート [side part] とかサイドボディー [side body] という。

サイブーツ⇒ニーハイブーツ

サイレングス⇒サイハイレングス

サイレンドレス⇒マーメイドドレス

サイロコンポヤーン⇒サイロスパン

サイロスパン [sirospun] 1990年代にIWS（国際羊毛事務局＝現AWI）が開発して話題を集めたいわゆる「新世代ウール」のひとつ。クールウール*の代表的な素材とされたもので、これを応用したより薄手のサイロフィル [sirofil] やサイロコンポヤーン [siro compo yarn] などさまざまな素材が開発された。

サイロフィル⇒サイロスパン

ザイロン [Zylon] 東洋紡の開発による合成繊維の商品名。有機系繊維のなかで最高レベルの引張強度、弾性率を持ち（2015年5月現在）、難燃性、耐熱性にも優れる。防弾チョッキやコンクリート補強材などに用いられる。アラミド繊維のケブラー（米・デュポン社）の2倍の強度を持つことでも知られる。

サヴィルロウ [Savile Row] 紳士服の本場英国のロンドンはウエストエンドの一画にある通りの名称。ここには19世紀に入りビスポークテーラー*（注文洋服店）が参集するようになり、いわゆる「仕立て屋通り」として名を馳せるようになった。日本でいう「背広」の語源説のひとつとしても有名。

サウウエスター⇒サウスウエスター

サヴォアフェール [savoir-faire 仏] 英語でいうノウハウに当たるフランス語。臨機応変の才、気転、才覚のことで、ノウ

ハウ的な技巧、才覚にも似た経験論、創造性にも似た独創的な発想がブレンドされたようなある種の匠の技であり天賦の才をあらわすという。パリのハイジュエリーブランドや長い歴史を持つファッションブランドが用いる言葉で、自社の職人たちのみごとな仕事ぶりを形容するときに用いられる。

サウスウエスター ［southwester］ サウウエスター ［sou'wester］ とも。ゴム引き布やオイルスキンなどの防水地で作られたレインハット ［rain hat］（防雨用帽子）の一種。後ろびさしが極端に広く、しかも下がった形の特異なデザインの帽子で、日本では俗に「時化帽（しけぼう）」などと呼ばれる。サウスウエスター（サウウエスター）とは気象用語でいう「南西季節風」のことで、これは本来船乗りたちの作業用帽子とされていた。なお、この言葉にはそうした帽子だけでなく、スリッカー*、いわゆる防水外套の意味もある。

サウスダウンウール ［southdown wool］ イングランド南部原産の短毛種の羊から採る羊毛。英国種羊毛で最も歴史の古い羊毛とされ、フランネルや厚手の靴下などに用いられる。俗に「特殊羊毛」などと呼ばれるもののひとつで、現在はアメリカのケンタッキー州やテネシー州でも生産される。

サウナスーツ ［sauna suit］ 着ているだけでサウナのような強い発汗性を与え、減量とシェイプアップに役立つ機能をもつとされる上下服。ランニング時に用いてスマートなボディー作りをしようとするもので、さらに体を引き締めるのに効果的なサウナレオタード ［sauna leotard］といったものもある。

サウナハット ［sauna hat］ 入浴施設のサウナで用いる帽子。髪の乾燥を防ぐ、熱さ

を軽減させるといった目的で用いられるもので、白のフェルト地の円錐型のものが一般的だが、バケット型のカラフルなタイプも見られ、色柄・形ともにさまざまなものがある。

サウナレオタード⇒サウナスーツ

裂織 ［さきおり］ 古い織物を裂いて織り込んだ織物。「ぼろ織り」などとも呼ばれ、かつては経済性を優先させて作られたものだが、現在ではその独特の雰囲気が喜ばれ、趣味の織物として用いられるようになっている。

サギーパンツ⇒サギング

サキソニー ［saxony］ ドイツのサキソニーメリノという羊の毛を原料に作られたところからこう呼ばれるもので、現在ではメリノ種の羊毛を使用した梳毛糸を綾織にして、縮絨・起毛させた生地を指すことが多い。紡毛で織られるものは、細番手であることからフランネルに似た風合があり、ツイードとしては比較的目の詰んだウーステッド風の生地となる。サクソニーとも発音するほかサキソニーウールともいう。また梳毛糸使いのものをウーステッドサキソニー ［worsted saxony］というのに対し、紡毛糸使いのそれをサキソニーツイード ［saxony tweed］ と使い分けることもある。

サキソニーツイード⇒サキソニー

先染め ［さきぞめ］ 織物生地の染色法のひとつで、原料を繊維やわた、あるいは糸の状態で染色することをいう。この中にわたの状態で染める「ばら毛染め」やトップの状態で染める「トップ染め」、また糸の状態で染める「糸染め」などの種類がある。なお、トップとは毛糸に紡ぐ前に棒状のわたを軸棒に巻き取ったものを指す。トップ染めは一般に高級品の証とされる。

サギング ［sagging］ いわゆる「腰パン」「腰

ばき」をいうアメリカの俗語。不良少年がダブダブのパンツをずり下げて腰下で穿き、下着のパンツをわざと見せて歩くことをいったもので、サグ sag（たるむ、ふくれる）に派生した言葉とされる。こうした行為はもともと刑務所で自殺を防ぐためにベルトを禁じたことに始まるとされるが、2010年2月のバンクーバー・オリンピックでの、日本のスノーボーダー・ハーフパイプの国母和宏選手のそうした格好が問題となり、あらためてこうした言葉が注目されることになった。なお、このようなパンツは俗に「サギーパンツ」と呼ばれるが、その大元は2000年に英国のデザイナー、アレキサンダー・マックィーンが発表した「バムスターパンツ」（半尻パンツの意）とされる。

作手⇒グローブ

サコッシュ［sacoche 仏］サコッシェとも。フランス語で「カバン、袋」の意で、現在では特に自転車のロードレース時に使用されるドリンクボトルや補給食などの補給物資を入れた選手に渡すための簡便な肩掛けカバンを指すことが多い。長方形で薄いシンプルなデザインのものが多く、スポンサーやチーム、レースなどの名をプリントしたものが見られる。自転車レースのほかハイキングなどにも用いられるようになっている。フランスでいうミュゼットと同じタイプのカバンの一種。

ザ・サード・ワードローブ［the third wardrobe］「第3番目の衣装」と直訳される。2000年秋ごろからアメリカのメンズウエア業界で提唱されるようになった言葉で、オンでもオフでもない第3の男服の着こなし方やそうした目的に合う服装を意味している。フライデーカジュアル*の流れを汲むもので、特にIT産業に従事する男性を中心とした新しいファッション市

場をこう呼ぶことが多い。略してT3Wともいう。

ササールコート［Sassard coat］イタリア映画『三月生れ』（1959）の中で、主演女優のジャクリーヌ・ササールが着たコートをヒントにして日本のコートメーカーが作った女性用コート。広めのテーラードカラーにエポーレットやベルトを配したトレンチタイプのダスターコートの一種で、1959年から60年代初期にかけて大流行した。

差し色⇒アクセントカラー

サシェ［sachet 仏］フランス語で「匂い袋」を意味する。元々は小さな下げ袋をいったものだが、香り付きの液体を染み込ませた綿を詰めた小さな袋を指すようになった。吊り下げたり、衣服に縫い付けるなどして用いられる。

刺し子［さしこ］綿布などを重ね合わせて装飾的に縫い留める手法、またそうした生地をいう。ぐし縫い（ランニングステッチ）を用いて多種多様な模様を表現し、キルティング*に似た表情を醸し出す。丈夫なところから消防服や柔道着などに用いられてきた。「刺し子織」ともいう。

ザズー［Zazous 仏］ザズー zazou はフランス語で「ダンディー」とか「粋な若者」を指す俗語だが、これは1940年代の前半にパリに登場した奇矯な流行のひとつをいう。当時アメリカで発生したズーティースタイル［Zootie style］というズートスーツ*を着用したファッションがパリに飛び火して、このような若者風俗を作り出したもの。

サスーンカット［Sassoon cut］英国のヘアアーティストとして著名なヴィダル・サスーン（1928年〜）によって創り出されたヘアデザインの総称。1963年、マリー・クワントのコレクションのために考案したジオメトリックカット［Geometric

ファッション全般

cut]（幾何学カットの意）と呼ばれる髪型が最初のもので、その後も斬新な感覚のヘアスタイルを創り続けている。

サステイナブルウエア ［sustainable wear］サステインは本来「支える、維持する、持続する、耐える」といった意味で、こからサステイナブルは「持続可能な」の意味で広く用いられるようになった。長期間にわたって着続けることができるなエコなイメージの衣服の概念を指し、スローアパレル（スローフードの衣服版）と同様のイメージで語られる。なお、これをサスティナブルウエアと表記するのは間違いとなる。

サステイナブルジュエリー ［sustainable jewelry］サステイナブルは「持続できる」の意で、環境に優しい素材を使って廃棄物を出さないように作られるジュエリー類を指す。原石の採掘から店頭に並ぶまでの工程をオンラインで見られるようにした「サステイナブル基準」を満たす金、銀、ダイヤモンドなどを用いたネックレスやイヤリング、ブレスレットなどがある。

サステイナブルファッション ［sustainable fashion］サステイナブルは「持続可能な」という意味で、長期間にわたって着続けることのできるファッション衣料の概念を表す。リサイクルされた古着やオーガニックな素材で作られる衣料などがここに含まれる。

サステイナブル・ラグジュアリー ［sustainable luxury］「持続可能な贅沢」と訳される。長期間にわたって持続する贅沢感のことで、最近の消費傾向を左右する重要なキーワードのひとつとされる。これをスローファッションと同義とする向きも見られる。

サスペンソワール ⇒プルテル

サスペンダー ［suspender］「ズボン吊り」

のことで、ズボンがずり落ちないように肩から吊り下げる一対のベルトを指す。したがって正確にはサスペンダーズ suspenders と複数形で呼ばなければならない。英国ではブレイシーズ ［braces］ と呼び、英国でのサスペンダーは「靴下留め（ガーター）」を意味することになる。1787年ごろ登場し、ズボンの普及とともに一般化していった。

サスペンダースカート ［suspender skirt］サスペンダー（ズボン吊り）を取り付けたスカートの総称。幼児服によく見る「吊りスカート」のことで、最近では大人の女性用としてもこうしたデザインのものがよく見られる。

サスペンダーパンツ ［suspender pants］サスペンダー（ズボン吊り）が作り付けとなっているパンツの総称。このサスペンダーはパンツと共布で作られるものが多い。

サスペンダーボタン ⇒コンシールドリベット

ザ・スレッド ⇒マイクロビキニ

サチュレーション ⇒クロマ

サッカー ⇒シアサッカー

サッカージャージー ［soccer jersey］サッカー選手が着用する試合用のニットシャツ。サッカーシャツ ［soccer shirt］ とも呼ばれ、揃いのデザインのユニフォームとして用いられるが、ゴールキーパーのものは他の選手たちとは異なるデザインで作られており、これをキーパージャージー ［keeper jersey］ と呼んでいる。また練習用のシャツをプラクティスシャツ ［practice shirt］ ということがあるが、プラクティスには「練習」のほか「実行、習慣」といった意味もあり、実戦用のシャツをこのように呼ぶこともある。

サッカーシャツ ⇒サッカージャージー

サッカーストライプ ［sucker stripe］シア

サッカー*という布地に特徴的に見られる縞柄のことで、「シボ」が浮き出ているのが特徴。これはまたシアサッカーの別称ともされる。

サッカーマフラー⇒フットボールマフラー

サック［sac 仏］フランス語でいうバッグの意。袋、バッグを始めとして、リュックサックや財布なども含まれる。ドイツ語ではザック［Sacks 独］に相当する。

ザック⇒サック

サックコート［sack coat］ラウンジジャケットのアメリカでの呼称。その袋（サック）のような外観からこのように呼ばれるようになったもので、ここでのコートは上に着るもの全般を意味する。アメリカでのラウンジジャケットの多くは既製服として作られたため、製造しやすい袋型の形になったとされる。

サックジャケット⇒ローファージャケット

サックスーツ［sack suit］初期のラウンジスーツ*を指す米語で、「袋型背広」とか「箱型背広」などと訳される。アメリカに渡ったラウンジジャケット*がサックコート*と名を変え、やがて共地のズボンを伴ってスーツとなり、1867年ごろにその袋（サック）のような外観からサックスーツと呼ばれるようになったもの。英国のラウンジスーツは、注文服として発展したため立体的で丸みのある形に仕上がったが、アメリカのサックスーツは既製服として大量生産されるため、縫製しやすい「ずん胴型」の型紙を使ったのが、袋のようになった理由とされる。

サックドレス［sack dress］袋のようなドレスの意で、ウエストに切り替えがなく、すとんとした円筒形のシルエットを特徴とする。サックドレスの始まりは1957年秋冬向けのパリ・コレクションで、バレンシアガなどが発表したシュミーズドレスにあり、これをアメリカでサックドレ

スと名付けたのが最初とされる。当初は反対の声も多かったが、1958年春夏から世界的な大流行となって話題を集めた。何よりもシルエットの新しさと着やすさがポイントとされたもの。

サックベスト［sack vest］サックは「麻袋、大袋」といった意味で、袋のようにゆったりとしたルーズシルエットのベストを指す。俗にサックジャケット*と呼ばれる上着の袖をなくしたような雰囲気のもので、イージーな感覚のアウターベストとして用いられる。

サックライン［sack line］袋（サック）のようなずん胴型のシルエット。ウエストを絞ることなく、そのまま開放的なシルエットとしたもので、1950年代後期に大流行したサックドレス*に代表される。

サッシュ⇒サッシュベルト

サッシュブラウス⇒ラップブラウス

サッシュベルト［sash belt］広幅の布地をベルトのようにして用いる腹帯の一種。サッシュは「飾り帯」、また軍人が肩から腰にかけて用いる「肩帯、懸章」のことを指す。カマーベルト*もこのひとつで、単にサッシュ［sash］の名でも呼ばれる。腰帯の意味でウエストバンド［waist band］ということもある。

サッチェルバッグ［satchel bag］サッチェルそのもので通学用のショルダーバッグや旅行用の手提げ鞄を意味し、さらにこれにヒントを得てデザインされたビジネス用のバッグをこのように呼ぶようになった。

薩摩ボタン［さつま＋button］幕末の時代に薩摩藩が倒幕運動の資金を調達する目的で開発したとされる芸術的なボタンのこと。薩摩焼の技術を基にして作られた陶器製のボタンで、「貫入（かんにゅう）」と呼ばれる細かいヒビ模様が入った絵柄や、花鳥風月など当時の日本文化を描い

ファッション全般

た美しい着彩の色絵などを特徴とし、もっぱらヨーロッパへ輸出されていた。Japanese Vintage Ceramic Buttons と呼ばれるほか、コレクターの間ではSATSUMA とも呼ばれて珍重されている。直径15ミリ×高さ7ミリ程度のものが中心。

サティーン⇒コットンサテン

サテン［satin］朱子織物の総称。光沢感に富むファンシーな持ち味の生地で、絹で作られるシルクサテン［silk satin］や綿を原料とするコットンサテン*などの種類がある。

サテンウイーブ⇒朱子織

サテンクレープ［satin crepe］朱子織によるクレープ。「朱子縮緬」とも呼ばれる。

サテンストライプ［satin stripe］縞の部分を朱子織（サテンウィーブ）にした縞柄の総称。「サテン縞」とも呼ばれ、ドレスシャツに多く用いられる。

さとみ売れ［さとみうれ］2016年秋放映の日本テレビのドラマ『地味にスゴい！校閲ガール』で、主人公河野悦子役を演じた石原さとみが着用した衣装が人気となって、そのまま売れた現象をいう。同時期にTBSから放映された『逃げるは恥だが役に立つ』でも主人公の新垣結衣の着用した衣装が売り上げを伸ばした。後者からは星野源の歌う『恋』から「恋ダンス」の流行も生まれている。さとみ売れは2018年夏のドラマ『高嶺の花』にも受け継がれている。

サドルアップレザー［saddle up leather］サドルは「馬の鞍」の意で、いわゆるサドルレザーの一種。特にベルギーのマシュア社による伝統的なそれを指し、正確にはサドルプルアップレザーと呼ばれる。オイルの移動で表面の色が変化するプルアップ効果を特徴として作られたもので、透明感のある光沢とそれがなじむ

とさらに光沢を増す経年変化に特色がある。英国のブライドルレザー*と並び称され、この種のものでは、より分厚いことで知られる馬具用のアメリカンハーネスレザー（アメリカンサドルレザーのスタンダード＝ハーマンオーク・ハーネスレザー）も知られる。

サドルオックスフォード⇒サドルシューズ

サドルジャケット［saddle jacket］サドルは「馬の鞍（くら）」の意で、ライディングジャケット*（乗馬服）の別称のひとつ。

サドルシューズ［saddle shoes］甲から底にかけてサドル（馬の鞍）型の色変わりの別革をあしらったオックスフォードシューズ*の一種。このことからサドルオックスフォード［saddle oxford］と呼ばれるほかコンビネーションシューズ［combination shoes］の名称もある。日本ではここから俗に「コンビ靴」と呼んでいる。白／黒、白／茶、白／紺といったコンビ使いのものが代表的。

サドルショルダー［saddle shoulder］サドルは「馬の鞍（くら）」の意で、それに似た形からこのように呼ばれるラグランスリーブ*の一種。クルーネック*のシェトランドセーター*やVネックのラムウールのセーターなど英国の伝統的なセーターによく用いられる肩のデザインとして知られる。

サドルスーツ⇒ライディングスーツ

サドルスリーブ［saddle sleeve］サドルは「馬の鞍（くら）」の意で、そのような形に見える袖のデザインをいう。サドルショルダー*と同じような意味合いを持つ。

サドルバッグ［saddle bag］サドルは馬具の「鞍（くら）」のことで、本来は馬の鞍の両側にまたがって下げる大きな「鞍嚢（あんのう）」また「鞍袋」と呼ばれるバッグを指す。またこれに用いられるサドル

268

ファッション全般

レザーと呼ばれる丈夫な革を使ったハンドバッグや、鞄のような形をしたステッチ入りのバッグのこともいう。

サドルパンツ⇒ジョドパーズ

サドルベルト [saddle belt] コインローファーズのフロント部に見る飾り帯のこと。サドルは「(馬などの) 鞍」の意で、ここに硬貨 (コイン) を挟み込んだところから、コインローファーズの名が生まれたという伝説がある。別にインステップストラップとも呼ばれる。

サドルホール [saddle hole] コインローファーズのフロントに付くサドルベルトと呼ばれる帯状の部分にほどこされる飾り穴の総称。ハーフムーン、スキャグウエイといった名称のデザインがある。

サドルレザー [saddle leather] サドルは馬などの「鞍 (くら)」の意で、そうした馬具に用いる丈夫な牛革をいう。ブライドルレザー*と同様の用途がある。

サニタリーショーツ [sanitary shorts] サニタリーは「衛生の、衛生上の」という意味で、一般に女性の生理用下着を指す。

サニングデール [sunningdale] ノーフォークジャケット*の一種で、英国の有名なゴルフ場〈サニングデール〉にちなむ名称。1920年代から30年代にかけて流行したもので、一枚仕立ての背中に8センチほどの幅で箱襞 (ひだ) を取り、背バンドを配しているのが最大の特徴。

サバーバンコート [suburban coat] サバーバンは「郊外の、郊外特有の」という意味で、郊外に住む人たちが都心への通勤用に着るコートという意味で、1950年代のアメリカで名付けられたもの。自動車に乗りやすいように指先丈の軽快なデザインのものが多く、ラグランスリーブのものが主とされた。

サバーバンウエア [suburban wear] サバーバンは「郊外の、郊外に住む、郊外特有の」

という意味で、郊外の自宅でくつろぐときなどに着用する服を総称する。アーバンウエア*の対語で、「郊外着」などと訳される。かつて郊外への移住が相次いだころのアメリカで、そうした中間所得層を狙って作られた、スポーティーで田園的な感じの衣服を指す用語ともされる。

サバイバルコート [survival coat] サバイバルには「生き残る」という意味があり、丈夫な生地で作られる、いかにも頑丈で野性的なイメージの強いコートを指す。レインジコート*などが代表的。

サバイバルベスト [survival vest] きわめて頑健なイメージを持つアウトドア用のアウターベストを総称する。1980年代初頭に登場してきたチノクロス製などで、カーキやベージュなどの色使いを特徴とするベストをこのように呼んだもので、多くのポケットが付けられているのもデザイン上の特徴とされる。まさしくサバイバル (生き残る) のためのベストといったもので、こうしたものを一般にはアウトドアベスト [outdoor vest] と称することが多い。

サバイバルルック [survival look] サバイバルは「生き残る、生存」の意で、過酷な条件から身を守る頑強で機能的な服装をいう。アウトドアルック*やラギッドルック*などと同義で、1970年代に台頭したヘビーデューティー*の意識を基本としている。

サバカジ [conservative + casual]「コンサバティブカジュアル」の短縮語。保守的なカジュアルの意だが、これはコンサバエレガンス*系のカジュアルファッションの表現を指す。コンサバティブという英語を思い切り省略したきわめて日本的な言葉になっているところが面白い用語。

サファリキャップ⇒サファリハット

さ

269

ファッション全般

サファリコート⇒サファリジャケット

サファリジャケット [safari jacket] サファリとは元々スワヒリ語で「小さな旅行」を意味し、転じてアフリカでの動物狩りを指すようになった。そうした狩猟旅行に着用するシャツ型のジャケットをこのように呼ぶ。大型のシャツカラーあるいはバルカラー*とプリーツ付きのパッチ＆フラップポケット、それにエポーレットと共地のベルトを特徴に、生成りのコットンや麻で作られるものが本格とされる。長袖と半袖の2タイプがあり、サファリコート [safari coat] ともいう。

サファリシャツ [safari shirt] サファリジャケット*を変化させたカジュアルなシャツ。生成りのコットンや麻で作られるものが多く、随所にサファリ調を思わせるデザインが特徴。エポーレットを省略した半袖のものが多いのも特徴のひとつ。サファリジャケットをブッシュジャケットとも呼ぶように、これにもブッシュシャツ[bush shirt]という別称がある。

サファリショーツ [safari shorts] ウオーキングショーツ型のゆったりしたシルエットのショートパンツ。サファリはアフリカの「狩猟旅行」を意味するが、これはサファリジャケット*の組下としてのパンツといったところから名付けられたもので、普通のズボンのように前タックをとって着心地を良くし、丈もおおむね膝上程度と、ショーツにしては長めのものが多く見られる。

サファリスーツ [safari suit] サファリジャケット*型の上着やシャツとパンツ、スカートなどを共生地で組み合わせた一式。夏の風物詩としてショートパンツにコークヘルメットを合わせた探検隊スタイルによく採り上げられる。一般にはシャツスーツ*の代表的なアイテムとされる。

サファリハット [safari hat] サファリはアフリカ動物狩り旅行の意で、トーピー*と呼ばれる白い探検用ヘルメットの別称のひとつ。また厚手の綿布やフェルトなどで作られたトーピー型の帽子をいうこともあり、これはサファリキャップ [safari cap] とかブッシュハット [bush hat]（未開地用の帽子）またアドベンチャーハット [adventure hat]（冒険用の帽子）などの名でも呼ばれる。

サファリルック [safari look] サファリはもともとスワヒリ語で「小さな旅行」を意味し、転じてアフリカでの動物狩りを指すようになった。そうした狩猟旅行に見る服装のことで、サファリジャケット*やコークヘルメット*などで知られる。

サファリワンピ⇒ワンピースコート

サフィアーノレザー [Saffiano leather] 高級ブランドの定番素材として知られる型押しカーフレザー（仔牛革）の一種。特にプラダのバッグや財布などの素材として知られる。サフィアーノはモロッコ革のsaffianを元に作られた言葉と思われ、サフィアノともサッフィアーノとも呼ばれる。

サプール [Sapeurs 仏] アフリカのコンゴ共和国やコンゴ民主共和国に見る超おしゃれな男たちを指す。非暴力、平和の体現者として、武器を捨て、エレガントに生きようとする男たちで、服を平和の象徴とし、ファッションで世の中を変えようとしているところに最大の特徴がある。フランス語で Societe des ambianceurs et des personnes elegantes を略した言葉で、英語では Society for the Advancement of People of Elegance を略して SAPE（サペー、サップ）とも呼ばれる。ともに「エレガントで愉快な仲間たち」を意味する。1950 〜 60 年代のフランス統治下にフランスで流行したファッションに身を

270

ファッション全般

包むのが外見上の特徴とされる。なお、サプール、サペーはそうした人々、サップはそうした現象を意味するともされる。

サブカルファッション [subculture ＋ fashion] サブカルチャー*（副文化、下位文化）から派生したファッションの総称。ロックミュージックから生まれたパンクルックやゴスロリ*（ゴシック＆ロリータ）系のファッション、またアニメなどのキャラクターものやセクシーテーストのコスチュームファッションなどが代表的な産物とされる。

サブバッグ [sub bag] 本体の代わりとなるバッグのことで、セカンドバッグ（2番目のバッグ）と同義に扱われる。大型のハンドバッグの中に入る小型のバッグなどがあり、ちょっとしたものを入れる補助的なバッグとして用いられるもの。

サブリエライン⇒アワーグラスライン

サブリナシューズ [Sabrina shoes] カヌーシューズ*型の婦人靴のひとつで、オードリー・ヘップバーンが主演した映画『麗しのサブリナ』（1954・米）で、彼女が用いたところから流行するようになったもの。甲に刺繍を施したかかとの低い浅靴で、一般にヘップバーンシューズ [Hepburn shoes] とも呼ばれる。

サブリナパンツ [Sabrina pants] 映画『麗しのサブリナ』（1954）の中で主演女優オードリー・ヘップバーンが穿いて大流行することになったパンツの名称。七～八分丈のスリムなシルエットを特徴とするパンツで、以後この種のパンツの代名詞として用いられるようになった。スペインのトレアドルパンツ*にヒントを得て、ユーベル・ド・ジヴァンシーが彼女のためにデザインしたとされる。

サプレストウエスト⇒サプレッションシルエット

サプレッションシルエット [suppression silhouette] サプレッションは「抑圧、鎮圧、抑制」といった意味で、つまりは抑制が効いたシルエットということになる。ビッグラインの不要な部分を削り取って、現代風に改めたシルエット表現などがそれで、肩幅の広さはそのままにウエストを絞って抑制を与えるといった処理が見られる。こうしたウエストをサプレストウエスト [suppressed waist] などという。

サベリ [――] スーツ上着などの袖の裏地として用いられる生地のこと。サベリは新潟県岩船郡の地名「山辺里」らきたもので、ここが袖裏地の産地であったことから業界用語となった。滑りのよい紡織地で、縞柄の多いのが特徴とされる。こうした「袖裏」を英語ではスリーブライニングという。

サボ [sabot 仏] フランス語で「木靴」の意。元々はオランダで用いられていた軽い木をくり抜いて作る木靴をいう。現在ではこれに似た木底やコルク底の靴やサンダルを指すことが多い。

サポーター [supporter] 原意は「支えるもの」で、スポーツをするときなどに関節を保護したり抵抗をなくすといった目的で使用する伸縮性に富んだゴム布を指し、用途に合わせてさまざまな形のものが見られる。男性の水着やスポーツユニフォームの下着などとして、局部を保護する目的で着用するブリーフ状のものもこのひとつ。

サポーターズキャップ [supporter's cap] プロサッカーチームのサポーター（応援者）によってかぶられる帽子のことで、ひいきのチームのマークや色付きの野球帽型のスポーツキャップが中心となっている。

サポーターファッション [supporter fash-

271

ファッション全般

ion〕サポーターは「支持者、援助者」の意味だが、ここではとくにJリーグ（日本プロサッカー・リーグ）の各チームの応援者（応援団）を指す。こうしたサポーターたちによって作り出されたサッカー関連のウエアやグッズなどによるファッションを総称する。

サポートショーツ〔support shorts〕サポートは「支える、維持する」という意味で、ヒップの形をきれいに保つ機能を備えたショーツをいう。体形補整下着のひとつで、一般的には「シェイプパンツ*」で知られる。

サポートストッキング⇒弾性ストッキング

サポートソックス⇒弾性ストッキング

サポートタイツ〔support tights〕サポート（支え、維持）性の強いタイツの意で、一般にランニングなどに多く用いられるスポーツウエアとしてのタイツを指す。運動中の皮膚の伸縮などを分析して設計されており、サポート力（締め付け性能）と動きやすさを考慮して作られたものが多く見られる。

サポートパンティーストッキング〔support panty stocking〕サポートは「支える、維持する」といった意味で、脚部全体に圧力を加えて血液の循環を良くし、疲労を防ぐといった目的を特徴とするパンティーストッキングを指す。元は医療用として開発されたもので、サポート糸と呼ばれる着圧系の糸で編まれたタイプをいったが、脚を引き締めて美しいラインを作り出すといった効能が認められて、1980年代後半からファッション的な意味で用いられるようになった。さらに強力な性能を持つスーパーサポートストッキング〔super support stocking〕やスーパーパンティーストッキング〔super panty stock-ing〕などと呼ばれるタイプも登場し、人気を博した。

サポートブラ⇒スポーツブラ

サボブーツ〔sabot boots〕サボは本来オランダの木靴のことで、ファッションではこれに似せた分厚い木底やコルク底を特徴とした、つっかけ型の履きものをいう。これを厚底のブーツにデザインしたものを指し、70年代を思わせるアイテムのひとつとして登場した。

サマーウーステッド⇒トロピカル

サマーショール〔summer shawl〕夏向きのショール。日本ではショールは一般に冬季に用いられるが、最近のアフガンショールなどの流行から、夏用のショールが現われた。透け感のある涼しげなシルクカシミヤ製のものなどが代表的。

サマースーツ〔summer suit〕夏季用のスーツの意で、特にそうしたメンズスーツを指すことが多い。ビジネスマンは夏とはいえどもスーツにネクタイというスタイルが原則とされ、昔から麻のスーツやトロピカル、モヘアといった涼感素材で多くのサマースーツが作られてきた。クールビズ*が叫ばれる現在でもそれは同様で、最近ではクールウールなど新しい素材を用いた「背抜き」（裏地無しの意）仕様のスーツなどが用いられている。

サマーセーター〔summer sweater〕夏季用のセーターの総称。サマーニット〔summer knit〕ともいい、ざっくり編んだ通気性に優れたタイプが多く、通常コットンや麻で作られる。

サマタキシード⇒ホワイトタキシード

サマーツイード〔summer tweed〕春夏向きのツイードという意味で、本来は紳士服に用いられるコットン素材などのツイードを指したものだが、最近では婦人服に登場した春夏向きのソフトなツイードをこのように呼ぶ傾向がある。伝統的なシャネルツイード*の春夏版ともいえるもの。

ファッション全般

サマードレス［summer dress］夏季に着用するドレスの総称で、何よりも涼感を重視した開放的なデザインが多いのが特徴。広義には夏服（サマーウエア）の意味として用いられる。

サマーニット⇒サマーセーター

サマーフェザー⇒フェザー

サマーブラック［summer black］夏の黒。話題のウインターホワイト（冬の白）に対して、黒を夏の流行色にしようとして提案されたもの。意表を衝くファッション表現のひとつとして用いられる。これはまた2014年春夏パリ・コレクションのキーワードのひとつともされている。

サマーブーツ［summer boots］夏季用のブーツ、また夏に履かれるブーツのこと。ブーツは本来秋冬用の履物とされるが、1990年代の初めごろからパラギャル*などと呼ばれる女の子たちによって夏にもブーツが履かれるようになり、こうしたスタイルが一般化するようになった。革、スエード、布帛などで作られるルーズフィット型のハーフブーツ*が代表的。

サマーレイヤード［summer layered］「夏の重ね着」と直訳されるが、これは季節感を逆手にとるようなありえない着こなし方を意味する。夏にロング丈のアウターを着るとか、レザーやファーを取り入れるなどトリッキーで挑発的なイメージのそれに代表される。いわばタイムレス（時空を超える）なイメージの着こなし。

作務衣［さむえ］禅僧の作業着とされる簡便な作りの上下服。着物式打ち合わせの上衣とモンペ式の下衣を組み合わせたもので、現在では画家や工芸家の作業着とされるほか、「和」を感じさせるカジュアルウエアとしても広く用いられるようになっている。藍染の木綿地のものが中心。

サム・ブラウン・ベルト⇒パラシュートベルト

サムライヘア［samurai hair］日本の侍風のヘアスタイルということで、多くは長髪を後ろで束ねた髪型を指す。ちょんまげではないが、これを「ちょんまげヘア」と呼んだり、坂本竜馬のイメージから「竜馬ヘア」と呼んだりする。元は欧米で髪を高く結い上げ、その根元をリボンなどで結わえた女性のヘアスタイルをこのように呼んでいたもの。

サムリング［thumb ring］手の親指（サム）に飾る指輪。

サメ肌水着［さめはだみずぎ］2000年のシドニー・オリンピックの水泳競技用に開発された水着の一種。水の抵抗を減らし、少しでも記録を伸ばすために、布地の表面をサメの肌状に加工したところから、マスコミによってこのように名付けられたもの。これを担当した『ミズノ』では〈スピード ファーストスキン〉という正式名称で呼んでいる。普通の競泳用水着とは異なり、全身を被う形にしているのも特徴のひとつで、これは選手の体の筋肉のぶれを防止し、形状から来る抵抗を下げるためのアイデアとされる。

更紗［さらさ］人物や動物、草花などのさまざまな模様を手描きや木版、銅版などで捺染した綿布を指す。元々はインドに始まり（これをインド更紗という）、ジャワのバティック（ジャワ更紗*、インドネシア更紗）やシナ更紗、オランダ更紗などに広がった。日本には17世紀初め頃までに伝来し、日本で作られたものは「和更紗」と呼ばれる。〈広辞苑〉によればサラサとは花などの模様を撒き散らすという意味のジャワの古語セラサからきたものかとあり、これがポルトガル語のサラサ saraça を介して日本に伝わったとある。英語ではチンツ［chintz］に当たり、ビクトリアンチンツ［Victorian chintz]（イギリス更紗）などの種類がある。最近ではアフリカンバティック [African batik] と呼ばれるアフリカ産の更紗も人気がある。

サラファン [sarafan ロシア] ロシア女性が用いるジャンパースカート型のゆったりした長衣。肩紐で吊る形式のフルレングススカートといったもので、鮮やかな色調を特徴としている。

サリー [saree, sari ヒンディー] インドを代表する民族衣装のひとつで、ヒンズー教徒の女性によって用いられる。本来は幅1.5メートル、長さ4〜11メートルほどの１枚の布を指し、これを腰から肩にかけて巻くことによって着装される。つまりは古代のドレーパリー*（巻衣）と同種のもので、ここでは下にペチコートを穿き、チョリ [chore, choree ヒンディー] と呼ばれる丈の短い半袖ブラウス状のぴっちりした上衣の上に巻き付けることで、着装が完成する。地方や年齢などの違いによってさまざまな変化があるのも特徴。

サルエルカーゴパンツ [sarrouel cargo pants] 股下が垂れ下がったアラブ風のサルエルパンツのカーゴパンツ版。最近開発されたそれは短めにカットした裾口をリブニット使いとし、股下の垂れもそれほど極端でないものが多く見られる。

サルエルジーンズ [sarrouel jeans] 股の部分が垂れ下がった特異な形のサルエルパンツをジーンズ仕立てとしたもの。変わった雰囲気を持つジーンズのひとつとして好まれる。

サルエルパンツ [sarrouel pants] サルエル（サルールなどとも発音し、その綴りは諸説ある）とは、股の部分が"おしめ"のような形につながった特異な形状のイスラム民族服を指す。これにモチーフを得てデザインされた、股が垂れ下がった

感じのゆったりとしたパンツをこのように呼んでいる。元は女性用のファンシーなボトムアイテムのひとつだったが、現在ではメンズパンツにも採用されるようになった。これを英国ではナッピートラウザーズ [nappy trousers]、アメリカではダイアパーパンツ [diaper pants] などと呼んでいるが、ナッピー、ダイアパーともに「おしめ、おむつ」という意味。

サルサドレス [salsa dress] ニューヨークのプエルトリコ人地区から生まれたラテン音楽「サルサ」を踊るときに着るドレスという意味。両脇に大胆なスリットを入れるなどした扇情的なデザインのものが多く見られる。サルサはスペイン語の「ソース」に当たる語から来たとされる。

サルト [sarto 伊] イタリア語で「仕立て屋、裁縫師」の意。とくに注文紳士服を作るテーラー*の意味で用いられ、個人の仕立て職人を指す。注文洋服店はサルトリア [sartoria 伊] と呼ばれる。英国のビスポークテーラー*、アメリカのカスタムテーラー*と同じ。

サルトリア⇒サルト

サルトリア・ナポレターノ [sartoria napoletano 伊] 「ナポリ仕立て」の意。クラシコ・イタリア*を代表するスーツの流行型のひとつで、特にイタリアはナポリの仕立て屋（サルトリア）によって作られるモデルを指す。なるべく体のラインに沿わせ、かつ軽くやわらかく仕立てようとするところに特徴があり、極端なハイゴージライン*の設定、マニカ・カミーチャ*と呼ばれる独特の袖付けなどがポイント。

猿股 [さるまた] ドロワーズ*（ズロース）をヒントにして明治時代以降に作られた日本独自の男性用下着パンツ。ラクダメリヤスの股引（ももひき）を短くした感じのもので、この名称は「猿股引」から

274

転じたもの。現在では老年層にしか使用されていない。いわば短い股引で、「西洋褌（ふんどし）」とも呼ばれ、「申又」と表記することもある。

サルワール・カミーズ［salwar kameez ヒンディー語］⇒パンジャビ

サルン⇒サロン

サロペット［salopette 仏］フランス語でいうオーバーオールズ*やカーペンターパンツ*の意。本来は労働者や子供たちが用いる「上っ張り、仕事着、ズボン」を指す。

サロン［sarong マレー］インドネシア、ジャワ島を中心に男女ともに広く着用されている筒状の腰布。マレー語で「筒」を意味する言葉から生まれたもので、広幅の布地の端を縫い合わせて円筒の形にし、それを腰に巻き付けて着用する。タイやミャンマーなどにも同種のものが見られる。サルン［sarung］とも呼ばれ、ラオスではシンともいう。

サロン（水着）⇒パレオ

サロンエプロン［salon apron］本来は大邸宅の客間（サロン）で用いる胸当て付きの装飾的な前掛けをいったものだが、最近では街中のカフェなどで店員が着用する腰の部分だけを被う丈の短いエプロンをこのように俗称する例が多い。こうしたユニフォームとしてのエプロンを一般にも用いるようになって広まったもので、家庭のキッチンで実用に供するほか、パンツなどに合わせて重ね着スタイルとして着こなす流行も生まれた。

サロンクバヤ［sarong kebaya マレー語］サロンケバヤとも。シンガポールで特にプラナカンと呼ばれる中国やインド系移民の子孫である女性たちに好んで着られた民族衣装のひとつ。クバヤとサロンの組み合わせによる上下で、クバヤはヨーロッパの影響を受けた繊細なレースや刺繍

で彩られた上衣、サロンはジャワ島などの職人が緻密な図柄を描いて仕上げたバティック（ろうけつ染め）の腰布を指す。この腰布はカイン・パンジャンとかパギソレとも呼ばれる。

サロン系［salon ＋けい］サロンボーイスタイル*と呼ばれるストリートファッションを指す。ビューティーサロン（美容院）や美容系専門学校へ通う男の子たちに見るしゃれたカジュアルファッションを総称するもので、2006年春ごろから原宿を中心に登場した。ちょっと女性的でスタイリッシュな着こなしが全国的な人気を集めるようになった。

サロンスカート⇒パレオ

サロンベスト⇒ハウスベスト

サロンボーイスタイル［salon boy style］サロンはビューティーサロン（美容院）から来たもので、美容師や美容系専門学校に通う男の子たちに見るおしゃれなメンズカジュアルスタイルを総称する。2004年春頃から原宿を中心に登場し、ちょっと女性的でスタイリッシュな着こなしが特徴とされるが、年々進化の様子を見せ、現在ではヨーロッパのコレクションから生まれる最新のモードと、東京のストリートカジュアルが微妙にミックスしたスタイルとなっている。一般に「サロン系*」として全国的にも広がりを見せ、ポスト「お兄系*」のひとつと目されている。

さわカジ［さわやか＋ casual］「さわやかカジュアル」の意。さわやかなイメージをいちばんの特徴としたカジュアルファッションを総称するもので、サバカジ*やロマカジ*などと同じように、21世紀になってから多用されるようになった日本特有の短縮ファッション用語のひとつ。

さをり織り［さをりおり］1968年、大阪の専業主婦であった城みさをによって始め

ファッション全般

られた手織りの手法およびそれで織られた織物を指す。残糸などを使って、本能の赴くままに作られるそれは、これまでの手織りとはまったく異なる新しい考え方の手織りとされ、世界にひとつしかないものとなるのが最大の特徴とされる。「さをり」は城みさをの名前からきており、「さおり」と書くのは誤りとなる。

サンオイル [sun oil] きれいな日焼けを目的とする化粧液の一種。きれいな小麦色の日焼けのことをサンタン [suntan] といい、日光による皮膚の炎症の日焼けはサンバーン [sunburn] と呼んで、これと区別される。サンオイルはタンニングローション [tanning lotion] などとも呼ばれる。

三角カップ [さんかく＋cup] 三角形のブラカップ*。こうした形を特徴とするブラジャーを三角ブラ [さんかく＋bra] と総称する。三角ブラは脇が開いているところからサイドレスブラ [sideless bra] ともいい、英米ではトライアングルブラ [triangle bra] と呼ばれている。

三角ビキニ [さんかく＋bikini] ブラの部分が三角形になったセクシーなビキニ型水着。このブラを「三角ブラ」ともいい、俗に「三角水着」とも呼ばれる。ボトム部分の逆三角形と合わせると、まさしく三角水着ということになる。英語ではトライアングルビキニ [triangle bikini] という。

三角ブラ⇒三角カップ

三角帽⇒トリコルヌ

三角ポーチ⇒クラッチバッグ

ザンガッロ [San Gallo 伊] 透かし技法で作られたカットワーク（切り抜き刺繍）の綿レースをいう特別な呼称。ザンガッロはイタリア語でいうスイス東部の都市ザンクト・ガレンのことで、ここでそうした生地が作られたことから、敬意を込

めてそう呼ばれるようになったものという。少しレトロな雰囲気のある全面レース地として人気を呼んでいる。一般にはスイスのサン・ガル地方産のレースという意味から「サン・ガル・レース」[Saint Gall lace] と呼ばれている。

サン・ガル・レース⇒ザンガッロ

サンキュロット [sans culotte 仏]「キュロットを拒否する」という意味で、フランス革命当時の革命党員たちを指す言葉とされる。貴族が着用するキュロット（半ズボン）を拒否して、パンタロン（長ズボン）を穿き、これを革命派のシンボルとしたところから、このように呼ばれるようになったもの。

サンクチュール [sans couture 仏] サンは否定を表すフランス語で、これまでの服作りの方法を否定しようとする新しい動きを指す。つまりはアンチクチュールの意味で、これまでのきれいなだけのクチュール*の考え方を破壊し、全く異なる観点からの服作りに挑戦しようとする姿勢を示している。

サングラス [sunglasses] 目を保護する目的で、カラーレンズを用いて作られたメガネをいう。日本語では「日除け用メガネ」というのが正しいが、長い間「色メガネ」という呼び名で親しまれてきたものでもある。『家庭用品質表示法』によると、レンズに著しい歪みがなく、平行度も安定していて、かつ度数の入っていないものを「サングラス」と表示することになっている。

サン・クリスピーノ [san crispino 伊] 靴の製法のひとつで、ステッチダウンから派生したもの。木型に吊り込まれたアッパーの甲の縁に中底の側面を交差させるようにして、ピンポイント的にハンドワークで縫い合わせ、そこに本底を出し縫いで取り付けて仕上げる方法。イタリア

ファッション全般

における靴職人の守護神とされるサン・クリスピンとサン・クリスピニヌスに因む名称で、きわめて珍しい製法のひとつとされる。

サンクロス［sun cloth］タテ糸に梳毛糸、ヨコ糸に色付きの綿糸かウールを用いて綾織もしくは小柄織とした生地で、俗に「玉虫クレバ」と呼ばれる。見る方向によって玉虫調に見えるのが特徴で、主にコート地として用いられる。クレバはクレバネット＊の略称。

サンゴファイバー［サンゴ＋ fiber］珊瑚（さんご）の粉末を練り込んだレーヨン系の繊維。沖縄のコーラルバイオテックとダイセンの共同開発によるもので、2010年3月、これを用いた生地に沖縄伝統の紅型（びんがた）染めをほどこしたウエディングドレスが発表されて話題を醸した。

サンシールド⇒サンバイザー

サンシェイド⇒サンバイザー

サンセットカラー［sunset color］サンセットは「日没、日の入り」の意で、それを思わせるような色調を指す。淡いパープルからベージュへ変化していくようなグラデーション（階調）の色調が代表的とされる。

サンダージャケット［thunder jacket］サンダーは「雷、雷鳴」の意で、完全防水を目的として作られた機能的なデザインのナイロンタフタ製ジャンパーを指す。

サンタフェスタイル［Santa Fe style］本来はアメリカはニューメキシコ州の都市サンタフェを中心とする地域に見られる特有の生活文化を指す。ネイティブアメリカン（元のアメリカインディアン）とヒスパニック（スペイン語を話すラテンアメリカ系アメリカ人）、それにアングロサクソンが入り混じった独特の文化があり、そこでのファッション表現もこのように呼んでいる。

サンタフェブルー⇒アドービブラウン

サンダル［sandal］正しくは複数形でサンダルズ sandals となる。足を乗せる平たい台と足を固定させるバンド（帯）などからなる開放的な形の履物で、紀元前3000年の古代エジプト時代からある人類最古の履き物とされる。現在ではヒール付きのエレガントなものやビーチサンダルなどの簡便な形のものなどさまざまな種類が見られる。

サンダルアクセサリー［sandal accessory］サンダルやミュールを履いたときに、足の甲部分に飾る「クモの巣」状のレース編みやスパンコールなどを飾ったファンシーな小物を指す。シンプルな足元を一変させる小道具として用いられているもので、こうした足や脚に用いるアクセサリーを総称してレッグアクセサリー［leg accessory］とも呼んでいる。

サンダルカット［sandal cut］最近の女性ジーンズに見る裾口のカット法のひとつで、サンダルに見るような中くらいのヒールが隠れる程度に後ろ部分を下げたデザインを指す。ブーツカットやスニーカーカットなど脚が長くきれいに見えるソフトフレアードラインのひとつとして開発されたもの。

サンダルシューズ［sandal shoes］サンダル型の靴、あるいは靴のようなサンダルを指し、きちんとした靴底を持つものの、アッパーは開放的なデザインとなった履き物をいう。多くは夏の男性用の履物とされ、夏季の仕事用にも向く靴の一種とされる。革製のものが多いのも特徴のひとつ。

サンダルスニーカー［sandal sneaker］サンダルのような感覚で気軽に履くことのできるスリップオン型の簡便なスニーカー。キャンバス製で履き口にゴア（ゴム

さ

277

ファッション全般

布）をあしらったものが多く、白や紺といった色のものが多く見られる。こうしたものをアメリカではミュールスニーカーズ［mule sneakers］、英国ではスポーツミュールズ［sports mules］などと呼んでいる。

サンダルトウ⇒トウスルーストッキング

サンダルパンティーストッキング［sandal panty stocking］爪先やかかと部分に補強用の糸を用いないパンティーストッキングのことで、サンダルフットホーズ［sandal foot hose］とも呼ばれる。脚部と足部が同じ素材を使っていることから素足のように見え、サンダルを履くときには欠かせないストッキングということで、このような名が付けられたもの。

サンダルフットホーズ⇒サンダルパンティーストッキング

サンタン⇒サンオイル

サンタンメイクアップ［suntan make-up］肌を健康的な小麦色に仕上げる化粧品。また、すでに日焼けした肌の色に合わせるメイクアップの方法をいうこともある。

サンチュール⇒ベルト

サンディング⇒ブラスト

サンデークローズ［Sunday clothes］サンデーは「日曜日」の意味で、「晴れ着、よそ行き」のこと。サンデーベスト［Sun-day best］ともいう。日曜日の朝、教会に出かける時に着て行く服というところからそう呼ばれる。

サンデーベスト⇒サンデークローズ

サンド⇒ナチュラルカラー

サンドウオッシュ⇒ブラスト

サンドカラー［sand color］砂のような色という意味で、明るい黄みの灰色がかった茶色を指す。より色みの強くなったものはサンドベージュ［sand beige］などと呼ばれる。

サンドブラスト⇒ブラスト

サンドプルーフ［sand proof］砂への耐久性加工を施すという意味で、砂がつかないようにする水着素材への加工法をいう。

サンドベージュ⇒サンドカラー

桟留縞⇒唐桟縞

サンドレス［sun dress］真夏用の開放的なデザインを特徴とするドレスの総称。太陽（サン）の下で着用するということからこの名がある。とくにリゾートでの着用に限ったものではない。

サンバイザー［sun visor］日除け用のヘッドギア*の一種で、バイザーキャップ［visor cap］ともいう。バイザー（前びさし）だけから成るもので、緑色セルロイドのテニス用のものがよく知られるが、現在では革製などさまざまなデザインがあり、カジュアルなヘッドアクセサリーのひとつとして用いられる。同種のものにサンシェイド［sun shade］やサンシールド［sun shield］、またアイシェイド［eyeshade］といったものもある。なおサンシェイドには「日除け傘」や「日除けテント」の意味もある。

サンバーストプリーツ［sunburst pleat］サンバーストは雲の間から急に漏れる強い日光のことで、そのようなイメージのある放射状に広がる細かいプリーツを指す。上は細く、下に向かって広がっているのが特徴。扇に似ているところからファンプリーツ［fan pleat］とも呼ばれる。

サンバーストプリーツスカート［sunburst pleat skirt］雲間からもれる日光のように広がるプリーツを特徴とするスカート。プリーツスカートの一種で、これはそのようなサンバーストプリーツと呼ばれるデザインを特徴としたもの。

サンバーン⇒サンオイル

サンハット［sun hat］日除け帽の総称。ビ

ファッション全般

ーチハットもその一種で、いずれもつば
の広いのが特徴となる。

ザンパ縫い ⇒トレボットーニ

サンピン [samping マレー語] ⇒バジュマ
ラユ

サンフォライズ加工 [Sanforized ＋かこう]
サンフォライズド加工ともいう。アメリ
カの『クルーエット・ピーボディ』社に
よって開発された「防縮加工」のことで、
発明者のサンフォード・クルーエットの
名にちなんでこのように名付けられたも
の。主として綿織物に施される加工法で、
タテヨコともに縮みは１％以内にとどま
るのが特徴とされ、現在ではほとんどの
綿織物に用いられている。こうした防縮
加工のことをシュランク仕上げ [shrunk
finish] とも総称する。

サンボリスム [symbolisme 仏]「象徴主義」
のことで、英語ではシンボリズム [sym-
bolism] という。19世紀末から20世紀初
頭にかけての文芸上の様式のひとつで、
文学においてはいわゆる高踏派（パルナ
シアン）の客観主義に対抗して起こった
一連の詩人たちの活動を指す。美術にお
いては19世紀の機械主義や写実主義のア
ンチテーゼとして現われたゴーギャンや
ゴッホなどの動きを示す。

サンホーキン綿 [San Joaquin cotton] 米綿
のアップランド綿で最も高品質とされる
コットン素材のひとつ。カリフォルニア
州サンホーキン・バレーで栽培される綿
花から採れる綿素材の総称で、綿の繊維
が長く均一で、強度があり毛羽が出にく
いといった特徴がある。高級ニット糸と
して用いることが多いが、日本ではホテ
ル仕様の高級タオルに多く用いられ好評
を得ている。

三面タイプジャンパー [さんめん＋ type
jumper] 襟と袖口と裾の３カ所をリブ編
のニットで切り替えたジャンパー。スタ

ジアムジャンパー*などに見られるデザ
インで、この用語は日本特有のもの。

さ

ファッション全般

シアー [sheer] シャーとも。「(織物が) ごく薄い、透き通るような」という意味で、生地名としてはシアークレープ (シャークレープ) [sheer crepe] の略とされる。薄手で透けて見える絹織物の一種で、最近ではポリエステルを使用するものが多い。ブラウスやスカーフなどに用いる。

シアークレープ⇒シアー

シアータイツ [sheer tights] シアーは (織物が)「ごく薄い、透き通るような」の意で、透明感のあるライト感覚のストッキングを指す。最近ヨーロッパで流行し始めた少し厚手のストッキングを意味する言葉で、現地ではパンティーストッキングの新しい呼称として用いられる例が多い。

シアードベビーラム⇒ベビーラム

シアードミンク⇒プラクトミンク

シアードレス [sheer dress] シアーは「(織物が) ごく薄い、透き通るような」という意味で、その名の通りごく薄手の透き通るような生地で作られたドレスを総称する。

シアサッカー [seersucker] 表面にシボ (縮れ) を表した夏季向きのコットンあるいは合繊で作られた薄手生地。さらっとした肌触りが特徴で、ストライプとチェックの2タイプがある。サッカー [suck-er] と略して呼ばれることも多く、綿製のものを特にコットンシアサッカー [cotton seersucker] とも呼んでいる。語源はペルシャ語のシーロシャカーにあり、これは「ミルクと砂糖」を意味する。原産地はインドで、正しくはシーアサッカーと発音される。

シアタードレス [theater dress] シアターは「劇場、映画館」の意で、夕方から夜にかけての観劇に使用するドレスを指す。欧米における公演初日はセレブたちが集まる重要な社交の場となることが多

く、そうしたときにはイブニングドレス*やセミイブニングドレス*の類が着用されることになる。

シアトリカル [theatrical]「劇場の、演劇の」という意味のほか「芝居がかった、わざとらしい」といった意味もあり、最近のファッションでは「わざとらしい、芝居じみた装い」の意味で用いられることが多くなっている。一部のコスプレファッションなどに代表される。シアトリカル・コスチュームといえば「舞台衣装」のことで、ステージ・コスチュームと同義になる。

シアトリカル・コスチューム⇒シアトリカル

シアリネン⇒キャンブリック

シアリング [shearing]「(大バサミで) 羊毛などを刈る、(羊などの) 毛を刈る」という意味で、特に1回刈り毛された1年未満の仔羊の短い巻き毛が付いたなめし革を指すことがある。

シアリングコート⇒ランチコート

シアリングバッグ [shearing bag] シアリングは短い巻き毛が付いたままの羊のなめし革のことで、そうした革素材で作られたハンドバッグの類いを総称する。羊の毛皮を用いたシアリングアウターと呼ばれるコート類が流行したことから、このようなバッグも作られるようになった。

シアン [cyan] カラー印刷に用いる色料の3原色のひとつで、青と緑の中間の色をいう。シアンブルー [cyan blue] ともいう。ちなみに他の2つはマゼンタ*とイエローで、これに黒 (墨) を加えた4色でほとんどのカラー印刷が可能となる。

シアンブルー⇒シアン

シーアイランドコットン⇒海島綿

シーオッター⇒オッター

ジーキュー・ウール [Zque wool] ジーキューは2006年にニュージーランド・メリ

ノカンパニーが立ち上げた同国産のメリノウールのブランドのひとつで、環境保全、動物愛護を前提とした認証システムを指す。その認証を取得した原料を国内で素材にしたものがジーキュー・ウールと呼ばれ、エコロジカルであるとともにトレーサビリティー（生産管理履歴）の明確なことで注目されている。

シィク⇒シック

シークイン [sequin] スパンコール*（スパングル）と同義。衣服などに縫い付けて飾りにする小さなきらきら光る金属やプラスティックのことで、元々古代ベネチアの金貨を意味する。フランス語ではパイエット [paillette 仏] と呼ばれるが、これには「小片」という意味があり、シークインより大きなものを指すという説もある。

シークレットシューズ⇒エレベーターシューズ

シークレットヒール [secret heel] 一般にはシークレットシューズ（エレベーターシューズ*）に用いられている上げ底型のヒールのデザインを指す。これとは別に、アッパーとヒールとがひと続きの素材で覆われて、外からはヒールが隠れて見えなくなったデザインをいうこともある。

ジージャン [——] デニムジャケット*をいう日本的な俗称。ジーンズジャンパー [jeans jumper] の略とする説が最も多く、これはまた「ジーパン*」のジャンパー版としての意味も含まれている。Gジャンと表記することもあり、最近では小さめにデザインされたものをコンパクトGジャン [compact G + jumper] という傾向も現れている。

ジージャンコート [—— coat] デニムジャケットの「ジージャン」の丈を伸ばしてワンピースにしたような感じの女性用コート。おおむね4分の3丈ほどの長さで、低い位置にベルトを付けたものが多く見られ、ブルーデニムやコーデュロイなどの素材が用いられる。ドレスとしてもコートとしても着用できる汎用性に人気がある。

シーススカート [sheath skirt] シースは「鞘（さや）」の意で、鞘のようにほっそりとしたシルエットのスカートを指す。こうした形のものをナロースカート [narrow skirt]（幅が狭いの意から）とかスリムスカート [slim skirt]（ほっそりしたの意から）などとも呼んでいる。

シーススリーブ⇒タイトスリーブ

シースドレス [sheath dress] シースは「（刀剣の）鞘（さや）」の意で、そうした鞘のように体にぴったり沿った細長いシルエットを特徴とするドレスをいう。シースにはまた、体にぴったり合った女性の上着を指す意味もある。

シースネーク [sea snake]「海蛇」の革。太平洋からインド洋にかけて広く分布する水棲の蛇の皮を利用したもので、日本では特に沖縄近海で捕獲される「エラブ」が知られる。

シースライン [sheath line] シースは刃物などの「鞘（さや）」また「鞘状のもの」を指し、体にぴったり合った女性の上着の意味もある。鞘のようにほっそりとして長く、ボディーラインに沿わせたシルエットを指す。ウエストはそれほど締め付けないのが特徴で、裾もあまり広がらないものが多く見られる。一般に女性のロングドレスに多く用いられる。

シースルー⇒トランスペアレント

シースルーソックス [see-through socks] 薄く透き通った素材を使って作られた靴下。2014年春ごろから流行し始めた注目のアイテム。レース地のチュール使いで、ナイロンやポリエステル製のものが中

ファッション全般

心。

シースルーバック⇒スケルトンタイプ

シースルーバッグ [see-through bag] 中身が透けて見える、いわゆる「透け透けバッグ」のこと。完全に透けて見えるビニール製のものから、うっすらと透けるチュール製あるいは草などを粗く編んだものなどさまざまなタイプがある。業務上で用いるもののほか、ファッションとしても活用されている。

シースルーバング [see-through bang]「透き通った前髪」の意。2015年春ごろから流行りはじめた女性の髪形のひとつで、ボブカットで前髪をザクザクとカットして、おでこをわざと透かして見せるようにしたもの。ショートバングのひとつ。

シースルールック [see-through look] シースルーは「透ける」の意で、薄い生地を用いて肌が透けて見える効果を狙ったファッション表現を指す。1968年にイヴ・サンローランによって提唱されたのが最初で、60〜70年代の「性革命」を代表するファッションのひとつとされた。日本では俗に「スケスケルック」の名で呼ばれ、繰り返し流行線上に現れている。フランス語ではトランスパラント*。

シーズンブレイク [season brake] あえて季節感を無視する着こなし方。たとえば真夏にニット帽をかぶるとか、真冬に涼しそうなレース素材の服を着るといったように、わざと約束ごとを壊すような新しいスタイリングの概念を指す。「シーズンレスからシーズンブレイクへ」というように用いられて、2012年に話題となった。

シーズンレスウエア [seasonless wear] 季節の別なく年間を通して着ることができる衣服の総称。

シーチング [sheeting] シーツ（敷布）用の生地の意で、シーティングとも発音さ

れ、日本では「細布（さいふ）」の訳もある。粗末な感じの薄手平織綿布を指し、夏向きのパンツなどの素材とされることがあるが、多くは服の仮縫い用の素材や芯地として用いられる。色は生成りが主。

シードステッチ⇒鹿の子編

シードッグジャージー⇒フレンチセーラーズ・ストライプトジャージー

シードファイバー⇒植物繊維

シーニックプリント [scenic print] セニックプリントとも。シーニック（セニック）は「風景の」また「景色を描いた」といった意味で、各種の風景をモチーフとした、いかにも具象的なプリント柄を指す。俗に「風景プリント」とも呼ばれる。

ジーニングカジュアル⇒ジーンズカジュアル

ジーパン [――] ジーンズ*を指す和製語で、「ジーンパンツ」の略とも「GIパンツ」から来たものともされる。ジーンは生地名、GIはアメリカの兵士のことで、ジーパンの名付け親とされる東京・上野アメ横商店街の元・衣料品店経営者、檜山健一氏の説によると、第2次大戦後、日本に進駐してきたアメリカ兵たちが、休日になるとよくブルージーンズを穿いていたところから、GIのパンツ、略してGパン（ジーパン）の名が生まれたという。

シープスキン [sheepskin] 羊革。成羊のなめし革を指し、主として毛の付いた羊皮のことをいう。ボマージャケット*やランチコート*の素材として知られ、最近ではブーツに採用されて人気を得ている。「緬羊皮（めんようひ）」ともいう。

シープスキンコート [sheepskin coat] シープスキン（羊の革）で作られたコートの意で、ランチコート*の代名詞とされる。ランチコートは羊の一枚革を裏返しにして用いるために、襟や袖口などに白い毛皮がのぞくのが特徴。なお、シープスキ

ンはフランス語では「ムートン」と呼ばれる。

シームアローアンス⇒インレイ

シームストッキング [seam stocking] 後ろ側の中央にシーム（縫い目）があるストッキング。縫い目のないシームレスストッキング [seamless stocking] が一般化する1960年代まで用いられたものだが、最近ではセクシーアイテムのひとつとして取り上げられる傾向もある。フランス語で「バ・クチュール*」とも呼ばれる。

シームフリーブラ⇒モールドカップブラ

シームポケット [seam pocket] 縫い目（シーム）を利用して作られたポケットの総称。

シームレスインナー [seamless inner] 縫い目（シーム）のない下着類の総称。特殊な丸編機による立体成型によって作られるもので、ショーツやブラジャー、肌着など多くのアイテムに広がっている。外から見えるアタリが気にならないところが特徴で、特に女性下着に好んで用いられる。シームレスブラ [seamless bra]（シームレスカップブラ [seamless-cup bra] とも）といえばカップの縫い目をなくしたブラジャーのことで、これはTシャツブラ [T-shirt bra] などの商品名で知れる。

シームレスカップ⇒モールドカップブラ

シームレスカップブラ⇒シームレスインナー

シームレスストッキング⇒シームストッキング

シームレス・ストレッチブラ⇒モールドカップブラ

シームレストップシューズ⇒ワンピースバンプ

シームレスブラ⇒シームレスインナー

シール [seal] アザラシ（ヘアシール hair seal）、アシカ（シーライオン sea lion）、オットセイ（ファーシール fur seal）、トドなど、アザラシ科とアシカ科に属する海獣の総称。その皮を指すとともに、それをシールスキン [sealskin] ともいう。

シールズ⇒トリンケット

シールスキン⇒シール

シールド [shield] 日本では「一眼（いちがん）」などと呼ばれる、左右がつながった一体型のプラスティックサングラスのこと。シールドは「盾」の意味で、「防御物、保護物、遮蔽物」といった意味もあり、太陽光線から眼を守るものという意味で、このように呼ばれる。

シールブラ [seal bra] 女性の乳首を隠すために用いられるシール状の道具。元はニップレス [nippless]（乳首がないの意）などといって、女子スポーツ選手に用いられたものだが、1990年代初頭のディスコでの過激な衣装から必需品となって、一般にも知られるようになった。最近ではシースルー調のファッションやノーブラスタイルなどにも用いられるようになっている。

ジーロンラム [Geelong lamb] オーストラリア南部ビクトリア州のジーロン市原産のメリノ種羊の仔羊から採れるラムズウール*をいう。生後5カ月で刈り取られ、カシミヤに最も似ているといわれるほどの感触と風合を持ち、最高級の細番手ラムズウールとされる。

ジーン [jean] ジーンズの語源になったとされる厚手の細綾織綿布。正確にはデニムがタテ糸に20番手以下の太い糸を用いるのに対して、それよりも細い糸を使用し、かつタテヨコともに同じ色糸で織るところがデニムとの違いになる。そのために裏表とも同色に仕上がる（デニムは裏が白）のが特徴だが、現在ではデニムとほぼ同義に扱われている。ジーンそのものの起源はその原産地である中世イタ

ファッション全般

リアのジェノアを意味する英語のジーン
Gene から来たとする説が有力で、日本で
は「仁斯（ジンス）」の文字を当てる。
なお本来はこの生地で作られたズボンを
「ジーンズ」と呼んだものであった。

ジーンジャケット⇒デニムジャケット

ジーンジュエル［jean jewel］ジーンズに飾
る宝石という意味で、ジュエルドジーン
ズなどと呼ばれる装飾的なジーンズに用
いるスタッド（飾り鋲）やクリスタルビ
ーズなどの宝飾品類をいう。またジーン
ズに飾るためにデザインされたハート型
や星型などの小さなジュエリーを指す商
品名としても知られ、こうしたものには
「ジーンズチャーム」などという別称も
ある。

ジーンズ［jeans］一般にインディゴブルー
染めのコットンデニムで作られた丈夫な
パンツを指す。ミニスカートと並ぶ20世
紀のファッション革命児のひとつとさ
れ、今では年齢、性別、季節などを問わ
ないスーパーカジュアルウエアとしての
位置付けがなされるようになっている。

ジーンズカジュアル［jeans casual］ジーン
ズを中心として展開されるカジュアルフ
ァッションの総称。1970年代のジーンズ
メーカーのスローガンであったジーニン
グ（ジーンズ化現象の意）という言葉を
使ったジーニングカジュアル［jeaning
casual］という表現もある。

ジーンズカットパンツ［jeans cut pants］
ジーンズと同じようなディテールデザイ
ンを採り入れたカジュアルなパンツの総
称。たとえば円くカットされたフロント
ポケットやバックヨークのスタイルな
ど。

ジーンズジャンパー⇒ジージャン

ジーンズチャーム⇒ジーンジュエル

ジーンズルック［jeans look］ジーンズを中
心に展開されるファッションの総称。第

2次大戦前までは単なる作業着に過ぎな
かったジーンズが、戦後のアメリカでフ
ァッションとして見直されるようにな
り、やがて1960年代から70年代にかけて
大きなブームを起こすまでに成長した。
今では若者だけでなく、全ての人々にと
ってジーンズはなくてはならない衣料の
ひとつとなっている。

シェアード・ワードローブ［shared wardrobe］
「共有された持ち衣装」の意で、男女の
性別にかかわらず共に着ることができる
服を意味する。性別意識のない「ジェン
ダーレス」の考え方から生まれた新しい
時代の服のあり方を示すもので、これか
らはこうした服装が増えてくるものと考
えられる。

ジェイドカラー［jade color］ジェイドは鉱
物の「翡翠（ひすい）」の意で、翡翠に
見るきれいな緑色を指す。最近人気のあ
る色彩のひとつ。

シェイプ⇒フォルム

シェイプアップシューズ［shape-up shoes］
履いて歩くだけで高いカロリー消費が期
待され、それがシェイプアップにつなが
るとされる新しい靴を指す。立っている
ときや歩行時に、わざと不安定になるよ
うな構造に作ってあるのが特徴で、歩く
と体が自然にバランスをとろうとすると
ころから、背筋やヒップなどの筋肉を刺
激して、脂肪の燃焼が高まる仕組みとな
っているもの。ＭＢＴ（マサイの健康靴）
のそれなどに代表され、現代的なウオー
キングシューズのひとつとして人気があ
る。

シェイプアップ水着［shape up ＋みずぎ］
体の形を整える目的で使用する水着の総
称。伸縮性に富んだパワーネット・など
の素材を用いたものが多く見られる。

シェイプウエア［shape wear］シェイプは「形
作る、適合させる」という意味で、女性

ファッション全般

の体を美しく整えるいわゆる補整機能を持つ下着を指す新しい表現のひとつ。

シェイプキャミ [shape + camisole] いわゆるシェイプアップインナー（補整下着）型の女性下着の一種で、ボディーを締め付けることによって美しい体形を表現するキャミソールを指す。ウエストにパワーネットを用いたり、ブラパッドを入れたりしてバストを持ち上げる効果を出すなどさまざまなタイプが見られる。コンプレッションインナー*のひとつともいえる。

シェイプトジャケット [shaped jacket] シェイプトは「形作られた」という意味で、体のラインに沿わせてできるだけフィットさせたシルエットを特徴とするジャケットを指す。1960年代のピエール・カルダンのスーツなどが代表的で、強くシェイプされたウエストから美しく広がる裾のフレアも見逃せないポイントとされる。最近また復活の傾向が見える。

シェイプトベルト⇒カーブドベルト

シェイプトライン [shaped line] シェイプトは「形作られた」の意で、体のラインに沿わせてできるだけフィットさせたシルエットを指す。元々は1960年代中期に登場したピエール・カルダンのメンズスーツに見るシルエットをこのように呼んだものだが、現在ではボディーコンシャス型のファッションに見られるそうしたシルエットを意味するようにもなっている。

シェイプパンツ [shape pants] ガードルとショーツの機能を併せもつ女性下着の一種で、『ワコール』の商品名から一般化した。ガードルの補整力とショーツの気軽さが特徴となっている。こうしたものをアメリカでは「パンティーガードル」と呼ぶことが多い。

シェーカーセーター [Shaker sweater] ア

メリカのシェーカー信者（震教徒）によって考案されたクラシックなセーターのひとつ。片畦編を特徴としたバルキーセーターの一種で、これは彼らの伝統的な靴下の編み方を応用したものとされる。プルオーバーとカーディガンの2タイプがある。

シェークスピアカラー [Shakespeare collar] 英国の戯曲家ウイリアム・シェークスピア（1564～1616）の肖像画に見られる襟の形をいったもので、首の両側に立つようにして開く白い大きめの襟をいう。

シェーデッドストライプ [shaded stripe] 細縞から太縞へと変化し、それがぼけていくような繰り返しのパターンを特徴とする縞柄。シェードは「しだいに変化する、ぼやける」といった意味で、グラデーションストライプ*と似ているが、これは「滝縞」と呼ばれる。そのことからカスケードストライプ [cascade stripe]（小さい滝の縞の意）という別称でも呼ばれる。

シェービングエステ [shaving esthetic] カミソリで顔や背中などのムダ毛や産毛などを処理して肌の手入れを行うエステティック。体毛の除去だけではなく、古い角質を取り除く「角質ケア」の目的もあり、エステサロンや専門店で、クレンジングやトリートメントなどと組み合わせて行う例が増えている。

シェービングガウン⇒バスローブ

シェービング加工 [shaving + かこう] ブルージーンズなどに施す特殊加工のひとつで、生地の表面を削り落として全体に白っぽく表現する方法をいう。ここでのシェーブは「薄く削り取る」という意味で、こうした加工法を「ユーズド加工」とも呼んでいる。より本格的なものは、人の手による「ハンドシェービング」とされる。

285

ファッション全般

シェーブコート⇒バスローブ

シェーンス [chainns ラテン語、chanse, chainse 仏] 11世紀ごろから着用された足首までの丈の長い衣服で、ブリオー*の下に用いられた。麻や薄地のウールで作られ、当時の下着の一種とされている。英語ではカートル [kirtle] と呼ぶ。シェーンズとも発音し、これがシュミーズ*の語源になったとされる。

ジェギンス [jeggings] ジーンズとレギンスから成る造語で、ジェギングズと発音されることもある。脚にぴったりとフィットする薄くて軽いデニム地のパンツを指し、2011年 Gas Jeans（伊）の人気アイテムとして流行した。ベロア地のものも見られる。

ジェッテッドポケット⇒パイピングポケット

ジェットスーツ [Jet Suit] スパイダーマンのように空を飛べる服の名称。英国グラヴィティー・インダストリーズのリチャード・ブロウニング氏の開発によるもので、ひとつ170馬力のジェットエンジンを5基搭載し、飛行を可能としている。2017年、ギネス世界記録を樹立し、その値段約5000万円とともに世界的に注目を浴びた。

ジェットタイ⇒ボトルシェイプトタイ

シェトランド [shetland] シェットランドとも。スコットランドのシェトランド諸島を原産地とする羊毛糸から作られる紡毛の高級ウールで、シェトランドウール [shetland wool] ともいう。シェトランドツイード [shetland tweed] という場合は、同地の羊毛で織られた梳毛のツイードを指し、ごく柔らかな感触が特徴で、替え上着などに用いられる。これをウーステッドシェトランド [worsted shetland] ともいう。

シェトランドウール⇒シェトランド

シェトランドセーター [Shetland sweater] スコットランド北方のシェトランド諸島産の紡毛糸で作られるセーターの総称。霜降り調の外観とちょっとチクリとする肌触りが特徴で、クルーネックのプルオーバーに代表される。ラムズウールのVネック・プルオーバーと並んで、トラディショナルなニットアイテムのひとつとされる。

シェトランドツイード⇒シェトランド

シェニールクロス [chenille cloth] シュニールクロスとも。シェニールヤーンと呼ばれる飾り糸の一種をヨコ糸に用いて織られた生地で、一般に「モール織」と呼ばれる。シェニールはフランス語で「毛虫」を意味し、服飾用語では「毛虫糸」のことになる。

シェニールヤーン [chenille yarn] シェニール（シュニールとも）はフランス語で「毛虫」という意味。俗に「毛虫糸」などと呼ばれる意匠糸*のひとつで、糸の周りが一面に毛羽立っているのが特徴。

ジェニュインデニム [genuine denim] 純粋のデニム*の意で、14オンスのインディゴブルー染めの最も正統的なデニム地を指す。ここでいうオンスという単位は、デニム地1平方ヤード（約0.84m2）当たりの重さをいったもので、14オンスを基本として数字が小さくなるにしたがって薄手になり、これをライトウエイトデニム [light weight denim] と呼ぶ。逆に14.5、15、16.5オンスというように数字が大きくなるにつれて重く厚手のものとなるが、これをヘビーウエイトデニム [heavy weight denim] という。特に10オンス以下のものはソフトデニム [soft denim] と呼ばれ、現在では女性用のジーンズに用いることが多い。ちなみに1オンスは約28.35グラムに相当し、〈oz.〉の記号で表記される。

シェパードチェック [shepherd check] ス

コットランドの羊飼い（シェパード）たちが愛用した白黒碁盤縞の布地に由来する格子柄。タテヨコともに同じ幅の白黒小格子柄を指すが、白黒以外の色を多用したものはファンシーシェパードチェック [fancy shepherd check] と呼ばれる。日本語では「小弁慶格子」と称される。

シェフコート⇒コックコート

シェフトック⇒コックハット

シェフハット⇒コックハット

シェフパンツ [chef] シェフ（料理長）が着用する制服にモチーフを得てデザインされたパンツ。キャンディーストライプやピンチェックなどを配したコットン製のものが多く、簡便な仕立てとなったものが多い。シェフコートとスーツとしたタイプも見られる。

シェブロンストライプ [chevron stripe] ヘリンボーン*（杉綾織）の別称。シェブロンは軍服の袖に付けるV字形の階級章のことで、その山のような形が似ているところからの命名とされる。

ジェム [gem] 宝石の総称。加工のあるなしに関わらず、宝石としての要件を満たしているものなら、全てがこう呼ばれる。この点でジュエル*と区別される。また宝石の原石をジェムストーン [gemstone] というが、これは真珠や珊瑚、琥珀などの有機物素材を除く鉱物で宝石の条件を備えたものを総称する。

ジェムストーン⇒ジェム

ジェラバ [djellabah アラビア] 北アフリカの男性が着用するフード付きのゆったりとした貫頭衣の一種。両脇のスリットと広い袖を特徴とし、特にモロッコ人の用いるものをジェラブ [jelab, jellab, jellib, jellabia] と呼ぶことがある。

ジェラブ⇒ジェラバ

ジェリーズ [jellies] 菓子のジェリービーンを思わせるような、けばけばしい色調

を特徴とする女性用のカジュアルシューズ。主にゴムや合成樹脂で作られる。なおジェリービーンには、けばけばしい色の服装を好む人というスラングとしての意味もある。

ジェリーバッグ [jelly bag] 色合いや触感が菓子のジェリービーンズに似ているところから、このように名付けられた女性用のバッグ。半透明のPVC（ポリ塩化ビニル）樹脂で作られており、ピンク、オレンジ、ブルーなどの色と、ふにゃふにゃした感触がいかにもジェリービーンズを思わせる。もとは2002年9月にミラノのレイングッズメーカー『ポルトモーロ』社が開発したものだが、03年にアメリカ西海岸のセレブたちに用いられたことから話題になり、日本でもエレガンスファッション系のアクセサリーのひとつとして流行するようになった。

シェル [shell] 本来「貝殻、外皮、殻」の意で、ダウンウエアの羽毛を包む表地のことも意味するが、スポーツウエアでは薄手の素材で作られたパーカやジャケットなど、アウトドア用の上着を総称する言葉として用いられる。ただし、これはアイテム名ではなく、そうした上着という概念を表す言葉として使われるもの。一般に薄手のナイロン製のものを指す例が多い。

シェル（ネクタイ）⇒チッピング

ジェル⇒ディップ

シェルカメオ⇒カメオ

シェルジャケット [shell jacket] メスジャケット*と同種の夏季略礼装として用いられる上着で、シェルは「貝殻」を表し、そのような純白の服というところからこのように呼ばれる。メスジャケットとほぼ同じスタイルだが、これはピークラペルを特徴とするのが違いとされる。英国では陸軍将校の通常服として用いら

さ

287

ファッション全般

れ、アメリカでは熱帯地用の略礼服として1930年代から用いられるようになった。着装法はメスジャケットと同様となる。ほかに最近では一重仕立てとなった簡便なソフトシェルジャケットのことをこのように呼ぶ傾向もある。

シェルスーツ［shell suit］一般にトラックスーツなどと呼ばれるスポーツ用の上下セット。薄手のナイロン地で作られるものが多く、トップは各スポーツメーカーのブランド名などを大きくあしらったものが多く見られる。

シェルトップ［shell-top］すとんとしたシルエットのノースリーブ型の上衣類をいう。このような直線型のシルエットをアルファベットのI（アイ）からIラインと呼び、そこからIトップとも呼ばれる。元々は女性のジャケットのインナーとして用いられたものだが、1999年春、突如としてこの名称が大流行した。その語源は不明。

シェルトップスーツ［shell-top suit］シェルトップ＊と呼ばれる、すとんとしたストレートラインのノースリーブ型の上衣に、同じ生地のスカートを合わせてスーツとしたもの。ジャケットなしのスーツとして着こなせる便利な服として人気がある。そのシルエットからIラインスーツ［I line suit］とも呼ばれる。

ジェルトデニム［Jelt denim］1925年にジーンズメーカーのLee（リー＝米）が採用したワークウエア用デニム地のことで、同社の固有名詞とされる。本来はコーンミルズ市販の「818デニム」で、オンスが低い割には丈夫で、強度に長け、動きやすいという特長を持つ。

ジェルネイル［gel nail］人工付け爪の最新技術のひとつで、蜂蜜のような樹脂素材の液体を固めて施術する方法、またそうした付け爪をいう。このような付け爪の

技術をネイルエクステンション［nail ex-tension］とも呼んでいる。エクステンションは「延長、拡張、広げること」の意。最近ではこれをもっと軽くし、爪に優しいとされるカルジェル［Calgel］（商品名のひとつ）という方法も現れている。

シェルパ［Sherpa］フェイクファー＊のボア＊の別称のひとつ。本来はアメリカの『コーリンズ＆アイクマン』社によるアクリル系パイル素材の商標名で、アメリカのアウトドアウエアには頻繁に見られる用語。シェルパラインド Sherpa lined はボアが付いた裏地、シェルパカラー Sher-pa collar はボア付き襟を指す。

シェルパ・トラッカー［Sherpa trucker］リーバイスのビンテージクロージングのひとつで、正確にはタイプ3シェルパ・トラッカージャケットとかシェルパ・トラッカーフォリイなどと呼ばれる。ヒマラヤの登山ガイドとして知られるシェルパから名付けられたもので、襟と裏地に白のボアを取り付けたデニムジャケット（ジージャン）型のショートジャケットを指す。インディゴブルーデニムを用いるほか中献コーデュロイを用いたものも有名。1967年からの製造とされる。単にシェルパジャケットともいう。

シェルパンツ［shell pants］スポーツ競技用として用いられる薄手ナイロン地のパンツ。いわゆるジャージーの組下として用いるパンツで、サイドに鮮やかなラインを配したものなどが代表的。

シェルフカップブラ［shelf cup bra］⇒シェルフブラ

シェルフブラ［shelf bra］シェルフ（棚）状のカップの上にバストを載せ、持ち上げるようにして着用するブラジャー。胸の形を崩さないようにワイヤー、アンダーベルト、ストラップなどだけで構成されているブラジャーの総称で、面積がふ

288

ファッション全般

つうのものより狭いところからバストが強力に押し上げられ、ことのほかセクシーな効果を発揮する。シェルフカップブラのほかオープンシェルフブラ、オープンブラ、カップレスブラなどの別称もあり、露出したバストをカバーするために、シールブラといっしょに着用する例も多い。

シェルボタン [shell button]「貝ボタン」の総称。サマーブレザー（夏季用ブレザー）にも用いられるが、主としてドレスシャツに用いるボタンをいうことが多い。これには特に「白蝶貝」と呼ばれる貝ボタンが用いられ、フロントボタンには直径10 〜 13ミリ程度のものを使用する。

シェンティ⇒ロインクロス

ジェントリーフレアード⇒アメリカンフレアード

ジェントリーフレアードジーンズ [gently flared jeans] ジェントリーは「穏やかに、静かに、優しく」といった意味で、裾広がりのフレアードジーンズの中でもごくおとなしい感じのものを指す。ソフトフレアードジーンズ [soft flared jeans] とも呼ばれ、現在ではブーツカットジーンズ＊と同義に扱われる。

ジェントルマンズスカート [gentleman' s skirt]「紳士のスカート」すなわち男性が穿くスカートのことで、最近多く登場するようになったその種のアイテムを指す名称のひとつ。ファイブフォックスが名付けたそれは、草食男子ではなく、坂本龍馬のような日本男児が穿くイメージを強調しているという。

ジオメトリカルプリント⇒ジオメトリックパターン

ジオメトリックカット⇒サスーンカット

ジオメトリックシャツ [geometric shirt] ジオメトリック（幾何学的な、幾何学図形の）なモチーフを取り入れて作られたシャツの総称。幾何学模様を使うというよりも、幾何学的な造形を駆使してデザインされたものが多く、たとえばフロントに帯のような形のリボンを飾ったり、手折りのようなプリーツを寄せるなどした女性用のシャツが見られる。

ジオメトリックストライプ [geometric stripe] ジオメトリックは「幾何学的な、幾何学図形の」といった意味で、幾何学的な模様を並べてストライプとした柄をいう。ノベルティーストライプ＊の一種ともされる。

ジオメトリックパターン [geometric pattern] 幾何学模様の総称。ダイヤゴナル＊やヘリンボーン＊もこれの一種といえるが、現在では一般にもっと複雑で人工的な柄を指すことが多い。「幾何柄」ともいい、これのプリント柄をジオメトリカルプリント [geometrical print] と呼んでいる。

ジオメトリックライン [geometric line] ジオメトリックは「幾何学の、幾何学的な」という意味で、長方形や三角形、台形などの幾何学的なモチーフの形を特徴としてデザインされるシルエットを総称する。建築的なイメージもあることから、これをアーキテクチャーライン [architecture line]（建築学ラインの意）とも呼ぶほか、そうした形を最近ではアーキテクチャーシェイプ [architecture shape] とも呼んでいる。

鹿打ち帽⇒ディアストーカー

鹿狩り帽⇒ディアストーカー

シガーパンツ⇒シガレットパンツ

シガレットジーンズ [cigarette jeans] 紙巻きタバコのような細身の直線型のジーンズ。いわば細めのストレートジーンズ＊で、メーカーによってはこれを「レギュラーフィット」の名称で呼ぶところもあ

さ

ファッション全般

る。この表現に倣うと、昔ながらのゆったりとしたストレートジーンズは「クラシックフィット」とか「リラックスフィット」ということになる。

シガレットスカート［cigarette skirt］シガレット（紙巻きタバコ）のようにほっそりしたストレートスカート*。ペンシルスカート*などと同義とされる。

シガレットパンツ［cigarette pants］シガレット（紙巻きタバコ）のように細くて長いシルエットを特徴とするストレートパンツ*の一種。これをもう少し幅広くし、中ほどで少しふくらませる形にしたものをシガーパンツ［cigar pants］（葉巻きタバコの意）と呼ぶことがある。

シガレットライン［cigarette line］シガレット（紙巻きタバコ）のように、ほっそりとしてまっすぐなシルエットをいう。ストレートライン*のひとつで、ジーンズなどに用いられる。

士官襟⇒オフィサーカラー

色相⇒ヒュー

ジグザグ［zigzag］ジグザグ模様を斜めに重ねた織柄。大柄のものから小柄のものまで見られ、柄の間隔もさまざまに変化する。フィッシャーマンズセーターのアラン模様*にも見られる。

ジグザグステッチ［zigzag stitch］アラン模様*のひとつで、ジグザグを描いた柄。「スイング柄」とも呼ばれ、海岸線に沿ってくねくねと折れ曲がった道を表したものとされる。

ジグザグネックライン［zigzag neckline］襟開きの縁をジグザグにカットしたネックライン。

シクスティーズファッション［sixties fashion］1960年代調ファッション。60年代は「ゴールデンシクスティーズ（黄金の60年代）」のかけ声に乗って経済が高度成長した時代で、日本では若者ファッション

が爆発した年代として特記される。それゆえに今日でも60年代の感覚を生かしたファッションが取り上げられる例が多い。そうした表現をシクスティーズルック［60' s look］という。

シクスティーズルック⇒シクスティーズファッション

シグネチャーバッグ［signature bag］シグネチャーは「署名、サイン」の意で、特定のロゴタイプやロゴマークなどを刻印したバッグを指す。CCのマークを全面にあしらったコーチ（アメリカ）のシグネチャー柄バッグに代表される。

シグネチャーレザー［signature leather］シグネチャーは「署名、サイン」の意で、署名付きの皮革を意味する。たとえばイタリアの『グッチ』社に見る〈ラ・ペッレ・グッチシマ La Pelle Guccissima（グッチシマレザーの意）〉と呼ばれるグッチ伝統のオリジナルGGパターンを型押し加工した皮革素材が代表的で、これは最高級品の証明ともされる。

シグネットリング［signet ring］シグネットは「印鑑、印、認め印」の意で、認め印や印形が彫り込んであり、印鑑の代わりになる指輪を指す。

時化帽（しけぼう）⇒サウスウエスター

ジゴ⇒レッグオブマトンスリーブ

シザーカット［scissors cut］シザーは「鋏（はさみ）」のことで、鋏だけを用いて行うヘアカットの技術を指す。ヘアカットには専用の特殊な鋏が用いられる。

シザーズバッグ［scissors bag］シザーズは「はさみ」のことで、美容師がはさみを収納するのに用いる業務用のバッグを指す。腰のベルトなどに吊り下げて用いる帆布製のものが多く見られ、これをおしゃれなバッグとして用いる傾向が現れている。

ジジシャツ［—shirt］男性用の防寒肌着を

290

いう最近の俗称。同種の女性用肌着を「バ
バシャツ」と呼ぶのになぞらえて、2000
年初め頃からこのように呼ぶようになっ
た。かつての分厚いラクダの下着ではな
く、生地も薄く、それでいて保温性の高
い特質を持ち、デザイン的にもVネック
やTシャツのような丸首型のものが多く
見られ、昔日のダサいイメージはなくな
っている。

しじら織［しじらおり］タテ方向に縞状に
縮んだ部分とふくらんだ部分が交互に配
された織物。英語でいうシアサッカーと
同じで、日本では「阿波しじら」として
知られる。「しじら」は布面に現れるシ
ワや立体的な凸凹模様のことで、夏の着
尺地や浴衣地として用いられることが多
い。

シシリアン［sicilian］「表地アルパカ」と
呼ばれる生地の一種で、夏服地のひとつ
とされる。タテ糸に綿、ヨコ糸にアルパ
カを用いて粗めの平織りとしたもので、
黒や紺の無地、あるいは棒縞のものが多
く見られる。シシリアンは地中海のシシ
リー島に由来するネーミング。

止水ファスナー［しすい＋fastener］水の
浸入を防ぐファスナー（ジッパー）のこ
とで、完全な防水機能を持つそれを指
す。日本の『ＹＫＫ』の開発によるもので、
スキーウエアや登山服を始めとして、テ
ントや寝袋、バッグ、手袋などのアウト
ドア用品全般に広く用いられている。

システムオーダー［system order］新しい
イージーオーダー＊とされるメンズスー
ツの作り方のひとつで、テーラー＊の職
人的な技法を縫製工場で分業によって作
り出すシステムを指す。あらかじめ決め
られたスタイルがあり、ゲージ服と呼ば
れる採寸用の服を着用したり、システム
化された綿密な採寸によって、できるだ
け顧客の体にフィットした服を作り出す

のが狙いとされる。工場縫製と機械縫い
が特徴で仮縫いはない。俗に「工場仕立
て」とも呼ばれる。

自然繊維⇒天然繊維

シゾール［sisol］フィリピン原産のマニラ
麻を原料とする高級帽子素材のひとつ
で、特に石目編みのものをシゾールと呼
び、その他にパラシゾールという亜種も
ある。

下着出しルック⇒下着ルック
下着見せファッション⇒下着ルック

下着ルック［したぎ＋look］まるで下着の
ような服を街中で着用するファッション
表現。特に1998年夏頃から大流行を見せ
るようになったファッションで、キャミ
ソールやスリップドレス、また見せても
よいブラジャーといったアイテムが人気
を集めた。このように下着のパンツなど
をわざと見せて歩くファッションのこと
を、下着出しルックまた下着見せファッ
ションなどと呼ぶ。

時短化粧品［じたんけしょうひん］手早く、
簡単にメイクアップができる化粧品。美
容液と日焼け止めをいっしょにしたもの
や素早くきれいに仕上がるベースメイク
用品、お湯だけで簡単に落とせるファン
デーションなどがあり、化粧時間を短縮
したい忙しい女性などに受けている。こ
うした手早い化粧法を「時短メイク」と
も呼んでいる。

時短ファッション［じたん＋fashion］朝、
手早く完成する通勤用の服装のこと。「時
短勤務」といった流行語から派生した言
葉のひとつで、「時短化粧品」などと同
列にあるもの。

時短メイク［じたん＋make-up］⇒時短化
粧品

七分袖⇒スリークオータースリーブ

シック［chic］「あか抜けした、洗練された」
また名詞で「粋、洗練」の意。フランス

ファッション全般

語ではシックと発音され、「しゃれた、粋な、当世風な」という意味を持つ。シィークともいう。

シックシンポケット［thick thin pocket］シックは「厚い」、シンは「薄い」の意で、シック・アンド・シン・ポケットともいう。両玉縁ポケットの変形で、片方の玉縁が広く、もう片方が狭い「親子玉縁」ポケットを指す。

シックスフッター［six footer］長さが6フィート（約180センチ）ほどあるロング型のマフラー。カジュアルなニット製のものが多く、さらに10フィートのテンフッターズ［ten footers］と呼ばれる超ロングマフラーも見られる。こうしたものはアイビー調のファッションに特有のものとされ、スクールカラーをモチーフとした横段模様のものが特に多い。

シックスポケットスカート［six pocket skirt］ミリタリーパンツ（軍パン）として知られる「6Pパンツ」のスカート版。両腿の脇にカーゴポケットを付けたデザインが特徴で、前後左右の通常のポケットと合わせて、ポケットが全部で6つあることからこう呼ばれる。色もカーキを用いたものが多い。「6Pスカート」とも呼ばれる。

シックスポケットパンツ［6 pockets pants］カーゴパンツ*型のミリタリーパンツ*をいう俗称。前後左右にポケットが合計6つ付くところからこう呼ばれるもので、日本ではこれを「6P（ろくピー）パンツ」などと略称することが多い。

シックラバーソール⇒ラバーソール

ジッパー［zipper］日本語で「チャック」と呼ばれる噛み合わせ式の開閉具のひとつ。正確にはスライドファスナー［slide fastener］（滑る開閉具の意）と呼ばれ、ジッパーは1923年にそれを開発したアメリカの『B・F・ゴールドリッチ』社の

商標名からきたもの。「ピュッと飛ぶ音」を表わすジップから名付けられたという。英国では単にジップ［zip］ともいい、英米ともにファスナー［fastener］（本来は締めるもの、留め具の意）でも通用する。なお、日本のチャックという表現は、巾着（きんちゃく）のようによく締まるというところから名付けられた日本独特の名称で、元は広島県の業者が1927年に「チャック印」として命名したものだが、それが正式名称として1928年に日本開閉器商会が発表したものという。

ジッパーフロント［zipper front］ジッパーで開閉できるようにした衣服の前合わせ部分の総称。ボタンで開閉する式の前合わせとは対照的なデザインで、ジャンパーなどに多用される。

ジップ⇒ジッパー

ジップアップ［zip-up］ジッパー*を用いて開閉するようにしたデザインを総称する。フロントの上から下までをすべてジッパー留めとしたものをフルジップ［full zip］、半分ほどジッパー留めとしたものをハーフジップ［half zip］などという。また、襟の先端までジッパーを付け、それを全部引き上げるとタートルネックになるようなものを、ジップアップネック［zip-up neck］というように用いることがある。

ジップアップカーディガン［zip-up cardigan］前開きをジッパー使いとしたカーディガンの総称。多くは首元まで詰まった形のクラシックなイメージのカーディガンに見られる。上から下まで完全なジッパー使いとなったタイプをフルジップカーディガン［full zip cardigan］とも呼んでいる。

ジップアップジャケット⇒ジップジャケット

ジップアップシャツ［zip-up shirt］前合わせをジッパー使いにしたシャツの総称。

ファッション全般

通常はボタンフロントとするところをジッパーにして新しい感覚を表現したもので、ニットシャツに用いられることが多い。

ジップアップTシャツ [zip-up T-shirt] 前部にジッパーを配したTシャツ。本来、Tシャツは頭からかぶるようなプルオーバー型がふつうの形だが、これはジッパーで開閉するようにした変形デザインが特徴となる。ネックラインから裾までジッパー使いとしたもののほか、ポロシャツのようにハーフプラケット型でジッパーをあしらったタイプも見られる。

ジップアップドレス [zip-up dress] ジッパーをデザイン上の特徴として作られたドレス、またジッパーの開閉によって着脱できるようにしたドレスの意。ジッパーは、前面の半分ほどだけに付けられるものや、フルジップといって首元から裾線まであしらわれるものなどさまざまなタイプがある。日本ではジップワンピなどと俗称される。

ジップアップネック⇒ジップアップ

ジップアップパーカ⇒フルジップパーカ

ジップアップポロ⇒ジップポロ

ジップジャケット [zip jacket] ジップアップジャケット [zip-up jacket] の略。前合わせをボタンではなくジッパーで開閉するようにしたジャケットの総称。ブルゾンやパーカなどではおなじみのデザインだが、最近では背広型のジャケットにもこうしたものが現れるようになって人気を集めている。

ジップニット [zip knit] ⇒キャミオヌール

ジップパンツ [zip pants] いろんなところにジッパーでアクセントを付けたカジュアルなパンツをいう。多くは若者向けのナイロンパンツ*などに見られるもので、思いがけないところに現れるジップデザインがおもしろい効果を発揮することになる。

なる。

ジップブーツ [zip boots] 脇をジッパー使いにして、それで開閉するようにしたブーツの総称。アンクルブーツ*からロングブーツ*まで多くのブーツに見られる。

ジップフライ⇒ボタンフライ

ジップベスト [zip vest] フロントをジッパーで開閉するようにしたデザインのベストの総称。多くはアウターベストの一種とされる。

ジップポロ [zip polo] ジップアップポロ [zip-up polo] の略。前立ての部分をジッパー使いとしたポロシャツのことで、これによって男女関係なく着ることができるという効果も生まれるとされる。

ジップワンピ⇒ジップアップドレス

七宝 [しっぽう] 七宝焼きの略で、金属などにガラス質の釉薬を焼き付けて装飾する技法やそうした製品を指す。中国では「琺瑯（ほうろう）」、西洋ではエマーユ [émail 仏]（エナメル）」と呼ぶ。

シティーウエア [city wear] 「都市着、都会着」といったほどの意味。タウンウエア*とほぼ同義で、街の真ん中で着る服という意味だが、タウンウエアに比べて新しい響きがあり、よりドレッシーな趣がある。

シティーウエスタンルック⇒ウエスタンルック

シティーカジュアル [city casual] 都会的なしゃれた感覚を特徴とするカジュアルファッションの総称。いかにも洗練された持ち味が、一般のカジュアルスタイルとは区別される。タウンカジュアル [town casual] とも呼ばれるが、同じく都市や都会の意味でアーバンカジュアル [urban casual] と用いると、それは最近ではヒップホップ*系のストリートカジュアルを意味するようにもなっている。

シティーカジュアルソックス⇒ニュービジ

293

ファッション全般

ネスソックス

シティーショーツ [city shorts] 都会のショートパンツの意。これまで散歩とかスポーツ、遊び用に限定されていた観のあるショートパンツに洗練された感覚を与え、都会の街着としても着こなせるようにドレッシーな表情を表したタイプをいう。女性用のものは昔から見られるが、最近では男性用も登場するようになっている。本来のバミューダパンツにはこうした機能があり、ジャケットにネクタイ着用のスタイルでも着こなすことができる。

シティースポーツウエア⇒タウンアスレティックウエア

シティースリッカー⇒スリッカー

シティーパンツ [city pants] 1968年にイブ・サンローランが発表した女性用パンツに、アメリカのファッション新聞『WWD（ウィメンズ・ウエア・デイリー）』が名付けた呼称。このちゃんとした女性用パンツによって、女性のパンツ姿が街着として容認されるようになったとされる。

指定外繊維 [していがいせんい] 日本政府が決めた〈繊維製品品質表示規定〉に沿って、その表に記載のない種類の繊維を指す。使用がきわめて珍しいか、開発が新しくてまだ規定に記載されていないかのいずれかの理由による。ヘンプ（葉脈麻繊維）やバンブー（竹繊維）を始め、テンセル、リヨセル、レクセル、モダールといった新素材が挙げられる。

シトラスカラー⇒アシッドカラー

シニアグラス⇒リーディンググラス

シニヨン [chignon 仏] シニョンとも。女性の後頭部などに束ねる洋髪の髷（まげ）のこと。渦巻き状や三つ編み状、輪形にねじり上げるものなどさまざまな表現がある。日本では「お団子ヘア」と同義とされ、この上にシニヨンキャップ*と呼

ばれる小さな袋状の帽子をかぶせることもある

シニヨンキャップ [chignon cap] シニヨンはフランス語で「束髪、髷（まげ）」を指し、その上にかぶせる袋状の小さな帽子をいう。いわゆるお団子ヘアの流行から、これを用いることが復活している。

シネ [chiné 仏] フランス語で「雑色の、斑（まだら）の」という意味で、かすり染めのような効果を表したファンシーヤーン*、またそうした織物の表情を指す。後者を「シネ調」などという。

シネマスタースタイル [cinema star style] 映画スターのようなスタイル。とくにハリウッド映画全盛の1930〜50年代の人気スターたちに見るファッションを指し、グレタ・ガルボやマレーネ・ディートリッヒ、ビビアン・リー、リタ・ヘイワースといった女優の、セクシーでエレガントな衣装に代表される。

シネマファッション⇒シネモード

シネモード [cine-mode] 映画（シネマ）に見るファッション、また映画から生まれたファッション。情報量が少なかった戦前、戦後の時代は映画が大きな力を持ち、さまざまなモードが映画から生まれた。これは和製語で、英語ではシネマファッション [cinema fashion] などという。

シノワ⇒シノワズリー

シノワズリー [chinoiserie 仏] フランス語で「中国趣味」の意。元々は17世紀後半から18世紀後半のフランス・ロココ時代に見られた貴族たちの中国製品に対する異国趣味をいったもの。フランスを中心にヨーロッパでは繰り返し現れており、単にシノワ [chinois 仏] とも呼ばれる。

シノワズリーバッグ [chinoiserie bag] シノワズリーはフランス語で「中国趣味」の意で、中国風のバッグを総称する。華麗な刺繍模様を配した布製のハンドバッ

グなどがその代表的なものとされる。

ジビッツ [Jibbitz] クロックス*という流行のサンダルの甲部分に開けられた穴に飾るピンバッジ*風の飾り物をいう商品名。ジビッツは本来アメリカの雑貨メーカーの社名だったが、2006年末に『クロックス』社に買収され、そのままの名称で使用されるようになったもの。〈ディズニー〉のライセンスものなどさまざまなモチーフのジビッツがあり、これらを自由に取り付けることによって、クロックスをカスタマイズできるという楽しみが生まれる。こうしたものをシューチャーム [shoe charm] と総称し、このほかに「シュードゥードゥルス（ホーリーソールズ社）」や「クックボタン（ビジョンクエスト社）」といった同種の商品も多く登場するようになっている。

ジビユスハット⇒オペラハット

シビライズド [civilized]「文明化した、教化された」また「礼儀正しい、教養が高い」といった意味で、現代の文明社会にふさわしい都会的な感覚を示す。ファッションではカントリー*など自然環境を主としたものに対し、都会的に洗練されたものをシビライズドルックなどと表現する。

渋秋系ファッション [しぶあきけい＋fashion] 渋谷系と秋葉系をミックスした感じのギャルファッションのひとつ。アニメの要素を取り入れるのが特徴で、ボリューム感のあるふりふりのチュチュスカートにアームウオーマーを付けたTシャツを合わせ、頭に特大のリボンをあしらって、アニメのなかから登場したような格好の女の子たちのファッションを指す。

シフォン [chiffon 仏] 薄地で透明感のある柔らかな美しい縮緬生地の一種。「絹モスリン」とも呼ばれ、女性向けのスカートやブラウスなどに多く用いられる。絹

のほかレーヨンや合繊などでも作られる。

シフォンベルベット [chiffon velvet] ベルベット*の一種で、特に毛足が密で短く、軽くソフトに仕上げられたタイプを指す。主にレーヨンで作られるタイプが多い。

渋カジ [しぶカジ]「渋谷カジュアル」の短縮語。1987年ごろから東京・渋谷で大学生や高校生たちによって始まった日本独特のストリートファッションのひとつ。アメリカンカジュアルを基調にポロシャツとジーンズの組み合わせなどプレッピー的な感覚が特徴とされたが、やがて渋谷センター街を中心に女子大生たちも巻き込んで大きなブームを作り上げた。

渋カジ族 [しぶカジぞく] 渋カジ*（渋谷カジュアル）から派生した若者集団で、渋谷のセンター街に集まる私立の男子高校生たちによって組織されたチームと呼ばれるグループを指す。1990年から94年にかけての現象で、初めはただ渋谷の街でダベっているだけだったのが、次第に先鋭化していったものと思われる。俗にチーマー [teamer] の名でも呼ばれる。

ジプシースカート [gypsy skirt] ジプシー（ヨーロッパなどの放浪民族で、現在はロマと呼ばれる）の服装に見る独特のスカート。ふんわりとしたシルエットのロングスカートに代表され、さまざまな模様を特徴とする。エスニックファッションの表現に取り入れられることが多い。

シフトコーディネーション [shift coordination] シフトは「置き換える」の意で、組み替えが自由にできる着こなし方をいう。マルチプルコーディネーション*と同義。

シフトドレス [shift dress] シフトはシュミーズを意味する英語の古語、またアメ

リカ開拓時代のゆるやかな麻製下着の意味。つまり、シュミーズ（スリップ）のような形をしたシンプルなストレートドレス*を指す。

渋原系ファッション［しぶはらけい＋fashion］渋谷のギャル系ファッションと原宿のストリートカジュアルが融合した女の子たちのファッション。アメリカンカジュアルを主体にロングヘアや野球帽などでボーイッシュな雰囲気も演出する。古着の扱いや独特の「抜け感」、また胸元のセクシーさもポイントとされる。男の子たちの「渋原系」と並んで、2009年春夏から拡大してきた。

渋谷エロガンス［しぶや＋erotic＋elegance］ギャル系ファッション誌『S-Cawaii』（主婦の友社）が2004年6月号で用いたところから一般に広がった言葉で、当時の最先端を行く若い女性たちのファッションを表現したもの。ただセクシーというだけでは表現しきれない今の女の子たちの感覚を、エロティック＋エレガンスの合成語でエロガンスとしたもので、ここでのエロ度はセクシー度と同義となる。

渋谷カジュアル⇒渋カジ

渋谷系ファッション［しぶやけい＋fashion］東京の渋谷を発信地とするヤングファッションの総称。とりわけファッションビルの『SHIBUYA109』を起点とするカジュアルファッションを指すことが多く、これはまた「109系ファッション*」とか、さらにこれを略して「マルキューファッション」などと呼ばれる。

シベットキャット［civet cat］2つの意味を持つ。ひとつは「ジャコウネコ」のことで、中国を含んでアジア南部からアフリカに生息する野生のネコのこと。もうひとつはアメリカ産スカンクの一種を指す。とくにジャコウネコからはその名のとおり「麝香（じゃこう）」が採れるほか、

その毛皮が珍重された。

ジベリン［zibeline, zibelline 仏］元は黒テン（セーブル）の毛皮を指すが、現在ではこれに似せて作られた、光沢感と長い波状の毛足を特徴としたウール地をいうことが多い。主に女性のコートに用いられる。

縞コール⇒ストライプトトラウザーズ

ジムウエア［gym wear］ジム（体育館、練習場）へ通うための服装一式をいったもので、ジムキット［gym kit］ともいう。トレーニングウエア上下とタンクトップ、ジムショーツを揃えたものが多く見られ、最初からセット販売となったものが多い。なおキットだけで、「（スポーツや仕事などのための）服装、装具、身支度」また「（兵士の）装備」といった意味がある。

ジムキット⇒ジムウエア

ジムシューズ⇒スポーツスニーカー

ジムショーツ［gym shorts］ジムは「体育館、体操」などを意味する略語で、本来ランニングなど各種スポーツのトレーニングに用いられていたショートパンツを指す。それが1970年代中頃からのジョギングブームの折、これをファッショナブルに変化させたものが多く現れるようになり、いわゆるジョギングパンツ［jog-ging pants］として一般化したもの。ジョギングショーツ［jogging shorts］ともいい、裾口の色変わりのトリミングテープや丸くカットされたサイドスリットなどが特徴。

ジムスタイル［gym style］ジムへの行き帰りに着る服装やジムでのワークアウト時に着用するスポーツウエアを総称する。また、その成果としての鍛え上げられたスタイルそのものを意味することもある。

ジムトートバッグ⇒ミニトート

ファッション全般

ジムバッグ［gym bag］ジムは「体育館、競技場」といった意味で、特にアメリカンフットボールやアイスホッケーなどの選手が、用具やユニフォームなどを入れるのに用いるスポーツバッグの一種をいう。一般にはダッフルバッグ＊と同義に扱われる。

シメカジ［――］アパレルブランド「ジャーナルスタンダード・ラックス」のディレクターでありプレス担当の注連野（しめの）昌代風のカジュアルスタイルを指す俗称。彼女のさりげない着こなしがファッション雑誌で人気を集め、2008年春ごろからこのように呼ばれて話題となったもの。

紗［しゃ］英語ではレノ＊と呼ばれる「搦（から）み織」の一種で、全面が搦み織となった、すき間の多い織物を指す。これと同様のもので比較的目の詰まった織物を「絽（ろ）」という。ともに夏季の和服やシャツ、ドレスなどに用いられる。搦み織はまた「綟（もじ）り織」ともいう。

ジャーキン［jerkin］元々15～17世紀に用いられた男性用の胴着を指し、これにヒントを得て作られた男性の革製ベストやベスト風の上着をいう。腰丈のぴったりした形に特徴があり、襟なしでボタンフロントとしたデザインのものが多い。

シャークスキン［sharkskin］「サメの肌」という意味で、魚のサメの皮膚のように斜めに入った細かく美しいジグザグの線を特徴とする綾織柄。このような梳毛地そのものも指す。

シャークソール［shark sole］サメ（シャーク）の背びれのような三角形の深い刻みを入れた厚底型のラバーソール＊の一種。元々は1970年代のアメリカで健康靴のデザインとして誕生したものだが、最近のメンズシューズに見る厚底ブームの影響で見直されたもの。ビブラムソール

＊に代わるデザインとしても注目されており、かつて『リップル』社が作っていたところからリップルソール［Ripple sole］と呼ばれることもある。

ジャージ［――］英語のジャージー＊が転訛したもので、一般にはジャージー素材で作られたトレーニングウエアの類を総称する。ジップフロントでブルゾンの形をしたジャージトップ［――top］や、裾をリブ留め、あるいはジッパー使いとしたジャージパンツ［――pants］、また半ズボン型のジャージハーフパンツ［――half pants］などさまざまな種類がある。元々はニット生地のジャージー使いのもののみをこのように呼ぶが、最近ではスポーツ選手などが用いるこの手のウオームアップ用のものを総じて「ジャージ」と呼称する傾向が強くなっている。

ジャージー［jersey］本来は英国のジャージー島で作られていたセーターを指し、セーターと同義語とされているが、現在では反物状に編まれた外衣用のニット生地、またメリヤス編などのニット生地の総称とされることが多い。編機によって「丸編ジャージー」「経編ジャージー」「横編ジャージー」などの種類があり、それらはさらにシングルジャージー、ダブルジャージーなどの編地を生む。原料によって「コットンジャージー」などの名称もある。さらに日本では運動選手が用いるトレーニングウエアやラグビージャージーなどの運動着をジャージーと俗称することがあり、これはさらに「ジャージ」という略称でも呼ばれることとなる。

ジャージージャケット⇒ニットジャケット

ジャージーシャツ［jersey shirt］メリヤス編の伸縮性に富んだ厚手のニット地（ジャージー）で作られるシャツの総称で、代表的なものにスエットシャツ＊やラグビージャージー＊などが挙げられる。

297

ファッション全般

ジャージーズ［jerseys］ジャージー（厚手のニット地）素材使いの衣服の総体をいう言葉として新しく登場したもの。一般にジャージ*と呼ばれるスポーツウエアのトップスやパンツだけに限らず、カットソータイプのワンピースなどもここに含まれ、従来のカットソー*に代わる用語の可能性もあるとされている。

ジャージーストライプ［jersey stripe］スポーツユニフォームのジャージー（トレーニングウエア）によく用いられるストライプという意味で、そのパンツの脇線などにあしらうラインをいう。

ジャージーセーター［jersey sweater］丸編機や経編機で編まれたジャージー（ニット生地）を裁断し縫製して作られるセーターのことで、いわゆるカットソー*のセーターを指す。。

ジャージートップ［jersey top］ジャージーと呼ばれるニット生地で作られるトップス（上衣類）の総称。また俗にジャージー（ジャージ）と呼ぶ運動着のトップ部分を単にこう呼ぶこともある。

ジャージードレス⇒ニットドレス

ジャージトップ⇒ジャージ

ジャージパンツ⇒ジャージ

ジャージハーフパンツ⇒ジャージ

シャーティーアイテム［shirty item］シャツのような服種の意。2001年春夏向けのパリ・メンズ展示会で提案されたもので、シャツはもちろんのことジャケットやプルオーバー、パンツまでシャツ地でデザインされており、新しい感覚があるとして注目を集めた。

シャーティング［shirting］シャツ用の生地のこと〈、特にドレスシャツ（ワイシャツ）に用いる「シャツ地」を指すことが多い。

シャーティングストライプ［shirting stripe］シャツ地（シャーティング）に用いられる縞柄の総称。特にドレスシャツ（ワイシャツ）専用とされる古典的な各種の縞柄を指す。「シャツ縞」と総称される。

シャードドレス［shirred dress］シャーは飾り襞（ひだ）を付けるという意味で、そうしたデザインをシャーリングという。つまり、全体に襞寄せを施したデザインのドレスのことで、この場合は横方向に襞を表したものが多く見られる。シャーリングドレス［shirring dress］もこれと同義だが、場合によっては襞飾りをタテ方向にあしらったり、一部分に施すなどしたものをシャーリングドレスと呼んで、シャードドレスと区別する傾向も見られる

シャードバック［shirred back］シャーはシャーリング（飾り襞〈ひだ〉）を付ける、襞を寄せるという意味で、後ろ身頃のウエスト部分にシャーリングを施したバックスタイルを指す。

ジャーナリストシャツ［journalist shirt］アメリカの新聞記者の姿をイメージしてデザインされたクールビズ用のシャツの名称。メモ帳や名刺入れなどが収まる大きめのポケットとペン差し用の細長いポケットを胸に配し、長袖に腕まくり用のストラップが付けられているのが大きな特徴とされる。

シャーピー［sharpie、sharpy］1970年代初期、英国に登場した不良少年軍団のひとつ。ロンドンはイースト・メルボルン郊外を拠点とした彼らは、それまでに現れたモッズ、スキンズ、ヒッピーの要素を取り入れて粋なファッションを身に着けたところから、シャーピー（粋に着こなした人の意）と呼ばれるようになった。特にミュレットと呼ばれる前が短く、後ろを伸ばしばなしにしたヘアスタイルが有名。ボーガンの別名でも呼ばれた。

シャーベットカラー［sherbet color］氷菓

ファッション全般

子のシャーベットに見るような冷たさを感じさせる淡く明るい色をいう。1962年に日本で大流行した「シャーベットトーン*」の母体となった色で、最近でも夏の流行色として用いられることがある。現在ではこうした色をアイスクリームカラー［ice cream color］とも呼んでいる。

シャーベットトーン［sherbet tone］氷菓子のシャーベットを思わせる淡く明るい色調。1962年春夏向けのJAFCA（日本流行色協会）提案による流行色のテーマだが、これが東洋レーヨン（現・東レ）、資生堂、不二家、西武百貨店による業種を超えたコンビナート・キャンペーンとして展開され、知名度96.75％という驚くべき成果を上げた。当時は流行色がファッションをリードする時代でもあった。

ジャーマン・コンチネンタルモデル［German Continental model］ドイツ調のコンチネンタルモデル*。フランスやイタリアのそれと比べると、いまひとつ明確な個性はないが、ドイツ人らしい合理精神で作られるスーツは、日本のテーラーたちが作るスーツに似ているとされ、1960年代から70年代にかけ、ひそかな人気があった。

ジャーマンジャック［German jac］北アメリカで用いられることの多い大格子柄の厚手毛布地を使ったジャンパー。日本では襟と袖口と裾をリブニットで切り替えたごく基本的な「三面タイプジャンパー*」をこう呼ぶことがある。ジャーマンは「ドイツの」という意味だが、その由来は不詳。

シャーリー⇒ウールシャーリー

シャーリング［shirring］布地を間隔を置いて縫い縮め、立体的な波状の襞（ひだ）を表現すること、またそうしたデザインを指す。一般に「飾り襞」として知られ、シャー shirr そのものに飾り襞を付ける

という意味がある。ギャザー*とほぼ同義で、こうしたデザインを用いたパンツなどのウエストをシャーリングウエスト［shirr-ing waist］と呼ぶ。

シャーリングウエスト⇒シャーリング

シャーリングカーゴ［shirring cargo］脇線をシャーリング（縫い縮め）させたデザインを特徴とするカーゴパンツ。ちょっと変わったカーゴパンツのひとつとして人気がある。

シャーリングトップ［shirring top］前立ての胸のところにシャーリング（ひだ飾り）を施したブラウスやカットソー*などのトップスを総称する。この飾りはギャザーと呼んでもよく、2004年夏以降のキャミソールトップやホルターネックのトップスなどに目立った。

シャーリングドレス⇒シャードドレス

シャーリングバッグ［shirring bag］シャーリング（波状の襞取り）を特徴にしたハンドバッグ。メッシュバッグに続くバッグの人気アイテムとして2007〜08年秋冬シーズンに浮上したもので、全面にシャーリングをあしらったものや、部分使いにするなどその変化とデザインは多彩なものとなっている。

シャーリングパンツ［shirring pants］ウエストをシャーリング*使いにしたパンツ。ゴムや紐などでウエストを留めるものが多く、パジャマのパンツに用いられる例が多いが、これを一般のパンツにも採用したもの。パジャマスーツ*のパンツなどに見られる。

シャーリングブーツ⇒くしゅくしゅブーツ

シャーリングブルゾン［shirring blouson］裾をシャーリング（布を縫い縮めてヒダを寄せる処理）使いとしたブルゾンの総称。ブルゾンの裾は、一般にゴム編のジャージーや共地のバンド使いとしたものが多いが、これはファッション的なデザ

さ

299

インとして使われるもの。

シャーリングベルト［shirring belt］シャーリング*を施したベルト。ウエストを強調するファッションに用いられる女性用のベルトで、太幅のものが中心。同様の効果を狙ったベルトとして「太ゴムベルト」などもあげられる。

シャーリングレギンス⇒レギンスウオーマー

シャール⇒ショール

シャーロック⇒ディアストーカー

シャイアーカーフ［shire calf］シャイアーは「州」を意味する古語で、特に英国中部の諸州を指す意味で用いられる。その地で産するカーフスキン（仔牛革）をこのように呼び、バッファローレザー*のようなシボ感を特徴としている。そのために「シボカーフ」という俗称でも呼ばれる。

ジャイアントカラー［giant collar］「巨大な襟」の意で、オーバーサイズドカラーと同義。コルトワ*もこれの一種とされる。イノーマスカラー［enomous collar］とも呼ばれるが、イノーマスには「非常に大きい、巨大な」という意味がある。

ジャイアントストライプ［giant stripe］「巨大な縞」という意味で、数色使いの縞柄で、1色だけが特に太く目立つようにデザインされた縞柄を指すことが多い。

ジャイアント・ハウンドトゥース［giant hound's-tooth］特に大柄のハウンドトゥース*（千鳥格子）を総称する。一般にビッグハウンドトゥース［big hound's-tooth］とも呼ばれ、反対に小さな柄はマイクロ・ハウンドトゥース［micro hound's-tooth］と呼んでいる。

ジャイアントバッグ［giant bag］ジャイアントは「巨大な」の意で、子供ひとりが入るくらいのきわめて大きな形を特徴としたバッグを総称する。単なるビッグバッグやデカバッグというのではなく、常軌を逸するほどに大きなバッグを指すもので、2007年秋頃から注目を集めている。

ジャイアントフラワー［giant flower］「巨大な花柄」の意。常軌を逸するほどに大きく表現されたフラワープリント*などを指す。

シャイニーカラー［shiny color］シャイニーは「光る、輝く、光沢のある」という意味で、そのような印象が強い色をいう。化学的に処理した色という意味からケミカルカラー［chemical color］と呼ぶこともある。

シャイニーゴールド⇒シャンパンゴールド

シャイニーレギンス⇒グロッシーレギンス

ジャイビーアイビー［jivey Ivy］ジャイビーはアメリカの黒人ジャズメンの俗語ジャイブ［jive］（わけのわからない話の意）から出た言葉で、要は「崩れアイビー、茶化しアイビー」という意味になる。元は1958～61年に流行した黒人たちによる誇張型のアイビースーツを指したもので、正統派でないアイビーの装いをこのように呼んでいる。

ジャイプリ［jaipuri］薄手のインド綿などに見られるアジアンテーストあふれるエスニック模様。さまざまなモチーフの柄を段々に重ねたもので、インド風のクルタ*やブラウス、キャミソール、チュニック、ワンピース、また巻きエプロンやバッグなどに多用されている。インドの地名ジャイプールに関連していると思われるが、その語源については不詳。

シャインスニーカー［shine sneaker］シャインは「輝く、光る」の意で、光沢感のある素材を使い、ピカピカ光る調子を特徴としたスニーカーを指す。メーカーによって「シャインレザー」やエナメルの「パテントレザー」といった素材を使う。メタリックスニーカーやエナメルスニーカーなどと同種のアイテムとされる。

ファッション全般

シャウベ [schaube] 16世紀前半のルネッサンス期、ドイツの上流階級の男性たちに用いられたマント状の袖なしコート。当時流行していたダブレットの上に着用するもので、マントとチョッキの中間的な性格を持つ。ゆったりと垂れ下がる形状を特徴とし、毛皮襟の付く豪華なものも見られた。フランスでは「セー」の名で知られる。

ジャカード [jacquard] 本来はフランス人ジョセフ・マリー・ジャカール（1752〜1834）によって考案された紋織機械の名称、およびそれから作り出される紋織物をいったもの。現在ではジャカード装置を付けた機械で作られるあらゆる編み込み模様や織物の柄を指し、ほとんどの柄出しが可能となっている。コンピューターによって制御するものをコンピュータージャカード [computer jacquard] という。なお、日本でジャガードと呼ぶのは完全な間違い。

ジャカード編 [jacquard knitting] 緯編の一種で、2色以上の色糸でさまざまな模様を表現するもの。最近はコンピュータージャカードの利用が進んでいる。なおジャカードとはジャカード機（紋織機）を発明したフランス人、ジョセフ・マリー・ジャカールの名に由来するもので、日本でよくジャガードと呼ぶのは間違い。

ジャカードクロス [jacquard cloth] ジャカード織機によって各種の紋様を織り出した変わり織地の総称。ドビークロス*に比べて柄が大きく、自由に変化組織が作り出せるのが特徴。

ジャカードピケ⇒ピケ

写ガールファッション ⇒写ガール

シャカパン⇒ナイロンパンツ

ジャカロニ⇒ジャッカ・パンタローネ

シャギーカット [shaggy cut] シャギーは「ぼさぼさの、粗毛の」という意味で、前髪やサイドの毛先を梳いたり、不規則に削いだりして、わざと不揃いに見せるヘアスタイルをいう。

シャギードッグ [shaggy dog] 正しくはシャギードッグニットという。シャギーは「毛むくじゃらの、もじゃもじゃの」の意で、むく毛のイヌのようにふさふさとしたニットの生地を指す。本来、編み上がったシェトランドセーターの表面をアザミの実で引っ掻いて仕上げるもので、毛玉だらけの印象となる。そうしたモヘアに似た起毛感が特徴とされる。

シャギーファー [shaggy fur] シャギーは「ぼさぼさの、粗毛の」といった意味で、そのような感じに仕上げた毛皮素材を指す。表面の毛羽をきれいに整理しないで、巻き毛を残すなどして、わざと粗野な感じに仕上げたもの。

シャグリーン⇒ガルーシャ

ジャケカジ [jacket + casual]「ジャケットカジュアル」の短縮語。テーラードなジャケットを中心としたカジュアルな着こなしを指し、2004年頃からメンズの人気ファッションのひとつとなった。例えば、黒のジャケットに白いシャツ、それにブルージーンズを合わせるスタイルが代表的なものとされる。

ジャケスラ⇒ジャケット・アンド・スラックス

ジャケット [jacket] 一般に「上着」の意味で用いられる。その範囲は広く、ジャケットと呼ばれる種類もきわめて多い。ウエスト丈のブルゾン（ジャンパー）と呼ばれるものから、4分の3丈のコート風のものまで、またカジュアルなタイプからドレッシーなタイプまでその性格も多彩なものがある。元々は中世の男性用胴着であったジャック jacque が小型化したジャケット jaquette というフランス語が語源とされ、欧米でのジャケットは「短

ファッション全般

い上着」を指すのが常識とされる。ジャケットにはほかに「ものを覆い包むもの」という意味もある。

ジャケットアウター［jacket outer］背広型のジャケットの形を特徴とした防寒用アウターウエア。防寒ウエアの作りとなっているものの、背広襟の付いたジャケットとなったデザインのもので、「ジャケット兼アウター」という一人二役の機能を持つ。防寒ウエアらしくなく、ちょっと上品なイメージで着こなせるのが特徴となる。アウタージャケット*という表現とは少しニュアンスが異なる。

ジャケット・アンド・スラックス［jacket and slacks］俗に「替え上着」と呼ばれるカジュアルなジャケットと「替えズボン」と呼ばれるスラックスによる上下の組み合わせを指す。一般には「セパレーツ*」と呼ばれる形態で、単にジャケ・スラと略したり、今風にジャケット・アンド・パンツ［jacket and pants］、また短縮してジャケパンといったりする。時にJ&Sと頭文字だけで表記する例も見られる。

ジャケット・アンド・パンツ⇒ジャケット・アンド・スラックス

ジャケットイン⇒コートイン

ジャケット・リクワイアード［jacket required］高級ホテルやレストランなどで求められるドレスコードで「上着着用」を意味する文言。リクワイアードは「必修の」の意で、リクワイアーには「を必要とする、要求する、命令する」といった意味がある。

ジャケットコート［jacket coat］ジャケットのような短めの丈を特徴とするコートの総称。ピーコートもこの一種だが、最近ではウールシャギーのモコモコした生地で作られるものなど、さまざまなタイプが登場し、軽快な雰囲気があるとして

人気を集めている。こうしたものをオーバージャケット［over jacket］ともいう。

ジャケットスーツ［jacket suit］テーラードジャケットに共布のスカートかパンツを組み合わせたセットのことで、特にそうした女性用のスーツについていう。男性のスーツについては、このような呼称はない。

ジャケットベスト⇒ベストジャケット

ジャケパン⇒ジャケット・アンド・スラックス

ジャケブル［jacket + blouson］ジャケットとブルゾンを融合させた男性用上着の一種。ブルゾンのディテールを取り入れたテーラードなジャケットなどで、新しいメンズアイテムとして注目を集めている。

シャコー［shako］シャコー帽。昔の帽子で、高い円筒形の山の先端に細長い毛の房を付けたデザインに特徴がある。短い前びさしと首紐が付くのも特徴のひとつで、軍帽として用いられることが多かった。

ジャコート［jacket × coat］ジャケットとコートを掛け合わせて作られた造語。ジャケットとコートの中間アイテムに位置付けられる新しい服種で、コーディガン*同様、2015年秋に登場した。両者ともに他に適当な名称が見当たらないところから、日本の婦人服業界中心に急速に広まった。

ジャコット⇒バージャケット

シャジュブル［chasuble 仏］聖職者がミサで用いる袖なしのポンチョ*型の上衣。前身頃と後ろ身頃の2枚の布で作られた脇の開いたロングベスト状の衣服で、近年ではこれにモチーフを得た婦人服の一種も指す。

ジャズジャケット⇒ズートジャケット

ジャストウエスト⇒ハイウエスト

ジャストウエストスカート［just waist skirt］

ウエストラインが胴のくびれた位置にぴったりフィットする形のスカートを指す。ジャストウエストはハイウエストやローウエストの対語として用いられるもので、こうしたスカートを意味し、ノーマルウエストスカート [normal waist skirt] とも呼ばれる。

ジャストスポーツウエア⇒プロフェッショナルスポーツウエア

ジャストフィットジャケット [just-fit jacket] ウエストを思い切り絞り込んで、フィット感を強調したジャケット。逆三角形型に絞って、Xラインを形作ったものが多く、丈は総じて短めとなっている。特に女性ものが中心のアイテム

ジャスパー [jasper]「碧玉（へきぎょく）」の意で、宝石の「縞碧玉」のように見える綿織物を指す。フランス語でジャスプ [jaspe 仏] とも呼ばれ、細い多色のストライプを特徴としている。家具や掛け布に用いられることが多い。

ジャズパンツ⇒ヨガパンツ

ジャスプ⇒ジャスパー

シャツ [shirt] 上半身に着ける衣服のひとつで、次のようにさまざまな解釈がある。襟とカフス（袖口の帯状の布）が付いた前開き型の中衣で、男性のドレスシャツ*や女性のシャツブラウス*に代表される。ポロシャツやTシャツなどに代表される、襟の有無などは問わないカジュアルな軽衣料のひとつ。上半身に着用する下着（肌着）の一種。語源は古代英語のスキルト scyrte（丈の短い服の意）にあり、ここからシャートとスカートの言葉に分かれたとされる。したがって本来はシャートと発音されるが、一般にはスーツ suit と同じようにシャツで通用する。なおフランス語でシャツのことはシュミーズ [chemise 仏]、イタリア語では単数形でカミーチャ [camícia 伊]、複数

形でカミーチェ [camície 伊]、ドイツ語ではヘムト [Hemd 独]、スペイン語ではカミサ [camisa 西] という。

シャツアウター [shirt outer] シャツの形をしたアウタージャケットのことで、シャツジャケット*と同義。最近では特にミリタリージャケットなどをアレンジした気軽に着ることのできるカバーオール*類をこのように呼ぶことが多くなっている。

シャツイン [shirt in] シャツの裾をズボンの中に入れる着こなし方。子どもみたいでダサいといわれた着方だったが、「ちょいダサ」と呼ばれるファッションの登場で価値観を変化させた。

シャツウエスト [shirtwaist] アメリカでいうブラウスのこと。別にシャツブラウス [shirt blouse] ともいい、男性のドレスシャツのような形を特徴とした女性用のシャツを指すことが多い。シャツウエストブラウス [shirtwaist blouse] とかテーラードブラウス [tailored blouse]（男物仕立てされたブラウスの意）とも呼ばれる。

シャツウエストドレス⇒シャツドレス

シャツウエストブラウス⇒シャツウエスト

シャツ・オン・シャツ⇒ダブルウエアリング

ジャッカ [giacca 伊] イタリア語で「上着、ジャケット」の意。ジャッカ・センツァ・インテルノ [giacca senza interno 伊] といえば、「内部構造なしのジャケット」という意味で、イタリアでいうアンコンジャケット*を指し、ジャッカ・ナポレターナ [giacca napoletana 伊] といえば「ナポリ風ジャケット」を意味することになる。

シャツガーター [shirt garter] ドレスシャツの袖の長さを調節するシャツ袖用のガーター*。ゴム入りの布片の両端にクリップを設けたデザインのもので、スリー

303

ファッション全般

ブガーター［sleeve garter］とかスリーブサスペンダー［sleeve suspender］の名でも呼ばれる。

シャツカーディガン［shirt cardigan］シャツの裾を長く伸ばして短いワンピースのような形にしたもので、ロングシャツカーディガンとかシャツチュニック、またチュニックシャツなどと呼ばれるものと同種のアイテム。オープンフロント（前開き）となっているところからカーディガンの名がある。

ジャッカ・サルトリアーレ［giacca sartoriare 伊］毛芯仕立ての高級ジャケットをいうイタリア語。本バス毛芯を使って仕立てられたもので、なかでもイタリア『ベルテロ』社製のバス毛芯は世界的に定評がある。

ジャッカジレ［giacca gilé 伊］ジャッカ・エ・ジレ giacca e, gile とも。イタリア語で「ジャケットとベスト」を示し、ジャケットとベストの組み合わせを指す。特にテーラードな上着の上にダウンベストをはおる着こなしを意味することが多く、斬新な方法として2012年秋冬ごろから注目を集めるようになった。

ジャッカ・ストラッパータ［giacca strappata 伊］イタリア語で「引きつれたジャケット」の意。前ボタンを留めるとぴたっとフィットし、引きつれたようなシワが少し寄る感じにデザインされたテーラードなジャケットをいう。イタリア人特有のファッション感性に訴えたデザインとして注目されている。

ジャッカ・スポルティーバ［giacca sportiva 伊］ソフトに仕立てられたジャケットのことで、イタリア風のカジュアルな感覚に富んだジャケットを総称する。

ジャッカ・センツァ・インテルノ⇒ジャッカ

ジャッカ・ナポレターナ⇒ジャッカ

ジャッカ・パンタローネ［giacca pantalone 伊］イタリア語でいう「ジャケット・アンド・パンツ」の意。とりわけメンズウエアにおけるテーラードなジャケットとパンツの組み合わせを指す。パンタローネはイタリア語で「長ズボン」の意だが、これの複数形であるパンタローニを採用して、これをジャカロニと短縮して呼ぶ傾向もある。クラシコ・イタリア*の登場以来、イタリア語で直接表現するファッション用語が多くなっているが、これもそのひとつとして特記される。

シャツカフス［shirt cuffs］シャツの袖口のことで、特にドレスシャツ*（ワイシャツ）をドレスシャツたらしめている袖口の部分を指すことが多い。これはカフスプラケット［cuffs placket］とかスリーブプラケット［sleeve placket］と呼ばれる短冊状の開きを設け、その先に幅広の共地の帯を付けてシャツカフスと称されることになる。正しくは「カフ」の単数形でよいが、ここでは日本の習慣にしたがって「カフス」と表わすことにする。

シャツカラー［shirt collar］シャツ類に用いられる襟を総称するが、とくに襟腰の付いたシャツ襟を指す例が強い。テーラードな服にあっては、シャツのような襟型という意味で用いられ、シャツジャケット*の襟が代表的。

シャツカラードレス⇒シャツドレス

ジャッキースタイル⇒ジャッキールック

ジャッキールック［Jacky look］アメリカ大統領ジョン・F・ケネディ夫人だったジャクリーン・ケネディ（後のジャクリーン・オナシス）に見る1960年代調のエレガントな服装を指す。60年代ルックの人気により、その知的な雰囲気としっかりした仕立ての服の数々が見直されるようになったもの。ジャッキーは彼女の愛称から来たもので、ジャッキースタイル

[Jacky style] とも呼ばれる。

ジャック [jaque 仏、jack 英] 13世紀から15世紀頃まで兵士によって着用されたボディーフィット型の胴衣。プールポワン*の前身であるとともに、ジャケットの語源ともされている。

ジャックシャツ⇒ＣＰＯシャツ

シャツコート [shirt coat] 軽く薄手の生地で作られた女性用コート。白麻などを用いて作られるトレンチコート型のスプリングコートに代表される。

ジャッコーネ [giaccone 伊] イタリア語でハーフコートの意味。日本ではハーフコートも意味するが、最近ではテーラードなジャケットやカバーオール*とハーフコートを合わせたようなカジュアルなアウターウエアの類いを指すようになっている。

シャツコンビネゾン [shirt combinaison] シャツの裾を伸ばして、そのままコンビネゾン（つなぎ服）としたようなユニークな形の衣服。ショートコンビネゾン*の一種で、ボトム*を短いパンツにしたものが多く見られる。

シャツジャケット [shirt jacket] シャツのような感覚のジャケットという意味で、これには形そのものがシャツ型をしたアウターシャツとしてのジャケットと、シャツに用いるような軽く薄手の生地を使用したテーラード型のジャケットの2タイプがある。

シャツジャンパー⇒シャツブルゾン

シャツショルダー [shirt shoulder] 肩パッドを全く用いず、シャツのように平坦に仕立てられた肩線をいう。アンコン調（無構造仕立て）のスーツやジャケットによく見られるデザイン。

シャツスーツ [shirt suit] シャツ型の上衣とパンツあるいはスカートを共生地で組み合わせた一式。また上下ともにシャツ地で仕立てたものをこう呼ぶこともある。

シャツスリーブ [shirt sleeve] ドレスシャツやニットシャツなどのシャツ類に見られる袖の総称。袖山が低い直線的なセットインスリーブ*で、一枚袖であることが多い。

シャツタンク [shirt tank] シャツのデザインを取り入れて作られたタンクトップ*。袖を取り除いたシャツといった感じのファンシーなアイテムで、小さな襟や前立てを付けるなどしてエレガントな雰囲気を表現する。

シャツチュニック [shirt tunic] シャツの形を特徴としたチュニック*、またチュニック丈の女性用シャツのこと。全体にゆったりとしたシルエットのものが多く、メンズシャツを羽織ったような感覚に味がある。

ジャッツ [――] ジャケットとシャツから作られた造語で、シャツメーカー「フレックス・ジャパン」と百貨店「松屋銀座店」による共同開発商品の名称とされる。シャツ生地で仕立てたジャケットというもので、2008年夏のクールビズからスタートした。

シャツディガン [shirtsdigan] シャツとカーディガンから成る造語。カーディガンのような感覚で着ることのできるシャツのことで、丈が長く、ボタンを留めないでゆったりと着こなすところに特徴がある。薄手で鮮やかなプリント柄をほどこしたものが多く見られ、2017年初夏あたりから流行し始めた。

シャツテール [shirt tail] シャツの尾の意だが、特にドレスシャツ（ワイシャツ）に見るそれを指すことが多い。ドレスシャツの裾の形はテールドボトム [tailed bottom] あるいはラウンドボトム [round bottom] といって、弓形の弧を描くのが

ファッション全般

何よりの特徴とされる。これはシャツの
裾が股をくるんで、下着の役を果たして
いたという歴史上の事実にちなむ。なか
には下部をボタン留めにしてシャツがず
り上がらないようにしたものも見られた
が、現在ではこうしたデザインにこだわ
らず、直線的にカットするスクエアボト
ム［square bottom］のものも見られる。

シャツドレス［shirt dress］男性の着るド
レスシャツ（ワイシャツ）のイメージそ
のままにワンピースとしたもの。シャツ
襟、シャツ袖で深いボタンつきの前立て
を特徴とし、スカート部はタイト気味に
なったものが多い。ベルトをあしらって
着こなすスタイルが一般的。ほかにシャ
ツウエストドレス［shirtwaist dress］と
かシャツカラードレス［shirt collar
dress］、またシャツワンピ［shirt ＋ one-
piece］とも呼ばれる。これとは別にシャ
ツ生地で作られるドレスをシャツドレス
と呼ぶこともある。

シャツブラウス⇒シャツウエスト

シャツブルゾン［shirt blouson］シャツ地
で作られたブルゾンの総称。シャツジャ
ンパー［shirt jumper］とも呼ばれ、夏季
用の軽快なカジュアルウエアとして着用
されることが多い。また、シャツの形を
した短い丈のジャケットをこう呼ぶこと
もある。

シャツブレザー⇒ソフトブレザー

シャツワンピ⇒シャツドレス

シャトゥーシュ［――］中国語で、シャー
トーシュなどとも発音される。チベット
の高地に生息するチルー（チベットレイ
ヨウ）というカモシカの毛を原料とした
繊維、糸、布地のことで、俗に「キングス・
ウール」と呼ばれるほど高価で希少な天
然素材とされる。軽く、薄く、しかも暖
かいところから、地元ではヒマラヤの幻
の鳥の羽で織られているという伝説まで

生まれた。白岩山羊の毛を原料とするな
どさまざまな説があったが、現在ではチ
ルー説に落ち着き、シャミーナ＊とも同
義とされている。これで作ったリングシ
ョール＊は特に有名。

シャドーストライプ［shadow stripe］一見
すると無地に見えるが、光の具合で縞が
影（シャド―）のように浮き立って見え
る縞柄のこと。「影縞」という。

シャドーチェック［shadow check］「影格子」
の意。一見無地に見えるが、光の具合に
よってチェックが浮き立って見える格子
柄。

シャドーフラワー［shadow flower］影絵の
ような花柄の意。グレーや同系色の地に、
黒や茶、ダークブルーなどで色を抑えて、
影のように花柄を映し出したもの。日本
の着物に見る浮彫花のような感じを与え
る。

シャドーボーダー［shadow border］シャド
ーは「影」の意で、影のようにうっすら
と浮かび上がる横段模様を指す。ちなみ
に日本ではこのような「縞があるのかな
いのかはっきりしない縞柄」のことを呼
ぶのに「万筋（まんすじ）」とか、それ
より細かいものを指す「めくら縞」とい
った用語があるが、差別的な意味のある
ところから、最近では特に「めくら縞」
という表現は避けられるようになってい
る。

シャトルデニム⇒セルビッジ

ジャニサロ［――］ジャニーズ事務所のタ
レントたちをイメージとしたサロン系フ
ァッションの意。美容師や美容専門学校
に通う男の子たちから生まれた原宿発信
の高感度なサロン系に、ジャニーズのイ
ケメンスタイルをミックスさせたもの
で、2007年末ごろからの流行とされる。

シャネル［Chanel］20世紀の偉大なる女性
ファッションデザイナー、ガブリエル・

306

ファッション全般

シャネル Gabrielle Chanel（1883 ～
1971）。愛称の「ココ」から、ココ・シ
ャネルとも呼ばれる。フランス、ソミュ
ールに生まれ、1910年パリのカンボン通
りにメゾンを開設して帽子から婦人服へ
の進出を図る。第1次大戦後から大活躍
し、新しい女性像の確立に寄与した。シ
ャネル・スーツやシャネル・バッグ、シ
ャネル・パンプスなどいわゆるシャネル・
ルックを遺した。

シャネルジャケット［Chanel jacket］ガブ
リエル・シャネルのデザインによるカー
ディガンジャケット*型の婦人用上着の
名称。フロント周りやポケット口、袖口
にパイピング飾りを施した丸首、前開き
型のショートジャケットで、シャネル・
ツイードと呼ばれるソフトなツイード地
で作られるものが多い。この名称は『シ
ャネル』社のものだけに許されており、
他のメーカーによる〈シャネル風ジャケ
ット〉という表現もタブーとされている。

シャネルシューズ⇒シャネルパンプス

シャネルスーツ［Chanel suit］フランスの
グラン・クチュリエール*、ガブリエル・
シャネル女史（1883 ～ 1971）によって
創案された画期的な女性用スーツ。シャ
ネルツイード*と呼ばれる甘撚りのミッ
クス調ツイードで作られた、シャネルジ
ャケット*と呼ばれる襟なしで短めのカ
ーディガンジャケットに、共生地の膝丈
（シャネルレングスと呼ばれる）のスト
レートなスカートを合わせたセットで、
ファッション界に復帰した71歳時の1954
年に発表され、60年代を通して大流行と
なった。この名称の使用は原則としてシ
ャネル社の製品にしか許されない。

シャネルスタイル［Chanel style］20世紀
の偉大なるデザイナー、ガブリエル・コ
コ・シャネルによって創り出された、き
わめて現代的でエレガントなスタイルを

総称する。わけてもシャネルスーツとシ
ャネルバッグ、シャネルパンプスで構成
されるスタイルは永遠のファッションと
されている。

シャネルツイード［Chanel tweed］パリ・
オートクチュールの大御所ガブリエル・
シャネル（1883 ～ 1971）が好んで用い
たところからこの名があるツイードの一
種。甘撚りの毛糸のような糸で織り上げ
た薄手の柔らかなツイードで、色使いの
多彩なところに特徴がある。女性のスー
ツやコートなどに多用される。

シャネルバッグ⇒キルティングバッグ

シャネルパンプス［Chanel pumps］世界的
なオートクチュールデザイナー、ガブリ
エル・シャネル（1883 ～ 1971）によっ
て作り出されたパンプスのことで、シャ
ネルシューズ［Chanel shoes］としても
知られる。爪先で色を切り替えたストレ
ートチップ（一文字飾り）を特徴とする
プレーンなデザインの靴で、爪先を黒、
本体をベージュとしたものが代表的とさ
れる。一般に中ヒールのものが多く見ら
れる。

シャネルレングス［Chanel length］フラン
スの偉大なるデザイナー、ガブリエル・
ココ・シャネルによって提示された、女
性にとって最も美しく、適正とされるス
カート丈のこと。膝下5 ～ 10センチ程度。

ジャパカジ［Japan ＋ casual］「ジャパンカ
ジュアル」または「ジャパニーズカジュ
アル」［Japanese casual］の短縮語。さら
にJカジとかJCなどと略すこともある。
日本のカジュアルファッションの意だ
が、より正確にはジャパントラッド*と
同じように、日本の風土の中で育ってき
た日本特有のそれを指す。一般には「渋
カジ*」以降の東京に見るストリートフ
ァッションを総称するニュアンスが強
い。そのことからこれは「東京カジュア

307

ファッション全般

ル*」とも同義とされる。

ジャパトラ⇒ジャパントラッド

ジャパニメーションモード⇒アニカジ

ジャパニーズカジュアル⇒ジャパカジ

ジャパネスクファッション［Japanesque fashion］日本風のファッション。単なる日本趣味というより、日本人が西洋人の目になってとらえた日本的なファッションというニュアンスがあり、現代的な感覚で表現する日本の伝統美が特徴とされる。日本的なものに力を入れようとする時代の動きから生まれたもの。

ジャパンカジュアル⇒ジャパカジ

ジャパントラッド［Japan trad］日本のDCブランド*系アパレルの中で育ってきたベーシックなファッションの流れをとらえた言葉。欧米のファッションの物真似に終わることなく、日本人デザイナーや担当者の創造力によって培われてきた国際的に通用するファッションをこのように呼ぼうとする傾向から生まれたもの。略してジャパトラとも呼び、一般的には日本特有のトラディショナル（伝統的な）なファッションを指すこともある。

シャビースーツ⇒ジャンクスーツ

シャビードレス［shabby dress］シャビーは「みすぼらしい、ぼろぼろの」という意味で、そうした雰囲気のドレスをいう。ジャンクドレス*と同義で、不快な雰囲気を特徴とするところから、こうしたものをナスティードレス［nasty dress］（ナスティーは不快な、いやな、汚らしいの意）とも呼んでいる。いずれも1980年代の高級感あふれるファッションへの反動として、90年代前期に登場した。

シャビールック［shabby look］シャビーは「みすぼらしい、ぼろぼろの」という意味で、極端な着崩しでわざと貧乏風に見せるファッション表現をいう。いわゆる「貧乏ルック」の一種だが、これは1990

年代初頭パリコレクションに登場したのを指していったもの。

シャフト［shaft］各種のブーツで足首をおおう筒の部分を指す。くるぶしを包む短いものから、膝にまでおよぶ長いものまで、さまざまな筒丈がある。

シャプロン⇒リリパイプ

ジャボ［jabot 仏］ブラウスやシャツに付く胸飾りのこと。19世紀半ばまで男性のシャツの前開きに付く襞（ひだ）状の飾りをいったが、現在では女性のブラウスなどの胸元に付くひらひらした飾りを指すようになっている。フランス語で本来は「鳥の餌袋」といった意味を持つ。

シャポー［chapeau 仏］フランス語でいう帽子の総称で、日本で帽子をいう古い呼称「シャッポ」はここから生まれた。基本的には英語のハット（縁付きの帽子）をいうが、一般にはキャップに当たるものもこう呼ばれることが多い。

ジャポニスム⇒ジャポネズリ

ジャポネズリ［japonaiserie 仏］フランス語で「日本趣味」の意。元々は19世紀のヨーロッパに起きた日本趣味の大流行をいったもので、絵画や工芸品などに大きな影響を与えて、今日に至っている。アールヌーボー*などにもその影響が色濃く見られる。別にジャポネリ［japonerie 仏］とかジャポニスム［japonisme 仏］ともいう。

ジャポネリ⇒ジャポネズリ

ジャポンルック［Japon look］ジャポンはフランス語でいう日本のことで、つまりはフランス人から見た「日本趣味ファッション」といった意味で用いられる。キモノ的なモチーフや日本的な色・柄など日本趣味を強く打ち出したところに特色がある。

ジャマイカショーツ⇒アイランドショーツ

シャミーナ［shamina］パシュミーナ*の上

308

ファッション全般

をいくとされる高級素材。中国でいうシャトゥーシュ*にきわめて近い性質を持つ素材で、インド・カシミール地方の牧場主ムサディック・シャーによって開発されたものという。氏の話によると本来パシュミーナは、シャトゥーシュの原料であるチルーというカモシカの一種を保護するための代替品として生まれたものという。ちなみにチルーは英語ではチベット・アンテロープと呼ばれ、幻の動物ユニコーン（一角獣）のモデルとしても知られる。

シャミーレザー⇒シャモア

ジャムズ［jams］サーフトランクス*の一種。派手なプリント柄を特徴とする半ズボン型の海水着のひとつで、1960年代初期にアメリカのナッソー・ビーチで誕生したとされる。元々派手な花柄のパジャマ pajamas を膝辺りでカットして用いたのが始まりとされ、ここからジャムズという言葉が生まれたもの。

シャムポケット［sham pocket］シャムは「見せかけの、偽の、模擬の」という意味で、装飾のためにだけ付けられる「飾りポケット」をいう。イミテーションポケット［imitation pocket］とも呼ばれる。

シャモア［chamois］シャミ、シャムワーとも。シャモアは本来南ヨーロッパや小アジアの山地に棲むカモシカの一種で、こうしたシャモアや鹿、山羊、羊などで作られた揉み革を指す。俗に「セーム革」とか「シャミ革」と呼ばれ、シャミーレザー［chamois leather］ともいう。セームはシャモアの訛り。

斜紋織⇒綾織

じゃら付け［じゃらづけ］アクセサリーの重ね付けをいう俗語。ネックレスを何重にも付けたり、ブレスレットを何重にも巻くといったように、じゃらじゃらと付けるところからこのような言葉が生まれた。

シャランテーズ［Charentaise（仏）］フランス南西部のポワトゥー・シャラント地方で17世紀から作られている室内履きの一種。ウールのフェルトや革などを用い、裏縫いという製法で作られる防寒用の履物だが、これを現代風にデザインしたものが近年販売されるようになり、再び見直されるようになっている。細身の形や多彩な色使いが最近の特徴とされる。なおシャランテーズといえば、一般には同地方産のフランス菓子「ガレット・シャランテーズ」でよく知られる。

シャリー⇒ウールシャーリー

シャリス［challis］シャリー*やシャーリーと同義。薄手平織物のモスリン*の一種で、カラフルなプリント柄をのせるネクタイ地のひとつとして知られる。

シャリパン⇒ナイロンパンツ

シャルベ［Charvet 仏］英語で「シャーベット」ともいう。パリの『シャルベ・エ・フィス』社の考案による光沢感のある柔らかな綾畝織また杉綾織のシルク地のこと。ネクタイやマフラーなどに多用され、かつてはレジャンス［régence 仏］（優雅な絹布の意）と呼ばれていた。

シャルムーズ［charmeuse 仏］朱子に似た絹織物を指すフランス語で、元々は「魔法使い」とか「魅する人」といった意味を持つ。光沢のある表とクレープのような裏面を持つ柔らかな生地で、フォーマルなドレスに多く用いられる。

シャルワール［shalwar トルコ］シャルワともも。西アジアから中央アジアにかけて広く用いられるズボンの一種。きわめてゆるやかな腰回りと、足首で細くすぼまる形を特徴としたもので、主としてイスラム教徒の女性たちに穿かれることが多い。特にパキスタンのパンツをこの名で呼ぶことがある。

さ

ファッション全般

シャワーウォッシュスーツ⇒シャワークリーンスーツ

シャワーキャップ［shower cap］シャワーを浴びる際に髪が濡れないように頭にかぶる帽子状のかぶりもの。ナイロンやビニールなどで作られ、縁にゴムを通して頭にフィットさせる形にしたものが代表的。

シャワークリーンスーツ［Shower Clean suit］シャワーで洗うことのできるウールスーツの意で、これは紳士服大型店の『コナカ』がAWI（オーストラリアン・ウール・イノベーション）の協力のもと、TWC（ザ・ウールマークカンパニー）と共同で開発し、2008年2月から売り出した新機能商品の名称。これに続いて『AOKI』は2008年10月、洗濯機でもシャワーでも水洗いできるシャワーウォッシュスーツ［Shower Wash suit］を独自に開発して売り出した。

シャワースポット［shower spot］ドット（水玉模様）の一種で、シャワーで散らしたような不規則な水玉模様を指す。スポットは「斑点、しみ」の意味だが、ドットの中でも大きめのものを指すときに用いる。

ジャワ更紗⇒バティックプリント

シャンク［shank］靴の「土踏まず」の部分。底の中央のへこんだ部分を指す。この部分に挿入する鉄片や木片などの芯材はシャンクピース［shank piece］と呼ばれる。

ジャンクアクセサリー⇒ジャンクジュエリー

ジャンクジュエリー［junk jewelry］ジャンクは「くず、がらくた、くだらないもの」という意味で、くず宝石や模造宝石などと呼ばれる材料で作られた安っぽいジュエリーをいう。おもちゃのような遊びのある感覚も特徴とされ、必ずしもくだらないと片付けられるものでもない。こうした服飾品全般をジャンクアクセサリー

［junk accessory］とも呼んでいる。ジャンクジュエル［junk jewel］は「模造宝石」を意味する。

ジャンクジュエル⇒ジャンクジュエリー

ジャンクスーツ［junk suit］ジャンクは「くず、がらくた」という意味で、粗末な雰囲気のスーツを総称する。1990年代のシャビールック*やグランジファッション*など、いわゆる貧乏ルックの流行から現れたもので、粗雑な生地使いやくすんだ色使いなどにより、わざとそうした雰囲気を表現したスーツをいう。同様の意味でシャビースーツ［shabby suit］（みすぼらしいスーツの意）とかトラッシースーツ［trashy suit］（つまらないスーツの意）などとも呼ばれる。

ジャンクドレス［junk dress］ジャンクは「がらくた、くず、廃品」といった意味で、見るからに粗末なイメージのドレスをいう。シャビールック*やグランジファッション*など1990年代の貧乏ルックと呼ばれるファッション傾向から生まれたアイテムのひとつで、粗雑な生地使いやくすんだ色使い、ルーズな着こなしなどによりそうした雰囲気を強調する。

シャンクピース⇒シャンク

シャンクボタン⇒ドットボタン

ジャングルハット⇒ブーニーハット

ジャングルブーツ⇒コンバットブーツ

ジャングルルック［jungle look］アフリカなどのジャングル（密林）を探検するかのような服装のことで、サファリルック*の異称とされる。これとは別にカムフラージュプリント（迷彩柄）などを用いた服で構成される野性的なイメージのファッションを指すこともある。

シャンジャン［changeant 仏］フランス語で「変わりやすい、移り気な」という意味で、光の具合で色が変わって見える「玉虫調」の織物を指す。英語ではイリデセ

ント（イリデッセントとも）[irides-cent] といい、これには「虹色の、玉虫色の」という意味がある。

ジャンスカ⇒ジャンパースカート

ジャンダル⇒ビーチサンダル

ジャンダルム⇒ポリスマンジャケット

ジャンダルムジャケット⇒ソフトシェルジャケット

シャンタン [shantung]「山東絹」のこと。柞蚕絹（さくさんぎぬ）の主産地とされる中国の山東省に由来するもので、シルクシャンタン [silk shantung] ともいう。紬のように節糸が表れたシルク地で、張りのある変わった地合が特徴。絹以外にレーヨン地などでも作られ、ドレッシーな表情のスーツやドレスなどによく用いられる。

シャンティ⇒ロインクロス

シャンティージャケット [shanty jacket] シャンティーは「掘っ立て小屋、あばら家」といった意味で、粗末な雰囲気の上着を指す。シャビールック*など貧乏を装うファッションの代表的なアイテムで、ローファージャケットと同義。

シャンティイレース [Chantilly lace] 17世紀初頭、フランスのシャンティイで最初に手作りされたというボビンレース*の一種。幾多の流行を繰り返し、後に機械による同じ構造のレースが作られるようになった。

シャンデリアイヤリング [chandelier ear-ring] シャンデリアのように華やかなイメージのイヤリング。細い鎖にキラキラ輝く宝石などを飾って華やかに垂れ下がるもので、こうしたピアスイヤリングはシャンデリアピアス [chandelier pierce] と呼ばれる。

シャンデリアピアス⇒シャンデリアイヤリング

ジャンパー [jumper] ウエスト丈からヒップ丈程度の短めの丈を特徴とする軽快な上着類の総称。フランス語でいうブルゾンに相当するが、ブルゾンがヨーロッパ的でしゃれた感覚が強いのに対して、ジャンパーにはきわめて機能的で実用的な雰囲気が感じられる。この言葉は全くの和製語で、アメリカでのジャンパーはジャンパースカート、英国では厚手のプルオーバーのセーターの意味とされる。

ジャンパースーツ⇒ブルゾンスーツ

ジャンパースカート [jumper skirt] 上身頃とスカート部がつながったスカートで、上身頃は襟ぐりやアームホールが深く刳られた袖なしの形になったものが多い。制服や女児のスカートに多く用いられ、ブラウスやシャツとともに着られる。これは和製英語で、アメリカでは「ジャンパー」、英国では「ピナフォア pinafore（エプロンドレス*の意）」あるいはチュニック*と呼ばれることが多い。また日本ではこれを短縮した「ジャンスカ」の俗称もある。

ジャンパードレス [jumper dress] 多くは袖なしで、襟ぐりやアームホールを深く刳（く）った前掛け状のトップスとスカートがひと続きとなった婦人服を指す。ブラウスやセーターなどといっしょに着るもので、一般的にジャンパースカートと同義とされる。またシャジュブル*（シャズブルとも）と呼ばれることもある。

シャンパングレー [Champagne gray] シャンパンに見る透明な感じの明るめの灰色。上品な感覚と輝くような調子が見られるところから、ドレッシーな服装によく用いられる。

シャンパンゴールド [Champagne gold] シャンパンのような淡く黄みがかったゴールド（金）の色調をいう。上品な感覚が特徴とされ、輝くようなイメージがあるところからシャイニーゴールド [shiny

311

ファッション全般

gold］などとも呼ばれる。

ジャンプスーツ［jump suit］トップ（上衣）とズボン状のボトムがひと続きになった服。元は1920年代に飛行服として生まれたものとされ、その後、落下傘部隊の制服とされたり、スキーチームのユニフォームに採用されたりしたところから、ジャンプ（跳ぶ）の名で呼ばれるようになったとされる。上下がつながっているところから日本では「つなぎ」と呼ばれ、自動車修理工などの作業服としても多く用いられている。ほかにカバーオールズ、コンビネーション（コンビネゾン）、オールインワン、ワンスーツなどこの種の服の名称は多様。

シャンブレー［chambray］玉虫調の光沢感を特徴とする平織綿布で、薄手のシャツ地としてよく用いられる。タテに色糸、ヨコに晒し糸を用いて霜降り効果を表したもので、ブルーを始めパステルカラーのものが多く見られる。このような表情を持つオックスフォードクロス*をオックスフォードシャンブレー［Oxford cham-bray］と呼び、これもシャツ地の定番素材のひとつとされている。

ジャンボニット⇒バルキーセーター

ジュイ・プリント［jouy print］パリ近郊ヴェルサイユ近くの町ジュイで、18世紀後半から19世紀前半までフランス有数のプリント工場があったところから、そこで作られるプリント柄をこのように呼ぶ。ローラー捺染による緻密なエッチングの風俗や動植物をテーマとしたものが多く、ジュイの更紗とも呼ばれている。

シュー⇒シューズ

重衣料［じゅういりょう］スーツやドレス、コートなどそれだけで服装が整う重々しい感覚の衣服を総称する日本のファッション業界用語。アメリカでいうテーラードクロージング*に相当する言葉として用いられる。

就活スーツ［しゅうかつ＋suit］就職活動用のスーツ。いわゆるリクルートスーツと同じだが、アパレルメーカーや百貨店、また量販店などが就職活動応援用のスーツとしてこのような名称を与え、現在ではすっかり定着するようになった。無難なスタイルだけでなく、見た目のスマートさも最近では求められるようになっているのが特徴で、男女ともに用いられる。

シューカットジーンズ［shoe-cut jeans］裾から靴につながるラインをきれいに見せるシューカットと呼ばれるシルエットを特徴としたジーンズ。ブーツカットより低い位置から裾にかけて少し広がる形のもので、脚長に見せるとともに、革靴に合わせるジーンズにふさわしいデザインとされている。

就活ヘア［しゅうかつ＋hair］就職活動中の男子学生にふさわしいヘアスタイルとして、全国理容生活衛生同業組合連合会が、2012年に提唱した髪型のネーミング。髪が耳や眉にかからないようにカットするさわやかなスタイルが特徴とされる。

就活メイク［しゅうかつ＋make-up］就職活動用のメイクアップ。自分をよりよく見せようとしてほどこすメイクアップのことで、特に就職希望の女子大生が行う化粧を指していう例が多い。「好印象メイク」などとも呼ばれる。

シューキーパー［shoe keeper］靴の型崩れ防止のために用いる用具。木製のものは湿気を吸い取る機能があるとされ、これをシューツリー［shoe tree］とも呼んでいる。また同様の目的でブーツの中に用いるものはブーツキーパー［boots keeper］と呼ばれる。これも木製のものはブーツツリー［boots tree］ということになる。

312

ファッション全般

ジューシーカラー［juicy color］果実のようにジューシー（汁気の多い）で新鮮なイメージの色調を総称する。ライムグリーン、オレンジ、レモンイエロー、ラズベリーピンクなどに代表される。2013年春夏の流行色のひとつとなった。

シューズ［shoes］くるぶしに至るまでの履き口を持つ靴のことで、日本では俗に「短靴」と呼ばれる。ローシューズ［low shoes］（低い靴の意）という表現もあるが、これは主にアメリカでいう短靴のことで、日本ではローシューズに「浅靴」の訳を当てることがある。なお靴を表す英語はシュー［shoe］で通じるが、日本では通常複数形でシューズと表現している。

シューズインソックス［shoes in socks］靴のなかに入って見えなくなってしまいそうな小型の靴下。スニーカーソックスとかスニーカーインなどと呼ばれるものと同種のソックスで、近ごろはスニーカーだけでなくローファーズなどに用いられるものも登場するようになり、そうしたタイプをこのように呼んでいる。

シューストリング⇒シューレース

シューストリングタイ⇒シュータイ

シュータイ［shoe tie］靴紐状のネクタイのことで、シューストリングタイ［shoe string tie］とかブーツレースタイ［bootlace tie］とも呼ばれる。ストリングタイ＊やコードタイ＊と同義だが、特に細いタイプをこう呼ぶことがある。

シューチャーム⇒ジビッツ

シューツリー⇒シューキーパー

シューティンググラス［shooting glasses］射撃に用いるサングラスの一種で、視界をよくするために黄色のレンズを用いたり、汗止めを付けたタイプがよく見られる。

シューティンググラブ［shooting glove］射撃競技に用いる手袋。銃の種類によって指部分のないものもあるが、いずれも滑り止めとして手のひらにスエードなどを取り付けているのが特徴。こうしたスポーツに用いられる手袋を「スポーツ手袋［sports ＋てぶくろ］と総称する。

シューティングジャケット［shooting jacket］ハンティングジャケット＊の別称。銃を用いるところからこのように呼ばれるもの。なかでもクレー射撃用のものは特にスキートシューティングジャケット［skeet shooting jacket］と呼ばれ、これはギャバジンで作られるものが多い。

シューティー［shootee］シューズとブーティーから成る造語で、その中間的な性格を持つ婦人靴のひとつをいう。履き口がちょっと高いところに特徴がある靴。

シューハット［chou hat］シューはフランス語で「キャベツ」の意。山の部分を柔らかく押しつぶしたキャベツのような形を特徴とするドレッシーな雰囲気の婦人帽を指す。

シューバンド［shoe band］バレエシューズなど履き口が広くなっていて脱げやすい靴用に作られた、脱げやすさを解消するゴム製のバンド。足の甲から土踏まずにかけて用いる25ミリ幅程度の輪状のゴムバンドで、最近ではカラフルなものが増え、ファッション的な感覚にもマッチするようになっている。

シューブーツ［shoe boots］一見してパンプスともブーティーとも言い難い新しい婦人靴の名称。かかとや履き口の部分が深く作られているのが特徴で、マニッシュ（男っぽい）なスタイルに対応する靴のひとつとして登場したもの。

シューホーン［shoehorn］靴べら。靴を履きやすくするために用いる箆（へら）状の道具。元は牛や水牛、牡鹿などの角（つの）を加工して使用したところからホー

さ

313

ファッション全般

ンの名称があるものだが、現在では金属
や木、皮革、プラスティックなども用い
られ、さまざまな形と大きさのものがあ
る。特に革靴には必携の道具とされる。

シューボトム⇒ボトム

獣毛繊維⇒動物繊維

シュール・ムジュール［sur mesure 仏］ス
ール・ムジュールともいう。イタリア語
のス・ミズーラ*を受けたフランス語で、
「注文仕立て」という意味。ともに英語
のメジャーメード*（寸法を測って作る）
と同じで、一般的にパターンオーダー*
を指す。

シュールレアリスム［surréalisme 仏］英語
ではシュールリアリズム surrealism とい
う。「超現実主義」と訳される20世紀の
美術表現のひとつで、超意識の表出を描
くところに特徴が見られる。マグリット
やダリの作品が代表的なものとして知ら
れる。1924年、詩人アンドレ・ブルトン
の『シュールレアリスム宣言』から始ま
った。

シューレース［shoe lace］靴紐。シュース
トリング［shoe string］ともいう。紐結
び式の靴をレースアップシューというの
はここから来ている。

ジュエラーウオッチ［jeweler watch］宝石
細工人（ジュエラー）によって作られる
腕時計。一般に「宝飾時計」と呼ばれる
もので、ケース周りにダイヤモンドなど
の宝石を飾ったり、クルドパリ（パリの
敷石）と呼ばれる幾何学模様をあしらう
などした、きわめて芸術的な腕時計を指
す。

ジュエリー［jewelry］宝石類や貴金属類で
作られた装身具の総称。アクセサリーの
中でも、特に純粋の装飾（飾り）のため
のアクセサリーということになる。なお、
これはアメリカ的な用法とされ、英国で
は一般にジュエルリー［jewellery］と表

現される。

ジュエリーウオッチ［jewelry watch］「宝
飾時計」の意。貴金属や宝石類を散りば
めて、ジュエリー的な価値を持たせた超
高級時計の総称。

ジュエリークラッチ［jewelry clutch］宝石
などのジュエリーをアクセントとしたク
ラッチバッグ。多くは女性用の高級バッ
グに見られるもので、全体に小振りの形
としたものが多い。

ジュエリーシューズ［jewelry shoes］宝石
の飾りを特徴とした婦人靴。宝石といっ
ても本物のそれを使うわけではなく、模
造宝石やメタリックな飾りなどを使って
足元に豪華な雰囲気を作り出すもの。ク
リアシューズ*と同感覚の靴のひとつ。

ジュエリーストラップ［jewelry strap］パ
ーティー用のフォーマルなドレスなど
で、肩の紐（ストラップ）を宝石類で作
ったデザイン、またそうした肩紐をいう。

ジュエリーニット⇒ビジューニット

ジュエリーネックライン［jewelry neckline］
周りに宝石類をあしらってドレッシーな
雰囲気を表現したネックライン。一般に
シンプルなラウンドネック（丸首）とし
たものが多く、時としてネックレスなど
のジュエリーが目立つようにした単純な
ラウンドネックを指すこともある。

ジュエリーバッグ⇒ビジューバッグ

ジュエリーヒール［jewelry heel］宝石類を
飾ったようなヒールの意。最近の女性の
ハイヒール靴などに見られるもので、ヒ
ールをクリスタルビーズなどで飾ってキ
ラキラしたイメージを特徴にしたものを
いう。

ジュエリーボタン［jewelry button］宝石、
貴金属、あるいはこれらに準ずる豪華な
素材を用いたボタンの総称。ファンシー
でリッチなデザイン効果を上げるために
用いられる。

ファッション全般

ジュエリーメイク［jewelry make］ラメ系の化粧品を使ってキラキラしたイメージに仕上げるメイクアップ。そうした表情を宝石類（ジュエリー）になぞらえてのネーミング。

ジュエル［jewel］宝石類の総称だが、特にカット加工が施された宝石と真珠を指す。また宝石を使った装身具のこともいう。

ジュエルカラー［jewel color］宝石（ジュエル）を思わせるような鮮やかな色調。ビビッドカラー*と同義で、チアカラー*やバブルガムカラー*などと同類の色とされる。女性のニットウエアなどに用いられることが多い。

ジュエルサンダル［jewel sandal］クリスタルストーンやビーズ、スパンコールなどをたくさん飾った、きらびやかな女性用のサンダル。足元をゴージャスに見せる履き物のひとつとして登場したもの。

ジュエルドジーンズ［jeweled jeans］デコラティブジーンズ*と呼ばれるジーンズの一種で、宝石を飾ったものをいう。この宝石にはスパングル（スパンコール）やクリスタルビーズなども含まれる。同様に飾り鋲（スタッズ）をあしらったものはスタデッドジーンズ［studded jeans］あるいはスタッズジーンズ［studs jeans］と呼ばれる。

ジュエルニット⇒ビジューニット

ジュエルネック［jewel neck］主として女性向けのネックラインのひとつで、ラウンドネックより少しゆったりした丸首をいう。ネックレスやペンダントを映えさせる形状であることからこう呼ばれるもので、Tシャツなどに多く用いられる。

ジュエルバッグ⇒ビジューバッグ

ジュエルリー⇒ジュエリー

縮絨加工［しゅくじゅうかこう］生地の組織を密にするために行う加工法。水に濡らすなどし、叩いたり揉むことによって生地が収縮し、厚さが増して毛羽が絡み合う状態が生まれる。軽い縮絨で仕上げるものを「ツイード仕上げ」、それより強めにしたものを「フランネル仕上げ」、さらに強い縮絨を与えたものを「メルトン仕上げ」と呼んでいる。縮絨そのものはミリング milling と呼ばれる。

種子毛繊維⇒植物繊維

シュシュ［chouchou 仏］女性が用いる髪飾りの一種。お団子ヘアなどの束ねた髪を包むように用いる布製のもので、筒状にしてゴムで留め、丸い形にするのが特徴。シュシュのフランス語での原意は「お気に入り」ということで、シュそのものには「キャベツ」の意味がある。2006年春頃から新しい髪飾りとして復活し、これを腕に飾るといったあしらいも見られるようになっている。

シュシュカチューム［shushu katyumu］シュシュバンス*に次いで開発されたヘアアクセサリーのひとつで、カチューム*をシュシュのように布地でくるんだものを指す。2009年秋冬向けの新商品とされ、ヒッピーバンドにもブレスレットとしても使用できる汎用性の高さで人気を得ている。ここでのシュシュは shushu と表記されている。

シュシュバンス［syusyu vans］ヘアアクセサリーメーカー「ミックスコアファクトリー」（大阪）の開発による髪留め用ヘアアクセサリーの商品名のひとつ。シュシュ（環状の布製髪留め）とバンスクリップと呼ばれる伝統的な髪留めをいっしょにしたもので、髪の長さを問わず、好きな位置に簡単に取り付けることができ、しかも跡が付きにくいという利点を持つ。シュシュは本来フランス語で chouchou と綴られるが、ここでは実用新案申請（2009年）の関係上 syusyu と表

315

ファッション全般

記されている。ほかにシュシュバナナ（シュシュバナナクリップ）といった同種の商品も見られる。

朱子織［しゅすおり］織りの三原組織*のひとつで、綾目がなく、表面が滑らかに表現される織り方を指す。「繻子織」とも表記し、英語ではサテンウイーブ［satin weave］という。

ジュストコール［justaucorps 仏］ジュストコルとも。17世紀を中心に着用された男性の代表的な衣服。元々はカザック（カザクとも）［casaque 仏、cassock 英］という兵士たちが着用していたゆったりとした上衣を基に発展したとされ、1670年ごろからチョッキのように短くなってしまったドゥブレ（プールポワン*、ダブレット*）に代わって、貴族たちの常用服となったもの。ジュストコールは「体にぴったりしたもの」という意味で、上半身が細くフィットし、腰から下が膝下のところまでゆるやかに広がるシルエットを特徴とする。これが次のアビ*の基となった。

数珠ブレスレット［じゅず＋bracelet］仏具の数珠（じゅず）そっくりの形をしたブレスレット。糸の代わりにゴムを使って、腕にフィットするようにしたものが多く見られる。ラップミュージシャンたちの流行から始まったとされるが、若者たちには一種のヒーリンググッズ（癒しの道具）としての扱いがなされている。

ジュップ［jupe 仏］フランス語でいうスカートのことで、ジューブともいう。語源はアラビア語のジュバ djoubba（ウールの長衣の意）からというのが定説。

ジュップ・アマゾーヌ⇒アマゾンスカート

ジュップアンフォール⇒アンフォールスカート

ジュップ・キュロット⇒キュロットスカート

シュティッヒ⇒ステッチ

シュナイダー［Schneider 独］ドイツ語でいう仕立て屋、洋服屋。とくに紳士服の注文服店を指し、英語のテーラーと同義になる。婦人服の仕立て屋はシュナイダリン［Schneiderin］となる。なおマース（ドイツ語でメジャーの意）で採寸して服を作るという意味でマースシュナイダー［Mass Schneider 独］ということもある。

シュナイダリン⇒シュナイダー

シュノーケルコート⇒フーディドコート

シュノーケルジャケット［snorkel jacket］スノーケルジャケットとも。N-3B ジャケット*の俗称であるとともに、それを模して作られたハーフコート型の防寒ジャケットをいう。毛足の長いボア付きのフードと高い位置に付けられたハンドウォーマーポケット、左袖の上部に付けられたシガレットポケットなどを特徴としている。シュノーケルは「潜水艦の空気排水装置」の意。

シュバリエリング［chevalier ring］シュバリエはフランス語で「騎士」という意味で、昔ヨーロッパで貴族や騎士階級にある人たちが用いた紋章付きの指輪を指す。がっちりとした男っぽい指輪のひとつとして知られる。

シュペールポジシオン⇒スーパーポジション

ジュペット［jupette 仏］フランス語でいうミニスカート。また、女性水着に付く短いスカート部分もいう。

ジュポン⇒ペチコート

シュマグ［shemagh］シュマーグとも。アフガンショールやアフガンストールなどと呼ばれる中近東の男性が用いる首巻きの正式名称のひとつ。シュマーカとも呼ばれるが、それは赤いものを指し、白と赤の模様のものもある。白だけのものはゴトラともいう。ほかにアラビアンスカ

ファッション全般

ーフ、アラブスカーフ、アラブストールといった名称もあり、砂漠戦用のものはデザートスカーフの名でも呼ばれる。カフィヤ（カフィーヤ、クーフィーヤ）とも同義

シュミーズ［chemise 仏］フランス語でシャツや寝間着などを意味するが、日本語や英語では女性のスリップ*を指す。特に日本では「シミーズ」などと呼ばれ、昔、女性や女児に着用された夏向きの下着兼用型の袖なしワンピースを意味することが多かった。

シュミーズ・ド・ヌイ［chemise de nuit 仏］フランス語で「夜のシャツ」を意味し、ナイトドレス*やナイトシャツ*などの寝間着類を指す。ローブ・ド・ヌイ［robe de nuit 仏］と同義で、これは「夜のドレス」を意味する。

シュミーズドレス［chemise dress］シュミーズは女性下着のスリップのことで、それのようにルーズなウエストラインとシンプルなデザインを特徴とするストレートラインのドレスを指す。その意味ではチューブドレス*などと同義。また、これには19世紀初頭の第1帝政時代に流行したハイウエストのドレスを指す意味もあり、そこからはエンパイアドレス*と同義とされる。

シュミジェ［chemisier 仏］フランス語でいう女性用のシャツやブラウスのこと。シャツウエスト*と同義で、男性のシャツを指す「シュミーズ」の女性形として用いられる。ほかにシャツ製造（販売）人のことや紳士用品製造販売業者のことも意味する。

シュミゼット［chemisette 仏］⇒ギンプ

シュラグ［shrug］丈が短いカーディガンの一種。シュラグは本来「肩をすくめる」という意味があり、そこからウエストまでの短いセーターやジャケットなども指

すようになった。また日本ではマーガレットと呼ばれる首巻きのことを、欧米でこのように称することもある。

ジュラルミンケース［duralumin case］ジュラルミンはアルミニウム合金の一種で、アルミニウムの3分の1の軽さと7倍の硬度を持つとされる。この素材で作られる鞄類を総称し、スーツケース*やアタッシェケース*などに用いられている。またカメラなどを入れる四角いケースとしても知られる。

シュランク仕上げ⇒サンフォライズ加工

シュランケンルック［shrunken look］シュランケンは「（布などが）縮んだ、詰まった」という意味で、わざと小さいサイズの服を着るピタピタルック、ピチピチルックのことを指す。1970年代ルックのひとつとして復活したもの。

ジュリエットキャップ［Juliet cap］シェークスピアの戯曲〈ロミオとジュリエット〉に出てくることからこう呼ばれるようになったドレッシーなかぶりもののひとつで、レースやニットで作り、真珠や宝石などを飾ったスカルキャップ*型のものや、頭の両脇だけを覆うようにした広幅のヘッドバンド*状のものなどが見られる。カクテルハット*のひとつとして用いることがある。

ジュリエットドレス［Juliet dress］まるでシェークスピアの『ロミオとジュリエット』のジュリエットが着ているようなということから名付けられた女性の室内着の一種。胸元にレースを飾ったサテンジャカードやドビージョーゼットなどのロング丈のものが代表的で、きわめてロマンチックな雰囲気があり、室内でのくつろぎ用とするほか寝間着としても用いられる。人形を思わせるようなイメージから「ドールドレス*」と呼ばれることもある。

317

ファッション全般

シュリンク・トゥ・フィット［shrink to fit］洗ったり、穿き込んだりしていくうちに縮まり、柔らかくなって、自然に体になじんでくるという昔のジーンズの特性をいったもの。シュリンクは「縮む、縮ませる」という意味。

シュリンクレザー［shrink leather］シュリンクは「縮む、縮ませる」という意味で、薬品によって収縮させ、独特のシボを表した革を指す。靴やバッグなどに見られる。

シュルコ⇒コット

純一巻き⇒業界巻き

省エネスーツ［しょう＋ energy ＋ suit］夏の省エネルギー対策として考案された日本独特のスーツの名称。元は1979年夏の省エネルック騒ぎ時の産物で、ふつうのスーツの袖を半分に切り落とした「半袖スーツ」スタイルが話題となった。当時の百貨店などでの実際の売上着数は微々たるものであったという。

省エネファッション［しょう＋ energy ＋ fashion］省エネルギーファッションの略称で、石油使用の節約を目的として考え出された政府主導のファッションを指す。1973年の第1次オイルショックを契機に台頭したもので、1979年の「省エネ法」の制定から、半袖の「省エネスーツ」などさまざまな省エネ商品が現れた。

昇華プリント［しょうか＋ print］昇華インクと呼ばれる特殊なインクを使って転写紙などに印刷した紙に、190 〜 210。C程度の高熱をかけることで、インクが気化（昇華）して繊維に色を浸透させるプリント加工法を指す。いかにも印刷したといった違和感がなく、やわらかな風合が保たれるのが特徴で、特に写真やＣＧなどのグラフィックデザインものに有効とされている。ただし、素材は白生地のポリエステルの入った素材に限定され

る。現在はサッカーなどのスポーツユニフォームに多く用いられている。

小剣［しょうけん］ネクタイで裏側になる幅の狭いほうの剣先部分。英語では「チップ tip」と呼ぶ。

小剣通し［しょうけんとおし］ネクタイの大剣＊の裏側に付く、小剣＊を通すための環状になった細い帯のこと。英語では「ループ loop」といい、これを兼ねたブランド名などを織り込んだ「タグ tag」が付くものもある。ここに小剣を通すことによってネクタイ全体が安定する。

消臭スーツ⇒デオドラントスーツ

少女服⇒ロリータファッション

少女ルック⇒スクールガールルック

装束⇒衣装

正ちゃん帽［しょうちゃんぼう］てっぺんに毛糸のポンポン飾りが付いたニットキャップで、主としてスキーに用いられる。大正時代に人気のあった漫画〈正ちゃんの冒険〉の主人公にちなんだ呼称で、こうした帽子を英米ではボッブルハット［bobble hat］と呼ぶ。ボッブルとは毛糸で編まれた小さな玉や房を指し、いろいろな飾りに用いられる。

ショウ・ハンカチーフ⇒ポケットチーフ

勝負エプロン［しょうぶ＋ apron］エプロンのひとつで、恋人の前で料理するときや料理教室など「ここ一番」という場面で着用するエプロンを指す。主として女性が用いるものをこう呼び、ピンクや水色などのやさしい色使いで、フリルやリボン付きなどガーリーなデザインのものが多く見られる。

勝負服⇒合コン服

ジョーカレッジセーター⇒チアリーダーセーター

ジョージブーツ［George boots］チャッカブーツ＊の紐留めの部分をバックル＆ストラップの形にしたブーツ。いわばモン

ファッション全般

クストラップシューズ*のブーツ版といえるもので、しゃれたタウンブーツのひとつとされる。この名称は1970年代後半に登場したもので、かつての英国王の名にちなむなどといわれているが、それについては定かではない。

ショース [chausses 仏] 靴下と股引を兼用した脚衣をいう古語で、中世期に登場したホーズ*（脚衣の意）と呼ばれるズボン状の衣服と同じ種類に属する。特に13世紀に入って、フランスでこれの上端にブレー*をつなげて穿くことが流行するようになり、14世紀になると短い上衣の出現からブレーとショースの接合点が徐々に上昇していくようになってブレーが独立し、タイツ状になったショースはやがて上下に分断されるようになった。

ジョーゼット [georgette] ジョーゼットクレープ [georgette crepe] あるいはクレープジョーゼット [crêpe georgette 仏] の略称。1913年にフランスのリヨン地方で考案された「縮緬（ちりめん）」の一種で、タテヨコともに強い撚りをかけた糸で織り上げてシボを表した、薄くて美しい生地を指す。このことから「経緯（たてよこ）縮緬」とも呼ばれる。元は絹織物だったが、現在では化学繊維や梳毛糸などでも作られる。用途は主として婦人服地やスカーフなど。

ジョーゼットクレープ⇒ジョーゼット

ショーツ [shorts] 「短いもの」の意で、女性の下着パンツを指す。パンティー*と同義だが、その直接的な表現を嫌って、最近では女性の下穿きをこのように総称することが多くなった。股下付きの長いロングショーツ [long shorts] から、ごく小さな面積のビキニショーツ [bikini shorts]、それより股上がやや深めのセミビキニショーツ [semi bikini shorts] などさまざまな種類と形がある。なかで中

庸を得たデザインのものをレギュラーショーツ [regular shorts] と呼ぶ。時としてこうしたものをアンダーパンツと総称することもある。元は1918年、フランスの下着メーカー「プチバトー」社の開発によるとされる。

ショーツパンツ [shorts pants] 女性用の下着のショーツを元にアウター（外衣）用にデザインされたショートパンツの一種。セクシーファッション向きのアイテムとして考えられたもののひとつで、別に「行動的なショーツ」という意味でアクティブショーツと呼ばれることがある。

ショーティー [shorty, shortie] 「短い手袋」を指す略称。フックやボタンなどの留め具がなく、手首ちょうどの丈を特徴とするもの。ビアリッツグラブ [biarritz glove] と呼ばれることもあるが、ビアリッツは北フランスフランス西部の高級リゾート地の名称から来ている。英国ではショートグラブ [short gloves] と呼ぶ。なお、これより長い手袋丈の手袋は、リストレングスグラブ [wrist length glove] という。

ショートアルスター⇒アルスターコート

ショートエンジニアブーツ⇒エンジニアブーツ

ショートオーバーオール⇒キャミソールパンツ

ショートカーディガン [short cardigan] 丈が短く作られたカーディガンの総称。多くは女性用のもので、前を全開して羽織る形になったものも多く見られる。ミニカーディガン*などと同義。

ショートガードル⇒ロングガードル

ショートカットタイ [short cut tie] 大剣、小剣ともに短くカットされた小さなネクタイを指す。おもに女性のアクセサリーとして用いられるもので、俗にショート

ファッション全般

タイ［short tie］、チビタイ、ミニタイ［mini tie］といった名でも呼ばれる。

ショートカットヘア［short cut hair］短く切った髪型の総称で、単にショートヘア［short hair］とも呼ばれる。専門的には襟足から2～3センチ以内にカットされている短い髪を指し、襟足をVの字型にカットしたシングルカット［single cut］などの種類がある。特に短くカットしたものはベリーショートヘア［very short hair］などと呼ばれることになる。

ショートカラー⇒ショートポイントカラー

ショートグラブ⇒ショーティー

ショートコート［short coat］短い丈のコートの総称。概してヒップレングス（お尻を隠すくらいの丈）までの長さのものを指し、ピーコートがこれを代表する。

ショートコンビネゾン［short combinaison］ボトム*部分がショートパンツ型になったコンビネゾン（フランス語でつなぎ服の意）。従来子供服によく見られたアイテムだが、近年は大人の婦人服にも登場するようになっている。

ショートジャケット［short jacket］通常よりも丈の短いジャケットの総称で、スペンサージャケット*に代表される。別にブルゾン（ジャンパー）などの短い丈を特徴とするジャケット類をいうこともある。

ショートショーツ［short shorts］女性のショートパンツ類の中で、膝丈程度の長いロングショーツ［long shorts］に対して短い丈のものを指すが、一般的にホットパンツ*のように股下部分のほとんどない、きわめて短いショーツを意味することが多い。ホットパンツの流行当時、ホットパンツという表現を嫌ったメディアが代わりにこの言葉を用いたのが始まりという説もある。

ショートジョドパーズ［short jodhpurs］通常よりも短くデザインされたジョドパーズ*（ジョッパーズとも）。いわば変形ジョドパーズで、膝下辺りでカットされているのが特徴。

ショートジョン⇒ユニオンスーツ

ショートスカート⇒ロングスカート

ショートスクエアジャケット［short square jacket］全体に角張ったイメージを特徴とする短い丈のジャケット。浅めのVゾーンと3～4個ボタンのフロントスタイルを特徴としたものが多く見られる。

ショートストッキング［short stocking］丈の短いストッキングの総称。ストッキングと同じナイロン加工糸やサポート糸で作られる、おおむね膝下までの長さのストッキングのことで、俗に「おばさんストッキング」などと呼ばれるが、最近ではパンツスタイルに合わせてソックス感覚で用いられることも多くなっている。

ショートスパッツ［short spats］短い股下部分の付いたスパッツ。女子高生たちがいわゆる「見せパン（見せてもよい下着パンツの意）」として用いる丈の短いレギンスを指す。

ショートスリーブ⇒ハーフスリーブ

ショートタイ⇒ショートカットタイ

ショートダウン⇒ダウンジャケット

ショートダッフル⇒ダッフルジャケット

ショートタンクトップ⇒ハーフトップブラ

ショートテーラードジャケット［short tailored jacket］短い丈を特徴とした背広型のジャケットの総称。いわゆるブルゾン丈のジャケットで、女性用のものを特にこう呼ぶことが多い。

ショートデカパン⇒パパーショーツ

ショート・ドカパンツ［short＋どか＋pants］ドカパンツは「土方（どかた）パンツ」からきた言葉で、両脇に大型のポケットを付けたカーゴパンツ調のワークパンツをいう俗語。これのショートパン

320

ファッション全般

ツ版のことで、要するにブカブカの半ズボンを指す。別に「ショート・デカパン」とか「バギーショーツ」「バギーハーフパンツ」などとも呼ばれる。

ショートトランクス［short trunks］スイミングトランクス*の一種で、股下の長さが4～6センチ程度と短く、脇丈が23～25センチ程度のものをいう。ごく一般的なタイプで、「レギュラー」とも呼ばれている。

ショートトレンチ⇒トレンチジャック

ショートトレンチブルゾン⇒トレンチジャック

ショートバング［short bang］「短い前髪」の意。2015年春ごろから流行りはじめた女性の髪形のひとつで、ボブカットで前髪を短くカットしたスタイルを指す。

ショートパンツ［short pants］膝から上の短い丈のパンツを総称する。膝上ちょうどくらいのものをハーフパンツと呼んでこれと区分することもあるが、一般には「半ズボン」とひとくくりにする例が多い。ショーツ［shorts］と略したり、「短パン」と俗称するほか、最近の女性用のものなどは「ショーパン」の短縮語で呼ばれる傾向がある。

ショートパンツスーツ［short pants suit］ボトム（下半身）を膝辺りまでの長さのショートパンツにしたメンズスーツ。背広型のスタイルでこのような形を表現したところに新しさがあるもので、真夏にはこうしたスーツに革靴を素足で履くビジネスマンも現れるようになっている。本来はテーラードスタイルに限らず、女性のショートパンツを中心にした上下共地の服装をこのように称する。

ショートブーツ［short boots］履き口がくるぶしの上辺りに来るブーツのことで、「中深靴」を指す。くるぶしをいう英語からアンクルブーツ［ankle boots］の名

がある。

ショートブルゾン⇒ロングブルゾン

ショートヘア⇒ショートカットヘア

ショートポイントカラー［short point collar］単にショートカラー［short collar］とも。襟の先までの長さが6センチ以下と短く、襟開き角度が80度程度に開いたシャツ襟を総称する。小さな印象が強い襟であるところから、スモールカラー［small collar］とかタイニーカラー［tiny collar］などとも称される。

ショートポイント・ボタンダウンカラー［short point button-down collar］剣先の短いボタンダウンカラー*。ヨーロッパ調のドレスシャツに見られる襟型のひとつで、アメリカのトラッド＆アイビー調のボタンダウンカラーとは趣を少し異にする。

ショートボトム［short bottom］丈が短いスカートやパンツなどの下体衣の総称。マイクロボトムと同種の用語。2007年春夏ごろからウルトラミニ（きわめて短い）丈のショートパンツやミニスカートなどが増加してきた。こうした傾向は1971年、1995年に続いて、3回目のブームとされる。

ショートボブ［short bob］ボブ*の一種で、さらに短くカットしたボブスタイルの意。襟足ともみ上げの部分を刈り上げスタイルにしたのが特徴とされる。また、最近では段差をつけてカットするグラデーションボブ［gradation bob］をこのように呼ぶこともある。

ショートミディアム⇒ミディアムヘア

ショートラウンデッドカラー［short rounded collar］シャツに見るきわめて小さな丸型襟の総称。小さなショールカラー（へちま襟）と呼んでもよい形を特徴としたもので、1980年代初期にジョルジオ・アルマーニなどイタリアのデザイナーによ

321

ファッション全般

って多く作られたところから、これをア
ルマーニカラー［Armani collar］とも称
したことがある。ほかにタイニーラウン
ドカラー［tiny round collar］とかスーパ
ーラウンデッドカラー［super rounded
collar］などとも呼ばれる。

ショートレイヤー⇒レイヤーカット

ショートレッグウオーマー⇒レッグウオー
マー

ショートレングス［short length］コートレ
ングス［coat length］（コート丈、着丈＝
ネックポイントから裾までの全長）のう
ち短いものを指す。また、生地の幅につ
いて専門的に用いる全く別の意味もあ
る。

ショートワイドスプレッドカラー［short
wide spread collar］襟先が短く、襟開き
角度が広くなったシャツ襟。ワイドスプ
レッドカラー＊の変形のひとつ。

ショーパン⇒ショートパンツ

ショール［shawl］「肩掛け」のひとつで、
正方形のものが主となるのがストール＊
との違いとされる。大きな正方形の布地
を三角形に畳んで用いることもある。語
源はペルシャ語の shal とされ、昔からペ
ルシャやインドのカシミール地方で用い
られていたのが起こりとされる。日本で
は和服に用いるストールをショールと呼
んで区別する向きがあり、この中には成
人式の振袖とともに用いられる白いふわ
ふわのショールも含まれる。フランス語
では「シャール」と発音される。

ショールカラー［shawl collar］俗に言う「へ
ちま襟」。ショール（肩掛け）を垂らし
たような襟という意味で、主としてディ
ナージャケット（タキシード）や室内用
のガウンなどに用いられる。これをフラ
ンス語ではコルシャール［col châle 仏］
という。シャールは「ショール、肩掛け」
の意。ロールカラー［roll collar］とか単に

ロールと呼ばれることもある。

ショールジャケット［shawl jacket］ショー
ル（肩掛け）のようなジャケットの意。
一見ショールのように見えるが、実際に
はジャケットと同じように、ちゃんと腕
を通して着るという仕掛けになっている
もの。2002年秋に大阪のメーカーが売り
出してヒットしたものだが、翌年には多
くのメーカーが似たようなデザインのも
のを送り出し、これらをラップローブ
［wrap robe］（包み込む服の意）と総称す
るようになった。

ショールタン⇒キルティータン

ジョガーズ⇒トラックパンツ

ジョガーパンツ［jogger pants］スエットパ
ンツ型のゆったりしたリラックス感のあ
るパンツで、裾口がフライス編みのゴム
仕様となったものが多く見られる。ジョ
ガー（ジョギングする人）が穿くパンツ
の意だが、現在のアメリカでは本来の意
味を離れ、デニム（ジーンズ）に代わる
次世代ボトムアイテムとして需要が拡大
している。2014年はヨガパンツやジャー
ジーズなどの人気も含め、ジーンズ市場
が急速に衰退傾向を見せ始めた。ジョグ
パンツなどとも呼ばれる。

ジョギングウエア［jogging wear］ジョギ
ングは元々スポーツの準備運動として行
われていたもので、自分の体力に合わせ
た速度でゆっくりと走る運動を指す。そ
うした運動のために用いる衣服を総称す
るもので、一般にはジョギングトップと
呼ばれるランニングシャツ型のトップス
と、ジョギングパンツと呼ばれるショー
トパンツで構成される。こうしたものの
上下組み合わせをジョギングスーツ
［jogging suit］ともいう。

ジョギングシューズ［jogging shoes］ジョ
ギング用の靴の総称。スポンジソールを
特徴としたものが一般的に見られ、コン

クリート地面などからの衝撃を吸収する工夫が施されたものが多い。ジョギングは健康を目的としたゆるやかな走りを意味し、一般のランニングやマラソンとは区別される。

ジョギングショーツ⇒ジムショーツ

ジョギングスーツ⇒ジョギングウエア

ジョギングトップ⇒Aシャツ

ジョギングパンツ⇒ジムショーツ

ジョギングブラ⇒スポーツブラ

ジョグジーンズ [jog jeans] ジョガーパンツのジーンズ版。スエット素材のブルーデニム地を用いたジーンズで、スエットパンツのようにリブ付きの裾絞り型となったデザインのものが多く見られる。ルーズでリラックスした感じが持ち味とされる。

ジョグパン [――] ジョガーパンツ、ジョグパンツをいう日本的略称。

ジョグパンツ⇒ジョガーパンツ

植物繊維 [しょくぶつせんい] 植物が生み出す繊維の総称。これには綿花などの種子から採る種子毛（しゅもう）繊維＝シードファイバー [seed fiber]、亜麻などの茎から採る靱皮（じんぴ）繊維＝バストファイバー [bast fiber]、マニラ麻などの葉から採る葉脈（ようみゃく）繊維、および果実から採るコイアなどの果実繊維の種類がある。英語ではベジタブルファイバー [vegetable fiber] と総称する。

女子テコ [じょしテコ] 女性用のステテコの意。ステテコは本来夏のズボン下としての男性用の下着とされたものだが、2011年夏の「節電ビズ」の対策のひとつとして、女性用のそれにも開発が進み、デザイン性のあるステテコが登場した。女性用の場合は冷房の冷え過ぎを防ぐという用い方も見られる。

ショシュール [chaussures 仏] フランス語

で履物、特に「靴」のこと。

ショセット⇒ソックス

ジョセフィーヌスタイル [Josephene style] フランスのナポレオン1世の后妃ジョセフィーヌに見る服装。当時のエンパイアスタイル*（アンピール）と同じで、ハイウエスト切り替えのエンパイアドレスやパフスリーブ、大きく開いた胸などのデザインが特徴。なおジョセフィーヌはポンパドール夫人、マリー・アントワネット王妃と並んでフランス宮廷のファッションリーダーの一人とされる。

触覚 [しょっかく] 女子中高生徒のあいだによく見られる髪形のひとつで、眉下で揃えた前髪の両脇を1センチほどの幅で長く伸ばし、耳の前に垂らすスタイルをいう。触覚のように見えることからこう呼ばれる。

ジョッキー⇒ジョッキーキャップ

ジョッキーウエア⇒合コン服

ジョッキーキャップ [jockey cap]「騎手帽」の意。競馬の騎手が用いる帽子で、ライディングキャップとほとんど同じ形を特徴とする。硬い材質で作られているところからヘルメットキャップ [helmet cap] ともいう。ほかにジョッキー [jockey] と呼ばれる前びさしの長い丸帽もあるが、それはこれとは別の種類のキャップとされる。

ジョッキーシャツ [jockey shirt] 競馬騎手（ジョッキー）が着用するレース用のシャツのこと。さまざまなデザインがあるが、とくにポロシャツ型のものがファッションアイテムとして取り上げられることがある。

ジョッキーパンツ⇒ジョドパーズ

ジョッキーブーツ [jockey boots] 競馬の騎手（ジョッキー）が用いる乗馬用ブーツ。脚のラインに合わせたジャストフィット型のロングブーツで、かかとは低めのも

ファッション全般

のが多い。ライディングブーツ*の一種
で、元は18世紀初期から乗馬や狩猟に用
いられた、履き口に折り返しを施したト
ップブーツ［top boots］と呼ばれる膝丈
の長靴を原型にしたものとされる。これ
はその折り返しをターンオーバートップ
［turnover top］と呼ぶところからの名称。

ショッキングカラー⇒ショッキングピンク

ショッキングピンク［shocking pink］蛍光
色系の鮮やかなピンク色。1960年代に化
粧品のコマーシャルに用いられて一躍普
及した色名で、まさしくショッキングな
色として知られる。別にデザイナーのマ
ダム・スキャパレリが名付けたものとも
いう。こうした鮮やかな色を総称してシ
ョッキングカラーという。

ジョックストラップ［jock strap］日本では
俗に「ケツ割れ」とも呼ばれる男性用下
着の一種。本来ラグビー選手などが用い
るスポーツ用のサポーター*のひとつで、
ちょうどTバックの後ろ部分が2本のス
トラップ（紐）に分かれた形を特徴とし
ている。ジョックは「運動選手」の意だが、
これをジョグストラップと誤って用いる
傾向もある。アスレティックサポーター
［athletic supporter］という名称もある。

ショットガン・デニム［shotgun denim］シ
ョットガン（散弾銃）で撃ったような弾
痕を特徴とするジーンズ。変わった加工
をほどこしたジーンズのひとつで、1980
年代に登場した。弾痕の意味からブリッ
トホール・デニムなどとも呼ばれる。

ショットライニング［shot lining］「玉虫裏
地」と呼ばれる生地。表面が玉虫色のよ
うな裏地のことで、ショットには「（布
地などが）玉虫色の、見る角度で色が変
わる」という意味がある。タテ糸とヨコ
糸に異なる色を用いて平織または綾織と
したもの。

ジョッパー⇒ジョドパーズ

ジョッパーズ⇒ジョドパーズ

ショッパーズバッグ⇒ショッピングバッグ

ショッピングバッグ［shopping bag］買物
に用いるバッグ類の総称で、さまざまな
種類がある。まずは買物時に持っていく
大型の手提げ袋の類を指し、これは現在
ではカジュアルなタウンバッグの呼称と
もされる。最近では店が提供するショッ
プ袋を指すようになり、有名ブランド店
のロゴが入ったものは一種のステイタス
を表すとして人気を誇っている。ショッ
パーズバッグ［shopper's bag］とも呼
ばれるが、日本ではショップ袋を略して
「ショ袋（ショブクロ）」という表現がは
やっている。

ショップコート［shop coat］ファッション
関係の店舗で販売員の制服として着用さ
れるコートの一種。元々海外の作業員や
ショップ店員のユニフォームとして使用
されていたワークコートのひとつだが、
最近日本の販売員が着用するようになっ
て、一般にも注目されるようになった。
高級なタキシードコートのようなものか
ら、クラシックなもの、薄手のワークウ
エア的なものまでさまざまなタイプがあ
り、新しいカジュアルウエアとして人気
を集めるようになっている。元がユニフ
ォームなだけに、カジュアルになり過ぎ
ない独特の雰囲気が魅力とされている。

ジョドパーズ［jodhpurs］乗馬ズボンの一
種。太もものところで外側に大きく膨ら
み、膝下から裾口にかけて細くすぼまる
独特の形を特徴としたもの。この名称は
英国軍が駐屯していたインド西部のジョ
ドプールという町にちなむとされ、婦人
服の分野ではジョッパーとかジョッパー
ズと呼ばれて人気がある。ニッカーボッ
カーズ*と似たクラシックなズボンのひ
とつだが、現在ではカジュアルパンツと
して用いられるようになっている。馬の

ファッション全般

鞍（くら）の意味でサドルパンツ［saddle pants］、騎手のズボンということでジョッキーパンツ［jockey pants］、また乗馬用ズボンの意からライディングトラウザーズ［riding trousers］（英国表現）あるいはライディングパンツ［riding pants］（米国表現）などとさまざまな名称でも呼ばれる。

ジョドパーブーツ［jodhpur boots］ジョッパーブーツとも。足首までの深さで、クリスクロスストラップ［crisscross strap］と呼ばれる革紐を交差させて留める特異なデザインを特徴としたブーツ。本来は乗馬用の靴で、ジョドパーズ（ジョッパーズとも）と呼ばれる乗馬ズボンに合わせて用いられたもの。現在ではしゃれたタウンブーツのひとつとして用いられる。

ジョニー［johnny］アメリカで用いられることの多い俗語で、病院の入院患者が着る、背中で留める式になった襟なしの短いガウンを指す。

ジョニーカラー［johnny collar］小型のショールカラー*をいう異称。またスタジアムジャンパー*などに用いられる三日月状のリブニット使いの襟をいう。ほかに高さ2.5～4センチくらいの小さな立襟を指すこともある。ジョニーは男性の名ジョンの愛称から来たものだが、英口語で「男、やつ」という意味もある。

ショ袋⇒ショッピングバッグ

女優コート［じょゆう＋coat］往年のハリウッド女優を思わせるようなクラシックな雰囲気のコートを総称したもの。最近の女性コートに登場したトレンドアイテムのひとつで、オードリー・ヘップバーンらの女優スタイルを意識して、上品で女らしいイメージを強調させたものが多く見られる。なかでもベルトでウエストをきゅっと締めて、メリハリのあるシル

エットを出したトレンチコートが代表的とされ、これを特に「女優トレンチ［じょゆう＋trench］」と呼んでいる。

女優サングラス［じょゆう＋sunglasses］1950～60年代の大女優が用いていたような黒くて大きなサングラスをいう俗称。「女優コート*」などと同じように、懐かしさのあふれるレトロアイテムのひとつで、近年人気商品のひとつとなっている。特に『ティファニーで朝食を』（1961・米）に見るオードリー・ヘップバーンのビッグフレームサングラス［big frame sun-glasses］（大きな枠のサングラス）に代表される。これを俗に「デカサン」（デカいサングラスの意）と呼んだりする。

女優トレンチ⇒女優コート

女優ハンサムハット［じょゆう＋handsome hat］昔のハリウッド女優が好んだガルボハットのような優雅なつば広型の、いわゆる「女優帽」と、ハンサムハット*のよいとこどりをしたような女性用の帽子。山の部分はソフトハットに似て、ゆるやかで広いブリム（つば）の付いたものが多い。小顔効果が生まれるということでも人気がある。

女優帽⇒女優ハンサムハット

ショルダーウオーマー［shoulder warmer］「肩を温めるもの」の意で、着丈の短いボレロ風のウオーマーアイテム*をいう。冷房対策グッズのひとつとされ、レース編みのものが多く見られる。畳むと小さくなる利便性もあり、ショルダーウオーマーカーディガン［shoulder warmer cardi-gan］とかストールカーディガン［stole cardigan］などとも呼ばれる。

ショルダーウオーマーカーディガン⇒ショルダーウオーマー

ショルダーケープ⇒ケープレット

ショルダーシェイド［shoulder shade］「肩

325

ファッション全般

を覆うもの」という意味で、肩から上半身にかけての部分を覆うようにして用いる小物の一種をいう。ファー（毛皮）で作られるファンシーなものも見られる。

ショルダーストラップバッグ⇒ショルダーバッグ

ショルダートート［shoulder tote］ショルダーバッグ型のトートバッグ*。持ち手が長く作られてショルダーバッグのストラップのようになっているもので、最近のトートバッグには、こうしたデザインが多く見られるようになっている。使い勝手の良さから生まれたものといえる。

ショルダーバッグ［shoulder bag］肩にストラップを掛けて提げるようにしたバッグの総称で、より正しくはショルダーストラップバッグ［shoulder strap bag］という。カジュアルな感覚が強いものだが、革製などで落ち着いたデザインのものはビジネス用としてもよく使われる。

ショルダーバッグパーカ［shoulder bag parka］畳むとそのままショルダーバッグとして使うことができる機能を特徴とするパーカ。アウトドア用に開発されたアイデア商品のひとつで、最近のアウトドア用品にはこのような複合機能をもつものが多く登場している。

ショルダーパッチ⇒ガンパッチ

ショルダーパッド［shoulder pad］肩線の強調や補整のために衣服の肩に入れる材料。不織布やウレタンなどを使って作られ、半円形や長方形などさまざまな形と厚みのものがある。肩綿（かたわた）、肩台（かただい）、肩パッド（かた＋pad）などの名でも呼ばれ、自分で取り付けられるように市販されているものもある。本来はテーラーがスーツの肩の土台作りのために用いるもので、これとその下に入れる「垂れ綿（たれわた）」と呼ばれる詰め綿材によって、袖の前後の

膨らみが美しく表現されることになる。

ショルダーヘッド［shoulder head］スーツ上着の肩と袖が合わさる「肩先」のところを指し、「肩頭」と呼ばれる。別にショルダーポイント［shoulder point］（肩先点）と呼んだり、袖の側からはスリーブトップ［sleeve top］（袖山）ともいう。ここは背肩幅や袖丈を採寸する際の重要な基点となる。

ショルダーベルト［shoulder belt］パラシュートベルト*（サム・ブラウン・ベルト）をいう一般的な名称。肩からかけるということでこの名があり、別にホールターベルト［halter belt］とも呼ばれる。ホールターは「端綱（はづな）、馬の頭部に付けて引く綱や革紐」という意味。

ショルダーポイント⇒ショルダーヘッド

ショルダーポーチ［shoulder pouch］より正しくはショルダーパウチという。小さな袋状のバッグを取り付けたショルダーバッグのことで、日本風に「ガマグチバッグ」ということもある。

ショルダーヨーク［shoulder yoke］主としてシャツの肩から背中にかけての切り替え布の部分をいう。体によりフィットさせるために考えられたデザイン。また背中央に縫い目を設けて、ヨークそのものを左右に分けたタイプはスプリットヨーク［split yoke］とかセパレートヨーク［separate yoke］と呼ばれ、より手の込んだ仕立てであることを示すとともに、より良いフィット感を得ることができる。

ショルダーライン［shoulder line］「肩線」のことで、特にスーツの上着やスポーツジャケット（替え上着）などテーラードな衣服に見られる肩線を多く意味している。ショルダーラインは全体のシルエットを決定づける大切な要素のひとつとされる。

ファッション全般

ジョワヨ［joyau 仏］フランス語で、金や銀、宝石で作られた装身具を指す。フランス語でいう装身具には、このほかにビジュー*、その総称としてのビジュトリー［bijouterie 仏］、またパリュール（パルール）［parure 仏］という言葉があり、パリュールには「装飾、衣装、粧い」といった意味も含まれる。

ジョワンヴィル［Joinville］ジョワンヴィル・タイ［Joinville tie］ともいう。19世紀中期に南仏で流行した蝶結び式のネクタイの一種で、ふんわりとした形に特徴があった。19世紀末葉になってアメリカで復活し、それは今に見るような結び下げ式の形を特徴とした。この名称は19世紀フランスの洒落者ジョワンヴィル公爵の名にちなむ。

ジョワンヴィル・タイ⇒ジョワンヴィル

ジョンブルハット［John Bull hat］シルクハット*の一種。クラウンが15センチ程度と当時としては低めなのが特徴で、19世紀後半に流行した。ジョンブルは英国や英国人を指すあだ名で、単に「ジョンブル」ともいい、アメリカで多く用いられた。英国ではミューラーハット［Müller hat］あるいはミューラー・カットダウン［Müller cut-down］の名で知られるが、これはドイツ系の仕立て屋フランツ・ミューラーの名にちなむ。

シリーズ⇒ミスマッチスーツ

シリーバンズ［Sillybandz］シリコン製のブレスレットを指すアメリカでの商品名のひとつ。アルファベットや動物、ハート形などさまざまな形と色のものがあり、引っ張って伸ばしてもすぐ元通りの形になるという特質を持つ。元々2002年に日本で開発されたアニマルラバーバンド（動物の形をしたカラー輪ゴム）を元祖にするものとされ、アメリカで2008年頃から流行するようになった。2010年か

らはリウッドセレブも愛用するようになって、世界的な流行を見せ、現在ではシリーズバンドとかバンディッツ、バンドジラなど同種の商品は乱立の様相を見せている。

シリコンストッキング［silicone stocking］より正しくはシリコンタイプストッキングとかシリコンガーターストッキングなどという。履き口が太ももの上部までのガーターストッキングの一種だが、履き口のバンド部分をシリコンとしているためにガーターベルト無しで履けるのが特徴とされる。脚に吸い付くような感覚があることから、いわゆる美脚ストッキングのひとつとして人気があり、パンスト嫌いの女性にも受けている。ここでのシリコンは珪素を基にした化合物のことで、一般に布地の耐熱加工や防水加工などに用いられる。

シリコンバンド［silicone band］シリコン素材のリストバンド（腕輪）。シリコーンバンド、シリコンラバーバンド、ラバーバンドまたホワイトバンドなどとも呼ばれ、スポーツチームのユニフォームやチャリティー用途、販促グッズ、ノベルティー、サークル用また夜光型のものにあってはライブやクラブイベントなどにも用いられる。カラフルなものが多く、さまざまな文字などを簡単に入れることができる。

シリコンブラ⇒ヌーブラ

シリンダードレス⇒ストレートドレス

シリンダーハット⇒ドレスハット

シリンダーライン［cylinder line］シリンダーは「円筒、円柱」という意味で、「円筒の、円筒状の」の意からシリンドリカルライン［cylindrical line］ともいう。まさしく円筒状の単純なシルエットを指し、チューブラーシルエット［tubular silhou-ette］（管状形の意）とかコラムシ

327

ファッション全般

ルエット［column silhouette］（円柱状の意）などとも呼ばれる。

シリンドリカルライン⇒シリンダーライン

シルエット［silhouette 仏、英］衣服などの立体を平面化させたところに生じる外形の輪郭を指す。本来は「影絵、影法師」の意で、「黒く塗りつぶした人の横顔の画像」という意味もある。シルエットというのは元々18世紀フランス、ルイ15世時代の財務総監を務めたエチエンヌ・ド・シルエット（1709～67）の名に由来しており、彼が打ち出した財政困難の打開策のひとつ「肖像画は絵ではなく、影絵でなければならない」というところから、黒く塗りつぶした半面影像をシルエットと呼ぶようになったもの。ファッションではライン*と同義で、両者を総合してシルエットライン［silhouette line］とも称している。

シルエットライン⇒シルエット

シルキー⇒スエード

シルキー素材［silky＋そざい］シルキーは「絹のような、艶のある、柔らかな、すべすべした」といった意味で、絹のような感触を持つ素材を総称する。多くはシルキー加工と呼ばれる加工を施した化学繊維を指し、トリアセテートやナイロン、プロミックスなどがあげられる。

シルク［silk］「絹」の総称。蚕の繭から採る動物繊維の一種で、「繊維の女王」と呼ばれるほど優雅な光沢感を特徴とする。絹の原料となる蚕には「家蚕（かさん）」と「野蚕（やさん）」の2種があり、野蚕はさらに「柞蚕（さくさん）」と「山繭（やままゆ）」の種類がある。和服地の主素材として用いられるほか、ドレッシーな衣服に多用される。なかで混じりもののない絹を「正絹（しょうけん）」とか「本絹」「純絹」などという。フランス語ではソア［soie 仏］（ソワとも）

と呼ばれる。

シルクシャンタン⇒シャンタン

シルクスクリーン⇒スクリーンプリント

シルクソックス［silk socks］絹糸を用いた靴下の総称で、一般に靴下の最高級品とされ、多くはフォーマル用途のものとされる。タキシードに合わせる黒の靴下などが代表的。

シルクタイ［silk tie］シルク（絹）を素材として用いたネクタイの総称。ネクタイの素材といえば正絹といわれるように、ウーステッドのビジネススーツやフォーマルウエアには最も合うネクタイとされる。締め心地が良く、滑りが良く、優雅な光沢感にあふれ、エレガントな感覚に富むのが特徴で、さまざまな形や織地に仕上げられる。シルクタイにはまた「錫増量加工」を施したものが多く見られるが、これは絹糸に錫を化学的に付着させる加工法のことで、これによって深みのある光沢感と独特の量感が生まれ、シワが寄りにくく、燃えないといった利点を多く引き出すことにもなる。

シルクタフタ⇒タフタ

シルクデニム［silk denim］シルク（絹）素材を使ってデニム風に仕上げた生地。感触が非常に柔らかで独特の光沢感を持ち、ファッショナブルなジーンズ素材のひとつとされる。

シルクノット［silk knots］「絹の結び」の意。飾り用の絹糸を小さく丸い形に結んでカフリンクス（カフスボタン）の代わりに用いるもので、金属製のカフリンクスより手軽に扱うことができるとして人気がある。

シルクハット［silk hat］モーニングコート*やイブニングコート*（燕尾服）など最上級の礼装に用いる絹（シルク）製の帽子。円筒状の高いクラウン*と、比較的狭めで縁が少し巻き上がったブリム*を

328

特徴とし、黒およびグレーのものが見られる。元々は17世紀半ばに大流行したビーバーハット［beaver hat］から派生したもので、この帽子作りによって激減したビーバーの毛皮の代わりとして、似たような光沢感のあるシルク地を用いたのが始まりとされる。フランス語では高いクラウンの形の意からオードゥフォルム［haut-de-forme 仏］という。

シルクフェイシング⇒拝絹

シルクフェイストカラー⇒拝絹

シルクブロケード⇒ブロケード

シルクプロテインファイバー［silk protein fiber］レーヨン糸にシルクのタンパク質（プロテイン）を練り込んだ素材。美肌効果や吸湿性、速乾性に優れるとされる。光沢感にも富み、上品で高級感もあるところから、上質の婦人ジャケットなどに用いられるようになっている。

シルクレップ⇒レップ

シルケット糸［silket ＋いと］擬絹糸。苛性ソーダの濃液に浸けて、光沢と平滑度を増した加工綿糸。コットンセーターにシルキーな感じを持たせたいときには、主にこのシルケット糸を用いる。英語では「シルケットヤーン silket yarn」といい、こうした化学処理を「シルケット加工」と呼んでいるが、これは正しくはマーセライゼーション［mercerization］（マーセライズ加工）という。

シルナイロン［SilNylon］30デニールのリップストップナイロンにシリコンを両面コーティングして染み込ませた素材。きわめて軽く、鋼の10倍の強さを持つといわれるほど丈夫で破れないという特質を持つ。滑らかな表面感と高い防水性も特徴のひとつで、アウトドア用のテントやリュックなどに用いられている。

シルバータイ［silver tie］シルバーグレー（銀灰色）もしくは白を特徴とした無地

または紋織の結び下げネクタイで、結婚式などの慶事にのみ使用される礼装用ネクタイの一種。ただし、これは日本だけの風習とされる。ほかにシルバーグレーと黒で構成される多様縞の「白黒縞タイ」という慶事用ネクタイもあり、これを用いるほうが一般的で、かつ昔風とされる。

ジルバブ［jilbab］元はアラビア語で、イスラム教徒の女性が髪や顔などを覆うのに用いるスカーフやベールの一種をいう。インドネシアでは特に額の部分がひさしのような形になり、耳まですっぽり隠すようにできている。隠すのは首から胸の部分までで顔は出るのが特徴。同国では一種のファッション表現としても用いられている。

シルバーバッグ［silver bag］シルバーエイジ（高年齢層）の女性が愛用することの多い、キャスター付きの買物バッグをいう俗称。足腰の弱った高齢の女性がショッピングカート兼ステッキ代わりに用いることが多く、このように呼ばれるようになった。

シルファインN［SILFINE N］『東洋紡STC』の開発による超軽量高強力ナイロンの織物シリーズを指す商標名。同社が作り出す高強力ナイロン6の糸と織物を表し、使用する糸種に応じて「シルファイン20」「シルファイン15」「シルファイン10」などの種類がある。ダウンジャケットなどのアウトドアウエアや寝袋に最もふさわしい素材として、2000年の開発以来、世界中から信頼を集めている。

ジレ［gilet 仏］フランス語でいうベストのこと。スペイン語で短い上着を意味するジレコ jileco、あるいはジル Gille という男が初めて作り、着たところからの命名など語源には諸説ある。フランス語でベスト veste となると、もう少し意味が広くなり、スーツのジャケットや給仕た

ファッション全般

ちが用いるユニフォーム的な上着などを
指すことになる。

ジレアップ［gilet-up］ジレ（フランス語で
いうベスト）のセットアップの意。同素
材で作られたジレとボトムの組み合わせ
による一式のことで、この場合のジレは
袖無しジャケットといった感じのライト
感覚のものが多く用いられる。セットア
ップの発展形として登場したもののひと
つ。

シレーヌドレス⇒マーメイドドレス

シレーンドレス⇒マーメイドドレス

シレ加工［ciré＋加工］シレはフランス語
で「蝋引（ろうびき）をした、ワックス
で磨いた」といった意味で、光沢加工の
一種を指す。シレそのものにもそのよう
な濡れたような光沢を持つ生地の意味が
ある。

ジレコート［gilet coat］ジレはフランス語
でいうベスト（チョッキ）のことで、袖
のない丈長のコートをいう。ベストコー
ト［vest coat］ともいい、ときとしてロ
ングベスト*とも呼ばれる。

シレジア⇒スレーキ

シレジア加工［silesia＋かこう］裏地とし
て用いられる綿の綾織物シレジア（スレ
ーキともいう）の仕上げに用いられる加
工法。糊の量を少なくして柔らかく仕上
げ、カレンダー加工*などで強い光沢を
表すのが特徴。滑り感を出すために用い
られるもの。

ジレンチ［───］ジレ（フランス語でいう
チョッキ）に変身するトレンチコートと
いう意味で、テロンチ*と同じように、
最近の造語ブームから生まれた新ノァッ
ション造語のひとつ。袖を外すとジレと
しても着ることができる女性用トレンチ
コートをいったもの

シロセット加工［Siroset＋かこう］ウー
ル地に耐久性のあるプリーツ（襞〈ひだ〉）

をつける加工法。オーストラリアの羊毛
研究所（CSIRO）で開発されたもので、
パンツやスカートなどの折り目に用いら
れる。

シロップシャーウール［Shropshire wool］
イングランド中西部シロップシャー州に
産する短毛種の羊から採る羊毛。弾力性
と縮絨性に富む柔らかな毛質が特徴で、
ニットウエアやツイードに多く用いられ
る。

進化系サボ［しんかけい＋sabot］サボは
フランス語で「木靴」を指すが、これを
現代のファッションに合うようにファッ
ショナブルに進化させたタイプをこのよ
うに呼んでいる。コサージュの飾りを付
けたり、形そのものを今風にデザインす
るなどさまざまなものが見られる。

シンガード⇒レガーズ

新疆綿［しんきょうめん］中国・新疆ウイ
グル自治区で採れる綿素材。繊維が3.8
〜4センチと世界で最も長く、その製品
はシルクのような感触を持ち、美しい白
さを保つ。スーピマ綿（アメリカ産）、
ギザ綿（エジプト産）と並んで世界三大
高級綿のひとつとされ、幻のコットンと
して珍重されている。英語ではXinjiang
cotton（シンジャンコットン）と呼ばれる。

シングル⇒プレーンボトム

シングルカット⇒ショートカットヘア

シングルカバードヤーン⇒カバードヤーン

シングルカフ⇒プレーンボトム

シングルカフス［single cuffs］シャツカフ
スのうち折り返しが付かない一重仕立て
のカフスを指す。カフボタン［cuff
button］とかカフスボタン［cuffs button］
（袖口ボタンのことでカフリンクス*とは
異なる）と呼ばれるボタンで開閉するよ
うにした、最も一般的な形のもの。昔は
糊で硬く固めてカフリンクスで留める形
にしたものをシングルカフスと称したも

ファッション全般

のだが、現在ではバレルカフス*と呼ばれていた簡便なデザインのものを、このように呼ぶようになっている。

シングルスーツ [single suit] シングルブレステッドスーツ [single-breasted suit] の略で、前合わせが一重（シングル）で、ボタンが1列の形になったスーツをいう。この形は一般に「片前」とか「片前合わせ」と呼ばれ、英語の頭文字をとって「SB」とも表記される。この形のスーツの襟はノッチドラペル（菱襟）になるのが常識とされ、前裾も丸くカットされる。シングルブレステッド・2ボタンのスタイルは「SB-2B」あるいは「S-2B」と表記される。

シングルストライプ [single stripe] 1本の同じ幅の縞が等間隔に並んだ縞柄。最も単純な「棒縞*」のひとつで、日本では「一本縞」とか「大名縞」とも呼ばれる。

シングルソール [single sole] 靴底（ソール）の仕上げ方のひとつで、もっともスタンダードである一重底のこと。これに対して二重になった重厚感のあるものをダブルソール、両者の複合型であるスペードソール [spade sole] と呼ばれるものがある。スペードには「鍬（すき）」の意味がある。また三重底のものはトリプルソールと呼ばれる。

シングルナイト・トラベルバッグ⇒オーバーナイトケース

シングルニードルステッチ [single needle stitch] 1本針による縫い目。シングルニードルは1列に編み針（縫い針）が配列された状態をいい、2列に配列されたものはダブルニードルという。高級なドレスシャツなどでは機能的なダブルニードル（2本針）よりシングルニードルのほうが優れているとされ、なおかつその針目が細かいほどよいとされる。

シングルノット⇒プレーンノット

シングルブレステッドスーツ⇒シングルスーツ

シングルボブ [single bob] ボブ*の一種で、前髪を切り下げ、サイドは耳を隠すくらいにして、後頭部を襟足に向かって徐々に短くし、裾をVの字型に刈り上げる女性のヘアスタイルを指す。アメリカの女優ライザ・ミネリの髪型として知られる。日本ではこれを「おかっぱ」（御河童の意）と称する向きが多い。

シングルライダース [single rider's] シングルブレステッド（片前型）のライダーズジャケット*。オートバイ乗り用のライダース（ライダーズとも）の多くは風をよける目的から前の部分がダブルになって深い斜めジッパーをあしらったものが多いが（これをダブルライダースともいう）、これをシングル前のジップフロントとして、ハンドウォーマーポケットとジッパー付きの胸ポケットだけというごくシンプルなデザインにしたものをいう。

シングルリフトヒール [single lift heel] 1枚のリフト（トップリフト＝化粧革*）を、そのままヒールのシート部分に取り付けたヒールのことで、俗に「1枚かかと」と呼ばれている。

シングレット [singlet] 本来は英国でいうところの男性用の（袖なし型の）下着シャツを指し、体にぴったりしたセーターのことも意味する。一般には昔風の男性の肌着シャツを意味し、グランドファーザーシングレット*といえば、日本でいう「面二シャツ*」の意味になる。これらとは別の意味で、現在ではシングレットというとリフター*の別称ともされることがある。またアマチュアレスリングのユニフォームもこの名で呼ばれ、試合用のそれは赤か青に限られている。

信玄袋⇒合財袋

331

ファッション全般

人工クモ糸［じんこうクモいと］人工的に作られたクモの糸の繊維。山形県のベンチャー企業スパイバーによって開発された人工繊維のひとつで、2013年、QMONOS（クモノス）と名付けられたこの繊維によって「青いドレス」が発表された。クモの糸（スパイダーシルク）は蛋白質で、同じ太さの鋼鉄と比べると5倍程度の強度がある。同社は遺伝子組み換え微生物を用い、短時間で大量にクモの糸を生産する技術を確立した。衣服だけでなく、航空機や自動車、また医療分野などへの応用も期待されている。

新合繊［しんごうせん］新しい技術開発によって作り出された、これまでとは異なる新しい特性を持つ合成繊維を指す。特にポリエステル長繊維を中心とする薄起毛調や梳毛調、シルク調などさまざまな表情を持つもので、一般にニューポリエステル［new polyester］と呼ばれるほか、海外では SHINGOSEN とも表記されて通用するようになっている。これをさらに発展させたものに「新・新合繊」と呼ばれる快適素材があり、これには New SHINGOSEN の名称が付けられている。

シンサレート［Thinsulate］アメリカの『3M』社の開発による画期的な断熱保温材。直径平均2ミクロンの極細ポリオレフィンのマイクロファイバー65％とポリエステル35％を配合したもので、ポリオレフィンの繊維が複雑に入り組んで絡み合っているため、デッドエアを十分に取り込むという特質がある。ダウン（羽毛）の半分の厚さで同じ保温力があり、従来のインシュレーション（詰め物）よりはるかに薄手のもので事が足りるという優れた機能をもっている。最近ではさらに断熱値（CLO値）を15％、重量当たりの厚みを40％向上させたシンサレート・ウルトラ［Thinsulate ultra］など新しい

タイプの素材が続々と開発されている。日本では『住友スリーエム』の扱いになる。

シンサレート・ウルトラ⇒シンサレート

芯地［しんじ］衣服の型崩れを防ぎ、表地に張りを持たせるために、内側に用いる特殊な布地を指す。特にメンズスーツに多く用いられ、織物や編物、また不織布の芯地など多くの種類がある。特に襟に入れるのを「襟芯」、袖裏の袖口付近に入れるのを「袖芯」と呼び、より立体感を増すためや補強の目的で入れるものを「増芯（ましじん）」と呼んでいる。

紳士靴⇒ドレスシューズ

芯白［しんしろ］⇒ロープダイイング

新・新合繊⇒新合繊

シンセティックファー⇒ケミカルファー

シンセティックファイバー⇒合成繊維

シンセティックレザー［synthetic leather］シンセティックは「合成の、人造の」という意味で、いわゆる「合成皮革、人工皮革」を指す。フェイクレザー＊やマンメードレザー＊などと同義。なお正しくは「合成皮革」は織物や編物などの甚布表面にポリウレタンなどの樹脂をコーティングしたものを指し、「人工皮革」は極細繊維の不織布にポリウレタン樹脂などを含浸させたものをいう。

シンセティックレジン［synthetic resin］「合成樹脂」の意。人工的に作られた樹脂のことで、一般に「新素材樹脂」などと呼ばれる。最近では新しい宝飾品素材として多用されている。

人造繊維⇒化学繊維

シンチ⇒シンチベルト

シンチベルト［cinch belt］シンチは「鞍帯、馬の腹帯」という意味で、そのような雰囲気がある幅広のベルトをいう。シンチリングバックル［cinch ring buckle］と呼ばれるＤ字形の丈夫な金属製の環を用

いて固定させるダブルリング式となった
ものも見られる。シンチ［cinch］と略称
することも多く、広義にはこうした幅広
の頑丈な革ベルトを総称することにな
る。

シンチラ［Synchilla］アメリカ西海岸のア
ウトドアウエアメーカー『パタゴニア』
社によるフリース素材の商品名。

シンチリングバックル⇒シンチベルト

シンデレラバスト［Cinderella bust］ブラ
ジャーのサイズ区分のひとつで、特に
AAA～Aカップのバストサイズを指す。
また、そうした小さな胸をいうこともあ
り、いわゆる「貧乳、微乳」の意味が含
まれている。22センチ以下の小さな靴の
サイズを「シンデレラサイズ」と呼ぶこ
とがあるのにちなんで付けられたもの
で、貧乳をポジティブなイメージに変え
るネーミングとして広く用いられるよう
になった。

ジンバブエコットン［Zimbabwe cotton］ア
フリカ南東部の内陸国ジンバブエ産の綿
素材。標高1500メートルのビンドゥーラ
一帯で採れる綿は、化学肥料を使わず手
摘みされることで、しなやかで白く柔ら
かく、自然なムラが出るという特質をも
つ。いわゆるオーガニックコットン＊（有
機栽培綿）のひとつで、エコロジカル素
材としてジーンズなどに用いられてい
る。その他アフリカ生まれのオーガニック
系コットンとしては、東アフリカのウガン
ダコットン［Uganda cotton］や西アフリカ
のブルキナファソコットン［Burkina Faso
cotton］といったものもある。

靭皮繊維（じんぴせんい）⇒植物繊維

シンブル［thimble］裁縫に用いる「指貫（ゆ
びぬき）」のこと。利き腕の中指にはめ、
これで針を押しながら縫うのに用いる。
フランス語では「デ」と呼ばれる。

シンプルニット［simple knit］きわめてシ
ンプルな印象を特徴とするニットウエア
の総称。ハイゲージのタートルネックセ
ーターや畦編み、ケーブル編みのミドル
ゲージターなどに代表される。柄物はほ
とんど見られず、無地中心となっている
のも特徴のひとつ。

甚平［じんべい］「甚兵衛」と書いて「じ
んべえ」ともいう。夏季に用いる男性の
着物のひとつで、紐でつないだ短めの筒
袖や紐結び式の前合わせなどを特徴とす
る。元は江戸時代末期に現われた袖なし
の羽織とされ、それを関西でこのように
呼んだものとされるが、地方によって麻
で作られた単（ひとえ）の半纏を指すよ
うにもなった。なおこれの冬版とされる
厚手の着物が「権平（ごんべい）」とい
う商品名で売り出されたこともある。

新モス⇒モスリン

シンレッグパンツ⇒スーパーストレートパ
ンツ

新ロココ・スタイル⇒クリノリンスタイル

ファッション全般

ズアーブジャケット［Zouave jacket］フランス軍アルジェリア歩兵部隊のズアーブ兵に由来するジャケットの一種。襟なし、腰丈のボレロ風上着を特徴とする。

ズアーブパンツ［Zouave pants］ズワーブパンツとも。1830年に結成されたというフランス軍アルジェリア歩兵部隊のズアーブ兵が穿いていたことに由来するパンツで、腰から裾までギャザーをとって全体にたっぷりさせた特異な形のもので、サルエルパンツ*と共通する感覚を持つ。膝下か足首のところで細く絞ったデザインも特徴。

スイーツアクセ［sweets＋accessory］デザート菓子のスイーツをモチーフとして作られたアクセサリーの総称。チョコレートやビスケット、マカロンなど本物そっくりに作り上げたもので、そうした飾りを付けたネックレスやリングなどが見られる。

スイーツカラー［sweets color］スイーツは「甘いもの」の意で、菓子やケーキ、パイなどデザートとしての甘いものを総称する。そうしたスイーツに見られるロマンティックな色調を指す新しい呼称。

スイートカジュアル［sweet casual］スイートファッション*に派生した甘い雰囲気を特徴とするカジュアルファッションの表現。甘い色調や可愛らしいデザインのキャミソールやワンピースなどに代表される。

スイートデコラ［sweet＋decorative］若い女の子たちのファッション表現のひとつをいったもので、スイート（甘い）でデコラティブ（装飾的）な調子の服装を指す。白のフリルいっぱいのスカートにピンクのショートジャケット、それにニット帽や手袋をあしらうといった格好が代表的。

スイートドレス［sweet dress］スイートフ

ァッション*と呼ばれる流行に特有のドレス。フリルやリボンなどを多用したベビードール調のドレスや、段飾り調のティアードをあしらったドレスなどが代表的で、色もパステルカラーやシャーベットカラーなど甘い調子のものが中心となっている。

スイートハートネックライン［sweetheart neckline］スイートハートは「恋人」の意で、胸元をハートの形に大きく刳（く）ったネックラインをいう。ハートシェイプトネックライン*と同義とされることがあるが、これはそれよりも刳りを深くしたものを指すニュアンスが強い。ハートの山型の部分が表現されるのも特徴のひとつ。

スイートファッション［sweet fashion］あふれるような優しさと可愛らしさに満ちた甘い雰囲気のファッション表現。2004年春夏シーズンから一大トレンドとなったもので、フリルやリボンなどを多用したベビードール調のドレスや段飾りのスカートなどが代表的。パステルカラーやシャーベットカラーなどの甘い色調も特徴とされる。

スイートミリタリースタイル［sweet military style］テーストミックス・ファッションのひとつで、ハードなミリタリージャケットに女性的なドレスを合わせるといった表現に代表される。

スイートロリータ［sweet Lolita］俗に「甘ロリ（あまロリ）」とも呼ばれる、女の子たちのファッション表現で、黒を基調とするゴスロリ*とは対照的に、白やピンク、サックスブルーといった色調を中心とした可愛らしさいっぱいのロリータファッションをいう。ふりふりのボンネットやパラソルなどの小物使いも特徴。

スイスクロック⇒ワンポイント靴下

スイスコットン［Swiss cotton］水玉模様

ファッション全般

を織りで表現する上質の綿織物を指す。単に「スイス」というほか、スイスドット [Swiss dot] とかドッテッドスイス [dotted Swiss] ともいう。スイスで初めて作られたところからこの名があり、衣服のほかカーテンなどの生地としても用いられる。

スイスドット⇒スイスコットン

スイスリブ [Swiss rib] セーターなどの袖口や裾に用いられるリブ編の一種。二目ゴム編の総称で、ゴム編のなかで最も伸縮性に富む編み方とされる。

スイミングウエア⇒スイムウエア

スイミングキャップ⇒スイムキャップ

スイミングゴーグル [swimming goggles] いわゆる「水中眼鏡」。競泳選手が用いるほか、一般的に水泳時に多く用いられる。

スイミングスーツ [swimming suit] スイムスーツ [swimsuit] ともいう。水着のことだが、特に女性用のそれをいうことが多い。女性の水着はワンピース型あるいはトップとボトムが揃ったツーピース型であるところから、スーツの名を冠して呼ばれる。

スイミングトランクス [swimming trunks] スイムトランクス [swim trunks] とも。男性水着の代表的なもので、下着のボクサーパンツ*型のものを総称する。ベイジングトランクス [bathing trunks] という表現もあるが、ベイジングとは「水浴、入浴、入湯」を意味している。日本ではこの種のものを「水泳パンツ」とか「海水 (浴) パンツ」、またこれを略して「海パン」などと俗称することが多い。

スイムウエア [swim wear]「泳ぐための衣服」の意で、「水着」を総称する。スイミングウエア [swimming wear] ともいう。男女によって違いがあるが、男性水着ではショートパンツ型のものが中心と

なる。

スイムキャップ [swim cap] スイミングキャップ [swimming cap] とも。水泳のときに用いるかぶりものの総称。頭にぴったりフィットするナイロンやゴムなどで作られたものが中心となっている。

スイムシューズ⇒アクアシューズ

スイムショーツ [swim shorts] 海水浴また競泳用の水着パンツのひとつ。脇が切れ上がって体にぴったりフィットするブリーフ型の水着パンツを総称する。最近ではこの種のものを「ビキニ」水着と称する傾向が強い。

スイムスーツ⇒スイミングスーツ

スイムトランクス⇒スイミングトランクス

スイムドレス⇒ワンピース水着

水紋柄⇒ウエイブパターン

スインギングスカート⇒スイングスカート

スイングスカート [swing skirt] 揺れるイメージを特徴とするスカートで、スインギングスカート [swinging skirt] ともいう。薄くてしなやかな生地を用いて作られるフレアスカートなどがその代表的なもの。

スイングトップ [swing top] 俗にゴルフジャンパー [golf jumper] として知られる軽快なショートジャケット。ジップフロントでラグランスリーブを特徴としたものだが、これは1960年代に日本のアパレルメーカーによって作られた和製英語のひとつで、ゴルフのスイングとトップ (上衣) をかけた造語。正しくはドリズラージャケット*などという。

スイングパンツ⇒グランパンタロン

スイングヘア⇒ウエービーヘア

スウィーピングライン [sweeping line] スウィーピングは「掃除すること」の意で、床や道路を掃除するようなイメージのある丈長で揺れ動くようなシルエットを指す。いわゆるマキシコート*などに代表

335

ファッション全般

されるもの。

スウィンキー ［Swinky］英国生まれのヘアアクセサリーの商品名のひとつ。髪を固定するふたつの櫛をつないだ構造になっているもので、あやとりのように自由自在なアレンジが可能とされる。ポニーテールや巻き髪など20通り以上の髪形が楽しめる髪留めとして、2010年春インターネット上で話題となり、流行するようになった。

スウィンギン・ロンドン⇒キンキールック

スウィンコットン⇒インド綿

ズージーンズ ［ZOO JEANS］トラやライオン、クマなどの猛獣が引っかいたり、噛んだりして傷つけたデニム地を元にして作られた究極のダメージジーンズ。動物園で活動するボランティア団体「みねこクラブ」がジーンズメーカー「藍布屋（らんぷや）」のサポートの下に、タイヤやボールなどの遊具にデニム地を巻き付けて猛獣たちに自由に遊んでもらい、穴などの開いた生地でこしらえたジーンズのことで、世界にひとつしかないオリジナルのダメージジーンズとして話題になった。2014年7月、日立市かみね動物園で公開され、ネットオークションにも出品された。「ライオン加工」ジーンズなどとも呼ばれる。

スウェーディッシュ・アーミーコート⇒オフィサーコート

スウェーディッシュ・オフィサーコート⇒オフィサーコート

スーツ ［suit］本来「一式、揃い」という意味で、メンズウエアにおいてはテーラードな作りの折襟（おりえり）型の上着とズボン、時としてベストを同じ生地で仕立てた「揃いの服」一式を指す。レディースウエアではジャケットにスカート、もしくはベスト、ブラウス、パンツなどを組み合わせて、「揃い」として着ることを前提とした組み合わせ服をいう。男女ともに、揃いとして一緒に着ることを前提としたものであれば、共布かどうかは問われない。

スーツアンサンブル ［suit ensemble］スーツとコート、あるいはスーツとブラウスを同じ生地や色柄で組み合わせたアンサンブル*の一種。スーツを中心としているのが特徴で、なかにはコートの裏地とスーツの表地を揃えたものも見られる。コートを中心としてスーツやドレスなどを組み合わせたものは、コートアンサンブル［coat ensemble］と呼ばれることがある。

スーツイン⇒コートイン

スーツ・オブ・アパレル ［suit of apparel］16世紀に登場したスーツの概念を示す。スーツという言葉は、13世紀に「制服、お仕着せ、揃いの服装」の意味で現れているが、これは当時のダブレット*とホーズ*から成る男性の衣服一式を指す意味で用いられた。なおスーツを、上着、ズボン、ベスト、タイで構成される男子服の一式と定義づけるなら、それは1666年10月7日の英国王チャールズ二世の「衣服改革宣言」をもって成立したことになる。そのとき王は初めてコートとブリーチズの組み合わせの中にベストを着用したとされる（『サミュエル・ピープスの日記』より）。

スーツ・オブ・ディトー⇒ディトーズ

スーツ・ジャケット ［suit's jacket］スーツの上着としてのジャケットという意味。上下揃いの組み合わせスーツのうち、上に当たる部分を指し、特にテーラードな作りの上着をいうことが多い。

スーツケース ［suitcase］大きなトランク型の旅行カバンの総称。服のひと揃い（スート）を収納できるくらいの大きさがあるということでこの名があり、軽くて耐

ファッション全般

久性の高い合成樹脂を成型したハードケースのものが多く見られる。真ん中からほぼ均等に割れる形になったものが一般的で、最近では伸び縮み式のハンドルとキャスターを付けた取り扱いのしやすいものが中心となっている。

スーツドレス [suit dress] 一見するとスーツスタイルに見えるが、実際にはワンピースとして作られているドレス。また、ジャケットとドレスのアンサンブルになった一式をこう呼ぶこともある。

スーツハイヤー [suit hire]「貸しスーツ」の意。ハイヤーには「賃借りする」のほか「賃貸し、賃借り」の意味がある。

スーツブーツ⇒ドレスブーツ

スーツベスト [suit vest] スーツと組み合わせて用いられるベストのことで、スーツと共生地で作られるのが原則とされる。生地が揃っているところからマッチングベスト [matching vest] またスーティングベスト [suiting vest] とも呼ばれる。

スーティアンコル⇒ステンカラー

ズーティーズ⇒ズートスーツ

ズーティースタイル⇒ザズー

スーティング [suiting] スーツ（背広）を作るための生地、すなわち「スーツ地」を総称する。広義には男性用の服地を総称するが、最近では「スーツ化」という意味でスーティングの用語を使うことがある。

スーティング（着こなし）[suiting] 男性用の洋服やその着こなし、またスーツに用いられる生地の総称としても使われるが、ここでは「スーツ化」の意味をとる。テーラードなジャケットによく似た生地のパンツを合わせて、スーツのように着こなす様子などをこのように呼んでいる。

スーティングベスト⇒スーツベスト

ズートジャケット [zoot jacket] 1940年代初期にアメリカで流行したズートスーツ＊にモチーフを得てデザインされたジャケット。肩幅が極端に広く、丈が膝下くらいまであるような、全体にだぶだぶの逆三角形シルエットを特徴とするもので、当時のジャズマンに愛好されたことから、ジャズジャケット [jazz jacket] とも呼ばれた。現在でもちょっと突っ張った若者たちのファッションとして用いられることがあり、暴走族の特攻服や応援団の学ランなどに影響を与えている。

ズートシューター⇒ズートスーツ

スートスーツ [suit suits]「スーツらしいスーツ」の意で、正統的な形のスーツを強調させていう用語。ニュースーツ＊の対語として用いられるもので、「スーツスーツ」ということもある。

ズートスーツ [zoot suit, zuit suit] 1940年代初期にアメリカで流行した特異なデザインのスーツ。普通の倍もあるような肩幅と膝くらいまでの長い丈を特徴とする上着に、これまた脚が2本も入るようなぶかぶかの超ハイライズの裾細り型ズボンを合わせた逆三角形シルエットのスーツで、これに長いチェーンをあしらうなどして着こなした。第2次大戦下における下町の反抗的な不良少年スタイルとされるが、戦後これがジャズマンの衣装に取り入れられるなどした。現在でもこれにモチーフを得たスーツやジャケットが好まれることがある。ズートはオランダ語からきたとされるが、その語源は不詳。なおこうしたスーツを着た不良たちはズートシューター（ズートスーターとも）[zoot suiter] あるいはズーティーズ [zooties] と呼ばれて一世を風靡した。

ズートパンツ [zoot pants] 1940年代のアメリカで流行したズートスーツ＊に見るぶかぶかのパンツ。ペッグトップパンツ

さ

337

ファッション全般

*の一種で、極端なハイウエストと超ワイドなズボン幅、急速に狭まる裾を特徴とする。現在でも、こうした特徴を持つ若者向きのパンツをこのように称することがある。

ズートルック［zoot look］1940年代初期のアメリカで一時的に流行したズートスーツ*と呼ばれるだぶだぶの服に触発されて登場した若者ファッションのひとつ。ルーズなシルエットが特徴で、そうした不良っぽい雰囲気の服とじゃら付けしたアクセサリーで表現されることが多い。

スーパーアラミド繊維⇒アラミド繊維

スーパーVネック［super V neck］通常より深く刳（く）られたV字形のネックライン。ドレスやニットトップ、セーターなどに用いられ、女性らしいセクシーな表情を表すのに効果があるとされる。「深Vネック」とも呼ばれ、最近では男性の下着シャツにも用いられるようになっているが、これはシャツの前ボタンを2つ、3つ外したときに下着が見えないように配慮したデザイン。

スーパーウイングカラー⇒ラウンドウイングカラー

スーパーウエイフモデル［super waif model］ウエイフ（浮浪者）のようなファッションモデルという意味で、リアルモデルの異称とされる。初期のケイト・モス（リアルモデルの元祖とされる）が浮浪者のようなイメージを売りにしていたところから、このように呼ばれるようになったもの。

スーパーウール［super wool］上質ウールであることを表す基準で、軽量で極細の羊毛糸を使ったウール地であることを証明している。この表示は元々1970年代に英国の紡績メーカー『ラム』社によって始まったものだが、その後ミル（生地メーカー）やマーチャント（生地商社）な

どにより、さまざまなスーパー表示が乱立したため、2000年、IWTO（国際羊毛機構）によって全世界共通の基準が設定されることになった。それによるとスーパーウールは、繊度（せんど＝繊維の細さのことで、繊維断面の直径をミクロンの単位で表す）が19.5ミクロンの「スーパー80’S」から、13.0ミクロンの「スーパー210’S」まで14段階に区分されている。

スーパーオーガンザ［super organza］7デニールの超極細スーパーファイン・ポリエステル糸を使用して作られる新しい素材。"天女の羽衣"のようなと呼ばれるほどに薄くて軽く、空気のような透明感があるとされる。ちなみに一般的なパンティーストッキングの糸は20デニール前後とされている。

スーパーカジュアル［super casual］通常の概念を超越したカジュアルファッションの表現。1980年代初頭にイタリアから発したとされるカジュアルファッションのひとつで、きわめて高度な感覚でデザインされたカジュアルウエアの構成で表現されるファッションを指し、大人向けのカジュアルとかブランド志向派のカジュアルウエアとして注目を集めた。

スーパーキッズモデル［super kids model］子供のスーパーモデル。子供服のファッションショーに登場したり、子供ファッション誌の専属モデルなどの中で、特に人気のあるモデルを指し、彼ら・彼女らの着た服が売れ行きに大きな影響を与えるなどとして注目を集めている。

スーパークールビズ［SUPER COOL BIZ］「節電ビズ*」を指す環境省提案のキャッチフレーズ。従来のクールビズよりさらに夏の職場における軽装を訴えるもので、タンクトップや短パン、ビーチサンダル以外ならOKとするきわめて自由な

338

ファッション全般

規制のためにこう名付けられたもので、いわば「超クールビズ」といえる。2011年6月1日から実施されるようになった。

スーパーサイズ [super size] ふつうのものより群を抜いて大きな作りとなった服や、そうしたディテールデザインなどを総称する。2016/17年秋冬シーズン向けに登場したファッショントレンドのひとつで、オーバーサイズの服やスーパースリーブなどと呼ばれる超長い袖のデザインなどに代表される。

スーパーサポートストッキング⇒サポートパンティーストッキング

スーパージーンズ⇒ファンジーンズ

スーパージャンクス [super junks] ジャンクは「がらくた、くずもの」といった意味だが、ファッションでは時代を超えて愛好される中古衣料や家具、道具、またアクセサリーや玩具などの類を総称して、このように呼んでいる。

スーパーショートパンツ [super short pants] 若い女性向けのきわめて短いショートパンツのことで、同様の意味でマイクロミニパンツなどとも呼ばれる。とくに穿き口を斜めに高く切り上げて、前ポケットの袋部分をのぞかせるまでにしたデニムのショートパンツに代表される。

スーパーショートポインテッドカラー [super short pointed collar] 剣先までの長さがきわめて短いショートポイントカラー*のこと。俗にリトルボーイカラー [lit-tle boy collar] （少年襟の意）とかアンダーサイズドカラー [undersized collar]（小型襟の意）とも称し、日本では「チビ襟」などの俗称でも呼ばれる。

スーパースキニージーンズ [super skinny jeans] スキニーは「やせっぽちの、骨と皮だけの」という意味で、脚にぴったりと張り付くきわめて細身のジーンズを指す。通常のスキニージーンズのさらに上

を行くスリムなジーンズを総称するもので、最近ではジーンズのことをデニムと表現するのに倣って、スーパースキニーデニム [super skinny denim] と呼ばれることも多い。

スーパースキニーデニム⇒スーパースキニージーンズ

スーパースキニーパンツ [super skinny pants] きわめて細身のスキニーパンツ*。スキンタイトジーンズなどと同種のアイテムで、スーパースリムパンツなどとも呼ばれ、レギンス*と同様の効果を発揮する。

スーパーストレート⇒スリミーストレートシルエット

スーパーストレートパンツ [super straight pants]「超直線型パンツ」の意で、脚にぴったりフィットするストレートパンツ*を指す。これよりもさらに細身に感じられるものをスリミーストレートパンツ [slimmy straight pants]（和製語）とかシンレッグパンツ [thin leg pants]（細い脚の意）などと呼ぶことがある。

スーパーストレッチパンツ⇒ストレッチパンツ

スーパースリムジーンズ [super slim jeans] スリムジーンズ*の一種で、さらに細めで脚にぴったりフィットする股引（ももひき）のようなイメージのジーンズを指す。最近ではスキニージーンズ*と呼ばれることのほうが多い。

スーパースリムパンツ⇒スリムパンツ

スーパースリムライン⇒リーンライン

スーパーセクシールック⇒タイト・アンド・ミニ

スーパー繊維 [super＋せんい] 特に定義はないが、きわめて強く、耐熱性に長けた繊維の総称とされる。狭義には強度が1デニール当たり20グラム以上で、弾性率が1デニール当たり500グラム以上と

339

ファッション全般

いう条件を同時に満たすものをこのように呼んでいる。パラ系アラミド繊維やメタ系アラミド繊維といったものがあり、主として産業用資材として使われるほか、衣料では防弾チョッキや防災服、またアウトドアウエアなどに用いられている。ハイテク技術を駆使して作られるところから、一般には「ハイテク繊維 *」とも呼ばれる。

スーパーチープジーンズ⇒低価格ジーンズ

スーパートラディショナル［super tradi-tional］従来のトラディショナルを超えるトラディショナル・ファッションの意。堅苦しいトラッドのルールに縛られることなく、クラシックな英国調スタイルに基本を置きながら、ソフトに自由に現代風の崩した感覚で着こなすところに特徴がある。

スーパーナロータイ⇒ナロータイ

スーパーニーハイブーツ⇒ニーハイブーツ

スーパーハイウエストパンツ［super high-waist pants］ウエストラインがきわめて高い位置にあるパンツ。胸下にまでウエストラインがくるようなパンツがそれで、スーパーローライズとは対照的なデザインとなる。

スーパーハイヒール［super high heel］ヒール高7センチ以上の女性靴をハイヒールというが、それを極端な形で表現したものをこのように総称する。

スーパーパンティーストッキング⇒サポートパンティーストッキング

スーパービキニ［super bikini］水着のビキニパンツ * の中で、極端に面積が小さなタイプをいう。脇が高くカットされた「ハイレグ型」のものも見られ、ツーウエイトリコットなど伸縮性の高い素材で作られるのも特徴。海外のリゾート地ではよく見られるが、日本ではほとんどが競泳用とされる。なおこうした競泳用水着を

レーシングビキニ［racing bikini］ということがある。

スーパーファインウール⇒ファインウール

スーパーファインラミー⇒ラミー

スーパーヘビーウエイト・デニム⇒ブルデニム

スーパーベーシック［super basic］一般的なベーシック・ファッション（基本的な装い）を一歩超えた感のあるファッションについて用いる。基本的なアイテムを着こなしのテクニックで高感度に演出し、普通であるがどこか普通ではないといった感覚に持っていくのが特徴。

スーパーポジション［super position］これまでの着こなし方を超越した着こなしを総称する。単純な服の組み合わせではなく、3点以上のアイテムのより複雑な組み合わせ方をいったもので、多くはそうした重ね着スタイルを意味している。フランス語でシュペールポジシオンとも発音される。

スーパーマウンテンパーカ⇒マウンテンパーカ

スーパーマーケットファッション［super-market fashion］なんでも揃っているスーパーマーケットの品揃えになぞらえて、なんでもありの今日のファッション市場の状況を表現した用語。

スーパーミックス［super mix］テーストミックス * のさらに上を行くものとして2007〜08年秋冬シーズンに登場した着こなしテクニックをいう。エスニックとスポーツなど対照的なファッション要素を混在させて組み合わせるのが特徴で、さまざまな要素をミックスしたスタイリングが新鮮だとされる。こうした様子をスーパーミックススタイル［super mix style］と呼んでいる。

スーパーミックススタイル⇒スーパーミックス

スーパーミニスリップ⇒ミニスリップ

340

ファッション全般

スーパーメリットスーツ［super merit suit］
きわめて利点（メリット）の多いスーツ
という意味で、主に一着で何通りもの着
こなし変化を楽しむことができる婦人用
スーツを指す。デザインの異なるスカー
トを加えたり、取り外し可能な襟やカフ
ス、リボンなどをセットにして、ビジネ
スからフォーマルまで多様な用途に向く
ようにしたのが特徴。単にメリットスー
ツ［merit suit］と呼んだり、着こなしが
自由に変えられるということでチェンジ
ャブルスーツ［changeable suit］とも呼
ばれる。

スーパーモデル［super model］ファッショ
ンモデルの中でも、特に一流中の一流モ
デルをいう。スーパースターとしてのモ
デルというわけで、1990年頃からそれま
でトップモデルと呼ばれていたモデルの
うち、特に傑出したモデルをこのように
呼ぶようになった。最近ではこれを短縮
したスパモという言葉も使われている。

スーパーラウンデッドカラー⇒ショートラ
ウンデッドカラー

スーパーローライザー⇒ローライザー

スーパーローライズ⇒ライズ

スーパー六分袖［super＋ろくぶそで］肘（ひ
じ）のすぐ下辺りで切り取った感じの袖
丈、またそうした袖のデザインをいう。
セクシーエレガンスを表現する女らしい
ディテールデザインのひとつとして登場
したもので、スーパーというのは「スー
パーVネック*」など最近のはやり言葉
に倣ったもの。

スーパーロングコート⇒マキシコート

スーパーロングブーツ［super long boots］
膝上丈から股下ぎりぎりまでの長さを持
つブーツで、「大長靴」ということにな
る。男性用としては昔の軍靴として用い
られたことがあるが、現在では多くが女
性用とされている。

スーパーワイドタイ⇒ワイドタイ

スーパーワイドパンツ［super wide pants］
ワイドパンツ*のさらにワイドなタイ
プ。これよりもっと過激になるとメガワ
イドパンツ［megawide pants］などと呼
ばれることになる。こうしたものを日本
では「デカパン（でかいパンツの意）」
とか「ダボパン（ダボッとしたパンツの
意)」などと俗称することがある。

スーピマ綿［Supima cotton］アメリカのス
ーピマ協会によって承認されるピマ綿*
の商標。アメリカ南西部のアリゾナやニ
ューメキシコ、テキサス州などで栽培さ
れるもので、超長綿*の優れたコットン
素材として知られる。

スープ・アンド・フィッシュ［soup and
fish］燕尾服を指す俗称のひとつ。晩餐
会の最初にはスープや魚料理が出される
ところからの命名とされる。

スーベニアジャケット⇒ベトジャン

スーベニアシャツ［souvenir shirt］スーベ
ニアは「記念品、みやげ、形見」といっ
た意味で、なにかのイベントの記念や観
光地でのおみやげとして作られるシャツ
をいう。そのイベントや観光地にふさわ
しい文言や図柄などをカラフルにデザイ
ンしたものが多く見られる。

スーベニアジャンパー⇒スカジャン

スーペリア・メリノ［SUPERIOR MERINO］
AWI*（オーストラリアン・ウール・イノ
ベーション）が2009年から打ち出した新
しいブランドの名称。従来のウールマー
クやウールマーク・ブレンドとの差別化
を狙って、CSR（企業の社会的責任）や
プロセスの認証、トレーサビリティー（履
歴管理）の確立を骨子とするのが大きな
特徴とされる。「スーペリア・メリノ・
ブレンド」も用意されており、アパレル
製品のほか、ふとんや毛布、カーペット
などでも推進するとしている。ちなみに

ファッション全般

スーペリアには「優れている、優秀な」といった意味がある。

スーモレ [sous-mollet 仏] フランス語で「ふくらはぎの下」の意で、ちょうどふくらはぎの下辺りまでの丈を指す。

スーリエ [soulier 仏] フランス語でいう「短靴」のこと。英語のシューズに該当する。ちなみにブーツはボットゥ [botte 仏] となる。

スーリーアルパカ [Suri alpaca] アルパカ原毛の種のひとつ。一般的なアルパカ原毛にはワカヤ（ファカヤ）種が用いられ、これがアルパカの97%を占めるが、もうひとつがスーリーと呼ばれる種。これはアルパカの特徴に加え、モヘアのような光沢を持つ。繁殖がむずかしく、産毛量はアルパカ全体の3%ほどと絶対量が少ない。高価な素材のひとつとされ、コートに多く用いられる。ベビーアルパカのスーリー版とされるベビースーリーもある。

スエード [suede, suédé 仏] クロムなめしを施した仔牛や仔山羊などの銀付き*革の裏面をサンドペーパーなどで細かく起毛させ、ベルベットのような感触を表した革の総称。この語はスウェーデンに由来するもので、これをさらに細かく仕上げたものはシルキー [silky] と呼ばれる。

スエードクロス [suede cloth] スエード*に似せて作られた人工スエードのこと。超極細のポリエステルフィラメントでできた不織布や織物、ニット地などの基布にウレタン系樹脂を含浸させ、これを毛羽立ててスエードのような外観と感触を持たせたもの。

スエードシューズ⇒バックスキンシューズ

スエードヘッド [suede head] 皮革素材のスエードのような頭ということで、クルーカットなど短く刈り込んだヘアスタイルを指すロンドン風の表現として知られ

る。少し起毛している感じがスエードを思わせるところからの命名で、アメリカでいうバズカットと同じ用法。

スエードムートン⇒ムートンラム

スエットウエア [sweat wear] スウェットウエアとも。ジャージーに代表されるスエット生地で作られる衣服の総称。狭義にはスエットシャツやスエットパンツなど運動競技に用いられる汗取り用のウエアを指すが、現在ではそうしたスエット地が一般的なおしゃれ着にも用いられるようになって、このような分野が生まれた。

スエットジャケット [sweat jacket] コットンジャージーなどのいわゆるスエット素材で作られたブルゾン型の上着。陸上競技の選手がよく用いることから、アスリートトップ [athlete top] などとも呼ばれる。日本でいうジャージトップ*と同義。

スエットシャツ [sweat shirt] 日本ではトレーナー*と呼ばれることが多い、丸首、長袖、ラグランスリーブ*を特徴とするジャージー製シャツのひとつ。1924年のパリ・オリンピック時にアメリカ選手用に作られたのが最初で、トレーニングの際の「汗取り用」とされたところからこの名が生まれたもの。裏起毛させた霜降り綿ジャージー素材のものが本格とされる。

スエットショーツ [sweat shorts] スエット素材で作られるショートパンツの総称で、スウェットショーツともいう。スエットパンツのショーツ版で、多くは膝丈程度のハーフパンツで、ウエストを紐使いとしたものが多い。スエットパンツと同じようにストリートファッションの1アイテムとして用いられることが多くなり、特に⇒ビタ男と呼ばれる男たちには必携品とされているという。

ファッション全般

スエットスーツ [sweat suit] 裏起毛を施したスエット素材と呼ばれる厚手のニット地で作られるスエットシャツ*とスエットパンツの組み合わせによる運動着。トレーニングスーツ [training suit] とも呼ばれる。1924年のパリ・オリンピックでアメリカの選手がウォーミングアップ時に着用したのが最初とされるが、スエットスーツという言葉そのものは1950年になってから一般化している。日本では一般に学校の「体操着」として知られる。

スエットTシャツ [sweat T-shirt] スエットシャツのようなTシャツの意で、裏毛パイルのコットンジャージーで作られた長袖や半袖のTシャツを指す。またスエットシャツでありながら、袖口と裾のリブ編み部分を省略してTシャツのような形になったものもいる。要はTシャツ感覚で着ることのできるスエットシャツ。

スエットトップ [sweat top] スウェットトップとも。裏毛パイルなどジャージーのスエットファブリックで作られたトップス（上体衣）の総称。日本でいうトレーナーと同義で、さまざまなスポーツに用いられるさまざまな種類がある。Tシャツと同じクルーネック（丸首）型のものをスエットクルーと呼ぶこともある。

スエットドレス [sweat dress] 綿ジャージーのスエット素材を用いたワンピースドレスの総称。本来スポーティーが持ち味のスエットをドレッシーな表情のアイテムに変化させたもので、この分野ではアメリカのデザイナー、ノーマ・カマリの活躍がよく知られる。最近のコレクションにもよく用いられる。

スエットパーカ [sweat parka] フードが付いたスエットシャツ*のことで、日本では一般にフーデッドトレーナー [hooded trainer] と呼ばれるが、これをアメリカではフーデッドスエットシャツ [hooded sweat shirt] という。スエット素材のヨットパーカ*と同種のものであるところから、日本ではヨットトレーナー [yacht trainer] とも俗称される。

スエットパンツ [sweat pants] 綿メリヤスのスエット素材で作られたウオーミングアップ用のパンツ。そのことからウオームアップパンツ [warm-up pants] と呼ばれたり、トレーニングパンツ*と総称されたりする。ゴムウエストやゴム入りの裾口を特徴にした霜降りグレーのジャージーパンツが代表的なものとして知られる。

スエットバンド [sweatband] 帽子の内側に付く「滑り革」のこと。汗を取るための帯ということでこう呼ばれるもので、主に羊の革が用いられるところから単に「レザー leather」ともいい、ハットスカイバー [hat skiver] とか、サイズリボン [size ribbon] の別称でも呼ばれる。

スエットファッション [sweat fashion] 一般にトレーニングウエアなどと呼ばれるスエットシャツやスエットパンツなどで表現されるファッション。スエットは「汗」という意味で、元々はそれらがウオーミングアップ用の汗をかかせる衣料として用いられたところから、そのように呼ばれるようになったもの。またそうしたスエットウエア用の素材で作られるファッションのこともいう。

スエットブルゾン [sweat blouson] コットンパイルやベロア、ジャージーなどのいわゆるスエット素材で作られたスポーティーなブルゾンの総称。トレーナーブルゾン [trainer blouson] と呼ばれることもある。

スカーティニ [skirtini] ごく小さなスカート状のボトムアイテム。いわゆるセクシー下着の一種で、扇情的なコスプレ用衣装のひとつとされる。

343

ファッション全般

スカーテッドコート⇒カットインコート

スカーテッドベスト⇒ライディングベスト

スカート［skirt］主として女性のボトムス（下体衣）を代表する衣服のひとつで、パンツのように股が分かれていない筒状のものを指す。デザインや丈の変化は多彩で、現在では女性の衣服を代表するきわめて重要なアイテムとされている。ドレスやコートにおけるウエストから下の部分や、男性の燕尾服やモーニングコートの裳裾（もすそ）の部分を呼ぶこともある。語源は古代英語のスキルト *scyrte（短い着物という意味）にあるとされ、ここからシャツ（シャート）とスカートに分かれたという。

スカート・オン・スカート⇒ダブルウエアリング

スカート・オン・パンツ⇒ダブルボトム

スカートスーツ⇒パンツスーツ

スカートパンツ［skirt-pants］キュロットスカート *の意味もあるが、それとは別に1988年頃ニューヨークに登場した新種の女性用パンツを指す言葉として知られる。一見スカートと見えるほどにたっぷりとした量感を特徴とするパンツで、夜向きのドレッシーなアイテムとされるほか、タウンウエアとしても人気を博した。その大きな印象からグレートパンツ［great pants］、またその用途からイブニングパンツ［evening pants］などさまざまな名称でも呼ばれる。

スカートフォーメン［skirt for men］「男たちのためのスカート」という意味で、ジャンポール・ゴルティエなどのデザイナーによって創り出された男性用のスカートをいう。1980年代のアンドロジナスルック *（両性具有ファッション）などの影響から生まれたもの。

スカーフ［scarf］複数形ではスカーフスscarfs のほか「スカーブズ scarves」とも表す。防寒用またファッション的なアクセサリーとして用いる首巻きの布片で、さまざまな種類がある。古代アッシリアの時代に宮廷人のステータスシンボルとして用いられていたというほど古い歴史を持ち、中世初期に北欧からヨーロッパに伝えられたという。フランス語ではエシャルプ［écharpe 仏］と称するが、日本では第2次大戦直後までスカーフという言葉は用いられず、もっぱらネッカチーフ *という表現が通用していたという。スカーフは正方形のものが一般的で、これを「角型（かくがた）」とか「スクエア square」と呼び、たとえば80×80センチのものを「80センチ角」というように呼んでいる。

スカーフカラー［scarf collar］スカーフを巻いたような形を特徴とする襟型。ドレープを表現したり、襟刳（ぐ）りに縫い付けるなどさまざまな形で用いられる。ストールカラー *のように、スカーフを肩全体に覆うようにしたデザインも見られる。

スカーフスカート［scarf skirt］大判のスカーフのようなイメージを特徴とするスカート。スカーフに見られる鮮やかな色や模様を持ち味としているところから、このように呼ばれる。

スカーフタイ［scarf tie］スカーフ状のネクタイ。ふつうのスカーフのようにシャツの襟の中に巻くのではなく、ネクタイのようにシャツの襟に通して、ネクタイとおなじように結ぶのが特徴となる。ネクタイ特有の三角形のノット（結び目）は作らず、襟元いっぱいに広がるのが特徴。男性用のちょっとファンシーなネックウエアの扱いとされる。

スカーフタイカラー［scarf tie collar］スカーフを巻いたような襟を「スカーフカラー *」というが、それをさらにネクタ

344

イのような結び方で、ゆったりとあしらった襟のデザインを指す。

スカーフバンド［scarf band］スカーフを細幅にカットして帯のようにし、首に巻いたり、ネクタイのようにして用いる新奇なアクセサリーをいう。

スカーフピン⇒スティックピン

スカーフプリント［scarf print］スカーフによく用いられるプリント柄の総称。スカーフの角に当たる部分を衣服のデザインに取り入れて特徴を出すパネルプリント *の一種ともされる。

スカーフヘム［scarf hem］スカーフヘムラインとも。スカーフを垂らしたようなデザインの裾線のことで、ハンカチーフヘム *と同種のもの。エレガントなドレスなどに多用される。

スカーフベルト［scarf belt］スカーフを巻いたような感じの布製ベルトの一種。タイベルトと同種のもので、これは女性のウエストアクセサリーのひとつとして用いられるもの。

スカーフホルダー⇒チーフホルダー

スカーフリボン［scarf ribbon］スカーフをリボンのような形にしてあしらうヘッドアクセサリーのひとつ。色鮮やかなスカーフをヘッドバンドとするとともに、立体的なリボンを大きく形作るのがポイントとされる。2010年春、若い女の子たちの流行のひとつとして目立った。

スカーフリング［scarf ring］スカーフホルダーの一種で、スカーフを通してきれいにまとめるために用いるリング（環）状のアクセサリー。特に金属製のそれをう呼ぶことが多い。

スカーチョ［skirt＋gaucho］スカーチョとも。スカートとガウチョから作られた合成語で、スカートのような印象を持つガウチョパンツ、またガウチョパンツのようなイメージのスカートを指す。ガウ

チョパンツの人気から登場した2015年の話題商品のひとつ。

スカジャケット［――jacket］スカジャン（ヨコスカジャンパー）のジャケット版。ミリタリージャケットのM-43型にスカジャンそのままのバックプリントを載せたものやテーラード袖のスカジャンなどをいったものだが、ジャケットとジャンパーの同義性からスカジャンと同じともされる。

スカシャツ［――shirt］「横須賀シャツ」の略。背中に日本調や中国調の派手な刺繍模様を施したスカジャン *（横須賀ジャンパー）のシャツ版。同様の模様を背中や裾などにあしらっているのが特徴で、アロハシャツのような感覚のシルク地のものが多く見られる。

スカジャン［――］ヨコスカ・ジャンパー［Yokosuka jumper］の略称。アメリカ海軍基地のある横須賀はドブイタ通りの土産店で売られたところから、「横須賀ジャンパー」を短縮して呼ぶようになったもので、富士山や鷹など日本的なモチーフの刺繍模様を特徴とする派手でチープなレーヨン地のスタジャン *風ジャンパーを指す。帰国する米兵たちの土産（スーベニア）として使われたことから、スーベニアジャンパー［souvenir jumper］とも呼ばれるが、本来はコリアン・ベットジャケット［Korean vet jacket］と称され、これは朝鮮戦争（1950～53）時の退役兵たちによって着られたことからの名。ここでのベットはベテランの略で、「復員軍人、退役（在郷）軍人」を意味する。

スカスタイル［ska style］レゲエの前身とされるジャマイカ生まれの音楽「スカ」の愛好者に見る服装のスタイル。特に1960年代中期から70年代末にかけて流行した「ルードボーイ」スタイルや「ツー

ファッション全般

トーン」スタイル（いずれもスカの発展形）にモチーフをとったファッション表現を指すことが多く、伝統的な不良少年スタイルのひとつとして、現在も人気を保っている。

スカッキュ ［skirt × culotte］ スカートとキュロットから成る造語で、スカートのようなシルエットを特徴とする女性用のパンツを指す。ガウチョパンツの流行とともに2015年春に登場を見た。かつてのスカンツ（スカート×パンツ）の現代版。

スカフス ⇒スリッパー

スカパンスタイル ［skirt + pants style］ スカパンは「スカートとパンツ」の意味で、パンツの上にスカートを重ねてはく女性のスタイルをいう。大抵は細身のジーンズの上にミニスカートを重ねることが多く、かつてはおかしな格好とされたものだが、2002年春夏に大流行し、現在、若い女性たちの間ではすっかり定着したスタイルになっている。

スカパンビキニ ［skirt + pants + bikini］ スカート付きの女性水着の一種で、フレアタイプのミニスカートをショーツに縫い付けたビキニ水着をいう。いわゆるスカパンスタイルのビキニというわけで、2006年に登場してヒットアイテムとなった

スカプラリオ ［scapular］ キリスト教徒や修道士が着用するゆるやかな袖なし肩衣。2枚の布を2本の紐で結び付けて肩から胸と背に吊るもので、修道会と特別な関係にある印、また信心の印などとして平服の下に着用する。「聖母の肩衣」などと呼ばれるが、現在ではこうしたもののほか、その縮小版や形だけの極小版も見られる。英語では「肩甲骨」の意味もある。

スカマン ⇒マンボズボン

スカマン族 ［スカマンぞく］ スカマンは「横

須賀マンボ」の略称で、1970年頃から登場した不良少年たちの風俗をいう。アメリカ文化の影響を受けた基地のある町・横須賀でスカジャン（横須賀ジャンパー）や独特のマンボズボン*（これをスカマンと俗称する）を身に着けた若者たちをそう呼ぶところから始まったとされ、これをルーツにヤンキーファッション*などへと広がっていった。

スカラップエッジ ⇒スカラップヘム

スカラップカラー ［scallops collar］ スカラップは「帆立貝」の意で、複数形の scallops で衣服の縁取りに用いる波形模様の飾りを意味する。そうした飾りを縁全体に施した襟を指す。

スカラップスリーブ ［scallop sleeve］ スカラップは「帆立貝」の意で、帆立貝の縁に見る波形のモチーフをデザインに取り入れた袖を指す。袖山から袖口までをそうした波形の布で飾ったものが代表的。

スカラップトネックライン ［scalloped neckline］ スカラップは「帆立貝」のことで、襟刳（ぐ）りを帆立貝の縁のような連続した波形にカットしたネックラインをいう。

スカラップヘム ［scallop hem］ スカラップは「帆立貝」のことで、その縁に見る波形模様を特徴としたヘムライン（裾線）を指す。スカラップエッジ[scallop edge]とも。

スカラップポケット ［scallop pocket］ 逆山型のフラップを特徴にしたポケット。スカラップは「帆立貝」の意で、帆立貝の縁に似せた形からこの名があるとされるが、その真偽は明らかでない。

スカラップヨーク ⇒ファンシーヨーク

スカル柄 ［skull ＋がら］ スカルは「頭蓋骨」の意で、いわゆるドクロマークを指す。ロック調のファッションを表現するには欠かせないモチーフとされ、最近の若者

ファッション全般

向けファッションに多用されるようになっている。

スカルキャップ⇒カロ

スカルプケア [scalp care] スカルプは頭の地肌、つまり「頭皮」のことで、これを健康に、かつ清潔に保つためのさまざまな手入れ法をいう。ヘアケアの第一歩はまず頭皮からというわけで、シャンプーやリンス*の重要性、またマッサージの有効性などが指摘されている。

スカルプチャーテーラリング [sculpture tailoring] スカルプチャーは「彫刻、彫刻作品」また「彫刻する、彫りつける」の意で、まるで彫刻するかのようなタッチで作り上げる衣服の造形およびそうした技術をいう。彫刻のような形の構築的なテーラードスタイルとして知られ、最近のイタリア・ミラノのメンズコレクションによく見られる。

スカルプチャードレス [sculpture dress] スカルプチャーは「彫刻、彫刻作品」また「彫刻する」の意で、まるで彫刻するかのようなタッチでデザインされた立体的なフォルムのドレスを総称する。最近のドレスに目立って多くなってきた。

スカルプチャーネイル⇒スカルプネイル

スカルプチャーネックレス [sculpture necklace] スカルプチャーは「彫刻、彫塑」の意で、まるで彫刻を作るような感覚で金属の板を造形したネックレスを指す。「建築」的なイメージもあるところから、これらをアーキテクチャーネックレス [architecture necklace] と呼ぶ向きもある。

スカルプチュラル [sculptural] 原意は「彫刻の、彫刻的な」ということで、彫刻的にくっきりとした陰影を表す衣服のデザイン表現を指す。最近のクリエーション（創作活動）に表れている傾向のひとつとして注目されている。

スカルプネイル [sculptured nail] スカル

プチャードネイルの略で、スカルプチャーネイル [sculpture nail] ともいう。スカルプチャーは「彫刻」の意味で、爪に形をつけることも意味する。アクリル樹脂を使って行うネイルアートの一種で、長い付け爪や特別な形の付け爪が作られる。ネイルアートの基本的なものとして知られる。

スカンジナビアンセーター [Scandinavian sweater] 北欧スカンジナビア地方で古くから用いられているセーターで、一般にスキーセーター [ski sweater] として知られる。雪の結晶柄などを特徴とした厚手のセーターで、ノルディックセーター [Nordic sweater]（北欧のセーターの意）とか、ラップランドセーター [Lapland sweater]（ラップランド地方のセーターの意）という別称もある。

スカンツ [skants] スカートとパンツから作られた合成語。スカート型のパンツという意味で、裾広がりのルーズなシルエットを持つものが多い。キュロットスカート*よりも分量の多いものが目立ち、エレガントな雰囲気があるところから、一般にスカートパンツ*と同義とされる。

スキーウエア [skiwear] スキー用の服装の総称。軽く耐候性のある素材を使い、機能性と保温性に長けたデザインで作られるのが特徴。最近はジャンプスーツ形式となったものが多く見られる。

スキーキャップ [ski cap] スキーに用いる帽子の総称。本来は前びさしと耳覆いが付いたニット製の丸帽などが用いられたものだが、現在では〈正ちゃん帽*〉などと呼ばれるニットキャップが多用される傾向が強い。

スキースーツ⇒ピステワンピース

スキーセーター⇒スカンジナビアンセーター

スキーソックス [ski socks] スキー用の靴下の総称。アルペンスキーだけでなく、

347

ファッション全般

スノーボードなどの雪山スポーツにも多く用いられる厚手の靴下。

スキートシューティングジャケット⇒シューティングジャケット

スキーパンツ［ski pants］スキー用のパンツの意だが、日本ではそれとともに全体にほっそりとして脚にフィットするスリムパンツを指す。ジャージーやストレッチファブリックが用いられ、裾口にスティラップ（足掛け部分）が付くのが何よりの特徴。レギンスやスパッツなどと同様に扱われることも多い。

スキーブーツ［ski boots］スキーに用いるブーツ。スキー板に取り付けて使用するもので、軽いプラスティック製で、バックルで留める形式となったものが多い。

スキーヤッケ⇒ピステジャケット

スキヴィー［skivvy］アメリカの口語で、主として男物のＴシャツを指す。複数形skivvies で男物のＴシャツ型下着上下も表す。

スキッパー［skipper］胸元がＶの字型に切れ込んだデザインを特徴とする、襟付きでプルオーバー式のニットシャツを指す。ボタンがないポロシャツといった感じのもので、婦人服では1990年代にスキッパーシャツ［skipper shirt］という名称で呼ばれていた。メンズでいうスキッパーは、襟付きのセーターとＶネックのセーターを重ね着したように見えるセーターや、そうしたレイヤードネックの俗称として元々用いられていたものだが、2004年夏ごろからこうした用法が定着するようになった。現在でもスキッパーシャツということもある。

スキッパーカラー［skipper collar］カジュアルなシャツ類に見られる襟腰のないワンピース型の襟をいう。元々はスキッパー＊と呼ばれるニットシャツに用いる一種のレイヤードカラー＊を指したものだ

が、スキッパーそのものに新しい解釈が生まれて、このようなオープンカラーのこともこの名で呼ぶようになっている。

スキッパーシャツ⇒スキッパー

スキッパーズベスト［skipper's vest］スキッパーは「（小さな船の）船長」といった意味で、ヨットマンが着用する黄やオレンジなどの安全色を特徴としたベストを指す。

スキナーズ⇒スキンヘッズ

スキニーカーゴパンツ［skinny cargo pants］カーゴパンツのスキニー版。太ももの脇にカーゴポケットを付け、脚に張り付くようにぴったりと細くカットしたシルエットを特徴とする。こうしたパンツには裾にジッパーを付けて、穿きやすくさせたタイプも多く見られる。

スキニージーンズ［skinny jeans］スキニーは「やせっぽちの」という意味で、脚にぴったりと張り付くように細いジーンズをいう。2006年秋からジーンズのヒットアイテムとなったもので、最近ではスキニーデニム［skinny denim］とも呼ばれる。これはジーンズをデニムと言い換える若者たちの傾向から生まれたもので、スリムデニム［slim denim］と呼ばれることがあるのも同様の傾向。

スキニーズ［skinnies］ショーツを内蔵したスリップをいう新名称。タイトなミニスカートへの対応として開発された新商品のひとつで、ショーツの線が表に響かないという特性を持つとともに、ずり上がらないという機能を備えたものが多く見られる。

スキニースリーブ［skinny sleeve］スキニーは「やせっぽちの」という意味で、腕に張り付くようにデザインされたきわめて細い袖を指す。リーンスリーブ＊と同義。

スキニーセーター［skinny sweater］スキ

ファッション全般

ニーは「やせっぽちの」という意味で、体のラインがはっきりと分かるほどにジャストフィットしたセーターを指す。多くはリブ編でサイズも小さいところから、ミニセーター［mini sweater］などとも呼ばれる。1970年代にベルボトムジーンズとともに大流行した。

スキニータイ⇒ナロータイ

スキニーデニム⇒スキニージーンズ

スキニートップ［skinny top］スキニーは「やせっぽちの、骨と皮だけの」という意味で、上半身にぴったりと張り付いた感じの上衣を総称する。そうしたデザインのジャケットやブルゾンなどが代表的。

スキニードレス［skinny dress］スキニーは「やせっぽちの」という意味で、体のラインを自然に表すような細身のドレスをいう。皮膚にぴったりくっついたようなということで、スキンタイトドレス［skintight dress］とも呼ばれる。

スキニーパンツ⇒スキンタイトパンツ

スキニーブーツシルエット［skinny boots silhouette］最近のパンツに見るシルエットのひとつで、細身のストレートラインで裾口を少し広げた形のものを指す。いわゆるブーツカットフレアードのひとつだが、これはボリュームのあるブーツでもスニーカーでも、靴を選ばずにきれいなシルエットのままで穿くことができるところに特徴があるとされる。タイトブーツカットライン［tight boots-cut line］とも呼ばれる。

スキニーフレア⇒ソフトフレアードライン

スキニーベルト⇒スリムベルト

スキニーボウ⇒スモールボウ

スキニーレッグス⇒スキンタイトパンツ

スキニーレッグパンツ⇒スキンタイトパンツ

スキマー［skimmer］表面に浮いたものをすくい取る「網じゃくし」という意味で、それに似ているところからこう呼ばれる

カンカン帽*の一種。特にブリムが広く、クラウン部分が低めのものを指し、いわゆるエドワーディアンモード（英国王エドワード7世風の装い）のひとつとされる。

スキャンティー［scanties］女性用のきわめて小さなショーツをいう別称。元々は下着デザイナーの鴨居羊子が1956年に発表した商品名で、スキャンティー scanty（乏しい、わずかなの意）という英語に引っ掛けてのネーミングとされる。現在ではセクシーなビキニショーツの代名詞として一般にも用いられるようになった。なお鴨居はこのほかに「七色パンティー」と呼ばれる商品をデザインするなど、日本の下着デザイナーの先駆者として広く知られる。

スキューバスーツ⇒ダイバースーツ

スキューバタイツ⇒スキューバパンツ

スキューバパンツ［scuba pants］スキューバダイビングに用いるパンツにモチーフを得てデザインされた、脚にぴったりフィットする女性用パンツ。またスキューバダイビング用のパンツそのものも意味する。スキューバは self-contained underwater breathing apparatus（自給気式潜水器）の頭字語で、スクーバともいい、スキューバダイビングはこの呼吸装置を使って行う潜水を意味する。スキューバタイツ［scuba tights］とも。

スキュルト⇒スキルト

スキルト［scyrte］現代のシャート shirt に当たる古代英語。原意は「丈が短い服」あるいは「シャツのようなもの」ということで、簡素なワンピース型の衣服を指したという。やがてこの衣服の上半分がシャート、すなわち今日のシャツになり、下半分がスカートになったという説がある。なお、これには中世ノルマン語のスキュルト［skyrt, scyrt］を語源とする

349

説もある。

スキン [skin]「皮膚、肌」また「（動物の）皮、毛皮」のことをいい、素材としては「原皮、生皮」の意で用いられるが、厳密には動物の表皮を剥いだ生皮を塩漬けし、乾燥させた状態を「原皮」と呼ぶ。そして大型動物のそれはハイド＊と呼ばれ、小動物のそれをスキンと呼んでいる。ハイドはなめされてレザー＊となるが、スキンはそのままスキンと呼ばれることになる。なお生皮（動物から剥いだばかりの皮）は、厳密にはグリーンスキン [green skin] という。

スキンカラー⇒ヌードカラー

スキンキャップ⇒ファーキャップ

スキングローブ⇒革手袋

スキンケア [skin care] 肌の手入れの意。また、そうしたことを目的とする化粧品を指す。

スキンケア加工素材 [skin care＋かこうそざい] ヒトの肌に対し、化粧品のような作用をする加工がなされた繊維（スキンケア加工繊維）で作られる素材を総称する。シルクプロテインを配合した肌に優しい感触のある素材や、スキンケア成分をナノレベルで繊維に完全固着させたウール素材など、さまざまなものが開発されている。

スキンコンシャス [skin conscious]「皮膚意識」の意。ボディコン＊の発展形として1990年代に生まれた用語。皮膚そのものを意識させる、体にぴったりフィットするストレッチ素材のパンツや、肌を露出させるようなシースルー調の衣服などで表現されるファッションを指す。

スキンシャツ [skin shirt] 肌（スキン）にぴったりと張り付くような超フィット型のシャツ。シースルー調の素材やストレッチ素材を使い、セクシーなイメージを強調しようとしたもの。

スキンジュエリー [skin jewelry] 肌に直接貼り付けるタイプの装飾品。星や蝶などをかたどった薄いシールをはがして、皮膚（スキン）に貼り付けるようにしたもので、「涙シール（涙の形をしたシール）」やタトゥーシール [tattoo seal]（偽刺青のシール）もこの一種。いわゆるボディーアートのひとつで、元々はロンドンのメイクアップアーティスト、ジェイ・マスクレイが1998年6月頃に考案したのが最初とされる。

スキンズ⇒スキンヘッズ

スキンステッチ [skin stitch] 製靴に用いられる縫い方のひとつで、革の内部を縫い通す技術またその縫い目を指す。表面からは糸が見えず、糸の跡だけが見えるのが特徴とされる。高級紳士靴のパーツの継ぎ目や飾りとして用いられることが多い。

スキンタイトジーンズ [skintight jeans] スキンタイトは「体にぴったりした」の意で、脚にぴったり合ったきわめて細身のジーンズを指す。スキニージーンズ＊と同義。

スキンタイトドレス⇒スキニードレス

スキンタイトパンツ [skin tight pants] きわめて細身のパンツを強調する用語。いわゆるスキニーパンツ [skinny pants] の先駆けとなった言葉のひとつで、2005〜06年秋冬向けコレクションに登場した。スキニーレッグパンツ [skinny leg pants]（ほっそりした脚の意から）とかスキニーレッグス [skinny legs]、またスリムフィットパンツ [slim fit pants] などの呼称も見られる。

スキンパンツ [skin pants] スキンは「皮膚、肌」の意で、脚の皮膚に張り付いたようなごく細身のパンツを表現する。スキニーパンツ [skinny pants] と同義で、スキニーは「やせっぽちの」という意味。こ

ファッション全般

うした脚にぴったりしたパンツを日本では「ピタパン」と俗称する。

スキンピーヘア［skimpy hair］スキンピーは「けちけちした、乏しい」の意で、ごく短めにカットされたヘアスタイルを指す。女性の場合には、きわめてボーイッシュなイメージがあると同時に、コケティッシュな雰囲気も醸し出すことになる。

スキンプドレス［skimp dress］スキンプは「倹約する、けちけちする」という意味で、布地をけちったような感じの短い丈とシンプルなデザインを特徴とするワンピースを指す。要はシンプルなミニドレスということで、決して蔑称として用いられるものではない。

スキンブラ⇒ヌーブラ

スキンヘア［skin hair］きわめて短めにカットされたヘアスタイルの一種。頭の形がはっきりと分かる程度にカットされたもので、頭髪をすっかり剃り上げたスキンヘッドとは異なる。ユニセックスの髪型として男女ともに用いられることがある。

スキンペール⇒イノセントカラー

スキンヘッズ［skinheads］1960年代後半の英国に現れた不良少年たちの一団。頭髪を剃り上げた坊主アタマを象徴としたところからこう呼ばれ、モッズ＊やロッカーズ＊に代わる新風俗として注目を集めた。70年代にはその後継者とされるスキナーズ［skinners］と呼ばれる集団も登場している。スキンズ［skins］、ヘッズ［heads］とも呼ばれた。

スキンヘッド［skin head］毛髪をすべて剃り落としたヘアスタイルで、「禿げ頭」のこともいう。かつては1960年代後半の英国のスキンヘッズ＊や70年代のスキナーズ＊などのように、過激な若者集団の代名詞ともされていたが、現在では一般

の人たちの間にも一種のファッションとして受け入れられるようになっている。

スキンレイヤー⇒ファーストレイヤー

スクウィッグリーブロウズ⇒ウエービー眉毛

スクータージャケット［scooter jacket］スクーター用のジャケットで、ライダーズジャケット＊のスクーター版としてデザインされた機能的な上着をいう。

スクープトネックライン⇒スクープネック

スクープネック［scoop neck］スクープは「すくう、えぐる」という意味で、大きくえぐられた感じの襟開きをいう。正しくはスクープトネックライン［scooped neckline］といい、これよりえぐり方の小さなものはスプーンネック［spoon neck］と呼ばれる。これはスプーン（さじ）の先のような形というところからきたもの。

スクープポケット⇒ウエスタンポケット

スクールウエア⇒スクールユニフォーム

スクールカーディガン⇒レタードカーディガン

スクールガールルック［schoolgirl look］スクールガールは本来「（小・中学校の）女子生徒、女の子」の意味だが、ここでは一般に女子中高生たちに見る制服スタイルを指すことが多い。それにモチーフを得てデザインされた伝統的で清楚なイメージの服装を指すこともあり、俗に少女ルックと呼ばれるファッションのひとつともされる。

スクールカラー⇒カレッジカラー

スクールキャップ［school cap］学校関係の帽子の総称。幼稚園、保育所を始めとして、一部の大学に至るまで、学校にはさまざまなユニフォームとしての帽子が用意されているが、そうした帽子類をこのように呼んでいる。特に中高生男子の用いる帽子は「学生帽」と呼ばれ、これを「学帽」と略称する。警察や消防などの官公庁にもそうした帽子を着用する習

ファッション全般

慣があるが、こうした場合の帽子は、一般に「制帽（制式帽子）」と呼ばれる。

スクール系⇒スクールトラッド

スクールコート [school coat] スクールウェア（学校制服）としてのコートという意味で、最近では濃紺やダークグレーのダッフルコートやピーコートが多く用いられるようになっている。特に女子高生においては、これにバーバリー風チェックのウールマフラーを組み合わせるのが定番的なスタイルとなっている。

スクールジャージー [school jersey] 学校で学童や生徒たちが用いる運動着としてのジャージー製の上下セット。トレーニングシャツ（あるいはジャケット）とトレーニングパンツから成り、俗にジャージーまたは「ジャージ」の略称でも呼ばれる。

スクールストライプ⇒スクールボーイストライプ

スクールセーター⇒レタードカーディガン

スクールソックス [school socks] 通学用として用いられる靴下の総称で、一般にクルーソックス*と呼ばれる白のコットンソックスが多く見られるが、なかには学校指定の制服としてのものもあり、そうしたものには校色を用いたり、校章をあしらったりするものもある。

スクールタイ [school tie] 中高生などの制服に用いられるネクタイの総称。スクールカラーや校章などを用いた無地あるいはストライプのネクタイが多く見られる。元々は英米の大学で1880年代に誕生したものとされる。

スクールトラッド [school trad] 1990年ごろから流行し始めたストリートファッションのひとつ。いかにも学生好みのトラディショナルなアイテムを中心にして、それを街中で着崩すようなファッション表現を指す。英国調のスクールブレザー

やチルデンセーターなどが基本となり、これらをタイトなシルエットで着こなすところに特徴がある。俗に「スクール系」とも呼ばれる。

スクールニット [school knit] 学校で着用するセーター類の総称。特にアメリカの高校や大学で用いられることの多いそれを指すことが多く、胸の部分に学校名や数字などのレタリングをほどこしたものが多く見られる。

スクールバッグ [school bag] 学生たちが通学用に持つバッグの総称。中・高校生が持つ昔ながらの学生カバンを始めとしてさまざまなタイプがあるが、近頃ではナイロンや合皮製のボストンバッグ型のものが主流を占めている。これは角形の大きめのもので、ボディー部に縫い付けとなった長めの持ち手が2本付いたものが多く見られる。リュック型のものは「スクールリュック」と呼ばれ、こうしたものを略して「スクバ」と総称する傾向がある。

スクールハット [school hat] 学校で着用する帽子の総称。特にブリム（つば）付きのそれをいうもので、学校名などのレタリングが入ったアメリカのアイビー的なキャンバス製ハットに代表される。

スクールパンク⇒UKスクールスタイル

スクールブレザー [school blazer] 学校の制服として用いられるブレザー型の上着。また、レジメンタルストライプ（連隊旗縞）など伝統的な縞柄をあしらったクラシックな雰囲気のブレザーを指す。

スクールボーイジャケット [schoolboy jacket] 男子生徒が着るようなジャケットの意で、パイピング（縁飾り）を特徴とした昔の学校の制服のようなイメージのブレザーを指す。

スクールボーイスタイル⇒UKスクールスタイル

ファッション全般

スクールボーイストライプ [schoolboy stripe] スクールボーイは「(小・中学校の) 男子生徒、男の子」を指し、主として彼らの制服としてのスクールネクタイに用いられる校色を配した各種の縞柄をいう。単にスクールストライプ [school stripe] とも呼ばれ、レジメンタルストライプ*に似た雰囲気をもつものが多い。

スクールボーイパンツ [schoolboy pants] 男子生徒が穿くようなショートパンツというよりと、比較的ゆったりしたシルエットと太もも半分程度の長さを特徴とした女性向きのショーツをいう。裾の折り返しが付くデザインも多く見られる。ツイードなどウール地が用いられることが多いのも特徴のひとつ。

スクールマフラー [school muffler] 中高生が制服に合わせて用いるマフラーのことで、ストライプ使いのニットマフラーや校色を用いたウールマフラーといったものが中心となっている。本来は英米の伝統校におけるそれを指すが、日本では近年バーバリー・ハウスチェック*タイプのものが定番と目されるまでに女子高生の間で定着している。シックスフッター*もこのひとつ。

スクール水着 [school +みずぎ] 学校の水泳授業に用いられるユニフォームとしての水着のことで、特に女子児童や女子生徒のそれを指すことが多い。ストレッチ性の強いニット地を用いたごくプレーンなワンピース型のものが中心となっている。略して「スク水(スクみず)」とも俗称される。

スクールユニフォーム [school uniform] 学校指定の制服。通学用のものから運動着に至るまでさまざまな種類があり、その学校の特色を生かしたさまざまなデザインが施される。学生(生徒、児童)らしさを表すとともに、どこの学校かがすぐ分かる認識性の高さも要求されている。別にスクールウエア [school wear] ともいうが、これには制服のほかに学校に関連した衣料全般を指す意味も含まれる。最近では学生服やセーラー服に代わってブレザー型のものが多くなっている。

スクールリュック⇒スクールバッグ

スクールリング [school ring] 学生たちが用いる校章をモチーフとしたカジュアルな指輪。カレッジリングと同種のもの。

スクエアアームホール [square armhole] ノースリーブ(袖なし)の一種で、アームホール*を角形(スクエア)にカットしたデザインをいう。

スクエードVネック⇒キーストンネック

スクエアエンドタイ [square end tie] 先端が水平にカットされたネクタイ。ポインテッドエンドタイ*の対語で、日本では「角(かく)タイ」とも呼ばれ、多くはニットタイに用いられるカジュアルなデザインとされる。別にストレートエンドタイ [straight end tie] の名もある。

スクエアエンドボウ [square end bow] 両端が垂直にカットされたボウタイで、ストレートエンドボウ [straight end bow] ともいう。これと別にスクエアボウタイ [square bow tie] というと、幅に変化のないボウタイの総称で、日本では俗に「一文字(いちもんじ)」とも呼ばれる。

スクエアカット [square cut] フロントカット*のひとつで、丸みをつけず、角型にカットしたもの。裾線が水平になるのが特徴で、ダブルブレステッド型のジャケットはこの形になるのが常識とされる。なお、シングルブレステッド型の上着でも、ファッション的なデザインとしてこの形を取り入れるものも見られる。

スクエアカフ [square cuff] シャツカフス*のデザインのひとつで、先端の角を直角にカットしたものをいう。

ファッション全般

スクエアカラー［square collar］角形の襟。
テニスポロ*と呼ばれるポロシャツに特
有の「角襟」をこのように呼ぶ。

スクエア・サッチェル［square satchel］四
角い形を特徴としたサッチェルバッグ。
サッチェルは本来通学用のショルダーバ
ッグや旅行用の手提げかばんを指し、さ
らにこのような形のビジネスバッグも意
味するようになった。これらを元に四角
いデザインとした女性用のバッグをいう
ことが多い。

スクエアジャケット［square jacket］スク
エア（四角、正方形）な形を特徴とする
ジャケットの総称で、ボックスジャケッ
ト*と同義。これをソフトに表現したも
のはソフトスクエアジャケット［soft
square jacket］と呼ばれる。

スクエアショルダー［square shoulder］全
体に角張って、肩先がやや持ち上がって
見える肩線。ブリティッシュモデル*（英
国調）の典型的なデザインとされる。

スクエアスカーフ［square scarf］正方形の
スカーフの意。ごく一般的なスカーフの
形で、こうしたスカーフは、対角線で畳
んで三角形にしたときに効果的な構図に
なることを考えて柄がデザインされてい
るという。

スクエアスタッズ［square studs］四角い
飾り鋲。レザー製のブレスレットやベル
ト、グローブなどに用いるほか、ジーン
ズのポケットや革ジャンパー、キャップ、
サンダルなどにも飾りとして用いる。多
くはシルバー色で、ピラミッド型や台形
の立方体のものが見られる。大きさはさ
まざま。

スクエアトウ［square toe］角張った爪先
型の総称。爪先が角型にカットされたも
ので、かつてはフレンチライン［French
line］などと呼ばれ、ヨーロッパのドレ
スシューズによく用いられていた。最近

復活の気配がある。

スクエアネック［square neck］四角に切り
取った形を特徴とするネックライン。こ
れと同種のもので、レンガ（ブリック）
のような形に横長にカットされたネック
ラインをブリックネック［brick neck］
と呼んでいる。

スクエアバッグ［square bag］角型のハン
ドバッグの総称。さまざまな大きさとデ
ザインがあるが、最近では全体に大きく
がっちりとした形と、クラシカルな旅行
バッグ風のデザインに人気が集まってい

スクエアヒール［square heel］スクエアは
「正方形、四角」の意で、角形にカット
されたヒールのデザインを総称する。

スクエアブリム［square brim］キャップ（帽
子）に見る四角い「つば」の意。最近人
気のワークキャップに用いられるように
なったデザインのひとつで、ブリム全体
を長めに形作ることによっても個性を表
すようになっている。

スクエアボウタイ⇒スクエアエンドボウ

スクエアポケット［square pocket］全体に
四角形（スクエア）の形を特徴としたポ
ケットの総称。

スクエアボトム⇒シャツテール

スクエアミニ［square mini］スクエア（正
方形、四角形）な形を特徴とするミニス
カート。1990年代のミニスカートを代表
するデザインで、箱のような形であるこ
とから、俗に「ハコスカ」とも呼ばれる。

スクエアモデル⇒フラットモデル

スクエアレッグタイプ［square leg type］
スイミングトランクス*の中で、裾線を
水平にカットしたスクエアカットのもの
を指す。それに対してジョギングパンツ
のように丸くカットされたものは、アー
チレッグタイプ［arch leg type］と呼ば
れる。アーチは「弓形のもの」の意味。

354

ファッション全般

スクバ［——］女子中高生が通学に使用するスクールバッグの俗称。近ごろの若者の何でも短縮して呼ぶ傾向から生まれた言葉のひとつ。

スクラブ化粧品［scrub ＋けしょうひん］スクラブは「ごしごしこする、ごしごし洗う、こすり落とす」といった意味で、こすりつけることによって古い肌の角質を取り除き、ツルツルの肌に仕上げる効果を持つ化粧品のことをいう。顔に用いるフェイススクラブや体に用いるボディースクラブなどがあり、塩をベースに作られるものが多い。「スクラブ洗顔」などの用法がある。

スクラブスーツ［scrub suit］「術着、手術着」のことで、単にスクラブともいう。スクラブには本来「外科医が手術前に手をブラシで洗う」といった意味があり、そこから手術着をいう俗語となったもの。

スクランチー［scrunchy, scrunchie］女性の髪飾りの一種で、ポニーテールなどの髪を留めるのに用いる丸い形をしたアクセサリーのこと。日本でいうポニーテールホルダー［ponytail holder］の英米での用法で、最近の日本ではシュシュ＊と呼ぶことが多い。これの元の語のスクランチには「丸める、くしゃくしゃにする」という意味がある。

スクランブルコーディネート［scramble coordinate］スクランブルは「かき混ぜる」という意味で、服装全体をひとつのブランドで揃えるパターン化された着こなしではなく、さまざまなブランドのものを交ぜ合わせて個性的に着る方法を指す。

スクリーンプリント［screen print］篩絹（ふるいぎぬ）と呼ばれる布地を貼った枠型を用いてプリントする方法、またモして作られたプリント柄を指す。手捺染（ハンドプリント）のひとつで、ハンドスクリーンプリント［hand screen print］と

も呼ばれるほか、シルクスクリーン［silk screen］の名でも知られる。Tシャツのプリントによく用いられる。スクリーンプリントにはこのほかに連続染色が可能なロータリースクリーンプリント［automatic rotary screen print］といった方法もある。

スクリプトTシャツ［script T-shirt］スクリプトは印刷に対して「手書き」という意味。つまり手書き文字風のプリントを特徴としたTシャツを指す。ロゴTシャツ＊の人気からこのようなものが人気を集めるようになった。スクリプトには「手書きの文字」とか「（印刷の）筆記体文字、スクリプト体」の意味もある。

スクリューチェーン［screw chain］チェーン（鎖）のデザインの一種で、いわゆるダブル喜平をくるっとねじった形にしたもの。スクリューは「ねじ、らせん状のもの」また「ねじる、ねじれる」の意で、別にローリングチェーンとかツイストチェーンなどとも呼ばれ、チェーンの基本形のひとつとされる。全体に華奢で繊細な感じのものが多く、純金やプラチナなどに用いられ、光の当たり具合でキラキラ輝くという特性を持つ。スクリューネックレスなどの種類がある。

スクリューネックレス⇒スクリューチェーン

スケアクロウルック［scarecrow look］スケアクロウは「かかし」の意で、ここから「みすぼらしい人、やせた人」ひいては「浮浪者」の意味を引くようになった。服を何枚も重ねる浮浪者のようなみすぼらしい重ね着スタイルを指す。一般には全体に薄汚いグランジ調のルックスを示す。

スケーターウエア⇒スケートボードウエア

スケーターシューズ［skater shoes］かかと部分にローラーブレイドを取り付けたスポーツ靴で、一般に「滑るスニーカー」

355

ファッション全般

として知られる。簡易型のローラースケートともいえるもので、2001年秋にハワイなどのアメリカ旅行者から広まった流行として有名になった。ヒーリーズ [heelys] とかローラーシューズ [roller shoes] とも呼ばれる。

スケータースカート [skater skirt] ウェストのフィット感と全円形のフレアシルエットを特徴としたスカート。サーキュラースカートと同じものだが、これは特にFOREVER21がアイススケートの短いコスチュームに似ているというところから名付けた用語とされる。全体にロング丈のものが多く見られる。

スケーターソックス [Skater socks] 履き口のカラフルなストライプを特徴とする白いリブ編みコットン素材のスポーツソックス。本来はアメリカのブランド名で、履き口を折り返すと MADE IN USA SKATERSOCKS のロゴが出てくる。スケーターファッションだけでなく、さまざまな場面で用いられるが、日本では2014年春、白靴下の大流行によって注目され、一般名詞のように使われている。本ものはかかとがなく、サイズレスで履けるチューブソックスの形となっている。

スケーターパンツ [skater pants] ローラースケートやインラインスケート、あるいはスケートボードなど最近流行のスケート系スポーツの愛好者によって穿かれるパンツを総称する。総じてゆったりしたシルエットの膝下までの半ズボンというのが共通したスタイルで、「下着見せファッション」などに用いられた。

スケーターファッション⇒スケボールック

スケートボードウエア [skate board wear] スキー板状のボードに車輪を付けて滑走するストリートスポーツの一種であるスケートボード用の服装を指す。これとい

った特定の衣服があるわけではないが、本場アメリカ西海岸のスケートボーダー（スケーター）たちは、だぶだぶのTシャツにたっぷりしたハーフパンツといった格好でいることが多く、これがスケートボードウエアの定番となった観がある。ヒップホップ系のストリートファッションにも通じる感覚があり、スケーターウエア [skater wear] とも呼ばれている。スケートボードは略して「スケボー」と呼ばれることが多い。

スケートボードシューズ [skate board shoes] スケートボードに適した靴。多くは紐留め式のスニーカータイプのものだが、軽量で機能的なものが続々開発されている。爪先部分に摩耗性に強いスーパースエードなどと呼ばれる素材を用いた製品などはそのひとつ。

スケートボードルック⇒スケボールック

スケボールック [skate board look] スケートボードルックの略称。スケートボード（スケボー）の愛好者に見る服装のことで、ウォークマンやラジカセで激しいロック音楽を聴きながら街中を滑りまくる彼らのファッションが一時人気を集めた。スラッシャールック*と同義で、こうしたものをスケーターファッション [skater fash-ion] とも総称している。

透けるタイツ [すける＋tights] パンティーストッキング（パンスト）を意味することの多い最近の用語。パンストという呼び方はおしゃれではないという風潮から、若いOLたちがわざとこのような言い方をするようになったもの。「薄いタイツ」といった表現もあり、ここからシアータイツ（薄いタイツの意）といった商品名や「透けタイツ」などの流行語も生まれている。要は「透けるパンスト」の復活というわけで、2011年秋ごろからの傾向とされる。

ファッション全般

スケルトンタイプ [skeleton type] スケルトンは「骨格、骸骨」また「骨組み」の意で、ダイヤル（文字盤）の部分がなく、ムーブメント* そのものが外から見えるようにデザインされた腕時計の一種を指す。逆にケースの裏側からムーブメントが見えるようになったタイプは、シースルーバック [see-through back] などと呼ばれる。

スケルトンバック⇒背抜き

スコート [skort] 主としてテニスのプレイタイムに着用する短めのスカートの総称。プリーツの入ったものやフレアをつけるなどさまざまなデザインが見られる。もともとはブルマーズなどのショーツとスカートの中間的なアイテムとして開発された商品名とされる。英米ではキュロットの上にラップスカートが付いた日本でいうラップキュロット [wrap culotte] をスコートということが多く、テニス時に着用するミニスカートはテニススカート [tennis skirt] と呼ばれる。なお、スコートの下に穿くフリル飾りのパンツはアンダースコート* という。

スコッチ⇒スコッチグレイン

スコッチグレイン [Scotch grain] グレインレザー [grain leather] と呼ばれる靴用の革素材の中で、粗い小石をばらまいたようなシボが表れたものを指す。英国靴に見る高級素材のひとつとされ、このままでもそうした靴の名称とされる。一般にスコッチ [Scotch] の名称だけでも呼ばれる。

スコッチツイード⇒ツイード

スターチェック [star check] ハウンドトゥース*（千鳥格子）の別称のひとつ。星（スター）のような形に見えるところからこう呼ばれるもので、フランス語を用いてエトワール [étoile 仏] ともいう。これらは特に大柄のハウンドトゥースを

指すという説もある。

スターチトブザム [starched bosom] 硬く糊付けしたブザム*（胸）。燕尾服に用いるシャツに特有のデザインで、共地が重ねられて、俗に言う「イカ胸」（するめ形の硬胸）を形作る。別にスティッフブザム [stiff bosom]（硬い胸の意）ともいい、ピケ地を使用したところからピケフロント [piqué front]、また胸当て付きという意味でディッキーフロント [dickey front] とも呼ばれる。

スターリングシルバー [sterling silver]「法定純銀」のことで純銀含有率が92.5%（銀925に対して銅などの卑金属75を加えたもの）の銀の合金を指し、最も普通のものとされる。主に銀器が作られるが、アメリカの有名なシルバーアクセサリー〈クロムハーツ〉の使用材としてよく知られるようになった。

スタイ [――] 乳幼児が用いる「よだれかけ」のこと。英語のステイ stay（支える、止まるの意）が訛ったものと思われるが、本当の英語ではビブ [bib] という。

スタイリストバッグ [stylist bag] スタイリスト* たちに常用されるところからこのように呼ばれるようになった大型のバッグ。仕事に必要なものをすべて持ち運ぶことができるという利点があり、非常に大きいというイメージから、一般に「でかバッグ [でか＋bag]」の俗称でも呼ばれる。黒色のものが多いのも特徴のひとつ。

スタイリッシュ [stylish] ファッショナブル* と同義で「流行の、当世風の」という意味。また「スマートな、粋な、かっこいい」という意味でも多く用いられる。

スタイリッシュミリタリー⇒エレガント・ミリタリールック

スタイリングウオーター [styling water] 整髪料の一種で、水のようにさらっとし

357

さ

ファッション全般

た感覚のヘアスタイリング剤を指す。

スタイリングワックス⇒ワックス

スタイル［style］様式、定型などと訳され、ファッションの世界ではモードが広がって「流行」となったファッションが定着して、きちんとしたひとつの形を整えたものをこのように呼ぶとされている。語源はラテン語のスティルス［stilus］にあるとされ、これは「尖筆」の意味を持つ。フランス語ではスティル［style］、イタリア語ではスティレ［stile］となる。

スタイルアイコン⇒ファッションアイコン

スタイルコンシャス［style conscious］「スタイル意識」の意。ファッションの表現で、何よりもスタイルの美しさにこだわろうとする考え方をいう。内面よりも見た目の美しさを重視する最近の傾向をとらえた用語。

スタイルセッター［style setter］流行のスタイルを設定する人という意味で、一般に流行を作る人という意味で用いられる。ファッショニスト*と同義。

スタイル・ルーキー［STYLE ROOKIE］中学生のファッションブロガー*として話題となったアメリカの少女タヴィ・ジェヴィンソンによるブログの名称。彼女が11歳だった2008年に開設されている。

スタインカーク［steinkerk］1695年から1730年代にかけて流行したクラヴァット*の変種。プファルツ戦争（1688 ～ 97）時のスタインカークという戦場におけるロイヤル・クラヴァット（クロアチア連隊）の故事にちなむ。片方の端を無造作に上衣のボタンホールに通すあしらい方が特徴とされた。

スタジアムコート［stadium coat］スタジアムは「競技場」の意味で、サッカーなどの観戦着として用いられる防寒コートをいう。多くは膝丈程度の長さで、胸に切り替えを入れ、襟から裏にかけてボア

やニット地をあしらう。防水加工されたコットンギャバジンなどが用いられ、防寒と防水の機能は万全なものとなる。ベンチコート*と同義。

スタジアムジャケット［stadium jacket］スタジアムジャック［stadium jac］とも略す。スタジアムは「競技場、球場」の意味で、野球場やフットボールのスタジアムなどで選手が着用するジャケットをいう。日本でいうスタジアムジャンパー*のアメリカでの一般的な呼称で、スタジアムコート［stadium coat］ともいう。スタジアムコートにはまた、冬季のスタジアムで観戦者が着用する防寒着としてのスポーティーなコートの意味もある。

スタジアムジャック⇒スタジアムジャケット

スタジアムジャンパー［stadium jumper］日本では通称「スタジャン」の名で知られるカジュアルなジャンパー。身頃と袖の素材を切り替えたり、大きな英字や数字をあしらうなどしたスポーティーなデザインが特徴の腰丈ジャケットで、この名称は1960年代に日本で作られた和製英語とされる。元々は20世紀初めのアメリカで、野球やアメリカンフットボールの選手が、試合の前後や控えにいるときに着用したジャケットから始まったもので、1930年代に現在の形が整ったとされる。

スタジャン⇒スタジアムジャンパー

スタジャンコート［stadium jumper ＋ coat］スタジアムジャンパー（スタジャン）のデザインそのままに、丈だけをうんと長く伸ばしたようなコート。見頃（ボディー）と袖の部分をスタジャンのように2色使いしたバイカラー型としているのも特徴のひとつ。

スタッグジャケット⇒スタッグシャツ

スタッグシャツ［stag shirt］二重になった

ヨークと、それに作り付けとなったポケット、およびハンドウォーマーポケットを特徴としたワーク調のシャツジャケット。スタッグは「牡鹿」の意味で、鹿狩りなどの狩猟に用いられたスタッグハンティングコートに由来するところからその名がある。別にスタッグジャケット[stag jacket]とも呼ばれる。

スタッグスエード [stag suede] 牡のアカシカの鞣し革の肉面を起毛させて仕上げた革素材。現在ではシカの種類や性別を問わず、こうしたものをディアスキンスエードと総称する例が多い。ディアスキンは本来「鹿革」の総称。

スタックヒール [stack heel] スタックトヒール[stacked heel]とも。スタックは「積み重ねる、積み上げる」という意味で、薄い革や木の板などを何層にも積み重ねたヒールを指す。このために「積み革ヒール」とか「積み上げヒール」などとも呼ばれ、ほかの英語ではビルドアップヒール[build-up heel]ということもある。ウエスタンブーツ*などによく用いられる丈夫でスポーティーなヒール。

スタッズ ⇒スタッド

スタッズジーンズ ⇒ジュエルドジーンズ

スタッズベルト [studs belt] スタッド（飾り鋲）を数多く取り付けたファッション的なベルト。こうしたものは元々馬具に発生し、ウエスタンベルト*などに取り入れられたものだが、のちにヒッピーファッションやパンクファッションなどにも見られるようになり、独特の存在感を発揮するようになった。ワイドベルト型のものが多く、最近ではローライズジーンズに合う格好のアクセサリーとして人気を博している。

スタッズロゴ [studs logo] スタッド（飾り鋲）で描くロゴタイプ（合成文字）のデザイン。Tシャツやスエットシャツ（ト

レーナー）などに用いるもので、手作り的な感覚があるとして人気を集めている。ビーズで描く文字や模様のデザインと同種のもの。

スタッズローファー [studs loafer] スタッズ（飾り鋲、飾り釘）付きローファーシューズの総称。金属製のスタッズをフロント部分に多数付けたり、バンド部やトップライン周りに飾るなどしたローファーで、中には全面に取り付けたファンシーなものも見られる。

スタッド [stud] 「留めボタン」や「飾り鋲」また「飾り釘」の意だが、メンズジュエリーにおいてはタキシードに用いる取り外し式の装飾的な留めボタンを指す。複数形でスタッズ[studs]あるいはドレススタッズ[dress studs]ともいい、一般に真珠貝やオニキスなどの宝石類で作られる。またカフリンクス*とセットになったものが多く見られ、これをスタッドセット[stud set]などと呼んでいる。これは飾り胸ボタンが3個とカフリンクス1対でセットになっているのが一般的。

スタッドセット ⇒スタッド

スタッフキャップ [staff cap] 同じ仕事をする人たちが揃って用いる帽子。いわばチーム用の帽子で、ロゴで統一された丸帽型のキャップが多く見られる。

スタッフジャンパー [staff jumper] ファッションショーやロックコンサートなどイベントの現場で、制作側スタッフが着用する一種のユニフォームとしてのジャンパーを指す。イベント名などが背中に大きくプリントされ、ひと目でスタッフと分かるようにデザインされたものが多く見られる。同種のTシャツやトレーナーといったものも用いられる。

スタッフバッグ [stuff bag] スタッフにはさまざまな意味があるが、ここでは「詰

359

ファッション全般

め込む」という訳が最も妥当だろう。つまり、衣服や持ち物など何でも詰め込むのに用いる、ごくシンプルなデザインの袋物を総称する言葉。防水加工された生地や薄手のナイロン製の丈夫な素材などが多く見られる。

スタデッドジーンズ⇒ジュエルドジーンズ
頭陀袋⇒ヒッピーバッグ

スタプレストショーツ［STA-PREST shorts］スタプレストはリーヴァイス社が1964年からポリエステル素材にパーマネントプレスをほどこして「アイロン不要」としたパンツに付けた商品名。当初はスリムモデルのパンツに、やがてはストレートモデルやブーツカットモデルなどにも広がり、ショーツにも及んだもの。この種の商品は現在ではヴィンテージアイテムとして高価で取引されている。単に「スタプレ」とも略称される。

スタマッカー［stomacher］スタマカー、ストマッカーとも。16世紀から18世紀にかけての婦人のローブ（ドレス）に見られる装飾的な胸当てをいう。深く広く開いたボディス前面胸元から腰の下にかけて逆三角形に象られた胸飾りで、下に向かって鋭く尖らせ、豪華な布地に宝石や刺繍などを施したデザインが多く見られる。ウエストをより細く見せるとともに、女性の秘所への誘いを示す意味もあったとされる。当時のエロティシズムを表現する代表的なデザイン。

スタンダードジーンズ⇒クラシックジーンズ
スタンダードスーツ⇒プロトスーツ
スタンダードモデル⇒インターナショナルモデル
スタンダップカラー⇒スタンドカラー
スタンダップバル⇒バルカラー
スタンダップバルカラー⇒バルカラー
スタンディングカラー⇒スタンドカラー
スタンドアウエイカラー⇒スタンドオフカ

ラー

スタンドアウトカラー［stand out collar］折襟の一種で、下襟の部分は折り返っているが、上襟がスタンドカラーとなって立ち上がった形の襟をいう。

スタンドオフカラー［stand off collar］立襟の一種で、首から離れて立ち上がった襟をいう。スタンドアウエイカラー［stand away collar］ともいう。スタンドオフ、スタンドアウエイともに「離れている」の意。

スタンドカラー［stand collar］「立襟（たちえり）」の総称で、「立ち襟、立ち衿」とも表記される。より正確にはスタンディングカラー［standing collar］あるいはスタンダップカラー（スタンドアップカラーとも）［stand-up collar］と称し、さまざまなデザイン変化が見られる。立襟や詰襟という言葉は、背広に見る「折襟」の対語としても用いられる。

スタンドカラージャケット［stand collar jacket］スタンドカラー（立襟）を特徴とするジャケットの総称。オフィサーカラー（士官襟）と呼ばれるものから、学生服に見る詰襟、またネルーカラーやマオカラーなど、ここにはさまざまなタイプがあり、ファンシーなデザインジャケットの一種として着用される。

スタンドカラーシャツ［stand collar shirt］いわゆる「立襟シャツ」の総称。襟羽の付かない台襟だけのもので、ごく低めのバンドカラーシャツ［band collar shirt］から高めのハイカラーシャツ［high collar shirt］までさまざまなタイプがあり、襟に変化を施したファンシーなデザインのものも数多く見られる。いずれもネクタイを用いなくてよいドレスシャツのひとつとして人気を集めている。

スタンドカラーベスト［stand collar vest］スタンドカラー（立襟）を特徴とするベ

ファッション全般

ストの総称。クラシックなイメージをもつとともに、そのまま着るとスポーティーな表情にもなり、また襟を折り返して着るとラペルドベスト*にも変化するという特質を備えている。

スタンドネック［stand neck］立ち上がったネックラインの意で、ハイネックやボトルネックなど首に沿って立ち上がる形になっているニットウエアの襟型をいう。スタンドカラーの別表現ともされ、スタンドカラーカーディガンをスタンドネックカーディガンと称する例が見られる。

スタンドフォールカラー⇒ステンカラー

スチレットパンツ［stiletto pants］正確にはスティレットパンツという。スチレット（スティレットウ）は「小剣、短剣」の意味で、細い剣のようなごく細身のパンツを指す。

ズック［──］ゴム底で布製の簡便な作りの運動靴をいう日本での古くからの呼称。これは元々オランダ語でキャンバスの布地を「ダック duck」といったのが転訛したものとされる。現在では学校の「上履き」として用いられることが多く、この種の靴をアメリカではバレエスリッパーズ［ballet slippers］と呼んでいる。

すっぴんメイク［すっぴん＋make-up］素顔（すっぴん）のような素肌感を生かしたメイクアップ。究極のナチュラルメイクと称される化粧法のひとつで、高度なテクニックを駆使したベースメイクをほどこした上で表現され、簡単なメイクアップというわけではない。ロービューティーと呼ばれる海外で話題となった素肌のようなメイクもこの一種とされる。

ステア⇒カウ

ステイアップ⇒ストッキング

ステイタスジーンズ⇒デザイナージーンズ

スティーマーコート［steamer coat］ステ

ィーマーは「汽船」の意で、その昔、船旅に用いたことからこの名が生まれた、男性用の防寒コート。全体にゆったりしたシルエットのダブルブレステッド型ウールコートで、1930年代から40年代にかけて流行したとされる。

スティールキャップトウ⇒エンジニアブーツ

スティックコート［stick coat］棒（スティック）のようにすっきりとして細長いスティックライン*と呼ばれるシルエットを特徴としたコート。狭い肩幅からそのままストンと落ちる長い形がポイント。

スティックスーツ［stick suit］スティックライン*と呼ばれる棒（スティック）のように細く長いシルエットを特徴にしたスーツ。男女ともに見られるが、1990年代中期に登場した女性用のものには、体よりも細いと形容されるほどスリムに仕上げられたスーツが目立った。鉛筆のようなということからペンシルスーツ［pencil suit］とも呼ばれている。

スティックドレス［stick dress］棒（スティック）のようにまっすぐで、ほっそりしたシルエットを特徴とするドレス。単なるスリムなドレスとは少し感じが異なり、凛としたシャープな雰囲気があるのが特徴的。

スティックパンツ［stick pants］棒（スティック）のようにまっすぐで、ほっそりしたラインを特徴とするパンツ。ストローパンツ*やペンシルパンツ*などと同様の表現。

スティックピン［stick pin］アスコットタイに用いる針の長いタイピン*の一種で、礼装向きのネクタイ留めとされる。通常その頭に真珠などの飾りが付けられる。日本で単にネクタイピンの別称とされることが多いが、実際はそれとはまったく別物のドレッシーなアクセサリーで、ストックピン［stock pin］とかスカーフピ

361

ファッション全般

ン［scarf pin］などの別称でも呼ばれる。

スティックライン［stick line］スティックは「棒」の意味で、棒のようにまっすぐで、ほっそりとした長めのシルエットを指す。ただのスリムライン*とは異なって、その名のように凛とした雰囲気のあるのが特徴とされる。

スティッフフェルト⇒フェルト

スティッフブザム⇒スターチトブザム

スティラップ［stirrup］スターラップとも。乗馬用の「鐙（あぶみ）」の意で、ファッション用語ではそれに似たパンツの裾の足を掛ける部分をいう。トレンカ*やスキーパンツなどに見られる特異なデザインのひとつ。

スティラップパンツ［stirrup pants］スティラップは本来、乗馬用の「鐙（あぶみ）」のことで、ファッション用語では、土踏まずの部分に引っ掛けて用いるパンツの裾の足掛け部分をいう。これをデザイン上の大きな特徴とするパンツの総称で、スキーパンツ*やトレンカ*、フュゾー*などが代表的なアイテムとされる。

スティル⇒スタイル

スティルス⇒スタイル

スティレ⇒スタイル

スティレットシルエット［stiletto silhouette］スティレット（スチレットとも）は「小剣、短剣」という意味で、そうした剣のようにほっそりしたシルエットを指す。スリムライン*とかシガレットライン*などと呼ばれるまっすぐなラインをさらに強調した感じのもので、時として体より細いラインと形容されることがある。スティレットはより正確には「スティレットゥ」と発音される。

スティレットス［stilettos］スティレットは「小剣、短剣」の意で、剣のように細く高いスティレットヒールと呼ばれるヒールを特徴とする婦人靴。スティレット

ヒールシューズ［stiletto heel shoes］ともいうが、近年のアメリカではこの種のハイヒール靴をこのように略して呼ぶ傾向がある。日本ではこれを一般にピンヒール*とかスパイクヒール*などと呼んでいる。

スティレットトウ⇒トゥースピックトウ

スティレットヒール［stiletto heel］スチレットーヒールとも。スティレット（スティレットー）は「小剣、短剣」また裁縫で用いる「目打ち」のことで、そのように細く尖ったハイヒールのデザインを指す。

スティレットヒールシューズ⇒スティレットス

スティングレー⇒ガルーシャ

スティンジー・フェドーラ［stingy Fedora］ブリム*の幅が5センチほどと狭めのフェドーラ*（中折れ帽を指す米語）を指す最近の米語。スティンジーは口語で「けちな、しみったれの、みみっちい」といった意味で、元々は1950〜60年代に歌手など有名人たちによって用いられていたものという。最近ニューヨークを中心に復活して、再び人気を集めるようになっている。

ステートメントイヤリング⇒ステートメントジュエリー

ステートメントジュエリー［statement jewelry］「主張する宝飾類」の意で、ふつうのものよりも大振りのジュエリーを総称する。ステートメントイヤリングなどの種類があり、それは耳よりも大きく、肩に着くほどに長いデザインを特徴としている。まさに「主張する耳飾り」ということになる。

ステープル［staple］「短繊維」の意。綿、毛、麻に見る短い繊維を総称し、フィラメント*の対語とされる。

ステープルファイバー［staple fiber］短繊

維の意だが、特にレーヨンを指し、かつては頭文字をとって一般に「スフ」と呼ばれたもの。これを紡績糸としたものをスパンレーヨン［spun rayon］というが、これも「スフ糸」と呼ばれて親しまれた。現在はすべてレーヨンと呼ぶようになっている。

ステッキ［stick］散歩などに用いる「杖（つえ）」のこと。英語のスティック stick（棒の意）が転訛したもので、英語ではケイン［cane］ともいう。これにはおしゃれな表情を特徴としたドレスステッキ［dress stick］と呼ばれるタイプと、ちょっとした散歩用としてのウオーキングステッキ［walking stick］の２タイプがある。高級品にはスネークウッドやマラッカ藤といった素材が用いられる。

ステッチ［stitch］「ひと針、ひと縫い、ひと編み、ひとかがり」また「縫い目、編み目、針目」という意味のほか「縫い方、編み方」などさまざまな意味がある。ニットにおいては「編柄」のこともこの言葉で表すことがある。フランス語ではポワン［point 仏］、イタリア語ではプント［punto 伊］、ドイツ語ではシュティッヒ［Stich 独］という。

ステッチダウンプロセス［stitch-down process］製靴法のひとつで「ステッチダウン式」のこと。アッパー＊を外側に吊り込んで表底に貼り付け、その周囲をロックステッチで縫い付ける方法。コバ＊にアッパーの断面が重なってステッチ（縫い目）が見えるのが特徴で、かつては子供靴に多く見られたものだが、現在では軽いブーツなどのカジュアルシューズに多用されるようになっている。

ステッチエッジ⇒ステッチワーク

ステッチワーク［stitch work］ステッチは本来「ひと針、ひと縫い、ひと編み」の意味で「縫い目」や「編み目」、また「縫い方、編み方」の意味もある。そうした縫い目を飾りとしてあしらうことをステッチワークといい、「縫い目飾り」の訳を当てる。またそのようなステッチで飾られた衣服の端の部分をステッチエッジ［stitched edge］などと呼んでいる。

ステットソン・ハット［Stetson hat］ステットソンはアメリカのフィラデルフィアで創業された帽子メーカーの社名および商標名で、その創業者ジョン・B・ステットソンによって1870年に考案された、広いブリムを特徴とするフェルト帽を指す。現在ではいわゆるテンガロンハット＊（カウボーイハット）の代名詞ともされる。

ステップイン⇒スリップオン

ステップインドレス［step-in dress］脚を入れて、そのまま上に引き上げて着用できるようになったドレスの総称。

ステップドヘム［stepped hem］段差をつけたヘムライン（裾線）という意味で、前身頃と後身頃の裾線が段違いになったデザインを指す。どこか目先を変える面白いデザイン表現のひとつとして現れたもので、2017年春夏ファッショントレンドのひとつとして浮上した。トレンドとしては、ほかにさまざまな袖のバリエーションやわざと襟を抜く着崩し方などが取り上げられている。

ステップボブ⇒ミニボブ

ステテコ［――］夏向きのズボン下。汗がズボンに着くことを防ぐとともに、ズボンの滑りをよくする目的で用いられる。多くはクレープなどの白い綿地で作られ、膝下丈のゆったりとしたフィット感を特徴とする。年配者向けの日本独特の下着とされていたものだが、最近、若者たちも用いるようになって、再び注目されている。ステテコという名称は、明治時代に流行した、鼻をつまんで捨てる真

363

ファッション全般

似をする「すててこ踊り」という三遊亭円遊が踊った座敷芸に由来するとされる。

ステンカラー［――＋collar］第1ボタンを外しても掛けても着られるようになった「両用襟」。正しくはスタンドフォールカラー［stand-fall collar］あるいはターンオーバーカラー［turnover collar］と称し、ステンカラーというのは和製語とされる。洋裁店などに見られる人台（ボディー）をスタンとかステンと呼ぶのに似て、スタンド stand がステンに訛ったものであろうとされている。一般にフランス語のスーティアンコル［soutien col 仏］（14～17世紀に用いられた襟型の一種）から来たとされる語源説には、時代の背景からして無理がある。

ステンカラーコート［――collar＋coat］ステンカラー*と呼ばれる襟型とラグランスリーブ、フライフロント（隠し前立て）を特徴とする膝丈のトップコート。ビジネスマンの必携とされるほどおなじみのコートで、ベージュやオフホワイトのものが本格とされる。ステンカラーは和製語で、正しくは「スタンドフォールカラー」とか「ターンオーバーカラー」などと呼ばれ、第1ボタンを留めても外しても着ることができるコンバーティブルカラー（両用襟）の一種とされる。

ステンレス混素材［stainless＋こんそざい］ステンレスを混ぜて作られる生地の総称。微妙な凹凸感や光沢感などを表現し、また形状安定性があるとして好まれるようになっている。「ステンレス混テキスタイル」とか「ステンレス繊維」などとも呼ばれ、2005年秋から急速に人気を高めるようになった。

ストート⇒アーミン

ストーブパイプ⇒パイプトステム

ストーブパイプハット⇒ドレスハット

ストーブパイプパンツ⇒パイプトステム

ストームウエルト⇒ウエルト

ストームウエルトシューズ⇒ストームパンプス

ストームコート［storm coat］ストームは「嵐」の意味で、どんな荒天にも耐えられるような、きわめて頑丈な構造を持つコートを指す。防水、耐水、防寒の機能が完璧であることが特徴で、これの短めの丈のものはストームジャケット［storm jacket］とも呼ばれる。裏地に毛皮を貼り付けたものも見られる。

ストームジャケット⇒ストームコート

ストームショートブーツ［storm short boots］ストームウエルトと呼ばれる靴底の細革部分が厚くデザインされたショートブーツをいう。また嵐（ストーム）に耐えるほどに防水加工が施されたショートブーツを指すこともある。

ストームストラップ⇒チンストラップ

ストームパッチ⇒ガンフラップ

ストームパンプス［storm pumpus］靴底が厚く、しっかりとした作りになったパンプスを指す。正確にはストームウエルトシューズ［storm welt shoes］と呼ばれる靴の一種で、ストームウエルトとは甲革と底革の間に挟む細革のことで、こうしたものは普通、ワークブーツの類に多く見られるデザイン。

ストームフラップ⇒ガンフラップ

ストームライダー［Storm Rider］リーバイスと並ぶ世界のジーンズブランド LEE（リー）のボア襟付きデニムジャケットの名称。いわゆるジージャン型の上着で、デニムのほかコーデュロイ製やボアの代わりにコーデュロイを用いたものもある。

ストール［stole］いわゆる「肩掛け」の一種で、大判で長く、幅の狭い長方形の布片をいう。シルクのほかウールや毛皮、

364

ファッション全般

レース地などでも作られ、主として女性用の防寒具とされる。古代ローマ時代のストーラ stola と呼ばれるチュニックが転じたものとされ、フランス語ではエトール étole という。現在では細長いロングストール［long stole］も登場し、冬だけでなく夏のアクセサリーのひとつとしても使用されるようになっている。

ストールカーディガン⇒ショルダーウオーマー

ストールカラー⇒オーバーサイズドカラー

ストールトップ［stole top］ストール（肩掛け）のような上着。ストールの両端に工夫を加えて、セーターのように着ることもできるようにしたもので、チューブショールとかチューブストールなどと呼ばれるものと同種のアイテム。

ストールピン［stole pin］ストールに用いる留め具としてのピン。最近ではそうした本来の目的とは別に、カーディガンを着たときに片方の身頃を持ち上げて反対側の肩の辺りに用い、ポンチョ風に見せるときなど、さまざまな使われ方があらわれている。

ストールベスト［stole vest］ストール（肩掛け）のように着ることのできるベスト。冷房対策や夏季の衣服の露出を抑える目的で考案されたもの。同様の目的で作られたストールカーディガン［stole cardi-gan］というアイテムも見られる。

ストーンウォッシュ［stone wash］「砕石混入洗い」と呼ばれる、ジーンズなどの洗い加工法のひとつで、ジーンズと特殊な石（軽石や研磨石など）を一緒に洗って、人工的に中古風に見せるのが狙い。ウオッシュアウト＊やブリーチアウト（漂白加工）に比べると、これはムラ染め状に仕上がるのが特徴で、洗練された中古加工ジーンズとして1978年頃からヨーロッパで流行し始め、アメリカに渡って世界

的な流行となった。当時はレザーブルゾン（革ジャン）などにも用いられて人気を集めた。なお、この洗い加工は日本のジーンズ産地である岡山県・児島地区の豊和（株）によって生み出されたのが世界最初とされる。

ストーンカメオ⇒カメオ

ストーンブリーチ［stone + bleaching］ブルージーンズにおける洗い加工のひとつで、ストーンウォッシュ＊とともに漂白剤を用いるもの、またストーンウォッシュの後に漂白剤による洗いを行うものの種類がある。ブリーチアウトした淡いブルーと脱色して白になった部分が現れるのが特徴。

ストーンレスウオッシュ⇒バイオウォッシュ

ストカジ［street + casual］「ストリートカジュアル」の短縮語。街を行く若者たちの中から自然発生的に生まれるカジュアルファッションの総称で、ストリートファッションと同義とされる。特に街中の不良少年・少女と呼ばれる若者たちが好むちょっとイケナイ感じの服装を指すことがある。一方、街に見られるカジュアルな装いを単にこう呼ぶこともある。

ストッキング［stocking］（長い）靴下の意で、日本では一般にソックス（短靴下）に対して、女性の太ももまで包む40デニール以下の細い糸を使用した薄手の長靴下を指す。ホーズ＊ともいうほかアメリカではステイアップ［stay up］、英国ではホールドアップス［hold ups］の俗称でも呼ばれる。またフランス語では「バ＊」と称する。元々はストック（編み棒）によって作られたものを意味し、この語は1583年頃から用いられるようになっている。ストック stock はそもそもアングロサクソン語で「木の枝」を意味し、ストッキングは最初のうちは男性だけに用いられた。17世紀に入って英国のエリザベ

ファッション全般

ス1世が絹で編まれたストッキングを穿
くようになってから女性も用いるように
なったとされる。ほかに野球などのスポ
ーツに用いる靴下のこともこう呼ぶ。

ストッキング・オブ・ホーズ⇒パ・ド・シ
ョーズ

ストッキングキャップ⇒トボガンキャップ

ストッキング・シア⇒ストッキング・シー
スルー

ストッキング・シースルー [stocking see-
through] シースルー素材のひとつで、ナ
イロンストッキングのようなストレッチ
性のあるものをいう。「透き通る、ごく
薄い」という意味から、別に「ストッキ
ング・シア」とも呼ばれる。

ストッキングトップス [stocking tops] ス
トッキングに用いるような、ごく薄手の
ジャージー素材で作られた女性用のトッ
プス。Tシャツやタンクトップ形式とな
ったものが多く見られる。いわゆるセカ
ンドスキン感覚のアイテムのひとつ。

ストッキングブーツ [stocking boots] まる
でストッキングを思わせる、大腿部まで
覆う形となったロングブーツを指す。柔
らかな革で作られることが多く、かつて
は1960年代のミニスカートの流行時に登
場し、ミニスカートとともに用いられた。

ストック [stock] ストックタイ [stock
tie] とも。初期のクラヴァット*に代わ
って1735年ごろから流行するようになっ
た首飾りの一種。厚手の紙や革を裏打ち
し、首に巻いて後ろで留めるようにした
もので、一種のネックバンド（首帯）と
いえる。やがてこの上にソリテール
[soritaire 仏] と呼ぶ黒いリボンをあし
らうようになり、これが後のボウタイ*
につながったとされる。なおソリテール
は英語で「ソリテア」とも発音され、こ
れには「ひとつ石の装身具」の意味もあ
る。

ストックタイ⇒ストック

ストックピン⇒スティックピン

ストラ [stola ラテン語] 古代ローマ時代に
女性が着用した丈の長い衣服。古代ギリ
シャ人が着たイオニア式のキトン*を受
け継いだものとされ、チュニカ*の上に
着て、さらにパラ（パルラとも）[palla
ラテン語] と呼ばれるショール状の外衣
を重ねて着装した。ストーラとも呼ばれ、
これが後に肩掛けのストールに転じたと
される。

ストライプ [stripe]「縞柄」の総称。より
正しくはストライプトパターン striped
pattern といい、最も単純な柄だが歴史
も古く、多くのバリエーションがある。
「しま」というのは、元々南洋の「島」
から渡来したものという意味から来てい
る。

ストライプトデニム [striped denim] スト
ライプデニムとも。縞柄を特徴とするデ
ニム地の総称。特にコームストライプ*
とかヒッコリーストライプ*などと呼ば
れる、オフホワイトの地にインディゴブ
ルーやダークブラウンなどの縞を等間隔
に配したデニム地が、ワーク調のオーバ
ーオールズ*などによく用いられる。

ストライプトトラウザーズ [striped trou-
sers] モーニングコートやディレクター
ズスーツ*に用いられる縞柄のドレッシ
ーなズボンの総称。日本では縞コールと
かコールズボンとも呼ぶが、このコール
はコードストライプ（紐のような縞柄の
意）の訛りと思われる。一般に黒とグレ
ー、時として黒と白による複雑な縞柄を
特徴としており、慶事には縞の幅が広め
の明るい調子のもの、弔事には縞の幅が
狭めの暗い調子のものを用いるのが原則
とされる。より正しくはストライプト・
ドレストラウザーズ [striped dress
trousers] と呼ばれる

ファッション全般

ストライプト・ドレストラウザーズ⇒スト
ライプトトラウザーズ

ストライプトブレザー［striped blazer］ス
トライプ（縞柄）を特徴としたブレザー
の総称。ブレザーの原点は19世紀中期に
着られたクラブジャケット*としてのク
リケットユニフォームにあったとする説
があり、それに見る太幅のストライプや
現在のスクールブレザー*に見るレジメ
ンタルストライプ*などをあしらったも
のがこの代表例とされる。なお、ここで
のクリケットクラブのブレザーをクリケ
ットブレザー［cricket blazer］と呼んで
いる。

ストラッパータ［strappata 伊］イタリア語
で「引きつれた」という意味。ジャケッ
トなどでボタンを留めると、わずかにウ
エストがつれるような感じになるデザイ
ンおよびそうした作りを指す。それとと
もに襟の部分もはだけるようになるが、
それらはすべて計算されたもので、それ
によって生まれる着崩し的な着こなしを
楽しもうとするもの。

ストラップ［strap］紐、革紐、帯、バンド
という意味。ファッション用語では肩か
ら吊すための「吊り紐」や「肩紐」、ま
たバックル留めのバンドやシャツの袖口
の短冊などを指すことが多い。このうち
ごく細い肩紐をスパゲティのようだとい
うことでスパゲティストラップ
［spaghetti strap］ということがあるが、
元々イタリア語のスパゲティの単数形ス
パゲット には「細い紐」という意味があ
る。

ストラップサンダル［strap sandals］ここ
でのストラップは「帯、バンド」の意で、
甲に幅広の帯状の留め具を取り付け、そ
れに足を挟み込んで履くようにデザイン
した簡便なサンダルを指す。広義には革
紐などバンド状の留め具をあしらったサ

ンダルが全て含まれる。

ストラップシューズ［strap shoes］バック
ルストラップ*と呼ばれる尾錠付きの帯
で留めるようにした靴の総称。レースア
ップ（紐留め）型でもなくスリップオン
形式でもない、ちょっと変わったデザイ
ンの靴としてビジネスシューズにもよく
用いられるようになっている。

ストラップショルダー［strap shoulder］ス
トラップは「紐」の意で、キャミソール
のようにショルダーストラップ（肩紐）
を用いる肩のデザインを総称する。

ストラップトカフス［strapped cuffs］袖先
にストラップ（尾錠）をあしらったデザ
インのカフス。トレンチコートなどによ
く用いられる。

ストラップドレス［strap dress］肩紐（シ
ョルダーストラップ）だけで吊るして着
るスタイルになった簡便なデザインのド
レス。下着のスリップを思わせる形のも
ので、いわゆるランジェリードレス*の
ひとつ。

ストラップレギンス［strap leggings］下部
に土踏まずを覆うストラップ（紐）を取
り付けたレギンス。いわゆるトレンカタ
イプのレッグウエアの一種。

ストラップレス・Gストリング［strapless
G-string］女性下着の一種で、紐のない
Gストリング*型ショーツを指す。Tバ
ックのパンティーで脇の紐を省略した接
着テープ使用の下着で、ヌーブラ*タイ
プのまさに究極のビキニと呼べるもの。

ストラップレスパンティー［strapless
panty］脇のストラップ（紐）のないパン
ティーのことで、「穿かないパンティー」
として知られる。ヌーブラ*のパンティ
ー版とされる新しい下着で、股間をくぐ
らせるだけで着用できるのが特性とされ
る。Sthong（ストング）とかStanga（ス
タンガ）の商品名もある

367

ファッション全般

ストラップレスブラ［strapless bra］肩紐が付かないブラジャー。いわゆる「紐なしブラジャー」のことで、なかには取り外し可能な肩紐が付いたものもある。胸元が大きく開いたドレスなどを着るときに用いられる。

ストリートアクティブウエア⇒タウンアスレティックウエア

ストリートアスレティックウエア⇒タウンアスレティックウエア

ストリートウエア［street wear］直訳するなら「街着」。特に都会の街路で着用する服の総称で、従来のタウンウエア＊の表現に代わって多く用いられるようになっている。こうした服装を「ストリートスタイル」と呼ぶ。

ストリートカジュアル⇒ストカジ

ストリートギャングスタイル⇒ヤートラ

ストリート系［street＋けい］元は裏原宿＊や代官山などに見られるルーズな服装の男の子たちのファッションを指したものだが、今では全国的な広がりを見せている。ゆったりとしたパーカやカーディガンにミリタリー系のパンツやナイロンパンツを合わせ、ニット帽をかぶるといったスタイルが多く見られる。

ストリートスポーツ［street sports］街中で着こなすスポーツウエア・ファッション。1980～90年代のストリートファッションとしてよく見られたものだが、2010年代に入って再び流行するようになり、イタリアの名門ブランド FILA などの人気が再燃した。現在ではより大人っぽい感覚に落とし込んだストリートカジュアルとしての雰囲気が強くなっている。

ストリートスポーツウエア⇒コンペティションウエア

ストリートファッション［street fashion］街の中から若者を中心にして自然発生的に生まれるファッションを総称する。第2次世界大戦後に特有のファッション現象とされ、テッズ＊やモッズ＊を始めとして、渋カジやヒップホップスタイルなどがその代表とされる。ここでは若者のサブカルチャーや音楽の流行との関係が無視できない。

ストリートミックス［street mix］ストリートファッションに90年代のスポーツファッションなどをミックスさせたファッション表現。少しレトロ感のあるストリートファッションとして2010年代に復活してきた。

ストリームシルエット［stream silhouette］ストリームは「流れ」また「流れる、なびく」といった意味で、ボディーラインに沿って流れるようなイメージがあるシルエット、すなわち「流線形」のラインをいう。フルイドライン＊と同義。

ストリングス［strings］「紐、糸」の類を総称する。一般にコード＊よりも細く、スレッド＊より太いものを指す。最近こうした紐をアクセントとして扱うデザインが急増して、注目されるようになった。

ストリングス（下着）⇒ソング

ストリングタイ⇒コードタイ

ストリングドストール［stringed stole］紐（ストリング）使いを特徴としたストール。ストールの中ほどに入れた紐で首元を締めて、より防寒効果を高めるほか、ケープやポンチョのように着ることもできるようにしたアイデア商品のひとつ。

ストリングビキニ［string bikini］脇の部分を細い紐（ストリング）だけで構成したビキニ型のショーツ。きわめてセクシーな雰囲気の下着のひとつで同種の水着もある。こうしたものを「ザ・スレッド＊」ともいう。

ストリングブラジャー［string brassiere］ストラップ（吊り紐）としてのストリン

ファッション全般

グ（紐）を、大胆に、かつ多用したブラジャー。背中まで続くストリングで、バックスタイルをセクシーに見せる効果を持つ。また、光り輝くラメテープを紐に巻き付けたり、クリスタルビーズを飾ったストラップを持つブラジャーをこう呼ぶこともある。

ストレートエンドタイ⇒スクエアエンドタイ

ストレートエンドボウ⇒スクエアエンドボウ

ストレートカット⇒プレーンボトム

ストレートカフス［straight cuffs］袖の先から袖口までが広がらずにまっすぐに付けられているカフスのデザインをいう。プレーンカフス［plain cuffs］ということもあるが、プレーンカフには袖先に何の切り替えもなく、筒状の形になった袖口を指すという意味もある。

ストレートカラー［straight collar］レギュラーカラーの別称などとメーカーによってさまざまな解釈があるが、ここでは文字通りまっすぐな一直線の襟、すなわち水平に開いたシャツ襟の意味を採用する。ワイドスプレッドカラーよりも広く開いたシャツ襟のことで、新しいデザインのひとつとされる。カッタウエイカラーと同じ。

ストレートジーンズ［straight jeans］ストレートラインと呼ばれる直線形のシルエットを特徴とするジーンズの総称。オリジナルのジーンズの形を踏襲するものだが、現在ではレギュラー型のストレートのほかに、細身のタイトストレートや太めのルーズストレートとかリラックスストレートなどと呼ばれるものなど、多くの種類と変化が認められる。

ストレートシェイプ⇒ポインテッドエンドタイ

ストレートショルダー［straight shoulder］直線型の肩線。スクエアショルダー*に

比べて肩先が上がることなく、きちんと角張った形を保っているのが特徴。

ストレートスカート⇒チューブスカート

ストレートスリーブ［straight sleeve］直線的なカットがなされた袖のことで、多くは一枚袖で少しゆとりのある箱型の形をもつ。

ストレートチップ［straight tip］爪先部分に横一直線に切り替えたデザインを指す。ストレートトウキャップ［straight toe cap］とも呼ばれ、日本では「一文字飾り」の俗称がある。そうした形を特徴とした靴そのものを指すこともあり、黒のカーフで作られるものは男性の昼間のフォーマルシューズとして用いられるほどに格調高い。別にキャップトゥ［cap toe］ともいう。

ストレートチップシューズ［straight tip shoes］トウ（爪先）に横一文字に切り替え線が入った紳士靴で、特に黒のカーフスキン*で作られたバルモラル*型の短靴は昼間のフォーマルシューズとされる。基本的にオックスフォードシューズの中で最もドレッシーな靴とされている。

ストレートトウキャップ⇒ストレートチップ

ストレートドレス［straight dress］すとんとしたまっすぐなラインを特徴とするドレスの総称。シリンダー（円柱、円筒）のような形のシリンダードレス［cylinder dress］と呼ばれるものもこの一種。

ストレートネックライン［straight neckline］ネックラインの基本形のひとつで、直線的なカットで表現されるネックラインを総称する。スラッシュネックライン*が代表的なものだが、キャミソールネック*やスクエアネック*なども含まれる。

ストレートパーマ［straight perm］くせ毛やパーマヘアを直毛にする方法。パーマ

369

ファッション全般

ネントウエーブの薬剤を使用して施術するところからこのように呼ばれる。

ストレートバギー⇒バギーパンツ

ストレートバック⇒オフ・ザ・フェイス

ストレートハンギング [straight hanging]「まっすぐに垂れ下がっている」の意で、アメリカントラディショナルモデル*やアイビーリーグモデル*のスーツ上着に見るボックス型のずん胴なシルエットを指す。胸の前ダーツもとらずに裁断するところからこのような形になるもので、ナチュラルショルダー（自然肩）と並んで、この種のスーツやジャケットを象徴する言葉。

ストレートハンギングシルエット [straight hanging silhouette] まっすぐに垂れ下がるシルエットの意。特にアメリカントラディショナルモデルのスーツやジャケットに見られるものを指すことが多い。こうした上着には前ダーツがなく、ちょうど肩で吊ってまっすぐなボックスラインのように見えるところから、このような名が付いたもの。

ストレートパンツ [straight pants] 上から下までまっすぐな直線型のシルエットを特徴とするパンツの総称。パイプステム*と呼ばれるアイビーパンツに代表されるものだが、これにもスリムタイプやルーズタイプなどさまざまな種類がある。中庸を得た感じのものはレギュラーパンツ [regular pants] と呼ばれる。

ストレートヒール [straight heel] 前後ともに垂直の直線の形を特徴とするヒール。多少斜めになったものも含まれるが、決してカーブは伴わないのが特徴。

ストレートフロムジムルック⇒アクティブストリートルック

ストレートヨーク [straight yoke] ヨークのひとつで、直線型のものをいう。特に背中に付くヨークで、下部が真っすぐな

形になっているものを指すことが多い。

ストレートライン [straight line] 直線的なシルエットの総称。何のくびれもない、すとんとしたまっすぐなラインで、衣服の基本的なシルエットのひとつに数えられる。

ストレートロングヘア [straight long hair] くせがなく、まっすぐに素直に伸びたロングヘア（長髪）の総称。ナチュラルストレート [natural straight] といった表現もあり、昔から変わらぬ魅力をもつ、女性の代表的なヘアスタイルのひとつとされる。なお一般には襟足から肩くらいまでの長さのものをセミロングヘア [semi long hair] といい、それ以上の長さのあるものをロングヘアと呼んでいる。

ストレッチエナメル [stretch enamel] ポリウレタンにエナメル加工をほどこした伸縮性素材。体にぴったりフィットするファッション傾向から生まれた新素材のひとつ。最近のストレッチ素材の人気は高く、この他にもストレッチベルベットなどさまざまな素材が開発されている。

ストレッチガーゼ [stretch gauze] ポリウレタンやナイロンを加えることによって、強い伸縮性を持たせたガーゼ。最近人気の出てきた素材のひとつで、これで作ったジャケットやTシャツ、ブラウス、パンツなどの「ガーゼウエア」が注目されている。

ストレッチジーンズ [stretch jeans] 伸縮性に富むジーンズの総称。多くはストレッチデニム*と呼ばれる素材を使って作られるもので、かつては年配層や婦人・子供向けのジーンズに多用されたものだが、現在ではいわゆる「美脚パンツ」の流行から、そうしたパンツのひとつとして注目されるようになった。スキニージーンズ*にもこうしたものが多く見られ

370

ファッション全般

る。

ストレッチダウンパック [stretch down pack] ストレッチダウンと呼ばれる伸縮性を特徴とするダウンウエアに用いられるダウンパックのこと。ダウンパックとは羽毛（ダウン）やフェザー（羽根）を織物や不織布で包んだ袋のことで、ふつう表地の下に用いられる。ストレッチダウンにはハイゲージの丸編みや経編みのニット地を使用するものが増えている。

ストレッチデニム [stretch denim] 伸縮性を特徴とするデニム。ポリウレタン（PU）弾性糸を交織したり、スパンヤーン使いにするなどして伸縮性を富ませたデニム地を総称する。いわゆるストレッチジーンズ*の主要素材となる。

ストレッチパンツ [stretch pants] 伸縮性を特性とするストレッチ素材で作られたパンツを総称する。脚にしなやかにフィットする感覚が受け、特に女性に大人気のアイテムとなった。かつてはスパッツやカルソンなど下着感覚のぴったりしたパンツ類をこのように呼んだものだが、現在ではポリウレタンを混紡した布帛地で作られるものが多い。特に伸縮性に優れたものは、スーパーストレッチパンツ [super stretch pants] とか、商品名でミラクルストレッチパンツ（『バリュープランニング』社の〈ビースリー〉）などと呼ばれている。

ストレッチファブリック⇒ポリウレタン

ストレッチブーツ [stretch boots] 伸縮性を特徴とするブーツの総称。形・素材ともにさまざまなタイプがあるが、最近では特に伸縮性に長けた布地で作られた女性用のロングブーツを指すことが多い。ベロアやスエード状の布使いのものは脚にぴったりとフィットし、とりわけ足首のフィット感に優れるとされる。

ストレッチブラ⇒スポーツブラ

ストレッチヤーン⇒ポリウレタン

ストレッチレザー [stretch leather] 伸縮性を特徴とした革。体にぴったりフィットし、しなやかな動きを見せるレザーで、スポーティーなストレッチファッションに好適な素材としてよく用いられる。スポーティーであるとともにセクシーな雰囲気をかもし出すのも大きな特色のひとつ。そうした衣服のほか靴などにも多く用いられる。

ストロークカット [stroke cut] 鋏（はさみ）を毛先に対してタテに入れ、上下に軽く振動させながら髪の長さと量を同時に調整していくヘアカット法のひとつ。毛先に筆の穂先のようなラフで軽い表情が生まれるのが特徴とされる。ストロークには「打つこと、ひと動作、筆使い」のほか「髪を撫でる、さする」といった意味がある。

ストロードレス [straw dress] ストローラインと呼ばれる麦わらのような細長いシルエットを特徴とするドレスの意。

ストローハット [straw hat] 麦わらで作られた帽子の総称。ボーター*(カンカン帽)などに代表される夏季用の帽子を指すが、日本では「麦稈帽（ばっかんぼう）」と呼ばれる、いわゆる「麦わら帽子」をいうことが多い。特に「麦稈真田」と呼ばれる、麦わらを材料とした鍔（つば）の広い丸い山型の帽子が知られ、これは夏の野良仕事に用いられるほか、海水浴などの行楽にもよく使われた。

ストローパンツ [straw pants] ストロー（麦わら）のように細い、ということで名付けられた、スリムなシルエットのパンツ。同様の意味でペンシルパンツ [pencil pants] と呼ばれるものもあるが、これはいうまでもなく「鉛筆」のように細くてまっすぐなという意味。

ストローボーター⇒ボーター

ファッション全般

ストローラー [stroller] ディレクターズスーツ*をいうアメリカでの俗称。「ぶらぶらと歩く人」という意味からきたもので、ぶらぶら歩きをしてもおかしくない略礼服ということから命名されたという。

ストローライン [straw line] ストローは「わら、麦わら」の意で、麦わらのようにほっそりとして長いシルエットを指す。スティックライン*やロング・アンド・ナローライン*などと同義。

ストロングウーマンルック [strong woman look] 強い女をイメージさせるファッション表現をいったもので、男性的なテーラードスーツやパンツルックでさっそうと歩く現代的な女性の姿を指す。強くなった90年代の女性を意識して作られた用語のひとつ。

ストロングストライプ⇒ロンドンストライプ

ストロングメイク [strong make] 強く激しいイメージのメイクアップ。エッジを利かせた濃いアイシャドーで知られる「アンビバレント ambivalent」などと呼ばれた化粧法が代表的なものとされ、人によっては悪魔のような化粧とも称される。ハードメイク [hard make] の別称でも呼ばれる。

スナイパーグラブ [sniper glove] スナイパーは「狙撃者」の意で、狙撃者が用いるような指先部分のない半手袋を指す。ミリタリーグッズのひとつで、ちょっと変わった雰囲気のある小物としてロックミュージシャンたちに好まれている。

砂子織⇒斜子織

スナッグルスーツ [snuggle suit] 幼児用のフード付きカバーオールズをいうアメリカの俗称のひとつ。スナッグルには「（子供やペットなどを）抱き寄せる、抱き締める」といった意味があるが、こうしたものを英国ではフーデッド・オールインワン [hooded all-in-one] などと呼んでいる。

スナッピングウオレット [snapping wallet] スナップは「ポキッと折れる」といった意味で、折り畳み式となったウオレット（財布）を指す。ロングウオレット（長財布）の対義語として用いられる。

スナップ⇒スナップボタン

スナップダウンカラー [snap-down collar] 襟先にスナップ（凸部と凹部でセットになった留め具で、正しくはスナップボタン）を設け、それでボタンダウンカラーのように留める形にしたシャツ襟。スナップが外から見えないのが特徴。

スナップバッグ⇒スナバ

スナップブリムハット⇒ソフトハット

スナップブレスレット [snap bracelet] スナップには「パチンと音をさせる、締める」といった意味があり、手首にパチンと巻き付ける仕掛けになったブレスレットの一種を指す。俗に「腕パッチン」と呼ばれるファンシーなアイデア小物のひとつ。

スナップボタン [snap button] 単にスナップともいう。スナップ式ボタンのことで、凹凸二つの部分から成る留め具を指す。打ち合わせる下側に凸型、上側に凹型のものを付け、押し合わせて留めるようにする。スナップは「パチンと鳴る」といった意味で、留めたときの音からそのように呼ばれるようになったもの。別名「押しホック」で、ドットボタン*、シャンクボタンもこの一種。

スナバ [snap back] スナップバックの略。野球帽型のキャップの後部にあるサイズ調節用の留め具をスナップバックといい、これを取り付けた帽子をスナップバックキャップ、略してスナバと呼ぶようになった。2013年夏、原宿で流行し始めた言葉。

スニーカー [sneaker] カジュアルな用途に

ファッション全般

履くことの多いゴム底の靴の総称。本来はゴム底の布製靴を指し、歩いてもあまり音がしないところから、アメリカで「スニーカー」（忍び歩く人、こそこそ歩く人という意味）と呼ばれ、やがて「運動靴」の意味で定着した。スニーカーの原型が誕生したのは1868年の「クロケーサンダル」と呼ばれるゴム底の布製スポーツ靴であったとされ、それがスニークスなどと呼ばれる時代を経て今日に至っている。より正確には複数形で「スニーカーズ sneakers」と称するが、英国ではこの種の靴をトレーナーズ［trainers］と呼んでいる。現在ではキャンバスなどの布のみにとどまらず、合成皮革や本物のレザーなどもアッパー素材に用いられ、その種類も多岐にわたっている。

スニーカーイン⇒スニーカーソックス

スニーカーカット［sneaker cut］ジーンズの新しいシルエットのひとつで、裾口の後ろ側をわずかに広げた形を指す。ブーツカットパンツのスニーカー版としてデザインされたもので、ストレート型のジーンズを基本としているために、スニーカーを履いた時に甲の部分はもたつかず、裾に自然なラインが生まれるのが特徴とされる。元々は2006年春、日本のジーンズメーカー、ボブソンの開発による女性用ジーンズのためのアイデアとされる。

スニーカーサンダル［sneaker sandal］スニーカーとサンダルの中間的なイメージを狙ってデザインされた新しい感覚の履物を指す。かかとの部分がなく、前から見ると普通のスニーカーに見えるというのが特徴。

スニーカーソール⇒コンフォートブーツ

スニーカーソックス［sneaker socks］靴のトップライン（履き口）ぎりぎりの長さしかない、きわめて短い靴下。素足でス

ニーカーを履くときの蒸れや臭いを除去する目的で用いられるカジュアルな靴下で、いわゆる生足感覚も味わえるとして、近年盛んに用いられるようになっている。ローカットソックス［low cut socks］とかスニーカーイン［sneaker in］など別称も多い。

スニーカー通勤［sneaker＋つうきん］皮革製のビジネスシューズではなく、カジュアルなスニーカーで通勤すること、またそのような通勤スタイルを指す。近頃のカジュアルスタイルでの仕事着がゆるされるようになったこ時勢から、スニーカーだけでなく、デニム通勤やリュック通勤も一般的に見られるようになった。いまやノータイは当たり前になり、オンオフの解除が本格的に始まったとされる。2018年から常態化したという声も聞かれる。

スニーカーパンプス［sneaker pumps］スニーカーとパンプスを一緒にしたような中間的な性格の女性靴の一種。メーカーによってパンプニーカーとかパンプススニーカー［pumps sneaker］とかヒールスニーカー［heel sneaker］などとさまざまな名称があり、そのデザインも多様だが、要はスニーカー調のパンプスのことで、履きやすさと歩きやすさを考慮して最近開発された新しい靴のひとつとされる。パンプス風のアッパーにゴムの靴底を付けたタイプや、スニーカーにパンプス風のヒールを付けたものなどが見られる。

スニーカーヘッズ［sneakerheads］熱狂的なスニーカーのコレクターのことで、いわゆる「スニーカーオタク」。特に希少性が高く、入手困難なスニーカーを所有、購入、販売する人たちを指す。映画『スニーカーヘッズ SNEAKERHEADZ』（米、2015）からの影響も強い。

スニードハット［Sneed hat］1940年代か

ファッション全般

ら50年代にかけて活躍したアメリカ人プロゴルファー、サム・スニードが愛用したことからこう呼ばれる帽子の一種で、ココナッツハット*と同義とされる。スニードはこうしたゴルフ帽のほか、ゴルフジャンパーなどにもその名を遺している。

スヌード［snood］本来は女性の後ろ髪をまとめるネット袋のような被りものを指すが、現在では首周りに巻き付けるようにして用いる筒状のニット製ネックウォーマーの一種をこのように呼ぶようになっている。バーバリーが2009～10年秋冬コレクションでこの種のものをスヌードと名付けて発表したところから人気となったもので、現在はフード付きのものや大きめのマフラーをスヌード風に扱う着こなしなども現われている。

スネークスキン［snakeskin］「蛇革」の意で、特に小型の蛇の革を指すことが多い。これに対して大蛇類はパイソン［python］と呼ばれ、これがハンドバッグなどの素材として用いられる。パイソンは「ニシキヘビ」のことで、ときとして蛇柄の意味にも使われる。

スノーウエア⇒スノーボードウエア

スノーウオッシュ⇒ケミカルウオッシュ

スノージャケット［snow jacket］スキーやスノーボードなど雪山のスポーツに用いられるアウタージャケットの総称。ゴアテックス*などの機能素材で作られ、完全防水と透湿性を特徴としたものが多い。これはまた雪山登山などに用いられることもあり、同種のパンツなどを含んでスノーウエアと総称される。

スノーシューウエア［snowshoe wear］スノーシューはより正しくはスノーシューイングといい、「かんじき」を応用した靴を履いて雪上を歩行する新しいスノースポーツを指す。そうしたときに着用する服装のことで、各種のウインドブレーカーやスキーパンツ、スノボーパンツなどと同様のウインタースポーツウエアの類が用いられる。雪上のハイキングともいえるスノーシューイングの発展とともに、近年注目が集まっている。

スノースーツ⇒バローコート

スノースカート⇒スノーボードパンツ

スノーデニム⇒ケミカルウオッシュ

スノートレーニングシューズ［snow training shoes］本来はスキーの練習用の靴という意味で、日本では「スノトレ」と略称されることが多い。スキー競技専用のスキーブーツ*よりもソフトに作られているのが特徴で、アフタースキーなどの場で用いられる例が多い。

スノーパンツ［snow pants］サロペット*（オーバーオールズ）型の幼児用パンツを指すアメリカでの呼称。「おくるみ」をスノーパンツと呼ぶところからきたもので、スキーウエアからの発想と思われる。これを「ビブス」（前掛けの意）と呼ぶこともあるが、これに対してカバーオールズ*型のものを英国ではデイスーツ［day suit］と呼ぶことがある。

スノーブーツ［snow boots］雪用のブーツの総称。一般に降雪時に履くゴム長状のずんぐりした形のハーフブーツあるいはロングブーツを指すが、スノーボード用のスノーボードブーツ［snow board boots］（略してスノボブーツとも）やスノーモービル用のスノーモービルブーツ［snow-mobile boots］（略してスノモブーツとも）などを含んでこのように称することもある。

スノーボードウエア［snowboard wear］雪上を1枚の板でサーフィンのように滑るウインタースポーツのひとつであるスノーボード（正しくはスノーボーディング）専用の服装を指す。基本的にはスキーウ

374

エアと同じようなスタイルをしている
が、肘や膝のところに強度が求められる
ためパッドを取り付け、それがデザイン
上の特徴ともなっている。シルエットも
全体にルーズなものが多く、いわゆるボ
ーダー系の若者たちに好まれている。ス
ノーボードは略して「スノボ」とか「ス
ノボー」などと呼ばれ、こうしたスノー
スポーツ用の服装をスノーウエア［snow
wear］とも総称している。

スノーボードパンツ［snowboard pants］冬
のスポーツのひとつであるスノーボード
に用いられるパンツ。全体にルーズなシ
ルエットで、耐候性のある素材を用い、
膝にパッドを装着したものも見られる。
また女性用のスノーボードウエアとし
て、パンツの上に重ねて着用するプリー
ツや巻きスカートなどの短いスカートが
あるが、これをスノースカート［snow
skirt］と称することがある。

スノーボードブーツ⇒スノーブーツ

スノーモービルブーツ⇒スノーブーツ

スノッブ［snob］紳士気取りの人、知的な
優越感を持っているふりをする人、また
「俗物」という意味。その一方、現在で
は都会的で洗練されたという意味で用い
られることもある。

スノトレ⇒スノートレーニングシューズ

スノバリー⇒スノビズム

スノビズム［snobbism］紳士好み、気取り
趣味。スノッブ*から生まれた考え方を
指し、多くは当人を小馬鹿にする意味で
用いられるが、最近では超高級品で気取
りまくった究極のおしゃれ趣味をこのよ
うに呼ぶことがある。スノバリー［snob-
bery］（紳士気取り）とかスノビッシュ
［snobbish］（きざな）といった同類語が
ある。

スノビッシュ⇒スノビズム

スノボブーツ⇒スノーブーツ

スノモブーツ⇒スノーブーツ

スパークルクロス［sparkle cloth］アルミ
やステンレスなど光沢の強い金属粉を混
入した樹脂をコーティングし、きらきら
光る効果を表現した生地。スパークルは
「きらきら、光沢」の意。

スパートリー［suparterie］スパットリー
とも。帽子の高級素材のひとつで、ウコ
ギ科の落葉高木を原料とする。経木など
に使われるもので、現在では素材そのも
のがほとんどない高級帽体となる。

スパイキーヘア［spiky hair］スパイキーは
「釘のような、先の尖った」という意味で、
釘が突き立ったような感じのヘアスタイ
ルを指す。最近人気があるのは、髪をご
く短めに刈り込んで染髪したスパイキー
ヘアで、ボーイッシュなイメージが生ま
れるとして若い女性に受けている。

スパイクシューズ［spike shoes］靴底にス
パイク（釘）を取り付けた靴の総称で、
その多くは競技用とされ、スパイクス
［spikes］だけでもそうした意味をもつ。
「野球スパイク」を始め「サッカースパ
イク」やゴルフシューズなどに代表され
る。

スパイクス⇒スパイクシューズ

スパイクヒール［spike heel］正しくはスパ
イクトヒール［spiked heel］。スパイクは
「長釘、大釘」また「長釘を打ち付ける」
といった意味で、長い釘（くぎ）のよう
な形を特徴とするハイヒールの一種を指
す。ピンヒール*やスティレットヒール
*と同義。

スパイコート［spy coat］まるでスパイ（諜
報員）が着るようなというイメージから
名付けられた男性用のロングコートの一
種。エレガントなテーラードスタイルを
基調として、ベルト付きとしたデザイン
のものが代表的。

スパイシーカラー［spicy color］スパイシ

ーは本来「薬味を入れた、ぴりっとした」ことを意味するが、一般にスパイス（香辛料）のような色という意味にとられ、スパイスカラー［spice color］とも呼ばれる。マスタード（からし）やカレー粉の黄色などの刺激的な色調が代表的で、いわゆるナチュラルカラー*のひとつとして人気がある。

スパイシーボブ［spicy bob］ショートカットヘアの一種で、ショートでも可愛くなり過ぎず、大人っぽい辛さを残した髪型をいう。スパイシーは「香辛料が効いている」という意味。

スパイスカラー⇒スパイシーカラー

スパイダーシルク［spider silk］スパイダーは「蜘蛛（くも）」の意で、ジョロウグモの糸の遺伝子を抽出し、蚕の卵に注入して得られる絹糸を指す。クモ糸の成分を10％ほど含むこの糸は、従来の生糸よりも丈夫で柔らかく、強度や伸縮性は通常の絹より2倍以上の優れた製品にできる可能性があるとされる。信州大学と靴下メーカーの『岡本』（奈良県）の共同開発になるもので、近い将来の製品化が期待されている。

スパイダーマンスーツ［Spider man suit］漫画や映画でおなじみのスパイダーマンの衣装のように、顔から足先まで全身をすっぽりと覆ってしまう形の服を、スパイダーマンにちなんでこう呼んだもの。1991〜92年秋冬パリ・コレクションにおけるジャンポール・ゴルティエの作品が代表的。

スパイベルト［SPIBELT］ランニングやウオーキング用に開発されたベルト状のウエストバッグのひとつで、伸縮性の強い素材を用い、間にベルト幅ほどの細長いポケットを設けることによって、そこにモバイル音楽機器や携帯電話、またカギ、コイン、リップクリーム、栄養補助

食品などを収納することができる工夫がなされている。もとはアメリカのオーバートン・エンタープライズ社による製品で、日本での総輸入代理店（株）アルファネットの意匠登録済みとなっている。スポーツブームからランニング、ウオーキングだけ でなく、自転車やストリートまで用途が拡大し、類似品も多く出回るようになっている。

スパイラルスカート⇒エスカルゴスカート

スパイラルスリーブ［spiral sleeve］スパイラルは「らせん状の、渦巻き形の」という意味で、渦巻きのような形に布地を変化させて取り付けた袖を指す。

スパイラルソックス［spiral socks］スパイラル（らせん）状の模様を特徴とした靴下。日本在住のドイツ人ニット作家／ベルンド・ケストラー（男性）の紹介による靴下で、氏は第1次大戦時の『軍隊のスパイラルソックス』と書かれたアメリカの古いチラシに触発されて、これを完成させたという。複雑なかかとの膨らみがないのが特徴で、編みやすく、履きやすく、美しい模様が現れるという特徴を持つ。同名の著書が発行（2016）されて話題を集めた。

スパイラルパーマ［spiral perm］毛束を長めのロッド*に螺旋（らせん＝スパイラル）状に巻いていくパーマネントヘア。電話コードのような縦型ウエーブの立体感が生まれるのが特徴とされ、手入れが簡単で長持ちするというメリットがある。また毛束をねじってから巻くものは、ツイストスパイラル［twist spiral］とかツイストパーマ［twist perm］などと呼ばれ、それはコイル状のより強いウエーブが生まれる。

スパゲティストラップ⇒ストラップ

ズパゲッティバッグ［Zpaghetti bag］ズパゲッティとはオランダ発のTシャツの製

ファッション全般

造過程で余った生地をアップサイクルさせた糸のことで、それを利用して作られるさまざまなバッグを指す。トートバッグやショルダーバッグ、ボトルホルダー、クラッチバッグなどが作られる。雑誌『Mart』による『ズパゲッティバッグBOOK』から流行に火が付いた。スパゲッティを茹でるように簡単に編めるということからの命名という。

スパツォラート［spazzolato 伊］イタリア語で「艶消し加工」の意。そうした革をスパツォラートレザーという。

スパッターダッシズ⇒フットレスタイツ

スパッツ［spats］脚にぴったりフィットするタイツ状のパンツあるいはそうしたレッグウエアの類をいう日本的な俗称。本来は1920～30年代に流行した、男性が礼装用などとして靴に用いた白やグレー、淡褐色などの布製靴カバーを指すが、日本ではそれが長い間にわたって誤用されていたもの。スパッツでも一般に通用するが、現在ではレギンス＊ということのほうが多くなっている。英米ではレギンスのほかフットレスタイツ［footless tights］と呼ぶことがある。

スパッツ水着⇒オールインワン水着

スパッラカミーチャ［spalla camicia 伊］イタリア語で「シャツの肩」という意味。イタリアのスーツに見られる肩の作り方のひとつで、「ゆき綿」などの詰め物をいっさい使わずに、着る人の肩の線を立体的に表現する仕立て方を指す。まるでシャツの肩のようだということでこの名がある。

スパナポケット［spanner pocket］ペインターパンツ＊などのワークパンツに見られる、スパナ（レンチ）を引っ掛けるループを取り付けたポケットのデザインを指す。

スパニーコート⇒スパニッシュコート

スパニッシュカラー［Spanish collar］スパニッシュコート＊に特有のリブニット使いで、襟先にタブを付けた大型のニット襟。ネックラインを取り巻くように、円い形になっているのが特徴。

スパニッシュコート［Spanish coat］首を取り巻くように付けられたスパニッシュカラー＊と呼ばれるリブ編の大きなニット襟を特徴とするコート。元々はアメリカでフットボールの観戦着として用いられたとされ、正しくはゴールコート［goal coat］（ゴールは「決勝点」の意）という。太畝のコーデュロイで作られるのも特徴のひとつだが、コットンスエードや厚手ポプリン地も用いられる。ほかにスパニーコートというきわめて日本的な造語でも呼ばれる。

スパニッシュジャック［Spanish jac］スパニッシュコート＊をウエスト丈にアレンジしたジャケット。スパニッシュカラー＊と呼ばれる大きなニット襟を特徴に、ウエザークロスなど丈夫な生地で作られたものが多い。

スパニッシュヒール［Spanish heel］スペイン風のヒールという意味で、6～8センチ高の安定性に優れたデザインのもの。

スパバッグ［spa bag］スパサロン＊へ携行するバッグのことで、バスバッグ＊に同じ。水に濡れても安心なようにビニール素材で作られたものが多く、タオルやポーチなどを収納するため、大型で機能的なデザインに仕上がっている。

スパモ⇒スーパーモデル

スパルタカスサンダル⇒ベンハーサンダル

スパンクガール［SPANK girl］いわゆる東京ストリートファッションのひとつで、2008年春ごろから渋谷を中心に登場した女の子たちのファッションおよびそうした女の子たちを指す。もともとは

ファッション全般

2004年に東京・高円寺に開店した古着ショップ「SPANK！」に端を発し、その2号店「SPANK ME」が渋谷にオープンしたことでブレイクしたもの。もとは80年代のポップなディスコイメージのファッションだったが、いまでは白やパステルカラーを多用した「フェアリー（妖精）系」のガーリーファッションとして知られ、2010年春ごろからは原宿の新モード「ロマンティックスタイル」へ受け継がれるようになった。最近ではこうした現象を「局地ブーム型」ファッションとも呼ぶようになっている。

スパングル⇒スパンコール

スパンコール［――］衣服の装飾に用いられるプラスティックや金属などで作られた円形の小片。真ん中に開いた穴に糸を通して縫い付けられるもので、パーティー用のドレスや舞台衣装、また女性のハンドバッグやおしゃれな靴などにもよく見られる。スパンコールというのは完全な日本語で、英語のスパングル［spangle］が訛って日本語化したもの。スパングルにはそうした飾り物のほか、「ぴかぴか光るもの」という意味がある。

スパンツ［――］スパッツ＋パンツの造語。スパッツ*とパンツの中間的な性格を特徴とする女性用ボトムスを指す商品名のひとつ。脚にぴったりフィットしながらも透けないところに持ち味がある。

スパンデックス⇒ポリウレタン

スパンヤーン［spun yarn］「紡績糸」を指す。フィラメント*ヤーンの対語で、綿、麻、毛のようなステープル*（短繊維）に撚りをかけた長い糸状のものをいう。

スパンレーヨン⇒ステープルファイバー

スピークイージースタイル［speakeasy style］1920年代ファッションをいうアメリカ的俗称。スピークイージーは1920年代アメリカの禁酒法時代における「酒類密売所、もぐり酒場」のことで、そうした時代の雰囲気をよく表すとして用いられている。

スピットルフィールズ［spitalfields］厚手の小紋織シルク地。細かなモザイク模様となったものが知られ、主に礼装用の結び下げネクタイやアスコットタイ*などに用いられる。この名称はロンドンの絹織物生産で有名な地域の名にちなみ、スピタルフィールドとかスピットルフィールドとも呼ばれる。

スピンドルネック［spindle neck］スピンドルは「紡錘、軸」の意で、ドローストリング（引き紐）式となったクルーネック*のデザインをいう。スエットシャツやTシャツなどによく用いられるようになっている。

スピンドルライン［spindle line］スピンドルは「錘（つむ、すい）、紡錘」の意味で、中ほどで広がり、上下ですぼむ「紡錘形」のシルエットをいう。元々は1957〜58年秋冬向けパリ・オートクチュールコレクションでクリスチャン・ディオールが発表したラインの名称で、ディオール本人最後のラインとされるが、現在では女性のパンツによく用いられる形となっている。

スビン綿［Suvin＋めん］スヴィン綿とも。インド南部のタミールナドゥ州北部だけで栽培されている高級綿花、また、それを原料とする綿素材の名称。インド原産の「スジャータ（Sujatha）綿」とカリブ海セント・ヴィンセント St.Vincent の「海島綿」の交種で、両者の名を採ってスビンと呼ばれる。繊度2.8マイクロの世界最細の超長繊維綿で、海島綿に次ぐ高級綿花とされる。特に第1世代のそれは「スビン ゴールド」と呼ばれ、稀少価値の高い最高級綿とされている。

スフィンクスライン［sphinx line］エジプ

ファッション全般

トのスフィンクスにモチーフを得たシルエット表現。2004年春夏パリ・オートクチュールコレクションのクリスチャン・ディオール（デザイナーはジョン・ガリアーノ）の作品に見られた特徴的なデザインで、平坦な胸と腰から下を妊婦のように膨らませた形を特徴としている。

スプールヒール［spool heel］スプールは「糸巻き」の意で、上と下が広がり、真ん中がくびれた糸巻きのような形をしたヒールを指す。

スプーンネック⇒スクープネック

スプーンパッティング［spoon patting］「スプーンたたき」と呼ばれる美容法の一種。冷やしたスプーンで、温めた肌を軽くたたく方法を指し、こうした刺激を与えることで肌が引き締まる効果が生まれるとされる。このような手入れの仕方を「温冷ケア（おんれい＋care）」と呼ぶ。

スフェーン［sphene］天然宝石の一種で「くさび石」と呼ばれる。チタンを含むことからチタナイト［titanite］とも呼ばれ、ダイヤモンドと同等の屈折率がある。硬度が低いためにジュエリー用には難しいとされていたが、最近の加工技術の発達から可能になったもの。この名称はその結晶の形がくさびのような形をしていることから、ギリシャ語の sphenos（くさび）に因んでつけられたという。

スプラッシュトカラー［splashed color］「（水などが）跳ねた、飛び散った」色という意味で、アシッドカラーやシトラスカラーなど柑橘類系の色をいうアメリカでの口語とされる。スプラッシュには英口語で「ウイスキーなどを割るためのソーダ水」という意味もあり、ここからの連想とも思われる。

スプラッシュトチェック［splashed check］スプラッシュは「（水・泥などが）はねる、飛び散る」という意味で、一見すると無

地のように見える散らし模様の不規則な格子柄をいう。

スプラッシュプリント⇒スプレープリント

スプラッタープリント［splatter print］スプラッターは「（水・泥などが）はねかかる」、また液体が飛び散る様子をいったもので、そのような表現を特徴としたプリント柄を指す。スプラッシュプリントとかスプレープリントとも呼ばれる。

スプリットウエストバンド⇒ウエストバンド

スプリットスリーブ⇒セミラグランスリーブ

スプリットトウ［split toe］スプリットは「（タテに）割る、割れる」の意で、浅いUチップの先端を割って、アッパーを縫い合わせる形にした爪先のデザインを指す。クラシックな雰囲気のドレスシューズに用いられることが多い。

スプリットヨーク⇒ショルダーヨーク

スプリットラグランスリーブ［split raglan sleeve］ラグランスリーブ*の変形で、肩の縫い目から前部がセットインスリーブ*、後部がラグランスリーブとなった袖。スプリットは「割る、分離させる」の意で、ワンサイドラグランスリーブ［one-side raglan sleeve］などともいう。

スプリットラベル［split lapel］スプリットは「（縦に）割る、割れる、裂ける」といった意味で、ちょうど刻みの底辺の位置から布地を切り替え、二つの部分に分かれた形になったピークトラベルの一種を指す。昔の礼服のフロックコート*などに見られる襟デザインのひとつだが、現在でもファンシーなスーツやジャケットに用いられることがある。「縫い付けられた下襟」の意で、ソウンオンラペル［sewn-on lapel］とも呼ばれる。

スプリットレザー⇒床革

スプリングコート［spring coat］トップコート*を指す日本的な名称。完全な和製英語で、春に着る軽いコートという意味

379

ファッション全般

からネーミングされたもの。防寒とほこり除けを兼ね、合繊や薄手ウールなどで作られるものが多い。秋にも用いるところからオータムコート［autumn coat］と呼ぶこともある。

スプリングジャケット［spring jacket］春のアウトドアスポーツに着用する機能的なアウタージャケット*。軽い山登りやハイキング、また通勤やサイクリングなどにも着られるカジュアルなデザインが特徴で、暮らしくカラフルな色使いのものが多く見られる。

スプリングヒール［spring heel］ローヒール*の一種で、ヒール高2～3センチ程度の平たいヒールをいう。前部の先端が斜めにカットされたものが多く、スポーティーな靴に多く用いられる。

スプリングブーツ［spring boots］春向きのブーツの総称。最近登場したもので、白のウエスタン調のロングブーツやキャンバス、麻などの布製ブーツが代表的。

スプリングレザー［spring leather］春向きの衣服に用いられる皮革素材。防寒用のレザーとは異なり、軽く薄く、手触り感もより柔らかいといった特徴を持つ。柔らかなシープスキン（羊革）などに代表される。

スプレッツァトゥラ［sprezzatura伊］イタリア語で、自然な装いの表現を指す言葉。襟を立てたり、パンツの裾を自然な感じに折り返したり、ポケットの内布をのぞかせるなど無造作な着こなし方を総称するもので、ここ数年のメンズファッションに浸透している傾向のひとつ。

スプレッドアウト［spread out］ダブルブレステッド（両前）型のスーツ上着やブレザーなどで、いちばん上のボタンが左右に開いた形になったものをいう。4個ボタンや6個ボタンのもので、下掛けや中掛けとなったタイプに見られ

る。

スプレープリント［spray print］スプレーは「しぶき、水煙」また「しぶきを飛ばす、霧を吹く」という意味で、さまざまな色を吹きつけたようなプリント柄を指す。スプレーペイント［spray paint］ともいう。また同様の意味からスプラッシュプリント［splash print］とも呼ばれる。

スプレーペイント⇒スプレープリント

スペアカラー⇒セパレートカラー

スペアミントカラー［spearmint color］スペアミントはハッカの一種で、その葉に見られる鮮やかな緑の色合いを指す。

スペースアウト⇒スペーストパターン

スペースオールオーバー⇒小紋柄

スペーストパターン［spaced pattern］「飛び柄」と訳される。小さな柄が点々と飛んだ模様で、スペースアウト［space out］とかスペースオールオーバー［space all-over］ともいう。

スペースドレス［space dress］1960年代のスペースモード（宇宙ルック）に触発されてデザインされた未来的な感覚のドレスをいう。いわば「宇宙ドレス」の意味で、現在ではフューチャールック*を代表するアイテムであるところからフューチャードレス［future dress］とも呼ばれている。

スペースルック［space look］宇宙ルックの意。1960年代アーカイブ（保存記録）ファッションのひとつで、ピエール・カルダンなどによって提案された宇宙モードの現代的解釈とされる。フューチャールック*のひとつ。

スペードソール⇒シングルソール

スペクタクルズ［spectacles］「眼鏡（メガネ）」の意。一般にはグラシーズ［glasses］のほうが知られる。これを略したスペックス［specs］はメガネを指す口語とされる。

ファッション全般

スペクテーターコート⇒ベンチコート

スペクテーターズウエア⇒スペクテーターズスポーツウエア

スペクテーターズシューズ [spectator's shoes] スポーツ観戦者用の靴という意味で、白黒のコンビネーションシューズ*を指す。特に1910年代から30年代にかけてのものをこう呼ぶ。またスペクテーターシューズといえば、一般にスポーツ観戦などに用いるスポーティーな靴を総称し、また極端にヒールの高いパンプスなどを、高い位置から観戦しやすいという意味で、このように呼ぶこともある。また新聞やテレビの特派員によって履かれたということで、コレスポンデントシューズ [correspondent shoes] の名でも呼ばれ、これは本来クリケット用の靴とされていた。

スペクテーターズスポーツウエア [spectator's sportswear] スペクテーターズウエア [spectator's wear] とも。スペクテーターは「観客、見物人」の意で、スポーツを観戦する人たちのためにデザインされた衣服を指す。俗に「スポーツ観戦着」と呼ばれ、本来はアメリカンフットボールのそれのみを称したというが、現在ではラグビーやサッカー、またゴルフ、野球、競馬、モーターレースなども含むようになっている。そうしたスポーツの観客や応援団の人たちの服装をいったもので、これらにこれといった特定の服装があるわけではなく、その定義は曖昧なものとなっているのが実情。したがって現在ではアクティブスポーツウエア以外のスポーティーな服装を、便宜上スペクテーターズウエアとしているのが現状で、スポーツ観戦用のほか、ハイキング、釣り、ドライブなどアクティブスポーツ以外のレジャー的要素の強い服装やリゾートウエアの類まで、ここに含

めてとらえられるようにもなっている。

スペクトコート⇒ベンチコート

スペックス⇒スペクタクルズ

スペックルドヤーン [speckled yarn] ファンシーヤーン*の一種で、斑点入りの糸をいう。カラーミックス調の生地を作るのに適したもので、スペックルドには「斑点のある、まだらの」という意味がある。より斑点の大きいものをモトルドヤーン [mottled yarn] というが、モトルドにも「まだらの、ぶちの」という意味がある。

スペリーソール [Spery sole] デッキシューズ*の代名詞として知られる〈スペリー・トップサイダー〉に見られる独特の靴底デザインのこと。一見するとフラットだが、刃物で波状の切れ込みを入れてあるために、濡れたヨットの甲板でも滑りにくいという特質をもつ。元々はポール・スペリーによって1935年に考案されたものだが、現在ではその特許期限も切れ、ほかのメーカーでも使うことができるようになっている。

スペンサー⇒スペンサージャケット

スペンサージャケット [spencer jacket] ちょうどウエストライン程度でカットされた丈の短いジャケット。英国のジョージ・ジョン・スペンサー伯爵（1758〜1834）にちなんでの名称とされる。本来はダブル前の燕尾服のウエストから下の部分を切り落としたような形のものを指したが、現在ではウエスト丈で体にぴったりフィットするジャケットを総称し、婦人服にも用いられている。ブレザーと同じようにスペンサーだけでもよいとされる。

スペンサースーツ [spencer suit] スペンサージャケット*と呼ばれるウエスト丈の短い上着と、共布で作られたスカートあるいはパンツの組み合わせ。

スペンサータキシード [spencer tuxedo]

スペンサージャケット*をタキシードのように変化させた新しいフォーマルウエアのひとつ。ウエスト丈のショートジャケットというスタイルが特徴で、メスジャケット*とよく混同されるが、これは前裾が水平にカットされ、シングル前、ダブル前のいずれかに関わらず、ボタンをきちんと留める形になっているのが特徴（メスジャケットは燕尾服と同じく、フロントは開けっ放しとなっている）。それゆえメスジャケットよりはるかに気楽に着ることができ、若い人たちの間では新しい感覚のパーティーウエアのひとつとしてよく着用されるようになっている。着装はタキシードに準ずる。

スポーツアウター［sports outer］各種のスポーツに用いるアウターウエア（外衣）の総称。いわゆるスポーツクローズやアクティブスポーツウエアなどを指す新しい表現として用いられる。

スポーツアスコット［sports ascot］アスコットスカーフの別名。アスコットスカーフは本来礼装用のアスコットタイを簡略化してカジュアルにしたものなので、こう呼ぶほうが理にかなっている。これはまたシャツの襟の内側に入れ、首に巻き付けて用いるのが正しい。

スポーツアパレル［sports apparel］スポーツ関連の衣服（アパレル）の総称。元々はアスレジャー*なる言葉と概念を提唱したスポーツメーカー『デサント』が、1980年代に向けて提起した新しいスポーツ市場の概念を指す。それまでどちらかといえばスポーツの付随物と見なされていた観のあるアクティブスポーツウエア*を、アパレルの分野にまで高めようとする意図が込められていた。

スポーツアンダー［sports under］スポーツ用肌着の総称で、かつてはトレーニングシャツ［training shirt］などと呼ばれ

たものだが、現在はこのように呼ばれるほか、アスレティックインナー［athletic inner］とか、これを略してアスレインナーなどと呼ばれる傾向が強くなっている。アスレティックは「運動競技」の意で、最近は科学的に作られ、きわめて機能性が高いのが特徴。

スポーツウール［Sportwool］ザ・ウールマーク・カンパニー（現 AWI）が、アクティブスポーツウエアやスポーツカジュアルなどのスポーツ分野向けに開発したウール新素材の登録商標名。オーストラリア連邦科学産業研究開発機構（CSIRO）の技術を基に実用化されたもので、汗を吸収し発散させる湿度コントロール素材であり、汗冷えや体温低下を防ぐなど数々の特質を備えている。日本では2001年春夏シーズンから商業化が始まり、スポーツアパレル分野で飛躍的な拡大を遂げている。

スポーツウエア［sportswear］スポーツ用の服装を総称し、日本語では「運動着」ないしは「スポーツ着」などと表現される。英語ではスポーツクローズ［sports clothes］ともいうが、これらはスポーツをする人のための衣服という意味だけではなく、スポーツを観戦する人たちのためにデザインされた衣服も含んでいるのが特徴。さらに現在ではカジュアルウエア*と同義の解釈もなされ、フォーマルウエアやビジネスウエアなどの公的な機会に用いられる衣服以外のプライベート用のウエア一切をスポーツウエアと呼ぶ傾向もある。これは特にアメリカで顕著な傾向で、アメリカのファッション業界においてスポーツウエアとは、テーラードクロージング*（重衣料）に対するカジュアル・スポーツウエア（中・軽衣料）を指すという位置付けがなされている。

スポーツウオッチ［sports watch］原則的

にはスポーツ用の腕時計の総称。ランニング時に用いるランナーウオッチ（ランニングウオッチ）やフィットネス、アウトドアスポーツなどに向く腕時計に代表され、ダイバーズウオッチも含まれる。いずれも防水性に優れるなど機能的な性格を持ち、シンプルなデザインにも特徴がある。一方、スポーティーな持ち味を魅力とするクラシックな腕時計をこのように称する例もある。文字盤はデジタル、アナログを問わない。

スポーツカジュアル⇒スポカジ

スポーツカラー［sports collar］一枚襟のワンピースカラーのことで、昔スポーツシャツと呼ばれたオープンカラー型のシャツに用いられたことからこう呼ばれるもの。今ではワンナップカラー*と同義に扱われることもある。

スポーツ刈り⇒モッズヘア

スポーツキャップ［sports cap］スポーツ用の帽子の総称。用途によってさまざまな種類があるが、概して野球帽に見るような前びさし付きの、いわゆる「丸帽」の形となったものが多い。後部にナイロンラッチなどのいわゆる「ラッチ latch」と呼ばれるサイズ調節用の留め具が付いたものが多く見られる。最近ではスポーツを離れて、カジュアルに用いられる例が増えている。

スポーツクチュール［sports-couture］スポーツウエアとテーラードなアイテムを組み合わせて表現するファッション。1998年春夏のヨーロッパ・メンズコレクションに登場したトレンドテーマのひとつで、テーラードジャケットにスポーツ用のジャージーパンツやフード付きのトップスを合わせるなどしたスタイルが見られた。テーラードな服とアクティブスポーツウエアとの自由自在な組み合わせというところに、現代的で都会的な魅力が感じられる。

スポーツグラス［sports glasses］各種のスポーツ専用のサングラス。激しい動きをしてもずり落ちないように、テンプル（弦）の先端がループ状になって耳に巻き付いたり、また鉢巻き状となって固定するといったデザインのものが多く見られる。メタルフレームの軽いタイプが多いのも特徴。

スポーツクローズ⇒スポーツウエア

スポーツコート［sports coat］スポーツジャケット*を意味するアメリカでの名称。ここでのコートは体の最も外側を覆うものという意味からきており、日本でいうオーバーコートの類を指すものではない。

スポーツサングラス［sports sunglasses］アスリート（運動選手）のために開発された専門的なサングラスの総称。ゆがみを抑え、裸眼に近い視野を確保したレンズを使用したものや、汗を吸収することでフィット感を増す特殊ラバー素材使いのものなどがある。この分野でのトップメーカー、米オークリー社が、2014年にスポーツサングラス誕生30周年を迎えたところから、あらためて見直される傾向が生まれている。

スポーツサンダル［sports sandal］スポーツや健康を目的として考案されたサンダルという意味。なかでもドイツの『ビルケンシュトック』社の「健康サンダル」と呼ばれるものが代表的で、それは一般のサンダルとは異なって底の部分が薄く作られ、スリッパのような感覚で履くことができるシンプルな形に特徴がある。また同社の履き物は、一般に「健康靴」として知られるようになっており、ビルケンシュトック［Birkenstock 独］（英語読みではバーケンストックとも）というだけでその代名詞とされるようになって

いる。ほかにアメリカのサーファーサンダルとして知られる〈ティバ〉などもこの一種。

スポーツジャケット [sports jacket] テーラードジャケット*（替え上着）を指す日本的な名称。特にアメリカではスポーツコート*と呼ばれるのが普通で、ともにスポーティーな雰囲気を持つ上着というところからの名称。スポーツに用いる上着という意味ではない。

スポーツシャツ [sports shirt] 広義にはネクタイなしで着用する短袖あるいは長袖のカジュアルなシャツを総称し、カジュアルシャツ*と同義とされる。狭義には、かつて運動用に着られていたシャツを指し、スポーツカラーと呼ばれる襟腰の付かない「ベタ襟」で、裾が水平にカットされたアウターシャツの一種を意味する。これは一般にオープンシャツ*（開襟シャツ）と呼ばれ、1950年代までは日本の夏季の通勤着としてもよく用いられた。

スポーツシューズ [sports shoes] 各種のスポーツに用いられる靴の総称で、競技に合わせた機能性や形状を特徴としている。アスレティックシューズ*と同義で、俗に「運動靴」と呼ばれる。広義にはスポーツ感覚のあるカジュアルシューズ*も意味する。

スポーツショーツ [sports shorts] テニスショーツ*などスポーツに用いられるショートパンツの総称。純然たる競技用のもののほか、遊び着的な要素のものも含まれる。

スポーツスーツ [sports suit] 1970年代中期に流行したニュースーツのひとつ。カジュアルなディテールデザインを多用し、スポーツウエア向きの素材でアンコン（非構築）仕立てとなっているのが特徴。全体にスポーティーな雰囲気がある

ところから、このように呼ばれた。

スポーツスカート [sports skirt] スポーツ用に開発されたスカートの総称。ランニングやサッカー、各種のアウトドアスポーツなどのために特別にデザインされたスカートのことで、リバーシブルタイプやラップタイプなどさまざまな形がある。ランスカ*もこのひとつ。

スポーツスニーカー [sports sneaker] スポーツ用のスニーカーという意味で、数あるスニーカーの中で、特にスポーツに用いられるスニーカーを強調した言葉。まさに「運動靴」と訳すにふさわしいタイプを指す。こうした子供用の靴をアメリカでは、ジムシューズ [gym shoes] と呼ぶことがある。

スポーツスラックス [sports slacks] きわめてスポーティーな雰囲気を持つスラックス*という意味で、カジュアルパンツ*と同義。「替え上着」をスポーツジャケットと表現するのに倣った「替えズボン」の別称ともいえる。

スポーツソックス [sports socks] 純粋のスポーツ用の靴下で、登山やスキー、トレッキング、またゴルフ、テニス、サッカー用などとさまざまな種類があげられる。野球のストッキングもこうした靴下のひとつとされる。このような運動競技用の靴下は、アスレティックソックス [athletic socks] とも呼ばれる。一般に太番手の綿糸で編まれ、足の保護のために底面がパイルになったものも見られる。狭義にはクルーソックス*のことも意味している。

スポーツタイツ→ハイテクタイツ

スポーツタトゥー⇒ボディーシール

スポーツディテール [sports detail] スポーツウエアによく見るディテールデザインの意。ドローストリング（紐通し）やジッパーなどのデザインを、テーラード

ファッション全般

な服に取り入れる傾向が出てきたところ
から、こうした用語が新しいファッショ
ンの表現として現れたもの。

スポーツ手袋⇒シューティンググラブ

スポーツパジャマ⇒カジュアルパジャマ

スポーツバッグ [sports bag] ビニールや
ナイロン、厚手のコットン地などで作ら
れたボストンバッグ*型のスポーティー
な多目的バッグの総称。特に有名なスポ
ーツブランドやスポーツクラブなどのレ
タリングを施したものが多く見られ、ス
ポーツ用品を入れるだけでなく、通学や
遊びにも広く用いられている。

スポーツハット [sports hat] スポーティー
な雰囲気を持つ縁付き帽子の総称。ソフ
トハットなどのタウンハットをよりカジ
ュアルな感覚にしたもので、街中への外
出や山野への散歩などに広く用いられ
る。

スポーツビューティー⇒スポーツメイク

スポーツブラ [sports bra] 女性がスポ
ーツ時に着用するブラジャーの総称。運動
しやすいようにフィット性に長け、吸汗
性などの機能にも配慮して作られるもの
が多い。ほかにストレッチブラ [stretch
bra] とかサポートブラ [support bra]
とも呼ばれ、用途によってジョギングブ
ラ [jogging bra]、ランニングブラ [running
bra]、テニスブラ [tennis bra] トレーニ
ングブラ [training bra] といった種類があ
る。その形も普通のブラジャーとは違っ
て、ハーフトップ*型となったものが多
く見られる。

スポーツブルゾンジャケット [sports
blouson jacket] ブルゾンのような感覚で
着こなすことができるスポーティーなジ
ャケットという意味。最近登場している
軽くてソフトなイメージのメンズジャケ
ットなどを指す新名称のひとつ。

スポーツブレザー [sports blazer] スポ

ーツ観戦などに用いられるブレザーの意
で、テニスブレザー*やボーティングブ
レザー*などがその好例。

スポーツベルト [sports belt] 狭義にはゴ
ルフベルト*のようにスポーツに用いら
れるベルトを総称する。スポーツの種類
に合わせてさまざまなタイプが見られる
が、広義にはビジネス以外のプライベー
トな用途に用いるベルトを指すことが多
い。つまりはカジュアルなベルトと同義。

スポーツマンスタイル⇒スポーツルック

スポーツミックススタイル [sports mix
style] ハイテクスニーカー*やデイパッ
ク、またナイロンブルゾンなどのスポー
ツアイテムを取り入れて着こなすスタイ
ル。基本となっているのは1980年代や90
年代初期のポップなスポーツアイテムと
の組み合わせで、2008年夏頃から流行を
みるようになった。

スポーツミックスファッション [sports
mix fashion] スポーツウエアのアイテム
を取り入れて、現代的なテーストをうま
く表現するストリートファッションの一
種。例えば自転車競技のシャツをポロシ
ャツのように用い、足元はハイテクスニ
ーカー*で決めるといったようなファッ
ションなど。

スポーツミュールズ⇒サンダルスニーカー

スポーツメイク [sports make] スポーツ用
のメイクアップ。ランニングなどのスポ
ーツ時にもちゃんと化粧して、美しく汗
をかこうということから始まったもの
で、汗や強い太陽光線などに強い化粧品
が用いられるのが特徴とされる。こうし
たスポーツ時の美意識を総称して「スポ
ーツビューティー」と呼ぶようにもなっ
ている。

スポーツユーティリティーベスト [sports
utility vest] ユーティリティーは「実用
的な」の意で、スポーツ感覚にあふれた

385

ファッション全般

機能的なデザインを特徴とするアウターベストを指す。例えば多くのポケットを取り付け、さまざまな用途に向くようにしたものなどが代表的。

スポーツラグジュアリー［sports luxury］贅沢感のあるスポーツウエアといったほどの意味。2005年ごろから目立つようになってきたスポーツウエア・ファッションの傾向のひとつで、高級化の波がスポーツウエアの分野にまで広がって、素材や価格とともに高級で贅沢なスポーツウエアが増えていることを示している。

スポーツルック［sports look］各種のスポーツウエアにモチーフを得たファッションの総称。たとえばラグビー選手が用いるラグジャ（ラグビージャージー）を街着にするといったものがある。別にスポーツマンスタイル［sportsman style］ともいう。

スポーティー［sporty］本来は「スポーツマンらしい、スポーツ好きな」という意味だが、ファッションイメージでは「活動的な、軽快な」といった意味に用いられ、いわゆるカジュアルと同様に扱われている。スポーティブ［sportive］も同様の意味を持つが、これも本来は「遊び好きな、おどけた」といった意味がある。フランス語ではスポルティフ［sportif 仏］となる。

スポーティーシック［sporty chic］スポーツテーストを取り入れた街中での着こなし表現を指す。各種のスポーツアイテムを取り入れる街中でのファッション表現を指すこともあり、ストリートスポーツ*と同義ともされる。21世紀的なファッションのひとつとされ、よりエレガントな方向を強めて、ロングトレンド化する気配を見せている。スポーツシックとも呼ばれる。

スポーティードレスシャツ［sporty dress shirt］その名の通りスポーティーな表情を特徴とするドレスシャツのこと。ダブルデューティーシャツ*と同義で、ビジネスとカジュアル両方に着用可能となる。ドレス・アンド・スポーツシャツ［dress and sports shirt］などとも呼ばれる。

スポーティブ⇒スポーティー

スポーティブルック［sportive look］スポーティブは本来「遊び好きな、ふざける、おどけた、陽気な」という意味で、冗談を込めたふざけた様子のファッションをいったもの。最初はオートクチュールがスポーツやミリタリーなど下世話なモチーフを取り入れて作った作品をこのように呼んだものだが、現在ではスポーティーな要素を基本として作られた、活動的な服装を総称するように変化している。

スポーテックス［Sportex］チェビオット*羊毛を用いたホップサックツイード*の一種で、ホームスパン*（手織りツイード）の代表的なもの。本来はフランスの高級服地店『ドーメル・フレール』社が1927年に開発した商品の登録商標名であるが、これが一般化して今日に至っている。いわば上等のホップサックツイード。

スポーラン［sporran］英国スコットランド高地の男性が用いるキルト*と呼ばれる短いスカートの前部に吊るす革袋のこと。本来はヤギ革や毛足の長い毛皮で作られ、財布などとして用いられたものだが、現在ではちょっと変わったバッグのひとつとして用いられる。がま口状の形と房飾りを何よりの特徴としている。

スポカジ［sports ＋ casual］「スポーツカジュアル」の短縮語。スポーツウエアをカジュアルな街着として着こなすファッション、またアクティブスポーツウエア（純競技着）の要素を取り入れたカジュアルウエアの意。このように「〜カジ」と略す傾向は1980年代前半の「アメカジ」か

らのこととされる。

スポット⇒ドット

スポテニ ［——］⇒スポンテニアス

スポルティフ⇒スポーティー

スポルベリーノ ［spolverino（伊）］イタリア語で本来はダスターコート（埃除け用コート）を意味するが、最近では芯地や裏地、肩パッドなどの副資材を極力省いた1枚仕立ての軽いコートを総称する。ステンカラータイプからチェスターフィールドタイプまでさまざまなデザインがあり、ジャケットなしでシャツやニットトップスの上にそのまま羽織る着こなしが多く見られる。2009年からイタリアでブームとなり、世界的に広まった。膝上丈のものが多いのも特徴のひとつ。

ズボン ［——］ボトム・（下体衣）のひとつで、下部が二股に分かれ、そこに脚を突っ込んで穿くようにした穿きものを総称する。ズボンの語源についてはフランス語のジュポン説やポルトガル語のジバン説などがあげられているが、いずれも根拠が曖昧で、本書では幕末の時代に幕臣の大久保誠知なる人物が名付けたという「ずぼんと穿くからズボン」という擬音説を取ることとする。幕末から明治の初期にかけて、ズボンは「陣股引き」「細袴」「洋袴」また「ダンブクロ（駄荷袋、段袋）」「窮屈袋」などと呼ばれていたという。

スポンジクロス⇒エポンジ

スポンジソール ［sponge sole］合成ゴムあるいは合成樹脂に発泡剤を加えて加熱成型した靴底。軽く、弾力性に富むのが特徴。

スポンテニアス ［spontaneous］「自発的な、任意の」また「流麗な、のびのびした」といった意味で、着る人の解釈によって着方が自在に変化する脱構築的な着こなしのアイデアをいう。ベルトやボタン、スナップなどの留め外しによって、さまざまな着こなしが可能になるといったことがそれ。2016/17年秋冬ファッショントレンドのひとつとして登場したもので、単に「スポテニ」とも略称される。

スマート ［smart］「（人や服装などが）しゃれた、こざっぱりした」また「（体形などが）すらっとしている、流行の」といった意味。服装などが格好よいことを表す言葉で、名詞ではスマートネス ［smartness］となる。別に「気の利いた、抜け目のない、ずるい、生意気な」の意もある。

スマートウェア⇒スマート繊維

スマートウオッチ ［smart watch］腕時計型の端末機器。スマートフォンの腕時計版として登場したもので、2015年のアメリカ・アップル社の開発以降、腕時計の著名ブランドがこの分野に乗り出して、高機能だけでなく、高いファッション性も付加されるようになっている。

スマートカジュアル ［smart casual］最近、海外のレストランなどちょっと改まった場所で求められることの多いドレスコード・（服装規律）のひとつ。正装の必要はないが、あくまでも身形のきちんとしたスマートな装いを求めるときに用いられ、従来のフォーマルでもカジュアルでもない小ぎれいな格好を指すことになる。襟のないシャツやショートパンツ、サンダルなどは原則としてNGとされる。

スマートクローズ ［smart clothes］マイクロテクノロジーを装着した衣服の総称。ごく小型のパソコンを縫い込んだり、脈拍を測定する機能を組み込むなど、極小化されたIT（情報技術）を融合させた衣服を指す。「インテリジェンス（知能、情報）クローズ」とも呼ばれるこれは、ドイツ縫製・皮革機械工業会専務理事エルガー・シュトラウヴ氏の2002年6月の発言による。

ファッション全般

スマート繊維 ［smart ＋せんい］IT（情報技術）と結びついた機能を持つハイテク繊維のこと。IC［集積回路］チップを生地に取り付けることによって、生地がタッチパネルのような機能を持ち、触れるとスマートフォンやタブレット端末などのIT機器を遠隔操作できるようにしたものなどが考えられている。スマート・テキスタイルとも呼ばれ、こうした繊維で作られるインターネットと接続できる衣服はスマートウエアなどと呼ばれる。

スマートテキスタイル⇒スマート繊維

スマートドレッサー⇒ベストドレッサー

スマートネス⇒スマート

スマイリー⇒スマイルマーク

スマイルポケット⇒クレセントポケット

スマイルマーク ［smile mark］黄色の地に黒で単純化した笑顔（スマイル）の絵を描いたマーク。スマイリー［smiley］とか「ニコちゃんマーク」などとも呼ばれ、1960年代に大流行したデザインだが、近年これが復活し、衣服の柄として用いられたり、キャラクターとして衣服の一部に付くといった使われ方をしている。

スマッシャブルハット ［smashable hat］スマッシャブルは「粉々にすることができる」といった意味で、くしゃくしゃに畳むことができる簡便な仕様の帽子を指す。クラッシャー*（クラッシャーハット）と同義。

スマホケース ［smart phone case］スマホ（スマートフォン）を収納するためのさまざまな入れ物。プラスティック製などのかっちりしたタイプから、布などで作られた柔らかな素材のものまで色々な形が見られる。

ス・ミズーラ ［su misura 伊］イタリア語で「あなたのサイズに合わせて」という意味で、スーツや靴などのオーダーメード*をいう。元はイタリアの『エルメネ

ジルド・ゼニア』社のパターンオーダー*のシステムの特許を指したものだが、現在では注文仕立て全般を意味するようになっている。

スムーズカーフ⇒スムーズレザー

スムーズレザー ［smooth leather］スムーズは「滑らかな、すべすべした、平らな」といった意味で、起毛や型押しなどを行っていない、滑らかな表面感の銀付き革を総称する。そうした仔牛革をスムーズカーフ［smooth calf］などという。

スムーズ編⇒両面編

スモーキーアイ ［smokey eye］アイメイクの一種で、アイラインをしっかり入れ、まぶた全体にアイシャドーをぼかして、煙（スモーク）のような調子を出すメイクアップを指す。目元が強調され、いわゆる「大人の女」「強い女」という印象が生まれるとされている。2009年秋からの流行とされる。

スモーキーカラー ［smoky color］スモーキーは「煙のような」の意で、全体にくすんだ調子の色調を総称する。そうしたパステルカラー*をスモーキーパステル［smoky pastel］などと呼んでいる。

スモーキーパステル⇒スモーキーカラー

スモーキーピンク ［smoky pink］「煙のようなピンク色」の意で、全体にくすんだ調子に見えるピンクを指す。いわゆるスモーキーパステルの一種でもある。2014年「ピンク男子」に似合う色のひとつとして紹介されている。

スモーキング ［smoking 仏、独］フランスやドイツでいうタキシードのこと。フランス語では「スモーキニュ」と発音されることもある。1870年代初頭、フランスやドイツのカジノで喫煙服として着用された上着が「ラ・スモーキング」と呼ばれ、これが英国に伝わってディナージャケット*に変化したという説がある。

スモーキングキャップ [smoking cap] 私室でスモーキングローブなどと呼ばれるしゃれたガウンとともに用いられる華奢な感覚の帽子をいう。スモーキングは「喫煙」のことで、かつてタバコを喫う際にスモーキングルームで着用した衣装から生じたもの。多くはニットや布帛製の小さな帽子が用いられる。

スモーキングジャケット [smoking jacket] 本来は19世紀半ばに英国に登場した男性用部屋着を指す。現在でも男性用のゆったりした家庭用上着をいうが、それとは別にスモーキング*やファンシータキシード*の別称としても用いられることがある。元々は男性が食事後にタバコを楽しむときに用いたところからこの名があり、ディナージャケット(タキシード)の元になったとされる。英米ではホームパーティーのホストが着用するものとされている。

スモーキングルック⇒タキシードドレス

スモールイブニング [small evening] 「小さな夜会」の意で、フランス語でいうプチソワレ*の英語版。くだけた雰囲気の夜のパーティーなどに用いる女性の服装を指し、それほど格式張らないドレスなどに代表される。

スモールVネック [small V neck] 開きの小さなVネック*。ハイVネック [high V neck] ともいい、これとは反対に開きの深いタイプはディープVネック [deep V neck] とかローVネック [low V neck] などと呼ばれる。

スモールカラー⇒ショートポイントカラー

スモールジャケット⇒コンパクトジャケット

スモールズ⇒アンディーズ

スモールチェック [small check] 細かい格子柄の総称。なかで無地のように見えるごく小柄の格子柄をピンチェック [pin check] あるいはミニチュアチェック [min-iature check]、またこれを略してミニチェック [mini check] などという。日本語では「小格子」また「みじん格子」の名で呼ばれる。

スモールノット [small knot] 結び目が小さく表現されるネクタイの結び方。プレーンノット*が小剣を軸にしているのに対して、大剣を軸にして小剣を巻くところから結び目が小さくなるというもの。

スモールフェザー⇒フェザー

スモールボウ [small bow] 小型のボウタイの総称。クラブボウ*をそのまま小さくした感じのものがよく見られ、スキニーボウ [skinny bow](やせっぽちの意)とかプチボウタイ [petit bow tie](プチはフランス語で小さいの意)といった名称でも呼ばれる。

スモールラペルルック⇒トップボタニングスタイル

スモッキング [smocking] 「襞(ひだ)飾り」の一種。布地を縫い縮めて細かい襞山を作り、それを刺繍糸で模様を作りながらかがっていく技法をいう。スモック*と呼ばれる上っ張りに用いられたところからこの名がある。

スモック [smock] 「上っ張り、仕事着」の意味で、主として衣服の汚れ防止のために、服の上から羽織るゆったりした上着をいう。スモック・フロック [smock frock] と呼ばれることもあるが、これは本来、中世から着られた農民服の一種を指す。

スモックシャツ⇒オーバーシャツ

スモックドレス [smock dress] 幼児などが衣服の汚れを防ぐ目的で用いる、ゆったりした上っ張りをスモックというが、それを長く伸ばしてドレスにした感じのものをいう。バストラインの辺りで切り替え、そこにギャザーやタックをあしらっ

ファッション全般

て裾広がりとした形のものが多く見られる。

スモックブラウス［smock blouse］仕事着としてのスモック（上っ張り）をモチーフとして作られたゆったりとした雰囲気のブラウス。また単にスモックの別称ともされる。

スモック・フロック⇒スモック

スライドカット［slide cut］スライドは「滑る」また「滑ること」の意で、髪の中間くらいのところから、鋏（はさみ）を滑らせながらカットしていくヘアカット法をいう。

スライドネックレス［slide necklace］スライド式のチェーン使いで、長さを自由に調節できるようにしたネックレス。留め金具がなく、簡単に着けられるという利便性も特徴のひとつとされる。

スライドファスナー⇒ジッパー

スライドファスナーポケット［slide fastener pocket］スライドファスナー（ジッパー）で開閉するようにしたポケットの総称。

スライバー［sliver］原意は「（木材などの）細い一片」という意味で、わたから糸を作る工程で、繊維が梳（くしけず）られて平行な状態にされ（これをカーディング[carding]という）、それを引き伸ばして直径2〜3センチ程度にした太い棒のような形になったものをいう。これをさらに引き伸ばし、撚りをかけることによって糸となる。

スライバーニット［sliver knit］主として羊毛を綿状のふわっとしたロープのような原料にし、スライバーニット機という専用のマシーンでていねいに編み込んで仕上げた生地のこと。イタリア、プラトー地区の特産品とされる特殊な生地で、そうした製法のことも指す。軽く、柔らかく、暖かい特質を持ち、防寒用コート

などに用いられる。メルトンのような表情が特徴で、本来スライバーは糸になる前の段階にある束になった繊維の状態を意味する。

スラウチ［slouch］疲れたように肩を丸めて歩くような姿勢をいったもので、英口語では「怠け者」といった意味になる。スラウチー［slouchy］と形容詞になると「だらしのない」といった意味になり、「だらっと下がる」というイメージを強調する。そうした幾分だらしないような様子をいったもので、最近の肩の力が抜けたファッションを形容するのによく用いられる。

スラウチー⇒スラウチ

スラウチスキニー［slouch skinny］ちょっと抜け感のあるスキニージーンズ。一般的なスキニージーンズよりもひと回り大きめのシルエットに作られ、股上も少し深く、太ももも若干ゆったりした感じに仕上げられたものをいう。膝から裾にかけては徐々に細くフィットするのも特徴とされる。

スラウチソックス⇒ルーズソックス

スラウチデニム［slouch denim］少し抜けた感じのあるジーンズ。ふつうのジーンズに比べ、ちょっとゆったりしたシルエット感があったり、股上がちょっと深くて穿きやすそうな感じがするといった主婦向けのジーンズをそのようにいったりする。スラウチスキニーと呼ばれるものもそのひとつ。

スラウチニット［slouch knit］スラウチは本来「疲れたように肩を丸めて歩く姿勢」また「怠け者、無器用な人」といった意味だが、最近では「気張らず肩の力を抜いた生き方やファッション感覚」を指す言葉として多く用いられるようになっている。そうしたゆったりとした雰囲気のあるニットウエアを指すもので、腰まで

ファッション全般

隠すような長い丈のゆったりしたセーターが代表的とされる。

スラウチネック [slouch neck] スラウチは「だらっと下がる」といった意味で、だらしないほどに襟元が広がったネックラインをいう。大きく開いたフレンチタートルネック*などが代表的。

スラウチバッグ [slouch bag] くったりした感じを特徴とするカジュアルなバッグを総称する。スラウチは本来疲れたように肩を丸めて歩く姿勢や「怠け者、無器用な人」また動詞で「疲れたように肩を丸めて歩く（立つ、座る）」といった意味だが、現在では気張らず肩の力を抜いた生き方やファッション感覚の意で用いられることが多くなっている。

スラウチハット [slouch hat] ここでのスラウチは「（帽子の）一方の縁を垂らす」といった意味で、縁の垂れた柔らかな帽子を総称する。ガルボハット*や男性のソフトなどに代表されるものだが、その逆に縁が上がった帽子はコックトハット [cocked hat] と総称される。ここでのコックは「（帽子の）縁を上に反らせる」という意味で、トリコルヌ*（三角帽）などに代表される。

ズラカジ [──] カジュアルな気分で、かつらや付け毛を楽しむファッションを指す。ズラは「かつら」を意味する隠語で、つまりは「かつらカジュアル」の略。

スラックジーンズ⇒テーラードジーンズ

スラックス [slacks] 一般に「替えズボン」の意で用いられる。本来「長ズボン」を指す米語で、元々は軍隊の俗語として用いられていた。スラック slack には「ゆるい、たるんだ」という意味があり、全体にゆったりとしたシルエットのズボンを複数形でスラックスと称したもの。日本では上着と組み合わせになっていない独立したズボンということで、「替えズ

ボン」を意味するようになった。女性のズボンのこともスラックスということがあるが、それは1960年代の流行語で、現在ではほとんど使われることがなくなっている。

スラックススーツ⇒パンツスーツ

スラッシャールック [thrusher look] スラッシャーはロサンゼルスを中心とするアメリカ西海岸から生まれた若者風俗のひとつで、特にロック音楽を聴きながらスケートボードを楽しむ少年たちを指す。そうした連中に見られるファッションを指し、多くはオーバーサイズのTシャツやルーズなパンツなどで構成されている。語源はテレビ映画『Thrush』からとも同名の雑誌からともされる。

スラッシュ [slash] 衣服に入れられた各種の「切り込み」を総称する。本来は「さっと切る、切り裂く」という意味で、スリット*とは異なって横方向に大きく切り裂くものも含まれる。

スラッシュトスリーブ [slashed sleeve] 袖口に切り込み（スラッシュ）をあしらった袖。かつては16世紀のジャーマンスタイルに見られる特徴的な袖のデザインをこの名で呼んだことがあり、それは袖に何段もの横方向のスラッシュを入れ、下着の袖を膨らませてそこから引き出して見せようとするものだった。

スラッシュトネックライン [slashed neckline] スラッシュは「さっと切る、切り裂く」また「切れ込みを入れる」といった意味で、襟を刳（く）らずに、左右を水平にカットしたネックラインを指す。スラッシュされた部分から首を出す感じになるのが特徴とされる。

スラッシュポケット [slash pocket] スラッシュは「切り込み」の意で、本来は縫い目のないところにタテに切り込みを入れて設けたセットインポケット*をいうが、

391

ファッション全般

一般にはズボンの縫い目に沿って深い切り込みを入れたタテ型のサイドポケットをこのように呼んでいる。また本格的なレインコートによく用いられる素通し式のポケットのことも指す。これはコートを着たままで、内側の服のポケットにも手を入れることができるという特性を持つ。

スラブデニム [slub denim] スラブヤーン*（粗あ紡糸、雲糸）と呼ばれるファンシーヤーン（意匠糸）のデニム版。ところどころに凹凸の節が表れるのが特徴とされる。

スラブヤーン [slub yarn] ファンシーヤーン*のひとつで、ところどころに雲状の節（ふし）をもつ糸を指す。スラブは「粗紡糸、始紡糸、雲糸、節糸」という意味で、不規則な節が現れるのが特徴。

スランテッドポケット⇒スラントポケット

スラントポケット [slant pocket] スランテッドポケット[slanted pocket]ともいう。スラントは「傾く、傾ける」の意で、斜めにカットされたポケットを総称する。ハッキングジャケット*（乗馬服）に見るハッキングポケット[hacking pocket]などに代表され、アングルドポケット[an-gled pocket] とも呼ばれる。アングルドは「角度をつける」という意味。ほかに「斜めの」の意味からオブリーク（オブリック）ポケットともいう。

スリーインワン [three-in-one] ブラジャーとウエストニッパー*とガーターの3つの機能が一緒になった形の補整下着の一種。これより重装備となったものを「オールインワン*」といい、コースレット*の呼称があるのに対して、これをセミコースレット[semi corselet]ともいう。こうしたものをアメリカではビュスティエ*、英国ではバスク[basque 仏]と呼ぶ。

スリーウエイカラー [three-way collar] 三

通りの使い方ができる襟型。スタンドカラーとセーラーカラーとフードの3つに使い分けができるようなデザインの襟を総称する。

スリーウエイコート [three-way coat] 3通りの使い方ができるコート。コートそのものをリバーシブル仕様にして、表、裏で2通りの使い方にし、これにインナーダウンなどの取り外し式のインナーを付けることによって3通りに使えるようにしたもの。インナーをリバーシブルにすると、さらに「フォーウエイコート」ができあがることになる。

スリーウエイバッグ⇒ユーティリティーバッグ

スリークオーターカーゴ [three-quarter cargo] 通常の4分の3丈のカーゴパンツ。スリークオーターパンツのカーゴパンツ版で、大きなサイドポケット（カーゴポケット）付きのデザインはそのままで、丈だけを短くしたもの。

スリークオーターカップ⇒ブラカップ

スリークオータージャケット [three-quarter jacket] フィンガーチップジャケットの別称で、総丈が4分の3（スリークオーター）であることからこう呼ばれる。いわゆるロングジャケットの一種。「4分の3ジャケット」とも。

スリークオータースリーブ [three-quarter sleeve] 4分の3袖。肩先から手首までの4分の3を占める袖丈のものを指し、俗に「七分袖」と呼ばれるものと同じ。

スリークオーターソックス⇒クルーソックス

スリークオーターパンツ⇒クオーターパンツ

スリークオーターレングス [three quarter length] 「4分の3丈」のこと。「七分丈」と同じ。通常の長さに対して、その4分の3、あるいは10分の7に相当する長さをいい、一般にヒップとももの中間辺りの丈を指す。なお七分丈のことをフラン

ファッション全般

ス語でセットユイチェーム [sept-huitièmes 仏] とも呼んでいる。

スリーシーズンコート [three season coat] 夏季を除く3シーズン（春、秋、冬）に着られるようになったコートの意。一般に表地には防水加工を施したコットン地を用い、裏に取り外し可能なライニング（裏地）を付け、温度調節ができるように工夫されている。裏地の取り外しができるということから、ディタッチャブルコート [detachable coat] あるいはディタッチトコート [detached coat] の別称があり、また裏地を付ける意味でライニングコート [lining coat] とかライナーコート [liner coat] という和製英語でも呼ばれる。

スリーシーマー [three-seamer] ラウンジジャケットの登場に影響を与えた上着のひとつで、燕尾服などに見られるウエストシーム（腰の縫い目）がなく、背縫いを取り付けて全体を3本の縫い目で仕上げたジャケットを指す。1850年代英国における産物。

スリータック⇒ワンタック

スリーTルック [3T look] 1950年にアメリカの紳士服業界から提唱された新しいスーツスタイルで、TALL（背が高い）、THIN（ほっそり）、TRIM（こざっぱり）の3つの頭文字をとって名付けられた。それまでの流行型であるボールドルック *に代わるものとして、全体にスリム化した方向を打ち出したもので、その後のナチュラルスタイル（自然な形）への変化を促した。ミスターTルック [Mr. T look] とも単にTルックとも呼ばれ、当時の流行スタイルの合言葉となった。

スリーパー [sleeper] 広義にはスリーピングウエア * 全般を指す新しい名称とされるが、狭義にはちょうどTシャツを長く伸ばしたようなプルオーバー式の寝間着

を意味する。これには膝丈からくるぶし丈とさまざまな長さがあり、また袋を着ているような外観からナップサック [knap-sack] と俗称することもある。

スリーパッチポケット [three patch pocket] 3個の貼り付けポケットの意味で、これは本格的なブレザーを表すシンボル的なデザインとされる。1個の胸ポケットと2個のサイドポケットで計3個となっているもので、本格的なブレザーは1枚仕立てとなるため、切りポケットではなく貼り付けポケットにせざるを得なかったという理由による。

スリーピークス [three peaks] ポケットチーフのあしらい方のひとつで、山型を3つ作る挿し方。最も格調が高いとされ、モーニングコートやディレクターズスーツなどフォーマルな服装に用いられる。スリーピークマナー [three peak manner] という別称もある。

スリーピークマナー⇒スリーピークス

スリーピーススーツ [three piece suit] ジャケットとズボンとベストの3点を共布で揃えた一式で、日本語では「三つ揃い、三つ組み、三点揃い」などと呼ばれる。元々男のスーツの基本形とされ、第2次大戦前まではこれに帽子を着用するのが紳士のたしなみとされた。クラシカルな趣が特徴で、現在でもしばしば流行線上に登場する。一般に「3Pスーツ」とも表記される。なお、ベスト付きというところからベステッドスーツ [vested suit] という持って回った表現もある。

スリーピングウエア [sleeping wear] 眠りのための衣服という意味で、スリープウエア [sleepwear] ともいう。ナイトウエア * と同義で、スリーピングスーツ [sleeping suit] と呼ばれることもある。

スリーピングスーツ⇒スリーピングウエア

スリーピングソックス⇒ベッドソックス

393

ファッション全般

スリーブ［sleeve］衣服における「袖」を指し、その種類とデザイン変化はきわめて多彩なものがある。フランス語ではマンシュ［manche 仏］、イタリア語ではマニカ［mànica 伊］、ドイツ語ではエルメル［Ärmel 独］という。

スリーブウエア⇒スリーピングウエア

スリーブガーター⇒シャツガーター

スリーブガウン⇒ドレッシングガウン

スリーブガシット［sleeve gusset］ガシットは「襠（まち）」の意で、腋の下に配する布地を指す。テニスシャツなどに用いられるデザインのひとつで、激しい動きに耐える目的で付けられる。

スリーブサスペンダー⇒シャツガーター

スリーブスーツ⇒ロンパース

スリーブタブ⇒タブ

スリーブトップ⇒ショルダーヘッド

スリーブプラケット⇒シャツカフス

スリーブライニング⇒サベリ

スリーブレス⇒ノースリーブ

スリーブレスカーディガン⇒カーディガンベスト

スリーブレスコート⇒ベストコート

スリーブレスジャケット［sleeveless jacket］袖なしジャケットの総称。そのデザインはさまざまだが、背広型の上着から袖だけを取り除いたような形に特徴がある。最近では、ボディージャケット［body jacket］と呼ばれる、体にぴったりフィットする袖なし型の上着も現れて注目を集めている。ノースリーブジャケット［no-sleeve jacket］とも。

スリーブレスシャツ［sleeveless shirt］丸首で袖なしとしたアンダーシャツの一種。サーフシャツ＊とかマッスルＴ＊などと呼ばれるものの下着版で、袖なしの軽快感に特徴がある。

スリーブレスセーター⇒ニットベスト

スリーブレスパーカ⇒ノースリーブパーカ

スリーブレスプルオーバー［sleeveless pullover］袖なしのプルオーバー＊（かぶり式セーター）の意で、前開きのないニットベストを指す別称のひとつ。これにはまたスリップオーバー＊とかセーターベスト＊などの名称もある。

スリーブレングス［sleeve length］「袖丈」の意。一般に袖山から袖口（肩先から手首）までの長さを示し、「裄丈（ゆきたけ）」とは区別される。裄丈は後ろの首の付け根（バックネックポイント）から肩先点（ショルダーポイント）を通って、自然なラインで手首に至るまでの長さをいう。

スリーホールブーツ［three-hole boots］靴紐を通す穴（ホール）が片側に３つ付いているブーツという意味で、特にそうした英国のチャッカブーツやデザートブーツなどの伝統的な靴について用いる言葉。同じように「エイトホールブーツ＝８つ穴ブーツ」というように、靴の穴（鳩目）の数で表現する方法がある。

ずり下げパンツルック［ずりさげ＋pants look］わざとパンツをずり下げて穿く若者たち独特の着こなしを称したもの。当初はヒップホップ系の黒人たちが始めたファッションとされるが、これを真似た日本の少年たちはその体形上、お尻までのぞかせるような奇妙なルックスに転化させてしまった。ずり下げファッションとか超ダサ・ファッション（最高にダサいの意味）などとも呼ばれ、こうしたパンツあの穿き方を腰穿きとか腰パン、ずりパンなどと呼んでいる。英語ではこれをサグ sag（たるむ、下がる）にかけてサギング［sag-ging］と称し、そうしたパンツをサギーパンツ［saggy pants］と呼ぶ傾向がある。

スリッカー［slicker］ラッカークロス＊やエナメルクロス＊などの素材で作られる、

394

長くゆったりした簡便な形の防水コート。立襟を特徴とした雨合羽といった感じのもので、オリジナルが黄色であったところから、アメリカでは一般にイエロースリッカー［yellow slicker］と呼ばれる。元は19世紀初期に作られたオイルスキンやゴム引き綿布のレインウエア（雨衣）を指し、それは当初船乗り用にされたという。アメリカで1920年代に大流行し、シティースリッカー［city slicker］の別称も生まれた。オイルスリッカー［oil slick-er］という名称もある。

スリックスーツ［slick suit］スリックは「滑らかな、つるつる滑る」といった意味で、光沢感のある素材で作られた、すべすべした感じのスーツをいう。いわゆるサイバー感覚を伴った現代的なスーツとして人気がある。

スリット⇒ベント

スリットスカート［slit skirt］裾に入れたスリット（割れ目、裂け目）を特徴とするスカートの総称で、スリットの入れ方にはさまざまなデザインがある。例えばスカート前面の左側に、アルファベットのAの字のように三角形に開く〈Aラインスリット〉といったデザインをあしらうものなどがある。最近こう呼ばれるスカートは、深く大きめのスリットを大胆にあしらい、ミニ丈と合わせて独特のセクシー感を発揮するタイプを指す呼称として用いられる傾向が強い。

スリットネック［slit neck］丸首の前中央部にスリット（切り込み）が入ったネックラインをいう。真っすぐに割ったもののほか、Vの字形のスリットを入れたものも見られる。

スリットプリーツスカート［slit pleats skirt］スリットが入ったプリーツスカート。スリットスカートの人気に伴って現れたもので、太めにとったプリーツの一部に深いスリットを入れて、セクシーな雰囲気を表現したもの。プリーツは1本入れるだけのものから、短冊状に何本も入れるものまで多様。

スリットポケット［slit pocket］スリットは「細長い切れ目」という意味で、ポケットの口を細い玉縁で飾ったデザインをいう。ウエルトポケット（箱ポケット）の一種。

スリッパ［――］室内で履くことを目的とした簡便な作りの履物のひとつ。布地やビニール、フェルト、革などで作られ、平たい底と爪先を覆うカバーのみであることを特徴とし、左右の区別もない。これは明治時代の日本で考え出されたもので、本来スリッパー＊とは別物とされる。

スリッパー［slipper］正しくは複数形でスリッパーズ slippers となり、欧米における「室内履き、上靴」を総称する。日本のスリッパ＊とは違って、低いかかとが付いたパンプス型のものが多く、日本のスリッパに近いものはスカッフス［scuffs］あるいはミュールズ［mules］と呼ばれる。スカッフには「足を引きずって歩く」という意味があり、ミュールズはフランス語のミュール＊（突っ掛け型の履き物）からきたもの。

スリッパーシューズ⇒ハウスシューズ

スリッパソックス［slipper-socks］レザーやスエード、あるいは合成皮革やフェルトなどの底を付けた、多くは毛糸製の靴下。ソックス型の室内履きとして用いられるもので、ルームソックス［room socks］とかホームカバーソックス［home cover socks］などとも呼ばれる。

スリップ［slip］肩紐が付いたワンピース型の女性用下着のひとつ。スリップには「滑る」また「（服などを）すばやく着脱する」といった意味があり、ドレスなどの滑りをよくするところからこう呼ばれ

ファッション全般

るようになったもの。またフランス語の
スリップにはショーツ、ブリーフの意味
があり、ここから男性のビキニブリーフ
をスリップと称することがある。

スリップインスタイル［slip in style］スリ
ップインは「滑り込ませる」といった意
味で、ジャケットの裾をパンツやスカー
トのウエスト部分にたくし込むスタイル
やそうした着こなしを指す。裾（ボトム）
を入れるという意味で、ボトムイン［bot-
tom in］と呼ばれることもある。

スリップオーバー［slipover］ニットベス
ト*の代表的なもので、頭からかぶって
着るタイプをいう。Vネックやラウンド
ネック（丸首）型のものが多く見られ、
スリップオン［slip-on］（滑り込ませる
の意）と呼ばれることもある。より正確
にはスリーブレスプルオーバー*といい、
セーターベスト*もここに含まれる。

スリップオーバーシャツ⇒プルオーバーシ
ャツ

スリップオン［slip-on］紐やバックル（尾錠）
の類を用いないで、足を滑り込ませて（ス
リップオンの原意）、簡単に着脱できる
ようにしたデザインの靴。いわゆる「浅
靴」タイプのものに多く見られる。音便
の形でスリッポンと発音されたり、スリ
ッポンシューズ［slip-on shoes］と呼ん
だりもする。同様の意味からステップイ
ン［step-in］ともいう。

スリップオンシャツ⇒プルオーバーシャツ

スリップオンスニーカー［slip-on sneaker］
スリッポンスニーカーとも。レースアッ
プ（紐結び）式のスニーカーに対して、
靴紐もストラップもなく、すとんと履く
ことのできるスニーカーを総称する。サ
ンダルスニーカー*と同義。

スリップオンドレス⇒プルオーバードレス

スリップスカート［slip skirt］女性下着の
スリップを思わせる薄地のスカート。ス

リップドレス*のスカート版といった感
じのもので、いわゆる「下着ルック*」
を代表するアイテムとして知られる。現
在ではシフォンなどシースルー調の生地
で作られた軽やかなイメージのものが多
く見られ、スカパンスタイル*のコーデ
ィネートアイテムとしてもよく用いられ
るようになっている。

スリップステッチ⇒たるみ糸

スリップドレス［slip dress］女性下着のス
リップを原型として作られたドレス。ラ
ンジェリードレス*の代表的なアイテム
で、流行線上に繰り返し登場し、その都
度人気を集めている。ストラップドレス
*の典型ともされる。

スリッポン⇒スリップオン

スリッポンシューズ⇒スリップオン

ずりパン⇒ずり下げパンツルック

スリフティーファッション［thrifty fashion］
スリフティーは「倹約する、つましい」
という意味で、古着を生かして楽しむフ
ァッションを指す。つまり「古着ルック」
とか「貧乏ルック」などと呼ばれるファ
ッションと同義で、バブル経済崩壊後の
ファッションとして若者たちの間に定着
をみている。

スリミーストレートシルエット［slimmy
straight silhouette］より細くなったスト
レートラインという意味で、デザイナー
ジーンズ*などに代表される女性好みの
ジーンズのシルエットのひとつ。スリミ
ーは本来なら「スリマー slimmer」とす
べきだが、これはジーンズメーカー特有
の造語と思われる。一般にはナロースト
レート［narrow straight］とかスーパー
ストレート［super straight］などと呼ば
れ、業界にはカリフォルニア・ストレー
ト［California straight］という俗称もあ
る。

スリミーストレートパンツ⇒スーパースト

ファッション全般

レートパンツ

スリミング衣料 [slimming ＋いりょう] ス
リムな体作りを目的とした衣料品の総
称。特に最近の女性下着などに目立って
多くなってきたもので、「やせたい」と
いう願望にマッチした商品として人気を
集めている

スリミングオイル⇒スリミングコスメ

スリミングコスメ [slimming ＋ cosmetics]
脂肪を落としてすっきりとしたボディー
ラインを作るのに役立つとされる化粧
品。スリミングオイル [slimming oil] や
乳液、ローション、パックなどがあり、
女性の「手軽にやせたい」という志向か
ら人気となっている。ファーミングコス
メ [firm-ing ＋ cosmetics] とも呼ばれる
が、ファーミングには「体を引き締める」
といった意味がある。。

スリム・アンド・ロング [slim and long]
1930年から第２次大戦が始まる頃までの
30年代を代表する女性ファッションの特
徴をとらえた言葉。29年の「大恐慌」を
機に、騒々しかった若者の時代は終わり
を告げ、大人のファッションの時代が始
まった。長くなったスカート丈と細いシ
ルエットで表現されるファッションをこ
のように呼んだもので、本当の現代ファ
ッションの芽生えはここにある。

スリムＡライン [slim A line] ほっそりし
たＡライン*。裾に向かってわずかに広
がっていくシルエットを指し、1970年代
調のファッション表現によく用いられ
る。

スリムジーンズ [slim jeans] ほっそりした
ジーンズの総称。テーパード（先細り）
型のジーンズのうち、より細身になった
ものを指す。ナローレッグモデル [nar-
row leg model]（狭い脚型の意）と呼ば
れるものの一種で、最近ではスリムデニ
ムという表現もある。

スリムスカート⇒シーススカート

スリムストレートライン [slim straight
line] 細身のストレートライン。最近の
パンツに見られるシルエット表現のひと
つで、狭い幅を表すナローストレートと
同じ。タイトストレートなどとも呼ばれ
る。

スリムタイ⇒ナロータイ

スリムデニム⇒スキニージーンズ

スリムパンツ [slim pants] スリムは「ほっ
そりした、すらりとした」の意で、脚に
張り付いたように細いシルエットのパン
ツを総称する。ごくスリムなものをスー
パースリムパンツ [super slim pants] と
いう。

スリムフィットパンツ⇒スキンタイトパンツ

スリムベルト [slim belt] 幅1.5センチから
２センチくらいと、非常にスリム（細い）
に作られたベルト。ナローベルト*と同
義で、スキニーベルト [skinny belt]（や
せっぽちのベルトの意）とも呼ばれる。

スリムライン [slim line] 全体にほっそり
したシルエットを総称する。スリムは「ほ
っそりした、すらりとした」という意味
で、衣服が体にぴったりと合った状態を
タイトフィット [tight fit] と呼んでいる。

スリング [sling] 赤ちゃんを包んで垂らす
ようにするための育児用具のひとつ。ス
リング本来は「吊り縄、三角巾、吊り革」
といった意味。

スリングショット [slingshot] 本来はＹ字
型をした器具にゴムを取り付けた「ぱち
んこ」と呼ばれる玩具を指すが、これに
形が似ていることからこう呼ばれるワン
ピース水着*の一種。２本のストラップ
が裾までつながった、ある意味扇情的な
水着のひとつ。

ずり下げファッション⇒ずり下げパンツルッ
ック

スリングバック⇒バックストラップ

さ

397

ファッション全般

スリングパック [sling pack] 長いベルトが付いた背負子型のバッグ。スリングは「負い革、吊り革」の意で、それを用いてクロスボディー（斜め掛け）とするものが多く見られる。簡便なメンズバッグのひとつとして、最近人気がある。

スルータイプストッキング [through type stocking] スルーは「…を通って、…の端から端まで」の意で、爪先からパンティー部まで何の切り替えもない、ストレートにつながったデザインのパンティーストッキングを指す。生足などノーストッキングのファッション傾向に対応する狙いでストッキングメーカーが開発したもののひとつ。

スレーキ [sleek] 英語で「滑らかな、艶のある」を意味する〈スリーク〉が訛ってテーラーの間で用いられてきたもので、一般にメンズスーツの裏地を指す。本来は光沢感に富む滑らかな綾織の綿織物の一種だが、レーヨンや混紡でも作られる。別にシレジア [silesia] とも呼ばれる。

スレーブイヤリング⇒フープピアス

スレッド [thread] 「糸」の意だが、ヤーン＊とは異なって、特に縫い糸や刺繍糸などとしての糸を指す。

スレッドリベット [thread rivet] スレッドは「糸」、特に「縫い糸」や「飾り糸」を指す。そうした糸でこしらえたリベットボタン＊同様の機能を持つデザインで、特にリーのジーンズに多く見られる変わったデザインのひとつ。バックポケットに用いられることが多い。

スレンダーシューズ⇒テーパードシューズ

スレンダースカート [slender skirt] スレンダーは「ほっそりした、すらっとした」という意味で、全体にほっそりしたスカートを指す。ふくらはぎほどの丈で、深めのスリットを入れたロングスカート型のものが多く見られる。

スレンダーバギー⇒バギーライン

スレンダーライン [slender line] スレンダーは「ほっそりした、すらっとした、細長い」といった意味で、そのような形を特徴とするシルエットをいう。スリムライン＊などと同義。

スレーブブレスレット [slave bracelet] スレーブは「奴隷」の意で、その昔奴隷が付けていたようなというところからこう呼ばれるブレスレットの一種。腕にきっちりとはめるようになった幅広の金属製腕輪や、数本の細い輪を束ねた腕輪などがある。

スローアパレル [slow apparel] スローフード＊のファッション版として現れた衣服のあり方を指す。さまざまなとらえ方があるが、総じて基本的に上質感があり、流行に左右されずに長く着ることができるシンプルなデザインの服といったイメージでとらえられている。スローモード＊と同義に扱われるほか、最近ではスローウエア [slow wear] という表現も登場している。

スローウィービング [slow weaving] ゆっくりとした織り方の意。昔のションヘル織機などを使い、伝統的な技術で手間をかけて織る方法をいったもので、こうして作られる織物に再び関心が向けられるような傾向が生まれている。

スローウエア⇒スローアパレル

スローオン [throw on] 元々の意味は「急いで着る」ということで、そこから服を羽織るようにして着る着こなし方を指すようになった。わざと無造作に着崩すのがカッコイイとする風潮から生まれたもので、だらしなさの中にカッコ良さを見いだそうとする考え方を示している。

スローガンTシャツ⇒メッセージTシャツ

スローコスメ [slow＋cosmetics] 「地産地消」をモットーとするスローフード＊の化粧

398

ファッション全般

品版。各地の特産品や伝統技術などを生かして作られる化粧品のことで、ゴーヤー（ニガウリ）や緑茶などの食品や海洋深層水などの自然素材を取り入れた化粧品を総称する。

ズロース［──］主として中年以降の女性が用いる下穿きの一種。面積の広いショーツといったもので、英語のドロワーズ*から転訛したもの。

スロートタブ［throat tab］カントリー調のテーラードなジャケットの上襟に付けられることの多い小さな持ち出しのこと。スロートは「喉（のど）」の意で、襟を起こすと喉を守る部分となるところからの名称。スロートラッチ［throat latch］とも呼ばれる。ラッチは「掛け金」の意。カラータブ［collar tab］とも。

スロートラッチ⇒スロートタブ

スローニースタイル［Sloany style］ロンドンはスローン・ストリート発信の新・上流スタイル。高級店が集中するスローン・ストリートで買い物を楽しむセレブたちをスローンレンジャーと呼ぶ傾向は、すでに1980年代から存在するが、2011年4月29日のウイリアム王子とケイト・ミドルトン（キャサリン妃）の結婚式前後から再び注目されるようになり、そうした人たちをスローニーと呼ぶようになった。リッチなコンサバスタイルにモダンな感性の加わっているのが最大の特徴とされ、そのアイコンがキャサリン妃とされる。

スローファブリック［slow fabric］手間暇をかけてじっくりと作り上げる天然素材の総称。スローフード*から派生した用語のひとつで、多少高価であっても、作るのに時間がかかってもよいとする人々の志向に応えて人気を増している。

スロープトショルダー［sloped shoulder］自然な傾斜を特徴とする肩線のことで、

ナチュラルスロープトショルダー［natural sloped shoulder］ともいう。特に英国調の伝統的なスーツモデルに見る肩線をいうことが多く、アメリカントラディショナルモデルのごく自然な肩線（ナチュラルショルダー）に比べて、英国特有の造形感覚が強く感じられる。これを一般にテーラードショルダー*と呼ぶことも多い。

スローモード［slow mode］スローフードのファッション版として現れた考え方。地産地消型のスローフードのように、消費者と直接つながる物作りや流通のあり方を見直そうというもので、元は環境ファッションマガジンを標榜する雑誌『ソトコト』の提唱による。

スロテッドポケット［slotted pocket］スロテッドは「溝を付けた、細長い穴を付けた」の意で、スラッシュポケット*やスリットポケット*と同義の「切りポケット」の一種。またこうしたデザインで表側から、中に着た服のポケットにも手が入れられるトンネル式のポケットのこともいう。とくにトレンチコートやステンカラーコートなどの本格的なレインコートによく用いられるデザインとして知られる。

スワールスカート⇒エスカルゴスカート

スワールモック［swirl mocc］スワールモカシンの略。スワールは「渦を巻く、旋回する」また「渦巻き、回転」といった意味で、モカシントウの先端が丸くつながらないで、そのまま流れるように先端まで続いている形になった靴を指す。ハーフモカシン［half moccasin］とも呼ばれ、日本の業界では「流れモカ」という俗称がある。こうしたデザインをスワールライン［swirl line］といい、最近のイタリア系紳士靴に多用されるようになっている。

さ

ファッション全般

スワールライン⇒スワールモック

スワガーコート［swagger coat］スワガーは「いばって歩く、ふんぞり返って歩く」といった意味で、肩幅が広く、背中にフレアの入った女性用の七分丈コートを指す。強さを感じさせるところからこう名付けられたもので、1930年代に流行し70年代にも復活している。

スワカラ［SWAKARA］South-West African Karakul lamb（南西アフリカのカラクルラムの意）を略したもので、ナミビアと南アフリカのカラクール協会の商標登録名とされる。1907年に中央アジア原産のカラクル種の羊を南西アフリカに移入して新種改良を繰り返して誕生したカラクルラムの一種で、現在ではロシアン・ブロードテール＊と並ぶ高級品と目されるようになっている。毛足の長さや巻き毛の状態、斑紋などによって、5タイプに分類される。

スワトーブラウス［Swatow blouse］中国のスワトー（汕頭）を原産地とするスワトー刺繍を特徴とするブラウス。この刺繍はオープンワークを特徴とする白糸刺繍のひとつで、女性的で繊細な感覚を持ち味としており、ハンカチーフやブラウスなどに多用されている。

スワロフスキー［Swarovski］オーストリアに本社があるクリスタルカットストーンのメーカー名で、世界の各地にショップを持つ。世界最高のクリスタルブランドといわれ、一般に〈スワロフスキービーズ〉として知られる。それはファッションジュエリー＊用のカットストーンだが、本物の宝石と間違えられるほど品質は高く評価されている。

スワローテール⇒ダックステール

スワローテールコート⇒イブニングコート

スワローテールジャケット［swallow tailed jacket］スワローテールは「燕の尾」の意味で、後ろ裾をそのような形にデザインしたファンシーなジャケットを指す。スワローテールコートといえば、まさしく男性の礼服の「燕尾服」のことになるが、それをモチーフに面白く仕上げたもので、多くは女性用の上着とされる。

スワローボトム［swallow bottom］燕の尾のような形になった裾の形をいうもので、燕尾服（スワローテールドコート）に代表されるデザイン。

400

ファッション全般

整形メイク［せいけい＋make-up］まるで
美容整形手術をほどこしたように見える
メイクアップ。化粧品や化粧小物などの
発達で、メイク技術は驚くほどの向上を
果たしており、このような美容整形並み
の違いまで作り出せるようになってい
る。これ以上の効果が生まれるものは「整
形越えメイク」という。

制服ファッション［せいふく＋fashion］別
の学校の制服、または全くのファッショ
ンとしてデザインされた架空の制服など
を私服として楽しむファッション。⇒な
んちゃって制服

セイルバッグ［sail bag］キャンバスやセイ
ルクロス（帆布）などで作られた円筒形
の袋のようなバッグ。ボートバッグ［boat
bag］などとも呼ばれ、水兵や船員がよ
く肩にかついで用いるバッグとして知ら
れる。

セージグリーン［sage green］セージは「薬
用サルビア」の意で、その葉に見る濁っ
た暗い緑色を指す。アメリカ軍のフライ
トジャケットやフィールドパーカなどに
用いられる色として知られる。

セーター［sweater］スエーター、スウェー
ターとも発音される。編んで作られた外
衣類の総称で、プルオーバーとカーディ
ガンの２つの形に大別される。この語は
1890年代のアメリカで生まれたもので、
それまでジャージーとかガーンジーなど
と呼ばれていた毛糸製の外衣を、大学の
スポーツ選手が汗 sweat をかかせるため
のウオーミングアップ用の服（発汗着）
として用いたところから、sweat＋er で
セーターと呼ばれるようになったもの。
これらは横編＊で作られることが多いと
ころから、業界では一般に「横もの」と
いう通称が用いられている。

セーターコート⇒コートセーター

セータージャケット［sweater jacket］ニッ

トジャケット＊の一種で、セーターのよ
うな編物で作られたジャケットを総称す
る。たとえばブレザーの形そのままに編
み上げたジャケット（ニットブレザー）
といったものがある。

セーターセット⇒ツインセーター

セータードレス［sweater dress］ニットド
レス＊の一種で、特にセーターのような
感覚をもつドレス、あるいはセーターを
そのまま長く伸ばしたようなデザインの
ドレスを総称する。Ｖネック型のシンプ
ルなものから、宝石などを散りばめるよ
うな豪華なものまで、デザインは多彩な
ものとなっている。

セーターバッグ［sweater bag］セーターを
肩から掛けているように見えるニット製
のボディーバッグ＊の一種。リュック型
やショルダーバッグ型のものがある。フ
ランスのカジュアルバッグのブランド
〈ジャック・ゴム〉がオリジナルとされ、
ほかにミニベスト型のものも見られる。

セーターブラウス⇒ニッテッドブラウス

セーターブルゾン⇒ニットブルゾン

セーターベスト⇒ニットベスト

セーフティーシューズ⇒安全靴

セーフティーステッチ⇒インターロック

セーフティーマスク［safety mask］安全対
策用マスクのことで、サージカルマスク
（手術用）などの医療用マスクを始め、
防塵マスク、防毒マスクなどさまざまな
ものがあるが、特に産業用の現場で用い
られるこの種のものが、最近、若者たち
にファッションの小道具として用いられ
るようになり、俄然注目されるようにな
っている。他に野球のキャッチャーマス
クやイヌの口輪などもこのように呼ばれ
ることがある。

セーブビズ［SAVE BIZ］「節電ビズ」を
表すキャッチフレーズのひとつ。セーブ
は「節約する、抑制する」という意味で、

さ

ファッション全般

これは紳士服量販店「はるやま」による
2011年夏の提案。

セーブル⇒マーテン

セーラーカラー [sailor collar] 水兵の制服
とされるセーラー服に特有の襟。後ろ側
が特に大きく作られているのは、艦上勤
務の水兵が強風から顔を守るため、また
遠くからの伝令がよく聞こえるように襟
を立てるという機能がある。さらに溺れ
た水兵を助けるために、これを引っ張る
という説もある。

セーラーキャップ⇒ゴブハット

セーラーシャツ [sailor shirt] 水兵服でお
なじみのセーラーカラーをデザイン上の
特徴とするシャツ類の総称。セーラーカ
ラー風の襟を付けたものなら、普通のシ
ャツやブラウス、またTシャツなどあら
ゆるシャツ・アイテムがここに含まれ
る。子供服から大人向きの服まで年齢層
も性別も問わない。

セーラーストライプ [sailor stripe] マリー
ン調の服に見る単純な横縞柄のこと。ボ
ーダーストライプとかホリゾンタルスト
ライプなどとも呼ばれる。細い縞を等間
隔に配したものや太めの縞を用いるもの
など表現は多彩。セーラーは本来「船員、
水夫、水兵」の意味がある。

セーラーノット⇒プレーンノット

セーラーハット⇒ゴブハット

セーラーパンツ [sailor pants]「水兵」パ
ンツの意。水兵の制服から生まれたパン
ツで、「かえる股*」と呼ばれるボタン留
め式の前当てと、だぶだぶの裾広がりシ
ルエットを特徴としたもの。俗にいうラ
ッパズボンの代表的なもので、こうした
海洋調のパンツをノーティカルパンツ
[nautical pants] とも総称している。ノ
ーティカルは「航海の、海上の」といっ
た意味。

セーラー服 [sailor＋ふく] 英国海軍のセ

ーラー（水兵）が着用する服を原型とし
た女子学生の制服、またそれにモチーフ
を得て作られた女児服や婦人服の類もい
う。日本では大正年間にキモノ姿の制服
に代わって採用されたもので、1921（大
正10）年12月の福岡女学院が最初とされ
ていたが、 2018年の調査で名古屋市の
金城女学校（現・金城学院）が、1921年
9月に採用したのが始まりとする説が浮
上した。なお本物のセーラー服は、1857
年に英国海軍の正式制服として制定され
たのが最初で、その後、各国の海軍がこ
れに倣うようになったもの。日本海軍で
はこれを「ジョンベラ」と称したという
が、これはおそらくジョンブル（英国人
の意）の訛りと思われる。

セーラーブラウス⇒ミディーブラウス

セーラーベレエ⇒ゴブハット

セーラールック⇒ノーティカルルック

セーリングウエア [sailing wear] セーリン
グ（航海、帆走、ヨット競技）のために
用意される服装の総称。狭義にはヨット
レースなどの競技着を指し、ライフジャ
ケットやスモックトップ、ポロシャツな
ど多くの種類がある。

セーリング・オーバーオールズ⇒ラッツホーズ

セーリングコート [sailing coat] セーリン
グ（航海、帆走、ヨット競技など）時に
着用するコート。尻丈から膝丈くらいの
長さのもので、黄色など鮮やかな色を用
いた防水仕様のものが多く見られる。

セーリングジャケット [sailing jacket] 航
海時に着用するジャケットの総称として
用いられるが、特にヨットマンが用いる
パーカの類を指す例が多い。時としてヨ
ットマンがよく着る紺のブレザーを意味
する。

セーリングセーター⇒マリンセーター

セーリングパーカ⇒ヨットパーカ

セールクロス [sailcloth] 船の帆（セール）

ファッション全般

に用いられる布地のことで、一般に「帆布（はんぷ）」と呼ばれる。キャンバス*、ダック*（ズック）などと同じで、産業資材やスニーカーなどに多く用いられ、厚さによって1号から11号までの種類がある。テントにも用いることからテントダック［tent duck］と呼ぶこともある。

セカンドスキン［second skin］「第2の皮膚」という意味で、主として肌着のために開発された新しい伸縮性素材を総称する。ポリウレタン弾性糸の比率を、これまでの5%程度から10%以上に高めて伸縮機能を増したのが特徴で、フィット感抜群、それでいてしっとり滑らかな着心地も保たれるという優れた特質も持つ。

セカンドバッグ⇒クラッチバッグ

セクカジ［sexy＋casual］「セクシーカジュアル」の短縮語。セクシーな雰囲気の強いカジュアルファッションを指し、元は「109系ファッション*」のリゾートセクシータイプのファッションをいったものだが、最近ではいわゆる「お姉系*」のゴージャスな雰囲気が入ったファッションをこのように呼ぶ傾向が強い。

セクシーエレガンス［sexy elegance］性的な魅力にあふれたエレガンスなファッションの意。2000年代に入ってからの女性ファッションに特徴的に見られるようになった傾向のひとつで、コンサバエレガンス*と呼ばれるファッションにも無視できない要素となっている。

セクシーカジュアル⇒セクカジ

セクシージーンズ［sexy jeans］極端にスリムで、股上の浅いセクシーなイメージの女性用ジーンズをいう。1997年ごろから登場してきたもので、タイトフィットのシルエットが脚を細く長く見せる効果があるとされる。70年代後半に流行したデザイナージーンズの再来ともされた。

セクシースリット［sexy slit］セクシーな感じを抱かせるスリット*（衣服の裂け目、割れ目）の総称。スリットスカート*と呼ばれるスカートに入れられた深いスリットや、Aラインスリット［A line slit］と呼ばれるアルファベットのAの字のように三角形に大きくカットされたスリット、また衣服の一部に肌をのぞかせるようにあしらわれるスリットなどが代表的。こうしたデザインを総称してセクシーディテール［sexy detail］とも呼んでいる。

セクシーセーター［sexy sweater］セクシーな雰囲気を特徴とする女性用セーターの総称。ボディーラインを浮き立たせるような細身のリブ編セーターが代表的で、深いVネックや肩を大きくのぞかせるオフショルダーのデザインなどが多く見られる。

セクシーディテール⇒セクシースリット

セクシーマスキュリン［sexy masculine］マスキュリンは「男の、男らしい」の意で、セクシーな雰囲気を特徴とした女性のメンズスタイルを指す。胸元を大きく開けたテーラードなジャケットに細身のパンツ、といった服装で表現する凛々しいメンズウエアルックなどが代表的。

セクシーマスキュリンスタイル［sexy masculine style］セクシーな雰囲気を特徴とした女性のメンズスタイルを指す。マスキュリンは「男の、男らしい」また「（女が）男のような」という意味で、たとえば胸元を大きく開けたテーラードなジャケットスタイルや細身のパンツなどで表現される凛々しいメンズウエアルック*が代表的な例。別にソフトマスキュリンスタイル［soft masculine style］とかネオマスキュリンスタイル［neo-masculine style］などともいう。

セクシールック［sexy look］性的魅力を特徴とするファッション表現。1950年代調

403

ファッション全般

のグラマーガールルック*を始めとして、60年代のシースルールックや70年代のヌードルックなどが代表的な例。現在ではセクシーは「エロ」の言葉に置き換えられるようになり、エロガンス*などの新語を生んでいる。

セクシブカジュアル［sexy＋シブヤ＋casual］セクシブは「セクシー渋谷」の意の短縮語で、「お兄系*」の進化形として登場した『渋谷109-』発のセクシーなカジュアルファッションを指す。クラブシーンで女の子にモテる派手なスタイルがポイントとされるもので、本来男の子向けのファッション表現。

セシルカット［Cecile cut］セシールカットとも。フランソワーズ・サガン原作による映画『悲しみよこんにちは』(1958・仏)で主人公のセシル（セシール）を演じたジーン・セバーグに見る髪型で、頭の形に沿わせて短くカットしたショートヘアスタイルを指す。きわめてボーイッシュな雰囲気を感じさせるもので、映画の公開とともに大流行を見た。

セ・タンダンス［c'est tendance 仏］「これ、いま流行中！」という意味で用いられるフランス語。タンダンスは「傾向」という意味で、元は経済の動きを示す用語だったが、若い人たちの間でこのように転用されるようになった。

セックスルック［sex look］セクシーという感覚を超えて、セックスそのものをむき出しにしたような過激で濃厚な性表現を特徴とした服装を指す。ほとんど裸に近いものや下着そのもののような格好、またこれでもかとばかりにボディーラインを強調するようなファッションがこれを代表する。

接着芯［せっちゃくしん］一般の芯地が糸で縫い付けられるのに対し、特殊な樹脂を塗布することによって、アイロンで押

さえるだけで接着できるようになった芯地のこと。比較的最近になって用いられるようになったもので、主に中級クラスのスーツなどに見られる。最近ではストレッチ性のある生地のために用いる、伸縮性に富むエラスティック芯［elastic＋しん］などの新素材も現れている。

セッテピエゲ［sette pieghe 伊］イタリア語で「7つの折り畳み」を意味する。通常の2倍の生地を7つ折りにして作られるネクタイのことで、芯地も用いず、手間暇のかかった最高級品とされる。英語ではセブンフォールド［seven fold］と呼ばれる。

節電ウエア［せつでん＋wear］2011年3月11日発生の「東日本大地震」による電力不足に対処した「節電」対策に対応する衣服を総称する。「節電ビズ*」に適した衣類ともいえ、涼感のある下着や女性用のステテコ（女子テコ）などさまざまなアイテムがある。また冷感ストールなどのアクセサリー類は「節電グッズ」とも呼ばれる。節電ウエアにはビズポロ*（ドレスポロ）などクールビズ用のいわゆる「涼感ウエア」もここに含まれる。

節電グッズ⇒節電ウエア

節電クールビズ⇒節電ビズ

節電ビズ［せつでん＋BIZ］クールビズの2011年版で、略して「節ビズ」ともいう。2011年3月11日に発生した「東日本大震災」で、「節電」が大きな課題となり、2005年からスタートした政府主導のクールビズも、例年の6月1日からを前倒しして5月1日から導入されるようになった。別に「節電クールビズ」とか「スーパークールビズ」などとも呼ばれ、終了期間も例年より1カ月延長して10月一杯までとなった。

セットアップ［set-up］同じ生地で作った単品としての上着とボトムなどを、好み

ファッション全般

のサイズやデザインによって自由に組み合わせ、スーツスタイルとして着られるようにした一式をいう。セットアップスーツ [set-up suit] また「組み立てスーツ」ともいい、サイズを自由に選ぶことができるのが最大のメリットとされる。なお欧米にはこうした用語はない。

セットアップスーツ⇒セットアップ

セットアップリボン [set-up ribbon] 帽子に用いる取り替え用リボン（飾り帯）。特に女性向きのストローハットに多く見られるもので、さまざまな色柄のリボンに取り替えることによって気分を変えることができる。

セットインスリーブ [set-in sleeve] 身頃と袖を別々に裁断し、付き合わせにした袖型で、一般のテーラードジャケットなどに見るごく当たり前のデザインを指す。「普通袖」とも呼ばれる。

セットインポケット [set-in pocket] 切り込み式のポケットの総称。表地を切り、内側に袋を付けたもので、俗にいう「切りポケット」のこと。

セットオンポケット⇒パッチポケット

セットバックショルダーライン [setback shoulder line] 肩の縫い目線を通常より後方に付けたデザインをいう。いわゆる「猫背」の体形をカバーするという目的でも用いられる。セットバックには「逆転、逆行」の意味がある。

セットバックヒール [setback heel] セットバックは「逆行、段形後退」といった意味で、通常よりも後ろ寄りに付けられたヒールを総称する。ヒール全体が後ろ側へ押し付けられたような形になっているところからこう呼ばれ、バックステップヒール [back step heel] ともいう。

セットヘルメット [sett helmet] ヘルメット型のツイード製帽子を指す。カントリー用の帽子のひとつで、ツイードヘルメ

ット [tweed helmet] ともいう。

セットユイチェーム⇒スリークオーターレングス

節ビズ⇒節電ビズ

セニングカット [thinning cut] セニングは「薄くする、薄くなる、細くする、まばらにする」といった意味で、毛束を間引くことによって、全体の毛量を調節するヘアカットの技術を指す。これには刃の部分をジグザグにした「セニングシザーズ」と呼ばれる専用の鋏が用いられることが多い。

背抜き [せぬき]「背抜き仕立て」の略。スーツ上着などの裏地の付け方のひとつで、肩の部分と前身頃と袖部分だけに裏地を付けて、背中の部分の裏地は付けない仕立て方をいう。盛夏向きのスーツに多く見られるもので、英語ではスケルトンバック [skeleton back]（骨組みだけの背中の意）とかワンハーフ・ライニング [one-half lining]、あるいはハーフラインド [half lined]（ともに前身頃だけの半分の裏地の意で「総前裏（そうまえうら）」ともいう）と呼ぶ。なお前裏を３分の１としたものはワンサード・ライニング [one-third lining]、４分の１としたものはワンクオーター・ライニング [one-quar-ter lining] という。

セパレーツ [separates] 上下が分断された服の意で、異なる生地や色柄のスポーツジャケット*(替え上着)とスラックス(替えズボン）を組み合わせてセットとしたスポーティーな服装を指す。

セパレートウエストバンド⇒ウエストバンド

セパレート型水着⇒ツーピース水着

セパレートカラー [separate collar]「分離式の襟」の意。昔のドレスシャツに見る、身頃とは別になった取り外し式のシャツ襟である「替え襟」をいう。アタッチト

405

ファッション全般

カラー*の対語とされるが、日本では長い期間にわたって両者が混同されていたきらいがある。こうした襟をスペアカラー［spare collar］（予備の襟の意）とかチェンジングカラー［changing collar］（取り替え式の襟の意）ともいうが、最近ではこうしたものが独立したネックアクセサリーのひとつとして用いられる傾向も現れている。

セパレートスーツ［separate suit］セパレートは「切り離す、分離する」という意味で、上下が異なる生地で組み合わされたスタイルの服をセパレーツ*というが、この中で特にスーツに近い感覚のものをこのように呼んでいる。つまり、上下で生地感や色柄の面にさほど大きな違いのないものをいう。

セパレートスタイル［separate style］セパレートは「切り離す、離れる、分ける」という意味で、スーツのように同じ生地で仕立てるのではなく、上下を別の生地で仕立てて組み合わせた服装の形をいう。そうしたジャケットとスラックスの組み合わせをセパレーツ*と呼んでいる。

セパレートストッキング⇒セパレートレギンス

セパレートスリーブ［separate sleeve］「分離された袖」の意で、アームカバー*状のニットアクセサリーの一種を指す。手首から二の腕にかけてぴったりとカバーするのが目的だが、レッグウオーマー*としても使うことができる使い勝手の良さが特徴。

セパレートタイツ⇒セパレートレギンス

セパレートドレス［separate dress］セパレートは「分かれた、分離した、別々の」といった意味で、一見ワンピース式に見えるが、実際にはブラウスとスカートの分断型になったセットをいう。それぞれのパートは別々にも着用できるメリット

がある。

セパレートパンプス［separate pumps］セパレートは「分離させる、切り離す」の意で、トウ（爪先）の部分とバック（後ろ）の部分に分かれ、サイド（側面）が開いた形になっているパンプスを指す。英米ではこの種の靴をドルセイパンプス［d'Orsay pumps］、または単にドルセイズ［d'Orsays］と呼ぶが、それはフランスの洒落者アルフレッド・ドルセイ伯爵が考案し、1830年代に流行したサイドカットの浅靴に由来している。

セパレートヨーク⇒ショルダーヨーク

セパレートレギンス［separate leggings］左右2本に分かれて作られているレギンスのことで、レギンスを着用したときの腰周りの不快感を解消するために開発されたもの。着る服に合わせて長さを調節することができ、足元にたるませてレッグウオーマーとして用いることもできる。このように左右が分離しているストッキングやタイツも、それぞれセパレートストッキング［separate stocking］、セパレートタイツ［separate tights］と呼ばれる。セパレギとも略される。

セパレギ⇒セパレートレギンス

セピア［sepia］暗褐色。セピアとは元ギリシャ語やラテン語でいう「コウイカ」のことで、その墨の色から来たやや黄みを帯びた暗い褐色を指す。そのため「イカ墨色」とも呼ばれる。

背広［せびろ］スーツ*の和訳。「背広服」ともいう。この語は1870（明治3）年に出版された古川節蔵（正雄）編『絵入ちゑの環』において「せびろ」として初めて登場している。それまで日本では「半まんてる」とか「丸羽織」の名で呼ばれていた。背広の語源については、それまでのフロックコートなどの礼服に比べると背縫い線がなく、背中が広く見えたか

406

ファッション全般

らとか、英国の仕立て屋街〈サヴィルロ
ウ゛〉の訛り、また市民服を意味する〈シ
ビルクローズ、シビリアンクローズ〉の
訛りなど、さまざまな説がある。

ゼファー［zephyr, zepher］正しくはゼフ
ァーギンガム［zephyr gingham］で、40
番手以上のコーマ糸゛を用いた高級ギン
ガムの略称とされる。ゼファーは「西か
ら吹く微風」を表し、その軽くてソフト
な風合から名付けられたもの。ほかにゼ
ファーシャーティング［zephyr shirting］
やゼファーフランネル［zephyr flannel］
といった用法もある。

ゼファーギンガム⇒ゼファー

ゼファーシャーティング⇒ゼファー

ゼファーフランネル⇒ゼファー

セブンエイツレングス［seven-eighths length］
「8分の7丈」の意。下に着るドレスや
スーツに対して、その8分の7程度の長
さのコートを指すのに用いられる。また
全体の8分の7くらいの丈という意味で
も用いられ、これはミディレングス゛と
ほぼ同義とされる。

セブンティーズ・シック［seventies chic］
1970年代に流行したファッションを現代
的にアレンジして仕上げたファッション
表現をいう。2010年代になって再び取り
上げられるようになったセブンティーズ
ルック（1970年代ルック）を総称して、
このように呼ぶことが多い。

セブンティーズファッション［seventies
fashion］1970年代調のファッション。70
年代はジーンズが世界的に大流行した時
代で、ファッションに価値観の大変化が
生まれた時代として特筆される。そうし
た時代を懐かしんで再現されるファッシ
ョンも意味し、これをセブンティーズル
ック［70' s look］と呼んでいる。

セブンティーズルック⇒セブンティーズフ
ァッション

セブンフォールド⇒セッテピエゲ

セミアップスタイル⇒アップスタイル

セミアブストラクトストライプ⇒ノベルテ
ィーストライプ

セミアフタヌーンドレス［semi-afternoon
dress］アフタヌーンドレス゛に準じるド
レスの意で、女性の昼間準礼装としての
ドレスを指す。

セミアルスター⇒アルスターコート

セミイブニングドレス［semi-evening dress］
女性の夜間準礼装としてのドレス。正礼
装としてのイブニングドレスに比べ、よ
りくだけた感覚が特徴とされ、各種の色
ものや柄ものも用いられる。丈もミディ
丈から膝下丈程度のものも見られる。肌
の露出もイブニングドレスよりは抑えら
れる。

セミウインザーノット⇒エスカイアノット

セミオーダー［semi-order］オーダーメー
ド゛に準じる注文仕立てという意味で、
いわゆるイージーオーダー゛の別称。こ
のような用語には他にハーフオーダー
［half order］（半仕立て）とかフランス語
でデミ・ムジュール（ドゥミ・ムジュー
ルとも）［demi-mesure］といった表現も
ある。

セミクチュール［semi-couture 仏］オート
クチュール゛に近い感覚を持つプレタポ
ルテ゛の意で、大量生産型のプレタポル
テと一線を画す目的で作られる、創作的
なデザイナーの作品やそうした動きを指
す。セミは「半、準」を意味する接頭辞で、
同様の意味からデミクチュール［demi-
couture 仏］とも呼ばれる。

セミクローバーカラー⇒セミクローバーラ
ペル

セミクローバーラペル［semi-clover lapel］
クローバーリーフラペル゛の変形で、下
襟だけを丸くカットしたものをいい、別
にセミクローバーリーフラペル［semi-

407

ファッション全般

clo-ver leaf lapel］ともいう。これに対して上襟だけを丸くカットしたものはセミクローバーカラー［semi-clover collar］と呼ばれ、これをセミクローバーリーフカラー［semi-clover leaf collar］とも呼んでいる。

セミクローバーリーフカラー⇒セミクローバーラペル

セミクローバーリーフラペル⇒セミクローバーラペル

セミコースレット⇒スリーインワン

セミシアールック［semi-sheer look］半透明状の生地を使ったセクシーでエレガントな服装をいう。シアーは「（織物が）ごく薄い、透き通るような」という意味で、セミシアーはそれに準ずる状態を指す。いわゆるシースルー調ファッションのひとつで、1960～70年代ファッションの再来とされる。

セミショルダーバッグ⇒ハーフショルダーバッグ

セミシンセティックファイバー⇒半合成繊維

セミスキニーパンツ［semi skinny pants］スキニーパンツに準じるパンツの意で、スリムには見えるが、それほどのピタピタ感はないという特徴を持つパンツをいう。スキニーは「やせっぽちの」の意。

セミスクエアトウ［semi square toe］おとなしい感じに仕上げたスクエアトウ*の総称。ラウンドスクエアトウ*と呼ばれる丸みを帯びたスクエアトウもこの一種で、ロングノーズ*型のイタリア靴に合うデザインとして最近人気になっている。

セミスタンドカラー［semi-stand collar］スタンドカラー*（立襟）の一種で、ネックバンド（襟腰）を高くしてネクタイの着用も可能としたシャツ向きの立襟を指す。

セミステンカラー［semi＋――＋collar］

ステンカラー*の襟腰を低くしたり、あるいはその襟腰を全く省略した襟型をいう。別にレイダウンバルカラー［lay-down bal collar］とか単にレイダウンバル［lay-down bal］とも呼ばれ、これは「寝かせたバルカラー*」の意。

セミスリーブシャツ⇒ホンコンシャツ

セミタートル⇒モックタートルネック

セミタイトスカート⇒タイトスカート

セミダブル［semi-double］セミダブルブレステッドの略で、テーラードな作りのジャケットなどにおいて、シングル（片前）ともダブル（両前）ともつかないタイプの前合わせの形を指す。ボタン配列が狭いものや、上がダブルで下がシングルになった逆三角形型のデザインなどがある。

セミチェスター［semi chester］略式のチェスターフィールド*のことで、多くはドレッシーなタウンコート*として用いられる。ほとんどはチェスターフィールドと同様の形をもつが、上襟が共地であったり、ウエストの絞りを少なくしたり、シングルブレストの前ボタンを表に出すといった変化が加えられている。現在ではこうしたものを「チェスターフィールド」と称する傾向が強くなっていることから、本式のものは「ドレスチェスターフィールド」と名付けようとする動きが起こっている。

セミトランスペアレント［semi-transparent］「半透明」の意。トランスペアレント（フランス語ではトランスパラント）、いわゆるシースルールックの再来から登場してきたファッション表現のひとつで、完全に透けて見えるのではなく、ちょうど擦りガラスのように微妙な透け感のある素材で作られたファッションをいう。

蝉取り帽⇒クルーハット

セミノッチトラペル［semi-notched lapel］ノッチトラペル*の下襟の角度を少し上

げた感じの襟型をいう。

セミハイネック [semi-high neck] いわゆるハイネックよりも低い位置に取り付けられた立ち襟型のネックライン。

セミバギー⇒バギーパンツ

セミバギーライン⇒バギーライン

セミパンプス [semi-pumps] オープントウ（開いた爪先）やオープンバック（開いた後部）となったデザインを特徴とするパンプス*をいう。「準パンプス」といった意味で用いられる。

セミピークトラペル [semi-peaked lapel] ピークトラペル*の下襟の角度を少し下げて、全体に小さめにした感じの襟型。その開き角度は30度ほどとされる。

セミビキニ [semi bikini] スタンダード型のブリーフとビキニブリーフ*の中間にある下着パンツで、前開きは付くものと付かないものの2タイプが見られる。これは女性のショーツの区分にも当てはまる。

セミビキニ（水着）⇒ビキニパンツ

セミビキニショーツ⇒ショーツ

セミブーツ⇒ブーティー

セミフォーマルウエア [semi-formal wear] 「準礼装」の意。モーストフォーマルウエア*（正礼装）に準じる礼装のことで、「半礼装」ともいう。男性では昼間がセミフォーマルジャケット*（ディレクターズスーツ*）、夜間がディナージャケット*（タキシード*）、女性は昼間がセミアフタヌーンドレス、夜間がセミイブニングドレスと定められている。いずれにしても正礼装に次ぐ格式の高さが求められる。

セミフォーマルジャケット [semi-formal jacket] ディレクターズスーツ*の別称で、その名の通り準礼装（セミフォーマル）としての装いを表す。モーニングほどかしこまらずブラックスーツほど一般的で

はないため、喪主や媒酌人などの礼装として用いる傾向が増えている。また最近では黒のほかに濃紺などの上着も登場し、これに合わせるズボンにもグレー無地のものが用いられるようになっている。

セミフレアスカート⇒フレアスカート

セミフレアパンツ [semi flare pants] 裾広がり型のフレアードパンツ*の一種で、広がり方がそれほど多くない、つまり、おとなしい形のフレアードパンツを指す。ブーツカットパンツ*もこのひとつとされる。

セミブローグ⇒ブローグ

セミラグランスリーブ [semi raglan sleeve] 一見するとセットインスリーブ*（普通袖）に見えるが、実際には袖山から袖口まで縫い目を通したラグランスリーブ*をいう。また、肩の途中から斜めに切り替えてラグランスリーブ風にした袖をいうこともある。別名スプリットスリーブ [split sleeve]。

セミリラックスフィット [semi-relax fit] 主としてジーンズなどパンツのシルエットについて用いられる言葉で、ほどよく快適なフィット感を特徴とするラインをいう。ストレートラインとベルボトムラインの中間的なラインを指し、リラックスストレートなどとも呼ばれる。

セミロングシャギー [semi long shaggy] シャギーカット*のバリエーションのひとつで、襟足から肩くらいまでの長さとしたもの。今風の髪型の代表的な形で、2008年の時点で最も多いモテ髪とされていた。

セミロングトランクス [semi long trunks] スイミングトランクス*の一種で、股下の長さが13～15センチ程度、脇丈35センチ程度のものをいう。これを「ボクサータイプ」と呼ぶことがある。

ファッション全般

セミロングヘア⇒ストレートロングヘア

セミワイドスプレッドカラー［semi wide
spread collar］襟開き角度が80 ～ 100度
くらいとなったシャツ襟型で、本来のワ
イドスプレッドカラー＊とナロースプレ
ッドカラー＊の中間のものをいう。

セメンテッドプロセス［cemented process］
製靴法のひとつで「セメンテッド式」の
こと。アッパー＊と本底をセメント（接
着剤）で貼り付ける方法。最も簡単な製
靴法のひとつとされ、多くの靴に用いら
れている。縫い糸を用いることなく、製
造コストが安く、量産できるというのが
最大のメリットとなる。かつては「底は
がれ」が多く発生し、革底には使えない
という欠点があったが、現在では接着剤
と技術の発展でそうした欠陥はほとんど
解消されている。

セラピーメイクアップ［therapy make-up］
顔にできた痣（あざ）や白斑、火傷痕な
ど肌の悩みを隠す化粧法のこと。ここで
はできるだけ自然に傷などを隠すように
するのがポイントとされている。セラピ
ーは「治療、療法」の意味で、これを行
う専門家はメイクセラピスト［make
ther-apist］などと呼ばれる。

セラペ［serape 西］セラーペとも。スペイ
ン語で「かぶり毛布」を意味する。メキ
シコを中心とする中南米で多く用いられ
る厚地の毛織物で、大判の肩掛けやマン
ト、膝掛け、毛布、敷物などとして使わ
れる。鮮やかな色柄のものが多く見られ
る。

セラミックウール［ceramic wool］ファイ
ンセラミックスと呼ばれる新素材を繊維
の表面に付着させた羊毛。清涼感のある
夏向きの素材として開発されたもので、
洗濯しても縮まないウオッシャブルウー
ル［washable wool］のひとつとしても知
られる。

セラミックス化粧品［fine ceramics ＋けし
ょうひん］ファイン・セラミックスと呼
ばれる技術を応用して作られる化粧品の
総称。いわゆるハイテク化粧品のひとつ
で、ファンデーションなどに用いられて
いる。

セラム［serum］「美容液」の意。本来は「漿
液、リンパ液、血清」といった意味だが、
最近の女性化粧品に好んで用いられるよ
うになっている言葉。

セリサイト加工［sericite ＋かこう］生地
にストーンウオッシュのようなムラ染め
を表現する加工法のことで、静岡県の日
本形染㈱の開発による。生地の一部や全
面のほか両面（ダブルフェイス・セリサ
イト）にも可能とされる。セリサイトは
白雲母が微細になった「絹雲母（きぬう
んも）」のことで、化粧品などの原料と
して用いられる粘土鉱物の一種。

セルビエット［serviette 仏］フランスの学
生が愛用する折りカバン。本来はビニー
ルやキャンバスなどで作られる簡便なも
のだが、良質の革を使ったものがビジネ
スバッグとしても用いられるようになっ
ている。なお「折りカバン」とは２つに
折れるようになった鞄の総称で、一般に
「書類入れ」のことを指す。

セルビッジ［selvage, selvedge］セルビッ
チとも。反物の生地の端のホツレをなく
すために付けられる部分を指し、日本の
業界では俗に「耳」と呼ばれている。特
に旧式のシャトル織機で織られたデニム
地には、ここに赤い糸のステッチが入り、
俗に「赤耳」と呼ばれて珍重されている。
こうした織機で織られる「赤耳」付きの
デニム地＝シャトルデニム［shuttle
denim］は、生地幅が29インチと狭いの
も特色のひとつで、〈リーバイス〉では
1983年に生産中止となったところから、
こうした赤耳ジーンズ、すなわち赤耳付
きジーンズをヴィンテージジーンズ＊の

ファッション全般

証しとして崇めるようになった。セルビッジという言葉は本来 self ＋ edge（自らの端）の意からきたとされる。

セルフカバードボタン⇒カバードボタン

セルフ化粧品［self ＋けしょうひん］購買者が自分自身で商品を選ぶことができる化粧品。本来化粧品の販売は、百貨店や専門店の化粧品売場で、プロのスタッフが客にアドバイスしながら行う対面販売方式が一般的とされていたが、これは自分で好きなように選べるようになっているのが特色とされる。インターネットなどによる商品情報の入手やドラッグストアの増加などの要因から、こうした商品が注目されるようになったもので、価格も2000円以下が中心となっている。2006年秋冬シーズンから急速な成長が見られるようになった。

セルフストライプ［self stripe］地色と同じ色の糸を使って織り出した縞柄。「共縞」と呼ばれる。

セルフベルト⇒バックベルト

セルフレーム［cellu frames］メガネのフレーム*の一種で、セルロイドフレームの略称。本来はセルロイドで作られた枠を指すが、現在ではプラスチック製フレームの総称とされる。色彩の変化に富むのが特徴で、さまざまな色のもの（これをカラフルセル［colorful cellu］とも呼ぶ）が見られるが、男性用には黒と茶色が中心となっており、ビジネス用途に多く見られる。最近では透明感のある薄い色調のものにも人気がある。

セルラーケース［cellular case］携帯電話（セルラーフォン）収納用の小型バッグ。防水仕様となっていたり、ネックストラップが付くなど機能的なデザインが特徴で、スマートフォンケースとしてもコインケースやキーケースなどとしても使用することができる。

セルライトケア［cellulite care］セルライトは太ももやお腹などにできる脂肪細胞の塊で、皮膚の表面にみかんの皮のような状態が現れるものをいう。その治療のことをこのように呼んでおり、それ用に開発されたレギンスのようなパンツもある。

セルライトケアパンツ［cellulite care pants］太ももや腹部などにできるセルライト（脂肪細胞の塊で、表面にミカンの皮のような状態が表れる）の治療補助用に開発されたパンツ。多くはレギンス*状のもので、引き締め、発汗などのマッサージ効果があり、下着感覚で身に着けるだけでよいとされる。この種のものではイタリア発の〈ターボセル〉と呼ばれるものが特に有名。

セルロース⇒再生繊維

セルロース・ナノファイバー［cellulose nano fiber］植物繊維（パルプ）をナノオーダー（1mmの百万分の1）にまで細かく解きほぐした繊維。髪の毛の2万分の1ほどの細さを特徴とするもので、リサイクル性に優れた材料として注目されている。頭文字をとってCNFとも、ナノセルロースとも呼ばれる。

セレカジ⇒セレブカジュアル

セレクトバッグ［select bag］「選ばれたバッグ」の意だが、これはいわゆるセレクトショップが販売するおすすめのバッグといった意味で用いられている。セレクトショップが選りすぐった逸品といった意味も持つ。

セレブカジュアル［celeb casual］セレブリティー（有名人、名士）を略してセレブといい、そうした人たちの服装を真似たカジュアルファッションの表現を指す。ちょっとゴージャスでかつエレガントな雰囲気が特徴とされるが、元は2003年秋ごろから関西系エレガンスの一環として出発したもので、2004年春頃から全国的

ファッション全般

に知られるようになったもの。「セレカ
ジ」と短縮することもある。

セレブジーンズ［celeb jeans］セレブリテ
ィー（有名人士）たちに愛用されるジー
ンズといったほどの意味で、プレミアム
ジーンズ*と同義とされる。この言葉そ
のものは2005年初頭から使われるように
なった。セレブリティージーンズ［celeb-
rity jeans］と呼ぶこともあるが、これは
本来1970年代に流行したデザイナージー
ンズ*の異称とされる。

セレブダイエット⇒ローフードダイエット

セレブリティージーンズ⇒セレブジーンズ

セレブ巻き［celeb＋まき］ロング・アンド・
ロールヘア*のように、派手で華やかな
印象を与える巻き髪をいう。セレブリテ
ィー（有名人士）が愛好するような髪型
というところからこう呼ばれるものだ
が、こうしたセレブという言葉の用い方
は、単に「セレブ風」という意味でしか
なく、本当のセレブたちがこのようなヘ
アスタイルを好んでいるわけではない。

セレモニアルウエア［ceremonial wear］セ
レモニアルは「儀式の、儀礼上の、儀式
用の」といった意味で、そうした場面に
着用する衣服を総称する。フォーマルウ
エア*と同義だが、特に「式服」といっ
たニュアンスが強くなる。フォーマルウ
エアという表現があまりに日本的なこと
から、海外にも通用する言葉として考え
出されたもののひとつ。

セレモニードレス［ceremony dress］セレ
モニー（儀式・式典）の際に着用する衣
服また服装の総称で、いわゆるセレモニ
アルウエアの一環としてのドレスも指
す。フォーマルドレスとほとんど同じだ
が、近頃では赤ちゃん用のさまざまなお
祝いに用いる衣服も含んで、このように
呼ぶ傾向がある。

セレモニードレスアップ［ceremony dress

up］セレモニーは「式、儀式、式典」ま
た「礼儀、儀礼」の意で、結婚式や葬式
など冠婚葬祭のための儀式用ドレスアッ
プを指す。セレモニアルドレスアップと
もいう。

セレモニーフォーマル［ceremony formal］
セレモニーは「式、儀式、式典」また「礼
儀、儀礼」の意で、結婚式や葬式などの
冠婚葬祭を目的としたフォーマルの場を
表す。ここでは昔ながらの伝統的な礼装
が中心となる。

セレンダン⇒バジュクロン

ゼロカーブ⇒ハイカーブサングラス

繊維［せんい］生地の大元となる原料の物
質。一般に細い糸状のものを指し、天然
繊維*と化学繊維*に大別される。英語
ではファイバー［fiber, fibre］という。

センクラ⇒センツァ・クラヴァッテ

センタークリース［center crease］ソフト
ハット*の別称のひとつ。クラウンの中
央にクリース（折り目）を付けたものが
多いことから、そうしたものをこのよう
に呼び、これを日本では昔から「中折れ
帽」と呼ぶ習慣が生まれた。このような
ソフトハットを英米ではトリルビー
［trilby］と呼んでいる。

センターシーム［center seam］背中心の縫
い目のこと。俗に言う「背縫い線」。

センターシームドシューズ［center seamed
shoes］爪先部分の中央にタテ型の縫い目
を施した靴の総称。トラディショナルな
紳士靴に多く見られるもののひとつ。か
つてはフランス調を代表するデザインと
もされた。

センターシームパンツ［center seam pants］
男性用のズボンに多く見られる、センタ
ークリース（中央折り目）のところを縫
い目（シーム）のアクセントとした女性
用パンツ。センタープレスパンツ*と同
種のアイテムとされる。

ファッション全般

センターダーツ⇒フロントダーツ

センターデント［center dent］デントは「へこみ、くぼみ」の意で、クラウンの前部を細くつまみ、中央全体を扇形にくぼませたソフトハット*の一種をいう。

センターデント（ネクタイ）⇒ディンプル

センターパーツボブ［center parts bob］真ん中分けしたボブ*ヘアスタイル。ボブといっても古代エジプト時代のクレオパトラのような断髪スタイルを指すだけではなく、現在では襟足程度の長さに切り揃えた女性の髪型は、ほとんどがボブと呼ばれるようになっている。

センターフックベント⇒フックベント

センタープリーツ⇒アクションプリーツ

センタープリーツジーンズ［center pleats jeans］中央の折り目線をきちんと付けたジーンズ。ジーンズはふつう折り目線なしで穿くのが常識とされるが、これは特にカウボーイたちの正装用として作られたものを、そのまま市販したもの。ちょっと変わった感じのジーンズのひとつとされる。

センタープレスパンツ［center press pants］脚部の中央にきちんと折り目を付けたパンツ。男性のズボンでは当たり前のことだが、これが女性用のパンツにも用いられるようになって、このような名称が生まれたもの。

センターベント［center vent］背中のセンターシーム（中央縫い目）の下部が開いてできたベント*。ごく一般的に見られるもので、流行により深くなったり浅くなったりと変化する。深くなったものをディープセンターベント［deep center vent］という。テーラー用語では「馬乗り」というが、これはその昔、英国人が馬に乗る際、ハッキングジャケット（乗馬服）の裾を割って乗りやすくしたことに始まるとされている。これをセンターベンツ

というのは日本的な慣習による。

センツァ・インテルノ［senza interno 伊］イタリア語で「内部なし」という意味。芯地など内部の構造をなくして軽く着やすく仕立てられるジャケットなどの作り方を指し、英語でいうアンコンストラクテッド*と同じ。

センツァ・カルツェ［senza calze 伊］イタリア語で「靴下なしの」という意味で、つまりはノーソックスの意。素足で革靴を履くスタイル、およびそうした着こなしをいう。最近のイタリアで始まった高度なおしゃれ術のひとつで、カジュアルなジャケットスタイルの時だけでなく、ちゃんとネクタイを着けたスーツスタイルにも、こうした着こなし方が応用される。

センツァ・クラヴァッテ［senza cravatte 伊］イタリア語で「ネクタイなしの」という意味。スーツのノーネクタイスタイルをいったもので、元々クラシコ・イタリア*の着こなしから始まったものとされる。英語でいうアンタイドスタイル*と同義で、日本ではクールビズ*の動きとも相まって流行するようになった。短縮してセンクラともいい、これに合うデザインのドレスシャツなども開発されるようになった。クラヴァッテはイタリア語のネクタイ＝クラヴァッタの複数形。

センツァ・スパリーナ［senza spallina 伊］イタリア語で「肩綿抜きの」という意味。肩パッドを入れない簡単仕立てを指し、英語でいうアンコンストラクテッド*に当たる。完全な無構造仕立てはセンツァ・インテルノ*になる。

セント⇒フレグランス

繊度⇒スーパーウール

さ

ファッション全般

ソア⇒シルク

ソイビーンファイバー⇒大豆繊維

ソイファイバー⇒大豆繊維

総裏［そううら］スーツ上着などの裏地の付け方のひとつで、前後の身頃、袖全体に裏地を付ける仕立て方。型崩れを防ぐほか、滑りを良くする、芯地や縫い代を隠す、また薄い表地のものにあっては透けることを防ぎ、保温の役も果たすといった効果がある。英語ではフルライニング［full lining］という。反対に裏地や芯地を付けないで表地だけで仕立てる方法を「一枚仕立て」とか「単仕立て（ひとえじたて＝単衣仕立て、一重仕立てとも）」と呼ぶ。

双糸⇒単糸

ソウオンラベル⇒ソウンオンラベル

総前裏⇒背抜き

草履⇒ワラチ

草履サンダル［ぞうり＋sandal］草履風のサンダル。和風好みファッションの流れに乗って登場した和洋折衷型アイテムのひとつで、下駄サンダル*の草履版。

ソウンオンカフ［sewn-on cuff］1本の縫い目が走った袖口のデザイン。ドレスフロックコートなどに見られる特殊なデザインで、袖先から15センチほど入ったところに切り替え線状の縫い目があしらわれるもの。ドレッシーな雰囲気を盛り上げるために用いられる。

ソウンオンラベル［sewn-on lapel］ソウドオンラベル［sewed-on lapel］とも。1本の縫い目がラペル線に沿って走っている下襟の形をいったもので、日本では「たつ」とか「たつ付き」と呼ばれる。フロックコートに限って見られるデザインで、内側をインラペル、外側をアウトラペルともいう。

添え糸編⇒裏毛編

ソーカル［South California］South Cali-

fornia の So と Cal から作られた言葉で、アメリカ・南カリフォルニアをイメージソースとしたファッション表現を指す。ブラトップやサーフパンツなど健康的で明朗ないかにも南カリフォルニアを連想させるルックスが特徴とされる。2017年春夏ファッショントレンドのひとつ。

ソークオフネイル［soak off nail］ソークオフは「（浸したものから）外す」という意味で、溶剤で簡単に落とすことができるジェルネイル*の一種をいう。カルジェル*もこのひとつ。

ソーシャルウエア［social wear］ソーシャルは「社会の、社会的な」また「社交の、懇親の、社交界の」という意味で、フォーマルな場に着用する社交用の衣服を指す。第2次大戦後の日本で、フォーマルウエアほど格式ばらないパーティー着、社交服といったイメージを表す言葉として作られたもの。ソーシャルは「ソシアル」とも発音されるが、これは特定の紳士服メーカーの登録商標になっており、その適用方法にはむずかしいものがある。

ソーシャルシューズ⇒フォーマルシューズ

ソーシャルドレス［social dress］ソーシャルは「社交の、懇親の」という意味で、そうした際に着用するドレッシーな服装を総称する。いわばパーティー着ということになるが、オケージョナルドレス*を指す別称としても用いられることがある。

ソーブ⇒カンドーラ

ソープケーキ⇒ボディーシャンプー

ソープパウダー⇒ボディーシャンプー

ソーラーウオッチ［solar watch］ソーラーは「太陽の」という意味で、太陽光熱を利用した腕時計の総称。いわゆる電池不要の腕時計ということになる。

ソーラージャケット［solar jacket］ソーラーは「太陽の」という意味で、袖などに

ファッション全般

付けられた着脱式のソーラーセルが太陽光を取り込み、内ポケットのバッテリーに蓄電できるという機能を持ったジャケットを指す。これによって携帯電話などが充電されることになる。最近の高機能服のひとつ。

ソーラトーピー⇒トーピー

ソール［sole］「靴底」の総称。これにはインソール*、ミッドソール*、アウトソール*の種類がある。ほかに「足の裏」の意味もある。

ソールエッジ［sole edge］靴の表底の周りの縁のこと。単にエッジ（縁の意）ともいい、普通は内側の土踏まずの部分から爪先を通って外側の土踏まず上がりに至る縁周りを指すが、これがかかとも通る全周型のものはダブルエッジ［double edge］と呼ばれる。日本の業界用語では「コバ」と呼ばれ一般にも通用しているが、これは「小端」から派生した言葉と思われる。

側章［そくしょう］フォーマルウエアなどのズボンの脇縫い目線に沿って飾られる比較的広幅の飾りテープのこと。英語ではサイドストライプ［side stripe］とかサイドブレイディング[side braiding]などと呼ばれ、朱子織のシルクやタフタなどで作られる。燕尾服のズボンには2本、タキシードには1本と決められており、黒のものが用いられるが、これは縫い目を下着的なものと見て、それを隠そうとしたところに理由があるとされる。別にブレイド［braid］と呼ぶこともあるが、これは組み紐や平組、モールなどの総称で、側章に用いられるのもそのひとつということになる。

側章パンツ⇒サイドストライプパンツ

束髪［そくはつ］髪を束ねて結うこと、またそうした髪型をいい、現在では「まとめ髪」と呼ばれて人気がある。元々は明治時代から大正時代にかけて、日本の女性が用いた西洋風の髪型をいったもので、さまざまな種類が見られた。なお髪を結うことやそうした髪型は「結髪（けっぱつ）」と呼ばれ、これはまた「ゆいがみ」ともいう。

ソサエティーフォーマル［society formal］ソサエティーは「社会、社交界、上流社会」また「交際、付き合い」といった意味で、パーティーなど社交や親睦を目的としたフォーマルの場を表す。ここではいわゆるニューフォーマルウエア*と呼ばれる服装が中心となる。

ゾゾスーツ［ZOZOSUIT］インターネット通販会社ゾゾが開発した通信販売の方法に用いるボディースーツまたそのシステムそのものをいったもので、それを着用してスマートフォンをかざすだけで自動的に採寸され、ECサイトのゾゾタウンでそれに合う商品が購入できる仕組みとなっている。瞬時に採寸できる自動採寸スーツには伸縮センサーが内蔵されており、これは無料で配布される。

ゾッキパンスト［── ＋ panty stocking］ゾッキは日本の業界用語で「総生」から来た言葉とされ、「混ぜものがない、全部同じ」という意味で用いられる。ポリウレタン弾性糸にナイロン糸を巻き付けたカバリングヤーンという糸だけで作られたパンティーストッキングを指し、いわゆるサポートストッキング*の一種とされる。このようにすべてサポート糸で作られるストッキングをフルサポート［full support］とかフルサポーティー［full supporty］といった商品名でも呼ぶ。こうしたものは一般のサポート交編商品と比べシワやたるみが出にくく、妙な横縞が出ないという特色ももつ。

ソックオールック⇒ラウドソックス

ソックサスペンダー⇒ガーター

さ

ファッション全般

ソックス [socks] 日本では「靴下」の総称として用いられる傾向が強いが、厳密には「(口ゴム付きの)短靴下」を意味する。女性用のソックスではくるぶしの上までの短い靴下をいうが、メンズソックス（男の靴下）では一般にふくらはぎ以下のもので、かかとから口ゴムまでの長さが24～25センチ程度のものを指す。フランス語ではこうした靴下類をショセット [chaussette 仏] と呼ぶ。

ソックス・オン・タイツ [socks on tights] タイツとソックスを重ねて穿く着こなし方。ストッキングやタイツにラメ入りのソックスやきれいな色のハイソックスなどを重ね穿きする手法を指し、ミニスカートなどに合わせて大人っぽいガーリースタイル*を表現するのに用いられる。特に2009～10年秋冬向けのミラノコレクション（ミラノ・モーダ・ドンナ）に目立った傾向のひとつ。

ソックスガーター⇒ガーター

ソックライナー⇒インソックライナー

ソックレット⇒アンクレット

袖コン [そでコン]「袖コンシャス」の略で、袖のデザインへのこだわりを示す。これまでには見られなかったような装飾をほどこす、袖口を大きく広げる、極端に長い袖にするといったデザインがあり、インパクトのあるデザインの袖が注目されるようになった。こうした傾向や袖を「盛り袖」とも呼んでいる。

袖芯⇒芯地

袖プリント [そで＋ print] ブランド名やロゴなどを袖部分にプリントしたもの、また、そうしたデザインを指す。長袖に文字をプリントしたヴェトモン（デムナ・ヴァザリア）の影響で生まれたとされ、こうした衣服を日本では「袖プリップス」などと呼んでいる。文字は特に「ブラックレター」という書体に人気がある

という。

外羽根式⇒ブルーチャー

ソトワール [sautoir 仏] 19世紀末から1920年代にかけてフランスで大流行した女性の長い首飾り。通常その長さはウエストラインを越え、先端にタッセル（房飾り）や時計などのペンダント*を飾ったもの。ソトワール本来の意味は「Ｘ形十字」ということで、端を胸のところで交差させる女性の首巻きの意味も持つ。現在では首に幾重にも巻いてあしらう形の長い首飾りをソトワールネックレス [sautoir necklace] と呼んでいる。

ソトワールネックレス⇒ソトワール

ソバーガールルック [sober girl look] ソバーは「まじめな」また「(色や服装などが)派手でない、地味な」という意味で、清楚な雰囲気の女学生風の装いを指す。

ソバージュ [sauvage 仏] 正しくはソバージュヘア。ソバージュはフランス語で「野生の、自然のままの」という意味で、毛先に向かって弱く細かいパーマをかけ、波のような表情を現したヘアスタイルを指す。野性的な雰囲気があるところからこのように名付けられたもので、1983年頃から当時ハウスマヌカン*と呼ばれる女性たちに愛好された。当時は大きく柔らかな感じのウエーブをソバージュと呼び、細かいウエーブのものをカーリーヘア*と呼んで区別した。

ソフィカジ [sophisticated ＋ casual]「ソフィスティケーテッドカジュアル」の短縮語。ソフィスティケーテッドは「洗練された、教養のある、しゃれた」といった意味で、洗練された大人の女性向きのカジュアルファッションの意味で用いられることが多い。いかにも今を感じさせるしゃれた感覚が特徴。

ソフィスティケーテッドカジュアル⇒ソフィカジ

ファッション全般

ソフィスティケーテッド・トラディショナル⇒ニュートラディショナルモデル

ソフィスティケート [sophisticate] 本来は「詭弁を弄する、こじつける、世間ずれさせる」といった意味だったが、現在では多く「洗練された、高度の教養がある」といった意味で用いられる。ファッションでは「大人的な、趣味の良い」という意味で多用されている。ソフィスティケーテッド [sophisticated] はその形容詞で、「洗練された、しゃれた」といったほどの意味になる。

ソフト⇒ソフトハット

ソフトアーミー⇒ソフトミリタリー

ソフトアイビー [soft Ivy] 正統派のアイビースタイルに今日的な要素を取り入れてソフトな感じにしたアイビーファッション。イタリアンアイビー*とかフレンチアイビー*などと呼ばれるものと同義で、いずれもこれといった定型はないが、原則的な着こなしルールにはあまりこだわらずに、現代的な感覚で軽快に着こなすところに個性と特徴が見られる。

ソフト・アンド・ライトジーンズ⇒ソフトジーンズ

ソフトウエスタンルック [soft Western look] やわらかく表現したアメリカ西部のカウボーイルック。特に最近の女性服に見られる傾向のひとつで、荒くれ男のイメージは抑え、装飾的なカウボーイブーツやウエスタンシャツなどにより、どことなくウエスタンを思わせるスタイルに仕上げるのが特徴。

ソフトガードル [soft girdle] ソフトな素材と仕様で作られたガードル*。ソフトな着心地を求める傾向から開発されたニューインナー*のひとつで、体の形を整える機能はしっかり保ちながら、外観的にも構造的にもはるかに今日的でソフトなイメージを持ったガードルを総称する。

る。

ソフトカップブラ [soft cup bra] 形を整えるためのワイヤーも豊かに見せるためのパッドなども入れず、ソフトにフィットすることを第一に考えて作られた、柔らかなブラカップ部分を特徴とするブラジャー。単にソフトブラ [soft bra] とかフィットブラ [fit bra] またノンワイヤーブラ [non wired bra]、リラックスブラ* [relax bra] などとも呼ばれる。こうしたものをアメリカではレジャーブラ [lei-sure bra] と呼ぶことがある。

ソフトカラー⇒ディタッチカラー

ソフトキャリー⇒ローラーバッグ

ソフトクルー⇒オーバルネック

ソフトコンシャス [soft conscious] 身体のラインをセクシーに誇張させるボディコンシャス（ボディコン）に対して、ゆったりとしたシルエットのなかに女性らしい優しさを感じさせるファッション表現を指す。ボディコンの対義語として用いられるようになったもの。

ソフトコンシャスライン⇒ソフトボディーコンシャスライン

ソフトコンストラクション [soft construction] 柔らかな構造、構築、組み立てという意味で、服作りにおけるソフトな仕立て方をいう。着やすさを追求する目的から生まれたもので、これまでの服作りに必要だった芯地やパッド類などを極力省略してソフトな着心地を作り出そうとするもの。

ソフトジーンズ [soft jeans] クラシックジーンズ*のハードなイメージに対して、全体にソフトな感覚のファッションジーンズ*をこのように称したもの。ソフト・アンド・ライトジーンズ [soft and light jeans]（ソフトで軽いジーンズの意）とかエレガンスジーンズ [elegance jeans]（優雅なジーンズの意）といった別称で

ファッション全般

も呼ばれる。

ソフトシェルジャケット [soft shell jacket] 三層式となった特殊な生地で作られるアウタージャケットの総称。アウターシェル（表地）をストレッチナイロン、ミドラー（中側）を防水・透湿素材、インナーレイヤー（最も内側）をマイクロフリース使いとしたものが代表的で、フリース並みの動きやすさと防風、撥水、保温、透湿、ストレッチ性に優れた機能を持つ。アメリカ海軍の特殊部隊 SEALS の戦闘用など完全なプロユースのものから、一般的なタウンユースのものまで幅広く用いられ、メーカーによってさまざまな商品名でも呼ばれている。例えばタクティカルジャケット [tactical jacket]（戦術的なの意）とかジャンダルムジャケット [gen-darme jacket]（フランス語で近衛騎兵や憲兵の意）といった名称がある。

ソフトシェルパンツ [soft shell pants] ソフトシェルジャケット＊と同じ3レイヤー方式のストレッチナイロンで作られたパンツ。防風とともに透湿性にも優れ、保温性も高いという特性をもつ。

ソフトジャケット⇒アンコンジャケット

ソフトシャツ [soft shirt] カジュアル感覚でデザインされたソフトなイメージの男性用シャツを指す。ルーミーシャツ＊とかメンズブラウス＊と呼ばれるものと同種のアイテムとされる。ほかにソフトドレスシャツの略ともされ、従来のドレスシャツ＊とルーミーシャツとの中間的な性格をもつシャツを指すこともある。

ソフトジョッパーズ [soft jodhpurs] よりソフトな感覚にデザインされたジョドパーズ＊のこと。ジョッパーズはジョドパーズの簡略した表現で、婦人服の分野ではこれが主流とされる。柔らかな素材を用いたり、より細身にしてファッショナ

ブルな感じにしたものが代表的。

ソフトショルダー [soft shoulder] 広義にはシャツショルダー＊と同義。肩パッドを使わないためにソフトな外観となるところからこのように呼ばれるもの。また、狭義にはアメリカントラディショナルモデル＊のスーツに見る最近の肩線をこのように呼び、これはナチュラルショルダー＊と同義とされる。

ソフトスーツ [soft suit] 本来はソフトな素材を使い、ソフトな仕立てで作られたイタリア型のソフトテーラードスーツ＊（ソフトメイクスーツ）を指すが、日本ではその外観だけを真似た、やたらと肩が広く袖丈も長い、逆三角形のルーズなシルエットのメンズスーツをこのように呼んだ。1980年代の DC ブランド＊系のスーツに代表される。

ソフトスクエアジャケット⇒スクエアジャケット

ソフトスクエアショルダー [soft square shoulder] ソフトに表現されたスクエアショルダー＊の意。角張った感じはあるが、それほど目立たないものを指し、最近の女性のテーラードジャケットなどに多く見られるようになっている。

ソフトツイード [soft tweed] 細くて軽い糸で織られた、柔らかな手触り感を特徴とするツイードの総称。主として女性のジャケットなどに用いられることが多い。

ソフトテーパードライン [soft tapered line] テーパードは「先細りになった」の意で、そうしたテーパードラインのうちでもソフトに表現したシルエットを指す。ナチュラルテーパード [natural tapered] ともいう。

ソフトテーラード [soft tailored] 全体に柔らかな印象に仕上げるテーラード＊の手法をいう。ソフトスーツ＊などと呼ばれ

418

ファッション全般

る柔構造の衣服の台頭から求められるようになったもので、一重仕立ての軽いタッチやソフト仕上げの素材使いなどが特徴となる。

ソフトテーラードスーツ [soft tailored suit] 柔らかな仕立てがなされたスーツという意味で、着心地の良さを優先させて作られたアンコン仕立てのスーツをいう。とくに1980年代に登場したイタリアのデザイナーによるそれを指すことが多く、ソフトメイクスーツ [soft make suit] とも呼ばれる。つまりはアンコンストラクテッドスーツ*の発展形のひとつ。

ソフトデニム⇒ジェニュインデニム

ソフトトラッド [soft trad] ソフトなトラディショナル・ファッション（トラッド*）の意。アメリカン・トラディショナルを基調にしながらも、それに現代的なスポーツ感覚やロマンティックな要素を取り入れて、全体にやわらかな雰囲気を出したファッションを指す。またトラッドの本体からはやや離れた印象のトラッド調ファッションを総称することもある。

ソフトドレスシャツ [soft dress shirt] カジュアルな感覚でデザインされた最近のドレスシャツを指す。やわらかな素材使いやゆったりとした着心地を特徴としたドレスシャツで、単に「ソフトシャツ」とも呼ばれる。

ソフトトロリー [soft trolley] ソフトタイプのトロリーバッグ*のこと。

ソフトハット [soft hat] ソフトフェルトハットの略称から生まれたもので、単にソフトとか「ソフト帽」の名でも呼ばれる最も一般的な紳士帽のひとつ。柔らかなフェルトで作られるところからこの名があり、形を自由に変えることができるのが特徴とされる。アメリカでは、鍔（つば）の縁が弾力性に富み、上げ下げが簡単という意味から、スナップブリムハット

[snap brim hat] と呼ばれることが多い。ビジネスウエアに合わせるほか、最近ではしゃれたタウンハットとして用いられる例も多い。

ソフトパンク [soft punk] ソフトな感覚で表現されるパンクファッション。パンクは元々1970年代のロンドンに現れた若者たちの過激なロックおよびそこから派生したファッションを指すが、それを少し抑えて、今風のストリートに合うファッションとしたもの。ニューパンク [new punk] とかネオパンク [neo-punk] などとも呼ばれる。

ソフトパンツ⇒プレイパンツ

ソフトビッグショルダー [soft big shoulder] ソフトな感じに仕上げたビッグショルダー*という意味。誇張させてがっちりと作り上げたハードなイメージのビッグショルダーの対語として用いられるもので、これはきわめて柔らかく控え目な表現を特徴とする。

ソフトヒッピールック⇒ヒッピールック

ソフトフィットスカート [soft fit skirt] その名の通りボディーにソフトにフィットするスカートの総称。ソフトフィットドレス*と同様のアイテムとされる。

ソフトフィットドレス [soft fit dress] ボディーに柔らかな調子でフィットするドレスの意。2009年春夏のデザイナーコレクションに見るトレンドテーマのひとつ「プリミティブ・エレガンス」に登場したドレスが代表的で、柔らかな素材使いでそうした特徴を表現したものが多い。

ソフトブーツ [soft boots] ソフトで軽いイメージを持つブーツの総称。ワークブーツやエンジニアブーツなどハードで重々しいイメージを持つブーツとは対照をなすもので、特にメンズブーツにおけるそうしたタイプを指すことが多い。爪先のラインも細いものが多く、全体に軽い素

419

ファッション全般

材で作られる。

ソフトブーツカット [soft boots-cut] 優しい雰囲気に表現されたブーツカットの意で、ジェントリーフレアードと同じ。ブーツを履くのにちょうどよい、わずかな裾広がりを入れたもので、女性のパンツに多く用いられる。

ソフトフェルト⇒フェルト

ソフトフォーマル [soft formal] ニューフォーマル＊の概念のひとつで、格式張ることなく、気楽な気分で着ることのできるフォーマルウエア、またそうした雰囲気のフォーマルファッションを指す。仲間うちの気楽なパーティーに着ることを主目的として生まれたものだが、現在ではこうしたものが街着としても用いられるようになっている。

ソフトブラ⇒ソフトカップブラ

ソフトプリーツ⇒アンプレストプリーツ

ソフトフレアードジーンズ⇒ジェントリーフレアードジーンズ

ソフトフレアードライン [soft flared line] ソフトに表現されるフレアードライン＊。最近のジーンズなどによく見られるシルエットで、裾口でゆるやかな広がりを見せるものをいう。裾周りの幅がさほど大きくないのも特徴で、ブランドによってはこうしたものをスキニーフレア [skin-ny flare] とかフレアストレート [flare straight] などと呼ぶ向きもある。

ソフトブレザー [soft blazer] 軽くてソフトな作りを特徴とするブレザーの総称。芯地や裏地などを省いたアンコン（非構築）仕立てのブレザーや、シャツ地で作られたシャツブレザー [shirt blazer] と呼ばれるものなどが代表的。

ソフトポインテッドトウ [soft pointed toe] 爪先の尖りがふつうよりも柔らかな感じにカットされた婦人靴のデザイン。

ソフトボディーコンシャスライン [soft body conscious line] ボディーコンシャスライン＊をおとなしめに表現したシルエット。体の線をそれほど強調することなく、柔らかな調子で自然なボディーラインを表したもので、ソフトコンシャスライン [soft conscious line] と略されることもある。またボディーフィギュアライン＊をこのように呼ぶこともある。

ソフトボディースーツ⇒テディー

ソフトボブ [soft bob] ソフトな感じに表現されるボブヘア＊。俗に「前下がりボブ」などと呼ばれる髪型が代表的。

ソフトマスキュリンスタイル⇒セクシーマスキュリンスタイル

ソフトミリタリー [soft military] ソフトな調子で表現される軍隊調のファッション。ミリタリーそのものといったイメージではなく、色やディテールなどに軍服の雰囲気を軽く取り入れているのが特徴で、特に最近の婦人服に多く見られる傾向。別にソフトアーミー [soft army] などの名もある。

ソフトメイクスーツ⇒ソフトテーラードスーツ

ソフトモカシン⇒ビットモカシン

ソフトモヒカン⇒モヒカン

ソフトユニフォーム⇒ニューワーキングウエア

ソフトレザー [soft leather] 柔らかい革の意だが、特に特殊ポリウレタンを使用して作られた合成皮革の一種をいう。PVC等のビニールレザー＊とは違って、本革に劣らない優れた機能をもち、スニーカーなどの靴や家具カバーなどに用いられている。耐久性があり傷がつきにくく、ソフトな感触で手入れが簡単など、さまざまな特徴がある。

ソフトワイヤーブラ [soft wired bra] カップの下縁に入れるワイヤー（針金）をソフトな素材にしたものの総称。フィット

ファッション全般

感の向上と着け心地の良さを狙いとして作られたもの。

ソプラビート［sopràbito 伊］イタリア語で「外套＝オーバーコート」の意。最近、日本のメンズ業界では軽いチェスターフィールド・タイプのコートをこのように呼ぶ傾向がある。

梳毛［そもう］⇒ウーステッド

梳毛糸⇒ウーステッドヤーン

ソラリゼーション［solarization］「ぼかし脱色」の意。本来は写真の技術用語で、白黒を反転させる写真処理の技術をいったもの。これをブルージーンズの柄の表現に用いたもので、タイダイ＊と同じように用いられた。

ソリッドカラー［solid color］ソリッドは「混じりもののない、純粋な」また「むらのない、無地の」という意味で、無地の色を総称する。柄を用いない単色のこと。

ソリッドシャツ⇒カラーシャツ

ソリッドタイ［solid tie］無地（ソリッド）のネクタイの総称。俗に「無地タイ」と呼ばれ、ストライプやチェック、ファンシー柄に次ぐ第4の基本パターンとして人気を集めるようになっている。本来は礼装用のネクタイに多く見られたものだが、近年は落ち着いた色無地ものがビジネスウエアにも用いられるようになり、明るい色や派手な色無地ものはカジュアルな用途に向くとされている。

ソリッドボタン［solid button］ここでのソリッドは「中身の詰まった、うつろでない」という意味で、中空ではないムクのボタンをいう。多くは型押しがなされている。

ソリテア⇒ストック

ソリテール［solitaire 仏］原意は「単独の、群居しない、孤独な」ということで、宝石を1個だけ飾った指輪、ブローチ、イヤリングなどを指す。特にダイヤモンド

を一粒だけセットした婚約指輪などの指輪をいうことが多い。

ソリューションダイイング⇒原着

ソルジャースタイル［soldier style］ソルジャーは「陸軍の軍人」また「兵士、戦士」という意味で、ミリタリースタイル、アーミースタイルなどと同義。要は「兵士スタイル」で軍隊調の服装に身を固めたスタイルを指す。

ソルジャーセーター⇒アーミーセーター

ソルト・アンド・ペッパー⇒ペッパー・アンド・ソルト

ソルメイトソックス［Solmate Socks］1998年、アメリカはバーモント州に創業したソックス・ファクトリーのブランド名。リサイクルコットンを使用して作られるその靴下は、左右非対称になった派手な色柄のデザインで知られ、ブーツソックスやサンダルソックスに最適な靴下として人気を集めている。日本では2009年ごろから芸能人たちに愛用されて名を高めた。

ソレイアードプリント［Souleiado print］ソレイアードは南フランスのプロヴァンス地方に存在する織物メーカー「シャルル・ドゥメリー」社のブランド名で、そこに見るプリント柄を総称する。はるか昔、シルクロードから伝わったとされる古い歴史を持つプロヴァンスプリント［Provence print］（プロヴァンサルプリント Provençal print ともいう）の最古のブランドのひとつとされ、そのプリントコットン地は世界的な人気を集めている。ソレイアードとはプロヴァンス語で「雨の後、雲間から射す一条の光」を意味し、プロヴァンス地方の自然の花や昆虫などをモチーフとした色彩豊かな細かい柄などが特徴。

ソワレ［soirée 仏］フランス語で日没から寝るまでの「宵の間」を指し、ここから

421

ファッション全般

夜のパーティーや夕べの集いなども意味するようになった。つまりは「夜会」のことで、ファッション用語では「夜会服＝フォーマルイブニングウエア*」を意味する。

ソング［thong］Tバックショーツ*をいうアメリカでの用語で、「トング」とも発音される。ソングは元々「紐、革紐」という意味で、紐状の下着であるところからこのように呼ばれ、ヨーロッパでストリングス［strings］、また中南米でタンガと呼ばれるのもここに由来する。なお厳密にはTバックの中でも少しでも布地があるものを「ソング」と呼び、全くの紐だけのものはGストリング［G-string］と呼ぶ習慣が英米にはある。また英国や日本ではビキニショーツのことを「タンガ*」と呼ぶ傾向がある。

ソングジーンズ［thong jeans］デニム地をぼろぼろに切り裂いて、太ももやヒップを丸出しにしたダメージジーンズの一種。ソングは「紐」の意で、まるで紐だけで作られているかのようなイメージからそう呼ばれるもの。また「Tバックジーンズ」とも呼ばれるが、ソングにはそもそもTバックショーツの意味がある。

ソングス⇒ビーチサンダル

ソンコ⇒バジュマラユ

ソンブレロ［sombrero 西］ラテンアメリカの諸国、特にメキシコで用いられることの多い大型の帽子。高い三角形をしたクラウンと極端に幅広の巻き上がったブリムを特徴とするもので、麦わらやフェルトなどで作られ、メキシコ的な装飾を施すものも見られる。ソンブレロはスペイン語で「帽子」を総称し、特にメキシコではチャロ［charo 西］と呼び、アルゼンチンではガウチョ［gaucho 西］（英語でガウチョハットとも）、チリではウワソス［huasos 西］とも呼ばれる。

ファッション全般

ターキッシュパンツ [Turkish pants] トルコ風パンツの意。ハーレムパンツ*と同種のアイテムで、薄手の布地を使ってゆったりとしたシルエットに仕上げ、裾口のバンドなどで細くすぼめる形にしたところが特徴的。

ターキッシュ・ポイント・レース [Turkish point lace] ⇒オヤ・ネックレス

ダークジーンズ [dark jeans] 濃い色のジーンズの総称。特に染め上がったばかりのブルージーンズに見る濃いインディゴブルーのジーンズをいうことが多く、1997年ごろからこうした色調のジーンズに再び人気が出てきた。

ダークスーツ [dark suit] ダークブルー(濃紺)やダークグレー(濃灰色)などのダークカラー(濃色)を特色としたスーツの総称。いわゆるビジネススーツ*の代名詞で、フォーマルウエアのひとつとして用いられるほどの格調の高さをもっている。

ダークマドラス⇒マドラスチェック

ダークロマンティック [dark romantic] 暗色調のイメージで表現するロマンティックな雰囲気のファッション。2015/16年秋冬シーズンあたりから目立つようになってきたファッショントレンドのひとつで、濃いめの妖しく優美な雰囲気が特徴とされる。ビクトリアン調のファッションなどに代表される。

ターコイズ [turquoise] トルコ石のことで、ターコイズブルーやターコイズグリーンと呼ばれる特有の色をもつ。これを用いたブレスレットやリング、ネックレスなどのアクセサリーが2005年春に大流行し、そうしたものを単にこうした名称で呼ぶようになったもの。

タータン [tartans] タータンチェック [tartan check] ともタータンプレイド [tartan plaid] とも呼ばれるスコットランドの伝統的な格子柄。元々スコットランドの氏族(クラン)が紋章の代わりに用いたもので、チェックが二重三重になって複雑な模様を形成しているのが特徴。ドレスタータン [dress tartans] (正装用の意)やハンティングタータン [hunting tartans] (狩猟用の意でハンティングチェックともいう)など用途によっていくつかの種類に分けられるが、これらを特に大きく表現したものをビッグタータン [big tartans] と呼ぶことがある。

タータンチェック⇒タータン

タータンプレイド⇒タータン

ダーツ [dart] 衣服を体に合わせるために布地をつまんだ部分をいう。つまんで縫い消しとするのが特徴で、その形が「投げ矢」のダーツに似ているところからこの名がある。その位置によってウエストダーツとかショルダーダーツ、サイドダーツなどと呼ばれるが、よく知られるのはスーツの胸の部分に付くフロントダーツ*ということになる。

ダーティーバックス⇒ホワイトバックス

タートルインナー⇒タートルネックシャツ

タートルシャツ [turtle shirt] タートルネック*を特徴とした布帛製のシャツ。1960年代後半に登場したファンシーなドレスシャツのひとつで、タキシードに合わせるなどして新しいフォーマルウエアとも目されたもの。タートルネックはジッパーで開閉でき、頭からかぶって着るようになっていた。ここから派生した、首から離れて立つオフタートルネックを特徴とするシャツをオフタートルシャツ [off turtle shirt] と呼んでいる。

タートルニット⇒タートルネックシャツ

タートルネック [turtle neck] ネックラインが大きく立ち上がって折り返しとなっているもので、普通は二重となるが、本格的には三重折りとなり、これをフルタ

た

423

ファッション全般

ートルネック［full turtle neck］という。
タートルは「海亀」という意味で、亀の
首を思わせるところからこのように呼ば
れるようになった。日本語では「徳利（と
っくり）襟」という呼称があるが、これ
は日本酒を入れる「徳利」の形から来た
ものとされる。フランス語ではコルシュ
ミネ［col cheminée 仏］というが、これ
は「煙突のような襟」を意味している。
ちなみにこれを英国ではポロネック［polo
neck］と呼ぶことがある。

タートルネックシャツ［turtleneck shirt］
タートルネックを特徴としたカットソー
*のシャツ。かつてロバート・ケネディ
が用いて一世を風靡した布帛のタートル
ネックのドレスシャツ（タートルシャツ
*）をいうこともあるが、そうした誤解を
避ける目的もあって、これをタートルニ
ット［turtle knit］とかタートルインナ
ー［turtle inner］またタートルネックト
ップ［turtleneck top］と総称することも
ある。

タートルネックトップ⇒タートルネックシ
ャツ

ターバン［turban］主としてイスラム教シ
ーク派の一部のインド人男性によって用
いられる、頭に巻く布を指す。暑さ除け
や髪の乱れを防ぐ役割を果たすととも
に、その巻き方、形、色などによって、
民族の階層や職業、身分などを表すもの
とされる。また、これに似せて作られた
布の襞（ひだ）を特徴とする婦人帽子を
指すこともある。

ダービー靴下［derby ＋くつした］フルフ
ァッション*編機という機械で作られる
靴下のことで、編み幅を増減しながら足
の形そのままに編んでいく成型編みとい
う形をとるのが特徴。フルファッション
靴下［full fashion ＋くつした］ともいう。
多くはストッキングに見られる製法のひ

とつ。

ダービーシューズ［derby shoes］英国でブ
ルーチャー*（外羽根式）型のドレスシ
ューズを指す呼称。単にダービーともい
い、バルモラル*（内羽根式）型のオッ
クスフォードシューズ*の短靴と比較対
照する上で用いられる。

ダービータイ［derby tie］フォアインハン
ド*の別称で、英国で1894年に生まれた
言葉。日本ではフォアインハンドよりも
よく用いられ、ほかに幅タイ［はば＋
tie］とか幅ダービー［はば＋derby］の
名でも知られる。要は一般的な結び下げ
ネクタイを指す。

ダービーノット⇒プレーンノット

ダービーハット［derby hat］いわゆる「山
高帽」。丸いクラウンと巻き上がった
ブリムを特徴とする硬いフェルト製の紳士
帽で、シルクハットに次ぐ格調の高さを
誇る。ダービーというのはアメリカでの
呼称で、英国ではボーラー［bowler］と
呼ばれ、ビリーコック［billycock］の別
称もある。またフランス語ではムロン
［mel-on］というが、これはもちろんあの
果実のメロンの形からきている。ちなみ
にダービーはダービー競馬の創始者であ
るダービー伯爵の名にちなむとされ、ボ
ーラーは19世紀英国の帽子職人ウィリア
ム・ボーラーの名にちなむ。

ター帽［たーぼう］ターバン帽子の略。タ
ーバンのような形の帽子を俗称したもの
で、ターバンキャップ、ターバンワッチ、
ターバンバイザーなどとさまざまな名称
でも呼ばれる。要はターバン式のヘアカ
バーで最近の流行となっている。バンダ
ナキャップなどと呼ばれるものもこの一
種。

ターポリン［tarpaulin］タールを塗布した
帆布のことで、1605年に登場し、これを
使った防水外套や防水帽子のことも指

424

ファッション全般

す。最初に現れたレインコート用の防水布とされ、1747年にフランスのフランソワ・フレスノーによってゴム引き布のレインコートが開発されるまで使用されていた。

ダーメ⇒ウィメンズウエア

ダーメン⇒ウィメンズウエア

ターンオーバーカフス⇒ターンナップカフス

ターンオーバーカラー⇒ステンカラー

ターンオーバートップ⇒ジョッキーブーツ

ターンコート⇒リバーシブルコート

ターンダウンカラー［turndown collar］ターンダウンは「折り返しの」の意で、まさしく「折り返し襟」のこと。一般的なドレスシャツに見られる襟腰と襟越しからなるダブルカラー（普通襟）の総称。

ダーンドルシルエット［dirndl silhouette］アルプスはチロル地方の民族衣装ダーンドルに見るようなシルエット。上半身をぴったりフィットさせ、絞ったウエストから下にたくさんのギャザーを入れて膨らみを出したシルエットをいう。

ダーンドルスカート［dirndl skirt］ダーンドルはチロル地方の女性の民族衣装で、そうしたギャザースカートの一種をいう。ダーンドルだけでもそうした形のスカートを意味し、全体にゆったりした素朴なデザインのギャザースカートを一般にこう呼ぶこともある。

ダーンドルドレス［dirndl dress］ダーンドルはアルプス、チロル地方の女性の民俗衣装で、これに似せたワンピースをいう。ぴったりとした胴着にギャザースカートがつながったもので、これにパフスリーブのブラウスと、後ろで長い紐を垂らして結ぶ大きなエプロンを伴って着こなすのが本格とされる。いわば「アルプスの少女スタイル」となる。

ターンナップ⇒ターンナップカフス

ターンナップカフス（シャツ）［turn-up cuffs］袖先を折り返したシャツカフスの総称。ターンオーバーカフス［turn-over cuffs］とかターンバックカフス［turn-back cuffs］ともいい、一般にはダブルカフス＊の別称とされるが、ダブルカフスに見せかけて実はシングルカフスとなっている特殊なシャツカフスのことも指す。また、この言葉はパンツの裾の折り返しにも用いられ、英国ではそれを「ターンナップ＊」というのに対し、アメリカでは単に「カフス＊」と呼ぶことが多い。

ターンナップカフス（パンツ）［turn-up cuffs］単にターンナップともいう。ズボンの裾の「折り返し」のことで、カフトボトム［cuffed bottom］とも呼ばれ、日本では俗にダブル［double］とかダブルカフ［double cuff］あるいはマッキン、また「かぶら」という俗称でも呼ばれている。二重に折り返すところからダブル、アメリカの第25代大統領ウィリアム・マッキンリー（1843〜1901）が好んだところからマッキンというわけだが、「かぶら」についてはターンナップをターニップ turnip（野菜のかぶら）と聞き違えたことからとか、弓矢の鏑（かぶら）に似ているから、あるいは英語のカフを複数の意味で「カフ等（ら）」としたところから生まれたなど、さまざまな説がある。

ターンナップトラウザーズ［turn-up trousers］裾の折り返しが付いたズボンの総称。ターンナップはターンナップカフス＊のことで、ズボンの裾口に見る折り返しを指す。日本では「かぶら付き」ズボンとして知られる。

ターンバック・ショートブーツ［turn-back short boots］履き口の部分を大きく折り返したデザインを特徴とするショートブーツ。最近の婦人靴に見る流行のひとつ。

ターンバックカフス⇒ターンナップカフス

た

425

ファッション全般

ターンバックブーツ［turn-back boots］折り返し付きのブーツ。履き口の部分が折り返し式となっており、引き伸ばすとロングブーツとなるがミソ。また、この部分をファーカフスなどとしたハーフブーツを指すこともある。この場合の折り返しはまったくの飾りということになる。

タイ⇒ネクタイ

ダイアデム⇒ティアラ

ダイアパー⇒ダイヤモンドチェック

ダイアパーカバー［diaper cover］「おむつカバー」を指す米語。ダイアパーは「おむつ、おしめ」また「菱形模様（の布）」の意。英国ではこれをナッピーカバー［nappy cover］と呼ぶが、これはおむつを意味するナプキン napkin から生じた口語とされる。

ダイアパーパンツ⇒サルエルパンツ

タイイチスタイル［——style］女性のトレーニング時における服装のひとつで、タイツ1枚でのスタイルをいう。以前はカーゴパンツで行っていたものを、インストラクターがこれを受け入れ、一般女性にも流行るようになったもの。

ダイエット［diet］「痩身法」の意味で用いられることが一般的となっているが、本来は「日常の食事、飲料物、常食」また「（健康維持や減量を目的とした）規定食、制限食」を指し、そこから「食事療法」の意味が生まれた。単に痩せることだけを目的とする、量や質を制限した食事を意味するわけでもない。

ダイエット下着⇒ダイエット水着

ダイエットベルト⇒ウエイトベルト

ダイエット水着［diet＋みずぎ］スリミング衣料などと呼ばれるスリムな体作りを目的とした衣料品の中で、痩身効果を期待する水着をこのように呼ぶ。ダイエットは本来「食事療法、制限食」の意で、

同様の目的を持つ「ダイエット下着」もある。

耐ＭＲＳＡ繊維［たい＋ MRSA ＋せんい］MRSA（メチシリン耐性黄色ブドウ球菌）の増殖に抑制機能のある繊維のことで、英語では MRSA レジスタンスファイバー［MRSA resistance fiber］と称する。MRSA は院内感染の主な原因とされる菌のことで、こうした繊維を用いる加工法を「衛生加工」とか「サニタリー加工」などとも呼んでいる。いわゆる「抗菌防臭」素材のひとつ。

台襟⇒カラースタンド

台襟ポロ［だいえり＋ polo］台襟（襟腰＝カラーバンド）付きのポロシャツの意。ポロシャツは一般に台襟の付かないフラットカラーで作られるが、これはふつうのワイシャツのように台襟を付けてドレッシーな雰囲気を表したもの。クールビズに関連させて開発されたアイテムともされ、これにはネクタイを着けることも可能となる。「ドレス・ポロ」といった商品名で呼ばれることもある。

タイカラー［tie collar］襟の先端がネクタイのように長く帯状に垂れ下がったデザイン。これをネクタイのように結んだり、リボン結びにするなどして用いる。男性のアスコットシャツや女性のボウタイブラウスなどに代表される襟型。

タイクラスプ⇒タイホルダー

タイクリップ［tie clip］バネ付きのクリップで挟んで留めるようにしたネクタイ留めの一種で、その形がワニの口に似ているところから、業界では「ワニグチ」とも呼ばれている。タイバー＊と並ぶ最も一般的なタイホルダー＊のひとつで、ビジネスウエアなどに広く用いられている。

台形ミニ⇒トラペーズミニ

大剣［たいけん］ネクタイで表側に表れる

426

幅の広いほうの剣先部分をいう。先端が
剣のように尖っているところからの名称
で、英語では「エプロン apron」と呼ば
れる。

大黒帽⇒タモシャンター

大綬⇒ボールドリック

タイシルク［Thai silk］東南アジアのタイ
（タイランド）産の絹織物のこと。シャ
ンタン*風の節糸の飛んだ外観と東洋的
な色使いに特徴がある。また tie silk
と綴られると、ネクタイ用のシルク地を総
称することになる。

タイス⇒イカット

タイ・スカート［Thai skirt］東南アジアの
タイで日常的に穿かれているスカート状
の衣服。タイ・パンツ*のスカート版で、
ウエストから上に延びた部分の布を下に
折り返して穿くという特異なデザインが
特徴。

大豆繊維［だいずせんい］大豆のもつ蛋白
繊維を用いて衣服の生地に使用するも
の。いわゆるエコ繊維のひとつで、肌に
優しく、保湿性に優れ、抗菌防臭効果も
あるという。カシミヤやシルクのような
柔らかさと光沢感に富むのも特徴で、ソ
イファイバー［soy fiber］とかソイビー
ンファイバー［soybean fiber］などとも
呼ばれる。

タイダイ［tie dye］「絞り染め」の意。い
わゆる「防染」の一種で、布の一部をく
くって染色し、くくった部分を白く残す
工芸的な模様染めの方法をいう。古くは
「纐纈染め（こうけちぞめ）」とも呼ばれ
たが、1960年代ヒッピールック登場の折、
Tシャツやジーンズに用いられて大流行
を見たことがある。

タイダイジーンズ［tie dye jeans］タイダ
イ（絞り染め）を特徴としたジーンズ。
タイダイはヒッピー文化を背景に、1960
年代後期から70年代初めにかけて流行し

た染め柄で、朝顔の花に似た素朴なタッ
チが特徴となる。そうした模様をあしら
ったジーンズを総称するもので、60〜
70年代ファッションの復活アイテムのひ
とつとされる。

タイタック［tie tack］タイピン*に座金の
押さえが付いたネクタイ留めの一種。針
を刺し、シャツの内側から留める仕掛け
となったもの。タイピンに次いでドレッ
シーなものとされ、礼服やドレスアップ
ウエアに多く用いられる。

タイチェーン［tie chain］タイバー*にチ
ェーン（鎖）を付けたネクタイ留めの一
種で、ファンシーな趣があるところから
ドレッシーな服装に多く用いられる。チ
ェーンを表側に出し、少したるませてあ
しらうのがポイントとされる。

タイツ［tights］腰上から足先までを覆う
ぴったりとした穿き物。タイツは「ぴっ
たりと身に着くもの」とか「きっちりと
締まったもの」という意味で、一般には
そうした長靴下の類を指す。舞台衣装や
体操着として長い歴史を持ち、男性用の
それはメンズタイツ*と呼ばれる。フラ
ンス語ではコラン［collant 仏］というが、
これにはパンティーストッキングの意味
も含まれる。またタイツそのものも英国
ではパンティーストッキングの意とされ
る。

タイドアップカジュアル［tied-up casual］
タイドアップは「しっかり縛った」とい
った意味だが、日本ではネクタイをきち
んと締めたという意味で用いられる。そ
のようにネクタイをきちんとあしらって
表現されるカジュアルな服装を指す。カ
ジュアルな服装にわざとネクタイを合わ
せるのがミソとなるが、ここでのネクタ
イにはごく細身のウールタイやニットタ
イなど遊びのあるものを持ってくるのが
特徴とされる。これの対語となるのがノ

ファッション全般

ータイドレスアップ*、いわゆる「ノータイフォーマル」ということになる。

タイドアップスタイル［tied-up style］ネクタイを着用したスタイルを指す和製英語。しかし、タイドアップ（タイアップ）には「しっかりと縛りつける、拘束する」といった意味のあることが分かって以来、この言葉はあまり使われなくなっている。

タイト・アンド・フレアライン⇒フィット・アンド・スイングライン

タイト・アンド・ミニ［tight & mini］体にぴったりフィットした超ミニスカートやミニドレス、マイクロショートパンツ*などで表現されるファッション。いわゆるスーパーセクシールックのひとつとして人気がある。

タイトジャケット［tight jacket］タイトフィットジャケットの略。体にぴったりと合ったシルエットを特徴とするテーラードなジャケットのことで、最近のジャケットの傾向を示している。

タイトスーツ［tight suit］体にぴったりとフィットする、きつめのシルエットを特徴とするメンズスーツの総称。タイトフィットスーツのことで、最近の若者向きのスーツはほとんどがこうしたシルエットのものになっている。

タイトスカート［tight skirt］タイトは「きっちり締まった、ぴったりした、きつい」といった意味で、ボディーラインに沿ってぴったりフィットする形のスカートを総称する。スカートの基本形のひとつで、そのままでは歩きづらいために裾にスリットやキックプリーツ*などを入れたものが多く見られる。これよりゆるやかなシルエットにしたものはセミタイトスカート［semi-tight skirt］と呼ばれる。

タイトストレート⇒スリムストレートライン

タイトスリーブ［tight sleeve］全体に細くぴったりした袖の総称。フィッテッドスリーブ［fitted sleeve］というほか、「鞘（さや）」という意味からシーススリーブ［sheath sleeve］などとも呼ばれる。

タイトドレス［tight dress］タイトは「きっちり締まった、きつい」の意で、体の線にぴったり沿ったピチピチのシルエットを特徴とするドレスをいう。

タイトニット［tight knit］体にぴったりフィットするニットウエアの総称。リブ編み、半袖、ハイネックやVネックのサマーニットなどに代表され、どこか70年代を思わせるところが特徴とされる。一般にミニセーターとも呼ばれる。

タイトフィット⇒スリムライン

タイトブーツカット⇒スキニーブーツシルエット

タイトブーツカットライン⇒スキニーブーツシルエット

ダイナイトソール［Dainite sole］英国のハルボロラバー社が1910年に開発した合成ラバーソールの名称。ドレスシューズ用に作られたもので、グリップ力に優れ、雨の日に最適とされる。その円い凹凸の形状から「スタッデッドソール studded sole」という正式名称を持つが、今ではこのほうが通称となってしまった。他にこれをもう少しカジュアルにした1930年代産の「リッジウエイソール［Ridgeway sole］」というラバーソールもある。リッジウエイは「畔道（あぜみち）」の意で、底が畔の形状になっているところからの命名。ちなみにダイナイトは開発当時、昼 day も夜 night も働き通したところからのネーミングとされる。

タイニーカラー⇒ショートポイントカラー

タイニージャケット⇒コンパクトジャケット

タイニーチェック⇒ピンヘッドチェック

タイニーTシャツ［tiny T-shirt］タイニーは「ごく小さい、ちっぽけな」の意で、

428

体にぴったりした小さめのTシャツをいう。70年代ファッションの流行から復活したもので、小さければ小さいほどカッコいいとする価値観を若者たちに与えた1992年ごろから流行り始めた。別にピタTとかチビT、ミニTなどとも呼ばれ、ベビーTシャツといった用語も見られる。いずれも、ごく小さなというところからのネーミング。

タイニートップ [tiny top] タイニー（とても小さい）なイメージを特徴とする上衣類の総称。1970年代のファッションによく見られたもので、70年代風ファッションの復活から、このような体にぴったりフィットするアイテムが増加した。同義の用語にマイクロトップ [micro top]、ミニトップ [mini top] などがある。

タイニーピンブローチ⇒ピンブローチ

タイニーラウンドカラー⇒ショートラウンデッドカラー

タイバー [tie bar] 金属板を折り曲げて、単純に挟んで留めるようにしたネクタイ留めの一種で、業界では「通し型」とか「棒型」と呼ばれ、ごく一般的に用いられる。

ダイバーズウオッチ [diver's watch] ダイビング（潜水）に用いる腕時計の総称。通常200～300メートルの水圧に耐える高い防水機能を持つもので、水中でも読み取れるように蛍光インデックスを使用したものが多い。

ダイバースーツ [diver suit] ダイビング（潜水）に用いる服のことで、ダイビングスーツ [diving suit] とかダイビングウエア [diving wear]、またスキューバスーツ [scuba suit] とも呼ばれる。ネオプレン*素材のウェットスーツ*やドライスーツが代表的。

タイパンツ [Thai pants] 東南アジアのタイで日常的に穿かれているパンツ。ウエストに紐を通し、ウエストから上の部分

を下に折り返すという特異な形が特徴。フルレングスと七分丈のものがあり、いわゆるイージーパンツ*と同じ感覚の穿きものとして人気を集めるようになった。スカパンスタイル*のような重ね着感覚があるのも、女性に受ける要因となっている。

タイピン [tie pin] ピン（針）の頭に真珠や各種の宝石などを付けたネクタイ留めの一種。礼装専用とされる最もクラシックなタイプのネクタイ留めで、モーニングコートやブラックスーツなどのネクタイを飾るのに用いられる。日本ではときにネクタイピンの略とされ、ネクタイ留めのこととして扱われる場合も多い。

ダイビングウエア⇒ダイバースーツ

ダイビングスーツ⇒ダイバースーツ

タイプライタークロス [typewriter cloth] タイプライターの印字用リボンに用いられたことからこう呼ばれる薄手で緻密な平織綿布。現在ではナイロンなどでも作られ、ダウンウエアのアウターシェル*として用いられる例が多い。

タイブローチ [tie brooch] ネクタイのアクセサリーとして用いられるブローチ。ネクタイ留めと飾り両方の性格をもつもので、多くはタイドアップカジュアル*などと呼ばれる女性のネクタイスタイルに使われ、実用面よりも装飾性を優先したアクセサリーのひとつとされる。

タイフロントシャツ [tie front shirt] 前打ち合わせにボタンを付けず、左右の打ち合わせの裾をリボンのように結びつけて着用するシャツ。1950年代に流行したアイテムのひとつで、素肌に直接着たり、Tシャツなどの上に重ねて着こなす例が多い。

タイベック [TYVEK] アメリカの総合繊維メーカー「デュポン」社の開発による高密度ポリエチレン製の不織布の登録商

標。きわめて丈夫で軽く、引き裂きや磨耗にも強く、空気や水蒸気を通して呼吸する特質を持つとされる。放射線防護服の素材として用いられることが多く、日本では2011年3月11日に起こった東日本大震災関連の福島原発用の使い捨て作業服として知られるようになった。こうした服はデュポン・タイベック・ソフトウエアと呼ばれるが、一般にはタイベックスという名称で呼ばれることが多い。最近では〈ニュータイベック〉という、より高度な特質を持つ素材も開発されている。

タイベルト［tie belt］ネクタイの生地で作られたファブリックベルト*（布帛ベルト）の一種。特に伝統的なレジメンタルストライプ（連隊旗縞）を用いたものが多く、金属環で留め合わせるリングベルト［ring belt］の形になっているのが特徴。ベルトの先端がネクタイの剣先のようにカットされているのもご愛嬌。プレッピールック*に合う小物として登場したもの。

タイポグラフィーパターン［typography pattern］タイポグラフィーは「活版印刷術、印刷の体裁、書体の選択・配列」といった意味で、そうした技術をモチーフとした柄表現を総称する。

タイホルダー［tie holder］ネクタイ留めの総称。「ネクタイを支えるもの」という意味から作られた和製語で、タイホールダーともいうが、アメリカなどではタイクラスプ［tie clasp］（ネクタイを留めるものの意）と称することがある。日本ではこの種のものをネクタイピンとかタイピンと呼ぶ傾向が強く見られるが、それらもタイホルダーの一種であり、そのほかにもネクタイを固定させるためのいくつかのアクセサリーがある。

タイマッチトシャツ［tie matched shirt］シャツとネクタイをあらかじめ同じ生地で作ったり同じ色柄で合わせるなどして組み合わせた、シャツセットを指す。アスコットタイを最初から作り付けとしたアスコットシャツ*もこれと同種のアイテムとなる。

ダイヤキルト［diamond ＋ quilt］キルティング地のひとつで、表面をダイヤモンド（菱形）の形に刺したもの。キルティングにはこの他に波状に刺すウエーブキルト［wave quilt］などさまざまなデザインが見られる。

ダイヤゴナル［diagonal］本来は「対角線の、斜線の」という意味で、太い斜めの畝が表された綾織柄をいう。この変形として、2本の線がグループとなって畝を構成するダイヤゴナルズ［diagonals］や、ストライプをのせたブロークンダイヤゴナル［broken diagonal］といった柄もある。

ダイヤゴナルシーム⇒中継ぎ

ダイヤゴナルズ⇒ダイヤゴナル

ダイヤゴナルストライプ［diagonal stripe］ダイヤゴナルは「対角線の、斜線の、斜めの」という意味で、斜めに走る縞柄を総称する。いわゆる「斜め縞」のことで、ネクタイのストライプは生地の裁断の関係で、ほとんどがこの形になっている。

ダイヤネックライン⇒ダイヤモンドネックライン

ダイヤモンドステッチ［diamond stitch］アラン模様*のひとつで、「ダイヤ柄」のこと。菱形を特徴とする模様だが、これは元々漁網から考えられたことからネットステッチ［net stitch］ともいう。成功や富、財宝を意味し、繁栄を願ったものとされる。

ダイヤモンドチェック［diamond check］ダイアパーと呼ばれる菱形の織模様を特徴とした綿織物に見るダイヤ柄のようなチェック。この生地はタオルやナプキンな

ファッション全般

どに多く用いられる。ダイアパー [di-aper] は本来アメリカで「おむつ、おしめ」を意味するが、これはまた「菱形模様」という意味でも用いられる。

ダイヤモンドトウ [diamond toe] メダリオントウ*の一種で、菱形の穴飾りを施したものをこのように呼ぶ。なおウイングチップシューズ*に施されるメダリオンやピンキング、ステッチングなどの甲の飾り物は、ブローギング [broguing] と総称される。こうしたデザインは本来通気性や水切りのために考えられたもので、単なる飾りではない。

ダイヤモンドネックライン [diamond neck-line] 襟刳（ぐ）りをダイヤモンドのように三角形や五角形にカットしたネックライン。ダイヤネックラインとも略称され、多くは菱形のネックラインとして知られる。

ダイヤモンドパターン [diamond pattern] 菱形の連続模様。「ダイヤ柄」とも呼ばれ、セーターなどに見る「アーガイル*柄」をこう呼ぶこともある。

タイユール [tailleur 仏] フランス語でいう女性向きのテーラードスーツの意。原意は「（宝石の）細工師、（木を）刈り込む人、石工」、また「洋服屋、ドレスメーカー」といったことで、タイユールズ [tailleurse] となると「紳士注文服店」の意味にもなる。パリのオートクチュール*では重衣料*を扱うタイユール部門と、それとは対照的な柔らかなものを扱うフリュー*部門に分かれている。

タイユール・キュロット⇒コスチューム・タイユール

タイユールズ⇒タイユール

タイユール・ド・ディネ⇒コスチューム・タイユール

太陽族 [たいようぞく] 1955年から57年頃にかけて、湘南海岸や銀座、横浜のダンスホールなどを中心に登場した無軌道を気取る若者たちを指す。昭和31（1956）年に芥川賞を受賞した石原慎太郎の小説『太陽の季節』から生まれた戦後初の若者族とされる。これの夜版で、夏の夜に海辺で愛を語り合う若者たちを「月光族」とか「深夜族」、またバンガローを根城とするところから「バンガロー族」などと呼んだ。昭和のスーパースター石原裕次郎は元祖・太陽族とされる。

大礼服 [たいれいふく] 重大な公の儀式、特に宮中における儀式や饗宴の際に着用される特別な礼装を指す。日本では1872（明治5）年に勅論によって和式から洋式の大礼服が定められ、第2次大戦終了時まで用いられた。18世紀から19世紀に至るフランス宮廷風のしきたりが取り入れられたもので、文民・宮内官用のものから陸・海軍武官用、有爵位者用、非役有位者用とそれぞれに着装が定められ、男女ともにこれを用いた。英語ではコートドレス [court dress] と呼ばれるが、ここでのコートは「宮廷、宮中」の意味になる。

タイロッケン [tielocken] ボタンの付かないダブルブレステッドの丈長コートで、ガウンのように共地ベルトでウエストを締めて着用するのが特色。元は英国『バーバリー』社の商品名で、こうしたものを一般にはラップコート [wrap coat] とかラップアラウンドコート [wraparound coat] などと呼んでいる。つまりは「巻きつけ式コート」の一種。

タイロッケンフロント [tielocken front] 衣服のフロント（前部）の形のひとつで、ボタンやファスナーなどを使わず、共地ベルトで前合わせを留めるようにしたものをいう。タイロッケン*というラップコート（巻き付け式コート）のデザインからこの名がある。

431

ファッション全般

タヴィ・ジェヴィンソン⇒ファッションブ
ロガー

ダウン［down］一般に「羽毛」と解されて
いるが、羽毛にはフェザー（羽根）とダ
ウン（綿毛）の2種があり、ダウンは羽
根と羽根の間に生えるタンポポの種のよ
うなふわふわした綿毛を指す。これはし
なやかな羽枝が中心の核から放射状に伸
びて球形をしているところから、より正
確にはダウンボール［down ball］と呼ば
れる。ダウンウエアに用いられる羽毛は、
主として水鳥から採られるのが一般的
で、とりわけグース（鵞鳥）とダック（家
鴨）の2種が代表とされる。こうした羽
毛を「天然ダウン」というのに対し、人
の手によって作られるファイバーフィル
などの羽毛風の素材を「人工ダウン」と
呼んでいる。

タウンアスレティック⇒アスレティックス
ポーツルック

タウンアスレティックウエア［town athlet-
ic wear］アスレジャー＊（アスレティッ
ク＋レジャー）と呼ばれる、健康を意識
して日常的に軽いスポーツを取り込もう
とする考え方から登場した新しい感覚の
街着のひとつで、タウンウエアと同化し
たアスレティック（運動競技）ウエアの
概念を指す。これと同類の用語は1970年
代半ば以降数多く登場しており、次のよ
うなものが挙げられる。ストリートアス
レティックウエア［street athletic
wear］、アスレティックレジャーウエア
［athletic leisure wear］、シティースポー
ツウエア［city sportswear］、ストリート
アクティブウエア［street active wear］、
そしてストリートスポーツウエア＊など。

タウンウエア［townwear］「街着、町着」
の意で、街中で着るための外出着や、ち
ょっとしゃれた散歩着などが含まれる。
本来は観劇や会食などに用いられる街中

での服装を示したが、現在ではほとんど
死語と化している。デイタイムウエア
［daytime wear］（昼間に着る服の意）と
も呼ばれる。

ダウンウエア［down wear］主として水鳥
の羽毛（ダウン）を詰めた衣服の総称で、
一般に「羽毛服」と呼ばれる。この種の
衣料は本来、北極圏など極寒地における
防寒服として用いられていたものだが、
1970年代に始まったアウトドアライフの
一大ムーブメントから一気にファッショ
ン衣料のひとつと化し、ダウンウエアの
ブームを招くに至った。

タウンカジュアル⇒シティーカジュアル

タウンコート［town coat］街中で用いる外
出着としての、しゃれた感覚を持つコー
トの総称。かつてはビジネスコート＊と
の間に明確な違いがあったものだが、最
近ではそうした区別は少なくなり、一般
にビジネス＆タウンコートとして括られ
るようになっている。そうした傾向は男
性用のものにより強く、女性ものにあっ
ては「おしゃれコート」といった感覚で
現在も残されている。

ダウンコート［down coat］ダウンジャケッ
ト＊のコート版。特に膝下丈のロングコ
ートタイプが多く見られ、サッカーなど
の観戦着や一般の防寒着としても多く用
いられる。

タウンサンダル［town sandal］街履き用と
してのしゃれた感覚のあるサンダルの総
称。多くはヒール付きの女性向きのもの
を指す。最近ではトング＊など新しいタ
イプも用いられるようになっている。

タウンジャケット［town jacket］街着とし
てのジャケット。街中へショッピングな
どで出かけるときに着用する、ちょっと
おしゃれな雰囲気の上着類を総称する。

ダウンジャケット［down jacket］中綿に羽
毛（ダウン）を使った上着類の総称。主

ファッション全般

としてダウンプルーフ*加工されたナイ
ロンのシェル（外殻＝表地）に羽毛を充
填し、キルトステッチで留められるのが
特徴。保温性に富み、かつ軽いところか
らアウトドアウエアの代表的なアイテム
として人気がある。ダウンそのものの種
類はさまざまで、高級品から廉価品まで
が見られる。デザイン的には腰丈のブル
ゾン型のものが多いところから、日本で
はダウンジャンパー［down jumper］と
かダウンブルゾン［down blouson］など
とも呼ばれ、特に丈の短いものはショー
トダウン［short down］などと俗称され
ることがある。

ダウンシャツ［down shirt］シャツスタイ
ルの羽毛服。ダウン（羽毛）を入れたア
ウターシャツで、ウエスタンシャツ*の
形にしたものが多く見られる。シャツで
あるだけに詰め物の量も薄くして、軽量
に仕上がっているのが特徴。最近では本
物のダウンではなく、ファイバーフィル
*などの人工的な合成綿を用いるものが
多くなっている。

ダウンジャンパー⇒ダウンジャケット

タウンシューズ［town shoes］街履き用の
靴の総称。いわゆるタウンウエア（街着）
に合わせて履く靴を指し、本来はカジュ
アルシューズ*に分類されるものだが、
近年はビジネスとカジュアルの境界が曖
昧なものとなって、カジュアルな靴をド
レスシューズとして用いる傾向も強くな
っている。そうしたところに現れたドレ
ッシーとスポーティーの中間型の靴とい
うのが、今日的なタウンシューズとされ
ている。

タウンスーツ［town suit］街着用スーツの
意。元は郊外着としてのカントリースー
ツ［country suit］に対する街中でのビジ
ネススーツをこのように呼んだが、日本
ではビジネスを離れたカジュアルな街着

としてのスーツを多く意味するようにな
った。現在ではほとんど使われなくなっ
ている用語。

ダウンスタイル［down style］アップスタ
イル*に対して、下ろした髪型を総称す
る。「下ろし髪」のこと。頭頂部から生
え際に向かって梳かし下げたヘアスタイ
ルで、ヘアスタイルの基本形のひとつと
され、ボブスタイルもこの中に含まれる
ことになる。

ダウンセーター［down sweater］セーター
のような感覚で着用できる薄手のダウン
ジャケットをいう。フードなしでスナッ
プ留めのみのフロントスタイルとし、袖
口をニットのリブ編いとしたものが多
く見られる。これにはまたグースダウン
Ｖネック・プルオーバー［goose-down V
neck pullover］（グースダウンを詰め物に
したＶネックラインのかぶり式ジャケッ
ト）といった種類がある。

ダウンソックス［down socks］羽毛入りの
靴下の意だが、実際には部屋の中で履く
オーバーシューズ状のものを指していう
ことが多い。そのほか酷寒地においては
羽毛入りのフェイスマスク（顔覆い）と
いったものも用意されている。

ダウンタウン・フーズ⇒フードラムファッ
ション

ダウンタウン・フードラムルック⇒フード
ラムファッション

ダウンパーカ［down parka］フードを付け
てパーカ型としたダウンジャケット*の
総称。最近ではフード回りに羽毛をあし
らったものも多く見られる。

タウンバッグ［town bag］都会の外出時に
使用するバッグといったほどの意味で、
女性が街着とともに持ち歩くハンドバッ
グなどを総称する。

タウンハット［town hat］街中で用いる外
出用の帽子の総称。男性のソフトハット

た

433

ファッション全般

*などが代表的で、しゃれた感覚のもの
が多いが、最近ではフォーマルな帽子も
含めて、このような帽子の着用は少なく
なっている。いわゆる「紳士帽」や「婦
人帽」と呼ばれるものがこれに当たる。

ダウンパンツ［down pants］羽毛を詰めた
パンツ。酷寒地用のオーバーパンツ*と
して用いることの多い実用品で、中身に
は羽毛のほかさまざまなものが用いられ
る。

ダウンフィル⇒ファイバーフィル

ダウンブーツ［down boots］ダウン（羽毛）
入りのブーツ。暖かさを追求して作られ
た防寒靴の一種で、ファッションとして
は「雪カジ*」アイテムのひとつとして
登場した。本物のダウンではなく、ポリ
エステルなどの中綿を用いたものも、こ
のように呼ばれることがある。

ダウンプルーフ［downproof］「ダウンを保
証するもの」また「ダウンに耐えるもの」
という意味からきたもので、一般にダウ
ンウエア*の表地素材を指す。羽毛が吹
き出さないようにきわめて密に織り上
げ、さらにカレンダー加工*を施して織
目をつぶすなど、より完璧なシェル*（外
殻＝表地）に仕上げる努力が続けられて
いる。

ダウンブルゾン⇒ダウンジャケット

ダウンベスト［down vest］羽毛入りのアウ
ターベスト*の総称。首元までダウンが
詰まった立襟型のカラーとスナップボタ
ン留めの前立て、面ファスナー仕様の大
型ポケットと脇のハンドウオーマーポケ
ットなどを特徴としている。本格的なタ
イプでは、後ろ裾が少し長めになったキ
ドニーウオーマー（腎臓を温めるものの
意）と呼ばれるデザインが採用されてお
り、これによって腰を冷やさない効果が
生まれる。

タウンベルト［town belt］街着（タウンウ

エア）に合わせて用いるベルトといった
ほどの意味で、要はビジネスとカジュア
ルの中間型のものを指す。時にビジカジ
ュ（ビジカルなどとも）用という表現も
される。

ダウンボール⇒ダウン

ダウン率［down＋りつ］ダウンウエア*に
おける羽毛（ダウン）の構成比率をいう。
JASPO（日本スポーツ用品工業協会）の
規定では、ダウン70％以上、フェザー
*20％以下、ファイバー10％以下のもの
をもってダウンウエアと認定しており、
その誤差の許容範囲は±５％としてい
る。この混率が「ダウン率」と呼ばれる。
ダウンウエアにはダウンとフェザーのミ
ックスも認められているが、当然のこと
にダウンの比率が高いほど保温力に優
れ、そのぶん高価になる。

タオルクロス⇒テリークロス

タオルハンカチーフ［towel handkerchief］
綿パイル地で作られたハンカチーフで、
入浴用などの一般のタオルに比べて糸が
細く、ループ（輪奈）も小さく、上品に
できているのが特徴とされる。最近では
プリント柄や刺繍を加えるなどして高級
化の方向を見せるようになり、人気を高
めている。

タオルマフラー⇒マクラータオル

タキシード［tuxedo］男性の夜間の準礼装
として用いられる服装で、ディナージャ
ケット*をいうアメリカでの名称。これ
はアメリカのニューヨーク州オレンジ郡
の〈タキシード・パーククラブ〉という
スポーツクラブのユニフォームから来た
もので、その誕生は1886年10月10日のこ
ととされる。アメリカのタバコ王として
有名なロリラード家が開発したタキシー
ド・パークの別荘地の完成祝賀パーティ
ーに、ロリラード４世の子息グリズウォ
ールド・ロリラードが着用した、当時英

434

国で流行していた喫煙用のジャケットに
ヒントを得てこしらえた真紅の上着が、
そもそもタキシードの原型になったと伝
えられている。アメリカではこれを略し
てタックスコート［tux coat］とかタッ
クス［tux］と呼ぶ習慣がある。ちなみに
タキシードとはアメリカ先住民族の言葉
で「熊の棲み家」を意味し、正確には「タ
クシィードゥ」と発音される。

タキシードカーディガン⇒ディナーニット

タキシードクロス［tuxed cloth］礼服地の
一種で、特にタキシードに用いられる生
地を指す。さまざまなタイプが見られる
が、特にタテに梳毛糸、ヨコに紡毛糸を
使って綾織とした生地が、アメリカでこ
のように称されることが多い。ドスキン
＊よりも薄手で、光沢感に富むのが特徴。

タキシードコート［tuxedo coat］タキシー
ドをモチーフにしてデザインされたコー
ト。拝絹付きのショールカラーといった
デザインはそのままに、膝丈程度のコー
トとしたもの。これを礼服としてではな
く、街着のひとつとして着こなすところ
に現代的なファッションの特徴がある。

タキシードジャケット［tuxedo jacket］男
性の夜間準礼装であるタキシードをモチ
ーフにデザインされた女性用のジャケッ
ト。拝絹付きのショールカラーやピーク
トラペルなどタキシードそのままの形を
模しているが、特にパーティーに用いる
というのではなく、ちょっとおしゃれな
街着として着られることが多い。最近で
はこうしたデザインの男のカジュアルジ
ャケットも現れている。タキシードの別
称であるスモーキングから、これをスモ
ーキングジャケット［smoking jacket］と
いうこともある。

タキシードシャツ［tuxedo shirt］タキシー
ドに合わせるシャツをいうこともある
が、ここではそうした礼装用のシャツを

カジュアルファッション向きにデザイン
変化させたものを指す。フロント部分の
プリーツやフリル、またウイングカラー
といったデザインを残して、遊びの感覚
を優先させているところに特徴がある。

タキシードス⇒ディナースーツ

タキシードスーツ［tuxedo suit］男性の夜
間礼装であるタキシードをモチーフとし
て作られた女性用のスーツをいう。タキ
シードを思わせるジャケットに共地のパ
ンツやスカートを合わせたもので、これ
をフォーマルな場に用いるのではなく、
しゃれたタウンウエアとして着こなすと
ころに特徴がある。

タキシードストライプパンツ⇒タキシー
ドパンツ

タキシードドレス［tuxedo dress］男性の
タキシードをモチーフとしてデザインさ
れたドレッシーな夜向きのドレス。黒を
基調に、サテンのラペルや白の切り替え
襟を付けるなど、どこかにタキシードを
思わせる雰囲気を取り入れているのが特
徴。こうしたファッション表現をタキシ
ードルック［tuxedo look］とかスモーキ
ングルック［smoking look］などとも呼
んでいる。ここでいうスモーキングはタ
キシードの別称スモーキングジャケット
の意。

タキシードパンツ［tuxedo pants］タキシ
ードの組下としてのズボンをいうが、そ
れにモチーフを得てデザインされた女性
用のカジュアルなパンツをこのように呼
ぶことが多い。本来のタキシードパンツ
と同じように、脇の縫い目線にサテンな
どの側章（飾りテープ）を一本取り付け
ているのが最大の特徴で、このことから
タキシードストライプパンツ［tuxedo
striped pants］とも呼ばれる。

タキシードブラウス［tuxedo blouse］男性
のタキシードに用いるようなデザインを

ファッション全般

特徴としたブラウス。前立ての両側にフリルやラッフルをあしらったり、細かいプリーツを付けるなどしたブラウスだが、これは特にフォーマル用とは限らない。

タキシードベスト [tuxedo vest] タキシード専用のドレスベスト*。タキシードには普通、カマーバンド*やカマーベスト*が用いられるが、時としてシルクサテンなどの拝絹*地などで作られたシングル前のベストが用いられ、これをタキシードベストと呼ぶことがある。黒を原則とするが、白やその他の色柄ものも用いられ、胸元を大きく刳（く）ったデザインが特徴となる。クラシックな雰囲気の強いベストのひとつともされる。

タキシードルック [tuxedo look] 男性の代表的な礼服であるタキシードをモチーフとした女性の服装。ダンディールック*とかマニッシュルック*などと呼ばれる、いわゆる男装的なファッション表現のひとつで、主として黒のオーソドックスなタキシードが用いられるが、これを街着としてカジュアルに着こなすところに現代的な特性が見られる。

多機能インナー⇒骨盤ガードル

タキメーター [tachymeter] 腕時計のダイヤル（文字盤）やベゼル*に付けられた目盛りのこと。

タクティカルジャケット⇒ソフトシェルジャケット

タクティカルパンツ [tactical pants] タクティカルは「（特に陸海軍の）戦術の、戦術的な、戦術上の」の意で、多くは軍隊や警察などで用いる戦闘用のパンツを指す。いわゆるバトルパンツやコンバットパンツと同じで、さまざまなデザインが見られるが、一例としてフランネルの裏地が付いた黒のカーゴパンツ・スタイルのもので、尻部に銃のマガジン（弾倉）

や懐中時計などを入れるスラッシュポケットを付けたものを挙げておく。

竹の子族 [たけのこぞく] ローラー族*と同じように、1970年代末から80年代初頭にかけて原宿ホコ天（歩行者天国）を舞台に踊り狂っていた若者集団。こちらはロックンロールと違ってアバやノーランズのディスコ音楽や日本のアイドルの歌謡曲に合わせて踊る「ニャンニャン踊り」が特徴で、ファッションも原宿のブティック『竹の子』が提供する日本の古代衣装や中近東風の奇妙なルックスが特徴となっていた。メンバーはほとんどが17歳以下の中高生であったという。

タゲルムスト [taguelmoust] 西アフリカの内陸部に棲む遊牧の民トゥアレグ族の男性が用いるベールの一種。頭から首にかけて巻き付け、目の部分だけを出すようにしたもので、「謙遜、遠慮、慎重」を表す男のベールとされる。藍で染めた10メートルほどの綿布で作られるところから、トゥアレグの男たちは他の部族からは「砂漠の青い人」と呼ばれるという。家族以外には顔をさらさないのも特徴とされる。

多間傘 [たけんがさ] 親骨（リブ）の数が多い傘。一般に傘は8本の骨で構成されているのがふつうだが、これは10、12、16、24本などと多くなっており、一風変わったデザインとされる。骨の数が多いと、開いたときの形が丸みをおびて、ゆるやかな曲面になり、丈夫で風への抵抗も強くなるといわれる。日本の和傘のような雰囲気が生まれるのも楽しいところ。

ダシーキ [dashiki] アフリカの民族衣装のひとつで、明るく派手な模様を特徴としたポンチョ型のローブをいう。1960年代、アメリカを中心とするヒッピーの若者たちに用いられて世界的に流行を見た。ダ

シキともいうほかアフリカン・ダシキポンチョの名でも呼ばれる。要はヒッピー風俗を代表するファッションのひとつ。

タスカ⇒ポッシュ

タスクアクセサリー [tusk accessory] タスクは「牙」の意で、イノシシなどの牙を飾りとしたネックレスなどのアクセサリー類をいう。なお牙は牙でもヘビや猛獣の牙はファング fang といって、これとは区別される。

ダスター⇒ダスターコート

ダスターコート [duster coat] 単にダスターともいう。「ほこり除けコート」という意味の軽いハーフコートで、1956年頃から60年代にかけて大流行し、その後のコートの軽量化を招いたものとして知られる。生成り色のコットンギャバジン製のものが代表的とされる。ダストコート[dust coat]とも。

ダスタージャケット [duster jacket] ほこり除け用のコートとされるダスターコートの丈を短くしてジャケットとしたもの。ウエザークロスなどの機能的な素材を用い、オフホワイトやベージュといった色が多い。

ダスターレングス⇒マキシレングス

ダスティーカラー [dusty color] ダスティーは「ほこりっぽい、ちりだらけの」といった意味で、全体に灰色がかった、にごったような色調を指す。ダスティーパステルと同じく2014〜15年秋冬トレンドカラーのひとつ。

ダスティーパステル [dusty pastel] ダスティーは「ほこりっぽい、灰色がかった、にごった」という意味で、ほこりがかかってぼんやりした雰囲気のパステルカラーを指す。グレーみを帯びた薄いピンクや淡いブルーなどに代表され、2014〜15年秋冬トレンドカラーのひとつとされた。

ダスティブラック⇒マットブラック

ダストコート⇒ダスターコート

ダストフリーガーメント⇒クリーンウエア

タスマニアウール [Tasmania wool] オーストラリアのタスマニア地方（タスマニア島）に産するメリノウールのひとつで、非常に優れた羊毛が採れることで知られる。タスマニアメリノ[Tasmania merino]とも呼ばれる。

タスマニアメリノ⇒タスマニアウール

ダズリングジュエル [dazzling jewel] ダズリングは「目もくらむばかりの、まぶしい、眩惑的な」という意味で、そのような感じのキラキラ輝くイメージの強い宝石類を指す。といってもダイヤモンドのような本物の宝石をいうのではなく、模造宝石やくず宝石などを使ってそのような効果を持たせた、いかにも現代風のものを意味する例が多い。

ダダ⇒ダダイズム

ダダイズム [dadaism] フランス語ではダダイスム dadaisme、また単にダダ [dada] とも呼ばれる。1916年頃に欧米に起こった芸術運動のひとつで、「虚無主義」などと訳される。伝統や既成の形式美を否定することによって、個人の自由を絶対視しようとする破壊的かつ虚無的な活動を指し、後のシュールレアリスム*につながる。ダダという名称は意味のない符号のようなもので、こうした考え方を信奉する芸術家たちは「ダダイスト」と呼ばれた。

立ち代⇒カラースタンド

ダッカール [duck curl] まとめ髪に用いるヘアクリップの一種で、その形がアヒルのくちばしに似ているところから、美容業界でこのように呼ばれるようになったもの。正確には「ダックカールクリップ」で、くちばしクリップ*と同種のヘアアクセサリーとされる。

た

ファッション全般

タッキーシック⇒タッキーファッション

タッキーファッション［tacky fashion］タッキーはアメリカの口語で「みすぼらしい、わざと異様な格好をした」の意。一般的に安っぽくて悪趣味といった意味にとられ、そのようなイメージを持つファッション表現を指す。要はパンクやキッチュ*と同系のファッションで、これを上品に着こなすタッキーシック［tacky chic］という用語も生まれた。

タッキングショルダー［tucking shoulder］肩先に数本のタック（つまみ襞〈ひだ〉）をとったデザインを指し、タックトショルダー［tucked shoulder］ともいう。クラシコ・イタリア*調のスーツに見られる「マニカ・カミーチャ*」と呼ばれる袖付けの形もこの一種ということができる。こうしたものをプリーテッドショルダー［pleated shoulder］と呼ぶこともある。

タック［tuck］「つまみ襞（ひだ）」また「縫い上げ」の意。本来「（布などを）折り込む、つまむ」また「襞をとる」という意味があり、平面的な布を体にフィットさせる目的で、布をつまんで縫う襞を指す。ごく細いピンタック［pin tuck］などの種類があり、パンツの前部をつまんだものはフロントタック［front tuck］と呼ばれる。なお、これを tack と綴ると「仕付け、仮縫い」また「仕付け縫いする、仮に縫い付ける」という意味になる。

ダック［duck］キャンバス*の別称で、コットンダックの略称。また薄手のキャンバスを指すという説もあるが、現在では麻のほか綿や合繊、混紡などでも作られ、キャンバスやズックなどとの明確な違いはなくなっている。「ズック」というのはもともとオランダ語でキャンバスの布地をダック doek といったのが転訛したものとされる。ダックの語源もこれと同じ。

タックアップ［tuck up］シャツの袖などをたくし上げて着こなす様子をいう。タックアップには本来（毛布などで）子供たちをくるみ込むという意味がある。

タックアップスリーブ［tuck up sleeve］袖のたくし上げ。シャツなどの袖をたくし上げて着る様子を指す。タックアップには本来、毛布などで子供たちを「くるみ込む」という意味があり、捲り上げるロールアップとは異なる。また最初からこのような形にデザインした袖をいうこともある。

タック編⇒鹿の子編

タックインブラウス⇒オーバーブラウス

タックス⇒タキシード

ダックスアスヘア［duck's ass hair］ダックスアスは「アヒルのお尻」の意味で、後ろ髪がアヒルの尾のような形にまとめられたリーゼントスタイルの髪型を指す。この名称は特に1950年代のロンドンのテディボーイと呼ばれる不良少年たちに好まれたヘアスタイルをいい、彼らは単に「ダックスアス」というほか、略してDAとも呼んでいた。

タックスカート［tuck skirt］ウエストバンドの下部にタック（縫い襞〈ひだ〉）をとって、腰周りにゆとりを取り入れたスカート。このタックは装飾的なアクセントともされる。

タックスコート⇒タキシード

ダックステール［duck's tail］「アヒルの尾」の意で、女性のヘアスタイルの一種。ショートカットヘアをサイドからバックへ撫で付け、後ろの髪をアヒルの尾のように跳ね上げる形に特徴のある可愛らしい髪型。1950年代のアメリカで流行を見たもののひとつで、スワローテール［swallow tail］（燕の尾の意）と呼ばれたり、フランス語でアヒルの尾を意味する言葉から

ファッション全般

キュ・ド・カナール［queue de canard 仏］とも呼ばれる。これはまた男性のダックスアスヘア *の別称ともされる。

ダックダウン［duck-down］家鴨（アヒル）の綿毛で、グースダウン *より品質は落ちるが、なかにはホワイトダック［white duck］と呼ばれる白毛の高級品もある。

タックトイン⇒クラッシュトスタイル

タックトショルダー⇒タッキングショルダー

タックトスリーブ［tucked sleeve］袖山の部分にタック（つまみ襞〈ひだ〉）をとった袖をいう。

タックトネックライン［tucked neckline］襟刳（ぐ）りの周りにタック（つまみ襞〈ひだ〉、縫い揚げ）を入れたネックライン。ドレスなどに用いられてファンシーな趣を出す。

タックパンツ［tuck pants］タックは「つまみ襞（ひだ）、縫い揚げ」の意で、パンツのウエスト部分に付く「前襞」を指す。これを特徴とするパンツを総称するが、最近では特にハイウエスト型のデザインで、ペッグトップ（ペグトップとも）シルエットにしたタック付きの女性用パンツをこのように呼ぶ傾向が強い。1980年代のファッションを思わせるアイテムとして復活しているもので、タックには1本から3本までの種類がある。

ダックビル［duckbill］BB キャップ（ベースボールキャップ＝野球帽）で、スカル（頭部）に対するツバの部分をいう。本来「アヒルのくちばし」という意味で、それに似た形であるところからこう呼ばれる。またダックビルそのもので哺乳動物の「カモノハシ」の意味もある。

タックピン⇒ピンバッジ

タッサー［tussore］ポプリン *の一種で、一般的なポプリンよりも、ヨコ畝がさらにはっきりと表れた生地を指す。また、

柞蚕（さくさん）絹や柞蚕織物を意味することもあり、この場合は tussah, tusser, tussur などと綴られる。これをタッサーシャンタン［tussah shantung］とも呼んでいる。

タッサーシャンタン⇒タッサー

タッシェ⇒ポッシュ

脱色ジーンズ⇒ブリーチアウトジーンズ

タッセルイヤリング⇒ダングリングイヤリング

タッセルシューズ［tassel shoes］甲にタッセル（房状の飾り）を付けたスリップオン *型シューズの総称。元々は宮廷内の室内履きとして用いられていたもので、夜間のパーティーにも十分通用する。特にプレーンなデザインでドレッシーな雰囲気を持つものは、タキシードに用いることも可能とされる。タッセルスリップオン［tassel slip-on］とも呼ばれる。

タッセルスリップオン⇒タッセルシューズ

タッセルモカシン［tassel moccasin］甲にタッセル（房飾り）を付けたモカシン *型の靴。これにはまたさまざまなデザインがあり、たとえばキルティータン *と呼ばれる短冊状の切り込み飾りを併用したキルトタッセル［kilt tassel］というゴルフシューズ *型のものがある。

タッセルローファーズ［tasseled loafers］正しくはタッセルドローファーズという。タッセル（房飾り）付きのローファーズ *の総称。甲あるいは飾り帯の部分にタッセルを取り付けたもので、アメリカでは弁護士の象徴とされるほどに格調高い紳士靴のひとつとされる。モカシンローファーズ［moccasin loafers］と呼ばれることもある。

タッタソール［tattersall］タターソール、タッターソールズまたタッタソールチェックなどともいい、2色で構成される交互格子柄をいう。ロンドンの馬市場タッ

439

ファッション全般

タソールに由来する名称で、馬用の毛布によく用いられていたものだが、現在ではビエラ*のスポーツシャツや英国調のファンシーベストなどによく見られる。一般に「乗馬格子」とも呼ばれる。

ダッチェスサテン［duchess satin］一般のシルクサテンよりも厚手で重みを感じさせる高級サテン生地。ダッチェスは「公爵夫人」という意味で、贅沢感にあふれ、ドレッシーなドレス向きの素材として用いられる。

ダッチカラー［Dutch collar］「オランダ風の襟」の意で、オランダの画家レンブラントの絵画によく見られるところからこのような名が付けられたもの。ロールカラー*とシャツカラー*の中間的な襟型で、襟幅が狭めで、剣先を丸くカットしたものをこのように呼んでいる。

ダッチキャップ⇒モッズキャップ

ダッチネックライン［Dutch neckline］ダッチは「オランダ風の」という意味で、ちょっと変わった感じのものについて用いる言葉。本来の襟刳（ぐ）り線より下がった位置で刳られたネックラインを指し、角張ったものや丸い形のものが見られる。

ダッチバング⇒バング

ダッチヒール［Dutch heel］ダッチは「オランダの」という意味で、オランダの木靴によく見られるところからこの名があるヒールのデザイン。逆台形で小さめのものを特徴とし、ダッチボーイヒール［Dutch boy heel］ともいう。

ダッチボーイキャップ［Dutch-boy cap］オランダの少年がかぶっている帽子といった意味で、マリンキャップ*の一種。いわゆるモッズキャップ*の原型となったことで知られる。

ダッチボーイヒール⇒ダッチヒール

ダッチボブ［Dutch bob］ボブ*の一種で、前髪を一直線に水平にカットして下げ、サイドの髪も耳のあたりで水平にカットして揃えた、いわゆる「おかっぱ」調のヘアスタイル。最も原初的なボブのひとつで、バスター・ブラウン・ボブ［Buster Brown bob］（1904年登場の続き漫画の主人公にちなむ）の名もある。日本では「ワカメちゃんカット」としても知られる。ダッチは「オランダ風」の意味。

裁着袴［たっつけばかま］⇒カルサン

ダッドシューズ［dad shoes］ダッドスニーカーまたボリュームスニーカーとも呼ばれる。ダッド（お父さん）が履いていそうな野暮ったいデザインのスニーカーをいうもので、底が厚く、全体にぽってりしたボリューム感を特徴とする。そうしたスニーカーがDJやラッパーたちのあいだで注目されるようになり、そのレトロ感やボリューム感が受けて人気アイテムとなった。元々は2017年秋、バレンシアガのデムナ・ヴァザリアが発表した「トリプルS」という商品にある。

ダッドスニーカー⇒ダッドシューズ

ダッファー⇒ダッフルクロス

タップシューズ［tap shoes］タップダンス用の靴。足先とかかとの部分に金属製の板が付いており、それによってタップダンス時に音が出る仕組みになっている。

ダップス⇒プリムソルズ

タップパンツ⇒フレアパンティー

ダッフルアウター［duffel outer］ダッフルコート*のようなデザインを特徴としたアウターウエアの総称。ダッフルコート特有のトグルフロント*やフードなどを特徴とし、短いブルゾン風のものから、ハーフコート風のものまで、さまざまなタイプが見られる。純然たるダッフルコートとは区別される。

ダッフルクロス［duffel, or duffle cloth］太くて粗い玉状の節糸が特徴の毛足の長

440

い綾織紡毛地で、日本ではかつて「厚地玉羅紗」の名で知られた。ダッフルコート本来の生地とされるが、現在ではその名称だけが残り、実際に用いられることはない。ダッフルというのはベルギー・アントワープ近郊の地名で、別にダッファー [duffer] とかウールダッファー [wool duffer] などとも呼ばれる。

ダッフルコート [duffel or duffle coat] 身頃からつながるフードとトッグルフロントと呼ばれる前合わせを大きな特徴とした防寒コート。元々はベルギーのアントワープ近郊のダッフルという場所で織られる毛織物で作られたところからの名。漁夫用のコートであったものを英国海軍が第2次大戦の折、北海警備の業務用に採用したところから有名になり、大戦後に一般化した。浮き子型の木片（トッグル）をロープで留める独特のフロントスタイルは、これが元々漁夫のコートであったことを示している。現在ではメルトンなどの厚手紡毛地で作られることが多く、腰丈くらいから膝下までとその丈にもさまざまなタイプがある。単にダッファー [duffer] と呼ぶほか、さまざまな別称がある。

ダッフルジャケット [duffel jacket] ダッフルコートの丈を短くして、軽快なジャケットの形に変化させたジャケット。トッグルフロントやフードなどのダッフルコートのデザインはそのままに、生地も厚手のメルトンを使用したものが多い。その浮き子型の留め具からトッグルジャケット [toggle jacket] とも呼ばれる。また最近ではショートダッフル [short duffel] の名もある。

ダッフルバッグ [duffel bag] ここでのダッフルは、米語でキャンプなどに用いる「日用品一式」を指し、一般に衣類や旅行用品などを入れるキャンバス製の円筒形を特徴としたスポーツバッグの一種をいう。本来ダッフルバッグというと、ダッフルクロスという丈夫な布地で作られ、上部を紐留めとした円筒形の雑嚢を指し、船乗りなどに多く用いられたものだが、現在こうしたものはフランス語でポション [pochon 仏] と呼ばれるものに姿を遺している。ちなみにポションには麦などを入れる袋の意味がある。

ダッフルブルゾン [duffel blouson] ダッフルコート*のイメージそのままに、ブルゾン風にデザインしたショートジャケット。

経編 [たてあみ] 緯編*と並ぶニットの二大組織のひとつで、英語ではワープニット [warp knit] という。糸の供給の仕方を地球の緯度と経度になぞらえて表したところからそう呼ばれるもので、整経されて平行に並べられた多くのタテ糸を使い、タテ方向に編み目を作っていく編み方をいう。これは織物の原理を応用した作り方とされ、かっちりとした編地が生まれ、いわゆるカットソー*用のニット生地に用いられることが多い。俗に経メリヤスとも呼ばれ、これにはまたトリコット*、ラッセル*、ミラニーズ*という3つの組織がある。

経メリヤス⇒経編

縦ロール [たて＋roll] 女性のロールヘア（巻き毛）の一種。髪の伸びる方向にそのまま縦巻きのらせん状となったヘアスタイルで、西洋のお嬢様風髪型として知られる。古くは少女漫画のキャラクターに多く使われていたもので、2000年代には名古屋嬢の特徴的なスタイルとされた。その形から「ドリル（ヘア）」とか「チョココロネ」などとも呼ばれる

タトゥー [tattoo]「入れ墨」のことで、特殊な針を用いて肌に模様を入れること、またそうした模様をいう。「刺青」とも

ファッション全般

書き、日本の一部の世界においては、痛さを我慢するということから「ガマン」という表現もある。

タトゥーシール⇒ボディーシール

タトゥーストッキング［tattoo stocking］タトゥー（入れ墨）をモチーフとした模様を特徴とするストッキング。タトゥー柄を全面にあしらったストッキングで、ファンシーなレッグウエアのひとつとして人気がある。同様の厚手タイプはタトゥータイツと呼ばれることがある。

タトゥータイツ［tattoo tights］タトゥー（入れ墨）のような模様を特徴としたタイツ。ファンシーな感覚を表すタイツのひとつで、最近ではほかに筋肉模様をそのまま表した「マッスルタイツ」といった同種のものも人気を集めている。

タトゥーバー⇒ネイルタトゥー

タトゥーファッション［tattoo fashion］タトゥーは「刺青（入れ墨）」ということで、本物のタトゥーや、フェイクタトゥーと呼ばれる見せかけのものなどを用いるファッション表現を指す。

タトゥープリント［tattoo print］まるで入れ墨（タトゥー）を思わせるようなリアルなプリント柄。多くはシール状のそうした柄を、熱転写でTシャツの胸や肩、背中などにプリントして用いる。

ダナー・ガムシュー⇒ベックマンシューズ

タネループ⇒ベルトループ

タバード［tabard］さまざまな意味を含む用語で、フランス語では「タバール」と発音される。たとえば大昔の砂ぼこり除け用の丈長のコートや貧民が着用した粗末な上着を意味する。ファッション史上ではシュルコ*の別称ともされ、中世13世紀ごろの騎士たちが鎧の上に着た陣羽織状の衣服の意味もある。これを基に作られた単純な仕立ての衣服を指すこともあり、現在でもこの名でそうしたデザイ

ンの上着が用いられることがある。

タバール⇒タバード

タバコクロス⇒チーズクロス

足袋［たび］和服に用いる履物。足の形に合わせて作られた袋状のもので、親指と他の指を分ける形とし、「小鉤（こはぜ）」と呼ぶ爪形の留め具で合わせ目を閉じる。かつては動物の皮を用いていたところから「単皮（たび）」とも表す。木綿製のものは1643年頃から始まったとされる。

タヒチアンプリント⇒ハワイアンプリント

タビブーツ［Tabi-boots］メゾン マルタン マルジェラ（本社パリ）から創り出された、日本の「足袋（たび）」をデザインモチーフとした革ブーツの名称。足袋のように指先がふたつに分かれているのが特徴で、1989年春夏コレクションでの発表以降、同ブランドの定番商品として知られる。マルタン マルジェラは1957年ベルギー生まれの世界的デザイナーのひとり。

タブ［tab］タップとも。ものを開けるための「つまみ」や吊るすための「紐の輪」、また帽子の「耳覆い」や衣服の「垂れ飾り」などさまざまな意味がある。一般に「（布状の）持ち出し」の意味で用いることが多く、これにはタブカラー*のドレスシャツに付くタブや、レインコートの袖口に付くスリーブタブ［sleeve tab］などが代表的なものとして知られる。

タフィー［taffy］キャラメルの一種であるタフィー（タッフィーとも）に似た淡い褐色。ウォルナット・ブラウンと呼ばれる柔らかな黄味をおびた褐色とも同じとされる。

タブカフ［tab cuff］袖先にタブ（持ち出し、つまみ布）を取り付けたデザインのカフス。

タブカラー［tab collar］襟の中央に小さな

442

ファッション全般

タブ（布片の持ち出し）を付け、ネクタイの下側でそれを留め合わせるようにしたシャツの襟型。タブを剣先のところに取り付けたタイプも見られる。

タフコット［TAFCOT］「タフコット加工」と呼ばれる超撥水加工を施された繊維および素材を指し、バケツ一杯の水を包んで運ぶことができるというほどの優れた防水機能と撥水性能を持つスーパー繊維のひとつとされる。繊維のフィラメントの1本1本の表面をナノ粒子の炭化フッ素で覆うことによって驚異的な撥水性をもたせたもので、コーティングではないところに最大の特徴がある。群馬県桐生市の『朝倉染市』と『東レ』の開発による「マーブレット加工」が基となって製品化に成功した。

タフタ［taffeta］きわめて細幅のヨコ畝を特徴とする薄手の平織地。絹や化合繊フィラメントで作られるものが多く、それぞれシルクタフタ［silk taffeta］とかナイロンタフタ［nylon taffeta］というように呼ばれる。両面ともに滑らかな仕上げで、艶のあるのが特徴。波紋のような模様が表れるモアレ仕上げを施すものが多いのも特徴のひとつ。

タブリエ［tablier 仏］フランス語で「前掛け、エプロン」また「上っ張り」を意味する。また幼児用のエプロンやよだれかけなど胸当て状になったものはピナフォア［pinafore 仏］という。ここからピナフォアは女性のエプロンや袖なし型の簡易服を指すようになった。最近では男性のスカートをこのように呼ぶこともある。

タブリエドレス［tablier dress］タブリエはフランス語で「前掛け、エプロン、上っ張り」の意。つまり、英語でいうエプロンドレス*と同義で、エプロン風のワンピースを指す。ジャンパードレス*の

ようなタイプもここに含まれる。

ダブリット⇒ダブレット

ダブル・ウインザーノット［double Windsor knot］ネクタイの結び方のひとつであるウインザーノット（太結び）の別名であるとともに、ウインザーノットにもうひと手間加えた「二重太結び」と呼ばれる結び方の名称ともされる。後者の例ではフルウインザーノットとかワイドノットと呼ばれるものと同義ともされる。

ダブル⇒ターンナップカフス

ダブルウエアリング［double wearing］同じ服種のアイテムを重ねて着る着こなしをいう。シャツを2枚重ねるシャツ・オン・シャツ［shirt on shirt］やスカートを重ねるスカート・オン・スカート［skirt on skirt］など。

ダブルウエストジーンズ［double-waist jeans］ウエストバンドを上下にずらして取り付け、あたかも2本のジーンズを穿いたかのように見せかけた、凝ったデザインのジーンズを指す。

ダブルウオッチ［double watch］現在地のほかに他の場所の時間も分かるように、2つの時計を並べて付けた腕時計を指す。アメリカではデュアルタイム［dual time］などと呼ばれる。

ダブルエックスデニム［XX denim］主としてリーバイ社の〈501〉シリーズに用いられているヘビーデニムの一種。最も基本的なデニム地とされ、1877年ごろから「アモスケイグ」社の生地を使用していたが、その後「コーンミルズ」社からの購入に替わって現在に至っている。インディゴ染料だけで染められた上質のコットンのみを使用しているのが特徴とされ、XXとは「エクストラ・エクシード」の略で、開発当初は「ダブル・エクストラ・ヘビー」の呼称だった。

ダブルエッジ［double edge］エッジは「端、

縁、際」の意で、両極端にあるものをう
まく組み合わせて着こなすファッション
表現を指す。女らしいセクシーなドレス
に男っぽいワークブーツを合わせるとい
うように、持ち味が極端に異なるものを
組み合わせるところに現代的なファッシ
ョン感覚が生まれるとされる。

ダブルガーゼ [double gauze]「二重ガーゼ」
のことで、「Wガーゼ」とも表記される。
二重になったガーゼ生地、薄い綿のガー
ゼ生地が2枚の二重構造になったもので、
ふつうのガーゼに比べて厚みがあり、し
っかりしているために、枕カバーやシー
ツなどのほか衣類に加工しやすい素材と
もされる。三重織としたものもあり、こ
れは「トリプルガーゼ（三重ガーゼ）」
と呼ばれ、さらにふっくらして柔らかい
といった特質を持つ。

ダブルカバードヤーン⇒カバードヤーン

ダブルカフ⇒ターンナップカフス

ダブルカフス [double cuffs] シングルカフ
ス*の「一重カフス」に対する「二重カ
フス」のこと。袖口が折り返って二重に
なったもので、カフリンクス*（袖口用
の飾りボタン）を用いて留め合わせるの
が最大の特徴。フォーマル向きのシャツ
に多く用いられ、ドレッシーな表情を醸
し出す。

ダブルカラー⇒ツーピースカラー

ダブルキャミ [double + camisole] キャミ
ソールを2枚重ねる着こなし。2002年夏
頃に流行した、タンクトップを2枚重ね
るダブルタンク [double tank] の後を受
けて登場したもので、ここでは色柄の異
なるキャミソールトップ*を2枚重ね着
することによって、ちょっと変わったお
しゃれ感覚を楽しもうとするもの。

ダブルクロスノット [double cross knot]
ネクタイの結び方の一種で、スウェーデ
ンのネクタイメーカー発案によるものと

される。二重に交差させて仕上げる太結
びのひとつで、重厚感があり、フォーマ
ルな場にふさわしいとされる。

ダブルサテン [double satin] 表と裏が経朱
子（たてしゅす）織となった生地で、経
糸を二重織にして作られる。表と裏を異
なった色に仕上げたものが多く見られ
る。鮮やかな光沢感を特徴とする。

ダブルジャージー⇒両面編

ダブルスーツ [double suit] ダブルブレス
テッドスーツ [double-breasted suit] の
略で、前合わせが二重（ダブル）で、ボ
タンが2列の形になったスーツをいう。
これを一般に「両前」とか「両前合わせ」
といい、英語の頭文字をとって「DB」と
も表記される。この形のスーツの襟はピ
ークトラペル（剣襟）になるのが常識と
され、前裾も水平のままとなる。なお、
この場合の前ボタンの数え方は、アメリ
カ式では片側のボタンだけを数え、英国
式では全部のボタンを数える。すなわち、
ダブルブレステッド・4ボタンの場合、
アメリカ式では「DB-2B」あるいは
「D-2B」となり、英国式では「DB-4B」
あるいは「D-4B」と表記される。

ダブルスカート⇒ダブルボトム

ダブルステッチ [double stitch] 2重ステ
ッチ。2本取りとなったステッチワーク
のことで、ジーンズの内側縫い目線やワ
ークジャケットなどの襟、ポケット口な
どに用いられる。丈夫さを強調する目的
で施されるもので、アイビー調スーツに
も特徴的に見られる。

ダブルストライプ [double stripe] 2本の
縞がひとつのグループになって構成され
る縞柄。「二重縞」ともいう。

ダブルスリーブ⇒テレスコープスリーブ

ダブルソール⇒シングルソール

ダブルタンク⇒ダブルキャミ

ダブルチェック [double check] ダブルス

ファッション全般

トライプ*（二重縞）をタテヨコに組み合わせた格子柄。

ダブルテイクドレス⇒ダブルデューティードレス

ダブルディンプル［double dimple］ネクタイの結び目の真下に作るディンプルと呼ばれる布のくぼみをふたつ作ること、またそうした形をいう。洒落者の象徴とされるもので、ディンプルを両脇に設けることでファンシーな表情が生まれるとされる。

ダブルデューティーシャツ［double duty shirt］オンデューティー（仕事時）にもオフデューティー（仕事外）にも用いることができる新しいタイプのドレスシャツを指す。ファッションのカジュアル化から生まれたもので、ネクタイを着けるとビジネス用のドレスシャツ、ネクタイなしではカジュアルシャツとして着用できるようにデザインされているのが特徴。こうした両用型のドレスシャツを意味する名称は数多くある。

ダブルデューティードレス［double duty dress］二通りの役を果たす服という意味。シンプルなデザインのドレスと、これにマッチするジャケットを用意して、ジャケットを羽織れば街着、ジャケットをとればパーティードレスとしても通用するといったものを指す。ダブルテイクドレス［double take dress］とも呼ばれる。

ダブルドレス［double dress］透ける生地を2枚重ねにして作られたドレス。トランスペアレント*（シースルー調）の流行から生まれたもので、従来は下着が透けて見えるのを防ぐためにアンダードレスやTシャツなどを付けたものだったが、現在ではシースルー効果を積極的に生かそうということで、色や柄の異なる2枚の生地を重ねるようなデザインのドレスが登場している。

ダブルニー［double knee］二重になった膝の意で、ワークパンツなどに見られるデザインのひとつ。膝部分の布地を二重にすることで丈夫さを強調するもので、ダブルニーペインターといったダブルニーパンツに代表される。

ダブルニードル⇒シングルニードルステッチ

ダブルニー・ミリタリーカーゴパンツ［double-knee military cargo pants］パ膝の部分を二重にしたミリタリータイプのカーゴパンツ。いわゆるミリタリーパンツのひとつで、そうしたダブルニーとカーゴポケットを特徴とした至極丈夫なイメージを持つ。

ダブルニット⇒両面編

ダブルネック⇒レイヤードネック

ダブルノット［double knot］ネクタイの結び方のひとつで、「二重巻き」と呼ばれる。プレーンノット*と同じ手順で、大剣をもう1回巻いて長めのノットを作り上げるのが特徴。ロングポイントカラー*などのシャツに向くとされる。

ダブルパイピングポケット⇒パイピングポケット

ダブルバックルベルト⇒ダブルリングベルト

ダブルパンツ⇒ダブルパンツスタイル

ダブルパンツスタイル［double pants style］パンツを2本重ねたスタイル。多くはレギンスのような細身のパンツとショートパンツを重ねてはくスタイルを指し、単にダブルパンツとも呼ばれている。

ダブルピケ［double pique］リブ式丸編機で作られる密度の高い鹿の子状の編地。ゴム編に浮き編を組み合わせたもので、フレンチ・ダブルピケとそれより厚手のスイス・ダブルピケの2種がある。

ダブルピンベルト［double pin belt］ピン付き型*のバックルベルトで、回転式のピンが2つ付いたタイプをいう。帯の部

た

445

ファッション全般

分にも当然ベルト穴が等間隔で2列に並んで開いており、がっちりとしたデザインのものが多く見られる。ベルトの原初的なイメージが強いとして、いまだに人気がある男性的なベルト。

ダブルヒール [double heel] ふたつの重ねになった靴のヒール（かかと）のデザイン。たとえばコルクとレザーで重ねたものなどがあり、婦人パンプスのファンシーなデザインとして注目されている。

ダブルファスナー [double fastener] 上からも下からも開閉できるようになったスライドファスナー*のこと。ツーウエイジッパー [two-way zipper] ということもあるが、それは多くリバーシブル仕立ての衣服に用いられる裏表の両面から使用できるジッパーを指す。

ダブルブーツ⇒ツーウエイブーツ

ダブルフェイス⇒ボンディングクロス

ダブルフェースムートン⇒ムートンラム

ダブルプリーツ⇒ワンタック

ダブルブレステッドスーツ⇒ダブルスーツ

ダブルフレンチ⇒フレンチネイル

ダブルブロークン⇒ブロークンデニム

ダブルブローチ [double brooch] 同じ形のブローチを鎖でつないでワンセットとした女性用のアクセサリー。たとえば一方をテーラードジャケットのラペル穴に飾り、もう一方を胸ポケットにあしらうといった使い方がある。

ダブルフロントTシャツ [double front T-shirt] 前身頃を2重にして端を袋縫いした女性用のTシャツで、大手通販会社ドゥクラッセのものに代表される。下着が透けない、女性らしい美しい形を保つなどの利点を持ち、ネックラインや袖のバリエーションも多彩になっている。

ダブルベンツ⇒サイドベンツ

ダブルポケット [double pocket] ドレスシャツなどに付けられる両胸のポケットデザインをいう。ドレスシャツには、普通左胸に一つだけポケットが付けられるが、これを両胸に付けたもので、アウタータイプのカジュアルなデザインとして用いられることが多い。

ダブルボトム [double bottom] 下半身に着るもの＝ボトムが二重になった着こなし方。ダブルスカート [double skirt]（スカートの2枚重ね）などもそれだが、最近のファッションでは、パンツの上にスカートを重ねるスカート・オン・パンツ [skirt on pants] の着こなしが、最も代表的とされる。

ダブルマッキノウクルーザー⇒マッキノウクルーザー

ダブルモンク⇒モンクストラップシューズ

ダブルリング⇒ファランジリング

ダブルリングベルト [double ring belt] 2つのリング（環）を利用して留める形にしたベルト。ダブルバックルベルト [double buckle belt] とも呼ばれ、こうしたバックルをリングバックル [ring buckle] と呼んでいる。アイビー調のリボンベルト*などにも見られる伝統的なベルトの一種でもある。

タブレスタブカラー [tabless tab collar] ショートポイントカラー*の一種で、特に襟開きの狭いものを指す。アメリカにおける用語で、タブカラー*のタブを取り去ったようなというところからこの名が生まれたもの。しばしばピンを用いたところから、ピンホールカラー*の別称のひとつともされる。

ダブレット [doublet] 正確にはダブリットと発音する。フランス語でいうプールポワン*の英語名で、15世紀から17世紀にかけて男性が着用したボディーフィット型の上着を指す。プールポワンは刺し子縫いの布地で作られたことから、フランス語で「二重になった」を意味するドゥ

446

プレ [doublé] という名称も使われ、これが英語化したのが由来とされる。

ダボカジ [――] ダボッとした感じを特徴とするカジュアルファッションを指す日本的な俗語。アメリカ西海岸のスケーターや東海岸のヒップホップに見る、全体にオーバーサイズのダブダブルックに影響を受けて流行するようになったストリートカジュアル*のひとつで、これにトラディショナルの言葉を掛けて「ダボトラ」などという言葉も生まれた。

ダボシャツ [だぼ＋shirt] 日本古来の男性用下着シャツの一種。ダボッとした感じで気軽に着用できるところからの命名とされ、下着としてのほか「フーテンの寅さん」で知られる香具師（テキ屋）が着用する外衣、また一種の祭衣装としても用いられる。丸首でボタン留めの前開きとし、ゆったりした七〜八分袖でルーズなフィット感を特徴としている。下着としては楊柳クレープが多く用いられ、外衣としては綿晒し生地が主となる。本来はダボ股引（ダボズボン、ゴムズボンとも）と、上下ともに無地の同色・同生地で揃えて着るのが基本とされる。

ダボT [―T] ダボダボのTシャツの意味で、きわめてルーズなシルエットを特徴とするTシャツを指す。

ダボトラ⇒ダボカジ

ダボパン⇒スーパーワイドパンツ

ダボ股引⇒ダボシャツ

タミーガードル [tummy girdle] 腹部の形を美しく整える目的をもつガードル*で、腹部中央をダイヤ型に切り抜き、そこに伸縮性の強いオペロンを用い、腹部を強力に押さえるようにしたのが特徴とされる。タミーは小児語で「おなか、ぽんぽん」を指し、これは元々商品名から発したもの。

タミートッパー [tummy topper] 乳幼児用

の脚部の付かないボディースーツをいうアメリカでの用語のひとつ。タミーは「お腹、ぽんぽん」という意味で、別にワンサイ [onesie] という用語もある。

タミーバンド [tummy band] タミーは幼児用語で「おなか、ぽんぽん」を指し、つまりは腹巻きのような幅広のニット製の帯をいう。ウエストアクセサリーのひとつで、ウエストチューブ [waist tube]（腰に用いる筒状のものの意）とも呼ばれる。

ダミエ [damier 仏] フランス語でいう「市松模様*」のこと。英語ではブロックチェック*とかチェッカーボードチェックなどというが、最近ファッション界ではフランス語でこのように表現する動きがある。『ルイ・ヴィトン』社が創業150周年を記念して、2004年3月に発売した市松模様の〈ダミエ・ジェアン〉という旅行バッグシリーズの影響も感じられる。フランス語ではほかにカドリーユ [quadrille 仏] やカドリアージュ [quadrillage 仏] もこの柄を表わす。

タム⇒タモシャンター

ダムジャケット [dumb jacket] ダムはアメリカの俗語で「チンピラ」を意味する。1940年代から50年代にかけて、アメリカの不良少年たちに愛用された革製のジャンパーを指し、現在ではこれに似せて作られたサテンやメルトン製のショートジャケットをこのように呼んでいる。時としてこれをクリッカー [cricker] ということがあるが、クリッカーは本来アメリカの俗語で「浮浪者、なまけ者」を指し、19世紀に登場したドンキージャケットの後継とされる。

タムタムツイード [tamtam tweed] 太い無撚糸で織った長い毛羽を特徴とするツイードの一種。たっぷりとした量感にあふれ、暖かそうなイメージがあるところから、女性のコートなどに多く用いられる。

ファッション全般

ダメージ加工［damage ＋かこう］ダメージは「損害」また「損傷する」の意で、わざと穴を開けたり、ほころびを作るといった衣服の加工法を指す。特に最近のジーンズに多く見られるもので、中古風に見せるということからユーズド加工［used ＋かこう］とも呼ばれる。こうしたジーンズをダメージジーンズ*などと呼んでいる。

ダメージジーンズ［damage jeans］ダメージは「損害、被害」また「損傷を与える、損傷する」といった意味で、わざと傷付けたり汚すなどして、損傷品や中古風に見せたジーンズを指す。そうした加工法を「ダメージ加工」と呼び、わざと穴を開けたり裂いたりするほか、ヒゲ（横ジワ）の細工を施したり、ペンキを飛び散らせたり、ボロボロにほぐすなど手の込んだ加工ものが多く登場して人気を集めている。これにはクラッシュトジーンズ［crushed jeans］とかディストロイドジーンズ［destroyed jeans］（ともに破壊されたジーンズの意）、また引き裂かれたジーンズということでリップトジーンズ［rip-ped jeans］といった多くの別称がある。ここでのダメージ加工は中古風に仕上げる「ユーズド加工」とも同義とされる。なお英語での正式名称はプレリップトジーンズ［pre-ripped jeans］（あらかじめ引き裂かれたジーンズの意）とされる。

ダメージTシャツ［damage T-shirt］ダメージ加工をほどこしたTシャツの意。穴を開けたり、生地を裂いたり、ペンキを吹き付けるなどしてわざと傷付けた感じを特徴とするTシャツのことで、ダメージジーンズなどと並ぶ最近の流行り。

ダメージパンツ［damage pants］ダメージは「損傷する、損害を与える」という意味で、わざと傷つけたり汚すなどして、損傷品や中古風に見せたパンツを指す。

多くはジーンズに見られるもので、そうした加工法を「ダメージ加工」、そうしたジーンズを「ダメージジーンズ*」と呼んでいる。

ダメージレギンス［damage leggings］わざと傷付けたデザインを特徴とするレギンスを総称する。穴を開けたり、裂け目を作るなどしたもので、ダメージジーンズのレギンス版といえる。同様の意味から「クラッシュレギンス」とか「ブロークンレギンス」などとも呼ばれる。

タモシャンター［tam-o' shanter］スコットランド伝統のベレエに似た大型の帽子。てっぺんに毛状の丸飾り、左脇に羽根を付けたデザインが特徴で、単にタム［tam］と呼ぶほか、日本では俗に「大黒帽（だいこくぼう）」とも呼ばれる。これは大黒様がかぶっているような帽子というところからの命名であろう。

たらしこみネイル［たらしこみ＋ nail］ネイルアートの一種で、「たらしこみ」という日本画の技法を応用したもの。絵の具を薄め、垂らして乾かしながら重ねていくというもので、ふんわりと優しい水彩画のようなイメージになるのが特徴とされる。たらしこみ技法は英語ではウェットインウェット wet-in-wet と呼ばれ、このネイル技法は「ドロップオンネイル［drop on nail］」と呼ばれる。ドロップオンは「（上から）滴らす、落とす」といった意味。

だらしなファッション⇒ルーズファッション

タラソテラピー［thalassothérapie 仏］「海水療法」また「海洋気象療法」のこと。海水や海草、海藻、海泥などを用いて行う治療法また美容法を指す。アロマセラピー*やテルモテラピー［thermothérapie 仏］（温泉療法）などと並ぶ最近のストレス解消法のひとつ。

タルカムパウダー［talcum powder］タルク

ファッション全般

talc（滑石）の粉末に香料と消毒薬を入れて作られた化粧用の粉のことで、単にタルクともいう。主として男性の髭剃り後に用いられ、皮膚をすべすべに乾燥させる効果がある。

ダルカラー［dull color］ダルは「冴えない、鈍い」といった意味で、一般に「冴えない色」をいう。色彩学上では「濁色（だくしょく）」と呼ばれ、純色とグレーを混ぜてできる濁った色をこのように呼んでいる。ミディアムトーン［medium tone］（中間色調）とも呼ばれ、「清色（せいしょく）」の対語ともされる。清色はクリアカラー［clear color］と呼ばれ、純色、また純色に白か黒のみを混ぜた色のことを指す。

タルカン・ドレス［Tarkhan dress］現存最古とされるエジプト産のチュニック型ワンピース・ドレスの名称。1912年、カイロの南にあるタルカンの古代エジプトの墓地で発見され、当初はピートリー・エジプト考古学博物館に寄贈されたままだったが、最近、放射性炭素年代測定を実施したところ、5100〜5500年前のエジプト初期王朝時代のものであることが実証され、2016年『Antiquity』誌に発表された。これによって現存する最古の麻織物のドレスであることが正式に証明されたもの。

タルハ［tarha アラビア］アラビア半島やエジプトなどにおけるアバ*の名称のひとつ。特にイスラム教徒の女性が着るものをこう呼ぶことが多く、エジプトの女性が用いる、ストール風の薄手の黒い布地でできた「かぶりもの」を指すこともある。

タルマ・ラウンジ［talma lounge］1898年ごろに登場したラウンジジャケットの一種で、ラグランスリーブと直線的なカットの前裾を特徴とする。タルマは元々フ

ランスの役者フランソワーズ・ジョセフ・タルマが愛用したゆったりとしたケープのことで、これが1850年代に「タルマクローク」と呼ばれるようになり、1890年代になって「タルマ・オーバーコート」へと変化した。それらに似ているところからこの名が生まれたもの。

ダルマティカ［dalmatica］古代ローマ末期から中世を通して、ビザンチン*帝国などで着用されたチュニック形式の衣服のひとつ。当初は粗末なウール製で一般庶民が着用していたが、時代が移るにつれて装飾性を増し、ビザンチン後期には豪華なブロケード製のものまでが登場するようになった。この名称はイタリア半島の東側の対岸ダルマティア地方の民族服に由来するとされる。ビザンチン期を代表する衣服。

たるみ糸［たるみいと］ネクタイの大剣と小剣の裏側にある、環のような形になって垂れている余り糸を指す。これによってネクタイの伸びをスムーズなものとしており、高級品また手縫い品であることの証としている。上等のネクタイにしか用いられないディテールのひとつで、英語ではスリップステッチ[slip stitch]とかハンドスリップステッチング［hand slip stitching］と呼ばれる。

ダルメシアン柄［dalmatian＋がら］ディズニー・アニメの『101匹わんちゃん大行進』でおなじみのダルメシアン（ダルマチアンとも）犬に特有の白黒模様のこと。ちょっと変わったアニマル柄*のひとつ。

ダレスバッグ［Dulles bag］書類入れとしてのビジネスバッグのひとつで、中央に留め金付きのベルトを設け、それを開閉することで口金が大きく開いて出し入れがしやすくなるという特性を持つ。アメリカのダレス元国務長官にちなんだ名称で、これは日本の商品名とされる。ダレ

449

ファッション全般

スブリーフ［Dulles brief］とも呼ばれる。

ダレスブリーフ⇒ダレスバッグ

垂れ綿⇒ショルダーパッド

タロン［talon 仏］フランス語でいうヒール（かかと）の総称。

タワーシェイプタイ［tower shape tie］大剣の全体が塔（タワー）のように広がる形を特徴としたネクタイ。結び目の部分は細く表現されるのも特徴のひとつ。

タン［tongue］タングとも。「舌革」の意で、レースステイ*の下側に付く砂除け、また水の浸入を防ぐ舌の形をした革を指す。日本の業界では「ベロ」とも俗称する。

タンガ［tanga ポルトガル、西］ポルトガル語やスペイン語で、紐のようなビキニショーツをいう。ポルトガル語を常用語とするブラジルでは「超ビキニ」の意で用いられている。

タンカージャック［tanker jac］タンカー（油槽船）の乗組員が着用したところからそう呼ばれるジャンパーの一種。ニット製の小さなショールカラーとカーゴポケット*風の大きなアコーディオンポケット*を特徴とする。また、ボマージャケット*型のジャンパーで、襟をニット使いとしたものをこう呼ぶこともある。

タンカース［tanker's］タンカースジャケットともいう。第2次大戦中、アメリカ陸軍のタンク（戦車）兵によって着用された腰丈のジャケット。MA-1フライトジャケットに似たカーキ色のいわゆるジャンパーで、襟と袖口、裾にリブ編みニットを配するのが特徴とされる。作業用ジャンパーとして用いられることが多いが、最近ではおしゃれなブルゾンとしても用いられる例が多い。いわゆるサープラスファッション*のひとつとされ、アメリカ陸軍のM-41フィールドジャケットと共通のミルスペック（軍隊仕様）を持つ。

タンカーズ⇒ロンパース

タンカーブーツ［tanker boots］元々、戦車（タンク）兵用に開発されたところからこの名がある丈夫な紳士靴のひとつ。現在ではベルテッドブーツ*型の新しいものもあるが、本来はアメリカ『オールデン』社のものをもって本格とされる。第2次大戦中にペンタゴンから発注を受けて作られたものは、ミリタリーラストと呼ばれる独特の木型と、プランテーションソールと呼ばれる独特のクレープソールを特徴に、ダークバーガンディー色のコードバン（馬の尻の皮）で作られ、10ホールの外羽根式の履き口とモカシントウのUチップの爪先を特徴としたアンクルブーツで知られる。これはカジュアルにもビジネスにも通用する男の靴として変わらぬ魅力をもっており、本物はグッドイヤーウエルト*製法で作られるものに限るとされる。

段返り⇒ローリングダウンモデル

段カット⇒レイヤーカット

ダンガリー［dungaree］ダンガリーシャツ*で知られる厚手の綾織コットン地。デニム*の薄手版としてジーンズにもよく用いられるが、デニムとは逆の糸使い（タテに晒し糸、ヨコに色糸）になっているのが決定的な違いとされる。したがってデニムのように裏が白くなることはない。なお10オンス以下のソフトデニム*をダンガリーと呼んで本来のデニムと区別することもある。この生地は元々インド産で、その産地であるダングリ Dungri に由来する。

ダンガリーシャツ［dungaree shirt］デニムに似たインディゴ染めの綾織綿布であるダンガリーで作られたワークシャツの一種。元々インドのダングリ地方で織られていた生地を用いて、アメリカ海軍が艦上用作業シャツとして用いたところから

ファッション全般

生まれたものとされ、今日ではごく基本的なワークシャツとして広範に使われている。6～8オンスの薄手デニムを使ったタイプもここに含めることがあるが、そうしたものは基本的にはデニムシャツ[denim shirt]と呼ばれることになる。

ダンガリーズ[dungarees]ダンガリー*という厚手の綾織コットン地で作られた衣服の総称で、特にそのパンツを指すことが多い。ダンガリーパンツ[dungaree pants]ともいい、元はアメリカ海軍の艦上作業服として用いられていたものだが、現在ではデニムの薄手版として人気がある。

ダンガリーパンツ⇒ダンガリーズ

タンキニ[tankini]タンクトップ＋ビキニからの造語で、タンクトップ*型のトップスとビキニショーツあるいはスカート型のボトムを組み合わせた女性用の水着をいう。1999年夏ごろから登場したもので、時としてタンキーニと発音されることもある。

タング⇒タン

タンクウオッチ[tank watch]オーソドックスで平板な長方形型の腕時計。カルティエ社のものが代表的とされ、くせのないところが特徴として人気を集めている。こうしたケースの形を一般には「レクタンギュラー」と呼んでいる。

タンクスーツ[tank suit]1920年代まで用いられた男性用水着で、上下がつながったランニングシャツ型の形を特徴としていた。タンクは「水槽」転じて「プール」の意味で、これが上下に分断されてタンクトップ*が生まれたことがよく知られている。

タンクセーター[tank sweater]タンクトップ*の形そのままに作られたセーター。ノースリーブ、ノーカラーでボディーフィットしたリブ編セーターといった

デザインが代表的。

タンクソール⇒ラグソール

タンクチュニック[tank tunic]タンクトップ*の形をしたチュニック*。長めのタンクトップ、あるいは短めのタンクドレス*といった、中途半端な丈に特徴のある女性用トップスのひとつ。

タンクトップ[tank top]いわゆるランニングシャツ型のニットシャツ。タンクとは「水槽」転じて「プール」の意で、タンクスーツと呼ばれる昔の男性用水着の上半身部分に当たることからこの名がある。こうしたものをアメリカではAシャツ*とも呼んでいる。

タンクドレス[tank dress]タンクトップ型のドレス。タンクトップ*を引き伸ばしたような形のワンピースで、ランニングシャツ*とも似ているところから、ランニングドレス[running dress]の別称もある。肩のストラップ部分を斜めに交差させたクロスオーバー・タンクドレス[crossover tank dress]といった変形デザインのものも見られる。

ダングリングイヤリング[dangling earring]耳たぶから長くぶら下がって、動きを伴うイヤリングの総称。ダングルは「ぶら下がる、ぶら下げる」の意で、ほかにモビールイヤリング[mobile earring]（動きがあるの意）とかタッセルイヤリング[tassel earring]（タッセル＝房状に垂れ下がったの意）などともいう。

タンクロンパース⇒ロンパース

ダンサー系[dancer＋けい]ヒップホップのダンサー（踊り手）たちに見るファッションの意で、いかにも黒人好みのルーズな服に身を固めたルックスが多く見られる。

炭酸美容[たんさんびよう]炭酸（二酸化炭素）を用いて行う美容法のひとつ。炭酸ガスが入ると血管が広がって血行をよ

451

ファッション全般

くするといわれるところから、これが肩こりや冷え症、疲労回復、美肌などの効果があるとして人気を集めた。また頭皮に当てることで育毛環境を整える効果もあるとしてシャンプーのように扱うこともある。

単糸[たんし]フィラメント*糸や紡績糸で、1本の糸をいう。また2本の単糸を引き揃え、かつ撚り合わせて1本の糸としたものを「双糸（そうし）」、さらに3本の単糸を撚り合わせたものを「三子糸（みこいと）」という。

ダンシングスカート[dancing skirt] ダンスに用いるスカートのことで、フレアをたっぷりとった華やかなデザインのものが多く見られる。揺れ動く美しさを第一に考えてデザインされているのが何よりの特徴。

ダンシングドレス[dancing dress] ダンスパーティーなどで用いられるダンス用のドレス。踊りやすさを第一に考えるとともに、ダンス中の美しい姿を演出するようなデザインが施されているのが特徴。ダンスの種類によってさまざまなものがあるが、基本的に上半身はぴったりとフィットし、スカート部分は蹴回し（裾周りの寸法）が広く、裾に向かってふんわりと広がるシルエットを特徴としたロング丈のものが多く見られる。

ダンス系ファッション[dance＋けい＋fashion]1960年代からアメリカの路上で発生したさまざまなストリートダンスに派生したファッション表現の総称。80年代の「フラッシュダンス」のヒットやヒップホップの流行、また90年代の「ダンス甲子園」の人気などで高まりを見せ、現在では日本の少年・少女たちのあいだでも、確固たる地位と人気を得るようになっている。

ダンスシューズ[dance shoes] ダンスに用いる靴の総称。その意味では社交ダンス用のパンプスやタップシューズ、各種のレッスンシューズ、またジャズシューズやフィットネスダンスシューズ、ヒップホップ用のストリートダンスシューズなども含まれ、そのデザインもさまざまなものがある。ファッション史上有名なダンスシューズにはフランスの伊達男セルジュ・ゲンズブールが愛用した軽快な白革レースアップのそれがあり、これはパリのダンスシューズ・ブランド「レペット」の ZIZI HOMME（ジジ・オム）とされる。彼はこれを常にハダシで用いた。

ダンスバッグ[dance bag] ダンスパーティーの際に持っていくような小振りのしゃれたハンドバッグを指す。最近の女性用バッグは、このように非実用的な、小さくて薄型のものが人気を得るようになってきた。

ダンスパンツ[dance pants] エアロビクスなどフィットネススポーツをするときに着用する女性用のパンツの一種。さまざまなデザインがあるが、現在ではナイロンパンツ*型のものや、それをよりフィットさせた形のものなどに人気がある。街着として穿くことのできるタイプも現れている。

弾性ストッキング[だんせい＋stocking] サポートストッキング[support stocking]ともいう。一般のストッキングに比べ、編み方や素材そのものに工夫を凝らし、脚を締め付ける機能を高めたストッキングを指す。「段階圧力ソックス」などの名称でも呼ばれ、圧迫圧（着圧＝脚を圧迫する力）がヘクトパスカルで表示されているのが特徴。脚のむくみが強い人には26ヘクトパスカル前後、軽い人には13ヘクトパスカル前後のものが適当とされる。本来は医療用とされ、ハイソックス型からパンティーストッキング型までさ

まざまなタイプが見られる。靴下タイプのものはサポートソックス[support socks]とも呼ばれる。

丹前[たんぜん] 浴衣（ゆかた）などの上に用いる綿入れの着物のひとつ。広袖の着物で、羽織るように着用し、本来は男性の防寒着とされた。関東でいう「褞袍（どてら）」と同じで、元は江戸時代初期、神田の堀丹後守の屋敷前にあった「丹前風呂」に由来する語とされる。俗に「綿入れ」などとも呼ばれるが、今日では浴衣に用いるウールの単衣（ひとえ）のものもこの名で呼ばれる。子供が冬に用いる「ちゃんちゃんこ」もこれと同種のものとなる。

炭素繊維[たんそせんい] 有機物を高温熱処理して炭素化させた繊維で、一般にカーボンファイバー[carbon fiber]として知られる。衣服に用いることはなく、ゴルフクラブのシャフトや釣竿などに用いられている。きわめて強く、弾性率が高く、熱と電気の伝導性に富むのが特徴とされる。最近では航空機やスペースシャトルなどにも用いられて注目を集めている。

反染⇒後染め

ダンディー[dandy] 身形や外観にことのほか気を配るおしゃれな男性を指す。一般に「めかし屋、伊達男、洒落者」などと称され、渋くてかっこいい男性の代名詞とされるが、ファッションだけに身をやつすニヤケた男というマイナスのイメージがないこともない。語源はスコットランドの守護聖人であるサンタンドゥールの愛称「アンディー」から来たとされる。

ダンディーカラー⇒バリモアカラー

ダンディールック[dandy look] 女性が粋な男のような服装をする様子をいう。「男装の麗人」などと呼ばれるにふさわしい

スタイルが特徴で、マスキュリンスタイル[masculine style]などともいう。ダンディーは「洒落た男性」、マスキュリンは「男性的な」の意で、この言葉は女性のファッションに限って用いられることが多い。

ダンディスム⇒ダンディズム

ダンディズム[dandyism] ダンディー気質、伊達好みといった意味。ダンディズムの発生は19世紀初頭のロンドン社交界にあるとされ、ここに君臨したジョージ・ブライアン・ブランメル（1778～1840）は俗にボウ・ブランメル[Beau Brummell]（美装士ブランメル）と呼ばれ、ダンディー*の王とされた。フランスではダンディスム[dandysme]と呼ばれ、独特の発展を遂げている。

ダンテル⇒レース

タンナーコットン[tanner cotton] 綿ジャージーやデニム、キャンバス、紙などを基布として、それに型押し、染色といった皮革に使われる仕上げ加工をタンナー（革なめし職人）が行って作り上げる素材を指す。日本の大喜皮革（姫路市）とアンドカンパニー（東京）の共同企画によるもので、革と布の「良いとこ取り」をした新素材として注目されている。

タンニッジ⇒タンニング

タンニング[tanning] 「なめし加工」の意。革をなめすことで、タンニッジ[tannage]ともいう。動物の原皮を腐らない状態に加工することを指し、ベジタブルタンニング*（タンニンなめし）とクロムタンニング*（クロムなめし）の方法がある。これによって「皮」から「革」へ変化するわけで、こうしたものを「なめし革」と呼んでいる。

タンニングローション⇒サンオイル

タンニンなめし⇒ベジタブルタンニング

タンバリンバッグ[tambourine bag] 楽器

ファッション全般

のタンバリンをモチーフとして作られた女性用のバッグで、タンバリンをそのまま引き伸ばしたような円筒形のデザインを特徴とする。1993年にイタリアの『グッチ』社が発売したものがオリジナルとされ、それにはグッチ特有のビット（馬具のはみ）が付いている。

タンバリンハット［tambourine hat］カクテルハット*の一種で、楽器のタンバリンを思わせる形の小さな帽子。このように平らな円形のブリムを特徴とする婦人帽をタンバリンブリム［tambouring brim］と称することがある。

タンバリンブリム⇒タンバリンハット

暖パン［だんパン］暖かいパンツの意。いわゆる「あったかボトムズ」の一種で、ウオームパンツなどとも呼ばれる。2011〜12年秋冬シーズンにこれを提唱した企業のひとつユニクロでは、裏地にフリースを用いたウオームイージーパンツ、ヒートテックを織り込んだヒートテックジーンズ、特殊素材で風を通さなくした防風ジーンズの3タイプの暖パンを提案している。

単品［たんぴん］それだけでは服装が成立することがなく、他のアイテムとの組み合わせによって着装が完成される性格の服種を指す。業界用語でいう「軽衣料*」と同じような意味で用いられ、特に婦人服の分野で一般的になっている。ブラウス、セーター、スカート、パンツなどが代表的で、英語でピース［piece］（部品の意）とかパーツ［parts］（部分の意）ともいう。

単品コーディネート［たんぴん＋coordinate］単品はシャツやスカート、パンツのように、それだけでは服装が成立しえない部分品としてのファッションアイテムを指し、そのような単品を自由に組み合わせる着こなしをこのように呼ぶ。別

にピースドレッシング*とかピースミックス*などとも呼ばれている。

タンブラー加工［tumbler＋かこう］布地の加工法のひとつで、染色上がりの生地を大きなドラムに入れて「もみ洗い加工」するもの。このため「ドラムタンブリング仕上げ」とも呼ばれ、ふっくらとしたボリューム感が生まれる。また高圧空気を利用して行うものは「エアタンブラー加工」といい、これはエアワッシャーとか「エアタン加工」とも略称される。ともに高級感のあるふくらみと柔らかさを特徴とする。タンブラーは「回転箱」「転摩機械」の意

ダンボールニット［段ボール＋knit］ジャージー（ニット地）の一種で、側地（がわじ＝表面と裏面）の間に段ボール状の綿（わた）を挟み込んだニット素材をいう。保温効果が高いのが特徴とされる。

ダンモ族⇒ビート族

ファッション全般

チアカラー [cheer color] チアは「陽気、元気」また「元気づける、励ます」といった意味で、いかにも元気な気分にあふれる陽気で明るい色を指す。鮮やかな黄、ピンク、ブルー、グリーンといった色が代表的。

チアリーダーセーター [cheerleader sweater] チアリーダー（アメリカンフットボールなどの試合の女子の応援団員で、日本でいうチアガール）が着用するユニフォームとしてのセーターのことで、レタードセーター＊（スクールセーター）と同義。学校色やクラブカラーなどを配しているところから、カレッジセーター [college sweater] とも呼ばれる。また昔のアメリカの大学応援団のものは特にオールドチアリーダーセーター [old cheerleader sweater] と呼ばれ、これにはジョーカレッジセーター [joe college sweater] という俗称もある。ジョーは米口語で「男、奴」の意。

チーカジ [cheeky + casual]「チーキーカジュアル」の短縮語。チーキーは「生意気な」という意味で、女子中高生たちに見られる、ちょっと不良っぽくてコケティッシュ（媚態的）な雰囲気のあるカジュアルファッションをいったもの。またこれをチームカジュアル [team casual] の略として、渋谷のチーマーたちに見るカジュアルな格好を指すという説もある。

チーキーカジュアル⇒チーカジ

チーキービキニ [cheeky bikini] チーキーは口語で「生意気な、ずうずうしい」を意味し、小生意気な雰囲気の女の子が着用するビキニ水着といった意味で用いられる。特に定型はないが、小さめのブラとビキニショーツで、セクシーさと同時に可愛らしさを表現するといったデザインのものが多い。

チークカラー [cheek color] チークは「頬（ほ

お）」のことで、頬に塗布する化粧品、すなわち「頬紅」を指す。基本的に赤色系顔料を用いるものが多い。

チーズクロス [cheese cloth] チーズやバター、肉などを包むために用いられる薄手の平織綿布のこと。ガーゼ＊のような感触を持つ粗めの布地で、用途や仕上げ方によってモスキートネット [mosquito net]（蚊帳）とかタバコクロス [tobacco cloth]（タバコ用の布）などとも呼ばれる。茶袋や研磨布、濾過布などのほか、これを加工して衣服素材としても用いられる。

チーゼル [teasel] チーズルとも。カシミヤなどの毛織物の起毛に用いられる植物のひとつで、ヨーロッパ原産のマツムシソウ科の草（和名オニナベナ）をいう。円筒形の果穂には無数のトゲがあり、これを乾燥させたものが起毛に用いられる。「アザミ起毛」と呼ばれるのも実際はこのチーゼルが使われる。現在では針金を用いた「針布起毛」が主流になり、チーゼルを用いた「アザミ起毛」は姿を消している。

チーパオ [旗袍] 中国の女性に着用される体にぴったりフィットするワンピース状の長衣。いわゆるチャイナドレス＊と同義。本来は清朝満州族の女性が用いた長衣を指し、それが西洋の服装を取り入れながら現在のような形に発展していったもの。チョンサン（チョンサム）[長衫] とも呼ばれる。

チーフホルダー [chief holder] ネッカチーフ＊を支えるものという意味で、首などに巻いたネッカチーフやスカーフなどを、体裁よくまとめるための留め具をいう。しゃれた服飾小物のひとつとして人気があり、スカーフ用のものを特にスカーフホルダー [scarf holder] ということもある。ここでのチーフは本来カーチフ

た

ファッション全般

[kerchief]（髪押さえの意）という言葉が略されて日本語化したもの。

チーマー⇒渋カジ族

チームカジュアル⇒チーカジ

チームキャップ [team cap] スポーツチームに特有の帽子という意味。特にプロバスケットボールのものに人気があり、ヒップホップ好みの若者たちに愛用されるようになった。野球帽型のもので、各チームのマークが付けられているのが特徴。

チームジャンパー [team jumper] スポーツチームの名前やマークなどを大きくあしらったジャンパー。スタジアムジャンパー*の一種で、選手が試合の前後に着用したり、観戦者が応援用として着ることが多い。

チーループ [――] スーツ・ジャケットに見るクラシックなディテールデザインのひとつで、ラペル（下襟）のフラワーホール（襟穴）裏側の下部に付く細いループ（環）を指す。フラワーホールに挿した花の茎を入れて固定する目的を持つもので、チーは「茎」の意味からきたといわれるが、そのスペルは明らかでない。またズボンのウエストバンドに付くベルトバックルのピン通し用のループや、後ろポケットのボタン留めに用いられるタブ（持出し）状のループをこのように称することもあるが、これらも本来は襟裏のチーループからきている。

チェーンイヤリング [chain earring] 垂れ下がった細い鎖（チェーン）を特徴とするイヤリングの総称。

チェーンステッチ⇒ケーブルステッチ

チェーンタイ [chain tie] 金属の鎖（チェーン）を並べて作られたネクタイ。ファンシーな素材を使った変わり型ネクタイのひとつで、ビジネス用途には適さない。

チェーントレッドソール [chain tread sole]

鎖状の形を特徴とした靴底。トレッドは「（タイヤの）接地面」という意味で、こうした靴底はハンティングシューズなどに、滑り防止の目的で用いられることが多い。

チェーンネックレス⇒ネックチェーン

チェーンバッグ [chain bag] ストラップや持ち手の部分をチェーン（金属製の鎖）にした女性用のバッグの総称。シャネルバッグ*に代表される。

チェーンブレスレット [chain bracelet] チェーン（鎖）をつないで作られたブレスレット*で、ゴールドやシルバー単独のタイプと、プレート（金属板）を取り付けたタイプの2種が代表的。

チェーンベルト [chain belt] チェーン（鎖）状のベルト。金属の環をつなぎ合わせてベルトとしたもので、こうしたものはメタルベルト [metal belt] とも呼ばれる。ベルトとしては非常に特殊なもので、完全に装飾的なベルトとして用いられることになる。

チェスターコート⇒チェスターフィールド

チェスターフィールド [chesterfield] 男性の正装用コートのいちばんと目されるきわめて格調の高いオーバーコート。「チェスターフィールドコート」とか、単に「チェスター」「チェスターコート」とも呼ばれるが、正式には「チェスターフィールド」だけで通用する。黒、チャコールグレー、あるいは濃紺のカシミヤなどのコート地で作られ、シングルブレステッド（片前型）、ノッチトラペル（菱襟）、3ボタンのフライフロント（隠しボタン式）といったデザインをもつ。ウエストを絞り、モーニングコートなどのテールが十分に隠れるだけの膝下までの丈といったシルエットも特徴。なおこの名称は、1830年代当時のファッションリーダーの一人として知られる6代目チェスターフ

456

ファッション全般

ィールド伯爵にちなむもので、1840年ご
ろに登場したとされる。

チェストバッグ [chest bag] ボディーバッグ
のひとつで、特に胸元に交差させて装着す
るようにデザインされたタイプをいう。

チェストポケット⇒ブレストポケット

チェスボードチェック⇒ブロックチェック

チェッカーボードチェック⇒ブロックチェ
ック

チェック [check] 柄のひとつで「格子柄」
また「格子縞」のこと。タテ縞と横縞の
組み合わせによって表現される柄を指
し、多くの変化に富む。プレイド*、プ
ラッド*とも呼ばれ、日本では小格子を
チェック、大格子をプレイドと区別して
呼ぶ習慣がある。

チェックインフロックコート⇒カットイン
コート

チェック・オン・チェック [check on check]
チェックにチェックを重ねた格子柄。非
常にファンシーな表情を醸し出すのが特
徴。これはまたチェック同士の柄の服を
組み合わせる着こなしテクニックのこと
も指す。

チェビオット [cheviot] スコットランド南
部のチェビオット丘陵を原産地とする山
岳種羊毛のことで、これで作られる粗い
表情のツイードをチェビオットツイード
[cheviot tweed] と呼ぶ。ヘリンボーン
織のものが特に知られる。

チェビオットツイード⇒チェビオット

チェルシーブーツ [Chelsea boots] サイド
ゴアブーツ*の別称のひとつ。ロンドン
はチェルシー地区の芸術家やモッズ*た
ちが好んだところに由来があり、1960年
代にはザ・ビートルズの衣装としても有
名になった。積み革のキューバンヒール
*が付くのも特徴。

チェンジアップスーツ⇒マルチコーディネ
ートスーツ

チェンジポケット [change pocket] スーツ
上着の右脇ポケットの上に付く小物入れ
用の小さなポケットのこと。チェンジは
「小銭、釣り銭」の意味で、コインなど
を入れることからこの名があるが、コイ
ンのほかに切符なども入れることからチ
ケットポケット [ticket pocket] の別称
もある。ただしチケットポケットは、左
見返しの胸のところに付く、切符や券入
れ用の小さなポケットを指すという説も
ある。チェンジポケットは英国のスーツ
に特有のものとされ、他の国のスーツで
も英国調であることを表現するのに欠か
せないデザインとされている。多くはフ
ラップポケットの形をとる。なお、上着
のサイドポケット（腰ポケット）やパン
ツの内側に付く小銭入れ用の小さな袋の
こともチェンジポケットということがあ
る。

チェンジボタン [change button] 取り外し
可能となったボタン。1930年代以前のワ
ークウエアやミリタリーウエアなどによ
く見られるデザインで、洗濯の際、生地
を傷めないよう取り外せるようにした多
くは金属製のボタンをいう。金属の環に
留める仕掛けとなったもので、洗濯機が
普及し始めた1940年代以降はあまり見ら
れなくなった。ヴィンテージの評価につ
ながる証しとして注目される。これとは
別に学生服（学ラン）の前ボタンを裏で
留めるためのボタンを意味することもあ
り、これは「裏ボタン」と呼ばれ、さま
ざまなデザインに富むところからコレク
ションアイテムのひとつともなってい
る。

チェンジャブルスーツ⇒スーパーメリット
スーツ

チェンジングカラー⇒セパレートカラー

チェンジングドレス [changing dress] 花嫁
のお色直し用のドレスを指す和製英語。

457

ファッション全般

ウエディングドレスからチェンジ（変化）するという意味で、このように呼ばれるようになった。純白のウエディングドレスに代わる色もののドレスがこれを代表している。

チェンジングバックルベルト［changing buckled belt］バックルとベルトの組み合わせが自由にできるようになったベルト。2006年春に登場した女性用ベルトの新アイテムで、コーディネートの幅が広がるとして注目されている。

チキャンラム［Chekiang lamb］中国・浙江省を原産地とする仔羊の毛皮。ラムファー［lamb fur］と総称される仔羊の毛皮のひとつで、ゆるやかな巻き毛を特徴としている。同種のものにチベットラム［Tibetan lamb］（チベット産）やカルガンラム*、ベビーラム*といった毛皮があり、これらは中級品だが安価なため、最近の毛皮製品には多く使われるようになっている。なお浙江はチキャンのほかチキアン、チッキアンとも発音されるため、これをチキアンラムとかチッキアンラムと呼ぶこともある。

チキンレッグスリーブ［chicken-leg sleeve］ニワトリの脚（チキンレッグ）のような形を特徴とした袖。上部が膨らみ、肘の辺りから細くすぼまる形のもので、レッグオブマトンスリーブ*（ジゴ*）と同種のもの。

チケットポケット⇒チェンジポケット

チゼルトウ［chisel toe］シゼルトウとも発音される。チゼルは大工道具の「のみ、たがね」という意味で、のみで削ったような平たいデザインの爪先型を指す。また、のみの形に似ているからという説もある。最近のイタリア靴にことのほか多く見られるデザインのひとつで、側面が滑り台のように斜めにカットされたスクエアトウ*という特徴をもつ。

チタナイト⇒スフェーン

チック［tic］硬い棒状の整髪料のひとつで、いわば棒状のポマード。白蝋（はくろう）や牛脂、パラフィンなどに香料を加えて練り固めたもので、いわゆるグリース*の一種。この名称はコスメチック（化粧品）の上半分が省略されて生まれた和製語とされる。ヘアチック［hair tic］ともいう。

チッピング［tipping］ネクタイに見る「裏地」のことで、フェーシング［facing］ともいう。大剣と小剣の裏側の先端部分に見ることができるが、製品によっては必ずしも用いる必要はないとされる。ちなみにネクタイの表地はシェル［shell］という。

チップ［tip］「先、先端」の意味で、トゥチップ［toe tip］というと靴の爪先革の前方、すなわち靴の最先端部分およびそれを覆う革を指す。

チップアップ⇒クラッシュトスタイル

チップリング［tip ring］指先につける指輪。チップは「先端」の意で、爪のあたりにあしらう小さめの指輪をこのように呼ぶ。さまざまなデザインがあり、マニキュアやネイルアートと同じような感覚で用いられる。

チノ［chino］パンツのチノーズ*に用いられる生地の名称で、本来はチノクロス［chino cloth］（正しくはチーノクロスと発音）という。コットンギャバジン*に似た丈夫な綾織綿布で、「中国の布」という意味から来ている。カーキ、白、生成りなどの種類があり、光沢のあるポリッシュトチノ［polished chino］と、艶消しタイプのチノに大別される。

チノーズ［chinos］正しい発音では「チーノーズ」といい、日本では「チノパンツ［chino pants］」、またこれを略して「チノパン」と呼ばれる。チノクロス（チーノ

ファッション全般

クロス）という丈夫な綾織綿布で作られるところからこの名があるもので、元々は1890年代にインド駐留の英国軍が白のパンツをカムフラージュ用にカーキ（土ぼこり）色に染めた軍パンを基本に発展したものとされる。第1次大戦中にフィリピン駐屯のアメリカ陸軍の作業着として用いられたのが、今日のチノーズの始まりとされ（1930年代のフィリピン、ハワイ説もある）、その後アメリカ軍兵士のユニフォームとして知られるようになる。第2次大戦後に復員してきた大学生たちが日常着とするようになってファッション化し、やがてコットンパンツの大ブームを招くこととなった。チノは「中国の」という意味で、当初アメリカ軍が中国からこの生地を調達したことからこう呼ばれる。

チノクロス⇒チノ

チノデニム［chino denim］素材。生地メーカー "カイハラ"" の開発によるもので、軽く、タテ落ち感を特徴とする。「シェルノ」のブランド名で提案されるそれは「デニム屋が作るチノ」として知られる。

チノパン⇒チノーズ

チノパンツ⇒チノーズ

チノンス［chinos + leggings］チノーズ（チノパン）とレギンスから成る造語で、これは特に通販大手フェリシモ社の登録商標とされる。両者の特性を併せ持つ女性用ボトムスのひとつで、楽なのにすっきり美脚に見えるのが特長という。

チビタイ⇒ショートカットタイ

チビT⇒タイニーTシャツ

チベタンキャップ［Tibetan cap］ニット帽の一種で、耳のところから同じ素材の細長いアゴ紐を垂らした形に最大の特徴がある。チベットの帽子という意味だが、これは『モンベル』社の商品名で、同じくクリマパイルというニット地で作られ

た登山用のニット帽に「ネージュキャップ」というものもある。

チベットラム⇒チキャンラム

チペワブーツ［Chippewa boots］ペコスブーツ＊によく似たハーフブーツで、アメリカ・ウィスコンシン州のチペワに本社をおく『チペワ』社の商品名として知られる。ペコスブーツより5センチほど浅く、履き口に付けられたタブを引っ張り上げて履くプルオンタイプ［pull on type］となっているのが特徴とされる。この種のものをプルオンブーツ［pull on boots］と総称することもある。

チマ・チョゴリ［裳・襦］韓国、北朝鮮の言葉で、チマは1枚の布地で作られたハイウエストで長い丈のスカート状の下体衣、チョゴリは30センチほどと丈が短く、筒袖で細幅の掛け襟付きとした上衣を指す。この2つで構成される独特の服装を「チマ・チョゴリ」と称し、韓国や北朝鮮の女性に特有の民族衣装として知られる。チョゴリはチマよりも薄い色のものを用いるのが基本とされ、また単（ひとえ）仕立てのものはチョクサム［赤衫］と呼ばれる。なお男性は下体衣としてはチマではなく、パチ［袴］と呼ばれるものを着用する。

チマヨベスト［Chimayo vest］アメリカはニューメキシコ州の小さな村チマヨで産する手織りのウールベストの総称。チマヨ織と呼ばれる伝統的な手法で作られるこのベストは、すべて手織りのため生産量が少なく芸術的な価値観を持つベストとして世界的に人気が高い。3大工房としてオルテガ［Ortega］、センチネラCentinela、トゥヒロズ・ウィービングTrujillo's Weaving の名が知られ、それぞれ「オルテガベスト」とか「オルテガ・チマヨベスト」というように呼ばれる。ニューメキシコ特有のサンタフェ感覚の

459

ファッション全般

模様も特徴のひとつで、これは職人の勝手で織られるところから、ひとつとして同じ柄には仕上がらないとされる。ベストのほかジャケットやブランケット、ラグ、バッグなども作られている。

チムニーカラー［chimney collar］チムニーは「煙突」の意で、煙突のようにまっすぐに立ち上がった円筒状の立襟をいう。これが上部で開く形になるとファネルカラー*と呼ばれることになる。

チムニーネック［chimney neck］煙突のように立ったネックラインの意で、つまりはタートルネックと同じ。

チャーチ・エンブロイダリー⇒ギンプ

チャーム［charm］「魅力、まじない、お守り、魔除け」といった意味で、ファッション用語ではブレスレットなどに付ける小さな飾りを指す。そうしたお守りや魔除けの目的を持つ腕飾りをチャームブレスレット［chrm blacelet］、指輪をチャームリング［charm ring］、首飾りをチャームネックレス［charm necklace］などと呼んでいる。

チャーム・オブ・ファーテイル⇒ファーテイル・チャーム

チャームネックレス⇒チャーム

チャームバッグ［charm bag］チャームは「魅力、まじない、お守り、魔除け」といった意味で、何らかのお守りや魔除けの目的で作られたバッグ類を指す。震災の被災地の人たちを励ます目的で作られたものなどがあり、そうしたことを意味する文字などがプリントされたものが代表的。

チャームブレスレット⇒チャーム

チャームリング⇒チャーム

チャールストンドレス［Charleston dress］1920年代後半に流行したチャールストンと呼ばれるダンスにモチーフを得て作られたレトロな雰囲気のドレスで、ウエス

トラインを低く切り替えたストレートラインに特徴がある。ローウエストドレス*とかロングトルソードレス［long torso dress］などと呼ばれる、胴部分が長いドレスの代表的なものとして知られる。

チャイナシューズ［China shoes］中国の伝統的な靴を総称する。特に鮮やかな刺繍飾りを施した布製のフラットシューズが有名で、ほかにカンフーシューズ*なども挙げられる。

チャイナドレス［China dress］チャイニーズドレス［Chinese dress］ともいう。中国・清朝の伝統的なワンピース型婦人服で、正式にはチーパオ［旗袍］とかチョンサン（チョンサム）［長衫］などと呼ばれる。清朝満州族の女性が着用した「長衣」が洋服の影響を受けながら発展していったものとされ、中国風の立襟と脇裾にとられた深いスリットなどを特徴としている。

チャイナバック［China buck］中国南部や台湾に自生する小型のシカ「キョン」から採れるバックスキン（鹿皮）の一種で、シャモア（セーム革）のなかでも最高級品とされる。手袋などに用いられるが、高級紳士靴の素材としても珍重される。キョンは日本の房総半島などにも生息している。

チャイナブラウス［China blouse］中国風の立襟を特徴としたエキゾチックな雰囲気のブラウス。チャイナドレス*のトップ部分をブラウスにした感じのもので、中国特有の刺繍を入れたり、チャイナボタン*をあしらったりしたものが多く見られる。

チャイナボタン［China button］「中国のボタン」という意味で、紐を丸く結んで環状にし、片方の紐の環に掛けて留めるようにしたもの。5〜7世紀の中国に生まれた伝統的な留め具のひとつで、チャイ

ニーズノット［Chinese knot］の名でも呼ばれる。日本では「釈迦結び（しゃかむすび）」とか「蜻蛉玉（とんぼだま）」と呼ばれて、昔から親しまれている。

チャイニーズカラー［Chinese collar］中国の民族衣装に見られる立襟の一種。特に中国・清朝の高等官吏（マンダリン）によって着用された衣服の襟が代表的で、これをマンダリンカラー［mandarin collar］とも呼んでいる。前が突き合わせになった比較的低い立襟が特徴。

チャイニーズスリーブ［Chinese sleeve］チャイナドレス*（中国服）に見られる袖のことで、フレンチスリーブ*同様のごく短い裁ち出し袖をいう。

チャイニーズドレス⇒チャイナドレス

チャイニーズノット⇒チャイナボタン

チャイニーズルック［Chinese look］中国の伝統的な服装を取り入れたファッション表現の総称。俗にチャイナドレスと呼ばれるチーパオ*やマンダリンカラー*の上着など、いかにも中国といった雰囲気のあるのが特徴。

チャイルドウエア⇒チルドレンズウエア

茶会服［ちゃかいふく］お茶会時に着用する礼服の一種。それほどの格式は求められないが、その場に応じたドレッシーな雰囲気は必要とされる。これに用いる女性の服装はティーセレモニードレスとかティーパーティードレスなどと呼ばれる。なおティーセレモニーは一般に日本の「茶の湯」「茶会」を意味する。

着圧ソックス［ちゃくあつ＋socks］脚や足首に強い圧力をかけ、むくみをとる効果を持たせたソックス。ふくらはぎや太ももにかけては徐々に圧力を弱めて血液の循環をよくするようにしたものが多い。指先を広げる機能を持たせたものや足裏に圧力をかけるタイプも見られる。

着脱エイドブラ［ちゃくだつ＋aid bra］病気やケガなどで手が不自由になった女性のために考案されたブラジャーのこと。1999年に下着メーカーの『ワコール』が10年がかりで開発に成功したもので、着脱しやすいように「前ホック型」と「かぶり型」の２タイプが用意されている。高齢の女性にも便利な商品とされる。

チャコールグレー［charcoal gray］チャコールは「炭、木炭」の意で、ほとんど黒に近い濃色のグレーのこと。一般に「消炭調の色」として知られる。男性のダークスーツの代表的な色調とされ、俗に「ドブネズミ色」とも揶揄されたことがある。

チャッカーシャツ⇒ポロシャツ

チャッカシャツ［chukka shirt］チャッカーシャツの別称。ポロ競技の試合時間の単位（１ラウンドの打球期間の回数で、１回は７分30秒とされる）を本来チャッカーと称し、ここからチャッカの言葉が来た。

チャッカブーツ［chukka boots］くるぶしを覆う程度の深さを持つショートブーツの一種で、２対あるいは3対のアイレット（鳩目）を用いて紐結びするのが特徴。丈夫な革で作られ、元々はポロの競技用の靴とされていた。チャッカとはポロ競技の試合時間の単位を意味している。日本ではよく「チャッカーブーツ」と呼ばれるが、本来の発音からするとチャッカブーツが正しい。本来はスポーツあるいはタウン向きのカジュアルな靴だが、レースアップ（紐結び）式のドレスブーツ*の一種としても履くことができる。

チャック⇒ジッパー

チャッパル⇒クッサ

チャップス⇒オーバーパンツ

チャップスティック⇒リップクリーム

チャドリ［chadri パシュトゥン］アフガニスタンの女性が用いるベール状の衣服で、ブルカ*のアフガニスタン版。この

ファッション全般

言葉は、イラン女性が用いる同様のベールを示すクルド語のチャドル［chador］が訛ったものとされる。

チャドル⇒チャドリ

茶髪［ちゃばつ］脱色や染色などで茶色にした髪を総称する。本当の茶色だけでなく、金髪やその他の色までを含めてこう呼ぶことが一般化している。こうした茶髪の流行で、実際に驚くばかりの髪の色が見られるようになり、特に金髪は「キンパ」とか「パッキン」とも俗称され、中高年層の間にも広がりをみせている。

チャバン［chapan］主に中央アジアの男性が着用する外衣。筒袖、前開き型の膝下程度の長さをもつもので、帯を締めないで着用される。これは西トルキスタンでの名称ともされ、アフガニスタンやパキスタンではこうした男性の服装を「カーリー」と総称する。また、これに合わせるアフガニスタン伝統の独特の形をした帽子は「カラクリ」と呼ばれる。

チャリカジ［――］「チャリンコカジュアル」の短縮語で、自転車乗り用の服装を中心としたカジュアルファッションの表現を指す。ポップな配色の自転車ウエアが一般的なファッションとして人気を集めるようになったもの。チャリンコは自転車をいう日本独特の俗語。

チャリティージュエリー［charity jewelry］チャリティー（慈善）事業に寄与する宝飾品類という意味で、その売上金の一部を慈善事業や福祉施設などに寄付する目的で販売されるジュエリーを総称する。最近のエコ運動に関連して登場したファッション商品のひとつで、このほかにチャリティーＴシャツ［charity T-shirt］といったものもあり、これらの売上金の一部が地球環境保護団体などに寄付される傾向が目立つようになっている。地金高騰などの理由もあるが、最近ジュエリ

一類の買い取りが盛んになっているのも、こうした動きと無縁ではない。

チャリティーＴシャツ⇒チャリティージュエリー

チャロ⇒ソンブレロ

チャロパンツ［charro pants］チャロはメキシコでいう「カウボーイ、牧童」のことで、ガウチョパンツ*と同義。ゆったりとした幅広のふくらはぎ丈パンツを指す。

チャンキースニーカー［chunky sneaker］チャンキーは「ずんぐりした」の意で、ずんぐりむっくりした雰囲気の厚底ソールを特徴としたスニーカー。特にデムナ・ヴァザリアがヴェトモンのブランドで発表した2018年秋の新型をそう呼ぶ傾向があり、それは2017年のバレンシアガのトリプルSを超えるダッドスニーカーとして話題を集めた。

チャンキーソール［chunky sole］チャンキーはアメリカの口語で「ずんぐりした」の意。全体に厚く太いイメージの靴底のデザインを指す。チャンキーヒールと同じように最近目立って多くなっている。

チャンキーニット［chunky knit］チャンキーはアメリカ口語で「ずんぐりした」の意。その名のとおり、全体にずんぐりとしたイメージの強いセーター類を指す。アルパカなどで作られたもこもこの大きめで暖かそうな雰囲気のセーターに代表される。チャンキーセーターとも。

チャンキーヒール［chunky heel］チャンキーは「ずんぐりした、がっしりした」という意味で、そうしたイメージの太めのヒールを指す。いわゆるボリュームヒール*のひとつ。

チャンキーブーツ［chunky boots］チャンキーはアメリカの口語で「ずんぐりした」という意味。靴底が厚く、全体にずんぐりした感じのブーツを指し、1997年ごろ

462

ファッション全般

から若い人たちの間で人気を得ている。

ちゃんちゃんこ⇒半纏

中衣［ちゅうい］外衣（がいい）と下着の中間に位置付けされる衣服の総称で、ベストやシャツ、ブラウスなどがこれに当たり、「中衣類」とも称される。業界の区分でいう「中衣料＊＝重衣料と軽衣料の中間」とは概念が異なる。時として英語のミドル（中くらいの意）をもじってミドラー［middler］などということもある。

中衣料［ちゅういりょう］重衣料＊と軽衣料＊の中間に位置する衣服を指し、カジュアルな感覚を持つジャケット類などがここに含まれる。日本のファッション業界の用語で、厳密な区分があるわけではなく、便宜的に用いられている。軽衣料と併せて「中軽衣料」と呼ぶこともある。

中間アイテム［ちゅうかん＋item］たとえばジャケットとシャツの中間にあるような、どちらとも判断のつけにくいアイテムについて用いる言葉。ビジネスにもカジュアルにも用いることができる中間的な性格を持つシャツなどもそのひとつで、こうしたものを「曖昧な」という意味の英語を使ってファジーウエア［fuzzy wear］と称することもある。

中希［ちゅうき］⇒リスティング（FB）

中軽衣料⇒中衣料

注染［ちゅうせん］反物の上に型紙を置いて糊付けし、その上から染料を注いで裏まで染み込ませる日本伝統の染めの技法、またそうした染め柄をいう。浴衣や手ぬぐいに用いられるもので、裏表が同じ濃さで表現されるのが特徴。

チューブケープレット［tube capelet］筒状になったニット小物のひとつで、小さなケープ（肩掛け）として用いるところからこのような名で呼ばれる。いわゆるアクセサリーウエア＊のひとつ。

チューブショール⇒チューブストール

チューブスカート［tube skirt］筒（チューブ）状のスカートのことで、一般にストレートスカート［straight skirt］と呼ばれる直線的なシルエットを特徴とするスカートの一種。ヒップから裾までのラインがまっすぐで、最も基本的なスカートのひとつとされる。円柱状の意からコラムスカート［column skirt］とも呼ばれる。

チューブストール［tube stole］筒状になったストール＊。両先端が筒状になって袖を形作り、袖付きのボレロやケープのような形に変身するという特徴をもつもの。チューブショール［tube shawl］とかツーウエイストール［two-way stole］など多くの名称があり、夏向きの肩掛けのひとつとして、2004年ごろから流行となっている。

チューブソックス［tube socks］筒状の靴下。爪先とかかとの部分が編成されていないストレートな形のもので、スポーツソックス＊などに見られる。正しくはサーキュラーホーズ［circular hose］というが、サーキュラーは「円形の、丸い」という意味で、丸型に編み上げられた靴下を指すことになる。

チューブタイトスカート［tube］筒（チューブ）型のシルエットを特徴とするタイトスカートのこと。体にぴったりフィットする幅の狭いスカートで、ミニからロングまでさまざまな丈のものが見られる。

チューブトップ［tube top］チューブ（筒）状の簡便な女性用トップス。上辺にゴムを入れたり、ストレッチ性に富む素材を用いることによって落ちないように工夫した胴着で、肩紐などは付かず、腹巻にも似たシンプルな形が特徴。

チューブドレス［tube dress］全体にチューブ（筒）の形を特徴とするストレート

ファッション全般

ラインのドレス。ストレートドレス*や
シリンダードレス*と同義。

チューブパンツ［tube pants］チューブ（管）
状のシルエットを特徴とするパンツ。ス
トレートパンツの一種で、中庸を得た太
さのものが散見される。なかにはごく細
い管状のものも見られる。

チューブブラ［tube bra］チューブブラジ
ャーとも。肩紐が付かないチューブ（筒）
状のブラジャーで、下着としてよりアウ
ターブラのひとつとして用いられること
が多い。バンドゥーブラ*と同義。

チューブラー［tubular］本来は「管状の、
管から成る、管のある」といった意味で、
最近のファッション用語では長い腹巻き
状のニットアイテムを表す。防寒用アイ
デア商品のひとつで、腹巻きとして用い
るほかネックウオーマーやターバン風に
も使うことができる。

チューブラーシルエット⇒シリンダーライン

チューブライン［tube line］筒状のシルエ
ットの意。まさしく円筒形のラインで、
チューブラーラインとかシリンダーライ
ン*などと同義だが、一部に1970年代初
頭に現れた、ほとんどゆとりのない極度
にボディーフィットしたイタリア型のメ
ンズスーツのシルエットを指す見方もあ
る。これを当時の日本ではボディーライ
ン*とも呼んでいた。

チューヨ［chullo 西］南米のペルーやボリ
ビアなどで用いられることの多い耳当て
付きニット帽のことで、高価なビキュー
ナ*（ビクーニャ）製のものも見られる。
チューヨは南米語で本来は「ふぞろいの」
という意味をもつ。

チューリップキャップ［tulip cap］チュー
リップの花を逆さにしたような形を特徴
とする簡便な帽子で、俗に「チューリッ
プ帽」と呼ばれる。とんがった山とそれ
につながる自然な広がりを特徴としたも

ので、チューリップハット［tulip hat］
とも呼ばれて昔から親しまれている。こ
うしたものの変形で、デニムなどで作ら
れる接ぎのあるカジュアルな帽子をフロ
ッピーキャップ［floppy cap］というこ
とがある。

チューリップスカート［tulip skirt］チュー
リップの花弁を逆さまにしたような形の
スカート。いわゆるパフスカート*の一
種で、優雅な弧を描くシルエットが女性
的でエレガンスとされる。

チューリップスリーブ⇒ペタルスリーブ

チューリップハット⇒チューリップキャップ

チューリップパンツ［tulip pants］ベルボ
トムパンツ*の一種で、裾がチューリッ
プの花弁のような形に開いた女性用パン
ツ。

チューリップライン［tulip line］チューリ
ップの花を思わせるようなシルエット。
本来は1953年春夏向けパリ・オートクチ
ュールコレクションにおけるクリスチャ
ン・ディオールのテーマから来たもので、
思い切って横に広げたバストとくびれた
ウエスト、細くすぼまるスカートで、チ
ューリップのようなシルエットを造形し
たもの。

チュール［tulle］六角形の網目構造を特徴
とする薄い網状の布地。最初に生産され
たフランスの地名にちなんでこの名があ
る。これに刺繍などをあしらって模様を
表したものをチュールレース［tulle
lace］という。

チュールスカート［tulle skirt］チュール（薄
い網状で張りのある布）で作られたスカ
ートのことで、多くはバレエの衣装とし
て知られるチュチュなどに見られる。チ
ュチュの土台となるところからチュチュ
ボーン［tutu bone］、また単にチュチュ
スカート［tutu skirt］と呼ばれることも
あり、フリフリスカート*の代表的なも

464

のとされる。

チュールレース⇒チュール

チュチュ［tutu 仏・英］クラシックバレエ衣装のひとつで、特にバレリーナが着用する白いスカートで知られる。丈の短いものを「チュチュ・クラシック」、足首まであるものを「チュチュ・ロマンティック」と呼んで区別する。

チュチュスカート⇒チュールスカート

チュチュスリーブ［tutu sleeve］チュチュはクラシックバレエのバレリーナが着用する衣装を指し、それに見るような袖のデザインをいう。身頃とは独立したような形に見えるが、実際は脇の下でつながった特殊なデザインのものを指す。ビュスティエ型のドレスなどによく見られ、その変形も多い。

チュチュボーン⇒チュールスカート

チュニカ［tunica ラテン語］トゥニカとも。ラテン語で「下着」を意味し、古代ローマでは貫頭衣の一種として使われた。下着から表着へと発展し、中世以降はチュニックへ受け継がれた。

チュニック［tunic］チュニックという言葉は、時代や人によってさまざまな使い方と意味があるが、ファッション史上では下着のチュニカ*から発展して表着へと変化した、ワンピース型の比較的タイトな筒型シルエットのロングドレス状の衣服を指す。古代エジプトの中王国時代(前2160〜前1580)の頃から女性の服装に取り入れられるようになっている。そのほかに現在ではゆったりとしたオーバーブラウス風の上着やミニドレスのような膝上丈の衣服、また軍服調の丈長上着などもチュニックと呼ばれることがあり、その種類と変化は多彩である。

チュニックエプロン［tunic apron］チュニックのように着こなすことのできるキッチンエプロンの一種。袖無しで、ゆるめの U ネックラインとしたワンピース型のものが多く、かぶるだけで簡単に着られるデザインとなっている。ちょっとした外出着としても用いることができる。

チュニックコート［tunic coat］チュニック丈と呼ばれる「4 分の 3 丈＝腰丈」程度の長さを特徴とする筒型シルエットの女性用コートの総称。

チュニックジャケット⇒チュニックトップ

チュニックシャツ⇒チュニックブラウス

チュニックスーツ［tunic suit］ここでいうチュニックは、ストレートラインの長めの丈(チュニック・レングスと呼ばれる)を特徴とした上着を指し、それと共布のスカートなどを組み合わせたスーツスタイルをいう。共布のパンツを合わせる男性用のものもある。

チュニックスカート［tunic skirt］ドレスやスカートの上にさらに重ねて着用するオーバースカートの一種で、チュニックを着るような感じで用いるところからこのように呼ばれる。全体に下にはくスカートより短く、上衣とつながったものも見られる。エプロンチュニック(エプロン状)やハンカチーフチュニック(ハンカチーフ状)などと呼ばれる簡便な形のものもあり、別にフロックスカートと呼ばれることもある。ここでのフロックは上下につながった婦人服(ワンピース)や丈の長い僧衣を意味する。

チュニックセーター［tunic sweater］チュニック*風のセーター。チュニック丈と呼ばれる太ももの中間程度の長い丈を特徴としたセーターで、ニットチュニック［knit tunic］の名でも呼ばれる。レギンスなどと合わせて、布帛のチュニックと同様に着こなされる例が多い。

チュニックTミニ［tunic T mini］太ももの半分くらいのチュニック丈と呼ばれる長さを特徴としたTシャツ型のミニドレ

ファッション全般

ス。きわめてシンプルなデザインのワンピースで、こうしたものを一般にＴドレス*とも総称している。

チュニックトップ [tunic top] チュニック*にはさまざまな意味があるが、ここではスモック*のようなプルオーバー（かぶり式）のシャツジャケットを総称する。チュニックジャケット [tunic jacket] ということもあるが、これは厳密には腰から腿が隠れるくらいのチュニック丈と呼ばれる長さを特徴とするロングジャケットを指す。

チュニックドレス [tunic dress] 古代の貫頭衣として知られるチュニックを原型としたドレス。ごくシンプルなワンピース型のオーバーブラウスといった感じのもので、丈の変化は多彩なものとなっている。また、こうしたチュニック型のトップスとスカートを組み合わせたものをこのように呼ぶことがある。最近では短めのチュニックドレスをパンツと合わせて着こなす例が多く見える。チュニックワンピとも。

チュニックパーカ⇒パーカチュニック

チュニックパンツ [tunic, or tunique pants] パキスタンのシャルワールやインドのチュリダルスのような民族服としてのパンツ。チュニックのような服とともに用いることからこのように呼ばれる。もうひとつ現代的な用法としては、現在のチュニックに合わせるのにぴったりな雰囲気を持つ女性用パンツを指し、それはレギンスのように脚に密着するのでもなく、太過ぎもせず、絶妙なストレートラインでフィットするものを意味する例が多い。

チュニックブラウス [tunic blouse] チュニック*のようなイメージをもつ長めのブラウス。プルオーバー式やハーフプラケット式などさまざまな形があり、ボヘミ

アンルック*などの主要アイテムとして用いられる。チュニックシャツ [tunic shirt] とも呼ばれるほかロングブラウス [long blouse] の別称もある。

チュニックフーディー [tunic hoodie] チュニック丈（太ももの半分程の長さ）のフーディー（フード付きトップスの総称）の意。スエットのフーディーをチュニック丈にして女性らしく仕上げたジップアップフロント型のものやかぶり式にしたワンピース型のものなどが見られる。フーディーチュニックというほか、フーディーロングトップなどとも呼ばれる。

チュニックベスト [tunic vest] ヒップを隠すくらいのチュニック丈と呼ばれる長さを特徴とする婦人用ベストの一種。いわば袖なしで前開きのロングベストといった感じのもので、毛足の長いファー（毛皮）などを使ったエレガントなデザインのものが多く見られる。

チュニックワンピ [tunic + one-piece] チュニック風のワンピースドレスをいう俗称。ミニドレス丈のものが多く、薄手の綿素材で作られた民族調の雰囲気を持つものが多く見られ、2007年春夏以降、人気を保っている。

チュリダルス [churidars ヒンディー—] インド人が着用するズボンの一種。脚にぴったりした細身の形が特徴で、男女ともに用いられる。

ちょいダサファッション [ちょいダサ＋fashion]「ちょっとダサイがカッコイイ」といった意味で用いられる流行語のひとつ。「おじコーデ」と呼ばれるおじさんのような着こなしや、シャツの裾をパンツの中に押し込む子どものような着方が代表的で、2017年頃から目立つようになってきた。

蝶ダービー [ちょう＋derby] ボウタイ*（蝶ネクタイ）のうち自分で結ぶ「手結び式」

466

ファッション全般

のものをいう。現在ではあらかじめ形が作られ、簡単に取り外しできるようになった「作り付け式」のものが多く見られるが、ボウタイは本来自分で手結びして着用するのが紳士の嗜みとされる。

蝶タイ⇒ボウタイ

超ダサ・ファッション⇒ずり下げパンツルック

超長綿［ちょうちょうめん］英語ではエクストラロングステープルコットン［extra long staple cotton］と表示する。繊維の長さがきわめて長く細いコットン素材を総称する。しなやかな光沢感に富む高級綿とされ、エジプト綿*や海島綿*などのほか、最近では中国やインドの一部でも栽培されるようになっている。

蝶ネクタイ⇒ボウタイ

チョーカー［choker］首にぴったりと巻き付けるタイプのネックレスの一種で、ネックリング［neck ring］（首輪の意）とも呼ばれる。チョーカーとは「首を締めるもの、窒息させるもの」という意味で、革や布地などで作られ、中央にポイントとなる飾りを付けたものなどが多く見られる。この一種で幅広の帯状となったものをドッグカラー［dog collar］またドッグリング［dog ring］（ともにイヌの首輪の意）という。

チョーカーレングス［choker length］主として真珠のネックレスの長さを示す用語のひとつで、チョーカー*のように首にぴったりとあしらう最も短いタイプを指す。周囲14インチ（約35.5センチ）が基準とされる。

チョーキーカラー［chalky color］チョーキーは「チョークのような」の意で、まさしくチョークを思わせるような白っぽい色調をいう。「白亜色の」という意味もあり、ピンクやブルーなどの白みがかったものもここに含まれる。

チョークストライプ［chalk stripe］チョーク（白墨）で引いたような、ちょっとぼやけた感じの等間隔の縞柄。ボールド（大胆）でクラシックな感じがよく表現される。「白墨縞」ともいう。

チョークバッグ［chalk bag］岩山登りのロッククライマーが、滑り止め用のチョークを入れるのに用いる小さな袋。ヒップバッグと同じように、尻の辺りに垂らして用いるのが特徴。

チョアジャケット［chore jacket］チョアは「はんぱ仕事、雑用」という意味で、アメリカでの昔ながらの仕事着をこのように呼んでいる。デニム地で裏にネルや毛布地、キルトなどを貼ったショートジャケット型のものが多く見られる。

チョクサム⇒チマ・チョゴリ

千代田袋［ちよだぶくろ］信玄袋*をちょっと小さくした形を特徴とする日本の袋物のひとつ。和装に合う手提げ袋として、明治時代の後期に流行をみた。

チョッキ⇒ベスト

チョップトパンツ［chopped pants］チョップトは「（斧などで）たたき切った、切り離した」といった意味で、クロップトパンツ*と同義。クロップトパンツよりも早く使われた言葉だが、使用の機会は少なくなった。

チョピン［chopine, chopin］16～17世紀ヨーロッパに流行したきわめて厚底のサンダル状の履き物。木で作られた、背を高く見せるためのいわば高下駄で、トルコで生まれ、イタリアで最初に流行した。

チョリ⇒サリー

チョンサン⇒チャイナドレス

ちょんまげヘア⇒サムライヘア

チラデコ⇒デコカジ

チラ見せファッション［ちらみせ＋fashion］下着などがチラッと見えるファッション。ローライズジーンズによる「見せパ

た

467

ファッション全般

ン」や、ブラジャーがのぞく「ブラチラ（胸チラ）」などが代表的で、これらはわざと見せるように、あるいは見えてもかまわないという意識の下に行われているのが特徴。最近ではワンピースの裾からフリル付きなどのスカートの裾をチラリとのぞかせる着方もある。

チリニット⇒インディオセーター

縮緬⇒クレープ

チルデンカーディガン［Tilden cardigan］テニスセーターとして知られるチルデンセーターのカーディガン版。白や生成りの地に赤と紺2本のラインをあしらったケーブル編みのカーディガンで、テニスのプレイ時のほか一般のカジュアルウエアとしても多く用いられる。

チルデンセーター［Tilden sweater］一般にテニスセーター［tennis sweater］として知られる、Vネック周りと裾および袖口に赤と紺2本のラインを配したケーブル編のバルキーセーター。1920年代から30年代にかけて活躍したアメリカの名テニス選手ウィリアム・チルデンの名にちなんでこう呼ばれるが、これは和製語とされる。本体は白か生成りとされるのが基本的なデザインで、プルオーバーのほかに同様のデザインを施したベストやカーディガンもある。

チルドレンズウエア［children's wear］「子供服」の意で、単数形でチャイルドウエア［child wear］とも呼ばれる。子供はこのほかにインファント［infant］とも呼ばれるが、これは一般に7歳未満の幼児を指し、フランス語では子供全体を指してアンファン［enfant 仏］という。こうした用語は子供服の形容によく用いられる。

チロリアンカラー［Tyrolean collar］チロリアンジャケット＊と呼ばれるアルプス・チロル地方の民族衣装に見る襟のこと

で、一般に丸首型の襟の形を指す。またオーストリアでワルクヤンカー＊と呼ばれる同種の上着に付く、大きめのボタンで留める小さな折り返し襟をこのように呼ぶこともある。

チロリアンコート［Tyrolean coat］大きな毛皮の襟を特徴とする膝丈程度の防寒コート。アルプスのチロル地方のイメージからそう呼ばれるもので、昔からある基本的なコートのひとつだが、アウトドアファッションの流行から再び注目されるようになった。

チロリアンジャケット［Tyrolean jacket］アルプスのチロル地方で用いられる民俗衣装のひとつ。襟なしの丸首型で、5～6個のシルバーボタンを配し、縁全体とポケット口、袖口をテープでトリミングしたデザインを特徴とするジャケットを指す。

チロリアンシューズ［Tyrolean shoes］チロリアンブーツ＊を原型として作られた短靴の一種。山歩きや高原のハイキングなどに適するスポーティーな靴で、モカシン型のトウデザインやラグソールと呼ばれる頑丈な靴底に特色がある。靴紐に赤や黄色などの色ものを用いることも多い。

チロリアンセーター［Tyrolean sweater］アルプス・チロル地方で着用されるセーター類の総称。チロルカーディガンなどと呼ばれる丸首型のカーディガンに代表され、首周りやフロントラインにチロリアンテープに見るカラフルな模様をあしらったものが多く見られる。その他、雪などの編み込み模様を配したバルキーなプルオーバーやベストなどもある。

チロリアンソックス［Tyrolean socks］アルプス、チロル地方の民族衣装に見る靴下の一種。ゲートルと呼ばれるほどに厚手の長い靴下で、パンツの裾を中に入れ、

468

ファッション全般

膝下まで引っ張り上げて穿くものとされる。フェアアイル柄などを配したものも多く、登山用の靴下としても用いられる。

チロリアンテープ [Tyrolean tape] アルプスのチロル地方原産の民俗的なタッチの刺繍を施した1～2センチ幅の細い平紐。各種の衣服の縁飾りやバッグなどの飾りに用いられる。

チロリアンハット [Tyrolean hat] アルプスのチロル地方を原産地とするフェルト製のスポーツ帽。前が下がり、後ろが巻き上がった独特の形と、狭めの鍔（つば）、小さめのクラウン、飾り紐、鳥の羽根飾りと数々の特徴を持つ。登山に用いるほかスポーティーな服装にもよく合う帽子として好まれている。別にアルパインハット [Alpine hat]（アルプスの帽子の意）とかローデンハット [loden hat]（ローデン地方の帽子の意）とも呼ばれる。

チロリアンブーツ [Tyrolean boots] アルプスのチロル地方で履かれていた伝統的な民族靴のひとつ。ここからチロリアンシューズ*などの山歩き用の靴が生まれている。

チロリアンベスト [Tyrolean vest] チロリアンジャケット*をベストに変化させたもので、アウターベストの一種として用いる。

チロルカーディガン⇒チロリアンセーター
チンウオーマー⇒チンストラップ
チンカラー⇒ファネルカラー

チンギアーレ [cinghiale 伊] イタリア語で「猪豚（いのぶた）」の革のこと。いわゆるピッグスキン（豚革）の一種だが、これは本来ヨーロッパ野豚から生まれたもので、一般的なピッグスキンより組織が緻密で、毛穴が目立たないのが特徴とされる。ヨーロッパに古くから伝わる高級皮革で、特にイタリア・チベット社のものが秀逸とされている。チンギャーレとも呼ばれる。

チンストラップ [chin strap] チンは「あご」の意で、一般にはヘルメットなどの「あご紐」を指すが、ここではトレンチコートなどの襟元に見られる「あご覆い」としての三角形の当て布をいう。防雨用に設けられるストームストラップ [storm strap] のひとつで、別にチンウオーマー [chin warmer]（あごを暖めるもの）とかチンフラップ [chin flap] とも呼ばれる。

チンチラ [chinchilla] 南米アンデス山地に生息するリスに似た小動物。その毛皮は非常にソフトで絹のような光沢と感触を特徴とし、最も贅沢な毛皮のひとつとされる。白、シルバー、ブロンドなどの色があるが、なかでも青みを帯びたものが最上質とされている。現在は養殖ものが大半。

チンツ⇒更紗

チンプジャケット [chimp jacket] 毛足の長いパイルなどで作られるショートジャケットをいう俗称。チンパンジーのぬいぐるみを思わせるところから、このような名が付けられたもの。

チンフラップ⇒チンストラップ

た

ファッション全般

ツアーTシャツ［tour T-shirt］ロックバンドなどのミュージシャンがコンサートツアーで着用するTシャツのこと。コンサートツアーの催事名や目的などをプリントしたものに代表され、プレミアムな価値があるとして人気を集めている。

ツアーパック⇒ヒップバッグ

ツイード［tweed］紡毛織物（ウーレンファブリック）の代表的な生地で、平織、綾織などさまざまな製法があり、ざっくりとした素朴な味わいに特徴がある。スコットランドのツイード河流域で初めて作られたところからこの名があるとされ（別に綾織＝ツイル twill の誤読という説もある）、ハリスツイード*やドニゴールツイード*などさまざまな種類がある。現在ではスコットランドとアイルランドを主要な産地とする紡毛織物を総称するが、特にスコットランド産のツイードは、ウイスキーと同じようにスコッチ［Scotch］の名称で呼ばれるほか、スコッチツイード［Scotch tweed］とも総称される。

ツイードサイドコート［tweedside coat］ラウンジジャケットの前身とされる上着のひとつ。スコットランドのツイード川周辺に住む人たちが着用した上っ張り状のルーズシルエットを特徴とするジャケットで、1850年代に至ってロンドンで話題とされるようになった。

ツイードフラットキャップ⇒ハンチング

ツイードヘルメット⇒セットヘルメット

ツイードラン［The Tweed Run］ツイードの服をおしゃれに着こなして、街中を自転車で楽しく走ろうとするイベントで、2009年、英国皇太子の提唱で始まった『キャンペーン・フォー・ザ・ウール』の一環として、ロンドンから始まった。自転車走行のモラル啓蒙とファッション産業の活性化を目的としたもので、現在では

ニューヨーク、フィレンツェ、シドニーなど世界各地で独自に開催されている。日本では東京（The Tweed Run TOKYO）で2012年から始まり、名古屋でも2013年から開催されている。ドレスコードを「ツイード」のジャケットやパンツ、ベスト、帽子などに限定しているのがユニークな催し。

ツイストスパイラル⇒スパイラルパーマ

ツイストドレープ［twist drape］斜めにひねったドレープ*のこと。ドレープは普通、タテ型の布のたるみをいうが、これはセーターやドレスなどの片側の一部をひねって、放射状に広がるドレープを特徴としたものを指す。

ツイストパーマ⇒スパイラルパーマ

ツイストパンツ［twist pants］ツイストは「巻き付ける、捩じる、捩じれる、ひねる」といった意味で、脚にぴったりとまとわりつくようなピタピタのパンツをいう。日本ではピタTと同じ用法で「ピタパン」と俗称されることがある。スキンパンツなどとも呼ばれる。

ツイストヘア［twist hair］ツイストは「撚る、ひねる、ねじる」という意味で、髪の一部にひねったり、ねじったりするデザインを取り入れた髪型を総称する。昔から見られるもので、「ツイストスタイル」などとも呼ばれる。

ツイル［twill］綾織物の総称。織り目が斜めの綾（畝）のように表れるのが特徴。

ツイルウイーブ⇒綾織

ツインセーター［twin sweater］ツインは「双子の一方、対の一方」また「対にする、結び付ける」という意味で、カーディガンとプルオーバーあるいはスリーブレスセーターを同じ色柄、編地で揃えてワンセットとした組み合わせを指す。ツインセット［twin set］とかセーターセット［sweater set］、カーディガンセット

ファッション全般

[cardigan set] などさまざまな呼称がある。

ツインセット⇒ツインセーター

ツインダブル［twin double］ジャケットとベストをともにダブルブレステッド（両前）型としたスリーピーススーツ。したがって正確には「ツインダブル・スリーピース」となる。2つのダブルの組み合わせということからこの名称があるもので、この場合のベストは襟付きのものが多く見られる。

ツインテール［twin tail］ツインは「対にする」の意で、左右対称としたポニーテールのこと。最近人気となっている女性のヘアスタイルのひとつで、ツーテールとも呼ばれる。髪を束ねる位置によって若向きと大人向きに分かれるともいわれる。また頭の片側だけにアップして結ぶ髪形はサイドテールとかサイドポニー（テール）などと呼ばれ、これもポニーテールの変化形のひとつとされる。いずれもちょっと幼い感じになるのが特徴とされる。和製英語で、略して「ツインテ」ともいう。

ツインピース［twin piece］ツインは「対（つい）」、ピースは「部品、部分」の意で、これはジャケットとワンピースを共生地で揃えて組み合わせる、アンサンブル形式のスタイルを指す1990年代生まれの用語。

ツインベンツ⇒サイドベンツ

ツーインワンタイ［two-in-one tie］大剣と小剣を同寸、同幅で揃え、色柄を違えることにより、1本で2通りに使えるようにしたネクタイをいう。さらに大剣と小剣の裏表をそれぞれ異なった色柄にして4通りに使えるようにしたものは、フォアインワンタイ［four-in-one tie］と呼ばれることになる。いずれもアイデアものネクタイとされるが、今日ではあまり見られなくなった。

ツーウエイイヤリング［two-way earring］二通りの用い方ができるイヤリング。本体の部分と、取り外しのできるドロップ式の飾りの二つの部分からできていて、好みによってどちらの飾り方も可能になるというもの。

ツーウエイオール［two-way all］赤ちゃん用の「おくるみ」の一種で、裾口のスナップボタンを操作することによって、パンツ状にも袋状にも変化させることができるものをいう。

ツーウエイカフス⇒コンバーティブルカフス

ツーウエイ柄［two-way＋がら］方向性を持つ柄が、左方と右方、あるいは上方と下方の異なる方向に構成される柄をいう。どちらを上にしても大丈夫な構図になっているのが特徴。

ツーウエイカラー⇒ワンナップカラー

ツーウエイコート⇒リバーシブルコート

ツーウエイサンダル［two-way sandal］二通りの使い方ができるサンダル。取り外し式のフリンジ飾りなどを用意して、それを付けるとエスニックな印象に、外すとシンプルなフラットサンダルになるようなものをいう。

ツーウエイジッパー⇒ダブルファスナー

ツーウエイシャツ［two-way shirt］二通りに使えるシャツの意で、ビジネスにもカジュアルにも着用可能なドレスシャツを指す。ダブルデューティーシャツ＊の別称のひとつ。

ツーウエイスカート［two-way skirt］ス1枚でワンピースにもロングスカートにも使えるようにデザインされたスカート。そうしたギャザースカートなどに人気がある。

ツーウエイストール⇒チューブストール

ツーウエイ・ダブルブレステッド［two-way double breasted］2通りの両前型の意味

た

471

ファッション全般

で、左前にも右前にも打ち合わせることができるダブルブレステッドの形を指す。リーファージャケット*などに見られる本来のダブルブレステッドは、すべてこのようになっており、それでこそ「両前」型と呼ばれる意味が正当化する。現在こうした形のスーツやコート、ジャケットはごく少ない。**ツーウエイトリコット**⇒トリコット

ツーウエイバッグ⇒ブリーフショルダー

ツーウエイブーツ［two-way boots］ショートにもロングにも二通りの使い方ができる女性用ブーツ。ショートブーツに取り外し可能となった同色・同素材の筒をかぶせた形のもので、ベルトを使って留めるなどさまざまなデザインがある。メーカーによってダブルブーツ［double boots］とかパンツブーツ［pants boots］（パンツをはいているように見えるところから）などさまざまな名称がある。

ツーウエイワンピース［two-way one-piece］二通りの見せ方や使い方ができるワンピースドレスの総称。肩紐やリボンなどを工夫することによって異なる表情が生まれるものや、裾をたくし上げることによって二つの着方ができるものなどがある。最近のドレスに現れている傾向のひとつ。

ツータック⇒ワンタック

ツーデイパック［twoday pack］大型リュックの一種で、2日用デイパックの意味から名付けられたもの。なかでもアメリカのグレゴリー社30周年記念モデルとして復刻されたものが有名で、それは容量37のサイズに仕上げられている。この社の記念モデルには「パッデッド・ショルダーポーチ」と呼ばれる小型のショルダーバッグもある。

ツーテール⇒ツインテール

ツートーンカラー⇒バイカラー

ツートーンジャンパー［two tone jumper］ツートンジャンパーとも。スタジアムジャンパー*の別称のひとつで、身頃と袖が異なる2色で切り替えられているところからの名称。本格的なものでは、身頃が厚手のメルトン、袖が革使いとなっている。

ツーパンツスーツ［two pants suit］1着のスーツにもう1本「組下」としてのパンツが付いて販売されているスーツ。郊外型の大型紳士服店などでよくとられる販売手法として知られる。

ツーピークス［two peaks］ポケットチーフのあしらい方のひとつで、山型を2つのぞかせるスタイルをいう。スリーピークス*に準じる挿し方とされ、これまたフォーマルウエア向きとなる。ツーピークマナー［two peak manner］とも呼ばれる。

ツーピークマナー⇒ツーピークス

ツーピース［two-piece］2つの部品の組み合わせという意味で、ジャケットとスカート、またジャケットとワンピースがセットになった婦人服を指す。ほかにメンズスーツの上下揃い（ツーピーススーツ）や上下分断型のワンピース風の衣服（ツーピースドレス*）の略としても用いられる。

ツーピースカラー［two-piece collar］襟腰（台襟＝ネックバンド）と襟越（襟羽根＝カラー）の2つの部分から構成される襟のことで、ドレスシャツなどに用いられる「2枚襟」を指す。一般にダブルカラー［double collar］と呼ばれ、いわゆるシャツカラーを意味する。ワンピースカラー*の対語。

ツーピーススーツ［two piece suit］ジャケット（上着）とトラウザーズ（ズボン）だけで構成される背広。日本語では「上下揃い、二点揃い」と称され、「2Ｐスーツ」とも表記される。スリーピースス

ファッション全般

ーツ*からベストを省略した形のもので、第2次大戦後はこの形がスーツのスタンダードとなった。

ツーピーススリーブ［two-piece sleeve］二枚袖。2枚の布地で作られる袖のことで、一般にきちんとしたスーツやコートなどに用いられる。外側の部分を「外袖、上袖」、内側の部分を「内袖、下袖」という。

ツーピースドレス⇒ワンピースドレス

ツーピース水着［two-piece＋みずぎ］トップとボトムの二つの部分に分かれた女性水着。二部式水着のことで、セパレート型水着［separate＋がたみずぎ］とか単に「セパレーツ」とも呼んでいる。ビキニスタイル*の水着が代表的だが、そのデザインにはごくおとなしいものから過激なものまでさまざまな変化がある。

ツーブロック［two block］「二つの塊（かたまり）」また「二つの区分け」といった意味で、髪の長さを上部と下部で大きく違えて段差をつけたヘアスタイルを総称する。普通は上部の髪を長く伸ばし、下部は刈り上げとなった形のものが多く見られる。

ツーボタン・アジャスタブルカフス［two buttons adjustable cuffs］単にアジャスタブルカフスともいう。シングルカフス*の袖口ボタンが横方向に2つ並べて付けられたもので、それによって袖口をきつくもゆるくも調節できるようにした形をいう。

ツールバッグ［tool bag］ツールは「道具」の意で、各種の道具入れとして用いるバッグを指す。細長い形のものが多く見られるのが特徴で、大工道具入れとして上部が三角形になった金属製のツールボックスもある。これは特に「道具箱」の意味になる。

ツールポケット［tool pocket］ツール（道具、工具）を収納するためのポケット。ペイ

ンターパンツなどに見られるディテールデザインのひとつで、上から差し入れる形に作られたものが多い。かつては蝋燭を入れるために設けられたキャンドルポケットといったものもあった。

ツールボックス⇒ツールバッグ

つがいボタン⇒リンクボタン

突き合わせ⇒拝み合わせ

接ぎ目⇒中継ぎ

ツケマ［――］「つけまつ毛」を指す最近の俗語。目元をくっきり彩るのに適切なつけまつ毛は、目力アップに欠かせないとして、若い女性のあいだではもはや必需品となった観がある。ラメや色つきのもののほか、最近では紙製や羽根つき、星飾りつきなどさまざまなタイプが現れて人気を集めている。

つけ八重歯［つけやえば］つけ爪やつけまつ毛と同じような感覚で、犬歯に着ける人工的な八重歯。キュートな口元が可愛らしいイメージを生むとして好まれるようになった。固定タイプのほか自分で付け外しできるものもある。ＡＫＢ４８の板野友美などの影響があるとされる。

辻が花［つじがはな］室町時代から桃山時代にかけて流行した着物の染めで、絞り染と手描きの花模様を組み合わせた、きわめて繊細で優雅な柄行きを特徴とする。その後、華やかな友禅染に人気が移っていったが、近年、久保田一竹によって復活し、「一竹辻が花染め」として脚光を浴びるようになった。

筒袖［つつそで］本来は袂（たもと）が付かない和服の袖をいう。一般にはそれに似た筒状の袖を総称する。

ツッパリファッション⇒ヤンキーファッション

鼓（つづみ）ボタン⇒リンクボタン

綴織［つづれおり］ヨコ織のことで、これはタテ方向の畝が表れるのが特徴とな

473

ファッション全般

る。「人目（じんめ）」とか「地埋め（じうめ）」などと呼ばれて、ネクタイの代表的な生地とされる。英語ではレップというが、これとは別にタペストリー*の意味もある。

つなぎ⇒ジャンプスーツ

詰襟［つめえり］「立襟」と同義。日本の学生服のものが代表的で、襟元が詰まっているところからこう呼ばれるようになったとされる。

吊り編み［つりあみ］丸編の一種で、編機が天井の梁（はり）に吊され、宙に浮いた状態で編み出されるところからこのように呼ばれる。明治時代にヨーロッパから伝わったもので、ヴィンテージ感覚の裏毛スエット素材やガーゼのような極薄ニットなどが作られる。ふっくらと柔らかな感触が特徴とされ、いわゆるスローなニットのひとつとして人気を回復している。

ツリーオブライフ・ステッチ［tree of life stitch］アラン模様*のひとつで、「生命の木」柄という。木の幹と枝を表したもので、大木のように長生きできることと、一家の繁栄を象徴している。

ファッション全般

デ［de 仏］⇒シンプル

デアードバルコニーブラ⇒バルコニーブラ

ティアードキャミソール⇒ティアードトップ

ティアードジャケット［tiered jacket］ジ
ティアードは「段々に積んだ、重ねた」
の意で、布の重ねを特徴的なデザインと
したジャケットを指す。ティアードは多
くスカートやドレス、ブラウスなどに用
いられるが、ジャケットに応用されるの
は珍しい。

ティアードスカート［tiered skirt］ティア
ードは「段々に積んだ、重ねた」という
意味で、段で切り替えたデザインを特徴
とするスカートを指す。俗に「段々スカ
ート」と呼ばれるもので、2段切り替え
や3段切り替えなどさまざまなデザイン
が見られる。

ティアードスリーブ［tiered sleeve］ティ
アードは「段々に積んだ」の意で、横に
何段か切り替えて布を重ねた袖を指す。

ティアードタイ［tiered tie］ティアードは
「段々に積んだ、重ねた」の意で、フリ
ルや切り替えなどのデザインで段をつけ
たネクタイの一種をいう。主として女性
のブラウスなどに用いられるロマンティ
ックなネックアクセサリーのひとつとさ
れる。

ティアードトップ［tiered top］ティアード
は「段々に重ねる」という意味で、帯状
の布が段状に重なったデザインを特徴と
する女性用の簡便なトップスをいう。多
くはキャミソールトップ*型のものに見
られ、夏季用のトップスのひとつとされ
る。ティアードキャミソール［tiered
camisole］とも呼ばれる。

ティアードドレス［tiered dress］ティアー
ドは「重なった、段々になった」という
意味で、段状の飾りを特徴としたドレス
をいう。この段飾りは全面に何段も付く
ものと、スカート部分だけに付くものな

ど、さまざまな変化がある。非常にファ
ンシーな雰囲気が生まれるロマンティッ
クなドレス。ティアードキャミソール［tiered
camisole］とも呼ばれる。

ティアードパンツ［tiered pants］ティアー
ドは「重なった、段々になった」の意で、
段状の飾りを特徴とした女性用のパンツ
を指す。多くはキュロットスカートのよ
うなスカートパンツに用いられるデザイ
ンの一種で、女児向きのボトムスに見る
ことが多い。

ティアードブラウス［tiered blouse］ティ
アード（布の段々飾り）を特徴としたブ
ラウスの総称。そのデザイン上、チュニ
ックのようなプルオーバー型としたもの
が多いが、ふつうのブラウスのように襟
付きで前開きとなったものもある。また、
ティアードには斜め使いとしたものも見
られる。

ディアスキン［deerskin］「鹿革」の総称。
牡鹿はスタッグ stag、ハート hart、バッ
ク buck などといい、牝鹿はハインド
hind、ドゥ doe、仔鹿はフォーン fawn と
呼ばれる。日本でいう鹿革には大鹿、小
鹿、またカモシカなどが用いられていた。

ディアスキンスエード⇒スタッグスエード

ディアストーカー［deerstalker］一般にシ
ャーロック［Sherlock］の名で知られる、
いかにも英国的なカントリー調の帽子。
前後にひさし、両側にイヤーフラップ［ear
flap］と呼ばれる「耳当て」を付け、ふ
だんはイヤーフラップの先端に付いたリ
ボンを頭の上で結んで用いる。ガンクラ
ブチェックなどのツイードで作られるも
のが多く、日本では「鹿打ち帽」や「鹿
狩り帽」の名がある。ディアストーカー
とは本来「鹿狩りの勢子」という意味で、
シャーロックはいうまでもなく名探偵シ
ャーロック・ホームズ愛用の帽子という
ところから来たもの。

た

475

ファッション全般

ティアドロッププラケット［teardrop placket］ティアドロップは「涙、涙の滴」の意で、涙のような形をしたプラケット*（開き）をいう。多くは上部をタブ状のもので留めるデザインとなっている。

ティアドロップモデル［teardrop model］メガネフレームの形のひとつで、いわゆる「なす型」フレームを指す。ティアドロップは「涙のしずく」の意で、主にサングラスのデザインに見られる。一般的にはオーバルモデル［oval model］（楕円形型）の一種とされる。飛行士が多く用いるサングラスということで、アビエイターモデル［aviator model］の名もある。

ディアモンテス［diamantéss 仏］「ダイヤモンドのような」の意で、つまりはイミテーションダイヤモンド（模造金剛石）。

ティアラ［tiara］宝石を散りばめた豪華な冠型の頭飾り。高貴な婦人が正式なパーティーなどに用いたり、花嫁がウエディンドレスとともにかぶることがある。これはまたローマ法皇の三重冠や古代ペルシャ人が用いた円筒状の頭飾りも意味する。これに対してヘアバンド状の冠はダイアデム［diadem］と呼ばれ、これには「王冠、王位」のほか「(花・葉の) 冠」という意味もある。

ティースアート［teeth art］歯の美容を総称する。特に歯に宝石などを着けておしゃれを楽しもうとするファッションを指し、究極のボディーアートとして関心を集めている。ただし、歯科用の接着剤を用いるために、歯科医師でしかできないという難点があるとされている。このようにして歯に飾る宝石類を、特にティースジュエリー［teeth jewelry］と呼んでいる。

ティースジュエリー⇒ティースアート

ティーセレモニードレス⇒茶会服

ティーパーティードレス⇒茶会服

ディープVネック⇒スモールVネック

ディープカラー［deep color］深みのある色の総称。濃い色調をいうこともある。

ディープセンターベント⇒センターベント

ディープダウンファッション［deep-down fashion］1990年代に登場したアメリカのファッション用語で、見掛け倒しの派手な装飾などがないシンプルなデザインの服装を総称する。

ティール［teal］鳥の「コガモ」の意で、その羽根に見る青緑系の鮮やかな調子の色をいう。

ディオール［Dior］1950年代「ラインの時代」と呼ばれるオートクチュールの全盛期に大活躍した偉大なるクチュリエ、クリスチャン・ディオール Christian Dior（1905～57）。1947年の初コレクションが「ニュールック*」として世界的な脚光を浴び、その後、チューリップラインやHライン、Aライン、Yラインなど新しいシルエットを精力的に創り続けた。ディオールの3大愛弟子としてピエール・カルダン、ギ・ラロッシュ、イブ・サンローランがあげられる。

低価格ジーンズ［ていかかく＋jeans］通常では考えられないほどに安い価格に設定されたジーンズのこと。2009年春に発売されたジーユーの990円ジーンズを契機として、スーパーなどから880円、850円といったジーンズが次々と開発され、ドン・キホーテの690円ジーンズまでが登場した。「格安ジーンズ」とか「激安ジーンズ」などとも呼ばれ、英語で「スーパーチープジーンズ」と表記する例も見られる。不景気下の価格競争の最たるものとして注目を集めた。

ディケードブレンディング［decade blending］ディケードは「10年ごとの時代の区切り」を指し、これは60年代、70年代などの時代に流行したファッションを混ぜ

ファッション全般

合わせて着こなす表現をいう。ヒストリカルミックス*などと同義で、いわば歴史ファッションのミックスゲームということになる。

ディサビール⇒デザビエ

ティシューリネン［tissue linen］薄くて軽い麻の生地。ティシュー（ティッシュとも）は本来「薄い織物」という意味で、軽く透けるような感じの薄織物をいい、特にそのような亜麻素材をこのように呼んでいる。最近の女性のサマージャケットなどに多用されている。

ディスカラー⇒ヘアブリーチ

ディスコジーンズ⇒プレイジーンズ

ディスコシャツ［disco shirt］ディスコで着るのにふさわしいファンシーなデザインを特徴としたカジュアルシャツ。パーティーシャツ［party shirt］と呼ばれることもあり、タキシードシャツ*のようなデザインを取り入れたものが多い。

ディスコ族［disco＋ぞく］1978年公開のアメリカ映画『サタデーナイト・フィーバー』に触発されて生まれた、ディスコが大好きな若者たちを総称する。竹の子族*も最初はこの一員だったとされるが、年齢が若いこととその奇抜な服装から新宿や六本木のディスコを追い出されて、路上で踊るようになったという。なお日本最初の本格的なディスコは1968年5月に赤坂にできた『MUGEN（ムゲン）』とされ、当時は「ゴーゴークラブ」と呼ばれていた。

ディスコファッション［disco fashion］ディスコで踊るための服装、またディスコ風俗から派生したファッションのことで、特定のスタイルはないが、活動しやすくカジュアルな感覚のものが多く見られる。ディスコは本来はフランス語のディスコテーク［discothèque］から来たもので、「レコード入れ」や「レコード蒐

集家」を意味した言葉とされる。

ディスダーシャ⇒カンドーラ

ディスチャージ・プリンティング⇒抜染

ディストリクトタータン［district tartans］ディストリクトチェック［district check］ともいう。ディストリクトは「地方、地域、地帯」また「地区、管区」という意味で、特に英国スコットランドにおける「州区」を指す。タータン*の一種で「地方格子」また「準タータン」と呼ばれるもので、元は郷土専用の柄とされる。クランタータン*を使えない階級やクランタータンを持たない新興貴族たちが作り出した格子柄というのがそれで、地味な配色の重ねとしたものが多く見られる。グレンチェック*やハウンドトゥース*などこのひとつで、ディストリクトチェックというと、一般にタータンを除くウール系の格子柄を総称することが多い。

ディストリクトチェック⇒ディストリクトタータン

ディストレストジーンズ［distressed jeans］ディストレストは「苦悩している、困窮している」といった意味で、いわゆるダメージジーンズを指す表現のひとつ。これに似た表現にはディストロイジーンズ（破壊するジーンズの意）といったものもある。

ディストレストレザー⇒クラックトレザー

ディストロイカジュアル⇒デスカジ

ディストロイジーンズ⇒ディストレストジーンズ

ディストロイドジーンズ⇒ダメージジーンズ

ディストロイファッション⇒レックファッション

ディストロイルック［destroy look］ディストロイは「破壊する、打ち壊す」という意味で、ジーンズなどの布地をわざと引き裂いたり穴を開けるなどして、ファッションの新しい価値観を創り出そうとす

ファッション全般

る様子、またそうした服装をいう。

ディスプレイ・ハンカチーフ⇒ポケットチーフ

ディスポーザブルウエア [disposable wear]
ディスポーザブルは「使い捨ての」という意味で、一度着るだけで捨ててもかまわない使い切りの衣料を総称する。いわば「使い捨て衣料」。

ディスポーザルファッション [disposal fashion] ディスポーザルは「処分、整理」という意味で、大量に仕入れて安い価格で短期間に売り切ってしまうファッション商品をいう。といっても流行遅れの品ではなく、時どきのトレンド商品を仕入れて、瞬間的に破格の値段で提供するのが特徴とされる。

デイスーツ⇒スノーパンツ

デイタイムウエア⇒タウンウエア

デイタイム・タキシード [daytime tuxedo]
「昼間のタキシード」の意だが、これはドレスアップスーツと同義で、昼夜兼用のタキシードの意味を表す。最近のフォーマルシーンでは昼間でもタキシードを着る例が増えているが、これはそうした傾向を取り入れて、昼間からでも着ることができるタキシード風のスーツをこのように呼ぼうではないかという IACDE（国際衣服デザイナー協会）の提唱を請けたもの

デイタイムドレス [daytime dress] 昼間のちょっと公的な場面で着用する服装の総称で、アフタヌーンドレスほどにはかしこまらず、かっちりし過ぎないドレスなどが用いられる。おしゃれな街着としてのほか午餐会、マチネ（昼間の公演）などに向くとされる。

デイタイムフォーマルウエア⇒フォーマルデイウエア

ディタッチトカラー [detached collar] ディタッチトカラーとも。ディタッチは「引

き離す、分離する、取り外す」の意で、昔のドレスシャツに見る見頃から取り外して用いる着脱自在型の襟をいう。外してから洗濯し、糊付けして用いることから「ハードカラー」とも呼ばれる。これに対して現在のドレスシャツに見る最初から作り付けとなっているシャツ襟は「ソフトカラー」という。

ディタッチトコート⇒スリーシーズンコート

ディタッチャブルコート⇒スリーシーズンコート

ディタッチャブルスカート [detachable skirt]
ディタッチャブルは「分離できる、取り外せる」という意味で、ロングスカートにファスナーなどを使って、ファスナーから下を分離させるとマイクロミニスカートなどに変身するようにしたデザインのスカートをいう。1枚で2通りの使い方ができるツーウエイ型アイテムの代表的なもの。

ディタッチャブルタイ⇒レディータイドボウ

ディッキー [dicky, dickey, dickie] 礼服を着るときに用いるドレスシャツの胸当て、また婦人服の飾り胸当てのこと。それとは別にニットウエアのひとつで、タートルネックの胸と首の部分だけとしたものをいう。後者はタートルネックのセーターに他のセーターを重ね着すると厚ぼったくなるところから考案されたもの。前者はプラストロン*やブザム*と同義とされる。

ディッキーフロント⇒スターチトブザム

ティック [tick] ティックは本来、照合や点検の目的で入れるチェック（済み）の印をいい、ぽつぽつと現れた点で表現される織物柄を指す。俗に「点々織」と呼ばれ、バーズアイ*の別称ともされる。

ディッピングベルト⇒ウエイトベルト

ディップ [dip] 正しくはディップローション [dip lotion]。ゼリー状の整髪料のひ

とつで、ジェル［gel］ともいう。ディップは本来「ちょっと浸す、浸して染める」といった意味で、髪に濡れたような表情を与えるのが特徴とされる。なお、ジェルは化学用語でゲルともいい、コロイド溶液がゼリー状に固化したものを指す。

ディップローション⇒ディップ

ディテール⇒ディテールデザイン

ディテールジーンズ［detail jeans］ディテール（細部）にまで遊び心を感じさせるデザインを特徴としたジーンズ。ポケットのデザインやステッチの入れ方などに新しい感覚があり、ふつうのジーンズとはひと味異なる個性的なジーンズのひとつとされる。

ディテールデザイン［detail design］ディテールは「細部、細かい点、詳細」という意味で、ファッション用語では衣服の部分と細部のデザインを「ディテールデザイン」と称している。ディテールはネックライン、カラー、スリーブのような基本的な部分と、プリーツなど装飾性の強い細部に大別される。なお日本ではこれを「ディティール」などと発音する向きがあるが、「ディーテール」はともかくとして、これは完全な間違いなので注意する必要がある。

ディトーズ［dittos］ディトーは「同上、同前」の意味で、上下またベスト、帽子などまで同じ生地で作った服を指す。共布で揃えたスーツの概念を示す言葉で、ディトースーツ［ditto suit］、スーツ・オブ・ディトー［suit of ditto］などの用法もある。

ディトースーツ⇒ディトーズ

ディナーコート［dinner coat］タキシード＊の別称のひとつ。ディナーは「夕食、(主な)食事」また「(正式の)晩餐会、夕食会」という意味で、ディナージャケット＊と同義となる。狭義にはディナージ

ャケット以前のディナージャケットを示す言葉のひとつとされ、1880年代の英国にはカウズ＊（カウズコート）、ラ・スモーキング、シラピス、ディナーラウンジ、ドレスラウンジ、ドレスジャケットまたテールレス・イブニングコート、モンテカルロなど同種の服を指す言葉が多数あった。

ディナージーンズ［dinner jeans］ディナーにも通用するほどのドレッシーな感覚を持つところから、このように呼ばれるようになったジーンズ。1970年代後期に登場したデザイナージーンズ＊やステイタスジーンズ＊に代表されるもので、インディゴブルーのきれいな発色と、脚よりも細いといわれるスマートな形で一世を風靡した。

ディナージャケット［dinner jacket］男性の夜間準礼装に用いる上着。イブニングコート＊の略装とされるもので、一般にタキシード＊と呼ばれる服装の英国での呼称。イブニングコートと同じように拝絹＊付きの襟を特徴とした背広型の上着で、側章＊を1本付けた共地のズボンを合わせ、黒の蝶ネクタイとカマーバンド＊あるいはカマーベスト＊を伴って構成される。イブニングコート（燕尾服）が特殊な存在と化した現在では、それに代わる第一礼装として広く着用されるようになっている。黒またはミッドナイトブルーと呼ばれる濃紺の礼服地で作られ、ショールカラーかピークトラペルで、1ボタンのシングルブレステッドとしたものが本格とされる。

ディナージャケットスーツ⇒ディナースーツ

ディナースーツ［dinner suit］タキシード型の上着を特徴とした上下服のこと。晩餐用のスーツという意味で、黒または濃紺を中心とし、時にダークグレーで作られることもある。1912年頃から一般化し

ファッション全般

た言葉で、別にタキシードスーツ[tuxedo suit]とかタキシードス[tuxedos]、またディナージャケットスーツ[dinner jacket suit]などとも呼ばれる。これとは別に非公式な晩餐会などに用いられる、シルクやベルベットなどで作られる女性用のスーツを指すこともある。

ディナードレス[dinner dress] 女性の夜間準礼装に用いられるドレスのことで、セミイブニングドレス*と同義。本来はディナー（晩餐会）用とされたことからこの名があるが、現在では夜のパーティーや観劇などに広く用いられる。いわば略式のイブニングドレス*で、現在ではカクテルドレスとも同義に扱われる。

ディナーニット[dinner knit] ディナータイムにも着用できるようなドレッシーな表情を持つニットウエア。元々は女性に向けて夜の遊び用に作られたものだが、この中でタキシードカーディガン[tuxedo cardigan]などと呼ばれるタキシード型のカーディガンは男性にも着用されている。

ディナーラウンジ⇒ドレスラウンジ

ディナーリング⇒カクテルリング

ディバイデッドスカート⇒キュロットスカート

デイパック[day pack]「1日の外出に必要なものを詰め込むもの」という意味で、本来は日帰りの野外旅行に用いるリュックサック型の布製の袋をいったものだが、両腕が自由に使えるところから若者たちの人気を集め、現在ではかつてのナップサック*に代わる日常的なバッグのひとつとして用いられるようになっている。そのデザインと種類には多彩なものがある。

定番コーディネート[ていばん＋coordinate] 定番*と呼ばれるベーシックな商品で構成される着こなし方。流行に左右

されることが少ないこうしたアイテムの組み合わせは、最も安心できる服装として変わらぬ人気を保つ。

定番スーツ⇒ボリュームスーツ

デイビー・クロケット・ハット⇒ファーキャップ

デイ・ブラ⇒ハーフトップブラ

ディプレッションシック[depression chic] ディプレッションは「不況、不景気」の意で、the Great Depression of the 1930'sといえば「1930年代の大不況」を意味する。2008年9月の大手証券会社『リーマン・ブラザーズ』の破綻をきっかけとして起こった100年に一度といわれる大不況の波は、アメリカの市民たちに1930年代の大恐慌時代を思い起こさせ、そのころはやったファッションをこのように表現する傾向が生まれた。その背景には、あの当時のファッションを身に着けることによって、この困難を克服しようとする意図が見受けられる。

ティペット[tippet] 毛皮製の飾り襟。細い紐やクリップで簡単に取り外しできるようになっているのが特徴。ティペットそのものは、元々聖職者が用いた小さなケープを指すが、これをモチーフに、首回りを華やかに彩るアクセサリーのひとつとして開発されたもの。ラビットやラクーン（アライグマ）製のものが多く見られ、ファーカラーとも呼ばれる。

デイリーウエア[daily wear] デイリーは「毎日の、日々の、日常の」という意味で、日常生活の中で気軽に着こなす衣服を総称する。特別な日のために飾り立てる「晴れ」の服に対して、これは「褻（け）」の服といったニュアンスが感じられる。

デイリーカジュアル[daily casual] デイリーは「毎日の、日常の」という意味で、きわめて日常的に用いるカジュアルウエア、またそうしたファッションの総称。

480

気軽に着ることのできる衣料品が多く、値段的にも安価なものが多いという特徴が見られる。

テイルフィンスカート [tail fin skirt] 魚の尾びれのようなデザインを特徴とするスカート。ウエストの部分をぴったりとフィットさせ、そこから下の部分を裾にかけてふんわりと広げる形にしたもので、それが魚の尾びれをイメージさせるところからネーミングされたもの。魚の尾びれは正確にはコーダルフィン caudal fin という。

ディレクターズスーツ [director's suit] ディレクタースーツとも。男性の昼間の準礼装とされる装い。モーニングコート*の略装とされるもので、セミフォーマルジャケット*の別称もある。元々は英国王エドワード7世が皇太子の折の1900年頃、絵画鑑賞の折などにフロックコートやモーニングコートの簡略型として黒のラウンジジャケット*を着用したのが始まりとされ、その後、会社の重役（ディレクター）たちの公用服として着られたところからこの名があるとされる。モーニングの略装であるところから、背広型の上着以外はモーニングと同じコーディネーションにするのが原則とされるが、現在では縞コールズボンの代わりに千鳥格子などのグレーパンツを用いる例も見られる。モーニングとブラックスーツ*の中間的な性格が持ち味で、モーニングではかしこまり過ぎだがブラックスーツでは失礼に当たるのではないか、といったときに重宝する礼装となっている。

ティントカラー [tint color] ティントは本来「色合い、濃淡、ほのかな色」また「毛髪用染料」といった意味だが、色彩学上では、明清色系の色を総称する意味で用いられる。

ティントコスメ [tint cosmetics] ティントは「色合い、濃淡、ほのかな色」の意だが、ここでは「ほのかな色合い」の意味で用いられる。ほのかな赤味を感じさせる頬紅や淡い赤色の口紅などの化粧品を指す。適度なナチュラル感のあるメイクとして好まれている。

ティントリップ [tint lip] 色持ちがよく色落ちしづらいとして人気となった口紅の一種。もとは韓国コスメブランドから火が付き、2016年、CANMAKE TOKYOから発売された「ティントリップジャム」という商品によって人気を集めるようになった。ティンは「薄く色をつける」とか「（髪を）薄く染める」といった意味で、コーヒーカップなどへの付着の心配も少ないという。

ディンプル [dimple] 「えくぼ」とか「（小さな）くぼみ」の意で、ネクタイの結び目の真下にできるくぼんだ部分を指す。センターデント [center dent] とも呼ばれ、ネクタイを上手に結ぶための欠かせないポイントとされる。これはまた洒落者の象徴ともされる重要なアクセントとされている。なおデント [dent]（へこみ、くぼみの意）にはソフト帽の山のつまみの意味もある。

テーストミックス [taste mix] テースト（味わい）の異なるファッションアイテムを、わざとミックスさせて楽しむ着こなし方。意表を突く着こなしのひとつで、俗に「ハズシ」とか「クズシ」などとも呼ばれる。こうした様子をミックススタイル [mix style] などともいう。

テーストレベル⇒ファッションテースト

テーパードシャツ [tapered shirt] テーパードは「先細りになった」の意で、ウエスト部分を体に沿わせ、裾に向かって次第に細くなるシルエットを特徴としたシャツを総称する。ボディーシャツ*同様

ファッション全般

1970年代に流行した。こうしたシルエットは現在のドレスシャツにも取り入れられている。

テーパードシューズ [tapered shoes] テーパードは「先細りになった」の意で、爪先の形が徐々に細くなっていくデザインの靴を指す。そのほっそりとした印象からスレンダーシューズ [slender shoes] とも呼ばれる。

テーパードスラックス⇒テーパードパンツ

テーパードタイ⇒ボトルシェイプトタイ

テーパードパンツ [tapered pants] テーパーは「先細りにする、先細りになる」といった意味で、裾に向かってだんだん細くなるシルエットを特徴とするパンツを指す。テーパードスラックス [tapered slacks] ともいう。

テーパードヒール⇒キューバンヒール

テーパードライン [tapered line] テーパードは「先細りになった」という意味で、裾へ向かって幅が狭くなっていくシルエットを指す。特にパンツのシルエット表現に適用されることが多い。

テープヤーン [tape yarn] ニットヤーン (ニット糸) の一種。細いテープ状に編んだ糸のことで、平べったい形状を特徴とする。トリコットテープやラッセルテープといった経編みのものが代表的。こうした糸を用いた製品をテープヤーンニットという。ほかに製紐機によるスピンテープやリリアン機によるリリヤーンもこの一種とされる。

テーブルフック⇒バッグハンガー

テーラー [tailor] 「仕立て屋」また「注文服店」の意で、特に個人の注文で紳士服を作る専門職をいう。採寸から型紙作り、裁断、縫製、仮縫いなどさまざまな技術とファッション的な感性の高さが求められる。テーラリング [tailoring] は「仕立て業」また「仕立ての技術」の意味。

テーラード [tailored] 「紳士服仕立ての、(服が) 男物仕立ての」という意味。テーラーメード [tailor-made] とほぼ同じだが、テーラーメードには「注文仕立ての、誂えの」という意味も含まれ、これはまたレディーメード*の対義語ともされる。

テーラードアウター [tailored outer] テーラード (男物仕立て) な作りがなされたアウターウエアの総称だが、一般に襟付きのテーラードジャケットを指す。最近とくに女性向けのそうしたカジュアルなアウターウエア類をこう呼ぶ傾向が生まれている。

テーラード・カーコート⇒カーコート

テーラードカラー [tailored collar] 「背広襟」。背広型の襟という意味で、これは特に背広以外の服に用いた場合に、例えば「テーラードカラーのコート」というように使われる。

テーラードカラードレス [tailored collar dress] テーラードな作りの上着に見るテーラードカラー (背広襟) をデザイン上の特徴とするドレスの総称。1980年代後半にこの襟だけを白にした「白襟ドレス」や「白襟スーツ」と呼ばれるファッションアイテムがはやったことがある。

テーラードクロージング [tailored clothing] 男物仕立てされた衣服という意味で、背広型衣服の全般を指す。礼服を含むスーツからコート、ジャケット、トラウザーズ (ズボン) が代表的で、アメリカの業界で多く用いられる言葉。日本の業界ではこれらを「重衣料」と呼んでいる。

テーラードコート [tailored coat] テーラードは「男仕立ての」という意味で、男性のスーツのようにかっちりと仕立てられた女性用のコートを指す。また背広仕立てのコートという意味でも用いられる。

テーラードジーンズ [tailored jeans] テー

ファッション全般

ラードなズボンと同じような仕立て方で作られたジーンズ。フロントプリーツ（前タック）を入れたり、センタークリース（折り目）を付けるなどしたもので、ちゃんとしたジャケットと組み合わせても違和感がないという点が大きな特徴。こうしたものをドレスジーンズ［dress jeans］と総称し、またスラックジーンズ［slack jeans］とかトラウザージーンズ［trouser jeans］とも呼ばれる。これはともに「ズボン」の意からきたもの。

テーラードジャケット［tailored jacket］テーラードは「男物仕立て」の意で、特に背広型の上着を指す。俗にスポーツジャケットとか「替え上着」などと呼ばれる。

テーラードショルダー［tailored shoulder］テーラードな作りをされた上着に見る肩線の総称だが、日本ではオーダーメード（注文服）のスーツに見られるような、肩先が美しく張って、微妙なカーブを描く肩線をこのように呼ぶことが多い。これはまた英国調のスクエアショルダー*の別称ともされるが、一般にはスクエアショルダーを始めとして、コンケーブショルダー*などに見るようなきちんと形をつけた肩線を指す。

テーラードジレ［tailored gilet］ジレはフランス語でいうベストのことで、テーラードベスト*と同義。

テーラードスーツ［tailored suit］「男服仕立てのスーツ」という意味で、特に女性用に作られた背広型のスーツを指すことになる。男性のスーツと同じような硬めの生地を使い、かっちりと仕立てられたものをいうが、最近ではソフトな感覚のものも増えている。原則として男物のスーツをこう呼ぶ必要はない。

テーラードスカート［tailored skirt］男もの仕立て（テーラード）で作られるスカートの総称。厚手の生地をかっちりとし

た形で作り上げるもので、ドレスメーカード（婦人もの仕立て）の柔らかな作りとは対照的なものとされる。そうしたタイトスカート*などが代表的。

テーラードスタイル［tailored style］「背広型スタイル」の意で、男服仕立てされたきちんとした衣服のスタイルを総称する。別に女性のテーラードなスーツやジャケットによる着装スタイルを、特にこのように呼ぶこともある。

テーラードスポーツウエア［tailored sportswear］ブレザーや各種のカントリージャケットなど、スポーティーな味付けがなされたテーラードクロージング*（重衣料）を総称する。襟付きのウエアであるところからラペルドスポーツウエア［lapelled sportswear］とも呼ばれる。

テーラードスリーブ［tailored sleeve］テーラードな仕立てをされたスーツのジャケットやコートなどに見られる袖のことで、完全な二枚袖で、カフス*が付かない筒袖*の形に仕上げられるのが特徴。

テーラードチノ［tailored chino］きちんと仕立てられたチノパンツのことで、ドレスチノーズと同義。チノスラックスなどとも呼ばれ、ビジネスシーンにも向くドレッシーな表情が特徴とされる。

テーラードデニム⇒オーダージーンズ

テーラードニット［tailored knit］スーツやジャケット、スラックスなど男の重衣料（テーラードクロージング）用に開発されたニット素材で、ポリエステル100％、またポリエステルとウールやコットンとの混紡といった原料で作られるものが多い。一般にはダブルニットといった名称で知られる。

テーラードパンツ［tailored pants］男物仕立てをされた女性用のパンツを指す。男性のトラウザーズ（ズボン）と同じように、男物の生地を使い、ディテールデザ

た

483

ファッション全般

インなども男物を踏襲しているのが特徴。メンズライクパンツ＊と同義。

テーラードブラウス⇒シャツウエスト

テーラードベスト［tailored vest］男服仕立てされたベストの意で、一般にスリーピーススーツとして着込む普通のベストを指す。裾の先端が三角形に尖り、背中の部分がスレーキ（光沢のある滑りやすい裏地）仕立てされた前開き型が本格とされる。2006年夏にこれをTシャツなどと組み合わせるファッションが流行して話題を集めたことがある。

テーラードボタンホール［tailored buttonhole］ワークトボタンホール＊の一種で、鳩目穴が付いたものをいう。テーラードなスーツやコートなどに用いられるところからこの名があり、端に小さな穴（鳩目）を開け、周りをステッチでかがってあるのが特徴。

テーラーメード⇒テーラード

テーラリング⇒テーラー

デール［── モンゴル］モンゴルの民族衣装のひとつで、右側の首元から腰までの４カ所をボタン留めする、立襟で膝丈程度の長さの長衣をいう。男女ともに用いられ、「ブス」と呼ばれる帯を腰に巻いて着装する。これの上に羽織るジャケット状のものは「フレム」と呼ばれる。

テールカット・ワンピース［tail-cut one-piece］前部を膝丈のミニ丈、後部をロング丈と大きくラウンドカットさせたデザインを特徴とするワンピース。この形が魚の尾びれに似ているというところから、フィッシュテール・ワンピースということもある。またモーニングカット・マキシスカートなどとも同種のアイテム。2012年春夏からの流行となった。

テールコート⇒イブニングコート

テールズ⇒イブニングコート

テールドボトム⇒シャツテール

テールレス・イブニングコート［tailless evening coat］尾のないイブニングコート＊（燕尾服）の意で、ディナージャケット＊（タキシード）の前身とされる上着の名称のひとつ。またディナージャケットの別称ともされる。

デオドラントスーツ［deodorant suit］デオドラントは「(体の) 防臭剤」の意味で、つまりは防臭や消臭の機能を持つ素材で作られたスーツ、とりわけそうしたビジネススーツを指す。俗に「消臭スーツ」と呼ばれる。

デカ靴⇒ブローセルクリーパーズ

デカサン⇒女優サングラス

デカTシャツ［デカ＋T-shirt］ボトムなしで、ワンピース代わりに着こなすこともできるほどに大きなTシャツ。2016年夏、女の子たちのあいだで流行となったもので、それ以前は下にショートパンツなどを着用していたものが、この夏はこれ1枚でも着こなすようになった。

でかバッグ⇒スタイリストバッグ

デカパン⇒スーパーワイドパンツ

デカメガネ［でか＋眼鏡］フレーム（レンズの枠）の大きなダテメガネを指す俗語。小顔に見せることができるとか知的に見えるといった理由で、最近若い女の子たちに大流行しているアイテム。なかにはフレームだけでレンズの入らないものも見られる。

デカ目メイク［デカめ＋make］大きな瞳を強調するメイクアップをいう俗語。アイドル歌手・浜崎あゆみのメイクが代表的で、若い女性の間で近年注目を集めている。マスカラで睫毛（まつげ）を強調させたり、付け睫毛を用いるなどは序の口で、粘膜まで入れるアイライナー、瞳を大きく見せるカラーコンタクトレンズの使用など、さまざまな表現方法が見られる。

ファッション全般

でかリボン［でか＋ribbon］髪飾りに用いる大きなリボン。最近流行のヘアアクセサリーのひとつで、大きく立体的に作り、真ん中の結び目にスパンコールなどを飾ったチュールレース製のものが多い。これをカチューシャのように用いるのが2009年春からの流行となった。

でかリュック［でか＋rucksack］通常のものより大きな形をしたリュックサック。ミニリュックとは対照的なものとして、2015年春ごろから台頭し人気を得てきた

テキスタイル［textile］「織物」また「織物材料」の意。ラテン語の「織る」という意味に由来する言葉で、広義には繊維からその製品までを含む。

デギンス［denim＋leggings］デニムとレギンスの合成語で、レギンス風デニムパンツ、すなわち脚にぴったりフィットするジーンズタイプのレギンスを指す。これをデニンス＊と呼ぶこともある。

テクスチャー［texture］原意は「（皮膚などの）きめ、手触り」の意で、ファッション用語としては「（布の）織り具合」また「織地」の意味で用いる。一般に織物の構造や組織を指すが、織物に感じるさまざまな地風のこともいう。

テクスチャードヤーン［textured yarn］「加工糸（かこうし）」と訳される。さまざまな化学的な加工を施した糸を総称するが、特にフィラメント糸の仮撚りによる捲縮加工糸をこのように呼ぶことが多い。ポリエステル加工糸や繊維の断面を三角形や五角形にして天然繊維の感触に近づけた「異形断面糸」など数多くの種類がある。

手ロ⇒剣ボロ

テクニ・カジュアル［techni casual］テクニカルスポーツウエアなどと呼ばれる最近のスポーツ科学を駆使して作られた高機能スポーツウエアを、日常的な衣服として着用するカジュアルファッション。ストリートファッションとそうしたウエアとの融合をめざすもので、最近のアメリカに見るファッション傾向のひとつとされる。

テクニカルアンダーウエア［technical underwear］高度な科学技術を駆使して作られた下着の総称。本来スポーツ時のパフォーマンスアップのために開発されたものが多く、筋肉痛や疲労を軽減するとともに、体のリズムを取り戻して健康に導く効果をもつのが特徴とされる。上半身をすっぽりと被うスリーブレストップ型のものや、足首まで届くロングタイツといったものが代表的。元々はスポーツ医学の先進国とされるオーストラリアで誕生したもの。

テクニカルジャケット［technical jacket］科学的な技術を取り入れたジャケットという意味で、たとえばコンパスや温度計などを装着したアウトドア用のジャケットなどがある。ハイテク素材を駆使し、ウエルディング（金属との溶接）など新しい手法を取り入れて作られるものも多く見られる。

テクニカルスポーツウエア［technical sportswear］テクノロジースポーツウエア＊と同義だが、最近のアメリカでは高機能素材を駆使して作られたアウトドアスポーツウエア＊をこのように呼ぶ傾向がある。テフロン加工のハイテク素材などを使用して、撥水、透湿などの機能性を高めるとともに、ファッション性にも十分配慮し、高級百貨店の売場に並ぶほどの人気を集めている。アメリカの業界ではこうしたものを大人のためのカジュアルウエアと位置づけるところが多い。

テクニカルニット［technical knit］さまざまな技巧を凝らしたニットウエアの総称。ハンド刺繍やニードルパンチ＊、箔

485

ファッション全般

プリント*などを施した、きわめて手工芸的な趣のあるセーターなどをこう呼ぶ。

テクニカルプリント [technical print] さまざまな現代的テクニックを駆使してデザインされるプリント柄の総称。ＣＧプリント*やデジタル柄などに代表される。

テクノカット⇒テクノヘア

テクノクオイオ⇒ボンドレザー

テクノコ族 [テクノコぞく] 最新の電子楽器を駆使するテクノミュージックを好み、それを演奏するテクノバンドに心酔する若者たちを「竹の子族*」になぞらえてこう名付けたもの。彼らのファッションのお手本は〈YMO＝イエロー・マジック・オーケストラ〉にあり、テクノカットなどと呼ばれる髪型に人気が集まった。1979〜81年の流行。

テクノジャージー [techno jersey] 最新の科学技術や工業技術を取り入れて作り出されるジャージー素材の総称。特に最近のスポーツウエアの分野に著しく見られるようになっている。

テクノヘア [techno hair] テクノカット [techno cut] ともいう。テクノポップなどと呼ばれる1970年代末に登場した電子楽器を多用するハウスミュージックの一種に派生したヘアスタイル。日本のYMO（イエロー・マジック・オーケストラ）のメンバーに代表される髪型で、もみあげをすっぱりとカットしたストイックなスタイルに特徴がある。

テクノレース [techno lace] テクノロジー（科学技術）を駆使して作られるレース地。シースルールック*や下着ルック*などの流行から、レース使いの衣服が増えるようになり、そうした衣服用の新しいレース素材としてこうしたものが多く登場するようになったもの。

テクノロジースポーツウエア [technology

sportswear] 科学技術を駆使して作られたスポーツウエアの総称。いわゆるスポーツ科学の発達から生まれた新しいスポーツウエアを総称するもので、この分野の発展には目覚しいものがある。

デコ⇒デコカジ

デコカジ [decorate＋casual]「デコレートするカジュアル」の意味から作られた言葉で、なんでもないTシャツなどにちょっとした飾りや工夫を加えて（これをデコるという）自分だけのファッションを作ることをいう。もとはシンプルで安価なユニクロの商品を他人とのカブリ（これをユニ・カブリとかユニバレという）を避ける狙いで、ワッペンやブローチ、ストーン、トリミングなどのデコアイテムを加えてカスタマイズする流行から始まったものとされる。こうしたデコレーション・ユニクロを略して「デコ・クロ」とか「デコ・ユニ」また「ユニ・デコ」と呼ぶほか、こうしたテクニックを「プチ・デコ」とか「チラデコ」また単に「デコ」などとも呼んでいる。

デコ・クロ⇒デコカジ

デコサン [――] デコレーションサングラス [decoration sunglasses] の短縮語。フレームやテンプル（弦）の部分にデコ電*用のシールを貼り付けたり、ネイルアート*のような装飾を施したサングラス。きわめてきらびやかな印象があり、ジュエルサンダル*などとともに若い女性に受けている。

デコネイル [decorative, or decoration＋nail] デコラティブあるいはデコレーションネイルの略。ジェルネイル*などを使ったやたらと装飾的なネイルアート*、またそうしたデザインの派手な付け爪を総称する。姫ギャル*などのファッションには欠かせないおしゃれポイントとして人気がある。

486

ファッション全般

デコパーツ［deco parts］携帯電話やネイルなどに付ける飾りのことで、デコレーションパーツの略。2012年3月、偽ブランド事件で話題となった。

デコ・ユニ⇒デコカジ

デコラサンダル［decorative＋sandal］デコラティブサンダルの日本的略称で、きわめて装飾性の高いサンダルをいう。デコラシューズ＊（デコラ靴）と同じく、ビーズなどさまざまな飾りを取り付けた派手なイメージのサンダルで、2006年頃からこうした過激なデザインのものが急に増え始めた。「デコサンダル」ともいう。

デコラシューズ［decorative＋shoes］装飾的な靴のことで「デコラ靴」ともいう。やたらと飾りの多い婦人靴を総称する用語。

デコラティブ・カスタム［decorative custom］「装飾的な注文仕立て」といったほどの意味で、DIYカスタマイズ＊と同じように、手の込んだディテールを楽しむ自分なりの作り方をいう。

デコラティブジーンズ［decorative jeans］「装飾的なジーンズ」の意で、宝石類を飾ったり、派手な刺繍模様を施すなどした装飾的なデザインを特徴とするジーンズをいう。デコラデニム［decorative＋denim］とも俗称される。

デコラティブネックレス［decorative necklace］きわめて装飾的なデザインのネックレスの総称。最近のデザイナーコレクションでは、まるで「よだれかけ」のような大きさのネックレスが使われて注目を集めている。

デコラティブヒール［decorative heel］やたら飾りの多い装飾的なデザインのヒールを総称する。最近のデコラティブ（装飾的なの意）なファッションブームを受けて登場したもののひとつ。

デコラデニム⇒デコラティブジーンズ

デコラバックル⇒デコラベルト

デコラバレッタ［decorative＋barrette］バレッタはフランス語で平たい「髪留め」を指し、そうした装飾的なヘアアクセサリーを総称する。クリスタルストーンなどで飾り付けたきわめて派手なイメージのもので、ジュエリー感覚で髪に付けることができるのが特徴とされる。最近はこのようなキラキラと輝くヘアバンドなどのヘアアクセサリーに人気があり、こうしたものを「キラキラヘアアクセサリー」などと総称する傾向がある。

デコラベルト［decorative＋belt］デコラティブベルトの短縮語で、スタッド（飾り鋲）や鳩目、またラインストーン、メタル細工などで飾り立てた、やたらと装飾的なベルトを指す。ローライズジーンズやビクトリアン調の衣服に合わせる目的で登場したものが多く、ほとんどはごつめのワイドベルトとなっている。なおこのようなデザインを施したベルトのバックルは、同様にデコラバックル［decorative＋buckle］と呼ばれることになる。

デコルテ［décolleté 仏］フランス語で「襟をえぐった」また「首元や胸を大きく開けた」という意味で、通常より大きく開けられたネックラインの形を指す。そうしたデザインのドレスに「ローブ・デコルテ＊」という最上級の夜会服がある。

デコルテトップ［decollete top］デコルテはもともとフランス語で「襟を刳（く）った、胸元を大きく開けた」という意味。そのように胸元を大きく刳ったり、ネックラインを水平にカットして、肩を大きくのぞかせた女性用の上衣を総称する。

デコレーションズ⇒ホワイトタイ

デコレーションパンプス［decoration pumps］デコレーションは「装飾、飾り付けること」の意で、甲の部分をビーズ

487

ファッション全般

やリボンなどで飾ったパンプスのこと。必要以上に飾り立てるところから、このように呼ばれるもの。

デコンストラクト [de-construct] 「非構築の、組み立てない」の意。1970年代に大流行を見たデコントラクテ*の現代版。何ものにも拘束されることのない解放的なファッション表現を指す。野放図なようでいながらエレガントな表情を崩さないのが、現代版の持ち味となっている。

デコントラクテ [décontracté 仏] フランス語で「収縮することのない」の意で、何ものにも束縛されることのない解放的な着こなしや非構築的でゆったりとした服の作りなどをいう。1970年代に注目を浴びたファッション概念のひとつで、現在のデコンストラクト*の元となったもの。

デザートカラー [desert color] 砂漠色。砂漠に見る砂のような色調で、サンドベージュ、カーキ、テラコッタといった色に代表される。「デザートエレガンス」などと呼ばれる2014年春夏コレクション　トレンドに現れた色名のひとつ。

デザートジャケット [desert jacket] デザートは「砂漠、荒野」の意味で、サファリジャケット*を原型としてデザインされたカジュアルなジャケットをいう。いわばモディファイド・サファリ [modified safari]（修正されたサファリジャケットの意）といった趣のあるもので、エポーレットやベルトなどを省略して、都会的にアレンジしてあるのが特徴。

デザートスカーフ⇒シュマグ

デザートハット [desert hat] デザートは「砂漠、荒野」の意味で、本来は砂漠での戦闘用として用いられた帽子。丈夫なコットンキャンバス製で、丸いクラウンと広めのブリムを特徴とし、これにアゴ紐が付く。ブーニーハット*にも似ていることで、これを「デザートブーニーハット」

ということもある。

デザートピンク⇒アドービブラウン

デザートブーツ [desert boots] 第1次大戦中、英国陸軍の砂漠（デザート）行軍用に履かれたことからこの名がある、砂色ベロア製のアンクルブーツ*の一種。英国『クラークス』社のオリジナルによるもので、2つ鳩目とクレープソール*のデザインも大きな特徴。チャッカブーツ*をアレンジして生まれたという伝説でも知られる。

デザートブーニーハット⇒デザートハット

デザイナージーンズ [designer jeans] 著名なファッションデザイナーの手で商品化されたジーンズの総称で、デザイナーズジーンズ [designer's jeans] ともいう。大抵はそのデザイナーの名がブランドとして冠され、他の一般的なジーンズに比べると権威性が高いところからステイタスジーンズ [status jeans] などと呼ばれることがある。1970年代後期に登場したカルバン・クライン（米）のジーンズが代表的とされ、現在では多くのデザイナーブランドが手掛けている。

デザイナーズウオッチ [designer's watch] 有名なファッションデザイナーの手によってデザインされた腕時計の総称。多くはそうしたデザイナーの名前やデザイナーハウスのブランドが冠せられて発売されることになる。

デザイナーズ着物 [designer's きもの] 有名なファッションデザイナーや着物デザイナーによって作られ、そのデザイナーネームを冠した着物をいう。着物の形そのものをデザインするのではなく、柄のデザインを手掛けるものが主とされる。また浴衣をデザインしたものは「デザイナーズ浴衣」と呼ばれ、これにはミニ丈の浴衣など斬新なデザインものも見られる

488

ファッション全般

デザイナーズジュエリー［designer's jewelry］有名なファッションデザイナーが手掛けたジュエリー、またそうしたデザイナーの名を冠したジュエリーを指す。アパレルジュエリー*と同列に属す。

デザイナーズスーツ［designer's suit］ファッションデザイナーの手によるスーツの総称で、多くは有名デザイナーブランドのスーツをいう。一般のスーツに比べて個性的な雰囲気が強いのが特徴とされ、モード系スーツ［mode＋けい＋ suit］と呼ばれることもあるが、ビジネススーツにおいては、奇をてらわず、まっとうなデザインのものが多く見られる。

デザイナーズスポーツウエア［designer's sportswear］有名デザイナーの手によって作られるファッション的なスポーツウエアの総称。一般的なスポーツウエアとは異なって、エレガントで個性的な感覚にあふれたものが多く見られ、ステータス性も備えているのが特徴。なかには既存のブランドにデザイナーの手を加えるものも見られる。

デザイナーズ・ドッグウエア［designer's dog wear］デザイナーブランドから発売されるイヌ用の服。ペットブームの中で、ファッションデザイナーがイヌのための服までデザインするようになったもので、単なるイヌの服というより、最近のファッショントレンドを取り入れた、しゃれた感覚のものが多く登場するようになっている。最近ではこうしたものを専門に扱うブティックまで現れている。

デザイナーズ浴衣⇒デザイナーズ着物

デザイナーズ・ユニフォーム［designer's uniform］著名なファッションデザイナーによって作られるユニフォームの総称。バスガイドのユニフォームとか私立学校の制服など、イメージアップを狙って、さまざまなユニフォームを有名なデザイナーが手がけることが多くなっている。

デザインキルト⇒キルトスカート

デザインコート［design coat］きわめて日本的な用法で、なんらかのデザイン性を加えたコートという意味になる。特定の名称を付けることができない変わったデザインのコートを総称するもので、例えばピーコート風のショートコートといったものがこのように呼ばれる。

デザインジュエリー［design jewelry］デザインされたジュエリーという意味で、ファッションジュエリー*と同義。

デザインスーツ［design suit］なんらかのデザインが施されたスーツという意味で、普通のスーツ以外の変わった形のスーツを総称する。遊びの要素が強いスーツ、ファンシーな生地使いのスーツなど。

デザインタイツ⇒網タイツ

デザインドレス⇒デザインワンピース

デザインパンツ［design pants］さまざまなデザインを施したパンツの総称で、特定の分類が不可能なパンツの便宜的な名称ともされる。いわばファンシーパンツ［fancy pants］とかファンパンツ［fun pants］といったことになる。

デザイン髭［design＋ひげ］わざと無造作に伸ばした髭（ひげ）を指すしゃれた表現。プロ野球選手のイチローやフランスの映画俳優ジャン・レノに代表される無精髭がファッションとして認知されるようになって、おしゃれな髭面男が増えてきた。ただ、ちゃんと手入れしないと、おしゃれでもなんでもなくなる。俗に「おしゃれ髭」ともいう。

デザインワンピース［design one-piece］何らかのデザインを施したワンピースの意で、デザインドレス［design dress］とも呼ばれる。正統的なデザイン以外のファンシーな雰囲気のワンピース全般について用いるもので、適当な名称をつけ難い

489

ファッション全般

場合などにこう呼ばれる例が多い。

デザビエ［déshabillé 仏］フランス語で「普段着、部屋着、平服」を意味する。現在では女性が室内で着用するゆったりしたドレス類を指すことが多く、これを英語ではディサビールと発音する。デザビエにはまた俗語で「淫らな、猥褻な」という意味も含まれる。

デジタルウオッチ［digital watch］デジタル時計。デジタルは「計数型」の意で、数や量の表示を数字で表す方式を指す。文字盤の代わりに数字によって時刻を表示する方式の時計を総称する。これに対して旧来型の方式のものはアナログウオッチ［analog watch］という。

デジタルカール⇒デジタルパーマ

デジタル柄⇒ＣＧプリント

デジタルパーマ［digital perm］高温になり過ぎないよう50～70℃の適度な温度で加湿するロッド*を使って行うパーマネントウエイブの技術。デジタルコントロールするところからこの名があり、乾かすだけで簡単に弾力のあるカールに戻ることから、デジタルカール［digital curl］とか「形状記憶パーマ（けいじょうきおく＋perm）」とも呼ばれる。パーマ液も少なくて済み、カールが長持ちするということで、最近流行の巻き髪にはぴったりのパーマとして人気がある。

デジタルプリント［digital print］コンピューターを用いて作り出すプリント柄。デジタルデータをテキスタイルに出力するもので、インクジェットプリンターを使用し、版が不要となるのが特徴とされる。小ロット多品種に対応し、納期短縮に役立つのも大きな特徴となる。とくに未来型で人工的な感覚を持つ例が多い。「デジタル柄」とか「ピクセルプリント」（画素プリントの意）などと呼ばれることもある。

デシテックス⇒テックス

デシ綿［desi＋めん］アジア在来種のインド綿花「デシ」から採れる綿素材。繊維長が短く太いのが特徴で、弾力性があるため古来ふとん綿などに用いられてきた。最近ではこれを衣服の素材とする技術が開発され、Ｔシャツなどに用いる例が見られる。

デシン⇒クレープデシン

デスカジ［destroy＋casual］「ディストロイカジュアル」の短縮語。ディストロイは「破壊する」という意味で、退廃的なイメージの強いカジュアルファッションをこのように呼んでいる。1980年代に登場したディストロイファッション（破壊ファッション）を基に発展してきたもの。

デッキジャケット［deck jacket］デッキジャックともいう。アメリカ海軍の甲板用作業着として知られるもので、同様のタンカージャック*より丈が少し長めで、ベルト付きとなったものが多く見られる。

デッキシューズ［deck shoes］デッキは船の「甲板」の意で、元々ヨットやボートなどの甲板で履くために考案されたゴム底の靴をいう。このことからボートシューズ［boat shoes］ともボーティングシューズ［boating shoes］とも呼ばれ、海をイメージさせる代表的なスニーカー型シューズとして知られる。これにはまた革製のレザーデッキ［leather deck］と布製のキャンバスデッキ［canvas deck］の2種があり、それぞれのデザインは大きく異なる。レザーデッキでは甲革材に、カーフにオイルを染み込ませたオイルアップレザーと呼ばれる革を使用したものが代表的で、耐水性に優れた機能をもつ。こうしたタイプにはデッキモカシン［deck moccasin］とかボートモカシン［boat moccasin］といった名称も与えら

490

ファッション全般

れている。なかでアメリカの『トップサイダー』社のデッキシューズが、スペリーソール*という独特の靴底デザインとともに世界的な知名度をもっている。なお、この種の靴は裸足で履くのが原則とされている。

デッキパーカ⇒ヨットパーカ

デッキパンツ［deck pants］船のデッキ（甲板）でくつろぐためにデザインされたとも、甲板の作業用に作られたともされる七分丈のパンツ。脚にぴったりフィットし、裾口にスリットが入るのが特徴。

デッキモカシン⇒デッキシューズ

デック［deck］一般には「（船の）甲板、デッキ」の意だが、動詞で「美しく装わせる、飾る」という意味がある。単独で用いるほか、しばしば out を伴って、デックアウト［deck out］と表記されることが多い。

デックアウト⇒デック

テックス［tex］化学繊維の原糸・原綿の繊度*を表す新しい単位。これまで使われていた「デニール*表示」を、世界的な整合性の観点から、ISO（国際標準化機構）規格に規定されている「テックス表示」に切り替えるようにしようとしたもので、1999年10月度生産分から日本化学繊維協会加盟各社が一斉に切り替えることになったものだが、その実施はそれほど進んではいない。なお実際的な単位は、デニールと桁数が合うデシテックス（dtexと表示）を用いることになっている。

テックスカーフ⇒テックタイ

テックタイ［teck tie］20世紀初頭に流行した作り付けの結び目を持つ幅広のネクタイの一種で、今日の結び下げ式のネクタイにつながったとされる。テックは粋人として知られる19世紀末の英国貴族のひとりで、これはまたテックスカーフ［teck scarf］とも呼ばれる。

手甲シャツ［てっこう＋shirt］日本伝統の作業着の一種で、鳶職に多く用いられるところから「トビシャツ」とも呼ばれる。手甲は手首を覆って保護するものを指し、袖口にこれを巻いたような形になっていることからこの名がある。本来はこれを足袋に用いるコハゼで留めるが、現在ではファスナー仕様となったものも見られる。

テッズ⇒テディーボーイルック

テッズジャケット⇒テディーボーイジャケット

デッドストックブルー［dead stock blue］デッドストックは何らかの理由で販売されないまま倉庫に眠っている新品状態の商品を指すが、これは特にジーンズの名品〈リーバイス501〉に見る特有のブルーをいう。グリーンがかった古色蒼然とした色調をこのように表現したもの。

鉄板アイテム［てっぱん＋item］鉄板はきわめて硬いところから「絶対的、確実」また「すべらない、定番」といった意味で用いられている最近の若者用語。これがあると着こなしに間違いないというファッションアイテムを表す意味で用いられる。

テディー［teddy］スリップ*の一種で、キャミソールとフレアパンティー*がひと続きになった女性下着を指す。最初は1920年代に流行したとされ、クラシックな雰囲気を特徴としている。その形からエンベロープシュミーズ［envelope chemise］とかエンベロープスリップ［envelope slip］とも呼ばれる。エンベロープは「封筒」の意。最近ではソフトボディースーツ［soft bodysuit］と呼ばれることもある。

テディーガールルック［Teddy girl look］テディーボーイルックの女性版として現われたファッション。テディーボーイと同じようにウエストを強く絞った丈長の

491

ファッション全般

ジャケットにマイクロミニのスカート、ピンヒールの靴といったスタイルが特徴で、テディーボーイルックの復活とともに1990年代半ばに登場した。

テディーボーイジャケット [Teddy boy jacket] 1950年代初期にロンドンで流行したテディーボーイルック*に見られるジャケットのことで、一般にはウオーキングジャケット*やエドワーディアンジャケット*として知られる。これをモチーフとしてデザインされたものが、最近のロンドンコレクションなどに登場して再注目されている。肩が広く丈が長い逆三角形シルエットが特徴で、襟にフェイクファーのレパード柄を配したり、長いチェーンを垂らすなどしたものが見られる。テッズジャケット [Teds jacket] とも。

テディーボーイルック [Teddy boy look] 1950年代初期にロンドンで大流行した不良少年たちのファッション。エドワーディアンと呼ばれた流行の後をうけ、極端に丈の長い派手なジャケットとドレーンパイプと呼ばれるごく細身のパンツ、そしてDSと呼ばれるリーゼントヘアと厚底の靴で構成された。テディーは元々エドワードの愛称であり、時としてテッズ [Teds] と略されることもある。

テディベアコート [teddy bear coat]「クマのぬいぐるみ」に用いるテディベアクロスで作られるコートの総称。モコモコとした人造毛皮の素材で作られるこうした服は、一般に「モコモコウエア」などと呼ばれ、最近の防寒ファッションを賑わせている。テディは本来狩猟好きだったアメリカ大統領セオドア・ルーズベルト(1858〜1919)のニックネームにちなむ。

テディベア・ファブリック [teddy bear fabric] テディベアは「熊のぬいぐるみ」また「おもちゃの熊」のことで、これに似たもこもこした感触の織物をいう。テ

ディベアクロスともいい、一般にボア*と同じ扱いを受ける。

デトックス [detox] フランス語のデトクシカシォン [détoxication 仏](解毒)を基に生まれた言葉で、「解毒、毒出し」を意味する。体に悪いとされるものを排出して、健康な体にしようという目的から、さまざまな薬品やマッサージ法などが開発されるようになり、こうした現象を総称する流行語として2005年から使われるようになっている。

デニール [denier] 絹糸やナイロン糸、ポリエステル糸などフィラメント糸の太さを示す単位。9000メートルで1グラムの重さがあるときを1デニールといい、長さを固定させて重さの倍数で2デニール、3デニールというように表す。紡績糸の番手*を表す「恒重式」とは反対に、これは「恒長式(こうちょうしき)」と呼ばれ、数字が大きいほど糸は太くなる。

デニカジ [denim＋casual] デニムカジュアルの短縮語。2006年春頃から、若い人たちの間でジーンズを「デニム」と呼び換える傾向が生まれ、従来のジーンズカジュアルという表現がこのように変化した。なお、ここでのデニムは平板に発音されるのが決まりで、語尾下がりで発音すると生地のデニムの意味になるというのも面白いところ。

デニジャケ ⇒ デニムジャケット

デニスカ [――] デニムスカート denim skirt の日本的短縮語。主としてブルーデニムの生地で作られるスカートを総称し、デニムジャケットを「デニジャケ」と呼んだように、2000年春頃から女性ファッション誌などで用いられるようになった。

テニスカラー ⇒ レギュラーカラー

テニスシャツ [tennis shirt] 1930年代に流行したシャツの一種で、襟とカフスを最

初から作り付けとしたスポーティーなメンズシャツをいう。これが現在のドレスシャツの直接的な原型になったと見る向きが多い。元々はテニス用のスポーツウエアのひとつであったと思われる。

テニスシューズ [tennis shoes] テニス用の靴。現在のすべてのスニーカーの基本形とされるもので、本来は5アイレット（鳩目）の内羽根式レースアップシューズで、白のキャンバスを用いたゴム底靴という形を特徴としている。現在では革や人工皮革などでも作られ、激しい動きに耐えられるようにさまざまな工夫を施したタイプが多く現れている。色も白だけにこだわることはなくなっている。

テニスショーツ [tennis shorts] テニス競技に用いるショートパンツ。多くは男性プレーヤーのもので、白を基調とする。

テニススカート⇒スコート

テニスストライプ [tennis stripe] 白地に赤あるいは紺の縞を等間隔に配置したストライプ。テニスウエアによく用いられたところからの命名。

テニスセーター⇒チルデンセーター

テニストップ⇒ノースリーブポロ

テニスニッカーズ⇒アンダースコート

テニスバッグ [tennis bag] テニス選手が用いるスポーツバッグの一種。テニスラケットを収納するケースが付いていることがデザイン上の特徴。

テニスブラ⇒スポーツブラ

テニスブリーフ⇒アンダースコート

テニスブレザー [tennis blazer] テニス観戦用に着用されたブレザー。いわゆるスポーツブレザー＊の一種で、白かブルーの無地を基本とし、襟、フロント周り、ポケットなどにパイピング（縁飾り）があしらわれるのが特徴。1920年代から30年代にかけて流行した。テニスジャケットともいう。

テニスポロ [tennis polo] テニスに端を発するポロシャツ。特に有名なのはフランスのラコステ社によるもので、それはフランスの著名テニスプレイヤーであったルネ・ラコステに由来し、テニスポロの原型また代名詞として広く知られる。白を基本とする鹿の子編でニットの小型角襟と提灯袖（ちょうちんそで＝ランタンスリーブ）を特徴としている。ワニのワンポイントマークでおなじみのこのラコステシャツ [LACOSTE shirt] は1933年に登場し、以後テニスポロは白に限るという不文律も生まれた。フレンチポロ [French polo] の別称でも呼ばれる。

テニスラッパー [tennis wrapper] ロングコートの一種で、元々はテニス選手がゲームの待ち時間などに着用した大外套を指す。共地ベルト付きのポロコート＊といったイメージのもので、ウエイトコート＊とも同義とされる。1890年代に登場したもので、今はもう見ることはない。

デニム [denim] コットンデニム [cotton denim] とも呼び、クラシックジーンズ＊（リアルジーンズ）の主要素材とされる厚手の綾織綿布を指す。この名称は"セルジュ・ド・ニーム serge de Nimes"（フランスのニーム地方産の綿サージ）の下半分が詰まって生まれたものとされる。織り組織は、タテに染糸（色糸）、ヨコに晒し糸を使って綾織とするところから、裏が白く表されるのが大きな特徴で、これをホワイトバック [white back] と呼んでいる。なおデニムの綾目は右上がりとなるのが正統とされる。

デニム・オン・デニム [denim on denim] デニム素材使いの服でまとめた着こなし方。ジーンズにジージャンという一般的な着方から、複雑にデニムウエアを重ね着させるやり方までさまざまな方法がある。

ファッション全般

デニムジャケット［denim jacket］デニム地で作られたウエスト丈のジャケット。いわゆる「ジージャン*」のことで、ジーンジャケット［jean jacket］とかウエスタンジャンパー［Western jumper］などさまざまな名称でも呼ばれる。最近では「デニジャケ」などと日本式に略した俗称も生まれている。アメリカでは「ヒップスター*」という俗称で呼ばれることが多い。

デニムシャツ⇒ダンガリーシャツ

デニムスラックス⇒デニムトラウザーズ

デニムトラウザーズ［denim trousers］デニム製のパンツ。ブルーデニムやカラーデニムで作られたズボン仕様のパンツのことで、5ポケットのジーンズとは異なる表情を持つ。アイビーパンツをそのままデニム地に置き換えたものなどに代表される。デニムスラックスとも呼ばれるが、デニムパンツとなると昔のジーンズの別称となり、いささかニュアンスが違ってくる。

デニムパンツ［denim pants］デニム*で作られたパンツの総称だが、一般にジーンズの異称とされる。1960年代前半頃までは、ジーンズというよりもこのほうがよく用いられたものだったが、現在では新鮮なイメージを狙ってジーンズをわざとこのように呼ぶ傾向も現れている。最近では単にデニムと略して呼ばれることも多くなっている。

デニムベスト［denim vest］デニム生地で作られたベストのことだが、特にブルーデニムを使ってジーンズ感覚に作られたものを指すことが多い。そのことからウエスタンベスト［Western vest］ともいう。

デニンス［――］デニムとレギンスから作られた合成語で、デニムレギンスの略。コットンやナイロンなどのニット地で作られたデニム風レギンス*で、スキニー

ジーンズ*のような感覚があるとして人気を集めている。七分丈、十分丈のほか、ブーツカット*型のものも見られ、色数も多数揃えられているのが特徴。レギンス*の流行とともに登場し、2008年春ブレイクした。

デビュタントドレス［debutante dress］デビュタントはフランス語で「初心者、未経験者」また「社交界に出たばかりの者」を意味し、社交界に初めて登場する16〜18歳の娘が、そのデビュー時に着用するドレスをこのように呼ぶ。一般にゆったりした感じの白いドレスが代表的とされる。

デビルカチューシャ［devil katyusha］デビル（悪魔）のような角を付けたカチューシャ。面白いデザイン効果のある髪飾りのひとつとして作られたもので、頭のてっぺんに鬼のように2本の角があるのが特徴とされる。

テフロン［Teflon］アメリカ「デュポン」社の開発による4フッ化エチレンを重合して作られた合成樹脂の商品名。その繊維は耐薬品性、撥水性、耐候性に優れるとされる。

デボレ⇒オパール加工

デミクチュール⇒セミクチュール

デミグラブ［demi-glove］「半分の手袋」の意で、指先のない手袋を総称する。手の甲だけだったり、指が半分ほど付いているものなど、さまざまな形がある。カデット［cadet］（士官候補生の意）と呼ばれる手袋もこの一種とされる。ハーフグラブ［half glove］ということもあるが、デミグラブ、ハーフグラブともに、こうした意味のほかに、手の甲を半分はど覆う指付きの手袋を指すこともある。

デミブーツ⇒ブーティー

デミブラ⇒ハーフカップブラ

デミ・ムジュール⇒セミオーダー

494

ファッション全般

デュアルタイム⇒ダブルウオッチ

デュアルパーパスシャツ［dual purpose shirt］二つの目的に適したシャツの意で、ダブルデューティーシャツ*と同義。ビジネスとプライベート二つの目的に合うところからのネーミング。

デュークストライプ［Duke stripe］デュークは英国でいう「公爵」の意味で、ここでは特に Duke of Windsor（ウインザー公）を指す。おしゃれで知られるウインザー公が好んだ縞柄というのがこれで、ドレスシャツに用いられる幅の広いしっかりとした縞柄をこのように呼んでいる。一般にはロンドンストライプ*のひとつとされる。

デュード［dude］ダンディー*やフォップとほぼ同じで、着るものや作法に凝る人、洒落者、気取り屋、めかし屋といった意味を持つ。主にアメリカで使われることの多い言葉。俗に「都会っ子」の意味でも用いられる。

デュードロップタイ⇒ボトルシェイプトタイ

デューンバギー⇒コットンサテン

テラコッタ［terra-cotta］赤褐色の素焼き粘土のことで、それに見る濃い黄みがかった赤をいう。テラは古代ギリシャ宗教における大地の女神の名を指す。

テラコッタ・カラー［terra-cotta color］テラコッタは素焼きの粘土製品のことで、それらに見る濃い黄味を帯びた赤をいう。ボルドーに似た赤ワイン色系の色調で、2016/17年秋冬シーズンの流行色のひとつとされる。

テラスファッション［terrace fashion］ここでいうテラスは競技場などの「立ち見の見物席」という意味で、これは主としてサッカー観戦用のしゃれた服装を総称する。近年のサッカー人気から注目されているもの。

テラピンチ［telescope + pinch］テレスコープハット*型のカジュアルな布製帽子をいう和製語。テレスコープハットのようにクラウンの上縁をつまんで（ピンチの意）、独特の形を表したもので、1980年頃、日本のゴルフ帽として人気を博したもの。

テリー⇒パイル編

テリークロス［terry cloth］アメリカで「テリー織」と呼ばれる、パイル織の一種で仕上げられた生地のことで、一般に「タオル地」と呼ばれる。タオルクロス［towel cloth］とかコットンパイルクロス［cotton pile cloth］などともいい、両面あるいは片面にカットされていないループ（輪奈）が織り込まれているのが特徴。吸水性が良いためバスタオルやビーチウエアの素材としてよく用いられる。

テリーヌバッグ［terrine bag］フランス料理のテリーヌを作るのに用いる陶製の蒸し焼き器に似ているところからこう呼ばれるバッグ。底面が平らになった半円形の形に持ち手を付けたもので、ファスナーで開閉する大きな開き口を特徴とする実用的なバッグとして知られる。

デリッカースタイル［psychedelic + er style］デリッカーはサイケデリックから派生した若者用語で、ヒッピールック*に見られるサイケ調のスタイルを指す。いわゆる「お兄系*」のファッション分類のうちのひとつで、セクシー＆ゴージャスな雰囲気の強いファッション表現を指すとされる。これが発展するとハイモード・ロックスタイル［high mode rock style］と呼ばれることになる。

デルカジ［model + casual］「モデルカジュアル」を日本的に略したもので、ファッションモデルたちのふだん着に見るカジュアルな装いをいう。ごく普通のアイテムでもカッコよく着こなすモデルたちの

ファッション全般

様子を、1992年春頃からこのように呼ぶ傾向が現れた。関西方面ではモデカジともいう。

テルモテラピー⇒タラソテラピー

テレコ [――] プレーンなリブ編で、表目と裏目が同じ数のものを指す。関西の方言で「互い違い」を意味する「てれこ」が語源とされる。一般には2×1針抜きによる表2目、裏2目のものをいい、両面機による「両面テレコ」（トタン柄ともいう）もある。

テレスコープスリーブ [telescope sleeve] テレスコープは「望遠鏡」の意で、ちょうど望遠鏡のように筒状の袖が二重になり、下の袖が袖口からカフスのようにのぞいているのが特徴とされる。このような二重使いのデザインになった袖をダブルスリーブ [double sleeve] と総称する。

テレスコープハット [telescope hat] 単にテレスコープとも。望遠鏡（テレスコープ）のレンズ部のように、縁が平らで中央を凸レンズのように丸く盛り上げたクラウンを特徴とする帽子。ポークパイ [porkpie]（ポークパイハットともいう）と呼ばれるスポーツハット*がこの代表的なものとして知られる。

テレビ柄⇒リップルボーダー

テレメーター [telemeter] 光速と音速の速度差を利用して、ふたつの離れた地点の間の距離を測るクロノグラフ（ストップウオッチ機能の付いた時計）機能、および腕時計に付いたその目盛りを表す計時盤をいう。

テロンチ [――] テロンとした落ち感を持ち味としたトレンチコートのこと。カーディガンとかスカウチョといった日本独特の造語にあやかって生まれた新造語のひとつで、多くはシンプルなデザインの女性向きトレンチコートを指すことが多い。

テンガロンハット [ten-gallon hat] カウボーイハット [cowboy hat] とかウエスタンハット [Western hat] の名でも知られるアメリカ西部に特有のつば広帽子。水が10ガロンも入る、あるいは10ガロンも汲めるというところからのカウボーイ独特の大袈裟な名称で、実際に10ガロン（アメリカ式では約37.85リットル）も入るわけではない。

天狗 [てんぐ] ズボンの前開き部で、下前立ての布地部分をいう業界用語。天狗の鼻に似ているというところからの名称で、英語ではバトンキャッチ [button catch] という。

天竺 [てんじく] 平織綿布のひとつで、金巾*（かなきん）と細布（さいふ＝シーチング*）の中間程度の生地厚を持つものを指す。当初、インドから輸入されたところからこの名があり、海外ではTクロス [T-cloth] と呼ばれることが多い。このTは天竺からとった商標名からきている。

天竺編⇒平編

転写プリント⇒ラバープリント

テンセル [TENCEL] 1988年に英国コートルズ社によって開発された、木質パルプを原料とする精製セルロース繊維の商標名。特殊な化学加工を施すため他のセルロース繊維とは区別され、現代的な新しい素材として注目されるようになった。従来のセルロース化学繊維の代表であるレーヨンの「弱くて縮みやすい」という欠点を解消するとともに、コットンよりも強く、ソフトで、ドレープ性、光沢感、発色性に優れるというように、数々の特性がある。現在はオーストリアのセルロース繊維メーカー「レンチング ファイバーズ」社の所有となっている。

デント⇒ディンプル

テントコート [tent coat] テントライン*

と呼ばれる三角形に広がるシルエットを特徴としたコートの総称。1950年代以降、伝統的なラインのコートのひとつとされるもので、ピラミッドコート［pyramid coat］などとも呼ばれる。

テントダック⇒セールクロス

テントドレス［tent dress］テントラインと呼ばれるテント型のシルエットを特徴とするドレスの総称。肩から裾に向かって、テントのようにゆるやかに広がるフレアがポイントとされる。

デントフェイシャル・マッサージ［Dent-Facial Massage］口の周りの筋肉をほぐして、血液やリンパの流れを促進しようとするマッサージ法。歯科医の中原悦夫の開発によるもので、リラクゼーションとともに顔の輪郭の引き締めや歯の摩耗予防などに効果があるとされる。

テントライン［tent line］テントのような形を特徴としたシルエット。裾に向かって大きく三角形に広がっていくもので、肩は小さくフィットし、胸から裾にかけてテント状に広がるのが特徴となる。

天然繊維［てんねんせんい］自然環境に存在する材料から採れる繊維＊のことで、動物の毛などを基にする「動物繊維＊」と植物の綿などを原料とする「植物繊維」が双璧。そのほかに「鉱物繊維」もある。英語ではナチュラルファイバー［natural fiber］と総称される。「自然繊維」ともいう。

電波時計［でんぱどけい］標準時を伝える電波を受信することによって、誤差を自動修正する機能を特徴とする時計を総称する。こうした方法をラジオコントロール［radio control］という。

デンビー編⇒トリコット

テンフッターズ⇒シックスフッター

テンプル［temple］メガネを構成する部分のひとつで、両側の「弦（つる）」を指

すJIS用語での表現。本来は「こめかみ」の意で、こめかみにかかる部分であるところから、このように呼ばれるもの。日本語で「腕」とか英国で「サイド side」などとも呼ばれ、時としてこれをフレーム＊と呼ぶこともある。なおテンプルの先端の耳にかかる部分は、日本語で「先セル」などというが、英語ではエンドピース［end piece］とかイヤーピース［earpiece］などと呼ばれる。

テンマンススーツ⇒オールイヤーラウンドスーツ

た

ファッション全般

ドアマンコート［doorman coat］主として
ホテルの案内人であるドアマンが着用す
る床上丈のロングコート。一般にユニフ
ォームの一種として使用されるもので、
立襟などきわめて装飾的なデザインとな
っているのが特徴。

トイレタリー［toiletry］日用品を含んでの
化粧品や化粧道具の総称。トイレットリ
ーともいうが、普通はトイレットリーズ
［toi-letries］と複数形で扱う。練り歯磨
きや石鹸、コロンなども含まれる。なお
この原語であるトイレット［toilet］は「洗
面所、化粧室、便所、トイレ」という意
味だが、文章語としては「化粧、身支度」
の意で用いられる。

トイレットソープ⇒ボディーシャンプー

トウ［toe］爪先。靴や靴下類の先端部分の
総称。ほかに「足の指」のことも意味する。

トゥースピックトウ［toothpick toe］爪楊
枝（トゥースピック）のように極端に細
く尖った爪先型。これにはまたスティレ
ットトウ［stiletto toe］（短剣のようなの
意）とかペンシルトウ［pencil toe］（鉛
筆型の意）などと呼ばれるものも含まれ
る。

ドゥースポーツウエア［do sportswear］実
際にスポーツをするときに着る衣服のこ
と。アクティブスポーツウエア*と同義
で、シースポーツ see sports（見るスポ
ーツ）に対して、ドゥースポーツ（やる
スポーツ）というところからこのような
言葉が使われるようになったもの。

ドゥービルスタイル［Deauville style］ド
ゥービル（ドゥビルとも）はフランス北
部の高級避暑地で、そこでのリゾートウ
エアの装いを総称する。元々シャネルに
よって創案されたものとされ、トリコロ
ール使いのシンプルな服装やカジュアル
なマリンルックが特徴となっている。

トゥーペイ［toupee］男性用の「かつら」

のこと。フランス語のトゥペ toupet から
転じたもので、トゥペには「髪の房、前髪、
ひたい髪」また頭のてっぺんだけを覆う
「かつら」といった意味がある。

トゥーリング［two ring］トゥーは「2」の
意味で、隣り合う2本の指に同時にはめ
ることのできる指輪を指す。

トゥールニュール⇒バッスルスタイル

トゥールビヨン［tourbillon 仏］地球の重
力によって生じる機械式時計の誤差を補
正する装置のことで、天才時計師の異名
をとるアブラアン・ルイ・ブレゲ（スイス：
1747～1823）によって1795年に発明さ
れたという画期的な機構を指す。エスケ
ープメント［escapement］と呼ばれる「脱
進機」そのものが、通常1分間に1回転
することによって制御しようとするもの
で、「ツールビロン」とか「タービロン」
とも発音され、これを搭載した時計は高
級時計の証とされる。トゥールビヨンそ
のものは、フランス語で「旋風、渦巻」
の意味。

ドゥエボットーニ［due bottoni 伊］イタリ
ア語で「2つのボタン」を意味する。台
襟の第1ボタンの付くところにボタンを
2つ付けた襟型、またそうしたデザイン
のシャツを指す。センツァ・クラヴァッ
テ*と呼ばれるノーネクタイスタイルの
流行から、それに合うデザインとして登
場したもので、一般のドレスシャツより
襟腰が高めで、第1ボタンが2個付いて
いるような変わった形が特徴。ネクタイ
を外したときにも格好がつくところか
ら、最近ではクールビズ*にふさわしい
シャツとして愛好する人が増えている。

トウカバー［toe cover］トウ（爪先）だけ
を覆うようにした靴下の一種。いわゆる
パンプスインのひとつだが、薄手のスト
ッキング素材を用いているために履きや
すく、サンダルやミュールなどにも用い

た

498

られる。日本でのこの名称は靴下メーカーの商品名とされる。

トウキャップ ［toe cap］靴のトウ（爪先）を覆う革のことで、「飾り革」と称される。トウボックス［toe box］ともいう。

東京アイビー⇒東京カジュアル

東京エレガンス ［とうきょう＋elegance］東京発のコンサバエレガンス゜系ファッション。神戸や名古屋系のセクシーさを特徴としたものとは違って、セクシー度は抑え気味にし、東京特有のシャープさとクールさを強調しているのが特徴とされる。2003年春頃から台頭した。

東京カジュアル ［とうきょう＋casual］原宿や渋谷など現代の東京のファッションタウンに見られるカジュアルファッションの総称。渋カジ゜からスタートし、現在のゴスロリ゜やお兄系゜などに至る若者ファッションが代表的で、東京ならではの独特の雰囲気が特徴。こうしたファッションを指す用語は多く、東京アイビー、東京パンク、東京ポップ、東京ストリートファッションなどとさまざまな名称で呼ばれている。

東京ストリートファッション⇒東京カジュアル

東京パンク⇒東京カジュアル

東京ポップ⇒東京カジュアル

東京リアルファッション ［とうきょう＋real fashion］東京の今を感じさせるリアリティーのあるファッションのこと。TGC゜（東京ガールズコレクション）に見るリアルクローズ゜の群れを総称した言葉。

トウコート⇒トッグルコート

唐桟縞 ［とうざんじま］インドのサン・トーメ島原産とされる織物の名称であるとともに、その細い縞柄をいう。紺地に赤あるいは淡い青の細い縞を配したものが代表的で、江戸時代の通人に好まれたと

いわれる。この島の名から「桟留縞（さんとめじま）」とも呼ばれる。

透湿防水素材 ［とうしつぼうすいそざい］透湿性と防水性という相反する要素をうまく融合させた高機能素材。雨などの水分は完全に防止しつつも、内側の湿気は外に発散させるという働きを持つ素材を総称する。これには特殊なフィルムを張り合わせるタイプ（ゴアテックス゜やミクロテックスなどの商品名で知られる）と、水中でポリウレタン樹脂を発泡させながら作られる湿式コーティングタイプ（エントラントやポーラスなどの商品名で知られる）の2製法がある。スキーウエアやレインウエアに用いられるほか、一般のスポーツウエアにも多用されている。

トウシューズ ［toeshoes］バレエシューズ゜の一種で、特に爪先（トウ）を立てて踊るトウダンスに用いられるバレリーナ用の靴をいう。サテンや柔らかな革などで作られたヒールのないフラットシューズで、爪先に硬い芯が入っているのが特徴。長いリボンで足首を巻いて履くのも特徴とされる。

ドウスキン⇒バックスキン

トウスルーストッキング ［toe through stocking］爪先にマチのないタイプのストッキング。サンダルを履いたときに指先が見えるように透明感を持たせたもので、一般にヌードトウ［nude toe］とも呼ばれる。流行のサンダルに対応させたストッキングはほかにも多く見られ、たとえば爪先部分にプリント模様をあしらったトウプリントタイプ［toe print type］や、爪先のないサンダルトウ［sandal toe］と呼ばれるものなどがある。

トウソックス ［toe socks］トウは「足の指、爪先」の意で、これは「指付き靴下」をいう。親指とそのほかの指が二股に分か

ファッション全般

れたタイプもあるが、現在では 5 本指型
のものをこう呼ぶ傾向が強い。水虫対策
を兼ねた健康靴下としても人気を集める
ようになっている。最近では「5 本指パ
ンスト」も登場している。

トウチップ⇒チップ

ドゥドゥヌ［doudounes 仏］マトラッセ*
やクロッケ*といった「膨れ織」の素材を、
新しく現代風に呼ぶ言葉として用いられ
る。本来はフランス語の卑語で「(乳房
やお尻の) まるまるとした魅力」を意味
し、そこからダウンウエアやキルティン
グウエアなど詰め物をした、まるまると
膨らんだイメージの衣服を指すほか、そ
うした中綿式の素材やそのような外観の
ファッション全般をも呼ぶようになっ
た。

トゥドン［tudung］イスラム教徒のマレー
系女性が頭にかぶるスカーフ。アラブ圏
で用いられるヒジャブと同じ。

トゥニカ⇒チュニカ

胴長⇒ウエイダー

動物繊維［どうぶつせんい］動物が生み出
す繊維の総称。主として動物の毛から採
る「獣毛繊維」と、蚕の繭から採る「蚕
繊維」の二つがある。英語ではアニマル
ファイバー［animal fiber］と称される。

トウプリントタイプ⇒トウスルーストッキ
ング

ドゥブレ⇒ダブレット

ドゥボーイジャケット［doughboy jacket］
第 1 次大戦時、アメリカ陸軍の歩兵 (俗
称ドゥボーイ) が着用したユニフォーム
に由来する立襟型のジャケット。両胸と
両脇に付く大型のフラップ&プリーツ式
のパッチポケットとエポーレット (肩章)
を特徴とする。

ドゥボーイシャツ［doughboy shirt］ドゥ
ボーイは第 1 次大戦時のアメリカ陸軍歩
兵の俗称。彼らの着用した、立襟でエポ

ーレットが付いた、やや丈長のシャツを
指す。これを模したニット製などのシャ
ツがある。

トウボックス⇒トウキャップ

トゥボラーレ［tubolare 伊］ツボラーレと
も。イタリアの製靴法のひとつで、アッ
パーを管状に袋縫いして底付けする方法
を指す。トゥボラーレはイタリア語で「管
の、管状の」という意味。屈曲性に富み、
良い履き心地が生まれる製法で、ボロネ
ーゼと呼ばれる製靴法の一種ともされ
る。このほかイタリアの靴業界には、靴
底の側面をアッパーまで巻き上げる「オ
パンケ」や、グッドイヤー式とマッケイ
式を一緒にした「チロレーゼ」など独特
の製靴法も見られる。

トウモロコシ繊維［トウモロコシせんい］
トウモロコシから作られる PLA (ポリ乳
酸) を原料とする繊維。環境に優しいエ
コ繊維のひとつとして開発されたもの
で、アメリカ『カーギル・ダウ LLC』社
の「インジィオファイバー」などが代表
的とされる。

胴乱［どうらん］日本の袋物のひとつ。革
や布地で作られた方形の袋で、小銭やタ
バコ、薬などを入れ、腰に下げて用いら
れた。元は銃丸を入れる袋とされ、ここ
から「銃卵」「筒卵」の名もある。また
植物採集に用いる円筒形や長方形の携帯
具のこともいう。

トゥリング［toe ring］トウは「足の指、爪
先」の意味で、足指に飾る指輪を総称す
る。いわゆる「生足」の流行から、足そ
のものを飾るアクセサリーとして使われ
るようになった。

トウループサンダル［toe loop sandal］親
指をループ (環) 状の留め具に引っ掛け
て履くカジュアルな女性用サンダル。鼻
緒式のトング*と並ぶ最近の流行デザイ
ンで、単にループサンダル［loop sandal］

ファッション全般

とも呼ばれる。

トゥルマンタン⇒カバンコート

トウレスストッキング [toe-less stocking]
爪先部分のないストッキング。ミュール
やサンダルを履くときに、足指のペディ
キュアなどがよく見えるように、爪先の
部分をなくしたもの。1999年、ブラジル
のサンバカーニバルで好評を博して広が
ったといわれる。

トウレスソックス [toe-less socks] 指先部
分のないソックス。レースソックス*と
同じように、レトロな感覚を特徴とする
女性の靴下のひとつとされる。

トーク [toque] 頭にぴったりフィットする
浅い円筒形の、多くは女性用の縁なし帽
の総称。フランス語ではトクあるいはト
ックと発音される。下縁に飾り用の共地
バンドをあしらったタイプはロールトー
ク [roll toque] と呼ばれる。

トーションレース [torchon lace] ボビンレ
ース*の一種で、太めの麻や綿糸を使っ
て四角の目をたどって作られた簡素なレ
ースを指す。トーションはフランス語で
「布巾、雑巾」、またイタリアのトーショ
ン地方を表すとされる。主として縁飾り
や挿し込みに用いられる。

トータルコーディネート [total coordinate]
服装の全体がひとつの要素でまとめられ
て、完璧に整えられる様子をいう。こう
したルックスをトータルルック [total
look]、そうしたファッションをトータル
ファッション [total fashion] などという。

トータルファッション⇒トータルコーディ
ネート

トータルルック⇒トータルコーディネート

ドーティー [dhoti ヒンディー] インドの
ヒンズー教徒の男性が用いる下体衣とし
ての1枚布。幅1メートル、長さ4〜5
メートルの白木綿を股に通して穿く方法
と腰に巻き付けて穿く方法の2種があ

る。

トートバッグ [tote bag] トートはアメリ
カの俗語で「運ぶ、背負う」の意。キャ
ンバスなどの丈夫な布地で作られた、口
の広い角型の手提げ袋状のバッグを指
す。元はキャンプなどで氷をそのまま入
れて運ぶのに用いられたものだが、現在
では簡便なクロスバッグ [cloth bag]（布
カバンの意）のひとつとして、広く用い
られるようになっている。これを1944年
に最初に開発したとされる米国の『L.
L. ビーン』社では、これを「ボート＆ト
ートバッグ」などと呼んで、いまだに生
産を続けているが、元々は〈ビーンズ・
アイスキャリア Bean's Ice Carrier〉と
呼ばれていたという。まさしく「氷運び
用」のバッグということになる。

トートブリーフケース [tote briefcase] ト
ートバッグ*型のブリーフケース。ビジ
ネスに向くように黒や茶色などの革で作
られたトートバッグ型の大きめの鞄で、
カジュアル用のバッグとしても使うこと
ができるのがミソ。ブリーフトートとも
いう。

ドーナツボタン [doughnut button] ドーナ
ツのように中央がくぼんだ形に作られて
いるボタン。金属製ボタンの一種で、特
にジーンズにおいては1940年代までに作
られたアイテムにしか見られない貴重な
パーツとされる。

トーニングサンダル⇒トーニングシューズ

トーニングシューズ [toning shoes] 靴底が
曲線になった特殊な形状を持つ靴で、履
いて歩くだけでシェイプアップ効果が生
まれるという特質を持つ。トーニングは
トーン tone（正常な状態にもどす、正常
にする、整える）から作られた言葉で、
同種のトーニングサンダルなどもある。
シェイプアップシューズ*などとも呼ば
れ、2010年春夏からのヒット商品となり、

501

ファッション全般

トーニングブームを招いた。

トーニングパターン［toning pattern］トーン（調子、音色の意）を合わせた柄のことで、ひとつの柄でも濃淡で表現してみせるといったテクニックを指す。

トーピー［topee, topi］いわゆるアフリカ探検隊の服装に見られるヘルメット型の帽子のひとつ。熱帯地方で太陽の直射を防ぐために用いる防暑帽で、1860年ごろからインド駐留の英国軍兵士によってかぶられたのが始まり。インドに産するソーラという植物（スポンジウッドとも）のコルク質の髄（ピス）を芯として、表に白い綿布、内側に緑色の布を張ったもので、ここからソーラトーピー［sola to-pee］とかピスヘルメット［pith helmet］の別称でも呼ばれる。またこれと同型のもので、断熱材としてコルクを用いた日除け帽をコークヘルメット［cork helmet］という。

トーブ［tobe］フランス語でトベ［tobé］ともいう。主としてアラブ人が着用するゆったりとした貫頭衣のことで、地域によって材質などにさまざまな変化がある。また、それに用いる白の布地をこう呼ぶこともある。英語でトベ tobe と呼ばれるものは、アフリカの民族衣装とされる多彩な色使いのコットン地を指す。

ドーブグレー⇒トープローズ

ドープダイング⇒原着

トープローズ［taupe rose］灰色がかったくすんだ調子のバラ色。トープは本来フランス語で「モグラ」を意味し、モグラの毛に見る茶色がかった暗めのグレーを指す。ドーブグレー［daube gray］と呼ばれる同様の色とともに新しい中間色のひとつとして、2008年春夏ニューヨーク・コレクションの一部に登場した。なおドーブはフランス語で「シチューにした肉」という意味がある。

ドームミニ［dome mini］ドーム（半球状の丸屋根、丸天井）のような形を特徴とするミニスカート。バルーンミニ*と同系のアイテムだが、それよりは控え目な印象。

ドーリーアイラッシュ［dolly eyelash］人形のような「まつ毛」の意。2014～15年秋冬ヘアメイクトレンドのひとつとして現れたもので、特に下まつ毛をマスカラや付けまつ毛によってボリュームを持たせるようにしたもの。どこか未来的な雰囲気をかもし出すとして人気を集めている。

ドーリースキン⇒ヌーディーメイク

ドーリーメイク［dolly make］お人形さん（ドーリー）のようなメイクアップ。子供っぽく、お姫様のように可愛らしく仕上げるのが特徴で、とくに目元を強調するために、下まつ毛にも付けまつ毛を用いるのが必須とされる。これによって目を大きくタレ目に見せることになる。

トールカラー［tall collar］「高い襟」の意で、高く作られている襟を総称するが、特に後ろの部分が高く立ち上がって、耳が隠れるほどになった立襟を指すことがある。

ドールコート［doll coat］ドールは「人形」の意で、胸下からふんわりと広がる女性らしいシルエットを特徴とする女性用のコートをいう。人形に着せるような服のイメージからそう呼ばれるもので、大きな襟と大きな千鳥格子を特徴としたクラシックな雰囲気のウールコートなどが代表的。

ドールドレス［doll dress］ドールは「人形」という意味で、西洋人形に見る装飾過剰気味の衣装のようなドレスを指す。フリルやラッフルなどを多用した少女好みのロマンティックなドレスで、ロリータファッション*に特有のドレスともいえ

る。これにはまたベビードールドレス*
の略称とかジュリエットドレス*などと
呼ばれる室内着の別称という意味もあ
る。

トールハット⇒ドレスハット

ドールファッション [doll fashion] ドール
（人形）のようなファッションというこ
とで、アンティークなフランス人形のよ
うなロマンティックな雰囲気のファッシ
ョンを総称するが、最近ではとくにバー
ビー人形そっくりの衣装を着るファッシ
ョン表現をこのように呼ぶ傾向が現れて
いる。後者はとくにバービー人形のカタ
ログを著したビリー・ボーイの名からビ
リー・ボーイ・ルック [Billy Boy look]
とも呼ばれている。

トールブーツ [tall boots] 履き口の筒部が
高く作られたブーツの総称で、ニーハイ
ブーツやサイハイブーツなどの膝上丈の
婦人ブーツに代表される。

ドールヘア [doll hair] ドールは「人形」
の意で、西洋人形に見るようなファンシ
ーなヘアスタイルを総称する。夢見がち
な女の子がよく好むもので、金髪に染め、
リボン付きのカチューシャなどを飾って
まとめるものが多く見られる。

ドールボブ [doll bob] ドール（お人形さん）
のようなボブヘア*のことで、全体にた
っぷりとした「オカッパ頭」に代表され
る。

ドールルック⇒プペルック

ドールワンピース⇒ベビードールドレス

トーン [tone] 色合い、濃淡、明暗などの
調子のことで、色彩の面では「色調」の
意味になる。

トーンイントーン [tone in tone] 同じ色調
（トーン）内の色による配色のこと。変
化をつける目的で、類似色や反対色や補
色の関係で作ることもあり、色調の統一
したイメージを表現するのに適当とされ

る。

トーンオントーン [tone on tone] 同系色相
の濃淡の色による配色のこと。色相で揃
え、色調（トーン）で変化をつけるのが
特徴とされる。

トーンオントーンチェック [tone on tone
check] 同一色相で色調の異なる2つ以上
の色をタテヨコに配列した格子柄。トー
ンオントーンは色調を重ねることをい
う。

トガ [toga] トーガとも。古代ローマ時代
に見られる衣服のひとつで、いわゆるド
レーパリー*（巻衣）の一種。これは特
に市民権を持つローマの男性のみに許さ
れたもので、身分によって色や巻き方、
飾りなどに明確な区分があった。内着と
してチュニカ*が着られるのも特徴。

ドカジャン [――] 土方ジャンパーの略。
道路工事などの労働者たちが着用する作
業服としてのショートジャケットをいう
俗称。多くはフェイクファーの襟を取り
付けたキルティングジャケット状のもの
で、腰丈のものから尻丈のものなどさま
ざまな形がある。

ドカン⇒フルパンツ

トキージャ帽 [toquilla＋ぼう] 一般にパ
ナマ帽として知られるエクアドル原産の
帽子で、トキージャハットとも呼ばれ
る。トキージャ椰子という植物の繊維か
ら作られるトキージャ藁（トキア草）を
伝統的な手法で手編みして作られるもの
で、2012年12月、ユネスコの世界無形文
化遺産に登録された。これを機に「パナ
マ帽」から「トキージャ帽」に名称変更
して統一しようとする動きが始まった。
トキヤ、トキアとも呼ばれるほか、生産
地の名からヒピハパ、モンテクリスティ
などと呼ぼうとする動きもある。

ドキュメントケース [document case] ドキ
ュメントは「文書、書類」の意味で、文

た

ファッション全般

書類を入れるための薄型のクラッチバッグ*の一種をいう。革などで作られ、上辺がファスナー仕様となったものが基本的な形。

トク⇒トーク

ドクターカフ⇒ドクタースタイル

ドクタークラッチ［doctor clutch］ドクターズバッグのような重厚なデザインを特徴とするクラッチバッグ。開閉がドクターズバッグのような口金式となっており、大きく開くのが何よりの特徴となる。

ドクターコート［doctor coat］医者が着用する「診察衣」、いわゆる白衣の総称。膝丈位のロング丈のものやハーフコート丈のものがあり、ボタンフロントだけでなく、最近では前を閉めなくても恰好がつくジップフロントのものも見られる。また患者の恐怖心を少なくするために白以外の薄いグリーンやブルー、ピンクといった色使いのものも増えている。

ドクターサンダル［doctor sandal］医者が病院内で用いるサンダル。その性質上、滑りにくいゴム底としたものが多く、フロントにも汚れを防ぐために深く大きなカバーが付く。脱ぎ履きが楽なようにかかとには何も付かず、スリッパ状の形となったものが多く見られる。革製のものが中心で、その機能性の高さから、オフィスサンダル（室内履き）として用いられる例も多い。

ドクタージャケット⇒ドクタースーツ

ドクターシューズ［doctor shoes］医者の室内履きとされる靴。爪先全体を広く覆った甲革と、かかとから伸びた腰革が、脇でV字型に重なった形が特徴のスリップオン型の靴が代表的とされる。これをモチーフとした一般的な紳士靴もある。

ドクタースーツ［doctor suit］医者が執務中に着用する上下服のことで、別にメディックスーツ［medic suit］（医療用の意）

ともいう。その上着はドクタージャケット［doctor jacket］と呼ばれ、手術着はオペレーションスーツ［operation suit］、またこれを略して「オペスーツ」と呼ばれる。その他女医用のメディックワンピース［medic one-piece］や看護師用のナースワンピース［nurse one-piece］などを含んで「白衣」と称することが多いが、最近の医療用の衣服には白だけでなく、淡いブルーやグリーン、またピンクといった色が用いられることが多くなっており、「白衣」のイメージは薄くなっている。

ドクターズコート［doctor's coat］医者が用いるコートの意で、いわゆる「白衣」の一種をいうが、ここではそれにモチーフを得てデザインされた女性用のコートを指す。全体にゆったりとした作りで膝丈くらいの長さを持ち、大きめのポケットの付いたタイプが多く見られる。ボタンも付くが羽織る感覚で着こなすのも特徴のひとつ。色はさまざまなタイプがある。

ドクターズコスメ⇒メディカルコスメ

ドクタースタイル［doctor style］スーツ上着などテーラードなジャケットの袖口に見るデザインで、袖口ボタンのボタン穴を開けて、実際にボタンを留めたり外したりすることができるようにした形を指す。医者（ドクター）が上着の袖口を捲り上げて診療しやすいようにしたというところからこう呼ばれるもので、ドクターカフ［doctor cuff］ともいう。日本ではこれを「本開き（ほんあき）」とか「本切羽（ほんせっぱ）」と呼んでいるが、切羽は日本刀の鍔（つば）の上下、柄と鞘に当たる部分に付けられた薄い長円形の金具のこと。これとの関係は不明だが、テーラーの間では本開きにすることを昔から「切羽を切る」というように用いられていた。これに対してボタンホールを

ファッション全般

開けたように見せる一般的な形は「開き見せ（あきみせ）」という。

ドクターズバッグ［doctors bag］本来医者の往診用に作られた折りカバン*の一種で、がっちりとした取っ手と真鍮製の施錠装置が付いた黒革製のものが代表的。全体に分厚く、ずんぐりと丸いイメージが特徴的で、この形を取り入れたものが、オーソドックスなビジネススーツに合うバッグとして好まれている。まち幅が広く作られているために、中身がよく見え、物を出し入れしやすいという利点を持つ。ドクターバッグともいう。

ドクター・マーチン・ソール⇒エアクッションソール

特注⇒カスタマイズ

ドゴールキャップ［de Gaulle cap］フランスの軍人・政治家であったシャルル・ドゴール大統領（1890～1970）が、かつて愛用した帽子を再現させたカジュアルなキャップ。軍隊調ワークキャップのひとつで、全体に角張って高い帽体と前びさしを特徴とする。最近のワークキャップの人気から浮上してきた。

床革［とこがわ］表皮を削いだあとに残る革。いわゆる銀面のない部分で、繊維が粗く、弱いことから、一般に靴やバッグの部分使いとされることが多いが、エコロジーの観点から最近ではジャケットや靴、バッグの素材としても扱われるようになっている。英語ではスプリットレザーと呼ばれるが、ここでのスプリットは「裂く、裂ける」の意。これの表面を起毛させたものは「床ベロア」と呼ばれる。

床面⇒ベロアレザー

トスカーナラム［Toscana lamb］イタリアのトスカーナ地方を原産地とする仔羊の毛皮。長く柔らかな白い毛を特徴としており、これを染色してコートなどのトリミング材料として用いることが多い。

ドスキン［doeskin］本来は「牝鹿の皮」という意味で、ドゥスキンともいう。目の詰んだ鹿革のような光沢感を特徴とする生地で、モーニングコートやタキシードなどの礼服地として用いられることが多い。紡毛糸使いと梳毛糸使いの2タイプがあるが、日本では梳毛糸使いのものが多く見られる。日本語で「繻子目羅紗（しゅすめらしゃ）」とも呼ばれるように、繻子（朱子）組織の毛織物で、このような仕上げ法を「ドスキン仕上げ」という。

ドスキン仕上げ⇒ドスキン

ドッカージャケット［docker jacket］ドッカー（港湾労働者）用のジャケットの意。元はそうした目的でアメリカ海軍の「N-1デッキジャケット」を民間モデルとしたものを指したが、現在では森林警備隊などのユニフォームなどとしても広く用いられている。アクリルのボア襟とライニング（裏地）を特徴とするショートジャケットで、軽く暖かい防寒ジャケットとしても人気がある。

ドッカーズシャツ［docker's shirt］ドックワーカーズシャツ［dock-worker's shirt］の略で、ドックワーカー（波止場人足、港湾労働者）が着用する荷揚げ用のワークシャツをモチーフに作られたシャツを指す。代表的なものに、変わり型のポケットを両胸に3個ずつ付けたフレンチドッカーズシャツ［French docker's shirt］と呼ばれるアイテムがある。

ドッキングトップ［docking top］ドッキングは「結合」の意で、ドッキングワンピースのように異なるふたつの要素が結びつけられて、ひとつの形となったトップスをいう。Tシャツとビュスティエがいっしょになったようなレイヤード風のものなどが代表的。

ドッキングワンピース［docking one-piece］トップ部分とスカート部分が別々の素材

505

ファッション全般

で作られて、つながっているワンピース・ドレス。コーディネートワンピースなどと呼ばれるものと同種で、コンビワンピとも呼ばれる。ドッキングには「2つのものが連結する」という意味がある。

トック⇒トーク

ドッグアパレル [dog apparel]「イヌの衣服」の意で、ペット用のイヌの洋服類を指す。最近のペットブームを受けて登場したもので、イヌ用のジーンズからワンピース、ボレロなど人間が着るのと同じものが、何でも揃うようになっている。最近ではデザイナーズ・ドッグウエア*まで現れている。

ドッグイヤーズカラー [dog ears collar] イヌの耳のような襟という意味。ロングポイントカラー*の襟先に大きな丸みを持たせたシャツ襟を指し、ウサギの耳にも似ているところから、これをラビットカラー [rabbit collar] と呼ぶこともある。

ドッグカラー⇒チョーカー

ドッグタグ [dogtag] 軍隊で使用するIDプレート*を指すアメリカ軍での俗語。イヌの首輪に着ける鑑札（迷子札）になぞらえてのネーミングで、ドッグタブ [dog-tab] ともいう。タグは「下げ札」、タブは「名札」を意味し、ミリタリーグッズ（軍もの）のひとつとして近年人気がある。

ドッグタブ⇒ドッグタグ

ドッグトゥース⇒ハウンドトゥース

トックブランシェ⇒コックハット

ドッグリング⇒チョーカー

トッグルクロージャー⇒トッグルフロント

トッグルコート [toggle coat] ダッフルコート*の別称のひとつ。前合わせに用いる浮き子型の木片をトッグルというところからの命名で、ほかに「曳き船、引き網」の意味からトウコート [tow coat] と呼ぶこともある。ともにダッフルコートが

漁夫の防寒着であったことを示す名称といえる。

トッグルジャケット⇒ダッフルジャケット

トッグルフロント [toggle front] 衣服のフロント（前部）の形のひとつで、ロープと浮き子型の木片（トッグル）で留め合わせるものをいう。ダッフルコート*でよく知られ、こうしたデザインをトッグルクロージャー [toggle closure] ともいう。クロージャーは「閉鎖」の意。

ドックワーカーズシャツ⇒ドッカーズシャツ

特攻服 [とっこうふく] ヤンキー*とか暴走族などと呼ばれる不良少年・少女たちに着用される特別な衣装。作業着の上下といったものから、派手な模様などを散りばめた和服風の衣服などさまざまなタイプが見られる。この言葉は「特別攻撃隊」からの転用と思われ、彼らにとっての勝負服とされる。

ドッテッドスイス⇒スイスコットン

ドッテッドストライプ⇒ピンストライプ

ドッテッドパターン⇒ドット

ドット [dot] ドッテッドパターン [dotted pattern] ともいい、ドット（水玉、点）で構成された柄を総称する。俗にいう「水玉模様」。フランス語ではポワ [pois 仏] と呼ぶ。これが大きくなるとドットとはいわずにスポット [spot] と呼ばれることになる。

ドットボタン [dot button] ドットは「水玉、点」の意で、水玉のような丸い形を特徴とした金属製のスナップボタン*をいう。シャンクボタン [shank button] ともいい、本格的なウエスタンシャツ*などに用いられる。シャンクは「柄、軸」の意で、柄の付いたブレザーボタンなどもシャンクボタンという。ほかに作業着に用いられるということで、オーバーオールボタン [overall button] やワーククローズボタン [work clothes button] とも呼

ファッション全般

ばれる。

トッパー [topper] トッパーコート [topper coat] ともいう。裾が広がる形を特徴とする女性用の腰丈の防寒コート。第2次大戦後に流行したもので、日本では映画『挽歌』（1957）の中で、ヒロインがトッパーにスラックスというスタイルで登場し、一般に「挽歌スタイル」として人気を集めた。

トッパーコート⇒トッパー

トッパージャケット [topper jacket] トッパーは本来腰丈で裾広がりとなった女性用のコートを指すが、この名称にヒントを得てこう名付けられたイージー感覚の女性用カジュアルジャケットをいう。ニット製でフレアーシルエットとなったウエストレングスのタイプがよく見られる。

トップ [top] 「上部」の意で、通常は「トップス tops」と複数形で用いることが多い。上半身に着る衣服の総称で、「上体衣（じょうたいい）」とか「上衣（じょうい）」などと訳される。

トップ・アンド・ボトム [top and bottom] トップは上半身に着るもの、ボトムは下半身にまとうものの意で、バランスのとれた上下の組み合わせやその着こなし方を指す。ただむやみに組み合わせるのではなく、あらかじめ完成された着こなしをめざすところに、この用語の持つ意味がある。

トップエッジ⇒トップライン

トップグレー [top gray] いちばん明るいグレー（灰色）のことで、ほとんど白に近いオフホワイト調のグレーを指す。色の明るさの度合いを示す明度のなかで、最も上（トップ）にある色ということからこの名に呼ばれる。

トップコート [topcoat] 春と秋のいわゆる合いシーズンに用いられる薄手のコート

で、ごくオーソドックスなビジネスコートのひとつとされる。日本語で「合いコート（あい＋coat）」とかスプリングコート＊とも呼ばれる。トップコートは、本来重厚な感覚の防寒コートを指すオーバーコート（外套）の対語とされる言葉で、春先などに軽く羽織ることのできる軽快な感覚のコートを総称している。

トップステイ [top stay] 靴の履き口（トップライン）のうち、特にローファーなどスリップオン型の靴に見るデザインをいう。クオーター（腰革）とは別の革でぐるりと覆うように取り付け、中にウレタンパッドなどを入れたもの。ステイは「支え、支えるもの」という意味。

トップスリーブ⇒アウトサイドスリーブ

トップセンターボックスプリーツ⇒バックセンターボックスプリーツ

トップ染め⇒先染め

トップノットキャップ⇒ビーニー

トップノート⇒ノート

トップバギー⇒バギートップ

トップハット [top hat] シルクハット＊の別称のひとつ。高い円筒形という形もさることながら、男性にとっての最高の帽子という意味を含んでの命名と思われる。同様の意味で、ハイハット [high hat] とかトッパー [topper] とも呼ばれる。欧米においてはシルクハットよりも使用頻度が高い。

トップパンツ⇒バギートップ

トップ尾錠 [top＋びじょう] バックルベルト＊の一種で、バックルの先の裏側に8ミリ程度のピンを取り付け、それでベルトを留めるようにしたもの。トップ型、ピンヘッド、トップピンなどとも呼ばれ、1970年代の初めごろから急速に台頭し、現在ではスポーツベルトを始めとして多くのベルトに用いられている。

トップファッション [top fashion] 現時点

ファッション全般

でトップ（最先端）を走っているファッション。つまり「最新流行」という意味で、ハイファッション*と同義に扱われることもあるが、これは上流社会だけに関わらず、プレタポルテやストリートファッションなどさまざまな分野から現れるところが特徴とされる。

トップブーツ⇒ジョッキーブーツ

トップヘビーシルエット [top-heavy silhouette] トップヘビーは「頭部が重い、頭でっかちの」という意味で、上が大きく、下が小さくなるシルエットを指す。いわゆる「逆三角形ライン」などがここに含まれる。

トップポケット⇒ブレストポケット

トップボタニングスタイル [top-buttonning style] スーツ上着やテーラードなジャケットにおいて、シングルブレステッドの第1ボタン（トップボタン）だけをきちんと留めて着るようにしたスタイルを指す。20世紀初頭のエドワード7世の時代に見るシングル4ボタンや5ボタンの上着が典型的だが、現在ではアイビーリーグモデルの3ボタン上2つ掛けのスーツがこの形を踏襲している。要はローリングダウンモデル*（段返り）の対語で、トップボタニングラペル [top-buttonning lapel] とかスモールラペルルック [small lapel look]（小さな折襟の外観の意）とも呼ばれる。

トップボタニングラペル⇒トップボタニングスタイル

トップボタン⇒フロントボタン

トップライン [top line] 靴の「履き口」。履き口の周りのカーブラインも指し、トップエッジ [top edge] ともいう。

トップリフト⇒化粧ソール

トップリムレス⇒アンダーリムグラス

トップレス [topless] トップレス水着の略。トップがない、つまりボトムだけで上半身が全て露出する女性水着を指す。1964年にアメリカのデザイナー、ルディ・ガーンライヒによって発表されたもので、一種の性解放の表現として話題を集めた。これをビキニ（bikini の bi は「2の」の意を表す）に対してモノキニ*（monokini の mono は「単一」の意を表す）ということがある。

褞袍（どてら）⇒丹前

トドラー [toddler]「よちよち歩きの幼児」の意で、一般におむつが取れた2〜4歳の子供たちを指す。子供服業界でよく用いられる年齢区分を表す言葉のひとつで、これより上の学童期にある子供たちは「スクール school」と呼ばれ、一般には「ボーイズ boy's」（男児、男の子、少年）、「ガールズ girl's」（女児、女の子、少女）と呼ばれることになる。

ドニゴールツイード [Donegal tweed] アイルランド北部のドニゴール地方で産する手織りツイードの名称。ネップ（カラーフレックスとも）と呼ばれる節糸が飛ぶ野趣に満ちた風合が特徴のツイードで、いわゆるホームスパン*の一種とされる。ドニゴルツイードとかドニガルツイード、あるいはドネガルツイードなどとも呼ばれるが、本来はドニゴールで、こうしたアイルランド産のツイードはアイリッシュツイード [Irish tweed] とも総称される。一般にはネップツイード [nep tweed] とも呼ばれる。

トニック [Tonik] モヘア高率混の高級スーツ地のひとつ。元はフランスのドーメル社が1957年に開発した生地の商品名で、1960年代に一世風靡した。強撚糸を「からめ織り」という技法で織り上げたもので、シャリ感と通気性に富み、渋い光沢感と張り感も特徴とされる。完成を祝ってジントニックで乾杯したところからこの名が付けられたとされるが、本来の

508

ファッション全般

tonic には「強壮剤」とか「元気づけるもの」という意味がある。日本では一般に盛夏向きの生地とされるが、実際には年間を通して着用される例が多い。最近では後継の「トニック2000」や「ニュートニック」も現れている。

ド・ニュ［dos nu 仏］フランス語で「裸の背中」を表わす。英語でいうベアバック*、またヌードバック［nude back］あるいはバックレス［backless］と同じで、ともに背中を大きく開けて露出させた衣服のデザインを指す。女性の背中のセクシーな美しさを表現するものとして用いられる。

トノーモデル［tonneau model］腕時計のケース（本体、ベース部分）の形を表す名称のひとつで、トノー（フランス語で「樽」の意）のような外側にちょっと膨らんだ形を指す。1920年代のアールデコ*期のデザインとされる。そのほかケースの種類には、最も基本的な「ラウンド（真円形）」を始め、「オーバル（楕円形）」や「レクタンギュラー（長方形）」といったものがある。

ドビークロス［dobby cloth］ドビー織機で地紋柄を織り出した生地の総称。ホワイトオンホワイト*と呼ばれる変わり織地の代表的なもので、こうした柄そのものをドビーとも呼んでいる。「ドビー織」ともいう。

ドビーストライプ［dobby stripe］ドビー織りと呼ばれる手法によって織り出された縞柄。さまざまな模様がタテにつながって縞柄を構成しているもので、ドビークロス*のドレスシャツによく見られる。

トビカジ［──］鳶職（とびしょく）系のカジュアルファッションの意。鳶の人たちが着用する仕事着にモチーフを得たちょい悪な雰囲気を特徴とするファッション表現で、いわゆるワークカジュアルの

ひとつともされる。ライダースジャケット系の上着やトビシャツ、ニッカーボッカーズタイプのトビパンツと呼ばれるアイテムに代表され、とくにトビパンツにはロング8分とかスーパーロング8分、超ロング、超々ロングなどと呼ばれる幅広で丈の長いズボンに人気がある。

トビシャツ⇒手甲シャツ

トビパンツ⇒ワーキングニッカーズ

トベ⇒トープ

トボガンキャップ［toboggan cap］トボガンという冬の橇（そり）遊びに用いる、先端が尖ったストッキング型のニット帽。これに似た、ちょうどサンタクロースがかぶるような帽子はストッキングキャップ［stocking cap］などと呼ばれる。こうした帽子は、水に濡れる心配のあるものを中に入れて用いた、漁夫などの習慣からきたものとされる。なおストッキングキャップのことを日本ではピエロ［pier-rot］と呼ぶことがある。またトボガンはフランス語ではリュージュ［luge 仏］となる。

ドミナントカラー⇒アソートカラー

ドミノ⇒ルー

トムボーイスタイル［tomboy style］トムボーイは「おてんば」という意味で、いわゆるボーイッシュルック*と同義。若い女の子が男の子のような格好をするやんちゃな雰囲気の服装を指す。

留袖［とめそで］振袖に対し、既婚女性の礼装とされる着物。白襟を重ねた黒紋付の長着で、袖丈を短くし、裾に模様を置く「江戸褄模様」の形を特徴とする。これを「黒留袖」ともいい、ほかにこれほど格式張らない礼装としての、地色を色染めした「色留袖」もある。

ドラ［drap 仏］フランス語でいう「羅紗*（らしゃ）」のことで、ウール地全般を指す。ほかに「シーツ、敷布」の意味でも用い

509

ファッション全般

られる。

トライアスロンパンツ［triathlon pants］水泳と自転車走とマラソンの３つの競技を総合した最も過酷なスポーツといわれるトライアスロンに用いるパンツのことで、脚にぴったりとフィットするストレッチジャージー製のタイツのようなパンツを指す。丈はふくらはぎの真ん中くらいのものが多く見られる。

トライアスロンヘルメット⇒カスク

トライアングラー⇒トライアングル

トライアングラーライン⇒トライアングルライン

トライアングル［triangle］ポケットチーフのあしらい方のひとつで、三角形の山をひとつのぞかせる方法。スリーピークス＊やツーピークス＊に準じるフォーマルなスタイルのひとつとされる。トライアングラー［triangular］とかワンポイント［one point］とも呼ばれ、基本的にタキシードやブラックスーツ、ダークスーツに合うとされる。

トライアングルビキニ⇒三角ビキニ

トライアングルブラ⇒三角カップ

トライアングルライン［triangle line］トライアングルは「三角形」の意味で、形容詞の「三角の、三角形の」の意からトライアングラーライン［triangular line］ともいう。要は三角形を特徴としたシルエットで、Aライン＊やテントライン＊と同じ。

ドライカット⇒ウエットカット

トライコーン⇒トリコルヌ

トライコーンハット⇒トリコルヌ

ドライコットン［dry cotton］本来、作業着に使われてきた安くて粗雑な綿布を指す。これをジーンズ向きの素材に使おうとする動きが現れて注目を集めた。

ドライシェービング⇒ウエットシェービング

ドライシャンプー［dry shampoo］湯を使わない洗髪。アルコールと水を主成分とした洗髪剤を髪と頭皮につけてマッサージし、蒸しタオルで拭き取るというもので、普通のシャンプー（洗髪）ができないときに用いる。

ドライスーツ⇒ウエットスーツ

ドライバーズニット⇒キャミオヌール

ドライバーズニットベスト⇒キャミオヌール

トライバル［tribal］「部族の、種族の」という意味だが、最近のファッションでは「民族的」という意味に解して、これをエスニック＊と同義に扱う傾向が生まれている。つまりは土俗的な「民族調ファッション」を形容する用語のひとつ。

トライバル柄［tribal＋がら］トライバルは「部族の、種族の」という意味で、アフリカの各部族に見られるような素朴な布地の柄を指す。2009年春夏向けのデザイナーコレクションに現れた〈プリミティブ・エレガンス〉のトレンドテーマに特徴的に見られる柄のひとつで、アフリカン・グラフィックプリント＊などとともに、プリミティブプリント［primitive print］（原始的、また素朴なプリント柄の意）と称されて注目を集めた。

ドライビングウエア［driving wear］自動車の運転に関連した衣服の総称で、ドライブウエア［drive wear］とも称される。特定の形はないが、自動車の運転に適した動きやすくて機能的なものが多く用いられている。

ドライビンググローブ［driving glove］自動車やオートバイを運転するときに用いる手袋。ハンドルが滑らないようにデザインされているのが特徴で、指先をなくしたり、甲の部分も大きくカットするなど、運転のしやすさに最大の考慮が払われている。カーレース用のものはレーシ

510

ファッション全般

ンググローブ［racing glove］と呼ばれ、ドライビンググローブよりもさらにプロ仕様のデザインが施されている。このように指の動きを良くするためにカットアウトのデザインを取り入れた手袋を、アクショングローブ［action glove］とかカッタウトグラブ［cutout glove］とも呼んでいる。

ドライビングゴーグル［driving goggles］ドライブに用いるゴーグル。特に昔のオートバイやスポーツカー用の丸メガネ型のゴーグルをいうことが多く、ファッションショーなどの小道具として用いられる例が多い。

ドライビングコート⇒カーコート

ドライビングサンダル［driving sandal］ドライビングシューズ・のサンダル版。運転しやすいようにデザインされているものの、脱落防止のためにかかとや甲をストラップなどでしっかりとカバーしたサンダルシューズ型のものが多く見られる。

ドライビングシューズ［driving shoes］自動車の運転用の靴を総称する。さまざまなデザインがあるが、いずれも運転しやすいように足の機能性を第一に考えて作られている。最近ではイタリアの靴ブランド〈トッズ〉による靴底にゴムの突起が付けられたものに代表され、これによってドライビングシューズのイメージが一変したとされる。本来のドライブ用だけでなく、街履き用として素足に合わせる流行もここから生まれている。

ドライビングスニーカー⇒ドライビングパンプス

ドライビングソール［driving sole］自動車の運転に適した靴底の意。多くはゴム底で、よくしなり、滑りにくく、アクセルやブレーキングといった足の動きに合わせて靴全体がフィットし、足そのものが

安定するという機能を持つ。

ドライビングバッグ［driving bag］ドライビング時に携行するバッグのこと。大型のショルダーバッグといった形のものが多く見られ、車のシートのネック部に掛けられるようになったデザインも特徴とされる。

ドライビングパンプス［driving pumps］ドライブ用にデザインされたパンプス。運転のしやすさを考えて、靴底や内底に特別な工夫を凝らし、女性のために形の美しさも考えてデザインされているのが特徴。男性のために作られたドライブ用のスニーカーもあり、これはドライビングスニーカー［driving sneaker］と呼ばれる。

ドライビングブルゾン［driving blouson］ドライブ用のブルゾン。クルマの運転に適した軽快な印象のブルゾンで、特に短めの着丈としたものが多く見られる。定型はなく、ミリタリー調のMA-1ジャケットのような形に仕上げたものが中心となっている。

ドライブウエア⇒ドライビングウエア

ドライブラッシング［dry brushing］乾いたボディー用ブラシで皮膚をこする美容法のこと。アメリカの人気モデル、ミランダ・カーが紹介したところから話題になったもので、入浴前に全身をブラッシングすることで、血液とリンパの流れを促進し、余分な角質を落とすなど、美肌やダイエット効果が生まれるとされる。

ドライメッシュ［dry mesh］スポーツ用のTシャツや夏季の下着、またシーツなどに採用される涼感素材の一種。多くはポリエステルやキュプラなどの化学繊維を使用し、汗をかいてもべたつかない吸汗性の良さと通気性の高さを特徴としている。何よりも爽快感に優れるとされ、ユニクロを始めとして各社から同様の製品が作られている。

511

ファッション全般

ドライレイヤー⇒ファーストレイヤー

トラウザージーンズ⇒テーラードジーンズ

トラウザーショーツ [trouser shorts] ハーフパンツ*（半ズボン）の別称のひとつ。特に女性向きの膝丈パンツを指すことが多く、最近の人気アイテムとなっている。トラウザーは男性の穿くちゃんとしたズボンの意。

トラウザーズ [trousers] 英国でいうズボンの総称。日本では上着との組み合わせで用いるズボン、つまり、スーツやフォーマルウエアの「組下」としてのズボンをこのように呼ぶことが多い。要はテーラード仕立てのズボンということで、最近では「ドレスパンツ*」といった呼称もある。カジュアルなパンツとは画然とした区別があるというのが日本での通例となっている。語源はスコットランドで股引を意味するトルウズから生まれたトロウズ trouse と、ズボン下を意味するドロワーズ drawers が合体して生まれたものとされ、1613年から登場したという。

トラウザリング [trousering] トラウザーズ（ズボン）用の生地の総称。「ズボン地」のこと。

トラウザースーツ⇒パンツスーツ

寅カジ [とらカジ] 映画『男はつらいよ』シリーズに見るフーテンの寅さん（渥美清）風のファッション。2011年秋、女性誌『Domani』に取り上げられるなどして、女性の間にちょっとした「寅さんブーム」が起こり、寅さん独特の服装も寅カジとして注目を集めることとなった。チェック柄のジャケットやソフト帽、ダボシャツ風のシャツなどが主なアイテムとされる。

トラクションソール [traction sole] 靴底の形のひとつ。レッドウイング（米）のワークブーツに特徴的に見られる定番のソールで、凹凸の波形模様を特徴とする。トラクションは「（車輪と地面の）粘着摩擦」また「引くこと、牽引力」の意で、高いグリップ力を発揮するところからの命名と思われる。

トラクション・トレッドソール⇒ワーク・オックスフォード

トラチー [triangle chief] トライアングルチーフの略。最初から三角形に作られているネッカチーフのことで、バンダナと同じように頭に巻いて用いられる。バンダナを三角に折る手間を省く目的でデザインされたもの。直角部分は後ろに垂らしておく。

トラッカージャケット⇒カウボーイジャケット

トラッカーハット⇒トラックキャップ

トラックキャップ [truck cap] トラック運転手用の帽子の意。アメリカでトラック運転手がよく用いる帽子のことで、野球帽型の丸帽にさまざまなワッペンを取り付けたものが代表的。アメリカの名門ブランド「ディーエン」社（オレゴン州ポートランド）では、この種の帽子をトラッカーハットと呼んでいる。

トラックジャージー [track jersey] トラックジャケット*やトラックスーツ*を指す呼称のひとつ。ジャージー製のものを特にこう呼ぶこともある。

トラックジャケット [track jacket] トラックは「競走路」また「陸上競技」の意で、主として陸上競技の選手たちが着用するジッパーフロントのジャンパー型上着を指す。日本でいうジャージ上着の英語での正式名称とされ、一般のジャージより厚めの素材使いで、カラフルなところに違いがあるとする説もある。これに同種のトレーニングパンツを合わせたものをトラックスーツ*と呼び、日本ではトレーニングスーツと呼ばれることが多い。メーカーによってさまざまなデザインの

ファッション全般

ものが作られているが、そもそもはアメリカの『アバクロンビー＆フィッチ』社のものが元祖とされる。トラックトップ［track top］などと呼ばれることもある。

トラックショーツ［track shorts］トラック（競走路）で用いるショートパンツの意で、ランニングパンツ（ランパン）と同義。最近では風の抵抗を少なくする目的で、体にぴったりフィットするものが目立つ。

トラックスーツ［track suit］トラックは「競走路」の意で、トレーニングスーツ*を指す英米での用法。基本的にはジャージー製のトレーニングウエア上下を指し、これを日本では俗にジャージ*と呼ぶ。また最近の日本ではこれをトラックジャージー*と呼ぶ傾向もある。

トラックストライプ［track stripe］電車の軌道（トラック）のように、2本ずつ並んだ縞柄。

トラックトップ⇒トラックジャケット

トラックパンツ［track pants］トラックスーツ*（トレーニングスーツ）の片割れとしてのパンツ。一般にジャージーのトレーニングパンツとして知られるが、トラックジャケット*という言葉の広がりとともに、そのパンツもこのように呼ばれるようになったもの。多くは脇にラインテープが入るデザインとなっており、街穿き用としての用途も多くなっている。こうしたものを英国ではジョグパンツ［jog pants］とかジョガーズ［joggers］などとも呼んでいる。

トラックブルゾン［track blouson］トラックジャケット*の別称、またそれのブルゾン版を意味する。後者は陸上競技選手が着用するジャージ上着を基としたもので、フードを付けるなどしてファッショナブルに変化させたものが多く見られる。なおこうしたジャケットは、長距離

トラックの運転手が着用したところから誕生したという説があるが、自動車のトラックは truck と綴ることから誤解ではないかとされている。

トラッシースーツ⇒ジャンクスーツ

トラッシュクロス［trash cloth］トラッシュは「くず、がらくた、切りくず」といった意味で、目が粗く、ざっくりした感触を特徴とする粗雑なコットン地を総称する。

トラッド［trad］トラディショナルの略で、ファッションではアメリカン・トラディショナル*を意味している。トラッド＆アイビーなどと総合して呼ばれることも多く、主としてニューイングランド地方を中心とするアメリカ東海岸（イーストコースト）のメンズファッション風俗を題材としたものが多い。

トラッドⅠ型［trad＋いちがた］本当に正統的なスタイルを持つアメリカントラディショナルモデル*のスーツを指す日本での用法。『ブルックス・ブラザーズ』社の〈ナンバーワン・サックスーツ〉を母体とするもので、単に「Ⅰ型」というだけでもファッション通の間では通用する。ほかにブルックシーモデル［Brooksy model］（ブルックス型の意）とかナンバーワンスーツとも呼ばれる。いわばピュアトラッドモデル［pure trad model］のスーツ。

トラッドカジュアル［trad casual］アメリカントラディショナルを基調としたカジュアルファッションの表現。一般にはアイビー調のカジュアルファッションと同じで、ボタンダウンカラーのカジュアルシャツにチノーズといった格好が代表的とされる。トラッドは「伝統的な」の意の略語。

トラッドⅢ型［trad＋さんがた］「トラッドⅡ型*」に続く型の意味で、1985年ご

た

513

ファッション全般

ろに登場したナチュラルショルダーのデザインを特徴とした上着（Ⅲ型ジャケットという）を中心とするスーツモデルなどを指す。広めの肩幅と短めの丈、ノーベントといった当時のヨーロッパ型のデザインを特徴としており、トラッドと呼ぶには無理のあるスタイルでもあった。

トラッドスーツ [trad suit] アメリカントラディショナルモデル*のスーツを指す俗称。トラッドはトラディショナル（伝統的）の略で、アメリカ東部地方において連綿として伝わってきた伝統的なスーツモデルを指す「ブルックス・ブラザーズ」社の「ナンバーワン・サックスーツ*」をその原型として発展し、現在もクラシックな雰囲気をよく漂わせるスーツとして人気がある。

トラッドⅡ型 [trad＋Ⅱがた]「トラッドⅠ型*」に対するⅡ型の意味で、ともにアメリカ型スーツの基本形とされる。本来は「ブルックス・ブラザーズ」社が1961年に紹介したナンバーツーモデル [number two model] あるいはナンバーツースーツ [number two suit] と呼ばれるモデルに発したもので、Ⅰ型の胴を前ダーツなしのままで若干絞り気味にし、フロントを低めのシングル２ボタン型としたところに特徴がある。日本では単に「Ⅱ型」ともいい、これを模したヴァンヂャケットのブランド名から、俗に「ケント型」とも称された。

トラッパーハット [trapper hat] 日本では俗に「ロシア帽」として知られる耳当ての付いた防寒用の帽子。トラッパーは毛皮を獲るためにワナを掛ける猟師を指し、彼らがかぶる帽子ということからこう呼ばれる。ラッシャンハット [Russian hat] とも呼ばれるが、これはまさしく「ロシア人の帽子」を意味する。

トラディショナルＶヨーク⇒バックヨーク

トラディショナルカットジーンズ [traditional cut jeans] 伝統的な裁断がなされたジーンズという意味で、クラシックジーンズ*（ファイブポケットジーンズ）と同義。トラディショナルモデルジーンズ [traditional model jeans] ともいう。

トラディショナルコスチューム [traditional costume] ナショナルコスチューム*の別称のひとつで、「民族服」を表す。トラディショナルは「伝統の、伝統的な」の意で、その国に連綿として伝わる伝統的な衣装という意味から、このように呼ばれるもの。この場合はアメリカのトラディショナルスタイル*（トラッド）とは関係ない。

トラディショナルシューズ⇒ラウンドトウ

トラディショナルスタイル [traditional style] 伝統的（トラディショナル）なスタイルの意で、とくにアメリカントラディショナル*と呼ばれるアメリカ東海岸地方に特有のスタイルを指すことが多い。３ボタン段返り型のクラシックなスーツが代表的なアイテムで、俗にトラッドと称される。

トラディショナルパターン⇒ベーシックパターン

トラディショナルモデル⇒アメリカントラディショナルモデル

トラディショナルモデルジーンズ⇒トラディショナルカットジーンズ

ドラブ [drab] くすんだ黄褐色のことで、一般にカーキ*と同義とされる。ドラブには「単調な、面白くない、退屈な」といった意味があり、オリーブドラブ [olive drab]（土色がかったオリーブ色）などの種類がある。

トラペーズスカート [trapèze skirt] トラペーズはフランス語で「梯形、台形」という意味で、全体に台形のような裾広がりのシルエットを特徴とするスカートを

514

いう。丈の変化はさまざまで、トラペーズミニ*もある。

トラペーズスリーブ [trapeze sleeve] トラペーズはフランス語で「梯形、台形」の意。台形のように袖口に向かって広がる袖のデザイン。多くは女性向きのデザインだが、その広がり方にはさまざまな形が見られる。

トラペーズネック [trapèze neck] トラペーズはフランス語で「はしご、台形」の意。台形型に刳（く）られたネックラインのことで、クラシックな雰囲気のドレスなどに用いられることが多い。

トラペーズミニ [trapèze mini] トラペーズはフランス語で「梯形、台形」の意。台形の形をしたミニスカートのことで、通称「台形ミニ」とも呼ばれる。スクエアミニ*の裾が少し広がっているのが特徴。

トラペーズライン [trapèze line] トラペーズはフランス語で「梯形、台形」を表し、そうした裾へ向かって広がるシルエットを指す。英語ではトラペジアムライン [trapezium line] とかトラペゾイドライン [trapezoid line] というが、トラペーズラインは元イブ・サンローランが1958年春夏向けのパリ・コレクションで、初めてクリスチャン・ディオールの主任デザイナーとして行ったときのテーマとなっており、世界的に衝撃を与えたところから、こちらのほうが主流の名称とされている。一般にはゆるやかな裾広がりシルエットをこのように呼んでいる。

トラペジアムライン⇒トラペーズライン
トラペゾイドライン⇒トラペーズライン
トラベラーコート [traveler coat] 旅行者、旅人用のコートの意。トラベルコートと同義で、これといったデザインはないが、旅行に向くよう軽量で、かつ防雨などの耐久性があり、しゃれた感覚のものが多く見られる。トレンチコート型のものに代表される。

トラベリングウエア⇒トラベルウエア
トラベルウエア [travel wear] 旅行着。旅行（トラベル）にふさわしい衣服の数々を総称するもので、トラベリングウエア [traveling wear] ともいう。ちょっとした旅はトリップ trip と呼ばれる。

トラベルケース⇒トラベルバッグ
トラベルコート⇒トラベラーコート
トラベルジャケット [travel jacket] 旅行着としてのカジュアルなジャケットの総称。最近の中高年などに見る旅行ブームから新しいトラベルウエアが続々と開発されるようになって、こうしたものが見直されるようになっている。なかには花粉対策加工を施したものなども見られる。

トラベルジュエリー [travel jewelry] 旅行用のジュエリーの意。高価なハイジュエリー*を簡単に持ち出せない旅行の際に、気軽に持って行くことのできるジュエリーを指す。ハイジュエリーが持つ高級感は失わず、流行に合わせてシーズンごとに着け替えることができるという特性をもつものが多い。

トラベルショルダー [travel shoulder] 旅行用のショルダーバッグの総称。大型のものから小型で薄いものまで、さまざまなデザインが見られるが、旅行時という目的を考えて防犯に配慮した仕掛けを持っているのが最大の特徴とされる。切り裂きにくさや内部のファスナー付きポケットなどがそれ。

トラベルスーツ [travel suit] 旅行用スーツの総称。旅行を快適に過ごす目的で作られたスーツのことで、動きやすく、通気性に富み、シワになりにくい素材を用いるなどの工夫を凝らしたものが多く見られる。男女ともにあり、女性用にはスカートスーツもある。

ファッション全般

トラベルバッグ [travel bag]「旅行カバン」の総称。スーツケースを始めとして、トランクやボストンバッグ、ガーメントバッグ*など、旅行の目的に合わせてさまざまなものがある。トラベルケース[travel case] とも呼ばれ、小荷物程度の大きなものになると、ラゲッジ*とかバゲッジ*と呼ばれることになる。

トラベルパンツ [travel pants] 旅行用パンツの総称。ストレッチ性能に長けたジーンズやウールパンツ、コットンパンツなどに代表される。動きやすく、丈夫なことが一番の特徴とされる。

トラベルファッション [travel fashion] 旅行に適した服装の総称。特に団塊の世代のリタイア時代到来を迎え、新しいイメージの旅行着のあり方が求められるようになっている。

ドラムダイ [drum dye] 大きなドラム (太鼓) 状の機械の中にオイルを染み込ませた皮革と染料を入れ、何日も回転させて色付けしたレザーを作る染色法。これで作られたレザーは軽くて柔らかく、独特のマットな質感が生まれる。パステルカラーなどの鮮明な発色も可能で、伸縮性もあり、吸水性が低いところから、さまざまな皮革製品に用いられる。「太鼓染め」ともいい、大きなドラムの中で表、中、裏と丸ごと染まることから「丸染め」とも呼ばれる。

ドラムバッグ [drum bag] ドラム缶のような円筒形を特徴とした大型のスポーツバッグ*。元はテニス選手の遠征用として作られたものというが、バスケットボールなどを収納するのにも用いられるようになり、そこから一般に広まったとされる。

トランク [trunk] 旅行用の大型カバンの総称。箱型の頑丈な作りのもので、こうしたものはハンドバッグ類と区別する意味

でラゲッジ*（バゲッジ）と称される。トランク本来は「木の幹」を意味し、かつては木で作られたところからこの名があるという。主として船旅に用いられたもので、フランスの『ルイ・ヴィトン』社のものが代表的。

トランクス [trunks] 元々は「幹、胴」という意味で、服飾用語としては膝より上の短いズボン類を総称する。いわゆる「半ズボン、短パン」のことで、特にボクサーショーツに代表されるゴム入りウエストのゆったりしたスポーツ用ショートパンツを指すことが多い。バスケットトランクスもこの一種。

トランクス (下着) [trunks] 主として布帛製で脚部の付いたゆったりしたシルエットの男性用下着パンツをいう。トランクスというのは本来「幹、胴」という意味で、アメリカでのトランクスは「半ズボン」、英国では芸人がタイツの上にはく胴ばきとしてのパンツを意味することになる。

トランクブリーチズ⇒オー・ド・ショース

トランクホーズ⇒オー・ド・ショース

トランスヴェスタイト [transvestite] 異性の服を着ることを好む人を指し、一般に「服装倒錯者」と訳される。そうした考え方をトランスヴェスティズム [transvestism] と呼び、これは「服装倒錯」の意味になる。要は「男装・女装趣味」およびその人を指す。

トランスヴェスティズム⇒トランスヴェスタイト

トランスカジュアル [trans-casual] トランスは「超えた、超越した」の意。これまでの考え方にとらわれず自由な感覚で好きなように組み合わせたカジュアルウエアの着こなしを指す。ミスマッチ*と同様に用いられる用語で、1980年代初期から使われている。元々はアメカジとかヨーロピアンカジュアルなど地域的なこと

を超越して表現されるファッションをいったもの。

トランスセクシャルルック⇒ユニセックスルック

トランスパラント⇒トランスペアレント

トランスフォーム［transform］「変容」の意。本来、外見や性質、機能などを一変させるという意味で用いられるが、服の形をさまざまに変化させる仕掛けを特徴としたデザイン表現をこのように呼んだもの。2017〜18年秋冬シーズンのファッショントレンドのひとつとして登場した。

トランスペアレンシー⇒トランスペアレント

トランスペアレント［transparent］「透明な、透き通った」の意。シースルー［see-through］と同じで、フランス語ではトランスパラント［transparente］という。シフォンやレースなど透けて見える布地を使ったファッションを指す例が多い。トランスペアレンシー［transparency］は「透明、透明なもの」。

トランペットスカート［trumpet skirt］トランペットのラッパ口を思わせるような形を特徴とするスカート。全体にほっそりとしているが、裾でラッパのように広がるデザインが特徴とされる。これはまた百合（リリー）の花を伏せたようにも見えるところから、リリースカート［lily skirt］の名でも呼ばれる。

トランペットスリーブ［trumpet sleeve］袖口がトランペットのラッパ口のように大きく広がった袖を指す。この小型のものをコルネットスリーブ［cornet sleeve］ということがあるが、これはトランペットの小型版楽器であるコルネットから名付けられたもの。

トランペットドレス［trumpet dress］裾の部分を切り替えて、そこから下にゆるや

かに広がるフレアを入れたドレス。その形がトランペットのラッパ口に似ていることからの名称。

トランペットライン［trumpet line］トランペットの形を思わせるシルエット。全体に細身で、スカートの膝から裾にかけての部分がトランペットのラッパのように開いた形を特徴とする。また、そうした形のパンツのシルエットも指し、それはベルボトム＊と同義とされる。

トリアセテート⇒アセテート

トリアノンスタイル［Trianon style］18世紀後期のフランスはベルサイユ宮殿の離宮トリアノンに作られた「プチ・トリアノン（小さな館の意）」で過ごしたルイ16世王妃マリー・アントワネットが好んだ服装のスタイルを指す。牧歌的な田園ルックや大きな麦わら帽子などが特徴とされ、華美な宮廷ドレスとは一線を画した。

鳥打帽⇒ハンチング

トリコ⇒トリコット

トリコット［tricot］フランス語風の読みで「トリコ」と発音するのが正しい。経編（経メリヤス）の三原組織のひとつで、織りと編みの中間的な表情を特徴とする編地。伸縮性に優れ、しなやかでシルキーな調子がある。デンビー編［dembigh stitch］ともいい、糸を導入する筬（おさ）の数によって、シングルトリコット、ハーフトリコット、ダブルトリコットの種類がある。またタテ・ヨコ二方向に伸縮性を持つタイプを、ツーウエイトリコット［two way tricot］と呼んでいる。

トリコットストッキング［tricot stocking］トリコット編機によって作られたストッキングで、シームストッキング＊の代表的なものとされる。

トリコティン⇒キャバルリーツイル

トリコルヌ［tricorne 仏］英語でトライコ

ファッション全般

ーン［tricorn］ともトライコーンハット［tricorn hat］ともいう。「三角帽」の意味で、17世紀末から18世紀にかけてフランス宮廷などで用いられた男性の「大礼帽」を指す。黒のフェルトで作られ、幅広の平たいブリムの三方が巻き上がって、3つの角のように見えるのが特徴。

トリコロール［tricolore 仏］フランス語で「3色の」という意味で、一般にフランス国旗に見る赤・白・青の3色を指す。こうした3色による配色を「トリコロール配色」という。

ドリズラージャケット［drizzler jacket］日本でいうスイングトップ＊のアメリカでの正しい名称のひとつ。アメリカのスポーツウエアメーカー『マクレガー』社が1952年に開発した「スコティッシュ・ドリズラー・マイティーマック」、通称"ドリズラーゴルファー"と呼ばれる小雨対策用のゴルフウエアに由来するもので、ドリズルは「細雨、こぬか雨」を意味する。

ドリッピング柄［dripping＋がら］ドリッピングは「滴下、したたり」という意味で、滴を垂らしたような模様をいう。色落ちジーンズに白いペイントなどで表現し、汚れた感じを表したものなどに代表される。

トリナ⇒レース

トリニティーステッチ［trinity stitch］アラン模様＊のひとつで、「三位一体」柄という。キリスト教で父なる神、その子キリスト、神の力として人々に与えられている聖霊の3つが、すべてただひとつの神の表れとする考え方を「三位一体」といい、それを編柄に表現したものとされる。メリヤス編に縄編、蜂巣柄をあしらったものなどが代表的。

トリニティーノット［trinity knot］ネクタイの結び方の一種で、ノット（結び目）が3つになるファンシーな方法。トリニ

ティーは「3つ組」の意で、特に最近のパーティーに向くやり方とされる。

トリプルガーゼ⇒ダブルガーゼ

トリプルステッチ⇒レイルロードステッチ

トリプルストライプ［triple stripe］3本の縞がひとつのグループになって構成される等間隔の縞柄。「三重縞」ともいう。

トリプルソール⇒シングルソール

トリミング［trimming］「手入れ、刈り込み」の意だが、ファッション用語では通例複数形の trimmings で衣服や帽子などの「飾り、装飾」の意味で用いられる。トリムには「飾る、飾りを付ける」という意味があり、衣服の縁などを飾るテープといったパイピング＊もこの一種とされる。

トリミングジャケット⇒パイピングジャケット

トリミングブラウス［trimming blouse］トリミングは「整える、飾りを付ける」という意味で、前立てや裾、袖口などに別布でパイピングを施したブラウスを指す。

ドリューバッグ［DREW bag］フランスの名門ブランド、クロエから2015年に発売されたセレブ向けバッグの名称。丸い形の本体にチェーンベルトを付けたショルダーバッグで、モデルやブロガーに人気があるという。

ドリル［drill］日本では一般に「葛城（かつらぎ）」とか「綾金巾（あやかなきん）」また「太綾」などと呼ばれる丈夫な綾織コットン地。カラージーンズ＊の素材としてよく用いられるが、元は英国産の麻織物の一種で、19世紀になって熱帯地方での軍服に採用されるようになり、それとともに綿で作られるようになった。これがカーキ色に染められて、いわゆるチノ＊の基になったとされる。コットンドリル［cotton drill］ともいい、また英国

518

ファッション全般

でカーキドリル［khaki drill］というとチノを指すことになる。

トリルビー⇒センタークリース

トリンケット［trinket］小さな、また、ちゃちな装身具とか「つまらないもの」という意味で、懐中時計の鎖やブレスレットなどに付ける小さな飾り物をいう。チャーム*（魔除け）やシールズ［seals］（印形）といったものが代表的で、ニックナック［knick-knack］とも称し、またフランス語ではブラロク［breloque 仏］とも呼ばれる。

ドリームキャッチャー［dreamcatcher］ネイティブアメリカンのオジブワ族による伝統的な手作りの装飾品で、オジブワ語ではasabikeshiinhと呼ばれる。輪を基にしてクモの巣状の目の粗い網が組み込まれ、羽やビーズなど神聖とされる独特な小道具で飾られている。ベッドの上に掛けることで、眠っている子どもを悪夢から守ってくれる魔除けとして知られる。スティーヴン・キング原作の映画『ドリームキャッチャー』（2003・米）でも知られるようになった。

トルーパーキャップ［trooper cap］トルーパーは本来「騎兵」またアメリカの「州警察官、騎馬警官」の意味で、彼らが用いた帽子をモチーフに作られた、浅い円筒形で耳当てなどの垂れ飾りが付いた防寒帽を指す。トゥルーパーハットともいう。

ドルセイズ⇒セパレートパンプス

ドルセイパンプス⇒セパレートパンプス

トルソージャケット［torso jacket］トルソーは「胴」の意で、通常よりも長めの丈を特徴とする女性用ジャケットをいう。胴部が長いところから、ロングトルソージャケット［long torso jacket］と呼ばれることも多い。

トルソーライン［torso line］トルソーは元々イタリア語で「人体の胴」をいい、頭や手足のない人体の彫像を指す。バストからウエスト、ヒップに至る胴の部分に自然に沿わせた細身のシルエットをこのように表現する。ロングトルソーライン［long torso line］は胴部分の長いローウエスト*のスリムなシルエットを指す。

ドルチェ・ヴィータ・スタイル［dolce vita style］ドルチェ・ヴィータはイタリア語で「甘い生活」の意。おしゃれなイタリア男が好む　ジャケットとタートルネックセーターの組み合わせといった、いかにもイタリア好みの着こなしをいったもの。ドルチェには「柔らかい、優しい、楽しい」という意味もある。

トルファバッグ［Tolfa bag］イタリアはローマ北西約50kmの山間部にあるトルファという集落でのみ作られる伝統的な革製ショルダーバッグ。1960～70年代にヨーロッパで学生運動活動家たちによって、火炎瓶を運ぶのに用いられ、そこから人気を集めるようになったものだが、最近再びヨーロッパの若者たちの間でブームを呼ぶようになっている。地元の言葉では「カタナ」と呼ばれ、年間生産量は1500個とされる。

トルファン綿［Turpan ＋めん］中国西北部の新疆ウイグル自治区トルファン地域で栽培される綿のこと。特に優れた超長綿*が採れるとして、近年知られるようになった。

ドルマンスリーブ［dolman sleeve］身頃からつながった感じのゆったりとした深袖。セーター類に多く用いられるが、時としてコートにも用いられる。トルコ人が着用するドルマンという外套の袖に似ているところからこの名がある。

トレアドルジャケット［toreador jacket］トレアドルはスペイン語で「闘牛士」を指し、そのボレロ型の華やかな上着をい

519

ファッション全般

う。マタドールジャケット［matador jac-ket］と同義とされるが、マタドールは同じ闘牛士でも最後に登場して牛にとどめを刺す主役としての闘牛士をいい、より華やかなものが着用される。

トレアドルパンツ［toreador pants］スペインの闘牛士（トレアドル）が用いる六分丈くらいのほっそりしたパンツ。サブリナパンツ*の原型とされるもので、ともに女性用のカジュアルパンツのひとつとして穿かれる。マタドールパンツ［matador pants］と呼ばれることもあるが、マタドールは闘牛士の中でも、牛に最後のとどめを刺す主役のことをいう。

トレイルウオーキングシューズ［trail walking shoes］荒野や林道を意味するトレイルを歩くのに適した靴。防水性に優れた機能的なスポーツシューズで、トレイルランニングシューズの一種ともされる。

トレイルショーツ⇒ブッシュショーツ

トレイルパンツ⇒ブッシュパンツ

トレイルランニングシューズ［trail running shoes］トレイルは荒野や山の中の道という意味で、そうした場所を歩いたり走ったりするのに適した靴ということからこのように呼ばれる。現在ではハイテク技術を駆使して作られた、高機能を特徴とするアウトドア用の靴をいうことが多く、〈メレル〉や〈ガーモント〉といったブランドで知られる。

トレーナー［trainer］スエットシャツ*をいう和製英語。本来はスポーツ選手が競技の前後に着用するニットウエアの一種で、裏起毛させた綿ジャージーで作られ、長袖の厚手Tシャツといった感じにデザインされている。スエットシャツが日本に初登場したのは1956年とされるが、「汗のシャツ」（本来は汗取り用の意）という語感を嫌った、当時のヴァンヂャケッ

ト社長・石津謙介によって60年代初めに「トレーナー」という名称が与えられ、61年から同社による本格的な国内生産と販売が始まった。これはスポーツ訓練者（トレーナー）がよく着ているというところから命名されたという。現在ではハーフジップ型のトレーニングシャツ*やスエット素材のトラックジャケット*、またトレーニングウエア*そのものもトレーナーと呼ばれることがある。

トレーナーズ⇒スニーカー

トレーナーブルゾン⇒スエットブルゾン

トレーニングウエア［training wear］スポーツの練習時に着用する衣服の総称だが、一般にジャージーで作られた上下服を指すことが多く、これをトレーニングスーツ*などと呼んでいる。この語は和製英語で、俗に「ジャージ上下服」として知られる。またヒップホップ*系のファッションでは、こうしたものを「セットアップ*」と呼称するが、それはいうまでもなく上下の組み合わせというところから来ている。

トレーニンググローブ［training glove］ウエイトトレーニングの際に、手のひらの保護や滑り止めなどを目的として使用する手袋をいう。手にできるマメの防止にも役立つ。

トレーニングシャツ［training shirt］運動用に着るシャツ類の総称で、さまざまな形があるが、一般的にはトレーナー型のスエットシャツ、またハイネックシャツ型でフロントに浅いジッパーをあしらったハーフジップトレーナー［half zip trainer］などと呼ばれるものが知られる。別にスポーツ用の肌着として着用するスポーツアンダー*のことをこのように呼ぶこともある。

トレーニングシューズ［training shoes］各種スポーツの練習用として開発されたス

520

ニーカー型シューズの総称。日本では略して「トレシュー」と呼ばれることが多く、ウオーミングアップシューズ（アップシューズともいう）と同義ともされる。

トレーニングショートパンツ［training short pants］スポーツの練習時などに用いられるショートパンツ。特に運動することを意識して作られたものをいう。

トレーニングスーツ⇒スエットスーツ

トレーニングTシャツ［training T-shirt］スポーツの練習時などに用いられるTシャツの意。特に運動を意識してデザインされたものをいう。

トレーニングパンツ［training pants］運動用のパンツで、とくにウオーミングアップに用いられる綿メリヤス（ジャージー）のスエット素材で作られたものが知られる。俗にトレパンと呼ばれるほか、ジャージパンツ*（本来はジャージーパンツという）とも呼ばれ、最近ではジーンズやチノーズと同じ用法で、こうしたスポーツ用のパンツをジャージーズ［jerseys］と総称する傾向も現れている。

トレーニングビブス⇒ビブス

トレーニングベルト⇒ウエイトベルト

ドレーパー⇒ドレープ

ドレーニングブラ⇒スポーツブラ

ドレーパリー［drapery］巻衣（まきい）。体に巻き付けて着用する衣服、またそうした服装の総称で、古代を通してよく見られる。着装形式の基本型のひとつとされるもので、古代エジプト時代の「巻き付けショール」やギリシャ時代のキトン、ローマ時代のトガ*などが代表的。

ドレープ［drape］本来「覆う」とか「（布やカーテンなどを）垂らして掛ける」という意味で、そのようにして自然にできた「布のたるみ」や「襞（ひだ）」を意味する。そこからドレーパー［draper］（服地屋、生地屋）という言葉が生まれ、ま

たドレーパリー［drapery］といえば、「ゆるやかな襞」や「襞のある掛け布、垂れ布」を意味し、そのほかにアメリカでは「厚地のカーテン」、英国では「生地、織物」を指すことにもなる。

ドレープカラー［drape collar］ドレープ（自然にできた布のたるみ）が入った襟のデザインを総称する。ドレープが固定されているものとそうでないものなど、さまざまな形が見られる。

ドレープジャケット［drape jacket］ドレープトジャケット draped jacket とも。優雅に体にまとわりつく布のたるみ（ドレープ）を特徴とするジャケットを総称する。男女ともに見られるが、狭義にはテディーボーイルック*に特有のゆったりしたロングジャケットを指すことがある。

ドレープタイトスカート［drape tight skirt］全体にドレープ*を寄せて細身に仕上げたスカート。単なるタイトスカートとは違って、セクシーで女性らしい雰囲気が加味されるのが特徴。

ドレープTシャツ［drape T-shirt］ネックラインをゆるやかにして、胸のあたりにドレープを現したTシャツをいう。ファンシーなTシャツのひとつとしてデザインされたもの。

ドレープトシルエット［draped silhouette］ドレープは「布のたるみ」の意で、全体にドレープを多用して、優美な雰囲気を表現した女性らしいシルエット表現をいう。

ドレープトスカート［draped skirt］ドレープ（優美な布のたるみ）を特徴としたスカートの総称。多くはドレッシーな場面に用いられるもの。

ドレープトトップ［draped top］ゆったりと垂れる布のゆるみ（ドレープ）を特徴とした女性用上衣類の総称。サテンやシ

ファッション全般

フォンなどの柔らかくしっとりとした素材を使って、ギャザーやプリーツなどでドレープを表したキャミソール型のものなどが代表的。

ドレープトネックライン [draped neckline] ドレープ（布のたるみ）をデザイン上の特徴としたネックラインの総称。ラウンドネックの周辺にドレープを入れたものや、ドレープ状のタートルネックとしたものなどさまざまなタイプがある。

ドレープトパンツ [draped pants] ゆるやかに表される美しいドレープ（布のたるみ）を特徴とするパンツを総称するもので、多くは柔らかくしなやかな素材を使ったエレガントな女性用パンツを指す。

ドレープドレス [drape dress] ドレープトドレス [draped dress] とも。ドレープは自然にできる布のたるみや襞（ひだ）のことで、そのようなドレープの美しい表情を特徴とした、流れるようなラインのドレスを総称する。

ドレープルック⇒ボールドルック

トレーン [train] ウエディングドレスなどに見る長く後に引く「裳裾（もすそ）」のこと。トレーンはトレイン（列車、列）と同義で、後ろに引きずるものという意味から来ている。

トレーンコート [train coat] トレーンは「うしろに引きずるもの」の意で、婦人礼服などの裾に見られる「裳裾（もすそ）」のことをいう。そうしたトレーンを取り付けたコートを指し、燕尾服のようなデザインの女性用コートが代表的。

ドレーンパイプパンツ [drainpipe pants] ドレーンパイプは「下水管」の意味で、まっすぐで細身のシルエットを特徴とするストレートパンツの一種をいう。この名称は特に1950年代に流行したテディーボーイルック*に特有の言葉で、当時は股引のように脚にぴったりフィットする

スリムストレート型のパンツをいったものだった。単にドレーンパンツ [drain pants] ともいう。

ドレーンパンツ⇒ドレーンパイプパンツ

ドレカジシャツ [dress + casual shirt] ドレカジはドレスとカジュアルの合成語で、ドレスシャツとカジュアルシャツ両方の特性を備えたメンズシャツを指す。クールビズ*の提唱に伴って登場した新しいシャツのひとつで、ネクタイを着けても着けなくても格好がつくような現代的な感覚のシャツを総称する。

ドレカジスタイル [dress + casual style] ドレカジはドレスとカジュアルの合成語、またドレスカジュアルの略とされるファッション用語で、ドレッシーな要素を持つカジュアルスタイルを指す。ちょっとドレスアップした感じを特徴とするカジュアルな服装を称したもので、最近のメンズファッションに好まれる要素とされている。

ドレス [dress] さまざまな意味を持つ言葉で、次のような解釈の仕方がある。広義には「衣服、服装、衣装」の総称で、ここには男性や子供のものも含まれるが、一般に下着と外套類は含まない。ここでのドレスには装飾的な目的がある衣服を指す意味が強い 狭義には婦人服全般を指し、特にワンピース形式の衣服および礼装用の服を意味する 正装とか礼装の意味でも用いられ、フルドレス*、ドレスシャツ*といった用法がある（英語の動詞として）服を着る、衣服を着せる、身支度（身づくろい）する、正装させる、着飾る、しゃれる、飾り立てる、取り付ける、（髪を）整える、手入れする、結う、毛を梳くなど。

ドレスアップ [dress up]「盛装する、着飾る」また「正装を要する、礼装をすべき」という意味で、今ある服装をよりドレッ

522

シーに着こなす様子を指す。より緊張感を高める装いといってもよい。

ドレスアップウエア［dress up wear］ドレスアップ（盛装）のための衣服の意。フォーマルウエア（正装）もそのひとつだが、これはもっと広い意味をもち、ちょっとした集まりに出席するためのおしゃれな雰囲気の服装をも表す。

ドレスアップジーンズ［dress up jeans］特にドレスアップ感覚の強いジーンズをいう。本来カジュアルであるはずのジーンズを、パーティーなどにも着用可能としたきわめておしゃれな感覚を持つものを指す。値段が高価であることも特徴。

ドレスアップスーツ［dress up suit］ドレスアップ（盛装）を目的として開発された新しいフォーマルウエアのひとつ。光沢　感のある黒、ミッドナイトブルー、グレーなどの生地使いで、拝絹をあしらったピークトラペルなどのデザインを特徴としたものが多い。かつてのソーシャルウエアの現代版ともいえるもので、いわゆる「平服」の指定にはぴったりのアイテムとされる。

ドレス・アンド・スポーツシャツ⇒スポーティードレスシャツ

ドレスインバネス⇒インバネス

ドレスウーステッド［dress worsted］男性の礼服に用いられるウーステッド*の一種で、上質のメリノ羊毛を原料に綾織りし、縮絨・起毛した後に表面の毛羽をわずかに残す加工を施した梳毛織物を指す。

ドレスウオッチ［dress watch］ドレッシーな表情を特徴とした腕時計を指す和製英語。フォーマルな服装にふさわしいものということでこう呼ばれるが、ドレスシューズやドレスパンツなどと同じように、仕事用のちゃんとした時計という意味でも用いられる。

ドレスオーバーコート［dress overcoat］フォーマルコート*と同義に用いられる。フォーマル用途に向くドレッシーなコートの総称で、特に男性用のものを指すことが多い。チェスターフィールド*やドレスケープ、マントーといったものがあり、一般に黒、ダークグレー、濃紺といった色が中心となる。

ドレスカーゴパンツ［dress cargo pants］カーゴパンツ*をドレッシーにデザイン変化させて、大人の男性がビジネスの場でも着用できるようにしたもの。両サイドのカーゴポケットはそのままに、スマートに仕上げたところが特徴。

ドレスカジュアル⇒モードカジュアル

ドレスカット［dress cut］ドレスサイド［dress side］ともいう。男性のズボンのみに見られる独特の裁断法で、前開き部の下前（右側）の股上から股下にかけて、上前より7ミリ程度カットすることをいう。これは男性器の存在から来ているもので、「下前カット」ともいい、もっと下品な表現になるが一般には「きんぐせ」と呼ばれている。

ドレスカバー［dress cover］ドレスを覆うものの意で、ワンピースなどを保管したり、短距離を移動したりする場合に用いる簡便な覆いをいう。透明なプラスティック袋で全体を覆う形にしたものが多く見られる。

ドレスケープ⇒ケープ

ドレスコート⇒燕尾服

ドレスコード［dress code］服を着る上でのさまざまな取り決め。コードは「規則、規範」の意で、職場や学校などにふさわしい服装基準のほか、特定のレストランなどに入る場合の服装やパーティーでの服装指定などさまざまな場所で見られる。明文化するものと暗黙の了解で知らされるものがあり、現代社会で生活するなら身につけておかなければならないマ

523

ファッション全般

ナーのひとつとされる。

ドレスサイド⇒ドレスカット

ドレスジーンズ⇒テーラードジーンズ

ドレスジャケット⇒ドレスラウンジ

ドレスシャツ [dress shirt] スーツと組み合わせるドレッシーなシャツの総称。スポーツシャツ（ネクタイを用いることのないカジュアルなシャツの意）の対語とされる。狭義にはネクタイをあしらって着装される仕事用のシャツで、いわゆるビジネスシャツに当たる。以前はドレスシャツといえば礼装用のシャツを意味したが、それがフォーマルシャツと呼ばれるようになった現在では、一般にワイシャツ（カッターシャツ）を指すようになっている。

ドレスシューズ [dress shoes] 本来は礼装に用いられる靴を総称したもので、男性においてはエナメルのオペラパンプス*に代表されたものだが、現在ではカジュアルシューズ*以外のドレッシーな表情をたたえた靴、とくに皮革製のビジネスシューズ*を総称する言葉として用いられるようになっている。いわゆる「紳士靴」がそれに当たる。

ドレススーツ [dress suit] 男性が着用する礼服のことで、特に燕尾服*やタキシードなど夜間のフォーマルな機会に用いる服、すなわち「夜会服」をいう。最近では光沢感の強い生地で作られる、特にドレッシーな夜向きのスーツをこのように呼ぶ傾向もある。

ドレススタッズ⇒スタッド

ドレスステッキ⇒ステッキ

ドレススニーカー [dress sneaker] ドレッシーな表情を特徴としたスニーカーのことで、いわゆるハイテクスニーカー*の機能を備えながらも、色使いやデザインでドレッシーに仕上げた大人向きのスニーカーを指す。『エルメス』社のものが

元祖とされ、ちょっとしたドレスアップスタイルにも向く靴として近年人気を集めている。そうした性質上、革製のものが多い。

ドレスセーター [dress sweater] 丈を長くしてドレス（ワンピース）としても着られるようになったセーターをいう。ドレスとして単独で着ることも多く、ドレスの側からすればセータードレス*とかニッテッドドレス knitted dress ということになる。

ドレスソックス [dress socks] フォーマルな場面やビジネスに用いるドレッシーな男性用の靴下を総称する。フォーマルでは慶弔ともに黒シルクおよびこれに類した細番手の長靴下が用いられ、ビジネスにおいてはダークスーツに合わせる目的から、黒や濃紺などでミディアムゲージの無地調ホーズが原則とされる。またモーニングコート専用とされる黒地に白やグレーの縞柄が入った靴下が見られるが、これは日本特有の習慣とされている。

ドレスタータン⇒タータン

ドレスダウン [dress down] ドレスアップ*の対語で、よりリラックスした雰囲気にもっていく着こなし方をいう。本来の英語では「叱りつける」とか「(動物の)毛を梳いて手入れする」といった意味だったが、現在では「控え目な服装をする」という意味にも使われるようになっている。日本のファッション用語では、もっと過激に「着崩し」的着こなしという意味で用いる例が多い。

ドレスダウンタイ [dress down tie] カジュアルでスポーティーな感覚にデザインされたネクタイの総称。ドレスダウン（着崩し）感覚の強いデザインというところからこう呼ばれるもので、薄く軽い芯地を用い、一般のネクタイよりも細幅で軽快に仕上げられるものが多い。

524

ファッション全般

ドレスダウンノット [dress down knot] ネクタイの結び方の一種で、大剣と小剣が完全にずれてノット（結び目）が逆円錐形の形となるもの。いわゆるドレスダウン（着崩し）の着こなしにふさわしいということでこの名がある。

ドレスチェスターフィールド [dress chesterfield] 上襟を黒のベルベットで飾った最も正式なチェスターフィールドのこと。最近のチェスターフィールドと呼ばれるコートはほとんどがセミチェスター*に属するものであることから、黒ベルベット襟付きの本式のものをわざわざこのように呼ぼうとしているもの。

ドレスチノーズ [dress chinos] ドレスチノまたドレスチーノーズともいう。ドレッシーな雰囲気を持ち味とするチノーズ*（チノパン）のことで、本来はカジュアルフライデー*の需要を狙ってアメリカで開発されたメンズパンツをいう。フロントプリーツ（前タック）をとり、センタークリース（折り目）をきちんとつけるなどして、ちゃんとした仕事にも向くようにデザインされている。

ドレスデニム [dress denim] ドレッシーな表情を特徴としたジーンズの意。ヘリンボーン柄をほどこしたブルーデニム地のジーンズやスマートなシルエットを持ち味としたジーンズなどがそれで、イタリア製のものに多く見られる。

ドレストラウザーズ [dress trousers] フォーマルウエア用のズボンの総称。燕尾服に用いる側章2本付きの黒ズボンを始めとして、モーニングコート用の縞コールズボン、タキシード用の側章1本付きの黒ズボンなどがある。これらにはベルトループが付かず、裾口は必ずシングルカットとされるのが常識となる。

ドレストレンチコート [dress trench coat] ドレスタイプの女性用トレンチコートのことで、「ドレストレンチ」とも「女優トレンチコート」などとも呼ばれる。リボン結びできる長めで幅広の共布ベルトが付き、女性的な感覚でふわっとゆったりめに作られているのが特徴。

ドレスハット [dress hat] ドレッシーな帽子の意で、つまりはシルクハット*（トップハット）と同義。この種の帽子をいう名称は多く、トッパーやハイハット、オペラハットなどのほか、その形からシリンダーハット [cylinder hat]（円筒形の帽子）とかストーブパイプハット [stove-pipe hat]（ストーブの煙突型の帽子）、またトールハット [tall hat]（背の高い帽子）などとも呼ばれる。

ドレスパンツ [dress pants] ドレッシーな用途に用いられるパンツの総称で、特に男性のトラウザーズ*を指す新しい表現とされることが多い。カジュアルパンツ*の対語とされる。

ドレスパンプス⇒オペラパンプス

ドレスブーツ [dress boots] くるぶしの上くらいの履き口の高さを特徴とするドレッシーな感覚のメンズブーツで、ビジネスシューズのひとつとして用いられるもの。黒や茶色の革で作られ、脇をジッパー使いとしたり、ゴア（ゴム布）を取り付けたタイプが代表的。スーツブーツ [suit boots] と呼ばれることもある。

ドレス・フォー・サクセス [dress for success]「成功のための装い」という意味で、社会生活において好感度の高い服装、ひいては出世につながる服装という意味合いで用いられる言葉。特にアメリカ流の表現とされる。

ドレスフロックコート [dress frock coat] ドレスアップ度をより高めたフロックコート。1880年代に登場したもので、それまでのフロックコートに比べ、胸開きが深くとられ、随所に洒落たデザインがほ

525

ファッション全般

どこされていた。

ドレスベスティング [dress vesting] ドレスベストと呼ばれるドレッシーなベスト（チョッキ）に用いられる生地、つまり「チョッキ地」のことで、燕尾服には白のピケやマーセラ*、タキシードには上着と共地のほか黒の紋織絹地などが用いられる。

ドレスベスト [dress vest] スーツ用のドレッシーな表情を特徴とするベストの総称。かつては礼装用のベスト（フォーマルベスト）のみを指したものだが、現在ではそれも含めてドレッシーなタイプのベストをすべてこう呼ぶ。

ドレスボウ [dress bow] フォーマルウエア（礼装）に用いるドレッシーなボウタイの総称。大抵はバタフライボウ*型のものが用いられ、イブニングコート（燕尾服）専用の白麻のホワイトタイ [white tie] と、タキシード専用の黒絹のブラックタイ [black tie] が双璧とされる。

ドレス・ポロ ⇒台襟ポロ

ドレスマッチ [dress match] 似た色、柄、素材、デザイン、感覚（テースト）のもの同士で服装全体をまとめる方法。現代的でシックな雰囲気を表現するのに有効な方法とされ、現代のファッションにおいて大人っぽく静的なイメージを作り出すのが最大の特徴。

ドレスメーカー ⇒ドレスメーキング

ドレスメーカースーツ [dressmaker suit] ドレスメーカーは「婦人服の裁縫師また製造業者」の意味で、そうした人たちによって作られる女性用スーツを総称する。紳士服仕立てのテーラードスーツの対語で、女らしくソフトな仕上がりになるのが特徴。

ドレスメーカード ⇒ドレスメーキング

ドレスメーキング [dressmaking]「婦人服を仕立てること」という意味。また「婦人服仕立て業、洋裁業」の意味もある。ドレスメーカー [dressmaker] は「婦人服の洋裁師」、ドレスメーカード [dressmakered] は「婦人服仕立ての、（服が）女物仕立ての」という意味になる。

ドレスメーキングスカート [dressmaking] 婦人服仕立て（ドレスメーキング）で作られるスカートのことで、柔らかな素材で作られる、女性らしい雰囲気のものが多い。テーラードスカート*の対語。

ドレスユニフォームシューズ [dress uniform shoes] 制服としてのドレスシューズの意で、一般に軍隊で用いるオックスフォード型の革靴を指す。サービスシューズと同義で、つまりは「制式靴、制靴」。

ドレスラウンジ [dress lounge] ディナージャケット*の前身とされる上着のひとつで、ドレッシーなラウンジジャケット*というところからの名称。1888年頃英国に登場し、90年代末まで用いられた。別にドレスジャケット [dress jacket] とか夕食時に用いられたことからディナーラウンジ [dinner lounge] といった呼称もあった。

ドレスリネン [dress linen] ワンピースドレス*に用いられる亜麻織物の総称。平織のものが多く、夏季のドレスやブラウスなどに見られる。

ドレスローブ [dress robe] 正装用衣装の意。ローブには婦人用夜会服やロングドレスの意味がある。

トレッキングウエア ⇒アドベンチャートラベルウエア

トレッキングキャップ [trekking cap] トレッキング（軽い山歩き）に用いる帽子の総称で、多くは長めの前びさしを特徴とした全天候型のものを指す。透湿防水機能に長けた素材で作られ、縫い目も防水シールドされた雨に強いデザインのものがよく見られる。

ファッション全般

トレッキンググローブ［trekking glove］トレッキング（尾根歩きのスポーツ）に用いる手袋の一種。ナイロンなど防水仕様のしっかりした素材を用い、手首まで完全に覆うようになったデザインのものが多い。

トレッキングシューズ［trekking shoes］トレッキングは軽い山歩きのこと（ゆっくり進む、長く苦しい旅の意もある）で、そうしたスポーツに用いる軽登山靴をいう。本格的な登山靴に比べ、はるかに軽量で履きやすいのが特徴。デザイン面での変化も多彩で、キャンバスとスエード革を併用したものなどがあり、タウンシューズとしても広く用いられている。これをアンクルブーツ型としたものをトレッキングブーツ［trekking boots］と呼んでいる。

トレッキングショーツ［trekking shorts］トレッキング（軽登山）用に開発されたショートパンツの一種。バミューダショーツ型の膝丈程度の長さのものが多く、登山の妨げにならないよう機能的なデザインに仕上げられたものが多く見られる。

トレッキングスカート［trekking skirt］トレッキング（尾根歩き、軽登山）に用いるスカートのことで、いわゆる山スカ*（登山用スカート）の一種。ジッパーアクセントやカーゴポケット使いなどデザインはさまざまだが、膝上丈の軽快な感じのものが多く見られる。

トレッキングバッグ［trekking bag］トレッキングは登頂を目的としない尾根歩きの軽登山のことで、それに適したリュックサック型のバッグを指す。簡便な形のものからバックパックのような大型のものまで、そのデザインにはさまざまなものが見られる。

トレッキングパンツ［trekking pants］トレッキングは登頂を目的としない軽登山また尾根歩きのことで、そのような山歩きに適したパンツをいう。多くはブッシュパンツ*型のトレイルパンツと呼ばれるものと同じ。

トレッキングブーツ⇒トレッキングシューズ

トレッキングポール［trekking pole］トレッキング（気軽な山歩き）に用いるステッキとしての棒。トレックポール［trek pole］ともいう。

トレックポール⇒トレッキングポール

ドレッシー［dressy］「（人が）おしゃれな、（服装が）しゃれた、あか抜けた、派手な」また「正式の、改まった」の意。一般に上品な装いで優雅な雰囲気をたたえた様子をいう。

ドレッシーカジュアル［dressy casual］ドレッシーな雰囲気を特徴とするカジュアルファッションの表現。ドレスカジュアルとかゴージャスカジュアル、モードカジュアルなどとこの種のファッションを指す用語は多い。

ドレッシング［dressing］「衣服を着ること＝着装、着付け、着こなし」という意味のほか「（髪を）結うこと」や「身支度、飾り付け、仕上げ、加工」などさまざまな意味を持つ。ファッション用語としてはウエアリング*と同義に扱われることが多い。

ドレッシングガウン［dressing gown］膝下からくるぶし丈の長さで、共地のベルトあるいはロープを巻き付けて着用する形になったラップコート型の衣服で、シルクサテン、キルティング、ベルベット、ベロア、フランネルといった素材が用いられることが多い。部屋でくつろぐときや就寝前、起床後にパジャマの上にはおって着用される。こうした形の衣服をアメリカでは「ローブ*」と総称し、これはまたスリープガウン［sleep gown］と

ファッション全般

も呼ばれる。

ドレッセズ［dresses］女性のためのドレッシーな衣服を総称する言葉。主としてアメリカのファッション業界で、スポーツウエア（日本でいうカジュアルウエア）と対比区分する目的で用いられる用語。

ドレッドヘア［dread hair］ジャマイカの土着的な音楽であるレゲエのミュージシャンやその愛好者によって好まれる特異なヘアスタイル。毛束をねじってパーマをかけ、細い縄のようにして長く垂らす髪型で、レゲエのことを別にドレッドロックということからの名称とされる。またジャマイカのラスタファリアン（アフリカ回帰主義者）の風習であるところから、ラスタヘア［rasta hair］とも呼ばれ、ナイトクラブで遊ぶ若者たちに多く見られるところから、クラブヘア［club hair］の名でも呼ばれ、亜流も多い。ドレッドには本来「恐怖する、恐れおののく」という意味がある。ラスタファリアンたちは自然を大切にするという信条から、髪も切らず洗わないところから、自然に髪がもつれて縄状の形になったというのが真説で、これがボブ・マーリーに代表されるレゲエのミュージシャンに好まれて、ひとつのファッションになったもの。

トレパン⇒トレーニングパンツ

トレピエゲ⇒クアトロピエゲ

トレボットーニ［tre bottoni 伊］イタリア語で「3つのボタン」という意味。台襟の第1ボタンの付くところにボタンを3個付けた襟型、またそうしたデザインのシャツをいう。2個ボタン付きのドゥエボットーニ*よりもさらに襟腰が高く、ファンシーな表情を醸し出す。こうしたボタンはふつうのドレスシャツのものより厚手になっていて、色糸を使った「ザンパ縫い（鳥足縫いの意）」と呼ばれる縫い留め方によって、少し浮き上がるの

が特徴となる。これを「根巻きボタン」とも呼んでいる。

トレモントハット［tremont hat］フェルト製の紳士帽のひとつで、狭いブリムとクラウンのてっぺんを中折れにしないで、とがらせたままでかぶる形を特徴とするもの。ブリムの後ろをちょっと巻き上げてかぶるのも特徴のひとつで、1950年代に流行を見た。語源は不詳。

トレランジャケット［trail running jacket］トレイルランニングジャケットの略。荒野や山の中を走るトレイルランニングというスポーツ向けに開発されたジャケットで、軽くてコンパクトに収納でき、止水ファスナーやベンチレーションといった機能性を備え、高い透湿性のあるエントラント（東レ）などの素材で作られるのが特徴とされる。

トレリスステッチ［trellis stitch］アラン模様*のひとつで、トレリスは「格子、格子細工、四つ目垣」の意味。魚を入れる籠や漁網などに見る格子模様を図案化したもの。

トレンカ［――］かつて日本で流行した脚にぴったりする形のスポーツ用パンツの一種で、「トレンカー」という商品名で知られたもの。伸縮性のある素材で作られ、スティラップ（足掛け部分）が付くのが特徴。スキーやスケート、体操などに用いられたが、最近のレギンス*の流行から見直されるようになっている。

トレンカー⇒トレンカ

トレンカレギンス［――leggings］裾にスティラップ（足掛け部分）を付けたレギンスであるトレンカをいう別称のひとつ。トレンカだけ*で通じるが、それにわざわざレギンスの名を付けて強調させたもの。

トレンチコート［trench coat］"キング・オブ・メンズコート"の異名で知られる最

ファッション全般

も代表的な男のコート。第1次大戦（1914〜18）中、英国陸軍が塹壕（トレンチ）戦用に開発し採用したところからこの名が生まれたもので、防水加工された綿ギャバジン製のものをもって本格とされる。19世紀に流行したアルスターコート*を原型にデザインされたというが、そのオリジナルがアクアスキュータム*にあったかバーバリー*であったかとする、いわゆる「ＡＢ論争」はいまだに決着がついていない。独特のディテールデザインにも見るべきものが多く、現在では女性向きのものも多く作られ、生地やデザインの変化も多彩なものとなっている。

トレンチジャック［trench jac］トレンチコートのデザインそのままに、より軽快でカジュアルに仕上げたジャケット。女性ファッションでは2003年春頃からショートトレンチ［short trench］とかショートトレンチブルゾン［short trench blouson］といった名称で人気を集めているが、メンズウエアの分野では1970年代から登場をみている。

トレンチスカート［trench skirt］トレンチコート*に見るデザインをそのままスカートに置き換えたかのようなスカート。幅広のバックル付きのベルトをウエストに配し、ダブルに並んだボタンがいかにもトレンチコートといった雰囲気を醸し出している。綿ギャバジンで作られるのも特徴のひとつ。

トレンチドレス［trench dress］トレンチコート*風ドレス。まさにトレンチコートを思わせるデザインでワンピースに仕上げた一品。いわゆるコートドレス*の一種で、エポーレットなどのディテールはそのままに、薄手でソフトな生地とフィット・アンド・フレアライン*で今日的な感覚となっている。

トレンチャーキャップ⇒モーターボードキャップ

トレンチワンピ⇒ワンピースコート

トレンディー⇒トレンド

トレンド［trend］「傾向、方向、趨勢」の意で、これから来るであろう方向性を示す。ファッショントレンド［fashion trend］は、これからのファッションの傾向を先取りして示す「流行の先端」の意味で用いられ、トレンディー［trendy］となると「最新流行の、粋な」という意味になる。

トレンドフリー［trend free］「トレンドの消失」を表す表現のひとつで、ノントレンドなどとも呼ばれる。最近のファッションの流れをいったもので、大きなトレンド（流行傾向）がなく、なんでもありの状態を揶揄して言ったもの。トレンドのないのがトレンドという見方もある。ノームコアやエフォートレス、ジェンダーフリーなどもこの流れに与するものと見られている。

トレンドミックス［trend mix］異なったファッショントレンド（流行傾向）を混ぜ合わせて表現するファッション。テーストミックス［taste mix］とも呼んでいる。意表を突く表現が生まれるのが狙いとされる。

トロ⇒トロピカル

ドローインググラブ［drawing glove］ドローイングは「引くこと、引っ張ること」の意で、ここでは弓の矢を引く意味で用いられる。つまり、アーチェリーなどの弓競技で、指を保護するために用いる手袋を指す。いわゆるスポーツ手袋の一種で、シューティンググラブ*とも呼ばれる。

ドローイングプリント［drawing print］ドローイングは「（線で）描くこと」また「鉛筆やペンなどで描いた絵」といった意味で、自由な感覚で線描きしたようなプリ

ファッション全般

ント柄を指す。抽象的な絵画タッチで、カラフルな表現のものが多く見られる。

ドローコード⇒ドローストリング

ドローストリング［drawstring］「引き紐」の意で、紐を通し、それを引くことによって調節するデザイン一般を指す。そうしたウエストの処理をドローストリングウエスト［drawstring waist］というように用いる。最近ではこれを「ドロスト」と短縮して用いる傾向もある。ドローコード［draw cord］とも。

ドローストリングウエスト⇒ドローストリング

ドローストリングネック［drawstring neck］ドローストリングは「引き紐」の意で、紐を通して締めるようにしたデザインのネックラインを指す。普通、ラウンドネック（丸首）のネックラインに用いられることが多い。

ドローストリングパンツ［drawstring pants］ドローストリングは「引き紐」という意味で、ウエストに紐を通して留めるようにしたパンツを総称する。そうしたデザインをドローストリングウエスト［drawstring waist］と呼んでいる。

ドロスト⇒ドローストリング

ドロップイヤリング⇒イヤードロップ

ドロップオンネイル⇒たらしこみネイル

ドロップショルダー［drop shoulder］ドロップは「落ちる、落とす」の意で、通常の位置より肩先が落ちた肩線を指す。丸みを帯びた形が特徴で、かつてはフレンチコンチネンタルモデル*のスーツによく見られたもの。1950年代のフランス調スーツの特徴ともされていた。

ドロップトカフス⇒ベルシェイプトカフス

ドロップトトルソードレス［dropped torso dress］ドロップトトルソーは「落ちた胴、下がった胴」の意で、ウエストラインが通常より下がった位置で切り替えられたドレスを指す。ローウエストドレスと同義。

ドロップ・ボウノット［drop bow knot］蝶ネクタイの結び方のひとつで、両下端を垂らす「垂らし結び」をいう。19世紀に流行したもので、トーマス・リプトン（英国の紅茶王）が好んだ結び方であるところから、別にリプトン・ボウ［Lipton bow］の名でも呼ばれる。ドロップは「落ちる、垂れる」の意。

トロピカル［tropical］ポーラー*と同じく盛夏用生地の代表とされるもので、強撚糸使いの平織もしくは綾織による薄手のウール地を指す。トロピカルは「熱帯（地方）」という意味で、サマーウーステッド［summer worsted］とも呼ばれる。織目が粗く、布面が平らでさらっとした手触りを特徴としており、サマーブレザーなどに多用される。単に「トロ」とも略称される。

トロピカルカラー［tropical color］トロピカルは「熱帯の、熱帯地方の」という意味で、熱帯地方に特有の鮮やかで明るい調子の色を総称する。

トロピカルシャツ⇒アロハシャツ

トロピカルパターン［tropical pattern］トロピカルは「熱帯の、熱帯地方の」という意味で、ハワイなどの熱帯地方に特有のプリント柄などを総称する。主に熱帯地方産の植物の葉や花をモチーフとしたものが多く見られる。ハワイアンプリント*などと同義。

トロフィージャケット［trophy jacket］細部のデザインに凝った、やたらと装飾的な女性用テーラードジャケット。2009年、アメリカのデザイナー、マーク・ジェイコブスによってデザインされたこの種のジャケットを、英『ヴォーグ』誌がこのように名付けたもので、その後こうしたきらきら飾りのジャケットを総称するようになった。

530

ファッション全般

トロペジエンヌ [tropézienne（仏）] 南フランスのリゾート地サントロペで1920年代から作られている伝統的なサンダルの名称。古代ギリシャ・ローマ風の革サンダルの一種で、ピカソなどの有名人に愛用されてきたものだが、近年、人気が復活して見直されるようになっている。トロペジエンヌといえば、最近ではサントロペ名物の菓子の名前「ラ・タルト・トロペジエンヌ」で知られるが、実際にはこのサンダルのほうが古い歴史を持つ。名称の由来はいうまでもなくサントロペの地名から。

トロリーケース⇒トロリーバッグ

トロリーバッグ [trolley bag] キャスター（脚輪）付きのスーツケースや旅行カバンの総称。トロリーは「（2輪、4輪の）手押し車」やトロッコ、また料理などを載せて運ぶワゴンの意味で、最近人気の出てきたキャスター付きのキャリーバッグをこのように呼んでいる。ビジネスマンに流行しているこの種のバッグを「ビジトロ」と呼ぶことがあるのは、ビジネストロリーバッグを略してのこと。トロリーケースともいう。

ドロワーズ [drawers] 昔流行した半ズボンのようなゆったりした女性用の下穿き。裾にレースなどを施し、保温と吸湿を主な目的としたもので、元は男性のものだったが、19世紀に至って女性下着となった。日本には1930年代に導入されたが、この簡便な形のものが「ズロース *」と訛って用いられるようになった。

トロワカール [troirs-quarts 仏] フランス語で「4分の3」を表し、スリークオーターレングス *（4分の3丈）と同義。

トロンプロイユ [trompe-l' œil 仏]「だまし絵＝実物のように見える絵」また「見掛け倒し、まやかし」の意。プリントや刺繍などによって、あたかも別のものが

実在しているかのように見せかけるデザイン上のテクニック。セーターやTシャツなどによく用いられる。

ドロンワーク [drawn work] ドロンは「引き抜かれた」の意で、布地の織り糸を引き抜いて、残った糸をかがることによってさまざまな模様を作り出す「糸抜き手芸」を指す。

トワル [toile 仏] トワールとも。フランス語で「亜麻布、布、織物」また「帆布、キャンバス」といった意味。一般には綿や毛、麻などで作られる粗い感じの平織地を指し、立体裁断の仮縫い（これもトワルという）用の布や夏用の衣服などに使われる。

トワレット・ド・バル⇒ローブ・ド・ソワール

トワレット・ド・プチソワール⇒ローブ・ド・ソワール

トンアップボーイズ⇒カミナリ族

ドンキーカラー [donkey collar] ドンキーコート *と呼ばれるカジュアルなハーフコートに見るニット・リブ編みのショールカラーのこと。スパニッシュコートに見るスパニッシュカラーと同様のデザイン。

ドンキーコート [donkey coat] ニットのショールカラーとラグランスリーブを特徴とするカジュアルな防寒用ハーフコートの一種。綿ギャバジンなどで作られ、汚れた感じのモスグリーンやベージュ、オリーブブラウンなどの色調のものが多い。ドンキーは「ろば」の意味で、ネーミングの由来については不詳とされるが、19世紀に登場した労働者用の上っ張りであるドンキージャケット [donkey jacket] をアレンジしたものとも考えられる。

ドンキージャケット⇒ドンキーコート

トング [tong] トングサンダル [tong san-

た

531

ファッション全般

dal] の略。日本の草履に見る鼻緒のよう
な留め具を取り付けたサンダル。足指を
挟んで用いるもので、元はグッチやプラ
ダなどのスーパーブランドが売り出して
流行を見たもの。トングは本来 tongs と
綴り、炭や氷などをつまむ二股のハサミ
を意味する。おもに女性用のサンダルの
一種とされる。

トング（下着）⇒ソング

トングサンダル⇒トング

トングソックス［tong socks］トングは本来、
氷などをつまむ二股のハサミのことで、
ファッションでは鼻緒付きのサンダルを
意味する。そうしたサンダルの鼻緒の部
分だけをカバーする目的で作られた女性
用のソックスをこのように呼ぶ。爪先や
足首部分は露出されるのが特徴で、単に
トングとも呼ばれる。

ドンナ⇒ウィメンズウエア

トンネルカラー［tunnel collar］立襟の一
種で、高い立襟全体が丸く折り返されて、
ちょうどトンネルのような形を形成して
いるもの。折られた襟が内側のほうへ巻
かれて輪の形になっているものをいう。

トンネルループ⇒ベルトループ

トンボメガネ［──］トンボの眼のような
というところから、このように俗称され
るようになった大きな丸い形のレンズを
特徴とした女性用サングラス。1960年代
後半にポップファッション*のひとつと
して、ミニスカートなどとともに流行し
たアイテム。英語ではバグアイドグラス
［bug-eyed glasses］（虫の眼のようなメガ
ネの意）などと呼ばれる。

トンボン⇒ペロン

ナーシングブラ⇒マタニティーブラジャー

ナースウオッチ［nurse watch］ナース（看護婦、看護師）が用いる医療現場用の時計。暗闇でも文字盤を読むことができ、脈拍を測るのに役立つなど機能的な性格を特徴とする。患者に当たらないよう首からぶら下げる、またポケットにクリップで留めるようにした形のものが多く見られる。

ナースキャップ［nurse's cap］ナーシングキャップ nursing cap とも。女性の看護師（看護婦）が勤務中に着用する帽子のことで、「看護帽」ともいう。元は修道女のかぶるベールから生まれたもので、さまざまな形があったが、動きやすくするために現在の三角布帽子のように短く変化した。看護婦の象徴とされるもので、伝統的な「戴帽式」でも知られるが、最近では院内感染や医療事故防止などの理由から、次第に使用しない方向へと進んでいる。

ナースサンダル［nurse sandal］ナースシューズ*のサンダル版。本来は看護婦（女性看護師）が勤務時に用いるものだが、これに似たものをこの名称で街履きとする傾向がある。

ナースシューズ［nurse shoes］ナース（看護婦、看護師）が病院などの医療施設内で用いる靴。キャンバスの布や合成皮革などで作られた白のカッターシューズ*型のもので、歩いても音がしないようゴム底となっているのが特徴。元々ナイチンゲール（1820～1910）によって考案されたもので、現在ではこれをカジュアルな靴として用いる傾向も現れている。

ナースルック［nurse look］ナース（看護婦。現在は看護師と称する）風のファッション表現。俗に看護婦ルックと呼ばれ、看護婦風の白衣ワンピースやナースキャップと呼ばれる三角布帽子、ナースシュー

ズなどが主なアイテムとなる。若者の間では「病院系ファッション」などとも称される。

ナースワンピース⇒ドクタースーツ

ナーセリーウエア［nursery wear］ナーセリーは「育児室、子供部屋」という意味で、ベビー・子供服のうちでも特に0歳から1歳児までの乳児を対象とした衣服を指す。

ナーディーファッション［nerdy fashion］ナーディーはアメリカ・スラング（隠語）のナード［nerd, nurd］（社交上のたしなみに欠けた人、まぬけ、風変わりなやつ）からきたもので、アメリカ映画の『フォレスト・ガンプ　一期一会』(1994) に見るような「超マジメくん」のファッションを指す。いわば「くそまじめスタイル」ということになるが、決して悪い意味ではなく、ここではダサさのカッコよさといった意味合いで用いられることに注意したい。

ナード⇒オタク族

ナードスタイル［nerd (nurd) style］ナーディーファッション*の別称。ナーディーは「社交上のたしなみに欠けた人、まぬけ、風変わりなやつ」といった意味で用いられるアメリカのスラング（隠語）で、いわゆる「クソマジメ」くんスタイルをこのように呼んでいる。ナードは日本でいう「オタク」という意味でも使われる。

ナイティー［nightie］ナイトウエア*の口語で、寝間着類を可愛く表現する言葉として用いられる。また、比較的薄い生地で作られた女性の部屋着や寝間着を指すこともある。アメリカではネグリジェ*の意味もある。

ナイトアンサンブル［night ensemble］夜用のアンサンブル*の意で、ドレッシングガウンと寝間着を共地で組み合わせてセットとしたものを指す。英米ではガウ

533

ファッション全般

ン・アンド・ローブ［gown and robe］などと呼ばれる。

ナイトウエア［nightwear］夜、寝るときに着る衣服の総称。「寝間着」「寝巻」「寝衣」のことで、寝る前に室内でくつろぎ着として着用するものも含まれる。ナイトクローズ［nightclothes］とも総称される。

ナイトガウン［nightgown］ドレッシングガウンの別称とされるほか、特にアメリカでは女性や女児が用いるゆったりした感じの寝間着の類を指す。丈はさまざまなものがある。

ナイトキャップ［nightcap］就寝時に用いる帽子状のかぶりものの総称。先端に房飾りを付けたストッキングキャップ*状のものがよく知られる。この語はまた口語では「寝酒」を意味する。

ナイトクローズ⇒ナイトウエア

ナイトシャツ［nightshirt］元は男性用とされる膝丈程度の長さを特徴とするシャツ型の寝間着をいう。フロントにボタン付きの前立てがあり、かぶって着るのが特徴。現在では男女ともに用いられる。

ナイトドレス［nightdress］女性用のワンピース型の寝間着を総称する。これはまたナイトガウン*の別称ともされ、英国ではネグリジェ*をこの名で呼ぶ。

ナイトランシューズ［night run shoes］夜走り用の靴。夜間のランナーのために用意されたスニーカーで、夜間視認性をよくするためにアッパーやソールなどにリフレクターを付けるものが大半。

ナイフカットタイ⇒カットタイ

ナイフプリーツ［knife pleat］ナイフの刃のような感じの、同一方向にきっちりと細く畳まれた鋭いイメージのプリーツ。

ナイフプリーツスカート［knife pleat skirt］ナイフの刃のような鋭いイメージのナイフプリーツを特徴とするスカート。このプリーツは同一方向へきっちり

と細く畳まれるのが特徴。

名入れコスメ［ないれ＋ cosmetics］名前やメッセージを入れることができる化粧品。口紅のキャップや保湿クリームの蓋などにそうした文字を入れるサービスをする化粧品のことで、贈り物に用いるほか自分用として購入する女性も増えている。そのような口紅は「刻印リップ」などと呼ばれる。

ナイロン［nylon］ポリアミド系合成繊維の一種で、世界最初の合成繊維とされる。1936年、米デュポン社のカローザス博士によって発明されたもので、軽くてきわめて丈夫、艶がありシワになりにくく、弾力性、熱可塑性に富むというように数々の長所をもつ。重合する原子の結合状態により「ナイロン66」と「ナイロン6」の2種類に分けられる。

ナイロンタフタ⇒タフタ

ナイロンパンツ［nylon pants］文字どおりナイロン製のパンツのことだが、ここではとくに最近若者たちに人気のあるナイロン製のカジュアルなパンツを指す。元はストリート系のファッションアイテムとして登場したもので、ウオームアップ用のトレーニングパンツのようなライン入りのものが多く見られたが、最近ではルーズなシルエットでジッパーアクセントを特徴としたものなどファッショナブルなタイプが増加している。歩くとシャカシャカという音が出たり、穿くとシャリシャリとした感触があるところから、「シャカパン」とか「シャリパン」と俗称することも多い。

ナイロンブリーフケース［nylon briefcase］ナイロン素材を用いたブリーフケースの総称で、単に「ナイロンブリーフ」とも呼ばれる。この種の素材を使ったPCケース*の登場以来、それまで皮革が主流だったブリーフケースにもこうしたナイロン

534

ファッション全般

製のものが増えるようになった。軽量でありながら堅牢性に長けるのが何よりの特徴。これに対して従来の皮革製のものは「レザーブリーフ」と呼ばれることになる。

ナイロンフレーム [nylon frames] 透明のナイロンを使用したメガネのフレーム。縁なしのメガネに見えるのが特徴。

ナイロール [――] ナイロールフレームとも。ハーフリムタイプのメガネフレームの一種で、メガネの下部分に縁がなく、ナイロンの糸（テグス）で固定するようになったものをいう。上のリムはアセテートやメタルなどが用いられる。ハーフリムとかハーフリムレスとも呼ばれ、この反対に上半分がカットされたものはアンダーリムとか「逆ナイロール」と呼ばれる。ナイロールそのものに英字表記はなく、英訳では semi-rimless mounts spectacles とか semi-rimless glasses などと表記される。ナイロールはもともとメガネのナイロン糸の意。

ナインティーズファッション [ninetieth fashion] 1990年代調のファッションのこと。1990年代に流行したファッションが2010年代に入って、若い人たちに見直されるようになり、再び日の目を見るようになっている。特にロゴ入りのキャップやTシャツ、ライン入りの厚手ソックスなどが若い女性中心に人気があり、それにつれて90年代ファッション全体が注目されるようになった。

中折れ帽⇒センタークリース

長靴⇒レインブーツ

中継ぎ [なかつぎ] ネクタイで大剣と小剣をつなぐ部分をいう。「中接（は）ぎ」ともいい、それぞれの接点を「接ぎ目」と呼んでいる。英語ではダイヤゴナルシーム [diagonal seam] とかバイアスシーム [bias seam] という。

中接ぎ⇒中継ぎ

ながら美容 [ながらびよう] 何かをしながらでもできる美容やダイエットのこと。テレビを見ながらや家事をしながら手軽にキレイになれる美容法をいったもので、そうしたシートマスクなどのスキンケア商品やダイエットを助ける機能性下着といったものに人気が集まっている。

ナクレ [nacre 仏] 真珠貝の内側の美しい光沢のある薄い層部分に見る色調を指す。もともとフランス語で「真珠層」を意味し、ほかに「真珠母色の、真珠光沢の」という意味もある。

名古屋エレガンス [なごや＋elegance] 名古屋発のコンサバエレガンス*をいう。名古屋独特のゴージャス感とセクシーさを特徴とした今的なファッション表現で、こうしたファッションの信奉者を、名古屋城に掛けて「名古屋嬢（なごやじょう）」と呼ぶ傾向も生まれた。コンサバエレガンス系の第1号とされる。

名古屋嬢⇒名古屋エレガンス

名古屋巻き [なごやまき] 名古屋エレガンス*系のファッションに見る特有の巻き髪スタイル。レイヤーカット*でパーマをかけ、太めのカーラーで大きな縦型ロールを表現するのが特徴とされる。こうした「巻きもの」（巻き髪をいう俗称）にはバリエーションが多く、「渋谷巻き」「青山巻き」「銀座巻き」というように、各地で独特の巻き髪スタイルが発生している。

梨地⇒斜子織

梨地織 [なしじおり] タテ糸とヨコ糸を複雑に交差させて織り上げ、表面に梨の皮や砂のようなざらざらとした調子を表した織り方、またそのような生地を指す。アムンゼン*やジョーゼット*などが代表的。

ナショナルコスチューム [national cos-tume]

な

535

民族服、民族衣装の総称。ナショナルには「国民の、国家の、国民的な」という意味があり、その国に特有の服装や衣服を指す。ナショナルドレス［national dress］などと呼ばれることもある。エスニックと表現されることもあるが、エスニックは一般に欧米人から見た異民族といった意味で用いられ、これとはニュアンスをやや異にする。

ナショナルドレス⇒ナショナルコスチューム

ナスティードレス⇒シャビードレス

ナスティーファッション［nasty fashion］ナスティーは「不快な、汚らしい」という意味で、不良じみた汚らしいイメージのファッションをいう。高級感、上品といったイメージで語られることの多かった1980年代ファッションに反動する形で現れた90年代初頭のファッションの動きを指すのに用いられたもので、当時のマスコミはこれを「ちょっといけない不良少女ルック」というように評した。

ナチュカジ［natural + casual］「ナチュラルカジュアル」の短縮語。あくまでも自然な感じを持ち味としたカジュアルファッションの表現をいう。また自然素材を使ったエコロジー感覚のシンプルで着心地の良いカジュアルファッションを指すこともある。

ナチュかわ⇒ナチュプリ

ナチュスト⇒ナチュラルストッキング

ナチュ太眉［natural + ふとまゆ］地眉の毛流れを生かした自然な調子の太眉毛。2011年ころから流行し始めた眉毛の傾向で、細眉から太眉へ、作り込んだ眉毛から自然なそれへという流れを受けて人気となった。といって、80年代バブルのころの黒々とした太眉ではなく、「うぶ眉」などと呼ばれるナチュラルなタッチに特徴がある。

ナチュプリ［natural + pretty］ナチュラルプリティーの短縮語で、ナチュカジ・（ナチュラルカジュアル）と呼ばれるファッションに可愛らしさの要素を加えた表現を指す。奇をてらうことのない自然な調子のカジュアルファッションを女の子らしく可愛く着こなす様子をいったもので、これを「ナチュかわ」（ナチュラル＋可愛い）と表現する向きもある。

ナチュラル・アンド・ナローショルダー⇒ナローショルダー

ナチュラルウエーブ［natural wave］ごく自然な感覚でまとめたウエービーヘア・（ウエーブヘア）のこと。おおげさに波立たせるわけでもない中庸を得たヘアスタイルで、くせ毛のような柔らかいウエーブを特徴とする。この語にはまた「天然のくせ毛」、いわゆる「天然パーマ」の意味もある。

ナチュラルカジュアル⇒ナチュカジ

ナチュラルカラー［natural color］「自然色」の意。地球の自然そのままの色調を総称するもので、砂漠に見るサンド［sand］やベージュ［beige］、また白や海の青、森の緑といった色が代表的。ほかに未晒しのままの布地の色や天然の植物染料で染められた色を指すこともある。

ナチュラルコスメ［natural + cosmetics］植物や果物などの自然成分を主体とし、化学添加物を使わないでシンプルに生成された自然派化粧品を総称する。「肌に優しい」をキーワードに人気を集めているもので、オーガニックコスメ［organic + cosmetics］とかオーガニックナチュラルコスメ［organic natural + cosmetics］などとも呼ばれる。

ナチュラルショルダー［natural shoulder］「自然肩」と訳される。肩パッドを省略するか、できるだけ薄いものを用いて自然な感じに仕上げた、全く誇張のない肩線を指す。アメリカントラディショナル

モデル*やアイビーリーグモデル*のスーツに特有の形として知られる。

ナチュラルショルダーモデル [natural shoulder model] アメリカントラディショナルモデル*の別称。それが肩パッドを省略するかほとんど用いないナチュラルショルダー（自然肩）と呼ばれるデザインを特徴としているところから、このように名付けられたもの。この名称そのものは、1961年、アメリカの紳士既製服業界のデザイナーたちによって組織されるIACD（国際衣服デザイナー協会）という団体によって公認され、その年の流行モデルのひとつとして発表されたところに発する。

ナチュラルシルエット⇒ナチュラルフィット

ナチュラルストッキング [natural stocking] 自然な肌色を特徴としたストッキング*の総称。ごく一般的な女性用ストッキングを指し、日本では「ナチュスト」と短縮して呼ぶ傾向もある。またこうしたパンティーストッキング*をプレーンパンスト [plain panty stocking] とも呼んでいるが、プレーンは「簡素な、飾らない、平板な」の意。

ナチュラルストレート⇒ストレートロングヘア

ナチュラルスロープトショルダー⇒スロープトショルダー

ナチュラルテーパード⇒ソフトテーパードライン

ナチュラルファイバー⇒天然繊維

ナチュラルフィット [natural fit] 衣服が体と自然にフィットしている状態を指す。このように誇張したデザインがなく、すべてが自然な調子に見えるラインをナチュラルシルエット [natural silhouette] と呼んでいる。

ナチュラルプリティー⇒ナチュプリ

ナチュラルフレンチ [natural French] フレンチカジュアルをベースとしたナチュラル系のファッション。パリに住むふつうの女性が好む自然生活志向のファッションをコンセプトとしたもので、自然素材を中心としたベーシックでトラディショナルなテーストに特徴がある。インテリアや雑貨などにも適用される。元々は生活雑誌『ナチュリラ』系の女性読者が好むファッションを指していったものとされる。

ナチュラルボディーファッション [natural body fashion] 自然な体のラインを特徴とするファッション表現。ボディーコンシャス（ボディコン*）に代わって登場したもので、体のラインに沿って流れるようなシルエットを形作るのが狙い。

ナチュラルボブ [natural bob] ごく自然な感じのボブ*。あごくらいまでの長さで、フェイスライン（顔面の外形）を丸く覆い、サイド、バックともに同じ長さの、いわゆる「おかっぱ」ヘアを指す。何の嫌味もないのが特徴となる。

ナチュラルメイク [natural make] 素顔の良さを最大限生かすことを目的としたごく自然な化粧法。また、最も基本的な化粧法という意味でも用いられ、素肌感覚を生かすために自分の肌の色に最も近い色を選んで行うのがポイントとされる。時として何の化粧も施さない、いわゆる「素っぴん」のことを指すこともあるが、自然な感じのある健康的なイメージのメイクアップというのが本来の意味とされる。

ナチュラルルック⇒アメリカン・ナチュラル

ナチュラルレングス [natural length] ごく自然な丈を表す。ノーマルレングス*やミディアムレングス*と同義で、婦人服では一般に膝頭を上下する程度のスカート丈を指すことが多い。

夏秋物 [なつあきもの] 素材や形は夏物だ

ファッション全般

が、色の感覚は秋を感じさせるファッション商品。「秋色夏素材」と呼ばれるものと同じで、特に冷夏だった 2003 年の夏にこの種の商品の早期売場投入が目立つようになった。これに関連して、素材は冬物だが色目は春っぽい特徴を持つ「冬春物」という商品を指す言葉も 03 年冬に登場した。シーズン前倒しや暖冬の影響などを受け、現在ではこの種の商品が常態化する傾向を見せている。

ナッソーショーツ⇒アイランドショーツ

ナッツカラー⇒グラウンドナッツカラー

ナッパ［nappa］ナパ［napa］ともいう。本来は柔らかな感触を持つ羊革や山羊革を指し、ナッパレザー［nappa leather］といえば「仔羊の革」を指すこともある。近年は牛皮をなめしたソフトな革も現れ、これをカウナッパ［cow nappa］などとも呼んでいる。アメリカ・カリフォルニア州のナパで最初に作られたことからこの名が生まれた。

ナッパ服⇒メカニシャンスーツ

ナッパレザー⇒ナッパ

ナッピーカバー⇒ダイアパーカバー

ナッピーツイード［nubby tweed］表面に糸の節（ふし）やこぶ状の隆起を織り出したツイードの通称。ドニゴールツイードやシルクツイードが代表的。ナップヤーン＊を用いたツイードという意味から来たもの。

ナッピートラウザーズ⇒サルエルパンツ

ナッピング⇒ナップトクロス

ナップサック［knapsack］ドイツ語風にはナップザックともいう。上辺を紐で締めるようにした巾着型のリュックサックのひとつで、元はハイキングなどに用いられた簡便なバッグ。背負ったり、手で提げることもできるが、現在ではその役をデイパック＊に譲るようになっている

ナップトクロス［napped cloth］ナップク

ロスとも。布の表面や両面を起毛加工して毛羽を立たせた織物を総称する。ナップは「（織物の）毛羽」の意で、フランネルやメルトンなどに代表される。日本では「玉羅紗」の名称で知られる。こうした仕上げのことをナッピング［napping］とも呼んでいる。

ナップレザー［napped leather］ナップは「（織物の）毛羽」のことで、ベロアなどのように表面を毛羽立てた革をいう。ブラッシュトレザー＊と同義。

ナッブヤーン⇒ネップヤーン

ナテ［natté 仏］ナッテとも。本来フランス語で「打ち紐で飾る」という意味があり、そうした表面感を特徴としたバスケット織の比較的厚手のシルク地を指す。

斜子織［ななこおり］2 本以上のタテ糸とヨコ糸が同じ数で交互に交わる組織で、マス目のような表面感を特徴とする。これのタテヨコの糸数を違えると矩形の目が生まれ、これをバスケットウイーブ［basket weave］と呼ぶ。さらにこのように目を乱したものを「砂子織（すなごおり）」と称し、これを細かくしたものを「梨地」と呼んでいる。

なにカジ［なにわ＋ casual］「なにわカジュアル」の短縮語。「なにわ」は大阪の旧名「浪速（浪花、難波とも）」のことで、大阪を中心とした関西に見られるカジュアルなファッションを総称する。東京に比べ、派手な色使いと装飾的なイメージが特徴とされ、別に「関西カジュアル」ともいう。

なにわカジュアル⇒なにカジ

ナノセルロース⇒セルロース・ナノファイバー

ナノテク衣料⇒ナノテクファッション

ナノテク繊維⇒ナノファイバー

ナノテクノロジー⇒ナノテクファッション

ファッション全般

ナノテクファッション [nanotech fashion]
ナノテクはナノテクノロジー [nanotech-nology] の略で、「超微細技術」の意。これを応用して作られるファッション商品を総称し、そうしたものをナノテク衣料などと呼んでいる。たとえば、しょうゆなどをこぼしても汚れない撥水性に優れたものなどがある。ナノは「10億分の1」を表す。

ナノバッグ [nano bag] ごく小型のハンドバッグをいう名称のひとつ。マイクロバッグとかマイクロミニバッグなどと呼ばれるものと同じアイテムで、ナノには「10億分の1」の意味がある。2015年7月にルイ・ヴィトンが発売した極小バッグ「ナノ・パラス」にちなんでの命名と思われる。

ナノファイバー [nano fiber] ナノは「10億分の1」を表す単位で、ここではナノテクノロジー（超微細技術）の意味で用いられる。髪の毛の7500分の1ほどの目に見えないような極細のポリエステル長繊維糸を指し、超撥水機能や吸汗速乾性などに長けた生地の原料に使われている。ナノテク繊維 [nanoテク＋せんい] とも呼ばれる。

ナバホ柄 [Navaho, or Navajo pattern] 北米最大の人口を誇るネイティブアメリカン「ナバホ族」の毛布などに描かれる独特の幾何学模様。きわめてエキゾチックな雰囲気があるとしてセーターの柄に用いられる例が多い。

ナバホサンダル [Navaho sandals] 女性用のサンダルの一種。元々は1960年代初めに、ジャクリーヌ・ケネディ元米大統領夫人がカプリ島を訪れた際に露店で売られていた手作りのサンダルに魅了され、それを元にアメリカはフロリダの靴メーカー「ジャック・ロジャース」によって作られたサンダルを指す。米国先住民族

のナバホ族が履いた靴に似ているとか、足のカバー部にナバホ族の織る幾何学的な模様が見られるというところからナバホの名が付けられたもので、現在でも伝統的なサンダルのひとつとして広く用いられている。日本で知られるようになったのは最近のこととされる。

ナビールック⇒ワークルック

ナポリカラー [Napoli collar] イタリアンタイプのメンズシャツに見る襟型のひとつ。多くはドゥエボットーニと呼ばれる台襟にボタンを2つ並べたシャツとともに見られるもので、きれいなロールを描くワイドスプレッドカラーとなったものが多い。

ナポリスタイル [Napoli style] イタリアはナポリのテーラーによって作られる伝統的なスーツスタイルの総称。クラシコ・イタリア*を代表するスタイルのひとつとして1995年頃から世界的に注目されるようになり、いまではメンズスーツの代表的な形として認めらようになっている。日本では俗に「ナポリ仕立て」と称する。『アットリーニ』や『キートン』などが代表的な店。

ナポレオニックカラー⇒ナポレオンカラー

ナポレオンカラー [Napoleon collar] フランス皇帝ナポレオン・ボナパルトの軍服のデザインに見られるところからこの名が生まれた襟型で、立ち折れ式の上襟と大きく返った下襟を特徴とする大型の襟をいう。ボナパルトカラー [Bonaparte collar] とかナポレオニックカラー [Napo-leonic collar] とも呼ばれる。トレンチコートやピーコートなどに用いられるほか、エドワーディアン調のカジュアルなスーツやジャケットなどにもよく見られる。

ナポレオンコート [Napoleon coat] ナポレオンカラーと呼ばれる大きめの襟を特徴

な

539

ファッション全般

とするジャケット型ショートコートの一種で、ピーコート風ジャケットのひとつとして女性に好まれる。一方ミリタリー調ロングのメンズコートを指すこともあり、これはトレンチコートよりもスタイリッシュなイメージがあるロングコートのひとつとして男性に好まれている。これもナポレオンカラーを特徴とする。

ナポレオンジャケット [Napoleon jacket] フランス皇帝ナポレオン・ボナパルト（1769～1821）が着用した軍服にモチーフを得てデザインされたジャケット。ナポレオンカラーなどと呼ばれる独特の立襟を特徴としたもので、ボナパルトジャケット [Bonaparte jacket] とも呼ばれる。

ナポレオンシャツ [Napoleon shirt] スーツなどの上着からはみ出すほどの大きな襟とダブルカフスを特徴とするクラシカルな雰囲気のシャツ。ナポレオンの時代を連想させるシャツということからこのように名付けられたもので、1990年代に中性的な男の子たちの間で愛用された。

ナポレオンハット⇒ビコルヌ

ナポレオンブーツ [Napoleon boots] オーバーニーブーツ*のひとつで、昔ナポレオン皇帝が履いていたようなというところからこう呼ばれる婦人用ロングブーツの一種。履き口がちょっと開いて、前から後ろへ切り下げられた形になっているのが特徴。

ナポレオンベスト [Napoleon vest] フランス皇帝ナポレオン・ボナパルトの華麗な軍服を思わせるゴージャスな感覚の女性用アウターベスト。胸を横断する肋骨飾りと呼ばれるコードパイピングや刻印付きのゴールド系メタルボタン、スパングルをあしらったエポーレット（肩章）などいかにもといったデザインで作られるもので、通常のベストの形のほかスタンドカラーやフレンチスリーブ付きとなっ

たものも見られる。2009年ごろからの流行。

生足 [なまあし] ストッキングを穿かない素肌の足（表記としては脚が正しい）、また素足の意。素足のままで超ミニスカートを穿くという傾向から、1990年代中期に爆発的な流行を見たもので、現在もそうした傾向は継続している。同類の言葉として模様付きのストッキングを穿いた足を「柄足（がらあし）」という。

生デニム⇒リジッドデニム、ローデニム

涙袋メイク [なみだぶくろ＋make-up] 涙袋とは下まぶたのふくらんだ部分を指し、ここをぷっくりした立体的なイメージに仕上げる化粧法をいう。涙袋を強調することによって、目の周りのくすみを軽減するほか、目を大きく見せたり、華やかな印象を生むなどの効果がある。元AKB48メンバーの板野友美や「きゃりーぱみゅぱみゅ」のそれがカワイイとして人気を集め、2011年ころから流行するようになった。ラメ入りのパウダーやアイライナー、皮膚を持ち上げて涙袋のように見せる「涙袋テープ」など専用の商品も多く用意されている。

ナローショルダー [narrow shoulder] 肩幅の狭い肩線の総称。アイビーリーグモデル*の上着に見る肩線が代表的とされ、これはナチュラル・アンド・ナローショルダー [natural and narrow shoulder] の名でも呼ばれる。最近のファッション的なスーツはおおむねこの傾向にある。

ナロースカート⇒シーススカート

ナローストライプ [narrow stripe] ナローは「狭い、細い」の意で、幅の狭い縞柄を総称する。キャンディーストライプ*などに代表される。

ナローストレート⇒スリミーストレートシルエット

ナロースプレッドカラー [narrow spread

collar]襟開き角度が30～80度くらいと狭いシャツ襟。ワイドスプレッドカラー*とは対照的な形で、これは英国風のデザインとされる。なかで極端に襟開き角度が狭く、両襟が一直線に合わさっているようなデザインのものをフレンチナローカラー[French narrow collar]と呼ぶことがある。

ナロースリムライン⇒ナローライン

ナロータイ[narrow tie]ナローは「狭い、細い」の意で、普通よりも幅の狭いネクタイを総称する。一般的には5～6センチ以下のものをそう呼ぶが、これは流行によっても左右され、最近の日本では7.5センチ程度で幅が狭い印象が生まれる。スキニータイ[skinny tie](やせっぽちのタイの意)とかスリムタイ[slim tie](ほっそりしたタイの意)とも呼ばれ、2.5センチくらいのきわめて細いものをスーパーナロータイ[super narrow tie]と呼んでいる。

ナロートウ[narrow toe]幅が狭い爪先型の総称。全体に細長く見えることから、こうしたデザインをロングノーズ[long nose](長い鼻の意)と呼び、最近のイタリア調のドレスシューズによく見られる。

ナロードレス[narrow dress]ナローは「幅が狭い、細い」の意で、全体にほっそりしたシルエットを特徴とするドレスを指す。

ナローパンツ⇒フィットパンツ

ナローベルト[narrow belt]幅の狭いベルトを総称する。ベルトの幅は3.5センチ前後を標準として、それより細いものをこのように呼ぶ。ベルトの標準幅は時代によって変化するもので、それを示す明確な規定はない。なお、4.5センチ以上の幅を持つものはワイドベルト[wide belt]と総称される。

ナローマフラー[narrow muffler]幅10センチ前後、長さ1.5メートル以上と細長い形を特徴とするマフラー。刺繍やビーズ、ボタンなどを飾りとしたデザインのものが多く見られ、防寒用としてだけではなく、アクセサリー代わりのおしゃれな小道具として用いられる。2005年春先に登場し、以後、手軽な首巻きのひとつとして年間を通して人気を集めるようになった。

ナローライン[narrow line]ナローは「幅が狭い、細い」の意で、全体にほっそりしたシルエットを指す。スリムライン*と同義で、時としてナロースリムライン[narrow slim line]などとも呼ばれる。

ナローラペル[narrow lapel]レギュラーラペル*よりも狭い幅のラペル。流行によっては5センチくらいまで狭くなることがある。

ナローレクタングルライン[narrow rectangle line]幅の狭い長方形のシルエット。ストレートライン*の一種とされる。

ナローレッグモデル⇒スリムジーンズ

ナンキーン[nankeen]中国の南京を主産地とした黄色みを帯びた丈夫な平織綿布のことで、「ナンキン nankin」とも呼ばれる。元は中国や東インドで成育した樹木の繊維を混ぜ織りとした手織り綿布をいったもので、欧米に渡ってからは綾織とされ、ナンキーンズ[nankeens]と呼ばれるズボンなどに用いられて一般化した。現在ではポケットの袋地として用いられる生成り色の布地をこのように呼んでいる。

ナンキーンズ⇒ナンキーン

南京玉縁⇒パイピングポケット

南京虫[なんきんむし]戦前からある言葉で、女性用の小さな金側腕時計をいう俗称。

なんクリ族⇒クリスタル族

ファッション全般

ナンタケットバスケット [Nantucket basket] アメリカ東海岸ボストンの沖合に浮かぶセレブの避暑地として知られるナンタケット島特産の伝統的なバスケット（籠）。灯台舟で過ごす男たちが樽作りの技術とアジアからきた藤のかごを組み合わせて作りあげたものとされ、フォーマルな場でも通用するセレブ愛用の美しいかごバッグとして知られる。現地では完全オーダー制とされており、二つとして同じものがないという。

なんちゃってジーンズ ⇒リアルデニムプリントパンツ

なんちゃって制服 [なんちゃってせいふく] 正式の制服とは別の学校の制服、あるいは全くのファッションとしてデザインされた架空の制服を私服として楽しむファッション。「見た目制服、でも私服」というのがミソで、最初は2003年春頃、女子中学生が私立高校のおしゃれな制服を着て、高校生風に見せたいとしたのが始まりとされる。現在では女子高生たちに人気を呼んでいる。「なんちゃって」とは「ニセの、似非の」という意味で用いられるもので、同様の表現に「なんちゃってジーンズ」（ジーンズまがい）や「なんちゃってクラシックスタイル」（クラシックもどき）、「なんちゃってセレクト」（セレクトショップを気取る店）といったものもある。

ナンバーツースーツ ⇒トラッドII型

ナンバーツーモデル ⇒トラッドII型

ナンバーワン [#1] ⇒バズカット

ナンバーワン・サックスーツ [number one sack suit] アメリカのメンズウエア小売の老舗「ブルックス・ブラザーズ」社（1818年創業）によって開発されたスーツモデルの名称で、現在のアメリカントラディショナルモデル * の原型とされる。最初レジャー着として1895年に発表し、1918年（1915年とも）に確立したとされるもので、ナロー＆ナチュラルショルダーと呼ばれる狭めの自然肩と、前ダーツをとらない「ずん胴」シルエット、それに3ボタン段返りという特有のフロントデザインで知られる。同社ではこれを量産型の「ナンバーワンモデル」と呼び、日本ではいわゆる「I型スーツ」の元とされている。単に「ナンバーワンスーツ」ともいう。

ナンバーワンスーツ ⇒ナンバーワン・サックスーツ

ファッション全般

ニーオーバー⇒ローハイ

ニーソックス［knee socks］ニーは「膝」の意で、膝下までの長さを持つ靴下を総称する。ホーズ*と同じだが、特に女性用のそうした靴下を指すことが多く、ハイソックス*やロングソックスと同義とされる。

ニートチェック⇒ピンヘッドチェック

ニードルトウ［needle toe］「針のような爪先」の意で、尖った爪先デザインをいうポインテッドトウの別称のひとつ。イタリアンカットなどとも呼ばれる。

ニードルパンチ［needle punch］針（ニードル）を並べた剣山のような機械を用いて、2枚から3枚の布地を重ね刺ししてくっつけてしまう方法。柄ものの布地に無地の布地を当てるなどして不思議な効果をあげるもので、昔からある手法だが、近年復活して人気を集めるようになっている。

ニードルワーク⇒エンブロイダリー

ニーハイ⇒ニーハイストッキング

ニーハイストッキング［knee-high stocking］膝頭を隠すくらいの膝上丈のストッキング。ニーハイソックス*（オーバーニーソックス）のストッキング版で、時として膝下ぎりぎりの長さを持つストッキングを指すこともある。現時点ではサイハイストッキング*と同義とされる。こうした高さのものを略してニーハイとも総称する。

ニーハイソックス［knee-high socks］膝の高さまでの丈を持つソックスという意味で、ニーソックス*やハイソックス*と同義。ただし、最近では膝を越える長さをもつ女性用のソックスをこのように呼ぶことが多くなっている。この場合、正しくはオーバーニーソックス［over the knee socks］という。

ニーハイブーツ［knee-high boots］「膝の高

さ」の履き口を特徴とするブーツのことだが、これには膝のすぐ下までの深さを持つブーツを意味する場合と、膝頭を少し越える高さを持つブーツを意味する場合の二通りの解釈がある。後者のことをオーバーニーブーツ［over knee boots］と呼ぶことがあり、さらに太ももの中ほどにまで達するタイプをスーパーニーハイブーツ［super knee-high boots］とかサイブーツ［thigh boots］（大腿部のブーツの意）、サイハイブーツ*などと呼んでいる。

ニーハイレングス⇒オーバーザニーレングス

ニーパンツ［knee pants］ニーレングスパンツ［knee length pants］の略。「膝丈パンツ」の意で、膝頭の丈を中心に、バミューダレングス（バミューダパンツに見る膝上の丈）から、ミッドカーフレングス（ふくらはぎの真ん中くらいの丈）までのものが含まれる。

ニーブリーチズ⇒キュロット

ニーホーズ［knee hose］膝までの長靴下の意味で、特にそうした男性用の靴下を指すことが多い。男性の靴下は、本来こうした長さのものをガーターで吊って穿くのが本式とされていた。

ニーレングス［knee length］「膝丈」の意。膝頭の真ん中から少し上までの長さをいい、ドレスやコートなどで最も標準的な丈とされる。また膝までの長さの靴下のことをこう呼ぶことがある。

ニーレングスパンツ⇒ニーパンツ

ニーレングスブーツ⇒ロングブーツ

二角帽⇒ビコルヌ

ニカブ［niqab］イスラム教徒の女性が着用する頭から足元まで覆うゆったりしたベール状の長い衣。眼だけが出るデザインとなった保守的な宗教衣装で、眼の部分に網目の布を付けるブルカに次いで厳格なものとされる。顔を隠さないものと

な

543

ファッション全般

してはヘジャブ（ヒジャブ）やチャドル
がある。

肉面⇒ベロアレザー

2娘1ファッション［にこいち＋fashion］
「にこいちファッション」と読む。女の子
のペアルックのことで、ふたりの女の子
が同じ服装に身を包むファッション表現
をいう。同じスタイルといっても、そこ
には微妙な変化があり、さまざまなパター
ンが見られるのが特徴とされる。男の子
の場合は「2虎1」と書いてニコイチと
読ませることがある。

ニッカー⇒ニッカーボッカーズ

ニッカーズ⇒ニッカーボッカーズ

ニッカーズスーツ［knicker suit］ニッカー
ボッカーズ*（ニッカーズとも）と上着
をひと揃えにした一式。20世紀初期には
自転車に乗るときやゴルフなどのスポー
ツ用として広く用いられたものだが、現
在ではやや特殊な服装として婦人服や子
供服に残る。

ニッカーブリーチズ⇒ニッカーボッカーズ

ニッカーホーズ［knicker hose］ニッカー
ボッカーズ*という昔の膝下までの長さ
のズボンに合わせる長靴下のこと。ジャ
カードやリブ編の厚手のニット地で作ら
れることが多いが、現在ではそうした登
山ズボンに用いられる程度のものとなっ
ている。ゴルフによく用いられたことか
らゴルフホーズ［golf hose］ともいう。

ニッカーボッカーズ［knickerbockers］単
にニッカーとかニッカーズ［knickers］
ともいう。膝下までの長さを持つゆった
りとしたシルエットで、裾口にギャザー
を寄せてストラップやボタン留めとした
特異な形を特徴とするズボン。ツイード
やフランネルなどのウール地で作られる
ことが多く、かつてはゴルフ用や自転車
乗り用のズボンとして大流行したものだ
が、現在ではクラシックなファッション

パンツとして用いるほか登山などのス
ポーツ用に穿かれる。この特異な名称は、
17世紀頃からオランダ人によって着られ
た膝下丈の半ズボンから来たもので、そ
の後ニューヨークに移住したオランダ人
やその子孫を「ニッカーボッカーズ」と
呼んだことに由来する。日本のトビ職人
などに用いられる乗馬ズボンに似た形の
ものは、ニッカーブリーチズ［knicker
breeches］などと称される。

ニックナック⇒トリンケット

ニッティング⇒ニット

ニッティング加工［knitting finishing］網
状の生地に細かくカットされた毛皮を編
み込む加工法を指す。エコロジーの視点
から、毛皮の生々しさを緩和させる方法
のひとつとして考えられたもので、2006
年、ルイ・ヴィトン社がこうしたファー
コートを提案して注目された。ここでの
ニッティングには「編み細工」の意味が
ある。

ニッテッド⇒ニット

ニッテッドアウターウエア［knitted outer-
wear］ニッテッドは「編んだ」また「編
んで作った」の意で、編物で作られたア
ウターウエア（外衣）を総称する。ニッ
トコートやニットジャケットといったも
のからセーターなどが含まれる。

ニッテッドカフス［knitted cuffs］ゴム編（リ
ブ編）のニット地を取り付けた袖口デザ
インで、ジャンパーによく用いられる。

ニッテッドスーツ⇒ニットスーツ

ニッテッドブラウス［knitted blouse］ニッ
ト地で作られたブラウスの総称で、セー
ターブラウス［sweater blouse］とも呼
ばれる。

ニット［knit］セーターなどを「編む」と
いう意味で、ニッテッド［knitted］は「編
んだ」また「編んで作った」、ニッティ
ング［knitting］は「編むこと」および「編

物製品」とか「編み物」といった意味になる。

ニットアウター⇒アウターニット

ニットウエア [knitwear] ニットは「編む」という意味で、そこからニットウエアとは「編物で作られた衣服類」の総称ということになる。狭義にはファッショニング（成型編み＝目減らしや目増やしによって形通りに編み上げていくこと）された製品に限定されるが、広義にはフルファッション（成型ニット）のほかカット アンド ソーン（裁断もの）の製品も含んで、ニッテッドアウターウエア＊やセーター、ニット下着、靴下類、ニットキャップなど編物関連のすべてがニットウエアと呼ばれることになる。

ニットキャップ [knit cap] ニット製帽子の総称。編物で作られた帽子のことで、俗に「毛糸帽」などともいうが、その種類とデザイン変化は驚くほど多くなっているのが実情。単純なワッチキャップ＊型のものから複雑な形のニット帽まで数多くのものがこの名称でくくられる。

ニットグローブ⇒編手袋

ニットコート [knit coat] ニットで作られたコートの意だが、これはロングカーディガンの言い換えとして登場した新しい用語としても用いられる。コートのように丈があり、ボタンを留めないで着こなすところに特徴がある。

ニットコンポ⇒コンポゼ

ニットジーンズ⇒ニットデニム

ニットジャケット [knit jacket] ニッテッドジャケット [knitted jacket] とも。編物で作られるジャケットの総称で、ニット地（ジャージー）を裁断して作られたテーラードジャケット型のものから、セーターのように編んで作られるアウターセーター型のものなど、さまざまなデザインがあげられる。ジャージージャ

ケット [jersey jacket] とも。

ニットシャツ [knit shirt] 織物地で作られる「布帛（ふはく）シャツ」に対して、ニット地で作られるシャツを総称する。多くは丸編ジャージーや経編トリコット地を用い、これを布帛のシャツと同じように裁断し、縫製して製品に仕上げる。ときとしてカット アンド ソーン・シャツ [cut and sewn shirt] とか単にカットソーシャツと呼ばれるのは、そうした製法からきている。

ニットシューズ [knit shoes] ニット地で作られた靴。たとえば、ポリウレタンのフィルムをニット地で挟む加工がほどこされたレインシューズがあり、見た目より雨に強い特性があるという。これはまた、くるぶしの上までぴったり足を覆い、靴下を履いているような柔らかな履き心地も特徴とされる。

ニットスーツ [knit suit] ニッテッドスーツ [knitted suit] とも。ニット地で作られた女性用スーツの総称で、ジャージーを用いるものが大半だが、なかには横編みのセータータイプのものも見られる。

ニットソー [knit＋sew] ニットとカット アンド ソーン＊から作られた言葉で、セーター（横もの）とカットソー＊（裁断もの）の中間的な性格を持つ新しいニットアイテムを指す。セーターのようなカットソー、あるいはカットソーのようなセーターというのがその概念とされる。

ニットタイ [knit tie] ニット（編物地）を素材とするネクタイの総称。「編タイ（あみタイ）」とも呼ばれ、多くは「小丸機」と呼ばれる小型の丸編機で形通り袋状に編み上げられる。シルクニットのほかウール、コットン、ウーリーナイロン、アセテート、トリアセテートといった素材のニット地が用いられ、季節に合わせ

ファッション全般

て編地や色を変えるなど、その種類も非常に多い。スポーティーなネクタイとして学生の制服などに用いられることが多いが、黒や濃紺のシルクニットとなると、「万能タイ」の異名をとるほど用途が広く、ドレッシーな表情も非常に強まるものとなる。このことからそれはオケージョンタイ［occasion tie］（あらゆる場面に対応できるネクタイの意）という名称で呼ばれることも多い。

ニットチュニック⇒チュニックセーター

ニット・デ・ニット［knit de knit］一度完成した編地をほどいて、その糸で再び編み上げた編地のこと。バルキーで表面変化に富んだ編地になるのが特徴。

ニットデニム［knit denim］インディゴで染めた綿糸などを原素材として編み上げたニット生地のことで、これで作られたジーンズをニットデニムパンツとかニットジーンズなどという。藍色の発色が良いことで知られ、伸縮性に富むのが特徴。デニム製のレギンス、通称デニンス *の素材としても用いられる。

ニットトップ⇒カットソー

ニットトランクス［knit trunks］文字通りニット製のトランクスをいう。トランクスとブリーフをミックスさせた新型の男性用下着パンツの名称で、ブリーフの側からすると、ボクサーブリーフ［boxer brief］ということになる。伸縮性の強いニット地を使ってトランクス状に仕上げたもので、両方の長所を兼ね備え、穿き心地の良さに定評がある。これには前開きをボタンフライにしたものと、全く前開きを付けないものの2タイプがある。なお最近の日本では、こうしたニット製のフィットした形のトランクスをボクサー［boxer］とかニットボクサー［knit boxer］と称し、従来の布帛トランクスと区別しようとする傾向もある。

ニットドレス［knit dress］ニット（編物）で作られるドレスの総称。手編み、機械編みを問わず、編物系のドレスの全てはここに含まれる。特に編地使いのものはジャージードレス［jersey dress］と呼ばれ、これはまたカット・アンド・ソーンのニットドレスの代表的なものとされる。凝ったデザインのものも多く見られる。

ニットネイル［knit nail］ネイルアートの一種で、ニットの編み目のような柄をモチーフとした表現。まるで布のような柔らかな感触に特徴がある。英語で正しくは knitted nails と綴る。

ニットパイル⇒カットパイル

ニットパンツ［knit pants］ニット地を使って作られるパンツの総称。スポーティーなパンツに多く見られるもので、テーラードニット使いのゴルフパンツやパイルジャージー製のスエットパンツなどが代表的。ほかに毛糸製の下着パンツ（通称、毛パン）をこう呼ぶこともある。

ニットファブリック［knit fabric］編んで作られた生地のことで、織物地に対して「編物地」を指す。ジャージー *やメリヤス *に代表される。

ニットブーツ［knit boots］ニット（編物）製のブーツ。リブ編でルーズソックス *のような形にした厚底型のものや、天竺編でぴったりさせたフィット型のもの、また足首から上だけをニット使いにしたものなど、さまざまなデザインのブーツがある。

ニットフード［knit hood］頭全体をすっぽり覆って、首元で締める形になったニット製のフード（頭巾）。スピードスケート選手が用いるニットフードフェースや医療用などのニットフードキャップなどと同様のアイテムで、カグールと呼ばれるものとも似ているが、これはアクセサ

546

リー感覚を強くして、女性向きのしゃれた防寒具としたところに特徴がある。

ニットブルゾン［knit blouson］ニット製のブルゾンの総称。ニット地を用いるのではなく、特にブルゾンの形に編み上げていくものはセーターブルゾン［sweater blouson］と呼ばれることがある。

ニットベスト［knit vest］ニット（編物）製のベストの総称。袖なしのセーターという意味で、スリーブレスセーター［sleeveless sweater］とかスリーブレスプルオーバー［sleeveless pullover］とも呼ばれ、セーターベスト［sweater vest］の名称もある。

ニットベルト［knit belt］ニット製のベルト。多くは太い毛糸で手編み風に作るもので、紐ベルトといった感じが特徴となる。コードベルト*（ロープベルト）の一種。

ニットベロア⇒パイル編

ニットボクサー⇒ニットトランクス

ニットマフラー［knit muffler］ニット製マフラーの総称。ウールやアクリルのニット糸が主体とされ、たとえばウール50・カシミヤ40・ナイロン10％といった混紡や、アクリル65・ウール35％、またアンゴラ入りウールといった素材で編み上げられる。主として若い人向けのカジュアルなマフラーとして用いられることが多く、はっきりとしたストライプ（横縞中心）柄のものが見られるのも特色のひとつとされる。

ニットライダース［knit riders］ニット製のライダーズジャケットのことで、ニットライダーズともいう。ライダーズジャケットそのままに仕上げたジャージー使いの上着で、よりカジュアルな感覚で用いられる。

ニップル・エンハンサー⇒ボディーパーツ

ニップレス⇒シールブラ

日暮里カジュアル⇒ニポカジ

ニベ革［にべかわ］動物の皮のなかで、いちばん内側、つまり肉側に近い部分をいう。これを鞣して製品用の「革」としたもので、靴やバッグ、財布などに用いられる。素朴で粗野な質感を特徴としており、最近では「ニベレザー nibe leather」という名称でも知られる。

ニポカジ［にっぽり＋ casual］「日暮里カジュアル」の短縮語。東京・荒川区の日暮里にある超激安価格の洋服店から生まれたファッション現象を指す特殊な用語。99円のワンピースや499円のブーツなどで知られ、2001年夏頃から注目されるようになった。日暮里は本来繊維問屋街として有名。

ニュアンスカラー［nuance color］ニュアンスは「（色彩・音色などの）微妙な違い、陰影」といった意味で、何らかの調子を感じさせる色調をこのように呼んでいる。ベージュがかった雰囲気のニュアンスベージュ［nuance beige］やピンクっぽいイメージのニュアンスピンク［nuance pink］、また薄い青がかったニュアンスブルー［nuance blue］といった色が代表的とされる。

ニュアンスピンク⇒ニュアンスカラー

ニュアンスブルー⇒ニュアンスカラー

ニュアンスベージュ⇒ニュアンスカラー

ニューアイビー⇒プレッピールック

ニューアイビースタイル⇒オールドカレッジスタイル

ニューアロハシャツ⇒アロハシャツ

ニューインナー［new inner］新しいインナーウエア（下着）という意味で、新素材を使ってフィット感を高めた下着や新しいアイデアを加えた改良型の婦人肌着などを総称する。

ニューウエーブ［new wave］「新しい波」の意で、パンクロック以降の若者文化の

新しい動きを総称する言葉として用いられる。演劇や映画、美術なども含まれるが、とくにロック音楽分野でのものを指す意味合いが強い。パンクファッション*から1980年代の日本人デザイナーによる前衛的な作品までをニューウエーブファッション［new wave fashion］とも呼んでいる。なお、これをフランス語でヌーベルバーグ［nouvelle vague 仏］と綴ると、1950年代末のフランスやイタリアに起こった映画作りの新しい方向性を総称することになる。

ニューウエーブファッション⇒ニューウエーブ

ニューエレガンス［new elegance］2003年春頃から台頭してきた新しいエレガンスファッションの流れを総称する。それまでに登場した「名古屋エレガンス*」や「神戸エレガンス*」などはセクシー寄りのものが多く見られたが、これはカジュアルと融合した新しいコンセプトでとらえられるのが特徴。

ニューキモノ［new kimono］現代的な感覚でデザインされた新しい着物の総称。第2次大戦後に発案された上下分断型の「二部式キモノ」を始め、和洋折衷型のものなどさまざまなものが見られるが、最近ではプレタポルテ（既製服）仕立てで高度なファッション感覚があり、洋服と同じ感覚で着用でき、帯など小物との自由なコーディネートが楽しめる、といった新しい発想の着物を指すことが多い。こうしたものをプレタキモノ［prêt-à-porter＋kimono］とも呼ぶことがある。同様に新しい感覚でデザインされ、いわゆるDCブランドなどがが販売する仕立て上がりの浴衣（ゆかた）をニュー浴衣［new＋ゆかた］と呼んでいる。

ニュージーンズ⇒ファッションジーンズ

ニュージェンダー［new gender］これまでのジェンダー（性差）を超越して表現されるファッションのあり方を示す。1980年代のジャンポール・ゴルチエによるアンドロジナスなファッション表現を元祖として発展してきたトランスジェンダーの波が、2018年に至って到達したものといえ、これまでのメンズファッションでは考えられなかった派手なプリント柄のワイドパンツや、キモノのようなロングジャケットをふつうに着用する男たちが増殖するようになっている。メンズの一大ファッション革命とも呼べる動きで、その方向が注目される。これを「ニューロマンティシズム」という向きもある。

ニューショッピングバッグ［new shopping bag］スーパーやコンビニでもらえるレジ袋に似た感覚の簡便な袋風バッグ。2002年にオランダから上陸したそれをこのように呼んだもので、本物はオランダのデザイナー、スーザン・ビジルの手作りによる。それはパラシュートクロスを使い、41種ものバリエーションがあった。

ニュースーツ［new suit］1970年代以降に登場してきた新しい概念のスーツを総称する。いわゆるベーシックスーツやリアルスーツ以外のスーツということで、それには上下分断型のものや従来のスーツの形を否定したデザインのもの、また作り方の面で新しさを加えたものなどがあげられる。

ニュースタンダード⇒ニューベーシック

ニューズペーパーバッグ［newspaper bag］昔アメリカで新聞配達少年たちが新聞入れとして用いた布製のバッグ。持ち運びに便利なよう大きめに作られ、長めの提げ紐が付くのが特徴。

ニューズペーパープリント［newspaper print］新聞紙（ニューズペーパー）をそのままプリントした柄。ファンシーなプリント柄のひとつとして好まれている。

ファッション全般

ニューズボーイキャップ⇒カスケット

ニューソーシャルウエア⇒アフタヌーンスーツ

ニュータキシード［new tuxedo］新しい感覚でデザインされたタキシード*を総称する。ファンシータキシード*とは少しニュアンスが異なり、例えばメスジャケット*を変化させたものや、スペンサータキシード*と呼ばれるものなどが代表的。パーティーウエアにふさわしいとして人気がある。

ニューＴＰＯ－⇒TPO

ニューテーラードスーツ［new tailored suit］ソフトテーラードスーツ*の別称。外観はあくまでもクラシックなテーラードスーツ（背広）の形を踏襲しているが、仕立て方は今日的なソフトなテーラリングで作られているというところからの名称。

ニュートラ［new＋traditional］1970年代中頃から登場した日本独特のファッション。最初は雑誌『アンアン』が神戸の山の手のお嬢様スタイルをこのように名付けたところから始まったもの。その後、雑誌『JJ』が大々的に取り上げて全国的なニュートラのブームを巻き起こした。ニュートラという言葉は元々ニュートラディショナルを略したもので、男性ファッション誌の『チェックメート』などが70年代当時のサーファー風俗をニュートラッドなどと称していたものだが、これはそれとは関係なく、高級感のあるコンサバティブ*な女性の服装をイメージづける言葉として、先の女性ファッション誌によって紹介されたのがルーツとなっている。

ニュートラッド⇒ニュートラディショナル

ニュートラディショナル［new traditional］略してニュートラッド［new trad］ともいう。文字どおり新しいトラディショナルという意味で、とくに1960年代後半になって現れたアメリカントラディショナルモデルの新しいスタイルを指す意味で用いられることが多い。当時のヨーロピアン感覚を取り入れたトラッドというのがそれで、日本でいうニュートラ*とは無関係であることに注意したい。

ニュートラディショナルモデル［new traditional model］新しく現代的な感覚を加えたアメリカントラディショナルモデルのスーツの意。1960年代中頃から台頭をみたもので、それまでのトラディショナルモデルを大幅に修正し、胴絞りの効いたボディーラインと2ボタンシングルなどのデザインを特徴とした。ニュートラッドと略されたり、ソフィスティケーテッド・トラディショナル［sophisticated traditional］（洗練されたトラッドモデルの意）などとも呼ばれるが、日本のニュートラ*とは直接の関係はない。1980年代にはこれが発展したニューヨークトラッド［New York trad］と呼ばれるスーツ型が人気を集めた。

ニュートラルカラー［neutral color］ニュートラルは「中立の、（色などが）はっきりしない、中性の」といった意味で、色彩学では「無彩色」を指す。白、グレー、黒がそれで、グレーはさらにライトグレー（明るい灰色）、ミディアムグレー（灰色）、ダークグレー（暗い灰色）に分けられる。

ニュードレスシャツ［new dress shirt］新しい感覚でデザインされたドレスシャツの総称。ビジネスにも私用にも着ることができるダブルデューティータイプのものや、メンズブラウス*調などのファンシーなデザインを施されたものなどが代表的。

ニュードレスソックス⇒ニュービジネスソックス

549

ファッション全般

ニューパンク⇒ソフトパンク

ニュービクトリアン［new Victorian］英国のビクトリア王朝時代（1837～1901）の服装をモチーフに、それを新しく現代風に再現したファッション。ビクトリアンシャツ*のようにフリルやアンティーク調のレースなどを飾った装飾的な雰囲気のものが多く見られる。

ニュービジネススーツ［new business suit］文字通り新しい感覚のビジネススーツを総称する。1980年代以降に登場したソフトスーツ*に影響を受けたものが代表的で、その後ＤＣブランド系のアパレルメーカーやセレクトショップ*などから、新感覚のビジネススーツが続々と生まれるようになった。ファッション的に新しいと同時に、さまざまな機能性の高さを謳うものもここに含むことができる。

ニュービジネスソックス［new business socks］新しい感覚のビジネス用靴下のことで、多くはビジネスとカジュアルを兼用する新しいタイプの男性用ソックスを指す。従来のビジネスソックスに比べて、デザインが多少派手になり、色柄的にも明るめのものが多くなるのが特徴。ニュードレスソックス［new dress socks］とか、シティーカジュアルソックス［city casual socks］などとも呼ばれる。

ニューヒッピールック⇒ヒッピールック

ニューファッションド⇒ファングル

ニューファングルド⇒ファングル

ニューフォーマル［new formal］新しいフォーマルウエアの概念を表す用語。ライフスタイルの変化から、従来の冠婚葬祭目的ではない新時代の礼装が求められるようになって、このような言葉が生まれた。

ニューフォーマルウエア［new formal wear］従来の冠婚葬祭に縛られることのない新しい感覚のフォーマルウエアを総称す

る。主としてパーティーなど社交・親睦を目的とした集いに用いられる略式化された礼装を指すことが多く、こうしたものをソサエティーフォーマル*とかニューフォーマル*とも総称する。

ニュープレッピー［new preppie］ネオプレッピー［neo-preppie］とも。最近復活著しいプレッピーファッションを指す。プレッピーはアメリカ東部の有名大学をめざす私立高校生たちのことで、彼らに見るベーシックで伝統的な服装をプレッピールックなどと呼んでいる。1999年頃から復活をみている。

ニューベーシック［new basic］「新しい基本」の意で、ニュースタンダード［new standard］（新しい基準）と同義に扱われる。時代が変化する中で求められてきた新しい基本とか基準を示すもので、ニューベーシック商品というと、現代的なファッション感覚を持ちながらも、機能的で実用的、かつ良い質感を特徴とするものを指す。

ニューポートブレザー［Newport blazer］ニューポートモデルと呼ばれるダブル4ボタン2個掛けのスタイルを特徴とするブレザー。ニューポートはアメリカ東部のロードアイランド州の港町の地名からきたもので、1963年に日本に紹介された折、日本でネーミングされたもの。これと同じように外国の地名をとって日本で作られたものには、前裾を丸くカットしたダブル4～6ボタン型のジャケットやブレザーに与えられた〈キングストンモデル［Kingstone model］〉がある。

ニューポリエステル⇒新合繊

ニューボリューム［new volume］2006～07年秋冬のコレクションに多く現れた、ボリューム感にあふれたファッション表現を指す。ゆったりと膨らむコートやニットドレスなどを細いベルトでウエス

550

トマークしたり、幾枚も重ね着すると
いった手法が見られた。

ニューホワイトシャツ [new white shirt]
新しい感覚の白シャツの意。多くはホワ
イトオンホワイトと呼ばれる白地に白い
ストライプや各種の模様を浮き出させた
地紋織の生地で作られるドレスシャツを
指している。これにはドビー織やジャ
カード織などの種類が挙げられる。

ニューマーケットコート [new market coat]
モーニングコートの前身とされる乗馬服
の名称。ニューマーケットは17世紀初期
の時代に設けられたサフォーク州の競馬
場の名前で、元は競馬観戦用の服とされ
た。1838年ごろの登場とされる。

ニューモッズヘア⇒モッズヘア

ニュー浴衣⇒ニューキモノ

ニューヨークカジュアル [New York casual]
アメリカンカジュアル（アメカジ*）の
中で、特に現在のニューヨークを中心と
するカジュアルなファッションを指す。
デザイナーブランドを中心としたちょっ
と格上のカジュアルというもので、一般
のアメカジとはひと味異なる今日的な感
覚が特徴とされる。

ニューヨークトラッド⇒ニュートラディ
ショナルモデル

ニュールック [new look] 1947年にパリ・
オートクチュールのクリスチャン・ディ
オールが発表した、独立後最初のコレク
ションに付けられた名称。当初は8ライ
ン（8の字型）とかカローララライン
[co-rolla line]（花冠ラインの意）と名付
けられたが、そのあまりに斬新なイメー
ジから記者たちによってニュールックと
呼ばれるようになったもの。優雅な肩線
と絞ったウエスト、そこからたっぷりと
広がるロングスカートによって、戦後の
平和を表現する文字通り「新しいルック
ス」となった。アメリカではこれをブレ

ステイキングルック [breath taking look]
（ドキッとさせるルックスの意）と呼ん
だという。フランス語ではコロルライン
[corolla line] ともいう。コロルは「花冠」
の意。

ニューロマンティシズム⇒ニュージェンダー

ニューロマンティックス [new romantics]
パンク、ブリッツに次ぐニューウェーブ
として、1981年ごろ、ロンドンに現れた
若者たちの音楽およびファッションの
波。別名“海賊ルック”などとも呼ばれ
るように、中世の華麗な海賊スタイルが
中心的なモチーフとなっている。発生源
はヴィサージを元祖としたロックミュー
ジック・グループで、デュラン・デュラ
ンやカルチャークラブなどが後に続く。
これまでのこうしたファッションが特徴
としてきた反体制的、反ファッション的
とは逆の、英雄崇拝的でファッショナブ
ルなイメージがニューロマンティックと
呼ばれるゆえんで、日本では後のヴィ
ジュアル系バンドにも影響を与えてい
る。別に「フューチャリスト」などとも
呼ばれる。

ニューワーキングウエア [new working wear]
現代の仕事の状況に合わせて、新しい感
覚でデザインされるワークウエア*（ワー
キングウエア）のこと。ファッション性
を加味した仕事着というもので、ソフト
ユニフォーム [soft uniform] などとも呼
ばれている。

ファッション全般

縫手袋 [ぬいてぶくろ] 製造方法による手袋の種類のひとつで、縫って手袋の形に仕上げたものをいう。トリコット生地を使うものがほとんどだが、ジャージーなどを用いることもある。革手袋も本来はこの一種とされる。

ヌー [nœud 仏] フランス語で「結び、結び目」の意味で、ファッション用語では「蝶結び」を指す。英語のボウ [bow] と同義で、ヌーカレ [nœud carré 仏] といえば「蝶ネクタイ」の意味になる。

ヌーカレ⇒ヌー

ヌーディーカラー⇒ヌードカラー

ヌーディードレス [nudy dress] ヌーディーは「裸のような」という意味で用いられているもので、肌を露出するデザインを特徴としたドレスを指す。肩や背中などを大きく開けたベアトップ * のドレスやワンショルダー * のドレスなどが代表的で、セクシーさよりもルームウエア的な開放感を強調させたものが今日的とされる。

ヌーディーヒール [nudie heel] 透明感を特徴とした靴のかかと。クリアヒールと同義で、ヌード感のあるところからこのように呼ばれる。

ヌーディーメイク [nudy make] 「裸のような化粧」の意で、毛穴のない陶器のような透明感のある肌を特徴とする化粧の仕方をいう。ヌーディーカラーのアイシャドウやベージュのチークなどで表現される。こうしたセミマット（やや艶消し調の）な肌をドーリースキン（人形のような肌）とも呼んでいる。

ヌードカラー [nude color] 「裸の色」の意。素肌に近いベージュ系のいわゆる「肌色」を指す。本来は裏地や肌着に多く用いられていた色調だが、シースルー調のセクシールックや下着ルックの流行で、こうした色がアウターウエアにも使用される

ようになってきた。ヌメ革のバッグなどにもよく見られる色で、このような色のブーツも人気を集めるようになっている。ヌーディーカラー [nudy color] という表現もあり、スキンカラー [skin color] とも呼ばれる。

ヌードサンダル [nude sandal] ストラップ（留め紐）も鼻緒も省略した足底だけのサンダル。水などの液体を用いた特殊な粘着構造を特徴とし、足裏にぴったり張り付くとともに、足がべとつくこともないという特性をもつ。元々はアメリカで〈トップレスサンダル〉と呼ばれていたものだが、日本の総代理店である『a-dex』社がこのようにネーミングして、2006年春夏に大ヒットした。ヌーブラ*にならって「ヌーサン」と呼んだり、「ヌーディーサンダル」「ストラップレスサンダル」などの商品名でも呼ばれる。

ヌードジュエリー [nude jewelry] 素肌に貼ることのできるシートタイプのジュエリー。純金箔や純プラチナ箔でさまざまな模様が作られ、素肌に直接付けられる全く新しいボディー装飾のひとつで、これは2006年に赤塚信彦によって開発された世界初、日本生まれの製品とされる。ヌードジュエリストと呼ばれる専門家によって施術される。

ヌードストッキング [nude stocking] 全身をストッキングのようにぴったりと覆うボディースーツの一種。これは和製語で、英語ではフレッシュカラードストッキングス [flesh colored stockings] という。ここでのフレッシュは「肉、肉づき」また「肉色. 肌色」という意味。

ヌードティシュー [nude tissue] 裸の肌を思わせるようなごく薄手の布地。ティシュー（ティッシュとも）は「薄い織物」という意味で、体にまとわりつくような透明感のある柔らかな生地を指す新語と

して登場したもの。

ヌードトウ⇒トウスルーストッキング

ヌードネックレス⇒インビジブルネックレス

ヌードバック⇒ド・ニュ

ヌードパンプス [nude pumps] 肌色（ヌードカラー、スキンカラー）のパテントレザー（エナメル）で作られたパンプス。英国のキャサリン妃お気に入りの靴として知られ、人気を集めている。キャサリン妃のそれは L.K. ベネット（英）のヒールパンプスとされる。

ヌードヒール [nude heel] 特殊な熱加工を施して、かかと（ヒール）の部分が素足のように見えるようにしたストッキングのデザインをいう。現在ではほとんどのパンティーストッキングがこうした形になっている。

ヌードプリント⇒ボディーパターン

ヌートリア [nutria] ビーバーに似た南米原産の動物。日本では「カイリネズミ」と呼ばれるが、カイリとは海狸のことでビーバーを意味する。その毛皮は薄茶色から濃茶色までの色をもち、そのままの状態あるいはビロード状に加工してコートなどに用いる。

ヌードルック [nude look] ヌードは「裸の、裸体の」の意で、裸であることを特徴としたり、肌を露出するようにしたファッション表現を指す。「裸であることの美しさ」を訴求するファッションということができ、トップレス水着やベアバックのドレスなどさまざまな表現方法があげられる。

ヌーブラ [NuBra] ヌード感覚で着けることができる新型ブラジャーの商品名。シリコン素材でできた特殊なパッドをバストに張るだけというもので、ぴったりフィットし、ストラップもバンドもないため、背中が大きく開いた服にも自由に

用いることができるなど、さまざまな利点を持っている。元はアメリカの『ブラジェル』社の開発によるものだが、日本の業者が輸入・販売し、2003年春から爆発的に流行した。別にシリコンブラ [silicone bra] とかスキンブラ [skin bra] といった同種のアイテムもある。

ヌーベルバーグ⇒ニューウエーブ

抜け感 [ぬけかん] 最近のファッションに見られる動きのひとつ。服の着こなしにおいて、頑張りすぎず、ほどよく肩の力を抜いた自然体のスタイルをいう。英語でいうエフォートレスシック*に似た感覚。

ヌバック [nubuck] ヌーバックとも。牛革などの銀面（表革）をサンドペーパーで軽く起毛させてベルベットのような外観を与えた革のこと。「新しいバックスキン」という意味を込めて付けられた名称。日本語で「銀磨り（ぎんずり）」ともいう。

ヌプシジャケット [Nuptse jacket] アメリカのアウトドアウエアメーカーの名門『ザ・ノース・フェイス』社が作るダウンジャケット*の商品名。ダウンベスト*はヌプシベスト [Nuptse vest] と呼ばれ、ともに同社の超定番商品とされている。

ヌプシベスト⇒ヌプシジャケット

ヌメ革 [ぬめかわ]「滑革」と表記する。タンニンなめし*を施して、そのまま染色や塗料仕上げなど行っていない牛革のこと。薄い茶褐色を特色としており、使っていくうちに深い飴色に変化していくという特性を持つ。バッグ、ベルト、また野球のグローブなどに用いられる。

ファッション全般

ネイティブ柄［native pattern］ネイティブは「（その土地に）固有の、原産の、特有の」また「土着の、原住民の」という意味で用いられているもので、ネイティブアメリカンの衣服に見る模様や、チマヨベスト*に見るオルテガ柄などのいかにも民族的な柄模様を総称する。最近人気のある柄のひとつ。

ネイビージャケット［navy jacket］ネイビーブルージャケットの略。海軍の制服に見る濃紺を特色としたテーラードスタイルのジャケットを指し、ごく基本的な上着のひとつとして男女ともに広く用いられる。

ネイビーブルゾン⇒ピーブルゾン

ネイビーブレザー［navy blazer］ネイビーブルーのブレザー。つまり濃紺のフランネルやサージなどで作られる最も基本的なブレザーを指す。時として英国やアメリカ海軍の上級将校の制服ともされるところから「海軍服」の意味で用いられることもある。

ネイビールック⇒ノーティカルルック

ネイルアート［nail art］爪に施すおしゃれなアート。絵を描いたり、合成樹脂材を塗ったりと、さまざまな方法がある。単なるマニキュアの域を越えて、アートにまで達した創作活動を指す。

ネイルエクステンション⇒ジェルネイル

ネイルエナメル⇒マニキュア

ネイルグルー［nail glue］グルーは「接着剤、のり、にかわ」の意で、ネイルティップ（付け爪）用の瞬間接着剤　の類いを指す。このことからネイルティップグルーとかネイルデコグルーなどとも呼ばれる。これを剥がすには専用のネイルグルーリムーバー（グルーオフ）が用いられる。

ネイルケア［nail care］爪の手入れ全般を指す。自然の艶が出て滑らかになるようにするのが目的で、バッファー buffer と

呼ばれる専用のやすりで磨き上げるのが基本とされる。

ネイルコンディショナー［nail conditioner］爪を健康な状態に整え、美しく健康的な状態に保つために用いる美容液。乾燥から爪　を守り、爪にうるおいとハリ、ツヤを与える役目を果たす。ネイルトリートメントオイル、トリートメントジェル、キューティクルオイルなどとも呼ばれる。

ネイルサロン⇒ネイルティップ

ネイルジュエリー［nail jewelry］爪に飾るジュエリー。白蝶貝や黒蝶貝をネイルティップ（付け爪）の形に削り出し、その表面にダイヤモンドやパールなどを取り付けたものが代表的。いわゆるネイルアートのひとつ。

ネイルシール［nail seal］ファッションとして爪に貼り付けるシール。ネイルアートのひとつで、薄い膜のシールを専用ランプの熱で貼り付けるもの。アメリカ、ロサンゼルス発のネイル製品「ミンクスネイルズ」のそれは、手の爪で1週間、足の爪で約4週間持続可能という。

ネイルタトゥー［nail tattoo］爪に施すタトゥー（入れ墨）のことで、「爪タトゥー」ともいう。付け爪やネイルアートに代わる新しい流行として2007年春頃から登場したもので、これを施術するところはタトゥーバー［tattoo bar］などと呼ばれる。痛くなく、落ちにくく、値段的に手頃という特徴があるとされる。

ネイルティップ［nail tip］ネイルチップとも。爪の先端につけるものという意味で、いわゆる「付け爪」を指す。ネイルアート*のひとつに数えられるもので、ごくシンプルなものから、きわめて装飾的なものまでさまざまなデザインが見られる。なお、こうした技術を施すネイルアート専門の美容室を、ネイルサロン［nail

554

ファッション全般

sal-on］とかネイルバー［nail bar］など
と呼んでいる。

ネイルバー⇒ネイルティップ

ネイルポリッシュ⇒マニキュア

ネープ［nape］「襟足・領脚」のことで、襟
首の髪の生え際を指す。「うなじ」とか「襟
首」ともいい、ヘアスタイルにおいては
重要な部分のひとつとされる。

ネームアクセ［name + accessory］個人の
名前を入れるデザインを特徴としたアク
セサリーの俗称。ベルトのバックルやブ
レスレットなどに、自分の名前をローマ
字で入れて楽しむもの。

ネームタグ⇒ピスネーム

ネームネックレス［name necklace］自分の
名前をそのまま飾りとしたネックレス。
自分の名前をオーダーできるとともに、
好きな色と書体が指定できるというもの
で、ロンドン発の新しいネックレスとし
て注目された。

ネールカラー［Nehru collar］ネルーカラー
とも。インドのネール首相（1889〜
1964）が愛用していたネールジャケット
と呼ばれる上着に特徴的に見られる立襟
の一種。元々インドのマハラジャ（王侯）
が着ていたラジャージャケット＊に由来
するもので、日本の学生服の詰襟に似た
形が特徴。

ネオエドワーディアン［neo Edwardian］エ
ドワード7世時代を回顧して現れた英国
の若者風俗のひとつ。第2次大戦後まも
なく登場したエドワーディアンの後を受
けたテディーボーイに対抗するかのよう
に現れたもので、テディーボーイが反社
会的な態度を貫いたのに対し、純粋に当
時のファッションだけを回顧するロマン
ティックな表現を特徴としていた。

ネオ・コス［Neo Cos］「新しいコスプレ・
ファッション」の意で、アニメをモチー
フとしたコスプレの要素を持ちつつも、

日常的にも着られるような普段感覚の
ギャルファッションを指す。日本のガー
ルズカルチャーを世界に発信するMIGプ
ロジェクトの『ネオ・コス展』（2010・
10）を元に生まれたもの。

ネオコンサバ⇒ネオコンサバティブ

ネオコンサバティブ［neo-conservative］新
しいコンサバティブ（保守的なの意）。
1990年代後半になって再び流行するよう
になったコンサバティブファッションの
流れをいう。ただ保守的なだけではなく、
上品で落ち着いた雰囲気にゴージャスで
エレガントなテーストが加えられて、大
きな広がりを見せるようになった。ネオ
コンサバと略したり、これをさらにネオ
サバと呼ぶ傾向も現れた。

ネオサーファー［neo-surfer］新しいサー
ファーファッション。サーファーたちの
ライフスタイルから生まれた健康的なス
ポーツファッションがストリートファッ
ション化したもので、1990年代のパラダ
イスカジュアル＊などと呼ばれるファッ
ションと同義とされる。

ネオサバ⇒ネオコンサバティブ

ネオスリーピーススーツ［neo three piece
suit］新しい三つ揃いスーツの意。上着、
ベスト、パンツの三者を同じ生地で揃え
るのではなく、ベストを別のものにした
り、三者を別々の生地にしてうまく組み
合わせるなどした、新しい考え方のス
リーピーススーツをいう。メンズスーツ
の新方向を示すアイテムのひとつ。

ネオセブンティーズルック［neo-seventies
look］現代に復活した1970年代調の
ファッション傾向を指す。90年代に入っ
てとくに目立つようになってきた傾向の
ひとつで、ピタTシャツやベルボトムの
パンツなどが再び注目されるようになっ
た。単にセブンティーズルック［1970'
s look］とも呼ばれる。

555

ファッション全般

ネオトラッド [neo-trad] 新しいトラディショナル調のファッションという意味。クラシカルエレガンス*などと呼ばれるファッションの流れに乗って現れた婦人服のトレンドのひとつで、英国調のマニッシュ（男性的）な雰囲気の服装に代表される。これはまたニュートラ*調を指す現代的な用法とか、メンズファッションでいうニュートラディショナルという意味にも解される。

ネオパンク⇒ソフトパンク

ネオヒッピールック⇒ヒッピールック

ネオプレッピー⇒ニュープレッピー

ネオプレン [Neoprene] アメリカ『デュポン』社による新しい合成ゴムの商標名で、日本では「ネオプレーン」とも「ネオプレーン・ゴム」とも呼ばれている。本来は電子ケーブルや接着剤などとして用いられる特殊用途の合成ゴムだが、衣料用としてはウエットスーツなどに用いられている。

ネオマスキュリンスタイル⇒セクシーマスキュリンスタイル

ネオモッズ [neo-mods] 1960年代の英国発の若者ファッションであったモッズの再来とされるファッション。米軍のフィールドパーカを忠実に再現したモッズコートやごく細身のモッズスーツなど、より本格的な服装で現代のモッズルックを気取るのが特徴とされる。60年代のもうひとつのモッズと呼ばれたファッションモッズ（カーナビールック）の復活ではないところに要注意。

ネオレザー [neo leather]「新しい皮革」の意だが、一方で2009〜10年秋冬シーズンにユニクロが打ち出した合成皮革の名称ともされる。革の上質感そのままにイージーケア性も備えた新素材のひとつとされる。なお、厳密には合成皮革は織物や編物などの基布の表面にポリウレタ

ンなどの樹脂をコーティングしたものを指し、極細繊維の不織布にポリウレタンなどの樹脂を含浸させて作られる人工皮革とは区別される。

ネオンカラー [neon color] ネオンサインに見るような蛍光色調の鮮やかで強烈なイメージの色。ピンク、ブルー、イエロー、オレンジ、グリーンといった系統の色があり、1950〜60年代調のロックンロールファッションに用いられるほか、最近のハイテク調ファッションにも好んで用いられる。

ネガーブ [negueb] モロッコのイスラム教徒の女性が用いる顔覆いの一種。頭と鼻から下を隠して目だけを出すもので、同種のものを地方によってリターム（レタムとも）[litham アラビア] とか「ツアダル」と呼ぶこともある。宗教上の理由によるもので、インドネシアのイスラム教徒の女性が用いる「ジルバブ」と呼ばれるベールもこうした目的を持つ。

ネクタイ [necktie] ネック（首）とタイ（結ぶ）から作られた言葉で、シャツ襟にあしらう帯状や紐状の飾りを指す。主として男性のVゾーンを飾る装飾品のひとつで、ドレスシャツとともにスーツのVゾーンを構成する重要なアクセサリー。英米ではネクタイといわずにタイ [tie] と短く呼ぶのが一般的。

ネクタイピン [necktie pin] ネクタイ留めをいう日本的な呼称。正しくはタイホルダー*だが、別にスティックピン*やタイピン*の別称としても用いられることがある。

ネクタイリング [necktie ring] ネクタイの結び目の部分にあしらう金属製の輪。しゃれたアクセント付けとして用いる。

ネグリジェ [negligee] フランス語の négligé（締まりのない、だらしないなどの意）が英語化したもので、柔らかな生地で作

られたゆったりした感覚の女性用ワンピース型の寝間着を指す。フリルやレースなどの飾りをあしらった優雅な雰囲気のものが多く見られる。フランス語にも「部屋着、化粧着」の意味がある。アメリカではナイトガウン、ナイティーともいい、英国ではナイトドレスと呼ばれる。

ネコ耳パーカ［ねこみみ＋parka］フードの部分にネコの耳のようなアクセント飾りを付けたパーカのこと。ファンシーなデザインパーカのひとつとして現われたもので、同様に「クマ耳パーカ」などの種類も見られる。

猫耳ヘア［ねこみみ＋hair］頭の上に猫の耳のような形を2つ作るヘアスタイル。人気タレント＆歌手である「きゃりーぱみゅぱみゅ」が2012年春用いて話題となった。猫耳関連にはこのほか「猫耳カチューシャ」や「猫耳パーカ」といったものもある。

ネザーガーメント⇒アンダーウエア

ネッカチーフ［neckerchief］ネックneck（首）とカチーフ［kerchif］（頭をおおう方形の布）から作られた言葉で、無地あるいは柄物の正方形の布片を指す。多くはシルクやコットンで作られ、装飾的な首巻きとして用いられる。一般的なスカーフよりも小型であることが特徴とされるが、両者の間に厳密な区別があるわけではない。

ネックウエア［neckwear］首や襟にあしらうアクセサリーの総称。首元の装飾用としてだけではなく、防寒や防暑などの身体保護用、またその両方の用途を兼ねたものなどが含まれる。ネクタイ類とスカーフ＆マフラー類、またネックレスやチョーカーといったものまで、その種類と範囲は広い。

ネックウオーマー［neck warmer］首を暖めるものの意で、首の部分だけをハイ

ネック*状に形作ったニット製品をいう。ほかのトップスと組み合わせて、あたかもひとつの服を着ているように見せるのが特徴で、タートルネックやファネルネック*などさまざまな形のものも見られる。

ネッククロス［neckcloth］ネクタイの前身とされる襟飾りの一種。幅の広いスカーフのような布片で、1660年代から1850年代まで見られた。

ネックストラップ［neck strap］首から吊り下げるリボン状のストラップ（帯）で、ネックピース［neck piece］とも呼ばれる。本来は携帯電話やカギ、社内入室用IDカードなどを吊り下げる目的で登場したものだが、現在ではファッション的なアクセサリーのひとつとしても用いられるようになった。1999年ごろからの流行とされる。

ネックチェーン［neck chain］ネックレス*のうち金属製の鎖を環状にして首に飾るタイプをいう。これには金属を輪にしてつなぐコイルチェーン［coil chain］型と、打ち抜きや棒状の金属をつなぐブロックチェーン［block chain］型の2種がある。これはまた、チェーンネックレス［chain necklace］の別称ともされる。なおチェーンそのものの基本デザインは24種あるとされ、「あずき」「喜平*」「8の字」といった昔ながらの業界用語で呼ばれている。

ネックバンド⇒カラースタンド

ネックバンドカラー⇒バンドカラー

ネックピース⇒ネックストラップ

ネックフリース［neck fleece］ネクタイの古い呼称のひとつ。「首に巻く」といったほどの意味で、首に巻き付けて用いる式のネックウエアを指す。

ネックホルダー［neck holder］首を固定するものの意で、おしゃれや防寒の目的で首元にあしらうスカーフ状の首留めをい

ファッション全般

う。最初からそのような形に作られているのが特徴とされる。

ネックライン［neckline］衣服に見る首周りの線の総称。首を取り巻く部分のことで、一般に「襟刳（ぐ）り線」を指すが、タートルネック*のような首周りの状態やカラー（襟）に属すものが含まれることもある。

ネックラインカバー［neckline cover］「首筋を覆うもの」の意で、女性の日焼け対策用に開発されたアイデア商品のひとつ。いわゆる付け襟風のデザインで、ボタンで留める仕掛けになっている。首の紫外線対策とともに、首元に華やかさを演出するアクセサリーとしての特性ももつのが特徴で、涼しげなレースやシフォンなどの製品が多く見られる。元は婦人雑貨メーカー『シャレックス』（名古屋市）の開発による。

ネックリング⇒チョーカー

ネックレス［necklace］「首飾り」の総称。首の回りに用いる装身具のひとつで、本来はネックレース（首の紐）の意味で、ネックリスと発音されることもある。また、吊り下げたときにチェーンなどがVの字型になるものをペンダント*と呼んで、これと区別することもある。真珠のネックレスにはその長さによるレングスネームがあり、それには最も短く首にぴったりフィットする「チョーカー」から順に「カラー」「プリンセス」「マチネ」「オペラ」「ロープ」といった種類と名称があり、2連や3連で用いることが多いものは「ロング」と呼ばれる。

ネックロープ⇒コードタイ

根付［ねつけ］日本の伝統的な飾り物のひとつで、印籠や巾着、煙草入れなどを帯に挟んで留めるとき、落ちないようにそうしたものの紐に付けた留め具をいう。珊瑚や象牙、瑪瑙（めのう）などに精巧

な彫刻を施したものが多く見られ、俗に「帯挟み」ともいう。

ネットステッチ⇒ダイヤモンドステッチ

ネットストッキング［net stocking］網目状の外観を特徴としたストッキングの総称。網タイツ*のストッキング版で、レース状の外観のレーシーストッキング［lacy stocking］と同種のものとされるが、レーシーストッキングはより複雑で装飾的な柄を表現したものが多く見られる。ネットストッキングは成熟した大人の女性の性的魅力を演出するのによく用いられるのに対し、レーシーストッキング、ことに白のレース使いのそれは、60年代のミニスカートスタイルや最近の「姫ロリ*」系のファッションに多く用いられ、幼い少女の魅力を発揮するのに用いられる例が多い。

ネットタイツ⇒網タイツ

ネップツイード⇒ドニゴールツイード

ネップデニム［nep denim］ネップ（節糸）を特徴としたデニム生地。全体にネップ特有の粒状の隆起を現したデニム地で、2014年以降のジーンズ・ファッションに人気の素材となっている。

ネップヤーン［nep yarn］「粒糸、節糸」の意で、ところどころに粒状の隆起があるファンシーヤーン*の一種。ネップは和製語で、正しくはナップヤーン［nub yarn］とかノッブヤーン［knob yarn］、あるいはノッブヤーン*などという。ネップはこのナップやノッブ、ノップなどが訛ったもの。ナップ（ナブとも）、ノッブ（ノブとも）はともに「こぶ、節、結節」という意味をもつ。

寝パン［ねパン］寝るとき用の下着パンツをいう最近の女子用語のひとつ。寝るとき用のブラジャー（リラックスブラジャー）と同じようなもので、いわゆる「家パン*」の一種でもある。

根巻きボタン⇒トレボットーニ

ネル⇒フラネレット

ネルーキャップ⇒ネルーハット

ネルージャケット［Nehru jacket］昔風には
ネールジャケットという。インドのネ
ルー首相が愛用したジャケットに由来す
るもので、ネルーカラーと呼ばれる立襟
と多くの前ボタンを特徴としている。そ
の起源はインドの王侯（マハラジャ）が
着用したマハラジャコート［Maharaja
coat］（ラジャーコート［rajah coat］と
もいう）にまでさかのぼり、ヒンズージャ
ケット［Hindu jacket］の別称でも呼ば
れる。

ネルースーツ［Nehru suit］昔風にいえば
ネールスーツ。インドのネルー首相(1889
～1964)の着ていた服に由来するスーツ
で、ネルーカラーと呼ばれる独特の立ち
襟を特徴とする上着と共布のパンツを
伴って構成される。元々はインドの大公
であるラジャー（マハラジャ）が着用す
るチュニック状の豪華な服からきたもの
で、そのためにラジャースーツ［rajah
suit］と呼ばれることもある。

ネルーハット［Nehru hat］古い呼称ではネー
ルハットとかネールキャップともいう。
インドのネルー首相（1889～1964）に
よって愛用されたところからこう呼ばれ
るもので、円筒形のクラウンのみで天井
が平らな帽子をいう。本来はインドの上
流階級の帽子とされる。ネルーキャップ
［Nehru cap］ともいう。

ネルシャツ⇒フラネレットシャツ

撚糸［ねんし］糸に撚りをかけることをい
い、英語ではツイスティング twisting と
いう。一般に2本あるいは3本の単糸を
合わせて撚りをかけ、そうした糸を「撚
り糸」と呼ぶ。撚りをかける方向によっ
て、「S撚り（右撚り）」と「Z撚り（左
撚り）」の2タイプがあり、紡績糸の単

糸はZ撚り、フィラメント糸はS撚り、
双糸は単糸の逆方向の撚りをかけるのが
一般的。このうち特に撚りを強くしたも
のを「強撚糸」と呼ぶ。反対に撚りを弱
くしてソフトな感じにしたものを「甘撚
り（あまより）糸」という。

な

ファッション全般

ノアールドレス⇒ノワールドレス

ノイルクロス⇒ブーレット

ノイルシルク [noil silk] 短繊維シルク糸のことで、ラスティック（粗野、素朴）な感覚に特徴がある。ノイルは本来、綿・羊毛などの長繊維の束から梳き落とされた短い梳きくずをいう。

ノヴェピエゲ [nove pieghe 伊] イタリア語で「9つ折り」という意味で、特にそうした仕様で作られるネクタイおよびその作り方を指す。同様のセッテピエゲ（7つ折り）よりも多くの生地を使用し、きわめて手の込んだ作りのネクタイとされる。イタリア・ナポリの名門マリネッラ社によるノベルティータイのひとつ。

農夫ルック⇒ファーマーズルック

農民ルック⇒ファーマーズルック

ノーアイロンシャツ [no iron shirt] 家庭で洗濯したあとにアイロンをかける必要のないシャツ（特にそうしたワイシャツの類）を総称する。ポリエステルとコットンの混紡素材を用いるもので、そのことからTCシャツ（ポリエステルの商品名であるテトロンとコットンの頭文字をとってTC）などの名称もあるが、最近では形状記憶加工＊（形態安定加工）を施したドレスシャツを指すことが多くなり、そうしたものを「形状記憶シャツ」とか「形態安定シャツ」という名称でも呼んでいる。

ノーウィージャン・オックスフォード⇒Uチップ・オックスフォード

ノーウィージャンスリッパー⇒ノーウィージャン・フィッシャーマンズシューズ

ノーウィージャン・フィッシャーマンズシューズ [Norwegian fisherman's shoes] ノルウエイの漁夫たちによって15世紀末ごろから履かれていたアザラシ革の靴を元にしたもので、いわゆるノーウィージャンモカシン＊（ノルウエイ式のモカシン

シューズ）の別称のひとつとされる。ノーウィージャンスリッパー [Norwegian slipper] ということもあるが、これは室内履きから発展したという由来に基づいてのこと。またローファーズ＊の一種にウィージュンズ [Weejuns] と呼ばれるものがあるが、これはアメリカの靴メーカー『G・H・バス』社が、ノーウィージャンモカシンに掛けて考案した商標とされる。

ノーウィージャンフロント⇒Uチップ

ノーウィージャンモカシン⇒モカシン

ノーカラーコート⇒カラーレスコート

ノーカラージャケット [no-collar jacket] 襟のないジャケットの総称で、カラーレスジャケット＊の日本的な表現とされる。

ノーカラースーツ⇒カラーレススーツ

ノークリースパンツ⇒クリースレスパンツ

ノーズパッド [nose pad] メガネの部分品のひとつで「鼻当て」また「鼻押さえ」のこと。鼻柱に当たる部分を指し、ノーズピース [nosepiece] ともいう。メガネがずり落ちないよう、鼻を両側から固定し、メガネの重さを支える役目をもつ。鼻梁の低いアジア人に合うよう調整されたタイプをアジアンフィットと呼んでいる。

ノーズピアス [nose pierce] ボディーピアス＊の一種で、鼻腔の先端部分に穴を開けてピアスを飾ることをいう。いわゆる「鼻ピアス」。

ノーズピース⇒ノーズパッド

ノーズベール [nose veil] ノーズは「鼻」の意で、鼻にかかるくらいのベールを指し、帽子の前部に垂らして用いられる。ボワレット＊の一種。

ノースリ⇒ノースリーブ

ノースリーブ [no-sleeve] 袖のない状態をいう。正しくはスリーブレス [sleeveless] で、これは日本的な呼称とされる。最近

ファッション全般

ではノースリとも俗称される。

ノースリーブコート [no-sleeve coat] 袖なしコート。最近の女性用コートに現れている新しいアイテムで、ロングベストといった趣を特徴としている。

ノースリーブジャケット ⇒スリーブレスジャケット

ノースリーブチュニック [no-sleeve tunic] 袖なしのチュニック *。ロングブラウスから袖をなくしたようなデザインの女性用トップスの一種。

ノースリーブトップス [no-sleeve tops] ノースリーブは「袖なし」の意で、袖部分のない上衣を総称する。例えばノースリーブチュニックなどという「袖なしチュニック」などがあげられる。ただしノースリーブというのは和製英語で、正しくはスリーブレス [sleeveless] となる。

ノースリーブパーカ [no-sleeve parka] 袖なし型のパーカ。最近のメンズファッションに現れたものは、特にタンクトップとのレイヤードで街着として着こなされることによって注目を集めている。スリーブレスパーカ [sleeveless parka] とも。

ノースリーブブラウス [no-sleeve blouse] 袖なしブラウスの総称。アームホール *の形がそのまま残されているデザインが特徴で、夏向きのブラウスとして好まれる。

ノースリーブポロ [no-sleeve polo] 袖なしのポロシャツの意。正しい英語表記では「スリーブレス・ポロシャツ」となる。こうしたものをテニストップ [tennis top] などということもある。

ノータイスタイル ⇒アンタイドスタイル

ノータイドレスアップ [no tie dress up] ネクタイをあしらうことのないドレスアップスタイルを指す。ノンスーツフォーマル *など新しいフォーマルウエアの台頭によって、必ずしもネクタイを

着用する必要のない服装が生まれ、そうした盛装をこのように呼ぶようになったもの。

ノータック ⇒フロントタック

ノータックパンツ ⇒フラットフロントパンツ

ノーティカルパンツ ⇒セーラーパンツ

ノーティカルルック [nautical look] ノーティカルは「航海の、船員の、船舶の」という意味で、マリンルック *と同じく海洋調のファッションを指す。これと似たものには水兵のイメージからきたセーラールック [sailor look] や海軍イメージのネイビールック [navy look] といったものもある。

ノート [note] 「調子」の意味で、フレグランス *（芳香性化粧品）、特に香水をつけたときの香りの調子を指す。香水をつけてすぐの、アルコールが飛ぶ前後の香りをトップノート [top note] といい、香りをつけて30分くらい経ったころをミドルノート [middle note]、2時間くらい後のその人独自の香りとなったものをラストノート [last note] あるいはアフターノート [after note] といい、これを俗に「残り香」と呼んでいる。また、その香水にとって基調となる香りのことをベースノート [base note] ともいう。

ノードレス ⇒平服

ノーフォークジャケット [norfolk jacket] 19世紀末から20世紀初めにかけて、英国で狩猟やゴルフなどに着用されたカントリージャケットのひとつ。肩から脇ポケット、およびウエストの周りに共地で配されたバンドを特徴とするもので、元は8代目ノーフォーク公爵の狩猟服に始まったものとされる。日本の古い用語では「襞（ひだ）取り服」という。

ノーフォークバック [norfolk back] 英国の伝統的なノーフォークジャケットに見る

561

ファッション全般

バックスタイル。両肩から裾まで続く共地のたたき付け襞（ひだ）と、同じくウエストに配した共地のバンドを特徴とするもの。

ノーブラルック［――look］下着のブラジャーを着けない様。1960年代のウーマンリブ（女権拡大運動）の活動やヒッピーの自然思想などを基調に生まれたファッションで、ブラジャーを拒否することによって女性の解放をめざすとともに、自然な着心地の良さを享受しようとしたもの。ノーブラという言葉は完全な和製語。

ノープリーツパンツ⇒クリースレスパンツ

ノーブレストパンツ⇒ノンプレストパンツ

ノーベルト⇒ベルトレス

ノーベント⇒ウイズアウトベント

ノーマライゼーションウエア⇒ノーマライゼーションファッション

ノーマライゼーションファッション［normalization fashion］ノーマライゼーションは「標準化、正常化」という意味。知的障害あるいは身体的障害を持つ人にも、健常者と同じ感覚で提供しようとするファッションの考え方をいう。そうした衣服をノーマライゼーションウエア［nor-malization wear］と呼んでいる。

ノーマルウエストライン⇒ハイウエスト

ノーマルレングス［normal length］「正常な丈」の意で、短過ぎることもなく、長過ぎることもない、中庸を得た衣服の丈や袖の長さなどについていう。ミディアムレングス［medium leygth］とも呼ばれる。

ノームコア［normcore］2014年2月末に米誌『ニューヨーク・マガジン』などに公表され、2014年以降最大のファッショントレンドになると騒がれた流行語。元々はアメリカのトレンド予測集団 K-HOLE が打ち出したもので、ノームコアはノーマルとハードコアの合成語とされ、「究

極の普通」を意味している。これからはブランド品などで飾り立てるのではなく、ごく普通のスタイルのほうがクール（カッコいい）になるという考え方に基づいている。アップル社のスティーブ・ジョブズ氏の服装がその典型とされ、これはファッションだけでなく、これからの生き方そのものの核になるとも考えられている。

ノーリンクルシャツ⇒ WR シャツ

ノッチトラペル［notched lapel］ノッチラペルとも。ノッチは「（V字型の）刻み目、切り目」また「刻み目をつける」という意味で、日本語では「菱襟」とか「普通襟」と呼ばれる最も一般的な背広襟型。シングルブレステッド型の上着の襟型はこれになるのが一般的。

ノッチレス⇒ノッチレスカラー

ノッチレスカラー［notchless collar］「刻みのない襟」の意で、上襟と下襟が突き合わせになっていて、ノッチ（刻み）がないものをいう。単にノッチレスとも。

ノッチレスラペル［notchless lapel］上襟と下襟の合わせ目に菱形の刻み（ノッチ）がない変わった形のラペル。一般のスーツにはほとんど用いられることのないファンシーラペル＊のひとつ。

ノット［knot］「結び目、結び」という意味で、主としてネクタイの結び目や結び方のことを指す。英国の統計学者であるトマス・フィンクとヨン・マオの著書『ネクタイの数学』によると、ネクタイの結び方には85種類の方法が考えられるとされる。

ノットヤーン⇒ノップヤーン

ノッブヤーン⇒ネップヤーン

ノップヤーン［knop yarn］ファンシーヤーン＊のひとつで、俗に「星糸」などと呼ばれるもの。異なった色の糸を撚り合わせるときに、お互いの送り出し速度を変

ファッション全般

え、ある間隔で部分的に多く巻きつけるため、そこが美しい球状となって表れる。ノップには「丸く突起したもの、こぶ状の柱飾り、つぼみ形装飾」また「つぼみ」といった意味がある。また同様の意味からノットヤーン［knot yarn］とも呼ばれる。

ノネナールケア［nonenal care］ノネナールは体臭の原因となる成分のことで、年齢をとるとともに独特の臭みを増す「加齢臭」の意味で用いられることが多い。いわゆる「オヤジ臭さ」というのがそれで、これに対処するさまざまな方法を総称してこのように呼んでいる。

ノベルティーストライプ［novelty stripe］ノベルティーは「珍しい、風変わりな」という意味で用いられ、簡単には説明できないような変わったデザインの縞柄を総称する。不規則な縞を羅列したイレギュラーストライプ*や、抽象画のようなセミアブストラクトストライプ［semi ab-stract stripe］と呼ばれるものなどが含まれる。

ノベルティーセーター［novelty sweater］ノベルティーは「新奇さ、目新しさ」また「目新しいもの、珍しいこと」といった意味で、デザインや柄使いなどで目新しい印象を与えるセーターを総称する。

ノマドスタイル［nomad style］ノマドは「遊牧民、放浪者」という意味で、昔の遊牧民たちを思わせる民族調の雰囲気を表現したスタイル。ボヘミアンやジプシー(ロマ)、ヒッピーなどとも共通するファッション表現で、1970年代調ファッションのひとつともされる。

ノルゲパーカ［Norge parka］20世紀初頭の飛行船パイロットのユニフォームとされるフード付きのヘビーデューティーなジャケットの一種。ノルゲは英語のノルウェーを表すノルウェー語から来てい

る。

ノルディックセーター⇒スカンジナビアンセーター

ノルディックブーツ［Nordic boots］作業靴の一種で、元は商品名とされる。内側にボアを貼り、フロントに付けたファスナーで開閉するようにした機能的な靴で、作業に適するようシャンク（補強材）を入れたり防水仕様にするなどの工夫も見られる。

ノルディック柄［Nordic pattern］北欧のセーターなどに見る雪の結晶をモチーフとした柄など独特の模様を総称する。2010〜11年秋冬に大流行となった柄で、セーターだけでなく、スカートやソックス、またブーツのトップス（履き口）などへも広がりを見せた。

ノルベジェーゼ・プロセス［Norvegese process］製靴法のひとつで「ノルベジェーゼ式」のこと。ノルベジェーゼはイタリア語で「ノルウェイの」という意味で、イタリアの靴業界で登山靴の製法から派生した製靴法を指す。アッパー、インソール、アウトソールの3つをタテヨコ両方から手縫いするもので、大きく張り出したコバに見られる頑丈なステッチが何よりの特徴。

ノワールドレス［noir dress］ノワール（ノアールとも）はフランス語で「黒い」の意味。つまり黒のドレスを指し、最近では特に昔の白黒映画で女優が着たような、エレガントでしっとりとした表情の黒ドレスをいうことが多い。

ノンウーブンファブリック⇒フェルト

ノンウオッシュジーンズ⇒ノンウオッシュデニム

ノンウオッシュデニム［non wash denim］洗い加工を施さないデニム地。インディゴ・デニム本来の味を求める傾向から登場した、全く洗いをかけないタイプを指

563

ファッション全般

し、こうした製品をノンウォッシュジーンズ［non wash jeans］と呼ぶ。同様の目的で、一度だけ洗いをかけるものはワンウォッシュデニム［one wash denim］、またそうした製品をワンウォッシュジーンズ［one wash jeans］という。

ノンウーブンファブリック⇒フェルト

ノンエイジファッション［non-age fashion］年齢を問わないファッション。年齢区分のない、また年齢にこだわらないファッションを総称したもので、服作りにおける新しい考え方も示している。

ノンクロムレザー［non-chrome leather］なめし剤のクロム（金属塩）を使わないで作られた革素材のことで、ノンクロームレザーともいう。クロムの代わりに植物タンニンを使ってなめすもので、時間が経つと土に還る環境に配慮したエコロジーレザーとしての特質を持つ。2011年現在、革の80％はクロムを使用して製造されている。

ノンジーンズ［non jeans］ジーンズらしからぬジーンズという意味で、ジーンズのファッション化に伴って、従来のジーンズのイメージをはるかに超越してしまったタイプをこのように呼ぶ。ファッションジーンズのひとつともいえるが、最近では、ジーンズのイメージを保ちながらもはっきりとジーンズとは言い難いものを指すようになっている。別にアンジーンズ［un-jeans］と称することもある。

ノンシリコーンシャンプー［non silicone shampoo］ノンシリコンシャンプーとも。シリコーンは土などにあるケイ素の化合物で、髪にツヤを出し、滑らかにする効用があるとされる。しかし2005年ころからシリコーンに髪や地肌にダメージを与えるといった説が生まれ、これに対応してシリコーンを含まないシャンプーが開発されるようになった。こうした自然

派志向をうたったシャンプーをいう。

ノンスーツ［non suit］「スーツでないスーツ」の意で、いわゆる背広型上下服以外の上下揃いの一式を指す。1970年代初頭に登場したニュースーツのひとつで、従来のスーツの形そのものを否定するところに特徴があった。シャツジャケットやブルゾン、カラーレスジャケットなどをトップスとして、それに同色同柄の共生地のパンツを合わせたものが代表的。ネクタイも必要としない新しい感覚のデザインスーツとして注目を集めた。

ノンスーツフォーマル［non suit formal］ノンスーツ*（スーツでないスーツ）と呼ばれる新しいデザインのスーツを中心としたフォーマルな装いを指す。マオカラー*などの立襟を特徴としたスタンドカラースーツやブルゾンスーツなどを主体として着こなすもので、ニューフォーマルウエア*にふさわしいとして近年好まれるようになっている。

ノンセクションウエア［non-section wear］どの服種区分にも属さない衣服の意。ブラウスとブレザーの合体によるブラウザーとか、スカートとパンツをいっしょにしたようなスカンツといったものがこれに当たり、「中間アイテム*」とか「ファジーウエア（曖昧な服の意）」などとも呼ばれる。

ノンセックス⇒ユニセックスルック

ノンテーラード［non-tailored］「テーラード*な作りなしの」という意味で、アンコンストラクテッド（無構造仕立て）やソフトテーラード*などと同義の言葉。アンテーラード［un-tailored］ともいう。アンもノンも打ち消しの意味の接頭辞。

ノントレンド⇒トレンドフリー

ノンノット［non-knot］ネクタイの結び方の一種で、ふだんは見せない結び目の裏側のほうを前面にしたものをいう。きわ

ファッション全般

めてユニークな結び方のひとつで、ふた
つの三角形がきれいに現れるのが特徴と
される。ノンノット（結ばない結び方）
の名称の由来は不明。

ノンパデッドブラ [non padded bra] レー
スだけでバストを包み込む形にしたカッ
プのないブラジャーのことで、ノンパッ
ドブラとか日本式にノンパテッドブラと
もいう。透ける魅力とバスト本来の形を
美しく表現できるとして欧米では人気が
ある。ストレッチ性が利いたレース使い
のものが多く見られる。

ノンプレストパンツ [non-pressed pants]
ノンプレスは「プレスをしない」、つまり、
アイロンをかけないという意味で、ド
レッシーなパンツには不可欠とされる中
央折り目（クリースまたプリーツ）をわ
ざと付けないパンツをいう。ノープレス
パンツ [no press pants] ともいい、クリー
スレスパンツ＊などと同義。

ノンラー [non la ベトナム語] ベトナム人
が日除けや雨除けに用いる円錐形のあご
紐付き葉笠（はがさ）のことで、単にノ
ンとも北部発音でノン・ラともいう。ノ
ンは「笠」、ラは「葉」を意味し、より
平らなほうが女性用とされる。主素材は
藁（わら）。

ノンワイヤーブラ⇒ソフトカップブラ

565

ファッション全般

バ [bas 仏] フランス語で「靴下」を表し、とくに「長靴下」を意味する。英語のホーズ*やストッキング*に当たる語で、中世の脚衣であったショース*が16世紀前半に「オード・ショース（半ズボン）」と「バ・ド・ショース（靴下）」に分かれたときに生まれたもの。バには「低い」という意味があり、バ・クチュール [bas couture 仏] といえば、裏側に縫い目の線が付き、ガーターで留めて穿く式の昔ながらの女性用ストッキングを指すことになる。

パーカ [parka] フード（頭巾）が付いた上着類の総称で、プルオーバー（かぶり式）とオープンフロント（前開き式）の2タイプがある。パーカ（パルカともいうがパーカーと発音するのは間違い）とは本来ロシア語で「毛皮の上着」また「イヌイットの防寒服」を意味し、元はアラスカに住むイヌイット（かつてのエスキモー）が用いた、トナカイの毛皮製のフード付き防寒着を指す。最近の英米ではパーカというよりもフーディー*と呼ぶことの方が多い。またフードパーカ hood parka とかフーデッドパーカ hooded parka などということがあるが、パーカはフード付きが基本的なデザインなので、こうした表現はおかしなものとなる。

パーカコート [parka coat] パーカ型のコートの総称。なかにはフードが付いたかぶり型のパーカの丈を膝くらいに長くして、コートとしての機能を持たせたものも見られる。ロングパーカ [long parka] とも。

パーカチュニック [parka tunic] フードを特徴としたチュニック丈の女性用トップスのひとつで、チュニックパーカ [tunic parka] とも呼ばれる。ベロアやスエット素材で作られたものが多く見られる。

パーカベスト [parka vest] フード付きのアウターベストの一種。ノースリーブパーカ*と同義。

バーガンディー [burgundy] ワインレッド。ワインに見る赤色のことで、特にフランス・ブルゴーニュ産のそれを指す。ボルドーともいうが、厳密にはそれよりも暗い紅色を意味する。バーガンディーはブルゴーニュの英名。

パーキーボウ [perky bow] リボンタイ*やコードタイ*などの紐タイの俗称。パーキーは「生意気な」とか「気取った」という意味で、これを着けたイメージからそう呼ばれるもの。これとは別に「気取ったボウタイ（蝶ネクタイ）」という意味で用いられることもある。

バーキン⇒ケリーバッグ

パークカジュアル [park casual]「公園カジュアル」と訳される。若いママが子供を公園で遊ばせるときに着ていくカジュアルな服装を指す。ファッション誌『VERY』が2001年頃から提唱したもので、「公園デビュー」の流行語とも相まって一般化した。ここではくだけ過ぎず、気取り過ぎない適度な感覚が必要とされる。

バーコート [bar coat] 酒場でバーテンダーが着用するジャケット。多くはタキシードの上着やスーツ上着のようにテーラードな作りのもので、白い生地で作られるものが中心となっている。これに黒のパンツ、白のドレスシャツを合わせ、黒のボウタイをあしらったスタイルが定番とされる。なお女性用のバージャケットをこのように呼ぶこともある

バーコードストライプ [bar-cord stripe] メーカー名や商品名などの情報をバー（棒）状の記号の組み合わせで示す、POSシステム*で用いるバーコードのような不規則な並び方をした縞柄をいう。

は

567

ファッション全般

広狭さまざまな線で描かれるのが特徴。

バーサカラー [bertha collar] ケープカラー*のように肩を包み込む大きめの襟の一種で、センター（前中心）に切れ目のないものをいう。バーサとは、ルイ14世（在位1643～1715）時代に流行した、大きく開いた襟刳（ぐ）りを取り巻く幅広のレース飾りのことで、日本では俗にバーサーカラーと呼ばれている。

バーシェイプタイ [bar shaped tie] 剣先までの幅がバー（棒）のように同じ幅となったネクタイ。スクエアエンドタイ*はほとんどがこうした形になっている。

バージャケ⇒バージャケット

バージャケット [Barbie + jacket] バービージャケットを略してこう呼ばれるもので、さらに「バージャケ」とも略称される。アメリカ生まれのファッションドールであるバービー人形の衣装を思わせる着丈の短い女性用の上着で、コートのように楽に着用できるというところから、ジャケットとコートを合成して「ジャコット」という造語でも呼ばれる。襟なし、ウエストていどの短い丈、肘が隠れるくらいの広がった七分袖といったデザインを特徴とした、すとんとしたシルエットの上着で、ニット製のものも見られる。2006～07年秋冬シーズンから流行しているが、2009年はバービー人形誕生50年に当たる。

バーシューズ⇒メリージェーン

バージンウール [virgin wool] 「新毛（しんもう）」の意。羊から刈り取ったばかりの、全く未加工の羊毛のこと。

パース [purse] 「財布」を総称する。札入れ（ウオレット*）とは異なり、本来は口を紐で締めて腰にぶら下げる形の「巾着」をいったもの。小銭入れとしてのものはコインパース [coin purse] と呼び、これを日本では「がま口」と呼んでいる。

またアメリカではハンドバッグのことをパースと呼ぶほか、サッチェル*とも呼ぶ。

バーズアイ [bird's eye] 「小鳥の目」という意味で、それに似た円の中に点が入った一種の水玉模様を全面に散りばめた織柄。俗に「鳥の目柄」と呼ばれる。

バースーツ [Bar suit] 1947年2月12日に発表されたクリスチャン・ディオールの初コレクション以来、ディオール・ブランドの伝統的なアイコンとなったスタイルの名称。狭い肩幅とぴったりした上着、細くくびれたウエストから流れるたっぷりしたスカートの組み合わせから成るそれは一般にニュールックとして知られる。2015年6月6日からフランス・ノルマンディーのクリスチャン・ディオール・ミュージアムで開催された「ディオール、ニュールック革命」展に合わせて、再び見直されるようになったもの。

パーソナルウエア [personal wear] パーソナルは「個人の、個人的な、私的な」という意味で、きわめて個人的な感覚の衣服、すなわち下着や部屋着など他人に見せることのない衣服を総称する。

パーソナルスポーツウエア [personal sportswear] アクティブスポーツウエア*の中で、チームプレイによるものと個人的なものとを区別しようという目的から考え出されたもので、テニスウエアやゴルフウエア、ジョギングウエアなど個人的に楽しむようなスポーツをするときに着用するスポーツウエアに「パーソナル（個人的な、個人用の）」の文字を冠したもの。

パーソナルドレスアップ [personal dress up] パーソナルは「個人の、個人的な、私的な」という意味で、個人的な集まりごとのためのドレスアップを総称する。親しい仲間同士のパーティーが代表的

ファッション全般

で、ここでは自由で楽しい盛装が許されることが多い。

バータック［bar tack］「かんぬき留め」の意で、ジーンズのヒップポケット上端に見るミシンによる棒状のステッチ補強や、ネクタイに見る大剣下端の太いステッチなどを指す。『リーバイ』社では1966年、これによってそれまでのコンシールドリベット*（隠しリベット）を廃した。

パーチスキン［perchskin］パーチは魚の「スズキ」のことで、その皮を指す。独特の発色と光沢感を特徴として、時計のバンドの新素材として用いられるようになっている。なかでも「ナイルパーチ」と呼ばれるスズキが中心とされる。

バーチャルプリント［virtual print］⇒バーチャルリアリティープリント

バーチャルリアリティープリント［virtual reality print］「仮想現実」プリント。現実的にはありもしないような情景などを表現したプリント柄の総称。コンピュータ文化の影響を受けて、バーチャルリアリティーブームの一端をファッションに取り入れたものと解釈される。単に「バーチャルプリント」とも呼ばれる。

パーツ⇒単品

パーツアクセサリー［parts accessory］パーツ（部品）を自由に組み合わせることができるアクセサリーという意味。たとえばペンダントやチョーカーなどで、ベース（基本）になる部分と飾りの部分を個人の感覚で自由に選んで組み合わせ、完成させるといったものを指す。アクセサリー類の新しい販売方法として考え出されたもの。

パーツウオーマー［parts warmer］体を部分的に温めるものという意味で、首を温めるネックウオーマーや腕を温めるアームウオーマーなどの総称。ほかにレッグウオーマーや暖房用としてのソックス、ハラマキなども含まれる。

パーツソックス［parts socks］部分品としてのソックスの意。足首に装飾用のレースやリボンなどをバンドで簡単に留められるようにしたもので、靴下の重ねばき用のアクセサリーの一種としてデザインされたもの。

パーツニット［parts knit］取り外すことができるニットアイテムを指す。たとえば袖や襟、ネック部分などの取り外しが利き、単独でもパーツ（部分品）としても使えるものをいう。

パーティーウエア［party wear］各種のパーティーに用いる服装の総称。パーティーの内容により、きわめてドレッシーな格調高いものから、ふだん着とそれほど変わりのないカジュアルなものまで、さまざまな服装が見られる。その選択は、主催者の指定によるもの以外は、一般に参加者の見識に委ねられることになる。

パーティーシャツ⇒ディスコシャツ

パーティードレス［party dress］さまざまなパーティーに用いられるドレスの総称。時間や内容に応じて着分ける習慣があり、夜間の格調高いパーティー用から昼間のくだけた集い用まで、さまざまな装いが用意されている。

パーティーメイク［party make］パーティー向きのメイクアップの意。夜のパーティーに用いられることが多く、照明に映えるよう、また華やかな服装とバランスを図るために、普段よりは濃く派手な印象の化粧が求められる。一方、自然なナチュラルメイクに対して、派手めなメイクアップをこのように呼ぶこともある。

バーティカルストライプ［vertical stripe］「垂直縞」の意。タテ縞のことで、ごく一般に見られる縞柄だが、これがネクタ

569

ファッション全般

イに用いられる場合にはかなり珍しい縞柄とされる。

バーティカルポケット⇒サイドポケット

バーディターグリーン⇒マラカイトグリーン

ハードアメカジスタイル［hard American casual style］きわめて不良っぽいイメージの強いアメカジ＊（アメリカンカジュアル）調スタイル。ロックテーストを特徴としたファッション表現のひとつで、黒革のライダースジャケットにシルバーのアクセサリーといったハードなイメージが特徴となって展開される。こうしたアメリカ特有の不良ファッションをハードアメリカン［hard American］とも呼んでいる。

ハードアメリカン⇒ハードアメカジスタイル

ハードウォッシュ［hard wash］長時間にわたって洗いをかける過激な加工法。完璧な中古ジーンズに見せるための洗い加工のひとつで、俗に「長時間ウォッシュ」などと呼ばれる。ケミカルウォッシュ＊などと同じように、これにもユーズドウォッシュ［used wash］とかオールドウォッシュ［old wash］などとメーカーによってさまざまな呼称がある。

ハードカジュアル［hard casual］きわめてハード（硬い、重い）なイメージを特徴とするカジュアルファッション。たとえば「ハードアメカジスタイル」などと呼ばれる、黒のレザーブルゾンにレザーパンツ、金属製のアクセサリーをじゃらじゃら着けるといった着こなしが代表的なもの。

ハードカラー［hard collar］⇒ディタッチトカラー

ハードキャリー⇒ローラーバッグ

ハードジーンズ［hard jeans］クラシックジーンズ＊の異称のひとつで、ファッションジーンズ＊のソフトに対するハード（硬

い）なイメージのジーンズという意味から来たもの。

ハートシェイプトネックライン［heart shaped neckline］襟刳（ぐ）りがハート形に形作られたネックライン。スイートハートネックライン＊がハートの山型を表しているのに対し、これはハートの下の部分を表現しているのが特徴。

ハードシェルジャケット［hard shell jacket］一般的にソフトシェルジャケット＊に用いる３レイヤーラミネート素材より２倍以上の透湿性を持ち、完璧な防水性能を誇るとされるアウタージャケットを指す。ハードな持ち味からアイスクライミングとかアルパインクライミング、バックカントリースキー、バックパッキング、スノーボードなど、より過酷なアウトドアスポーツに用いられることが多い。フロント面にハードシェル、脇などにソフトシェルを使う複合タイプのデザインとなったものも見られる。これにもまたさまざまな商品名がある。

バードネット［bird net］「鳥の網」の意。バックパックなどに付く獲った鳥などを入れておくための網状のポケットの一種をいう。すなわち狩猟の獲物入れ。

ハートヒョウ柄［heart＋豹がら］レオパードプリント（レパードプリント）、いわゆる「豹柄」の変形で、柄のひとつひとつがハート型になったもの。可愛らしさと大人っぽさを同居させた新しいアニマルプリントのひとつとして、2008年に登場したアイデア商品のひとつ。

ハードフェルト⇒フェルト

ハードメイク⇒ストロングメイク

ハードモッズ［hard mods］1960年代の英国ロンドンに登場して話題となった若者集団モッズの後期に現れた派生グループのひとつをいう。超過激な思想を持つ「ウルトラモッズ」に対し、スーツなしでシャ

ファッション全般

ツやスエットの上からモッズパーカをラフに羽織るような若者たちをこのように称した。後にスキンヘッズ*へ変化したとされる。

バーニッシュ⇒マニキュア

バーニュ［pagne 仏］西アフリカから中央アフリカにかけて用いられる生地の名称で、アンカラとも呼ばれるほか東アフリカではキテンゲとかカンガなどともいう。英語でアフリカン・ワックスプリント、アフリカン・バティック、ダッチ・ワックスプリントなどとも呼ばれ、もとは19世紀にアジアやヨーロッパとの文化・産業融合によって生み出されたアフリカ独自の布地とされる。パーニュはフランス語で「（現地人の）腰巻」に由来しており、鮮やかなプリント柄を特徴としている。

バーヌース⇒ガンドゥーラ

ハーネス⇒ライフベスト

ハーネスブーツ⇒リングブーツ

バーバー［barber］理髪師、理容師、床屋、散髪屋。バーバーショップ［barbershop］はアメリカでいう「床屋、理容店」の意で、英国では barber's shop と表現する。ちなみに理容店の店先にある赤、白、青の柱は「バーバーズポール barber's pole」と呼ばれる。

バーバーショップ⇒バーバー

ハーパン⇒ハーフパンツ

ハーフアップヘア⇒ハーフダウンヘア

ハーフウインザーノット⇒エスカイアノット

ハーフウエリントン⇒ウエリントンブーツ

パーフェクトブラウン［perfect brown］「完璧な茶色」の意。一般にチョコレートブラウンと呼ばれる濃茶色のことで、この色の靴はグレー系のスーツにも紺系のスーツにも問題なくマッチするところから、このように呼ばれるようになったもの。

ハーフエレガンス［half elegance］カジュアルとエレガンス、あるいは可愛らしさと大人っぽさの融合といったように、中間的なところにポイントを置く現代的なファッションの考え方やその表現を指す。元々は雑誌『JJ』が1990年ごろから使い始めた言葉のひとつ。

ハーフオーダー⇒セミオーダー

パーフォレーション⇒メダリオントウ

パーフォレーテッドトウ⇒メダリオントウ

ハーフカーゴパンツ［half cargo pants］カーゴパンツ*のハーフパンツ版で、カーゴハーフパンツ［cargo half pants］ともいう。要は膝辺りでカットしたカーゴパンツのことで、こうしたものをクロップトカーゴパンツ*とも呼んでいる。

ハーフカーディガンステッチ［half cardigan stitch］緯編*の変化組織のひとつであるタック編の中で、「片畦編」を指す。片面をタック編としたゴム編で、単にハーフカーディガンともいう。

ハーフカップ⇒ブラカップ

ハーフカップブラ［half cup bra］カップの上部を少なくして半分ほどの大きさにしたブラジャー。アメリカではデミブラ［demi-bra］と呼ばれる。

ハーフグラス⇒グラデーショングラス

ハーフグラブ⇒デミグラブ

ハーフコート［half coat］フィンガーチップレングス（指先丈＝4分の3丈、太もも丈）を中心とする長さが特徴のコートの総称で、「半コート」とも呼ばれる。これとショートタイプを合わせて「ショートコート」と称する向きもある。

ハーフサルエルパンツ⇒クロップトサルエル

ハーフジップ⇒ジップアップ

ハーフジップトレーナー⇒トレーニングシャツ

ハーフショルダーバッグ［half shoulder bag］ハンドバッグとしてもショルダーバッグとしても使用できる女性用の小型

571

ファッション全般

のバッグで、セミショルダーバッグ［semi shoulder bag］ともいう。持ち手の部分をベルトのように長くしているのがデザイン上の特徴。

ハーフスリーブ［half sleeve］半袖。シャツなどで肘くらいまでの長さの袖をいう。これより短いものはショートスリーブ［short sleeve］（短袖）、手首まで届く長いものはロングスリーブ［long sleeve］（長袖）と呼ばれることになる。

ハーフダウンヘア［half down hair］前髪を半分ほど下げて、左右いずれかへ寄せる女性のヘアスタイル。「斜め前髪」とも呼ばれ、その下げ方にはふんわりとカールを利かせるものとか、きゅっとひっつめるものなどさまざまなやり方がある。反対に半分ほど上に上げる髪形はハーフアップヘア［half up hair］と呼ばれる。

パーフトウ⇒メダリオントウ

ハーフトップブラ［half-top bra］タンクトップ*をアンダーバストのラインで切り落としたような形のブラジャー。アウタータイプのスポーツブラ*などによく見られるもので、単にハーフトップ［half-top］と呼んだり、またショートタンクトップ［short tank top］ともいう。こうしたものをアメリカではブラレッタ［bralette］とかデイ・ブラ［day bra］、英国ではクロップトップ［crop top］と呼ぶ。

ハーフバックショーツ［half back shorts］お尻の中間で穿く形を特徴とした、穿き口の浅い女性用ショーツ。若い女性のキュートな雰囲気を狙ってデザインされたものという。

ハーフパンツ［half pants］ハーフは「半分」の意で、ショートパンツの中でも膝より少し上、太ももの中間くらいまでの長さのものを指す。俗に「半ズボン」と呼ばれるものがこれで、バミューダパンツやウオーキングショーツがこれを代表す

る。最近では「ハーパン」と短縮して呼ばれることも多い。これより短くなるとショートパンツ、略してショーパンと呼ばれることになる。

ハーフフィンガー［half finger］指先を切り取った手袋でハーフミトン［half mitten］とかハーフミット［half mitt］などとも呼ばれる。またフィンガーレスグローブ［fingerless glove］とかフィンガーレスミトン［fingerless mitten］ということもある。

ハーフブーツ［half boots］履き口がふくらはぎ丈のもので、日本では俗に「半長靴」などと呼ばれる。ふくらはぎの真ん中を表す英語からミッドカーフブーツ［mid-calf boots］とかミドルブーツ［middle boots］、またこれを略してミディブーツ［midi boots］とも呼ばれる。

ハーフブラケット⇒ブラケット

ハーフブレスト［half breast］スーツの上着などに見る前合わせのデザインのひとつで、一般的なダブルブレステッド（両前型）の半分ほどの幅になった形を指す。スマートでモダンな雰囲気をかもし出すとして注目されている。

ハーフベルト⇒バックベルト

ハーフホーズ⇒ガーターレングス

ハーフマスク⇒ルー

ハーフミット⇒ハーフフィンガー

ハーフミトン⇒ハーフフィンガー

ハーフムーングラス⇒グラデーショングラス

ハーフムーンショルダー⇒ハーフムーンバッグ

ハーフムーンバッグ［half moon bag］ハーフムーン（半月）のような形を特徴としたバッグの総称。上側が丸くなったハンドバッグや、下側が丸くなっているトートバッグ、またクロワッサンバッグ*のように三日月形に近いハーフムーンショルダー［half moon shoulder］など、デザ

イン的にさまざまな形がある。とりわけ
ハーフムーンショルダーは、ウエストに
ぴったりフィットするとして人気が高
い。

ハーフモカシン⇒スワールモック

ハーフラインド⇒背抜き

ハーフリムフレームズ⇒リムレスグラス

ハーフリムレス⇒リムレスグラス

ハーフレングス⇒ミッドサイレングス

ハーフロールカラー⇒ロールカラー

パーペチュアル [perpetual]「永久の、永遠に続く」という意味で、時計に搭載された永久カレンダーを指す。『ロレックス』社においては「自動巻き」のことをこう呼ぶ。

パーマ [perm] パーマネントウエーブ [permanent wave] の略で、これを短縮して口語としたもの。「パーマネント」ということもあり、これは本来「永久の、永続する」の意を表している。電熱や薬剤を用いて、頭髪に長持ちするウエーブ（波形）状の縮れを与えようとする技術、またそうした頭髪のスタイルを指し、パーマヘア [perm hair] とも呼ばれる。パーマネントの技術は1905年頃にロンドンで、ドイツのカール・ネスラーによって発表され、日本には1923（大正12）年に用具が輸入され、1930年頃から普及するようになったとされる。戦前の日本では「電髪（でんぱつ）」の名でも呼ばれていた。

パーマネントウエーブ⇒パーマ

パーマネントプリーツ [permanent pleat]
パーマネントプレスという特殊な加工を施して、襞（ひだ）山が簡単にとれないようにしたプリーツをいう。パーマネントは「永久の、不変の、永続する」という意味。

パーマネントプレス加工⇒ウオッシュ・アンド・ウエア加工

パーマネントメイクアップ⇒アートメイク

パーマヘア⇒パーマ

バーム [balm] 軟膏剤。香油や芳香性樹脂、また「鎮痛剤」「（心の）慰め」の意味もある。化粧品関係としてはリップバームなどがある。天然の原料だけで作られるものを「オーガニックバーム」という。

パームビーチ [palmbeach] タテ糸に綿糸、ヨコ糸にウールを用いて織った平織の夏服地をいう。アメリカ・フロリダ州の有名なリゾート地であるパームビーチにちなんで付けられた名称で、本来はアメリカ『サンフォード』社の商標名とされる。日本ではこれを「パンピース」と俗称している。

パームリング [palm ring] パームは「手のひら、たなごころ」の意で、手のひらから甲にかけてはめる指輪の一種をいう。上部は重ならない形になったものが多い。ちなみに手の甲は the back (of the hand) という。

ハーモニーカラーコーディネーション [harmony color coordination] カラーコーディネーション＊の基本的な方法のひとつで、服装全体を同じ系統の色で揃えようとする「同系色配色」を指す。一つの色の中で明度を違えたものを組み合わせる方法と、似通った色（類似色）を組み合わせる二通りの方法が考えられる。ハーモニー（調和）のとれた落ち着きのある雰囲気がかもし出されるのが特徴。

パーライズ加工 [pearlize＋かこう] セラミック粉末を樹脂に混ぜてコーティングし、真珠（パール）のような輝きを出す生地の加工法をいう。

ハーリキンチェック [harlequin check] ブロックチェック＊（市松格子）を菱形にしたような格子柄。多くは算盤（そろばん）の玉のような形の原色調の派手な菱形模様を指す。ハーリキン（ハーレクイ

は

573

ファッション全般

ンとも）は、元々イタリアのパントマイム劇に登場する「雑色の服を着た道化役者」のことで、いろいろな色の布を菱形状につなぎ合わせた衣装を着ているところからこの名が付けられたもの。ハーリキンをフランス語読みにして「アルルカン」とも呼ばれる。

パール編 [pearl stitch] 平編 *、リブ編 * と並ぶ緯編 * の三原組織のひとつで、英語ではパールステッチという。平編の表目と裏目がコースごとに交互に表わされるもので、平編よりはるかに厚い編地となるのが特徴。機械編みのものでは〔両頭編〕、靴下編み機を使用したものはリンクス編〔links stitch〕あるいはリンクス・アンド・リンクス [links and links] とかリンクス・リンクス [links-links]、また手編みではガーター編 [garter stitch] とも呼ばれる。

パールステッチ⇒パール編

パールバッグ [pearl bag] 持ち手の部分にパール（真珠）をあしらったハンドバッグ。元はフランスの『アビヨン・ド・ヌーヴェル』社によるオリジナル商品で、本物は12色のグログラン * で作られている。その独特のデザインからパールバッグと呼ばれるようになったもので、これに似たものも多く現れるようになっている。

ハーレムスカート [harem skirt] ハーレム（イスラム教徒に見る婦人専用部屋）で着用される服装にモチーフを得て作られたスカートの意。ギャザーやタックなどで大きく膨らませ、裾をすぼめて風船のような形にしたスカートを指す。バルーンスカート * などと同種のアイテム。

ハーレムパンツ [harem pants] ハレムパンツとも。ハーレム（ハレム）はイスラム教国における男子禁制の婦人部屋を指し、そこの女性たちが穿いている民族調

のパンツをこのように呼んでいる。全体にゆったりとした膨らみを特徴とし、裾を紐で絞る形にしたもので、アラビアンパンツ * ともいう。インドの民族衣装に見るインディアンパンツ [Indian pants] と呼ばれるものもこの一種。

バーンコート [barn coat] バーンは「（農家の）納屋、物置き、家畜小屋」という意味で、アメリカのそうした場所で働く人たちのために考え出されたワークウエアの一種をいう。特に1913年創業の「ポインター」ブランド（テネシー州ブリストル）によるそれが知られ、これはフィッシャーストライプというヘリンボーン生地で作られ、裏地を付けたカバーオールとなっている。これと同様のデニムのカバーオールはチョージャケットと呼ばれる。

ハイ⇒レングス

ハイ・アンド・ロースタイル [high & low style] 高いものと安いもの、また新しいものと古いものをミックスさせて表現するファッション。2018年の時点で定番スタイルと目されているもので、それはH&Mのようなファストファッションだけでも可能とされる。

バイアス・カット [bias cut] バイアスは「斜線、斜め」の意。布地をタテ・ヨコに対して45度の角度で斜めに裁断すること。普通のタテ・ヨコ裁断に比べると伸縮性が良くなり、布目の動きが大きくしなやかになって、体によくなじむという特質が生まれる。45度でカットするものを「正バイアス」、こうした作り方を「バイアス仕立て」という。元はパリ・オートクチュールのマドレーヌ・ヴィオネ（1876〜1975）によって開発された技法。

バイアスシーム⇒中継ぎ

バイアスストライプ [bias stripe] 斜めに走る縞柄。バイアスは「斜めの、すじか

ファッション全般

いの」という意味で、斜めやVの字の形にデザインされた縞模様をいう。「斜め縞」ともいう。

ハイVネック⇒スモールVネック

ハイウエスト［high waist］ハイウエストラインを略したもので、ジャストウエスト［just waist］（適正なウエストラインの意で、ノーマルウエストライン［normal waistline］ともいう）よりも高い位置にあるウエストラインを総称する。エンパイアライン*がその典型とされる。対してジャストウエストより低い位置にあるウエストラインをローウエスト［low waist］と総称する。

ハイウエストスカート⇒エンパイアスカート

ハイウエストスキニーパンツ［high-waist skinny pants］ウエストの位置を高くとったスキニーパンツ。こうした細身のパンツとクロップト丈のトップスを合わせて、へそを見せる着こなしが2014年春夏流行した。

ハイウエストドレス［high waist dress］ウエストラインの位置がバストの下くらいと、きわめて高くとられたドレスの総称で、ナポレオンの第1帝政時代に流行したエンパイア（アンピール）ドレス*に代表される。

ハイウエストパンツ⇒ハイライザー

パイエット⇒シークイーン

ハイエンドカジュアル［high-end casual］ハイエンドは「高級な、高級志向の」また「高級顧客向けの」といった意味で、そうした層へ向けての高級なカジュアルファッションを総称する。現在はとくに高級スポーツウエアやプレミアムデニム*がその中心となっている。単にハイカジュアル［high casual］とも。

ハイエンドストリートモード［high-end street mode］ハイエンドは「高性能、最高級」また「高品質志向の商品・傾向」といった意味で用いられる。高級感のあるストリートモードをいったもので、特に2013年秋冬ごろから原宿中心に目立ってきた、リラックス感をベースにしながら、ハイエンドなブランドで着こなすストリートモードを指すニュアンスが強い。ハイエンドストリートの解釈は、時代や流行の変化によって、さまざまに変化しているのが実情。

ハイエンドファッション［high-end fashion］高級志向の」また「高級顧客向けの」といった意味で、オートクチュールやプレタポルテなどから発せられる高級なイメージのファッションを総称する。最近流行のファストファッションの対極に位置するものとしてこのように呼ばれている。

バイオウォッシュ［bio wash］ジーンズの洗い加工のひとつで、ストーンウオッシュ*の石類の代わりに酵素（エンザイム）の一種であるセルロース分解酵素を用いる方法をいう。こうした生化学（バイオ・ケミカル）を応用するところからこのように呼ばれるもので、別にストーンレスウオッシュ［stoneless wash］とかバイオ・ストーンウオッシュ［bio stone wash］、またエンザイムウオッシュ［en-zyme wash］などとも呼ばれる。

バイオ化粧品［biotechnology＋けしょうひん］バイオテクノロジー（生命工学、生物工学）の技術を応用して作られる化粧品の総称。ハイテク化粧品のひとつで、さまざまな化粧品に用いられている。

バイオジュエリー［bio jewelry］バイオテクノロジー（生命工学）を駆使して作られるジュエリー類をいう。例えば英国の大学で開発された、抜歯した歯の骨細胞を取り出して培養し、それをシルバーやゴールドと組み合わせて作った指輪などがある。

ファッション全般

バイオ・ストーンウオッシュ⇒バイオウ
オッシュ

バイオ素材 [biological material] バイオテ
クノロジー（生命工学、生物工学）を応
用して作り出される素材の総称。従来の
天然繊維や化学繊維にさまざまな機能を
付加するもの。

バイオディグレイダブルスーツ⇒バイオテッ
クスーツ

バイオテックジャケット⇒バイオテック
スーツ

バイオテックスーツ [biotech suit] ボタン
に蛋白質を原料とする天然素材を使用す
るなどして作られ、土に埋めると約1年
でバクテリアに分解されて、有害物質を
発生させずに土に還るという特質を持っ
たスーツのこと。2010年、オンワード樫
山の開発によるもので、バイオテックは
バイオテクノロジー（生命技術、生命工
学）からきている。海外向けにはバイオ
ディグレイダブルスーツ [biodegradable
suit] と表記されることが多いが、バイ
オディグレイダブルには「生分解性のあ
る」の意味がある。同様のものにバイオ
テックジャケットやバイオテックパンツ
も用意されている。

バイオテックパンツ⇒バイオテックスーツ

バイオニック・キャンバス [bionic canvas]
「生体工学のキャンバス地」の意。最近
登場した新しい素材のひとつで、主とし
て靴および衣料品に用いられている。
ペットボトルの再生素材を芯に用い、そ
の表面に2本のオーガニックコットンを
らせん状に巻き付けた「バイオニック
ヤーン」と呼ばれる糸から作られるもの
が代表的で、コットンの風合と速乾性な
どの特性を持つ。強度に優れるのも特長
のひとつとされる。

バイオハザードスーツ [biohazard suit] バ
イオハザードは人や環境に危険とみなさ

れる生物学的状況を指し、「生物災害」
などと訳される。一部の悪性細菌やウイ
ルス、毒素また生物兵器などがそれで、
そうした危険物から身を護るために着用
する特殊な服を意味する。ハズマット
スーツ＊と同種の身体保護服。これとは
まったく別に映画やゲームアニメなどで
知られる『バイオハザード』シリーズに
登場するセクシーボディースーツなどを
このように呼ぶこともある。

バイオポリエステル [biopolyester] 植物由
来ポリエステルのこと。原料のすべて、
あるいは一部に植物由来成分を用いたポ
リエステルで、従来の石油から作られる
ポリエステルとは違って、二酸化炭素
(CO_2) の排出が抑えられるところから、
環境対応素材のひとつとして注目されて
いる。現在サトウキビの搾りかすなどが
用いられる。

バイオメカニクス・サンダル [biomechanics
sandal] バイオメカニクスは「身体力学、
生体力学」と訳され、人体の構造と運動
機能の関係を力学的に研究する学問を指
す。歩くことによって姿勢や運動能力ま
た健康促進などを助けるサンダルシュー
ズのことで、スイス・マサイ社の「ＭＢ
Ｔシューズ＊」などに代表される。

バイカージャケット [biker jacket] バイカー
ズジャケット biker's jacket とも。バイ
カーはオートバイ乗りの人たちのこと
で、ライダーズジャケット＊と同じ。モー
タージャケット [mortor jacket] ともい
う。

バイカーショーツ [biker shorts] 自転車に乗
る際に着用する太ももにぴったりフィッ
トする膝上丈のパンツ。サイクリング
ショーツとかバイカーズパンツなどとも
呼ばれ、伸縮性に富んだスパッツといっ
た趣きがある。2018年夏、複数のセレ
ブリティたちが着用したところからスト

リートで一部のブームとなり、2019年春夏のコレクションでモードとして取り上げられるようになった。

バイカーズ⇒ライダース

バイカースタイル［biker style］オートバイ乗りのスタイル。ライダースジャケットやレザーパンツなどで表現されるものだが、最近ではこうした革ジャンにフェミニン*なワンピースやスカートなどを合わせるスタイルに人気が集まり、それをこのように呼ぶことがある。

バイカーズパンツ⇒レザーパンツ

バイカーブーツ［biker boots］オートバイライダーが用いるブーツの総称。さまざまなデザインがあるが、総じて頑丈な作りのレザーブーツが主で、黒革のレースアップ（紐留め）式やサイドジップ型などに代表される。

ハイカーブサングラス［high curve sunglasses］顔の側面まで回り込むような大きなカーブを特徴としたサングラス。顔の形状に合わせてカーブさせるフレームと、それに合わせるハイカーブレンズ［high curve lens］と呼ばれる機能的なレンズの開発によって生まれたもので、最近のスポーツサングラス（スポーツグラス*）の人気アイテムとなっている。ハイカーブレンズには度付きのものも開発されているが、こうしたカーブのないものはゼロカーブ［zero curve］といい、俗にフラットレンズ［flat lens］と呼ばれている。

ハイカーブレンズ⇒ハイカーブサングラス

ハイカジュアル⇒ハイエンドカジュアル

ハイカットシューズ⇒ハイカットスニーカー

ハイカットスニーカー［high cut sneaker］履き口を高い位置でカットしたスニーカーという意味で、バスケットシューズに見るようなショートブーツ型のスニーカーを総称する。こうした靴をハイカッ

トシューズ［high cut shoes］とも称し、なかでそうした女性用の白やベージュのキャンバス製編み上げブーツをフランスブーツ［France boots］と俗称することがある。ハイトップスニーカー［high top sneaker］とも。

ハイカットスリッポン［high cut slip-on］履き口が足首までの高さにあるスリップオンシューズ。靴紐や金具などがなく、簡単に履けるのが最大の特徴となる。

ハイカットブーツ［high cut boots］高い位置でカットされたブーツの意だが、これはバスケットシューズ*のように、普通の靴で履き口を高くしたタイプについて用いる言葉。時としてハーフブーツ*型のブーツを指すこともある。

ハイカラー［high collar］台襟の部分が高く形作られた襟の総称。襟全体が首に沿って高く立ち、襟そのものも大きく作られるのが特徴。クラシックなシャツ襟のひとつで、日本では「ハイカラ」の語源とされている。最近ではクールビズ*の影響によって、こうした襟のシャツが多く見られるようになっている。またタートルネックのように、台襟の部分がそのまま高く立ち上がったファンシーな襟型をこのように称する例もある。これに対して全体に低く作られた襟はローカラー［low collar］と総称される。

バイカラー［bi-color］バイは「2の」を表わす接頭辞で、「2つの色」、すなわち2色による配色を意味する。フランス語でビコロール［bicolore 仏］といい、ツートーンカラー［two-tone color］とも呼ばれる。

バイカラーコート［bi-color coat］⇒バイカラーバッグ

ハイカラーシャツ⇒スタンドカラーシャツ

バイカラーシャツ［bi-color shirt］2色使いのシャツという意味で、襟と見頃の色が異なるシャツ、すなわち日本でいうクレ

ファッション全般

リックシャツを指す。大抵の場合、襟は白、見頃はブルーなどの色無地やストライプ柄となっている。

バイカラーシューズ [bi-color shoes] バイカラーは「2つの色」の意で、ふたつの色で分けられた靴、すなわちコンビネーションシューズ（コンビ靴）と同じ。

バイカラーバッグ [bi-color bag] 2色使いのバッグの意で、色を2色で大きく切り替えたデザインを特徴とする女性用バッグを指す。はっきりとした色使いで切り替えた大型のものに近年人気が集まっている。これと同じように上下で大きく色を切り替えたバイカラーコートや大胆な2色使いのバイカラーワンピといったアイテムも現れている。

バイカラーワンピ⇒バイカラーバッグ

ハイキニショーツ [high-leg + bikini shorts] ハイレグ＋ビキニでハイキニと名付けられた女性下着のショーツの一種。ビキニショーツをさらに三角形ぽくした感じのミニショーツのひとつで、脚さばきが良いのが特徴。

ハイキングシューズ [hiking shoes] ハイキング用の靴の総称で、アンクルブーツ型のハイカーブーツ [hiker boots] などさまざまなデザインがある。トレッキングシューズ*（トレッキングブーツも）に比べ、やや軽い感覚になるのが両者の違いだが、実際にはほとんど同義に扱われている。

ハイキングショーツ [hiking shorts] ウオーキングショーツ*の一種で、ハイキングに適したショートパンツを総称する。全体にゆったりした感じのものが多く見られる。ハイキングは本来「徒歩旅行」を意味する。

ハイク [haik] チュニジアやアルジェリアなどの北アフリカのイスラム圏で男女ともに着用される、頭から体のすべてを覆

う長方形の大きな布地を指す。一般に白地のものが多く見られる。

バイクウエア [bike wear] バイクは本来「自転車 bicycle」を表し、その意味では自転車に乗るときの服を総称するが、現在ではオートバイの略として用いられることが多く、一般にオートバイでの服を指す。その意味ではモーターサイクルウエア [motorcycle wear] というのが正しい。

バイクショーツ⇒サイクリストパンツ

バイクバッグ⇒サイクルバック

ハイクルーソックス⇒クルーソックス

ハイゲージ⇒ファインゲージセーター

拝絹 [はいけん] タキシード*など礼服の襟に掛けられるシルク地のこと。光沢感のある朱子織の黒のものが代表的で、英語ではフェイシングシルク [facing silk] あるいはシルクフェイシング [silk facing] という。絹地を拝ませるというところからこう呼ばれるもので、こうした襟（拝絹襟）のことはシルクフェイストカラー [silk faced collar]、フェイシングカラー [facing collar]、またフェイストラペル [faced lapel] などと呼ばれる。これに似たものに絹のテープなどで縁を飾る襟のデザインがあるが、それはパイプトラペル [piped lapel] とかバインディングカラー [binding collar] などと呼ばれる。

ハイゴージ [high gorge] ゴージライン*の角度が高い形をいう。対してそれの低いものをローゴージ [low gorge] と呼んでいる。最近ではゴージラインそのものの取り付け位置の高低によって区別する傾向が強く、最近のスーツはイタリア調の影響を受けてハイゴージのものが中心となっている。なお、このゴージラインの延長線が必ず首元の中心で交わるのが正しい形とされている。

ハイコスチュームジュエリー⇒コスチュー

ムジュエリー

バイコンポーネントヤーン⇒コンジュゲートヤーン

バイザー⇒キャップ

バイザーキャップ⇒サンバイザー

ハイサイレングス⇒サイハイレングス

バイシクルジャージー⇒サイクルジャージー

バイシクルシューズ［bicycle shoes］自転車乗り用の靴。ロードバイク用、オフロード用などの種類があるが、一般に薄い作りと軽さ、着脱容易なデザインとしたものが多く見られる。サイクルシューズなどともいう。

バイシクルスーツ⇒サイクルジャージー

バイシクルパンツ⇒サイクリストパンツ

ハイジュエリー［high jewelry］きわめて高価で豪華なジュエリーの総称。このハイは「高貴な、上流の」また「貴重な」といった意味で用いられ、またハイエンド（高級な、高級顧客向けの）の略ともされる。

ハイショルダー［high shoulder］高めに張った肩線。コンケーブショルダー*やロープトショルダー*などヨーロピアンスーツの構築的なラインに代表される。

バイスイングジャケット［bi-swing jacket］バイスイングバック*と呼ばれる背部のデザインを特徴としたカントリー調のスポーツジャケットの一種。「（ゴルフの）スイングが自在にできる上着」という意味で、1930年代中ごろにアメリカで大流行したゴルフ用のジャケットとされる。現在では背中の両肩脇にアクションプリーツをたたんだものが見られる

バイスイングバック［bi-swing back］バイスイングは「スイングが自在になる」という意味で、1930年代に流行したゴルフ用のジャケットに見られる背部のデザインから来たもの。現在ではアクションプリーツ*が施され、動きを楽にするようになったバックスタイルを指す。

ハイスタイル⇒ハイファッション

ハイストリートファッション［high street fashion］英国でハイストリートと呼ばれる大通りに軒を並べるリーズナブルな価格のショップで売られている流行商品をいう。ここから一般には英国の『トップショップ』やスウェーデンの『Ｈ＆Ｍ』などに見る商品を基本とするファッションをこのように呼ぶようになった。

バイセロイモデル［viceroy model］腕時計のケースの形のひとつで、クッションと呼ばれるラウンドを少し角張らせた形とスクエア（正方形型）のちょうど中間的なデザインを指す。ベゼル*の周りが平らになるのも特徴とされる。バイセロイには「（植民地などの）総督、太守」の意味がある。

ハイソールスニーカー［high sole sneaker］厚く高い靴底（ソール）を特徴としたファッション的なスニーカー。一般のスニーカーより５～６センチは高いものを総称する。

ハイソックス［high socks］穿き口が高い位置にある靴下をいう日本的な用語。いわゆるロングソックス［long socks］と同じで、膝下までの長さを特徴とするホーズ*（長靴下）を指す。穿き口がふくらはぎより上に来るため穿き心地が安定し、男女ともに用いられる。女子高生が着用する紺色のシンプルなハイソックスは、特に「紺ハイ（こん＋high socks）」とか「紺ハイソ」などと呼ばれ、ルーズソックス*に代わる女子高生グッズのひとつとして人気を得ている。

バイソン⇒バッファローレザー

パイソン⇒スネークスキン

ハイツー［high two］スーツ上着のジャケットのフロントボタン位置が、通常よりも高くデザインされている２ボタン型をいう。２ボタンのシングルスーツでは、上

ファッション全般

のボタンは通常上着丈の中心辺りに来る
が、これが高くなったもので、当然のこ
とに胸開き部分は狭くなる。一般に細身
のスーツやジャケットに多く用いられ
る。

ハイテクスーツ［high-tech suit］ハイテク
は「先端技術の、高度技術の」という意
味で、最新の技術を駆使して作られる「超
高機能スーツ」の総称。たとえば、形態
安定（形状記憶）加工スーツ、超撥水・
撥油加工スーツ、防臭・抗菌加工スーツ、
芳香加工スーツ、制電加工スーツなどが
あり、多くはビジネスマン向けの実用的
なスーツに見られる。

ハイテクスニーカー［high-tech sneaker］
高度な科学技術を用いて作られたスニー
カーという意味で、1980年代から急速に
台頭したエアクッションタイプなどの高
機能を特徴とするスニーカーを総称す
る。これに対して、昔ながらの布製を中
心としたスニーカーは、ローテクスニー
カー［low-tech sneaker］と呼ばれるよう
になった。

ハイテクスポーツタイツ［high-tech sports
tights］⇒ハイテクタイツ

ハイテク繊維［high-tech＋せんい］高機能
性を特徴とする繊維の総称。最近の先端
技術によって作られる新しい繊維のこと
で、いわゆるスーパー繊維＊やナノテク
繊維＊といったものが含まれる。

ハイテクタイツ［high-tech tights］高機能
性を特徴とするスポーツ用のタイツ。ふ
くらはぎの部分に特に締め付け感の強い
新素材を使うことによって、運動時の集
中力を高めるという効果を持つもので、
スポーツ用品メーカーのミズノの開発に
よる『バイオレッグ・ハイパー』に代表
される。「ハイテクスポーツタイツ」と
呼ぶのが正しいが、一般にこう呼ばれる
ことが多い。単に「スポーツタイツ」と

もいう。

ハイテクブラ［high-tech bra］ハイテクは「高
度な科学技術」の意で、これを応用して
作られるブラジャーを総称する。形状記
憶合金を用いて変形を防ぐようにしたソ
フトワイヤーブラ＊が代表的。

ハイテクレザー［high-tech leather］⇒アー
ティフィシャル・レザー

ハイテンション・ジャケット［high-tension
jacket］テンションは本来「緊張、張力、
電圧」といった意味だが、ここではきわ
めて伸縮性に富む素材などに用いられ
る。ポリウレタンの配合が14％くらいと
きわめて高いジャージー素材などがそれ
で、そうした素材で作られるジャケット
を指す。こうした素材で作られるハイテ
ンションパンツなども見られる。

ハイテンションパンツ［high-tension pants］
きわめて伸縮性のある女性用パンツに付
けられた商品名のひとつ。いわばスー
パーストレッチパンツと同義とされる。
ハイテンションは本来「高電圧の」といっ
た意味を持つが、テンションには「弾体
性の張力、気体の膨張力」といった意味
があり、これを準用したものと思われ
る。ポリウレタンを使用したニットパン
ツが代表的とされる。

ハイド［hide］「獣の皮」の意だが、特に牛
や馬などの大型動物の原皮をいう。カウ
ハイド［cowhide］（牛の原皮）、ホース
ハイド［horsehide］（馬の原皮）などが
あり、これをなめすことによってレザー
と呼ばれることになる。

ハイトップス［high tops］⇒ハイトップス
ニーカー

ハイトップスニーカー［high top sneaker］
履き口が高い位置にあるスニーカーのこ
とで、ハイカットスニーカーと同義。コ
ンバースのバスケットシューズに代表さ
れる。ハイトップスともいう。

ファッション全般

ハイドレーションパック [hydration pack] ハイドレーションは「水和作用」という意味で、山道を走るトレイルランニングなどのスポーツ時に、水分補給の目的で背中に背負うパックをいう。こうしたスポーツには必須の道具とされている。

パイナップルヘア [pineapple] 頭頂部にシニョン（丸髷）を作って盛り上げ、全体にパイナップルのような形に仕上げた女性のヘアスタイル。2007年夏ごろからの流行とされる。

ハイネック⇒ハイネックライン

ハイネックシャツ [high neck shirt] ハイネックと呼ばれるデザインを特徴とするカットソー*のシャツ。一般には2～5センチほどの高さを持つものを指す。こうしたものをハイネックトップ [high neck top] とも総称する。

ハイネックトップ⇒ハイネックシャツ

ハイネックライン [high neckline] ネックラインの基本形のひとつで、身頃から続いた編地が首に沿って立ち上がった形につくられているものを指す。俗に「ハイネック」と呼ばれるが、これは和製語で、正確にはビルトアップネックライン [built-up neckline] とかレイズドネックライン [raised neckline] という。なお単にハイネック [high neck] という場合には、丸首に2～3センチ程度の立ち代が丸く付けられたものを指す。

ハイパーウォッシュ [hyper wash] 超洗い加工。ブルージーンズにほどこす加工法のひとつで、何度も丁寧な洗いをかけることによって、長年着込んだ調子を表すのに用いられる。

ハイパーカジュアル [hyper casual] スーパーカジュアル*を超越するほどの、最も過激なカジュアルファッションの表現。渋谷や原宿などのストリートを背景として、自由奔放に展開される前衛的な

若者ファッションを総称するもので、ハイパーストリートカジュアル [hyper street casual] とも称される。

ハイパーストリートカジュアル⇒ハイパーカジュアル

ハイパーセクシー [hyper sexy] とてつもなくセクシーなファッション表現。超ミニのスカートやホットパンツ*、またシースルールックなどで表現するきわめて現代的で健康的なセクシーファッションを指す。1990年代のクラブファッション*から登場したファッションのひとつとされる。

ハイパーミックス [hyper mix] 常識をはるかに超越するエキセントリックな着こなしテクニック。さまざまなファッション要素を混ぜ合わせて仕上げるテイストミックスが、スーパーミックスと呼ばれるさらに高度なテクニックに進化し、最近ではさらにこのような超絶テクニックにまで達したもの。ひと昔前には想像もできなかった着こなし方が、次々に現れているのが最近のヤングファッションの傾向とされる

バイバイ・ブッシュ・シューズ [bye-bye Bush shoes] アメリカのブッシュ元大統領が、2008年12月14日、エジプト・カイロの記者会見の席上、イラク人記者に靴を投げつけられるという事件が起こったが、これと同型の靴がこのように命名され、37万足もの大量の注文を受けたことで話題となったもの。この「さよならブッシュ靴」はトルコの靴メーカーで商標登録されている。

ハイバス⇒バスケットシューズ

ハイバック [high back] ブリムの後ろ側が高く巻き上がった形を特徴とする婦人帽子のひとつ。

ハイハット⇒トップハット。

ハイヒール [high heel] 高いヒール（かか

581

ファッション全般

と）、またそうした靴の総称。女性用の靴にあってはヒール高5～7センチ以上のものを指し、これを単に「ヒール」と呼ぶ傾向がある。かかとの高い履き物をヒールシューズとかヒールサンダルと呼ぶことがあるのはそうした理由による。なおローヒール*との中間タイプは「中ヒール」と呼び、これはおおむね3.5～5センチのヒール高を持つものをいう。

ハイヒールパンプス⇒ヒールパンプス

ハイヒール・ブーツカット［high heel boots-cut］ブーツカットパンツの変形で、ハイヒール靴を履いた時に裾のシルエットがきれいに表現されるように、裾の長さを前後でわざとずらしてカットした女性用パンツをいう。もちろん前よりも後ろのほうが長くカットされることになる。

ハイ・ビジビリティー・クロージング［high visibility clothing］ビジビリティーは「視界、見晴らし、見通しのきく度合い」といった意味で、「高視認性安全服」と訳される。主として路上・夜間作業者と車両の事故防止を目的として、1994年、ヨーロッパで規格が制定され、2013年にISO（国際標準化機構）が制定された。この規格では黄やオレンジ、赤の蛍光色の生地使用や再帰反射材の使用面積、デザイン上の制約などが定められている。

ハイピッチトショルダー⇒ピッチトショルダー

パイピング［piping］「玉縁飾り」の意。衣服の縁などに付けるテープや紐の飾りのことで、バインディング［binding］ともいう。パイプは「管」、バインドは「縛る、巻き付ける」を原意とする。

パイピングカフス［piping cuffs］袖口にパイピング（玉縁飾り）を施したカフスの総称。ギャザーを寄せて膨らませた袖の始末として、袖口に細いバイアステープなどで縁取りを付けたものを指す。

パイピングジャケット［piping jacket］パイピングは布の端をバイアステープや別布でくるんで始末する方法を指し、細いレザーやシルクなどのテープでカラーやラペル、ポケットフラップ、フロントなどの縁を飾ったジャケットをいう。昔のブレザーなどに見られるデザインだが、こうしたものが最近メンズジャケットに登場して人気を集めている。トリミングジャケット［trimming jacket］とも呼ばれるが、トリミングは「（服・帽子などの）飾り、装飾」という意味。

パイピングポケット［piping pocket］「玉縁（たまぶち）ポケット」の総称。別に裁断した共生地の細布で縁を処理したものをパイピング（玉縁）といい、切り口の両側に玉縁をあしらったものを「両玉縁」、片側だけのものを「片玉縁」と呼んでいる。ジェッテッドポケット［jetted pocket］ということもあるが、これは「両玉縁」を指すことが多く、これはまたダブルパイピングポケット［double pip-ing pocket］と呼ばれることもある。玉縁の処理にはほかにも、指先で揉むようにして作られる「揉み玉縁」とか、両端が三角形に畳み込まれる「南京玉縁」（剣玉縁ともいう）など凝ったデザインのものが見られる。パイプトポケット[piped pocket]とも。

ハイファッション［high fashion］高度に洗練されたファッションという意味。高い位置にあるファッションという意味からトップファッション*と混同されることが多いが、厳密にはパリのオートクチュールなどから発せられる上流社会の一歩先んじた流行を指す。ハイスタイル［high style］ともいう。

ハイVネック⇒スモールVネック

ハイブーツ⇒ライディングブーツ

バイフォーカル[bifocals]「遠近両用メガネ」

ファッション全般

の意。二重焦点メガネのことで、遠視にも近視にも使うことのできるメガネを総称する。バイフォーカルグラスというほか、英国ではバリフォーカル［vari-focals］の名でも呼ばれる。なお最近の機能的なレンズには、光の乱反射を抑える「偏光レンズ」や明るさによって色の濃淡が変化する「調光レンズ」、また顔とレンズの裏面に入り込む光の反射を抑える「裏面マルチコートレンズ」といったものが開発されている。

パイプステムズ⇒パイプトステム

パイプトエッジ⇒バウンドエッジ

パイプトステム［piped stem］「パイプの柄（え）」という意味で、全体に細身のストレート型のパンツおよびそうしたシルエットを指す。一般にアイビーパンツ［Ivy pants］とかアイビースラックス［Ivy slacks］と呼ばれるアイビースタイルに特有のパンツを指し、パイプステムズ［pipe-stems］ともいう。また同様の意味でストーブパイプ［stove pipe］またストーブパイプパンツ［stove pipe pants］とも呼ばれる。いずれも上から下までまっすぐな円筒形になっているのが特徴。

パイプトポケット⇒パイピングポケット

パイプトラペル⇒拝絹

ハイブリッド［hybrid］「雑種、混成物」の意で、ファッションでは異なる要素のものを混ぜ合わせるスタイルや着こなしを指す。クロスオーバー＊やフュージョン＊などと同種のファッション表現。

ハイブリッド・パンプス［hybrid pumps］履きやすさと美しさ両方の性能を追求して作られるパンプス。いわゆるコンフォートシューズ（快適靴）の一種だが、高く細いヒールでも楽に歩くことができるという特質を備えているのが特長とされる。一般にはモールド（成型）タイプ

でウエッジソールやミドルヒールとしたものが多く見られる。

ハイブレッドジーンズ［highbred jeans］ハイブレッドは「血筋（育ち）のよい、優良種の」という意味で、そのようなイメージをもつデザイナージーンズ＊の別称のひとつとされる。同様の意味からVIPジーンズ［VIP jeans］と呼ばれることもある。

バイマテリアル［bi-material］バイは「2」を表す接頭辞で、「2つの素材」、つまり異なる2つの素材をつなぎ合わせて用いる生地のデザインを指す。ドレスなどに大きな面積で用いると効果的。

バイメタル構造［bi-metal＋こうぞう］2つの成分のポリマー（重合によってできた化合物）が貼り合わさった合繊系の形状。バイラテクル、サイドバイサイドともいう。

ハイモード・ロックスタイル⇒デリッカースタイル

ハイライザー［high-riser］ライズ（股上の寸法）の高いパンツの総称で、ハイライズパンツ［high rise pants］またハイウエストパンツ［high waist pants］とも呼ばれる。通常より股上が深くとられているのが特徴で、オックスフォードバッグス＊やバギーパンツ＊に見るように、クラシックでかつドレッシーな雰囲気が生まれる。

ハイライズ⇒ライズ

ハイライズジーンズ［high-rise jeans］股上（ライズ）が高い（深い）ジーンズの総称で、ハイライザー［high-riser］ともいう。ローライズジーンズ（ローライザー）の対語。

ハイライズスカート⇒エンパイアスカート

ハイライズネック［high rise neck］高く立ち上がったネックラインの意で、女性のコートなどに多く用いられるデザインの

は

583

ファッション全般

ひとつ。レイズドネックラインとも呼ばれる。

ハイライズパンツ⇒ハイライザー

ハイライト・ローレフト⇒アメリカンウエイ

パイル [pile] 本来は「柔らかい毛、むく毛、綿毛」また「毛羽」という意味で、毛羽や輪奈を特徴とする織物を総称する。正しくはパイルファブリック [pile fabric] で、「毛羽織物」とか「輪奈織物」などと呼ばれる。毛足の長いシャギータイプのものから、アストラカン*調、テリークロス*などその変化は多彩。

パイルアップヘア⇒アゲ嬢ヘア

パイル編 [pile knitting] 平編の変化組織のひとつで、表や裏にパイルのループ（輪奈＝わな）を表した編地を総称する。プラッシュ編 [plush knitting] ともいい、テリー [terry]（タオル状のもの）やボア [boa]（人工毛皮の一種）といったものがある。ベルベット（ビロード）のような毛羽を特徴としたベロア編 [velour knit-ting] もこの一種で、これはニットベロア [knit velour] とも呼ばれる。こうしたニット生地を総称してパイルジャージー[pile jersey] とも呼んでいる。

パイル靴下 [pile＋くつした] タオルのような毛羽を特徴とした靴下で、「クッション靴下」とか「タオル靴下」「スポーツ靴下」などとさまざまな名称でも呼ばれる。裏のループが大きな編み目となっているため、穿いたときの弾性に優れ、クッション作用で足が疲れず、保温性に富むのが特徴。

パイルジャージー⇒パイル編

パイルファブリック⇒パイル

パイレーツシャツ [pirates shirt] 海賊（パイレーツ）が着るようなというところから名付けられたＴシャツの一種。フロントに前立てをとって、それを紐結びで留めるようにしたデザインを特徴とするも

ので、多くはスエット地やパイル地の長袖型のニットシャツ。時として紺と白のボーダーＴシャツをこう呼ぶこともある。

パイレーツストライプ [pirates stripe]「海賊縞」の意。昔の海賊（パイレーツ）のイメージとしてよく描かれる、丸首のシャツに見る横縞の模様をいう。いわば単純な感覚のホリゾンタルストライプ*、あるいはボーダー柄といったところで、白／青、白／赤などの太幅で等間隔の横縞に代表される。

パイレーツパンツ [pirates pants]「海賊パンツ」の意で、昔の物語に出てくる海賊が穿いているような、膝下丈の比較的脚にぴったりしたパンツを指す。デッキパンツ*と同種のもので、フランス語の海賊の意味をとってコルセールパンツ[corsaire pants] ともいう。

パイレーツルック [pirates look] パイレーツは「海賊、海賊船」という意味で、とくに英国の作家Ｒ・Ｌ・スチーブンソンによって書かれた小説『宝島』に登場するカリブの海賊たちを思わせる服装を指すことが多い。太い横縞のシャツや膝下丈のパンツなどが代表的なアイテム。一般に海賊ルックと呼ばれている。

パイレーツロール [pirates roll] パイレーツは「海賊」の意味で、バンダナ*などを海賊のように頭に巻きつけるあしらいを指す。俗に海賊巻きともいい、タオル巻きなどと並んで、渋谷のストリートファッションから生まれたとされる。

ハイレグショーツ [high-leg shorts] 脚部の刳（く）りが腰骨の辺りまで急角度で切れ上がった形のショーツ*を指す。こうしたデザインは水着やレオタードなどにも用いられており、脚を長く見せる効果があるとされる。

ハイレグドレス [high-leg dress] 裾の両サ

イドを思い切り深くカットして、セクシーに脚をのぞかせるミニドレス。ミラノのデザイナー、故ジャンニ・ヴェルサーチが得意としたデザインのひとつで、グラマーガールファッションの代表的なものとされる。

ハイレグ水着［high-leg＋みずぎ］脚部の刳（く）りを腰骨の辺りまで極端に高くカットしたデザインを特徴とする水着のことで、多くは女性用のワンピース型水着に見られる。セクシーな雰囲気を表現するとともに、脚を長く見せる効果があるとされる。

ハイレフト・ローライト⇒アメリカンウエイ

ハイロールドボタンダウン⇒ボタンダウンカラー

パイロットウオッチ［pilot watch］飛行機の操縦士用に作られた腕時計。操縦時の衝撃や加重に耐えるように設計されており、燃料残などを計算する回転式の計算尺などを搭載したものが多く見られる。

パイロットキャップ［pilot cap］飛行士のかぶる帽子のことで、特に昔の飛行機乗りが用いた頭にぴったりフィットするヘルメット形の帽子を指すことが多い。本ものは革で作られるが、現在のファッション化されたものでは人工毛皮などで作られるものが多く見られる。なおこうした帽子はレトロ趣味として時々復活する傾向がある。アビエイターキャップとも呼ばれる。

パイロットケース［pilot case］パイロット専用に開発された箱型のカバン。多くは黒の革製で、上部が重ね合わせ式の「かぶせぶた」になっており、立ったままで書類が取り出せるという利点を特徴としている。フライトケース［flight case］とかフライトバッグ［flight bag］とも呼ばれる。

パイロットコート［pilot coat］ピーコート

*の昔の別称のひとつ。水夫の制服地として用いられていたパイロットクロスという紡毛地で作られていたところからの名称で、パイロットジャケットとも呼ばれる。これはまたカバンコート*の別称ともされるが、一般には全体にゆったりしたシルエットを特徴とするテーラードタイプのショートコートをこのように呼ぶことがある。

パイロットジャケット［pilot jacket］パイロット（飛行機操縦士）用のジャケットの意で、エイビエイタージャケット*やフライトジャケット*の別称として用いられる。これはまたパイロットクロスという生地を使った昔のピーコート*の別称ともされる。

パイロットシャツ［pilot shirt］飛行機操縦士、とりわけ定期航空のパイロットの制服に見るシャツ。エポーレット（肩章）と両胸に付く大型のパッチ＆フラップポケットを特徴とした半袖のシャツで、多くは白の厚手の生地で作られる。夏のビジネス用アウターシャツとして一般に着られるようになって知名度を上げたもの。

パイロットジャンパー［pilot jumper］第2次大戦中のG‐1ジャケット*などアメリカ軍のフライトジャケットにモチーフを得て作られた簡便な仕様のジャンパー。ナイロン地や各種のコーティング素材などで作られ、多くは作業用ユニフォームのひとつとされる。またカストロコート*のジャンパー版をこのように呼ぶこともある。

パイロットバッグ⇒ボンサック

バインダーネック［binder neck］Tシャツの首周りのリブ編部分を生地に挟み込んで、2本針で縫い上げる方法、またそうしたネックラインをいう。バインダーには「縁をつけるもの」といった意味があ

ファッション全般

り、これによって強度が増し、着脱を繰り返してもネックラインが伸びにくくなるという機能が生まれる。リンガーTシャツなどはこうした作りになっているものが多い。

バインディング⇒パイピング

バインディングエッジ⇒バウンドエッジ

バインディングカラー⇒拝絹

バインディングジャケット［binding jacket］バインディングは「縛ること、束縛」また「縁取り材料」の意だが、服飾用語では縁を付けることをいう。つまり、補強や装飾の目的で細長い布片のテープを襟やポケットなどの端に取り付けたジャケットのこと。パイピングジャケット*やトリミングジャケット*と同義。

バインディングネック［binding neck］バインディングは「縁を付けること」という意味で、身頃とは別色で取り付けた丸首のネックラインをいう。たとえば白のボディーに対して黒のネックラインとしたTシャツのデザインを挙げることができる。

パヴェリング［pavé ring］パヴェはフランス語で「敷石、舗道」の意。ダイヤモンドなどを道路舗装の敷石のようにびっしりと敷き詰めたデザインを特徴とする指輪を指す。こうしたデザインを英語でペーブセッティング［pave setting］とも呼んでいる。

バヴォレ［bavolet 仏］⇒ピルグリムハット

ハウスウエア［house wear］家で着る衣服のことで、ホームウエア*とほぼ同義となるが、厳密な意味では個室や寝室で着用する以外の家庭着を指す。「生活着」といったニュアンスが強くなる。

パウスカート［pau skirt］フラダンスの衣装として用いるスカート。派手な南国調の模様を特徴としたハワイアンファブ

リック使いのふんわりと広がるスカートで、ゴム入りのウエストとなったものが多い。本来はフラダンスの練習用の衣装とされる。パウはハワイ語で「終わり、なし終えた」という意味があるという。

ハウスカジュアル［house casual］家の内外におけるカジュアルなウエア類の総称で、つまりはホームウエア*と同義になる。この種の衣服にも最近はファッション化の波が押し寄せ、一般のカジュアルウエアと遜色のないものが目立つようになっている。

ハウスコート［housecoat］女性用の部屋着、普段着、家庭着を総称する。特に英国における家庭着を指すことが多い。

ハウスシューズ［house shoes］室内履きとしての靴の総称。スリッパーシューズとかハウススリッパーなどと呼ばれるものが代表的で、こうした室内用スリッパ靴の類いは、後部とかかとがある点で、しばしば寝室用スリッパと区別される。一般に女性がキッチンで使用することが多い。

ハウススリッパー⇒ハウスシューズ

ハウスチェック［house check］その家に特有の格子柄という意味だが、一般には有名ブランドのマークの代わりとなるような特定の格子柄を指す。タータン*を基調としたものが多く見られ、例えば「バーバリー」社の「バーバリーハウスチェック」などが代表的なものとして知られる。

ハウスドレス［house dress］家の中で用いるいわゆる「家庭着」としてのシンプルなワンピース類の総称で、ホームドレス［home dress］とも称される。ゆったりとした形で、くつろいだ感覚が特徴。ハウスコート［house coat］とも。

ハウスベスト［house vest］家庭内で用いるワンピース風のロングベストのこと。袖なしのハウスドレス*といった形のも

ファッション全般

のが多く見られ、サロンベスト［salon vest］などとも呼ばれる。

パウダー［powder］本来「粉、粉末」という意味で、化粧品ではフェイスパウダー［face powder］、すなわち顔につける「白粉（おしろい）」を指す。またパウダーケーキ［powder cake］といえば、ファンデーション＊のひとつで、夏季やスポーツ時に向く耐水性に優れた化粧崩れの少ないパウダーを指し、これは単にケーク［cake］とも呼ばれる。

パウダーカラー［powder color］パウダーは「粉、粉末」という意味で、粉をまぶしたような調子のパステルカラー＊を指す。

パウダークロス⇒65／35クロス

パウダーケーキ⇒パウダー

パウダーストレッチデニム［powder stretch denim］日本のデニム地メーカー「カイハラ」の開発によるストレッチデニム（伸縮性デニム）の名称のひとつ。パウダーは「粉、粉末」の意で、ふわふわとした極上の表面感と滑らかな穿き心地を特長とし、パウダータッチのストレッチデニムというところから命名された。ヨコ糸に髪の毛の20分の1という極細のポリエステル繊維を織り込んで、そうした特長をあらわしたもので、それでいてデニム本来のシワや自然な色落ちも楽しめるすぐれものということで、2009年の開発以来人気を博している。

パウチ⇒ポーチ

パウチポケット［pouch pocket］ポーチポケットともいう。パウチ（ポーチ）は「小袋」という意味で、膨らみを特徴とした小さめのパッチポケット＊をいう。

バウド・ピークトラペル［bowed peaked lapel］バウドは「曲げた、たわませた」の意で、全体に弓形の曲線を描いたピークトラペルの変形をいう。ジョルジオ・

アルマーニが発表した1989年のジャケットに見る特殊なデザインで、いわばショールカラー＊のようなカーブを持つピークトラペルということもできる。

バウハウス［Bauhaus 独］第1次大戦後の1919年、ドイツのワイマールに作られたデザイン専門学校の名称。建築家のグロピウスを校長とするこの学校は、近代デザインに大きな影響を与えたことで知られる。多くの才能を輩出するも、33年、ナチスの手によって閉鎖された。

バウンドエッジ［bound edge］バウンドは「巻き付けた、くるんだ」、エッジは「縁、へり」の意で、要は「縁飾り」のことだが、ここでは特にクラシックなブレザーに見るパイピング（縁取り飾り）のことを指す。アクセント的な効果とともに、補強の目的でも付けられるもので、これが現在のブレザーに見る明確なステッチワーク（これをステッチトエッジ stitched edge という）につながっている。パイプトエッジ［piped edge］とかバインディングエッジ［binding edge］などともいう。

ハウンドトゥース［hound's-tooth］「猟犬の歯」の意で、イヌの歯が並んでいるように見えるところからこのように呼ばれる格子柄。ドッグトゥース［dog-tooth］とも呼ばれ、フランス語ではピエ・ドゥ・プール［pied-de-poule 仏］（雌鳥の足跡の意）という。日本では一般に「千鳥格子」と呼ばれ、シェパードチェック＊の「小弁慶」に対して、「大弁慶」とも称される。

ハオリジャケット［haori jacket］日本の羽織（はおり）をモチーフにして作られた上着。ジャパネスクファッションの流行から生まれたアイテムのひとつで、文字通り羽織る感覚で着こなせるところが現代的として人気を集めた。

博多織⇒畦織

ハカマパンツ［hakama pants］日本の袴（は

587

ファッション全般

かま）にインスピレーションを得てデザインされたパンツで、裾に向かって大きく広がるシルエットが、まさに袴をイメージさせる。海外のデザイナーコレクションには繰り返し登場するアイテムのひとつで、男女ともに見られる。

バカンスルック［vacance look］1963年、化学繊維メーカーの『東洋レーヨン』（現・東レ）が打ち出した春夏向けのキャンペーンテーマで、フランス語で「休暇」を意味するバカンスを初めて使用したことと相まって、大流行を見た。きれいなプリント柄のサマーウエアがその実体だったが、このキャンペーンソングとされる、ザ・ピーナッツが歌った〈恋のバカンス〉も大ヒットを記録した。

バギージーンズ［baggy jeans］バギーパンツ*のジーンズ版。バギーは「袋のような」の意で、その名の通りぶかぶかのシルエットを特徴とするジーンズを総称する。ワイドジーンズ［wide jeans］などともいい、1970年代に流行したものだが、最近復活してきたのにはワイドレッグジーンズ［wide leg jeans］（広い脚幅の意）といった名称が付けられている。

バギーシャツ［baggy shirt］バギーは「袋のような」の意で、全体にたっぷりとしたシルエットを特徴とするシャツを指す。バギーパンツ*の登場に対応して生まれたもので、ファッション的な感覚が強く、主に半袖で夏向きのアイテムとされる。大きいという意味から、ビッグシャツ［big shirt］とかグランドシャツ［grand shirt］といった名称でも呼ばれる。

バギーショーツ［baggy shorts］バギーは「袋のような」という意味で、そのようにゆったりとしたシルエットを特徴とするショートパンツ*を総称する。グルカショーツ*がその代表的なものだが、最近ではヒップホップ系のストリート

ファッションにこのような大きな形をした膝丈のパンツが多く登場している。バギーハーフパンツ［baggy half pants］と呼ばれるものが後者の代表で、これは下着のトランクスがのぞくようにわざとずり落として穿くのも特徴のひとつで、スラッシャー*系の若者たちには「ショートデカパン」などとも呼ばれている。

バギーデニム［baggy denim］バギーは「袋のような、だぶだぶの」という意味で、太ももから裾まで幅広のシルエットを特徴とするジーンズを総称する。スキニーデニムに代わって、2007年春夏ごろから人気の出てきたジーンズで、80年代以来の復活アイテムともされる。

バギートップ［baggy top］ペッグトップパンツ*と同義。バギーは「袋のような」という意味で、そのような形をしたペッグトップパンツということで名付けられた和製英語。別にトップバギー［top baggy］またトップパンツ［top pants］ともいい、英語でペッグレッグ［peg-leg］ともいうが、ペッグレッグには「（木製の）義足」という意味もあり、その使い方には注意を要する。これをより正確に表現するなら、ペッグレッグドパンツ［peg-legged pants］ということになる。

バギーニッカーズ［baggy knickers］ニッカーボッカーズ*のバギーパンツ*版。ニッカーボッカーズの丈をうんと長くして、袋のようなぶかぶかのシルエットに仕上げたもので、ファッション的なパンツのひとつとされるほか、大工や左官業などの若者たちに愛用される「土方パンツ」（ドカパン）としても知られる。

バギーハーフパンツ⇒バギーショーツ

バギーパンツ［baggy pants］バギーは「袋のような」という意味で、袋のようにだぶっとしたルーズなストレートパンツ*を総称する。かつてのオックスフォード

588

バッグス*に代表されるものだが、1970年代の前半に登場したものをこのように呼ぶようになって現在に至っている。上から下まで直線的であるところからストレートバギー [straight baggy] と呼び、少しおとなしいシルエットで表現されるものをセミバギー [semi baggy] などと呼んでいる。

バギーブーツ [baggy boots] バギーは「袋のような」という意味で、全体にぶかぶかしたイメージのあるブーツをいう。革や布などで作られた筒の部分をたるませた感じのもので、ルーズブーツ [loose boots] とかルーズフィットブーツ [loose fit boots] などとも呼ばれる。

バギーライン [baggy line] バギーは「袋のような」の意で、全体に幅の広いぶかぶかのシルエットを総称する。特にパンツのシルエットに用いることが多く、ワイドストレートライン [wide straight line] ということもある。またこれを少しおとなしく表現したものはセミバギーライン [semi baggy line] と呼ばれ、これをスレンダーバギー [slender baggy] などと形容する向きも見られる。

バギソレ [pagi sore] インドネシアのジャワ更紗のひとつで、特に1枚の布地で右と左に異なるモチーフの模様が描かれたものをいう。腰布に用いる場合、巻き方によって2枚の別布を巻いたように見えるのが特徴となる。パギは「朝」、ソレは「夕方」の意で、朝夕で違う絵柄を楽しめるようにしたということで、このように呼ばれる。

バギンス [pants + leggings] パンツとレギンスの合成語で、レギンス風のパンツ、またパンツ風のレギンスを指す。これを「レギパン」と呼ぶこともある。

バグ⇒アノー

バグアイドグラス⇒ペンタゴンモデル

白衣⇒ラボラトリーコート

バ・クチュール⇒バ

バグドレイユ [bague d' oreille 仏] フランス語で「耳の指輪」の意。ふつうのイヤリングとは違って、耳の中に取り付ける形になった耳飾りをいう。英語でいうイヤーループス*と同じで、イヤーバンド [ear band] とも呼ばれ、これは片方の耳だけに飾るのが一般的とされる。

箔プリント [はく+ print] 箔は金属をきわめて薄くして紙のようにしたもので、プリント下地に接着を果たす目的で使用される。こうした箔を用いて図柄を表すプリント法、またそうして表現されるプリント模様を指す。

バクラム [buckram] バックラムとも。本来は糊や膠（にかわ）で固くした綿布や亜麻布を指し、製本や服地の芯とされる。ファッションでは高級帽子の素材のひとつで、帽子の型作りに必要とされる。バクラムチップとかバクラム芯とも呼ばれ、紙で代用したペーパーバクラムも見られる。

バゲッジ⇒ラゲッジ

バケッタレザー [vaqueta or vachetta leather] イタリアのトスカーナ地方で作られる伝統的な鞣し革またその製法をいう。化学薬品をいっさい使わず、ベジタブルタンニン（植物タンニン）だけでじっくりと手作りされる革で、仕上げに植物性オイルを染み込ませるのも特徴とされる。変色する性質が強く、使い込むほどに味が出てくるのも特質のひとつ。バケッタは本来スペイン語でカウハイドレザー（牛革）を意味する。

バケット⇒バケットハット

バケットタイプバッグ [bucket type bag] まるでバケツを思わせる、口が大きく開いた女性用のバッグ。いわゆる「バケツ型バッグ」のことで、物の出し入れが容

ファッション全般

易という特徴がある。

バケットトップ⇒キャバリエブーツ

バケットハット［bucket hat］バケツを引っくり返したような形を特徴とするブリム付きの帽子で、バケットとも略称される。多くは防水加工が施された綿布で作られ、レインハット（防雨用帽子）のひとつとして機能している。こうした布製の帽子をクロスハット［cloth hat］と総称することがある。

バゲットリング［baguette ring］バゲットカットをほどこしたダイヤモンドリング。バゲットはフランス語で「棒、細長い棒」という意味で、透き通る美しさを発する長方形のカットを指す。1個のバゲットをあしらったものをワン・バゲット・ダイヤモンドリングといい、ウエディングリングにふさわしい指輪とされる。

ハコスカ⇒スクエアミニ

筥迫［はこせこ］日本の古い入れ物。江戸時代には若い女性の紙入れとして用いられた、ふところに挟んで持つ装身具で、現在では着物の礼装時の装飾として用いられる。

パゴダショルダー［pagoda shoulder］パゴダは東南アジアの寺院に見る「塔」のことで、まさしく塔のように尖鋭的に尖って盛り上がった肩線を指す。かつてのピエール・カルダンによるパゴダラインのスーツに見られるところからこの名がある。

パゴダスリーブ［pagoda sleeve］パゴダは東洋の寺院に見る「塔」のことで、ちょうどそのような形を思わせる袖のデザインをいう。上部が細く、下部が袖先に向かって広がる形のもので、なかには仏塔のように3段とか5段に重ねる形となったものも見られる。

パゴダライン［pagoda line］パゴダは東南アジアの仏教寺院に見る仏舎利を納める塔のことで、それをモチーフとしてデザインされたメンズスーツのシルエットを指す。1960年代中期のピエール・カルダンのメンズスーツに見られるもので、塔のように突き出た肩のラインなどを特徴とした。当時はパゴッドライン［pagod line］とも呼ばれた。

パゴッドライン⇒パゴダライン

ハ刺し［はざし］主にメンズスーツやテーラードなジャケットの襟に見られる仕様で、襟（カラーとラペル）の表地と芯地をなじませて留め付ける方法を指す。表地に針目が目立たないよう「すくい縫い」を施し、芯地の側に「ハ」の字型の縫い目が表れるところからこう呼ぶ。

はしごレース［はしご＋lace］「はしご編」と呼ばれる、梯子（はしご）のように一定の幅でひとつの模様を縦に編んでいく編み方で表現されるレースのこと。シャツの前立てや袖口などに用いられてファンシーな効果を発揮する。

バジャー［badger］アナグマ。その毛皮はファーコートなどの素材に用いられる。北米産のものが主とされる。

パジャマ［pajamas］セパレーツスタイル（上下分断式）の寝間着で、シャツ型のトップスとゆったりしたボトムスが共地で揃えられた一式をいう。かつては男性専用とされていたが、現在では男女ともに用いられている。本来はパジャマカラーと呼ばれる開襟型のシャツ襟を特徴としたオープンフロントのトップスで知られるが、現在では襟なしのものやプルオーバー型のトップスも見られる。これを英国でピジャマ［pyjamas, pyjammas］、フランスでもピジャマ［pyjama 仏］というが、その語意はヒンドゥー語の「足首丈のゆったりしたズボン」にあり、英国人がそれをインドから持ち帰ったところから広まったとされる。

ファッション全般

パジャマカラー [pajama collar] 寝間着の
パジャマに見られる襟型で、上襟の大き
なオープンカラー*（開襟）を指す。ク
ラシックな襟型のひとつで、スポーツ
シャツに見る襟の典型的な形とされる。
ハマカラー*とも同種とされ、キャプテ
ンカラー [captain collar] の別称もある。

パジャマジャケット [pajama jacket] パジャ
マを思わせるようなデザインのジャケッ
ト。パジャマカラー*と呼ばれる独特の
オープン襟とルーズなシルエットを特徴
とする。

パジャマシャツ [pajama shirt] 寝巻のパジャ
マを思わせるデザインのシャツで、多く
は女性用とされる。パジャマカラーと呼
ばれる独特の開襟とルーズなシルエット
を特徴としており、パジャマに用いるよ
うな柄と素材を用いたものが多く見られ
る。いわばカジュアルに外衣化されたパ
ジャマトップス。

パジャマスーツ [pajamas suit] まるでパジャ
マのような雰囲気のゆったりしたメンズ
スーツ。2009年春夏向けのミラノコレク
ションなどに登場した新しいアイテム
で、なかにはパジャマそのものといった
上下にテーラードな上着を合わせるコー
ディネーションも見られる。パジャマと
いうだけに、特有のストライプを用いた
ものが多く見られる。

パジャマストライプ [pajama stripe] パジャ
マ地によく用いられる縞柄のことだが、
特に綿ネルのパジャマによく見るくすん
だ調子の柄をいうことが多い。幅の広い
単純な縞柄が中心。

パジャマパンツ [pajama pants] 寝間着の
パジャマのパンツの意だが、ここではそ
れにヒントを得て作られた簡単な作りの
カジュアルなパンツを指す。ゆったりと
したデザインで、穿きやすさが何よりの
特徴とされる。一般に女性用のパンツと

されるが、最近では男性用のものも登場
するようになった。最初の流行は1920年
代のことで、海辺のリゾート地で着用さ
れたという。

パジャマルック [pajama look] まるでパジャ
マを着て、そのまま街を歩いているよう
なルックス。シーンフリー（着る場面を
選ばない）と呼ばれるファッション傾向
から生まれた表現のひとつで、見た目の
意外感を狙うのが目的とされる。なかに
は本物のパジャマを着用する例も見られ
る。

バ・ジャルティエール⇒ガーターレスス
トッキング

バジュ [baju インドネシア] マレーシアや
インドネシアなどで着用される、長袖の
ブラウスのような細身の上衣。元々は男
性も着たが、現在では女性用の衣服とさ
れている。別にカバヤ [kebaja, kebaya,
kabaya インドネシア] とも呼ばれる。

バジュクロン [baju kurung マレー語] バ
ジュクルンとも。マレーシアのムスリム
女性が着用する伝統的な民族衣装。襟な
し、長袖、膝丈のチュニックにロングス
カートを合わせて着こなすツーピース型
の衣服で、日常着から正装としてまで広
く用いられる。全体にカラフルでゆった
りしたシルエットを特徴とし、これにセ
レンダン [selendang] と呼ばれるショー
ルやトゥドゥン [tudung] と呼ばれるヘッ
ドスカーフを組み合わせるのがムスリム
教徒の戒律とされる。バジュは「服」、
クロンは「囲う」という意味。

バジュココ [baju koko] イスラム教徒の男
性の服装。モスク礼拝などフォーマルな
機会に着用するもので、シャツ状の上衣
とサルンなどと呼ばれる下体衣で構成さ
れる。イスラム教徒の女性が着用する正
装はムケナと呼ばれ、これはヒジャブを
特徴とする。

は

ファッション全般

バジュマラユ［baju melayu マレー語］バ
ジュメラユとも。マレーシアのムスリム
教徒の男性が着用する民族衣装。ゆった
りしたトップスとパンツから構成される
セパレート型の服装で、これにサンピン
［samping］と呼ばれる短い腰巻きを巻き
付け、ソンコ［song kok］と呼ばれる帽
子を合わせて着こなされる。日常的には
サンピンを用いず、カタヤという帽子を
用いることもある。なおソンコはふつう
黒を用いるが、聖地に礼拝したものは白
が許されるという。

パシュミーナ［pashmina］きわめて軽くて
柔らかく、繊細な触感を特徴とする獣毛
織物の一種。元はインド北方からネパー
ルにかけてのヒマラヤ山中に生息するカ
モシカの一種アイベックス（現地では
チャングラという）の毛から作られたも
のとされ、ショールや毛布などとしてそ
の地の豪族たちに用いられていたものだ
が、近年高級マフラーとして世界的に知
られるようになり、パシュミーナブーム
を呼んだ。さまざまなタイプが出回って
その定義にも曖昧なものがあるが、本来
はネパール語で「細く長い毛」を意味す
る言葉とされている。

芭蕉布［ばしょうふ］沖縄の伝統工芸品と
される織物のひとつ。糸芭蕉と呼ばれる
芭蕉の木から採り出した繊維で作られる
織物で、さらっとした感触と自然な色合
いで知られ、夏の着物地や帯、座布団、
ネクタイ、袋物などに用いられる。13世
紀頃からあったとされるが、現在では沖
縄本島北部の大宜味村喜如嘉や今帰仁村
などで生産されている。

バズカット［buzz-cut］ヘアスタイルの一
種で、短く刈り込んだベリーショートヘ
ア、すなわち日本語でいう「丸刈り、坊
主頭」をいう。バズは「ぶーん」という
オノマトペ（擬音表現）のひとつで、こ

こではバリカンの騒音を表現している。
つまりはバリカンで全体的に刈り上げた
短髪ということになる。なお3ミリくら
いにカットするスタイルは、バリカンの
調整番号から「ナンバーワン（＃1）」
と呼ばれる。

バスク⇒ペプラム

バスクード⇒アームロング

バスクジャケット⇒ペプラムジャケット

バスクシャツ［Basque shirt］フランスと
スペインのビスケー湾に面した国境に当
たるバスク地方で、船乗りたちが16世紀
から着ていた厚手の手編みセーターのこ
とで、フランス海軍のユニフォームに採
用されて広く知られるようになり、1930
年代に欧米のリゾートウエアとして広
まった。現在では横縞を特徴とする厚手
の丸首ジャージーシャツを指す。マリン
セーター＊やボーダーTシャツ（横縞T
シャツ）の原型とされるもので、アクア
シャツ［aqua shirt］（水のシャツの意）
とかアンカーシャツ［anchor shirt］（錨
のシャツの意）といった俗称もあるが、
これの本格は『セント・ジェームス』社
（英）が生産する、ボートネックで白と
紺のボーダーストライプによる長袖T
シャツ状のトレーナーとされる。

バスクシルエット⇒ペプラムシルエット

バスクベレエ⇒ベレエ

バスケット［basket］まさしく「籠（かご）」
の意で、「笊（ざる）」の意味もある。バッ
グとしては竹や藤、あるいはビニールな
どを編んで作られた、多くは角型の入れ
物を指し、バスケットバッグ［basket
bag］とも呼ばれる。ピクニックに用い
られる食器やナイフ、フォーク、また弁
当などを収納する大型の鞄は、一般にピ
クニックバスケット［picnic basket］と
いう。

バスケットウイーブ［basket weave］籠の

目のような状態になった織柄。「籠目織」ともいう。

バスケットクロス［basket cloth］バスケット（籠）状に仕上げた布地の総称。テープ状にした布を編み上げたり、布地をつまんだり、プリントでそのように見せるなど、さまざまなテクニックでバスケットの表情を作り出したものを指す。斜子織を意味する「バスケット織」とは異なる意味で用いられる。

バスケットシューズ［basket shoes］バスケットボール用の靴。スニーカーの代表的なものとして知られ、トップライン（履き口）が高い「ハイバス」タイプと、普通の短靴のような「ローバス」タイプの2種がある。いずれもバスケットボールの運動性を考えた靴底のパターンに大きな特徴が見られる。中でアメリカの『コンバース』社製の〈オールスター〉ブランドがそれらの元祖として知られる。日本ではこれを短縮して「バッシュ」あるいは「バッシュー」と呼ぶことが多い。バスケットスニーカー［basket sneaker］とも。

バスケットステッチ［basket stitch］アラン模様*のひとつで、「籠」を表す。俗に「籠編柄（かごあみがら）」と呼ばれ、魚を入れる籠をモチーフとしたもの。大漁を願う気持ちが込められている。

バスケットスニーカー⇒バスケットシューズ

バスケットチェック［basket check］籠（かご＝バスケット）の目のように織り出された格子柄。「籠格子」とか「籠目格子」また「網代（あじろ）格子」などと呼ばれる。

バスケットトランクス［basket trunks］バスケットボールの選手が着用する試合用の半ズボン。ボクサーショーツ*に似たショートパンツのひとつだが、最近はゆったりしたシルエットで長めの丈のも

のが多くなっている。

バスケットドレス［basket dress］バスケット（かご）状に編んだ布地で作られたドレス。いわゆるクラフトドレスの一種で、布地をつまんでバスケット状にし、立体的に見せるテクニックが面白いとされる。

バスケットバッグ⇒バスケット

バスコン⇒バストコンシャス

外し［はずし］服装表現において、わざと間違えたようなテクニックを用いてハズす感覚をいう。ちょっと奇をてらう感覚にも通じ、英語でいうミスマッチに似た着こなしになる。あまりにきちんと着こなすのは返って変、という見方から生まれた最近のファッション感覚のひとつ。「ハズシ」とも表現される

バスター・ブラウン・ボブ⇒ダッチボブ

パステルカラー［pastel color］クレヨンの一種であるパステルで描いたような柔らかく淡い色を総称する。こうした色調をパステルトーン［pastel tone］と呼び、ペールトーン*やライトトーン（明るい色調）、ライトグレイッシュトーン（灰色がかったライトトーン）などの高明度の色調が含まれる。パステルピンク［pastel pink］やパステルブルー［pastel blue］などが代表的。

パステルトーン⇒パステルカラー

パステルピンク⇒パステルカラー

パステルブルー⇒パステルカラー

バストアップブラ［bust up bra］女性のバスト（胸）を持ち上げて、美しく豊かに見せようとする機能を特性とするブラジャー。モールドカップ（成型カップ）の上縁にアモルファス・ファイバーの極細ワイヤーを縫い込むなどして形を崩れにくくし、バスト位置もずれにくくさせ、いわゆる胸の谷間をくっきり表現するデザインのものが多く見られる。日本では

は

ファッション全般

〈グッドアップブラ〉などの商品名で知られるが、こうしたものをアメリカではプッシュアップブラ［push up bra］と呼ぶことが多い。プッシュアップは「押し上げる」という意味。

バストコンシャス［bust conscious］胸を意識するという意味。女性の豊かに見える乳房にポイントを置くファッション表現を指す。ボディーコンシャス＊の流れの中から、意識的に女らしい胸の魅力を強調する傾向が生まれ、ボディコンシャスにならってこのような言葉が生まれた。単にバスコンと略したり、日本語も混ぜて「胸コン」などともいう。

バストパッド［bust pad］バストの扁平な人が用いる矯正用の詰め物で、ブラジャーのカップの中に入れて使う。バストフォーム［bust form］ともいい、特に杯（さかずき）状のものをブラカップ＊ということもある。これはまた乳房そのものを保護する機能ももっており、水着などにも用いられる。

バストパンツ［bust pants］バスト（胸）のところから裾までがひと続きになったパンツ。いわばジャンパースカートのパンツ版といった感じのもので、女性向きのファンシーなデザインパンツのひとつとされる。サスペンダーを用いる着方も特徴的。

バストファイバー⇒植物繊維

バストフォーム⇒バストパッド

バストポイント⇒バストライン

バストライン［bustline］「胸囲線」のこと。バストポイント［bust point］（乳頭点）を通って水平に一周する線を指す。

バスバッグ［bath bag］バスは「入浴、水浴び」の意で、温泉や大型スパなどに行くときの洗面道具などを収納するためのおしゃれなバッグを指す。最近の温泉ブームなどから登場した新商品のひと

つ。

ハズマットスーツ［hazmat suit］ハズマットはハザーダス・マテリアルズ［hazardous materials］の略で、「危険物」を意味する。サリンなどの毒ガス、毒物、放射性物質、可燃物等の危険物を指し、それらを完全に無害化、除去する任務に用いる「危険物防護服」をこのように呼ぶ。ビニール風船のような全身を覆う服が代表的で、黄色やオレンジ色のものが多く見られる。デュポン・タイベック防護服のような使い捨て化学防護服や汚染水域用のハズマット・ドライスーツなどもこのひとつで、他にハズマットグローブやハズマットシューズといった特殊な用具もある。

パスマントリ［passementerie 仏］フランス語で、飾り紐や房飾り、また金銀モールの類をいう。衣服に装飾的に用いる紐類というのが原意で、日本の業界では最近、リボンとレースを除いた装飾物をこのように呼ぶ傾向がある。これはまた英語でいうトリミング＊（縁取りなどの仕上げ飾り）を意味することもある。

バスローブ［bathrobe］入浴の前後に着用する略式のガウン。膝下くらいの短めのものが多く、テリークロス（タオル地）使いが中心となっている。本来は風呂上がりの水気取りに用いるもので、女性では「化粧着」ともされるが、男性の場合はヒゲ剃り時にも用いるところから、シェーブコート［shave coat］とかシェービングガウン［shaving gown］とも呼ばれる。

バスローブコート［bathrobe coat］バスローブのような形を特徴とした女性用のコートで、ガウンコート＊と同じくラップコート＊の一種とされる。ゆったりとしたイージーな着心地が約束されるもの。

バスローブドレス［bathrobe dress］風呂

上りに羽織るバスローブの形そのままにドレスとしたもの。ラップドレス*の一種で、シルクサテンなどの生地を使って、ゆったりと流れるようなシルエットを表現する。

パターン［pattern］布地や壁紙などに施される「柄」また「模様」の意。ほかに「原型、型紙、鋳型」また「型、様式、基本型」の意味や「模範、手本」「見本、サンプル」の意味でも用いられる。

パターンオーダー［pattern order］あらかじめ決められたパターン（型紙）やモデル（型）に応じて個人の好みを聞き、1点ごと仕立てていく服や靴の作り方をいう。元々は既製服のサイズが合わない顧客のために、既存のスーツなどをイメージを損なわないように注文仕立てするシステムを指した。プレタポルテ・オーダー*システムなどの別称があるのはそのためで、一般にPOと略称される。

パターン・オン・パターン［pattern on pattern］柄に柄を重ねるという意味で、ひとつの生地の上で異なる柄を重ね合わせる「二重柄」を指す。またこれとは別に、同柄や似たような柄、あるいは全く異なる柄の服種を組み合わせる着こなしの方法を意味することにも用いられる。

パターンコーディネーション［pattern coordination］パターンは「柄、図案、模様」の意で、服装においての柄物同士の組み合わせ方法をいう。柄物同士の組み合わせはややもすると野暮に映るものだが、ここでも柄に大小の差をつけて組み合わせるとか、どこかに無地の緩衝地帯をもってきて調和させるなど、さまざまな方法が考えられる。

パターンドジーンズ［patterned jeans］柄（パターン）を特徴としたジーンズの総称。ジーンズには無地以外にストライプやチェック、またファンシーなプリント柄

などをあしらったパターンドジーンズと呼ばれるものがある。いわゆるファッションジーンズ*の一種とされる。

パターンドジャケット［patterned jacket］「柄付きのジャケット」という意味で、一般にストライプやチェックなどの模様を特徴としたメンズテーラードジャケットを指す。無地のジャケット（ソリッドジャケット）の対語とされる。

パターンドシャツ［patterned shirt］パターン＝柄を特徴としたドレスシャツの総称。いわゆる「柄シャツ」で、ソリッドシャツ（無地シャツ）の対語とされる。日本ではパターンシャツともいい、ストライプ（縞柄）を始めとして、チェック（格子柄）やプリント模様（捺染柄）などさまざまな種類がある。それぞれをストライプシャツ、チェックシャツ、プリントシャツと呼ぶこともある。

パターンドセーター⇒フェアアイルセーター

パターンドソックス［patterned socks］模様の付いた靴下の総称。アーガイル柄を始めとして、ボスネック（ボス柄）やスパイラル柄などさまざまな模様があげられる。プリント加工を施したプリント柄のものも多く見られるが、最近では無地および無地調の柄の傾向が強くなっており、かつてのように華やかしく機械柄の可能性を試すといったことは少なくなっている。

パターンドパンツ［patterned pants］⇒柄パンツ

パターンメード［pattern made］パターンオーダー*と同義。主としてメンズスーツの服作りの方法のひとつとして生まれたもので、イージーオーダー*と似ているが、これは特定の店の特定のスーツなどに限定して用いられるというところに特徴がある。

バタフライカーディガン［butterfly cardigan］

ファッション全般

前合わせの部分にたっぷりとボリューム
を出して、ちょうど蝶の羽根のような感
じを表現した女性用カーディガンに付け
られた商品名のひとつ。落ち感のある柔
らかな素材を用い、カスケード（滝）状
のデザインを取り付けたのも特徴のひと
つ。前を留めないでふんわりと羽織るよ
うに着こなすのがポイントとされる。

バタフライスリーブ⇒バットウイングス
リーブ

バタフライタイ⇒バタフライボウ

バタフライネック [butterfly neck] 蝶の羽
のような形をした襟元という意味で、
オープンカラー型のカジュアルシャツに
見る襟の形をいう。いわば小さなイタリ
アンカラーといった形が特徴。

バタフライフレーム [butterfly frame] メ
ガネフレームのひとつで、蝶（バタフラ
イ）の羽のような形を特徴としたもの。
丸みを帯びたレトロな印象を感じさせ、
女性向きサングラスに多く用いられる。

バタフライボウ [butterfly bow] 蝶の羽の
ような形をした大型の蝶ネクタイ。バタ
フライタイ [butterfly tie] ともいい、昔
の日本では「ひょうたん」という異称で
も呼ばれた。

パチ⇒チマ・チョゴリ

バチュークロス [battue cloth] 主としてハ
ンティングバッグやフィッシングバッグ
などヘビーデューティー感覚のバッグに
用いられる丈夫な布地の名称。バチュー
はフランス語の battu（軍用語で被弾地
の意）に由来するものと思われ、一般に
鞄の材料名として用いられているが、本
来はアメリカのアウトドアグッズメー
カー『ハンティング・ワールド』社の呼
称がオリジナルとされる。

パッカブルウエア [packable wear]「包む
ことができる服」という意味で、自転車
のツーリングなどに用いる、コンパクト

に収納でき簡単に持ち運べる機能を持つ
衣料を指す。

パッカブルコート [packable coat] パッブ
カブルは「包むことができる」という意
味で、簡単に包めて持ち運びできるコー
トを指す。いわゆるポケッタブルコート
の現代的な用法のひとつ。

パッカブル・トラベルハット⇒ポケッタブ
ルハット

麦稈帽（ばっかんぼう）⇒ストローハット

ハッキングジャケット [hacking jacket] 乗
馬服の一種で、主として英国で用いる言
葉。ハッキングのハックとは「乗用の貸
し馬」とか「乗用馬、乗馬」という意味で、
ウエストを強く絞って裾のフレアをはっ
きりと表した長めのシルエットに特徴が
ある。深いセンターベントも乗馬のため
の配慮とされる。

ハッキングポケット⇒スラントポケット

ハッキングマフラー [hacking muffler] 乗
馬用のハッキングジャケット*とともに
用いられる長いマフラーのことで、シッ
クスフッター*と同種のもの。

ハッキングモデル⇒パドックモデル

バッグ [bag] 本来「袋」という意味で、手
に提げたり、肩に掛けるなどして用いる
「物入れ」を総称する。大型のカバン類、
小型のハンドバッグ類および籠（かご）・
袋物類の3タイプに大別され、また手提
げ式、抱え式、背負い式、肩掛け式など
の種類がある。なお鞄（カバン）とは中
国で箱を意味する「挟板（きゃばん）」
が転化したもので、日本で明治時代に
「鞄」の文字が当てられたとされる。

パック [pack] 本来は「湿布」の意で、こ
こから塗布剤を使用した美肌法の一種を
指すようになった。スキンケアの目的で
各種のパック剤を肌に塗りつけることを
指し、美顔用のフェイスパック [face
pack] のほか体に用いるボディーパック

ファッション全般

[body pack] の種類がある。最近は男性にも用いられるようになり、これをメンズパック[men's pack]などと呼んでいる。

バックアクセントドレス⇒バックポイントドレス

バッグ・イン・バッグ[bag in bag] 大きいバッグと小さいバッグがセットになっているバッグ。俗に「親子バッグ」と呼ばれ、セカンドバッグを別に用意したタイプと、大きいバッグの脇に小さなバッグを別付けしたタイプなどがある。バッグの中にバッグが入っているものは「入れ子」とも呼ばれる。

バッグ・オン・バッグ[bag on bag] 大きなバッグの上に小さなバッグをくっつけたファンシーなデザインのバッグを指す。バッグ・イン・バッグ*のように大きなバッグの中に小さなバッグが入っているのではなく、大きなバッグの外側に小さなバッグが付いているのがここでの特徴。

バックコーミング[back combing]「逆毛（さかげ）」のこと。膨らみを持たす目的で、櫛（コーム）を使って髪を逆方向に梳かすことをいう。また、そのような髪の状態を指す。

バックコンシャス[back conscious] 背面を意識するという意味で、バックスタイルにポイントをおくデザインを総称する。背中を大胆にカットして紐をあしらうようなドレスなどのデザインを指すが、肩甲骨を意識して背筋をシャキッとさせる下着などのデザインにも用いる。目立たせるためのデザインだけを意味するわけではない。

バックサテン[back satin] クレープ・バックサテン[crepe back satin]の略。表側がクレープ*で、裏側がサテン*になっている両面生地のこと。「朱子クレープ」とか「クレープ朱子」ともいう。

バックシームストッキング[backseam stocking] 後ろ側に縫い目をつけたストッキング。いわゆるシームストッキングと同じで、縫い目のない現在のシームレスストッキングと対照をなす。現在ではほとんど用いられることがなくなったが、時としてレトロ＆セクシーな感じがあるとして復活することがある。

バックスキン[buckskin]「牡鹿の皮」の意で、本来は牡鹿の皮の銀面をバフ*仕上げしてスエード状にしたものをいうが、現在では一般に革の裏表に関係なく、起毛した革素材の総称として用いられるようになっている。しかし、これを back-skin として「裏皮」のこととするのは間違いとなる。なお牝鹿の革はドウスキン[doeskin]と呼ばれる。

バックスキンシューズ[buckskin shoes] バックスキン（牡鹿の皮）を使ってバフ仕上げと呼ばれる方法で仕上げたスエード調の靴の総称。これに対してスエード革を使った靴はスエードシューズ[suede shoes]と呼ばれ、両者はよく似ているが、厳密にはきちんと区別される。

バックステイ⇒カウンター

バックステップヒール⇒セットバックヒール

バックストラップ[back strap] ズボンの後部中央、ウエストバンドの下部に付くバックル留めのことで、正しくはバックバックルドストラップ[back buckled strap]と称し、日本では「尾錠（びじょう）」と呼んでいる。本来ウエストサイズの調節用とされたもので、1850年代から一般化したとされるが、現在ではアイビー調のパンツ以外に見ることは少ない。そのことからアイビーストラップ[Ivy strap]の名称でも知られる。バックストラップはまたスーツ用ベストやアイビー調ハンチングなどの後部にも見られる。

バックストラップ（靴）[back strap] 靴の

597

ファッション全般

かかとの後部で足を固定する帯状のデザインを指す。バックベルト[back belt]ともいい、「後部を吊る」という意味からスリングバック[sling back]の名でも呼ばれる。ともにこうしたデザインの靴やサンダルのことも指す。

バックストラップシューズ[back strap shoes]かかとを覆う部分がないために、足首やかかとを甲部から伸びたストラップで引っ掛けたり、巻くようにして固定する形の靴を総称する。こうした留め具そのものをバックストラップというほか、バックバンドとかバックベルト、またスリングバックなどとも呼び、そうしたものを付けた靴を日本ではバックバンドシューズ[back band shoes]というふうにも表現する。

バッグスリーブ[bag sleeve]袋のような形を特徴とする袖のことで、肘の下側に大きな膨らみを持たせたもの。14世紀末ごろの衣服に多く用いられた。

バックセンターボックスプリーツ[back center box pleat]シャツ、とりわけアイビー調のクラシックなドレスシャツの背中中央に付けられる箱襞(ひだ)を指す。フィット性からきたデザイン。またトップセンターボックスプリーツ[top center box pleat]というと、プラケットフロント*(表前立て)の正式名称とされる。

バックチェック[back check]裏にタータンなどの格子柄を配した生地、またそうした柄使いのことを指す。コート地としても用いられる。

バッグチャーム[bag charm]バッグに取り付けるチャーム。チャームは、まじないやお守りとしての飾りもののことで、「つまみ細工」などで作られた花の形のそれなどが代表的とされる。なお、つまみ細工とは江戸時代から伝わる日本独特の手芸のひとつ。

バックパート⇒フロントパート

バックパック[back pack]何日にも及ぶ野外旅行に耐えるアルミフレーム製の大型の背負い式バッグ。そうしたアウトドアスポーツを「バックパッキング」というのはここからきているが、現在では単に背負い式のバッグをこのように呼ぶ傾向も現れている。これより軽便なタイプをアタックザック[attack sack]と呼ぶこともある。

バックバックルドストラップ⇒バックストラップ

バッグハンガー[bag hanger]テーブルなどの端に用いてバッグ類を吊るすようにした「カバン掛け」のこと。テーブルに掛ける本体とバッグを吊るすフックの部分からできており、別に「テーブルフック」などとも呼ばれる。コーヒーハウスやレストランなどで、狭いスペースにバッグを置くときに便利としてこのところ人気が出てきた。携帯用が主だが、貸し出しを行うレストランなども現れている。

バックバンド⇒バックベルト

バックバンドシューズ⇒バックストラップシューズ

バックプリントT[back print T]背中にプリント柄をあしらったTシャツ。1970年代に多く見られたもので、現在では70年代風のファッションをよく表すデザインとされる。

バックベアトップ⇒ミニエプロン

バックベルト[back belt]背中に付く共布のベルト。コートやカジュアルなジャケットなどにアクセントとして用いられることが多い。ハーフベルト[half belt]ともいうが、正確にはベルトの部分をたたき付けとしたものはバックバンド[back band]という。なお、コートやジャケットなどで、衣服と同じ生地で作られ

ファッション全般

たベルトをセルフベルト [self belt] と
呼んでいる。

バックポイントドレス [back point dress]
体の後ろの部分にデザイン上の大きなポ
イントをおいたドレスのことで、バック
アクセントドレス [back accent dress]
ともいう。大きなリボンをお尻に取り付
けたり、背中の深い開きや太幅のバック
ベルトなどで、フロントよりもバックを
強調したものを指す。

バックボウスタイル [back bow style] ソフ
ト帽のリボンの結び目を、真うしろに
持っていく方法。1950年代のアイビー流
行のころに現れたもので、ユニークなあ
しらいのひとつとされる。

バックボタン⇒ボタンダウンカラー

バックボリューム [back volume] 衣服の後
ろの部分にボリューム感を持たせたデザ
インを総称する。背中を膨らませたもの
などが代表的とされる。

バックヨーク [back yoke] ジーンズの後ろ
上部に見られる切り替えとなったデザイ
ンのこと。平面裁断のジーンズならでは
のアイデアで、これがヒップのフィット
感を決定づけるダーツの役割を果たして
いる。逆山型となったトラディショナル
Vヨーク [traditional V yoke] が基本的
な形とされ、ジーンズらしさを表す重要
なパーツとされている。

バックリング・タンクトップ [back ring
tank top] 背中のストラップの交差部分
に金属のリング（環）を取り付けたタン
クトップ。多くは女性用のアイテムとし
て用いられる。

バックル⇒バックルベルト

バックルストラップ⇒バックルドカフ

バックルドカフ [buckled cuff] トレンチコー
トなどに見るディテールデザインのひと
つで、ベルト状の留め具を用いた袖先の
仕様をいう。風雨を防ぐ目的で袖口を絞

るようにするもので、カフストラップ
[cuff strap] とかバックルストラップ
[buckle strap] とも呼ばれる。

バックルドシューズ⇒モンクストラップ
シューズ

バックルブーツ⇒ベルテッドブーツ

バックルベルト [buckle belt] バックル付
きのベルトの総称。バックルはベルトを
固定させる留め金具の部分を指し、日本
では「尾錠（びじょう）」という。業界
では尾錠の代わりに「美錠」の文字を用
いる傾向があるが、これはいわゆる当て
字とされる。ベルトのバックルは大きく
分けて、ピン付き型*、食止（くいどめ）
型*、トップ尾錠型* という３つの形が
ある。

バックレス⇒⇒ド・ニュ

バックレス・イブニングベスト⇒カマーベ
スト

バックレスサンダル⇒ミュール

バックレスブラ [backless bra] 背中部
分が大きく開いたブラジャーの総称で、
背中の開いたイブニングドレスなどに用
いるものだが、最近では背中部分を完全
になくしたデザインのブラジャーが登場
するようになって、それをこのように呼
ぶようにもなっている。わきの下に専用
の両面シールを貼って留めるようにした
ものがそれで、肩紐もなく、前からは
チューブブラ*、後ろからはノーブラに
見えるのが特徴とされる。背中がむき出
しになるところからベアバックブラ
[bare back bra] とも呼ばれる。

バッスルスカート [bustle skirt] バッスル
は、19世紀後半の婦人服に見られた、ス
カートの後ろ部分を膨らませるために用
いる腰当てや枠状の下着を指し、こうし
た姿をバッスルスタイルといったものだ
が、そのようなイメージに作り上げたス
カートを総称する。2008～09年秋冬

ファッション全般

ニューヨーク・コレクションなどに登場
して話題を集めた。

バッスルスタイル [bustle style] 1870年か
ら90年頃までの女性の服装。バッスル(フ
ランス語ではトゥールニュール tour-
nure という)と呼ばれる腰当てをスカー
トの後ろ内部に入れ、お尻の部分だけを
大きく膨らませる形を特徴としたもの
で、クリノリンスタイル*からの大きな
変化とされる。日本ではかの鹿鳴館が開
場した頃に導入されたため、これを「鹿
鳴館(ろくめいかん)スタイル」の名で
呼んでいる。

抜染 [ばっせん] 捺染(プリント)のひと
つで、英語ではディスチャージ・プリン
ティングという。可抜性の染料でプリン
ト下地を半染めしておき、その地色を消
して色柄を表す捺染法を指す。なお生地
の白で柄を表すのを「白色抜染」という。
英語のディスチャージには「排出する、
解放する」といった意味がある。

パッチ⇒ビューティースポット

パッチ(下着)⇒ロングパンツ

パッチ・アンド・フラップポケット [patch
and flap pocket] 貼り付け式のフラップ
ポケット*。またフラップ付きとしたパッ
チポケット*の意。フラップ・アンド・パッ
チポケット [flap and patch pocket]、フ
ラップパッチポケット [flap patch
pocket] ともいい、ほかに封筒のように
見えるところからエンベロープポケット
[envelope pocket] の名もある。

パッチトセーター [patched sweater] 肩や
肘の部分などにレザーやコーデュロイな
どを貼り付けたセーター。本来は補強を
目的としたものだったが、現在ではそう
したパッチワークそのものがファッショ
ン的なアクセントとされるようになって
いる。アーミーセーター*にもこうした
ものが多く見られる。

パッチポケット [patch pocket] 貼り付け
式のポケットの総称。別にアウトポケッ
ト [out pocket] とも呼ばれ、セットイ
ンポケット*に対してセットオンポケット
[set-on pocket] ということもある。
概してカジュアルな服のデザインに用い
られることが多い。俗にいう「貼りポケッ
ト」のこと。

パッチマドラス⇒マドラスチェック

パッチワーク [patchwork] 「継ぎ接ぎ細工」
の意。さまざまな色柄の布片を接ぎ合わ
せて模様を作ることをいう。

パッチワークジーンズ [patch work jeans]
パッチワークは「つぎはぎ細工」の意で、
カラフルな布片を随所に貼り付けてアク
セントとした「貼り付け」ジーンズをい
う。また、パッワークの布地で作られた
ジーンズを指すこともあり、これはリサ
イクルジーンズ*の別称ともされる。

パッツン前髪 [パッツン+まえがみ] 前髪
を眉より下に切り揃えたヘアスタイルを
いう俗称。その潔く、すっきりとしたイ
メージから、このように呼ばれるもの。

パッディングウエア [padding wear] 詰め
物を入れた衣服という意味で、インシュ
レーテッドウエア*やキルティングウエ
ア*などと同種のものを指す。パッデッ
ドウエア [padded wear] ともいう。

パッディングスカート [padding skirt] キ
ルティングなどの詰め物素材を使って作
られた、ふんわりとしたシルエットのス
カートを指す。パッデッドスカート[pad-
ded skirt] とも呼ばれる。

パッディングストール⇒パフストール

パッデッドウエア⇒パッディングウエア

パッデッドショルダー [padded shoulder]
肩パッドを厚く入れ、広く高く張らせた
肩線。ビッグショルダー*の代表的なも
のとされるが、こうしたものとは別にナ
チュラルショルダー*の対語としても用

600

いられる。

パッデッド・ショルダーポーチ⇒ツーデイパック

パッデドスカート⇒パッディングスカート

バッテンバーグレース［Battenberg lace］19世紀末に生まれた英国製のバッテンバーグブレードと呼ばれるテープを使ったテープレースの一種。ルネサンスレースと呼ばれる古い時代のブレードレースを復活させたものとされ、日本には明治の末から大正の初めにかけて伝わり、「バテンレース」とか単に「バテンバーグ」の略称で流行した。

ハット［hat］クラウン［crown］と呼ばれる山の部分（原意は冠）とブリム［brim］と呼ばれる鍔（つば）の部分（原意は縁）で構成される帽子の総称。いわゆる縁付きの帽子をいう。

パッド［pad］衝撃や摩擦などを防ぐために用いる「当てもの、詰めもの」また「当てものをする、詰めものをする」という意味で、ファッション用語では体形を整えたり、流行のシルエットを作るためなどに用いるショルダーパッド*（肩綿）やバストパッド*、ヒップパッド*の類をいう。

バットウイングスリーブ［batwing sleeve］蝙蝠（こうもり）が翼を広げた形に似ているところから、このように名付けられた袖。ドルマンスリーブ*を極端に表現したような感じを特徴とするもので、袖刳（ぐ）りが深く、手首ですぼまったデザインとなっている。これを蝶の形に見立ててバタフライスリーブ［butterfly sleeve］と呼ぶこともある。

バットウイングボウ［batwing bow］コウモリの翼のような形をしたボウタイという意味で、バタフライボウ*より大型の蝶ネクタイを指すことが多い。略してウイングボウ［wing bow］ともいう。

ハットスカイバー⇒スエットバンド

バットダイデニム［Vat dye denim］色落ちを防ぐ目的でほどこされたブルーデニム地への染色法、またそうしたデニム地のこと。非常に濃い青色を特徴とし、ふつうの色落ちしていくデニム地とは性格を異にするが、経年変化（エイジング）によって美しいパープルが現れるようになるところから、ヴィンテージジーンズのひとつとして好まれている。

パットデレファン⇒エレファントパンツ

ハットバンド［hat band］帽子のディテールデザインのひとつで、ソフトハットなどのクラウン（山の部分）の下部に巻く太幅の飾り帯を指す。一般にグログランという素材が用いられるが、サテンやモアレ、ベルベットなどを用いることもある。左側にリボン状の飾りをあしらったものはハットリボン［hat ribbon］とかヘッドリボン［head ribbon］またリボンバンド［ribbon band］などと呼ばれるが、このリボンを英米では「ボウ bow」と呼んでいる。

ハットピン［hatpin］主として女性の帽子を髪に固定させるために用いる飾り付きの長い留め針。単に帽子の飾りとして用いることもある。

ハットボックス［hat box］本来は帽子を収納するために円筒形になった箱を指す。そこからこれに似た丸い形を特徴とする持ち手付きの手提げバッグを意味するようにもなった。

ハット・ボディース［hat bodies］「帽体」を意味する英語。成型して作る帽子の材料のことで、材料の段階で製品に近い形をしているのが特徴とされる。ウールフェルトやファーフェルト、ストロー、シゾール（麻）、ラフィアなどに代表される。

ハットリボン⇒ハットバンド

601

ファッション全般

法被［はっぴ］「半被」とも綴り、単に「ハッピ」ともいう。近世以降、下級武士や仲間（ちゅうげん）、職人たちによって用いられた裾の短い上着から始まったもので、屋号などを染め抜いた「印半纏」と同義とされる。現在では祭り衣装として用いられることが多く、海外では「ハッピ」がハッピー happy（幸福な）に通じるとして「ハッピコート」の名で好まれている。

パッファーコート⇒パッファージャケット

パッファージャケット［puffer jacket］パッファージャケット、パッファーコート、パッファーコートまたパフジャケットなどさまざまな名称で呼ばれる防寒用のアウターウエア。多くは羽毛素材を詰めた腰丈のジャケットで、軽く暖かい機能的なデザインとなっている。パフは「丸くふわっとしたもの」の意で、そうしたイメージからこのように名付けられたもの。

パッファローコート［buffalo coat］バッファローコートとも。バッファローは一般に「水牛」を指すが、ここではアメリカン・バイソン（アメリカ野牛）を意味する北アメリカでの用語を採る。その毛皮で作られるコートのことで、寒冷地向きのきわめてヘビーデューティーな防寒コートとして用いられる。粗野な雰囲気が特徴とされる。

パッファーシャツ［buffalo shirt］バッファローチェックと呼ばれる大柄の格子模様を特徴とした厚手のウール地で作られたアウターシャツの一種。バッファローは「アメリカ野牛」の意で、元々野牛狩りの際に誤射されないよう、黒×赤、黒×緑、赤×緑といった5センチ四方ほどの大きさのチェックを用いたのが始まりとされる。このシャツは特にアメリカ西部のカウボーイたちが愛好するシャツとして知られる。

パッファローチェック［buffalo check］アメリカ西部のカウボーイやカナダの木こりたちによって着られるシャツやジャケットなどによく見られる派手なイメージの大格子柄。バッファローは「アメリカ野牛」のことで、元々野牛狩りの際に誤射されないようにという目的でデザインされた黒×赤、黒×緑、黒×青、赤×緑、黒×白といった5センチ四方ほどの大きさのチェックを指す。バッファロープレイド［buffalo plaid］ともいう。

パッファープレイド⇒バッファローチェック

パッファローボタン⇒ホーンボタン

パッファローレザー［buffalo leather］水牛の革。バッファローはまたバイソン［bi-son］と呼ばれるアメリカ野牛の本国での呼称でもあり、そうした野牛の革も意味する。厚くて粗く、独特のシボを特徴とするが、その無骨な表情に個性がある。

パティ⇒ゲートル

パティーヌ［patine 仏］紳士靴に見るアンティーク加工をいうフランス語。最初から履き込んだような色合いに仕上げる方法を指し、特に茶色の靴に黒の靴墨を塗り込むものが多く見られる。なかでもフランスの靴メーカーの名門『ベルルッティ』社のものが独自の方法として知られる。パティーヌそのものは「緑青」を意味する。

バティスト⇒ローン

バティックプリント［batik print］インドネシア原産のろう染めの独特な柄で、一般に「ジャワ更紗（さらさ）」として知られる。このプリント柄のカジュアルシャツは、アイビーシャツ＊の代表的なものとなっている。また、この柄を用いた衣装はインドネシアでは正装とされる。ほかに伝統や様式にこだわらない現

602

ファッション全般

代的な柄をモダンバティック [modern batik] とも呼んでいる。

パティナート [patinate 伊] フランス語でいうパティーヌ＊（アンティーク加工）のイタリア語。パティナ（古色、錆）から作られた言葉で、色を着けるという意味でコロラート [colorate 伊] ということもある。

パテントバッグ [patent bag] エナメル革で作られた女性用バッグ。エナメル革のことをパテントレザーというところからの呼称で、最近エナメルバッグの通称として用いられる例が多くなっている。

パテントレザー [patent leather] いわゆる「エナメル革」のことで、日本でいうエナメルレザー [enameled leather] の正式名称。牛革や山羊革に強い光沢仕上げを施したもので、礼装用のパンプス＊（コートシューズ）などによく用いられる。パテントは「特許、特許権」の意味で、この素材が特許を得て作られたという伝説に基づいて業界用語として普及したもの。ちなみに英国ではペイタントレザーと発音することが多い。

パテントレザークロス⇒エナメルクロス

バ・ド・ショース [bas de chausses 仏] ショース＊の下の部分の意で、中世の男性が用いた長靴下を指す。ショースの上の部分はオード・ショース＊といい、これは「腰部を覆うもの」を示す。オー haut（高い）に対して、バ bas は「低い」という意味を持つ。英語ではストッキング・オブ・ホーズ [stocking of hose] と称し、これが今日のストッキング（フランス語ではバという）の基になった。

ハドソンベイコート [Hudson Bay coat] カナダのハドソン湾のコートという意味で、白または生成り色の厚手ウール地で作られたダブルブレステッド6ボタン、共ベルト付きのショートコートを指す。

裾と袖口に入れられた赤、黄、緑の3色の横縞模様が特徴的で、カナダ版ピーコート＊といった趣がある。白の毛布地を用いるところから、ホワイトブランケットコート [white blanket coat] の別称でも呼ばれる。

パドックモデル [padock model] 1930年代から40年代初めにかけて流行した、スーツとスポーツジャケットのスタイル。シングル2ボタン型だが、下のボタン位置をウエストライン上にもってきた極端なハイツー＊となっているのが特徴。パドックは「乗馬用の囲い地」の意味で、カントリー調のスーツやジャケットに多く採用された。ハッキングモデル [hacking model] とも。

バトルジャケット [battle jacket] 「戦闘」用ジャケットの意で、第2次大戦時にアメリカ陸軍が英国陸軍のバトルドレス [battledress]（戦闘服の意）を基にして作り上げた機能的なウエスト丈の上着をいう。ジャンパーの基本的な形のひとつとされ、現在ではカジュアルなショートジャケットのひとつとして一般にも供されている。

バトルドレス⇒バトルジャケット

バトルパンツ⇒ミリタリーパンツ

バトルブーツ [battle boots] 戦闘用ブーツの意。軍隊で用いる頑丈な半長靴で、多くの鳩目と引っ掛け具で靴紐を結ぶタイプとなったものが多く見られる。コンバットブーツやミリタリーブーツ、タクティカルブーツなどと同じで、一般用のものは安全靴の一種と見なされる。

パトン [patten] 「西洋足駄（せいようあしだ）」と訳されるオーバーシューズ＊の一種。泥道を歩くときに靴を履いたままで用いる、鉄製の長い足の付いた木製の履物をいう。

バトンキャッチ⇒天狗

は

603

ファッション全般

バトン・ド・ルージュ⇒リップスティック

バナーヌ［banane 仏］フランス語でバナナ色の意。明るく鮮やかな黄色に代表される。

バナールルック［banal look］バナール（フランス語でバナルとも）は「平凡な、凡庸な」という意味で、なんの変哲もないごく普通の服装を指す。刺激的なファッションが多い中ではかえって新鮮に映るということで、1996年頃から注目されるようになった。

鼻緒シューズ［hanao shoes］下駄のような鼻緒を取り付けた変わったデザインのスニーカー。京都の Whole Love Kyoto の制作によるもので、2017年、京都造形芸術大学でウエルカムアートとして展示され、商品化された。

鼻毛エクステ［鼻毛＋extension］鼻毛に付け毛を結びつけるなどして、わざと長くした鼻毛を見せつけるテクニック。「インスタ映え」の効果を狙って考え出されたもののひとつで、なかでもきわめてエキセントリックな技とされる。これを女性が行うところに面白さがある。

ハナコ族［ハナコぞく］1988年5月に『マガジンハウス』から創刊された新型情報誌『Hanako』の読者層に当たる女性たちをこう呼ぶ。俗に「新人類世代」と呼ばれる層で、当時25歳から30歳前後の独立した感覚を持つOLたちがそれに当たる。いわば「アンノン族*」の大人版といったところで、新しいライフスタイルを創り上げるのに積極的な都会派女性というイメージで語られたもの。91年頃までの現象。

バナナカーゴ［banana cargo］脚部がバナナのような形に湾曲したカーゴパンツ*のことで、これを穿くと生地がねじれて脚のラインがきれいに見える効果があるという。多くはミリタリー調のカーキ色のコットン／ナイロン製のもので、俗に「美脚カーゴ」などと呼ばれている。

バナナスリーブ［banana sleeve］バナナのような形を特徴とする袖。丸みのあるラインを描くもので、五分袖のものが中心。

バナナヒール［banana heel］まるでバナナのような形をした靴のヒール（かかと）。ぽってりと膨らんだヒールが、地面に着く先端で絞られた形になったもの。伝統的なヒール型のひとつだが、最近これの形を少し変えたタイプが登場している。

バナナファイバー［banana fiber］「バナナ繊維」の意。バナナの収穫時に棄てられる茎を利用して作られる繊維で、バンブー（竹）やトウモロコシ繊維*などと並ぶ新しいエコロジー素材のひとつとして最近注目されている。通常は綿との混紡で生地にされることが多く、ざっくりとした自然なムラ感があり、吸水性に優れているためべたつき感が少ないという特性をもつ。バナナの茎は元来がセルロース系の繊維とされる。

パナマ⇒パナマハット

パナマクロス［panama cloth］単に「パナマ」ともいう。夏のスーツ地として用いられる平織の梳毛織物の一種。目の粗い織り方がパナマ帽の素材に似ているところからの名称といわれる。

パナマハット［Panama hat］俗に「パナマ」の名で知られるストローハット*型の帽子の一種。本来はヒピハパプラントとかパナマ草（トキヤ草とも）などと呼ばれるエクアドルやコロンビアなど中南米産の椰子類の繊維で編まれた作業用の日除け帽を指したものだが、19世紀の終わり頃に夏の帽子としてヨーロッパに輸出されて紳士淑女の間に流行した。この名称は産地名ではなく、その出荷港であったパナマに由来するもので、一説には1906年、当時のアメリカ大統領セオドア・ルー

ファッション全般

ズベルトがパナマ運河を視察中、この帽子をかぶって現れたところからメディアに採り上げられ、この名が付いたという話もある。昔ながらの鍔（つば）の広いタイプはヒピハパ [jipijapa 西]（エクアドル中西部の地名から）とかプランターズハット [planter's hat]（農園帽の意）と呼ばれる。それらは全体に淡い黄色であるのも特色のひとつ。

パナミントジャケット [Panamint jacket] アメリカのアウトドアウエアメーカー『シエラデザインズ』社の開発によるアウタージャケットの商品名。60／40クロス*使いで、比較的丈の短いのが特徴。一般にマウンテンパーカ*のシティータイプとして知られる。

パニアー [pannier] 荷籠、パン籠の意。簡便な作りの籠類を指し、日本では一般に「カゴバッグ（籠＋bag）」として親しまれる。フランス語でパニエ [panier 仏] とも呼ばれ、ストロー（麦わら）やラフィア、バナナの葉の繊維などで作られるものが多い。一般的なものからドレッシーなものまで、さまざまなタイプがある。

ハニーコーム [honeycomb] ハニコーム、ハニコムとも。「蜂の巣」の意味で、表面に蜂の巣に似た「升（ます）型」を形成する柄をいう。一般に「蜂巣柄」という。

バニーブーツ [bunny boots] 極寒地用の特殊な防寒靴。二重ゴム底などの工夫を施し、その空間に圧搾空気を入れて断冷するといった仕掛けになっているのが特徴。こうしたものをアークティックブーツ [arctic boots]（北極のブーツの意）と総称することもあるが、いずれもスキーブーツのような成型法で作られるのも特徴のひとつで、通常のブーツよりもはるかに大きな形になったものが多く見られる。また蒸気障害の意からベーパーバリアブーツ [vapor barrier boots] の名

でも呼ばれる。

パニエ [panier 仏] 本来は「籠（かご）」の意で、スカートを広げるために用いる下着の一種をいう。英語ではフープ [hoop] といい、こうしたものをアンダースカート*と総称している。これに類するものは18世紀ロココ時代から見られ、クリノリン*、バッスル*に受け継がれて、現在のペチコートまで続いている。

パニエ・ドゥブル [panier double 仏] 18世紀中期の女性の服装に見られるスカートを膨らませるためのパニエ（たが）の一種。釣鐘型のパニエに対して、体の両脇に張り出すようになった楕円形のパニエをこのように呼んだもので、これによって前後に扁平なシルエットを表現するようになった。

パニエミニスカート [panier miniskirt] パニエは本来フランス語で鳥の籠を意味するが、ファッション用語ではスカートを大きくふくらませるためにスカートの内部に入れて用いる枠状の下着の一種を指す。これを最初から作り付けとしてボリューム感あふれる形に仕上げたミニスカートのことで、いわゆる3Dミニ*の代表的なものとされる。ロリータ好みのアイテムとしても用いられる。

バニティーケース [vanity case] バニティーバッグ [vanity bag] ともいう。女性が化粧品や化粧用具を入れて持ち運べるようにした箱型のバッグ。留め金の付いた大きな蓋に持ち手が付き、その裏は鏡になっているのが特徴。女優やファッションモデルなどのメイクアップ用とされるところから、俗にメイクバッグ [make bag] と呼ばれることもある。バニティーには「虚栄心、うぬぼれ」といった意味がある。小型の化粧入れをバニティーポーチ [Vanity pouch] ともいう。

バニティーバッグ⇒バニティーケース

は

605

ファッション全般

バニティーポーチ⇒バニティーケース

パニナリ［paninari 伊］1986年頃から注目されるようになったミラノの若者風俗で、イタリア語でパニーノテーカと呼ばれるハンバーガーショップにたむろする若者たちというところから名付けられたもの。そのスタイルは、洗練されたブランド志向のカジュアルファッションが特徴。

はにわルック［はにわ＋look］日本の寒い地方の女子高生などに見られる、制服のスカートの下にハーフパンツを穿くスタイルを、古代の埴輪の姿になぞらえてこのように称したもの。

羽カチューシャ［はね＋katyusha］羽根カチューシャともいう。羽根の飾りを付けたカチューシャのことで、もともと2008年秋ごろにニューヨークで作られた「フェザードヘッドバンド」を元に、2009年秋日本で流行したヘアアクセサリーをこのように呼んでいる。小さな羽や大きなキジの羽根を付けたり、ほんもののファー（毛皮）やクリスタルストーンなどをあしらったタイプも見られる。別にフェザーカチューシャとかフェザーヘッドバンドともいう。

パネルスカート［panel skirt］パネルは「羽目板、画板」などのほか服飾用語では「縫いばめ、飾り布」といった意味があり、そうしたパネル使いを特徴としたスカートを指す。スカートと共地の四角い布片を短冊のように重ねたり、別の布地を「羽目板」のようにはめ込んだりしたものが代表的。

パネルストライプ［panel stripe］パネルは「縫いばめ」の意で、編み柄が特に目立つように強調された縞柄をいう。

パネルドレス［panel dress］パネルは「羽目板、鏡板」また「（衣服に縫い付ける）布片」の意味で、身頃やスカート部分などに共布や別布をはめ込んだり、肩などから布片を垂らしてファンシーな雰囲気を盛り上げたドレスを指す。

パネルパターン［panel pattern］パネルは「縫いばめ」といった意味で、いわゆる「枠取り柄」を指す。ひとつの完全な柄を大剣いっぱいに当てはめたネクタイのパネル柄などとして知られる。

パネルフロント⇒プラケットフロント

バノックバーン［bannockburn］バノックバーン、またバノックバーンツイードとも。スコットランド中部セントラル州南東部のバノックバーンで最初に織られた霜降りツイードで、タテヨコともに杢糸で織られるところに特徴がある。いわゆるチェビオットツイードの一種。

バハシャツ［Baja shirt］メキシコのバハ・カリフォルニア地方を原産地とする民族調のアウターシャツ。絞り染めと目の粗い織り方が特徴の綿シャツの一種で、独特のメキシカン・テーストに味がある。

ババシャツ［—shirt］オバさんたちが着るような女性用の肌着シャツをいう俗称。VネックやUネックなどで七分袖などとしたものを若い女性たちがこのように呼ぶようになったもので、最近では防寒効果に加えて、素材の改良により薄くファッショナブルになったことから、女性の間で広く普及するようになっている。

バハ・スタイル［Baja style］メキシコのバハ・カリフォルニア（カリフォルニア半島）をイメージしたポップでキュートなファッション表現をいう。2015年のトレンドのひとつとなったもので、独特の色使いと模様が特徴とされる。バハ・ファッションとも単にバハとも呼ばれる。

ババスト［——］オバさん用の下着シャツとしてすっかり有名になったババシャツになぞらえて、中年女性が愛用する膝下

ファッション全般

丈のショートストッキングをこのように呼ぶ。ババシャツ同様、最近では若い女性の間にも愛好者が増えている。

幅ダービー⇒ダービータイ

幅タイ⇒ダービータイ

ハバダシャリー [haberdashery] ハバーダッシャリーなどとも。アメリカ語で男性用の装身具・雑貨類、いわゆる「紳士用洋品類」を指す。主として帽子や手袋、ネクタイ、ベルト、サスペンダー、ガーターなどの小間物類を総称し、ハバーダッシャー＊となると「紳士用洋品屋」の意味になる。英国ではともにリボンや糸、針などを販売する「小間物屋」をいう。

ハビット [habit] 一般に「習慣、習性、くせ」を意味するが、特殊な職業における衣服の意味もある。たとえばモンクスハビット [monk's habit] といえば、修道士の着る「僧服」を意味する。また、これをフランス語読みしたアビは衣服や服装などの総称として用いられるが、特に18世紀以降、貴族階級の男性が用いた上衣を指すことになる。

バビラス [babiras] カイマンワニ（石ワニ）の皮革。アゴから脇腹にかけての部分や背部分などが、ハンドバッグ用などとして使われる。

ハビリメント [habiliment] 通例複数形 habiliments で、文章語の「衣服」を表す。また「（特別の行事や職務に使用する）衣装、服装」の意味もある。

バフ [buff] 革の銀面や肉面をサンドペーパーで毛羽立てる加工法のことで、「バフ仕上げ」とも呼ばれる。ヌバック＊はこれによって作られる。またバッファロー（水牛・野牛）の皮から作る黄褐色の「揉み革」の意味もあり、これはレンズを磨くのによく用いられる。

バブアジャケット [Barbour jacket] バーブァージャケットなどともいう。英国の

アウトドアメーカーの名門『バブア』社によるハンティングジャケットの商品名。高密度のエジプト綿にワックスを塗布したものが同社の伝統的アイテムとして知られ、これをワックスジャケット [wax jacket] とも俗称している。

パファーコート⇒パッファージャケット

ハファール [Haferl 独] ハーフェルとも。ドイツの伝統的な靴の名称で、チロリアンシューズの一種とされる。ノーウィージャン製法で作られ、ビブラム社のクレッターリフトソールを持つ頑丈なワークシューズで、登山用に用いられることが多い。履き口が中央ではなく、サイドレースと呼ばれる斜めに付いた形が最大の特徴で、長い舌革が付くのもユニークなデザインとされる。元は1803年にドイツ南部の靴製造職人であったフランツ・シュラットがアルプス・カモシカの蹄（ひづめ）を手本に考案したという。ハファールシューズとかハファールブーツなどとも呼ばれる。

パフアップ⇒パフトスタイル

パフィーショルダー [puffy shoulder] パフィーは「膨れた、腫れ上がった」の意で、ギャザーやタックなどで袖山を膨らませた肩のデザインを指す。ドレスやブラウスなどに用いられることが多い。

パフィーバッグ [puffy bag] パフィーは「膨れた、腫れ上がった」という意味で、全体に丸みを帯びたふっくらとしたイメージの女性用バッグを指す。

バブーシュ [babouche 仏] モロッコ特産の室内履きとして知られる履物。羊革や牛革で手作りされるスリッパ風の履き物で、爪先が長く伸び、上に反り返った形に特徴がある。本来は金銀の刺繍やビーズ模様などを飾っているが、最近ではこれをモチーフにしたサンダル風の履物をタウンシューズのひとつとして用いるこ

は

ファッション全般

とがある。

バブーシュカ［babushka 露］ロシアの農婦たちが愛用するかぶりものとしてのスカーフの一種。端をあごの下で結び合わせて用いるもので、俗に「カチューシャかぶり」の名でも知られる。

パフォーマンスアパレル［performance apparel］きわめて優れた機能を持つ衣料という意味で、特にアスリート（スポーツ選手）向けに開発された選手の能力を最大限に発揮させることのできるそうした衣料を指す。アメリカのスポーツブランド「アンダーアーマー」が確立させたジャンルとされ、特に「チャージドコットン」と呼ばれる新素材を使った伸縮性と吸汗性などに優れたＴシャツなどが知られる。

パフォーマンススポーツウエア［performance sportswear］パフォーマンス（興行、演技）性にあふれたスポーツウエアという意味で、本来競技用として作られたスポーツウエアを街の中で着る様を表したアメリカの用語として知られる。ストリートスポーツウエア*やタウンアスレティックウエア*などとも同義とされる。

パフジャケット⇒パッファージャケット

パフスカート［puff skirt］パフは「丸くふわっとしたもの、ふわっと膨らんだ部分」という意味で、膨らみを感じさせるスカートを総称する。パッディングスカート*もそのひとつだが、この種のスカートをいう名称はほかにも多く、泡のように膨らんだというところからバブルスカート［bubble skirt］、風船のように見えるところからバルーンスカート［balloon skirt］などとも呼ばれる。

パフストール［puff stole］膨らみ感を特徴としたストール。もこもこ、ふわふわとした感じがポイントで、詰め物素材を使ったパッディングストール［padding stole］と呼ばれるものもこの一種とされる。

パフスリーブ［puff sleeve］ギャザーやタックなどをとって丸く膨らませ、袖口を細い幅の帯で絞った袖のデザイン。長袖、半袖ともに見られるが、最近この伝統的な袖がワンピースやブラウスなどに多用されて復活している。パフは「ふわっとしたもの、ふわっと膨らんだ部分」といった意味で、バブルスリーブ［bubble sleeve］（泡のようなの意）とかバルーンスリーブ［balloon sleeve］（風船のようなの意）などとも呼ばれ、ランタンスリーブ*と同義ともされる。

羽二重［はぶたえ］タテヨコに無撚りの生糸を用いて織り上げる薄手の平織絹布。光沢感に富み、柔らかな手触りと独特のコシ感を特徴とする。綾織とされたものは「綾羽二重」と呼ばれる。主に紋付の礼装に用いられる、日本を代表する絹織物のひとつ。

パフＴシャツ［puff T-shirt］パフスリーブを特徴とした女性用のＴシャツ。女性らしさを狙ってデザインされたもので、これには襟刳りを深くしたＵネックラインのものも見られる。

パフトスタイル［puffed style］パッフトスタイルとも。ポケットチーフの飾り方のひとつで、無造作に突っ込んで、ポケットチーフの中央をふんわりと膨らませて見せる方法をいう。パフアップ［puff up］などさまざまな呼称があるが、特にアイビー調の服装に好んで用いられたところから、アイビーフォールド［Ivy fold］の異称もある。フォーマルで少しくだけた装いや一般的な服装にもよく用いられる。

パフフェイス［puff face］女性化粧用品のパフ（化粧刷毛）のような表面を特徴とする素材を、一般にこう呼ぶ。ソフトな

起毛後加工素材のひとつ。

パフボールスカート [puff ball skirt] ふわっと膨らんだボールのようなイメージのスカートということで、パフスカート*やバルーンスカートなどと同義のアイテム。

パフューマー ⇒ パフューム

パフューム [perfume] パヒュームとも。正しくはパーフュームあるいはパーヒュームと発音される。「香り、芳香、よい匂い」の意で、化粧品においては「香水」また「香料」を指す。パフューマー [perfumer] といえば、「調香師」や「香料製造業者」の意味になる。

パフュームコロン ⇒ オーデパルファン

バブルガムカラー [bubble gum color] バブルガムは「風船ガム」の意で、それに見るようなカラフルな色をいう。2007～08年秋冬向けの海外コレクションでこのような色調が大挙登場し、秋冬ファッションのカラフル化を招いたとされる。

バブルスカート ⇒ パフスカート

バブルスリーブ ⇒ パフスリーブ

バブルトップ [bubble top] バブル（あぶく、泡）のようにふっくらとしたボリューム感を持つ女性用の上衣類の総称。ギャザーやタックなどで膨らんだイメージを表現したブラウスやカットソーなどがあり、中には肩むき出しのベアトップ*型のデザインとなったものも見られる。

バブルドレス [bubble dress] 泡（バブル）のように膨らんだ形を特徴とするドレス。バルーンドレス*と同義。

バブルパンツ [bubble pants] 泡（バブル）のような膨らみを特徴とする女性用パンツ。ギャザーやシャーリングなどを入れて膨らませた丈の長いブルマーズ*状のもので、裾をゴムなどで絞ったデザインのものも多い。バルーンパンツ*やプッファンパンツ*と同義。

バブルライン ⇒ ボールライン

ハマーパンツ [Hammer pants] ハーレムパンツの異称。1990年代に活躍したヒップホップ系の歌手、ダンサーである M.C.ハマーが裾絞りのゆったりしたハーレムパンツ型のパンツを愛用したところから、このような名称が生まれた。

ハマカラー [――collar] ハマは「横浜」の略で、かつてのハマトラ*の流行時に用いられたシャツやブラウスに見る襟型を指す。いわゆるオープンカラー（開襟）のひとつで、ワンナップカラー*型となっているのが特徴。横浜のフェリス女学院の制服に見る襟型を原型とするという説がある。

ハマトラ [横浜＋ traditional] 横浜トラディショナルの略から生まれた言葉とされ、ニュートラ*の横浜版として1979年頃から流行したファッション。横浜・山手にある名門女子大学・フェリス女学院の学生たちをイメージターゲットとし、元町の『フクゾー』のポロシャツや巻きスカート、『キタムラ』のバッグ、『ミハマ』のフラットシューズを三種の神器として全国的に流行した。ニュートラと並んで、今日のコンサバエレガンス*系ファッションの源流とされる。

バミューダショーツ ⇒ バミューダパンツ

バミューダスーツ [Bermuda suit] 大西洋の英領バミューダ諸島に発したバミューダパンツと呼ばれる半ズボンを中心として、共地のジャケットを組み合わせた一式をいう。炎天下のバミューダ諸島ではこうしたスタイルが仕事服としても通用しており、男のスーツとしては珍しいショートパンツスタイルとされる。

バミューダパンツ [Bermuda pants] バミューダショーツ [Bermuda shorts] の正式名称。大西洋の英領バミューダ諸島で、英軍人によって考案されたとする膝

ファッション全般

上丈の半ズボン。基本的にちゃんとした
トラウザーズ（ズボン）の形を踏襲して
おり、バミューダホーズと呼ばれる長靴
下や革靴を伴って、ドレッシーなスタイ
ルとして着こなすことができる。1930年
代にアメリカの学生たちに好まれたとこ
ろから、夏のリゾートスタイルに欠かせ
ないアイテムとなったもので、日本では
60年代にアイビールックのひとつとし
て、マドラスチェックのものが大人気と
なった。

バミューダホーズ⇒バミューダレングス

バミューダレングス［Bermuda length］膝
上丈のことで、バミューダパンツと組み
になっていることからの名称。オーバー
ニーレングス［over knee length］ともい
い、こうした長さの靴下を指すとともに、
バミューダホーズ［Bermuda hose］の名
でも知られる。これより長いものはサイ
ハイレングス［thigh high length］という
が、これは女性のストッキングに特有の
もので、男物にはあまり見ることはない。

バムロール⇒ファージンゲール

パラ⇒ストラ

腹掛［はらがけ］職人たちが法被の下に着
る衣服のひとつで、背部に細い共布を斜
め十文字に交差させて着用する。多くは
紺木綿で作られ、腹の部分に「どんぶり」
と呼ばれるポケットが付くのが特徴。こ
のほかに素肌に着る下着や子供の腹当も
指す。

パラカジ⇒パラダイスカジュアル

パラカジャケット［palaka jacket］ハワイ
のサトウキビ畑などで昔用いられていた
作業着のひとつ。丈夫なコットン地で作
られた長袖のシャツジャケット状のもの
で、チェック柄を特徴とし、これがアロ
ハシャツにつながったとされる。パラカ
はハワイ語で「チェック」を意味すると
いうが、18世紀ごろ当地を訪れた西洋の

船の乗組員が着ていた作業着「フロック」
がハワイ語に転訛したものともされる。
単にパラカ、またパラカシャツとも称さ
れる。

ハラキャミ［――］腹巻きとキャミソール
の合成語。腹巻きとキャミソール両方の
機能を併せ持つ女性下着の新しいアイテ
ム。

パラギャル⇒パラダイスカジュアル

バラクータＧ‐９モデル［BARACUTA
G-9 model］英国マンチェスターに本拠
を置くレインウエアメーカー『バラクー
タ』社が1937年に開発したとされるゴル
フジャンパーの商品名で、ドリズラー
ジャケット*の原型とされる。バラクー
タのブランド名が付けられたのは48年の
ことだが、これは当時Ｇ‐９モデルを愛
用していた文豪アーネスト・ヘミング
ウェイがバラクーダ（大カマス）を釣り
上げたことに由来するなど諸説がある。

パラグライダーシューズ⇒フライトシュー
ズ

バラクラバ［Balaklava ロシア］目と鼻の
部分だけを露出させるニットキャップの
一種で、日本では俗に「目出し帽」と呼
ばれる。バラクラバというのはクリミア
半島にある村の名で、その地方で昔から
防寒用として使用されていたことに由来
する。「ノルウエイ帽」などと呼ばれる
こともある。

ハラコ［はらこ］腹子、胎子、肚仔などと
綴り、「はらご」とも発音される。動物
のお腹の中にいる子のことで、その革を
指していう。多くは牛の胎児の皮をなめ
したところからアンボーンカーフ
［unborn calf］（まだ生まれていない仔牛
の意）とも呼ばれる。現在では動物保護
の観点から、そのきわめて柔らかな感触
を模した模造皮革が代用されることが多
くなっており、これをフェイクハラコ

610

[fake ＋はらこ] などと呼んでいる。

バラシア [barathea] バラシャとかバラセアともいう。小さな菱形の織柄を特徴とする斜子織（ななこおり）*の生地。スペイン原産とされ、黒、グレー、濃紺のものが多く、スーツのほか夜間向きのフォーマルウエアの生地としても用いられることが多い。

パラシゾール⇒シゾール

パラシュートクロス [parachute cloth] パラシュート（落下傘）用の生地。光沢のあるナイロンタフタ*製のものが代表的で、密な地合いが特徴とされる。昔は絹で作られていた。

パラシュートシャツ [parachute shirt] パラシュートクロスと呼ばれる光沢感の強いナイロンタフタ生地で作られたシャツ。あまり上等とはいえないメンズシャツなどに多く見られる。

パラシュートジャンパー [parachute jumper] パラシュート（落下傘）用の生地で作られたジャンパー。光沢のあるナイロンタフタ製のものが代表的で、MA-1ジャケット*型の軽快なデザインのものが多く見られる。

パラシュートスーツ [parachute suit] 落下傘兵が着用するジャンプスーツ*の一種。パラトルーパースーツ [paratrooper suit] とも呼ばれ、きわめて機能的なデザインに仕上げられている。飛行士が用いる同種のものはフライングスーツ [flying suit] とかフライトスーツ [flight suit] などと呼ばれる。

パラシュートスカート [parachute skirt] パラシュートは「落下傘」の意味で、落下傘のように広がった形を特徴とするスカートを指す。俗に「落下傘スカート」と呼ばれ、1950年代のロックンロール流行期に、ペチコートで大きく膨らませたロング丈のものが大流行したことがある。

パラシュートドレス [parachute dress] パラシュート（落下傘）のような形を特徴とするドレス。肩や胸などの高い位置からギャザーやプリーツなどを入れて、パラシュートのように広がるシルエットをもたせる。フランス語の「雨傘」の意を用いてパラプリュイドレス [parapluie dress] ともいう。ミニ丈のものはミニパラシュートドレス [mini parachute dress] と呼ばれる。

パラシュートバッグ [parachute bag] さまざまな意味で用いられる。ひとつは軍のパラシュート部隊用のバッグの意で、これにはフランス軍で1960〜70年代に用いられたボストンバッグ型のものやチェコ軍のリュック型のものなどがある。また、パラシュートに使う素材で作られたバッグの意味もあり、これは軽くて頑丈なことで知られる。そして、パラシュート（落下傘）を収納するバッグの意味もあり、これはパラシュート・キットバッグとも呼ばれる。いずれも機能的なバッグのひとつとして日常的に用いられるようになっている。

パラシュートパンツ [parachute pants] パラシュート（落下傘）に用いられるナイロン素材で作られるカジュアルなパンツ。パラトルーパーパンツ [paratrooper pants] とも呼ばれ、落下傘兵（パラトルーパー）が穿くような、裾口を絞ったゆったりしたシルエットのミリタリーパンツがこれを代表している。

パラシュートブーツ [parachute boots] 落下傘兵が用いるブーツのことで、日本では「空挺靴（くうていぐつ）」と呼ばれる。英米ではパラトルーパーブーツ [paratrooper boots] といい、鳩目の数が多いアンクルブーツ型のものが多く見られる。ミリタリーブーツ*の一種で、これ

は

ファッション全般

と似たものに「USパイロットブーツ」とか「SWATブーツ」といった米軍関係の頑丈なブーツをあげることができる。

パラシュートベスト⇒ラジオベスト

パラシュートベルト［parachute belt］落下傘兵や昔の飛行士が用いたベルトの一種で、サスペンダーのように肩から吊るベルトと、それをがっちりと固定する重々しいデザインのベルトにより構成される。またこれをサム・ブラウン・ベルト［Sam Browne belt］と呼ぶことがあるのは、考案者のサミュエル・ブラウンの名前から来たもの。

原宿カワイイ系［はらじゅくカワイイけい］2010年ころから原宿に目立つようになってきた若い女の子たちのファッション表現の傾向を指す。タレント・歌手のきゃりーぱみゅぱみゅに代表されるカワイイ感じのファッションを総称するもので、ギャル系の「渋谷ギャル」ファッションと対照的に語られることが多い。

原宿族［はらじゅくぞく］今のような華やかなファッションタウンになる前の1960年代中期の原宿に登場したクルマ好きの若い男女たちを指す。東京オリンピック（64）の開催によって整備された表参道を最新のスポーツカーで往来し、道沿いのレストランや喫茶店にたむろしてナンパにふけるというのがその生態だった。大衆化した六本木から逃げてきた「六本木族OB」も多く、ファッションもアイビーではなく、コンチ*のほうが多かった。

原宿ロマンティックスタイル［はらじゅく＋romantic style］スパンクガール*の後継として現われた若い女の子たちのファッション傾向のひとつで、原宿を中心とした甘い雰囲気を特徴とするファッションであるところからこう呼ばれるようになった。2010年春ごろからの登場と

される。

パラゾーパンツ⇒パラッツオパンツ

パラソル［parasol］アンブレラ（雨傘）に対する「日傘」を指す。強い太陽光線を遮るための女性用の、主として夏季の傘で、別に「サンシェイド*」とも呼ばれる。また、海辺で日除けに用いる大きな傘のことも指し、これは特にビーチパラソル［beach parasol］と呼ばれる。最近の日傘は晴雨兼用型となったものも多く、色も白に限らず黒いものなどが増えている。なおアメリカにおいてはこうした区別は見られず、傘はすべてアンブレラと呼ばれている。

パラソルスカート⇒アンブレラスカート

パラダイスカジュアル［paradise casual］まるで南国の楽園にいるような、能天気で底抜けに明るく、かつセクシーな雰囲気を特徴とするカジュアルファッションの意。1990年代初頭のディスコ風俗から誕生したもので、略してパラカジと呼んだり、こうした女の子たちをパラギャルなどと呼んだものだった。

パラッゾパンツ⇒パラッツオパンツ

パラッツオパンツ［palazzo pants］パラッツオはイタリア語で「王宮、宮殿」という意味。これを英語読みしてパラゾーパンツとかパラッゾパンツともいう。まるでイタリアの宮殿で穿くようなというこ とでこの名がある女性用パンツの一種で、全体にゆったりと広がるシルエットをもち、一見スカートのように見えるエレガントな夜向きのパンツを指す。

ハラトルーパースーツ⇒パラシュートスーツ

ハラトルーパーパンツ⇒パラシュートパンツ

パラトルーパーブーツ⇒パラシュートブーツ

ハラパン［——］腹巻き型パンツの意。いわゆる腹巻きと毛パン（毛糸のパンツ）を合体させたような女性用下着の一種。お腹をすっぽり覆うハイウエストのロン

612

ファッション全般

グ丈が特徴で、お腹を暖めるとともにそのまま部屋着としても着用可能ということで、2009年ごろから人気となった。「腹巻きパンツ」とか「腹ショー（腹巻きショーツの意）」などとも呼ばれ、最近では男性用の「メンズはらまきパンツ」といった商品も登場している。

パラフィン加工［paraffin＋かこう］石油を原料とするパラフィンワックス（石ろう）で処理する防水加工の一種。感触は堅いが通気性はあるのが特徴。

パラフィンパック［paraffin pack］ビタミンや保湿成分などを溶かし込んだ液状のパラフィン（ロウ）に手足を浸けて行うパック。特殊なロウを使うことにより、血行促進やリラックス効果、また保湿効果や美肌効果を生み出すとして、最近人気を集めている。

パラブリュイドレス⇒パラシュートドレス

パラブンタル⇒ブンタル

ハラマキ［はらまき］「腹巻き」の意で、昔からある日本の伝統的な衣類のひとつだが、最近若い女性たちに愛用されるようになって、カタカナで表記されるようになった。30センチ幅のスタンダード型から40センチ以上の幅を持つ「チクワ」と呼ばれるものや、ショーツ合体型の「ハラマキパンティー」、またチューブトップとしても使えるベアトップ型、あるいは背中ラウンド型など、従来の腹巻きのイメージを大いに覆すデザインのものが多く登場して注目されている。なかには見えても恥ずかしくないとする「見せハラマキ」も現れている。

腹巻きショーツ［はらまき＋shorts］腹巻きとショーツを兼用する女性下着の一種。綿パイルやメリヤス地など伸縮性の良い生地で作られ、お腹の上まですっぽりと覆う形に特徴がある。お腹や腰の冷えを防ぐ目的で考え出されたアイデア商

品のひとつで、妊婦用のマタニティーショーツとしても使えるメリットがある。俗に「ハラパン」などの名称でも呼ばれる。

バランシェンヌレース［Valenciennes lace］フランス北部の古都バランシェンヌを産地とするボビンレース＊の一種。17世紀ルイ14世の時代に始まるとされ、レース技術の最高峰を示すものといわれる。バルレース［Val lace］と略して呼ばれることもある。

ハリウッド・ウエストバンド⇒ワンピースウエストバンド

ハリウッドシネマスタイル［Hollywood cinema style］ハリウッド映画の全盛期に見られる女優たちの衣装にモチーフを得たファッション表現。オールドムービースタイル＊と同じく、1930〜50年代の映画を題材としたものが多い。

ハリウッドモデル⇒ボールドルック

ハリウッドモデルパンツ⇒カリフォルニアパンツ

ハリウッド・ロールカラー⇒バリモアカラー

パリカジ［Paris＋casual］「パリカジュアル」の短縮語。パリの街角に見るような小粋なカジュアルファッションをいう。フレンチカジュアル（フレカジ＊）と同義で、なんでもないワンピースとフラットシューズの組み合わせに見るように、いかにもおしゃれなパリ娘の着こなしが手本とされる。

パリカジュアル⇒パリカジ

ハリスツイード［Harris tweed］スコットランド北西部のアウター・ヘブリディーズ諸島北部に位置するハリス島（ルイス島の南部の名称）産の手織りツイード。ケンプ＊と呼ばれる白い短毛が混じったざっくりとした感触の厚手ツイードで、素朴な感じを何よりの特色とし、ツイードの中でも最高級品に属するとされる。

は

613

ファッション全般

ハリス島で作られたもののみをこのように称し、合格品の証としてロンドンのハリスツイード協会による十字の付いた球状のマークが付けられる。これをオーブ・アンド・クロスマーク [Orb & Cross mark] と呼ぶ。現在ではそうした基準もゆるやかなものになったとされる。

バリスティックナイロン [ballistic nylon] バリスティックは「弾道」の意で、元々は防弾チョッキの素材として軍隊で開発されたナイロン素材。通常のナイロンの5倍以上の強度と耐久性をもちながらも軽いという特性があり、現在ではビジネスバッグやリュック、またバインダーや財布、時計のバンドなどに広く用いられて人気がある。

バリトラッド⇒フレンチトラッド

針抜編⇒ウエルト編

バリパンク⇒フレンチパンク

バリモアカラー [Barrymore collar] シャツ襟の一種で、ロングポイントカラー*の中でも襟先が特に長く垂れ下がった感じの襟を指す。アメリカの俳優ジョン・バリモアが好んだところからこの名があるもので、カリフォルニアカラー [California collar] とかハリウッド・ロールカラー [Hollywood roll collar]、またうがったところでダンディーカラー [dandy collar] などの名称もある。このように男優の名を冠したシャツ襟には、ほかにゲーブルカラー [Gable collar] といったものもあり、これはクラーク・ゲーブルが愛用したショートポイントカラー*の一種をいう。

バリュー [value] 色の三属性のひとつである「明度（めいど）」を示す英名で、Vの略号を用いる。色の明るさの度合いを示すもの。高明度から低明度までのゾーンに分類される。

バリュール⇒ジョワヨ

ハリントンジャケット [Harrington jacket] 英国バラクータ社による「バラクータG-9モデル」の別称。現在のジャンパーの原型とされるそれは、1930年代に生まれ、1950年代にエルヴィス・プレスリーの映画によって注目され、1960年代に至って英国でモッズやスキンズたちの間で人気となった。さらに1960年代、アメリカのテレビドラマ『ペイトンプレイス物語』で、ライアン・オニール演じる登場人物ロドニー・ハリントンの衣装となって、この名称が誕生した。今ではG-9の代名詞として通用している。

バル⇒バルモラル

春色冬素材⇒秋色夏素材

バルーンキュロット [balloon culotte] 風船のようにふくらんだシルエットを特徴とするキュロットパンツ（キュロットスカート）のこと。一見バルーンスカートにも見える。

バルーンコート [balloon coat] バルーンは「気球、風船」といった意味で、全体に丸みを帯びて膨らんだイメージを特徴とするコートを指す。多くは女性用のタウンコートに見られる。

バルーンショーツ [balloon shorts] バルーン（風船）のように膨らんだシルエットを特徴とする女性用のショートパンツ。日本ではその特徴的な形から「かぼちゃパンツ」と俗称することがある。

バルーンシルエット⇒ブッファンシルエット

バルーンスカート⇒パフスカート

バルーンスリーブ⇒パフスリーブ

バルーントウ⇒バルブトウ

バルーンドレス [balloon dress] 風船（バルーン）のように膨らんだシルエットを特徴とするドレス。膨らみ方にはさまざまなものがあり、全体に丸くふっくらとさせたり、ギャザーなどでボトム部分だけを膨らませたりしたものなどがある。日本

614

風にバルーンワンピース［balloon one-piece］ともいう。

バルーンニットキャップ［balloon knit cap］風船（バルーン）のように膨らみのある形を特徴としたニットキャップをいう。さまざまなデザインがあるが、リバーシブル型で、かぶったときに頭の後ろのほうに垂れる感じが生まれるものに特に人気がある。

バルーンバッグ［balloon bag］バルーンは「風船、気球」の意味で、丸く膨らんだ形を特徴とする女性用バッグを指す。一般に大きめのものが多い。

バルーンパンツ［balloon pants］バルーン（風船）のように膨らんだシルエットを特徴とする女性用のパンツ。短い丈のバルーンショーツ*もこの一種だが、特に長い丈のものをこう呼ぶことがある。バブルパンツ*やブッファンパンツ*と呼ばれるものと同種のパンツ。

バルーンヘム［balloon hem］風船（バルーン）のようにふっくらと膨らんだヘムライン（裾線）を指す。最近のキャミソールドレス*などに散見される。

バルーンミニ［balloon mini］風船（バルーン）のように膨らんだシルエットを特徴とするミニスカート。ギャザーなどで大きく膨らませて、裾を絞った形にするもので、「かぼちゃ」を思わせるところに面白い雰囲気が生まれる。単にバルーンスカートともいう。

バルーンワンピース⇒バルーンドレス

バルカナイズ・プレスプロセス［Vulcanizing press process］製靴法のひとつで、「バルカナイズ式」のこと。略して「VP製法」ともいう。基本的にインジェクションモールド式と同じだが、これは未加硫の合成ゴムを流し込んで加硫圧着する方法を指す。「直接加硫圧着式」と呼ばれるのはこのためで、底はがれの心配がな

いのが大きな特徴。

バルカポケット［barca pocket］バルカはイタリア語で「ボート、小舟」という意味。クラシコ・イタリア*調のスーツ（とりわけナポリ仕立ての）を代表するデザインのひとつで、小舟の底のようにゆるやかなカーブを描く胸ポケットを指す。手作り的な趣があるとしてマニアックなスーツ愛好者に喜ばれている。いわばポッシュ・バトー*のイタリア版といえる。

バルカラー［bal collar］バルマカーン*という昔のコートの襟の形に由来する襟型で、上襟の幅が下襟より広い形になっているのが特徴。日本ではステンカラー*と同義とされることが多いが、これには襟腰付きのスタンダップバルカラー［stand-up bal collar］（スタンダップバルとも）と、そうでないレイダウンバルカラー*（レイダウンバルとも）の2タイプがある。日本でバルカラーと呼ばれるのは後者のタイプが多い。より正確にはバルマカーンカラー［balmacaan collar］と呼ばれ、これを略したバルマカラー［balma collar］という表現もある。

バルキーセーター［bulky sweater］バルキーは「かさばった」という意味で、太めの糸で編んだざっくりとした感じのセーターを総称する。いわゆるフィッシャーマンズセーター*などに代表されるが、ごく厚手のものはジャンボニット［jumbo knit］などと呼ばれることがある。ジャンボは「ばかでかい、特大の」という意味。ほかにロービングニット［roving knit］（うどんのように太い糸で編まれたセーターの意）とも呼ばれ、こうした外衣的なセーターをアウターセーター［outer sweater］とも総称している。

バルキーニット⇒ボリュームニット

バルコニーブラ［balcony bra］バストを水

ファッション全般

平に持ち上げて前に出し、高さを出してきれいに見せてくれる機能を持つブラジャー。バルコニーのように、下から上に持ち上がったような形をもつところからこのように呼ばれるもので、英米ではバルコネッタブラ［balconette bra］とも呼ばれる。通常のものよりカップが浅くカットされたタイプをデアードバルコニーブラ［dared balcony bra］（デアードは「あえて…した」という意味）といい、それとは逆にフルカップを使用したタイプをフルカップバルコニーブラ［full cup balcony bra］と呼んでいる。

バルコネ［balconet 仏］フランス語で肩紐のないブラジャーを指す。ストラップレスブラ*と同義。

バル**コネッタブラ**⇒バルコニーブラ

春ダウン［はる＋ down］春向きのダウンウエア。羽毛の量を抑え気味にした薄手のダウンウエアのことで、冬季だけでなく春まで着ることができるところから、このような名称が生まれた。ダウンジャケットやダウンベストの形としたものが多い。

パルダメントゥム［paludamentum］6世紀のビザンチン*帝国初期の時代に見られる肩掛け式の衣服の一種。古代ローマ時代に上級軍人に用いられていたものだったが、ビザンチンに伝えられ皇帝の公服となった。元は方形の布で、男女ともにそれを右肩だけ留めて着用する。

パルト［paletot 仏］英語では「パルトー」と発音される。フランス語でいうオーバーコート（外套）の総称だが、現在ではダブルブレステッド（両前型）のチェスターフィールド*を指すとともに、裾広がり型のトッパー*風女性用コートを意味することが多い。

パルトスーツ⇒コートスーツ

バルブ［barbe 仏］フランス語で髭（ひげ）を総称する。頬ひげ、あごひげ、口ひげのすべてを意味し、特に顔全体を覆うひげを指すことが多い。最近フランスでは男性のあいだでこうしたおしゃれが流行し、注目を集めるようになっている。

パルファン［parfum 仏］パルファムとも。フランス語でいう「香水」また「香料」のこと。英語のパフューム*に同じ。

バルブトウ［bulb toe］バルブは「球根、球状のもの」という意味で、球のように丸く盛り上がった爪先型をいう。これにはバルーントウ［balloon toe］（風船状の意）とかバンプトウ［bump toe］（こぶ状の意）などさまざまな異称があり、これのさらに極端なものをブルドッグトウ［bulldog toe］とも呼んでいる。日本ではこうした爪先を特徴とする靴を「おでこ靴*」と呼んだもの。

バルブリガンズ⇒グランパシャツ

バルマカーン［balmacaan］ステンカラーコート*の原型とされるクラシックなコートで、この特異な名称はスコットランドのインバネス近郊の地名から来ている。このコートに見る襟型をバルマカーンカラーとかバルマカラー、またそれらを略してバルカラーというが、現在ではこれがそのままステンカラーの代名詞ともされている。したがってこのコートは現在、ステンカラーコートと同義に扱われることになる。リバーシブル型になったものが多く見られるのも特徴的。

バルマカーンカラー⇒バルカラー

バルマカラー⇒バルカラー

パルメパンツ［palmé pants］パルメはフランス語で「水かきのある」という意味。股下のところに鳥の水かきのような布を取り付けた特異なデザインの女性用パンツ。スカートとパンツの中間的な性格を狙って作られたもので、ジャンポール・ゴルティエが1987 ～ 88秋冬コレクショ

は

ンで初めて紹介した作品として知られる。脚を閉じるとパンツに、歩くとスカートのように見えるというのがおもしろい特徴となる。

バルモラル［balmoral］ドレスシューズ（紳士靴）の甲部の形を示す2大用語のひとつで、紐通しの部分が爪先革の内側に縫い付けられており、履き口が下方で開かずに、両方の羽根が真ん中でぴったりと合う形になったものをいう。そのことから日本では「内羽根式（うちばねしき）」の名があり、通称バル［bal］とも呼ばれる。この名称はスコットランドのバルモラル城に由来するもので、ビクトリア女王の夫君アルバート公によって1853年に考案された形といわれる。英国風のクラシックな味をよく伝えるもので、英国ではこの形の靴のみをオックスフォードシューズ*と呼んでいる。バルモラルにはほかにスコットランドの縁なし帽の意味もある。

バルラ⇒ストラ

バルレース⇒バランシェンヌレース

バレエシューズ［ballet shoes］バレエのダンサーが用いる靴。フランス語でバレリーヌ［ballerine 仏］とも呼ばれ、バレリーナシューズ［ballerina shoes］の別称もある。本来は甲に1本のバンドが付いたごく薄手の室内靴だが、最近ではバレエシューズ風の軽やかなタッチの女性靴をこのように呼ぶ傾向が強くなっている。ぺったんこのラウンドトウや、甲にリボンを飾ったり足首をリボンで結ぶようにしたものなど、デザイン的に多彩なものが見られる。

バレエスリッパーズ⇒ズック

バレエセーター［ballet sweater］バレエダンサーが着用する上体衣にモチーフを得て作られたボディーフィット型の女性用セーターを指す。Uネックラインで長袖

としたものが多く見られる。

バレエドレス［ballet dress］バレリーナが着用するバレエ衣装としてのドレスで、一般にチュチュ*と呼ばれる。また、これに似せて作られたドレスをこのように呼ぶこともある。長短二種類がある。

バレエネック［ballet neck］女性向きのTシャツなどに多く見られる、低い位置でゆったりと開いた丸首の形をいう。バレリーナの衣装やレオタードなどの練習着によく見られるところからの名称で、ローラウンドネック［low round neck］ともいう。

パレードコート［parade coat］パレード（行進）に用いられるようなコートの意。ミリタリーテイストの強い華やかなイメージのコートを指し、ロング丈のものが多く見られる。パレードには「観兵式」や「閲兵」の意味もある。

バレーボールトランクス⇒アスレティックショーツ

パレオ［paréo 仏］南太平洋タヒチ島の女性が用いる腰巻状の衣服を基にした巻きスカートの一種。現在では女性水着にセットとして用いられることが多い。これをパレオスカート［paréo skirt］ともいうが、英語ではサロン［sarong］とかサロンスカート［sarong skirt］と呼ばれる。サロンは東南アジアに見られる腰巻状の下体衣のこと。

パレオスカート⇒パレオ

パレオワンピ［paréo one-piece］タヒチの女性が用いる腰巻状の衣服パレオを上半身まで長く伸ばしてワンピース状にしたもの。最近ビーチウエアのひとつとしてデザインされたもので、長短さまざまなタイプがある。ビキニ水着の上に羽織ったり、下にデニムのショートパンツを合わせるなどして街着感覚で着こなせるのが特徴とされる。

ファッション全般

バレッタ [barrette 仏] バレットとも。髪を束ねて留めるのに用いる平らなヘアアクセサリーのひとつ。宝石などを散りばめた非常に豪華なものも見られ、頭に飾る宝石などとも呼ばれている。この語にはほかに「小さく平たい縁なし帽子、(聖職者の) 角帽」また「小さい棒、棒状の飾り、細長い宝石」という意味もある。

バレッタヘア [barrette hair] バレッタはフランス語で、髪を束ねて留めるのに用いる平らな髪飾りを指し、それを用いて小さくまとめたヘアスタイルをいう。多くはきれいにブローしたストレートヘアに見られるもので、お嬢様風の清楚な雰囲気を醸し出すことが多い。英語風の発音で「バレットヘア」ともいう。

バレリーナシューズ⇒バレエシューズ

バレリーヌ⇒バレエシューズ

バレルカフス [barrel cuffs] シングルカフス*の別称。バレルは「樽」の意で、その筒状の形が樽に似ているというところからの名称とされる。

バレルコート [barrel coat] バレルは「樽(たる)」の意味で、ちょうど木の樽のように裾周りがすぼまって、全体に丸みのあるシルエットを特徴とする女性用のコートを指す。

バレルスカート [barrel skirt] バレルは「樽(たる)」の意味で、ビヤ樽のように上下がすぼみ、中ほどで太くなるシルエットを特徴とするスカートをいう。アンフォールスカート*と同じようなイメージを持つ。

バレルバッグ [barrel bag] バレルは「樽(たる)」の意で、樽の形をしたバッグ類を総称する。ドラムバッグ*もそのひとつで、ほかに女性が持つ樽のような円筒形の比較的小型のハンドバッグをいうこともある。

バレルパンツ [barrel pants] バレルは「(胴の膨れた) 樽 (たる)」の意で、そのようなシルエットを特徴とするペッグトップパンツ*の別称のひとつとされる。

バレルヒール [barrel heel] バレルは「樽」の意味で、ビヤ樽のように中央で膨らんだ形を特徴とするヒールをいう。

バレルライン [barrel line] バレルは「樽」という意味で、ビヤ樽のように中ほどで膨らんで、上下ですぼまる形を特徴としたシルエットを指す。西洋の独楽 (こま)であるペグトップに似ているところから、ペッグトップシルエット [peg-top silhou-ette] とも呼ばれる。

バロー⇒バローコート

バローコート [barrow coat] バローは本来「(手押しの) 一輪車、猫車、屋台車」の意味だが、ファッション用語では赤ちゃんの防寒用の「おくるみ」を指す。単にバローとも呼ばれ、中綿を詰めた保温力のある素材が多く用いられる。襟元や袖口、裾を絞ってくるむように用いるところから「おくるみ」と呼ばれる。また「おくるみ」は本来赤ちゃんを抱くときに使う布団を意味する。こうしたものをアメリカではバンティング [bunting] と称し、英米ではスノースーツ [snowsuit] と総称している。

ハロープリーツ [hallo pleat] 三宅一生がデザインしたイッセイプリーツ*のシリーズのひとつで、人が片手を上げてちょうど〝ハロー〟と呼びかけているような形になったプリーツを指す。これは特に1991年春夏のコレクションに見られる特異なデザインとして知られる。

バロック [baroque] 16世紀後半イタリアで生まれ、18世紀前半までのヨーロッパを席巻した美術・文化様式。バロックの名称はポルトガル語のバロッコ (ゆがんだ真珠の意) に由来するとされ、曲線を多用した華麗なデザイン表現が特徴。当

初は端正なルネッサンス様式への反動から過激な表現が見られ、これを一種の「パンク」（奇異で悪趣味）と見る向きも多いが、後半には洗練された様式へと変化していった。

バロン・タガログ [barong tagalog] フィリピンの民族衣装として知られるアウターシャツの一種。フィリピンでは礼装としても用いられ、裾をズボンの外に出して着るのが正式の着装とされている。

パワーアシスト・ロボットスーツ⇒ロボットスーツ

パワーショルダー [power shoulder] 強さを感じさせるショルダーラインの意。1980年代のファッションに見るような大きく張った肩線などに代表される。最近、80年代ルックの復活傾向から再びこうしたデザインが見られるようになっている。

パワースーツ [power suit] パワードレッシング [power dressing] と呼ばれる、権威や地位の高さを見せつけるような着こなしにふさわしいスーツを指す用語で、1990年代のアメリカのビジネス社会における流行語。出世するのに必要なスーツというわけで、このようなルックをパワールック [power look] とも呼んでいる。

パワーストーン [power stone] 特別な力を秘めているとされる宝石や貴石、水晶などを指す。ラピスラズリ（瑠璃）やタイガーアイ（虎眼石）などが代表的なもので、スピリチュアル（霊的）な力をもつとしてアクセサリーに用いられる。癒し効果があるとされるヒーリングストーン [healing stone] もこの中に含まれる。

パワースーツ⇒ロボットスーツ

パワードレス [power dress] アメリカでパワーファッション [power fashion] と呼ばれる、権力と地位の高さを誇示する服

装術のブームに乗って登場したドレスのこと。かっちりとした作りの力強いイメージのものが多く見られる。いわばパワースーツ*のドレス版としてキャリアウーマンに用いられる。

パワードレッシング [power dressing] ビジネス社会において、自分の地位や能力を誇示する服装や着こなしを指す。1980年代以降、アメリカで台頭した考え方で、たとえば「パワースーツ」の流行語を生んだものだが、現在ではとくに女性の管理職のそれを指すニュアンスが強くなっている。

パワーネックレス [power necklace] 何らかの力を与えてくれるネックレスの総称で、例えばゲルマニウムのミクロパウダー（微小な粉末）を特殊なシリコーンに配合して作られた「ゲルマニウムネックレス」や、トルマリン、ペリドットなどのパワーストーンと呼ばれる宝石類を使った「パワーストーンネックレス」などの種類がある。

パワーネット [power net] ラッセル編の一種で、伸縮性に長けた細かいネット状の編地。本来、女性のファンデーション下着用に使われてきた素材だが、セクシーカジュアル・ファッションの流行から注目されるようになったもの。チュールレース*やメッシュニットよりも張りがあり、透け感のあるものが特に好まれている。

パワーファッション⇒パワードレス

パワールック⇒パワースーツ

ハワイアナス [havaianas] ビーチサンダル*の一種で、元々はブラジル、サンパウロの『アルパルガタス』社を販売元とするゴム草履型の履き物の商品名。ハワイアナスというのはポルトガル語で「ハワイアン」を意味し、1960年代から存在していたが、最近になってマドンナやニ

ファッション全般

コール・キッドマンらのセレブたちに愛用されたところから、世界的な人気を集めるようになった。

ハワイアンシャツ⇒アロハシャツ

ハワイアンジュエリー［Hawaiian jewelry］ハワイの王家伝統のジュエリーの総称。ゴールドで作られるネックレスやリングなどが中心だが、最近、現代的なモチーフを取り入れたり、手頃なシルバー製のものなどが出回るようになって、急速にマーケットが広がっている。彫りの模様にはさまざまな意味が込められているというのも、受ける理由のひとつとなっている。

ハワイアンプリント［Hawaiian print］ハワイ原産の熱帯植物の葉や花などを大きくかつカラフルに表現したもので、アロハシャツ*に代表されるプリント柄としておなじみのもの。俗に「アロハ柄」と呼ばれるが、こうしたものはまた地域によって、タヒチアンプリント［Tahitian print］（タヒチ島の柄）とかポリネシアンプリント［Polynesian print］（ポリネシアの柄）などと名を変えることになる。

パン⇒パンベルベット

半裏⇒肩裏仕立て

ハンガーケース⇒ガーメントバッグ

バンカーストライプ［banker stripe］ロンドンやニューヨークのバンカー（銀行家＝金融関係者を含む）が好むスーツの縞柄という意味で、基本的なチョークストライプ*やペンシルストライプ*、またピンストライプ*などがそのように俗称されている。多くは濃紺地にそうした白のストライプがのせられる。

ハンガーループ［hanger loop］ドレスシャツのバックセンターボックスプリーツ*の上端に付くループ（輪っか）。アイビー調の本格的なボタンダウンシャツに特有のデザインであるところから、これをア

イビールーブ［Ivy loop］とも呼んでいる。

半顔メイク［はんがお＋make-up］化粧の使用前と使用後をはっきり分からせるために、顔の半分だけをメイクアップすることをいう。

ハンカチーフ［handkerchief］手拭き、汗拭き、あるいは装飾として用いられる正方形の小さな布片。カチーフは「頭をおおう布」という意味で、ネッカチーフのそれと同じだが、時代を経るにしたがって、手（ハンド）に持つカチーフという意味で、1530年頃にハンカチーフという名称が生まれたとされる。かつて18世紀のフランス宮廷では、三角形やタマゴ形などさまざまな形のハンカチーフが出回っていたが、1785年、ルイ16世が王妃マリー・アントワネットの差し金によって「以後、フランス国内のハンカチーフは、タテヨコ同一寸法のものであること」という法令を出して以来、ハンカチーフは正方形という形を保って今日に至っている。日本ではハンカチーフを略して「ハンカチ」また「ハンケチ」と呼ぶ例が多い。

ハンカチーフスリーブ［handkerchief sleeve］ハンカチーフを思わせる形状の袖。ドレスの肩を軽くおおうような感じで用いられるもので、薄く透けた生地が多く用いられ、ハンカチーフを垂らしたようにヒダが入ったり、裾がアトランダムに広がりを見せるデザインが見られる。

ハンカチーフチェック［handkerchief check］ハンカチーフの柄としてよく用いられる格子柄のこと。数本の縞を束ねたグループトチェック*のひとつで、大きな柄行きとしたものが多い。シャツなどに多く用いられる。

ハンカチーフチュニック⇒チュニックスカート

ハンカチーフドレス［handkerchief dress］ハンカチーフ・ヘムラインと呼ばれる、

ファッション全般

ハンカチを下げて角の部分を見せたような裾線のデザインを特徴としたドレス。その変化やドレス丈の長短にはさまざまなものがある。

ハンカチーフヘム [handkerchief hem] ハンカチーフヘムラインとも。ハンカチーフの角を垂らしたようにジグザグになっている裾線のこと。こうしたドレスをハンカチーフドレスとも呼んでいる。

半カラス仕上げ [はんカラスしあげ] ドレスシューズの靴底に見るデザインのひとつで、ウエストと呼ばれる地面に接地しない土踏まずの部分を黒塗りにしたものをいう。黒と茶色、また黒と白の2色で仕上げるものが多く、よりフォーマルに、かつスタイリッシュに見せる効果がある。

ハンガリアン・マザーホワイト・グースダウン⇒フィルパワー

バンガローエプロンドレス [bungalow apron dress] いわゆるハウスドレス*の一種で、ストレートラインを特徴とするシンプルなデザインのワンピースを指す。単に「バンガローエプロン」とも呼ばれる。バンガローは元ヒンディー語で、インド・ベンガル地方の家の意味から、キャンプ場などに設けられた簡易小屋を指すようになった。

半貴石⇒貴石

パンキッシュ [punkish] パンクっぽいという意味で、全体にパンク調のファッションを総称する。パンクは本来、米俗語で「くだらない、低俗な」の意。パンクロックの影響を受けたルックスを指す例が多く、一般には過激な不良少年・少女の服装が連想される。

パンキッシュスタイル [punkish style] パンクルック*風のスタイル。1970年代に流行したパンクルックを模倣して、現代風に着こなすファッション表現を指す。

また、どこかに不良っぽさを感じさせるファッションをこのように呼ぶこともある。いわゆるパンク系ファッションの総称。

バング [bang]「前髪」の意で、特に「おかっぱ」にした前髪、切り下げ前髪のことをいう。また前髪の形のことも意味し、それには水平にカットするダッチバング [Dutch bang] やJの字型に垂れるコックテールバング [cock tail bang]、毛先が内巻きになるロールドバングス [rolled bangs]、前髪がMの字を形作るM字バング [M＋じ＋bang] などの種類がある。

パンククチュール [punk couture 仏] 伝統的なオートクチュールの世界を茶化して、面白おかしく表現しようとする先鋭的なファッションを指す。オートクチュールのパロディーファッションとして1980年代半ばから登場を見ている。これをクチュールアヴァンギャルド*と称することもある。

パンクス [punks]「パンク族」と訳される。1977年春頃からロンドン、キングスロード周辺に登場した若者たちを指し、これは暴力的な歌詞とサウンドを特徴とするパンクロックと呼ばれる過激なロック音楽に派生した風俗とされる。パンクロックはロックンロール初期の音楽性をめざした単純なサウンド作りが特徴とされ、ニューヨークの〈ラモーンズ〉やロンドンの〈ザ・セックス・ピストルズ〉などに代表されるが、安全ピンやカミソリなどを用いるその過激なファッション表現は、当時のマルコム・マクラーレンとヴィヴィアン・ウエストウッドによるブティック（後のワールズ・エンド）の演出によるところが大きいとされている。パンクはもともと「意気地なし、腰抜け、弱虫」といった意味を持つ英俗語。

パンクヘア [punk hair] 1970年代後半のロ

621

ファッション全般

ンドンに生まれた反体制ファッションのパンク風俗に見るヘアスタイルの総称。派手な色のメッシュ*や模様入りの丸刈り、とさかのように盛り上げたモヒカン*やオーバーな逆毛スタイルなど、特異なデザインのものが多く見られた。現在でもビジュアル系ロックバンドのミュージシャンやその信奉者にはこうした髪型の者が多い。

バングル [bangle] 腕輪、足首飾りという意味だが、特に単純な輪状のブレスレットを指すことが多い。留め具がなく、金属やプラスティック、木などで作られる。リングブレスレット [ring bracelet] とも呼ばれる。

パンクルック [punk look] 1970年代後半、ニューヨークとロンドンで起こったパンクロックに触発されて流行するようになった過激なファッション表現。奇抜なヘアスタイルやカミソリなどのアクセサリーを多用する一種の反体制ファッションで、パンクとは元々「つまらない、くだらない、低俗な」、また米俗語で「不良、チンピラ」の意。フランス語では「プンク」と発音する。

パンケーキベレエ [pancake beret] パンケーキ（フライパンで焼くホットケーキの一種）のように、平らで丸い形を特徴としたベレエ帽のひとつ。多くはフェルトで作られる。

半合成繊維 [はんごうせいせんい] 化学繊維*のひとつで、天然繊維*の原料を用いて合成した繊維をいう。再生繊維*と合成繊維*の中間的な性格を持つところからこのように呼ばれるもので、英語ではセミシンセティックファイバー [semi-syn-thetic fiber] という。繊維素系と蛋白質系の2タイプがあり、前者にはアセテート*、後者にはプロミックス*があげられる。

パンゴリン [pangolin] アリクイの一種で仙山甲（センザンコウ）と呼ばれる動物の革。表面に現れたダイヤ形の跡が面白いアニマルレザー*の一種。

ハンサムシューズ [handsome shoes] オジカジ（オジさんカジュアル）などの表現で、若い女性たちが用いる靴、いわゆるオジ靴（おじ靴）のこと。ハンサムには「男前」のほか「（女性が）堂々とした、立派な」という意味もある。多くはレースアップ（紐結び式）の黒や濃茶の革靴が該当する。

ハンサムハット [handsome hat] 女性がかぶるソフトハット型の帽子のこと。2011年秋冬にボーラー（山高帽）、ベレエと並んで人気となった婦人帽子のひとつで、一般には男性用とされるところからこのように呼ばれる。ハンサムは「男前の、顔だちのよい」といった意味だが、（女性が）「堂々とした、立派な」という意味もある。

パンジャビ [punjabi, panjabi ヒンディー語] インド、パキスタン、アフガニスタン、バングラデシュなど南アジア全体で着用され　る民族衣装。元はインド・パンジャーブ地方からインド全体に広がったところからこ　う呼ばれるとされる。現地では「サルワール・カミーズ（サロワ・カミューズとも）」と呼ばれることのほうが多いが、日本では世界の旅ガイドとして知られる『地球の歩き方』で用いられたところから、この呼称が一般化した。シャツ状のカミーズ（クルタ）とゆったりしたズボンであるサルワールの組み合わせでパンジャビスーツ（パンジャブスーツとも）と呼ばれ、女性用ではそれにドゥパッターと呼ばれるストールを合わせてパンジャビドレスと呼ばれることになる。

ハンシャン・ホワイトカシミヤ [Huangshan

ファッション全般

white cashmere] 中国・内モンゴル自治区ハンシャンで採れるカシミヤ。最高級のホワイトカシミヤのひとつで、独特の光沢を持ち、肌触りに優れるのが特徴とされる。ストールに用いられる例が多い。

パンスト⇒パンティーストッキング

パンス・ネ [pince-nez 仏] フランス語で「鼻をつまむもの」という意で、いわゆる「鼻メガネ」を表す。テンプル（弦）がなく、鼻柱に引っ掛けるようにして用いるもの。英語では同じ綴りで「パンスネイ」あるいは「ピンスネイ」、また複数形で「パンスネイズ」あるいは「ピンスネイズ」という。

ハンターウオッチ⇒カバードウオッチ

ハンターケース⇒カバードウオッチ

ハンターコート [hunter coat] ハンティング（狩猟）に用いる丈の短いコート。特に決められたデザインはないが、シャツジャケット型で、防寒、防風、収納力に優れ、目立ちやすく機能性を考えて作られたものが多い。ハンティングジャケット*とも呼ばれるが、これはツイード製で背広上着型のものとは異なり、英国でオイルドコートなどと呼ばれるアイテムに代表される。

ハンターラバーブーツ [hunter rubber boots] ハンター（狩人）用のゴム製ブーツの意で、ウエリントンブーツ*の別称のひとつとされる。

ハンタールック [hunter look] ハンター（猟師、狩人）の服装にモチーフをとったファッション表現。英国のカントリースタイルへのあこがれから、これをファッションとしてアレンジさせたものに付けたネーミングのひとつで、チェック柄のツイードなど英国の伝統的な生地を使用したスポーティーなルックスが多く見られる。そうしたベストにニッカーボッカーズの組み合わせなどに代表される

バンダイク編⇒アトラス編

パンタクール [pantacourt 仏] パンタロンとクール（フランス語で短いの意）を組み合わせて作られた言葉。パンタロンをふくらはぎ辺りで断ち切ったような短い丈を特徴とする女性用のパンツで、1970年頃に登場したのをこのように名付けたもの。ガウチョパンツと同種のアイテム。

パンダ化粧 [panda＋けしょう] 中国特産の動物であるパンダのような表情の化粧ということで、ヤマンバ*などと呼ばれる若い女の子たちの集団に見る独特のメイクアップを指す。顔を黒く焼いたり塗ったりするとともに、目の周りや口紅は白くするというところからこのように呼ばれるもの。ギャルメイクの一種で、パンダメイク [panda make] ともいう。

半股引 [はんだこ] 日本の男性が用いる祭り装束のひとつ。太ももの半分くらいの丈で脚にフィットしたハーフパンツのような形のもので、半分丈の股引（ももひき）というところからこう呼ばれるようになったもの。股引は安土桃山時代にポルトガルから伝来したカルサオ（カルサンとも）を原型に発達した男性用下着の一種で、江戸時代にはダボシャツ（鯉口シャツ）やドンブリ（腹掛け）と合わせて、職人の作業服としても用いられた。半股引は現在では神輿の担ぎ手が着用する衣装として知られ、通常は晒しの白が多いが、黒のものも見られる。

バンダナ [bandanna] アメリカ西部のカウボーイたちが用いる大型のネッカチーフ。絞り染めなどのプリント柄を特徴とし、頭から逆三角形の形のままストンと落として首元に飾るスタイルとしたものが多い。埃除け用とするほか包帯代わりなどにも用いられ、カウボーイの必需品とされる。元々は18世紀からインドで用いられていた水玉絞り染めのシルク地を

は

623

ファッション全般

指し、そうした布地を意味するヒンズー語の「バンドニュ bandhnu」から転じたものとされる。現在ではほとんどがコットン地で作られ、柄の種類もさまざまで、頭に巻き付けるかぶりもののひとつとして若者たちに好まれている。

パンダメイク⇒パンダ化粧

パンダル［pumps ＋ sandal］パンプスとサンダルから作られた合成語で、両者の特性を狙って開発された新しい女性の履物を指す。ヒール付きのきちんとしたパンプスの印象はそのままに、革で編んだ紐状の素材で甲部を覆うなどして通勤にも使えるようにした中間アイテムで、2007年春夏に登場して注目を集めた。爪先をオープンにしたものも多く見られ、通気性の良さを表現している。仕事とプライベートに兼用できる利便性が最大の売りとされる。

パンタルーンズ［pantaloons］フランス語のパンタロン＊から派生した米語で、昔、男性が穿いた股引風の「長ズボン」またズボン全般を指す。これの後ろ半分が省略されて、現在の「パンツ」という言葉が生まれたとされる。

パンタレッツ［pantalets］19世紀に女性や女児が用いた足首までのズボン状の下着。裾部分にフリルやレースなどの飾りを付け、それがスカートの裾から見えるようにデザインされていた。単数形でパンタレットともいい、婦人用下着のズロース脚部に付けるフリルなどの飾り、またサイクリング用のゆるい半ズボンのことも意味する。

パンタローニ［pantaloni 伊］イタリア語で「長ズボン」を意味する複数形の表現。16世紀のイタリアの道化役者パンタローネ Pantalone がトレードマークとしていたつなぎ式の長いタイツに由来するとされる。ほかにカルツォーニ［calzoni 伊］

という言葉もあるが、これはズボン下などの下着も含んだズボン類の総称で、フランス語のカルソン＊と共通する。

パンタロネス［pantalones 西］スペイン語でいうズボン類の総称。またルーマニア語ではパンタローニ pantaloni というが、これらがイタリア語のパンタローニや、フランス語のパンタロンと直結していることはいうまでもない。

パンタロン［pantalon 仏］フランスでいうズボンの総称。16世紀イタリアの道化師パンタローネが語源とされ、舞台衣装として用いた長いタイツに由来するとされる。パンタロンという言葉そのものは1650年ごろから用いられているが、日本では1960年代末から70年代初めにかけて流行した裾広がり型の女性パンツがこのフランス語で紹介され、以後パンタロンというとこうしたフレアードパンツのことを指すようになってしまった。フランスでは「長ズボン」はすべてパンタロンであり、ほかにカルソン＊ともいうが、これはパンツのほかに下着のズボン下のことも表している。なお19世紀前半に見られる紳士貴顕たちの長ズボンは、英仏を問わずパンタロンと呼ばれる例が多く、トラウザーズ＊はまだ一部の若者たちの用いる下品な穿きものとされていた。

パンタロンスーツ［pantalon suit］パンタロン＊とジャケットを共地で組み合わせた一式で、いわゆるパンツスーツ＊の一種。ここでいうパンタロンは、1960年代中期にフランスから上陸した裾広がり型の女性用パンツを指し、日本の女性がおおっぴらにパンツを穿くようになるきっかけを作ったとされる。

パンタロンフュゾー⇒フュゾー

バンチ［bunch］「生地見本帖」のこと。バンチは本来「束、房」また「束ねる、束

624

にする」の意で、特にテーラーでスーツなどの小さな生地見本を一冊のブックのように束ねたサンプル帖を指す。生地見本そのものはスワッチやサンプルクロスなどと呼ばれるが、この他に生地のマス見本や配色見本のことを「ストライクオフ strike off」、略して SO ということもある。これにはまた「校正刷り」の意味も含まれる。

パンチ⇒パンチパーマ

パンチエラ⇒パンチェリーナ

パンチェリーナ［pancierina 伊］イタリアのミラノ仕立てのテーラードなパンツに見られる独特のデザインのひとつで、ウエストバンドの内側から付けられるもうひとつのボタン留めの部分をいう。内側でボタンを留めることによってフィット感が増すという効果がある。この言葉の基になっているパンチエラ［panciera 伊］には「腹巻き」という意味がある。

パンチドキャップトウ［punched cap toe］穴が開けられた靴の帽子状になっている爪先部分。穴飾りのあるストレートチップといった感じのもので、ドレッシーな感覚がある。

パンチパーマ［punch perm］刈り込んだ髪に細かい渦巻き状のカールをたくさん作り、固めに仕上げた男性向きのパーマヘア。ごく短い髪の場合にはカーラーの代わりにパンチアイロンなどと呼ばれる「鏝（こて）」状のアイロンを用いるアイロンパーマの一手法で仕上げられる。1970年代後半、理髪店業界と理容機器メーカーが共同で開発した髪型とされ、「パンチの効いた」イメージからこう呼ばれるようになったというが、その元祖は同時期に北九州市小倉北区紺屋町の理髪店〈スーパーカット「NAGANUMA」〉の永沼店主によって考案されたアイロンパーマの一種にある。手入れが簡単で洗

髪が便利ということで、遠洋漁業の乗組員やいわゆるガテン系の肉体労働者に好まれ、野球などスポーツ選手の間にも広まった。この語は全くの和製語で、単にパンチだけでも通じるが、英語ではキンキーパーマネントウエーブ［kinky permanent wave］とかキンクヘア＊などと呼ばれる。

ハンチング［hunting］「鳥打帽（とりうちぼう）」の和名で知られるカジュアルな帽子。英語のハンティングから転訛したもので、ベレー帽に短い前びさしを付けたような形が特徴で、後部に尾錠が付いてサイズを調節するようになっている。ワンピース型の1枚天井のほかタテ2枚接ぎ、6枚接ぎ、8枚接ぎなどと多くの種類がある。日本の昔の丁稚や刑事などが用いる帽子として知られ、現在ではカジュアルなキャップのひとつとして人気がある。ツイードで作られるものを、アメリカではアイリッシュ・ツイードウールキャップ［Irish tweed wool cap］、英国ではツイードフラットキャップ［tweed flat cap］と呼んでいる。

パンチングコットン［punching cotton］穴が開いたような表情を特徴としたコットン素材の総称。織りでそのようなデザインを表現したものが多く見られる。清涼感に富む生地のひとつとして好まれる。

パンチングレザー［punching leather］穴開け加工を施した革。全面にさまざまな穴を開けて模様とした革素材を総称する。

パンツ［pants］アメリカでいうズボン類の総称。フランス語のパンタロンから派生したパンタルーンズ＊の短縮形として生まれた言葉で、アメリカではズボン類全般をパンツと呼んで一般化しているが、日本ではカジュアルなズボンの総称として用いることが圧倒的に多い。つまり、トラウザーズ＊の対語として用いられる例が多いということになる。また、日本

ファッション全般

ではパンツというと下着のそれを意味することも多いが、これも本来パンツにはドロワーズ（ズロース）の意味があったことからきており、それは元々パンタレッツ［pantalettes］（19世紀の女性や子供用の下着の一種）の短縮形とされる。最近ではようやくアメリカ式の意味が浸透し、男性のドレッシーなズボンのことも「ドレスパンツ*」と呼ぶように著しい変化を見せている。

パンツ・イン・ソックススタイル［pants in socks style］パンツの裾をソックスの中に入れて着こなすスタイル。最近のヨーロッパのメンズコレクションに登場している新奇な着こなしスタイルのひとつで、パンツをより細く見せるのに効果があるとされる。

パンツスーツ［pants suit］パンツとジャケットの組み合わせになる女性用スーツ。同じ意味でスラックススーツ［slacks suit］とかトラウザースーツ［trouser suit］とも呼ばれる。パンツではなく共生地のスカートを組ませたものは、スカートスーツ［skirt suit］ということになる。

パンツスカート［pants skirt］パンツのようなスカート、あるいはスカートのようなパンツということで、本来は1965年春夏パリ・オートクチュール・コレクションでジャック・グリフが発表した、前から見るとパンタロン、後ろからはスカートに見える新しいボトムアイテムをいったものだが、現在ではキュロットスカート*と同義に扱われるようになっている。

パンツブーツ⇒ツーウエイブーツ

番手［ばんて］糸の太さを表す単位。綿、毛、麻などステープル（短繊維）系の糸について用いるもので、それぞれ「綿番手*」「毛番手*」「麻番手*」の種類がある。基本的に番手の数字が大きくなるほど糸の太さは細くなるが、こうしたものを「高

番手」とか「細番手」と呼んで、高級品の証としている。英語ではカウント count といい、単位には「Ｓ」の表記を用いる。

パンティー［panty］正しくは「パンティーズ panties」と複数形で綴る。女性や女児が用いる下着パンツの一種で、ショーツ*と同義。滑りの良いナイロンやコットンなどで作られ、レースや刺繍などの飾りをあしらったものが多く見られる。なおアメリカではブリーフと呼ばれることもあり、英国ではニッカーズとかブリーフと呼ばれる。

パンティーガードル⇒ロングガードル

ハンディーコート⇒ポケッタブルコート

バンディージーンズ［bandy jeans］脚の部分が「Ｕ」の字型に裁断された特異なデザインのジーンズ。元々は英国のデザイナー、アンドリュー・マッケンジーのデニムコレクションに見られるもので、その形状から日本では「がに股ジーンズ」と呼ばれる。バンディーは正確にはバンディーレッグド bandy-legged で、「がに股の」という意味。

パンティーストッキング［panty stocking］パンティーとストッキングによる合成語で、これは和製英語とされる。タイツの薄手版といったもので、アメリカではパンティーホーズ［pantyhose］、英国ではタイツ*、フランスではコラン*と呼ばれる。1963年6月に日本の『厚木ナイロン工業』によって開発されたのが最初とされ、ミニスカートの流行に乗って普及し、現在ではストッキングといえばこれを意味するまでに至っている。日本では俗に「パンスト」と呼ばれ、PSとも略称されている。

パンティースリップ⇒ペチコート

パンティーホーズ⇒パンティーストッキング

パンティーレス・パンティーストッキング

ファッション全般

[pantieless panty stocking] 腰部のヒップ部分をなくしたパンティーストッキングのことで、ヒップレス・パンティーストッキング [hipless panty stocking] ともいう。特に夏向きとして考えられたもので、普通のパンストのヒップの部分をそっくり剞（く）り抜き、涼しくさせるとともに下着の重なりを薄くさせるという目的も持つもの。

バンティング⇒バローコート

ハンティングウエア [hunting wear] 狩猟用の衣服の総称。ハンティングコスチューム [hunting costume] とも呼ばれ、15世紀のダブレット*を始めとして長い歴史を持つが、現在では貴族的な趣味スポーツとしての伝統も薄れ、それほどの意味も持たなくなっている。英国でのフォックスハンティング（狐狩り）やアフリカでのサファリ（動物狩り）に用いられるものが代表的。

ハンティングキャップ [hunting cap]「狩猟帽」の意。元々英国においてフォックスハンティング（キツネ狩り）の際に用いられたもので、頭にぴったりフィットし、短い前びさしが付いた丸山型の帽子を指す。日本ではこれとハンチング*（鳥打帽）を混同することが多いが、両者は全く異なる形をしているので注意しなければいけない。

ハンティングコート [hunting coat] 狩猟用の上着。日本ではハンティングジャケットと呼ばれるが、英米ではこのように称することが多い。背広型のツイードジャケットとは違って、サファリジャケット型やシャツアウター*タイプとしたものが多く見られる。また、いかにも狩猟に用いられるようなイメージのヘビーデューティーなショートコートをこう呼ぶことがあり、それには防水加工されたコットン地で作られるものが多い。

ハンティングコスチューム⇒ハンティングウエア

ハンティングジャケット [hunting jacket] 狩猟用のジャケット。ガンクラブチェック*などの格子柄をあしらったツイード地で作られるものが多く、革などのガンパッチ（肩当て）やエルボーパッチ（肘当て）といったディテールデザインを特徴としている。

ハンティングシャツ [hunting shirt] 狩猟時に用いるシャツの意で、多くは大柄のバッファローチェックを配したカジュアルなスポーツシャツを指す。きわめてアメリカ的なイメージのアウターシャツで、綿フランネルで作られることが多い。

ハンティングシューズ⇒ハンティングブーツ

ハンティングタータン⇒タータン

ハンティングダービー⇒ハンティングトッパー

ハンティングチェック⇒タータン

ハンティングトッパー [hunting topper] 英国で狐狩りに用いられるシルクハットの一種。黒の防水シルク地で作られ、ブリムの後頭部に落下防止用の組み紐が付くのが最大の特徴とされる。この組み紐は先端が上着の襟穴に通すようになっている。こうした仕掛けは同種のハンティングダービー [hunting derby] と呼ばれる狐狩り用の山高帽にも見られる。

ハンティングバッグ [hunting bag] 狩猟用のバッグ。特にパチュークロス*と呼ばれるナイロンオックスフォード地にウレタンコーティングを施した生地で作られたものが代表的で、アウトドア用のほかカジュアルなバッグとしても広く用いられる。

ハンティングブーツ [hunting boots] 狩猟用のブーツの総称。ぬかるみ地帯を歩くのに都合が良いよう、ゴム製の靴底と、革とゴムによるアッパーを特徴とした紐

は

627

ファッション全般

結び式のハーフブーツが多く見られる。これの短靴型のものはハンティングシューズ［hunting shoes］と呼ばれるが、とくにアメリカ東部メイン州の「L.L.ビーン」社製のものが有名で、これをメイン・ハンティングシュー［Maine hunting shoe］とかビーンブーツ［Bean boots］などと呼んで、この種の靴の基本型とされている。ちなみにL.L.ビーン・ガムシューズ［L.L. Bean gum shoes］とも呼ばれるこの湿地帯用狩猟靴が開発されたのは1912年のことで、同社はその通信販売によって大成功した。

ハンティングベスト［hunting vest］狩猟用のアウターベストの一種。コットンダックという丈夫な生地で作られることが多く、そのままコットンダックベスト［cotton duck vest］の名でも呼ばれる。

バンデッドカラー［banded collar］バンド（帯状のもの）を付けた襟という意味で、最近のカジュアルなメンズシャツに多く見られる低い立襟だけの襟型をいう。従来のバンドカラー *の新しい表現ともいえる。

半纏［はんてん］簡便な羽織状の和服の一種で、「半天」とか「袢纏」とも綴る。江戸時代に庶民の防寒着として男女ともに用いられたものが起こりで、マチも襟の折り返しもなく、胸紐も付かないのが特徴的な形となる。その種類と変化は多く、「角袖半纏」や「筒袖半纏」「広袖半纏」また「綿入れ半纏＝ねんねこ（半纏）」「印半纏」といったものが代表的。現在では大工や鳶職などの職人の間で用いられているくらいのもの。また、これに似た綿入れの袖なし羽織で、黒繻子の半襟を掛けた老人や子供用の冬の室内着を「ちゃんちゃんこ」と呼んでいるが、これをかつては関西では「じんべ」、関東では「ちゃんちゃん」と呼んでいたという説がある。

バンデージスカート［bandage skirt］バンデージ（正しくはバンディッジ）は「包帯」また「包帯を巻く」という意味で、幅広の平ゴムの帯をベルト状につないでミニスカートとしたもの。ストレッチ性がきわめて強く、ヒップラインが上がって小さくきれいに見えるのがポイントとされる。もとはロサンゼルスの「ロンハーマン」のオリジナル。

バンド⇒ベルト

バンドゥ⇒ラ・モラ

バンドゥー・アンド・ボーイショーツ⇒バンドゥービキニ

バンドゥートップ⇒バンドゥーブラ

バンドゥートップ・アンド・ショーツ⇒バンドゥービキニ

バンドゥービキニ［bandeau bikini］バンドゥーブラ *と呼ばれる、紐なしで筒状としたトップスとショーツを組み合わせた女性水着。バンドービキニともいい、英米ではボトムスにボーイレッグショーツ *などと呼ばれるトランクス型のパンツを合わせることが多く、これをバンドゥー・アンド・ボーイショーツ［bandeau and boy shorts］（米）とかバンドゥートップ・アンド・ショーツ［bandeau top and shorts］（英）と呼ぶ例が多い。

バンドゥーブラ［bandeau bra］バンドーブラとも。バンドゥー（バンドー）はフランス語で「（頭などに巻く）細紐、リボン、鉢巻」といった意味で、筒状になった幅の狭いブラジャー、つまり英語でいうチューブブラ *と同義になる。こうした肩紐のない巻きつけるだけの形になったものをバンドゥートップ［bandeau top］とも称している。広義にはこれとは全く別の意味で、後ろホック付き、ソフトカップの最も一般的なブラジャーをこのように呼ぶことがある。

ハンドウォーマー［hand warmer］ウォー

ファッション全般

マーアイテム*のひとつで、手首にあしらうリストバンド状のものをいう。いうまでもなく手首を温めるのに用いられる。

ハンドウォーマーポケット⇒マフポケット

バンドカフス［band cuffs］細幅の布地を袖口にあしらってバンド状にしたカフス。袖口にギャザーを寄せるのが特徴とされ、バンドカラー*のシャツなどに用いられる。またパフスリーブ*の女性用ブラウスにも多く見られるデザイン。

バンドカフススリーブ［band cuffs sleeve］袖口を細い幅のバンド状のテープで飾った袖の総称。パフスリーブなどに見られるデザインとして知られる。

バンドカラー［band collar］スタンドカラー*の別称のひとつで、台襟だけの形となったものであるところから、このように呼ばれるもの。またネックバンドカラー［neckband collar］の別称もある。一般にシャツのデザインに多く用いられる。

バンドカラーシャツ⇒スタンドカラーシャツ

ハンドジェル［hand gel］ハンドクリームのことで、最近人気のそれは特に「抗菌」用のハンドクリームを指す。水もタオルも要らない速乾性のすり込み式クリームで、手軽に手指消毒のできるのが特徴。2014年、さまざまなタイプが発売され、可愛いパッケージデザインと香りのよさ、安価なことで女の子たちに大人気となった。

ハンドスクリーンプリント⇒スクリーンプリント

ハンドステッチ［hand stitch］人の手によってひと針ひと針仕上げられるステッチワーク*のこと。熟練した職人によって作られるものは、まことに美しい仕上がりとなる。

ハンドスリップステッチング⇒たるみ糸

ハンドソーンウエルテッドプロセス［hand-

sewn welted process］製靴法のひとつで「ハンドソーンウエルテッド式」のこと。その名の通り手作業でアッパーと底部を縫い合わせる方法を指す。最も手間のかかる製靴法で、それだけに贅沢感を味わうことができる。いわゆるビスポークシューズ*（注文靴）に見られるもので、最近の靴ブームから人気が再燃している。

バンドタイ［band tie］2〜3センチほどの細幅の帯状の布を、シャツの台襟に巻き付けて飾るネックウエアの一種。主としてウイングカラー*のドレスシャツにあしらって、ドレッシーな雰囲気を高める効果を持つ。比較的新しいフォーマルアクセサリーのひとつとされる。

バンドTシャツ⇒ロックTシャツ

ハンドニッティング⇒ハンドニット

ハンドニット［hand knit］ハンドニッティング［hand knitting］とも。文字通り人の手による編物のことで、要は「手編み」。これには「棒針（棒針編み用）」「鉤針（鉤針編み用）」「アフガン針（アフガン編み用）」といった編み針（ニッティングニードル knitting needle）が用いられる。

ハンドバッグ［handbag］女性が用いる手提げ式の比較的小型のバッグ類を総称する。身の回り品を入れて持ち運ぶバッグという意味で、広義にはクラッチバッグ*型やショルダーバッグ*型のものも含まれる。素材、形ともにさまざまなタイプがある。持ち運ぶという意味から、本来のものとは別にこれを「キャリーバッグ*」ということもある。

ハンドプリーツ［hand pleat］機械でプレスされるマシンプリーツ［machine pleat］の対語で、人の手によって作られるプリーツを総称する。アイロンで1本ずつ襞（ひだ）を付けるなど、さまざまな方

は

629

ファッション全般

法がある。

ハンドプリント⇒プリント

ハンドブロックプリント⇒小紋柄

バンドボウ⇒レディータイドボウ

パントリージャケット［pantry jacket］パントリーは「食器室、食料品貯蔵室」の意で、食堂のボーイたちが着用する短い丈の上着、またそれにモチーフを得たカジュアルなジャケットを指す。ショールカラー（へちま襟）を特徴とした、ちょうど燕尾服をウエストラインで切り取った感じの形のものなどが代表的。

バントリエール［ventriére 仏］フランス語で「馬の腹帯」という意味で、きわめて幅の広い腹巻風のベルトを指す。ファンシーなウエストアクセサリーのひとつとして用いられる。

ハンドル［handle］「取っ手、把手」また「柄（え）」の意味で、バッグ類では「持ち手」や「提げ手」の意味で用いられる。１本だけの「平手」と２本使いの「２本手」の種類があり、これをチェーンや木、あるいは竹使いなどとしたものも見られる。

パンドルショーツ［pendre shorts］パンドルはフランス語で「吊す、懸ける」また「吊り下がる、垂れ下がる」の意。日本の「ふんどし」の形を特徴とした女性用下着の商品名からきたもので、現在ではさまざまなメーカーからさまざまな形、色柄のものが発売されている。ゴムを使わないので体を締め付けることなく、開放的な気分が味わえるのが特徴として人気を集めている。いわば「ふんどし型ショーツ」。

ハンドロールドヘム［hand rolled hem］「縁縫い」の一種で、ネクタイでは大剣と小剣の先端裏側に見る、縁を巻きながらまつった縫い方およびそうした縁の形を指す。高級なネクタイやハンカチーフに用いられる技術。

バンドービジュー［bandeau bijou 仏］バンドーはフランス語で「（頭や額に巻く）細紐、リボン、鉢巻き」また「ヘアバンド」の意。ルイ・ヴィトン社が2010年春に売り出した髪飾りやバッグの飾りなどさまざまな用途に向く布状のアクセサリーをいう。布の先端をネクタイのように細く尖らせた形に特徴があり、ブランドロゴをあしらった金具で布の留め位置を自由に調整できるデザインとなっている。

はんぱ丈［はんぱだけ］七分丈だか八分丈だか、よくわからない中途半端なパンツ丈をいう俗語。2001年ごろからこのような丈の女性パンツが多く登場するようになって、こうした用語が登場したもの。はんぱ丈デニム、はんぱ丈パンツ、はんぱ丈カットオフデニムといった用法がある。

バンプ［vamp］ヴァンプとも。爪先革。トウキャップ*とレースステイ*の間をつなぐ革のことで、全体が１枚の革で作られる靴のことをワンピースバンプ*ということで知られるが、こうした靴はホールカット［whole cut］とも呼ばれる。

バンブークロス⇒バンブーファイバー

バンブーニット［bamboo knit］バンブーヤーンと呼ばれる竹の繊維から作られた編地。いわゆる新ナチュラル素材のひとつとされるもので、麻よりもしなやかでレーヨンのような風合があり、発色性に優れる。

バンブーバッグ［bamboo bag］持ち手を竹（バンブー）で作ったハンドバッグ。イタリアの『グッチ』社やフランスの『アビコン・ド・ヌーヴァル』社のものがよく知られるが、亜流の製品も多く作られている。いずれも東洋調の雰囲気をよく表すデザインとされる。

バンブービットモカシン［bamboobit moccasin］甲の飾り部分に竹（バンブー）

のビット（馬具のはみ）を配したモカシンのことで、イタリア・グッチ社の伝統的な靴のひとつ。金属製のビットを配したものは「ホースビットモカシン」とか「ホースビットローファー」と呼ばれ、こうしたものを「グッチ・ビット」の愛称で呼ぶこともある。

バンブーファイバー [bamboo fiber] 自然の竹から精製した繊維のことで、「竹繊維」を指す。こうした糸をバンブーヤーン [bamboo yarn] といい、それで作られる布地をバンブークロス [bamboo cloth] と呼んでいる。麻よりもしなやかで、レーヨンのような風合があり、抗菌性や消臭性にも優れるとされる。新しい天然素材のひとつで、いわゆる「指定外繊維*」に含まれる。

バンブーヤーン⇒バンブーファイバー

バンブーリュック [bamboo ruck] 竹（バンブー）の飾りをアクセントとした女性用のリュックサック。イタリアの『グッチ』社がバンブーバッグ*とともに開発した商品のひとつで、エキゾチックな雰囲気が特徴とされる。

バンブーレーヨン [bamboo rayon] 竹の繊維から作られた化学繊維の一種。竹を溶かして繊維を取り出し、パルプ化させてレーヨンと同じ製法で作られる人工素材のひとつで、柔らかくシワになりやすい特質を持つとされる。開発当初はエコ素材のひとつとされたが、生産過程で有害な化学物質を用いることから環境にやさしいとは言えないと目されるようになり、最近では米連邦取引委員会から厳しく規制されるようにもなっている。竹を原料とした素材にはバンブーリネンと呼ばれる天然繊維もあり、これはバンブーレーヨンと双璧をなす。

パンプキンショーツ [pumpkin shorts] かぼちゃ（パンプキン）のようにふっくら

と膨らんだシルエットを特徴とする女性用のショートパンツ。バルーンショーツ*などと同義で、ずばり「かぼちゃパンツ」とも呼ばれる。

パンプス [pumps] 履き口を低く広く剣（く）ったスリップオン型の「浅靴」の総称。本来はダンス用の靴とされるが、現在では婦人靴を代表する基本型のひとつとなっている。男性用としてはタキシードに用いるオペラパンプス*が知られる。パンプスはアメリカでの呼称で、英国ではコートシューズ [court shoes]（宮廷の靴の意）と呼ぶことが多い。なおパンプスという名称は、もともと馬車の御者が座ったままで踏む小刻みなブレーキを意味するパンプ pump（日本ではポンピングブレーキとして知られる）にあり、こうした動作に都合が良いように甲の部分を大きく開け、長く座っていても血行を妨げない形になった靴が、現在のパンプスにつながったとされる。

パンプスイン [pumps in] 女性が用いるごく薄手で穿き口の浅い靴下の一種。ストッキングと同じナイロン素材で作られるものが多く、爪先からかかとの下部分だけを覆い、外からは見えないのが特徴となる。スニーカーソックス*のパンプス版で、フットカバー [foot cover] とも呼ばれる。

パンプスカバー [pumps cover] パンプス用のシューズカバー。最近では特にピンヒールのパンプス用に開発されたそれを指すことが多く、立体的に包み込むようにジャージーで作られ、ピンヒールの部分は細い筒状にするなど芸が細かくなっている。華やかなものを着けるとパーティー用のドレスシューズに変身するというものも見られる。また女性のパンプス全体をカバーして雨の染み込みを防ぐゴム製品のこともいう。雨対策のレイン

は

631

ファッション全般

　グッズのひとつとして開発されたもの。

パンプススニーカー⇒スニーカーパンプス

バンプスタイル⇒ファムファタルスタイル

バンプトウ⇒バルブトウ

パンプボウ⇒オペラパンプス

パンベルベット［panne velvet］ベルベット
＊に強い圧力でローラーを掛け、毛羽を
一方向に寝かせた織物を指す。これに
よってより強い光沢を表現することがで
きる。パン［panne 仏］はフランス語で「ビ
ロード風の布」を意味し、縁飾りや帽子
に用いられる毛羽の平らな柔らかい薄地
織物をいう。

ハンマーループ［hammer loop］金槌（か
なづち）を掛ける輪っかの意味で、ペイ
ンターパンツ＊やカーペンターパンツ＊
などの左脚部に見られるデザインのひと
つ。ここにハンマーなどの道具を吊す機
能がある。

反毛［はんもう］⇒リサイクルコットン

632

ファッション全般

ピアーストイヤリング⇒ピアス

ビアード［beard］男性のヒゲのうちで、顎鬚（あごひげ）をいう。なお、口髭はムスターシュ［mustache］、頬髯（ほおひげ）はウイスカーズ［whiskers］と呼ばれる。それぞれの違いとともに、漢字の表現にも違いがあることに注意を要したい。

ビアジャケット［beer jacket］アイビーリーグの名門校プリンストン大学の春夏用のユニフォームとして知られる上着で、ホワイトデニムを用いたボックス型のジャケットをいう。メタルボタンとパッチポケットのデザインにも特徴がある。元々はビールパーティー用に着たところからその名があるもので、流行の最盛期は1930年代から40年代にかけてのこととされる。上下揃いとしたビアスーツもある。

ピアス［pierce］耳たぶに開けた穴に通して飾る式のイヤリング。ピアスは「刺し通す、穴を開ける」という意味で、日本ではピアスというだけでそうしたアクセサリーを意味するが、正しくは「ピアスイヤリング」で、さらにはピアーストイヤリング［pierced earring］といわなければ海外では通じない。最近は男性にも多く用いられるようになり、耳だけでなく「唇ピアス」や「鼻ピアス」「へそピアス」、またそのほかの部分に飾るものも見られる。

ビアスーツ⇒ビアジャケット

ビアリッツグラブ⇒ショーティー

ビアリッツスタイル［Biarritz style］ビアリッツはフランス西南部にある高級リゾート地の名称で、シャネルがここで考案して着用したところからこう呼ばれるようになったマリン調のリゾートスタイルを指す。紺×白の横縞模様のジャージーシャツなどが代表的なアイテムとされる。

ピーカブー⇒カットアウト

ビーガンファッション［vegan fashion］ビーガンは「完全菜食主義者」のことで、こうした人たちが好む動物由来の成分をいっさい含まない衣服やそれらによって表現されるファッションを指す。ウールやシルク、レザーなどを徹底的に拒否し、オーガニックコットンやリヨセル、コットンなど植物由来の繊維のみで服装を構成するのが特徴。ビーガンに似ているベジタリアン（菜食主義者）は卵や乳製品の摂取は許されている。

ビーガンレザー［vegan leather］合成素材で作られる皮革のこと。ビーガンは「完全菜食主義者」のことで、動物性食品をいっさい摂らない、まったくの菜食主義者を指す。サンダルなどに用いられる例が多く、水に濡れても大丈夫という特性を持つ。

ピーク⇒キャップ

ピークトショールカラー［peaked shawl collar］ショールカラー*の中ほどにV字形の縫い飾りを入れ、あたかもピークトラペル*のように見せかけた襟型をいう。

ピークトラペル［peaked lapel］ピークラペルとも。日本語で「剣襟」と呼ばれる襟型で、下襟の角度を大きく上に上げたもの。ダブルブレステッド型の上着では、普通これが採用される。ピークは「峰、山頂、尖った先端」といった意味だが、日本のテーラー業界では「剣襟」と呼び、これを特徴とする礼服を「剣もの」と称している。

ピーコート［pea coat］19世紀前半に英国海軍の艦上用ユニフォームとして採用されてから、一般に流行するようになった代表的なショートコートのひとつ。左右どちらにも合わせることができる前合わせ（本当の両前型）と、タテ型に切られたマフポケットを大きな特徴とし、ネイビーブルーのメルトン地で作られるもの

は

633

をもって本格とする。英米においては
ピーコートよりも〈ピージャケット *〉
と呼ぶほうが一般的で、ピーというのは
粗い紡毛地を意味している。ほかにリー
ファージャケット *とかパイロットジャ
ケット *など数々の異称・別称があるが、
日本で〈Pコート〉と表記するのだけは
誤りとなる。

ピーコック革命［peacock ＋かくめい］ピー
コック・レボリューション［peacock
revolution］の訳で、「孔雀革命」ともい
う。男の服装の色彩革命とされる動きで、
1967年にアメリカのディヒター博士が提
唱し、総合化学繊維メーカーの『デュポ
ン』社がプロモートしたもの。男性もピー
コック（雄孔雀）のようにもっと色彩豊
かな服装をめざそうではないかという考
えを示している。ここからドレスシャツ
のカラー化が進み、メンズファッション
のカジュアル化が促されたといえる。俗
にピーコックファッションとも呼ばれ
る。

ピーコックファッション⇒ピーコック革命

ヒーザートーン［heather tone］ヒースが
生い茂ったスコットランドの荒野に見る
色の調子をいう。紫やピンクなどのヒー
スの花の色が入り混じったミックス調の
色彩を指し、これをヒーザリー（ヒース
が茂ったの意）とも呼んでいる。

ビーザムポケット［besom pocket］切りポ
ケットの一種で、いわゆる「玉縁ポケッ
ト」のこと。ビーザムは「竹ぼうき、草
ぼうき」の意で、形が似ていることから
の命名。ジェッテッドポケットやパイピ
ングポケット（パイプトポケットとも）
に同じ。

ヒーザリーツイード［heathery tweed］ス
コットランドの荒野に特有のツツジ科の
常緑低木であるヒース heath が生い茂っ
ている情景を思わせるような、多色糸使

いのミックス調ツイードのことで、ヘ
ザーツイード［heather tweed］（ヒーザー
ツイードとも）などとも呼ばれる。チェ
ビオット種やブラックフェイス種の羊毛
を用いることが多く、こうしたツイード
を一般にミックスツイード［mix tweed］
とかヘザーミクスチャー［heather
mixture］と呼んでいる。

ビーサン⇒ビーチサンダル

ビーサンカット［―― ＋ cut］ビーチサン
ダル・カットおよびビーチサンダル・カッ
ト・ジーンズの略。ビーチサンダルを履
いたときに足がきれいに見えるように
カットしたジーンズの裾口デザイン、ま
たそうしたカットがなされたベルボトム
型のジーンズを指す。サーファー向きの
ジーンズとしてカリフォルニアで開発さ
れたもの。

ヒーシーシェル⇒ペーパーシェル

ピージャケット［pea jacket］ピーコート *
の英米での呼称。これは元々オランダ語
の「ピイエッケル pijjekker」という言葉
をそのまま英語化したもので、ピーと呼
ぶ粗い紡毛地で作られたところからこう
呼ばれるようになったもの。

ビーズ［beads］飾り物に使用する穴の開い
た小さなガラスや合成樹脂、木製などの
飾り玉。南京玉、数珠玉とも呼ばれ、糸
などに通してネックレスやブレスレット
などにしたり、ドレスなどに縫い留めて
飾ったりする。丸い玉状あるいは管状の
ものが主。

ピース⇒単品

ビーズクラッチバッグ［beads clutch bag］
ビーズ（穴開きの飾り玉）を全面にあし
らった抱え型のバッグ。多くは女性向き
のフォーマルバッグとして用いられるお
しゃれなバッグのひとつで、ハンドバッ
グ代わりとして使われることが多い小型
のデザインとなっている。

ファッション全般

ピースダイイング⇒後染め

ピースダイドクロス［piece-dyed cloth］いわゆる「反染め（たんぞめ）」の生地。織り上げてから無地染めにした織物のことで、「浸染（しんせん）」織物とも呼ばれる。

ピースドレッシング［piece dressing］ここでのピースは「部分、部品、単位」の意味で、服装を構成する一つひとつの部分品としての単品を意味する。そうした単品を自由な発想で組み合わせて、一つの服装に仕上げる着こなし方をこのように呼び、別にピースミックス［piece mix］ともいう。一般にいう「単品コーディネート*」と同義。

ピースミックス⇒ピースドレッシング

ビーター［beater］アザラシの赤ちゃんのころの毛皮のこと。特にハープシールとかサドルバックシールと呼ばれるアザラシの毛皮を指し、生まれたばかりの白い毛皮（ホワイトコート［whitecoat］＝日本ではフケフケという）から完全脱皮した60日間までの毛皮をこのように呼んでいる。

ピーターシャム［petersham］起毛させて毛玉を表面に表した厚手の毛織物。19世紀の英国の洒落者として知られるピーターシャム卿が考案した「ピーターシャム・フロック」という短い外套に用いられたことからこの名がある。また英国の水夫が愛用した、防水加工を施した紡毛地や、ズボンのインサイドベルト*に用いられる厚地の綿織物を意味することもある。

ピーターシャム（コート）［petersham］水夫が悪天候時に着用するとされる、濃紺の起毛ウール地で作られた丈の短いオーバーコートのこと。ピーターシャムという厚手の紡毛地を使ったことからこう呼ばれるものだが、本来は19世紀の有名な洒落者、英国のピーターシャム卿（1780

〜1851）が好んだ〈ピーターシャム・フロック〉という外套に由来する。

ピーター・トムソン・ドレス［Peter Thom-son dress］アメリカのデザイナー、ピーター・トムソンがデザインしたセーラー服*型のワンピースドレスの名称で、20世紀初頭からアメリカの多くの私立学校で女子学生の制服に採用された。彼は元アメリカ海軍のテーラーで、その水兵たちの制服にモチーフを得たものと見られる。プリーツとベルトを伴うこのデザインは、日本のセーラー服にも多く用いられている。

ピーター・パン・カラー［Peter Pan collar］フラットカラー*の一種で、襟先を丸く大きくカットした、襟幅5〜8センチ程度と大きめの襟を指す。スコットランドの童話『ピーター・パン』の主人公の服装に由来するとされ、子供服や女性のブラウスに多用される。

ピーター・パン・ハット［Peter Pan hat］英国発の幻想劇『ピーター・パン』の主人公の舞台衣装として知られる帽子。大きな鳥の羽根を付けた円錐形のつば無し帽子が代表的だが、つばが前に突き出し、後ろで反り返った形のものもある。

ビーチウエア［beach wear］海浜着の総称。泳ぐ目的ではなく、海辺で遊んだり、くつろいだりするときに着る衣服を指す。露出の多い開放的なデザインのもの、また直射日光を避けるために体を覆うようにしたものなど形はさまざまだが、総じて明るく派手な南国調のデザインのものが多い。

ビーチクロス［beach cloth］1901年、アメリカはマサチューセッツ州に創業したアウトドアウエア・メーカー「ブラウンズ・ビーチジャケット」社によるオリジナル素材の名称。コットン27%とウール73%による混合生地で、ハンティングなどの

は

635

ファッション全般

防寒着に使用された。特に「ゴマシオ（胡麻＋塩）」と呼ばれる白の混じった生地の表面感に特徴がある。1960年代に途絶えたが、ヴィンテージブームから復活し、マニアのあいだで人気を集めるようになった。服のほか帽子やキートレイ（鍵入れ）などの小物もある。

ビーチコート⇒ビーチジャケット

ビーチコマー [beachcomber] ビーチサンダル*の一種で、特にサーファーに愛用される厚底で色鮮やかなゴム草履タイプのものを指す。ビーチコマーとは本来「浜辺で漂流物を拾って暮らす人」という意味で、ビーチコーミングは海辺での宝物探しをいう。

ビーチサンダル [beach sandal] 海辺やプールサイドなどで用いる、日本の草履の形をしたシンプルな履き物。水に濡れても大丈夫なようにゴムやビニールで作られるものが多い。日本では略して「ビーサン」と俗称されることが多い。こうしたものをアメリカではソングス [thongs]（革紐の意）と呼び、英国ではフリップフロップス [flip-flops] などという。ニュージーランドではジャンダル [Jandal] と呼ばれることがあるが、これは Japan と sandal からの造語。

ビーチジャケット [beach jacket] 海辺用の上着の意味で、昔のハワイで着られたアロハプリント使いのシャツジャケット風のものから、現在のダイビングなどマリンスポーツに用いるネオプレーン素材使いのフード付きジャケットまで、さまざまなタイプのものがこの名称で呼ばれている。いずれも海を感じさせるアイテムとして人気があり、海辺で肌寒いときに羽織ったり、バイクに乗るときに着るなど用途は多様。この種の上着はほかにビーチコート [beach coat] とかボートコート [boat coat]、クルージングコー

ト [cruising coat] などの名称でも呼ばれる。

ビーチシューズ [beach shoes] 渚（ビーチ）や水辺で遊ぶときに用いる靴。アクアシューズやマリンシューズなどと同種のものだが、2014年フランス・プリアツ社から輸入されたそれは、軽量のEVA（エチレン・ビニル・アセテート）素材で作られ、ココナッツなど独自の香りとカラフルな色使いが楽しめるとして、再びこの種の靴の人気を集めている。

ビーチスーツ [Beach Suit] 2014年春、伊勢丹メンズ館が打ち出した新スーツのプロモーションテーマから生まれた新しいスーツの名称。ビーチパーティーやリゾートシーンなどをイメージしたもので、ちゃんとしたスーツの上半身にハーフ丈のパンツを組み合わせてスーツとしたスタイルを指す。スーツ＝ビジネスという概念を覆すものとして注目を集めた。いわばショートパンツスーツと同じ。

ビーチスキン [peach skin] 「桃の皮」の意で、表面に桃の皮のような感触がある生地をいう。モッサー*仕上げの一種で、毛羽が非常に短いものを指す。また、こうした表面感を特徴とする新合繊*を指すこともある。

ビーチドレス⇒カバーアップ

ビーチバッグ [beach bag] ビーチ（海辺）での遊びに必要な用具一式を収納するバッグ。ビニールや防水加工された布地で作られ、夏らしい大胆な色柄使いのものが多く見られる。

ビーチハット [beach hat] 浜辺で用いる帽子の意で、多くは海水浴時にかぶる麦わら製のつばの大きな女性用帽子を指す。カラフルなリボンの帯も特徴となる。

ビーチパラソル⇒パラソル

ビーチパンツ⇒イージーパンツ

ビーチブラ [beach bra] 水着でもあり、見

ファッション全般

せる下着でもあるブラジャー状のトップ
スを指す。ビーチウエアを街着として着
こなすファッション傾向から登場したもの
で、こうした水着や下着風のブラトッ
プをわざと見せる着こなしを「見せブラ
コーデ」などと呼ぶ。

ビートジェネレーション⇒ビート族

ビート族 [beat＋ぞく] ビートニクスの日
本版で、モダンジャズに酔い痴れる若者
たちをいう。1959～63年頃の流行で、
本場のビートニクスはJ・ケルアックや
A・ギンズバーグなどのいわゆるビート
詩人たちに共鳴する実存主義の若者たち
を指したものだが、日本ではその風俗的
な面だけが独り歩きするようになり、別
にダンモ族（モダンジャズを略していう
俗語から）とかファンキー族 [funky＋
ぞく]（モダンジャズの異称のファンキー
ジャズから）とも呼ばれる不良になって
しまった。なおビートニクスはビート
ジェネレーション [beat generation]（敗
北の世代の意）とも呼ばれる当時の若者
たちを象徴する存在であった。

ヒートテック [HEATTECH] 日本の『ユ
ニクロ』と『東レ』の共同開発による吸
湿発熱素材の商標名。体が発する水蒸気
を繊維が吸着して素材自体が発熱し、暖
かさを保つという機能をもつもので、抗
菌性とともにストレッチ性も併せもつと
いう特徴を備えている。ユニクロでは
2003年から国内販売をスタートさせ、08
年には世界展開を開始している。夏季用
の涼感素材である「ボディーテック ドラ
イメッシュ」とともに同社のテクノロ
ジーを代表する素材として注目されてい
る。

ビートルズカット⇒マッシュルームカット

ビートルズジャケット⇒カルダンジャケット

ビー・トレンチコート [pea trench coat] ピー
コートとトレンチコートをいっしょにし

たような最近のアイディア商品。トレン
チコートの襟をピーコートのような大型
襟にしたり、ボタンにアンカーマーク（錨
形）のものを用いるなどして、独特の雰
囲気をかもし出しているのが特徴。ハー
フコート型としたものが多く見られる

ビーニー [beanie] 丸型の縁なし帽のことで、
カロ＊（キャロット）やスカルキャップ＊
と同種の帽子。子供用のものでトップの
先端を結んだデザインにしたものを、
トップノットキャップ [top knot cap] と
いうことがある。またビーニーキャップ
[beanie cap] というと、ヒップホップ好
みの若者たちの間で用いられることの多
いニットキャップの一種をいう。

ビーニーキャップ⇒ビーニー

ビーバー [beaver] ビーバーおよびその毛
皮。カナダのラブラドル地方産のものが
最良とされ、独特の滑らかさを持つ毛皮
として珍重される。

ビーバークロス [beaver cloth] 表面がビー
バーの皮に似ている厚手紡毛地の一種。
モッサー仕上げのひとつで、毛羽を一定
の方向に寝かせたタイプをこのように呼
ぶほか、こうした加工法を「ビーバー仕
上げ」とも呼んでいる。滑らかな光沢感
があり、オーバーコート地として多く用
いられる。

ビーバーハット⇒シルクハット

ビーバーラビット⇒レッキスラビット

ビーバーラム⇒ムートンラム

ビーハイブヘア [beehive hair] ビーハイブ
は「ミツバチの巣」の意味で、それのよ
うに丸く大きく盛り上がったヘアスタイ
ルをいう。1950年代の終わりから60年代
の初めにかけて流行した髪型のひとつと
して知られる。

ピープトウパンプス [peep toe pumps] ピー
プは「のぞき見する、こっそりと見る」
という意味で、爪先のところがちょっと

は

637

ファッション全般

開いたデザインになったパンプスをいう。オープントウパンプス*と同義だが、それよりも開き口が小さいタイプをこのように呼んでいる。

ピーブルゾン [pea blouson] ピーコート*をブルゾンに変化させたショートジャケット。ネイビーブルゾン [navy blouson] の異称もある。

ヒーリーズ⇒スケーターシューズ

ヒーリングストーン⇒パワーストーン

ヒーリング素材 [healing＋そざい] ヒーリングは「癒やし」という意味で、そうした効能を取り入れた素材を総称する。心身をリラックスさせる効果を持つ新しい機能素材というのがそれで、ハーブやヨモギエキスなどの天然原料を繊維に織り込んだものなどがある。

ヒール [heel] 足の「かかと」また靴や靴下などの「かかと」の部分。男性のドレスシューズの場合は、3〜3.5センチの高さを持つものがノーマルとされ、それより低いローヒール*と、それより高いハイヒール*の別がある。また女性用の靴にあっては20種を超えるヒールのデザインがあるとされる。

ヒールアップシューズ⇒ヒールアップブーツ

ヒールアップジョッキー [heel up jockey] ヒール（かかと）を高くしたジョッキーブーツ*の意。いわばジョッキーブーツのハイヒール版で、細く高いヒールを特徴としたものが中心。

ヒールアップブーツ [heel up boots] 高くがっしりとしたヒール（かかと）を特徴としたブーツ。1990年代中期からのコギャル現象から火がついた女性のショートブーツの一種で、編み上げ式やストラップ付きなどさまざまなデザインが見られ、単にヒールブーツ [heel boots] とも呼ばれた。また背を高く見せるためにヒールの部分を上げ底にした靴をヒール

アップシューズ [heel up shoes] と呼ぶことがあり、これもそうした仕掛けを施したブーツの俗称とされることもある。

ヒールカウンター [heel counter] ブーツなどでヒール（かかと）の形を整え、かかとを保護するために用いられる部分を指す。カウンターだけで「かかと革」の意味もある。一般の革靴ではヒールカップとも呼ばれる。

ヒールカップ [heel cup] 踵（かかと）を覆う部分のことで、ここには一般に「月形」という芯材が入れられ、かかとを底面から保護する機能を持つ。

ヒールサンダル [heel sandal] ヒール（かかと）付きのサンダルの総称。そうしたサンダルはごく普通に見られるが、ミュール*やウエッジヒールサンダル*だけではなく、ゴム製のビーチサンダルなどにもヒールの付いた可愛いデザインのものが増え、わざわざこのように呼ぶようになったもの。フラットヒールサンダルのローヒールから、セクシーなハイヒールまでそのデザインには多彩なものがある。

ヒールスニーカー⇒スニーカーパンプス

ヒールパンプス [heel pumps] ヒール*付きパンプス*の総称だが、日本では特にハイヒール*のパンプスを指すことが多い。より正確にいうならハイヒールパンプス [high heel pumps] となるだろうが、こうした婦人靴を英米ではオペラパンプス*と呼ぶことが多い。日本でいうオペラパンプスは、一般に男性が用いるタキシード用のエナメルシューズを指す。

ヒールブーツ⇒ヒールアップブーツ

ヒールレスシューズ [heel-less shoes] ヒール（かかと）の無いハイヒールシューズのことで、ヒールレスヒールの通称もある。世界のポップアイコン、レディー・ガガが愛用していることで知られる靴の

ひとつで、通常付くべきヒールがなく、前部の靴底だけで履けるようになった奇妙な形を特徴としている。2014年に芸大を卒業したばかりのファッションデザイナー・舘鼻則孝（たてはな・のりたか）のデザインによるもので、これは花魁（おいらん）の履く高下駄をモチーフにしたという。

ヒールローファーズ ［heel loafers］ヒール（かかと）が、がっしりとしたローファータイプの靴の総称。グッチやプラダなどイタリアの有名ブランドの影響を受けて、1996年秋ごろから急速に人気を得るようになった靴のひとつで、爪先が角張ったスクエアトウとなったものが多いのも特徴とされる。

ビーンブーツ⇒ハンティングブーツ

非ウールコート ［ひ＋wool coat］ウールでない素材使いのコートの意。最近のコートの軽量化などの傾向からウールコートの人気が薄れ、それ以外のコットンや化繊系などの素材を使ったコートをこのように総称するようになったもの。主にそうした女性用コートについていう。

ピエ・ドゥ・プール⇒ハウンドトゥース

ピエ・トゥールナン ［pied tournant 仏］パリに本店を持つ注文紳士靴店『ジェラール・セネ』社に見る独特の木型をいうフランス語。ピエは「足」、トゥールナンは「回転する」また「曲がり角」という意味で、ときとして「インゲン豆」も意味する。人間工学に基づいてデザインされた履きやすく、かつエレガントな形が特徴で、インゲン豆の鞘のように曲がっているところからこの名が生まれたとされる。現在世界でいちばん美しい木型として尊敬を集めている。

ピエレットルック⇒ピエロルック

ピエロ⇒トボガンキャップ

ピエロカラー ［pierrot collar］ピエロ（道

化師）の衣装に見る襞（ひだ）飾りを特徴としたファンシーな襟をいう。立襟型のものが多いが、丸首の周りにラッフルを付けたものなども見られる。また飾り襟の一種として用いられることもある。

ピエロパンツ ［pierrot pants］一般にはピエロ（道化師）が穿くような、ゆったりとしたシルエットの裾絞り型七分丈パンツを称し、女性や子どもたちに着用されることが多い。特殊なものとして、ラングラーのジーンズに見るロデオ大会で見世物としてピエロたちが穿いていたヒップロゴ付きのゆったりシルエットのジーンズや、これにヒントを得て作られた日本のキャピタルによるピエロパンツなどもある。

ピエロルック ［Pierrot look］ピエロはフランスでいうパントマイムの道化役のことで、小文字で綴ると一般の「道化役者」の意味になる。そうしたピエロに見る衣装を指し、別の英語ではクラウンルック［clown look］ともいう。女性の場合はピエレットルック［pierrette look］と呼ばれる。

ビオコスメ ［bio-cosmétique 仏］フランス語でいう「自然派化粧品」。ビオは英語のバイオ bio と同じで、生命や生体に関するものの接頭辞として用いられる。ナチュラルコスメ*やボタニカルコスメ*と同義で、エコ意識から生まれた天然原料を主とするオーガニック（有機栽培の意）化粧品のひとつという見方もできる。

ピギーケース ［piggy case］ピギーバッグ［piggy bag］とも。機内持ち込み用として開発された旅行バッグの一種で、ハンドルとキャスターが付いたキャリーバッグ型のものが多く見られる。ナイロン製の軽いタイプが中心で、ハンドルを収納するとショルダーバッグとして使うこともできるなど、従来のスーツケースに代

ファッション全般

わる手軽な旅行バッグとして人気を高めている。

ピギーバッグ⇒ピギーケース

足染め⇒後染め

ビキニ [bikini] ビキニスタイル [bikini style] の略。小さめのブラとショーツ部分を特徴とするツーピース水着*の一種。また、これに見る小さな下着のショーツも指す。語源は太平洋ミクロネシアの「ビキニ環礁」にあり、ここで1946年7月に行われたアメリカの原爆実験に由来する。この時期、画期的な女性水着を考案したフランスのデザイナー、ルイ・レアールがこれに衝撃的なネーミングを付ける目的で、このビキニ環礁での原爆実験にヒントを得たものとされる。同じころ、フランスのデザイナー、ジャック・エイムも同様の水着を発表しているが、エイムはこれに「アトム」という名称を付けていた。

ビキニショーツ⇒ショーツ

ビキニスタイル⇒ビキニ

ビキニドレス⇒ブラドレス

ビキニパンツ [bikini pants] スイムショーツ*の一種で、いわゆるビキニ型のものを指す。競泳タイプの男性用水着として知られるが、なかで脇丈が長めのごく一般的なブリーフ型水着は、一般にポピュラービキニ [popular bikini] と呼ばれ、これがよりビキニに近づくとセミビキニ [semi bikini] と呼ばれることになる。

ビキニブリーフ [bikini brief] 女性水着のビキニにモチーフを得て作られた、小さな面積を特徴とする下着パンツを俗に「ビキニ」と称し、その男性用ブリーフをこのように呼ぶ。ローライズで前開きがないのが特徴で、なかでもきわめて小さなものを「スーパービキニ」などと呼んでいる。

美脚パンツ [びきゃく＋pants] 脚線を長

く美しく見せることを狙いとしたパンツの俗称。脚長効果を謳う女性用パンツの名称として、2003年春ごろから急速に一般化した。伸縮性の効いたストレッチ素材を使い、太ももからヒップをほどよく包むスリムなブーツカットシルエットに仕上げたものが多く見られる。最近では男性用のものも登場し、「美脚スーツ*」も現れている。

美脚ブーツ [びきゃく＋boots] 脚を美しく見せるブーツということで、「美脚パンツ*」などの流行に乗って登場したもの。立体裁断で作られ、脚をすっきりとまっすぐに見せる特性を持つとされる。

ビキューナ [vicuna] ビクーニャなどともいう。南米のペルーやボリビアのアンデス山地に生息するラクダ科の野生動物ビキューナの毛から作られる素材。ビキューナは数が少なく、人工飼育できず、山岳地帯を素早く逃げ回るために、傷をつけずに捕らえることができないなどの理由から、岩にこすりつけられたわずかな毛を採取して製品化するという特性を持つ。そのため生地はきわめて高価になり、世界最高級のランクに位置付けられることになる。「繊維の貴族」という称号でも呼ばれる。

ビギン [biggin] 頭全体をすっぽりと覆う顎紐（あごひも）付きの幼児用のかぶりもの。本来ベルギーのベギーヌ教団の尼僧が用いたベギン [béguin 仏] と呼ばれる頭巾から生まれたものとされる。英国の方言ではナイトキャップ*のことを指す。

卑金属⇒貴金属

ピクシーカット [pixie cut] ピクシーは「（いたずら好きな）小妖精」の意で、サイドとバックを短くカットした女性の髪型を指す。元々ヘップバーンスタイルとして知られるボーイッシュなショートヘアの

ことだが、近年、内外の女優がこれを取り入れて人気が上昇したことから、「開運ヘア」として人気を集めるようになった。

ピクセルプリント⇒ＣＧプリント

ピクセルヘア［pixel hair］ヘアカラーの新種で、色調を変化させながら四角形型に染めていく技法をいう。元はスペインの「エクスプレシオン」という有名サロンから生まれたもので、コンピュータ画像のピクセル（画素）を表現しているところから、このように名付けられた。正式にはピクセレイテッド・ヘア・カラーリング pixelated hair coloring という。立体感があり近未来的で斬新なデザインとして、2015年頃から注目を集めている。

ピクチャーハット［picture hat］絵のように美しい、また絵画の中に出てくるようなというところから名付けられた女性用の帽子で、ブリムがきわめて大きなカプリーヌ型の帽子を指す。

ピクチャープリント［picture print］絵画や写真のように写実的な表現を特徴としたプリント柄。フィギュラティブパターン＊の一種で、シーニックプリント＊と同義とされる。

ビクティムレスレザー［victimless leather］「犠牲者のない革」と直訳される。バイオテクノロジー（生命工学）を用いて開発された新しい人工皮革のひとつで、これは西オーストラリア大学で研究・開発された、マウスと人間から抽出した生体細胞を培養して作られたものをいう。

ビクトリアカラー［Victoria collar］ヴィクトリアカラーとも。英国のビクトリア王朝時代（1837～1901）の衣装に見られるブラウスやシャツに用いられたような襟のデザインをいったもので、高い襟やフリル、レースなどを多用したロマンティックな雰囲気のものが多く見られ

る。レトロ・モダンな調子のファッショントレンドの登場から用いられるようになったもので、なかにはエリザベス1世時代（1558～1603）に流行したエリザベスカラーもここに含むことがある。

ビクトリアローン⇒ローン

ビクトリアンジャケット［Victorian jacket］英国のビクトリア朝時代（1837～1901）を思わせる王朝風の華麗なデザインのジャケット。ウエストを強く絞ったルダンゴト（乗馬服）タイプのロングジャケットが典型的で、素材もベルベットや別珍といった光沢感に富んだものが多く用いられる。これに共地のパンツを合わせた一式を「ビクトリアンスーツ」という。

ビクトリアンシャツ［Victorian shirt］英国のビクトリア王朝時代（1837～1901）を彷彿させるクラシックな雰囲気のシャツ。高い襟やフリル、レースなどを特徴としたロマンティックなデザインを多用したもので、ビクトリアンスタイルの再来に伴って、こうしたシャツが作られるようになった。これのブラウス版はビクトリアンブラウス［Victorian blouse］と呼ばれる。

ビクトリアンスーツ⇒ビクトリアンジャケット

ビクトリアンスタイル［Victorian style］英国ビクトリア王朝時代（1837～1901）の服装にモチーフを得て作られたスタイル。クリノリン＊やバッスル＊、またパフスリーブや袖口のレース飾りなど、19世紀的なモチーフがふんだんに使われた装飾的なブラウスやドレスなどが見られる。

ビクトリアンスリーブ［Victorian sleeve］19世紀英国のビクトリアン時代の服を思わせる、やたらと装飾的な袖をいう。いわゆるボリュームスリーブ＊のひとつ

は

ファッション全般

として知られる。

ビクトリアンチンツ⇒更紗

ビクトリアンドレス⇒ヒストリカルドレス

ビクトリアンブラウス⇒ビクトリアンシャツ

ビクトリアン・フロック⇒フロックコート

ピクニックバスケット⇒バスケット

ヒゲ［――］穿き込んだジーンズの太もも股下辺りに見られる白っぽくなった横ジワをいう俗語。最近の中古加工や古着加工のジーンズには、このような何年も穿き込んだような表情を出すヒゲをわざとつける加工が見られる。

ピケ［piqué 仏］太い畝を特徴とした綿布、また畝織の織物をいう。コーデュロイ*のような畝が表れた二重組織の生地で、綿製のものはコットンピケと呼ばれる。織り方によってさまざまな浮き出し模様が表現され、それぞれに柄の名称が付けられることになる。アートピケ［art piqué］とかジャカードピケ［jacquard piqué］というのはそうした模様付きのファンシーなタイプを指す。

ヒゲトリマー［ひげ＋trimmer］男性の髭手入れ用の器具のこと。最近の「無精ヒゲ」人気から開発されたもので、自然な無精ヒゲの状態を保つためのさまざまな機能を持つものが多く登場して人気を集めている。

ピケフロント⇒スターチトブザム

ひげブローチ［ひげ＋brooch］男性の「ひげ」をモチーフにデザインされたブローチ。ブラウスの襟元に蝶ネクタイのようにして用いられる。ムスターシュブローチなどの商品名でも呼ばれる。

ピコ［picot 仏］英語読みしてピコットともいう。フランス語での原意は「（粗雑に木を切ったあとの）とげ、ぎざぎざ」といったことで、編物や布、レース、リボンなどの端に付く小さなループ状の縁飾りを指す。またピコミシンと呼ばれる

ミシンで始末した小さな波状の端かがりをいうこともある。

ビコーン⇒ビコルヌ

ピコット⇒ピコ

ビコルヌ［bicorne 仏］英語でビコーン［bicorn］（バイコーンとも発音）とも呼ばれ、「二角帽」を意味する。18世紀末にトリコルヌ*（三角帽）の略式として登場した宮廷用の帽子のことで、鍔（つば）が前後ともに巻き上がって、左右に2つの角（コーン）を形作っているところからこう呼ばれる。一般にナポレオンハット［Napoleon hat］として知られ、職業によって角が前後に表現されるものもあったとされる。

ビコロール⇒バイカラー

ビザンチン［Byzantine］4世紀から15世紀にかけて、コンスタンチノープル（現在のイスタンブール）を中心に栄えた東ローマ帝国（ビザンチン帝国）に見る美術様式や文化を総称する。洗練されたグレコローマン*文化とオリエンタル文化が融合し、エキゾチックな魅力にあふれており、ビザンチンスタイルと呼ばれる服装にもそうした特徴がよく表れている。

ビザンチンスタイル⇒ビザンチン

ビジカジスタイル［business + casual style］ビジネスとカジュアル両方の機能を兼ね備えたスタイルの意。フライデーカジュアルやクールビズの台頭から注目を集め始めたビジネスマンの服装のことで、ネクタイや上着がなくても失礼にならないスタイル、またスーツではなくジャケット＆スフックスでのビジネススタイルといったものを総称している。

ビジカジュ⇒ビジネスカジュアル

ビジカジシャツ［business + casual shirt］ビジカジュはビジネスとカジュアルの合成語で、ビジネス、カジュアル両

ファッション全般

方の着方ができる新しいドレスシャツを指す。同様に、表現はおかしいが「ビジュカルシャツ」といった言葉も作られている。

ビジカジュシューズ [business + casual shoes] 和製語でビジネスにもカジュアルにも用いることができる兼用タイプの靴を指す。また表現はおかしいが、こうしたものをビジカルシューズとかビジュカルシューズなどという向きもある。ともにビジネスとカジュアルから作られた日本的な合成語。

ビジカジュソックス [business + casual socks] ビジネスとカジュアル両方に使うことのできる靴下のことで、ニュービジネスソックス*と同義。

ビジ髪 [ビジかみ] ビジネスマンにふさわしい髪型。元々は札幌で理美容店を経営する柳本哲也氏の著書『ビジ髪』から生まれたもので、その基本はおでこを隠さない、耳をすっきり出す、襟足の髪がシャツにかからない、茶髪でないところにあると説く。一般にいわゆる「七・三分け」が日本のビジネスマンにはいちばん似合う髪型とされる。

ビジカル⇒ビジネスカジュアル

ビジカルシューズ⇒ビジカジュシューズ

ビジティングコート [visiting coat] ビジティングは「訪問」の意で、他家を訪問するときに着用するコートを総称する。アフタヌーンコート [afternoon coat] (午後のコートの意) と呼ばれることもあり、そうした女性のコートについて用いられる。

ビジトロ⇒トロリーバッグ

ビジネスウエア [business wear] 「仕事着、通勤着」の意で、仕事用の衣服全般を指す。ビジネススーツ*だけではなく、ユニフォーム*なども含まれる。最近ではこの分野にもカジュアル*化の傾向が強

くなってきた。

ビジネスオルタナティブ [business alternative] もうひとつ別のビジネススタイルという意味で、いわゆるフライデーカジュアル*を指すアメリカでの用語。またフライデーカジュアルにこだわらず、スーツにドレスシャツ、ネクタイという通常のビジネスウエア以外の現代的な感覚をもつビジネスウエアを総称する傾向もある。

ビジネスカジュアル [business casual] ビジネスの場におけるカジュアルな服装の意で、オフィスカジュアル*と同義。またビジネス＆カジュアルの意味をとって、ビジネスとカジュアルの両用を狙ってデザインされた衣服や靴、バッグなどの考え方を指すこともある。これをビジカジュとかビジカルなどと略して用いることもある。

ビジネスコート [business coat] 通勤用に着ることを目的とした実用的な性格をもつコートの総称。いわゆるステンカラー*のコートを始めとして、多種多様なものが見られる。

ビジネスジャケット [business jacket] ビジネスウエアとして使うことを目的としたジャケットの総称。色柄やデザインをおとなしいものに抑え、スーツ上着の感覚に近づけたもので、新しいビジネスウエアのひとつとして着用される機会が増えている。

ビジネスシャツ [business shirt] ビジネス (仕事) に用いるシャツのことで、ドレスシャツと同義。ネクタイを結んで着用するのが原則とされる。機能的で実用的なところが特徴で、白を中心に薄いブルーやグレーの淡色系のものが多く見られる。

ビジネスシューズ [business shoes] 通勤や執務時に用いる仕事用の靴の総称で、特

は

643

ファッション全般

にビジネススーツに合わせる皮革製の
かっちりとした紳士靴を指すことが多
い。色は黒が中心だが、最近では茶色系
の人気も高くなっており、そのほかにネ
イビー、グレー、白など特殊な色を使っ
たものも見られる。

ビジネススーツ ［business suit］仕事をす
るときに着用するスーツの総称で、普通
濃紺やダークグレーなど濃色のウース
テッドなどのウール地で作られるものが
多い。スタイルも2〜3ボタンのシング
ルブレステッド型の無難なものが多く、
目立たないことをもって旨としている。
最近では黒も新しいビジネススーツのひ
とつとして、若いビジネスマンに着用さ
れる例が増えている。20世紀、特に第1
次大戦後の1920年代から公的な仕事服と
されるようになった。

ビジネスソックス ［business socks］ビジネ
スに用いる靴下の総称で、ダークトーン
を基調にした中厚の無地および無地調の
ものが基本とされる。濃色に細い縞や格
子柄などをあしらったものも見られる
が、ここでは落ち着いた感覚のものが最
良とされる。また毛ずねを見せなくする
ように、膝下までの長さのものが求めら
れるのも原則とされる。なお、あまりに
薄手のものは女性方に敬遠されるきらい
がある。

ビジネスタイ ［business tie］ビジネスに用
いるネクタイの総称。シルク地のフォア
インハンド＊（ダービータイ）がほとん
どで、ビジネススーツの色調に合わせた
シンプルな色柄のものが多く用いられて
いる。基本とされるのはストライプ、小
紋柄、無地の3タイプで、ほかに濃色の
ニットタイ＊も許される。

ビジネストート ［business tote］ビジネス
用のトートバッグ＊。トートブリーフケー
ス＊に同じ。

ビジネスドレス ［business dress］キャリア
ウーマンの通勤服、勤務服として用いら
れるドレスの総称。男性のビジネススー
ツの女性版で、活動しやすく機能的なデ
ザインのものが多く見られる。

ビジネスバッグ ［business bag］ビジネス
に用いるカバンのことで、主に男性の仕
事用のそれを指すことが多い。一般に皮
革や丈夫なナイロンといった素材で作ら
れ、黒や濃茶無地の落ち着いた感覚のも
のが中心。

ビジネスベルト ［business belt］ビジネス
スーツに合わせて用いられる仕事用のベ
ルト。多くは3〜3.5センチ幅程度の中
庸を得たもので、黒あるいは濃茶の革製
のものが多く見られる。ちなみに1950年
代までのベルトは茶色の革製がほとんど
で、スーツにはサスペンダー（ズボン吊
り）を用いるのが常識とされていた。ベ
ルトが進出したのはベストを着なくなっ
てからのこととされる。

ビジネスリュック ［business ruck］手提げ
と背負いの兼用型となったビジネスバッ
グに付けられた名称。B4判の書類が入る
くらいの大きさで、手提げのハンドルと
背負い用のバンドが付いており、普通の
バッグとしてもリュックサックとしても
使えるようになっているのが特徴。

ピジャマ⇒パジャマ

ビジュー ［bijou 仏］フランス語でいう「宝
石」また「装身具」の意味。指輪、ネッ
クレス、ブローチといったものがここに
含まれる。

ビジューコート ［bijou coat］宝石類をあし
らった婦人コートの総称。ノーカラーの
襟周りに付けたり、身頃の胸あたりに
飾ったり、第1ボタンを豪華なブローチ
にしたり、ボタンをすべてビジューボタ
ンにするなどさまざまな表現がある。
ファー（毛皮）との組み合わせにすると、

は

ファッション全般

ゴージャス感がいっそう高まることになる。

ビジューサンダル⇒グリッターサンダル

ビジューニット［bijou knit］ビジューはフランス語で「宝石、珠玉、装飾品」の意。宝石を飾ったようなニットウエアを指し、多くはラインストーンやビーズ、クリスタルなどを襟の回りや胸のところなどに取り付けたものを指す。英語の宝石類の意からジュエルニット［jewel］とかジュエリーニット［jewelry knit］とも呼ばれる。

ビジューバッグ［bijou bag］ビジューはフランス語で「宝石、装身具」の意で、宝石類を飾りとしたファンシーな表情のハンドバッグを総称する。英語でジュエルバッグ［jewel bag］とかジュエリーバッグ［jewelry bag］ともいう。

ビジュカルシューズ⇒ビジカジュシューズ

ビジュテリー⇒ジョワヨ

尾錠⇒バックストラップ

ビショップスリーブ［bishop sleeve］ビショップは「司教、主教」の意で、元々僧服に用いられたデザインから来た袖をいう。上腕部をフィットさせ、肘から下を大きく広げた形のもので、袖口にギャザーを寄せてバンド留めにするタイプと、そのまま切りっ放しにする二つのタイプがある。農婦が用いる服のデザインにも見られるところから、ペザントスリーブ［peasant sleeve］とも呼ぶ。

美尻スカート［びしり＋skirt］⇒美尻パンツ

美尻パンツ［びしり＋pants］お尻のラインを美しく見せるようにデザインされたパンツ。美脚パンツと同種のアイテムで、これは「小尻（こじり）＝小さくて引き締まったお尻」がカッコいいとする風潮から考え出されたもの。このスカート版は「美尻スカート」と呼ばれることになる。

ビスコース［viscose］レーヨン*の原料となるパルプに、苛性ソーダと二硫化炭素を加えてできた、粘り気のある液体を指す。

ビスコッティ［biscotti伊］イタリア語でビスケットを意味する菓子からきたもので、そのような印象があるセーターの模様をいう。イタリアのニットウエアを代表するブランド「ドルモア」を象徴する柄デザインとして知られる。

ビズサンダル［biz sandals］クールビズ用のサンダルの意で、ビジネスサンダルを略したもの。これまでサンダルは許容範囲外にあったが、2011年夏のスーパークールビズ*からは執務室内であれば許されることになった。ビジネスシューズの形そのままにサンダルとしたものが代表的で、紐付きと紐無しのタイプがあり、職場で履き替えるのに向く。

ヒズスカート［his skirt］「彼のスカート」の意で、つまり、男性用のスカートをいう。これは特にニューヨークのデザイナー、カルバン・クラインによって名付けられたものとされ、タブリエ*（エプロン）風のデザインが多く見られたところから、一時、男のスカートを「タブリエ」と呼ぶことが流行した。

ビスチェ⇒ビュスティエ

ピステウインドブレーカー⇒ピステジャケット

ピステジャケット［piste jacket］ピステはフランス語で「滑走路、競走路」を意味し、本来はスキー選手が着用する薄手のジャケットを指し、いわゆるスキーヤッケ［ski jacke］と同義に扱われる。ここから日本ではピステトレーナー［piste trainer］とかピステヤッケ［piste jacke］とも呼ばれるが、最近では一般のスポーツに用いるウインドブレーカーを指すこともあり、たとえばサッカーの待機用ジャケッ

は

ファッション全般

トなどをピステウインドブレーカー
[piste windbreaker] などという例も増え
ている。

ピステトップ [piste top] ここでのピステ
は陸上競技のトラック（競走路）を指し、
いわゆるトラックジャケット*と同義と
される。同様にピステパンツ [piste
pants] といえばトラックスーツ*のボト
ムに当たるトレーニングパンツ*と同義
になる。

ピステトレーナー⇒ピステジャケット

ピステパンツ⇒ピステトップ

ピステヤッケ⇒ピステジャケット

ピステワンピース [piste one-piece] ピス
テはフランス語で「滑走路、競走路」、
またスキー場のゲレンデを意味し、そこ
で着用する上下がつながった従来のス
キーウエアを指す。スキースーツ [ski
suit] と同義。

ヒストリカルジャケット [historical
jacket] ヒストリカルは「歴史の、歴史
上の」という意味で、過去に登場した懐
かしい雰囲気のあるジャケット類を総称
する。ナポレオンジャケット*や丈の短
いスペンサージャケット*など、いかに
も昔風のジャケットがここに含まれる。

ヒストリカルシャツ [historical shirt] ヒ
ストリカルは「歴史の、歴史上の」の意で、
古典的なイメージのシャツをいう。リボ
ン襟にしたり、フリルやラフなどを飾る
などした昔風の装飾的なデザインのシャ
ツで、ヒストリカルテーストと呼ばれる
最近のファッショントレンドに沿った女
性のシャツやブラウスを総称する。

ヒストリカルシューズ [historical shoes]
ヒストリカルテーストを持ち味とする
靴。いわゆるクラシカルな靴のことで、
ベルベット地に金糸のコード刺繍を飾っ
た装飾的なルームシューズ風のものやル
イヒール、バナナヒールといった昔風の

デザインを踏襲したものなどに代表され
る。

ヒストリカルテースト [historical taste]
ヒストリカルは「歴史の、歴史上の」と
いう意味で、過去に登場したことのある
懐かしい味わいを指す。ファッションイ
メージのクラシカル*と同義に扱われる
ことが多い。

ヒストリカルドレス [historical dress] ヒ
ストリカルは「歴史の、歴史上の」とい
う意味で、歴史上、特に知られるドレス
を総称する。フランス第1帝政時代のエ
ンパイアドレス*や英国のビクトリア王
朝時代（1837 ～ 1901）に見られるクリ
ノリン*やバッスル*、パフスリーブ*、
袖口のレース飾りなど19世紀的なモチー
フがふんだんにあしらわれた装飾的なビ
クトリアンドレス [Victorian dress] な
どが代表的なアイテム。

ヒストリカルネックレス [historical necklace]
ヒストリカルテーストの雰囲気を特徴と
したネックレス。懐古調ファッションの
流行に伴って登場した昔風の装飾的な
ネックレスを総称する。

ヒストリカルバッグ [historical bag] ヒス
トリカルテーストにあふれる昔風のバッ
グ類の総称。繊細なレース飾りや飾り文
字のエンブレム入り、コード刺繍飾りな
どをあしらった比較的小さなハンドバッ
グが代表的で、アンティークな雰囲気が
見逃せない。

ヒストリカルミックス [historical mix] ヒ
ストリカルは「歴史の、歴史上の」とい
う意味で、過去のさまざまな時代の服装
をミックスさせて表現するファッション
を指す。たとえば60年代と70年代の
ファッションを混ぜこぜにして用いる方
法などがあげられる。

ピストルベルト⇒ガンベルト

ピストルポケット⇒ヒップポケット

ファッション全般

ビズニット［biz knit］ビジネス向きのニットウエアの意で、いわゆるウオームビズに適したカーディガンやセーター、ニットベストなどのニットウエアを指す。カジュアル過ぎず、スーツやジャケット＆スラックスなどのビジネススタイルにも合わせやすいというのが特徴となる。つまりはジャケットの下に着る薄手のセーター類。

ピスネーム［pis name］衣服やアクセサリーに縫い付けられる小さな四角形の布片。ブランド名やメーカー名などが入るもので、いわゆるネームタグと同じ。テープにインクで印刷される「プリントネーム」と糸で織られる「織ネーム」がある。この名称は「作品名タグ」を意味するピースネームタグ piece name tag が省略された日本的な表現とされる。

ピスヘルメット⇒トーピー

ビスポーク⇒ビスポークテーラー

ビスポーククチュール［bespoke couture］ビスポークは英国でいう「注文紳士服、注文洋服店」の意で、最近の「新世代テーラー」などと呼ばれる新しい注文服の担い手たちによって作られる作品や、そうした新しい服作りの姿勢をこのように呼んでいる。

ビスポークシューズ［bespoke shoes］ビスポークは「注文仕立て」の意で、客の注文に応じて手作りされる、いわゆる「注文靴」を総称する。なおビスポークという言葉は現在では「注文服」などとして一般化しているが、そもそもは17世紀の英国ロンドンはサヴィルロウ*で、客から布の特別注文を受けたときに使われたのが始まりという説がある。

ビスポークスーツ［bespoke suit］ビスポークテーラー（注文紳士服店）によって作られるスーツの意で、つまりは「注文服、オーダー服」を指す。既製服によるプレタポルテスーツの対語として用いられる。

ビスポークテーラー［bespoke tailor］ビスポークは「語りかける」を原意にしたもので「誂（あつら）えの、注文の」という意味。つまりは注文紳士服店をいう英国的表現で、ビスポークだけでも「注文服」の意味がある。顧客との語らいの中から服を作ったという原点を示す言葉として興味深いものがある。

ビスポケ⇒ヒップポケット

ビスポケット⇒ヒップポケット

ビズポロ［biz polo］ビジネス用ポロシャツの意味で、会社に着て行けるポロシャツとして高島屋が開発した新しいポロシャツのネーミング。一般のポロシャツには付かない台襟（襟の立ち上がり部分＝襟腰）を付けてドレッシー感を出したもので、別に「台襟ポロ*」とか「ドレス・ポロ*」などの商品名で呼ばれるものと同種のアイテム。

ピタT⇒タイニーTシャツ

ピタパン⇒スキンパンツ

ビタミンカラー［vitamin color］狭義にはビタミンCが多いとされる柑橘類にかけて、アシッドカラー*（シトラスカラー）をいう日本的な俗称とされるが、最近では栄養たっぷりのビタミンのイメージから、健康的な印象が強い明るく鮮やかな色調を指すことが多くなっている。

ビタースイート［bitter & sweet］⇒甘辛ミックス

ビッグ・アンド・ルーズライン⇒ビッグライン

ビッグカラー［big collar］大きな襟の総称。肩を覆うほどに巨大な襟から、ドレスシャツなどに見る通常より大きめの襟までさまざまなタイプがある。

ビッグクラッチ［big clutch］ビッグクラッチバッグの略。その名の通り大型のク

は

ファッション全般

ラッチバッグのことで、最近の「デカバッグ」と呼ばれる大きなバッグの流行から登場したもののひとつ。クラッチは「ぐいとつかむ、抱える」という意味で、持ち手もストラップも付かないのが特徴。

ビッグコート［big coat］大きなシルエットを特徴としたコートの総称で、ラージコート［large coat］ともいう。1980年代に流行した逆三角形型のコートなどが代表的で、きわめて威圧的なイメージを与えるもの。

ビッグシャツ⇒バギーシャツ

ビッグショルダー［big shoulder］大きく形作られた肩線の総称。ウエッジライン*（楔〈くさび〉型）などと呼ばれる逆三角形シルエットのスーツの流行から生まれたもので、1980年代の後半に大流行をみた。

ビッグショルダーバッグ［big shoulder bag］通常よりはるかに大きいと思わせるショルダーバッグ*のこと。大きめのバッグ類の流行から登場したもののひとつで、最近では男女ともに用いられるようになっている。

ビッグシルエット⇒ビッグライン

ビッグスーツ［big suit］大きなボリューム感を特徴とするスーツの総称。1980年代以後のDCブランド*系に見るメンズスーツを指すことが多く、一般にソフトスーツ*の別称・異称とされる。きわめて広い肩幅と深いVゾーン、手のひらを隠すくらいの長い袖、ぶかぶかのパンツを持ち味とするもので、バブル経済の崩壊とともに90年代中期に消滅した。

ビッグスカート［big skirt］その名の通り大きな形を特徴とするスカートの総称。1970年代のビッグルック*流行時に登場したものを始めとして、最近のフルスカート*など多くのバリエーションがある。

ビッグスキン［pigskin］豚のなめし革。強く耐久性に富み、衣服、靴、バッグ、ベルトなどと広範に用いられる。三角形の3つの毛穴が表面に残るのが特徴とされる。

ビッグストールカラー［big stole collar］大判のストール（肩掛け）を肩から覆うようにして襟元を飾る形にした襟。ケープカラー*の一種ともいえる。

ビッグタータン⇒タータン

ビッグタートル⇒フレンチタートルネック

ビッグTシャツ［big T-shirt］文字通り大きなシルエットを特徴とするTシャツのことだが、これを「ミニワンピース」と呼ぶ向きも現れて、2007年春夏のヒットアイテムとなった。身幅も大きくゆったり作ったものと、細身のままで丈を長く伸ばしたものの2タイプがあり、背中や襟元を大きく開けたデザインが多く見られる。チュニックやワンピースとして着回すことができるというのも、人気の大きな理由となっている。

ビッグTシャツドレス［big T-shirt dress］きわめて大きなシルエットを特徴とするTシャツ型のワンピースドレスのこと。これ1枚でアウターウエアとしたり、レギンスなどと合わせて着こなすスタイルが流行している。ビッグTドレスともいう。

ビッグTドレス［big T dress］⇒ビッグTシャツドレス

ビッグテール［pig tails］ツインテールのうち、垂らした髪の毛の長さが肩まで届かない短い場合の髪形をいう。「豚の尻尾」の意からきたもので、ツインテールやツーテールは和製英語とされるが、これは英語での俗称となる。別に昔の清朝・満州人の男性に見る独特の髪形「弁髪」を意味することもある。

ビッグニット［big knit］大きめなシルエッ

ファッション全般

トに作られたニットウエアの総称。たっぷりとしたプルオーバーのセーターやコートのようなカーディガンなどが代表的で、流行線上に繰り返し登場している

ビッグハウンドトゥース⇒ジャイアント・ハウンドトゥース

ビッグパンツ [big pants] 大きなシルエットのパンツをいう俗称。1970年代のビッグルック*に乗って登場したバギーパンツ*以降のそうしたパンツをいうもので、特に女性用のものを指すことが多い。

ビッグプル [big pull] 大きなプルオーバー*という意味で、一般のセーターに比べて極端に大きく、丈も長めとなったセーターを総称する。こうしたものにはマキシプル [maxi pull]、グランドプル [grand pull]、グロスプルセーター [gross pull sweater]（やけに太ったプルオーバーの意）、モンスターニット [monster knit]（怪物のようなの意から）などとさまざまな異称、別称がある。

ビッグフレームサングラス⇒女優サングラス

ビッグヘア⇒ボンバーヘア

ビッグベレエ [big beret] 通常より大きな形のベレエ帽を総称する。バスクベレエ*よりは大きく、タモシャンター*（大黒帽）ほどには届かない大きさのもので、モンゴメリーベレエ*（モンティーベレエ）に代表される。

ビッグボウ [big bow] 大型のボウタイ*の総称。バタフライボウ*やバットウイングボウ*に代表されるもので、遊び的にあしらうもっと巨大なものも見られる。

ビッグポーチ [big pouch] 大きなポーチ。ポーチ（パウチ）は本来「小さな袋」の意なので、これは言葉自体矛盾を感じさせるが、ポーチそのままの形で、20×25センチほどの大きさとしたものをこのように呼ぶことがある。

ビッグライン [big line] 全体に大きさを感

じさせるシルエットを総称する。特に1970年代中期に流行したビッグルック*に見るシルエットをこのように称することが多く、ビッグシルエット [big silhouette] とかビッグ・アンド・ルーズライン [big and loose line] などとも呼ばれる。その後こうした大きさを特徴としたシルエットは繰り返し登場している。

ビッグリボン [big ribbon] 大きな蝶結びにしたリボン飾り。当初は2007年春夏のマルキューファッション系の衣服に多く見られた流行のひとつで、こうしたデザインが他のアイテムにも広がって、ビッグリボン付きのブラウスやパンツ、スカートなどが目立つようになった。

ビッグルック [big look] 全体に大きさを感じさせるファッション表現。1970年代中頃に登場した流行のひとつで、その後間隔を置きながらファッション線上に繰り返し現れるようになっている。

ヒッコリーストライプ [hickory stripe] ストライプデニム*と呼ばれるデニム地に特有の縞柄。オフホワイト地にインディゴブルーやダークブラウンなどの縞を等間隔に配した細縞で、オーバーオールズ*などのワークジーンズに好んで用いられている。櫛（コーム）の目のような縞柄ということで、コームストライプ [comb stripe] とも呼ばれる。ヒッコリーは北米産のクルミ科の落葉樹の一種をいう。

ピッチトショルダー [pitched shoulder] 「張った肩」の意。ハイピッチトショルダー [high pitched shoulder] とも呼ばれ、肩先を十分に高く張ったラインが特徴とされる。これはまた日本語でいう「怒り肩（いかりがた）・上がり肩」（撫で肩の対語で、肩の傾斜角度が少ない体形のこと）の英語名ともされる。

ピッティ巻き [Pitti ＋まき] ストールの巻

649

ファッション全般

き方のひとつで、複雑に交差させてボリューム感が生まれる結び方をいう。イタリア・フィレンツェの紳士服見本市「ピッティ・イマジネ・ウオモ」の関係者のあいだから生まれたことで、この名があるもので、男性向きの優雅なあしらい方のひとつとして人気がある。

ピット・タンド・レザー［pit tanned leather］「ピット鞣し」。植物の樹皮から抽出したタンニン（渋）で鞣すタンニン鞣しのレザーのひとつで、タンニン液の入った槽（ピット）に付け込んで作られる革、またそうした製法をいう。濃度の薄いタンニン槽から段階を経て濃度の高い槽へ手間暇かけて漬け込み、自然に鞣す手法をとることから、タンニン成分が芯まで浸透し、型崩れしにくく、堅牢な革に仕上がる。ドラムを使って半強制的にタンニンを叩き込むドラム製法とは異なり、国内外でも稀少な製法とされる。

ビットジャケット［bit jacket］ビットは馬具の「（くつわの）はみ」。それをボタン代わりの留め具に用いたジャケットのこと。ビットはビットモカシンとして使われた、かつてのニュートラを象徴するデザインのひとつで、ニュートラファッションの復活に伴って再び目につくようになっている。

ピットマンジャケット［pit-man jacket］ピットマン（自動車レースの整備士たち）が着用するウオームジャケット［warm jacket］などと呼ばれる作業着にモチーフを得てデザインされたジャンパーの一種。さまざまな形があるが、シルバーコーティング地でキルティングの裏地やノードを付け、チーム名の入ったワッペンなどを飾ったタイプが代表的。ほかにレースマンジャケット［race-man jacket］とかレースマンコート［race-man coat］などとも呼ばれる。

ビットモカシン［bit moccasin］甲の飾りベルトのところに、ホースビットと呼ばれる馬具の「はみ」をかたどった金具を取り付けたローファー型の靴を指す。もと馬具商であったイタリアの『グッチ』社が作ったもので、このことからグッチローファーズ［Gucci loafers］ともイタリアンモカ［Italian mocca］とも呼ばれる。一般のローファーズに比べて底が薄く、全体にソフトな作りとなっているところから、こうしたものをソフトモカシン［soft moccasin］と総称する向きもある。ホースビットローファー［horse bit loafer］とも。**ヒップブーツ**［hip boots］魚釣りに用いるズボン状の大長靴。ブーツが伸びてそのまま尻を覆うほどに長くなったゴム靴の一種で、フィッシング・ヒップブーツ［fishing hip boots］とかウエイダーズ［waders］とも呼ばれる。

ヒッピーショール［hippie shawl］1960年代にヒッピー*たちが用いたショールのことで、ペイズリー柄などインドや中近東を思わせる幻想的なプリント模様を特徴としたものが多く見られる。当時はこれをケープ代わりに着用することが多かった。ダシーキ（ダシキ）参照。

ヒッピー族［hippie＋ぞく］アメリカに生まれたヒッピーを模した日本の若者たちを指す。本場のヒッピーは1966年夏、サンフランシスコの貧民街ヘイト・アシュベリー地区における黒人暴動をきっかけに生まれたとされ、反戦や自然回帰、ラブ＆ピースといった思想を特徴にしていたが、日本では長髪にヒゲ、ハダシ、ジーンズにTシャツといったその外観だけが取り入れられ、67年頃から71年頃にかけて流行現象のひとつとなった。日本ではアングラ族*やサイケ族*、またフーテン族*などと同義とされる。

ヒッピーネックレス［hippie necklace］

650

ファッション全般

1970年代のヒッピー*風俗に特有のネックレスをいう。幾重にも重ねるロングネックレスといったものが代表的で、ウッドビーズ [wood beads]（木製のビーズ）を使ったり、手彫りのペンダントを飾るなど手作り調のものが多く見られる。鳩の足跡をモチーフにしたとされるヒッピー特有のピースマークもよく用いられる。

ヒッピーバッグ [hippie bag] 毛糸や麻紐などを手編みしたり、古着やジーンズなどをリフォームしてこしらえた、素朴な雰囲気の袋物をいう。1960～70年代のヒッピーによって愛用されたことからこう呼ばれるもので、日本ではこうしたものを「合財袋（がっさいぶくろ）*」とか「頭陀袋（ずだぶくろ）」などと呼んだもの。ちなみに頭陀袋とは、本来インドの僧侶が用いた托鉢用の下げ袋を意味している。

ヒッピーベスト [hippie vest] 1960～70年代にヒッピーたちによって着られたファンシーなデザインのベストの総称。丈の長いフリンジ付きのものやサイケデリック模様などと呼ばれる派手な模様や色を使ったベストなどで、アフガンベスト*もそのひとつとされる。

ヒッピールック [hippie look] 1960年代中期、アメリカに台頭した「ラブ＆ピース」を掲げる反体制派の若者たちをヒッピーと呼び、そうした人たちによる自然賛美的なファッションを総称する。Tシャツとブルージーンズ、ロングヘアを始めとして、インド的なイメージの民族衣装、またサイケデリックと呼ばれる幻覚剤から生じる感覚を生かしたデザインなどが上げられる。最近になって復活の気配があるが、そうしたものはニューヒッピールック [new hippie look] とかネオヒッピールック [neo-hippie look]、また思想

的に過激でないところからソフトヒッピールック [soft hippie look] などと呼ばれている。

ヒップアップガードル [hip-up girdle] ヒップアップ効果のあるガードル*。脇から後ろにかけて伸縮性に富む生地を二重使いにしたもので、元々は『ワコール』の商品名とされる。

ヒップアップブラジャー⇒ヒップブラ

ヒップシック・スポーツウエア [Hip-chic sportswear] スポーツウエアのような着やすい感覚を特徴とした新世代のためのリアルクローズ（実質的な価値観を持つ服）を示す概念。アメリカのX（エックス）ジェネレーションのデザイナーたちによって、1996年ごろから提唱され始めたもので、次世代にはスポーツウエア以外の服は必要なくなるという考え方から発想された「超リアルクローズ」を、このように呼んだもの。ヒップシックは当時のニューヨークでの流行語で、「カッコよくて粋」といった意味を表す。

ヒップスカーフ [hip scarf] ベリーダンスに用いる腰に引っ掛けて使う大判のスカーフ。コインの付いたものをコインスカーフと呼ぶほかスパンコール付きやフリンジ付き、ビーズ付き、鈴付きなどとさまざまなデザインがある。フィットネスとしてのベリーダンスの人気から注目されるようになったもの。

ヒップスター [hipster] デニムジャケット（ジージャン）をいうアメリカでの俗称。ヒップスターは「新しもの好き」を意味するアメリカの若者俗語。1950年代に至るまでこの種のジャケットはジーンズトップスとしての作業着に過ぎなかったが、いわゆる『理由なき反抗』世代の台頭によって一躍人気を集め、現在では若者のファッションに欠かせないアイテムとなった。さまざまなデザインが見られ

は

ファッション全般

るが、特にブルーデニム製で全体にジーンズと同じステッチワークを施し、リベットボタンを採用したものが本格とされる。

ヒップスター・ファッション [hipster fashion] ヒップスターは「都会的な若者、今どきの若者、新しもの好き」といった意味で、最近では2014年にアメリカ西海岸オレゴン州はポートランドで生まれた若者ファッションにこの名が付けられて注目を集めている。ポートランドでいうヒップスターは、アートを好み、インディーズの音楽を聴き、個性的で奇抜な服装をする若者を指すといわれる。アメリカにおける新しいストリートファッションカルチャーの流れのひとつと目されている。

ヒップスターズ⇒ヒップハガーパンツ

ヒップスタースカート⇒ヒップハガースカート

ヒップスターパンツ⇒ヒップボーンパンツ

ヒップスラングパンツ⇒ヒップボーンパンツ

ヒップスラングベルト [hip slung belt] 腰に引っ掛けるようにして用いるベルト。ローライズジーンズに合うアクセサリーとして人気のあるベルトで、多くはデコラバックル*付きのワイドベルトとなる。スラングはスリング sling の過去形および過去分詞で、「吊した、ぶら下げた」の意。

ヒップハガージーンズ [hip-hugger jeans] 日本でいうヒップハンガージーンズ [hip hanger jeans] の正式名称で、さらにはヒップハガーズ*と呼ばれる。腰骨に引っ掛けて穿く感じからヒップボーンジーンズ [hip bone jeans] の異称もある。いずれもローライズジーンズ*と同義。

ヒップハガーズ⇒ヒップハガーパンツ

ヒップハガースカート [hip-hugger skirt]

日本でいうヒップハンガースカート [hip hanger skirt] やヒップボーンスカート [hipbone skirt] のアメリカでの呼称。ともに腰に引っ掛けて穿くローライズ型のスカートを示している。英米ではほかにヒップスタースカート [hipster skirt] の名でも呼ばれる。ヒップスターは「新しい流行に敏感な奴」といったほどの意味を持つ俗語で、これらはすべて1970年代に大流行した言葉。

ヒップハガーパンツ [hip-hugger pants] 正しくはヒップハガーズ [hip-huggers]。ローライザー*の別称のひとつで、お尻をハグ（抱き締める、抱きかかえる）するパンツというところからの命名。日本ではよくヒップハンガー [hip hanger] と呼ばれて、このほうが一般化しているが、これはヒップハガーズを導入した際の誤りと思われる。ヒップハンガーは「お尻からぶら下がるもの」という意味で、意味が通じなくはないが、きわめて日本的な解釈とされる。英米ではこうしたパンツはヒップスターズ [hipsters] と呼ばれることが多い。

ヒップバッグ [hip bag] ウエストにバンド部分を回して、ヒップのところで留めて用いるようにしたリュック状のバッグ。ツアーパック [tour pack] と呼ばれる旅行用の小さなバッグを、腰の後ろに回して用いる流行をきっかけとして、それ専用のものが開発されてこのように呼ばれるようになったもの。

ヒップパッド [hip pad] 貧弱なお尻の形を補整するために用いる詰め物の一種。スポンジやフェルトなどを用いた「尻当て」のことで、こうしたものをフォーマティブパッド [formative pad] とも総称する。フォーマティブは「形を作る、形成する」といった意味。

ヒップハンガー⇒ヒップハガーパンツ

ヒップハンガージーンズ⇒ヒップハガージーンズ

ヒップハンガーショーツ⇒ローライズショーツ

ヒップハンガースカート⇒ヒップハガースカート

ヒップブラ［hip bra］ヒップアップブラジャー［hip up brassiere］の略で、ヒップを持ち上げてきれいに見せるために用いる女性下着をいう。Oバックショーツ＊のような形のものが多く見られる。

ヒップボーンジーンズ⇒ヒップハガージーンズ

ヒップボーンスカート⇒ヒップハガースカート

ヒップボーンパンツ［hipbone pants］ヒップボーンは「腰骨」の意味で、ちょうど腰骨に引っ掛けて穿くような感じのパンツ、すなわちローウエストのローライザー＊を指す。ヒップハガーパンツ＊と同義で、英米でいうヒップスターズ（先端派の意）からヒップスターパンツ［hipster pants］、また腰に引っ掛けるという意味からヒップスラングパンツ［hip slung pants］などとも呼ばれる。

ヒップポケット［hip pocket］「尻ポケット」の意で、普通はズボンの後部に2つ付けられる。俗にピスポケットとか、これを略してピスポケなどと呼ばれるのはピストルポケット［pistol pocket］から来たもので、その昔ここにピストルを忍ばせたところに由来する。多くはスリット式の片玉縁ポケットの形をとる。「後ろのポケット」の意からリアポケット［rear pocket］とも呼ばれる。

ヒップホップキャップ［hip-hop cap］ヒップホップの愛好者によってかぶられる帽子。以前はワッチキャップ型のニット帽が多く用いられたものだが、現在では大きなロゴマークを特徴とした野球帽型の

BBキャップをそれとする例が多くなっている。

ヒップホップスタイル［hip-hop style］アメリカ生まれのストリート文化「ヒップホップ」に発した独特のダンサー系ストリートファッションを総称する。音楽好きのアフリカ系アメリカ人たちによって表現されるそれは、ずり下げて穿くだぶだぶのパンツルックやルーズなTシャツスタイルなど、全体にゆったりとした雰囲気が特徴で、後ろ向きにかぶる野球帽などの流行ももたらした。

ヒップホップファッション［hip-hop fashion］1980年代のニューヨーク、サウスブロンクスに発生したとされるアフリカ系アメリカ人を中心とするストリートカルチャーであるヒップホップに特徴的に見られるファッションを指す。ずり下げて穿くぶかぶかのパンツやルーズなシルエットのジャージーなどが代表的。

ヒップライン［hipline］衣服の製図法でいう「腰囲線」。腰回りで最も太いところを水平に一周する線をいう。

ヒップレス・パンティーストッキング⇒パンティーレス・パンティーストッキング

ヒップレングス［hip length］ネックラインからヒップライン＊までの長さ。主としてコートやジャケットの着丈に用いる。「尻丈」とか「ヒップ下丈」ともいう。

ヒッポポタマス［hippopotamus］アニマルレザー＊の一種で、河馬（カバ）の革をいう。厚手で、シワとザラザラした感触に特徴があり、バッグやベルトなどに用いられる。ユニークな革素材のひとつとして注目される。

ヒドゥン・ウェルテッド⇒ヴェルトショーン

単仕立て（ひとえしたて）⇒総裏

ヒドンチャネル仕上げ［hidden channel＋しあげ］靴の底付け仕上げの一種で、縫い糸が隠れて見えなくなった方法をい

ファッション全般

う。俗に「伏せ縫い」と呼ばれるもので、ヒドン（ヒドゥンとも）は「隠された、秘密の」、チャネルは「経路」といった意味。なお、これとふつうの縫い目が見える仕上げを併用したものは「コンビネーション仕上げ」という。

ヒドンポケット［hidden pocket］ヒドンは「隠された、秘密の」という意味で、いわゆる「隠しポケット」また「隠れポケット」のこと。シームポケット*をうまく利用したものが多い。

ピナフォア⇒タブリエ

ピナフォアドレス⇒エプロンドレス

ピナフォアヒール［pinafore heel］ピナフォアは小児用の「エプロン」また家庭着の「エプロンドレス」の意で、かかととと前底の部分が一体となって、土踏まずのところがゆるやかなアーチ型を描くヒールを指す。ウエッジヒール*の一種とされる。

ピニー［pinny］口語で小児用のエプロンをいう。ピナフォア［pinafore］（幼児用のよだれかけ、胸当て付きエプロン）から派生した用語。

ビニールクロス［vinyl cloth］ビニール状の生地。鮮やかな色使いが特徴の素材で、レインコートに供されることが多い。エナメルクロス*やラッカークロス*などと同類のもの。

ビニールシューズ［vinyl shoes］ポリ塩化ビニール樹脂で作られる靴の総称。光沢感に富むカラフルな色調が特徴で、そのポップな感覚が面白いとして、最近ファッション的に人気を集めるようになっている。

ビニールレザー［vinyl leather］綿や麻の布地にポリ塩化ビニール（PVC）樹脂を塗布した人工皮革の一種。手袋などの素材とされることがある。なお、ビニール（ビニルとも）は本来ヴァイナルあるい

はヴァイニルと発音され、海外ではプラスティックの一種とされる。ビニール袋も向こうではプラスティックバッグと呼ばれることになる。

ビニロン［vinylon］ポリビニール・アルコールを原料とする合成繊維の一種。1939年に日本で発明され、1950年から生産が始まったもので、コットンに似た特質をもち、実用衣料に多く用いられた。現在は産業用資材としての用途が主となっている。

ヒノキチオール加工［hinokitiol＋かこう］ヒノキ科の青葉ヒバや台湾ヒノキなどに含まれる天然エキスをヒノキチオールといい、これを原料とした乳化剤を使用した後加工をいう。こうした素材には抗菌、防臭、防虫といった効果があり、カーテンやカーペットのほか、タオル、毛布、ベビー子供服、帽子といったものに広く用いられる。

ビバークヤッケ⇒カグール

ビバカジ［Beverly Hills＋casual］「ビバリーヒルズ・カジュアル」の短縮語。アメリカの高校生の生活を描いたテレビドラマ『ビバリーヒルズ高校白書』に見られる高校生たちのファッションを指す。いかにも健康的なイメージのアメリカンカジュアル（アメカジ*）が中心となっており、日本ではこれをモチーフとしたお笑いデュオ〈ディラン＆キャサリン〉に人気が集まった。

美白化粧［びはくげしょう］肌を白くする化粧法。そうした効果をもつ化粧品を「美白化粧品」といい、本来は30代以上の女性がソバカスやシミなどのトラブルケアとして用いることが多かったが、1997年頃からの「美白ブーム」によって、若い女性の間にも広がるようになった。英語でホワイトニング［whitening］とも呼ばれ、白いファンデーションや白粉（おし

654

ろい）などが用いられる。

美肌水［びはだすい］肌をさらさらにして美しく整えるのに効果があるとされる液体。元は皮膚の乾燥症の治療薬とされる尿素製剤（保湿剤）を改良したもので、尿素とグリセリンと水によって作られる。これを用いると角層の古い細胞が剥がれ落ち、新しい細胞が現れてスベスベした肌になる。きわめて安価で、化粧水としても使うことができる特質を持つ。

ビバリーヒルズ・カジュアル⇒ビバカジ

ビビッドカラー［vivid color］ビビッドは「（色・光などが）鮮やかな、目の覚めるような、強烈な」という意味で、鮮やかで冴えた色を総称する。色彩学においては各色相における「純色」がそれということになる。こうした色調をビビッドトーン［vivid tone］という。

ビビッドトーン⇒ビビッドカラー

ヒビハパ⇒パナマハット

ビブ⇒スタイ

ビフォア・アンド・アフタースポーツウエア⇒アクティブスポーツウエア

ビブオーバーオールズ⇒オーバーオールズ

ビブカラー［bib collar］ビブは「よだれ掛け、胸当て」の意で、そうしたものを付けて、前部が垂れ下がった襟をいう。

被服［ひふく］衣服＊を指すお堅い表現。元々は明治時代に作られた軍隊用の服を作る「被服廠（ひふくしょう）」という工場名から生まれた用語。現在では女子大学の被服学科などとして残る。

ビブス［bibs］スポーツの試合などでチームの区別をつけるのに用いるベスト状のウエアを指す。とくにサッカー用のそれをいうことが多く、サッカーの練習時に用いられる袖なしのシャツのこともいう。カラフルな色使いで、ゼッケン（番号）やチームロゴなどが入れられ、タンクトップのような形をしたものやサーフ

シャツのようなもの、またサンドイッチ型になったものなどさまざまなデザインが見られる。トレーニングビブス［training bibs］とかゲームベスト［game vest］などと呼ばれることもある。ビブスのビブは本来「よだれかけ」という意味で、これの付いたオーバーオール（サロペット）のことをアメリカでは「ビブス」ということがある。

ビブネックレス⇒マサイネックレス

ビブビキニ［bib bikini］ビブは「よだれかけ」の意で、まるで「よだれかけ」のような、胸元の開きが少なく、ストラップ（紐）で首から吊るようにした形のトップスを特徴とするビキニ型水着をいう。

ビブフロント［bib front］ビブは「よだれ掛け」また「胸当て」の意。タキシードシャツなどの前部にほどこされた胸当てのデザインを指すが、最近こうしたデザインを取り入れた女性向きの長袖Tシャツなどが登場し、胸元を華やかに飾るとして人気を集めている。

ビブラムソール［Vibram sole］イタリアの靴メーカー『ビブラム』社の製品に見られるゴム底の商標名。登山靴やスキー靴に用いられるきわめて実用性に富んだデザインで、ラジアルタイヤのような形状に特徴がある。現在では世界中に広まり、一般名詞としても通用するようになって、カジュアルな靴にも多用されている。

ビマチエール［bi-matiere 仏］フランス語で「2つの材料」を意味し、艶消しと光沢のように、相異なる2種類の布地の組み合わせとなったものをいう。

ヒマティオン［himation］古代ギリシャ時代に見られる巻き付け式の外衣で、男女ともに用い、キトン＊の上に重ねたり単独で用いるなど着装法はさまざまであった。ドレープの美しさに特徴がある。

ピマ綿［pima cotton］超長綿と呼ばれる長

ファッション全般

くて細く、美しい光沢としなやかな風合を持つコットン素材のひとつ。元々はアリゾナ州でネイティブアメリカンのピマ族によって栽培されていたことからこう呼ばれるもので、アメリカの一般的なアプランド綿 [upland cotton] (内陸綿の意) に対して、山岳などの高地で栽培されていた綿花をこのように呼ぶ。現在ではペルーピマとかアメリカピマなどの種類がある。

美眉 [びまゆ] ⇒まろ眉

姫カジ [ひめ＋casual] 「姫カジュアル」の短縮語。お姫様のように華麗で可愛さのあるカジュアルファッションの表現。いわゆる「姫系ファッション*」のひとつで、「姫ロリ*」ほど甘く幼っぽくはないが、白やピンクなどのパステルカラーを多用した夢見がちな雰囲気が特徴となっている。

姫カジュアル ⇒姫カジ

姫系ファッション [ひめけい＋fashion] まるでお姫様のような雰囲気を表現するファッション。2007年初頭から台頭したロリータ系のファッションのひとつで、金髪やバラ模様のドレス、巨大なリボンといったものでお姫様を強調するのが特徴。単に「姫ファッション」とも呼ばれる。

姫ロリ [ひめ＋Lolita] お姫様のような雰囲気を特徴とするロリータファッション*。中世風やブルボン王朝風などのモチーフがあり、ピンクや白の明るい色使いと、レースやフリルなどを多用した少女好みのドレスが中心となっている。英語でプリンセスロリータ [princess Lolita] ともいう。

紐パン ⇒イージーパンツ

ピュアアイビー ⇒ピュアトラッド

ピュアトラッド [pure trad] 純粋のトラッド。なんの混じりっ気もないトラディショナルファッションまたトラディショ

ナルモデルの意味で、あくまでも基本に忠実な正統派のトラッドを指す。同じく純粋のアイビーファッションのことはピュアアイビー [pure Ivy] と称する。いずれも日本ではごく少数のマニアともいえる人々によって人気が支えられている。

ピュアトラッドモデル ⇒トラッドⅠ型

ヒュー [hue] 色の三属性のひとつである「色相（しきそう）」を表す英名。Hの略号でも表される。赤、青、黄といった色合いのことで、基本的には光の色の波長につけた呼び名ということになる。さまざまな分類の仕方があるが、有名なところでは「マンセル式」の色相環が知られる。

ヒュージボタン [huge button] ヒュージは「巨大な」という意味で、特に大型のボタンを指す。またコート用のボタンを意識的にジャケットに用いたりするデザイン上のテクニックをいうこともある。

ピューター [pewter] ピューターはスズを主成分とした、「白目（しろめ）」と呼ばれる合金を意味する。ビアマグなどに用いることで知られるが、これに似た金属的な調子の色をこのように呼んでいる。

ビューティー [beauty] 「美しさ、美」また「美人、美点」といった意味だが、日本では一般に「美容」の意味で用いられる。美容 [びよう] とは容貌や容姿を美しく見せることをいい、化粧だけでなく、髪型の手入れや美顔術、全身美容、爪の手入れ、香り、着付けなど広範な要素が含まれる。

ビューティースポット [beauty spot] 「付けぼくろ」のことで、「ほくろ」の意味もある。これを意味する言葉は多く、英語ではコートプラスター [court plaster] とかパッチ [patch]、またフランス語ではムーシュ [mouche 仏] とかアサシン [assassin 仏] などとも呼ばれる。

656

ファッション全般

ビューラー［beauty＋curler］ビューティー（美）とカーラー（巻くもの）を合成した和製語。本来はアイラッシュカーラー［eyelash curler］で、睫毛（まつげ）の根元を挟んで上に反らせ、瞳を美しく見せるために用いる「睫毛カール器」を指す。

ピューリタンカラー［Puritan collar］ピューリタンはキリスト教の一宗派である「清教徒」のことで、清教徒たちが着用した衣服に由来する幅の広い純白の大きなフラットカラー*を指す。胸元にまで垂れ下がるような形を特徴としている。現在ではケープカラー*のような白の大きな襟を指すこともある。

ビュスティエ［bustier 仏］ビスチエ、ビュスチエなどとも発音する。本来は肩紐がなく、ウエストまでの丈を持つブラジャー兼用の下着をいうフランス語。ここから肩紐のないキャミソール型の簡便なトップスを指すようになった。1980年代に下着としてよりもジャケットやカーディガンなどのインナーとして着用することが多くなり、現在では独立した衣服のひとつともされている。なかにはブラジャー部分の形をそのまま残したファンシーなデザインのものも見られる。

ビュスティエ・ジャンプスーツ［bustier jump suit］トップをビュスティエ*の形にして、上下をつなげたジャンプスーツ（つなぎ服）。肩の部分を露出させたセクシーな雰囲気のジャンプスーツとして注目された。

ビュスティエドレス［bustier dress］ビュスティエ*とスカートをひと続きにしたドレス。ビュスティエはフランス語で肩紐のないキャミソール型の下着であったもので、ビスチエとかビュスチエなど多様な発音がある。

ビュルヌー［burnous 仏］19世紀に女性が着用したゆったりしたマント型の外套。元はアラビア人が着るウール製のフード付きマントを指す。

美容⇒ビューティー

平編［ひらあみ］リブ編*、パール編*と並ぶ緯編*の三原組織のひとつで、緯編の最も基本的なものとされ、英語ではプレーンステッチ［plain stitch］という。一般に「天竺編」として知られ、「片面編」とも称される。手編みにおいては「メリヤス編み」という。これの裏面をわざと表に出して使用したものは「裏天」と呼ばれる。

平織［ひらおり］織りの三原組織*のひとつで、タテ糸とヨコ糸を1本ずつ交互に組み合わせて織り上げる織り方。最も単純で基本的な組織とされ、英語ではプレーンウイーブ［plain weave］と呼ばれる。

ヒラキャミ⇒フレアキャミソール

ビラゴースリーブ［virago sleeve］17世紀に流行した袖のデザインで、膨らんだ袖を間隔をおいてリボンなどで結び、連続的なパフ（膨らんだ部分）を表現したものをいう。

ピラミッドコート⇒テントコート

ピラミッドパンツ［pyramid pants］ピラミッドのように三角錐の形に大きく広がるシルエットを特徴とする女性用パンツ。パラッツオパンツ*やレイバーパンツ*などと同種のアイテム。

ピラミッドヒール［pyramid heel］ピラミッドを逆さにしたような変わった形のヒール（かかと）のデザインを指す。

ピラミッドライン［pyramid line］エジプトのピラミッドを思わせるような三角錐型に大きく広がるシルエットのこと。小さな肩から裾広がりになるもので、テントライン*やAライン*と同義とされる。

ヒラミニ［――］ヒラヒラと揺れ動くミニ

は

657

ファッション全般

スカートの意。ティアード（段使い）にしたりフリルをあしらうなどして、そうした効果を強調した短いスカートのことで、2005年春からの流行語となった。女性誌などでは「揺れスカート」といった表現も見られる。

ビリーコック⇒ダービーハット

ビリー・ボーイ・ルック⇒ドールファッション

ピリング⇒抗ピル加工

ピルグリムハット［pilgrim hat］ピルグリムそのものは「巡礼者、聖地参拝者」また「旅人、放浪者」の意で、本来は18世紀に流行した婦人帽で、頸部を保護するために垂らした襞（ひだ）や飾りケープの類い、またそうしたボンネット状の帽子をいったもの。こうした飾りをフランス語ではバヴォレと呼ぶ。現在では巡礼者のかぶる伝統的な帽子に似せて作られたステージパフォーマンスやコスプレパーティーなどで用いるファンシーなフェルト帽をこう呼ぶ傾向がある。三角形型に高く上っていくクラウンと平たいブリムを特徴とする多くは黒のフェルト帽などが代表的。

ビルケンシュトック⇒スポーツサンダル

ビルダーパンツ［builder pants］ボディービルの選手が着用するパンツ。水着に似ているが、これは防水加工などが施されていないため水着とは認められない。

ビルトアップショルダー［built-up shoulder］ビルトアップは「組み立てた、盛り上げた」といった意味で、袖山を高く盛り上げた肩線を総称する。ヨーロッパ調のスーツに多い造形的なラインとして知られる。

ビルトアップネックライン⇒ハイネックライン

ビルドアップヒール⇒スタックヒール

ピルボックス［pillbox］薬を入れる箱の意から来たもので、それに似た、トップが平らで浅い円形の縁なし型婦人帽をいう。カクテルハット*などのドレッシーな帽子のひとつとしてよく用いられる。

ビロード⇒ベルベット

ビローポケット［below pocket］ビローは「下に、下へ」の意で、通常より下の位置に付けられているポケットを指す。服のシルエットとバランスをとる目的で下のほうに付けられたポケットを意味している。なお、これとベローズポケット*（ふいご形のポケット）を混同してビロウズポケットなどということもあるが、それは完全な間違い。

ピローレース⇒ボビンレース

ピンウエールコーデュロイ［pin wale corduroy］きわめて繊細な細い畝を特徴とするコーデュロイ。俗に「ピンコール」とか「微塵（みじん）コール」などとも呼ばれる。また、美しい細畝という意味からファインウエールコーデュロイ［fine wale corduroy］ともいう。逆に太い畝を特徴とするものはワイドウエールコーデュロイ［wide wale corduroy］と呼ばれる。

ピンオアノットカラー［pin or not collar］ピンを用いても用いなくてもかまわない襟という意味で、一般にレギュラーカラー*を指す米語とされる。

ピンカール［pin curl］指先に小さい毛束を巻き付け、地肌まで巻いてヘアピンで固定し、カール（巻き毛）をつけるヘアセットの仕方を指す。そうしたヘアスタイルもこう呼ばれる。

ピンカラー⇒ピンホールカラー

ピンキーリング［pinkie or pinky ring］ピンキーは口語で「小指」を意味し、小指に飾る指輪を指す。

ピンクコート［pink coat］狩猟服および乗馬服の一種で、特にフォックスハンティング（キツネ狩り）に用いる上着をいう。

ファッション全般

ハッキングジャケット*と同様のデザインだが、特に緋色のフランネルで作られ、上襟が黒のベルベットとなっているのが特徴。この名称は、着ているうちにその色が薄くなってピンクになり、それによってキャリアの度合いが示されるということで付けられたもの。現在では英国貴族伝統の乗馬服として知られる。

ピンコード⇒コード

ピンズ⇒ピンバッジ

ヒンズージャケット⇒ネールージャケット

ピンストライプ［pin stripe］針（ピン）の頭をタテに並べた感じの繊細な縞柄。水玉（ドット）を並べたようというところからドッテッドストライプ［dotted stripe］とも呼ばれ、またピンヘッドストライプ［pin head stripe］とかピンドットストライプ［pin dot stripe］、ピンポインテッドストライプ［pin pointed stripe］といった名称でも呼ばれる。「点縞、点々縞」ともいい、現在ではペンシルストライプ系の細い縞柄と同義に扱われることも多い。

ピンストライプボーダー⇒ピンボーダー

ピンタック⇒タック

ピンチェック⇒スモールチェック

ピンチトバック⇒ピンチバック

ピンチバック［pinch back］ピンチは「つねる、挟む、つまむ」の意で、ウエスト部分に、より快適なフィット感を与える目的で、背中にハーフベルトを縫い付け、そこにプリーツやダーツなどを多く取ったデザインを指す。ピンチトバック［pinched back］ともいい、ジャケットやコートに多く用いられる。

ピンチフロント［pinch front］中折れ帽と呼ばれるソフトハット*のうち、クラウンの前部をつまんだ形にしたスタイルをいう。ピンチは「つまむ」の意で、「フロントピンチ」とも呼ばれる。

ピン付き型［pin＋つきがた］バックルベルトの一種で、角型や半円形の枠金に回転式のピンを付けたもの。馬具の締め金などに古くから用いられていたものを原型としており、いわば留め金式ということになる。日本の業界では、その形が帆舟に似ているところから、「帆型（ほがた）」と昔から呼ばれていた。

ビンディー［bindi］インドのヒンズー教徒の女性が、額中央につける紅い点化粧のこと。幸福のシンボルとされるもので、ヘナタトゥー*の一種。

ピントウシューズ［pin toe shoes］トウ（爪先）の部分にピンワークで独特の飾りを施した靴を指す。1950年代のロックンロールファッションを象徴するアイテムのひとつで、白のレザーなどいかにもロッカー好みの派手なデザインのものが多く見られる。

ピンドカラー［pinned collar］ピンドは「ピンで留めた」という意味で、カラークリップ*やカラーバー*で襟先を留めるようにしただけのシャツ襟をいう。襟にピンを留めるための穴がないことで、ピンホールカラー*とは区別される。

ピンドット［pin dot］針の頭のような小さな水玉を散らした模様。シャツのプリント柄として用いられることが多く、本来はスポーツシャツの柄に属するが、ごく控え目なタイプがドレスシャツにも用いられる。

ピンドットストライプ⇒ピンストライプ

ピンバッジ［pin badge］針（ピン）付きの小さなバッジ。さまざまなモチーフをデザイン化したファンシーな飾り物のひとつで、シャツの襟などに着けて楽しむ。俗にピンズ［pin's］と呼ばれ、タックピン［tack pin］という別称もある。

ピンヒール［pin heel］針（ピン）のようなというところからこう呼ばれる、先端が

659

ファッション全般

針のように細く尖ったきわめて高いハイ
ヒールの一種。

ピンブローチ［pin brooch］小さなピンを
付けた女性用ブローチの一種。ピンの頭
に小さな宝石や飾りが付いており、場所
を選ばずどこにでも取り付けることがで
きるという特性を持つ。タイニーピンブ
ローチ［tiny pin brooch］とかプチピン
［petit pin］などともいう。

ピンヘッドストライプ⇒ピンストライプ

ピンヘッドチェック［pin head check］針（ピ
ン）の頭を並べたような格子柄という意
味で、ピンチェック*と同義。ごく小さ
いというところからタイニーチェック
［tiny check］、きわめてすっきりしている
ということでニートチェック［neat
check］などとも呼ばれる。

ピンポインテッドストライプ⇒ピンストラ
イプ

ピンポイント・オックスフォード［pinpoint
Oxford］略してピンポイント・オックス
ともいう。生地表面にちょうどピン（針）
の頭を並べたような凹凸感のあるオック
スフォードクロスのこと。本格的なアイ
ビー調ボタンダウンシャツの素材として
知られるコットン地のひとつ。

ピンポイントカラー［pin point collar］角
度を付けた襟先が特徴のピンホールカ
ラー*の一種。直線であるべき襟が少し
角度を付けられて鈍い三角形にデザイン
されているもので、その頂点にピンホー
ルが開けられて、下部が広がって見える
のが面白いとされる。

貧乏ルック［びんぼう＋look］従来の服装
美学を否定する形で提唱された、新しい
服作りの思想から生まれた一見「ボロ着
風」のルックス。1980年代初頭の日本の
デザイナーによるものや90年代の破壊
ファッション、古着ルックなどを総称す
るもので、プアルック［poor look］とか

ボロルックともいう。

ピンボーダー［pin border］ピン（針）の
頭のような点を連続させて構成された横
縞模様のこと。正しくはピンストライプ
ボーダー［pin stripe border］で、Tシャ
ツを中心に多く用いられている。

ピンホールカラー［pinhole collar］襟の中
ほどに小さな穴を開け、それをピンで飾
るようにしたシャツの襟型をいう。一般
にはカラーピン*と呼ばれる装飾的な金
属製の棒を用いるが、本来は安全ピンを
使うのが正しい方法とされていた。単に
ピンカラー［pin collar］ともいい、アメ
リカではアイレットカラー［eyelet
collar］（鳩目襟の意）と呼ばれることが
多い。なお、ピンはネクタイの下側に通
すのが原則。

ファー［fur］「毛、毛皮」のことで、一般に哺乳動物の「被毛」をいう。furs で「毛皮製品」も意味する。ちなみに、なめされる前の毛の付いた皮のことはペルト［pelt］といい、かつてはスキン*やハイド*と区別されていた。

ファーアウター［fur outer］ファー（毛皮）で作られたアウターウエア（外衣）の総称。フォックス（キツネ）などのリアルファー（本物の毛皮）のほかフェイクファー（模造毛皮）などの素材が用いられ、さまざまな丈のコートやジャケットのほか、ポンチョやベストといったものが見られる。

ファーウオーマー［fur warmer］毛皮で作られたレッグウオーマー。ファーの人気から発想されたちょっとファンシーなレッグウオーマーの一種。

ファーカラー［fur collar］毛皮の襟。コートや革ブルゾンなどに防寒と装飾の目的で付けられることが多く、取り外し式となったものも多く見られる。本物の毛皮だけでなく、フェイクファー（人工毛皮）も多く用いられる。ティペット*もこの一種。

ファーキャップ［fur cap］ファー（毛皮）で作られる帽子の総称。ファーハット［fur hat］とかスキンキャップ［skin cap］と呼ばれることもあり、ラビット（ウサギ）などさまざまな動物の毛皮が用いられる。なかで変わったものとして、アメリカの国民的英雄デイビー・クロケット（1786～1836）が愛用して有名になったラビットの毛皮とラクーン（アライグマ）の尻尾を垂らした毛皮帽を挙げておく。これを日本ではデイビー・クロケット・ハット［Davy Crockett hat］とか「クロケット帽」などと呼んでいる。

ファーケープ⇒ファーストール

ファーコート［fur coat］毛皮で作られたコートの総称。さまざまな動物の毛皮で作られるが、女性用にはミンク、セーブルなどが、男性用にはラクーン（あらいぐま）、オッター（かわうそ）、フォックス（きつね）といったものが用いられ、いずれも丈が長めで豪華な感覚のものが多い。人工毛皮を用いたものはフェイクファーコート［fake fur coat］、毛皮を一部に取り付けたものはファートリミングコート［fur trimming coat］とかファートリムドコート［fur trimmed coat］などと呼ばれる。

ファーサンダル［fur sandal］フェイクファー（人工毛皮）をあしらったサンダルの総称。甲部分の全体をフェイクファーで覆ったものや部分的にフェイクファーを使ったものなどがある。ファー小物人気の一環として現れたもので、2016年秋冬ヒット商品のひとつとなった。

ファーザーズバッグ［father's bag］「お父さんのバッグ」の意で、いわゆるイクメン*（育児を楽しむ父親）のための育児用品を収納するためのバッグをいう。多くの育児用品を収納するために大きめの形となったものが多く、かつおしゃれなデザインに仕上がっているのが特徴とされる。イクメンの増加傾向から、新しい感覚のものが続々と開発されるようになっている。

ファージャケット［fur jacket］ファー（毛皮）製のジャケットの総称。本物の毛皮を使うものから模造毛皮のものまでさまざまな種類があり、多くは女性用のおしゃれな防寒着のひとつとされる。

ファージンゲール［farthingale］ファーチンゲールとも。15世紀末から17世紀にかけてヨーロッパに登場した、スカートを広げるための腰枠やそうした仕掛けのアンダースカートを指す。釣鐘型のスペイン風と、ドーナツ状の詰め物を腰に巻く

は

ファッション全般

ようにしたフランス風の2種がある。フランス風のものはバムロール［bum roll］とも呼ばれるが、ここでのバムは英俗語で「尻、けつ」の意味。

ファーストール［fur stole］毛皮製のストール。毛皮で作られたファーケープ［fur cape］と同じように、セレブ的な小物として人気を集めたもので、マフラーよりも華やかな雰囲気のあるところが受ける理由とされる。

ファーストシューズ［first shoes］ファーストステップシューズとも。赤ちゃんが初めて履くベビーシューズのことで、記念品として親や知り合いが手作りして贈る習慣も生まれている。外で歩き出す前に室内で練習用に履く靴を「プレシューズ」と呼ぶこともある。

ファーストスーツ［first suit］社会人になって最初のスーツの意。フレッシュマンスーツとかフレッシャーズスーツなどと同義の言葉だが、意外とこうした表現はなかった。2012年春の大型紳士服店の広告中に用いられている。

ファーストステップシューズ［first step shoes］⇒ファーストシューズ

ファーストフォーマル［first formal］「最初のフォーマル、初めてのフォーマル」の意。大人になって初めて着用するフォーマルウエアの類をいったもので、社会人になった若い女性を対象としたブラックフォーマル（喪服）を指すことが多い。百貨店や婦人服メーカーの新しいフォーマルウエア作戦として提案されるようになっている。

ファーストブラ［first bra］「初めてのブラジャー」の意。女の子が初めて着けるブラジャーをいったもので、多くはソフトな素材を使ったノンワイヤーブラとなっている。同種のブラキャミソールといったタイプも用意されている。

ファーストレイヤー［first layer］最初に重ねるものの意で、服を重ね着する登山服などで、肌に直接触れる一番下のアンダーウエアを指す。最近では汗を素早く吸収し、肌を常にドライに保つ高機能の製品が多く用いられている。こうしたものをドライレイヤーとかスキンレイヤーとも呼んでいる。

ファースリーブ［fur sleeve］毛皮（ファー）使いの袖。毛皮そのもので作るものや袖に毛皮をあしらったものなどさまざまなデザインが見られる。ファーラペル同様のファンシーなデザインとして注目を集めている。

ファータイ［fur tie］毛皮で作られたネクタイの意で、毛皮を細長い形にしてマフラーのような形にしたものをいう。いわゆる毛皮小物のひとつで、女性がジャケットやコートの前打ち合わせの部分にねじ込むようにして用いるもの。

ファーテイル・チャーム［fur tail charm］腰やバッグなどにお守りとしてぶら下げて用いる毛皮のしっぽのようなアクセサリー。俗に「しっぽチャーム」などと呼ばれ、2010年秋から人気商品となった。別にチャーム・オブ・ファーテイルなどとも呼ばれる。

ファートリミングコート⇒ファーコート

ファートリム［fur trim］毛皮を用いて飾りとしたものの総称で、正しくはファートリムド fur trimmed とされる。例えば、毛皮を縁取りに用いたフードのデザインをファートリムドフード［fur trimmed hood］というように表現する。

ファートリムドコート⇒ファーコート

ファートリムドフード⇒ファートリム

ファーニシング［furnishing］アクセサリーを指すアメリカでの用法。本来は「装備、準備」また「備え付け家具、備品」といった意味だが、アメリカにおいては「服飾

662

品」の意味で多く用いられる。メンズファーニシングス [men's furnishings] といえば、「紳士用服飾品」の意味とされる。アクセサリーは英国的な用法とされている。

ファーバッグ [fur bag]「毛皮バッグ」の意だが、これはふわふわのファーとニットを編み込んだバッグを称する例が多い。ラビットファーをデコレートしたものやファーを部分使いにしたものも見られる。

ファーハット⇒ファーキャップ

ファーパンプス [fur pumps] ファー（毛皮）をあしらったパンプスの総称。毛皮といってもほとんどはフェイクファー（人工毛皮）で、甲部にあしらうもの、後部に付けるもの、全体に飾るもの、あるいはフェイクファーそのもので作られるものなど、さまざまなデザインがある。多くはハイヒール仕様となっている。

ファーフリー [fur free] ほんものの毛皮をファッション衣料として用いないということ。環境保全や動物愛護の精神から生まれた考え方のひとつで、2018年春夏コレクションにおいてグッチなどの大手ブランドが「毛皮使用禁止」を宣言して注目された。

ファーブーツ [fur boots] 毛皮製ブーツの総称。本物の毛皮だけでなく、フェイクファー（模造毛皮）で作られるものも含み、またそうしたファーを履き口などに部分使いしたものを含めることもある。全体に大きく、もこもこした可愛い感じが特徴で、ブーティー*型のものからハーフブーツ型までさまざまなデザインがある。なかにはウサギなど動物の足をそのまま摸したファンシーなデザインも見られる。

ファーベスト [fur vest] ファー（毛皮）で作られたベストの総称。ラビットなどの毛皮使いのものが多く見られ、豪華な雰囲気が特徴。羊革のムートンベスト [mou-ton vest] もその一種。

ファーベルト [fur belt] 毛皮製のベルト。フリンジ（房飾り）を付けたラビットやフォックスのものなどがあり、ちょっとゴージャスで、かつ民族調ファッションの雰囲気もあるとして好まれる。

ファーベレエ [fur beret] 毛皮製のベレエ帽。ベレエはフェルトで作られるものが多いが、これはそれを毛皮で作って新しさを出したもの。

ファーボレロ [fur bolero] 毛皮で作られたボレロ。ラビットやカルガンラムなどの毛皮で作られた短いケープといった感じのものに人気がある。ちょっとしたゴージャス感が受ける要因となっている。

ファーマーシャツ [farmer shirt]「農夫のシャツ」という意味で、バンドカラー（台襟）と呼ばれる浅い立襟を特徴としたゆったりした作りのワーク調シャツをいう。同様の意味からペザントシャツ [peasant shirt] ともいう。ちなみにファーマーには「大農場で働く人」、ペザントには「小作農」といった意味がある。

ファーマーズカラー⇒グランドファーザーカラー

ファーマーズブーツ [farmer's boots] 農夫のブーツの意で、主にヨーロッパの大農園の経営者たちによって履かれるさまざまなブーツ類を総称する。ウエリントンブーツ*のような長靴型のものから、ハーフ丈の登山靴型のものなどデザインは多彩で、カントリーブーツ*と同種のものも多く見られる。

ファーマースポーツジャケット [farmer sports jacket] 農夫（ファーマー）が着用する服のデザインを取り入れたスポーツジャケットという意味で、ファーマーズカラー*と呼ばれる立襟などを特徴と

は

ファッション全般

するシャツジャケットの一種。

ファーマーズルック [farmers look] ファーマーは「農夫、農民」の意だが、同種のペザント（小作農）と比べると、農場経営者、農場主といった意味合いが強い。そうした人たちに見る装いで、俗に農夫ルックとか農民ルックなどと呼ばれる。特に昔のアメリカ開拓時代に見られるものが代表的。

ファーマフラー [fur muffler] クリップで留め付ける式の襟の形をした毛皮製アクセサリー。ティペット＊と同種のものだが、ティペットよりも手軽というところに特徴がある。

ファーミングコスメ⇒スリミングコスメ

ファーラウエイカラー [faraway collar] ファーラウエイは「遠い、遠くの、遠く離れた」といった意で、首から大きく離れた感じの襟を総称する。立襟でそうしたものが女性の衣服に用いられることが多い。

ファーラペル [fur lapel] 毛皮（ファー）をあしらった折り返り襟。最近の女性用テーラードジャケットなどに見られるファンシーなデザインのひとつで、両方の襟に用いるほか片側だけに用いることも多い。

ファーレッグ [fur leg] 膝から下を覆う形になった、毛皮でできたレッグアクセサリー。いわば毛皮製レッグウオーマーで、ミニスカートやショートパンツに合わせることにより独特の存在感を発揮する。モコモコして暖かそうなイメージが特徴。

ファイタージャック [fighter jac] ファイターは「戦闘機」の意味で、戦闘機のパイロットが着用するフライトジャケット＊の総称となる。ボマージャケット＊などに比べると、全体に軽くてシンプルに仕上げられているという特徴をもつ。

ファイバー⇒繊維

ファイバークロス [Fiber Cloth]「光る布」の異名をとる新素材の商品名。直径0.25ミリと0.5ミリの2種類の光ファイバー繊維を織り込んだ150センチ幅の織物で、ハロゲンランプなどの光源を当てることによってファイバーの1本1本が面発光するという特質をもつ。2003年に『津谷織物』（福井県あわら市）と福井県工業技術センターが共同開発したもので、グラデーションなどの細かな表現やレーザー加工で文字や柄などを浮き上がらせることもできる。販売は『ルーメン』（東京・新宿区）が独占契約している。

ファイバーフィル [fiber fill] 人工ダウンのひとつとされるポリエステルファイバーによる合成綿。重量の5％以上の水分を吸わず、どんなに濡れても繊維の密度や厚さが変わらず、保温性に優れるという特質を備えている。この語はまたそうした化学綿を充填するという意味でも用いられ、本物の羽毛を充填することやそうしたものはダウンフィル [down fill]と呼ばれることになる。

ファイバーフィルパーカ [fiber fill parka]ポリエステルファイバーによる合成綿を充填物としたパーカ型のパッディングウエア＊のひとつで、天然羽毛を充填した「ダウンフィル」に対して「ファイバーフィル」と呼ばれるもの。これをダウンウエアというのはおかしいが、一般にはダウンウエアと同様に扱われることが多い。ダウンよりもかさばらず、薄くても抜群の保温力があるのが特徴。

ファイバーレングス [fiber length]「繊維長」をいう英字表記。綿、毛、麻などのステープル（短繊維）の長さを指し、化学繊維のステープルについては「カット長」と呼ばれることもある。

ファイブガロンハット⇒インディ・ジョー

ファッション全般

ンズ・ハット

ファイブフィンガーシューズ［five-finger shoes］「5本指の靴」の意。5本指の形を特徴とした変わったデザインの靴で、特にそうしたゴム製のランニングシューズを指すことが多い。これは特にソール（靴底）は付くが土踏まずがないものが代表的で、ベアフット・ランニング（裸足ラン）と呼ばれる大地の凹凸感を感じることができる走法に向くとされる。

ファイブポケットジーンズ［five pockets jeans］5個ポケット型のジーンズという意味で、クラシックなタイプのジーンズを指す呼称のひとつ。そうしたジーンズには前後左右＋フォブポケット*の5つのポケットが付くところからの命名。正確には「ファイブポケッツ」となるが、日本ではこのように呼ばれる。

ファイヤーマンジャケット［fireman jacket］ファイヤーマンは「消防士」の意で、消防士が消火活動のときに着用する防火ジャケットを指す。難燃加工されたシルバーコーティングの素材で知られ、これをファイヤーマンズスリッカーとも呼んでいる。スリッカーは「雨合羽」という意味。

ファイヤーマンズスリッカー［fireman's slicker］「消防士の雨合羽」の意。消防士が着用する防水コートのことで、シルバーコーティングされたものがファッション的なコートとして用いられるようになったもの。短めのテントライン型となったものが多い。

ファイヤーマンブルゾン［fireman blouson］消防士が着用するファイヤーマンズスリッカー*と呼ばれる「防水コート」に、特有のボタン（これをファイヤーズボタンともいう）を取り付けたブルゾンをいう。通常のボタンとは違って、バッグなどに用いるような金属製のバネ式留め具

となっているのが特徴。

ファイヤーマンボタン［fireman button］ファイヤーマンズスリッカーなどと呼ばれる、消防士の作業服に見られるフロントの留め具のこと。バッグなどに用いられるような、パチンと留め合わせるようになった金属製の特殊な形のもので、カジュアルなコートなどに採用されることがある。

ファイユ［faille 仏］「琥珀織*（こはくおり）」の一種。グログラン*よりもソフトな感じが特徴で、ネクタイのほか礼服の拝絹やカマーバンドなどにも用いられる。

ファインウーステッド⇒ファインウール

ファインウール［fine wool］細番手の梳毛糸を用いて作られた軽量のウール地のことで、ファインウーステッド［fine worsted］ともいう。これはまた「スーパーウール*」のうちスーパー100番から120番程度のものを指す名称ともされ、これより細番手のものをスーパーファインウール［super fine wool］、ウルトラファインウール［ultra fine wool］、ウルトラスーパーファインウール［ultra super fine wool］、またこうしたものを総称してエクストラファインウール［extra fine wool］などと称する傾向があったが、現在ではスーパーウールに統合されて、このような用語は使われる機会が少なくなっている。

ファインウエールコーデュロイ⇒ピンウエールコーデュロイ

ファインゲージセーター［fine gauge sweater］コースゲージセーター*に対して、11ゲージ以上と密に編まれたファインゲージ（ハイゲージ high gauge ともいう）のセーターを総称する。6～10ゲージの中間タイプは一般にミドルゲージ middle gauge と呼ばれる。

ファインジュエリー［fine jewelry］貴金属

665

と天然宝石に限られた装身具を指し、その
ほかの素材を限定しないコスチューム
ジュエリー*の対語として用いられる。
ここでのファインには「純粋な」という
意味がある。

ファクティオ［factio 羅］ファッションと
いう言葉の語源とされるラテン語で「作
ること、すること」という意味を持つ。
これが古代フランス語のファシオン
［faceon］や、中世英語のファシオウン
［facioun］などに変化し、やがて「流行」
の意味を持つようになり、1576年ごろに
英語のfashionの綴りになったとされる。

ファクトリーウオッシュ［factory wash］
ジーンズに見る洗い加工のひとつで、手
作業によって生地のほつれや破れまで表
現し、本物の古着ジーンズに見せるもの
をいう。日本のジーンズメーカー、ビッ
グジョンによるもので、「リアルハンド
ウオッシュ」と「リアルミッドユーズ」
と呼ばれる2つの加工法がある。ヴィン
テージジーンズの人気から開発が進んだ
もので、同社ではこれを「FW」と略し
て呼んだ

ファジーウエア⇒中間アイテム

ファジー柄⇒ミューテッドパターン

ファジーシャツ［fuzzy shirt］ファジーは「曖
昧な」という意味で、ビジネスにもカジュ
アルにも使うことのできる、中間的な性
格を持つメンズシャツをいう。ネクタイ
を着けるとドレスシャツとしてビジネス
に向き、ネクタイを外すとプライベート
なカジュアルシャツとして機能するとい
うオン、オフ両用タイプのシャツ。ダブ
ルデューティーシャツなどとも呼ばれ

ファジーブルー［fuzzy blue］洗いさらさ
れたブルージーンズに見るような白とも
青とも区分できない、ぼんやりしたファ
ジー（曖昧な）な感じの色調を指す。

ファシオウン⇒ファクティオ

ファシオン⇒ファクティオ

ファシネーター［fascinator］貴婦人と呼ば
れるような女性が頭や帽子に飾る、鳥の
羽根などでできた飾り物をいう。ファシ
ネーターは「魅惑させるもの、うっとり
させるもの」といった意味で、これは多
く英国で用いられる言葉。

ファスタネーラ［fustanella, fustinella］バ
ルカン諸国、特にギリシャの男性が着用
するスカート状の民族衣装を指す。短め
の丈でプリーツやギャザーを施し、白の
コットンや麻で作られるものが多い。ス
コットランドのキルト*と並ぶ男性のス
カートとして知られる。

ファスティング［fasting］ファスティング
は元々「断食、絶食」という意味で、短
期間の断食を行うことにより、体内環境
をリセットしようとするダイエットの一
種をいう。水分と酵素ドリンクなどの栄
養剤を摂りながら行うもので、内臓を一
時休めることにより、身体に溜まってい
る毒素や老廃物を排出するデトックス効
果も期待される。芸能人たちが試すこと
によって、2016年に入り、ブームを呼ぶ
ようになった。

ファスト雑貨［fast＋ざっか］ユニクロや
H&Mなどに代表されるファストファッ
ションの雑貨版。「安くておしゃれ」な
感覚を持つファッション雑貨の数々を指
し、近年、北欧からのこうした専門店の
上陸で、一躍脚光を浴びることになっ
た。デンマークの「フライング・タイガー・
コペンハーゲン」や「ソストレーネ・グ
レーネ」、スウェーデンの「ラガハウス」
などに代表され、日本でも「ASOKO」
などの出店が相次いでいる。

ファストサロン［fast salon］2000円程度の
料金で仕上げてくれる格安の美容室
（ビューティーサロン）のこと。シャン

ファッション全般

プーなしなどで、そうした低料金を実現
させたもので、男性の格安理髪店の女性
版として最近人気となっている。

ファストシューズ [fast shoes] ファストは
「速い、素早い」の意で、いわゆるファ
ストファッションのひとつとして提供さ
れる安価でトレンド性もあるカジュアル
な靴を指す。

ファストバッグ [fast bag] 比較的安価で
ありながらファッション性もあり、手軽
にすぐ買うことのできる女性用バッグ
を、いわゆるファストアパレルになぞら
えて表現したもの。2011年秋に"あみア
ウトレットパーク""に出店したバッグ
メーカーSAVOY (日) のキャッチフレー
ズとして用いられている。

ファストファッション [fast fashion] ファ
ストは「速い、素早い、速やかな」の意
でファストフードファッション [fast
food fashion] ともいう。ハンバーガーな
どのファストフード (素早く食べること
のできる食品) のように、シーズンの流
行を取り入れて、素早く、かつ手頃な値
段で店頭に並べられるファッション商品
を指す。元々はスウェーデンの大型衣料
品店「H&M」に見るそうした方法を指し
て作られた造語とされる。俗にファース
トファッションとも呼ばれる。

ファストフードファッション⇒ファスト
ファッション

ファスト古着 [fast＋ふるぎ] ブランド名
や希少性、おしゃれ度などに関係なく、
家庭の中古衣料をリサイクル販売する手
法、またそうした古着を指す。ブックオ
フコーポレーションが手掛ける「ビンゴ」
などそうした古着専門店の人気から、こ
れをファストファッションになぞらえて
こう称したもの。ブランドものを扱う原
宿などの古着専門店とは異なり、一般家
庭から出る買い取り商品で構成されるの

が一番の特徴となる。

ファスナー⇒ジッパー

ファスナースニーカー [fastener sneaker]
スライドファスナー (ジッパー) で開閉
できるようにしたスニーカー。多くは子
供用のものだが、サイドファスナーを配
したレースアップスニーカー (紐留め式)
も見られる。

ファソン [façon 仏] ファッションの祖先、
また親戚に当たるフランス語で「方法、
仕方、流儀」の意味。ほかに「仕立て、
こしらえること」という意味もあり、こ
れはファッションの語源とされるラテン
語のファクティオ*と同じ意味を持つ。

ファッショナー [fashioner]「形作る人」
また「仕立て屋」の意。ファッションに
は動詞として「形作る、細工して作る、
形成する、適合させる」といった意味も
あり、そこからこのような言葉が生まれ
た。

ファッショナブリー⇒ファッショナブル

ファッショナブル [fashionable]「流行の、
はやりの、当世風の」という意味で、と
きにスマート (素敵な) と同じような意
味でも用いられる。また「社交界の、上
流の」という意味もあり、ほかに「流行
を追う人、上流の人」といった意味もあ
る。これはファッションに「上流社会の
人々」という意味があることからきてい
る。ファッショナブリー [fashionably]
となると「流行を追って」の意味になる。

ファッショニスタ [fashionista] ファッショ
ン業界のエリートを指す言葉として、
1990年代からファッション誌で用いられ
るようになったもの。流行に敏感で、セ
ンスが飛び抜けており、実際にもかなり
の努力をファッションに傾けているエ
ディターやライター、バイヤーなどが代
表的。一方「ファッション界に夢中な人」
という一般的な意味もある。

は

667

ファッション全般

ファッショニスト［fashionist］流行を作る
人、流行を追いかける人の意。ファッショ
ンマンガー［fashion-monger］ともいい、
ファッションマンガリング［fashion-
mongering］で「めかし屋の」という意
味になる。マンガーは「～屋」といった
意味。

ファッショニング［fashioning］「形にする」
という意味で、ニットにおいては編地の
増減（目減らしや目増やし）によって形
通りに編み上げていく「成型編み」を指
す。これを完全な形となるように編み上
げることをフルファッション［full fash-
ion］とかフルファッショニング［full
fashioning］と呼び、そうしたことを自動
的に行う編機を「フルファッション編
機」、略して「ＦＦ機」ともいう。これ
はまた1864年にウィリアム・コットン
（英）が開発したところから「コットン
式編機」とも呼ばれる。

ファッション［fashion］一般に「流行、は
やりすたり」の意味で用いられる。狭い
意味では衣服、アクセサリーおよびヘア
スタイル、メイクアップを含む人間の外
観としての「服飾の流行」を指し、今日
的には広くライフスタイル全般をとらえ
た「生活文化の反映」としても解釈され
ている。

ファッションアイコン［fashion icon］世の
中の誰もがファッショナブルと認めるよ
うな聖像的な存在であるおしゃれな人物
を指す。ＣＦＤＡ（アメリカファッション
デザイナー評議会）によって定められた
「ファッションアイコン賞」から一般化
した言葉で、スタイルアイコン［style
icon］ということもある。

ファッションイメージ［fashion image］服
装の外観などから想起されるファッショ
ンの感覚や印象などをいったもので、
ファッション業界では相対するイメージ

ワードを取り出して、「ファッションイ
メージ8大要素」といった座標軸で示す
ことがよく行われている。モダン*←→
クラシック*、エレガンス*←→スポー
ティー*、フェミニン*←→マニッシュ*、
アヴァンギャルド*←→カントリー*な
どといった例が代表的。これをファッ
ションタイプ［fashion type］分類とも呼
んでいる。

ファッションイラスト［fashion illustration］
ファッションイラストレーションの略
で、ファッションに関する挿絵の総称。
デザイン画、スタイル画などともいうが、
イラストにはきわめて具象的なものから
アートの領域に入るものまでさまざまな
種類があり、厳密にはそれらとは区別さ
れる。

ファッションヴィクテム［fashion victim］
ヴィクテムは「犠牲者、被害者、いけにえ」
という意味で、俗に「ブランド狂」とか
「ファッション狂」などと呼ばれる、
ファッションに毒された人たちを指す。
またファッションに踊らされてしまって
いる人たちという意味でも用いられ、い
ずれも当人はそれに気づいていないとい
うところに悲喜劇が生まれる。

ファッションウオッチ［fashion watch］き
わめてファッション的な要素の強い腕時
計の総称。有名デザイナーの手によるデ
ザイナーズウオッチ*やファッション性
の高いアンティーク時計なども含まれ
る。一般にはスイスのブランド〈スウオッ
チ〉のものが知られ、一方で安価なおも
ちゃぽい腕時計をこのように称すること
もある。

ファッションカラー［fashion color］「流行
色」の総称として用いられる。衣服に見
られる現在流行中の色のほか、これから
流行するであろうと予測される色を含
む。現在では衣服だけでなく、インテリ

ファッション全般

アや自動車など生活全般にわたって流行色は存在する。

ファッショングッズ [fashion goods] ファッション的な感覚のある生活雑貨全般を指し、「ファッション雑貨」とか「服飾雑貨」とも呼ばれる。インテリア家具といった大きなものから、ファンシーグッズと呼ばれる小物までその範囲は非常に広いが、帽子、バッグ、靴類の3つを「3大ファッショングッズ」と称し、その他のファッション的なアクセサリーと区別する方法もある。

ファッショングラス [fashion glasses] ファッション的なメガネという意味で、いわゆるサングラス*の別称とされるが、『家庭用品品質表示法』では、「サングラス」と規定されるもの以外の色付き日除け用メガネを「ファッション用グラス」と呼ぶことから、一般にもこの基準を目安として、サングラスとファッショングラスを区別しようとする見方がある。

ファッションコモディティー [fashion commodity] ファッション性を加味したコモディティー*感覚のスタイルという意味で、俗に「普通服」などと呼ばれるシンプルで完成度の高い品々で構成されるものが多い。

ファッションシール⇒ボディーシール

ファッションジーンズ [fashion jeans] いわゆるクラシックジーンズ（昔ながらのジーンズ）以外のファッション的な雰囲気を特徴とするジーンズの総称。ファンシージーンズ [fancy jeans] とも呼ばれ、1970年代のジーンズ大流行期に誕生した。デザイン的にも素材的にもそれまでのジーンズの概念ではとらえ切れない新種のジーンズが一斉に登場して、このように呼ばれるようになったもの。それはまた旧来の古典的ジーンズに対するニュージーンズ [new jeans] としてもと

らえられる。

ファッションジュエリー [fashion jewelry] コスチュームジュエリー*と同義。使う素材を限定しない装身具を総称するもので、ファッション性に富むという意味から、コスチュームジュエリーの代名詞として1980年代に登場したもの。イミテーションジュエリー*（模造宝飾品）とはニュアンスが異なるところに注意したい。

ファッションストラップ [fashion strap] キャミソールやブラジャーなどに見る付け替えタイプの肩紐（ショルダーストラップ）を指す。見せてもかまわないとする下着ルックの流行から生まれたもので、さまざまな色柄・素材のものがあり、なかには透明タイプのものも見られる。

ファッションセレブ [fashion celeb] ファッション界のセレブリティー*という意味で、ファッション業界でセレブな魅力を持つ人たちを指す。有名なモデルやデザイナーだけでなく、有名ブランド企業のオーナーやバイヤー、またジャーナリストやスタイリストなども含まれる。

ファッションタイプ⇒ファッションイメージ

ファッションダブルブレスト [fashion double breast] ダブルブレステッド（両前）型のスーツ上着やブレザーなどで、4個ボタンや6個ボタン型の下1つ掛けとしたスタイルをいう。ボタンワンダブル [button one double] ともいい、クラシックでかつファッショナブルな雰囲気を持ち味とする。テーラーの間ではロングターン DB [long turn DB] とかロングロール DB [long roll DB] などと呼ばれるが、これはラペルが長く巻き返っているところからの命名。1930年代半ばに登場し、40年代にかけて流行したスタイル。

ファッションテースト [fashion taste] テーストは「味わう、味を感じる」また「味覚、

は

味、味わい、好み、趣味、審美眼」など
の意。そのファッションにただよう特有
の味わいをいい、「ファッション感度」
などと訳されている。テーストレベル
[taste level] といえば感度の水準を指し、
ファッション業界ではこれが高いとか低
いなどと評する。

ファッショントレンド⇒トレンド

ファッションパール⇒フェイクパール

ファッションファー⇒フェイクファー

ファッションフォーマル [fashion formal]
ソサエティーフォーマル*の別称のひと
つ。ファッション的な雰囲気を取り入れ
たフォーマルウエアといった意味合いで
用いられるもので、まさしくニュー
フォーマル*と呼ぶにふさわしい服装が
多く見られる。

ファッションプレート [fashion plate] ス
タイル画集。流行の服装を描いた図版の
ことで、多色刷りで大判のものが多い。
写真が未発達のころの時代に多く見られ
たもので、昔の服装を研究するのに貴重
な資料となっている。この言葉にはまた
「常に最新流行の服を着る人、おしゃれ
な人」という意味もある。

ファッションブレザー⇒ファンシーブレザー

ファッションブロガー [fashion blogger]
ファッションに関するブログを開設して
いる人の意。アメリカはシカゴ在住の少
女タヴィ・ジェヴィンソン [Tavi
Gevinson] (1997年生まれ) が、11歳の
ころから始めた「スタイル・ルーキー」
というファッションブログが世界的に話
題となって注目されるようになった。彼
女は中学生の辛口ファッション評論家と
して大変な人気を集め、世界の有名デザ
イナーが開催するコレクションの最前席
に座らされるセレブな存在とされてい
る。

ファッションマスク [fashion mask] ファッ
ション性を強調したマスク。風邪防止な
どのためのガーゼ製のマスクと同様のも
のだが、縫いぐるみなどに用いる柔らか
な素材が用いられ、動物などの鼻や口が
デザインされているのが特徴とされる。
「アニマルマスク」とも呼ばれ、おしゃ
れでカワイイとして若い女の子たちの人
気を集めている。これは別に伊達マスク
などとしてマスクを使用するファッショ
ンを「マスクファッション」と呼んだり、
1日中マスクを着けて美肌を目指そうと
する「マスク美容」など、マスクにまつ
わるファッションの話題が増えている。

ファッションマンガー⇒ファッショニスト

ファッションマンガリング⇒ファッショニ
スト

ファッションミューズ [fashion Muse] 世
の中の誰もがファッショナブルとしてあ
こがれを持つ女神的存在の女性。ファッ
ションアイコンやスタイルアイコンなど
と呼ばれる人と同じで、著名な女優や
ファッションモデルなどに認められる。
ミューズはもともとギリシア神話に登場
するゼウスの娘で、芸術や学問をつかさ
どる9人の神のひとり「美神」をいう。

ファッションモッズ⇒カーナビーファッ
ション

ファッション・ランジェリー [fashion
lingerie] ファッション性を強めてデザイ
ンされたランジェリー。元々装飾性の強
い女性用下着をいうランジェリーの中で
も、さらにファッション的なタイプを総
称する。

ファッションリーダー [fashion leader] 流
行の最先端に立って、ファッションを
引っ張っていく人、またそうしたグルー
プ。ファッション感度が最も高い人たち
を指し、オピニオンカスタマー [opinion
cus-tomer] (先導性のある顧客) とかオ
ピニオンリーダー [opinion leader] (理

論的指導者）とも呼ばれる

ファッションリング [fashion ring] ファッション的な面白さを狙ってデザインされた指輪をいう和製語。。

ファット・ア・マーノ [fatto a mano 伊] イタリア語で「ハンドメード」の意。原意は「手細工の行為」ということで、最近ではとくにイタリアにおける紳士服や紳士靴の完全な手作りのことを指すようになった。日本でいうフルオーダー*やフルハンドメードと同じ。なお、これとは反対に機械による仕上げのことはマシンメード [machine made] という。日本の職人用語でいう「丸縫い（まるぬい）」と同じ。

ファットジーンズ [fat jeans]「太ったジーンズ」の意で、通常よりも太幅のジーンズをいう。デカパンとかドカパンなどと呼ばれるパンツのジーンズ版で、いわゆる「ゆるデコ*」系のファッションには欠かせないアイテムとされる。

ファティーグウエア [fatigue wear] ファティーグは労働、特に軍隊における掃除や炊事などの雑役を指す。そうした目的で着用される軍隊用の衣服を意味し、複数形のファティーグス [fatigues] だけでも「作業服」という意味になる。これを機能的な衣服としてファッションに取り入れることがある。

ファティーグシャツ [fatigue shirt] ファティーグは軍隊における労働や雑役の意で、これはより本格的なイメージを持つアーミーシャツ*を指す。アーミーファティーグシャツ [army fatigue shirt] とも呼ばれる。

ファティーグス⇒ファティーグウエア

ファティーグハット [fatigue hat] ファティーグは軍隊での「作業、雑役」の意で、いわゆる「作業帽」を指す。さまざまな種類があるが、とりわけカーキ色の綿布で作られた6枚接ぎのクラウンを特徴に、ブリムの後ろが巻き上がった形になったものをそう呼ぶことが多い。これを俗に「六接ぎ（むつはぎ）帽子」ということがあり、このデザインが登山帽やレインハット*にも準用されている。

ファティーグパンツ⇒ベイカーパンツ

ファティーグルック [fatigue look] ファティーグは「（心身の）疲労、労苦」また「（軍隊における）雑役、労役」の意で、ファティーグス [fatigues] となると「作業服」をいう。つまりは各種の作業着をモチーフとしたファッションのことで、ワークルック*よりは辛い仕事のイメージが強く感じられる。

ファディクト [fadict] ファド*fadとアディクト addict（中毒者）の合成語で、流行のファッションを追うことに汲々としている人たちを指すアメリカ生まれの新語。

ファド [fad] ファッドとも。ごく短期間の流行を指し、ときに「気まぐれ」と訳される。モードとして生まれたもののファッションにまで成長しなかった一時的な流行がそれで、クレイズ*やレイジ*、フィーバー*、ブーム*などと同義とされる。

ファニーパック [fanny pack] 腰に巻き付ける形にして用いるウエストバッグ（ウエストポーチ）の別称。ファニーはアメリカの俗語で「尻、けつ」を表す。

ファニーヒール [funny heel] 造形的な感覚に富んだきわめてファニー（おもしろい、おかしい）なデザインのヒールを総称する。まるで子供が無邪気に組み立てたような奇想天外なデザインに特徴がある。

ファニーラッパー [fanny wrapper] ファニーは米俗語で「尻、けつ」の意。つまり「尻を包むもの」という意味で、30センチほ

ファッション全般

どの幅をもつニット製のウエストアクセサリーの一種。ウエストからヒップにかけて巻き付けるようにして用いられる。

ファネルカラー [funnel collar] ファネルは「漏斗（じょうご）」の意で、ちょうど漏斗のような形をした立襟の一種を指す。首に沿って高く立ち上がり、上に向かって開いた形のもので、女性の防寒コートなどに用いられることが多い。あご（チン）を隠すほどに高い襟であるところから、チンカラー [chin collar] とも呼ばれる。

ファネルネック [funnel neck] ファネルは「漏斗（じょうご）」とか「煙突」の意で、漏斗のような形で首に沿って筒状に伸びるネックラインを指す。ストレートな形のもの、上端が開いたり閉じたりしたものなど、さまざまなデザインがある。コートなどに用いたときにはファネルカラーと呼ばれる。

ファブリック [fabric] 「布地、生地」の意。布帛（ふはく）や織物、また織物地の意味もあり、コットンファブリック（綿織物)、シルクファブリック（絹織物)、ウーレンファブリック（毛織物）というように用いられる。ほかに「織り方、構造、組織」といった意味もある。

ファブリックベルト⇒クロスベルト

ファミリーカラーコーディネーション⇒ワントーンコーディネート

ファム⇒ウィメンズウエア

ファムファタルスタイル [femme fatale style] ファムファタルはフランス語で「妖婦、男たらし」という意味で、英語でいうバンプスタイル [vamp style] と同義。男性を誘惑するような濃艶なセクシースタイルをいったもので、1950〜60年代のフランス映画やハリウッド映画に見るグラマー女優たちの装いが代表的。

ファラオコート [Pharaoh coat] オートバイのライダーやロックンロール大好き少年たちに愛用されているアウターウエアの一種。アメリカ映画『アメリカン・グラフィティ』』(1973) に登場するファラオ団と呼ばれる少年たちが着たことからこう呼ばれるもので、リブニット使いのショールカラーとカフスを特徴としたラグランスリーブのショートコート型の上着に代表される。ジャンパー型のものはファラオジャケット [Pharaoh jacket] とも呼ばれる。

ファラオジャケット⇒ファラオコート

ファラデースーツ [Faraday suit] 高電圧に耐えるように作られた特殊な保護服。金属の鎖を編み込んで、高電圧を通電させることによって感電を避けるようにしたもの。高電圧の電線を扱う架線作業員などに用いられる。19世紀に活躍した英国の物理学者マイケル・ファラデーの名に由来するもので、彼は電気化学、電磁気学の専門家とされる。

ファランジリング [phalange ring] ファランジは「指の骨」の意で、手指の関節と関節のあいだ（多くは第一関節の下）にはめる指輪を指す。その性格から小ぶりのものが多く見られるが、こうした指輪を重ね着けする「ダブルリング」というあしらいも最近の流行として台頭してきた。また何本もの指にはめる用い方にも人気がある。

プアルック⇒貧乏ルック

ファルバラ⇒ボラン

ファンカラー [fan collar] 17世紀に流行をみた襟型のひとつで、扇（ファン）のような形に開いて、首の周りに立ち上がった襟を指す。

ファンキー族⇒ビート族

ファンクションジーンズ [function jeans] ファンクション（機能性）にあふれたジーンズを指す総称。エンジニアドジーンズ

ファッション全般

＊を始めとして、携帯電話用などの多機能ポケットを取り付けたり、アクティブスポーツウエア（純競技着）に見るディテールデザインや付属品などを取り入れた新感覚のジーンズをいう。

ファングル［fangle］「流行、はやり」の意。ニューファングルド［new-fangled］は「新型の、最新式の、はやりの」という意味になり、これはニューファッションド［new-fashioned］と同義とされる。

ファンシーウエッジ［fancy wedge］変わったデザインのウエッジソールまたウエッジヒールの総称。楔（くさび）形の靴底にわざと穴を開けたり、透明感のある素材を使うなど変わったあしらいをほどこしたものを指す。特にミュールやサンダルに用いられることが多い。

ファンシーグッズ［fancy goods］ちょっと面白い雰囲気のある小物といった意味で、そうした服飾用小物や小間物、文房具類、また化粧品関係の小物なども含んでそのように総称する。

ファンシーグループトチェック⇒グループトチェック

ファンシークロス［fancy cloth］「変わり織」の意。織りの三原組織である「平織＊、綾織＊、朱子織＊」以外の織り方で織ったり、そこから派生した変化織で織った生地を総称する。ファンシーヤーン＊を用いて作られた表面効果のある織物も指す。

ファンシーコーディネーツ⇒ファンシージャケット

ファンシージーンズ⇒ファッションジーンズ

ファンシーシェパードチェック⇒シェパードチェック

ファンシージャケット［fancy jacket］主としてフォーマルなパーティーでの着用を意識してデザインされたドレッシーな雰囲気の上着類を総称する。背広型のもの

が多いが、一般的なジャケットとは異なり、鮮やかな色柄使いのものが多く見られ、ベルベットやベルベッティーンといった光沢感に富むやわらかな生地を使ったものも多い。黒や濃紺などのベーシックなものもあるが、こうしたジャケットは、タキシードを着るほどには格式張らず、ダークスーツでは面白くないといった感じのパーティーにはうってつけのものとされる。こうしたジャケットによくコーディネートされたパンツを合わせた一式はファンシーコーディネーツ［fancy coordinates］と呼ばれ、カジュアル感覚の強いインフォーマルウエア（略装）のひとつとして着用される。

ファンシースーツ［fancy suit］パーティーを中心としたソサエティーフォーマル＊に用いられるスーツのひとつ。一般のスーツとははっきりと異なる、ファンシーでドレッシーな表情を湛えたスーツで、シルクシャンタンやバラシア、モヘアといった光沢感の強い生地で作られることが多く、白、明るいブルー、シルバーグレーといった色使いのものが多く見られる。これらをビジネススーツとして着用するわけにはいかない。

ファンシーストライプ［fancy stripe］変わった感じの縞柄の総称。マルチストライプ＊もこの一種とされ、何とも形容しがたい縞柄は全てこのように呼ばれる。

ファンシータキシード［fancy tuxedo］伝統的なタキシード以外の変わった色柄使いのタキシードを総称する。つまり黒およびミッドナイトブルー＊以外のタキシードを指し、元々は遊び用にくだけた雰囲気を狙って1930年代半ば頃からデザインされたものを、このように呼ぶようになった。ファンシーは「変化に富んだ、風変わりな」という意味で、ベルベットなどの生地使い、タータンなどの柄もの、

673

ファッション全般

赤や黄色といった色ものなどさまざまな
タイプが見られる。多くは黒のズボンと
のセパレーツスタイルで構成され、夜間
のくだけたパーティーにはうってつけの
アイテムとされる。英国風にはファン
シーディナージャケット［fancy dinner
jacket］と呼ばれる。

ファンシーツイード［fancy tweed］変わっ
た織り方をしたツイード*の総称。また
伝統的なツイード以外で新しくデザイン
されたツイードをいう。多くは女性用の
コート、ジャケットなどに用いられる

ファンシーツイル⇒フランス綾。

ファンシーディナージャケット⇒ファン
シータキシード

ファンシーデニム［fancy denim］意匠を凝
らしたデニム地の意。インディゴブルー
のオーソドックスなデニム地をレギュ
ラーデニム［regular denim］と呼ぶのに
対して、ホワイトデニムやブラックデニ
ム、またストライプデニムなどの変わっ
たタイプをこのように総称する。

ファンシードレス［fancy dress］ファンシー
は「装飾的な、意匠を凝らした」また「風
変わりな、面白い」という意味で、一般
に仮装舞踏会に用いる「仮装服」の意で
用いられる。その意味ではコスチューム
ドレス*と同義とされるが、一般のパー
ティーで着用される変わったデザインの
ドレスをこのように呼ぶこともある。

ファンシーパターン［fancy pattern］「風変
わりな柄」という意味で、俗に「変わり柄」
と称される。ファッション用語としては
ストライプ（縞柄）とチェック（格子柄）
以外の柄を総称することになる。古典的
な柄から新しくデザインされた柄まで、
多くのものがある。

ファンシーバック［fancy back］テーラー
ドなジャケットなどの背中にほどこされ
る変わったデザインの総称。ノーフォー

クジャケットに見るボックスプリーツや
ピンチバックなどに代表される。

ファンシーパール⇒ライスパール

ファンシーパンツ⇒デザインパンツ

ファンシープリーツ［fancy pleat］ファン
シーは「興趣に富んだ、風変わりな」と
いった意味で、変わったデザインのプ
リーツを総称する。狭義には細かく畳ま
れた襞山を、手芸的な手法で一つひとつ
留めていくものを指す。

ファンシーブレザー［fancy blazer］オーセ
ンティックブレザー*以外の変わったデ
ザインのブレザーを総称する。ブレザー
の基本的なスタイルを守りながらも、色
や柄、生地使い、またディテールデザイ
ンなどで現代的な新しさを加えたものを
指し、ファッションブレザー［fashion
blaz-er］とも呼ばれる。

ファンシーベスト［fancy vest］スポーツジャ
ケット（替え上着）やブレザーなどに用
いる変わり型のベストのことで、オッド
ベスト*と呼ばれたり、日本語で「替え
ベスト」とか「変わりチョッキ」などと
もいう。ジャケットやズボンなどとは異
なる生地であることが大きな特徴で、ス
ポーティーな性格があり、カジュアルな
感覚で用いられることが多い。これとは
別にブラックスーツなどの礼服に用いる
シルバーグレーのドレッシーなベストを
このように呼ぶことがある。

ファンシーヤーン［fancy yarn］糸そのも
のにさまざまな変化を与えた原糸のこ
と。「意匠糸」とか「変わり糸」などと
訳され、そもそもが撚糸であるところか
ら「意匠撚糸」とか「飾り撚糸」などと
も呼ばれる。

ファンシーヨーク［fancy yoke］変わり型
のヨーク*の総称。逆山型となったスカ
ラップヨーク［scallop yoke］（帆立貝の
縁のようなの意）や、逆山が二つ付く形

674

ファッション全般

となったウエスタンヨーク［Western yoke］などが代表的。ウエスタンヨークはアメリカ西部のカウボーイの服装に見るヨークのことで、カウボーイヨーク［cowboy yoke］とも呼ばれる。

ファンシーラペル［fancy lapel］ファンシーは「意匠を凝らした、風変わりな、面白い」といった意で、変わったデザインのラペルを総称する。1960年代中期に登場したコンテンポラリーモデル＊と呼ばれるハリウッド好みのスーツに多数見られるもので、さまざまな形がある。

ファンジーンズ［fun jeans］ファンは「戯れ、ふざけ、面白み」の意で、遊び心いっぱいにデザインされた新感覚のジーンズを指す。従来のジーンズのデザインにはこだわらず、形、ディテール、素材ともに自由に作られるが、その本質はあくまでもジーンズライクにあるというのが特徴とされる。プレイジーンズ＊と同義で、ほかにクリエイティブジーンズ［creative jeans］（創造力にあふれたジーンズの意）とかスーパージーンズ［super jeans］またデザインパンツ［design pants］などとさまざまな呼称がある。

ファンデーション［foundation］ファウンデーションとも。「土台、基礎」という意味で、体形補整のための女性下着のことも指すが、化粧品では肌色を演出する下地用の化粧品を総称する。一般にクリーム状、リキッド（液）状、パウダー（粉末）状などの種類があり、肌を紫外線から保護したり、シミやソバカスなどをカバーする用途もある。

ファンデーション（下着）［foundation］正しくはファンデーションガーメント［foundation garment］で、女性下着のうち体形を整える目的で着用するブラジャー、コルセット、ガードルといった下着を指す。ファンデーション（ファウ

ンデーションとも）は「土台、基礎」の意味で、体のラインを美しく保ち、補整機能を発揮するのが特徴。ほかにメイクアップの下地用としての基礎化粧品（ファンデーションクリームなど）の意味もある。

ファンデーションガーメント⇒ファンデーション（下着）

ファンパンツ⇒デザインパンツ

ファンプリーツ⇒サンバーストプリーツ

フィーバー［fever］熱狂的な流行現象。もともとは「発熱」や「熱病疾患」を指し、熱を持ったような異常な興奮を伴う流行を意味するようになった。1978年公開のアメリカのディスコ映画『サタデー・ナイト・フィーバー』から知られるようになった言葉で、何かに熱中するという意味でも多く用いられる。

フィールドキャップ［field cap］ここでのフィールドは「（野球やフットボールの）競技場」を指し、一般にアウトドアスポーツ用の簡便な丸帽を指す。野球帽型のフェルト製キャップで、ベンチレーション用の鳩目を設け、後部にゴムなどのサイズ調節用ラッチを付けたものが多い。アメリカ人が伝統的に好むカジュアルキャップとして知られ、ベースボールキャップと同義ともされる。

フィールドコート［field coat］アメリカ陸軍のM-65タイプを模して作られたハーフコートで、フィールドジャケット＊（フィールドパーカ）と同義。機能的なデザインを特徴とした、ミリタリー調のヘビーデューティーな半コートとして人気を保っている。

フィールドジャージー［field jersey］フィールド（荒野、原野）で活動するのにふさわしいジャージーといった意味で、さまざまなタイプがあるが、特にラグビージャージー＊が代表的。

は

ファッション全般

フィールドジャケット［field jacket］アメリカ陸軍の野戦服を総称するもので、特にM-65と呼ばれる形式のジャケット（正式にはフィールドパーカ＊と呼ばれる）を模したハーフコート型のものに人気がある。耐水性、耐風性に優れる暗緑色の丈夫なコットン地で作られ、面テープを配した袖口やドローストリング＊仕様のウエストなど機能的なデザインで知られる。

フィールドシャツ［field shirt］アウトドア用の丈夫なシャツの総称。グレーのダイヤゴナル地で作られる、アラスカンシャツ＊と呼ばれる非常に丈夫な防寒用アウターシャツなどが代表的。

フィールドパーカ［field parka］アメリカ陸軍の野戦用ジャケットのことで、フィールドジャケット＊とかフィールドコート、またアーミーパーカ［army parka］などさまざまな名称でも呼ばれるが、アメリカ軍の規定ではフィールドパーカと呼ぶのが通例とされている。暗緑系のカーキ色を中心に、無地あるいはカムフラージュプリント（迷彩柄）を施しているのが特徴で、朝鮮戦争（1950～53）以降のものが含まれるが、特にM-65M-65のあとに、フィールドジャケットを挿入と名付けられたフード付きのショートコート型のものが代表的とされる。なおN-3Bジャケット＊も正式にはパーカと呼ばれている。

フィールドパンツ［field pants］フィールドは「野原、現場」といった意味で、荒野を歩き回るのに適したパンツを総称する。フィールドにはまた「戦場」の意味もあり、ここからは戦闘用のパンツ、つまりバトルパンツやコンバットパンツなどと呼ばれる軍隊用のパンツも指す。ここではアメリカ陸軍の野戦服の雄とされるM-65フィールドパーカの組下となる

M-65パンツ［M-65 pants］（正式にはM-65フィールドトラウザーズという）が代表的。

フィールドブーツ［field boots］荒野や野原で着用するブーツの総称。特に登山靴タイプのミドルブーツを指す例が多く、トレッキングや川渡りなどアウトドアスポーツに用いられることが多い。時としてゴム長（レインブーツ）をこう呼ぶこともある。

フィオデンタル［fio dental ポルトガル語で「糸ようじ」を意味し、糸ようじのように細い幅のビキニ水着やビキニ型下着ショーツを示す。フィオデンタルは英語でいうデンタルフロスと同じ。ビキニ・フィオデンタル biquini fio dental とも称し、ブラジルに多く見られるブラジリアンショーツ（パンツ）やサイドストリングショーツなど扇情的なブラジリアンカットのビキニ水着を象徴する言葉として知られる。

ふい絹［ふいきぬ］絹の持つクリンプ（縮れ）を残したままで作られたシルク素材。繭糸をつかんで通常よりもゆっくりと引き出し、たるんだ分を巻き取ることでクリンプを残すもので、一般の生糸に比べて軽さや膨らみ感が感じられる。大日本蚕糸会蚕糸科学研究所の開発による新素材。

フィギュアドレス［figure dress］ボディーフィギュアラインと呼ばれる、しなやかに体にフィットするシルエットを特徴とするドレスで、ボディーフィギュアドレス［body figure dress］とも呼ばれる。ボディコンドレス＊ほどタイトなシルエットではないのも特徴。

フィギュアライン⇒ボディーコンシャスライン

フィギュラティブパターン［figurative pattern］フィギュラティブは本来「比喩

的な」という意味で、ファッション用語
では絵画的に表現される柄を総称する。
すなわち「具象柄」のことで、セーター
などでは動物の姿や風景などを具体的に
編み込んだものが見られる。

フィシュ [fichu 仏] 18世紀から19世紀に
かけてヨーロッパで用いられた女性用の
三角形の肩掛け。背中、肩から胸元を覆
い、前で交差させて用いた。またネッカ
チーフのこともいう。

フィシュカラー [fichu collar] フィシュは
フランス語で「三角形の肩掛け」を指し、
18〜19世紀に女性の間で流行したアク
セサリーのひとつ。そうしたものをあし
らったような変わった形の襟をいい、胸
元を大きく開けてV字形に配し、後ろを
三角形にしたデザインが多く見られる。

フィッシャー [fisher] イタチ科の動物の
一種で、特にカナダからアメリカにかけ
て生息する「テン」を指す。カナダでは
ペカン [pekan] と呼ばれ、中国やロシ
アに産する野生のイタチはフィッチ
[fitch] という。ともに自然色のままで
毛皮衣料に用いられる。

フィッシャーマンズエプロン [fisherman'
s apron] 漁師や魚屋が用いる大型の前掛
け。水に濡れやすいことから、大抵はゴ
ムで作られている。

フィッシャーマンズセーター [fisherman'
s sweater]「漁夫のセーター」の意で、ケー
ブル編やジグザグ編などを特徴とするバ
ルキーセーターの一種。元々北欧の漁夫
たちに着られていたところからこの名が
あり、アランセーター*やガーンジーセー
ター*などの伝統的な手編みセーターに
由来している。

フィッシャーマンズバッグ⇒フィッシング
バッグ

フィッシャーマンパーカ [fisherman parka]
フィッシャーマン（漁師、漁夫）用のパー

カ。最近では出漁時の機能性と、陸に上
がった時のカッコよさも考えてデザイン
されたものが多く見られる。

フィッシャーマンハット [fisherman hat]
⇒フィッシングハット

フィッシュスキン [fish skin] 魚のうろこ
肌を思わせる濡れたような光沢感を特徴
とする素材を指す。イリデセント*効果
（玉虫調）を持つ新素材として登場した
もので、特にコットン系に目立っている。

フィッシュテール [fish tail]「魚の尾」の
意味で、後ろ裾を魚の尾のような形にし
たデザインをいう。マーメイドライン*
のスカートやドレスに多く用いられる。
また、本格的なモッズコート*の裳裾の
デザインを指すこともある。

フィッシュテールスカート [fish-tail skirt]
フィッシュテールは「魚の尾」の意味で、
前部はミニ丈だが、後ろ部分は長く伸び
てちょうど魚の尾を思わせるデザインと
なっているスカートを指す。またモッズ
コートの裳裾のデザインを採り入れたス
カートを意味することもある。

フィッシュネットストッキング [fishnet
stocking] ネットストッキング*の一種で、
網目がフィッシュネット（漁網）のよう
に広く粗いタイプをいう。

フィッシュネットタイツ⇒網タイツ

フィッシュボーン [fish bone]「魚の骨」の
意で、それを思わせる形に編み込まれた
三つ編みのヘアスタイル。最近女性のあ
いだでは三つ編みが流行しており、さま
ざまなデザインが考え出されている。

フィッシュマウスラペル [fish mouth lapel]
セミピークトラペル*の上襟の先端が丸
くカットされた襟型。フィッシュマウス
は「魚の口」の意で、その形が似ている
ところからこのように呼ばれる。

フィッシングウエア [fishing wear] 魚釣り
用の衣服の総称。フィッシングジャケッ

は

ファッション全般

トやフィッシングベストなど数多くのものがあり、最近のフライフィッシングやルアーフィッシングなどスポーツフィッシングと呼ばれる魚釣りの人気から、機能性が高く、かつファッショナブルなタイプが多く登場するようになっている。

フィッシングコート［fishing coat］魚釣り用コートの総称。これといった定型があるわけではなく、多くのポケットを配し、ジッパーやフード、ドローストリングウエスト*など機能性と実用性を優先させたデザインに仕上がったものが多く見られる。

フィッシングジャケット［fishing jacket］魚釣り用のジャケット。フィッシングベスト*に袖を付けた感じのブルゾン型のもので、多くのポケットを特徴とする。フィッシングブルゾンの名もある。

フィッシングシャツ［fishing shirt］魚釣り用のシャツ。厚手のコットン地で作られ、釣り道具を収納するためのさまざまなポケットが付けられているのが特徴。

フィッシングバッグ［fishing bag］魚釣りに用いる肩掛け式のバッグ。防水加工地で作られ、外側にポケットやネット（網）を取り付けたデザインを特徴とする。フィッシャーマンズバッグ［fisherman's bag］ということもある。

フィッシングハット［fishing hat］魚釣りに用いる帽子のことで、フィッシャーマンハットともいう。多くはツイード製の高めのクラウンを伴うつば付きの帽子で、一般にアイリッシュ・ツイードハットとかレックス・ハリソンハットと呼ばれるものと同義。

フィッシングパンツ［fishing pants］魚釣りに用いるパンツで、ポケットの多いデザインが特徴。

フィッシング・ヒップブーツ⇒ヒップブーツ

フィッシングブーツ［fishing boots］魚釣りに用いるゴム長の一種。膝より上に履き口がくるニーハイブーツ*のひとつで、ウエイダーズ*などもここに含むことができる。

フィッシングブルゾン［fishing blouson］魚釣り用のブルゾン。釣り針を入れるためのポケットがたくさん付けられた、機能的なデザインとなっているのが特徴。防水機能に優れた生地が用いられるのも特徴のひとつ。

フィッシングベスト［fishing vest］魚釣り用のアウターベストの一種。防水加工された丈夫な生地を用い、釣り道具を収納するためたくさんのポケットを付けた、きわめて機能的なベストとして知られる。部分的に漁網をあしらったタイプも見られる。

フィッチ⇒フィッシャー

フィッテッドスリーブ⇒タイトスリーブ

フィッテッドシャツ［fitted shirt］体にぴたぴたにフィットしたシャツ。スキンシャツやボディーシャツと同義だが、1997年春夏ニューヨーク・メンズコレクションに登場した体よりも細いと形容されるシャツを、当時の関係者がこう呼んだもの。

フィット・アンド・スイングライン［fit and swing line］上半身でフィットし、下半身で揺れ動くようにやさしく広がるシルエット。フィット・アンド・フレアライン*の新しい表現として登場した言葉のひとつで、タイト・アンド・フレアライン［tight and flare line］といった表現も見られる。

フィット・アンド・バブルライン［fit and bubble line］上半身はぴったりとフィットし、下半身は泡（バブル）のように丸く大きく膨らんで、裾ですぼまった形を指す。

フィット・アンド・フルライン［fit and

full line］上半身はぴったりとフィット
し、下半身でフル（いっぱい、十分）に
広がるシルエット。フィット・アンド・
ボリュームライン［fit and volume line］
とも呼ばれる。

フィット・アンド・フレアドレス［fit and
flare dress］上半身は体にぴったりと沿
い、下半身のスカート部は広がるシル
エットを特徴としたドレスの総称。ウエ
ストをベルトなどで絞ったデザインのも
のが多く、最近では超ミニ丈のドレスで
表現する例も見られる。

フィット・アンド・フレアライン［fit and
flare line］上半身はぴったりとフィット
し、下半身でゆるやかに広がる形になっ
たシルエットを指す。ウエディングドレ
スに代表される婦人服の伝統的なシル
エット表現で、流行線上に繰り返し登場
する。単に「フィット・アンド・フレア」
というだけでも知られる。

フィット・アンド・ボリュームライン⇒
フィット・アンド・フルライン

フィットネスウエア［fitness wear］精神と
肉体の調和を目的とするフィジカル
フィットネスの運動時に着用する衣服の
総称で、一般にエクササイズウエア*と
同義とされる。

フィットネスシューズ［fitness shoes］自
然と調和した健康的な体を作る目的で行
う運動をフィジカルフィットネス、略し
てフィットネスと呼び、それに用いる靴
をこのように呼ぶ。特にエアロビクス（有
酸素運動）に用いられるものが多いとこ
ろから、これをエアロビクスシューズ
［aer-obics shoes］といったり、練習用の
靴ということでエクササイズシューズ
［exer-cise shoes］と呼んだりする。

フィットネストップス［fitness tops］精神
と肉体の調和を目的とするフィジカル
フィットネスの運動時に着用する上体衣

の総称で、スエットシャツ（トレーナー）
を始めとして、各種のTシャツやタンク
トップ型のニットシャツなどさまざまな
ものがある。上下がつながったワンピー
ス型のレオタード*もこの一種。こうし
たトップスに合わせるボトムスは、
フィットネスパンツ［fitness pants］と
呼ばれる。

フィットネスバッグ［fitness bag］トレー
ニングの一環としてのフィットネスに用
いる道具を収納して持ち運ぶためのバッ
グ。形はさまざまで、ボストンバッグ型
からトートバッグ型まで楽しいデザイン
のものが多く見られる。ジムトートバッ
グ*と呼ばれるものもこのひとつで、最
近のスポーツバッグ*の一種とされる。

フィットネスパンツ⇒フィットネストップ
ス

フィットネス水着［fitness＋みずぎ］水中
でのエアロビクスやウオーキングなどの
「アクアフィットネス」と呼ばれる運動
用に開発された水着。競泳用の水着とは
異なり、胸パッドを付けたり、冷えを防
ぐため厚手の生地を使うなどの特徴が見
られる。セパレート型ではトップの丈が
長くなったものが多く、ボトムも太もも
まで覆う形のものが多く見られる。

フィットパンツ［fit pants］脚にぴったり
フィットしたパンツという意味で、スリ
ムパンツ*やスキニーパンツなどに代表
される。幅が狭いという意味からナロー
パンツ［narrow pants］などとも呼ばれる。

フィットブーツ［fit boots］脚にぴったり
とフィットするブーツを総称する。バ
ギーブーツ*と比較対照されるもので、
全体に細身でエレガントな雰囲気を醸し
出す。乗馬靴のほか女性のロングブーツ
によく見られ、サイドジッパーや編み上
げ式となったものが多い。

フィットブラ⇒ソフトカップブラ

ファッション全般

フィニッシュト・ウーステッド⇒アンフィ
ニッシュト・ウーステッド

フィニッシュトデニム⇒アンフィニッシュ
トデニム

フィフティーズ⇒ローラー族

フィフティーズ・シャツジャック［fifties
shirt jac］1950年代調のシャツ型ジャケッ
トの意で、ジャンパーのような形を特徴
としたアウターシャツの一種。さまざま
なスタイルがあるが、特にウエストを共
地の幅広バンドで留めるようにした、
オープンカラーで半袖のものをこのよう
に呼ぶことが多い。こうしたものはブル
ゾンシャツ*とも呼ばれる。

フィフティーズ・パパスパンツ⇒カリフォ
ルニアパンツ

フィフティーズファッション［fifties fashion］
1950年代調ファッションの総称。ファッ
ションのレトロ*回帰現象の中でよみが
えってきた50年代のファッションを指
し、ロックンロール調のファッションや
サブリナパンツ*、ササールコート*と
いった懐かしのアイテムが再び登場する
ようになっている。こうしたルックスを
フィフティーズルック［50's look］と
呼び、単にフィフティーズとも略称する。

フィフティーズルック⇒フィフティーズ
ファッション

フィブリル加工［fibril＋かこう］フィル
ビルは「小繊維、微小繊維、原線維」の
意で、繊維の内部にある微細な繊維をい
う。これが毛羽やささくれ立ちの原因と
なるのだが、こうしたフィブリル化の現
象をあえて楽しもうという目的でほどこ
される加工法を指す。ピーチスキン加工
やバイオウオッシュ加工、サンドウオッ
シュ加工などに代表される。いずれも
フェード感のあるこなれた表情が特徴と
される。

フィブリレーション繊維［fibrilation＋せ
んい］フィブリレーション化繊維ともい
う。フィブリルは繊維の割れによって生
じる毛羽立ちのことで、これを酵素減量
加工などによって独特の風合を生み出し
た繊維をいう。セルロース系のテンセル
がその代表とされるが、最近ではポリエ
ステル長繊維系にもこの技術が応用され
れ、新素材が開発されている。

ブイヨネ［bouillonner 仏］フランス語で「泡
立つ、沸き出る」という意味で、衣服に
膨らみをつける技法をいう。布地を
シャーリング*のように波立たせて、大
きな膨らみを作り出すテクニックなどが
それ。

フィラメント［filament］「長繊維」の意。
不定の連続した長さを持つ繊維で、糸と
して使えるものをいう。絹やポリエステ
ル、ナイロン、アクリルなどの繊維に代
表される。これはまた1本の化学繊維を
単繊維として糸にしたモノフィラメント
［monofilament］と、複数の繊維束とした
マルチフィラメント［multifilament］の
2種に分かれる。

フィリベッグ⇒キルト

フィリングパワー⇒フィルパワー

フィル［fil 仏］フランス語で「（麻などの）
繊維」また「糸、撚り糸」および「麻糸」
を示す。

フィルクペ［fil couper, fil coupe 仏］フィ
ルクーペ、フィルクッペとも。フランス
語でフィルは「糸、繊維」、クペは「切る、
刈る」の意。ジャカード織の生地の裏側
に現れた糸を切って、あえてフリンジの
ように残す手法、またそうした生地を指
す。クチュール的な高度な技術とされ、
英語ではこうしたものをカットジャカー
ドと呼んでいる。

フィルパワー［fill power］ダウン（羽毛）
の品質を測定する数値を表す単位。1オ
ンス（28.3495グラム）のダウンを圧縮

したときの復元能力を意味しており、数値が高いほど軽量で高品質なダウンとされる。最高級とされるハンガリー産のハンガリアン・マザーホワイト・グースダウン [Hungarian mother white goose-down]（マザーグースダウン＊[mother goose-down] として知られる）は、最高品質825フィルパワーの保温性をもつとされる。フィリングパワー [filling power] とも。

フィルムクロス [film cloth] フィルムを思わせる薄くて光沢に富んだ布地。光沢素材といっても張りのあるところが特徴とされる。

フィルムパーマ [film perm] カルティーナなどと呼ばれる美容技術用の特殊なフィルムを使って行うパーマネントウエーブの方法で、Fパーマ [F perm] とも呼ばれる。アイロンの熱で接着できるこの耐熱フィルムを使うことによってカールを簡単に定着させるなど、従来のロッドを使うパーマとは全く異なる新しい方法として注目されている。

フィンガーチップジャケット [fingertip jacket] 腕をまっすぐ下ろしたときの指先（フィンガーチップ）までの丈をフィンガーチップレングスというが、この丈を特徴とするロングジャケットをこのように呼ぶ。これはまた丈が総丈の4分の3であるところから「4分の3ジャケット」とも呼ばれる。

フィンガーチップレングス [fingertip length] フィンガーティップレングスとも。「指先丈」のことで、腕を自然に下ろしたときの指先（フィンガーチップ）までの長さをいう。多くはハーフコートの着丈に用いられる言葉。

フィンガーバンド [finger band] 「指バンド」の意味で、指輪代わりに巻くタオル地製の小さなバンドを指す。アイドル歌手が用いて流行グッズとなったもので、いわゆる「タオル系ファッション」のひとつとされる。

フィンガーレスグローブ⇒ハーフフィンガー

フィンクスコットン [Finx cotton] エジプト・ナイル河畔で生産される超長綿ギザコットンの中でも最高級とされる綿素材のこと。手摘みによって収穫され、引っ張らない紡ぎ方で作られるそれは、カシミヤのような質感を持ち、シルクのような光沢を持つという。元は観賞用の高級エジプト綿と海島綿（シーアイランドコットン）の交配によって生まれ、それを何度も試行して現在のような選りすぐりの綿になったといわれる。

フィント・ネグリジェンテ [finto negligente 伊] 「わざと無頓着に装う」といった意味のイタリア語。イタリアで生まれた新しい着こなし感覚を示す言葉のひとつで、いつもきちんと装ってばかりいないで、ちょっとした着崩し感を与えようとする考え方をいう。ネクタイをゆるめてリラックスさせたシャツの襟元のあしらいなどが典型的な例。

フィントウ [fin toe] フィンは「魚のひれ」の意だが、ここではスキンダイビングに用いるフィンの意味にとり、それに似た靴の爪先型を指す。親指側が長く、小指側が広くなる幅広型のデザインで、足指の可動域が広くなり、リラックスした履き心地が特徴となる。いわゆるコンフォートシューズに多く見られる。

ブークレ [bouclé 仏] 「巻き毛の、縮れ毛の」という意味のフランス語で、糸に輪奈（ループ）飾りを巻き付けた意匠糸＊を指す。より小さな巻き毛状となったものは、ブークレの指小辞でブークレット [bouclette 仏] と呼ばれる。

ブークレストライプ [bouclé stripe] ブークレはフランス語で「巻き毛」を意味し、

ファッション全般

輪奈（わな）飾りを付けた撚糸を使って
縞柄としたものを指す。

ブークレット⇒ブークレ

ブーケ［bouquet 仏］フランス語で「花束」
を指す。原意は「小さい森」で、そこか
ら花束を付けた誕生日の贈り物などを意
味するようになった。日本では生花や造
花の花束を指すことが多く、特に花嫁が
結婚式で持つ花束をいう例が多い。

ブーサン［boots＋sandal］ブーツとサン
ダルを一緒にしたような、新しい女性の
履物をいう俗称。実際にブーツサンダル
［boots sandal］と呼ばれることもあり、
ぺったんこ底のサンダルに、ふくらはぎ
に届くほどの筒状の部分を付けた形が特
徴。この部分は穴開きのデザインや、革
紐がそのまま伸びた形になったものも多
く、その意味でグラディエーターサンダ
ル*やグラディエーターブーツ*と呼ば
れる古代ローマの戦士風のサンダルの別
称、またそれと同種のものともされる。

フーシャ⇒フクシャピンク

ブーストソール［boost sole］スポーツシュー
ズメーカー、アディダスによるミッド
ソール素材〈BOOSTフォーム〉を用い
た靴底のこと。ブースト・フォームは発
泡熱可塑性ポリエチレン・ビーズ内に繊
細で均一な独立気泡を封じ込め、それを
スチームによって連結させたもので、優
れた衝撃吸収性と反発力を発揮するのが
特徴とされる。同社の「ウルトラブース
ト」と呼ばれるスニーカーに搭載されて
いる

ブーツ［boots］履き口がくるぶしより上に
ある靴の総称で、日本では「深靴」と呼
ぶ。履き口の高低によって、さらにさま
ざまな種類に分けられ、そのデザインと
名称にも多彩なものがある。

ブーツイン［boots in］ブーツの中にパンツ
の裾を入れて穿く着こなし方。多くは女

性がロングブーツのときに用いる方法。

ブーツインソックス⇒ブーツソックス

ブーツカットジーンズ［boots-cut jeans］
ウエスタンブーツ（カウボーイブーツ）
を履きやすくする目的で、裾をわずかに
フレアさせたジーンズをいう。元々はア
メリカで1970年代に考案されたもので、
メーカーによってブーツカットフレア
ジーンズ［boots-cut flare jeans］とかブー
ツレッグジーンズ［boots-leg jeans］な
どさまざまな名称で呼ばれる。裾口を斜
めにカットするアングルドボトム*のデ
ザインも特徴のひとつで、脚の形がきれ
いに表現されるというところから、現在
ではジーンズだけでなく、女性のパンツ
などにもこのデザインが多く採用されて
いる。

ブーツカットパンツ［boots-cut pants］フ
レアードパンツ*の一種で、裾口を少し
広げた感じにしたものを称する。本来は
ウエスタンブーツを履きやすくするため
に、裾をわずかにフレアさせた「ブーツ
カット・フレアジーンズ」と呼ばれるア
イテムから始まったもので、現在ではい
わゆる「美脚パンツ」の代名詞として多
用されている。

ブーツカットフレアジーンズ⇒ブーツカッ
トジーンズ

ブーツカバー［boots cover］「ブーツを覆
うもの」の意で、女性のブーツの上にか
ぶせて用いるゲートル状のアクセサリー
をいう。多くはショートブーツやパンプ
スに用いて、ロングブーツのように見せ
るもので、布帛製や革製などさまざまな
種類がある。これを「ゲーター*」とい
うこともあるが、ここでのゲーターは
ゲートル（仏）の英語読みとされる。

ブーツキーパー⇒シューキーパー

ブーツサンダル⇒ブーサン

ブーツスニーカー［boots sneaker］スニー

682

ファッション全般

カーに特有のゴム底にワークブーツのような形のアッパーを取り付けた靴のことで、ちょうどブーツとスニーカーの中間的な表情を持つ靴を指す。レースアップ型のものが中心となる。

ブーツソックス［boots socks］ウエスタンブーツなど履き口の深いブーツのために作られた長靴下の一種。ふくらはぎの汗を吸い取る機能があり、決してゆるんだりずり落ちたりしないなどの特徴をもつ。ブーツインソックス［boots in socks］と呼ぶこともあるが、それはショートブーツから長くのぞかせて穿く若い女性に特有の靴下を指すことが多い。

ブーツハンガー［boots hanger］ロングブーツを吊して収納するための道具。シューズボックスに入らないときや、倒して収納したくないときに便利なもので、履き口の両方の内側を挟み、吊して掛けることで、形も崩れることなく保管できるという優れた機能をもつ。

ブーツパンツ［boots pants］ブーツを履くのにふさわしいパンツというところから生まれた言葉で、ブーツカットパンツ*と同義とされる。ここでのブーツとは正しくはウエスタンブーツのことを指す。

ブーツレースタイ⇒シュータイ

ブーツレッグジーンズ⇒ブーツカットジーンズ

フーディー［hoody, hoodie］フードを付けたトップスの総称。特にスエット素材で作られたパーカ型のスポーツウエアを指すことが多い。日本でいうフーデッドトレーナー*はまさにその代表的なアイテムとされる。

ブーティー［bootees, booties］本来は幼児用の毛糸の靴下を意味したものだが、「ブーツ風の」とか「ブーツ式の」という意味をとって、くるぶしを上下するくらいの履き口を持つ、特に女性用の

ショートブーツを指すようになった。つまりはシューズとの違いが曖昧なブーツ風のものを総称するわけで、こうしたものをデミブーツ［demi-boots］（半ブーツの意）とかセミブーツ［semi-boots］（準ブーツの意）とも呼んでいる。

ブーティーサンダル［bootees sandals］ブーティー（履き口の浅いブーツの一種）のようなサンダルの意で、いわゆるグラディエーターサンダルと同じ。ブーツサンダルのうち短い丈のものをこう呼んでおり、これまた「ブーサン」と略称されることがある。

フーディーチュニック⇒チュニックフーディー

フーディードレス［hoody dress］フード付きワンピースの総称。フーディーはフードを付けたウエアの総称で、特に最近アメリカでよく用いられるようになっている用語。

フーディーロングトッ⇒チュニックフーディー

フーディガン［hoodigan］フーディーとカーディガンの中間的な性格を持つ新しい服種の名称。フードを付けたカーディガン型のトップスといった感じのもので、カジュアルなアウターのひとつとして用いられる。

フーディドコート［hooded coat］フード（頭巾）付きのコートの総称。フーディドはより正しくはフッディドと発音され、「フードをかぶった、幌で覆われた、頭巾形をした」の意で用いられる。フーディトともいうが、日本では一般にフーデッドコートと表記されることが多い。

ブーデコ［Boots deco］女性のブーツを飾るものの意で、ブーツデコとも呼ばれる。本来は（株）リヴィウスサプライマネジメント（東京）の実用新案登録による商品名。トレンカのような形になって

いて、ブーツの履き口に用いるファーや
レース、リボンなどが付く簡状のフット
アクセサリーで、パンプスにも用いて
ブーツのように見せることもできる。
2010年秋冬からの流行商品として一般化
した。

フーデッド・オールインワン⇒スナッグル
スーツ

フーデッドコート⇒フーディドコート

フーデッドスエットシャツ⇒スエットパーカ

フーデッドTシャツ [hooded T-shirt] フー
ドの付いたTシャツ。ごく軽い感覚の
パーカといった印象が特徴。

フーデッドトレーナー⇒スエットパーカ

フーデッドブラウス [hooded blouse] フー
ド（頭巾）を作り付けとしたブラウス。
布帛のヨットパーカといった感じのデザ
インに特徴がある。

フーデッドブルゾン [hooded blouson] フー
ド（頭巾）を取り付けたブルゾンの総称。
いわゆるフードトップのひとつとされ
る。

フーテン族 [フーテンぞく] 俗に日本版ヒッ
ピーと目される若者集団。1967年の夏、
新宿駅の東口一帯にたむろするように
なった汚らしい格好の若者たちを指す。
フーテンは定まった住居や職を持たずに
ぶらぶら暮らしている人という意味で、
最盛期には2000人ものそうした若者が集
まったという。ドロップアウト文化の落
とし子とも称されるが、そこには本場
ヒッピーたちの思想は全く見られなかっ
た。ただこの当時、日本の若者文化の中
心は間違いなく新宿にあった。

フード [hood]「頭巾（ずきん）」の意で、
正しくはフドあるいはフッドと発音され
る。コートなどに付く頭を覆う大きな袋
状の部分を指すが、これにはまた大学の
式服の背部に付く垂れ布や乳母車などの
幌（ほろ）といった意味もある。パーカ

などでおなじみのデザインだが、特に大
きな形としたものをオーバーサイズフー
ド [oversize hood] と呼ぶことがある。

フードトップ [hood top] フード（頭巾）
が付いた上衣類の総称。パーカに代表さ
れるアイテムだが、最近ではこうしたも
のをフーディー*と称するようにもなっ
ている。なおフードは正しくはフッドと
発音され、それは〈ロビン・フッド
Robin Hood〉の物語によっても明らかで
ある。

フードニット [hood knit] フード付きのニッ
トウエアの総称で、正確にはフーデッド
ニットウエア hooded knitwear となる。
一般にはフードが付いたカーディガンタ
イプのセーターを指すことが多い。

フードマフラー [hood muffler] フード付
きのマフラー。防寒用の新アイテムで、
猫耳や猿耳などを付けたフードからその
まま伸びる腕のようなマフラーとなった
もので、マフラーの先端を手首まで隠す
ハンドポケット型としたデザインのもの
も見られる。ふつうのマフラーのように
もスヌードのようにも、さまざまな用い
方ができるのも特徴とされる。

フードラムファッション [hoodlum fashion]
フードラムは「ごろつき、不良少年」と
いった意味で、特にアメリカの下町の青
少年たちによって表現される、不良ぼい
感覚のファッションを総称する。「下町
のアンちゃんルック」という意味で、ダ
ウンタウン・フードラムルック [down-
town hoodlum look] とか単にダウンタウ
ン・フーズ [downtown hoods] ともいう。

プードルカット [poodle cut] 全体を5セ
ンチ程度にカットして、プードル犬のよ
うにモコモコとした形に仕上げたパーマ
ヘア。またプードル犬に施すような丸い
形の固まりを作った特異なヘアスタイル
のことも指し、これはプードルヘア [poo-

dle hair］とも呼ばれる。

プードルクロス［poodle cloth］プードル犬
のような巻き毛に似せて作られた織物。
生地表面を起毛し、渦巻き状に加工して
このような外観が生まれる。

プードルヘア⇒プードルカット

ブードワールキャップ［boudoir cap］ブー
ドワールはフランス語で「(婦人の) 私室、
居間、閨房」の意。19 〜 20世紀初めごろ、
女性が髪形を保護する目的で、部屋の中
で使用した頭にぴったりした帽子をい
う。シルクなどの軽くて滑らかな素材が
多く用いられた。なお、ブードワールは
交流の場、サロンとしても用いられ、そ
れだけで「くつろぎ着」の意味もある。

ブーニーキャップ⇒ブーニーハット

ブーニーハット［boonie hat］熱帯や森林
地帯で用いる戦闘用の布製帽子。本来は
「森林地帯用の帽子」といったほどの意
味だが、これが米軍のミリタリーハット
として用いられ、「熱帯用戦闘帽」となっ
たもの。4個の通気孔と尾錠付きのバン
ドを特徴とした丸型のクラウンと幅広の
ブリムで、アゴ紐を特徴とし、ジャング
ルハット［jungle hat］とも呼ばれる。こ
れを簡素化してアウトドア全般に使える
ようにしたものをブーニーキャップ
［boon-ie cap］と呼ぶことがある。

フープ⇒パニエ

フープイヤリング⇒フープピアス

フープスカート［hoop skirt］フープは「た
が、輪」の意味で、服飾用語では、スカー
トを張り広げるために鯨のヒゲや針金な
どで作った枠＝張り骨をいう。これを用
いて丸く大きく膨らませたスカートを総
称し、16世紀頃から人気が代表的る。クリノリ
ンスカート＊などが代表的。

プーフスカート［pouf skirt］プーフはフラ
ンス語の古語で、スカートの腰を広げる
ための「腰当て」をいう。それを用いて

膨らんだ形を出したようなイメージのス
カートを指す。バルーンスカート＊やバ
ブルスカート＊などと同種のアイテムと
される。

フープピアス［hoop pierce］フープは「輪」
の意で、金属などで作られた大きな輪状
のピアスイヤリングを指す。こうした形
の普通のイヤリングはフープイヤリング
［hoop earring］と呼ばれるほか、かつて
奴隷（スレーブ）の身分にあった人が着
けていたという意味からスレーブイヤリ
ング［slave earring］、また環状の意味で
リングイヤリング［ring earring］とも呼
ばれる。

フープランド⇒ウプランド

ブーム［boom］にわか景気。急激に起こる
流行。物価の急騰をいうこともあり、ブー
ムレット［boomlet］というと「短期間の
好景気」や「好景気に入る前の兆し」を
意味する。

ブームレット⇒ブーム

ブーメランパンツ［boomerang pants］競泳
用の体にぴったり合うビキニ型男性水着
の一種。オーストラリア先住民が狩猟に
用いるブーメランに似ているところから
この名があるもので、コメディアンの小
島よしおが衣装に用いたところから一躍
有名になった。

フーラード［foulard］フランス語読みでフー
ラール、フラールともいう。光沢感のあ
る柔らかな薄手綾織絹布。プリントネク
タイ用の生地としての用途が多い。

ブールバードヒール［boulevard heel］後部
が少し内側にカーブしたキューバンヒー
ル＊型のハイヒール。巻きヒール＊となっ
たものが多く見られる。ブールバードは
「広い並木路、大通り」という意味で、
そうした道を歩くのにふさわしいという
ところからのネーミングと思われる。

プールポワン［pourpoint 仏］プールポア

685

ファッション全般

ンとも。14世紀から17世紀半ばまでの長きにわたって男性に着用された上着。プールポワンというのは本来「刺し子縫い＝キルティングを施した布」という意味で、元は兵士が鎧の下に着ていた胴着の一種だが、やがて表着として独り立ちし、スラッシュと呼ばれる切り込み装飾を入れるなどして華美な発展を遂げる。太陽王ルイ14世（1638～1715）の頃に大きな折り返り襟がなくなるとともにプールポワンは消滅し、次のジュストコール＊に代わった。ドゥプレとも呼ばれ、ここから英語ではダブレット＊（ダブリットとも）という。

プーレーヌ［poulaine 仏］14世紀から15世紀にかけてヨーロッパで流行した靴の一種。ゴシック時代の造形の影響を受けて、爪先が細く長く尖り、上に反り返った形を特徴としている。英語ではクラコーと呼ばれる。

ブーレット［bourette 仏］フランス語で「絹（織物）のくず」また「紬紡糸」のことで、絹紡糸を作るときにできる「くず物」を原料にして紡績された糸、またそれから作られた織物を指す。英語ではノイルクロス［noil cloth］と呼ばれるが、ノイルもブーレットと同じく「くず物」の意味がある。

フーロードレス［fourreau dress］フーロー（フローとも）はフランス語で「（刀剣の）鞘（さや）」また「（雨傘の）袋」の意。鞘のように細く長いシルエットを特徴とするドレスのことで、しなやかにまとわりつつも流れるような優しい雰囲気を持ち味とする。英語でいうシースドレス＊と同義で、フーローにはシースと同じく、それだけで「鞘の形をした婦人服」の意味がある。

フェアアイルセーター［Fair Isle sweater］スコットランド北北東のフェア島を原産

地とするセーターで、伝統的なカラフルな横段模様を特徴とする。その昔、英国王エドワード8世が、皇太子時代に島民救済の目的からゴルフウエアとしてこれを用いたところから、世界的に知られるようになったもの。プルオーバーのほかカーディガンやベストなどもあり、こうした模様を特徴とするセーターはパターンドセーター［patterned sweater］と総称される。

フェアリーファッション［fairy fashion］フェアリーは「妖精」の意で、いわゆる妖精スカートなどで表現される妖精のような雰囲気のファッションを総称する。「妖精ファッション」と同義。

フェアリーワンピース［fairy one-piece］フェアリーは「妖精」の意で、妖精を思わせるようなふんわりとしたイメージのワンピースをいう。多くはシフォンなどの柔らかな生地で作られ、ティアード（段重ね）やハンカチーフヘムラインといったデザインで、膝上丈のものが中心となっている。同種のスカートは「妖精スカート」などと呼ばれ、パンツとの重ね着としても用いられる。こうしたファッション表現を「フェアリーファッション」とか「フェアリーライン」また「妖精ファッション」などと称し、2004年春夏の流行以来、継続した人気を集めている。

フェイクシャツスカート［fake shirt skirt］まるでシャツを腰に巻きつけているように見えるフェイクデザイン（見せかけのデザイン）を特徴とするスカート。シャツに見るボタン付きの前立てや、ベルトのようにからませる袖の形などユニークな形がポイントで、シャツとしても使える2ウエイのデザインとなったものも多く見られる。

フェイクジュエリー［fake jewelry］フェイクは「偽の、偽造の、いんちきの」とい

686

ファッション全般

う意味で、人造宝石などを使用したジュエリーをいう。フェイクダイヤ [fake diamond]（模造ダイヤモンド＝ディアモンテス*）などが代表的で、イミテーションジュエリー*と同義。

フェイクダイヤ⇒フェイクジュエリー

フェイクタトゥー [fake tattoo] 見せかけのタトゥー*（入れ墨）という意味で、ボディーシール*などと呼ばれるシール状の入れ墨を体に貼り付けて用いるファッション表現、またそうした入れ墨を指す。本物の入れ墨と違い、簡単に剥がせることから若い人の間で流行しており、俗にタトゥーファッションとかアートタトゥーなどとも呼ばれている。

フェイクパール [fake pearl] 模造真珠。一般にガラスやプラスティックで真珠に似せた珠を作り、それにパールエッセンスと呼ばれる人造塗料を塗ることで仕上げられる。イミテーションパール[imitation pearl]とかファッションパール[fashion pearl]とも呼ばれる。

フェイクハラコ⇒ハラコ

フェイクファー [fake fur] フェイクは「見せかけの、偽の」という意味で、人工的に作られる模造毛皮を総称する。イミテーションファー [imitation fur]（偽物の毛皮の意）とか、マンメードファー [man-made fur]（人造毛皮の意）、またファッション的なということでファッションファー [fashion fur] などとさまざまな異称・別称でも呼ばれる。

フェイクファーコート⇒ファーコート

フェイクポニースキン⇒ポニースキン

フェイクムートン[fake mouton] 模造羊革。フェイクレザーの一種で、ボアのようなモコモコした表地を裏側に用いて、裏返してのぞかせるのが特徴とされる。コートやジャケット、ブーツなどに見られる。

フェイクレイヤード [fake layered]「偽の

重ね着」と直訳できる。いかにも重ね着しているように見えるデザインを指し、たとえばスタンドカラーとシャツカラーの服同士が組み合わせになったように見えるフェイクレイヤードシャツとか、フロントが二重のデザインに見えるフェイクレイヤードジャケットといったものがある。

フェイクレイヤードシャツ [fake layered shirt] フェイクレイヤードは「偽の重ね着」という意味で、シャツを2枚重ねて着ているように見えるデザインを特徴としたシャツを指す。スタンドカラーとシャツカラーの服同士が組み合わせのようになったシャツや、無地と柄の襟を重ね合わせたようなデザインになったシャツなどが代表的。

フェイクレイヤードワンピース⇒コーディネートワンピース

フェイクレザー [fake leather] まがいものの皮革の意。いわゆる「人工皮革」の総称で、マンメードレザー [man-made leath-er]（人造皮革の意）とかイミテーションレザー [imitation leather]（模造皮革の意）と同義だが、最近のこうしたものは技術の発展に伴ってファッション的な価値を高めたものが多くなっている。天然皮革と対比させて「合成皮革」とも呼ばれる。

フェイシャル・ファーミング・エクササイズ [facial firming exercise] 顔の筋肉を鍛える表情筋運動のこと。フェイシャルは「顔の、顔用の」、ファーミングは「肌の引き締め美容」を指し、老け顔から若顔へ変身させる美顔術として人気を集めている。「顔ヨガ」とも呼ばれ、顔の筋肉だけでなく、頭皮と毛髪にも効果があるとされる。

フェイシングカラー⇒拝絹

フェイシングシルク⇒拝絹

は

ファッション全般

フェイスアクセサリー［face accessory］顔面に飾る装飾品の総称。アラブ人が用いる「顔覆い」などにモチーフを得て作られたもので、一般に用いることは少ないが、ファッションショーなどで演出効果を上げるためにこうしたファンシーな小物が使われることがある。フェイスマスク［face mask］もそのひとつ。

フェイスアップベール⇒マリアベール

フェイスウオーマー［face warmer］「顔を暖めるもの」の意で、マスクと耳当てを一体化した「顔おおい」のこと。フリース素材で作られるものが多く、ちょっとファンシーな暖房用具のひとつとして人気を集めている。

フェイスオイル［face oil］乾燥肌や毛穴の開き、日焼けなどさまざまな肌トラブルに対処するために用いられる顔面用のオイル。最近では植物由来のさらっとしたタイプに人気が集まっている。

フェイスキニ［face-kini］フェイス（顔面）とビキニから作られた言葉で、「顔用ビキニ」の意。2013年夏、中国・上海で流行した日焼け防止用の顔全体をおおう大きなマスクのような形をしたものをいう。

フェイスケア［face care］顔面についてのさまざまな手入れを総称する。女性の化粧だけでなく、男性の髭剃り、また顔面マッサージなども含まれる。

フェイスシールド［face shield］「顔の盾」の意。さまざまな外敵から顔面を護るためのプラスティック製などの顔面覆いのことで、主として化学防御用などに使われる。

フェイストラベル⇒拝絹

フェイスパウダー⇒パウダー

フェイスパック⇒パック

フェイスペインティング⇒ペインティングメイク

フェイスマスク［face mask］「顔覆い」の総称。頭からかぶって顔全体をすっぽりと隠すもので、目と鼻と口の部分だけを開けたものなどが見られる。プロレスの選手が用いるものが知られるが、なかには酷寒地における羽毛入りのものなど実用的なものもある。バラクラバ*と呼ばれる目出し帽もこの一種といってよい。

フェーシング⇒チッピング

フェードアウト⇒ウォッシュアウト

フェザー［feather］「羽根」の意味で、羽軸と羽枝が付くのが特徴。いわば水鳥の上衣に相当し、ダウン（綿毛）は肌着ということになる。フェザーはその大きさによって、ラージフェザー［large feather］（羽軸が大きく硬いために衣服用には適さない）、スモールフェザー［small feather］（5センチ以下の大きさの小型の羽根で、ダウンとの混毛に適する）、ミドルフェザー［middle feather］（ラージフェザーとスモールフェザーの中間程度の大きさ）、サマーフェザー［summer feather］（夏期に採取されたもので特殊なタイプ）といった種類に分けられる。

フェザーカチューシャ⇒羽カチューシャ

フェザークロス［feather cloth］鳥の羽根（フェザー）を混ぜて織り上げた織物。ウールに混ぜたものが多く見られる。

フェザースカート［feather skirt］フェザーは「羽根」の意で、鳥の羽根のようなイメージを特徴とするスカートを指す。オーガンジーやシフォン、ガーゼなど薄くて軽い生地を使って作られたバレエに用いるチュチュのような感じのものを総称し、白が圧倒的に多い。

フェザートップ［feather top］ペンダントトップ*の一種で、鳥の羽根をモチーフとしたものをいう。インディアンジュエリー*のひとつとされ、本物の鳥の羽根

ファッション全般

を使ったり、シルバーの金属板で羽根の形にしたものなどさまざまなデザインが見られる。

フェザードレス [feather dress] 羽根（フェザー）のようなイメージを特徴とするドレス。オーガンジーやガーゼ、シフォンといったごく薄手で軽い生地を使って、体を包み込むような感じにしたのがポイント。

フェザーヘッドバンド [feather headband] ⇒羽カチューシャ

フェザー眉毛 [feather＋まゆげ] フェザーは「鳥の羽根」の意で、鳥の羽根のような形に仕上げた女性の眉毛をいう。「インスタ映え」を狙ったメイクアップから生まれたもののひとつで、ウエービー眉毛や有刺鉄線眉などと同じようにエキセントリックなデザインとされる。

フェズ [fez] いわゆる「トルコ帽」。トルコなど中近東諸国で用いられる円筒形の帽子で、北アフリカのモロッコの都市名に由来する名称とされる。本来は上部がやや狭くなった帽体が暗赤色か黒のフェルトで作られ、てっぺんに黒や紺、空色などの絹製の房飾りが付くのが特徴となる。

フェスT [festival＋T-shirt] 夏の野外で行われる大規模なロックフェスティバルと協業して作られるTシャツ。イベントのメッセージを明確に打ち出したロゴや柄などのデザインが特徴となる。

フェスファッション [festival＋fashion]〈フジロックフェスティバル〉など夏の野外で行われる大規模なロックフェスティバルと協業して打ち出されるTシャツなどのファッションを総称する。そうしたイベントのメッセージを明確に示すプリント柄などが特徴とされる。

フェティッシュファッション [fetish fashion] フェティッシュ（フェティシュとも）は

「呪物、迷信の対象」また「性的倒錯の対象物」といった意味。つまりSM（サド・マゾ）的なファッションやボンデージ系のいかがわしい官能的なルックスを称する。フェティシズムは「呪物崇拝」を指し、単に「フェチ」とも呼ばれる。そこからやたら靴にこだわる人のことを「靴フェチ」といったりする。

フェドーラ [Fedora]「中折れ帽*」をいうアメリカでの呼称。広義にはソフトハット*全体を指し、狭義にはホンブルグ型のソフトハットを意味する。1882年に上演されたフランスの戯曲『フェドーラ』の女主人公がこれを用いたところから、当時の男性の間で流行したとされる。

フェミカジ [feminine＋casual]「フェミンカジュアル」の短縮語。フェミニンは「女性的な、女っぽい」という意味で、一般に女らしさいっぱいのカジュアルファッションを指すが、一方で女性的な服装を好む男の子たちによって表現されるカジュアルスタイルをいうこともある。後者は「フェミ男*」カジュアルの略ということになる。

フェミニン [feminine]「女性の、女性的な、女らしい」の意。ファッションイメージにおいては全体に女性的な雰囲気の服装を指す。

フェミニンカジュアル ⇒フェミカジ

フェミニンコーム [feminine comb] 透明なピアノ線などにビーズやクリスタルストーン*などを飾ったジュエリー風のコームバンド [comb band]（櫛状のヘアバンド）。ビーズなどが髪に浮いているように見え、幻想的なイメージがあることから、海外ではイリュージョンヘアバンド [il-lusion hair band] とも呼ばれる。

フェミニンブラウス [feminine blouse] フェミニンは「女性の、女らしい」といった意味で、そうした雰囲気を漂わせたブラ

は

689

ウスを総称したもの。ロマンティックブラウス*もこの一種。

フェミニンルック［feminine look］フェミニンは「女性の、女らしい、女性的な」という意味で、全体に女性らしい優しさをただよわせた服装を総称する。

フェルト［felt］羊毛などを熱で圧縮加工した不織布で、主として帽子に用いられる。硬く仕上げたものはハードフェルト［hard felt］またはスティッフフェルト［stiff felt］と呼ばれ、柔らかなものはソフトフェルト［soft felt］と呼ばれる。糸を織り上げることなく、繊維の状態で縮絨させて毛氈（もうせん）状に仕上げるところから、不織布の名が付けられたもので、こうした織物にも編物にも属さない布を英語ではノンウーブンファブリック［non-woven fabric］と呼んでいる。

フェルトハット［felt hat］フェルト帽。不織布のフェルトで作られた帽子の総称だが、最近では特にソフトハット（中折れ帽）やボーラーハット（山高帽）などを指すことが多い。女性のこうした帽子への人気から再燃した用語。なお麦わらや椰子などの繊維を細かく裂いて束ねた帽子は「ブレイドハット」と総称され、これと二分される。

フェロニエール［ferronnière 仏］細い鎖や紐などで作り、真ん中を宝石などの飾り物で留めた、額（ひたい）に付ける装身具。女性が用いる鉢巻き状のヘアアクセサリーのひとつで、この名称はレオナルド・ダ・ビンチが描いた『ラ・ベル・フェロニエール（美しのフェロニエール）』という肖像画に由来する。なおフェロニエールはフランス語で「金物製造人、金物商」また「金物製造人の妻」という意味もある。

フォアインハンド［four-in-hand］一般的な結び下げ式のネクタイを指す。本来は「4頭立て馬車」の意味で、19世紀後半にその御者が手綱を扱いやすいように考えたのが始まりとされる。そのほかに結び目から先端まで、ちょうど拳（こぶし）4個分の長さがあるからとか、当時のロンドンにあった紳士クラブの名前から生まれたという説もある。正バイアス仕立てで、大剣と小剣を伴ったおよそ130センチから150センチの長さを持つ細長いバンド状の襟飾りというのが正式な形。なおフォアインハンドはプレーンノットというネクタイの結び方も表わしている。

フォアインワンタイ⇒ツーインワンタイ

フォアウエイバッグ⇒ユーティリティーバッグ

フォアゴアードスカート⇒ゴアードスカート

フォアピークス［four peaks］ポケットチーフのあしらい方のひとつで、4つの山型を小さくきちんと見せる挿し方をいう。スリーピークス*の上を行くやり方で、フォーマルなスタイルやドレッシーなスーツに向く。フォアポイント*とともに、こうしたあしらいをポイントアップ［point up］とも呼んでいる。

フォアフォールド⇒クアトロピエゲ

フォアポイント［four point］ポケットチーフの飾り方のひとつで、4つの角を無造作にのぞかせる方法。アメリカで伝統的に見られる方法で、基本的にクラッシュトスタイル*と同義になる。

フォーカル［focal］ネクタイ以前の首飾りの布片として知られるアクセサリーのひとつ。古代ローマ帝国の兵士が用いたもので、本来は埃除けや防寒、また手拭きや顔拭きなどに用いられたものとされる。フォカレとかフォカーレ、フォーケール（綴りはともに focale）と呼ばれたり、またフォーカリア focalia といった呼称もあるが、これをネクタイそもそもの祖

ファッション全般

とする説もある。

フォーギビングルック［forgiving look］フライデーカジュアルのアメリカでの表現のひとつ。フォーギビングは「（快く）許す、寛大な、とがめだてしない」という意味で、ちゃんとしたビジネススーツを着ていなくても職場で許される服装を示す。いわゆるビジカジスタイルと同じ。

フォークリング［fork ring］完全な環状ではなく、上部がつながらない構造になっている指輪のこと。フォークは「分岐する、二股に分かれる」といった意味で、全体がUの字型に作られているのが特徴になる。サイズの微調整が利くというメリットがある。

フォークロア［folklore］「民間伝承、民俗学、特定の地域に昔から遺されている習慣や伝説」といった意味で、ファッションではヨーロッパの田舎に見る伝統的で素朴な装いを指す。「民族調」のエスニック＊に対し、これは「民俗調」ファッションという意味で多く用いられる。

フォーコル［faux-col 仏］フランス語で「偽の襟」を意味する。つまりは自由に取り外しのできる「替え襟」また「飾り襟」のことで、ラバ＊もこの一種とされる。

フォーティーズルック［1940's look］1940年代ルックの意。40年代に流行したファッションや服装にモチーフを求めたもので、第2次大戦中のミリタリールックやボールドルック＊、ズートルック＊などが主な題材とされている。

フォーピーススーツ［four piece suit］スリーピーススーツ＊に共地で作ったコートやケープ、マントといったものを組み合わせた「四点揃い」の背広で、現在ではスーツとしてはごく特殊なものとなっている。

フォービズム［fauvisme 仏］「野獣主義」また「野獣派」と訳され、英語ではフォー

ビズム［Fauvism］という。20世紀初頭にフランスに現れた絵画運動で、激しい色使いと荒々しいタッチを特徴としたところからこのように呼ばれた。マチスやルオー、ヴラマンクなどに代表される。

フォーマティブパッド⇒ヒップパッド

フォーマルイブニングウエア［formal evening wear］夜間の礼装の総称。おおむね午後6時以降の時間帯に着用するもので、主としてパーティーなどの会合に用いられることが多い。フォーマルデイウエア＊（昼間の礼装）に比べると華やかなイメージのものが多く見られ、男性にあってはタキシード＊が代表的なものとなり、女性は肌を露出させたロングドレスなどが用いられて、その場の雰囲気を盛り上げることとなる。いわゆる「夜会服」といったイメージのものがこれに近い。

フォーマルウエア［formal wear］礼服、式服、礼装の総称。冠婚葬祭などの儀礼の場で着用しなければいけないとされる衣服のことで、つまり「正装」を意味する。フォーマルは「慣習などに従った、型にはまった」また「正式の、公式の、本式の、礼式の」といった意味で、このほかに「儀礼的な、形式的な、格式ばった」という意味もある。現在ではあらゆる服種の中で最も格式を重んじ、いわゆるTPO＊に注意しなければいけない服装とされる。なおフォーマルウエアという言葉はきわめて日本的な用法で、欧米にはこうした服装をひとくくりにしてそのように呼ぶ習慣は見られない。

フォーマルウエア・チャート⇒フォーマル・ドレスチャート

フォーマルコート［formal coat］冠婚葬祭などの儀式やパーティーなどのフォーマルな機会に着用する、ドレッシーな表情をもつコートの総称。しかし、現在ではこれに価するのはチェスターフィールド

は

691

ファッション全般

* しかないというのが実情。

フォーマルサスペンダー［formal sus-pender］
テーラードなスーツやフォーマルウエア
に使用するサスペンダー*で、昔ながら
のオーソドックスなタイプを総称する。
幅2～3センチ前後と狭めで、無地ある
いは縞柄のおとなしいデザインのものが
多く見られる。フォーマルウエア用のも
のでは色付きのものは全く不可とされ、
最もドレッシーなものとして白のフェル
ト製のサスペンダーが挙げられる。これ
に次ぐのが黒無地のサスペンダーで、こ
れは日本ではモーニングやタキシード用
のものとされる。このほかに黒白の縞柄
やグレーのサスペンダーもあるが、それ
らはあくまでも日本的な習慣として
フォーマルウエアに用いられるものとさ
れる。

フォーマルジーンズ［formal jeans］フォー
マル（正装）感あふれるジーンズの意。
パーティーなどのフォーマルな機会にも
着用できるジーンズを指し、ドレスアッ
プ化したジーンズの最たるものとされ
る。ドレスアップジーンズ*やディナー
ジーンズ*と同列のアイテムで、ディテー
ルに凝るなどしてドレッシーな感覚を強
くしているのが特徴。

フォーマルジャケット［formal jacket］フォー
マルな場に着用される上着類を総称す
る。ディナージャケット*（タキシード）
やセミフォーマルジャケット*、ファン
シージャケット*などが代表的とされる
が、狭義には女性が着用するフォーマル
用のジャケットに限ってこう呼ぶという
見方がある。男性用は、こう呼ばなくて
もそれぞれに固有の名称があるからとい
うのがその理由。

フォーマルシャツ［formal shirt］フォーマ
ルウエア（礼装）に用いるシャツの総称。
モーニングコートに用いるウイングカ

ラー（立ち折れ襟）のシャツや、タキシー
ド用のプリーツやフリルなどをあしらっ
たシャツに代表される。かつてはこれら
をドレスシャツと呼んだものだった。

フォーマルシューズ［formal shoes］礼装
用の靴の総称。これには社交用のソー
シャルシューズ［social shoes］と呼ばれ
るものも含まれる。紳士靴のオペラパン
プス*などに代表される。

フォーマルスーツ［formal suit］フォーマ
ル用途のスーツの総称。男性の略礼装と
してのブラックスーツ*を指すこともあ
るが、男性用の礼服には、モーニングコー
トというようにそれぞれに名称が付いて
おり、これは女性の特別な礼装としての
スーツを意味するニュアンスが強い。

フォーマルスカート［formal skirt］あらた
まった機会や場所で着用するスカートの
総称。狭義には各種の発表会やちょっと
したパーティーなどに用いるスカートを
指し、マキシ丈のものが中心となる。

フォーマルタイ［formal tie］フォーマルな
場面に用いられるネクタイ類の総称で、
燕尾服に用いるホワイトタイ*、タキシー
ド用のブラックタイ*といったボウタイ
*を始め、日本の礼装に用いられるシル
バータイ*や「白黒縞タイ」、弔事用の「黒
ダービータイ」などのネクタイが含まれ
る。アスコットタイ*やコンチネンタル
ボウ*などもこの一種とされる。

フォーマルデイウエア［formal day wear］
昼間の礼装の総称。午前中からおおむね
午後6時くらいまでの時間帯に着用する
もので、主として結婚式や入社式などの
儀式に用いられることが多い。こうした
服装を日本では「式服」と呼ぶことが多
い。男性は同じ服装に身を包み、女性は
なるべく肌の露出しない服を着用するの
が原則とされる。英米ではデイタイム
フォーマルウエア［daytime formal wear］

ファッション全般

ということがある。

フォーマルドレス [formal dress] フォーマル（正式、公式）の場で着用される衣服の総称。男性のそれも含まれるが、一般には女性のドレス類を指すことが多い。海外にはこうした表現は少ない。

フォーマル・ドレスチャート [formal dress chart] フォーマルウエアの着装区分を表した図表、またそうした基準を指す。フォーマルウエア・チャート [for-mal wear chart] などともいい、多くは昼間と夜間の礼装に区分し、それぞれにふさわしい正礼装、準礼装、略礼装を男女別に示したものが見られる。

フォーマルパンプス⇒オペラパンプス

フォーマルベスト [formal vest] フォーマルウエア（礼装）に用いられるドレッシーなベストの総称。イブニングコート（燕尾服）の白ピケのベストやタキシード用のカマーベスト*、またモーニングコートやブラックスーツなどに用いる黒／グレーのリバーシブルベストなどが代表的。

フォーマルリング [formal ring] 貴金属や宝石、準宝石を使用した指輪で、ドレッシーな感覚の強いものを総称する。男性の場合は結婚指輪が代表的で、ゴールドやシルバーのものが多く用いられる。

フォーム⇒フォルム

フォーリングバンド [falling band]「落下する帯」の意で、ネクタイ登場以前のネックウエアのひとつとされる大きな折り返し襟を指す。それまでのラフ*に代わって、17世紀に登場した肩全体を覆うほどに大きな飾り布で、一般に白麻を用い、繊細なレースがあしらわれていた。別にバン・ダイク・カラー*とか「ルイ13世」カラーとも呼ばれた。フォーリングラフ [falling ruff] と呼ばれることもあるのは、それまでのラフに代わって、肩線に沿っ

て落下するような形に作られたところからの命名。

フォーリングラフ⇒フォーリングバンド

フォールズ [falls] フォールとも。昔のズボンの前部分に付く開閉用のフラップ、またそうした仕掛けをいう。俗に「かえる股」と呼ばれるもので、19世紀半ばごろまでのズボン類にはすべて見られる。現在ではセーラーパンツ*に遺されているのみの古典的なディテールデザイン。キュロット*（ブリーチズ）に見られるものを特にフォールダウン [fall down] と呼ぶことがある。

フォールダウン⇒フォールズ

フォールダブル・トラベルハット⇒ポケッタブルハット

フォールディングアンブレラ [folding umbrella]「折り畳み傘」のこと。折り畳んで携帯できるコンパクトな傘のことで、「中棒2段折り」のタイプと、より小さくなる「3段折り」のものが見られる。

フォールディンググラス [folding glasses] 折り畳み式になった携帯用メガネ。ブリッジやテンプルが蝶番になっており、レンズの片玉分の大きさに折り畳めるようになっているもの。また、折り畳み式のオペラグラス [opera glasses]（オペラなどの観劇用小型双眼鏡）を指すこともある。

フォカマイユ [faux camaieu 仏] フランス語で「いつわりのカマイユ」の意で、カマイユ*が同系色相のほとんど1色に見える配色であるのに対して、色相にやや差をつけた類似色相による配色を指す。カマイユと似ているが、実際には微妙に異なるというところからこのように呼ばれるのである。

フォギーメイク [foggy make] フォギーは「霧の立ち込めた、ぼんやりした」という意

ファッション全般

味で、顔全体に霞がかかったような化粧
法を指す。ポイントを置かないで、薄め
のファンデーションとアイライン、ルー
ジュなどで軽くソフトに仕上げていくメ
イクアップ。

フォクシーモデル［foxy model］メガネフ
レームの形のひとつで、キツネ（フォッ
クス）の目を思わせるような、両端が吊
り上がった形を指す。フォックスモデル
［fox model］とかクイーンモデル［queen
model］（女王様の型の意）ともいう。

フォグブラック⇒マットブラック

フォックス［fox］キツネ。シルバーフォッ
クスやプラチナフォックス、ブルーフォッ
クスなど多くの種類があり、その毛皮は
コートなどに多用される。そのほとんど
は北欧で産出されている。

フォックスショール［fox shawl］「キツネ
の襟巻き」のこと。キツネをそのままの
形で襟巻きとしたもので、かつてはお金
持ちのステータスシンボルとされ、和服
やコートの上に用いられた。

フォックスモデル⇒フォクシーモデル

フォッパリー⇒フォップ

フォッピッシュ⇒フォップ

フォップ［fop］「しゃれ者、めかし屋、気
取り屋」。関連語のフォップリング［fop-
ling］には「軽薄なしゃれ者」という意
味があり、フォッパリー［foppery］は「お
しゃれ、気取り、きざ」、フォッピッシュ
［foppish］は「気取り屋の、にやけた」
また「ハイカラな」の意味で用いられる。

フォップリング⇒フォップ

フォトTシャツ［photo T-shirt］正しくは
フォトプリントTシャツ。人物のリアル
な顔写真などをプリントしたTシャツの
ことで、最近こうした写真プリントもの
のTシャツが人気を得るようになってい
る。

フォブ［fob］昔のズボンやベストに見られ

る、時計入れ用の小さなポケットを指
す。また、そうした時計の鎖やその先に
付けた飾りのことも意味する。

フォブウオッチ［fob watch］昔式のズボン
の右前部分に付く小さなポケットやベス
トのポケットに入れる「懐中時計」のこ
とで、ポケットウオッチ［pocket watch］
ともいう。ルイ14世時代（1643 ～ 1715）
に流行し、腕時計が使用される第1次大
戦時頃まで用いられた。なお、腕時計、
懐中時計を問わず、携帯用の時計は本来
すべてウオッチ［watch］と呼ばれる。

フォブポケット［fob pocket］クラシック
なズボンのウエストバンド右下部に付く
フラップ付きの小さなポケット。別にウ
オッチポケット［watch pocket］あるい
はもっとていねいにウオッチフォブポ
ケット［watch fob pocket］とも称される
が、フォブそのものに「時計入れポケッ
ト」の意味がある。かつてここに小さな
懐中時計を収納したところからこの名が
あり、現在では装飾的な意味合いで用い
られることがある。ジーンズの右ポケッ
トの内側に付く小さなパッチポケットも
こう呼ばれる。またスーツ用のベストに
付く小さなポケットもこの一種。

フォルチュニープリーツ［Fortuny pleat］
フォーチュニープリーツともいう。イタ
リアの芸術家マリアノ・フォルチュニー
（1871 ～ 1949）によってデザインされた、
古代ギリシャ風のドレス「デルフォス」
に見るプリーツのこと。細かなさざ波を
打ったような流麗で不揃いな感じのプ
リーツを特徴としている。

フォルム［forme 仏］フランス語で「形、姿、
ありさま、形式、形相」といった意味で、
英語のフォーム［form］と同じ。形を表
す言葉には、ほかにシェイプ［shape］や
コントゥア［contout］といったものもあ
り、シルエット*やライン*を衣服およ

694

び服装の基本的な形のことと規定すると、これらはみな同義の用語となる。

フォレスターコート⇒ランバーコート

フォレスティエール［Forestiere 仏］本来はフランス語で「森の番人」の意。ファッション用語ではパリの紳士服店「アルニス」によって、1947年に開発された伝統的なジャケットの名称として知られる。コーデュロイで作られ、大きな立ち襟とゆったりしたスモック風のデザインを特徴とする。ジャケットとハーフコートの中間的なアイテムで多くの粋人に好まれたが、2012年、アルニスの閉店とともに新製品は姿を消した。シルクの裏地も持ち味のひとつであった。元々は建築家ル・コルビュジェのためにデザインされたものという。

フォワードセット⇒サイドポケット

フォワードピッチトショルダー［forward pitched shoulder］フォワードは「前方へ」の意で、肩先が前のほうへ突き出た「前肩」の体形を指す。また肩線の縫い目を通常より前方に付けたデザインを指すこともある。

フォンタンジュ［fontange 仏］17世紀末から18世紀初頭にかけて流行を見た女性の髪型。かもじ（添え髪）を使って高く結い上げ、さらにレースやリボンなどを針金を使って高く積み上げた飾りをあしらって、最大で顔の1・5倍もあるほどの高さを競った。ルイ14世の愛妾フォンタンジュにちなんでの名称だが、実際にこれが流行したのはフォンタンジュ死後のことであった。このような馬鹿げた髪型や髪飾りの流行は、18世紀末ごろのフランス宮廷にも見られる。

深Vネック⇒スーパーVネック

ブカシェル⇒ペーパーシェル

ブガッティ・タイプ・バッグ［Bugattie type bag］フランスの『エルメス』社の伝統的な旅行鞄である〈ブガッティ〉に似たデザインの女性用バッグの総称。本来のブガッティは、1923年に自動車旅行用バッグとして開発されたもので、機能性の高さで定評がある。

フクシャピンク［fuchsia pink］アカバナ科の低木であるフクシャ（ツリウキソウ）の花に見る紫みの鮮やかなピンク色をいう。フクシャはフュクシャ、フュークシャ、フクシア、ホクシャなどとさまざまな発音があり、フランス語では「フューシャ」と呼ばれる。フーシャとも。

服飾［ふくしょく］衣服と装飾の意で、人が衣服と装飾品を身に着けた装いといった意味で用いられる。「服装」とほぼ同じだが、衣服の装飾品に限定して用いられることもある。

服装⇒服飾

ブクル⇒イヤリング

ブザム［bosom］ブズム、ボザム、ボゾムとも。本来は「女性の胸」を指す文語で、衣服の胸の部分や「ふところ」を指すようになった。一般にドレスシャツの胸の部分を意味しており、特にフォーマル用のものにあしらう胸のデザインをいうことが多い。

ブザムヨーク［bosom york］ブザムは衣服の胸の部分の意で、主としてシャツやブラウスの胸に付く切り替えデザインを指す。楕円形や角形の形になったものが多く見られ、最近ではカジュアルなデザインのひとつとして用いられることが多い。

不織布⇒フェルト

付属⇒アパレルパーツ

双子コーデ［ふたご＋ coordination］若い女性が友だち同士で、同じ服装をすることをいう。「あえてカブるファッションが面白い」ということで、かつてのペアルックから始まって、「2娘1（にこいち）

695

ファッション全般

ファッション」「おふたりさま男子」などに続く双子ルックのひとつとされる。

双子ルック ［ふたご＋ look］女性同士が同じような服を着る現象を指し、「2娘1（にこいち）ファッション*」とも呼ばれる。まるで双子のようなというところからのネーミング。

プチエレガンス ［petit elegance］「可愛いエレガンス」の意で、プリコン（プリティーコンサバティブ）の別称。可愛らしさを売りものにする大人のファッションは、まことに日本的なものとして注目を集めた。

プチカーデ ⇒ボレロセーター

プチゴージャス ［petit gorgeous］ちょっぴり豪華な感覚を取り入れたファッション表現。俗に「可愛ゴー（かわゴー）」と呼ばれるファッションと同義で、2000年夏ごろから東京・渋谷に登場し、109系*の女の子たちに好まれたとされる。「可愛ゴー」は可愛いとゴージャスの合成語。

プチ・コスチューム ⇒マントー・ド・クール

プチサイズバッグ ［petit size bag］小さいサイズの女性用ハンドバッグ。プチバッグと同義。

プチジャケット ⇒コンパクトジャケット

プチジュエリー ［petit jewelry］「小さな宝飾品」の意で、文字どおり小振りのジュエリーを指すこともあるが、業界では価格を3万円台以内とした安価で買いやすい商品を意味する例が多い。

プチスカーフ ［petit-scarf］小さなスカーフの意。ミニマフ*（ミニマフラー）と同じように、1990年代中頃から人気を集め始めた防寒アクセサリーのひとつで、衣服のタイトなシルエット傾向とともに生まれたアイテムとされる。これとは逆に肩に巻き付けるマフラーのような形をした長方形のスカーフにも人気が集まったが、これはロングスカーフ［long

scarf］と呼ばれ、マキシスカーフ［maxi scarf］の別称もある。

プチスリーブ ［petit sleeve］プチはフランス語で「小さい、可愛い」の意。肩先から突き出たようなごく小さめで可愛い感じの袖を総称する。

プチ整形 ［petit＋せいけい］「ちょっとした美容整形」の意。一般の美容整形手術のようにメスを使うことなく、短時間で施術・回復ができることを特色とした整形で、日帰りできる手軽な方法として人気を集めている。鼻や目に施すものから、ボツリヌス毒素を注入してシワを取るものなどさまざまな方法があり、それほど長持ちしないところから繰り返しこれを行う女性も多い。

プチソワレ ［petit soirée 仏］「小さな夜会」という意味で、英語でいうスモールイブニング*のフランス語表現。それほど身構える必要のない、ちょっとした感じの夜向きのフォーマルな装いを総称する。

プチテーラードジャケット ［petit tailored jacket］コンパクトジャケット*の一種で、特にテーラード仕立てとされた小さなイメージのジャケットを指す。プチはフランス語で「小さい、可愛い」という意味。

プチ・デコ ⇒デコカジ

プチトラ ［petit＋traditional］「ちょっぴりトラディショナル」という意味で、トラディショナル（トラッド*）の要素を少し取り入れたファッション表現をいう。トラッドに特有のタータンやアーガイルなどの柄を取り入れたスカートやマフラーなどを使ってそのような雰囲気にするのが特徴。

プチネックレス ［petit necklace］ごく小型のネックレスをいう総称。チェーンや紐そのものが小さい（短い）タイプと飾りに小さなものを用いたものの2タイプが挙げられる。プチジュエリー*とは異な

る言葉。

プチバッグ [petit bag] プチはフランス語で「可愛い、小さい」という意味で、小さな形をしたバッグを総称する。『エルメス』社が作った「ミニケリー」と呼ばれる小さなケリーバッグ＊などの流行から生まれたものとされ、小物入れやアクセサリーとして用いられる。最近ではこうしたタイプをデカバッグと対比させて「チビバッグ」と総称する傾向も生まれている。

プチハット⇒ミニハット

プチピアス [petit pierce] 小さなピアス＊の意。可愛らしい色石のものから高価なプラチナに至るまで、さまざまなものが見られる。

プチピン⇒ピンブローチ

プチフォーマル [petit formal] プチはフランス語で「小さな」の意だが、ここでは「子供」の意味にとり、子供たちのフォーマルファッションを総称する言葉として用いられる。七五三の後の食事会やお誕生日会などに着用するおしゃれなドレスなどを指し、こうした服装を「プチフォーマルウエア」とも呼んでいる。

プチブラウス⇒マイクロブラウス

プチプラコスメ [petit price cosmetic] プチプライス（可愛い価格、安価）のコスメティック（化粧品）の意で、低価格の化粧品を指す。ファストファッションなど衣服分野に現れたプチプラ志向が化粧品の分野にも及んで、こうした商品が誕生した。

プチプリ [petit＋pretty] フランス語のプチ（小さい）と英語のプリティー（可愛い）からの合成語。「ちょっぴり可愛い」という意味に用いられ、安くて可愛い雰囲気のある衣服や小物などについていう。

プチプル [petit pull 仏] フランス語で「小さなセーター」の意。俗に「チビニット」

などと呼ばれるミニセーターと同義のアイテムで、一般のセーターに比べて丈が短く、可愛い感じのものをこう呼ぶ。

プチボウタイ⇒スモールボウ

プチ・ポンパドール [petite- pompadour (仏)] 女性のヘアスタイルのひとつで、前髪を少しリーゼント風に立ち上げる髪型をいう。プチはフランス語で「小さい、可愛い」の意で、ポンパドール（通称ポンパ）はリーゼントスタイルを指す最近の俗語。

プチマフラー⇒ミニマフラー

普通服⇒コモディティーウエア

フック⇒フックベント

フック・アンド・ジッパーフライ⇒ボタン・アンド・ジッパーフライ

フックジャケット [hook jacket] 正しくはデッキフックジャケットで、1940年代に使用されたアメリカ海軍のN-1タイプのデッキジャケット＊の改良版を指す。前合わせを深めのフライフロント（比翼）にして、内側にファスナーを配し、外側をフック留めとしたところからこの名で呼ばれる。「ジャングルクロス」というコットングログランの生地を用いるのも特徴。

フックトセンターベント⇒フックベント

フックトベント⇒フックベント

ブックバッグ [book bag] さまざまな大きさの本を入れることのできる簡便な作りのバッグの総称。トートバッグに似た買い物バッグのような形のものから、ショルダーバッグのような肩掛け式のもの、またリュックのように背負い式となったものなど色々な形のものがある。

フックベント [hook vent] フックは「鉤（かぎ）」の意で、つまり、鉤の形をしたセンターベント＊を指す。センターフックベント [center hook vent] とかフックトベント [hooked vent] とも呼び、日本で

は

ファッション全般

は「鉤形ベンツ」「鉤ベンツ」また「フックベンツ」とも俗称される。モーニングコートやアイビーリーグモデルのスーツに特有のクラシックなデザインとして知られる。フックトセンターベント [hooked center vent] とも。

プッシュアップスリーブ [push-up sleeve] プッシュアップは「押し上げる」という意味で、シャツやセーターの袖をたくし上げた状態を指す。それとともに、肘から上をたくし上げた感じにしてギャザーを寄せ、肘から下をぴったりとフィットさせる形にした長袖や七分丈の袖を意味することもある。

プッシュアップブラ⇒バストアップブラ

ブッシュコート⇒ブッシュジャケット

ブッシュジャケット [bush jacket] サファリジャケット*の原型とされる機能的なジャケットで、ブッシュコート [bush coat] とも呼ばれる。ブッシュは一般に「潅木（かんぼく）」の意味で用いられるが、ここでは「未開地、奥地」といった意味になる。この名称はアメリカのアウトドア専門店『アバクロンビー＆フィッチ』社が、1923年に開発した狩猟服の商品名として付けたのが最初とされ、それが後にタウンウエアとしても用いられるようになった。現在ではサファリジャケットの異称としても通用する。

ブッシュシャツ⇒サファリシャツ

ブッシュショーツ [bush shorts] ブッシュパンツ*のショートパンツ版。ブッシュパンツに見る独特のポケットデザインをそのまま踏襲したもので、これにはキャンプショーツ [camp shorts] とかキャンピングショーツ [camping shorts]、またトレイルショーツ [trail shorts] などとさまざまな異称がある。いずれも未開地に分け入ったり、キャンプをしたりするときに用いられる機能的なショートパン

ツという意味から来ている。多くは太ももの中間程度の丈で比較的フィット感がある。

ブッシュハット⇒サファリハット

ブッシュパンツ [bush pants] 前部のベルトループとひと続きになったような大型のフラップ＆ボタンダウンポケット*をデザイン上の最大の特徴とする丈夫なコットンパンツ。ブッシュは「未開地」の意味で、別にトレイルパンツ [trail pants]（山中行パンツの意）とも呼ばれる。

ブッシュプリント [bush print] ブッシュは「潅木、低木」また「茂み、やぶ、未開の地」といった意味で、そうしたものをモチーフとしたプリント柄を指す。一般にはカムフラージュプリント*と同義とされる。

ブッシュマンコート⇒ランバーコート

プッチプリント [Pucci print] 1960年代前半に活躍したイタリアのデザイナー、エミリオ・プッチに見るプリント柄の総称。60年代後半に流行したサイケデリックプリント*に影響を与えたことで知られるが、90年代に至って再展開したところ、60年代ルックの流行とも相まって、再び大きな関心を集めるようになったもの。カラフルな色彩とともにポップな感覚が最大の特徴とされている。

ブッチャー [butcher] 「肉屋」の意で、平織と斜子織を不規則に組み合わせて織り上げた織物。元はコットン地で、立体感を特徴とし、目が粗くさらっとしていることから夏の衣服に用いられ、ウール製のものはサマースーツ地としても用いられる。またブッチャーズリネン [butcher's linen] の略としても用いられ、これは本来、肉屋のエプロンなどに用いる漂白したリネンの平織地を指す。

ブッチャーズオーバーオールズ [butcher's overalls] 肉屋のオーバーオールズの

ファッション全般

意。ビブフロントオーバーオールズ（ビ
ブオーバーオールズ*の旧名）などと呼
ばれる胸当て付きの「つなぎ」服の一種で、
特に肉屋関係で用いられるものを指す。
また菓子屋関係のものは、コンフェクショ
ナーオーバーオールズ［confectioner
over-alls］と呼ばれる。

ブッチャーズリネン⇒ブッチャー

フッティドパンツ［footed pants］フッティ
ドは「足のある、足の付いた」という意
味で、足の先までが袋状になって閉じら
れた乳幼児用のパンツを指す。こうした
ものを本来は「レギンス*」と呼んだもの。

フッティドプレイスーツ⇒ロンパース

フッティドロンパース⇒ロンパース

フットウエア［footwear］足に着けるもの
の意で、靴に代表される履物類を総称す
る。フットギア［footgear］（足の道具の
意）とも呼ばれ、これには靴を始めとし
てサンダルやスリッパから、日本の草履
や下駄、地下足袋（じかたび）、またオー
バーシューズ（靴カバー）の類までが含
まれ、広義には靴下類もそう呼ばれるこ
とになる。

フットウオーマー⇒ベッドソックス

フットカバー⇒パンプスイン

フットギア⇒フットウエア

フットサルウエア［futsal wear］フットサ
ルは基本的に室内で行われる5人制のミ
ニサッカーを指し、その専用着とされる
衣服を総称する。体育館や人工芝で行わ
れることの多いフットサルの特性に合わ
せ、耐磨耗性の高い素材で作られるもの
が多い。2007年秋に開幕したフットサル
の〈Fリーグ〉の話題と相まって注目さ
れるようになった。

フットサルカジュアル［futsal casual］フッ
トサルウエア*と呼ばれるスポーツウエ
アの一種を、一般的なカジュアルウエア
として着こなすファッション。

フットサルシューズ［futsal shoes］5人制
のミニサッカー「フットサル」（サロン
フットボール、インドアサッカー）用の
専門シューズ。グリップ力やトウキック
性能、足裏コントロールなどの機能性に
優れるとともに、カラフルな色使いなど
でファッション性も高く、街歩き用にも
多く用いられるようになっている。

フットセイバー［foot saver］「足を守るもの」
という意味で、靴の中にそっくり隠れる
ようなミニソックス*をいう。スニーカー
ソックス*と同義で、本来は足の蒸れや
靴擦れなどを軽減する目的で作られたも
の。男女ともに用いられるが、女性のフッ
トカバー*（パンプスイン）とは異なる。

フットチューブ［foot tube］足の甲や足首
に用いるリストバンド状のグッズ。女性
のレッグアクセサリーの一種として登場
したもので、自由な感覚であしらって楽
しむことができる。

フットボールジャージー［football jersey］
アメリカンフットボールの選手が着用す
るユニフォームとしてのジャージーシャ
ツ*。所属チーム名や選手ナンバーなど
が大きく貼り付けられているのが特徴。
ここでのフットボールはサッカーとは異
なる。

フットボールジャケット［football jacket］
アメリカンフットボールの選手が着用し
たジャケットの意で、スタジアムジャン
パー*のアメリカでの呼称のひとつ。ベー
スボールジャケット*とは違って、共襟
で身頃と袖も同じ素材で作られたものを
指すという説がある。

フットボールシャツ⇒アスレティックT
シャツ

フットボールTシャツ⇒アスレティックT
シャツ

フットボールマフラー［football muffler］
サッカーのサポーターズアイテム（応援

は

699

用具）のひとつで、チーム名を入れたカラフルなマフラー。サッカーマフラーともいう。

フットレスタイツ［footless tights］足の部分がないタイツの意味で、いわゆるスパッツ*を指す英米的用法。スパッツは元々17世紀に登場したスパッターダッシュズ［spatterdashes］というゲートルの一種が変化して生まれた「靴覆い」としてのレッグアクセサリーのことで、白やグレー、淡褐色のフェルト、バックスキン、リネンなどで作られ、1920～30年代に昼間礼装用の小道具として紳士たちの足元を飾っていた。それがどういうわけか女性のあの脚衣としての穿き物の名称になったものだが、ようやくその間違いに気付き、最近ではその種のものはレギンス*と呼ばれるようになっている。

ブッファンシルエット［bouffant silhouette］ブッファンはフランス語で「膨れた、ふっくらとした」の意。全体にふっくらとした丸みのあるシルエットを総称する。風船の意からバルーンシルエット［bal-loon silhouette］とも呼ばれる。

ブッファンスリーブ［bouffant sleeve］ブッファンはフランス語で「ふっくらした」の意で、大きくふんわりと膨らんだ袖を指す。パフスリーブ*の一種で、バルーンスリーブ*と同義とされる。

ブッファンパンツ［bouffant pants］ブッファンはフランス語で「膨れた、膨らんだ、ふっくらした」の意。全体に膨らんだシルエットを特徴とする女性用パンツの一種で、バルーンパンツ*とかバブルパンツ*などと呼ばれるものと同種のアイテム。

太綾⇒ドリル

ブトニエール［boutonniére 仏］ブートニエールとも。フランス語でボタンホール*（ボタン穴）の意。またスーツなどの襟に付く「飾りボタンの穴」の意味もあり、ここからそこに飾る花のことも指すようになっている。英語では「飾り花」の意である。

布帛シャツ⇒ニットシャツ

布帛ベルト⇒クロスベルト

ブハラ［BUKHARA］サンクトペテルブルク国際毛皮オークションを主催するロシアの団体〈ソユーズプシニーナ〉が保有するロシアン・カラクル（アストラカン*）の商標名。ブハラはウズベク共和国の都市名でもあり、ここでカラクル種の品種改良が行われていたという歴史を持つ。

ブブ［bubu］アフリカのマリやセネガルなどで男女ともに用いられる民族衣装の一種。裾広がりで床上丈のワンピース型デザインが特徴。

プペルック［poupée look］プペはフランス語で「人形」という意味。人形のように可愛らしく表現したファッションを指し、英語でいうドールルック［doll look］と同じ。いわゆる「少女ルック」のひとつ。一般に「フランス人形ルック」とも呼ばれる。

フュージョン［fusion］「溶解、融解、融合」の意で、ふたつ以上の異なる要素が結びついて、ひとつの新しいものが生まれることをいう。元はフュージョン・ミュージックなどとして、ジャズとロックなどが融合する新しい音楽をいったものだが、やがてクロスオーバー*と同じようにこれがファッションの世界にも取り入れられるようになった。

フューチャースタイル⇒フューチャールック

フューチャードレス⇒スペースドレス

フューチャールック［future look］未来（フューチャー）を連想させるルックス。前衛的な発想でデザインされた未来感覚のファッションを総称するもので、フューチャースタイル［future style］と

ファッション全般

も呼ばれる。1960年代のピエール・カルダンによるコスモコールルック*（宇宙服ルック）を代表的な例として、今日のファッションにも受け継がれている。こうした考えをフューチャリズム*という。

フューチャリスティック [futuristic]「前衛的な、奇抜な、未来（風）の」といった意味で、そうしたイメージを特徴とするファッションを表す感覚用語。未来感覚を強調するファッションのことだが、奇抜なデザインではなく、光沢のある素材を多用してほかのアイテムとも組み合わせやすい表現するのが、最近のそうしたトレンドの特徴となっている。

フューチャリズム [futurism] 未来（フューチャー）をモチーフとするデザインの考え方を指し、1960年代に流行した「宇宙ルック」の再来などから、再び注目を集めるようになっている。「未来主義」の意。

フュズレ [fuselé 仏] フュズレはフランス語で「紡錘形の、中太の」といった意味で、いわゆるペッグトップパンツ*をいう。フュゾー*とも同じで、ときにフュズレパンツの名で呼ばれることもある。

フュゾー [fuseau 仏] フューゾーとも。フランス語で「紡錘、円筒形の糸巻き、紡錘形のもの」といった意味で、そうした形を特徴とするパンツをいう。正しくは複数形で fuseaux と綴り、これは本来スポーツ用の先細ズボンを意味している。現在では裾に向かって細くなるストレッチ素材の細身パンツを総称し、パンタロンフュゾー [pantalon fuseau 仏] とも呼ばれる。スティラップ（足掛け部分）の付いたスキーパンツ*やレギンス*などもこの一種とされる。

冬春物⇒夏秋物

フライ⇒ボタンフライ

プライ [ply] 糸や綱などの「撚り」の意で、

2 ply（ツープライ）といえば「双糸*」、3 ply（スリープライ）といえば「三子糸*」の意味になる。一般に PLY の文字で表す。

フライス編⇒リブ編

ブライダルインナー⇒ブライダルランジェリー

ブライダルウエア [bridal wear] ブライダルは「花嫁の、婚礼の」という意味で、ウエディングウエア*のうち特に花嫁が着用する衣装を総称する。一般にはウエディングドレスを指し、これをブライダルドレス [bridal dress] とも呼ぶ。このほかにお色直し用のドレスなどもここに含まれる。

ブライダルエステ [bridal esthétique] 結婚式に臨む花嫁のためのさまざまな美容を含む審美術。カミソリで顔や背中などのうぶ毛を剃るシェービングエステやムダ毛の除去、古い角質を取り除く角質ケアなどが含まれる

ブライダルガウン⇒ウエディングドレス

ブライダルシューズ⇒ウエディングシューズ

ブライダルジュエリー [bridal jewelry] 結婚を記念するジュエリーの総称。一般にエンゲージリング*（婚約指輪）とマリッジリング*（結婚指輪）の2種が知られ、最近では両者を重ね付けできるデザインのものに人気がある。

ブライダルドレス⇒ウエディングドレス

ブライダルランジェリー [bridal lingerie] 花嫁が結婚の夜に初めて着用するスリーピングウエア*の一式を指す。長いローブとガウン、またミニ丈のスリップと巻き付け式のガウンといったセットがあり、いずれも透明感のあるシフォンなどの生地で作られ、セクシーでロマンティックな雰囲気にあふれたものが多い。アメリカでこうした伝統的な風習が復活し、日本でも注目されるようになっ

は

701

ファッション全般

た。ブライダルインナー[bridal inner]と
も。

ブライダルリング［bridal ring］ブライダ
ルは「花嫁の、婚礼の」の意で、結婚に
関連する指輪を指す。すなわち、婚約指
輪（エンゲージリング）と結婚指輪（ウ
エディングリング、マリッジリング）を
表す。

フライデーウエア[Friday wear]フライデー
カジュアル*（カジュアルフライデー）
の考え方から生まれた新しい職場服を指
す。仕事用の服とはいっても、週末の金
曜日くらいはネクタイを外してリラック
スした雰囲気で過ごそうという趣旨か
ら、1990年代のアメリカに登場したも
の。当時はダンガリーシャツにチノーズ
という服装が代表的とされた。

フライデーカジュアル⇒オフィスカジュアル

ブライトカラー［bright color］ブライトは
「輝いている、きらきら光る」また「鮮
やかな、鮮明な」の意で、そうした快活
なイメージの明るい色調を総称する。同
様の意味からブリリアントカラー
[brilliant color]ともいう。

フライトケース⇒パイロットケース

フライトジャケット［flight jacket］飛行機
乗りのジャケットの総称で、フライング
ジャケット［flying jacket］ともいう。狭
義には1930年代以降にアメリカ軍が用い
た昔の革製のジャンパー型飛行服を指
し、これは元々、むき出しの操縦席に座
るための防寒着を兼ねていたとされる。

フライトシューズ［flight shoes］空中を飛
ぶフライトスポーツ用の靴の総称。パラ
グライダーに用いるパラグライダー
シューズ（パラシューズとも略称。ブー
ツもある）に代表される。これとは別に
エコノミー症候群対策のために航空機内
で用いる特殊な靴を指すこともあり、こ
れはむくみ等の防止に役立つとされる。

フライトスーツ⇒パラシュートスーツ

フライトバッグ［flight bag］フライトは「飛
ぶこと、飛行」また「航空機の便、空の旅」
の意で、エアラインバッグ*の別称。か
つては国際便に乗るとおみやげとしてプ
レゼントされたもので、各種の航空会社
のものを持つのが流行となったことがあ
る。時としてパイロットケース*をこう
呼ぶこともあり、これをフライトケース
とも呼んでいる。

フライトパンツ［flight pants］飛行士用パ
ンツの意。特にアメリカ空軍仕様のそれ
を指すことが多く、カーキグリーンのナ
イロンワッシャー製や迷彩柄を載せたス
リムなカーゴパンツ型のものが、ワーク
ブーツやバトルブーツなどと合わせて、
ファッションとして着こなされる例が多
く見られる。アビエイターパンツなどと
も呼ばれる。

ブライドルレザー［bridle leather］英国を
原産地とする伝統的な馬具用の革で、正
式には「UK ブライドルレザー」という。
きわめて丈夫で、しなり感に富み、使い
込むにしたがって色が濃く変化する特質
がある。牛革を原材料としており、ベル
トやバッグなどに用いられることが多
い。ブライドルは馬具のおもがいや手綱、
くつわなどを総称する言葉。

フライフロント［fly front］衣服のフロン
ト（前部）の形のひとつで、いわゆる「比
翼仕立て」を指す。ボタン留めの部分を
二重合わせにして、表からボタンが見え
ないようにしたものをいう。鳥が翼を休
めている形に似ているところから「比翼」
の名があるもので、フライは衣服のボタ
ン隠しの意。フライフロントにはまたボ
タンフライ（隠しボタン式）とジッパー
フライ（隠しジッパー式）の2タイプが
ある。

プライベートウエア［private wear］私的

ファッション全般

な場面で着用する衣服の総称。オフィシャルウエア*の対語で、個人の感覚で自由に装うことができる服装全般を指すことになる。いわゆるカジュアルウエア*を筆頭に、ホームウエアやナイトウエア、アンダーウエアなども含まれる。

フライングジャケット⇒フライトジャケット

フライングスーツ⇒パラシュートスーツ

ブラインド・フォールド・ノット [blind fold knot] ネクタイの結び方の一種で、きちんと結び目を作ったあと、大剣をもう一度前に通して、結び目そのものを見えなくしてしまう方法。ブラインドは「目の見えない、隠れて見えない」の意で、フォーマルウエアなどに向く遊びの利いた結び方とされる。大剣を元に戻せば、ふつうの結び方ともなる利便性の高いもの。

ブラインドエッジ⇒星飾り

フラウ⇒ウィメンズウエア

フラウエア [hula wear] ハワイの民族舞踊フラダンスに用いる衣装のことだが、ここでは最近エクササイズのひとつとして人気の出てきたフラダンス用にデザインされたエクササイズウエアの一種としての服を総称する。フラトップ [hula top] と呼ばれるキャミソールやスカートなどがあり、トロピカルプリント*などハワイ特有の模様を取り入れたものも見られる。

フラウエン⇒ウィメンズウエア

ブラウザー [blouse + blazer] ブラウスとブレザーから作られた日本での合成語。ちょうど両者の中間に位置するもので、両方の長所をミックスしたカジュアルな上着として知られる。ブラウス生地で作ったソフトブレザーや、ゆったりとしたアウタータイプのブラウスなどがこれに当たる。

ブラウジング [blousing] 「膨らませる、膨らんだ形」の意で、ウエストのところにギャザーやタックをとって膨らみを作ること、またそのような着こなしをいう。ブラウスの裾をスカートの中にたくし込んだ形からこう呼ばれるもので、フランス語でブルーザン [blousant 仏] ともいう。

ブラウジングドレス [blousing dress] ブラウジングは「膨らませる」また「膨らんだ形」という意味で、フランス語のブルーザン [blousant 仏] と同義。ブラウスをスカートの中へたくし込んでそうした形を作ることを指し、そのようなデザインを特徴とするドレスを総称する。

ブラウス [blouse] 女性や女児が着用する軽くてゆるやかなシャツ型の衣服の一種。またスモック*風のゆったりした仕事着の意味もあり、変わったところではアメリカ陸軍が通常用いる上着のことも指す。女性にとって最も身近な衣服のひとつで、その種類と変化は数多い。語源はフランス語のブルーズ [blouse 仏] にあり、これは仕事着としての上っ張りなどの意味を持つ。

ブラウスジャケット [blouse jacket] シャツジャケット*のブラウス版で、ブラウスとジャケットを一緒にしたような女性用の上着を指す。長めの丈を特徴としたチュニック風のデザインや厚手の生地を使ったオーバーブラウスといったものが代表的。

ブラウススーツ [blouse suit] ブラウスとスカートを共布で作って組み合わせたセット。一見ワンピースに見えるのが特徴で、それぞれが単品としても使用できる。

ブラウスタンク [blouse tank] 布帛で作られたタンクトップ。ふつうタンクトップはニット製のカットソーアイテムだが、

は

703

ファッション全般

これを布帛製としたところに新味が生まれた。

ブラウストシルエット⇒ブルゾンライン

ブラウスドレス［blouse dress］ブラウスを思わせる形を特徴としたワンピースドレス。丸襟などいかにもブラウスのようなデザインのトップ部分と同色同素材のスカート部分から成るもので、同種のシャツドレスよりははるかに女性的で、ロマンティックな雰囲気を感じさせるのが特徴とされる。

ブラウスワンピース［blouse one-piece］シャツドレスの一種で、上部がブラウスのデザインとなったもの。スカート部分は多くがフレアスカートとなっており、女性らしい雰囲気をかもし出すのが特徴。

ブラウンウオッチタータン⇒ブラックウオッチタータン

フラウンス［flounce］スカートなどに付く「襞（ひだ）飾り」、また襞飾りを付けることをいう。フリル*よりも幅が広いものを指すことが多く、「布地を寄せる、縮ませる、襞付けをする」という意味の古語ともされる。

フラウンスドレス［flounce dress］フラウンストドレス［flounced dress］とも。フラウンスは「襞（ひだ）飾り」また「襞飾りを付ける」という意味で、裾の襞飾りを特徴としたドレスを指す。

ブラカジ⇒クラブカジュアル

ブラカップ［bra cup］ブラジャーのバストを覆う杯（さかずき）状の部分をいう。さまざまな形があり、バスト全体を覆うものをフルカップ［full cup］、そうしたブラジャーをフルカップブラ［full cup bra］、半分ほどのものをハーフカップ［half cup］、その中間のものをスリークオーターカップ［three quarter cup］（4分の3カップ）などと呼んでいる。ブラカップにはまた矯正用のバストパッドの

一種を指す意味もある。

ブラキャミ⇒ブラキャミソール

ブラキャミソール［bra camisole］ブラジャーの機能を組み込んだキャミソールトップ*のことで、「ブラキャミ」とも略称される。アウターウエアとインナーウエアの中間に位置する新しい感覚の衣服のひとつで、カットソーとの重ね着やジャケットの中着として用いるなど汎用性の高さが受けている。こうした特徴を持つ同種のアイテムとして、ブラタンクトップ［bra tank top］やブラチューブトップ［bra tube top］といったものもある。

プラグ［plug］ドレスシューズで、靴紐を留める羽根と呼ばれる部分の下部から爪先の先端に至る部分をいう。これが長くとられるとスマートな印象になり、短いと無骨なイメージになるとされる。19世紀のはじめごろ、バルブトウ*を特徴としたプラグオックスフォードという靴もあった。

プラクティカルデザイン［practical design］プラクティカルは「実用的な、実際的な」の意で、実際に役に立つデザインを総称する。たとえば、フィッシングウエアやバイカーウエアといったアウトドアスポーツウエアに見る実用的なポケットのデザインなどがそれで、最近こうした有用なデザインが再び見直される気運が生まれている。

プラクティスシャツ⇒サッカージャージー

プラクティスパンツ［practice pants］プラクティスは「実行、練習」また「実行する、練習する」という意味で、ヨガなどのフィットネス運動に使用する練習用のパンツを指す。

プラクトミンク［plucked mink］プラックトミンクとも。プラクトは「羽をむしり取った、引き抜いた」の意で、長い刺し毛を抜いて、短い綿毛だけにしたミンク

704

ファッション全般

*を指す。刈り毛を施したシアードミンク [sheared mink]（シェアードミンクとも）よりも厚みがあり、ベルベットのような光沢を持つ。

プラケット [placket] 衣服の各所に設けられる「開き、明き」のことで、スカートやドレスの「脇開き」や「背開き」のほか襟元や袖口の開いた部分も指す。衣服の開きは一般にオープニング [opening] と総称されるが、これと対照的に用いられる場合のプラケットはシャツの前立て部分を意味し、これには裾まで完全に開くもののほか、途中で止める浅いロープラケット [low placket]、半分まで開いたハーフプラケット [half placket]、深い開きのディーププラケット [deep placket] といった種類がある。

プラケットフロント [placket front] ドレスシャツの「前立て」と呼ばれる前開きの部分で、それが表側に表れたデザインを指す。一般に「表前立て」と呼ばれ、パネルフロント [panel front] とかブリティッシュフロント [British front] とも呼ばれる。明確なボックスプリーツの形になっているのが特徴で、トップセンターボックスプリーツ*といった表現もある。トラッド調を始めとするクラシックなドレスシャツに多く見られる。

ブラシカット [brush cut] すき間のある禿げ頭を茶化して言ったもので、日本でいう「バーコードヘア」と同種の用語。ブラシはヘアブラシの意で、正しくはブラッシュカットということになる。

フラシ天⇒プラッシュ

ブラジャー [brassiere] バストの形を整え、また乳房の動きを抑えるために用いるファンデーションの一種。フランス語の「ブラジェール brassière（胸衣の意）」が転じたもので、単に「ブラ」と呼ばれることが多い。アップリフト [up lift] と

呼ばれることもあるが、これは「上に揚げる」という意味。ブラジャーが生まれたのは1907年、フランスのランジェリーメーカー「シャンテル」社によるとされるが、アメリカでブラジャーという言葉が誕生したのは1914年とも16年頃ともされ、1920年代から若い女性の間で流行するようになった。現在では技術の発達とともにさまざまなデザインのものが見られるようになっている。

ブラジャードレス⇒ブラドレス

ブラジリアンカット [Brazilian cut] 女性下着のショーツや水着などに見られる大胆なデザインを指す。極端なハイレグやタンガ*と呼ばれるビキニに代表されるセクシーな露出デザインに特徴がある。ブラジルのサンバの衣装に多く見られるところからのネーミングとされる。

ブラジリアン・ワックス [Brazilian wax] ワックスを用いる脱毛法の一種で、特にアンダーヘアを毛根から処理する永久脱毛として、近年人気を集めている。アメリカのテレビドラマ『Sex And The City』で話題を呼び、セレブの身だしなみとしてもてはやされるようになったもの。Vゾーン（股間部分）、Iライン（胸、腹部）など全てのヘアの脱毛に有効で、セクシーなランジェリーやビキニを着るのにうってつけという。元々はブラジル発の脱毛法であるところからこう呼ばれる。

フラジル [fragile] フラジールとも。「こわれやすい、もろい」という意味で、華奢なイメージのファッション表現に用いる。英仏ともに用いられる言葉で、Fragile と綴ると荷物の「取扱注意」の意味になる。

フラジールトップ [fragile top] フラジール（フラジルとも）は元々フランス語で「壊れやすい、もろい」という意味。そ

705

ファッション全般

のような雰囲気を持つ透ける素材使いやフリル、レースなどを多用した繊細で華奢なデザインのブラウス、キャミソールなどの女性用トップスを総称する。

プラスティックシューズ⇒ケミカルシューズ

プラスティックジュエリー［plastic jewelry］プラスチックジュエリーとも。合成樹脂で作られたジュエリー類の総称。ガラスや金属では作ることのできない造形も可能で、色鮮やか、かつ低価格なところが何よりの特徴とされ、1920年代頃からブローチやネックレスなどさまざまなものが見られる。

プラスティックソール［plastic sole］プラスチックソールとも。一般に PVC（塩化ビニール樹脂）を原料とした靴底を指す。合成ゴム底＊より安価で、耐油性もあるが、滑りやすいのが欠点。

ブラスト［blast］サンドブラスト［sand-blast］の略で、ジーンズを古着風に見せるための擦ったような加工法を指す。サンドブラストは正しくはエアサンドブラスト air sandblast といい、「砂吹き」の意味で、砂や細かい鋼片などを圧縮空気とともに生地表面に吹き付けることをいう。このほかサンドペーパーで擦ったりサンドブラシを使う方法もあり、こうした中古加工のことをサンドウォッシュ［sand wash］と総称することもある。また別にサンディング［sanding］という呼称もある。

プラストロン［plastron］元々は鎧（よろい）の胸甲を意味する。ここから衣服の胸当てや胸飾りを総称するようになったもの。女性のスーツ下に付ける胸飾りやドレスシャツの胸当て（ブザム＊）などが代表的だが、こうした特異なアクセサリーが一部の衣服に復活しており、なかにはメタル彫刻を施した華美なデザインのものも見られる。

プラストロンシャツ［plastron shirt］プラストロンは本来、鎧（よろい）の胸甲の意で、ここから衣服の胸当てや胸飾りを意味するようになった。こうした胸当て付きシャツのことで、多くはパーティー向きのメンズシャツの一種を指す。

プラスフォアーズ［plus fours］ニッカーボッカーズ＊の一種で、一般的なニッカーの裾の垂れを4インチほど長くしたタイプを指す。元々は英国陸軍の発案によるものとされ、その後1920年代から30年代後半にゴルフ用のズボンとして愛好されたもの。これはまたゴルフのハンディキャップの点数を示すものともされ、名人クラスの人たちに4点を与えたところからの名称ともされている。同様にプラスツース、プラスシックシーズ、プラスエイツといった種類もある。

プラスボタン⇒メタルボタン

ブラスリップ［bra slip］ブラジャー付きのスリップ。ブラジャーとスリップを別々に着ける必要がなく、肩紐も1本で済むというメリットをもつ。

ぶら袖［ぶらそで］⇒エクストラ・ロングスリーブ

ブラゾン⇒エンブレム

ブラタンクトップ⇒ブラキャミソール

プラチナブロンド［platinum blonde］白金（プラチナ）に近い金髪のことで、欧米では薄い白銀色の髪をした若い女性を指す口語としても用いられている。ブロンドは「金髪」の意だが、これも金髪で色白、青い目をした人に対して用いる。

ブラチューブトップ⇒ブラキャミソール

フラック［frac 仏］1780年頃に英国からフランスへ渡った、折り返し襟とテール（燕尾）を特徴とする細身の簡素な上衣。英語のフロック［frock］がフランスに導入された際に、訛ってこう呼ばれるようになったもので、公服となったフラックは

ファッション全般

アビ・フラック［habit frac 仏］ともアビ・ア・ラングレーズ［habit à l'an-glaise 仏］（英国風の上衣の意）とも呼ばれるようになる。これの登場によって豪華なアビ・ア・ラ・フランセーズ*は儀式服となり、貴族たちの装いは簡素なものへと変化していった。フランスでは現在でも燕尾服のことを戯れにフラックと呼ぶことがある。

ブラックウオッチタータン［black watch tartans］レジメンタルタータン［regimental tartans］（連隊発祥のタータン*）の一種で、紺と濃緑に黒のラインを入れた格子柄を特徴とする。ウオッチは「見張りをする」という意味で、夜番が用いるようなというところからこの名が生まれた。ウオッチマンプラッド［watchman plaid］とも呼ばれる。またこれに似た茶系のものをブラウンウオッチタータン［brown watch tartans］と呼んでいる。ともに単にブラックウオッチ、ブラウンウオッチでも通じる。

ブラック・オン・ブラック［black on black］黒の服同士で重ね合わせる着こなしテクニック。2006年ごろから、特に暑い夏の日でのそうした着こなしが注目されるようになってきた。

ブラックジーンズ⇒ブラックデニム

フラックス⇒リネン

フラックスカウント⇒麻番手

ブラックスーツ［black suit］黒の礼服地で仕立てられたいわゆる「略礼装」として着用されるスーツ。一般に「略礼服」とも呼ばれ、昼夜の別なく着ることができ、またネクタイなどのアクセサリーを替えるだけであらゆる冠婚葬祭の場に対応できる「万能礼服」として広く用いられている。元々は第2次大戦後の日本で考え出されたもので、その着装がそのまま国際的に通用するとは限らないことに注意

を要する。ここでの最上級はシングルブレステッド、ピークトラペルの1ボタン型で、ベスト付きのものとされる。

ブラックタイ［black tie］公式レセプションなど正式な催しの際にタキシード（ディナージャケット）の着用を義務づけるためのドレスコード*。ブラックタイはタキシードに付き物の黒の蝶ネクタイを表し、招待状にこの文言があれば、それはタキシードの着用を暗に促していることになる。

ブラックデニム［black denim］黒いデニム地。カラーデニム*のひとつともされるが、現在ではブルーデニム、ホワイトデニムと並んで、独自の地位を築いている。これで作られたものをブラックジーンズ［black jeans］と呼ぶ。

ブラックトッピングデニム⇒オーバーダイ

ブラックフォーマル［black formal］黒い色の服を中心としたフォーマルウエアのことで、特に婦人服における冠婚葬祭用のフォーマルウエアを総称する。入園式や入学式など学校行事に用いるドレスアップウエアも含まれる。対語はカラーフォーマル*。

ブラックラピド・プロセス［Blake-rapid process］イタリアの製靴法のひとつで、「ブラックラピド式」のこと。マッケイ式とよく似た方法で、アッパーとインソール、ミッドソールを内側で一緒に縫い上げるもの。本来のマッケイよりも手間がかかるのが特徴。

フラッシャー［flasher］ジーンズの尻ポケットの上に付く紙製のカタログ状のもの。ペーパーラベルとも呼ばれ、ここにはブランドのキャラクターや素材、形状、特徴などが記されている。本来は形だけでは差別しにくいジーンズ購入時のアイキャッチとして考えられたもので、サポートツールとしても活用される。これ

は

ファッション全般

の付いたままのヴィンテージジーンズは
コレクターアイテムとしても珍重され
る。なおリーヴァイスのジーンズにはこ
れとともにドル紙幣のようなものが付く
ことがあるが、これはギャランティーと
呼ばれ、ふたつ合わせて「フラッシャー・
アンド・ギャランティー」と称される。
これはもちろんデッドストックの印とな
る。フラッシャーの原意は「(自動)点
滅装置、(俗語で)露出狂」、ギャラン
ティーは「保証書」を意味する。

フラッシャー・アンド・ギャランティー⇒
フラッシャー

プラッシュ［plush］添毛(てんもう)織物
(パイル織物)の一種で、俗に「フラシ天」
とか「毛長ビロード」などと呼ばれる生
地。長い毛羽が表れているのが特徴で、
さまざまな動物の毛皮に似せたものが作
られることで知られる。特にシール[seal]
とかシールスキン［sealskin］と呼ばれ
るアザラシの毛に似せたものが代表的。
フランス語でペルーシュ［peluche 仏］
ともいい、これらはラテン語で「毛」を
表すピルスから生まれたものとされる。

プラッシュ編⇒パイル編

フラッシュカラー［flash color］閃光のよ
うなイメージの色。明るいブルーや真っ
赤、黄色といった鮮やかな色を指す。
2005年春夏以降のパリやミラノのメンズ
コレクションを皮切りに登場してきた目
のくらむような色群で、その後婦人服の
コレクションにも多数使われるように
なって注目を集めている。

ブラッシュトコットン［brushed cotton］起
毛されたコットン地の総称。ブラッシュ
トデニムのようにソフトな風合が生まれ
るのが特徴とされる。

ブラッシュトデニム［brushed denim］ブラ
シをかけたデニムの意で、生地表面を毛
羽立たせて柔らかな感触を持たせたデニ

ム地を総称する。ホワイトデニムによく
見られるものだが、わざと擦った感じに
仕上げるダメージ加工によるものとは異
なる。

ブラッシュトレザー［brushed leather］ブ
ラシをかけた革の意で、表面を毛羽立た
せる加工を施した革素材をいう。

フラッツ［flats］かかとの低い婦人靴の総
称。フラットヒールドシューズ flat-
heeled-shoes の略として用いられる。

プラッド⇒プレイド

フラットウエルト⇒リバースウエルト

フラットカラー［flat collar］ロールカラー
*の対語で、襟腰が低いか全くなく、ネッ
クラインから平らに折り返した襟を総称
する。フラットは「平らな、平坦な」の
意で「扁平襟」とも呼ばれる。ピーター
パンカラー*やピューリタンカラー*に
代表されるものだが、こうした襟を「丸
襟」と称する向きもある。

フラットキャップ⇒アイビーキャップ

フラットサンダル［flat sandal］底がフラッ
ト(平ら)なサンダルの総称で、いわゆ
る「ぺったんこ底」のサンダルを指す。
フラットヒールサンダル［flat heel
sandal］ともいう。

プラットサンダル⇒プラットシューズ

フラットジャケット［flat jacket］裏地や
芯地などを省略して作られたテーラード
型のジャケット。カーディガンジャケッ
トなどと呼ばれることもあり、重衣料と
カジュアルな洋品の橋渡しとなる新しい
感覚のアイテムとして注目される。フ
ラットは「平たい、平坦な」の意。

フラットシューズ［flat shoes］平らで低い
靴底を特徴とする靴を総称する。いわゆ
る「ぺったんこ靴」。

プラットシューズ［plat shoes］正しくはプ
ラットフォームシューズ［platform
shoes］という。カリフォルニア式(プラッ

ファッション全般

ト式とも）と呼ばれる製法で作られる靴の総称で、プラットフォームソールという厚い台底を取り付けた靴を指す。厚底とともに軽くソフトな履き心地が特徴とされ、男女を問わずあらゆる靴に見られる。こうしたサンダルはプラットサンダル［plat sandal］と略称される。

フラットスカーフ［flat scarf］1850年代に登場したネックウエアのひとつで、ここからオクタゴンタイ［octagon tie］と呼ばれる八角形をした結び切りのネクタイが生まれ、1860年代から70年代にかけてアスコット・パフ［ascot puff］と呼ばれるようになり、やがてアスコットタイ＊につながった。

フラットソール［flat sole］平たい靴底の総称。「平底」と呼ばれ、ヒールも付かないスリッパ状の形が特徴。

フラットティアード［flat tiered］平面的なティアード（段飾り）の意。フラウンスやフリルを何段にも重ねるティアードのうち、ギャザーがなく平たい感じになったものを指す。最近のスカートやドレスなどに多く用いられているデザインの一種。

フラットテーラリング［flat tailoring］紳士服作りの技法のひとつで、裏地などの副資材もなるべく使わないで、軽さと動きやすさを追求した仕立て方を指す。イタリア、ナポリの仕立て屋に伝統的に見られる手法で、日本の業界では俗に「イタリア式」として知られる。紳士服の仕立て方では、ほかに英国の「テーラー＆カッター式」やアメリカの「ミッチェル（ミッシェル）式」といったものがある。日本ではテーラー貝島正高氏が考案した「貝島式」などが知られる。

フラットトップ［flattop］男性の髪形のひとつで「角刈り」をいう。本来はアメリカ海軍の内部で航空母艦の俗称として用

いられ、それが頭のてっぺんが平たいヘアスタイルを指すようになったもの。

フラットニッティング⇒マシンニット

フラットバッグ［flat bag］フラットは「平らな、平たい」の意で、厚みのないぺったんこなバッグを総称する。最近ではショルダーバッグとしても使うことのできる大型のものに人気がある。

フラットパンプス［flat pumps］靴底がフラット（平たい）なパンプス（浅靴）の総称。履きやすさを持ち味としたOL用の通勤靴として多く用いられる。男性用のそれはタキシード用のオペラパンプスに代表され、それは元々がフラットソールとされている。

フラットヒール［flat heel］高さが1～2センチ程度と低く、全体に平面的なヒールをいう。

フラットヒールサンダル⇒フラットサンダル

フラットヒールドシューズ⇒フラッツ

フラットブーツ⇒アグブーツ

プラットフォームシューズ⇒プラットシューズ

プラットフォームソール⇒カリフォルニアプロセス

プラットフォームプロセス⇒カリフォルニアプロセス

フラットフロント⇒フロントタック

フラットフロントパンツ［flat front pants］フロント部分が平らなパンツという意味で、フロントプリーツ（前タック）を全くとらないシンプルなデザインのパンツを指す。いわゆるノータックパンツ［no tuck pants］の現代的な表現。

フラットボタン［flat button］「平らなボタン」の意。扁平なボタンの総称で、ブレザーに用いる真鍮製のものや七宝のものに多く見られる。

フラットボタンダウン⇒ボタンダウンカラー

フラットモデル［flat model］メガネフレー

は

709

ファッション全般

ムの形のひとつで、角型の平板なデザインのものを指す。こうした角型のフレームをスクエアモデル[square model]とも呼んでいる。

フラットレンズ⇒ハイカーブサングラス

フラッパー[flapper]本来は「ぱたぱた動くもの」という意味だが、ここでは第1次大戦後の1920年代、アメリカに登場した不良娘たちを指す。「おてんば娘、小娘」の意で用いられたもので、彼女たちは髪を短くカットし、短いスカートを穿き、真っ赤な口紅を塗って、大戦後の世の中を闊歩した。若い女性が社会に抵抗を示した最初の動きとして注目される。

フラッパードレス[flapper dress]1920年代のアメリカに現れたお転婆娘「フラッパー」にモチーフを得たドレスで、ローウエストで切り替えたストレートラインを特徴としている。チャールストンドレス*と同義で、裾にあしらった布片が軽やかに動くデザインのものも見られる。

フラッパーヘア[flapper hair]1920年代のアメリカに現れたフラッパー（お転婆娘）たちを思わせるヘアスタイル。ふわふわと膨らんだ派手なイメージの髪型で、特にショートタイプのものが可愛いとして人気がある。ダッチボブ*の髪型を指すこともあるが、それとは区別されることが多い。

フラップ・アンド・パッチポケット⇒パッチ・アンド・フラップポケット

フラップ・アンド・ボタンダウンポケット⇒ボタンダウン・フラップポケット

フラッフィーブーツ[fluffy boots]フラッフィーは「毛羽の、綿毛の、綿毛におおわれた、ふわふわした」の意で、ふわふわした綿毛のような素材で作られたブーツを総称する。いわゆるモコモコファーブーツに代表される。

フラップスカート[flap skirt]フラップは

「ひらひらする、垂れ下がる」という意味で、腰に巻きつけただけといった感じの、ごく小さなミニスカートを指す。いわば究極のマイクロミニスカート*となるが、これをパンツと組み合わせてアクセサリー的に用いる例もある。

フラップバッグ[flap bag]フラップ（ふた）の付いたバッグのことだが、とりわけそうしたデザインのハンドバッグを意味することが多い。

フラップパッチポケット⇒パッチ・アンド・フラップポケット

フラップポケット[flap pocket]垂れぶたが付いたポケットの総称。日本では古来「雨ぶた隠し」の俗称がある。元々アウトドア用のポケットのデザインとされ、タキシードなど室内用の服にはフラップが付くことはない。

フラップレス・パッチポケット⇒オープン・パッチポケット

プラトーク[platok]プラトークは本来ロシア語でショールやストール、スカーフといったかぶりものを表す。ロシア伝統の大判のウール製ショールのことで、ロシアの花模様を特徴とした民芸品のひとつとして知られるが、最近これが若い女性向きのファッショングッズとして用いられるようになり、男性用のものも作られるようになっている。なかで一流品は1795年モスクワ郊外に創業されたパブロヴォ・ポサド・ショールのものとされ、職人によってひとつひとつ丁寧に仕上げられる製品で知られる。

フラトップ⇒フラウエア

ブラトップ[bra top]女性のバスト部分だけを覆う形にしたブラジャー型の簡便なトップス。タンクトップやビュスティエなどよりも、さらにセクシーな効果を生むアイテムとされ、下着のブラジャー状のものだけではなく、バンドゥー（バン

ファッション全般

ド）型のものや布のひねりを入れたものなど、さまざまなデザインが見られる。

ブラドレス［bra dress］ブラジャードレス［brassiere dress］の略称で、胸の部分をブラジャーの形そのものにデザインしたワンピースを指す。また、ビキニ水着のようなブラジャーとスカートを組みにしたツーピース形式のドレスをいうこともあり、これはまたビキニドレス［bikini dress］とも呼ぶ。

フラネレット［flannelette］フランネル（フラノ）のような感じを出したコットン地のことで、一般に「綿ネル」とか「ネル」と呼ばれて親しまれている。コットンフランネル［cotton flannel］とも呼ばれる。

フラネレットシャツ［flannelette shirt］フラネレットは起毛した綿織物（コットンフランネル）のことで、一般に「ネルシャツ」とか「綿ネルシャツ」と呼ばれ、チェック柄や無地など変化も多いが、特に寝ぼけたような調子のチェック柄に人気がある。

フラノ⇒フランネル

プラムカラー［plum color］果物のプラム（セイヨウスモモ）に見る赤みを帯びた紫色。ウルトラバイオレットやラベンダー（薄紫）などと並ぶ紫系の色のひとつで、2018年頃から人気を集めるようになってきた。

フラメヤーン［flamme yarn］フラムヤーンとも。フラメはフランス語で「炎」を意味し、異なる色糸をさまざまに組み合わせて撚るところから、ぼうぼうと燃える炎のような状態に仕上がるファンシーヤーン*をいう。

フラメンコシューズ［flamenco shoes］スペインの伝統的な舞踏、フラメンコに用いられる靴の総称。全体にヒールが高く、音を出すために、靴底のかかとと爪先部分にスパイク（くぎ）が沢山打ち付けら

れているのが特徴となる。男性用のそれはショートブーツ型が多く、女性用は甲が開いたパンプス型のものが多く見られる。

フラメンコヘム［flamenco hem］スペインのフラメンコダンスに用いるスカートに見られるヘムライン（裾線）のこと。波打つような形を特徴とし、前が短く、後ろや横に長くなったデザインのものが多く見られる。

ブラレッタ⇒ハーフトップブラ

ブラロク⇒トリンケット

フラワースカート［flower skirt］花のようなイメージを特徴とするスカートの総称。チュールを何枚も重ねてロマンティックな雰囲気を表したものや、チューリップの花弁を思わせるようなものなどさまざまなデザインがある。

フラワーピン［flower pin］コサージュのような花を頭に飾ったピン。胸元などに飾るアクセサリーの一種だが、最近これを男性のスーツの襟穴に飾ることがある。スーツの襟穴はフラワーホールと呼ぶことがあり、このアクセサリーは男性のドレスアップにふさわしい飾りものとして注目されている。

フラワープリント［flower print］フローラルプリント［floral print］ともいう。花をモチーフとしたプリント柄の総称で、一般に「花柄」とか「花模様」と呼ばれて親しまれている。フローラルは「花をあしらった、植物の」という意味で、花模様のことは正しくはフローラルパターン［floral pattern］となる。

フラワーホール⇒ラペルホール

フラワーラペル⇒クローバーリーフラペル

ブランケットウール［blanket wool］毛布（ブランケット）に用いるような厚手で毛足のあるウール地を指す。多くは大柄のチェック模様を特徴としており、マッキ

711

ファッション全般

ノウズ*やブッシュマンコート*など北米に見られる防寒コートによく用いられる。

ブランケットコート [blanket coat] 毛布（ブランケット）のような厚手のウール地で作られたコート。パーカ型やポンチョ型などのシンプルなデザインで、防寒用に最適とされる。ポンチョコート*などもそのひとつ。

ブランケットプレイド [blanket plaid] ブランケットは「毛布」の意で、毛布に見るような大柄のチェック模様を総称する。マッキノウズ*やブッシュマンコート*など北米の防寒コートによく用いられる。「毛布柄」とも呼ばれる。

ブランケットラインドジーンズ⇒ウールラインドジーンズ

フランジショルダー⇒ウイングショルダー

プランジネック [plunge neck] 胸元を臍（へそ）のあたりまで大胆に大きく深くVの字形に開けたネックライン。プランジは「突っ込む、沈める」といった意味で、プランジングネック [plunging neck] とも呼ばれる。多くは女性のセクシーなトップスやドレスなどに用いられる。

プランジバック [plunge back] 深く切り込まれた背中のデザインを指す。ベアバック*と同じだが、特に逆三角形にカットされた鋭角的なデザインをいうことが多い。プランジは「突っ込む、沈める」という意味。

フランジヒール [flange heel] フランジは車輪の「輪縁」やレールの「出縁」の意味で、接地面が広がる形になった湾曲型のヒールを指す。

プランジブラ⇒プランジングブラ

プランジングトップ [plunging top] 胸元を大きく深くVの字型に開けたプランジネック*と呼ばれるデザインを特徴とする女性用上衣類をいう。ベアバックトッ

プ*などと同種のセクシーアイテムのひとつ。

プランジングドレス [plunging dress] プランジネック*と呼ばれる胸元を大きく深くVの字型に開けたネックラインを特徴とするドレス。こうしたデザインの上衣類をプランジングトップと呼ぶとともに、ドレスもこう呼ばれるようになった。そのままで着用すると、きわめてセクシーな雰囲気が生まれる。

プランジングネック⇒プランジネック

プランジングブラ [plunging bra] プランジングは「突っ込んでいる、沈めている」といった意味で、胸の中央部が深く切り込まれた形になったブラジャーをいう。胸元が深いドレスなどを着るときに用いられる。単にプランジブラ [plunge bra] ともいう。

フランス綾 [France ＋あや] 綾織の梳毛織物の一種で、2本以上の太い綾目が急角度ではっきりと表れている布地をいう。落ち着いた光沢を特徴とするやや厚手の生地で、女性のコートやドレスなどに用いられる。この語は日本製で、英語ではファンシーツイル [fancy twill] と呼ばれることになる。

フランス人形ルック⇒プペルック

フランスブーツ⇒ハイカットスニーカー

フランスブラ [France bra] フランス製のブラジャーの総称。1990年前後にボディーフィット型のファッションが流行するにつれて、それにふさわしい下着が求められるようになり、機能性と審美性を兼ね備えたものとして、フランス製のブラジャーが注目され、それを一般にこのように呼ぶようになったもの。

プランターズハット⇒パナマハット

フランダースリネン [Flanders linen] リネン（亜麻）のなかでも世界最高級とされるリネン。フランス、ベルギー、オラン

ファッション全般

ダにまたがるフランダース地方で産出されることからこの名があり、この地方はリネン産地として700年近い歴史を持つ。これの最上級は「フランダースリネンプレミアム」（興和）と称される。

ブランデンブルク [Brandenburg 独] 打ち紐やモール*などで飾られる胸元の華美な留め具のこと。英語ではフロッグ [frog] といい、日本では水平に並ぶ紐の形から「肋骨」の名称でも呼ばれる。元々は17世紀にブランデンブルクの軍隊と接触したフランス軍がこれを発見し、持ち帰ったことに由来する。昔の貴族服や軍服に見られるほか、現在でも音楽隊のユニフォームなどに用いられている。

ブランドジーンズ [brand jeans] ジーンズメーカーが作るジーンズではなく、著名なファッションブランド・メーカー等によって作り出されるジーンズを指す。この種のジーンズをアメリカでは「デザイナージーンズ*」ということが多いが、日本ではアザージーンズ*系のブランドものも含めて、このように呼ぶ傾向がある。

ブランド制服 [brand＋せいふく] ファッションブランドを持つメーカーが作る主に女子中学生や女子高生の制服を指す。有名デザイナーの手掛けるそれに代表され、特定の学校に提供されるほか、一部はいわゆる「なんちゃって制服*」として用いられる例もある。「おしゃれ制服」などとも呼ばれる。

ブラントトウ [blunt toe] スクエアトウ*の一種で、角に丸みを与えた感じのものをいう。ブラントは「鈍い」という意味で、元は1960年代前半に流行したフランス靴に与えられた名称からきている。ラウンドスクエアトウ [round square toe] と呼ばれることもあるが、最近のラウンドスクエアトウは、ラウンドトウ*に角型の

ソール*を組み合わせたイタリア調の靴を指すことがあるので注意を要する。

ブランドネーム・クローズ [brand name clothes] ブランド名がよく知られた服、有名ブランドの服という意味で、俗に「ブランドもの」と呼ばれる。

フランネル [flannel] ツイード*と並ぶ紡毛織物の代表的な生地で、日本では一般に「フラノ」の名称で親しまれている。平織と綾織の2タイプがあり、軽く縮絨・起毛させて毛羽を刈り揃えるところから、フェルト*状の柔らかくて暖かな独特の表情が生まれる。元々英国はウェールズ地方産の織物で、当地でウールを意味する「グラン」の形容詞である「グランネル」から生まれた言葉とされる。特にブレザー*の生地に用いられることが多く、派手な配色の縞フラノはブレザーフランネル [blazer flannel] とも呼ばれる。

プランプ [plump] 「丸々と太った、ふっくらした」の意で、ポッチャリ体形やマシュマロ体形などと呼ばれるサイズやそうしたサイズのおしゃれ服を指す。ファットとは違って、感じのよい太り方というのがプランプの特徴で、複数形でプランプスともいう。

プリ [pli 仏] フランス語でいうプリーツ*のこと。「襞（ひだ）」や「（紙の）折り目」などを表わす。ほかにプリセ [plissé 仏] という表現もあり、ひだ飾りのことはルーシュ [ruché 仏] という。

ブリオー [bliaud, bliaut 仏] 11世紀から13世紀にかけて用いられたチュニック*形式の衣服。ダルマティカ*に類似したものとされ、男女ともに広く着用した。その登場は9世紀の頃で、丈の短いオーバーチュニック状のものとされる。男は脚部にブレー*を着け、下にシェーンス*を用いた。

プリカジ [pretty＋casual] プリティーカ

713

ファッション全般

ジュアルの短縮語。フリル付きや花柄などの可愛い感じの服に、デニムやワークパンツといったカジュアルなアイテムを組み合わせる女の子らしいファッション表現。

プリ・クルー⇒ボックスプリーツ

フリーシーステッチ⇒裏毛編

フリーシーニッティング⇒裏毛編

フリース [fleece] 本来は「羊毛」また「羊毛に似たもの」の意。現在はパイル状の両面起毛素材を指すことが多く、極細ポリエステル繊維から作られるものが多い。きわめて肌触りが良く、伸縮性、速乾性に富み、かつ軽いというところから、スキーウエアを始めとするアウトドアスポーツウエアに多用され、人気を集めている。ポーラーテック、シンチラ、アルマディラなどの商標名でも知られ、最近ではペットボトルからの再生フリースが話題となっている。

フリーズ [frieze] 伝統的なオーバーコート地のひとつ。手織りツイードに似た風合を持つ厚手紡毛地で、14世紀にオランダのフリーズランドという場所で最初に織られたところからこう呼ばれるとされる。現在ではアイリッシュフリーズ [Irish frieze] の略称ともされ、これはアルスターコート*の生地として知られ、全体にモコモコとした感じの紡毛地を指す。

フリースジャケット [fleece jacket] フリースは本来「羊毛」を意味するが、現在では極細のポリエステル繊維で作られるパイル状の両面起毛素材のことを多く指すようになっている。この素材で作られた軽快なジャケットを総称し、1990年代以降ユニクロの製品により広く知られるようになった。ジッパーフロントのトラックジャケット*型のデザインになったものが多い。

フリースシャツ [fleece shirt] ポリエステ

ルのフリース素材で作られたトレーナー型のシャツのひとつで、ハーフジップを施したスタンドカラーを特徴的なデザインとしたものが多く見られる。用途は広く、スポーツだけでなく日常的な衣料としても用いられる。

フリースパッチ⇒カラフルパッチ

フリーズヘア [frizz hair] 正しくはフリズヘアと発音する。フリーズ（フリズ）は口語で「(髪を) 縮れさせる、縮れる」という意味で、「縮れ毛」の意味もある。そのようなイメージに仕上げるパーマヘアを指し、縄を撚るようにローラーを巻いて仕上げていくもの。

ブリーチアウトジーンズ [bleach out jeans] ブリーチアウトは「漂白」という意味で、漂白剤を使って白っぽく晒した感じの色調を特徴とするジーンズをいう。インディゴブルーの青みが抜けて白っぽくなっているのが持ち味で、元は南仏のサントロペで1970年に発生したもの。いわば「脱色ジーンズ」で、こうした人工的な加工法には「タイダイ (絞り染め)」とかソラリゼーション [solarization] (ぼかし脱色＝本来は写真用語で、白黒反転の技術の意) と呼ばれるものもある。

ブリーチーズ⇒キュロット

プリーツ [pleat, or plait]「襞 (ひだ)、折り目」の意。運動量をつけるためや立体感を表現する目的などで衣服に付けるもので、特にスカートなどに見る「折り襞」を指すことが多い。ダーツ*やタック*やギャザー*などとは区別される。本来は「プリート」だが日本ではプリーツと複数形で呼ばれることが多いため、ここではそうした習慣にしたがうこととする。また英語では plait とも綴られ、これは「プレイト」と発音するが、プリーツと同義とされる。

プリーツスカート [pleat skirt] プリーツ (襞

ファッション全般

〈ひだ〉）を特徴としたスカートの総称。独特の美しさと運動量の大きさが特徴で、プリーツのデザインによってさまざまな名称が生まれる。英語で正しくはプリーテッドスカート［pleated skirt］あるいはプリーティドスカートという。

プリーツドレス［pleats dress］プリーツ（襞〈ひだ〉飾り）を特徴としたドレスの総称。プリーツの種類によってさまざまな変化と種類が生まれる。

プリーツパンツ［pleats pants］センタークリースと呼ばれる脚部の中央折り目をきちんと付けたパンツの意味。日本ではこのクリースをプリーツと呼ぶことからの命名で、これは女性用のそうしたパンツを指すことが多い。最近ではこのプリーツを永久に消えないように工夫したものが現れている。別にプリーツスカートのパンツ版の意もある。

プリーツポケット⇒ベロウズポケット

プリーティドスカート⇒プリーツスカート

ブリーディングマドラス［bleeding madras］色がにじんで見えるマドラスチェック。ブリーディングは「色をにじませること」の意で、草木染めによってそうした効果を与えている。こうしたことを業界用語で「色泣き」などという。

プリーテッドショルダー⇒タッキングショルダー

プリーテッドスカート⇒プリーツスカート

プリーテッドトラウザーズ［pleated trousers］前襞（ひだ）付きのズボンの総称。ズボンの前部でウエストバンドの下に付く襞をフロントプリーツといい、これを取り付けたズボンをこのように呼ぶ。これは本来、ウエスト部分のゆとりをとるのが目的。

プリーテッドバック［pleated back］バックバンド*の上下にプリーツ（襞〈ひだ〉）をあしらったバックスタイルの総称。装飾性と運動量の二つの機能を兼ねるデザイン。

プリーテッドブザム［pleated bosom］胸をプリーツ仕立てにしたもので、俗に「襞（ひだ）胸」と呼ばれ、タキシード用のシャツに多く用いられる。プリーツの変化と種類は多い。プリーテッドフロント［pleated front］ともいう。

プリーテッドフロント⇒プリーテッドブザム

プリーテッドポケット［pleated pocket］プリーツ（襞〈ひだ〉）をあしらったポケットのことで、多くはパッチポケットの中央にプリーツを入れて、容量を多くしたものを指す。

ブリーフ［brief］脚部が付かない、脇が切れ上がったボディーフィット型の男性用下着パンツで、女性下着のショーツ（パンティー）に相当する。ブリーフは本来「短い、簡潔な、簡単な」という意味で、それまでの下着に比べあまりにもちっぽけなイメージから、そうしたものをブリーフスと総称するようになったもので、その最初は1934年に登場した〈ジョッキー印〉の下着パンツとされる。これの股上が深く、前開きが付いたタイプを「スタンダード」あるいは「レギュラー」と称し、股上が浅く、前開きなしのタイプを「ビキニ」型と称している。

ブリーフケース［briefcase］書類入れの折りカバン*の総称。ブリーフは「短時間の、しばらくの、簡潔な」という意味で、ビジネスに用いられる取っ手付きの簡便なデザインの革カバンやクラッチバッグ*の類を指す。ブリーフバッグ［briefbag］ということもあるが、この場合は正確には弁護士用の折りカバンや簡単な旅行用のカバンを意味することになる。

ブリーフショルダー［brief shoulder］ブリーフケース*とショルダーバッグ*の2つの機能を持つバッグのことで、一般にブ

715

リーフケースにハンドル（取っ手）と肩掛け用のストラップを取り付けたデザインのものが多い。こうしたものをツーウエイバッグ［two way bag］と総称する。

ブリーフトート⇒トートブリーフケース

ブリーフバッグ⇒ブリーフケース

フリーマーケットスタイル［flea market style］フリーマーケットは、ロンドンやパリに見られる「蚤の市」のことで、そうした安売りの市場で売っているような古着や再生服を用いて仕上げる貧しそうなスタイルをいう。いわゆる貧乏ルック、ボロルックの持って回った表現。

振小袖［ふりこそで］袖丈を鯨尺の2尺（約76センチ）前後とした着物の新名称。振袖*と小袖*の中間的な存在であるところからこのように呼ばれるもので、主として30代の女性を対象に、パーティー用途を目的として開発されたもの。和装業界には1996年の秋に登場。

プリコン［pretty＋conservative］プリティーコンサバティブの短縮語。フリルやリボン飾りなどを特徴としたスーツやワンピースなどの着こなしを総称したもので、可愛らしく控え目で、かつ上品な雰囲気がある日本特有のエレガンスファッションとして、1990年代初頭から台頭してきた流行を指す。

プリシュ［peluche 仏］プリッシュとも。フランス語で「毛羽立った織物」の意だが、現在では縫いぐるみに使う毛足の長い毛むくじゃらのフェイクファー（人工毛皮）をこのように呼ぶ傾向がある。新奇なフェイクファーの一種として注目されている。なお、プリシュは英語に入ってプラッシュ plush となり、日本ではフラシ天（毛皮ビロード）と呼ばれるようになった。

プリス⇒ペリース

ブリスタークロス［blister cloth］ブリスター

は「（皮膚の）水ぶくれ、火ぶくれ」また「気泡、泡」の意で、表面に凹凸の隆起を表した生地を指す。マトラッセ*やクロッケ*、ドゥドゥヌ*、ワチネ*などと同種の素材で、ニットの場合にはブリスターニットと呼ばれる。

ブリスターヤーン［blister yarn］ブリスターは「水ぶくれ」といった意味で、膨れ上がったような立体的な表情のあるファンシーヤーン*を指す。これで作られる生地に「膨れ織」のレリーフ、クロッケ*といったものがあり、ニット（編物）にもリブ編の一種としてのブリスターニットがある。

プリセ⇒プリ

振袖［ふりそで］主として未婚女性の礼装として着用される、袖丈の長い優雅な雰囲気の着物を指す。袖丈の長さによって「大振袖」（鯨尺でおよそ3尺＝約114センチ）と「中振袖」（およそ95～100センチ）の種類があり、色によって「黒振袖」と「色振袖」などの違いがある。小袖*の袖丈を長く仕立てたところから誕生したものとされる。

フリタイ［fringe＋tie dye］フリンジ（房飾り）とタイダイ（絞り染め）から成る合成語。下半分をフリンジにした「しぼり染め」のアイテムを総称し、そうしたデザインのタンクトップやキャミソール、ポンチョなどがある。セクシーでファンシーな印象があるとして、2015年夏、原宿を中心としてヒット商品となり、このような略称で知られるようになった。

ブリックネック⇒スクエアネック

ブリッジコート⇒ウオッチコート

ブリッジジュエリー［bridge jewelry］本当の宝石を使ったファインジュエリー*と模造宝石類を使ったコスチュームジュエリー*との中間的な性格を持つジュエリー。両者の「橋渡し的な存在」という

ところからの命名。

プリッシュ⇒プリシュ

ブリットガール［Brit girl］ブリットは
Britain（大英帝国）の略で、英国の元気
な女の子を意味する。プラチナブロンド
でベリーショートヘアの英国人モデル、
アギネス・ディーンがそのアイコンとさ
れ、彼女のようにとんがっていてキュー
トでパンキッシュな雰囲気のファッショ
ンをこのように称している。2007年頃か
ら台頭したロンドンでの流行現象のひと
つ。

ブリットホール・デニム［bullet hole denim］
⇒ショットガン・デニム

フリップファッション［fripes fashion］フ
リップはフランス語で「しわくちゃの、
ボロボロの」という意味。いわゆるボロ
ルック、安物ファッションを指す。ただ、
貧乏くさく見せるだけではなく、ボロ布
のエレガンスといった雰囲気の漂ってい
るのが、このファッションの特徴とされ
る。

フリップフロップス⇒ビーチサンダル

プリティーカジュアル⇒プリカジ

プリティーコンサバティブ⇒プリコン

プリティーハット⇒ミニハット

ブリティッシュ・アーミーショーツ⇒グル
カショーツ

ブリティッシュアイビー［British Ivy］英
国調のアイビーファッションの意だが、
これはアメリカのアイビーの源流である
英国の学生スタイルにモチーフを得て現
代的に表現したアイビーファッションを
指すニュアンスが強い。いかにも英国を
思わせる伝統的な色柄・素材で表現され
るアイビーということ。

ブリティッシュ・アメリカンモデル［British
American model］英国調の雰囲気を取り
入れてデザインされたアメリカントラ
ディショナルモデルの意。1970年代中頃

からラルフ・ローレンやアレキサンダー・
ジュリアンといったアメリカのデザイ
ナーによって創られた新しい感覚の英国
調ファッションを指し、よりクラシック
でカントリー色が強いのが特徴となる。
より源流的なトラディショナルスタ
イルというイメージをもち、これはあく
までもアメリカ側から見た英国調の表現
ということになる。時にアメリカン・ブ
リティッシュモデル［American British
model］ということもある。

ブリティッシュウオーマー［British warmer］
第1次大戦のころ英国陸軍士官に用いら
れた防寒コートの一種。アルスターカ
ラー＊と呼ばれる独特のピークトラベル
とエポーレット（肩章）を特徴としたダ
ブルブレステッド型の膝丈コートで、
ダークグレーやダークブルーのメルトン
地で作られるものが多い。

**ブリティッシュ・オフィサーズ・ショート
パンツ**［British officer's short pants］
イギリス陸軍の将校たちによって穿かれ
る半ズボン。グルカショーツのような外
観を特徴とする前タック付きのもので、
カーキ色の生地で作られるものが多い。

ブリティッシュカジュアル［British casual］
英国調のカジュアルファッションの総
称。広義には英国の伝統的なカントリー
スポーツウエアにモチーフを得たカジュ
アルファッションの総称とされるが、狭
義にはロンドンを中心とした今日的な若
者ファッションを指すこともあり、これ
を英国の国名を表すユナイテッド・キン
グダム［United Kingdom］の頭文字から
「UKカジュアル」ということもある。

ブリティッシュ・カントリースタイル［British
country style］英国の田園スタイル。英
国紳士たちのカントリーライフ（郊外生
活）に見る伝統的な服装スタイルを指し、
一般にカントリースタイル＊とか「英国

は

ファッション全般

トラッド」などと呼ばれる。現在の男性の服装の多くはここに発しているといっても過言ではない。

ブリティッシュスタイル［British style］英国のスタイルという意味だが、とくに英国調の紳士服スタイルという意味で用いられることが多い。メンズファッションの原点とされる英国には伝統的で古典的な紳士服が多く見られ、日本ではそうしたものをブリティッシュトラディショナルスタイル［British traditional style］とか、それを略してブリトラなどとも呼んでいる。

ブリティッシュタブカラー［British tab collar］英国調のタブカラー*という意味で、短い襟先を特徴とするタブカラーを指す。きわめてクラシックな雰囲気を表現する。

ブリティッシュチェック［British check］英国の格子柄の総称。主としてタータン*を指し、こうした英国の伝統的な柄を俗称する言葉として用いられている。シェパードチェック*やガンクラブチェック*なども含まれる。

ブリティッシュトラディショナルスタイル⇒ブリティッシュスタイル

ブリティッシュトラディショナルモデル［British traditional model］英国の伝統的なスーツ型という意味で、ブリティッシュモデル*を強調した表現。また、アメリカから見て、より原点的なトラディショナルモデル（伝統型）という意味で用いられることもある。サヴィルロウ*のテーラーによって作られるビスポークスーツ*が典型で、特にトラディショナルの言葉がなくても国際的に通用する。

ブリティッシュ・ナチュラルショルダー［British natural shoulder］英国調の自然肩。アメリカントラディショナルに比べると少し手を加えた感じはあるが、ヨー

ロッパ調のコンケーブショルダー*などに比べれば、はるかにソフトで自然であるのが特徴とされる。

ブリティッシュフロント⇒プラケットフロント

ブリティッシュモデル［British model］紳士服の原点とされる英国調のスーツ型。テーラードショルダーと呼ばれる造形的な広めの角張った肩線から、胸の部分にゆとりを持たせてウエストを軽く絞り、裾でフレアさせるX字型の構築的なシルエットを特徴としている。1930年代以降の〈イングリッシュドレープ*〉と呼ばれる英国伝統のスーツスタイルを踏襲したもの。右脇ポケットの上部に付く小さなチェンジポケットも、この流行型をよく表すデザインとして用いられる。

ブリトラ⇒ブリティッシュスタイル

プリ・プラ⇒ワンウエイプリーツ

フリフリスカート［フリフリ＋skirt］フリフリしたイメージからそう呼ばれるロマンティックなスカートの俗称。多くはスカートオンパンツなどと呼ばれるファッションに用いられるもので、細身のパンツの上にこうしたふわふわとしたスカートを合わせることによって一風変わった雰囲気を表現するのが狙い。

プリペラ［――］異番手の糸使いで作られた表面の凸凹感を特徴とする生地。二重織のため、表面は太い糸使いでメッシュ調に、裏面は細い糸使いで凹凸感と光沢感が表現される。この名称は1959～60年ころ、日本の業者の開発によって命名されたもので、女性用重衣料素材として繰り返し人気となっている。

ブリマー［brimmer］ブリム（つばの部分）が広い帽子を総称し、カプリーヌ*などが代表的。

ブリマーキャップ［brimmer cap］ブリムは「縁（ふち、へり）」の意で、特に帽子の

718

鍔（つば）や「ひさし」の部分を指すが、前びさしが極端に長くなったキャップをこのように呼ぶ。単にブリムの広いハットはブリマー*という。

プリマロフト［PRIMALOFT］1983年にアメリカ軍の要請を受けて、アルバニー社が開発した人工羽毛素材の名称。超微細マイクロファイバー素材（ポリエステル100%）で作られ、羽毛のように軽く、撥水性もあり、断熱・防寒に優れた機能を発揮する。当初はアメリカ陸海軍の防寒着に用いられたが、現在では高級グースダウンに代わる新素材として広く用いられるようになっている。

プリミティブプリント⇒トライバル柄

ブリム⇒ハット

プリムソルズ［plimsolls］ズック*型のスニーカーをいう英国での呼称。ゴム底でプレーンな作りを特徴とし、学童の運動靴として用いることが多い。英国ではまたこれをダップス［daps］と呼ぶことがある。

フリュー［flou 仏］フルーとも。「柔らかい、ふわふわした」の意で、テーラードスーツに対して、軽い布で作った婦人子供服やその仕立てを指す。パリのオートクチュール*ではそうした衣服や毛皮服を扱う部門をフリューと呼んでいる。

プリュームス・ヘッドドレス［plumes headdress］プリュームスは帽子などに付ける「羽飾り」のことで、大きく長い羽を飾った婦人用のかぶりものを指す。

ブリリアンティン［brilliantine］タテ糸に綿あるいは絹、ヨコ糸に梳毛を使って平織か綾織とした生地。織り上げたあとに美しい光沢が出る加工を施し、高級品は婦人服に、下級品は裏地に用いられる。

ブリリアントカラー⇒ブライトカラー

フリル［frill］「襞（ひだ）飾り」の意。細長い布片の片側に襞やギャザーを寄せて、衣服の縁飾りに用いるもの。一方が波のようになっているのが特徴で、ラッフル*やフラウンス*に比べると幅が狭く、ギャザーなども細かく表現される。なお、複数形の frills となると「余分な飾り、虚飾、気取り」などを表すことになる。

フリルカフス［frill cuffs］フリル（襞〈ひだ〉飾り）をあしらった袖口のデザイン。ビクトリアンやバロックなどの要素を盛り込んだ昔風のファッション表現に多く用いられるもので、ブラウスのカフスにフリルをあしらうほか、ただの飾りとしてジャケットの袖口にこうしたデザインを取り入れることもある。

フリルカラー［frill collar］フリル*をあしらった襟の総称。ネックラインの周りにフリルを配するものや、ブラウスの襟の縁にフリルを飾るものなどさまざまな形が見られる。

フリルタイ［frill tie］フリルを何段にも重ねて作られたネクタイの一種。一見スカーフのように見えるファンシーなデザインのネクタイで、ティアードタイ（段飾りネクタイ）ともいえるもの。「ジラフ」というブランドからのアイデア商品のひとつに名付けられている。

フリルドブザム［frilled bosom］フリル*をあしらった胸のデザインをいう。プリーテッドブザム*と同じく、タキシード用シャツに用いられるファンシーなデザインのひとつ。フリルより幅広のラッフル*を飾ったものはラッフルフロント［ruffle front］などと呼ばれる。こうした飾り付きのフォーマルシャツは遊びの多いデザインとされ、欧米の正式なパーティーなどではあまり用いられることはない。

フリルバスケット［frill basket］フリル（ヒダ縁飾り）を特徴としたバスケットバッ

ファッション全般

グ（カゴバッグ）。ラフィアなどで編んだカゴの表面を、さまざまな色のオーガンディーの布片をボーダー柄にしてフリルっぽく縫い付けたもので、最近人気のカゴバッグのひとつとされる。

フリルペチ⇒ペチコート

プリ・ロン⇒アンプレストプリーツ

フリンジ ［fringe］「飾り房」「房飾り（ふさかざり）」また「縁飾り」の意。多くショールやテーブル掛けに見られるもので、「ばら房」「束ね房」「撚り房」「揃え房」「付け房」といった種類が見られる。

フリンジサンダル ［fringe sandal］フリンジ（房飾り）を特徴とした女性用サンダル。

フリンジジャケット ［fringe jacket］フリンジ（房飾り）を特徴としたジャケットの総称。フリンジを肩などに付けたウエスタン調のアイテムに多く見られるが、最近ではウエスタンに限らず、フリンジをファッション的なアクセントとして用いるデザインのものも増えている。たとえば、袖口にフリンジをあしらったシャツジャケットといったものがある。

フリンジシューズ ［fringe shoes］フリンジは「房飾り」の意で、そうしたデザインをあしらった靴を総称する。

フリンジスカーフ⇒エスニックショール

フリンジタイ ［fringe tie］剣先にフリンジ（房飾り）をあしらったネクタイ。カジュアルタイ*のひとつとされる。

フリンジドレス ［fringe dress］フリンジ（房飾り）をデザイン上の特徴としたドレスのことで、裾の部分にフリンジをあしらったドレスを指すことが多いが、なかにはスカート部分全体をフリンジにした前衛的なデザインのものも見られる。

フリンジバッグ ［fringe bag］フリンジ（房飾り）を大胆にあしらったデザインを特徴とするバッグ。フリンジ付きのモカシ

ンブーツ*などの流行に伴って登場したファンシーなデザインバッグのひとつ。

フリンジブーツ⇒モカシンブーツ

フリンジヘム ［fringe hem］フリンジ（房飾り）を特徴とした縁線の処理。最近では糸のほつれた縁飾りを指すことがあり、女性のツイードジャケットなどにそうしたデザインが散見される。ほつれた糸の調子はフロントの打ち合わせから裾線、また袖口にまで及ぶものが見られる。

フリンジベルト ［fringe belt］両端にフリンジ（房飾り）を付け、腰に巻いたときにそれを長く垂らして用いるようにした女性用のベルトをいう。ボヘミアンルック*など1970年代のエスニック調ファッションの流行から人気を得るようになったもの。

フリンジヤーン ［fringe yarn］ファンシーヤーン（意匠糸、飾り撚り糸）の一種で、フリンジ（飾り房、房飾り）状に加工したもの。もこもこした外観が特徴で、リボンのような飾りものとかセーターなどに用いられる。

プリンス・アルバート ［Prince Albert］フロックコート*を指すアメリカでの呼称で、正確には〈ザ・プリンス・アルバート〉というほか、プリンス・アルバート・コートとかアルバート・フロックとも呼ばれる。英国のビクトリア女王（在位1837〜1901）の夫君アルバート公爵（1819〜1861）の称号にちなむもので、公がアメリカ訪問の折、フロックコートを着用したところからの命名とされる。ちなみに同名のきざみタバコの缶の表にフロックコートを着た姿が見られる。

プリンス・オブ・ウェールズ⇒グレンチェック

プリンス・オブ・ウェールズ・プレイド⇒グレンチェック

プリンスロリータ⇒王子ロリ

ファッション全般

プリンセス系 [princess＋けい] ちょっと上品で可愛さの残るファッション表現をプリンセス（お姫様）になぞらえて形容したもの。神戸の女子大生に多く見られるということで「神戸系」と呼ばれたり、単純に和訳して「姫系」とも呼ばれる。

プリンセスコート [princess coat] プリンセスライン*を特徴とする女性用コートの総称。ウエストの切り替えなしで、タテのラインで布を接ぎ合わせて、ウエストの絞りと裾のフレアを表現したもの。このプリンセスは、英国王エドワード7世が皇太子だったころのアレクサンドラ皇太子妃にちなむ。

プリンセスドレス [princess dress] プリンセスライン*と呼ばれる縦の切り替え線を特徴とするドレスの総称。フィット・アンド・フレア型のシルエットがうまく表現されるとして普遍的な魅力をもつ。

プリンセスライン [princess line] 女性のドレスやコートなどによく見られるもので、ウエストの切り替えではなく、脇の下から出たタテの切り替え線だけでフィットさせてウエストを絞り、腰から裾にかけて広がりをもたせたシルエット表現を指す。19世紀の後期に、後のエドワード7世となる皇太子の后アレクサンドラがプリンセス時代に好んだことから、こう呼ばれるようになったとされる。

プリンセスレングス [princess length] 主として真珠のネックレスの長さについて用いられる言葉のひとつで、最も短いチョーカーレングス*（14インチ＝約35.5センチ）と中くらいのマチネレングス*（21インチ＝約53.5センチ）の間の16インチ（約41センチ）の長さのものを指す。お姫様が用いるようなというところからの命名と思われる。

プリンセスロリータ⇒姫ロリ

プリンタブルウエア⇒プリンタブルTシャツ

プリンタブルTシャツ [printable T-shirt]「プリントできるTシャツ」の意で、プリント加工に用いられる無地のTシャツを指す。クライアントの求めに応じて、さまざまなプリントを載せることができるもので、ユニフォームやイベント、PRなどに用いられる。こうした用途のポロシャツやトレーナー（スエットシャツ）、ブルゾンなども含めてプリンタブルウエアと総称される。

プリンテッドタイ⇒プリントタイ

プリンテッドニットシャツ⇒プリントシャツ

プリント [print]「捺染（なっせん）」と訳される。型や模様などを押し付けて染めることをいい、そうした作業をプリンティングという。ファッションでは色糊を用いて布地に模様を印刷する染色法を意味し、「直接捺染」「抜染（ばっせん）」「防染（ぼうせん）」といった方法がある。また「機械捺染」と「手捺染」「転写捺染」といった種類に大別され、機械による捺染をマシンプリント [machine print]、人の手による捺染をハンドプリント [hand print] と呼んでいる。

プリント・オン・プリント [print on print] ひとつのプリント柄に別のプリント柄を重ね合わせる柄表現を指す。これとは別に異なるプリント柄の服種を組み合わせる着こなしテクニックを意味することもある。

プリントジーンズ [print jeans] プリント模様を特徴としたジーンズ。絵の具を塗り付けて模様や文字を描くペイントジーンズ*とは異なり、これはプリント（捺染）しているのが特徴。

プリントシャツ [print shirt] プリント柄を特徴としたシャツの総称。プリント柄のモチーフはクラシックな小紋柄から現代的なアートパターンなどさまざまで、非常に多くの変化に富んでいる。ハワイ

は

721

ファッション全般

アンプリントを特徴としたアロハシャツはその代表的なもの。またプリント柄をあしらったニットシャツはプリンテッドニットシャツ［printed knit shirt］などと呼ばれる。

プリントタイ［print tie］正しくはプリンテッドタイ［printed tie］。織柄のネクタイに対して、プリント柄のネクタイを総称する。小紋プリントを始めとして、水玉模様やペイズリー*柄など多くの種類がある。

プリントパンツ［print pants］⇒柄パンツ

ブル⇒カウ

プルアップレザー［pull up leather］油を染み込ませるオイルレザーの一種で、特に表面の銀層と呼ばれる部分に、ワックスや油剤を多めに含侵させてプレスする方法で作られた皮革素材を指す。オイルアップレザーとかプルアップオイルレザーなどとも呼ばれ、引っ張ったり、圧したりするとオイル分が繊維間を移動して、濃淡模様が現れるなど独特の表情が生まれるのが特徴とされる。こうした表情を「プルアップ効果」などと呼んでいる。

プルアンダー⇒カーディガンベスト

フルイドディテール［fluid detail］フルイド（フリュードとも）は「流動する、流動的な」の意で、流れるような雰囲気をもつ細部のデザインを指す。ラッフル*やカスケード*、レースなどで表現されるものが多い。

フルイドドレス［fluid dress］フルイド（フリュードなどとも）は「流動する、流動性の」といった意味で、体のラインにまとわりついて優しく揺れ動く感じを特徴としたドレスを総称する。

フルイドパンツ［fluid pants］フリュードパンツとも。フルイド（フリュード）は「流動性の」という意味で、全体に揺れ動く

ようなイメージをもつ女性用のパンツを指す。フローイングパンツ*（流れるようなパンツの意）と同義。

フルイドライン［fluid line］フルイドは「流動体、流体」また「流動する、流動性の」という意味で、流れるようなイメージのあるしなやかなシルエット表現をいう。フルーエントライン［fluent line］（なめらかなラインの意）とかフルーディーライン［fluidy line］（流動的なラインの意）ともいう。

フルイブニングドレス⇒フルドレス

フルウィグ⇒ウィッグ

フルウインザーノット［full Windsor knot］ネクタイの結び方のひとつで、「二重太結び」と呼ばれる。ワイドタイ*に多く用いられる方法で、「げんこつ結び」とか「おだんご結び」などと俗称されるほどに大きなノットが作られる。一般にはワイドノット［wide knot］の名で知られる。

フルーエントライン⇒フルイドライン

ブルーザン⇒ブラウジング

ブルージーンズ［blue jeans］インディゴブルー（藍色）に染められた厚手のコットンデニムで作られるパンツのことで、ファイブポケット（5個ポケット）やカパーリベット（銅製の鋲）など独特のデザインを特徴とする。いわゆるジーンズ*を象徴するアイテムで、特にクラシックジーンズと呼ばれるタイプがこれに当たる。

ブルーズ⇒ブラウス

ブルーチャー［blucher］バルモラル*と並ぶドレスシューズの甲部の形を示す2大用語のひとつで、紐通しの部分が両側から覆う形になっており、履き口が下方に開いているのが特徴となる。日本では「外羽根式（そとばねしき）」と呼ぶほか、ブル［blu］と略称したり、「トンビ」の

722

俗称もある。ブルーチャーというのは米式の発音とされ、英国式には「ブルーカー」という。日本では長くブラッチャーと呼んでいたが、最近ではブルーチャーと発音するのが一般的になっている。元々はプロシャ軍のブリュッヘル将軍によって1810年ごろ考案された軍靴のデザインにちなむとされる。ドレッシーなバルモラルに比べ、スポーティーな味をもつのが特徴。

フルーティーカラー [fruity color] 果物を思わせるような、さわやかなオレンジやグリーンの色調を総称する。元気が出るような健康的な色というところから、日本ではビタミンカラー*と呼ばれることもある。

フルーディーライン⇒フルイドライン

ブルーボンネット⇒ボンネット

フルオーダー [full order] 生地の裁断から縫製仕上げに至る全てがハンドメードによる完全な手縫いであるオーダーメード*の服作りを指す。スペシャル仕上げとかデラックス仕上げと呼ばれることも多く、値段的にも大変高価となるが、それをやり遂げる職人の数も少なくなり、現在では貴重な存在とされる。

プルオーバー [pullover] セーターのタイプ別分類のひとつで、前開きがなく、頭からかぶって着るようになったセーターを総称する。いわゆる「かぶり式セーター」のことで、ネックラインの変化の多彩さが特徴。なお英国ではこの種のセーターを「ジャンパー」と呼んでいる。

プルオーバーシャツ [pullover shirt] 首元にプラケット（前開き）をとるなどして、「かぶり式」としたシャツの総称。カーターシャツ*（クルタ）などに代表されるデザインで、アウターシャツにはこうしたものがよく見られる。これにはスリップオーバーシャツ [slipover shirt]

とかスリップオンシャツ [slip-on shirt] といった別称もある。これに対して前開きを全開にしたシャツをコートシャツ [coat shirt] と呼んでおり、こうしたデザインをコートフロント [coat front] ともいう。

プルオーバードレス [pullover dress] プルオーバーは頭からかぶって着るという意味で、前後に開きがない、かぶり式となったデザインのドレスを総称する。同様の意味からスリップオンドレス [slip-on dress] とも呼ばれる。

プルオーバー・プラケットフロント [pullover placket front] プラケット（開き）が途中まで開いている形のプラケットフロント*。頭からかぶって着る式になっていることでこの名がある。こうしたシャツをプルオーバーシャツとも呼ぶ。

フルオカラー⇒フルオレセントカラー

フルオレセントカラー [fluorescent color] フルオレセントは「蛍光性の」という意味で、いわゆる「蛍光色」を指す。それ自体に発光性のある色、またそのような効果がある人工的で鮮明な色をいい、略してフルオカラー（またはフリュオカラー）[fluo color] とも呼ぶ。

プルオンタイプ⇒チペワブーツ

プルオンブーツ⇒チペワブーツ

ブルカ [burqua アラビア] ブルクワとも。イスラム教徒の女性が着るベール状の衣服。頭から全身を覆うゆったりした形のもので、目の部分だけは網目の透けた状態にし、外出時は必ず着用することが義務づけられている。これはまた「覆面」を意味することもある。

フルカーディガンステッチ [full cardigan stitch] 緯編*の変化組織のひとつであるタック編の中で、「両畦編」を指す。交互にタック編を施したゴム編の変化形で、単にフルカーディガンともいう。

ファッション全般

フルカップ⇒ブラカップ

フルカップバルコニーブラ⇒バルコニーブラ

フルカップブラ⇒ブラカップ

古着加工⇒オイルウォッシュ

ブルキナファソコットン⇒ジンバブエコットン

ブルキニ［burkini］イスラム教徒の女性用に開発された水着の名称。アフガニスタンなどの民族衣装「ブルカ」と「ビキニ」を合わせた造語で、2006年ごろにオーストラリアのスポーツ用品メーカーによって作られた。肌の露出をタブーとすることから、これも顔と手足の先以外は全身を覆う形にデザインされており、水をはじくポリエステルなどの素材が用いられている。イスラム教の戒律に背くことなく水泳が楽しめるというのが、イスラム女性にとって最大の特徴となっている。ただし西洋社会においては「公衆プールの調和を乱す」という声もある。

フルキャリングポケット［full carrying pocket］マッキノウクルーザー*というアウトドア用のアウターシャツの背中下部に付く大型のポケットを指す。物がたくさん入る、持ち運びに便利なポケットというところからの命名。

古着ルック［ふるぎ＋ look］古着をファッションとして楽しむ様子。バブル経済崩壊後の1990年代に目立ってきた傾向で、古着ショップの増加とも相まってこうしたファッションが市民権を得るようになった。英語ではユーズドルック used look という。

フルサポーティー⇒ゾッキパンスト

フルサポート⇒ゾッキパンスト

フルジップ⇒ジップアップ

フルジップカーディガン⇒ジップアップカーディガン

フルジップパーカ［full-zip parka］前合わせを完全なジッパー（スライドファス

ナー）使いとしたパーカの総称。ジップアップパーカ［zip up parka］とも称する。

ブルジョワパンク［bourgeois punk］ブルジョワ（富裕層）のためのパンクファッションという意味。シャネルなどの超一流デザイナーブランドから創り出されるパンクファッションのことで、本物のパンクを逆手にとったスノッブな感性が特徴とされる。

フルショーツ［full shorts］従来のショーツよりも大きめの婦人用下着をいう。人気女性シンガーのレディー・ガガやリリー・アレンなどが、ハイウエストの大きなショーツを衣装として用いたところから人気を集めるようになったとされ、2010年ごろからの流行となっている。いわゆる「デカパン」のことだが、最近ではレースやフリルなどをあしらったセクシーなデザインで、これまでのイメージを一新させたものが多く見られる。

フルスカート［full skirt］フルは「いっぱい」の意味で、量感たっぷりのスカートを総称する。ボリュームスカート［volume skirt］とも呼ばれ、丈も長く全体にふっくらとした感じのものが多く見られる。

ブルゾン［blouson 仏］フランス語で「短い上着」を意味する。英語のジャンパーに当たる言葉で、日本では1970年代に入ってからジャンパーに代わってよく用いられるようになった。原型はブルーズ［blouse 仏］と呼ばれる18世紀に登場したゆったりした仕事着にあるとされ、ここから現代のブラウスも派生したとされる。米語ではごく短いジャンパーのことをブラウスと呼ぶ習慣もある。ブルゾンそのものの語源は、服の一部を膨らませるという意味のブラウジング blousing やこれを表すフランス語のブルーザン blousant 辺りにあると考えられている。

ブルゾンコート［blouson coat］ブルゾンを

ファッション全般

そのまま大きくした形を特徴とする女性用のコート。大きなドルマンスリーブを用いたり、裾をドローストリング（引き紐）使いにするなどのデザインが見られる。

ブルゾンジャケット [blouson jacket] ブルゾン＊とテーラードなジャケットの特徴をうまくミックスさせた新しいアイテムで、ブルゾンブレザー [blouson blazer] とも呼ばれる。

ブルゾンシャツ [blouson shirt] ブルゾンのような形をした軽快なデザインのアウターシャツ。さまざまなスタイルがあるが、多くは腰丈の短い丈のもので、ウエストを共地の幅広のバンドで留めるようにしたものが見られる。そうしたデザインの、オープンカラーで半袖としたフィフティーズ・シャツジャック [fifties shirt jac]（1950年代調のシャツ型ジャケットの意）がこれを代表する。

ブルゾンスーツ [blouson suit] ブルゾン＊とパンツを共生地で揃えた一式。カジュアルスーツの代表的なもので、同様の意味から日本ではジャンパースーツ [jumper suit] とも呼ばれる。

ブルゾンブレザー⇒ブルゾンジャケット

ブルゾンライン [blouson line] パンツやスカートの中にブラウスやシャツの裾をたくし込んで、ウエストの部分に膨らみをもたせた形をブルゾン（ブルーゾンとも）といい、そのような形を特徴とするシルエットをこのように呼ぶ。衣服のブルゾン＊はここから出た用語で、こうした形をブラウストシルエット [bloused silhouette] とも呼んでいる。

フルタートルネック⇒タートルネック

ブルターニュ帽⇒ブルトン

ブルックシーモデル⇒トラッドⅠ型

ブルデニム [bull denim] 14オンス以上のごく厚手のデニム地を指す。ブルは去勢

されていない雄牛のことで、その獰猛なイメージからそう呼ばれるもの。いわばスーパーヘビーウエイト・デニムのことで、これに対する10〜13オンスのデニム地のことはミッドウエイト・デニムと呼ばれることになる。

ブルテル [bretelles 仏] フランス語でいうサスペンダー＊（ズボン吊り）。単数形のブルテルには「負い革、吊り革」の意味がある。時にサスペンソワール [suspensoir 仏] の語も用いるが、これは正確には外科用語で「吊（提げ）帯」を意味する。なおイタリア語ではブレテレ [bretelle 伊]、ドイツ語ではホーゼントレーガー [Hosenträgers 独] という。

ブルドッグトウ⇒バルブトウ

プルトップペンダント [pull-top pendant] 缶ジュースなどのプルトップ（つまみ）を飾りとしたペンダント。もとはアメリカの俳優ジョニー・デップの特注品として作られたものだったが、2001年に日本のミュージシャンである hitomi が愛用したところから一般に広がったという経緯が知られる。プルトップといっても本物はシルバー製で、値段も高価なものとなっている。

フルドレス [full dress] フルイブニングドレス [full evening dress] の略で、イブニングコート＊（燕尾服）の別称のひとつ。ここでのドレスはワンピースの意味ではなく、服装の総称として用いられているもので、フルドレスにはそれだけで「正装、礼装、盛装」という意味もある。

ブルトン [breton 仏] 英語でブレトンともいう。フランスのブルターニュ地方で農夫に用いられていたところからこの名があるもので、ブリムの前方を大きく巻き上げ、後ろに深く傾けてかぶる女性用の帽子をいう。ブルターニュ帽とも呼ばれ、本来男女の区別はない。

は

ファッション全般

ブルトンストライプ［Breton stripe］白地にネイビーブルーをほどこしたシンプルな横縞。1858年、フランスのブルターニュで働くフランス海軍の制服にはこの柄を用いるよう法律で定められたところから始まったもので、その後ヨットの乗組員のシャツなどにも取り入れられ、伝統的な縞柄のひとつとなった。パブロ・ピカソが好んだ柄としても広く知られる。この種の横縞を一般にボーダー柄と呼ぶが、これは和製語とされる。プレトンストライプとも。

プルバックスタイル⇒オールバック

フルバックパンティー［full-back panty］Tバック型のパンティーに対して、完全に尻部をおおう形になった女性用下着パンツをいう。

フルパンツ［full pants］バギーパンツ*の別称のひとつ。フルは「いっぱいの、満ちた」の意で、そうしたイメージが強いところからの命名。日本の学校の応援団員たちが用いるこうした形のパンツには、ドカン（土管型パンツの意か）とかボンタン（ズボンパンタロンの略）などの俗称がある。

フルファッショニング⇒ファッショニング

フルファッション⇒ファッショニング

フルファッション靴下⇒ダービー靴下

フルファッションストッキング［full-fashioned stocking］完全成形ストッキングのことで、脚の太さに合わせて編み目を増減しながら平らに成形し、後ろの中央で縫い合わせて完成させる婦人靴下を指す。シームレスストッキング*、トリコットストッキング*と並ぶ女性のストッキングの3大製法のひとつとされる。

フルファッションセーター［full fashion sweater］フルファッション機と呼ばれる編機で作られるセーターの総称。フルファッションは自動的に編み上げて完全

成型することを指し、その頭文字からFFセーターとも呼ばれる。

フルブローグ⇒ブローグ

フルボタン・ポロシャツ［full button polo shirt］フロント部分をふつうのシャツのように全部開けて、ボタン留めとしたポロシャツ。ポロシャツは通常浅いハーフプラケット（前立て）で、それを2～3個のボタン留めとするが、ファンシーなデザイン効果を狙って全開としたもの。

フルボディースーツ［full-body suit］オールインワン水着*の中で、手首と足首までつながっている完全なボディースーツ型の水着をいう。オールインワン水着の多くはトップがランニングシャツ型となっているが、これはTシャツのように首元から体を覆っているデザインも特徴。

ブルマーズ［bloomers］ブルーマーズとも。アメリカの女性解放運動で知られるアメリア・J・ブルーマー夫人（1818～94）によって19世紀の中頃に開発されたところからこう呼ばれる、婦人・子供用のショートパンツの一種。全体にゆったりとして丸く膨らんだ形を特徴とするもので、ウエストと裾にゴムを通した短いものが中心だが、昔は足首まである長いものも見られた。女子学生・生徒の運動用や女児用の下着などとして用いられるが、最近では〈ブルセラショップ〉などの影響もあって敬遠されるようになり、運動着としてはハーフパンツ型のものに変わる傾向がある。単にブルマーとかブルマと呼んだり、膨らみがあることから「ちょうちんブルマー」といった表現もある。なお、膝下まである長い丈のものは特にロングブルマーズ［long bloomers］と呼ばれる。

フルライニング⇒総裏

フルライン［full line］フルは「十分な、豊

かな、いっぱいの」といった意味で、全体にたっぷりと膨らんだシルエットを総称する。アンプルライン*やプッファンシルエット*などと同義。

フルラインドブレザー⇒アンラインドブレザー

フルレングス⇒ガーターレングス

フルレングスコート⇒マキシコート

フルロールカラー [full roll collar] フラットカラー*（扁平襟）に対して、襟腰があり首の周りを巻くようにして立った襟をロールカラー*と総称するが、なかでも立ち代が前後同じくらいの高さのものを、特にこう呼ぶ。

フレアードジーンズ [flared jeans] 裾広がりのフレアードラインと呼ばれるシルエットを特徴とするジーンズの総称。ベルボトムジーンズ*やブーツカットジーンズ*もこの一種となる。

フレアードパンツ [flared pants] フレヤードパンツとか単にフレアパンツともいう。フレアードは「裾の広がった」という意味で、その名の通り裾広がりのシルエットを特徴とするパンツを総称する。ベルボトム型のパンツもこの一種だが、厳密な意味ではフレアードパンツは、フローイングパンツ [flowing pants]（流れるようなの意）と呼ばれる、全体にゆったりとしてドレープやフレアを表現する女性用のパンツを指すという説もある。

フレアードライン [flared line] フレヤードラインとも。フレアードは「（スカートやパンツの）裾が広がった」という意味で、裾に向かって広がりのあるシルエットを総称する。

フレアキャミソール [flare camisole] 裾が開き気味になって、ヒラヒラと揺れ動くイメージを特徴としたキャミソールトップ*。シフォンなどの軽く柔らかな生地で作られ、フリルやプリーツなどをあし

らうことでヒラヒラと揺れ動く感じを与えたもので、日本では俗にヒラキャミなどと呼ばれている。

フレアショーツ⇒フレアパンティー

フレアスカート [flare skirt] ウエストから裾に向けてフレア（広がり）を持たせたスカートの総称で、スカートの基本形のひとつとされる。フレアを抑え気味にしたタイプをセミフレアスカート [semi-flare skirt] と呼ぶ。

フレアストレート⇒ソフトフレアードライン

フレアスリーブ [flare sleeve] 袖口で広がる形を特徴とした袖を総称する。ベル（釣鐘）のような形ということで、ベルスリーブ [bell sleeve] と呼ぶこともある。広がりの形は変化に富んでいる。

フレアタンクトップ [flare tank top] 裾にゆるやかな広がりを持たせたタンクトップ。エレガントに揺れ動く表情を特徴としたもので、最近の女性用トップスのひとつとして人気がある。

フレアトップ [flare top] 裾に向かってゆるやかな広がりを持つ女性用の上衣類を総称する。特にそうしたデザインを特徴とするプルオーバー型のカットソーや布帛製のブラウスなどを指すことが多い。こうしたものでは袖のデザインも袖先に向かって広がるフレアスリーブとなったものが多く見られる。

フレアパンツ [flare pants] 裾に向かって大きく広がる形を特徴とする女性用パンツ。最近こう呼ばれるそれは従来のフレアードパンツとは異なるもので、ガウチョパンツ的なワイド幅のものを総称している。フレアワイドパンツと呼ばれるものと同種のアイテム。

フレアパンティー [flare panty] 裾が広がる形になったパンティーの総称。脚部の締め付けがない下着として好まれ、フレアショーツ [flare shorts] ともいい、タッ

ファッション全般

プパンツ［tap pants］の別称もある。なおタップパンツには同型のアウター（外衣）向けパンツの意味もある。英国ではこの種のものをフレンチニッカーズ［French knickers］と呼んでいる。

フレアミニ［flare mini］裾の広がり（フレア）を特徴とするミニスカートの総称。ヒラミニに代表されるアイテムで、2005年ころからの流行となっている。

フレアワイドパンツ［flare wide pants］全体にたっぷりした広がり感を特徴とする女性用パンツ。ガウチョパンツやスカンツ（スカートパンツ）の人気から浮上してきたアイテムで、柔らかな素材使いと女性らしい優しさあふれるデザインが特徴とされる。2016年秋ごろからの傾向。

プレ・アンド・アフタースポーツウエア⇒アクティブスポーツウエア

プレイウエア［play wear］ここでのプレイは「競技（試合）をする」という意味で、実際にスポーツをするときに着用する衣服を指す。つまり「純競技着」の意で、観戦着とは明確に区別される。

ブレイク［break］ズボンの裾線が靴の甲にかかってセンタークリース*（折り目）の下部に生じる「ゆるみ、たるみ」をいう。おしゃれ上手の象徴のひとつとされるもので、ズボンはこのようにひと折れするくらいの丈が適正とされる。ここでのブレイクは「折れる」の意味から来たもの。

ブレイシーズ⇒サスペンダー

プレイジーンズ［play jeans］遊びの要素が強く感じられるジーンズの総称。わざとセンタークリース（折り目）を付けたり、前ポケットをパッチポケットにしたり、フロントをダブルジッパーの前開きにするなど、遊び感覚あふれるデザインを取り入れたジーンズを指す。こうしたものをフレンチジーンズ［French jeans］と

かディスコジーンズ［disco jeans］などと呼んでいた時代もある。ここでのフレンチは「風変わりな」の意で、ファンシーと同義とされる。

プレイショーツ［play shorts］ウオークショーツ*と並ぶショートパンツ類の2大分類のひとつで、遊びのためのショートパンツ、またスポーツプレイ用のショートパンツの意味。ジムショーツ*など特に丈の短いタイプがここに含まれることになる。

プレイスポーツウエア⇒プロフェッショナルスポーツウエア

プレイスーツ［playsuit］上下つなぎになったコンビネゾン（コンビネーション）の英国での別称。ロンパースーツとも呼ばれるが、英語では一般に子どもの「遊び着」の意味にもなる。

ブレイゾン⇒エンブレム

ブレイデッド・バンチ⇒コーンロースタイル

ブレイデッドレザーベルト⇒メッシュベルト

ブレイド［braid］編んだ髪、お下げの意で、通常は複数形でbraidsと綴る。一般的な「三つ編み」から最近ではまとめ髪の基本とされる編み込みヘアの「フレンチブレイド」、その変形の「ダッチブレイド」や「インサイドアウトブレイド」と呼ばれるものなど多くの種類がある。ブレイドにはまた「組み紐、さなだ紐、モール」の意味もある。

プレイド［plaid］「格子柄」の意で、正しくはプラッドと発音されるが、日本ではプレイドという表現が一般化している。チェック*が「碁盤縞」を指すのに対して、プレイド（プラッド）は線構成の格子柄を指すとか、チェックよりも大きな格子柄で3色以上の多色使いのものを指すというように解釈されているが、実際的には両者は同じように用いられている。グレンチェック*とグレンプレイド*が同

ファッション全般

一のものであるのがその好例。

ブレイドハット⇒ペーパーブレイドハット

プレイトポケット [plait pocket] 燕尾服やモーニングコートなどテール（裳裾）のあるフォーマルウエアの、テール裏縫い目の部分を利用して設けた「隠しポケット」のこと。こうした上着にふつう脇ポケットは付かないため、手袋などの収納用として付けられる。プレイトはプリーツ（ひだ）と同義。

プレイパンツ [play pants] 遊び心いっぱいにデザインされたパンツとでもいった意味で、いわゆるデザインパンツ*を指す新呼称として用いられている。カジュアルプレイパンツ [casual play pants] とも称されるほか、ソフトパンツ [soft pants] などさまざまな名称でも呼ばれる。これといった定型はなく、要するにアイデアにあふれた楽しいデザインのパンツがここに含まれる。

プレイフォーマル [play formal] 遊び気分いっぱいに作られたフォーマルウエアといったほどの意味で、ファッションフォーマル*の別称ともされる。友だち同士の気軽なパーティーや、ちょっとした夜の集いなどに着て楽しむことを第一義としたドレスアップウエアを指す。

プレイフル・プリント [playful print] プレイフルは「冗談の、ふざけた、おどけた」また「ふざけたがる、遊び好きの」といった意味。そうした感じが強い遊び心いっぱいにデザインされた柄を総称する。2015年秋冬シーズン頃から目立ってきた柄傾向のひとつで、柄以外にも最近はそうした雰囲気のファッション表現が目立つようになっている。

プレイヤーコート [prayer coat] プレイヤーは「祈祷師（きとうし）」の意で、そうした仕事にある人が着用しているような、黒のたっぷりしたシルエットのロン

グコートを指す。禁欲的なイメージが強く感じられるのも特徴とされる。

ブレー [braies 仏] ゴール人（ガリア人、古代フランス人）が穿いた脚衣で、股引き状の短いズボンのひとつ。いわば男性用ブルーマーといったもので、ビザンチン期を通して穿かれ、やがて短くなったブレーの下端にショース*と呼ばれる脚衣を合わせるようになった。ブレーという名称は東方から伝わったブラコというゆるやかな脚衣のフランス訛りとされる。独立した衣服となったあともその形は残り、プールポワン*（胴着）とともに17世紀まで用いられた。

フレークヤーン [flake yarn] ファンシーヤーン*の一種で、スラブヤーン*に似たタイプの節のある糸を指す。フレークは「（雪や羽毛などの）1片、ひとひら」また「薄片」という意味で、柔らかく短い繊維と色違いの長い繊維を撚り合わせて作られる。

フレーズ⇒ラフ

ブレーディング [braiding] ブレード*（平紐、組み紐、真田紐）を用いて衣服を飾る手法をいう。コーディング*と同様の方法。ブレードにはモール [mogol ポルトガル] も含まれ、ゴールドモールといえば「金モール」を意味することになる。なお、モールという言葉はもとインドのモゴル（ムガル）帝国時代の特産品とされる織物から来たものとされる。

プレートネックレス [plate necklace] IDプレート [ID plate] を付けたネックレス。ID は identification（身元確認）の略で、ここでは特にアメリカ軍の認識票に似せた金属板をこのように呼んでいる。自分の名前や誕生日、血液型などを刻印するオリジナルの ID プレートのほか、有名ブランドのロゴマークやロゴタイプを入れたものなどにも人気がある。ID ス

は

ファッション全般

トラップ [ID strap] ともいう。

プレートバックルベルト [plate buckle belt] 平板な板状のバックルを特徴とするベルト。クリップ状になっていて、それでベルトを留める形になったものが多い。

フレーム [frame] 「(窓などの) 枠」また「額縁」といった意味で、複数形の frames でメガネの「枠」を意味することになる。欧米ではリム [rim] (丸いものの縁、へりの意) という表現をよく用いるが、日本ではセルフレーム *、メタルフレーム * というように、フレームのほうが一般的となっている。要はメガネレンズの枠型のこと。

フレームサック⇒フレームパック

フレームドカラー [framed collar] 縁取りをした襟の総称。俗に「額縁飾り」と呼ばれ、昔のフロックコート * のほかランチコート * などにこうしたデザインが見られる。

フレームドストライプ [framed stripe] フレームドは「枠にはめた、縁を付けた」という意味で、縁付きの縞柄を指す。たとえば 1 本の縞の両側を白の縁で飾った縞柄があり、ドレスシャツやネクタイの柄としてよく用いられる。

フレームドパッチ・アンド・フラップポケット⇒フレームドパッチポケット

フレームドパッチポケット [framed patch pocket] 縁取りを特徴としたパッチポケットのことで、俗に「額縁ポケット」などと呼ばれる。ポロコート * に付いたものは特にフレームドパッチ・アンド・フラップポケット [framed patch and flap pocket] と呼ばれる。

フレームパック [frame pack] 木やアルミ、軽量スチールなどのフレーム (枠) で作られたキャリーボーン [carrybone] と呼ばれる「背負子 (しょいこ)」に、ナイ

ロン地など専用のシェルを付けた大型のバックパック * をいう。1970 年代のバックパッカーたちが使用したのはこのアルミフレームタイプ。フレームサック [frame sack] とも。

プレーンウイーブ⇒平織

プレーンカフス⇒ストレートカフス

プレーンカラー⇒レギュラーカラー

プレーンステッチ⇒平編

プレーンソール [plain sole] アウトソール * からヒールまでが表革で作られたまったく平らな靴底。室内用のドレスシューズに見ることができる。

プレーントウ [plain toe] 何の飾りもない靴の爪先型。またそうしたデザインの靴そのものも意味している。トラディショナルシューズの代表的なデザインとされ、ドレッシーなものはフォーマルシューズとしても用いられる。

プレーントウシューズ [plain toe shoes] 爪先に何の飾りもない短靴で、特にそうした紳士靴を指すことが多い。ストレートチップシューズ * と並んで男子靴の基本とされるもののひとつで、準礼装用として昼夜を問わず広範に用いることができる。アメリカントラディショナル好みのブルーチャー * 型のものとブリティッシュ好みのバルモラル * 型の 2 タイプがある。

プレーンノット [plain knot] 「一重結び」と呼ばれるネクタイの結び方で、最も基本的で簡単な方法とされる。ノット (結び目) が小さく表現されるところから、レギュラーカラーのシャツはもちろんのこと、襟開きの狭いタブカラー * やピンホールカラー * などのシャツにふさわしいものとされる。フォアインハンド * とかレギュラーノット [regular knot] とも呼ばれる。また一重結びということからシングルノット [single knot] というこ

ファッション全般

ともあるが、シングルノットはエスカイアノット*の別称という説もあるので注意を要する。別にダービーノット [derby knot] と呼ばれるほか、セーラーノット [sailor knot] ともいった。

プレーンバック⇒ウイズアウトベント

プレーン・パッチポケット⇒オープン・パッチポケット

プレーンパンスト⇒ナチュラルストッキング

プレーンパンプス [plain pumps] 何の飾りも付けることのない、最もシンプルな作りのパンプス*をいう。プレーンは「明白な、わかりやすい、簡素な、率直な、飾らない、普通の」といった意味。

プレーンフロント⇒フロントタック

プレーンベルト [plain belt] プレーンは「平板な、普通の、飾らない」といった意で、革に型押ししたり、何の飾りもない無地のベルトを総称する。メッシュベルト（編み込み）やゴムベルト（伸縮性に富むゴム製）、タイベルト（結び式）、チェーンベルト（金属の鎖製）などに比べ、きわめてシンプルなデザインのものをこのように呼ぶ。

プレーンボトム [plain bottom] 折り返しの付かないズボンの裾の形をいう。カフレス [cuffless] ともいい、カフトボトム*の対語となる。日本では一般にストレートカット [straight cut] とも呼ばれ、ダブルに対してシングル [single] とかシングルカフ [single cuff] とも俗称される。

プレ・オーガニックコットン [pre-organic cotton] オーガニックコットン*と認められる以前のオーガニックコットンという意味で、綿花農場を無農薬に切り替える移行期間に作り出されるコットン素材を指す。頭文字から POC とも略称される。

フレカジ [French＋casual]「フレンチカジュアル」の短縮語。フランス風のカジュ

アルファッションを総称するが、とくにパリの女子学生などに見られる小粋な感じのファッションを指すことが多い。『アニエスｂ』や『クーカイ』といったブランドに代表され、日本では1990年代の初め頃から支持されるようになった。

プレキシグラスネックレス [Plexiglas necklace] ドイツの『デグサ』によって開発された硬質アクリル樹脂〈プレキシグラス〉で作られたネックレス。光沢感と透明感を特徴としたもので、その未来的な調子に人気がある。同じ素材で作ったブレスレットはプレキシグラスブレスレット [Plexiglas bracelet] と呼ばれる。

プレキシグラスヒール [Plexiglas heel] プレキシグラスはドイツの〈デグサ〉の開発による硬質アクリル樹脂の登録商標名で、『ローム＆ハース』社の商品名とされる。光沢感と透明感を持つカラフルなプレキシグラスを用いた靴のヒールをこのように呼び、その不思議な感覚で注目されている。

プレキシグラスブレスレット⇒プレキシグラスネックレス

フレキシブルシャツ [flexible shirt] 柔軟な使い方ができるシャツの意で、ビジネスにもカジュアルにも自由に使うことができるダブルデューティータイプのドレスシャツを指す。

フレグランス [fragrance]「かぐわしさ、芳しさ」また「芳香、香り」の意で、一般に「芳香性化粧品」の総称とされる。アルコールに対する香料の割合（賦香率）によって種類が分けられ、その高い順にパフューム*（パルファン＝香水）、オーデパルファン*（パフュームコロン）、オーデトワレ*、オーデコロン*（コロン）の別がある。なお、香りや芳香を表すにはセント [scent] という語もあり、これはまた英国では「香水」の意味もある。

は

ファッション全般

ブレザー［blazer］ドレッシーにもスポーティーにも着こなすことができるカジュアルな表情を持つスポーツジャケット *の一種。厚手のフランネルの一枚仕立てで作られ、メタルボタン（夏季用のものにあっては白蝶貝ボタン）を付けたものがブレザーの本格とされるが、現在ではそうした原則にこだわらないデザインのものも多数現れている。本式には「ブレイザー」と発音されるが、ブレザーコートというのは日本的な名称とされる。

ブレザースーツ［blazer suit］ブレザーと共生地のパンツを合わせてスーツスタイルとしたもの。ネイビーブレザーではただの濃紺スーツと見られかねないが、金ボタンの存在によってはるかにスポーティーな雰囲気が生まれるのが特徴。ビジネスウエアとして用いられるほか、フォーマルウエアとしての表情も備えている。

ブレザーフランネル⇒フランネル

ブレザーボタン［blazer button］ブレザー *に用いるメタルボタン（金属製のボタン）のことで、これも広くはジュエリー類のひとつとされる。特に付け替え用に用意されたものの中には驚くほど芸術的で価値の高いものが見られる。

ブレザリージャケット［blazerly jacket］ブレザーのようなジャケットという意味の新語。最近のヨーロッパのデザイナー物などに見られるブレザー風のファンシーなジャケットをいったもので、ここでは必ずしもメタルボタン使いではないものも含まれる。要はあくまでもブレザー風かそうでないかという見る側のファッション感覚に委ねられることになる。

プレシード加工［PRECEDE＋かこう］シルバーアクセサリーのコーティング手法のひとつで、ＰＶＣ加工とも呼ばれる。

この名称は日本のシルバーアクセサリーブランド BOCHE（ボーチェ）によるもので、プレシャスとシールドからの合成語とされる。シルバー変色防止とアレルギー防止を目的に開発されたもので、メッキ加工と同種の加工法という。こうした加工をほどこしたジュエリーにプレシードピンズやプレシードラペルピンなどがある。

プレシャスストーン⇒貴石

プレシャスバッグ［precious bag］プレシャスは「高価な、貴重な、かけがえのない」といった意味で、そうした雰囲気の強いハンドバッグを指す。ボリュームクチュール *と呼ばれるファッション傾向から現れたクラシックなハンドバッグのひとつで、毛皮使いや半貴石など贅沢な素材を飾ったものが多く見られる。

プレシャスレザー［precious leather］プレシャスは「高価な、貴重な」の意で、その名の通りクロコダイルなどの高価で貴重な皮革素材を総称する。

プレシューズ⇒ファーストシューズ

プレシュランク［pre-shrunk］「前もって防縮加工を施した」という意味。シュランクはシュリンク shrink（縮む、縮ませる）の過去分詞形で、1947年に『ラングラー』社がサンフォライズ加工 *を採用するようになってから、ジーンズにこのような用語が用いられるようになった。

フレスコ⇒ポーラー

ブレスサーモ［BREATH THERMO］日本のスポーツウエアメーカー「ミズノ」の開発による発熱素材の商標名。体から出る汗や水分を熱に変える特質のある素材で、衣服内の温度を約２度上げるという。

ブレステイキングルック⇒ニュールック

プレストパウダー［pressed powder］プレストは「押し固められた」の意で、固形タイプのフェイスパウダー（白粉）をい

ファッション全般

う。メイク後の仕上げに用いるほか、外出先での手軽な化粧直しにも用いられて重宝する。ファンデーションではなく、油が多くてしっとりした質感が特徴とされる。これに対して粉タイプのそれはルースパウダー（ゆるんだ、バラバラのパウダーの意）という

ブレストフィーディングブラ⇒マタニティーブラジャー

ブレストポケット［breast pocket］胸ポケットの総称。多くはウエルトポケット*の形をとる。チェストポケット［chest pocket］とも呼ばれる。なおテーラードな衣服に胸ポケットが付いたのは、19世紀に生まれたチェスターフィールド*が最初とされ、それは元々手袋を入れるために作られ、やがて貴族の証にされたという。いちばん上にあることからトップポケット［top pocket］と呼ぶこともある。

プレスマンシャツ［pressman shirt］プレスマンは英口語で「新聞記者」の意。そうした記者たちがよく着ることから名付けられたシャツで、ネクタイを着けても着けなくても着ることができるツーウエイシャツ（二通りに着られるシャツの意）を指す。

ブレスリング［brace ring］ブレスレットリングの略で、手首から指にかけ、手の甲全体を飾るようにした指輪の一種。中指に付ける指輪からチェーンが伸びて、手首を飾る仕掛けになったものなどが見られる。

ブレスレット［bracelet］「腕輪、腕飾り」の総称で、正しくはブレイスリットと発音する。また手首に用いる例が多いところからリストレット［wristlet］ということもある。チェーン状のものや単純な輪状のものなどさまざまな種類があるが、概して細いものはドレッシー、太幅のものはスポーティーという性格をもつ。

ブレスレットウオッチ［bracelet watch］ブレスレット*とリストウオッチ*を兼用した形の腕時計の一種。幅広の革バンドに時計を埋め込んだものや、繊細なチェーンに時計を取り付けたもの、また貴金属や宝石を散りばめた腕飾り状のものなどさまざまなデザインが見られる。英米ではカフウオッチ［cuff watch］ともいう。

ブレスレットカフス［bracelet cuffs］ブレスレットのようなシャツ袖の折り返し、またカフスのような幅広のブレスレットを指し、金属やレース、リボンなどさまざまなもので作られる。一般には〈プレイボーイクラブ〉のバニーガールが着けているシャツカフスだけの飾りを指すことが多い。

ブレスレットスリーブ［bracelet sleeve］ブレスレットを着けるのに適当な長さの袖をいったもので、肘と手首の中間程度の丈の袖をいう。いわゆる「七分袖」と同じ。

プレタイドボウ［pre-tied bow］あらかじめノット（結び目）の形が作られており、バンド部のフックで留める形になった蝶ネクタイ。本結びではない略式のボウタイで、本来はサービスする側のスタッフが用いるユニフォームとしてのものであったとされる。

プレタキモノ⇒ニューキモノ

プレタクチュール［prêt-à couture 仏］プレタポルテ*とオートクチュール*から作られた合成語。オートクチュールの感覚を持つプレタポルテ、また一部にプレタポルテの機械縫製などの生産システムを取り入れたオートクチュールのこと。1976年にピエール・カルダンが提唱して広まるようになった。

プレタポルテ［prêt-à-porter 仏］フランス語ですぐに着られるという意味から来た

は

もので、「既製服」の意味になる。日本
では有名なデザイナーの手になる既製服
ということで、これを「高級既製服」の
意味としている。オートクチュール*と
は違って、買ってすぐに着ることができ
るのが最大の特徴。

プレタポルテ・オーダー［prêt-à-porter
order］パターンオーダー*やパターン
メード*と同義の用語。店に置いてある
スーツやジャケットなどを、サイズが合
わない顧客のために特別に仕立てる方法
を指し、元々海外のプレタポルテ*ブラ
ンドが始めた顧客サービスのひとつとさ
れる。ここからパターンオーダーという
言葉も生まれている。こうした作り方を
プレタポルテ・オーダーシステムともい
う。

プレタポルテ・デラックス［prêt-à-porter
deluxe］フランス語でプレタポルテ・ド
リュクスとも発音する。プレタクチュー
ル*やセミクチュール*とほぼ同じで、
オートクチュール*に限りなく近づいた、
きわめて格調の高いプレタポルテを総称
する。

プレタポルテ・ドリュクス⇒プレタポルテ・
デラックス

ブレックファストカラー［breakfast color］
朝食（ブレックファスト）に見る目玉焼
きの黄身の色やパンの茶色、リンゴの身
の色など滋養を感じさせることのある暖
色系の色を指す。2011 ～ 12年秋冬向け
プルミエール・ヴィジョンのテキスタイ
ル傾向色として提案された色調に付けら
れた名称。

フレッシュカラードストッキングス⇒ヌー
ドストッキング

フレッシュサイド⇒ベロアレザー

フレッシュマンスーツ⇒リクルートスーツ

フレッピー［Freppie］フレンチプレッピー
を略した造語。フランス版プレッピーと

いう意味で、アメリカ東海岸の良家の子
息ファッションであるプレッピーのフラ
ンス風表現とされる。特に2010年代に入
って人気を得てきた「メゾン・キツネ」
や「カルヴェン」「アミ・アレクサンドル・
マテュッシ」などパリ発のリアルクロー
ズ・ブランドに代表される往年のBCBG
（ベーセーベージェー）を思わせるフレ
ンチカジュアルの表現がそうした雰囲気
をよく表しているとされる。

プレッピーカジュアル［preppie casual］プ
レッピールックを基調にしたカジュアル
ファッションの表現。元々カジュアルな
雰囲気が特徴のプレッピールックだが、
中でもポロシャツやラグビーシャツなど
を中心にして、ホワイトジーンズやブ
ルージーンズ、チノーズなどを合わせる
伝統的でかつ軽快な装いがその持ち味と
される。2005年ごろから再び人気を集め
出した。

プレッピールック［preppie look］アメリカ
の大学進学コースにある私立高校や予備
校のことをプレパラトリースクール、略
してプレップスクールといい、その生徒
たちをプレッピーと俗称している。そう
した若者たちに見るファッションをいっ
たもので、アイビールック*を少し崩し
た感じのカジュアルな着こなしが多く見
られる。プレップルック［prep look］と
もいうが、日本ではニューアイビー［new
Ivy］として多く知られる。

プレップルック⇒プレッピールック

ブレテレ⇒ブルテル

ブレトン⇒ブルトン

プレバレンス［prevalence］ポピュラリ
ティー*とほぼ同じで、広く行われてい
ることや普及、流行という意味。

プレミアムカジュアル［premium casual］
高級感を持ち味としたカジュアルファッ
ションの表現。元々イタリアのカジュア

ファッション全般

ルメーカーが提唱したものだが、現在で
はただ高級なだけでなく、ものづくりへ
のこだわりを感じさせるところに特徴が
あるとされる。

プレミアムジーンズ［premium jeans］高級
なジーンズの意。1996年にアメリカで販
売された〈アールジーン〉を始まりとす
る売価100ドル以上のジーンズの呼称と
して生まれたもので、2000年代に入り〈セ
ブン・フォー・オール・マンカインド〉
や〈ペーパーデニム＆クロス〉などの人
気ブランドの登場で爆発的なブームを呼
ぶに至った。一般のジーンズとはひと味
異なる高付加価値のあるジーンズとして
独自の地位を築き、OLたちの通勤着に
も取り入れられて、ジーンズの価値観を
塗り替えることとなった。プレミアムは
本来「景品、賞品、割増金」という意味
だが、ここでは形容詞としての「高級な」
の意味を用いている。

プレミアムダウン⇒グースダウン

プレリップトジーンズ⇒ダメージジーンズ

フレロンスリーブ［flare ＋ long sleeve］フ
レアロングスリーブの日本的略。裾広が
りになった長い袖のことで、スーパーロ
ングスリーブの一環として登場したデザ
イン。カットソーやブラウスなどによく
見られる。2016年秋ごろからの傾向。

フレンチアイビー［French Ivy］フランス
風のアイビーファッションの意。アメリ
カの正統派のアイビーをヨーロピアン感
覚で誇張した感じのもので、ジャイビー
アイビー＊（崩れアイビー）の一種とも
いえる。イタリアンアイビー＊と並んで、
いわゆるソフトアイビー＊の双璧とされ
る。

フレンチアメリカン［French American］
フランスとアメリカの融合型ファッショ
ン。フランス的な感覚で料理したアメリ
カンファッションといった趣のあるもの

で、小粋で洒落た感じが特徴。

フレンチアーミーセーター［French army
sweater］アーミーセーター＊の一種でフ
ランスの軍隊で使用されるものを指す。
カーキグリーンの色使いとリブ編の丈夫
な編地を共通項に、各国によって微妙な
デザインの違いがあり、アウトドア用に
最適なセーターとして一般にも供され
る。イタリア軍のものはイタリアンアー
ミーセーター［Italian army sweater］と
呼ばれ、日本の自衛隊にも同様のアイテ
ムがある。

フレンチ・ウエスタンジャック⇒ウエスタ
ンジャケット

フレンチカジュアル⇒フレカジ

フレンチカフス［French cuffs］ダブルカ
フス＊の別称。かつては硬く糊付けされ
たシングルカフス全盛の時代にあって、
柔らかなダブルカフスを「変わったカフ
ス」という意味でこのように呼んだもの
で、特にフランス風のカフスという意味
ではない。これはアメリカで多く用いら
れる言葉で、コンチネンタルカフス
［Continental cuffs］などとも呼ばれる。

フレンチカラー⇒コンチネンタルカラー

フレンチクルーネック⇒リングネック

フレンチコーム⇒コーム

フレンチコンチネンタル［French conti-
nental］フランス系のコンチネンタル
ファッション＊。特に1960年代に流行し
たメンズにおけるそうしたファッション
を指すことが多く、ピエール・カルダン
などのデザイナーによって作り出され
た、いかにもフランス的な審美的なデザ
インが特徴とされる。

フレンチコンチネンタルモデル⇒コンチネ
ンタルモデル

フレンチジーンズ⇒ブレイジーンズ

フレンチスタイル［French style］フラン
スのスタイルの意で、ファッションでは

は

735

「フランス調」の意味で用いられる。フランス特有のエレガンスな雰囲気に満ちたものが多いのが特徴で、最近では特にデザイナーのクリエイティビティー（創造力）に委ねられたものが多く見られる。

フレンチスリーブ ［French sleeve］身頃から裁ち出された袖の総称で、欧米ではキモノスリーブ*という例が多いが、日本ではそうしたもののうち、ごく短い袖をこのように呼んでいる。

フレンチセーラーシャツ⇒ボーダーT

フレンチ・セーラージャック ［French sailor jac］フランスの水兵服にヒントを得て作られたカジュアルなジャケット。多くはフィンガーチップレングス（指先丈）で、小型のセーラーカラーを特徴としている

フレンチセーラーズ・ストライプトジャージー ［French sailors striped jersey］フランス海軍の水兵が着用する縞柄のジャージーシャツという意味で、横縞と大きめの丸首を特徴とする。一般にはバスクシャツ*と同義とされ、シードッグジャージー［seadog jersey］の俗称もある。シードッグは「船乗り」を意味する俗語。

フレンチソング ［French thong］レース飾りなどの短いスカート部分を取り付けたソング*。ソングはTバック型のビキニショーツで、後ろに少し布地が残されているものを指す。ここでのフレンチはフランス風ということではなく、「風変わりな」といったほどの意味で用いられている。

フレンチタートルネック ［French turtle neck］首にフィットした形のタートルネックではなく、首から離れて前部へ大きく傾斜した形になったタートルネックの一種を指す。別にオフタートル［off turtle］とかビッグタートル［big turtle］とも呼ばれる。

フレンチターンナップ ［French turn-up］ズボンの裾に見る折り返しの一種で、あたかも折り返しているかのように見える「まがいもの」のデザイン。「まがいかぶら」とか「にせかぶら」などと呼ばれるもので、生地の節約や生地不足のため、裾口に一定の重なりを付けて、ほんものの折り返しに見せかけるものをいう。

フレンチ・タッチ ［French touch］2014年春夏のファッショントレンドのひとつで、いかにも小粋でエレガントな雰囲気のフランス調のファッション表現を指す。フランスで生まれ、フランスでしか理解できないパリジェンヌたちの伝統的なフランスモードといったニュアンスを含む。

フレンチダウン ［French down］フランス産ダウン。フランスで採取される水鳥の羽毛のことで、多くはフランス北部に産するホワイトダックダウンを指す。保温性、柔軟性、放湿性に優れた良質な羽毛のひとつとされる。

フレンチドッカーズシャツ⇒ドッカーズシャツ

フレンチトラッド ［French trad］フランスのトラディショナルファッション（トラッド*）。フランス人の目を通して見たトラディショナルのさまざまな表現を指す。本来はジバンシーやイヴ・サンローランなどオートクチュール系のデザイナーによって創り出されるスーツモデルをいったもので、俗にパリトラッド［Paris trad］などとも呼ばれる。

フレンチナローカラー⇒ナロースプレッドカラー

フレンチニッカーズ⇒フレアパンティー

フレンチネイル ［French nail］ネイルアート*の一種で、爪の先のほうだけにラメ入りのマニキュアを塗ったり、色を変えるなどしたもの。ここでのフレンチはと

くに「フランス風の」という意味ではなく、ちょっと変わっているものについての形容詞として用いられている。これと同種のデザインで、爪の先と根元の二つの部分に分けて飾りをつけるものをダブルフレンチ［double French］と呼ぶことがある。

フレンチパンク［French punk］フランス風に洗練させてソフトに着こなすパンクファッションの意。ロンドン発祥のパンクは荒々しいイメージだけが強調されがちだが、そうした要素を取り入れてきれいにエレガントに表現したものを指す。パリパンク［Paris punk］とかエレガンスパンク[elegance punk]とも呼ばれる。

フレンチパンプス［French pumps］広義にはフランス風のパンプスを総称する。ハイヒールが付いたエレガントな感じの婦人靴のことだが、最近では日本の靴メーカーが作り出した子供向けのパンプスの商品名として知られることが多い。特に「ボーダーフレンチパンプス」と呼ばれる白と黒のボーダーストライプを配したエナメル革のスクエアトウ*のパンプスが有名。フレンチには「風変わりな」といった意味も含まれている。

フレンチヒール［French heel］フランス風のヒールの意で、付け根部分が広く太くとられ、外側と内側で大きくえぐる形になって徐々に細くなるデザインのヒールを指す。

フレンチブレイド⇒ブレイド

フレンチプレッピー［French preppie］プレッピールック*のヨーロッパ版。テニスウエアで有名な「ラコステ」に見るような伝統的でかつ若々しさにあふれるファッションを、フランス風のプレッピーと称したもので、ヨーロッパの良家の子女が好むちゃんとしたカジュアルなファッションを指す。

フレンチフロント［French front］プラケットフロント*の対語で、「前立て」の付かないシャツフロントの形を指す。俗に「後ろ前立て」とか「裏前立て」などと呼ばれる。パネルがないためすっきりとして見えるのが特徴。

フレンチホックブラ⇒フロントホックブラ

フレンチポロ⇒テニスポロ

フレンチマリン［French marine］フランス調のマリンファッション。フランス海軍のユニフォームや地中海のサントロペなどのリゾートルックにモチーフを得た小粋な感覚の海洋調ファッションで、いかにもしゃれた雰囲気が特徴とされる。フランス国旗に見る青、白、赤のトリコロール使いや、白と青のボーダーTシャツ、白のセーラーパンツなどのアイテムが多く見られる。

フレンチモデル［French model］フランス調のスーツの流行型。かつてはドロップショルダーやコンケーブショルダーを特徴とする明確なスタイルを持っていたものだが、近年は国を表すようなスタイルは消滅し、パリのメンズコレクション系のデザイナーによって創られるスーツがそれを代表するようになっている。きわめてファッショナブルな感性にあふれているのが特徴的で、いわば「モード系スーツ」の最先端ということができる。

フレンチライン⇒スクエアトウ

フレンチリネン⇒ベルギーリネン

フロアレベルドラペル［floor leveled lapel］下襟が水平にカットされたピークトラペル*のことで、単にレベルドラペル［leveled lapel］と呼ばれるほか、セミピークトラペル*の別名ともされる。フロアは「床、階」、レベルは「平らにする」という意味がある。

フロアレングス⇒マキシレングス

プロヴァンスプリント⇒ソレイアードプリ

は

ファッション全般

ント

ブロウタイプ[brow type] メガネのリム（枠）のデザインのひとつで、上側だけ厚みがあり、眉（ブロウ）のように見える形をいう。上半分が太めのプラスティックで、下半分が細いメタルになったクラシックなタイプを指すこともあるが、こうしたものは英米ではコンビネーションフレーム[combination frames]と呼ばれる。また、ブリッジ bridge（両方のレンズをつなぐ部分）とリムが一体化したフレームのものは「カールトンタイプ」とか「カルトンタイプ」と呼ばれるが、これの由来や綴りは不明。

ブロー[blow]「（風が）吹く、吹き動かす、風で動く」といった意味で、ここではドライヤーなどで温風を当てながら、ブラシなどで髪の毛を整えるヘアセットをいう。より丁寧にヘアブロー[hair blow]ということもある。ブロードライ[blow dry]とも。

フローイングパンツ⇒フレアードパンツ

ブローガン[brogan] 鋲打ちの頑丈な靴底を特徴とし、くるぶしまでの高さを持つ作業靴の一種。ブロガンとも。

ブローギング⇒ダイヤモンドトウ

ブローギングブーツ[broguing boots] ブローギングと総称されるメダリオン（穴飾り）やピンキング、ステッチングなどを特　徴としたブーツ。英国調カントリーブーツの代表的なアイテムで、多くはくるぶし上の履き口で紐留め式のデザインとなっている。なおこうした飾りは水切りなど全てが実用と機能性の観点から設けられたもので、単なる飾りではない。

ブローグ[brogue] 正しくは複数形でブローグズ brogues となる。ウイングチップシューズ*の原型とされるスコットランド原産の伝統的な靴で、英国でのウイン

グチップ*の呼称ともされる。デザイン的に省略のない完全なものをフルブローグ[full brogue]、若干の省略を施したものをセミブローグ[semi brogue]と呼んでいるが、いずれにしても最も格調の高い英国式の紳士靴として知られる。

ブロークンスーツ[broken suit]「壊れたスーツ」の意で、異なった素材で組み合わせるジャケットとパンツのスタイルなど、これまでの常識を覆すようなスーツをいう。コーディネートスーツ*の発展形ともいえるもので、従来のスーツ・スタイルの解体を示すひとつの例として注目される。

ブロークンダイヤゴナル⇒ダイヤゴナル

ブロークンチェック[broken check] 破壊された格子柄といったほどの意味で、整然としていない不規則な配列の格子柄を総称する。

ブロークンツイル⇒ブロークンデニム

ブロークンデニム[broken denim] タテ糸を2本ずつブロック（塞ぐ）させて織り上げたデニム地で、外観はふつうのデニムのようにハードだが、裏の綾が整然としていない（これをブロークンという）ために、柔らかな肌触りがあり、伸縮性にも富むという特徴を持つ。一般にダブルブロークン[double broken]ともいう。またこうした綾織の生地をブロークンツイル[broken twill]と総称する。

ブロークンヘリンボーン⇒ヘリンボーン

ブロークンレギンス⇒ダメージレギンス

ブローセルクリーパーズ[brothel creepers] 原意は「売春宿を忍び歩く奴」ということで、きわめて分厚いゴム底を特徴とする若者向きの靴をいう。1950年代に流行した〈テディーボーイルック*〉というファッションに特有のアイテムで、最近のいわゆる「デカ靴」（通常より1サイズも2サイズも大きな靴の総称）の人気

ファッション全般

に乗って復活したもの。ブロッセルク
リーパーともいう。

ブローチ [brooch] ピンやクリップなどで
留める襟留めや胸飾りとしての装身具
で、フランス語ではブロシュ [broche 仏]
という。元は食事の際のナプキンを留め
る小道具とされ、現在では主に女性が飾
りとして用いるが、男性が飾る傾向も一
部に現れるようになっている。

ブローチピン [brooch pin] ブローチ用金
具のひとつで、針状のピンや安全ピン型
の留め具の類いをいう。ブローチそのも
のにも「飾り留めピン」の意があるが、
ここでは特にピンだけを取り出していっ
たもの。同種のものにコサージュ用のコ
サージュピンやヘアクリップにも使える
ようにした2ウエイタイプのものもあ
る。また安全ピン型のものには「カブト
ピン」という俗称もある。こうしたもの
を総称して、業界には「ウラピン」（裏
のピンの意）という言葉もある。

フローティングショルダー⇒ウイングショ
ルダー

フローティングモデル [floating model] フ
ローティングは「浮かんでいる」の意で、
まるでレンズがフレームから浮いている
ように見えるメガネフレームの一種をい
う。スポーツ用のメガネに多く見られる
もので、レンズにかかる負荷を軽減させ
る機能を持つ。

ブロード⇒ブロードクロス

ブロードクロス [broadcloth] 単にブロー
ド [broad] の名でも知られるドレスシャ
ツの代表的な生地。横畝を特徴とするポ
プリン織の平織地で、40番手から200番
手までの変化に富み、薄手のものから厚
手のものまでさまざまな種類がある。ブ
ロードクロス（広幅生地の意）というの
はアメリカの表現とされ、英国ではポプ
リン*と呼ばれることが多い。なかでも

綿製のコットンブロード [cotton broad]
は最も正統的なシャツ地とされている。

ブロードショルダー⇒ワイドショルダー

フロートステッチ⇒ウエルト編

ブロードテール [broadtail] 「太く広い尾」
の意で、そうした特徴を持つカラクル種
の仔羊（カラクルラム*）やハラコ*（腹
子）の毛皮を指す。厳密には早産、死産
の子や母羊が死んだ胎児の毛皮を意味
し、羊の毛皮の中では最も珍重される存
在となっている。ロシアのものをロシ
アンブロードテール*というほか、アフ
ガニスタン産のアフガンブロードテール
[Af-ghan broadtail] などの種類がある。
またアメリカンブロードテール [American
broadtail] というのは、南米アルゼンチ
ン産のリンカーン種の早産の羊の仔を用
いて、これらに似せて作られた毛皮を指
す。

ブロードライ⇒ブロー

フローラプリント [Flora print] イタリア
の世界的ブランド「グッチ」の伝統的な
アイコンのひとつ。フローラはローマ神
話の花の女神を意味し、43種類もの花々
が描かれた独特の花柄を指す。元は1966
年、モナコのグレース大公妃のために特
別にデザインされたもので、ロドルフォ・
グッチの命により、イラストレーターの
ヴィットリオ・アッコルネロによって考
案された。スカーフだけでなく、ハンド
バッグやトートバッグ、靴、ウオレット
等にも用いられる。2013年から大復活し、
再び注目されるようになっている。

フローラルパターン⇒フラワープリント

フローラルプリント⇒フラワープリント

フローリストケース [florist case] フロー
リストは「花屋、草花栽培業者」の意で、
花屋さんが草花の手入れのための小道具
を収納しておくために用いる小型のバッ
グを指す。美容師たちの用いるシザーズ

は

739

ファッション全般

ケースと同じように、最近ではこうしたプロのための道具がファッション的なアクセサリーとして用いられる傾向がある

フローレンティンネックライン ［Florentine neckline］ルネッサンスの時代にイタリアのフローレンス（フィレンツェ）で流行したことからこの名があるネックライン。丸く大きく剐（く）られた形を特徴とする。

ブロカント ［brocante 仏］本来フランス語で「古物業」また「古道具、ガラクタ市」といった意味で、現在では1990年代に流行したシャビー（みすぼらしい）やジャンク（ガラクタ）と同じような意味で用いられる一種の感覚用語として用いられている。つまりはこうした古い感覚のものが、かえって新しいとみなされる傾向を指す。

付録バッグ ［ふろく＋bag］主として女性ファッション雑誌の付録として付くバッグのこと。2008年ごろから目立つようになった傾向で、2010年には雑誌やムック本が毎月数十万個単位で出すようになった。雑誌の販促手段のひとつとして用いられるもので、トートバッグ型などのサブバッグ的なものが中心となっている。

プログレ⇒コンサバティブ

プログレッシブ⇒コンサバティブ

ブロシュ⇒ブローチ

フロスティング ［frosting］ヘアカラーリング（髪の染色法）のひとつで、表面や内側の髪を筋状に取り分け、別の色で染める方法を指す。全体を黒で染め、筋状の部分はこげ茶色にするといったやり方が一例で、これによって陰影がつき、髪にメリハリが生まれることになる。髪をボリュームアップさせるのに効果的として最近人気がある。フロストは本来「霜、つや消し」の意。

フロッキー加工 ［flocky＋かこう］フロッ

ク加工ともいい、日本語で「電着加工」とか「電植加工」「植毛プリント」などともいう。フロックは「毛くず、綿くず」また「繊維の毛羽」という意味で、そうしたものを布地の表面に植毛する加工を指す。電気を利用して圧着させたり植毛するところから電着、電植の名があるもので、フロッキーは日本的な俗称とされる。できあがったものはビロードのような感触を持つのが特色で、これをスエットシャツなどに部分的に用いたものはフロックプリント[flock print]と呼ばれる。

ブロッキングネイル ［blocking nail］ネイルアートの一種で、いくつかの長方形に分けられたデザインを特徴としたものをいう。ジェルネイルで作られることが多い。

フロック ［frock］ドレスの同義語で「フラック」とも発音される。女性用のワンピースや室内用女児服、また丈の長い僧衣を指す。農夫や労働者たちが着るゆったりした上っ張りもスモック・フロックを略してフロックという。イブニングフロック［evening frock］といえば、イブニングドレス＊の意味になる。英国では特にフォーマルなドレスをこの名で呼ぶことがある。

フロッグ ［frog］カエル、特に南米産の巨大なイボガエルのなめし革をいう。イボの跡が特徴的な模様となり、ちょっと変わったレザーのひとつとして用いられる。

フロックコート ［frock coat］1920年代までの男性の昼間正式礼装。18世紀後半に英国からフランスに導入されて、フロックからフラック＊へと名称が変化した男性の上着をルーツとするもので、19世紀には紳士の日常着とされていたが、1870年代になって礼服へと変化した。膝上丈で４～６ボタンのダブルブレステッド型

ファッション全般

を基本とするが、3ボタンのシングルブレステッド型も見られる。1920年代に至って、その簡略型であるモーニングコート*が昼間の第一礼装とされるようになり、1929年に消滅したとされる。その着装はモーニングコートと同じで、縞コールと呼ばれるストライプ柄のズボンを合わせたもの。かつてはビクトリアン・フロック［Victorian frock］と呼ばれたこともある。現在ではこれにモチーフをとったデザインの服が、花婿用のウエディングスーツとして用いられることがある。

ブロックショルダー［block shoulder］四角形に角張った肩線。スクエアショルダー*をより大胆に表現したデザインで、カジュアルなスーツによく用いられる。ブロックは「（木、石などの）塊、建築用のブロック」の意。

フロックスカート⇒チュニックスカート

ブロックストライプ［block stripe］地の部分とストライプの幅が等間隔になった太い棒縞のこと。

ブロックチェーン⇒ネックチェーン

ブロックチェック［block check］四角いタイルのような形を白と黒など2色の入れ替えで配列した格子柄。チェスボードチェック［chessboard check］とかチェッカーボードチェック［checkerboard check］とも呼ばれる。日本では「市松（いちまつ）模様」とか「市松格子」また「元禄模様」「元禄格子」の名称があるが、これは江戸時代中期に江戸中村座の役者佐野川市松がこの文様の袴を用いたところから起こった名称で、一方、元禄時代に流行した柄であることから「元禄模様」の名があるとされる。そのほかに「碁盤縞」の名でも呼ばれる。

ブロックプリント［block print］木版の判子押しのこと。それによるプリント手法

やプリント柄も意味する。ブロックは「台木、盤台」の意。

フロッピーキャップ⇒チューリップキャップ

フロッピーハット［floppy hat］主として黒のフェルトで作られることが多い、極端にブリムの広い帽子。フロッピーは「ばたばたはためく」という意味で、そうした印象が強いところからこのように呼ばれる。これは1枚の生地でできているところからキャップの類にも入るものだが、形が婦人用のガルボハット*に似ていることからハットと呼ばれる。なおこうした波打つような形の鍔（つば）をフロッピーブリム［floppy brim］とも呼んでいる。

フロッピーブリム⇒フロッピーハット

プロデューサー巻き［producer＋まき］セーターやカーディガンを肩に掛け、前で袖をマフラーのように結んだり、また腰に巻いてぶら下げるといった着こなし方のこと。1990年代初めのころに流行した「業界巻き」とか「純一巻き」などと呼ばれたものと同じで、2013年に復活して大流行を見た。今回はテレビのプロデューサーがよく用いる恰好というところから、このように呼ばれるようになった。

プロトスーツ［prototype suit］プロトタイプスーツの略称。プロトタイプは「原型、基本型」という意味で、昔からある男性用の基本的なスーツを指す。最近の新しいスーツの台頭から、従来型のスーツをこのように呼ぶようになったもので、こうした当たり前のスーツに皮肉を込めて「通勤背広」とか「制服背広」などの呼称を与えることがある。レギュラースーツ［regular suit］とかスタンダードスーツ［standard suit］といった表現もある。これは「ふつうの、標準の」の意。

ブロドリ⇒エンブロイダリー

プロフィールハット［profile hat］プロ

は

ファッション全般

フィールは「横顔」の意で、正しくはプロウファイルと発音される。横顔を強調する目的で、ブリム（つば）を思い切り片側に傾けてかぶる、柔らかくて広いブリムを特徴とする婦人帽。

プロフェッショナルスポーツウエア［professional sportswear］スポーツウエアの現代的な分類法のひとつとして登場したもので、より専門性の強いスポーツウエアをこのように呼ぶ。それ以外のカジュアルな用途に着用されるものはカジュアルスポーツウエア［casual sportswear］と総称されることになる。さらにここでのプロ用のウエアはプレイスポーツウエア［play sportswear］とか単にプレイウエア*とも呼ばれ、ジャストスポーツウエア［just sportswear］の呼称もある。

プロポーション［proportion］「割合、比率」のことだが、ファッションでは「調和、つり合い、均衡」といった意味でよく用いられる"人体の美的均整"の意で用いる例も多い。

プロミスバンド［promise band］プロミスリング［promise ring］ともいう。プロミスは「約束、誓約」また「約束する」という意味で、手首に巻きつけるカラフルな紐飾りを指す。元はグアテマラなど中南米のお守りとされる手織りのブレスレットの一種だったが、日本ではサッカー選手たちがこれを着けて試合に臨んだところから流行するようになった。この紐が自然に解けたときに願いがかなうという伝説から「約束の帯」と呼ばれるもので、ブラジルではミサンガ［missangaポルトガル］と呼ばれ、アミーゴバンド［amigo band］の別称もある。アミーゴはスペイン語で「（男性の）友だち、親友」の意。

プロミスリング⇒プロミスバンド

プロミックス［promix］半合成繊維のひと

つで、牛乳蛋白を原料に作られる絹に似た素材。「シノン」の商標で知られ、着物やフォーマルウエアなどに用いられている。

プロムドレス［prom dress］プロムはアメリカの口語で「（高校や大学での公式の）ダンスパーティー」を指し、そうした場で着用するドレスを総称する。特定の形はなく、その場の雰囲気にふさわしいドレスアップした服装が用いられる。

ブロモ［——］ブロガーモデルの略。お嬢様向けのファッション誌『ＪＪ』の提唱によるキャンペーンキーワードのひとつで、読者とおしゃＰ*をつなぐ読モ（読者モデル）的な存在をそれと位置づけている。2011年に提唱した「おしゃＰ」に代わり、2012年のキーワードとなったもので、おしゃＰへのステップアップはブロモからとしている。ブロガーは本来インターネットのブログをやる人の意。

ブロンズメイク［bronze-make］顔全体を黒っぽくする化粧法。ブロンズは「青銅色」の意味で、本来は陽に焼けた赤褐色を指すが、わざとこうしたメイクをほどこしてアムラー（安室奈美恵フリーク）を気取る女の子たちが、1997年の夏、大量に出現して話題となった。これにピンクや白っぽい口紅をつけるのも彼女たちの特徴とされた。こんな娘たちを「ガングロ＝顔黒（がんぐろ）」とも呼んだ。

フロンティアポケット⇒ウエスタンポケット

フロントイン［front in］シャツインと呼ばれる着こなし方のひとつで、これは前裾の部分だけをズボンの中に押し込むもの。ダサい着こなしの極致だが、「ちょいダサファッション」の範疇では、これもカッコイイとされる。

フロントカット［front cut］テーラードな上着の前裾のカット法のことで、基本的にレギュラーカット*、ラウンドカット*、

カッタウエイカット*、スクエアカット*
の4つのスタイルがある。

フロントクリース⇒クリース

フロントクローズブラ⇒フロントホックブラ

フロントサイド・バック [frontside back]
前後ろ逆にした着こなし方、また、その
ようなスタイル。「裏返し」にすること
はインサイドアウトといい、そうしたT
シャツをインサイドアウト・ルッキング
Tシャツなどと呼ぶ。

フロントスウィングポケット [front swing
pocket] 世界の3大ジーンズブランドのひ
とつ「ラングラー」のジーンズに特徴的
に見られるフロントポケットの名称。同
社のブルージーンズはカウボーイ用の
ジーンズとして知られ、彼らの大きな手
を入れやすくするために、微妙なカッ
ティングでデザインされたといわれる。
同じようにウエストバンドのラインと平
行してデザインされた「ロデオ・ベン・
ウオッチポケット」も、ラングラー独特
の仕様として知られる。

フロントダーツ [front dart] テーラードな
ジャケットの前身頃にとる「つまみ縫い」
のことで、センターダーツ [center dart]
というほか「前ダーツ」また「胸ぐせ」「胴
絞り」などともいう。これをとることに
よってボディーラインの絞りを加減する
ことになる。これの付かないものはウイ
ズアウトフロントダーツ [without front
dart] あるいはプレーンフロント [plain
front] と呼ばれ、アメリカントラディショ
ナルモデル*のスーツに特有の「ずん胴」
スタイルとして知られる。

フロントタック [front tuck] フロントプリー
ツ*の日本的表現。タックは「つまみ襞(ひ
だ)、縫い揚げ」の意で、布をつまんで縫っ
た襞をいう。tack と綴ることもあるが、
これは「仕付け、仮縫い」の意味になる
ので、襞として残す tuck としなければい

けない。これの付かないものをノータッ
ク [no tuck] といい、英語ではプレーン
フロント [plain front] とかフラットフ
ロント [flat front] と呼ばれる。ジーン
ズを始めとしてトラッドやアイビー調の
パンツはほとんどこれになっている。

フロントパート [front part] 衣服の「前面」
の部分の総称。日本語では「前身頃」と
呼ばれる。対して後ろ側の部分はバック
パート [back part] で、これは「後ろ身頃」
という。

フロントファスニングブラ⇒フロントホッ
クブラ

フロントプリーツ [front pleats] ズボンの
前部でウエストバンド*の下部に付く「襞
(ひだ)」のこと。いわゆる「前ヒダ」を
指し、日本ではこれをタックと呼ぶこと
が通例化しているが、正しくはプリーツ
となる。本来ウエスト部分のゆとりをと
るために設けられるもので、これの数が
多くなるほどゆったりとした着心地が生
まれることになる。

フロントポケット⇒ウエスタンポケット

フロントボタン [front button] パンツ類の
ウエストバンドの前面中央に付くボタン
の総称だが、ここでは特にジーンズに付
く金属製のボタンを指す。前開き部分の
いちばん上に付くことからトップボタン
[top button] ともいい、2枚の円盤状の
もので布地を挟んで留めるという、通常
のボタンには見られない特殊な形をして
いるのが特徴。銅やアルミニウムなどが
用いられるが、『リーバイ』社では防錆
加工されたジンク(亜鉛)のオリジナル
ボタンが使われている。これにはまた一
般的に社名などが刻印されており、その
ことからIDボタン(識別ボタンの意)
とも呼ばれる。

フロントホックブラ [front hook bra] 通常
バック部分に付く鉤ホック(正しくは

ファッション全般

フック）を、前部のセンターと呼ばれる
ところに取り付けたブラジャーの総称。
着脱しやすく、背中がすっきりと見える
特徴をもつ。フレンチホックブラ［French
hook bra］の別称もあり、アメリカでは
フロントクローズブラ［front close bra］、
また英国ではフロントファスニングブラ
［front fastening bra］とも呼ばれる。

ブンタル［buntal］フィリピン産のタリポッ
ト椰子の繊維を編み上げたもので、現在
ではほとんど生産されない稀少な超高級
素材とされる。この傍系としてパラブン
タルという素材もあり、これまた最高級
帽子素材のひとつとされる。

ブンタールハット［buntal hat］フィリピン
産のココヤシの枝の芯から採れるブン
タールファイバー（パラブンタールとも）
と呼ばれる繊維を裂かずに、そのままア
ジロ編みにしたものを帽体として、手作
りでじっくりと仕上げるところに特質が
ある帽子。きわめて美しい光沢感を保ち、
夏用の紳士帽として最高級品のひとつと
される。パナマ帽のように純白のものが
よく知られるが、これに似たもので「シ
ゾール sisol」というマニラ麻（アバカと
も）の繊維を用いた夏帽子もある。これ
また白が有名だが、ブンタール（ブンタ
ルとも）よりは一般品とされる。

プンターレ［puntale 伊］イタリア語で「（杖、
鞘などの）尖端の金具」を意味し、最近
ではベルトの剣先に付く金具を指す。そ
うした金具付きのベルトをプンターレベ
ルトともいう。

プンターレベルト⇒プンターレ
プント⇒ステッチ

ファッション全般

ヘアアクセサリー［hair accessory］髪に用いるアクセサリーの総称で、「髪飾り」と「髪留め」両方の機能を持つものが多い。最近の日本では「ヘアアクセ」と略して用いる傾向が強い。ヘッドアクセサリー［head accessory］とも。

ヘアエステティック［hair esthetic］頭髪や頭皮に関する総合的な手入れを指し、ヘアケアより一歩進んだ考え方を総称する。ここでは美しく健康的な髪を仕上げるためのさまざまな方法が含まれる。なおエステティックは本来、フランス語でesthétique と綴り、頭髪関係以外の全身美容に心身両面から関わることをいうが、そうした考え方が頭髪にも及んでこのような言葉が作り出されたもの。

ヘアオイル⇒グリース

ヘアカラー［hair color］「毛髪の色」の意だが、一般に髪の毛を好みの色に染めるために用いる「毛染め剤」を指す。ヘアダイ［hair dye］ともいい、ともに「毛染め・染髪」の意味ももつが、染髪そのものは、ヘアカラーリング［hair coloring］とかヘアダイング［hair dyeing］というほうが正しくなる。

ヘアカラーリング⇒ヘアカラー

ヘアカーフ［hair calf］表面の毛を残した状態で加工する牛革の総称。毛をところどころ溶かして、まだら模様にしたり、カットワークをほどこしたり、直接プリントするなどさまざまな加工法がある。ハンドバッグに多く用いられたものだが、最近ではベルトや財布など多くのレザー製品に使われている。「ハラコ(腹子、胎子)」と同義ともされるが、ハラコは牛の胎児の革を指し、現在では最も希少価値の高い革素材とされている。

ヘアキャップ［hair cap］髪を被う形になった帽子の総称。シャワー時や病室に入る時などに用いる使い捨ての実用的なものから、スイムキャップのような形をした頭にぴったりするおしゃれなタイプで、さまざまなデザインが見られる。

ヘアキューブ［hair cube］キューブは「立方体」という意味で、四角いサイコロ状の髪飾りをいう。俗にキュービック［cu-bic］とも呼ばれ、またこのようなゴム付きの髪飾りを若い女性たちはポニー［po-ny］と総称するようになっている。もともとポンポン［pompom］（本来は玉房飾りの意）と呼ばれる丸い形の可愛い髪飾りが少女たちの髪を飾っていたが、アイドル歌手の浜崎あゆみや hitomi が着けたのをきっかけに、2001年春夏、こうした髪飾りのブームが起こった。

ヘアクリップ［hair clip］髪を挟んで留めるバネ付きのクリップの総称。使い方に応じてさまざまな大きさのものがある。

ヘアクロス⇒毛芯

ヘアケア⇒リンス

ヘアコード⇒コード

ヘアゴム［hair＋ゴム］髪をまとめるのに用いるゴムのことで、さまざまな種類が見られる。最近ではこれにガラスなどの飾りを付けたものも登場し人気を集めている。ヘアラバー［hair rubber］ともいう。

ヘアコンタクト［Hair contact］従来のかつらとは異なる発想で作られた増毛法のひとつで、この名称は㈱プロピアの登録商標による。0.03mmの薄さが特徴の半透明の透湿性素材を皮膜とした素材に人工毛を植え付け、頭皮に密着させるもので、シャンプーもブラッシングも可能という特質を持つ。コンタクトには「密着」の意味がある。

ヘアコンディショナー⇒リンス

ヘアジェル［hair gel］ヘアスタイルを整えるのに用いるゼリー状の整髪料。ディップローション *と同義。

ヘアジャム［hairjam］細かい粉末を成分と

して作られた男性用整髪料で、あぶらっぽいワックスのようなべとつき感がなく、サラッと仕上がるところに特徴がある。2013年夏、マンダムから発売された「ギャツビー　ヘアジャム」に端を発する新しい整髪料で、固めない自然な髪形を好む若い男性に好まれている。

ペアジュエリー［pair jewelry］男女がペア（一対の、一組の）で着けるジュエリーのこと。同じデザインと同じ材料で作られたお揃いのリングやペンダントなどのセット型ジュエリーをいうが、こうしたものは欧米には見られないという。

ペアショーツ［pair shorts］ペアは「1対、1組」の意で、ブラジャーと共地でセットになっている下着のショーツのこと。

ペアショルダー⇒ペアバック

ヘアスカーフ⇒ヘッドスカーフ

ヘアスタイリングフォーム⇒ムース

ヘアスタイル［hairstyle］「髪型」の総称。また女性の髪型を特にヘアドゥー［hair-do］ということがある。髪型は地位の象徴であったり、自己表現の手段、性差の強調など、常にファッションと強い関係をもって変化している。

ペアスタイル⇒ペアルック

ヘアスティック［hair stick］髪に飾る棒状のヘアアクセサリー。日本の簪（かんざし）に似た長めの形を特徴とし、単独または数本まとめて用いられる。

ヘアスパイラル［hair spiral］スパイラルは「螺旋（らせん）、渦巻き状のもの」という意味で、髪を螺旋状に巻き込むヘアアクセサリーをいう。多くは螺旋の形をした細長い銀製のもので、下端にチャームを取り付け、2、3本を髪に飾って楽しむ。最近フランスで開発された新しいヘアアクセサリーのひとつで、ショートとロングの2タイプがある。

ヘアスプレー⇒ヘアミスト

ヘアターバン［hair turban］洗顔時の髪留めとして用いるヘアアクセサリーのひとつで、インドのターバンからモチーフをとって作られたもの。リボン状の飾りをあしらったものは、リボンターバン［ribbon turban］と呼ばれる。頭全体を覆うものだけでなく、前頭部だけを覆うようになったものも見られる。

ヘアダイ⇒ヘアカラー

ヘアダイング⇒ヘアカラー

ヘアチック⇒チック

ヘアチョーカー［hair choker］頭にくるくると巻き付けて飾るアクセサリー。チョーカーは首にぴったりと巻くアクセサリーのことだが、これになぞらえて名付けられた新しいヘアアクセサリーのひとつ。

ヘアチョーク［hair chalk］髪に塗る形となった白墨状の色料。ビビッドカラー（鮮やかな冴えた色調）を髪の好き　なところに乗せることができるという特性を持つ。

ベア天［bare＋てん］「ベア天竺」の略で、綿やレーヨンなどの丸編の天竺組織にポリウレタン糸を挿入したニット生地を指す。このポリウレタン糸を「裸＝ベアの糸」と呼ぶところからこのように呼ばれるもので、一般には綿に5％くらいのポリウレタンを混ぜたものを指し、これを「綿ベア天竺」と呼んでいる。伸縮性とほど良いフィット感を特徴としており、多くは下着に用いられている。

ヘアドゥー⇒ヘアスタイル

ベアトップ［bare top］ベアは「裸の、むき出しの、露出した」という意味で、肩や胸元、背中などを大きく露出させたデザインの上衣を総称する。セクシーな魅力を表現する婦人服に多用される。

ヘアトニック［hair tonic］「養毛剤」の一種。トニックは「強壮剤」また「元気づける

ファッション全般

もの」といった意味で、主として男性が使用する頭髪用化粧品のひとつ。さらっとした液体状になっているのが特徴。

ヘアトリートメント⇒リンス

ベアドレス [bare dress] ベアは「裸の、むき出しの、露出した」の意で、上半身の胸の上から肩にかけて露出させたドレスを総称する。ベアトップドレスともいい、背中を大きく露出させたものはベアバックドレス*と呼ばれる。

ヘアネット [hairnet] 主として女性が髪の乱れを防ぐために用いるネット（網）状のかぶりものをいう。一般に後頭部からうなじにかけて用いられ、装飾的な飾りともされる。スヌード*とも呼ばれる。

ベアバック [bareback] ベアは「裸の、むき出しの」という意味で、背中を大きく露出させたデザインを総称する。肩を大きくのぞかせるのはベアショルダー [bare shoulder] ということになる。

ベアバックトップ [bareback top] ベアバックは「裸の背中」という意味で、そのように背中を大きく露出させたデザインの女性用上衣を指す。いわゆるベアトップ*型衣料の一種。

ベアバックドレス⇒ローバックドレス

ベアバックブラ⇒バックレスブラ

ヘアバンド [hair band] 髪を留めたり、頭髪を飾ったりするのに用いられるバンド（帯）状のヘアアクセサリー。環状になったものや鉢巻き状のものなどさまざまな形がある。カチューシャ*やヘアリボン*などもこの一種となる。

ヘアピアス [hair pierce] 髪に挟んで着ける小さな髪飾り。ステンレスのバネや面ファスナーなどで髪を挟み込むもので、1センチ程度の大きさで小さなラインストーンが付いたものが多い。髪を飾り立てるファッションの流行から、ヘアチョーカー*などとともに登場した新し

いアクセサリーのひとつとされる。

ヘアピース⇒ウィグ

ヘアピン [hairpin] 髪留めに用いる長めのピン。針金を鋭いUの字型に折り曲げてエナメル塗装したもので、さまざまなデザインが見られる。最も一般的なものをアメリカンヘアピン [American hairpin] と呼ぶことがある。

ベアフットサンダル [barefoot sandal] ベアフットは「裸足の、素足の」という意味で、足がむき出し状態でよく見えるような簡素な作りのサンダルを総称する。細幅のストラップ使いや透明素材を一部に使用したものなども含まれる。

ヘアブリーチ [hair bleach] ブリーチは「漂白する、さらす」また「漂白剤」の意。髪の毛の漂白やそれに用いる漂白剤を指す。要は毛髪の色素を抜くことで、さまざまな色に変えることができる。また、脚や腕のいわゆるムダ毛の脱色も意味しており、それは特にディスカラー [discolor]（変色するの意）とも呼ばれる。

ヘアブレスレット [hair bracelet] ヘアアクセサリーとしてのヘアゴムと手首に着けるアクセサリーとしてのブレスレットを兼用した新奇なアクセサリーのひとつ。繊細なチェーンをふんだんに使ったものが代表的で、髪に飾るとチェーンが流れるように髪に沿い、腕に着けると動きに合わせてチェーンが揺れるという特質を持つ。ツーウエイ・ヘアブレスレットとも呼ばれる。

ヘアブロー⇒ブロー

ヘアマニキュア [hair manicure] 髪のマニキュア*から作られた和製語。髪を少し染めて、全体に艶と弾力を与える染髪剤の一種。また、そうした髪に対する手入れの方法を指す。ヘアダイ*とは異なって、酸性の染髪剤を使うことから色素がうっすらと表面につくだけで、髪を傷め

は

ファッション全般

ず自然な仕上がりになるのが特徴。

ヘアミスト［hair mist］いわゆるヘアスプレー［hairspray］の一種で、霧（ミスト）のような細かいスプレー（しぶき、水煙の意）が出る整髪剤を指す。できあがった髪の形を保持するのに用いられるもので、速乾性があり、その持続力は高いとされる。

ヘアミドリフ⇒ミドリフトップ

ヘアモード［hair mode］一般に「髪型の流行」の意味で用いられるが、より正確には最新流行の髪ｚ型という意味になる。モードには一流デザイナーが創作した最新型という意味があり、そこからこれはヘアスタイルのハイファッションという使い方がなされる。

ヘアラインストライプ［hairline stripe］髪の毛のように細い縞柄。「千筋（ちすじ）縞」という和名がある。ほかに「極細縞」とも「刷毛目（はけめ）縞」とも呼ばれる。

ヘアラバー⇒ヘアゴム

ヘアリーウール［hairy wool］表面の毛羽を残したままのウール地。ヘアリーは「毛深い、毛のような」の意で、表面の毛羽をきれいにカットしたクリアカットウールの対語として用いられる。

ヘアリーデニム⇒アンフィニッシュトデニム

ヘアリキッド［hair liquid］日本では単に「リキッド」と呼ばれることが多い整髪料の一種。リキッドは「液体の、流動体の」また「液体」という意味で、ここから「液体整髪料」と訳される。ただし、日本ではヘアトニック*などのさらっとしたタイプに対して、油性の強いベタベタした液体整髪料をリキッドと呼ぶ例が多い。

ヘアリボン［hair ribbon］頭髪に飾るリボンの総称。髪の乱れを防ぐ目的もある。

ペアリング［pair ring］男女で一対になるように作られた指輪。愛の証しとして指にはめるラブリング*にも、そうしたデ

ザインのものが見られる。なおペアリング pairing そのものにも「一対にした」という意味がある。

ヘアリンス⇒リンス

ベアルック［bare look］ベアは「裸の、むき出しの、露出した」の意で、肌を大胆にのぞかせるファッション表現を総称する。肩をすっかりのぞかせるベアショルダー［bare shoulder］、背中を大胆に露出させるベアバック［bare back］、お腹を見せるベアミドリフ［bare midriff］といった用法がある。なおミドリフ（ミッドリフとも）は「横隔膜」の意。

ペアルック［pair look］ペアは「1対、1組」の意で、恋人や親子、夫婦などが、全く同じデザインの服を着たり、同じアクセサリーを用いるなどした様子をいう。ペアスタイル［pair style］とか「あお揃い」などとも呼ばれる。

ベアワンピ［bare top + one-piece］ベアトップ・ワンピースの日本的略。肩や背中、胸元などを大きく露出させたデザインを特徴とするワンピースドレスの総称。。

ベイカーパンツ［baker pants］アメリカの軍隊で使用されるミリタリーパンツ*の一種。ファティーグパンツ［fatigue pants］（作業ズボンの意）とかユーティリティーパンツ［utility pants］（有用なズボンの意）と呼ばれるものの別称とされる。ベイカーポケットと呼ばれるブッシュパンツ*のポケットに似た大型のL字型フロントポケットと、パッチ＆フラップ式のヒップポケットを特徴とした丈夫なワークパンツで、ドリル*などの生地で作られるものが多い。ベイカーには「パン屋、パン焼き職人」という意味があるが、その語源は不明。ベーカーパンツとも発音する。

ベイカーポケット［baker pocket］ベイカーパンツと呼ばれるアメリカのミリタリー

748

ファッション全般

パンツに見られるポケット。ブッシュパンツに特徴的に見る大型のLの字型ポケットに似たもので、ベイカーパンツもこれを大きな特徴としている。またパッチ＆フラップ式のヒップポケットもベイカーパンツに特有のものとされる。

ベイカリーシャツ [bakery shirt] ベイカリーは「製パン所、パン屋」の意味で、パン屋さんが着るようなシャツを指す。V字型の前合わせなどデザインはさまざまだが、白をベースに無地やチェック、ストライプ、プリント柄などさまざまな生地使いが見られる。本来はプロユースの衣服だが、こうしたものをジーンズのトップスなどとして着こなすことがある。

ベイクド・ストレッチ [baked stretch] ベイクは「焼く、焼ける」また「熱で固くする、焼き固める」の意で、2016年春夏パリ・コレクションでイッセイミヤケが発表した曲線のプリーツに与えられた名称。生地に特殊なのりをプリントし、専用の焼き機に入れることによって、曲線状のプリーツが生み出されることになる。これとともに開発された、蒸気を当てることによって立体的なプリーツが生まれる「3Dスチームストレッチ」と呼ばれる技術も発表されている。

ベイジングスーツ [bathing suit] スイミングスーツ*の別称。ベイジングは「水浴、入浴、入湯」の意味で、一般に女性用の水着を指す。

ベイジングトランクス ⇒スイミングトランクス

ペイズリー [paisley] ペーズリー、ペーズレーとも。勾玉（まがたま）風の柄で、ネクタイやスカーフによく用いられる伝統柄のひとつだが、カジュアルなシャツにも使われてファンシーな味を出す。ペイズリーとはスコットランド南西部の織物工業都市の地名で、そうした柄の

ショールの産地として知られる。元々はインド産であったこの種のショールがこの地に伝わって独自の発展を遂げたもの。プリント柄はペイズリープリントと呼ばれる。

平成カジュアル [へいせい＋casual] 1990年代半ばに一世を風靡した若者ファッションブームのひとつ。平成ブランドと呼ばれたカジュアルなブランド群で構成されるカジュアルファッションの総体で、その前のDCブランドブームの後をうけ、次のヤングカジュアルブームの先駆けとなった流行として記憶されている。

平服 [へいふく] 広義には日常に着る衣服、つまり「ふだん着」を意味するが、フォーマルな集まりの招待状などで示される「平服でご出席ください」の平服は、それほどかしこまる必要はないものの、ある程度格調の高い服装を意味している。男性の場合はいわゆるダークスーツ*で大丈夫とされるが、その条件は「無地」であること、「暗く濃いめの色調」であること、そして「光沢感」があることの3つが求められる。女性の服装も基本的にこれに準じる。英語では「着飾る必要はない」という意味で、ノードレス [no dress] という表現が見られる。

米綿 [べいめん] 英名ではアメリカンコットン [American cotton] という。アメリカで産出される綿の総称だが、一般には海島綿*以外のものを指し、最も一般的な輸入綿として多く用いられている。繊度は中長繊維綿が多いが、なかにはアメリカン・エジプシャンコットン [American-Egyptian cotton]（アメリカとエジプトの綿花の種子を組み合わせたもの）やスーピマ綿*といった優れたものもある。

ヘイローハット [halo hat] ヘイローは「（太

は

ファッション全般

陽や月などの）かさ」また「光背、後光、光輪」の意で、円形のブリムが顔を縁取るように取り巻いた形を特徴とする婦人帽をいう。その形が光背のように見えることからこう呼ばれるもので、現在では子供の帽子として用いられる例が多い。これをハローハットと呼ぶのは日本的な間違い。

ヘイローベレエ［halo beret］額を丸出しにしてかぶるベレエ*。ヘイローは「光背、後光、光輪」の意で、光背のようなイメージが現れることからこのように呼ばれる。日本ではこれを「ハローベレエ」と呼ぶことがあるが、それは発音上の誤り。なお、ベレエは額を完全に隠すようにかぶるのが本格的な着こなし方とされる。

ペインターショーツ［painter shorts］スパナポケットやハンマールーブなどのディテールを特徴とするペインターパンツのショートパンツ版。ワークパンツとショートパンツの人気から生まれた新しいアイテムで、ディテールデザインはペインターパンツのそれを踏襲している。

ペインターズスモック［painters smock］「画家の上っ張り」の意。ゆったりとした形の簡便な上着で、元々は汚れ防止のために用いたものだったが、現在ではカジュアルなアウターウエアのひとつとして男女ともに用いられる。

ペインターパンツ［painter pants］画家やペンキ塗り用のパンツといったほどの意味で、特にスパナポケット（工具入れの縦長ポケット）や左脚部に付けられたハンマールーブ（かなづちを掛ける輪っか）などを特徴とするワークパンツの一種を指す。デザインからするとカーペンターパンツ*（大工のパンツ）と呼ぶほうが正しい気がするが、日本では昔からなぜかこのように称されている。

ペインティングメイク［painting make］顔にさまざまな色を塗りつけて模様を描く方法をいう。ボディーペインティング*の顔版といえるが、一般にはフェイスペインティング［face painting］と呼ばれるものと同じ。ネイティブ・アメリカンのアパッチ族の習慣によく見られることから、これをアパッチメイク［Apache make］ということもある。最近ではサッカーなどのスポーツの応援でこうしたことを取り入れる例が多く見られる。

ペイントジーンズ［paint jeans］ペンキなどでペイントを施したジーンズ。ヒップポケットのステッチをペンキで描いた〈エビスジーンズ〉（日本）や、ブランドのロゴをお尻のあたりに大きくペイントした通称ロゴパン*を始め、ペンキでヒゲ（股のあたりにできる横ジワ）やブラスト（擦った痕）などを描いて中古風に見せるジーンズなど、さまざまなデザインがある。

ベーシックジーンズ⇒クラシックジーンズ

ベーシックスーツ［basic suit］上着とズボン、時にベストを同じ生地で揃えて仕立てた、ごく基本的なスーツのこと。最近の新しい感覚や変わったデザインなどで作られるニュースーツに対比させて、昔ながらのスーツらしいスーツをこのように呼ぶもので、ごくありふれた一般的なスーツの総称ともなる。これはまたビジネススーツ*の代名詞ともされる。

ベーシックノット⇒ボウノット

ベーシックパターン［basic pattern］「基本柄」の意。あらゆる柄の中で最も基本とされる柄を総称する。こうした柄をクラシックパターン［classic pattern］（古典柄の意）とかトラディショナルパターン［traditional pattern］（伝統柄の意）とも呼んでおり、それにはストライプ（縞柄）とチェック（格子柄）、ファンシー（変

ファッション全般

わり柄）の3つがある。

ベーシックブレザー⇒オーセンティックブレザー

ページボーイジャケット⇒ベルボーイジャケット

ページボーイスタイル［pageboy style］中世ヨーロッパで貴族に仕えていたページボーイ（小姓）の髪型にモチーフを得てデザインされたヘアスタイルで、毛先を内側にカールさせた長めの形が特徴とされる。ボブ*の一種で、ページボーイボブ［pageboy bob］とも呼ばれる。

ページボーイボブ⇒ページボーイスタイル

ベージュ⇒ナチュラルカラー

ベースカラー⇒アソートカラー

ベースノート⇒ノート

ベースボールカラー［baseball collar］クラシックな形の野球ユニフォームに見るような襟型。丸首の中央にヘンリーネック*のような弧を描いて切れ込むデザインを特徴としたもので、一般にはベースボールシャツ*風の襟として知られる。

ベースボールキャップ［baseball cap］「野球帽」の意。スポーツキャップを代表するもので、前びさしと6枚接ぎなどのトップを特徴とする丸帽型のキャップ。最近ではこれをBキャップ［B cap］と略して呼ぶ傾向が生まれ、ひさしを長くするなどしてカジュアルなファッションキャップとする例が多い。

ベースボールジャケット［baseball jacket］スタジアムジャンパー*をいうアメリカでの名称のひとつ。大リーグの野球選手が用いたところからこの名がある。

ベースボールシャツ［baseball shirt］野球のユニフォームをそのままデザインしたアウターシャツの一種。独特の襟型を特徴とする半袖シャツで、ファンシーなトップスとして用いられることが多い。野球チームのロゴや背番号などが入った

ものも見られる。

ベースボールティー⇒ラグランシャツ

ベースボールバッグ［baseball bag］スポーツバッグの一種で、特に野球の選手が用いるバッグを指す。チーム名などが入った横長のボストンバッグ型のものが中心となる。

ベースボールハンチング［baseball hunting］ハンチング（鳥打帽）の一種で、前びさし全体がアヒルの口のような形になって前に伸びた形を特徴とするハンチングを指す。ベースボールキャップ（野球帽）の変形というところからの命名と思われる。

ベースボールループ⇒ベルトループ

ベースレイヤー⇒アウターレイヤー

ペーパーグラス［paper glasses］折りたたんだ時に厚さ2ミリほどとなる超薄型の老眼鏡。紙のように薄いということでこのように呼ばれるもので、日本のメガネ産地、福井県鯖江市の「西村金属」が2005年から開発して商品化に成功した。

ペーパーシェル［paper shell］紙のように薄くて白いハワイ特産の小さな貝殻のことで、それで作られる短めのネックレスも意味する。そうした貝殻の真ん中に穴を開けてつないだもので、これよりもう少し厚めの白い貝はプカシェル［puka shell］と呼ばれ、これもハワイ特産のネックレスの名称として知られる。プカというのはハワイ語で「ゼロ」を意味し、こうした貝殻で作られるネックレスをヒーシーシェル［he she shell］（彼と彼女の貝殻の意）とも称している。

ペーパータトゥー⇒ボディーシール

ペーパーバッグ・ウエスト［paperbag waist］ウエスト周りをたっぷりとり、股上も深くして、ベルトで締めるとちょうど紙袋（ペーパーバッグ）の口をぎゅっと縛ったようになって、たくさんのギャ

ファッション全般

ザーが現れるようになったパンツのウエストのデザインをいう。多くは最近のジーンズに用いられるデザインのひとつで、多くの場合、裾に向かって細く絞られるシルエットとなっている。

ペーパーバリアブーツ⇒バニーブーツ

ペーパーブレイドハット［paper braid hat］ブレイドは「組み紐」の意で、紙で作ったテープ状の紐をくるくると巻いて仕上げた帽子を指す。最近では麦わら帽子と同じ感覚でソフトハット（中折れ帽）としたものが、春夏向きの帽子として人気を集めている。単にブレイドハットとも呼ばれる。

ペーパープレス［paper press］毛織物にほどこす光沢加工のひとつ。英国発祥の伝統的な加工法で、幾重にも折りたたんだ織物の間に艶出しのための紙をはさんで、一定の枚数ごとに電熱板を入れ、60～80℃で加熱しながら圧力を加える。そうすることによって、織物全体に上品な光沢が表される。時間と手間がかかるため高級毛織物に用いられることが多い。蒸気で加熱する方法もあり、これは「圧絨（あつじゅう）」とか「水圧光沢」などと呼ばれる。

ペーパーヤーン［paper yarn］紙のような表情を持つ薄い素材。透け感を表現するサマーニットなどに多く用いられており、レーヨンで作られるものが多いことからレーヨンペーパー［rayon paper］とも呼ばれている。

ペーブセッティング⇒パヴェリング

ベール［veil］花嫁や葬儀の参列者、また修道女などが頭や顔に用いるかぶりものを指す。ネットやチュールレースなどで作られ、用途によってウエディングベール［wedding veil］（花嫁用）やモウニングベール［mourning veil］（喪装用）などの種類がある。

ペールカラー［pale color］ペールは「（顔色が）青白い、青ざめた」また「（色が）薄い、淡い」という意味で、一般に「淡い色」を総称する。ペールブルーといえば「淡青色」を表わす。また「淡い色調」の意でペールトーン［pale tone］と用いることもある。

ペールトーン⇒ペールカラー

ペカン⇒フィッシャー

ヘキサゴン⇒オックスフォードモデル

ペキネ⇒ペキンストライプ

ベギン⇒ビギン

ペキンストライプ［Peking stripe］「北京縞」の意。異なる色を用いて細い縞と太い縞を表した、はっきりとした縞柄。元々北京で産した「ペキン」と呼ばれる布地に見られるところからこの名があるとされる。フランス語でいうペキネ［pékiné 仏］には「濃淡交織の」とか「縞の色がはっきりした」などの意味がある。

ペグトップスカート⇒ペッグトップスカート

ペグトップパンツ⇒ペッグトップパンツ

ペコスブーツ［Pecos boots］ペコスはアメリカ・ミネソタ州の靴メーカー『レッド・ウイング』社の商品名で、約30センチほどの高さを持つハーフウエリントンブーツ＊型の半長靴を指す。オイルドレザーやベロアといった素材で作られ、ずんぐりしたゴム長のような形に特徴がある。元はペコス川周辺の農作業に用いられた靴であったという。

ヘザーツイード⇒ヒーザリーツイード

ヘザーミクスチャー⇒ヒーザリーツイード

ペザントシャツ⇒ファーマーシャツ

ペザントスカート［peasant skirt］ペザントは「農夫（婦）、小作農」の意味で、特にヨーロッパの片田舎に見る農婦たちの素朴な作りのスカートを指す。フォークロア（民俗調）やボヘミアン調のファッションによく用いられる。

ファッション全般

ペザントスリーブ⇒ビショップスリーブ

ペザントドレス [peasant dress] ペザント
は「農夫、農婦」の意で、特にヨーロッ
パの田舎の農婦が着るような素朴な雰囲
気のワンピースを指す。スモックドレス
＊などに代表される。

ペザントルック [peasant look] ペザントは
「農民、小作農」の意味で、特にヨーロッ
パの昔の農夫・農婦を指すことが多い。
そうした人たちの服装を思わせるファッ
ション表現を指し、素朴で自然な雰囲気
が受けている。

ベジタブルダイ [vegetable dye]「草木染」
をいう新呼称。ベジタブルは「植物の、
植物性の、野菜の」という意味で、自然
にある植物から採った染料およびそうし
た染色法を指す。環境と人に優しい方法
として近年注目されるようになったも
の。化学染料とは違って、ナチュラルな
感じに仕上がるのが何よりの特徴とされ
る。

ベジタブルタンニッジ⇒ベジタブルタンニ
ング

ベジタブルタンニング [vegetable tanning]
植物から採ったタンニン tannin（「渋」の
意）でなめす製革法。ベジタブルタンニッ
ジ [vegetable tannage] とか「タンニン
なめし」、また「植物なめし」「渋なめし」
などと呼ばれる伝統的な手法で、最近で
はクラシックな味に仕上がるなめし法と
して、この自然な感じのなめし革が再び
注目されるようになっている。業界では
「ベジタン」とも略称される。

ベジタブルファイバー⇒植物繊維

ベジタリアンレザー [vegetarian leather]
「菜食主義者の革」と訳される。英国の
デザイナー、ステラ・マッカートニーが
スニーカーのブランド「スタンスミス」
のために採用した人工皮革に名付けたも
ので、天然の皮革や毛皮を完全否定する

彼女が、その意味を込めてネーミングし
たもの。ビーガンレザー＊というのも同
様の用法。

ベジタン⇒ベジタブルタンニング

ヘジャブ [hijab アラビア] イスラム教徒の
女性によって着用されるベール、また顔
を覆うスカーフ状の布片を指す。「ヒジャ
ブ」ともいう。

ベステッドスーツ⇒スリーピーススーツ

ベスト [vest] 日本でいう「チョッキ」で、
胴にぴったりフィットする、袖なしで丈
短の衣服をいう。ベストという言葉は主
としてアメリカで使われることが多く、
英国では商用語、あるいは「肌着、シャツ」
の意で用いられる。日本語のチョッキは
慶應年間に作られた和製俗語とされ、そ
の語源にはポルトガル語のジャッケやオ
ランダ語のジャク、また「直着（ちょくぎ、
ちょくき）」や「直衣（ちょくい）」の訛
りとする説などがある。

ベストカーディガン⇒カーディガンベスト

ベストコート [vest coat] ベストのような
形を特徴としたカジュアルなコートをい
う。袖なしのデザインであるところから、
スリーブレスコート [sleeveless coat]
とも呼ばれる。

ベストコスメ [best cosmetics] 略して「ベ
スコス」とも。「最良の化粧品」の意で、
メイクアップのプロや消費者によって選
ばれた優秀な化粧品をいう。女性向けの
美容情報誌やインターネットのクチコミ
サイトなどによって選ばれ、年２回程度
（上半期と下半期）発表され、一般ユー
ザーの選択の目安となっている

ベストジャケット [vest jacket] ベストの
ような形をしたジャケットという意味
で、つまりは外衣として着られるベスト
のこと。こうしたものをアウターベスト
[out-er vest] ともいい、多くは厚手ウー
ルやニットで作られる。これにはまた、

は

753

ファッション全般

ジャケットベスト［jacket vest］と呼ばれる袖なし型の上着類も含まれる。このようにジャケットの名が付いていても、必ずしもジャケットの範囲に当てはまらないものもある。

ベストスーツ［vest suit］ベストとパンツを同じ生地で作り、組み合わせた一式。ここでのベストは襟が付いたり、大胆なデザインが施されるなど、スリーブレスジャケット（袖なし上着）といった感じのものが多く見られる。

ベストドレス⇒ベストワンピース

ベストドレッサー［best dresser］着こなしが飛び抜けて巧みな人、またきわめて洗練された装いができる人の意。ベストはグッドおよびウエルの最上級に当たる言葉で、字義通り訳すと「最上級の着こなしができる人」ということになる。欧米では一般にスマートドレッサー［smart dresser］とかウエルドレッサー［well dresser］などと呼ばれる。

ベストパック［vest pack］ベストの形をしたバックパック。アウトドア用品のひとつで、野山を駆け回るトレイルランニングに向く用具のひとつとされる。

ベストメント［vestment］しばしば複数形vestments で、「衣服」また聖職者や聖歌隊員などの「礼服、祭服、法衣」を意味する文章語として用いられる。

ベストワンピース［vest one-piece］男性のベスト（チョッキ）そのままの形でワンピースとしたもの。アームホールを大きく刻（く）った袖なしのデザインで、前面にボタンをあしらった形が特徴。ベストドレス［veste dress］ともいうが、この場合のベストはフランス語の「上着」の意で、さまざまな上着（ジャケット）をモチーフとしてドレスに変化させたものを指す。

ベストン⇒コンプレ

ベゼル［bezel］腕時計の部分品のひとつで、風防やケースを固定するためのリング状の部分をいう。デザイン的な飾りが施されたり、各種の目盛りを刻み込んだものなどがある。

へそ出しルック［へそだし＋look］わざと「おへそ」を出すような服装で街を歩くファッション風俗を指す。1950年代のカリプソ流行のころから見られるファッション表現のひとつだが、95年夏頃から急速に拡大するようになったのを受けて、マスコミがこのように名付けたもの。

ペタルカラー［petal collar］ペタルは「花びら、花弁」の意で、花びらのような形を特徴とした襟をいう。多くはフラットカラー＊で、縁を花びらのようにカットしたものが代表的とされる。

ペタルスタイル⇒クラッシュトスタイル

ペタルスリーブ［petal sleeve］ペタルは「花びら、花弁」の意で、花びらを思わせるようなデザインの袖を総称する。袖山の部分が2枚に分かれて、チューリップの花びらのように見えるチューリップスリーブ［tulip sleeve］と呼ばれるものや、袖口が花のように大きく開いた袖などが代表的とされる。

ペタルトリートメント⇒クラッシュトスタイル

ペタルネック［petal neck］ペタルは「花びら、花弁」の意で、花びら状にカットされたネックラインを指す。

ペダルプッシャーズ［pedal pushers］自転車のペダルを踏む人という意味から来た言葉で、サイクリング用に開発された七分丈の軽快なデザインのパンツを指す。1950年代に大流行したアイテムとして知られる。

ペチ［peci］インドネシアの男性が正装の際に用いる帽子。縁のない筒型の帽子で、イスラムの教えに添って用いられるも

ファッション全般

の。

ペチコート [petticoat] アンダースカートの一種で、スカートの滑りを良くするために用いる下着のひとつ。スカートの形を美しく整える機能もあり、さまざまな形のものがある。パンティースリップ [panty slip] とも呼ばれ、フランス語ではジュポン [jupon 仏] という。脚部が付いたキュロットペチ [culottes petticoat] や裾にフリル飾りをあしらったフリルペチ [frill petticoat] もこの一種。

ペチコートドレス [petticoat dress] 女性下着のペチコートをスカートの裾からのぞかせるようにしたドレスのこと。最近、ミニドレスの裾からペチコートや別のミニスカートをチラ見せする着こなしが登場するようになって、こうしたドレスが復活している。また、ペチコートそのものに裏地を付けるなどしてアウターとしても着られるようにした形のドレスを指すこともある。いずれもフリルやレースなどの裾飾りを特徴とするもので、ペチドレスとも略称される。

ペチコートパンツ [petticoat pants] スカートやパンツの下に着用するペチコートとしてのパンツで、長短さまざまなデザインがある。2007年秋からのペチコートドレス*の人気から、そのパンツ版として開発されたもので、裾にレースなどの飾りをあしらったものが多く見られる。ペチパンツ [petti pants] とも略称され、スカートやショートパンツの裾から「チラ見せ」するのが特徴とされる。

ペチュニック [petticoat + tunic] 女性下着のペチコートをモチーフに作られたチュニック。肩紐で吊るすキャミソールトップのような形が特徴で、透けてしまうニットトップの下に用いられることが多い。フリル付きの裾をそのまま見せた

り、インに着込んだり、また付け襟を用いるなどさまざまな着方ができる。

ペチドレス⇒ペチコートドレス

ペチパンツ⇒ペチコートパンツ

ベッカムヘア⇒モヒカン

ペッカリー [peccary] 熱帯アメリカ産のイノシシの一種で、アメリカイノシシと呼ばれる動物の革を指す。通気性と弾力性に富み、濡れた革を乾かしても硬くならない特質があるため、特に手袋用として珍重される。ときに「仔イノシシ」をこの名で呼ぶこともある。

ペッグトップシルエット⇒バレルライン

ペッグトップスカート [peg-top skirt] ペグトップスカートとも。ペッグトップ（ペグトップ）は西洋梨型の独楽（こま）の意で、それに似たシルエットを特徴とするスカートを指す。腰周りをゆったりとさせ裾で絞るようにした形のもので、ペッグラインスカート [peg line skirt] の名でも呼ばれる。

ペッグトップトラウザーズ [peg-top trousers] ペグトップトラウザーズとも。ペッグトップ（ペグトップ）は「（西洋の梨形をした）独楽（こま）」のことで、そうしたシルエットを特徴としたズボンを指す。つまり、腰まわりをごくゆったりととった股上の深いズボンで、裾口に向かうにつれて極端に細く絞られるという形を特徴にしている。1857年、英国に登場して大流行し、その後も繰り返し流行線上に現れている。この種のシルエットを特徴とするズボンの名称はきわめて多い。

ペッグトップパンツ [peg-top pants] ペグトップパンツとも。腰回りをごくゆったりとり、裾口に向かうにしたがって急速に細くしたシルエットを特徴とするパンツ。ペッグトップトラウザーズ*と同義だが、特にカジュアルパンツでのものを

は

755

ファッション全般

このように呼ぶことがある。いわゆるテーパードパンツ*の極端な表現となる。単にペッグパンツ［peg pants］とも略称されるが、ペッグだけでは「木くぎ、掛けくぎ」の意味で、やはりペッグトップ（西洋の独楽〈こま〉の意）といわないと意味が通じなくなる。

ペッグパンツ⇒ペッグトップパンツ

ベックマンブーツ［Beckman boots］アメリカの靴メーカー、レッドウイング社のワークブーツの商品名のひとつ。創業者チャールズ・ベックマンの名を取ってそう呼ばれるハンティングタイプの紐留め式アンクルブーツで、ラウンドトウやスポンジソールなど20世紀初頭のクラシカルなディテールデザインを特徴としている。最近こうした古いアメリカのブーツの人気が再燃しており、ダナー社の「ダナー・ガムシュー［Danner qumshoe］」（ダナーのゴム製靴の意）なども注目されている。

ペッグラインスカート⇒ペッグトップスカート

ペッグレッグ⇒バギートップ

ペッグレッグドパンツ⇒バギートップ

鼈甲フレーム［べっこう＋frames］メガネのフレーム*の一種で、大型の亀・タイマイの甲羅から作られるものをいう。半透明の飴色、黒、茶、白が交じり合った色調が特色で、高級品のひとつとして知られる。このほか高級メガネフレームには、革巻きとしたレザーフレーム［leather frames］や木から削り出して作られるウッドフレーム［wood frames］といったものがある。

ヘッズ⇒スキンヘッズ

ヘッセンブーツ［Hessian boots］ヘッシンブーツとも。ヘッセンとは米国独立戦争時に英国が雇ったドイツ南西部出身のヘッセン人傭兵のことで、彼らが履いて

19世紀初め頃までヨーロッパで流行したブーツを指す。膝下までの高さがあり、その履き口に房飾りが付いているのが特徴。

別注⇒カスタマイズ

別珍⇒ベルベッティーン

ヘッドアクセサリー⇒ヘアアクセサリー

ペットアパレル［pet apparel］ペット（愛玩動物）用の衣服の総称で、一般的に愛犬用を指すことが多い。

ヘッドウエア［head wear］頭にかぶるものの総称で、ヘッドギア*やヘッドドレス*と同義とされる。帽子を始めとしてベールやマスクなど顔面を覆うものについても用いられる。

ヘッドガーター［head garter］頭に巻くバンド。ニット製のものが多く、最近ではスノーボーダーが用いるキャップをこのように呼ぶことがある。

ヘッドギア［headgear］頭に着ける装置、道具、また衣服の意で、帽子などの頭を飾るアクセサリー類を総称する。なかで帽子は「ハット*」と「キャップ*」に大別される。

ペットキャリー［pet carry］ペット（愛玩動物）を運搬するためのバッグ。ペット用キャリーバッグのことで、多くは小型犬のためのキャスター付きの作りとなっている。同様に手押し車の形になったものは「ペットカート pet cart」と呼ばれる。

ヘッドサイズ［head size］帽子の頭回りのこと。帽子の山の部分をクラウンというが、この頭部を覆う部分の寸法をこのように呼ぶ。なおクラウンはブリム（鍔〈つば〉）付きのハットのみに用いられる言葉で、原則としてキャップ類に用いることはない。ちなみにクラウンの先端部を「トップ」というが、キャップの山に当たる部分も天井の意味でトップという。

ベッドジャケット［bed jacket］女性の寝室

ファッション全般

着のひとつで、主としてベッドの上で食事をとるときに着用する上着を指す。肩などが冷えないように用いるもので、ニットやレースなどで作られる丈の短いものが中心。

ヘッドジュエリー [head jewelry] 頭に飾る宝飾品のことで、宝石類を散りばめたティアラやカチューシャなどの類いをいう。

ヘッドスカーフ [head scarf] 頭に飾るヘアバンド *状のスカーフ。一般のヘアバンドよりも幅広なのが特徴で、最近では刺繍を施したりシルク素材を使うなど、豪華な雰囲気のあるものが登場して注目されている。ヘアスカーフ [hair scarf] とも呼ばれる。

ヘッドスパ [head spa] スパリラクゼーションと呼ばれる温泉による癒やし効果のひとつで、日頃のシャンプーだけでは容易に取り除くことができない頭皮の汚れや皮脂を洗い落として、健康な頭髪を育てる方法をいう。最近ではこれを目的としたマッサージや毛穴を洗浄するための商品が多く開発され、自宅でも手軽にできるようになったことから人気を集めるようになっている。

ベッドソックス [bedsocks] 暖をとるためにベッドで履く靴下のこと。冷えを防ぐ目的で、履いたまま寝る時に用いるものでもある。スリーピングソックスとかフットウォーマー（足を暖めるものの意）とも呼ばれる。

ヘッドドレス [headdress] 頭を飾るかぶり物の総称。帽子を始め、ヘッドバンド *やリボン、花、羽などの頭飾りも含んでそう呼ばれる。

ヘッドバンド [headband] 鉢巻き状のヘッドギア *の総称で、スキーに用いるニットのゴム編バンドやテニス用のパイル地のバンド、またネイティブアメリカン（ア

メリカンインディアン）などの用いる民族的な雰囲気のものなどが代表的。ヘアバンド *ともいい、髪を押さえたり縛ったりするのに用いられる。

ヘッドピース [headpiece] 本来は帽子、ヘルメット、兜（かぶと）など「かぶりもの」の総称として用いられる言葉だが、現在では頭に着けるヘッドバンドなどの飾りものを指すことが多くなっている。

ベッドフォードコード [Bedford cord] タテ畝を特徴とする厚手のしっかりした綿織物。織り方によってさまざまな種類があり、乗馬服や椅子カバーなどに用いられる。良質の細い糸で作られる薄手のベッドフォードコードは、一般にピケ *と呼ばれる。

ベッドヘア [bed hair]「寝癖（ねぐせ）」を指す俗語。

ペットボトルケース⇒ペットホルダー

ペットボトル再生繊維 [PET bottle ＋さいせいせんい] 清涼飲料水などのペットボトル容器を回収し、特殊な製法によって抽出したポリエステル繊維のこと。これをフリース状とした素材を「ペットボトル再生素材」という。いわゆるリサイクル（再生）素材の代表的なもので、元々ペットボトルはポリエステル繊維と原料が同じ物質であることから、こうしたことが可能となった。

ペットボトルホルダー⇒ペットホルダー

ペットホルダー [PET holder] ペットボトルを支える入れ物として首からぶら下げるストラップ状の留め具をいう。正しくはペットボトルホルダー [PET bottle holder] で、ペットボトルケース [PET bottle case] とも呼ばれる。新しいネックアクセサリーのひとつともされる。

ヘッドリボン⇒ハットバンド

ペッパー・アンド・ソルト [pepper-and-salt] ツイードの一種で「胡麻（ごま）塩柄」

は

ファッション全般

とも呼ばれるもの。白と黒、白と茶、あるいは白と青などの斑点で、ちょうど胡麻をまぶしたような感じの表面感を特徴とする。直訳すれば「塩胡椒（しおこしょう）」となる。ソルト・アンド・ペッパーともいう。

ヘップサンダル [Hepburn + sandal] ヘップバーンサンダルをいう俗称。オードリー・ヘップバーンが映画の中で用いたことからこのように名付けられたとされるサンダルの一種で、爪先部分を開け、かかとの部分にも何も付かない簡素な作りの「突っ掛け」型サンダルを指す。ビニールや布などで作られ、ウエッジソール（楔形の靴底）を特徴とした比較的安価な婦人用の履物として知られる。

ヘップバーンサンダル⇒ヘップサンダル

ヘップバーンシューズ⇒サブリナシューズ

ヘップバーンスタイル [Hepburn style] 映画女優オードリー・ヘップバーン（ヘプバーンとも）に見るファッションの意だが、特に彼女が主演した1950年代から60年代にかけての映画に見るシネモード゛を指すことが多い。とりわけ『ローマの休日』(53・米) と『麗しのサブリナ』(54・米) が双璧とされ、短髪のヘップバーンカット゛やサブリナパンツ゛、サブリナシューズ゛などが有名。

ヘップバーンスタイル（髪型）[Hepburn style] 女優オードリー・ヘップバーン(1929～93) が『ローマの休日』(1953・米) で主演したときに見せたヘアスタイルで、以後彼女のトレードマークとされた。イタリアンボーイカット [Italian boy cut] と呼ばれる、イタリアの少年に見る髪型をヒントに生まれたとされるショートカットヘアの一種で、ボーイッシュなイメージと清楚な雰囲気で1950年代に大流行をみた。

別結び [べつむすび] ネクタイの結び方の

ひとつで、あらかじめノット（結び目）を作っておいて、それをシャツ襟に通すもの。多くの場合、プレーンノット゛の変形結びとして用いられる。

ペディキュア [pedicure] 足の指や爪への手入れのこと。手の指・爪に施すマニキュア゛に対して、足にするものを総称する。ラテン語のpes（足）とcura（手入れ）を基にして生まれた言葉で、元々はタコ・マメを取るなどの足の治療を意味する。

ペティコートスカート [petticoat skirt] ペチコートスカートとも。本来はスカートの下に用いるべき下着としてのペティコートを、そのままの形で外衣のスカートとしたもの。またペティコートによく見られるフリルやレースなどの飾りを裾にあしらったスカートをいうこともある。

ベトジャン [Vietnam + jumper] ベトナムジャンパーの略。スカジャン゛（横須賀ジャンパー）と同じくアメリカ兵のお土産用として作られたポップなデザインのジャンパーのことで、元はベトナム戦争時に帰国を記念する意味で作られたものという。コットンの表地の背部にベトナム地図などを刺繍したデザインが特徴で、お土産の意味からスーベニアジャケット [souvenir jacket] とも呼ばれる。

ベトナムズボン⇒ベトナムパンツ

ベトナムパンツ [Vietnam pants] アメリカ軍が1960年代から70年代にかけてのベトナム戦争時に用いたミリタリーパンツのひとつで、カーゴポケットを特徴としたヘビーデューティーな感覚のもの。いわば軍用カーゴパンツで、アーミー　サープラス（軍隊放出品）ブームに乗って、特に60年代のものが人気を集めた。また、日本ではこれにモチーフを得て作られた作業用のズボンをこのように呼ぶことがあるが、それは多くの場合「ベトナムズ

758

ボン」と呼んで区別されている。

ペトローサルリング⇒エンゲージリング

ペトロール⇒ガソリンカラー

ペトロリアム・ウオッシュ［petroleum wash］ジーンズの洗い加工法のひとつで、1992年、アメリカのウイリー・ウエア社の開発による。オイリーな風合いと柔らかな手触り感を特徴とする。ペトロリアムは「石油」の意。

ヘナタトゥー［henna tattoo］ヘナ（ヘンナとも）は元エジプト産の低木の一種で、その葉から採った染料をいう。それをブレンドさせたペーストで肌にさまざまな模様を描いて、入れ墨感覚を楽しもうとするもの。古来よりインドの女性たちが身体装飾のひとつとして用いてきたもので、メンディー［mehndi］とも呼ばれる。

ペニーローファーズ⇒ローファーズ

ペニテンテ［penitente 西］キリスト教徒が懺悔の際にかぶる尖った先端を持つ長帽子のこと。顔全体をおおい隠し、目、時として口の部分に穴の開いているのが特徴とされる。白のほか茶色や紅色などのものも見られる。そうした聖者そのものも表す。またペニテンテというと、現在では南米アンデス山地に見られる氷でできた針の山の自然現象を指すことで知られる。

ペニョワール［peignoir 仏］女性が髪を梳かすときや湯上がりに着用する化粧着のこと。また女性の部屋着も意味しており、ドレッシングガウン型とケープ型の2タイプがある。

ペヌラ［paenula］古代ローマ時代の外衣のひとつ。半円形のポンチョといった感じのもので、最初は庶民の着る実用的な衣服とされたが、後にキリスト教の僧侶や貴族が用いるようになり、象徴的な意味を持つように変化した。

ベネシャン［venetian］サテン*のような感

じの重ね朱子織の生地。スーツなどに用いられるほか、黒無地のものはフォーマルウエアとしても多用される。光沢感と滑らかな風合を特徴とする厚手の生地で、イタリアのベネチアにちなんでの名称とされる。

ベネシャンバック［Venetian back］ベネチアンバックとも。イタリアのベネチア風の背中という意味で、大きくUの字の形に刳（く）られてドレープを入れたバックスタイルのデザインをいう。ベアバック*の代表的な形。

ペパバッグ［Pepa bag］新聞紙を利用して作られる手作りのエコバッグのひとつ。そもそもはNPO法人「新聞環境システム研究所」（福岡市）の提案によるもので、ペパはペーパー（紙）またニューズペーパー（新聞）に由来してのネーミング。英字新聞の紙面やファッショナブルな広告ページなどを表面に使用したバッグで、意外と丈夫で収納にも優れるという特徴を持つ。

ヘビアイ［heavy-duty Ivy］ヘビーデューティーアイビーの短縮語。1974年頃、日本のメンズファッション誌『メンズクラブ』が提唱した言葉で、アウトドアライフに向くきわめて丈夫な衣服や道具などとアイビーファッションを結合させて、その精神性を説いたもの。ヘビーデューティーは「どんな激しい使い方にも耐える」といった意味で、70年代のキーワードのひとつとされた。

ベビーアフガン⇒アフガン

ベビーウエア［babywear］「ベビー服」のことで、赤ちゃん用の衣服の総称。アメリカではベビークローズ［baby clothes］と呼ぶことが多い。ベビー（赤ん坊、乳児）は生後1年まで、あるいはおむつが取れるまでの乳児を指し、おおむね0〜2歳までの年齢層とされる。

ファッション全般

ヘビーウエイトTシャツ [heavy weight T-shirt] 通常より重量感のある厚手のTシャツ。一般に5オンス（約150グラム）以上の重さのあるものをこう呼び、7オンス（約210グラム）程度のものまでがここに含まれる。現在では4オンスくらいでは薄手のTシャツと見做される。

ヘビーウエイトデニム⇒ジェニュインデニム

ベビーカーフ⇒カーフ

ベビークローズ⇒ベビーウエア

ヘビーゲージ⇒コースゲージセーター

ヘビーコート⇒グレートコート

ベビーコードレーン⇒コードレーンストライプ

ヘビーコットン [heavy cotton] 重厚な感じのコットン地を総称する。キャンバス、デニム、チノ、ギャバジン、コーデュロイなどの厚手綿布に代表される。

ヘビージャージー⇒ヘビースエット

ベビージュエリー [baby jewelry] 赤ちゃん用のジュエリーという意味。赤ちゃん誕生のメモリアルグッズ（思い出の品）のひとつとされるもので、ベビーズリングと呼ばれる指輪や名前などを刻印したキーホルダー、ネックレスなどがある。

ベビーショート [baby short] 赤ちゃんのように短いという意味で、きわめて短くカットされた女性のヘアスタイルをいう名称のひとつ。本来はベリーショートというところを、わざとこのように表現したもので、2010年春、この大胆な髪形で登場した女性歌手・ＩＣＯＮＩＱ（アイコニック）のスタイルがその一例。

ヘビースエット [heavy sweat] ヘビーウエイトのジャージー素材で作られたスエットウエアの総称。重々しい感覚のあるところからこう呼ばれるもので、まさしく重い素材感のスエットシャツ（トレーナー）などが代表的。ヘビージャージー[heavy jersey]ともいう。

ベビースカート [baby skirt] 女性の水着に付く短いスカートのこと。プリーツなどをあしらったものが多く見られる。

ベビーズリング [baby's ring] ベビージュエリー＊のひとつで、赤ちゃんの誕生を記念して贈る指輪のこと。リングサイズが最も小さなもので、実際的にはペンダントトップ＊として用いられることになる。

ベビーTシャツ⇒タイニーTシャツ

ヘビーデューティーアイビー⇒ヘビアイ

ヘビーデューティーウエア [heavy-duty wear] ヘビーデューティーはアメリカ俗語で「頑丈な、耐久性に富む」といった意味。そうしたイメージを持つ機能的で実用的な衣料を指すもので、1970年代中期に起こったアウトドアライフのブームに伴って注目されるようになった。丈夫なワークウエア＊が代表的とされる。

ヘビーデューティースポーツウエア⇒アウトドアスポーツウエア

ベビードール [baby doll] ワンピース式のネグリジェの一種。まるで赤ちゃんや人形が着るような、きわめて可愛らしく、ひいてはセクシーな感覚の女性用寝間着を指す。丈が短いのも特徴のひとつ。

ベビードールトップ [baby doll top] セクシーな雰囲気のネグリジェの一種であるベビードールにモチーフを得て作られた女性用トップス。首元をホールターネックにするなどして、より可愛らしいイメージを与えたものが見られる。デニムのマイクロパンツなどと組み合わせて用いる例が多い。

ベビードールドレス [baby doll dress] 女性の寝間着、ネグリジェの一種であるベビードールにモチーフをとってデザインされた、可愛らしくセクシーな雰囲気のミニドレス。単にベビードレス [baby dress] とかドールワンピース [doll one-piece］とも呼ばれるが、ドールドレス*という場合にはまた別の意味がある。

ベビードールルック［baby doll look］寝間着として使われるベビードールにモチーフを得たファッション表現で、あどけなくコケティッシュな女性の雰囲気をよく表す。もともとは映画『ベビードール』(1956) に端を発するもので、セクシールック*のひとつとして変わらぬ人気を保っている。

ベビードレス［baby dress］新生児の体を包むのに用いるワンピース状の衣服。前開き式で長い丈を特徴とし、産院からの退院やお宮参りなどの際に用いられる。出産祝いとしても多く用いられ、白色のものが大半を占める。これとは別に、大人の女性が用いるミニ丈のセクシーなドレスを指すこともあり、これはベビードールドレス*の略称ともされる。

ベビーパール［baby pearl］直径3～5ミリ程度の小粒なパール（真珠）。アコヤ真珠から採れるもので、華奢で可愛らしいとして近年人気を高めている。ネックレスのほかリング、ピアス、ペンダントなどにも用いられる。生産者が限られるところから稀少性の高い真珠とされる。

ベビーピンク［baby pink］薄いピンク色。ヨーロッパでは乳幼児の服に用いる伝統的な色とされ、特に英国では女児専用の色とされている。これに対して男児のそれはベビーブルー［baby blue］とされ、これは薄い青の色調を指す。

ヘビーフランネル［heavy flannel］厚地で重量感に富んだフランネル*のこと。厚手の綿ネル（フラネレット＝コットンフランネル）を指すこともある。

ベビーフランネル［baby flannel］新生児の産着に用いられることからこの名がある、ごく薄手で柔らかなフランネル（フラノ）のこと。表面が滑らかなものや毛

羽立ったものなど種類はさまざまなものがある。

ベビーブルー⇒ベビーピンク

ベビーベンツ⇒ミニサイドベンツ

ベビーポニー⇒ポニースキン

ベビーラム［baby lamb］生まれたばかりの羊の赤ちゃんのことで、特にロムニー種の生後1週間のものの毛皮を指す。白やベージュの細く短い巻き毛を特徴としている。この毛を5ミリ以下に刈り込み地模様を表したものをシアードベビーラム［sheared baby lamb］とも呼んでいる。

ヘビーローテ⇒ヘビロテ

ヘビロテ［heavy＋rotation］ヘビーローテーションを短縮した語で、ヘビーローテともいう。いわゆる「着回し*」の英語版に当たるもので、何通りにも着こなすことができる服、またそうした着こなしのテクニックを指す。つまりは大変便利に着回しが利くということで、もとはFMラジオ放送で頻繁にかかる曲をヘビーローテと呼んだところから、これがファッションにも転用された。

ペプラム［peplum］ウエストを絞った女性のジャケットやベスト、ブラウスなどで、ウエストラインから下のフレアの入った部分を指す。古代ギリシャのペプロスpeplos と呼ばれる外衣が語源とされるが、バスク地方の民俗衣装にも特徴的に見られるところから、バスク［basque 仏］の名でも呼ばれる。また短いオーバースカートを意味することもある。

ペプラムジャケット［peplum jacket］ウエストから下のフレアの入った装飾部分をペプラムといい、これをデザイン上の特徴とした婦人用ジャケットを指す。バスクジャケット［Basque jacket］とも呼ばれるが、バスクはスペインとフランスの境に当たる地方およびそこの住人のことで、彼らが着用する衣服にちょうどペプ

ファッション全般

ラムと同じデザインがあることから、そ
のように呼ばれるもの。バスク人の衣服
に見る裾の広がりも「バスク」と呼ばれ
る。

ペプラムシルエット [peplum silhouette]
ペプラムは女性のジャケットなどに見ら
れる、細く絞ったウエストラインから下
の部分に広がるフレアや襞（ひだ）飾り
のことを指し、そのような形を特徴とす
るシルエットをこのように呼んでいる。
ペプラムのことをバスクとも呼ぶことか
ら、これをバスクシルエット [basque
sil-houette] ということもある。

ペプラムトップ [peplum top] ペプラムを
伴う上体衣の総称。ウエストラインを切
り替えて、そこから裾にかけてフレアを
出した服のことで、特にそうしたブラウ
スやニットウエアの類いを指す。

ペプラムドレス [peplum dress] ペプラム
は女性のジャケットやブラウスなどのウ
エストラインから下の部分に入るフレア
飾りをいい、そうしたデザインを取り入
れたドレスをこのように呼ぶ。

ペブルドグレイン⇒グレイン

ペプロス [peplos] 古代ギリシャのクラシッ
ク期（前5～前4世紀）に女性が着用し
た衣服。その前のアルカイック期（前7
～前6世紀）にドーリア人によってもた
らされたものとされ、1枚のウール地を
折り返すなどして、うまく体にまとわせ
るところに特徴がある。

ベベルドウエスト [beveled waist] ベベル
ドは「斜面を付けた」という意味で、靴
の脇（ウエスト）部分のコバ*を斜めに
カットして、コバを徐々に見えなくして
いくエレガントなデザインをいう。日本
の靴業界でいう「ヤハズ」（矢筈の意と
思われる）と同じで、最近のイタリア靴
によく見られる手法。

ヘム⇒ヘムライン

ヘムト⇒シャツ

ヘムボトムステッチ [hem bottom stitch]
ジーンズの裾口（ヘムボトム）にかかっ
たステッチのこと。穿き込むうちに独特
のシボ（波状のアタリ）が生まれるよう
になり、これがいかにもジーンズという
風情を醸し出す。

ヘムライン [hemline] スカートやドレスな
ど衣服の「裾線」の意。ヘム [hem] は
衣服などの「縁（ふち）、へり」の意味で、
一般にヘムラインと同義とされる。

ヘムレングス [hem length] ヘムは衣服の「へ
り、縁」の意で、いわゆる「床上がり寸法」
を指す。床からドレスやスカートの裾ま
での垂直に計測した長さをいう。

部屋テコ [へやテコ] 部屋着としてもその
まま着こなせるおしゃれなステテコ。薄
くて軽く、縞柄のニット地などで作られ
るものが代表的。

部屋干し衣料 [へやぼしいりょう] 梅雨時
や雨の日、また冬季などに部屋の中で乾
きやすいように工夫した衣料のこと。速
乾性が高く、嫌な臭気なども抑制するよ
うにしたもので、シャツや肌着のほか
ジーンズなど厚手のものにもこうした効
果を持つ衣料が増えている。

ヘラルディックパターン [heraldic pattern]
ヘラルディックは「紋章の、紋章学の」
という意味で、英国の伝統的な紋章をあ
しらった柄をいう。主にネクタイ柄とし
て用いられるもので、クレスト*柄とも
呼ばれる。また各種クラブの標章として
用いられる紋章の一種はクラブフィギュ
ア [club figure] と呼ばれ、これもネク
タイなどの柄のモチーフとしてよく用い
られる。

ヘラルドリー⇒エンブレム

ベリーカラー [berry color] ベリーはイチ
ゴ類の果実の総称で、そうした果実に見
るピンクからパープル系の色をいう。

ファッション全般

ベリーショートトレンチ [very short trench] きわめて短い丈のトレンチコートという意味で、トレンチコートをばっさりと切ったような形が特徴の羽織りものをいう。バストの下で切ったきわめて短い丈のものから、ウエスト丈くらいのものまで形はさまざまで、ワンピースやスキニーパンツなどと合わせて用いる例が多い。

ベリーショートパンツ⇒マイクロショートパンツ

ベリーショートパーカ [very short parka] 丈が非常に短く作られた女性用のパーカ。一連のコンパクトアウターのひとつで、いわゆる「カワイイ」感覚で受けているアイテム。

ベリーショートヘア⇒ショートカットヘア

ベリーショートレングス [very short length] ベリーショートトレンチやベリーショートパーカなど最近の人気アイテムに見るごく短い丈を指し、ボレロ丈のジャンパーやジャケットなどもここに含まれる。

ベリース [pelisse] フランス語ではプリスと発音される。毛皮を裏に張ったり、トリミングとしてあしらうなどした丈長のコートを指す。13世紀ごろから着用されてきた古い衣服のひとつで、現在では婦人・子供のマント類を指すとともに、そうした意味で用いられるようになった。

ベリーチェーン [belly chain] 扇情的な舞踏として知られるベリーダンスの衣装に用いられる鎖（チェーン）状のアクセサリー。へそピアスとともにへそ周りにあしらわれる。

ベリードラペル [bellied lapel] ワイドラペルの一種で、特に大きな弧を描く形になったものをいう。ベリードはベリーbelly（膨らませる、膨らむ）から来たもので、これは1970年代初期のイタリアの

スーツに特徴的に見られるデザインのひとつであった。こうした湾曲形の襟作りは技術的に難しいものがあるが、現在でもタキシードなどのデザインに採り入れられることがある。

ヘリクルーパンツ [heli crew pants] 軍隊のヘリコプターの乗員（クルー）が用いるミリタリーパンツの一種。裾をジッパー使いとしたゆったりしたシルエットのものがよく見られ、ポリエステル／ナイロンのグログランなどで作られることが多い。

ヘリコプターパンツ [helicopter pants] ヘリコプターのパイロットやクルー（乗組員）たちが着用するパンツにモチーフを得てデザインされたカジュアルパンツの一種。ミリタリー的なパンツであるもののハードな雰囲気は薄め、マチなしのポケットを付けるなど穿きやすくした感じのものが多い。

ヘリパイジャケット [helicopter + pilot jacket] ヘリコプターパイロットジャケットの略で、1970年代にアメリカ軍のヘリコプターパイロットが寒冷地で着るために開発された〈CWU-36〉と呼ばれるタイプが代表的とされる。CWUジャケット*の一種でもある。

ヘリンボーン [herringbone] 魚の「鰊（ニシン）の骨」という意味で、それに似た山形と逆山形からできた織柄をいい、日本語では「杉綾柄」と呼ばれる。シェブロンストライプということもあり、ツイード地に多く用いられる。これを不規則な形に崩したものはブロークンヘリンボーン [broken herringbone] と呼ばれ、日本語では「乱れ杉綾」という。ほかに矢筈（やはず）模様とかアロウヘッド [arrow head]（弓矢の頭の意）、フェザー [feather]（羽根の意）とも呼ばれる。

ヘリンボーンストライプ [herringbone

763

ファッション全般

stripe] 杉綾柄（ヘリンボーン）で縞が表されている柄。ヘリンボーンそのものはファンシー柄に属する。

ヘリンボーンプリーツ［herringbone pleat］イッセイプリーツ*に見るシリーズのひとつで、杉綾柄をモチーフとしたプリーツをいう。これは特に1991～92年秋冬コレクションに見られたもの。

ヘル⇒メンズウエア

ペルーシュ⇒プラッシュ

ペルーニット⇒インディオセーター

ペルー綿［Peruvian cotton］英名はペルービアンコットン。南米のペルーを産地とする綿素材。甘撚りにしても十分な強度を保ち、かつ柔らかいために、丸編用の綿糸として多く用いられる。このうち超長綿タイプはピマ種の綿花であることから「ペルーピマ」とか「ペルービアンピマ」とも呼ばれる。

ベルエポック［belle époque 仏］フランス語で「良き時代」を表す。広義には19世紀末から第1次大戦に至るまでの間、より正確には1910～14年の5年間を指す。新しい世紀への夢とロマンにあふれた大戦前の享楽の時代とされる。ファッションでは東洋調が人気となり、オートクチュール中興の祖とされるポール・ポワレが大活躍している。

ベルギーリネン［Belgium linen］素ベルギーで産出されるリネン（亜麻）の一般名。フランダースリネンなどベルギーには優れたリネンがあり、そうしたものを含んでこのように呼んでいる。同じくフランス産のそれをフレンチリネンと呼び、こうしたヨーロッパのリネンを「ヨーロピアンリネン」と総称することがある。

ベルクロ⇒マジックテープ

ヘルシーセクシー［healthy sexy］部分的な肌見せや深めのスリットが入ったソフトパンツなどの着こなしで表現する、健康

的でいやらしくないセクシーなファッションの見せ方をいう。

ヘルシーパンティーストッキング［healthy panty stocking］健康機能を備えたパンティーストッキングで、サポートパンティーストッキング*やスーパーサポートストッキング*などと呼ばれるものと同義。1988年、イタリアで冷え症や疲れなどの医療用として開発された〈ジェンティルドンナ〉という強力なサポート力を持つストッキングに代表され、これは脚が細くなるということと高価な値段で大変な話題となった。ヘルシーパンストとも略され、広くは遠赤外線効果を特徴とした「遠赤パンスト（遠赤外線パンティーストッキングの略）」なども含まれる。

ベルシェイプトカフス［bell-shaped cuffs］釣鐘（ベル）のような形に広がる袖口のデザインをいう。袖口が垂れ下がって、落ちた感じに見えることからドロップトカフス［dropped cuffs］と呼ばれることもある。

ベルシェイプトスカート⇒ベルスカート

ベルシェイプトライン⇒ベルライン

ベルジャンシューズ［Belgian shoes］「ベルギーの靴」の意。かつてベルギーの貴族たちによって履かれていたところから、この名がある靴の一種。モカシン型のスリップオンとルームシューズが合体したようなカラフルで軽快な感じの靴で、ヒールが低く、スエードやベルベットで作られるものもある。ベルジャン・モカシンとも呼ばれる。

ベルシャンラム⇒アストラカン

ベルスカート［bell skirt］ちょうど釣鐘（ベル）のような形をしたスカートのことで、細いウエストと、裾がちょっと広がる形が特徴。ベルシェイプトスカート［bell-shaped skirt］とも呼ばれる。

ファッション全般

ベルスリーブ⇒フレアスリーブ

ベルチュガール⇒ベルチュガダン

ベルチュガダン [vertugadin 仏] ファージンゲール*をいうフランス語で、ベルチュガール [vertugale 仏] ともいう。元は15世紀後期にスペインで生まれたもので、スペイン語ではベルデュガド [verdugado 西]（材料になった緑の若木という意味）と呼ばれるが、これがフランスに渡って名を変え、さらに英国へ伝わってファージンゲールと呼ばれるようになった。

ベルテッドコート [belted coat] 共地のベルトを伴ったコートの総称。トレンチコート*などが代表的だが、最近では綿ギャバジンのステンカラーコートなどにも、こうしたデザインのものが多く見られるようになっている。

ベルテッドジャケット [belted jacket] ベルティドジャケットとも発音される。ウエスト部分にベルトを配して着る、あるいはベルトがデザイン上の大きなポイントとされているジャケットのことで、多くは共地のベルトがあしらわれる。

ベルテッドスタイル⇒ベルトオンスタイル

ベルテッドパンツ⇒アンクルバンドパンツ

ベルテッドブーツ [belted boots] ベルト状のストラップをあしらったブーツの総称。脇にバックル付きのストラップをいくつか付け、それで留めるようにしたハーフブーツなどがあり、バックルブーツ [buckle boots] などとも呼ばれる。ミリタリーブーツなど男性の実用的なブーツに多く見られる。

ベルテッドブルゾン [belted blouson] 裾にベルトを取り付けたブルゾンの総称。裾のバンド状の部分をベルト式にしたり、別のベルトを用いるなどさまざまなデザインがある。

ベルデュガド⇒ベルチュガダン

ベルト [belt] 腰に飾るアクセサリーのひとつ。本来はズボンがずり落ちないように用いる留め具の一種とされたが、現在では装飾的な意味合いのほうが強くなっている。ベルトの語源は古代ローマ時代の「バルテウス balteus」にあるとされ、これは「剣を吊る革具」を表している。フランス語ではサンチュール [ceinture 仏] というが、これは「巻き付ける」という意味で、特に女性用のベルトを指すニュアンスが強い。日本ではかつてベルトというよりバンド [band] というほうが一般的だったが、バンドというのは体に直接着けたり、肌着などを締めたりするのに用いる帯状のものを指すことから、現在ではほとんど用いられなくなっている。

ベルト⇒ファー

ベルトオンスタイル [belt on style] 着ている服の上にベルトを引っ掛けるようにして付ける着こなし方。ベルト本来の留める機能より、アクセサリーとしての装飾性を優先させたもので、多くの場合、ワイドベルトが用いられるのも特徴のひとつとされる。かつてはベルテッドスタイルと呼ばれていたもの。

ベルトカラー [belt collar] スタンドカラー*の一種で、立襟の部分をベルト状にデザインしたものを指す。ベルトのように尾錠があしらわれているのが特徴で、ミリタリー調のジャケットなどに用いられる。

ベルトパウチ⇒ベルトポーチ

ベルトバッグ⇒ベルトポーチ

ベルト・ブレスレット [belt bracelet] その名のとおり、ベルトの形をしたブレスレット。金具のバックルが付き、ベルト穴を開けた革帯を特徴としたもので、ファンシーなアクセサリーとして手首に飾る。

は

ファッション全般

ベルトポーチ［belt pouch］ベルトパウチ
［belt pouch］ともいい、ベルトバッグ［belt
bag］と同義。ベルトに通して下げるよ
うにしたバッグのこと。

ベルトループ［belt loop］ベルト通し。ズ
ボンのウエスト上部に付くベルトを通す
ための共地で作られたループ（輪っか）
で、通常5～6個付けられる。ズボンの
デザインによって、その長さや幅などは
さまざまとなるが、中にはタネルループ
［tunnel loop］（トンネル状の意で、日本
ではトンネルループともいう）という筒
状になった長いベルト通しもある。これ
は野球のユニフォームによく用いるとこ
ろから、特にベースボールループ［base-
ball loop］の名称もある。

ベルトレス［beltless］ベルトループを付け
ず、したがってベルトを用いる必要のな
いウエストバンド*の形。俗にノーベル
ト［no belt］と呼ばれるタイプで、多く
はウエストバンドの先端が下前方向に持
ち出されており、これをエクステンショ
ンウエストバンド［extension waistband］
とかエクステンデッドウエストバンド
［ex-tended waistband］などと呼んでい
る。エクステンションは「伸張、延長、
拡張」、エクステンデッドは「伸ばした、
拡張した」の意。

ベルバギージーンズ［bell baggy jeans］裾
広がりのベルボトム型シルエットを特徴
とするバギージーンズの一種。バギーと
スキニーの争いが激化した2007～08年
秋冬ジーンズファッションの中で登場し
た新しいシルエットのジーンズのひと
つ。

ベルベッティーン［velveteen］「別珍（べっ
ちん）」。コットンベルベット［cotton
velvet］のことで、綿製のベルベット*、
すなわち「綿ビロード」を指す。畝のな
いコーデュロイ*といった感じの綿パイ

ル織物のひとつで、独特の光沢感を特徴
とする。別珍という名はベルベッチンと
訛ったことから来たもの。

ベルベット［velvet］パイルファブリック*
（添毛織物）の一種で、日本ではビロー
ドの名で知られる織物地。ビロードはポ
ルトガル語の veludo、あるいはスペイン
語の velludo の訛りとされ、漢字では「天
鵞絨」と表記する。元来は絹製のものだ
けをベルベットと称したが、現在ではア
セテートやレーヨン製のものなども見ら
れる。

ベルベットスリッパー⇒アルバートスリッ
パー

ベルボ⇒ベルボトムパンツ

ベルボーイジャケット［bellboy jacket］ベ
ルボーイはホテルやクラブなどの給仕の
ことで、彼らが着用する制服としての
ジャケットをいう。多くは立襟のボック
ス型をしたショートジャケットで、同様
の意味からベルホップジャケット
［bellhop jacket］とかページボーイジャ
ケット［pageboy jacket］、またウエイター
ジャケット［waiter jacket］などとも呼
ばれる。制服をパロディー化して着る
ファッションから、こうしたものを一般
の服としてデザインする傾向がある

ベルホップジャケット⇒ベルボーイジャ
ケット

ベルボトムジーンズ［bell-bottom jeans］
フレアードジーンズ*の一種で、特に膝
まではぴったりとフィットし、膝下から
裾にかけてちょうどベル（釣鐘）のよう
な形に広がるシルエットを特徴とする
ジーンズをいう。ベルボトムは「鐘の底」
といった意味で、1970年代初期のジーン
ズ大ブーム時代に爆発的に流行した。現
在も「ベルボ」などと短縮された言い方
で人気がある。

ベルボトムズ⇒ベルボトムパンツ

ファッション全般

ベルボトムパンツ [bell bottom pants] 膝
までは比較的ぴったりとフィットし、膝
下から裾にかけてちょうど釣鐘（ベル）
のような形に広がるシルエットを特徴と
したパンツ。ベルボトムは「鐘の底部」
といった意味で、ベルボトムズ [bell-
bottoms] というだけでそうしたフレア型
のパンツを指す。これを最近の日本では
「ベルボ」と略して呼ぶ傾向が現れてい
る。。

ヘルメット [helmet] 元々は中世の騎士が
防御の目的で着用した兜（かぶと）を指
すが、現在では頭や顔面を保護するため
のかぶりものを総称する。特にオートバ
イ用のそれが知られ、これには頭から顔
の全面を覆う「フルフェイス」型と顔の
部分だけ開いている「ジェット」型、お
よび英国スタイルの頭にかぶる式の「丸
帽」型などの種類がある。

ヘルメットキャップ ⇒ジョッキーキャップ

ヘルメットバッグ [helmet bag] 各種のヘ
ルメットを収納するための大型のバッ
グ。元々は米軍のパイロットが私的にヘ
ルメットを収納して持ち歩くために使い
始めたもので、やがてミルスペック（軍
隊仕様）の装備品として作られるように
なり、広範に用いられるようになった。
傷つかないようクッション入りでナイロ
ン製としたトートバッグ型のものが多く
見られるが、現在ではオートバイライ
ダー用に形を変えたものやリュックサッ
ク型のものも現れ、ツーリングや旅行な
どにも用いられるようになっている。

ベルライン [bell line] ベル（鐘）のよう
な形を特徴とするシルエットで、多くは
スカートに用いられる。ウエストを細く
絞り、裾に向けてふっくらとした丸みを
持たせたもので、ベルシェイプトライン
[bell-shaped line] とも呼ばれる。

ペルリーヌ ⇒ケープ

ベレエ [béret 仏、beret 英] いわゆる「ベ
レエ帽」。てっぺんに短い尾のような飾
りを付けた丸くて平たい縁なし帽子。フ
ランスとスペインの国境にまたがるバス
ク地方を原産地とするところから、より
原初的なデザインのものをバスクベレエ
[basque béret 仏] と称する。日本では芸
術家などがかぶるしゃれた帽子として知
られる。

ペレリン編 ⇒アイレット編

ヘレン ⇒メンズウエア

ベロア [velour] ベルベット*を意味する
フランス語の velours から生まれたもの
で、多くの意味をもつ。ひとつはプラッ
シュ*（フラシ天）のような長い毛羽を
もつ滑らかな織物の意。またベロア仕上
げを施した紡毛地の意味もあり、これは
太い紡毛糸をタテヨコに用いた生地で、
織目が詰んでいるにもかかわらず、ベル
ベットのような感触があり、柔らかな毛
羽を特徴とするコート地を指す。そのほ
かパイル編の輪奈（ループ）を切って、
ベルベットのような毛羽を表したニット
地もあり、これはニットベロア [knit
velour] とも呼ばれる。このような表情
に仕上げる加工法を「ベロア仕上げ」と
いう。

ベロア編 ⇒パイル編

ベロアラム ⇒ムートンラム

ベロアレザー [velour leather] 牛革の裏面
をバフ*仕上げ（毛羽立て加工）したも
ので、スエード*よりも毛足が長く表れ
るのが特徴とされる。生地のベロアに似
ていることからこう呼ばれるもので、単
に「ベロア」とも称される。なお、皮の
裏側、つまり肉に接している側の皮は表
側の「銀面」に対して「肉面」と称し、
これを英語ではフレッシュサイド [flesh
side] と呼んでいる。これはまた「床面（と
こめん）」とも呼ばれる。

は

767

ファッション全般

ベロウズポケット［bellows pocket］両脇と底の部分に襞（ひだ）を入れたパッチポケットの一種。物を入れたときの膨らみ具合がベロウズ（ふいご）に似ているところからこの名がある。時としてプリーツポケット［pleat pocket］とも呼ばれる。

ベローズタン［bellows tongue］タン*の一種で、蛇腹（ベローズ）のような襞（ひだ）を特徴とした靴の舌革をいう。砂除けの目的があり、ゴルフシューズによく用いられる。

ペロン［peron］ペラーンともいう。アフガニスタンやパキスタンの男性に見る日常着で、七分袖のシャツ型チュニックを指す。これに合わせる幅広のズボンはトンボン（トンボーンとも）［tonbon, tombons］と呼ばれ、この組み合わせをペロン・トンボンとかペロン・エ・トンボンと呼ぶ。

ペロン・トンボン⇒ペロン

弁柄縞⇒ベンガルストライプ

ベンガリン［bengaline］インドのベンガル地方を原産地とする畝織の平織綿布。太い畝と細い畝を交互に表すのが特徴で、厚手のポプリン*といった趣きがある。本来は生糸で作られたが、現在は綿が主。

ベンガルストライプ［Bengal stripe］インドのベンガル地方特産の布地に見られる縞柄。数色の緯糸で織られたファイユ*組織のはっきりとした色鮮やかな横縞のことで、ネクタイやリボン、ドレスに用いられることが多い。なお江戸時代にオランダ人によってもたらされたベンガル地方産の縞模様の布地は、わが国では「弁柄縞（べんがらじま）」と呼ばれていた。

ペンギンパンツ［penguin pants］股下の部分を通常位置よりずっと下げて、それを穿くとまるでペンギンが歩いているように見えるところからこのように呼ばれる男性用のカジュアルなパンツ。サルエル

パンツ*やズアーブパンツ*、またハルメパンツ*などと同種のものといえる。

編上靴⇒グラニーブーツ

ペンシルスーツ⇒スティックスーツ

ペンシルスカート［pencil skirt］鉛筆（ペンシル）のように細長いシルエットを特徴としたスカートを指す。シーススカート*などと同義。

ペンシルストライプ［pencil stripe］鉛筆で描いたような細い等間隔の縞柄。「鉛筆縞」という。

ペンシルチェック［pencik check］ペンシルストライプのような細い縞によって作られるチェックということで、要はそうしたウインドーペイン（窓枠格子）を指す穿った表現。ウインドーペインという柄には、こうした用語もあるということ。

ペンシルトウ⇒トゥースピックトウ

ペンシルドレス［pencil dress］鉛筆のようにほっそりとして長いシルエットを特徴とするドレスという意味で、シースドレス*と同義。

ペンシルパンツ⇒ストローパンツ

ペンシルライン［pencil line］鉛筆のようにほっそりとしてまっすぐなシルエット。スティックライン*やシガレットライン*などと同義。

ペンスリット［pen slit］ダンガリーシャツなどワークシャツの胸ポケットに付けられるペン入れ用の狭く長い部分。ペンホルダーともいう。

ベンゾエート［benzoate］合成繊維の一種のエーテル繊維。「栄輝（えいてる）」の商標名で知られ、和装生地に向く。

ベンタイル〔Ventail〕高密度綿織物の商品名の一種。エジプト綿の「ギザ2」という綿糸を基に密に織り上げたもので、ゴアテックス*に似た特質を持つ。レインコートに用いられるほか軍服やテントなどにも用いられる。

ファッション全般

ペンタゴンポケット［pentagon pocket］ペンタゴンは「五角形、五辺形」の意味で、下辺を逆山型にカットして、全体を五角形にしたポケットをいう。ジーンズのバックポケットに典型的に見られるデザイン。

ペンタゴンモデル［pentagon model］メガネフレームの形のひとつで、五角形の変形フレームを指す。またオクタゴンモデル［octagon model］といえば、八角形のフレームを指す。

ペンダント［pendant］本来は「垂れ下がったもの」という意味で、首輪などの「垂れ飾り」を指す。一般には金属製のチェーン（鎖）や革紐などに装飾的な飾りが垂れ下がった首飾りをいう。男性の装身具においては、ことに女性のネックレスと区別して、より大型のカジュアルな首飾りをこう呼ぶことが多い。日本では特にペンダントの先端に吊り下げる飾りのことをペンダントトップ［pendant top］とかペンダントヘッド［pendant head］と呼ぶが、英語では単にペンダントだけでそうした意味になる。なお pendent と綴るペンダントには「垂れ下がった、ぶら下がった」という意味がある。

ペンダントウオッチ［pendant watch］ペンダント型の時計。ペンダントトップを小型の時計にした首飾りの一種で、こうした時計類をアクセサリーウオッチ［accessory watch］と称することがある。

ペンダントトップ⇒ペンダント

ペンダントヘッド⇒ペンダント

ペンダントルーペ⇒アクセサリールーペ

ベンチウオーマー［bench warmer］メルトンなどの厚手ウール地を一枚仕立てとした、フード付き、ジップフロント、大型のパッチポケットを特徴とする防寒コート。本来アメリカンフットボールの選手が待機時間にベンチで着用したことから

の名。

ベンチウオーマーコート⇒ベンチコート

ベンチコート［bench coat］アメリカンフットボールやサッカーの選手がベンチで着る待機用のコートのことで、本来はベンチウオーマーコート［bench warmer coat］と呼ばれる。一枚仕立てでフード付きとしたハーフコートというのが原型だが、Jリーグ人気からこれをサポーター（応援団）たちも着るようになり、チームのロゴを入れたり丈を長くするなどさまざまなデザインのものが現れている。かつてのベンチウオーマー＊とは異なってナイロン地などで作られるものが多く、観戦用であるところからスペクテーターコート［spectator coat］あるいはこれを略してスペクトコート［spect coat］、また競技場で用いることからグラウンドコート［ground coat］とかスタジアムコート＊などと多くの別称でも呼ばれる。

ベンツ⇒ベント

ベント［vent］本来は「通風孔」とか「抜け口」といった意味だが、ファッション用語ではテーラードなジャケットやコートの裾にとられた「割れ目」の意味で用いられる。日本では一般にベンツと呼ばれることが多いが、ベンツ［vents］は複数であることを意味するから、センターベンツは単数形でセンターベントというのが正しい表現となる。なお、ベントは割れ目といっても、布が重なっているのが特徴とされ、単なる割れ目はスリット［slit］と呼んで区別されなければいけない。日本のテーラー用語では「馬乗り」「剣吊り」と呼ばれるほか、「ブッサキ」と総称されることもある。

ベントレス⇒ウイズアウトベント

ベンハーサンダル［Ben Hur sandal］男性用の革サンダルの一種で、映画『ベン・

は

769

ファッション全般

ハー』（1959）に出てくるようなというところから、このように名付けられたもの。平らな台と鼻緒式の留め具が特徴で、いかにも古代ローマの戦士が用いたというにふさわしいデザインとなっている。長い紐で足首に巻き付けるようなデザインにしたものもあり、同じく映画の題名からスパルタカスサンダル［Spartacus sandal］とも呼ばれる。

ヘンプ［hemp］麻の一種で「大麻（たいま、おおあさ）」を原料とする素材。奈良時代の昔から衣服の材料に用いられていたものだが、現在は主として麻紐やロープ、鼻緒の芯などに用いられている。これはまたマリファナのことも意味する。最近では再び衣服の素材としても見直されるようになっている。

ペンホルダー⇒ペンスリット

ヘンリーシャツ⇒ヘンリーT

ヘンリーT［Henley T］丸首にプラケット（前立て）がとられたヘンリーネック*と呼ばれるデザインを特徴とするTシャツ型のニットシャツ。本来英国の〈ヘンリー・ロイヤル・レガッタ〉ボートレースの選手のユニフォームから来たもので、単にヘンリーシャツ［Henley shirt］とかヘンリーレガッタシャツ［Henley regatta shirt］などとも呼ばれる。またこうしたボートレースの選手が用いたニットシャツを、「漕ぎ手」の意味からロウイングジャージー［rowing jersey］とかボーティングジャージー［boating jersey］と呼んでいた時代もある。

ヘンリー・ヒギンズ・ハット⇒レックス・ハリスン・ハット

ヘンリー・ベンデル・バッグ［Henri Bendel bag］ニューヨークの百貨店〈ヘンリー・ベンデル〉の開発によるバッグの名称。白と黒の太いストライプを等間隔に配したデザインが特徴で、このバニティー

ケース*をスーパーモデルたちが愛用したことから世界的に流行するようになった。

ヘンリーネック［Henley neck］ヘンリーシャツと呼ばれるTシャツ型のニットシャツに特有のデザイン。クルーネック*に短めのプラケット（前開き）がとられた形を特徴とするもので、それを2～3個のボタン留めとし、その部分を別布あるいは同種の編地で縁取るようにした形のものが多く見られる。ロンドンの有名なボートレース〈ヘンリー・ロイヤル・レガッタ〉の選手ユニフォームにちなむとされ、より本格的なものはプラケットの上端と下端が丸くカットされる。これはまたウォーレス・ビアリーシャツ*などと呼ばれる昔の男性の肌着シャツに特有のデザインとしても知られる。

ヘンリーレガッタシャツ⇒ヘンリーT

ボア［boa］女性用の長い首巻き、また襟巻きのこと。ボアは大蛇の一種で、形状が似ているところからこのように呼ばれるもの。毛皮や羽毛、レース、チュールなどで作られる。

770

ファッション全般

ボア（編地）⇒パイル編

ボアシューズ⇒ボアブーツ

ボアスノウト［boar snout］「イノシシの鼻」という意味で、ラウンドトウ*の先端を少し持ち上げる感じにした爪先型のこと。そうしたデザインの靴もこのように呼ぶ。

ボアバスケット［boa basket］モコモコのボア（アクリル系パイル織物の人工毛皮）を内側全面に貼り、その端が布カバーのように外側に少しのぞいているデザインが特徴の丸いカゴバッグ。109系の『アルバローザ』の商品名で、2008年暮れから09年初春にかけて雑誌で紹介されたところから、大変な人気を集めるようになった。2分割できるフタと丸い取っ手が付き、ボアの縁に小さなポンポン*がぐるりとトリミングされているのも特徴。

ボアブーツ［boa boots］履き口にボア（パイル状の人工毛皮）付きの裏側を折り返して見せた女性用のショートブーツやハーフブーツ。スエードやシープスキン（ムートン）で作られたものが多く、一般にモコモコルーズブーツなどと呼ばれている。ふつうの靴型のボアシューズもある。

ボアライニング［boa lining］パイルファブリックによる「もこふわ」状の素材「ボア」を裏地使いとしたもの。防寒を目的とした衣服や靴などに用いられ、暖かそうな雰囲気をかもし出す。

ポイズンリング［poison ring］ポイズンは「毒、毒薬、毒物」の意で、ここに毒を入れたという伝説がある蝶番（ちょうつがい）式の小さな飾り箱を付けた指輪。実際には香料などの入れ物にされたという。

ボイラーマンスーツ⇒ワンスーツ

ボイル［voile］ローン*と同種の薄手の平織地。純綿、麻混などさまざまな素材で作られ、高級なドレスシャツなどに用いられる。タテヨコともに双糸を用いたものを「本ボイル」、ヨコ糸に単糸を用いたものを「半ボイル」とも呼んでいる。

ボイルドウール［boiled wool］「ゆでたウール」の意。ウールをゆでて圧縮し、柔らかなフェルト状に仕上げた生地。密度の高い繊維が空気を閉じ込め、軽量でも暖かいという特質を持つ。編地のものもあり、これはジャージージャケットの生地としても用いられる。

ボイルドシャツ［boiled shirt］アメリカの俗語で、胸部を堅く糊付けした礼装用のシャツをいう。ボイルドには「煮沸した、ゆでた」の意があるが、その語源は不詳。専門的にはこうしたデザインをスターチトブザム*と呼んでいる。

ポインテッドエンドタイ［pointed end tie］先端が三角形（90度の頂点になるのが正統）に尖った形になるネクタイのことで、最も一般的なフォアインハンド*型のネクタイを指す。オープンエンドタイ［open end tie］とも呼ばれ、最近ではこの種の形をストレートシェイプ［straight shape］ともいう。

ポインテッドエンドボウ［pointed end bow］両端が三角形にカットされて尖っているボウタイのことで、日本では「剣カット」とも呼ばれる。

ポインテッドカフス⇒ウイングドカフス

ポインテッドショルダー［pointed shoulder］尖った肩先の形を指す。女性のテーラードジャケットなどで、肩先がまさしく尖った形となったデザインのことで、1980年代ルックの表現として使われているもの。

ポインテッドスリーブ［pointed sleeve］ポインテッドは「（先の）尖った」の意で、長く伸びた袖先が手の甲にまでかかり、

771

は

ファッション全般

その先端が尖った形になっているものを指す。

ポインテッドトウ [pointed toe] 先端が尖った爪先型の総称。かつてはイタリアの靴によく見られたもので、このことからイタリアンカット [Italian cut] の名でも呼ばれる。

ポインテッドパンプス [pointed pumps] ポインテッドトウと呼ばれる尖った爪先を特徴とする婦人用パンプス。優雅な雰囲気を引き立てる靴として人気があり、細過ぎない爪先型のものもある。ヒールの高さは5〜7センチ程度が人気とされる。

ポインテッドフロント⇒ウエスキットヘム

ポイント⇒カラーポイント

ポイントアップ⇒フォアピークス

ポイントウィグ⇒ウィグ

ボウ⇒ヌー

棒襟⇒鎌襟

ボウカラー [bow collar] ボウは「蝶結び」の意で、蝶結びにしたデザインを特徴とする襟を指す。女性のロマンティックな雰囲気のブラウスやドレスなどに用いられることが多い。

棒縞⇒ボールドストライプ

坊主⇒丸刈り

坊主襟⇒カラーレスベスト

紡績 [ぼうせき] 天然繊維の短い繊維および化学繊維の短繊維（ステープル）から糸に仕上げる方法をいう。糸に紡ぐということで、原料によって「毛紡」、「綿紡」、「麻紡」、および化学繊維の「スフ紡」、「合繊紡」、くず繭から作る「絹紡」、くず綿を用いる「ガラ紡」などの種類がある。

暴走族 [ぼうそうぞく]「特攻服（とっこうふく）」などと呼ばれる独特の衣装を身に着けて、改造オートバイやシャコタン（車高の低い）の4輪車などを乗り回す傍若無人な若者集団を指す。元々は「カ

ミナリ族 *」などと呼ばれたものだが、1970年代に入ってより過激な行動をとるようになり、暴走族と呼ばれるようになった。ヤンキーファッション * と同様の服装表現が見られ、レディースと呼ばれる女の子たちの服装にもきわめて不良っぽい特性が見られる。

帽体⇒帽子

ボウタイ [bow tie] 一般に「蝶ネクタイ」とか「蝶タイ」と呼ばれる小型のネックウエアのひとつ。ボウノット [bow knot]（蝶結び）にしたネクタイというところからこの名があるもので、1860年代にストックタイ * の前の部分が独立して誕生したものとされる。19世紀後半から一般化し、現在ではフォーマルウエアに用いられるほか、ちょっと変わったネクタイのひとつとして芸術家タイプの人たちに好まれている。

ボウタイドレス [bow tie dress] ネックラインにボウタイ（蝶ネクタイ）を取り付けたドレス。大きめのボウタイをリボンのようにあしらって、ファンシーな表情を見せたものが多い。スカーフカラー * のようにボウタイが作り付けとなっているのが特徴。

包帯パンツ [ほうたい＋ pants] 日本のインナーメーカー「ログイン」による男性下着の商品名のひとつ。包帯生地を特殊加工させた「ブレスバンテージ」という新素材を用いたもので、汗じみができにくく、保温性に富み、締め付け感のない脚口が特徴とされる。穿いていないような感覚も特性のひとつで、2007年から発売され人気を集めている。

防透素材 [ぼうとうそざい] 透け感を防止する素材という意味。生地が薄くて淡い色でも、肌や下着が透けないという特性をもつ素材のことで、白い水着の流行に合わせて開発されたもの。UV（紫外線）

772

ファッション全般

カットの効果もあり、今では夏のアウターウエアに欠かせない素材となっている。

ボウノット [bow knot] 蝶ネクタイの結び方の総称。ボウだけでも「蝶結び」の意味がある。作り付けとなったもの以外のボウタイは、自分で形良く結び上げることが求められるが、これにもベーシックノット [basic knot] と呼ばれる基本的な結び方のほかに、昔風のクラシカルノット [classical knot] や結び目の片方に輪がひとつできるワンリングノット [one ring knot] など、さまざまに工夫を凝らした結び方が見られる。

法服 [ほうふく] 法律で定められた服の意で、現在は裁判官が法廷で着用するマント状の制服や大学教授が卒業式などに着用する同様の式服を指す。また「ほうぶく」とも読んで、寺の僧が着用する法衣、僧服の類いを指すこともある。

ボウブラウス [bow blouse] 首元を共布で蝶結び（ボウ）にしたブラウス。ボウタイブラウスともいい、昔からあるアイテムだが、レディーライクやクラシックといったトレンドに乗って復活してきた。

ボウ・ブランメル⇒ダンディズム

紡毛⇒ウーレン

訪問着 [ほうもんぎ] 略式礼装の社交着として用いられる日本の着物のひとつ。振袖の美しさを表すとともに、袖丈を短くしてカジュアルな気分を強くしたもので、大正時代から用いられるようになったといわれている。他家を訪問するときなどに用いるというところからこの名がある。

ボウリングシャツ [bowling shirt] ボウリングの選手が用いるシャツ。オープンカラー、スクエアヘム（水平の裾）、背中の肩下両脇にとられたアクションプリーツを特徴とし、背中に所属クラブの刺繍

やロゴプリントなどを施したり、鮮やかなツートーン使いにしたものなどファンシーなデザインが多い。1950年代のアメリカで大流行を見たもので、日本ではいわゆるヴィンテージアイテムとして人気がある。

ボウリングシューズ [bowling shoes] ボウリングの競技用靴。ソフトレザー使いの紐結び式の短靴が多いが、レンタル用のものでは簡便な面ファスナー使いとなったカラフルなタイプも見られる。

ボウリングバッグ [bowling bag] スポーツのボウリングの球を収納する専用バッグ。懐かしの70年代グッズのひとつとして復活し、一般的なバッグとしても使用されるようになったもの。一部にはボストンバッグの別称として用いる傾向もある。

ボウルカット [bowl cut] ボウル（鉢、どんぶり、椀などの食器）をかぶせたようなヘアスタイルの一種。最近はこれに「重めバングス*」の要素を加えたものが、男女ともに流行している。

ボウルバッグ [bowl bag] ボウルは料理用具の「鉢」や金属製のボウルのことで、全体に丸みを帯びたカジュアルなバッグを指す。ビニール製などで丸型の手提げ式バッグが代表的。

ポエッツカラー [poets' collar] ポエッツはポエット（詩人）の複数・所有形で、19世紀初頭のバイロンやシェリーなど英国の詩人たちが好んだシャツに見られる襟型を指す。芯や糊を使わない柔らかで襟先の長い形が特徴で、こうした襟とゆったりとした袖などを特徴としたロマンティックな雰囲気のシャツを、ポエッツシャツ [poets' shirt] とかロード・バイロンシャツ [Lord Byron shirt] とも呼んでいる。

ポエッツシャツ⇒ポエッツカラー

は

773

ファッション全般

ポエティックプリント［poetic print］ポエティックは「詩の、詩的な、詩人の」という意味で、詩的な味わいを表現したプリント柄を指す。ロマンティックな雰囲気の花柄プリントなどに代表される。

ホエラーズ⇒アノラック

ボーイガールルック⇒ボーイ・ミーツ・ガールルック

ボーイショーツ⇒ボーイレッグショーツ

ボーイスカウトシャツ［boy scout shirt］ボーイスカウトのユニフォームに見るシャツ。開襟、両胸の大型ポケット、半袖などを特徴とするカーキ色の丈夫なシャツのことで、これを一般のカジュアルシャツとして用いることもある。

ボーイスカウトパンツ［boy scout pants］ボーイスカウトが制服として着用するパンツの意だが、ここではとくにアメリカのボーイスカウトが用いていたパンツを紹介する。前ポケットが外に折り返されたデザインを特徴とするやや細身のパンツで、裏にウールの縞柄地がボンディングされているのも特徴とされる。裾をロールアップさせたときにそうした柄がのぞくのがポイントとされている。

ボーイズカジュアル［boys casual］少年のようなイメージを取り入れて展開される女性向けのカジュアルファッション。そのソースはロック調やミリタリー調、英国トラッド調、アメカジ調などとさまざまだが、それらをテイストミックスさせながら、セクシーに表現していくのが現代的な特徴とされる。ボーラーなどの紳士帽が多用されるのも特徴のひとつ。

ボーイズスタイル［boys style］ボーイズ（男の子、少年たち）のようなスタイルの意で、ボーイッシュルック*やボーイッシュスタイルと同義だが、感覚的にはそれよりももっと直接的なイメージが強くなる。

ボーイズスリムシルエット［boy's slim silhouette］メンズライクな表情を持つ女性用ジーンズの新しいシルエット。細すぎず、太すぎず、ほどよいボリューム感を持って少しテーパードしていくストレートラインをいう。こうしたジーンズをボーイズスリム・デニムパンツなどといい、裾をロールアップさせてユルく穿くのがカッコいいとされる。

ボーイズデニムパンツ⇒ボーイフレンドジーンズ

ボーイズパンツ⇒ボーイレッグショーツ

ボーイズミックスカジュアル［boys mix casual］男の子のファッションの要素を取り入れて表現した女性のカジュアルファッションの意味。男の子が着るようなスポーティーなTシャツやハードな感覚のミリタリーパンツなどをわざと着込んで楽しむファッションを指す。いわばボーイッシュスタイルと同義。

ボーイズレッグ⇒ボーイレッグショーツ

ボーイッシュスタイル［boyish style］フラッパーが活躍した1920年代前半の時期（1920～25）の女性ファッションをこのように呼んでいる。胸の膨らみを押さえ、ずん胴シルエットの服を着たスタイルが、まるで男の子のようだというところからの命名。この時代を「スクールボーイの時代」ともいう。

ボーイッシュボブ⇒イートンクロップ

ボーイッシュルック［boyish look］ボーイッシュは「（女の子が）少年のような、男の子っぽい」の意で、髪を短くカットしたりパンツを穿くなどして、男の子のように見せる女性ファッションを総称する。1920年代のフラッパーガールの頃から見られたもので、60年代初期にも流行したことがある。

ボーイフレンドジーンズ［boyfriend jeans］ボーイフレンドが穿いているジーンズを

ファッション全般

借りて穿いているような雰囲気を特徴とした女性用のジーンズで、ゆったりした感じを特徴とする。ボーイズデニムパンツ［boy's denim pants］とかエクスボーイフレンドデニム［ex-boyfriend denim］（前の彼氏のデニムパンツの意）といった別称もあり、このようなジーンズのフィット感やシルエットをボーイフレンドフィット［boyfriend fit］と呼んでいる。

ボーイフレンドジャケット［boyfriend jacket］ボーイフレンドの持ち物を借りてきたような、ゆったりとした感じを特徴とするジャケット。ボーイフレンドジーンズとかボーイフレンドシャツなど一連のボーイフレンドと名付けられたファッションアイテムのひとつで、これは特に2008年春夏向けミラノコレクションに見る「昔のおっちゃん風」ジャケットについていったもの。

ボーイフレンドシャツ［boyfriend shirt］ボーイフレンドセーターと同じように、ボーイフレンドの借り物のような雰囲気のシャツをいう。ぶかっとした大きめのシャツの裾を出して、スリムなボトムで引き締めるのが着こなしのポイントとされる。

ボーイフレンドスタイル［boyfriend style］全身をまるでボーイフレンドから借りてきたような服装で固めている女の子のスタイルをいったもの。大きめのチェックシャツやプリントＴシャツ、ルーズなカーゴパンツやスニーカー、野球帽などアメリカンカジュアル風のアイテムで構成される例が多い。

ボーイフレンドセーター［boyfriend sweater］ボーイフレンドから借りてきたようなセーターという意味で、全体にゆったりとしたオーバーサイズ気味の女性用セーターを指す。

ボーイフレンドフィット⇒ボーイフレンド

ジーンズ

ボーイ・ミーツ・ガールルック［boy meets girl look］単にボーイガールルック［boy girl look］ともいう。女の子がボーイフレンドの服を借りてきたようなボーイッシュないでたちをいう。このような男性と女性の要素をミックスさせた着こなしが、最近のファッションのひとつの流れとなっている。

ボーイレッグ⇒ボーイレッグショーツ

ボーイレッグショーツ［boyleg shorts］女性下着のひとつで、お尻全体を包み込むデザインのショーツの一種をいう。少年が穿くブリーフのようなというところからの命名で、いわばボクサーショーツ（ニットトランクス*）の女性版といった感じのもの。ほかにボーイズレッグ［boy's leg］とか単にボーイレッグ［boyleg］、またボーイレングスショーツ［boy length shorts］、ボーイショーツ［boy shorts］、ボーイズパンツ［boy's pants］などさまざまな名称がある。また英国ではこの種のものをローレッグブリーフ［low leg brief］と呼んでいる。

ボーイレングスショーツ⇒ボーイレッグショーツ

ホーウインレザー［Horween leather］1905年シカゴで創業した北米最高の皮革メーカーの名称。同社の作る「クロムエクセルレザー」と「シェルコードバン」の代名詞ともなっている。他に「カリコ」というスエード素材でも知られる。

ポークカラー［poke collar］19世紀末から20世紀初頭にかけて用いられた男性の礼装用シャツの襟型。高く硬い立襟の一種で、現在のウイングカラー*（立ち折れ襟）の基となったもの。ポークには「突き出る」という意味がある。

ポークパイ⇒テレスコープハット

ポークボンネット⇒ボンネット

は

775

ファッション全般

ポージーリング [posy ring] ポージーは「小さな花束」の意で、短い詩や愛のメッセージなどを表あるいは裏側に刻みつけた指輪をいう。ポージーは本来英語の古語で「(指輪に刻みつけた) 短いモットー、記念文字」という意味があり、こうした指輪は13世紀ヨーロッパに始まり、18世紀末の〈結婚指輪法〉の制定によって規制されるまで広く普及していたものだが、これをプラチナ・ギルド・インターナショナルが1991年に復活させ、キャンペーンを展開したところから注目されるようになったもの。

ホージャリー [hosiery] 靴下類の総称。ホーゼリーともいう。またメリヤス類のことも意味し、靴下や下着の製造販売のことも表す。「ホージャー hosier」(靴下屋、下着商人)から派生した語とされる。

ホーズ [hose] 膝下までの長さを特徴とする「長靴下」のこと。ふくらはぎを越える総丈39〜44センチ程度のもので、日本ではこれを一般に「ハイソックス」とか「ロングソックス」と呼んでいる。元は中世に用いられた男性の脚衣を指し、これをフランス語ではショース [chausses 仏] といった。

ホースアニリン⇒ホースレザー

ホースシューカラー [horseshoe collar] ホースシューは「馬蹄 (ばてい)」の意味で、そのような形を特徴とした襟型をいう。ネックラインがUの字の形に大きく刳(く)られ、その周りに付くフラットカラー*をこのように呼んでいる。

ホースシューネックライン [horseshoe neckline] ホースシューは「蹄 (てい) 鉄、馬蹄」の意味で、馬蹄のような形に深く刳(く)られたネックラインを指す。

ホースハイド⇒ハイド

ホースビットモカシン⇒バンブービットモカシン

ホースビットローファー⇒ビットモカシン

ホースヘアクロス⇒毛芯

ホースヘアバッグ [horsehair bag] ホースヘアは「馬の毛」の意で、それを原料として作られたバッグを指す。一般に高級バッグとして知られ、フォーマル用途のものが中心だが、最近ではそれだけにとどまらず、通勤用に合うものなども開発されるようになっている。

ホースライディングスタイル [horse riding style] 乗馬スタイル。馬に乗るときの服装を指し、伝統的なライディングジャケット*やジョドパーズ*(乗馬ズボン)などに代表される。こうした乗馬服をモチーフとした街着スタイルをいうもので、英国調への傾斜を示すファッションのひとつとされる。

ホースライディングパンツ [horse riding pants] 乗馬用のパンツ。いわゆる「乗馬ズボン」を指す名称のひとつ。

ホースレザー [horse leather] 馬のなめし革のことで、「馬革 (ばかく)」と称される。ホースアニリン [horse-anilline] ともいう。

ホーゼ⇒ホーゼン

ホーゼン [Hosen 独] ドイツ語でいうズボン類の総称。女性用のズボンはホーゼ [Hose 独] といい、これらが英語で靴下類を表すホーズ*やホージャリー*につながっている。

ホーゼントレーガー⇒ブルテル

ボーター [boater] 日本では俗に「カンカン帽*」として知られる夏用の麦わら帽子のひとつ。ボート乗りの帽子というところからこう呼ばれるもので、てっぺんを平らにした円筒形のクラウンと水平のブリム、それに幅広のリボンを特徴としている。ストローボーター [straw boater] とも。

ボーダー⇒ボーダーストライプ

776

ファッション全般

ボーダーカットソー［border cut sew］ボーダーストライプ（横縞）を特徴としたカットソー（裁断ものニットウエア）の日本的俗称。横縞Tシャツから横縞のラグビージャージーのようなものまで、その種類とデザインは多彩に見られる。

ボーダーショッピングバスケット［border shopping basket］赤、青、黄色などのボーダーストライプ（横段模様）を特徴とした麦わら製のショッピングバッグ。昔懐かしい手提げ籠（かご）を思わせるもので、レトロな雰囲気があるとして近年再び人気を集めるようになっている。

ボーダーストライプ［border stripe］「段縞、横段縞」の意。ボーダーは本来「縁（へり、ふち）」という意味で、元は衣服の縁や裾線にあしらう模様を指したものだが、現在では広く横方向の縞状の柄をこのように呼ぶ傾向が強くなった。単にボーダー［border］といったり、「ボーダー柄」などとも呼んでいる。海洋調のTシャツなどに見られるものをマリンボーダー［marine border］といったり、さまざまな色柄で表した横段模様をマルチボーダー［multi border］といったりするのがその例。広義にはホリゾンタルストライプ*と同義とされる。

ボーダーチーフ［border＋handkerchif］普通、3色ほどの先染糸で格子柄を織り出した紳士用ハンカチーフの一種。平織地に朱子、斜文織、裏柄切織などでボーダー柄を表現し、色の組み合わせ方で特徴を出している。朱子などの部分が多いほど高級品とされ、糸は綿の60単、80単、100単といった細番手のものが用いられる。

ボーダーT［border T］ボーダーストライプ（横縞、横段縞）を特徴とするTシャツの総称。特にマリンT*と呼ばれるものに多く見られ、その原型はバスクシャ

ツ*にあるとされる。そのことからフレンチセーラーシャツ［French sailor shirt］などの別称でも呼ばれる。

ボーダートップス［border tops］ボーダーストライプ（段縞、横縞）を特徴としたトップス（上半身衣）の総称。そうしたニットウエアだけでなく、布帛製のものも全てが含まれる。

ポータブル・オーバーシューズ⇒オーバーシューズ

ポーチ［pouch］正しくはパウチと発音される。「小さな袋」を意味し、「小銭入れ」や「タバコ入れ」の類も指す。フランス語のポシェット［pochette 仏］に相当する。

ポーチポケット⇒パウチポケット

ボーティングジャージー⇒ヘンリーT

ボーティングシューズ⇒デッキシューズ

ボーティングパーカ⇒ヨットパーカ

ボーティングブレザー［boating blazer］ボートレース観戦用に着用されたブレザー。英国の伝統的なボート競技〈ヘンリー・ロイヤル・レガッタ〉で1890年代から着られていたというほどの歴史的なブレザーで、通常紺か真紅のフランネルで作られ、ブレザーの原点的なものとされている。これの旧称とされるものにレガッタブレザー［regatta blazer］があり、これはダブル前で、時としてレガッタストライプと呼ばれる紺と白の太い棒縞をあしらったタイプが見られる。

ボーデッドレザー⇒ボックスカーフ

ポードゥソア［peau de soie 仏］フランス語で「絹の肌」を意味し、横畝を特徴としたサテン仕上げの厚手ネクタイ地を指す。鈍い光沢感を持ち味としている。

ポードゥムートン⇒ムートン

ボートコート⇒ビーチジャケット

ボートシャツ⇒ユニバーシティークルーズ

ボートシューズ⇒デッキシューズ

ファッション全般

ボードショーツ［board shorts］海辺の新しいスポーツであるボディーボード用にデザインされたショートパンツ。元は男性用のアイテムであったが、これを女性用にアレンジしたものが人気を集め、ビキニブラとの組み合わせやおしゃれな街用のショートパンツとしても穿かれるようになった。多くはナイロン製で、ウエストに紐を配したサーフパンツ*調のデザインが特徴。

ボートネック［boat neck］襟刳（ぐ）りを直線的に水平に切り開いてできたネックライン。舟の底の形に見えるところから「舟底襟」などと呼ばれ、ヨット遊びや海洋レジャー用のニットウエアに多く用いられている。両肩のところに鋭角の開きが生まれるのが特徴。

ボートバッグ⇒セイルバッグ

ボートブーツ［boat boots］ボートやヨット遊びに用いるブーツの総称。デッキシューズをブーツにしたようなものからマリーンブーツ*タイプのものまで、さまざまなデザインが見られる。

ボードブーツ［board boots］スノーボード用のブーツのことで、正確にはスノーボードブーツ*、またこれを略してスノボブーツともいう。スキーブーツとは違ってレースアップ式のものが大半で、太めのバンドを取り付けたものが多く見られる。

ポートフォリオ［portfolio］「紙挟み、折りカバン、書類入れ」という意味だが、最近ではイラストレーターたちが作品を入れて持ち歩くための、大型でかつ薄手の書類ケースを指すことが多い。

ポートマントー［portmanteau］革製で両開きとなった旅行カバン。欧米では基本的なカバンのひとつとされる。

ボートモカシン⇒デッキシューズ

ホーボーバッグ［hobo bag］ホーボーとはアメリカの俗語で「渡り労働者、浮浪者」を指し、そうした人たちが持っているようなというところから名付けられた、大型の頭陀袋*（ずだぶくろ）風ショルダーバッグを指す。くったりした感じのものを斜め掛けで用いるのが、目下のファッションとされる。

ホーボールック［hobo look］ホーボーはアメリカ俗語で「渡り労働者、浮浪者」の意。この語は日本語の「ほうぼう（方々）＝あちらこちら」の意から来たとの説もあるが、そうした人たちに見る全体にルーズな雰囲気の服装を指す。アメリカ映画『スケアクロウ』(1973) や『北国の帝王』(同) に見る衣装が代表的。

ボーホーシック⇒ボーホースタイル

ボーホースタイル［BoHo style］ボーホーはボヘミアンとソーホー (SOHO*) から作られた造語で、ニューヨークのソーホー地区に見るボヘミアン風のスタイルを指す。昔のヒッピー風のアヴァンギャルド*なスタイルや民族調の雰囲気などをミックスさせたちょっとレトロなファッション表現で、セレブ好みのファッションとして2005年頃から登場をみている。特に英国女優シエナ・ミラーが好むそれはボーホーシック［BoHo chic］として知られ、そこからスエードのブーツやフロッピーハット*、ワイドベルト、ふわっとしたスカートなどの流行が生まれた。

ホームウエア［home wear］家庭で着用する衣服の総称で、「家庭着」と称される。家庭内での各種の仕事着や部屋着、寝間着などが含まれる。

ホームカバーソックス⇒スリッパソックス

ホームスパン［homespun］「家で紡がれた」という意味から来たもので、手作りの味を大切にして作られた素朴でざっくりとした感触のツイードを指す。厳密には手

778

織りのスコッチ*（スコットランド産ツイード）のみを指し、ハリスツイード*がその典型とされる。ドニゴールツイード*やエディンバラツイード*も、本来はスコットランドのホームスパンであったとされる。

ホームドレス⇒ハウスドレス

ホームファッション [home fashion] 家庭内で過ごすためのファッションの総称。庭仕事用の作業着や部屋着、また寝巻など家庭関係の衣服が全て含まれる。

ホームブリーチング [home bleaching] 家庭で行うことができる歯の漂白を指す。「歯の美容」ブームから歯を真っ白にすることが求められるようになり、このように自宅でできる方法が開発されたもの。これに対して歯科医院で行う処置はオフィスブリーチング [office bleaching] と呼ばれる。

ホームボーイスタイル [home boy style] ホームボーイとは、黒人のスラングで「近所の幼なじみ」を意味し、ここから日本では地元の黒人の不良っぽいスタイルをこう呼ぶようになった。特にヒップホップ系のスタイルを指すことが多く、ダブダブのTシャツに、ずり下げて穿くダボッとしたパンツ、後ろ前にかぶるBBキャップにスニーカーといった恰好が代表的とされる。

ホームランジェリー [home lingerie] 部屋着としてのランジェリー*類を総称するもので、ネグリジェ、パジャマ、ドレッシングガウンといったものがここに含まれる。

ポーラー⇒ダービーハット

ポーラー [poral] 太い強撚糸で作られた平織ウーステッド*の一種で、サマースーツなど盛夏向きの生地として多く用いられる。織目が粗く多孔性であることから風通しが良く、さらさらした感触が特色。本来はアメリカ『エリソン』社の登録商標で、英国では一般にフレスコ [fresco] と呼ぶが、これもロンドンの『ガニヤ商会』の商標登録とされる。本来はポーラルというが、ポーラーのほかポーラとも呼ばれる。語源は porous（多孔性の意）からとされる。

ボーラタイ [bola tie] 紐タイの一種で、ループタイ*と同種のもの。南米アルゼンチンのガウチョ（牧童）たちに愛用されているネックウエアのひとつで、ボーラというのはスペイン語のボレアドレスという投げ縄から発した言葉。ボーラはその女性名詞で、男性名詞からするとボーロタイ [bolo tie] と呼ばれることになる。

ポーラテック [Polartec] 世界最大のフリース*メーカー『モルデン・ミルズ』社（米）のフリース素材に付く統一商品名。同社では1991年秋までポーラプラス、ポーラライト、ポーラテックといった名称を使っていたが、これを「ポーラテック」に統一し、その重量により「ポーラテック200」とか「ポーラテック300」というように改めた。なお「ポーラフリース」という名称は一般化しているために適用除外としている。

ポーリッシュ・ホワイトマザーグースダウン⇒マザーグースダウン

ホールカット⇒バンプ

ボールガース [ball girth]「足囲」のこと。足の幅はウイズ [width] というが、これは足の第1指（親指）と第5指（小指）の付け根にある最も突出した部分（これをボールと呼ぶ）を一周する寸法を指し、これをA〜Gまでの記号で表示することになつている。ただし、AやGというサイズのものはほとんど生産されておらず、日本の靴ではE、EE、EEEといったところが中心となっている。靴のサイズは「足長」（レングス length）とこの「足

ファッション全般

囲」で表示するのが一般的な方法とされている。ちなみにEEというのが日本の男性にとっての標準とされる。

ホールガーメント［whole garment］「無縫製仕様の衣服」という意味で、特に1995年に『島精機製作所』が開発した〈ホールガーメント機＝無縫製型コンピューター横編機〉で編んだニット製品の総称として用いられる。一着のセーターを丸ごと編むことができるため、製品には縫い目がなく、立体的に仕上がるという特性を持つ。パーツの縫製工程が不必要というのも特長のひとつとされ、要は「完全無縫製」のニット製品ということになる。

ボールガウン［ball gown］ボールは「舞踏会」の意味で、特に正式で規模の大きなそれを指すことが多い。そうした正式な舞踏会に着用するドレスを総称し、一般にはイブニングドレス*が用いられる。ボールドレス［ball dress］とも呼ばれる。日本でいう「夜会服」に当たる。

ボールシューズ［ball shoes］ボールは「舞踏会」、特に正式で規模の大きな舞踏会を指し、そうした場で用いる「舞踏靴」をいう。一般にはエナメルパンプス（オペラパンプス）と同じ。

ホールタートップ⇒ホールターブラウス

ホールタードレス［halter dress］ホールターネック*と呼ばれるデザインを特徴としたドレスの総称。身頃から続く布片を首に回して留める形にしたもので、袖なしで腕と背中が露出されることになる。

ホールターネック［halter neck］ホールターは牛馬に取り付ける「端綱（はづな）」の意味。前身頃から続く布や紐を首の後ろに回して結び、首から吊るすようにしたネックラインを指し、後ろ身頃が大きく露出するデザインのドレスやリゾートウエアに用いられることが多い。こうし

た服では袖と背中のない形が特徴となる。

ホールターブラウス［halter blouse］ホールターネックライン*と呼ばれるデザインを特徴としたブラウス。身頃から続く布片を首に回して固定するノースリーブ型の開放的なブラウスで、かつて「金太郎ルック」の名で流行したこともある。こうしたものをホールタートップ［halter top］とも総称している。

ホールターベスト［halter vest］ホールターネックライン*を特徴とするベストのこと。身頃から続く布片を首の後ろに回して留めるこうしたデザインの上衣類は、ホールタートップ［halter top］と総称される。

ホールターベルト⇒ショルダーベルト

ボールチェーン［ball chain］玉状のチェーン（鎖）。基本的なチェーンの一種で、シルバーボールチェーンなどの種類がある。

ホールドアップス⇒ストッキング

ボールドストライプ［bold stripe］「大胆な縞柄」の意で、一般には「棒縞」と呼ばれる、棒を並べたような太幅の単純な等間隔の縞柄の一種で、幅が1.5〜3センチ前後のものをいう。もうひとつは1920〜30年代に流行したギャングルックのスーツに見られるはっきりとした太い縞柄を指し、これはボールドルック*に特有の縞柄としても知られる。

ボールドリック［baldric］「吊帯、飾帯、綬帯」の意。主に軍人が刀剣や角笛などを吊す目的で、肩から腰へかけて斜めに掛ける革帯のことで、豪華な装飾を施したものも見られる。日本では「大綬（たいじゅ）」と呼ばれる絹帯がこれに相当し、皇室の方が盛装時に用いる襷（たすき）状の飾帯で知られる。「綬」というのは、昔の中国で官職の印を帯びるのに

780

用いた組み紐のことをいい、ここから礼服（らいふく）着用時に乳の下から結び垂らした帯、また勲章や褒章、記章などを佩（お）びるのに用いる紐を指すようになったもの。日本の皇室では大綬、中綬、小綬、略綬の種類があり、なかで大綬は最も格式の高いものとされている。

ボールドルック [bold look]「大胆な外観」の意で、広くは1930年代から50年代初期に至るまでの男性ファッション、とりわけスーツスタイルを代表するルックスをいう。イングリッシュドレープ*と呼ばれる英国発のスーツを元にして発展をみたもので、男の力強さを誇示するかのような広い肩と絞ったウエストの逆三角形シルエットを特徴とした。別にドレープルック [drape look] ともいう。狭義には第2次大戦後のアメリカ発の男性ファッションを意味し、これは1948年にメンズマガジン『エスクァイア』誌によって紹介されている。いかにも強いアメリカを誇示して見せるスーツルックで、これは戦中・戦後のハリウッドの男優たちが好んだハリウッドモデル [Hollywood model] と呼ばれるスーツスタイルと同義になる。当時の英国では俗に「アメリカンスーツ」として人気を集めたという。

ボールドレス⇒ボールガウン

ボールバイオ加工 [ball bio＋かこう] ボールバイオウォッシュとも。ボールを入れて行うバイオウォッシュ（酵素洗い加工）のことで、通常のバイオ加工より効果が高いという特徴がある。いわゆるブリーチ（漂白）加工の一種。

ホールフォールス⇒かえる股

ポール・ポワレ [Paul Poiret] オートクチュール中興の祖とされるパリ生まれのファッションデザイナー（1879～1944）。20世紀初頭ベルエポック*の時代に「モードの王様」の異名をとった偉大なるクチュリエ*のひとりで、女性をコルセットから解放するドレスやオリエンタル風の服装などさまざまな革新的な動きを示した。ウォルト*が創設したオートクチュールを建て直し、今日のオートクチュール・システムの基礎を作った人物としても知られる。ポール・ポアレとも表記する。

ボールライン [ball line] 球形を特徴とするシルエット。泡のような丸みがあるということでバブルライン [bubble line] とも呼ばれる。バルーンライン*やOライン*とも同義。

ボーレーネ⇒ムートン

ボーロタイ⇒ボーラタイ

ボーンカット⇒ボーンスリーブ

ボーンカラー⇒オフホワイト

ボーンサンダル⇒グラディエーターサンダル

ボーンシューズ [bone shoes] ボーンは「骨」の意で、甲の部分が肋骨のような形にデザインされた靴をいう。俗にボーンサンダルと呼ばれるグラディエーターサンダル*の靴版といえる。婦人靴に多く見られる。

ボーンスリーブ [bone sleeve] ボーンは「骨」の意で、多くは長袖のニットトップスなどで、二の腕の部分に肋骨のような切り込みを入れた袖を指す。こうしたデザインを「ボーンカット」とも呼んでおり、大胆で刺激的な印象を与えるセクシー服などに用いる例が多い。程よい肌の露出がポイントとされる。

ボーンプリント [bone print] 骨（ボーン）の形をそのまま表現したプリント柄。たとえば女性のストッキングで、大腿骨から踝にかけての骨を後ろ側にそのままプリントした模様などがある。

ボーンブーツ⇒グラディエーターブーツ

ホーンボタン [horn button] 動物の角（ホーン）を使ってボタンとしたもの。ボタン

ファッション全般

の中では最も古い歴史を持つものとされ、水牛の角を用いたバッファローボタン［buffalo button］などが知られる。

ボクサー⇒ニットトランクス

ボクサーシューズ［boxer shoes］ボクシング選手が用いる試合用の靴。レスリングシューズ*と同様のものだが、履き口が少し高めとなったところに違いがあるともされる。こうしたものを格闘技の競技場の意からリングシューズ［ring shoes］とも総称する。

ボクサーショーツ［boxer shorts］ボクシング選手が用いる半ズボン型のショートパンツで、ボクサートランクス［boxer trunks］ともいう。最近のものは丈も長めで、ルーズなシルエットのものが多く見られる。単にボクサーパンツ［boxer pants］とも呼ばれ、男性下着のひとつにもアレンジされている。

ボクサーズ⇒ボクサートランクス

ボクサートランクス［boxer trunks］ボクシング選手が着用するトランクス*という意味で、日本では短パン状の男性下着をこのように呼ぶことが多い。英米では単にボクサーズ［boxers］と呼ばれ、時としてボクサーショーツ［boxer shorts］ということがある。いずれにしても布帛製のパンツであることが特徴。

ボクサーパンツ⇒ボクサーショーツ

ボクサービキニ［boxer bikini］ボクサーブリーフ（ニットトランクス*）とビキニブリーフを合体させた男性下着の一種。ナイロンのベア天*などのきわめて伸縮性に富むニット地を用いて作られたもので、肌に完璧にフィットし、股上が浅く、股下も付かない斬新なデザインに特徴がある。

ボクサーブリーフ⇒ニットトランクス

ボクシージャケット⇒ボックスジャケット

ボクシーライン⇒ボックスライン

ポケチ⇒ポケットチーフ

ポケッタブルコート［pocketable coat］小さく畳んで持ち運ぶことのできる携帯用レインコートの一種。ポケッタブルはポケットの中にも収納できるというところからの造語で、ハンディーコート［handy coat］とも呼ばれるが、これも商品名から来たものとされる。ハンディーは「使いやすい」の意味。

ポケッタブルハット［pocketable hat］持ち運びに便利なように小さく折り畳むことができる帽子の総称。これは和製英語で、英米で正しくはパッカブル・トラベルハット［packable travel hat］（米）とかフォールダブル・トラベルハット［foldable travel hat］（英）などという。

ポケット［pocket］物入れを目的として衣服に付けられる実用的なデザインの総称。現在では装飾的な意味合いが強くなっている。日本の古い言葉では「隠し」と呼ばれた。

ポケットウオッチ⇒フォブウオッチ

ポケットクリップ［pocket clip］ジャケットのポケットに取り付けるクリップ式の飾り物。ラペルピン*などと並ぶ男性用の新しいアクセサリーのひとつとされる。

ポケットシルク⇒ポケットチーフ

ポケットスクエア⇒ポケットチーフ

ポケットチーフ［pocketchief］ポケットハンカチーフを略した言葉で、主として男性のスーツの胸ポケットに飾るハンカチーフを指す。アメリカではポケットスクエア［pocket square］が通称となっており、これはスーツの胸ポケットに飾る四角いものという意味から来ている。こうした習慣は1820年頃から始まったとされる。なお、日本では「ポケッチーフ」と呼ぶこともあるが、これは好みの問題であって、とくに間違った用法というわ

782

けではない。ポケットチーフという言葉は本来和製語とされ、最近ではこれをさらに簡略化させた「ポケチ」などという表現も見られるが、英国ではポケットシルク [pocket silk] という表現もあり、ほかにショウ・ハンカチーフ [show handkerchief] とかディスプレイ・ハンカチーフ [display handkerchief] といった用法もあるといわれる。

ポケットTシャツ [pocket T-shirt] ポケット付きTシャツの意。プレーンな形のTシャツに胸ポケットを付けたもので、アウター感覚のあるTシャツとして近年人気を集めるようになっている。略して「ポケT」とも呼ぶ。

ポケットポロ [pocket polo] ポケット付きのポロシャツのことで、元はアメリカでカジュアルフライデー*用にデザインされたポロシャツの一種を指す。仕事場に着ていってもおかしくないよう、胸に大きめのポケットを付け、袖も普通のポロシャツのような提灯（ちょうちん）袖ではなく、切りっ放しの簡袖型としているのが大きな特徴とされる。なお本来のゴルフポロ*は、外衣であることを強調するために、元々このようなデザインを採り入れていた。

ポケットラウンド⇒ラウンドチーフ

ポケットラウンドチーフ⇒ラウンドチーフ

ポケT⇒ポケットTシャツ

ぼさゆる [――] かっちり仕上げた髪形より、ゆるいほうが素敵という最近の価値観から人気の出てきた髪形のひとつで、「ぼさゆるヘア」とも呼ばれる。中村アンや井川遥に見る「かきあげバング」と同種のもの。2015年ころからの流行。

ポシェット [pochette 仏] フランス語で「小さなポケット」という意味で、特にベストに付く小型のポケットをこのように呼ぶ。これにはまたポケットチーフ*を指

す意味もある。

ポシェット（バッグ）⇒ポーチ

星飾り [ほしかざり]「星縫い」とも。テーラードな作りのジャケットやベスト、またスーツ上着などの襟やポケットの縁などに入れる返し縫いのステッチワーク。ぽつぽつと現れる縫い目が美しい星のように見えるところからそう呼ぶもので、単に「ほし」とも呼んでいる。注文服の象徴ともされる。英語では「ブラインドエッジ」（見えない端の意）という。

ポジャギ [pojagi 韓国語] 韓国の伝統工芸のひとつで、パッチワークの手法を取り入れた、何枚かの布を組み合わせたものをいう。本来は物を包んだり覆ったりする「包む布」を意味し、日本の風呂敷のようなものとされる。韓国のパッチワークは「チョガッポ（チョガッポジャギ）」と呼ぶ。

ポション⇒ダッフルバッグ

ホステスガウン [hostess gown] ホームパーティーでホステス（女主人）が着用する衣服を指す。くつろいだ雰囲気の中にも、ある程度の品の高さが求められる。

ポストクチュール [post-couture 仏] 現在のクチュール（裁縫・仕立の意）の後に現れるものという意味で、次に来るべき服作りの方法を示唆する言葉として広範に用いられる。これまでの服作りに対して、新しい裁縫技術や素材使いなどを示しており、ここからアンチフォルム*などの考え方が生まれている。

ポストボーイ・ウエストコート [postboy waistcoat] 英国の郵便配達人（ポストボーイ）や馬車の御者たちが防寒用に着用したとされる昔のベストのことで、1790年代に登場したとされる。19世紀末からこれがファッションとなり、特にアメリカ東部で1930年代の終わり頃まで用いられるようになった。襟付き、腰縫い目入り

ファッション全般

でその下に長めの裾が付き、フラップポケットが配されるのが特徴。現在のスーツ用ベストの原型のひとつとしても知られる。

ポストマンシューズ [postman shoes] ポストマン（郵便配達夫）が履いている靴というところから名付けられた紳士靴のひとつ。元はアメリカの靴メーカー『レッドウィング』社の商品名で、がっちりとしたラウンドトウ*（丸い爪先）を特徴とするオックスフォードシューズ*を指す。現在ではトラディショナルな靴のひとつとして好まれている。このような爪先が丸みを帯びた伝統的な雰囲気の紳士靴をラウンドトウシューズ [round toe shoes] と総称する向きもある。

ポストマンズキャップ [postman's cap] 郵便配達人のかぶる帽子の意味で、サンバイザー*と同義。

ポストマンバッグ ⇒メイルマンバッグ

ボストンバッグ [Boston bag] 小旅行やスポーツ用などとしてよく用いられる昔ながらの手提げカバン。底部が広いファスナー開閉式の中型バッグで、アメリカのボストン大学の学生が愛用したことからこう呼ばれるというが、実際は日本のスポーツメーカーが名付けた商品名のひとつとされる。本来はグラドストンバッグ*と呼ばれる旅行カバンの一種で、その軽便なタイプとされる。

ボストンモデル [Boston model] メガネフレームの代表的な形のひとつで、逆おむすび型の丸みを帯びたデザインが特徴とされる。俗に「ボストン型」と呼ばれ、ウエリントンモデル*と並んで、トラディショナルなメガネの原型とされる。ボストンはアメリカの地名。

ボスリントン型 [Bosllington＋がた] メガネ枠の一種で、ボストン型とウエリントン型の中間に当たる新モデルを指す。ボ

ストンともウエリントンとも言い難い、微妙な曲線を描くデザインが特徴とされる。

ポセイテック [POSEI TECH] 海底油田基地開発の作業員用に開発されたハイテク素材の商標名。小松精練と伊藤忠商事、クラボウ3者の共同開発によるもので、コットンにアクリル系繊維のプロテクスを混紡して作られたもの。耐久性、撥水性、耐火性、静電防止性、透湿防水性、吸湿性、発汗性など優れた特性があり、消防服の素材としても注目されている。2015年秋冬から一般的なダウンジャケットなどにも用いられるようになった。

ボタニーウーステッド [botany worsted] オーストラリア産のボタニーウール*を用いた梳毛織物。平織や綾織とされ、かつては極上メリノ種羊毛の服地として一世を風靡した。

ボタニーウール [Botany wool] オーストラリア産のメリノウール*の中で極上品とされる羊毛のひとつ。これで作られた梳毛地をボタニーウーステッド [Botany worsted] という。

ボタニープリント ⇒ボタニカルプリント

ボタニカルアート柄 ⇒ボタニカルプリント

ボタニカルコスメ [botanical＋cosmetics]「植物性化粧品」の意。植物エキスを主成分とした化粧品の総称で、いわゆる自然化粧品（ナチュラルコスメ*）のひとつ。最近では自然の植物のもつ力と最先端技術を融合させた新しい化粧品が台頭しており、こうした美容の考え方をボタニカルビューティー [botanical beauty] とも称している。

ボタニカルダイ [botanical dye] ボタニカルは「植物の、植物学の」の意で、いわゆる「植物染め」のこと。植物染料による自然な色調が表現されるのが特徴で、エコなイメージがあるとして人気を集め

るようになった。最近ではアボカドやタマネギの外皮なども利用されるようになっている。

ボタニカルビューティー⇒ボタニカルコスメ

ボタニカルプリント [botanical print] ボタニカルは「植物の、植物学の」という意味で、植物をモチーフとしたプリント柄を総称する。木の葉や草花、果実などがテーマになっており、ボタニープリント [botany print] ともいう。また、これを芸術的に処理したという意味で、ボタニカルアート柄 [botanical art ＋がら] と呼ばれるものも見られる。

ボタンアップカラー [button-up collar] ボタンナップカラーとも。剣先の裏にタブが付き、スナップボタンなどで襟を身頃に留めるようにしたシャツの襟型をいう。ボタンダウンカラー *と違って、ボタンが外側から見えないのが特徴となる。また、襟先同士をタブでボタン留めする形になったものをこう呼ぶこともある。

ボタン・アンド・ジッパーフライ [button and zipper fly] ボタンとジッパーの両方を使って開閉する前開きのデザイン。内側にジッパー、外側にボタンを付けるのが基本で、ヘビーデューティーなブルゾンやコートなどに用いられる。またジッパーとフック（日本でいうホック）をいっしょにしたものは、フック・アンド・ジッパーフライ [hook and zipper fly] と呼ばれる。

ボタンイヤリング [button earring] 耳たぶにネジでぴったり留める形のイヤリングの総称で、イヤーボタン [ear-button] ともいい、耳たぶから垂れ下がる形のイヤードロップ *とは対照的なものとされる。

ボタンカバー [button cover] 通常のボタ

ンの上にかぶせて用いる飾り用のアクセサリー。女性のブラウスなどに用いられることが多いが、男性用ではシングルカフスのドレスシャツの袖ボタンの上にかぶせて、あたかもカフリンクスを着けているかのように見せるものがある。

ボタンストール [button stole] 色々なところにボタンを取り付け、それを利用することによってさまざまな形に変えることができるストールを指す。たとえば斜めに２つ折りして羽織ると、ケープのような形になったりする。最近のアイデア商品のひとつ。

ボタンスルーフライ [button-through fly] ジーンズなどに見る前開きデザインのひとつで、ボタンが打ち抜きになって表に現れている形をいう。ファッション的なジーンズに多く用いられる。

ボタンスルーフロント [button-through front] 衣服のフロント（前部）の形のひとつで、打ち抜きボタン型のものをいう。ボタンホールを通してボタンが表に見えるようにしたもので、フライフロント *の対語とされる。。

ボタンダウンカラー [button-down collar] ボタンダウンは「ボタン留めの」という意味で、襟先にボタン穴を開け、身頃に付けたボタンでそれを留めるようにしたシャツの襟型を指す。元はアメリカントラディショナル *の老舗である「ブルックス・ブラザーズ」社が、20世紀初頭に英国のポロ競技選手の着用していたシャツにヒントを得て開発したものとされ、同社ではこれを特にポロカラー [polo collar] と称している。厳密には、襟羽がゆるやかな曲線を描くロールドボタンダウン [rolled button-down] がトラッド調の本格とされ、ほかに平面的なフラットボタンダウン [flat button-down] や襟先が長いハイロールドボタンダウン [high

ファッション全般

rolled button-down］といった種類がある。よりクラシックなボタンダウンシャツには、後ろ襟の中央にもバックボタン［back button］が付けられる。頭文字を略してBDカラー［BD collar］ということもある。

ボタンダウンシャツ⇒ＢＤシャツ

ボタンダウンスカート［button-down skirt］ボタンを使って開閉できるようにしたスカートということで、多くはウエスト中央から裾までを割り、それをボタン留めにしたデザインのものをいう。タイトスカート型のものに多く採用され、開きを脇や後ろにとったものもある。

ボタンダウン・フラップポケット［button-down flap pocket］フラップの部分をボタン留めとしたポケット。ボタンフラップポケット［button flap pocket］とかフラップ・アンド・ボタンダウンポケット［flap and button-down pocket］の名もある

ボタンタブカラー⇒ボタンポイントカラー

ボタンドカフス［buttoned cuffs］ボタンで留める式のカフスをいうが、特に「くるみボタン」や小さなボタンを並べてループ掛けとした装飾的なデザインを指すことが多い。女性のロマンティックな雰囲気のブラウスによく用いられる。

ボタンドグラブ［buttoned glove］裾口をボタン留めにした手袋。本格的で伝統的な雰囲気のある手袋とされる。これに対して、最近の手袋はスナップボタンで留める「スナップ式」のものが多くなっている

ボタンドハイシューズ⇒グランパブーツ

ボタンドハイブーツ⇒グランパブーツ

ボタンドブーツ⇒ボタンブーツ

ボタンナップポケット［button-up pocket］ポケットの口をボタンで留めて開閉できるようにしたデザインのポケットを指す。ボタンは身頃に作り付けとなってい

るのが特徴。

ボタンブーツ［button boots］ボタンで留める形のブーツの総称。フロントや脇の開き部分にボタンを配して、それで開閉するようにしたブーツを指すが、現在では実際の開閉にはファスナーを用いて、ボタンは飾りとして付けたものもこのように呼ぶことがある。ショートブーツ型のものが多く、特に昔の礼装に見られるほか、レインブーツにもこうしたものが採用されている。ボタンドブーツ［buttoned boots］ともいい、昔は実際にボタンホールを設けたものであった。

ボタンフライ［button fly］フライ［fly］は「比翼」の意で、シャツやズボンなどの前開き部分をいう。ズボンの場合、普通はこれが隠しボタン式になっているところからフライの名があるもので、特にボタン式のものをこう呼ぶ。ジッパー式のものはジップフライ［zip fly］というが、現在のズボンにおいてはジップフライが圧倒的に多い。

ボタンフラップポケット⇒ボタンダウン・フラップポケット

ボタンポイントカラー［button point collar］ボタンを飾り的に扱ったシャツ襟の総称。ボタンダウンカラーが代表的だが、タブカラー*のタブが付く部分をボタンにしたボタンタブカラー［button tab collar］といったものも見られる。

ボタンホール［buttonhole］ボタン穴。ボタンを留めるために開けられた穴の総称で、ワークトボタンホール［worked buttonhole］（穴かがりしたボタン穴）などの種類がある。なお「穴かがり」のことはボタンホールアイレット［buttonhole eyelet］とかボタンホールステッチ［button-hole stitch］という。英国ではブトニエール*と同じように、ボタン穴に挿す飾り花をこの名で呼ぶことがある。

786

ファッション全般

ボタンホールアイレット⇒ボタンホール

ボタンホールステッチ⇒ボタンホール

ボタンレス・ボタンダウンカラー [buttonless button-down collar] ボタンのないボタンダウンカラーと直訳できるが、これはボタンダウンカラーのシャツの愛好者であるガチガチのトラッド信奉者が、普通のシャツ襟をわざとこのように称したもの。1960年代から70年代にかけてはやった言葉で、当時はこうした襟のシャツに飾りピンをあしらって、ピンホールカラーのように着こなすことも流行した。

ボタンワンダブル⇒ファッションダブルブレスト

ぽちゃカワ 少し肥満気味のいわゆる「ぽっちゃりさん」向けの新しいファッション市場を「ぽちゃカワマーケット」と呼んだところから生まれたもの。「ぽっちゃりさん」向けのファッションが拡大傾向にあり、レギュラーサイズとの境目も少なくなっているのが現状とされる。ぽっちゃり体形を可愛らしさに転換したところに受ける理由があるとされ、現在ではゆったりとした着こなしを楽しむレギュラーサイズ客にも人気を集めているという。また女性誌の『CanCam』がこうした女性を「ぷに子」と名付けたり、2013年3月には太った女性を対象とした雑誌『la farfa（ラ・ファーファ）』を創刊するなど、この分野が注目を浴びている。

ボックスオーバーコート⇒ボックスコート

ボックスカーフ [box calf] ボーディングという加工を施されたカーフ*で、銀面に美しい四角形のシボが表されたものをいう。本来はクロムなめしされたカーフの総称で、高級素材のひとつとされる。こうした革をボーデッドレザー [boarded leather] とも総称している。日本語では「揉み革（もみがわ）」と呼ばれる。

ボックスキャップ [box cap] トップ部が箱型の形をしたキャップの総称。ワークキャップ*に見られるほか、軍隊の作業帽としても多く用いられている。

ボックスグレイン [box grain] グレインレザー（銀付き革）の一種で、細かい四角形のシボを軽く出したものをいう。

ボックスコート [box coat] ボックスオーバーコート [box overcoat] の略。箱型のシルエットを特徴とする、主としてウールコートを総称する。ガーズマンコート*やポロコート*などが代表的だが、狭義には1940年代末から50年代にかけて大流行を見た背広型のものを指す。

ボックスジャケット [box jacket] 全体に箱（ボックス）のような形を特徴としたジャケットの総称。ボクシージャケット [boxy jacket] とも呼ばれる。四角い肩線やずん胴シルエットのボディーラインなど、直線的なイメージがポイントになる。

ボックススーツ [box suit] ボックス（箱）型のシルエットを特徴とするスーツの俗称。ルーズな雰囲気を楽しむファッション傾向から登場したもので、ボックスシルエットの上着とノータックのワイドパンツで構成されたものが多い。1990年代中頃から男女ともに見られるようになった。

ボックスドレス [box dress] 箱（ボックス）のようなシルエットを特徴とするドレス。余分な装飾をなくしてできるだけシンプルに仕上げた、そうしたデザインのドレスが多く見られる。

ボックスバッグ [box bag] 箱型のバッグの総称。トランクのように大きなものから、四角いハンドバッグといったものまで、さまざまな形と種類がある。最近ではこうした形のスポーツバッグも登場してい

は

787

ファッション全般

る。

ボックスハット［box hat］箱の形をした小さな飾り用の婦人帽。ハットボックスとなると、帽子を収納する箱の意になる。

ボックスプリーツ［box pleat］「箱襞（はこひだ）」のこと。箱（ボックス）のようなプリーツで、折り目が裏側で突き合わせの形になっているのが特徴とされる。フランス語でプリ・クルー［pli creux 仏］（穴の開いたプリーツの意）という。この裏側がボックスプリーツの逆という意味で、インバーテッドプリーツ［inverted pleat］（逆襞、拝み襞）と呼ばれることになる。

ボックスプリーツスカート［box pleat skirt］ボックスプリーツ＊（箱襞〈ひだ〉）を特徴としたスカートの総称。より正しい英語ではボックスプリーティドスカート［box pleated skirt］という。

ボックスプリーティドスカート⇒ボックスプリーツスカート

ボックスライン［box line］箱（ボックス）のようなシルエットということで、ボクシーライン［boxy line］ともいう。ストレートライン＊のひとつだが、全体的に四角に角張ったイメージがあり、ウエストのくびれのない「ずん胴」形のシルエットが特徴となる。

木履［ぽっくり］女児用の下駄の一種で「ぽっくり」とも「こっぽり」ともいう。前部を傾斜させた厚い木底の下駄で、多くは黒か朱の漆塗りとされる。これらの名称は歩くときの音のイメージから来たものとされる。

ぽっくりシューズ［ぽっくり＋shoes］女児や舞妓さんの履くぽっくり（木履＝ぽっくりとも）のようなイメージの靴のことで、「ぽっくりプラットフォームシューズ」などともいう。ごく分厚い厚底を特徴したもので、トップ部分をスニーカー

の形にするなどして若い女性の人気を集めている。

ホッケーセーター［hockey sweater］ホッケー競技用のユニフォームとしてのセーターのことで、ホッケージャージーともいう。特にアイスホッケー用のそれを指すことが多く、フロントにチーム名やマークなどを大きくあしらった、いかにもスポーティーなデザインのものが多く見られる。ホッケーといえば、英国では陸上のフィールドホッケーを指すことが多い。

ポッサム［possum］オポサム＊（オポッサム）の口語ともされるが、最近ではオーストラリアンオポサム＊（袋ギツネ）から作られる獣毛繊維を指す言葉ともされ、「カプア」という繊維名でも知られる。

ポッシュ［poche 仏］フランス語でポケットの意。イタリア語ではタスカ［tasca 伊］、ドイツ語ではタッシェ［Tasches 独］という。

ポッシュ・バトー［poche bateau 仏］スーツの胸ポケットの一種で、両端が平行ではなく、平たい逆台形となったものを指す。フランス語で「ボート型ポケット」を意味し、袖に向かって斜めに上がった形になっているのも特徴。

ボットゥ⇒スーリエ

ホットクチュールルック［hot couture look］型破りなクチュールモード（手縫い的な要素を含んだ服作り）といった意味で、前衛的なデザイナーたちによって提案される、既成概念を打ち破るような服作りの表現を指す。縫い目をわざと外に出した服や、上下を逆さにしたような服など、刺激的なデザインが多く見られる。全体に手作り的な要素が多いのも特徴のひとつとされる。

ホットパンツ［hot pants］お尻にぴったりフィットする小さな面積を特徴とした

女性用ショートパンツの名称。1970年代初頭に登場して大流行したもので、これはアメリカのファッション新聞〈WWD（ウイメンズ・ウエア・デイリー）〉が71年に命名したことに由来する。ホットには「熱い、最新の」という意味があるが、同紙ではそのあまりにもセクシーで斬新なイメージから、このように名付けたとされる。これはリゾート用だけでなく、都会の街着、またイブニングウエアなどとしても用いられたことで、ミニスカートと並んで女性ファッション史上画期的なアイテムとされる。しかし、ホットパンツという言葉には「好色な」とか「尻軽女」など別の意味もあるとして当時大変な物議をかもし、WWD紙以外の主要ファッションメディアがこの言葉を用いることは少なかったとされる。

ホットパンツスーツ［hot pants suit］70年代初期に大流行を見た、ごく短めのぴったりしたショートパンツ（＝ホットパンツ）を主体に構成されたスーツスタイル。70年代ルックの復活傾向からホットパンツも再流行するようになり、そこに目を付けたデザイナーたちが、こうした上下揃いのアイテムを発表するようになったもの。

ポップアート［pop art］ポピュラーアート popular art（大衆芸術）の通称とされる前衛的な芸術表現のひとつで、1960年代にニューヨークとロンドンで誕生した。62年のロイ・リキテンスタインの登場で幕を開け、アンディ・ウォーホルやジャスパー・ジョーンズなどの活躍によって60年代を象徴する現代アートのひとつとなっている。日常的な事物をテーマとするのが特徴。

ポップアートルック［pop art look］1960年代を象徴する美術表現「ポップアート」をモチーフにデザインされたファッショ

ンの総称。ポップファッション*と同義で、ここからイブ・サンローランの〈モンドリアンルック*〉やアンドレ・クレージュの〈スペースルック〉、またピエール・カルダンの〈コスモコールルック*〉などが生まれたといえる。日本ではテレビCMの「イエイエ」が代表的。

ポップコーン［popcorn］菓子のポップコーンのような凹凸感を特徴とした柄のことで、セーターの編柄によく用いられる。

ポップコーンデニム［popcorn denim］織機のタテ糸の撚りを甘くした「クランチ織り」と呼ばれる手法で作られたデニム地。表面にプツプツとした白く見えるアタリが現れるところから、ポップコーンと命名されたもの。柔軟で立体感のあるのが特徴とされる。エドウインとカイハラの共同開発による。

ホップサッキング⇒ホップサック

ホップサック［hopsack］ビールの原料となるホップを入れる袋からこの名称が付けられた平織ツイードの一種で、ホップサックツイード［hopsack tweed］とも呼ばれる。目が粗く、ラフな表情が特徴で、とくにチェビオット*種の紡毛を用いた高級品を〈スポーテックス*〉の名で呼んでいる。また、これをコットン製としたものをホップサッキング［hop sacking］ということがある。

ホップサックツイード⇒ホップサック

ポップファッション［pop fashion］ポップは1950年代末から60年代にかけて、特にアメリカで高まった新しい芸術運動を指す。アンディ・ウォーホルやリキテンシュタインらに代表されるが、ファッションにも大きな影響を与え、明るく現代的な感覚をさまざまなアイテムに吹き込んだ。そうしたファッションを示すとともに、現代のポップなデザイン感覚にあふれる服装も総称する。

ファッション全般

ホッブルスカート［hobble skirt］ホブルスカートとも。1910 〜 14年頃に流行した、裾幅が極端に狭いロングスカートのこと。1910年にポール・ポワレ*がパリで初めて発表したもので、非常に歩きにくいところから女性を再び19世紀の束縛に戻すファッションとして非難されたこともある。ホッブルは「よちよち歩き、（逃げないように馬などの）両脚を縛る」という意味。ちなみに1915年に売り出されたコカコーラの瓶は、このスカートの形を真似たという説がある。

ボッブルハット⇒正ちゃん帽

ボディー⇒ボディーテディー

ボディーアクセサリー［body accessory］ボディーワイヤー*のように腕や手首など体のあらゆるところに直接用いるアクセサリーの類を総称する。ボディコン*と称されるファッションの流行から注目されるようになったアクセサリーのひとつ。

ボディーウエア［bodywear］肌着や下着など直接身に着ける衣服の総称で、アンダーウエアと同義。また全身を覆う形のボディースーツ*と呼ばれる女性下着の別称ともされる。

ボディーウオーマー［body warmer］「体を温めるもの」の意で、いわゆる腹巻きのような形をしたニットアイテムをいう。昔の腹巻きとは違って、カラフルな色使いのものが多くなっているのが特徴。

ボディーオイル［body oil］全身マッサージなどの際に、体に塗るオイルのこと。同種のものにクリーム状のボディークリーム［body cream］もある。

ボディークリーム⇒ボディーオイル

ボディーケア［body care］体全体についての手入れを総称する。頭のてっぺんから足の爪先まで全身を健やかに美しく保つための種々の手入れを指し、それぞれに対応する化粧品の類が考えられている。

ボディーコンシャス⇒ボディコン

ボディーコンシャスライン［body conscious line］ボディーコンシャスは「肉体意識」の意で、俗にボディコンと略称される。体に張り付くようにぴったりとフィットしたシルエットを指し、ボディーコントゥアライン［body contour line］とかボディーフィギュアライン［body figure line］また単にフィギュアライン［figure line］などとも呼ばれる。コントゥアは「輪郭、外形」、フィギュアは「図形、姿」の意。

ボディーコントゥアライン⇒ボディーコンシャスライン

ボディーシール［body seal］フェイクタトゥー*に用いる、体に貼り付けるタイプのシール。特殊なインクでさまざまな模様を描いたシールを水に濡らして肌に着けると、数日は剥がれないという特性をもつといわれる。別にファッションシール［fashion seal］とかタトゥーシール［tat-too seal］、ペーパータトゥー［paper tat-too］、スポーツタトゥー［sports tattoo］などとさまざまな名称でも呼ばれる。

ボディーシェーパー⇒ボディーブリーファー

ボディージェル［body gel］風呂上がりなどに、保湿や肌を滑らかにする目的などで用いるゲル状の化粧品。

ボディージャケット⇒スリーブレスジャケット

ボディーシャツ［body shirt］体にぴったりとフィットする形を特徴とした細身のシャツを指すとともに、シャツ型のトップとパンティー部分がつながった形の女性用の衣服を指す意味もある。こうしたものはボディーウエアと総称され、1970年代に台頭を見ている。

ボディーシャンプー［body shampoo］体を

洗うシャンプーの意で、ボディー用の石鹸を指す。ただし、これは和製語であって、正しくはボディーソープ [body soap] となる。シャンプーは「髪洗い」および「洗髪剤」を意味する言葉であって、これを体を洗う意味に用いるのはおかしなこととなる。ソープは石鹸の総称で、固形石鹸はソープケーキ [soap cake]、粉石鹸はソープパウダー [soap powder]、液体石鹸はリキッドソープ [liquid soap] と、それぞれに固有の名詞がある。なお化粧石鹸にはトイレットソープ [toilet soap] という言葉がある。

ボディージュエリー [body jewelry] ネックレスやブレスレット、リングなど肌に直接着けるジュエリーを総称する。きわめて装飾的な性格が強いのが特徴。

ボディージュエルブラ [body jewel bra] バックストラップ（背中の紐部分）をジュエリーで飾ったブラジャー。ファンシーな魅力があるブラジャーとして用いられる。

ボディースーツ [bodysuit] ブラジャーとガードルを一体化した女性下着のひとつ。いわゆる「オールインワン」と同じだが、昔のものよりもソフトな素材使いとしたものをこのように呼ぶ傾向が強い。時としてレオタード*のようなボディーウエア*と同義に扱われることもある。

ボディーストッキング [body stocking] パンティーストッキングが上半身にまで拡張して、胸元から爪先までを覆う形になったもの。薄手のナイロン加工糸で作られ、胸部と腰部にはストレッチ性の強い編地を用いたものが多い。全身のシルエットを美しく整える一種の下着として1960年代後半に登場したもので、厚手のタイプをボディータイツ [body tights] とも呼んでいる。

ボディーソープ⇒ボディーシャンプー
ボディータイツ⇒ボディーストッキング
ボディーチェーン [body chain] 体に着ける鎖状のアクセサリーの総称。特にウエスト部にベルトのような感覚であしらうものが代表的で、いわゆる「へそ出しルック」などの格好のアクセントとなっている。

ボディーテディー [body teddy] ワンピース水着のような形で、腰から上をぴったりと覆う女性下着のひとつ。テディー*の現代版として登場したもので、こうしたものをアメリカでは「ボディースーツ*」、英国では単にボディー [body] と呼んでいる。

ボディードレス [body dress] 体のラインをそのまま表すようなセクシーな雰囲気のドレス。ボディーラインドレス [body line dress] ともいう。ボディーコンシャス*の概念を体現させたもの。

ボディーパークス [Body Perks] 乳首をわざと目立たせるために用いる道具の商品名。一般にはニップル・エンハンサー [nipple enhancer]（乳首を目立たせるものの意）とかエンハンス・ニップル [enhance nipple]（増す乳首の意）として知られるが、これは2001年、アメリカ・ミネソタ州のロリ・バーグニヒとジュリア・コプスの2人の女性の考案によるもの。パークには「ぴんと上げる、つんと立てる」という意味があり、ロシアのテニス選手マリア・シャラポワに見るように、乳首を目立たせることがタブーではなくなった最近のファッションの価値観の変化から人気を集めるようになった。日本では俗に「見せ乳首」と「付け乳首」などと呼ばれている。

ボディーパーマ [body perm] ごくゆるめにかけるパーマネントウエーブ。ヘアスタイルを作りやすくするためや、持ちを

は

ファッション全般

よくするためにかけるもので、髪に自然なボリュームを与えたり、軽い動きを出すのに効果的とされる。ウエーブが大きく現れるのも特徴のひとつ。

ボディーハギングスタイル⇒ボディーフリークルック

ボディーパターン [body pattern] 女性の裸体をそのまま表現したプリント柄。昔の妖艶なヌード写真をモチーフとしたものが多く、ヌードプリント [nude print] とも呼ばれる。

ボディーバッグ [body bag] まるで体の一部のようにボディーと一体化して用いられるバッグ類の総称。平面的にデザインされたリュックサック、またエプロンのようなバッグなど薄手に作られているのが特徴で、服と同じように身に着けて用いられる。薄くて軽いナイロン製のものが多く見られるが、なかには服と同じ生地を使って、よりボディーとの一体感を強調するタイプもある。

ボディーパック⇒パック

ボディーピアシング⇒ボディーピアス

ボディーピアス [body pierce] 正しくはボディーピアシング [body piercing]。体を刺し通すという意味で、体のあちこちにピアス*を飾るファッション表現、またそうした装身具を総称する。ピアスといえば一般には耳に飾るピアスイヤリングが知られるが、これは耳だけでなく、唇や舌、また乳首やへそなどに飾って楽しもうとするもの。

ボディーファッション [body fashion] 体にまつわるファッションということで、いわゆる下着全般を指す。

ボディーフィギュアドレス⇒フィギュアドレス

ボディーフィギュアライン⇒ボディーコンシャスライン

ボディーフィットワイヤー⇒ボディーワイヤー

ボディーフリークルック [body freak look] フリークは「奇形、変種」また「〜狂、ファン、変わり者」といった意味で、豊かな胸やくびれたウエストなど体のラインを極端なほどに強調して見せるファッション表現を指す。ボディコン*のさらに上を行くものとされ、別に「体を抱き締める」という意味でボディーハギングスタイル [body hugging style] とも呼ばれる。

ボディーブリーファー [body briefer] ボディースーツ*をいうアメリカでの呼称。同種の女性下着を英国ではボディーシェーパー [body shaper] と呼ぶ。これには「体を整えるもの、体を形作るもの」の意味がある。

ボディーペインティング [body painting] 肌そのものに絵などを描くことを指し、1960年代の前衛的な芸術活動のひとつして知られる。現在ではアクセサリー的な効果を表すとして、お腹や腕などに描くことがあり、これをボディーメイク [body make]（体のメイクアップの意）とも呼んでいる。

ボディーメイク⇒ボディーペインティング

ボディーライン [body line] 体の外形を表す線のこと。また、これとは別に体にぴったりフィットさせた、ごく細身のシルエットを指す意味で用いられることもある。

ボディーラインドレス⇒ボディードレス

ボディールーセントシルエット [body lucent silhouette] ルーセントは「半透明の」といった意味で、ボディーラインをさりげなく感じることができるほっそりとしたシルエットを指す。ボディーコンシャスライン*をおとなしく表現したデザインとして知られる。

ボディーローション [body lotion] 主として入浴後に用いる全身用化粧水のこと。

ファッション全般

肌に水分を与え、滑らかな肌を保つことが目的とされる。

ボディーワイヤー [body wire] 伸び縮みするナイロン製樹脂で作られた針金状のボディーアクセサリー*。幾何学模様に編んで、腕や手首など体のあらゆるところに直接巻きつけて用いるもの。より正確にはボディーフィットワイヤー [body fit wire] といい、一見すると刺青（入れ墨）のようにも見えることからワイヤータトゥー [wire tattoo] とも呼ばれる。

ボディコン [body＋conscious] ボディーコンシャス [body conscious] の日本的略語。「肉体意識」と訳され、1960年代にはもっと自分の体を見直そうとする考え方を指した。1980年代後半からはもっぱら女性のセクシーなボディーラインを強調するファッションを示す言葉として使われるようになっている。より正確にはボディーコンシャスネス [body consciousness] といわなければならない。

ボディコンドレス [body conscious dress] ボディーコンシャスドレスの日本的な俗称で、女性の体にぴったり張り付いたラインを特徴とするセクシーなドレスの総称として用いられる。1960年代以来、流行線上に繰り返し登場しているが、特に〈ワンレン・ボディコン〉の流行語で知られる80年代後期から90年代初期にかけてのものが有名。超ミニ丈というのも、その当時のギャルファッションの特徴だった。

ボディス [bodice, bodics 仏] 元は15世紀頃から用いられた上半身にぴったりフィットする女性用の胴着を指す。コルセットと同じような下着も含まれ、上着と下着の中間的な部屋着としても用いられた。今ではバストからウエストにかけて紐で締めて着る婦人用ベストを意味するほか、婦人服の上身頃のことも表す。

ボディススカート [bodice skirt] ボディスは婦人服の上身頃、またバストからウエストにかけて紐で締めて着る女性用のベストを指し、一般にジャンパースカート*と同義とされる。

ほてりチーク [ほてり＋cheek] 赤味を帯びたチークカラー（頬紅）を頬の上部に入れて、全体にほてったような雰囲気をかもし出す化粧法をいう。ほてったような顔が色っぽくて可愛いということから生まれたもので、そうした顔を「いろっぽ顔」とか「おフェロ顔」などと呼ぶ傾向も生まれている。おフェロ顔は、フェロモンが感じられる顔の意。

ボトム [bottom] 「底、底部、下部」の意で、ファッション用語では「ボトムス bottoms」と複数形で用いられることが多い。人の下半身に用いる衣服の総称で「下衣（かい）」「下体衣（かたいい）」などと訳される。スカートとパンツが代表的なもので、上半身に着るトップスと合わせて、トップ・アンド・ボトムというように用いられる。

ボトム（靴）[bottom] 底部とか下部の意味で、靴の場合は「靴底」の総称として用いられる。シューボトム [shoe bottom] ともいい、中底、中物、表底、ヒールから構成される。

ボトムアウトルック⇒アウターボトムルック

ボトムイン⇒スリップインスタイル

ボトムルック [bottom look] ボトムは下半身にまとうものの総称で、それを中心にして発想していく着こなし方をいう。従来の服装はトップス（上半身に着るもの）を最初に決めて、それに合うボトムを考えていくという方法をとったものだが、1970年代のジーンズ大流行のころから、こうしたボトム中心の発想が登場するようになった。

ボトムレイヤード [bottom layered] パン

793

ファッション全般

ツやスカートなどのボトムアイテムによるレイヤード（重ね着）のこと。最近では若い男性によるハーフパンツとレギンスの組み合わせをこのように呼ぶ例が多い。

ボトルシェイプトタイ［bottle shaped tie］大剣の中ほどで瓶（ボトル）のように膨らんだ形を特徴とするネクタイ。クラシックな形のネクタイのひとつで、結び目が小さい割にはボリュームのあるVゾーンを形作ることができる。ボトルラインタイ［bottle line tie］とかテーパードタイ［tapered tie］（先細り型の意）、またデュードロップタイ［dewdrop tie］（水滴の意）の別称もあり、変わったところではジェット機に似ているということでジェットタイ［jet tie］、また派手な色柄でかつて流行したことからマンボタイ［mambo tie］といった俗称でも呼ばれる。

ボトルネック［bottle neck］ボトルは「瓶」の意で、首に沿って立ち上がり、上端で瓶の口のような形に開くデザインを特徴としたハイネックライン*の一種。

ボトルバッグ［bottle bag］ランニング中の水分補給用としてのボトルを収納する、ボディーにぴったりフィットする小型バッグ。スポーツ用ボディーバッグの一種といえるもので、ランニングブームとともに開発されたもの。また一般にペットボトルを入れて持ち運ぶ小さな入れ物のことを指す場合もあり、これはペットボトルケース［PET bottle case］とも呼ばれている。別にボトルホルダー[bottle holder]とも。

ボトルホルダー⇒ボトルバッグ

ボトルラインタイ⇒ボトルシェイプトタイ

ボナパルトカラー⇒ナポレオンカラー

ボナパルトジャケット⇒ナポレオンジャケット

ポニー⇒ヘアキューブ

ボニー・アンド・クライド・ルック［Bonnie and Clyde look］実在した強盗カップルを描いたアメリカ映画『俺たちに明日はない（原題：ボニー・アンド・クライド）』(1967) に見る30年代調のファッション。フェイ・ダナウェイ扮するボニーのミディ丈のスカートやベレエ帽、ウォーレン・ベイティ扮するクライド・バローのアル・カポネ風ギャングスタイルなどが知られる。単独でボニールックとかクライドルックとも呼ばれ、日本では1968年を中心に流行した。サーティーズルックとも総称される。

ポニースキン［ponyskin］「小型馬の皮」という意味だが、実際にはそれに似せて作った毛足の短い毛皮を総称する。動物保護の観点から、現在では本物のポニーの皮は使われず、牛革をバフ*などで加工することによって代用している。化学的に作られたフェイクポニースキン［fake ponyskin］がほとんどを占めているのが現状で、ごく柔らかいタイプをベビーポニー［baby pony］とも呼んでいる。

ポニーテール［ponytail］ロングヘアを頭の後ろで高く束ねて垂らした女の子の髪型。ポニーは小型の品種の馬のことで、その尻尾の形に似ているところからこのような名が付けられたもの。1950年代に流行し、若い女性たちの間に広がった。なお子馬は正しくはコルト colt という。

ポニーテールホルダー⇒スクランチー

ボニールック⇒ボニー・アンド・クライド・ルック

ボネ［bonnet 仏］ボンネット*のフランス名。また、男性用の縁なし帽や柔らかい布や毛糸で作られたブリムのない女性用の帽子を指す。

ボバーブーツ［bovver boots］英国の俗語で、底に大きな鋲を打ち、爪先に鉄を取り付

ファッション全般

けた革ブーツをいう。1960年代にスキンズと呼ばれる不良少年たちが喧嘩に用いたことで知られ、当時はドクターマーチンのチェリーレッド色のものが最高とされた。ボバーはボバリー bobbery（大騒ぎ、喧嘩騒ぎ）から転化したもの。

ボビーショーツ [bobby shorts] グルカショーツ*の英国での俗称。英口語で警察官のことをボビーと呼ぶことからの名称と思われる。暑いインドで警察官がこの半ズボンを穿いて勤務したことの名残りであろう。

ボビーピン [bobby pin] 米語でヘアピン、つまり髪留め用ピンのこと。

ボピュラービキニ⇒ビキニパンツ

ポピュラリティー [popularity] 流行を意味する言葉のひとつで、特に「人気、好評、人望」といった意味を持つ。服飾品に限らない一般的な人気や流行を指すことが多く、ポピュラーソング（流行歌）、略してポップスなどの関連語も多い。

ボビンレース [bobbin lace] ボビンは「糸巻き」の意で、糸を巻いたボビンを用いて模様を作り出していく手芸的なレースを指す。レース用の枕台となるピローを用いるところから、ピローレース [pillow lace] とも呼ばれる。

ボブ [bob] ボブスタイル [bob style]、またボブヘア [bob hair]、ボブカット [bob cut] の略で、いわゆる「断髪（だんぱつ）」型のヘアスタイルを総称する。断髪とは長い髪を襟首（うなじ）のあたりで短くカットすることをいい、その変化には多種多様なものがある。古代エジプト時代からある髪型で、第1次大戦後の世界的な流行を経て、現在まで存在している女性の代表的なヘアスタイルのひとつとされる。日本では1920年代、大正時代の終わりから昭和の初期にかけ、モガ（モダンガールの略）と呼ばれた女性たちに愛

好され、彼女たちはその断髪頭の姿から「毛断嬢」（モダンガールの当て字）と形容されたこともある。

ボブカット⇒ボブ

ボブスタイル⇒ボブ

ボブテールドコート [bobtailed coat] 1810年ごろアメリカに現れたとされる男性用上着の一種。燕尾服の後ろの尾を尻下あたりで横一文字に切り落とした形を特徴とするもので、後のスーツ上着の原型のひとつになったとされる。ボブテールには「（馬や犬の）短く切った尾」とか「尾を短く切った馬（犬）」という意味がある。

ボブヘア⇒ボブ

ポプリン [poplin] ブロードクロス*の英国的表現であるとともに、横方向の畝を特徴とする目の詰んだ平織地の総称ともされる。そのうちドレスシャツに用いられるのはコットンポプリン [cotton poplin]（綿ポプリン）と呼ばれるタイプで、これは光沢感があり、やや厚めの夏素材とされる。

ボヘミアン・カフタン [bohemian caftan] 1960年代調のゆたりしたカフタンのことで、カフタンは kaftan とも綴るイスラム民族調の貫頭衣の一種を指す。ボヘミアンは元々「ボヘミア地方の」という意味だが、そればかりにはとらわれず、60年代のヒッピーたちが愛好したコートのように長い丈のチュニック風ドレスをこのように呼ぶことが多い。独特の民族調プリント柄をあしらったものも多く、男女ともに用いられる。

ボヘミアンタイ⇒リボンタイ

ボヘミアン・デニムベスト [bohemian denim vest] ボヘミアン風のデニム製ベストの意だが、ここでは一般に1960年代のヒッピーたちが用いたような民族衣装調の素朴なデニムベストを指す。体にぴったりしたミニベストの形のものが多く、ポ

795

ファッション全般

ケットに革紐で作ったリボンなどを付け
たデザインのものが多く見られる。

ボヘミアンドレス［bohemian dress］ボヘ
ミアンルック*に見られるドレスの意で、
放浪の民ロマニー（かつてはジプシーと
呼ばれた）の衣装を思わせるような、自
然で素朴な雰囲気のワンピースを指す。
現在では1960年代のヒッピーに見るチュ
ニック風のコットンドレスや70年代のス
モック風ドレスなどを総称する傾向があ
る。

ボヘミアンフリンジ［bohemian fringe］
1960〜70年代に流行したヒッピー好み
の大きなショールや丈長のケープなどに
見られる長めの房飾り。ボヘミアンルッ
クの流行に伴って、再び注目されるよう
になったエスニック感覚のディテールデ
ザインのひとつ。

ボヘミアンルック［bohemian look］放浪の
民ロマニー（元はジプシーと呼ばれた）
の服装にモチーフを得た装い。ボヘミア
ンは本来「ボヘミア地方の」という意味
で、ボヘミア地方特有の民俗衣装風のス
タイルも指すが、現在では昔風の白いス
モックやチュニック、またシフォンのミ
ニドレスなどで示されるフェミニンな
ヒッピー風の装いが代表的とされてい
る。要はエスニック*やフォークロア*
の現代的表現。なおボヘミアンには因習
にとらわれない自由な生活を好む人とい
う意味もあり、これはとくにパリに集合
する芸術家たちの代名詞ともされる。

ポペリスム［paupérisme 仏］フランス語で
「貧乏な状態、貧民」という意味。ファッ
ションではボロボロ、シワシワなど一見
貧乏に見えるファッション表現を指し、
1990年代に現れたいわゆるボロルックを
このように呼ぶようになった。

ボマーコート［bomber coat］革ジャンの代
表的なアイテムであるボマージャケット

*にモチーフを得て作られた防寒コート
の一種。シープスキン（羊革）を用い、
裏全面にボアをあしらって暖かさを強調
させたものが多い。

ボマージャケット［bomber jacket］多くは
革製で毛皮襟を付けたフライトジャケッ
トの一種。ボンバージャケットともいう
が、正確な発音はボマージャケットとな
る。ボマーは「爆撃機」という意味で、
第2次大戦中、アメリカ軍の爆撃機乗員
のために開発された飛行服を総称する。
海軍や陸軍の別、また開発年次などに
よってさまざまなタイプがあり、B-3、
B-10といったようにそれぞれの記号で呼
ばれることになる。

ポマード［pomade］主として男性用の油性
整髪料のひとつ。ゼリー状あるいは粘性
の油状のもので、植物性と鉱物性の2種
がある。特有の匂いとベタベタとした光
沢感で知られ、現在では古いタイプの男
性整髪料とされる。ブリリアンティン（ブ
リランチンとも）［brilliantine］とも呼ば
れるが、これはブリリアント（光り輝く
の意）から派生した言葉で、ほかに光沢
の強い薄手の毛織物のことも意味する。

ボムバストブラ［bomb bust bra］「爆弾の
ような胸」のブラジャーという意味から
きたもので、いわゆるバストアップブラ
をいう。上げ底カップ付きの「増量ブラ」
のことで、瞬時に「巨乳」になれるとい
う効果を歌い文句にしたもの。本来はPJ
（ピーチ・ジョン）の商品名からきている。

ボラン［volant 仏］フランス語で「ひらひ
らする」また「羽根」などの意味で、ファッ
ション用語ではスカートの裾などに付け
る「襞（ひだ）飾り、裾飾り」をいう。
これを17〜18世紀ごろにはファルバラ
［falbala 仏］と呼んでいた。

ポリアミド［polyamide］ポリアミド・シン
セティックファイバー（ポリアミド系合

成繊維）の略として用いられているもの
で、ナイロン*のことを指す。アミド結
合によって作られるところからの名称。

ポリウレタン [polyurethane] 合成繊維の
一種で、きわめて伸縮性に富む弾性性
フィラメント繊維。細く、染色性に優れ
るとともに、熱セットが可能で丈夫とい
う特性をもつ。1959年にアメリカで生産
開始されたもので、アメリカでは一般に
スパンデックス [spandex] と呼ばれる。
他の糸に対して、5～6％の混用で大き
な伸縮性が得られることから、伸縮素材
のストレッチファブリック [stretch
fabric]（エラスティックファブリック
[elastic fabric] とも）に用いられること
が多い。こうした糸をストレッチヤーン
[stretch yarn] という。なお最近ではポ
リウレタンのことを略して PU と呼ぶ傾
向がある。

ポリウレタンソール [polyurethane sole]
ポリウレタン樹脂製の靴底。弾力性、屈
曲性、耐摩耗性に優れ、雨水も入りにく
いという特性を持つ。最近ウオーキング
シューズなどに採用される例が多い。

ポリエステル [polyester] 合成繊維を代表
する繊維。1941年に英国の『キャリコ・
プリンターズ』社が造出に成功し、47年
に英国『ICI』社によって生産が開始さ
れた。石油や天然ガスなどを原料とする
もので、優れた性質を数多くもち、現在、
生産量1位の化学繊維とされる。ヨー
ロッパでは「テリレン」（ICI 社の商標）、
アメリカでは「ダクロン」（『デュポン』
社の商標）と呼ばれ、日本では「テトロン」
（『帝人』と『東レ』の合同商標）などの
名で知られる。

ポリ塩化ビニール [poly ＋えんか＋ vinyl]
石炭や石油などを原料としたビニール系
合成繊維の一種。より正しくはポリ塩化
ビニールをアセトンに溶かして紡糸した

「塩化ビニール繊維」を指し、衣料では
ニット製の健康肌着に用いられる。なお
「塩化ビニール樹脂」を略して「塩ビ」
と呼ぶことがある。

ポリスジャケット⇒ポリスマンジャケット

ポリスシャツ [police shirt] ポリスマンシャ
ツ [policeman shirt] ともいう。警察官
の制服に見るシャツのことで、パイロッ
トシャツ*によく似たデザインのアウ
ターシャツを指す。エポーレット（肩章）
や両胸の大型フラップ＆パッチポケット
などを特徴としており、これを模した
シャツが一般のカジュアルシャツや夏季
のビジネスシャツとしても多く用いられ
る。

ホリスティックビューティー [holistic beauty]
ホリスティックはギリシャ語の holos（全
体の意）を語源として生まれた言葉で、
「全体的、全人的」また「関連、つながり」
および「バランス」といった意味を全て
包含する言葉とされる。これは人が潜在
的に持っている美しくなろうとする力を
引き出して、その人の魅力を最大化する
美容法をいう。

ポリスベルト [police belt] 警察官が用い
るベルト。ホルスター（拳銃入れ）や手
錠入れ、警棒などを吊す目的のもので、
至極丈夫なポリプロピレンなどの素材で
作られるものが多い。これを本来の目的
ではなく、ウエストポーチ代わりに用い
る傾向がある。ポリスホルスターズ
[police holsters] といった商品名でも知
られる。

ポリスホルスターズ⇒ポリスベルト

ポリスマンジャケット [policeman jacket]
「警察官のジャケット」の意だが、特に
アメリカのハイウェイパトロール隊員が
着用する革製のライダーズジャケット*
の一種を指す。単にポリスジャケット
[po-lice jacket] とも呼ばれ、フランスで

は

ファッション全般

はこの種のものをジャンダルム
[gendarme 仏]（原意は憲兵、近衛騎兵、
転じて警察官）と総称する。

ポリスマンシャツ⇒ポリスシャツ

ポリスマンシューズ [policeman shoes] 警
察官が用いる靴の意。ブーツ型のものや
ふつうの紐留め靴などさまざまなデザイ
ンが見られるが、総じて厚底のがっちり
したレースアップ型のものが用いられ、
最近のカジュアルファッションにもよく
用いられている。

ホリゾンタルカラー [horizontal collar] ホ
リゾンタルは「水平」という意味で、襟
開き角度がほとんど水平まで大きく開い
たシャツ襟型を指す。

ホリゾンタルストライプ [horizontal stripe]
ホリゾンタルは「水平な、地（水）平線の」
という意味で、水平方向に表した縞柄を
指す。一般に「横縞」とか「水平縞」と
呼ばれ、ニットウエアに多用される。別
に「横線を入れる」という意味でクロス
ストライプ [cross stripe] ともいう。

ホリゾンタルスリットポケット⇒ホリゾン
タルポケット

ホリゾンタルソール [horizontal sole] ヒー
ル以外の靴底の部分に横一文字の刻みが
入ったデザインを指す。ホワイトバック
ス*と呼ばれる靴に特有のデザインとし
て知られる。

ホリゾンタルビキニ [horizontal bikini] 水
着のビキニパンツ*の中で、裾線がウエ
ストラインと平行になったタイプをい
う。ホリゾンタルは「地（水）平線の、
水平な」の意で、これは股上が浅いのが
特徴となる。

ホリゾンタルプリーツ [horizontal pleat]
ホリゾンタルは「水平の」という意味で、
水平方向に折り畳んだプリーツを総称す
る。

ホリゾンタルポケット [horizontal pocket]

切り口を水平にとったポケットのこと
で、カジュアルなパンツのサイドポケッ
トなどによく用いられる。より正確には
ホリゾンタルスリットポケット
[horizontal slit pocket] といい、こうし
たものをクロスポケット [cross pocket]
（横線を引くの意から）と総称する。ア
ルファベットのLの字のようにカットし
たLポケット [L pocket] もこの一種と
なる。

ポリッシュトチノ⇒チノ

ポリ乳酸繊維 [poly ＋にゅうさんせんい]
トウモロコシ澱粉を発酵、重合して作ら
れる生分解性繊維のこと。ポリエステル
並みの強度と伸びをもち、ナイロン並み
の柔軟性があるとされるが、耐熱性は低
い。PLA繊維とも略称される。

ポリネシアンプリント⇒ハワイアンプリント

ポリノジック [polynosic] 再生繊維のひと
つ。レーヨン*の湿潤強度を改良した短
繊維で、ポリノジック・レーヨンともい
う。光沢感に富み、綿に近い性質をもつ。

ボリビアニット⇒インディオセーター

ポリプロピレン [polypropylene] 合成繊維
の一種。石油を精製する際に多量に発生
するプロピレンを重合して得られる物質
を原料としたもので、1956年にイタリア
で誕生し、当時は最も軽く、強度に長け
た性質であったことから「夢の繊維」「最
後の合成繊維」などと称された。

ボリュームアウター [volume outer] 量感
を特徴としたアウターウエア（外衣）の
総称。三角形型のコートジャケットやフ
レアスリーブのブルゾンといったものが
それで、最近ではよりボリュームを増し
たタイプが人気を集めるようになってい
る。

ボリュームアクセサリー⇒ボリュームジュ
エリー

ボリュームアップショルダー [volume up

ファッション全般

shoulder〕大きく誇張された肩のデザイン。1980年代のジャケットなどに見るビッグショルダーをさらに大きくした感じのもので、80年代ルックの再来とともに目につくようになっている。

ボリュームイヤリング⇒ボリュームジュエリー

ボリュームカラー〔volume collar〕ボリューム感たっぷりにデザインされた襟。装飾的なデザインを表現しようとする2004 ～ 05年秋冬婦人服向けのデザイナーコレクションから目立つようになったデザインで、肩先いっぱいにまで広がった襟や、モコモコとした大きな毛皮襟などが代表的とされる。

ボリュームクチュール〔volume couture〕1920 ～ 30年代、また1950 ～ 60年代のパリ・オートクチュール全盛時代の作品に見るような量感たっぷりのファッション表現を指す。クラシックスタイルの復活というファッション傾向に乗って現れたもので、最近では2005 ～ 06年秋冬デザイナーコレクションの主要なテーマのひとつに取り上げられている。クチュール的なカッティングや量感の豊かさがポイントとされるが、それを控え目な贅沢感として表現するのも特徴となっている。

ボリュームコート〔volume coat〕立体感のある表情を特徴とした女性用コート。背中に量感を持たせたり、ふっくらとした袖などのデザインを持ち味とする。

ボリュームシャツ〔volume shirt〕女性用の大きめのシャツをいう新語。袖も丈も長めでメンズライクなところに持ち味があり、いわゆる大人女子に好まれるアイテムとなっている。2015年春夏ころからの登場で、裾を外に出し、ブカッとはおるように着るのが新しいとされる。一般にはビッグシャツとも呼ばれる。

ボリュームジュエリー〔volume jewelry〕

きわめて量感に富んだジュエリーの総称。ずり落ちそうなほどに大きなボリュームイヤリング〔volume earring〕などがあり、そうした服飾品全般をボリュームアクセサリー〔volume accessory〕などと呼んでいる。

ボリュームショルダー〔volume shoulder〕量感を感じさせる肩のデザインを総称する用語で、最近のビッグショルダーの形容に用いられることが多い。

ボリュームシルエット〔volume silhouette〕量感のあるシルエットを総称する。ここからボリュームコート、ボリュームパンツ、ボリュームスカートといった用語が多数派生する。

ボリュームスーツ〔volume suit〕「大量生産されたスーツ」また「ボリュームゾーン *のスーツ」といった意味からきたもので、多くは量販店で販売される一般的なスーツを指す。ベーシックスーツの別称ともされ、ごく当たり前のスタイルであるところから、定番スーツ〔ていばん＋ suit〕とも呼ばれる。

ボリュームスカート⇒フルスカート

ボリュームスカーフ〔volume scarf〕首に巻いた時にボリューム感がたっぷりと表現されるスカーフ。バイアス織りで作られるものが代表的で、動きが生まれるのも特徴とされる。2006年春のヒット商品となったもので、中にはコサージュの付けられたものも見られた。

ボリュームスニーカー〔volume sneaker〕履き口をくるぶしを覆う高い位置でカットしたハイカットスニーカーをいう別称のひとつ。全体にずんぐりとしたかさ高いイメージがあることからの命名とされる。

ボリュームスリーブ〔volume sleeve〕ボリューム感を特徴とする袖の総称。ボリュームカラー *などと同様、最近の装

は

ファッション全般

飾的なデザイン傾向のひとつで、極端に膨らませたパフスリーブ*やビクトリアンスリーブ*などに代表される。

ボリュームスリーブトップ [volume sleeve top] たっぷりとふくらんだ袖のデザインを特徴とするトップス (上着類) の総称。2016年春夏向けのトレンドアイテムのひとつとして登場した。

ボリュームスリーブドレス [volume sleeve dress] たっぷりとふくらんだ袖のデザインを特徴としたドレス。2016年春夏のトレンドアイテムとして登場した。

ボリュームソール [volume sole] きわめて分量感に富む靴底の総称。いわゆる「厚底」のことで、ファッション的なカジュアルシューズやサンダルなどによく用いられる。

ボリュームソックス [volume socks] ボリューム感のあるソックスの意。口ゴムの締め付けがそんなに強くなく、くしゅくしゅとたるませて履いたり、履き口を折り返して履くなどの用い方がある。

ボリュームドレス [volume dress] 量感を特徴とするドレスの意。2009 ～ 10年秋冬パリコレクションに見られた傾向のひとつで、ドレープやフリル、ギャザー、シャーリング、プリーツなどの布の造形で、肩や首、袖口などに量感を乗せたドレスをこのように称したもの。

ボリュームニット [volume kmit] 太い糸でざっくりと編んだニットウエアのことで、いわゆるバルキーセーター*をいう最近の呼称。バルキーニット [bulky knit] とも呼ばれ、コースゲージニットとかローゲージニットとも同義とされる。

ボリュームネックレス [volume necklace] 大きく派手なイメージのネックレスを総称するもので、いわゆるボリュームジュエリー*の一種。キャンディーのような

カラフルで大きめの天然石などを使った、最近流行のキャンディーネックレス [can-dy necklace] と呼ばれるものなどが代表的で、これらはおもちゃのような感覚で楽しめるところに味があるとされる。素材はほかに水晶や木、革なども用いられる。

ボリュームパンツ [volume pants] 量感のあるパンツの意で、1970年代のバギーパンツ*を思わせる少しボリュームのある女性用パンツをいう。2008 ～ 09年秋冬ミラノ・デザイナーコレクションなどに見られるもので、こうしたものの表現に、最近「ボリューミー」という言葉を用いることがあるが、本来ボリューミーという英語はなく、それをいうなら「ボリューマナス voluminous」(たっぷりした、ゆったりしたの意) という表現がふさわしいことになる。

ボリュームヒール [volume heel] 量感のあるヒールのデザインの総称。ウエッジヒール*やバナナヒール*、コーンヒール*などで、特にヒールを太めにしたものを指し、2008年春夏頃からこうしたデザインが人気を集めるようになってきた。

ボリュームファッション⇒マスファッション

ボリュームブーツ [volume boots] 全体にボリューム感の強いずんぐりした雰囲気のブーツを総称する。脚にぴったり合うフィットブーツ*と対照を成すもので、アグブーツ*やモカシンブーツ*などに代表される。

ボリュームベルト [volume belt] 派手なデザインの幅広ベルトを総称する。スタッドを飾り付けたスタッズベルト*やインディアンアートをあしらったウエスタンベルト*などが代表的とされる。

ボリューム巻き⇒カール

ファッション全般

ボリュームマフラー［volume muffler］厚手でボリューム感のあるマフラー。まるで服の一部のようにして着こなすのが特徴とされる。

ボリュームミニ⇒ボリュームミニスカート

ボリュームミニスカート［volume mini-skirt］ボリュームミニとも。ボリューム感のあるミニスカートを総称する。ティアードやラッフル、フリル、チュチュタイプなどでヒップ周りをふんわりとふくらませたミニスカートのことで、2009年秋冬ごろから急激に増加してきた。下に黒のトレンカやタイツを履いて着こなすのが主流とされる。

ポルカドット［polka dot］ドット（水玉模様）の中で最も標準的とされる大きさのもの。ピンドット*とコインドット*の中間的な真円形の水玉。直径が5ミリから1センチ程度のものを指し、俗に「中水玉（ちゅうみずたま）」とも呼ばれる。

ボルサリーノ［Borsalino 伊］1857年、ジュゼッペ・ボルサリーノによってイタリアはアレッサンドリアに創業された紳士帽子のメーカーおよびその商標名。現在ではソフトハットに代表される紳士帽の世界的ブランドとなり、それだけでソフトハットの代名詞ともされている。ちなみにこの名称をロゴタイプごとそっくり用いて、アラン・ドロン主演の映画『ボルサリーノ』（1970・仏）と『ボルサリーノ2』（74）が作られたことがある。

ホルスター⇒ガンベルト

ホルスタイン柄⇒カウ柄

ポルティラ［Portierra 西］アパレル業界が2020年までに有害化学物質ゼロを達成しようとするミッションを打ち出したところから、その遂行の一環として開発された「有害化学物質ゼロ」の革をいう。（株）アイ・エフ・ピーによるもので、これは鞣しから染色、排水に至るまで、有害な化学物質を一切排出しない、まったく新しい皮革素材として、2014年2月、ファッション展示会rooms28に出展された。ポルティラとはスペイン語で「大地のために、次世代のために」を意味し、同社の商標登録名とされている。

ボルドー［Bordeaux 仏］一般にワインレッドと呼ばれる濃い赤紫色のこと。ボルドーはフランス南西部のワインの名産地の名で、最低アルコール度数11度の薄赤色ワインをボルドー・クレーレ［Bordeaux clairet］と呼ぶところから、英国ではこうした色調をクラレット［claret］と呼んでいる。ボルドーワインにはさまざまな色が見られるが、色彩上は赤ワインに見るそれだけをボルドーと称する。

保冷グッズ［ほれい＋goods］保冷剤を入れて夏の暑さを和らげる機能を持たせたグッズ類を総称する。節電ビズ*の対策から生まれたもので、首の後ろ部分に保冷剤を収納した「冷却ストール」や保冷剤入れのポケットを付けたハンカチなどがある。とくに2011年夏から話題となったもの。

ボレロ［bolero 西］元々スペインの舞踏およびその音楽の意味で、この踊り手が着ていたことに由来する女性用の上着を指す。ウエスト丈、もしくはそれよりも短い丈を特徴とする前開き型で打ち合わせのないスタイル。襟や袖はあるものとないもの種類があり、いずれも簡便な衣服として用いられる。スペインの闘牛士が着るトレアドルジャケット*もこの一種だが、こうした袖付きのタイプを特にボレロジャケット［bolero jacket］と呼ぶことがある。

ボレロジャケット⇒ボレロ

ボレロスーツ［bolero suit］ボレロとスカートを共布で作って組み合わせたセット。時としてパンツを合わせることもある。

801

ファッション全般

ボレロストール［bolero stole］ボレロとしてもストールとしても使うことのできる便利なアイテム。UV（紫外線）対策用のグッズとして考案されたもので、両端がゴム締めとなっているのがミソ。チューブショールなどと同種のアイテムとして、近年人気がある。

ボレロセーター［borelo sweater］ボレロ*のような形を特徴としたセーター。またボレロ丈の短いセーターをいう。打ち合わせがなく、前を開けて着用するのも特徴のひとつ。このことからミニカーディガン［mini cardigan］と呼ばれたり、プチカーデ［petit＋cardigan］と俗称されたりもする。

ポロカラー⇒ボタンダウンカラー

ホログラムプリント⇒３Ｄプリント

ポロコート［polo coat］キャメルヘア（らくだの毛）で作られる伝統的なタウンコートの一種。19世紀後半に英国のポロ競技の選手が試合の待ち時間に着用したウエイトコート［wait coat］を原型にしたものとされ、20世紀に入ってアメリカの『ブルックス・ブラザーズ』社がポロコートと名付けて売り出したのが始まりとされる。アルスターカラー*、バックベルト、フラップが内側に入り込んだフレームド・パッチ＆フラップポケット、幅広の折り返しが付いたカフスといった独特のデザインを特徴とし、らくだ色のキャメルヘアで作られるものをもって本格とする。別色を使ったウール地のものも見られるが、厳密にはキャメルカラー以外のものをポロコートと呼ぶことはない。長さとしては膝下丈のものが中心となっている。

ポロシャツ［polo shirt］襟付きで短めのプラケット（前立て）がとられ、普通２〜３個のボタンで留めるようにしたプルオーバー型のニットシャツ。英国の伝統

的な競技であるポロに使用されたところからの命名というのが定説とされているが、本来のポロ競技のユニフォームは襟なしで半袖のＴシャツ状のものを指し、これをチャッカーシャツ［chukker shirt］と称したという説があり、ポロシャツというネーミングについても日本人命名説があったりして、いまひとつ詳らかではない。1920年代後半に地中海リビエラ地方でテニスウエアとして用いられるようになって一般に普及し、現在ではごくカジュアルなシャツのひとつとして着用される。

ポロシャツドレス⇒ポロドレス

ポロセーター［polo sweater］ポロシャツの形をしたセーターの総称。つまり、ポロ襟付きのプルオーバーのことで、ニット地のポロシャツよりも厚手でざっくりしているのが特徴。

ポロチュニック［polo tunic］チュニック丈のポロシャツ。ポロシャツに見る襟型を特徴としたチュニックで、ポロドレス（ポロワンピ）と同種のアイテムとされる。太ももの半ばくらいの丈のものが多く、細身のパンツと合わせて用いられる例が多い。

ポロドット⇒コインドット

ポロドレス［polo dress］ポロシャツドレス［polo shirt dress］の略称。ポロシャツの形そのままで長く伸ばしてワンピースとしたもので、ポロシャツと同じようなニット地で作られ、ポロ襟、半袖と前開きのハーフプラケットを特徴としている。スポーティーな雰囲気が強いとして好まれる。

ポロネーズ⇒ローブ・ア・ラ・ポロネーズ

ボロネーゼ・プロセス［Bolognese process］製靴法のひとつで「ボロネーゼ式」のこと。イタリア靴発祥の地とされるボローニャ地方に昔から伝わるイタリア独特の

ファッション全般

製法。アッパーとインソールが袋縫いされるのが特徴で、きわめて快適な履き心地が生まれるとされる。

ポロネック［polo neck］ポロシャツに見るネックラインの意で、いわゆる「ポロ襟」のこと。短めの折り返し襟とボタンを2〜3個取り付けた浅めのプラケット（開き）から成るデザインで、ポロカラーといわないこともないが、ポロカラーは別にブルックス・ブラザーズ社（米）のボタンダウンカラーを指すことから、あえて適用しないという暗黙のルールがある。ポロネックはまた英国ではタートルネックを意味する。

ポロルック⇒貧乏ルック

ポワ⇒ドット

ホワイト・オン・ホワイト［white on white］白地の上に白のストライプなどの柄を浮き出させるようにした柄表現のこと。ドビー織りなどで表現されるものが代表的。

ホワイトカシミヤ⇒カシミヤ

ホワイトカラードシャツ⇒クレリックシャツ

ホワイトグースダウン⇒グースダウン

ホワイトコート⇒ビーター

ホワイトジーンズ［white jeans］白（オフホワイト＝生成り色も含む）のジーンズの総称。ブルージーンズと並ぶ正統的なジーンズのひとつで、白のブラッシュトデニム（起毛デニム地）や白のコットンピケ、ツイル、またコットンサテンなどの生地が用いられる。1950年代末期から60年代初頭にかけ、アメリカで大流行して世界中に広まったもので、アメリカではウイートジーンズ［wheat jeans］（小麦色のジーンズの意）の名でも呼ばれる。

ホワイトタイ［white tie］夜間に催されるパーティーなどで、イブニングコート（燕尾服）の着用を促す国際的なドレスコード＊の文言のひとつ。ここでのホワイト

タイは燕尾服に用いなければいけない白ピケの蝶ネクタイを示しており、招待状に「ホワイトタイ」の指定がある時は、燕尾服の着用を暗に示している。時としてこれをデコレーションズ［decorations］の文字に代えることもある。デコレーションには「装飾、飾り、飾り付けること」という意味がある。

ホワイトタキシード［white tuxedo］白いタキシードの総称。盛夏のパーティーやリゾートでの晩餐などに着用されるもので、ボウタイ、カマーバンド（もしくはベスト）とトラウザーズは黒が正式とされる。1886年ごろに登場し、1930年代半ばから一般化したとされる。夏季に用いるところからサマータキシード［summer tuxedo］とも呼ばれる。

ホワイトデニム［white denim］白無地のデニム地。オフホワイト（生成り色）のものを含んで、白および白っぽい調子のデニム全般を指し、一般のデニム調のほかブラッシュトタイプ（起毛調）に仕上げられるものが多い。いわゆるホワイトジーンズには、このほかに綿サテンや綿ツイル、またベッドフォードコード＊などを用いるものも多く見られる。

ホワイトニング⇒美白化粧

ホワイトバック⇒デニム

ホワイトバックス［white bucks］白のバックスキンシューズ＊。元々は1880年代の英国オックスフォード大学の学生がスポーツ観戦に用いた白革製の短靴が始まりで、アメリカに渡って1920〜50年代のアイビーリーグの学生たちのシンボル的な靴ともされるようになった。これをわざと汚したところに生まれたバックスキンシューズはダーティーバックス［dirty bucks］と呼ばれ、これにはシャンパン、淡グレー、淡褐色といった色調のものがある。ホワイト＆ダーティーバッ

は

ファッション全般

クスともに赤土色のラバーソール（ゴム底）が付くのが特徴。

ホワイトバンド⇒シリコンバンド

ホワイトブランケットコート⇒ハドソンベイコート

ホワイトフランネル⇒グレーフランネル

ホワイトポリッシュトチノーズ [white polished chinos] 光沢感の強い白のチノクロスで作られたチノーズ*を指す。チノーズは普通、カーキ色やベージュなど土っぽい色調を特徴とするが、これは白生地を用いたもので、しゃれた感覚のチノーズを代表するもの。オフホワイト（生成り色）のものなども含まれる。

ボワル [voile 仏] フランス語でいうベール*のこと。これには本来「覆い、幕、帳（とばり）」の意味があり、いわゆるベールには「面紗、被衣（かずき）」などの和訳がある。

ボワレット [voilette 仏] 帽子から垂らしたベール*。ドレッシーな婦人帽に用いられるもので、多くはネットで作られ、目の下までや顔全体を覆うものなどが見られる。基本的に昼間専用とされる。

ボワン⇒ステッチ

本開き⇒ドクタースタイル

ホンコンシャツ [Hong kong shirt] 夏季用の半袖ビジネスシャツをいう俗語で、元は1961年に合繊メーカーの『帝人』が提唱したシャツの商品名からきている。ホンコン（香港）はあくまでもイメージからネーミングされたもので、当時、帝人の顧問であった石津謙介の命名によるという説がある。これに対して『東レ』が打ち出した同種の商品にはセミスリーブシャツ [semi-sleeve shirt] という名が付けられ、ともに大流行した。この流行は現在のクールビズ*の走りとされる。

ボンサック [bon sac 仏] タテ長の大きな筒形バッグをいうフランス語。船乗りが持つセイルバッグやダッフルバッグと同じ形のもので、パイロットバッグ [pilot bag] と呼ばれる軍用のバッグにも似た形のものがある。

ポンジー [pongee] 俗に「絹紬（けんちゅう）」と呼ばれる紬風の外観を特徴とする絹織物。タテヨコに柞蚕糸を用いて薄手の平織とされる。

本切羽⇒ドクタースタイル

ボンタン⇒フルパンツ

ボンタンスリム⇒ワイドスリムパンツ

ポンチェロ [ponchelo] 前身頃に布帛か革、後ろ身頃にニット地を用いたプルオーバー式のベストの一種。元は商品名で、南米産のポンチョ*から作られた和製語のひとつとされる。

ポンチ・デ・ローマ [ponti di Roma 伊] ポンチ・ローマ、あるいは単にポンチともいう。両面機で編まれるダブルジャージー*の一種で、スムーズ編*、タック編*、天竺編の3つを組み合わせたもの。安定性が良く、ニットスーツやブレザー、スカートなどに用いることが多い。

ポンチョ [poncho] 1枚の布を頭からかぶって着る貫頭衣型のレインウエアのひとつ。元は南米のペルーやボリビアなどで着用されるインディオたちの民族衣装を指すが、現在ではこれに似たデザインの雨具をいうようになり、主に子供たちに用いられている。なお、ポンチョは本来そうした衣服の毛布のような生地を意味する現地語であったのを、渡来してきたスペイン人が誤って衣服の名称としたものとされる。

ポンチョコート [poncho coat] 子供の雨衣として知られるポンチョの形に似た女性用のコート。裾広がりになった短い丈のものが多く見られ、フォックスファー（キツネの毛皮）をあしらったものなどが、特に2012年の流行商品のひとつとなっ

は

た。なおポンチョは本来スペイン語。

ボンディッジパンツ［bondage pants］ボンデージパンツとも。ボンディッジは「束縛、拘束」の意で、パンクファッションの代表的なアイテムとされるパンツ。膝の辺りにベルトや共布の帯を取り付けて両脚をつなぎ、わざと歩きにくくさせたデザインを特徴とする。機能としては全く意味のないデザインというところがパンク的といわれるゆえん。

ボンディッジルック［bondage look］ボンディッジ（ボンデージとも）は「奴隷の身分、束縛、囚われの身」という意味で、体をぴったりと包む革の服やハイヒールのロングブーツなど、体を無理に拘束するような服で示される装いを指す。元はSM（サドマゾ）の世界に特有のファッションとされていたものだが、現在ではセクシールックの表現のひとつとして、そうした官能的なイメージを取り入れる傾向が現れている。

ボンディングクロス［bonding cloth］ボンディングのボンドは「接着する、貼り合わせる」という意味で、2種類の異なる布地を貼り合わせた生地を指す。いわゆるリバーシブル（裏表ともに使えるの意）の生地のことで、ボンデッドファブリック［bonded fabric］とかダブルフェイス［double-faced］などともいう。

ボンデッドコート［bonded coat］ボンデッドは「接着した、張り合わせた」という意味で、表と裏に異なる素材を張り合わせて作られた両面型のコートをいう。たとえばレザーとフリースを張り合わせたものなどがあり、実際的な暖かさと重厚な感覚とで人気がある。このようなリバーシブル型のジャケットはボンデッドジャケット［bonded jacket］と呼ばれることになる。

ボンデッドジャケット⇒ボンデッドコート

ボンデッドファブリック⇒ボンディングクロス

ボンデロサス⇒ガウチョシャツ

ボンドルック［Bond look］英国の作家イアン・フレミングによって創作された秘密諜報部員007ことジェームズ・ボンドの服装描写に題材をとった男のファッション。1960年代に映画シリーズ化が始まり、主演したショーン・コネリーによる英国調のスタイルが、65年頃から流行するようになった。別に007（ダブルオーセブン）ルックともいう。

ボンドレザー［bond leather］環境への配慮から作られた新しい皮革素材で、天然皮革製品を製造する際に大量に生み出される革の切れ端を粉砕し、それらを圧縮して作られるものをいう。資源を大切にしようとする発想から生まれたので、主に牛革が用いられる。ボンドには「接着する、くっつく」という意味があり、これを作ったイタリアの業界では、最新のテクノロジーを駆使して誕生した新しい革という意味から、これを「テクノクオイオ［tecno cuoio 伊］」と呼んでいる。クオイオはイタリア語で「皮革」をあらわす。

ボンネット［bonnet］婦人帽子の基本型のひとつで、頭の後ろから全体を覆うようにかぶり、あごの下で紐を結ぶようにした形のものを指す。19世紀のヨーロッパで用いられたものが特に有名で、クエーカー教徒が用いるクエーカーボンネット［Quaker bonnet］や、ブリムが前方に突き出たポークボンネット［poke bonnet］（フランス語ではカポート［capote 仏］という）などさまざまな種類がある。またスコットランドの男性が用いるブルーボンネット［blue bonnet］と呼ばれる縁なし帽を指すこともある。

ポンパ⇒ポンパドール

ファッション全般

ボンバーヘア [bomber hair] ボンバー（正しくはボマーと発音）は「爆撃機、爆撃手」の意味で、「爆発アタマ」などとも呼ばれる、量感たっぷりに膨らませたパーマヘアをいう日本の俗語。爆発させっぱなしにするだけでなく、ふたつに分けたりカチューシャ*で留めたりと、自分なりの工夫を加えるのが大きな特徴。そのイメージから、単にビッグヘア [big hair] とも呼ばれる。

本バス毛芯⇒毛芯

ポンパドール [pompadour 仏] ポンパドールはフランス・ブルボン王朝ルイ15世の愛妾ポンパドール夫人（1721〜64）のことで、夫人の愛好した髪型にちなんだヘアスタイルをいう。本来は髪全体を梳かし上げて膨らみを持たせたアップスタイル*を指すが、現在では前髪を部分的に膨らませるなどデザイン変化は多い。また、男性のリーゼントスタイル*をこの名で呼ぶこともある。通称ポンパとも。

ホンブルク⇒ホンブルグハット

ホンブルグ⇒ホンブルグハット

ホンブルグハット [homburg hat] 単にホンブルグとも称し、「ホンバーグ」とも発音するほか、ドイツ語で「ホンブルク」ともいう。現在ではシルクハットに次ぐ格調高い帽子のひとつとされるが、一般的にはいわゆるソフトハットの中で最もドレッシーなタイプとされる。クラウンの中央にクリース（折り目）が付き、ブリムの縁を絹テープで飾って全体を巻き上げる形にしたのが特徴。ホンブルクはドイツはヘッセン州の温泉保養地の地名から来たものという。なお英国では一般にソフトハットをこのように呼ぶ。

ポンポン [pompon 仏] フランス語で、ニット帽やマフラー、フードなどに付く毛糸や羽毛製の丸い「玉房、飾り房」をいう。またチアガールが持つ丸くふさふさした

飾り物も意味する。ときに「ポンポン」ということもあるが、ボンボン bon-bon はフランス語で菓子のキャンディーを指し、直接的な関係はない。

ファッション全般

マーガレット [margaret] 毛髪を二つに分けて、それぞれを「三つ編み」にして輪を作り、リボンを結んで完成させるヘアスタイル。少女向きの伝統的な髪型とされ、フランス語でマルグリット [marguerite 仏] とも呼ばれる。

マーガレットボレロ [margaret bolero] 前開き部分が大きく開いたボレロ *。レース模様の生地などで作られるものが多く、昔風のロマンティックな雰囲気が特徴。マーガレットは女性の名前から来ているが、そのネーミングは不詳。フランス語でマルグリットボレロ marguerite bolero と呼ばれるものと同義。また単にマーガレットということもあり、これはシュラグ * と呼ばれる短いカーディガンや袖付きのショールをいう和名とされる。

マージャー [馬甲 中国] 中国の伝統的な上着のひとつで、前開き、袖無し、腰下丈のロングベストを指す。もとは遊牧民族が騎乗しながら弓を放つときに着用したボディーフィット型の上着をいったもので、前と後ろの身頃を紐で縛って着る作りになっていたという。ロングベストの世界的な流行から見直されるようになったもので、立ち襟などのデザインを採り入れ、中国と西洋の折衷型となったものも多く見られるようになっている

マースシュナイダー⇒シュナイダー

マーセライゼーション⇒シルケット糸

マーチングウエア [marching wear] マーチングバンド用のユニフォームのこと。昔の軍楽隊のユニフォームを思わせるようなデザインのものが多く、赤とか青など派手な色彩を用いるのも特徴。広義にはバトンガールやカラーガード（旗の護衛隊）などパレードに付き物の人たちのユニフォームもここに含まれる。

マーティンゲール [martingale] フランス

語でマルタンガルとも発音される。縫い付けられた部分的なベルトを指し、バックベルト * と同義とされる。これは主として女性のコートやジャケットに付くベルトを意味することが多い。原意は馬の頭を押さえる二股の革紐や軍服に見る「剣差し」などをいう。

マーテン [marten] イタチ科のテンおよびその毛皮。アメリカンマーテン [American marten] などの種類がある。なかで黒テンはセーブル [sable] と呼ばれ、なかでもシベリア産のロシアンセーブル [Russian sable] はミンクと並ぶほどの最高級品とされている。

マーブルウオッシュ⇒ケミカルウオッシュ

マーブルプリント [marble print] マーブルは「大理石」の意で、大理石の表面に見るような濃淡のまだら模様をいう。「墨流し染め」などもこのひとつで、一般に「マーブル染め」とも呼ばれる。

マーブルボタン [marble button] マーブルは「大理石」また「大理石模様の」という意味で、大理石のようなニュアンスのあるプラスティック製のボタンを総称する。厚みのあるのが特徴とされ、大小も色もさまざまなものがある。これとは別に菓子のマーブルチョコに似たカラフルで丸味のある可愛いボタンをいうこともある。

マーベリックタイ⇒ループタイ

マーベルト⇒ウエストライニング

マーメイドスカート [mermaid skirt] マーメイドラインと呼ばれる人魚（マーメイド）を思わせるようなシルエットを特徴としたスカート。膝まではフィットしたスリムなシルエットで、膝から裾にかけて人魚の尾びれのような広がりを見せる形が特徴。マーメイドラインスカート [mermaid line skirt] ともいう。

マーメイドドレス [mermaid dress] マーメ

ま

807

ファッション全般

イド（人魚）を思わせる、体にぴったりフィットしたシルエットと、魚の尾ひれのように裾でわずかに広がる形を特徴としたセクシーな雰囲気のドレス。フランス語で人魚を意味するシレーヌという言葉から、これをシレーヌドレス［sirène dress］ともいう。またシレーンドレスと呼ぶほか英語でサイレンドレス［siren dress］ともいう。

マーメイドライン［mermaid line］人魚（マーメイド）のようなシルエットということで、膝のあたりまでぴったりとフィットし、そこから裾に向けて魚の尾ひれのような広がりを特徴とするシルエットを指す。フランス語でリーニュポワソン［ligne poisson 仏］とも呼ばれ、ボディーコンシャス型のドレスなどに多く用いられる。

マーメイドラインスカート⇒マーメイドスカート

マーモット［marmot］リス科の動物で、その毛皮がコートなどに用いられる。日本語でいうモルモットとは異なる。

マイクロアンゴラ［micro angora］繊維長14.5ミクロンときわめて細いアンゴラ山羊の毛を使用した素材の名称。カシミヤとほぼ同じ細さを持つとされ、これを緯糸に用いたウール混の生地などがある。

マイクロギンガムチェック⇒マイクロチェック

マイクロコード［micro cord］「ごく小さな畝」の意。縞状の細い畝を織り出したコード素材のなかでも、もっとも細い畝地をいったもので、ヘアコードやピンコードなどと呼ばれるものと同種のもの。コットンコードなどによく見られる。

マイクロジャケット⇒コンパクトジャケット

マイクロショーツ［micro shorts］面積がきわめて小さい女性用下着パンツ。タンガとかソング、トング、ストリングスな

どと呼ばれるものと同じで、要は「超ビキニ」ショーツのこと。

マイクロショートパンツ［micro short pants］マイクロパンツ*と同義だが、一部にマイクロパンツよりさらに小さな印象がある究極のショートパンツをこのように呼ぶ傾向がある。いわば「超ミニショーツ」ということになる。マイクロミニショートパンツ［micro mini short pants］とかベリーショートパンツ［very short pants］といった別称もある。

マイクロスカート⇒マイクロミニ

マイクロストライプ［micro stripe］きわめて細くデザインされた縞柄の総称。ごく小さなピンストライプなどに代表される。

マイクロチェック［micro check］ごく細かな格子柄の総称。通常よりも小さく表現されるマイクロギンガムチェックやマイクロ千鳥格子などがあり、シャツの柄に用いられることが多い。

マイクロトップ⇒タイニートップ

マイクロドレス［micro dress］マイクロミニドレス［micromini dress］の略で、ミニドレス*よりもさらに短い超ミニ丈のドレスをいう。全体の分量も小さく、ボディーにぴったりしたデザインが多く見られる。

マイクロパイル［micro pile］マイクロパイルウールの略。きわめて小さな輪奈（ループ）を特徴とするパイル素材で、断熱性と吸水性に優れるところから、最近のセーターやルームウエア、インナーウエアなどに多用されるようになっている。きわめて軽いのも特徴のひとつ。

マイクロ・ハウンドトゥース⇒ジャイアント・ハウンドトゥース

マイクロパフスカート［micro puff skirt］マイクロミニ丈のパフスカート。ゆるやかに膨らむパフスカートをごく短い丈に

808

デザインしたもの。パフスカートの進化系として登場した。

マイクロパンツ [micro pants] ごく小さなパンツの意で、かつてホットパンツ*などと呼ばれた女性用の小さなショートパンツと同種のアイテムを指す。膝上20センチ以上のマイクロスカート*などを含め、こうしたものをマイクロボトム [micro bottom] と総称している。

マイクロビキニ [micro bikini] 極小のビキニ水着。トップ、ボトムともに最小面積にデザインされた女性用水着で、ほとんど裸に近いセクシーな雰囲気を特徴としている。紐だけのような感じにしたストリングビキニ [string bikini] やザ・スレッド [the thread]（糸の意）と呼ばれるビキニが代表的。

マイクロファイバー [microfiber]「極極細繊維」の意。主として合成繊維に多く用いられる言葉で、人工スエードやワイピングクロス [wiping cloth]（ものを拭く布地）などに用いられて注目を集めている。最近では0.1デニール以下の「超・超極細繊維」も開発されるようになっている。

マイクロブラウス [micro blouse] 体にぴったりフィットするごく小さなブラウスの意。いわゆるミニマリズム（極小主義）の表現のひとつとして登場したもので、プチブラウス [petit blouse] とも呼ばれる。ここではプチスリーブ（小さな袖）、プチフリルといったデザインも注目された。

マイクロフリース [micro fleece] 超極細繊維で作られたフリース*素材。極細のポリエステル繊維から作られるパイル状の起毛素材フリースは、手軽な防寒着などに使われておなじみだが、これをさらに極細の繊維使いとしたもの。これまでのフリースの暖かさを保ちつつ、さらに薄

く軽く仕上がるのが特徴。

マイクロボトム [micro bottom] ボリューム感が非常に小さい（マイクロ）下体衣の総称。丈が極端に短いマイクロミニスカートや、ぴちぴちのマイクロショートパンツなどに代表される。

マイクロミニ [micro mini] きわめて丈の短いスカートの総称。マイクロは「極小の、微小の」という意味で、マイクロミニスカート [micro miniskirt] とかマイクロスカート [micro skrt] とも呼ばれる。決まった定義はないが、一般に膝上およそ20センチ以上のものがそう呼ばれている。日本では「超ミニスカ」などの俗称がある。

マイクロミニショートパンツ⇒マイクロショートパンツ

マイクロミニスカート⇒マイクロミニ

マイクロミニドレス⇒マイクロドレス

マイクロミニバッグ [micro mini bag] デジカメケースやコスメポーチのように、きわめて小さなバッグ類を総称する。

マイクロミニパンツ⇒スーパーショートパンツ

マイクロミニレングス [micro-mini length] ミニレングス*と称されるごく短いスカート丈のうちでも特に短い丈をいう。いわゆる「超ミニ丈」で、ウルトラミニ*などと呼ばれる超ミニスカートに適用される。太ももの上部にまで来ることからサイレングス*とかサイハイレングス*などとも呼ばれ、フランス語でミキュイス [mi-cuisse 仏]（太ももの真ん中の意）ともいう。

マイスター⇒マスターテーラー

マイターカラー [miter collar] 襟を一枚の布で作らないで、剣先*から垂直に上げた線で斜め接ぎにしたファンシーなデザインのシャツ襟。マイターは「斜め接ぎ」とか「斜接面」という意味で、ストライ

ファッション全般

プ柄が用いられることが多い。

マイナスイオン加工 [minus ion ＋かこう] 血液を弱アルカリ化させて、リラックス感や爽快感を与えることを目的とした特殊な加工法。より正確にはミネラル・マイナスイオン加工といい、Tシャツやトレーナーを始めとして、パジャマ、肌着、ストッキングなどに用いられ、いわゆる健康商品のひとつとして注目されている。こうした素材を「マイナスイオン素材」と呼んでいる。

マイナスイオン・ドライヤー [minus ion dryer (drier)] マイナスイオンを応用したヘアドライヤーのことで、熱による髪の傷みを予防し、髪をしっとりと落ち着かせてまとまりやすくさせる効果を特徴とする。マイナスイオンそのものは、大気中に浮遊する細かい水分子や酸素分子などでマイナスの電気を帯びたものを指し、一般に体に良いとされている。

マイナスメイク [minus-make] できるだけ手を加えないで素顔本来の良さを生かそうとする化粧法。いわゆるナチュラルメイク*の発展形ともいえるが、これまでのナチュラルメイクが人工的に自然な感じを出そうとしたのに対し、もっと手順を省いて素顔の美しさを表現しようというところに、マイナスメイクと呼ばれるゆえんがある。結果的に透明感のある青白い肌やすっきりとした目元に特徴が生まれる。

マイバッグ⇒エコバッグ

マイヨー [maillot 仏] フランス語でいう水着、とくにワンピース型の女性水着を指すことが多い。正しくはマイヨー・ド・バン [maillot de bain 仏]（原意は水浴用の肉襦袢）というが、単にマイヨーだけでも水着として通じる。別にコスチュム・ド・バン [costume de bain 仏] という表現もある。マイヨー（マイヨとも）は他

に「産衣」「運動シャツ」の意味がある。

マイヨー・ド・バン⇒マイヨー

マイヨ・ジョーヌ [maillot jaune 仏] フランス語で「黄色の運動シャツ」の意。特に 1903 年から行われている世界的な自転車ロードレース「ツール・ド・フランス」で、個人総合成績 1 位の選手に与えられる「黄色のリーダージャージー」を指す。1919 年から登場したもので、これは主催者のスポーツ新聞『ロト』の紙面の色から黄色になったとされる。この他に各賞に応じて、グリーン（マイヨ・ヴェール）や白と赤の水玉模様、白など色別のリーダージャージーもある。

マウンテニアリングウエア [mountain-eering wear] マウンテニアリングは「登山」の意で、いわゆる山登りに着用する衣服＝登山服を総称する。目的によってさまざまな形があり、クライミングウエア [climbing wear] とも呼ばれる。

マウンテニアリングパンツ⇒クライミングパンツ

マウンテニアリングブーツ⇒マウンテンブーツ

マウンテン・ウインドパーカ [mountain wind parka] 登山に用いるフード付きのウインドブレーカーのことで、多くは丈夫なナイロン生地で作られ、フロントジッパー使いとなったものが多い。

マウンテンジャケット⇒クライミングジャケット

マウンテンシャツ [mountain shirt] 山登りに用いるシャツの総称で、ウールや綿ネル製のチェック地を特徴とした厚手長袖シャツとして知られる。

マウンテンシューズ⇒マウンテンブーツ

マウンテンパーカ [mountain parka] 登山用に開発された機能性万全のアウターウエア。防風と防水を第一にデザインされ、紐付きフード、ドローストリングウエス

810

ファッション全般

ト、フロントの4個の面ファスナー付き大型ポケット、バックのセットインポケット、二重になった前合わせなどのすぐれたディテールを特徴としている。特にアメリカの『シエラデザインズ』社のものが知られ、これは「60／40クロス*」と呼ばれる特殊な生地を用いていることから、別に60／40パーカ[60／40 parka]の名称でも呼ばれ、また64(ろくよん)パーカの俗称もある。マウンテンパーカはアウトドアウエアの王様的存在として知られるが、これにより完璧な機能を持たせたスーパーマウンテンパーカ[super mountain parka]というタイプも現れている。

マウンテンバイクウエア⇒MTBウエア

マウンテンハット[mountain hat]その名の通り、山のようにゴツゴツと盛り上がる大きなクラウンを特徴とする帽子。元々は1980年代、パンク・ファッションの元祖マルコム・マクラーレンによって作られた個性的な帽子のひとつで、ブリムのデザインも平坦なもの、縁が巻きあがったもの、下がったものなどさまざま。最近再び人気を博すようになっている。また登山や山歩きに用いる帽子の総称。クラウンが大きく丸めで、幅の狭いブリム付きとなったものが多く見られる。アルペンハット[alpenhat](アルプスの帽子の意)などと呼ばれることもある。

マウンテンパンツ⇒クライミングパンツ

マウンテンブーツ[mountain boots]登山靴の総称。ずばり「登山」を意味する言葉を使って、マウンテニアリングブーツ[mountaineering boots]ともいい、またマウンテンシューズ[mountain shoes]とか、クライミングシューズ[climbing shoes]とも呼ばれる。多くは履き口がくるぶしより上に来るブーツ型の靴である

ことから、このように呼んだり、クライミングブーツ[climbing boots](登山用ブーツの意)などと呼んでいる。本格的なものは滑り防止用の鋲を取り付けた厚く重い靴底を特徴とするが、軽登山用のものにあってはビブラムソール*などゴム底のものが多く見られる。こうした登山靴は紐をフック留めとするものが多く、またカラフルな紐を用いるのも特徴となっており、最近の「山カジ*」などと呼ばれるファッションにも多用される。

マウンテンブルゾン[mountain blouson]アメリカ軍のM-65と呼ばれるフィールドパーカを原型に作られたハーフコート型のジャケットをいう。フード付きで裾をドローコード(紐通し)としたデザインが特徴で、登山用として使うほかカジュアルなジャケットとしても好まれる。

前肩⇒フォワードピッチショルダー

マエストロ⇒マスターテーラー

マオカラー[Mao collar]中国の毛沢東(マオ・ツォートン)主席(1893～1976)が着用した人民服(中山装)のデザインに由来する襟型で、立襟の一種とされる。本来は立襟が折り返った二重襟(スタンダップ・バルカラー*)を指すが、日本ではネールカラー*と混同されて、単純なスタンドカラーやチャイニーズカラー*のことをこの名で呼ぶことが多い。こうした立襟ファッションは、1960年代後半から70年代前期にかけて世界中で流行した。

マオジャケット[Mao jacket]中国の毛沢東(マオ・ツォートン)主席の名にちなんだ立襟のジャケット。中国の人民服に見る襟は正式には折り返った立襟というのが特徴だが、一般的に学生服のような詰襟をマオカラーと呼ぶようになっている。なお、中国古来の立襟をマンダリン

811

ま

ファッション全般

カラーと呼び、こうした襟型を特徴とする中国風の上着をマンダリンジャケット[mandarin jacket]と呼んでいる。マンダリンは正確には清朝の上級官吏をいう。

マオスーツ[Mao suit]マオは中国の毛沢東（マオ・ツォートン）主席（1893～1976）のことで、中国の人民服に見られる独特の立ち襟を特徴としたジャケットと共地のパンツからなる一式をいう。本来の人民服（中山服ともいう）に見る襟は立ち襟が折り返した形になっているが、日本ではチャイニーズカラー*と同種のものと見なして、学生服の詰襟のような襟をマオカラーと呼び、今日に至っている。

マガジンバッグ[magazine bag]雑誌（マガジン）が入るほどの大きくも小さくもない手ごろな大きさのバッグを指す。ブリーフケース型のものや単純な袋状のものなどさまざまなデザインがある。手持ち用とショルダーバッグの二通りに使用できるタイプも見られる。こうしたものを「ツーウエイ・マガジンバッグ」とも呼んでいる。

マガジンポケット[magazine pocket]雑誌（マガジン）が収納できるほどに大きなポケットという意味。本格的なレインコートの内側に大きな袋の形で取り付けられることが多い。

マカロニ⇒マカロニーズ

マカロニーズ[macaronis]1760年代から80年代初期にかけて英国に現れた奇抜な格好の若者たちを指し、そうした風俗をマカロニと呼んでいる。当時流行したいわゆる「グランドツアー」で古代遺跡発掘への関心からイタリアへ赴いた、進歩的な若者たちで作られた〈ロンドン・マカロニ・クラブ〉からこう呼ばれるようになったもので、マカロニはイタリア人を指す俗語であった。一般には大陸風の

おしゃれを気取る男たちをこう呼び、ダンディー*やフォップ*などと同義とされている。英国に登場したいわゆるツッパリファッションの第1号とされる。いわゆる「マカロニ族」。

マカロンカラー[macaron color]フランス菓子のマカロンに見るような色調を指す。彩度を抑えたスモーキーなパステルカラー*といった印象のある色で、可愛くてほんわかとしたイメージが特徴。そうしたピンクが代表的。

マカロン肌[macaron＋はだ]マカロンカラーのような肌という意味。ほんのり桜色といった感じの女性の肌の色調を指し、フランス菓子のマカロンを思わせるところからこのように呼ばれる。

マキアージュ[maquillage 仏]フランス語で「化粧」また「化粧する」という意味。英語でいう「メイクアップ*」と同義。化粧［けしょう］とは容貌を美しく整えるために、特に顔面に施すさまざまなテクニックを指す。

マキシコート[maxi coat]マクシコートとも。マキシレングスと呼ばれる床すれすれの長い丈を特徴とするコート。いわばスーパーロングコート[super long coat]で、1970年代初期にはミニスカートとの対照的な組み合わせで流行した。フルレングスコート[full length coat]と呼ばれることもある。

マキシジャケット[maxi jacket]床に届くくらいのマキシレングス（超ロング丈）を特徴とする女性用ジャケット。コートドレス*といってもよいが、素材使いやデザイン上、ジャケットの一種と見なされるもの。

マキシスカート[maxi skirt]マクシスカートとも。マキシは「極大」の意味で、床に届くくらいの超ロング丈のスカートを指す。1970年代にミニスカートの対抗馬

812

として登場したときは分量的にも大きく、「まるで道路を掃除して歩くような」という意味で、ロードスイーパースカート［road sweeper skirt］などとも呼ばれたものだが、現在では夜のパーティーなどに用いられることが多い。

マキシスカーフ⇒プチスカーフ

マキシドレス［maxi dress］マキシはマキシマム maximum（極大）の略で、マクシとも発音される。ロングドレス*の中でも最も丈の長いタイプで、多くはパーティーなどドレッシーな機会に着用される。日本風にマキシワンピとも。

マキシプル⇒ビッグプル

マキシベスト［maxi vest］きわめて丈長のベストの総称だが、特に 1990 年代のヒッピールックのリバイバルで再登場したヒッピーベスト*の類を指すことがある。ヒップが隠れるほどの長さから膝下くらいのもので、レイヤードルックを構成するアイテムとして多く用いられた。現在ではニット製でそうしたものが見られる。

マキシレングス［maxi length］マキシ（マクシとも）は本来マキシマム maximim の略で、「最大限、最大量、最高点」の意。くるぶしを越えて床ちょうどくらいまでの長い丈を総称し、スカートやドレス、コートなどの丈に適用される。コートレングス（着丈）いっぱいの丈であることからフルレングス［full length］、床に届くほどの長さというところからフロアレングス［floor length］、また床のほこりを払うようなということでダスターレングス［duster length］などとも呼ばれる。

マキシワンピ［maxi + one-piece］足首から床に届くほどのマキシレングスと呼ばれるきわめて長い丈を特徴とするワンピースドレス。1960 年代末から 70 年代初頭にかけて流行したアイテムのひとつだ

が、2010 年春夏シーズンに復活の傾向を見せ、今風にこのように呼ばれるようになった。

巻きスカート⇒ラップスカート

巻きヒール［まき + heel］外側を革や合成皮革などで巻き付けたヒールの総称。ヒール本体は木やプラスティックや金属でできているものが多い。

マグネットライン［magnet line］マグネットは「磁石」の意で、U字形の磁石のように肩から丸い曲線を描き、裾に向かってすぼまっていく全体に細身のシルエットを指す。本来は 1956 〜 57 年秋冬向けパリ・オートクチュールコレクションで、クリスチャン・ディオールが発表したラインをいう。

マクファーレン⇒インバネス

マクラク［mukluk］イヌイット（旧エスキモー）たちが用いたシールスキン（アザラシの皮）製の毛皮ブーツ。モカシン*型のデザインが特徴で、現在では主にアフタースキー用のブーツとして履かれることがある。これを元にしてノルウェー型のモカシンが生まれたという説がある。

マクラメベルト［macrame belt］マクラメ織などと呼ばれる伝統的な装飾を特徴とした紐状ベルトの一種。現在ではフリンジベルト*と同様に扱われ、ともにゆったりとあしらって、端の部分を長く垂らすのが特徴とされる。

マザーグースダウン［mother goose-down］卵を産むまで成長させた鷲鳥（マザーグース）からのみ採取される羽毛のこと。ダウンボールそのものが大きく毛足も長いのが特徴で、きわめて希少性の高い羽毛とされる。特にポーランド産のそれをポーリッシュ・ホワイトマザーグースダウン［Polish white mother goose-down］といい、最高の羽毛素材として珍重され

ファッション全般

ている。なお、同様のアヒルの羽毛はマザーダックダウン［mother duck-down］と呼ばれ、これにもオリエンタル・ホワイト・マザーダック［oriental white mother duck］という優れた種類がある。

マザーコットン［mother cotton］アメリカ南部を原産とする原綿種のひとつ。刈り取った後の実をマザー（母種）として栽培に用いるところからこう呼ばれるもの。昔ながらの綿の良さを保ち、オリジナルのジーンズを再現するには最適の素材とされる。

マザーズバッグ［mothers bag］母親用のバッグ。乳児や小さな子供を持つ母親のために作られたバッグのことで、哺乳瓶やおむつなどを収容する機能的なデザインとなったものが多く見られる。最近ではおむつ交換用シート付きのミニバッグを組み合わせたのも登場している。トートバッグ型やリュック型などがあり、マザースバッグともいう。

マザーダックダウン⇒マザーグースダウン

マザーニーズスーツ［mother needs suit］「お母さんが必要とするスーツ」の意で、母親が子供の幼稚園の入卒園式や小学校などの入学・卒業式に着用するスーツ類を指す。中学以上になるとそうした行事に参加することが少なくなり、したがってそのニーズも減少することになる。

マザーハバード［Mother Hubbard］ハワイの民族衣装であるムームーの元になったとされる19～20世紀初頭のアメリカ婦人の仕事着また普段着。胸元はぴったりフィットし、裾にかけてはゆるやかに広がるシルエットを持つ前開き式の丈長の簡便なワンピースで、多くはコットン製。この名称は童謡に登場する主人公の名前からとされる。

マサイカラーネックレス［Maasai color necklace］アフリカのマサイ族に見るネックレスの一種。彼らにとって神聖な色とされる赤と黒の丸盤が交互に付けられたネックレスで、マサイビーズネックレスなどとも呼ばれる。

マサイシュカ［Maasai shuka］東アフリカのマサイ族によって着用される一枚布の服。本来はそれに用いる布をいったもので、マサイブランケットとかマサイクロスブランケットとも呼ばれる。マサイ族の象徴である赤を基本とし、格子柄のものが多い。ほかに縞柄も見られる。ちなみにマサイはマー語を話す人の意で、Maasaiと綴るのが正しい。

マサイネックレス［Maasai necklace］アフリカのマサイ族の人たちに見るような、束になった飾りが垂れ下がったデザインのネックレスを指す。よだれかけ状の胸全面をおおうような形になったもので、一般にビブネックレス［bib necklace］と呼ばれる。飾るよりも「着る」という感覚が強いのが特徴。

マサイ靴⇒MBTシューズ

増芯⇒芯地

マジックテープ［Magic Tape］衣服などの開閉に用いる着脱自在の布状テープを指し、フック状とパイル状の2枚のナイロン製テープを噛み合わせることによって用いる。本来はオランダの『ベルクロ』社による製品で、「マジックテープ」は日本におけるベルクロ社の登録商標。海外ではもっぱらベルクロ［Velcro］と呼ばれ、日本での一般的な用語としては「面ファスナー（めん＋fastener）」と呼ばれることになる。

マジックパンツ［magic pants］「魔法のパンツ」の意で、脚が細く長く見える効果のある女性用パンツをいう。体形カバー効果のあるパンツというもので、ストレッチ素材のブーツカット型のものなどが代表的とされ、さまざまなブランドから

作りだされている。またガードル状の下着パンツを意味することもあり、これは穿いているだけで体脂肪が落ちる効果があるなどと宣伝される例が多い。

マジョレットジャケット [majorette jacket] マジョレットは「女性軍楽隊長」また「バトンガール」を意味する。そうした軍楽隊やバトンガールのユニフォームに見る軍服風の派手なジャケットのことで、スタンドカラーで金ボタンやモール付きのダブルブレステッド型のデザインが多く見られる。

マジョレットスカート [majorette skirt] マジョレットは米語で「バトンガール」の意で、バトンガールが着用するようなミニ丈のスカートを総称する。

マシンウオッシャブルニット [machine washable knit] 家庭の洗濯機で洗うことのできるニットウエアの意。特にユニクロと東レの共同開発によるものが知られ、これは極細繊維のマイクロアクリルと表面のウロコを取った防縮ウールを７：３の割合で配合した素材を用い、ヒートテック*に次ぐヒット作となった。

マシンニッティング⇒マシンニット

マシンニット [machine knit] マシンニッティング [machine knitting] とも。編機と呼ばれる機械によって編地を作ることで、一般に「機械編み」と呼ばれる。これにはフラットニッティング [flat knitting]（横編）、サーキュラーニッティング [circular knitting]（丸編）、ワープニッティング [warp knitting]（経編）、それとレッグニッティング [leg knitting]（靴下編）といった種類がある。

マシンプリーツ⇒ハンドプリーツ

マシンプリント⇒プリント

マシンメード⇒ファット・ア・マーノ

マスカラ [mascara] 睫毛（まつげ）を美しく見せるために用いる化粧料。睫毛を濃く長く見せたり、カールさせるなどの機能を持つものがある。

マスキュリン [masculine]「男らしい、男性的な」また「(女性が) 男勝りの」という意味。マニッシュ*と同義で、男性を思わせるような男っぽいレディースファッションに冠する形容詞として用いられる例が多い。

マスキュリン・アンド・フェミニン [masculine & feminine] マスキュリン（男性的）とフェミニン（女性的）を合わせたもので、男性と女性の要素をミックスさせたファッション表現を指す。女の子がボーイフレンドの服を借りたようなボーイッシュなスタイルなどが上げられる。

マスキュリンコート [masculine coat] マスキュリンは「男の」といった意味で、メンズ仕立てのかっちりとしたコートなど男っぽい雰囲気の女性用コートを指す。昔風のチェスターフィールドやフロックコート、オフィサーコートといったフォーマルタイプからトレンチコートまで、さまざまなデザインが見られる。

マスキュリンスーツ [masculine suit] マスキュリンは「男性的な」という意味で、男っぽいイメージを持ち味とする女性用のスーツをいう。男の背広を原型とするテーラードスーツが代表的で、これにドレスシャツやネクタイを配すると、いわゆるダンディールック*が誕生する。

マスキュリンスタイル⇒ダンディールック

マスキュリンルック⇒マニッシュルック

マスク [mask 英, masque 仏] 本来は「仮面」や風邪用のマスクなどを指すが、ここではスキンケア化粧品のひとつとしてのマスクをいう。「毛穴ケア用マスク」などに代表されるもので、クレイ（粘土、泥）を使用したものに人気がある。肌に直接塗ることによって、毛穴の老廃物を除去し、毛穴を引き締め、また弾力性のある

ファッション全般

肌にするなどの効能を持つ。

マスク美容⇒ファッションマスク

マスクファッション⇒ファッションマスク

マスクラット [muskrat] マスコッシュ [musquash] ともいう。北米の水辺に生息する大型のネズミの一種で、日本では「ジャコウネズミ」と呼ばれる。実用的な毛皮として用いられることが多い。

マスコッシュ⇒マスクラット

マスターテーラー [master tailor] 数あるテーラー（注文洋服仕立て人）の中で、名人、大家、巨匠などと呼ばれる人に与えられる称号。こうした職人に与えられる同様の言葉にはドイツ語でいうマイスター [Meister 独] やイタリア語のマエストロ [maestro 伊] といったものがある。

マスタードカラー [mustard color] マスタード（芥子＝からし）に見る深みのある黄色。いわゆる「芥子色」のことで、スパイシーカラー*のひとつとされる。

マストアイテム [must item] 必要なもの、必需品という意味で、ファッションではひとつのルックスを仕上げるのに絶対に必要な服種をいう。最近ではそのシーズンに欠くことのできない絶対的な価値を持つファッションアイテムを指す意味で用いられる傾向がある。

マストバイ [must buy] You must buy（買わなければならない）からきた言葉で、「いま買うべき」「買わなくてはいけない」ということを「必須」の意味をつけて強調したもの。強力に薦める商品などを「おしゃれマストバイ」などと用いたもので、マストアイテムやマストハブなどと同義とされる。放送局用語としてはこれとは別の意味になる。

マストハブ [must have]「持たねばならない」という意味で、トレンドを意識した着こなしや、職業によって欠かすことのできないアイテムを指す。マストアイテム*

の新しい表現として用いられる。

マスファッション [mass fashion] マスは「多数、多量」また「大衆の、普及した」という意味で、一般大衆に支持され、大量に普及を見るようになったファッションを指す。ハイファッション*の対語とされ、百貨店の元売場に見る大手アパレル企業のブランド商品などが代表とされる。同様の意味からボリュームファッション [volume fashion] とも呼ばれる。

マゼンタ [magenta] 冴えた赤紫系の色で深紅色などと呼ばれる。本来カラー印刷に用いる色料の3原色のひとつで、メタン系の塩基性染料の一種とされる。この名称は北イタリアの地名からきたもの。

マタドールジャケット⇒トレアドルジャケット

マタドールシャツ [matador shirt] スペインの闘牛士のなかでも最も華麗な主役とされるマタドールが着用する衣装を模して作られたシャツ。フリルを全面に配するなどした装飾的なシャツで、遊びや祭りなどに用いられる。一般的な闘牛士はトレアドルという。

マタドールパンツ⇒トレアドルパンツ

マタニティートップス⇒マタニティーブラウス

マタニティードレス [maternity dress] 妊婦用のドレスの意で、いわゆる「妊婦服＝マタニティーウエア」を総称する。活動のしやすさを第一義としつつも、最近ではファッション性に富んだおしゃれな感覚のものも多く登場するようになっている。ワンピース型に限らず、ツーピースとなったものやパンツスタイルのものなども見られる。マタニティーは本来「母であること、母性、母らしさ」を表す。

マタニティーブラウス [maternity blouse] マタニティーウエア（妊産婦服）としてのブラウス。妊娠期に合わせてデザイン

816

ファッション全般

されたブラウスを指し、シフォンやジョーゼット、レースなどで作られる優しい表情のものが多く見られる。妊娠期だけでなく、出産後の授乳服として授乳口の付けられたものもある。いわゆるマタニティートップスのひとつで、こうしたものにはニットウエアやチュニック、キャミソール、Tシャツなども含まれる。

マタニティーブラジャー [maternity brassiere] 妊産婦用のブラジャー。授乳時に便利なようにカップ部がファスナーなどで開閉できたり、フロントホック型になったりしたものが多く見られる。アメリカではナーシングブラ [nursing bra]（保育、育児用の意）、英国ではブレストフィーディングブラ [breast feeding bra]（授乳用の意）と呼ばれることが多い。

真知子巻き [まちこまき] 昭和20年代の映画『君の名は』（1953・松竹）から生まれたファッションで、戦後シネモードを代表するもののひとつとされる。岸恵子扮するヒロインの真知子がショールを頭に巻いたスタイルを指すもので、映画のヒットとともに大流行した。

マチネレングス⇒オペラネックレス

まつエク⇒睫毛エクステ

マッカーサーグラス [MacArthur glasses] 第2次大戦中、アメリカ軍のパイロットに支給されたところから、戦後、世界中に広まったサングラスを指す呼称のひとつ。本来はアメリカの『ボシュロム』社の定番とされる「なす型フレーム」のサングラス、レイバン [Ray-Ban]（光線を遮るの意）のことで、日本占領連合軍最高司令官であったダグラス・マッカーサー大将（1880～1964）の愛用品であったところから、このように呼ばれるもの。ほかに航空士のメガネという意味でアビエイターグラス [aviator glasses] という表現もある。

マッキナックコート⇒マッキノウコート

マッキノウ⇒マッキノウコート

マッキノウクルーザー [mackinaw cruiser] アメリカのアウトドア用品メーカー『フィルソン』社の考案によるシャツ型のアウターウエア。前面に大小8個のポケット、背中下部に「フルキャリングポケット」と呼ばれる大型のポケットを取り付けた機能的な上着で、バッファロープレイド＊と呼ばれる赤と黒、また緑と黒、青と黒といった大格子柄の厚手ウール地で作られるのが特徴。マッキノウはミシガン州のネイティブアメリカン（インディアン）との交易場所であったマッキナックにちなみ、クルーザーは「森林踏査官」を意味している。本来、そうした極寒地の森林調査や測量のために用いられたもので、肩から袖にかけて布地が二枚合わせになったタイプは、ダブルマッキノウクルーザー [double mackinaw cruiser] と呼ばれる。アラスカフィットと呼ばれる旧型と、若干細身になったシアトルフィットと呼ばれる新型がある。

マッキノウコート [Mackinaw coat] 北米の五大湖周辺に住む開拓者たちによって着られた森林用コート。材木の切り出し地として知られるアメリカ・ミシガン州のマッキノウ（マッキナックとも）にちなんだ名称で、ほかにもマッキノウズ [mackinaws] とか単にマッキノウ、またマッキナックコート [Mackinac coat] などと呼ばれる。いずれも大柄の格子模様を特徴とした厚手のハーフコートで、共地ベルトを用いたものが多い。これをモチーフとしてマッキノウクルーザー＊が作られた。

マッキノウズ⇒マッキノウコート

マッキン⇒ターンナップカフス

マッキントッシュ [mackintosh, macintosh] 1823年、スコットランドのチャー

ま

ファッション全般

ルズ・マッキントッシュ（1766～1843）によって考案されたゴム引き布製のダブル前コートのことで、第2次大戦頃まで広く一般に使用された。英国では単にマック [mac] とも称され、レインコートと同義に扱われているが、最近ではゴム引きのマッキントッシュそのものはゴム臭があり、通気性に欠けるとしてあまり用いられなくなっている。そうした防水用の布地のこともこの名で呼ぶ。なおマッキントッシュという名称は最近、ファッションブランドとして復活し人気を集めている。

マック⇒マッキントッシュ

マッケイプロセス [Mckay process] 製靴法のひとつで「マッケイ式」のこと。甲革と中底、表底を一緒に縫い付ける方法で、コバ*がなく、中底の部分に縫い糸が見えるのが特徴。高級紳士靴の製法においてはグッドイヤーウエルト式に次ぐものとされ、特に軽く柔軟で、返りの良い高級靴に多く見られる。マッケイというのはこの製法の発案者の名にちなむとされる。

睫毛エクステ [まつげ＋extension]「睫毛エクステンション」の略。エクステンションは「伸張、拡張」の意味で、シルクやナイロン製の人工毛を、専用の接着剤で睫毛の1本1本に接着して、睫毛を長くはっきりと見せる美容法をいう。付け睫毛に比べて自然な仕上がりが得られるところから、若い女性の間で人気を高めている。略して「まつエク」とも。

マッシュボブ⇒マッシュルームボブ

マッシュルームカット [mushroom cut] マッシュルームは「西洋キノコ」の意で、そのような形を特徴とした髪型をいう。ザ・ビートルズのデビュー時のヘアスタイルとして知られ、当時はビートルズカット [Beatles cut] と呼ばれたもの。丸

いお椀をかぶせたような長髪が特徴で、モップの頭に似ているということでモップトップス [mop tops] とも呼ばれる。現在でもボブ*の一種として人気がある。

マッシュルームプリーツ [mushroom pleat] マッシュルーム（きのこ）の笠の裏に見るような細かいプリーツ。クリスタルプリーツ*と同種のもの。

マッシュルームボブ [mushroom bob] マッシュルームは「キノコ」の意味で、キノコをかぶったような感じを特徴とする女性のショートヘアスタイルの一種。全体にグラデーションカットを施してから、レイヤーとスライドカットで頭に丸みを出すとともに、束感を持たせたところに特徴がある。マッシュボブ [mush bob] と略称されることもある。

マッシュルームライン [mushroom line] マッシュルーム（西洋キノコ）のような形を特徴とするシルエット。弧を描いた肩線を特徴としたふっくらとしたトップスと、直線的なボトムスとで構成されるラインをいう。

マッスルタイツ⇒タトゥータイツ

マッスルT [muscle T] マッスルは「筋肉」の意で、たくましい腕の筋肉がむき出しになるところからそう呼ばれる袖なしのTシャツをいう。肩のところで袖を切り落とした形になっていることから、TシャツではなくIシャツ [I shirt＝アイシャツ] と呼ばれたり、サーファーに愛用されることからサーフシャツ [surf shirt] と呼ばれたりする。

マッチョタンク [macho tank] マッチョ（男っぽさ、男意気）なイメージのタンクトップの意。背中の部分をVの字型に深く切り下げるなどして（これをVバックなどという）、より筋肉質のイメージを強めたものを指す。

マッチングベスト⇒スーツベスト

ファッション全般

マットウーステッド［mat worsted］表面が
麻袋のマットのように仕上がった粗めの
平織ウーステッド*。多くは無地で用い
られる。マットには「（表面が）光沢の
ない、艶消しの」という意味もあり、光
沢感のないのも特徴とされる。「マット
ウース」とも略称する。

マットカラー［mat color］マットは「光沢
のない、艶消しの、鈍い」といった意味で、
光沢感をなくした鈍い色調を総称する。
マットブラック、マットグレーといった
鈍い黒や灰色に代表される。

マットグレー⇒マットブラック

マットブラック［mat black］マットは「鈍
い、光らない、艶消しの」という意味で、
光沢感をなくした鈍い調子の黒をいう。
これと同じような色調の黒を、ほかにダ
スティブラック［dusty black］（埃っぽ
い黒の意）とかフォグブラック［fog
black］（霞のかかった黒の意）などとも
呼んでいる。また、マットグレー［mat
gray］といえば、光沢感のない艶消し調
のグレーということになる。

マップポケット［map pocket］地図入れ用
に設けられたポケットのことで、フィー
ルドジャケットなどヘビーデューティー
が持ち味のアウトドア向きジャケットの
背面に付けられることが多い。マッキノ
ウクルーザー*に見るフルキャリングポ
ケットと同様のもの。

繰り縫い［まつりぬい］繰り絎（まつりぐけ）
ともいう。布端の始末の方法のひとつで、
三つ折りにした布の折り山の部分を、表
側に針目が目立たないように表布を小さ
くすくって絎縫い（くけぬい）すること
を指す。パンツやスカートの裾口の処理
によく用いられる。

マディソン・スクエア・ガーデン・バッグ
⇒マディソンバッグ

マディソンバッグ［Madison bag］マジソン

バッグとも。マディソン・スクエア・ガ
ーデン・バッグ［Madison Square
Garden Bag］の略称で、ニューヨークの
巨大なスポーツ施設である〈マディソン・
スクエア・ガーデン〉のロゴを入れた半
月型のスポーツバッグのこと。1968年に
発売されて大ヒットしたものだが、70年
代ファッションの流行から再び注目され
るようになって再生産も始まり、現在で
はスポーツバッグの定番のひとつと目さ
れるようになっている。

マテリアル［material］「原料、材料」の意。
ファッション用語では「繊維素材」の意
味で用いられる例が多い。また、形容詞
として「物質的な」とか「肉体的な、感
覚的な」という意味ももつ。

マテリアルガール［material girl］「官能的
な女」の意で、マドンナやマリリン・モ
ンロー、レディーガガ、あるいはピンナ
ップガールなどを思わせるセクシーな魅
力あふれるファッション表現を指す。こ
こでいうマテリアルは「（生地の）素材」
という意味ではなく、「肉体上の、感覚
的な」の意味で用いられる。2001年春夏
ごろから現れたファッショントレンドの
ひとつ。

マドラスストライプ［Madras stripe］マド
ラスチェック*のストライプ版。インド
のマドラス地方（現在はチェンナイ）で
織られる綿織物に特徴的に見られる縞柄
で、多彩な配色とにじんだような色調が
特徴。

マドラスチェック［madras check］インド
の旧マドラス（現在はチェンナイ）地方
を原産地とするインディアマドラス*と
呼ばれる平織綿布に見る多色使いの不規
則な大格子柄。熱帯地方のタータンとい
った柄行きのもので、太陽光線に晒され
て自然にかすれた感じになるのが特徴。
サマージャケットやシャツ、ショートパ

ま

819

ファッション全般

ンツなど、とりわけアメリカントラディ
ショナル*調のものに用いられて人気の
ある夏向きの柄。濃色を用いたものをダ
ークマドラス［dark madras］、継ぎ接ぎ
細工のように不規則な柄となったものを
クレイジーマドラス［crazy madras］と
かパッチマドラス［patch madras］とも
呼んでいる。

マトラッセ［matelass 仏］「膨れ織」のこと。
二重織を応用して凹凸の紋様を表した織
物で、クロッケ［cloqu 仏］などとも呼
ばれる。マトラッセ本来は「詰め物を入
れた」という意味。またクロッケには「水
ぶくれ、水泡」という意味がある。

マトリックス水着［Matrix ＋みずぎ］「サ
メ肌水着*」の後継とされる競泳用水着
で、2004 年アテネ・オリンピックで北島
康介が着用したことで知られる。本来は
『ミズノ』が英国の水着ブランド〈スピ
ード〉と共同開発した〈ファーストスキ
ン FS〉という名称の商品で、映画『マ
トリックス』（米・1999）で特撮を担当
したサイバー・FX 社の協力を得て作ら
れたところからこの名が生まれたもの。

マトンチョップス［muttonchops］男性の「頬
髯（ほおひげ）」の一種で、上を細く下
を広く刈りそろえた形のものをいう。単
数のマトンチョップには「羊のあばら肉」
という意味がある。

マナスルサングラス⇒ラップアラウンドグ
ラス

マニカ⇒スリーブ

マニカ・ア・マッピーナ［manica a mappina 伊］
マッピーナはイタリアのナポリの方言で
「雑巾」の意。つまり「雑巾袖」を意味
するが、これは雑巾のように軽い生地で
仕立てられた軽やかな袖付けを表し、ナ
ポリ仕立てのスーツ特有の袖のデザイン
を指す。いわゆる「雨降らし袖（マニカ・
カミーチャ）」に同じ。

マニカ・カミーチャ［manica camicia 伊］
ナポリ仕立てのクラシコ・イタリア*型
スーツに特有の袖付けの形をいい、袖山
のところにプリーツが入ったデザインを
指す。マニカは「袖」、カミーチャは「シ
ャツ」という意味で、着やすさを追求す
る目的でシャツのような袖付けの形を取
り入れたものとされる。ここでは通常よ
りも小さなアームホールとするのも特
徴。マニカ・ナポレターナ［manica
napoletana］（ナポリ風の袖の意）とも呼
ばれ、日本語では「雨降り袖」とか「雨
降らし袖」また「雨垂れ」などと呼ばれる。

マニカ・ナポレターナ⇒マニカ・カミーチャ

マニキュア［manicure］手の指や爪に施す
手入れ、化粧のこと。ラテン語の manus
（手）と cura（手入れ）を基にして生ま
れた言葉で、現在では特に爪に赤などの
ネイルエナメル［nail enamel］（ネイルポ
リッシュ［nail polish］とも）を塗るこ
とを指す。ちなみにネイルエナメルを英
国ではバーニッシュ［varnish］（ニス、
ワニスの意）と呼んでいる。

マニチーノ⇒マンシェット

マニッシュ［mannish］「男っぽい、男性的な、
男性向きの」の意だが、とくに男性のよ
うな女性の服装や仕草などについて軽蔑
的に用いられることが多い。ファッショ
ンイメージではフェミニン*に対して、
男性的な雰囲気の服装をこう呼ぶが、ほ
かにマンリー［manly］やマスキュリン*
の言葉に換えることもある。

マニッシュシューズ［mannish shoes］「男
性的な靴」の意で、紳士靴のデザインを
取り入れて作られた女性向けの靴。俗に
「おじ靴」とか「メンズ靴」などと呼ば
れているものと同じで、最近、女性たち
に好まれるようになっている。低めのヒ
ールなどが特徴とされる。

マニッシュボブ［mannish bob］1920 年代

ま

820

ファッション全般

後半にフランスを中心に流行したボブスタイルの髪型をいう別称のひとつ。フランス語のギャルソンヌ（少年のような女の子の意）を用いて「ギャルソンヌスタイル*」とも呼ばれるが、この語は主として1920年代後半のファッション様式を指して用いることが多い。髪型としてのギャルソンヌスタイルは、それまでのボブ（断髪）よりもさらに短くカットして頭にフィットさせ、女の子らしさを表現したものとされる。

マニッシュルック［mannish look］マニッシュは「（女性が）男のような、男っぽい」の意で、女性が男のような格好をする様子をいう。同様の意味からマスキュリンルック［masculine look］といったり、ダンディールック*などと呼んだりする。

マニピュレーション⇒いせ込み

マネキンメイク［mannequin make］マネキン人形のようなメイクアップ。無表情でクールなイメージを特徴とする人工的な質感の化粧法で、2014〜15年秋冬ヘアメイクトレンドのひとつとして浮上した。60〜70年代の雰囲気をクリーンに表現するものとして注目を集めている。

マネン⇒メンズウエア

マフ［muff］毛皮や羽毛、布地などで作られる女性の保温用の手袋の一種。円筒状に形作り、その両端から手を入れて暖めるもので、手袋やハンドバッグの代わりとして用いられる。フランス語ではマンション［manchon 仏］と呼ばれる。

マフバッグ［muff bag］マフは手を暖めるのに用いる、毛皮などでできた円筒形の小物を指す。それに似せて作られたバッグをこのように呼び、防寒用と物入れの二つの機能を特徴としている。

マフポケット［muff pocket］ピーコートなどに見られるタテ型に切り口が開けられたポケット。マフは毛皮などでできた円

筒状の防寒具のことで、両端から手を入れて温める格好が似ているところからこう呼ばれる。一般には手を温めるという意味で、ハンドウオーマーポケット［handwarmer pocket］と呼ばれることが多い。

マフラー［muffler］防寒用の襟巻きの総称で、とくに長い長方形で両端にフリンジ（房飾り）が付いたタイプを指すことが多い。語源はマッフル muffle（包む、覆う）にあり、オリエント地方で砂除けや防寒用として顔や頭部を包むのに使われていたもの。これがギリシャ、ローマを経てヨーロッパにもたらされ、19世紀には男女ともに襟元を飾るアクセサリーとして、シルクやウール、またニットのマフラーがもてはやされたという。日本でマフラーと呼ぶようになったのは関東大震災（1923年）前後のこととされ、それまではこの種のものを総称して「襟巻き」、さらにこれを略して「巻き」と呼び、関西では「天竺巻き」とか「シカン巻き」などと呼んでいたものだが、舶来のステートマフラーとかキングマフラーといった商品名にならって、こうしたものをマフラーと呼ぶようになったといわれている。フランス語ではカシュコル［cache-col 仏］（首を隠すものの意）などと呼ばれる。

マフラータオル［muffler towel］マフラー状のタオル。スポーツチームの応援用にデザインされたタオル地のミニマフラーといったもので、夏は汗拭き用に、冬は防寒用にもなるというスグレモノとして人気を集めている。20センチほどの幅×120センチほどの長さといった形が多く、Jリーグや大学駅伝、バレーボールなどのチーム名がプリントされたものが代表的。タオルマフラーともいう。

マフラーホルダー［muffler holder］マフラーを固定するものの意で、本格的なダス

821

ファッション全般

ターコート*などで、胸の部分の内側に取り付けられたマフラーを留めるための持ち出し部分を指す。ここにマフラーを通すことによってマフラーの邪魔をなくすもので、左右両側に付くのが原則とされる。

ママコート［mama coat］お母さんが着るコートという意味で作られた和製語。出産前後のお母さんが用いるコートで、お腹の大きさをカバーしたり、赤ちゃんを抱いたり負ぶったりしても余裕のあるように、ゆったりとテントライン形に作られたものが多い。本来はこうした実用的なコートだが、ハマトラ*流行時に女子大生があえて着用したことがあり、最近また流行としてこれを女子高生たちが着用する傾向が現れている。ハーフ丈の防寒仕様となったものが代表的。

ママバッグ［mama bag］「お母さんのバッグ」の意だが、これは子育て中のお母さんたちのために開発された機能的なバッグを指す俗語として使われている。実用的かつオシャレという目的を満足させるところにポイントがあり、たとえばサッカーのベッカム選手の夫人ビクトリア・ベッカムがプロデュースした「ベイビーベッカムバッグ」などが、セレブも愛用するママバッグとして知られている。

ママレトロ［mama ＋ retro］若い娘が母親の若いころの服を着て、20年ほど前のファッションを楽しむことを指す。いわゆるレトロファッション現象のひとつで、最近目立つ傾向となっている。母親だけではなく、もう少し若い叔母から服をもらって着ることも含まれる。

マミーバッグ［mammy bag］赤ちゃん用の小物を入れて持ち運べるバッグの総称。マミーはママ（お母さん）をいう小児語で、オムツやそれを換えるときのシーツ、また哺乳瓶などを収納するために、ちょ

っと大きめで取り出しやすい外ポケットが付くなどの工夫が施されたものが多く見られる。

マム・ジーンズ［mam' jeans］「お母ちゃんのジーンズ」といったほどの意味。2009年7月14日の米大リーグ・オールスター戦の始球式で披露したオバマ大統領のジーンズ姿が、いかにもアカ抜けなかったところから、それを揶揄してこう呼んだもの。まるでお母さんが穿いているジーパンみたいといった意味合いで用いられている。

まゆテン［――］メイクアップアーティスト、トニー・タナカのデザイン・監修による〈まゆげテンプレート〉という商品を指す略称および俗称。有名女優や歌手などの理想的な眉の形をくり抜いた透明のプレート（板）がそれで、これを自分の眉に当てて描くと、誰もが簡単にそうした眉ラインができあがるというもの。1996年3月の発売以降、爆発的なヒットを飛ばした。

マラカイトグリーン［malachite green］孔雀石と呼ばれる緑色の鉱石、マラカイトから作られる顔料の色。鮮やかな緑色のことで、古代エジプト人が目を守る魔除けとして、この色をアイラインに用いたことで知られる。ラテン語の緑の意から「バーディターグリーン［verditer green］」とも呼ばれる。

マラソンコート［marathon coat］マラソンレースの前後に、選手たちが保温や防寒などの目的で着用するコート。スポーツに用いるベンチコートの一種で、多くはナイロン製のロング丈でフード付きとする。マラソンレインコート、マラソンベンチコート、マラソンロングコートといった名称でも呼ばれる。

マラソンドレス⇒ランドレ

マラブー［marabou, marabout］マラボーと

も。鳥の羽毛で作る飾りのことで、一般に帽子や服の一部に用いるが、最近ではマフラーの代わりに用いられるなどして注目されるようになっている。ミニマフラーのようなチョーカータイプのものをマラブーチョーカー［marabou choker］と呼ぶほか、袖口にあしらうブレスレットのようなものをマラブーブレスレット［marabou bracelet］などと呼ぶ。マラブーは元々アフリカやインド産の大型コウノトリのことで、その翼や尾の下の柔らかい羽毛が使用される。これをダチョウや他の鳥の羽毛で代用したものも見られる。

マラブーチョーカー⇒マラブー

マラブーブレスレット⇒マラブー

マリアベール［Maria veil］ウエディングベールの一種で、フェイスアップ（顔上げ）儀式向きの顔全面を覆うフェイスアップベール（フェイスベール）とは違って、ベールを折り返さずに頭に沿わせ、そのままかぶるようにしたものをいう。顔周りにレースをほどこすなど華やかな雰囲気にしたものが多く見られる。これはまた結婚式だけでなく、クリスチャンがミサの時など厳粛な場所で着用することもある。聖母マリアが着けていたところからこう呼ばれるようになったという説があり、デザイン重視の華麗なベールとしても知られる。

マリーナルック⇒マリンルック

マリーンブーツ［marine boots］ヨットなどの船上作業に用いるゴム製のブーツの総称。いわゆるゴム長を思わせる形が特徴で、緑や黄色などカラフルな色使いのものが多く見られる。ヨッティングブーツ［yachting boots］とかヨットブーツ［yacht boots］などさまざまな名称でも呼ばれる。

マリエ⇒ローブ・ド・マリエ

マリタイムルック⇒マリンルック

マリッジリング⇒ウエディングリング

マリナーパーカ⇒ヨットパーカ

マリニエールルック⇒マリンルック

マリメッコプリント［marimekko print］マリメッコは1951年にフィンランドに設立されたアパレル企業で、同社のブランドでもある。その商品に見られる鮮やかな色使いの大胆なプリント柄をこのように総称し、現在世界中で人気を集めている。マリメッコは「小さなマリーのためのドレス」という意味からきている。ケシの花をモチーフにした「ウニッコ」と呼ばれる柄などが代表的。

マリンウエア［marine wear］海に関する衣服の総称。マリンジャケットとかマリンシャツ、マリンセーター、マリンパンツなど、特にヨット遊びをモチーフとしたアイテムが多く見られる。海の青と白を中心とした色使いにも特徴がある。

マリンキャップ［marine cap］「船員帽」の意。マリンは「海の、船舶の、航海の」といった意味で、海洋調の帽子を総称する。特にヨットマンが用いる学生帽型の前びさし付きの帽子を指すことが多い。これは本格的なキャプテンキャップ*の上部をソフトな感じにしたもので、ヨッティングキャップ［yachting cap］やアドミラルキャップ［admiral cap］（海軍将官の帽子）などとも呼ばれる。また「ギリシャ帽」とか「フィッシャーマン帽」といった俗称もある。

マリンジャケット［marine jacket］海洋調イメージのジャケットの総称。とくに海軍の制服にモチーフを得たミリタリー調の上着やマリンブレザーなどに代表される例が多い。マリントラッド*の流行などから、とくに女性向きの上着として注目されるようになってきた。

マリンシューズ［marine shoes］「海用の靴」

ファッション全般

の意だが、一般に水遊びに用いる靴という意味で使われることが多い。スリップオン型の簡便な作りで、防水対応となったものが多い。これとは別に、海兵隊員（マリン）などの軍隊が上陸作戦に用いる砂浜などで活動しやすい靴をこのように呼ぶほか、マリンブーツなどと呼ぶこともある。

マリンストライプ［marine stripe］海をモチーフとした縞柄の意で、水兵服などに見る白と青の横縞を指す。いわゆるボーダー柄のことで、セーラーストライプなどと同じ。

マリンセーター［marine sweater］海に関連したセーターの意で、一般には海洋スポーツなどに用いる、紺と白の横縞が配された丸首あるいはタートルネックのプルオーバーを指すことが多い。ヨットによく用いられるためにクルージングセーター［cruising sweater］とかセーリングセーター［sailing sweater］などとも呼ばれる。

マリンＴ［marine T］海に関連したTシャツの総称で、クルーザーやヨットなどの海洋スポーツ、また海辺のリゾートなどで着用されることの多いTシャツを指す。一般のものより厚手のニット地で作られるものが多く見られ、長袖や横縞模様、またボートネックといったデザインを特徴とするものも多い。

マリントラッド［marine trad］海や船など海洋調をイメージとして展開される伝統的なファッション表現。正統的なネイビーブレザーや、バスクシャツに代表される白/青のボーダー柄セーター、またヨットキャップやデッキシューズなどの小物使いも特徴とされる。

マリンパーカ［marine parka］海洋調パーカの意。元々はボートスポーツの際に防寒や防雨用として着用したフード付きの

ジャケットが、ヨット遊びやマリンスポーツなどにも用いられるようになって、このように呼ばれるようになったもの。ヨットパーカと呼ばれることもあるが、これはコットンやポリエステル綿混の布帛地で作られるものが多く、スエット地のものとは区別される傾向がある。白のジッパー使いや白のフードの引き紐などを用いるものが多く見られ、マリンテイストあふれるパーカとなっているのが特徴とされる。

マリンバッグ［marine bag］海洋調のバッグ。昔の船員が持っていたような大きな巾着型のバッグで、肩から下げる大型ショルダーバッグというのが特徴とされる。

マリンパンツ［marine pants］海洋調パンツの意。船員や水兵が穿くパンツにモチーフを得て作られた女性用のカジュアルなパンツを指すもので、セーラーパンツ＊と同じだが、最近ではこれを膝下辺りでカットした短い丈のものが現れて人気を博している。いわゆるワイドパンツ＊の一種とされる。

マリンボーダー⇒ボーダーストライプ

マリンルック［marine look］マリン（マリーンとも）は「海の、船舶の、航海の」という意味で、海や船にモチーフを得たファッションを総称する。同様の意からマリタイムルック［maritime look］またフランス語でマリニエールルック［marinière look］などとも呼ばれ、永遠の魅力を誇っている。マリーナルック[marina look]とも。

丸編⇒緯編

丸刈り［まるがり］頭髪全体をごく短く刈り込むこと、また、そうした髪型をいう。「坊主刈り」ともいい、少年やスポーツ選手に好まれる髪型のひとつだが、最近ではこれがファッション化して多くの人たちに受け入れられるようになり、「坊

主」の愛称でも好まれるようになっている。

マルキュー系⇒109系ファッション

マルキューファッション⇒109系ファッション

マルキューブーム⇒109系ファッション

丸首シャツ⇒アンダーシャツ

マルグリット⇒マーガレット

マルサラ［Marsala 伊］色見本帳で知られるパントン社（米）が発表した2015年の流行色のひとつで、焼いたテラコッタやシチリアワインなどに見る茶×赤のワインレッド系の色調を指す。イタリアのマルサーラ地方を語源としたもので、ここは世界の4大酒精強化ワインのひとつ「マルサラワイン」の産地として知られる。

マルシェバッグ［marché bag］マルシェはフランス語で「売買、取引」また「市場」の意。日本でいう「買い物かご」やショッピングバッグに当たる。なんでもフランス語でいえばカッコイイとする風潮から生まれた和製語のひとつ。

マルセルウエーブ［Marcel wave］パリの結髪師マルセル・グラトー（1852～1936）によって考案されたパーマネントウエーブの一種で、マーセルウエーブともいう。ヘアアイロンを用いて柔らかなウエーブを表すアイロンパーマ*の先駆けとなったもので、日本では1920年代に「耳隠し」と呼ばれるヘアスタイルで大流行をみた。

マルタンガル⇒マーティンゲール

マルチアクティブウエア⇒マルチスポーツウエア

マルチカラーストライプ⇒マルチストライプ

マルチカラースニーカー［multicolored sneaker］正しくはマルチカラードスニーカー。多色使いのスニーカーの意で、特に最近のメンズスニーカーに見る鮮やかな多色使いのスニーカーを指すことが多い。

マルチコーディネート⇒マルチプルコーディネーション

マルチコーディネートスーツ［multi co-ordinate suit］多様な組み合わせができるスーツという意味で、スーパーメリットスーツ*と同義。こうした婦人用スーツは1990年代の長引く不況下での節約志向から生まれたもので、パーツの組み替えによって幾通りもの着こなし変化を可能にする多目的型スーツといえる。単にマルチスーツ［multi suit］と呼んだり、入れ換えるという意味でチェンジアップスーツ［change up suit］ともいう。

マルチスーツ⇒マルチコーディネートスーツ

マルチストライプ［multi stripe］いくつかの縞を組み合わせたり、多色使いにするなどして複雑な感じを出した縞柄。特に多色使いとしたものをマルチカラーストライプ［multi-color stripe］と呼んでいる。マルチストライプはまた単純なシングルストライプの対語としても用いられる。

マルチスポーツウエア［multi sportswear］ひとつのスポーツに限定されるのではなく、多くの分野にまたがって着用できるスポーツウエアの総称。マルチアクティブウエア［multi active wear］とかマルチブランド［multi brand］とも呼ばれ、まことに今日的な性格を持つ多目的ウエアとして成長を続けている。最近では特にファッション性を加味した女性のフィットネスウエア*をこのように呼ぶことが多く、ランニングやフィットネス、ヨガ、テニス、水泳などのマルチスポーツに対応した新しいスポーツウエアというとらえ方がなされている。

マルチスポーツシューズ［multi sports shoes］多くのスポーツに用いることができる靴の意で、クロストレーニングシュ

ま

ファッション全般

ーズ*などと同義の用語。最近では過酷なフィールドスポーツに対応できるスニーカーの類をこう呼ぶことが多い。

マルチフィラメント⇒フィラメント

マルチブランド⇒マルチスポーツウエア

マルチプルコーディネーション［multiple coordination］マルチプルは「多くの部分から成る、複合の」といった意味で、数多くの着こなしを作り出す方法を指す。たとえば2組のコーディネートスーツ*を用意し、それぞれのパーツを入れ替えることによって幾通りものスタイルを作り出すテクニックがあげられる。マルチコーディネート［multi cordinate］ともいう。

マルチボーダー⇒ボーダーストライプ

マルチレイヤード［multi layered］多種多様に表現する重ね着のテクニック。自由な発想で自分の好きなように表現する重ね着スタイルを総称している。

丸縫い⇒ファット・ア・マーノ

丸帽⇒スポーツキャップ

マレット［mullet］前と横を短くカットして、後ろの襟足部分を長く伸ばしたヘアスタイル。マレットは魚の「ボラ」の意で、形が似ているところからそう呼ばれるとされる。

マレンマレザー［maremma leather］イタリアの伝統的な技法で作られる「バケッタ」と呼ばれる革の一種。ステアハイド（牡牛の皮）を植物タンニンでなめし、染料で染め上げたもの。オイルや染料を多く含むため、革を曲げると表面や内部の染料が割れて、明るい下地が現れるという特性をもつ。革本来の自然で素朴な表情も保ち、使うほどに艶が増すという特質ももっている。婦人用のバッグなどに多く用いられる。マレンマはイタリア語で「海岸続きの沼沢地」という意味がある。

まろ眉［まろまゆ］昔の公卿に見るような半眉状態の眉をいう。公卿の発する「まろ」という言葉からの発想で、これの反対は「美眉（びまゆ）」ということになる。

マン⇒メンズウエア

マンシェット［manchette 仏］フランス語でいうカフス（袖口）。イタリア語ではマニチーノ［manichino 伊］という。

マンシュ⇒スリーブ

マンシュ・ア・ジゴ⇒レッグオブマトンスリーブ

マンション⇒マフ

マンダリンカラー⇒チャイニーズカラー

マンダリンジャケット⇒マオジャケット

マンダリンスリーブ［mandarin sleeve］中国・清朝の高級官吏であったマンダリンの官服に見られる袖で、肘から袖口にかけ広くゆるやかな形になったものをいう。

マンダリンベスト［mandarin vest］マンダリンは中国清朝時代の高級官吏のことで、彼らが着用した上着をモチーフとして作られたベストを指す。低い立襟とチャイナボタン*、また中国風の刺繍模様などを特徴としたもので、現在ではエキゾチックな衣服のひとつとして着用される。

マンティーホーズ［mantyhose］男性用のタイツをいう新商品名。日本でいうパンティーストッキングは正しくは「パンティーホーズ」と呼ぶことから、これにマン（男性）の言葉を掛けたもの。2013年、英国ロンドンのデパート「セルフリッジ」の命名によるという。

マンティーリャ［mantilla 西］マンティーラとも。スペインの女性が用いるベールのようなレース製のかぶりものを指し、メキシコやイタリアの一部でも見られる。別に18〜19世紀にかけて流行した軽いマントーを意味することもある。元

ファッション全般

来は 17 世紀以降のスペインの上流社会で、夫人の儀礼的なかぶりものとされていたもので、黒か白の絹製のものが主とされる。

マンテーラードスーツ［man-tailored suit］マンテーラードは（婦人服が）「男仕立ての」という意味で、テーラードスーツに同じ。マンテーラードスタイル［man-tailored style］といえば、男性と同じようなスーツスタイルをした女性ファッションを指し、ダンディールック*やマスキュリンスタイル*と同義になる。

マンテーラードスタイル⇒マンテーラードスーツ

マント⇒マントー

マントー［manteau 仏］フランス語で広く「外套、コート」を指すが、日本では「マント」と呼んで、長くゆったりとしたケープ状の服を意味することが多い。特にフード付きのロングケープを指すこともある。またフランス語で mante と綴る「マント」にも、袖なしの婦人用マントや修道女の服、（喪服の）黒いヴェールの意味がある。

マントー・ド・クール［manteau de cour 仏］クールはフランス語で「宮廷」を意味し、つまりは宮廷礼服の総称とされる。特に 18 世紀以降のフランス宮廷における婦人の礼服を指すことが多く、日本でいう「大礼服*」に相当する。グラン・コスチューム［grand costume 仏］とも呼ばれ、ともに最も正式な宮廷服とされた。一方、プチ・コスチューム［petit costume 仏］というと、19 世紀初頭のナポレオン帝政期に制定され、今日まで踏襲されている女性の宮廷服の一種になる。これはジョセフィーヌ皇后がナポレオン 1 世の戴冠式に着用した服装を基にしたものとされる。。

マントードレス［manteau dress］マントーはフランス語で袖なしの外套を指し、そ

うした体全体をたっぷりと覆う形になったロング・ケープ型のドレスをいう。アフリカの民族衣装を思わせるドレスでもある。

マントストール［manteau + stole］マントのような形にして使うことのできるストール（肩掛け）のこと。マントといってもさほど丈の長いものではなく、腰辺りの丈のケープといった感じになったものが多い。

マントル［mantle］英語では通常 mantles と複数形で用い、文章語で「ゆったりとした袖なしの外套」すなわちマントのことを指す。日本で古く「マンテル」と呼ばれたものもここに由来している。

マントレ⇒マントレット

マントレット［mantelet］小さいマントの意。語尾のレット let は小さいものを表す接尾辞で、ケープレット*と同義。フランス語ではマントレと発音される。

マンボスタイル［mambo style］キューバ生まれの新しいラテン音楽「マンボ」に触発されて生まれた流行スタイル。マンボズボン*と呼ばれる先細り型のスリムなパンツが特徴的で、こうした服装でマンボを踊りまくる若者たちを「マンボ族」と呼んだ。1952 年から 57 年にかけて大流行をみた。

マンボズボン［mambo + ズボン］ラテンアメリカ音楽およびダンスの一種「マンボ」の流行に派生したファッション的なパンツのことで、和製語のひとつ。股上を深くとり腰の辺りはゆったりさせ、裾に向けて急速に細くしたシルエットを特徴とするパンツで、もとはマンボやジャズなどを演奏する当時のバンドマンのステージ衣装から生まれたとされる。その最盛期は 1952 年頃から 57 年にかけてのことで、マンボの大流行から「マンボ族*」と呼ばれる若者たちのシンボル的なパン

ま

827

ファッション全般

ツとなって一世を風靡した。全体にフィットさせたものや丈の短いものなどさまざまな亜流も見られる。日本ではその後〈ヨコスカマンボ〉略して「スカマン」と呼ばれるこの種のパンツが不良少年たちの間で流行をみている。要はペッグトップパンツ*の一種。

マンボタイ⇒ボトルシェイプトタイ

マンボ族⇒マンボスタイル

マンメードファー⇒フェイクファー

マンメードファイバー⇒化学繊維

マンメードレザー⇒フェイクレザー

マンリー⇒マニッシュ

ま

ファッション全般

ミキュイス⇒マイクロミニレングス

三子糸⇒単糸

ミサンガ⇒プロミスバンド

ミスターＴルック⇒スリーＴルック

ミスマッチ［mismatch］本来は「誤った組み合わせ、不適当な組み合わせ」という意味だが、ファッションではわざと間違えたような新しい組み合わせのテクニックを指す。従来の着装ルールに縛られることのない意外性のある着こなしが生まれるとしてよく用いられる。ミスマッチング［mismatching］ともいう。

ミスマッチトスーツ［mismatched suit］上下分断型の組み合わせスタイルであるセパレーツ＊を意味する英国での表現。上下が同一の生地でないところからこのように呼ばれるもので、同じく英国では日本でいうセットアップ＊のことをシリーズ［series］と呼んでいる。シリーズには「(同種のものの) ひと続き、連続」また「続きもの」といった意味がある。

ミスマッチング⇒ミスマッチ

水屋着［みずやぎ］日本のお茶事で裏方の「水屋」を担当する人たちが着る上着の一種。着物の裾くらいまでの長い丈を持つもので、色ものが多く、前合わせで着るのが特徴となる。

ミゼットオールオーバーパターン［midget allover pattern］小さな柄を全面に配した柄で、ネクタイなどにおいてはこれを「小柄」と称する。

見せハラマキ⇒ハラマキ

見せブラ［みせ＋bra］「見せてもよいブラジャー」の意。「下着見せファッション」と呼ばれる、下着をわざと見せて歩く女性たちの流行に関連したもので、ブラジャーのストラップをのぞかせるなど見えてもかまわないとするブラジャーをこのように呼んでいる。同様にローライズパンツのウエストからわざとのようにのぞ

かせる下着ショーツは「見せパン」と呼ばれる。

見せブラコーデ⇒ビーチブラ

道行コート［みちゆき＋coat］日本の女性が用いる和装用コートのひとつ。羽織(はおり) よりもかしこまった雰囲気のあるもので、礼装や正装、また「しゃれ着」として用いられる。「道行襟」と呼ばれる角張った襟ぐりに特徴があり、これよりもくだけた「道中着」とは区別される。和装用コートには、この他に「東 (あずま) コート」や雨の日用の「雨コート」などがある。本来は「道行衣 (みちゆきごろも)＝旅行用の衣服、旅衣」のひとつ。

ミックス・アンド・マッチ⇒ミックスマッチ

ミックスカジュアル［mix casual］さまざまなファッション要素をミックスさせて表現するカジュアルファッション。テーストミックス＊とかミックスコーディネート＊などと呼ばれる着こなしテクニックから生まれる、カジュアルな雰囲気を特徴とするファッションを総称している。

ミックスコーディネート［mix coordinate］さまざまなファッション要素をミックスさせて着こなすことをいい、テーストミックス＊やスーパーミックス＊などと同義とされる。

ミックススタイル［mix style］さまざまな要素を持つファッションを、わざと混ぜこぜにして表現する服装スタイル。テーストミックス＊などと呼ばれる最近の着こなし方から生まれたもので、意表を突くスタイルができあがるとして人気がある。例えばアメリカ的なものとヨーロッパ的なものとのミックスがあげられる。

ミックスツイード⇒ヒーザリーツイード

ミックストスーツ［mixed suit］「混ぜ合わせスーツ」の意。2着の異なる色柄・素材のスーツを用意して、それぞれの上着、

ま

829

ファッション全般

ズボンおよびベストをばらばらに組み合わせて上下を揃えるスタイルまたそうした方法をいう。極端に異なる素材のものではなく、グレーの濃淡の組み合わせのように、なるべく調子を合わせるのが現代的な方法となる。コーディネートスーツと同様のもので、これはまた、まったく同素材でサイズを合わせるセットアップスーツと同義ともされる。ミックストスーツそのものは1930年代から用いられている言葉だが、近年、ニュースーツの登場から、再び使われるようになってきた。

ミックスパンク［mix punk］1970年代に登場したパンクファッションの過激な雰囲気を基調にしながら、それにロリータ（少女風）やゴシック調などの異なるテーストを適度にミックスしたファッションを指す。ロリータパンク*などが代表的。

ミックスマッチ［mix match］ミックス・アンド・マッチ［mix and match］ともいう。静的な印象を生むドレスマッチ*に対して、動的なイメージを打ち出そうとする着こなし方のひとつで、色、柄、素材の3つの要素のうち、何かで違え（ミックス）、何かで合わせる（マッチ）手法を指す。たとえば色でミックス、柄でマッチといった方法があり、これらはもっとも新しい着こなしの概念として、スーツファッションにもカジュアルファッションにも幅広く応用されている。

ミット⇒ミトン

ミッドウエイト・デニム⇒ブルデニム

ミッドカーフスカート［mid calf skirt］ミッドカーフは「ふくらはぎの真ん中」の意で、ちょうどそのくらいの長さを特徴とするスカートをいう。ミディスカートとかミモレスカートと呼ばれるものと同種のアイテムで、最近人気の膝下スカートの代表的なものとされる。

ミッドカーフパンツ⇒カーフレングスパンツ

ミッドカーフブーツ⇒ハーフブーツ

ミッドカーフレングス⇒ミディレングス

ミッドカットブーツ［mid cut boots］半分ほどで履口をカットしたブーツの意で、ワークブーツタイプのブーツを指す。いわゆるミドルブーツ、ハーフブーツと同じ。半長靴（はんちょうか）とも。

ミッドサイレングス［mid thigh length］サイは「もも、大腿部」の意で、ももの中間程度までの丈をいう。半ズボン（ハーフパンツ）の丈によく見られるところから、これをハーフレングス［half length］の名で呼ぶこともある。

ミッドサマーシャツ⇒アウタードレスシャツ

ミッドソール［mid sole］靴の「中間底」。アウトソール（外底）とインソール（中底）の間にある底の一部を指す。普通はアウトソールの上側の部分に存在する。

ミッドナイトブルー［midnight blue］「真夜中の青」の意で、黒よりも黒いとされる光沢感の強い濃紺を指す。その使用の度合いは少ないが、黒と並んで正式の礼服に用いられる色のひとつで、格調の高さを誇っている。ウインザー公（エドワード8世）が好んで用いたところから流行するようになったという伝説がある。

ミッドニーレングス［mid knee length］膝頭（ニー）の真ん中までの丈を指す。ごく標準的なスカート丈の一種で、単にニーレングスともいう。

ミッドライズ［mid rise］パンツの股上（ライズ）で、ハイライズ（股上の高いもの）とローライズ（股上の低いもの）の中間にあるものをいう。ちょうどへそから5、6センチ下にウエスト部分がくるもので、ライズとしては平均的な寸法に当たる。

ミディアムカット⇒ミディアムヘア

ミディアムコート⇒ミディアムレングスコート

ま

830

ファッション全般

ミディアムトーン⇒ダルカラー

ミディアムヘア [medium hair] ミディアム
カット [medium cut] とも。中庸を得た
ヘアスタイルまたヘアカットのことで、
女性の場合には肩くらいまでの長さのセ
ミロングヘアと同義。男性の場合はショ
ートカットとロングヘアの中間程度のも
のを指し、これがショート寄りになった
ものをショートミディアム [short medi-
um] などと呼んでいる。

ミディアムレングス⇒ノーマルレングス

ミディアムレングスコート [medium length
coat] ミディアムレングスは「中庸を得
た丈」の意で、ノーマルレングス（正常
な丈）とも呼ばれ、膝丈のちょうど中庸
を得た長さのコートを総称する。最も一
般的な長さのコートとされるもので、単
にミディアムコート [medium coat] とも
呼ばれる。

ミディアムロングヘア [medium long hair]
ショートヘアとロングヘアの中間の長さ
をもつ髪のことで、およそ肩先までの長
さのものをいうことが多い。セミロング
ヘアと同じ。

ミディー⇒ミディーブラウス

ミディーブラウス [middy blouse] ミディ
ーはミッドシップマンの略で、「海軍兵
学校生徒（米）」「海軍少尉候補生（英）」
の意味。彼らが着用する水兵服のことで、
一般にはセーラーカラーが付いたブラウ
スを指す。単に「ミディー」の名称で呼
ばれるほか、セーラーブラウス [sailor
blouse] ともいう。

ミディーブーツ⇒ハーフブーツ

ミディカラー [middy collar] ミディはミッ
ドシップマン（アメリカの海軍兵学校生
徒）の俗称で、彼らの制服に見るセーラ
ーカラー*をアレンジさせた小型のイタ
リアンカラー*を指す。襟腰のない一枚
裁ちの襟を特徴としている。またセーラ

ーカラーの別称とする説もある。

ミディコート [midi coat] ミディレングス
と呼ばれるふくらはぎの中央くらいまで
の丈を特徴とするコート。要は膝下丈の
ロングコートの意だが、ミディスカート
の流行から、このような丈の女性用コー
トが人気を集めるようになった。

ミディジャケット [middy jacket] ミディ
とはミッドシップマン midshipman（米海
軍兵学校生徒また英海軍少尉候補生）の
略称で、小さめのセーラーカラー*を特
徴としたゆったりとした上着をいう。

ミディスカート [midi skirt] ふくらはぎの
真ん中くらいの丈を特徴とするスカート
の総称。フランス語でふくらはぎの真ん
中を意味するミモレという言葉を使っ
て、ミモレスカート [mimollet skirt] と
もいう。

ミディドレス [midi dress] ミディはミド
ル middle から派生した語で、ちょうど「ふ
くらはぎの真ん中」くらいの丈を指す。
そうした長さのドレスを総称し、多くは
マダム向きの落ち着いた感覚のあるドレ
スとして好まれる。

ミディパンツ⇒カーフレングスパンツ

ミディレングス [midi length]「ふくらはぎ
丈」のこと。ミディは、ミドル middle（中
央の、中くらいの）の略として 1960 年
代の終わり頃に、ミニ、マキシとともに
作られた言葉で、ふくらはぎの中ほどま
での丈を指す。別にミッドカーフレング
ス [mid calf length] とも呼ばれ、フラ
ンス語ではミモレ [mi-mollet 仏] とも
いうが、これはまさしく「ふくらはぎの
真ん中」という意味から来ている。また
単にカーフレングス [calf length] とい
うことも多い。

ミテーヌ [mitaine 仏] フランス語で「婦
人用半手袋」という意味で、指先が全部
出る手袋を指す。本来この語はミテン*

ま

831

ファッション全般

と発音され、親指だけが分かれた二股手袋（英語でいうミトン、ミット）のことをいうが、1995年冬頃からはやり始めたこの種の手袋を、日本ではわざとミテーヌと呼ぶようになったもの。なおフランス語でミトンのことはミテンのほかムーフル〔moufle 仏〕とも呼ばれる。

ミテン⇒ミトン

ミドラー⇒アウターレイヤー

ミドリフジャケット〔midriff jacket〕ミドリフは「横隔膜」の意味で、この位置くらいの短い丈の上着類を総称する。

ミドリフトップ〔midriff top〕ミドリフ（ミッドリフとも）は「横隔膜」の意で、俗に「お腹」の意味で用いられる。つまり、お腹がすっかりのぞくような短い丈を特徴とする女性用上衣類を総称する。こうしたデザインをベアミドリフ〔bare midriff〕（裸の、露出した腹部）とも呼んでいる。

ミドリフレングス〔midriff length〕ミドリフ（ミッドリフとも）は「横隔膜」の意で、一般にネックポイントから鳩尾（みぞおち）までの上着丈をいう。「ミドリフ丈」と呼ばれるほか、胸を隠すくらいの長さであることから「バスト丈」とも呼ばれる。

ミドルアメリカン〔middle American〕インターナショナルモデル*のスーツを指すアメリカでの用語。1954年にアメリカで発表された〈アメリカン・ナチュラル〉というスーツ型を基に発展してきたもので、まさしく中庸を得た一般的なスタイルであるところから、このように呼ばれるようになった。別にミドル・オブ・ザ・ロード〔middle of the road〕（道路の真ん中の意）とも呼ばれる。

ミドル・オブ・ザ・ロード⇒ミドルアメリカン

ミドルゲージ⇒ファインゲージセーター

ミドルショルダーバッグ〔middle shoulder bag〕ハンドバッグとショルダーバッグの中間的な性格を狙って作られた女性用のバッグ。ハーフショルダーバッグとかセミショルダーバッグなどと呼ばれるものと同種のアイテム。

ミドルスカート〔middle skirt〕中間丈のスカートの意だが、最近では膝上丈位の短めのスカートをこのように称する傾向が生まれている。昔のミニスカートを思わせる形が特徴。

ミドルノート⇒ノート

ミドルブーツ⇒ハーフブーツ

ミドルフェザー⇒フェザー

ミドルフレアジーンズ〔middle flare jeans〕ブーツカットとバギーの中間的なシルエットを特徴とするジーンズ。スキニーデニムからバギーデニムへの移行というジーンズファッションの流れの中で登場してきたアイテムのひとつで、セミバギーといった感覚に近いもの。

ミドルフレアスカート〔middle flare skirt〕膝丈程度の長さを特徴としたフレアスカート。ごく普通のスカートの一種で、最近また落ち着きのある大人向きのアイテムとして復活の気配がある。こうした丈のスカートをミドルスカートと総称することもある。

ミドルレイヤー⇒アウターレイヤー

ミトン〔mitten〕手袋の一種で、親指だけが別で、ほかの4本の指をひとつにした形のものをいう。日本ではこれを略したミット〔mitt〕という言葉のほうが一般的となっている。フランス語ではミテン〔mitaine 仏〕と呼ばれる。

ミニエプロン〔mini apron〕小型の前掛けの意だが、これは「よだれかけ」のような形を特徴とした小さな女性用上衣類の一種に付けられた新名称。2000年春夏ニューヨーク・コレクションに登場したミ

ファッション全般

ニエプロンは、背中がむき出しになるところからバックベアトップ[back bare top]とも呼ばれている。

ミニカーディガン⇒ボレロセーター

ミニクラッチ[mini clutch]小型のクラッチバッグの意。クラッチバッグはハンドル（持ち手）などのない抱える形の薄型バッグで、本来小型のものだが、それをより小さくしたものをこのように呼ぶ。

ミニサイドベンツ[mini side vents]切り込みが浅いサイドベンツ*をいう俗称。コンテンポラリーモデル*のスーツによく用いられたもので、これは機能と実用というベント本来の目的で付けられるのではなく、全くの飾りとされているのが特徴となる。こうしたごく浅めにとられたベントをベビーベンツ[baby vents]と総称することがある。

ミニサロペット[mini salopette]サロペットはフランス語で「（労働者や子供などの）上っ張り、仕事着、ズボン」のことだが、日本では胸当て付きズボンのオーバーオールズの意味で用いられることが多い。そのショートパンツ版をこのように呼び、いわゆる「70年代アイテム」のひとつとして知られる。日本ではホットパンツと同じ感覚で、若い女性たちに愛好された。

ミニジャケット⇒コンパクトジャケット

ミニショルダー[mini shoulder]ミニショルダーバッグの略称。きわめて小型の女性用ショルダーバッグのことで、斜め掛けなどして用いる傾向がある。

ミニスカ⇒ミニスカート

ミニスカート[miniskirt]膝頭より上の丈を特徴とする短いスカートの総称。ここでのミニは「小さい、小型の」の意で、通常より小さい形であるところからそう呼ばれるようになったもの。1960年代初頭のロンドンのチェルシー街に自然発生的に登場したのが最初とされ、これを商品化した女性デザイナー、マリー・クワントの手によって注目され、さらに1965年春夏向けのパリ・オートクチュール・コレクションのアンドレ・クレージュの発表したミニモードによって世界的な話題を集めるようになったもの。当初は膝上5センチくらいとおとなしいものだったが、ミニの女王の異名をとる英国のモデル、ツイッギーが来日した1967年には膝上25センチ程度のものも現れ、現在ではマイクロミニ*などと呼ばれるきわめて短い丈のものも一般化している。ジーンズと並ぶ「20世紀のファッション革命因子」とされ、幾多の流行を繰り返して今日に至っている。日本では一般に「ミニスカ」の略称でも呼ばれる。

ミニスリップ[mini slip]男性用のビキニブリーフ*を指す新しい名称。スリップはフランス語でショーツやブリーフという意味があるところから、これを準用したもので、なかで極端に股上の浅いタイプはスーパーミニスリップ[super mini slip]と呼ばれる。これとは別に女性のミニスカート用の短いスリップを指すこともある。

ミニセーター⇒スキニーセーター

ミニソックス[mini socks]小さな靴下の意で、スニーカーソックス*と同義。基本的にスニーカー専用とされる。

ミニタイ⇒ショートカットタイ

ミニダウンジャケット[mini down jacket]ウエスト丈程度の小さめのダウンジャケット。これに大きめのフードを付けたものが2005〜06年秋冬婦人服のヒットアイテムとなり、翌シーズンのスリムなダウンジャケットのヒットにつながった。

ミニチェック⇒スモールチェック

ミニチュアチェック⇒スモールチェック

ま

ファッション全般

ミニＴ［mini T］きわめて小さな形を特徴とするＴシャツの総称。丈も短めで、体にぴったりフィットするものが多く、俗に「チビＴ」とか「ピタＴ」などとも呼ばれる。

ミニトート［mini tote］ミニトートバッグの略で、トートバッグ*の小型版を指す。普通のハンドバッグくらいの大きさにして、ちょっとした小物入れとしたもの。トートバッグはこのようにさまざまなアレンジがなされ、革製のビジネス用としたものやトレーニング用に供するジムトートバッグ［gym tote bag］と呼ばれるものなど、さまざまなタイプが登場するようになっている。

ミニトップ⇒タイニートップ

ミニドレス［mini dress］膝上20センチ程度の短い丈を特徴とするドレスの総称。ミニスカートのワンピース版で、そもそも1960年代中期に英国のマリー・クワントが発表したのはこうしたミニアイテムだった。現在の日本では俗に「ミニワンピ」と称され、フランス語ではミニロブ［mini robe 仏］と呼ばれる。

ミニバッグ［mini bag］その名のとおり小さなハンドバッグ類の総称。全体にコンパクトな作りになっており、直接手に持つほか、斜め掛けにするなどして用いられる。デザインはさまざま。

ミニハット［mini hat］頭にちょこんと乗っける小さな帽子形のヘアアクセサリー。でかリボン*と同じく、2009年春の流行アイテムのひとつで、シルクハットやソフトハットなどの形そのままに小さく形作ったもの。裏側に付いた複数のクリップで髪に固定できるようになっている。プチハット[petit hat]とかプリティーハット[pretty hat]とも呼ばれる。

ミニパラシュートドレス⇒パラシュートドレス

ミニファー⇒ミニマフラー

ミニフレアスカート［mini flare skirt］ミニ丈のフレアスカートのことで、俗にヒラミニ*などと呼ばれるスカートの一種。

ミニブレンドコーデュロイ［mini blend corduroy］リブジーンズ*と呼ばれるコーデュロイ製のジーンズに用いられる素材で、コットン84％／ポリエステル16％、あるいはコットン88％／ポリエステル12％の割合で作られるコーデュロイをいう。引っ張り強度に長け、洗濯による収縮率が小さいのが特徴。

ミニベスト［mini vest］女性用の小さなベストの総称。ボレロ*のような感覚の体にぴったりしたものが多い。

ミニベルボ⇒ミニベルボトム

ミニベルボトム［mini bell-bottom］ふくらはぎの真ん中辺りでカットされたベルボトムパンツ*。釣鐘の形をした裾広がりのパンツを中途半端な長さにデザインしたもので、ベルボトムパンツの人気を受けて、1999年夏頃に登場した。略して「ミニベルボ」とも呼ばれる。

ミニボストン［mini Boston］ごく小型のボストンバッグ*。形は昔からあるボストンバッグそのままに、カラフルな配色やプリント模様などを施して新しい感覚を表現したもので、〈プーマ〉など海外の有名ブランドから広がったもの。

ミニボブ［mini bob］毛先の位置が耳たぶより上にあるボブスタイルの髪型をいう。ボブは日本で「おかっぱ」と呼ばれる髪型で、前髪以外は段をつけないで、サイド、バックともに同じ長さにカットしたものをいう。襟足の部分を刈り上げた「ワカメちゃんカット」と呼ばれるボブはステップボブ［step bob］などと呼ばれる。

ミニボレロ⇒コンパクトボレロ

ミニマイザー［minimizer］「最小限にする

もの」という意味で、胸をできるだけ小さく見せるブラジャーを指す。胸を最大限カバーし、その膨らみを脇や下のほうへ寄せることによって、なるべく小さく見せようとする目的を持つブラジャーで、バストアップブラ*（プッシュアップブラ）とは対照的なものとなる。欧米での需要が高いとされる。

ミニマフ⇒ミニマフラー

ミニマフラー［mini muffler］ごく小型のマフラーのことで、ミニマフと略されたり、プチマフラー［petit muffler］とも呼ばれる。幅7～8センチ、長さ70センチといったところが平均的なサイズとされる。なかでもフェイクファー（模造毛皮）で作られたものに人気があり、これを俗にミニファー［mini fur］と呼んでいる。アニマル柄や鮮やかな色使いのものが多く見られ、ほかにスパンコールやビーズを使ったものもある。

ミニマムルック［minimum look］ミニマムは「最小限、最小数」また「最小限の」という意味で、極端なまでにシンプルであることを追求するファッション表現を指す。いわゆるミニマリズム*の考え方から現れたもので、同様の意味からミニマルルック［minimal look］などとも呼ばれる。

ミニマルシルエット⇒ミニマルライン

ミニマルスーツ［minimal suit］ミニマル（最小の、極小の）なイメージを特徴とするスーツの総称で、とくに小さなスペンサージャケット*型の上着と、マイクロパンツ*と呼ばれる小さな分量のショートパンツの組み合わせになる女性用のスーツスタイルを指す例が多い。

ミニマルドレッシング［minimal dressing］ミニマルは「最小の」という意味で、最大限、無駄を削ぎ落としたきわめてシンプルな着こなし表現を指す。ミニマリズ

ム*の実践として現れたもので、パリのアズディン・アライアやニューヨークのゾランなどのデザイナーによるものが代表的。

ミニマルライン［minimal line］ミニマルは「最小（限度）の、極小の」という意味で、ボディーにぴったりフィットしたごく細身のシルエットを総称する。ミニマルシルエット［minimal silhouette］ともいう。

ミニマルルック⇒ミニマムルック

ミニミー［mini me］「小さな私」の意で、大人服と同じデザインのベビー・子供服を指す。もとはハリウッド映画で使われた言葉とされるが、2010年前後からヨーロッパのコレクション・ブランドからセレブへ向けての商品化が始まり、注目されるようになった。

ミニ浴衣⇒キャミ浴衣

ミニリュック［mini ruck］ごく小型のリュックサック。デイパック*など背負い式のバッグの流行から生まれたファンシーなバッグのひとつで、遠足用のリュックサックを模したものから、レザー製の高級品までさまざまなデザインが見られ、俗に「チビリュック」などとも呼ばれている。

ミニレイヤードスカート［mini layered skirt］レイヤードスカートは異なる丈のスカートを重ねばきにして段々にしたスカートを指すが、それをミニスカートで表現したものをいう。最近のチュチュスカートやシフォンのスカートなどふんわりしたイメージのスカートの流行から、こうしたものを重ねてはくスタイルが現われた。あらかじめレイヤードのセットにしたものも用意されている。

ミニレングス［mini length］ミニはミニマム minimum（最小限、最少数）あるいはミニマル minimal（最小の、極小の）の略として作られた言葉で、いわゆるミニ

ファッション全般

スカートに象徴される短いスカート丈を指す。一般には膝上10〜15センチ、また25センチ程度までの長さをいい、さらに短いものはマイクロミニレングス*などと呼ばれることになる。ショートスカートの丈ということで「ショートレングス」と呼ぶこともあるが、これはそのうちのひとつということになる。

ミニロブ⇒ミニドレス

ミニワンピ⇒ミニドレス

ミネ [minet 仏] 1960年代の前半、フランスはパリ中心に流行を見た若者集団のひとつ。当時、ロンドンで流行していたテディーボーイの風俗に影響を受け、それをフランス風に解釈したもので、「レノマ」のファッションに代表される。ミネは「仔猫」の意味だが、粋な女性に対する愛称ともされる。

ミネラルコスメ [mineral + cosmetics] ミネラル（鉱物、無機物）成分を豊富に含んだコスメティック（化粧品）。人工的でケミカルな化粧品とは対極の立場にある自然派化粧品として最近人気を集めている。

ミネラルファイバー⇒鉱物繊維

ミノディエール [minaudière (仏)] フランス語で女性用の化粧品入れの箱を指す。パーティーのときなどに口紅やタバコなどの小物を入れるのに用いられるもので、手のひらにすっぽり隠れるほどの大きさが特徴となる。元々は高級宝飾店のヴァン クリーフ＆アーペルが1930年代に創り出したものとされるが、最近パリ在住のデザイナー、シルビア・トレダノによって新しくデザインされ、再び注目を集めるようになっている。

ミ・パルティ [mi-parti] 衣服の中央で左右が色分けになったデザインをいう。元は片足違いの靴下をいったもので、11世紀ころに生まれ、14世紀にはイタリアで

子どもたちの間でも流行し、道化服にも取り入れられた。現在のアシメトリー*の元になっているものだが、16世紀には消失し、言葉そのものも古語となった。

耳チーク⇒イヤーアート

耳デコ [みみ＋ deco] 耳のデコレーション（装飾、飾り付け）の意。イヤカフや複数のピアスなどで耳を飾る流行現象を指す。

ミモレ⇒ミディレングス

ミモレスカート⇒ミディスカート

ミュージックTシャツ⇒ロックTシャツ

ミューズドレス⇒ゴッデスドレス

ミューテーションミンク⇒ミンク

ミューテッドストライプ [muted stripe] ミュートは「音を弱める、音を消す」という意味で、縞の境がはっきりしない、ぼやけた感じのストライプを指す。

ミューテッドパターン [muted pattern] ミューテッドは「音を消した、無言の」という意味で、一見無地に見える微妙な感覚の柄をいう。見えるか見えないかのかすかな調子の柄で、男性のスーツやジャケットによく用いられる。こうした曖昧な調子のものをファジー柄 [fuzzy ＋がら] とも総称する。

ミューラー・カットダウン⇒ジョンブルハット

ミューラーハット⇒ジョンブルハット

ミュール [mule 仏] ミュルとも。かかと部のカバー（覆い）やストラップなどの留め具が付かない女性用サンダルの一種で、足を無造作に突っ込んで履くことができる簡便な履き物として人気がある。元々は中世のヴェネツィアで用いられた上草履（うわぞうり）風の履き物で、これが当時大流行し、赤い色であったところから、「赤い色の魚」の名をとってミュールと名付けられたという。その後フランスで舞踏靴など上等の靴の上から履

く泥除け用の履き物とされ、やがて寝室履きとして用いられるスリッパの一種となった。ヒールが付くようになったのは17世紀末頃のこととされる。日本では1970年代末頃に登場したが、90年代半ばに至って外履き用のいわゆる「突っ掛け」型サンダルとして人気を定着させるようになった。バックレスサンダル[backless sandal]という異称でも呼ばれる。

ミュールイア⇒ウエスタンブーツ

ミュールズ⇒スリッパ

ミュールスニーカー[mule sneaker]ミュール*型のスニーカー。本来はかかと部分の覆いがないミュールに少しかかとのカバーを付け、甲の部分はミュール、かかとの部分は健康サンダル*のように見える新型のスニーカーをいう。

ミュールスニーカーズ⇒サンダルスニーカー

みゆき族[みゆきぞく]1964年の春から夏にかけて、東京・銀座の「みゆき通り」にたむろしたアイビー崩れの格好の若い男女たちをいう。その実体は東京周辺の高校生たちが中心で、週末になると大きなズダ袋やコーヒー袋に着替えの服を入れて銀座に集まり、アイビーまがいのファッションでみゆき通りをただ歩くだけといったものだった。警察の補導でこの年9月には姿を消してしまうが、ファッションだけでこれほどの話題を集めた族というのは初めてだった。

ミュスカダン[muscadin 仏]1793年頃のフランス革命時に奇抜な服装で世間を驚かせた王政主義者の一団を指す。ミュスカダンはフランス古語の「洒落た、めかした」の意から来たもので、フランスでは一般に「めかしや、洒落者」の意でも用いられる。この風俗はすぐ後のアンクロワヤブル*に引き継がれた。

ミュゼットバッグ[musette bag]ミュゼットはフランス語で、「学生カバン」や「兵士の雑嚢（ざつのう）」を指し、軍隊で用いられるようなキャンバス製のショルダーバッグを意味する。日本の中学生が用いた白い布製のショルダーバッグもここに含まれる。

ミラーグラス[mirror glasses]レンズを鏡状にしたサングラス。ゴールドミラー、シルバーミラーなどの種類がある。

ミラクルケア⇒ＶＰ加工

ミラクルストレッチパンツ⇒ストレッチパンツ

ミラニーズ[milanese]トリコット*、ラッセル*と並ぶ経編*の三原組織のひとつで、ミラニーズ編機と呼ばれる編機から作られる編地および編み組織を指す。経編と緯編*の中間に近い編地を特徴とするもので、裏に菱形の模様が生まれる。カットソー*のニット外衣に多用される編地を多く形成する。

ミラネーゼ[Milanese 伊]「ミラノの、ミラノ人」いうのが原意だが、1992年ごろファッション用語として現れたそれはイタリア、ミラノに見るお嬢様風ファッションを形容する言葉として用いられた。フランスのお嬢様ファッションを代表するBCBG（ベーセーベージェー）のミラノ版というわけで、その御用達ブランドがグッチとされた。

ミラノカフ[Milano cuff]ドレスシャツのカフ（袖口）デザインの一種。ダブルカフスに見せかけて実はシングルカフスとなっているターンナップ（ターナップとも）カフスやターンバックカフスなどと呼ばれる特殊なデザインの一種で、特に折り返し部分の外側のカフスにボタン穴が付かず、かつ袖先が曲線型に大きく丸くカットされているものをいう。下側のボタンを留めた上で折り返す式となったもので、エレガントなイタリアのミラノ

ま

ファッション全般

風というところからこのように呼ばれる。別にイタリアンカフ［Italian cuff］ということもある。

ミラノ巻き［Milano ＋まき］ストールの巻き方のひとつで、首回りを装飾的に仕上げるもの。ミラノには特別な意味はないとされる。これにはまたカーディガンなどを肩からさりげなくあしらうプロデューサー巻きの意味も含まれる。ストールの巻き方には、このほか考案者によってエディター巻きやアフガン巻き、プレッツェル巻き、スヌード巻き、ピッティ巻きなどとさまざまな方法が考え出されている。

ミラノまくり［Milano ＋まくり］男性のシャツの袖を折り返す着こなし方のひとつで、袖口から順々に折り返すのではなく、一度ぐっと肘の上まで袖口をまくり上げてから、畳んでいくやり方をいう。イタリア・ミラノの粋な男性風着こなしとして登場したもの。

ミラノリブ［Milano rib］リブ編の変化組織のひとつで、ゴム編に袋編が加わったもの。立体的な横筋が走っているのが特徴の編地で、ニットコートやスーツ、パンツなどに用いられる。

ミリタリーアウター［military outer］軍隊調のアウターウエアの総称。いわゆるミリタリーコートからミリタリージャケット、ミリタリー調アウターシャツ、ミリタリーセーターなどが含まれるが、一般にはフィールドジャケットやMA-1 ジャケットなどの上着類を指すことが多い。

ミリタリーウエア［military wear］軍隊関係の衣服の総称で、ミリタリーユニフォーム［military uniform］とも呼ばれる。儀礼的な軍服から実用的な戦闘服などまでさまざまな種類があり、それらはミルスペック milspec（軍用規格品の意）という厳しい規定に従って厳格に作られる。

ミリタリーウオッチ［military watch］軍隊用の腕時計の総称。各国の軍隊が独自の仕様で作ったもので、精度、視認性、堅牢度といった条件がことのほか重要視されている。日本の自衛隊にも陸、海、空それぞれに特定の時計が用意されている。

ミリタリーカジュアル［military casual］軍隊関係の衣服類で表現されるカジュアルファッションの総称。機能性と実用性にあふれたミリタリーウエアはカジュアルファッションの表現にうってつけで、各種のサープラス（放出品）物を始めとして、そのコピー製品などが大きな人気を集めている。

ミリタリーカラー⇒オフィサーカラー

ミリタリーキャップ［military cap］軍隊で用いる帽子の総称。オーバーシーズキャップ＊（GI キャップ）やアポロキャップ＊などさまざまな種類があるが、最近ではカーキグリーンを主体色としたちょっと角張った感じの帽体で、長めの前びさし付きの帽子をこのように呼ぶことが多くなっている。

ミリタリーコート［military coat］軍隊調のコートの総称。また実際の軍服としてのコートを意味する。一般にはエポーレット（肩章）を付けたり、ワイドベルトを設けたり、金ボタンをあしらうなどした機能的なイメージの丈夫なコートを指す。オフィサーコートとも同義だが、かつてトレンチコートやピーコート、ダッフルコートもミリタリーコートの一種であった。

ミリタリージャケット［military jacket］軍隊調のジャケットの総称。オフィサージャケット＊やドウボーイジャケット＊のほか、昔のおもちゃの兵隊のような軍服や軍楽隊のユニフォームなどさまざまな

838

ファッション全般

ものがあげられる。

ミリタリーシャツ [military shirt] 軍隊用のシャツの総称。各国の軍隊によってさまざまなデザインがあるが、一般にカーキグリーンを特徴とした丈夫なコットンシャツで、パッチ＆フラップポケットを両胸に付けたものが多い。袖や胸にワッペンをあしらうなどしてカジュアルなシャツとしても人気が高い。長袖、半袖ともに見られる。アーミーシャツと同義。

ミリタリーショーツ [military shorts] 軍隊調のショートパンツの総称。全体にゆったりとしたシルエットを持つ膝上程度の長さのパンツで、ウエストに調節用のタブ（持ち出し）を付けるなど、機能的なデザインとしたものが多い。カーキ色が多いのもミリタリーたるゆえんといえる。

ミリタリースタイル [military style] 軍隊調のスタイル。金ボタンをたくさん付けた軍服など、軍隊モチーフの服を街着として着こなすスタイルで、ファッション史上には繰り返し登場する。アーミースタイル [army style] ということもあるが、厳密にはアーミーは「陸軍」を意味する。

ミリタリースペックシューズ [military spec] ミリタリースペック（略してミルスペックとも）は「軍規格品」、特に「米軍の軍用規格」の意味で、これに従って作られる軍用靴を指す。また、これをモチーフとして作られたドレスシューズ型の革靴を意味することもあり、いずれも頑丈な作りで、フィット感に長け、長時間の歩行に向く特性がある。

ミリタリーセーター⇒アーミーセーター

ミリタリーパーカ [military parka] ミリタリー調のフード付きジャケットの総称。本格的なフィールドパーカ型のものから、ファッション的にアレンジさせたものまでさまざまなタイプが見られる。

ミリタリーバッグ⇒アーミーバッグ

ミリタリーパンツ [military pants] 軍隊調のパンツの総称。アーミーパンツ [army pants]（陸軍パンツ）、バトルパンツ [battle pants]（戦闘パンツ）、コンバットパンツ [combat pants]（戦闘パンツ）などとさまざまな名称があり、日本では「軍パン」とか「ミリパン」といった略称でも呼ばれる。いずれも軍隊での作業着や戦闘服を基にしたもので、多くはカーキ色のチノクロスで作られたり迷彩柄を施されたりしている。チノーズ（チノパン）も元々はこの一種であった。

ミリタリーヒール [military heel] ヒール高3〜5センチ程度の中ヒールの一種。直線的にカットされた少し大きめのヒールで、女性用のオックスフォードシューズやパンプスに用いることが多い。元々は軍隊の靴から発したものと思われる。

ミリタリーブーツ [military boots] 軍隊で用いる深靴や半長靴類の総称。一般に「軍靴（ぐんか）」とか「戦闘靴」などと呼ばれるもので、ウエリントンブーツ*のように古くて長いブーツから、コンバットブーツ*のように現代的なものまで、さまざまなタイプが見られる。またメーカーによって「ジャンゴブーツ」とか「タクティカルブーツ」などとさまざまな名称がある。

ミリタリーブルゾン [military blouson] ミリタリー（軍隊）調のブルゾンの総称。カーキグリーンの色使いやエポーレット（肩章）などのデザインで、いかにも軍隊の制服といった雰囲気を出したショートジャケットを指し、階級章などのワッペンを飾ったものも多く見られる。本格的なバトルジャケット*やアイクジャケット*なども含まれる。

ミリタリーベルト⇒アーミーベルト

ミリタリーベレエ [military beret] 軍隊調

ま

839

ファッション全般

のベレエ帽。かぶり口を合成皮革で縁取りしたところに特徴があり、本格的なところではモンゴメリーベレエやグリーンベレエといったものがある。前部を少し高くして、そこにエンブレムを飾るものも見られる。

ミリタリー・メスドレス⇒メスジャケット

ミリタリーユニフォーム⇒ミリタリーウエア

ミリタリーリング［military ring］軍隊（ミリタリー）をモチーフとした指輪の総称。アメリカ海軍や陸軍、空軍、海兵隊などのシンボルマークなどを刻印したボリューム感あふれるものが代表的で、近年、男性の指輪として好まれるようになっている。

ミリタリールック［military look］軍隊調のルックス。各種の軍服にモチーフをとったファッション表現で、昔のおもちゃの兵隊のようなものから、現在の各国の軍隊に見るそれまで種類と変化は多い。別にアーミールック［army look］ということもあるが、これは厳密には「陸軍」をモチーフとしたものをいう。ちなみに海軍はネイビー、空軍はエアフォースと呼ばれる。

ミリパン⇒ミリタリーパンツ

ミリヤ帽［Miriyabou］人気アーティスト・加藤ミリヤが使用したことで、2010年春ブレイクしたワークキャップ調の帽子の愛称。1920年代に流行したレイルロードキャップ（鉄道員の帽子の意）や、デニムやヒッコリー製などのエンジニアキャップ（技師の帽子の意）と呼ばれるワークキャップによく似たもので、全体に角張った帽体と短めの前びさし、および取り外しのできるブローチ付きリボンバンドを飾りとしているのが特徴。素材違いで、黒、グレー、ヒッコリーの3タイプがある。メーカーによって Miriyabou と表記されている。

ミリング⇒縮絨加工

ミルキーカラー［milky color］乳白色の色調。白濁した感じの色調をいい、2013年春夏からの流行色のひとつとなっている。ミルキートーンともいう。

ミルスペック⇒ミリタリーウエア

ミルドウーステッド［milled worsted］縮絨加工された綾織の梳毛地で、表面がわずかに毛羽立って、柔らかな感触を特徴とする。ミルは本来「（穀物などを）粉にする、製粉する、ひく」という意味で、仕上げの段階で毛羽立てるところからこの名がある。「綾メルトン」とも呼ばれる。

ミルドサージ［milled serge］縮絨加工を施し、毛羽を少し立て、綾目を目立たなくさせた上品な感じのサージ*。

ミルフィーユブラウス［mille-feuille blouse］薄く透ける生地を幾重にも重ね合わせて作られたブラウス。ミルフィーユは、薄く軽いパイとクリームを何度も重ねて焼くフランス風ケーキのことで、それにイメージを重ねてのネーミング。

ミンク［mink］イタチ科の小動物ミンクおよびその毛皮を指す。「毛皮の女王」の異名をとるほどに、優れて美しい表情と質感を誇る毛皮で知られる。野生のワイルドミンク［wild mink］と養殖のミューテーションミンク［mutation mink］に分かれるが、現在はほとんどが養殖のミンクで占められている。サファイアミンクなど色調による違いやプラクドミンク*など製法の違いなどによって多くの種類と名称がある。

ミントカラー［mint color］ミントはペパーミントと同じで「ハッカ」の意。ハッカのような色を指し、ネオンカラーなどとともに明るい色調のひとつとして、2013年春夏の流行色となった。

ファッション全般

ムーシュ⇒ビューティースポット

ムース [mousse] 泡状の整髪料。ムースは本来フランス語でムスと発音し、「苔（こけ）」とか「泡」という意味がある。また英語ではデザート用の泡入りアイスクリームなどを指す料理用語でもあって、整髪料とは何の関係もない。これは日本の化粧品メーカーが商品名として登録したところから、泡状の整髪料を意味する言葉として広まったもので、正しくはヘアスタイリングフォーム [hair styling foam]、まさしく整髪用の泡ということになる。

ムートン [mouton 仏] 羊革をいうフランス語。英語のシープスキンと同じ。本来は「羊」また「羊肉」の意で、ポードゥムートン [peau de mouton 仏] で毛の付いたままの羊皮の意味になる。これをポーレーネ [peau lainer 仏] ということもあるが、ポーは「皮」、レーネは「布の毛羽、ビロード状の細毛」を意味する。

ムートンバッグ [mouton bag] ムートン製のバッグの総称。ムートンは本来フランス語で、「羊の革」を意味する。英語ではシープスキンというが、近年ムートン使いのブーツが大流行して、女性のバッグにもこうした素材を用いる傾向が生まれた。エルメスではムートン製のケリーバッグも発表されている。

ムートンブーツ⇒アグブーツ

ムートンベスト [mouton vest] 羊の皮で作られたアウターベスト*の一種。多くは毛の部分を内側にして用いる。ムートンブーツ*の人気から派生したもののひとつで、最近ではフード付きのミニ・アフガンベストといったタイプに人気がある。ムートンはフランス語で、英語ではシープスキンベストということになる。

ムートンラム [mouton lamb] メリノ種の仔羊のなめし革。ビーバーラム [beaver lamb] とかベロアラム [velour lamb] とも呼ばれる。毛付きのムートンの裏側を表面として用いる場合は、肉面をスエード仕上げとして用いることが多いが、これをスエードムートン [suede mouton] とかダブルフェースムートン [double-face mouton] という。

ムーブヘア⇒ウエービーヘア

ムーブメント [movement] 時計の「機械機構」また「動力機構」を総称する。ケースに収められた動的機械部分のことで、ゼンマイや歯車、また脱進・調速機などから構成されている。キャリバー [caliber] と呼ばれることもあり、機械式の時計では基本的に手巻きと自動巻きに大別される。

ムーフル⇒ミテーヌ

ムーフロン [mouflon 仏] フランス語で「野羊」のこと。角が丸く曲がった野生の羊を指し、地中海のサルジニア島やコルシカ島を主産地とする。この毛皮は柔らかくて長く、染色されて衣料品に用いられる。特に生成り調のものに人気がある。

ムームー [muu muu ハワイ] アロハシャツ*と並んでハワイを代表する民族衣装のひとつ。ウエストを絞らない筒型の長いワンピース状の衣服で、いかにも南国を思わせる鮮やかな色柄のプリント模様をあしらったところが特徴。これは元々19世紀初頭に西洋人が現地の女性に着せた「マザー・ハバード Mother Hubbard」という衣服に端を発するものとされ、ムームーはハワイ語で「切り離した」という意味から来ている。

ムーリネ⇒ムーリンヤーン

ムーリンヤーン [mouline yarn] ファンシーヤーン*の一種で、フランス語でいうムーリネ [mouliner 仏] の英語訳。ムーリネは生糸などを「撚る」という意味で、異なる色糸を2本引き揃えにして「杢糸

841

ファッション全般

（もくいと）」の効果を表したものをいう。

ムーン・ブーツ［MOON BOOT］1970年にイタリアのテクニカ社が発売したアフタースキー用スノーブーツの商品名で、これは同社の登録商標とされるが、現在では一般名詞としても通用するようになっている。1969年、人類初の月面着陸に成功したアポロ11号の宇宙飛行士たちが履いていたブーツに注目して商品開発されたもので、ずんぐりむっくりとした形に特徴がある。防寒に最適として、21世紀に入り、再び人気を得るようになっている。

ムーンフェイズ［moon phase］腕時計の機能のひとつで、月齢（月の満ち欠け）を文字盤に表示するもの。丸い月と星が描かれた円盤が回転する仕組みとなったもので、現在はデザインの一部として用いられる例が多い。

ムエット［mouillettes 仏］香水の試験紙のことで、「試香紙」というほか「香料試験紙」また「匂い紙」などとも呼ばれる。本来はプロの調香師が調香の際に、香りをできる限り純粋に分析できるように用いる専門の紙を指すが、現在では特定の香りを染み込ませた紙片や、有名ブランドの香水の香りを知らせる目的で用いられる見本の紙片のことも意味するようになっている。ムエットは本来、半熟卵などに浸して食べる細長く薄いパン片をいったもので、ムイエットともいい、アロマテラピー*の流行から一般にも注目されるようになってきた。

ムガシルク⇒エリシルク

無機繊維⇒鉱物繊維

ムケナ⇒ガミス

無地染め⇒後染め

ムショワール［mouchoir 仏］「鼻をかむもの」の意で、フランス語でいうハンカチーフのこと。フランスではほかにカレ［carré

仏］と呼ぶこともあるが、これは本来「正方形のもの、四角形のもの」という意味から来ている。

無塵服［むじんふく］⇒クリーンウエア

ムスクテールグラブ［mousquetaire glove］ムスクテールはフランス語で「銃士、近衛騎兵」のことで、昔、彼らが用いたものに似た大きな折り返しの付いた婦人用手袋を指す。ガーントレット*に似たもので、時にそれと同義とされるが、現在では単にロンググローブ*（長い手袋）を意味することが多い。

ムスクテールスリーブ［mousquetaire sleeve］ムスクテールはフランス語で「銃兵（士）、近衛騎兵」の意で、かつての彼らの服装に見るぴったりとした長袖をいう。袖山から袖口までタテの切り替え線を入れ、シャーリングをほどこしたデザインに特徴がある。なおムスクテールには、大きな折り返しのある婦人用手袋の意味もある。

ムスターシュ⇒ビアード

ムスリーヌ⇒モスリン

ムスリムファッション⇒ムスリムロリータ

ムスリーヌサテン⇒ムスリーヌ・ドゥ・ソア

ムスリーヌ・ドゥ・ソア［mousseline de soie 仏］ムスリーヌはフランス語でモスリン*のこと。「絹のモスリン」を指し、同様に「毛モスリン」のことはムスリーヌ・ドゥ・レーヌ［mousseline de laine 仏］と呼ぶ。またムスリーヌサテン［mousseline satin］といえば、八枚朱子の細い絹糸の織物を指し、イブニングドレスなどに用いられる。

ムスリーヌ・ドゥ・レーヌ⇒ムスリーヌ・ドゥ・ソア

ムスリムロリータ［Muslim Lolita］ムスリムは「イスラム教、イスラム教徒」の意で、イスラム教徒の若い女性の間で流行している日本風のロリータファッションのこ

842

ファッション全般

と。戒律厳しいイスラム教の教えから、スカート＋ズボンなど肌の露出がないのが特徴とされる。元は南カリフォルニア在住の女性 Alyssa Salazar が SNS に公開したことから始まったとされる。別に The Hijabi Lolita（ヒジャブロリータ）などとも呼ばれる。なお 2014 年夏ごろからインドネシアで復活傾向にあるイスラムファッションは、「ムスリムファッション」と呼ばれる。

無双仕立て［むそうじたて］裏返しても着られるように、表と裏を同じ生地で、あるいは異なる生地でも同じ体裁に作ること、またそうした着物をいう。英語でいうボンディングやリバーシブルなどと同じ。

ムタンガ［mutanga］スリングショット*と呼ばれる形をした男性用の水着あるいは下着の一種。肩から股の部分だけをサスペンダー状に覆う特殊な形をしたセクシーなデザインが特徴で、ハリウッドセレブたちが愛用しているということで、2008 年夏にテレビで紹介され話題となった。タンガはポルトガル語で女性の「超ビキニ」を指し、それの男性版ということからこのように呼ばれるとされる。別に「マンキニ水着」などとも呼ばれるが、これはまさに「男性のビキニ水着」を意味する。

六接ぎ帽子⇒ファティーグハット
胸柄⇒アンダーノット
胸コン⇒バストコンシャス
ムロン⇒ダービーハット
ムンクバッグ⇒モンクバッグ

ま

ファッション全般

メイキングオーバー⇒リメーク

メイク⇒メイクアップ

メイクアップ ［make-up］ メーキャップとも発音される。一般に「化粧*」の意味で用いられるが、そのほかに「扮装」とか「化粧品、扮装具」の意味もある。日本では単に「メイク」ということが多い。

メイクアップボックス⇒メイクボックス

メイクバッグ⇒バニティーケース

メイクポーチ ［make pouch］ 化粧用品を収納するための小さなバッグ。ふつうハンドバッグなどの中に入れて持ち運ぶ。

メイクボックス ［make box］ より正しくはメイクアップボックス。化粧品を入れる箱型のバッグのことで、別にコスメボックスなどともいう。これはコスメティック（化粧品）用ボックスの意から。ほかにメイクバッグやバニティーケースなどの名もあるが、いずれも「化粧箱」を表す。

迷彩パンツ ［めいさい＋ pants］ カムフラージュ（カモフラージュとも）プリントと呼ばれる「迷彩柄」を特徴としたパンツ。カムフィールドパンツ*の訳語でもあり、俗にカムパンツとかカムフラパンツなどとも呼ばれる。多くはミリタリーパンツとして用いられ、機能的なデザインのものが多く見られる。

迷彩服⇒カムアクションジャケット

迷彩ルック ［めいさい＋ look］ 迷彩柄と呼ばれるカムフラージュプリントが施された衣服を着た様子。カムフラージュ（カモフラージュとも）は元々フランス語で「偽装、ごまかし」の意。敵の目を欺くために密林の色や樹木の様子などを描いて、主として陸軍の戦闘服に用いられるもので、ここからカムフラージュルック ［cam-ouflage look］ ともいう。

明度⇒バリュー

メイドコスチューム⇒メイド服

メイド服 ［maid ＋ふく］ ひと昔前のメイド（女給仕）さんが着るような服ということで、東京・秋葉原のメイドカフェ*のブームに乗って一躍有名になったもの。英語ではメイドコスチューム ［maid costume］ と呼ばれるが、黒やピンク、白を主体としたメイドカフェのウエイトレスの制服が、ロリータ系のファッションのひとつとして一般の女の子たちにも広がった。モブキャップ*風の白いフリル付きのカチューシャや白のエプロンを着けるのも特徴。

メイン・ハンティングシュー⇒ハンティングブーツ

メーテルまつ毛 ［──］ 松本零士原作の漫画・アニメ『銀河鉄道999』に登場するメーテルのような睫毛（まつげ）ということで、外側に大胆にカールした睫毛を指す。ミステリアスなイメージを表現するということで話題になったもの。ちなみにメーテルとはギリシャ語で「母」を示す言葉からとったものとされる。

メード・トゥ・インディヴィデュアル・オーダー ［made-to-individual-order］ オーダーメード*の英語での凝った表現。インディヴィデュアルは「個々の、個人の、独自の」といった意味で、顧客一人ひとりの注文に応じて一品ごとに仕立てる誂（あつら）え服を指す。一般にアメリカではカスタムメード*、英国ではビスポーク*と呼ばれる。

メード・トゥ・オーダー⇒オーダーメード

メード・トゥ・メジャー⇒メジャーメード

メードアップタイ⇒レディータイドボウ

メートル⇒クチュリエ

メートル番手⇒毛番手

メートレス⇒クチュリエ

メールマンズジャケット ［mailman's jacket］ メールマンは「郵便配達人」の意味で、その制服として着用されるジャケットをいう。国によってさまざまなデザインが

ファッション全般

あるが、主に濃紺やカーキ色のシングル前背広型上着といったものが見られる。

メールマンバッグ [mailman bag] メールマンは「郵便配達人」という意味で、郵便配達の人たちが持っているようなキャンバス地の通学鞄を思わせるショルダーバッグを指す。同様の意味からポストマンバッグ [postman bag] とも呼ばれ、なかには大型の背負い式になったものも見られる。

夫婦（めおと）ボタン⇒リンクボタン

メガ襟 [mega＋えり] 巨大な襟の意。エクストリーム・シルエットなどと呼ばれる2016年ころからのファッショントレンドに乗って現れたデザインのひとつで、特大サイズの襟をいう。ボリューム感で遊ぶデザイン感覚から生まれたもので、パワーショルダーや「ぶら袖」などとともに、過剰な張り出し感を特徴とする。

メガタンク⇒メガTシャツ

メガTシャツ [mega-T-shirt] きわめて大きな分量を特徴とするTシャツを総称する。リラックスした雰囲気をよく表現するとして、最近のファッションに取り入れられている。同様のたっぷりしたメガタンクトップも人気があり、これはメガタンクとも呼ばれる。

メガトレンディー [mega-trendy]「最新流行」また「流行の最先端を行く人」の意。質量ともに流行の最先端を最大限に強調する言葉として用いられるもの。

メカニシャン・オーバーオール⇒ワンスーツ

メカニシャンスーツ [mechanician suit] 機械工が着る上下服の意で、上下がつながったカバーオールズ型の作業着を指す。こうした「つなぎ」服を日本では昔から「ナッパ服」とか「鉛管（えんかん）服」などと呼ぶことがあるが、ナッパは「菜っ葉」からきたもので、青色をしていたところからそう呼ばれるもの。また鉛管

服はその昔「鉛管工」と呼ばれる人たちによって着られたところからの命名とされる。また「ナッパ服」で作業着や作業員の意味にもなる。

メカニックヒール⇒アーキテクチャーヒール

メガバッグ [mega-bag] 巨大なバッグの意で、通常の大きさのものよりもはるかに大きく作られているバッグ類を総称する。ハンドバッグやボストンバッグをそのまま大きくしたようなものから、「デカトート」とか「デカショルダー」と呼ばれるデカいバッグ、またリュック型のメガリュック [mega-rucksack] といったものまで、その変化と種類は多い。

メガ盛りブラ⇒盛りブラ

メガリュック⇒メガバッグ

メガワイドパンツ⇒スーパーワイドパンツ

メキシカン・ウエディングシャツ [Mexican wedding shirt] メキシコで花婿が着用する礼装シャツ。大きな襟と派手な胸プリーツ、あるいは胸の刺繍を特徴としたかぶり式の白いシャツで、いうまでもなく結婚式の衣装として用いる。

メキシカンストライプ [Mexican stripe] メキシコの民族衣装に特有の赤や黄、緑などの色を多用した縞柄のことで、マルチカラーストライプ*のひとつ。

メキシカンニット⇒インディオセーター

メキシカンラップコート⇒メキシカンラップセーター

メキシカンラップセーター [Mexican wrap sweater] ロービングヤーンと呼ばれるうどんのように太い糸で編まれたコートセーター*の一種。メキシカンラップコート [Mexican wrap coat] とも呼ばれ、本来は北米など極寒地の木こりや狩人たちが着ていたもので、共ベルトを巻き付ける式の素朴なニットのアウターウエアに、メキシコ的なモチーフの柄を取り入れたところからこの名称が生まれたとさ

ま

845

ファッション全般

れる。

メギンス [——] ⇒メンズレギンス

メジャーメード [measure made] 日本でいうイージーオーダー*の英語での正しい呼び方。型紙は作らないが、実際的な採寸は行うところからこのように呼ばれる。またメード・トゥ・メジャー [made to measure] ともいう。こうした衣服は厳密には注文服ではなく、既製服の一部に入れられる。

メスジャケット [mess jacket] 夏季の略式夜会服や夏季の略礼服として用いられる上着のひとつで、燕尾服のウエストシーム（腰の縫い目線）から下を切り落としたような短い丈を特徴とするショールカラー*あるいはピークトラペルの白地のジャケットを指す。メスは軍用語で「会食、会食室」を意味し、元々インドに駐留する英国の軍隊や熱帯地方を航行する艦上での会食用として着られていたミリタリー・メスドレス [military mess dress] を原型としている。その発祥は1889年のこととされ、1930年代になって略礼装として認知されるようになった。着装はタキシードと同じとされ、黒のボウタイ、カマーバンド、トラウザーズで構成される。夏の夜のパーティーにはうってつけのものとされる。これに共地の白のズボンを合わせたものをメスジャケットスーツ [mess jacket suit] ということがあるが、現在では白だけでなくさまざまな色も用いられ、ニュータキシード*のひとつとして人気を高めている。

メスジャケットスーツ⇒メスジャケット

メスティサドレス [mestiza dress] メスティサはスペイン人などの白人男性と原住民女性による混血女性のことで、フィリピンの上層階級とされた。彼女たちの盛装とされる服装で、「パニュエロ」（バクサとも）と呼ぶ鳥籠状の袖を持つブラウ

スと、「サヤ」と呼ばれるロング丈のシルクスカートの組み合わせで用いられる。フィリピンではスペイン語で「テルノ」ともいう。

メスベスト [mess vest] 夏季の晩餐服として用いられる特殊な形のメスジャケット*の下に用いられるベストのこと。メスジャケットには普通、タキシードと同じカマーバンド*が着用されるが、それに代わってこうしたベストを用いることもある。

目出し帽⇒バラクラバ

メタボパンツ [metabo pants] メタボリック・シンドローム*対策用として開発された男性用下着パンツの俗称。これを穿いて歩くだけでお腹が締まる効果があるとされる筋トレ機能を持つパンツのことで、「着圧パンツ」とか「加圧パンツ」また「代謝パンツ」などとも呼ばれる。2008年4月から実施された「メタボ健診」に対応して開発されたもので、『ワコール』の〈クロスウォーカー〉などがその代表的な商品。

メタライズドヤーン [metalised yarn] 金属で作られた糸。いわゆる「ラメ糸」のことで、金糸（金ラメ）、銀糸（銀ラメ）の種類があり、ファンシーなニット地などに用いられる。

メダリオン⇒メダリオントウ

メダリオントウ [medallion toe] メダリオンと呼ばれる小さな穴飾りを施した爪先。ウイングチップシューズ*には不可欠のデザインとされ、この穴飾りをパーフォレーション [perforation] と呼ぶことから、パーフォレーテッドトウ [perforated toe]、またこれを略してパーフトウ [perf toe] とも呼ばれる。

メタリックカラー [metallic color] メタリックは「金属の、金属質の」また「金属性の、金属に似た」という意味で、金属

ファッション全般

的なイメージを持つ色調を総称する。シルバーやゴールドのほか光沢感の強いピンクなども含まれる。

メタリッククロス [metallic cloth] メタリックヤーン*などと呼ばれる金属糸を織り込んで作られた織物。メタルクロス [met-al cloth] とも呼ばれる。金属繊維を原料とした布地はメタルファイバークロス [metal fiber cloth] と呼ばれることになる。ともにキラキラとした強い光沢感を特徴とする。

メタリックジェル [metallic gel] 金色や銀色など金属的な光沢感を持つメタリックカラーのジェルネイルアート。キラキラした発色に特徴があり、未硬化もなく、塗りやすいということで、2014年話題のネイルアートのひとつとなった。

メタリックスニーカー [metalic sneaker] 金属的な光沢感を特色としたスニーカーの総称。ゴールドやシルバーの金属色だけでなく、エナメルで赤や青を表現したものもあり、一部にこうした色の素材を使ったものも見られる。エナメルスニーカー [enamel sneaker] とも呼ばれ、マルチカラースニーカー*をこのような色使いにしたものも見られる。

メタリックスレッド⇒金属繊維

メタリックファイバー⇒金属繊維

メタリックヤーン⇒金属繊維

メタリックルック [metallic look] 金属的な光沢感を特徴とする素材で構成されるファッション表現。シルバーやゴールドなど金属そのものを思わせる素材のほか、ビニールコーティングやエナメルコーティングなどキラキラした調子の素材も含み、未来的なファッションの表現を示している。

メタリックレギンス⇒グロッシーレギンス

メタリックレザー [metallic leather] 金属的な光沢感を特徴とする革素材。ローズ

ゴールドとかローズシルバーなどと呼ばれるバラ色がかった金、銀などの色調に人気がある。

メタルアクセサリー [metal accessory] メタルは「金属、合金」の意で、そうしたものを素材として作られるアクセサリー類を総称する。

メタルクロス⇒メタリッククロス

メタルディテール [metal detail] 金属的な飾りをあしらう細部デザインの総称。金属製のスタッズ（鋲）を使ったデザインなどが代表的で、バッグや靴に見られるほか衣服の一部にも用いられる。

メタルトウパンプス [metal toe pumps] 爪先（トウ）の部分が金属（メタル）のキャップ（帽子をかぶったようなデザイン）でできているパンプス。このようなキャップ型の爪先を特徴とするパンプスをキャップトウパンプスと総称している。

メタルファイバークロス⇒メタリッククロス

メタルフリー染色 [metal free＋せんしょく] 重金属に関与しないというところからこのように呼ばれる染色法のひとつ。有害なクロム系染料を用いない染色法のことで、発ガン性物質とされる六価クロムが発生することのない環境に優しい方法とされる。

メタルフレーム [metal frames] メガネのフレーム*の一種で、金属製のフレームの総称。アメリカではワイヤーフレーム [wire frame] とかワイヤーリム [wire rim] と呼ばれることが多い。ニッケルと銅の合金ものが中心で、銅やアルミニウムといったものもあり、最近ではサンプラチナ、チタニウム（チタン）なども使われている。セルフレーム*に比べると軽快感があるのが特徴で、最近ではビジネス用としても多く用いられるようになっている。カラーメタルフレーム [color metal frames] という色付きのものもある。ま

ま

847

ファッション全般

たレンズ枠だけセルを用い、弦をメタル使いとしたものはサイドメタル［side metal］と呼ばれている。

メタルベルト⇒チェーンベルト

メタルボタン［metal button］金属製ボタンの総称。とくに真鍮製のものはブラスボタン［brass button］と呼ばれる。ブレザーボタン*や学生服、軍服などの制服に用いられるボタンに代表される。

メタルメッシュバッグ⇒メッシュバッグ

目力メイク［めぢから＋make］瞳の魅力を最大限に引き出すメイクアップ法。目元を強調させて印象づけることを「目力」といい、それを表現するためのマスカラなどが開発されるようになっている。

目付［めつけ］「匁付」とも表記し、「めづけ、めづき」とも発音される。織物地やニット地における単位面積当たりの重さを表し、これによって生地の緻密度が示される。

メッシュ［mèche 仏］フランス語で「毛束＝毛髪の束」また「少量の髪の集まり」の意。日本では毛髪の一部分だけを脱色したり、染めたりすることをいう。また、そうした部分の毛髪を指す。いわば毛髪の「部分染め」のことで、英語では「ブリーチト・ブロンドヘア bleached blond hair」（漂白脱色した金髪の意）という表現があるが、日本では「パーシャル・ブリーチトヘア partial bleached hair」（部分的な漂白脱色毛髪の意）というほうがわかりやすい。

メッシュ（生地）［mesh］「（篩〈ふるい〉などの）目、網目」また「網、網細工」といった意味で、ファッションでは網目状の織物や編物を指す。夏季用のジャケットやニットウエア、シャツ、下着、また靴などに取り入れて、涼感素材として用いられる。サマースーツの裏地にも見られる。

メッシュシューズ［mesh shoes］網目状の素材で作られた靴の総称。細い紐のように加工した革などを編んで仕上げたもので、通気性に富むところから、主に夏季用の靴として広範に用いられるが、ビジネスシューズとしてはあまり評判がよくない。

メッシュバッグ［mesh bag］革紐や糸などをメッシュ（網）状に編み上げたバッグの総称。パーティーに用いるドレッシーなものが多いが、カジュアルな雰囲気のものも見られる。なかで金属を鎖状につなぎ合わせて作られるものをメタルメッシュバッグ［metal mesh bag］という。

メッシュベルト［mesh belt］網目状の素材で作られたベルトの総称。革製や布製のもののほかゴムや金属製のものも見られる。このうち金属製のものを特にメッシュメタルベルト［mesh metal belt］ということがある。また革を編んで作られたものはブレイデッドレザーベルト［braided leather belt］などと呼ばれる。

メッシュメタルベルト⇒メッシュベルト

メッセージＴシャツ［message T-shirt］プリントされた文字や画像などによって、何らかの意図を伝えようとするＴシャツを総称する。同様に何らかの主張を表したものをスローガンＴシャツ［slogan T-shirt］という。

メッセージバンド［message band］何らかの意思を伝える目的で手首に巻くバンド。2005年に行われたアフリカ貧困救済コンサート〈ライブ8〉で、ボビー・ゲルドフが提唱した「ホワイトバンド」（貧困撲滅のメッセージ）をきっかけにブームとなったもので、このほかに「ピンクバンド」（乳がん撲滅）や「ブルーバンド」（スマトラ沖地震支援）など多くのカラーバンドが生まれている。シリコン製の環状になったものがほとんどで、売上金

ファッション全般

の一部がそうした目的に使われる。

メッセンジャーバッグ [messenger bag] メッセンジャーは「配達人」のことだが、ここでは特に自転車便の配達人（バイシクル・メッセンジャー）を意味している。最近話題の自転車配送ビジネスに従事するメッセンジャーたちの用いる背負い式や斜め掛け式の鞄をこのように呼んでおり、カラフルなデザインとともに、大小さまざまな形で人気を集めている。

メッセンジャーファッション [messenger fashion] メッセンジャーは「配達人」の意味で、ここでは自転車便によるバイシクル・メッセンジャーを指す。最近話題の自転車配送ビジネスだが、それに従事するメッセンジャーたちの服装が人気となってファッションになったもの。流線形のヘルメットや独特のサングラス、大型のメッセンジャーバッグなどに人気があり、彼らを主人公とした映画やテレビドラマなども作られている。

メディアファッション [media fashion] コンピューターとファッションを融合させた衣料品の概念を指す。光ファイバーを織り込んだドレスやフィルム有機ELと呼ばれる新素材をはめ込んだジャケットなどが考えられている。ここでのメディアは「情報伝達媒体」という意味で、つまり服そのものが通信ツールになるというところから、このような用語が生まれた。

メディエバルルック [medieval look] メディエバルは「中世の、中世風の」という意味で、西ローマ帝国の滅亡（476年）から東ローマ帝国の滅亡（1453年）に至るヨーロッパの中世史に見られる騎士や貴婦人、僧侶、農民たちの服装をモチーフにしたファッション表現をいう。

メディカルウエア [medical wear] メディカルは「医学の、医術の、医療上の」と

いった意味で、病院や診療所などで医師や看護師たちが着用するユニフォームとしての衣服を総称する。ドクタースーツやロングコート（白衣）、ナース向けのワンピースやエプロンなどが含まれる。

メディカルコスメ [medical ＋ cosmetics] メディカルは「医学の、医術の」という意味で、主として皮膚科医の研究・開発による化粧品を総称する。ニキビやシミ、また皮膚のたるみなどに効果のあるスキンケア*化粧品が中心で、医者が作る化粧品ということで信頼感が厚く、近年人気を高めている。メディックコスメ [medic- ＋ cosmetics] とかドクターズコスメ [doc-tor's ＋ cosmetics] などともいう。

メディスンバッグ [medicine bag] 北米に住むネイティブアメリカンが薬草を摘んで入れておく小さな袋を指し、これをモチーフに作られた可愛らしい小物入れをこのように呼んでいる。メディスンは「薬、内服薬」の意だが、ネイティブアメリカンの間では、彼らが信じる「まじない」とか「魔力」を意味することになる。

メディチカラー [Medici collar] 16～17世紀の西洋の婦人服に見られる、方形状に深く刳（く）られた襟開き部分を囲むようにして付けられた扇形の立ち襟（ラフ*）を指す。イタリアのメディチ家の婦人たちによって愛用されたところからこの名があるもので、19世紀にも流行をみている。フランス語でコル・ア・ラ・メディシス [col à la Medicis 仏] とも呼ばれる。

メディックコスメ⇒メディカルコスメ

メディックスーツ⇒ドクタースーツ

メディックバッグ [medic bag] メディックは米口語で「医者、医学生、衛生兵」といった意味。そうした人たちが持つようなというところから名付けられた女性用

ま

849

のハンドバッグを指し、横長型のスモールメディックバッグといったものも見られる。

メディックワンピース⇒ドクタースーツ

メトロハット［metro hat］6枚接ぎの丸いクラウンと幅の狭いブリムを特徴とする、きわめてカジュアルな帽子。キャンバスなどの丈夫な綿布で作られるものが多く、ブリムには粗いステッチ飾りが付けられているのがデザイン上の特徴。メトロはフランス語で「地下鉄」を意味するが、このネーミングに特別な関係はないとされる。

メランジ・バッテンバーグ・チェック［mélange Battenburg check］メランジ（メランジュとも）はフランス語で「混ぜ合わす」、バッテンバーグは菓子の名で、ピンクと黄色の細長い芯をアーモンドと砂糖で包んだスポンジケーキのこと。そのようなケーキに見るような、2色以上の色を使ったぼやけた感じの格子柄をこのように呼ぶ。霜降り調の甘い感じが特徴とされる。ちなみにバッテンバーグはプロイセンの村に由来する。

メランジュ［mélange 仏］メランジとも。フランス語で「混合された、交織の」という意味で、さまざまな色や素材の糸をまぜこぜにしてミックス効果を出したファンシーヤーン＊、またそうした織物の表情を指す。

メリージェーン［Mary Janes］履き口に棒状のストラップを1本渡しただけの幼児向けパンプス型の簡便な靴を指す英米での呼称。その形からバーシューズ［bar shoes］とも呼ばれる。

メリットスーツ⇒スーパーメリットスーツ

メリノウール［merino wool］スペイン原産のメリノ種の羊から採れる羊毛。現在メリノ種の羊はオーストラリアを中心に改良種が多数存在し、世界最大の量と品質

の高さを誇っている。最も上質な羊毛とされ、細番手のウーステッドを紡出している。

メリノクール［Merino cool］ＡＷＩ（オーストラリアン・ウール・イノベーション）による春夏も含めたオールシーズン型で、カジュアルコーディネートにも適した新素材の名称。ＡＷＩでは21ミクロンより細いメリノウールを80％以上使い、布帛で1平方メートル当たり165グラムの目付け以下、ニットでは14ゲージ以下のファインゲージと定義している。2011年春夏シーズンからの国際展開プロジェクト。

メリヤス［──］ニット生地を意味する日本の古い呼称。伸び縮みが利くところから「莫大小（大小がないという意味）」と表記されたり、「目利安、女利安」といった当て字が用いられたりすることがある。本来はポルトガル語の「メイアシュ」やスペイン語の「メディアス」が転訛したものとされ、それは元々「靴下」の意味とされる。以後日本ではメリヤスはニットと同義語とされ、昭和30年代までは編物のことはメリヤスと総称するのが専らであった。

メルヴェーユーズ［Merveilleuse 仏］メルヴェイユーズとも。フランス総裁政府時代（1795〜99）に登場した全く新しい感覚を持つ女性たちをいう。ちょうどアンクロワヤブル＊の相方と目される女性たちで、古代ギリシャ風のシュミーズドレスを身に着けたのが特徴。メルヴェーユーズの原意は「驚くべき、不思議なほどの」ということで、この点でもアンクロワヤブルと一致する。

メルティングタイツ［melting tights］スカートやショートパンツの裾からペンキが垂れているような感じに見える模様がほどこされたタイツ。ラテックスやベビー

ファッション全般

パウダーで表現される。メルトは「溶け
る、溶かす」の意。

メルトン [melton] 肉厚のフェルト状の紡
毛地で、ピーコートなど主に防寒用のコ
ートやジャケット、軍服、ジャンパーな
どに用いられる。元々はこの生地に見る
仕上げの方法を「メルトン仕上げ」と称
したものだが、いまではこのような生地
そのものを指すようになった。メルトン
の語源は英国中部レスターシャー州のキ
ツネの狩猟地メルトン・モーブレイの地
名からとか、この製織者であるハロー・
メルトンの名にちなむなどとされ、日本
では「羅紗*」の名で呼ばれたものだった。

メロンスリーブ [melon sleeve] 果物のメ
ロンのような丸い形に膨らんだ袖。いわ
ゆるバルーンスリーブ*の一種。

メローロック [Merrow lock] ロック（布
端の縫い処理）の一種で、生地の端を巻
かないでかがり、幅の細いほつれ止めと
したもの。華奢な仕上がりの布端処理で、
「メロー始末」とか「細ロック」とも呼
ばれる。メローはこの作業を行うメロー
ロックミシンの品名からきたもの。

メンズアクセサリーズ [men's accessories]
男性のアクセサリー*の総称だが、これ
には特に「背広（スーツ）を着るために
必要な付属品」の全てを表すという意味
がある。帽子やマフラーを始め、ネクタ
イ、ベルト、靴下から靴、およびメガネ類、
時計、傘といったものまでが含まれ、ま
たドレスシャツ（ワイシャツ）も男性に
とってはアクセサリーの一部と解釈され
る。これに関連した「メンズ洋品」とい
う言葉もあるが、これには服飾品（服装
に装飾的効果を添えるものの意）のほか
に、ドレスシャツやセーター、ニットシ
ャツ、アンダーウエア、スリーピングウ
エアといった軽衣料が含まれることも覚
えておきたい。

メンズアンクレット [men's anklet] 男性用
アンクレット。男性向きにデザインされ
たアンクレット（足首飾り）のことで、
夏のショートパンツやハーフパンツとい
った服装にマッチするアクセサリーとし
て近年急激に人気が出てきた。ターコイ
ズなどの色石を飾ったものやシルバーチ
ェーン、レザーなどさまざまなものがあ
り、左だけに着けるのがおしゃれなどと
着こなし方もさまざま。

メンズアンダーウエア⇒メンズインナー

メンズインナー [men's inner] 男性の下着
の総称。メンズアンダーウエア [men's
underwear] ともいい、基本的にシャツ
類のトップスとアンダーパンツ類のボト
ムスに分類される。

メンズウエア [men's wear] 成人男子が着
る洋服の総称。「男子服、男性服、男服」
などと訳され、一般には「紳士服」と呼
ばれるが、「紳士服」とは厳密にはスー
ツや礼服、オーバーコートなどテーラー
ドな仕立てをされた外衣に限って用いる
言葉とされる。メンズウエアは男の服全
般にわたっての広い意味を持ち、欧米で
はメンズクロージング [men's clothing]
と呼ばれることが多い。ついでながらマ
ン man（男）はフランス語ではオム [homme
仏]、イタリア語ではウオモ [uomo 伊]、
ドイツ語ではヘル [Herr 独]（複数形で
ヘレン [Herren 独]）、またマン [Mann 独]
（複数形はマネン [Mannen 独]）と呼ばれ、
ブランド名などの表示によく用いられ
る。

メンズウエアルック [men's wear look] メ
ンズウエア（男の服）を題材として展開
される女性ファッションの総称。マニッ
シュルック*やマスキュリンルック*な
どの男装スタイルと似ているが、もっと
根本的なところから男服をまとおうとす
る意識が特徴とされるもので、テーラー

851

ファッション全般

ドな服が中心となっている。

メンズエステ [men's esthé] メンズエステ
ティックの略で、男性用の全身美容を指
す。エステティックといえば、本来は女
性専用の観があるが、最近では男性にも
人気を得るようになっている。フェイ
シャル・トリートメントからボディー・ト
リートメントに至るまで、顔や体のスキ
ンケアにかかわることから脱毛まで、さ
まざまな内容が見られる。

メンズガードル [men's girdle] 男性用のガ
ードル*。ウエストやヒップ、また太も
ものシェイプアップ（引き締め）効果を
目的としてデザインされた新しい男の下
着のひとつで、マイクロファイバー使用
の優しくフィットするものから、パワー
ネット使用の強い伸縮力をもつものまで
さまざまな種類がある。一般的な下着パ
ンツとは異なって、腹部や太ももまでを
覆う面積の広い形になったものが多く見
られる。

メンズクロージング ⇒メンズウエア

メンズコスメ [men's cosmetic] 男性用化粧
品の総称。男性も近年では女性と同じよ
うに美肌やシェイプアップなどに大きな
関心を払う時代となり、その市場規模も
2012 年には 1000 億円を越えるようにな
った。化粧品各社でも今後は本格的にこ
の分野の拡大を図る動きが加速化してい
る。

メンズサンダル [men's sandal] 男性用サン
ダルの総称で、さまざまな種類とデザイ
ンがあるが、あえてこのような用語が出
てきたのには、クールビズとの関連が大
きい。2005 年からの同政策実施後、ビジ
ネス向きの男のサンダルシューズなどが
開発されるようになり、特にこのような
名称で呼ばれるようになったもの。この
中にはオフィスサンダルなどというアイ
テムも見られる。

メンズジュエリー [men's jewelry] 男性用
の装身具の総称。女性のそれとは趣を異
にし、機能性を第一の目的として作られ
るものが多いのが特徴。ネクタイ留めや
カフリンクスが代表的で、装飾性は実用
性に付随して現れる結果とされ、そうし
たことから男性の盛装用の装身具はクロ
ージングジュエリー [clothing jewelry]
（スーツやジャケットで盛装するための
装身具類の意）とも呼ばれる。

メンズストライプジャケット [men's stripe
jacket] 男性用スーツに用いるようなス
トライプ（縞柄）を特徴とした女性用の
ジャケット。ペンシルストライプやチョ
ークストライプといった柄に代表され、
マスキュリン（男性的）タイプのテーラ
ードジャケットによく見られる。最近で
はソフトで女らしいタッチのジャケット
やドレスなどにも、メンズ感覚のストラ
イプが多く用いられている。

メンズタイツ [men's tights] タイツは女性
のパンティーストッキングのような形を
した長靴下の一種で、足からパンツ部分
までがつながっており、下着のズボン下
と似ているが、それよりも薄手で明らか
に靴下類に属するものを、男物ではこの
ように呼ぶ。フランス語ではコラン
[collant 仏] というが、これはタイツと
ともに「ぴったり張り付いたもの」とい
う意味になる。

メンズチョーカー [men's choker] 男性用
のチョーカー。チョーカーは首にぴった
りと巻き付ける形のネックレスの一種
で、男性用としてはイヌの首輪のような
形をしたベルト状のものが多く見られ
る。

メンズドレス [men's dress] 男性のスーツ
やジャケット、コートなどドレッシーな
衣服をいう新しい呼称。カジュアルな衣
料をメンズカジュアルと総称するのに対

して、いわゆるテーラードクロージング（重衣料）を呼ぶ言葉として新しく考えられたもの。

メンズハイヒール［men's high heel］男性用のハイヒール靴。女性のハイヒールと同じようなデザインでかかと部分を高くしたもので、従来のヒールアップ靴とは根本的に異なるもの。2008 年秋頃から登場し、ショートブーツ型のものが多く見られる。

メンズパック⇒パック

メンズファーニシングス⇒ファーニシング

メンズブラ［men's bra］メンズブラジャーのことで、文字通り男性用のブラジャーを指す。女装趣味というのではなく、ヒーリング（癒し）の一環としてブラジャーを用いる男性が増えたところから、男性専用のブラジャーが開発されたもの。2008 年秋ごろから本格的な登場を見るようになった。

メンズブラウス［men's blouse］女性のブラウスのような感覚でデザインされた男性用のシャツのこと。19 世紀風のビクトリアンシャツ*や巻き付け式のラップシャツ*など、これまでの男性のシャツには見られないファッショナブルなデザイン性にあふれたものが多く見られ、メンズシャツの新しい分野を形成している。

メンズフレンチ［men's French］男の子たちのフランス系のカジュアルファッションという意味。1996 年春頃から台頭した若者ファッションのひとつで、全体に細身ですっきりしたデザインが特徴。それまで流行の中心にあったアメリカンカジュアル系のラフなファッションに代わるストリートスタイルとして人気を集めるようになり、その後のモード系*の台頭を決定づけた。

メンズライクパンツ［men's like pants］メンズ仕立ての女性用パンツ。男性のトラ

ウザーズ*（ズボン）のように、きちんと仕立てられた作りが特徴のパンツで、まるで男が穿くようなというところからこう呼ばれるもの。

メンズリング［men's ring］男性用の指輪の総称。男性の場合はＴＰＯ*別にフォーマルリング*とカジュアルリング*の2タイプに大別される。

メンズレギンス［men's leggings］男性用のレギンス。レギンスは基本的に女性用のアイテムとされるが、これを愛好する男性の増加から新しく開発されるようになったもの。これを略して「メギンス」という呼称も現われている。またこうしたレギンスを愛用する男性を「レギンス男子*」などと呼ぶ傾向もある。

メンズ靴［men's ＋ぐつ］⇒男靴

メンディー⇒ヘナタトゥー

面ニシャツ［めんに＋ shirt］両面編*ウールジャージー製で、胸までの前開きでボタン付きとした長袖アンダーシャツ。その色調から俗に「ラクダのシャツ」と呼ばれたり、「ラクダメリヤス」、単に「ラクダ」ともいうが、英語ではグランドファーザーシングレット*（おじいさんの肌着の意）とかバルブリガンズ*といった名称がある。高級品にはカシミヤやビキューナ*製のものがあり、多くは同素材のズボン下とのセットで用いられる。

綿ネルシャツ⇒フラネレットシャツ

綿番手［めんばんて］綿糸の番手*のことで、1 ポンド（約 453.6 グラム）の綿糸を840 ヤード（約 768.1 メートル）に引き伸ばしたときの糸を「1 番手」としている。重さを一定にして、長さの倍数に応じて「2 番手」「3 番手」というように規定されることから、こうした方法を「恒重式（こうじゅうしき）」と呼んでいる。綿番手はヤード、ポンドを用いるところから「英式番手」とも呼ばれる。

ファッション全般

面ファスナー⇒マジックテープ

メンフィスコットン［Memphis cotton］USA
コットン（米綿）のひとつで、アメリカ
はテネシー州西部のメンフィスの綿業者
を通して取引きされているコットンのこ
と。メンフィスは19世紀より綿花の産
地され、今でもアメリカの綿花の30%近
い量が取引きされている。

ま

ファッション全般

モアレ［moiré 仏］フランス語で「波紋様」の意。波紋や杢目（もくめ）状の模様を指し、そうした地紋のある織物のこともいう。生地にこのような模様をつけることを「モアレ加工」といい、日本ではこれを「杢目仕上げ」とも呼んでいる。

モイスチャークリーム［moisture cream］モイスチャーは「湿気、湿り気、水分、水滴」などの意味で、肌の水分を適度に保ってくれる化粧クリームをいう。ほかに乳液や美容液などもあり、こうした化粧品を正しくはモイスチャライジング・コスメティックス［moisturizing cosmetics］と呼んでいる。

モイスチャライジング・コスメティックス⇒モイスチャークリーム

モーニングウエア［mourning wear］「喪服」の意。モーニングは「悲嘆、哀悼」また「喪に服す」という意を表し、それだけでも「喪服、喪章」の意味になる。男女ともに黒い色の服装とするのが原則とされるが、国や地方によって多少の違いも見られる。モーニングコスチューム［mourn-ing costume］とかモーニングクローズ［mourning clothes］ともいうが、モーニングウエア morning wear（午前中の服）との混同に注意したい。

モーニングクローズ⇒モーニングウエア

モーニングコスチューム⇒モーニングウエア

モーニングドレス［mourning dress］喪服の意。モーニングは「悲嘆、哀悼」といった意味で、それだけでも「喪服、喪章」という意味になるが、これは特に女性が喪に服す目的で着用するドレス類を総称する。一般にくすんだ黒無地が用いられ、アクセサリー類も抑えた感じのものが用いられる。

モーニングバンド［mourning band］「喪章」を表す英語。モーニングは「悲嘆、哀悼」また「喪に服すこと」の意で、それだけ

でも「喪服、喪章」の意味になる。ちなみに喪服を着る、喪に服するという意味を、英語では go into mourning と表現する。また、日本では喪章を付けるのは4親等までの親族に限られており、正式の喪服を着用しているときは喪章を付ける必要もない。

モーニングベール⇒ベール

モーンハット［mourn hat］葬儀の際に女性が着用する黒い帽子。モーンは「嘆く、悲しむ、哀悼する、喪に服する」の意で、つまりは「喪帽」ということになる。

もえカジ［——］人気ファッションモデルの「押切もえ」に見るカジュアルファッションの表現。ファッション誌『姉キャン』で見せているのが典型的で、その「大人カワイイ」雰囲気が受けている。彼女は「押切巻き」と呼ばれるヘアスタイルでも知られ、同じモデルの蛯原友里の「エビちゃん系」と人気を二分していた。

萌え袖［もえそで］女子中学生などに見られる流行現象のひとつで、セーターの袖口を引っ張って伸ばし、指先だけをちょっとのぞかせる服の着方をいう。いわゆる「萌えしぐさ」のひとつ。

モーヴ［mauve 仏、英］モーブとも。植物の「葵（あおい）」のことで、その花に見る薄紫色を指す。俗に「藤色（ふじいろ）」とも呼ばれる。

モーストフォーマルウエア［most formal wear］「正礼装」の意。最も格式の高い礼装のことで、「第一礼装」とも呼ばれる。現在の日本にあって男性は昼間がモーニングコート*、夜間がイブニングコート*（燕尾服）、女性は昼間がアフタヌーンドレス*、夜間がイブニングドレス*とされる。ただし皇室関係の催しなど特別な機会には、別途にドレスコード*が定められている。

モーダ［moda 伊］イタリア語でいう流行、

流行品。英語のモードと同じで、イタリアではファッション全般を表す。イタリア語のモード［modo］は「方法、仕方、あり方」といった意味になる。

モーターサイクルウエア⇒バイクウエア

モーターサイクルコート［motorcycle coat］モーターサイクルは日本でいうオートバイのことで、オートモーターサイクルバイに乗る時に着用するコートを指す。特に昔の軍隊のオートバイ乗り用のコートに代表されるが、これを現代風にアレンジしたものが登場して注目を集めている。トレンチコートに似たコットンギャバジン製のロングコートが代表的。

モーターサイクルジャケット⇒ライダーズジャケット

モーターサイクルパンツ［motorcycle pants］オートバイ乗り用のパンツの総称。革や難燃ナイロンなどで作られ、膝を保護するパッドが付いたり、機能的なジッパーを配するなどしたデザインのものが多く見られる。

モータージャケット⇒バイカージャケット

モータースポーツウエア［motor sportswear］自動車レースに用いる衣服のことで、レーシングウエア［racing wear］とも呼ばれる。多くは難燃性の高機能素材で作られたジャンプスーツ型のものが中心。

モーターファッション［motor fashion］ここでのモーターは「自動車」の意で、クルマに関するファッション、つまりドライブウエアや二輪車のモーターサイクルウエアを総称する。

モーターボードキャップ［mortarboard cap］英米の大学で儀式の際に用いられる角型の帽子で、日本では俗に「角帽」と呼ばれる。モーターボードは左官がモルタルを受ける四角い板のことで、これに似ているところからの命名とされる。ほかに

トレンチャーキャップ［trencher cap］(四角い木皿の意から）とかカレッジキャップ［college cap］などとも呼ばれる。日本では早稲田大学の学帽に見ることができる。またアメリカでは卒業式にかぶることからグラデュエーションキャップ［graduation cap］という名がある。

モータリングコート⇒カウボーイコート

モード［mode］狭義のファッションとほとんど同じ意味で用いられるが、日本のファッション界ではパリ・オートクチュールの作品に見るような全くの創作、つまり、最新型としての服飾の流行を指すことがある。「独創性あふれるパリモード」というのがその一例となるだろう。

モードエティック［mode éthique 仏］エティックはフランス語で「倫理（学）の、道徳の」といった意味。流行よりも良識を重視して作られるモードということで、2004年10月に行われた「エシカルファッションショー」という展示会から広まった考え方を指す。

モードカジュアル［mode casual］最新流行のファッション感覚を取り入れたカジュアルファッションといったほどの意味で、従来のカジュアルから比較するとドレッシーな感覚が強く感じられるところから、これをドレスカジュアル［dress casual］と称する向きも見られる。またゴージャス、ラグジュアリーといった最近のファッション傾向を受けてゴージャスカジュアル［gorgeous casual］と表現されることもある。

モード系［mode＋けい］「～系」と呼ばれる若者ファッションの中で、最もモード寄りの最先端を行くファッション表現をいう。特にデザイナーコレクションなどに見られるトレンドに走るタイプを指し、ファッション感度も最も高いとされる。1996年春に現れた「メンズフレンチ

ファッション全般

*」以降のヨーロッパ調ファッションがその代表とされる。

モード系スーツ⇒デザイナーズスーツ

モードスニーカー [mode sneaker] ファッション的な感覚を大胆に取り入れてデザインされたおしゃれなスニーカーの総称。思い切った厚底や派手な色使いなどデザインは多彩で、女性向きのスニーカーに多く見られるが、最近では男性向きのものにもこうしたデザインが採用されるようになっている。

モードバッグ [mode bag] モード*性のあるバッグという意味で、その時どきのシーズンに登場する、デザイナーによる創造的なデザインのバッグを総称する。つまり、そのシーズンの最新流行バッグということになる。

モードメイク [mode make] モード系メイクとも。最新のモード感あふれる華やかなメイクアップのことで、特に海外コレクションのトレンドを盛り込んだモデルのようなそれをいう。要は流行の最先端をいく化粧法で、美人なモード系フェイスになれるのが特色とされる。

モーニング⇒モーニングコート

モーニングガウン [morning gown] 起き抜け時などにちょっと羽織る目的で用いる室内着のひとつ。軽く柔らかな生地で作られ、巻き付け式など簡便なスタイルとなったものが多く見られる。イブニングガウンの午前中版。

モーニングカット⇒アングルドボトム

モーニングカット・マキシスカート [morning-cut maxi skirt] モーニングカットは、男性礼服のモーニングに見る前後の高さを違えたズボンの裾カットの方法をいったもので、それと同じように前裾の部分を高く、後ろを低くデザインした形のマキシスカートを指す。ちょっと変わったデザインのスカートとして最近人気がある。

モーニングカラー⇒ウイングカラー

モーニングコート [morning coat] 男性の昼間の正礼装。単にモーニング[morning]と呼ぶことが多く、別にカッタウエイ*とかカッタウエイフロック*などの名称もある。これは元々フロックコート*の前裾を大きく切り落とした（カット・アウエイ cut away）ことから生まれたもので、当初は乗馬用のスポーツ服とされていたが、1870 年代に入って昼間の仕事用の公用服へ変化し、その名もモーニングコート（朝、午前中の服の意）と呼ばれるようになった。20 世紀になって、それまでのフロックコートに代わる昼間の第一礼装として用いられるようになり、現在では最も格調高いフォーマルデイウエア*として広く着用されている。黒のモーニングコートに縞コールなどと呼ばれる黒とグレーの縞柄のズボンを合わせるのが、着装の決まりとされる。英国ではモーニングドレス [morning dress] とも呼ばれ、これは男性の昼間の礼装全体をも意味する。

モーニングジャケット [morning jacket] 昼間第一礼装のモーニングコートを模して作られたメンズジャケット。特有のテール（裳裾）を中心にした長めの丈のテーラードジャケットで、1 つボタンとしたものが多い。フォーマルモチーフのジャケットのひとつとして知られる。

モーニングドレス [morning dress] 午前中の家事用のドレスという意味で、家庭着として着用する簡便なワンピースを指す。ハウスドレス*とかホームドレス*と呼ばれるものと同種のアイテム。ともに家事労働に適し、ちょっとした買物にも着用されるのが特徴となる。時として男性礼服の「モーニングコート*」の別称ともされる

ファッション全般

モーニングドレス（礼服）⇒モーニングコート

モール⇒ブレーディング

モールスキン［moleskin］「モグラの皮」の意で、そのような外観と触感を特徴とする織物を指す。短い起毛加工を施した厚手の綾織綿布や、サテンを短く起毛してスエード状に仕上げたものがある。

モールドカップブラ［mold cup bra］極細のワイヤーなどを用いて、カップ部を最初からきれいな形にしてあるブラジャーの総称。モールドは「成型、造形、型込め」の意で、バストアップブラ*の流行から、このような作りのブラジャーが人気を集めるようになった。このカップには縫い目のないシームレスカップ［seamless cup］となったものが多く、そうしたものをシームレスブラ*と呼ぶほか、アメリカではシームレス・ストレッチブラ［seam-less stretch bra］とかモールドストレッチブラ［mold stretch bra］、また英国ではシームフリーブラ［seam free bra］などと呼ばれる。

モールドストレッチブラ⇒モールドカップブラ

モールドソール［mold sole］モールドは「成型、造形、型込め」の意で、型に流し込んで作られる「成型底」とか「型込め底」などと呼ばれる靴底をいう。女性用のサンダルなどに多く用いられるもの。

モールヤーン［──＋yarn］シェニールヤーン*と同義。またビロードのような毛羽を付けた太い糸を指すこともあり、これを「モール糸」などと呼ぶ。「金モール」や「銀モール」という、針金などを軸とした特殊な飾り撚り糸もこの中に含まれる。モールというのはペルシャ語で綾織物を意味するモールからきたものとか、ポルトガル語のムガール mogol が訛ったものとされる。ムガールには英語のブレ

ード*とかレース*の意味がある。

モカシン［moccasin］アッパー（上部＝甲皮）とソール（靴底）を一枚皮で作り、U字型の飾りを付けたカジュアルな靴の総称。正確にはインディアンモカシン［Indian moccasin］と呼ばれる北米インディアン式のものと、ノーウィージャンモカシン［Norwegian moccasin］と呼ばれるノルウェー式の2タイプがあり、前者は柔らかな鹿革で足全体を包んでそのまま革紐で縛ったり、甲にU字型のふたを縫い合わせて用いたものが起源とされる。後者は太い麻糸で袋縫いされるのが大きな特徴で、これが現在のローファーズ*につながったとされる。現在では甲にU字型の接ぎ合わせがあるカジュアルな靴を広くモカシンとかモカシンシューズ［moc-casin shoes］と呼んでいる。米口語ではモックス［moccs］とも呼ばれるが、モカシンとはもともとアメリカのマサチューセッツ地方のナティック方言でいう「モッカサン・シュー」に発したものとされる。

モカシンシューズ⇒モカシン

モカシントウ［moccasin toe］いわゆるモカシン*型の靴に見られる爪先型のこと。甲の部分のU字型の切り替え飾りを特徴とするもので、現在ではローファーズ*に見られるものが代表的とされる。Uチップ*と同義。

モカシンブーツ［moccasin boots］ネイティブアメリカン（アメリカインディアン）の手作りによるモカシン*を、そのままブーツに仕上げたもので、モカブーツ［mocca boots］とかインディアンモカシンブーツ［Indian moccasin boots］とも呼ばれる。スエード調の鹿革などを用いた茶色のロングブーツやハーフブーツが代表的で、長いフリンジ（房飾り）を特徴とするものが多いところから、フリン

ファッション全般

ジブーツ［fringe boots］と俗称されることもある。この種のものではアメリカの『ミネトンカ』社のものに人気があり、2007年春からの流行でミネトンカはその代名詞ともなった。なお従来からあるモカシン型のショートブーツを「モカブーツ」と呼ぶこともある。

モカシンローファーズ⇒タッセルローファーズ

モカステッチ［mocca stitch］モカはUチップ型の靴で甲部分に縫い合わせるフタ状の革およびその切り替えをいう。そのモカと本体のアッパーを縫い付ける縫製をこのように呼び、モカを上に載せるのを「のせモカ縫い」、モカを下にしたものを「落としモカ縫い」いう。

モカブーツ⇒モカシンブーツ

杢糸［もくいと］色の異なる同じ太さの単糸を撚り合わせた糸のことで、「からみ糸」とも呼ばれる。いわゆる「意匠糸」のひとつで、生地にした場合、杢調の表面感が現れるのが特徴。

杢調［もくちょう］杢糸を使って織り上げた生地表面に見る、霜降り調のぼやけたような感じの表面感を指す。いわゆるサーフェイスインタレスト（表面効果の面白さ）のひとつとして用いられることが多い。

モコモコシュシュ［モコモコ＋chouchou］輪状になった髪飾りのシュシュ゜に小さなポンポン゜を数多く付けたタイプを指す俗称。

モザイクカラー［mosaic color］モザイク画やモザイク模様に見るような色調のこと。モザイクは着色した石やガラスのかけらなどを床や壁に貼り付けて表現する装飾の一種で、赤や緑などさまざまな色が用いられる。

モザイクプリント［mosaic print］モザイク風のプリント柄の総称。モザイクはガラ

スや木材、石などを組み合わせて色模様を表現する装飾を指し、ステンドグラスのような鮮やかな色使いが特徴となる。

モジャリ⇒クッサ

モスキートジャケット［mosquito jacket］モスキートは「蚊」のことで、アメリカ軍の蚊除け用のナイロンネット地で作られたカジュアルなジャケットの名称。前ジッパーでフード付きのデザインが特徴。

モスキートネット⇒チーズクロス

モスグリーン［moss green］モスは「苔（こけ）」の意で、苔に見る緑色を指す。黄みがかった鈍い感じのグリーン。

モスステッチ⇒鹿の子編

モスリン［muslin］日本では「唐縮緬（とうちりめん）」とか「メリンス」などと呼ばれる梳毛織物の一種。梳毛の単糸を平織あるいは綾織とした柔軟な生地で、元々はメソポタミア王国の首都モスルで作られた薄い綿布に由来する。フランス語でムスリーヌ［mousseline］と呼ばれるほか、単に「モス」とも略称される。また、これに似せて綿糸で粗く織った薄手の平織綿布は「新モス」と称されている。

モダール［Modal］オーストリアの繊維メーカー『レンチング』社の開発による、パルプを原料とした100％天然のセルロース繊維で、「レンチング　モダール」ともいう。リヨセル゜（テンセル）などと同じく、地球環境に優しい製造工程で生産されるもので、シルクのような光沢と優れた吸水性を併せもち、素肌感覚の柔らかな着心地が特徴とされている。

モダクリル⇒アクリル

モダン［modern］「現代の、近代の、近世の」の意。ファッションイメージにおいては「現代的な、今日的な」また「今風の」ファッションの意味で用いられる。

ま

859

ファッション全般

モダンアート柄［modern art ＋がら］モダ
ンアート（現代美術）にモチーフを得て
デザインされた柄の総称。主として抽象
的な絵柄が用いられる例が多い。

モダンクチュール［modern couture］1990
年代に入ってヨーロッパのデザイナーた
ちが提案し始めた新しいものづくりの姿
勢を一般にこう呼ぶ。その最も過激な表
現をアシッドクチュール＊と呼ぶことが
ある。

モダンバティック⇒バティックプリント

モダンブリティッシュ［modern British］「現
代的な英国調」の意。伝統的な英国調の
ファッションに現代的な息吹きを与えた
表現といったほどの意味で、最近のメン
ズスーツなどに現われている傾向のひと
つを指す。全体に細身のシルエットに仕
上げ、シャープで現代的なイメージを加
えているのが特徴とされる。

モチーフ柄［motif ＋がら］モチーフは芸
術作品などに見る「題材、主題」の意味で、
「きっかけ、動機」という意味でも用い
られる。ここからデザインなどの主模様
を指し、なんらかの題材に基づいて作ら
れた柄を総称するようになった。アート
（美術）をモチーフとした「アートモチ
ーフ柄」とか、スポーツにモチーフを得
た「スポーツモチーフ柄」というように
用いられる。

モック・インターシャ⇒インターシャ

モックス⇒モカシン

モックソリッド［mock solid］「偽の無地」
の意。一見すると無地に見える生地の表
情をいったもので、モックプレーンとも
呼ばれる。遠くから見るとまったくの無
地にしか見えない小柄の生地や杢調の生
地などに代表される。

モックタートルシャツ［mock turtle shirt］
タートルネックシャツ＊の一種で、ネッ
クラインがハイネックよりは高めで、完

全なタートルネックとはなっていないタ
イプをいう。モックは「偽の、まがいの」
という意味。

モックタートルネック［mock turtle neck］
単にモックタートルともいう。見せ掛け
のタートルネックという意味で、ただ立
ち上がっているだけで折り返しのない一
重のハイネック＊の一種をいう。しかし、
一見タートルネックにしか見えないの
で、ハイネックとは区別される。セミタ
ートル［semi turtle］ともいう。

モックツーピース［mock two-piece］モッ
クは「偽の、まがいの、模擬の」という
意味で、一見ツーピースドレスに見える
けれども実際はワンピースになっている
ドレスをいう。

モックプレーン⇒モックソリッド

モックレノ⇒レノ

モッサー［mosser］表面を苔（こけ＝モス
moss）のような感じにする加工法「モッ
サー仕上げ」を施した生地の総称で、縮
絨・起毛して毛羽をやや長めに残し、全
体にふっくらと毛を立てるようにした紡
毛地などを指す。苔のような手触り感が
あることからこう呼ばれるが、これは和
製英語とされる。

モッズ⇒モッズルック

モッズキャップ［mods cap］ダッチボーイ
キャップ＊を原型としてデザインされた
帽子で、1960年代のモッズルック＊に用
いられたことからこの名がある。フェル
トやコーデュロイで作られることが多
く、当時ザ・ビートルズが愛用したこと
でも知られる。ダッチキャップ［Dutch
cap］とも呼ぶ。

モッズコート［mods coat］アメリカ陸軍の
M-51型フィールドパーカをモチーフと
して作られたカジュアルなハーフコート
で、1960年代のロンドンに登場したモッ
ズと呼ばれる若者集団のユニフォーム的

なファッションとされたところからこう呼ばれるもの。アーミーグリーンの色調とフード、フィッシュテール（魚の尾）と呼ばれる後ろ裾のデザインを特徴としており、モッズパーカ*とも呼ばれる。反体制的なモッズ少年たちが採用した唯一体制的なアイテムとされる。

モッズスーツ [mods suit] 1960年代英国のモッズ*が愛好したスーツの意味で、きわめて細身に作られ、ファッショナブルな雰囲気を備えているのが特徴。当時のビートルズなどもステージ衣装に用いたもので、胸開きの狭い4〜5ボタンのシングルブレステッド、丈の短いスリムパンツといったスタイルが代表的。細身シルエットの流行から、現在も人気が復活している。

モッズパーカ [mods parka] モッズコートと同義。1960年代のモッズファッション流行時にモッズたちが着用した米軍のM-51フィッシュテール・パーカに端を発するもので、フード付きのコートであることからこのようにも呼ばれるもの。魚の尾びれ（フィッシュテール）のような裾のデザインも特徴のひとつ。

モッズヘア [mods hair] 1960年代前半のモッズ*ファッションに特有のヘアスタイルということで、本来はデビューしたころのザ・ビートルズに見るマッシュルームカット*のようなスタイルを指したものだが、現在ではそうしたものを含めて、全体に短めでクールなイメージを表したものをこのように称する傾向が強い。後者はいわばニューモッズヘア [new mods hair] ということで、もみあげだけを長く伸ばした「スポーツ刈り（スポーツ選手に見るような刈り上げヘアの一種）」のようなショートカットスタイルが特徴的に見られる。

モッズルック [mods look] 1960年代初頭

のロンドンに現れたモッズとよばれる若者たちによる奇異な流行現象を指す。モッズはモダンジャズあるいはモダニストからきたものとされ、ロッカーズ*との対立で社会的な注目を集めた。モッズコートやモッズスーツと呼ばれるアイテムがファッション的な特徴で、イタリア製のスクーター〈ヴェスパ〉が彼らのシンボルとされた。こうした風俗に共感を持つ若者たちによって復活したファッションをネオモッズ [neo-mods] と呼ぶ。

モップトップス⇒マッシュルームカット

モディファイドAライン [modified A line] 修正されたAライン*という意味で、ウエストからヒップまではボディーラインを強調するようなタイトフィットで、そこから裾に向かってはフレアを持たせたシルエットを指す。ちょうどマーメイドライン*と従来のAラインの中間タイプといったシルエットで、きわめて女性らしい雰囲気を醸し出すとして、最近のウエディングドレスやロングドレスなどに取り入れられることが多くなっている。

モディファイド・サファリ⇒デザートジャケット

モテカジ [――]「モテるカジュアル」を短縮したもので、昨今はやりの「モテ」をキーワードに展開されるカジュアルなファッション表現を指す若者たちの用語。ここではいかにして異性にモテる要素を追求するかがポイントとされている。

モデカジ⇒デルカジ

モテ服⇒合コン服

モデュラースーツ [modular suit] モデュラーはモデュール（モジュールとも。基本単位、構成要素の意）から出たもので、服装を構成する基本単位としてのパーツを自由に組み合わせてスーツのように仕上げるセットを指す。コーディネートス

ファッション全般

ーツ*やコンポーネントスーツなどと同
義の用語。

モデルカジュアル⇒デルカジ

モドゥス⇒ラ・モード

モトクロスシャツ［motocross shirt］モト
クロスは荒れ地に設けた非舗装路を周回
するオートバイレースのことで、そうし
たモータースポーツに着用する上衣を指
す。危険防止のために肘にパッドを装着
するなどしたデザインが特徴で、これの
組下となる機能的なパンツはモトクロス
パンツ*と呼ばれる。モトクロスはモー
ターサイクルとクロスカントリーの合成
語。

モトクロスパンツ［motocross pants］オー
トバイで原野を走破するモトクロス競技
用のパンツ。最近これにモチーフを得て
デザインされた女性用のファッション的
なパンツが登場して話題を集めた。膝に
クッション用のプロテクターを付けるな
どして、スリムなシルエットに仕上げた
ものが多く見られる。

モトクロスファッション［motocross fash-
ion］モトクロスはモーターサイクルとク
ロスカントリーの合成語で、山野を駆け
巡るオートバイ・スポーツをいう。そう
した時に着用する服にモチーフを得たフ
ァッションを指し、これらを街着として
用いる例も増えている。

モトルドヤーン⇒スペックルドヤーン

モノカラー［mono-color］モノクロマティ
ックカラー［monochromatic color］の略
とされ、「単色、1色」を表わす。モノ
クロームは「単色画」の意味で、こうし
た色名は一般に「無彩色」の意味になる。
モノトーン*と同じ。なお「無彩色」は
正しくはアクロマティックカラー［achro-
matic color］と総称し、対する「有彩色」
はクロマティックカラー［chromatic col-
or］と総称される。クロマティックは「色

の、色彩の、色の着いた」という意味。

モノキニ［monokini］モノキニワンピース
［monokini one-piece］の略で、前から見
るとワンピース、後ろからはビキニスタ
イルに見える女性水着をいう。また、ト
ップレス*の水着をこう呼ぶことがあり、
それはbi（2つの意）に対してmono（単
独の意）を表すことから名付けられたも
の。

モノキニワンピース⇒モノキニ

モノグラム［monogram］文字を組み合わせ
た図案という意味で、「ロゴ模様」とも
呼ばれる。こうしたデザインを取り入れ
たプリント柄をロゴプリント［logo
print］ともいう。

モノグラム・パンスト［monogram panty
stocking］モノグラム（文字の組み合わ
せによる図案）をあしらったパンティー
ストッキング。単純なモノグラムから有
名ブランドのそれを使用したものなど、
さまざまなデザインがある。

モノグラムファッション［monogram fash-
ion］モノグラムは「文字を組み合わせた
図案」という意味で、一般には「ロゴ模様」
と呼ばれる。そうしたデザインを取り入
れて表現されるファッションを指し、た
とえばフランスの有名ブランド〈ルイ・
ヴィトン〉のモノグラムをそのまま使っ
た帽子やスカートなどのファッションが
ある。別にロゴファッション［logo
fashion］ともいうが、ロゴは「合成文字」
などの意。

モノクル［monocle］テンプル（弦）のない
単眼鏡。「片メガネ」のことで、19世紀
初頭に英国で考案され、第1次大戦後ま
で一般に用いられていた。普通は片方の
目のくぼみにはめて用いられる。

モノクロ⇒モノトーン

モノクロームトーン⇒モノトーン

モノクロマティックカラー⇒モノカラー

ま

862

ファッション全般

モノセックス⇒ユニセックス

モノトーン [monotone] 本来は「一本調子、単調さ」の意だが、ファッション用語としてはモノクロームトーン [mono-chrome tone] の略とされ、「単色の、白黒の、単彩の」といった意味になる。一般に白、黒、グレーで表わされる「無彩色」を指し、モノクロとも称される。

モノフィラメント⇒フィラメント

モバイラーパンツ [mobiler pants] 携帯電話（モバイルフォン）を収納するポケットが付けられたカジュアルなパンツ。携帯電話の急速な普及に合わせて、このような新しいデザインのパンツが開発されるようになったもので、2000年秋からの登場とされる。

モバイルウエア [mobile wear] モバイルは「移動できる、動かしやすい、機動力のある」といった意味で、袋などに収納して簡単に持ち運ぶことができる衣料をいう。パッカブルウエア*と同義。

モバイルスーツ [mobile suit] 携帯電話やPDA（携帯型情報端末）などのIT機器を収納できるように工夫したビジネススーツ。着用したときにシルエットの美しさを損なわないように、内ポケットの位置を従来よりも下にずらしたり、重さへの対策も十分に考えられている。ITスーツとも呼ばれる。

モバイルバッグ [mobile bag] モバイルは「移動できる、動かしやすい」の意で、一般にノートパソコンを持ち運ぶためのバッグを指す。パソコンの急速な普及に伴って、これにもファッション化の波が押し寄せ、鮮やかな色のナイロン製のものやリュック型のものなど、女性ユーザーや若者を意識したデザインが増えている。

モバイルビューティー [mobile beauty] 持ち運びできる美容グッズの意で、ミスト噴射の携帯美顔器などに代表される。

2012年秋、この分野で有名な「アイミーモバイルビューティースティック」の偽物が多く現れたことから、マスコミで取り上げられて知られるようになった。これとは別に、携帯ホームページをクチコミツールとして活用できる美容サロンの無料紹介サービスサイトの名称を指すこともあり、これは通称モバビューとして知られる

モビールイヤリング⇒ダングリングイヤリング

モヒカン [Mohican] モヒカンカット [Mo-hican cut] またモヒカンヘア [Mohican hair] ともいう。ネイティブアメリカンの一族「モヒカン族」に由来する髪型で、頭頂部のセンターライン上の髪だけを長く立てて残し、そのほかの部分は剃るか、ごく短くカットした特異なヘアスタイルを指す。これを真似て、髪を頭のてっぺんで逆立たせる髪型をソフトモヒカン [soft Mohican] と呼び、2002年の日韓ワールドカップ開催時に、イングランドのプロサッカー選手であったデイビッド・ベッカムがこれを用い、ベッカムヘア [Becham hair] と呼ばれたことは記憶に新しい。

モヒカンカット⇒モヒカン

モヒカンヘア⇒モヒカン

モブキャップ [mobcap] レストランのウエートレスなどが用いるフリル付きの白い帽子。元々は18〜19世紀に用いられた婦人用室内頭巾を指すが、最近のメイド服*の流行からこれをモチーフとしたカチューシャ風の髪飾りが登場して、にわかに注目されるようになった。

モヘア [mohair] アンゴラゴート（アンゴラ山羊）の毛を原料とした素材。スーツ地としてはモヘアトロピカル [mohair tropicals] と呼ばれる平織の梳毛地があり、これは金属的な光沢感が特徴で、盛夏向けのスーツなどに多く用いられる。

ま

863

ファッション全般

なかでも最高級品とされるのは仔山羊から採れるキッドモヘア［kid mohair］で、上品な雰囲気を保ち、涼しく軽く、夏生地の王座の地位を確保している。これに対して成長したアンゴラ山羊の素材をアダルトモヘア［adult mohair］と呼ぶことがある。

モヘアトロピカル⇒モヘア

モボ・モガ［modern boy・modern girl］モボは「モダンボーイ」、モガは「モダンガール」の略。ともに大正末期から昭和初期（1931年頃まで）にかけて登場した日本のおしゃれな若い男女を指す。当時の日本ではおしゃれを意味する流行語が「ハイカラ」から「モダン」に代わろうとしていたころで、この風潮をとらえて1924（大正13）年に雑誌『女性』8月号でモダンガール論を紹介したのが初出とされる。モダンボーイのほうは同じく雑誌『女性』が、1926（大正15）年11月号で〈モダンボーイズは女性の敵か味方か〉という記事を載せたのが最初とされるが、これも諸説がある。その後モダニズム文学者の新居格（にい・いたる）が、これを略して「モボ」「モガ」と呼んだことから一般化し、銀座、浅草、新宿、横浜にそうした風俗が流行した。

モホークスタイル［Mohawk style］ネイティブアメリカンのモホーク族の頭髪にモチーフを得たヘアスタイルの一種。サイドを完全に刈り上げ、残った髪を頭上に盛り上げた形を特徴としており、いわゆるモヒカンのバリエーションのことつとされている。

股引⇒ロングパンツ

股引パンツ⇒サーマルパンツ

揉み玉縁⇒パイピングポケット

モモンガカーディガン［ももんが＋cardigan］モモンガスリーブなどと呼ばれるドルマンスリーブ状の袖を特徴とした女性向き

のカーディガン。モモンガの翼（本当は上肢と下肢をつなぐ膜）に似た形であることから、このように呼ばれるもの。

モモンガケープ［ももんが＋cape］前足と後ろ足の間に膜があり、それを広げることによって空中を飛ぶことができる動物「モモンガ」の形態に似せてデザインされたケープ。毛皮のケープの一種として作られたもので、小さく短い丈が特徴とされる。

モモンガスリーブ［ももんが＋sleeve］婦人服に見られる袖のデザインのひとつで、森の中を飛び回るモモンガのように広がった袖を指す。ゆるやかに広がった形を特徴とするもので、バタフライスリーブ（蝶々袖）やハンカチーフスリーブ、トランペットスリーブなどとともに最近人気を集めている「ゆったり袖」の一種。

モモンガパンツ［ももんが＋pants］サルエルパンツ＊の異称。股の部分が垂れ下がってモモンガの翼のような形に見えるところから、俗にこのような名称で呼ばれるもの。

森ガールファッション［もり＋girl fashion］まるで北欧の森にでもいそうなナチュラルな感じのカジュアルファッション。一般に「森ガール」とか「森ガール系」とも呼ばれ、ゆるいワンピースやもこもこしたファーブーツ。エスニックなニット帽などで表現される。

盛り袖［もりそで］衣服の袖にデザイン性を盛り込んで、今風のファッション感覚を楽しもうとする傾向、またそうしたデザインの袖をいう。「袖コンシャス＝袖コン」と呼ばれるファッション傾向から生まれたもので、袖口を大きくフレアさせたり、飾りをつけたり、極端に長くさせたものなどが見られる。

盛りブラ［もり＋bra］胸の間を深く見せ、高さを強調するようにデザインされたブ

ラジャーをいう俗称。女性のセクシーさを表現する下着のひとつとして作られたもので、現代的なアイテムとして欠かせないものとされている。独特のカットによってそう見せるものや、パッドのなかにパッドを入れるものなどさまざまな工夫が見られる。より高さを強調させようとするタイプは「メガ盛りブラ」などとも呼ばれ、これはまた水着のデザインにも用いられている。

盛りヘア⇒アゲ嬢ヘア

森ボーイ系［もり＋boy＋けい］「森ガールファッション*」の男子版。まるで森の中にいるような服装を特徴とするファッションで、サスペンダー付きのクロップトパンツやハンチング、デザートブーツといったものを用いるのがポイントとされる。これにリュックを携える「山ボーイ系」と呼ばれる同種のファッションもある。

モルティエール［molletiere 仏］フランス語で「脚絆（きゃはん）、ゲートル」の意。元々は「メルトンで裏打ちしたもの」の意で、英語でいうスパッツ（本来のスパッターダッシズ＝靴覆い）に当たる。

モルトドレッシング［malt dressing］モルトウイスキーを用いて仕上げる靴磨きの方法。スコッチグレインのブランドで知られるヒロカワ製靴（株）の提唱によるもので、独特の光沢が表現されるという。正しくはウイスキーで伸ばした靴クリームを使用する。モルトは大麦のみを使用したウイスキーのこと。

モルフォテックス［MORPHOTEX］新しい合成繊維のひとつで、構造色を有する繊維。「生きた化石」と呼ばれる南米のモルフォ蝶の構造原理を研究し、1995年に『帝人ファイバー』と『日産自動車』『田中貴金属工業』の3社によって開発された世界初の光発色繊維の商標名。光干渉

によって発色するため染料や顔料の必要がなく、生産工程のエネルギー節約などができるエコ素材のひとつともされる。

モルフレックスソール［Morflex sole］イタリアのビブラム社による新しい靴底の名称。ゴム底とクレープ底の中間のような特性を持つ靴底で、白い色を特徴としている。きわめて軽く、クッション性に長け、スニーカーのような履き心地があるとしてブーツなどに用いられる。

モロカン・ファッション［Moroccan fashion］アフリカ北西部のモロッコ王国に見るファッションの総称。映画『Sex and The City 2』（2010／アメリカ）のなかで用いられて注目され、世界的なファッションとしてもヒットするようになった。モロッコカフタンと呼ばれる全身を覆うフード付きの長衣など、モロッコ風のエスニックファッションが多く見られる。

モロッコエステ［Morocco＋esthétique 仏］モロッコ美容。北アフリカのモロッコ王国に伝わる美容法のことで、ガスールと呼ばれる粘土を配合したパックなどが知られる。

モロッコカフタン⇒モロカン・ファッション

モロッコレザー［Morocco leather］キッドスキン（仔山羊革）のうち植物タンニンを用いて鞣されたものを、その産地であるモロッコの名を採ってこのように呼ぶ。これは特に本の装丁用やランプシェード用として珍重される。

モンキージャケット［monkey jacket］古い上着のひとつで、水夫が着たとされる体にぴったりした短いジャケットをいう。大道芸人が連れていたサルが着ていた上着に似ているところからの名称とされ、現在ではバーテンダーのユニフォームに面影が残る。

モンキーパンツ［monkey pants］1〜3歳の乳幼児が穿くパンツのひとつで、お尻

ファッション全般

の部分を丸く切り替えて、そこにオムツがすっぽり入るようにした形が猿のお尻に似ているというところから、このように呼ばれるもの。伸縮性に富むニット製のものが多く、切り替え部分にはさまざまな模様が入っているのが可愛らしいとして人気がある。脚長に見えるブーツカットタイプやO脚にした「オーバンツ」、またルーズモンキーやスキニーモンキーなどさまざまな種類が登場している。

モンキーブーツ [monkey boots] 編み上げ式のクラシックなアンクルブーツの一種。19世紀英国のビクトリア朝時代に起源があるとされ、正式には「デビーブーツ」と称されるらしいが、その詳細は不明。爪先のところから編み上げとなっているために鳩目の数が多く、足にぴったりフィットする特徴をもつことから、レース・トゥ・トウ [lace to toe] と呼ばれることもある。正面から見た形が猿の顔に似ているからとか、その独特の形状からモンキーの名が付いたとされている。

モンクストラップサンダル [monk strap sandals] モンクストラップシューズをサンダル状の形にデザインしたもの。独特のストラップの形状がどうしても元の靴の形を思わせるファンシーなサンダル。

モンクストラップシューズ [monk strap shoes] ストラップシューズ*を代表する短靴のひとつ。モンクフロントシューズ [monk front shoes] とかバックルドシューズ [buckled shoes] とも呼ばれる。モンクとはヨーロッパにおける「修道士」のことで、彼らが愛用した尾錠留めの靴を原型として作られたもの。長く伸びたベルトをバックルで留めるようにした独特のデザインが特徴で、この部分を二つにしたダブルモンク [double monk] というスタイルの靴もある。

モンクスドレス [monk's dress] モンクは「修道士」の意味で、修道士が着用するゆったりとしたワンピース型の服をいう。ウエストに紐や帯を用いて着こなすが、これに似たルーズなシルエットのドレスもいう。

モンクスハビット⇒ハビット

モンクバッグ [monk bag] ムンクバッグとも発音される。モンク（ムンク）はヨーロッパにおける「修道士」の意味で、お坊さんが持つ袈裟（けさ）のような形をした大きめのショルダーバッグを指す。いわば「袈裟バッグ」だが、それを西洋のお坊さんにかけてネーミングしたもの。

モンクフロントシューズ⇒モンクストラップシューズ

モンゴメリーコート [Montgomery coat] ダッフルコート*の別称のひとつ。第2次大戦時に英国の軍人であったバーナード・ロウ・モンゴメリー元帥（1887〜1976）が着用していたところからこう呼ばれる。同じく軍関連でW.W. ブリティッシュ・ショートウオーマー [W.W. British short warmer]（第2次大戦時の英国軍防寒着の意）とかコンボイコート [convoy coat]（護衛コートの意）などの異称もある。

モンゴメリーベレエ [Montgomery beret] モントゴメリーベレエとも。第2次大戦時に英国のバーナード・ロウ・モンゴメリー（モントゴメリーとも）元帥によって用いられたベレエ帽のことで、前部に勲章などを飾った黒の大型ベレエを指す。本来は戦車兵用のものであったが、それを将軍が用いてから有名になり、俗にモンティーベレエ [Monty beret] の愛称で呼ばれるようにもなった。こうした軍関連で生まれたベレエには、ベトナム戦争時のアメリカ陸軍特殊部隊が使用し

て、その代名詞ともなったグリーンベレー［Green Beret］（緑色の軍用ベレエ）も挙げられる。

モンゴリアンジャケット⇒カンジャケット

モンゴリアンスーツ［Mongolian suit］モンゴルの民族衣装にモチーフを得て作られた女性向きのスーツ。深く打ち合わせた独特のフロントスタイルと鮮やかな色柄が特徴で、いかにもモンゴルの遊牧民を思わせるデザインとなっている。この伝統的な民族衣装は、正式には「デール」と呼ばれる。

モンゴリアンセーター［Mongolian sweater］モンゴルの伝統的な民族衣装「デール」をベースとしてデザインされたセーター。深い打ち合わせをボタン留めとしたファンシーな形に特徴があり、エスニックファッションの代表的なアイテムとされる。

モンゴリアンラム［Mongolian lamb］モンゴル原産の仔羊の毛皮。毛足の長い独特の縮れ毛を特徴とし、ふわふわしていながら、ぼそぼそした感触があり、コートの襟や前立て、袖口などにトリミングとして使われるほか、襟巻き代わりなどにも用いられる。

モンゴルハット［Mongol hat］ニットキャップ*の一種で、頭にぴったりフィットし、耳のところにイヌの耳のような垂れ飾りを付けたデザインが特徴。モンゴル人がかぶるようなという意味から来たもので、「モンゴル帽」とも呼ばれる。

モンスターニット⇒ビッグプル

モンティーベレエ⇒モンゴメリーベレエ

モンドリアンルック［Mondrian look］1965年にイブ・サンローランが発表して衝撃を与えた作品。オランダの抽象画家モンドリアンの絵画をそのまま表現したストレートドレスが代表的で、大きなカラーブロックの柄はモダンアートのファッション版とされる。

紋服［もんぷく］「紋付（もんつき）」とも。正式には「紋付羽織袴（もんつきはおりはかま）」で、日本の男性の礼装用和服一式を指す。紋の付いた着物のことで、紋の数によって正礼装から略礼装までが格付けされる。すなわち五つ紋が正式とされ、それは背中、両胸、両袖に付く。三つ紋（両袖と背中）、一つ紋（背中だけ）は略式とされる。紋の表し方は沢山あるが、なかでも染め抜きの紋が正式で最も格調高い。——

もんぺ［——］日本の農村で野良仕事などに用いる女性用の和服風ズボンの一種。そもそも北海道や東北地方で保温用や作業用に穿かれたもので、「雪袴（ゆきばかま）」と呼ばれていたという。また太平洋戦争中は婦人の標準服ともされ、それまでは「もんぺい」と表記されていた。これは「股引（ももひき）」から変化したとか、門兵衛あるいは紋平という人が穿き始めたことからとかの説がある。また一般には「もっぺ」とか「もんぺー」とも呼ばれていた。木綿の絣地で作られるものが多く、裾口を紐通しで細くする形に特徴がある。

ま

ヤートラ [――] ヤーサントラッドの短縮語で、「オラオラ系*」など日本の不良たち独特のストリートファッションの表現を指す。英語ではギャングスタールック [gangster look] とかストリートギャングスタイル [street gang style] などと呼ばれる。

ヤーン [yarn] 織りや編みに用いる「糸」のこと。コットンヤーン（木綿糸）、ウーレンヤーン（毛糸）などの種類がある。

ヤーンダイドクロス [yarn-dyed cloth]「糸染め」の生地。ピースダイドクロス*（反染めもの）の対義語で、織り上げる前の糸の段階で染めた織物を総称する。ストライプやチェックなどの生地は、プリント柄を除いてこれの代表的なものとなる。

夜会服⇒ボールガウン

夜会巻き [やかいまき] 本来は日本で明治～大正年間に流行した束髪*の一種で、夜会（西洋風の夜間のパーティー）に向くアップスタイルの髪型を指す。現在ではこれにヒントを得てスタイリングされるアップヘア*の一種を指し、カジュアルな感覚で用いられる例が多い。全体を持ち上げて頭頂部にシニョン*を作り、顔の両サイドに前髪を垂らすようなデザインのものが多く見られる。

ヤク [yak] カシミールやチベットの高地に棲むウシ科の哺乳動物。牡の体長は約３メートルと大きく、灰色ないし暗褐色の長い毛を特徴とする。その毛を原料とする糸や生地がセーターなどに用いられる。また、この毛を用いたレースはヤクレース [yak lace] と呼ばれる。

ヤクレース⇒ヤク

ヤクレザー [yak leather] チベットなどの高地に棲むウシ科の哺乳動物「ヤク」から採れる皮革素材。繊維密度が高く、きわめて丈夫、耐久性に長けるなど優れた特性を持つ。

ヤシュマック [yashmak] イスラム教徒の女性が、人前で顔を見せないようにするために、目以外の顔面を覆うようにした長いベール。モロッコ女性に多く見られるが、中央アジアのトルクメニスタンでは頭を覆うだけに用いるスカーフを指すことがある。

ヤッケ [Jacke 独] スキーや登山、ヨットなどに用いられるフード付きの防風、防寒着。本来はドイツ語で「上着＝ジャケット」の意味で、正しくは〈ビントヤッケ Windjacke〉（防風衣の意）というべきところを、誤ってヤッケと略称し、そのままになってしまったもの。いずれにしても今日の日本では、パーカ、アノラック、ヤッケはフード付きの上着として同義に扱われている。

ヤッピー [yuppie] ヤング・アーバン・プロフェッショナルズ [young urban professionals] を略して作られた言葉で、「都会の若き知識労働者」という意味になる。とりわけニューヨークを中心とする都市近郊住まいの25～45歳の知的職業に従事する人たちをいったもので、アメリカにおける1984年の新語とされる。この年には『ザ・ヤッピー・ハンドブック』なる本も出版されて、世界的にヤッピーブームを巻き起こした。

ヤハズ⇒ペベルドウエスト

矢筈模様⇒ヘリンボーン

山ガール [やま＋ girl] つまるで山登りに行くような服装に身を包んだ女の子、またそのようなファッション表現を指す。「森ガール」に次いで登場した癒し系ファッションのひとつで、山スカ*などのおしゃれなアイテムも登場し、上の年代層への広がりも目立っている。

山ガール・ファッション [やま＋ girl fashion]「山ガール」はおしゃれな登山服に身を

固めた登山好き女性を指す最近の流行語のひとつで、そのファッションが注目されてこのような現象が生まれたもの。既成の概念をくつがえすようなおしゃれなスカート（山スカと呼ばれる）などがあり、2010年を中心に話題を集めた。これに関連して川釣りを楽しむおしゃれな女性を「川ガール」と呼ぶ傾向も生まれている。

山カジ［やま＋casual］まるで登山に行くような服や帽子・靴などと、フェミニン（女らしい）な要素を持つアイテムをミックスして表現したカジュアルファッション。2007年暮れ頃に登場したもので、一般に「山系ファッション」とも呼ばれる。

山系ファッション⇒山カジ

山スカ［やま＋skirt］「山スカート」の短縮語で、登山用スカートの意。キルティングなど保温性の高い素材で作られ、ラップ（巻き付け）式やミニタイプとなったものが多い。本来はランスカ*（ランニングスカート）などと同じスポーツアイテムのひとつとされるが、最近の「山カジ*」などの流行から、ファッション的な色柄使いのものが街穿き用として気軽に穿かれる傾向が生まれている。

山高帽⇒ダービーハット

山パン［やま＋pants］「山パンツ」の意で、山スカ*のパンツ版とされる。山登りにでも行くような女性用パンツだが、ピンクなど明るい色使いにして、これを街ばきとするのがポイントとなる。

山ボーイ系⇒森ボーイ系

ヤムルカ［yarmulke イディッシュ語］ユダヤ人の男子が礼拝時やタルムード（ユダヤ教の聖書）の勉強時にかぶる縁なしの小さな帽子。正統派ユダヤ教徒の象徴とされる帽子で、カトリック教徒のスカルキャップのユダヤ教徒版とされる。ヤルムルケ、ヤールルカとも発音し、別にキッパ（キパ、キッパー、キポット）と呼ばれる「ユダヤ帽」とも同義とされる。

ヤンキーガールファッション［Yankee girl fashion］ヤンキーファッション*の女性版。つまり日本の不良少女たちのファッションを指し、とくにロンタイと呼ばれる超ロングな制服スカートを愛用するズベ公少女たちの服装が代表的とされる。レディース［ladies］と呼ばれる女暴走族のファッションもこれと軌を一にする。

ヤンキーファッション［Yankee fashion］日本で「ツッパリファッション」と呼ばれる不良少年風のファッション。ヤンキー*は元々「アメリカ人」を指す米俗語で、1950年代のアメリカの若者風俗などをヤンキールックといったものだったが、1970年ごろからとくに関西方面でソリ（剃り）を入れたリーゼントヘアに太幅のズボンをはいたチョイ不良の少年たちをヤンキーと呼ぶようになり、日本独特の若者ファッションとして定着を見るようになった。ツッパリは「突っ張り」の意で、彼らの反抗的な態度を指して表現したもの。

ヤング率［Young ＋りつ］繊維の硬さ（強さ）を表す尺度として用いられる。英語ではヤングス・モデュールといい、トマス・ヤングの人名に由来する。本来は物体の硬さを示すもので、「初期弾性率」とか「縦弾性係数」などと呼ばれる。数値（Eの記号を用いる）が大きいほど弾性（元に戻ろうとする性質）が強いとされ、繊維ではそれだけ硬いことになる。綿やポリエステルではヤング率が高く、これはハリ・コシがある生地になることを表している。

ヤンピー［yang pi］中国語で「羊皮」の意。ヨンピーとも表記し、羊のなめし革を意味する。

ファッション全般

湯浴み着［ゆあみぎ］「温泉で着る服」という意味から名付けられたもので、露天風呂や混浴温泉などで女性が恥ずかしくないようにという配慮から作られた入浴用の衣服の一種を指す。水着の形をしたものやムームーのようなものなど、その形にはさまざまなものがある。

有機繊維⇒鉱物繊維

ユーズド・ヴィンテージジーンズ［used vintage jeans］中古のヴィンテージジーンズ＊の意。価値の高いヴィンテージジーンズをことさら強調した表現で、〈リーバイス501ＸＸ〉などが代表的。1980年代後半から始まったヴィンテージジーンズのブームは、クラシックジーンズ＊の見直しにつながった。

ユーズドウオッシュ⇒ハードウオッシュ

ユーズド加工⇒ダメージ加工

ユーズドクローズ［used clothes］使い古した衣料の意で、つまりは「中古衣料、古着」をいう。かつては貧しい衣服の代名詞とされたものだが、1990年代になって若者たちの間で見直されるようになり、現在ではいわゆる「古着ファッション」として独特の価値観を持つようになっている。ユージットクローズとも発音される。

ユーズドジーンズ⇒リサイクルジーンズ

ユーズドデニム［used denim］使い古したデニムパンツの意で、いわゆる中古ジーンズをいうが、最近では1本のジーンズを長期間穿き続けて、わざと使い古したように加工した日本の岡山・児島産地のデニムが話題となった。

ユーズドルック⇒古着ルック

ユーティリティーウエア［utility wear］ユーティリティーは「有用性、実益、万能な」という意味で、着回しの利く機能的で実用的な衣服全般を指す。ワークウエア＊やミリタリーウエア＊をはじめ、ユニバーサルウエア＊に至るまで、その概念には広いものがある。

ユーティリティーバッグ［utility bag］ユーティリティーは「役に立つこと、有益、有用（性）、実用（性）」という意味で、ひとつで3通りにも4通りにも使うことのできる、きわめて機能的かつ実用的なバッグを総称する。半分に折るとクラッチになったり、ストラップや持ち手を換えるとショルダーバッグになったりハンドバッグになったりするバッグのことで、使い方によってスリーウエイバッグ［three way bag］（3通りの意）とかフォアウエイバッグ［four way bag］（4通りの意）などと呼ばれることにもなる。

ユーティリティーパンツ⇒ベイカーパンツ

ユーティリティーブーツ［utility boots］ユーティリティーは「有用性、実益」また「万能な」の意で、使い回しの利く機能的で実用的なブーツを総称する。ドクターマーチンのブーツなどはその代表的なものとして知られる。

ユーティリティーベルト［utility belt］ユーティリティーは「有用性、実益、万能な」の意で、多用途に使うことのできるベルトを総称する。ポリスベルトがその代表例。

ユーロカジュアル⇒ヨーロピアンカジュアル

ユーロジーンズ⇒ヨーロピアンカットジーンズ

ユーロスーツ⇒ヨーロピアンモデル

ユーロスタイル⇒ヨーロピアンスタイル

浴衣［ゆかた］夏季に着用することが多い木綿（もめん）地の単（ひとえ）の着物のひとつ。昔、公家や武士が入浴時に用いた「湯帷子（ゆかたびら）」から生まれたもので、現在では湯上がりのほか夕涼みや夏祭りなどに用いられ、さまざまなデザインのものが見られるようになっている。藍染めの中形（ちゅうがた）と呼ばれるものが代表とされるが、現在で

ファッション全般

はこれにこだわらず斬新な柄行きのものが男女ともに多くなっている。

ゆかたドレス（子供服）［ゆかた＋dress］幼児向けのアイデア商品のひとつで、浴衣の生地でワンピース風に仕上げたサマーアイテムを指す。上下が分かれたセパレート型になったものが多く、浴衣用の帯を着けて着用する。お祭り用途のもので、サンダルやサマーブーツと合わせるのも特徴とされる。

浴衣ドレス［ゆかた＋dress］浴衣（ゆかた）を原型にワンピースに変身させたサマードレスの一種。最近の若い女性に見る浴衣人気の中から台頭してきた新種のアイテムで、大きなスリット入りのものやミニ丈のものなどさまざまなデザインが見られる。

雪カジ［ゆき＋casual］「雪山カジュアル」の略で、雪山へ行くような服装を街中で着こなすファッション表現をいう。「山カジ*」と同種のもので、これは2008〜09年秋冬シーズン向けに用いられた言葉。

裄丈⇒スリーブレングス

雪山カジュアル［ゆきやま＋casual］⇒雪カジ

裄綿［ゆきわた］スーツ上着などテーラードなジャケットの袖山芯地のことで、袖付けに用いる芯地の一種。これによって袖山にボリュームを持たせ、美しいシルエットを整えることができる。ドミット芯と呼ばれる素材と毛芯*を組み合わせたものが多い。

湯シャン［ゆシャン］お湯だけで行うシャンプーのこと。シャンプーやリンスの使用が髪や頭皮に負担をかけるのではないかといった話から、某芸能人がこれを行っていることをブログに載せたところから広まったとされる。昔流行った「朝シャン」になぞらえてこう呼ばれる。

ユニオンスーツ［union suit］上下がつながった男性下着のひとつで、コンビネーションズ［combinations］とかコンビネゾン（仏）、またユニットスーツ［unit suit］の名でも呼ばれる。1930年代にトランクス型の下着が現れるまで、男の下着はこうした形のものが世界的な傾向であったとされる。この中で足首まで届くような丈の長いものをロングジョン［long johns］と俗称することがあり、そこから膝丈のものをショートジョン［short johns］と呼んで、これはそうした形の水着を意味するようにもなっている。ちなみにアメリカ西部のカウボーイたちは、魔除けの目的で真っ赤なユニオンスーツを着用する習慣があったという。

ユニセクシュアル⇒ユニセックス

ユニセックス［unisex］「ひとつの性」の意で、男女共通で用いられる服装などについて用いる。男女の差がないというのが本来の意味で、和製語のモノセックス［monosex］と同じ。ユニセクシュアル［unisexual］はその形容詞。

ユニセックスルック［unisex look］ユニセックスは「同一の性」の意で、モノセックス［monosex］やノンセックス［non-sex］と同義。男女の区別がつかない、あるいは男女差のない服装についていったもので、男女の性差を超越したということからトランスセクシャルルック［trans-sexual look］ともいう。

ユニタード［unitard］レオタード*とタイツを接合させて上下をひとつなぎとしたもの。バレエやダンスに用いられるもので、ユニ（単一）とレオタードから成る合成語。

ユニットスーツ⇒ユニオンスーツ

ユニ・デコ⇒デコカジ

ユニバレ［――］着ている服がユニクロのものとすぐバレること。かぶりやすいこ

ファッション全般

とのたとえとして用いられる。

ユニバーサルウエア [universal wear] ユニバーサルは「全般の人々の、万人に共通の」という意味で、高齢とか体が不自由などという障害者と健常者の区別なく着ることができる衣服を総称する。いわゆるユニバーサルファッション*の考え方に沿ってデザインされた衣服を指し、ノーマライゼーションファッション*から生まれたノーマライゼーションウエアと同義の概念を持つ。

ユニバーサルファッション [universal fashion] ユニバーサルは「普遍的な、全部の、万能の」という意味。身体に不自由があるとか高齢などといった障害者と健常者の区別なく、誰もが共通して着ることのできるファッションを総称する。誰にも使いやすく、かつおしゃれというのが最大のポイントで、UFと略される。

ユニバーシティークルーズ [university crews] ボートレースに用いるTシャツ型のボートシャツ [boat shirt] の一種で、特にアメリカのアイビーリーグ校のボート部員たちによって考案されたものをこのように呼ぶ。原意は「大学の乗組員」となる。こうしたものをボーティングジャージー*とも称している。

ユニバーシティーブルゾン ⇒ カレッジジャケット

ユニフォーム [uniform] 「制服」の意。ユニは「単一」、フォームは「形」という意味で、「ひとつの形、ひと揃い」という意味からこう呼ばれるようになったもの。特定の集団に属していることを示すために揃えた衣服のことで、軍隊、警察、官公庁、学校、会社などさまざまな分野に見られる。レストランなどのサービス業用のものを特にサービス・ユニフォーム [service uniform] と呼ぶこともある。日本的にユニホームとも表記される。

ユニフォームシャツ [uniform shirt] オフィスやレストランなど各種のユニフォーム（制服）に用いられるシャツ。クライアントの要望に応じて、マークなどを入れるサービスをほどこす例も見られる。スポーツユニフォーム用途のものもある。

指編 [ゆびあみ] 編み棒や編み針を使わず、指だけで編み上げるニット技法をいう。ニットデザイナー広瀬光治らの活動で広く一般に認められるようになったもので、現在では指編と書かず「ゆび編」と表記することが一般的になっている。

ゆるカジ [ゆるい＋ casual]「ゆるいカジュアル」の意で、2002年頃に出現した「だぶだぶルック」のカジュアルファッションを指す。ここから発展したゆるくてデコラティブ（装飾的）なスタイルを「ゆるデコ」（ゆるい＋ decorative）と呼ぶ。「ゆるい」は近ごろの若者言葉で、リラックスした癒やしの気分を表している。

ゆる系ロックスタイル [ゆるけい＋ rock style] いわゆる "お兄系" のファッションにロックのテイストを採り入れて、ゆるい感覚に仕上げた若者のファッション表現のひとつ。黒を基調に展開されることが多く、一般に「ゆるロック」とか「ゆる系ロック」などとも呼ばれる。

ゆるコーデ [――] ゆったりした着こなし。リラックス感の強いコーディネーションのことで、たとえば、ルーズなシルエットのトップスやロングニット、パーカなどで構成される服装がある。ボトムもワイドパンツやビッグスカートなどゆったりしたものを選ぶ傾向が強い。といって、だらしないというわけではないのが特徴とされ、2016年頃からトレンドとなってきた。

ゆるデコ ⇒ ゆるカジ

ゆるトラ [――] ベーシックでトラディシ

や

873

ファッション全般

ョナルなアイテムを基本にしながらも、新しいウエアや色柄などのトレンド要素をうまくミックスさせて、ゆるい雰囲気で着こなすファッション表現を指す。ダッフルコートやピーコート、ポンチョ、マントなどのトラッドなアイテムを中心とし、ベージュ系の色を用いたり、タータンなどのチェック柄をうまくこなすのがポイントとされる。

ゆるナチュ［——］ファッション全般に見る「ゆるくてナチュラルな」テイストのこと。カワイイけれども子供っぽくなく、あくまでも自然な感覚で着心地がよいというのが特色とされる。2008年春夏ごろからＯＬたちやヤングのあいだに急速に台頭してきたファッションの気分とされる。

や

ファッション全般

妖精スカート⇒フェアリーワンピース

妖精ファッション⇒フェアリーワンピース

洋品小物 [ようひんこもの] 西洋風の小物という意味で、特に明治時代以降の日本で、洋服の付属品や洋式の装身具また小間物などを総称したもの。こうした商品を扱う店を「洋品屋」などといったものだが、幕末から明治初期の時代にかけては、これを「唐物（とうぶつ）」と称し、また店も「唐物屋」と呼ばれたものであった。

洋服 [ようふく] 西洋式の衣服*、西洋から来た衣服の意からの命名。16世紀、日本に初めて伝わったころは「南蛮服（なんばんふく）」、江戸時代の長崎・出島のオランダ人の服装は「紅毛服（こうもうふく）」とか「毛唐服（けとうふく）」と呼ばれ、幕末になって「西洋服」と呼ばれるように変化した。「洋服」という名称が一般化するのは1879年（明治12）以後のこととされる。英語化するならヨーロピアンクローズ [European clothes] とかウエスタンクローズ [Western clothes] などということになる。

葉脈繊維⇒植物繊維

楊柳⇒クレープ

ヨーク [yoke] コートやジャケット、またシャツなどの肩や背中、あるいはパンツやスカートなどの後ろ上部などに入れる「切り替え部分」のこと。ヨークには本来、牛に用いる「くびき」の意味があり、そこから「絆、結び付き」の意味も引いている。

ヨークスカート [yoke skirt] ウエスト部分にヨーク（切り替え布）を入れてフィットさせ、ヨークの下からはプリーツやギャザーなどを入れて広がりを持たせるようにしたデザインのスカートを総称する。

ヨークドレス⇒ヨークワンピース

ヨークフェアセーター [yoke Fair sweater] ロピーセーター*と同じように、フェアアイルセーター*に見る独特の模様（フェアアイルパターンと呼ばれる）を肩のヨーク部分にあしらったセーターをいう。スコットランド原産のセーターのひとつで、この柄はひとつとして同じものがないとされている。

ヨークワンピース [yoke one-piece] ヨークは肩や胸などにあしらう切り替え部分のことで、そうした切り替えを特徴とするハイウエスト型のワンピースをいう。ドレスとしてはごくシンプルな形のもので、多くは袖なしで、ヨーク下部にギャザーをとって自然なフレアを出したものが多い。ヨークドレス [yoke dress] とも

ヨーロピアンカジュアル [European casual] ヨーロッパ調のカジュアルファッションの総称。日本では頭文字を取ってECとも略称されるが、アメカジ*のように「ヨロカジ」ということはない。最近ではユーロカジュアル [Euro casual] と呼ばれたり、各国別にイタリアンカジュアル（イタカジ*）とかフレンチカジュアル（フレカジ*）などと呼ばれることが多い。総じて審美的なところが特徴とされる。

ヨーロピアンカットジーンズ [European cut jeans] ヨーロッパの国々で作られるジーンズの総称。1970年代後期から80年代前期にかけて流行したディナージーンズ*やフレンチジーンズ*といったものは、当時ヨーロッパで作られるものが多かったところから、このような名称で呼ばれた。ユーロジーンズ [Euro jeans] とかイタリアンカットジーンズ [Italian cut jeans]と呼ばれるものも同種のアイテム。

ヨーロピアンスタイル [European style] ヨーロッパのスタイル。フランスやイタリアなどヨーロッパの国々のファッションスタイルを総称する。かつてはコンチ

や

ネンタル（欧州大陸の意）スタイルとかそれを略してコンチスタイルなどと呼ばれたものだが、今日ではヨーロピアンと呼ばれるほかユーロスタイル［Euro style］と呼ばれることのほうが多くなった。概して審美的なところに特徴がある。

ヨーロピアントラディショナル［European traditional］ ヨーロッパに見る伝統的な装いといったほどの意味で、とくにブリティッシュトラディショナルスタイル*（ブリトラ）に代表される英国調の伝統的なファッションを指すことが多い。

ヨーロピアンボタンダウンカラー［European button-down collar］ ヨーロッパ版のボタンダウンカラー*。本格的なトラッド調のそれに比べると襟のロール（適度なゆるみ）がなく、襟先もショートポイントかロングポイントに限られるのが特徴。

ヨーロピアンモデル［European model］ ヨーロッパ調のスーツ型の総称。特にこれといったスタイルがあるわけではないが、アメリカ調のそれと比べて審美性に富み、ファッショナブルで個性的なデザインのものが多く見られる。フランス調、イタリア調、ドイツ調といったように国別に分けてとらえる方法もあり、こうしたものをユーロスーツ［Euro suit］とも総称している。

ヨーロピアンリネン⇒ベルギーリネン

ヨガアパレル⇒ヨガウエア

ヨガウエア［yoga wear］ ヨガ（正しくはヨーガと発音する）用の衣服の総称。ヨガアパレル［yoga apparel］ともいい、ヨガピラティス*など最近のヨガブームから開発が進むようになった。肌触りの良さを重視するなど機能性に留意するとともに、ファッション性も十分に盛り込んだものが多く登場するようになっている。

ヨガシューズ［yoga shoes］ フィットネスシューズ*の一種で、ピラティス*などのヨガ運動に用いる靴を指す。

ヨガバッグ［yoga bag］ ヨガの道具一式を収納するバッグ。ヨガウエアや飲料ボトルのほかヨガマットなどまで収納するために大型のものが多く、一般に横長の立方形のものが用いられている。持ち手が長めに作られて、ショルダーバッグのように使うことのできるタイプも多い。

ヨガパンツ［yoga pants］ ヨガ（インド発祥の黙想的修行法でヨーガともいう）のフィットネス運動に用いるパンツのことで、昔の布帛のトレーニングパンツを思わせるようなルーズなシルエットのものが多く見られる。ダンスフィットネスにも用いられるところから、これをダンスパンツ［dance pants］とかジャズパンツ［jazz pants］と呼ぶこともある。デザインと素材の変化は多い。

ヨギーニスタイル［yogini style］ ヨガを楽しむマダムたちの服装をいう。ヨギーニは本来は「ヨーギニー」と発音し、ヨガ（これもヨーガが正しい）の女性修行者を指す。近ごろのヨガ、とりわけパワーヨガの人気からこれを楽しむ人たちが増え、ヨガパンツなどいわゆるヨガウエアがファッション化する傾向を見せている。

緯編［よこあみ］ニットの二大組織のひとつで、英語ではウエフトニット［weft knit］という。糸がヨコ方向から供給されて編み目を作っていく（連綴＝れんてい）編み方を指し、ヨコ方向の伸縮性があるのが特徴とされる。俗に緯メリヤスとも呼ばれ、これにはまた平らな状態に編む「横編（よこあみ）」と、円筒状に編む「丸編（まるあみ）」の2タイプがある。横編は基本的にセーターやカーディガンなど一着分の編みに適しており、業界で「横もの」というとセーター類を意味する。緯編は糸の供給の仕方を地球

ファッション全般

の緯度と経度になぞらえて表したところからそう呼ばれるもの。

横編⇒緯編

横編セーター［よこあみ＋sweater］横編機で作られるセーターの総称。目減らし、目増やしを行って形通りに仕上げるもので、リンキングマシンなどでかがり合わせて作るのが基本となる。これを業界では「横もの」と称している。

ヨコスカ・ジャンパー⇒スカジャン

緯メリヤス⇒緯編

ヨッティングキャップ⇒マリンキャップ

ヨッティングパーカ⇒ヨットパーカ

ヨッティングブーツ⇒マリーンブーツ

ヨッティングブレザー［yachting blazer］クルーザーと呼ばれる大型ヨットの航海時に船長（キャプテン）が着用するとされるダブル前型の紺サージ製ブレザー。このことからキャプテンジャケット［captain jacket］とも称される。

ヨットウエア［yacht wear］ヨット遊びをするときに用いる衣服の総称。いわゆるヨットパーカやクルージングブレザーなどに代表されるが、ヨットレース用にはラッツホーゼンなどの特殊なものもあり、一方クルーザーに乗るような外洋型の豪華な船遊びには、それに適したエレガントな服装も求められる。

ヨットウオッチ［yachting watch］ヨットレースで使用する腕時計。スタート5分前に警告が鳴らされることから、30分計が5分ごとに色分けされているのが特徴とされる。これによってレースを有利に進めることができるというもので、ほかに潮の干満を示すダイヤルを付けたものも見られる。

ヨットトレーナー⇒スエットパーカ

ヨットパーカ［yacht parka］ヨット用のパーカのことで、フードと裾に紐を通し、風が強いときにはそれを締めて防ぐよう

にしたプルオーバー型のものが代表的。腹部にカンガルーポケット*と呼ばれる大型のマフポケット*が付き、ジャージーやパイルファブリックなどで作られるものが多い。これを指す名称は多く、次のものがある。ヨッティングパーカ［yachting parka］（ヨット遊び用の意）、セーリングパーカ［sailing parka］（航海用の意）、マリナーパーカ［mariner parka］（水夫、船員用の意）、デッキパーカ［deck parka］（甲板用の意）、ボーティングパーカ［boating parka］（ボート遊び用の意）。ほかにラバー製などの前開き型のものも見られる。

ヨットブーツ⇒マリーンブーツ

よろけ縞［よろけじま］「よろけ織」という織り方で織り出された縞模様のこと。またそのような感じにデザインされた縞柄をいう。よろけ織はタテあるいはヨコ糸を湾曲させて、生地表面に波状の縞模様を織り出した織物で、「タテよろけ」と「ヨコよろけ」の種類があり、「ひさご織」「太閤織」とも呼ばれる。よろけるは本来足元がふらつく様子を指す。

や

877

ファッション全般

ラージコート⇒ビッグコート

ラージフェザー⇒フェザー

ラーベン編 [rahben stitch] 横編機のラーベン機によって作られる編地で、タックの積み重ね変化によって、鹿の子や縄状の隆起や透かし目などを特徴とする。

ラーラースーツ [rah-rah suit] 20世紀初頭、アイビーリーグの学生たちの間でスポーツ観戦用として爆発的に流行したスーツの流行型。丈長の上着にゆったりしたパンツを組み合わせたオーバーサイズドスーツ（たっぷりしたスーツの意）で、1912年頃まで用いられたという。ラーラーは米俗語で「喝采、万歳の叫び声＝フレー、それっ」を表す。これ以前に学生たちが好んだものには、1903年ごろに流行したカレッジアンスポーツスーツ [collegian sports suit]（学生のスポーティーなスーツの意）と呼ばれる着丈の短い上着と裾細りパンツの組み合わせがあり、これ以後には1925年頃に流行したケークイータースーツ [cake eater suit]（洒落者、にやけた男のスーツの意）というアイテムが見られる。

ラーラースカート [rah-rah skirt] ラーラーとは応援のかけ声で「フレー、フレー」といったほどの意味。これはチアガールたちが着るようなミニ丈のプリーツスカートを指す。

ライオンカット [lion cut] ウルフカットの進化形で、ライオンのタテガミのような印象を与える髪型を指す。「チャラ男系」などと呼ばれる現代の若者たちによく見られるヘアスタイルの一種で、茶髪が多いのもライオンと呼ばれる理由のひとつとなっている。

ライクラ [Lycra] アメリカの『デュポン』社が保有するポリウレタン＊繊維の商標名。最近では XFIT ライクラと呼ばれる新商品が誕生し、これで作られたファブ

リックは360度どのような動きにも対応する優れたストレッチ性を持つスーパー素材としてジーンズなどに用いられている。

ライズ [rise] 股上の意。本来は「上がる、昇る」という意味で、ファッション用語ではズボンの両脚の付け根（接合点）からウエストバンド上縁までの寸法（長さ）を指す。ウエストラインちょうどで納まる感じのものをレギュラー（通常）とし、それより高い（深い）ものをハイライズ [high rise]、低い（浅い）ものをローライズ [low rise]、それよりさらに低いものをスーパーローライズ [super low rise] と呼んでいる。低くなるほどスポーティーな感覚が強くなるのも特徴。

ライスパール [rice pearl] 米粒のような細長い形をした真珠。ファンシーパール（変わり型真珠）の一種で、ちょっと変わった感じのあるネックレスとして用いられることが多い。

ライダース [rider's] ライダーズ [riders] ともいう。オートバイのライダーたちのファッションを指す俗語で、バイカーズ [bikers] ということもある。オートバイ向きのハードな革ジャンパーや革パンツが代表的なアイテムで、そうしたウエアをストリートファッションとして用いる風俗もこの名で呼ばれる。そうした革のブルゾンにミニスカートの組み合わせなどはその典型。

ライダーズウオッチ [rider's watch] オートバイライダー用に作られた腕時計。とくにレースに使用するときに便利なように、視認性に気を配り、リュウズ（竜頭）やスタートストップボタン、リセットボタンなどの位置を考慮したものが多く見られる。

ライダースカーフ [rider scarf] オートバイライダーが用いるスカーフという意味

879

ファッション全般

で、後ろで結んで背中に流す細長いロングスカーフをこのように呼んでいる。バックスタイルに着こなしのポイントがあり、また1970年代風の雰囲気が生まれるとして人気がある。

ライダーズコート [rider's coat] オートバイ乗り用のコートという意味でネーミングされた、膝丈程度の長さを特徴とするコート。ライダーズジャケット*のコート版といったところで、デザイン的にライダーズジャケットを踏襲しているが、ダウン（羽毛）素材で作られるなど新しいアイデアを加えたタイプが増えている。ライダースコートともいう。

ライダーズジャケット [rider's jacket] オートバイライダー用のジャケット。風を防ぐ目的からダブルブレステッドの斜めジッパー使いにしたり、裾をベルト留めにするなど機能的なデザインが多用されている。ボマージャケット*と並ぶレザーブルゾンの代表的なアイテムで、モーターサイクルジャケット [motorcycle jacket] とかライダーブルゾン [rider blouson]、レーシングジャケット [racing jacket] などさまざまな名称でも呼ばれる。これがファッション化したのは1950年代以降のことで、単にライダースと濁らずに発音されることもある。

ライダーススーツ [rider's suit] オートバイのライダーの服装をモチーフにデザインされた上下揃いの服装。上下のつながったジャンプスーツや革製のライダースジャケットとパンツが組み合わせになったものなどに代表される。こうしたものを街着として着こなすことがファッションとなっており、そこに漂うアウトロー的な雰囲気がうける要因とされる。

ライダーズパンツ ⇒レザーパンツ

ライダーズベスト [rider's vest] ライダーズジャケット*から袖を切り落としたよ

うな形を特徴とするアウターベストの一種。ロックテーストのファッション表現に用いられるアイテムとして登場したもの。

ライダーブルゾン ⇒ライダーズジャケット

ライティートレンチ [lighty trench] 軽やかな雰囲気に作られたトレンチコート。特に女性用に見られるもので、本来のトレンチコートのイメージは残しながらも、薄手の素材を用いるなどして全体に軽く仕上げたものを指す。

ライティーマドラス [lighty madras] マドラスチェックのなかで、明るい色調のものをいう。反対に暗い色調のものはダークマドラスと呼ばれる。

ライディングキャップ [riding cap] 「騎乗帽」の意。乗馬用の帽子で、ハンティングキャップ*から生まれたものとされ、黒のベルベットやバックスキンなどで作られ、ハンティングキャップと同じ形のものが多い。これはまた頭を保護するヘルメットの一種でもあり、そのことからアメリカでは特にライディングヘルメット [riding helmet] とも呼ばれる。

ライディングジャケット [riding jacket] 乗馬服の総称。スポーツとしての乗馬を楽しむときに着る上着のことで、ハッキングジャケットやピンクコートなどさまざまな形がある。元々は18世紀のライディングコート（フランス語ではルダンゴト*）に始まる伝統的な衣服で、ライディングハビット [riding habit] とも呼ばれる。

ライディングスーツ [riding suit] 乗馬服の総称だが、現在では乗馬の雰囲気を取り入れた女性用のスーツを指すニュアンスが強い。ジョドパーズ*（乗馬ズボン）と揃いになったサドルスーツ [saddle suit]（サドルは馬の鞍の意）もその一種で、かつてライディングハビット [riding

ファッション全般

habit] とかアマゾーヌ [amazone 仏] と呼ばれた19世紀の女性用乗馬服が発展したもの。

ライディングスカート⇒アマゾンスカート

ライディングトラウザーズ⇒ジョドパーズ

ライディングハビット⇒ライディングスーツ

ライディングパンツ⇒ジョドパーズ

ライディングブーツ [riding boots] 乗馬靴の総称。脚にフィットし、膝下までの高さをもつ乗馬用に作られたレザーブーツで、ジョッキーブーツ*などの種類がある。このように履き口の高いブーツを、特にハイブーツ [high boots] と総称することがある。

ライディングブルゾン [riding blouson] 乗馬の練習時に用いるブルゾン。多くはVネックのプルオーバー型の上着で、本来はスエードを用いるが、現在では防水加工されたギャバジンやポプリンなどを使うことが多い。時としてオートバイ用の軽快なジャンパーをこのように呼ぶこともある。

ライディングベスト [riding vest] ポストボーイ・ウエストコート*を原型として作られたベストの一種で、通常のベストとは異なり、ウエストの縫い目とそれに沿って付けられたフラップポケットを大きな特徴とする。タッタソールチェック（乗馬格子）の生地を多く用いるところからこの名があるもので、裾が長めとなっているところからスカーテッドベスト [skirted vest] とも呼ばれる。

ライディングヘルメット⇒ライディングキャップ

ライトアウター [light outer] 軽い外衣の意。端境期などに軽く羽織る感じで着こなすことのできるアウターウエアを総称し、ロング丈のニットカーディガンなどに代表される。

ライトウエイトデニム⇒ジェニュインデニム

ライトコート [light coat] ライトは「軽い、軽快な」の意味で、とくに軽い素材を使って作られる軽快な感覚のコートを総称する。全体にゆったりして、気軽に着ることができるのが最大の特徴。

ライトジュエリー⇒カジュアルジュエリー

ライナー⇒ライニング

ライナーウエア [liner wear] ライナーはライニング（裏地）から派生した言葉で、一般に取り外しができるコートの裏地をいう。そこから、付と裏地のようにデザインされた服をこのように呼んでいる。一見すると、まるで裏返しにして着ているような感じを与えるのが特徴。

ライナーコート⇒スリーシーズンコート

ライニング [lining] 「裏地」のこと。また衣服に裏打ちをしたり、裏地を付ける作業そのものも指す。ライナー [liner] ということもあるが、これは正確にはコートなどの「裏張り」を意味することが多い。

ライニングコート⇒スリーシーズンコート

ライフウエア [Life Wear] 株式会社ファーストリテイリングが2013年秋冬シーズンから打ち出した「ユニクロ」服の新しいコンセプト。機能性と美しさと価格3つの要素をバランスよく、これまでなかったような形で実現させた服といった意味合いを持つもので、2012年、デザインディレクターに就任した「イッセイ・ミヤケ」の元デザイナー、滝沢直己の存在によるところが大きい。氏の言葉によれば、ライフウエアとは着る人の生活をより豊かにする「本質」を備えた「新しい生活着」という解釈になる。

ライフジャケット⇒ライフベスト

ライフベスト [life vest] 生命を護るという意味から来たもので、いわゆる「救命胴着」のこと。ヨットマンやカヌーイストたちにとっては必携の用具とされるも

ら

ファッション全般

ので、ライフジャケット［life jacket］とかハーネス［harness］の名でも呼ばれる。ハーネスには「安全ベルト、パラシュートの背負い革」また「馬具一式、引荷用の引き具」「犬猫用の胴輪」といった意味がある。

ライマブレスレット［RAYMA bracelet］健康を目的としてスペインで作られたブレスレットの商品名。当初はゴルファーなどスポーツ選手が用いて注目され、やがて一般に広がってブームをもたらした。日本では健康に良いということで、中高年男性の間で人気を集め、格好のアクセサリーとなった。

ライルソックス［lisle socks］ライル糸（コットンライルとも）と呼ばれる堅撚りの木綿糸で編まれた靴下。夏向きのコットンソックスのひとつで、サマースーツに合うドレスソックスとして用いることが多い。

ライン［line］「線、筋」の意だが、ファッションでは多くがシルエットラインの略として用いられる。つまり、衣服の外形の線、すなわち「輪郭線」ということで、シルエット*とも同義とされる。これをフランス語ではリーニュ［ligne 仏］、イタリア語ではリネア［linea 伊］、ドイツ語ではリーニエ［Linies 独］という。

ラインストーン［rhinestone］コスチュームジュエリー*に多く使用される模造ダイヤモンドの一種。透明な輝きを持ち、さまざまな色のものがある。元はフランスのライン川河岸のストラスブールという町で作られたことから、フランス語でcaillou du Rhin（ライン川の水晶、小石の意）と呼ばれ、これが英語に翻訳されたもの。

ラインストーンストッキング［rhinestone stocking］模造ダイヤモンドの一種であるラインストーンを部分的に取り入れた

ストッキング。足首にワンポイントとして取り入れるおとなしいものから、数か所に設けるもの、またドラゴンなどの柄にラインストーンを付ける派手なものなど多彩なデザインが見られる。

ラインソックス［line socks］穿き口などにライン（線）をあしらったソックスの総称。クルーソックス*によく見られるが、これには爪先部分やかかとの屈曲する部分などにラインを入れたものも含まれる。

ラインドジャケット［lined jacket］裏地を貼ったジャケットの意で、特に毛布などを貼ったデニムジャケットなどをいう。ラインには「（衣服など）に裏を付ける、裏打ちする」という意味があり、そうしたデニム地のオーバーオールズやカバーオールズなども見られる。防寒性とともに布地を補強する目的もあった。ヴィンテージアイテムに多い。

ラインドパンツ［lined pants］裏地を貼ったパンツの意で、おもに防寒の目的で裏地付きとしたパンツを指す。フランネルなどの生地を裏地としたコットンパンツが代表的。

ラウドソックス［loud socks］ラウドは「（音・声などが）大きい、騒々しい、うるさい」また「（色彩・服装が）けばけばしい、派手な」という意味で、色柄が非常に派手で、人を驚かせるようなデザインの靴下を総称する。こうした靴下をわざと目立たせる着こなしを、かつてアメリカでソックオールック［sock-o look］と呼んだことがある。

ラウンジウエア［loungewear］ラウンジは「ゆったりと寄りかかる、ぶらぶら歩く、のんびり過ごす」という意味で、家の中でゆったりとくつろぐために着用する衣服を総称する。いわゆる「くつろぎ着」で、アメリカではホームウエア*のことをこ

う呼ぶのが一般的。

ラウンジェリー [loungerie] ラウンジウエアとランジェリーの合成語。両者の中間的な性格を特徴とするアイテムで、ロンドンの婦人服ブランド「クリス・ソニック」の提案による新しい概念の服。コーディネートによって下着としても普段着としても着ることができるとされ、総レースの半袖トップスやブラジャー、ガーターベルト付きのトップスなどがある。

ラウンジコート⇒ラウンジジャケット

ラウンジジャケット [lounge jacket] 英国で1848年に誕生したとされる背広型上着のこと。英国紳士の間でラウンジホール（娯楽室）専用の衣服として生まれたもので、現在のスーツ上着の原型とされる。別にラウンジングジャケット [lounging jacket] とも呼ばれ、もっぱら「くつろぎ」用の服とされた。のちラウンジコートへ発展する。

ラウンジスーツ [lounge suit] 英国でいうスーツの正式名称で、英国ではビジネススーツを意味する。元々1840年代に登場したラウンジジャケット*なる簡便服を土台として、1860年代にスーツへと発展したもので、今日のスーツの原型とされる。原意は「くつろぎ着」また「ぶらぶら歩き用の服」。

ラウンジスリップ [lounge slip] ラウンジルームなど室内で着ることを目的としたスリップ*。完全な下着としてのスリップではなく、外着との中間的な性格を特徴としている。いわゆる中間アイテムのひとつとして登場したもの。

ラウンジローブ [lounge robe] 室内で用いるゆったりしたガウン（長上着類）の総称。またラウンジウエア*と同義ともされるが、特に女性が室内で着用するゆったりしたワンピース型のくつろぎ着をこのように呼ぶことがある。

ラウンジングジャケット⇒ラウンジジャケット

ラウンデッドカラー⇒ラウンドカラー

ラウンデッドショルダー [rounded shoulder] 全体に丸みを帯びた肩線。上半身が大きないわゆるトップヘビーシルエットの表現によく用いられ、ドロップショルダー*のカジュアルなデザインともされている。

ラウンデッド・スプレッドカラー [rounded spread collar] 先端を丸くカットしたワイドスプレッドカラー。ドレスシャツに見る襟型のひとつ

ラウンデッドトウ⇒ラウンドトウ

ラウンデッドネックライン⇒ラウンドネックライン

ラウンデッドパンツ [rounded pants] 丸く膨らんだ円筒形のパンツ。だぶだぶのシルエットで折り目なしとしたデザインのものが多く見られる。いわゆるリラックスパンツ*のひとつとされる。

ラウンデッドフロント⇒ラウンドカット

ラウンドウイングカラー [round wing collar] ウイングカラー*の前折れになった先端を、角ではなく丸くカットしたタイプを指す。別にスーパーウイングカラー [super wing collar] などとも呼ばれる。

ラウンドカット [round cut] フロントカット*のひとつで、レギュラーカット*よりも丸くカットした形を指す。ラウンデッドフロント [rounded front] とも呼ばれる。

ラウンドカフ [round cuff] シャツカフス*のデザインのひとつで、先端の角を丸くカットしたもの。これには小丸から大丸までさまざまなカットの仕方が見られる

ラウンドカラー [round collar] 剣先全体が丸くカットされたシャツ襟の総称。ラウンデッドカラー [rounded collar] ともい

ファッション全般

い、襟の先端だけが丸みを帯びたものは
ラウンドチップカラー [round tip collar]
とかラウンドトップカラー [round top
collar] と呼ばれる。また襟先を切り落
としたようなという意味でカッタウエイ
カラー [cutaway collar] と呼ばれること
もあるが、これはワイドスプレッドカラ
ー*の別称という説もある。

ラウンドコート [round coat] ラウンドは「丸
い、円形の」また「丸々とした、ふっく
らとした」といった意味で、そうしたイ
メージが強い婦人コートをいう。カービ
ーコートと同義で、最近人気のクチュー
ル感覚のあるコートに多く見られる。

ラウンドスクエアトウ⇒ブラントトウ

ラウンドスリーブ [round sleeve] 全体に
丸みを帯びた袖をいう。肩から肘を通り、
手首へ抜けるラインに丸みを持たせた袖
で、タックやギャザーで処理するほか、
ラグランスリーブにパッドを用いるなど
してそうした形を表現する。女性のコー
トに多く用いられる。

ラウンドチーフ [round chief] 丸型のポケ
ットチーフ。四角形のハンカチーフ型で
はなく、はじめから円形に作られている
ポケットチーフで、縁が波状になったも
のが多く見られる。挿した時に花びらの
ような形が生まれ、ファンシーな雰囲気
を演出する。別にポケットラウンドとか
ポケットラウンドチーフとも呼ばれる
が、これらはポケットチーフを「ポケッ
トスクエア」と呼ぶことに対しての造語
となっている。

ラウンドチップカラー⇒ラウンドカラー

ラウンドトウ [round toe] ラウンデッドト
ウ [rounded toe] ともいう。丸くなった
爪先型で、英米のトラディショナルシュ
ーズ [traditional shoes]（伝統的な味を
もつ紳士靴の総称）の基本とされる形。
プレーントウ*やストレートチップ*、U

チップ*といった伝統的なデザインがこ
こに含まれる。

ラウンドトウシューズ⇒ポストマンシューズ

ラウンドトップカラー⇒ラウンドカラー

ラウンドネック⇒ラウンドネックライン

ラウンドネックライン [round neckline] よ
り正しくはラウンデッドネックライン
[rounded neckline] という。基本的なネ
ックラインの一種で、首の付け根に沿っ
て丸く開けられ、また浅く刳（く）った
襟刳りで、最も一般的かつ自然なネック
ラインとされる。いわゆる「丸首」型の
ことで、こうしたデザインのものを一般
にラウンドネック [round neck] と呼ん
でいる。

ラウンドポケット [round pocket] 下端の
角を丸くカットした形を特徴とするパッ
チポケットの総称。

ラウンドボトム⇒シャツテール

ラウンドライン [round line] ラウンドは「丸
い、円形の、球形の、円筒形の」また「丸々
とした、ふっくらとした」の意で、そう
した形を特徴とするシルエット表現を指
す。コクーンライン*などと同様の意味
で用いられている。

ラガーシャツ⇒ラグビージャージー

ラガーショーツ [rugger shorts] ラグビー
選手が着用するユニフォームとしてのシ
ョートパンツの意だが、これを街着とし
て着用しようとする傾向もある。膝上少
し上の長さのもので、細身のものもあり、
バミューダショーツ同様に用いられる。

ラガーニット⇒ラグビージャージー

ラガーポロ [rugger polo] ラグビージャー
ジー*のようなポロシャツの意だが、こ
れは長袖のポロシャツをいう俗称のひと
つ。ポロシャツは本来、半袖（短袖）を
もって本格とするという不文律があり、
長袖のそれはあくまでもポロシャツ風の
ニットシャツ、あるいはこのように呼ぶ

884

ファッション全般

べきという意見から生まれたもの。一部にはラグビージャージーのような白の布帛襟を特徴とするポロシャツをラグビーポロ［rugby polo］と称する傾向もある。

ラガーポンチョ［rugger poncho］ラグビージャージー（ラガーシャツ）とポンチョを一緒にしたような新しいニットアイテム。ラガーシャツ特有の白襟が付いたポンチョといった感じのもので、2008年夏の新商品とされる。

ラガマフィン［ragamuffin］ボロを着た人、浮浪児という意味で、極端にルーズな服を着たり、マフラーを無造作にあしらうなどした浮浪者風のファッション表現を指す。日本でいう「だらしなファッション」という表現に近いものがある。

ラギアイ［──］⇒ラギッドアイビー

ラギッドアイビー［rugged Ivy］1960年代にVANヂャケットによって紹介されてから、70年代のヘビアイ（ヘビーデューティーアイビー）、80～90年代のブリティッシュアイビーなどと、連綿として続いてきた日本のアイビーファッションの姿を現在の時点でとらえて表現したもの。ラギッドは本来「ざらざらした、ごつごつした」また「無骨な、素朴な」といった意味だが、ここから「力強い、男らしい」といった意味を導き出し、原初そのままの普遍的で質実剛健なイメージのアイビールックをこのような言葉でとらえようとしている。もともとは　メンズマガジン『Free & Easy』の提唱によるもので、2011年ころから知られるようになってきた。略して「ラギアイ」とも呼ばれる。

ラギッドウオーキングシューズ［rugged walking shoes］テニスシューズとワークブーツの中間的な性格を狙ってデザインされたアウトドア向きの靴の名称。ラギッドは「頑健な、強い」という意味で、

これは90年代のアメリカ　で、40歳以上の人を対象に開発されたウオーキング用靴のネーミングともされる。

ラギッドソール⇒ラグソール

ラギッドルック［rugged look］ラギッド（ラゲッドとも）は「ごつごつした、粗い」といった意味で、頑健なルックスと訳される。あらゆる天候に耐えられる丈夫で機能的で実用的な服装全般を指したもので、かつてアメリカ大統領だったロナルド・レーガンが就任式で「ラギッド・アメリカ（強いアメリカの意）」を主張したところから、この言葉が各所で使われるようになった。

ラグ［rug］小型の「敷物、絨毯」の意。英国では「膝掛け」の意味もある。rag と綴ると「ぼろ、ぼろきれ」の意味になり、ラッグとも発音される。ラグス（ラッグス）rags で「ぼろ服」の意味となる。また機械類の汚れを拭き取るぼろきれを「ウエス」ということがあるが、これは英語の waste（ウエイスト＝廃物、残り物、くずの意）が訛ったものとされる。

ラクーン［raccoon, racoon］北米産のアライグマ。その毛皮のことも指し、短縮してクーンともいうことから、これをクーンスキン［coonskin］とも呼んでいる。主に男性の防寒コートに用いられるほか、デビー・クロケットがかぶった帽子の素材としてもよく知られる。

ラグジャ⇒ラグビージャージー

ラグジュアリー［luxury］ラクシャリー、ラクシュリーとも。「贅沢な、豪華な」の意で、ファッションではグラマラス＊やゴージャス＊と並んで、豪華な雰囲気を表すキーワードとして、近年多く用いられるようになっている。名詞形で「贅沢、高級品」の意味もある。

ラグジュアリーコスメ［luxury cosmetics］きわめて贅沢な、豪華な化粧品の意。シ

ら

ファッション全般

ャネル、ゲランなどの高級ブランド品を指し、これまでは一部の百貨店でしか購入できなかったが、最近、百貨店の客離れなどの傾向に沿って、各ブランドのラグジュアリーコスメを一堂に揃えた新しい形態の店が現れるようになった。こうした店を「ラグジュアリーコスメ編集ストア」などと呼んでいる。

ラグジュアリーストリート [luxury street]
略して「ラグスト」とも呼ばれる。2014年ころから欧米中心に台頭してきたストリートファッションの一大傾向のひとつで、ラグジュアリーなハイファッションブランドと、ストリート色の強い新興ブランドをミックスさせて着こなす表現を指す。黒×白のモノトーンを中心とし、ビッグなトップスにタイトなボトムスといった組み合わせが多く見られる。元々はスラッシーと呼ばれる新世代のデザイナーたちによって発信されたといわれる。そうした服装をラグジュアリーストリートウエアとかラグジュアリーストリート風スタイルなどと呼んでいる。

ラグジュアリーデニム [luxury denim] いわゆるラグジュアリーブランド*と呼ばれる、最高ランクに位置づけられるブランドを目指そうとするプレミアムジーンズ*をいったもので、プレミアムジーンズの中でも特に豪華な雰囲気のある超高価なジーンズ群ということになる。

ラグジュアリーファイバー [luxury fiber]
ラグジュアリーは「贅沢、高級品」という意味で、「豪華な繊維」といったほどの意味。ラグジュアリーという言葉の流行に乗って、繊維や素材の世界でも高級なカシミヤ、アルパカ、モヘア、シルクなどをこのように呼ぶ傾向が生まれたもの。

ラグジュアリープレタ [luxury + prêt-à-porter] きわめて贅沢（ラグジュアリー）

なイメージに満ちたプレタポルテ（高級既製服）の意。ほとんどオートクチュール（高級注文服）に近い感覚の婦人既製服を指し、プレタポルテの最高級ゾーンに位置付けられる。プレタポルテの細分化から生まれた新しいクラスの呼称のひとつ。

ラグスト⇒ラグジュアリーストリート

ラグソール [rag sole] ラギッドソール [ragged sole]（でこぼこした靴底の意）を略したもので、ビブラムソール*に代表される頑丈なゴム底の総称とされる。この種のものには、ほかにタンクソール [tank sole]（戦車の意から）とかキャタピラーソール [caterpillar sole]（戦車のキャタピラーの意から）などさまざまな名称がある。

ラクトボタン [lacto button] プラスティック製ボタンの一種。ラクトは「乳」の意で、牛乳中のカゼインを原料とする合成樹脂を用いてボタンとしたもの。着色が容易で軽いといった多くの特性をもつ。

ラグビージャージー [rugby jersey] ラグビーのユニフォームとされるジャージーシャツ*。ラグビーシャツ [rugby shirt]のほか日本ではラガーシャツ [rugger shirt] とかラガーニット [rugger knit]、あるいは「ラグジャ」の略称で、また単にジャージーという俗称でも呼ばれる。布帛の白襟とカラフルな横縞あるいは色無地の身頃を特徴としているが、これには前立てを3個ボタンで留めるイングランドタイプと、ゴムボタン1個で留めるニュージーランドタイプの2種がある。

ラグビーシャツ⇒ラグビージャージー

ラグビーポロ⇒ラガーポロ

ラグランコート [raglan coat] ラグランスリーブ*を特徴とするコートの総称。きわめて機能的で雨の侵入も防ぎやすいところから、レインコートに多用されてい

ファッション全般

る。

ラグランシャツ [raglan shirt] ラグランスリーブ*を特徴とするスエットシャツ（トレーナー）をいう俗称。大抵は身頃と袖で色を切り替えたものとなっている。野球のユニフォームの下に用いるこの種の七分袖のニットシャツは、俗にベースボールティー [baseball tee] などと呼ばれている。

ラグランスリーブ [raglan sleeve] 肩の部分を付けないで、襟剝（ぐ）りの上から袖剝りの下までを斜めに切り替えて、そのまま袖とした機能的なデザインを指す。クリミア戦争（1853〜56）時に英国軍の最高司令官であったラグラン卿によって考案されたところからこの名が生まれた。日本語では「肩抜き袖」とも呼ばれる。

ラグランTシャツ [raglan T-shirt] ラグランスリーブを特徴としたTシャツの総称。セットインスリーブが大半を占めるTシャツの中では珍しいタイプということができ、これには身頃と袖の部分の色を切り替えたデザインが多く見られる。

ラクロスジャージー [lacrosse jersey] ラクロスはカナダの国技とされるホッケーに似た打球技の一種で、これに用いるニットシャツを指す。一般に太い横縞の長袖と、無地の身頃を特徴とした丸首型の厚手プルオーバーという形になっている。

ラゲッジ [luggage] ラゲージとも。旅行時の手荷物や小荷物、また大型の旅行鞄類をいう主として英国での表現。これをアメリカではバゲッジ（バゲージ）[baggage] ということが多い。ともに、ハンドバッグ類と区別する意味で用いられる言葉。

ラコステシャツ⇒テニスポロ

ラジオコントロール⇒電波時計

ラジオベスト [radio vest] アメリカ軍の無線通信兵用のベスト。戦場における無線通信を目的に用いる機能的なアウターベストで、とくにベトナム戦争（1960〜75）時に使用されたE‐1と呼ばれるタイプが知られる。こうした軍用のベストには、落下傘兵が使用するパラシュートベスト [parachute vest] と呼ばれるナイロン製のヘビーデューティーなベストも一般に供されている。

ラジカジ [radical + casual] 「ラジカルカジュアル」の短縮語。ラジカルは「過激な、極端な」といった意味で、時として暴力的なほど過激なイメージで表現されるカジュアルファッションを指す。パンクやグランジ*が代表的。

ラジカルカジュアル⇒ラジカジ

羅紗 [らしゃ] ポルトガル語の raxa（ラックサ）が日本語に転訛したもので、厚地の紡毛織物を縮絨加工し、起毛させたウール地をいう。メルトンがその代表とされるが、日本では毛織物全般を指す言葉として用いられる例が多い。

ラジャースーツ⇒ネルースーツ

ラスタカラー [rasta color] レゲエファッション*に見られる特有の色使いで、赤、黄、緑の3色が同時に使用された場合にこのように呼ばれる。本来レゲエの本場ジャマイカからきたもので、赤は民族の血、黄は太陽、緑は大地を象徴している。ラスタはラスタファリアニズム（アフリカ回帰思想）の略とされる。また、こうした考え方の信奉者をラスタファリアンと呼んでいる。

ラスタキャップ [Rasta cap] ラスタハット [Rasta hat] とも。ジャマイカンロック系のレゲエファッションの愛好者が好んでかぶるニットキャップの一種。赤、黄、緑の3色で構成されるラスタカラーを特徴としたものが代表的で、これに似た手

ら

887

ファッション全般

編み調の素朴なニット帽を広く呼ぶことがもある。

ラスタハット⇒ラスタキャップ

ラスタヘア⇒ドレッドヘア

ラスティック [rustic]「田舎の、田園(風)の」また「素朴な、質素な、粗野な」といった意味で、自然な感じのファッションを形容する言葉として用いられる。ルーラル [rural] とも同義。

ラスティング化粧品 [lasting＋けしょうひん] ラスティングは「耐久力がある、永続する」という意味で、化粧の効果が長持ちする化粧品を総称する。いわゆるテカらないファンデーション、落ちにくい口紅などに代表される。

ラスト [last]「木型」また「靴型」のこと。靴を作る際の原型となるもので、元は木で作ったところから「木型」の言葉が残されている。現在では合成樹脂や金属なども用いられ、足の形に合わせて造形されることになる。靴作りの最も重要な要素とされる。

ラストノート⇒ノート

ラストール [LASTOL] アメリカの繊維企業「ザ・ダウ・ケミカルカンパニー」によって開発された原料を基に作られた新しいストレッチ繊維の名称。スーパーなどのショッピング袋と同じ種類のポリオレフィン系に属し、軽く強力で、塩酸や硫酸などの薬品に対する耐久性にも優れる。2005年春夏から実用化されている。

ラ・スモーキング [la smoking 仏] フランス語で「スモーキングなるもの」という意味。スモーキング*(スモーキニュ)とかスモーキングジャケットと呼ばれるものと同じで、フランスやドイツでのディナージャケット(タキシード)の呼称。また現在のタキシードの身前とされる上着の意味もある。これは燕尾服着用の夜会で中座してタバコを喫うときに、ラウ

ンジルームで背広型の上着に着替えたところに由来するといわれている。

ラセ⇒レースアップ

ラダーオブライフ・ステッチ [ladder of life stitch] アラン模様*のひとつで、「人生の梯子」を意味する。梯子(はしご)状に編み上げた柄で、人生を梯子に例えて、一歩一歩確実に上っていくことを祈願したもの。

ラッカークロス⇒エナメルクロス

落下傘スカート⇒落下傘スタイル

落下傘スタイル [らっかさん＋style] 落下傘スカートなどと呼ばれる、パラシュートによく似たたっぷりと広がる形のスカートなどで表現されるファッション。元々は1947年のディオールのニュールック*に発し、アメリカ経由のロングフレアスカートとされたものが、50年代に至って爆発的に流行するようになったもの。ことに当時のダンスシーンには欠かせないアイテムとして特記される。

ラッシャンハット⇒トラッパーハット

ラッシャンブラウス⇒ルバシカ

ラッシュガード [Rash Guard] 本来はポリウレタン素材の一種。一般にはそれを使って開発されたマリンスポーツ用のウエアをいうことが多く、サーフィンやジェットスキー、ウエイクボード、ボディーボード、ダイビングなど多くの用途がある。最大の特徴は、非常に薄手で伸縮性が強く、保温性に富み、日焼け防止にも効果的という点にある。現在では子供から大人の男女用まで数多くのアイテムがあり、こうしたTシャツを「ラッシュガードT」などと呼んでいる。また一部には新しい水着の代名詞としても、この名称が用いられている。

ラッシュベスト [Rash vest] ラッシュガード*という新素材で作られたアウトドア用のベストの一種で、特にヨットレース

ファッション全般

などの海洋スポーツに用いられることが多い。きわめて運動性が高いのが特徴。

ラッセル [raschel] トリコット*、ミラニーズ*と並ぶ経編*の三原組織のひとつで、ラッセル編機と呼ばれる編機から作られる編地および編み組織を指す。トリコットに比べてゲージ*の粗いタイプで、レースやパワーネットなど目の透いた編地に適する。

ラッセルタイツ⇒網タイツ

ラッチバックル⇒食止型

ラッツホーズ [Latzhose 独] ドイツ語で胸当て付きズボン、つまり「オーバーオール」を指し、女性形ではラッツホーゼン [Latzhosen 独] と表記する。一般にはヨットマンが着用するオーバーオール型のズボンを指し、黄色のゴム製のものなどが知られる。英語ではセーリング・オーバーオールズ [sailing overalls] という。

ラッツホーゼン⇒ラッツホーズ

ラットキャッチャースカーフ [ratcatcher scarf]「ネズミ獲り屋」が用いるスカーフという意味だが、現在では馬術家が使用する、首に2度巻いて前で二重結びにする細長いスカーフを指す。ストックタイ*と呼ばれる昔のネッククロス*風の首巻きと同種のもので、単に「ラットキャッチャー」とも呼ばれる。

ラッパズボン⇒セーラーパンツ

ラップアラウンドグラス [wraparound glasses] ラップアラウンドは「周りを覆う、周囲を包む」といった意味で、顔面に回り込むようにして装着するサングラスの一種を指す。ちょうどヘッドバンドに一体型のレンズを取り付けたような形のプラスチック製サングラス。1950年代後半の日本で流行したマナスルサングラス [Manaslu sunglasses] というアイテムもこの一種とされる。

ラップアラウンドコート⇒タイロッケン

ラップアラウンドスカート⇒ラップスカート

ラップウオーマー [wrap warmer] 女性の腰から下に巻き付けて用いる暖房用具のひとつ。冷えやすい腰周りを暖めるもので、節電対策のビジネスアイテムとしても用いられる。巻きスカート（ラップスカート）にも似ているところから「あったか巻きスカート」といった名称でも呼ばれる。

ラップキュロット⇒スコート

ラップコート⇒タイロッケン

ラップジャケット [wrap jacket] ラップは「包む、巻く」の意で、ボタンなどの留め具を用いずに、体に巻きつけて着るようにしたジャケットを総称する。多くは共地のベルトをリボン状にあしらって着こなす。

ラップシャツ [wrap shirt] ラップは「巻き付ける、包む」の意で、ボタンやジッパーなどの留め具を用いずに、身頃の部分を体に巻き付けて着用するタイプのシャツを総称する。カシュクール*などもそのひとつ。

ラップスカート [wrap skirt] ラップトスカート [wrapped skirt] またラップアラウンドスカート [wraparound skirt] ともいう。ラップは「包む、巻きつける」、ラップアラウンドは「まわりを覆う、周囲を包む」という意味で、いわゆる「巻きスカート」を指す。一枚の布を腰に巻きつけて、ボタンやクリップなどで留めるようにしたデザインが特徴。

ラップスリーブ [lap sleeve] ラップは「包む、巻く、重なる」という意味で、腕を包み込むようにデザインされた袖を指す。チューリップの花びらのように重なって広がるところからチューリップスリーブ*と呼ばれることもある。またラップトスリーブ lapped sleeve とも呼ばれ、同様の意味から wrap sleeve また

ら

ファッション全般

wrapped sleeve とも表記される。

ラップセーター[wrap sweater]ラップは「巻き付ける、包む」の意で、ボタンなどを用いずに共地のベルトなどを用いて、体に巻き付けて着るようになったセーターを総称する。特にガウンのようなベルト留め式のコートセーター*が代表的なものとして知られる。

ラップトスカート⇒ラップスカート

ラップトスリーブ⇒ラップスリーブ

ラップトップバッグ[laptop bag]ラップトップコンピューター（膝の上に載せて用いる式の小型パソコン）を収納するのに用いる薄型のバッグ。PCケース、PCバッグ、またコンピューターバッグなどと同義。ラップトップコンピューターは現在ではノートパソコンと呼ぶほうが一般的となっている。

ラップドレス[wrap dress]ラップは「包む、巻きつける」という意味で、体に布を巻きつけるようにして着用する類のドレスを総称する。ドレッシングガウン*のように共地のベルトなどを用いるものもある。

ラップパンツ[wrap pants]ラップは「巻き付ける、包む」の意で、ウエストや裾のところが布を打ち合わせる形や巻き付けるデザインになっている女性用のパンツを指す。また、rap pants と綴ると、ヒップホップ系のファッションに用いられるだぶだぶのシルエットの半ズボンをいう俗称とされる。ここでのラップはラップミュージックから来たもので、ラッパーのようにずり下げて穿くのがカッコいいとされる。

ラップブラウス[wrap blouse]ラップは「包む、巻く」の意で、ボタンを用いずに、前を巻き付けて留めるデザインとしたブラウスを総称する。裾を共地の帯で結んで留めるサッシュブラウス[sash blouse]

や聖職者が着用するサープリス*という上衣にヒントを得たサープリスブラウス[surplice blouse]などが代表的。

ラップブレスレット[wrap bracelet]ラップは「包む、巻きつける、掛ける」の意で、手首に何重にも巻きつける形となった紐状ブレスレットをいう。革紐などで手首にぐるぐる巻きされたものが代表的で、これにラインストーンやスタッズ（鋲）、ビーズなどをあしらったタイプに人気がある。単に「ラップブレス」ともいう。

ラップランドセーター⇒スカンジナビアンセーター

ラッフル[ruffle]原意は「（髪などを）くしゃくしゃにする、（水面を）波立たせる」ということで、ファッション用語としては「襞（ひだ）飾り」を指し、フリルと同義だが、一般にフリルよりも幅の広いタイプをいう。こうした波状のひらひらの布片を飾るテクニックをラッフルドエッジング[ruffled edging]と呼んでいる。

ラッフルスカート[ruffle skirt]ラッフルと呼ばれる「襞（ひだ）飾り」を、多くは裾にあしらったスカート。ラッフルは一般にフリル*よりも幅の広いタイプの襞飾りを指す。

ラッフルドエッジング⇒ラッフル

ラッフルドカラー[ruffled collar]ラッフル*をあしらった襟の総称。フリルカラー*やリップルドカラー[rippled collar]（さざ波のような襞〈ひだ〉飾りがある襟）とも同義とされるが、ラッフルのほうがそれらよりひと回り大きな襞というところに違いがあるとされる。

ラッフルドレス[ruffle dress]波のようなイメージの襞（ひだ）飾りを意味するラッフルをデザイン上の大きな特徴としたドレス。そうしたラッフルを随所に取り入れることによって、女性らしい雰囲気を表現する。

ファッション全般

ラッフルフロント⇒フリルドブザム

ラップローブ⇒ショールジャケット

ラティーナエスニック [Latina ethnic] ラ
　ティーナはスペイン語などでいう「ラテ
　ン系の、ラテン（語）の」を意味する女
　性形の言葉（男性形はラティーノ
　Latino）。最近のファッション用語では、
　これを「ラテンアメリカ系」を意味する
　言葉として用いる傾向があり、特に中南
　米のセクシーでラテン系の乗りを特徴と
　するファッションをこのように呼んでい
　る。

ラティネ [ratiner 仏] リングヤーン*を指
　すフランス語。ラティネは本来「（毛織
　物の）毛羽を縮らせる」という意味で、
　ラティーヌ（ラチーヌとも）ratine とな
　ると「ラチネ織＝粗い表毛がよじれたコー
　ト地」の意味になる。

ラテックス [latex] ゴムノキから採れる乳
　液で、乳樹脂のこと。生ゴムの原料とな
　る。合成ラテックスのことも指し、ファッ
　ションでは一般にゴム素材の代名詞と
　しても用いられる。

ラナ⇒ウール

ラバ [rabat 仏] 17世紀のヨーロッパでラ
　フ*に代わって流行するようになった幅
　広の折り返し型の襟のこと。元々は「折
　り返った部分」を意味するフランス語で、
　英語で「フォーリングバンド*」（ネクタ
　イの原型のひとつとは別の意味で）とも
　呼ばれる。

ラバークリートソール⇒クリートソール

ラバーサンダル [rubber sandal] ゴム製の
　サンダルの総称。簡素な作りのビーチサ
　ンダル型のものから、サンダルシューズ
　型のしっかりした作りのものまでさまざ
　まある。

ラバースーツ [rubber suit] ゴム製のス
　ーツを指すが、素材は必ずしもゴムとは限
　らず、ラテックスやビニールなどゴムと

同様な光沢感と厚みのある素材で作られ
　た服をこのように総称する傾向がある。
　これらによってボディーラインをくっき
　りと表現する現代的なスーツが作られ
　る。

ラバーソール [rubber sole] ゴム製の靴底
　の総称。単にスポーティーなゴム底靴を
　指すこともある。シックラバーソール
　[thick rubber sole] というと、厚くて平
　たいゴム底を意味し、これは1940～50
　年代に流行したブローセルクリーパーズ
　*と呼ばれる靴に代表される。

ラバーナブソール⇒クリートソール

ラバーバンド⇒シリコンバンド

ラバーブーツ⇒レインブーツ

ラバープリント [rubber print] 色材料を、
　ゴム（ラバー）のような弾性を持つウレ
　タン樹脂などから作られた捺染糊に注入
　し、これを転写してプリントする方法、
　またこうして表現されるプリント柄をい
　う。いわゆる「転写プリント」の一方法で、
　Tシャツやスエットシャツなどのプリン
　トに適する。

ラバーペイント [rubber paint] ゴムを塗る
　という意味で、服の一部にゴムを塗って
　アクセントとした一種の柄表現をいう。
　たとえば、セーターの前の部分にタテ方
　向に塗るとか、胸にボーダーラインとし
　て入れるなどの方法がある。

ラバーライズドコットン [rubberrized cotton]
　ゴム引き加工を施したコットン地。マッ
　キントッシュ*の時代からよく用いられ
　たもので、防水や耐水には完璧だが、通
　気性に難があり、最近では特殊なファッ
　ション素材のひとつとして用いられる程
　度となっている。

ラバリエール⇒エドワーディアンボウ

ラパン⇒ラビット

ラピスラズリ⇒ウルトラマリンブルー

ラビット [rabbit] ウサギおよびその毛皮。

ら

891

ファッション全般

コニー［cony］またフランス語でラパン［lapin 仏］とも呼ばれ、家畜化されたものがさまざまな毛皮製品に用いられる。

ラフ［ruff］16世紀から17世紀中期にかけてヨーロッパで流行した大型の首飾りとしてのひだ襟を指す。レースや刺繡を施した薄い布を糊付けしたり針金を入れるなどして、車輪の形や扇形としたもので、当時の服飾を代表するデザインとして知られる。これがやがてフォーリングラフ＊に代わり、フォーリングバンド＊へと変化していった。フランス語ではフレーズ［fraise 仏］と呼ばれ、これの一種に、英国のエリザベス女王の服装で知られる扇のような形のファンカラー＊がある。

ラフアウト・スエード［rough out suede］革の裏の部分（床面）を起毛させた鞣し革であるスエードの一種で、銀面を残したまま、毛足を均一に整えないでラフに仕上げたタイプを指す。ラギッド（粗野な）感があるためこのように呼ばれるもの。ワークブーツや登山靴に用いられる例が多い。

ラフィアハット［raffia hat］ラフィアはマダガスカル島原産のナツメ椰子の葉の繊維を指し、それで作られる夏向きの女性用帽子をいう。野趣あふれる素朴な雰囲気の帽子で、ラフな網目状のデザインを特徴としている。またこの素材を使った帽子の製作に用いる帽子の形を「ラフィア帽体」と呼んでいる。

ラフカジ⇒グレカジ

ラフカジュアル⇒グレカジ

ラブブレスレット⇒ラブリング

ラブリング［love ring］恋愛中のカップルが互いに取り交わす指輪。お揃いのデザインとなっているのが特徴で、愛の証しとされる。これと同種のものに、愛のメッセージなどが彫り込まれたラブブレスレット［love bracelet］などがある。と

もにカルティエの商品名でもある。

ラペル［lapel］テーラードなジャケットやコートに見る「襟の折り返し」また「折襟」のことで、上襟をカラー＊と呼ぶのに対して、下襟をラペルという。本来は「折り返した部分」という意味で、これは詰襟の服の前部分を第1ボタンから2、3個分折り返したところに現れた部分というところから来ている。俗に「背広襟」という名称で知られる。

ラペルドカーディガン［lapelled cardigan］襟付きのカーディガンのことで、狭義には背広に見るような襟を付けたものを指す。元々カーディガンに襟は付かず、付けられてもショールカラー（へちま襟）くらいのものだったが、近ごろではノッチトラベルやシャツカラー、スタンドカラーなどを付けて新しいイメージを出したものが多く登場するようになっている。なお、シャツのような襟を付けたものは、カラードカーディガン［collared cardigan］とも呼ばれる。

ラペルドジャケット［lapelled jacket, lapeled jacket］ラペル（下襟）付きのジャケットということで、つまりはオーソドックスなテーラードジャケットの意味になるが、近頃では特にブルゾンのような感覚で着ることができる、ショート丈のカジュアルなラペル付きジャケットをこのように呼ぶ傾向がある。

ラペルドスポーツウエア⇒テーラードスポーツウエア

ラペルドベスト［lapeled or lapelled vest］襟の付いたベストの総称。シングル前、ダブル前とさまざまな形があり、ノッチトラベル、ピークトラベル、ショールカラーなどさまざまな襟型が用いられる。きわめてクラシックでドレッシーな表情が強くなるのが特徴。

ラペルピン［lapel pin］スーツのラペル（下

ファッション全般

襟）に飾る長めのピン。ネクタイ留めのスティックピン*に似た形のものが多く見られるが、最近ではそうした針式のものだけでなく、ラペル穴に差し込むようにしたものやチェーン付きのものなどさまざまなデザインが現れて、スーツの胸を飾るようになっている。本来は遊び的なアクセサリーで、ビジネスには用いないのが原則。

ラペルホール [lapel hole] テーラードな上着のラペル（下襟）にあしらわれるボタンホール。フラワーホール [flower hole]（花飾り穴）とも呼ばれ、日本語では「襟穴」、また返り襟（ラペルの意）に付いているということで「返り穴」ともいう。この穴は背広が立襟であったころの第1ボタンの名残りで、そのゆえにダブルブレステッド型の上着には左右両方に付くのが原則とされる。

ラボジャケット [labo jacket] ラボはラボラトリー（実験室、研究室）の略で、そうしたところで着るような白衣状のゆったりとしたメンズジャケットをいう。無駄な仕立てを省いたアンコン（非構築）調の衣服の台頭から現れた新しいアイテムのひとつ。

ラボラトリーコート [laboratory coat] ラボラトリーは「実験室、研究室」といった意味で、そうした場所で研究者たちが着用する丈の長い上衣を指す。医者が用いる「白衣（はくい＝本来は〈びゃくえ〉と発音する）」と同義で、ただ羽織るだけといった感じになっているのが特徴。最近は白だけでなくさまざまな色のものが見られる。

ラマ [llama] ラーマとかリャマともいう。南米アンデス山地に生息するラクダ科の動物ラマの毛を原料とする素材。ラマはアルパカ*よりひと回り大きく、毛質は少し劣る。アルパカとラマは古くから家畜として飼われていたが、同種のビキューナ*とグアナコ*は家畜化が不可能という違いがある。ラマの毛を紡いでこしらえた衣服に、ラマパーカ [llama parka] と呼ばれるインディオたちの日常着がある。

ラマパーカ ⇒ラマ

ラミー [ramie] 麻の一種で「苧麻（ちょま）」を原料とする素材をいう。日本では昔から「苧（からむし）織＝上布（じょうふ）」と呼ばれて親しまれていたもので、現在ではリネン（亜麻）と並んで夏の衣服の代表的な素材のひとつとされている。最近ではスーパーファインラミー [super fine ramie] と呼ばれる200番手程度の高級品も登場している。

ラミネート加工 [laminate＋かこう] ラミネートは「（強化材などを）薄板に重ね合わせて作る、金属の薄板をかぶせる」といった意味で、ファッション用語ではポリウレタンやラバーなどの薄いシートを生地表面に貼り合わせる加工法を指す。保温性に優れ、シワになりにくいといった特性が付与される。

ラムズウール [lamb's wool] 仔羊（生後1年以内）の毛のことで、特に生まれて6〜7カ月ほどのものが最高品とされる。きわめて柔らかな手触りが特徴で、アイビー調のVネックセーターなどに多用される。ラムウールともいう。

ラムスエード [lamb suede] ラムスキン（仔羊革）をスエード仕立てにしたもの。繊細な感覚を持つ革素材のひとつとして、高級なレザージャケットなどに好んで用いられる。

ラムスキン [lambskin] 仔羊の毛皮、また仔羊のなめし革。ラムは仔羊のことで、「ラム革」と呼ばれるものは生後2カ月までのものが用いられることが多い。これはきわめて柔らかく優れた質感をもつ

ファッション全般

ところから、高級手袋などに好んで用いられる。

ラムファー⇒チキャンラム

ラメ⇒金属繊維

ラメ化粧⇒グロスメイク

ラメジェル [lamé gel] キラキラ光る粒子の大きなゼリー状の化粧品。グロスメイク*やジュエリーメイク*などと呼ばれる光沢感を特徴としたメイクアップに多く用いられる。

ラ・モード [la mode 仏] モードを指すフランス語の女性名詞で「流行、最新の衣服」を示す。男性名詞ではル・モード [le mode] となり、これは「様式、方式」といった意味で用いられる。モードの語源はラテン語のモドゥス [modus] にあり、これは「単位の基準、ものさし」を意味する。

ラ・モラ [la molla 伊] ラ・モーラとも。直径10センチほどの細いステンレス製の輪。これを10本、20本と束ねてブレスレット状に腕に飾るもので、1997年にパリを中心に大流行を見たアクセサリーのひとつ。モラ（モーラ）はイタリア語で「ばね、ゼンマイ」という意味で、元はイタリア人のティジアーナ・ルダヴィッドのデザインによるとされる。英語ではバンドゥ [bandu] と呼ばれ、フランスではこれを「バントゥ」と発音した。

ラリアトネックレス⇒ラリエット

ラリエット [lariat] 元々は米語で、馬や牛などを捕らえるための「投げ縄」という意味だが、ここから女性用のファンシーな長い紐状のアクセサリーをいうようになったもの。首に巻いて結び、ネックレスのように用いたり、腰に巻き付けてチェーンベルト*のようにするなど、さまざまな扱い方がある。ラリアトネックレス [lariat necklace] ともいう。

ラルジュファッション [large fashion] ラ

ルジュは英語のラージ large（大きい）のフランス語読みで、特に「幅の広い、豊かな」という意味を表す。これはLサイズやトールサイズ（背の高い人向けのサイズ）のファッションについて、東京婦人子供服工業組合が名付けたところから広まった。

ラ・レキュプ⇒リサイクルファッション

ランキャミ [lingerie + camisole] ランジェリーとキャミソールから作られた合成語。きわめてセクシーなイメージの女性用トップスのひとつで、光沢素材の使用や胸元のレース使い、またリボンを付けるなどしてそうしたイメージを強調したものが多く見られる。キャミソールは元々女性下着の一種だが、それを再び下着ぽくしてセクシーなイメージを強調させたものといえる。

ラングラーブ [rhingrave 仏] 17世紀中頃、ヨーロッパで男性が着用したスカートのような形をした下衣をいう。華美なデザインが特徴で、下にカノン[canons 仏]（キャノンズとも）と呼ばれる装飾的な飾りを重ね、プールポワン*とともに着装した。バロック期の代表的な男服のひとつとされる。

ランサージャケット [lancer jacket] ランサーは昔の「槍騎兵」の意味で、彼らの制服とされた深い打ち合わせのダブルブレステッド、立襟を特徴とするウエスト丈ジャケットを指す。逆台形に付けられるボタン位置も特徴のひとつで、こうしたデザインの軍服が多く見られた。ランサーチュニック[lancer tunic] とも呼ばれる。

ランサーチュニック⇒ランサージャケット

ランジェリー[lingerie 仏] 女性下着のうち、特に装飾性の強いタイプや柔らかな薄物の下着を指す。キャミソールやスリップ、ペチコート、ショーツなどに代表され、

広義にはネグリジェなどの部屋着類も含まれる。語源はフランス語のランジュ linge（麻）にあり、元々下着が薄い麻布で作られていたことに由来する。日本では「装飾下着」と訳されることがある。

ランジェリーケース [lingerie case] 女性下着のランジェリー類を収納して持ち運ぶためのバッグ類をいう。特に旅行時に用いられることが多い。

ランジェリースーツ [lingerie suit] 装飾的な女性の下着（ランジェリー）を思わせるセクシーな雰囲気の上下揃いの服装。レースのキャミソールトップ*にショートパンツ、ブラトップ*にミニスカートといった組み合わせが代表的。

ランジェリーテースト⇒エスプリランジェリー

ランジェリードレス [limgerie dress] 女性の装飾的な下着であるランジェリーを思わせるセクシーな雰囲気のドレスの総称。胸の部分を大きく開けたり、深いスリットを入れるなどしたデザインが多く見られる。ストラップドレス*やキャミソールドレス*、スリップドレス*などの種類がある。

ランジェリーパンツ [lingerie pants] 女性下着のランジェリーを思わせるような黒のレースなどの素材を使って、下着のようなイメージを出した女性用のセクシーなパンツを総称する。いわゆる「下着ルック」の一種。

ランジェリーミックス [lingerie mix] 装飾的な下着であるランジェリーを、わざとアウターウエアに組み合わせて着こなしてみせるファッション表現。パジャマルックなどと同じように見た目の意外感を狙ったものとされる。

ランシュー⇒ランニングシューズ

ランジュ・ド・キュイジーヌ⇒ランジュ・ド・メゾン

ランジュ・ド・コール⇒ランジュ・ド・メゾン

ランジュ・ド・デスー⇒ランジュ・ド・メゾン

ランジュ・ド・メゾン [linge de maison 仏] ランジュは「リンネル（キャラコ）」製品の総称で、これは家の中の台所や食卓、寝台用の白布を総称するとともに、下着やハンカチ類も意味している。ランジュ・ド・コール [linge de corps 仏] となると「シャツ、ハンカチ類」、ランジュ・ド・キュイジーヌ [linge de cuisine 仏] あるいはランジュ・ド・メナージュ [linge de ménage 仏] で「布巾（ふきん）、エプロン類」、またランジュ・ド・デスー [linge de dessous 仏] で「下着類」の意味になる。ランジュはもともと「麻」の意味で、かつて下着類が薄い麻布で作られていたことに由来する。

ランジュ・ド・メナージュ⇒ランジュ・ド・メゾン

ランスカ⇒ランニングスカート

ランダムストライプ [random stripe] ランダムは「でたらめの、無作為の」という意味で、細い縞と太い縞が不規則に構成されていながらリズム感のある縞柄をいう。イレギュラーストライプ [irregular stripe]（不規則な縞の意）ともいう。

ランダムダーツ [random dart] でたらめなダーツ（縫い消し）の意で、ダーツは衣服の立体的な丸みを出すなどの目的で用いるものだが、これを胸やウエストなどにわざとでたらめに配して、デザイン上の効果を狙ったものをいう。

ランダムチェック [random check] 無作為に表現された格子柄という意味で、整合性のあるチェックではなく、不規則に構成されていながらリズム感のあるチェックを指す。ブロックチェックなどをプリント柄で表現したものが多く見られる。

ら

ファッション全般

ランダムプリーツ［random pleat］ランダムは「でたらめの、無作為の」といった意味で、規則性のない不揃いなプリーツを総称する。フォルチュニープリーツ*などに代表される。

ランダムボーダー［random border］無作為に表現された横段模様という意味で、さまざまな色を用いたカラフルマルチボーダー［colorful multi border］といったものが代表的。セーターに多く見られるデザインのひとつ。

ランタンスリーブ［lantern sleeve］提灯（ちょうちん）袖。ちょうど提灯（ランタン）を思わせる膨らんだ形の袖で、テニス用のポロシャツに用いられるほか、さまざまな変化を施して婦人服などに用いられる。通常、半袖のものが中心となる。

ランチェロコート［ranchero coat］ランチコート*の別称のひとつ。ランチェロはスペイン語で「牧童」を意味する。またランチャーコート［rancher coat］ともいうが、ランチャーは英語で「牧場労働者」を意味する。

ランチェロジャック⇒ランチジャック

ランチコート［ranch coat］アメリカ西部の大牧場（ランチ）で、カウボーイたちが着用する腰丈の防寒コートをいう。本来は羊の一枚革で作られ、毛皮の部分を内側にしたスエードコートというのが本格だが、裏ボア付きのコットンスエードで作られるものもある。ランチコートという名称は和製英語で、アメリカではシアリングコート［shearing coat］と呼ばれることが多い。シアリングは「羊の毛の刈り込み」という意味で、ほかにも多くの別称がある。

ランチジャック［ranch jac］アメリカ西部のウエスタン風俗に見るランチコートをジャンパーにした感じのショートジャケット。ムートン（羊革）のスエード使い

やボアをあしらった襟や袖口など、ランチコートと同じようなデザインになっているのが特徴で、ウエスタン・ランチジャック［Western ranch jac］とかランチェロジャック［ranchero jac］とも呼ばれる。ランチは「大牧場」、ランチェロはスペイン語で「牧場労働者」という意味。

ランチバッグ［lunch bag］弁当用のバッグ。ランチボックス（弁当箱）やランチトリオ（箸、スプーン、フォーク）、カップなどを収納するバッグのことで、帆布製のミニ・トートバッグといったデザインのものが多く用いられている。

ランチパンツ［ranch pants］ランチは「大牧場、大農場、農園」の意で、かつてそうした場所で用いられたワークパンツの一種をいう。元々は婦人物をそう呼び、ブルーデニムを使った股上が深く、脇にボタンやジッパーの開きを伴ったルーズシルエットのものがオリジナルとされる。現在ではヴィンテージジーンズのひとつとされ、ペインターパンツのような感覚で穿かれることが多い。

ランチャーコート⇒ランチェロコート

ランチュニ［running + tunic］ランニングとチュニックの合成語で、チュニック*丈のランニング用トップスをいう。ランドレ*やランスカ*など最近の女性のランニング人気から開発された新しいアイテムで、これにランニングショーツを組み合わせて使用される。

ランドスケーププリント［landscape print］ランドスケープは「風景、景色」また「風景画」の意味で、自然の風景をモチーフとしたきわめて写実的なプリント柄を指す。シーニックプリント*と同じ。

ランドセル［──］主として日本の小学生が用いる背負い式の学生鞄をいう。元々オランダ語で「背嚢（はいのう）」を意味するランセル［ransel］が訛って日本

ファッション全般

語化したもので、明治時代の陸軍兵士の
カバンから変化したものとされる。

ランドリーバッグ [laundry bag] ランドリ
ーは「クリーニング店、洗濯屋、洗濯室」
の意で、コインランドリーなどへ洗濯物
を持って行くときに用いる袋をいう。か
つてはクローズバッグ [clothes bag] と
呼ばれるキャンバス製の大きな袋が用い
られていた。クローズには「衣服」のほ
か「洗濯物」の意味も含まれている。

ランドレ [running + dress] ランニングド
レスの短縮語。走るスポーツのために開
発されたワンピースのことで、タンクト
ップ型のランニングドレスとは異なる。
フードを付けたり、ウエストを紐使いに
するなど、機能性とともにファッション
性にも十分配慮したデザインが特徴。レ
ギンス（スパッツ）と組み合わせて用い
るのが一般的で、タンクトップやTシャ
ツとの重ね着も楽しむことができる。マ
ラソンドレス [marathon dress] と呼ば
れることもある。

ランナーズトップ⇒Aシャツ

ランニングウエア⇒ランニングスーツ

ランニンググローブ [running glove] ラン
ニングに用いるスポーツ手袋の一種。多
くは指先部分がなく、手の甲をオープン
にしたデザインのものが見られる。最近
のランニングブームから生まれたグッズ
のひとつ。なお散歩用の手袋はウオーキ
ンググローブ[walking glove]と呼ばれる。

ランニングサングラス [running sunglasses]
各種の運動に用いるスポーツグラスの一
種で、特にマラソンやジョギングなどラ
ンニングに用いるサングラスを指す。走
行に適するよう軽く顔面にフィットして
ずれないようにした形や、紫外線、まぶ
しさを防ぐ偏光グラスの使用など機能性
に富み、かつファッショナブルなデザイ
ンで現代的な魅力にあふれたものが多く

登場している。ランニングのほかゴルフ
やウオーキング、サイクリング、ドライ
ブなどにも向く。

ランニングシャツ [running shirt] 元々ス
ポーツ競技に用いられていたシャツが下
着に転化したもので、日本では男の下着
の代表的なものとされ、特に盛夏用とし
て好まれる。英米ではアスレティックシ
ャツ*と呼ばれ、アウター化したものは
タンクトップ*とも呼ばれる。なお、こ
れの肩紐部分の幅は4～6センチくらい
が平均で、クラシックな英国型のもので
はこれが広めとなり、首元も詰まること
になる。

ランニングシューズ [running shoes] ラン
ニング（走るスポーツ）用のスポーツ靴
の総称で、最近の日本では「ランシュー」
と短縮して呼ばれることも多い。走る目
的によってさまざまなデザインがあり、
例えば靴底の前部にスパイクを付けたも
のなどが見られる。スポーツ科学の発達
とともに、きわめて軽く機能的なものが
続々と登場するようになっている。

ランニングスーツ [running suit] ランニン
グ（走るスポーツ）のために着用する上
下揃いの衣服のことで、現在ではさまざ
まな組み合わせがあるが、本来はタンク
トップ型のランニングシャツとショート
パンツ型のランニングパンツの組み合わ
せをいう。正確にはそれらが同一の色柄
のものとなる。こうした服装をランニン
グウエアと総称する。

ランニングスカート [running skirt] 女性
のランニング用に開発されたスカートを
指し、「ランスカ」とも略称される。多
くはミニスカートの内部に短いパンツを
取り付けた形になっており、単なるラン
ニングショーツやランニングタイツ、ま
たテニス用のスコートとも異なる女性的
な感覚を表現したデザインに特徴があ

ら

ファッション全般

る。最近ではサイクリングやトライアスロン用のスカートも登場している。

ランニングソックス［running socks］ジョギングやマラソンなど走るスポーツに用いる靴下の総称。吸汗性や衝撃吸収性など、快適に走るための工夫が凝らされているのが何よりの特徴。

ランニングTシャツ［running T-shirt］ランニング専用に作られたTシャツ。繊維の芯部に熱を伝えにくいポリプロピレンを使用して太陽光を遮断して外部の熱を伝えにくくしたり、吸汗・速乾性、風通しのよさなどに配慮したランナーに優しいTシャツを指す。多くのものが涼しく、軽いことを特長に科学的な視点で開発されている。

ランニングドレス⇒タンクドレス

ランニングパンツ⇒アスレティックショーツ

ランニングブラ⇒スポーツブラ

ランニングポンチョ［running poncho］スポーツとしてのランニング用のポンチョ。雨除けや保温の目的で着用するポンチョで、ナイロン製の簡便なものが多く見られる。雨天時の屋外スポーツ観戦時にも用いられ、マラソン向きのものはマラソンレインコートポンチョなどとも呼ばれる。なお、こうしたポンチョやマラソンコートなどを走行時に着用する場合には、ゼッケンが見えるように透明か白のものを着用するのがルールに適っている。

ランバーコート［lumber coat］ランバーは「材木、木材」の意味で、マッキノウコート*の別称のひとつとされる。ほかにブッシュマンコート［bushman coat］（未開地開拓用の意）やフォレスターコート［forester coat］（森林労働者用の意）といった別称もある。

ランバージャケット［lumber jacket］ランバーは「材木、板材」の意味で、アメリカ北部やカナダで木こりたちが着用するショートコート型の上着をいう。大きな格子柄の毛布のような生地で作られるのが特徴で、これをマッキノウズ*とかマッキノウコート、またランバーコートなどとも呼んでいる。

ランバーシャツ⇒ランバージャックシャツ

ランバージャックシャツ［lumberjack shirt］北アメリカの木こり（ランバージャック）が日常着用する、格子柄を特徴とするウール製のワークシャツ。単にランバーシャツ［lumber shirt］ともいう。

ランバージャックス⇒ランバージャックブルゾン

ランバージャックブルゾン［lumberjack blouson］ランバージャックは「材木切り出し人、木こり」の意味で、とくにカナダやアメリカ北部の木こりたちが着用する防寒着をアレンジしたブルゾンを指す。赤と黒の大格子柄を特徴とした毛布地のショートジャケットが代表的で、単にランバージャックス［lumberjacks］の名でも呼ばれる。

ランバン⇒アスレティックショーツ

ランファン［lingerie + foundation］ランジェリー*とファンデーション*の意味で、女性下着を総称する日本的な合成語。

ファッション全般

リアポケット⇒ヒップポケット

リアルウエア⇒リアルクローズ

リアル・カフホールズ⇒リムーバブルカフス

リアルクチュール [real couture] モダンクチュールの進化形。21世紀になって台頭してきた服作りの新しい姿勢を指すトレンド用語のひとつで、クチュールライクなどとも呼ばれる。高い質感とていねいなもの作りを特徴とする最近のトレンドを形容したもので、「脱トレンドという名のトレンド」のひとつとされている。こうして生まれる服のことを「アルチザナルウエア＝職人服」という名で呼ぶ傾向もある。

リアルクローズ [real clothes] 実感のある服といった意味で、リアルウエア [real wear] とも呼ばれる。ファッション性だけを優先させたものではなく、その季節にリアリティー（真実味）をもって着ることができる等身大の服、という意味合いが込められた用語。いわば現実直視型の衣服で、そこにこそ現代的なファッション性があるということになる。

リアルジーンズ⇒オーセンティックジーンズ

リアルスーツ [real suit] 「本当のスーツ」の意。スーツ本来の共地使いのセットになったスーツを強調した表現で、スートスーツ*やプロトスーツ*などと同様の用語。とともに、これには「本当に着る価値のあるスーツ」という意味も含まれている。

リアルタイム・クロージング [real-time clothing] リアルタイムは「実時間」の意で、消費者が「いま必要」また「いま着たい」と思っている衣服を指す。季節感の前倒しやバーゲン時期の不適切な設定といった事情から、こうしたものが現実の市場にない、として生まれた言葉。

リアルデニムプリントパンツ [real denim print pants] ストレッチ性のある生地に

ジーンズをそのまま転写プリントし、それを裁断して仕上げたパンツ。一見全く普通のジーンズを穿いているように見えるのがミソで、俗に「なんちゃってジーンズ」などとも呼ばれている。

リアルファー [real fur] 「本物の毛皮」の意。フェイクファー*などと呼ばれる人造毛皮の対語として用いられるもので、あくまでも天然の動物の毛皮を指す。同様に「本物の皮革」はリアルレザー [real leather] と呼ばれることになる。

リアルモデル [real model] 現実感のあるファッションモデルという意味。いわゆるスーパーモデル*に代わって1993年頃から注目されるようになった、どこにでもいるような生活観のあるモデルたちを指す。ケイト・モスがその第1号とされるが、彼女も今ではスーパーモデルとなっている。

リアルレザー [real leather] 本物の革。まがいものではない天然の皮革素材を意味するもので、最近ではフェイクレザーなど人工ものの皮革が多く作られるようになったため、本来の皮革をわざわざこのように呼ぶようになったもの。ほかに「自然の皮革」という意味からナチュラルレザー [natural leather] とも呼ばれる。

リーヴジーンズ [leave jeans] ヴィンテージジーンズの別称のひとつ。リーヴは「〜のままにしておく、残す」といった意味で、ジーンズのイメージをそのままの良き状態に残しておくという思いから、このように呼ばれるもの。

リーゼント [regent] リーゼントスタイル [regent style] またリーゼントヘア [re-gent hair] ともいう。ロンドンのリージェント・ストリートに誕生したことでこの名があるとされる、男性の伝統的なヘアスタイルのひとつ。フロント（前髪）を高く長く持ち上げ、サイドの髪も

ら

899

ファッション全般

後ろに流して撫で付けた髪型で、ポマードなどヘアグリースの類で固めるのが特徴とされる。1930年代に世界的に流行したもので、日本ではアメリカ風俗のひとつとして第2次大戦後の1948年ごろから流行し、その後暴走族やヤンキーなど、俗に「ツッパリ」と呼ばれる若者たちに取り入れられて風俗化している。一般にはオールバック*と呼ばれる。

リーゼントスタイル⇒リーゼント

リーゼントヘア⇒リーゼント

リーディンググラス [reading glasses] 読書用メガネという意味で、本来は「拡大鏡」や「細字用レンズ」を指すが、現在では「老眼鏡」の新しい呼称として用いられるようになっている。この種のものは、シニアグラス [senior glasses] などとも呼ばれ、最近ではしゃれた感覚のものが多くなっている。

リーニエ⇒ライン

リーニュ⇒ライン

リーニュポワソン⇒マーメイドライン

リーバイス501 [Levi's 501] アメリカのジーンズメーカー「リーバイ」社の古典的ジーンズで、日本では俗に「ごうまるいち」モデルとして知られる。501というのは1890年に当時の「ウエストハイ・リベット・オーバーオール」と呼ばれるワークパンツに付けられたロットナンバーで、現在では最も基本的なブルージーンズの形を踏襲したジーンズとされる。ヒップにゆるみのある独特な形のストレートジーンズで、ボタンフライ*の前開きになっているのが最大の特徴。

リーファー⇒リーファーコート

リーファーカラー [reefer collar] リーファージャケット*などに見られる幅広の襟型で、多くは左前にも右前にも着用できる本当のダブルブレステッド（両前）型の上着に用いられる襟を指す。リーフ

ァーは帆船の帆を巻き上げる人という意味で、英国では「海軍少尉候補生」を意味し、そうした人たちが着用するダブル前の制服から生まれたデザインとされる。

リーファーコート [reefer coat] リーファーは「帆を巻き上げる人」という意味で、転じて「海軍少尉候補生」の俗称とされる。彼らが着用した、ダブルブレステッド6ボタンで厚手紡毛地使い、短めの丈のボックス型コートを指す。ピーコートの別称ともされ、リーファージャケットとも呼ばれる。また単にリーファー [reefer] ともいうが、この場合は特にウール製の長い長方形のマフラーの類を指すこともある。

リーファージャケット [reefer jacket] ダブル前6ボタン型で厚手の紡毛地で作られた、丈の短いボックスコートといった感じのジャケット。リーファーとは「帆船の帆を巻き上げる人」という意味で、英国海軍では「少尉候補生」の俗称となっている。そうした人たちの制服から生まれたとされるもので、現在のピーコートやブレザーの原型になったともされる伝統的なジャケット。現在ではそのようなダブル前のジャケットを広くこう呼んでいる。

リーン・アンド・ナローライン [lean and narrow line] リーンは「やせた、細長い」、ナローは「幅の狭い、細い」という意味で、全体にほっそりとしたシルエットを指す。一般にナローライン*を強調した表現とされる。

リーンスリーフ [lean sleeve] リーンは「やせた、細長い」という意味で、腕全体にぴったりフィットする細い袖をいう。

リーンライン [lean line] リーンは「痩せた、細長い」また「乏しい、貧弱な」という意味で、ほっそりしたイメージのシルエ

ットを指す。なかできわめてほっそりとしたものは、ウルトラリーンプロポーション［ultra lean propotion］とかスーパースリムライン［super slim line］などと呼ばれる。

リカバリーウエア［recovery wear］リカバリーは「回復、治癒、立ち直り」の意で、「疲労回復着」などと訳される。特にスポーツ後の疲労回復を促す目的で作られた休養時専用のウエアとして開発されたものを指すことが多く、身体の各部に適切な着圧を与えるほか、特殊な仕掛けを持つことによってそうした目的を達するスエットスーツ型のものなどがある。

リキッドアイシャドー［liquid eye shadow］液体のアイシャドーの意で、高粘度リキッドを用い、濡れたように瑞々しい艶を表現する特徴を持つ。長持ち効果もあるとされ、2018年、SUQQU（スック）から新発売されたものに代表される。

リキッドAライン［liquid A line］リキッドは「液体」の意。流れる水のように自然に広がるAライン * の表現。ソフトで軽やかな雰囲気があり、女らしさを表すのにうってつけのラインとされる。

リキッドカラー［liquid color］リキッドは「液体の、流動体の」また「透明な、澄んだ」という意味で、そのようなイメージが強い鮮やかな色調を指す。透明感のあるピンク、ブルー、グリーンといった色が代表的で、最近ではナチュラルカラー * にアクセントをつける色として用いられることが多い。

リキッドソープ⇒ボディーシャンプー

リキッドルージュ［liquid rouge］「液体状の口紅」の意で、いわゆる口紅（ルージュ）とリップグロスの中間的な特徴を持つ化粧品のひとつ。口紅の鮮やかな発色性とグロスの濃厚な艶を併せ持つもので、取り扱いも簡単で長持ちするところから人気がある。

リクルートカット［recruit cut］会社訪問や入社試験の際にふさわしいとされる若い男性向きの髪型。アイビーカットに似たごく清潔なイメージのヘアスタイル。

リクルートスーツ［recruit suit］就職用のスーツ。いわゆるフレッシュマンスーツ［freshman suit］（新入社員用のスーツ）と同義だが、日本では新入社員用だけではなく、会社訪問や入社試験のために着用するスーツを指すことが多い。リクルートは本来「新兵、新人、新入生」の意味で、ここから日本では就職活動をする学生たちを指すようになった。ともに和製英語で、無難なスタイルのものが用いられる。

リクルートファッション［recruit fashion］リクルートは本来「新兵、補充兵」といった意味で、ここから日本では就職や新入社員といった意味に用いるようになった。つまり、会社訪問や入社試験に臨むときに着用する服装を指す。紺や黒のスーツなど無難なものが多く見られる。

リザード［lizard］トカゲの革の総称。レプタイルレザー * のひとつで、特に東南アジアからインド、パキスタンにかけて生息するオオトカゲ類の革が、靴やハンドバッグ、財布、ベルトなどの素材として用いられる。

リサイクルコットン［recycle cotton］再生コットンの意。綿の裁断くずや落ちた綿などを集めて破砕し、再び作りあげる綿素材のことで、再度染色する手間が省け、CO_2の排出量や使用量を減らすエコ素材としての特長もある。凹凸感など独特の風合いなどにも特徴が見られる。このように処理する毛や綿の繊維を「反毛（はんもう）」と呼ぶ。

リサイクルジーンズ［recycle jeans］正しくはリサイクルドジーンズ［recycled

ファッション全般

jeans]。古くなった数本のジーンズをばらばらにし、異なったパーツを寄せ集めて1本のジーンズに再生させたもの。いわゆる「再生ジーンズ」で、使い古したという意味からユーズドジーンズ［used jeans］ということもある。

リサイクルシューズ［recycle shoes］廃品の再生利用で作られる靴の総称。エコロジーの考え方から生まれたもののひとつで、例えば使用済みの古タイヤを粉末にして靴底としたり、ペットボトルから加工した再生ポリエステルを甲部に用いるなどした靴があげられる。

リサイクルジュエリー［recycle jewelry］廃物を再生利用して作られるジュエリーの総称。古いコインを利用したペンダントトップなどもそのひとつ。

リサイクルソックス［recycle socks］シャツや肌着などを裁断した端切れを綿（わた）に戻して、もう一度糸にしたものを利用するとか、紡績段階で出た落綿を利用して作られた靴下のこと。いわゆる「再生靴下」。資源を無駄にしないという今日的な発想から生まれた商品のひとつ。

リサイクルドジーンズ⇒リサイクルジーンズ

リサイクルファッション［recycle fashion］リサイクルは「再生利用する」の意で、一般に「廃棄物の再利用」をいう。古着を再生させて着こなすファッション全般を指し、リメークやリフォームなどと同じような意味で用いられる。またペットボトルから再生されるフリースなどの例もある。フランス語で「回復、回収」という意味を持つレキュペラシオンから、ラ・レキュプ［la récup 仏］という表現もあり、いずれもエコファッション＊の一環に数えられている。

リジェネレーテッドファイバー⇒再生繊維

リジッドデニム［rigid denim］リジッドは「硬い、簡単に曲がらない」という意味で、仕上げた段階で糊が残ったままの全く洗っていないデニム地をいう。ローデニムなどと同じように、素朴な雰囲気のあるデニムとして好まれるようになっている。日本では「生（なま）デニム」とも呼ばれる。

リストウオッチ［wristwatch］リストは「手首」の意で、手首にはめる時計、すなわち「腕時計」の総称。単にウオッチともいう。最初は女性のアクセサリー的な存在でしかなかったが、19世紀の終わり頃から軍人にとっての便利な時計として使われるようになり、今日の隆盛をみるようになった。

リストバンド［wristband］手首（リスト）に飾る巻き付け式の腕飾り。革や布で作られるものが多く、ニットやタオル地を用いたサポーター状のものも見られる。

リストレット⇒ブレスレット

リストレングスグラブ⇒ショーティー

リズミカルフリル［rhythmical frill］リズム感のあるフリル（ひだ縁飾り）の意。2010年春夏向けデザイナーコレクションのトレンドテーマ「ライトネス・コンストラクション＊」の表現に用いられているディテールデザインのひとつで、これは同ニューヨーク・コレクションのマーク・ジェイコブスの作品に見る「プリーツフリル」と呼ばれるデザインとも共通したテイストを持っている。

リセエンヌ［lyéenne 仏］フランスの国立高等中学校をリセといい、リセエンヌはそこに通う生徒を指す。日本でいう女子中高生たちがこれに当たり、彼女たちの着る清楚で学生らしい服装をモチーフとしたファッションをこのように呼んだり、リセルック［lycée look］とかリセファッション［lycée fashion］といったりする。

リセサック［lycée sac（仏）］リセはフラン

ファッション全般

スの国立高等中学校のことで、そこに通
学する女子生徒（リセエンヌ）たちが用
いる伝統的な雰囲気のカバンを指す。が
っちりした作りが特徴で、手提げ、リュ
ック、斜めがけショルダーバッグの3通
りに使えるスリーウエイバッグとしても
人気を集めている。

リセッションシック［recession chic］90年
代の世界的な経済不況の中で、なるべく
お金をかけないで、生活やファッション
を楽しもうとする傾向をいったもの。リ
セッションは「景気の一時的後退」を意
味する。たとえば、古着と新しい服を組
み合わせるなどして、自分なりのセンス
で着こなしを工夫する生活者の賢い態度
を指す。

リセバッグ［lycée bag］リセはフランスの
中等教育課程にある公立校を指し、日本
の中学校、高校に当たる。そうした学校
に通う生徒たちが用いる通学カバンをこ
のように呼ぶ。手提げ、背負い両用式と
なった大型のかぶせ蓋付きの形となった
ものが多く見られ、日本では見られない
カラフルな色使いとなったものが多いの
も特徴。

リセファッション⇒リセエンヌ

リセルック⇒リセエンヌ

リゾートウエア［resort wear］リゾートは
「行楽地、盛り場」の意だが、現在では「避
暑地、避寒地、保養地」の意味で多く用
いられている。そうしたリゾートでの装
いやそこへの行き帰りに用いる衣服を総
称し、リゾートドレスやリゾートジャケ
ット、リゾートコートなど多くのアイテ
ムがある。

リゾートドレス［resort dress］リゾート（避
暑地、避寒地）で着用することを目的と
したドレスの総称で、特に夏季の避暑地
におけるドレスを意味することが多い。
開放的で遊びのあるデザインが特徴。

リターム⇒ネガーブ

リッキーバッグ［Ricky bag］アメリカのデ
ザイナーブランドを代表するラルフ・ロ
ーレンのアイコニック（象徴たる存在）
とされる婦人バッグの名称。同ブランド
の最初のミューズとされる妻の名前リッ
キーから名付けられたもので、イタリア
産の良質な革を使った手作りの高級バッ
グとして知られる。19世紀のサドルバッ
グからインスピレーションを得てデザイ
ンされたといわれ、現在ではソフトリッ
キーやミニリッキーなどのシリーズも見
られる。

リッジウエイソール⇒ダイナイトソール

リッチカジュアル［rich casual］リッチ（金
持ちの、豊かな）な雰囲気にあふれるカ
ジュアルファッションの総称。海外の有
名ブランド物などで構成されるファッ
ションがそれで、近年はこうしたものとプ
アカジュアル（貧しいイメージのカジュ
アルファッション）の二極化が進むよう
になっている。

リッチディテール［rich detail］贅沢な感
じのディテールデザインの意。豪華な刺
繍やレース飾り、ブレード、ボタンなど、
いかにもリッチな雰囲気を感じさせる細
部デザインを総称する。

リッピングジャケット［ripping jacket］リ
ッピングは「引き裂かれる」といった意
味で、生地をわざと引き裂いて、粗末な
イメージを表現したジャケットをいう。
グランジやシャビーといったボロボロル
ックの流行から登場した新奇なアイテム
のひとつ。

リップアート［lip art］唇にほどこすアー
ト的なおしゃれ。唇をキャンバス代わり
にして、さまざまな色を塗ったり、スト
ライプなどの模様を描くなど、きわめて
エキセントリックな雰囲気に仕上げるの
が特徴。イヤーアート＊の前身として流

ら

903

ファッション全般

行りはじめたものとされる。

リップオイル⇒リップバーム

リップカラー［lip color］口紅の総称。リップコスメ（唇関係の化粧品）の一種で、特に口紅を指す。一般にリップスティック（棒状の口紅）として知られるが、このほかにほのかな色付けをするティント・タイプのもの（ティントリップ、オイルティント、リップトリートメントなど）を含むこともある。

リップクリーム［lip cream］唇の荒れやひび割れを保護するために用いる口紅状の化粧品の一種。ただし、これは和製英語で、英語ではチャップスティック［chap stick］などと呼ばれる。チャップには「ひび、あかぎれ」といった意味がある。

リップグロス［lip gloss］唇に艶を与えるものの意で、口紅をつけた上にさらに艶を出したり、ニュアンスを変える目的で用いる唇専用の化粧品を指す。一般に透明のものが多く、唇に直接用いることもある。ピンクやオレンジなどで淡い色みをもつタイプも見られる。

リップコンシーラー［lip concealer］唇（リップ）の赤みを抑えるリップクリームの一種。唇の輪郭をシャープに見せる効果もあるとされる。コンシーラーは「隠すもの」という意味。

リップスティック［lipstick］棒状の口紅のことで、一般に「口紅」として知られる化粧品。フランス語では「赤、紅」を意味するルージュ［rouge 仏］が一般的に口紅を意味する言葉として知られるが、ルージュは実際には頬紅やマニキュアなど赤くする化粧品を総称しており、口紅としてはルージュ・ア・レーヴル［rouge à lèvres 仏］とするのが正しい。なおフランス語でリップスティック（棒紅）は、バトン・ド・ルージュ［bâton de rouge］となる。

リップストップナイロン［rip stop nylon］引き裂き（リップ）を防止するナイロンの意味で、引き裂きに強いナイロン地を総称する。主としてダウンウエア*の羽毛が外に飛び出ることを防ぐ目的で開発されたもので、目の詰んだ綾織となったものが多い。ダウンプルーフ*素材の代表的なものとされる。

リップティント⇒リップバーム

リップトジーンズ⇒ダメージジーンズ

リップバーム［lip balm］唇に塗る香油、芳香性樹脂の意。リップクリームと同じで、リップオイルとかリップティントなどとも呼ばれる。ティントは「薄く塗る」という意味。

リップル加工［ripple finish］リップルは「さざ波、小波」という意味で、薄地の生地に苛性ソーダを付着させて強い収縮を与え、さざ波のようなシボを表現する加工法をいう。

リップルソール⇒シャークソール

リップルドカラー⇒ラッフルドカラー

リップルボーダー［ripple border］リップルは「さざ波、小波」の意で、さざ波のような曲線を描く横縞模様をいう。その形から俗に「テレビ柄」とも呼ばれ、ニットウエアによく用いられる。

リトルジャケット⇒コンパクトジャケット

リトルブラックドレス［little black dress］きわめてシンプルな黒のワンピースを指すもので、欧米ではごく基本的なドレスのひとつとされる。これ一着でさまざまな用途に向く特質があるとされ、LBDの略称でも呼ばれる。元は1926年シャネルの考案によるものとされる。

リトルボーイカラー⇒スーパーショートポインテッドカラー

リネア⇒ライン

リネン［linen］麻の一種で「亜麻（あま）」を原料とする素材をいう。繊維の状態で

ファッション全般

はフラックス [flax] といい、糸や布の状態でリネンあるいはリンネル [linière 仏] と呼ばれることになる。生産地は世界各地に散在するが、特にアイルランド産のものはアイリッシュリネン [Irish linen] と呼ばれ、高級品として知られる。

リネンソール⇒ロープトソール

リバーシブルコート [reversible coat] リバーシブルは「逆にできる、反転できる」の意で、表情の異なる素材を表と裏に貼り合わせて作り、両面とも着られるようにした「裏返し可能」のコートを総称する。メンズコートの場合は防寒を目的としたものが多く、裏側は大抵チェック地でできている。二通りに使えることからツーウエイコート [two-way coat] とも呼ばれ、最近ではターンコート [turncoat] という異称も現れている。ターンコートは本来「裏切り者」という意味だが、これをもじってファッション用語に取り入れたもの。

リバーシブルハット [reversible hat] 表裏両用可能な帽子。多くはバケットハット*型の布製ハットで、無地とチェック柄の両面仕様となったものが一般的。ゴルフ用の帽子として用いることも多い。

リバーシブルベスト [reversible vest] 裏表ともに着用可能なベストの総称。カジュアルなベストにも多く見られるが、男性用では礼服に用いられる黒とグレーのものが代表的で、祝儀にはグレーの面を、不祝儀には黒の面を着用することが広く行われている。

リバースウエルト [reverse welt] 紳士靴の製法のひとつで、ノルウィージャン・ウエルテッドなどノルウィージャン系に属すものの一種。ストームウエルトと同じで、正確にはリバースウエルテッド製法という。カントリーシューズなど頑丈な靴に用いられる底付け方法で、縫い目が

外側に完全に現れるのが特徴となる。その他これと同系に属すものとして「ノルヴェジェーゼ」製法（イタリア語でノルウェイの意）やその変則としての「ベンティヴェーニャ」製法などの種類も見られる。なおタウンユース仕様としてのリバースウエルトはフラットウエルト（平たい細革の意）と呼ばれる。

リバースストライプ⇒アメリカンウエイ

リバーストライアングラーライン⇒インバーテッドトライアングルライン

リバースプリーツ [reverse pleats] 内倒し型プリーツ。リバースは「逆の、反対の、裏の」という意味で、内側に向けて倒したフロントプリーツ*（タック）を指す。フロントプリーツの多くは外倒し型が採用されているところから、このように呼ばれるもので、よりクラシックな味わいがあり、それゆえにファッション的なデザインと見なされる向きがある。インタック [in tuck] と呼ばれることもあるが、これと似たインバーテッドタック [invert-ed tuck] は襞（ひだ）が突き合わせになった形のものをいい、これらとは区別される。

リバースプリント [reverse print] 直訳すれば「逆プリント柄」。通常は裏面に当たるプリント生地を表面にしたもので、アロハシャツなどに用いられる。裏側に現れるぼけたような感じのプリント模様が面白いとして、あえてそのようにデザインされたものをいう。

リバーレース [leaver lace] 正しくは「リーバーレース」という。1813年、英国のジョン・リーバースによって考案されたリバーレース機（リーバー機）にちなんだもので、19世紀中ごろに大流行し、今日の機械レースの基盤を作ったものとして知られる。精巧優美な高級レースのひとつとされる。

ら

ファッション全般

リバイバルカジュアル⇒リバカジ

リバカジ ［revival + casual］「リバイバルカジュアル」の短縮語。かつて流行したものを再び持ち出して着ようとするカジュアルファッションの表現で、特に1960～70年代のファッションがその題材とされることが多い。90年代のダウンジャケットの再ブーム時に登場した用語。

リバティープリント ［Liberty print］ロンドンの老舗百貨店リバティーによるオリジナルのプリント柄をいう。きわめて繊細優美な小花模様が特徴。

リバティーンスカーフ ［Livertine scarf］2002年にデビューした英国のロックバンド〈ザ・リバティーンズ〉のカール・バラーが愛用したところからそう呼ばれるようになったスカーフのことで、いわゆるアフガンショール*（アフガンストールとも）と同種のアイテム。英国では「リバティーン・ロックスカーフ」とも呼ばれ、襟巻きのほか腰巻きとしても用いられている。

リハビリウエア⇒リハビリテーションウエア

リハビリテーションウエア ［rehabilitation wear］略してリハビリウエアとも。リハビリテーションは「（傷病人などの）社会復帰、機能回復」といった意味で、障害者の社会復帰療法時に着用する衣服を指す。優しい肌触り、吸汗速乾性、抗菌防臭性、取り扱いやすさといった機能性に長けた素材であるとともに、動きやすさを考慮したデザインで仕上げられたところに特性がある。ケアウエア*（介護服）とともに、最近注目されている新衣料分野のひとつ。

リバリー ［livery］「お仕着せ、揃いの制服」の意。上流家庭で下男などが着る揃いの服をいうが、広義には仕事や社会的地位に応じて着るべき服を指す。そこから「守るべき服装規定」の意味ともされるよう

になった。

リビングウエア ［living wear］リビングは「生活の、暮らしの」といった意味で、ホームウエアやハウスウエアとほとんど同義に扱われる。時としてリビングルーム（居間）で着用するくつろいだ感覚の衣服を指すこともある。

リファイン ［refine］ファッション感覚用語のひとつで「上品な、洗練された、優雅な」といった意味で用いられる。正しくは refined と綴る。

リブ編 ［rib stitch］平編*、パール編*と並ぶ緯編*の三原組織のひとつで、英語ではリブステッチ［rib stitch］という。リブは「肋骨」また「畝」の意で、「ゴム編」とか「畦編（あぜあみ）」とも呼ばれる。はっきりとした畝が表れるのが特徴で、ヨコ方向の伸縮性に優れ、裾口や襟ぐり、また靴下などに用いることも多い。丸編機で編まれるものはフライス編［fraise stitch］と呼ばれる。

リブウイーブ⇒畦織

リフォーム⇒リメーク

リブジーンズ ［rib jeans］コーデュロイ製ジーンズの総称。リブは「畝」の意で、コーデュロイに特有の畝があるところからの命名。ジーンズに用いられるコーデュロイは「ミニブレンドコーデュロイ*」と呼ばれるものが中心で、14ウェールを基本に、8ウェールの中畝タイプなどが用いられる。一般にはコーデュロイジーンズ［corduroy jeans］として知られる。

リブステッチ⇒リブ編

リブストライプ ［rib stripe］「畝縞」の意。コーデュロイのように畝（リブ）によって表現される縞柄をいう。コードストライプ*と同義。

リブセーター ［rib sweater］リブ編*を特徴としたセーターの総称。畝のような筋が浮き出るのが特徴で、伸縮性に富み、

体によくフィットする特性を持つ。イギリスゴム編のオイルドセーター *などに代表される。

リブソックス［rib socks］ゴム編みによる凹凸状のタテ縞（リブ）を特徴とする靴下の総称。「リブ靴下」と呼ばれ、最もオーソドックスな靴下のひとつとされる。リブは「肋骨」また「畝（うね）、畦（あぜ）」という意味がある。

リフター［lifter］ウエイトリフティング（重量挙げ）の選手が用いるようなというところから、俗称でこのように呼ばれる男性下着のひとつ。肩から伸びたストラップが股まで続く、昔のタンクスーツを思わせるような形を特徴としたもので、スリングショット *と呼ばれる水着と同義のアイテムともされる。

リフティングベルト⇒ウエイトベルト

リフト［lift］ドレスシューズでヒールに相当する踵の底部分。歩行時に体重を分散し、足の負担を和らげる機能を持つ。ゴム製や革積みのものがあり、このいちばん下の層をトップリフト（化粧革、化粧ソール）と呼ぶ。本来は「持ち上げる」の意。

リフトアップブラ［lift up bra］リフトアップは「持ち上げる」の意で、バスト全体を持ち上げて、きれいなバスト位置を保つようにデザインされたブラジャーを指す。プッシュアップブラとかバストアップブラなどと呼ばれるものと同義で、ワコールの『グッドアップ・ブラ』の発売（1992年2月）以来、改良を重ねて現在に至っている。

リプトン・ボウ ⇒ドロップ・ボウノット

リブニットスカート［rib knit skirt］リブニット（畝編み）のジャージー素材で作られるスカート。しなやかにフィットするシルエットが特徴とされる。

リブニットヘムパンツ⇒アンクルバンドパンツ

リブパンツ［rib pants］裾口にリブ編のジャージーを取り付けたパンツのことで、最近流行のジョガーパンツとかジョグパンツなどと呼ばれるスエットパンツ型のカジュアルパンツの俗称として用いられる。より正確にはリブニットヘムパンツという。

リフレクター［reflector］「反射器、反射鏡」という意味で、暗いところでもわずかな光で発光する銀色の反射板をいう。リフレクターテープとして自転車競技用のシャツなどに取り付けられることが多い。最近ではクラブファッションのTシャツやパンツ、スニーカーなどにもワンポイント的な飾りとして用いられるようになり、そのままアウター素材として作られるものも現れている。

リブレスコーデュロイ［ribless corduroy］リブ（畝）のないコーデュロイ *の意。畝の毛羽を刈って平らにしたコーデュロイを指す。

リペア加工［repair＋かこう］リペアは「修理する、修繕する、修復する、直す」という意味で、ジーンズに一度穴を開け、それをふさいだり、別布を当てたりして修復する加工法を指す。手の込んだダメージ加工のひとつで、2016年、これをユニクロまでが取り入れたとして話題になった。

リペアジーンズ⇒リメークジーンズ

リペットコットン［repet cotton］ペットボトルを再生したポリエステル繊維と、紡糸段階で不要になった落綿を混合させた素材。いわゆるリサイクル素材のひとつで、バッグなどの材料に用いられる。リペットはre（再）とPET（ペットボトル）からの合成語。

リベットボタン［rivet button］リベットは「鋲（びょう）」の意で、ジーンズのポケ

ら

ファッション全般

ット口などに補強の目的で用いられることで知られる。カパーリベット（コパーリベット）ともいうのは、これが銅（カパー）で作られているところからの名称。こうした丸い金具のことをドット［dot］と総称し、リベットもその一種とされる。

リポーターズバッグ［reporter's bag］報道記者などのリポーターが携帯するようなバッグの意。収納用にさまざまなポケットを付けたがっしりした作りの革バッグであることが多く、手持ちと肩掛けの2ウエイ仕様となったものが大半を占める。

リボーンヴィンテージ［reborn vintage］昔のものを完全な形で復活させる「完全復刻版」の意。一般的なレプリカ（複製品）とは異なり、デザインから素材に至るまで忠実に再現するのが特徴。1990年代の古着ブームの中で見直されてきたもので、本物（ヴィンテージ）と同じように値打ちがあり、高価で取引されるものも少なくない。ジーンズやアロハシャツなどによく見られる。

リボンカチューシャ［ribbon Katyusha］リボンを取り付けたカチューシャ*。女の子たちの間で大きなリボン（でかリボン*）が髪飾りとして流行したことから考え出されたもので、大小さまざまなリボンを付けたものがある。これに関連させてリボンネックレス［ribbon necklace］といったリボン付きのネックレスも現れている。

リボンカフス［ribbon cuffs］袖口をリボンのようにデザインしたカフス。その結び方によって、手首のサイズを調節できるのが特徴。

リボンキュロット⇒リボンスカート

リボンジャケット［ribbon jacket］ウエストに共地のベルトをあしらったベルテッ

ドジャケットの一種で、ベルトがリボン状の飾りとなったもの。ロマンティックなファッションの影響を受けて、リボンをアクセントに用いるアイテムが増えているが、このほかにリボンをウエストや裾にあしらったリボンパンツや、大きなリボンをアクセントとしたブラウスなども人気がある。

リボンスカート［ribbon skirt］ウエストのベルト部分にリボン状のアクセントを取り付けたスカート。同様のものにリボンパンツやリボンキュロットなどもある。

リボンストライプ［ribbon stripe］リボンで表現される縞柄のこと。細いリボンを織り込んで縞柄に見せるものもあり、これはドレスシャツにも用いられる。

リボンスニーカー［ribbon sneaker］甲の部分にリボンを付けた女性用のスニーカー。かかとの上部にゴムを入れてフィット感を高めたタイプも多い。

リボンターバン⇒ヘアターバン

リボンタイ［ribbon tie］リボンのような細長い布片を用いて蝶結びにしたネクタイ。両端を20センチほど長く垂らすのが一般的なあしらい方となる。ボヘミアンタイ［Bohemian tie］という異称もあるが、ボヘミアンタイにはラバリエール*という大型の蝶結びネクタイの別称という意味もある。

リボンネックレス⇒リボンカチューシャ

リボンバッグ［ribbon bag］脇に付けた大きなリボンを特徴とする女性用のバッグ。元はキャビンアテンダント（スチュワーデス）の機内持ち込み用バッグとされていたもので、キルティング製の外観とビニールコーティングの防水仕様の内部構造を特性としている。バケツ型とトートバッグ型の2タイプがあり、簡便なデザインと使い勝手の良さ、それと安価なところが人気の元とされた。

908

リボンパンツ［ribbon pants］ウエスト部の
リボンテープ飾りを特徴とした女性用パン
ツ。きわめて女性的な雰囲気を醸し出
すもので、幅広のリボンテープをベルト
代わりとして用いるほか、大きな蝶結び
にしてアクセント付けとするものも見ら
れる。

リボンバンド⇒ハットバンド

リボンパンプス［ribbon pumps］甲の部分
にリボンを飾ったパンプス*の総称。こ
うした飾りを「パンプボウ」と呼んでい
る。

リボンブラウス［ribbon blouse］リボン状
の飾りを特徴としたブラウスの総称。リ
ボンタイやボウタイ状のネックウエアを
首飾りとしたり、ウエストや背中に大き
なリボンを取り付けたり、裾をリボン絞
りとしたものなどデザインは多彩。フォ
ーマルなタイプからカジュアルなものま
で種類は多い。

リボンヘムパンツ［ribbon hem pants］裾
にリボンをあしらった女性用パンツ。フ
ァンシーなデザインパンツのひとつで、
共生地の大きめのリボンを飾ったものが
多く見られる。

リボンベルト［ribbon belt］クロスベルト*
の一種で、ゴム糸を織り込んだエラステ
ィック素材で作られたベルトを指す。ア
イビーストライプをモチーフとしたカラ
フルな模様を特徴としたものが多いとこ
ろから、俗にアイビーベルト［Ivy belt］
の名でも呼ばれる。ただしアイビーベル
トは布帛と革がコンビになったデザイン
のものが多い。

リマール⇒イカット

リミックスファッション［re-mix fashion］
かつて流行したファッションに今日的な
感覚を加えて新しくよみがえらせたり、
ひとつのアイテムをベースにして、それ
に他のアイテムを自由に組み合わせて全

く異なる感覚を作り出したりするような
ファッション表現をいう。リミックスは
元々音楽用語で、すでに完成している曲
を再編集して新しくまとめ上げる作業を
指す。

リム⇒フレーム

リムーバブルカフス［removable cuffs］リ
ムーバブルは「移動できる、取り外し可
能な」といった意味で、テーラードなジ
ャケットなどで実際に開閉できる仕立て
になっている袖口のデザインをいう。こ
うした上着の袖口は「開き見せ」などと
いって、実際には開閉できないボタン留
めとなっているのが一般的だが、これは
開閉可能となるのが特徴。日本語では「本
開き」とか「本切羽（ほんせっぱ）」と
呼ばれ、ドクタースタイル*という別称
でも呼ばれる。ほかにリアル・カフホー
ルズ［real cuff-holes］とかリムーバブルス
タイル［removable style］ともいう。

リムーバブルスタイル⇒リムーバブルカフス

リムレスグラス［rimless glasses］リム（レ
ンズを支える枠で、フレームと同じ）の
ないメガネ。つまり「縁無しメガネ」を
いう。リムレスフレームズ［rimless
frames］ともいい、顔の印象がそんなに
変わらないという特性を持つ。なお、上
側だけにリムを設けたタイプはハーフリ
ムレス［half rimless］と呼ばれ、英米で
はハーフリムフレームズ［half rim
frames］などと称される。

リムレスフレームズ⇒リムレスグラス

リメーク［remake］作り直す、再製するの
意。同様の言葉で、リフォーム［reform］
は「改良、改善、改造」といった意味で、
ともにファッションでは古い服などを仕
立て直す意味で用いられる。英語ではメ
イキングオーバー［making over］などと
いう。

リメークカジュアル［remake casual］古着

ら

909

ファッション全般

などをリメーク（作り直す、改造する）して着こなすカジュアルファッションの表現。節約意識やボロルックの流行などを背景に生まれたもので、なかには母親の着ていた服をリメークする娘も現れている。

リメークジーンズ［remake jeans］一旦できあがった製品に細工を加えた後加工ジーンズの総称。リメークは「作り直す、再製する」の意で、リフォーム（改良、改造）と同義。同じように「修理する、直す」の意味から、これをリペアジーンズ［repair jeans］（リペア加工されたジーンズの意）ということもある。

リメークバッグ［remake bag］作り直したバッグという意味だが、これは特に有名ブランドの紙袋に手を入れて、しっかりしたバッグに作り変えたものをいう。たとえば、エルメスのオレンジ色の紙袋をちゃんとしたバッグに改造したものなどがあり、これらは2004年春、違法行為として問題になったことがある。

リュクス［luxe 仏］フランス語で「贅沢、奢侈」といった意味。英語のラグジュアリーやゴージャスなどと同じように、最近のファッションによく用いられる言葉となっている。

リュクスコート［luxe coat］贅沢感を特徴とする婦人用コートを総称する。リュクスはデラックス deluxe やラグジュアリアス luxurious と同義で「華美な、贅沢な」の意を表す。ミンクやセーブルなどの毛皮使いや高級カシミヤ使いのロングコートなどに代表される。不況とはいいながらこうした豪華なコートが注目されるのも現代のファッション傾向。

リュックサック［rucksack］ドイツ語のルックザックが転化したもので、登山や遠足などに用いる背負い式のバッグを指す。単にリュックとかザックともいい、

現在ではビジネス用のそれも登場するようになっている。元々の意味は「背嚢（はいのう）」、つまり背に負う袋のこと。

リュネビル［luneville 仏］リュネヴィルとも。オートクチュールを手掛けるアトリエで長いあいだ培われてきたフランス伝統のオートクチュール刺繍の基本とされる刺繍法の名称。クロシェ・ド・リュネビルと呼ばれる独特の「かぎ針」を用いることからこう呼ばれる。リュネビルはフランスの街の名で、1800年代、ここで発祥したところからのネーミングとされる。オートクチュール刺繍は、この針を使って多くのビーズやスパンコールなどを生地の裏側から刺繍する独特の手法を指す。

涼感ウエア⇒節電ウエア

両玉縁⇒パイピングポケット

両頭編⇒パール編

両Vネック［りょう＋V neck］前後ともにV字形に刳（く）られているネックライン。最近のドレスなどに見られるデザイン。

竜馬ヘア⇒サムライヘア

両面編［りょうめんあみ］緯編＊の基本組織のひとつで、英語ではインターロック［interlock］と呼ばれる。ゴム編を応用したもので、表裏ともに天竺編のように見えるところからこの名がある。非常にしっかりした編地で、弾力性に富むのが特徴。ほかにスムーズ編［smooth stitch］（スムースとかスムスとも）と俗称されたり、「二重ゴム編」（ダブルリブとも）、また英国ではダブルジャージー［double jersey］とかダブルニット［double knit］とも呼ばれる。

リヨセル［Lyocell］オーストリアのレンチング社の開発による精製セルロース繊維の商標名。テンセル＊と同タイプの新しい天然繊維のひとつで、これはブラジル

ファッション全般

で計画植林されたユーカリの木を原料としたエコロジカルな新天然繊維素材とされる。当初は「レンチング・リヨセル」と称したが、2004年5月に「テンセル*」を買収して、レンチング社はテンセル（リヨセル）のトップメーカーとなった。リヨセル、テンセルともに21世紀を担う新しい繊維とされる。なお、これと同タイプの繊維としては日本の「レクセル」（『富士紡績』）などが挙げられる。

リラカジ ［relax ＋ casual］ リラックスカジュアルの短縮語。良い感じに力の抜けたカジュアルファッションの表現で、さりげないおしゃれ心を感じさせるファッションとして人気がある。元はファッション誌『VERY』が2005年春から提唱したキャッチフレーズのひとつ。

リラクシングウエア⇒リラクゼーションウエア

リラクシングパンツ⇒リラックスパンツ

リラクゼーションウエア ［relaxation wear］ リラクゼーションは「息抜き、緊張をほぐすこと」という意味で、安らぎを与えてくれるような服全般を指す。例えば幸運を呼び込むとされる「風水カラー」を使うなどして、ホッとする感じを醸し出すようなものがある。リラクシングウエア［relaxing wear］とも。

リラックスストレート⇒セミリラックスフィット

リラックスソックス ［relax socks］ 部屋の中でくつろぐ時に用いる靴下。部屋履き用に底を付けた多くは毛糸製の靴下の一種で、ホームカバーとかホームカバーソックス、またルームソックスなどとも呼ばれる。

リラックストラウザーズ⇒リラックスパンツ

リラックスパンツ ［relax pants］ ゆったりとした雰囲気を特徴としたパンツの総称で、リラクシングパンツ［relaxing

pants］ とかリラックストラウザーズ［relax trou-sers］などさまざまな名称でも呼ばれる。全体に太めでゆったりしたシルエットを持ち、楽な穿き心地を特性としている。ウエストをゴムや紐通しとしたものが多いのも、こうしたパンツの特徴。

リラックスブラ ［relax bra］ リラックス（くつろぐ、ゆるめる）した雰囲気で着装できるブラジャーを指し、特に自宅での就寝時などのリラックスタイムに使用するタイプのものを意味することが多い。バストの横流れを防ぐ工夫を施すなどしたノンワイヤ型のものが多く見られる。

リリースカート⇒トランペットスカート

リリパイプ ［liripipe］ リリピープとも。14〜15世紀に用いられたシャプロン［cha-peron 仏］と呼ばれる帽子（頭巾）やフードの先端に付いた細長い垂れ布の部分を指し、これを肩に巻いたり、そのまま下に垂らすなどして用いることが流行した。

リリピピューム ［liripipium］ 13世紀ころのヨーロッパで流行したフードの一種で、先端が極端に長く尖った形を特徴とする。14〜15世紀には長く伸びた部分だけをリリパイプ*とかリリピープ、またリリピプ（仏）などと呼ぶようになり、男女のかぶりものに付く長い垂れ飾りを意味するようになった。

リンガーTシャツ ［ringer T-shirt］ ネック部分や袖口が、身頃とは別配色になった輪（リング）状にデザインされたTシャツ。デザインとしては昔からあるものだが、こうしたネーミングは比較的新しい。

リンガーネック⇒リングネック

リンカーンウール ［Lincoln wool］ 英国産リンカーン種の羊から採れる羊毛。長い毛から採れるもので、強くて太く、光沢感がある。ドレスの生地のほかカーペッ

ら

ファッション全般

トなどにも用いられる。

リンキング［linking］リンクは「つなぐ、つながる、連結する」の意で、ニットにおいては襟付けや脇縫いなどの「かがり」を意味する。特に伸縮性を損なわないように行う「ミシンかがり」を指すことが多く、そうしたミシンをリンキング機と呼んでいる。

リング［ring］「輪、環、輪形のもの、円形」という意味で、ファッション用語では「指輪」を指し、「指環」とも表記される。古来、魔除けや地位を表す装身具として用いられてきたもので、その材料やデザインは多彩。一般には金属の輪に宝石をあしらったものが多く見られる。専門的には輪の部分をシャンク shank、指の甲を飾る部分をベゼル bezel と呼んでいる。

リングイヤリング⇒フープピアス

リングウオッチ［ring watch］時計の付いた指輪、また指輪の飾りに小さな時計を付けたものをいう。宝石をあしらったり、時計を蓋付きとしたものなどが見られる。

リンクカフス［link cuffs］カフリンクス*を用いて留めるようにしたシャツカフスの総称。ダブルカフス*だけではなく、コンバーティブルカフス*のようなものもこの一種ということになる。

リンクコーデ［link＋coordinate］リンクは「結びつけるもの、きずな、関連」また「つなぐ、つながる」の意で、親子、きょうだい、友だちなどふたり以上の服装のなかで、どこか1か所あるいは全部、色や柄などを揃える組み合わせ方をいう。特に親子の間でのそうした着こなしを指すことが多く、母親と娘だけでなく、父親と息子のそれも人気を集めるようになっている。リンクファッションとも呼ばれ、別に「おそろコーデ」「親子コーデ」などの表現もある。

リングコスチューム［ring costume］リングは本来円形の競技場のことで、特にボクシングのそれを指す。現在ではプロレスリングやプロボクシングなど格闘技の競技場を指すことが多い。そうした場で着用する衣装を意味するもので、派手なガウンや試合着としてのタイツ、トランクス、ブーツ、またマスクなどを総称する。

リングシューズ⇒ボクサーシューズ

リングショール［ring shawl］ヒマラヤ高地に生息するカモシカの仲間チルーの毛で織られたシャートゥーシュ*という織物から作られたショールの別称。シャートゥーシュは世界最高級といわれるほど細番手の織物で、これで作られたショールはきわめて薄く軽く、1メートル×2メートルの布が指輪（リング）の穴を通り抜けてしまうというところから、このような名で呼ばれるもの。それでいて暖かさはこの上ないというのが特徴とされる。リングストール［ring stole］とも呼ばれる。

リンクス［lynx］日本では「大山猫」と呼ばれる大型の山猫。ロシアから北米にかけて生息し、非常に高価な毛皮のひとつとされる。これよりも小型の種のものをリンクスキャット［lynx cat］と呼んでいる。

リンクス編⇒パール編

リンクス・アンド・リンクス⇒パール編

リンクスキャット⇒リンクス

リングストール⇒リングショール

リンクス・リンクス⇒パール編

リンクタートルネック［ring turtle neck］タートルネック*の一種で、首の部分に円い環（リング）を巻いたようなデザインになったものをいう。それほど高さはないのが特徴。

リングタイ［ring tie］リング（金属の環）

ファッション全般

を用いて留めるネックウエアの一種。細身のネクタイを結ばないでシルバーのリングを通して首元で留めるとか、2本のネクタイを用いてスカーフのような雰囲気にするといった方法がある。ふつうのネクタイの結び目の下部にリングを通す方法もあり、パーティー向きの新しいネックウエアとして注目を集めている。リングとネクタイがセットになったものが多く見られる

リングデニム［ring denim］1832年にアメリカで開発されたリングスピンドル（リング精紡）で生産された糸で作られるデニム地のこと。本格的なデニムの風合が特徴で、こうした昔のデニムにこれまた昔ながらの「ロープ染色」という手法を用いることによって、よりヴィンテージ感覚のデニムが生まれることになる。

リングネック［ring neck］ラウンドネック（丸首）の一種で、アメリカや英国のクルーネックのように角張らず、またゴム編になっていないものを指す。文字通りの「真ん丸」襟で、フレンチクルーネック［French crew neck］とかリンガーネック［ringer neck］とも呼ばれる。

リングバックル⇒ダブルリングベルト

リングピアス［ring pierce］環状、輪状のピアス。円い形を特徴とする基本的なピアスのひとつで、耳に用いるほか鼻ピアスや「へそピアス」などのボディーピアスとしても用いられることが多い。後者はリングボディーピアスとも呼ばれる。大型のものはフープピアスともいうが、フープピアスは元々「輪ピアス」の意で、これと同義ともされる。

リンクファッション⇒リンクコーデ

リングブーツ［ring boots］足首の周りに金属製のリング（環）を取り付けて、デザイン上のアクセントとした頑丈なイメージのブーツ。「ブタ鼻」などと呼ばれる

ずんぐりした爪先と、太い筒状の脚部も特徴のひとつで、ハーネスブーツ［harness boots］と呼ばれることもある。ここでのハーネスには「安全ベルト」といった意味がある。また、レスリングシューズ*などリング ring での格闘技に用いる靴のことも「リングブーツ」と総称することがある。

リングブレスレット⇒バングル

リンクフロント⇒拝み合わせ

リングベルト⇒タイベルト

リンクボタン［link button］リンクは「つなぐ、つながる、連結する」の意で、2つでセットになった「つがいボタン」のことをいう。モーニングコートなどによく用いられるフロントボタン（前ボタン）として知られ、鼓（つづみ）のようにつながっていることから「鼓ボタン」また「夫婦（めおと）ボタン」とも呼ばれる。ほかに「拝みボタン」という俗称もある。

リングモカシンブーツ［ring moccasin boots］履き口の部分にリング（環）を用いたモカシン型のブーツ。レースモカシンブーツ*のリングブーツ*版ともいえる。

リングヤーン⇒ループヤーン

リンクルレジスタントシャツ⇒ＷＲシャツ

リングレット⇒カール

リンス［rinse］髪に潤いと滑らかさを与えるため、洗髪後に用いるヘアケア用の溶剤で、一般にヘアリンス［hair rinse］とも呼ばれる。洗剤を中和させたり、毛髪に栄養を与えるのが本来の目的とされる。ただし、リンスというのは「ゆすぐ、すすぐ」また「（水で）さっと洗う、洗い落とす」という意味でしかなく、これをそうした目的に使う溶剤そのものの名称とするのは日本的な間違いとなる。正しくはコンディショナー［conditioner］（状態を整えるものの意）、あるいはもっと丁寧にヘアコンディショナー［hair

ら

ファッション全般

condition-er］といわなければならない。
なお、髪の手入れ全般はヘアケア［hair
care］と総称されるが、傷んだ髪の処置
や手当てのことはヘアトリートメント
［hair treat-ment］という。またヘアトリ
ートメントには、コンディショニング剤
のひとつで、粘度が高く、髪の内部に浸
透させるタイプのものを指す意味もあ
る。

リント［lint］ウール製のセーターや服な
どにできる「毛玉」のこと。本来はリン
ト布という包帯用の起毛した柔らかなリ
ンネル地や綿布をいったものだが、ここ
から「糸くず」や毛玉の意味になった。

リントンツイード［Linton tweed］英国の
老舗ファンシーツイードメーカー「リン
トン」社の作り出すツイードの総称で、
同社は特にシャネルツイードの生産業者
として知られる。1912年英国北部、スコ
ットランドとの境にあるカンブリア州カ
ーライルに創業したリントン社は、1920
年代、ココ・シャネルとの邂逅により発
展を遂げることとなった。現在ではリン
トンといえばシャネルツイードと同義と
もされている。

リンネット⇒擬麻加工

リンネル⇒リネン

リンパドレナージュ［lymph drainage］リ
ンパの活動やリンパ液の流れなどを整え
るマッサージ法で、デトックス*美容の
ひとつとされる。

ルイヒール [Louis heel] フランス、ブルボン王朝のルイ15世（在位1715〜74）の時代に流行したことからこう呼ばれるヒールのデザインのひとつで、ルイ・フィフティーン・ヒール [Louis XV heel] とも呼ばれる。付け根部分が太く、前後で湾曲した5〜6センチ高の中ヒールのものが中心。

ルイ・フィフティーン・ヒール⇒ルイヒール

ルー [loup 仏] マスク（仮面）の一種で、目元から鼻先の部分を覆う「半仮面」をいう。仮装舞踏会などに用いられるもので、英語でハーフマスク [half mask]、またフランス語でドミノ [domino 仏] ともいう。なお、ドミノには昔、僧侶が冬に用いたフード付きの黒い法衣や、喪中の女性が用いる黒のヴェールなどの意味もある。

ルーシュ⇒フリ

ルージュ⇒リップスティック

ルージュ・ア・レーヴル⇒リップスティック

ルーシング [ruching] 原意のルーシュはドレスの襟や袖口などの飾りに用いるレースやシフォン、モスリンなどで作られたひだ入りの紐を指す。そうしたルーシュ飾りのことやその材料を総称する。

ルーズショルダー [loose shoulder] ゆったりとした作りを特徴とする肩線。ビッグショルダー*やアンプルショルダー*などと同種のデザインとされる。

ルーズスパッツ [loose spats] ルーズなシルエットを特徴とするスパッツ*。スパッツは脚にぴったりしているのが持ち味だが、これは股上を深くとり、ヒップから膝にかけてゆったりとした感じを持たせ、裾に向けてぴったりと細くしたラインを特徴としたもの。イージースパッツ [easy spats] とも呼ばれた。

ルーズスリーブ [loose sleeve] タイトスリーブ*の対語で、ゆったりとした作りの袖を総称する。

ルーズソックス [loose socks] ぶかっとしたルーズな形を特徴とする、太番手の綿糸で編まれた白い長めのソックスで、女子高生の愛好する通学アイテムとして1990年代中期から2000年代初頭にかけて大流行した。日本では92年ごろに登場した「ぐしゅぐしゅソックス」と呼ばれるものに端を発し、ブームを引き起こしたもので、元祖はアメリカの〈E.G. スミス〉ブランドのスポーツソックスの一種とされる。ミニ丈の制服スカートに合わせて用いられるスタイルは、いわゆる「コギャル」ファッションとして一世を風靡した。裾をたるませて穿く、だらしないイメージから、スラウチソックス [slouch socks] とかロングスラウチソックス [long slouch socks] とも呼ばれ、女子高生たちの間では「ルーソク」と短縮して呼ばれた。

ルーズトップ [loose top] ゆるやかなフィット感を特徴とした女性の上体衣の総称。最近のトレンドでは、オーガンディー（オーガンジー）など透け感のある素材で作られた、ゆったりしたシャツ風のトップスをこのように呼ぶことが多い。

ルーズパーマ [loose perm]「ゆったりしたパーマ」の意で、毛髪の根元まで巻き込まないで中間から毛先の部分にのみパーマをかけたり、毛先だけ残してパーマをかけるなど、毛髪を部分的に残してかけるパーマネントウエーブをいう。

ルースパウダー⇒プレストパウダー

ルーズパンツ⇒アンプルパンツ

ルーズファッション [loose fashion] 全体にルーズ（ゆるい、だぶだぶの）な雰囲気を特徴とした若者ファッションをいう。ずり下げパンツやヘソ出しルックなどいわゆる「だらしな系」と呼ばれるファッションのことで、俗に「だらしなフ

ファッション全般

ァッション」などとも呼ばれている。ちなみにルーズ（正しくはルースと発音）には「自由な、放たれた」の意味もある。

ルーズフィット⇒ルーズライン

ルーズフィットスカート [loose fit skirt] 腰のラインにゆるやかに沿うシルエットを特徴とするスカート。一般にはゆるやかな形のスカートを総称するが、最近のトレンドでは、タックやギャザーを部分的に寄せて少しだけ量感を加えたタイプのスカートをこのように呼ぶことが多い。

ルーズフィットドレス [loose fit dress] ゆるやかにフィットするドレスの総称。ルーズフィットスカート*と同種のアイテムで、ぶかぶかのドレスを指すわけではない。

ルーズフィットブーツ⇒バギーブーツ

ルーズブーツ⇒バギーブーツ

ルーズライン [loose line] 全体にゆったりしたシルエットの総称。ルーズ（本来はルースと発音）は「ゆるい、だぶだぶの」といった意味で、そうした衣服のフィットの状態をルーズフィット [loose fit]、また衣服が体から離れているということでオフボディー [off-body] とも呼んでいる。

ルーズレギンス [loose leggings] レギンスの一種で足首の部分にたるみを持たせたデザインのものをいう。レギンスの大流行で考え出された新奇な商品のひとつ。

ルーソク⇒ルーズソックス

ルードボーイ [rude boy] 1960年代にジャマイカ由来の不良少年グループとして登場したサブカルチャースタイルのひとつ。ルードボーイは「乱暴な少年」の意で、元はニューヨークのモダンジャズメンに刺激されて生まれたキングストンでの風俗とされる。レゲエやスカの音楽を通じてロンドンに伝わり、1979～81年にツ

ートーン・ムーブメント（スカのリバイバル運動）の定番ファッションと化した。

ループ編⇒カットパイル

ループ・アンド・ジュエリー⇒コードタイ

ループサンダル⇒トゥループサンダル

ループタイ [loop tie] コードタイ*（紐タイ）の一種で、紐を金具飾りのプレートに通し、ループ（環）を作って襟元にあしらうもの。1979年の「省エネルック」時に大流行して脚光を浴びたものだが、元々はアメリカ西部のカウボーイたちに用いられていたネックアクセサリーのひとつで、このことからウエスタンタイ [Western tie] マーベリックタイ [maverick tie]（一匹狼用の意）とも呼ばれている。なおループタイという名称は、かつては首回りの部分を紐にした作り付け式ネクタイの商品名でもあった。時として「綱、縄」の意からロープタイ [rope tie] ということもある。

ループトップカラー⇒コルトワ

ループヤーン [loop yarn] ファンシーヤーン*のひとつで、不規則な大きな輪奈（ループ）を特徴としたもの。ブークレ*と同じ。これよりループの小さなものはリングヤーン [ring yarn] と呼ばれる。

ルーミージャケット [roomy jacket] ルーミーは「広々とした、ゆったりとした」の意で、全体にルーズなシルエットを特徴とした大きめのジャケットを総称する。

ルーミーシャツ [roomy shirt] ルーミーは「（衣服が）ゆったりとした」の意で、ゆったりとしたシルエットを特徴とするブラウス調のシャツ。特に男性用のそれを指すことが多い。

ルーミーショーツ [roomy shorts] ルーミーは「広々とした、（衣服が）ゆったりとした」という意味で、ゆったりとしたシルエットを特徴とするショートパンツ

を総称する。

ルーミースタイル [roomy style] ルーミーは「広々した、（衣服などが）ゆったりとした」という意味で、全体にルーズな感じの服装を指す。部屋着の人気などからこうしたゆったり感のある衣服に関心が集まり、ゆったりしたラインの小花柄オールインワンなどが2010年春夏シーズンから流行するようになっている。

ルームウエア [room wear] 部屋の中で着るくつろいだ感覚の衣服の総称。俗に「部屋着」と呼ばれるものだが、英語にはこうした表現は見られない。

ルームコート [room coat] 本来はルームウエア（部屋着、室内着）としてのコート。最近ではルームウエアとしてはもとより、ちょっとした外出着としても可能なアイテムが作られるようになり、新しいコートのひとつとして注目を集めるようになっている。キルティングなどの素材を使い、フード付きとした膝丈タイプのものが代表的。

ルームシューズ [room shoes] 室内で履く靴の総称。「室内履き」「部屋履き」のことだが、いわゆるスリッパとは区別され、靴底やかかとが付き、しっかりした作りのものをこう呼んでいる。ミュール＊などに代表される。また冬季の防寒用とされるブーツ型のものはルームブーツ [room boots] と呼ぶ。

ルームソックス⇒スリッパソックス

ルームパンツ [room pants] ルームウエア（部屋着）として用いるパンツの総称で、多くはフリースやジャージーで作られるゆったりとしたシルエットのパンツを指す。サイドストライプを配するなどしたデザインのものが多く見られる。

ルームブーツ⇒ルームシューズ

ルーラル⇒ラスティック

ルーレックスヤーン [lurex yarn] リュレ

ックスヤーンとも。特殊な細工を施した金属糸の一種。ニット地に編み込み、光沢感を表現するのによく用いられる。

ルダンゴト [redingote 仏] ルダンゴットとも。英語のライディングコート [riding coat] が訛ってフランス語化したもので、「乗馬用上着」を指すが、元々は18世紀から19世紀にかけて男性が着用した乗馬用の丈長のコートをいう。1780年代には一般服へ変化してルダンゴト・ア・ラ・レビット [redingote à la lévite]（レビットには男の長い上着、女の寛衣、ドレッシングガウンの意がある）と呼ばれたり、アビ・ルダンゴト [habit redingote 仏] と呼ばれる公の礼服へと変化を見せる。女性のそれはローブ・ルダンゴト [robe redingote 仏] と呼ばれ、実用的なドレスとして着用されるようになった。なお、これが英国に逆輸入されてレディンゴート（スペルはフランス語と同じで、主として女性用乗馬服の意）と呼ばれるようになったのも、おもしろいエピソードとされている。

ルダンゴト・ア・ラ・レビット⇒ルダンゴト

ルック [look] 本来「見る、見える」また「見ること、顔つき」といった意味だが、ファッションでは「外観、様子」の意味から、人が特定の衣服をまとった状態を「〜ルック」というように呼んでいる。スタイル＊とほぼ同じだが、ルックはそれよりもなお瞬間的なパッと見た様子を指すことが多い。またファッションショーなどにおいて、コーディネーションが完全に仕上がった1体をルックス [looks] と呼ぶこともある。

ルックス⇒ルック

ルッソ [lusso 伊] イタリア語で「贅沢、豪華、奢侈」の意で、英語のラグジュアリー＊に相当する。ラグジュアリーという言葉のイメージをさらに上げる意味

ファッション全般

で、わざとこのようなイタリア語を用いる傾向が生まれた。「贅沢な、豪華な」という場合にはルッソーソ［lussuóso］となる。

ルナセル［LUNACEL］クラボウの開発によるプロテイン（動物性タンパク質）とセルロース（植物性繊維）の良さがひとつになったハイブリッド・レーヨン素材の商標名。シルクのような光沢とふっくらしたハリコシ、独自のきしみ感を持ち、夏爽やかで、冬暖かい快適繊維としての特性を持つとされる。シルキーなフィラメントヤーンと、ナチュラルなスパンヤーンの2タイプがある。

ルネッサンス［Renaissance］14世紀から16世紀にかけてイタリアに生まれ、全ヨーロッパに大きな影響を与えるようになった芸術や文化上の一大革新運動をいう。一般に「文芸復興」と訳されるが、ルネッサンス（ルネサンスとも）は「再生」という意味で、古代ギリシャ・ローマを理想とする「人間性の復活」と「個性の解放」をテーマとしている。ファッションは特に女性の豊満な肉体を賛美する方向で発展し、豪華な素材使いや装身具のあしらいが特徴とされている。

ルバシカ［rubashka ロシア］ロシアの男性が用いる上衣のひとつで、ゆったりとしたシルエットで、かぶり式の形を特徴とする。詰襟の左側の襟元を割ってボタン留めとした形が特に知られ、腰に飾り紐を用いてたくし上げるようにした着装にも特色がある。日本では俗に「ルパシカ」とも呼ばれ、古くから芸術家気取りの若者たちに着られていた。ロシアブラウス［Russia blouse］とかラッシャンブラウス［Russian blouse］とも呼ばれる。

ルバハ［rubakha ロシア］主としてロシア人男女が着用するシャツの一種で、肌着ともされる。さまざまな丈のものがあり、

首元と袖口にギャザーが寄せられたものが多い。

ルミナスカラー［luminous color］ルミナス（正確にはルーミナス）は「光を発する、光る、輝く」という意味で、強い光沢感を特徴とする輝くような色調を指す。そうしたルミナスピンクなどの種類がある。

ル・モード⇒ラ・モード

ルミナスピンク⇒ルミナスカラー

ルンギー⇒ロンジー

ファッション全般

レア⇒オーストリッチ

レアもの [rare ＋もの] レアは「まれな、珍しい」という意味で、めったに手に入らない希少価値の高い商品などをいう。古着や骨董品だけでなく、最近では新品でも手に入りにくいものについてもこう呼ぶことがある。

レイヴウエア [rave wear] レイヴは「わめき散らす、荒れ狂う、夢中でしゃべる」といった意味で、そこからアメリカでディスコの夜の「どんちゃん騒ぎ」を指すようになった。それにふさわしいセクシーでエキセントリックなディスコ向きの衣装を総称する。1990年代からの登場とされる。

レイヴプリント [rave print] 野外のロックコンサートなどのどんちゃん騒ぎを意味するレイヴからイメージされたプリント柄のことで、多くは蛍光色を多用し、Tシャツなどに用いられる。その未来的なイメージから「サイバープリント」などとも呼ばれる。

レイエット [layette] 新生児用品一式をいう。産着、下着、おむつ、寝具を始め、セレモニードレスや帽子、靴なども含まれる。

レイジ [rage] 一時的な大流行のことで、クレイズ*と同じような流行現象を指す。レイジには「激怒、噴怒」また「（波・風などの）猛威、荒れ狂い」といった意味もある。

レイズドカフス [raised cuffs] ダブルカフス*の別称のひとつ。レイズは「上げる、立てる、起こす」といった意味で、袖口を折り返して用いるところからの命名。

レイズドネックライン⇒ハイネックライン

レイスリーブ [lay sleeves] UVケア（紫外線対策）グッズの一種で、手の甲から二の腕までをカバーする、指先のない長手袋といった形状のもの。いわゆる腕貫

（うでぬき）とは違って、腕全体にフィットし、着る感覚で着用できるのが特徴とされる。元は通販会社の商品名で、レイヤードスリーブ（重ねた袖の意）からの造語とされるが、レイには ray（光線、放射線）の意味も含まれていると思われる。

レイダウンバル⇒セミステンカラー

レイダウンバルカラー⇒セミステンカラー

レイドジャケット [raid jacket] レイドは「襲撃、急襲、（警察などの）手入れ」の意で、警察などの特殊部隊が現場を急襲する場合などに着用する上着を指す。多くはビニールやナイロンなどの化繊製で、背中にLAPD、FBIといったロゴプリントの付いたものが代表的。

レイバーパンツ [raver pants] 裾幅が最大120センチにも達するような超巨大なシルエットを特徴とするパンツ。レイバーはアメリカのディスコでのどんちゃん騒ぎを意味する〈レイブ rave〉に集まる若者たちを指し、そうしたレイバーたちが好んで穿く袴（はかま）のようなパンツをこのように呼んでいる。元は1994年ごろニューヨークのサイケデリックテクノのレイブに登場したもの。

レイバン⇒マッカーサーグラス

レイブスニーカー [rave sneaker] 1980年代のファッションを感じさせるカラフルな配色のスニーカーを指す。レイブは元々80年代後半の英国で生まれたハウスパーティーを中心としたダンスムーブメントを意味し、それが野外でテクノやハウスなどのダンスミュージックを大音量で流して踊り狂うイベントへと発展したもの。そうした80年代風の時代感覚があるということで、このように呼ばれるもの。レイヴスニーカーとも表記する。

レイメント⇒クロージング

レイヤーウエア [layer wear] レイヤーは

919

ファッション全般

「層、ひと重ね」また「幾重にも重ねる」という意味で、重ね着として用意された衣服を総称する。インナーダウン*など中着に用いる服に代表される。

レイヤーカット [layer cut] レイヤードカット [layered cut] ともいう。レイヤーは「層、重ね」、レイヤードは「重ねた、積んだ、層になった」の意味で、上の髪を短く、下へいくほど長くする段差のあるカット法をいう。一般に「段カット（だん＋cut）」と呼ばれ、これを短めにカットしたショートレイヤー[short layer]（レイヤーショートとも）などの変化がある。

レイヤーショート⇒レイヤーカット

レイヤード [layered] 「重ねた、層を成した、積んだ」という意味で、ファッション用語では「重ね着」の意で用いられる。レイヤードスタイルとかレイヤードルックと呼ばれることが多く、さまざまな重ね着のテクニックが見られる。1960年代後半にそれまでの着こなしルールを打ち破る形で現れた着方をこう呼んだもので、スーパーポジション*と呼ばれることもある。

レイヤードカット⇒レイヤーカット

レイヤードカラー [layered collar] 重ね着したように見える襟のデザインを総称する。タートルネックとVネック、シャツカラーとクルーネック、またシャツカラーとVネックを一緒にしたようなデザインのもので、かつてスキッパーと呼ばれていたニットシャツに特有の襟デザインとされていた。また二重になった襟ということで、これをシャツの「二枚襟」とは別に「ダブルカラー」と呼ぶことがある。

レイヤードジャケット [layered jacket] まるで重ね着（レイヤード）をしているかのように見えるジャケット。たとえばテーラード型のジャケットの上にベストを

重ね着させたようなものがある。その意味ではフェイクレイヤードジャケットということもできる。その他に実際に何通りかの着方ができる機能的なタイプも見られる。

レイヤードスタイル⇒レイヤード

レイヤードネック [layered neck] 「重ね襟」のことで、2種類の襟を重ねたように見えるネックラインを総称する。スキッパーカラー*に見るものなどが代表的で、ダブルネック [double neck] とも呼ばれる。俗に「スキッパー*」と呼ばれることも多い。

レイヤードルック⇒レイヤード

レイヤーボブ [layer bob] 全体にレイヤーが入ったボブ*のことで、ボブスタイルをベースにして毛先のみにレイヤーカット（段カット）を施し、ふんわりとした感じを表したもの。ボブのもつきっちり感とレイヤーのもつすっきり感がうまく融合して、人気のある髪型となっている。

レイヤリング [layering] 原意は「幾重にも重ねること」で、いわゆるレイヤード（重ね着）と同義。この表現は特にアウトドアウエアにおいて、服種をアウターレイヤー（最も外側）、ミドルレイヤー（内側）、ベースレイヤー（最も下側）の3グループに分けて重ね着し、温度調節を行う着装法を指すことが多い。

レイルウエイズウオッチ [railways watch] レイルウエイは「鉄道、鉄道線路、鉄道会社」の意味で、いわゆる鉄道員が使用する腕時計を総称する。何よりも時刻の正確さが求められるプロユースの道具で、スイス鉄道のものなどが人気を集めている。

レイルローダーオーバーオールズ [rail-roader overalls] 鉄道の線路工夫が着るオーバーオールズ*。昔アメリカで用いられた作業服の一種で、ヒッコリーストライプ

＊と呼ばれる独特の縞柄を特徴としたものが多い。

レイルローダーキャップ ［railroader cap］ 1920 ～ 30年代のアメリカ大陸横断鉄道の鉄道作業員（レイルローダー）によって着用されたことを始まりとするワークキャップのひとつ。デニムやヒッコリー素材で作られたものが多く、きわめてシンプルで丈夫なのが特徴とされる。クラウンが深めで全体に角張った形になっているのも特徴のひとつ。

レイルローダージャケット ［railroader jacket］ 1920 ～ 30年代のアメリカ大陸横断鉄道の鉄道員（レイルローダー）たちが着用した制服としてのジャケット。いわゆるカバーオール＊の原型のひとつとされるもので、機能的なデザインが特徴とされ、多くはブルーデニムで作られる。カバーオールやワークウエアの人気からその復刻版が人気を集めている。レイルロードジャケットとも呼ばれる。

レイルロードステッチ ［railroad stitch］ ステッチは「縫い目、針目」の意味で、これはジーンズのポケットの縁などに配される2本平行となったステッチをいう。鉄道線路のようなというところからこの名がある。また昔のヘビーデューティーなジーンズに見られる三重ステッチはトリプルステッチ［triple stitch］と呼ばれる。

レインウエア⇒レインコート

レインギア ［rain gear］ 雨に対処するためのさまざまな道具類を総称する。レイングッズともいい、レインコート、傘、雨靴などのほか帽子や防水性の利いたスマートフォンケースなども含まれる。

レインコート ［raincoat］ 雨天時に着るコート。レインプルーフトコート［rain-proofed coat］の略で、つまり防雨用コートの総称となる。厳密には防水加工を施したコートのみを指す。日本語には「雨合羽」とか「防雨外套」といった言葉もあるが、現在では雨天専用のコートとする見方は少なく、ビジネスコートとして使用されるトップコート＊やトレンチコート＊などが、その役を担うようになっている。こうしたものを総称してレインウエア［rainwear］と呼んでいる。

レインジコート ［range coat］ 北アメリカの森林警備隊（レインジャー）が着用するヘビーデューティーなイメージのショートコート。メルトンやフランネルで作られるものが多く、ボアの裏地を付けて防寒性を高めている。レインジは「地域を歩き回る」という意味。

レインジパンツ ［range pants］ レインジは「（地域を）歩き回る」という意味で、レインジャー（森林巡視員、地域巡回警官）たちが着用するワークパンツの一種をいう。多くはカーゴポケット＊付きのミリタリーパンツに似たデザインのもので、裾をブーツの中に入れて穿くものが多い。

レインジャケット ［rain jacket］ 防雨用上着の総称。防水性・撥水性・透湿性に長けていることが最大の条件とされ、そうした機能を持つゴアテックスなどの新素材で作られたものが多く登場している。降雨時だけでなく、登山などのスポーツ時に用いることが多く、動きやすいように腰丈でフード付きとしたものが多く見られる。これにレインパンツを合わせるとレインスーツとなる。

レインジャーベルト⇒ギャリソンベルト

レインシューズ ［rain shoes］ 雨降り時に使用する靴の総称。防水効果の強いゴムやビニールなどで作られるもので、かつてはいわゆる「ゴム長」しか見られなかったものだが、最近ではデザイン感覚にあふれたものが多く登場するようになり、

ファッション全般

バレエシューズ型などしゃれたものが人気を集めるようになっている。

レインスーツ ⇒レインジャケット

レインストール ［rain stole］レインウエア（雨衣）とストール（肩掛け）をいっしょにしたようなアイデア商品のひとつ。両方の用途に使えるいわゆる「両用アイテム」で、2010年梅雨期の百貨店の開発によるもの。

レインストライプ ［rain stripe］雨の降る様子をモチーフにデザインされた縞柄。水から発想された新しい感覚の柄で、「水紋柄*」などとともに注目されたもののひとつ。

レインダスター ［rain duster］ステンカラーコート*型の最も一般的なレインコートをいう俗称。ダスターは「ほこり除けコート」の意で、防雨、防塵両方の機能を持つのが特徴とされる。GWD（Gent's Walking Burberry）と呼ばれる「バーバリー」社の有名なレインコートがその原型とされる。

レインチョ ［Raincho］ノルウェーのコート専業ブランド「ノルウェージャン レイン」から販売されるレインコートの商品名。レインコートとポンチョからの造語で、日本の男の着物の上からでも羽織ることができる独特のゆったりしたバルーンシルエットが特徴とされる。日本のリサイクルポリエステル繊維から作られる表地は撥水性、防水性に優れ、ポリエステル100%の裏地は通気性に優れた性能を持つ。

レインパーカ ［rain parka］雨天向きのパーカの総称。昔からあるいわゆる「雨合羽」だが、最近では新素材を駆使した新しいものが多数登場し、そのイメージを一変させている。伝統的なオイルクロス使用のオイルクロスパーカ［oil-cloth parka］から、最近のゴアテックス*など

を使用したオールウエザーパーカ［all weather parka］（全天候型パーカ）と呼ばれるものまで、その種類は多種多彩なものが見られる。

レインバッグ ［rain bag］防雨用にデザインされたバッグ。雨に濡れてもよいようにゴムなどの素材で作られたものが多く、小型のものが多いのも特徴とされる。

レインハット ⇒サウスウエスター

レインパンツ ［rain pants］防雨用のパンツの総称。防水加工されたオーバーパンツ*型のものがほとんどだが、最近ではゴアテックス*を使ったナイロン地の高機能タイプのものなどが現れ、かつてのイメージを一新させている。特に自転車用のものをサイクルレインパンツ［cycle rain pants］などと呼んでいる。

レインパンプス ［rain pumps］雨天用のパンプス。レインシューズの一種だが、最近ではさまざまな色のものが見られ、きちんとした感じもあって、晴れた日に用いてもおかしくないデザインのものが多い。あえて雨天用というのではなく、防水対応のきちんとしたパンプスといったほうがよいかもしれない。

レインブーツ ［rain boots］雨降り時に用いるブーツのことで、ゴムで作られるものが多いところからラバーブーツ［rubber boots］ともいう。日本では俗に「ゴム長（ゴムなが）」と呼ぶことが多いが、これはゴム製の長靴（ながぐつ）の意で、長靴だけでもそうした雨用の靴の意味になる。最近では合成ゴムやPVC（ポリ塩化ビニル）などで作られる可愛らしいデザインのものが多くなり、降雨に限らず、年間を通しても履かれるおしゃれな靴のひとつともされるようになっている。花柄などのプリント模様を施したものなどが、そうしたおしゃれなレインブーツの代表的なもの。

ら

922

ファッション全般

レインプルーフ⇒ウオータープルーフ

レインプルーフトコート⇒レインコート

レインボーストライプ [rainbow stripe] 虹のような色使いの縞柄。マルチカラーストライプ*の代表的なものとされる。

レーザー加工 [laser＋かこう] ジーンズの加工法のひとつ。レーザー光線を照射して、生地の表面を焼き、色を飛ばす方法を指す。色落ちしたヴィンテージデニムや生地の柄などをスキャンして、そのデータをレーザー照射で生地に焼き付けようとするもので、これまでのデニム加工技術を一変させた手法として注目を集めている。

レーサーバック [racer back] レーサーは陸上競技の選手といった意味で用いられているもので、彼らのユニフォームであるアスレティックシャツに見るような背中のデザインをいう。背中の刳（く）りが内側に入り込んだ形になっているもので、アスレティックショルダー*の俗称ともされる。

レーザー・レーサー [LZR RACER] 英国の「スピード」社が開発し、2008年2月に発表した競泳用水着の商標登録名で、一般にLZRとして知られる。超極細ナイロン繊維にポリウレタンを加えたごく薄手の生地をLZR Pulseと呼ばれる超音波で接着するため縫い目がなく、また「レーザーパネル」で胸や尻など体の出っ張った部位を押さえることで水中の抵抗を軽減することに成功、同年夏に行われた北京オリンピックで多くの選手が着用して高速水着としての評判を確立した。全身を覆うスーツや下半身だけのスパッツ型など男女3タイプ計6種類のデザインがある。

レーシーストッキング⇒ネットストッキング

レーシーニット [lacy knit] レースのようなニット地の意で、多孔性の透けて見える編地を総称する。

レーシングウエア⇒モータースポーツウエア

レーシングキャップ⇒サイクルキャップ

レーシンググローブ⇒ドライビンググローブ

レーシングジャケット⇒ライダーズジャケット

レーシングシューズ [racing shoes] 自動車レースでカーレーサーが用いる靴のこと。足にぴったりしたアンクルブーツ*型のものが多く見られる。

レーシングスーツ [racing suit] 自動車レースのドライバー（レーサー、パイロットともいう）が着用するつなぎ式の服。難燃性や防炎性に長けた素材を使用し、操縦を妨げない機能性の高いデザインに作られているのが特徴。広義にはスキーなどのスピード競技に用いられるジャンプスーツ型のウエアを総称する。

レーシングビキニ⇒スーパービキニ

レーシングフック [lacing hook] 靴紐（シューレース）を引っ掛けて留めるようにした金具。ブーツの紐留め部分でアイレット（鳩目）とともに用いられたり、全体をこれにしたタイプも見られる。

レース [lace] 1本あるいは何本かの糸を撚り合わせるなどして、透かし模様を作り出した生地の総称。作り方によってさまざまな種類があり、その変化にも多様なものがある。フランス語ではダンテル[dentelle 仏]、イタリア語ではトリナ[trina 伊]、ドイツ語ではカンテ[Kante 独]と呼ばれる。また各種のニット機で編まれる「編レース」もあるが、これらはレーシーニット*とも呼ばれている。レースにはまた「紐」の意味もあり、靴紐はシューレースという。

レースアップ [lace up] 「紐で締める」の意で、開きの両側に鳩目穴を開けたりループを設けるなどして、紐で開閉するようにしたデザインを総称する。シャツの

923

ファッション全般

襟開きなどに用いられるほか、靴の編み上げについてもいう。フランス語でラセ [lacet 仏] とも呼ばれる。

レースアップカフス [lace up cuffs] 紐留めされた袖口の意。袖口に開きをとり、その両側に鳩目を穿つなどして紐で開閉できるデザインとしたもの。クラシックな服の表現に取り入れられるデザインのひとつで、そうしたジャケットやシャツ、ブラウスなどに見られる。

レースアップサンダル [lace-up sandal] 紐留め式のサンダルの総称。サンダルは一般にストラップや足先を入れるトウ、また指留めのリングなどで足を固定させて履くが、それを靴と同じように紐結びの形としたもの。ブーツサンダル*型のものに多く見られる。これとは別に脚や足に巻き付ける紐（レース）を伴ったシンプルな形のサンダルを意味することもある。

レースアップシューズ [lace-up shoes] レースシュー [lace shoe] ともいう。紐留め式の短靴の総称で、ブーツ（深靴）の場合はレースアップブーツ [lace-up boots] と呼ばれることになる。紐を結んでフロントの開き口を留める形になったもので、こうした短靴を英米ではオックスフォードシューズ [oxford shoes] とか単にオックスフォード（オクスフォードとも）と呼ぶ例が多い。これは17世紀中頃に英国オックスフォード大学で生まれた短靴に由来する名称とされる。

レースアップトップ [lace up top] レースアップは「紐で締める」という意味で、そうしたデザインを特徴とする上衣を総称する。たとえば前開きの部分をレースアップ使いとしたブラウスやジャケットなどが挙げられる。

レースアップパンプス [lace-up pumps] 紐留め式のパンプス。紐留めにはさまざま

なタイプがあるが、最近では特に履き口の部分を広くとって、そこに全面的に紐をあしらうデザインとした浅靴をこのように呼ぶ傾向が強い。フェミニン（女性的）なムードを強調しようとするところから生まれたもので、同様のデザインとしたレースアップサンダルも見られる

レースアップブーツ⇒レースアップシューズ

レースグラブ [lace glove] レース生地で作られる手袋の総称。多くは夏季のドレッシーな服装に合わせて用いられるもので、白を中心に黒、淡色といったものがある。これにはまた手編みと機械編みの2種がある。

レースシュー⇒レースアップシューズ

レースステイ [lace stay] 靴の紐を通す部分。鳥の羽根の形に似ているところから、俗に「羽根」と呼ばれる。

レースソックス [lace socks] さまざまなレースで作られた女性用のソックスの総称。時としてレースフットカバー*を指すこともある。昔、おばあさんが靴下に重ね穿きしていたような「足袋ソックス」風のものが多く見られ、ボヘミアンルック*など民族調ファッションの流行で見直されるようになったもの。

レース・トウ・トウ⇒モンキーブーツ

レーストエッジ [laced edge] レースの縁取りをあしらったデザインの総称。女性の下着やハンカチーフなどに用いられることが多い。一般に「レース縁飾り」と呼ばれる。

レーストハイシューズ⇒グラニーブーツ

レーストハイブーツ⇒グラニーブーツ

レースパンツ [race pants] 競走用のパンツの意だが、特に自転車スポーツのパンツを指すことが多く、サイクリストたちの間では、俗に「レーパン」と略称されることが多い。サイクルパンツ*と同義。

ファッション全般

レースパンプス [lace pumps] トップス部分をレースで作ったロマンティックな雰囲気いっぱいのパンプス。最近の女性ファッションによく用いられているもので、繊細なフリルを飾ったタイプも見られる。

レースフットカバー [lace foot cover] レース製のフットカバー*。またレース飾りの付いたパンプスインをいう。

レースブレスレット [lace bracelet] 紐状のブレスレット。コードブレスレットなどと同種のものだが、特にイタリアのクルチアーニ社のそれは鮮やかな色紐をハートやクローバー、またミッキーマウスの顔の形などに結んで連続模様を作り、ユニークな手首飾りとして圧倒的な人気を博している。これを「クルチアーニ・ブレスレット [Cruciani bracelet]」とも呼んでいる。

レースマンコート [race-man coat] 自動車レースのピットマンたちが着用するコート。多くはキルティング地で作られ、フードとスナップボタンを特徴としたものが多く見られる。

レースマンジャケット⇒ピットマンジャケット

レースモカシンブーツ [lace moccasin boots] モカシン*を原型に紐留め式としたブーツ。モカシンの形をそのまま遺したアンクルブーツ*型のものが多く見られる。

レーパン⇒レースパンツ

レーヨン [rayon] 再生繊維*を代表する繊維。木材パルプのセルロース（植物繊維素）を原料とするもので、発色性が良く、綿より吸湿性が高いが、縮みやすくてシワになりやすい欠点を持つ。夏向きの素材とされ、かつては化学繊維の一番手とされたが、現在の生産量は急減している。

レーヨンジーンズ [rayon jeans] レーヨン

デニムと呼ばれる素材で作られるジーンズの総称。レーヨンとコットンの混紡あるいは交織によって作られるレーヨンデニムは新しいデニム素材のひとつで、柔らかくて軽いという特性を持つ。化繊使いのジーンズの代表的なもので、特に女性や中高年向けのジーンズとして好まれるようになった。いわゆるソフトジーンズ*のひとつとされる。

レーヨンデニム [rayon denim] 化繊の一種である再生繊維のレーヨンとコットンの混紡また交織によって作られたデニム素材。柔らかくて軽い表情が特徴で、独特のドレープ感もあるところから特に女性や中高年に向くジーンズ地として好まれる。これと同タイプのものにテンセル*や新合繊*使いのものがあり、これらはソフトジーンズなどとして近年人気を集めている。化繊のデニムには、このほかケブラー*やコーデュラ*などのナイロン使いやポリエステル使いのものも開発されている。

レーヨンペーパー⇒ペーパーヤーン

レオタード [leotard] エアロビクスなどに用いられる、ワンピース型の水着に似た上下続きのニットウエア。元々バレリーナやダンサーの練習着とされたもので、19世紀後半のフランスの男性曲芸師ジュール・レオタールによって着られたところから英語読みでこう呼ばれる。体に密着する長袖のUネックシャツがそのまま伸びてボディースーツ*となった形に特徴がある。

レオパード [leopard] ネコ科の猛獣「豹（ヒョウ）」のことで、正しくは「レパード」と発音する。黄みがかった地に黒い斑点模様があるその毛皮は、いわゆる「豹柄」として好まれている。現在はワシントン条約による捕獲禁止動物のひとつ。

レオパ柄 [leopard ＋がら] レオパード柄、

ら

ファッション全般

豹（ひょう）柄をいう新しい呼称。きわめて日本的な名称だが、レオパードは正しくはレパードと発音されることから、これも本当はおかしな言葉ということになる。

レガーズ［leg guards］野球のキャッチャー（捕手）などが用いる「脛当て」のこと。レッグガーズ（脚を護るものの意）が短縮されたもので、英語ではシンガード［shin guard］（脛を護るものの意）とも呼ばれる。

レガッタブレザー⇒ボーティングブレザー

レギールック［leggy look］レギーは「脚がひょろ長い、すらりとした脚の」といった意味で、脚の美しさにポイントを置くファッション表現を総称する。ここから最近のロングブーツやレギンス、カラータイツなどの人気も生まれたといえる。

レギパン［leggings＋pants］レギンス*のようなパンツという意味で作られた商品名から来たもの。レギンスのように脚にフィットする女性用パンツのひとつで、ジーンズのような外観にデザインされたものが多く見られる。極端なスキニージーンズといってもよく、これとは別にデニンス*という商品名の同種のパンツもある。

レギュラーカット［regular cut］フロントカット*のひとつで、小丸程度の丸みを与えた一般的な形をいう。

レギュラーカラー［regular collar］「普通襟」。ごく一般的なシャツ襟の形で、剣先（襟の先端部分）までの長さが6.5～7.5センチ程度で、襟開き角度が75～90度くらいのものを指す。こうした基準は時代とともに多少の変化がある。プレーンカラー［plain collar］とも呼ばれるほか、メーカーによってテニスカラー［tennis collar］（「ブルックス・ブラザーズ」社の例）とかストレートカラー

［straight collar］（「ランズエンド」社の例）などとさまざまな名称でも呼ばれる。

レギュラージーンズ⇒クラシックジーンズ

レギュラーショーツ⇒ショーツ

レギュラースーツ⇒プロトスーツ

レギュラースラックス［regular slacks］スラックス（替えズボン）をそのレングス（丈）によって分類したもののひとつで、ごく当たり前の丈のものをいう。つまり、足の甲にかかる長さのもので、スラックスといえば普通これを指す。レギュラーパンツ*とはニュアンスが異なる。

レギュラーデニム⇒ファンシーデニム

レギュラーノット⇒プレーンノット

レギュラーパンツ⇒ストレートパンツ

レギュラーモデル⇒インターナショナルモデル

レギュラーラペル［regular lapel］通常の幅を持つラペル*を指し、日本ではおよそ7.5センチから8センチ幅がメンズスーツの基準とされる。

レギンス［leggings］脚にぴったりとフィットするタイツ状のレッグウエア*の総称。足の甲まで被る十二分丈のものから九分丈、八分丈、七分丈、六分丈、五分丈などとさまざまな長さのものがあり、裾にレースを飾ったりリボンを取り付けるなど、デザインも多様となっている。本来は「脚絆（きゃはん）、脛（すね）当て、ゲートル」といった意味で、野球の用具とか、足首や足先まで包む幼児用の保温ズボンも指したものだが、1980年代からカルソン、スパッツ、フュゾー、コラン、トレンカーなどタイツ状のパンツ類を総称する言葉として用いられるようになった。また2006年春頃、ニューヨークでのレギンスの流行が日本に上陸し、それまでのスパッツ*に代わってレギンスという言葉が正しく用いられるようになったもの。ワンピースなどと組み

926

ファッション全般

合わせて着用するほか、レギンス単独でも着こなすことができる。

レギンスウオーマー [leggings warmer] レギンスとレッグウオーマーを合体させた女性用レッグウエアの一種。ふくらはぎから下のレッグウオーマー部分はゴムシャーリングで作られ、伸ばしてもたるませて用いることのできるのが特徴とされる。全体をシャーリング使いとしたレギンスは「シャーリングレギンス」と呼ばれる。

レギンスパンツ [leggings pants] レギンス感覚のパンツという意味から名づけられた女性用パンツの一種で、この名称は2010〜11年秋冬向けのユニクロの新商品による。レギンスとスキニージーンズの良さを兼ね備えた感覚が特徴とされ、他にレギパンとかデニンスなどと呼ばれるものと同種のアイテムとされる。

レクタンギュラーネック [rectangular neck] レクタンギュラーは「長方形の」という意味で、横長の長方形に刳（く）られたネックラインをいう。スクエアネック＊の一種。

レクタンギュラーライン [rectangular line] レクタンギュラーは「長方形の、直角の」という意味で、一般に長方形を特徴としたストレートラインの一種を指す。

レグホン [leghorn] ストローハット＊の一種でレグホンハットともいう。イタリア西部トスカーナ地方の港町リボルノ原産の青麦で作られる夏向きの紳士帽のひとつで、レグホンというのはリボルノの英語名とされる。淡黄色を特徴に、さまざまな形のものがある。また、この麦わらを材料とした、広くてやわらかなブリムを特徴とする女性用の麦わら帽子を指すこともある。

レグレット⇒アンクレット

レゲエファッション [reggae fashion] レゲエは1960年代にカリブ海のジャマイカで生まれた音楽で、一般にジャマイカン・ロックとして知られる。この音楽のミュージシャンやファンによってはやるようになったファッションを指し、ラスタカラーと呼ばれる赤・緑・黄の色使いやドレッドヘアなどと呼ばれる独特の縄状のヘアスタイルなどが特徴。

レコードバッグ [record bag] レコード盤を入れて持ち運ぶためのバッグ。大きなリュック型の形を特徴としている。本来はDJ（ディスクジョッキー）が用いるものとされ、そのことからDJバッグ [DJ bag] の名もある。DJの人気からこれをカジュアルなバッグのひとつとして持ち歩く流行が生まれた。

レザー [leather]「革」の総称。特に大型動物の原皮をなめして作られた「なめし革」を指し、原皮、生皮とは区別される。また、革の中でも「表革」を指すニュアンスが強い。この革と皮を総称して「皮革」という。

レザーカット [razor cut] ヘアカット（髪の切り方）の一種で、剃刀（かみそり＝レザー）を用いて頭髪を削ぐようにして切り揃える方法をいう。ウエットカット＊の代表的なものとして知られる。

レザーカフ [leather cuff] 皮革製のブレスレットの一種。特に肘の上まである腕抜き状の長いタイプを指すことがあり、これはくしゅくしゅに縮めて、ふつうのブレスレットにすることもできる。

レザーグローブ⇒革手袋

レザーコート [leather coat] 皮革製コートの総称。本来は飛行士や登山家など極寒地向けのコートとして多用されたものだが、現在ではおしゃれなタウンコートのひとつとして一般に用いられることが多くなっている。牛革を使った黒のハーフコートというのが代表的な例。

927

ファッション全般

レザージャケット [leather jacket] レザー（皮革）で作られたジャケットの総称。テーラードジャケット型のものから、いわゆる革ジャンと呼ばれるブルゾン型のものまで、その変化と種類は多い。

レザージャンパー⇒レザーブルゾン

レザースニーカー [leather sneaker] アッパー（上部）を革（レザー）で構成したスニーカーを総称する。ソフトレザーと呼ばれる人工皮革や本物の革などを使用したもので、現在では多くのスニーカーに見られるようになっている。

レザータイ [leather tie] 革（レザー）を素材としたネクタイの総称で、「革ネクタイ」とも呼ばれる。主として牛革、高級品には羊革などが用いられる。

レザーデッキ⇒デッキシューズ

レザーパッチ [leather patch] ジーンズの右ヒップポケットの上部ウエストバンドの部分に付くオイルレザー（油に浸した革）製のパッチ（当て布）をいう。まれにポケットそのものに付けられたり、省略したものもある。これには社名やブランド名、マーク、ロットナンバー（製造番号）、サイズなどが記され、そのジーンズについての品質を証明する役割を果たしている。オイルレザーを使うことからオイルチケット [oil ticket] と呼ばれたり、レザーラベル（レザーレイベルとも）[leather label] とも称される。元は「リーバイ」社によって1886年に考案された、製品の品質保証と仕様を示すラベルから発したもので、同社の〈ツーホースパッチ〉（2頭の馬がジーンズを引っ張り合うトレードマーク）が、特に有名なデザインとして知られる。合成皮革やビニール、布（オイルクロス）、またボンテックスという厚紙のものもある。

レザーパンツ [leather pants] 皮革素材を使ったパンツの総称。本物、人工物を問わず皮革製のパンツを指し、俗に「革（かわ）パン」などと呼ばれる。元々オートバイ用に多く見られたところから、ライダーズパンツ [rider's pants] とかバイカーズパンツ [biker's pants] などと呼ばれることも多いが、現在ではカジュアルパンツのひとつとして多用されるようになっている。脚にぴったりした細身のものが多く見られ、機能上、膝の辺りで切り替えたデザインになっているのが特徴のひとつ。またロックミュージシャン向きのパンツとしても知られる。

レザーブルゾン [leather blouson] 革を主素材として作られたブルゾン類の総称で、いわゆる「革ジャン（革のジャンパーの略）」のこと。レザージャンパー [leather jumper] とかレザージャケットなどとも呼ばれ、最も基本的なブルゾンの一分野とされている。これはまた飛行服から生まれたフライトジャケット*と、オートバイ用のライダーズジャケット*の2タイプに大別される。

レザーフレーム⇒鼈甲フレーム

レザーブレス [leather＋bracelet] 革製のブレスレット。南米のサッカー選手たちが用いるミサンガというカラフルな紐状の腕飾りに似たものが多く、個性的なブレスレットのひとつとして近年人気を集めている。

レザーラベル⇒レザーパッチ

レザーレット [leatherette] 「模造皮革」の意。フェイクレザーやマンメードレザーなどと同義。

レジエコバッグ⇒エコバッグ

レジバッグ [resister bag] 「レジ袋」のことで、一般にはスーパーやコンビニなどでの買物の際に渡される「ポリ袋」（ポリプロピレン製の袋の意）を指すが、最近では自分で持参する買物用のエコバッグ*の別称としても用いられるようにな

っている。このことから「マイバッグ」とも呼ばれ、「エコロジーレジバッグ」と呼ばれることもある。これらの多くはトートバッグ*状の簡便な形と社名などのロゴを特徴とする。

レジメン⇒レジメンタルストライプ

レジメンタルストライプ［regimental stripe］英国の連隊（レジメント）の軍旗を基にして生まれた縞柄。隊によって色柄の異なる旗を使っているのが特徴で、その独特の縞柄をこのように呼んでいる。光沢の強いはっきりとした畝を持つレップタイ*と呼ばれるネクタイによく用いられ、日本では「連隊旗縞」とか、略して「レジメン」などとも呼ばれる。トラディショナル調スタイルを象徴するネクタイ柄として根強い人気を保っているが、全ての縞柄がレジメンタルストライプと呼ばれるわけではないことに注意したい。この中にはロイヤルレジメンタル*（クレスト・アンド・ストライプ*とも）といった格調高いデザインのものも含まれる。

レジメンタルタータン⇒ブラックウオッチタータン

レジメンタルタイ［regimental tie］レジメンタルストライプ*（連隊旗縞）を特徴としたネクタイの総称。光沢のあるはっきりとした畝を持つレップタイ*に代表され、トラディショナル調スタイルを象徴するネクタイとして根強い人気を保っている。なおこれには、縞の間にロイヤル・クレスト（王室の紋章）を配したロイヤルレジメンタル［royal regimental］とかクレスト・アンド・ストライプ［crest and stripe］と呼ばれる重厚感あふれる伝統的なネクタイ柄も含まれる。

レジャーウイークエンドウエア⇒レジャースポーツウエア

レジャーウエア［leisure wear］レジャー（暇、余暇、仕事から解放された自由な時間）を楽しむときに着用する衣服の総称。カジュアルな雰囲気があり、遊び着としての感覚が優先される。その目的によってさまざまなデザイン変化と種類がある。1960年代の余暇時間の増大とともに流行語となった。

レジャーシャツ［leisure shirt］遊び感覚の強いカジュアルシャツを総称したもの。従来のスポーツシャツよりくだけた調子のものから、現在のメンズブラウス*調のファンシーなタイプまで、その範囲は幅広い。この言葉は1970年代のレジャースーツ*の登場に伴って現れたもの。

レジャースーツ［leisure suit］1970年代中期に流行したニュースーツのひとつ。ここでのレジャーは「安らぎ」という意味に解され、非常にリラックスした雰囲気が特徴とされる。ジーンズの持つイージーケア性とテーラードスーツのきちんとした味を併せもつところに特性があり、サファリスーツ*やシャツスーツ*型などのバリエーションがあった。

レジャースポーツウエア［leisure sportswear］アクティブウエア*と対照をなすスポーツウエアの概念をいったもので、実際に激しいスポーツをするためではなく、観客（スペクテーター）側の意識に立った、楽しむためのスポーツウエアを総称する。これにはまたレジャーウイークエンドウエア［leisure weekend wear］とかウイークエンドスポーツウエア［week-end sportswear］といった別称もある。いずれも週末のレジャーを楽しむための衣服という意味から来たもの。

レジャーブラ⇒ソフトカップブラ

レジャンス⇒シャルベ

レスカジュアル［less casual］レスは「より少なく」という意味で、カジュアルの要素を少なくしていこうとする考え方を

ファッション全般

示す。自由なイメージのカジュアルファッションから、遊びっぽいデザインや派手な色・柄などの要素をなるべく取り除いて、シンプルな印象に仕上げていこうとする方向性を指し、つまりはカジュアルウエアの上品化やドレスアップ化を表している。フライデーカジュアル*の浸透から、アメリカの業界で提唱された考え方のひとつとされる。

レスターウール [Leicester wool] イングランド中部レスター州を主産地とするレスター種羊毛。リンカーンウール*に似た特質を持ち、ニットウエアなどに多く用いられる。

レスポ [──] レスポートサック LeSportsac の略。アメリカのバッグブランドのひとつで、軽くて丈夫で使いやすいナイロンバッグとして知られる。1974年に誕生し、日本では1987年から販売されているが、最近のポーチ人気から再び人気を集めるようになり、現在ではその略称だけで愛されるようになっている。

レスラータンクトップ [wrestler tank top] レスリング選手のユニフォームのような形をしたタンクトップ。肩のストラップの部分が細く、全体にボディーフィットした形に特徴がある。いわゆるマッチョタンク系のタンクトップのひとつで、重量挙げ選手のユニフォームにも似ているところから、こうしたものをリフタータイプ lifter type とも呼んでいる。

レスラーパンツ [wrestler pants] レスラーが穿くようなパンツの意で、脚にぴったりフィットするレギンス*型の女性用パンツを指す。ストレッチ素材で作られ、ふくらはぎの真ん中くらいの丈にしたものが多い。

レスリングシューズ [wrestling shoes] レスリング選手が用いる試合用の靴。鳩目の多いぴったりフィットする編み上げ式

ブーツの一種だが、最近ではこうしたプロ用の靴がカジュアルなファッションとして用いられる傾向も現れている。

レセプションスーツ [reception suit] ファンシースーツ*の別称のひとつ。レセプション（歓迎会、もてなし）の場にふさわしいスーツということで、このように呼ばれるもの。

レタードカーディガン [lettered cardigan] 胸や脇、また袖などに大きくレター（英文字や数字など）をあしらったカーディガン。カラフルな学校色を用いたものが多く、アイビー調のキャンパスウエアによく見られるところから、スクールカーディガン [school cardigan] とかアワードカーディガン [award cardigan]（賞を与えられたの意から）とも呼ばれ、同様デザインのプルオーバーはレタードセーター [lettered sweater] と称される。このようなセーターを日本ではスクールセーター [school sweater] とかアイビーセーター [Ivy sweater] などと総称している。

レタードジャケット [lettered jacket] スタジアムジャンパーのアメリカでの呼称のひとつで、卒業年度などの文字をあしらったジャケットというところからの命名。レタードは「文字入りの」という意味で、このようにアルファベット文字や数字などを大きく貼り付けたものをレタードジャンパー [lettered jumper] とも総称する。

レタードジャンパー⇒レタードジャケット

レタードセーター⇒レタードカーディガン

レタードバックル [lettered buckle] 有名デザイナーのイニシャルや有名ブランドのロゴマークなどをデザイン化したベルトのバックルの総称。レタードは「文字入り」といった意味。

レダーホーゼン [Lederhosen 独] オースト

ファッション全般

リアのチロル地方の女性が着用する鹿革製の半ズボン。男性用のそれは「レダーホーゼ Lederhose」という。

レターマンジャケット [letterman jacket] スタジャン（スタジアムジャンパー）の別称のひとつ。レターは米語で「学校名の頭文字」という意味で、母校のイニシャルを付けることが許された選手に与えられるジャケットというところからのネーミングとされる。なお、この種のジャケットは元々19世紀末のハーバード大学（米）の野球チームの制服として生まれたという。

レターマンセーター [letterman sweater] 胴の部分にアルファベット文字（レター）をシュニールワッペン（フロッキー加工）で大きくあしらったプルオーバーやカーディガンなどのセーター類のこと。レタードセーターと呼ばれるものと同じだが、特にアメリカ「ディーエン」社のものが本ものとされる。アイビー調の雰囲気をよく表すアイテムとして知られる。別にイニシャルセーターと呼ばれることもある。イニシャルはふつう複数形で「（姓名の）頭文字」の意。

レッキスラビット[rexs rabbit]ラビット（ウサギ毛）の一種で、品質改良中に生まれた新種のウサギ毛とされる。毛が折れにくいという特質があり、刈り毛したビーバーの毛とも似ているところからビーバーラビット[beaver rabbit]とも呼ばれる。

レッグアクセサリー [leg accessory] レッグ（脚）に関するアクセサリー（服飾品）の総称。ソックスやストッキングなどの靴下類を始めとして、ガーター、アンクレット、レッグウオーマーなどさまざまなものが含まれる。なお「足」についてはフット foot と表現される。

レッグウエア [leg wear] 脚に着けるものの意で、ソックスやストッキングを中心

とした「靴下類」を総称する。編物地で作られるものが多いところから、レッグニット [leg knit] とも呼ばれ、またレッグファッション [leg fashion] とも総称される。なおレッグニットは1974年に日本の靴下業界が靴下類の新しい呼称として定めたもの。

レッグウオーマー [leg warmer] 脚を暖めるものの意で、厚手のニットで作られ、パンツや靴下の上に重ねて用いるレッグアクセサリーのひとつ。いわば毛糸の「脚絆（きゃはん）」といったもので、元はバレリーナやジャズダンスなどの愛好者に用いられていた保温具だが、現在では一般的な防寒具やアクセサリーのひとつとなった。最近ではカラータイツ*に合わせるショートレッグウオーマー [short leg warmer]といったものも現れている。

レッグオブマトンスリーブ [leg of mutton sleeve] 羊の脚（レッグオブマトン）を思わせる袖。上部がたっぷりと膨らみ、肘の上から袖口にかけて徐々に細くなる袖のデザインを指す。「羊の脚」を表わすフランス語から、これをジゴ [gigot 仏]あるいはマンシュ・ア・ジゴ [manche à gigot 仏] ともいう。

レッグカバー [leg cover] ふくらはぎから足首を覆う程度の長さをもつ、筒状のレッグアクセサリーのひとつ。アンクルウオーマー*などと同種のアイテムで、柄タイツなどにアクセントを付ける小物として用いられる。なかにはアームカバー*と兼用になったタイプも見られる。

レッグコンシャス [leg conscious] 脚への意識。最近のファッションに現れている脚への強いこだわりを指し、脚線美を強調するストレッチパンツやレギンス、カラータイツなどの流行が、これをよく表現している。

レッグスーツタイプ⇒オールインワン水着

ら

ファッション全般

レックス・ハリスン・ハット［Rex Harrison hat］レックス・ハリソン・ハットとも。映画『マイ・フェア・レディ』(1964)のヒギンズ教授役で知られる英国の俳優、レックス・ハリソン（ハリソンとも）に因んでこう呼ばれるツイード製カントリーハット。小さめのブリムを特徴とするソフトハット型の帽子で、折りたたんでポケットに入れることができる特性も持つ。アイリッシュ・フィッシャーマンズハット（アイルランドの漁師の帽子）というのが正式名称だが、映画の役名にならって「ヘンリー・ヒギンズ・ハット［Henry Higgins hat］」と呼ばれることもある。

レッグストラップ［leg strap］クラシックなレインコートの内側に付く脚留め用の帯のこと。激しい雨風から下半身を護るために用いられる。

レッグチェーン［leg chain］足首に飾る鎖状の装身具で、アンクレット（レグレット）と同義の用語。

レッグドパンツ［legged pants］脚にぴったりフィットする女性用のパンツ。脚の形そのままにというところからのネーミングとされる。

レッグニッティング⇒マシンニット

レッグニット⇒レッグウエア

レッグバインデッドパンツ⇒アンクルバンドパンツ

レッグバッグ［leg bag］ボディーバッグ*の一種で、脚（レッグ）に取り付けて用いるようにしたものをいう。同様に足首に取り付けるごく小型のボディーバッグはアンクルバッグ［ankle bag］と呼ばれる。

レックファッション［wreck fashion］レックは「破壊する」という意味で、そのようなイメージを特徴とするファッション表現を総称する。布の一部を切り裂いたり、袖口や裾をほつれさせたりするもので、同じ意味からディストロイファッション［destroy fashion］などとも呼ばれる。

レッグファッション［leg fashion］脚（レッグ）に関するファッションの総称。レッグコンシャス*から注目されるようになったもので、脚線美を強調するぴったりフィットしたスリムなパンツやカラータイツ、レギンスなどの着こなしが注目されている。

レッグポーチ［leg pouch］太ももの脇に取り付けて用いるポーチ（小袋の意）。ちょうどカーゴパンツ*のカーゴポケット*のような感覚で使うことができる。

レッドカーペットドレス［red carpet dress］オスカー賞など著名な式典でお披露目のためのレッドカーペットを歩く時のための華やかなドレス。トップ女優などのセレブが用いることから、きわめて豪華でセクシーなものが多く見られ、世界中の注目を集めることになる。ボールガウン（ボールドレス）と同義の扱いとされる。

レッドタグ［red tag］ジーンズの右ヒップポケットの左側上部や、デニムジャケット（ジージャン）の左胸ポケットなどに挟み込むようにして付けられている、赤い色の小さな織ネーム用の布片をいう。この発案者である『リーバイ』社では、これをレッドタブ［red tab］と呼んで、1938年の商標権取得以来使用している。同社では通称「赤タブ」というが、これも多くの模造品と区別するためのデザインとされたもの。今日では多くのブランドも使用している。

レッドタブ⇒レッドタグ

レップ［rep, repp］ヨコ方向に畝のある織物の総称。特に角度が目立つ細い畝を特徴とした張りの強いネクタイ地をいうことが多い。なかでもシルククレップ［silk

ファッション全般

rep]はレジメンタルストライプなどトラディショナルなネクタイには欠かすことのできないネクタイ地で、「レップタイ*」というとこうしたネクタイを指すことになる。

レップタイ［rep tie］レップは「綴織（つづれおり）」の英名で、角度が目立つ細い畝を特徴とした張りの強いネクタイ地を指す。これを用いたネクタイをいうが、ことにシルク製のレップはレジメンタルストライプ*などトラディショナルなネクタイには欠かすことのできないネクタイ地として知られ、その代名詞とされている。

レディーウエア⇒レディーメード

レディース⇒ヤンキーガールファッション

レディースウエア⇒ウィメンズウエア

レディースシェービング［ladies' shaving］「女性の顔剃り」の意。女性顧客を対象とした顔の無駄毛剃りサービスのことで、最近目立って増加し、女性専用のサロンも続々登場するようになって注目を集めている。

レディータイドボウ［ready tied bow］結び目があらかじめ作られている「作り付け式」のボウタイの総称。「ピアネス」とかメードアップタイ［made-up tie］といった商品名でも知られ、ゴルフボウ［golf bow］、バンドボウ［band bow］、また日本語で「三つ組」とも呼ばれる。これにはバックル（尾錠）で留める「バックル式」のものと、クリップを用いる「クリップ式」の2タイプが見られる。このうちクリップ式のものはクリップオンボウ［clip on bow］と呼ばれ、これはさらにタイの裏中央に付けたクリップをシャツ襟の真ん中に差し込んで留めるタイプと、翼の左右に付いたクリップを襟の下辺に差し込んで留める二つの方法がある。なおこうした取り外し可能なネクタイをディタッチャブルタイ［detachable tie］とも総称している。

レディートゥエア［ready-to-wear］「着るために用意された」という意味で、アメリカでは一般に「既製服」のことをこのように呼ぶ。頭文字をとって、単にRTWだけでも既製服の意味になる。フランス語のプレタポルテ*はこれをそのままフランス語化したものとされる。

レディーメード［ready-made］「既製の、でき合いの」という意味で、日本ではオーダーメード*（注文服）に対して、「既製服」の意味で用いられる。レディーウエア［ready wear］ともいうが、より正確にはレディーメードクローズ［ready-made clothes］となる。

レディーメードクローズ⇒レディーメード

レディーライク［ladylike］淑女気取りのファッション表現。昔の淑女のようにめかしこんだ装いを指し、正統派の大人の女の着こなしをめざそうとするもの。「ニューレディールック」などとも呼ばれ、21世紀になって浮上してきた主なトレンドテーマのひとつとなった。

レティキュール⇒オモニエール

レデインゴート⇒ルダンゴト

レトロ［retro］ファッションではレトロスペクティブ［retrospective］の略として多く用いられている。「回顧の、懐旧の」という意味で、過去を振り返って思いを馳せる感情や昔懐かしいファッションなどを示す。レトロだけでは「後方へ、逆に」といった意を表す接頭辞に過ぎないが、ファッション業界ではしばしば〈レトロスポーティー〉のような言い回しが用いられる。

レトログラード［retrograde］時計に見る機能のひとつで、針の反復運動によって時刻などを示すものをいう。針が円回転ではなく、扇状に進行するのが特徴。

ら

ファッション全般

レトロチャイニーズ [retro Chinese] 昔の中国服にモチーフを求めたファッション表現。赤いチャイナドレスやブロケードのチャイナジャケットなどが代表的で、1930年代の上海をイメージさせるものが多く見られる。

レトロデニム [retro denim] レトロ（懐古的）な雰囲気を表現したデニム地の総称。中古感覚のジーンズが人気を得る中で台頭してきた素材のひとつで、オールドウオッシュ*などと呼ばれる中古風に見せる洗い加工を施し、ソフトな風合とともに自然なタテ縞のアタリ感が出るものが多く見られる。

レトロフューチャー [retro future] レトロスペクティブ*（懐旧の）とフューチャー（未来）の融合を示すもので、昔流行したものに未来的な感覚を加味して表現するファッションなどを指す。ハイテク素材を使って作られた60〜70年代風の服装などが代表的だが、わざとクラシックな外観にデザインされた最新式の自動車といったものもここに含まれる。

レトロフラワー [retro flower] ネイティブアメリカンのナバホ族が用いる毛布などに見られる独特の花模様。菱形を特徴とした美しい幾何学模様が中心となっており、サンタフェ調のファッションに通じる柄として注目されるようになった。

レトロポップ [retro pop] レトロスペクティブ（懐古的）な雰囲気を特徴とするポップ感覚のファッション表現を指し、特に1960年代に流行したネオンカラー使いのTシャツやスニーカーなどを取り入れて着こなす、現代の女の子たちのファッションをこのように呼んでいる。「60年代レトロ＆ポップ」といった表現もある。

レトロモダン [retro modern] レトロスペクティブとモダンの融合したファッション表現。過去の流行現象にモチーフを採りつつ、それを現代的な感覚で表現したファッションを指す。トレンド用語のひとつとしてよく用いられる。

レノ [leno] レノクロス [leno cloth] とも。透かし目を特徴とした紗織（からみ織の一種）の生地を総称し、リノとも発音される。夏向きのおしゃれなシャツ地などとして好まれる。からみ織をせずに、特殊な組織でこのような表情を出したものはモックレノ [mock leno]（模紗織）と呼ばれる。

レノクロス⇒レノ

レパード⇒レオパード

レパードプリント [leopard print] アニマル柄*のひとつで、「豹柄」プリントのこと。日本ではレオパードプリントと呼ばれることが多いが、leopard の eo は [e] と発音するのが正しい。セレブな毛皮コートの定番柄として用いられることが多く、他のアイテムにも用いられることが多くなっている。

レプタイル [reptile] レップタイルとも。「爬虫類」の意で、ヘビ、トカゲ、ワニ、カメなど爬虫類の革を指す。レプタイルレザー [reptile leather] ともいい、高級靴やベルト、バッグなどの素材として用いられる。

レプタイルシューズ [reptile shoes] レプタイルは「爬虫類」の意で、ヘビ、トカゲ、ワニなどの革で作られる靴を総称する。夏のメッシュシューズ*とともに男性の代表的なタウンシューズのひとつとされる。

レプタイルレザー⇒レプタイル

レベルソ [reverso 伊] 紳士靴の製法のうちステッチング（縫い方）に用いられるもので、爪先の切り替えのステッチ（縫い目）が見えないように、革を折り返して縫うテクニックを指す。ステッチが見えないことから、よりエレガントな印象

ファッション全般

を残すのが特徴とされる。レベルソは英語でいうリバース reverse（反対の、裏の、逆にする）の意で、元は注文靴だけに見られた技術。

レベルドラペル⇒フロアレベルドラペル

レン⇒ウール

レングシーライン［lengthy line］レングシーは「（時間が）長い、（話・文章が）長たらしい」という意味で、そこから全体に長く、ほっそりと見えるシルエットを指すようになった。1990年代中期から登場したヨーロッパ調のメンズスーツに見るスリムな傾向をこのように呼んだもの。

レングス［length］距離や寸法の「長さ」といった意味のほか、ファッションにおいては衣服の「丈」、すなわちタテの長さを示す。主として上から下へ向けての長さを指し、下から上にかけての長さには、レングスではなくハイ［high］（高さの意）の言葉を用いるのが正しい。

レングス対応パンツ⇒レングスパンツ

レングスパンツ［length pants］レングス対応パンツ［length ＋たいおう＋ pants］の略。あらかじめ股下寸法を決めて作られ、裾上げを完了した状態で販売されるパンツのこと。最近のジーンズなどに採用されているもので、ウエストサイズに合わせ、いくつかの股下の長さ（レングス）を用意しておくことによって、客を待たせることがないようにしようとするサービス上の狙いがある。

レンタルスーツ［rental suit］就職試験用に貸し出されるスーツの意。そうしたスーツが買えない人たちを支援する目的で考案されたもので、2009年夏から見られるようになった。なおレンタルというのは「地代、賃貸料、賃貸物件」の意味で、本来は「レンタスーツ rent-a-suit」という。

ら

ファッション全般

絽⇒紗

ロイドメガネ［Lloyd＋メガネ］真円形の
フレームを特徴とするクラシックなメガ
ネのひとつ。往年の喜劇俳優ハロルド・
ロイド（1893～1971）が愛用したこと
から、日本ではこのように呼ばれるよう
になったもので、縁が太く作られている
のも特徴。このフレームの形はきわめて
クラシックなデザインに属するもので、
一般にはサーキュラー［circular］と呼
ばれる。

ロイヤルオックスフォード［royal Oxford］
オックスフォードクロス*の一種で、特
に細番手の糸でソフトに織り上げた、艶
のある上質のタイプをこのように呼ぶ。

ロイヤル・スチュワート［Royal Stewart］
クランタータン*の一種で、本来スコッ
トランド王室の個人用タータンと見なさ
れ、現在では女王陛下の王室タータンと
考えられている由緒正しい柄模様。赤を
基調に緑と黄、および白で構成されたも
ので、トラディショナル調のファッショ
ンには、ブラックウオッチタータンなど
と並んで欠かすことのできないタータン
柄のひとつとされている。

ロイヤルブルー［royal blue］「王室の青」
の意で、とくに英国王室の公式の色を表
わす。深い紫みの青というのがそれで、
王位や帝位のシンボルカラーとされる。

ロイヤルレジメンタル⇒レジメンタルタイ

ロインクロス［loincloth］「腰布」の意味で、
ファッション史上では腰の部分だけを覆
う衣服を指し、一般に「腰衣（ようい）」
と呼んでいる。ふんどし状や巻きスカー
トのようなものなどさまざまな形がある
が、特に古代エジプト人が着用したこの
種のものを指し、最も原始的な衣服のひ
とつとしている。フランス語ではシャン
ティ［shenti 仏］とかシェンティ［schenti
仏］という。

ロウイングジャージー⇒ヘンリーT

ロウケツ染［ろうけつぞめ］「蝋纈染」。「ろ
うけち染」とも呼ばれる防染法の一種。
蝋を防染剤としたもので、手工芸的な染
色法のひとつとされる。蝋のひび割れか
ら生じる細かく不規則な模様が表れるの
が特徴となる。バティック*はこの一種
とされる。英語ではワックスブロックプ
リント［wax block print］という。

ローアーポケット⇒サイドポケット

ローウエスト⇒ハイウエスト

ローウエストドレス［low waist dress］ハ
イウエストドレス*とは逆に、ウエスト
ラインが通常のものよりも下の位置で切
り替えられたデザインのドレスを総称す
る。

ローカットスニーカー［low cut sneaker］
履き口のラインを浅く割ったスニーカ
ー。バレエシューズのような形のスニー
カーを指すが、それとは別に単にハイカ
ットスニーカーと対比させて、ふつうの
スニーカーをこのように呼ぶこともあ
る。

ローカットソックス⇒スニーカーソックス

ローカラー⇒ハイカラー

ローキャップ［low cap］ローは「低い、浅
い」の意で、かぶりの浅い丸帽型の帽子
を指す。最近流行りのそれは、浅いかぶ
り部分とは逆に、前びさし（つば）の部
分がうんと長くなったタイプが多く、90
年代風のストリートスタイルに合う、ち
ょっと不良っぽい着こなしとして人気が
ある。

ローグノン⇒ローニエット

ロークルーソックス⇒クルーソックス

ロークロッチ［low crotch］「低い股」の意で、
股の部分をふつうよりも低く下げたパン
ツのデザインについていう。これによっ
て股上がふつうよりも深くとられる結果
となる。といってサルエルパンツ*ほど

936

ファッション全般

股下が下がっているわけではなく、最近のブルージーンズに見られる新しいデザインのひとつとされることが多い。

ローゲージ⇒コースゲージセーター

ローゴージ [low gorge] ハイゴージ*に対して、ゴージラインの角度が低く、急角度になった形をいう。またゴージラインの付く位置が、通常のものよりも低い位置になったものもこのように呼ぶ。ローゴージラインともいい、ゴージラインの高低によって、ラペル幅やジャケットのシルエットが変化することになる。

ローシューズ⇒シューズ

ローション [lotion]「化粧水」の意。外用水薬や洗浄剤の意味もあり、アイローションといえば「目薬」を指す。

ローシルク [raw silk] ローは「生の、未加工の」という意味で、繭をほどいて繰り取ったままの糸をいう。「生糸（きいと）」のことで、「生絹（きぎぬ）」ともいう。また low silk と綴ると、中繭や下繭と呼ばれる低級な繭を意味する。

ローズ・ベルタン [Rose Bertin] マリー・ジャンヌ・ベルタンの愛称。フランス・ブルボン王朝のルイ16世王妃マリー・アントワネットの専属デザイナーとして知られる女性（1744～1813）。「バラのベルタン嬢」とか「流行の大臣」などと呼ばれ、ブルボン王朝末期のフランス宮廷の流行を支配した。世界最初のファッションデザイナーとされるが、実際に服を作ったのではなく、ドレスに宝石を飾るのが仕事であったという。

ロータリースクリーンプリント⇒スクリーンプリント

ローツー [low two] スーツ上着のジャケットのフロントボタン位置が、通常よりも低くデザインされている2ボタン型をいう。2ボタン・シングルのスーツに見られるもので、当然のことに胸開きゾーン

は広くなり、下のボタン位置は普通、脇ポケット口よりも下に付くことになる。かつてビッグスーツ*と呼ばれた逆三角形シルエットのスーツなどに多く見られた。

ローテクスニーカー⇒ハイテクスニーカー

ローデニム [raw denim] ローは「生の、未加工の」という意味で、何の加工も施さない生のままのデニム（生デニム）をいう。デニムの原初的な良さを持つものとして人気があり、そうしたデニム地で作られたジーンズのことも指す。

ローデン [loden] アルプスのチロル地方原産のごく厚手で毛羽のある紡毛地。ローデンコート*の素材としてよく知られるもので、ローデンクロス [loden cloth] とかローデンフリーズ [loden frieze] ともいう。チロル地方の村落ローデラーズで16世紀頃から作られた毛布地に由来する。

ローデンクロス⇒ローデン

ローデンケープ⇒ローデンコート

ローデンコート [loden coat] オーストリア西部のチロル地方に見られる伝統的な防寒コートのひとつ。ローデンクロスと呼ばれる厚手の縮絨された紡毛地を使い、ウイングショルダーなどと呼ばれる肩先が翼のように少し突き出たデザインを特徴としている。別名ローデン・シューティングコート [loden shooting coat] と呼ばれ、さらに正しくはオーストリアン・ローデン・シューティングコート [Austrian loden shooting coat]という。つまり、元はオーストリアの貴族たちの狩猟用防寒コートであった。ローデングリーンと呼ばれる独特の緑色かオリーブブラウン色のものが本格とされ、この生地で作られた七分丈のケープをローデンケープ [loden cape] とも呼んでいる。

ローデン・シューティングコート⇒ローデ

ら

937

ファッション全般

ンコート

ローデンショルダー⇒ウイングショルダー

ローデンハット⇒チロリアンハット

ローデンフリーズ⇒ローデン

ロードシャツ⇒サイクルジャージー

ロードスイーパースカート⇒マキシスカート

ロード・バイロンシャツ⇒ポエッツカラー

ローニエット［lorgnette 仏］フランス語で本来はオペラグラス*の意だが、一般には片側に長い柄が付いた「手持ちメガネ」を指す。18世紀末ごろから上流婦人のアクセサリーとして用いられるようになったという。現在では首からぶら下げるペンダント式のメガネをこのように呼ぶこともある。また、これの柄が短いタイプや「片メガネ」「鼻メガネ」のことをローグノン［lorgnon 仏、英］と呼んでいる。

ローネックライン［low neckline］「低いネックライン」の意で、前面の襟刳（ぐ）りを深くとり、襟開きも大きめとしたネックラインを総称する。

ローハイ［low high］膝上までの長さを特徴とする靴下のこと。オーバーニーソックス*と同じで、ニーオーバー［knee over］ともいう。ローハイはストッキングのような長い靴下よりは低いという意味。

ローハイド⇒オーバーパンツ

ローバス⇒バスケットシューズ

ローバックドレス［low back dress］背中の部分を大きく露出させたデザインのドレス。背中のカッティングがウエスト辺りまでと、きわめて低くカットされているところからの命名で、ベアバックドレス［bareback dress］ともいう。多くはフォーマルなイブニングドレスに見られるが、近年では夏の開放的なワンピースなどのデザインにも用いられている。

ローヒール［low heel］低いヒール（かかと）、またそうした靴の総称。ヒール高がおお

むね3センチ以下のものを指す。紳士靴はほとんどがこのタイプに含まれる。

ロービューティー［raw beauty］⇒すっぴんメイク

ロービングニット⇒バルキーセーター

ローブ［robe］英語では長くゆったりとした上着類を指し、複数形のローブスrobesで「礼服、官服、法衣」、またロングドレスや婦人用夜会服、時として「膝掛け」の意味になる。フランス語ではローブと発音し、これは（東洋人や古代人が用いた）袖付きの長い「寛衣」のほか「婦人子供服、衣服、ドレス、ガウン」など広い意味を持つ。一般には英語のドレスに相当する。

ローファージャケット［loafer jacket］ローファーは「のらくらもの、なまけもの」という意味で、全体にゆったりした雰囲気を特徴とするジャケットを指す。粗野なイメージの綿や麻使いのものが多く、アンコン（非構築）調の作りで、イージーウエアリングを楽しむことを目的としている。イージージャケットとかサックジャケット［sack jacket］（袋のような上着の意）などとも呼ばれる。

ローファーズ［loafers］単にローファーとも。モカシン*型のスリップオンシューズの総称。ローファーとは「なまけもの」といった意味で、元はアメリカの靴メーカー「ネトルトン」社の商品名であったが、第2次大戦後に一般化して世界的に広まった。甲のU字飾りとともに、インステップストラップ［instep strap］と呼ばれる「飾り帯」にも特徴があり、ここにコイン（硬貨）を挟み込むという伝説からコインローファーズ［coin loafers］あるいはペニーローファーズ［penny loafers］といったタイプも生まれた。ビジネスシューズというよりも、一般には学生の通学用またカジュアルな履物とし

ての性格が強い。

ローファーブーツ [loafer boots] ローファーズ*を元にブーツに変化させた新しいデザイン靴のひとつ。2008年春夏、有名ブランドの〈プラダ〉が発案したものの中にこの種のショートブーツがあり、モカシン型の甲デザインはそのままに、履き口がくるぶし上くらいまで伸びた形に特徴がある。

ローブ・ア・プリ・ワトー [robe à plis Watteau 仏] プリはフランス語でプリーツを意味し、ワトーはフランスの画家アントワーヌ・ワトー（1684〜1721）のこと。つまり、英語ではワトープリーツ [Watteau pleats] と呼ばれる、幅が広く深い背中のプリーツを特徴とした18世紀の女性のドレスを指す。ワトーが好んで描いたデザインからこう呼ばれる。

ローブ・ア・ラ・シルカシェンヌ [robe à la circassienne 仏] 18世紀後半のフランス宮廷に登場したドレスのひとつで、ロシアのシルカッシア地方の少女の服装にモチーフをとったところからこの名があるとされる。ローブ・ア・ラ・ポロネーズ*を一層簡略にした感じのもので、スカート丈がより短くなり、オーバースカートもずっと上まで持ち上げられるようになっている。ただし頭飾りの大仰さはまだ続いていた。

ローブ・ア・ラ・フランセーズ [robe à la française 仏] フランス風のローブ（寛衣）の意で、ここでは18世紀中期から後期にフランス宮廷で着用された華やかなデザインのドレスを指す。ポンパドール夫人などによって着られたフランスモードの最高峰を示すもので、フランス革命に至るまで宮廷婦人の最高の儀礼服となって残った。

ローブ・ア・ラ・ポロネーズ [robe à la polonaise 仏] ポーランド風のローブ*と

いう意味で、1770年代から18世紀末まで着用されたドレス。二重になったオーバースカートの部分をたくし上げて着るのが特徴で、それまでのローブに比べてスカート丈が少し短くなっているのも特徴。単にポロネーズともいう。

ローブ・ア・ラングレーズ [robe à l'anglaise 仏] 英国風のローブ（寛衣）の意味で、18世紀末期の頃、フランスの宮廷婦人たちによって着用されたドレスを指す。当時のローブの中では最も簡素な形のもので、パニエを付けずにギャザーでスカートを張らせるところに特徴があった。

ローVネック ⇒スモールVネック

ローブウース [robe housse 仏] ウースはフランス語で「家具のカバーとして用いる大きくて厚めの布」の意。そうした布地を思わせるたっぷりとしたシルエットのドレスを指し、ウースドレス [housse dress] ともいう。着心地の良さをめざすデコントラクテ*の考え方から、1970年代中期に登場した。

ローフードダイエット [raw food diet] ローは「生の、原料のままの」といった意味で、できるだけ生に近い状態の食品を食べることによって、健康と美容を追求しようとする食事療法を指す。2005年ごろからニューヨークのセレブたちによって注目され始めたダイエット法のひとつで、こうしたことからセレブダイエット [celeb diet] とも呼ばれる。野菜や果物が中心で、非加熱食材のみを用いるというのが理想的な形とされる。

羅布麻 [ロープーマ] 中国新疆ウイグル自治区の羅布泊（ロプノール）湖近辺に野生する夾竹桃科の多年性草本を原料とする素材。中国と日本の共同開発によって1989年から登場したもので、新しい高級麻素材として用いられている。「白麻」の別名でも呼ばれる。

ら

ファッション全般

ローブガント［robe gant 仏］フランス語で「手袋のようなドレス」の意。手袋のように体にぴったりとフィットするラインを特徴とするところからこう呼ばれるもので、同じくフランス語の「茎、幹」の意味をとってローブティージュ［robe tige 仏］という同種の表現もある。いずれも日本でいうボディコンドレス*に該当する。なお、ローブガントは原音に忠実に発音するなら「ロブ・ガン」となるが、ここでは日本の一般的な表記に従った。

ローブコート［robe coat］ローブ（寛衣）のようなコートという意味で、多くは襟なしで七分袖のゆったりとしたシルエットの女性コートをいう。羽織る感じで着こなすのが特徴で、前ボタンなしでラップ（巻き付け）形式となったものも多く見られる。

ローブジャケット［robe jacket］ローブ*（寛衣）のようにゆったりした雰囲気の上着。まるで部屋着のようにリラックスした調子にデザインされたもので、最近のメンズジャケットなどに見られる。

ローブタイ⇒ループタイ

ローブダイイング［rope dyeing］糸をインディゴブルーに染色するについて、何本かの糸を束ねて綛（かせ）と呼ばれるロープ状にしてから染める方法を指す。日本語では「綛染め」と言い、これによって糸の中心まで完全に染まらない「芯白（しんしろ）」と呼ばれる状態ができあがる。これによってできあがるブルージーンズは、美しい色褪せを伴う独特の表情を持つことになる。

ローブ・ダブレミディ⇒アフタヌーンドレス

ローブティージュ⇒ローブガント

ローブデコルテ［robe décolletée 仏］女性の夜間の最上級の礼装とされるドレス。デコルテは「襟をえぐった」という意味で、襟元を大きく刳（く）って、肩や背を露出させたデザインを特徴とするフルレングスのドレスを指す。正式な夜会に用いられ、あらゆるイブニングドレス*の中で最高のものとされる。

ローブ・ド・グランスワール⇒ローブ・ド・ソワール

ローブ・ド・シャンブル［robe de chambre 仏］シャンブルはフランス語で「部屋、寝室」の意。すなわち「部屋着、寝室着」を指し、主としてドレッシングガウン*（化粧着）を意味する例が多い。

ロープトショルダー［roped shoulder］肩先にロープ（縄）が入っているように見える極端に盛り上がった肩線。ビルトアップショルダー*の代表的なデザインで、1970年前後のイタリアのスーツに多く見られたもの。現在でもオーダーメードのスーツに用いられることがある。

ロープトソール［roped sole］靴底に麻製の中細のロープ（縄）を渦巻き状にあしらったデザインを指す。エスパドリーユ*と呼ばれるサンダル靴やデッキシューズ*などに用いられるデザインで、適度なクッションがあり、快適な履き心地があるとされる。リネンソール［linen sole］ともいう。

ローブ・ド・ソワール［robe du soir 仏］フランス語でいう「夜会服」の総称。ソワールは「夕、晩」また「夜会」の意で、ローブ・ド・グランスワール［robe de grand soir 仏］は「正式の夜会服」、トワレット・ド・プチソワール［toilette de petit soir］となると「略式の夜会の装い」を表すことになる。トワレットは「洗面所、化粧台」などの意味もあるが、ここでは「（婦人の）衣装、身形」の意味で用いられ、トワレット・ド・バル［toilette de bal］「夜会服」の意味にもなる。

ローブ・ド・ヌイ⇒シュミーズ・ド・ヌイ

ロープドネック［roped neck］ニュージー

ファッション全般

ランドのスポーツウエアメーカー「カンタベリー」社のラグビージャージーに見る独特のネックライン。プラケット（前立て）の部分がテープ状になっており、そこにゴム製のボタンが1個付けられる。これをもってニュージーランドのラグビージャージーの特性とされる。

ローブ・ド・マリエ [robe de mariée 仏] フランス語で「花嫁衣装」を指す。ウエディングドレス*と同義で、日本ではこれを略してマリエ [mariée 仏] と呼ぶことも多い。マリエは本来「結婚した」とか「既婚者」という意味。特に豪華なそれをグラン・マリエ [grand mariée 仏] と呼ぶことがある。

ロープネックレス [rope necklace] ネックレスの中で最も長くたるませるタイプ。また飾り用のカラフルなロープでこしらえたネックレスや、ロープ状の金属チェーンを用いたパイプロープチェーンなどさまざまなタイプがある。

ロープベルト⇒コードベルト

ローブモンタント [robe montante 仏] 女性の昼間の最上正礼装とされるドレス。モンタントは本来「上がる、昇る」といった意味で、高く立ち上がった襟を特徴とするところからこのように呼ばれる。夜間の正礼装のローブデコルテ*に対して、胸元から首までを完全に隠すところに特徴があり、長袖、床上までのフルレングスであることと、露出してよいのは顔だけというのがデザイン上のポイントとなる。古くからある礼装のひとつで、現在の日本では皇室関係者のみに用いられている。

ロープラケット⇒プラケット

ローブ・ルダンゴト⇒ルダンゴト

ローブレングス⇒オペラネックレス

ローマンサンダル [Roman sandal] ローマサンダルともいう。ローマの戦士が用いたようなフラットソール（平底）とストラップ（紐）を特徴とするサンダルで、革紐を足の甲に巻き付けて履くのが特徴。いわゆるベンハーサンダル*（男性の革サンダル）と同種のもので、特にその女性・子供用のものをこのように呼ぶことがある。

ローラーシューズ⇒スケーターシューズ

ローラー族 [roller ＋族] ローラーはロックンローラーを略したもので、1977年頃から85年頃にかけて、原宿のホコ天（歩行者天国）を中心に、1950年代調のファッションに身を包んでロックンロールを踊りまくった若者たちをいう。別にロックンロール族 [rock'n'roll ＋ぞく] とかフィフティーズ [fifties]（1950年代調の意）、時に「原宿50's族」などとも呼ばれる。

ローラーバッグ [roller bag] 持ち運びに便利なように、底面にローラー（滑車）を取り付けたバッグの総称。こうした滑車をキャスター（脚輪）ともいい、そのことからキャスターバッグ [caster bag] とも呼ばれる。一般にはキャリーバッグ*と同義。なおこうしたバッグには、布製などのソフトキャリー [soft carry] とアルミ製などのハードキャリー [hard carry] の2タイプがある。

ローライザー [low-riser] ライズ（股上の寸法）が通常より浅いパンツの総称で、ローライズパンツ [low rise pants] ともいう。股上が通常の位置にあるレギュラータイプのパンツが腰で穿かれるのに対し、これはヒップで穿く感じが特徴となって、スポーティーな雰囲気が生まれる。股上が極端に浅いタイプはスーパーローライザー [super low-riser] と呼ばれる。

ローライズ⇒ライズ

ローライズジーンズ [low-rise jeans] 股上

ら

ファッション全般

（ライズ）が低い（浅い）ジーンズの総称。1970年代の流行当時はヒップハンガー（正しくはヒップハガーズ）とかヒップボーンパンツなどと呼ばれたものだが、21世紀に入っての70年代ファッションブームで復活し、このような名称で呼ばれるようになったもの。ローライザー [low-riser] とも略称し、さらにライズを16センチくらいと極端に浅くしたものをスーパーローライザー [super low-riser] と呼んでいる。なお後者のタイプは、しゃがんだときにお尻が半分ほどのぞくことから「半ケツジーンズ」の俗称もある。

ローライズショーツ [low-rise shorts] ローライズジーンズ＊のウエストからチラッと見えてもかまわないようにデザインされた女性下着のひとつを指す。可愛いプリント柄や鮮やかな色使いのものなどが多く見られ、なかにはジーンズの外側にショーツの生地を垂らす変わったデザインのものもある。いわゆる「見せパン」（見せてもよいパンツの意）の一種で、ローライズジーンズのことをヒップハンガーともいうところから、ヒップハンガーショーツ [hip hanger shorts] とも呼ばれる。全く別の意味として、股上の浅いビキニ型のショーツをこう呼ぶこともある。

ローライズパンツ⇒ローライザー

ローラウンドネック⇒バレエネック

ローリングダウンモデル [rolling-down model] アメリカン・トラディショナルモデル＊のスーツ上着に特有の前合わせ「段返り」のこと。第1ボタンのボタンホールが襟の中にほとんど完全に見えるほどに強く折り返している形から、このような名が付いた。シングル3ボタンで中1つ掛けとしたスタイルは、俗に「3ボタン段返り」と呼ばれる。ローリングダウンラペル [rolling-down lapel] とか

ロールエフェクト [roll effect] ともいう。ほかにダブルブレステッド型のジャケットなどに用いられることもある。

ローリングダウンラペル⇒ローリングダウンモデル

ロールアップ [roll-up]「丸める、巻く」の意で、衣服の袖などを捲り上げる着こなし方を総称する。裾を捲って折り返したジーンズをロールアップジーンズ、そうした袖をロールアップスリーブというように表現する。

ロールアップショーツ [roll-up shorts] 裾を捲り上げたショートパンツのことで、最近では特にデニムのパンツが多く見られる。

ロールアップスタイル [roll-up style] ロールアップは「丸める、巻く、まくり上げる」の意で、パンツの裾やシャツの袖口をまくり上げて着こなす格好をいう。そのような形にしたパンツをロールアップパンツ [roll-up pants]、そうした袖をロールアップスリーブ [roll-up sleeve] などという。

ロールアップスリーブ [roll-up sleeve] ロールアップは「巻き上げる、捲（まく）り上げる」という意味で、そのような形にできる袖をいう。捲り上げたところでうまく留まるように、アジャストタブやテープなどを取り付けたものが多い。

ロールアップパンツ⇒ロールアップスタイル

ロールエフェクト⇒ローリングダウンモデル

ロールカラー [roll collar] フラットカラー（扁平襟）の対語で、襟腰があり、首の周りを巻くようにして立って折り返した襟を総称する。なかで立ち代が前後同じくらいの高さのものをフルロールカラー＊、前はフラットで後ろ側が立ったものをハーフロールカラー [half roll collar] と呼んでいる。これとは別にショールカラーを意味することもある。

ファッション全般

ロールスタイル [roll style] ロールは「転がる、丸める」の意で、名詞では「巻いたもの」をいう。ここでは円筒形にした毛束やカールが長く連なった形を特徴とするヘアスタイルを指す。なかで襟足に沿わせて1本の円筒形に巻いたスタイルをワンロール [one roll] と呼んでいる。

ロールトーク⇒トーク

ロールドスタイル [rolled style] ポケットチーフの挿し方のひとつで、ポケットチーフを筒状に巻き、その重なった部分を少しずらし気味に見せるやり方をいう。アメリカでは保守的なスタイルのひとつとされていたが、日本では導入の時期が新しかったために、しゃれた方法として人気がある。

ロールトップリュック [roll top ruck] 上部の開口部分を広い筒状にし、マジックテープやスナップボタンなどで留め、これをくるくると丸めて使うようにした新型のリュックサック。内容物の増減に応じて調節するために考えられたもので、内部への水の浸入も防ぐことができる。

ロールドバングス⇒バング

ロールドボタンダウン⇒ボタンダウンカラー

ロールネック [roll neck] 襟刳(ぐ)りの上端が長めに立ち上がって、外側にくるりと折り返って巻いた形になったネック。ハイネック*の中ではちょっと特殊な形といえるデザイン。英国ではタートルネックの意味になる。

ロールヘア⇒縦ロール

ロール帽 [roll +ぼう] 裾をロールアップ(折り返し)させてかぶるニット製の丸帽。ワッチキャップなどと同様のニットキャップの一種。

ロールボストン [roll boston] ロールボストンバッグの略で、胴部が円筒形になったボストンバッグのこと。小型のドラムバッグといった感じのもので、胴部にたたき付けとなった幅広のキャンバス製ベルトが長めの取っ手となっているのが特徴。簡便なスポーツバッグの一種として人気を集めている。

ロールム [lorum] ビザンチン*(5〜15世紀)の時代に見られる巻衣の一種。ローマ時代のトガ*が形式化されたものとされ、ビザンチン後期には幅広の帯状またケープ状の外衣として、身分の高貴さを象徴する道具として使われた。ロルームともいう。

ローレッグブリーフ⇒ボーイレッグショーツ

ローン [lawn] 透明感を特徴とする薄手の平織地。亜麻あるいは綿で織られ、夏のドレッシーなシャツなどに用いられる。アメリカではバティスト [batiste] と呼ばれ、日本では「寒冷紗(かんれいしゃ)」という和語もある。また寒冷紗のことはとくにビクトリアローン [Victoria lawn] の名で呼び、これは造花や窓掛け、蚊帳、人形の衣装などに用いるごく薄手の生地を指すことにもなる。

ロガーパンツ [logger pants] ロガーは「材木切り出し人、木こり」の意で、とくに北米の木こりたちに愛用されたパンツを指す例が多い。厚手のダックやデニムなどの丈夫なコットン地を用い、大きめのポケットや股部分の当て布などを特徴に、少しゆったりしたシルエットとしたものが代表的とされる。

ロガーブーツ⇒ワークブーツ

ロカビリー族 [rockabilly +ぞく] ロカビリーはロックンロールとヒルビリー(カントリー&ウエスタン音楽の一種)の合成語とされ、1950年代の後半に流行したロック音楽をいう。そうした新しい音楽に熱狂する日本の若い男女たちをいったもので、1956年から60年頃までの風俗として特記される。

鹿鳴館スタイル⇒バッスルスタイル

ら

943

ファッション全般

ロケットペンダント［locket pendant］ロケットは写真や思い出の品などを入れるハート形や円形、菱形などのコンパクトな金属製容器を指し、これを飾りとした首飾りの類をいう。

ロゴキャップ［logo cap］フロント部分にブランドのロゴタイプ（指定デザイン文字）をあしらった帽子のことで、多くは野球帽型のBBキャップに見られる。90年代ストリートカジュアルの流行などから、最近再び流行するようになっている。

ロココ［rococo］18世紀（より正確には1730〜70年頃）、フランスのブルボン王朝ルイ15世の時代に起こった芸術・デザイン様式を指し、装飾過多で華麗な宮廷文化として知られる。ロココという名称はフランス語のロカイユ（貝や小石、岩などで造る人造岩窟の意）から来たもので、そこに見る曲線的な装飾を特徴にしたとされる。ファッションではルイ15世の愛妾ポンパドール夫人に見る衣装が代表的で、男性貴族も色鮮やかな、華麗で豪華な衣服を着用した。

ロココドレス［rococo dress］18世紀中期のフランス・ブルボン王朝のロココ様式にモチーフを得てデザインされたドレスの意。ロココといえばスカートを大きく膨らませたクリノリン型のファッションが思い浮かぶが、これはそこまでのものとはしないで、装飾的で優雅な雰囲気を特徴としながらも、ミニドレスでボディーコンシャス*なイメージを表現したものなどが見られる。

ロゴシャツ⇒ロゴニット

ロゴTシャツ［logo T-shirt］企業名のロゴ（指定の文字デザイン）や商品のロゴマークをそのままプリントしたTシャツ。ロゴプリントTシャツ［logo print T-shirt］の略でもあり、音楽レーベルや食品、ゲームキャラクターなどその範囲は多岐にわたり、別に「企業コラボレーションTシャツ」などとも呼ばれている。

ロゴトップス［logo tops］さまざまなデザイン文字を取り付けたトップス（上衣類）の総称。Tシャツだけでなく、トレーナー（スエットシャツ）やニットウエア、セーターなども含まれる。

ロゴニット［logo knit］ロゴレター（デザイン指定書体）付きのセーター類の総称。ボーダーストライプ（横縞）のニットに取り入れられたものが比較的多く見られる。これと同様にふつうの無地シャツで、大きなロゴを付けたロゴシャツといったアイテムも見られる。

ロゴパン［logo＋pants］ブランドのロゴ（デザイン書体）などをお尻の辺りに大きくペイントしたパンツをいう俗称で、多くはペイントジーンズ*と呼ばれるジーンズの一種とされる。

ロゴファッション⇒モノグラムファッション

ロゴブリーフ［logo brief］ウエストゴムの部分にブランドのロゴ（デザイン文字）を入れたブリーフのことで、下着見せファッションなどに活用される。俗にロゴパンツとも呼ばれる。

ロゴプリント⇒モノグラム

ロゴプリントTシャツ⇒ロゴTシャツ

ロザリオ⇒クロスペンダント

ロシアブラウス⇒ルバシカ

ロシア帽⇒トラッパーハット

ロシアンカーフ［Russian calf］ロシアレインディアとも。北米やユーラシア大陸の北極圏に生息するトナカイの鞣し革。現在は生産されることがなく、18世紀に沈んだ船のなかから引き揚げられた革を使用するという伝説の革素材とされている。一般にロシアンレザーとも称され珍重されている。靴用のトナカイの革は「カリブー」と呼ばれ、これは北米に生息する野生種のトナカイを指す。

ファッション全般

ロシアンセーブル⇒マーテン

ロシアンブロードテール⇒カラクルラム

ロシアンレインディア⇒ロシアンカーフ

ロシアンレザー⇒ロシアンカーフ

ロッカーズ［rockers］1960年代の英国で、モッズと呼ばれるグループに対抗した若者集団。モダンジャズ好みとされるモッズに対して、ロックンロール好きということからこう呼ばれるもので、一般に〈モッズ vs ロッカーズ〉の抗争として知られる。モッズのベスパに対して大型オートバイに乗り、黒の革ジャンやジーンズ、ブーツなどの過激なバイクウエア*を特徴とした。

ロッカースタイル［rocker style］ロックミュージシャンのようなスタイル。さまざまな表現があるが、最近では1950年代調の革ジャンなどで表現するロックンローラースタイルが、再び人気を集めるようになっている。特に若い女の子の間で、バイカースタイル*と同じように、ハードな服とフェミニンなスカートなどの組み合わせで着こなす例が見える。

ロッカーループ［locker loop］メンズシャツ、とりわけボタンダウンカラーシャツに見られる背中上部の布製の環。ロッカーのフックに掛けるのに用いるところからこう呼ばれる

ロッキングホースシューズ［rocking horse shoes］ロッキンホースシューズとも。ロッキングホースは「揺り木馬」の意で、それに似た形の靴を指す。高い靴底を持ち、その爪先の部分が反り上がる形になっていることから、木馬にたとえられたもの。1980年代後期に英国のデザイナーによって発表されたとされる

ロックカジュアル［rock casual］ロック・ミュージックテーストのカジュアルファッションの意。1950年代のロックンロール調から今日のエモスタイル*までその

種類と変化は多いが、基本的にTシャツとジーンズで表現されることが多く、黒を多用する例が目立つ。ロックファッション*と同義。

ロックTシャツ［rock T-shirt］ロックミュージシャンの顔写真などをプリントしたTシャツの総称。70年代ファッションのリバイバルアイテムで、ロック好きな若者たちの間で人気を集めている。別にバンドTシャツ［band T-shirt］とも呼ばれ、こうした音楽関連のTシャツをミュージックTシャツ［music T-shirt］とも称している。

ロックノットタイ［lock-knot tie］ノット（結び目）をあらかじめ作り上げ、紐やクリップなどだけで取り外しできるようにした簡易型のネクタイをいう。「スナップタイ」とか「ループタイ」といった商品名で知られ、日本では昭和30年代中期にホンコンシャツ*（半袖ワイシャツ）が流行した折に「ループタイ」が生まれ、このことから「ホンコンタイ」と呼ばれたこともある。最近では結び目部分をファスナーで上げ下げして着脱する形式のものに人気がある。

ロックファッション［rock fashion］ロック音楽好きの若者たちによって表現されるファッションの総称。好きな音楽ジャンルによってさまざまなスタイルがあげられるが、総じていかにもロック好きといった感じが見て取れるのが特徴。狭義にはロックミュージシャンとそのファンの服装を示す。

ロックブーツ［rock boots］ロックミュージシャンがよく用いるブーツから来たもので、編み上げでふくらはぎの真ん中辺までの深さの、コンバットブーツ*のようながっちりとしたブーツを指す。特にガールズロッカースタイルなどと呼ばれる、女の子たちのファッションに多く見

ら

ファッション全般

られる。

ロックンロール・カーディガン [rock'n'roll cardigan] ロックンロールをモチーフとしたカーディガンのことだが、特にアメリカ西海岸で人気を集めているサイケデリックなイメージのタトゥー模様などを特徴としたカットソータイプのカーディガンをこのように呼ぶことが多い。タイトなシルエットでロング丈とし、伸縮性に富むのも特徴となっている。

ロックンロール族⇒ローラー族

ロッド⇒カーラー

六本木族 [ろっぽんぎぞく] 米軍基地があった昭和30年代の東京・六本木にたむろした若者たちのグループ。1957年頃から異国情緒豊かなこの街に先鋭的な若者が集まるようになり、やがて『キャンティ』（イタリアンレストランの草分け）や『シシリア』（有名なナイトスポット）などのしゃれた店に集まって、深夜に六本木の街を徘徊するようになった。今でいうセレブな子息が多かったのが特徴だったが、1963年頃にはすっかり風俗化して時代の波に呑まれていった。

ロデオシャツ⇒ウエスタンシャツ

ロデオブーツ [rodeo boots] アメリカ西部のロデオ大会（カウボーイによる荒馬乗りや投げ縄による牛の捕獲などの競技会）の時に着用するブーツ。ウエスタンブーツ（カウボーイブーツ）の一種だが、通常の仕事用のそれよりも、はるかに装飾的に作られるのが特徴とされる。

ロピーセーター [lopi sweater] アイスランディッシュセーター*の一種で、アイスランドの漁師たちが16世紀ごろから着用していたという伝統的なセーター。ロピーヤーン [lopi yarn] と呼ばれる甘く撚った特有の糸で編まれ、肩の周りに民族的な模様を円形にあしらうのが何よりの特徴。

ロピーヤーン⇒ロピーセーター

ロブ [lob] ロングボブ（long bob）を略したもので、肩にかかるくらいの絶妙な長さで抜け感のあるボブスタイルの髪形を指す。2015年初めころからハリウッドのセレブたちに流行りはじめた髪形のひとつで、ボブを長めに伸ばして、肩より5センチほど長いか2センチほど短めにカットしたスタイルをいう。20代後半から30代の女性に好まれ、毛先だけを巻いたワンカールロブやふわっとしたホイップロブ、また前髪立ち上げロブなどの変化もある。ロブヘアなどとも呼ばれ、こうした髪形の女性たちを「ロブ女子」と呼ぶ傾向もある。

ロブ（衣服）⇒ローブ

ロベスピエールカラー [Robespierre collar] フランス革命の指導者として知られるマクシミリアン・ド・ロベスピエール（1758～94）の肖像画に見る上着の襟型。後ろが高く立つ折り返し襟を指し、襞（ひだ）飾りのジャボやクラヴァットを伴って着用された。19世紀初頭までの流行。

ロボットスーツ [robot suit] コンピューター制御により、ふだんの力の数倍ものパワーを出すなど、人間の動きを補助し、負担を大幅に軽くすることを目的として作られた服型の装置。パワードスーツ [powered suit] とかパワーアシスト・ロボットスーツ、また単にアシストスーツ [power assist robot suit] などとも呼ばれる。

ロマカジ [romantic ＋ casual] 「ロマンティックカジュアル」の短縮語。ロマンティックな雰囲気を特徴とするカジュアルファッションという意味で、とくに新しい用語ではないが、これを「ロマカジ」と短縮したところに現代風の新しさが生まれる。同様にロマスポといえばロマン

ティックスポーツ［romantic sports］の略で、これまたロマンティックなスポーツファッションを指す今日的な表現となる。

ロマスポ⇒ロマカジ

ロマネスク［Romanesque］10世紀頃から12世紀にかけて西ヨーロッパに起こった西欧中世の最初の美術大様式。ロマネスクは「ローマ風の、ローマ好みの」といった意味で、古代のローマ時代へのあこがれが根底にあった。男女の性差を強調する服装が生まれたのもこの時代で、ファッション（西洋の衣服）の歴史はここに始まるという説が強い。

ロマブラウス［Romany + blouse］ロマはロマニーの略で、いわゆる「ジプシー」を意味する現代的な用語。そうしたかつての流浪の民たちが着用したブラウスを指し、ロマンティックな雰囲気の民族調ブラウスをいう。ヨーロッパの農婦が着用するペザントシャツなどと同義に扱われる。

ロマンスタイル［Roman style］より正確には「19世紀ロマン主義スタイル」という。1820年頃から48年にかけてのフランスの女性の服装をいったもので、ブルボン王朝復活に伴う王政スタイルを指す。16世紀バロックの宮廷趣味が強く感じられ、女性たちのドレスは再びウエストを強く絞ったX字型のシルエットに戻った。

ロマンティック［romantic］ロマンチックとも。「夢のような、空想的な」といった意味で、ファッションでは夢見がちな少女好みの可愛らしいイメージの服装に用いることが多い。

ロマンティックカジュアル⇒ロマカジ
ロマンティックスポーツ⇒ロマカジ

ロマンティックパンク［romantic punk］現代的なパンクファッションの解釈のひとつで、特に女性のファッションに見る可愛らしく、それでいて力強さも感じさせる前衛的なファッション表現をこのように呼ぶ。ソフトパンクと同義。

ロマンティックブラウス［romantic blouse］フリルやプリーツなどの飾りを多用した、まさにロマンティック（叙情的）なイメージにあふれたブラウスを総称する。ロリータ系など少女好みのファッション表現によく用いられる。

ロマンティックミリタリー［romantic military］ロマンティックな雰囲気のミリタリー（軍隊調）ファッション。柔らかな素材使いや細身のシルエットなどで、優しい雰囲気を表現しているのがロマンティックと呼ばれるゆえん。

ロリータクチュール［Lolita couture］ロリータファッションの高級版とされるファッション表現。高級感のある山の手志向の少女服といった意味合いを持ち、いかにもお嬢様っぽい印象のロマンティックな服装が特徴。

ロリータパンク［Lolita punk］少女好みのロリータファッション*のパンク版。基本的にゴスパンク*と同じで、ゴスロリ*の不良少女版といったイメージが特徴とされる。

ロリータファッション［Lolita fashion］俗に「少女服」などと呼ばれる幼く可愛い雰囲気の服装を総称する。ロリータはアメリカの作家、ウラジミール・ナボコフの小説から来たもので、一般にロリータコンプレックス（ロリコン）の語源になったとして知られる。

ロング・アンド・スレンダーライン［long and slender line］全体にほっそりとした長めのシルエット。スレンダーはほっそりとして、しなやかな様子を表す。

ロング・アンド・チューブライン［long and tube line］長い筒のようなシルエット。一般的にはスリムライン*とかナロ

ファッション全般

ーライン*と呼ばれることが多い。

ロング・アンド・ナローライン [long and narrow line] 長くて幅の狭いシルエットの意で、スティックライン*やシガレットライン*などと同種のもの。

ロング・アンド・ロールヘア [long and roll hair] 大きなロールを入れたロングヘア。エクステ*を用いて長さとボリューム感を出し、コテを使ってロールを作るのが特徴とされる。カリスマ店員などと呼ばれた〈渋谷109〉のショップスタッフたちが始めたとされるスタイルで、プチゴージャス*な感覚が味わえるとして人気を得た。いわゆるグラマラス&ゴージャス系の髪型のひとつ。

ロングウオレット⇒ウオレット

ロングカーディガン [long cardigan] 通常よりも丈の長いカーディガンの総称。太ももほどの長さのものから膝に届くくらいのものまであり、ワンピースをすっぽり包んだり、ショートパンツスタイルの上から羽織るなど、さまざまに用いられる。腰の辺りにポケットが付くのが多いのも特徴のひとつとされる。

ロングガードル [long girdle] 腹部を完全にカバーするほどのハイウエストで、太ももまでの脚部の長さを特徴とするガードル。女性の下半身を完全にガードする補整下着のひとつで、アメリカではヘビーコントロール型のコントロールブリーフ*を指す。これに対して股下部分の付かないタイプを、日本ではショートガードル [short girdle] と呼ぶことがあるが、これをアメリカではパンティーガードル [panty-girdle] と呼んでいる。

ロングカラー⇒ロングポイントカラー

ロングキャミソール [long camisole] 従来のキャミソールより12センチほど丈を長くしたキャミソール*。ミニスカートやミニドレスの流行に対応して開発された

女性下着のひとつで、ペチコートなどを着ける必要がなくなり、軽快な動きができるとともに、おしゃれ心も満足させるという利点がある。

ロングキャミソールトップ⇒キャミソールトップ

ロンググローブ [long glove] 長い手袋の総称。アームロング*やガーントレット*などに代表されるが、現在ではファッション的なアクセサリーのひとつとして、肘くらいまでの長さのものを用いる傾向が生まれている。ちなみにグローブというのは日本的な発音で、正しくはグラブという。

ロングコート [long coat] 丈の長いコートの総称。さまざまな見方があるが、一般的に膝から下の長さを持つものを指し、ショートコートやハーフコートと対比される。

ロングジャケット [long jacket] その名の通り、丈の長いジャケットを総称する。ウオーキングジャケット*に代表されるが、最近では通常よりも丈を長くした女性用のテーラードジャケットを指すこともあり、こうしたものをロングテーラードジャケット [long tailored jacket] とも呼んでいる。

ロングシャツカーディガン⇒シャツカーディガン

ロングショーツ⇒ショーツ

ロングジョン⇒ユニオンスーツ

ロングジレ [long＋gilet 仏] ジレはフランス語でいうベスト、胴着のこと。つまり、ロングベストと同じだが、最近ベストをジレと表現することが流行となり、このような言葉が使われるようになったもの。

ロングスカート [long skirt] 長い丈を特徴とするスカートの総称で、短い丈のショートスカート [short skirt] の対語。一

948

般には膝下15センチくらいから、床に届くくらいのものまでがそう呼ばれている。これに対するショートスカートは、一般に膝より上の丈のものを指す。

ロングスカーフ⇒プチスカーフ

ロングストール⇒ストール

ロングスラウチソックス⇒ルーズソックス

ロングスリーブ⇒ハーフスリーブ

ロングスリーブＴ [long sleeve T] 長袖を特徴としたＴシャツ。本来は半袖のものがＴシャツの定番とされるが、これを長袖にして寒い季節などに対応させたもの。このほか七分袖や五分袖のＴシャツも見られる。

ロングソックス⇒ハイソックス

ロングターンＤＢ⇒ファッションダブルブレスト

ロングチーフ [longchief] ロング・ハンカチーフの略から生まれた新商品で、通常より長い長方形のハンカチーフを指す。長さ150センチ×幅25センチ程度のものが中心で、この前後の大きさのものもある。首に巻いて真夏の首筋の日焼けを防ぐとともに、汗を吸い取るという機能を持つもので、2009年の発売以来人気商品となっている。

ロングチューブトップ [long tube top] チューブトップ*と呼ばれる、筒型の簡便な女性用トップスの丈を長くしたものの総称。チューブトップは普通、へそが見えるくらいの短い丈のものが多いが、これはそれを逆手にとってお尻が隠れるくらいの丈の長い丈としたのが特徴となる。

ロングＴ [long T] 丈の長いＴシャツを総称している。太ももや膝にかかる程度に長いＴシャツで、場合によってはワンピースや寝間着代わりとしても用いることができる。

ロングテーラードジャケット⇒ロングジャケット

ロングテール・カーディガン [long tail cardigan] 通常より丈の長いロングカーディガンの一種で、とくに後ろ裾だけが長くデザインされたカーディガンを指す。女性用のファンシーなニットアウターのひとつとして人気がある。

ロングトランクス [long trunks] スイミングトランクス*の一種で、股下の長さが18～20センチ程度、脇丈40～43センチ程度のものをいう。バミューダパンツ*に似ているところから「バミューダタイプ」と呼ばれることもある。

ロングトルソージャケット⇒トルソージャケット

ロングトルソースーツ [long torso suit] ロングトルソージャケット*と呼ばれる丈長型の上着を中心とした、多くは女性用のスーツ。トルソーはイタリア語で「人体の胴部」を指し、ウエストのくびれを特徴としたヒップ丈のジャケットと共布のタイトミニスカートを合わせるスタイルが、1990年代初期に大流行したことがある。

ロングトルソードレス⇒チャールストンドレス

ロングトルソーライン⇒トルソーライン

ロングドレス [long dress] 丈の長いドレスの総称。一般にはイブニングドレス*に見るような床丈のものをいうが、ファッション的には、ふくらはぎの真ん中程度のものから床に届くまでとさまざまなタイプがあげられる。

ロングドロワーズ [long drawers] 丈がふくらはぎの真ん中まであるような長いドロワーズ*。ドロワーズは昔女性が用いたゆったりとしたズボン風の下着のことだが、これをすっきりした形にして、昔風のワンピースと合わせて着るスタイルが流行している。綿ローン素材で、レースやピンタックをあしらったものが多く

ファッション全般

見られる。

ロングネックレス［long necklace］文字どおり長いネックレスの総称。いわゆるロープレングス*より長いものを指し、一般に結んだり二重や三重にして用いることが多い。

ロングノーズ⇒ナロートゥ

ロングパーカ⇒パーカコート

ロングパンツ［long pants］いわゆる「ズボン下」をいう日本的な名称。メリヤス製の脚にぴったりしたタイツ状の下着で、「股引（ももひき）」とか「パッチ」とも呼ばれる。かつてはラクダ色でくるぶしまでの長い丈のものが用いられたが、現在では薄手の生地を使い、前ボタンもなしで、七分丈や膝丈となったものが中心となっている。ズボン下はズボンの内側に用いて保温の役を果たす下着を指し、股引は両の股を通して穿く狭い筒状の下穿きを指す。またパッチは朝鮮語のパチ（ズボンの意）が語源とされている。

ロングブーツ［long boots］ちょうど膝に達するくらいの長さをもつブーツで、これが本当の「長靴」となる。膝丈の意からニーレングスブーツ［knee length boots］とも呼ばれる。

ロングブラウス⇒チュニックブラウス

ロングブラジャー［long brassiere］腰までの長さを持つブラジャーのことで、ロングラインブラ［long line bra］ともいう。ボディーラインを整える機能も持つもので、こうしたものを英国では「ビュスティエ*」と呼ぶ例が多い。

ロングブルゾン［long blouson］ブルゾンの形はそのままで、丈をヒップレングス程度に長くしたものをいう。ニット製のビッグシルエットのものなどに代表され、裾はゴム編でブルゾンのようにフィットさせたものが多く見られる。反対に通常よりも明らかに短いと思われるものは、

ショートブルゾン［short blouson］と呼ばれることになる。

ロングブルマーズ⇒ブルマーズ

ロングヘア［long hair］「長い髪」の意で、女性の場合にはなんということもないヘアスタイルのひとつだが、男性のそれは1960年代後期から70年代前期にかけての反体制文化を象徴する髪型として特別な意味を持つ。アメリカのヒッピームーブメントの影響を受けて登場したこの髪型は、価値観の大転換を促し、ジーンズとともに新しいファッション文化を作り上げるのに寄与した。現在では単にロングというほか、「ロンゲ（ロングの毛の意）」とも俗称され、女性のそれと同じようにきれいに手入れされたものが多くなっている。

ロングベスト［long vest］通常よりも長い丈のベストを総称する。ベストは一般にウエストレングス（腰丈）のものが多く見られるが、この丈を長めにとってアウタータイプとしたものなどがこう呼ばれる。

ロングポイントカラー［long point collar］単にロングカラー［long collar］とも。カラーポイント（剣先）までの長さが10～12センチ程度と長いシャツ襟の総称。襟開き角度は狭く、襟腰も高めに作られる。

ロングマフラー⇒ロンマフ

ロングラインブラ⇒ロングブラジャー

ロングロールカラー［long-roll collar］シャツの襟型の一種で、大きくロール（うねる）した10センチほどの襟先をもつロングポイントカラー*を指す。

ロングロールＤＢ⇒ファッションダブルブレスト

ロンゲ⇒ロングヘア

ロンゲットスタイル［longuette style］ロンゲットは「細長い」という意味で、1970年代初期にアメリカのファッション専門

950

紙『WWD（ウィメンズ・ウエア・デイリー)』によって作られた新語。当時人気全盛だったミニスカートに対抗するミディやマキシのロングスカートの形をこのように表現したもので、こうしたキャンペーンは〈ロンゲット作戦〉などと呼ばれたものだった。

ロンジー [longyi, lyngyi ヒンディー] ミャンマー人の男女が用いる腰巻状の下体衣。サロン*のミャンマー版で、女性はこれにエンジー [eingyi ヒンディー] と呼ばれる襟なしのブラウス状の上衣を合わせて着装する。インドやバングラデシュではルンギーともいう。

ロンタイ [――] ロング・タイトスカートを短縮した日本の俗語。いわゆるツッパリ（関西ではヤンキー）と呼ばれるワルを気取った女の子たちによって着用される、きわめて長い丈のタイトスカートを指し、女子高生用の制服にも見ることができる。

ロンデル [rondelle 仏] ペンダントトップをいうフランス語のひとつ。もともとは「丸い切り抜き」とか「座金」を表す。

ロンドンカジュアル [London casual] ブリティッシュカジュアル*と同義。ロンドンを中心とした若者たちのカジュアルファッションを指し、モッズルックやブリットポップ*のアーティストたちに見る風俗が代表的。そのポップな感覚からロンドンポップ [London pop] と呼ばれることもある。

ロンドンカット⇒イングリッシュドレープ

ロンドンストライプ [London stripe] 白地と太めの縞が等間隔に並んだはっきりとした縞柄。ロンドン紳士の好むシャツ柄ということからこの名があるもので、英国の有名なシャツ業者〈ターンブル＆アッサー〉社によって開発されたという説がある。英米においては通常ブロックス

トライプ*と呼ばれることが多く、白地に5ミリから1センチ前後の紺やワインレッド、グリーンといった濃色の棒縞が付くのが特徴。強い印象があることから、こうした縞柄をストロングストライプ [strong stripe] とも総称している。

ロンドンブーツ [London boots] ソール（底）とヒール（かかと）を特に厚く高くしたロングブーツの一種で、1970年代初頭から中期にかけて、ロンドンファッションの流行とともに履かれたところからこう呼ばれる。当時はベルボトムジーンズと合わせて履くのが最新の流行とされた。

ロンドンポップ⇒ロンドンカジュアル

ロンパーシャツ [romper shirt] ロンパーはロンプ romp（子供が跳ね回る）の派生語で、幼児が着るようなゆったりとしたシルエットを特徴とする女性用のシャツを指す。

ロンパース [rompers] 上下がひと続きになった幼児の遊び着の総称。子供などが跳ね回る、はしゃぎ回る、元気に遊ぶといった意味のロンプ romp から来たもので、そのデザイン変化と種類は多く、それに伴う名称にも数多くのものがある。例えば足先まで覆う「足付きカバーオール」型のものをアメリカではフッティドロンパース [footed rompers] とかフッティドプレイスーツ [footed playsuit]、英国ではロンパースーツ [romper suit] とかスリープスーツ [sleepsuit] などと呼び、タンクトップ型のものをタンカーズ [tankers]（米）、タンクロンパース [tank rompers]（英）などと呼んでいる。

ロンパースーツ⇒ロンパース

ロンマフ [――] ロングマフラー [long muffler] の日本的短縮語。長いマフラーのことだが、2002年秋頃から、普通より長いタイプのマフラーをこのように流行語として用いる傾向が生まれた。

ファッション全般

ワーカージャケット⇒ワークジャケット

ワーキングウエア⇒ワークウエア

ワーキングジャケット⇒ワークジャケット

ワーキングニッカーズ［working knickers］
各種の職人たちによって用いられるニッカーボッカーズ*型の作業ズボン。俗に「大工ズボン」とか「トビパンツ」「土方パンツ」などと呼ばれ、職種によってその長さや幅などに微妙な違いが見られる。最近では鮮やかな色使いのものも多く現れ、いわゆるガテン系の若者たちの人気を集めている。こうしたものを「ニッカボッカ」と呼ぶのは、きわめて日本的な現象といえる。

ワーキングブーツ⇒ワークブーツ

ワーキングルック⇒ワークルック

ワークアウトウエア［workout wear］ワークアウトは「(スポーツの) 練習」とかトレーニングの意味で、そうした時に着用する練習着の類を総称する。エクササイズウエア*やジムウエア*などと同義で、最近では特に男性用のワークアウトウエアの人気が高まっている。ちなみにワークアウトにはアメリカの女優ジェーン・フォンダが始めたエアロビクスダンスの名称という意味もある。

ワークウエア［work wear］働くときに着る衣服の総称で、「仕事着、作業着」などと訳される。ワーキングウエア［working wear］ともいい、一般に「つなぎ服」や「ナッパ服」など現場作業に用いられるそれを指すことが多い。

ワークウエアスーツ［work wear suit］本来は作業着だが、一見ふつうのビジネススーツとしか思えない上下服。元は水道工事の現場から考え出されたワークウエアの一種で、ダサさを排除した新しい作業着のあり方が注目されている。

ワークウエアルック⇒ワークルック

ワーク・オックスフォード［work oxford］

ワークブーツの短靴版として知られる紐留め式の頑丈な紳士靴のひとつ。多くはUチップ・オックスフォードの形を基本に、「白底」と呼ばれるトラクション・トレッドソール（米・レッドウイング社特有の靴底で、一般にクレープソールとかホワイトソールと呼ばれる）の靴底を特徴とする。

ワークカジュアル［work casual］ワークウエア調の衣服をベースに展開されるカジュアルファッションの表現。自動車整備工の着るジャンプスーツ（つなぎ服）やハードな作業着などが用いられ、ヘビーデューティーな雰囲気が生まれるのが特徴となる。

ワークキャップ［work cap］「仕事帽」の意。各種の作業に用いられる帽子の総称で、野球帽に似た丸帽や、トップが角型になったキャップなどが多く見られる。

ワーククローズボタン⇒ドットボタン

ワークコート［work coat］仕事用コートの総称。防寒目的ではなく、あくまでも仕事に用いるワークウエアとしてのコートをいったもので、デニムなどで作られた上っ張り風の膝丈コートなどが見られる。これをカジュアルでファッショナブルなアイテムにリデザインする傾向がある。

ワークジーンズ［work jeans］作業用ジーンズの意で、ハードジーンズ*と同義に扱われる。ジーンズは元々ワークウエアのひとつであったもので、これはクラシックジーンズ*の異称のひとつともなる。

ワークジャケット［work jacket］作業着、仕事着としての上着の総称。ワーカージャケット［worker jacket］とかワーキングジャケット［working jacket］などとも呼ばれ、特に昔風のものをオールドワーカージャケット［old worker jacket］などと呼んでいる。最近ではファッション

953

ファッション全般

的にしゃれた感覚でデザインされるものも多く見られ、これらをカバーオール*と称する向きもある。アメリカのメーカー『カーハート』の〈デトロイトジャケット〉のように固有の名称を持つものも多い）。

ワークシャツ［work shirt］作業用のシャツの総称。機能的なデザインと実用性を優先させて作られ、デニムやコットンツイルなど丈夫な生地を使ったものが多い。かつては仕事着そのものだったが、現在ではカジュアルなシャツのひとつとして用いられることが多くなっている。

ワークパンツ［work pants］作業用ズボンの総称。デニム、チノ、ギャバジンなどの丈夫な綿素材で作られるものが多く、活動しやすいようにルーズなシルエットとなったものが多い。カーゴポケット*などディテールデザインの多彩さも特徴。

ワークファッション［work fashion］仕事着や作業着をモチーフとしたファッションの総称。正しい英語ではワークマンファッション［workman fashion］などと用いる。

ワークブーツ［work boots］ワーキングブーツ［working boots］ともいう。ごく頑丈に作られた作業用のブーツの総称。深さやデザインもさまざまなものがあるが、基本的にはアメリカ『レッド・ウィング』社のものがお手本とされ、明るめの茶系オイルドレザー使いで、6〜10ホールくらいの鳩目の多い編み上げ式のものが中心となっている。北米の木こりたちによって用いられたロガ　ブーツ［logger boots］（木こりのブーツの意）などを原型に発展したものとされる。

ワークベスト［work vest］作業着として用いられるアウタータイプのベスト。丈夫な生地で作られ、カーゴパンツに付くよ

うな大きなアコーディオンポケットを取り付けたものなどが代表的。

ワークマンルック⇒ワークルック

ワークルック［work look］ワークは「仕事、労働、作業」の意で、仕事着をそのまま取り入れたり、アレンジして用いるなどしたファッション表現を指す。ワーキンググルック［working look］とかワークウエアルック［work wear look］などともいい、ファティーグルック*ともほぼ同義となるが、正しくはワークマンルック［workman look］、またイギリス英語で「人夫」の意味からナビールック［navvy look］などと呼ばれる。

ワードローブ［wardrobe］原意は「洋服箪笥（たんす）、衣装箪笥」また「衣装部屋」。ここから集合的に「（個人や劇団などの）衣類、持ち衣装」の意味が生まれた。

ワードローブトランク［wardrobe trunk］ワードローブは「衣装だんす、衣装箱」の意で、長期の旅行に用いる大型のトランク*を指す。引き出しなどが付いており、そのまま衣装だんすとして使えるのが、何よりの特徴となる。昔の船旅などには必携とされたものだが、現在ではセレブたちの贅沢な旅行カバンとしての用途がある。

ワードローブ・マルファンクション［wardrobe malfunction］直訳すると「衣服の不調、故障」。見せてはいけないところが露出してしまった場合に用いる言葉の綾で、2004年2月、スーパーボウルのハーフタイムショーの際、歌手ジャネット・ジャクソンのバスト露出事件を釈明する言葉として用いられたのが始まり。衣服の機能不全とか衣服の不具合のせいなどとも訳されている

ワープ［warp］織物の生地を織り上げるための「経糸（たていと）」のこと。「縦糸」とも書くが、生地のタテヨコを地球の経

度と緯度になぞらえて、このように表記する。「緯糸（よこいと）」（横糸とも）はウエフト［weft］という。

ワープニッティング⇒マシンニット

ワープニット⇒経編

ワールドキャラクターモード⇒アニカジ

ワールドタイマー［world timer］時計に見る機能のひとつで、外国の都市の時刻が一目でわかるようになったものをいう。

ワイキキシャツ⇒アロハシャツ

ワイシャツ［―＋shirt］ドレスシャツを指す和製語。「ホワイトシャツ white shirt（白いシャツ）」が訛ったもので、ドレスシャツは本来「白」をもって本格とするが、現在では白シャツだけでなく、色付きのシャツや柄もののシャツも、日本の、ことに関東地方を中心にワイシャツと呼ぶのが一般的となっている。ときとして、これを「Ｙシャツ」と表記することがあるが、これは本来の語意からすると間違いということになる。

ワイダーレッグドパンツ⇒ワイドパンツ

ワイドウエールコーデュロイ⇒ピンウエールコーデュロイ

ワイドカラー⇒ワイドスプレッドカラー

ワイドジーンズ⇒バギージーンズ

ワイドショルダー［wide shoulder］肩幅の広い肩線の総称。1980年代の逆三角形ラインのスーツの流行から必然的に生じたもので、肩幅を思い切り広くとり、裾へ向かって狭くするシルエットがヨーロッパ調のスーツモデルに特有の形とされた。ブロードショルダー［broad shoulder］（広い肩の意）とも呼ばれる。

ワイドストレートライン⇒バギーライン

ワイドスプレッドカラー［wide spread collar］単にワイドカラー［wide collar］とも。襟開き角度が広いシャツ襟の総称で、基本的に100～140度程度の開きをもつものを指す。一般にヨーロッパ、とりわけフランス風のデザインとされるが、英国のウインザー公によって愛好されたところからウインザーカラー［Windsor collar］の名でも呼ばれる。

ワイドスリムパンツ［wide slim pants］ウエストから太ももにかけてはワイド（幅広）で、裾口へかけて急にスリム（細く）になるシルエットを特徴とするパンツをいうきわめて日本的な表現。いわゆるペッグトップパンツ＊の一種で、日本の若者俗語では「ボンタンスリム」とか「スカマン＊」などという。

ワイドタイ［wide tie］普通よりも幅の広いネクタイの総称。ネクタイの幅は大剣先端の逆三角形部分の底辺の長さをもって決定され、これは流行の影響でさまざまに変化する。ネクタイ幅の世界的標準は３インチ3/4（約9.5センチ）とされ、これより広いものをワイドタイと呼んでいる。ただし日本の場合は８～8.5センチが一般的な幅とされており、感覚的に多少の違いも生まれることになる。一般的にはおよそ10センチ以上のものをワイドタイと呼んでおり、なかには15センチほどもあるスーパーワイドタイ［super wide tie］と呼ばれるものも見られる。

ワイドノット⇒フルウインザーノット

ワイドパンツ［wide pants］幅広パンツの総称。脚部の幅が広いワイドレッグモデル［wide leg model］と呼ばれるパンツの一般的な名称で、ワイドレッグパンツ［wide leg pants］とかワイダーレッグドパンツ［wider legged pants］などともいう。

ワイドベルト⇒ナローベルト

ワイドラペル［wide lapel］レギュラーラペル＊より広い幅のラペル。一般に10センチ前後から12、13センチといったところが多く見られる。

ワイドレッグジーンズ⇒バギージーンズ

ファッション全般

ワイドレッグパンツ⇒ワイドパンツ

ワイドレッグモデル⇒ワイドパンツ

ワイピングクロス⇒マイクロファイバー

ワイフビーター［wife beater］タンクトップ（ランニングシャツ）をいうアメリカの俗語。「妻をなぐる奴」の意で、そうした男がいかにも着ていそうなというイメージから呼ばれるもの。

ワイヤー襟［wire＋えり］ワイヤーを入れた襟。2005年春夏ごろから目立つようになった襟のデザインのひとつで、シャツやジャケットの襟にワイヤー（針金やプラスティックなどの線）を差し込んで、自由な形に形成できるようにしたもの。OLたちの間で胸元を前開きしながら襟を立たせるシャープな着こなしスタイルが台頭してきたところから、このようなデザインが生まれた。

ワイヤーコーム⇒コーム

ワイヤージャケット［wire jacket］襟の縁や打ち合わせのライン、またポケット口などに針金状のワイヤーを入れて、自由に変形できるようにしたジャケット。襟を立てるなど好みの形にできる服として人気を集めた。

ワイヤータトゥー⇒ボディーワイヤー

ワイヤーバッグ［wire bag］透明のPVC（ポリ塩化ビニル）樹脂の中に、きらきらと輝くシート状のものを挟み込んで、熱裁断という方法で細い紐にしてから編み上げた女性用バッグを指す。元は1998年にミラノのブランド〈アンテプリマ〉から売り出されたもので、日本では2003年秋から展開されている。

ワイヤービキニ［wire bikini］ブラのカップ部分にパッドとともにワイヤー（針金）を入れ、バストの形を整えるようにした女性水着のひとつで、矯正ビキニとか補整ビキニなどと呼ばれるもの。

ワイヤーフォームドスカート［wire formed skirt］ワイヤー入りスカートのことで、ワイヤー（針金）を裾に入れて丸くしたり、随所にあしらって膨らみを作るなどしたスカート。

ワイヤーブラ⇒ワイヤレスブラ

ワイヤーフレーム⇒メタルフレーム

ワイヤーリム［wire rim］メタルフレームの欧米式用法。ワイヤーフレームともいう。リムは「丸いものの縁、へり」という意味。

ワイヤレスブラ［wireless bra］形を整えるためのワイヤー（針金などの線）を省略したブラジャーのことで、ソフトカップブラ、ノンワイヤーブラなどと同義。これに対してカップ部分の下側や脇線にワイヤーを入れて、補整効果を高めるブラジャーをワイヤーブラ（ワイヤードブラ）という。

ワイルドシルク⇒エリシルク

ワイルドミンク⇒ミンク

ワイングラスライン［wineglass line］ワイングラスのような形を特徴とするシルエット。トップはウエストに向かってふっくらとし、ボトムはストレートな形をもって構成される。

ワインドカフス⇒サーキュラーカフス

和柄［わがら］日本的な柄の総称。オリエンタルファッションの台頭や浴衣ブームなどから、日本の伝統的なキモノ柄などが見直されるようになり、さまざまな日本風モチーフの模様が世界的に取り上げられるようになった。和花柄が代表的なものだが、ほかに金魚柄、日本文字柄などのファンシーなものも多く見られる。

ワキアート［わき＋art］ワキは「腋」のことで、女性の腋やその周りに施すアート的な表現を指す。インスタント入れ墨のタトゥーシールなどを用いておしゃれを楽しもうとするもので、専用のパウダーやジェルなども用意され、キャミソー

わ

ファッション全般

ルなど腋が見えるファッションを一層映えるようにしている。

ワキシングレザー [waxing leather] ワックストレザー waxed leather とも。ベジタブルタンニンで鞣した後、蝋(ろう)でコーティングをほどこし、手でていねいに揉みほぐして仕上げる革を指す。日本の革製品ブランド「エルゴポック」の財布などに特徴的に用いられている素材で、オイルを使う革よりも軽く、水に強く、独特のムラ感を楽しめるなど数々の特長を持つとされる。

和グッズ [わ＋goods] 日本的なファッショングッズ*の総称。「和雑貨」とも呼ばれ、日本調ファッションの人気から下駄や草履、また着物用の飾りや小袋など日本の小物が注目されるようになり、こうした言葉で呼ばれるようになった。

輪ゴムアクセサリー [わ＋gum accessory] 輪ゴムを使って楽しむアクセサリー。アメリカで大ヒットした輪ゴム編みキット「レインボールーム」を本家とするもので、アメリカの小学生のあいだで大ブレークし、2014年、日本に上陸した。フックに輪ゴムを掛けて編み込み、ブレスレットや指輪などを作ることができる。英国王室でも流行し、そのせいでセレブ効果も生まれたという。

和紙ヤーン [わし＋yarn] 和紙を細かく切った糸。さまざまな加工を施してデニム状にしたり(これを和紙デニムともいう)、レザー風に見せるなどの表現が見られる。最近、こうした和紙素材の人気が高まり、海外でもWASHIと呼ばれて注目を集めるようになっている。なお、こうした繊維を「紙(かみ)繊維」と呼ぶことがある。

ワスピー [waspy] きわめて幅広のサッシュベルト*を指す。ワスピーはワスプ(スズメバチ)から作られた言葉で、これで

ウエストをきっちりとマークしてスズメバチの腰のようなイメージを出すところから、このように名付けられたもの。布や革などで作られ、帯のようにウエストに巻き付けたり、腰骨のあたりにゆるく巻くなどさまざまな用い方をされる。

ワスプウエスト [wasp waist] ワスプは「スズメバチ」のことで、ちょうどスズメバチのように細く絞られたウエストの形を指す。正確には「ワスプウエステッド wasp-waisted」という。

ワチネ [ouatinée 仏] 綿入れ素材、また毛羽立った布地を裏に当てた素材のこと。多くはキルティングやマトラッセ*と同じで、ワチヌ ouatine と呼ばれる裏地に用いる綿毛の多い布を中身に入れることからこう呼ばれるもの。ウワチネと発音する向きもある。

ワックス [wax] 蝋(ろう)、蜜蝋、また床やクルマを磨く油剤のことで、ここでは調髪料として用いる固形のヘアスタイリング剤を指し、スタイリングワックス [styling wax] ともいう。手軽に用いて髪形を素早く固定させる力があるため、最近ではヘアリキッド*やムース*などに代わって多く用いられる傾向がある。ソフトタイプから超ハードタイプまで、さまざまな種類が用意されているのも特徴。

ワックスジャケット ⇒バブアジャケット

ワックスブロックプリント ⇒ロウケツ染

ワッシャー加工 [washer＋かこう] ワッシャーは「洗濯人」の意で、洗いをかけてシワシワになった表情をわざと残す生地の加工法を指す。

ワッシャークロス [washer cloth] 水洗いしてわざとシワをつけた感じにした生地の総称。表面感の面白さを追求するファッション傾向から、こうした生地が求められるようになったもので、現在ではカ

わ

957

ファッション全般

ジュアル素材の代表的なものとなっている。

ワッチキャップ［watch cap］正しくはウオッチキャップと発音する。頭にぴったり合うニットキャップで、下縁を深く折り返してかぶるところに大きな特徴がある。ウオッチ（ワッチ）は「見張り」という意味で、元々は水兵の艦内帽とされたもの。つまりは見張り用にかぶった帽子という意味からきたもので、これは額を覆うように水平にかぶるのが基本とされる。

ワッディング［wadding］ウォッディングとも。「詰めもの、詰め綿」の類を総称する。荷物を送る際にクッション材として詰める布地などを指す。

ワッフルクロス⇒ワッフルピケ

ワッフルソール［waffel sole］菓子のワッフルのような模様を特徴にした靴底のデザイン。ランニングシューズに多く用いられるもので、走りやすさを追求して生まれたデザインのひとつとされる。

ワッフルピケ［waffel piqué］菓子のワッフルのような升目を特徴とした蜂巣織（ハニコムウイーブ）の綿織物の一種。ピケという名はあっても、ピケの織組織には属さないもので、ワッフルクロス［waffle cloth］とも呼ばれる。

ワッフルヘア［waffle hair］洋菓子のワッフルの焼き型にヒントを得てデザインされた、ふんわりとしたボリュームのあるウエービーヘア*の一種。本来ワッフルアイロンと呼ばれる器具で髪を挟んでウエーブをつけるもので、かつて人気女性デュオ〈パフィー〉が用いて人気を集めたことがある。

ワッペン⇒エンブレム

ワトープリーツ⇒ローブ・ア・プリ・ワトー

輪奈⇒パイル編

和服［わふく］「洋服*」に対する日本古来の衣服の総称で「着物*」と同義。呉服［ごふく］ということもあるが、これは一般には和服用の織物や反物を指し、さらに麻や綿などで作られる実用的な衣料＝太物（ふともの）に対して、絹物で作られる高級なものをこのように呼ぶ。また呉服の名称は、中国の「呉」の国から伝わった織物というところに由来するとされる。「呉服店（呉服屋）」はそうした絹物を扱う商店ということで、江戸時代からそうした名称が用いられ、多くの店が今日の日本の百貨店へと発展していった。

和帽子⇒コックハット

ワユーバッグ［Wayuu bag］南米コロンビアのワユー民族によって作られる手編みのバッグ。これを Chila Bags（チラ・バッグス）として、2013年、アメリカ西海岸から売り出したところ人気となった。

草鞋⇒ワラチ

ワラチ［huarache 西］メキシコに伝わる土着的な履物のひとつで、別にユアラチ、ワラーチ、ワラーチズなどとも呼ばれる。細い革紐を編んで作られた甲の部分と低いかかとが付いた革底を特徴とするサンダルの一種。この名称は日本の「草鞋（わらじ）」を原型にしたところから来たものという説で知られる。なお草鞋はもともと「ワラグツ」の意で、ワラを編んで作った日本古来の履物をいい、同じようにワラや竹皮やイグサなどで作って緒をすげた草履とは基本的に別物とされる。

ワラビー［wallabies］ワラビーブーツ［wallaby boots］ともいう。英国『クラークス』社のオリジナルによる靴で、オーストラリアに生息する小型のカンガルーであるワラビーの蹄（ひづめ）の形にヒントを得て作られたショートブーツの一種。ベロアの1枚革で足を包み込むようにしたモカシン型のクレープソール（ゴ

ム底の一種）というのが特徴で、ハイカ
ットとローカットの２タイプがある。

ワラビーブーツ⇒ワラビー

ワルクヤンカー ［Walkjanker 独］オースト
リアでいうチロリアンジャケット＊の正
式名称。ドイツ語で「散歩用上着」の意
味になるが、これはローデンクロスとい
う厚手のウール地で一枚仕立てにされた
ものが多く見られ、大きめのボタンで留
める小さな折り返し襟の付くものが本格
とされる。

ワレット⇒ウォレット

和ロリータ ［わ＋Lolita］和風のロリータ
ファッションの意。浴衣や着物をアレン
ジして着こなす可愛らしいイメージのフ
ァッション表現で、ロリータブームを受
けて2007年夏頃、大阪・アメリカ村に登
場したファッションをこのように呼んで
いる。

ワン・アンド・ハーフブレスト ［one and
half breast］スーツ・ジャケットなどの
前合わせに見るデザインのひとつで、浅
い両前になったスタイルをいう。本来の
ダブルブレステッド型に比べ、その半分
ほどに狭い形になっているのが特徴とさ
れる。

ワンウエイプリーツ ［one-way pleat］一方
向に折り畳まれたプリーツの総称。片側
のプリーツの意からサイドプリーツ［side
pleat］、フランス語でプリ・プラ［pli
plats 仏］（平たいプリーツの意）とも呼
ばれ、日本語では「片返し襞（ひだ）」「追
いかけ襞」「車襞」といった名称でも呼
ばれる。

ワンウォッシュジーンズ⇒ノンウォッシュ
デニム

ワンウォッシュデニム⇒ノンウォッシュデ
ニム

ワンカラーコーディネート⇒ワントーンコ
ーディネート

ワンクオーター・ライニング⇒背抜き

ワンサード・ライニング⇒背抜き

ワンサイ⇒タミートッパー

ワンサイドフロント⇒オフセンターフロント

ワンサイドラグランスリーブ⇒スプリット
ラグランスリーブ

ワンジー ［onesie］ワンピース（上下つな
がり）型のジャージー。元々はパジャマ
や部屋着から発したもので、1980年代初
めころからロンドンで流行していたが、
現在ではセレブのコスプレ風外出着とし
て人気を集めるまでに成長している。カ
ラフルな派手柄が特徴。本来はオールイ
ンワン型のジャンプスーツ全般を指して
いた用語。

ワンショルダー ［one shoulder］肩の片方
だけを露出させたデザイン。いわゆるア
シメトリー（非対称）なデザイン表現の
ひとつで、女性のセクシーなドレスやサ
マーニットなどによく用いられる。また
キャミソールなどで肩紐を片方だけに付
ける同様のデザインも見られるが、これ
はワンショルダーではなくワンストラッ
プ［one strap］と呼ばれる。

ワンショルダーセーター ［one shoulder
sweater］肩の一方だけを露出させるデザ
インのセーター。アシメトリー（左右非
対称）の面白さを表現したデザインセー
ターのひとつで、セクシーな雰囲気も特
徴。

ワンショルダードレス ［one shoulder dress］
片側の肩だけを露出させる、ワンショル
ダーと呼ばれるデザインを特徴としたド
レス。

ワンショルダーバッグ ［one shoulder bag］
肩から斜め掛けして用いられるショルダ
ーバッグ＊のことで、片方の肩で用いる
ところからこの名で呼ばれる。ワンスト
ラップバッグ［one strap bag］ともいい、
日本語では「たすき掛けバッグ」とか「斜

わ

ファッション全般

め掛けバッグ」として知られる。

ワンスーツ [one suit]「ひとつの服」の意で、その名のとおり上と下がひとつなぎになったジャンプスーツ*の別称。このような「つなぎ服」を指す名称は他にも多く、たとえばボイラーマンスーツ [boiler-man suit]（蒸気機関車のかま焚きが着る服の意）とかメカニシャン・オーバーオール [mechanician overall]（機械工が着る服）といった変わった名称のものも見られる。

ワンストラップ ⇒ワンショルダー

ワンストラップバッグ ⇒ワンショルダーバッグ

ワンダーブラ [Wonder bra] パッド入りのバストアップブラ*（プッシュアップブラとも）の商品名のひとつ。元々カナダの「カナデル」社で1964年から作られていたものだが、胸を強調するファッションの流行から注目されるようになり、特にアメリカに上陸した1994年以降、ニューヨークを中心に大変なブームを巻き起こした。ワンダー（驚異、不思議の意）という名の通り、これを着ければ誰でも「胸の谷間」ができるという伝説を生んだことで知られる。

ワンタック [one tuck] フロントプリーツ*（タック）を1本とったもの。ほどよいフィット感が得られるため多くのズボンに用いられる。これを2本とったものはツータック [two tuck] またダブルプリーツ [double pleats] と呼ばれ、3本とったものはスリータック [three tuck] ということになる。これより襞（ひだ）が多くなったものはプリーツ（タック）とは呼ばず、ギャザー（しわを寄せるとう意味）と呼ばれる。

ワントーンコーディネート [one tone coordinate] ひとつの色調（トーン）で全体を統一する着こなし方。1色で揃えるワンカラ

ーコーディネート [one color coordinate] とはニュアンスが異なり、微妙な色の重ねでシックな表情を演出しようとするところに特徴がある。たとえばブルーの濃淡だけでコーディネートする方法がある。これと似たものに、色相か色調で統一するファミリーカラーコーディネーション [family color coordination] と呼ばれる手法がある。

ワンナップカラー [one-up collar] 夏季のプリントシャツなどに多く見られるオープンカラー*の一種。第1ボタンが付けられているのが特徴で、下襟となる部分を起こしてボタン掛けすることによって、オープンカラーと普通のシャツカラーのように、二通りの使い方ができるのが最大の特徴。こうした襟をツーウエイカラー [two-way collar] と呼び、いわゆるコンバーティブルカラー*の一種ともされる。

ワンハーフ・ライニング ⇒背抜き

ワンハンドルバッグ [one handle bag] ハンドルは「持ち手、取っ手」の意で、それが1本だけ付いているバッグ、特に女性用のそれを意味することが多い。クラシックかつシンプルなデザインとして復活の傾向にある。

ワンピ ⇒ワンピース

ワンピース [one-piece] ワンピースドレスの略で、上半身の部分とスカート部分がひと続きになった形の女性服をいう。英語にはこうした表現はなく、そうした服はすべてドレス*となる。これは日本特有の用語で、日本でドレスというと一般にはフォーマルなワンピースを指す例が多い。最近の日本ではこれをさらに「ワンピ」と略す傾向が強くなっている。

ワンピースウエストバンド [one-piece waistband] ウエストバンド*の一種で、いわゆる腰帯の部分がなく、ズボンの本

わ

ファッション全般

体がそのまま上に伸びて一枚仕立てになったものをいう。スプリットウエストバンド*の対語で、1930年代から40年代にかけてアメリカ西海岸地方で流行したことから、カリフォルニア・ウエストバンド[California waistband]とかハリウッド・ウエストバンド[Hollywood waistband]の俗称で呼ぶことがある。

ワンピースカラー[one-piece collar]ツーピースカラー*（二枚襟）の対語で、襟腰（台襟）と折り返りの部分が一体となって裁断された一枚襟のこと。スポーツカラー*などの種類がある。

ワンピースカラーシャツ[one-piece collar shirt]台襟と折り返りの部分が一体となって裁断されるワンピースカラー（1枚襟）を特徴とするドレスシャツ。一般的なオープンカラーとは異なり、一見普通のツーピースカラー（2枚襟）と変わらないのが特徴。

ワンピースコート[one-piece coat]ワンピースのようなコート、またコートとしても着ることができるワンピースという意味。コートにしては薄手の生地で作られるものが多く、膝丈程度の長さで重ね着としても用いやすいという特性をもつ。形はさまざまで、日本ではサファリワンピ[safari + one-piece]とかトレンチワンピ[trench + one-piece]というように略される例が多い。ドレスコート[dress coat]ということもあるが、これは男性の礼服である「燕尾服」を指すことにもなるので、多くはコートドレス*の言葉に代用される。

ワンピーススリーブ[one-piece sleeve]一枚袖。1枚の布地で作られる袖をいう。ツーピーススリーブ*の対語。

ワンピースドレス[one-piece dress]トップ部分とスカート部分がひと続きとなった一部形式のドレスの総称で、日本では

これをワンピースとかワンピと略して呼んでいる。これに対して上下分断となった二部形式のものをツーピースドレス[two-piece dress]といい、これもツーピースと略称されることがある。

ワンピースバック[one-piece back]スーツ上着やテーラードなジャケットなどで、背中の部分を1枚の布地で仕立てた形を指す。現在ではほとんどが背中中央の背縫い目をもつ裁断方法をとっているが、スーツ初期の時代（1860～80年代）にはこうしたものが多く見られた。「背広」の名もここに由来するという説がある。

ワンピースバンプ[one-piece vamp]バンプは「爪先革」の意で、甲の部分が1枚の革でできたプレーントウ*型のドレスシューズを指す。紐留め式で黒革のものは典型的なアメリカントラディショナル型の靴とされる。縫い目がないところから、こうしたものをシームレストップシューズ[seamless top shoes]とも呼んでいる。

ワンピース水着[one-piece + みずぎ]トップとボトムがひと続きとなった女性水着。ツーピース水着と対をなすもので、ごくシンプルな競泳用のものからファッショナブルなリゾート用のものまで、さまざまな形がある。なかでボトムに短いスカートを付けたものをスイムドレス[swim-dress]と呼び、日本では「Aライン」という俗称もある。

ワンポイント⇒トライアングル

ワンポイント靴下[one point + くつした]刺繍柄の靴下の一種で、くるぶしの辺りやその両サイドにタテ型の編み込み模様や刺繍を入れたものをいう。この模様はクロック[clock]と呼ばれ、スイス刺繍風の縫い取り飾りは、特にスイスクロック[Swiss clock]と呼ばれる。

ワンポイントストッキング[one point stock-

わ

961

ファッション全般

ing］足首の後ろのところにワンポイントの飾りを取り付けたストッキング。かつて英国皇太子のダイアナ妃が用いたところから人気を集めたものとされ、小さなリボンや蝶などの飾りがアクセントとして付けられていた。

ワンポイントマーク［one point mark］ポロシャツの胸やソックスの足首脇などに付けられるブランドのキャラクターを表す模様。昔のゴルフウエアにほどこされたものを原点として広く普及することになった。

ワンマイルウエア［one-mile wear］自宅から1マイル（約1.6km）圏内で着用される衣服といった意味で、家庭でくつろぐホームウエアの延長上にあるとともに、ちょっとした買物などにも着て行けるファッション性を兼ね備えたプライベートウエアを指す。

ワンマイルシューズ［one-mile shoes］自宅から1マイル（約1.6km）の範囲内で用いるのにふさわしい靴という意味で、いわゆるワンマイルウエア*に対応させた簡単な作りの靴を総称する。こうしたスニーカーをワンマイルスニーカー［one-mile sneaker］と呼ぶ。

ワンマイルスニーカー⇒ワンマイルシューズ

ワンリングノット⇒ボウノット

ワンレン⇒ワンレングス

ワンレングス［one length］髪に段差をつけないで、横一線の長さで切り揃えたストレートカットのヘアスタイルを総称する。ボブスタイル*の基本とされるもので、さまざまな長さがあるが、特に1980年代後半のボディコンブームの時に見られたロングヘアでのスタイルが代表的で、当時はワンレンと略して呼ばれたもの。ここから「ワンレン・ボディコン」の流行語も生まれた。

ワンロール⇒ロールスタイル

わ

962

ファッションビジネス

- ●マーケティング＆マーチャンダイジング　　　964〜982頁
- ●ファッション産業（構造・企業／生産系）　　983〜995頁
- ●ファッション産業（小売関係）　　　　　　　997〜1022頁
- ●ファッションイベント情報　　　　　　　　1023〜1031頁
- ●ファッションスペシャリスト　　　　　　　1033〜1054頁
- ●ブランド　　　　　　　　　　　　　　　　1055〜1063頁
- ●その他の関係用語　　　　　　　　　　　　1065〜1086頁

ファッションビジネス

マーケティング&マーチャンダイジング

アーリーマジョリティー［early majority］
ファッションサイクル*（プロダクトラ
イフサイクル*）で、成熟期の前半に流
行を採り入れるとされる「初期追随者」
のことを指す。これに対して、成熟期の
後半（飽和期）に至ってから流行を採り
入れようとする人たちは、レイトマジョ
リティー［late majority］（後期追随者）
と呼ばれる。マジョリティーは「大多数、
大部分」の意。

アイサス［AISAS］アイドマ*の発展形と
される行動心理学用語。Attention（注目）、
Interest（興味）、Search（探索）、Action
（行動）、Share（共有）の頭文字から
AISAS としたもので、インターネット
を活用した情報検索や意見交換といった
要素が加わっているのが現代的な特徴と
される。

アイダ⇒アイドマ

アイダス⇒アイドマ

アイテムマーチャンダイジング［item
merchandising］品目（アイテム）ごとの
商品構成といった意味で用いられる。ま
た、主にリテイル MD（小売側のマーチ
ャンダイジング）において、素材、色柄、
種類、デザイン、サイズ、価格などの商
品特性を特化して実施する品揃え計画の
手法についても用いる。これが店頭にお
いて、サイズ別、カラー別、価格別とい
ったように陳列され、客が選択しやすい
ように配置されることになる。

アイデンティティー［identity］本来はドイ
ツ・フランクフルト生まれのアメリカ人
精神分析学者E・H・エリクソンによっ

て用いられた言葉で、「自己同一性」な
どと訳される。自分が自分であるという
ことの一貫性や連続性、統一性を示す心
理学用語で、ファッションビジネスでは
これがコーポレートアイデンティティー
やブランドアイデンティティーのように
用いられている。

アイドマ［AIDMA］消費者が商品購入に至
るまでの心理と行動を表したもので、ア
メリカのローランド・ホールの提唱によ
る。一般に「アイドマの法則 AIDMA's
rule」と呼ばれ、アイドマとは次の5つ
の過程の頭文字から作られたもの。①
At-tention（注意を惹く）② Interest（興
味を持つ）③ Desire（欲求を起こす）④
Mem-ory（記憶する）⑤ Action（行動に
移る）。またここからMを抜いた「アイ
ダ（AIDA）の法則」やそれに
Satisfaction（満足する）のSを付けて「ア
イダス（AIDAS）の法則」といった考え
方もある。

アウト・オブ・ファッショングッズ［out of
fashion goods］シーズン遅れとなった在
庫品（残品）や、検品の過程で落とされ
たB級品（キズもの）と呼ばれるファッ
ション商品を総称する。アウトレットス
トア*ではこうした商品が販売されるこ
とが多い。

アウトソーシング［out sourcing］業務の一
部を他の会社に任せること。「外部委託」
などと訳される。直接利益に結びつかな
い間接部門を外部に委託する例が最近目
立っており、人手不足に悩む中小企業な
どによく導入されている。

マーケティング＆マーチャンダイジング

アウトレットビジネス [outlet business]
アウトレットは本来「出口、放水口」という意味で、そこから「販路、市場」という意味もある。アメリカでアパレルメーカーがその工場の出口に当たる場所で、B級品（キズ物）やシーズン遅れなどの商品を安く販売したところから始まったビジネスで、現在ではそうした商品を集積して販売するメーカー直営型の安売り専門店をアウトレットストア*と総称するようになっている。このような商売のやり方をいう用語。

アクセサリービジネス⇒アパレルビジネス

アソートメント⇒品揃え

アドボカシーマーケティング [advocacy marketing] アドボカシーは「擁護、支持、弁護」という意味で、完全に顧客の立場になって、徹底的かつ誠実に顧客を支援、擁護するマーケティング手法を指す。アメリカのMIT（マサチューセッツ工科大学）のグレーン・アーバン教授によって紹介されたもので、ここでは自社の利益追求や短期的なメリットは二の次に置かれ、顧客にとっての最善を追求するのが最大の特徴とされている。それによって顧客の長期的な信頼を得るのが目的とされる。

アパレルCAD／CAMシステム [apparel CAD/CAM system] アパレルコンピューターシステム*の根幹をなすもので、CAD（キャド）は「コンピューター支援設計」、CAM（キャム）は「コンピューター支援製造」と訳される。高性能のマイクロプロセッサーを組み込んだコンピューターによって、アパレル製品のデザイン・設計を行うのがCADで、ここではパターンメーキング（型紙制作）、グレーディング（型紙修正）、マーキング（型入れ）などが対象となる。CAMにおいては生地の自動裁断などを行うシステムが対象

とされる。

アパレルコンピューターシステム [apparel computer system] コンピューターを活用する衣服（アパレル）作りの自動化システム。一般にCAD/CAM*システムとして知られるもので、これによって縫製準備工程が合理化され、時間的にも驚くほどロスが排除されることになる。

アパレルビジネス [apparel business] ファッションビジネスのうち、特に衣服（アパレル）の企画・生産・販売に携わるビジネスをいう。ファッションビジネスを「生活文化創造産業」などと位置付けるのに対し、これには「衣服製造販売産業」というニュアンスが感じられる。同様にファッションアクセサリー関連のそれはアクセサリービジネス [accessory business] ということになる。

アパレルVMS⇒バーティカルマーケティングシステム

アパレルマーケティング⇒ファッションマーケティング

アパレルマーチャンダイジング [apparel merchandising] ファッションマーチャンダイジング*の中で、メーカー寄りのマーチャンダイジング*をいう。アパレル商品作りのための一切の活動を指し、商品企画、生産企画、営業企画、販売促進企画の機能がある。マーチャンダイジング本来の意味である「商品化計画」がまさにこれに当たる。アパレルMDとも略される。

アンブッシュ・マーケティング [ambush marketing] アンブッシュは「待ち伏せ」また「待ち伏せする」の意。スポーツイベントなどで、公式スポンサー契約を結んでいないのに、ロゴなどを無断使用したり、会場内外で便乗して宣伝活動を行うことをいう。いわば「便乗商法」で、さまざまなやり方が見られる。

ファッションビジネス

イノベーター［innovator］「革新者」の意。世の中を変えようとする意識の強い人を指し、流行論でいうところのプレステージ（権威）性の高い人がこれに当たる。いわゆる流行先取り派で、ファッションリーダー、オピニオンリーダー、トレンドセッター、トレンドリーダーなどとも呼ばれる。マーケット人口の中ではごく少数派（マイノリティー）に当たる。

イメージターゲット⇒ターゲット

インストアマーチャンダイジングシステム［in-store merchandising system］店舗内におけるマーチャンダイジング*の仕組み。メーカーから仕入れた商品をそのまま店頭に並べるのではなく、その店独自の品揃え、商品構成の仕方にしたがってマネジメントしていくシステムを指す。

インターナショナルスタンダード⇒グローバルスタンダード

インターナショナルソーシング⇒グローバルソーシング

インターネットショッピング［internet shopping］インターネット上で行われる通信販売のこと。オンラインショッピング［on-line shopping］とか「オンライン通販」などとも呼ばれ、パソコンや携帯電話などを利用し、ホームページなどを通じて取引されるもので、パソコンの急激な普及に伴って急速にシェアを拡大した。ネットショッピング［net shopping］とも略されるが、実際の店舗ではないところからサイバーショッピング［cyber shopping］とかバーチャルショッピング［virtual shopping］などとも呼ばれる。

インバウンド・マーケティング［inbound marketing］これまでの広告を中心としたマーケティング活動を「アウトバウンド・マーケティング」と位置づけ、そうではなく消費者がインターネットサイトを利用して自ら見つけ出すことを前提とした

マーケティング活動をいう。情報を必要とする消費者に適切な媒体を用いて適切な内容のコンテンツを送り届け、行動を促そうとする「コンテンツ・マーケティング」の上位概念とされるもので、共にインターネット利用によるマーケティングの最新事例とされる。⇒インバウンドは「外から中へ入り込んでいくこと」を示し、顧客がいかにこちら側を向いてくれるかを発想軸としたマーケティング手法を意味している。

インフォマーシャル［informercial］インフォメーション information（情報）とコマーシャル commercial（ここでは TVCM の意）から作られた造語で、一般に「情報コマーシャル」と呼ばれる。1分から5分ほどの時間をかける長時間のテレビコマーシャルで、CS 放送で開発されたもの。ひとつの商品を時間をかけてじっくりと紹介するもので、新しい販売手法のひとつとして注目されている。

インフルエンサーマーケティング［influencer marketing］インフルエンサーとは、消費者集団の中にあって周りに大きな影響を与える人という意味で、こうした人に集中的に情報を与え、その人たちの口コミやブログなどによって情報を一気に拡大していこうとするマーケティング手法を指す。バズマーケティング*と同義で、2005年ごろからアメリカを中心に急激な成長を見せるようになった。

ウイークリーマーチャンダイジング［weekly merchandising］週次 MD。1週間を単位としたマーチャンダイジング*のやり方。マンスリーマーチャンダイジング*（月次 MD）の精度をさらに高め、週ごとに行おうとするもので、1年を52週に分けて行うことから「52週 MD」とも呼ばれる。

売り筋⇒売れ筋

966

マーケティング＆マーチャンダイジング

売れ筋［うれすじ］現時点で最も売れ行きの良い商品、また確実な売り上げが見込める新商品をいい、「売れ筋商品」とも呼ぶ。ファッションサイクル*の成長期にあるトレンド商品が代表的。反対に衰退期にある全く売れない商品を「死に筋」という。ほかに自信を持って売ろうとする商品を「売り筋」、客寄せのための見せる商品を「見せ筋」という同種の用語もある。

エリアマーケティング［area marketing］特定の地域（エリア）ごとの住民特性や購買力などを調査・研究し、その立地環境にふさわしいマーケティングを行うことをいう。エリアは「区域、地帯、領域」といった意味で、ここでは顧客がどこに住みどんな行動をとっているのかという商圏調査がポイントとされる。

エルダーマーケット［elder market］エルダーは一般に「年上の、年長の」また「先輩の、古参の」という意味で、ここでは「中高年市場」という意味で用いられている。いわゆる団塊の世代の定年問題などの社会現象で中高年層が脚光を浴びるようになり、こうした人たちへ向けての商品開発などが盛んになってきた。これに伴って現れた新しい市場をこのように呼ぶようになったもの。

エンターテイラー⇒エンターリテイリング

エンターテインメントリテイラー⇒エンターリテイリング

エンターテインメントリテイル⇒エンターリテイリング

エンターリテイリング［enteretailing］エンターテインメント（もてなし、娯楽）とリテイリング（小売活動）の合成語で、娯楽性を特色として打ち出した新しい小売業態を指す。1990年代中頃からアメリカの業界で提唱されるようになった動きで、エンターテインメントデパートとか

パワーエンターテインメントセンターといった、買物客が楽しく過ごせることをコンセプトとした商業施設が目立って多くなった。このようなビジネスのやり方をエンターテインメントリテイル［entertainment retail］、こうした業者をエンターテインメントリテイラー［entertainment retailer］、またこれをさらに略してエンターテイラー［entertailer］などと呼んでいる。

エントリープライス［entry price］「参入価格」などと訳される。従来の裾値と呼ばれる価格よりも下げた価格で新しく売場に投入される価格のこと。価格見直し政策の一環として考えられたもので、これによって価格に抵抗のあった客を取り込むことができるとしている。バリュープライス［value price］（お得価格の意）といった表現もある。

オーガニックグロース［organic growth］企業が自前の内部資源を活用して、現状の製品やサービスの売り上げを伸ばし、成長しようとする企業戦略のことで、「自立的成長」などと訳される。組織が内部から再活性化し、有機的（オーガニック）に増殖していく範囲での成長（グロース）をいったもので、M&A（企業の合併・買収）グロースの対極にある戦略とされる。反対概念はノンオーガニックグロース（非自前成長）と呼ばれる。

オーバーゾーニングマーチャンダイジング［over zoning merchandising］従来の枠組みを乗り越えて行うマーチャンダイジング*の考え方。ここでいうゾーニングとは品揃えの区分範囲を指し、一般的に行われる店のフロアごとや売場区画の構成を超えて行う新しい商品構成のやり方を意味する。生活者のライフスタイルに応じて、総合的に展開される売場展開などが代表的。

ファッションビジネス

おひとり様市場⇒シングルマーケット

オンラインショッピング⇒インターネット
ショッピング

カスタマー［customer］「お客、得意先」の
意で、商業施設にとっての特定の「顧客」
を指し、不特定多数の消費者（コンシュー
マー）とは区別される。固定客をレギュ
ラーカスタマー［regular customer］な
どという。

キーアイテム［key item］あらゆるアイテ
ム＊（品種、服種）の中で、最も中心と
なるアイテムのこと。流行の決め手とな
るファッションアイテム＊や、商品企画
の中で最も収益が期待されるアイテムな
どを指す。

キャッシュ・アンド・キャリー・アパレル
⇒ファストアパレル

クラスター［cluster］ぶどうなどの「房」
という意味から来たもので、同じ価値観
や好みなどを持つ人々の「集団、群れ」
を指す。こうした人々をひとつのグルー
プとして分析することを「クラスター分
析 cluster analysis」といい、マーケティ
ングの基本的な手法として用いられる。

グローバライゼーション⇒グローバルソー
シング

グローバルスタンダード［global standard］
「世界基準、世界標準」の意で、インター
ナショナルスタンダード［international
standard］（国際基準）ともいう。企業活
動のグローバル化にともなって、世界で
通用する基準が求められるようになり、
もはやジャパンスタンダード（日本型基
準）だけでは通用しない時代を迎えてい
るといわれる。

グローバルソーシング［global sourcing］
ものづくりに際して、最も適切な素材や
工場を地球的な規模で手当てし、その製
品を仕入れてローコスト経営を図る方法
を指す。本来の意味は「世界の適所から

適材を集める」ということで、グローバ
ライゼーション［globalization］（地球規
模化）が叫ばれる中、最も合理的な商品
調達の方法をめざして考え出されたシス
テムとされる。元はアメリカで生まれた
もので、日本ではこれをインターナショ
ナルソーシング［international sourcing］
とか ワールドソーシング［world
sourcing］とも呼んでいる。

クロスマーチャンダイジング［cross mer-
chandising］複数の商品分野の組み合わ
せで展開されるマーチャンダイジング＊
の手法。一貫したテーマのもとに衣服、
アクセサリー、化粧品などを併せて展開
し、その相乗効果に期待しようとするも
の。

コーザルデータ［causal data］「販売要因」
の情報集積。コーザルは「原因の、原因
となる」という意味で、実際の売り上げ
を示す「販売実績情報」とは区別される。
これは、なぜ売れたか、売れなかったか
という販売効率の原因を追求するための
情報とされる。

コーポレートアイデンティティー［corpo-
rate identity］CI と略されることが多い。
企業におけるアイデンティティー＊のあ
り方を示す用語で、「企業の同一性」な
どと訳される。企業の経営理念を世間に
広く訴え、正しく認識してもらおうとす
る活動一切を指す。企業イメージを明確
に表すために、基本理念に基づいたシン
ボルマークなど視覚的なビジュアルアイ
デンティティー［visual identity ＝ VI］
の訴求が特に大切とされる。

コンシューマー［consumer］「消費者」の意。
プロデューサー（生産者）に対する語で、
もっぱら商品を消費する側の不特定多数
の人たちを指す。

コンシューマーオリエンテーション［con-
sumer orientation］「消費者志向」の意。

消費者のニーズ（欲求）を調査して、それにマッチした商品やサービスを提供しようとする企業側の姿勢をいう。

コンセプト [concept]「概念、観念、理念」の意。ものごとの基本となるしっかりとした考え方を意味し、単なるイメージやアイデアとは区別される。こうした基本概念の打ち出しをコンセプトメイキング [concept making]（概念設定）という。コンセプション conceotion とも同義とされるが、それには「妊娠、受胎」の意味も含まれる。

コンセプトメイキング ⇒コンセプト

コンテンツ・マーケティング ⇒インバウンド・マーケティング

コンフォーミティー [conformity]「（規則・慣習などに）従うこと、追従、順応」という意味で、ひとつのものに倣おうとする性質をいう。流行の原則のフォロワー*（追従者）の心理をいったもので、一般に「同一性、同調性」などと解され、ユニフォーミティー [uniformity] とも呼ばれる。イノベーター*（革新者）の心理とされるプレステージ（権威性）の反対概念として用いられる。

コンペティター [competitor]「競争者、競争相手」の意で、俗にいう「商売敵（しょうばいがたき）」のこと。

サイバーショッピング ⇒インターネットショッピング

シーズ [seeds] シードは「種、種子、実」の意で、「原因、根源、元」という意味もある。マーケティングでは、消費者の求める新しい好みの元という意味で用いられ、ニーズ*とは区別される。

シーズンサイクル [season cycle] 商品を展開する季節ごとの周期。ファッション商品においては普通、春夏と秋冬の年間2サイクル、あるいは春、夏、秋、冬の4サイクルの形をとるが、日本のレディー

スウエア業界では、梅春（梅の花が咲くころの季節＝初春）、春、初夏、盛夏、初秋、秋、冬の7シーズン制をとるところが多い。こうしたシーズンごとの商品企画を「シーズン企画」といい、それごとに設定されるファッションテーマをシーズンテーマ [season theme] と呼んでいる。

シーズンテーマ ⇒シーズンサイクル

シーンマーチャンダイジング [scene merchandising] ライフシーン（生活場面）を切り口としたマーチャンダイジング*の手法。オフィスライフにおけるビジネスシーンやホームライフにおけるプライベートシーンなどを設定し、それに応じた商品企画、商品構成、販売方法などを組み立てていくやり方を指す。

シカチョー [――]「市場価格調査」略して「市価調査」をさらに略してカタカナで表現したもの。シカチョウともいう。本来はマーケットリサーチ*でいう価格調査を意味するが、ファッション小売企業においてはショップリサーチを指すことが多い。それには競合店や周辺店舗の価格調査とともに、品揃えの状況や売れ行きの状況などをチェックすることまでが含まれている。

自主マーチャンダイジング [じしゅ＋merchandising] 百貨店などの小売企業が、他店との差別化やオリジナル商品の開発などを目的として、自主的に商品作りを行うことをいう。個性的な店作りといいながら、実際は「横並び」志向の売場になっていた反省から、このような政策が考え出されたもの。特にこれまでの場所貸し業的体質からの脱皮をめざす百貨店業界に目立つ傾向。

品揃え [しなぞろえ] 商品構成の基本計画に基づいて仕入れをし、店頭に効果的に取り揃えること。小売業におけるマー

ファッションビジネス

チャンダイジング*の最重要作業とされる。英語ではアソートメント［assortment］という。

死に筋⇒売れ筋

商圏［しょうけん］ひとつの町や駅などを中心とした特定の商業地域のことで、「商勢圏」ともいう。また、大きなショッピングセンターなど特定の小売店を吸引力として集まる人たちの大部分が住んでいる地域のこともいう。英語ではマーケットエリア［market area］とかトレーディングエリア［trading area］などと呼ばれる。

商品企画［しょうひんきかく］新商品のブランドコンセプト設定から商品イメージの具体化、商品構成、デザイニング、プロモーションに至るまでの一切の企画活動を指す。マーチャンダイジング（商品政策）の一環で、その最重要ポイントとされる。

ショップマーチャンダイジング⇒リテールマーチャンダイジング

ショップリサーチ［shop research］小売店舗の調査。マーケットリサーチ*の一種で、競合店舗の売れ行きや品揃えなどを実地に調べることをいう。俗にシカチョー*（市価調査）とも呼ばれる。

シルバービジネス⇒シルバーマーケット

シルバーマーケット［silver market］シルバーエイジと呼ばれる高齢者を対象とした市場のこと。21世紀に入って、ますます増加する高齢者を対象とした市場規模は拡大するばかりで、ここでは介護用品を始めとして、日常にかかわるさまざまな商品やサービスの開発が進められている。こうした仕事をシルバービジネス［silver business］とも称している。

シングルマーケット［single market］シングルとは「独身者、一人暮らし」の意で用いられているもので、そうした人たち

を対象とした市場を指す。いわゆる「おひとり様市場」のことで、晩婚化などの傾向から男女ともにシングル人口が増加の傾向を見せており、新しいマーケットの需要が増している。

スクラップ・アンド・ビルド［scrap and build］店舗の廃棄（スクラップ）と建築（ビルド）を並行して行うこと。リニューアル*策の一環として行われるもので、効率的でない施設（店舗など）を廃棄し、新たに効率的な施設を作ろうとする戦略をいう。

スタイリング［styling］「様式、外形、外装」などの意で、外観を整えること、すなわち「着こなし」の意味でも用いられるが、ファッションビジネス用語では、新しいスタイルを作り出して提供するという意味で用いられる。また、商品企画でいうスタイリング企画やスタイリング計画の略としても用いられる。

ステマ［stealth marketing］ステルスマーケティングの略。宣伝と気付かれない形で行う広報宣伝活動。インターネット上のブログやTwitterなどで行われる例が多く、個人や企業が客観的な記事を装って行うもの。ステルスはステルス戦闘機と同じで「正体を隠す」という意味からきている。正体がばれた場合には問題となることもある。

ストーリーマーケティング［story marketing］商品そのものの価値をストレートに伝えるのではなく、商品や企業の付加価値を情緒的に訴求して、顧客の共感を生む物語を作り、それによって購買喚起させようとするマーケティングの手法。これには、顧客が自分を想定して考えやすくさせる〈コミュニケーション特化型〉と、企業を身近に感じてもらう〈企業の具現化〉のふたつの種類がある。

セカンダリーマーケット⇒プライマリー

マーケティング&マーチャンダイジング

マーケット

セグメンテッドマーケティング⇒ワントゥ
ワンマーケティング

宣材 [せんざい] ⇒販促ツール

セントラルバイイングシステム [central
buying system] 中央(本部)一括集中仕
入れのシステム。大型量販店などに見ら
れる仕入れシステムで、本部の商品部が
各店舗で販売する商品を決定し、数値責
任を持つバイヤーが一括して仕入れる方
法をいう。

創・工・商 [そう・こう・しょう] ファッショ
ンビジネスの基本を表す考え方。従来、
産業においては「商」と「工」に分けて
考えることが一般的とされているが、
ファッション産業においてはクリエー
ション(創造力)が欠かせないとして、
これに「創」を加え、三位一体の活動を
重視したもの。ここでの「創」は商品企
画やデザイン、「工」は生産、「商」は営
業や販売を表し、それらは三角形の頂点
に位置付けることができる。これらはま
た、いずれも消費者志向に基づいて実施
されるのが基本とされている。

ソーシャルマーケティング [social mar-
keting] 「社会のため」という前提のもと
に行われるマーケティング活動。自社の
利益だけを追い求めようとする従来の
マーケティングに対抗する形で現れた新
しいマーケティングの考え方を指し、社
会に対する企業責任を果たす活動と社会
的貢献のマーケティング、また非営利組
織によるマーケティングの発想を取り入
れたサービス活動などがある。

ソフトウエア [software] コンピューター
を動かすための技術、特にプログラム体
系に関する技術を指す。ハードウエア
[hardware](機器類)の対語として生ま
れた用語で、ハードウエアが機能するの
に必要な情報要素を総称する。また、企

業活動におけるサービスや情報の要素も
意味する。

ソフトハウス [soft house] ファッションソ
フトハウス [fashion soft house] の略で、
FSHとも略称される。アパレル企業や小
売企業の外部にいて、企画や情報提供、
流通管理などファッションのソフトビジ
ネスを請け負う専門業者のこと。経営コ
ンサルト、商品企画、デザイン、パター
ンメーキングから生産管理、販売促進に
至るまでカバーする範囲は広く、業界の
潤滑油的な役割を果たしている。大規模
な会社から個人経営の小さな事務所ま
で、その内容と種類は変化に富んでいる。
かつては「企画会社」と呼ばれることが
多かった。

ターゲット [target] 標的、対象。マーケティ
ングを実施する上で、的とすべき顧客対
象をいう。ファッションビジネスでは
ターゲット設定がことのほか重要とされ
る。その中で企業が理想として描く仮定
のターゲットをイメージターゲット
[image target] と呼ぶのに対し、実際に
商品を購入した顧客のことはリアルター
ゲット [real target] と呼ばれる。両者
の間には大きなズレのないことが望まし
いとされる。

ターゲットマーケティング [target mar-
keting] ターゲット(顧客対象)をしっ
かり定めて実施するマーケティング*の
手法およびそのプロセスをいう。不特定
多数の顧客をターゲットとするマスマー
ケティング*に対し、多様化した現代の
顧客のニーズ&ウオンツ*に対応するた
め市場を細分化し、趣味・嗜好の異なる
消費者に最適な個性を提案しようとする
もの。こうした方法をターゲティング
[targeting] ということもある。

ターゲティング⇒ターゲットマーケティン
グ

ファッションビジネス

ダイレクトマーケティング［direct marketing］消費者に直接訴えかけるマーケティング*手法という意味で、無店舗販売に見る電話セールスなどに代表される。またメーカーや卸商の企業が、一般的な販売経路を経ないで商品を消費者に直接販売する形を指す。通信販売や訪問販売が主とされ、DMとも略称される。

タスクフォース［task force］本来は特殊任務を持つ軍の機動部隊を指すが、そこから企業の対策本部や特別調査班などの意味でも用いられるようになった。現在ではいざというときに特別編成されるプロジェクトチームの意で用いられることが多い。

チャネル［channel］「経路、水路」の意で、流通チャネルといえば、生産された製品が商品となって消費者の手に渡るまでの道筋のことを指す。

ディマーケティング［de-marketing］マーケティングの否定を意味する。警告表示や添加物表示などによるエコロジー発想の「売らないマーケティング」、限定生産と限定販売による意図的な「需要抑制のマーケティング」などがある。いわばマーケティングではないマーケティングのこと。

テストマーケティング［test marketing］テスト販売、市場テストのこと。新製品を売り出す前に試験的に売り出して、その反応をみるマーケティングの手法をいう。マーケティングリサーチ*の一種とされる。

テレビショッピング［TV shopping］テレビを利用したノンストアリテイリング*の一種。テレビ番組や生コマーシャルなどによって視聴者に購買を呼びかけ、電話やパソコン、ファクシミリなどによって注文を受ける販売方法を指す。こうしたことを専門に行うテレビ局もあり、主

に主婦層の関心を集めている。

トレーディングエリア⇒商圏

トレンド商品［trend＋しょうひん］流行のトレンド（潮流、傾向）に乗っている商品のことで、ファッションサイクル（流行寿命）でいう導入期から成長期にある商品を指す。いわゆる「売れ筋」に当たる商品。

トレンドセッター［trend setter］「流行の設定者」の意。流行傾向をいち早く察知して示唆する人を指し、流行仕掛け人などとも呼ばれる。ファッションリーダー*よりも専門的なニュアンスが強く、ファッションデザイナーなどにこうした人が多く見られる。

トレンドテーマ［trend theme］次シーズンのファッショントレンド*と目されるテーマのこと。また、ファッション商品の企画において、設定されるファッション傾向のテーマを指す。

トレンドリーダー［trend leader］来るべき時代の流れを先導する人という意味で、時代感覚やファッションの流行などにきわめて敏感で、時代を引っ張っていく人を指す。単なるファッションリーダー*というより広い意味を持つ。

ニーズ・アンド・ウオンツ［needs and wants］ニーズは「欲求」の意で、特に人間の生理的、身体的な基本的欲求を意味し、生活必需的要素が強いのが特徴。同じく欲求を意味するウオンツは、嗜好的要素の強い選択的欲求の意味で用いられる。両者を併せて「ニーズ＆ウオンツ」と称される。

ニッチプレーヤー⇒ニッチマーケット

ニッチマーケット［niche market］ニッチとは本来、彫像や花瓶などを置く壁のくぼみのことで、これを日本語では「壁龕（へきがん）」という。ニッチにはまた「はまりのよい場所、ふさわしい場所、適所」

という意味もあり、ここから日本ではニッチに「すき間」の意味を見いだし、社会の盲点となっている市場をこのように呼ぶようになったもの。「ニッチ市場」ともいい、新しいビジネスチャンスがあると見込まれる市場のすき間を狙うビジネスとして急成長している。「ニッチ産業」とか「ニッチ戦略」といった用語もあり、こうした市場で活動する企業をニッチプレーヤー [niche players]、また特定の市場領域で優位に立っている企業をニッチャー [nicher] と呼んでいる。ニッチャーはまたちゃんとした店を持たずに路上などで古着やアクセサリーなどを販売している「すき間商売人」を指す俗称としても用いられている。

ネットショッピング ⇒インターネットショッピング

ノンストアリテイリング [non-store retailing]「無店舗小売業」と訳される。その名の通り店舗を持たずに営業する小売業態をいい、カタログによる通信販売や訪問販売がその代表とされる。近年は放送メディアの発達によって生コマーシャルなどによる「テレビショッピング*」が盛んになり、またパソコン利用による「インターネットショッピング*」の伸びが顕著になっている。ほかに販売員を置く必要のない自動販売機による販売もこの一種とされる。

ノンユーザー ⇒ヘビーユーザー

パーソナルアイデンティティー [personal identity] PI と略されることが多い。個人にかかわるアイデンティティー*のあり方を示すもので、その人そのものの主体性や本質を分析するときに用いられる用語。

パーソナルマーケティング [personal marketing] 個人に対応するきわめてきめ細かなマーケティング手法。一人ひとりのニーズ・アンド・ウオンツ*に親切に対応していくことによって、ショップの販売員がファンを作っていく手法や、一人の顧客にぴったり合う商品を選び抜いて対応していくカタログ販売のやり方などがある。

バーチャルショッピング ⇒インターネットショッピング

バーティカルインテグレーション ⇒バーティカルマーケティングシステム

バーティカルマーケティング ⇒ラテラルマーケティング

バーティカルマーケティングシステム [vertical marketing system] バーティカルインテグレーション [vertical integration]（垂直統合）と呼ばれる考え方を志向するマーケティングシステムを指し、VMS とも略される。アパレル VMS [apparel VMS] においては、生産から流通に至るまでの各段階がマーケティング目標を達成するために協力し合い、協業的な企業集団を形成するシステム作りを意味している。生産から販売までの垂直化であり、SPA*（製造小売業）などはこのシステムにのっとった業態の典型例とされる。

ハードウエア ⇒ソフトウエア

バイイング [buying]「仕入れ、買い付け」の意。百貨店や専門店などの小売業者が、計画にしたがってメーカーや卸売業者などから商品を仕入れることをいう。「買い取り」をいうこともある。

バイイングオフィス [buying office] 商品仕入れ（バイイング）を代行する業者。正しくはレジデントバイイングオフィス [resident buying office] と呼ばれ、主としてアメリカにおける会員制の仕入れ代行会社を指す。ニューヨークやシカゴなどの大都市に事務所を置き、会員の小売企業の仕入れを代行する役目を持つほか、品揃えの企画提案なども行うのが特

ファッションビジネス

色とされる。日本のようなアパレル卸商*のないアメリカでは貴重な存在とされている。

ハイエンドマーケット［high-end market］ハイエンドは「高級な、高級顧客向けの」という意味で、そうした客層を中心とした市場を指す。いわばセレブ*対象のマーケット。

ハイコモディティー市場［high commodity＋しじょう］上質で洗練されたデイリーウエアを手ごろな価格で提供するマーケット。コモディティーは一般に「日用品、生活必需品、商品」を意味し、ユニクロなどのいわゆるベーシック市場の上のゾーンを狙ったマーケットを指す。ファストファッションと同じような日常的な感覚を持ちながら、その少し上を狙うもので、2014年秋ごろから台頭してきた。元は繊研新聞社による造語。

バズマーケティング［buzz marketing］人の口から口へと伝えていく、いわゆる「口コミ」を使ったマーケティング手法を指す。バズとは本来「蜂がぶんぶん飛ぶ音」のことで、最近では特に、マス媒体を使わないでブログやネット媒体などを駆使して口コミ効果を誘発する方法を意味している。ここではターゲットを明確にし、そのグループに影響力のある人物（情報の発信元）と情報を伝達する蜂集団が、前もって選定されるのが大きな特徴となる。

バリューアイテム［value item］バリューは「価値、値打ち、有用性」の意で、手頃な価格でありながらもトレンド性の高い商品を指す。ファッションアイテムでいうところの「安カワ」（安くてカワイイ）商品が代表的で、安くても価値のあるアイテムについて用いる。

バリュープライス⇒エントリープライス

バリューマーケティング［value marketing］

バリューは「価値、正当な値打ち、代償」といった意味で、消費者が正当と見る価値や価格を重視して行うマーケティングの手法を指す。いくら安くても売れない商品があることを考慮した結果、提唱された考え方で、1990年代に誕生している。

販促ツール［はんそく＋tool］販売促進（略して販促）のための手段、また製作物のこと。各種のPOP、案内板、パネル、ポスター、垂れ幕、幟（のぼり）の類いから、チラシ、新聞雑誌広告、テレビCM、PR誌などがある。また、宣伝のための材料を、略して「宣材」と呼んでいる。

ビジュアルアイデンティティー⇒コーポレートアイデンティティー

ビジュアルマーチャンダイジング［visual merchandising］VMDと略して呼ばれることが多い。「視覚効果に訴える商品政策」という意味で、店頭で商品展開の特徴をわかりやすく魅力的に伝える手段をいう。単なるディスプレーとは異なり、店まるごとでブランドやショップの持つ独自のコンセプトを、ひと目で客に理解させることが最も大切なポイントとされる。日本VMD協会では、これを「マーチャンダイジングの視覚化。商品をはじめ、すべての視覚的要素を流通の現場で演出し、管理する活動」と定義している。

ファイブライツ［five rights］「5つの適正」と訳される。マーチャンダイジング*の基本とされる5大要素をいったもので、アメリカマーケティング協会のマーチャンダイジングの定義『商品またサービスに関して、適正な品質のものを、適正な数量だけ、適正な価格で、適正な時と場所に準備する計画』の中にある5つの適正（適時・適所・適品・適量・適価）を指す。この5つを正しく設定することがマーチャンダイジングの重要条件とされ、俗に「5適」ともいう。

マーケティング&マーチャンダイジング

ファクトリープロダクツ⇒プロダクトグッズ

ファストアパレル［fast apparel］「現金問屋*」の俗称。小売業者が現金で商品を仕入れ、自ら持ち帰ることを原則とする卸商（問屋）のことを、ハンバーガーショップなどのファストフードになぞらえてこのように称したもの。「現金」と「持ち運ぶ」の意味から、これをキャッシュ・アンド・キャリー・アパレル［cash and carry apparel］、またこれを略してCCアパレル［CC apparel］とも呼んでいる。衣料品の現金問屋は、東京・横山町や大阪・丼池などに問屋街を形成している。

ファッションカレント［fashion current］カレントは「（水・空気などの）流れ、水流、潮流」また「（できごと・世論などの）流れ、傾向、風潮」といった意味で、トレンド*（傾向、傾き）とほぼ同義。したがってこれはファッショントレンド*と同義に扱われる用語とされる。特に次に来るべきファッションの傾向という意味で用いられることが多い。

ファッションサイクル［fashion cycle］ファッションの周期性。ファッション商品の流行寿命を指すもので、商品が市場に現れてから消滅するまでのライフサイクルを表す。一般に「導入期（発生期）」→「成長期」→「成熟期（普及期・飽和期）」→「衰退期」→「消滅期」という過程をたどる。プロダクトライフサイクル［product life cycle］などとも呼ばれ、商品も人と同じく寿命を持つとされる。市場に登場して急速なブームを作り、たちまち衰退してしまう現象はファドサイクル［fad cycle］と呼ばれる。

ファッションソフトハウス⇒ソフトハウス

ファッションディレクション［fashion direction］ファッション商品のマーチャンダイジング*において、全体の方向性

を策定することをいう。これがファッションマーチャンダイジングの基礎とされ、ここから全てのものづくりが始まるとされる。

ファッションテーマ［fashion theme］ファッション商品の企画を行う上での根本となるテーマのこと。各シーズンごとのファッショントレンドに基づいて決定され、わかりやすいキーワードで表現されることが多い。

ファッションビジネス［fashion business］ファッション商品の企画・生産・販売（創・工・商*）に関係する仕事を総称する言葉だが、単なる「衣服製造・販売業」にとどまらず、近年その概念は驚くほど広くなっている。ファッション*が「服飾の流行」だけの意味にとどまらず、広く「生活文化の反映」としてとらえられるようになったのにともなって、ファッションビジネスもまた「生活文化創造産業」としての位置付けがなされている。服飾だけでなく、食住また遊・音楽・健康・美容・知識情報などの分野も含んで、人々の素敵なライフスタイルを提案しようというのが、これからのファッションビジネスの姿とされている。業界用語としては、一般にFBの略称で呼ばれることが多い。また、いわゆる「ファッション産業（企業）」と同義ともされる。

ファッションマーケティング［fashion marketing］ファッション商品に関するマーケティング*活動を総称する。企画・生産にかかわるアパレルマーケティング［apparel marketing］と販売にかかわるリテイルマーケティング［retail marketing］に分けてとらえる見方もある。アパレルマーケティングではブランドが、リテイルマーケティングではショップが基軸となって展開される。

ファッションマーチャンダイジング［fash-ion

ファッションビジネス

merchandising］ファッション商品に関するマーチャンダイジング*を総称する。ファッションMDとも略称されるが、これはまた企画・生産側のアパレルマーチャンダイジング*と、品揃え・販売側のリテイルマーチャンダイジング*に分けられることになる。

ファドサイクル⇒ファッションサイクル

ファブリケーション［fabrication］「素材企画」を意味する。ファッション商品の企画において、アパレル企業などが独自に行う素材（布帛、ニット地などのファブリック）の開発や選択を指し、素材企画そのものを計画するファブリックプランニング［fabric planning］と新素材を設計するファブリックデザイン［fabric design］が含まれる。

ファブリックデザイン⇒ファブリケーション

ファブリックプランニング⇒ファブリケーション

フィードフォワード［feed-forward］フィードバック（起こったことをもう一度現状に戻して考え直すこと）の対語で、ものごとが起こる前に処処する姿勢を取っておくことをいう。起こるかもしれない問題点などを事前にリストアップして対処するのがポイントとされ、販売計画などに生かされる。

フィールドサーベイデータ［field survey data］「実査データ」の意。マーケティング活動のための情報源で、1次データと呼ばれるもの。調査者が初めて観察し、取得・記録した実際の調査に基づくデータを総称する。これに対し、企業内データと企業外データ（既存データ、加工データとも）を2次データと呼んでいる。

フィールドマーケティング［field marketing］ここでのフィールドは「現場、実地」の意で用いられる。アパレル企業などが自社商品の販売の現場となる小売店舗で

実施するマーケティング活動を指す。販売員の派遣などのサポート活動がある。

フォロワー［follower］「追従者、追随者」の意。みんなと一緒についていこうとする意識の強い人を指し、流行論でいうところのコンフォーミティー（同調）性の高いタイプをいう。差別化（個性化）志向の強いイノベーター*に対して、模倣化（画一化・同質化）志向の強い人たちがこれに当たる。マーケットの中では圧倒的多数派（マジョリティー）を占める。

プライマリーマーケット［primary market］プライマリーは「第1の、第1位の、主要な」また「根本の、根本的な、本来の」という意味で、一般に「第1次マーケット」と訳される。ファッション産業においては、糸や生地など原材料を生産する現場を指し、そうした生産者を対象とした市場を意味する。その次に位置する製品生産段階はセカンダリーマーケット［secondary market］（第2次マーケット）と呼ばれることになる。

ブランディング［branding］「ブランド化」などと訳される。ブランドとしてのイメージを高めていく手法のことで、ブランドの持つ生命力を持続させるために、企業が顧客に対して良いイメージを与え続ける作業を総称する。

ブランドアイデンティティー［brand identity］BIと略されることが多い。ブランドが持つアイデンティティー*のあり方を示すもので、そのブランドがそのブランドであるための統一性を表す。

ブランドエクイティー［brand equity］ブランドが持っている資産的な価値。ブランドが有名になるにつれ、それが土地や建物などと同じ価値があるとして、企業にとってブランドを資産のひとつと見なす傾向を指す。

ブランドコンセプト［brand concept］ブラ

マーケティング＆マーチャンダイジング

ンドが持つ基本的理念。そのブランドが持っている揺るぎなき基本的な考え方のことで、これによって「ブランド戦略 brand strategy」が展開されることになる。

ブランドポジショニング⇒ポジショニング

ブランドミックス ［brand mix］ 複数のブランドで売場を構成すること。特定のテーマのもとに、それにふさわしいブランドを複数選定して売場を演出していく方法を指す。ほかに異なるブランドの商品を組み合わせる着こなし方を意味することもある。

ブランドロイヤルティー ［brand loyalty, or brand royalty］ brand loyalty と綴る場合は、ひとつのブランドに対する「忠誠心」を意味する。brand royalty の場合は、特定のブランドに対するライセンス使用料を指す。royalty には「特許権使用料、著作権料」という意味がある。

プレゼンテーション ［presentation］「贈呈、上演、公開」などさまざまな意味を持つが、ここでは「提示、提案、発表、紹介」といった意味で用いられる。人前での企画案の発表などはプレゼンと略されることが多い。

プロダクトアウト⇒マーケットイン

プロダクトグッズ ［product goods］ 生産されるものの意で、「製品」を指す。プロダクトだけでも「産物、製品、作品」の意味があり、ファクトリープロダクツ ［fac-tory products］ で「工場製品」を指すことになる。一般に工場で作られてまだ市場に入っていない品物をこのように呼び、「商品」を意味するマーチャンダイズと区別する。

プロダクトプランニング ［product plan-ning］「製品化計画」と訳され、工業分野における合理的な計画推進方法を意味する。企画、デザイン、加工を通して、製品として市場に送り出すまでの計画を指

す。アパレル企業においては、この一連の動きを「商品企画」と呼んでおり、いわゆるアパレルマーチャンダイジング＊と同義とされる。

プロダクトライフサイクル⇒ファッションサイクル

ヘビーユーザー ［heavy user］ ユーザー ［user］ は「使い手」のことで、すなわち商品やサービスの使用者や利用者を指す。このうち使用頻度の高い使用者をこのように呼び、それはすなわち購買頻度の高い顧客のことも示している。マーケットセグメンテーション＊においては、これに次ぐ層をミディアムユーザー ［medium user］、その下をライトユーザー ［light user］、さらに何も買わない層をノンユーザー ［non user］ というように細分化している。

ボーダーレス ［borderless］ ボーダレスとも。「境界のない、境界線が曖昧な、国境がない」という意味で、人や物などが国境を越えて動きまわっている今日の国際社会の様子から生まれた用語。「際くずし」などとも呼ばれ、グローバライゼーション（地球規模化）とも呼ばれるように、国の際といったものをなくし、全地球的な規模でものごとをとらえていこうとする考え方を示している。

ポジショニング ［positioning］ 市場におけるブランドや企業の位置付けのこと。またそうした立ち位置を明確にする作業を指し、ブランドポジショニング ［brand positioning］（ブランドの位置付け）などと用いられる。

マーケット ［market］「市場（しじょう）」を意味する。販路、需要また売買、取引といった意味もあり、さらには市況、市価、相場をも意味している。マーケティングにおいては需要や買い手が集積されたものを指し、市場（いちば）とした場

ファッションビジネス

合はいわゆる売り買いの場を示すことになる。

マーケットイン［market in］直訳すると「市場に入り込む」こと。ものづくりにおいて、個々の生活者のニーズを優先させ、市場の変化を的確にとらえて本当に必要なものだけを作り、売るという「顧客優先」のマーケティング手法をいう。CS*（顧客満足）の考え方から、そのキーワードとされているもので、これに対して従来型の供給者側からの一方的な生産・販売のやり方はプロダクトアウト［product out］と呼ばれる。

マーケットエリア⇒商圏

マーケットシェア［market share］市場占有率。市場（マーケット）で特定の商品が占める売上高などの比率をいう。

マーケットセグメンテーション［market segmentation］「市場細分化」と訳される。不特定多数から特定のターゲット*に絞り込む考え方を指し、地理的要因、デモグラフィック（人口統計学的）要因、サイコグラフィック（心理学的）要因、ライフスタイル要因などによって細分化される。元はアメリカ・ノースウエスタン大学のP・コトラー教授によって提唱されたもので、1960年代のマーケティング理論の基礎となった。これによってマーケットの中のどの層を狙うかが決定されることになる。

マーケットトレンド［market trend］市場の動き。社会や経済など世の中の動きや時代の流れを指すもので、マーケティングやマーチャンダイジングの根幹をなす要素とされる。これはまた巨視的にとらえるマクロトレンド［macro-trend］と微視的なミクロトレンド［mi-cro-trend］の2つに分けてとらえる必要がある。

マーケットポジション［market position］マーケット（市場）における位置づけのことで、そうした作業をマーケットポジショニングという。狙う市場において、自社や自店、また自ブランドの立ち位置を明確にしておくことで、競合者との位置関係もはっきり示されることになる。実際にはマトリックス上に視覚的に表されることが多い。

マーケットリーダー［market leader］市場において人々の購買行動に大きな影響力を与える人物を指す。また特定分野の市場において強い影響力を持つ企業をいう。

マーケットリサーチ［market research］「市場調査」の意。特定の商品やサービスなどについて、その売れ行きの状況また予測を目的とする調査のことで、インタビュー、アンケート、目視などの方法がある。マーケティングリサーチ*と混同されるが、正しくは両者は異なる意味を持つ。

マーケティング［marketing］ものを売るための仕組みを指し、「市場戦略」などと訳される。AMA＝アメリカ・マーケティング協会の最新の定義（2004年発表）によると「組織とそれを取り巻く利害関係者の双方を利する形で、顧客価値を創造し、伝達、供給したり、顧客との関係性を管理したりするための組織的な機能とプロセス」を指すということになる。いずれにしてもマーケティングは、企業が市場（マーケット）に働きかける経営活動の考え方を意味するもので、実際的な生産・販売活動は含まれないのがポイント。

マーケティングサーベイ⇒マーケティングリサーチ

マーケティングの4C⇒マーケティングミックス

マーケティングの4P⇒マーケティングミックス

マーケティングミックス [marketing mix]
マーケティング*の目標を達成するために用いるマーケティング諸要素の組み合わせをいう。それには「商品」＝product、「売場」＝place、「促進」＝promotion、「価格」＝price の４つの要素が挙げられ、これを「マーケティングの４Ｐ」と呼んでいる。またアメリカの学者ロバート・ラウターボーンの提唱による「マーケティングの４Ｃ」という考え方もあり、これは「顧客価値」＝customer value、「顧客コスト」＝customer cost、「利便性」＝convenience、「コミュニケーション」＝communication の４つにあると指摘している。

マーケティングリサーチ [marketing re-search]
一般には「市場調査」のこととされるが、正確には「市場調査」はマーケットリサーチ*といい、マーケティングリサーチは単に市場調査だけにとどまらず、マーケティング活動そのものを調査・分析することを意味している。マーケティングサーベイ [marketing survey]（サーベイは調査、探査、観測の意）ともいい、企業がマーケティング活動を行うに当たっての必要な情報収集と分析、またその終了後の確認などマーケットリサーチよりはるかに広い概念を持っている。

マーチ [merch] マーチャンダイズを略していったもので、「商品」を表す。アーティストのツァーマーチ（コンサートツアー用の商品）というように用いる。最近の業界用語として生まれた。

マーチャンダイジング [merchandising] 一般にＭＤと略称されることが多い。売れるものを作り、それを売るための仕組みを指し、日本語では「商品政策」とか「商品化計画」などと呼ばれる。商品（マーチャンダイズ）の企画から生産、販売また販売促進までの「ものづくり」全般にかかわる企業活動を指し、これを実行する専門職をマーチャンダイザーと呼んでいる。

マーチャンダイジングサイクル [merchandising cycle] 情報の収集・分析に始まり、商品企画→デザイニング→生産→販売→在庫管理に至るマーチャンダイジング*の一連の仕組みのプロセスを指す。ファッションマーチャンダイジングにおいては、こうした過程がシーズンごとに繰り返されることから、このように呼ばれる。

マーチャンダイズ [merchandise] 「商品」の意。単なる品物ではなく、ちゃんと値段が付けられて市場で売買の対象となった品を指す。プロダクトグッズ（製品の意）の対語として用いられる言葉で、ほかに「取引する」とか「売買する」また「商う」「販売を促進する」といった意味ももつ。

マーチャンダイズマート [merchandise mart] 卸売業者（卸商）を集積した大規模なビル型の集まりをいう。商品を取引する市場（いちば）というのが原意で、卸商街を形成することによって小売業者の仕入れの便宜を図ろうとするもの。アメリカのそうした大規模な施設のほか、日本ではＴＯＣ＝東京卸売りセンターやＯＭＭ＝大阪マーチャンダイズマート、ＫＦＭ＝神戸ファッションマートなどがあげられる。

マクロトレンド⇒マーケットトレンド

マスクラス [massclass] マーケティング上の消費者区分で、クラス感のあるマス（大衆）層をいう。クラスとは「階級」の意味で、階級志向とか階級意識のことを「クラスコンシャス」というところからの命名とされる。このような一般のマス層から一歩脱け出した層が今、注目されている。

ファッションビジネス

マスマーケティング⇒ワントゥワンマーケティング

マスマーチャンダイジング [mass merchandising] マスは「固まり、集団、多量」の意味で、大量販売の手法を体系化したマスマーケティング*を実践化したマーチャンダイジング*を指す。セントラルバイイング*方式による大量仕入れと商品の規格化、大量陳列、セルフサービスなどを特徴としたもので、一般に量販店のマーチャンダイジングの基本とされる。

マスリテイラー [mass retailer] マスは「固まり、集団、多量」という意味で、一般大衆をターゲットに大量販売して利益を上げようとする小売業者を指す。『ユニクロ』や『しまむら』などを指しての、2000年頃の業界関係者の発言によって生まれた用語のひとつ。

マズローの欲求5段階説 [Maslow +のよっきゅう5だんかいせつ] アメリカの心理学者A.H.マズローによる、人間の欲求を追求した理論で、5段階に分かれることからこのように呼ばれる。まず①生理的欲求から始まり、次に②安全の欲求→③社会性の欲求→④尊敬と地位の欲求、と高まって、⑤自己実現の欲求につながると考えられている。人間の欲求は低次元の欲求が満たされると、次の段階に進むというのがその理論の骨子とされ、人々のファッションに対する価値観の変化を説くときにもよく用いられる。

マンスリーマーチャンダイジング [month-ly merchandising] 月次MD。月ごとに企画されるマーチャンダイジングのことで、アパレル企業においてはブランドごとに行われる月別の商品計画を、小売企業においては月ごとの店頭における商品構成計画を指す。春夏、秋冬という大きなシーズンマーチャンダイジングのサブ企画と

して行われるようになったもので、現在ではこれが常態化している。

ミクロトレンド⇒マーケットトレンド

ミステリーショッパー [mystery shopper] 「謎の購買者」という意味で、つまりは客になりすまして特定の店に赴く「覆面調査員」を指す。店舗運営に関するプロ知識を持つ専門家、また一般のモニターが行うこともあり、この調査結果を実際の経営に活用するのが目的とされる。こうした「覆面調査」のことをミステリーショッパーズリサーチ [mystery shopper's research] と呼んでいる。

ミステリーショッパーズリサーチ⇒ミステリーショッパー

見せ筋⇒売れ筋

ミディアムユーザー⇒ヘビーユーザー

モチベーション [motivation] 「動機付け」また「（行動の）誘因、意欲」の意。消費者が商品を購買した動機を調査することを、モチベーションリサーチ [motivation reseach]（購買動機調査）などというように用いる。

モチベーションリサーチ⇒モチベーション

モバイルマーケティング [mobile marketing] 携帯電話や携帯情報端末（PDA）を活用して行うマーケティング手法。特に携帯電話を用いる方法が主となっており、マスメディアとの連動で大きな成果を挙げるようになっている。

ユーザー⇒ヘビーユーザー

ユニットコントロール [unit control] 「単位管理」と訳される。商品を管理しやすい単位（ユニット）に分類し、それごとに数量計画を立て、仕入れや在庫、販売の数量管理を行ったり、金銭管理を行うことをいう。「単品管理」ということもあるが、誤解を招きやすいところから最近では「単位管理」と呼ぶことが多くなっている。

マーケティング&マーチャンダイジング

ユニフォーミティー⇒コンフォーミティー

ライトユーザー⇒ヘビーユーザー

ライフスケープ［lifescape］「生活情景」と訳される。生活の場におけるさまざまな情景を称したもので、ライフスタイルを切り口とする今日的なマーケティングの分析要因のひとつ。

ライフスタイルマーケティング⇒ライフスタイルブランド

ライフステージ［life stage］ライフサイクル（人生寿命・生活周期）の段階的な場面のことで、一般に幼年期、少年期、青年期、壮年期、老年期の5つに大別される。また、独身、既婚、子供ありといったように、人生のステージごとの区分を指すこともある。マーケティングにおける分析要因のひとつ。

ラガード［laggard］原意は「のろま、ぐず」また「のろい、ぐずぐずした」ということで、流行サイクルでいう「後期採用者」を指す。ファッションサイクル*の衰退期と呼ばれるところに入ってからようやく流行に追いつくような人をいい、「流行遅滞者」と呼ばれることもある。

ラテラルマーケティング［lateral marketing］ラテラルは「横からの、側面の、横に向かっている」という意味で、ラテラルシンキング（水平思考）の考え方を基本として展開されるマーケティングの手法を指す。このことから「水平マーケティング」と呼ばれることが多く、従来の垂直型のバーティカルマーケティング［vertical marketing］の対語として用いられることが多い。従来のバーティカルマーケティングが不要として切り捨ててきた市場に目を向け直そうというのが最大のポイントとされる。元はフィリップ・コトラーとフェルナンド・トリアス・デ・ベスの提唱による新しいマーケティングの考え方のひとつ。

リアルターゲット⇒ターゲット

リテイラー［retailer］リテーラーとも。「小売業者」の総称。ホールセーラー（卸売業者）やメーカーなどから商品を仕入れて消費者に直接販売する業者を指す。また、そうした小売商をリテイルディーラー［retail dealer］、小売店をリテイルショップ［retail shop］などという。

リテイリング⇒リテイル

リテイル［retail］リテールとも。「小売り」の意。ホールセール（卸売）に対して、顧客である消費者に直接商品を販売することをいう。また、そうした小売り活動のことはリテイリング［retailing］と呼ばれる。

リテイルショップ⇒リテイラー

リテイルディーラー⇒リテイラー

リテイルマーケティング⇒ファッションマーケティング

リテイルマーチャンダイジング［retail merchandising］メーカー寄りのアパレルマーチャンダイジング*に対して、小売（リテイル）側のマーチャンダイジング*をいう。ここでは仕入れから販売までの一切の活動を指し、品揃え計画、仕入れ計画、販売計画、販売促進計画の4つが柱となって展開される。ショップを基軸とするところからショップマーチャンダイジング［shop merchandising］とも呼ばれる。SPA*型の小売企業においては、これにアパレルマーチャンダイジングの機能も含まれることになる。リテイルMDまたショップMDとも略される。

リニューアル［renewal］「一新、復活、再生」の意。顧客のニーズの変化などに合わせ、売場を再構成したり改装するなどして新たにスタートを切る、全面的な活性化戦略を指す。リフレッシュ［refresh］とかリモデル［remodel］などとも呼ばれる。

リフレッシュ⇒リニューアル

ファッションビジネス

リモデル⇒リニューアル

リレーションシップマーケティング⇒ワン
　トゥワンマーケティング

レイトマジョリティー⇒アーリーマジョリ
　ティー

レギュラーカスタマー⇒カスタマー

レジデントバイイングオフィス⇒バイイン
　グオフィス

ロングテールビジネス⇒ロングテールマー
　ケティング

ロングテールマーケティング［long tail
　marketing］ロングテールビジネス［long
　tail business］とも呼ばれる。ロングテー
　ルは「長い尾」という意味で、インター
　ネット市場において、需要曲線のトップ
　にある少数の売れ筋商品のグループか
　ら、膨大な数の死に筋商品群に続く長い
　尾のような曲線を指す。インターネット
　販売では売れ筋゛でない死に筋゛の細か
　い商品でも、積もり積もって利益が生ま
　れ商売になるもので、そうしたマーケ
　ティング手法やビジネスの方法をこのよ
　うに呼んでいる。

ワールドソーシング⇒グローバルソーシング

ワントゥワンマーケティング［one to one
　marketing］企業と顧客との1対1（ワン
　トゥワン）の相互関係を前提として成り
　立つマーケティングのあり方をいう。
　1960年代の不特定多数をターゲットとす
　るマスマーケティング［mass marketing］、
　70〜80年代の細分化されたクラスター
　をターゲットとするセグメンテッドマー
　ケティング［segmented marketing］の時
　代を経て、現代の高度情報化社会では顧
　客一人ひとりを把握して、カスタマイズ
　した商品やサービスを提供することが求
　められている。これはそうした新しい時
　代のマーケティングの概念を示すものと
　して注目されており、リレーションシッ
　プ　マ　ー　ケ　テ　ィ　ン　グ［relationship

marketing］とも同義とされる。リレーショ
ンシップには「人間関係、結びつき」ま
た「親戚関係」という意味がある。

ファッション産業（構造・企業／生産系）

アクセサリー産業［accessory ＋さんぎょう］服飾品（ファッションアクセサリー）の生産・卸・小売に携わる企業群の総称。

アパレルインダストリー⇒アパレル産業

アパレル卸商［apparel ＋おろししょう］アパレル生産企業（工場）と小売企業の間に介在して、商品企画、生産管理、流通制御を行う中間流通企業をいい、原則的に工場は持たないのが特徴。しかし、日本では生産企業に近い性格があり、このことから一般にアパレルメーカーとかファッションメーカーなどと呼ばれることが多い。単に「アパレル」とか「アパレル企業」と俗称されているのも、ほとんどがこれに該当する。「アパレル製造卸商」と呼ばれることもある。

アパレル企業⇒アパレル産業

アパレル小売企業［apparel ＋こうりきぎょう］アパレル（衣服）関連の商品を小売する企業の総体。ファッション小売産業（アパレル小売産業）に属する企業を指し、百貨店や専門店、量販店、また無店舗小売業などの種類がある。こうした小売業者を英語ではリテイラー*と呼ぶ。

アパレル産業［apparel industry］英語ではアパレルインダストリー。アパレル（衣服）の生産と流通に関わる産業のことで、アパレル生産企業（アパレルメーカー）とアパレル卸商*（中間流通企業）の企業群を指す。広義にはアパレル小売産業の企業群が含まれる。こうした企業をアパレル企業［apparel enterprise］という。現在では「アパレル」というだけで、一般にそうした企業や業界を意味するよう

にもなっている。

アパレルジョバー［apparel jobber］「アパレル卸商*」を指す英名表現のひとつ。ジョバーは「卸商人、卸し屋、仲買人」という意味で、これはまたアメリカ型のアパレル卸商を指すという説もある。

アパレル素材産業［apparel ＋そざいさんぎょう］アパレル（衣服）の原料である糸や生地の生産と流通に関わるメーカーや卸業者の企業群を指す。「ファッション素材産業」とも総称し、化合繊メーカー、紡績企業から糸商、生地メーカー、生地商などが含まれる。このうち生地に関わる企業群だけを「テキスタイル産業」ということがある。

アパレルホールセールマーチャント［apparel wholesale merchant］「アパレル卸商*」を指す英名表現のひとつ。ホールセールには「卸売、卸」の意味があり、衣料品の卸販売に携わる企業を総称する。これはまた純然たる問屋機能に徹するだけのアパレル卸商と、ブランドや商品企画の機能ももついわゆるファッションメーカーとしてのアパレル卸商という2つのタイプに分けられる。

アパレルマニュファクチュアラー⇒アパレルメーカー

アパレルメーカー［apparel maker］アパレル製造業。アパレル（衣服）の製造業者で「アパレル生産企業」を指す。本来は生産機器と生産要員を持つ、いわゆる生産工場を意味するが、日本では商品を企画し、小売企業へ販売する「アパレル卸商」（製造問屋）のことをこう呼ぶ傾向

が強く、これを俗にファッションメーカー [fashion maker] と呼んでいる。英米ではアパレルマニュファクチュアラー [apparel manufacturers] という。

一次卸商 [いちじおろししょう] 一次メーカー*と呼ばれる企業から直接製品を仕入れることができる卸売業者を指し、「一次問屋」とも呼ばれる。これは企業規模の大きな総合商社や専門商社、また総合問屋のような企業に代表される。英語ではプライマリーホールセーラー primary wholesaler などという。

一次メーカー [いちじ＋maker] 繊維や糸、生地を扱う製造業者。大手の原糸メーカーや紡績企業、また撚糸・加工糸メーカー、染色・整理業者、機屋、ニッター（ニット生地製造）などに代表される。糸や生地にすることを「一次加工」といい、そうしてできた製品を「一次製品」、これはまた完成品として半分の状態であるところから「半製品」とも呼ばれる。英語ではプライマリーメーカー primary maker あるいはプライマリーサプライヤー pri-mary supplier となる。

糸商 [いとしょう] テキスタイルメーカー（生地メーカー）やニットウエアメーカー、アパレルメーカーなどに糸を売る卸業者。また商社の糸部門もこうした機能をもっている。

糸メーカー [いと＋maker] 生地の元となる糸を作る業者。化学繊維系の糸を作る「化合繊メーカー」と毛、綿、麻などの紡績糸を作る「紡績企業」、および生糸のメーカーである「製糸企業」に大別される。撚糸メーカーや加工糸メーカーも含まれる。

インスペクション⇒検品

インパナトーレ [impannatore 伊] イタリアのプラートやビエラ、コモといった生地産地に発生した業種のひとつで、新しい生地や製品の企画・開発機能をもち、サンプルを作らせてアパレル企業などに向けて営業活動を行い、製造メーカーから売り上げの一部を報酬として受け取ることを業務とする橋渡し的な性格の業者をいう。日本でいうコンバーター*とはほぼ同じだが、地域産業の企画開発のまとめ役としての立場が明確で、テキスタイル系のインパナトーレと縫製系のインパナトーレがあるのも特色とされる。これをヒントに日本でもインパナトーレをめざす動きが現れた。

インポートトレーダー [import trader]「輸入業者」の意。特に大手の輸入商社を指していうことが多い。そうした大手とは対照的に、少人数のスタッフで世界中を回ってユニークな商品を見つけ出し、商社や輸入業者を通さずに国内マーケットで安く販売することを特色とする小規模な輸入業者を、ミニインポーター [mini importer] などと呼ぶようになっている。これはインポートブランド*のブームと円高の傾向を背景に台頭してきたもので、なかには国内で直接出店するミニインポーターも現れるようになっている。

ウイーバー⇒機屋

絵型⇒製品図

延反 [えんたん] 衣服の生産段階において、マーキング*（型入れ）やカッティング*（裁断）の前に、巻かれた生地（反物）を台の上に広げて延ばす作業を指す。工場生産では何枚も積み重ねる方法がとられる。英語ではスプレッディング [spreading]。

ガーメントカンパニー [garment company] ガーメントは「衣料品」の意で、衣料品を扱う会社の総称。日本でいうアパレル企業を指す英国での名称とされる。アメリカではクロージングカンパニー [cloth-ing company] と呼ばれることが多い。

掛売卸商 [かけうりおろししょう] 現金卸

ファッション産業（構造・企業／生産系）

商*の対語。掛売*という支払い条件で、小売企業に商品を販売する卸商を指す。日本のアパレル卸商*の90％はこのタイプといわれている。

化合繊メーカー ［かごうせん＋maker］英語ではケミカルマニュファクチュアラー chemical manufacturer という。「化学繊維メーカー」とも呼ばれ、合成繊維などの化学繊維を作り供給している企業を総称する。その設備規模も大きく、日本の繊維産業を代表する会社が多い。「原糸メーカー」ともいう。

カジュアルウエアメーカー ［casual wear maker］カジュアルウエア*を主体とするアパレルメーカー*を指し、単にカジュアルメーカーと略されることも多い。取り扱う分野によってメンズカジュアルメーカーとかヤングレディースカジュアルメーカーなどとも呼ばれる。クロージングメーカー*の対語ともされ、「中・軽衣料メーカー」と総称されることもある。

カチン画⇒製品図

カッティング ［cutting］「裁断」。型紙を布地の上に置いて裁ち切る「平面裁断」と、ボディーなどに直接布地を当てて裁断し、それを平面に展開させて型紙を作る「立体裁断」の方法がある。既製服の量産においてはコンピューターを用いる「自動裁断」の方法が多く採られている。

カラーアソート ［color assortment］カラーアソートメントの略で、「色の取り揃え」を意味する。商品構成の際に行われるアイテムごとの色の組み合わせを指し、一般に「色出し」などと呼ばれる。カラーバリエーション ［color variation］ともいい、これを最近では「カラバリ」と略称する傾向がある。なお、「色出し」にちなんで、素材の選定のことを「生地出し」、柄の場合を「柄出し」ということがある。

カラーチップ ［color tip］「色のかけら」といった意味で、プランニングマップ*などに添付する「色見本」としての小さな紙片を指す。

カラーバリエーション⇒カラーアソート

カラバリ⇒カラーアソート

川上・川中・川下 ［かわかみ・かわなか・かわしも］繊維製品の生産から販売までに関わる企業の位置付けを、川の流れになぞらえていったもので、「川上」（上流）は繊維素材産業とテキスタイル、ファブリック（生地）産業の業界を、「川中」（中流）はアパレル製造に関わる産業、そして「川下」（下流）は小売に関わる産業の段階をそれぞれ示す。各業界によって、その区分の仕方には若干の違いも見られるが、おおむね「原材料」→「生産」→「販売」という見方で一致している。ここから消費者に最も近いゾーンにある小売段階に照準を当てたマーケティングの手法を、「川下志向（かわしもしこう）」とか「川下戦略（かわしもせんりゃく）」などと呼ぶ言葉が出てきた。これらはマーケットイン*の思想とも同義とされる。

川下志向⇒川上・川中・川下

川下戦略⇒川上・川中・川下

生地卸商 ［きじおろししょう］「生地問屋」のことで、英語ではファブリックホールセーラーズ ［fabric wholesalers］などと呼ばれる。アパレル生産企業やアパレル卸商などのアパレル企業に生地を販売する卸業者で、商社の生地部門も含まれる。生地商、服地商、繊維問屋などとも呼ばれ、このうちテーラーや洋装店、一般の人たちに生地を小分けして販売する業者は「切売商（きりうりしょう）」と呼ばれる。

生地商 ［きじしょう］⇒生地卸商

生地メーカー ［きじ＋maker］布帛やニット生地、レースなどの生地を作る業者。

ファッションビジネス

織物を作るところは機屋（はたや）とか織布メーカーとも呼ばれ、編物地を作るところはニッターとも呼ばれる。こうした業者を総称して、ファブリックメーカーとかテキスタイルメーカーとも呼んでいる。

協力工場型生産企業［きょうりょくこうじょうがたせいさんきぎょう］素材購入能力はあるが、商品企画機能までは備えていないアパレル生産企業を指す。アパレル卸商*などの企画に基づいて素材を購入し、製品化して納入するのが特徴。これを一般に「協力工場」という。

切売商⇒生地卸商

グレーディング［grading］標準サイズで作られたパターン（型紙）を、サイズ展開に応じて拡大したり縮小したりすること。その方法には人が手で行うハンドグレーディング［hand grading］と、コンピューターを用いるコンピューターグレーディング［computer grading］の2つがある。

クロージングカンパニー⇒ガーメントカンパニー

クロージングメーカー［clothing maker］テーラードクロージングメーカーを略した日本的な名称で、スーツやコートなどの重衣料*（テーラードクロージング*）を主体とするアパレルメーカー*を指す。「重衣料メーカー」とか「重装屋」とも呼ばれる。

現金卸商［げんきんおろししょう］現金問屋、前売問屋ともいう。小売業者が現金で商品を仕入れ、自ら持ち帰ることを原則とする卸商。東京・横山町や大阪・丼池、岐阜駅前などに現金問屋街を形成している。ファストアパレル*と同義で、ＣＣアパレル*とも呼ばれる。このうちセルフサービス方式をとっている大手、中堅の業者をセルフ卸商［self＋おろししょ

う］と呼び、これはスーパーマーケット型の卸商であるのが特徴。

検品［けんぴん］製品検査のこと。英語ではインスペクション［inspection］という。製品が規格通りにできているかどうかを検査することをいい、多くは工場での最終チェックとして行われる工程を指す。この際、縫い針混入などを調べる検品機のことを「検針機」と呼んでいる。

工業パターン⇒セカンダリーパターン

コンバーター［converter］正しくはテキスタイルコンバーター［textile converter］で、生地の企画・開発を特色とする生地卸商（生地問屋）を指す。服地などの商品企画を行い、機屋（織布メーカー）や染色業者などに加工を委託して、これをアパレル企業などに販売する専門業者をいう。近年、こうした業態に移行しようとする大手、中堅の服地商が目立つ。元はアメリカで生まれた業種で、今日ではイタリアでいうインパナトーレ*とほぼ同じ内容を持つ。コンバーターには本来「（電気の）変換器、チャンネル変換装置」といった意味があり、いわゆる仲介機能のことを「コンバーター機能」ということがある。最近では工場型のコンバーターも登場しており、これをミルコンバーター［mill converter］と呼んでいる。

コンピューターグレーディング⇒グレーディング

コンピューターパターンメイキング［computer patternmaking］コンピューター使用による型紙制作。数値を入れるだけで自動的に型紙ができるシステムが特徴とされる。アパレルCAD／CAMシステム*の重要ポイントのひとつ。

産地［さんち］特定の業者が集結して生産を行っている地域のこと。いずれも産地特性があり、繊維でいえば合繊の北陸産地、毛織物の尾州産地、綿織物の遠州産

地、絹織物の丹後産地、またニットの山形、新潟、東京といったところがあげられる。こうした場所に存在する卸商を「産地卸（商）」という。

産地卸商⇒産元商社

産元商社［さんもとしょうしゃ］特定の産地に基盤を持つ商社で、石川、富山、福井の北陸3県に集中しているのが特徴。「産地卸商」というと、新潟、山梨、岡崎の3ニット産地だけに存在する卸商を指す。ともに地域卸商の一形態。

ジーンズアパレル［jeans apparel］ジーンズおよびその関連アイテムを中心とする衣料分野。ジーンズ製造卸の専門業者は一般に「ジーンズメーカー」と呼ばれる。近年、4大アパレル*のほかにスポーツウエアやジーンズ、下着の部門を加える動きが現れており、スポーツウエアは「スポーツアパレル*」、下着は「インティメートアパレル*」と総称されるようになっている。

シグネチャーライン⇒シグネチャーブランド

集散地卸商［しゅうさんちおろししょう］商品の大規模な収集や分散を行う集散地と呼ばれる場所にあって、卸業を専門とする業者を指す。多くは東京、大阪、名古屋などの大都市に存在し、小売業者や地方卸商などに商品を販売する。問屋街を形成する現金卸商*もこの一種とされる。

受託加工型生産企業［じゅたくかこうがたせいさんきぎょう］いわゆる「下請け工場」のこと。他企業からの商品企画、作業指示、素材・副資材の提供を受けて所定の作業を行い、製品を納入するアパレル生産企業を指す。日本のアパレル生産企業で最も多く見られる業態で、そのほとんどが中小・零細企業となっているのが特徴。一般に「下請生産」とか「受託生産」「賃加工」などと呼ばれる。

純工［じゅんこう］衣服の製造において、工場が注文先から素材、副資材（付属）すべての供給を請けて生産する方式をいう。これに対して、付属だけ作り手（工場）側で揃えて作る方式を「属工」という。

商社［しょうしゃ］歴史上、特異な形態で発展してきた日本独自の企業で、国内外からの原料、半製品、製品などの仕入れや販売、その他さまざまな業務を総合的に行う。外国との貿易取引の率が高く、経営規模も大きいため、一般の卸売業（問屋）とは区別される。ファッション業界から見ると、糸・生地部門を含む「総合商社」と繊維中心の「専門商社（繊維商社）」に分かれる。英語ではコマーシャルファーム commercial firm あるいはトレーディングカンパニー trading company などという。なお、三菱商事、三井物産、伊藤忠商事、丸紅、住友商事、双日の6社を、日本の6大総合商社と呼んでいる。

商流［しょうりゅう］「商的流通活動」の略。流通活動の種類のひとつで、ビジネス上の商取引を総称する。流通活動にはこのほかに「物流*」と「情報流通活動」があり、後者を「情流」とも略称している。これにはコンピューターを活用する POS システム*などが含まれる。

情流⇒商流

少ロット短サイクル［しょう＋lot たん＋cycle］商品の生産数量を少なくして、短期間で納入する生産システムをいう。「多品種・少量生産・短納期」といった表現もある。QR システムの端的な表現とされる。

職出し［しょくだし］アパレル企業の生産管理*における一工程で、パターン（型紙）に使用する素材（生地）と場合によっては付属を付けて、縫製工場に出す作業を指す。ここでは生産指図書*や縫製仕様

ファッションビジネス

書などの添付も重要なポイントとされる。

ジョバー⇒アパレルジョバー

スタイル画⇒製品図

スプレディング⇒延反

スペシフィケーション⇒生産指図書

スローパー［sloper］「原型」のこと。量産用既製服の製造に用いる最も基本的な平面の型紙を指す。これを変化させて、さまざまなデザインに応じた型紙が展開されることになる。いわゆる工業用パターンの基本とされるもので、マスターパターン［master pattern］（基本パターン）ともいう。

生活文化産業［せいかつぶんかさんぎょう］ファッション産業＊を指す別称のひとつ。広義のファッションの意味とされる「生活文化の反映」をそのまま落とし込んだもので、ファッションはライフスタイルそのものという意味付けから「ライフスタイル産業」とも呼ばれる。また「生活文化提案型産業」という表現もあるが、これは1988年に当時の通商産業省（現・経済産業省）が提唱した繊維ビジョンにおける「生活文化提案型産業への新たな展開」という文言に由来している。

生産管理［せいさんかんり］アパレル企業における生産に関する管理業務のこと。「職出し＊」と呼ばれる外注管理と、生産そのものに関わる工程管理に分かれ、英語ではプロダクトマネジメント［product management］あるいはプロダクトコントロール［product control］、またプロダクションマネジメント［production management］などという。

生産指図書［せいさんさしずしょ］「製造指示書」ともいう。製品の生産（製造）の作業を指図するための文書のことで、アパレル生産の場合には、これにスペシフィケーション［specification］（略して

スペックとも）と呼ばれる「縫製仕様書」（製品仕様書）とパターン（型紙）を付けて工場に出されることになる。工場ではこれにしたがって忠実にものを作ることが求められる。

生産用パターン⇒セカンダリーパターン

製糸メーカー［せいし＋maker］製糸とは蚕の繭から繊維を繰り出して、生糸（きいと）を作り上げる作業を指し、このような仕事を専門とするメーカーをいう。「製糸企業」とも呼ばれ、シルクの精製に際してはほかの天然繊維や化学繊維とは全く異なる工程を経るため、紡績企業や化合繊メーカーとは区別してこのように呼ばれる。

製造指示書⇒生産指図書

製品図［せいひんず］製品の仕上がりの状態を簡潔かつ正確に表現した図柄のことで、アパレル生産の場合には「絵型（えがた）」とか平画「（ひらが）」、またかっちりと描くことから「カチン画」、ハンガーに吊るした状態であるところからハンガーイラスト［hanger illustration］などと呼ばれる。場合によっては、これらを「デザイン画」とか「スタイル画」と呼ぶこともある。

精錬⇒染色整理業者

セカンダリーパターン［secondary pattern］「第2パターン」の意で、セカンドパターン［second pattern］ともいう。サンプル作成用に作られるファーストパターン＊とは異なって、実際の生産に用いられる型紙を指し、工場で必要とされる量産のための必要条件がすべて揃っていることが特徴となる。このことから「工業パターン」とか「工業用パターン」とも呼ばれる。また、これを修正して工場側で作る型紙を「生産用パターン」と呼んでいる。

セカンダリーホールセーラー⇒二次卸商

セカンドパターン⇒セカンダリーパターン

セルフ卸商⇒現金卸商

繊維産業［せんいさんぎょう］狭義の英語ではテキスタイルインダストリー［textile industry］といい、ここから「テキスタイル産業」とも呼ばれる。繊維品（糸、生地、繊維製品）の生産・卸・小売に携わる企業群の総称。原糸メーカーから小売企業まで含まれることになるが、狭義には糸メーカーや生地メーカーなどアパレル素材を提供する企業群だけを指す場合がある。一般にアパレル産業は繊維産業の一員に位置付けられる。かつてはこうした仕事を俗に「糸へん」と呼び、この業界を「糸へん業界」と呼んでいた。

繊維ファッション産業［せんい＋fashion＋さんぎょう］あまりにも膨大な意味を持つファッション産業＊という言葉を、繊維品に限定することによってその範囲を明確にしようとするもの。広義の繊維産業＊のうち、衣服を中心として寝具、インテリア系、またネクタイや靴下などのアパレル小物とその素材の生産・卸・小売にかかわる企業群が含まれる。

染色整理業者［せんしょくせいりぎょうしゃ］生地の染色や、仕上げ加工と呼ばれる各種の整理作業に関わる業者の総体。染色整理には、生地を精錬（せいれん scouring＝不純物や夾雑物、汚れなどを除去して生地をきれいにすること）・漂白・染色し、それを水洗いしたり、洗剤で洗ったり（ソーピング）、乾燥させたりするすべての作業のほか、生地の幅出しや艶出しなどの作業も含まれる。

専門アパレル［せんもん＋apparel］「専業アパレル」とも。総合アパレル＊に対し、4大アパレル＊のうち、どれかひとつをメインとするアパレル卸商＊を指す。他の部門を扱っていても、それが突出していなければ専門アパレルと見なされる。扱い部門にしたがって「紳士服（メンズ

ウエア）メーカー」とか「婦人服（レディースウエア）メーカー」などと呼ばれる。別に「専門卸商」とか「専門メーカー」といった呼称もある。

ソウイング⇒マーキング

ソウイングマニュファクチュア⇒縫製企業

総合アパレル［そうごう＋apparel］アパレル4大部門（紳士外衣、婦人外衣、子供外衣、ニット外衣）のうち、少なくとも3部門を扱い、そのどれもが年商の3分の2を越えることのない大手、中堅のアパレル卸商＊を指す。「総合卸商」ともいい、俗に「総合メーカー」とか「トータルファッションメーカー」などとも呼ばれる。

総合問屋［そうごうどんや］元々生地卸商＊から発展したタイプの卸商で、大手の集散地卸商＊に多い。総合的に商品を扱うところからこのように呼ばれ、「総合卸」とも呼ばれる。

属工⇒純工

ダイイングファクトリー⇒プリンター

多品種・少ロット・短サイクル［たひんしゅ・しょう＋lot・たん＋cycle］品種を多くし、各生産数量は少なくして、短期間で納入しようとする生産システムをいう。「多品種・少量生産・短納期」といった表現もあり、いわゆるQR＊（クイックレスポンス）システムの端的な表現のひとつとされる。

地方卸商［ちほうおろししょう］中央卸商＊が存在する都市以外の地方都市に本社を置く卸商のことで、周辺の小売業者を対象としている。取扱商品の主力を元卸から仕入れている二次卸商のほとんどがこれに当たる。「地域卸（商）」とも呼ばれる。

中央卸商［ちゅうおうおろししょう］東京、大阪、名古屋、京都の4都と神戸、横浜、岐阜に本社を置くアパレル卸商。地方卸商＊の対語として作られたもので、全国

ファッションビジネス

の小売業者を対象としてビジネス展開する。

中間流通業者［ちゅうかんりゅうつうぎょうしゃ］流通に関わる業者のうち、生産者と小売業者（販売店）の間に介在する卸商（問屋）のことを指す。俗に「流通」とも呼ばれ、ここから「流通（問屋）が入ると価格が高くなる」といった言葉が生まれた。「問屋無用論」が叫ばれたこともある。

チルドレンズアパレル⇒4大アパレル

ディストリビューション⇒流通

テーブルニッター⇒テーブルメーカー

テーブルメーカー［table maker］アパレル生産企業*の一種で、生産設備と生産要員は持たずに、もっぱらアパレル卸商*の発注にしたがって生産の手配や集荷、納品のみを担当する業者を指す。持っているのは事務所のテーブルだけというところから、このように呼ばれるもの。特にニットウエアの分野に多く見られ、ここからテーブルニッター［table knitter］とも呼ばれる。

テキスタイルインダストリー⇒繊維産業

テキスタイルコンバーター⇒コンバーター

テキスタイル産業⇒アパレル素材産業

テキスタイルメーカー［textile maker］テキスタイルは「織物」また「織物材料」のことで、織物を生産する企業を総称する。「織布メーカー」とか「織物メーカー」とも呼ばれるが、一般には「生地メーカー」として知られる。

デザイナーアパレル⇒デザイナーハウス

デザイナーハウス［designer's house］ファッションデザイナーの主宰によって活動を行っているアパレル企業のことで、デザイナーアパレル［designer's apparel］とも「デザイナー企業」ともいう。デザイナーブランド*を持ち、コレクション*を行うのが特徴だが、なかには卸だけを

行うところもある。

デザイナーパターン⇒パターン

デザイニング［designing］デザインを起こすこと。アパレル（衣服）のものづくりにおいて、企画コンセプトに沿って基本デザインを決定することを指し、一般にデザイナーによってデザイン画が描かれることからスタートする。これにはアイテムごとのスタイリング*や素材、色柄、ボタンなど付属類の決定も含まれる。

デザイン画⇒製品図

デザインソース［design source］デザインの発想源。さまざまな要素が挙げられるが、一般的に地理的なものとしての世界の民族衣装（民俗衣装）と、時間を遡る歴史的なものとしての過去の衣装が代表的なモチーフとされる。そのほか古今の音楽や美術、映画、ストリート風俗なども重要なモチベーション（動機付け）のひとつとなる。

テリトリーコンバーター［territory converter］企画・開発機能を持つ生地卸商をテキスタイルコンバーター*というが、その小型版として登場した中小の生地商社を総称する。自社の得意とする素材や手法の領域（テリトリー）を決め、特定の販売先に絞り込むという特質をもち、専門知識をもつプロによって組織されているのが特徴。

デリバリー⇒物流

ドレーピング［draping］「立体裁断」の意。人の体や工業用ボディーなどにシーチング*やトワル*といった生地や服地をピンで留め付け、ハサミでカットしながら衣服の形を作り上げていく方法をいう。また、こうして作った原型や、以前に使用した「有り型（ありがた）」と呼ばれるパターンを使ってさまざまなパターンを作る方法も指す。これに用いる粗末な綿布の名をとって、そのままシーチング

とかトワルと呼ぶこともある。

仲間卸 [なかまおろし] 仲間同士で商品を融通し合うことをいい、ファッション業界ではアパレル卸商＊と他のアパレル卸商とで行う商取引を指す。現在ではほとんど行われなくなっている。

二次卸商 [にじおろししょう] 一次卸商＊を通して仕入れ、卸売を行う業者をいう。「二次問屋」とも呼ばれ、英語ではセカンダリーホールセーラー secondary whole-saler などという。

二次メーカー [にじ＋maker] 一次製品と呼ばれる糸と生地の二次加工を行って製品に仕上げるメーカーのことで、縫製メーカーとニッター＊（編立て業者）が相当する。一般に製造卸であるアパレルメーカーのこともこのように呼んでおり、その製品は「二次製品」と呼ばれる。

ニッター [knitter] 元々は「編む人」の意だが、ファッション業界では「編立て業者」という意味で用いられる。これにはジャージーなどのニットファブリック（編物生地）を作るニット生地メーカーをいう場合と、セーターなどのニット製品を糸から直接作るニットウエア製造企業のことをいう二通りの解釈がある。

ニットアパレル⇒4大アパレル

パターン [pattern] 「型、様式」また「模様、柄」などの意味もあるが、ここでは衣服の「型紙」の意として用いる。生地の裁断用とされるもので、デザイナーが描いたデザイン画を基に、最初に作る型紙をファーストパターン [first pattern]（第1パターン、デザイナーパターン designer pattern とも）というように用いる。

パターンメイキング [patternmaking] 型紙を作る作業をいう。立体裁断（ドレーピング＊）による方法と、平面製図によるフラットパターン＊の方法が代表的。衣服の実際的な生産はほとんどがここからスタートする。

機屋 [はたや] 織物地を作る生地メーカーのことで、「織布メーカー」とも「織物メーカー」とも呼ばれる。機というのは「織機」のことで、こうした業者は産地を形成するのが特徴となっている。例えば毛織物は尾州産地（愛知県）、合繊織物は北陸産地が有名。英語ではウイーバー [weaver] と呼ばれ、織元から注文を受けて「機織り」を行う「賃機（ちんばた）」という仕組みも見られる。

バッタ屋 [ばったや] 正規のルートを通さずに手に入れた商品を、極端に安い値段で売る仲買人をいう俗称で、「金融品卸商」ともブローカー broker とも呼ばれる。ファッション業界では「陰の掃除人」と呼ばれ、リスクを自分で負わないのが、一般のジョバー＊（問屋）との違いとされる。「大安売りする、投げ売りする」という意味の「ばったに売る」とか「ばったりに売る」というところから生まれた言葉とされる。

バルク [bulk] 本来「（大きなものの）かさ、容積、巨体、大量の」といった意味で、ここからファッションビジネス用語としては、まとまった規模の生産や納品を指すようになった。「バルク生産に入る」「バルクで納品する」のように用いられ、他に（船の）積み荷や梱包されていないバラ積みの貨物などの意味もある。

ハンガーイラスト⇒製品図

半製品 [はんせいひん] 半分しか完成していない製品という意味で、繊維製品でいえば、原糸を1次加工して作られる生地などが該当する。このことから「1次製品」ともいい、2次加工することによって、衣服という製品（2次製品）が生まれることになる。

ハンドグレーディング⇒グレーディング

ファッションビジネス

平画（ひらが）⇒製品図

ファーストパターン⇒パターン

ファイバープロデューサー⇒ファイバーメーカー

ファイバーメーカー［fiber maker］ファイバーは「繊維」のことで、繊維メーカーを指す。糸の元を作ることから「原糸（げんし）メーカー」とも呼ばれる。正しくはファイバープロデューサー［fiber producer］。

ファッションインダストリー⇒ファッション産業

ファッション演出産業［fashion＋えんしゅつさんぎょう］ファッション知識産業＊などと同じく、ファッションビジネスの周辺産業のひとつで、店舗の売場演出やファッションショーなどに関わる仕事の総体を指す。ここには各種のデザイナーや企画会社、デコレーター、またショーの演出家やスタイリスト、モデルなどが関わってくることになる。

ファッション化産業［fashion＋かさんぎょう］ファッション商品とは直接関係ないものの、いわゆる生活文化としてのファッション化が著しい産業をいう。音楽産業や映画・ＴＶ産業を始めとして自動車産業、住宅産業、家具産業、インテリア産業、レジャー産業、スポーツ産業、ビューティー産業などがあげられる。

ファッション関連産業［fashion＋かんれんさんぎょう］ファッション産業＊をアパレルとアクセサリーのメーカーと卸商に限定した場合、その素材や副資材を生産し、ファッション産業に提供する産業をこのように呼ぶ。ファッション素材産業＊（テキスタイル産業）と同じになるが、ここでは染色整理業者や縫製機器業者、付属品業者なども含まれる。

ファッション小売産業［fashion＋こうりさんぎょう］ファッション商品（衣服とア

クセサリー）の小売に関わる産業の総称。そうした産業に関わる業者は「ファッション小売企業」と呼ばれ、これをファッションリテイラー［fahion retailer］とも呼んでいる。

ファッション産業［fashion industry］英語ではファッションインダストリー。一般にファッション商品（アパレル＝衣服とアクセサリー＝身の回り品）の生産と流通に関わる産業をいい、その概念には広いものがある。アパレル産業とアクセサリー産業を中心として、ファッション小売産業やテキスタイル関係のファッション関連産業、またファッション知識産業・ファッション演出産業を含み、最も広義にはレジャー産業などのファッション化産業まで含まれることになる。繊維品の生産・卸・小売に関わる「繊維産業＊」とは少しニュアンスの異なる用語として用いられる。

ファッション素材産業⇒アパレル素材産業

ファッションソフト産業［fashion soft＋さんぎょう］各種の企画やデザイン、マーケティングなどファッションのソフトビジネスに関わる産業の総体を指す。いわゆるファッションソフトハウス（FSH）などが含まれる。

ファッション知識産業［fashion＋ちしきさんぎょう］ファッションの情報発信や教育など知識・情報（インテリジェンス intelligence）の分野に関わる産業の総体を指す。新聞、雑誌などのファッションジャーナリズムを始め、ファッション専門学校などの教育機関などが含まれる。

ファッションメーカー⇒アパレルメーカー

ファッションリテイラー⇒ファッション小売産業

ファブリックホールセーラーズ⇒生地卸商

副資材メーカー［ふくしざい＋maker］副資材とは、衣服の表生地（表地）を「主

ファッション産業（構造・企業／生産系）

資材」というのに対して用いられる言葉で、裏地や芯地、ボタン、ファスナー、パッド、テープ、ブレード、また縫い糸、刺繍糸など服作りに欠かせない材料を総称する。こうしたものを製造し提供する業者をこのように呼び、これらはまた「付属品」とか「付属」ともいうことから「付属メーカー」とも称される。

物流［ぶつりゅう］「物的流通活動」の略。梱包、包装、荷役、輸送、保管、仕分け、流通加工（タグ付け、値札付けなど）といった実際的な商品の運搬に関わる業務を総称する。デリバリー[delivery]（配送、配達の意）ともいうが、最近ではロジスティクス[logistics]（「兵站（へいたん）学」の意）の概念で語られることが多くなっている。ロジスティクスは軍隊における後方支援部隊を意味する軍事用語で、軍需品の輸送や補給、修理などを担当する。これがビジネス用語にも用いられるようになったもので、一般に「戦略的物流」などと訳されている。

フラットパターン［flat pattern］平面製図による型紙。体各部の寸法を基にして平面上で製図して起こした型紙のことで、ドレーピング＊（立体裁断）の対語として用いられる「平面裁断」用の型紙を指す。

ブランドメーカー［brand maker］アパレル生産企業の中で、商品企画の機能と素材の購入能力を持ち、自己のブランドが消費者にまで通用しているところをいう。本来のアパレルメーカーがこの形態で、日本では紳士服、スポーツウエア、ジーンズ、学生服などの大手企業に見られる。

プランニングマップ⇒マップ

フリーストック［free stock］受注を待たないで生産に入り、即納可能とする商品をストックしておく生産システムのこと。受注生産ではなく、特定の販売先も決まっていないのが特徴で、メーカー側がリスクを張る卸売の新しい手法として注目を集めている。

プリンター［printer］プリント（捺染）の専門業者、プリント工場のこと。生地に捺染を行う業者のことで、こうした工場を正しくはプリンティングファクトリー[printing factory]という。ちなみに染色（浸染）工場はダイイングファクトリー[dyeing factory]と呼ばれる。

プリンティングファクトリー⇒プリンター

プレゼンボード⇒マップ

プレッシング［pressing］ここでのプレスは「アイロンをかけること」また「プレス機器」の意で、衣服の生産における仕上げのひとつである「アイロンかけ」をいう。ソウイング（縫製）の終わったあとのボタンホール開けやボタン付けなどの作業を「後工程」などというが、これもそのひとつで、一般に「仕上げプレス」と呼ばれる。

プロダクションマネジメント⇒生産管理

プロダクトコントロール⇒生産管理

プロダクトマネジメント⇒生産管理

プロントモーダ［pronto moda 伊］イタリア語で「素早い流行品」を表す。売れ筋情報などを元にいち早く企画し、展示会を開いて受注するイタリアのアパレルメーカーをいう。トレンドを取り入れ、手頃な価格で提供するのを特徴とするが、シーズンに先駆けてコレクションを発表するデザイナーブランドとは仕組みを異とする。元々イタリア・トスカーナ地方の繊維産地プラートなどが発祥とされ、1980年代に誕生して以来、今日まで続く

縫製企業［ほうせいきぎょう］「縫製業」とも。英語ではソウイングマニュファクチュア[sewing manufacture]などと呼ばれる。縫製メーカーのことで、一般に「縫

製工場」として知られる衣服の二次加工業者を指す。自社で企画から素材の購入を行い、自社ブランドをつけて販売する企業もあるが、日本では多くが協力工場や下請工場の形をとり、単に縫製して納入するという形をとるだけのところが多い。

縫製仕様書⇒生産指図書

紡績企業［ぼうせききぎょう］英語ではスピニングカンパニー spinning company などという。綿花や羊毛などの天然繊維また化学繊維のステープル（短繊維）を長く連続した糸にする「紡績」という作業を専門とする企業のことで、扱う原料によって綿紡、毛紡、麻紡、絹紡、スフ紡、合繊紡、ガラ紡などの種類がある。これらを総合的に行う大企業が多く存在する。一般に「紡績メーカー」とも呼ばれる。こうした企業や化合繊メーカー*、製糸メーカーなど糸を作る企業を総称して「糸メーカー」ともいう。

ホールセーラー［wholesaler］「卸売業者」の意で、「問屋」とも呼ばれる。ホールセール［wholesale］は「卸、卸売」の意で、メーカーなどから品物を購入して小売業者へ販売すること。こうした卸売業や活動のことはホールセーリング［wholesal-ing］という。ホールセーラーはまたホールセールディーラー［wholesale dealer］ともホールセールマーチャント［whole-sale merchant］とも呼ばれる。

ホールセーリング⇒ホールセーラー

ホールセール⇒ホールセーラー

ホールセールディーラー⇒ホールセーラー

ホールセールマーチャント⇒ホールセーラー

マーキング［marking］「型入れ」の意で「裁ち込み」などともいう。ソウイング［sewing］（縫製）の前に行われる服作りの作業のひとつで、使用する生地の上に型紙をはめ込み、効率的にマーカーラインを引くことをいう。これの良否によって生地の必要な長さ（用尺*）も変化する。このあと生地は裁断され、ソウイングに回されることになる。マーキングにはまた「値札付け」などの意味もある。

マスターパターン⇒スローパー

マップ［map］「地図」の意だが、アパレルの商品企画においては企画の要旨を示すプランニングマップ［planning map］（企画マップ）の略として用いられる。わかりやすくさせるために、参考写真やイラスト、デザイン画、またカラーチップ*などを用い、通常ボード紙に貼ってパネル化したものが用いられる。こうしたものをプレゼンボード［presentation board］（プレゼンテーションのための板の意）ともいう。

マンションメーカー［mansion maker］マンションの一室をオフィスとして、少人数、小規模で個性的なものづくりを行うアパレル企業をいう和製語。「マンション卸商」とも呼ばれ、1960年代後半に東京の原宿や青山などに登場し、その後のDCアパレル*の先駆けとなった。いわばベンチャービジネス型専門卸のひとつ。

ミニインポーター⇒インポートトレーダー

ミルコンバーター⇒コンバーター

メンズアパレル⇒4大アパレル

用尺［ようじゃく］「ようしゃく」ともいい、「要尺」とも表記される。ひとつの衣服を作るのに必要な生地の寸法（長さ）のこと。また、工業用パターンに基づいての一定の生産着数を作るのに必要な生地使用量のことも意味する。

4大アパレル［4だい＋apparel］既製服の4つの大きな部門を指す。メンズアパレル［men's apparel］（紳士服）、レディースアパレル［ladies'apparel］（婦人服）、チルドレンズアパレル［children's appar-

ファッション産業（構造・企業／生産系）

el］（子供服）、ニットアパレル［knit apparel］（ニット外衣）の4つで、それを扱うアパレルメーカーはそれぞれメンズファッションメーカー（紳士服メーカー）、レディースファッションメーカー（婦人服メーカー）、ベビー・子供服メーカー（キッズファッションメーカーとも）、ニットウエアメーカー（ニットメーカーとも）というように呼ばれる。

ラックジョバー［rack jobber］店舗から一定の場所を任されて、そこの商品構成や補充などを専門に行う卸商をいう。アメリカの業界によく見られる業態のひとつで、ラックは「置き棚」、ジョバーは「卸商人」を意味する。

流通［りゅうつう］生産から消費までの商品の流れ。できあがった商品を消費者の手に渡すまでの仕組みのこと。この道筋を「流通経路」とか「流通チャネル」「流通ルート」などという。英語ではディストリビューション［distribution］と呼ばれる。

流通加工⇒物流

レディースアパレル⇒4大アパレル

ロジスティクス⇒物流

ファッションビジネス

ファッション産業（小売関係）

アイコンショップ [icon shop] 多店舗展開の中でも、特にプレミアム度の高い商品ばかりで品揃えされ、店舗群のアイコン（目印）とされる店をいう。アイコンには「（ギリシャ正教の）聖像」という意味のほか、コンピューター画面上のシンボル化された絵記号の意味もある。

アイテムショップ [item shop] ひとつのアイテム（品目）だけで構成した専門店。シャツだけ、ネクタイだけというように、ワンアイテムにこだわって専門性を打ち出し、奥の深い商品構成を追求するのが特徴。

アウトレットストア [outlet store] アウトレットは「出口、放出口、はけ口」の意味で、「販路、市場、小売店」の意味でも用いられる。余剰在庫などを格安の値段で販売する店を指し、アウトレットショップ outlet shop とも呼ばれる。元々アメリカでアパレルメーカーがその工場で、余剰品やB級品（キズ物）、シーズン遅れの品などを安く販売したところから始まったもので、現在ではそうした商品を集積して販売するメーカー直営型の安売り専門店を総称するようになっている。これはまたファクトリーアウトレット*とリテイルアウトレット*の2タイプに大別される。日本では1990年代になって登場した比較的新しい業態。

アウトレットセンター⇒アウトレットモール

アウトレットモール [outlet mall] アウトレットストア*を多数集合させたショッピングセンターの一種。モール*は「歩行者専用商店街」の意で、アウトレットセンター [outlet center] などとも呼ばれる。アメリカには超大型のものも見られるが、日本でも1993年11月オープンの埼玉県ふじみ野市の〈リズム〉を第1号として各地に本格的な施設が揃ってきた。

アップスケールディスカウンター [upscale discounter] 内装やサービスの質を高めることによって商品のイメージまで高める販売手法を特徴としたディスカウントストア*。ここでのアップスケールは「社会的地位が平均以上の」とか「高級消費者層の」といった意味から来ている。アメリカのDS〈ターゲット〉がその代表的な店とされる。

アップスケールデパートメントストア [upscale department store] 現在のアメリカにおける百貨店の位置付けを示す表現のひとつで、ニューヨークの〈ブルーミングデールズ〉に代表される高級品主体の確固たる地位を築いている店をこのように呼ぶ。アップスケールは「社会的地位が平均以上の」また「高級消費者層の」といった意味を表す。

アパレルカフェ [apparel café] アパレルメーカーなどが、その直営店内に併設するカフェのこと。入店者にゆったりした気分を味わってもらい、ゆっくりショッピングを楽しんでもらうことを目的として作られるもので、ファッショナブルな雰囲気とおしゃれなスイーツや飲み物などを提供することによって、これまでのファッション店のイメージを一変させる

ファッションビジネス

のに成功している。当初は百貨店内に設置される例が目立ったが、いまでは大型専門店などにも多く登場している。

アンカーテナント［anchor tenant］アンカーは「支え」の意で、日本でいうキーテナント［key tenant］のアメリカでの呼称。ショッピングセンター*の中で最も中心となる店舗のことを指し、一般に「核店舗」と呼ばれる。これに対する他の店舗はサブテナント［subtenant］と呼ばれることになる。

アンテナショップ［antenna shop］アパレル企業が自社商品の販売に先駆け、消費者のさまざまな情報を入手する目的で設置する店舗を指す。アンテナを高く掲げて情報を収集するという意味でこのように呼ばれるもので、パイロットショップ*とかコンセプトショップ、また「覆面ショップ」などとも呼ばれる。ファッションの最先端を行く街に置かれることが多い。

委託取引［いたくとりひき］英語表記ではコンサインメントトレード［consignment trade］という。アパレル企業側が小売企業に商品を一定期間預けて販売してもらい、売れた分だけ支払ってもらうという取引形態をいう。販売はその店の人が行い、残品はアパレル企業が引き取るという形を原則とする。一般に商品を店に預けて販売してもらうことを「委託販売」と呼んでいる。

委託販売⇒委託取引

インキュベーションビジネス⇒インキュベートショップ

インキュベーター［incubator］インキュベート（卵をかえす）からインキュベーターは「孵卵器（ふらんき）」また「保育器」の意を表す。ここではインキュベートショップ*と同じ意味で用いられ、新人発掘の機能を持つファッション小売店舗や

商業施設を指す。

インキュベートショップ［incubate shop］インキュベートは「卵をかえす」という意味。無名のデザイナーや知名度の低いブランドを、卵をかえすように育て上げ大きく伸ばしていくことを目的とした、あるいはそのような機能を含んだファッション専門店を指す。インディーズブランド*系のデザイナーが多く台頭するに及んで、1970年代以来、再びこうした活動が目立っている。このような事業を総称してインキュベーションビジネス［incu-bation business］と呼ぶ。

インショップ［in-shop］ショップインショップ*（専門店の集合体によるSC形態）の中にある店舗のことで、ファッションビルや駅ビルの中の専門店をいう。百貨店の箱型売場もこのインショップ形式の出店が多い。

インターネットショップ［internet shop］パソコンのインターネット上に存在する店のことで、バーチャルショップ*（仮想店舗）と同義。略してネットショップ［net shop］ともいう。

インディーズショップ［indies shop］自主独立型のいわゆるインディーズデザイナー［indies designer］と呼ばれる人たちのブランド商品を専門に扱う店のこと。また大手の流通企業に属することのない、きわめて個性的な独立系のファッション専門店をこのように呼ぶこともある。

インディーズデザイナー⇒インディーズショップ

インノーステーションショップ⇒エキナカ

インベントリーマネジメント⇒ストック

インポートショップ［import shop］海外からの輸入品であるインポートブランド*商品を専門に扱う店のこと。日本のファッション業界では、特に欧米からの

有名デザイナーブランドやショップブランドの商品を扱う専門店を指すニュアンスが強い。インポートは「輸入する」また「輸入」の意。

ウエアハウスアウトレット [warehouse outlet] 倉庫型アウトレットストアの意。メーカー直販型のアウトレットストア*のことで、ボックスストア*などの名でも知られる。

ウエアハウスクラブ⇒ホールセールクラブ

ウェブショップ⇒バーチャルショップ

ウオーキングストック⇒ストック

売り上げ仕入れ⇒消化取引

売り仕⇒消化取引

エキチカ [駅＋地下]「駅の地下」の意で、鉄道駅の地階に設けられた店舗の集合体を俗称する。エキナカ*やデパチカ*といった表現になぞらえたもので、最近では特に地下鉄の地階にオープンした〈表参道エチカ〉などが、新しい飲食やファッションのスポットとして話題を集めている。

エキナカ [eki-naka]「駅中」の意で、鉄道駅構内に設けられた店舗の集合体を指す。英語でインナーステーションショップ [inner station shop] とも呼ばれ、最近ではさまざまな種類の店を網羅した大規模な形のものも見られるようになっている。JR立川駅の〈ecute立川〉などが代表的。

駅ビル [えき＋building] 鉄道駅の建物を商店街としたショッピングセンターの一種。鉄道会社がディベロッパーとなり、ファッション専門店などのテナントを集積し、ファッションビル*と同じような形をとったもので、JRの〈ルミネ〉に代表される。

エディトリアルショップ [editrial shop] 編集型の専門店。特定のターゲットのライフスタイルに合わせ、さまざまな分野から商品を集めて構成した複合型のショップを指す。衣料を中心に、生活雑貨、ステーショナリーグッズ（文房具）、インテリアグッズなどが、統一された嗜好のもとにトータルで揃えられているのが特徴。

エンクローズドモール⇒モール

エンターテインメントデパート [entertainment department store] エンターテイリング*の考え方にしたがって開発された新しい発想の百貨店。娯楽性を特徴とした商業施設で、パワーエンターテインメントセンター*と呼ばれるSCなども、同じ考え方で開発されたものといえる。

オープンプライス [open price]「オープン価格」の意。メーカーが自社の製品に「希望小売価格*」を付けず、小売側がそのときの現場の状況に応じて自由に決定する価格。そうした方法を「オープンプライス制」という。現在は家電や化粧品の分野での導入が進んでいる。

オープンマーケット [open market]「開かれた市場」の意。自店にとって適品と判断されれば、どこからでも仕入れることができる取引構造をいう。欧米では常識とされ、これを妨害する行為は独占禁止法違反とされる。

オープンモール⇒モール

オフプライサー⇒オフプライスストア

オフプライスアパレル [off-price apparel] アパレル企業主導型のオフプライスストア*。安売りを特徴とするファッション衣料専門店のひとつだが、一般のOPSが小売業主導であるのに対し、これはアパレル企業が主体となって展開するところに特性がある。特にデザイナーブランドの最終処分品を販売する店はブランドディスカウントストア [brand discount store] などとも呼ばれる。

オフプライスストア [off-price store] OPS

ファッションビジネス

と略されることが多い。通常の価格より安い値段で販売する店のことで、DS(ディスカウントストア*)の一種だが、ファッション系のOPSでは特に有名ブランド品を安く売る店をこう呼ぶことが多い。オフプライサー［off-pricer］ともいう。

オムニチャネル・リテイリング［omni-channel retailing］オムニチャネルは「すべての接点」の意で、あらゆる接点で客とコミュニケーションをとろうとする購買活動の概念を指す。ブランド側がリアル店舗とウエブストア、SNS（ソーシャル・ネットワーキング・サービス＝交流サイト）の顧客情報や買い物体験を統合して、統一の商品・サービスを提供し、統一のマーケティングを実施しようとする考え方。より快適な買い物体験を顧客に提供しようというもので、2012年、アメリカで最大の話題となったキーワードとして知られるようになった。

オルタレーションショップ⇒リフォームショップ

オンデマンドショップ［on demand shop］オンデマンドは「要求あり次第」という意味で、客の注文に即座に応じる店を総称する。いわば「注文対応」店で、例えば持ち込んだ商品にその場で加工してくれる刺繍専門店といったものがある。注文に応じるといっても、納品までに1カ月もかかるようなオーダーメードの店は、この範疇には入らない。

オンラインショップ⇒バーチャルショップ

オンラインストア［on-line store］インターネット上に設けられた店舗。オンラインショップ、ネットショップ、バーチャルショップ、ウェブストアなどと同じ。

オンリーショップ［only shop］ひとつのブランドやひとつのメーカーだけの商品で構成されるファッション専門店。デザイナーブランドを扱う店に多く見られる形態で、ワンブランドショップ［one brand shop］などとも呼ばれる。一般にセレクトショップ*の対語として用いられており、ひとつの品目に絞り込むアイテムショップ*とはニュアンスを異にする。

買取制［かいとりせい］小売側が買取契約によって仕入れた商品を買い取る取引方法。いったん納入された商品は小売側が完全に買い取って一切返品しないという方法は「完全買取制」という。

掛け売り［かけうり］信用ある取引相手に対して、即金ではなく、一定の期日に代金を受け取る約束で品物を売る方法をいう。

掛率取引［かけりつとりひき］掛率は参考小売価格に対する卸価格の割合を指し、小売側にとっての仕入れ原価率とされる。この掛率によって行う取引制度のことで、掛率は「仕入価格÷参考小売価格×100」の式によって求められる。ふつうはパーセントで示されるが、6掛け(60%)、7掛け（70%）といった表現方法もある。

カタログショッピング［catalog shopping］カタログ（商品見本帳）を利用して商品を発注する通信販売*の一種。売り手の側からするとセリング・バイ・カタログ selling by catalog（カタログ販売）ということになる。アメリカの「シアーズ・ローバック」社のカタログ販売が知られるが、最近では日本でも無店舗販売のひとつとして普及している。決済には「代引き」（代金引き換え払い）などの方法が採られる。

カテゴリーキラー［category killer］ひとつの分野（カテゴリー）の商品を最大限集約させて、その分野での圧倒的な優位を誇る大型専門店を指す。特定の商品については、価格、商品量、品揃えともに絶対優位を誇り、従来の業種や業態を超

1000

えて徹底したロープライス（低価格）作戦をとるのが特徴。商品分野を特化させたメガスペシャリティーストア*、あるいは特定分野のディスカウントストア*ということもでき、カテゴリードミナントストア［category dominant store］という表現もされる。ここでのドミナントは「支配的な、優勢な」という意味。

カテゴリードミナントストア⇒カテゴリーキラー

カテゴリーマネジメント［category management］顧客の消費場面を想定して品揃えし、商品をグループ分けして陳列や管理を行う手法を指す。就活用にスーツとともにドレスシャツやネクタイ、靴などを1か所にまとめて揃える方法などがあり、これまでのメーカーごとの商品陳列とは一線を画すようになっている。本来はカテゴリー（商品分類）単位での管理という意味。

ガレージショップ［garage shop］アメリカで自宅の車庫（ガレージ）を開放して行う個人的なバザールの一種である「ガレージセール」にモチーフを得て生まれた店。着古した服や使い古した家具、食器類、その他の不要品を専門に扱って安く提供する店のことで、リサイクルショップ［recycle shop］（再生品販売店の意）などと同義とされる。

キーテナント⇒アンカーテナント

旗艦店［きかんてん］⇒フラッグシップショップ

希望小売価格［きぼうこうりかかく］メーカーや輸入元などが、小売店に対してこの値段で売って欲しいという希望を示して設定する価格のこと。小売店は必ずしもこの価格通りに販売する決まりはなく、書籍などを除けば、メーカー側がこの価格を押し付けることは独占禁止法違反となる。市場での価格の目安を示した

 もので、家電業界やディスカウントストアなどで多く用いられている。英語ではリコメンデッド・リテイルプライス［recom-mended retail price］などという。リコメンデッドは「推薦された、勧められた」といった意味。

客単価［きゃくたんか］客1人当たりの売上高。売り上げた金額を実際に買った客の数で割ることによって算出される。また、客1人当たりの平均買上個数に、商品平均単価を掛けることによっても求められる。

キュレーションストア［curation store］キュレーションは博物館や図書館などの「学芸員」をいうキュレーターから出た言葉で、情報を特定のテーマに沿って集め、そこに新たな意味や価値を付与する作業を意味する。現在ではIT用語としても知られるが、そうしたことをコンセプトとした新しい店舗をこのように呼んでいる。2014年10月、東京・神楽坂に誕生した「la kagu」は、ライフスタイルビジネスのサザビーリーグと出版社の新潮社のコラボによるキュレーションストアとして話題を集めている。

キラーテナント［killer tenant］集客効果の高いテナントをキラー（殺人者）になぞらえて呼んだもの。ショッピングセンターなどで、特に集客力があり、オーナーにとって頼りになるテナントショップを指す。

クイックリーオーダーメード⇒ファクトリーブティック

クリアランスストア⇒ディスカウントストア

クリアランスセール［clearance sale］クリアランスは「取り片付け、除去、一掃」の意で、シーズン末期や閉店時に行う「売れ残り品処分セール」を指す。いわゆる「在庫品一掃大売出し」のことだが、現

ファッションビジネス

在ではバーゲンセールと同じように頻繁に行われるようになっている。

グリーンリテイラー [green retailer] エコロジー*をコンセプトに展開される小売業態の総称。自然を大切にし、地球環境を守ろうという思想から生まれたもので、人工的な手を加えない自然美容製品などを中心に品揃えしているのが特徴。こうした店では包装も簡素にしているところが多い。

クリック・アンド・コレクト [click & collect] EC（電子取引）で商品を購入、それを宅配ボックスや実店舗、ドライブスルーなどの場所で受け取るようにしたシステム。代表的なのはコンビニや駅、商業施設などに設けられた専用ボックスで受け取れるようにしたもので、購入客の利便性を図るとともに、物流業者の人手不足の状況などにも対応している。

クリック・アンド・モルタル [click and mortar] インターネット販売とリアル店舗販売を兼業する小売業者をいうアメリカの造語。「煉瓦（れんが）」（ブリックbrick）と「漆喰（しっくい）」（モルタル）で造られた昔ながらの店舗を「ブリック・アンド・モルタル」というのに引っ掛けて、ブリックの部分をパソコンで頻繁に使用する「クリック」の言葉に置き換えたもの。インターネット販売専門業者に対して、既存の小売業からこの分野に進出してきた実店舗業者を指し、今後の有益なビジネス手法のひとつとして注目されている。

クレジット型百貨店 [credit＋がたひゃっかてん] 分割払いを主とした百貨店の総称。クレジットは「信用、掛け、付け、信用貸し」の意で、日本では『丸井』に代表される。百貨店は本来「現金正札」商法といって、買ったその場での現金決済を主とするが、その逆手をとって成功

したもの。

クローズアウトストア [close out store] クローズアウトは「売り払う、見切り売りする」という意味で、有名ブランドの売れ残り品や生産過剰品などを見切り価格で販売する店をいう。アウトレットストア*などが代表的で、アメリカではこうした安売り専門の業態をこのように総称することが多い。略してCOSともいう。

クローズドモール⇒モール

グローバル旗艦店 [global＋きかんてん] グローバル（全世界の、地球規模の）なスケールを持つ象徴的な意味のある大型店舗。日本のユニクロが展開する、ショーケースとしての世界的な規模の大型店が代表的で、2012年3月にオープンした「ユニクロ銀座店」は、従来の大型店の2倍の規模を持ち、同社世界最大のグローバル旗艦店とされる。なお旗艦店は英語ではフラッグシップショップと称されるが、本店という意味ではない

グローバルＳＰＡ [global SPA] SPA*（製造小売業）と呼ばれるアパレル企業のうち、世界的なスケールの大きさをもつところをこのように総称する。グローバルは「全世界の、地球規模の」といった意味で、スウェーデンの「H&M」やアメリカの「GAP」などが代表的。

経常利益 [けいじょうりえき] 企業の収益性を見る指標のひとつ。営業利益に営業外収益を加え、営業外費用を引くことによって求められる。一般に法人税などの控除前の利益を指し、売上高に占める経常利益の割合を「経常利益率」という。これによって企業の優劣が診断されることになる。

計数管理 [けいすうかんり] 売上高や利益、効率などの数字によるマネジメント（管理）の総称。計数管理はマーチャンダイザーにとって欠かせない能力となる。

ファッション産業（小売関係）

下代 ［げだい］卸価格のこと。卸売業者（卸商・問屋）が小売業者に販売するときの値段をいい、「出し値」とも呼ばれる。小売業者からすると仕入れ価格ということになる。「下代取引」というと、下代で仕入れて上代（小売価格）は小売業者が自由につける取引方法をいう。

下代取引⇒下代

コアショップ⇒サテライトショップ

ゴーイングレート法⇒売価設定法

コーディネートショップ ［coordinate shop］コンセプトショップ＊の別称のひとつ。店主独自のコンセプトやテーストで品揃えを統一（コーディネート）させた店というところからこの名がある。

コーポレートチェーン⇒レギュラーチェーン

コスト ［cost］「代価、値段、費用、経費」などの意味があるが、業界では一般に「原価」の意味で用いられる。主として「生産原価（製造原価）」と「売上原価（仕入れ原価）」があり、これにマージンが乗せられて売価が決定される。衣服の生産原価といえば、生地代、付属代、工賃および経費の合計額ということになる。また投入した費用に対する品質やサービスなどの内容の充実度を比較させたものを、コストパフォーマンス［cost performance］（対比費用効果）と呼んでいる。コストパーセント［cost percent］となると「原価率」（売上高や価格に対する原価の割合）を指し、コストミニマム［cost minimum］となると「最小生産原価」（生産原価を最小にとどめようとすること）の意になる。

コストパーセント⇒コスト

コストパフォーマンス⇒コスト

コストプラス法⇒売価設定法

コストミニマム⇒コスト

コミュニティーＳＣ⇒ネイバーフッドショッピングセンター

コレクトショップ ［collect shop］セレクトショップ＊の進化形として2001年頃から登場したファッション専門店のひとつで、海外で生産させた商品を輸入して販売する品揃え型専門店を指す。コレクトは「集める」の意味で、これはセレクトショップの呼称になぞらえて名付けたもの。セレクトショップよりも仕入れへのこだわりが強いのが特色とされたが、現在ではそうした差異も少なくなっている。

コンサインメントショップ ［consignment shop］日本でいうリサイクルショップ＊のアメリカでの用法。コンサインメントは「委ねること、任すこと」という意味で、一般には「委託販売店」と訳される。とくに個人の古着を預かって販売することを専門とする店を指し、これはまた古着なら何でもよいというのではなく、例えば〈ジョルジオ・アルマーニ〉の商品を中心に扱うというように、きわめて質が高く、ファッショナブルなところが特徴。中古衣料を再生して安く売るという日本のリサイクルショップとは意味が少し異なっている。

コンサインメントトレード⇒委託取引

コンサルテイティブセールス ［consultative sales］和製英語でいうコンサルティングセールス［consulting sales］と同義。コンサルテイティブは「相談の、協議の」という意味で、客に商品説明などを行いながら、相談相手となって最も的確な商品を勧める販売法をいう。コンサルティングは「相談（顧問）役の」という意味。

コンサルティングセールス⇒コンサルテイティブセールス

コンセッショナリーチェーン ［concessionary chain］書籍や宝石などの専門店に見られるチェーンストア（連鎖店舗）の方式のひとつで、百貨店の中などに出店し、独

ファッションビジネス

立した営業活動を行うのが特徴とされる。コンセッションには「営業権、売場使用権」といった意味がある。

コンセプトショップ［concept shop］独自のコンセプト（ものごとの基本となるしっかりした考え方、概念、理念）にしたがって品揃えを統一させた、専門店の理想的な姿を指す。経営者の考え方や感性が商品の選択から店舗のデザイン、サービスにまで一貫しているのが特色とされ、具体的にはセレクトショップ*やコーディネートショップ*という形で表現される。これとは別にセレクトショップ以前のセレクトショップやアンテナショップ*を指すという意味もあり、またビッグストアに対するスモールショップ small shop（小さな店の意）という考え方もある。

コンテンポラリーデパートメントストア⇒プロモーショナリーデパートメントストア

コンビニエンスストア［convenience store］CVSとも略称する。利便性（コンビニエンス）を提供する店舗の意で、経済産業省では「飲食料品を扱い、売場面積30平方メートル以上250平方メートル未満、営業時間が1日で14時間以上のセルフサービス販売店」という業態を指している。そのほとんどはフランチャイズチェーン*方式で運営されており、現在では日常生活に欠かすことのできないほどの存在となっている。コンビニと俗称されることが多く、日本最初のコンビニは〈セブン-イレブン〉で、1974年5月に東京・江東区に開設された。

リーキットモール［circuit mall］専門店ゾーンを中央部に配置し、周りに複数の核店舗を置いてサーキット（レース場の意）状の通路でつないだショッピングセンター*。直線型のモール*に比べ、環状型のため回遊性に富み、購買活動に拍車

をかけるとされる。

サテライトショップ［satellite shop］直訳すると「衛星店」。主に百貨店の店舗展開に用いる言葉で、中心となるコアショップ［core shop］（核店舗の意）に対して、その周辺都市に衛星のように配置される店を指す。コアショップが豊富な品揃えを誇る都心型の大型店舗であるのに対し、サテライトショップは地域商圏を重視して、絞り込んだ品揃えの小型店舗で展開されるのが特色。

サブテナント⇒アンカーテナント

参考上代［さんこうじょうだい］希望小売価格*を意味するファッション業界特有の用語。主にアパレル卸商*が設定する希望価格を指すことが多く、これを先に決め、小売業者はその何％で買うという掛け率にしたがって仕入れる取引方法のことを「参考上代掛率制」と呼んでいる。この掛率（値入れ率）は両者の力関係に左右されることが多く、日本特有の取引慣行となっている。現在でも小売企業のほとんどがこの形をとっているとされ、一般に「掛率取引*」と呼ばれている。

参考上代掛率制⇒参考上代

ジーンズショップ［jeans shop］ジーンズおよびその関連アイテムを扱う専門店。いわゆる「ジーンズ専門店」のことで、これは英国的な表現とされ、アメリカでは「ジーンズストア jeans store」ということが多い。ジーンズが日本に本格上陸した1950年代の東京・上野アメ横の「ジーパン屋」を元に発展し、70年代のジーンズブームで市民権を得た。現在ではカジュアルショップの中に位置付けられ、一般にはパンツショップ［pants shop］の名で通るようにもなっている。

自動販売［じどうはんばい］無店舗販売の一種で、販売員を置かずに自動販売機（自販機）によって商品を販売する方法をい

ファッション産業（小売関係）

う。ファッション商品においては下着や
パンスト、また廉価なジュエリーなどが
中心。

ジュニアデパート ［junior department store］
小規模な百貨店を指す日本的な名称で、
ミニデパート［mini department store］
とも呼ばれる。ターゲット（顧客対象）
と品揃えを絞って専門性を打ち出すのが
特色で、「専門大店」型の百貨店ともさ
れる。その規模から「五十貨店」とか「三十
貨店」などと呼称されることもある。

消化仕入れ⇒消化取引

消化取引 ［しょうかとりひき］アパレル企
業と百貨店との取引によく見られる制度
で、売れるまで商品の所有権はアパレル
側にあり、売場で商品が売れたときに初
めて取引が成立するシステムをいう。売
上伝票と仕入伝票を同時に起こすのが特
徴で、小売企業の側からは「消化仕入れ」
とか「売り上げ仕入れ」と呼ばれること
になる。売り上げ仕入れのことは「売り
仕（うりし）」ということが多い。

消化率 ［しょうかりつ］「販売達成率」の
ことで、一般に「プロパー消化率」、す
なわち売場投入時の正価の価格での販売
達成率を意味する。これは「正価販売額
÷総仕入額×100」の式で求められる。

上代 ［じょうだい］小売価格、つまり小売
業者が消費者に販売するときの「売り値」
のことで、「小売上代」ともいう。仕入
れ価格（下代*）に自己の採算に基づく
マージン（利ざや）を乗せて上代が決定
されるが、こうした値段の付け方をマー
クアップとか値入れ、値付けなどと呼ん
でいる。

商品回転率 ［しょうひんかいてんりつ］一
定期間に商品在庫が何回転したかを表す
数値。年間回転率といえば、年間売上高
を年間商品在庫高で割ることによって、
1年に何回転したかが算出される。仕入

れた商品が適切に動いているかどうかを
示す指標として用いられる。

商品交換制 ［しょうひんこうかんせい］返
品には応じないが、別の商品との取換え
は可能という取引制度。「返品・商品交
換制」という方式もあり、これは売れ残
ったものは返品しても、他の商品と交換
してもよく、シーズン中でも応じるとい
う制度をいう。いずれにしても、小売側
がシーズン末にデッドストックを残さな
いための仕組みとして考え出されたも
の。

職域販売 ［しょくいきはんばい］無店舗販
売の一種で、販売員が職場を訪問して商
品を販売する方法を指す。訪問販売*の
ひとつでもあるが、ファッション商品に
おいては職場の一隅を借り、そこにスー
ツ生地などを陳列して注文をとることな
どが行われている。

ショッピングセンター ［shopping center］
SCと略して呼ばれることが多い。「大型
複合商業施設」などと訳され、日本では
駅ビルや地下街、専門店ビルなども含ん
で、「大規模小売店舗立地法（大店立地
法）」上の届け出が必要な商業施設をす
べてSCと呼ぶことが多い。現代的な意
味では、アメリカの郊外型SCに見られ
る大規模な複合商業・サービス施設を指
す。これは百貨店や量販店を核店舗とし、
複数の専門店と飲食を含む各種のサービ
ス・娯楽施設および大駐車場などによっ
て構成されている。近年は日本でもこう
した巨大なSCが続々誕生しており、
ショッピングモール［shopping mall］と
かショッピングプラザ［shopping plaza］
といった名称でも呼ばれるようになって
いる。モールは「歩行者専用商店街」、
プラザは元スペイン語で「広場、市場」
の意味。

ショッピングプラザ⇒ショッピングセン

ファッションビジネス

ター

ショッピングモール⇒ショッピングセンター

ショップインショップ [shop-in-shop]「店舗内店舗」の意で、専門店のテナントが寄り集まって、ひとつの大きな商店街を形作っているショッピングセンター*の一種をいう。代表的なのはファッションビル*とか駅ビル*などと呼ばれる商業施設だが、そうしたビル形式のものだけでなく、平面的な「地下商店街」などもここに含まれる。これはまた、これを開発し管理する大家としてのディベロッパー [developer]（開発業者の意）と、間借り人としてのテナント [tenant]（インショップ*）とで構成されている。なお百貨店のインショップはテナントとは呼ばない。

シングルライナー [single-liner] ひとつの服種や素材を中心に品揃えを行い、それについてはほとんどの顧客の欲求を満たすことを特徴としたファッション専門店を指す。ニットウエアだけで構成し、その色柄やサイズについてはほとんどを網羅した店などが例としてあげられる。

新平場 [しんひらば] 文字通り新しい平場*の意で、ハコ*（箱売場）から平場へ進出した新しい考え方の売場を指す。平場の利便性に目をつけたデザイナーブランドなどのインショップ*が、新規の顧客を引き込もうとする目的で設けたのが始まりとされ、近年の百貨店に多く目立つ。業界では「編集型売場」などとも呼ばれる。

スーパー→量販店

スーパースーパーマーケット [super supermarket] 略称SSM。スーパーマーケットが、現在の同質化競合から脱け出すために開発した、新しいタイプのスーパーマーケットを指す。大手スーパーの

進出や同業者との競合の限界などを背景に、質・量ともに充実させ、一層の個性化と差別化を図ろうとするもので、価格面での競合よりも品揃えを重視しようとしているところに特色があるとされる。

スーパーストア [superstore] スーパー業態（量販店*）のうち、衣料品と雑貨の比率が高いところを指す。略してSSともいう。

スーパーセンター [super center] SuC と略される。食品主体のスーパーマーケットとホームセンターをワンフロアで合体させたような小売業態。食品から衣料品、住関連、園芸用品まで幅広く品揃えし、EDLP（エブリデイ・ロープライス＝毎日が低価格の意）をコンセプトとしている。アメリカの〈ウォルマート〉が手本とされ、日本の量販店でも次世代の成長業態としてこの開発に力を入れるようになっている。

スーパーマーケット [supermarket] スーパー業態（量販店*）のうち、食品の扱いの高いところを指す。略してSMとも。

スーパーリージョナルＳＣ⇒リージョナルショッピングセンター

スーパーレット [superlet] 小さなスーパーの意で、コンビニエンスストア*型の小規模なスーパーマーケットを指す用語。

ストック [stock]「在庫、在庫品」また「仕入れ品、商品」の意でも用いられる。在庫はインベントリーともいい、「在庫管理」はインベントリーマネジメント [in-ventory management] と呼ばれる。在庫品は本来、倉庫などに保有している製品や商品、また原材料や備品などを総称するが、小売業では店頭にある商品もストックとみなし、それをランニングストック [running stock]（好調に動いているもの）、ウオーキングストック [walking stock]（ぽつぽつ動いているもの）、スリー

ファッション産業（小売関係）

ピングストック［sleeping stock］（ほとんど動かなくなったもの）というように分類する例も見られる。

ストックショップ［stock shop］ストックは「仕入れ品、商品、在庫品」という意味で、デザイナーブランドなどの季節外れの商品を安く売る店を指す。いわゆるアウトレットストアと同じだが、これは特にパリを始めとするヨーロッパの都市に多く見られる業態とされる

ストリップセンター［strip center］ここでのストリップは「（土地の）細長い部分」という意味で、3軒以上の店が並び、手前に駐車場を持つ形式の商店街を指す。「通り型SC」などと呼ばれるが、これはアメリカ独特の用語とされる。直線型のほかL字型やコの字型のものも含まれる。

スペシャリティーショップ⇒スペシャリティーストア

スペシャリティーストア［speciality store］アメリカではスペシャルティーストア［specialty store］ということが多く、英国ではスペシャリティーショップ［speciali-ty shop］ということが多い。日本ではそのミックスでこう呼ばれるもので、いわゆる「専門店」をいう英語での表現。基本的には小規模な店舗構成で、取扱商品と客層を絞り、顧客へのアドバイスを主とした対面販売を行う。専門性（スペシャリティー）を貫いた店ということからこの名があり、メーカーからの仕入れによって商品を揃える「品揃え型専門店」と、メーカー機能を持つ「直営型専門店」の2タイプに分かれる。最近では自主的に品揃えを行うセレクトショップ＊の台頭が目立つ。

スペシャリティーセンター［speciality center］ショッピングセンター＊の中で、特に核店舗となるテナントを持たないタイプを指す。ファッションビルやアウトレットモール、パワーセンターなどが代表的とされる。

スペシャリティーディスカウントストア［speciality discount store］フルラインディスカウントストア＊とは対照的に、衣料、玩具、スポーツ用品、自動車用品といった生活用品のうち、ひとつの分野だけを専門に扱うディスカウントストア＊をいう。ここからカテゴリーキラー＊という業態が生まれたとされる。

スペシャルティーストア⇒スペシャリティーストア

スポーツショップ［sports shop］スポーツウエアやスポーツ関係の道具、靴などを扱う専門店。いわゆる「スポーツ専門店」のことで、郊外型の大規模なところから街中の小規模なところまで、その形はさまざまなものがある。最近のアメリカではディスカウントストア感覚でファッショナブルなスポーツウエアを販売する専門店も登場しており、これは従来のスポーツショップとも異なるところから、スポーツブティック［sports boutique］と呼ばれる傾向が生まれている。

スポーツブティック⇒スポーツショップ

スポット買い［spot＋がい］ここでのスポットは「地点、箇所」また「その場での、即座の、現金取引の、現場での」という意味で用いられるもので、いつものとは違う相手からその時点に限って商品を仕入れる行為を指す。現物仕入れで、特に海外での買い付けに用いることが多い。

スリーピングストック⇒ストック

スリフトショップ［thrift shop］スリフトは「倹約、節約」という意味で、中古品を回収して安く販売する店を指す。リサイクルショップ＊と同義。またそうした商品を集めて不定期に催されるバザールやフリーマーケット＊のことを、このよ

1007

ファッションビジネス

うに称することもある。

製造小売業 ［せいぞうこうりぎょう］英語でいうSPA*の日本語訳。製造から販売に至るまで自社で一貫管理することによって、消費者ニーズを直接ものづくりに反映させ、売れ筋商品を集中的に生産することを特徴とした企業を指す。アメリカの大手衣料チェーン『GAP』が1980年代に最初に定義したもので、現在ではファッション商品を中心に、生活雑貨や家具業界にも広がっている。日本ではユニクロの『ファーストリテイリング』や家具大手の『ニトリ』などに代表される。

セールショップ ［sale shop］アウトレットストア*の一形態で、複数のメーカーの在庫品を扱う安売店を指すアメリカでの名称

セールスマネジメント ⇒販売管理

ゼネラルマーチャンダイズストア ⇒ＧＭＳ

セミクローズドモール ⇒モール

セレクトショップ ［select shop］品揃え型専門店の一種で、経営者あるいはバイヤー（仕入れ担当者）の独自の選択眼で内外のブランド商品を集め、際立ったMDコンセプトを貫いてオリジナリティーを発揮するファッション専門店を指す。有名・無名のブランドネームは問わず、ブランドミックス型の編集力と独特のコーディネート提案力が最大のポイントとなる。1990年代に入って急速に登場してきた新しい専門店業態のひとつだが、最近ではそうしたポリシーもなしに、ただセレクトショップを名乗る専門店も多く見られる。基本的に「メーカー系セレクトショップ」と「小売系セレクトショップ」に分類される。業界内では「新・品揃え店」とか「新編集型店」などと呼ばれる。

セントラルバイイング ［central buying］中

央（本部）一括集中仕入れの意。大型量販店などに見られる仕入れシステムで、本部の商品部が各店舗で販売する商品を決定し、数値責任を持つバイヤーが一括して仕入れる方法を指す。

専門大店 ［せんもんたいてん］業種間また業態間での競争に勝ち残るため、特定の商品分野に特化した大型の専門店*をいう俗称。品揃えは豊富だが、ターゲットやコンセプトを明確にして展開している例が多い。

専門店 ⇒スペシャリティーストア

ソルド ［solde 仏］フランス語でいうバーゲンセールのこと。本来「見切り売り、蔵払い、特売」という意味をもつ。

ダラーストア ⇒ワンプライスショップ

タレントキャラクターショップ ⇒タレントショップ

タレントショップ ［talent］有名な芸能タレントのキャラクターを生かしてデザインされた商品を専門に扱う店舗のことで、タレントブティック［talent boutique］ともタレントキャラクターショップ［talent character shop］（略してTCショップとも）などとも呼ばれる。1980年代の終わりごろ原宿の竹下通りを中心に雨後の筍のごとく現れたもので、その後全国的にブームを巻き起こした。現在では一部の店を除いて沈静化している。

タレントブティック ⇒タレントショップ

チェーンオペレーション ［chain operation］小売企業におけるチェーンストア運営活動を総称する。特に本部の組織構成とその運営手法を指すことが多い。

チェーンストア ［chain store］CSと略されることが多い。1店舗だけで運営する「単独店」に対して、同一の経営下に複数の店舗を運営する小売形態を指す。鎖（チェーン）のように連なっているとい

1008

ファッション産業（小売関係）

うことで、「連鎖店」と訳され、日本チェーンストア協会では11店舗以上の展開をその条件としている。このうちレギュラーチェーン*として展開している専門店を「チェーン専門店」、それを構成している個々の店舗を「チェーン店」という。英国ではマルチプルストア［multiple store］と呼ばれることが多い。マルチプルは「多くの部分から成る、複合の」という意味。

チェーン専門店⇒チェーンストア

チェーンデパートメントストア⇒プロモーショナリーデパートメントストア

地下街［ちかがい］ショッピングセンター*の一種で、繁華街の公共の地下通路を利用して開発された商店街を指す。広義にはこれに隣接する地下鉄の駅や地下駐車場、地下広場、ビルの地下階なども含めてこう呼ばれ、最近の主要なターミナルの地下はほとんどがこうした形態をとるようになっている。東京駅〈八重洲地下街〉などの大規模なものから、ごく小規模なものまでさまざまな形が見られる。いわば平面的に構成されたショップインショップ*ということができる。

通信販売［つうしんはんばい］「通販」とも略称され、英語ではメールオーダーセリング［mail order selling］などと呼ばれる。無店舗販売の一種で、カタログや新聞・雑誌広告、またホームページやテレビ、ラジオなどで商品を紹介し、郵便や電話、インターネットなどで注文を受け、宅配サービスで商品を発送する仕組みをいう。

ツープライスショップ［two price shop］2本立ての価格設定でスーツを販売する紳士服専門店のこと。多くは郊外型の大型紳士服専門店が2000年頃から始めたもので、徹底した安価設定とサイズの充実で新しい需要を作り出した。例えばスー

ツ1着1万8000円と2万9000円の2プライスといった展開方法がある。

坪効率［つぼこうりつ］売場面積1坪（約3.3平方メートル）当たりの売上高。「売上坪効率」とも「販売効率」ともいい、売上高を売場面積の坪数で割ることによって求められる。売場における販売効率を見るのに用いられる指標のひとつ。

ディープディスカウンター［deep discounter］ディスカウントストア*のうち、ヨーロッパにおける超安売り業態の店舗を指す名称のひとつ。ハードディスカウンター［hard discounter］とも呼ばれる。

ディスカウンター⇒ディスカウントストア

ディスカウントストア［discount store］DSと略されることが多い。値段を割引（ディスカウント）して販売する店のことで、一般にはメーカーの在庫品を大量に仕入れて安く売る「大型安売店」を指す。別にディスカウンター［discounter］ともクリアランスストア［clearance store］などとも呼ばれる。クリアランスには「取り片付け、整理、一掃」という意味がある。

ディスカウント・デパートメントストア［discount department store］アメリカにおける百貨店の新しい分類を示す用語のひとつ。最近のウォルマートやKマートなど、これまでディスカウントストアと見做されてきた大型安売店を、このように呼称する傾向が生まれた。

ディストリビューションセンター［distribution center］ディストリビューションは「分配、配給、配布」の意で、マーケティング用語では「流通」の意味も示す。商品の流通における「配送センター」のことで、ここで仕分けされた商品が各小売店舗に届けられることになる。「流通センター」などの名称でも知られる。

ディベロッパー⇒ショップインショップ

1009

ファッションビジネス

デザイナーブランドショップ [designer brand shop] 有名デザイナーのブランドを専門に扱うファッション店。デザイナーハウス*の直営店やデザイナーブランド*のFC（フランチャイズチェーン*）店、また複数のデザイナーブランドを扱う独立自営型のファッション専門店などが見られる。

デッドストック [dead stock]「売れ残り品、不良在庫」の意で、全く売れなくなって店頭から撤去した在庫品を指す。しかし最近では、何らかの理由で市場に出ないまま倉庫に眠っていた昔の商品の意味でも用いられるようになり、いわゆる「新古品」として独特の価値観が与えられるようにもなっている。ファッションの分野では、特にアメリカのジーンズやワークウエア、またミリタリーウエアなどで用いられることが多い。

テナント⇒ショップインショップ

テナントミックス [tenant mix] テナントはショッピングセンターやファッションビルなどに賃貸料・保証金などを払って入居する店舗、いわゆる店子（たなこ）のことで、直訳すると「借地人、借家人」を意味する。フロアごとにコンセプトを決めたディベロッパー（開発した管理人、大家）が、それにしたがってテナントをフロア構成することをこのように呼ぶ。

デパートメントストア⇒百貨店

デパオク⇒デパチカ

デパチカ [department store＋地下]「デパートの地下」の意で、百貨店の地階に設けられた食品などの店舗集積を指す。顧客の利便性を図った形の店が多く出店しており、近年その盛況ぶりが話題となっている。食品だけでなく、服飾品を集めた百貨店も見られる。逆に百貨店の屋上を利用して作られた店舗集積は「デパオク」と呼ばれている。

テリトリー制 [territory＋せい] アパレル企業が取引する小売業者を1商圏（1商店街、1都市など）に1店というように限定する方式。ブランドや商品のバッティング（ぶつかり合い）を避ける目的で用いられているもので、日本独自の取引制度とされる。テリトリーは「領域」という意味で、「1商圏1店主義」とか「1商圏ワンブランド主義」などと呼ばれるものと同じ。

テレフォンショッピング [telephone shopping] 電話による買物の仕方。テレビやラジオなどの生コマーシャルや新聞の折り込みチラシなどを利用して、電話での購買を受け付ける仕組みで、無店舗販売の代表的な形とひとつとなっている。電話をかけるために「指」を使うところから、これをフィンガーショッピング [finger shopping] とも俗称する。

テンポラリーショップ [temporary shop] テンポラリーは「一時的な、臨時の」という意味で、期間を限って営業される仮店舗型のファッションショップなどをいう。特に有名ブランドにおけるそれを指す例が多い。

ドアトゥドアセールス⇒訪問販売

ドラッグストア [drugstore] 本来は「薬屋」の意だが、実際には薬のほか化粧品やタバコ、文房具、雑誌などの日用雑貨品も扱い、軽食も摂れるようにしたアメリカにおける小売店を指す。コンビニエンスストア*と同様の役割を果たしているのが特徴。

取引慣行 [とりひきかんこう] 長い期間にわたって行われてきた取引上の制度や習慣のことで、「商慣行」とか「商習慣」などとも呼ばれ、半ば様式化しているシステムを総称する。日本の取引慣行（取引構造、取引条件）には欧米のそれと比べると著しい違いが見られる面が多く、

1010

ファッション産業（小売関係）

これが欧米との取引上、弊害となっていることも否めない事実とされている。

ナショナルチェーン⇒リージョナルチェーン

ニットアウト⇒ニットカフェ

ニットカフェ［knit café］手編みを楽しむ目的で、多数の人たちが公園や大通りなどに集まってマフラーなどを編んだり、作品を発表したりする野外イベントをニットアウト［knit-out］といい、そこから派生したカフェテリアをこのように呼ぶようになった。元々アメリカでストレス解消やリラクゼーションのために取り組んだ手編みがニットアウトのブームとなったもので、2001年9月11日の同時テロ以後、さらに発展を見ている。日本でも04年秋にニット企業の後援によるニットアウトが行われ、最近ではブーム的様相を呈するようになっている。お茶を飲みながら編物ができるニットカフェのほか、お酒も楽しめるニットバー［knit bar］といった場所も増えている。これに関連した「手芸カフェ」といったものも現れている。

ニットバー⇒ニットカフェ

ネイバーフッドショッピングセンター［neighborhood shopping center］略称NSC。ネイバーフッド（ネパフッドとも）は「近所、近隣」という意味で、アメリカにおけるショッピングセンターの分類のうち、最も小型のタイプをいう。食品スーパーマーケットを核店舗としたもので、商圏人口2万人以内、商圏範囲5分以内の最も気軽に立ち寄れるショッピングセンターの主力とされる。これよりもう少し規模の大きなタイプはコミュニティー SC［community SC］と呼ばれる。

値入率〔ねいれりつ〕下代取引の場合に用いられる言葉で、小売価格に占める小売マージン（値入高）の割合をいう。これは「値入高÷売価×100」の式によって

求められる。ここでの値入れのことはマークオン［mark on］などという。

ネットSPA［internet SPA］インターネット販売を特色とする SPA（製造小売業）のこと。ネットならではのスピード感を特徴とし、急激な成長を見せている。

ネットショップ⇒インターネットショップ

ネットスーパー［internet ＋ supermarket］インターネット・ショッピングを可能とするスーパーマーケット。インターネットを利用して注文することにより、宅配してくれる機能を持つスーパーのことで、ネット社会の発達と人口減少の現象から、大手量販店が拡大する傾向を見せている。

バーゲン［bargain］本来は「契約、売買契約、取引」また「（安い）買いもの、見切り品、買い得品」という意味で、日本でバーゲンセールというと「廉価販売、大安売り、特売」という意味で用いられるが、セールにも「販売、取引」のほか「蔵払い、見切り売り、特売」の意味があることから、海外ではバーゲンあるいはセールというだけで「安売りセール」の意味を表すことになる。日本では1908（明治41）年に、松屋呉服店が「バーゲンデー」と銘打った新聞広告を出したのがバーゲンセールという呼び名の始まりとされている。

バーチャルショッピングモール⇒バーチャルショップ

バーチャルショップ［virtual shop］インターネット上に設けられた「仮想店舗」。ウェブ（ホームページ）での顧客を対象とした仮想の商店のことで、ここで通信販売やチケット販売などを行う。ウェブショップ［web shop］ともオンラインショップ［on-line shop］ともいい、こうした店舗で構成される仮想商店街をバーチャルショッピングモール［virtual shopping mall］とか単にバーチャルモー

ファッションビジネス

ル［virtual mall］などとも呼んでいる。バーチャルは、「(表面上はそうではないが効力の点で)実質上の、事実上の」という意味で、光学で「虚像の」という意味もある。

バーチャルモール⇒バーチャルショップ

ハードディスカウンター⇒ディープディスカウンター

売価設定法［ばいかせっていほう］売価(売り値＝仕入れた品につける価格)のつけ方のことで、基本的に次の3つの方法がある。①コストプラス法(cost-plus pricing)＝マークアップ法ともいう。コスト(原価)に利益分をプラスして決定する方法 ②パシーブドバリュー法(passived value pricing)＝そのときの需給状況や顧客の側から見た価値によって決定する方法。パシーブドバリューは「受動的な価値」を意味し、ゴーイングレート法(going rate pricing＝現行料金の意)ともいう ③マーケットプライス法(market price pricing)＝市場価格に合わせ、それより少しでも安価に設定する方法。競合相手の売価を意識するのがポイント。

ハイジュエラー［high jeweler］高級宝石商、高級貴金属商のこと。ヴァンクリーフ＆アーペルなどグラン・サンクと呼ばれる宝飾店に代表される。

ハイストリートストア［high street store］ハイストリートは本通りや大通りを指す英国での通称で、そうした繁華街に軒を並べ、リーズナブルな価格でファッション商品を提供する店をいう。スウェーデン発の大型店〈H&M〉タイプの店舗を総称する言葉とされる。

ハイパーマーケット［hypermarket］主にヨーロッパで発達したスーパーマーケット＊のひとつで、経費を節減し、低マージンと高回転でできるだけ安く売ること

を目的とした大型店舗をいう。郊外に倉庫型の店舗で展開される例が多く、日本では一般に、より価格訴求を強めたGMS(総合小売業)の一種として知られる。1960年に生まれたフランスの〈カルフール〉がその最初とされる。

パイロットショップ［pilot shop］ここでのパイロットは「試験的な、実験的な」という意味で、アパレル企業が実際の販売に入る前に需要予測などの目的で商品を置く店を指す。アンテナショップ＊と同義。

派遣販売員［はけんはんばいいん］小売店に商品を納入するアパレル企業がその売場に派遣する、販売員としての社員を指す。「派遣社員」「派遣店員」ともいい、特に百貨店との取引に多く見られる。これには正社員のほか契約社員、臨時雇用社員(パート・アルバイト)、またマネキン紹介所からの派遣などと多様な形態がある。

ハコ⇒箱売場

箱売場［はこうりば］百貨店やファッションビルなどの大型専門店などで、壁に沿って箱のように囲まれた売場をいう。「箱型売場」とか「箱ショップ」とも呼ばれ、業界では通称「ハコ」といわれる。有名ブランドやデザイナー商品、高級商品、特選品など、他の一般商品との差別化を狙って設けられているもの。いわゆるインショップ型の売場のこと。

パシーブドバリュー法⇒売価設定法

パソコンショッピング⇒E‐テイリング

バラエティーショップ⇒バラエティーストア

バラエティーストア［variety store］バラエティーは「変化(に富むこと)、多様性」また「いろいろ、さまざま」という意味で、日用品雑貨などを低価格かつセルフサービスで販売する店をいうアメリカでの用語。バラエティーショップ［variety

ファッション産業（小売関係）

shop］というと、趣味の品やギフト小物などを扱う小さな店を指し、バラエティーストアとは異なる業態とされる。

バリューストア⇒バリューセンター

バリューセンター［value center］低価格志向を特徴とする大型ショッピングセンターのひとつで、アメリカではバリューモール［value mall］と呼ばれることが多い。バリューは「価値、値打ち」の意だが、ここでは「お値打ち価格」という意味で用いられている。こうしたオフプライスストア *をアメリカではバリューストア［value store］と呼ぶことが多く、そのようなディスカウントストア *やカテゴリーキラー *などの集合体をバリューセンターという。

バリューデパートメントストア［value department store］低価格商品を中心に品揃えした百貨店。世間の常識を逆手にとって、新しい価値（バリュー）を創り出そうとしたもので、アメリカはフィラデルフィアのフランクリン・ミルズにある〈ボーツ〉がその代表とされる。

バリューモール⇒バリューセンター

パワーエンターテインメントセンター［power entertainment center］エンターテインメント（娯楽、もてなし）の要素を高めて、顧客の情緒満足感に訴えることを目的としたショッピングセンター *。とかく娯楽性に欠けるとされるこれまでのアウトレットモール *などに対して、来店者を楽しませることを最大の特色とした新発想の商業施設で、特に近年のアメリカに多く見られる傾向。ロサンゼルスにあるディズニーランド風の〈トライアングル・スクエア〉や、ラスベガスの古代ローマ神殿風の〈フォーラム・ショップ〉などが代表的。

パワーセンター［power center］カテゴリーキラー *やアウトレットストア *など低

価格志向の特化型専門店だけを集積したショッピングセンター *。普通３万平方メートル以上の巨大面積で郊外に立地し、娯楽施設は省くという特性を持つ。集客力の高い店だけを集めたというところからこう呼ばれるもので、パワーリテイラー［power retailer］ということもある。

パワーテナント［power tenant］ショッピングセンター *におけるテナント（入居店舗）のうちで、知名度が高く、集客力も強い店舗をいう。例えば、しまむら、ユニクロ、西松屋、ハニーズといった企業が代表的。

パワーリテイラー⇒パワーセンター

パンツショップ⇒ジーンズショップ

バンドルサービス［bundle service］バンドルは「束、包み、ひとくくり」の意で、何足かの靴下を紐で束ねて安価で提供するといった売り方を指す。近年は「よりどりセール」のことや正月の「福袋」セールなどもこのように呼ぶようになっている。

販売管理［はんばいかんり］英語ではセールスマネジメント［sales management］と呼ばれる。販売活動に関しての計画や組織作り、コントロールを総称する。広義にはマーケティングマネジメント［marketing management］（マーケティング *活動の管理）としてとらえられる。

販売代行［はんばいだいこう］小売企業や直営店経営のアパレル企業に代わって販売を請け負うこと。こうした業者を「販売代行業者」といい、そうした店舗を「販売代行店」と呼んでいる。海外ではREP *（レップ）と呼ばれることが多い。

販売チャネル［販売＋channel］チャネルは「経路」という意味で、メーカーや卸商が取引している小売企業の業態や地域などを総称する。「販売ルート」や「販

1013

ファッションビジネス

売経路」とも呼ばれ、一般には商品が消費者の手に渡るまでの道筋を表している。「流通チャネル」とも同義。

ビッグストア [big store] 大きな店の意で、一般に量販店*、特に大手スーパーと呼ばれる大型の総合小売店舗（GMS*）をいう。これに百貨店は含まれない。

ビッグボックス [big box] ショッピングモール*などの大型商業施設に出店する3300平方メートル以上の超大型店を指すスポーツ業界での専門用語。2003年後半ごろから頻繁に用いられるようになっている。

百貨店 ［ひゃっかてん］英語ではデパートメントストア [department store] といい、日本ではさらに「デパート」と略称される。デパートメントは「部、部門、省、科」の意味で、「部門別制小売店」を意味するが、日本ではひと通りのものは何でも揃っているという意味で、「百貨店」の言葉が用いられて定着するようになった。高級品を主体とし、豪華でしゃれた雰囲気の大型店舗となっているのが特徴で、日本では呉服店系と電鉄系の2タイプに大別される。また百貨店には大都市の都心に立地する「都市百貨店」、大都市以外の地方都市に立地する「地方百貨店」があり、それらはまた電鉄会社のターミナルに立地する「ターミナル百貨店」や大都市近郊に発達した「郊外百貨店」などに分けられる。最近では有名百貨店同士の合併が多く見られ、この業界の再編成が急速に行われるようになっている。

平場 ［ひらば］百貨店や大型専門店などの売場構成で、壁に沿って作られたいわゆる「ハコ（箱型売場）」を除いた部分をいう。ハコのような仕切りを設けず、全体が広く見渡せるところからこのように呼ばれるもの。ここでは一般的に単品*

別の売場が多く、プロパー商品*やバーゲン商品などが置かれていることが多い。「元売場」とか「プロパー売場」とも呼ばれる。プロパーは「正規の、固有の」という意味。

ファクトリーアウトレット [factory outlet] 工場直営型のアウトレットストア*の意。一般にはメーカー直販の在庫処分店を指し、元々工場に店を設けて販売したところからこのように呼ばれる。ここで販売するのはB級品と呼ばれるキズものや、シーズン遅れのアウトオブ・ファッショングッズ*などの残品で、そうした商品を安く売るのが特色となる。リテイルアウトレット*とともにアウトレットストアを代表する形態のひとつ。

ファクトリークリアランスストア⇒リテイルクリアランスストア

ファクトリーブティック [factory boutique] コンピューターを活用して売場と工場を直結させ、短い時間で仕上げることを特色としたファッション店、またそうしたシステムをいう。クイックリーオーダーメード [quickly order-made]（迅速な注文仕立て）に対応させたもので、FFB（fashion factory boutique＝ファッションファクトリーブティック）の略称でも知られる。日本でも近年、ニットや靴下の分野を契機として、その開発が進められている。

ファッションコンビニエンスストア [fashion convenience store] ファッション商品を主体にしたコンビニエンスストア*のことで、日本では女性下着を中心に品揃えしたインナーコンビニなどと呼ばれる業態が見られる。ファッションCVSとも呼ばれる。

ファッションビル [fashion + building] ショッピングセンター*の一種で、個性的なファッション専門店を集積し、

ショップインショップ*の形で展開する大型専門店ビルをいう。この名称は完全な和製語で、1969年オープンの〈池袋パルコ〉をもって最初とする。この種の業態は海外ではスペシャリティーセンター*と呼ばれることが多い。

ファッションファクトリーブティック⇒ファクトリーブティック

フィンガーショッピング⇒テレフォンショッピング

フードコート [food court] ショッピングセンター*の中の施設のひとつで、ファストフードなどを食べるカウンターが設置されている場所をいう。一般にはいくつかのファストフード店が並んでいる共通の飲食スペースとされる。

ブティック [boutique 仏] フランス語で本来は「小さな店、仕事場、商売」といった意味をもつ。それがオートクチュール（高級注文婦人服）の1階に設けられたショールームとしての売場を指すようになり、現在では特に高級品やファッション性の高い商品を専門に扱う小型専門店を意味するようになっている。また、現在では衣料品に限らず、パンやチョコレートなどを扱うファッショナブルな店のこともブティックと名付ける傾向がある。

プライシング⇒マークアップ

フラッグシップショップ [flagship shop] フラッグシップは連合艦隊における「旗艦」の意で、多くのチェーン展開店の中で旗艦のように中心となる店をいう。一般に「旗艦店」と呼ばれ、多くは本店がそうだが、全店のモデルとなるような店であれば、特に本店にこだわることもない。略してフラッグショップということもあるが、それでは「旗を売る店」ということになって誤解を招きやすい。

フランチャイザー⇒フランチャイズチェーン

フランチャイジー⇒フランチャイズチェーン

フランチャイズチェーン [franchise chain] 略してFCと呼ばれることが多い。フランチャイズは「特権、一手販売権」という意味で、本部（これをフランチャイザーfranchiser という）と契約を結んだ加盟店（これをフランチャイジー franchiseeという）が、一定地域における商品販売やサービス供与の権利を独占する形で経営を行うチェーンストア組織をいう。本部と別資本の加盟店で組織されるのが特色で、「系列化チェーン」と呼ばれる。コンビニエンスストア*がその代表的な例だが、ファッション業界でもDC系のアパレル企業などに多く見られる。

ブランドディスカウントストア⇒オフプライスアパレル

ブランドミックスショップ [brand mix shop] 自店のコンセプトや顧客に適合したいくつかのブランドを選び、そのバリエーションで独自の方向性を表現したショップ形態。いわゆるワンブランドショップ*の対語で、単にミックスショップ [mix shop] とも呼ばれる。

ブランド・リサイクルショップ [brand recycle shop] ブランドものの衣料品をリサイクルして販売する専門店。ファスト古着*と呼ばれる商品を扱う店とほぼ同義だが、とくにブランドものを扱うのが特色とされ、なかにはセレブの個人宅へ出張して、そうした品を買い取るケースも見られる。

フリーマーケット [flea market] 本来はロンドンやパリに見られる「蚤（のみ）の市」を指し、骨董品などを安く売る「がらくた市」をいったものだが、現在では不要品などを公園などに持ち寄って、売買や交換を行う市民運動のひとつとして定着を見ている。ここから free market と綴って、「自由市場」の意味にとることも多

くなっている。俗に「フリマ」とも呼ばれ、最近の古着ブームに乗って、若者たちの間にも人気を集めるようになっている。アメリカではアンティークショー [antique show] ということがある。

フルラインディスカウントストア [full-line discount store] 耐久消費財から衣料品、美容用品、家電製品など生活に必要とされるほとんどすべての商品を揃え、セルフサービスで販売するディスカウントストア*。アメリカのDS*業界における分類のひとつで、対語はスペシャリティーディスカウントストア*となる。

プレステージストア [prestige store] プレステージは「権威、威光、名声」の意で、他に並び立つもののない権威性の高さを誇る店を総称する。世界的な有名店舗がこれに相当する。

プロモーショナリーデパートメントストア [promotionary department store] 略称PDS。近年、アメリカで発展を見ている新しいデパート形態のひとつで、中・小型店舗によるチェーン展開を特色とする小売業態を指す。従来の百貨店と専門店の中間的な「大型専門店」といったイメージを特徴とするもので、今日的な感覚があるところからコンテンポラリーデパートメントストア [contenporary department store]、チェーン展開を特徴としているところからチェーンデパートメントストア [chain department store] などとも呼ばれ、単にプロモーショナルストア [promotional store] ということもある。量販店系からスタートした〈ノードストローム〉がその代表例とされる。

プロモーショナルストア ⇒ プロモーショナリーデパートメントストア

返品条件付買取制 [へんぴんじょうけんつきかいとりせい] 買取制*の一種で、百貨店がプライベートブランドの企画・生産をアパレル企業に委託する場合に見られる取引形態のひとつ。返品は可能だが事前に定めた一定条件を満たす場合に限っての取引とされる。

返品制 [へんぴんせい] 取引条件のひとつで、シーズン末に残っている商品を返品しても、アパレル企業が引き取るという返品可能な取引制度をいう。日本のファッション業界に特有の取引慣行*のひとつで、これに商品交換制度も取り入れて、「返品・商品交換制」ということもある。

返品・商品交換制 ⇒ 商品交換制

訪問販売 [ほうもんはんばい] 「訪販」とも略称され、英語ではドァトゥドアセールス [door-to-door sales] などと呼ばれる。無店舗販売の一種で、販売員(セールスマンやセールスレディーと呼ばれる)が直接家庭や職場を訪れて商品を販売する仕組みをいう。化粧品や女性下着、調理道具などによく見られる販売法で、なかには個人宅に親しい人たちを集めて茶菓などを提供して商品説明を行う「ホームパーティー形式」と呼ばれる方法も見られる。

ホームショッピング [home shopping] 家庭にいながら買物ができるシステム。通信・カタログ販売やテレビショッピング、訪問販売のほか「ご用聞き」なども含まれ、キャプテンシステムやケーブルTV、パソコンなどの発達によって急成長を遂げるようになった。これは和製語で、英語ではカタログショッピング*とかテレフォンショッピング*などと呼ばれる。

ホームセンター [home center] ロードサイドビジネス [roadside business] と呼ばれる都市郊外の幹線道路際に出店する大型店戦略のひとつで、いわゆる DIY(ドゥ・イット・ユアセルフ)店の発展形とされる。住宅関連商品を主体に品揃

えし、低価格で提供することを特徴としている。HCと略称されることが多い。

ホールセールクラブ［wholesale club］ホールセールは「卸、卸売」の意。会員になることによって卸値で買えるようにした、ディスカウントストア*の一種。「会員制卸売店」などと訳され、元はアメリカで発展した廉価販売の新業態を指す。また倉庫開放型のウエアハウスクラブ［warehouse club］（会員制倉庫クラブ）もこの一種で、ウエアハウスそのものにも「倉庫」のほか「卸売店、問屋」の意味がある。

ボックスストア［box store］「箱型店舗」の意。無駄な装飾を排して徹底的なコスト削減に努めた倉庫型の店舗で、ウエアハウスアウトレット［warehouse outlet］（倉庫型アウトレットストアの意）という別称でも呼ばれる。段ボールに入れたままで商品を陳列するなどの特色を持ち、アメリカ発の新業態店として話題を集めた。

ホテイチ［hotel＋1］「ホテルの1階」の意。有名ホテルの1階に設けられた店舗の集合を俗称したもので、最近の新しい商店施設のひとつとして注目されるようになっている。

ポップアップストア［pop up store］ポップアップは「突然現われる、突然起こる」という意味で、空き店舗や空き地などに突然出現する期間限定の仮店舗を指す。もとはニューヨークで、2002年のクリスマス商戦に大手スーパーがチェルシー地区の埠頭に船を浮かべてギフト商品を売ったのが最初とされ、現在ではファッションや飲料水などさまざまな業種に広がっている。短くて3日、長くても3カ月ほどだけ営業し、期間が過ぎると泡のように消えてしまうという特性を持つ。これは不況を乗り切るための生活の知恵

が生んだものと解釈されている。

ボランタリーチェーン［voluntary chain］ボランタリーは「任意の」という意味で、主として卸商（問屋）を本部として、それに独立資本を持つ小売店が自由に加盟し、共同仕入れや共同販促を行うチェーンストア*組織をいう。「自由連鎖店」と訳され、VCと略称されることが多い。一般に力の弱い小売業者が結集し、大手チェーンに対抗していこうというのが持ち味となる。

マークアップ［markup］「値上げ、値上げ額」の意でマークダウン［markdown］（値下げ）の対語だが、業界では一般に「値入れ、値付け」の意味で用いられている。プライシング［pricing］（値決め、値付け）と同義で、仕入れ原価に対するその割合を「マークアップ率」という。

マークオン⇒値入率

マークダウン⇒マークアップ

マーケットプライス法⇒売価設定法

マーケティングマネジメント⇒販売管理

マーチャントリテイラー［merchant retailer］SPA*（製造小売業）を意味するアメリカでの通称のひとつ。マーチャントは「商人、卸売商人」という意味。

マート［mart］「市場」の意で、商業の中心地のことも示す。ファッションビジネス用語では、いわゆる「卸売センター」を指し、マーチャンダイズマート*の略称とされる。

マイクロショップ［micro shop］ごく小規模な店の意。多くは一般的なファッションストリートのはずれにあって、小規模ながら魅力的な商品を扱っているファッション専門店を指すことが多い。そうした店で扱う若手デザイナーの手がける個性的なブランドを「マイクロブランド」とも呼んでいる。まさに知る人ぞ知るといった店でありブランドだが、ソーシャ

ファッションビジネス

ルメディア*などの発達で大手メディアからも注目されるようになってきた。

マスストア［mass store］「量販店」のこと。大量の（マス）の商品を販売する店ということからそう呼ばれているもので、マス・マーチャンダイズ・ストア（MMSと略される）の略とされる。GMS（ジェネラル・マーチャンダイズ・ストア）や米国でマス・マーチャンダイザーと呼ばれる形態と同義。

マスマーチャンダイザー［mass merchandiser］マスは「固まり、集団、多量」の意で、大量仕入れと大量販売を特色とするGMS*（総合小売業）のアメリカでの別称のひとつとされる。〈シアーズ〉や〈JC・ペニー〉などの巨大スーパーチェーンを指し、日本では大手量販店チェーンがこの概念に相当する。

マニュファクチャラーアウトレット［manufacturer outlet］製造業者（メーカー）が主宰するアウトレットストアのことで、ファクトリーアウトレットと同義の「工場直営型在庫処分店」をいう。

マルチプルストア⇒チェーンストア

ミックス・ユーズド・コンプレックス⇒メガモール

ミックスショップ⇒ブランドミックスショップ

ミニデパート⇒ジュニアデパート

ミリナー［milliner］婦人用の帽子屋のこと。ミリナリー［millinery］となると「婦人用帽子類」を指し、また「婦人用帽子製造（販売）業」の意味になる。

ミリナリー⇒ミリナー

ミルズ［mills］メガモール*と呼ばれる大規模なショッピングセンターの一種で、とくにアウトレットストア*やオフプライスストア*（OPS）を中心とした広大な店舗群を指すアメリカでの用語。

無店舗小売業⇒有店舗小売業

メーカーショップ［maker shop］製造業者が自ら経営を行う店の総称。メーカー直営型専門店のことで、メーカーが商品の売れ行きなどをテストする目的で出店するアンテナショップ*（パイロットショップ）などもこの一種。

メールオーダーセリング⇒通信販売

メガSC⇒メガモール

メガショップ［mega-shop］「巨大な店舗」の意で、メガストア［mega-store］ともいう。売場面積をたっぷりとって多くのブランドを集め、VMD（ビジュアルマーチャンダイジング*）を駆使することによって存在感を強力にアピールする大型の専門店を指す。最近では特に大手のアパレル企業の直接出店によるものが目立ち、なかにはひとつのブランドだけを強力に訴求するために設けられるケースも見られる。メガストアという場合には、ハイパーマーケット*や売場面積2万平方メートル以上のディスカウントストア*およびGMS（総合小売業）を指すこともある。あくまでも単一資本の小売店舗を指す用語で、ショッピングセンターや百貨店、量販店は含まれない。

メガストア⇒メガショップ

メガスペシャリティーストア［mega speciality store］「特化型大型店」などと訳される。特定の商品分野やライフスタイルに対象を絞った、いわゆる特化型新業態のひとつで、たとえばA&V（オーディオ＆ビジュアル）の大型専門店〈ヴァージン・メガストア〉や〈タワーレコード〉などが代表的とされる。

メガモール［mega-mall］主としてアメリカに見る巨大なショッピングセンター*業態のひとつで、メガSC［mega-shopping center］ともいう。ミックス・ユーズド・コンプレックス［mixe used complex］（複合商業施設）という発想のもとに作られ

1018

ファッション産業（小売関係）

たもので、敷地面積 10 万平方メートル以上の立地に 3、4 店の大型店を設置し、数多くの専門店とアミューズメント施設を加えて構成されるのが特色。「店作り」というより「街作り」という考え方で開発されるもので、ミネソタ州ミネアポリスにある〈モール・オブ・アメリカ〉などが代表的な例となる。

メンズアウトフィッター⇒メンズショップ

メンズショップ [men's shop] 男性用の衣料品全般を扱う専門店をいう和製語。スーツを始め、シャツやネクタイ、靴に至るまでのメンズアイテムを扱うが、従来の「紳士服専門店」というよりはカジュアルな感覚で用いられることが多い。1960 年代前半のアイビールック流行時に台頭したところが多く、当時の VAN ショップに代表される。「メンズ小物店」ということでいえば、アメリカではメンズファーニシングストア [men's furnishing store] という言葉があり、これを英国ではメンズアウトフィッター [men's out-fitter] などと呼んでいる。ちなみに「店舗」のことは、アメリカではストア store、英国ではショップ shop ということが多い。

メンズファーニシングストア⇒メンズショップ

モール [mall] 本来は「(木陰のある) 散歩道、遊歩道」という意味で、ここから「歩行者専用商店街」(モール街) とかショッピングセンターの中にある中央歩道といった意味で用いられるようになった。最近ではショッピングセンター＊そのものの意味でモールということが多く、こうした通路を持つショッピングセンターを「モール型 SC」と呼ぶようにもなっている。なお、モールには屋根のない遊歩道方式のオープンモール [open mall] や、全天候型アーケード付きのクローズドモール [closed mall] (エンクローズド

モール enclosed mall とも)、また舗道側だけにアーケードを付けたセミクローズドモール [semiclosed mall] といったタイプがある。

モール型ＳＣ⇒モール

モデレーテッドデパートメントストア [moderated department store] アップスケールデパートメントストア＊の一段下に格付けされる百貨店の呼称。アメリカの新しい百貨店の分類から考え出されたもので『メーシーズ』などが代表的とされる。モデレーテッドは「中庸を得た、適度の」という意味。

モバイル通販 [mobile ＋つうはん] スマートフォンを含む携帯電話 (モバイルフォン mobile phone) を利用した通信販売のこと。携帯電話の端末装置からインターネットショップに直結させて通信販売することを可能にしたシステムを指し、TGC＊(東京ガールズコレクション) のイベントなどでその有用性が一躍知られるようになった。「モバイル販売」ともいい、こうした現象を「モバイル文化」とも呼ぶようになっている。いわゆるオンラインショッピング＊(オンライン通販) の一種。

有店舗小売業 [ゆうてんぽこうりぎょう] 無店舗小売業 (無店舗販売) ＝ノンストアリテイリング＊の対語として使用されるようになった用語で、一般的に店舗で販売する小売業 (リテイラー) の業態を指す。「有店舗販売」ともいう。なお、無店舗小売業は「ストアレス事業」とも呼ばれる。

ライフクリエーションショップ [life creation shop] ライフスタイル提案型ショップのひとつで、特にインテリアグッズや生活関連雑貨を重視して品揃えした店を指す。顧客の素敵なライフスタイルを創造するという意味でこう呼ばれるもの。

ファッションビジネス

ライフスタイルショップ［lifestyle shop］
顧客のライフスタイル全体を追求しよう
と努める生活提案型の店の概念で、ライ
フスタイルストア［lifestyle store］など
とも呼ばれる。従来のファッション店が、
衣料品だけにこだわらず食や住、遊、知
といった分野にまで踏み込んで、素敵な
ライフスタイルを提案しようという発想
から生まれる新しい業態の店舗で、次世
代型のファッション小売業の有力業態と
見なされるようになっている。ファッ
ションは服だけではなく生活全体でとら
えるもの、という考え方がようやく浸透
してきた結果といえる。

ライフスタイルストア⇒ライフスタイルショップ

ライフスタイルセンター［life style center］
LsCと略される。上質なライフスタイル
提案を切り口としたショッピングセン
ター*の形態のひとつで、元は1990年
代半ば以降にアメリカで始まったとされ
る。小型のショッピングセンターに高品
質の食品スーパー、ドラッグストア、大
型書店、レストランなどを集積し、都市
周辺の高級住宅地に立地する「究極の近
隣型SC」と位置付けられる。日本では
2006年3月、東京・立川に開業した〈若
葉ケヤキモール〉がその典型とされる。

ランニングストック⇒ストック

リアルショップ［real shop］インターネッ
ト上のバーチャルショップ（仮想店舗）
に対する本物の店という意味で、「リア
ル店舗」とも呼ばれる。これとは別に、
メーカー系SPA*（製造小売業）の新業
態で、繁華街のど真ん中に出店し、客の
リアルな反応を確かめる一種のアンテナ
ショップ*を指すこともある。これは従
来セレクトショップ*に商品を卸してい
たところが、自らの力を試す意味で渋谷
や原宿などに出店するようになったもの
で、2004年頃から目立つようになってき

た。

リージョナルショッピングセンター［regional
shopping center］略称RSC。「広域型
SC」と訳される。アメリカにおけるショッ
ピングセンター*の分類のひとつで、
GMS*や専門大店などを核にした商圏範
囲10～50km超程度の大規模なショッピ
ングセンターを指す。面積としては3万
～10万平方メートルを基準とし、商圏
人口30万人以上とされるが、これより
さらに大規模なタイプはスーパーリー
ジョナルSC［super regional SC］の呼
称で分類されることになる。

リージョナルチェーン［regional chain］
チェーンストア*の地域的な広がりを示
す用語のひとつで、2地方以上にまた
がって出店している広域型のチェーンス
トア形態をいう。リージョナルは「地方
の、地域の」という意味で、ひとつの都
市や地方だけで展開しているローカル
チェーン*の上をいくもの。これが全国
的な展開になると、ナショナルチェーン
［national chain］と呼ばれ、NCと略称さ
れる。

**リーディング・ファッションスペシャリ
ティーストア**［leading fashion speciality
store］「先導型ファッション専門店」と
直訳できるが、これはアメリカの新業態
として登場した『ノードストローム』が、
自らの業態を称してこのように呼んだも
の。日本では「大型専門店」などと呼ん
でいるが、ノードストロームにしても
『バーニーズ』や『リミテッド』にしても、
これまでの日本の業界常識では区分でき
ない特性を備えているのが特徴とされ
る。

利益率［りえきりつ］売上高や資本に対す
る利益の割合をいう。利益（プロフィッ
ト profit）とは、つまり「儲け」のことで、
これには売上総利益（粗利益）、営業利益、

経常利益、純利益などの種類がある。

リオーダー ［reorder］「追加発注」の意。特定の商品の売れ行きが好調で品切れを起こしそうなときなどにかける再注文のこと。

利掛率 ［りがけりつ］仕入原価を基準とした値入率*のこと。仕入原価のうちの値入高（小売マージン）の割合を示したもので、「値入高÷仕入原価×100」の数式で表される。

リコメンデッド・リテイルプライス⇒希望小売価格

リサイクルショップ⇒ガレージショップ

リセールストア ［resale store］リセールは「転売、再販売」の意で、アメリカでは日本でいうリサイクルと同じ意味で用いられる。そうしたことを専門とする小売店のことで、2014年夏、アメリカのラグジュアリーブランドのリセールストアが日本に上陸したところから注目を集めるようになった。

リテイラーアウトレット⇒リテイルアウトレット

リテイルアウトレット ［retail outlet］小売業が主宰するアウトレットストア*の形態をいい、一般に「小売店の在庫処分店」という意味で用いられる。ファクトリーアウトレット*（工場直販型）と並ぶアウトレットストアの代表的な形で、リテイラーアウトレット ［retailer outlet］ともいう。

リテイルクリアランスストア ［retail clearance store］リテイルアウトレット*の別称。店の在庫品を一掃するというところからこのように呼ばれるもの。ファクトリーアウトレット*の場合は、ファクトリークリアランスストア ［factory clearance store］と呼ばれることになる。

リノベーションショップ⇒リフォームショップ

リバイブショップ⇒リフォームショップ

リフォームショップ ［reform shop］古くなった服を仕立て直したり、サイズを調整するなどして、新しく着られるようにするのを請け負う修理専門店。いわゆる「お直し」専門の店のことで、1990年代に入る頃から急速に人気を集めるようになった。リバイブショップ ［revive shop］ということもあるが、これらはともに和製語で、英語で正しくはオルタレーションショップ ［alteration shop］とかリノベーションショップ ［renovation shop］またリモデリングショップ ［remodeling shop］などという。リフォームは本来「改良、改善、改革」といった意味で「形を変える」という意味はない。リバイブは「生き返る」、オルタレーションは「変えること、改造」、リノベーションは「修理、修繕」、リモデルは「作り変える」という意味があり、古い洋服などを仕立て直すことは、英語では「メイキングオーバー making over」という。

リモデリングショップ⇒リフォームショップ

量販店 ［りょうはんてん］大量販売店の略で、「大販店（たいはんてん）」ともいう。いわゆるスーパー ［super］、特にGMS*と呼ばれる大型スーパーを指していうことが多い。実用的商品を中心に品揃えし、大量仕入れ、大量販売で低価格を実現し、セルフサービスを基本とするのが特徴。

レギュラーチェーン ［regular chain］チェーンストア*の組織による分類のひとつで、同一資本による複数店舗展開を行う形態をいう。本部と各店が同じ会社組織となっているのが特徴で、大きな専門店や量販店のチェーン店は普通、この形が最も多いところからこのように呼ばれるもの。会社組織であることからコーポレートチェーン ［corporate chain］ともいう。

レッグショップ ［leg shop］パンティース

ファッションビジネス

トッキングやソックスなど靴下類を専門に品揃えした店。脚（足）に関連したファッションをレッグファッションと総称し、靴下類をレッグウエアとかレッグニットなどと呼ぶことから、このような名称が付けられたもの。

レンタルショップ［rental shop］さまざまな品物をレンタル（賃貸）させる専門店のことで、ファッション商品に限ると「貸衣装店」ということになる。とくに結婚衣装や葬式用の衣装、また子供のおしゃれ着などを短期間貸し出す店を指す。最近ではデザイナーブランドやインポートブランドなどの高級品を扱う店も登場し、これをレンタルブティック［rental boutique］の名で呼ぶこともある。これらは和製語で、英語では「ア・ドレス・レンタル・エージェンシー a dress rental agency」などと呼ばれる。

レンタルブティック⇒レンタルショップ

ローカルチェーン［local chain］ローカルは「場所の、土地の、ある地方の」という意味で、チェーンストア*の地域別展開のうち、1都市を中心として展開する形を指す。また一定の地方だけで展開されるチェーンを指すこともある。ロードショップとも。

ロードサイドショップ［roadside shop］ロードサイドビジネス*に派生した店舗の総称。ロードサイドは「道端、路傍」の意で、都市郊外の幹線道路沿いに立地する店舗を指す。多くは大きな駐車場を備えて顧客の便宜を図った大型小売店となっており、紳士服やジーンズ、靴、スポーツ用品、本、カー用品などの業種が多い。ファミリーレストランなどもこの一種といえる。また、これとは別にショッピングセンターやファッションビルなどのインショップ*に対して、商店街の道路に面して建っている戸建て、あるいはビルの

1階に立地している店舗を「路面店（ろめんてん）」という意味で、このように呼ぶこともある。ロードショップとも。

ロードサイドビジネス⇒ホームセンター

ロードショップ⇒ロードサイドショップ

ワンコインショップ⇒ワンプライスショップ

ワンストップディスティネーション［one stop destination］ディスティネーションは「目的地、到着地」という意味で、ひとつの場所で必要なもののすべてを揃えることができる大規模な商業施設を指す。アメリカのメガモール*などの大型ショッピングセンターは、ほとんどこの機能を持っている。

ワンプライスショップ［one price shop］全品均一価格（ワンプライス）で販売する店の総称。百円均一の「ヒャッキンショップ」が代表的だが、元々はアメリカで発達を見た、商品がすべて1ドルで買えるダラーストア［dollar store］やワンコインショップ［one-coin shop］などと呼ばれる業態がモデルとなっている。2つで5ドルといった売り方をする店や日本の「千円均一ショップ」などもこのひとつで、いずれも低価格志向を特徴としている。

ワンブランドショップ⇒オンリーショップ

ファッションイベント情報

アーリーフォールコレクション [early fall collection] 初秋もののコレクションの意。端境期向けのコレクションとして開催されるもので、プレフォールコレクションと同じ。晩夏から初秋向けの商品が紹介される。

アマゾン ファッション ウィーク 東京[Amazon Fashion Week TOKYO] 「東京ファッションウィーク」の2017年春夏コレクション（2016年10月開催）からの正式名称。2011年10月から続いたメルセデス・ベンツの冠スポンサー降板により、新しいスポンサーであるインターネット通販大手アマゾン・ジャパンの名称に変更したもの。Amazon FWT とも略称される。

アルタローマ・アルタモーダ [Alta Roma Alta Moda 伊] F イタリアのローマで定期的に開催されるファッションイベントのひとつ。1週間程度にわたってファッションショーやプレゼンテーションが紹介される。ちなみにアルタモーダはイタリア語で「高級衣裳店、高級注文服、オートクチュール」を意味する。

イデア・コモ [Idea Como 伊] イタリアはミラノ近郊のコモ湖畔で年2回開催される素材展の名称。インターストッフ*（独）、プルミエール・ヴィジョン（仏）と並ぶ世界3大テキスタイル展のひとつで、特にシルクやプリント生地に秀逸なものが見られる。コモ湖周辺はシルクプリント生地の産地として知られ、そのプリントはコモトーンプリント [Como tone print] とかコモプリント [Como print] などと呼ばれている。

イデア・ビエラ⇒ミラノ・ウニカ

インターカラー [Intercolor] 国際流行色委員会（International commission for Fashion and Textile Colours）の通称、およびそこから発信される流行色のこともいう。そもそもは1963年に日本とフランス、スイスの色彩予測機関が集まって発足した団体で、ここからおよそ2年先の流行選定色が年2回、春夏と秋冬に分けて発表される。日本からは「一般社団法人 日本流行色協会（JAFCA）」が登録されている。

インターストッフ [Interstoff] ドイツのフランクフルトで開催される大規模な素材見本市。プルミエール・ヴィジョン（仏）、イデア・コモ（伊）と並んで世界の3大テキスタイル展と呼ばれている。アジア向けの「インターストッフ・アジア」という催しも香港で開かれている。

エクスポフィル [Expofil] パリで開催される、糸と紡績関係の総合見本市の名称。2004年春からはプルミエール・ヴィジョン*と統合し、同時期に合同で行われるようになった。

オープニング [opening] 一般には「開始、開会、初め」の意で用いられるが、ファッション業界ではパリ・オートクチュールに見るコレクションのことをこのように呼ぶ。ここからシーズンに先駆けて行われる展示会やショーのことをオープニングス openings と複数形で呼ぶようになった。

ガールズアワード [Girls Award] ガルアワと略称される女の子たちのための日本

最大級のファッション＆音楽のイベント。ガールズアワード実行委員会によって2009年9月に始まり、2010年5月から本格開催されるようになった。モデルの着用した服がその場でスマホを通して買えるリアルタイムのショーが売りもので、2013年からはIT企業の楽天が参加し、各種のガルコレと匹敵する人気を集めている。

ガウディ・ノビアス⇒パサレラ・シベレス

カプセルコレクション［capsule collection］ファッションブランドがふつうのコレクションとは別に、他のデザイナーやアーティストたちとコラボレート（協働）して発表する小さなコレクション。全5型くらいと作品数が少なく、発表する期間も短いのが特徴で、カプセルに入るようなミニコレクションということからこの名が生まれたという。2013年頃からヨーロッパで目立つようになったもので、特別な限定コレクションとして注目されている。

ガルアワ⇒ガールズアワード

ガルコレ［――］TGC*（東京ガールズコレクション）やSGC*（渋谷ガールズコレクション）など、一般の女の子たちを主対象としたファッションショーであるガールズコレクションを短縮した愛称で、東京コレクションを「東コレ」と呼ぶのと同じ。

京都スコープ［Kyoto・scope］京都織物卸商業組合の主催による、京都発の婦人服地を中心とした独創的な素材を提案する総合見本市。アパレルメーカーを対象とした国内唯一の素材展とされ、長い間京都で行われていたが、2006年秋からは会場を東京に移して開催されている。日本ではかつて「東京ストッフ」や「プレテックス東京」「イデア京都」といった大きな素材展が行われていた。

クラロ・リオ・サマー［Claro Rio Summer］ブラジルのリオデジャネイロで開催される、女性水着を中心としたビーチファッションのデザイナーコレクション。リオデジャネイロではこのほかに年2回〈リオ・ファッションウィーク〉が行われている。

グリーン・カーペット・ファッション・アワード［THE GREEN CARPET FASHION AWARDS］サステイナブル（持続可能）とエシカル（論理的）なファッションを実践している者に送られる賞として、2017年9月からイタリア・ミラノで始められたファッション界のイベント。マーケティングコンサルタント会社 Eco-Age の創始者リヴィア・ファースが考案し、イタリアファッション協会との提携によって開催されたもの。

クルーズコレクション［cruise collection］クルーズは「（遊覧のための）巡洋航海、船旅」の意で、クリスマス休暇などでそうした休日を過ごすためのリゾートファッション商品の新作発表会やその商品構成を指す。その商品は特にクルーズライン［cruise line］とかホリデイライン［holiday line］などと呼ばれる。日本にはこうした季節商品の区分は見られないが、海外では春のホリデイラインに向けての商品が10月中旬頃から売場に投入されるようになっている。これはまたリゾートコレクション［resort collection］、リゾートライン［resort line］の名でも呼ばれる。

クルーズライン⇒クルーズコレクション

グローバル・ファッション・フェスティバル［Global Fashion Festival］ドイツのベルリンで開催されるファッションイベントのひとつ。ヨーロッパ各国から集まるデザイナーによって行われるオープンエアのファッションショーで知られる。なお

ファッションイベント情報

ベルリンには「ベルリン・ファッション
ウィーク」という催しもある。

ゲネプロ[――]ドイツ語のゲネラルプロー
ベ Generalprobe（総稽古の意）から来た
もので、照明や音響などのテクリハ（テ
クニカルリハーサル）を兼ねて行われる
本番と同じ進行のリハーサルをいう。演
劇などでは初演直前の総稽古を指し、
ファッションショーでは「本番リハ」な
どと呼ばれる。これは、衣装を着けて行
うことから「ドレスリハーサル dress
re-hearsal」（着リハ）とも呼ばれる。な
お本番と同じように行われる通し稽古の
ことは「ランスルー run-through」という。
客の反応を見る意味で、これらを本番前
に公開の形で見せることもある。

ケルン・メンズファッションウィーク[Cologne
men's fashion week] ドイツはライン河畔
の都市ケルンで開催される世界最大のメ
ンズウエア見本市の通称で、正式には「ケ
ルンメッセ国際メンズファッション
ウィーク／インタージーンズ」と呼ばれ
る。出店者の50％以上が海外からの参加
で、〈インタージーンズ〉というジーン
ズの展示会も含まれるのが特徴となって
いる。

神戸コレクション[Kobe collection]〈毎日
放送〉が主催し、神戸で開催されるリア
ルクローズ*中心のファッションショー。
元々は雑誌『JJ』の主催で2001年11月
に京都で催された「JJファッションナイ
ト」が母体で、04年秋には東京に進出、
07年2月には上海にも進出と年を追うに
したがって盛り上がりを見せている。現
在ではTGC（東京ガールズコレクション）
*などと並ぶ消費者参加型のファッショ
ンイベントとして認知され、一般に「コー
コレ（神コレ）」の愛称で親しまれている。

コレクション[collection] 原義は「採集、
収集」の意。ファッション業界では一般

にデザイナーコレクション*をいい、デ
ザイナーが定期的に開催するショー形式
の新作発表会を意味している。著名なも
のにパリ・オートクチュール・コレクショ
ン、またパリ、ミラノ、ロンドン、ニュー
ヨーク、東京のファッション先進5大都
市で行われるプレタポルテ・コレクショ
ンがある。

サンディカ⇒パリ・オートクチュール・コ
レクション

シドニー・ファッション・フェスティバル
[Sydney Fashion Festival] オーストラリ
アのシドニーで行われるファッションイ
ベントのひとつ。小売業者を主体とした
ところに特色が見られる。

渋谷ガールズコレクション[Shibuya Girls
Collection] 通称SGCとして知られる。
元々は10代の女の子向けのポータルサ
イト〈ティーンズウォーカー〉や〈渋谷
ウォーカー〉を運営する『T-Garden』に
よって開催されたファッションイベント
の名称で、TGC（東京ガールズコレクショ
ン*）の妹版的存在とされる。今の渋谷
で注目されている人気ファッションブラ
ンドを、ティーン誌で活躍する多数の男
女モデルが着用して紹介するファッショ
ンショーがメインで、作品のすべてがそ
のシーズンに着られるリアルクローズと
いうところに特色がある。2006年10月
にスタートし、09年3月にはTGCと共
催の形になって話題を集めた。

ジャカルタ・ファッションウィーク[Jakarta
Fashion Week] インドネシアのジャカル
タで開催されるファッションイベントの
ひとつ。インドネシア・ファッションデ
ザイナーズ協会とインドネシア・ファッ
ションデザイナー協議会という2つの団
体によって組織されている。

ショールーム[showroom]「商品展示室」
の意。商品などの陳列や展示を行う部屋

ファッションビジネス

のことで、アパレル企業には常設されているものと臨時に開設されるものがある。

ステージショー⇒ランウエイショー

ソウル・コレクション［Seoul collection］韓国のソウルで開催される「ソウル・ファッションウィーク」の一環として行われるデザイナーコレクション。ソウル・ファッションアーティスト協会＝SFAA加盟のデザイナーの参加によるもので、韓国ではパリ、ミラノ、ロンドン、ニューヨーク、東京に次ぐ世界６大コレクションをめざして力を注いでいる。このほかに〈ソウル・ファッションフェア〉という催しも行われている。

タイペイ・イン・スタイル［Taipei in Style］台湾の台北で行われるファッション総合展示会の名称。

デザイナーコレクション［designer's collection］ファッションデザイナーによるコレクション＊の総称だが、基本的にはパリコレなど特定のデザイナー団体が主催するコレクションを指す。高級注文婦人服のデザイナーによる「オートクチュール＊・コレクション」と高級既製服のデザイナーによる「プレタポルテ＊・コレクション」がその双璧。

デフィレ［defilé 仏］フランス語でいうファッションショー。原意は「縦列行進、行列」といったことで、俗にキャットウォーク＊などと呼ばれるファッションショーを称するようになった。

東京ガールズコレクション［Tokyo Girls Collection］通称TGCとして知られる。若い女性向けのモバイルファッションサイト〈ガールズウォーカー〉を運営する「ブランディング」（旧「ゼイヴェル」）が主催するファッションイベントの名称。一般の若い女性を主対象に、その季節に着られるリアルクローズ＊をファッ

ション雑誌で人気のあるモデルたちに着せて行うファッションショーが中心で、2005年秋にスタートした。年を追うとともに海外へも進出するなど発展を続け、今では史上最大級の女の子の祭りとまで形容されるようになっている。イベントの会場で即座にモバイル通販＊が行えるというのも売りのひとつで、毎年、春と秋の２回行われている。

東京コレクション［Tokyo collection］東京で行われる世界的なデザイナーコレクションで、通称「東コレ」として知られる。ニューヨークやロンドンと同じくメンズとウイメンズの共催となっており、世界５大コレクション（他はパリ、ミラノ、ロンドン、ニューヨーク）のひとつに位置付けられている。2005年秋からは政府主導による「ファッション戦略会議」が主催する"JFWイン東京"（東京発日本ファッション・ウィーク）のメインイベントに組み込まれ、開催時期も早められるようになっている。何でもありといわれる東京ファッションだが、世界中からいろいろな要素を取り入れ、独自のデザイン力で日本発のファッションを創り出していこうとする意欲には高いものがある。元々は「東京ファッションデザイナー協議会」が母体となって1985年にスタートしたもの。

東京ファッションアワード［Tokyo Fashion Award］東京を拠点に活動する若手ファッションデザイナーの世界的な飛躍をサポートする目的で創設されたファッションイベントのひとつ。東京都と繊維ファッション産学協議会が主催し、日本ファッション・ウィーク推進機構の共催によって、2014年から立ち上がった。トーキョー・ファッション・アワードとも表記する。

東京ランウェイ［TOKYO RUNWAY］日

本最大級のリアルクローズコレクション
として知られる「神戸コレクション」（通
称コウコレ・2002年発足）が、10周年を
期して改称した東京公演の名称。東京公
演は2004年秋冬向けの第3回コレクショ
ンから行われていたが、日本のファッシ
ョン文化を広くアジアへも発信しようと
いう目的で、このように改称したもの。

トランクショー［trunk show］高級なデザ
イナーブランドのオーナーデザイナーや
そのブランドの営業スタッフが、限定さ
れた時間に売場に来て、顧客に新作を披
露しながら販売する一種のプロモーショ
ン活動をいう。その昔、営業マンが大き
なトランクに商品を詰め込んで地方の店
を回り、ショー形式で販売していたこと
に由来する。またデザイナー自身がそう
した会場に姿を現すことをパーソナルア
ピアランス［personal appearance］と呼
んでいる。

ドレスリハーサル⇒ゲネプロ

ニポコレ［――］日暮里（にっぽり）コレ
クションの略。繊維の街として知られる
東京・日暮里で2006年から行われている
ファッションショーのこと。繊維業界の
活性化を目的に、荒川区と日暮里繊維街
が提携して開催するようになったもの。
ファッションデザイン・コンテストの選
考会を兼ねた催しで、全国のファッショ
ン専門学校の学生作品が集まる。

ニューヨーク・コレクション［New York
collection］アメリカ・ニューヨークで行
われるデザイナーコレクション*で、メ
ンズ、ウイメンズのプレタポルテの同時
開催となる。ミラノやパリと違い、ファッ
ションビジネスの本場とされるニュー
ヨークでは、すぐに着ることのできるリ
アルクロージングが求められることが多
く、まさに真剣勝負の場が現出されるの
が特徴。

パーソナルアピアランス⇒トランクショー

パサレラ・ガウディ⇒パサレラ・シベレス

パサレラ・シベレス［Pasarela Cibeles 西］
スペインのマドリードで開催される〈マ
ドリード・ファッションウイーク〉の通
称。スペインを代表するレディース系の
ファッションイベントのひとつで、バル
セロナで開催されるパサレラ・ガウディ
［Pasarela Gaudi］と並び称される。スペ
インのデザイナーコレクションは名称の
変化が激しかったが、現在ではこの二つ
に落ち着いている。なお、バルセロナ・
ファッションウイーク＝モダ・バルセロ
ナには、ブライダルコレクションとして
知られるガウディ・ノビアス［Gaudi
Novias］という催しもある。

パリ・オートクチュール・コレクション［Paris
haute couture collection］パリ・オート
クチュール組合（Chambre Syndicale de
la Couture Parisiennes）＝通称サンディ
カ［Syndicat 仏］に加盟するデザイナー
（ここではクチュリエ*と呼ばれる）に
よって開催されるオートクチュール（高
級注文仕立て婦人服）の新作発表会のこ
とで、毎年1月（春夏物）と7月（秋冬物）
の2回、ファッションショー形式によっ
て発表される。1950年代に隆盛をきわめ、
当時は50以上のメゾン*が参加したが、
現在ではゲストデザイナーを含めても20
メゾン程度と減少傾向が目立つ。しかし、
モードの最高峰としての地位に揺らぎは
なく、その宝石的価値観はあまねく知れ
渡っている。現在はフランスオートク
チュール・プレタポルテ連合協会によって
運営されている。

パリ・コレクション［Paris collection］パ
リで行われるデザイナーコレクション*
の総称で、通称「パリコレ」として知られ、
オートクチュール系のコレクションも含
まれるが、現在では婦人服系のパリ・プ

ファッションビジネス

レタポルテ・コレクションを指すニュアンスの方が強くなっている。年2回開催されるが、オートクチュールのそれとは違って、春夏物は前年の秋に、秋冬物はその年の春に発表されるのが特徴で、世界のプレタポルテ・コレクションもこれに倣っている。5大コレクションの中で最も権威が高く影響力も強いため、世界のトップデザイナーのほとんどが参加している。現在はフランス・オートクチュール・プレタポルテ連合協会の主催による。

パリ・メンズコレクション［Paris men's collection］ミラノ・メンズコレクション＊に続いてすぐ行われるパリのメンズプレタ・コレクション。世界中からメンズファッションのデザイナーが参加し、その数はミラノ・メンズを凌駕する。日本からの参加も多く、コム デ ギャルソン（川久保玲）のメンズ作品はここでしか発表されないことでも知られる。まさしくメンズデザイナーの登竜門となっている。

ピッティ・イマジネ・ウオモ［Pitti Imagine Uomo 伊］イタリアのフィレンツェで年2回（1月と6月）開催されるヨーロッパ最大の紳士服見本市。イマジネはインマージネともインマジーネ、イマージネとも発音され、「ピッティ・ウオモ」とも略称される。ウオモはイタリア語で「男性」の意。

ピッティ・イマジネ・ビンボ［Pitti Imag-ine Binbo 伊］イタリアのフィレンツェで年2回開催される子供服の見本市。

ピッティ・イマジネ・フィラティ［Pitti Imagine Filati 伊］イタリアのフィレンツェで年2回開催される生地やニットヤーンの見本市。一般に「ピッティ・フィラティ」と呼ばれ、特にニット糸を中心とした大規模な素材展示会として知られる。

ファッションウィーク⇒ラクメ・ファッションウィーク

ファッションショー［fashion show］デザイナーの新作やアパレル企業の商品などをファッションモデルに着せ付けて、顧客などに披露するファッション・イベントのひとつ。パリのオートクチュール＊やプレタポルテ＊に見るコレクション発表から、ファッション系の学校が行う学園ショーなどその内容と規模には多彩なものが見られる。屋内だけでなく屋外で行われる大規模な野外ショーもある。

ファッションズ・ナイト・アウト［Fashion's Night Out］世界16ヵ国の『VOGUE』誌が団結し、ファッション業界の支援と景気回復のきっかけ作りとして、2009年から始められた「一夜限りのショッピングナイト」と謳うファッションイベント。一般にFNOと略して呼ばれ、多くのファッション関係者が参加している。

ファッションスワップ［fashion swap］スワップは「交換する」また「（物と物の）交換、交換物」の意で、ファッション衣料の物々交換をいう。2009年初めごろから東京中心に広がりを見せるようになったイベントのひとつで、不景気の時代を反映した消費者行動のひとつとして注目を集めるようになっている。

ファッションＴＶ［fashion TV］ファッション情報専門チャンネルを特徴とするテレビ放送。最新コレクションの映像などを24時間放映するなどの特色を武器に伸びてきたもので、日本でも近年ようやく一般化するようになってきた。パリ発などさまざまな番組形態が見られる。いわば音楽番組中心の「ミュージックＴＶ」のファッション版。

ファッションハッカソン［fashion hackathon］ハッカソンはhack（ハック）とmarathon（マラソン）から作られた言葉で、IT（情

報技術) 関連のプログラマー、インターフェイス設計者、プランナー、グラフィックデザイナーなどが一堂に会して数日間共同作業するソフトウエア関連開発のイベントを指す。これのファッション分野版のことで、ファッションとテクノロジーの融合をテーマとしたイベントが多く行われるようになっている。また「デコーデッド・ファッション decoded fashion」というアメリカ発のファッションハッカソンも日本に進出している。

ファッションワールド東京[FASHION WORLD TOKYO]より正確には[国際]ファッションワールド東京。見本市主催会社のリードエグジビション ジャパンの主催による日本最大のファッション総合展。年2回、春と秋に開催され、2018年秋(第9回)より大幅リニューアルして、生地・素材展など併催イベントも多くなっている。

プラート・エクスポ[Prato Expo]イタリアのフィレンツェで年2回開催されていた大規模なテキスタイルの見本市で、2006年2月からは〈ミラノ・ウニカ*〉の一員として、ミラノの合同展に参加するようになっている。

プラグイン[PLUG IN]繊研新聞社が2006年3月から開催しているアパレル関係の展示会。クリエティビティに満ちた中小卸型ブランドを中心とするもので、同社の主催するJFW-IFF(インターナショナル・ファッション・フェア)とはもうひとつ別の意義を持つファッションイベントとされる。「上質なファッション・アート・ライフスタイルブランドの展示会」というキャッチフレーズも持ち、一段上質となる「リュクス・バイ・プラグイン」という催しもあった。プラグインは「プラグを差し込んで電流を流す」の意だが、電算用語ではアプリケーショ

ンに機能を追加させるためソフトウエアを接合するという意味もある。

プルミエール・ヴィジョン[Première Vision 仏]パリで年2回開催されるテキスタイル関係の総合見本市。世界で最も早く開催され、およそ1年先の素材情報が発信される。最近ではエクスポフィル*(糸関連)、モーダモン(副資材関連)、それにインディゴ、プリュイエルといった関係する見本市が統合されて行われるようになっており、世界最大、最高の素材展の位置を揺ぎないものとしている。一般にPVの通称でも知られる。

プレコレクション[pre-collection]シーズン直前の新作を集めて開催されるデザイナーコレクション、またそうした商品構成を指す。プレスプリングコレクション[pre-spring collection]といえば、冬の終わりから初春にかけての端境期のものを指し、日本でいう「梅春物」に当たる。またプレフォールコレクション[pre-fall collection]となると、夏物と秋物の端境期に設けられる「初秋物」あるいは「晩夏物」を意味することになる。こうした商品構成を、特にプレスプリングライン[pre-spring line]とかプレフォールライン[pre-fall line]の名で呼ぶことがある。

プレスショー[press show]アパレル企業やデザイナーハウスの広報活動のひとつで、一般公開に先立って行われるプレス(報道関係者)向けのファッションショーのこと。

プレスプリングコレクション⇒プレコレクション

プレスプリングライン⇒プレコレクション

プレフォールコレクション⇒プレコレクション

プレフォールライン⇒プレコレクション

フロアショー⇒ランウエイショー

ホリデイライン⇒クルーズコレクション

ファッションビジネス

香港コレクション［Hong Kong collection］
「香港ファッションウィーク」の一環として、年2回行われるプレタポルテのコレクション。

マジック⇒MAGIC

ミカム［MICAM］イタリアのミラノで毎年2回（原則3月と9月）開催される世界最大規模の靴の国際見本市。一般に「ミカム・シューイベント」として知られ、国内外1600社以上の紳士靴、婦人靴、子供靴のメーカーが参加する。主催はイタリア靴メーカー協会。なお同時開催としてバッグと革製品の見本市「ミペルMIPEL」も同会場ロ・フィエーラで行われる。また靴の国際見本市としてはドイツ・デュッセルドルフの「GDS」も有名。

ミラノ・ウニカ［Milano Unica］通称MU。イタリアはミラノで開催されるファッション素材の総合見本市の名称で、イタリアのほとんどの重要生地展を一堂に会して行われるのが特徴。モーダ・イン゛、プラート・エクスポ゛の両婦人服地展、イデア・コモ゛（シルク生地展）、イデア・ビエラ［Idea Viyella］（紳士服地展）、シャツ・アベニュー（シャツ生地展）の5つの素材展を統合して2005年に始まったもので、「イタリア国際テキスタイル合同見本市」とも呼ばれる。

ミラノ・コレクション［Milan collection］イタリアのミラノ（イタリア語表記ではMilano）で開催される婦人服のプレタポルテ・コレクションで、パリ・プレタポルテ・コレクションの直前に1週間程度行われるのが特徴。著名なデザイナーの参加も多く、世界5大コレクションのうちではパリコレに次ぐ人気と名声を誇っている。始まりは1976年と比較的新しい。

ミラノ・メンズコレクション［Milan men's collection］イタリア最大のファッション都市ミラノで行われるメンズ単独のプレ

タポルテ・コレクション。秋冬物はその年の1月、春夏物は前年の6月と世界で最も早く開催されるのが特徴で、斬新なイタリアンモードがいち早く展開される。ピッティ・イマジネ・ウオモ゛と同時期に開催されるのも特色のひとつ。

メルセデスベンツ・ファッションウィーク［Mercedes-Benz Fashion Week］ドイツの高級車メルセデスベンツの名を冠したファッションイベントのひとつで、現在ニューヨーク、ロサンゼルス、マイアミ、ベルリンなど世界の約20都市で開催されている。通常のコレクションとはひと味ちがうユニークなデザイナーが出品するのが特色とされ、うちフロリダ州マイアミビーチで行われる〈マイアミ・スイム〉は水着関係のファッションショーとなる。オーガナイザーは〈オリンパス・ファッションウィーク〉と同じ企業のIMG FASHIONによる。

メルセデス・ベンツ・ファッション・ウィーク東京［Mercedes-Benz Fashion Week TOKYO］東京コレクションで知られる"JFWイン東京"（東京発日本ファッション・ウィーク）に替わって名付けられた東京ファッション・ウィークの新名称。自動車企業のメルセデス・ベンツ日本株式会社がタイトルスポンサーとなったことで、このような冠名がついたもので、2012年春夏コレクション（2011年10月開催）から始まった。なお、2011〜12年秋冬向けのJFW（日本ファッション・ウィーク推進機構）主催による本コレクションは、2011年3月11日に起きた東日本大震災のため中止された。2017年春夏向けのコレクションからはスポンサーの変更により、〈アマゾン・ファッションウィーク東京〉となっている。

モーダ・イン［Moda In］イタリアのミラノで開催される素材と服飾資材の総合見

本市。現在はミラノ・ウニカ*の一環として運営されている。

モード・メイド・イン・モロッコ［Mode Made in Morocco］北アフリカのモロッコはカサブランカで行われるファッションイベントのひとつ。

ラクメ・ファッションウィーク［Lakme Fashion Week］インドのムンバイで開催されるファッションイベントの名称。インドやパキスタンのデザイナーによるコレクションショーが行われる。最近では各国で〈ファッションウィーク〉と名付けたファッションイベントが盛んになり、ファッション主要国を始めとして、インドのニューデリーや中国の北京、アラブ首長国連邦のアブダビ、ブラジルのリオデジャネイロ、コロンビアのボゴタ、南アフリカ共和国のダーバン、オランダのアムステルダム、インドネシアのジャカルタ、ギリシャのアテネ、ポルトガルのリスボンなどで、それぞれその国や都市の名を冠した催しが行われている。

ランウエイショー［runway show］ランウエイは「劇場の花道、滑走路」といった意味で、すなわちステージを使ったファッションショー*を指す。こうしたショーをステージショー［stage show］とも呼び、ステージなしで床上で行うものをフロアショー［floor show］と呼んでいる。

リゾートコレクション⇒クルーズコレクション

リゾートライン⇒クルーズコレクション

ルームス［rooms］ファッション関係のクリエーターによる国内の合同展示会の名称。『H.P.フランス』の主催により2000年から年2回東京の会場で行われている。2017年9月からは「ルームス エクスペリエンス rooMs EXPERIENCE」と改称し、一般客も来場可能な体験型イベントへと成長している。

ローマ・ファッションウィーク［Rome fashion week］イタリアのローマで年2回行われるファッションイベントのひとつ。ローマ・オートクチュール・コレクションが開催されることでも知られる。

ロンドン・コレクション［London collection］英国はロンドンにおけるプレタポルテのコレクション。かつては大規模な催しだったが、最近では舞台をパリやミラノに移すデザイナーが多く、コレクションとしては少し寂しくなっている。しかし、アートスクール系の新人デザイナーたちのデビューの場としては最適で、若者ゆえの斬新で活力に満ちた作品が多く見られるのが特徴のひとつとなっている。現在は「ロンドン・ファッションウィーク」の一環として行われている。

ファッションビジネス

ファッションスペシャリスト

アーティスティックディレクター [artistic director] 芸術的な視点からクリエイティブ活動全体を司るディレクターといったほどの意味で、最近のパリ・プレタポルテコレクション系のデザイナーハウスに登場するようになった職名のひとつ。単なるデザイナーというだけでなく、全体を統括する人といった意味を持ち、クリエイティブディレクター*と同じような立場にあるのが特徴とされる。アーティスティックは「芸術的な、芸術の」というほかに「芸術のわかる、芸術的才能のある」という意味も含まれる。

アーティストスタイリスト [artist stylist] アーティストと呼ばれる最近の芸能人やミュージシャンのために服やアクセサリーなどを揃えるスタイリストのことで、コスチュームスタイリストとほぼ同義。ここでのスタイリストは自ら服をデザインするのではなく、あくまでもコーディネーター役に徹するのが特徴とされる。

アーティストデザイナー⇒コスチュームデザイナー

アートディレクター [art director] 通称AD。一般に広告制作会社における美術デザイン面の制作責任者を指す。直接デザインは行わないが、デザイナーと同じ資質を持ち、優れた作品を作り上げることに寄与する。また映画や演劇などにおける美術監督をこう呼ぶこともある。

アカウントエグゼクティブ [account executive] 通称AE。アカウントは「広告主、顧客、得意先」を指す広告業界用語で、広告主の広告費を取り仕切る広告会社側の営業責任者を指す。アカウントにはまた「勘定、計算書」の意味もある。

アクセサリーデザイナー [accessory designer] 服飾品としてのファッションアクセサリーをデザインするスペシャリスト。これにはさまざまな分野があり、広義にはファッショングッズと呼ばれる帽子や靴やバッグなどのデザイナーも含まれる。もちろん、それぞれを帽子デザイナー、シュー（ズ）デザイナー、バッグデザイナーなどと呼ぶこともある。

アクセソワリスト [accessoiliste 仏] 本来は accessoiriste と綴って、フランスの芝居や映画での小道具係をこう称したが、これはフランスのファッションコーディネーターとして著名だったメルカ・トレアントン女史が1970年代の終わり頃、ファッションショーの仕事をしていて考え出した新しい職業名とされる。その時点ではファッションショーや写真撮影でのアクセサリー専門のスタイリストを指し、その表記も accessoiliste としたが、現在では日本でいうスタイリストとほぼ同義とされている。

アシスタントデザイナー [assistant designer] アシスタントは「助手、補佐」の意で、デザイナーの脇にいて、さまざまな手助けを行うデザイナーの弟子の存在を指す。ここでの先生であるデザイナーに代わってデザイン画を描いたり、生地やボタンなどの付属品を集めるなどさまざまな作業に従事する。

アタッシェ・ドゥ・プレス⇒プレスアタッ

ファッションビジネス

シェ

アドマン [adman] アドバタイジング（広告）から生まれた言葉で、広告や宣伝関係の仕事に携わる人たちを総称する。ADマンとも表記され、主として広告代理店や広告制作会社の関係者がそのように呼ばれる。

アドライター ⇒コピーライター

アパレルデザイナー [apparel designer] まさしくアパレル（衣服、服装）をデザインする専門職で、多くは既製服を製造する企業内にいて活動している。このことからメーカーデザイナー [maker designer] とか「企業内デザイナー」と呼ばれることが多く、また担当する分野によってメンズアパレルデザイナーとかレディースアパレルデザイナー、キッズアパレルデザイナー、ニットアパレルデザイナーというように細分化される。ネクタイや靴下、手袋、スカーフなど「アパレル小物」と呼ばれる分野の商品をデザインするデザイナーも広くはここに含まれる。

アパレルマーチャンダイザー ⇒マーチャンダイザー

アルティジャナート [artigianato 伊] イタリア語で「職人・技工たること」また「家内工業」という意味だが、ファッション業界では最近のイタリアのファッション業界に登場しているサンプル作りや生地生産、またさまざまな情報を提供する集団をこのように呼んでいる。いわば日本でいうFSH*（ファッションソフトハウス）的な立場にある職人集団を指す。

アロマティスト [aromathest] アロマテラピー（アロマセラピー）の専門家。芳香療法士のことで、アロマテラピストとも呼ばれる。

アンブレラマスター [umbrella master] 日本洋傘振興協議会が2006年から始めた洋傘売り場の専門家を認定する資格制度で、その認定を受けた資格者のこともこう呼ばれる。つまりは傘選び手助けのスペシャリストで、洋傘に関する基礎知識や正しい扱い方、ケア方法などに精通していることが求められる。

イベンター ⇒イベントプロデューサー

イベントプランナー ⇒イベントプロデューサー

イベントプロデューサー [event producer] 企業や団体などのさまざまなイベント（催事）を企画し、その内容にしたがって実際の制作まで行うスペシャリストを指す。ファッション業界では見本市や展示会、ファッションショーなどさまざまなイベントに関わるプロを指す。単にイベンター [eventer] と略称されたり、その企画を立てる人のことをイベントプランナー [event planner] といったりする。

イメージコンサルタント [image consultant] 個人の顧客について、服装、ヘアメイクなどあらゆる観点から、その人のファッション的なイメージアップを図るスペシャリスト。アメリカから生まれた新しい職業のひとつで、パーソナルスタイリスト*とかパーソナルショッパー*（個人の買物代行人の意）とも呼ばれる。一般にカラリスト*と兼業する例が多く見られ、最近では日本でもそうした会社や個人が増えてきている。いわば「マイスタイリスト機能」を特徴とする専門職。

イメージスタイリスト [image stylist] 一般の個人に向けて、服装や化粧など総合的にイメージアップを図ることを目的としたスタイリストのこと。イメージコンサルタントとかパーソナルスタイリストなどと呼ばれる専門職と同義で、社会の成熟とともにこうした職業の需要が増えてきた。モデルやタレントなどのプロを主たる対象としないところに大きな特徴

がある。

衣料管理士［いりょうかんりし］社団法人日本衣料管理協会による認定資格のひとつで、同協会では「テキスタイルアドバイザー Textiles Advisor」というネーミングを与え、TA と略して呼んでいる。繊維製品を企画・生産・販売する企業の中で、企画・設計／販売／品質保証／消費者対応などの部門で活躍するスペシャリストを指すとしている。また、これのキャリアアップとして「繊維製品品質管理士」という認定資格も設け、同協会でその認定試験を実施している。これはTextiles Evaluation Specialist の略として、TES という略称で呼ばれている。

インターナショナル・マーチャンダイジング・コーディネーター［international merchandising coordinator］通称 IMC。国際的に活動するマーチャンダイジング*のスペシャリストで、多くはバイヤー*とマーチャンダイザー*を兼ねた職種とされる。

インディペンデント・セールスマン［in-dependent salesman］独立したセールスマンの意。欧米のファッション界に見られる専門職のひとつで、アパレル企業と契約を結んで一定地域の小売企業に商品を販売する個人代理業としてのセールスマンをいう。日本では「独立セールスマン」とか「契約セールスマン」などと呼ばれる。

インティメイトアドバイザー［intimate adviser］NBF（日本ボディファッション協会）の認定資格のひとつで、女性の下着に関するファッションアドバイザーおよびコンサルタントを指す。通称 IA と呼ばれ、女性の下着の販売や企画などの業務を通じ、顧客とのコミュニケーションを図り、顧客のファッション感性に応えてジャストフィットする商品を勧めることのできるプロと規定している。インティメイト（インティメートとも）は「親密な、個

人的な」の意味だが、ここではインティメートアパレル*（女性下着の新しい呼称）の意味で用いられている。ボディーフィッターということもあるが、ボディーフィッターには衣服のフィッターを指す別の意味もあることから、このような名称を考え出したもの。

インポートバイヤー［import buyer］海外商品の買い付け人。インポートトレーダー*と呼ばれる海外商品専門の貿易会社に属して買い付けおよび仕入れを行うことが多いが、フリーの立場のバイヤーも見られる。

ヴァンドゥーズ［vendeuse 仏］フランス語で「販売人、売り子」の意で、特に女性のそれを総称する。日本では特にパリのオートクチュールにおけるメゾンの店員をこのように呼ぶことが多く、彼女たちは自らデザイナーの作品を身に着けて客に見せたところから、いわゆるハウスマヌカン*の元祖ともされた。つまり、ここではモデルも兼ねる女店員を意味している。

ウエディングプランナー［wedding planner］結婚式および結婚披露宴に関し、当事者と式場の間に立ってさまざまな要件を調整していくスペシャリストを指す。ブライダルプランナー［bridal planner］とかブライダルコーディネーター［bridal co-ordinator］などとも呼ばれ、新しい職種のひとつとされている。

エステティシャン［esthetician］エステティック（全身美容）の専門家。痩身やメイクアップなど体全体からの美容を心身両面から考える美容師のこと。ほかに「美学者」という意味もある。

オーナーデザイナー［owner designer］オーナーは「所有者」という意味で、自らが経営者となっているデザイナーブランド企業のデザイナーをいう。

ファッションビジネス

オプティシャン [optician]「眼鏡商、眼鏡屋、光学器械商」のことで、一般に眼鏡（メガネ）を扱う専門家のことを指す。業界では眼鏡のスタイリストという意味で用いることもある。

カッター [cutter]「裁断士」のこと。型紙に合わせて生地を裁断（カッティング）する技術者を指し、こうした作業を専門とするテーラー*のことをこのように呼ぶこともある。

カットデザイナー ⇒ ヘアデザイナー

カラーアナリスト ⇒ カラリスト

カラーコーディネーター [color coordinator] 色彩についての調整役という意味。色彩設計や配色アドバイスなどを行う「色彩コンサルタント」としての役割をもつ専門家のことで、カラリスト*とほぼ同義とされる。

カラリスト [colorist] 色彩についての専門家。色彩設計や配色のアドバイスなどを実践する色彩に関してのプロで、ファッションビジネスでは素材や衣服のテーマにしたがって的確な色使いを決定する役割をもつ。カラーアナリスト [color analyst]（色の分析家の意）ともいう。

カリスマモデル ⇒ スーパーモデル

企画デザイナー [きかく＋designer] 商品企画も立てられるデザイナー。アパレル企業内の企画担当者は一般にプランナーとか「商品企画マン」また単に「企画」などと呼ばれるが、これは企画能力をもったデザイナーのことで、狭義のMD（マーチャンダイザー*）ともされる。

キッズモデル [kids model] 子供のファッションモデル。2、3歳から小学6年生くらいまでの女児、男児のモデルを指し、ファッションの低年齢化とファッション雑誌の増加などから需要が増えて最近注目されるようになっている。なお赤ちゃんはベビーモデル [baby model]、中学生

から高校生までのそれはジュニアモデル [junior model] などと呼ばれる。

キモノデザイナー [kimono designer] 日本の着物をデザインするデザイナー。新しい形の着物に挑戦するデザイナーもいるが、一般には着物の柄（模様）を創作する人を指すことが多い。

キャスティングコーディネーター [casting coordinator] キャスティングとは映画やテレビドラマなどにおける配役決定の作業を指し、これにちなんでファッション業界でもポスターやパンフレット、またテレビCM、雑誌広告などで必要とされるモデルなどを選び、適材適所に振り分けるスペシャリストをこのように呼んでいる。モデルなどの選定からギャラの交渉まで行うのが特色で、最近ではファッションショーの分野でも活躍するようになっている。

キュレーター [curator] 本来は博物館や美術館、図書館などの館長をいうが、日本では一般に「学芸員」という意味で用いられている。美術館や博物館などにおいて、展覧会の企画や運営、また作品の収蔵計画や保存研究などに携わる専門職を指し、特にファッション関係では「服飾キュレーター」などという仕事が注目されるようになっている。

グッズデザイナー [goods designer] ここでのグッズはファッショングッズ（服飾雑貨）の意で用いられているもので、靴や帽子、バッグ、ベルト、靴下、眼鏡および下着など、ファッションに関わるさまざまな品物のデザインを担当するデザイナーを総称する。「下着デザイナー」のように個々の分野の名称で呼ばれることもある。

グラフィックデザイナー [graphic designer] グラフィックデザイン（印刷技術を生かしたデザイン）に携わるスペ

シャリスト。まさしく図案家のことで、新聞・雑誌の広告やポスター、チラシの制作などに活躍する。最近ではコンピューターグラフィックス（CG）の分野などにも仕事内容が広がっている。

クリエイティブディレクター [creative director] ファッションブランドなどのデザイン活動において、クリエイターの立場から総合的に統括する権限を持つ責任者をいう。本来は広告会社におけるデザイン面での制作責任者を指すが、アメリカ人デザイナー、トム・フォードがグッチ社のクリエイティブディレクターに就任して功績をあげたところから、ファッション界でも使われるようになったもの。チーフデザイナーというよりももっと大きな権限を持っており、今では各社に存在するようになっている。

グレーダー [grader] グレーディング*の担当者。標準サイズで作られたパターン（型紙）を、サイズ展開に応じて拡大したり縮小したりする専門の技術者のことで、一般には人が手で行うハンドグレーディングの担当者を指す。いわゆるパタンナー*の一種。

小売販売士 [こうりはんばいし] 日本商工会議所が試験を行い認定証を授与する資格で、1級から3級までの段階が設けられている。小売業全般に摘要される資格制度のひとつ。

コスチュームアーティスト⇒コスチュームデザイナー

コスチュームスタイリスト [costume stylist] コスチュームは「時代衣装」や「祭り衣装」など特殊な衣装のことで、映画やテレビドラマの衣装、また舞台衣装やミュージシャンのステージ衣装など特別な衣服を専門に担当するスタイリストを指す。いわば「衣装係」のことで、多くは映画の衣裳会社やテレビ局の衣裳部

（ここでは衣裳という表現を用いる例が多い）に属して仕事を行う。とくにテレビのバラエティー番組でのタレントやキャスターなどの衣装を担当する仕事はTVスタイリスト [TV stylist] と呼ばれることがある。

コスチュームデザイナー [costume designer] 映画衣装や舞台衣装など普通の衣服ではない特別な衣装（コスチューム）を担当し制作するデザイナー。通常、美術監督の指示を受けて出演者の衣装をデザインし、生地などを揃えて完成させる。ファッションデザイナーとしては特殊な分野に属し、映画、舞台のほかテレビドラマやコマーシャルの衣装、またミュージシャンのステージ衣装などもデザインすることがある。アーティストデザイナー [artist designer] とかコスチュームアーティスト [costume artist] などと呼ばれることもある。ハリウッド映画のイディス・ヘッドやミレナ・カノネロなどが知られる。

コピーライター [copywriter] 広告文案の書き手。ここでのコピーは「（印刷の）原稿」という意味で、正確にはアドバタイジングコピー（広告文）という。ここからアドライター [adwriter] とも呼ばれる。

コリオグラファー⇒コレオグラファー

コレオグラファー [choreographer] コリオグラファーとも。「振付師」のこと。本来はバレエやダンスの振り付けを行う専門家や演出家を指すが、最近では歌手の振り付けを始めとして、テレビCMやファッションショーにおける振り付け、また各種のステージングなど仕事の分野が広がり、各方面から注目を浴びるようになっている。

コレクションデザイナー [collection designer] より正しくいうなら「コレクション系デ

ファッションビジネス

ザイナー」。定期的にちゃんとしたコレクション*（ショー形式による新作発表会）を行えるような実力と人気を持つファッションデザイナーを総称する。とくにパリ・コレなど世界の４大あるいは５大コレクションと呼ばれる催しに出品できるようなデザイナーが代表的とされる。

コンシェルジュ⇒サービスアテンダント

コントローラー⇒ミッショナー

サービスアテンダント［service attendant］売場やサービス施設において、客とのコミュニケーションを図り、さまざまなサービスを提供する専門職。航空機の室内乗務員や博覧会のホステス、またレストランのウエイターやウエイトレスなどさまざまな職種が含まれるが、最近、この種の仕事が百貨店などの小売施設にも見られるようになって注目を集めている。アテンダントは本来「（劇場やホテルの）案内係」といった意味だが、現在ではショッピングのアドバイスなど多岐にわたって活躍の場が増えている。フランス語でいうコンシェルジュ［concierge 仏］（コンシェルジェ、コンシエルジュとも）も同種の仕事となる。

雑貨スタイリスト［ざっか＋stylist］雑貨専門のスタイリスト*。雑誌の雑貨紹介ページなどで、さまざまな雑貨類を集め、美しくコーディネートさせて紹介する仕事をメインとするスタイリストのことで、料理のコーディネートや食器のセレクトなどを行う「フードスタイリスト food stylist」などと同じく、スタイリストの中ではちょっと特殊な分野に属する。

雑誌スタイリスト［ざっし＋stylist］スタイリスト*の一種で、主としてファッション雑誌のファッションページのスタイリングを担当する専門家を指す。テーマに沿ってモデルが着用する服を集めアクセサリー類をコーディネートし、撮影の準備を行うのが仕事となる。1970年創刊の『an・an』（当時は平凡出版）から公認の形となった。これはさらにレディース系、メンズ系、キッズ系、ブライダル系などと細分化されることになる。要は出版業界系スタイリスト。

サロンデザイナー［salon designer］ここでのサロンは注文婦人服の店のことで、そうしたドレスメーカー系のデザイナーを指す。街の洋装店や有名百貨店の注文服コーナーなどに存在するデザイナーを総称し、日本ではNDC（日本デザイナークラブ）やNDK（日本デザイン文化協会）、JDA（日本洋装協会）といった注文婦人服デザイナー団体に所属して、時々発表を行う人たちが多い。同じタイプとしてファッション専門学校の教員を兼ねるデザイナーも見られるが、この人たちは「教壇デザイナー」などと俗称されることがある。

サンプルメーカー［sample maker］サンプルは「見本」の意で、ファッション業界では展示会やファッションショーなどで見せる商品見本を制作する専門職を指す。デザイナーの描くオリジナルデザインを基にパターン（型紙）起こしからカッティング、縫製まで担当し、デザイン通りに見本を仕上げるのが仕事で、パリのオートクチュールでいうモデリスト*と同義の仕事内容となる。「サンプルハンド sample hand」と呼ばれることもあるが、その語源は定かでない。

ジーンズソムリエ［JEANS SOMMELIER］ジーンズに関するプロフェッショナルな人材を指す造語。2013年、岡山県アパレル工業組合と倉敷ファッションセンターによって創設された「ジーンズソムリエ資格　認定制度」から生まれたもので、

1038

ジーンズの魅力を広く発信する存在として注目され　ている。ソムリエは本来フランス料理店などでワインの選定などを行う専門家をいう。

シャプリエ [chapelier 仏] フランス語で「帽子製造（販売）の」の意で、一般に帽子職人を指す。また主に男子帽を売る店を意味し、婦人帽子店のモディストと区別される。ほかに（婦人の）旅行用大型トランクの意味もある。

シューフィッター [shoe fitter] 靴合わせの専門家。健常な足を計測し、靴の微調整を行って顧客の足に靴を正しく合わせる技術者で、1985年から〈日本靴総合研究会〉によって養成が始まった。現在は〈足と靴と健康協議会〉によって養成・認定が行われ、靴専門店や百貨店の靴売場などで適切なアドバイス活動を行っている。上級にバチェラー*、最上級にマスターのグレード区分がある。

ジュエラー [jeweler, jeweller] 「宝石商、貴金属商」の意で、「宝石細工人」のことも指す。これをフランス語ではジョワイエール [joaillier 仏] という。

ジュエリーコーディネーター [jewellery coordinator] 宝飾品販売のスペシャリストを指し、特に社団法人日本ジュエリー協会が認定して資格を与えられた専門職をいう。この検定試験は1988年から行われ、1級〜3級の段階が設けられている。ジュエリーショップや百貨店の貴金属売場などにおいて販売を担当するが、客へのアドバイスや商品のディスプレイなど広範な知識と経験が要求される。なお、ここでのジュエリーの英語表記はイギリス式になっており、その略称もJCと呼ぶことになっている。

ジュエリーデザイナー [jewelry designer] ジュエリー（宝飾品類）専門のデザイナー。宝石を多用するリング（指輪）や

ネックレスなどのデザインを主とするが、これに類したブレスレットやタイホルダー（ネクタイ留め）などのデザインも行う。

ジュニアモデル⇒キッズモデル

商品管理 [しょうひんかんり] アパレル企業などにいて、商品の入出荷などの職務に就いている担当者をいう。「商管」などと略称されることがあり、多くは商品管理センターと呼ばれる倉庫などに常駐している。これを倉庫管理 [そうこかんり]、略して「倉管」などと呼ぶこともある。

ショースタイリスト [show stylist] ファッションショーの現場において、モデルに着せる作品のスタイリングを全て仕上げ、フィッター*やヘアメイクアーティストたちに指示を与える立場にあるスタイリストを指す。いわばファッションショーの舞台裏の楽屋チーフということになる。

ショースタッフ [show staff] ファッションショーに出演するモデルやMC（司会）などのキャスト cast（配役の意）に対して、裏方に当たるさまざまな職種を総称する。制作担当のショープロデューサー [show producer] を始めとして、演出のショーディレクター [show director] やステージの進行に当たるステージディレクター [stage director]（舞台監督のことでブカンとかブタカンと俗称される）、またPA（音響担当、ミキサー）、ライティングスタッフ（照明担当）、美術（舞台美術＝大道具、小道具＝持ち物など）、特効（特殊効果）などの分野があり、これにスタイリストやフィッター、ヘアメイクなどのスペシャリストが加わってファッションショーの全体が構成されることになる。

ショーディレクター⇒ショースタッフ

ファッションビジネス

ショープロデューサー⇒ショースタッフ

ショップアシスタント⇒ショップスタッフ

ショップギャルソン⇒ハウスマヌカン

ショップコーディネーター［shop coordinator］ファッション店の販売担当者（ファッション販売員）を指すさまざまな名称のひとつで、ショップにおけるファッションコーディネーター＊といった意味合いから名付けられたもの。これとは別にストアプランナー［store planner］、すなわち店舗のあり様を計画する人の意で用いられることもある。

ショップコントローラー⇒スーパーバイザー

ショップスタイリスト⇒ファッションアドバイザー

ショップスタッフ［shop staff］いわゆる「店員、販売員」を指す、最近の日本のファッション業界での呼称のひとつ。スタッフは「部員、担当者、陣容」の意だが、「販売スタッフ」という意味でこのように用いているもの。こうした販売員のことをアメリカではセールスパーソン［salesperson］とかセールスアソシエート［sales associate］、英国ではショップアシスタント［shop assistant］などと呼んでいる。

ショップディレクター⇒ショップマスター

ショップマスター［shop master］大手小売業におけるファッション販売のインショップ＊の店長にあたる職種に付けられた名称のひとつ。元は百貨店のインショップ側の直営管理形態を「ショップマスター制」と称したことから始まったもので、現在ではファッション販売店の店長をこのように呼ぶことが多くなっている。ショップディレクター［shop director］とかショップマネジャー［shop manager］などと呼ばれることもある。

ショップマネジャー⇒ショップマスター

ジョワイエール⇒ジュエラー

スーパーバイザー［supervisor］本来は「監督者、管理者」という意味だが、ファッション業界においてはチェーンストアのストアオペレーション（店舗業務運営）の担当者で、各店長への指導、連絡等を行う職務を指す。本部と各店のパイプ役としてのショップコントローラー［shop controller］（店舗管理者の意）、またディストリビューションプランナー［distribution planner］（配分計画の推進者の意で、単にディストリビューター［distributor］とも）としての役割もある。いずれにしても本部付きのスペシャリストであるのが特徴。

スーパーモデル［super model］ファッションモデルの中でも一流中の一流モデルを指す。スーパースターとしてのモデルというわけで、従来トップモデルと呼ばれていたモデルたちのうちで特に傑出したモデルを1990年頃からこのように呼ぶようになったもの。初期のスーパーモデルにはシンディ・クロフォードやリンダ・エヴァンジェリスタ、クラウディア・シファーたちがいた。これを略して「スパモ」と呼ぶほか、カリスマ性を持つところからカリスマモデル［charisma model］とも呼ばれる。

スカーフコーディネーター［scarf coordinator］スカーフのあしらい方をアドバイスするスペシャリスト。最近のスカーフ人気から登場したファッションの専門職種のひとつで、〈日本スカーフ協会〉認定の資格ともなっている。

スカルプケアリスト［scalp carelist］スカルプは「頭の皮」のことで、頭皮ケアの専門家を指す。日本スカルプケア協会が2006年から理容師、美容師、エステティシャンを対象として始めた認定資格のひとつで、「頭皮相談のプロ」として認定するもの。抜け毛や薄毛などに悩む人た

ファッションスペシャリスト

ちに正しい頭皮の手入れの仕方や適切な
シャンプーの選び方、マッサージの仕方
などをアドバイスするのが目的とされ
る。ヘアケアリスト[hair carelist]（髪
の毛のケアの専門家）のさらに上を行く
専門職として注目されている。

スタイリスト[stylist] スタイルの設定者
という意味で、ひとつにはファッション
雑誌や広告メディア（テレビCM、ポス
ターなど）、ファッションショーなどで、
モデルの衣装などを揃える職種をいう。
また映画やテレビドラマなどで俳優の衣
装や小道具などを揃える担当者、テレビ
のバラエティー番組でのタレントの衣装
係、ニュースキャスターや政治家の服装
を考える人などさまざまなタイプがあ
る。ファッションコーディネーターなど
と名乗るスタイリストも見られるが、こ
れは日本だけの現象。スタイリストには
またヘアスタイリスト*（美容師）や「名
文家、美文家」あるいは「気取り屋」といっ
た意味も含まれるので、特に海外でスタ
イリストという場合には注意を要する。

スタイリングフィッター[styling fitter]
商業コンサルタント等として知られる児
玉千恵子氏が、従来指導してきたボ
ディーフィッターやサイズフィッター
（既製服のフィッター）などの集大成と
して名付け、登録商標とした職種名。顧
客満足の視点から、最も着心地の良い美
しいシルエットの価を顧客に提案するこ
とを目的としている。フィッティングア
ドバイザー*といった職種も同じ流れに
あるとされる。

スティリスタ[stilista 伊]イタリアのファッ
ション業界での専門職のひとつ。デザイ
ナーの考え出したデザインとその適切な
生地の組み合わせを設計するのが仕事と
なる。またフランスでいうスティリスト
と同じように、既製服のデザイナーの意

味で用いられることもある。

スティリスト[styliste 仏] フランス語で
いうプレタポルテ（高級既製服）系のデ
ザイナーの総称。日本でいうスタイリス
トはフランスではアクセソワリスト*な
どと呼ばれる。

ステージディレクター⇒ショースタッフ

ストアスタイリスト[store stylist] 日本ファッションスタイリスト協会が、社会的
ニーズに合わせて区分したスタイリスト
のひとつで、顧客に直接応対する販売員
を対象として定めたもの。ファッション
販売員の単なる言い換えというのではな
く、ちゃんとしたスタイリストの資格を
与えるというのが大きな特徴とされる

ストアプランナー⇒ショップコーディネーター

ストアマネジャー[store manager] 店舗に
おける総括的な管理責任者のこと。店舗
の運営はもとより、店員の人事や商品管
理、接客にまでその責任範囲は及ぶ。一
般には店長と同義とされるが、実際には
店舗経営のスペシャリストを指す。

スペシャルメイクアップアーティスト[special
make-up artist] スペシャルメイクアップ
のスペシャリスト。スペシャルメイク
アップ（SMU）はアメリカのハリウッド
映画界で発達した映画のための「特殊メ
イク」のことで、これを専門とするメイ
クアップアーティストを指す。人間をゾ
ンビに変えたり、本物そっくりの傷を作
るなど、まさに特殊効果としてのメイク
アップを担当する。

セールスアソシエート⇒ショップスタッフ

セールスインストラクター⇒FAインスト
ラクター

セールスエキスパート[sales expert] 販売
に関する専門家という意味で、ファッ
ション業界では販売員を指すさまざまな
名称のひとつとして用いられることがあ

1041

ファッションビジネス

り、SE などと略される。これと同様に技術的な側面からアドバイスできる販売員をセールスエンジニア［sales engineer］とも呼んでいる。

セールスエンジニア⇒セールスエキスパート

セールスクラーク⇒セールススタッフ

セールススタッフ［sales staff］販売用の人員の意で、いわゆる「店員、販売員」のこと。英語ではショップスタッフ*とかセールスパーソン*などというほかに、セールスクラーク［salesclerk］といった表現も用いられる。

セールスデザイナー［sales designer］アメリカで「営業企画」という職種を指すときに用いられる名称のひとつ。

セールスパーソン⇒ショップスタッフ

セールスプロモーションマネジャー⇒セールスプロモーター

セールスプロモーター［sales promoter］セールスプロモーション*（SP ＝販売促進）の担当者で、セールスプロモーションマネジャー［sales promotion manager］とも呼ばれる。企業内の SP 担当部署の職名を指すこともあるが、一般的には広告代理店や広告制作会社において実際に SP 活動を行うスペシャリストをいうことが多い。

セールスマネジャー［sales manager］販売の管理者の意だが、ファッション業界では一般に「営業職」の意味で用いられることが多い。いわゆる「営業」また「営業マン」のことで、「セールス」とか「セールスマン」とも呼ばれる。

セールスレップ⇒レプリゼンタティブ

繊維製品品質管理士⇒衣料管理士

ソウイングスタッフ⇒ソーワー

倉庫管理⇒商品管理

ソーワー［sewer］ソウアーとも表記。「縫う人」の意で、衣服の生産工場における

「縫製工」を指す。ソウイングスタッフ［sewing staff］ともいい、小さなアトリエなどでは「縫い子」とか「お針子（はりこ）」などと呼ばれる。

タトゥーアーティスト［tattoo artist］タトゥー（入れ墨）を入れる専門の技術師を指す現代的な表現で、かつては「刺青師」とか「入墨師」また「彫師」などと呼ばれていた。この言葉は最近のタトゥー人気から登場したもので、簡単なタトゥーを手掛ける人から、伝統的で大掛かりな入れ墨を担当する人までさまざまなタイプが見られる。なおタトゥーそのものは身体装飾のひとつとして生まれたもので、人類の衣服発生の歴史とも大きな関係をもっているとされる。

タンナー［tanner］タンは「皮をなめす」という意味で、クロムなどを用いて動物の皮を革に加工する「製革業者」また「皮なめし工」を総称する。タンナリー（タナリー)[tannery]となると「皮なめし工場」の意味になる。

タンナリー⇒タンナー

チャーチアテンダント⇒ブライダルアテンダント

ディストリビューションプランナー⇒スーパーバイザー

ディストリビューター⇒スーパーバイザー

テーブルコーディネーター⇒テーブルスタイリスト

テーブルスタイリスト［table stylist］パーティーなどにおいて、料理の並べ方から食器のセレクトまで、テーブル上の全てを美しくプロデュースする専門家をいう。テーブルコーディネーター［table coordinator］とかフードスタイリスト［food stylist］などとも呼ばれ、最近ではテレビ番組にも欠かせないスペシャリストとして登場している。

テーラーデザイナー［tailor designer］デザ

1042

イナー的感覚を持つテーラー（注文紳士服の仕立て屋）、またテーラーでありながらデザイナーとしての活動も行っている洋服職人を指す。1990年代半ばから、紳士服の本場とされるロンドンの若手テーラーたちが注目されるようになり、そうした人たちを「新世代テーラー」とか「ニューテーラー」、またテーラーデザイナーと呼ぶようになった。彼ら自身も自分たちの作品を、ビスポーククチュール［bespoke couture］などと標榜するようになっている。数少ないが日本にもこうした資質を持つテーラーが存在する。

テキスタイルコーディネーター⇒テキスタイルスタイリスト

テキスタイルスタイリスト［textile stylist］素材の設計を組み立てる人という意味で、ファッション企業内で次シーズンの企画にふさわしい素材を的確に選定して提案するスペシャリストをいう。テキスタイルデザイナーとは異なり、生地のデザインそのものは担当しないのが特徴。欧米のファッション業界では、一般にこの職種をスタイリストと称したものだった。テキスタイルコーディネーター［textile coordinator］と呼ばれることもある。

テキスタイルデザイナー［textile designer］テキスタイル（生地、織物）のデザインを行う専門家。ファブリックデザイナー［fabric designer］ともいう。いわば生地（布地）の図案家。

テクニカルデザイナー［technical designer］技術的な分野を担当するデザイナーの意で、最近のニューヨークのアパレル業界にあって、デザイン画や立体からそのスペック（仕様）を数字に落とし込む作業を担当する専門職を指す。このスペックに基づいてパターン（型紙）が作られ、修正の上、縫製が行われることになる。

パタンナー（パターンメーカー）を経て、この職に就く人が多い。

デコアーティスト［deco artist］携帯電話やデジタルカメラなどをラインストーンなどできらきらに飾り付けることを専門にするアーティストを指す。そうした携帯電話を「デコ電」と呼ぶことから名付けられたもので、デコはデコレーション（装飾、飾り付け）の略とされる。

デザイナー［designer］デザイン（意匠）を考えて図案などに表現する人のことで、「意匠家」とか「設計者」「図案家」などと訳される。ファッション界には衣服のデザインを行うファッションデザイナーのほか生地のテキスタイルデザイナー、プリントデザイナー、またさまざまな服飾小物を担当するそれぞれの専門デザイナーなど多くの種類がある。

デジタルファッションクリエイター［digital fashion creator］CG（コンピューターグラフィックス）クリエイターとファッションクリエイターを合体させるところに生まれる新しい職種名の概念。コンピューターによる3D衣服データの制作などデジタルツールを利用した服作りを特徴とし、新しい時代のファッションデザインの方向性のひとつとして注目を集めている。

デシナトゥール［dessinateur 仏］デッサン［dessin 仏］（素描）から生まれた言葉で、デッサン画家、図案化、漫画家、また衣服のデザイナーの意味もあるが、ファッション業界では一般にパリのオートクチュールにおけるデザイン画の担当者を指す。もっぱらデザイン画を描くのが仕事となり、いわゆるメートル（先生の意でデザイナーを指す）のアシスタントのひとりとされる。

トラッチアーレ［tracciàre 伊］イタリア語で裁断士、パタンナーを表す。

ファッションビジネス

ドレーパー⇒トワリスト

ドレスマン［dressman］主としてアメリカ
のトラディショナルなメンズショップに
見られる超ベテランの男子店員をいう。
勤続25年以上のキャリアをもつ人たち
で構成され、販売のプロとしてはもとよ
り着こなしなどについてのアドバイスも
的確に行うのが特色とされる。

トワリスト［toiliste 仏］トワル地（粗末な
平織綿布の一種）を使って、立体裁断で
デザイン画通りに型紙を作る人。またト
ワル地で原型を作る人を指し、いずれも
パリ・オートクチュールにおける重要職
とされる。こうした職種を英語ではド
レーパー［draper］と呼んでいる。

ニットデザイナー［knit designer］ニット
ウエアまた編物に特化したファッション
デザイナー。ニットアパレルデザイナー
を含むこともあるが、一般には趣味的な
セーターやニットドレス、またレースも
のなどをデザインする人を指すことが多
く、カリスマ的な人気を誇るデザイナー
も見られる。

ネイリスト［nailist］ネイル（爪）とアーティ
ストから作られた和製語で、爪の美容の
専門家を指す。ネイルアートの観点から
アート感覚のあるマニキュアを施した
り、ネイルティップ（つけ爪）を着ける
など指先全般のおしゃれにかかわるのが
特色。最近では爪のファッションに対す
る関心が驚くほどに高まっており、ネイ
ルバーとかネイルサロンなどと呼ばれる
爪専門の美容室が多く登場するように
なっている。ネイルアーティスト［nail
artist］ともいう。

ネイルアーティスト⇒ネイリスト

パーソナルショッパー［personal shopper］
アメリカで行われているショッピング
サービスのひとつで、主として上流階級
の顧客を対象に、メーカーと契約して卸

値に近い価格でデザイナーブランド商品
などを提供するシステムをいう。これと
は別に、個人の顧客の買物に同行、ある
いは顧客に代わって買物を行い、さまざ
まなコンサルタントサービスを行う専門
職をいうこともあり、これは特にパーソ
ナルスタイリスト［personal stylist］な
どと呼ばれる。

パーソナルスタイリスト⇒パーソナル
ショッパー

パーツモデル［parts model］足や手など部
分（パーツ）だけのファッションモデル
のこと。俗に「足タレ」（足タレントの意）
とか「手タレ」などと呼ばれる。TVコマー
シャルや広告写真などに多用される。

バイヤー［buyer］小売企業内の仕入れ担当
を指す。バイイング（仕入れ、買い付け、
買い取り）の担当者のことで、日本の小
売企業ではマーチャンダイザー*とこれ
を兼ねる例が多い。

ハウスマヌカン［house mannequin］ファッ
ション販売店を意味するハウスと、フラ
ンス語でモデルを意味するマヌカンを組
み合わせて作った和製語で、主として
DCブランド*系のファッション店で働
く女性販売員を指す。1980年代に雑誌『an・
an』がそうした女性販売員の意識向上の
目的で作り出したネーミングで、一時は
流行歌にもなるほど人気と話題を集めた
が、DCブランドの衰退とともに消滅し
ていった。自社ブランドの商品を着用し、
着こなしのアドバイスを行うなどの特色
も持ち、現在のショップスタイリストと
いう存在につながっている。なお、これ
の男性版はハウスマヌカン・オム［house
mannequin homme］とかハウスムッシュー
［house monsieur］またショップギャルソ
ン［shop garçon］などと呼ばれた。いず
れも英語とフランス語による和製の合成
語。

ファッションスペシャリスト

ハウスマヌカン・オム⇒ハウスマヌカン

ハウスムッシュー⇒ハウスマヌカン

パターンメーカー⇒パタンナー

パタンナー［patterner］デザイン画からパターン（型紙）を起こす専門職。ただし、この語は和製語で、英語で正しくはパターンメーカー［patternmaker］という。フランス語ではパトロニエ［patronier 仏］と呼ばれるが、これは標準パターンを作るだけでなく、グレーダー＊も兼ねることができる。

バチェラー［bachelor］「バチェラー・オブ・シューフィッティング」の略からきたもので、〈足と靴と健康協議会〉が養成・認定するシューフィッター＊の上級クラスの資格者とされる。足や下半身の骨格構造や歩行との関係など医学的、人間工学的な知識を持ち、足の痛みや変形など障害を抱える顧客の相談に応じて靴を調整できる専門家と規定されている。バチェラーは本来「学士、学士号」といった意味で、さらにこれより上の最上級資格者は「マスター・オブ・シューフィッティング」と呼ばれている。

パトロニエ⇒パタンナー

パブリックリレーションズ⇒ファッションパブリシスト

ビーズデザイナー［beads designer］ドレスなどにビーズを取り付けることを専門とするデザイナーで、特にパリ・オートクチュールにおいてのスペシャリストとして有名。日本人デザイナーの田川啓二氏はその第一人者として知られる。

ビザジスト［visagiste 仏］フランスの化粧品界から生まれた新しいファッションの職種のひとつで、総合的な立場からヘア、メイクアップ、コスチュームまでトータルなアドバイスを行い、新しい個性を作り出そうとするのが目的とされる。いわば美のコーディネーターというもので、

化粧品のスタイリスト、ビューティースタイリスト［beauty stylist］などとも呼ばれる。この語の基となっているビザージュ visage(仏)には「顔、顔付き、様子」といった意味がある。

ビジュアルプレゼンテーター［visual presentator］VP＊（ビジュアルプレゼンテーション）の専門家。VP は VMD （ビジュアルマーチャンダイジング＊）の実際的な演出法のことで、これの売場展開担当者を VMD ディレクター＊などと呼ぶのに対して、それを実際に演出して見せる専門家をこのように呼ぶ。

ビスポーク・クチュール⇒テーラーデザイナー

ビューティーアドバイザー［beauty adviser］美容、化粧などビューティーに関して的確なアドバイスを与えることのできるスペシャリスト。多くは化粧品会社のセールスレディーなどと呼ばれる美容部員に与えられる職名とされている。

ビューティースタイリスト⇒ビザジスト

ビューティーセラピスト［beauty therapist］美容を中心とした治療専門家の意。メイクアップの仕方を教えるなど、特にシニア女性たちに元気を与えようとする方向を持つスペシャリストをいったもので、特に必要な資格などはないが、化粧や介護などについての知識が求められる。化粧品メーカーの資生堂が認定したところから知られるようになったもので、その多くがサービス介助士の資格を持っている。

ビューティーライター［beauty writer］美容や化粧などビューティーと呼ばれる分野の情報を取材して、執筆する専門の書き手。「美容ライター」と呼ばれることもあり、近年急激に需要を増してきた。ファッション面ばかりでなく、医学的な知識も必要とされる知的な職業のひとつ

1045

ファッションビジネス

となっている。

ファッションアドバイザー［fashion adviser］ファッション専門店における販売の専門職を指し、一般にFAという略称で呼ばれる。いわゆる「ファッション販売員」のことで、1980年代に一世を風靡したハウスマヌカン*という言葉に代わって多く用いられるようになってきた。スタイリスト機能をもつ販売員ということでショップスタイリスト［shop stylist］などとも呼ばれるが、最近ではショップスタッフ*という表現が多くなっている。これとは全く別の意味で、文字通りファッションに助言を与えるアドバイザリースタッフとしての専門家をこのように呼ぶことがある。

ファッションイラストレーター［fashion illustrator］ファッションを専門とするイラストレーターで、小さな口絵（カット）から壮大なファッションイラストレーションまで、そのカバーする範囲は広い。基本的にはレディース系とメンズ系に分かれ、またマンガチックなタッチのものからアート系のものまでさまざまな表現法が見られる。

ファッションエッセイスト⇒ファッションライター

ファッションエディター［fashion editor］エディターは「編集者、論説委員」の意で、ファッション雑誌やファッション系の新聞などの編集担当を指す。ファッションページの企画を立て、取材、撮影等を行い、原稿等を集め、ページのレイアウトをして記事を完成させるのが主な仕事となる。ファッション「記者」とは違って、基本的に本文の原稿を書くことはない。なかで編集長は「エディター・イン・チーフ editor in chief」とか「チーフエディター chief editor」などと呼ばれる。

ファッションキュレーター⇒ファッション

研究家

ファッション研究家［fashion＋けんきゅうか］ファッションについてさまざまな観点から研究を行っている人たちを総称する。いわば「服飾学者」のことで、多くはファッション系の大学や専門学校に在職する教職者等がこれに含まれる。最近ではファッションキュレーター［fashion curator］と呼ばれることもあり、これはファッションを流行としてだけでなく、歴史的また学術的に研究している人を指す。なお教育機関の指導役としての先生は「インストラクター instructor」などと呼ばれる。

ファッションコーディネーター［fashion coordinator］ファッションをコーディネート（調整、整合）する人という意味。正確にはファッション企業内にいて、ファッション情報の収集や分析を行い、次シーズンのファッショントレンドを予測したり、自社の企画の方向性や販売促進などをまとめる専門職をいう。日本では百貨店や専門店に多く在職し、女性のコーディネーターが多く見られる。外部から助言を与えるフリーのコーディネーターもいるが、これは演出寄りのスタイリスト*と混同される例が多い。またアメリカでいうスタイリストにはこの機能をもつ人が多く、そこではトップマネジメントと直結しているのが特徴とされる。

ファッションコメンテーター［fashion commentator］コメンテーターは本来「解説者、実況放送アナウンサー」の意で、主としてテレビやラジオの放送番組で、ファッションについてのさまざまなコメント（解説）を述べる人をいう。ファッションライターや評論家が担当することが多いが、なかにはファッションデザイナーやファッションコーディネーター、

1046

スタイリストと呼ばれる人たちや、おしゃれと認められている芸能人などが出演して担当する例も多く見られる。

ファッションコラムニスト⇒ファッションライター

ファッションコンサルタント [fashion consultant] ファッション企業の外部にいて、ファッションに関するさまざまな専門知識や最新情報などを与える顧問、相談役としてのスペシャリストを指す。普通、企業とは顧問契約を結ぶ。

ファッションジャーナリスト [fashion journalist] ファッション関係の新聞、雑誌、放送などの報道機関をファッションジャーナリズム [fashion journalism] (ジャーナリズムは新聞・雑誌界という意味) といい、これらに従事するファッション雑誌や新聞などの編集者、記者、またライターや評論家などを総称する。

ファッションジャーナリズム⇒ファッションジャーナリスト

ファッションスペシャリスト [fashion specialist] ファッションおよびファッションビジネスに携わる専門的な職業人、またそうした専門職種を指す。ファッション界にはさまざまな職種があり、それらによって独特の構造が組織されている。

ファッション３Ｄモデリスト [fashion 3D modelist] ファッション産業の新職種のひとつ。デジタルデータとして制作された２Ｄ(平面)の型紙と連動させて、３Ｄ(三次元)のデジタルデータに移し換え、それによってファッションアイテムを制作することのできる専門職を指す。３Ｄモデリングを行う人の意で、韓国企業開発による３Ｄモデルソフト「CLO」を活用し、サンプル作成を不要とすることで生産効率の向上を実現するのが特性とされる。

ファッションディレクター [fashion director] ファッションを指揮する人の意で、幅広い視点からファッションの方向性を指示していく専門職をいう。アメリカではファッション企業の副社長格に当たる役職の人がこう呼ばれるが、日本ではファッションコンサルタント業やファッションコーディネーター*の人たちなどがこれを名乗る傾向が強く、その概念は定かでない。なおディレクターは英国風に「ダイレクター」とも発音される。

ファッションデザイナー [fashion designer] 服飾デザイナー、衣服デザイナー。新しいファッションデザインを創り出す人の意で、パリのオートクチュールや世界のプレタポルテ・コレクションで活躍するトップクラスのデザイナーから小さなアパレル企業に勤める企業内デザイナー、またフリーランスで活動するデザイナーなどさまざまなタイプが見られる。いずれにしても、たゆまぬ創作精神を持って常に前進することが、デザイナーとして欠かせぬ資質とされる。

ファッションパブリシスト [fashion publicist] ファッション企業内にいて、自社の広報・宣伝を担当する専門職をいう。いわゆるプレスアタッシェ*、俗にいうプレス*とほぼ同じだが、より正しくは「プレス担当者」を指し、これを英米の企業ではパブリックリレーションズ [public re-lations] とかメディアリレーションズ [media relations] などと呼んでいる。

ファッション評論家 [fashion＋ひょうろんか] ファッションに関する評論家で、英語では「ファッション・クリティック fashion critic」などという。ファッションについての長い経験と十分な知識を持ち、プロとしての立場から正確な判断を下すことのできる批評家をこのように呼

ファッションビジネス

ぶ。欧米でのこの種の仕事は十分な権威をもって迎えられるが、批評活動の脆弱な日本のファッション業界ではその位置付けも曖昧で、ファッションライターの尊敬語的な扱いとなっているのが現状でもある。「服飾評論家」ともいうが、この場合ファッションと服飾という言葉の間に微妙なニュアンスの違いがあることにも注意を要する。

ファッションフォトグラファー [fashion photographer] 日本風にいうならファッションカメラマン。ファッションを専門とする写真家のことで、ファッション雑誌のグラビアページや新聞、ポスター、また広告写真などで活躍する。ファッションやモデルなどの被写体に対する鋭敏な感性が何よりも求められる。

ファッションブロガー [fashion blogger] ファッションに関するブログを開設している人の意。アメリカはシカゴ在住の少女タヴィ・ジェヴィンソン [Tavi Gevinson] (1997年生まれ) が、11歳のころから始めた「スタイル・ルーキー」というファッションブログが世界的に話題となって注目されるようになった。彼女は中学生の辛口ファッション評論家として大変な人気を集め、世界の有名デザイナーが開催するコレクションの最前席に座らされるセレブな存在とされている。

ファッションプロデューサー [fashion producer] ファッションの制作者の意味で、新ブランド商品の開発や新人デザイナーの発掘などに携わるファッションスペシャリストを指し、現在ではクリエイティブディレクターの別称ともされる。そのほかにファッションショーの制作や演出に当たる人をこのように呼ぶことも多く、ファッション関連のイベントの制作者も同義とされる。正確な定義はない。

ファッションモデル [fashion model] デザ

イナーの新作やメーカーの新しいブランド商品などを身に着けて、そのデザインや着こなしなどを紹介する専門職。一般にファッションショーやファッション雑誌、ポスターなどがその現場となるが、最近ではタレント化の傾向が進み、さまざまな分野に進出するようにもなっている。フランス語ではマヌカン [mannequin] といい、ここから「マネキン (人形)」の和語が生まれた。男性のモデルは「メンズモデル」などと呼ばれるが、最近ではこれを「メンモ」と略称する傾向も現れている。

ファッションライター [fashion writer] ファッションに関するさまざまな情報を記事にして、その原稿を新聞、雑誌などのファッションページへ寄稿する人。いわばファッション関係の物書きで、フリーランスの立場で執筆する人が多い。ファッションコラムニスト [fashion columnist] とも呼ばれ、ファッション関係の洒落た随筆を書く人はファッションエッセイスト [fashion essayist] (服飾随筆家) などとも呼ばれる。

ファッションリポーター [fashion reporter] ファッションレポーターとも。ファッションに関するさまざまなニュース、情報を現場から報告する人。新聞や雑誌の「ファッション記者」と呼ばれる人たちがこれに当たり、フリーの立場でこれを専門とする人たちもいる。

ファブリックデザイナー ⇒テキスタイルデザイナー

フィッター [fitter] 着付け、また着せ付け係。最近では特にファッションショーの舞台裏において、モデルに作品を着せ付ける人を指すことが多い。またテーラー (紳士注文服店) などで、顧客のフィッティング (寸法合わせ) を行う「仮縫い士」や、結婚式場などで着物の着装を行う「着

ファッションスペシャリスト

付け師」を指すこともある。

フィッティングアドバイザー⇒モード
フィッター

フードスタイリスト⇒テーブルスタイリスト

フェイシャリスト［facialist］「美顔術師」
を意味する和製語。フェイシャル・ファー
ミング・エクササイズ*（顔ヨガ）を施
術する専門家を指す。

フォーマルアドバイザー⇒フォーマルスペ
シャリスト

フォーマルスペシャリスト［formal special-
ist］日本フォーマル協会の認定資格によ
るフォーマル知識の専門家。フォーマル
ウエアの着装など正しいフォーマル知識
の普及と啓蒙を目的としたもので、日本
フォーマル協会が実施する講習と認定試
験を経て資格が与えられる。ブロンズ、
シルバー、ゴールド３種のライセンスが
あり、フォーマルウエアを扱う売場や結
婚式場などさまざまな場所で販売やアド
バイス活動を行う。一般にフォーマルア
ドバイザー［formal adviser］と呼ばれる
こともある。

フットセラピスト⇒リフレクソロジスト

ブライダルアテンダント［bridal attendant］
結婚式で、挙式会場から披露宴会場まで
移動するときに、花嫁の衣装直しなどを
手助けする介添え役としての専門職を指
す。挙式と披露宴は別の場所で行うとい
うスタイルの増加からこのような仕事が
登場してきたもので、アテンダントには
本来「付き添い人」という意味がある。「花
嫁の付き添い」という意味でブライダル
アテンダンス bridal attendance ともいい、
チャーチアテンダント［church attendant］
（教会、礼拝の付き添い人の意）といっ
た名称でも呼ばれる。

ブライダルコーディネーター⇒ウエディン
グプランナー

ブライダルプランナー⇒ウエディングプラ

ンナー

ブラフィッター［bra fitter］ブラジャーの
フィッター。女性のバストラインを美し
く表現するために、正しく採寸し、適切
なブラジャーを選び、服装とのコーディ
ネートまでアドバイスすることのできる
専門職。靴合わせの専門職として知られ
るシューフィッター*に倣って生まれた
もの。

ブランドディレクター⇒ブランドプロ
デューサー

ブランドプロデューサー［brand producer］
特定のブランドについて、そのマーケ
ティング計画とブランディング*、およ
び広告戦略等について全責任をもって強
力に推進していく立場にある人を指す。
ブランドディレクター［brand director］
とかブランドマネジャー［brand manager］
などとも呼ばれるが、これらは少しス
ケールが小さくなるニュアンスを与え
る。

ブランドマネジャー⇒ブランドプロデュー
サー

フリーランスデザイナー［freelance designer］
特定の企業に属さず、フリーの立場で活
動を行っているデザイナーのことで、フ
リーデザイナーともいう。個人のアトリ
エで小規模に経営しているのが特徴で、
ここからデザイナーブランドを持つよう
な有名デザイナー企業へと成長していく
タイプも見られる。

プレス⇒プレスアタッシェ

プレスアタッシェ［press attaché］パリの
ファッション業界でいうアタッシェ・
ドゥ・プレス［attaché de presse 仏］が
英語化したもので、ファッション企業に
おける広報担当者を指す。ともに「記者
の代理人」という意味からきたもので、
とりわけデザイナーブランド系のそれを
意味することが多い。自社ブランドのイ

1049

ファッションビジネス

メージをマスコミに正しく伝える役目を
もち、メディアとの対応を図るほか、ス
タイリストを通しての商品の貸し出し、
販売促進へのアドバイスなど、企業にお
ける花形的役割を担っている。パリでの
それはさらに大きな権限を持ち、PR全
般の業務を外部で行うプレス代行業者が
多く見られるが、日本でも最近ではそう
した形が多くなっている。日本では単に
プレス［press］の名でも呼ばれるが、プ
レスは本来「新聞、雑誌、出版物」また「新
聞社、報道機関、報道関係者」の意で、
正しい表現とはならない。

フロアマネジャー［floor manager］百貨店
などの大型小売店の各階における管理責
任者のことで、その階における責任をす
べて司る要職とされる。組織的にはその
階の各売場マネジャーなどをすべて束ね
るフロア長としての役割を持つ。

プロダクトアレンジャー⇒プロダクトコン
トローラー

プロダクトコントローラー［product con-
troler］「生産管理*」の担当者を指し、
プロダクトアレンジャー［product
arrang-er］、またプロダクトマネジャー*、
略してプロマネなどとも呼ばれる。生産
工場へ向けての「職出し」が主な仕事と
なる。

プロダクトマネジャー［product manager］
生産過程の責任者。ファッション企業に
おいては「生産管理*」の責任者を指し、
一般に「プロマネ」と呼ばれている。

ヘアアーティスト⇒ヘアスタイリスト

ヘアカラリスト［hair colorist］ヘアカラー
*のスタイリスト。髪の毛を好みの色に
染めることを専門としたスタイリスト
で、独立した専門職として登場した。

ヘアケアリスト⇒スカルプケアリスト

ヘアスタイリスト［hair stylist］髪型のス
タイリストの意味で、いわゆる美容師の

別称。ヘアデザイナー*やヘアドレッ
サー*と同義だが、ファッション界のス
タイリスト人気からこのような名称を考
え出したもの。これはまた一般の美容師
と区別して、映画やテレビなどに出演す
る俳優、タレントの髪型を整える担当者
を指す意味でも用いられる。ヘアアー
ティスト［hair artist］とも呼ばれる。

ヘアデザイナー［hair designer］髪型のデ
ザインを行う専門職で、ヘアドレッサー
［hairdresser］などとも呼ばれる。いわ
ゆる「美容師」のことで、街のサロン（美
容室）に勤める人からフリーの立場で芸
能人などの髪を作る人までさまざまなタ
イプがある。ヘアカットをデザインする
という意味で、カットデザイナー［cut
designer］と呼ばれることもある。

ヘアドレッサー⇒ヘアデザイナー

ヘアメイクアーティスト［hair make artist］
ヘアデザインもメイクアップも両方でき
るスペシャリスト。いわゆる美容師の一
種だが、これは特に撮影現場やファッ
ションショーの舞台裏などにいて、即座
に俳優やタレント、モデルたちの髪型と
化粧を仕上げることのできるプロを指
す。

ベステビリタ［vestebilita 伊］イタリアの
ファッション業界独特の職種で、衣服の
生産工場における最終工程の検品担当者
をいう。平台に置かれた製品をただ目で
見て検査するだけではなく、実際に着用
してその出来上がり具合を確かめるとい
うのが最大の特徴で、ここにイタリアの
ファッション製品の秘密のひとつがある
とされる。ベスチはイタリア語で「衣服」
を意味する。

ベビーモデル⇒キッズモデル

ポスチュアウオーキング⇒ポスチュアスタ
イリスト

ポスチュアスタイリスト［posture stylist］

ポスチュアは「姿勢」という意味で、正しい姿勢を保って歩くことで、心身ともに美しくなるように指導する専門家をいう。こうした歩き方をポスチュアウオーキング [posture walking] などと呼んでいる。

ボディーコンシェルジュ [body concierge] ボディーファッション*の専門家。女性の下着を中心に、ボディー全般にわたって専門的にアドバイスを行うスペシャリストを指す。コンシェルジュはフランス語で「受付」また「ホテルの接客責任者」などを意味し、ここから転用したもの。

ボディーデザイナー [body designer] 理想の体形を作り上げることを目的とする「ボディーデザイン」の専門家。エクササイズトレーニングを通して心も体も健康的に美しくしようとするもので、そうした理想の体作りを手伝うトレーナーとしての役割をもつ。ダイエットを目的とする一般の人から格闘技をめざすプロ志向の人までさまざまな人たちを対象としており、スポーツジムやフィットネスクラブなどに在籍している。

マーカー [marker] マーキング*（型入れ）を担当する技術者。生地の上に型紙をはめ込み、マーカーラインを引くのが仕事で、この良否によって必要とされる生地の長さ（要尺）が決定される。

マーケッター [marketer] マーケターとも。マーケティング*の担当者の総称。企業内においてマーケティング・セクションに所属し、自社のマーケティング活動についてさまざまな観点から調査し、提言を行う。マーケティングプランナー [marketing planner] とかマーケティングプロデューサー [marketing producer] 、マーケティングディレクター [marketing director] 、またマーケティングマネジャー [marketing manager] などと、企業や部署、責任範囲においてさまざまな名称が見られ、マーケットプランナー [market planner] というところもある。日本では外部のマーケティング専門のソフトハウス*に在職する例が多い。またマーケットリサーチ*（市場調査）の専門家であるマーケットリサーチャー [market researcher] のことをこのように呼ぶことがある。

マーケットプランナー⇒マーケッター

マーケットリサーチャー⇒マーケッター

マーケティングディレクター⇒マーケッター

マーケティングプランナー⇒マーケッター

マーケティングプロデューサー⇒マーケッター

マーケティングマネジャー⇒マーケッター

マーチャンダイザー [merchandiser] マーチャンダイジング*を実行する専門職のことで、一般にMDと略称されることが多い。数値責任をもって商品化計画を実行するスペシャリストで、マーチャンダイジングディレクター [merchandising director] などとも呼ばれる。ファッション企業においては、企画・生産側のアパレルマーチャンダイザー [apparel merchandiser] と、品揃え・販売側のリテイルマーチャンダイザー [retail merchandiser] に分かれる。また小売企業にあってはバイヤー*のことをマーチャンダイザーと称することも多い。

マーチャンダイジングディレクター⇒マーチャンダイザー

マーチャンダイズマネジャー [merchandise manager] 主としてアメリカのファッション業界における職種のひとつで、商品（マーチャンダイズ）のアイテムごと、あるいはグループ単位のバイヤー*を束ねる責任者を指す。日本ではブランド全体の企画から営業までを統括する「商品

ファッションビジネス

本部長」などと呼ばれる役職をこう呼ぶ
例が多い。

マニキュアリスト [manicurist]「マニキュ
ア師」と訳される。手指の爪にマニキュ
アを施すスペシャリストのことで、広義
にはネイリスト＊（ネイルアーティスト）
と同義とされる。

**マニュファクチャラーズ・レプリゼンタ
ティブ**⇒レプリゼンタティブ

マヌカン⇒ファッションモデル

マネキン [mannequin 仏] ディスプレイ用
の「マネキン人形」の意味もあるが、業
界的には百貨店などの店頭で商品の宣伝
や説明、販売などに従事する派遣店員を
指し、マネキンクラブなどと称される職
業紹介所から派遣されることからこう呼
ばれる。マネキンは本来フランス語のマ
ヌカン＊（モデルの意）が転じたもので、
当初はマネカンなどと呼ばれたが、これ
は客を「招かん」に通じるということで、
マネキンと呼ばれるようになった。これ
にはまた「金を招く」という意味も込め
られている。日本最初のマネキンは 1928
（昭和 3）年、天皇即位を祝って上野池之
端で行われた博覧会の高島屋百貨店の和
服陳列にマネキン人形とともに現れたも
ので、これを当時は「マネキンガール」
と呼んだ。

ミッショナー [missioner] チェーンストア
経営を行う小売企業で、各店への商品の
配分などの手配を行う本部付きのスタッ
フの名称のひとつ。一般にはスーパーバ
イザー＊とかディストリビューターなど
と呼ばれる職種と同義で、コントロー
ラー [controler] などとも呼ばれる。ミッ
ションには「使節団」のほか「特別任務、
使命」また「本部、代表部」といった意
味がある。

メイクアップアーティスト [make-up artist]
メーキャップアーティストとも発音され

る。メイクアップ（化粧）の専門家で、もっ
ぱら女性の化粧の方法をデザインし美し
く表現するスペシャリストを指す。

メイクセラピスト⇒セラピーメイクアップ

メーカーデザイナー⇒アパレルデザイナー

メディアリレーションズ⇒ファッションパ
ブリシスト

モードフィッター [mode fitter] 既製服の
補整技術をもつとともに、ピンワーク（ピ
ン打ち）とフィッティング（着せ付け）
の技術も併せもったスペシャリストを指
す。単なる「お直し」とは違って、ファッ
ション的な見地からそうしたことができ
る専門職のことで、新しいファッション
スペシャリストのひとつとして注目され
ている。2003 年 4 月に〈日本モードフィッ
ターズ協会＝ JMFAN〉という団体が設
立された。フィッティングアドバイザー
[fitting adviser] という名称でも呼ばれ
る。

モディスト [modiste 仏] フランス語で「婦
人帽子店」また「婦人装身具店」の意。
ほかに婦人服や婦人帽の調整師、婦人の
流行衣装の裁断士も意味し、「婦人服（帽
子、装身具）の」という意味もある。帽
子に関しては、男子帽店のシャプリエと
区別される。

モデリスタ⇒モデリスト

モデリスト [modelist] モデリング（原型
作り）を行う人の意だが、フランスとイ
タリアで二通りの用法がある。フランス
語のモデリスト [modeliste 仏] は、パ
リのオートクチュールにいて、クチュリ
エ（デザイナー）の考えるデザイン通り
に作品の見本を作り上げる専門家を意味
する。対してイタリアでいうモデリスト
（イタリア語ではモデリスタ [modelista
伊] という）は、縫製工場にいてデザイ
ナーの描くイメージや考え方をパターン
（型紙）に置き換えることができ、生産

工程のレイアウトやコスト計算までできる工業デザイナー的な能力を持つスペシャリストを指す。イタリアのモデリストは親のノウハウを代々引き継いでいる技術者で、サルト・（テーラー）の出身者であることが多い。最近の紳士服工場において必要とされているのは、後者イタリア型のモデリストとなる。

ヤーンクリエイター ［yarn creator］ヤーン（糸）を創り出す人の意で、生地になる前のそもそもの糸（原糸）をデザインする専門家を指す。

ライフスタイルプロデューサー ［lifestyle producer］ライフスタイル（生活の仕方）全般をプロデュースする人という意味だが、これはファッションをライフスタイルという言葉に置き換えて表現したもの。衣服だけにしばられたファッションではなく、衣食住の全体に関わるライフスタイルをファッションととらえ、それを総合的に提案していこうとする概念を示している。いわば生活文化を創造していこうとする今日的なファッションクリエイターの姿を表す新名称。

ラッピングアテンダント ［wrapping attendant］ラッピングは「包装」の意で、百貨店などの贈り物コーナーなどで、商品を美しく包装する技術を持った専門家またそうした接客係を指す。本来は百貨店の伊勢丹で作られた用語。

ラプレ ⇒レプリゼンタティブ

ランジェリースタイリスト ［lingerie stylist］女性下着を専門とするスタイリスト。ランジェリーなどの下着の正しい選び方や着け方などを指南する専門家のことで、楽しみ方まで教えるのが特徴とされる。特にブラジャーについてのそれを専門とする人が多い。ランジェリーコンサルティングとかインティメイトアドバイザー、ボディーコンシェルジェなどと同義。

リテイリスト ［retailist］繊研新聞の提案によるファッション販売職の新しいネーミング。小売りを表すリテイルから発案されたもので、専門職を表す「…スト」を組み合わせて、より専門的なイメージを与えたもの。従来の販売員やＦＡ（ファッションアドバイザー）といった職種がここに含まれることになる。2009年12月からの使用。

リテイルマーチャンダイザー ⇒マーチャンダイザー**ラプレ** ⇒リプレゼンティブ

リフォーマー ［reformer］衣服のサイズ直しや修繕を行う技術者をいうきわめて日本的な表現。

リフレクソロジスト ［reflexologyist］リフレクソロジー・（反射区療法）にあたる専門家のことで、いわゆる「足裏健康法」のスペシャリストをいう。フットセラピスト ［foot therapist］という名称でも呼ばれる。

リプレゼンテーティブ ⇒レプリゼンタティブ

レザーソムリエ ［leather sommelier］日本皮革産業連合会が2017年からスタートさせた資格試験の合格者に与えられる称号。皮革や皮革製品についての一定の知識を問うもので、フランスのワインの専門家ソムリエにちなんで命名されている。

レジデンシャルバイヤー ［residential buyer］ここでのレジデンシャルは「在任の、駐在の」という意味で、産地そのものに駐在して仕入れ業務を行う独立形態のバイヤー・を指す。

レップ ⇒レプリゼンタティブ

レプリゼンタティブ ［representative］「代理人」の意で、アメリカにおけるアパレルメーカーの販売代理商をいう。正確にはマニュファクチャラーズ・レプリゼンタティブ ［manufacturer's representative］といい、メーカーの販売業務を代行する

ファッションビジネス

業者全般を指す。一般に REP の略称で
知られ、これをレップと発音している。
ここからセールスレップ［sales REP］
とも呼ばれる。リプレゼンテーティブと
も発音し、イタリア語でラプレ［rappre］
ともいう。

ブランド

アーティストキャラクターブランド［artist character brand］画家やグラフィックデザイナー、イラストレーターといったアーティストが、自らデザインした服などに付けるブランドおよびその商品をいう。略してACブランドともいう。ファッションデザイナーにはない新鮮な感性が魅力として注目されているものだが、なかにはアーティストの名前だけを借りたり、プリントのデザインだけを手掛けたものなども含まれる。

アトリエブランド［atelier brand］アトリエを事務所としているような、ごく小規模なアパレル企業が企画・開発するブランド。小規模であるがゆえに大手アパレルには見られない強いオリジナル性を持つ商品開発が特徴とされる。小さな家からの発信という意味でハウスブランド［house brand］ということもある。

アノニム［anonyme 仏］フランス語で「匿名の、無名の」という意味で、フランスのファッション業界ではPB（プライベートブランド*）のことをこのように呼んでいる。一般に価格を抑えたショップブランドといった意味で用いられる。

インターナショナルキャラクターブランド［international character brand］略称ICB。世界的な知名度を持つキャラクターブランド*のことで、多くは海外のデザイナーブランド以外のメーカーものやショップもののブランドを指す。

インターナショナルブランド［international brand］INBと略される。国際的に通用するブランドということで、世界的に有名なデザイナーブランドやショップブランドに代表される。

インディーズブランド［indies brand］インディーはインディペンデント independent（独立した、無所属の）の略で、元は無名の音楽レーベルを意味したもの。これに倣ってファッション界では知る人ぞ知る無名のデザイナーによって作られたブランドをこのように呼ぶようになった。資金力には欠けるが創造的なデザイン感覚が魅力とされ、ここからメジャーをめざす若手デザイナーが多く見られる。

インポートブランド［import brand］インポートは「輸入」の意で、一般に海外からの輸入ブランドを総称する。日本では特に欧米からの有名デザイナーブランドや、バッグなどの伝統的なショップブランド*を指してこう呼ぶ傾向が強い。

裏原宿ブランド［うらはらじゅく＋brand］「裏原宿*」と呼ばれる東京・原宿の一帯に立地するファッションショップから発信されるインディーズ系ブランドの総称。概して10代の男の子向けのものが多く、その時どきのストリートファッションを反映させた商品を中心に扱っている。

エコブランド⇒グリーンタグブランド

オウンブランド⇒プライベートブランド

オリジナルブランド⇒プライベートブランド

ガールズプロデューサーブランド［girl's producer brand］アイドル系やドクモ、ブロガーなどの女の子たちによってプロデュースされたブランド。彼女たちのキ

ファッションビジネス

ャクターを強く押し出すことによって、知名度を上げ、売り上げに貢献することを目的として作られたもの

カリスマブランド⇒スーパーブランド

技術者ブランド⇒コーディネーターブランド

キャラクターブランド [character brand] デザイナーブランド＊に対し、マーチャンダイジング力を駆使してブランドそのものの個性（キャラクター）を強調し、高感度な商品として他のブランドとの差別化に成功したブランドを指す。デザイナーブランドとは違って、デザイナーの名前は隠れ、商品紹介のためのショーも行わないのが普通とされる。元々1970年代後半にデザイナーブランドとの差別化を図って開発されたものだが、80年代に入って両者は一体化し、DCブランド＊と称されるようになった。これとは全く別の意味で、スポーツ選手やマンガの主人公などのキャラクターをモチーフとして作られるブランドのこともこのように呼ぶ。後者は特に「キャラもの」などと呼ばれる。

グリーンタグブランド [green tag brand] グリーンタグ（緑の下げ札の意）を付けたブランドということで、最近のアメリカを中心にして、地球環境の保全に配慮した商品を指す言葉として用いられている。ここでのグリーンはエコロジー（環境保護の意）と同義に扱われ、エコブランド [eco brand] という表現も見られる。

クリエイターブランド [creator brand] さまざまなファッションのクリエイター（創り手、創作者）が作り出すブランドのことで、一般にはデザイナーブランド＊と同義とされる。

グループブランド [group brand] 2社以上のメーカーや小売業者が、グループを作って共同で開発するブランド。

グローバルブランド [global brand] グロー

バルは「全世界の、世界的な」の意で、世界規模展開のブランド、とくにストア系のそれを総称する。日本のユニクロやスウェーデンのH＆M、スペインのザラ、アメリカのＧＡＰなどに代表される。

コーディネーターブランド [coordinator brand] ファッションコーディネーター＊と呼ばれる人たちによって企画・開発されたブランド。同じようにファッションディレクター＊と呼ばれる人たちによって企画・開発されたものは、ディレクターブランド [director brand] と呼ばれる。このほかに「販売員ブランド」とか「技術者ブランド」といったものもあり、最近ではこのようなデザイナー以外の門外漢によって作られ、その人たちの名前を冠したブランドの登場が目立つようになっている。

コーディネートブランド [coordinate brand] ひとつのコンセプトのもとに、さまざまなアイテム（服種）を特定のイメージでコーディネートさせて構成したブランドの総称。1970年代以降のアパレル卸商発のブランドは、ほとんどがこれということになる。

コーポレートブランド [corporate brand] コーポレートは「法人（組織）の、共同の、団体の」という意味で、会社の名前をそのまま冠したブランドをいう。1社1ブランド制のブランドを指し、1960年ごろまでの日本の業界ではこれが当たり前とされていた。

コラボレーションブランド [collaboration brand] コラボレーションは「共同作業、共同制作、協業」といった意味。複数のメーカーやショップが共同で開発したブランドのことで、いわば「共同企画商品」ということになる。自動車、家電、飲料、化粧品、旅行会社の異業種5社が相乗りした〈WILL〉（2000年）の展開がよく

知られるが、最近ではファッション業界にもこうしたブランドものが多くなり、これらをコラボレーションファッションとか、単に「コラボもの」などと呼ぶようになっている。こうした考え方を「コラボ企画」とか「コラボ取引」とも呼んでいる。

コレクションブランド［collection brand］デザイナーブランド*のうちパリ・コレ、ミラノ・コレクション、東京コレクションなどのメジャーコレクションに出品しているブランドを指す。こうした商品ラインをコレクションライン［collection line］またファーストライン［first line］ブティックライン［boutique line］などと呼び、デザイナーブランドの商品構成上、最も上のゾーンに位置し、そのデザイナーの主張を最もよく表す商品群とされる。

コレクションライン⇒コレクションブランド

サウンドファッションブランド⇒ミュージックブランド

サブライセンシー⇒ライセンスブランド

ジェネリックブランド⇒ノーブランド

シグネチャーブランド［signature brand］シグネチャーは「署名、サイン」の意で、その分野で有名な人物の名前を冠して売られる商品、またそのブランドをいう。特定のファッションデザイナー名を冠したブランドがそれで、いわば「署名付きブランド」ということになる。そうした商品構成をシグネチャーラインともいう。

ジャパン・ブランド［Japan Brand］輸出を意識した日本商品の概念を表す言葉で、出典は2003年5月に経済産業省の通商政策局が提言した「ジャパン・ブランド（J-Brand）」イニシアティブ構想〜21世紀の「日本ブランド」戦略〜による。

それによるとジャパン・ブランドとは「我が国が国際競争上の比較優位を追求していくことが可能であり、かつ我が国のソフトパワーの向上にもつながりうるもの」ということになる。これはまたタイトルにもあるようにJブランド［J brand］とも呼ばれる。

ショップブランド［shop brand］店のブランドの意で、有名なファッション店からその店の名前を付けて発信されるブランドを指す。パリやミラノの有名なバッグ店や靴店のブランドなどがその代表とされる。

スーパーブランド［super brand］名実ともに世界最高級のランクにあり、リッチな顧客層に支えられている超一流のファッションブランドを総称する。ルイ・ヴィトン、エルメス、グッチ、シャネルといったブランドがそれで、流行語となったスーパーモデル*になぞらえてこのように呼ばれるようになったもの。最近ではこうしたものをラグジュアリーブランド［luxury brand］（贅沢なブランドの意）とかカリスマブランド［charisma brand］（カリスマ性のあるブランドの意）、またハイエンドブランド［high-end brand］（高級顧客向けのブランドの意）、これを略してハイブランド［high brand］などとも呼ぶようになっている。

スクールブランド［school brand］特定の学校から発信されるブランド。受験生募集のPRの一環などとして、私立の中・高校などが作り出したブランドで、校色や校章などをモチーフにさまざまな商品が展開される。この背景には学校のブランド化という事情が見られる。また、学校向けに開発されたバッグや靴、セーター、ソックスなどのブランドをこのように呼ぶこともある。これに関連して、ファッション専門学校の学生たちがデザ

インしプロデュースする「学生ブランド」といったものも見られる。

スタイリストブランド [stylist brand] スタイリスト*が手掛けるブランド。スタイリストとしての経験と独自の感性を生かして展開するブランドのことで、スタイリスト自らがデザインを行うもののほか、ディレクションやプロデュースを行うものなどさまざまな形態がある。

ステイタスブランド [status brand] ここでのステイタスはステイタスシンボルの略で、社会的地位や経済力の象徴となるものを示す。そうした力を誇るブランドを総称する言葉で、パリ・オートクチュール系のブランドから、ルイ・ヴィトンなどのスーパーブランド*と呼ばれるものなどが含まれる。

ストアブランド⇒プライベートブランド

セカンダリーブランド⇒ディフュージョンブランド

セカンダリーライン⇒ディフュージョンブランド

セカンドブランド⇒ビスブランド

ゼネリクス⇒ノーブランド

ダイレクトブランド [direct brand] 最近のアメリカのファッション業界に見られるブランド名称のひとつで、SPA*型の大手アパレルメーカーが打ち出す直営小売型の商品を指す。顧客と直接（ダイレクト）に結び付くということでこのように呼ばれるもの。

ダブルチョップ⇒チョップ

ダブルネーム [double name] アパレルなど作り手側のブランドと、それを扱う小売店側のブランドの2つの名前が付くブランドおよびそうした商品。小売り側からの別注商品や共同企画商品に多く見られ、限定的な性格を有する独自商品として打ち出すことができる。両者のネームに魅力があるほど効果は大きい。

ダブルブランド⇒チョップ

タレントキャラクターブランド [talent character brand] 略称TCB。芸能タレントのキャラクターを生かして作られたブランド。1980年代のDCブランド*の大ブームの折、これに倣って登場したもので、テレビタレントやアイドル歌手、お笑い芸人たちの名前を冠したブランドが乱立し、各地にTCショップと呼ばれる専門店が現れた。現在そのブームは沈静化しているが、いくつかの実力のあるものは残っている。

地域ブランド [ちいき＋brand] 特許庁が管轄する「地域団体商標制度」に登録された全国各地の特産品のブランド（商標）を指す。事業者の信用維持や産業競争力の強化、地域経済の活性化の支援を目的として2006年4月に導入された制度から生まれたもので、ファッション業界としては『豊岡鞄』や『和泉木綿』などがある。

チャネルブランド [channel brand] 略称CB。流通チャネル（経路）に頼るブランドの意で、日本のブランドをNB（ナショナルブランド）とPB（プライベートブランド）に大別したときに、NBに属さないアパレル企業のブランドをこのように称している。そのほとんどはアパレル卸商のブランドで、卸先である小売業の力を借りなくては知名度が広がらないことからこのように呼ばれるもの。CBからスタートしてNBに育っていくパターンが多く見られるのも日本のファッションビジネスの特徴のひとつとされる。

チョップ [chop] 本来は「切り取った一片」という意味で、「下げ札」を表す。業界では一般に注文服の生地のブランド名を指し、「責任商標」などと訳される。またチョップはインド英語で「品種」を表し、ここから「商標」の意味で用いられるようになったという説もある。この意

味では素材メーカーが縫製までの品質管理を行って商品化したものを「チョップ品」というように用い、また生産者と販売者の二つの商標を付けたものをダブルチョップ [double chop] とも称し、これをダブルブランド [double brand] とも呼んでいる。

ディフュージョンブランド [diffusion brand] ディフュージョンは「普及、拡散」という意味で、デザイナーブランド*のセカンドブランド（第2ブランド）として位置付けられる普及版として、より求めやすい価格に設定したブランドを指す。こうした商品群をディフュージョンライン [diffusion line] という。セカンダリーブランド [secondary brand]（第2のブランドの意）とも呼ばれ、そうした商品群をセカンダリーライン [secondary line] と呼んでいる。

ディフュージョンライン⇒ディフュージョンブランド

ディレクターブランド⇒コーディネーターブランド

デザイナー・アンド・キャラクターブランド⇒DCブランド

デザイナーブランド [designer brand] デザイナーズブランドとも。文字通りデザイナー自身の個性を強調した創造力にあふれるブランドのこと。デザイナーの名前をそのまま冠したものが多いが、〈コムデ ギャルソン〉（デザイナーは川久保玲）のような例外もある。DBと略されることが多い。

デュオ・ブランド [duo brand] 2人組によるブランド。男性同士、女性同士、男性と女性、夫婦、きょうだいなどさまざまな形が見られる。ミラノの「ドルチェ・アンド・ガッバーナ」（男×男）が代表的。

トータルメイクアップブランド [total make-up brand] 女性化粧品のブランド戦略を表す用語のひとつで、ファンデーションなどのベースメイク商品から口紅などのポイントメイク商品まですべての化粧品を揃え、同じブランドの中から商品を選ぶことによって相互の相性が保たれるというもの。資生堂の〈マキアージュ〉やカネボウ化粧品の〈コフレドール〉などが代表とされる。

読者モデルブランド [どくしゃ＋model brand] 「読者モデル」と呼ばれるファッション雑誌のモデルが手掛けるブランドのこと。読者モデル自身がデザインしたりアドバイスを与えるなどして作り上げたブランドのことで、最近では特に「お兄系雑誌」と呼ばれる若い男性向けファッション雑誌の読者モデルによるものが人気を集めている。読者モデルのことを「ドクモ」と略して呼ぶところから、これも「ドクモブランド」と呼ばれることがある。

ドクモブランド⇒読者モデルブランド

ドメスティックブランド [domestic brand] ドメスティックは「国内の、国産の」という意味で、つまりは国内ブランドのこと。しかし、こう表現する場合はすべての国産ブランドを指すわけではなく、特にこだわりを持ち、少量生産で無名でありながらも知る人ぞ知るといった独特の魅力を持つブランドを指すニュアンスが強い。こうしたブランドを敬意を込めて「ドメブラ」と略称している。

ドメブラ⇒ドメスティックブランド

トレードマーク [trademark] 「登録商標」の意。商標法に基づいて特許庁での登録手続きを経た商標のことで、英語で小さくTMと表記されることもある。つまりは商標登録された商標（ブランド）のこと。

ナショナルプライベートブランド [national private brand] 略称NPB。アパレル企業

ファッションビジネス

と小売業者が共同で企画開発したブランド。ナショナルブランド（NB）とプライベートブランド（PB）の合体的なものであることからこう呼ばれる。いわば「コラボレーション企画」ものというわけで、特定の小売店のみで販売されるのが特色となる。かつては小売側に企画開発能力が少ない場合に多く行われていた。

ナショナルブランド ［national brand］略称NB。全国的によく知れ渡ったブランド、あるいはよく出回っている国内ブランドのこと。メーカーによって作られるものが多いところから、メーカーブランド［maker brand］（生産者商標）の総称とするのが一般的。PB（プライベートブランド*）と対照して用いられる。

ノーブランド［no brand］アンチブランド（ブランド否定）商品のことで、ブランド名が付かないことが特徴となる。価格の引き下げを主目的として、ブランドによる差別化の必要性のない最寄り商品に限定して量販店が打ち出したもので、当初は缶詰類やビールなどに多く見られたもの。一般的な商品という意味で、ジェネリックブランド［generic brand］（通称GB）というほか、日本風にゼネリクス［generics］とも呼ばれる。ここでのジェネリックには「商標登録の保護を受けない」という意味もある。

ノンテーストブランド［non-taste brand］特別な趣向や味わいもなく、だれもが買うことのできるブランド商品をいう。老若男女を問わず、家族みんなで買物ができるようなブランドを意味しており、最近こうした何でもない当たり前感覚のノブランドが開発されるようになっている。ここではノンテーストであることこそが、最大のブランドコンセプトとなっている。

ハイエンドブランド⇒スーパーブランド

ハイブランド⇒スーパーブランド

ハウスブランド⇒アトリエブランド

パワーブランド ［power brand］知名度が高く、きわめて強力な集客力を持ち、確実な売り上げのとれるブランドを指す。圧倒的な収益力を誇るブランドということでこのように呼ばれる。

販売員ブランド⇒コーディネーターブランド

ピクトリアルブランド ［pictorial brand］ピクトリアルは「絵の、絵画の」といった意味で、日本では「絵画ブランド」などという。有名な画家やイラストレーターなどの名前を冠したブランドのことで、ミュージックブランド*と同種の趣をもって展開されるもの。

ビスブランド ［bis brand］ビスはフランス語で「第2の」という意味。英語でいうセカンドブランド［second brand］をしゃれてフランス語で表現したもので、ともに「第2ブランド」ということになる。主にデザイナーブランド*の世界で用いられる用語で、中心となるブランドに対して、その普及版あるいは廉価版としての位置付けがなされたブランドをいう。ディフュージョンブランド*と同義。

ファーストライン⇒コレクションブランド

ファクトリーブランド ［factory brand］デザイナーと縫製工場が直接手を結んで打ち出すブランド。普通はアパレル企業や小売企業と提携してブランドを出す形をとるが、これは衣服の生産基地と直接結びついて新しい流通ルートを作り出そうとするところに特徴がある。主としてイタリアのファッション業界に多く見られるもの。

ファッションハウスブランド ［fashion house brand］ファッション商品を扱う著名な店のブランドの総称で、エルメスやセリーヌ、フェンディといった海外の有名なショップブランドがこれを代表す

る。

ブティックライン⇒コレクションブランド

プライベートブランド［private brand］略称PB。百貨店や専門店、量販店などの小売業者が独自に開発し所有するブランドを指す。ストアブランド［store brand］(SB) ともいい、オリジナルブランド［original brand］、オウンブランド［own brand］とも呼ばれる。普通、その店でしか販売されないのが特色とされ、日本語では「流通業者商標」などという。NB（ナショナルブランド*）と対照的に用いられる。

ブランド［brand］「商標、銘柄」の意。競合他社の商品群と区別するために設けた名称のことで、単なる印ではなく、商品そのものの価値を表す特定の商品表示名をいう。ブランドには、出所表示、品質保証、広告、財産権、差別化、戦略（記号）の6つの機能があるとされる。その語源は「燃えさし、燃え木、牛につけた焼印」からきている。商標登録することによって法的保護がなされることになる。ブランドの発祥地は英国で、その後フランスに導入されて発展したとされる。

ブランドアイコン［brand icon］そのブランドにとって象徴となりうる権威と魅力を持つ偶像としての人物を指す。かつてはスーパーモデルがそうした役割を担ったものだが、最近ではいわゆるセレブたちがそれに代わるようになっている。たとえば、カルバン・クラインに見る映画『アバター』のゾーイ・ザルダナの起用などがそれ。

ブランド内ブランド［brand ＋ない＋ brand］ブランドの中にあるブランド。著名なブランドがさらに新しいイメージ展開を図る目的で内部に作るブランドをいう。全く新しいブランドを作るよりもイメージ統一が図れてよいというメリットがある

とされる。

ブリッジブランド［bridge brand］ブリッジゾーン*（橋渡しの価格帯）と呼ばれる価格ゾーンに属するブランドのことで、さまざまな解釈があるが、現在は超高価格なインポートブランド*と国内のドメスティックブランド*の中間的なブランドを指すことが多い。

プレステージブランド［prestige brand］プレステージは「権威、威光、名声」といった意味で、ほかに並び立つものがないほど権威性の高いブランドを指す。ステイタスブランド*やスーパーブランド*と同義の用語。

プレミアム・プライベートブランド［premium private brand］高級化したプライベートブランド。セブン＆アイ・グループの「セブンゴールド」シリーズやイオングループの「トップバリュ セレクト」などに代表される。上質志向のブランドで、既存のプライベートブランドとは異なる名称を付けられて成長した。

プロダクトエクステンションブランド［product extension brand］プロダクトは「産物、製品」また「結果、成果」、エクステンションは「延長、拡張、広がり」の意で、ひとつのキャラクターを基にさまざまな方向に拡大させていく戦略をとるブランドを指す。例えば特定の自動車ネームを大本に、それを衣料品ばかりでなく、化粧品や飲食物などにも用いるようなものをいう。PEB という略称でも呼ばれる。単にプロダクトブランド［prod-uct brand］ともいう。

プロダクトブランド⇒プロダクトエクステンションブランド

平成ブランド［へいせい＋ brand］バブル経済崩壊後に誕生した新しいアパレル企業によって開発された平成生まれのブランドの総称。これを提唱した繊研新聞に

よると、その特徴は次の3点に絞られる。①バブル後の経済変化などを背景に「高くない価格」「肩に力の入っていない感性」などの「今日的常識」で作られている。②SPA*型で、変化する消費者ニーズに迅速に対応する体制をもち、情報インフラを活用できる。③ファミコン世代の中高生を対象とし、カジュアル単品の商品構成を中心としている。以上の考え方は現在でも基本的に変わりはない。

マーチャントブランド [merchant brand] 注文紳士服地の世界で用いられる用語で、マーチャント（卸商、問屋）が何社かのミル（工場）に特注の色柄物を作らせ、独自のコレクションを構成したものを指す。ミルブランド*よりもバラエティーに富むが、マーチャントとしてのマージンが乗せられるため、ミルものより割高になる。スキャバル、ドーメル、フィンテックスなどに代表される。

マイクロブランド ⇒マイクロショップ

マスターライセンス ⇒ライセンスブランド

マルチブランド [multi brand] マルチスポーツウエアと呼ばれる多目的スポーツウエアに適用されるブランドをいうことがあるが、一般には「多ブランド戦略」の意として用いられることが多い。ひとつの企業が多くのブランドをもち、多様な市場に対応していこうとするマーケティング上の戦略を示すもの。

ミニマムロイヤリティー [minimum royalty] ライセンスブランドなどのライセンス使用料で、最低の売上高が設定されている場合に、それに達しないときでも一定額を支払うという制度を指す。ここでのロイヤリティーは「王権、使用料、印税」の意味で用いられる。

ミュージシャンブランド ⇒ミュージックブランド

ミュージックブランド [music brand] 音楽に関係した名称を冠したブランドの総称。ミュージシャンブランド [musician brand] とかサウンドファッションブランド [sound fashion brand] などとも呼ばれ、たとえばピアニストなど有名音楽家の名前を付けたブランドが見られる。ここではミュージシャンがデザインを手掛けるわけではなく、そのイメージを利用して作られるものが多い。

ミルブランド [mill brand] 注文紳士服地の世界で用いられる用語のひとつ。ミルは本来「製作所、工場」の意味を持つが、ここでは工場などの生産機能をもつ英国の生地メーカーを指し、ここで作られる生地に付けられたブランドを意味する。生産機能を持たないマーチャント（ここでは卸商、問屋の意）のために共同して生地を作ることもあるが、それはマーチャントブランド*と呼んで、こうした「ミルもの」とは区別される。

メーカーブランド ⇒ナショナルブランド

メガブランド [mega brand] 1ブランドで100〜200億円以上の売上がとれる巨大ブランド。巨大な売上と利益を生み出し、いわゆるキャッシュカウブランド（金の成る木ブランド）になることが期待されるブランドを指す。なおキャッシュカウブランドとは追加投資をしなくても一定の収益を生み出してくれるブランドを意味し、一般にメガブランドの後ろに位置付けされる。

モノポリーブランド [monopoly brand] モノポリーは「独占、独占権、専売権」という意味で、メーカーと小売業者が共同し、その店のためだけに企画、生産し、その店だけで販売することを約束したブランドを指す。「独占ブランド」とも呼ばれる。

ライセンサー ⇒ライセンスブランド

ライセンシー ⇒ライセンスブランド

ライセンスブランド［license brand］ライセンスは「許諾、認可、免許」といった意味で、ブランドの使用権などの許可を受けて作られるブランドをいう。海外の有名ブランドとの間でライセンス契約を取り交わしたものが多く、これを「海外ブランド提携商品」などと呼んでいる。こうして作り出された商品をリプロダクト商品［reproduct＋しょうひん］、略して「リプロ商品」とも呼んでいる。なお、このライセンスを与える側をライセンサー［licensor］、受権者側をライセンシー［licensee］といい、さらにその孫受けの形をサブライセンシー［sub-licensee］という。このサブライセンス契約の大本となっているライセンスはマスターライセンス［master license］と呼ばれる。

ライフスタイルブランド［lifestyle brand］生活者をライフスタイル別に細分化して、特定のクラスター*のライフスタイル全体に密着していくライフスタイルマーケティングという手法から生まれるブランドの総称。

ラグジュアリーブランド⇒スーパーブランド

ラベル⇒レーベル

リブランディング［rebranding］dブランドの再構築、再生を行うこと。時代の変化や社会の要請に合わせて、色褪せた感のあるブランドを再び活性化させる手段をいう。パッケージデザインの変更や新たなイメージキャラクターの設定、チャネル戦略の再構築およびそれらに伴うPR戦略そのものの変更などの手段があげられる。

リプロダクト商品⇒ライセンスブランド

レーベル［label］ラベルとも。ブランドと同種の意味を表す用語で、本来は「貼り札」また「端」の意。海外ではブランドの代わりによく用いられるが、日本では音楽業界で用いられることが多い。

レッテル［letter 蘭］オランダ語で「貼り札」を意味し、英語のレーベル*に当たる。ブランドと同種の用語のひとつで、日本ではビール瓶などの貼り紙を表し、昔から「レッテルを貼られる」などの言葉で知られる。

ロイヤルワラント［royal warrant］ワラントは「保証となるもの、保証人、証明書」の意で、「王室御用達」のこと。英国やベルギーなどの王室が特に認めたブランドなどを意味するもので、ファッション界でもバーバリーやバブアーなどが与えられている。日本では「宮内庁御用達」ということになる。

ローカルブランド［local brand］限定された地域だけで認知・構築され、販売されるブランド。その地域の生活や文化に根差して生まれたブランドのことで、全国展開されるナショナルブランドの対極に位置づけられる。地場産業が発するブランドがそれで、町の商店街の菓子屋や飲食店などが持つ商品名などに代表される。最近ではネット販売やSNS（交流サイト）などの発達によって、アウトドア用品などファッション関連のローカルブランドも増え、世界的な注目を集めるようにもなっている。なお「地域ブランド」ということもあるが、これは本来特定の地域を主体にして、経済的な側面からとらえたときのイメージの総体を意味することが多く、実体のあるものだけでなく、イメージを想起させる無形の資産も含めて総称する例が多い。

ファッションビジネス

その他の関係用語

アイソタイプ [ISOTYPE] 国際的に通用する目的で考案された図形によるデザイン。1925 年にオーストリアのオットー・ノイラートによって開発されたもので、視覚言語（絵ことば）の機能を持っており、誰にも即座に理解できるようにデザインされているのが特徴とされる。ISOTYPE とは International System Of Typographic Picture Education の頭文字から作られたもの。これと同種のものにピクトグラフ [pictograph] と呼ばれる絵文字や絵を使った図表があり、その中にピクト あるいは ピクトグラム [pictogram] と呼ばれる、人の姿をシンボル化したデザインが見られる。

アイテム [item]「項目、種目、品目、細目、条項、箇条」の意で、商品管理上これ以上細分化できない最小の単位をいう。ファッションアイテム [fashion item] というと、ジャケット、シャツ、セーターなどの服種の意味になるほか、これらをさらに細分化したドレスシャツなどの品目ごとの区分けという意味でも用いられる。

アイテムプレゼンテーション⇒IP

アウトドアアド [outdoor ad]「屋外広告」のことで、ビルの屋上に設けられた巨大なビルボード（看板）などに代表される。小さなものでは街角の掲示板に見る広告などもある。

アジャストメント⇒オルタレーション

アスリートサイズ [athlete size] アスリートは「運動選手、陸上競技選手」のことをいうが、近年はスポーツ選手全般を指してこのように呼んでいる。そうしたスポーツ選手に合うサイズということで、バスケットボール選手やラグビー選手など特に大きくがっしりした体形の人向けのサイズを指す。

アッパーベターゾーン [upper better zone] 従来のベターゾーン*とプレステージゾーン*の中間に当たる価格帯。そもそもプレステージゾーンとボリュームゾーンの中間帯を狙って生まれたベターゾーン*が広がりを持ち、ベターゾーンの上ということでこのように呼ばれるようになったもの。

アドバタイジング [advertising]「広告、広告業」のことで、アドバタイズメント advertisement ともいい、単にアド ad とも略される。広告主はアドバタイザー advertiser というが、最近ではこれをクライアント [client]（依頼主、得意先の意）と呼ぶことが多く、テレビの番組提供者のスポンサー sponsor もこれと同義だが、スポンサーには本来「後援者、保証人」といった意味がある。

アパレルOEM⇒OEM

アフォーダブルプライス [affordable price] アフォーダブルは「余裕がある、気にしないで」といった意味で、平気で買うことのできる低価格を指す。原価や市価とは関係なしに、絶対的な低価格を実現させたもので、リーズナブルプライス*の相対的な安さに対して、これは絶対的な安さを表している。

アントレプレナー [entrepreneur] フランス語読みで「アントルプルヌール」とも

ファッションビジネス

いう。「起業家、企業家」の意味で、特に新しい事業を自らの力で企業化する独立心旺盛な実業家を指す。いわゆるベンチャービジネスを体現する若き事業家を総称する言葉として用いられる。

インスタプレナー［Instapreneur］SNSの画像共有サービス「インスタグラム」を活用してビジネスを成功させた若きファッションブランドやその創業者たちを、アントレプレナー（起業家、事業家）の流行語にかけていったもの。インスタプルーナーともいう。

インターナショナルスタンダード⇒グローバルスタンダード

インバウンド［inbound］本来「（船などが）本国行きの、帰航の、（列車が）上りの」という意味で、一般に「入ってくる、内向きの」の意で用いられる。最近では海外から日本へ来る観光客、すなわち「訪日外国人客」の意味で用いられることが多くなり、ビジネス一般では企業側が顧客からの電話や来訪などを受け付ける形態の意で用いられている。対義語はアウトバウンド outbound。

インライン［in line］別注品や地域限定、店舗限定モデルなどと区別して、メーカーが製品カタログに掲載している商品ラインアップ。また展示会に出品し、小売店から受注する製品全般を指す。企業によっては海外のライセンサーやブランドホルダーが企画した輸入商品を、国内製造品と区別してインラインと称するところも見られる。

ウィンドウズ・ショッピング［Windows shopping］パソコンを使用してのショッピングをいう俗語。パソコンの基本ソフトのひとつである『マイクロソフト』社の〈ウィンドウズ〉とウインドーショッピングを掛けて表現したもの。

ウェルディング［welding］ウェルドは「溶

接する、溶接される」という意味で、布地を縫製することなく溶着させて仕上げる加工法をいう。水の浸入を防ぐ衣服の作り方として、スノーボードウエアなどのアウトドア衣料に用いられることが多い。縫い目がないところから「シームレス加工」とも呼ばれ、衣服の軽量化にも適している。

ウオータージェットルーム⇒WJL

エアジェットルーム⇒WJL

エイトインチドロップ⇒ドロップサイズ

エコメイトマーク［ecomate mark］社団法人日本アパレル産業協会が古着の回収とその再資源化を目的として考案したマークのこと。リサイクルをしやすくするために5種類の基準を設け、その基準に適合した衣服に付けられるもの。例えばポリエステルやナイロン100％の衣服や、綿や毛が95％以上の衣服といった基準がある。

エンドユーザー［end user］「最終的な使い手」の意味で、商品を実際に使用する消費者、客のことをいう。こうした最終的な購買者のグループを「エンドユーザー層」などと呼ぶ。

エンプロイサティスファクション⇒ES

オープンツーバイ⇒OTB

織りネーム［おり＋name］衣服の内側の、多くは後ろの襟刳（ぐ）り部分に付けられる、ブランド名などを織り込んだ布片を指す。ブランドのほかサイズや取扱絵表示などを表したものも見られる。

オルタナティブトレード⇒フェアトレード

オルタレーション［alteration］アルタレーションとも。「変更、手直し、改造、修正」の意で、いわゆる「補整」の意味で用いられる。これは本来英国での用語で、アメリカでは普通、アジャストメント［ad-justment］ということが多い。また職人によるこうした巧妙な技術のことを

1066

マニピュレーション［manipulation］と呼ぶことがある。

買い回り品［かいまわりひん］購入するときに、複数の商品を比較・検討したり、複数の店を見て回ったりして気に入ったものを買うという性格の強い商品のこと。主に耐久消費財などの高額商品を指し、英語ではショッピンググッズ［shopping goods］あるいはショッピングプロダクツ［shopping products］と呼ばれる。ファッション商品はその代表的なもの。

カウンターセリング⇒対面販売

カスタマーカード［customer card］「顧客カード」の意。顧客情報を記入するカード形式のものをいう。小売企業側の販売員の保有になるもので、購買履歴や連絡記録などを目的に作られる。また、いわゆる「ショップメンバーズカード」や「ポイントカード」として客の側が保有する「お客様カード」を指すこともある。

カスタマーサティスファクション⇒CS

カテゴリー［category］「部門、部類、範疇」の意で、特定の分野に属する商品の1分類を指す。ファッション業界ではアイテム（品目、種目）よりも幅の広い商品分類上の1区分の意味で用いられることが多い。

カテゴリーバリューセンター⇒CVC

カルネ［carnet 仏］フランス語で「（パリの）地下鉄の回数券」また「手帳、通帳、切手帳」などを意味するが、業界では「無税通関手帳」を意味し、商品やショー作品などを海外へ送る際に重要な条件のひとつとされる。

キャラクターグッズ［character goods］サンリオの「ハローキティ」（通称・キティちゃん）など独特の個性を持つ商品群を指す。そうしたキャラクターを譲り受けて商品化するもので、それには漫画の主人公やスポーツ選手、芸能人などさまざまなものがある。

業際［ぎょうさい］「ぎょうぎわ」ということもある。事業分野の境を接する部分のことで、どちらの業種にも属するような分野を指す。ここから、ひとつの分野だけでなく、いくつかの事業分野にわたる多角経営の形態などを指す意味で用いられるようになった。

業種⇒業態

業態［ぎょうたい］婦人服製造業、婦人服販売業というように、何をしているのかを表す「業種（ぎょうしゅ）」（ビジネスタイプ）に対して、それをどのような形で展開しているかというオペレーションタイプを業態という。小売業という業種でいうと、百貨店、専門店、量販店といった形態が業態ということになる。

キングサイズ［king size］既製服のサイズ表示のひとつで、男性の特大サイズに用いられる。まさに「王様サイズ」の意で、女性のそれはクイーンサイズ［queen size］と呼ばれる。いわゆるLサイズ（ラージサイズ large size ＝ L寸）の上に作られるLLサイズ、またEL（エクストラL）サイズのこと。こうした英文字による表記はフィット性を必要としないシャツやセーターなどの衣服に用いられるもので、Sはスモールサイズ（小）、Mはミディアムサイズ（中）を表す。

クイーンサイズ⇒キングサイズ

クイックレスポンス⇒QR

クオリティーコントロール⇒品質管理

クライアント⇒アドバタイジング

グラマーサイズ［glamor size］グラマーは肉感的な魅力にあふれた女性のことで、特に大きなブラジャーなど女性下着のサイズ表示に用いられる。

クリアランススペース⇒ゴールデンスペース

ファッションビジネス

グレード［grade］グレイドとも。「等級、階級、程度、段階」また動詞形で「等級を付ける、格付けする」という意味になる。ファッション業界では商品分類法のひとつとして「グレード別分類」のように用いられる。これは最も高い位置に属するプレステージゾーン*に始まって、ブリッジゾーン*、ベターゾーン*、モデレートゾーン*、ボリュームゾーン*、バジェットゾーン*などへと広がっていくのが一般的。

グローサラント［grocerant］グローサリーとレストランから成る造語で、食料品店の店内や店舗敷地内に食事を提供する施設を取り込んだ業態をいう。購入したものをその場で食べるイートインやテナントが集結するフードコートなどとは異なり、店内で扱う食材をその場で調理し、レストランのように質の高い内容とサービスで食事を提供するのが特徴とされる。欧米では大手スーパーが展開しており、日本でも2017年から始まった。

グローバルスタンダード［global standard］「世界基準、世界標準」の意で、インターナショナルスタンダード［international standard］ともいう。企業活動のグローバル（全地球的）化から、世界で共通に通用する基準が求められ出したもので、もはやジャパン・スタンダード（日本型基準）だけでは通用しない時代を迎えている。

グロスインカム⇒グロスプロフィット

グロスプロフィット［gross profit］グロスインカム［gross income］（総収入＝総売上高）から売上原価を差し引いた大まかな利益のことで、一般に「粗利益（あらりえき）」と呼ばれる。グロスマージン［gross margin］ともいう。

グロスマージン⇒グロスプロフィット

クロスメディア［cross media］メディアミッ

クス*の現代的な発展形。複数のメディア（媒体）を効果的に組み合わせて成果をあげようとする広告・宣伝の手法のひとつで、特にモバイルやインターネットを中心に展開されるメディアプランニングのあり方を示している。

コーチング［coaching］会社などの組織で働く人たちが、コーチとのコミュニケーションを通じて、目標達成に必要とする知識やスキル（技能）の学習能力を高めようとする育成技法を指す。従来のカウンセリングやコンサルティングとは異なり、コーチとクライアント（依頼主）が対等な関係に置かれ、コミュニケーションを通してクライアントに自発的な行動をもたらすところに最大の特徴があるとされる。

コーデアプリ⇒ファッション・コーディネート・アプリ

コーポレート・ソーシャル・レスポンシビリティー⇒CSR

コモディティーグッズ⇒最寄り品

コンシューマーサティスファクション⇒CS

コンシューマーレスポンス⇒CR

コントラクトラベル［contract label］コントラクトは売買や請負などの契約のことで、ライセンス商品などにおいて、その出所や契約先などを明記した織りネームなどの類をいう。アメリカの軍隊物の衣料などによく見られる。

コンビニエンスグッズ⇒最寄り品

コンプライアンス⇒CSR

コンプリートファッションライン［complete fashion line］コンプリートは「完全な、全部の」という意味で、メンズもレディースも全部完全に揃ったファッション商品の構成をいう。ひとつのブランドでそのようになっているものも指す

コンポジ［composite］コンポジットの略。

1068

本来フランス語の「混合式」の意から来たもので、「組み合わせの、合成の」また「合成写真、合成画」を表す。ファッション業界ではファッションモデルの資料写真の意味で用いられ、サイズなどを記したモデルの全身またはバストアップ（上半身のみ）の写真を指す。

サードパーティー・ロジスティクス⇒3PL

サイズ［size］「大きさ」の意で、衣服や靴などの「寸法、型」を表す。アパレル製品のサイズは、ヌードサイズ［nude size］と呼ばれる衣服を着用しない状態での「身体寸法」（裸寸法、ヌード寸法）と、仕立て上がり（衣料仕立て上がり）寸法で示される「出来上がり寸法」の2種がある。JIS（日本工業規格）では「身体寸法」（実寸）で表示することとしており、成人男子用、成人女子用、少年用、少女用などそれぞれの用途に応じた規定がある。

サイズゼロモデル［size 0 model］サイズゼロはアメリカの女性服の体形（サイズ）を表す記号のひとつで、日本サイズでいう3号程度や英国サイズの2程度の大きさを示す。こうしたサイズに適合するファッションモデルをこのように称するが、2007年にモデルの拒食症による死亡事件などがあって痩せ過ぎのモデルが問題となり、各地のコレクションに影響を与えるようになった。

サプライチェーンマネジメント⇒SCM

三元表示［さんげんひょうじ］衣服のサイズ表示法のひとつで、チェスト（バスト）、ウエスト、身長の3つの要素によって示される方法をいう。紳士服の場合には〈92A5〉などと表示されることがあるが、これはチェスト（胸囲）92センチ、ドロップサイズ*12センチのA体型で、身長が5号＝170センチの男性向けのサイズを表している。これに対して〈170−86〉

のように身長と胸囲の数字だけで表すものを「単数表示」、またSサイズ、Mサイズというようにその範囲を大ざっぱに示すものは「範囲表示」という。

サンチエ［Sentier 仏］フランスはパリ2区に所在する街区の名で、繊維製品の現金問屋街として知られる。小ロット短サイクルの生産体制を特色としており、近年、日本でもパリモードのもうひとつの発信地として注目されるようになっている。

サンプル［sample］「見本、標本、試供品」また「実例、例」の意で、ファッション業界では色見本や糸見本、生地見本、製品見本などの種類がある。なかで企画段階でチェック用に作られる製品見本は「ファーストサンプル」と呼ばれ、これを修正した見本は「セカンドサンプル」と呼ばれる。これらは1型につき1点ずつ作られることから「1点サンプル」とも呼ばれる。また注文服などで束のようにして見せる生地見本のことを、サンプルバンチ［sample bunch］ということがあるが、バンチには「房、束」という意味がある。

サンプルクロス⇒スワッチ

サンプルセール［sample sale］本来はアパレルメーカーのショールームのサンプル（見本商品）を処分するための社員向け販売を意味したもの。最近ではこれに名を借りたメーカー主催の会員制バーゲンセールをこのように呼ぶ例が多くなっており、ファミリーセール［family sale］などとも呼ばれる。定例的な在庫処分手段のひとつとして知られる。

サンプルバンチ⇒サンプル

シート［seat］「座席」や「（椅子の）座部」といった意味だが、体やズボンなどの「尻」という意味もあり、ファッション用語では男性のヒップ（尻囲）を指す採

ファッションビジネス

寸用語として用いられる。これと同様に女性でいうバスト bust（胸囲）は、男性ではチェスト［chest］と呼ばれる。ウエスト（腰囲）については男女両方に用いられる。

シーナウ・バイナウ［see now buy now］「今見て、今買う」という意味で、ファッションショーで発表した新作をすぐ購入できるようにした新しいセールシステムを指す。2016年から出てきたファッションショーのあり方のひとつで、従来のように半年間待つことなく購入できるとして話題となった。

ジャパン社［Japan＋しゃ］海外の企業が、全額出資あるいは日本企業との共同出資の形で、日本の国内法に基づいて設立した会社。特にデザイナー企業や有名ブランド企業にこの形態をとる例が多い。

ジャパンフィット［Japan fit］日本人の体形に合わせて作られた輸入衣料品のこと。海外のものをそのまま持ってくると、腰回りの厚みやももの太さなどに違和感を感じることが多いことから、日本人向けの型紙を作ってこれに対処したもの。デザインや素材はそのままに、ぴったりフィットするということで、この種の輸入品が増えている。いわば「日本仕様」商品、また「日本人サイズ」商品ということになる。

商品ロス［しょうひん＋loss］汚損や万引き、不正持出し、入荷時の数量不足などによって生まれる、帳簿上では分からない商品の損失をいう。また、本当はあるはずのない商品が何らかの原因で無くなり、帳簿上の在庫と棚卸しの実地在庫が合わなくなった時、その差額を「ロス高」という。

ショーピース［showpiece］「展示品」の意味で、展示用の中でも特に優れたサンプル（見本）を指すことが多い。

ショールーミング［showrooming］リアルショップ（実際の店舗）で品物を見たり、試着するなどした上で、実際にはネット通販で購入する消費行動を指す。リアルショップは見せるだけのショールームと化してしまうことからのネーミングで、アメリカでの造語とされる。

ショールームビジネス［showroom business］ブランド商品をショールームに展示し、それを運営する企業がブランドとバイヤーを仲介、取引が成立したときにブランド側から手数料を取るようにした仕組みを指す。ヨーロッパでは一般的な手法とされているが、日本でも最近は商社や中小のインポーター＊が手掛けるようになって注目されている。

ショッピンググッズ⇒買い回り品

ショッピングプロダクツ⇒買い回り品

人台⇒ボディー

スクリーンショッピング［screen shopping］パソコンのスクリーン（モニター）を通してオンライン通販のウェブを閲覧する行為を、ウインドーショッピングになぞらえて呼んだもの。買えないものを眺めるだけのウインドーショッピングに対して、これは自由にクリックして商品を見ることができる点が優位とされる。

スタイリングサービス［styling service］一人ひとりに合わせたスタイリング（着こなし方）の提案のことで、特に一般の人に対して行われるそうしたサービスを指す。パーソナルスタイリストなどと呼ばれる専門職によって提供されるものがそれで、個人で行うもの、会社組織で行うもののほか、最近ではウェブ上でも実行されるようになっている。

スタン⇒ボディー

ステープル商品⇒定番

ストアアイデンティティー⇒SI

ストアオペレーション［store operation］

店舗の展開方法。チェーンストア*など の多店舗展開において、どのような形で 拡大させていくかを考える作戦の全体を いう。

ストアロイヤルティー [store royalty] 店 に対する忠誠心の意。特定の店への顧客 の「信頼度」の高さを示すもので、品揃 えだけでなく、店員の接客マナーやアフ ターサービスの良し悪しなども含めて総 合的に形成されていくものとされる。

ストスナ [――――] ストリートスナップ street snap の略。街中でのスナップ ショット（瞬間的に写す写真）という意 味で、ファッション情報の収集源のひと つとして最近、非常に重視されるように なっている。ファッション雑誌の中でも 近年はこうしたページが多くなり、一躍 若者たちの流行語ともなった。

ストックキーピングユニット⇒SKU

スワッチ [swatch] 布地や皮革などの見本。 特に見本のために小さくカットされた布 片を指すことが多い。サンプルクロス [sample cloth] とも。

セールスプロモーション [sales promotion] 「販売促進」のことで、単に「販促」、ま たSPと略すことが多い。商品やサービ スに関する購買および販売を促すための 短期的な刺激策を指し、ファッションビ ジネスにおいては展示会やファッション ショー、バーゲンセール、またDMやカ タログの発送などさまざまな策がある。

セブンインチドロップ⇒ドロップサイズ

セルフサービス [self-service] 客が商品の 選択や運搬などを自分で行う販売方式。 人件費を節約（無人販売）することで廉 価販売を可能としたもので、いわゆる スーパー（量販店）やコンビニエンスス トアなどの基本的な販売方法とされる。 セルフセレクション [self-selection] と もいい、対面販売*や側面販売の対語と

される。

セルフセレクション⇒セルフサービス

繊維セーフガード [せんい＋safeguard] 繊維製品を対象とした「緊急輸入制限措 置」のこと。セーフガードは特定の製品 の輸入の急増に対して、国内の業者を救 う目的で発動されるWTO（世界貿易機 関）協定に基づく措置をいい、農産物や 工業製品などが対象の「一般セーフガー ド」と、繊維製品対象の「繊維セーフガー ド」などがある。近年日本では、中国を 始めとするアジア諸国からのニット製品 やタオル、衣料などの輸入の増大が国内 産業を苦しめているとして、その発動が 大きな問題とされるようになっている。 英語の略でTSG（textile safeguard）と も呼ばれる。

ソーホー⇒SOHO

側面販売⇒対面販売

体型区分表示 [たいけいくぶんひょうじ] スーツやジャケットなどフィット性を必 要とする衣料品に用いられるサイズ表示 の方法で、成人男性の場合、チェスト（男 性のバストの意＝胸囲）とドロップサイ ズ*（チェストとウエストの差寸）と身 長の3つの要素から成り立つ。基本的に はドロップ寸によって「J体型＝ドロッ プ20センチ」から2センチのピッチ（寸 法の刻み）で、JY（同18センチ）、Y（同 16センチ）、YA（同14センチ）、A（同 12センチ）、AB（同10センチ）、B（同 8センチ）、BB（同6センチ）、BE（同 4センチ）に分けられ、これにドロップ 0センチのE体型が加わって10体型に 区分される。身長は150センチを1号と し（婦人服のみ）、5センチきざみで9 号の190センチまで規定されている。な お体の形は「体形」とするのが一般的だ が、ここではJIS（日本工業規格）の表 記にしたがって「体型」の言葉を使うこ

ファッションビジネス

ととする。

大店立地法［だいてんりっちほう］「大規模小売店舗立地法」の略称。従来の「大規模小売店舗法」（通称・大店法）に代わって、2000年6月3日に施行された法律で、いわゆる大型店の出店に際して、周辺の生活環境との調和を図ることを重点としている。

対面販売［たいめんはんばい］販売員がショーケースを挟んで客と相対し、質問に答えながら適切なアドバイスを行って販売する方法をいう。百貨店や専門店における基本的な販売法とされ、英語ではカウンターセリング［counter selling］とかパーソナルセリング［personal selling］などと呼ばれる。これと同じような販売方法で、販売員が客の側に立って行うのは「側面販売」と呼ばれることになる。

ダイレクトメール⇒DM

タグ［tag］タッグとも。「札、荷札」の意で、一般に商品に付けられる「下げ札」を指す。品番（商品番号）やサイズ、定価などが記してあることからプライスタグ［price tag］（値札の意）などとも呼ばれる。

タグライン［tag line］企業名やブランド名などに付随して付けられるメッセージとしてのキャッチフレーズやスローガンをいう。企業の理念を表すメッセージともいうことができ、具体的で誰にでもわかる言葉で簡潔に示される必要がある。一般に商品広告の結語として用いられることが多く、TVコマーシャルなどでよく示される。

タッキング⇒ベイスティング

ダミー⇒ボディー

単数表示⇒三元表示

チェスト⇒シート

チャイナプラスワン［China plus one］アパレル製品の生産・供給において、従来の中国中心の体制から、新たにもうひとつの地域を加える政策を示す。2010年ごろから、人件費の上昇、労働力の不足、環境問題などで、中国での低コスト・短納期生産が困難になってきたことで、東南アジアや南アジアの国々が注目されるようになり、こうした用語が生まれた。

ディーシング［DCing］DCブランド*のゾーニング*の意。DCブランドのフロア構成を指し、DCブランドが花盛りだった1980年代に大型店などで用いられた言葉。DCブランドをどのように配置するかが問われたものだが、百貨店などではいまだにこうした用語を使うところも見られる。

ディーラーヘルプ［dealer helps］ディーラーは「業者、商人、販売者」の意味で、業界では「得意先、販売店」という意味で用いられる。これは「販売店援助」のことで、メーカーや卸商などがその販売店に対して行うさまざまな支援活動を総称する。

ディスクリプティブ・レーベル⇒品質表示

定番［ていばん］定番商品の略。商品の製造番号（品番）が常に定まっている商品のことで、流行に左右されることがなく、長期間にわたって確実に一定の売り上げを確保してくれる、その企業にとって「メシのタネ」となってくれる商品を指す。「ベーシック商品」と同義で、「ステープル商品（staple＋しょうひん）」ということもある。ここでのステープルには「主要な、重要な」という意味がある。

ディビジョンシステム［division system］ディビジョンは「分割、区分、分配」また「（分割された）部分、（官庁、会社などの）部門、部局、課」といった意味で、事業を担当部門別に分ける制度を指す。これには事業部制とカンパニー制の二つのやり方がある。

その他の関係用語

データベース［database］相互に関連のある情報資料を蓄積したもののことで、特にコンピューターを使って必要に応じて取り出せるようにしたシステムおよびそうした統合化ファイルを指す。

デザビレ［──］「台東デザイナーズビレッジ」を指す若者たちの愛称。これは東京都の台東区が開いているファッション関連の創業支援施設で、2004年、少子化で廃校となった区立の小学校をオフィスや展示スペースに改装してスタートしたもの。若手デザイナーの創造力を通して地場産業の活性化に取り組む役を担っており、その展開が注目されている。

デジタルサイネージ［digital signage］電子看板。電子的な表示器具を使う情報発信システムのことで、液晶ディスプレーによってリアルタイムに多様な情報を伝えるという紙媒体とは異なるメリットを持つ。さまざまな商業施設で用いられる例が増え、最近ではタッチパネルを用いて双方向コミュニケーションツールとして活用する動きも多く現れている。

デッドコピー［dead copy］本物そっくりに似せて作られた「酷似商品」のこと。「死んだ模倣」と直訳できるが、近年、有名ブランドのコピー商品が、商標権侵害行為などに当たるとして、内外から問題視されている。

デポ［depot］本来はフランス語で「(軍隊の)兵站(へいたん)部、倉庫、物置場」を意味する言葉がそのまま英語化し、「倉庫、貯蔵所」の意味で用いられるようになったもの。正しくはデポーと発音する。日本の業界では集配の中継点とされる小型の配送所を指し、百貨店の配送物中継所をいうことが多い。ここでいう兵站は軍事補給の任に当たる部署を指し、英語ではロジスティクス logistics と表現される。

デメリット表示［demerit＋ひょうじ］デメリットは「不利益となる点、劣っている面」という意味で、これは「欠点表示」などと訳される。表示責任を持つ企業が、法定の表示のほかに、その商品の短所や取り扱いの注意点などを表示することをいう。PL法＊の施行に伴って、このような表示を行う企業が多くなった。

デューデリ［──］⇒デューデリジェンス

デューデリジェンス［due diligence］「詳細調査、適正評価」という意味。投資や企業買収などの取引きに際して行われる対象企業についての詳細で多角的な調査をいう。業界内では単に「デューデリ」と略される例が多い。

デリバリーセンター［delivery center］デリバリーは「配達、配送」また「引き渡し、交付、出荷」という意味で、商品流通の拠点となる「物流センター」また「配送センター」を指す。これはまた商品保管機能をもつことが特徴とされるが、そうした機能をさほど必要としない、その日のうちに入出庫が行われるようなところはトランスファーセンター［transfer center］などと呼ばれる。企業によっては「流通センター(ディストリビューションセンター)」とか「商品センター」などとも呼ばれる。

トーキョーアイ［tokyoeye］経済産業省の後押しで、2010年から始まった日本ファッションの海外展開を支援する事業の名称。海外進出に意欲的なブランドや中小アパレル企業が対象で、パリや上海の展示会に参加するところからスタートした。実際の運営は伊藤忠ファッションシステムに委託されている。

トーン・アンド・マナー［tone & manner］「調子と様式」。もともと広告業界用語で、広告が生み出す雰囲気や調子、世界観などを一定の調子に保つことをいう。最近

ファッションビジネス

ではデジタル用語としても、ブランディングなどにも適用されるようになり、「トンマナ」と略されて用いられることもある。

特注⇒別注

トップゾーン⇒プレステージゾーン

ドメコン⇒ドメスティックコンテンポラリー

ドメスティックコンテンポラリー [domestic contemporary] ドメスティックは「国内の、国産の」、コンテンポラリーは「現代の、当代の」の意　で、いわゆるラグジュアリーブランドと国内キャリア服の間に位置するプライスゾーン、市場、またそうしたゾーンにある服をいう。日本ではこの種のゾーンが市場の穴になっているとして、2014年ごろから開発、進出が盛んになってきた。略して「ドメコン」と呼ばれることが多い。

トライング⇒ベイスティング

トランスファーセンター⇒デリバリーセンター

トレーサビリティー [traceability] トレーサブルは「跡をたどることができる、さかのぼれる、起因する」という意味で、一般に「履歴情報管理」といった意味で用いられる。食品などの生産・流通に関わる履歴を、消費の時点から生産の時点にまでさかのぼって追跡することを指し、最近では衣料品分野にも用いられるようになっている。

トレードオフ [trade-off] 本来は「取引、交換、協定」といった意味で用いられるが、最近の業界では売れ筋商品の不要な部分を省略してコストを抑えること、またそうした商品についていうことがある。別に物価と雇用の相対関係を示す用語でもある。

ドレスフォーム⇒ボディー

ドロップサイズ [drop size] チェスト*（男性のバスト）とウエスト（腰囲）の差寸を示すもので、この数値が大きいほどスマートで痩せ型の体形を意味することになる。単に「ドロップ」とか「ドロップ寸」とも呼ばれ、多くは男性のサイズ表示に用いられる。セブンインチドロップ [7 inch drop] といえばドロップ寸7インチ（約18センチ）の体形を示し、これは日本でいうJY体の相当スマートな体形に当たるが、最近の欧米ではこれよりもスマートなエイトインチドロップ [8 inch drop] というサイズに人気が集まっている。

ドロップシッピング [drop shipping] 生産者からの直送を意味するドロップシップメントから派生したオンライン通販（インターネット販売）の仕組みをいう。ウェブサイトに会員登録した個人が商品情報を自分のウェブサイトに取り込んで商品を購入できるようにした、新しい仕組みのこと。

ドロップ9 [drop 9] スーツなどのサイズを示すドロップ寸のひとつで、チェスト（胸囲）とウエスト（胴囲）の差寸が9インチ（約23cm）と極端にウエストの絞りが強いタイプを指す。ドロップ7やドロップ8でも相当にスマートといわれたものだが、最近の若者向けのスーツにはこうした極端なスリムモデルが登場して人気を集めている。

ニーズ⇒NIES

ニューブリッジゾーン [new bridge zone] 新しいブリッジゾーン*。その解釈にはさまざまなものがあるが、従来のブリッジゾーン（橋渡しの価格帯）の概念にこだわらず、新しく設定される価格のゾーニングを指す例が多い。

ヌードサイズ⇒サイズ

ヌードボディー [nude body] 人体の形をなぞるようにして的確に表現したボディー*（人台）のこと。「3D採寸」（3次元形状

その他の関係用語

計測）などを使って実際の体形データを収集し、これを基にして平均的な形状をデジタルで作成したもので、これによってより正確なシルエットの服作りができるとしている。50代女性の体形をリアルに反映させたものなどが作られている。

ネットインカム［net income］ここでのネットは「重量や経費の正味」また「正価、純益」の意味で、インカムは「収入、所得」を表す。経常利益＊から法人税、住民税を差し引いた正味の利益＝「純利益」のことで、ネットプロフィット net profit ともいう。

ノックオフ［knock-off］「素早く仕上げる、さっさと片付ける」といった意味で、アメリカのファッション業界でいう、他社の売れ筋商品を見て素早く商品化する効率的なビジネスのやり方をいったもの。日本ではデザインを真似て安い値段で売ることや、そうしたコピー商品、またそのようなことを行うメーカーなどの行為を総称している。

ノベルティー［novelty］「進物広告」の意。原意は「目新しさ、新奇、新案」ということで、メーカーや小売店などが販売促進用にサービスする社名入りなどの配布物を指す。宣伝やファン作りのための「みやげもの」として用いるもので、買上客などに贈呈する「景品」を表すプレミアム［premium］（プレミアとも）とは区別される。

バーコード［bar code］メーカーや商品の名前などの情報を、太さの異なる棒縞の組み合わせによって表示したもの。これをバーコードリーダーなどと呼ばれる光学的装置によって読み取り、商品の売り上げの集計や流通分析などに利用する。

パーソナルセリング⇒対面販売

パーソナルメディア［personal media］パーソナルは「個人的な、個人用の、小型で

手軽な」といった意味で、限定された個人への情報伝達を行う電話、携帯電話、ファックス、郵便などの媒体をいう。

バーチャルフィッティングミラー［virtual fitting mirror］利用者が自身のアバター（分身キャラ）を作り、それに好みの衣服を3Dでバーチャル（仮想）試着できるようにしたシステム。実際に着用しなくても着装イメージをモニターで確認できるのが最大の特徴で、在庫切れやネット限定アイテム、予約商品などの新たな販売手法につながるともされる。韓国のエフェックスギア開発による「エフェックスミラー」などに代表される。

ハイエンドゾーン⇒ラグジュアリーゾーン

バイオーダー［by order］「オーダー（注文）による」という意味で、注文によって作られる服や靴などの品物、またそうした仕組みを指す。いわゆる「オーダー品」のことで、一部を注文し、調整して仕上げるものは「セミオーダー品」などと呼ばれる。

ハイブリッジゾーン［high bridge zone］高い価格帯にあるブリッジゾーン（橋渡しの価格帯）の意。婦人服におけるグレード分類上の一分野で、ほとんどプレステージゾーンに近い高価格帯に属するゾーンを指す。そうしたところから、その商品構成を「ハイブリッジライン」とも呼んでいる。

ハイブリッジライン⇒ハイブリッジゾーン

バイヤーズ・コンソリデーション［buyers consolidation］コンソリデーションは「合同、整理統合」また会社などの「合併、統合」の意。新しいロジスティック用語のひとつで、海上物流における「買い付け物流」の意味を表す。物流業者がバイヤー（買い付け主、発注者）に代わって、調達国で複数の工場で生産された商品を船積みして輸送することをいう。バイ

ファッションビジネス

ヤーズ・コンソリとも略称される。

ハウスオーガン［house organ］企業や団体などが広告宣伝の目的で発行する定期刊行物をいう。いわゆる「企業ＰＲ誌」で、カンパニーマガジンとかカンパニーペーパーなどとも呼ばれる。

バジェットゾーン［budget zone］プライスゾーン（価格帯）における低価格ゾーンを指し、ロープライスゾーン［low-price zone］ともいう。バジェットは本来「予算、家計、生活費」の意で、ここから合理的な買物ができる「お買い得価格」を意味するようになったもの。百貨店の特売場で売られているようなバーゲン商品などがここに入る。

パッキング［packing］「荷造り、包装、梱包」また「荷造り用品、詰め物」という意味で、業界では配送センターなどにおける商品を段ボール箱などに詰める作業を指し、俗に「パッキン」とも呼ばれる。これに関連したパッケージ package は「包み、小包」また「（荷造り用の）箱、容器」を意味する。

バック・トゥ・スクール［back-to-school］アメリカでいう9月の新学期シーズンのことで、バック・トゥ・キャンパス back-to-campus ともいう。6月から始まる長い夏休みを終えて、学校に戻ってくる時期をいったもので、この時「新学期セール」などが行われて学校関係者は活況を呈することになる。「新学期のための」という意味でも用いられる。

ハッピープライス［happy price］幸せな値段、すなわち「お得な価格」の意。プチプライスとかプチプリ（プティプリ）またプリティプライスなどと同義の言葉で、最近の経済状態をよく表す用語として知られる。

パトロネージ契約［patronage ＋けいやく］パトロネージは「後援、支援、援助」といっ

た意味で、特定の企業が特定の有名人を広告やショーなどに出演させることなく、さまざまな手段で支援する契約を指す。契約を受けた本人は、その企業の商品を身に着けたり、イベントに顔出しするなどして協力することになる。最近多く見られるようになったさりげないブランドＰＲ戦略のひとつで、特にファッション企業に目立つ。

バナー［banner］「旗、軍旗、国旗」を表す文章語。一般にスローガンなどを書いた旗や旗印、幟（のぼり）を指し、業界では売場の通路の上などに張り巡らすイベント案内などの小旗を意味する。最近ではインターネットのホームページ上に掲載される広告のことを「バナー広告」と呼び、これの略称ともされる。

パブリシティー［publicity］PR（パブリック・リレーションズ＝広報・宣伝）活動のひとつで、特に一般の記事や放送で取り上げられることを意図した間接的広告をいう。ニュース性のある情報をメディアに提供し、これを無料で取り上げてもらうもので、有料広告であるアドバタイジング＊とは区別される。ファッション企業が行う無料の商品貸し出しもそのひとつ。

パラレルインポート⇒並行輸入

範囲表示⇒三元表示

ハンガー納品［hanger ＋のうひん］ハンガーに掛けられた状態のままで、工場から物流センター、小売店頭まで一貫して商品が配送され納品されるシステムを指す。段ボールによる納品に比べシワが寄りにくく、検品や仕分けが簡単といったメリットがあり、スーツやコート、ジャケット、ドレスなどではこの方式が常態化するようになっている。この配送にはハンガー納品専用車が用いられ、ファッション商品特有のデリバリーシステムとされ

その他の関係用語

る。

ピクトグラフ⇒アイソタイプ

ピクトグラム⇒アイソタイプ

ビジュアルプレゼンテーション［visual presentation］略称VP。VMD（ビジュアルマーチャンダイジング*）の実際的な演出法のことで、「視覚的商品演出」などと訳される。アメリカではビジュアルマーチャンダイジングと同義に扱われる。

ピッキング［picking］「摘み取ること、採集」の意で、物流センターにおいて出荷指示に基づき、必要な商品を保管場所から取り出して揃える作業をいう。大きな物流センターではコンピューター化が進み、自動的にピッキングを行うシステムが完成している。

品質管理［ひんしつかんり］英語でクオリティーコントロール［quality control］、これを略してQCとも呼ばれる。商品の品質を管理する作業の全てを指し、素材そのものに関する検査と製品検査の両方が含まれる。また品質向上や生産性の向上などをめざす社内体制およびそうした運動を指す意味でも用いられ、その全体的な運動をTQC（トータル・クオリティーコントロール）とも呼んでいる。

品質表示［ひんしつひょうじ］英語ではディスクリプティブ・レーベル［descriptive label］（記述的な貼り札の意）という。素材内容を知らせる「組成表示」や洗濯などの「取扱表示」、またウールマークなどの「品質保証マーク」などがあり、文字だけでなく絵で示される「絵表示」も含まれる。繊維製品や毛皮・皮革製品については〈家庭用品品質表示法〉に基づく規定やJIS（日本工業規格）の規定によって、その表示方法が細かく定められている。

品番［ひんばん］商品管理などの目的で商品に付ける番号のこと。ファッション企業においては、一般にブランド名や商品部門、服種、品目、型などを数字で記号化して表示する。ちなみに「品目」はアイテム*といい、「品種」はカインド kindと呼んで区別することが多い。

ファクトリーオートメーション⇒FA

ファッションアイテム⇒ファッション商品

ファッション商品［fashion＋しょうひん］ファッションビジネスでいうところのファッション商品とは、アパレル（衣服）とアクセサリー（服飾品）の総体を指す。広義にはこれにその素材や寝具、インテリア雑貨なども加わり、服飾雑貨とは別の意味で「ファッショングッズ fashion goods」と表記される。また生活必需品的要素が強いもの以外の流行性のある商品をこう呼ぶこともあり、その場合には「ファッションアイテム fashion item」という表現が用いられる。

ファッションアド［fashion ad］ファッションアドバタイジングの略で「ファッション広告」の意。本来はファッション企業が打ち出すファッション商品の広告を指すが、最近ではファッション的なイメージを強調して作られる広告物をこのように呼ぶことが多くなっている。直接のファッション商品でなくても、ファッションというオブラートをかぶせることによって良い効果を訴求するという狙いで作られるものが多い。そうしたTVコマーシャルや雑誌広告、ポスターなどに代表される。

ファッション・アプリ［fashion appli］コンピューター上で実行したい作業を実施する機能を直接的に持つアプリケーション・ソフトウエアのうち、ファッション系のそれを総称する。最新のファッション情報の提供や新ファッションアイテムの紹介、ファッション雑誌情報などさまざまなアプリがあり、近年ますます増加

ファッションビジネス

の傾向にある。

ファッション・コーディネート・アプリ［fashion coordinate appli］インターネット上で提供されるファッション・コーディネート（服の組み合わせ方）のサービス・アプリケーション。ブランドの店員や登録ユーザーの投稿を検索して参考にするほか、商品情報や商品の購入にもつなげられるサービスで、単に「コーデアプリ」などとも呼ばれる。

ファッションテック［fashion tech］ファッション×テクノロジーの意。ファッションとテクノロジー（科学技術）を融合させて、既存産業の革新に役立てたり、新しいサービスの創造をめざすなどする動きを示す。ウエアラブル端末やクラウドソーシング、オンライン・レンタルサービス、仮想試着などの方向が考えられる。

ファッションマガジン［fashion magazine］ファッション雑誌。ファッションを専門とする雑誌のことで、レディース、メンズ、キッズなどの専門誌があり、それらはまた得意分野によってさらに分類されている。ファッション情報だけを扱う本当の専門誌から、ライフスタイル関連の情報にまで広げた生活誌の匂いのするものまでその内容はさまざまで、1990年代以降急増の傾向を見せている。

ファッションレンタルサービス［fashion rental service］スマートフォンやパソコンなどを使って行う衣服の貸し借りサービス。従来の「貸衣装」とは違って、普段着を中心に扱い、多くは1カ月の定額制となっている。インターネットで注文して自宅に配送してもらい、返却も宅配便で行えるのが特徴。なかにはスタイリストのコーディネート付きといったサービスを持つ業者もある。

ファッション・ロー［fashion law］知的財産法などファッションビジネスに関連す

る法律のこと。衣服デザインのコピーなどが問題となってきたことから、こうしたことの保護強化を求める動きが生まれ、アメリカのロースクールなどでは、これらを研究するコースも作られている。日本でもファッションビジネスにおける保護制度に関する研究・教育を目的とした機関「ファッション・ロー・インスティテュート・ジャパン」略称FLIJが、2014年12月8日設立された。

ファミリーセール⇒サンプルセール

フィジカルディストリビューション［physical distribution］フィジカルは「物質的な、有形の、肉体の、身体的な」といった意味で、物質の移動によって商品価値の上昇を伴う経済活動を指す。PDとも略称されるが、一般には「物流＊＝物的流通」を意味している。

ブート品［boot＋ひん］ブートはブートレグ（ブートレッグ bootleg＝密造の、密売の）からきており、無断で作られ、販売されている商品などを指す。一般にブート版、海賊版、海賊品などと呼ばれるものがそれで、ファッションでは無断で既存のブランドロゴをあしらった衣服や装飾品などが該当する。偽ブランド品と同じだが、中にはオマージュ（敬意、讃辞）やカスタマイズ（改変）の意図をもって作られるものも見られ、どこからが違法か曖昧とする向きもある。

フェアトレード［fair trade］「公正貿易」の意。開発途上国と先進国を結ぶ直接輸入方式の貿易のあり方を指すもので、現地生産者の生活を支援するために適正な賃金を払い、環境保護などにも配慮して交易を行うことをいう。オルタナティブトレード［alternative trade］（もうひとつの貿易の意）とか「民衆貿易」などとも呼ばれる。

フェアプライス［fair price］「公正な価格、

1078

その他の関係用語

適正な価格」の意。商品の価値がその価格と見合っている、または上回っているといった場合に適用される価格の概念を指す。

フォーム⇒ボディー

プチプラ⇒プチプライス

プチプライス［petit price］「可愛い価格」の意で、H&M*やスペインの〈ザラ〉、アメリカの〈フォーエバー21〉、日本の〈ユニクロ〉といったファストファッション*型専門店で売られている服やその価格を指す。若い人たちの間では、これを「プチプラ」と略して用いることが多く、また最近のパリではプチプリ［petit prix 仏］と呼んで、流行語のひとつとなっている。

プチプリ⇒プチプライス

プライスコンシャス［price conscious］「価格を意識している、価格に敏感である」といった意味で、バブル経済崩壊後の不況をきっかけに台頭してきた、価格に対する消費者意識を表したもので、「プラコン」とも略される。その後の価格破壊などの動きを誘発して今日に至っている。

プライスゾーン［price zone］価格帯。商品価格の上限から下限までの幅を指す。この幅の中にいくつかのプライスライン*が設定されることになる。一般には「価格構成」として知られる。

プライスタグ［price tag］「値札、正札（しょうふだ）」の意。ファッション流通の現場で、商品にこうした値札などのラベルやタグを付ける作業を「流通加工 distributive processing」と呼んでいる。

プライスライン［price line］プライスゾーン*（価格帯）を構成するさまざまな価格の種類を指し、「価格線」と呼ばれる。ひとつのアイテムについて、3～7種のプライスラインが設定される。これはまた商品のグレード分類にも適用される。

プライスレンジ［price range］レンジは「幅、範囲」の意で、プライスゾーン*（価格帯）の中で最も陳列量や販売数量が多い部分の価格を指す。またプライスゾーンの同義語としても用いられる。

フライヤー［flier］本来は「飛ぶもの」の意だが、特にアメリカでは「チラシ、ビラ」の意味で用いられ、日本でも最近は各種イベントを告知するチラシなどの印刷物の紙片を指すようになっている。販促物のひとつとして用いられる。

プラコン⇒プライスコンシャス

プラスサイズファッション［plus size fashion］プラスサイズはLサイズ以上の「大きいサイズ」を指す言葉で、特にそうしたふくよかな女性のために考えられたファッション的な衣服の展開、またそうした市場をいう。特に最近のアメリカで注目されるようになった分野で、アメリカではUS基準サイズの「14」以上がこれに該当する。このサイズ14は、バスト36インチ（約91.4cm）、ウエスト28インチ（約71.1cm）、ヒップ38インチ（約96.5cm）に当たる。

フリーサイズ［free size］S、M、Lのどの大きさの体形にも合うように作られた衣服に付けられるサイズ表示。広義にはそうした衣服全般を指し、ニットウエアやパジャマなど厳密なサイズ区分がさほど必要でない衣服に用いられることが多い。Fのサイズ表示が付けられるところから、これをFサイズ［F size］とも呼んでいる。

ブリッジゾーン［bridge zone］橋渡しの価格帯という意味。従来の価格帯のすき間を狙って作られた新しい価格ゾーンをいい、例えばベターゾーン*とボリューゾーン*の間に設けられたブリッジベターゾーン［bridge better zone］などというのがある。橋渡し、架け橋の役を果たす

1079

ファッションビジネス

というところからのネーミングとされる。こうした価格をブリッジプライスともいう。

ブリッジプライス⇒ブリッジゾーン

ブリッジベターゾーン⇒ブリッジゾーン

フルフィルメント［fulfillment, fulfilment］本来は「(義務・約束などの)遂行、履行」また「(希望などの)実現」の意で、現在では多く通信販売やネット販売で、受注から商品の引き渡しまでの一連の業務を意味している。受注管理から在庫管理、ピッキング、商品仕分け、梱包、発送、代金請求、決済処理に至るまでの全ての業務を一括して引き受ける事業を「フルフィルメントサービス」と呼び、こうしたことを請け負う業者が増えている。

プレーンアパレル［plain apparel］どこといって特徴のない、普通感覚の衣料(アパレル)をいったもので、たとえばユニクロの商品などが典型的なそれとされた。同ブランドの商品はまた「ベーシックスタンダードパーツ(基本的で標準的な部品の意)としての工業製品である」という表現もなされている。

プレスオフィス⇒プレスルーム

プレスキット⇒プレスリリース

プレステージゾーン［prestige zone］プレステージ(プレスティッジとも)は「権威、威光、名声」といった意味で、プライスゾーンにおける最高級の価格帯を指す。最も高価なゾーンに属し、ベストプライスゾーン［best price zone］あるいはトップゾーン［top zone］などとも呼ばれる。

プレスリリース［press release］政府、官公庁、団体、企業などが、新聞社などのマスメディアに向けて行う発表また情報提供のこと。プレスキット［press kit］というと、記者会見などであらかじめ報道陣に渡される資料をいい、これによって新聞記事などが作られることになる。

プレスルーム［press room］本来は「新聞記者室、新聞記者会見室」の意だが、ファッション業界ではプレスアタッシェ(広報担当)が常駐するサービスルームや外部のプレス代行業者がもつショールーム兼オフィスを指すことが多い。プレスオフィス［press office］などとも呼ばれる。これは元々ファッション雑誌の編集者やスタイリストの便宜を図って設けられたもの。

プレプラ［premium＋price］プレミアム・プライスを略したもので、「価値ある安い価格」といった意味で用いられる。元は女性ファッション誌『STORY』が2012年ころから用いだしたもので、安いが価値のあるものを賢く着こなすのが現代的といったニュアンスで用いられている。プレミアムには「付加価値、希少価値」といった意味がある。プレプラは「プレシャス・プライス」の略とする説もあり、プレシャスには「高価な、貴重な」という意味のほかに「かけがえのない」という意味もある。

プレミアム⇒ノベルティー

プレミアムセール［premium sale］ここでのプレミアムは購買を刺激するために提供される「景品」の意味で、そうした景品付きの商品販売を指す。これとは別にコンサートなどイベント用のチケットが割増金付きの料金で販売されることもいう。

ブログ売れ［blog＋うれ］ブログは、日記感覚のホームページである「ウェブログWeblog」の略で、ブログが販売手法として利用されている状態を指す。ブログを開くことによって店の人気が高まり、実際の店舗への来店促進にも役立つとされているところから、最近注目されるようになったもの。消費者の側からすると「ブログ買い」ということになる。

プロパー [proper]「適当な、相応な、本来の」といった意味で、小売業では値引きしないで本来の正価で販売する商品（プロパー商品）をいう。こうした商品で構成される売場を「プロパー売場（本売場）」と呼んでいる。また「固有の、専門の」という意味から、自社製品の宣伝や販売拡張などを行う販売店援助担当者（ディーラーヘルパー）としての派遣店員をこのように呼ぶこともある。

プロパティーマネジメント⇒PM

プロフィットリーダー⇒ロスリーダー

プロモーション [promotion]「増進、促進、奨励、振興」といった意味で、一般に商品の売り込みや販売促進の活動などを指す。マーケティングの4Pのひとつ。

プロモーションミックス [promotion mix] 販売を促進させる手段をたくみに組み合わせて、効果を上げることをいう。ここでいうプロモーションには「広告」「パブリシティー」「セールスプロモーション」「パーソナルセリング」の4つの手段がある。

並行輸入 [へいこうゆにゅう] 英語ではパラレルインポート [parallel import] という。輸入代理店やジャパン社*を経由することなく、原産国の流通市場や第三国の業者から輸入する方法。かつては第三者による並行輸入は商標専有使用権の侵害行為とされていたが、1972年以降許されることになり、これによって内外の価格差が是正されることになった。

ベイスティング [basting] ペイスト baste（仮縫いする、しつけをかける）の派生語で、主としてアメリカでいう「仮縫い」のこと。日本ではフィッティングなどといい、英国にはタッキング [tacking] という用法もある。ほかにトライング [trying] とも。

ベーシックゾーン [basic zone] 商品グレードや価格帯の設定基準のひとつで、最も基礎となるゾーンを指す。一般にはボリュームゾーン*と同義とされ、確実な売り上げが見込めるゾーンをいうことが多い。

ベスト・ネクタイスト [best necktiest] 一般社団法人日本メンズファッション協会（MFU）と日本ファーザーズ・デイ委員会（FDC）が、日本ネクタイ組合連合会と協力して、2009年から始めた「最もネクタイの似合う人」を指す愛称。原則としてその年のベストファーザー（最もすてきなお父さん）として贈られるイエローリボン賞の受賞者のなかから選ばれる。

ベストプライスゾーン⇒プレステージゾーン

ベターゾーン [better zone]「より良い価格」の意。ベタープライスゾーン [better price zone] ともいい、商品グレードや価格帯の設定基準のひとつで、ボリュームゾーン*（中級品、大衆価格帯）よりひとつ上のクラスにあるゾーンを指す。いわゆる高級品やデザイナーブランド系商品の多くがここに含まれる。

ベタープライスゾーン⇒ベターゾーン

別注 [べっちゅう] 別途注文、特別注文の意で「特注」ともいう。一般には自分のサイズに合わない既製服や靴などを特別仕立てで作ってもらう方法を指す。インポート物やデザイナー物などでこうした特別の作り方を望む人たちが増えてきたところから流行語となったもので、かといって純然たるオーダーメード（注文仕立て）ではないところに注意を要する。これとは別に、小売企業からメーカーに対しての特別な別途注文をこのように称することもある。展示会での見本にデザイン変更を加えたりするのがその一例とされる。

ヘッドバタイザー [headvertiser] ヘッド

ファッションビジネス

（頭）とアドバタイザー（広告主）をくっつけた造語で、広告用のシールを顔に貼り付けて、街中に出没する「歩く広告塔」をいう。サッカー応援団などのフェースペインティングに目を付けて考え出された新しい広告手段のひとつで、大企業だけでなく、小さな飲食店などでも地域を限定したゲリラ的な作戦が展開できるとして、よく利用されるようになっている。

ポイントオブセールス・プレゼンテーション⇒PP

ポイントプレゼンテーション⇒PP

ポス⇒POS

ポップ⇒POP

ボディー［body］立体裁断や仮縫い、縫製など衣服の製作に使用する、人体を模した台のこと。日本語では「人台（じんだい）」といい、ボディーというのはボディースタンドの略とされる。ここから「スタンド」とも呼ばれ、これを日本的に略した「スタン」という表現も見られる。アメリカではフォーム［form］（形の意）というが、これは「ドレスフォーム dress form」を略した言葉。英国ではダミー［dummy］と呼ばれるが、これは「替え玉、模型、型見本」といった意味から来ている。またフランスではマヌカン＊というが、これは人台とともにファッションモデルや陳列用の人形（マネキン）も表す。ボディーには量産用の工業用ボディーなどのタイプもある。

ポピュラープライスゾーン⇒ボリュームゾーン

ボリュームゾーン［volume zone］ボリュームは「量、大量」の意で、プライスゾーン＊のうち、数量的に最も高い売上比率を占める価格帯をいう。ポピュラープライスゾーン［popular price zone］（一般的な価格帯の意）と呼ばれるほか、モデレートゾーン［moderate zone］（中庸を

得た価格帯の意）ということもあるが、モデレートゾーンはミドルプライスゾーン［middle price zone］（中価格帯の意）を指すことから、これをモデレートゾーンとバジェットゾーン＊の間に置いて、一般的な価格を少し下回る価格帯を指すこともある。

ボリュームベターゾーン［volume better zone］ボリュームゾーン＊より少し上にある価格帯を指すもので、従来のベターゾーンと呼ばれている価格帯とボリュームゾーンの中間に当たる。

マーケットリーダー［market leader］特定の商品市場において強大な影響力を持つ企業を指す。ファッション市場においては、下着やパンストなどの分野において見られる程度となっている。また、購買行動において、周りの人たちに強い影響力を与える個人を指してこのようにいうこともある。

マーチャンダイズプレゼンテーション⇒MDP

マインドエイジ［mind age］精神年齢、気持ちの上での年齢という意味で、ファッション感性分類基準のひとつとされ、ファッション商品のマーケティングの展開に用いられる。ごく若いジュニアマインドからピュアヤング（純粋の若者）、ヤング、ヤングアダルト（若々しい大人）、トランスアダルト（若者と大人の掛け橋世代）、アダルト、ミドル（中年）、アッパーミドル（中高年層）、シニア、シルバーというように年齢層によって分類することが多い。

マスカスタマイゼーション⇒MC

マスクルーシブ［massclusive］マスとエクスクルーシブの合成語。大衆（マス）向けの価格でありながら、特権的（エクスクルーシブ）な商品を提供しようとするコンセプトを示し、ファストファッショ

ンの H&M が 2004 年に提案したカール・ラガーフェルトとのコラボレーションによる商品展開から、そのように呼ばれるようになったもの。

マステージ［mastige］マス（大衆）とプレステージ（権威性）の合成語で、両者の中間を狙った商品やサービスを指す。ニューラグジュアリーゾーンとかプチセレブなどと呼ばれる概念と同じようなもので、ちょっと無理をすれば手の届く贅沢といった意味で用いられ、人々のこだわりに応えるワンランク上の商品やサービスがここに含まれる。超高価格の従来のラグジュアリー商品よりは値ごろ感があり、ちょっとしたセレブ気分が味わえるというのが特徴とされる。

マスメディア⇒メディア

マニピュレーション⇒オルタレーション

マルチメディア［multimedia］「複合媒体」の意。デジタル化された情報を基礎にして、文字や数字、音声、静止画像、動画など複数のメディア（媒体）を統合して伝えることのできる方法をいう。コンピューターネットワークや多機能携帯電話などが代表的で、インタラクティブ（双方向）で情報のやり取りができるのが最大の特徴となる。かつて 1980 年代には「ニューメディア」などと呼ばれていた。

ミシン［──］ソウイングマシーン sewing machine（縫製機械の意）が日本語に転訛してミシンと呼ばれるようになったもの。家庭用のミシンから工業用のミシンまでさまざまな種類がある。一般には工業用の環縫いミシンの一種である「オーバーロックミシン overlock machine」を小型化した家庭用ロックミシンやベビーロックミシンなどが知られ、近年はマイクロコンピューターを内蔵した多機能ミシンに人気がある。

ミセレニアスグッズ［miscellaneous goods］

ミセレニアスは「種々雑多な、いろいろな」という意味で、いわゆる「日用雑貨」の意で用いられる。家庭用品、住居用品、台所用品、洗濯用品、季節雑貨のほか、ペット用品やベビー用品、ヘアケア用品、日常薬品（常備薬）などさまざまなものが含まれる。

ミドルプライスゾーン⇒ボリュームゾーン

ミニコミメディア［mini communication media］マスコミ（マスメディア*）の対語で、特定の狭い範囲を対象とした情報伝達媒体のこと。地域に密着したタウン紙誌などの印刷物に代表される。

ミニマムロット⇒ロット

メゾン［maison 仏］フランス語で「家、住居、建物」の意だが、ここではメゾン・ド・クチュールを指し、パリ・オートクチュール*の「店」を意味している。

メディア［media］「媒体、手段」の意で、コミュニケーションの媒介を果たすものを指し、一般に「情報伝達媒体」として知られる。不特定多数の人々に向けたものはマスメディア［mass media］と呼ばれ、マスコミと同義とされる。これには新聞、雑誌、テレビ、ラジオ、インターネットの「5 大媒体」がある。これらを通信系＝電波媒体、紙系＝印刷媒体、交通系（電車内広告など）、野外系（看板広告など）に分けてとらえる方法もある。

メディアミックス［media mix］メディア（媒体）の組み合わせの意で、最良の効果をあげる目的で、さまざまな広告媒体を組み合わせて実施することをいう。新商品の大型キャンペーン時などに用いられることが多い。

メティエダール［métier de art 仏］フランス語で「工房」の意。特にオートクチュールの傘下にある工房を指すことが多く、ここではオートクチュールからプレタポルテまでの物作りに携わる例が多く

ファッションビジネス

見られる。一般にオートクチュール・ビジネスを支える貴重な商品の供給源とされている。シャネル傘下のコスチュームジュエリー工房「デリュ」など。

メルカリ［mercari］（株）メルカリが2013年から運営するフリマアプリで、スマホを利用して行うフリーマーケットの形態をいう。出品も購入も簡単で、扱う商品もファッションから家電まで幅広いのが特徴とされる。

モデルエージェンシー［model agency］ファッションモデルを斡旋する代理業のことで、俗にいうモデルクラブ。その代理人としての仕事はモデルエージェント model agent と呼ばれる。世界には多くのモデルエージェンシーがあるが、なかでもパリで1971年にジョン・カサブランカによって開設された「エリート Elite」（現在の本社はニューヨーク）は、世界最大規模を誇るエージェンシーとして知られ、「エリートモデル」といえば一流モデルの証明ともなっている。

モデル・ヘルス・インクワイアリー［model health inquiry］英国ファッション協会が実施するファッションモデルの健康に関するさまざまな取り組みを指す。特にコレクションのキャットウオークモデルたちの体重測定を強く奨励していくとしており、モデルの健康管理に適切な手段を講じるのが目的とされる。この背景にはサイズゼロモデル＊の深刻な問題がある。

モデレートゾーン⇒ボリュームゾーン

モバイルコマース［mobile commerce］携帯電話やスマートフォンなどによる商品取引の形態を指す。企業のモバイル化対応やＳＮＳの発達によって、こうしたＥＣ（電子取引き）が日常的なものとなっている現在、これからの発展がさらに期待されている。略してＭＣとも呼ばれる。

最寄り品［もよりひん］買い回り品＊に対して、手近な店（最寄り店）で気軽に買うことができ、趣味・嗜好性のそれほど高くない商品をいう。英語ではコモディティーグッズ［commodity goos］とかコンビニエンスグッズ［convenience goods］などと呼ばれる。コモディティーは「必需品、日用品」、コンビニエンスは「便利、便宜」という意味。

ユニバーサルデザイン［universal design］ユニバーサルファッション＊のような商品を作ることを目的としたデザイン活動。車椅子用のジャケットや着脱の楽な水着などのデザインがあり、略してUDともいい、そうした商品をUD商品と呼んでいる。

ライフグッズ［life goods］生活の周りにあるこまごまとした品物の総称として用いられる和製語。「生活雑貨」とか「生活用品」と呼ばれるもので、最近ではこうしたもののファッション化が進んで注目されるようになっている。

ライブコマース［live commerce］インターネット上でライブ動画を配信し、商品やサービスを販売するシステム。リアルタイムでのコミュニケーションが最大の特徴で、インフルエンサーなどが商品を紹介するメリットが生まれる。

ラグジュアリーゾーン［luxury zone］「贅沢」また「高級品」のゾーン（帯）の意で、プライスゾーンにおける最高級の価格帯を意味する。プレステージゾーン＊と同義で、高級顧客向けのという意味からハイエンドゾーン［high-end zone］と呼ばれることもある。

ラグジュアリービジネス［luxury business］ラグジュアリーブランド＊と呼ばれる超高級なブランドメーカー（ラグジュアリーメゾンなどと呼ばれる）によって展開されるファッションビジネスの総称。1990年代以降栄華をほしいままにしてき

たこれらのブランドビジネスも、2008年秋以来の大不況の到来によってその本質が問われようとしている。

ラッピング［wrapping］「包むこと、くるむこと、巻きつけること」また「包装紙、包み、覆い」のこと。業界的には贈り物などを感じの良い包装紙やリボンなどを使って美しく包装すること、またそうした技術を指す。

リクチュール［Recouture］日本ファイバーリサイクル推進協会が受託した地球環境基金助成事業の一環として2013年から行っている行動。その趣旨によると、リクチュールとは端材や残反、古着などを使い、リペア、リフォーム、リメークの3R技術を駆使し、クリエーターの手で服作りのクオリティーを高めること、およびその活動ということになる。

リーズナブルプライス［reasonable price］リーズナブルは「適度な、妥当な、手頃な」の意で、その商品に見合った納得できる価格を指す。単に安いというのではなく、合理的な高くない値段という意味で用いられる。

リサイクル⇒3R

リスティング［listing］日本の業界用語では「中希（ちゅうき）」と呼ばれる。生地を反物で染める際に発生する耳部分と中央部分の色の違いをいう。同じ反物を同じ染料、同じ条件で染めても、染浴中の染料濃度にムラがあると発生しやすくなる。これを「中希」が発生したという。ロットの異なる反物による色違いは「ロット違い」と呼んでいる。

リデュース⇒3R

リユース⇒3R

レインチェック［rain check］アメリカでのみ使われる特殊なファッションビジネス用語のひとつで、本来は広告に掲載されていたバーゲン用の商品が売り切れて

いたときに客に渡す、その商品の購入予約券をいう。客はその商品が後日入荷したときにセール価格で買うことができる、というシステムになっている。主に低価格の店で用いられる手法とされる。

レーザーカット［laser cut］赤外線レーザー光線とコンピューターの活用によって、瞬間的に布地をカットする裁断法の一種。こうした機械をレーザーカッターという。

レコメンドアイテム［recommend item］レコメンドは「推薦する、勧める、推奨する」といった意味で、推薦に値する商品、すなわち「おすすめアイテム」ということ。

レプリカ［replica］「複製品」の意味で、昔のものを模倣して作り上げる商品を総称する。ジーンズや革ジャンなどの世界で人気を集めており、「復刻品」などと称される。

ロイヤリティー［royalty］ロイヤルティーとも発音される。「特許権使用料、著作権料」の意。ライセンス提携やフランチャイズチェーン加盟などに際して、その権利の使用料を払う「ロイヤリティー契約」が結ばれることになる。ブランドロイヤリティーという場合のロイヤルティー（ロイヤリティー）はloyaltyと綴り、これは「忠誠心、忠誠度」を意味する。

ロールプレイング［role playing］ロールプレイともいう。ロールは「役、配役、役割」といった意味で、一般に「役割演技法」と訳される。実際の現場を模した場面設定と役割の分担を示し、指導員の実地指導によって訓練する従業員教育の一環。

ローンチ［launch］「立ち上げる、打ち上げる、参入する」といった意味で、新製品を発売したり、新しいサービスを開始することをいう。ロンチ、ラーンチ、ランチ、ラウンチとも呼ばれ、一般に世に送り出

ファッションビジネス

すこと、公開、開始、発進の意味で用いられる。

ロゴタイプ [logotype] 合成文字の意。社名や商品名（ブランド名）などの文字をデザイン化したものをいう。「統一書体、指定書体」などともいい、単にロゴとも略す。これに似た「組み合わせ文字」はモノグラムという。

ロゴマーク [logomark] トレードマークや企業名、商品名（ブランド名）などのイメージを表すシンボルマーク。これは和製語で、英語ではロゴタイプと同義に扱われる。一般にロゴタイプとマークを組み合わせて図案化したものが見られる。

ロスリーダー [loss leader] ロスは「損害、損失」の意味で、利益上では損をしても、ほかの商品の売り上げに貢献する商品を指す。客寄せのための「格安品、目玉商品」という意味で用いられるもので、これに対して利幅が大きくよく売れる商品は、プロフィットリーダー [profit leader] と称される。

ロット [lot] ミニマムロット [minimum lot]（最小の生産および仕入れの単位）の略。一般に生産数量、仕入れ数量の意味に用いられる。1ロット何枚というように用いられ、「ロットナンバー」は製造番号を指す。本来はひと山やひと組になった品のことをいう。

ワンストップショッピング [one stop shopping] 1か所で目的の商品をすべて揃えることができる買物の仕方、またそうした商業施設側の戦略をいう。ワンストップディスティネーション*と呼ばれる施設は、この機能を特色としている。

1086

インテリア・デザイン

インテリア・デザイン

【あ】

アーキテクト [architect] 建築家、設計技師。また立案者、創始者の意味もある。アーキテクチュア [architecture] となると建築学、建築術、また建築様式、建築物の意味になる。

アーゴノミー系家具 [――けいかぐ] 家具の機能別分類方法のひとつで、人体を直接支える機能を持つ家具を指す。椅子やスツール、ベッドなどがそれで、「人体系家具」と呼ばれる。アーゴノミーはエルゴノミクス [ergonomics]（人間工学）からきた言葉。

アーチ [arch] いわゆる門だが、ここでは楔形の石やレンガを円弧状に積み上げた「迫持（せりもち）」と呼ばれる構築物をいう。一般に弓形のものを指す。半円アーチや尖頭アーチなどさまざまな形がある。

アーチウインドー [arch window] 上部がアーチ状を描く窓。ふつう下の部分は開き窓となる。ファンライトと同種の窓デザイン。

アートチェア [art chair] 有名なデザイナーや建築家などによって創り出されたアート感覚あふれる椅子。球状の形をしたボールチェアや卵形のエッグチェアなど特殊なデザインのものが多く見られる。

アームチェア [arm chair] 腕付きの椅子。背板の中ほどから両脇に肘掛け用の部材が出ている椅子で、一般にいう「肘掛け椅子」。

アームレスチェア [armless chair] 肘掛けのない椅子の総称。座面と背板だけで構成されたもので、リビングタイプとダイニングタイプに代表される。

アイソメトリック [isometric] 製図用語のひとつで、アイソメトリックプロジェクション（等測投影法）による等角投影図法のこと。アイソメトリックは本来「同じ大きさ、同寸法の、等測の」という意味で、基線に対して一辺を垂直にし、二面を30°となるように傾けて表す図法をいう。ひとつの図面で三面を同程度に表すことができるのが特徴となる。略してアイソメ。

アイランドキッチン [island kitchen] 台所の形式のひとつで、壁付け型の従来のキッチンに対して、四方が壁に接していない独立したキッチンをいう。島のようなというところからの命名で、「アイランド型配列キッチン」とも呼ばれる。全方向からぐるりとキッチンを囲むことができるのが特徴。

アイランドディスプレイ [island display] 売場の中で島（アイランド）のような形になった部分の陳列を指す。周囲を通路で囲まれた部分で、壁面がないために四方から見渡すことができ、売場全体の雰囲気を決定づける要素が大きいとされる。

アウトレットボックス [outlet box] 屋内の電気配線に用いる箱のような形をした部品。電気配線の端末などに設置して、コンセントや照明器具の取り付け、また電線の引き出しなどに用いられる。アウトレットには「出口、排け口」のほか電気のコンセントの意味もある。

青図 [あおず] トレーシングペーパーの図面から専用の印刷機を用いて青線のコピーをとること、またそうした図面をいう。

アカンサス [acanthus] 古代ギリシア以来、柱頭など建物向きの装飾モチーフとして使用されている飾りのひとつ。本来は地中海沿岸地域を原産とする多年草植物で、上に向かって広がる葉の形を特徴とする。

アクセントラグ [accent rug] 部屋のアクセ

1088

インテリア・デザイン

ントとなるような大胆なデザインのラグ（部分的敷物）の総称。140×200cmの大きさのものが中心とされる。

アキスミンスターカーペット [Axminster carpet] 堅い黄麻を基布とし、パイルにはウールを用いて作られる最高級の機械織カーペット。多くの色糸を用いて多彩で複雑な模様を現すのが特徴。英国イングランド南西部の町アキスミンスターの伝統品にちなむ。

アクアリウム [aquarium] 水族館、水槽の意だが、インテリア用語としては、海生植物を小さな水槽や瓶に入れて楽しむ観賞用の飾り物をいう。

アクソノメトリック [axonometric] 製図用語のひとつで、アクソノメトリックプロジェクション（軸測投影法）による不等角投影図法のこと。立体を図示する場合の三軸の投影図の交わる角が等しくない描き方を指し、アクソメとも略される。

アクリル樹脂 [acrylic ＋じゅし] アクリロニトリルを原料とした熱可塑性プラスティックの一種。耐候性、耐薬品性、透明性、着色性などに優れ、ガラスの代用やドアパネルなどとして広く用いられる。塗料や接着剤の原料としても用いられる。

アコーディオンカーテン [accordion curtain] 蛇腹式に折りたためる形にした間仕切り用のカーテン。パーマネントプレス加工を用いてそうしたものと、たたむ部分の経糸を抜いて折り曲げやすくしたものなどの種類がある。

アコーディオンドア [accordion door] 蛇腹式に伸縮して開閉する構造となった可動式の仕切り。間仕切りやドア代わり、目隠しなどとして用いられることが多い。

脚物家具 [あしものかぐ] 脚状のものが付いた家具の総称。椅子、テーブル、ベッドなどに代表される。

アジャスター [adjuster] 家具などを水平に保つために取り付ける調節金具。また、開き窓を任意の位置で開いて固定するための調節金具などもいう。

アジャスタフック [adjuster hook] アジャスタブルフックとも。カーテン用フックのひとつで、ランナーに掛ける部分が3〜4cmほどの範囲で上下に動く構造になっており、そのことでカーテンの高さが調整できるもの。

網代 [あじろ] 竹の皮や杉皮の薄片などを斜めまたは縦横交互に編んだもので、板状にして天井や腰羽目、垣、戸などに用いる。こうした和風天井を「網代天井」と呼ぶ。

アスファルトルーフィング [asphalt roofing] フェルトの両面にアスファルトを被覆した防水紙。アスファルト防水の補強材として用いられる。

アスベスト [asbestos] 鉱物性繊維の石綿（いしわた）で、断熱材のひとつとして用いられる。

校倉造り [あぜくらづくり] 正倉院の校倉に見られる構造法で、木材を横にして井桁に積み上げて構築するもの。日本では弥生時代にすでに倉として用いられていた。

アダム様式 [Adam style] 古代ギリシア・ローマ時代を背景とした「新古典主義」の建築・室内装飾・家具の様式で、特に18世紀中期から後期にかけて活躍したスコットランドの建築家、アダム兄弟によるそれを指す。なかでもロバート・アダムとジェームス・アダムで知られる。

厚張り [あつばり] 椅子張りの工法のひとつで、座枠の上にスプリングやウレタンなどを土手状に積み上げ、詰め物を入れてクッション性をもたせ、厚く張り上げる方法をいう。土手張りとも呼ばれる。

アップサイクルラグ [upcycle rug] 廃材ニッ

インテリア・デザイン

ト生地など廃棄されてしまう生地を活用して作られたラグ（敷物）。アップサイクルはアップリサイクルから生まれたもので、商品価値を付加させたリサイクルの概念を示す。

アップホルスタードチェア [upholstered chair] アップホルスターは椅子などに詰め物を取り付ける、また布などで表面を張るという意味で、詰め物をして上張りされた椅子やソファを指す。

アップホルスタリーマテリアル [upholstery material] アップホルスタリーは室内装飾品、家具また椅子などの詰め物の意で、そうしたものに用いる材料のうち主として織物を総称する。ベッドカバー、椅子カバー、カーテン地、ソファ地などに代表される。

アティック [attic] 屋根裏、屋根裏部屋。元々、屋根裏には古代ギリシアのアッティカ様式の柱が用いられていたことからこの名がある。

アトラス [atlantes] 男性像柱。ギリシア神話に出てくる地球を支えるアトラスに由来するもので、円柱の代わりに用いられる男性をモチーフにした柱を指す。アトランティーズというほかターム [term] とも呼ばれる。

アトリウム [atrium] 古代ローマ時代の住宅における玄関近くに設けられた広間のことで、食事や接客の場であったが、後に単なる玄関ホールへと変化した。現代ではオフィスビルやホテルなどの内部に設けられた吹き抜けの大空間を指し、中庭的な雰囲気を持つ。

アネモスタット [ancmostat] 空調用に設けられた天井吹き出し口。数層に分かれたコーンと呼ばれる吹き出し口から、放射状に空気が吹き出す仕組みになっている。

アプリク [applique 仏] フランス語で、装飾

などを付けることを意味する。そこから壁面から突き出して取り付けられた装飾的な燭台を指す。

アプローチ [approach] 近づく、接近する、また接近、誘導の意で、インテリア用語では玄関などの出入り口に通じる通路を指す。

荒壁 [あらかべ] 日本の伝統的な土壁の一種。小舞下地に粘土混じりの荒土を塗りつけたもので、この上に中塗り、仕上げの上塗り土がほどこされる。

アラバスター [alabaster] 大理石の一種。白色で透明感を特徴とし、古代エジプト時代から彫刻や装飾に用いられる。また雪花石膏（せっかせっこう）の意味もあり、これは像や花瓶などを作るのに用いられる。

蟻組継ぎ [ありくみつぎ] タンスの引き出しや箱組に用いられる板材の継手の一種の「組継ぎ」のうち、接合する板材の木口双方を欠き込んで組む方法。

アルコーブ [alcove] 壁の一部を引っ込ませて作られた床の間式の空間、小室。また庭園の「入り込み」や「四阿（あずまや）」を指すこともある。

アルコーブベッド [alcove bed] 壁面に設けられたアルコーブにぴったり納まるように作られたベッド。18世紀から19世紀初頭、フランスで用いられたものとされ、ポロネーゼベッドなどの種類があった。

アワーグラスカーテン [hourglass curtain] 砂時計のような形をしているところからこう呼ばれるカーテンのスタイルの一種。上下を袋縫いにし、レールを通してギャザーを寄せ、真ん中を絞った形に特徴がある。腰がくびれているところからウエストパネルなどと呼ばれることもある。

合わせガラス [あわせ＋ glass] 英語ではラミネーテッドグラス [laminated glass]。2

1090

インテリア・デザイン

枚の板ガラスの間に透明なプラスティックフィルムを挟んで、加熱圧着した安全ガラス。破損しても破片が飛び散らない特性を持つ。耐貫通性にも優れ、天窓などに使用されている。

アンセミオン [anthemion] 古代ギリシア建築の柱頭などによく見られる装飾モチーフのひとつで、パルメット、蓮スイカズラなどの模様を帯状に連続させるもの。忍冬（にんとう）模様、スイカズラ模様、ハニーサックルなどとも呼ばれる。

アンダーコート [undercoat] 下塗り。上塗り塗料の付着性を高め、素地の吸い込み斑（むら）の防止や目止めなどのために、前もって行う塗装作業をいう。

アンダートリートメント [under treatment] カーテンなどの窓掛け用道具を二重に吊る場合の、窓側の始末のこと。金具や付属品なども含めてこう呼び、オーバートリートメントの対語となる。

アンダーフェルト [underfelt] カーテンの下に敷くフェルト地。特にグリッパー工法と呼ばれるカーペットの敷き込み作業の際に用いられることが多く、断熱性やクッション性が高まり、衝撃音を緩和するなどの役を果たす。

アンダーレイ [under lay] カーペットを敷き込む際に、カーペットと床材との間に敷き込まれるクッション材。これにはフェルトのほかゴム、ウレタン、パームロックなどの種類がある。

アンテフィクス [antefix] 古代ギリシア・ローマ建築で、屋根瓦の継ぎ目を隠すために直立に取り付けられた飾りのことで、軒先飾り、軒鼻飾りなどと呼ばれる。アンセミオンのモチーフが多く用いられる。これはまた絵画の額縁の四隅を飾る模様としても用いられる。

アンビエント照明 [ambient ＋しょうめい] アンビエントは「周囲を取り巻く」の意

で、一般に「環境照明」のこととされる。部屋全体の環境や雰囲気を作り出すための間接照明。

アンビュラトリー [ambulatory] 周歩廊、回廊。修道院などの屋根が架かった歩廊や回廊、また教会の祭壇の背後を巡る側廊（アイル）のこと。

【い】

イージーチェア [easy chair] 安楽椅子。ゆったりと休めることを目的として作られた個人用の椅子で、傾斜のある背と大きめの座面で座り心地のよさを特徴としている。

イームズラウンジチェア [Eames Lounge Chair] アメリカの建築家・デザイナー、チャールズ・イームズ（1907-78）が1956年、ハーマンミラー社のために創り出したラウンジ用の椅子。成形合板に皮革張りがほどこされたデザインを特徴とする。

イタリアンモダン [Italian modern] 20世紀のモダンデザインを代表するイタリア派の傾向。1930年代のラツィオナリズム（合理主義）運動から始まり、60年代に第1次黄金時代、70年代にラテスカルデザインとして開花。20世紀のコンテンポラリーモダンの代表として注目を浴びた。ジオ・ポンティやマリオ・ベリーニらが知られる。

1消点透視図法 [いちしょうてんとうしずほう] パース（透視図）の一種で、平行透視図法のこと。対象物を正面からとらえた表現で、天井面と床面は平行、壁面は垂直で、消点は1つになるのが特徴。インテリアの表現では最も簡単な方法とされる。

イングルヌック [inglenook] 暖炉端、炉辺。

1091

インテリア・デザイン

暖炉と一体化して作られた暖かく居心地のよい場所のことで、チムニーコーナーとも呼ばれる。

インシュレーションボード [insulation board] インシュレーションは「隔離、保護」また「絶縁、断熱、防音」といった意味で、そうした目的に使用する木質の繊維板をいう。特に比重0.4未満の軟質繊維板を指すことが多く、天井や壁などに用いられる。

インセット仕様 [inset＋しよう] キャビネット（収納家具）を構成する際の側板に対する扉の納め方のひとつ。扉の木口面を側板の内側に取り付ける方法を指す。この反対はアウトセット仕様という。

インディスクレー [indiscret 仏] 3脚の肘掛け椅子が扇状に並んだ椅子。19世紀フランスの第二帝政時代に生まれたもので、これには元々「不謹慎な、口軽の」という意味がある。別にカンバセーションソファ（おしゃべりソファ）などとも呼ばれる。

インテリア [interior] 内部、内側の意。室内および室内空間全般を表し、対語はエクステリア [exterior] となる。

インテリアアクセサリー [interior accessory] 室内用の装飾品の総称。主としてリビングルームやベッドルーム、玄関などに飾る絵画や写真、ドライフラワーなどを指し、一般にインテリア小物と呼ばれる。

インテリアアドバイザー [interior adviser] 室内装飾のあり方について、専門的な立場からの的確なアドバイスを行って、よりよい方向に導く専門職。インテリアコーディネーターと同じような職種で、近年は資格試験が実施されている。

インテリアエレメント [interior element] 室内空間を構成する個々の要素。家具、床材、壁装材からカーテン、照明器具など

の用品から、絵画、植物などを含むインテリア小物までが含まれる。

インテリアオーナメント [interior ornament] オーナメントは装身具、また装飾、飾り、装飾品の意で、インテリアアクセサリーと同義。

インテリアコーディネーター [interior coordinator] 室内装飾や建物のリフォーム（改造）などで、総合的な見地から室内デザインのコンセプトや家具、カーテン、カーペット、小物の選択などを提案し、アドバイスを与えることを目的とした専門職をいう。インテリアデザインそのものには関わらないのが特徴で、一般にICの略称で知られる。

インテリアスタイリスト [interior stylist] インテリア空間を素敵に演出する専門職。インテリアアドバイザー、インテリアコーディネーターなどと同じ用法で、ファッションのスタイリストに倣って名付けられたもの。室内装飾を顧客に提案するのが主な仕事とされる。

インテリアデコレーター [interior decorater] ホームデコレーションを専門とする職能者をいうアメリカでの呼称。

インテリアデザイナー [interior designer] インテリアは「室内の、内部の」という意味で、室内空間の設計を専門とするデザイナーを指す。一般には「室内装飾家」と同義とされるが、ファッション業界においては小売店の設計や売場のデザイン、また各種展示会における小間作りなどを担当するデザイナーとして知られる。

インテリアデザイン [interior design] 室内空間の設計、また室内装飾。個人宅から大規模な建築物におよぶ室内のデザインに関わり、さらには商店の内装や陳列、また展示会の設営などにまで関わることがある。

インテリア・デザイン

インテリアビデオ [interior video] 室内にやわらかな雰囲気を演出するために用いられるビデオ。BGV（バックグラウンドビデオ）とも呼ばれ、物語性のほとんどない環境映像が流されることが多い。個人宅では額縁状の小さな映像装置も用いられる。

インテリアファブリックス [interior fabrics] 室内装飾に用いられる織物類の総称。カーテン、カーペットを始めとして、椅子張り生地、寝装品などさまざまな布地などが含まれる。インテリア素材と呼ばれることもある。

インテリアプランナー [interior planner] 室内装飾の設計や工事監理を行う専門技術者。一般にはインテリアデザイナーと同義。

インテリアランドスケープ [interior landscape] 企業のショールームやホテルのロビーなどの空間において、植物を取り入れた造園をほどこすサービスをいう。ランドスケープは景観、眺めの意。

【う】

ウィリアム・アンド・メアリー様式 [William and Mary ＋ ようしき] 英国のウィリアム王とメアリー皇后の時代（1689-1702）に興った家具・装飾・銀器などの様式。ジャコビアン様式に続く様式で、主にオランダの影響を受けている。

ウィルトンカーペット [Wilton carpet] 18世紀中ごろ、英国ウィルトン地方で織られたところからこの名があるカーペットのひとつ。基布とパイルを同時に織る機械織りカーペットで、耐久性に優れた高級品として知られる。

ウィングチェア [wing chair] 袖椅子また耳付き椅子と訳される。詰め物を入れた高い背もたれの両側からウィングと呼ばれる袖が耳のように突き出た形を特徴とするイージーチェアのひとつで、風などが顔に当たるのを防ぐためとされる。ウィングバックチェア [wing back chair] とも呼ばれる。

ウインザーチェア [Windsor chair] 18世紀初めに英国ウィンザー地方から広まった椅子の様式。木製の無垢の座面に細い棒材の背もたれが何本も差し込まれ、脚などはろくろ仕上げがなされる独特のスタイルで知られる。18世紀初期にアメリカに輸出され、植民地時代に愛用された。現代でも人気が高い。

ウインターガーデン [winter garden] ガラス張りで温室のような機能を持つ室。冬期に庭の代用として活用するもので、中央ヨーロッパから北欧にかけては建物に付随して設けられる。

ウインドーエレメント [window element] 窓飾り用のさまざまな材料を総称する。カーテン、ロールスクリーン、ローマンシェード、ブラインド、パネルスクリーン、簾（すだれ）など。

ウインドーディスプレイ [window display] 小売店舗のショーウインドーの飾り付けを指す。ウインドードレッシング [window dressing] ともいい、これは店の顔としての重要な役割を持つ。

ウインドーディスプレイヤー ⇒デコレーターエタラジスト

ウインドーデコレーター ⇒デコレーター

ウインドートリートメント [window treatment] 窓まわりの処理、窓装飾のことで、ウインドーデコレーションともいう。機能的かつ装飾的なデザインをほどこし、窓の持つ効果を高めることを目的とする。

ウインドードレッサー [window dresser] ウインドードレッシング（商品陳列用の

1093

インテリア・デザイン

窓の飾り付け）を専門に担当するスペシャリスト。ウインドーデコレーター＊の別称ともされる。

ウインドードレッシング⇒ウインドーディスプレイ

ウエイトテープ [weight tape] カーテン用品のひとつで、鉛玉などを紐状に連結させたもの。錘（おもり）の一種として用いるもので、カーテンの裾の折り返し全体に用いて、美しいプリーツとすっきりした裾のラインを表現するのに役立つ。カーテンウエイトともいう。

ウエインスコットチェア [wainscot chair] 16、17世紀の英国、フランス、アメリカで広く用いられたアームチェアの一種。オーク材を使用し、背板に浅いレリーフ彫刻、頂部に豪華な装飾がほどこされているのが特徴。ウエインスコットは「羽目板、腰板」の意で、室内の豪華な彫刻のある腰板から発想されたところからこの名が生まれた。

ウェビングテープ [webbing tape] 椅子張り材のひとつ。特殊な撚糸にゴムを浸透させて作った帯状の弾性体テープで、荷重を受け、クッション性を与えるのに役立つ。

ウェルティング [welting] ウェルトは「継ぎ目革」また「縁飾り」の意で、継ぎ目と継ぎ目のあいだなどにほどこす縁飾りを指す。たとえば家具の布張りなどで、布地の継ぎ目の体裁をよくするために、紐状の布などを飾りとして縫い付ける作業をいう。

ウォークインクローゼット [walk-in-closet] 衣類収納用の小さな部屋のことで、立って入ることができるある程度の広さがあるところからこう呼ばれる。WICと略される。

ウォーターベッド [water bed] 一般的なスプリングベッドと異なり、クッション材と

して水を用いた浮力で身体を支えるベッド。身体にしっかりフィットし、自然な姿勢を保持することで、快適な寝心地があり、リラックス効果を生むのが特徴とされる。

ウォールウォッシャー [wall washer] 照明方法のひとつで、壁に照明を当て、その反射光による間接照明で明かりを得る方法を指す。コーニス照明やバランス照明などの「建築化照明」もこのひとつ。

ウォールキャビネット [wall cabinet] 壁面に沿わせて配置する背の高い置き家具の総称。またシステムキッチンのキャビネットのうち、壁面に取り付ける形になったキャビネットのこと。

ウォール・トゥー・ウォール [wall to wall] 壁から壁まで床全体をカーペットで敷き詰めること。

ウォールナット [walnut] クルミ、クルミ材。世界に広く分布する広葉樹で、緻密で強靭、耐久性に優れ、上等な家具材などとしての用途がある。17世紀後半から18世紀中ごろにかけ英国で高級家具材として広く用いられ、この時代が「ウォールナット時代」と呼ばれたことがある。

ウォールペーパー [wallpaper] 壁紙。装飾用として壁に貼り付ける紙のことで、さまざまな模様に彩られたものが多い。単にペーパーとも呼ばれる。

ウォールユニット [wall unit] あらかじめ工場で組み立てられた壁面収納家具のこと。キッチンユニットや壁面収納ユニットなどに代表される。

ウス [housse 仏] ウースとも。フランス語で家具などの「被い（おおい）」を意味する。本来家具のカバーとして用いる大きくて厚めの布を指し、そうした布地を思わせるドレスを、フランス語でローブウスとか英語読みでウースドレスなどと呼ぶことがある。

1094

インテリア・デザイン

内法 [うちのり] 内法高の略。部屋の大きさや開口部の寸法などの対面する2部材間の、内側面から内側面までの距離を指す。「心々」また「外法」に対する語。

打放しコンクリート [うちはなし＋concrete] コンクリート造りの工法で、型枠をはずしたコンクリートの面をそのままの形で仕上げ面とするものをいう。モダンなデザインとして好まれる。

ウッドブラインド [wood blind] 木製のブラインド。従来のアルミなどに代わって台頭しているブラインドの一種で、木材特有の温かみや落ち着いた雰囲気に特色があるとされる。

ウレタンフォーム [urethane foam] 合成繊維の一種ポリウレタン樹脂を主成分にして発泡させたスポンジ状の材料で、軟質ウレタンフォームは椅子張りクッション材として最も多く用いられ、硬質ウレタンフォームは断熱材や塗料として多く用いられる。

【え】

エアマットレス [air mattress] ゴムやビニール製のチューブに空気を入れることで、弾力性を持たせたマットレス。主に床ずれ防止の介護ベッドとして用いられるほか、来客用の簡易ベッドとしても用いられる。長期アウトドア用のそれはエアベッドと呼ばれる。

エイコーンチェア [acorn chair] エイコーンは「ドングリ」の意で、ドングリの形に加工した木製の小さな装飾品をいう。これをフィニアル（頂華）として背の上部に飾った椅子のこと。

エキシビション [exhibition] 「展示会、内見会」の意。一般には「展覧会、博覧会」また「提示、展示」の意味で用いられ、

エキジビションとも発音される。ファッション業界ではシーズンに先駆けた新しい商品見本を展示する場とされる。

エクステリア [exterior] 外側、外面、外部、外観の意で、インテリアに対して外装や外観、外回りを指す。建物の外観に関わるデザインをエクステリアデザインと総称する。

エクステンションテーブル [extension table] エクステンションは延長、拡張の意で、甲板の長さを伸縮することができる仕組みを持つテーブルをいう。バタフライ式、ドロップリーフ式、甲板収納式などの種類があり、伸縮テーブルとか伸長テーブルなどとも呼ばれる。

エグゼクティブデスク [executive desk] 役員クラスのビジネスマンが使用するオフィスデスク、またそうしたイメージのある高級感あふれるデスクをいう。高級素材を用い、L字型や円形などのデザインがある。社長が用いるようなということで、プレジデントデスク [president desk] ということもある。

エスキース [esquisse 仏] エスキスとも。フランス語でスケッチ、素描、略図の意で、建築などの設計に際して、デザインや構想などをまとめるために描く簡略なスケッチや下図をいう。正式な図面ではなく、おもにフリーハンドで描かれる。

エッグチェア [Egg chair] デンマークの家具デザイナー、アルネ・ヤコブセン（1902-71）が1959年に発表した椅子。硬質低発泡樹脂のシェル状本体をフォームラバーのクッション材と革や布でくるんで、卵のような形に仕上げたもの。

エドワード様式 [Edward＋ようしき] 英語ではエドワーディアンスタイル。14世紀英国のエドワード1世および2世時代のゴシック建築の様式で、「装飾式」とも呼ばれ、さらにこれの前半を「幾何学式」、

1095

インテリア・デザイン

後半を「曲線式」とも呼ぶ。また20世紀初頭のエドワード7世時代（1901-10）の建築・インテリアの流れもこの名で呼ばれる。

エリアラグ [area rug] 室内の一部分に敷く置敷きタイプの小型敷物。装飾的要素が強いが、暖炉の前に置いて飛び火から敷詰めカーペットを保護する目的を持つものなどもある。

エリザベス様式 [Elizabeth ＋ようしき] 英語ではエリザベーザンスタイル。英国のエリザベス1世時代（1558-1603）に見る建築・室内装飾・家具などの様式。ゴシックからルネッサンスへの転換期に当たり、新しい感覚へと変化していった。

エルゴノミクス [ergonomics] 人間工学。ギリシア語で作業を表すエルゴと法則を意味するノモスから作られた言葉。人間の特性や能力に合った機械や器具を設計するための工学技術をいう。

エンジェルベッド [angel bed] 18世紀フランス、ルイ15世、16世時代に流行した天蓋付きのベッド。フランス語ではリダーンジェ Lit d' Ange と呼ばれ、ナポレオン3世の時代にも用いられた。現在ではハーフテスターベッドとも呼ばれている。

エンタシス [entasis] 円柱の中央につくわずかな膨らみ。視覚的に安定感を与え、円柱がまっすぐに見える効果を与える。古代ギリシア・ローマの建築に多用されたことで知られる。

エンタブラチュア [entablature] 古代ギリシア・ローマ時代の建築において、円柱の上に載せ、屋根を支えるために用いられた水平部材をいう。

エントランス [entrance] 入り口、入場口。建物の入り口部分のことで、一般にマンションや公共施設など比較的大きな建物の玄関部分を指す。

エンパイア様式 [Empire ＋ようしき] 19世紀初頭フランスのアンピール様式を基調として流行した1810～50年ころのアメリカの家具様式。新古典主義的なスタイルで、アメリカンアンピール様式とも呼ばれる。

エンブロイダリーレースカーテン [embroidery lace curtain] エンブロイダリーは刺繍の意で、刺繍で飾られたレースのカーテンを総称する。全面に刺繍をほどこすものや裾部分にデザイン的にほどこされるものなどさまざまな種類がある。

【お】

黄金比 [おうごんひ] 古代ギリシア人によって発見されて以来、最も美しいプロポーションとされてきた分割法。ある線分を2分したとき、小さい部分と大きい部分の比が、大きい部分と全体の比に等しくなるように分割する比率を指す。その比率は1：1.168…となる。英語でゴールデン・レイティオ [golden ratio] といい、黄金比に分割することを「黄金分割」、英語でゴールデンセクション [golden section] という。

オウニングウインドー [awning window] オーニングウインドーとも。オウニングは窓や入り口にかける「日除け、雨覆い」のことで、突き出し窓を上下に連続して設け、それぞれが連動して開閉できるようになった窓をいう。通風や換気を便利にするのが特徴となる。

オーストリアンシェード [Austrian shade] ローマンシェードと呼ばれるシェード（窓掛け）のスタイルの一種で、全体に細かい波状の形を横方向にとったもの。昔は「ちりちりカーテン」と呼ばれたもので、上下に開閉することができるが、

インテリア・デザイン

一般にはそのままの形で飾られる。

オーダー [order] 古代ギリシア・ローマ時代の建築に見る円柱とエンタブラチュアの組み合わせのことで、古典主義建築で最も重要な表現とされる。古代ギリシアではドリス式、イオニア式、コリント式の3種があり、古代ローマではトスカナ式、コンポジット式がある。以上が「5種のオーダー」と呼ばれる。

オーバートリートメント [over treatment] カーテンなどの窓掛けを二重吊りにした場合の室内側の処理をいう。アンダートリートメントの対語。

オーバルバックチェア [oval-back chair] 背の部分が楕円形（オーバル）となった椅子。英国のヘップルホワイト様式で用いられたもので、フランスのルイ16世紀様式にも見られる。後者は特にカメオバックチェア [cameo-back chair] と呼ばれる。

オープンディスプレイ [open display] 仕切りや囲いのない開放的なディスプレイの仕方をいう。ステージ陳列やオープンケースを使用したものなどが代表的で、客が自由に手に取って見ることができるのが特徴とされる。これに対して、ショーケースの中に展示するようなやり方は、クローズドディスプレイ [closed display]（閉鎖的な陳列の意）と呼ばれる。

オープンボード [open board] 扉が付かないオープン形式の収納棚。電子レンジや炊飯器などの電化器具のほか、どんなものでも気軽に置くことができる棚として重宝される。

オットマン [ottoman] イージーチェアなどとセットで用いられる、足をのせるためのスツール。トルコ原産で、18世紀後期に英国にもたらされたという。椅子張りに適した畝織の生地名のひとつでもある。

オフィス家具 [office ＋かぐ] 事務所などの職場で用いられる家具類の総称。オフィ

スデスクやオフィスチェア、ロッカー、キャビネットなどのほか応接用品なども含まれる。機能的なことがいちばんだが、最近ではデザイン性も重視されるようになっている。

オフィスランドスケープ [office landscape] 1962年にドイツの経営コンサルタント、クイックボナーチームによって提唱されたオフィスの考え方。個室を作らないで、一見して机をランダムに置いた大部屋スタイルのオフィスを理想としている。コミュニケーションを優先させ、業務のスムーズな流れと設備の効率化を狙いとした。

オリエンタルカーペット [Oriental carpet] 東洋一帯で作られる手織緞通の総称。ペルシャ絨毯を始めとして、キリムやギリム、ゲリムまたギャッペ（ギャベ）などがある。中国や日本の緞通もここに含まれる。

【か】

カーテン [curtain] 装飾や遮光、防音などさまざまな目的で、窓や部屋の間仕切りに用いる幕類。ドレープカーテン、レースカーテンなどのほか防炎カーテンや抗菌カーテンなどさまざまな種類がある。カーテンにはまた劇場の幕、緞帳の意味もある。

カーテンアクセサリー [curtain accessory] カーテンの機能を効果的に補助するものの総称で、カーテン用品ともいう。タッセルやフリンジといった房飾り類、カーテンホルダー、カーテンバトンなどがある。

カーテンウォール [curtain wall] 帳壁、幕壁。建物自体の荷重を受けない壁を指し、外壁や室内間仕切りなどに用いられる。

インテリア・デザイン

カーテンバトン [curtain baton] カーテンアクセサリーの一種で、カーテンに直接手を触れることなく開閉するために用いる棒状の用具をいう。高い位置にあるカーテン用。

ガーデンファーニチャー [garden furniture] 屋外の庭で使用する家具類の総称。ガーデンテーブルやガーデンチェアに代表される。簡便なものだけでなく、ウッドデッキと連動したモダンな感覚のものも増えている。

カーテンフック [curtain hook] カーテンをカーテンレールに掛けるための金具。芯地用とプリーツテープ用があり、またそれぞれにAフックとBフック、アジャスタブルフックなどの種類がある。

カーテンボックス [curtain box] カーテンレールを設置するために、天井や窓枠上部に取り付ける箱型の部分をいう。デザイン上の美観を目的としたもの。

カーテンホルダー [curtain holder] カーテンを留めるための用具。両脇で引っ掛けたり、タッセルを留めたりしておくためのもので、木製や金属製などさまざまなものがある。

カーテンレール [curtain rail] カーテンを吊るための用具。取り付け用のブラケットやランナー、ストッパーなどを用意して、カーテンのスムーズな開閉を容易にする。機能性レール、装飾性レール、特殊用途レールなどの種類があり、アメリカでは主にカーテンロッド [curtain rod] と呼ばれる。

ガードローブ [garde-robe 仏] フランス語で衣装部屋、衣装戸棚の意。英語でいうワードローブと同義。フランス語で正しくは「ギャルドロブ」と発音される。

カーペット [carpet] 織物などで作られた敷物の総称。絨毯、緞通なども含み、機械織、手織、刺繍、植付け、編物、不織布など

の種類がある。パイル形状からはループ、カット、フラットに分かれる。

カーペットパディング [carpet padding] カーペットを保護するとともに、歩行性や保温性、吸音性などを高めるためにほどこす裏打ち。バッキング [backing] ともいう。

カウチ [couch] 寝椅子、長椅子。背が低く、背もたれと肘掛けがひとつ付いたソファのことで、休息用のラウンジチェアの一種とされる。

カウンターテーブル [counter table] 台状のテーブル。一般にキッチンとダイニング、あるいはリビングルームとの間に設けられる細長いテーブルを指す。調理する人と対面式に配置して、料理を作りながらコミュニケートを図るなどの効果があげられる。

鏡板 [かがみいた] 天井や腰壁、扉、板戸などの額縁状の枠の中にはめ込まれる平滑な一枚板を総称する。こうした鏡板を継ぎ目が目立たないように平滑に張り上げた天井を「鏡天井」という。また一枚板をはめ込んだ板戸を「鏡戸」とも呼んでいる。

カクトワール [caquetoire 仏] 16世紀後期のフランスルネッサンス期にサロンなどで用いられた婦人用の肘掛け椅子。幅の狭い高い背もたれと前方が広がった台形の座面、外側に湾曲した肘掛けのデザインが特徴で、当時の裾広がりのスカートに合わせた形となっている。カクトワールcaqueteur といえば「おしゃべりの」という意味で、婦人たちの談話用として用いられたことがわかり、英語でゴシップチェア [gossip chair] とも呼ばれた。

片絞りカーテン [かたしぼり＋ curtain] 一方の側に絞って、タッセルやカーテンホルダーで固定したカーテンの吊り方。

カッソーネ [cassone 伊] 16世紀イタリアルネッサンス期の木製収納家具。権威の象

インテリア・デザイン

徴とされ、花嫁衣装やリネン類を詰め、花婿の館まで披露しながら運んだことからマリッジチェストの名もある。彫刻や金箔、絵画などで豪華に装飾されているのが特徴。

カットアンドループ・パイルカーペット [cut and loop pile carpet] カットパイルとループパイルを織り分けて模様を表現した装飾的なカーペット。

カットパイルカーペット [cut pile carpet] パイル（輪奈）を一様にカットしたカーペット。糸の太さや撚りによって、さらにプラッシュ、ベロア、サキソニー、ハードツイスト、シャギーなどの種類に分けられる。

カップボード [cupboard] 食器棚。キッチンボード [kitchen board] とも。食器類を収納するための扉付きの戸棚のことで、カッパードとも呼ばれる。両面から使用できる間仕切り兼用のそれはハッチ [hatch] という。

カナッペ [canapé 仏] カナペとも。２〜３人掛けの長椅子。ソファより小ぶりで、ルイ15世時代に愛用されたものだが、現在でもセッティやソファとは区別されることが多い。寝台兼用のそれはカナペリ [canapé-lit 仏] と呼ばれる。

カバーリング [covering] ソファや椅子などの着脱可能となった上張りのこと。カバーの取り替えが容易にできるのが特徴で、これのない本体はヌードと呼ばれる。

カバーリングソファ [covering sofa] カバーの取り外しができるソファ。手入れしやすく、簡単に模様替えでき、維持費も安価という数々のメリットがある。

カフェカーテン [café curtain] カーテンの飾り方の一種で、短い丈のカーテンをガラス面の一部分に掛けるスタイル。多くは目隠しの目的を兼ね、下半分ほどにあしらうものをいう。フランスのカフェで

よく用いられることからこう呼ばれるもの。なお、こうしたカーテンスタイルに用いる留めリングのことをカフェリング [café rings] という。

カブリオールチェア [cabriole chair] 18世紀フランスのルイ15世時代に流行した小型の椅子。特有の絵柄を描いた張りぐるみがなされ、曲線を描く背もたれと脚が特徴的で、ロココ様式を代表するものとされる。これらに見る脚のデザインはカブリオールレッグと呼ばれ、日本では「猫脚」と称される。カブリオールはフランス語で「跳躍、跳ね飛び」の意。

カラーボックス [color box] 集成材と呼ばれる材料を用いて作られた組み立て式の簡易棚。アレンジ次第でいかようにも使える便利アイテムとして人気がある。

カルトゥーシュ [cartouche 仏] 装飾オーナメントのひとつ。巻軸装飾、渦形装飾などと呼ばれ、巻物の形や紙の隅を丸めたような形を彫刻や絵で表現している。中央部は円形、楕円形、角形などをしており、その中に紋章や金言などが描かれているのが特徴とされる。特にバロック建築に多く見られる。

間接照明 [かんせつしょうめい] 天井や壁などに放射され、その反射光で間接的に光を得る照明方式。光源が直接見えず、やわらかで拡散された光の得られるのが特徴。反対は直接照明となる。

カンティレバーチェア [cantilever chair] 4本の脚ではなく、一端のみで支持されている片持ち式の椅子。パイプ製のものが多く、マルト・スタムやマルセル・ブロイヤーなどの製品で知られる。カンティレバーは「片持ち梁」の意。

関東間 [かんとうま] 木造在来工法の柱割りの寸法システムのひとつで、関東地方で採用されているものをいう。畳の寸法は5尺8寸×2尺8寸（1760×880mm）

インテリア・デザイン

で、京間より壁厚分が小さくなる。江戸間、田舎間とも呼ばれる。

観音開き [かんのんびらき] 左右の扉が真ん中から両側に開く形になった開き戸のこと。観音菩薩像を納める厨子に由来。

【き】

キチネット [kitchenette] 小さなキッチンの意で、流しやレンジ、冷蔵庫などが最小限にセットされている小さな台所や給仕用の小室。

キドニーデスク [kidney desk] キドニーは「腎臓」の意で、腎臓の形をした事務用の机を指す。一般にはソラマメ形のデスクとして知られ、英国のトーマス・シェラトンによってデザインされたのが最初とされる。

ギャザーカーテン [gather curtain] ギャザー（寄せひだ）を特徴としたカーテンの総称。一般的なギャザースタンダードから袋縫いしてパイプに通したギャザーひだなどさまざまなデザインがある。欧米ではシャードカーテン [shirred curtain] とかシャーリングカーテン [shirring curtain] などとも呼ばれる。

ギャッベ⇒キリム

キャノピー [canopy] さまざまな意味がある。①王座や寝台の上に取り付ける覆いとしての「天蓋」②天蓋のように覆いになるもの、また空、天空の意③建物の入り口のテント型の雨除け用施設④教会の説教壇などの上部に設けられる装飾的な覆い⑤中世におけるゴシック様式の椅子（キャノピーチェア）。

キャノピーベッド [canopy bed] キャノピー（天蓋）付きのベッド。支柱を立てるもの、天井から吊り下げるもの、壁から突き出すものなどさまざまな形がある。時代や

形式によってエンジェルベッド、デュシェズベッド、ハーフテスターベッドなどの名称がある。

キャビネット [cabinet] 戸棚、飾り戸棚、洋箪笥などの収納家具を総称する。特に縦長で丈の高いものを指すことが多く、ファイリングキャビネット（書類整理棚）やレコードキャビネットなどの種類が見られる。

ギャレット [garret] 屋根裏部屋。同種のものにアティック、グルニエ、マンサードなどがある。ギャレットはアティックよりも小さくむさ苦しいとされる。

ギャンギングチェア [ganging] 連結できる椅子の意で、横に連結してつなげて使えるようにした椅子をいう。大きなホールなどでくっつけて用いる椅子に代表される。ギャンギングはギャングの「団結する、徒党を組む」の意味からきている。

キャンバスチェア [canvas chair] 座面と背部にキャンバスという厚手の織物生地を張った折りたたみ椅子。映画監督用のディレクターチェアとして知られ、ほかに狩猟用のサファリチェア、船舶用のデッキチェアなどさまざまな名称でも呼ばれる。

キュリオボード [curio board] キュリオは「骨董品、珍しい品物」の意で、そうしたものを収納する装飾的な飾り棚をいう。細長い形のものが多く、ガラス戸と装飾的な脚を持つものが多く見られる。キュリオケースまたコレクションボード、コレクションラックなどとも呼ばれる。

経師 [きょうじ] 天井や壁、襖（ふすま）、屏風（びょうぶ）、書画、あるいはステージのパネルなどに紙や布を張ったり、表具したりすること。そうした専門の職人も指し、そうした作業を「経師張り」ともいう。

京間 [きょうま] 木造在来工法の柱割りの

1100

インテリア・デザイン

関西地方での寸法システム。柱と柱の間の寸法が内法でとられ、畳の寸法は6尺3寸×3尺1寸5分（1910×955mm）と関東間より大きい。関西間ともいう。

金華山織[きんかざんおり]｜紋織ベルベットの一種で、金糸や銀糸を織り込んで立体感のある模様を織り出した豪華な雰囲気の生地。椅子張り、カーペット、カーテンなどに用いられる。

キリム[kilim]｜トルコ、イラン、アフガニスタンにかけての西アジアの遊牧民によって手織りされる平織の敷物、またそうした毛織物を指す。カーペットのような毛足はなく、持ち運びに便利な敷物として用いられる。いかにも民族調といった鮮やかな色柄を特徴とし、イランでは「ギリム」と発音される。また彼らの作り出すペルシャ絨毯のひとつに、ギャッベ（ギャベとも）[gabbeh]と呼ばれるキリムのような模様を特徴とした粗い敷物も知られる。ケリム（ゲリム）**とも。**

キルティング[quilting]「刺し子縫い」の意。羊毛や羽毛などを入れて刺し縫いすること、またそうしたものの材料を指す。その完成品となる掛けぶとんなどはキルト[quilt]と呼ばれる。

キルト⇒キルティング

キングサイズベッド[king-size bed] 特大のベッド。ダブルサイズより大きなもので、1600×1950mm以上のマットレス寸法を持つベッドをいう。

【く】

クイーンアン様式[Queen Anne＋ようしき]｜アン女王治世時代（1702-14）を中心とする18世紀初期の英国の建築・室内装飾・家具などのスタイル。オランダからフランスの影響に変わり、ロココ風の装飾が

取り入れられるようになったのが特徴とされる。

クイーンサイズベッド[queen-size bed] キングサイズより小さく、ダブルサイズよりは大きなベッドサイズで、約1500×1950mmのマットレスサイズを特徴とする。

空間デザイナー[くうかん＋designer] 室内空間をさまざまにデザインし、今風に演出して見せるスペシャリストといった意味で用いられる言葉で、空間プランナー[くうかん＋planner]などとも呼ばれる。1980年代の巨大ディスコやカフェバー、プールバーなどの全盛期に登場したもので、要はインテリアデザイナーやストアプランナーなどの現代的な呼称として生まれたもの。

空間プランナー⇒空間デザイナー

グラスウール[glass wool] ガラス綿。ガラス繊維を短繊維とした綿状の素材。絶縁体、断熱材、防音材などとして用いられる。水分を含むと性能は低下するとされる。

グラスデコ[glass-deco] 光が透過するステンドグラスのような色鮮やかな絵を、ガラス製品に貼って楽しむもの。素材は糊と絵の具が合わさったようなもので、絵を塗って乾かすと、ガラス瓶や窓ガラス、ペットボトルなどに貼ることができる。インテリア小物のひとつとして用いられる。

グランコンフォール[Grand Confort 仏] 1928年、ル・コルビュジェとシャルロット・ペリアン、ピエール・ジャンヌレが共同してデザインした椅子の名称。スチールパイプのフレームに革張りクッションで立方体に近い形を構成したもので、20世紀を代表する椅子とされている。

グランドファーザークロック[grandfather clock] 床置き型の大型箱形時計。頭部、

インテリア・デザイン

胴部、脚部の3つの部分から構成され、豪華な雰囲気をかもし出す。ロングケースクロック [long-case clocks] とも呼ばれ、より小型化し洗練させたものはグランドマザークロック [grandmother clock] という。

グリッド [grid] 格子、碁盤目。モデュラーコーディネーションにおいて、構成材の組立基準面を決定するために、一定の基準寸法を用いた格子状のものをいう。これを用いて建物や室内構成材、また街路などを配置して設計することをグリッドプランニング [grid planning] と呼んでいる。

グルニエ [grenier 仏] 屋根裏部屋。別に穀物倉の意味もある。

クレスティング [cresting] クレストは紋章の意で、建物の棟飾りや昔の椅子に見る頭頂飾りなどを指す。権威や象徴を表すのに用いられる。

クローズドディスプレイ⇒オープンディスプレイ

クローゼット [closet] 元は私室、小部屋を意味したが、現在では収納室、納戸、押し入れ、戸棚などの意味に転じ、特に作り付けの衣服収納棚を指すニュアンスが強くなっている。

クロスオーバーカーテン [crossover curtain] 2枚のカーテンを吊元で深く交差させて優美な形を作るスタイルカーテンの一種。交差の仕方によって参分の1/3クロス、1/5クロスなどと呼ばれ、全部交差させるものはフルクロスと呼ばれる。これは開閉しないで装飾的に用いられるもので、欧米ではクリスクロスカーテン [crisscross curtain] あるいはプリシラカーテン [Priscilla curtain] などとも呼ばれる。

クロス張り [cloth ＋はり] 壁や天井の仕上げ方法のひとつで、シート状の仕上げ材を張った状態、またそうしたクロスを貼ることをいう。クロスには布、紙、ビニールなどの種類があるが、経済的な面ではビニールクロスが一般的とされる。

クロッケ⇒マトラッセ

【け】

蹴上げ [けあげ] 階段の踏み面から次の段の踏み面までの高さをいう。一段の高さのことで、建築基準法で住宅のそれは23cm以下と定められている。

ケースウエイ [caseway] 電気配線を通すための箱状ケース。配線コードをすべてこの中に納めて取り付けるもので、これによってスイッチやコンセントの取り付けや変更が容易となる。

ケースメントクロス [casement cloth] ケースメントは「開き窓」また「開き窓の枠」の意で、そうした窓に用いる「窓掛け地」をいう。一般には種々の繊維で作られる薄地のカーテン地の総称で、単にケースメントとも呼ばれる。目が粗く厚なイメージがあり、レースとドレープの中間的な性格を持つのが特徴。

ケースメントウインドー [casement window] 開き窓。内側か外側に開く形としたもので、片開き式と両開き式の2タイプがある。

ケーソン [caissons] 天井装飾のひとつで、平らな天井ではなく、木や漆喰で作られた格間（格子の間）が沈んだ形式。

ゲートレッグテーブル [gate-leg table] 伸長式テーブルの一種で、甲板が3つに分かれ、両端が脚に沿って垂れ下がった形となっているもの。これがゲート（門）に見えるところからこの名があり、必要に応じて垂れ板が持ち上がって甲板を支持することになる。

化粧合板 [けしょうごうはん] 表面に各種

1102

インテリア・デザイン

の方法で化粧加工をほどこした特殊合板を総称する。自然の銘木などを突き板として合板に貼った「天然木化粧合板」と、メラニン合板、プリント合板、エンビ合板などの「特殊加工化粧合板」に分類される。

化粧目地 [けしょうめじ] レンガや石などを積み上げたあと、表面に現れた目地（継ぎ目）を美しく仕上げることをいう。

【こ】

コアシステム [core system] コアは核、芯の意で、建物の中で、共有する施設や共通する設備などを集中的に中心部に配置することをいう。水回り部分を集中させたり、階段やエレベーターを集中させたりする。こうした場所をコアスペースと呼ぶ。

甲板 [こういた] テーブルや机などの上面の平らな板をいう。天板（てんいた）とも呼ばれ、ソリッド甲板（一枚板）や合板甲板などの種類がある。

合板 [ごうはん] ベニヤ [veneer] と呼ばれる1～3mmにスライスした薄い板を貼り合わせて作った建築資材用の板。ベニヤは奇数枚を繊維方向を直交させて、接着剤で貼り合わせて1枚の板に仕上げる。主としてラワンが用いられ、普通合板と特殊合板に分けられる。英語ではプライウッド [plywood] と呼ばれる。

コーキング [caulking] コークは詰め物をして水漏れを止めるという意味で、すき間、継ぎ目、目地などを充填剤で埋める作業を指す。気密、水密の目的があり、そうした油性コーキングなどをコーキング材と呼んでいる。

コードカーペット [cord carpet] パイルをコード（畝）状に現して、ボリューム感

を強調させたカーペット。

コーブ [cove] 凹型になったへこみ。天井に接する壁面上部に設けられることが多いデザインで、その裏側に光源を隠して、光を天井に向けて照射させ、反射光を利用する照明方法を「コーブ照明」と呼ぶ。

ゴールデンスペース [golden space] 売場作りのルールとされる「4つのスペース」のひとつで、ゴールデンスペースAはビジュアルプレゼンテーション＝VP* のスペースで「見せる場所」とされる。ゴールデンスペースBは「売る場所」で、売場の中で最も商品を手に取りやすく、買いやすいスペースとされる。このほかに「再編集のスペース」と、再編集スペースで売れ行きの悪かった商品を値下げして販売するクリアランススペース [clearance space] がある。

ゴールデンライン [golden line] 商品のディスプレイにおいて、最も見やすく手に触れやすいとされるラインで、高さ約75～135cmくらいがそれとされる。

ゴシック家具 [Gothic ＋かぐ] 実用家具の起源とされるゴシック時代（12世紀末～16世紀）に発展をみた家具の総称。オーク材を素材とし、建築の装飾が多用されているのが特徴となる。コロネーションチェア [coronation chair]（戴冠式の椅子の意）と呼ばれる豪華な椅子などがある。

ゴシックリバイバル [Gothic revival] 18世紀から19世紀にかけ、英国中心に復興をみた新しいゴシック様式のことで、ネオゴシックとも呼ばれる。ピクチュアレスクという芸術の動きと結びついてロマン的なものとして流行し、やがて正確な建築様式として確立した。英国国会議事堂に代表される。

ゴブラン織 [Gobelins ＋おり] 色糸や金銀糸のヨコ糸を下絵のとおりに自由に織り込んで、風景や模様などの精巧な変化や

インテリア・デザイン

ボカシを表現したもの。ゴブランはフランス語で、元々フランスのゴブラン家管理下の工場で作られるタペストリー＊に由来する。

ゴシップチェア⇒カクトワール

小間［こま］展示会や見本市において、参加企業や出展者に貸し出すために仕切られた空間をいう展示用語。いわゆるブースの貸し出し方式のひとつで、小間割図によって仕切られる。

小舞［こまい］和風の壁の下地のことで、細い割り竹を縦横に組んだものをいう。これに漆喰塗りや土塗りをほどこして仕上げる壁を「小舞壁」という。

コレクションボード［collection board］コレクションアイテム（蒐集品）を収納するボード状の家具。整理し見やすく並べるための工夫がなされており、ガラス扉を取り付けたり、ショーケース式としたりしたものなどが見られる。コレクションケース、コレクションラックなどともいう。

コロネット［colonnette 仏］小円柱、小柱。装飾オーナメントとして建物や家具の飾り、また椅子の背などに用いられる。coronet と英語で綴ると王冠や宝冠、小冠また婦人の頭飾りの意になり、転じて円形の頂部を持つベッドの天蓋を指す。

コンソールテーブル［console］コンソールは「渦型持ち送り」の意で、脚がそのような曲線を描く形となった壁寄せ型の狭い飾りテーブルをいう。脚に女人像柱などを彫刻した装飾的なものが多く見られる。17世紀末から18世紀に渡り、フランスや英国で流行した。こうしたテーブルの上部に取り付ける鏡をコンソールミラー［console mirror］という。

ゴンドラ［gondola］本来はイタリア語のゴンドラ（平底の屋形船）から来たもので、気球などの「吊り篭」といった意味もあ

るが、ファッション業界では売場にみる「平台」のことをいう。特価品などが置かれることの多い陳列台の一種で、ひな段型にするものなども見られる。

コントラクトカーペット［contract carpet］住宅以外の店舗や事務所、劇場、ホテル、レストランなどの商業施設で使用されるカーペットをいう。耐久性や防炎性、防汚性といった機能がことのほか求められる。コントラクトには売買、請負などの「契約」の意がある。

コンパネ［──］コンクリートパネルの略。型枠作りなどに用いる耐水性の合板のことで、厚さ12mm のものが一般に用いられる。

コンモード［commode 仏］コモードとも。装飾性に重点をおいた引き出し付きの小型箪笥。カッソーネが発展したもので、ルイ15世時代のロココ様式で流行した。コンモードチェアというと、18世紀頃に用いられた寝室用の便器隠しのための大きな箱形の椅子を指す。

【さ】

サービスルーム［service room］さまざまな家事サービスに使用される小部屋のこと。1〜2畳ほどの広さを持つものが多く、居住には適さない。サービスヤード［service-yard］となると、屋外に設けられる家事作業の場を指し、これは洗濯や物干しなどに用いられる。日本語では「納戸」と呼ばれることも多い。

材工［ざいこう］材料費と工賃の意味で、「材工共」あるいは「材工込み」は両方を含んだ金額、「材工別」はそれぞれを別に計算することをいう。見積りなどで用いる業界語。

サイドチェア［side chair］一般にダイニング

インテリア・デザイン

チェアとして用いる肘掛けのない小さい椅子をいう。

サイドテーブル [side table] 小さな補助用のテーブルの総称。エンドテーブル [end table]とか脇テーブルなどとも呼ばれる。

サイドボード [sideboard] 居間の飾り棚として用いられる横長の飾り棚。本来は食堂の壁際に置く給仕用のテーブルだったが、徐々に食器棚となり、現在の形となった。

サイドライト [side light] 壁面に設けた側窓や掃き出し用の窓を指し、そこから入る光も意味する。

サインショーイング⇒ショーイングディレクター

指物 [さしもの] 木の板を組み合わせて作る家具や調度品の類をいう。箱、机、箪笥、火鉢、棚、屏風、茶道具などがあり、江戸指物、京指物として知られる。そうした加工をする人を指物師また指物屋という。

サッコ [Sacco] イタリアのピエロ・ガッティ、チェーザレ・パオリーニ、フランコ・テオドロによって、1968年に作られた椅子の名称。袋状の被布にポリエチレンの粒を入れ、座る姿勢によって形が自由に変化するという従来の椅子の概念を一新させるデザインとして注目を浴びた。

サッシ [sash] 窓枠。アルミサッシ、木枠などがある。サッシウインドウは錘の付いた紐で 2 枚の窓枠を上下させる「上げ下げ窓」のこと。

サニタリーユニット [sanitary unit] 浴室、洗面室、便所などの衛生上の機能を 1 室あるいは各室独立などのシステムで統合させたもの。ユニット化することでコストダウンや性能の均質化を図るのが目的とされる。サニタリーは「衛生の、衛生上の」また「清潔な」の意。

サボナローラチェア [Savonarola chair] 古代ローマ時代のセラ・キュールラルという X 形椅子を原形に、イタリアのルネッサンス期に権威の象徴として用いられた X 形の椅子をいう。座と背を外して折りたたむことができる変わった形の椅子で、イタリアの僧侶ジロラモ・サボナローラが愛用したところから、この名で呼ばれるようになった。

サロン [salon] 客間、大広間のことで、フランス語では客間用の家具セットも表す。もとは邸宅などで客をもてなすための広間をいったもので、そこで貴顕が集まって美術鑑賞などが催された。

【し】

シアーカーテン [sheer curtain] シアーは「ごく薄い、透き通るような」の意で、そうした表情を特徴とする生地で作られたカーテンをいう。ボイルやネット、レースなどがあり、プリント柄でそのような効果を出すものもある。地厚なタイプはケースメントと呼ばれる。

シーリングライト [ceiling light] 直付け灯。シーリングは天井の意で、天井直付け型の照明器具をいう。室内を均一に照らす全般照明として広く用いられている。近年は蛍光灯に替わって、LED 電球を使用したタイプが多く見られる。

シールドバックチェア [shield-back chair] シールドは「盾(たて)」また「盾形のもの、盾形記章」の意で、背部を盾の形にしたクラシックな椅子をいう。18世紀後半に英国の家具デザイナー、ジョージ・ヘップルホワイトが普及させたものとして知られる。

シェーカー家具 [Shakers ＋かぐ] 18世紀後半から19世紀にかけて、アメリカ東部地方のシェーカー教徒によって作られた家

1105

インテリア・デザイン

具類を指す。近代文明を拒絶し、自給自足の生活を貫く彼らの家具は、きわめてシンプルで実用的、機能的として現在も高い評価を得ている。

シェード [shade] 陰、日陰、遮光物の意で、日除けや窓掛けに用いる用具を総称する。ローマンシェードに代表される。また照明器具の光源を隠すランプシェードなどのカバーも意味する。

シェルター系家具 [shelter＋けいかぐ] 収納されるものの寸法や部屋の内寸寸法などと直接かかわる家具のことで、箪笥や戸棚、パーティションなどの収納系家具を指す。建物系家具ともいう。

シェルフディスプレイ [shelf display] シェルフは「棚」という意味で、さまざまな棚を使って行う陳列法を指す。最も基本的なディスプレイの方法とされる。

シェルフユニット [shelf unit] シェルフは棚の意で、さまざまな形の棚を寄せ集めて、さまざまな用途に使えるようにした収納具を指す。正方立体形の箱をいくつも組み合わせるものなどが代表的。

ジグザグチェア [zigzag] 1934年、オランダの家具デザイナー、ゲーリット・トーマス・リートフェルト（1888-1964）によって発表された椅子の名称。ブナ材の4枚の板をZ字形に組んだシンプルな構造が特徴とされる。

システムキッチン [system kitchen] 一定の規格に基づいて作られた流し台（シンク）、調理台、ガス台、収納部などを、自由に組み合わせ、一体化させて作りつけた台所。こうした仕組みの家具類を「システム家具」とも総称している。

システム什器 [system＋じゅうき] 自由に分割することができ、またそれらの組み合わせで自在に売場を構築できるディスプレイ器具の類をいう。アタッチメント（付属品）の組み合わせが容易なのも特徴。ユニット什器*と同義。

システムパネル [system panel] 展示会や会社説明会、セミナーなどのイベント会場で用いる間仕切り用の装飾板。何枚も組み合わせて自由にレイアウトがなされるもので、多くはレンタル品として貸し出される。

シャギーカーペット [shaggy carpet] シャギーは「毛むくじゃらの、毛羽立った」といった意味で、長さ25mm以上のパイル（輪奈）を粗く打ち込んだカーペットを指す。もじゃもじゃとした装飾的な印象が特徴。

ジャコビアン様式 [Jacobian＋ようしき] 17世紀前半の英国スチュワート朝時代に見る建築・家具・芸術のスタイル。イタリアルネッサンス様式を摂取した時代に当たり、ウエインスコットチェアなどのデザインで知られる。

ジャロジーウインドー [Jalousie window] ジャロジー窓。何枚もの細長いガラス板やアクリル板などをブラインドのように平行に重ねて構成した窓。羽状のルーバーを回転させて開閉するところから「ルーバー窓」とも呼ばれる。明かり採りや外気を取り入れる目的で用いられる。

シャンデリア [chandelier] 天井から吊り下げる式の多灯照明器具。シャンデリア電球と呼ばれるキャンドルの炎の形をした特殊な電球を、数個から数10個取り付ける装飾性豊かな照明具で、チェーンやワイヤー、パイプなどで取り付ける。

什器 [じゅうき] 日常的に使用する家具や道具・器具などを総称する。什物（じゅうぶつ）とも呼ばれる。店舗においては各種の棚やショーケース、テーブルなどがそれに当たる。

ジュート [jute] 麻の一種で「黄麻（おうま、こうま）」を原料とする素材をいう。「綱

1106

インテリア・デザイン

麻（つなそ）」とも呼ばれ、ロープや梱包布、カーペットまたベルトやバッグなどの雑材に用いられ、衣服にはほとんど用いない。

ショーイング⇒ディスプレイ

ショーイングディレクター [showing director] ショーイング（商品演出の技術の意）の担当者で、ディスプレイヤー・と同義。ショーイングには基本的にサインショーイング [sign showing]（見せる陳列）とセールスショーイング [sales showing]（売る陳列）の2種があげられる。

ショーケース [showcase] 商品の陳列棚。時計や貴金属などを納めるガラス製のそれは、業界用語でGケースと呼ばれる。

ジョージアン様式 [Georgian＋ようしき] 英国のジョージ1世から4世に至る時代（1714-1810）に見る建築・家具の様式。家具では最初バロック様式が引き続いていたが、その後フランスのルイ15世様式を受けてロココ様式となり、3世時代からは新古典主義が登場した。この時代は英国における家具の黄金期とされる。

植毛カーペット [しょくもう＋carpet] ゴム地などの基布にナイロン繊維などを高圧静電気で植毛したカーペットの一種。比較的薄いのが特徴とされる。

ショルダーアウト⇒スリーブアウト

白木 [しらき] 塗料をいっさい塗らない木地のままの材。「白木塗装」となると、アミノアルキッド塗料による透明塗装を指す。

シングルベッド [single bed] 一人用ベッドで、幅950～1050mm、長さ2000～2100mmのものをいう。セミダブルは幅1200mm、ダブルは幅1400～1500mmが一般的なサイズとされる。（長さは変わらない）

人体系家具⇒アーゴノミー系家具

シンメトリー [symmetry] 左右対称、放射対称などの釣り合っている状態、調和を指す。対語はアシンメトリー。

【す】

スウィベルチェア [swivel chair] スウィベルは「回り継手」また「回転台」の意で、回転する機構を持つ椅子のこと。事務用椅子やピアノ用椅子などで知られるが、こうした機構のものは中世の昔から見られる。

スーパーレジェーラチェア [Super Leggera chair] レジェーラはイタリア語で「軽量」の意。1951年、イタリアの建築家ジオ・ポンティによってデザインされた椅子の名称で、トネリコと藤張りによる最小限の材料で超軽量の機能を獲得した。

スカラップカーテン [scallop curtain] スカラップは「ホタテ貝」の意で、その貝殻にみる波形の模様を裾線にあしらったカーテンを指す。円弧をなすのが特徴とされ、一般には開閉しないカーテンに用いられる。

スカンジナビアンモダン [Scandinavian modern] 北欧の国々に見る近代的なデザイン表現を総称する。自然素材を生かした軽快で温かみのあるデザインに特徴がある。スウェーデン、フィンランド、デンマーク、ノルウェイのそれに代表される。

スクロールレッグ [scroll leg] スクロールは「渦巻き模様」の意で、S字形の曲線を描く家具の脚デザインをいう。バロック様式で登場し、ロココ様式でさらに洗練されて、カブリオールレッグとなった。

スタイルカーテン [style curtain] 装飾性の高いカーテンデザインを総称する。センタークロスやクロスオーバー、ハイギャザーなどのスタイルがあり、ファッショ

1107

インテリア・デザイン

ンカーテンとも呼ばれる。

スタッキングチェア [stacking chair] 積み重ねることができる椅子。収納や運搬に便利なように作られたもので、会議室用のスチール椅子やパイプ椅子などに代表される。

スタッコ [stucco 伊] イタリア語で漆喰、石膏の意。消石灰あるいは石膏に大理石の粉末などを混ぜて作った天井や壁用の建築材料を指す。スタッコを塗った上から浮彫りや彩色をほどこした装飾は「化粧漆喰」と呼ばれる。

スツール [stool] 通常、背もたれも肘掛けもない小さい椅子の類を総称する。いわゆる腰掛けのことで、踏み台や足台も意味する。最も古い形態の椅子で、時代などによってハソック、オットマン、タブーレ、パフ、プラセット、フットスツールなどと多くの名称がある。

ステーショナリードレーパリー [stationary drapery] 開閉されることのないカーテン類の総称。ステーショナリーは「静止した、動かない、変化しない」、ドレーパリーは「ゆるやかな襞（ひだ）、掛け布、垂れ布」の意で、アメリカでは厚地のカーテンのことも意味する。

ステンドグラス [stained glass] ステインは「（ガラスや布など）に色を着ける、染める」の意で、多彩な色ガラスを鉛の枠で接合して図柄を表現したもの。ゴシック建築の教会堂で空間演出に不可欠として窓にはめ込まれたのが始まりとされる。

ストッカー [stocker] 店頭に置かれる冷蔵・冷凍装置の付いた食品陳列棚のこと。また、家庭用の食料収納庫・貯蔵庫をいう。

ストリングカーテン [string curtain] ストリングは「紐、糸」の意で、多くの紐を垂らしてカーテンの役目を持たせたもの。クリスタルガラスやビーズなどをあしらって装飾性を高めたものも見られる。

これより太い紐を用いたものはコードカーテン [cord curtain] と呼ばれることがある。

スパン [span] 売場用語のひとつで、ショーケースなどの陳列什器のことを指し、その台数を1スパン、2スパンなどと数える。元々は梁（はり）などの支柱間の距離をいう。

スペースラグ [space rug] アクセントラグの中で、200×200cmまた200×250cm程度の大きさのものをいう。テーブルの下敷きとしてリビングルームに多く用いられる。

スポークチェア [spoke chair] 1962年に日本のデザイナー、豊口克平によって作られた低座の椅子。背もたれがスポーク状の形を呈し、日本人のあぐらを組んだ姿勢に適応するように、座面の高さや幅が工夫されているのが特徴とされる。

スリーブアウト [sleeve out] 衣服のディスプレイ用語のひとつ。ハンガー陳列で衣服の袖側が見えるように掛ける見せ方をいう。フェイスアウト*の対語で、これはハンガーラックに多くの商品を掛けることができ、商品量の豊富さや色、サイズのバリエーションを訴求しやすいというメリットを持つ。ショルダーアウト [shoulder out]（肩出しの意）とも呼ばれる。

スリングチェア [Sling Chair] 1928年、ル・コルビュジェ、ピエール・ジャンヌレ、シャルロット・ペリアンの共作でデザインされたアームチェアの名称。スチールパイプの構造体に皮革張りがなされたシンプルな形が特徴で、Noma（ニューヨーク近代美術館）の永久展示品となっている。バスキュラントチェア [Basculant chair] とも呼ばれる。

スロー⇒スローケット

スローケット [throwket] 膝掛けや肩掛け、

1108

インテリア・デザイン

腰巻きなどとして用いる小さな毛布状の布。本来はデンマークのウール製品専門の老舗メーカー『レスー』社の定番アイテムで、throw（投げる）と blanket（毛布）から考案された造語から来たもの。ソファーやベッドの上にさっと投げて、広げて使えることからのネーミングで、今日ではホテルのほか一般家庭でも広く用いられるようになっている。夏季のブランケットとして用いることもできる。アメリカでは単にスロー [throw] と呼んで、ショールやスカーフ、またソファーの上掛けの意味で用いられる。

スワッグ [swag] 両端を固定させ、そのあいだに布地を円弧状に垂れ下げた装飾を指す。窓やベッドなどでスワッグバランスとして装飾的に用いる。本来は古典建築の装飾とされるフェストゥーン [festoon]（花綱飾り、懸花装飾）やエンカーパス [encarpus] と同様の意味を持つ。これと両脇のテール [tail]（細長く垂れ下げた布飾り）を組み合わせたものを、スワッグアンドテールと呼ぶ。

スワンチェア [Swan chair] 1958年、デンマークのデザイナー、アルネ・ヤコブセンによってデザインされた椅子の名称。アルミと硬質発泡ウレタンを素材としたもので、水鳥の白鳥に似た形状であるところからこう呼ばれる。

【せ】

セールスショーイング⇒ショーイングディレクター

セールスデコレーター⇒デコレーター

セクショナルチェア⇒セパレートチェア

セクレテール [secrétaire 仏] 17 ～ 18世紀フランスの机を総称する。垂直の蓋が全面に倒れる形になったセクレテール・ア・

アバタンが代表的として知られる。

セッティ [settee] 背もたれと肘掛け付きの長椅子。ゴシック期の木製ベンチであるセットゥル [settle] が発展して17世紀初期に誕生した。

セパレートカーテン [separate curtain] ひとつの窓に取り付けるカーテンが、1枚ではなく、いくつかに分割されているもの。通常は開閉されることがない。

セパレートキッチン [separate kitchen] セパレート型キッチンとも。シンクとコンロが別々のキッチン台に取り付けられて、それぞれのキッチン台が2列に平行に並んでいるキッチンタイプをいう。調理作業がしやすいというメリットがあり、一般的なキッチンをI型として、これをII型キッチンと呼ぶ例が多い。

セパレートチェア [separate chair] 部屋の形に合わせ、組み合わせて配置できる椅子。アームレスチェア、ワンアームチェア、コーナーチェアといった椅子から成り、セクショナルチェア [sectional chair] とも呼ばれる。

セミオーダー家具 [semi-order ＋かぐ] 完全な注文によるフルオーダー家具に対して、材質などは変えられないが、前もって決められた選択肢の中から選んで、寸法など自分の好みに作ってもらえる家具およびそうしたシステムをいう。住宅や部屋の仕様に合わせることができ、価格もリーズナブルなところに特長がある。イージーオーダー家具ともいう。

センタークロスカーテン [center cross curtain] 2枚のカーテンが中央部で突き合わせとなったスタイルカーテンのひとつ。フリルなどが付いた装飾的なものが多く、通常開閉されることはない。

センターテーブル [center table] リビングルームの真ん中に置く大きめのテーブル。ソファや椅子などとともに置かれる

インテリア・デザイン

もので、コーヒーテーブルなどとも呼ばれる。これのそばに置かれるのはサイドテーブル。

センターラグ [center rug] リビングルームのソファの周辺に置くラグ。ふつう部屋の中央に設置されることからこう呼ばれる。ラグはカーペット（敷物の総称）の一種で、1畳未満のマットに対して、1畳から3畳未満のものを一般にラグと呼んでいる。

【そ】

造作 [ぞうさく] 木工事の中で、内部仕上げとして行う工事を指す。開口部、敷居、鴨居、長押、床の間、押入れ、階段、手摺り、収納部などの工事がそれ。

ゾーニング [zoning] ゾーン（地帯、地域、帯）を定めるという意味で、売場用語としては区分された商品群の配置を意味する。売場ゾーニングにおいては、商品の特性によって適切な場所決めが行われなければならないとされる。そのほかプライスゾーンの設定もこのように呼ばれる。

ソープフィニッシュ [soap finish] 木製の家具を石鹸水で磨き、木本来の風合いを活かす仕上げのこと。北欧などでは一般的な手法とされるが、近年、北欧家具の人気から日本でも注目されるようになっている。

素地仕上げ [そじしあげ] 木材やコンクリート、鉄材などの各種建材に上塗りなどをほどこさず、材料そのままの素地を活かして仕上げることをいう。

袖カーテン [そで＋curtain] 幅の狭いカーテンを窓の両側あるいは片側に寄せて垂らすカーテンスタイル。装飾を目的としたカーテン飾りで、サイドカーテン、サイドパネルとも呼ばれる。

ソファ [sofa] 2人以上がゆったりと座れるようになった張りぐるみの長椅子の総称。18世紀中頃にセッティを改良して作られたのが始まりとされ、アラビア語の suffa（ラクダの鞍に用いるクッション）を語源とする。これをベッドとの兼用としたものはソファベッドと呼ばれる。

ソフトウッド [softwood] やわらかく、加工性に優れる木材の総称。レッドシダーやレッドウッドなどが代表的。軟材、針葉樹材の意味もある。

ソフトファニシング [soft furnishing] 生活全般に関連する用品の中で、ホームファニシングに対して各種の繊維製品を用いて室内を飾ったり、設えたりすることを指す。ファーニッシュは家具などを部屋に備え付けるという意味で、そうした作業をいうことになるが、ファニシングス [furnishings] と綴るとファニチュアよりも意味する範囲が広く、家具調度品から風呂、ガスなどの設備も指すことになる。

ソラリウム [solarium] ソラーは「太陽の」という意味で、太陽光線が入るようにガラス張りにした日光浴室のような部屋を指す。

【た】

ダイニングキッチン [dining kitchen] 食事室と台所をひとつの部屋とした形式。一般に略してDKと呼ばれる。

ダイニングボード [dining board] ダイニングルーム（食事室）に置かれる食器戸棚。

タイバック⇒タッセル

ダイヤモンドチェア [Diamond chair] 1952年、イタリア出身のデザイナー、ハリー・ベルトイアによって作られた椅子の名称。スチールワイヤーを用いたシェル構造の椅子で、シェルの形がダイヤモンド

インテリア・デザイン

に似ているところから命名された。

タイルカーペット [tile carpet] タイル（床や壁に貼る薄い板状の材料）のように、直接床に置くだけの50cm角程度の敷物。塩化ビニルなどで作られ、オフィスなどに多く用いられる。カーペットタイルともいう。

ダウンライト [downlight] 天井に光源を埋め込んだ形にした小型の照明器具。配光の具合を考えたさまざまなものがある。

ダクトレール [duct rail] ダクトは給排気用の空気の流通路のことだが、ここでは天井に設置してスポットライトを取り付けるためのレールをいう。

タッセル [tassel] 飾り房、房状のものの意。ここでは房の付いた装飾的なカーテン留めを指す。共布を始めとしてロープ、チェーンなどの種類があり、今日ではそうした「くくり房」全般を呼ぶ傾向が強い。欧米ではタイバック [tie-back] ということが多い。

建具 [たてぐ] 開口部や間仕切り部などに建て込んで使用する各種の戸や障子、ふすま類のこと。

タピスリー ⇒タペストリー

タブカーテン [tab curtain] タブは開けるための「つまみ」、吊るすための「紐の環」といった意味で、カーテンリングやランナーを用いないで、布地で環を作ってカーテンレールに通す形としたカーテンスタイルをいう。

タフテッドカーペット [tufted carpet] タフテッドマシーンと呼ばれる機械によって作られる、基布にパイル糸を差し込む刺繍カーペット。多様な素材が用いられ、現在最も多く使用されるカーペットとなっている。タフテッドには「房のついた、房状の」また「ふさふさした、茂みになった」などの意味がある。

タペストリー [tapestry] 絵画的な表現でさまざまな模様を織り出す「綴（つづ）れ織」のこと。「綴れ錦」とも呼ばれ、絹、毛、綿などで作られる。フランス語ではタピスリー [tapisserie 仏] という。一般に壁掛けや帯、袋物などに用いられる。

ダマスク [Damask] 大柄の模様を織り出した紋織物のひとつで、日本でいう「綸子（りんず）」や「緞子（どんす）」に相当する。絹織物の産地として知られるダマスカスに由来する名称。

緞通 [だんつう] 手織りカーペットの一種で、特に中国、インド、ペルシャを原産地とする厚手のパイル織敷物をいう。日本の佐賀・堺・赤穂でも生産される。絨毯と同じ。

ダンテスカチェア [Dantesca chair] イタリアルネッサンス期に出現した折りたたみ式肘掛け椅子の名称。同時期のサボナローラチェアよりシンプルな形となっているのが特徴とされる。イタリアの詩人ダンテが好んだところからこの名が付き、ダンテチェアとも呼ぶ。

【ち】

チェスカチェア [Cesca chair] カンティレバーチェアの一種で、1928年にハンガリー出身のデザイナー、マルセル・ブロイヤーによって発表された椅子の名称。背のパイプがストレートでないところが、マルト・スタムによるそれとは異なる。

チェスターフィールド [chesterfield] 1830年頃に英国に登場したソファ。ボタン留めされた厚い張りぐるみが特徴の重厚な大型ソファで、書斎や男性専用の部屋で用いられた。肘と背が同じ高さになったものが大半で、チェスターフィールドソファとも呼ばれる。

1111

インテリア・デザイン

チェスト [chest] 蓋つきの丈夫で大きな長方形櫃（ひつ）。衣類や装身具、調度品などを収納する家具のひとつで、アメリカではチェスト・オブ・ドロワーズのことをこう呼ぶことが多い。

チェスト・オブ・ドロワーズ [chest of drawers] 引き出し付きのチェスト。衣服入れとして用いることが多い家具で、ハンガーに掛けるようにした洋服箪笥はワードローブという。15世紀にチェストから発展し、17世紀にはさらにチェスト・オン・チェストなどへと進化した。

チッペンデール様式 [Chippendale＋ようしき] 英国18世紀中頃のジョージ王朝前期の家具様式。家具デザイナー、トーマス・チッペンデールにちなんだもので、英国のロココ様式として知られる。シノワズリ（中国好み）やゴシックの要素が取り入れられたデザインに特徴がある。

チャーチチェア [church chair] 19世紀頃から教会で使われるようになった椅子のことで、背面に聖書を入れるスペースや十字架のくりぬきデザインなどのあるのが特徴。使い込むほどに味が出るアンティーク家具のひとつとして人気がある。

チューダー様式 [Tudor＋ようしき] 16世紀英国チューダー朝治世時代の建築・家具の様式。ゴシックとルネッサンスをミックスさせたスタイルに特徴が見られ、オークを主材としたところから「オーク時代」とも呼ばれる。

チューブドラグ [tubed rug] 色糸を組み編みした管（チューブ）を円形や角形などに縫い付けて作る小型の敷物。さらに小型のものはチューブドマットと呼ばれる。

チューリップチェア [Tulip chair] 1956年、フィンランド出身の建築家エーロ・サーリネンによってデザインされた椅子の名称。チューリップの花弁に似ていること

からこう呼ばれるもので、アルミ鋳造の台座とFRPシェル成形の座部でできている。

陳列3大手法⇒フォールデッド

【つ】

ツインベッド [twin bed] 一対となってベッドを配置する形式となったもの。一般にシングルベッドを二つ並べて配置する。19世紀初期、英国のシェラトンによって始められたとされる。

【て】

ディスプレイ [display] 「展示、陳列」という意味。売場における「商品陳列」の意味で用いられ、その商品の持つ特性をひと目でわからせる飾り方が求められる。これの同義語としてデコレーション [dec-oration] があげられるが、デコレーションは本来「装飾、飾り付け」という意味で、商品そのものの演出よりも周辺全体の飾り付けというニュアンスが強くなる。またこのような、商品や売場の見せ方そのものをショーイング [showing]（展示、公開の意）と総称することもある。

ディスプレイデコレーター [display decorator] ディスプレイ（商品などの展示、陳列）のプランを練ったり、実際に飾り付けまで行うスペシャリスト。デコレーター*という名称の持って回った表現でもある。

ディスプレイデザイナー⇒ディスプレイヤー

ティッキング [ticking] ティックは「ふとんの側（がわ）」や「枕やマットレスなどの表布」を意味し、そうしたものに用

いる丈夫な布地を総称する。厚く硬い綿織物を主体とし、独特の縞柄を特徴としたものが多く見られる。

ディスプレイヤー [displayer] ディスプレイデザイナー [display designer] ともいう。ディスプレイ (陳列、展示) の専門家で、商品などに演出を加えて効果的に見せることを目的としている。ディスプレイと同義の用語にショーイング (商品演出の技法) やデコレーション (装飾、飾り付け) があるが、デコレーター＊といえばこのディスプレイヤーより広い概念で用いられることが多い。

ディレクトワール様式 [Directoire ＋ようしき] 18世紀末から19世紀初頭に至るフランスの革命政府執政内閣 (ディレクトワール) の時代 (1795-99) を中心とする家具・工芸・装飾の様式。ルイ16世様式末期からアンピール様式へ移行する時代の様式で、全体に簡素になったのが特徴とされる。

テーブルクロス [tablecloth] テーブル掛け。主として食堂のテーブルに掛ける布地のことを総称するが、各種の展示会などで使用する白布の装飾用テーブルカバーのこともいう。

テーブルリネン [table linen] 食事の際、テーブル上で使用される布製品類を総称する。テーブルクロスやナプキン、ランチョンマットなどで、本来、麻 (リネン) が用いられたところからこう呼ばれる。

デコパージュ [découpage 仏] フランス語で「切り抜き、裁断」の意。装飾手芸技法のひとつで、紙などを切り抜いて家具や器具の上に貼り、透明ワニスなどを塗って表面をカバーし、装飾とする。木製家具の装飾によく用いられた。

デコレーション⇒ディスプレイ

デコレーター [decorator]「装飾する人」の意で、室内装飾家 (インテリアデコレー

ター) などを指すが、ファッション業界ではショーウインドーや売場などの飾り付けを担当する専門の装飾業者を意味する。ウインドーディスプレイを担当するウインドーデコレーター [window deco-rator] や、売場全般のディスプレイを手掛けるセールスデコレーター [sales deco-rator] などの種類がある。

デザイナーズ家具 [designer's ＋かぐ] 設計や製作に携わったデザイナーのコンセプトが明確に表れている家具の総称。デザイン性にこだわり、個性的な外観や仕様を持っているのが特徴で、ブランド付加価値を持つところから高価格となるのも特徴のひとつとされる。イタリアや北欧中心に有名なデザイナーズ作品が多く見られる。

デスクカーペット [desk carpet] 一般的に家庭内で学習机などの机の下に敷くカーペットをいう。床のへこみや擦り傷の予防のために用いるもので、毛足の少ない100〜110×140〜150cmのものが多く用いられる。これは机と椅子を用いた場合の標準的な広さ。これの小型のものはデスクマットという。

デコラターエタラジスト [décorateur-étalagiste 仏] フランス語でいうところのデコレーター＊またウインドーディスプレイヤー (ショーウインドーの飾り付け師) の意。商業空間における装飾と商品演出のスペシャリストというわけで、VMD (ビジュアルマーチャンダイジング＊) の進展から、その存在がますます注目されるようになっている。

デッキチェア [deck chair] もともと船の甲板 (デッキ) で用いられたことからこの名がある簡便な折り畳み式の椅子。座面と背部にキャンバス地が張られているのが特徴で、ディレクターチェアと同種のもの。

インテリア・デザイン

デッドスペース [dead space] 有効に活かされていない空間。設計上やむをえずできる場合もあり、利用価値のない空間とされる。

デュシェズ [duchesse 仏] 18世紀フランスで用いられた寝椅子シェーズロング [chaise longue 仏] の一種。背部から肘掛けにかけて丸みがあり、奥行きの深い座部を特徴とする。これの足元に低いフットボードに相当する覆いを付けたものはデュシェズバトー [duchesse bateau 仏] と呼ばれる。

デュシェズブリゼ [duchesse brisée 仏] デュシェズの座部が二つか三つに分割され、組み合わせて使うようにした形式をいう。2脚の肘掛け椅子を向かい合わせに組み合わせたものを指し、間にフットスツールを置くものもある。

テラゾー [terrazzo 伊] 大理石を模して作った人造石の一種。これをタイル状に成形したものをテラゾータイル、板状に工場生産したものをテラゾーブロックと呼んでいる。

テラリウム [terrarium] ガラス容器などに陸生植物を寄せ集め、その成長などを楽しむ観賞用の仕組み。もともとは19世紀の英国を発祥とする由緒あるもので、植物だけでなく動物の飼育なども見られるが、インテリア向きのそれはこうした植物（特に多肉植物）を扱う小型のものを指す例が多い。海生植物用のものはアクアリウムと呼ばれる。

テレビボード [TV board] いわゆるテレビ台で、TVボードとも表記する。特に薄型の大型液晶テレビなどを設置するためのローボードで、AV（オーディオ＆ビデオ）ボードと呼ばれるものとほとんど同じタイプの家具。

天板⇒甲板

天袋 [てんぶくろ] 押入れの上部に設けられた収納部のこと。また床脇に設ける袋戸棚のこともいう。

天窓 [てんまど] 屋根の部分に設けられた窓のことで、主として採光を目的としたもの。スカイライト [skylight] とかトップライト [toplight] とも呼ばれる。

【と】

ドアアイ [door eye] 室内からドアの外の状況を確認するために、玄関ドアに取り付けられた小さな広角レンズののぞき穴を指す。

ドアノッカー [door knocker] 玄関ドアに取り付けるドアノック用の装飾的な金物。ライオンの貌を模したものなどが代表的。

ドイリー [doily] レースや紙などで作られた、花瓶敷きなどに用いられる装飾的な小さい敷物。もとは17世紀後半、ロンドンの布地商の名から生まれたものとされる。

投影図法 [とうえいずほう] 立体物を表現する図法の総称で、立体物に光を当てたときにできる影を「投影」と称し、それを図にしたものをこのように呼んでいる。光の当て方によって「平行投影図法」と「中心投影図法（透視図法）」に分けられる。

透視図法 [とうしずほう] 投影図法のひとつで中心投影図法と呼ばれるもの。視点を1点に置いて、人の目に映ったように描く図法で、1点消失、2点消失、3点消失のそれぞれ透視図法がある。これをパースペクティブと呼び、一般にパースと略す。

導線⇒動線

動線 [どうせん] 人が動いた状態を線の流れとしてとらえたもので、英語ではフ

ローライン［flow line］などという。動線には客が店内を動き回る行動をとらえた「客動線」、販売員の「販売員動線」、商品搬出入などの「管理動線」の3つがある。これを店側が計画的に設計した場合、動線は「導線（どうせん）」と呼び名を変え、客動線は「客導線」と呼ばれることになる。これにはまた「主導線」と「副導線」の2種がある。

トールボーイ［tallboy］18世紀の英国で流行した背の高いキャビネットの一種。チェスト・オブ・ドロワーズの上に別の整理箪笥を載せた形のもので、高い脚を付けたものが多く見られる。アメリカではハイボーイ［highboy］と呼ばれて流行を見た。

ドクターキャビネット⇒メディスィンキャビネット

トップトリートメント［top treatment］窓掛けの上部を美しく見せるための処理。バランス、スワッグ、テールなどの装飾に代表される。

トレードフェア［trade fair］トレードは「貿易、商業、商売、取引」といった意味で、そうしたことを目的に定期的に開催される見本市＊を指す。インターナショナル・トレードフェアといえば「国際見本市」の意味になる。最近ではビジネスフェア［business fair］という名称で呼ばれることも多い。

ドレーパリー⇒ドレープ

ドレープ［drape］本来「覆う」とか「（布やカーテンなどを）垂らして掛ける」という意味で、そのようにして自然にできた「布のたるみ」や「襞（ひだ）」を意味する。そこからドレーパー［draper］（服地屋、生地屋）という言葉が生まれ、またドレーパリー［drapery］といえば、「ゆるやかな襞」や「襞のある掛け布、垂れ布」を意味し、そのほかにアメリカでは「厚

地のカーテン」、英国では「生地、織物」を指すことにもなる。

ドレープカーテン［drape curtain］ドレープは美しく現れた布のたるみのことで、厚地の織物を用いたカーテンを総称する。別にドレーパリー［drapery］とかデコストッフとも呼ばれるが、デコストッフはドイツ語のディックシュトッフ（厚い生地の意）からきたものと思われる。

ドレッサー［dresser］鏡付きの化粧箪笥、引き出し付きの鏡台。ゴシック時代に誕生したビュッフェあるいはパフェットと呼ばれるキッチンに置かれるキャビネットの一種だったが、時代を経て進化したもの。

ドレッシングルーム［dressing room］一般に化粧室を意味するが、更衣室や（劇場などの）楽屋など身支度をする部屋のことも意味する。

ドローリーフテーブル［draw-leaf table］伸長式テーブルのひとつで、ふだんは仕舞い込まれている2枚の袖板（リーフ）を両側に引き出す（ドロー）ことによって、大きな1枚の甲板になる形を特徴とするテーブル。ドローテーブルとも呼ばれる。

ドロップリーフテーブル［drop-leaf table］伸長式テーブルのひとつで、垂れ板式となったもの。2枚の袖板が中央甲板の両側に垂れ下がっており、それを持ち上げることによって1枚の大きな甲板が形作られる。フラップテーブル［flap table］とも呼ばれる。

トワルドジュイ［toile de Jouy 仏］フランスのベルサイユ近くの町ジュイで作られたところからこの名がある壁掛け用の絵画織物。クレトン更紗などとも呼ばれる特殊なプリント更紗の亜麻布で、英語でジュイクロスともいう。

インテリア・デザイン

【な】

ナイトテーブル [night table] ベッドの脇に配置されるサイドテーブルの一種。スタンドライトなどを置く小卓子として用いられる。

【に】

ニードルパンチカーペット [needle punch carpet] 単にパンチカーペットとも。積層した短繊維を針（ニードル）で刺して絡み合わせた不織布のカーペットでパイルのないのが特徴。家庭内ではなく展示会のブースや演劇のステージ、また各種のイベントなどでレッドカーペットなどとして用いられることが多く、消耗品として使うことが多い。安価で加工しやすいというのも大きな特徴とされる。

ニッチ [niche] 壁龕（へきがん）。花瓶や彫像などを飾るために設けられた壁のへこみのことで、半円形やアーチ型などに形作られることが多い。奥まったところ、へこんだところ、すき間といった意味でも用いられる。

ニットカーペット [knit carpet] ラッセル編機などで作られる編物カーペットの総称。パイルと地を同時に編んでいくのが特徴とされる。

ニノン [ninon] 紗（しゃ）のような薄い絹織物のことで、最近はレーヨンやアセテート、ポリエステルなどで作られることが多い。イブニングドレスなどの衣服に用いられるほか、シアーカーテン地のひとつとして使われる。

ニューセラミックス [new ceramics] 非鉄金属の無機質材を焼成して作られる窯業製品。軽く強く、耐熱性、耐摩耗性、耐食性に優れ、キッチンのシンクなど住宅部品の材料に用いられる。

【ぬ】

ヌック [nook]（部屋などの）隅、奥まったところ、隠れ場所といった意味で、奥まったコーナーなどをいう。イングルヌックなどと用いる。

【ね】

ネオクラシシズム [neo-classicism]「新古典主義」と邦訳される。18世紀後半から19世紀前半にかけて興った建築・装飾・家具デザインなどの様式。古典建築に基づいた厳格な比例や直線構成などが特徴とされる。

ネストテーブル [nested of tables] ネストは「入れ子」また「入れ子になっている一組のもの」という意味で、大きさの少しずつ異なるテーブルが入れ子式にセットになったテーブルを指す。人数や用途に応じて大きさを変更できる特性を持つ。なお、これの一般的表記は前記のほか nest of tables や nesting tables などと綴られる。

【の】

ノルマン様式 [Norman ＋ ようしき] フランス北西部のノルマンディー地方のロマネスク建築が、1066年のノルマン制服によって英国に伝わり、以後ゴシックまでのロマネスク様式をこのように呼ぶようになったもの。一般にアングロノルマン様式として広まった。

インテリア・デザイン

【は】

パーケット [parquet] 寄せ木細工の床。長方形の木の小片を一定の図柄に並べたもので、市松模様などの種類がある。

パース [perspective drawing] パースペクティブ・ドローイングを略した和製語。「透視図、見取り図」の意。住宅や店舗などの建築現場で使用する説明図のひとつで、完成予想図のことをパースと呼ぶことが多い。

パーソナルチェア [personal chair] 個人専用の一人掛けイージーチェアを指す。

バーティカルブラインド [vertical blinds] 垂直型のブラインド。ルーバーが縦型に吊り下げられたもので、窓の両側か片側に寄せて畳み込むこともできる。

パーティクルボード [particle board] 木材の破片を熱圧成形して作られた板。床や屋根の下地用、家具の芯材用などの種類がある。チップボード[chip board]ともいう。

パーティション [partition]「仕切り、間仕切り」また「分割、区分」という意味。ディスプレイ用語で売場の区画に用いる「間仕切り」の什器を総称する。一般にスクリーンと呼ばれる道具や衝立（ついたて）などが用いられる。日本ではパーテーションなどとも発音される。

ハーバリウム [herbarium] 本来は「植物標本」の意。現在ではボトルにドライフラワーやプリザードフラワーなどの花を入れ、ミネラルオイルなど専用のオイルで満たして観賞用の小瓶とした新感覚のインテリア雑貨を指すようになっている。長期間持つのも特徴のひとつで、同様のテラリウムやアクアリウムと並んで人気がある。

ハーフテスター [half-tester] テスターはベッドのキャノピー（天蓋）のことで、それがベッドサイズの約半分の大きさの

ものを指す。

パーライト [perlite] 黒曜石や真珠岩の破砕片から作られる人工軽量骨材。色白できわめて軽く、セメントなどと混ぜ、左官材料として用いる。そうしたもののひとつにパーライトモルタルがあり、これは主に天井に用いる。

ハイギャザーカーテン [high gather curtain] 仕上げ丈に対して15〜25%の長めのフリルを裾に寄せ集めたカーテン。高さのあるシアーカーテンによく用いられるスタイル。

ハイチェスト [high chest] 背の高いチェストの総称。引き出し付きの整理ダンスのことで、高さがおよそ120cm程度から上、幅90cm程度のものを指すことが多い。

ハイバックチェア [high back chair] 背もたれが高く作られた椅子。休息度の高い椅子で、英国のチャールズ・レニー・マッキントッシュのデザインによる「アルガイユ」で知られる。ハイチェアとなると幼児用の長い脚を持つダイニングチェアを指すことになる。

パイプペンダント [pipe pendant] 照明具のペンダントで、天井からパイプによって吊り下げるものをいう。

パイルカーペット [pile carpet] パイルは毛羽、毛房のことで、表面にそうした表情を持つカーペットを総称する。毛房を切らずループ（輪奈）状に仕上げたアンカットタイプと、毛房を切ったカットタイプがある。こうしたパイルファブリックを日本では「添毛織物（てんもうおりもの）」と呼んでいる。

ハウスウエア [housewares] 台所などで用いる家庭用品の総称。キッチンウエアよりも範囲が広く、食器やキッチン用品から掃除用具等を含んでそう呼ばれる。

パウダールーム [powder room] 劇場やホテルなどにおける婦人用の化粧室また洗面

1117

インテリア・デザイン

所をいう。パウダーは「白粉（おしろい）」の意で、白粉をはたく場所ということでそう呼ばれるもの。

バスマット [bath-mat] バスルーム（浴室）の入り口に置く小さな敷物。同じようなものにトイレ用のトイレマット、台所用のキッチンマットなどがある。

バスリネン [bath linen] 浴室や洗面所、トイレットなどで使用する布地を総称する。タオル類、バスマット、トイレマット、シャワーカーテンなどがある。

バタフライテーブル [butterfly table] 伸長式テーブルのひとつ。甲板の両側に補助甲板が垂れ下がっており、必要に応じて斜めの支え板で支持して用いる。支持板の形が蝶の羽に似ているところからの命名。

ハッチ ⇒カップボード

バックパネル [back panel] バックボードとも。背板、裏板の意で、各種イベントに用いられる記者会見用のバナー付きスタンドを指す例が多い。インタビューボードとかデザインバックパネル、ウォールバナーなどとも呼ばれ、最近のイベントには欠かせないアイテムとなっている。またファッションショーのステージにおける背板としてのパネルもこう呼ぶ。

パネルスクリーン [panel screen] パネル幕。パネルになる衝立のことで、ひだを付けない平面状の布地スクリーンを、数枚レールに吊り間仕切りとして使用するもの。

パブリックスペース [public space] パブリックは「公の、公共の、人民の」という意味で、建物内外の空間で、一般に利用できるよう開放された場所をいう。ホテルのロビーや公園などがそれだが、ショッピングセンター*などにおいては、客のための休憩スペースやイベントスペースとして設定されている場所などを指す。

バリアフリー [barrier-free] 障壁なしの意。障碍者や高齢者たちにとっての障壁となるものを取り除き、生活のしやすさ、便利さを第一に考えた工夫などを総称する概念。高低差をなくした住宅設計などに代表される。

ハリウッドスタイルベッド [Hollywood style bed] ボトムとマットレスの部分にヘッドボードが付き、フットボードがない形になったベッド形式。アメリカンタイプとも呼ばれる。これに対して、ヘッドボード、フットボード、サイドボードで構成された本体にマットレスを置く形式をヨーロピアンスタイルベッドとかコンチネンタルスタイルベッドという。

バルーンシェード [balloon shade] 上下に開閉する窓掛けのスタイルのひとつで、シェードを上げていくと裾に風船（バルーン）のような丸みが現れるものをいう。ローマンシェードの一種。

バルーンバックチェア [balloon-back chair] 背のフレームが大きく円弧を描いた形になった椅子。18世紀のルイ15世時代のオーバルバックチェアを基として、19世紀のロココリバイバルの時代に作られたもの。

バルサ [balsa] 南米や中米に自生する広葉樹パンヤ科の常緑高木。きわめて軟らかく工作が容易で、模型製作に用いられることが多い。

バルセロナチェア [Barcelona chair] 1929年、ドイツの建築家ルードヴィヒ・ミース・ファン・デル・ローエによってデザインされた椅子の名称。湾曲したX型の細いスチール脚に皮革張りのクッションを組み合わせたもので、同様のスツールもある。バルセロナ万国博覧会で公開されたことからこう呼ばれる。

パルメット [palmette 仏] 装飾オーナメントのひとつで「棕櫚（しゅろ）の葉模様」

1118

と呼ばれる。扇形の棕櫚の葉をシンメトリーで様式化したもの。特にネオクラシシズムの時代に好まれたデザイン。

バレットチェア [Valet chair] 1953年、デンマークの椅子デザイナー、ハンス・J・ウェグナーによってデザインされた椅子の名称。背部はハンガー、座は小物入れ、座板はズボン掛けとなったユニークなデザインを特徴とするサイドチェアというのがそれ。

ハワイアン・キルト [Hawaiian quilt] ハワイ特有の刺し子縫い。1820年代にハワイに渡った英国人宣教師によって伝えられたパッチワークキルトが独自に発展したもので、アメリカンキルトとは異なって芸術品として発展した。ハワイの植物や花などをモチーフとした模様が特徴で、壁掛けなどとして用いられる。

ハンガーディスプレイ [hanger display] 商品をハンガー（洋服掛け）に掛け、吊り下げる形で見せるディスプレイ（陳列）のこと。ショーイング*の基本的な形のひとつで、多くはハンガーラック [hanger rack]（洋服掛け、衣紋掛けなどの掛け具）が用いられるが、フックなどその他のハンガー類も多く見られる。広義には広告物を吊り下げて展示する方法を総称する。

ハンガーラック ⇒ハンガーディスプレイ

ハンギングポット [hanging pot] 花などの植物を入れて吊るす容器、およびそうした観賞用の装飾物を指す。容器の種類によってグラス（ガラス瓶）、ブリキ、バスケット、プランター、フラワーポット（植木鉢）などの種類がある。ガーデニングの一種として用いられることが多い。

バンケット [banquette 仏] 肘掛けや背もたれなどのない上張りがなされたベンチのような形状の長椅子。

パンチカーペット ⇒ニードルパンチカーペット

パントリー [pantry] 食器室、食料品貯蔵室。ラテン語のパンを貯蔵するための「パンの部屋」に由来する。

パンヤ [panha 葡] ポルトガル語で木綿科のパンヤノキ（カポックノキ）の種子から採れる綿状の繊維をいう。枕やマットレス、クッション、椅子などの詰め物として多く利用される。

【ひ】

ピア [pier] 窓と窓の間の「窓間（まどあい）壁」やドアとドアの間を埋める「壁体（へきたい）」のこと。柱の役目を果たす支持体として機能するもので、ここに取り付けられた鏡をピアグラス [pier glass]、その下に置くテーブルをピアテーブル [pier table] という。

ピーコックチェア [peacock chair] 1947年、デンマークの工芸家ハンス・J・ウェグナーによってデザインされたウインザーチェア型の椅子の名称。背もたれが孔雀の羽根のような形をしているところからこう呼ばれるもので、別にアローチェア [Arrow chair] ともいう。映画『エマニエル夫人』に登場する豪華な藤椅子のエマニエルチェアとは異なる。

ビーズカーテン [beads curtain] ビーズ玉を連ねてカーテンとしたもの。アコーディガンカーテンやロング暖簾（のれん）のように、装飾的な間仕切りアイテムとして用いられる。

ビーダーマイヤー様式 [Biedermeier ＋ようしき] 1815年から三月革命の1848年頃までのドイツ、オーストリアを中心とする家具や装飾、さらには美術・文学にまでおよぶ様式。ビーダーとマイヤーはドイツで最も一般的な姓で、ともにシンプル

インテリア・デザイン

という意味を持つ。その名のとおり、シンプルで機能的、実用的なスタイルを特徴としている。

ビーンバッグチェア [beanbag chair] ビーンバッグは「お手玉」の意で、ビーズを詰めて布や革でくるんだフトンのような形の座りもの。形が変幻自在に変わるのが特徴で、ビーズクッションチェア [beads cushion chair] とかビーズソファなどとも呼ばれる。

ピクチャーウインドー [picture window] 絵窓。外部の景観を室内に取り入れる目的で設けられる大きな窓のことで、はめ殺しで作られるのが一般的。

ビクトリアン様式 [Victorian＋ようしき] 英国ビクトリア女王治世下（1837-1901）の建築・家具・工芸などの様式。この時期は産業革命の発達のもと芸術が花開いたが、独自の様式を生み出すには至らなかったとされる。

ビジネスフェア⇒トレードフェア

ビストロテーブル [bistro table] 円形の天板と1本の脚からできたペデスタル形式のテーブルの一種。ビストロ（小さな酒場・小料理店）向きの小テーブルというところからの命名で、天板は大理石、脚は鋳鉄で作られるものが多い。フランスのカフェで多く見られるが、一般に軽食用の小型テーブルもこの名で呼ばれることがある。

ビューロー [bureau] 書机。家具のひとつとして、アメリカではタンス、整理ダンスを指すが、英国では引き出しと開閉式の蓋が付いた書き物机を意味する例が多い。17世紀後半から18世紀にかけて生まれたもので、ビューローアシリンダー [bureau a cylindre 仏] やビューローマザラン [bureau mazarin 仏] などさまざまなデザインがある。

ビュッフェ [buffet 仏] フランス語で食器戸棚や食事のサービス用テーブル、また食器一揃いなどさまざまな意味がある。もともとは中世に用いられた皿を飾るカップボードを指し、英語読みでバフェットともいう。現在ではセルフサービス形式の簡易食堂や立ち食い式の宴会のことも意味する。

ビルトインファニチャー [built-in furniture] ビルトインは「作り付けの、内蔵された、本来備わった」の意で、建物と一体化して作られる移動不可の家具を指す。造付け家具、造作家具ともいい、これの対語は「置き家具」となる。

【ふ】

ファイバーボード [fiber board] 繊維板。木材などの植物繊維を主原料として作られた板材。JIS 規格で比重0.4以下のインシュレーションボード（軟質繊維板）、0.4～0.8のセミハードボード（半硬質繊維板）、0.8以上のハードボード（硬質繊維板）に分けられる。

ファサード [façade 仏] 建築物の正面を表すフランス語で、日本では一般に店舗前面の外観をいう。ショップデザインの顔に当たる部分で、この出来次第がショップイメージに大きく関わってくる。これとショーウインドーの飾り付けによって通行人の注意を惹き付けることになる。

ファッションカーテン⇒スタイルカーテン

ファッション家具 [fashiony かぐ] ファッション的な感覚の強い家具の総称。おしゃれな装飾性が感じられるタンスやボード類のほか、一般のものとは異なる色鮮やかな家具とか遊び心あふれるデザイン性豊かな家具などがそう呼ばれる。

ファニシング [furnishings] ファーニシングとも。家具調度品の意で、ファニチャー

インテリア・デザイン

よりも意味する範囲が広く、風呂・ガス・水道などの設備も含むことになる。アメリカでは服飾品、衣料の意味にもなる。

ファニシングテキスタイル [furnishing textile] 室内の装備や装飾に用いられる繊維製品の総称。カーテンやタペストリーのほかベッドカバーやテーブルクロスなども含まれる。

ファニチャー [furniture] ファニチュアまたファーニチャーなどとも。家具、(事務所などの) 備品のことで、特にテーブルや椅子など移動可能なものを指す。ファーニッシュ [furnish] となると、家具などを部屋に備え付けるという意味になる。

ファンシーカーテン [fancy curtain] 装飾性の高いデザインカーテンのことだが、特に上部に半円形や四角形などの小窓のような切込みを連続させて入れ、フックを用いないでカーテンレールに通して吊るようにしたカーテンを指す。切込みカーテンとも呼ばれる。

ファンライト [fanlight] 扇形窓、扇窓。ドアや窓の上部に設けられる扇形の明かり取り、欄間 (らんま) のことで、アーチウインドウと似ているが、これは独立した形態のものをいう。

フィストップ [Fistop] 全く燃えないカーテンの素材として有名になった超難燃繊維およびそうした素材の商品名。機能性材料開発メーカー『アイ．エス．テイ．』とそのグループ企業「日興テキスタイル」の開発によるもので、これとケブラー*とタフコット*の3つが「スーパー繊維ベスト3」として、2007年10月にテレビ番組で取り上げられたところから一躍知られるようになったもの。

フィッティングルーム [fitting room] フィッティングは「合わせること、適合」また「試着、仮縫い、寸法合わせ」の意で、業界では売場に設けられた「試着室、仮縫い

室」を指す。

ブース [booth] 仕切られた部屋、小室の意で、展示用語では仕切られた貸し出し空間をいう。「小間 (こま)」と呼ばれる空間がそれで、まわりを囲ったクローズドブースと囲まないオープンブースに大別される。

ブードア [boudoir] ブードワールとも。婦人の私室、寝室。プライベートな居室のことで、ルイ15世時代には社交の中心になったとされる。

フーフフット [hoof foot] 椅子やテーブルなどに見る脚先デザインのひとつ。カブリオールレッグの先端に、獣の蹄 (ひづめ) を模した装飾をあしらったものをいう。17世紀後半の英国で用いられて流行した。

ブールワーク [Boulle work] ルイ14世の時代に活躍したフランスの家具師、アンドレ・シャルル・ブールによる華麗な象嵌細工のこと。薄い銅板と鼈甲を貼り合わせてアラベスクやグロテスクの模様を表現した。

フェイシング [facing] ディスプレイに関する用語のひとつで、棚やハンガーラックに陳列してある商品の並びを店内通路から見たときの見映えや全体的な表情を指す。フェイス [face] (顔、表情の意) とも呼ばれ、商品そのものの表情をいうほか、効率的にフェイスの割り振りを行って陳列することもいう。

フェイス⇒フェイシング

フェイスアウト [face out] ディスプレイ用語のひとつで、一般に「正面掛け」と呼ばれる。商品の顔 (フェイス) となる前面を見せるハンギング技法のことで、壁面での1点フック掛けなどがある。

フェイスコントローラー [face controller] スーパーバイザー*やディストリビューションプランナー*などと呼ばれる職種

1121

インテリア・デザイン

の別称のひとつ。フェイスは「顔、表情」の意味だが、陳列用語としては店内や店頭における商品の見映えや全体的な表情を意味し、フェイシング［facing］とも呼ばれる。そうしたフェイス（フェイシング）を調整する人という意味からこのように呼ばれている。

フェストゥーン［festoon］花綱飾り、懸花装飾。花や果実、葉、布などを組み合わせて綱状にし、両端をリボンで結んで円弧状に垂れ下げた装飾をいう。古典建築の装飾オーナメントとして用いられた。家具に描かれたり、木彫りされたりしてルネッサンス期にもよく用いられている。スワッグと同じ。

フェデラル様式［Federal ＋ようしき］アメリカの独立当時（1780年代 -1830年代）の「連邦様式」のこと。1790-1810年までとする説もあるが、建築・美術・家具のデザインに影響を及ぼした。当時のヨーロッパの様式を取り入れ、アメリカ独自のスタイルを築いていった。その前のコロニアル（植民地）様式に比べ、曲線的で装飾豊かになったのが特徴とされる。

フォールディングチェア［folding chair］折り畳める機構を持つ椅子。運搬や収納に便利で、各種のイベントなどに多用される。同様の機構を持つ机類はフォールディングテーブルと総称される。

フォールデッド［folded］ディスプレイ用語のひとつで、「畳み置き、積み置き」のこと。これにハンギング（吊る）とウエアリング（着せる）を合わせて「陳列3大手法」という。

ブックシェルフ［bookshelf］本棚、書棚。ガラス戸をはめこむなどした豪華なものと、書籍類を並べるだけのオープンなものなど、さまざまな種類が見られる。

フックト・ラグ［hooked rug］壁掛け式の

ラグ*（敷物）。元々は開拓時代のアメリカで、女性がインテリアのひとつとして布袋や古着などを用いて製作したものとされる。壁に飾って絵のように楽しむことができるのが特徴で、現在ではキルト*と並んで、アメリカを代表する工芸品のひとつとされている。

フットスツール［footstool］椅子に腰かけているときに使う足載せ台、足台。オットマンとも呼ばれ、イージーチェアとセットになっていることが多い。

プラーク［plaque］表面に装飾をほどこした木材や金属、ガラス、陶器などで作られたパネルや円盤状のものをいう。天井、壁面、家具などの装飾に用いる。また金属や陶磁器などで作られた飾り額や記念額の類をいい、これはフレーム（額縁）と同義とされる。

プライウッド⇒合板

プライマー［primer］壁などの下塗り塗料。塗料や接着剤などをほどこす前に、下地を整え、付着性を高めるために用いる。

ブラケットライト［bracket light］壁面に取り付ける式の照明器具。室内や空間を直接照らさず、壁面を照らすため、間接照明のような効果を上げることができる。ライトカバーやフレームなどでさまざまな表情を作り出せることから、インテリア性が非常に高い照明で、階段や廊下に多く用いられる。ブラケットは腕木、また部品を取り付ける際に用いる支持材のこと。

プラスター［plaster］漆喰（しっくい）、石膏（せっこう）。壁や天井の塗り仕上げに用いる材料で、単にプラスターという場合はドロマイトプラスター［dolomite plaster］を指す。

ブランケット［blanket］毛布。フランス語のブラン blanc（白い）に由来するもので、毛布は当初白いウール地で作られてい

1122

た。寝具としてだけでなく、膝掛けなど
としても広く用いられる。

フランス窓 [France ＋まど] フランス式
にいうならフレンチウインドー [French
window]。床から天井までの高さを特徴と
する窓の形。テラスやバルコニーに面し
て用いられることが多く、2枚で一対と
した両開き型のスタイルとなっている。

フランソワ1世様式 [François ＋1せいよ
うしき] フランスのフランソワ1世統治
下の時代 (1515-47) における建築・装飾・
家具などのスタイル。フランスルネッサ
ンス期の最初の様式で、イタリアのデザ
イナーやアーティストたちが多く登用さ
れた。レオナルド・ダ・ヴィンチも終生
フランソワ1世の下に身を寄せた。

プリアン [pliant 仏] 18世紀のフランスで用
いられた折り畳み式の腰掛け。X字型の
脚部が特徴で、座面はベルベットなどの
布地が張られた。タブーレ [tabouret 仏]
と呼ばれる腰掛けも同種のものとして知
られる。

プリザーブドフラワー [preserved flowers]
生花とドライフラワーの中間的な性質を
特徴とする観賞用の花。生花や葉を特
殊な液に沈めて水分を抜いたもので、水
なしで半年くらいはもつという特性があ
る。これをブリザードフラワーというの
は日本的な発音の間違い。

プリーツスクリーン [pleats screen] 窓掛け
用具の一種で、折り目状に水平にプリー
ツ加工されたスクリーンが上下に開閉す
るものをいう。プリーツシェードとも呼
ばれる。

フリーボード [free board] 船の「乾舷＝水
面より上に出ている部分」とか、フリボ
と呼ばれる新しいボードスポーツの名称
などと誤解を招きやすい言葉だが、ここ
ではどんな用途にも使うことができる家
具の横台の意味で用いられる。フリー

ラック [free rack] と呼ばれる使い勝手が
自由な棚などと同種の家具のひとつ。

フレーム [frame] 額縁の意。絵画や鏡など
を保護するとともに、それらを引き立た
せるために用いる材料。サークルフレー
ムとかトンディ（ともに円形フレームの
意）、またプラークなどの種類がある。

ブル [bulls] 椅子張りなどに用いられる皮
革の一種で、生後3年以上の牡の成牛の
革。組織は粗く厚いのが特徴。

フレグランスグッズ [fragrance goods] フレ
グランスは芳香、香りの意で、かぐわし
い香りを放散するインテリア小物を総称
する。香木をガラス瓶に入れたものや造
花に香りの効果を仕込んだものなど、さ
まざまなものがある。

プレジデントデスク⇒エグゼクティブデス
ク

フロアカバリング [floor covering] フロアは
床、板の間の意で、床に敷く敷物を総称
する。

フロアプラン [floor plan] 建築物の間取り図
のこと。プランは設計図、図面、平面図
の意で、床面の間取りを平面でとらえた
図面を指す。

フロアマット [floor mat] 床に用いる小さな
敷物の総称。玄関マットを始め、家具の
そばに敷くマットやラグ替わりに敷くも
のなどさまざまな種類がある。

プロヴァンシャル [provincial] 田舎の、田舎
風のという意味で、地方で作られた素朴
な家具などの雰囲気をいう。特に17世紀
から20世紀にかけてパリで流行した家具
に基づいて、地方で単純化し量産される
ようになったルイ15世様式の家具のこと
を、フレンチプロヴァンシャルスタイル
と呼んでいる。

フローライン⇒動線

フローリング [flooring] 床材や床板、また集
合的に床、床張りを表す。床材としては

インテリア・デザイン

JIS 規格に定めるとおり多くの種類に分かれるが、一般には板張りの床面として知られる。

ブロカテール [brocatelle 仏] ブロケードに似た重厚な綿織物で、カーテンや椅子張りに用いられる。二重織のジャカード、浮き出し模様を特徴とする。ほかに装飾用の色模様が入った大理石も意味する。

ブロカント [brocante 仏] フランス語で古道具業者の意。英語でいうセコハングッズ（中古品）、日本語でいう「がらくた」に当たり、アンティークとまではいかないが、長年使われてそれなりに味の出てきた食器や家具、生活道具などが含まれる。主にヨーロッパの骨董品を指すことが多く、「蚤の市」などで求められてインテリア用品として楽しむ例が多い。

ブロケード [brocade] 「錦、金襴（きんらん）」の意。絢爛豪華な絹紋織物のことで、シルクブロケード [silk brocade] ともいう。綾織か朱子織の地に金糸や銀糸で錦模様を浮織りした緯二重織の生地。

フロックカーペット [flock carpet] フロック加工をほどこしたカーペット。基布に接着剤を塗布し、静電気によって短い繊維を植え付けたもの。電植（電気植毛）カーペットともいう。

フロックペーパー [flock paper] フロック加工をほどこして作られた壁紙。細かなウールなどの屑（くず）を貼付して風合いを出しているのが特徴とされる。

ブロッシェ [broché 仏] 絹のジャカード織で、ブロケード（錦織）に似た織物。刺繍をほどこしたように小花模様などが浮き出して見えるのが特徴とされる。インテリアファブリックスのひとつ。

プロップ [prop] ディスプレイ用語のひとつで、いわゆる「陳列器具」の類を総称する。本来は劇における「小道具」を指す言葉。

【へ】

ベイウインドー [bay window] 出窓、張り出し窓。単にベイとも呼ばれ、外壁から張り出して 1 階とその上階まで連続して造られているもの。

ヘシャンクロス [hessian cloth] 黄麻や大麻で作られる粗く織られた丈夫な麻布。椅子の下張りや壁装材として用いられる。

ベッドスプレッド [bed spread] 使わないときのベッドを覆って汚れを防ぐとともに、装飾的な意味も持つ布地のこと。いわゆるベッドカバーよりも広い意味を持ち、ファッション的な模様などインテリアデザイン的な要素が強い。

ベッドリネン [bed linen] ベッドまわりの布製寝具類。ふとんカバー（コンフォーターケース）、枕カバー（ピローケース）、シーツなどがそれで、眠るときのためのという意味からスリーピングリネン [sleeping linen] とも呼ばれる。

ヘップルホワイト様式 [Hepplewhite ＋ようしき] 18世紀後半、英国の家具デザイナー、ジョージ・ヘップルホワイトによって始められた家具のスタイルを指す。新古典主義のアダム様式とロココ様式を折衷させ、合理的で庶民の暮らしに合った家具を多くデザインした。死後『家具師と装飾師のための手引き』という書物によって名声を得る。

ペディメント [pediment] 三角破風。古代ギリシア建築で入り口の柱廊の上にある三角形の切妻壁をいう。ルネッサンス期にイタリアの建築家アンドレ・パラーディオが住宅に用いるようになって一般化した。

ペデスタルチェア [pedestal chair] ペデスタルは（彫像、花瓶などの）台、台座の意で、ここでは 1 本の脚で座部を支える形になった椅子を指す。同様に 1 本の脚

で支える形式のテーブルは、ペデスタルテーブルと呼ばれる。

ペニンシュラキッチン [peninsula kitchen] ペニンシュラは「半島」の意で、独立型のアイランドキッチンに対し、左右どちらかが壁に面している 対面型のキッチンを指す。リビングを見渡しながら料理できるという利点がある。

ベネシャンウインドー [venetian window] 半円アーチの開口部と、その左右にアーチを支える梁を持つ矩形の開口部と、3つの部分で構成される窓。ルネッサンス期の建築家アンドレ・パラーディオによって用いられたところから、パラーディアンとかパラーディオ窓とも呼ばれる。この形で中央部が扉になったものをベネシャンドアという。

ベネシャンブラインド [venetian blind] スラットと呼ばれる羽根を、紐やポール、あるいは電動操作によって上下に開閉し、スラットの角度を変えることによって光量を調節できるようにした可動式の横型ブラインド。イタリアのベネチアで、強烈な水面の照り返しを防ぐために考案されたところからこの名がある。

ペルシャ絨毯 [Persia＋じゅうたん] 現在のイランおよびその周辺で生産される手織り緞通（カーペット）の最高級品。世界最古の歴史を持つもので、花やアラベスクなどさまざまな文様で形作られる。カーペットとして用いるほか、シルク製のものは壁掛けとされる。

ペンダントライト [pendant light] 天井から吊り下がる形になった照明器具の総称で、丸打ちコードやチェーン、ワイヤー、パイプなどで吊り下げられる。テーブルの上などを局所的に照らすのに多く用いられる。

【ほ】

ホームコレクション [home collection] 生活用品を特定のブランド商品で揃えてコーディネートすること。こうすることによってインテリア全体に統一感が生まれることになる。

ホームデコレーション [home decoration] 室内を装飾すること全般を指す。ひとつのテーマのもとにスタイルの統一感を持たせることなどが考えられる。こうしたことを専門とする職能者をアメリカではインテリアデコレーターと呼んでいる。

ホームファッション [home fashion] 日常生活の全体を自分らしい感覚でとらえ、素敵なライフスタイルを創っていこうとするところに生まれる考え方をいう。こうした新しい生活を実現するための生活用品を品揃えした専門店を、ホームファッションショップとかホームファッションストアなどと呼んでいる。いずれも「ファッションはライフスタイルの反映である」という考え方を背景として生まれたもの。

ホームファニシング [home furnishing] ファーニッシュ [furnish] は家具などを部屋に備え付けるという意味で、これは生活全般に関わる耐久消費財を室内に取り入れていく作業を意味する。そうした家具や繊維製品、室内装飾品などを総合的に扱う店舗をホームファニシングショップと呼ぶ。

ホットカーペットカバー [hot carpet cover] 電熱線を組み込んだ暖房用のホットカーペットの保護のために、上に被せる布地の覆いのこと。薄く軟らかく、安価であるのが特徴とされる。

ポッパナ [poppana] 北欧フィンランドのレリーエン地方で200年ほど前から継承されている伝統的な織物のことで、「ポッ

インテリア・デザイン

パナ織り」などと呼ばれている。実際には手織りで作られるテープ状の布地を指し、これでベッドカバーやテーブルクロス、カーテンなどが作られるが、最近ではこれを衣料品にも用いようとする傾向が現れている。日本の「裂き織り」にも似たもので、保温性に優れるのが特徴。

ボトムアップシェード [bottom-up shade] 遮光を目的とした窓掛けブラインドのひとつで、上下に開閉できるようにしたものだが、特に下から上に閉める形式としたもの。下部は目隠しとし、上部から明かりをとるのに適したデザインとされる。一般にトップダウン・ボトムアップシェードと呼ばれ、上からも下からも開けられ、途中で留めることもできる機能が特徴とされる。

ホルムアルデヒド [formaldehyde] 有機化合物の一種で毒性が強いとされる。いわゆる「シックハウス症候群」の原因物質のうちのひとつとして知られる。建材や家具などから空気中に放出されることがあり、濃度によって人体に悪影響を及ぼす怖れが指摘されている。

ボワイユーズ [voyeuse 仏] 18世紀フランス、ルイ16世の時代に宮廷で用いられた椅子。背の頂部に詰め物がほどこされ、そこに顎を載せるよう、背に向かってまたがって座るのが特徴とされる。闘鶏などの観戦用として作られたもので、ふつうの椅子としても使用された。座の低い女性用のものはボワイユーズ・ア・ジュノー [voyeuse a genoux] と呼ばれた。ジュノーは膝、膝頭の意。

【ま】

マーセラ [marcella] 菱形の模様を織り出した白地の綿布。夏のベストやベッドの布などに用いられるもので、これはまた細い糸を使用した綿のピケ゛を指す英国的な用語ともされる。

マグネットランナー [magnet runner] 磁石付きのカーテンランナー。左右のカーテンを中央で隙間なくぴたりと突き合わせることのできるのが特性とされる。

マスキングテープ [masking tape] 着彩時に色がはみ出さないように貼り付けるテープ。色柄やサイズも豊富で、本来の目的とは別に、さまざまな物や場所に使用して、装飾することが流行となっている。ちょっとしたインテリア小物を作るのに適している。

マッサージチェア [massage chair] マッサージ効果を与える椅子。疲労回復などに用いられる電動椅子で、腰痛や肩こりなどにも効果があるとされる。治療を目的としたものではなく、高価なのも特徴となる。

マトラッセ [matelassé 仏]「膨れ織」のこと。二重織を応用して凹凸の紋様を表した織物で、クロッケ [cloqué 仏] などとも呼ばれる。マトラッセ本来は「詰め物を入れた」という意味。またクロッケには「水ぶくれ、水泡」という意味がある。

マホガニー [mahogany] ブラジル、アフリカ、西インド諸島などを原産地とするセンダン科の常緑高木で、その材は赤褐色で緻密、光沢があり美しく、高級材として家具や造作、また高級指物細工などに用いられる。

マルチカバー [multi cover] ソファやベッドのカバー、テーブルクロス、コタツ掛けなど多様な用途に向くように作られたカバー用の布製品のこと。マルチユースカバーともいう。

マンサード屋根 [mansard ＋やね] 上部の傾斜が緩やかで短く、下部が急な傾斜になった二段折れの形になった屋根。下部

1126

インテリア・デザイン

に採光用の窓を開けて屋根裏部屋として利用するのが特徴とされる。17世紀フランスの建築家フランソワ・マンサールが始めたもので、腰折れ屋根とも呼ばれる。フランスの町並みに多く見られるもので、特に下部の傾斜が垂直に近いものは「フランス屋根」と呼ばれる。

【み】

見本市 [みほんいち] 商品見本を展示して、宣伝・紹介を行う商取引の場。ファッション業界には各種の見本市があり、衣服を展示する「アパレル見本市」や生地を展示する「テキスタイル見本市」などがあげられる。ドイツ語でメッセ [Messe 独] と呼ばれることもある。

【め】

メッセ⇒見本市

メディスィンキャビネット [medicine cabinet] 化粧品や薬品などを収納する小型のキャビネット。一般に洗面所などに壁掛け式として設けられ、棚や鏡、照明、コンセントなどが組み込まれた形になっている。ほかに診察室などに置かれる薬入れなどのケースは、ドクターキャビネット [doctor's cabinet] と呼ばれ、クラシックなインテリア家具のひとつとして人気がある。

目張り [めばり] 壁紙やパネル貼りなどで仕上げを行うときの下貼り作業。下地の合板などの継ぎ目が表に現れないように、細長いハトロン紙やクラフト紙などを糊貼りすること。

メラミン樹脂 [melamine ＋じゅし] 合成樹脂のひとつで、硬度が高く、耐熱性に優

れており、家具、化粧合板、塗料などに広く用いられる。

【も】

モケット [moquette] 本来は椅子カバーや電車のシートカバーなどに用いられる毛足の長いパイルファブリック*の一種で、時としてファッション的なコート素材などとして用いられる。インテリア用の布地をファッション衣料に用いる流行から注目されたもの。

モザイクタイル [mosaic tile] モザイク装飾に用いるタイルのほか、表面面積が50㎠以下の小型タイルの名称としても用いられ、これは磁器質で内外装の床や壁に使われる。

モダンデザイン [modern design] 産業革命以降の社会生活の大変化に対応して、欧米各地で発生した建築や家具・装飾・芸術などにおける革新的なデザインムーブメントの共通的な概念。1870年代の英国アーツ・アンド・クラフツ運動に始まり、1950年代ミッドセンチュリーのアメリカモダン運動まで続いたとされる。ドイツの家具職人ミヒャエル・トーネットの言葉「大衆のための大量生産可能な家具」にその根本的な思想が表されている。

モジュール [module] モジュールとも。測定基準単位の意。建築物の設計や組み立ての際の基準となる寸法で、単位寸法あるいは寸法の体系を指す。

モデュラーコーディネーション [modular coordination] 建物や部材の寸法を調整することをいうが、現在ではモジュールを用いて寸法を統一し、建物各部の設計をモジュールが当てはまるように設計、調節することを指す。部材を工場生産する上で合理化が図られ、コストダウンにも

インテリア・デザイン

つながって、施工も簡明になるという
数々のメリットがある。MCと略される。

モデュロール [modulor 仏] 建築家ル・コル
ビュジェによって提唱された寸法体系の
こと。モデュールとフランス語のor（黄
金の意）から成る造語で、人体寸法を基
準として、黄金分割、黄金比、フィボナッ
チ数列を組み合わせて体系化したもの。

モデルニスモ [Modernismo 西] スペイン・
カタロニア地方の中心都市バルセロナで
発生した、19世紀末から20世紀初めにか
けての建築や美術・文学などの動きを指
す。英語のモダニズムに相当する言葉で、
海外の影響を受けながらも土着的な装飾
モチーフを基礎にして、一種のナショナ
ルロマンティシズムの動きを表してい
る。アントニオ・ガウディによるサグラ
ダ・ファミリア教会堂（1883～）に代表
される。

【ゆ】

ユーゲントシュティール [Jugendstil 独] 19
世紀末から20世紀初頭にかけてのドイツ
やオーストリアに見る建築・家具などの
流れ。「青春様式」という意味を持ち、アー
ルヌーボー的なデザインを特徴とした。
1896年に出版された雑誌『ユーゲント』
に由来している。

ユニット家具 [unit ＋かぐ] ユニットは全体
を構成する中のひとつにまとまった基本
単位のことで、基本となるユニットの家
具を自由に組み合わせて、ひとつの家具
を構成する家具をいう。

ユニットディスプレイ ［unit display］「ユ
ニット什器」と呼ばれるディスプレイ器
具を用いた陳列のこと。ユニット什器は、
形やサイズを一定にしてさまざまな組み
合わせを可能にした器具類を指し、商品

量やショーイングの仕方によって自由な
用い方がなされる。

ユニバーサルスペース [universal space] ド
イツ生まれの建築家ルードヴィヒ・ミー
ス・ファン・デル・ローエによって提唱
された多目的空間のこと。多目的に使用
できるよう内部の仕切りを可動式とした
ところに特徴がある。

【よ】

様式家具 [ようしきかぐ] 特定の様式を持
つ歴史的な洋家具を総称する。時代や当
時の君主、また製作者などの名称をとっ
て呼ばれるもので、ゴシック様式とかル
イ15世様式、アンピール様式といった名
が冠されるものがそれ。

養生 [ようじょう] 工事中に部材などを傷
つけるのを防ぐために、シートなどを用
いて保護することをいう。またコンク
リートなどを打ち込んだ後、水分や温度
を調節して条件を保つようにすることを
指す。

【ら】

ライティングビューロー [writing bureau]
斜めに取り付けられた扉を手前に倒す
と、机の甲板となる形式を特徴とする書
き物机。小さな収納棚と抽斗（ひきだし）
を備えているのも特徴で、ライティング
デスクと呼ばれるほか、ビューローキャ
ビネットやシリンダーフロントデスク
[cylinder front desk] なども同じ機能を持
つ机とされる。

ラウンジチェア [lounge chair] ラウンジルー
ム（休憩室）で用いられるような安楽椅
子の一種。張りぐるみがなされ、ゆった

インテリア・デザイン

りとした姿勢で座ることのできるのが共通した特徴となる。また休息性の高い椅子を総称する場合もある。

ラグ [rug] 比較的小型の1枚物の敷物。センターラグとしてリビングの中央に用いたり、暖炉前など室内に部分的に用いたり、用途は広い。一般のカーペットに対して、1畳以上、3畳未満のものをラグと呼び、1畳未満のものをマットと呼ぶ傾向が日本では強い。ragと綴ると「ぼろ、ぼろきれ」の意味になるので注意を要する。

ラダーバックチェア [ladder-back chair] 背部が高いラダー（梯子）状になった椅子で、スラットバックチェア [slat-back chair] ともいう。チッペンデール様式やアメリカのコロニアル様式によく用いられる。

ラタン [rattan] 藤（とう）。熱帯アジア産のヤシ科の蔓（つる）植物。軽く強靭で弾力性に富む素材で、エスニックな魅力に富む家具や籠類の材料、またステッキなどに用いられる。

ラック [rack] 棚、架台。ものを並べたり、保管したりするための置き棚の類を総称する。店舗に置く商品棚のほかマガジンラックも含まれる。

ラブシート [love seat] ラブチェアとも。2人掛け用のソファやセッティのことで、フランスのコンフィダンテ [confidante 仏] やシアモアズ [siamoise 仏] と呼ばれるものもここに含まれる。

ランジュ・ド・メゾン [linge de maison 仏] ランジュは「リンネル（キャラコ）」製品の総称で、これは家の中の台所や食卓、寝台用の白布を総称するとともに、下着やハンカチ類も意味している。ランジュ・ド・コール [linge de corps 仏] となると「シャツ、ハンカチ類」、ランジュ・ド・キュイジーヌ [linge de cuisine 仏] ある

いはランジュ・ド・メナージュ [lin-ge de ménage 仏] で「布巾（ふきん）、エプロン類」、またランジュ・ド・デスー [linge de dessous 仏] で「下着類」の意味になる。ランジュはもともと「麻」の意味で、かつて下着類が薄い麻布で作られていたことに由来する。

ランジュ・ド・メナージュ⇒ランジュ・ド・メゾン

ランチウインドー [ranch window] 天井付近より低く、一般の窓の高さよりは高い位置にある細長い窓のこと。低めの家具を置いたときにちょうどよい高さとなるもので、キッチン、納戸、家事室によく用いられる。

ランナー [runner] カーテンを吊るしてレールの中を左右に走って開閉するための部品。スライド式と車式のものがあり、ほかにマグネットランナーや交差ランナー、リングランナー、ハンガーランナーなど特殊なものがある。

【り】

リージェンシー様式 [Regency ＋ようしき] 18世紀末から19世紀初期にかけての英国の摂政（リージェント）時代に見る建築・家具・装飾などの様式。フランスのアンピール様式に近いスタイルとなっているのが特徴とされる。

リース [wreath] 花輪、花の冠。植物の葉や花、果物などを組み合わせて花輪のようにしらえたもので、クリスマスリースなどとして知られる。本来は古代ローマからある装飾モチーフで、フランス・アンピール様式ではナポレオンの頭文字Nが花輪の中にデザインされた。その意味ではガーランド [garland] と同じとされる。

リクライニングチェア [reclining chair] 背の

インテリア・デザイン

傾斜角度が変えられる仕掛けを備えた椅子。リクラインは「寄りかかる、もたれる、横たわる」といった意味で、単にリクライナーとも呼ばれる。列車や航空機内でおなじみのものだが、イージーチェアの中にも見られる。

リサイクルハンガー ［recycle hanger］回収と再利用が可能な商品用ハンガー。主として量販店業界で用いられているもので、パジャマや肌着、ランジェリー、ファンデーション類などに用いられた展示用ハンガーを、廃棄することなく回収、洗浄して再利用しようというもの。

立面図 ［りつめんず］図面のひとつで、建物の場合は東西南北それぞれの外観側面を描いた図面を指す。縮尺は1/100が一般的とされる。

リノベーション ［renovation］刷新、革新、また修理、改築の意だが、最近では既存の建物に大規模な改修工事を行い、用途や機能を変更して性能を向上させる、あるいは価値を高めることを指す傾向が強い。古くなったオフィスビルを新しく商業施設に変更するなどがそれ。

リノリウム ［linoleum］床張り材の一種。亜麻仁油、樹脂類、コルク粉、顔料などを混ぜ、麻布に加熱圧着させたもので、弾力性に富み、耐水性や耐久性に優れるのが特徴となる。

リバーシブルカーテン ［reversible curtain］両面を使えるようにデザインされたカーテン。リバーシブルは「逆にできる、反転できる」の意で、両面仕上げを意味する。

リビングダイニングキッチン ［living dining kitchen］リビング（居間）、ダイニング（食堂）、キッチン（台所）の3つの機能がひとつに納まった部屋の形式を指す。一般にLDKと略す。

リビングチェア ［living chair］リビングルーム（居間）で使用する一人掛け用の椅子の総称。くつろぎ用の椅子で、座椅子（フロアチェア）など脚がなく床に直接置くロータイプの椅子やフロアソファなどもここに含まれる。

リビングテーブル ［living table］リビングルーム（居間）での使用を想定して作られたテーブルの総称。居住空間の中心を占める家具で、木、ガラス、スチールなどの素材を用い、角型、円卓、折り畳み式、またさまざまな大きさのものが見られる。センターテーブルともいう。

リビングボード ［living board］リビングルーム（居間）に置く飾り棚、サイドボードのこと。本や雑貨などを収納するための台で、ガラス扉などの付いたクローズ型と棚を中心としたオープン型のタイプがある。テレビ台と兼用型としたものもあり、その形と種類は多い。

リフティングテーブル ［lifting table］甲板の高さが調節できる機能を持つテーブル。リフトは「持ち上げる、持ち上がる」の意で、そうした仕掛けを備えた可変家具のひとつ。

【る】

ルイ15世様式 ［Louis XV ＋ようしき］フランス・ルイ15世治世時代（1715-74）における建築・家具・室内装飾などの様式。ロココ全盛期のスタイルで、柔らかな曲線を特徴とした軽快、優雅、流麗な雰囲気を持つ。ほかに当時のフランスにはバロックを特徴とする「ルイ14世様式」や、新古典主義を標榜する「ルイ16世様式」などブルボン王朝の華麗なスタイルが見られる。

ルイ・フィリップ様式 ［Louis-Philippe ＋ようしき］19世紀中頃のフランス、ルイ・

インテリア・デザイン

フィリップ王治世下の時代（1830-48）における建築、装飾などの様式で、ルイ15世様式が復活した「ロココリバイバル様式」として知られる。

ループパイル [loop pile] カーペットに見るパイル形状のひとつで、毛房（パイル）が輪奈（ループ）状になったもの。レベルループ（高さが均一）、マルチレベルループ（多様な高さのあるもので、ハイアンドロープとも）の種類がある。

ルームフレグランス [room fragrance] 部屋の香りに関連した芳香剤の総称。木製のスティックで香りを拡散させるディフューザー（拡散させるものの意）タイプに代表され、寝室や玄関など場に応じた香りが多く揃うようになっている。広くはルームスプレーや掃除用クリーナー、食器洗剤、匂い袋なども含まれる。

ル・コルビュジェ [Le Corbusier] スイスに生まれ、フランスで活躍した建築家（1887-1965）。アメリカのフランク・ロイド・ライト（1867-1959）、ドイツのルートヴィヒ・ミース・ファン・デル・ローエ（1886-1969）と並んで、近代建築の三大巨匠と称される。ドミノシステムやモデュロールなどを考案し、日本では国立西洋美術館に見るピロティ方式の建築で知られる。氏の建築物は2016年に世界文化遺産に登録された。

【れ】

レースカーテン [lace curtain] レースで作られたカーテンの総称。経編機で編まれる薄くて繊細、透視性、透光性に長けた装飾カーテンで、ドレープカーテンとの二重使いで用いられるのが一般的。光を柔らかく分散してくれるのが特徴で、模様柄などさまざまなデザインがある。

レジャンス様式 [Régence ＋ようしき] フランスでルイ14世の死後、ルイ15世が即位するまでの間、オルレアン公フィリップ2世が摂政（レジャンス）として務めた時期（1715-23）の家具や装飾の様式を指す。バロックからロココへの過渡期に当たり、自由な曲線モチーフが現れてきた。「摂政様式」ともいう。

レピア織機 [rapier ＋しょっき] 英語ではrapier loom。無杼織機の一種で、レピア（剣）と呼ばれるものを使って模様を作りあげる高速織機。ドレープカーテンの多くはこれで作られる。1945年から50年にかけてアメリカのドレーパー社で開発されたもので、最近ではコンピューター仕様の高速レピア織機も使われている。

レンジボード [range board] 加熱調理器具の電子レンジなどを載せたり納めたりする専用ボード。収納棚と一体化したデザインのものが多く見られる。

レンダリング [rendering] 完成予想図。形状や材質、色彩などを明確に伝えるために、透視図などをもとにして描かれるもので、プレゼンテーションなどに際して用いられる。本来は（劇・音楽などの）演奏、上演、演技、表現、描写、また解釈、翻訳、訳文という意味。

【ろ】

ローテーブル [low table] 床面から天板までの寸法が30〜40cmくらいと低いテーブルの総称。椅子を使わず座るスタイルに適したもので、部屋を広く見せるのにも効果がある。

ローボード [low board] 背丈の低い台型家具の総称。そうしたリビングボード、テレビボード、AVボードなどが含まれる。ローチェスト [low chest] とも呼ばれる。

インテリア・デザイン

ローマンシェード [Roman shade] ウインドーエレメントの一種で、布製のシェードをコードの操作によって上下に昇降させて開閉する式のものをいう。プレーン、バルーン、オーストリアン、ムースなどさまざまなスタイルが見られる。

ローリングベッド [rolling bed] ローラーベッド [roller bed] とも。ローリング機能付きの電動式ベッドのことで、内部に組み込まれたローラーシステムが回転移動し、全身をマッサージしてくれるベッドを指す。波状的な刺激を繰り返すことで、指圧や脊椎矯正などの効果を与えるとされる。

ロールスクリーン [roll screen] ウインドーエレメントの一種で、主として布製のスクリーンを上下に昇降させて開閉させるもの。上部に取り付けたスプリング内蔵のロールパイプで、スクリーンを巻き上げる形になっている。

ローンチェア [lawn chair] ローンは芝生、芝地の意で、裏庭やバルコニーなどで気軽に使えるアルミフレーム製の折り畳み式椅子の一種。いかにも古き良きアメリカを思わせるカジュアルな椅子で、背に用いるウエビングベルト（格子状に用いた布帯）も大きな特徴とされる。ビーチチェアとしてもピクニック、キャンプ用などとしても広範に使うことができる。

ロッキングチェア [rocking chair] 揺り椅子。脚部が2本の弓形となっており、それによって体を前後に揺するようになった休息用の椅子。18世紀中期のアメリカで、ウインザーチェアを基に考案されたものという。

【わ】

ワークチェア [work chair] 事務仕事や勉強、パソコンワークなどを行う際に用いる椅子のことで、ワーキングチェアとかオフィスチェアなどとも呼ばれる。多くは1本の柱から5股に分かれた支脚が付き、その先端にキャスターを取り付けた形となっている。座る、立つといった動作がしやすく、疲れにくさに配慮したデザインのものが多く見られる。

ワークデスク [work desk] ワーキングデスクとも。仕事や勉強用の机のことで、さまざまな形と種類がある。パーツの組み合わせによるカスタマイズ可能な「システムデスク」といったものもある。

ワードローブ [wardrobe] 個人や劇団などが所有する衣類、また持ち衣装の意で用いられることが多いが、本来は「洋服ダンス、衣装ダンス」また「衣装部屋」を指し、洋服を吊るして収納する家具を総称する。

ワイヤーチェア [Wire chair] ハーマンミラー社の家具デザインを手がけたアメリカのデザイナー、チャールズ・イームズが、1950年に発表した椅子の名称。ナイロンコーティングがほどこされたスチールワイヤー製で、座と背部にウレタンフォームが張られている。

ワゴン [wagon] 食料品や日用品などの細かなものを収納して、簡単に移動できるようにしたキャスター付きの家具の一種。デスクまわりやキッチン、ダイニングなどで使用する。

ワシリーチェア [Wassily chair] ハンガリー生まれの建築家・デザイナー、マルセル・ブロイヤーによって、1925年に作られた椅子の名称。バウハウス教授ワシリー・カンディンスキーのためにデザインされたことでこの名がある。クローム仕上げのスチールパイプのフレームに座と背、肘掛けが皮革張りされているのが特徴のシンプルな椅子。

ワチネ ［ouatinée 仏］ 綿入れ素材、また毛

1132

インテリア・デザイン

羽立った布地を裏に当てた素材のこと。多くはキルティングやマトラッセ*と同じで、ワチヌ ouatine と呼ばれる裏地に用いる綿毛の多い布を中身に入れることからこう呼ばれるもの。ウワチネと発音する向きもある。

和モダン [わ +modern] 和風モダンなどとも。日本的なものとモダンデザインの折衷型のデザイン表現で、伝統的な「和」の様式と現代風のモダンなデザインがよく融合した場合に用いられる言葉。畳や障子、襖を採り入れた洋室建築などに代表される。

現代・若者用語

現代・若者用語

アーカイブ ［archives］記録や公文書の保管所、公文書館といった意味だが、最近では多く「保存記録」といった意味で用いられる。素晴らしかった時代の遺産を取り出して、再び現代に蘇らせようとする場合などに活用されるもので、ファッションでもこうした試みは多く見られる。

アースコンシャス⇒アースムーブメント

アースムーブメント ［earth movement］地球を再認識しようとする動き全般を指す。1969年にアメリカで出版された『ホール・アース・カタログ』（全地球カタログの意）を契機に起こった若者たちの動きを総称するもので、アースコンシャス［earth conscious］（地球を意識するという意味）などという言葉もここから生まれた。70年から行われている「アースデー（地球の日）」もこの一環で、地球を見つめ直そうとするこのイベントは、毎年4月22日に世界各地で統一行動が行われる。

アーティスティックスイミング ［artistic swimming］シンクロナイズドスイミングを指す新名称。アーティスティックは「芸術的な、美的な」の意で、それが芸術性を求める水泳演技であることから、国際水泳連盟が2017年7月に発表し、日本水泳連盟も2018年4月1日からこの名称に変更した。

アール・ブリュット ［art brut 仏］フランス語で「生（き）の芸術」の意。専門的な美術・芸術教育を受けてこなかった人びとによる創作作品の総称。英語で「アウトサイダー・アート」（第二者による芸術）とも呼ばれ、1970年代から知られるようになった。もとはスイスの芸術家アドルフ・ヴェルフリ（1864～1930）の独創的な作品についてそう呼んだもので、彼は30代で精神科病院に収容されたまま創作活動を続け、病院で一生を暮らし、アール・ブリュットの王と呼ばれた。

アヴァンポップ ［avant-pop］フランス語のアヴァンギャルド（前衛）と英語のポップカルチャー（大衆文化）から成る造語で、1991年、アメリカのポストモダン*の理論的指導者ラリー・マキャフリーによって提唱された文学上の新しい考え方を指す。大衆的なものを逆手にとって前衛的にしてしまうというものだが、この概念が映画や音楽などにも取り込まれて、現在では最先端の文化を表すキーワードのひとつともされるようになった。

アウトサイダー・アート⇒アール・ブリュット

アウトドアライフ ［outdoor life］「屋外生活、野外生活」の意だが、近年はそうした自然と素朴な感情を愛するライフスタイルを指してこう呼ぶことが多い。自然環境を積極的に取り入れる暮らし方で、1970年以降に一般の関心を集めるようになって現在に至っている。

青文字系 ［あおもじけい］女性ファッション誌のうち『JJ』『Can Cam』『ViVi』『Ray』の4誌をそのタイトルの色から「赤文字系」と呼ぶのに対し、原宿系の『CUTIE』『SEDA』『Zipper』『Sweet』『Spring』などの雑誌を、赤に対比させ、便宜上「青文字系」と呼んでいる。これはまた女性のファッションスタイルのひとつともされ、男性受けするコンサバタイプの「赤文字系」に対して、女性受けするカジュアルファッションを「青文字系」とする分類法が見られる。ファッションイベント"原宿スタイルコレクション"は、赤文字系の"東京ガールズコレクション"に対する青文字系の催しとされる。現在ではそうしたファッションで個性を出そうとする、自己主張の強い原宿系ギャルをこう呼ぶ傾向もある。アイドルタレン

トの"きゃりーぱみゅぱみゅ"がその代表とされる。

赤文字系［あかもじけい］『JJ』『ViVi』『CanCam』『Ray』など、誌名のロゴが赤い文字で示されている若い女性向きのファッション雑誌を「赤文字系雑誌」といい、こうした雑誌から発せられるファッション現象を「赤文字系」と総称する。ファッションへの影響力が強く、こうした雑誌の愛読者であるOLは「赤文字系OL」とも呼ばれる。

アクアビクス［aquabics］アクア（水）とエアロビクス*から作られた語で、水中で音楽に合わせて体を動かす運動をいう。特に中高年層の健康法として最近人気があり、アクアフィットネス［aqua fitness］とも呼ばれる。

アクアフィットネス⇒アクアビクス

アクションスポーツ⇒エクストリームスポーツ

アクティブシニア［active senior］「行動力に満ちた高齢者」という意味から作られた言葉で、最近の60代以上の世代を表すマーケティング用語などとしてよく使われる。ときとして40歳から上の元気な中高年者を指すこともあり、これからの時代の主要なマーケットを形成する層として注目されている。ほかに「オパール族*」と呼ばれたり、新しい熟年層ということで「新熟年」と呼ぶ向きもある。

アゲ嬢⇒アゲ嬢ヘア

アシュタンガヨガ⇒Aヨガ

アスパラベーコン巻き系男子｜⇒ロールキャベツ系男子

アスピレーショナル・カスタマー［aspirational customer］アスピレーションは「抱負、目標」また「熱望、大望、野心」といった意味で、いわゆるラグジュアリー商品にあこがれを抱き、ちょっとがんばってそれを買おうとする顧客のこと

をいう。最近のアメリカの流行語のひとつだが、2008年の景気不安感の広がりから、こうした層が贅沢品の購入を控えるようになり、ラグジュアリー文化にひとつの影を落とすようになったといわれる。

アスレジャー［athleisure］アスレティックathletic（運動競技）とレジャー leisure（余暇）から作られた言葉で、健康を意識して軽いスポーツを日常的に取り込もうとする考え方、またそうした行動を指す。1970年代後半に登場したもので、この辺りからスポーツウエアのファッション化が本格的に始まった。

姉キャン系［Ane Can＋けい］25歳以上の女性をターゲットとして、2007年3月に小学館が創刊したファッション誌『Ane Can』に影響を受けたファッションや愛読者像、また市場などを指す。この雑誌は元々『Can Cam』のお姉さん版として2006年春と秋に発行された『お姉さん系Can Cam』を月刊化させたもので、通称「姉キャン」として爆発的な人気を得ていた。「姉キャン市場」と呼ばれるこの新しいマーケットは「姉キャン系」新ブランドを登場させ、「姉キャンスタイル」を創出させるに至った。同誌のキャラクターであるモデルの押切もえが、こうした20代後半女性の感性をよく表現している。

アラ還［around＋かんれき］「アラウンド還暦」の略で、還暦前後の歳回りにある主として男性を指す。アラサー*やアラフォー*に倣って作られたもので、特に役職定年となった年長社員を、もはや現役ではないという皮肉を込めてこう呼ぶことが多い。一般には60歳前後の人たちを指す意味で用いられることも多い。これと同じようにもう子供ではいられないという自戒を込めて、20歳前後の歳回り

現代・若者用語

にある若者を「アラハタ」(around ＋ハタチ)と呼ぶ傾向もある。

アラカンヌ [――] アラ還＊(60歳前後)の美しい女性たちをパリジェンヌに掛けて命名したもの。還暦を過ぎて東京コレクションに復活を果たしたモデル・秀香に代表される。

アラサー [around-thirty] アラウンドサーティーの短縮語で、マルキュー系やセレブカジュアル＊などのファッションを体験して今日に至っている30歳前後の女性たちを指す。消費の新しい担い手として、現在30歳を取り巻く女性たちが注目されているところから作られた用語で、「アラウンド30」と表示したり、「アラサー世代」などと呼ばれたりする。リアルサーティー [real thirty] という表現もあるが、これは「ずばり30歳」を意味している。元は女性ファッション誌から生まれた造語。

アラサーギャル [around thirty + gal] アラサー＊世代のギャル＊。30歳前後になってもギャル気分が抜けず、ギャルファッション系の服を着続けたり、ギャルたちの出没する場所へ出かけることが好きといった女性たちを総称する。ギャルの概念は若い女性だけでなく、上の層にも広がっていることを示している。

アラセブ [around-seventy] アラウンドセブンティーの短縮語。70歳前後の人たちをアラサーやアラフォーなどの表現にならって名付けたもので、ちょうど前期高齢者と呼ばれる65歳から74歳の人たちが該当する。この層はかつての高齢者とは違って若々しい感性を保ち、行動力もあるところから、まったく新しいプレミアムエージと見做され、その動きが注目されている。その中心はいわゆる「団塊の世代」とされる。

アラハタ⇒アラ還

アラフィー⇒アラフォー

アラフォー [around-forty] アラウンドフォーティーの短縮語。2009年現在で40歳前後にある女性たちを指し、TBSテレビの金曜ドラマ『Around 40』から一躍流行語となった。アラサー＊のひと回り上の世代ということになるが、同様の女性たちを主人公にしたアメリカ映画『セックス・アンド・ザ・シティ』(2008)のヒットや「おひとりさま」「アラフォー出産」といった流行語に乗って、同じような言い回しの言葉の中で「独り勝ち」した感がある。なお、50歳前後の女性たちはアラフィー(アラフィフとも) [around-fifty] と呼ばれる。

アラママ [around mama] アラウンドママの略称。未婚であるにもかかわらず、「3年以内に子供が欲しい」と願う気持ちを強く持っている、主として20代の女性を指す。この言葉自体はアラサーやアラフォーなどに因んで生まれたものだが、彼女たちはいわゆる女子会を月に1回以上は持ち、流行や口コミ情報について敏感で、子供好きという特徴を持つという。

アンチエイジング [anti-aging]「老化を防ぐ」という意味で、「抗老化」とか「抗老齢化」などと訳される。高齢化社会の到来でこの問題についての関心が高まり、単にシワやシミ取りといった肌の老化防止対策だけでなく、フィットネスなど幅広い観点から総合的な対策が図られるようになっている。

イーシェイ [ESHAY] オーストラリアのシドニーに発生した若者集団の動き。チャヴ＊のオーストフリア版というべきストリートスタイルのひとつで、派手な太いボーダー柄のトップスを好むのが特徴とされる。別にラッズ [Lads] とも呼ばれる。

家ナカ需要 [いえなかじゅよう] 外出してお金を使うのではなく、家の中での贅沢を

楽しもうとする最近の消費傾向のなかから生まれる需要を指す。リーマンショック後の節約志向のなかで生まれた傾向のひとつだが、2016年頃からは単に節約したいから外出を減らして家で暮らそうというのではなく、家で過ごすからには外出時よりも中身を充実させて満足感を高めようとする方向に変化を見せている。ここに生まれる消費を「家ナカ消費」とも呼んでいる。

イクジイ [――] イクメン＊（育児をする男性）のおじいさん版。育児に参加する父親と同じように、孫育てを積極的に行なう祖父をいったもので、場所によっては「ソフリエ」なる認定証を発行して地域の子育てを支援しようとする動きも生まれている。

イクメン [――] 育児をする男性をイケメンにかけてこう呼んだもの。家事や育児に積極的に参加するようになった近ごろの父親たちを指し、2010年6月30日から施行された「改正育児・介護休業法」などの影響から、ますます増加する傾向にある。

イケタク [――] 「イケてるオタク」の略。カッコいいオタク族の男の子たちのことで、イケメンとオタク（ヲタクとも書く）を掛けた言葉。テレビ番組から生まれたとされる。

イケダン [――] 「イケてるダンナ」の意。イケメンやイケタクなどになぞらえて、素敵なダンナさまをこのように表現したもの。女性ファッション誌『VERY』の提案による。また、ダンナさんが家事をすることを「ダンカジ」という。

イケメン [――] イケてる男たちの意。容姿に優れているカッコいい男たちをいったもので、メンには顔の「面」と英語のmen を掛けている。反対にイケてない男は「ダメンズ」（駄目な男たち）、「ださ

男（ださお）」、「ブサメン」（不細工な男たち）、「キモメン」（キモい＋メン）などと呼ばれる。イケメンという言葉は1996年のメンズファッション誌『メンズ・エッグ』6月号に用いられたのが最初とされ、2000年ごろから流行語として広まった。最近ではビジュアル系 [visual ＋けい] と呼ばれることもあるが、これは元々華麗な印象のビジュアル系ロックバンドを指したもので、今では「見た目のよい男子」といった意味でも用いられる。

痛文化 [いたぶんか] 他人の的外れな言動を揶揄していう若者文化のひとつ。いわゆる「おたく文化」から生まれたもののひとつで、ここでいう「痛い（イタイ）」には恥ずかしいとかみっともない、痛々しいなどに近い意味が含まれる。全体をアニメの美少女キャラで装飾した「痛車」を始めとして、痛チャリ、痛バッグ、痛ネイルなどの用法がある。

痛メン [いたメン] 首のあたりに手をおいて写真におさまる男たちをいう。「首痛めてる系イケメン」とも呼ばれ、痛そうなポーズが女性に受けるとして人気を集めている。以前からモデルのポーズのひとつとして存在していたが、2014年の大学の学園祭で、ミスターコンテストに「痛メン」が続出し、話題を集めた。これに関連して女子の「虫歯ポーズ」も人気となった。

インスタレーション [installation] 今日的な芸術表現のひとつで、原意は「取り付け、設置、据え付け」。立体的な作品を床などに設置し、空間を意識的に表現する方法やその作品そのものを指す。

インスタ萎え⇒インスタ映え

インスタ映え [Instagram ＋ばえ] 人気のSNS（ソーシャル・ネットワーキング・サービス）のひとつ、画像共有サービス

の「インスタグラム」で「いいね！」の評判がとれるような画像、またそうした評価が得られるようにいかにカッコよく画像を仕上げるかのテクニックなどを指す。こうしたインスタ映えのフォロワー（追随者）を数多く持つ人たちをインフルエンサー（影響力を持つ人の意）といい、ファッションブランドがイベントなどに起用する例が目立つ。「インスタ映え」そのものは、2017年、ユーキャン新語・流行語大賞に選ばれた。一方、インスタ映えに価しない、かえって萎えてしまうようなものは「インスタ萎え」と呼ばれることになる。

インダストリアル [industrial] 原意は「工業の、産業の、工業用の」で、実際の工具類を使用した演奏や、工場で発生する騒音（ノイズ）、また金属的なギター音などを電子楽器で加工して演奏する電子音楽の一種を指す。1980年代にヨーロッパで興ったロック音楽のひとつで、アメリカに渡ってスラッシュメタルなどの発生を見た。現在ではノイズミュージック（騒音音楽）の一種と見なされ、一部にファンを獲得している。「ノイズロック」と呼ばれることもある。

インナーフィットネス [inner fitness] 心と体を内側から美しくしようとする、体形調整も含めた健康作りの運動を指す。スピリチュアルフィットネス [spiritual fitness]（精神的なフィットネスの意）ともいい、ピラティス*などが代表的とされる。

インフルエンサー⇒インスタ映え

ヴィーガン [vegan] ビーガンまたベーガンともいう。完全な菜食主義者を指す新語。一般のそれはベジタリアン vegetarian と呼ばれるが、その徹底的な存在はこのように呼ばれる。

ウイルダネスライフ [wilderness life] ウイ

ルダネスは「荒れ地、荒野」という意味で、広大な自然環境を背景とした生き方を指す。アウトドアライフ*と同義だが、それよりももっと激しい感じがあるのが特徴とされる。ここではヘビーデューティー（至極丈夫）のイメージがより強調されることになる。

ウエルエイジング [well-aging] よりよい年齢の取り方を意味する。アンチエイジング（老化防止）とは異なり、よりよく歳を重ねて、よりよい人生を送ろうとする考え方を指し、医療や美容分野を中心に近年広く用いられるようになっている。スローエイジング（ゆっくり年をとっていこう）という考え方も、この一環とされる。

ウエルネス [wellness]「健康」の意。単なる健康というより、健康な体や心と社会生活を得て、積極的に創造的な健康をめざす行動を総合する言葉として用いられるようになっている。

ウギャル⇒ノギャル

エアロビクス⇒フィットネス

エアロボクシング⇒バレエエクササイズ

エクササイズ⇒フィットネス

エクササイズウオーキング⇒ノルディック・ウオーキング

エクストリームスポーツ [extreme sports] エクストリームは「過激な、極端な」という意味。アメリカ生まれの新しいスポーツ分野をいう用語のひとつで、MTB（マウンテンバイク）やトレイルランニング（道なき道を走るスポーツ）、ラフティング（川下り）、フリークライミングなど激しいアウトドアスポーツを総称する。アメリカ西海岸を発祥の地とするものが多く、ボード系やスケート系などのアクションスポーツ [action sports]よりも冒険的なところに最大の特徴がある。

現代・若者用語

エコ⇒エコロジー

エコシック [eco chic] エコロジー（生態環境）の問題に気を配ることがシック（粋、カッコいい）とする考え方。2007年秋頃からニューヨークを中心に用いられるようになった流行語で、エコリュクス [eco luxe]（エコであることが贅沢）とかエコリッチ [eco rich]（エコであることが豊か）といった表現もする。1990年代初期に用いられたエコビューティー [eco beauty]（エコロジー＋ビューティー）の現代版ということもできる。

エコセクシュアル [eco sexual] エコ（地球環境への配慮）であることがカッコいいとする考え方、また、そうした思考を持つ男たちを指す形容詞としても用いられる。最近のアメリカに生まれた流行語で、これは「メトロセクシュアル」などの流行語にならって作られたもののひとつとされる。セクシュアル（セクシャルとも）は「性の、性的な」という意味だが、ここではセクシーというよりも上品で知的といったイメージで多く用いられる。

エコビューティー⇒エコシック

エコビレッジ [eco-village]「エコロジー・な村」という意味で、地球に負荷をかけない生活を目的として運営される共同体を指す。ロハス・に合う生活という意味でも用いられ、毎年１回大会が開催されている。

エコブーマー⇒ピアプレッシャー

エコフレンドリー [eco-friendly]「環境に優しい」という意味で用いられるまことに現代的な用語。ここからエコフレンドリー・ショッピングバッグ（いわゆるエコバッグ・）やエコフレンドリーＴシャツといったエコグッズ（エコ商品）の数々が生まれるようになっている。

エコライフ⇒エコロジー

エコリッチ⇒エコシック

エコリュクス⇒エコシック

エコロジー [ecology] 本来は生物とその生活環境の関係を研究する「生態学」という学問を意味し、そこから「生態、環境」という意味も持つようになった。現在では自然環境を大切にしようといった意味合いの言葉として用いられるようになり、単にエコ [eco] と称されることが多い。そうしたことを目的とする生活のあり方をエコライフ [eco life] などと呼んでいるが、これはエコロジカル・ライフスタイル [ecological lifestyle] というのが正しい。

エコロジカル・ライフスタイル⇒エコロジー

エシカル消費 [ethical ＋しょうひ] エシカルは「倫理的な、道徳上の」といった意味で、環境や社会貢献といったことを意識した商品を選んで買い求める消費行動を指す。欧米を中心に最近盛んに見られるようになっている。一般にいう「エコ消費」と同じ。

エッジ [edge] 本来は「縁、端」また「刃」あるいは「(感情などの) 鋭さ、激しさ」という意味で、若者たちの間では「今の時代を敏感に感じさせる鋭い感覚」といった意味で多用される。ハードエッジとかニューエッジなどと、元は美術・芸術分野で使われていた用語だが、今では若者たちの日常的な言葉となっている。カッティングエッジ [cutting edge]（最先端の意）の略ともされ、「エッジの利いたファッション」というように用いられる。形容詞の「エッジー edgy」も同様に扱われている。

エフデジェ [FDG 仏] フランス語の futur directeur general の頭文字をとって作られた言葉で、「将来を約束された階級」といった意味で用いられる。アメリカのプレッピーやフランスのBCBG・に次ぐ新しい若者の風俗や社会意識を象徴する

1141

言葉として1990年前後に登場した。

エフワン［F1］テレビ広告業界用語で、個人視聴率の集計区分に用いる単位のひとつ「F1層（エフワンそう）」のこと。Fは女性を指す female からきたもので、20 〜 34歳の女性が該当する。情報と購買が最もつながりやすい層となり、ファッションビジネスにおいても最も重要なターゲットとされる。このほかにはティーン層、女性のF2（35 〜 49歳）、F3（50歳以上）があり、男性は M1、M2、M3と年齢別に分類されている。

エルダーマチュア世代⇒ミセス・エルダー

エレクトロニカ［electronica］最近の音楽傾向のひとつで、電子音を特徴とするロック音楽のジャンルをいう。ここからニューレイヴ・などが派生した。エレクトロロックとも呼ばれるほかエレクトロパンクなどのファッションも生んだ。エレクトロニックはもともと「電子の」の意。

エロかわ［erotic ＋かわいい］「エロチックで可愛い」というところからの短縮語。ポップアイドル歌手の倖田來未に象徴される雰囲気を表現した若者特有の言葉で、エロにはセクシーという意味が含まれ、エロチック＆クールという連想から「エロかっこいい」とか「エロかっこかわいい」といった言葉も生まれている。

エンジェラー［angeler］着物リメイクのパンキッシュでオタクテーストのファッションを愛好する若者たちをいう俗称。そうした服や小物を扱う「卓矢エンジェル」という専門店のファンによって始まった現象で、1990年代後半に大阪の店から火が付いたものだが、原宿・竹下通り近くにオープンした東京店の人気で、東京にもエンジェラーたちが登場するようになった。現代の「竹の子族」といった雰囲気が特徴で、マスコミからも注目

されるようになっている。

エンプティーネスターズ［empty nesters］「空の巣に住む人たち」という意味で、現在のアメリカにおけるベビーブーマー世代を指す用語として使われている。おおむね45 〜 63歳（2009年現在）の層が該当し、子供たちが独立したか独立が近づいている世帯を指す。可処分所得が増えて余裕のある行動がとれるようになった裕福な層と見る向きと、子供が巣立って喪失感にさいなまれるエンプティーネスト・シンドローム［empty nest syndrome］（空の巣症候群）に陥った哀れな人たちという相反する見方がある。

エンプティーネスト・シンドローム⇒エンプティーネスターズ

オーバージェンダー［over gender］性差をまたぎ超える、性差越えといった意味で、クロスジェンダーと同義。ファッションにおいては着る人の性別を選ばないデザイン表現といった意味に用いられ、近年のトレンドの一大潮流となっている。ジェンダーミックス（性差の混合）、マルチジェンダー（多様な性差）などとも呼ばれ、かつてのユニセックスやトランスセックスなどに代わる言葉として多く用いられている。ジェンダーは社会的、文化的な意味での「性」を表す。

おかぶり女子［おかぶりじょし］フードをかぶった女の子。スポーツミックス系のメンズライクなやんちゃスタイルのひとつとして現れた新しいファッショントレンドで、2015年冬のホットワードのひとつとなったもの。「フードかぶっちゃう系」といった表現もある。

奥原宿［おくはらじゅく］原宿の裏通りに当たる一帯を「裏原宿」というが、それのさらに裏側に当たる地域を指す。「裏・裏原宿」とも呼ばれ、男の子が中心の裏原宿に対し、ここは女の子を中心的な

現代・若者用語

ターゲットとし、商品単価も原宿の表通りの約3分の1ほどと安く設定しているのが特徴とされる。個性的な女の子たちの隠れた穴場といわれている。

オサレ［──］オシャレの変化形のひとつで、特に他人に恥ずかしいような印象を与えるオシャレ、いわゆる「イタいオシャレ」を指すニュアンスが強い。オッサレー！ともいう。

オジウーメン［oji women］女装を好む中年男性を指して『週刊ＳＰＡ！』が2012年12月4日号誌上で名付けた造語。他にもこれに似た言葉として、オジガール（おじさんぽいファッションを好む若い女の子）やオジボーイ（歳不相応に渋すぎるファッションを好む若い男性）といった表現もある。

オジガール⇒オジウーメン

オジボーイ⇒オジウーメン

オタージョ［──］「オタクな女性」というところから名付けられたオタク趣味な女性を指す俗語。一見すると普通なのだが、実はコミックやアニメなどに没頭している女性というもので、ブログの女王などとして知られるタレントの中川翔子（通称しょこたん）などがその代表とされる。そのほかに婦女子から転じた「腐女子（ふじょし）」というのも、広い意味での女性オタクの一種とされる。

オタギャル［オタ＋gal］見た目はギャルだが、内面はオタクという要素を持つ若い女性を指す。最初『ポップティーン』誌2010年5月号に掲載された「オタギャル急増中」という記事から注目されるようになったもので、それは初音ミク（アニメキャラ）のミニスカスタイルのようなアニメスタイルにギャル要素を盛るロック系女子を指して言ったものだった。最近では「オタGAL」とも綴られ、ギャル文化とオタク文化の融合の象徴ともされ

る。

大人系ギャル⇒ギャル大人

乙女系男子［おとめけいだんし］若い女の子が好むようなものごとにハマる、乙女趣味な性格を持つ男子の意。元々はＴＢＳ系のテレビバラエティー番組『学校へ行こう！』の「みのりかわ乙女団」の中で、乙女チックな嗜好を持つ男子を取り上げたところから生まれたものとされる。最近では、菅野文のコミック『オトメン（乙男）』（白泉社）でつとに知られるようになった。

お姉キャラ［おねえ＋character］「おねキャラ」とも。女性的な言葉づかいをするなど、お姉のキャラクター（女性的な性格）が入っているという意味で、そうした男性タレントのことも指す。華道家の假屋崎省吾や漫画家の山咲トオルなどが代表的で、これで売り出す芸能人やデザイナーたちが多くなっているのも最近の社会現象のひとつ。

お姉ギャル［おね＋gal］「おねえギャル」とも。お姉さんぽいギャルの意。「渋谷109」系ファッションで、2000年に入った頃から登場するようになった大人っぽい雰囲気のファッションや、これを好む女性たちをこのように呼んだもの。こうしたファッションを「お姉系」とも称する。

オネメン［oneeman］オネエ系イケメンを略したもので、外見はまったくのイケメンだが、実はオネエ（ゲイ）である男性を指す。2013年フジテレビ『笑っていいとも！』の企画「オネメンコンテスト」から流行するようになったもので、英文字表記は上記のようになっている。

オバギャル［おば＋gal］いわゆるオバタリアンとギャルの中間に当たる30代の女性を指す俗語で、「オバギャリアン」ともいう。また、オバさんのような格好を

現代・若者用語

した若い女の子をこういうこともあり、若い格好をしたがるオバさんは「ギャルオバ」と呼ばれることになる。さらに若いのに妙に大人ぶった格好をする女の子を「マダムギャル」と呼んだり、いつまでもギャルぶっている30代の女性を「ギャル・サーティー gal 30」と呼ぶなど、この分野にはさまざまな名称がある。

オパール族〔OPAL＋ぞく〕Old People with Active Life の頭文字から作られた言葉で、行動力の旺盛な高齢者を意味する。アクティブシニア*などと同義で、いつまでたっても行動力を失わない元気な老人たちをこのように表現したもの。特にそうした女性は今注目の的となっている。

オモハラ〔表原〕表参道と原宿から作られたもので、2012年4月、表参道と明治通りが交差する神宮前交差点角に「東急プラザ表参道原宿」がオープンし、これに「おもはらの森」とか「OMOHARA STATION」などの言葉を用いたところから、そのあたり一帯を指す愛称として若い人たちのあいだに広まった。ここは元セントラルアパートなどがあった場所で、原宿文化の中心地として昔から広く知られている。これはまたウラハラ（裏原宿）と対照的に用いられる言葉としても注目される。

オヤジ女子〔オヤジじょし〕オジさんのような行動をとる若い女性。ファッション的にもオジさんのような恰好を好む節が見受けられる。「昔オヤジギャル、今オヤジ女子」というように用いられる。2013年春ごろからの傾向。

オラギャル〔悪羅＋gal〕オラオラ系*の女性版とされるギャル。渋谷的な感じでありながら、地方には必ずいるとされる女のコで、セクシー、強そう、可愛いといったイメージを持ち、ファッション的には

ジャージやスエットなどヤンキー調のものを好んで用いるのが特徴とされる。

カービーボディー〔curvy body〕カービー（カーヴィー）は「曲線美の」といった意味で、ここではふくよかな女性の体を表現する誉め言葉のひとつとして用いられている。痩せた体よりも豊満な肉体のほうが美しいとする時代の傾向から生まれたもので、ボディーアクティビスト（肉体活動家）として活躍するプラスサイズモデルのアシュリー・グラハムらによって認知されるようになった。

カーボンオフセット〔carbon offset〕カーボンは「炭素」の意だが、ここでは温室効果ガスとされるCO_2（二酸化炭素）を指し、オフセットは「相殺する、埋め合わせる」の意で用いられる。生活をする上でどうしても出てしまうCO_2の排出量を、その量に見合う削減活動に投資することなどによって、排出される温室効果ガスを埋め合わせようとする考え方を総称する。それを中立の状態に戻そうとすることからカーボンニュートラル〔carbon neutral〕と呼んだり、出すCO_2と吸収されるCO_2のバランスをゼロに保とうとすることからゼロカーボン〔zero carbon〕などとも呼ばれる。

カーボンニュートラル⇒カーボンオフセット

カーボンフットプリント〔carbon footprint〕通称CFPあるいはCF。カーボンはCO_2（二酸化炭素）、フットプリントは「足跡」の意で、生活活動していく上で排出される二酸化炭素などの温室効果ガスの出所を調べて把握することを指す。さらに企業が原材料を調達する段階からA廃棄・リサイクルに至るまでに出る温室効果ガスをCO_2の量に換算し、それを自社の商品に表示する取り組みをいう。つまり、そうしたガスの可視化を意味し、これをカーボンラベリング〔carbon labelling〕とも呼んでいる。元は英国で始められた制度とされる。

カーボンラベリング⇒カーボンフットプリント

ガールズＤＪ〔girls DJ〕若い女性によるＤＪ（ディスクジョッキー）、またそうしたＤＪたちをいう。いわゆるクラブだけでなく、ラグジュアリーブランド系のパーティーやショー、またファッション雑誌などでも活躍が目立つようになり、今やファッションアイコンとしても注目される存在となっている。

ガールズバー⇒キャバクラ

ガールズ文化〔girl's ＋ぶんか〕最近の若い女性たちによって創り出されるさまざまな文化現象を総称するもので、いわゆる「カワイイ文化」と同じ。それはファッション、音楽、アニメ、SNSなどさまざまな分野に及び、いまでは日本独特のポピュラー文化として定着している。

ガイ〔──〕マンバ*の男性版とされる若い男性たちをいう。当初は「マルキュー系ギャル」の彼氏を指したものだったが、マンバのようなヘアとメイクを特徴とするようになって、独特の集団と化した。渋谷センター街の「街」と英語のGUY（男、奴、野郎）を掛けてこのように呼ぶようになったといわれ、その登場は2003年頃とされる。

外人ギャル〔がいじん＋ gal〕外国人のギャル。とくに欧米系の女性で、日本のギャルのような服装を好む人たちを指し、これを紹介したＮＨＫ『カワイイＴＶ』（2010・3・20放映）では、これをわざわざ「Gaijin Gyaru」とテロップで表記した。日本のギャルファッションが外国でも受けていることを示している。

カウンターカルチャー〔counter culture〕カウンターは「反対の、逆の」また「反対、逆、副」といった意味で、一般に「対抗文化、敵対的文化」などと訳される。主流を行く文化に対して、敵対的また批判的な要素を持つ副次的文化を総称し、体制に対する若者たちの「反体制文化」が代表的とされる。

顔ヨガ〔かお＋ yoga〕顔の表情筋をきたえるヨガで、フェイシャルヨガとも「顔ダンス」とも呼ばれる。ヨガの呼吸法やストレッチを採り入れることで、表情筋を刺激し、血行やリンパの流れをよくして、しなやかな弾力を取り戻すことができるという。なによりも顔の表情を作るのが目的とされる。

カッティングエッジ⇒エッジ

かぶり男子〔かぶりだんし〕姿形が他人と同じようになっている若い男性。特に服装がそのようなスタイルになった男子を指すことが多く、無個性の代表的な存在とされる。「かぶる」は「かぶさる」の略。

カレセン〔──〕枯れ専、つまり「枯れた男性専門」の略で、50～60代以上の渋い男性を好きな若い女の子、またそうした性向をいう。「デブ専」や「フケ専」といった新宿2丁目発の流行語から派生したもので、「グレ専」といえばロマンスグレー専門という意味になる。

カワイイ〔kawaii〕21世紀に入り、急速に国際語と化した感のある日本語のひとつ。本来は「可愛い」だが、単に「pretty」の範囲にとどまらず、なんとも愛おしく趣き深いものやことに触れて、思わず誘発される感覚を指す。日本人ならではの繊細な感覚から生まれたもので、現在では好きなもの、よいこと、かっこいいことなど何でもカワイイで済ます傾向もある。クール・ジャパンのテーマとして用いたり、カワイイ文化（日本特有のポップカルチャー）の発信、カワイイ大使の派遣などさまざまな形でカワイイの使用範囲が広がりを見せている。

現代・若者用語

川ガール⇒山ガール

還ギャル［かん＋gal］還暦ギャルとキャンギャル（キャンペーンガール）を掛けてこう呼ばれるもので、60歳になっても若さを失わず、サイズさえ合えば20代向けの洋服でも着てしまうような最近の元気なオバサまたちをいう。多くは1947～49年生まれの団塊世代の女性たちを指す。

ギタ女［ギタじょ］ギターを手にして歌う女性のソロアーティスト。「ギター女子」を略したもので、2014年のポピュラーミュージックシーンに大挙登場したことで、このような言葉が生まれた。アコースティックギターを弾きながらポップスを歌うシンガーソングライターが中心。

ギークガール［geek girl］ギークは最近の英俗語で「人、やつ」の意。ここからいわゆる「オタク」を指すようになった。これはすなわち「オタク少女」の意味になり、最近の日本では80年代の「オリーブ少女」よりは破天荒で、いわゆる「サブカル少女」よりは前のめり感のある21世紀のネット対応型文化系女子を総称する言葉として用いられるようになっている。

キッチュ［Kitsch 独］ドイツ語で「俗悪なもの、まがいもの、きわもの」といった意味。正統に対する異端、本物に対する偽物ということで、1971年頃パリで流行したアンティークルックなど、一般から見て俗悪趣味と見なされるファッションをドイツ語を使ってこう呼んだのが最初とされる。裏返しのユーモアとも解されるキッチュは、アメリカにおいてはキッチュアートという独特の芸術様式も作りだした。

キネマ世代［kinema］生活文化上の世代分類のひとつで、おおむね1935～46年生まれの人たちを指す。この人たちは若いころ映画（キネマ）によく親しんだところから、このように名付けられた。「団塊の世代*」の兄貴分に当たる層で、戦後の若者文化を先導してきたという自負があるのが特徴とされる。

キャバクラ［cabaret＋club］キャバレー（仏）とクラブから作られた和製語で、キャバクラ嬢（キャバ嬢とも）と呼ばれる女性従業員が客の接待を行う風俗営業としての飲酒店をいう。料金が明瞭な時間制となっている点がクラブなどと異なる特徴で、1980年代半ばに登場した新業態とされる。さまざまなタイプがあるが、最近の風俗営業では2006年ごろに登場したガールズバー［girl's bar］にも人気があり、これはバーテンダーや店員のほとんどを若い女の子としたショットバーの一種を指す。

ギャル［gal］本来はgirlのもじりで、「女の子」を指す口語だが、日本では1970年代の初め頃から20歳前後の若い女性を呼ぶ俗語として広まった。現在では低年齢化の傾向を見せ、また若々しい女の子というよりも、女子高生を中心にした不良少女系の女子を指す意味合いで用いられることが多い。茶髪に濃い化粧（ギャルメイク）、超ミニスカといった女の子たちがそれで、そうした女の子たちを指す「ギャル系」などという言葉もよく使われている。

ギャル男［ギャルお］1990年代末ごろから東京・渋谷中心に流行した男性のストリートファッションのひとつ。また、その系統に属すファッションを好む若い男性たちの総称で、元はメンズファッション誌『men's egg』の創刊（1999年）に伴って、同誌が提案したファッションに共感する若者たちを指す。ギャルを対象とする女性雑誌『egg』の男性版であったところから「ギャル男」の名が生まれたもので、

現代・若者用語

「センター GUY」や「裏渋系」「ブラ男」などのバリエーションを生んだが、その基本はアメカジ、お兄系、アウトロー系の3つに絞られる。2013年の11月号で休刊した『men's egg』の話題で再び注目を集めるようになった。こうした若者たちによってもたらされた社会風俗的な動きを「ギャル男文化」と呼んでいる。

ギャル大人［gal＋おとな］ギャル系ファッションを経験しながら20代後半になった大人の女性たち。彼女たちはグラマラスでちょっとエレガントなカジュアルファッションを好むとされ、はやりのセレブカジュアル*にぴったりの層とされる。また大人系ギャル［おとなけい＋gal］というと、現在30歳前後の元コギャル*たちを指す。

ギャル彼［gal＋かれ］ギャル*の彼氏の意。かつて「ギャル男（お）」などと呼ばれていた、いつもギャルの隣にいるような男の子が、2005年頃からはこのように呼ばれるようになったもの。

ギャルサー［gal＋circle］ギャルサークルの略で、galcir と綴る例も見られる。主としてギャル系の女子高生を中心とした女の子だけのサークル団体をいったもので、マンバ*系の〈アンジェリーク〉などさまざまな個性を持つギャルのサークルが2005年、渋谷を中心に登場した。イベントだけを目的にしているサークルは「イベサー」と呼ばれ、こうしたサークルに属している人を「サー人」などと呼んでいる。これにならって母親たちのサークルをママサー［mama＋circle］と呼ぶ。

ギャルファー［gal＋golfer］ギャルのゴルファー、ゴルフをするギャルの意。女子プロゴルファーの人気から、ゴルフを好み、実際にプレイする若い女性が増えて

いることから、そうしたギャルたちをこのように呼ぶ傾向が生まれた。

ギャルファミリー［gal family］結婚して子供が生まれても結婚前の若い感性を失わず、若いころ好きだったギャル向けのブランド服を着続けるママと、同じファッション志向を持つパパとで構成される家族を指す。子供にも好きだったブランドの子供服を着せたがるのが特徴で、マルキュー系世代のファミリー化として注目された。ギャルママファミリーとも呼ばれる。

ギャルママ［gal mama］マルキュー系のギャルファッションで育って母親になった世代を指し、いわゆる「ギャルファミリー」のママをいう。結婚して子供が生まれても結婚前の若い感性を失わず、子供たちにも同じテーストの服を着せようとするところから、「ギャルママ＋キッズ」市場が注目されるようになり、2008年秋冬頃から、こうした家族向けの子供服や雑誌などが登場し、この動きを後押ししようとする傾向が強くなっている。

ギャル文字［gal＋もじ］女子中高生たちの間で使われる携帯電話のメール専用の文字。カタカナやアルファベット、記号を組み合わせたり、文字を分解して用いるなど、普通の大人では理解不可能な表現が多い。自分の工夫で好きなように文字を作れるのが特徴で、仲間同士だけがわかる記号としての意味もある。このほかに「へた文字」などと呼ばれる彼女たち独特の文字表現をいうこともある。

キラー商品［killer＋しょうひん］その分野では群を抜いている商品を指す俗称。並び立つものがないところからの命名。

クアハウス⇒スパ

クィアー［queer］本来は「奇妙な、風変わりな、変な」を第一義とする。現在では一般に「男性同性愛者＝ホモ、ゲイ」の意

現代・若者用語

味で用いられることが多く、LGBTQ のように性的マイノリティーを指す言葉のひとつとされている。クィアー・バッシング（同性愛者迫害）が続くなか、2017年、ロンドンで〈クィアー・ブリティッシュ・アート 1861 ～ 1967〉展や〈欲望、愛、アイデンティティ　LGBTQ の歴史を探る〉展（大英博物館）などが開催されたことは注目に値する。

黒文字系⇒紫文字系

クーガー女［cougar ＋おんな］「肉食系女子」を指す俗称のひとつで、これはとくに若い男子を好む35歳以上の経済的にも余裕を持つ大人の女性をいう。クーガーはアメリカ大陸に生息するアメリカライオンのことで、同様の意味から「ピューマ女」とも呼ばれる。英語でクーガーウーマンともいう。

クール・ジャパン［Cool Japan］アニメーションや J ポップ（ミュージック）、またカワイイ、オタク、ハイテクゲームなどに象徴される今日の日本のポップカルチャーを、海外に向けて総合的に紹介するキーワードとして用いられる言葉。ここでのクールは「冷たい」という意味ではなく、「カッコいい」という意味で用いられているもの。すなわち「カッコいい日本」ということで、21世紀に入って急速に認知度が高まっている。

クオリティーオブライフ［quality of life］「生命の質、生活の質、人生の質」の意で、一般に「質を重視した生活」のこととして用いられる。高度成長期に見られた「量」的な生活志向ではなく、真の生活の豊かさや人間らしさを質（クオリティー）に求めようとする姿勢を示す言葉として用いることが多い。

グラジェネ［――］グランド・ジェネレーション grand generation の略で「G・G」とも表記される。これまでのシニアに代わ

るアクティブなシニア層に向けた新しい呼称のひとつで、もともとは映画『おくりびと』の脚本などで知られる放送作家・脚本家の小山薫堂の提案による。グランドには「尊大な、最上の」といった意味があり、当初はパワフルな団塊世代に向けての新呼称であったというが、2012年4月、大手流通グループのイオンが新しいターゲットイメージとしてこの言葉を使い始めてから広く知られるようになった。

クラバー⇒クラブカルチャー

クラビング⇒クラブカルチャー

クラブＤＪ⇒クラブカルチャー

グラフィティアート［graffiti art］グラフィティは「落書き」の意で、落書きのようなタッチで描かれる芸術表現を指す。1980年代初頭、アメリカのキース・ヘリング（正しくはヘイリング）などによって起こされた新しい造形芸術のひとつで、グラフィティムーブメント［graffiti move-ment］とも呼ばれる。元はニューヨークの地下鉄や建物の壁などにペンキやチョークなどで描いた落書きを、新しい芸術として評価したところから始まったもの。

グラフィティムーブメント⇒グラフィティアート

クラブカルチャー［club culture］クラブ（平板に発音されるのが特徴）は、定型化されてつまらなくなったディスコに代わって1990年代に登場した若者向けの新しい遊び場のことで、ナイトクラブとも呼ばれる。ここから生まれた若者たちの新しい文化を総称し、クラブミュージック［club music］やクラブ DJ［club DJ］などの流行を作り出した。こうしたクラブで思い思いに過ごす遊び方をクラビング［clubbing］とかナイトクラビング［night clubbing］といい、そこに出入りする若

者たちをクラバー［clubber］とかクラブキッズ［club kids］などと呼んでいる。

クラブキッズ⇒クラブカルチャー

クラブ族［club ＋ぞく］夏、海水浴場にやってきて、都会のクラブと同じような行為をする傍若無人な若者たちを指す。2014年夏、神奈川県逗子海岸での音楽や飲酒行為規制の影響で、海水浴場を締め出された若者たちが、近辺の材木座などの海水浴場へ進出するようになってこのような言葉が生まれた。

クラブミュージック⇒クラブカルチャー

グランピング［glamping］ 英語のグラマラス（魅力的な）とキャンピングを組み合わせた造語。自然のなかでホテルのように贅沢な施設やサービスを楽しむことができるキャンプスタイルを指す。手軽に贅沢なキャンプを楽しめるところから、欧米中心に発展してきたもので、日本でも2012年頃から注目されるようになり、そうした施設も増えている。これを楽しむ人たちはグランパー glamper とも呼ばれる。

グリーサー⇒ローライダー

クリーミー系男子⇒ロールキャベツ系男子

グリーン［green］ 本来「緑の、緑色の」また「緑、緑色」の意だが、現代社会ではエコロジーと同義に扱われ、「環境に優しい」といった意味で用いられる例が多くなっている。グリーンプロダクトといえば環境に配慮した製品を指し、グリーンコンシューマーは環境に優しい商品を選択する現代的で賢い消費者のイメージを表す。そうしたデザインを示すグリーンデザインや体に優しいグリーンウール＊といった素材もこれらと同列に属す。

グリーンコンシューマー［green consumer］ ここでのグリーンはエコロジー＊と同義に扱われ、環境に優しい商品を選択する現代的で賢い消費者のイメージを指

す。そうした環境に対する多様な取り組みや情報提供活動のことはグリーンコンシューマリズム［green consumerism］と呼ばれる。

グリーンコンシューマリズム⇒グリーンコンシューマー

グリーンデザイン⇒グリーンプロダクト

グリーンプロダクト［green product］ 環境に配慮した製品のこと。ここでのグリーンは「環境に優しい」という意味で用いられるもので、そうしたデザインをグリーンデザイン［green design］などと呼ぶように、21世紀社会を象徴する大きな流行語となっている。2009年1月に就任したアメリカのオバマ大統領も、その政策のひとつに「グリーン・ニューディール」を掲げている。

クルディスタ［crudista 伊］ イタリア語で「生で食べる人、生食主義」をいう。火を通さないで生の食べ物のみを食べる主義およびそうした人たちを指し、最近の新しい食生活のひとつとして注目される。本来クルードは「生」の意で、ペッシュ・クルード（生魚）とかカルネ・クルーダ（生肉）などの用法があるが、最近では加熱しない新しい料理法を意味するようになっている。そうした火を通さずに仕上げたクルディスタ・ケーキなどもある。

黒ギャル［くろ＋ gal］ 日焼けサロンなどで肌を黒く焼いて魅力的に見せようとするギャルのこと。一般にはエロビデオ業界などでの用語とされ、卑猥なイメージが強いが、2012年12月1日放映のNHK『東京カワイイ★TV』の「TOKYOギャルマップ」の番組中、「渋谷に黒ギャルたちが復活」などと紹介され、ファッション現象としてはおよそ10年ぶりに注目を浴びた。黒肌に派手髪、長いつけ爪などカワイイというより迫力のある強めの女子という特徴が見られる。これに対

して、抜けるように肌の白い美肌系の女
子を「白ギャル」と呼ぶことがある。

クロスジェンダー [cross-gender] 「性を横
断する」という意味で、男性、女性といっ
た性別の交差、あるいはそれを乗り越え
ることをいう。ジェンダーとは社会的ま
た文化的な意味での「性」を表し、別に
トランスジェンダー [trans-gender] と
かジェンダーレス [genderless] とも呼
ばれる。従来使われていたユニセックス
（性の同一）やトランスセックス（性の
超越）などの表現に代わって用いる例が
増えている。

クロスセックス [cross-sex] 「性の交差」
といった意味で、完全に性別を分けて作
られたものを、わざと逆に使用するよう
な性の逆転現象をいう。例えば男性が女
性の服を着たり、女性が男性用化粧品を
使用するといった現象で、現代はこうし
た性の境界線が曖昧になっていく状況
が、特に若い人たちの間でますます強く
なっている。性の相互乗り入れを意味す
る「ユニセックス」とはまた異なる次元
でとらえられている。

小悪魔系 [こあくまけい] 現代の若い女性
をタイプ別に分類したもののうちのひと
つで、可愛くてわがままでセクシーな魅
力をもち、男性を魅了するタイプを指し、
モデルの西山茉希に代表されるという。
これはさらにエビちゃん（蛯原友里）に
見る「プリンセス系」や、超わがままで
贅沢好きな「お姫系」、またその予備軍
である「姫ギャル系」やモデルの山田優
に代表される「キレイ系」、および倖田
來未のような「エロかわ系」などに分け
られるという。

コアリズム [Core Rhythms] ラテン系のダ
ンスをベースにした家庭用エクササイズ
DVD の商品名。激しく腰を振ることで
魅力的なボディーを作ろうとする超セク

シーなエクササイズとされ、2007年に
ブームとなった同種の〈ビリーズ・ブー
トキャンプ〉に次いで、2008年春頃から
人気を集めている。このようなダンスを
ベースにおいたエクササイズは、ダンス
エクササイズ [dance exercise] と総称さ
れる。

ゴー・グリーン [go green] 「環境に優しい
ことをする」という意味。ここでのグリー
ンはエコと同義に扱われている。

コギャル [こ＋gal] 「子ギャル」「小ギャル」
あるいは「高校生ギャル」の略からきた
ものとされ、ギャル＊の予備軍に当たる
女子高生たちを中心としたティーンエイ
ジャーの女の子たちを指す。1992年ごろ
から用いられるようになった言葉で、90
年代後半には茶髪と大人っぽい化粧、ま
た超ミニの制服スカートと白のルーズ
ソックスで街を闊歩する女子高校生たち
をこう呼ぶ傾向が強くなった。同様の感
性を持つ女子中学生たちは、本来のギャ
ルからすると孫に当たるというところか
ら「マゴギャル」と呼ばれ、これまた一
世を風靡した。いわゆる「コギャル語」
を生み出したのもこの世代だが、現在で
は単にギャルと総称されることが多く、
いまだにギャル語などのブームを作り出
している。

こけ女 [こけじょ] 「こけし」を愛好する女
性を指す最近の呼称。こけしにはまる女
子を「こけし女子」と呼び、さらに約め
て「こけ女」となった。30代中心に人気
を集めており、こうした現象は戦前（大
正〜昭和初期）、1960年代の高度経済成
長期に次いで、2010年代からの第3次
ブームにつながっているという。

こじらせ女子 [こじらせじょし] ルックスは
ふつうなのに、内面で女子力が低いと悩
んでいる女性。AV ライターの雨宮まみ
の自伝的エッセー「女子をこじらせて」

から生まれたもので、一連の女子ブームのなかで、「女子」という自意識をもてあます女性たちを総称するようになっている。「モテない系」「負け美女」「喪女(もじょ)」といった同様の表現も見られる。

コスパ [cost performance] コストパフォーマンス*の若者的略語。本来「費用対効果」の意で、「この洋服コスパいいよね」という風に用いる。

コスプレ [cosplay] 漫画やアニメ、ゲームなどの登場人物になりきって扮装すること。元はコスチュームプレイから生まれた造語だが、現在では海外でも浸透してそのままひとつの単語として定着をみた。世界コスプレサミットやコミック・マーケットなどの大規模なイベントも行われている。

コスプレイヤー [costume + player] アニメの登場人物たちの服装を身に着けて楽しむ「コスプレマニア」のことで、単に「レイヤー」と呼ぶこともある。コスプレはコスチュームプレイの略で、これは本来映画における「時代劇」を意味するが、日本ではコスプレと短縮されて、性産業の分野で使われていた。そんないかがわしいイメージを超え、現在ではアニメの熱烈なファンの間で、ごく日常的に用いられるようになっている。コミケ(コミック・マーケット comic market の略)と呼ばれるマンガを主とする同人誌の即売会では、表現の一種としてコスプレが多く見られるようになっている。

ゴプニキ [Gopnik] 2000年代のロシアに台頭した若者集団の動き。英語読みでゴプニックともいう。ゴプニキはロシア語で「ろくでなし、不良」を意味し、丸刈り頭、クラシックなアディダスのトラックスーツ、ツイードのハンチング、先の尖った靴などを愛好し、ヤンキー座りで街角にたむろするのが特徴とされる。

コミケ⇒コスプレイヤー

コンセプチュアルアート [conceptual art] コンセプトアートとも。「概念芸術」と訳され、作品そのものよりも、その作品を提示することによって作者の着想や概念(コンセプト)を伝えようとする芸術表現を指す。いわゆる現代芸術のひとつで、1960年代末から70年代にかけて登場した。

コンテンツ [contents] 本来は「(容器などの)内容物、中身」また「(書物の)目次、記事」という意味だが、最近では特にメディアコンテンツ(情報の内容)の略として用いられる例が多い。すなわち、メディア(情報媒体)が記録、伝達し、人々が鑑賞するためのひとまとまりの情報を指し、音楽、映画、アニメゲーム、書籍、ウェブページなどの制作物に代表されることが多い。

コンテンポラリーアート [contemporary art] コンテンポラリーは「同時代の、同年代の」また「現代の、当代の」という意味で、現代の美術、ごく最近の芸術を総称する。

サイバーパンク [cyberpunk] サイバネティクス cybernetics(人工頭脳学)とパンク*から作られた語で、1980年代から90年代にかけてのアメリカのSF(空想科学小説)から生まれた新形式のひとつとされる。ハイテク社会が進んだ近未来を中心に描いたもので、暴力的な人物やシーンが多く登場するところから、パンクの名が付けられるようになったものとされる。

サイバーポップカルチャー [cyber pop culyure] サイバーはサイバネティクス(人工頭脳学)から派生した言葉で、未来型のコンピューター文化と1960年代のポップアート*などが結びついた新しい動きを象徴する言葉。80年代に登場したサイ

現代・若者用語

バーパンク*が発展した時代感覚用語の
ひとつとされる。

サステイナビリティー［sustainability］「耐
性、防衛力」といった意味で、現在は「持
続可能性」と訳されることが多い。人間
の活動が生態系の中で長期間にわたって
継続されることを指し、一般に「環境維
持の可能性」といった意味に解される。

サバイバル［survival］「生き残ること、生存、
残存」という意味で、アウトドアライフ
*やウイルダネスライフ*における合言
葉として用いられることが多い言葉。サ
バイバルウエアといえばそうした質実剛
健なイメージの丈夫な衣服を指し、サバ
イバルキットといえば非常用の持ち出し
袋や食糧、医薬品などを詰めたセットを
指す。

サバ系ギャル［conservative ＋けい＋ gal］
「コンサバティブファッションを好む女
の子」という意味の俗語。サバはコンサ
バティブ（保守的）を略したきわめて日
本的な表現で、復活してきたニュートラ
*系のファッションを身にまとった女の
子たちをこのように呼ぶようになったも
の。なおこれとは別に、ラメの服を着た
り、ラメ調の化粧を好む女の子たちを、
光りものの魚の「鯖（さば）」に引っ掛
けて「サバギャル」と呼ぶこともある。

サブカルチャー［subculture］「部分文化、
副文化、下位文化」などと訳され、ある
社会や文化の中の「異文化」、またその
集団の行動様式といった意味で用いられ
る。カウンターカルチャー*と同義とさ
れるが、これには伝統的文化に対しての
「裏通り的文化」というところにより大
きな意味がある。略して「サブカル」と
もいい、日本のアニメやコスプレ、オタ
クといった文化がそれに当たるとされ
る。

サロネーゼ［salonese］サロンマダム*と同
義。美容やリラクゼーション、フラワー
アレンジメント、料理、手芸などの教室
を、自宅サロンを開放して主催する女性
たちをいったもので、このネーミングは
雑誌『VERY』の2006年の特集による。

サロンマダム［salon madam］フラワーア
レンジメントやテーブルコーディネート
など自分の趣味を生かして自宅で教室を
開く女性たちを指す。自宅のサロン（広
間、居間）を教室とするところからこの
ように呼ばれるもので、奥様たちのビジ
ネスとして最近注目を集めるようになっ
ている。

三平くん［さんぺいくん］平均的な年収、平
凡な容姿、平穏な性格の三つの「平」を
持つ男子のこと。かつての三高（高収入、
高学歴、高身長）に代わり、いまどき女
子の理想の結婚相手の条件として、2012
年ころから使われるようになっている。
こうした条件を好む女性を「三平女」と
か「三平女子」などとも呼んでいる。

シェア［share］名詞で「分け前、分配、貢献」、
動詞で「分ける、共有する、共にする」
という意味で、マーケットシェア(市場
占有率)などと用いられるが、最近では
ひとつのものを分かち合い共有すること
とか、ひとつのものを何人かで分けるこ
とといった意味合いで用いられる例が多
くなっている。認識に対してシェアする
といえば、共通の感覚を持つといった意
味に解釈される。シェアリング［sharing］
となると「共有すること、共有化」の意
味になり、ワークシェアリング(総量の
決まった仕事の分かち合い)などと用い
られる。

シェアエコ⇒シェアリング・エコノミー

シェアリング⇒シェア

シェアリング・エコノミー［sharing economy］
シェアエコノミーとか単にシェアエコと
も称される。「共有型経済」と訳され、

1152

物やサービス、場所などに関して、多くの人と共有また交換して利用しようとする社会的な仕組みをいう。クルマを個人や会社で共有するカーシェアリングやソーシャル・メディアを利用して行うシェアリングサービスなどが挙げられる。ミニマリストや「断捨離」などと同様の流れにある用語。

シェイプアップ［shape-up］体を美しく整えようとすること。現代人の健康志向から生まれたもので、器具を使っての整体運動や減量などのほかジョギングなども含まれる。英語では一般にワークアウト［workout］と呼ばれることが多い。

ジェットセッター［jet setter］ジェットセットとも。ジェット機で世界を飛び回る優雅な人という意味で、1960年代後半から70年代にかけて用いられた言葉だが、近年いわゆるセレブと同じような意味で用いられて復活している用語。

ジェネリック・シティー［generic city］ジェネリックは「一般的な、共通の、総称的な」という意味で、伝統的な歴史性を欠いたどこにでもあるような大都市をいったもので、日本では「無印都市」と訳されている。元は建築家のレム・コールハースが著書『S，M，L，XL』（1995年刊）の中で述べた概念で、ケータイ文化の進む中、世界の大都市はますますこのような「ネット型社会」の様相を呈するようになっている。

ジェネレーションX［generation X］Xジェネレーションとも。何を考えているのかわからない謎に満ちた未知数の世代ということで、カナダの作家ダグラス・クープランドが名付けた1990年代の若者世代の名称。これのひとつ下の世代はジェネレーションYと呼ばれ、日本ではこれらを「X世代」や「Y世代」と呼んでいる。日本でいう「団塊ジュニア」の前期と後

期の世代に該当する。さらにこの下の層を日本ではジェネレーションZと呼ぶことがある。

ジェネレーションY⇒ジェネレーションX
ジェネレーションZ⇒ジェネレーションX
ジェンダーミックス⇒オーバージェンダー
ジェンダーレス⇒クロスジェンダー

塩顔男子［しおがおだんし］あっさりしていて印象の薄い若い男性をいったもので、「塩系男子」ともいう。かつての「しょうゆ顔」や「ソース顔」になぞらえて命名されたもので、2012年からの流行語となっている。

次世代キャリア［じせだい＋career］おしゃれすることに敏感な感性を持つ30歳前後（2014年現在）の働く女性を指す繊研新聞社の造語。10代でマルキューブーム、青文字カジュアルなどを体験して大人になった世代で、働き出して30歳前後になってもコンサバティブなファッションでは満足できない特質を持つとされる。彼女たちに向けてのブランド開発が盛んになっている。

七分丈男子［しちぶだけだんし］七分丈のクロップトパンツを好んで穿く若い男性を指す俗称。2010年春から急増した。

執事カフェ［しつじ＋cafe］秋葉原で発生したメイドカフェ*の女性版とされる喫茶店の形態で、燕尾服などを着用した執事がお出迎えして、女性客をもてなしてくれるカフエのこと。「執事喫茶」とも呼ばれ、2006年春ごろから、東京・池袋を中心に多く登場するようになった。ここでの合言葉は「お帰りなさいませ、お嬢様」となる。なお執事とは本来、貴人のそばにいてさまざまな用を承る人を指す。

渋秋ギャル［しぶあき＋gal］シブヤ系ギャルとアキバ系ギャルが融合した若い女の子たちで、とくに渋谷に現れたアニメの

要素を採り入れたファッションギャルを指す。マンガの中から登場したような服装を特徴とする。

ジプセターズ⇒ジプセット

ジプセット［Gypset］放浪の民ジプシー（現在はロマ）と、かつてのセレブであったジェットセット（ジェット族）を合成した言葉。アメリカの有名なライター＆エディターであるジュリア・チャプリン女史が2009年に出版した『Gypset Style』という旅行ガイドブックのなかで提唱した概念で、それによると「ワイルドで型にとらわれない放浪者風の気楽な生き方と、ジェット族の洗練さが加味された人たち」をこのように呼ぶという。まさに現代のボヘミアンというわけで、こうした人たちをジプセターズ［Gypsetters］とも呼んでいる。

渋原系［しぶはらけい］渋谷と原宿を合成して「渋原」と名付けられたもので、東京の渋谷から原宿にかけてのストリートから発するワイルド＆セクシータイプのヤングメンズ・カジュアルファッションを中心として立ち上るサブカルチャー*を総称する。かつての「渋谷系」メンズの発展形とされ、基本的に「お兄系*」と同義だが、これは2006年夏頃から使われ始めたもの。単に「シブ・ハラ」とも称される。

シブ・ハラ系［しぶはらけい］渋谷・原宿系の略で、渋谷のギャルファッションと原宿のストリートカジュアルの融合ファッションを指し、抜け感のある古着の扱いにポイントがあるとされる。メンズを中心とした「渋原系*」に続いて2009年春頃から台頭したファッションを、特にこのように使い分けることがある。

しまパト⇒ユニジョ

しまラー［──］ユニクロの「ファーストリテイリング」と並ぶ量販型衣料専門店の雄「しまむら」のファッションにはまった熱烈なファンをいう。いわば「しまむらフリーク」で、「しまラー」とも呼ばれ、こうした人たちは同店の安価な商品だけで全身をコーディネートすることに無上の喜びを見いだすという。2001年春頃から登場したものだが、09年春に至って再び増殖する気配を見せ、これを「しまラー現象」などと呼ぶようになった。なおユニクロの同様のファンのことは「ユニクラー」と呼ばれる。

ジャーク［Jerk］2008年後半からアメリカ・ロサンゼルスを中心に湧き起こった新しいダンスステップの名称。また、そうした新しいストリートカルチャーを指し、こうした動きを「ジャーク・ムーブメント」、これに共感する若者たちを「ジャーキン」とも呼んでいる。彼らのファッションは、ヒップホップのバギーパンツとは対照的にスキニージーンズが中心で、これにブライトカラーとアクセサリーがトレードマークとされる。

ジャーク・ムーブメン⇒ジャーク

ジャイロトニック［Gyrotonic］プリータワーと呼ばれる木製の器具を用いて行うエクササイズ（身体運動）のひとつ。元バレエダンサーのジュリウ・ホバスが1980年代にニューヨークで考案したジャイロキネシスという椅子を使って行うヨガ型のボディワークを元にして発展した全身を動かす運動で、からだの中心である背骨を動かすところからスタートする。ジャイロは「円、輪」、トニックは「調子を整える」という意味で、単なるポーズではなく、流れるように動き続ける運動であるところが特徴とされる。

写ガール［しゃ＋girl］写真ガールの略からきたもので、カメラや撮影好きの若い女性たちを、山ガールや川ガールなどになぞらえて呼んだもの。最近では女子用の

しゃれたカメラも発売されるようにな
り、こうした女性たちの服装を「写ガー
ルファッション」などと呼ぶようにも
なっている。

女子力男子［じょしりょくだんし］女子力の
高い若い男性。料理や家事をことのほか
好み、夏には日傘を用い、トイレには化
粧ポーチを持って行くほど気を配る男子
を指す。いわゆる「女子会」に参加して
も邪魔にならない男性は「女子会男子」
とも呼ばれる。

ジョソコ［──］「女装子」と書いてジョ
ソコと読ませる。趣味として女装を楽し
む若い男性のことで、別に男の子ならぬ
「男の娘（おとこのこ）」という愛称でも
呼ばれる。こうした男性を集めたカフェ
＆バーも登場しているが、これに対して
男装の女子で構成される「イケメン男装
カフェ」という店もある。いずれも2009
年ごろからの東京・秋葉原の新風俗のひ
とつ。

シロガネーゼ［──］東京は港区の白金台
付近に出没するおしゃれな夫人たちを、
ミラネーゼ（イタリアのおしゃれなミラ
ノ人）などになぞらえて、女性ファッショ
ン誌『VERY』が1998年に名付けたもの。
ヨーロッパの一流ブランドを好み、山の
手特有のシックな感覚で着こなすところ
に特徴があり、特に30代女性に好まれる
ファッションとなった。最初は一雑誌の
編集テーマに過ぎなかったものだが、全
国的に認知されるようになり、その後の
「アシヤレーヌ」（芦屋のおしゃれマダム）
などの造語ブームにつながった。

新熟年⇒アクティブシニア

シンデレラ・テクノロジー［Cinderella
technology］女性がテクノロジー（技術）
の革新を活かしてきれいになることをい
う。一般の女の子たちが、低価格な化粧
品を使いこなして可愛くなり、その努力

とメイク技がSNSなどの情報通信によっ
て評価され、シンデレラのように一躍脚
光を浴びることを指す。インスタ映えす
るメイクがそれで、もとはシンデレラテ
クノロジー研究家・久保友香（東京大学
大学院情報理工学系研究科・特任研究員）
の発案による。

スージョ［──］相撲女子の略。近頃の大相
撲人気から生まれたもので、彼女たちは
大相撲や力士たちに詳しく、愛情をもっ
て大相撲人気を支えているとされる。

スーパーリアリズム［superrealism］「超写
実主義」のこと。1970年頃に生まれた美
術運動のひとつで、写真と見紛うような
精密な絵画や、生きた人形のような立体
を表現することなどに代表される。ハイ
パーリアリズム［hyperrealism］とかフォ
トリアリズム［photorealism］などとも
呼ばれる。

スカート男子［skirt＋だんし］スカートを
好んで穿く若い男性たちを指す呼称。略
して「スカ男（スカだん）」ともいい、
2009年春夏ごろから急に多く見かけるよ
うになった。ここでの男子専用のスカー
トのことを「メンズスカート」と呼んで
いる。

スクイーズヨガ⇒パワーヨガ

巣ごもりギャル［すごもり＋gal］外出す
ることが少なく、ほとんどは家のなかで
の暮らしを楽しむ最近のギャルの傾向を
指す。巣ごもりを英語でネスティングと
いうところから「ネスティング・ギャル」
とも呼ばれる。ネット通販やカタログ販
売、ケータリングなどを多用して家のな
かで生活する消費傾向を「巣ごもり消費」
というが、巣ごもりとは巣にこもる雛鳥
の姿にたとえたもので、これは別に「家
なか消費」とか「ウチごもり消費」など
とも呼ばれる。2008年の年末商戦から広
く使われるようになった言葉とされ、こ

現代・若者用語

の影響でパジャマやルームウエアなど部屋着の売れ行きが上昇したという。

スチームパンク［steampunk］スチームエンジン（蒸気機関）が活躍した19世紀の産業革命のころから第１次大戦前までの時代を舞台としたＳＦ小説のジャンルを指す。サイバーパンク＊から派生したＳＦのサブジャンルのひとつで、サイバー（コンピューター、コンピューターネットワーク）の代わりにスチームがテーマになっているのが特徴とされる。ウィリアム・ギブスンとブルース・スターリングによる『ディファレンス・エンジン』が代表作とされる。ここから英国のヴィクトリア王朝風のヘビーメタル＊系復古スタイルを総称するようにもなっている。

ステ女［ステじょ］「ステテコ好き女子」を意味する略語。ステテコの人気が復活して話題を集めているが、こうしたオシャレなステテコを女性も穿くようになってこのように呼ばれることになった。2010年春ごろからの傾向とされる。

ストリートカルチャー［street culture］街の中で自然発生的に生まれる文化現象の総称。ストリートファッション＊などはまさしくその代表的なもので、1990年代以降こうしたファッションが俄然目立つようになってきた。若者たちのパワーがこうした文化を作り上げることはいうまでもなく、特に音楽の流行との関係が無視できなくなっているのが現代的な特徴とされる。

スネップ［SNEP］Solitary Non-Employed Persons の頭字語で「孤立無業者」を意味する。玄田有史・東大教授らが2012年半ばごろから提唱している造語で、「20歳以上59歳以下の在学中を除く未婚者。就業していない。家族以外の人と２日連続で接していない」といった特徴を持つ人を指す。ニート＊に次ぐ新しい概念として注目されている。

スパ［spa］本来「鉱泉、温泉、湯治場」の意だが、現在では主に温泉療法を中心としたエステティックとエクササイズ、ダイエットの施設を指してこう呼ぶことが多くなっている。これにファッショナブルな要素を加えて、さらに現代的にした施設がスパサロン［spa salon］と呼ばれる。最近ではリラクゼーションラウンジやヘアサロン、カフェなどを加えた豪華な都市型複合スパサロンなどと呼ばれる施設が、都会の真ん中に誕生するようになっている。美容に重点をおいたビューティーファーム［beauty farm］やドイツ型のクアハウス［Kurhaus 独］もこの一種とされる。

スパサロン⇒スパ

スピリチュアルフィットネス⇒インナーフィットネス

スポーツフィッシング［sports fishing］スポーツとしての魚釣りのことで、毛鉤（けばり）を用いるフライフィッシング fly-fishing や疑似針（ぎじばり）を用いるルアーフィッシング lure fishing に代表される。ここでは釣った魚を食べるのではなく、再び水に放すキャッチ・アンド・リリース catch and release が原則とされる。

スマートモブ⇒フラッシュモブ

スローイズム⇒スローライフ

スローエイジング⇒ウエルエイジング

スローフィットネス［slow fitness］ロハス＊の流れを背景として注目されてきたヨガやピラティス＊などの静かなフィットネス＊運動を総称する。スローライフ＊にふさわしいエクササイズともいうことができ、これはまたインナーフィットネス＊とも相通ずるものがある。

スローフード［slow food］質の良い食文化

を守り、食の楽しみを知ろうとすること をいい、その土地ごとの特色を生かした 食べ物を大切にしようとする考え方を指 す。元は1986年、ローマへのマクドナル ド進出を機に、北イタリアのブラという 田舎町で生まれた運動で、ハンバーガー などのファストフードへの反対運動とい う意味合いがある。その根本は、土地の 産物であること、素材の質が良いこと、 自然であることの3点で、いわゆる「地 産地消」の精神を旨としている。ここか らスローライフ*といった考えも広がっ た。

スローライフ [slow life] 1980年代後半、 北イタリアに起こったスローフード*運 動に端を発したライフスタイルのあり方 をいう。「早くて安い」ファストフード を拒否した地産地消型のスローフードの 精神に基づいて、もっとゆったりした時 間の流れの中で生活を楽しもうとするラ イフスタイルを指し、これに関連してス ロートラベル（ゆったりした旅）とかス ロータウン（ゆったり暮らせる町）、ス ローウエア（オーガニックな衣服）といっ た言葉が次々と生まれるようになった。 こうした考え方をスローイズム[slowism] とも呼んでいる。

スローンレンジャー [Sloane ranger] ロン ドンのスローン・ストリート界隈に集ま る良家の子女を中心とした人たちを指す 呼称。この周辺には元貴族階級の人々が 多く居住しており、そうした人たちの上 品なマナーや服装が話題となった。パリ の「ベーセーベージェー*」と並び称さ れる存在。

スロトレ [slow training] スロートレーニン グの略。いわゆる筋トレ（筋肉トレーニ ング）の一種で、ゆっくりと体を動かし ながら筋肉を鍛えるトレーニングをい う。基礎代謝が増え、それによって太り

にくい体作りができるとされる。スロー フィットネスとも呼ばれる。

ズンバ[zumba]新しいダンス・フィットネス・ エクササイズの名称。南米コロンビアの ダンサー、振付師のアルベルト・"ベト"・ ペレズによって創作されたフィットネ ス・プログラムのひとつとされ、サルサ やメレンゲなどのラテン音楽にヒップ ホップやフラメンコ、タンゴ、ベリーダ ンスなどの要素が加わっているのが特徴 で、ダンスステップを基本として展開さ れる。最近ではボリウッド（インド舞踊） やJ-POPも加えられている。

清潔男子 [せいけつだんし] 美肌化粧品な どを積極的に用い、人一倍見た目の良さ を気にする男性を指す。美容を重視する 男性は年々増える傾向にあり、リクルー ト社ではこのような若い男性を「綺麗男 （きれお）」と名付けている。若者のあい だではもはや女性と同様の感覚が育って いるようだ。

清楚系女子[せいそけいじょし]ギャルの化 粧や髪型、服装がナチュラルな方向へ変 化したところに現れた清楚なイメージの 女の子たちを指す。雑誌『ポップティー ン』の2013年の特集で組まれたネーミン グから流行語となったもので、「ギャル の清楚化」として話題を集めた。「清楚 系ビッチ」とも呼ばれるが、ビッチは本 来、俗語で「あばずれ女」を指す。

清楚系ビッチ⇒清楚系女子

セレドル [celeb + idol] セレブアイドルの 短縮形。文字通りセレブ*なアイドルを 指し、モデルのマリエなどが代表的とさ れる。これに倣って「ファッション業界 でセレブな魅力を持つ人たちを「ファッ ションセレブ」と呼ぶことがあり、それ にはモデルやデザイナーだけでなく、企 業のオーナーや有名なバイヤー、ジャー ナリスト、コーディネーター、スタイリ

ストなども含まれる。同じようにセレブ
なスポーツ選手は「スポーツセレブ」と
呼ばれる。

セレブ ［celeb］セレブリティー celebrity
の略で、原意は「名声、高名」また「有
名人、名士」。本来は主としてアメリカ
で上流階級やハリウッドの有名俳優な
ど、各分野でのセレブレート（祝福され
るべき）な一流人士を意味するが、日本
では単に「有名でゴージャスな人」を指
して「セレブな人」というように用いて
いる。元々は女性ファッション誌『ヴァ
ンサンカン』が扱って広まったもので、
ゴージャスな雰囲気の「セレブ巻き」（髪
型）や「セレブリーナ」（セレブ嬢）といっ
た言葉も生まれるようになった。昔ハイ
ソ（ハイソサエティーの略）で今セレブ
というのが時代の気分を表している。

セレブヨガ ⇒パワーヨガ

ゼロエミッション ［zero emission］エミッ
ションは「放射、放出、発散」の意で、
企業活動や生産活動で、排出物や廃棄物
を一切出さないようにする仕組みをい
う。

ゼロカーボン ⇒カーボンオフセット

草食系男子 ［そうしょくけいだんし］恋愛
やセックスに対して消極的で、何ごとに
も受身がち、ガツガツしたところのない
繊細なイメージの近頃の若い男性を形容
する言葉。「草食男子」ともいうが、こ
れはそもそもコラムニスト深澤真紀の
ウェブ連載「U35男子マーケティング図
鑑」の中で命名された言葉とされる。こ
れに対し、近ごろの積極的な生き方を特
徴とする若い女性は「肉食女子」と呼ば
れることになる。またマーケティングラ
イターの牛窪恵は、こうした男の子たち
に「お嬢マン」という言葉を与えている。

装飾男子 ［そうしょくだんし］やたらと装
飾過剰なタイプの若い男性。舞台衣装の

ような服装を好む男の子たちを「草食男
子」に掛けて名付けたもので、これから
のファッションはコスプレ化の方向へ向
かうことを示しているかのようだ。「ス
カート男子＊」もこの傾向のひとつとい
える。

ソーシャライト ［socialite］複数形でソー
シャライツとも呼ばれる。2005年頃から
ニューヨークで使われるようになった言
葉で、社交界の中心となる人物像を指
す。上流階級に属し、エンターテインメ
ント性に富む社交界の人々で、チャリ
ティー活動に熱心だったり、社会活動グ
ループに積極的に参加するなどの実績を
持つスーパーリッチな人々やその家族が
こう呼ばれる。セレブ＊に代わる新語と
して登場したもの。

ソーシャルデザイン ［social design］「社会
的なデザイン」という意味で、より良く
暮らすための、誰もが使いやすい商品作
りといった意味で用いられる言葉。ユニ
バーサルデザイン＊の一部として考えら
れており、デザインフォーオール［design
for all］（万人のためのデザインの意）と
いう言葉も同様に用いられている。ここ
では健常者も障害者も区別なく使用で
き、かつおしゃれというのが最大の特徴
とされる。

ソーシャルメディア [social media] インター
ネット上で個人や企業が主体的に情報を
発信するための情報伝達手段を総称す
る。SNS（ソーシャル・ネットワーキング・
サービス）と呼ばれるフェイスブックや
ツイッターなどの会員制交流サイトやブ
ログに代表され、個人と個人、個人と組
織に社会的（ソーシャル）で双方向のつ
ながりを与えるメディアであるところに
最大の特徴があるとされる。

ソーセージパン男子 [sausage pain＋だんし]
肥満気味だが筋肉はしっかりついている

現代・若者用語

大柄系の男性をソーセージパンになぞらえていったもの。草食系のロールキャベツ男子との比較で表現したもので、まわりは筋肉や脂肪でおおわれていて、中身は肉食系の男の子をいう。ふんわりした体形だが、けっしてデブというのではなく、ガッチリしているというところがミソ。

ゾーンセラピー⇒リフレクソロジー

宙ガール[そらガール] 星や宇宙に好奇心を持つ女子。おしゃれ感覚で可愛く宇宙を楽しむ天文趣味の今時女子を呼んだもので、これはもともと総合光学機器メーカー（株）ビクセンの提唱による。

ソリューション[solution] 「解決、解決法、解答」また「溶解、溶液、溶剤」といった意味で、一般に新しい情報システムなどによって行われる問題解決の意味で用いられることが多い。

ソロ充[ソロじゅう] ひとり（ソロ）でも充実した時間を過ごせること、またそうした人を指す。現実（リアル）の生活が充実していることを示す「リア充」の派生語として生まれた言葉で、配偶者や恋人などがいてもいなくても、ひとりの時間を大切にし、楽しむことができるライフスタイルのあり方を示している。インターネット上で、2010年頃に生まれたとされる。

ソロ男[solo＋だん] 「ソロだん」と読む。独身の男性をちょっとポジティブなイメージでとらえて呼んだもの。自立しており、なにものにも縛られず、自由なライフスタイルを楽しむ概ね30代以上の独身男性が代表的とされる。2014年に博報堂が用いたのが最初とされ、同様女性の「おひとりさま」と同じようなニュアンスでとらえられる。

ダイバーシティー[diversity] 「相違、多様性」の意で、多様性が生む活力を示すもの。性別や国籍、人種、宗教、障害の有無などによって、差別・区別されることなく、個々人の差異を尊重して社会に活気をもたらせようとする考え方を指し、これを重視した人材活用に取り組むFB企業も増えてきた。ダイバーシティーマネジメントとかダイバーシティーデザインなどの用法も見られる。

タレントカフェ[talent cafe] グラビアアイドルの卵たちが接客するカフェ。グラビア業界の不況からその対策として生まれたもので、2010年6月六本木にオープンして話題を集めた。芸能事務所が協力し、ファンの拡大にも努めている。

団塊シニア[だんかい＋senior] 「団塊の世代*」と呼ばれる人たちが50代から60代を迎えるようになって、今度はこのような名称で呼ばれるようになったもの。彼らはこれまでの高齢者とはまるで価値観の異なる「高齢新人類」と位置付けられている。また、その夫人たちは「団塊ミセス」と呼ばれ、子供たちは「団塊ジュニア」と呼ばれることになる。団塊ジュニアは1973年生まれを中心に、おおむね1970〜76年生まれの世代とされる。

団塊ジュニア⇒団塊シニア

団塊の世代[だんかいのせだい] 1947〜49年の戦後ベビーブームの時代を迎えた世代を指す。この言葉は作家の堺屋太一が名付けたものだが、彼らが定年退職で大量離職を迎える時代になって、いわゆる「2007年問題」などが噴出するようになり、再び注目される存在となっている。英語でベビーブーマー[baby boomer]ということもある。

団塊ミセス⇒団塊シニア

男子校カフェ[だんしこう＋café] 有名な私立男子高校や海外の寄宿舎付き私立学校のイメージを取り入れたカフェの一種。メイドカフェなどのブームに乗って

現代・若者用語

登場した新奇な形のカフェで、2007年秋、東京・渋谷の「裏原」に突如出現して話題を集めた。「入校手続き」を伴うのも面白い。

ダンシャリアン〔――〕ベストセラーとなった『断捨離（だんしゃり）』（やました ひでこ著／マガジンハウス 2009・12・17発行）の考え方にめざめ、それを実行している人たちを指す。著者のクラターコンサルタントやました ひでこ女史の提唱による言葉で、要らないものを「断」ち、がらくた類を「捨」て、物への執着から「離」れることによって、身軽で快適な生活を手に入れようという考え方を示している。なおクラターとは「暮らす＋ガラクタ」からの造語という。

ダンスエクササイズ⇒コアリズム

チープシック〔cheap chic〕チープは「安い、安価な」という意味。1975年に「お金をかけないでシックに着こなす法」として、アメリカで発刊されてベストセラーとなった若者向けの買物ガイドブック『チープ・シック』から流行語となったもので、シンプルライフとともに70年代中期の若者たちの価値観を代弁する言葉として大流行した。当時と同じような時代背景のある現在、再び流行語としてもてはやされるようになっている。

チープリ〔cheep＋pretty〕チープとプリティーの合成語。「安くて可愛い」という意味で、日本語で「安カワ」とか「安カワイイ」とも表現される。安いけれど可愛いという意味付けで、2006年暮れ頃から女の子向けのファッション雑誌などが使い始めた。

地下アイドル〔ちか＋idol〕ここでの地下はマイナーやインディーズの意味で用いられるもので、テレビや雑誌などメジャーなメディアにはあまり登場することのないアイドルやアイドル的な声優な

どを指す。ライブや撮影会が中心であるところから「ライブアイドル」とも呼ばれ、インディーズレーベルからのＣＤ発売が多いことから「インディーズアイドル」とも呼ばれる。アキバ系アイドルの「ＡＫＢ４８」も元はこうしたライブアイドルから出発した。一方、そうしたライブハウスは地下に多かったことから、こう名付けられたという説もある。ちなみにこうしたアイドルたちのファンが繰り広げるパフォーマンスを「オタ芸」とか「ヲタ芸」などということがあるが、オタ（ヲタ）とはファンを意味する俗語とされる。

チャヴ〔CHAV〕シャヴとも。Council Housed And Violent の略とされる。カウンシルハウスは英国における低所得者層向け公営住宅のことで、そこに住む不良少年・少女たちのことを指す。バイオレントは「乱暴な、ひどい」の意。2008年頃から英国に生まれたストリートスタイルのひとつで、浅めにかぶるキャップの上にパーカのフードをかぶせる恰好から、フーディーズ hoodies とも呼ばれる。偽のバーバリーのシャツやジャージーパンツを好み、その存在は社会問題とも化した。

チャリガール〔――〕自転車好きの若い女性を指す俗称のひとつ。山ガールや森ガールなどになぞらえてこのように呼んでいるもので、とくにファッション性が際立ったおしゃれな自転車ガールを指すニュアンスが強い。ちなみに東日本大震災以後に目立って多くなってきた自転車通勤を「チャリ通」と呼ぶ傾向もある。

ちょい不良オヤジ〔ちょいワルオヤジ〕メンズファッション雑誌の『LEON』が提唱した現代のカッコいい中年男を指すキャッチフレーズ。「不良」と書いて「ワル」と読ませたり、「ちょいモテ」など

1160

の造語で一世を風靡した。この表現は2004年暮れ頃からのことで、それまでは単に「おしゃれオヤジ」と呼ばれるに過ぎなかったが、ここから「レオン世代」といった言葉も生まれ、ちょい不良オヤジ風の男性を「レオンオヤジ」と呼ぶ風潮も生まれた。

チルアウト [chill out] 激しく踊った後のクールダウンといった意味で用いられる言葉で、リラックスなどと同義に用いられる。そもそもは1980年代後半のヨーロッパで、アシッドハウスなどダンスミュージック・ブームの中で、熱くなった体と頭を冷ます目的で、クラブがそれ専用の部屋＝チルルームを設けたのが始まりとされる。そこで流されるゆるいビートの音楽を「チルミュージック」とか「チルアウトミュージック」と呼ぶようになり、現在のブームへつながった。チルは本来「冷やす、冷蔵する、冷える」といった意味で、ここでは「癒やし、冷やし、鎮め」の意味で用いられる。

釣りガール⇒山ガール

ツンデレ [――] いわゆるインターネットスラングによる流行語のひとつで、恋愛における不器用な好意の状況を意味する。始めは「ツンツン」として冷たいが、あるきっかけをもって、急に「デレデレ」してしまう状況の変化から「ツンデレ」と表現するようになったもの。元々は2000年前後頃のギャルゲーのシミュレーションゲームから発生したもので、今では秋葉原の萌え系オタクたちの流行語として用いられる例が多くなっている。ここからシンデレラに掛けて「ツンデレラ」という言葉も生まれた。なお、この男性版として「オラニャン」（始めはオラオラと威張り、後からニャンニャンと甘える）という言葉もある。

デイスパ [day spa] 都心滞在型の日帰り可能なスパサロン*のこと。ストレスケアやビューティーケアなどのトリートメントメニューを中心とするスパサービス施設で、スピリチュアル（精神的）な要素を取り入れたタッチセラピーを行うなど、忙しい都会人のための癒やしの施設として人気を集めている。単なるエステティックサロンとは異なる。

ディゼラシ [Dizelasi] バルカン半島のセルビアで、1990年代に現れた若者集団の動きを指す。ディゼラシはセルビアで1990年代にイタリアのディーゼルのデニムを好む若者たちを呼んだもので、現在ではフィラやカッパのトラックスーツ（シェルスーツ）を基本とするように変化している。

ディンクス [DINKS] double income no kids の頭文字から作られたもので、高学歴・高収入の共働きで、子供をもたず、自分たち個々の生活を大切にしようとする夫婦の形を指す。新しい時代を象徴するライフスタイルとして1987年頃にアメリカから日本に上陸したもので、現在も「少子化時代」の代名詞として用いられることがある。これをもじって DINS [double income no sex]（セックスにあまり興味がなく、夫婦のコミュニケーションにセックスを必要としない関係）という言葉も生まれたが、これは現代のセックスレスの風潮を先取りしている。

ディンス⇒ディンクス

デコデン [――] デコラティブ（装飾的）な携帯電話の意。ラインストーンなどを使って派手に飾り立てた携帯電話を指し、こうした行為を「デコる」と称する。また飾りの多いメールの画面はデコレーションメール、略して「デコメール」（デコメ）と呼ばれる。最近ではこうしたことを専門とする「デコデニスト」と呼ばれるスペシャリストも登場し、彼女たち

現代・若者用語

の技術を「デコレーション・ア・チェンジ」略して「デコチェン」と呼ぶ傾向も表れている。

デコメール⇒デコデン

デコリーナ［decorina］携帯電話やTシャツなどにビーズなどを飾ってデコレーションする（デコ）女性たちを指す愛称。いわゆる「デコ・ブーム」の中心にいる女性たちで、20～30代の主婦やOL、飲食業の女性たちが代表的とされる。ここでは自分だけのちょっとオシャレを演出することがポイントとされている。

デザインフォーオール⇒ソーシャルデザイン

デジタル・ディバイド［digital］コンピューターなどのIT*（情報技術）を使いこなせるか否かによって生じる格差のことで、「情報格差」などと訳される。高速回線サービスが受けられない地域的な格差もある。

デジタルアート［digital art］デジタルコンピューターによる芸術作品およびその制作についていう。「コンピューター生成画像」とも呼ばれ、一般に「デジタル芸術」また「デジ絵」ともいう。フォトレタッチ・ソフトウエアを用いることが多く、デジタルイラストレーションも見られる。

デジタルチラシ［digital ＋ちらし］インターネットのホームページ上のチラシ情報サイト。チラシの情報をそのまま画像データにして、ホームページ上で閲覧させるサービスを指す。新しい広告宣伝のひとつとして注目されている。

デジタルネイティブ［digital native］生まれながらにしてパソコン環境にあり、物心ついたころからインターネットに親しんできた世代を指す。日本においてはおおむね1990年代以降に誕生した世代が相当し、一般にファッションよりもSNS（交流サイト）やデジタル機器によるゲームなどに出費する傾向が強いとされる。

デスメタル⇒ヘビメタ

デテステ⇒ビザール

てへぺろ［――］「てへっ」と笑って「ぺろっ」と舌を出す若者たちの仕草を表したもの。もともとは声優・日笠陽子の持ちネタで、2012年ころから一般化してきた。

トゥイーンエイジャー［tweenager］10歳から13歳までの少年・少女を指す新語。「間」を意味するビトゥイーン between と、「十代」のティーンエイジャー teenager から作られた合成語で、2000年夏に英国のマーケティング業界で使われたのが最初とされる。子供でもなく大人でもないこの層が新しい商品のターゲットとされるようになっており、これは日本でいう「ニコラ世代」（雑誌『ニコラ』の読者層）に該当することになる。

トゥイーンズ［tweens］7歳から14歳までの少年・少女をいうアメリカ生まれの造語。子供とティーンエイジャーの間（between）というところから名付けられたもので、この発案者は『アメリカ・リミテッド』社の〈リミテッドトゥー〉という子供服専門店とされる。英国でいうトゥイーンエイジャー*のアメリカ版といえるが、その年齢層はこちらのほうが少し広く設定されている。

トゥイナー［tweener］between（の間の意）からの造語で、中庸の生活程度でつましくバランスのとれた生き方をする人を指すアメリカでの新語。これはまたヤッピー*以降の新しいライフスタイルを指す言葉としても用いられる。元はアメリカABC放送のビル・オライリーによる造語とされ、これはヤッピーに対する一種のアンチテーゼともされている。

ドクモ［――］「読者モデル」の略。素人のままファッション雑誌に登場するモデルのことで、友達感覚の女子高生モデルなどに代表される。ここから「スー

パー高校生」とか「カリスマ高校生」などと呼ばれる女子高生も誕生した。ゴージャス姉妹として著名な「叶姉妹」も、元は雑誌『ヴァンサンカン』が仕掛けたスーパー読者モデル。最近では主婦モデルや店員モデルなども現れている。

トップガン女子 [Top Gun＋じょし] ミリタリーアイテムを1点取り入れてコーディネートする若い女性のこと。雑誌『日経トレンディ』の2014年ヒット予想のひとつに取り上げられたことから注目されるようになったもので、MA-1ジャケットやハーネス、迷彩柄などとくに米軍に関連したアイテムを用いるのが特徴とされる。トップガンは1987年に大ヒットしたアメリカ映画『トップガン』(1986年製作)からきたもので、本来はアメリカ海軍戦闘機兵器学校を意味する。

トライブ [tribe] 原意は「部族、種族」の意で、軽蔑的に「連中、仲間」といった意味でも用いられる。最近では若者たちに見る独特の集団を「族」の意味でこのように表現する例が多い。

トランス [trance]「恍惚（こうこつ）状態」という意味で、ある種の宗教における特殊な意識状態のこともいうが、ここでは音楽やダンスの世界で使われている若者用語の意味にとる。多彩な電子音を繰り返し用いる音楽（トランステクノ）を大音量で聴かせることによって陶酔感を演出する手法であり、そうしたディスコが2001年終わりごろから人気を集めるようになった。アメリカでいうレイブ [rave]（熱狂的で陶酔感のある踊り狂い）と同じようなもので、これによってディスコは往年の〈ジュリアナ東京〉にも似た活気を取り戻すようになった。なお、こうしたパーティーに参加する若者たちをレイブピープル [rave people] とも呼ぶ。

トランスアダルト [trans-adult] 新しい世代区分を示す分類のひとつで、およそ30歳から34歳くらいの年齢層を指す。これまで「ミッシー」とか「ヤングミセス」などと呼ばれた層と、完全なアダルト層の狭間に当たるゾーンをいい、大人への過渡期に当たる層として注目されるようになった。

トランスジェンダー⇒クロスジェンダー

ナイトクラビング⇒クラブカルチャー

ニート [NEET] Not in Education, Employment or Training の頭文字から作られた略語で、仕事に就かず、学校にも通わず、失業者でもフリーターでもない若者を指す。元は英国で生まれた言葉で、日本では15歳から34歳までの「働いていない若者」を意味することが多い。東大助教授であった玄田有史他による『ニート』(幻冬舎) が出版された2004年7月以降、一躍流行語として知られるようになった。

肉巻きアスパラガス男子 ⇒ロールキャベツ系男子

ニコモ [――] ローティーン向けのファッション誌『ニコラ』のファッションモデルを指す俗語。小学校高学年から中学生までの少女たちを対象とした『ニコラ』は、1997年の創刊以来、この分野のトップを走り続け、ニコモは女子小中学生たちの憧れの存在となっている。

ニッチャー [nicher] ちゃんとした店を持たずに、路上などで古着やアクセサリーなどを売る「すき間商売人」をいう日本的な俗語。本来は「ニッチビジネス」と呼ばれる、市場シェアは小さいが、特定の市場で優位性を獲得した企業などを指すマーケティング用語だが、そこからふざけていうようになったもの。ニッチは「すき間」などと訳されるが、本来は彫像や花瓶などを置く「壁のくぼみ」を表し、「ふさわしい場所」とか「適所」の意味。

現代・若者用語

ニューエレガンス [new elegance] 時代の新しい流れをとらえるキーワードのひとつ。とくに2011年ごろから英国のロンドンを中心に現れた新しい消費スタイルを指すニュアンスが強く、世界的にも注目を集めるようになっている。これまでの高級感やラグジュアリー（贅沢）といった要素が強いエレガンスとは違って、適切な価格で上質なライフスタイルをめざそうとする消費動向が特徴とされる。それを象徴するのが2011年4月29日に英ウィリアム王子と挙式したキャサリン（愛称ケイト）・ミドルトン嬢のライフスタイルとされている。

ニューシニア [new senior]「新しい年長者」という意味で、いわゆる「団塊の世代」を指す新しい呼称のひとつとされる。2004年夏頃から、東京の百貨店が団塊の世代を取り込むシニア戦略の一環として用い始めたもの。

ニュープア [new poor] 本当に貧しいわけではないが、ゆとりを感じることができない人々を指す和製語。ニューリッチ*の対語として登場したもので、相対的に貧困と感じている中流階級層がこれに相当する。

ニューファミリー [new family] 全く新しい価値観を持つ現代の若い家族形態を端的にとらえた用語として、1970年代の日本に登場したもの。本来は60年代後半のアメリカで、ニューライフスタイルを指向したヒッピーたちによって作られた一種の生活共同体を意味したものだが、日本においてはこれが戦中から戦後にかけて生まれた若い親と子供たちで構成される小家族形態を意味するように変化して導入された。「団塊の世代*」の若き頃のライフスタイルを象徴する言葉でもある。

ニューミニマリズム⇒ミニマリズム

ニューヨークヨガ⇒ハリウッドヨガ

ニューライフスタイル [new lifestyle] 従来の社会的慣習などにとらわれることのない、新しいライフスタイルの概念を総称する。これからの快適な生活を示唆する意味で用いられるようになったもので、特に1970年代以降のそれを指すことが多い。日本では「ニューライフ」と略して呼ばれることもある。

ニューリッチ [new rich]「新富裕層」。バブル景気の中で効率的に財産形成をなして小金持ちとなった人たちを指す和製語。またニューシングルと呼ばれる最近の独身者やディンクス*、あるいはカタカナ職業の成功者など、比較的金持ちで精神的にもゆとりがあり、高級品志向を持つ人たちを指す意味でも用いられる。

ニューレイヴ [new rave] 英国発のエレクトロニカ系ロック音楽の一種、また、そこから生み出されたムーブメントの呼称ともされる。もとは1980年代のニューウエイブ・リバイバルから登場したロックのひとつとされるが、2005年、イングランド・ニュークロスで結成されたクラクソンズというロックバンドによって、ニューウエイヴ＋レイヴの造語としてこの名称が誕生した。そのサイケデリックな視覚効果はファッションにも影響を与え、鮮やかな蛍光色を好む「ニューレイヴ・ファッション」としても流行を見た。そのピークは2007年から2008年にかけてのこととされる。

ネオギャル [neo gal] ポスト渋谷ギャルとされる次世代型のギャルのこと。原宿系や海外（特にアメリカ中心）のファッションをミックスした新しいタイプの進化したギャルを指す。原宿ガールの白っぽいメイクでもなく、ガン黒でもないこんがりした健康的な肌を好み、トレンドは流行りのSNS「インスタ（インスタグラム）」

から得るといった特性を持つ。2014年春ごろからの傾向。

ネオ・デジタルネイティブ[neo digital native]1996年生まれ以降の世代をいう。ものごころ着いたころから音楽、映画、ゲーム、アニメなどから無料のコンテンツに慣れ親しんでいる世代のことで、それまでの世代とは消費に対する価値観がまったく異なる層としてネオ（新）の言葉が冠せられたもの。

ネオヒルズ族[neo Hills ＋ぞく]六本木ヒルズを根城としたかつてのヒルズ族*に代わって、2011年ごろから台頭してきた新しい富裕層を指す。アフィリエイトなどIT関係で成功した連中が多いとされる。

ネスティング・ギャル⇒巣ごもりギャル

ネットアイドル[net idol]インターネット上のアイドル。パソコンのホームページやブログなどで個人情報を流すうちにアイドル化してしまった一般の女の子たちをいう。有名人でも何でもないところがミソ。

農ガール[のう＋ girl]農業に関心を持ち、おしゃれな服装で農作業に従事したり、ファッション的な感覚で農産物を販売しようとする女性たちを指す。「森ガール」や「山ガール」「川ガール」などの例にならって、このように呼ばれるようになったもので、2010年秋ごろからの傾向。いわゆるノギャル*（農業ギャル）と同類に属すが、これはギャル感覚ではなくもっと一般的な女性が中心となっているのが特徴とされる。

ノージェンダー[no gender]性差がないことを表す。ジェンダーは社会的また文化的な意味での「性」を表し、男性、女性の差別をことさら強調しない社会的な傾向を示す言葉として用いられる。ユニセックスやトランスセックスと同義で、最近ではクロスジェンダーとかトランスジェ

ンダー、またジェンダーレスなどとも呼ばれるようになっているが、これに「ノー」という言葉を付けることによって、性差にとらわれないことをより強調する意味を持たせている。2015年秋冬シーズン以降のファッショントレンドのキーワードのひとつとして注目されるようになった

ノーティーズ[noughties]西暦2000年から始まる10年間をいう英国での造語。「ゼロ」を表すノート nought から発想されたもので、セブンティーズ（1970年代）やエイティーズ（80年代）などに匹敵する時代の気分が生まれる。これはまた子供を叱るときに大人たちがよく用いるノーティー naughty（行儀が悪いの意）という言葉にも引っ掛けてあるという。

ノギャル[――]「農業＋ギャル」の略語。元ギャル社長として有名な藤田志穂（ＳＧＲ社長）が、秋田県で「農家のこせがれネットワーク」と始めたギャルによる米作りから生まれたもので、それに従事する渋谷のギャルたちがこのように呼ばれるようになった。つまりは「農業するギャル」を指し、これに関連して2010年にはノギャルの漁業版としての「ウギャル」（漁業、魚獲りをするギャル）と呼ばれるギャルたちが登場するようになった。

ノリータ[NOLITA] North of Little Italy の頭文字から作られた言葉で「リトル・イタリーの北」を意味する。「ロフト文化」で知られるニューヨークのソーホーの東外れに出現した地区を指し、しゃれたブティックや飲食店が軒を並べていることで最近、話題を集めるようになっている。

ノルディック・ウオーキング[Nordic walking]もともとノルディックスキーのクロスカントリー選手の夏期トレーニングとして開発されたトレーニング法のひ

現代・若者用語

とつで、専用の2本のポール（ストック）を用いて行うウオーキングのこと。最近のウオーキングブームから取り上げられたもので、とくに高齢者向きのウオーキングとして好まれている。ポールウオーキングとも呼ばれ、このようなスポーツをエクササイズウオーキングとも総称している。。

ノンパラ［non-parasite］ノンパラサイトの略で、パラサイトシングル*の反対語。つまり、親元を離れて自活している、特に30代の女性たちをいったもので、山本貴代著の『ノンパラ』（2001年・マガジンハウス刊）から生まれて広がった。

パークアベニュープリンセス［Park Avenue princess］ニューヨークの高級住宅街と一流オフィスが並ぶ大通り「パークアベニュー」を闊歩するようなセレブ*たちを、羨望を込めてこのように名付けたもの。ヒルトンホテルの3代目オーナーの娘である「ヒルトン姉妹」がその代表とされ、彼女たちは2000年頃から新しいファッションリーダーとして世界中から注目を浴びるようになった。

バーチャルアイデンティティ［virtual identity］モノそのものではなく、本質と外れたイメージや言葉だけが独り歩きして、神格化してしまう現象をいう。直訳すれば「仮想のアイデンティティ（主体性、本質）」。カリスマ的な魅力を持つ人が推薦するだけでモノが売れてしまったり、有名なプロデューサーが手掛けたというだけで曲がヒットするような最近の現象がそれで、消費者はモノではなくイメージを買っていることになる。

パーマカルチャリスト⇒パーマカルチャー

パーマカルチャー［permaculture］生態系に負担をかけることのない自然農法（無農薬有機農業）によって、恒久的に持続可能な地球環境を作ろうとする考え方を

指す。オーストラリアのビル・モリソンとデイビッド・ホルムグレンによって、1979年に提唱された新しいライフサイクル理論で、そのシステムを遂行する人たちはパーマカルチャリスト［permaculturist］と呼ばれる。

バイオメカニクス［biomechanics］生物の構造や運動を力学的に探究する学問を指し、「生体力学」とか「生物力学」などと訳される。たとえば人間の体や筋肉の動きをコンピューターで分析し、競泳用水着の開発に生かそうとする技術などに用いられる。

ハイカルチャー［high culture］ハイエンド（高級な）あるいはハイクラス（上流社会の）のカルチャー（文化）といった意味で、いわゆるポップカルチャー［pop cul-ture］（大衆文化）の反対概念として用いられる言葉。

ハイタッチ［high touch］ハイテク*の対義語。高度な技術が導入されればされるほど、人間の持つ高度な感性や感覚が逆に要求されるようになるものだが、こうした人間的な感触や有機的な温かさを表現する言葉として用いられるもの。ここでは人間的な温もりが何よりの特色とされる。

ハイテク［high-tech］ハイテックとも。ハイテクノロジー high technology の略で、「高度先端技術、高度生産技術」などと訳される。最新の技術を駆使して作られる高機能アイテムに、未来的なイメージの意味で冠せられることが多い。

ハイパー・コーディネーション⇒ミクロ・コーディネーション

ハイパーリアリズム⇒スーパーリアリズム

ハウジングプア［housing poor］派遣社員や契約社員などの雇用を突然切られ、住む家をなくしてしまった失業者たちを指す。2008年秋に起こったリーマンブラ

ザーズ（米）の破産などに象徴される大不況から、住まいの確保に苦しむ新たな貧困層を、ワーキングプア*に倣ってこのように表現したもの。

ハウス⇒ハウスミュージック

ハウスウエディング［house wedding］新しい結婚式スタイルのひとつ。正確には「ゲストハウスウエディング」と称し、豪華な邸宅風の建物で行う結婚式をいう。最近ではホテルや結婚式場で行う結婚式が敬遠される傾向があり、このようなハウスで行う例が増えている。プール付きのリゾート風ハウスというのが最高とされるが、最近ではこれを模した豪華なハウス風の結婚式場が多く登場するようになっている。

ハウスミュージック［house music］1980年代に誕生した新しいディスコ音楽の一種。85年にシカゴのディスコ〈ウエアハウス〉で生まれたのが最初とされ、英国に渡ってブームとなり、単にハウス［house］の名称で若者たちの一大文化にまで成長をみた。ハウスの中でも「アシッドハウス」はネオヒッピー的な過激な表現で知られるが、ソフトなイメージの「ガレージ」や甘い感覚の「テクノ」また「ミニマルテクノ」や「テックハウス」「ディープハウス」といった種類もある。こうした音楽を総称してクラブミュージックともいう。

パギャル［――］見た目はギャルとは思えないが、いわゆるギャルマインドを持つ女子を指す。本来パギャルはギャル漫画家として知られる浜田ブリトニーによるコミック『パギャル』から生まれたもので、中途半端なギャル（なんちゃってギャル）を意味したものだが、電通の社内横断組織「ギャルラボ」による単行本『パギャル消費　女子の7割が隠し持つ「ギャルマインド」研究』（西井美保子著／日経

BP社 2011・11刊）の出版から頭書の意味を持つようになった。ギャルマインドは最近の女子最大の消費トレンドとされ、ここには新しい消費行動を読み解くカギが満載されているという。

バダス［Badass］バッドアス bad ass（たちの悪い奴の意）という米俗語から作られた言葉で、メトロセクシュアル*を全否定した形のもうひとつの男の生き方およびそうした男性像を指す。2004年に書かれたS・K・スミス（米）の『ザ・バダス・バイブル』によって知られるようになったもので、そこには「男は男」とする昔風のマッチョな男性像が描かれている。オレ様流の自由奔放な生き様というのがそれで、日本の「オラオラ系*」にも通ずる古めかしい男の美学が特徴とされる。

ハタヨガ⇒Aヨガ

バックトゥネイチャー［back to nature］「自然に返ろう、自然を見直そう」といった動きを総称する言葉。1960年代後半のヒッピームーブメントやアースムーブメント*辺りから顕著になってきた社会現象のひとつで、これらは物質文明万能の社会からの離脱を表していた。「自然回帰志向」などとも訳され、バック・トゥ・ジ・アース back to the earth とも呼ばれる。

バックパッキング［back packing］バックパック*と呼ばれる大きめのリュックの一種を背負い、荒野を渡り歩くアウトドアスポーツを指す。バックパックの中には、一人の人間がある期間、何の助けがなくても生きていけるよう、必要最低限の生活用具が詰め込まれている。いわばサバイバルゲームというわけで、1970年代のアウトドアライフのブーム時に流行した。こうした行動をとる人をバックパッカーという。

現代・若者用語

ハッピーエコ［happy eco］エコロジー*を
これまでのように肩肘張った難しいこと
と考えないで、もっと自然に楽しくとら
えようではないかという考え方を指す。
原色調の明るい色を取り入れたり、楽し
いデザインでものづくりするといったこ
となどで、エコを特別視する時代は終
わったというのがその趣旨。

ハナコジュニア世代⇒ハナコ世代

ハナコ世代［Hanako＋せだい］生活文化上
の世代分類のひとつで、かつて雑誌
『Hanako』が創り出した「ハナコ族」と
呼ばれる女性たちが属する世代を指す。
おおむね1959～64年生まれに当たる。
彼女たちは若い頃にDCブランド*やイ
ンポートブランドなどファッションの洗
礼をたっぷり浴びてきただけに、いつま
でたっても好奇心が旺盛で、自分なりの
消費を楽しもうとする傾向が強いのが特
徴とされる。また彼女たちの子供が構成
する世代を「ハナコジュニア世代」と呼
ぶことがある。

パフォーマンス［performance］「実行、成就、
動作」また「公演、上演」などさまざま
な意味があるが、一般に芸術家が体を
使って行う芸術的な表現をいう。1970年
代に始まった芸術表現のひとつで、パ
フォーマンスアート［performance art］
とかパフォーミングアート［performing
art］などとも呼ばれる。60年代に登場し
たハプニング［happening］（偶発的な出
来事の意）という芸術行為の発展形とさ
れることもある。

パフォーマンスアート⇒パフォーマンス
パフォーミングアート⇒パフォーマンス
ハプニング⇒パフォーマンス
バブルジュニア［bubble junior］1980年代
の「バブルの時代」に青春期を過ごした
親たちの子供に当たる層。ファッション
やブランド情報に詳しい親たちは子供の

服装にも気を配り、なおかつ少子化傾向
から「6ポケット」（親と祖父母の6つ
の財布）といわれるほど潤沢な資金源を
持つ彼・彼女たちは今、ファッション市
場の大きな核に育っている。

パラサイトシングル［parasite single］パラ
サイトは「寄生虫、寄生物」という意味で、
「居候（いそうろう）、食客」の意味もあ
る。ここから、学校を卒業して就職して
も親元から離れない未婚の子供たちを
いったもの。出所は東京学芸大学助教授
だった山田昌弘著『増殖する寄生シング
ル』（1999年3月刊）からで、同年9月
刊の同著者の『家族のリストラクチャリ
ング』でこれがカタカナ化されて急速に
広まった。そうしたOLたちを「パラサ
イトOL」、男たちを「自宅ボーイ」と呼
ぶ言葉も生まれた。

原宿ガール［はらじゅく＋girl］いわゆる「渋
谷ギャル」と対比させて用いられる言葉
で、2010年ころから変化を見せてきた原
宿を代表する女の子たちを総称する。渋
谷ギャルが好むヒールの靴ではなくス
ニーカー、巻き髪ではなく前髪パッツン、
ナチュラルメイクが好きでスポーティー
なイメージ、カジュアルな格好に丸帽を
かぶるといった女の子が多く見られ、そ
の代表的な存在が〝きゃりーぱみゅぱ
みゅ〟とされている。

原宿女子［はらじゅくじょし］平成生まれで、
2014年現在、10代後半から20代半ばにあ
る若い女性で、特に東京・原宿に立ち寄
ることの多い人たちを指す。当今流行り
の「○○女子」「○○男子」になぞらえ
て命名されたもので、彼女たちは「ゆと
り世代」とか「さとり世代」などとも呼
ばれ、何かを介して誰かとゆるくつなが
る「ゆるつながり」を特徴にするといわ
れる。2012年10月には同名の『原宿女子
（略称、原J）』という雑誌も創刊され、

これは「原かわマガジン」とも呼ばれている。

パラソル男子⇒日傘男子

ハリウッドヨガ [Hollywood yoga] きれいなボディーラインを作るのに効果があるとされる「美容ヨガ」の一種。2003年秋頃からハリウッドのセレブたちに好まれたところからこのように呼ばれるもので、日本でも注目されるようになった。こうしたヨガにはニューヨークのセレブたちが好むニューヨークヨガ [New York yoga] やマットを用いるマット・ピラティス [mat pilates] といったものもあり、ダイエットとシェイプアップ*を目的としたヨガは大変なブームとなっている。

ハルプシュタルケ [Halbstarker 独]1950年代のドイツ、オーストリア、スイスに現れた反体制的な若者グループ。ハルプシュタルケはドイツ語で「ちんぴら、突っ張り少年」の意で、そうした非行青少年たちを総称する。当時アメリカで人気となったジェームズ・ディーンやマーロン・ブランド、エルヴィス・プレスリーたちに感化され、グリーシーヘアや革ジャンなどを好んだ。労働者階級の若者たちが中心で、後にはそうした若者文化全般もこの言葉で表すようになった。

バレエ・ビューティフル [ballet beautiful] 略して「バレビュ」とも。バレエを応用したエクササイズのひとつで、バレエエクササイズと同じだが、これは特にアメリカの元バレリーナであるメアリー・ヘレン・バウアーズによって考案され、モデルのミランダ・カーや女優のナタリー・ポートマンが実践したことで知られるようになったもの。効果的な有酸素運動ができるとして注目されている。

バレエエクササイズ [ballet exercise] バレエの基礎練習を土台とする体の鍛錬法で、ニューヨーク生まれのエクササイズ（運動）のひとつとして人気となった。これと同じようにボクシングの基礎練習を土台とするエクササイズは、ボクササイズ [boxercise] とかエアロボクシング [aero-boxing] などと呼ばれ、これまた人気を集めている。

パワーヨガ [power yoga] ハリウッドヨガ*の一種で、力強い体作りを目的とすることからこのように呼ばれる。ほかに40度を超える蒸し暑い部屋で行うホットヨガ [hot yoga] や脂肪燃焼に効果的なスクイーズヨガ [squeeze yoga]（水分などを搾り取るの意から）などもあり、こうしたハリウッド系の有名女優好みの最近のヨガは、一般にセレブヨガ [celeb yoga] と総称されるようになっている。

晩嬢 [ばんじょう]「晩期のお嬢」の意で、30歳過ぎの未婚のお嬢さんを指す俗称。ずっと実家にいるというのも特性のひとつで、最近の晩婚化の傾向を象徴する言葉とされる。

バンバ [――] マンバ*の上を行く渋谷系ギャルのこと。オレンジや黄、紫、赤など原色調の服を好み、外人ぽく、いかつい雰囲気を特徴とする。パラパラ（集団で踊るダンスの一種）が好きで、路上で集団で踊るのも特徴とされる。2006年春頃から登場したもので、彼女たちは昔のヤマンバ*にあこがれを持っているという。

ピアプレッシャー [peer pressure]「仲間から受ける圧迫」という意味で、仲間外れにされることを極端に恐れる現代の、特にジェネレーションY*と呼ばれる若者たちを指す代名詞として用いられるアメリカでの用語。これは悪い意味で用いられているのではなく、新世紀の主役としての期待も込められての命名ともされる。この世代は別にエコブーマー [eco boom-er]（エコロジーブームの扇動者の

現代・若者用語

意）とかミレニアムジェネレーション［millen-nium generation］（千年紀世代の意）などとも呼ばれる。

ビーチヨガ [beach yoga] 潮風を感じながら浜辺で行うヨガ。海に向かって身体と心を解放しようとするもので、2015年から神奈川県葉山の浜辺で行われるようになり、多数の人々が参加している。

ヒーリング ［healing］「治療する、癒やす、回復する」といった意味で、今日では「心の癒やし」という意味で多く用いられる。心を和ませてくれるヒーリングアートやヒーリングミュージックといった用法があり、ファッションにおいてはハーブなどを繊維に織り込んだヒーリング素材といったものが見られる。

ビオトープ ［biotope］ 元々はドイツの生物学者ヘッケルが1世紀ほど前に提唱した言葉で、特定の地域に元来そこにあった自然風景を復元させることをいう。現在では安定した生活環境をもつ動植物の生息空間を意味することが多い。ちゃんとした水槽で魚を飼育するのもこれのひとつ。

美おやじ [びおやじ] 外見を磨いて魅力的に見せようと努めている中年男性を揶揄する言葉。脱毛や頭髪などの美容のほか、服装などで美しい外見を追求しているおやじたちを指すもので、これによってビジネスチャンスを増やそうとする狙いがあるとされる。

日傘男子 [ひがさだんし] 日傘を好んで用いる男性のこと。「パラソル男子」とも呼ばれる。熱中症防止の目的で用いるものだが、本来女性用のものであった日傘を男性も用いるようになってこうした言葉が生まれた。2007年にも「男の日傘ブーム」があり、2010年に「日傘男子」の呼称が登場しているが、2013年の猛暑で百貨店の品揃えが倍増し、その夏ブームと

なった。

ビザール ［bizarre 仏］「奇怪な、奇妙な」という意味のフランス語で、ドイツ語のキッチュ*と同じ感覚で用いられる流行語のひとつ。同類の言葉にデテステ［détes-ter 仏］もあるが、これには「嫌う、憎む」また「気持ち悪い、悪趣味の」という意味がある。

ビジュアル系⇒イケメン

美ジョガー ［び＋jogger］「美人ジョガー」の意。ジョギングやランニングのブームのなかで登場してきた女性ランナーのうち、とくに美女のそれを指すもの。ファッション的にも優れたスタイルを持つのが特徴とされる。

ビタ男 [ビタお]20代男性向けのセレブカジュアル系雑誌『ＢＩＴＴＥＲ（ビター）』（大洋図書 2012年3月創刊）の影響を強く受けている男子。いわゆるオラオラ系の一歩先を行くアウトロークロージングを中心に構成されており、センスと色気を求めるのが特徴とされる。ストールの「ビタ男巻き」などの着こなしも紹介している。

ヒップホップ ［hip-hop］ 大文字でHIP-HOPとも表記される。1980年代のニューヨーク、サウスブロンクスに発生したとされるアフリカ系アメリカ人を中心とするストリート文化の総称。ブレイクダンス、ラップ音楽、スクラッチDJおよびグラフィティアート*を特徴とし、90年代のいわゆるクラブカルチャーを醸成したが、現在では広くアフリカ系アメリカ人たちのライフスタイル全般を指す言葉としても用いられるようになっている。そもそもヒップホップという言葉は、黒人たちの文化運動全般を指すとされ、70年代後半から使われている。

ビデオジョッキー ［video jockey］ 通称VJ。最近の若者たちの遊び場となってい

るクラブやディスコなどで、ビデオなどの映像を自在に操作して雰囲気を高めるスペシャリストを指す。VJはまたビジュアルジョッキー visual jockey の略ともされ、ともにクラブDJ（楽曲を選択して紹介する人）に倣って作られた言葉で、時代の花形職業として人気を集めている。

美白男子［びはくだんし］日焼けや紫外線を嫌い、白い肌を守ることに懸命な若い男性。日に焼けた肌は男性的という考えにとらわれず、美肌系化粧品を積極的に用いるなど美意識の変化が生み出した最近の傾向。

美魔女［びまじょ］40代女性を対象とした月刊誌『美STORY』（光文社）が提唱する美しい大人の女性像を指し、外見の美しさと知的な美しさを両立させている魅力的な大人の女性を意味している。「国民的"美魔女"コンテスト」も開催され、いまではすっかり一般化している。

美ママ［びママ］美しいママ、きれいなママの意で、とくに10代で妊娠してママになったそうした人たちを指すニュアンスが強い。いわゆるギャルママと同義で、これはもともとファッション情報雑誌『I LOVE mama』（インフォレスト社）から生まれたとされ、2010年ころから用いられている。ママサー（ママサークル）を結成するのも特徴のひとつとされる。

美眉男子［びまゆだんし］眉のカットやメイクに強いこだわりを示す若い男性。男性専門の眉ケア店ができたり、男性用の眉ケアグッズ「メンズアイブロー・テンプレート」（貝印）が人気になるなど、2013年ごろから男性の眉に対する関心が高まってきた。

姫OL⇒姫ギャル

姫ギャル［ひめ＋gal］姫系ファッション*（姫ファッションとも）に身を固めて、

まるでお姫様のような雰囲気を表現している若い女の子。金髪の巻き髪が特徴で、「お姫系」とも呼ばれる。こうしたOLは「姫OL」と呼ばれ、さらに超わがままで贅沢好きな母親は「姫ママ」と呼ばれる。

姫ママ⇒姫ギャル

ビューティーファーム⇒スパ

ピューマ女［puma＋おんな］⇒クーガー女

美容男子［びようだんし］基礎化粧品を使ったり、脱毛などの美容にも気を遣う最近の若い男性を指す。まさに女性顔負けのこうした男性が増える傾向にある。

ピラティス［pilates］正しくはヨガピラティス［yoga pilates］。インド伝統のヨガと、ダンサーの基礎トレーニングであるピラティスを取り入れたインナーフィットネス*型のエクササイズ（運動）。ピラティスはドイツ人ジョセフ・ピラティスが20世紀初頭に考案したエクササイズの方法で、精神と肉体の両方をトレーニングして、体の内側から美しくしようとする、まさしくインナーフィットネスとしての運動をいう。これをマドンナやキャメロン・ディアスらアメリカの有名人が取り入れて大ブームとなった。日本でも2003年からブームを巻き起こした。

ヒルズ族［Hills＋ぞく］六本木ヒルズ、通称「六ヒル」に巣食う人たちを指し、いわゆる「勝ち組」の象徴とされる。IT*企業家として成功した人が多く、「ヒルズ世代」とも呼ばれ、外国でも Hills Tribe（ヒルズ・トライブ）などと称されている。いわば IT エグゼクティブ。

ピンク男子［pink＋だんし］ピンク色の服装を好む男性をいう俗語。積極的にピンクの服を着たり、小物を持つ男性が増加しているところから、「カープ女子（広島カープ好きの女性）」や「相撲女子（大相撲好きの女性）」など最近流行りの呼

称に合わせて、このように呼ばれるようになったもの。

ファインアート [fine art] 絵画、彫刻、建築などの美術・芸術の総称。ファインは「立派な、美しい、素晴らしい」といった意味がある。

ファスト世代 [fast＋せだい] いわゆるファストファッションを好み、安くてカワイイおしゃれを求める若い低所得者層を総称する。格差社会が生んだ社会現象のひとつといえるが、こうした人たちはただ安いだけでは食指を動かさないという特質を備えているといわれる。

フィジカルフィットネス⇒フィットネス

フィットネス [fitness] フィジカルフィットネス [physical fitness] の略で、「心と体の調和」が原義。そうした目的のために行うさまざまな肉体運動も指し、これは特にフィットネススポーツ [fitness sports] などと呼ばれる。エアロビクス [aerobics]（有酸素運動）や各種のエクササイズ [exercise]（練習、運動、体操の意）が代表的。

フィットネススポーツ⇒フィットネス

フィットネス・タイチー [fitness TaiChi] タイチー（ダイチーとも）は「太極」を表す中国語で、太極拳をベースとして考案されたフィットネス運動のひとつ。深い呼吸法と流れるようにゆったりとした美しい動きを特徴とするもので、心と体の一致を追求して心をほぐし、デトックス効果も発揮して痩せやすい体を作るのにも役立つとされる。ビリーズブートキャンプ（2007年）やコアリズム（2008年）に次ぐフィットネスとして2009年から人気を集めるようになった。

フィランソロピー⇒メセナ

フーディング [fooding] フード（食べ物）とフィーリング（感性）を合わせた造語。

ただ食事を楽しむだけでなく、凝った内装の店内にDJブースを配して音楽や映像を提供したり、空間そのものをファッショナブルに演出するなどして料理を楽しもうとすること、また、そのような、レストランなどをいう。元はパリ生まれとされ、日本では2002年春ごろからフーディングをコンセプトとするレストランが誕生している。「おしゃれな時間」を演出して、「おしゃれな料理」を五感で味わうのが、ここでの最大の楽しみとされる。

フードニング [foodening] フード（食べ物）とガーデニング（庭仕事、園芸）から作られた合成語。自宅マンションのベランダなどの限られたスペースで、ハーブやミニトマト、ゴーヤ、キュウリなどの食用植物を育てる家庭菜園を指す。別にプチ・ガーデニングとかベランダガーデニングなどとも呼ばれる。

フープエクササイズ [hoop exercise] フラフープを用いて行うエクササイズ。フラフープは1958（昭和33）年に大流行を見たが、これを健康な体作りに役立てようということで、2009年ごろから再び注目を集めるようになっている。

フェミ男 [feminine＋お]「フェミお」と発音される。フェミはフェミニン（女の、女らしい、女々しい）から来たもので、女性の服を好んで着用し、男とも女ともいえないような格好をする男の子をいう。オカマのようなというところから、これを「カマ男」ともいう。1993年頃から目立ち始めた傾向で、こうした女性化志向の男の子たちは年々増加する気配を見せている。

フォトリアリズム⇒スーパーリアリズム

プチ・ガーデニング⇒フードニング

仏女 [ぶつじょ] 仏像をこよなく愛する女性たちを指す呼称。奈良・興福寺の阿修

羅像が好きな「アシュラー」と呼ばれる女性たちに代表され、彼女たちは「仏像ガール」などとも呼ばれる。鉄道好きな「鉄子」や歴史好きな「レキジョ」たちと同列の女性たち。

ぷに子［ぷにこ］ぽちゃカワ（ぽっちゃりしてカワイイ）な感じの肥満系女子について、女性ファッション雑誌の『CanCam』が名付けた愛称のひとつ。やわらかそうな丸みを帯びた体形と、ぷにっとした弾力性のある肌の持ち主であるところからの命名とされる。こうしたぽっちゃり型女性をターゲットとして、2013年に創刊された雑誌『ラ・ファーファ』は、これに「マシュマロ女子」の愛称を当てている。このマシュマロは本来「ふわモコアイテム」の意で、ふんわり感のあるコーディネートや甘口のファッション表現を表していた。

フラッシュモブ［flash mob］EメールやSNSなどを介することによって不特定多数の人たちが突如集合し、街中や公共の場所で歌ったり踊ったりするなどバカ騒ぎをして、また即座に解散する行動を指す。もともとはアメリカで貧富の差を糾弾する目的で街路を占拠した「オキュパイ（占拠せよ）」というパフォーマンスから始まったとされる。また携帯電話やスマートフォンで集まるそれを「スマートモブ」とも呼んでいる。モブは「群衆、大衆、暴徒、野次馬」の意。

フラリー女子［フラリーじょし］仕事を早く終えてもまっすぐ家に帰らずフラフラしているサラリーマンを「フラリーマン」と呼ぶのに対し、その女性版をいう。ストレス解消のためにひとりで居酒屋に寄る、カラオケに入るといった行動をとる女性の勤め人を指す例が多い。

ブランドカフェ［brand café］いわゆるラグジュアリーブランド＊の直営店が経営するカフェ（コーヒールーム）をいう日本的な俗称。

ブランドムック［brand mook］出版社が発行するアパレルブランドを扱ったムック（雑誌と書籍の中間体裁本）。とくに有名なデザイナーブランドをひとつだけ1冊丸ごと特集するのが特徴で、ユニークな付録が付くのも特徴とされる。宝島社の手掛けるそれが、2009年から大ヒットとなった。ブランド側からの広告を得ず、販売収入のみで成り立っているのも大きな特徴。

フリーペーパー［free paper］無料で配布される新聞のこと。「無代紙、無料新聞、広告新聞」などとも呼ばれ、制作費、紙代、印刷費などのすべてを広告料で賄うことにより無料配布を可能としている。

プリチープ［pretty but cheap］プリティー・バット・チープを短縮させたもので、安くてカワイイものやそうした現象（こと）を指す。日本語でいう「安カワ」と同じ。

ブリットポップ［Brit pop］英国のポピュラーミュージックの意。特に1990年代に登場してきたオアシスやブラーといったビートルズ風のサウンドを特徴とするグループが作り出す音楽をこのように総称する例が多い。

プリミティブアート［primitive art］「原始美術」の意。プリミティブは「原始の、原始的な」また「素朴な、幼稚な」といった意味で、未開民族の造形美術や原始的または素朴な色彩の強い美術・芸術を総称する。

プリンセス・パン［princes Pan］心は乙女のままなのだが、気が付いたら40歳前後になっていた独身の女性を、永遠の少年の物語「ピーター・パン」になぞらえて表現したもの。元はアメリカのジャーナリスト、トレイシー・マクミランによって命名されたもので、本来は「すきのない

着こなし、だれもが夢見るような仕事を持ち、17歳から77歳までの男性をとりこにする、夫や子供を必要としない女性」と定義されている。

ブリンブリン［bling-bling］2004年春頃から欧米中心にはやり始めた若者俗語で、「ひぇー、カッコいい！」といった意味でよく用いられる。元々はヒップホップ系のファッションから来たスラングとされ、派手で高級なジャージーなどギラギラ輝く光りもののイメージを表したものという。

フルーガリスタ［frugalista］フルーガル（質素な、つましい、倹約して）とファッショニスタの合成語。不況のなかで倹約していてもファッショニスタ（おしゃれを積極的に表現しようとする人）であろうとする人たちを、2008年秋ごろからこのように呼ぶようになっている。リセッショニスタと同義に扱われる。

フルーガルシック［frugal chic］フルーガルは「質素な、つましい、倹約して」の意で、リセッションシック※と同義に扱われる現代的な流行語。とくに2008年秋のリーマン・ブラザーズ・ショック以後、多く用いられるようになった。倹約しつつもおしゃれを楽しもうとする態度を示す。

ブレイクダンス⇒Ｂボーイ

プレティーン［preteen］「ティーンエイジャーの前」という意味から名付けられたもので、小学校高学年から中学生にかけての世代をいう。より正確にいえばサーティーン（13歳）より前の年齢層ということになるが、ここでは14～15歳くらいまでの少年・少女たちを含んでこう呼ぶことが多い。この年頃のファッション消費が活発なところから、業界で2002年ごろからこのように呼び始めたもの。

プレパパ⇒プレママ

プレママ［premama］プレは「前の、先の」を表す接頭辞で、これから母親になろうとしている人を指す。同じように父親になろうとしている人はプレパパ［prepapa］と呼ばれる。いずれも最近の親になる直前の若い人たちを意味する新語として用いられる。

プレミアムフライデー［PREMIUM FRIDAY］月末の金曜日は仕事を早めに終えて、豊かな時間を過ごそうという官民一体の新しい取り組みをいう。通産省などから推奨されたもので、2017年2月24日から始まった。「プレ金」などの通称でも呼ばれる。

ブロギャ［──］ブログギャルの略。ブログ（ウェブログの略）を開設して楽しんでいる若い女の子のことで、とくに人気のブログを持つそれは「カリスマブロギャ」と呼ばれる。アメリカのタヴィ・ジェヴィンソンなどはさしずめその代表的存在。

プロジェクション・マッピング［projection mapping］AR（Augmented Reality＝拡張現実）技術のひとつで、プロジェクター（投影機）を使って、建物の壁や物体などに映像を映し出し、映像と現実を重層させることをいう。東京駅舎に映し出したものなどで知られるが、最近ではイベントやアート、教育などさまざまな場面で多く用いられるようになっている。

プロシューマー［prosumer］プロデューサーとコンシューマーから作られた語で、賢くなった最近の消費者を指す。元はアメリカの経済学者アルビン・トフラーが著書『第三の波』の中で提唱した、創造性の強い消費者の意味。

フロッガー［Flogger］2000年代以降、南米アルゼンチンのブエノスアイレスに生まれた若者のダンスカルチャーグループ。ロ

ンドン発のエモやグラムロック、また
ニューレイヴなどを融合させたもので、
蛍光色のＶネックＴシャツやスキニーパ
ンツを好むのが特徴。フロッガーには「鞭
打つ奴」の意味がある。

プロボノ [pro bono] ラテン語の pro bono
publico（公共善のためにの意）を語源と
するもので、さまざまな分野の専門家が
持つ専門知識や技能また経験を活かして
社会に貢献するボランティア活動、およ
びそれに参加しようとする専門家そのも
のを指す。もともとは低所得者向けの弁
護士による無償の法律相談などを意味し
たが、最近ではこれまでの単なる寄付や
ボランティアだけではない進化した社会
貢献活動やそのシステムなどを広く意味
するようになって、社会的に注目される
ようになっている。

ベイグル女[ベイグル＋にょ]ベイグルは「ベ
イビー」と「グラマー」の合成による俗
語で、顔は子供みたいに可愛いのにグラ
マーな体つきの女性を意味する。つまり
エロさと童顔が同居する女性のことで、
2011年、韓国で流行語となったもの。こ
うした容姿を持つハンジウが「ベイグル
女優」として人気を集めた。

ベーセーベージェー ［BCBG 仏］bon chic,
bon genre（ボンシック、ボンジャンル）
の略。フランス語で「良い趣味、良い階級」
という意味で、貴族やブルジョワ好みの
品の良い服装やそれに身を包んだ若い人
たちを称した言葉。1984年に出版された
『両親にわからせるモードの動き』とい
う本の中で分類されたファッションタイ
プのひとつから生まれたもので、フラン
スのお嬢様、お坊ちゃまスタイルとして
一躍流行語となり、現在でもトラディ
ショナルな良さをよく表現する言葉とし
て用いられる。

ヘビメタ ［heavy metal］ヘビーメタルの略。
1960年代末のハードロックから派生した
ロックミュージックの一種で、きわめて
重く歪んだ攻撃的なイメージを特徴とす
る。金属的なギターサウンドを伴うとこ
ろからこのように呼ばれるもので、70年
代から80年代にかけて一世を風靡した。
これをさらに攻撃的にしたロックミュー
ジックはデスメタル ［death metal］と呼
ばれる。

ベビーブーマー⇒団塊の世代

ベランダガーデニング⇒フードニング

ヘリテージ ［heritage］「遺産、伝承、受け
継いだもの」といった意味で、一般に「文
化的遺産」の意味で用いられる。これと
同じような意味を持つ言葉としてレジェ
ンド ［legend］（伝説、言い伝えの意）も
あげられる。

ポールウオーキング⇒ノルディック・ウ
オーキング

ボクササイズ⇒バレエエクササイズ

ポストモダニズム⇒ポストモダン

ポストモダン ［post-modern］ポストモダニ
ズム ［post-modernism］ともいう。「モダ
ニズムの後の」という意味で「脱近代主
義」などと訳される。1980年代のデザイ
ン界に起こった傾向で、モダニズム（近
代主義）における機能本位の合理性を否
定し、それよりも感性を重んじようとす
るところに特徴がある。ファッションや
美術では、過去のさまざまな要素を組み
合わせる折衷主義的表現として取り入れ
られるようになった。

ポチメン [pochi men]犬好き男子。すなわち
家族の一員として犬を愛し、犬と過ごす
時間を大切にする男性を表現したもの。
最近のこうした傾向から、ポチメン向き
のリュック型のペットキャリーや男性ら
しいデザインのペットカートなども開発
されるようになっている。

ホットママ ［hot mama］妊娠中でもおしゃ

現代・若者用語

れにこだわり、アクティブに活動している女性を指すアメリカ生まれの言葉。ここでのホットは「イカシてる、カッコいい」といった意味で用いられているもので、彼女たちの多くは30代半ばの団塊ジュニア。お腹が大きくなっても普通のマタニティーウエアは着用しないという。

ホットヨガ⇒パワーヨガ

ポップカルチャー⇒ハイカルチャー

ボディーアート［body art］パフォーマンス＊のひとつで、作家が余分な付属物を一切用いずに、自分のボディーのみで行う芸術的表現を指す。

ボディーメイキング［body making］筋トレ（筋肉トレーニング）などによって、体を理想的な形に仕上げていくこと。いわば「肉体改造」で、科学的な力を用いてメリハリのあるボディーにもっていくことをいう。美しいボディーラインを作って、洋服が似合う体形にしようという目的で行う　ことが多い。

ポピュリッチ［poplular ＋ rich］ポピュラーとリッチから作られた語で、これまでの富裕層とは異なる価値観と消費スタイルを持つ「新富裕層」について『日経MJ』誌が名付けたもの。短期間で資産形成を行った人や医師などの専門職従事者で40代中心。世帯年収3000万円以上か金融資産1億円以上、あるいは総資産額3億円以上、そのいずれかひとつに該当する人たちを指し、大衆的（ポピュラー）で分かりやすい高級感を求めるところからの命名とされる。

ホボズ［BOBOS］21世紀に入ってアメリカで台頭してきた新しい上流階級の人たちを指す用語。BOBOS というのはBohemi-an（ボヘミアン）と Bourgeois（ブルジョワ）の頭の BO をつなげたもので、1960 ～ 70年代のボヘミアン（ヒッピー）

の精神をもちつつ、80年代にヤッピーと呼ばれた人たちの現在のイメージを指している。これがフランスでは「LE BOBOS」（レ・ボボ）と呼ばれ、ゴージャスな消費行動を引き起こして注目された。日本では「ボボ族」の名でも知られる。元はアメリカのジャーナリスト、デイビッド・ブルックスによる著書『BOBOS IN PARA-DISE』（邦題・ボボズ）による。

ホメオストレッチ［homeostretch］筋肉から働きかけて、脳全体の疲労を回復させる特殊なストレッチトレーニング。「恒常性」を意味するホメオスタシスから生まれた言葉で、他動的に筋肉を操作することから、脳と体の疲労や緊張を同時に解消させる特性を持つ。体のバランスを整えるという意味から「バランスセラピー」とも呼ばれ、ストレスケアには有効なリラクゼーション術とされている。

ホルモンヌ［――］ホルモン焼きが大好きな若い女性を指す俗語。フリーライター・佐藤和歌子の『悶々ホルモン』（新潮社）から生まれた造語とされ、いわゆる「肉食系女子」のひとつともされる。

マイルドヤンキー［mild ――］博報堂ブランドデザイン若者研究所リーダー・原田曜平による造語で、現代のヤンキー像を表す。氏の著書「ヤンキー経済　消費の主役・新保守層の正体」によると、ファッションはヤンキーを志向しながら、保守的な生き方を選ぶ若者たちを指し、「気合」や「アゲアゲ」を生き方のモットーとしているのが特徴とされる。

マキシマリズム［maximalism］マキシマル（最大限の）に派生した言葉で、「最大（限）主義」などと訳される。「大きい」「非常に」「極端」などをキーワードとするもので、大きさの限界を試す考え方を示している。ファッションでは2013/14年秋冬の

プルミエール・ヴィジョンに登場した
テーマのひとつとして知られ、大きな花
柄やブロック切り替えなどが話題となっ
た。年を経るごとにこうした傾向は増大
し、立体感の豊かなディテールデザイン
を駆使したドラマティックな装いなどを
このように称するようになっている。い
わば「ミニマリズム（最小限主義）」の
反対概念で、「最大装飾主義」と呼ぶ向
きもある。

マクロビオティック [macrobiotic] 元々は
「健康食の、長寿食の」という意味で、
現在では玄米菜食や穀物菜食を中心とす
る自然食事法として広く知られている。
その発生は第2次大戦頃と古いが、最近
ニューヨークのセレブたちによるダイエ
ット法のひとつとして注目されるところ
となり、またロハス＊の一環としても再
注目されるようになっている。要は野菜
や穀類による自然食。

マゴギャル⇒コギャル

マシュマロ女子⇒ぷに子

マチュア世代⇒ミセス・エルダー

マット・ピラティス⇒ハリウッドヨガ

マフモコ女子 [マフモコじょし] マフラーを
巻いた首のところに髪の毛がモコッと見
えている若い女性の姿をいったもの。そ
のルックスが可愛いとして2013年秋から
話題になったが、元々は2009年のツイッ
ターの独り言に始まるという。

ママサー⇒ギャルサー

ママモ [――]「ママモデル」の略。母親
であるとともに現役のモデルでもある主
婦モデルたちを指し、アゲモ（雑誌ａｇ
ｅｈａの読者モデル）の桃華恵理や真木
蔵人元夫人の真木明子などに代表され
る。ママドルといえば「ママアイドル」
の略となる。

ままも族 [ままもぞく] おしゃれに敏感な娘
と連れ立ってどこへでも出かける母親、

またそうした母娘の関係を指したもの。
「ママもいっしょに」という意味から名
付けられ、現代の気楽な友達関係になっ
た親子の状況を示している。ママモデル
を意味するママモ＊とは異なる。

マルチジェンダー⇒オーバージェンダー

マンバ [――] ヤマンバ＊の後継とされる
ギャル集団のひとつで、2003年から04年
春にかけて登場を見た。白メイクとピン
クヘアが特徴的で、マルキュー系のブラ
ンドを好む層によって「ココンバ＝ココ
ルル系」「アルンバ＝アルバローザ系」
などと呼ばれ、「セレンバ＝セレブ系」「ロ
マンバ＝ロマンチック系」といった分類
もある。また「汚ともだち（おともだち）」
「汚しゃれ（おしゃれ）」といった独特の
言葉づかいも彼女たちの特徴とされる。

ミオドレ [myodrainage] 2013年ごろから話題
になってきたダイエット法のひとつ。ミ
オドレナージの略で、ミオは「筋肉」、
ドレナージは「排水」を意味する。理学
療法士の小野晴康が理学療法の理論を活
用して考案したもので、筋肉に貯まった
脂肪をマッサージで排出させ、筋肉を正
常な状態に戻すことによって痩せる効果
を狙うのが目的とされる。

ミクロ・コーディネーション [micro coor-
dination] 待ち合わせのときなどに、指
定場所を明確に決めることなく、移動し
ながら携帯電話で連絡を取り合って合流
するような時間と場所の継続的調整を意
味する。いわゆる「ケータイ文化」の国
際研究をまとめた『絶え間なき交信の時
代』（Ｊ・Ｅ・カッツほか編、2002年刊）
で用いられた言葉として知られる。これ
がさらに感情的で社会的な相互作用を持
つ場合には、ハイパー・コーディネーショ
ン [hyper coordination] と呼ばれる。

ミクロ系 [micro＋けい] 体形の小さな女
性を指す流行語。およそ身長154cm以下

のいわゆる S サイズ女性を総称するもの
で、これはその可愛いイメージと守って
あげたいという思いから名付けられたも
のという。

ミセス・エルダー［Mrs. elder］エルダー
は「年上の、年長の」また「年長者」の
意で、最近の「60代ミセス」の呼称とし
て登場した言葉。「団塊の世代＊」として
くくられることの多い最近の60代の人た
ちは、かつての60代とはまったく異なる
ライフスタイルと価値観を持つために、
さまざまな呼称が使われている。マチュ
ア世代［mature＋世代］とかエルダーマ
チュア世代［elder mature＋せだい］と
呼ばれるのもそのひとつで、マチュアは
「大人の、成熟した」の意味を持つ。

ミッドセンチュリー［mid-century］「世紀
の真ん中」の意味で、20世紀の中頃、つ
まり1950年代前後の時代を指す。特にそ
の頃のアメリカに見るデザイン感覚を
「ミッドセンチュリーデザイン」などと
呼ぶ傾向が強まっている。アメリカが最
も輝いていたその時代の「第2世代」と
呼ばれるデザイナーたちによる家具など
のデザインが現在見直され、その波は日
本の50～60年代のモダンデザインにも
及ぶようになっている。

ミニマリスト[minimalist] 持ち物をなるべく
少なくし、モノに頼らないで生活してい
こうとする考え方の持ち主をいう。2010
年頃からアメリカに台頭したもので、日
本でも2015年頃から流行し始めた。最小
限のモノしか持たずに生活しようとする
傾向は、「断捨離」の流行とも相まって
人々の関心を集めるようになっている。

ミニマリズム［minimalism］「最小限主義」
と訳される。装飾を省いて、最小限の方
法で最大の効果をあげようとする方法論
を指し、元々は美術（1960年代のミニマ
ルアートなど）や建築の分野で生まれた

芸術運動をいう。ファッションにおいて
は素材や仕立ての質にこだわりつつ、で
きるだけシンプルで飾りのない服作りを
指す言葉として用いられ、80年代に
ニューヨークのデザイナー、ゾランや
シャマスクなどによって提唱された。ま
た、これに続くパリのアズディン・アライ
アやミラノのロメオ・ジリなどの作風は、
ニューミニマリズム［new minimalism］と
呼ばれる。

ミレニアムジェネレーション⇒ピアプレッ
シャー

ミレニアルズ［millennials］千年紀を表す
ミレニアムになぞらえて作られた言葉
で、主として1979～94年に生まれた世
代を意味する。2004年にアメリカの社会
学者やメディアによって提唱された概念
で、独創的な技術を生み出すであろうと
目される次世代の有力な塊とされてい
る。ジェネレーションX＊(エックス世代)
の後のジェネレーションYと同じとする
見方もあるが、いずれにしても21世紀の
カギを握る世代として注目されている。

紫文字系［むらさきもじけい］女性ファッ
ション誌のジャンル分けのひとつ。タイ
トル文字が赤でコンサバ系の「赤文字
系」、原宿系の「青文字系」、これらをミッ
クスした KAWAII 系ガールズモード誌を
この名で呼ぶ。2015年3月に創刊された
『Violetta（ヴィオレッタ）』（双葉社）に
代表され、これはガーリーとストリート
のいいとこ取りと謳っている。こうした
ファッションを好む20代女性たちは「紫
文字系女子」と呼ばれる。なお、赤と青
に続くものとして、黒色基調のカッコい
いファッションを特徴とした黒字タイト
ルのファッション誌の「黒文字系」とい
うジャンルもあった。

メイドカフェ［maid cafe］昔風でロリータ
ぽいメイド（お手伝い）の衣装に身を包

んだウエイトレスを配した喫茶店のことで、「メイド喫茶」ともいう。2004年春のいわゆる「萌え*」ブームに乗って、東京・秋葉原に大挙登場した遊び場で、オタクと呼ばれる若者たちの聖地となった。合言葉は「お帰りなさいませ、ご主人様！」。

メジサバ [———]「目白コンサバティブ」の略として作られた言葉で、雑誌『VERY』の2007年末ごろからのネーミングによる。東京・目白の有名私立幼稚園や小学校に通う子女を送り迎えする若いセレブママたちのファッションを称したもので、保守的（コンサバティブ）と品のよさを併せ持つ上品コマダム界の最新トレンドとして注目を集めた。これと同様に東京・中目黒に見るそれを「めぐサバ」、またコンサバ系奥様ファッションを極めるスタイルを「奥サバ」と呼ぶなどした。

メセナ [mécènat 仏]「文芸の擁護」また「芸術支援」の意。元々はメディチ家による文芸擁護を意味したが、現在では企業などによる文化や芸術活動の支援の意味で用いられる。経済的に成り立ちにくい文化・芸術活動を企業が支える行為を指し、企業の名を冠した公演や奨学金制度などがある。欧米においては企業にとっての当然の社会的使命とされている。また企業が行う慈善的な社会貢献活動はフィランソロピー [philanthropy] と呼ばれ、これとは区別される。

メタボ⇒メタボリック・シンドローム

メタボリック・シンドローム [metabolic syndrome] 通称メタボ。内臓脂肪型の肥満によって、さまざまな病気が引き起こされやすくなっている状態をいう。原意は「代謝症候群」ということで、「内臓脂肪症候群」などとも呼ばれる。お腹の出た人たちがこれを疑われることが多く、基本的にウエスト径（へそ回り）が

男性85センチ以上、女性90センチ以上で危険とされる（2010年3月現在）。

メディアアート [media art] コンピューターなどの電子メディアを使って表現される先端的なアート（美術）を総称する。バーチャルリアリティー（仮想現実）を体験させるリアルタイムCG（コンピューターグラフィックス）や双方向性を特徴としたインタラクティブアート、体の動きを直接入力するメディアスーツといったところが代表的。

メディカルエステ [medical esthetic] メディカルエステティックの略で、医療と美容を融合させたエステティックサロンを指す。シワを目立たなくさせる「ヒアルロン酸注入」や「ボトックス」注射などの医療行為が代表的で、これらは医師の資格がなければ行えないとされている。

メトロセクシュアル [metro sexual] お金と地位にめぐまれ、知的でなおかつおしゃれな男性を形容する近年のアメリカでの用語。大都市（メトロポリス）に生息するところからこう呼ばれるもので、ここでのセクシュアルにはセクシーというよりも上品で知的というニュアンスが強く感じられる。

メンテナンス・リゾート [maintenance resort] スパやエステなど「癒し」から始まった一連のブームが一巡したところに現われた、次のトレンドを予測するコンセプトとして、2009年ごろ女性雑誌が作り出した用語のひとつ。メンテナンスは「維持、整備」を意味するが、エステなど単なる癒しではなく、より明確な効果を求めるニーズがこれには含まれているとされる。

萌え [もえ] 本来は草木の芽生えなど成長する様子を表す言葉だが、東京・秋葉原に集うオタク青少年の間で、美少女アニメキャラクターに熱中したり、可愛い女

の子に感情移入する様子を、このように表現するようになった。メイドカフェ*の人気もこれと軌を一にするもので、2004年春以降、「萌え」の一大ブームを招くに至っている。こうした流れに与するファッションなどは「萌え系」と呼ばれ、これにぴったりな女の子たち、またアニメなどの2次元キャラクターは「萌えキャラ」などと呼ばれるようになった。「〜萌え」といった表現もよく見られる。

モグラ女子 [モグラじょし] 最近の若い女性タレントなどに見る傾向のひとつで、モデルと雑誌グラビアを両立させる人たちをいう。コマーシャルなどでも活躍する泉里香、筧美和子、馬場ふみか、石川恋などに代表される。2017年頃からの用語。

モケジョ [――] 模型好きの女の子を指す俗称。ミニ4駆などを自分で作る男性顔負けの若い女性を、歴史好きの「レキジョ*」などになぞらえて名付けたもの。2011年ごろからの傾向。

モダンアート [modern art]「現代芸術」とか「近代美術」などと訳される。20世紀に入ってからの芸術活動に見るさまざまな表現を指すが、特に抽象的あるいは象徴的な傾向をいうことが多い。時に難解と思われがちなところも特徴のひとつとなっている。

モテかわ [――] 異性にモテる可能性の高い可愛い状況を指す若者俗語のひとつで、「モテかわ服」とか「モテかわ水着」などと使う。また、こうした系列にあるものを「モテ系」と称し、これにも「モテ系ファッション」といった用法がある。

盛り [もり] 2008年ごろから流行し始めた若者言葉で、髪の毛を大きく高くセットしたり、ふつうよりも化粧を濃くして一層可愛く見せようとすることなどを指す。本来「盛る」と用いて話をおおげさ

にすることなどを意味していたところから生まれたもので、その反対は「掘る」という。デコ電（装飾的な携帯電話）などでコテコテに盛ることは「デコ盛り」。

モロッコエステ [Morocco esthetic] エステ発祥の地ともされる北アフリカのモロッコ王国に伝わるエステティック・マッサージ。アルガンオイル（モロッコのみに自生するアルガンツリーの実から採れるオイル）やガスール（天然ミネラルを含む泥）およびモロッコローズを使用する方法が代表的だが、日本では最近ハチミツを使う美容・美肌の療法が紹介されて、人気を集めるようになっている。

野フェス [や＋festival]「野外ロックフェスティバル」を略した言葉で、夏に多く行われるところから「夏フェス」とも呼ばれる。この種の大規模なロックフェスは1969年アメリカの〈ウッドストック・ロックフェスティバル〉など多数あるが、日本では1997年開催の〈フジ・ロック・フェスティバル〉を皮切りに、この10年でようやく本格化してきた。このフジ・ロックのほかに〈サマー・ソニック〉や〈ロック・イン・ジャパン・フェスティバル〉など、いくつかの大規模野フェスが毎夏開催されるようになっている。

山ガール [やま＋girl] 山スカ*などファッショナブルな登山服に身を固めた女性たちを指す最近の流行語。おしゃれになった最近の登山好き女性を2010年ごろからこのように呼ぶようになったもので、そのファッションが注目されるようになった。これに関連させて、川釣りを楽しむおしゃれな女性たちを「川ガール」とか「釣りガール」などと呼ぶ傾向も生まれている。

ヤマンバ [――] 髪を白く染め、「ガングロ」化粧をした若い女の子たちをいったもので、日本の伝説の「山姥（やまんば）」

現代・若者用語

みたいということから名付けられた。顔を黒く焼いたり塗ったりするとともに、目の周りや口紅は白くするところから、これを「パンダ化粧」ともいう。「ヤマンバギャル」とも呼ばれたこれは1999年夏の特異な現象だが、現在もその余韻は残っている。

ヤンキー［──］日本の不良少年・少女たちを指す俗称のひとつ。関東地方でいう「ツッパリ」の関西版とされ、一般には1970 ～ 80年代の大阪・アメリカ村で生まれた言葉とされる。アメリカ人を意味する「ヤンキー Yankee」からきたともされるが、河内弁の「～やんけ」から「やんきい」に訛ったとする説が強く、ほかにヤングキッズの略とする語源説もある。本格的なヤンキーを「クラシックヤンキー」と呼ぶのに対し、90年代のストリート系を「ニューウエーブヤンキー」、さらに「ヒップホップヤンキー」、また21世紀になってからのそれを「ネオヒップホップヤンキー」などと分類する方法も見られる。いずれにしても日本独特の風俗で、今では不良少年だけでなく、不良オヤジなどにも広く用いられる言葉となっている。

ヤングオールド［young old］65 ～ 74歳の世代をいう新呼称のひとつ。「若々しい老人」といったところからの命名で、最近の高齢者たちを指すのにふさわしいネーミングとなっている。2013年初頭から使用されるようになった。

ユニクラー［──］ファーストリテイリング（FR）社が展開する『ユニクロ』商品の愛好者を指す俗語で、「ユニラー」ともいう。2001年春ごろから用いられている。

ユニジョ［──］日本のファストファッションブランド「ユニクロ」の服を好んで着こなす女性をいったもの。同じように「し

まむら」の店に定期的に通う人のことを「しまパト」と呼ぶ傾向もある。パトはパトロールからきている。

ユビキタス［ubiquitous］ラテン語の宗教用語で「神はあまねく存在する」を語源とする言葉で、「ユビキタス・ネットワーク社会」というように用いられる。これはパソコンだけでなく、携帯電話やテレビ、ゲーム機、また家電製品などあらゆるものがネットワークで結ばれている状態を指し、次世代社会のあるべき状況を示している。

ゆるカワ［──］若い女性たちの流行語「カワイイ」の進化形で、自然でリラックスした感じの「カワイイ」を指す。2008年ごろのアゲ気分の「姫カワ」や「盛りカワ」からの変化で、「リラカワ」「ナチュカワ」とも称される。一体にゆる～くナチュラルな気分がそれということになる。2010年ごろからのこうした動きを「ゆるカワ現象」とも呼んでいる。

ゆるキャラ［──］「ゆるいキャラクター」の短縮語。観光ＰＲなどで見かける愛らしくもあか抜けない着ぐるみキャラクターを指す。イラストレーター・みうらじゅんの命名によるものとされ、2008年にブームとなった。千葉県船橋市の「ふなっしー」や熊本県の「くまモン」などが代表的で「ご当地キャラ」とも呼ばれる。

ゆるナチュ［──］「ゆるくてナチュラル」の短縮語。「エコ系」などと同義に用いられる俗語で、余分な力が抜けて、ゆったりしている様子を表す。

ユーチューバー［YouTuber］動画投稿・共有サイトのYouTube（ユーチューブ）に継続的に投稿し、多大な人気と広告収入を得ている人たち。YouTubeそのものは2005年２月に設立され、広告収入により無料でサービス提供されている。

現代・若者用語

ヨガピラティス⇒ピラティス

ラー現象 [―げんしょう] アムラー（安室奈美恵の共感者）やシャネラー（シャネルの狂信的ファン）のように、何にでもラーをつけてしまおうとする若者たちの間での現象。

ライフスタイル [lifestyle]「生活様式、生活態様」の意だが、現在では「生活のあり方」といった意味で用いられ、衣食住だけでなく、遊びや音楽の好み、交際など人々の暮らしぶりを広く表す言葉として用いられている。さらには生活に対する考え方なども指し、文化（カルチャー）と同義に扱われることもある。ファッションではこうしたライフスタイル別のマーケティングが広く行われるようになっている。

ライフスタイルモデル [lifestyle model] 美と健康を追い求めることによって生まれる魅力的な暮らしを、SNS（会員制交流サイト）などで伝え続けることを目的として活動している一種のモデル業を指す。フィットネスに関する情報なども提供しており、新しい職業のひとつとして注目されている。

ラカイユ [Racailles 仏] 2010年代のフランスに現れた若者集団の動き。英国のチャヴ＊のフランス版といえるもので、ラコステのキャップにTシャツ、派手な色のアディダスのシェルパンツをナイキのソックスにたくし込んで穿くスタイルを好む。独特のストリートギャングスタイルとして知られる。

ラガール [ラ＋girl] 女性のラグビー選手とそのファンである女の子たちを指す俗語。7人制のラグビー（セブンズ）が2016年開催のリオデジャネイロ・オリンピックの正式競技に採用されるようになって、女子ラグビーの人気が上がり、このような言葉が生まれた。

ラッズ⇒イーシェイ

リアルサーティー⇒アラサー

リア充 [real＋じゅう] インターネットから生まれた俗語のひとつで、ネットを通しての関係ではなくて、日々のリアル（現実）な生活が充実していることを示す。とくに恋人がいる生活を意味することが多い。

リエンジニアリング [re-engineering] 企業構造や企業体質の抜本的な革新を目的とする、企業の創造的な「再構築」という意味で用いられる。アメリカの経営学者マイケル・ハマーとジェイムズ・チャンピーによって提唱された『リエンジニアリング革命』からもたらされた考え方で、日本では「リエンジ」という略称でも呼ばれる。リストラ（リストラクチャリング restructuring）が、企業の部分的な再構築を意味するのに対して、これは企業活動の根本的な見直しというところに特徴がある。より正確にいうとビジネス・プロセス・リエンジニアリングとなり、これの頭文字をとってBPR＊とも略される。

リケジョ [――]「理系女子」の意で、理系をめざしている女の子を指す。理数関係の学者や研究者、あるいは技術者などを将来の目的としているおもに大学生を俗語化して呼んでいるもので、こうした女の子たちを応援する会員制のネットサービス組織も生まれ、そこではRikejoなどの表現がなされている。

リセッショニスタ [recessionista] リセッション（景気の一時的後退）から作られた最近のアメリカの新語で、景気後退の状況にあっても、お金をかけないでおしゃれを楽しむ人々を指す。おしゃれの究極にあるファッショニスタ＊の対極語として、2008年秋頃から用いられるようになったもので、この人たちは古着を上

手に利用するなどの工夫に長けているのが特徴とされる。

リフレクソロジー [reflexology]「反射区療法」と訳され、ゾーンセラピー [zone therapy] とも呼ばれる。全身のツボが集中すると考えられている足の裏に刺激を与えて体のバランスを整えることから、一般には「足裏健康法」として知られる。

レイブ ⇒トランス

レイブピープル ⇒トランス

レインボー族 [rainbow tribe] 2010年夏、渋谷・原宿に登場した原色調の派手な服装に身を包んだ若者たちを、レインボー（虹）の色にかけてこのように名付けたもの。トレンドのひとつとなっているビビッドカラーを取り入れた流行現象のひとつといえる。

レキジョ [――]「歴史好き女子」の略語。戦国武将にひどく興味を持つ若い女性たちを指し、「戦国乙女」などとも呼ばれる。ゲームソフトから火が付いたとされ、2007年頃から登場をみている。また、歴史好きのアイドルは「歴ドル」と呼ばれる。

レギンス男子 [leggings ＋だんし] レギンスを履く若い男性を形容する呼称。本来女性用とされるレギンスを男性も用いるようになって、このような言葉が生まれたもの。2009年秋ごろから増殖中で、大抵はハーフパンツ（半ズボン）との組み合わせで用いられる。

レジェンド ⇒ヘリテージ

ローフード [low food] 生食や加熱しない料理などを意味するニューヨークのセレブたちの流行語のひとつ。ローには「低い、粗末な、栄養価の低い」といった意味もあるが、ここでは自然食やスローライフにふさわしい食べ物といった意味で用いられているもの。

ローライダー [low rider] 原意は車高をわ

ざと低く改造した車やオートバイのことで、そうした1950年代のアメリカのクラシックカーを愛好する若者たちをいう俗語。グリースでがちがちに固めた短めのリーゼントスタイルの髪型が目立つところから、グリーサー [greaser] の名でも呼ばれる。

ロールキャベツ系男子 [ロールキャベツ＋けいだんし] 一見「草食系男子」だが、中身は肉食系である男子を指す。外側がキャベツで内側　が肉であるところから命名されたもので、ここという時に肉食系男子に変身するのが特徴とされる。「ロールキャベツ男子」とも呼ばれ、ポロシャツやカーディガンなどのキレイ系ファッションを好むともされる。これに似た若者で、甘い外見を持ちながらも中味はしっかりしており、優しさも男らしさも兼ね備えた適度な癒し感を持つタイプを「クリーミー系男子」と呼ぶ傾向もある。また、これらとは逆に外見は肉食系だが、実際には草食系である若者を「アスパラベーコン巻き系男子」とか「肉巻きアスパラガス男子」などと呼ぶこともある

ロハス [LOHAS] Lifestyles Of Health And Sustainability の頭文字から作られた略語で、健康的で地球環境の持続可能性を意識したライフスタイルのあり方を指す。1998年、アメリカの社会学者ポール・レイと心理学者シェリー・アンダーソンによる「カルチュラル・クリエイティブス＝生活創造者」という新しい生活の仕方を提唱した中で、ロハスの存在を報告したところから注目されるようになったもの。いわばスローライフ＊とエコロジー＊が結びついたような考え方を意味しており、地球温暖化の進む中で人々がめざすべきライフスタイルのあり方を説くキーワードのひとつとして用いられて

現代・若者用語

いる。。

ワーキングプア［working poor］働いても
働いても豊かになれない貧困層の人々を
いったもので、2006年7月放映のNHK
テレビ放送で一挙に知られるところと
なった。「格差社会」と呼ばれる現代の
社会状況を表す象徴的な存在とされ、そ
れはまた「下流社会」の象徴ともなって
いる。ネットカフェで寝泊りして、その
日の日当を稼ぐ日雇い派遣（社員）であ
る「ネットカフェ難民」の問題も、これ
と軌を一にするものとされる。

ワークアウト⇒シェイプアップ

ファッション関連
欧文略語

ファッション関連欧文略語

００７ルック⇒ボンドルック

３Ｄスチームストレッチ⇒ベイクド・ストレッチ

３Ｄフォルム［3D forme］３Ｄはスリーディメンション（３次元）、つまり、タテ、ヨコ、高さで示される「立体」のことで、立体的に表現される造形を総称する。きゅっと締め上げたウエストから裾に向かって立体的にふくらむワンピースドレスのシルエットなどがそれで、2010年春夏シーズン以降こうした立体的なフォルム作りが注目されるようになった。このような造形のミニスカートやミニドレスを「３Ｄミニ」などと呼ぶことがある。

３Ｄプリント［3D print］３Ｄはスリーディメンション（３次元）、つまりタテ、ヨコ、高さで表現される立体のことで、立体的に浮かび上がるプリント柄を指す。コンピューターを使って、遠景、中景、近景の画像を表現した特殊なプリントで、最近、衣服の柄にも取り入れられて話題を集めている。ホログラムプリント［hologram print］とも呼ばれる。

３Ｄミニ⇒３Ｄフォルム

３ＰＬ［third party logistics］サードパーティー・ロジスティクスの略。「第３番目の主体による物流」と直訳され、新しい物流の考え方を意味している。商品の荷主に効率的な物流システムを提案するとともに、生産現場から小売の店頭まで包括的に物流サービスが受託する業務を指す。これを行う業者は物流業者に限らないというところがサードパーティーと呼ばれるゆえん。

３Ｒ［three R］リデュース［reduce］（ゴミの排出量を減らす）、リユース［reuse］（再利用）、リサイクル［recycle］（再循環）の頭文字の３つのＲから作られた言葉で、自然環境に配慮した循環型社会をめざすキーワードとされる。

６Ｐスカート⇒カーゴスカート

６Ｐパンツ⇒シックスポケットパンツ

８ライン⇒ニュールック

60／40クロス［ろくじゅう／よんじゅう＋cloth］カナダの『ラマー』社によって開発され、アメリカの『シエラデザインズ』社のマウンテンパーカ*に使用されて有名になった高密度織物の名称。コットンとナイロンを60％と40％の割合で交織したところからこう呼ばれるもので、水に濡れると綿糸が膨張して目が詰まり、高度な防水性を発揮するという特性をもつ。ダウンウエアのアウターシェルとしても用いられ、レインウエアやスポーツウエアにも多用されている。これを「64（ろくよん）クロス」と呼ぶこともある。

60／40パーカ⇒マウンテンパーカ

64パーカ⇒マウンテンパーカ

65／35クロス［ろくじゅうご／さんじゅうご＋cloth］ポリエステル65％とコットン35％の混率繊維で作られる緻密な平織地で、パウダークロス［powder cloth］という商品名でも知られる。60／40クロス*同様マウンテンパーカなどに用いられる。

Ａシャツ［A shirt］アスレティックシャツ［athletic shirt］（運動競技用のシャツの意）の頭文字をとってこう呼ばれるもので、日本では一般にランニングシャツ*と呼ばれるもののアメリカでの略称。Ｕ字型に深く刳（く）られたネックラインと肩紐の部分を特徴とするタンクトップ型のニットシャツで、1890年頃に登場し1930年代から量産されるようになったという。元は陸上競技の選手に多く用いられたものだが、現在ではバスケットボールなど他の競技にも用いられ、ファッション的なアイテムとしても好まれている。着用する場面によって、ジョギング

ファッション関連欧文略語

トップ［jogging top］とかランナーズトップ［runner's top］などとも呼ばれる。

Aボーイ［A-boy］Aは秋葉原の頭文字のことで、要は「アキバ系オタク少年」を指す。これをさらに略して「A系」ということもあるが、それは「アスリート系」のファッションを意味することにもなるので注意を要する。ちなみにオタクとは元々コラムニストの中森明夫が、アニメファンの男の子たちが互いに「オタク」と呼び合っているところから命名したもので、現在では女性版の「オタクガール」も現れるようになっている。これを秋葉原の女という意味で「キバ女（じょ）」と呼ぶこともある。

Aヨガ［A yoga］アメリカはシアトル生まれの新しいスタイルのヨガ。Awareness（気づき）、Awakening（覚醒）、Anti-Aging（抗老化）、Athletic（運動）をテーマとするもので、それぞれの言葉に付くAの文字からこのように呼ばれる。体のポーズと呼吸法で心身の健康促進をめざすハタヨガ［hatha yoga］やアシュタンガヨガ［ashtanga yoga］などはその典型的なものとされる。ハタのハ haはサンスクリット語で「太陽」、タは「月」を表すという。アシュタンガは同じく「8本の枝」という意味。

Aライン［A line］アルファベットのAの字の形を思わせるシルエット。テントライン＊やトライアングルライン＊、ピラミッドライン＊と同じもので、上が小さく、裾に向かって広がる形を特徴としている。この名称は1955年春夏向けのパリ・コレクションでクリスチャン・ディオールが発表したのが最初で、以後、婦人服の基本的なラインのひとつとなった。

Aラインスカート［A line skirt］アルファベットのAの字型のシルエットを特徴とするスカート。ウエストから裾へ向かっ

て、Aの字のように広がっていくのが特徴。

Aラインスリット⇒セクシースリット

Aラインブラウス［A line blouse］Aの字型のシルエットを特徴とするブラウスの総称。狭めの肩幅から裾に向けて広がる長めのブラウスが多く見られ、羽織る感覚で着用される。

A-1ジャケット［A-1 jacket］アメリカ陸軍航空隊が1931年に開発した〈A-2ジャケット〉と呼ばれるフライトジャケットの前身とされるジャケットの名称。厚手のウール地で作られ、襟や袖口、裾周りに毛糸のジャージーが付くのがなによりの特徴とされる。2009年秋冬向けに素材まで分析した復刻版が日本のメーカーによって作られ話題を集めた。

A-2ジャケット［A-2 jacket］アメリカ陸軍航空隊が1931年に開発したとされるフライトジャケットの一種。典型的な革ジャンのひとつとして知られ、映画『大脱走』（1963）の中で主演のスティーブ・マックィーンが着たジャケットとしても有名。

AC⇒アメカジ

ACブランド⇒アーティストキャラクターブランド

AJL⇒WJL

AMA［American Marketing Association］「アメリカマーケティング協会」の略称。マーケティングやマーチャンダイジングなどの定義づけにおいて絶大な権威を持っている。

AMFステッチ［AMF stitch］ハンドステッチミシンと呼ばれる機械で仕上げる手縫い風のステッチワーク。AMFはこのミシンを開発したアメリカの機械メーカー『American Machine Foundry』社の通称からきたもので、同社のブランド名ともなっている。スーツを中心に襟やポケッ

1187

ト周りなどに多用されるハンドワーク風のピックステッチ（つまみ縫いの一種）で、元はクラシコ・イタリア*調のスーツに用いられて脚光を浴びたものだったが、現在ではほかのスーツやコート、スポーツウエアなどにも使われるようになっている。これをイタリア語では「アー・エンメ・エッフェ」と呼ぶ。

ＡＭＳ ［apparel manufacturing system］⇒ＯＤＭ

ＡＷＩ ［Australian Wool Innovation］オーストラリアン・ウール・イノベーション。オーストラリアの羊毛研究開発機関の略称で、オーストラリア産の高級メリノウールに限定した新しいマーク認証制度を 2007 年 8 月に開始している。また、AWS ［Australian Wool Services］の子会社であった〈ザ・ウールマーク・カンパニー〉（元ＩＷＳ）との合併によって、いわゆるウールマークの認証管理も行うようになっている。

ＡＷＳ⇒AWI

Ｂガール⇒Ｂボーイ

Ｂガールスタイル⇒Ｂボーイ

Ｂキャップ⇒ベースボールキャップ

Ｂ級品 ［Ｂ＋きゅうひん］不良品、欠陥品を指す俗称。「Ｂ反（ビーたん）」ともいう。優れたものを表す「Ａ級」に対して、1クラス下のものを意味しており、「Ｂ級映画」などの用法に倣ったものと思われる。本来は廃棄処分されるところだが、一部のＢ級品はＢ級品であることを明示して一般に販売されることもある。

Ｂ‐３ボマージャケット ［B-3 bomber jacket］アメリカ陸軍航空隊が1934年に開発したボマージャケット*で、毛付きのシープスキン（羊革）の1枚革で作られ、毛皮の裏側を表に出して光沢感のあるバーニッシュト加工を施し、ボア状の毛皮を内側に用いたデザインが原型とさ

れる。丈はヒップレングス程度と比較的長く、襟や裾などにボアがのぞくのが、現在のこのジャケットの特徴となっている。

Ｂ系 ［Ｂけい］「黒人文化的な」の意で、黒人ぽいファッションや風俗全般を指す。ここでいうＢはブラックまたブレイクダンスの頭文字からきており、元はヒップホップに端を発するストリートカルチャーをいったものだが、現在では「ブラックテースト＆セレブファッション」といった意味で用いられるようになっている。

Ｂボーイ ［B-boy］ヒップホップ*好きの少年たちを総称する。元々ブレイクダンス ［break dance］（即興的なストリートダンス）の正式名称とされる「B-Boying」という言葉から発したものとされ、ＢにはブレイクボーイのＢやブレイクビートのＢの意味も含まれているという。これの女の子版はＢガール ［B-girl］と呼ばれ、一般には黒人のクラブ音楽のミュージシャンに触発されたファッションを好む女の子たちのスタイルをＢガールスタイル ［B-girl style］と呼んでいる。これはセクシーでワイルド、それでいてキュートというのが持ち味とされる。

ＢＢキャップ ［BB cap］帽ベースボールキャップの略。野球選手がかぶる前びさし付きの丸帽子のことで、近年　はごく一般的なカジュアル帽子として用いられている。最近ではラッパー好みのひさしが短めで平らなものに人気があり、これを斜めかぶりにしたり、後ろかぶりにする例が男女問わずよく見られる。

ＢＢクリーム ［BB cream］美容液や化粧下地、またコンシーラーやファンデーション、日焼け止めクリームなどが一体になった多機能型の化粧品。BB は Beauty or Blemish Balm（ブレミッシュ・バーム）

の略で、体のシミや傷などを補う軟膏という意味からきている。韓国で一大ブームとなり、日本でも人気となったもの。最近では次世代型のCCクリームも登場している。

B．B．ワンピ［B.B. one-piece］「べべワンピ」と発音される。B.B.（べべ）はフランスの女優ブリジット・バルドーの愛称で、彼女が昔着ていたような肩の部分がふくらんだワンピースドレスを指す。可愛らしいイメージがあるとして最近人気を集めるようになっている。

BCBG［BCBG 仏］⇒ベーセーベージェー

BDカラー⇒ボタンダウンカラー

BDシャツ［BD shirt］BDはボタンダウン Button-Down の頭文字をとったもので、要はボタンダウンカラー*を特徴とするシャツをいう。単にボタンダウンシャツともいい、アイビーシャツ*と同義となる。

BDU［battle dress uniform］バトル・ドレス・ユニフォームの略。軍隊で用いる「戦闘服」の意。バトルドレスやバトルジャケットと同じ。

BI⇒ブランドアイデンティティー

BPR［business process re-engineering］企業構造や企業体質を抜本的に変革することによって、企業の競争力の強化をめざすこと。直訳すると「業務の流れの組み立て直し」という意味で、日本語では「業務革新」などと表現される。1990年代に「リストラ」に代わって流行語になった「リエンジニアリング」はここから生まれたもので、当時の日本ではこれを「リエンジ」と略称したりした。

BRICs［――］ブリックス。ブラジル Brazil、ロシア Russia、インド India、中国 China それぞれの国の頭文字をつなげて作られた言葉で、これからの著しい経済成長が見込まれる4つの国を称す

る。アメリカの経済研究機関で作られた言葉とされる。

B to B［business to business］Eコマース*と呼ばれるインターネット上の取引（電子商取引）において、企業間の取引形態をいう。企業と一般消費者の間の取引は、B to C［business to consumer］と呼ばれる。こうしたビジネスのやり方をEビジネス（電子ビジネスの意）とも呼んでいる。

B to C⇒B to B

Cゾーン⇒Tゾーン

C＆F［cost and freight］貿易用語のひとつで、「運賃込価格」などと呼ばれる。FOB*（本船渡し）やCIF*に次いで多く用いられているもので、CIFから海上保険料を差し引いた形に当たる。

CAD［computer-aided design］通称キャドと呼ばれ、「コンピューター支援設計」などと訳される。高性能のマイクロプロセッサーを組み込んだコンピューターによって、製品のデザイン・設計を行うことをいい、アパレルの生産ではパターンメイキング*（型紙制作）、グレーディング*（型紙修正）、マーキング*（型入れ）などがその対象となる。

CAD／CAMエンジニア⇒CAD/CAMオペレーター

CAD／CAMオペレーター［CAD/CAM operator］コンピューター機器のCAD（コンピューター支援設計）とCAM（コンピューター支援製造）を操作するスペシャリスト。CAD/CAMエンジニア［CAD/CAM engineer］とも呼ばれる。

CALS［commerce at light speed］通称キャルス。文書や図面による製品情報をコンピューターネットワーク上で電子データとして、調達側と供給側が共有するシステムをいう。すべてのプロセスを電子技術化することによって、究極の合

ファッション関連欧文略語

理化を図ろうとするのが最大の目的とされ、ファッション業界でも「アパレルCALS」とか「繊維CALSシステム」が導入されている。

ＣＡＭ［computer-aided manufacturing］通称キャムと呼ばれ、「コンピューター支援製造」などと訳される。コンピューターを活用した自動製造システムで、アパレルの生産においては自動裁断などに用いられる。衣服の製造においては、CAD*と合わせて「アパレルCAD／CAMシステム」などと用いる。

ＣＢ⇒キャラクターブランド

ＣＣアパレル⇒ファストアパレル

ＣＣクリーム［CC cream］時短メイクに役立つとして人気のある化粧品のひとつ。2008年に韓国から上陸して人気となった「BBクリーム」の次にくるものとして、2012～13年、化粧品メーカー各社から販売されたもので、BBクリームの手軽さに色を補正する効果を強めたのが特徴とされる。CCはColor or Complexion Correctingの略で、「顔色補正」の意。

ＣＣＩ［Cotton Council International］「国際綿花評議会」の略称。米綿のプロモーション活動を目的として設置された団体で、ワシントンに本部を置く。日本では「日本綿業振興会」などの団体がこれに関与して活動を行っている。

ＣＥＯ［chief executive officer］チーフ・エグゼクティブ・オフィサーの略称で、主としてアメリカの企業でいう「最高経営責任者」を指す。COO［chief operating officer］（チーフ・オペレーティング・オフィサー）となると「最高執行責任者」となり、ともにトップマネジメント組織の実質的な順列を示す肩書となっている。日本では一般に会長に当たるのがCEO、社長がCOOというように解され、日本の企業でも近年こうした名

称を取り入れる傾向が増えている。

ＣＦ⇒カーボンフットプリント

ＣＦＤ［Council of Fashion Designers,Tokyo］「東京ファッションデザイナー協議会」の略称。1985年、東京コレクション*の開催と同時に発足し、日本を代表するファッションデザイナーたちの団体として活動を続けている。またJFW*の「東京コレクション・ウィーク」開催の中心ともなっている。

ＣＦＤＡ［Council of Fashion Designers of America］「アメリカ・ファッションデザイナー評議会」の略称。

ＣＦＯ［chief financial officer］チーフ・フィナンシャル・オフィサーの略称で、主としてアメリカの企業における「最高財務責任者」また「最高財務担当役員」を指す。CIO［chief information officer］（チーフ・インフォメーション・オフィサー）となると「最高情報責任者」また「情報戦略統括役員」の意味になる。CEO*、COO*とともに企業のトップマネジメント（最高経営陣）を司る一員とされる。

ＣＦＰ［carbon footprint］カーボンフットプリント*の略。CFとも表記される。

ＣＧプリント［CG print］コンピューター・グラフィックス・プリント［Comput-er Graphics print］の略。コンピューターを用いて作り出すプリント柄を総称し、自由自在な模様を作り出せるところから、最近では衣服の柄のデザインにも多く活用されるようになっている。コンピューター特有の用語を用いて、ピクセルプリント［pixel print］（ピクセルは画素の意）とかデジタル柄［digital＋がら］などと呼ばれることもある。

ＣＩ⇒コーポレートアイデンティティー

ＣＩＦ⇒FOB

ＣＩＭ［computer integrated manufacturing］「コンピューター統合生産」の意。ファ

1190

クトリーオートメーション*における重要な手段のひとつで、共通のデータベースに基づいて製品の計画・設計・製造をコンピューターで統合して推進させるシステムをいう。

CIO ⇒CFO

CNF [cellulose nano fiber] ⇒セルロース・ナノファイバー

COO ⇒CEO

COS [close out store] ⇒クローズアウトストア

CPOアウターシャツ⇒CPOシャツ

CPOシャツ [CPO shirt] CPO とは Chief Petty Officer の略で、「アメリカ海軍下士官」の意。彼らが艦上で着用した制服に由来する、両胸の大型パッチ＆フラップポケットを特徴とするシャツ型の上着をいう。オリジナルは紺無地のメルトンで作られるが、一般には派手なチェック柄のものが見られ、裾を外に出して着るアウタータイプのシャツジャケットとして知られる。CPO アウターシャツ [CPO outer shirt] と呼んだり、ジャックシャツ [jac shirt] とも俗称される。

CPWジャケット [CPW jacket] CWU ジャケット*を、軍用でなく一般向けとしたタイプ。時としてこれを MA-2ジャケット（MA-2 jacket）と呼ぶことがある。裏表ともにセージグリーン色であるのが特色。

CR [consumer response] コンシューマーレスポンスの略。「消費者対応」の意で、商品の生産から販売までの間に発生する、消費者にとっては関係のないコストや時間の無駄を、取引企業間の協力によって削減しようとする戦略を指す。

CRM [customer relationship management] 企業が情報システムを活用して顧客と長期的な信頼関係を築くようにするための手法。詳細な顧客データベースを整備して、個々の顧客ごとに商品の販売から保守サービス、クレーム対応に至るまで一貫して管理するのが特徴となる。

CS [chain store] チェーンストア*の略語。またカスタマーサティスファクション [customer satisfaction] あるいはコンシューマーサティスファクション [consumer satisfaction] の略ともされ、これは「顧客満足」の意味で用いられる。カスタマーは「顧客」、コンシューマーは「消費者」の意で、ともに客の満足を第一に考えた企業の経営活動を表している。

CSR [corporate social responsibillity] コーポレート・ソーシャル・レスポンシビリティーの略語。「企業の社会的責任」と訳される。企業の不祥事が相次ぐ中で関心を高めてきた事項で、具体的にはコンプライアンス [compliance]（法令や社会的規範を遵守した事業活動の推進）や、経営の透明性の向上などが求められている。

CSV [creating shared value] クリエイティング・シェアード・ヴァリューの略語で、「共通価値の創造」と訳される。ハーバード大学ビジネススクールのマイケル・E・ポーター教授らの提唱によるもので、「企業が地域社会の経済条件や社会状況を改善しながら、競争力を高める方針と実行」と定義される。社会と経済両方の発展の関係性を拡大することを重視しようとするもので、従来のCSR（企業の社会的責任）に代わる、これからの企業戦略として注目されている。

C to C [consumer to consumer] EC*（Eコマース*＝電子商取引）の一種で、消費者（コンシュマー）同士で行われる形態を指す。インターネット上で行われるオークションなどに代表される。

CVC [category value center] カテゴリー

ファッション関連欧文略語

バリューセンターの略語。顧客の生活場面に即応した売場を集積して、価値ある商業施設の構築をめざした総合小売店舗を示す概念。2001年に量販店大手のダイエーが打ち出した新しい小売形態について名付けられたもので、それは直営売場と外部の専門店テナントで構成されている。

CVS⇒コンビニエンスストア

CWUジャケット［CWU jacket］MA-1型やL-2B型の後継として1978年に採用されたアメリカ空軍のフライトジャケット*。CWU は Cold Weather Unit の頭文字をとったもので、極寒に耐えられるよう、強度や耐熱性に優れた宇宙服用のアラミド繊維を使用している。MA-1のジャージー襟に対して、共地のラウンドカラー使いとなっているのがデザイン上の大きな違いで、フロントも前立て付きのジッパー使いとなる。冬用の厚手タイプを〈CWU-45P〉、オールシーズン対応の薄手タイプを〈CWU-36P〉と呼んで区別している。

Dリング［D-ring］トレンチコート*の共地ベルトに付くアルファベットのDの字型をした金環。本来は手榴弾や水筒を吊るためのデザインとされる。俗に「D環」ともいうが、D環という用語には二つのリングを使って留める道具という別の意味もある。

Dリングベルト［D-ring belt］D字形の金属環をバックルとして使用したベルト。このバックルは「シンチリングバックル*」とも呼ばれ、要はダブルリングベルト*の一種ということになる。ベルトの一方の端をこのリングに通すことによって固定するのが特徴。

DB⇒デザイナーブランド

DBブレザー［DB blazer］DB はダブルブレステッドの略で、「両前型」のブレザー

を総称する。対語は SB ブレザーとなり、これはシングルブレステッド（片前型）ブレザーの意。

DBラペル［DB lapel］DB はダブルブレステッドの略から来たもので、「ディービーラペル」と発音する。両前型のジャケットやコートなどに特徴的に見られる襟型を指し、すなわちピークトラペル*を意味する。

DC［designer and character］デザイナー・アンド・キャラクターの略語で、DC ブランド*などと用いられる。

DCアパレル［DC apparel］DC ブランド卸商。DC（デザイナー＆キャラクター）ブランド*と呼ばれるブランド商品を作り、卸売や小売を行うアパレル企業のことで、一般に DC ブランドメーカーとも呼ばれる。1980年代に台頭していわゆる DC ブランドブームを築き、90年代にほとんどが消滅した。現在はデザイナーブランドや SPA 型の企業に再編成されている。

DCショップ［DC shop］DC ブランド*（デザイナー＆キャラクターブランド）を扱うファッション専門店のこと。メーカー直営型の店舗を始めとして、FC（フランチャイズチェーン*）や販売代行によるものなど、DC ブランドの隆盛とともに1980年代、全国的に蔓延した。

DCビジネススーツ［DC business suit］日本の DC ブランド*がビジネスマンを対象にデザインした新感覚のスーツの総称。従来のビジネススーツに満足できない DC ブランド卒業生向けの商品として、1980年代後半から90年代前半にかけて多く登場した。シルエット作りなどに個性があるのが特徴。

DCブランド［DC brand］デザイナー・アンド・キャラクターブランド［designer and character brand］の略称。デザイナー

ファッション関連欧文略語

ブランド*（DB）とキャラクターブランド（CB）を合わせて呼んだもの。デザイナーの個性を強調して作られる DB と、ブランドそのものの個性を全面に打ち出す CB を一緒にしたもので、1980 年代に DC の一大ブームを呼び、全国に DC ショップ*が乱立した。現在でもその影響は残っている。

DDクリーム [DD cream] Daily Defense クリームの略で、日常の肌を守るクリームを意味する。日焼け止め効果や保湿力に優れ、色むらのある肌のバランスを整えるといったさまざまな効能を持つ。元はかかと、肘、膝など全身に使える保湿クリームをいったものだが、現在では BB クリームや CC クリームと同じように、いわゆるオールインワンクリーム（1 本であらゆる効果を持つクリーム）のひとつとして人気がある。

DDP [delivereded duty paid] 貿易の取引条件のひとつで、輸出する側が指定された目的地までにかかる全ての費用を負担し、輸入通関を行う形態を指す。

DG加工 [DG ＋かこう] DG はデュラブル・グレイズ durable glaze の略で、「光沢が長持ちする」加工法の意味。いわゆる「光沢加工」のひとつで、金属的な光沢感が生まれるのが特徴とされる。

DIFM [do it for me] ドゥー・イット・フォー・ミーの頭文字をとったもの。「私のために手伝ってください」という意味で、客のニーズに応えるための新しいサービスとして、アメリカの商業施設で取り入れられるようになった考え方を指す。使用効果の見える「DIFM 型陳列」というように用いられる。

DINKS ⇒ディンクス

DIY [do-it-yourself] ドゥー・イット・ユアセルフの略。「自分でやってみよう」という意味で、日曜大工を始め衣食住全般に至るまで、すべて自分の手でやってみようとする創作活動の精神をいう。そうしたことのための道具を揃えた店を「DIY 店」などと呼んでいる。

DIYウエア [DIY wear] DIY は Do-It-Yourself（ドゥ・イット・ユアセルフ＝自分でやってみようの意）の頭文字から作られた略語で、自分自身の手による創作活動を意味する。つまり自分自身で作り変えることができる、またそうした衣服を指し、カスタマイズドウエア*と同義とされる。

DIYカスタマイズ [DIY customize] DIY は do-it-yourself（自分でやってみよう）の意で、自分自身で行う洋服のカスタマイズ（特別仕様）を指す。アップリケやワッペン、パッチワーク、また裾口のカットオフ（切りっ放し）などハンドクラフト的なアレンジを施すことが代表的。こうすることによって、トレンドに流されることのない自分だけの服ができあがることになる。

DJ系 [DJ けい] DJ はディスクジョッキーの略称で、最近では特にクラブで選曲からサウンドミックスまでを行うクラブ DJ を指すことが多い。そうした DJ たちに見る独特のファッションをいったもので、ヒップホップ系のルーズなルックスが中心となっている。

DJバッグ ⇒レコードバッグ

DM [direct mail] ダイレクトメールの略語。広告主が見込み客に向けて印刷物を直接郵送する広告・宣伝方法のひとつで、一般に「宛名広告」とも呼ばれる。またダイレクトマーケティング*の略として用いられることもある。

DP加工 [DP ＋かこう] DP はデュラブル・プレス durable press の略で、「永続性のあるアイロンプレス」の意。パーマネントプレス加工*のアメリカ的な表現

1193

ファッション関連欧文略語

とされ、「耐久加工」とも呼ばれる。

DQN系[ドキュンけい]現代のヤンキー（不良）系の若者を指すインターネットスラング、また非常識な言動をとる人物を指す蔑称のひとつ。DQN は「ドキュン」と発音し（ディーキューエヌということもある）、元々は1994 ～ 2002年にテレビ朝日系で放映された『目撃！ドキュン』というバラエティー番組に由来する。これに元ヤンキーがあ多く出演したことから、ドキュンが DQN となり、これが DQ また「ドキュソ」、さらにここから DQS などとも変化して発展を見ている。NHK で「あまり能力が高くない人」の意で紹介したことがあり、偏差値の低い DQN 高校・DQN 大学などと用いられる例も生まれた。

DS⇒ディスカウントストア

DTC［Direct To Consumer］ダイレクト・トゥ・コンシューマーの略。消費者に直接行う広告展開といった意味で、本来製薬会社が一般消費者に対して行う処方箋薬のプロモーションをいったものだが、こうした手法を取ろうとする傾向が、最近ファッション業界にも台頭している。

D to C［Direct-to-Consumer］アメリカのファッションビジネス用語のひとつで D2C ともいう。自ら企画し製造した商品を、自社の EC サイトで直接、消費者に販売するビジネスモデルをいう。仲介業者を通さない、無駄なコストを省くことで、付加価値の高い商品を適価で提供することができるメリットが生まれる。こうした D to C ブランドがリアル店舗を開設することもある。

Eコマース［E commerce］E はエレクトロニック electronic を表し、インターネットを使った商取引を総称する言葉として用いられる。EC とも略され、またEビジネス［E business］（e - ビジネスとも）

とも呼ばれる。日本語では「電子商取引」（電子ビジネスとも）と訳されることが多く、B to B*、B to C* といった取引方法がある。

eスポーツ［e sports］エレクトロニック・スポーツの略。インターネットなどを介して対戦する競技を指す。スポーツゲームや格闘ゲーム、カードゲームなどがあり、2018年インドネシアで開催されたアジア競技大会で、初めて公開競技として行われた。実際に身体を使う競技でないことから、チェスなどと同じように「マインドスポーツ」の概念でとらえられることが多い。

E - テイラー⇒E - テイリング

E - テイリング［E-tailing］エレクトロニクス electronics（電子工学）とリテイリング retailing（小売活動）から作られた合成語。インターネットを利用した小売ビジネスをいうアメリカでの用語で、こうした業者をE - テイラー［E-tailer］と呼んでいる。日本では「電子商取引」とか「ネット取引」などと呼ばれるが、要はパソコンショッピング［personal computer shopping］と同義。

Eビジネス⇒E コマース

e - マーケットプレイス［e-marketplace］インターネット上に設けられた企業間取引の場を指し、「電子市場」などと呼ばれる。売り手と買い手が直接取引を行えるのが特色。

EC⇒ヨーロピアンカジュアル

EC［electronic commerce］エレクトロニックコマースの略語で、E コマース*（Eビジネス）のこと。電子商取引。

EC化率[EC ＋かりつ]すべての商取引のうちで、EC(E コマース＝電子商取引) が占める割合をいう。その産業で EC がどれくらい使われているかを示す指標として用いられるもので、企業においては

リアル店舗（実店舗）とバーチャル店舗の割合を表す。通商産業省の調べによると、2017年のアパレル産業のEC化率は11.54%とされる。

ＥＣモール［EC mall］モール型ECサイト。ネットショップの一種で、多くの企業や商店のECサイトが集まったインターネット上の仮想商店街をいう。Amazonや楽天市場などに代表され、知名度が高く、高い集客力があることで知られる。

ＥＤタイ［ED tie］ジョワンヴィル*から派生したネクタイの変種で、これが1860年頃にボウタイ*の元を形作るようになったとされる。なおジョワンヴィルそのものは現在のアスコットタイ*の原型のひとつともされる。

ＥＤＩ［electronic data interchange］「電子データ交換」の意。企業がコンピューターに入力した情報を、取引先企業のコンピューターに人手を介さず電子的に直接送信できるようにしたシステムのことで、「企業間データ交換」とも呼ばれる。

ＥＤＬＰ［everyday low price］エブリデー・ロープライスの略。「毎日、低価格」という意味で、これは世界最大の小売業とされる米国ウォルマートの販売戦略として知られる。バーゲンなどに頼らず、毎日同じ価格で商品を安く提供することによって、客の長期的な信頼を得ることを目的とするもの。近年は日本のGMS*でもこうした戦略をとるところが増えている。

ＥＤＭ［electronic dance music］エレクトロニック・ダンス・ミュージックの略。シンセサイザーなどの電子音を駆使して高揚感をあおるダンス音楽の総称。2000年代序盤にヨーロッパに誕生し、2010年前後にアメリカで火がついて、一気に世界中へ広がったもの。日本では2014年が「EDM元年」とされ、エレクトロックス、

ウルトラジャパンといった音楽フェスティバルが開催された。EDMにはDJ（ディスクジョッキー）の存在が必須とされ、最近のダンスブームを盛り上げている。

ＥＩｎｋディスプレイドレス⇒E Inkファッション

ＥＩｎｋファッション［E Ink fashion］最新の電子技術を使って開発するファッションのことで、たとえばE Inkディスプレイドレスといったものがある。これは超薄型ディスプレイの表示技術を用いた電子ペーパーのドレスで、色の粒子に帯電させることで色や柄が変化する仕組みとなっている。アメリカで開発された未来のドレスとして、2017年夏、話題となった。E Inkはエレクトリック・インクの意であろう。

ＥＯ⇒イージーオーダー

ＥＯＳ［electronic ordering system］「オンライン受発注システム」のこと。オンライン＆リアルタイムによる「電子受発注システム」を指し、売場を軸としたコンピューター利用の情報システム化の一環。これによって商品補充の迅速化が図られる。

ＥＰＡ⇒FTA

ＥＲＰ［enterprise resource planning］「全社的統合業務管理」などと訳される。会社全体が持つ経営資源を計画的に活用することを目的としたコンピューターソフトウエアを指す。世界標準の会計基準などを備えているのが特徴とされる。

ＥＳ［employee satisfaction］エンプロイサティスファクションの略語。「従業員満足度」と訳され、企業に対する従業員の満足感を表す。CS*（顧客満足度）と関連させて、企業の優劣が示されることになる。

ＥＶＡ［ethylene vinyl acetate］エチレン・

ビニル・アセテート樹脂。ポリエチレンよりも柔軟性と弾力性に富む軽量樹脂のひとつで、熱可塑性があるためリサイクルしやすく、塩素を含まないためダイオキシンの発生もない環境面でも優れた素材として注目される。クッションや床材などに用いられるが、最近ではビーチサンダルなどファッション製品にも用途がある。

Ｆサイズ⇒フリーサイズ

Ｆパーマ⇒フィルムパーマ

Ｆ１層［F1＋そう］「エフワンそう」と発音される。テレビ広告業界用語で、個人視聴率の集計区分に用いる単位のひとつ。20〜34歳の女性が相当し、情報と購買が最もつながりやすい層とされる。ファッションビジネスにおいても最も重要なターゲットとされる。この他には、ティーン層、女性のF2、F3層があり、男性はM1、M2、M3層と年齢別に区分されている。

ＦＡ［fashion adviser］ファッションアドバイザー*の略語。別にファクトリーオートメーション［factory autmation］（工場における生産システムの自動化）の略ともされる。

ＦＡインストラクター［FA instructor］FA（ファッションアドバイザー*）と呼ばれるファッション販売の専門職に、さまざまな指導を行う教育担当者のこと。接客マナーや販売テクニック、商品知識などを教えるとともに、新しく入荷した商品についての説明やコーディネートの仕方を指導するなど担当範囲は広い。セールスインストラクター［sales instructor］とかトレーナーなどとも呼ばれ、FAのキャリアコースのひとつとしても注目される専門職となっている。

ＦＢ⇒ファッションビジネス

ＦＢＳ［Fashion Business Solution Fair］ファッションビジネス・ソリューション・フェアの略称。繊研新聞社が始めた「ファッションのもの作り・売場作り」をサポートすることを目的とした展示会。2014年1月からJFW-IFFと併催の形で催されていた。

ＦＣ⇒フランチャイズチェーン

ＦＤＧ⇒エフデジェ

ＦＦセーター⇒フルファッションセーター

ＦＦＢ⇒ファッションファクトリーブティック

ＦＩＴ［Fashion Institute of Technology］「ニューヨーク州立ファッション工科大学」の略称。1944年、ニューヨーク大学傘下のカレッジとして創立され、76年に4年制の大学へ移行した。アパレル産業が集中するニューヨーク7番街に立地し、ファッション産業の専門職養成を目的としている。アメリカを代表するファッション教育専門機関として世界的に知られる有名校。

ＦＫＵ［Face Keeping Unit］フェイス・キーピング・ユニットの略。実際に店頭に展開されるSKU（在庫を管理する最少単位）のことで、これによって店頭の見え方が左右されることになる。

ＦＮＯ⇒ファッションズ・ナイト・アウト

ＦＯＢ［free on board］貿易条件の一種で「本船渡し」を意味する。買い手が手配した本船に積み込むまでの費用とリスクを売り手が負担し、輸出港での本船積み込みと同時に所有権が買い手に移転するというシステムをいう。FOB価格はその条件での買い付け価格をいい、ファッション商品でも一般的に用いられている。このほかCIF（シフ）［cost, insurance, and freight］という貿易条件もあるが、これは売り手が仕向け港までの運賃と保険料を負担するという義務が加わる。

ＦＯＰ　Formal（礼的）、Official（公的）、

Private（私的）の頭文字から作られた略語で、フォーマルライフ、オフィシャルライフ、プライベートライフという3つのくくりで現代のライフスタイルをとらえ、それぞれにおける服装のあり方や着こなし方を考えようとするもの。いささか陳腐化したTPO*に代わって1970年代後半に現れた用語。

FSH⇒ファッションソフトハウス

FSP［frequent shoppers program］フリークエント・ショッパーズ・プログラム。優良な顧客を維持し、拡大しようとするマーケティング手段のひとつで、代表的な例としてはポイントカードの発行によって顧客の個人情報を集め、その購買履歴をデータベースに蓄積、またそのデータを分析して個々の顧客に最も適切なサービスを提供すると同時に、効率的な販売戦略を展開して所期の目的を達成しようとする方法があげられる。

FT商品⇒フェアトレード

FTA［free trade agreement］「自由貿易協定」の略称。特定の国や地域の間のみで物品関税やサービスの貿易障壁などを削減および撤廃することを目的とする協定のこと。これはWTO*（世界貿易機構）協定における「最恵国待遇」の例外として「実質上すべての貿易を自由化すること」を条件に認められるもの。これに加えて、投資規制の撤廃や知的財産の保護、人的移動の自由化などにわたって、より広い取り決めを行う協定をEPA［economic partnership agreement］（経済連携協定）と呼んでいる。

FWT［Fashion Week Tokyo］ファッション・ウィーク東京の略称。日本ファッション・ウィーク推進機構の主催によるファッションイベントのひとつで、毎年、春と秋に「東京コレクション」を開催することで知られる。

Gストリング⇒ソング

G-1ジャケット［G-1 jacket］アメリカ海軍航空隊が1930年代中期に開発したフライトジャケットの一種で、「M442」と呼ばれるタイプから発展し、ボア襟と袖口、裾のリブニットを特徴として、最も革ジャンらしい形を保っている。日本ではこれを一般にボマージャケットと呼んだ。

G10ストラップ⇒NATOベルト

GAGA様ファッション［GAGAさま＋fashion］マドンナの再来とも噂されるアメリカの人気歌手レディー・ガガに見るファッション表現を指す。生の牛肉を裸に貼り付けただけの「生肉ドレス」など、とにかくセクシーでエキセントリックな表情を特徴とし、常に話題を振りまくことが多い。このような彼女独特のファッション表現を「ガガスタイル」とも呼ぶ。

GF⇒ゴールドフィルド

GFF［Gifu Fashion Fair］「岐阜ファッションフェア」の略称。日本を代表するアパレル産地のひとつである岐阜市で開催される既製服の総合展示会。1961年にスタートした「岐阜メード」という催しが、83年に「岐阜ファッションフェスタ」と名称を変え、さらに91年からこの名称に変更された。2010年10月をもって一旦閉幕。

GGルック⇒ギャツビールック

GIカット⇒クルーカット

GIキャップ⇒オーバーシーズキャップ

GIベルト⇒アーミーベルト

GM綿［GM＋めん］GMはジェネティック・モディファイド genetic modified の略で、「遺伝子の組み換え」を意味する。害虫に抵抗力がある遺伝子などを取り出して、より優れた種を用いて作られる綿花や綿素材を指し、オーガニックコットン（有機栽培綿）とはちょっと異なるエコ

ファッション関連欧文略語

素材のひとつとして注目されている。

GMS［general merchandise store］ゼネラルマーチャンダイズストアの略語で、正しくはジェネラルマーチャンダイズストアと発音される。衣食住にわたる商品を総合的に品揃えした大型店のことで、「総合小売業」などと訳される。元は1950年代の大量生産・大量販売の時代に生まれた業態で、セルフ販売とチェーン店展開を基本としたスーパーマーケットから発展したものとされる。現在ではその総花的な品揃え方針が消費者に飽きられ、次第に魅力を失いつつあるといわれている。日本でいう大型総合量販店（大手スーパー）はまさにこれに当たる。

GOTS［Global Organic Textile Standard］オーガニックな繊維製品を認証する国際基準。2002年にドイツ・デュッセルドルフにおいて、ドイツ、英国、アメリカ、日本の4ヵ国の初会合が持たれ、2005年にバージョン1.0が発表された（以後3年毎に更新）。認証ラベルにはオーガニック繊維が95％以上使われていることを証明する「オーガニック」と、70％以上使われている「メイド・ウィズ・オーガニック」の2種がある。GOTSそのものはオーナー会議で、非営利活動法人としてドイツで登録されている。

GSファッション［GS fashion］GSはグループサウンズを指す略語。ビートルズなどを真似て1960年代中期から後半にかけて登場した、日本の若者たちのロックバンドを和製語でそう呼び、彼らのステージ衣装から生まれたファッションをこう呼んだ。ザ・スパイダーズのおもちゃの兵隊のようなミリタリールックや、ザ・タイガースの中性的な王子様スタイルなどが代表的。

GWD⇒レインダスター

Hライン［H line］アルファベットのHの字の形を思わせるシルエット。元々は1954年秋冬向けのパリ・オートクチュールコレクションで、クリスチャン・ディオールが発表したラインの名に由来するもので、いわゆるアルファベットライン＊の最初となった。全体にフラットな長方形のシルエットで、Hの字の横棒がベルトや切り替え線で表現される。その後のストレートライン＊の基調になったものとして知られる。

H&M［Hennes & Mauritz］ヘネス・アンド・モーリッツ（マウリッツとも）。スウェーデンのストックホルムに本拠を置くファストファッション＊型SPA＊で、そのブランド名としても知られる。単に「エイチ・アンド・エム」とも呼ばれ、リーズナブルな価格展開と適度なトレンド性で人気を集めている。世界中に店舗展開するが、日本には2008年秋に銀座と原宿に出店し、大きな話題を集めた。

HC⇒ホームセンター

Iシャツ⇒マッスルT

Iトップ⇒シェルトップ

Iドレス［I dress］I（アイ）ライン＊と呼ばれるまっすぐなシルエットを特徴とした袖無しのワンピース。

Iライン［I line］アルファベットのIの字の形を特徴としたシルエット。ごく細身のストレートライン＊の一種ともいえる。

Iラインスーツ⇒シェルトップスーツ

Iラインスカート［I line skirt］I（アイ）ラインと呼ばれる上から下までまっすぐなシルエットを特徴とするスカート。ハイウエスト型のものが多く、丈も割合長めのものが多く見られる。

IACDE［International Association of Clothing Designers and Executives］「国際衣服デザイナー＆エグゼクティブ協会」の略称。当初はIACDの名称で、アメリカの紳士既製服メーカー所属のデザ

イナーによって組織され、年2回の総会を開催して次シーズンの流行型を発表するなど世界のメンズモードに大きな影響を与えていた。現在はアメリカ・オクラホマシティーに国際本部を置き、世界に13支部500人ほどの会員を抱える組織となっている。日本支部は1978年に発足し、40人ほどのメンバーがいる。

IC⇒イタカジ

ICタグ［IC tag］「無線タグ」と訳される。小さなIC（集積回路）チップに微小なアンテナを付け、下げ札（タグ）や織ネーム、カードなどに組み込んで使用される「電子荷札」のこと。アンテナを近づけるだけでデータが読み取れ、そのデータ量はバーコードよりはるかに多いというメリットを持つ。バーコードに代わる次世代の商品管理技術の方法として用いるほか、さまざまな分野での活用が期待されている。RFID（radio finder identificationの略）ともいう。

IDケース［ID case］アイデンティフィケーションケース identification case の略で、自己を証明するためのカードなどを収納する小さなケースを指す。ビジネスマンなどが業務上必携とされるもので、「IDカードケース」などとも呼ばれる。

IDストラップ⇒プレートネックレス

IDプレート⇒プレートネックレス

IDボタン⇒フロントボタン

IDリベット⇒カパーリベット

IFF［International Fashion Fair］インターナショナル・ファッション・フェアの略称。2000年1月から繊研新聞社の主催によって年2回行われていた当時日本で唯一の国際ファッショントレードフェアの名称。国内外のアパレルおよびファッショングッズの企業が多数出展するファッションの総合見本市で、次シーズンのトレンド提案と商談を行うのが特

徴。

IFI［Institute for the Fashion Industries］「財団法人 ファッション産業人材育成機構」の略称。繊維産業全般の人材育成事業を目的として1992年に設立された財団法人で、〈IFIビジネス・スクール〉を設けるなどして、幹部候補生やスペシャリストの育成を行っている。

IGEDO［Igedo fashion fairs］通称「イゲド」。ドイツ西部の都市デュッセルドルフで開催される「国際ファッションフェア」のことで、海外から50カ国以上が参加するヨーロッパ最大級のファッション見本市として知られる。CPD（婦人服）、HMD（メンズウエア）、Body Look（ボディーウエア、ビーチウエア、レッグウエア）、グローバルファッション、フェア新企画の5テーマに分けて開催されるのが特色。

INB⇒インターナショナルブランド

INJ製法⇒インジェクションモールドプロセス

IoT［internet of things］インターネット・オブ・シングスの略。「モノのインターネット」を表す。クルマや家電、ロボットなどのあらゆるモノがインターネットでつながって情報交換することによって生まれる新しいビジネスやサービスを指す。あらゆるものをネットで結び、膨大なデータを活用することによって、さまざまな分野で大きな変革が起ころうとしている。これを「IoT（アイ・オー・ティー）時代の到来」などと呼んでいる。

IP［item presentation］アイテムプレゼンテーションの略語。VP*（ビジュアルプレゼンテーション）、PP*（ポイントプレゼンテーション）と並ぶMDP*（マーチャンダイズプレゼンテーション）の3大要素のひとつで、ディスプレイ以外の場所に商品を分かりやすく買いやすくし

1199

ファッション関連欧文略語

て客に見せる方法をいう。VP、PPとともにこうした方法はVMD*（ビジュアルマーチャンダイジング）の原理原則に沿って行われる。

iPadケース［iPad＋case］アメリカのアップル社が2010年4月に発売したタブレット型情報端末機iPad（アイパッド）を収納して持ち歩くための薄型のバッグ。iPadは現在のスマホ（スマートフォン）ブームの先駆けとなったもの。

ISO［International Organization for Standardization］スイスのジュネーブに本部を置く「国際標準化機構」のこと。世界各国・各企業で定められている工業規格を統一する目的で1947年に設立された非政府組織で、大多数の国と地域が加盟している。その規格に法的強制力はないが、事実上の統一規格となっており、品質管理と保証に関する「ISO9000」シリーズと、環境保全のための「ISO14000」シリーズがある。日本でもこのところ認証取得企業が急増して注目されている。

ISPO［International Trade Fairs for Sports Equipment and Fashion］ドイツのミュンヘンで開催される「国際スポーツ用品見本市」のこと。アウトドアとスポーツの用品と衣料を紹介する大きな展示会で、正式にはispoと小文字で綴られ、「ispoチャイナ」という中国での開催も行われている。

IT［information technology］インフォメーションテクノロジーの略語。「情報技術」あるいは「情報通信技術」などと訳され、コンピューターを駆使した高度な情報通信分野での技術革新を象徴する用語として多用されている。

ITアパレル［IT apparel］インターネットのホームページ上で取引されるアパレル（衣料品）の概念を指す。雑誌などの印刷媒体で紹介されたり、リアルショップ*（実際の店舗）で販売される商品とは違い、IT（情報技術）という手段を使って知られるところからこのように呼ばれるもの。

ITスーツ⇒モバイルスーツ

ITMA［International Exhibition of Textile Machinery］「国際紡織機械専門見本市」の略称。CEMATEX（欧州紡織機械工業連盟）の主導により、1951年から4年ごとに開催される世界最大の繊維機械展のことで、業界のオリンピックと呼ばれている。

IWTO［International Wool Textile Organization］「国際羊毛繊維機構」の略称。世界22の羊毛工業国の関係者によって構成される組織で、1927年に発足。本部はベルギーのブリュッセルに置かれている。

Jカジ⇒ジャパカジ

Jカルチャー［J culture］Japanese cultureの意で、最近の日本を代表するポップな若者文化全般を総称する言葉として用いられる。「カワイイ」で表現される日本のストリートファッションやアニメ、コスプレ、オタクなどの動きがその代表的なもので、今では世界的にも認められる存在となっている。

Jクオリティー［J∞QUALITY］ジェイ・クオリティーと発音される。生地の織りや編みなどの製造過程から、染色加工、縫製に至るまで、原料生産以外のすべての工程を国内で手掛けた衣服であることを証明する認証制度。アパレル関係の業界団体で構成される「日本ファッション産業協議会＝JFIC」（東京）が進めてきた制度で、2015年秋からスタートした。そうした製品には専用のマークをプリントしたタグなどが付けられる。ロゴマークには無限大を表す「∞」が入っている。

1200

ファッション関連欧文略語

Jファッション [J fashion]「日本のファッション」という意味で、Jポップ*、ジャパニメーション（日本のアニメ）と並ぶ現代日本が世界に誇る３つのJのうちのひとつとして流行語となったもの。要は日本の若者たちから発信されるポップカルチャーとしてのファッションを総称している。

Jブランド ⇒ジャパン・ブランド

Jポップ [J pop] 日本のポピュラーミュージックのことで、作詞家・阿久悠の言によれば、アメリカナイズされたイメージを持つ日本のポップスを総称し、1988年に登場した言葉とされる。アルファベットやカタカナを使った題名や歌詞、芸名の急増から、それまでの「ニューミュージック」に代わって用いられるようになったものという。これにならって韓国のポップスはKポップ [K pop]（Korea pop の意）と呼ばれる。

Jリーググッズ ⇒Jリーグファッション

Jリーグファッション [J league fashion] 1993年5月に正式開幕したJリーグ（日本プロサッカー・リーグ）に関連するファッションの総称。単にJファッション [J fashion] とも呼ばれ、サポーターファッション*と同じ。ここに見るさまざまなキャラクター商品は、Jリーググッズ [J league goods] と呼ばれる。

JANコード [Japanese Article Number code] ジャンコードと発音される。「日本共通商品コード」のことで、1978年に制定されたバーコードの体系を指す。商品の包装紙などに白黒のバーコードで印刷されているもので、これによってPOS*システムや各種の受発注システム、在庫管理システムなどがスムーズに行われるようになった。

J＆S ⇒ジャケット・アンド・スラックス

JC ⇒ジャパカジ

JC [Japan Creation] ジャパン・クリエーションの略称。日本全国のテキスタイル・繊維メーカーやその関連業者が参加する生地関係の総合見本市の名称。天然繊維を始め化合繊、ニットなどの素材、また染色や後加工などの最新情報がほぼ網羅されているのが特徴とされる。毎年12月に開催されるのが通例となっていたが、2007年からはJFW*（東京発日本ファッションウィーク）のテキスタイル事業の一環に組み込まれ、春と秋の年2回開催されるようになっている。

JFF [Japan Fashion Fair] ジャパン・ファッション・フェアの略称。日本のアパレル製品などを紹介する海外展として行われている見本市で、現在は社団法人日本アパレル産業協会の主催により、中国・北京で開催されている CHIC（China International Clothing & Accessories Fair ＝中国国際服装服飾博覧会）にパビリオン出展している。

JFW [Japan Fashion Week] ジャパン・ファッション・ウィークの略称。正式には「東京発日本ファッション・ウィーク」と称され、「東京コレクション・ウィーク」などさまざまなイベントが組み込まれている。2008年度以降この事業は〈日本ファッション・ウィーク推進機構〉の手によって進められており、新人デザイナーの登竜門として機能させようという「新米（シンマイ）クリエーターズプロジェクト」を設けるなどさまざまな試みが行われている。

JIS [Japanese Industrial Standards] 通称ジス。「日本工業規格」のことで、日本の鉱工業製品に関する国家規格を指す。これの合格品にはJISマークが付けられる。アパレル関係では衣料サイズの制定などがある。

JIT [just in time] 通称ジット。小売店

1201

ファッション関連欧文略語

などに必要な商品を必要な量だけ、必要な時（ジャストインタイム）に供給しようとする考え方を指す。

JSファッション［JS fashion］JSは「女子小学生」を意味する日本的な略語で、女子小学生全般のおしゃれなファッションを総称する。JSモデルはそうした女子小学生たちのファッションモデルを指し、これと同じ伝でJC（女子中学生）ファッションやJK（女子高生）ファッション、JD（女子大生）ファッションといった表現もある。

Kポップ⇒Jポップ

KY語［KY＋ご］最近のローマ字略語を収集して編纂した『KY式日本語』（北原保雄編著／大修館書店刊）で、2008年に一躍ブームとなった言葉の表現。K（空気）＋Y（読めない）というように表すところからこのように呼ばれるもので、さまざまなローマ字略語が作られた。

Lシェイプラベル［L shaped lapel］上襟の幅が下襟よりも狭く、襟の刻みがL字の形となったラペル。ピークドラペル・の変形のひとつ。

Lポケット⇒ホリゾンタルポケット

L-2Bジャケット［L-2B jacket］MA-1ジャケット・の低空域（ライトゾーン）用のタイプ。デザイン的にはMA-1型とほとんど同じだが、これはドットボタンで留めるエポーレットが縫い付けとなっており、やや薄手で夏用または3シーズンにわたって着用可能とされる。1960年代初期に登場し、78年にCWUジャケット・が採用されるまで、長期間用いられた。

LAカジュアル⇒エルカジ

L．A．ギャル系［L.A. gal ＋けい］アメリカはロサンゼルスのちょっとセレブな雰囲気のファッションを好むギャルファッションを総称する。ロサンゼルス

ファッションのブーム再来から目立つようになった流行現象のひとつで、2009年春夏から「ストリート系」と並ぶ一大トレンドとなってきた。ロサンゼルスのセレクトショップ「キットソン」のファッションなどに代表される。

L．A．スタイル［L.A. style］アメリカのロサンゼルスに見られるセレブたちのファッションを総称したもの。ロサンゼルスにはハリウッドの映画スターやビバリーヒルズに住むお金持ちたちが多く、そうした人たちのゴージャスでエレガントなカジュアルスタイルをこう呼ぶようになった。セレブカジュアルと同義ともされる。

L．A．ファッション［L.A. fashion］アメリカのロサンゼルス風ファッションの意。「フォーエバー21」や「キットソン」などロサンゼルス発のファストファッションの上陸で、2009年春夏から再びロサンゼルスファッションの波が起こり、日本でこのように称されるようになった。

LBD⇒リトルブラックドレス

L／C［letter of credit］輸出業者に対する銀行による代金支払いの「信用状」のことで、貿易取引の決済方法として用いられる。

LGBT［――］セクシュアル・マイノリティー（性的少数者）を総称する言葉のひとつ。Lesbian（レズビアン＝女性同性愛者）、Gay（ゲイ＝男性同性愛者）、Bisexual（バイセクシュアル＝両性愛者）、Transgender（トランスジェンダー＝性同一性障害を含む生まれた時の性とは違う性を生きる選択をする人）の頭文字から作られたもので、その理解を求める目的のパレード「東京レインボープライド2013」によって知られるようになった。最近では従来のLGBTだけでなく、そこ

ファッション関連欧文略語

からこぼれ落ちる人たちも含んで、ＬＧＢＴＱとかＬＧＢＴｓと呼ぶ傾向が生まれている。ここでのＱはQuestioning（自分の性別がよく分からない）またはQueer（変わり者の意だが、ここでは個性的なの意味をとる）からきたもので、ＬＧＢＴｓも複数形のｓをつけて同様の意味を表している。なおＴのトランスジェンダーは性的指向とは関係のない概念とされる。

Ｌ．Ｌ．ビーン・ガムシューズ⇒ハンティングブーツ

ＬｓＣ⇒ライフスタイルセンター

ＬＴＶ［Life Time Value］ライフ・タイム・バリューの略。マーケティング用語で「顧客生涯価値」などと訳される。ひとりあるいは1社の顧客と企業が取引開始から、それが終了するまでの期間を通じて、その顧客が企業にもたらす損益を累計して算出されるマーケティング上の成果を指す。効率的な経営において重要視される指標とされ、これを向上させることが大切とされる。

ＬＺＲ⇒レーザー・レーサー

Ｍ字バング⇒バング

Ｍ-４３フィールドジャケット［M-43 field jacket］アメリカ陸軍の名品M-65フィールドパーカの原型とされるフィールドジャケットの一種。スタンドカラーにもノッチトラベルにも変化する襟などを特徴とするシンプルなデザインの軍用ジャケットで、現在ではこれを改良したものがトラベルジャケットなどとして用いられている。

Ｍ-65パンツ⇒フィールドパンツ

Ｍ-65フィールドジャケット⇒フィールドパーカ

Ｍ-65ブルゾン［M-65 blouson］アメリカ陸軍伝統の野外戦闘服〈Ｍ-65フィールドパーカ〉を基としてデザインされたブルゾンの一種。丈を短めにアレンジさせたといった感じのもので、メルトン製や薄手のナイロン製などさまざまなタイプが作られている。またアニメ作品の『東のエデン』（フジテレビ・2009年：劇場版もあり）で主人公・滝江朗が着用した上着をこう呼び、それが実際に発売されて話題を呼んだこともあるが、それは〈東のエデンＭ-65　ＴＹＰＥ〉と名付けられていた。

Ｍ＆Ａ［merger & acquisition］企業の合併・買収をいう。マージャーは「合併」、アクイジションは「獲得」という意味。経済不況が長引く中、各企業は生き残りをかけてこうした政策をとる傾向がますます強くなっている。

ＭＡ-１ジャケット［MA-1 jacket］第2次大戦後にアメリカ陸軍航空隊から独立したアメリカ空軍が、1940年代末に開発したジェット戦闘機用のフライトジャケットの名称。B-3ボマージャケットの後継であるB-15タイプを始祖として生まれたものとされ、高空域での冷気を遮断するために特殊なナイロン地を用い、狭いコックピットの中でも動きやすいように機能的なデザインが多用されている。セージグリーンと呼ばれる緑色の表地と、レスキューカラー（救難色）としてのオレンジ色を裏地に用いているのも特徴のひとつで、これはトム・クルーズが主演した映画『トップガン』（1986）の中で用いられて、世界的に流行を見た。

ＭＡ-１パンツ［MA-1 pants］アメリカ空軍のジェットパイロット用フライトジャケットとして知られるMA-1ジャケットと対で用いられるパンツの名称。上着と同じくセイジグリーンの色使いで、難燃性のナイロン地で作られる。シャリシャリとした素材感と裾絞りになったデザインに特徴がある。

ファッション関連欧文略語

MA-2ジャケット⇒CPWジャケット

MAGIC［Men's & boys Apparel Guild in California］通称マジック。アメリカのラスベガスで開催されるファッション見本市の名称で、日本では「メンズアパレル総合見本市」などと呼ばれる。現在ではこれを中心にラスベガスで行われているファッション見本市を「米カジュアル合同展」と総称し、マジックのほかプールショー、ENKベガス、プロジェクトといった展示会が併催されている。かつてはアメリカ西海岸最大のメンズ見本市とされ、東海岸のNAMSB（National As-sociation of Men's Sportswear Buyers＝ナンスブ）と並ぶイベントとして人気を二分していた。

MBTシューズ［MBT shoes］MBTはMaasai Barefoot Technology の頭文字をとったもので、スイス『マサイ』社の開発による健康靴を指す。その名の示すとおり、アフリカのマサイ族が柔らかな草原の大地を裸足で歩くような感触を再現する特殊な靴底を特徴としたもので、同様のサンダルも用意されている。トレーニングギアのひとつとして、最近急速に人気を集めている。俗に「マサイ靴」などと呼ばれる。

MC［mass customization］マスカスタマイゼーションの略語。個別のニーズ対応を大量にかつ安価に実行する手法をいう。カスタマイゼーションは「顧客別適応」といった意味で用いられているもので、同じ規格品を提供するのではなく、一人ひとりの欲求に応じて誂えることを指す。例えば商品をあらかじめ各部品から構成できるように設計しておき、顧客に提供する最終段階でニーズに合わせて組み立てるといった方法がある。2000年頃からアメリカの業界を中心に発展してきたもので、アパレルやパソコン、また化粧品や家具などあらゆる分野に及んでいる。

M&D［mother & daughter］「母親と娘」の意で、「M&D市場」などと用い、母親とその娘が友達感覚で共有する消費マーケットなどについていう。最近の母娘は「一卵性親子」とか「双子親子」「友達親子」などと呼ばれるように、仲の良い関係が見られ、その絆の中から大きな消費を作り出すようになっている。

MD［merchandising］マーチャンダイジング＊の略語。マーチャンダイザー＊を意味することもある。

MDP［merchandise presentation］マーチャンダイズプレゼンテーションの略語で、MPともいう。VMD＊と同義とされるとともに、SD（ストアデザイン）、MD（マーチャンダイジング＊）と並ぶVMDを構成する重要な要素のひとつとされる。直接的には「商品プレゼンテーション」の意で、店舗や企業から顧客に発信される情報手段を指し、これにはまたVP＊（ビジュアルプレゼンテーション）、PP＊（ポイントプレゼンテーション）、IP＊（アイテムプレゼンテーション）の3つの要素が含まれる。

MFU［Japan Men's Fashion Unity］一般社団法人 日本メンズファッション協会の略称。1960年発足の〈日本メンズファッションユニオン〉を母体として発展してきた日本のメンズファッション関係者による団体で、「ベストドレッサー賞」や「イエローリボン賞ベストファーザー」の選出などで知られる。

MP⇒MDP

MR［Mixed Reality］ミックストリアリティーの略で、現実世界と仮想世界をITの活用で融合させる技術のひとつを指す。VR（バーチャルリアリティー＝仮想現実）、AR（オーグメンテッドリアリ

ティー＝拡張現実）をさらに発展させた
もので、バーチャルな世界をよりリアル
に体感できるのが特徴とされる。

ＭＴＢウエア［MTB wear］マウンテンバ
イクウエア［mountain bike wear］の略
称。MTBとはアウトドアスポーツとし
て人気のあるオフロード自転車のこと
で、それに乗るときに着用する衣服を総
称する。カラフルなジャージー製のトッ
プスに、ニーパッド（膝当て）が付いた
サイクリングパンツといった組み合わせ
が代表的。こうしたものをしゃれた街着
として着こなす傾向もある。

ＭＵ［Milano Unica 伊］⇒ミラノ・ウニカ

Ｎ‐１タイプジャケット［N-1 type jacket］
アメリカ海軍の「N-1デッキジャケット」
を原型として展開されるミリタリージャ
ケットの名称。本来のN-1ジャケットは
第2次大戦中から朝鮮戦争にかけてアメ
リカ海軍のデッキクルー（艦上作業員）
に支給された防寒服の一種で、ボア襟と
ボア裏付きのショートジャケットを指す
が、これをモチーフにデザインされたカ
ジュアルなジャケットをこのように称し
ている。

Ｎ‐２Ｂジャケット［N-2B jacket］アメリ
カ空軍が1960年代に採用した寒冷地用フ
ライトジャケット。毛足の長い羽毛状の
白いボアを取り付けた大きなフードが何
よりも特徴的なデザインで、ジッパーと
ボタン留めの二重構造になったフロント
など防寒性は完璧なものとされる。

Ｎ‐３Ａジャケット［N-3A jacket］アメリ
カ空軍の寒冷地用ジャケットの一種で、
同様のN-3Bジャケットのひとつ前のモ
デル。ふわふわしたボア付きフードを特
徴とするハーフコート型のジャケット
で、最近のヴィンテージものの人気から、
アメリカの『スピーワック』社が設立
100周年を記念して2004年に限定生産し

たもの。第2次大戦時と同じ規格の素材
使いとなっているのも、マニアにとって
は喜ばれた。

Ｎ‐３Ｂジャケット［N-3B jacket］N-2B
ジャケットの丈を伸ばしてコート仕様と
したもの。極寒地の地上整備員用として
開発されたものだが、現在では一般の
ファッションアイテムとしても大変な人
気を集めている。白い羽毛状ボアを取り
付けたフードと、セージグリーンを特色
とした中綿入りハーフコートのデザイン
を特徴としている。

ＮＡＳＡルック［NASA look］NASA（ナサ）
は「アメリカ航空宇宙局」の略称で、宇
宙船や宇宙旅行をイメージした未来的な
ファッション表現を指す。ストレッチ素
材のサイバー感覚の服やムーンブーツな
どに代表される。

ＮＡＴＯベルト［NATO belt］NATO（ナトー
＝北大西洋条約機構）の軍隊で使用され
ているナイロン製の時計ベルト。NATO
ストラップとかNATO式ナイロンベルト
などとも呼ばれる引き通し式のもので、
当初は英国軍によって採用された。英国
防衛省に納入しているフェニックス社で
は、これを「G10ストラップ」と称して
いるところから、これを正式名称とする
ところも多い。一般のファッションとの
相性もよく、合わせやすい時計ベルトと
して人気がある。

ＮＢ⇒ナショナルブランド

ＮＢＡスタイル［NBA style］NBAは
National Basketball Association の略で
「アメリカ・プロバスケットボール・リー
グ」を意味する。この人気に影響されて
生まれたバスケットボール関連のファッ
ショナブルな服装をこのように呼んでい
る。NBAのチーム・ユニフォームとなっ
ているロゴマーク入りのジャンパーやウ
ォームアップ用パーカなどを、ぶかぶか

ファッション関連欧文略語

のパンツやスポーツキャップ、バスケットシューズなどと一緒に着こなすスタイルが見られる。

ＮＣ⇒ナショナルチェーン

ＮＩＣＳ⇒ NIES

ＮＩＥＳ［newly industrializing economies］通称ニーズ。「新興工業経済地域」と訳され、いわゆる開発途上国と目される国や地域のうち、急速な工業化と高い経済成長を達成すると見られるところを指す用語として用いられた。それ以前は NICS［newly industrislization countries ＝通称ニックス］と呼ばれていた。

ＮＰＢ⇒ナショナルプライベートブランド

ＮＳＣ⇒ネイバーフッドショッピングセンター

ＮＷ加工⇒ＷＦ加工

ＮＷシャツ⇒ WR シャツ

Ｏバックショーツ［O back shorts］ヒップ部分をＯの字型に丸く刳（く）り抜いたデザインのショーツをいう。お尻の形を美しく保つという目的で作られたもので、Ｔバックショーツ＊の流行以来、こうしたデザインのショーツが多数登場するようになっている。たとえばUバック、Vバック、Yバックといったデザインのショーツがあり、これらはローライズのパンツを穿いても外から見えないという特徴をもつとされる。

Ｏライン［O line］アルファベットのＯの字の形を思わせるシルエット。全体に丸みを帯びた形が特徴で、バルーンライン＊やボールライン、バレルラインなどと同種のものとされる。

Ｏ２Ｏ［online to offline］オンライン・ツー・オフラインの略。インターネット上のオンラインでつかんだ消費者を実店舗であるオンラインに向かわせることなどをいう。割引クーポンをネットで提供し、実際に店舗に行ってもらうことなどを指

す。B to B（企業と企業のネット取引）や B to C（企業と消費者の取引）も、現在では B2B また B2C と表現する例が多くなっている。

OaO［Online at Offline］OAO とも。オンライン・アット・オフラインの略で、実店舗内においての店内販促や顧客体験などまでがオンライン化される概念を指す。O2O の発展形にあるもので、オムニチャンネルの一環ともされる。

ＯＢＭ［Original Brand Manufacture］さまざまな説があるが、オリジナル・ブランド・マニュファクチャーの略とするのが最も有力とされる。商社が自社ブランドでデザインから生産、販売まで一貫して行い、ブランドの持つ世界観から価格も含めて、小売業者に提案しようとするビジネスモデルを指す。［original brand manufacturer］の略ともされ、OEM、ODM＊に次ぐ動きとされる。

ＯＣスタイル［OC style］2003年から2007年にかけてアメリカで放映され大ヒットとなったテレビドラマ『The O.C.』（ジ・オーシー＝Fox ネットワーク）から生まれたファッションスタイルを指す。ＯＣはＬＡ（ロサンゼルス）の高級住宅街とされるオレンジ・カウンティ（カリフォルニア州オレンジ郡）の略称で、ここに暮らすリッチな高校生を主人公としてストーリーが展開された。とくにミーシャ・バートンやレイチェル・ビルソンたちの女優が着こなすファッションが、いわゆるＬＡセレブカジュアルの典型として人気を集めた。なお、このドラマは日本でも2006年７月から Super！drama TV でシーズン４まで放映されている。

ＯＤＭ［original design manufacturing］「相手先ブランドによる企画・生産」また「相手先ブランドによる設計」などと訳される。自社の自前ブランドではなく、取引

先である相手先ブランドのデザインから製造までを引き受けることをいう。ＯＥＭが生産についてだけのシステムであるのに対し、ＯＤＭは設計から製品開発までを手掛けるのが違いとされる。さらに企画スタッフまで抱えた企画提案型のＯＥＭ進化版をＡＭＳと呼ぶことがある。

ＯＥＭ［original equipment manufacturing］「相手先のブランドによる生産」のこと。メーカーが依頼を受けた相手先のブランドを付けて完成品を供給するシステムをいう。一般には「相手先商標製造」とか「相手先ブランド販売」などと訳され、こうしたメーカーを OEM メーカー［OEM maker］、生産・供給の仕組みを OEM ビジネス［OEM business］と呼んでいる。アパレル生産におけるそれはアパレル OEM［apparel OEM］として知られる。

ＯＥＭビジネス⇒ＯＥＭ

ＯＥＭメーカー⇒ＯＥＭ

ＯＪＴ［on-the-job training］オンザジョブトレーニングの略語。職場の研修法のひとつで、現場で実際的な訓練を行うことによって、知識や技能を身に着けさせようとするもの。新人教育だけでなく、時に応じてよく実施される教育法。

ＯＫカジュアル⇒キャリアカジュアル

ＯＬエレガンス［OL elegance］OL ご愛用のエレガンスファッションという意味で、いわゆる「エビちゃん（モデルの蛯原友里の愛称）」系や「もえちゃん（モデルの押切もえの愛称）」系のカジュアルな通勤服を総称する。甘すぎず、主張しすぎずの大人カワイイ感覚が特徴となっている。

ＯＬカジュアル⇒キャリアカジュアル

ＯＰＳ⇒オフプライスストア

ＯＰＴ［outward processing traffic］「持ち帰り貿易」と訳される。日本から生地を輸出して海外で縫製後、衣料品として輸入する方式を指す。単に「持ち帰り」とも呼ばれる。

ＯＴＢ［open to buy］オープンツーバイの略。商品の在庫を適正に保つようにする仕組みのこと。売り上げ予算だけでなく、在庫予算も設定することによって、不良在庫の発生を抑えるという目的を持つ。

ＯＴＫブーツ［OTK boots］OTK は「Over The Knee」の略。オーバー・ザ・ニーは「膝を越す丈」の意で、そうした長さの履き口を持つブーツを指す。ニーハイブーツ、サイハイブーツと呼ばれるブーツがここに含まれる。

ＰＢ⇒プライベートブランド

ＰＢＯ繊維［PBO ＋せんい］新しい合成繊維のひとつで、ナイロンの５倍の強度をもつとされ、難燃耐熱性では合成繊維の中で一番とされる。PBO は「ポリパラフェニレン・ベンゾビス・オキサゾール」の英字の略。一般にはザイロン ZYLON（日本では XYRON とも）の商標で知られる。

ＰＣケース［PC case］PC（パーソナルコンピューター＝パソコン）を収納するバッグ。ノート型パソコンを持ち運ぶのに便利なコンパクトなバッグのことで、A4 サイズや B5 サイズといった種類がある。パソコンを衝撃から護るための緩衝材が入り、コードなどを収納するポケットが付くなどきわめて機能的、実用的に作られているのが特徴。素材も金属や丈夫なナイロンが用いられ、これをふだんのビジネスバッグとして使用することも多い。

ＰＣブランド［PC brand］PC は Producer's Character（プロデューサーズ・キャラクター）の略で、ひとりの優れたプロデューサーによって企画、生産、販売、販売促進の開発が進められる個性的なブランドを指す。音楽の世界では、すでにこうしたレーベルの展開が成功をみているが、

ファッション商品にも同様な手法が取り入れられるようになっている。

ＰＣメガネ［PC＋メガネ］PC（パソコン）のモニターやスマホ、タブレット PC、ゲーム機、薄型テレビなどから発する高エネルギーの有害ブルーライト（青色光）から眼を守るのに効用があるとされるメガネ。眼のちらつきを無くし、疲労が軽減されるという。

ＰＤＭ［Partner Design Manufacture］パートナー・デザイン・マニュファクチャー。「提携製品製造」と訳される。OEM（相手先ブランドによる生産）や ODM（相手先ブランドによる設計・生産）に販促まで請け負う機能が加わったもの。これを活用することによって、アパレル企業は販促部門やマーケティング部門の人件費を節減できることになる。また、デザインから販促まで、ひとつのコンセプトを貫くことで、ブランドの価値を高めることにもつながるとされる。

ＰＤＳ⇒プロモーショナリーデパートメントストア

ＰＦ［JAFIC PLATFORM］JAFIC（一般社団法人日本アパレル・ファッション産業協会）が、アパレル企業と新興クリエイション企業との交流により、新たなビジネスモデルの創出を目的に開設したオンライン上の出会いの場で、一般に JAFIC プラットフォームと称される。国内市場だけでなく、日本発のファッションを海外に発信することも目的としている。

ＰＩ⇒パーソナルアイデンティティー

ＰＬＡ繊維⇒ポリ乳酸繊維

ＰＬ法［Product Liability law］「製造物責任法」と訳される。消費者や使用者が製品を購入し、その製品の欠陥によって生命や身体、また財産に関わる被害を受けた場合、製造業者は過失がなくても損害

賠償の責任を負うというもので、消費者保護を目的とした法律とされる。1995 年から施行され、アパレル製品にももちろん適用される。

ＰＬＭ［product life-cycle management］「製品ライフサイクル・マネジメント」の略。製品の企画から設計、生産、また出荷後のサポートや生産・販売の打ち切りまでの全ての過程を包括的に管理する手法を指す。そうした仕組みを支える情報システムを「PLM システム」と呼んでいる。

ＰＭ［property management］プロパティーマネジメントの略語。不動産から生まれる利益と資産価値の向上を目的に、所有と経営を分離して適正で効果的な運営管理を行う事業を指す。経営の構造をストック型からフロー型に切り替えるディベロッパー＊の新たな収益事業として注目されているもの。

ＰＭドレス［PM dress］ピーエムドレス。「午後のドレス」という意味で、ビジネスウエアやスポーツウエアなどの日常服から気軽に着替えることができる、新しい感覚のフォーマルドレスを総称する言葉として、1987年ごろからニューヨークのキャリアウーマンの間で使われるようになったもの。従来のアフタヌーンドレス、カクテルドレス、イブニングドレスといった区分にこだわらない自由な感覚のもので、シンプルなデザインのカジュアルなドレスが多く見られる。ショートレングスのものが多いのも現代的な特徴のひとつ。

ＰＭＩ［Post Merger Integration］ポスト・マージャー・インテグレーションの略。M&A（企業の買収・合併）による統合効果を確実にするため、M&A の初期段階から疎外要因などに対する事前検証を行い、統合後にそれを反映させた組織統合マネジメントを推進することをいう。こ

れがM&Aの成功に重要な要素とされる。

PO⇒パターンオーダー

POC⇒プレ・オーガニックコットン

POP [point of purchase] 通称ポップ。原義は「購買時点」という意味で、店頭で展開される広告およびその制作物をいう。プライスカード、ショーカード、ビラ、ポスター、商品説明ボード、案内看板などのすべてが含まれる。いわゆる「ポップ広告」として知られる。

POPライター [POP writer] POPはポイント・オブ・パーチェス point of purchase の略で、店頭に設置されているショーカードなどの宣伝材料を指す。それに簡単な広告・宣伝文を書く専門職をいう。POP文字などと呼ばれる独特の書体デザインに通じる才能が求められる。

POS [point of sales] 通称ポス。「販売時点情報管理」のシステムをいう。具体的には各店舗にPOS端末（いわゆるポスレジ）を置き、商品が売れるごとに販売情報を入力することによって即時管理されることになる。本部と各店舗がオンラインで結ばれ、リアルタイムで全店の販売状況が把握できるというメリットを持つ。

POSレジ [Point Of Sales register] ポスレジと発音される。POSシステムと連動したレジスターのことで、これによって店頭での売上情報が即座に本部に把握されることになる。POSは「販売時点」情報システムを表し、商品に付けられたバーコードをスキャニングすることによって商品情報をコンピューターに記憶させるとともに、レジには即座にその価格が表示される。このレジでは購入者の性別や年齢層、また天候のデータなども収集することができる。

PP [point of sales presentation] ポイントオブセールス・プレゼンテーションの略語。またポイントプレゼンテーション [point presentation] の略ともされる。VP*（ビジュアルプレゼンテーション）、IP*（アイテムプレゼンテーション）と並ぶMDP*（マーチャンダイズプレゼンテーション）の3大要素のひとつで、商品の良さをピックアップして伝える見せ方を指す。陳列を主体としたIPを補う目的で活用される。

PP加工⇒ウオッシュ・アンド・ウエア加工

PR [public relations] パブリックリレーションズ*の略で、「広報」また「広告・宣伝活動」を示す。

PS⇒パンティーストッキング

PTJ [Premium Textile Japan] プレミアム・テキスタイル・ジャパンの略称。JFW＝日本ファッションウィーク推進機構の主催による繊維、テキスタイル関係の総合見本市の名称。2012年から年2回開催され、国内の厳選された出展者によって、多彩な高品質テキスタイルが提案されるビジネス商談会となっている。

PTT繊維 [PTT＋せんい] 最近登場した合成繊維の一種。テレフタル酸成分にPDO（1・3プロパンジオール）を反応させて作られるもので、PTTとは「ポリ・トリメチレン・テレフタレート」の英字名の略。ポリエステルの4倍のソフトさと優れたストレッチ性能をもっているのが特徴とされる。

PU⇒ポリウレタン

PUアウター [PU outer] PUはポリウレタン（polyurethane）の略で、ポリウレタン樹脂をコーティングさせたり、不織布に含浸させるなどして皮革に見せかけた合成皮革や人工皮革を素材とするアウタージャケットの類を総称する。イージーに扱えるレザーウエアとして人気が高まってきた。

PV⇒プルミエール・ヴィジョン

ファッション関連欧文略語

ＰＶＣファッション［PVC fashion］PVC は polyvinyl chloride の略で「ポリ塩化ビニール」のこと。日本では一般に「塩ビ」と呼ばれるが、そうした製品に見られるツヤツヤした光沢感やとろけるような色の感触などを特徴とするファッション全般をこのように呼んでいる。

ＱＣ［quality control］クオリティーコントロール*（品質管理*）の略語。全体的なそれを TQC［total quality control］（トータルクオリティーコントロール）と呼んでいる。

ＱＲ［quick response］クイックレスポンス。「迅速な対応」という意味で、商品の早期発注や短期納品を可能とするシステムをいう。正しくは QRS［quick response system］（クイックレスポンスシステム）といい、POS*の導入などもその一環となるが、最近では SCM*と呼ばれる手法に取って代わられようとしている。

ＱＲＳ⇒QR

Ｒ２５世代［R25＋せだい］リクルートが 2004 年 7 月 1 日に創刊したフリーペーパー*『R25』の読者対象とする男性たちをいったもので、25 歳以上のいわゆる「団塊ジュニア」と呼ばれる層がこれに当たる。なお、この誌名は成人映画の指定を意味する「R」（Restriction ＝制限）の記号から来ている。

ＲＥＰ［representative］通称レップ。レプリゼンタティブ*（代理人）の略語。

ＲＦＩＤ［radio finder identification］IC タグ*（無線タグ）の別称。

ＲＰＡ（retailer of private label apparel）⇒ＳＰＡ

ＲＳＣ⇒リージョナルショッピングセンター

ＲＴＷ⇒レディートゥウエア

Ｓカーブシルエット［S curve silhouette］1890 年から 1909 年頃にかけて流行した女性の服装。バッスルスタイル*の後に登場したもので、新しいコルセットで胸を張らせ、ウエストを絞ってお尻を突き出すような形にしたスタイルを指す。横から見ると S の字のように見えるところからこの名が付いたもので、単に S ラインとか日本語では「蜂の腰スタイル」とも呼ばれる。また、このような婦人を好んで描いたアメリカの肖像画家チャールズ・ダナ・ギブソンの名をとってギブソンガールスタイル［Gibson girl style］ともいう。

Ｓカーブヘア［S curve hair］ウルフカット*を基本としてデザインされた段カットのバリエーションのひとつで、横から見て首筋の辺りに S 字型のくびれが生まれるヘアスタイルを指す。裾を軽めに仕上げているのも特徴のひとつで、どこから見ても格好がつくヘアスタイルとして好まれている。

Ｓカール［S curl］シャギーカット*の一種で、首のあたりで外にはね返した巻き毛が特徴のヘアスタイルをいう。全体に S 字型にカールしているところからこう呼ばれるもの。

Ｓ撚り⇒撚糸

Ｓライン⇒Sカーブシルエット

ＳＡＴＣ［sex and the city］アメリカ映画『SEX and The CITY』の頭文字をとって作られた言葉。大ヒットしたテレビシリーズが 2008 年に映画化されて世界的な話題を集め、さらにパートが 2010 年 6 月に公開され、この言葉は社会現象となるまでに広がった。ニューヨークのセレブな大人の女性たちを主人公とするこの映画は、ファッションの面でも大きな関心を集めた。ちなみに衣装はスタイリストのパトリシア・フィールドによる。

ＳＢ⇒ストアブランド

ＳＢブレザー⇒Ｄ－Ｂブレザー

ＳＣ⇒ショッピングセンター

1210

SCM [supply chain management] サプライチェーンマネジメントの略称。サプライチェーンとは、原材料の調達から製品の生産、流通、販売に至る一連の流れを指し、IT（情報技術）の活用によってその最適化を図る経営手法をこのように呼ぶ。これによってコストの削減やリードタイムの短縮などが実現されることになる。この実現のためにはサプライチェーンに携わる各企業がパートナーシップをベースにして、ロスのない方法で対応することがポイントとされている。QR*に代わる経営システム関連の用語として、2000年に入るころから頻繁に使用されるようになった。

SGC⇒渋谷ガールズコレクション

SI [store identity] ストアアイデンティティーの略語。小売店の存在を明らかにすること。CI（コーポレートアイデンティティー*）の店販で、小売店の主張や考え方を内外に示し、顧客の信頼感を得ることを目的としている。

SKU [stock keeping unit] ストックキーピングユニットの略語。「在庫最小管理単位」という意味で用いられ、商品管理に必要とされるサイズ、色、柄、スタイルなどの細分化された個別単位を指す。

SMルック [SM look] SM（サディズム＝サディズムとマゾヒズム）の世界にモチーフを得た、ちょっとセクシーなファッション表現。ボンディッジルックなどと同じように、過激にそれを表現するものではなく、あくまでもファッション的にさらりと健全なイメージで扱っているのが特徴とされる。その性格上、ラテックスなどの素材使いが多く見られる。

SMU [special make-up] スペシャルメイクアップの略語。本来のスペシャルメイクアップは、本ものそっくりの傷を作るなど映画撮影などにおける特殊効果としてのメイクアップを意味するが、それとは別に最近のスポーツ専門店などで行われるようになった別注や協業など特別仕様によるマーチャンダイジングの手法をこの略語で表す傾向が、2007年ごろから生まれている。ここではいわば「特別な作り方」といった意味で用いられる。

SNS [social networking service] ソーシャル・ネットワーキング・サービスの略。ウェブサイト上で会員同士が交流できる機能を提供するサービスのことで、フェイスブックやツィッター、LINE（ライン）などに代表される。現代人には今や必携の電子ツールとなっている。ソーシャルメディアの一部とされる。

SO⇒パンチ

SOGI ソジまたはソギと発音される。Sexual Orientation（どの性別を好きになるかという性的指向）と、Gender Identity（自分の性別をどのように認識するかという性自認）から成る言葉で、性的少数者（LGBT）に限らず、すべての人が持っている性的多様性を示す概念として用いられる。

SOHO [small office home office] 通称ソーホー。スモールオフィス・ホームオフィスの略で、自宅型の小さな事業形態をいう。これとは別にファッション街やロフト文化で知られるニューヨークのグリニッチ・ビレッジ南地区（South of Hous-ton）の頭文字から名付けられたソーホー地区、またロンドンの歓楽街の地名としても知られる。

SOHOブランド [SOHO brand] SOHO（ソーホー）は Small Office & Home Office の略で、自宅型の小さな事業形態をいう。ここから SOHO ビジネス型の「自宅ブランド」をこのように呼ぶようになったもの。自宅および近辺の事業所で少人数のスタッフが集まり（あるいはひ

ファッション関連欧文略語

とりで）、企画から生産までこなしてしまう自己完結型のファッションブランドということになる。オリジナリティーにあふれ、希少性の高い商品が創り出されるのが特徴。

ＳＰ ［sales promotion］セールスプロモーション*の略称で、「販売促進」と訳される。

ＳＰ-27 ［エスピー 27］正式には「スペースコート SP-27」と呼ばれる。NASA（アメリカ航空宇宙局）により宇宙服の保温素材として開発されたもので、1969年の人類初の月面着陸時に宇宙飛行士が着用していた服に使われていたといわれる。綿状ポリエステル繊維の基布の上にポリエチレンフィルムに蒸着させた金属層を接着させた約４ミリの厚さを持つもので、これによって放射、対流、蒸発という体熱ロスを遮断する仕組みになっている。

ＳＰＡ ［speciality store retailer of private label apparel］生産と販売を一体化したアパレル事業形態のことで、日本語では「製造小売業」とか「製造直売型専門店」などと表現される。元々は 1980年代後半にアメリカのカジュアル専門店チェーン〈The GAP〉が自社の形態についていったもので、これが日本に導入されて SPAという略語で広まった。アパレル商品の企画から生産、販売までの全てを自社機能で行う垂直型のシステムが特徴で、その商品は自社の直営店のみで販売されるのが原則となる。メーカー系の SPA（店持ちアパレル）と、ショップ系の SPA（メーカー機能を持つ専門店）の２タイプがある。別にＲＰＡの呼称もある。

ＳＰＡ型セレクトショップ ［SPA ＋かた＋ select shop］自社で開発したブランドを中心としながらも、国内外からのブランド商品も集積したファッション専門店。

小売系のセレクトショップ*業態のひとつで、2002年頃から台頭してきた。SPA*は企画・生産・販売の一貫した機能を持つファッション企業を指し、「製造小売業」などと訳されるが、こうした企業が持つ販売店舗を別に SPAショップ［SPA shop］とも呼んでいる。

ＳＰＡショップ ⇒ SPA型セレクトショップ

ＳＲ加工 ［SR ＋かこう］SR はソイル・リリース soil release（汚れを追放するの意）の略で、衣服表面の汚れを防止する「防汚加工」を指す。主として合成繊維に用いられる加工法のひとつ。

ＳＲＳＣ ［super regional shopping center］スーパーリージョナル・ショッピングセンターの略。ＲＳＣ（リージョナルショッピングセンター）はアメリカにおけるショッピングセンターの分類のひとつで、「広域型ＳＣ」と訳される。これのより大規模になったタイプがこのように分類される。

ＳＳベルト ［SS belt］シルバーステンレス（silver stainless）ベルトの略。時計のベルト（バンド）のひとつで、全てが銀色のステンレスでできている金属製ベルトを指す。時計ベルトでは革製のレザーベルトと対をなす。

ＳＳＭ ⇒スーパースーパーマーケット

ＳＳＰ加工 ［SSP ＋かこう］Super Soft Peachface（スーパー・ソフト・ピーチフェイス）加工の略で、VP 加工*と並ぶ衣服の形態安定加工*の方法のひとつ。これは日本の『日清紡』の独自開発によるもので、生地の段階で液体アンモニアなどの形態安定樹脂を塗布し、縫製後に熱処理を行ってパーマヘアのように固める加工法をいう。VP 加工の製品加工と違って、樹脂加工というのが大きな特徴で、1993 ～ 94年のノーアイロンシャツ・ブームの一翼を担った。

ファッション関連欧文略語

ＳｕＣ⇒スーパーセンター

Ｔクロス⇒天竺

Ｔシェイプトドレス⇒Ｔドレス

Ｔシェイプトライン⇒Ｔライン

Ｔシェイプトラペル［T shaped lapel］ノッチトラペル*の変形で、上襟の幅が下襟のそれより広く、襟の刻みがＴの字のような形になったもの。これの逆の形が「Ｌシェイプトラペル*」という見方もできる。

Ｔシャツ［T-shirt］丸首と半袖の形をしたかぶり式ニットシャツ。もともとはメリヤスの肌着であったものだが、第２次大戦後の1950年代からアウターウエアとしても用いられるようになった。広げるとアルファベットのＴの字型になるところからこのように呼ばれるもので、別にゴルフのティー（球座）に似ているところからという命名説もあるが、この場合はtee-shirtと綴られることになる。本来は第１次大戦時のフランス軍の下着に起源があるとされ、これを持ち帰ったアメリカ軍の手によって発展を遂げ、世界中に広がることになった。

Ｔシャツドレス⇒Ｔドレス

Ｔシャツパーカ［T-shirt parka］Ｔシャツにフードを付けてパーカとしたもの。薄手ニット素材のパーカともいえるもので、カットソーパーカ［cut & sewn＋parka］という俗称もある。

Ｔシャツブラ⇒シームレスインナー

Ｔシャツワンピ⇒Ｔドレス

Ｔストラップサンダル［T-strap sandal］甲の部分にＴの字型のストラップを取り付けたデザインのサンダルを総称する。Ｔストラップシューズ*のサンダル版といえる。

Ｔストラップシューズ［T-strap shoes］Ｔの字型のストラップを特徴とした靴の総称。爪先の部分から伸びたストラップと甲を横断するストラップでＴ字型を構成したもので、ストラップシューズ*のひとつとされる。

Ｔセーター［T sweater］Ｔシャツ風にデザインされたセーターという意味。丸首のセーターとそれほどの違いはないが、普通のセーターより細い糸を使い、あくまでもＴシャツのイメージを保っているところにこの名が付けられる理由がある。

Ｔゾーン［T zone］顔の部分で、額と鼻で構成されるＴの字型のゾーンをいう。髪の生え際と髪の分け目から成るゾーンを指すこともある。また、頬から顎にかけては「Ｕゾーン」、目尻の部分を「Ｃゾーン」と呼ぶ例もある。

Ｔドレス［T-dress］Ｔシャツドレス［T-shirt dress］の略で、まさしくＴシャツを長くしたような形を特徴とする平面的なカッティングのドレス。Ｔシェイプトドレス［T shaped dress］などともいい、日本ではＴシャツワンピ［T-shirt＋one-piece］という俗称でも呼ばれる。

Ｔバック⇒Ｔバックショーツ

Ｔバックガードル⇒Ｔバックショーツ

Ｔバックジーンズ⇒ソングジーンズ

Ｔバックショーツ［T-back shorts］お尻の部分をくり抜いて後部をＴの字型の紐状にデザインしたショーツ。ボディーコンシャス*の流れの中で、下着の線が見えないようにといった理由から着用されるようになったもの。非常にセクシーな雰囲気を醸し出す下着アイテムでもあり、同種の水着やＴバックガードル［T-back girdle］といったものも登場している。単に「Ｔバック」ともいう。

Ｔブラウス［T blouse］Ｔ字型のシルエットを特徴とするプルオーバー式のブラウスで、まさしく布帛製のＴシャツといった感じのもの。Ｔシャツ感覚で単独で用いるほか、ジャケットなどのインナーと

1213

ファッション関連欧文略語

しても幅広く用いられる。

Ｔポロ［T polo］Ｔシャツとポロシャツを一緒にしたようなカットソーのシャツ。ごく小型のポロカラーと前立てを付け、襟元だけを見るとポロシャツだが、全体的にはどうしてもＴシャツにしか見えないファジーなアイテムをこのように呼んでいる。

Ｔライン［T line］アルファベットのＴの字の形を特徴としたシルエット。両袖を水平に上げるとＴの字のように見えることからこう呼ばれる。Ｔシェイプトライン［T shaped line］ともいう。

Ｔルック⇒スリーＴルック

Ｔ３Ｗ⇒ザ・サード・ワードローブ

ＴＡ⇒衣料管理士

ＴＣシャツ⇒ノーアイロンシャツ

ＴＣショップ⇒タレントショップ

ＴＣＢ⇒タレントキャラクターブランド

ＴＥＳ⇒衣料管理士

ＴＧＣ⇒東京ガールズコレクション

Tik Tok ティックトックと読む。中国国内で最大のユーザー数を誇るアプリで、「ショート音楽動画コミュニティ」などと呼ばれる。15秒の動画を作成してサービスを共有しようとするもので、2016年９月の開始以来、日本でも女子高生中心に大変な人気を集めるようになった。こうしたコミュニティに参加する人たちをティックトッカーと呼ぶ。

ＴＰＯ Time（時）、Place（場所）、Occasion（場合）の頭文字から作られた略語で、「いつ、どこで、なにを」着るのが正しいかという服装の基本的なルールを説く言葉として用いられる。元々は東京オリンピックを前にした1963年、ＭＦＵ（メンズファッションユニオン、現在の日本メンズファッション協会の前身）によって提唱されたファッションテーマから生まれたもので、言葉の響き

の良さもあって、ファッションだけでなく一般にも広く普及した。現在では新しい服装基準に基づいたニューＴＰＯのあり方といったことが論じられる。

ＴＱＣ⇒QC

ＴＳＧ⇒繊維セーフガード

ＴＶスタイリスト⇒コスチュームスタイリスト

ＴＶフォールド［TV fold］「ティーヴィーフォールド」と発音する。ポケットチーフの飾り方のひとつで、胸ポケットの切り口と平行に１センチほどのぞかせる挿し方で、ビジネススーツ向きの最も無難な方法とされる。1950年代のアメリカ風の雰囲気を表現するとされ、当時のアメリカのＴＶ（テレビ）関係者から流行したことで、この名が生まれたといわれている。

ＴＶＣＦスタイリスト［TVCF stylist］ＴＶＣＦは「テレビ・コマーシャル・フィルム」の略で、テレビコマーシャル（CM）の撮影現場において、出演者の衣装やアクセサリーなどを揃えて撮影の準備を行うスタイリストの一種を指す。ポスターやチラシなどの仕事もあり、いわば広告業界系のスタイリストといえる。

Ｕ首シャツ⇒アンダーシャツ

Ｕシェイプネックライン⇒Ｕネック

Ｕゾーン⇒Ｔゾーン

Ｕチップ［U tip］甲部分をＵの字のように飾った靴デザインの総称。これは和製語で、英米ではオーバーレイ・プラッグ［overlay plug］（ふたをかぶせるの意）とかノーウィージャンフロント［Norwegian front］（ノルウェー式の前部の意）などと呼ばれる。そうしたデザインの靴そのものも意味する。

Ｕチップ・オックスフォード［U-tip oxford］爪先にＵ字型の縫い飾りを表した紐留め式短靴の総称。日本のビジネスシューズ

には最も多いタイプといえる。ただし、Uチップという名称は日本独特のもので、正しくはオーバーレイ・プラッグシューズ [overlay plug shoes]（穴をふさいで蓋をかぶせたの意）とかノーウィージャン・オックスフォード [Norwegian oxford]（ノルウェー式の短靴の意）という。

Uチップ・スリップオン [U-tip slip-on] 爪先のUの字型の飾りを特徴としたスリップオン*型の靴の総称。別革でU字型に切り替えたタイプはUチップ・モカシン [U-tip moccasin] と呼ばれる。

Uチップ・モカシン⇒Uチップ・スリップオン

Uネック [U neck] アルファベットのU字形に刳（く）られたネックライン。Uシェイプトネックライン [U shaped neckline] ともいう。

Uバック [U back] 後ろの部分がUの字型にカットされた下着ショーツの一種。お尻の形を美しく保つという目的でデザインされたもので、ちょうどお尻を持ち上げるような形に作られているのが特徴となる。「Uバックショーツ」の略で、Tバックと同じように用いられる言葉とされている。また、背中を大きくUの字型にデザインしたブラジャーは「Uバックブラ」と呼ばれる。

Uバックブラ [U back bra] ⇒Uバック

Uピン [U pin] アルファベットのUの字型をしたヘアピン*の一種。アップヘア*をまとめるのに重宝される髪留めで、飾り付きのものもある。この種の商品では、特にアメリカのセレブ御用達として知られる〈コレット・マルーフ〉というデザイナーブランドに人気がある。

UD⇒ユニバーサルデザイン

UD商品⇒ユニバーサルデザイン

UF⇒ユニバーサルファッション

UKカジュアル⇒ブリティッシュカジュアル

UKスクールスタイル [UK school style] UK（United Kingdom＝英国）の高校などの学校に見る制服イメージのファッション表現を指すが、最近ではこれにパンクの雰囲気を取り入れたスタイルをこのように呼ぶことが多くなっている。つまりはスクールパンク [school punk] といったイメージのファッションのことで、一般にスクールボーイスタイル [schoolboy style] とも呼ばれる。ただ真面目なだけではなく、ちょっとイケナイ雰囲気を表現するのが近頃の学生ルックの特徴。

USアーミーセーター⇒アーミーセータ

USBネックウオーマー [USB neck warmer] USBヒーターを内蔵したネックウオーマー。パソコンなどのUSBに接続させてヒーターに通電させ、首筋を温めるもので、寒い日でも血行がよくなるという特性を持つという。2001年冬の新商品のひとつで、ほかに「USB手袋ウオーマー」などのアイテムもある。こうしたものをUSBウオーマーとも称している。－

UVカット加工 [UV cut＋かこう] UVはUltraviolet Rays（紫外線）の意で、人体に有害な紫外線を遮断するために行うさまざまな加工法をいう。多くの衣服のほか帽子や傘、ストッキングなどにまで用いられるようになっている。

UVグローブ [UV glove] UVケア（紫外線対策）用に作られた手袋状の長いアームカバー*の別称で、レイスリーブ*などと同種の日焼け防止グッズとして知られる。

UVハット [UV hat] UVケア（紫外線対策）用に作られた帽子の総称。近年とみに問題となっている紫外線避けを目的にデザインされたもので、それにふさわしい素

ファッション関連欧文略語

材を用い、さまざまな形で作られている。男女ともに見られ、アウトドア用途だけでなく、日常の生活にも広く用いられる。

V首シャツ⇒アンダーシャツ

Vストライプ［V stripe］Vの字の形を特徴とした見頃にあしらう縞柄。特にセーターの前面に配されるそれを指すことが多い。

Vゾーン［V zone］スーツの上着などテーラードなジャケットの襟とドレスシャツ、ネクタイで構成される部分をいう。アルファベットのVの字の形を作るところからこのように呼ばれる。スーツの着こなしでは、ことのほか重要な部分とされ、センスの見せどころとなる。

Vチップ［V tip］Uチップ*の変形で、爪先飾りの先端が小さなVの字型に尖り、そこから靴底まで縫い目がまっすぐに下りたデザインをいう。

Vニット［V knit］Vネックのセーターなどのニットウエアをいう俗称。スーパーVネック（深Vネック）など最近のVネックの流行から、女性ファッション誌が名付けたものとされる。

Vネック⇒Vネックライン

VネックTシャツ［V neck T-shirt］Tシャツの一種で、襟がVネックの形になったものをいう。Tシャツは本来丸首（クルーネック）のものを指すので、この表現はおかしいが、近年は一般的な呼称として通用するようになっている。

Vネックライン［V neckline］首元がV字形に刳（く）られたネックラインの総称。一般にはVネック［V neck］と呼ばれ、ラウンドネック*、タートルネック*と並ぶセーター襟の3大基本形のひとつとされる。単純なVの字形のものを始めとしてさまざまなデザイン変化がある。

Vループ⇒Xループ

VI⇒ビジュアルアイデンティティー

VIO脱毛［ヴイ・アイ・オー＋だつもう］かかわる脱毛のこと。Vは下腹部、Iは性器周辺、Oは肛門の周辺を指し、それぞれの部分のムダ毛の脱毛や手入れを意味している。いまどき女子の身だしなみとして話題となった。

VIPジーンズ⇒ハイブレッドジーンズ

VISTA　ビスタあるいはヴィスタと発音される。ベトナム Vietnam, インドネシア Indonesia, 南アフリカ South Africa, トルコ Turkey, アルゼンチン Argentina の5つの国の頭文字から作られた言葉で、BRICs*（ブリックス）諸国の次に高度経済成長を遂げるであろうと目されている国々を指す。

VJ⇒ビデオジョッキー

VMD［visual merchandising］ビジュアルマーチャンダイジングの略語。店頭における商品等の視覚的提案の概念を指す。

VMDコーディネーター⇒VMDディレクター

VMDディレクター［VMD director］VMD（ビジュアルマーチャンダイジング*）の売場展開責任者。VMD計画に基づいて売場演出を担当するスペシャリストで、単なるディスプレイヤーやデコレーターとは異なる。VMDコーディネーター［VMD coordinator］と呼ぶこともある。

VP⇒ビジュアルプレゼンテーション

VP加工［VP＋かこう］Vapor Phase（ベイパー・フェイズ）加工の略で、ノーアイロンのドレスシャツに代表される衣服の形態安定加工*のひとつ。縫製品の状態でホルマリンなど5種の混合ガスを吹きつけて（これを気相加工という）、シワを防ぐようにしたものをいう。いわば製品加工というもので、元々はアメリカの『ATP』社によって1989年に開発されたもの。日本では『東洋紡』、『ユニチカ』、

1216

ファッション関連欧文略語

『富士紡績』によってミラクルケア［Miracle Care］の名称で使用されている。

ＶＰ製法⇒バルカナイズ・プレスプロセス

ＶＭＳ⇒バーティカルマーケティングシステム

Ｗ＆Ｗ加工⇒ウオッシュ・アンド・ウエア加工

ＷＦ加工［WF＋かこう］Wrinkle Free（リンクル・フリー）加工の略。リンクルは「皺（しわ）」の意味で、ドレスシャツに施される、シワのつかない加工法をいう。半永久的に元の形を保つ「形態安定加工＊」をいうアメリカの用語のひとつで、ほかにWR加工［Wrinkle Resistant＝リンクル・レジスタントかこう］とかNW加工［No Wrinkle＝ノー・リンクルかこう］などともいう。

ＷＦシャツ⇒WRシャツ

ＷＪＬ［water jet loom］ウオータージェットルームの略称。ルームは「はた織り機、織機」のことで、強い水力を用いて生地を織る「ウオータージェット織機」を指す。強い空気の力を用いるものは「エアジェット織機」と呼ばれ、これはAJL［air jet loom］（エアジェットルーム）と略される。なお、はた織り機にはこうした高速機のほかに、ガチャンコと呼ばれる「ションヘル織機（ドブクロス織機とも）」やセルビッチデニムで知られる「シャトル織機」などの昔の低速機があり、手織り感のある味わい深い生地はこうした低速機で作られることがある。また高速機としてはAJL、WJLのほか「レピア織機」や「スルーザー（スルザーとも）織機」が一般に用いられている。

ＷＲ加工⇒WF加工

ＷＲシャツ［WR shirt］リンクルレジスタントシャツ［wrinkle resistant shirt］の略。リンクルは「シワ」の意で、これはシワに対して抵抗力のあるシャツ、つまりシワの寄らないシャツを意味している。形態安定加工＊を施したドレスシャツを指す用語のひとつで、ほかにWFシャツ［wrinkle free shirt］とかNWシャツ［no wrinkle shirt］といった用語もある。要はノーアイロンシャツ＊の現代版。

ＷＴＯ［World Trade Organization］「世界貿易機構」の略称。GATT（関税貿易一般協定）の発展的解消により1995年に改組されたもので、スイスのジュネーブに本部を置く。

Ｗ．Ｗ．ブリティッシュ・ショートウオーマー⇒モンゴメリーコート

Ｘジェネレーション⇒ジェネレーションX

Ｘストラップシューズ［X-strap shoes］X字型のストラップで足を固定するようにしたデザインの靴を総称する。多くはパンプス型の靴で、甲の中央部にX字の形に交差したストラップが付いている。

Ｘポケット［X pocket］ファンシーなジーンズに見られるポケットデザインのひとつで、左右の前ポケットをカットの仕方でアルファベットのXの形に見せるようにしたものをいう。

Ｘライン［X line］アルファベットのXの字の形を思わせるシルエット表現。ウエストをきつく絞り、広い肩幅と広がる裾のラインでこうした形を表したもので、西洋の伝統的な衣服のシルエットとされる。

Ｘラインジャケット［X line jacket］アルファベットのX字型のシルエットを特徴としたジャケット。広い肩と強く絞ったウエスト、フレアした裾で表現される長めのジャケットで、これに共生地のスカートやパンツを組み合わせたものを、Xラインスーツ［X line suit］と呼んでいる。

Ｘラインスーツ［X line suit］Xラインジャケットと呼ばれる、アルファベットのX

1217

字型のシルエットを特徴とする上着を中心に構成されたセットアップ*をいう。昔のルダンゴト（乗馬服）を思わせるような広い肩幅と強く絞ったウエスト、そしてフレアした裾で表現される長めの上着に、共布のスカートやパンツを合わせたもので、1990年代に女性用のスーツとして人気を集めた。

Xループ［X loop］ベルトループ*の一種で、アルファベットのXの字の形にデザインされたもの。ファンシーなジーンズによく見られるもので、多くは後部中央に付く。同種のデザインでVの字形に作られたVループ［V loop］というのもある。

XFITライクラ⇒ライクラ

Yバック［Y back］お尻の形を美しく保つという目的からデザインされた下着ショーツのひとつで、後ろから見た形がYの字型になっているもの。TバックやUバックなどと同じ用法からこのようにネーミングされている。

Yヘンリーネック［Y Henley neck］ヘンリーネック*の変形で、Yの字形に刳（く）られたネックラインの下端から、ヘンリーネックのようなボタン付きのプラケット（開き）がとられたデザインをいう。

Yライン［Y line］アルファベットのYの字の形を思わせるシルエット。逆三角形のトップスとストレートなラインのボトムスで示される。＋

Z世代[Z＋せだい] Zジェネレーションともいう。1990年代半ばから2000年代の初めに生まれた若年層を指し、デジタルネーティブであることが大きな特性とされる。かつてはミレニアル世代のY世代と同一にとらえられることもあったが、そこから区別して独自性を与えられるようになった。ネオ・デジタルネーティブと同じ意味で用いられる。

Zベネシャン［Z venetian］Z撚り*のベネシャン*で、略して「Zベネ」ともいう。通常の右撚り（S撚り）ではなく、逆撚り（Z撚り）をかけた糸で仕上げたもので、さらっとした表面感と独特の落ち感に特徴がある。メンズスーツの新素材として登場したもの。

Z撚り⇒撚糸

付表1）婦人服地の生産・流通構造

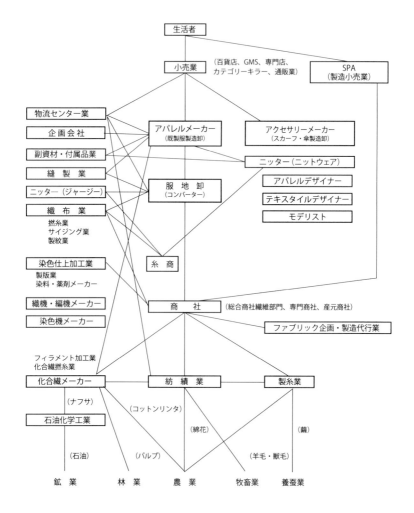

婦人服地の生産・流通構造

付表 2) アパレルの構造

- レディース・アウターウエア（婦人服、婦人外衣）
  - ドレス（ワンピース）、コンビネゾン
  - スーツ（ワンピース、スリー・ピース）、アンサンブル
  - コート、ケープ、ポンチョ
  - ジャケット、ブレザージャンパー、ブルゾン、スモック、ベスト
  - スカート、パンツ
  - フォーマルウエア
  - ハウス・カジュアル（ホーム・ウエア、ワンマイル・ウエア）
  - スイムウエア（＝水着）

- メンズ・アウターウエア（紳士外衣）
  - 紳士服系
    - テーラードなメンズ・スーツ（背広）
    - テーラードなコート
    - テーラードなジャケット、ベスト
    - テーラードなスラックス
    - フォーマルウエア
    - ドレスシャツ
  - メンズ・カジュアル系
    - カジュアルなスーツ、つなぎ服
    - カジュアルなコート
    - カジュアルなジャケット、ブレザー、ジャンパー、ブルゾン、ベスト、ポンチョ
    - カジュアルなシャツ
    - カジュアルなパンツ
    - スイムウエア（＝水着）

- ニット・アウターウエア（ニット外衣）（レディース、メンズ、子供服を含む）
  - セーター（プルオーバー、カーディガン）
  - ポロ・シャツ、ニット・シャツ、ニット・ブラウス
  - カットソー（Tシャツ、スエット・シャツ、タンクトップ）
  - ニット・スーツ、セーター・スーツ、ニット・ドレス、ニット・コート
  - ニット・ジャケット、ニット・ブレザー、ニット・ブルゾン、ニット・ベスト
  - ニット・スカート、ニット・パンツ
  - スイムウエア（＝水着）

- ティーンズ・アウターウエア ── （13～17歳くらいを対象とする外衣全般）
- 子供服 ── （3～12歳くらいを対象とする外衣全般）
- ベビー・アウターウエア ── （0～2歳を対象とする外衣・下着全般）

- インナー・ウエア
  - ランジェリー（スリップ、キャミゾール、ペチコート、パンティーなど）
  - ファンデーション（ブラジャー、ガードル、ボディー・スーツなど）
  - アンダーウエア（＝肌着）

- ルーム・ウエア
  - リビング・ウエア（ローブ、ベニョワール、バスローブなど）
  - スリーピング・ウエア（ネグリジェ、パジャマ、ベビードールなど）
  - キッチン・ウエア（エプロン、サロン前掛けなど）

- スポーツウエア
  - ゴルフ・ウエア
  - スキー・ウエア
  - テニス・ウエア
  - アスレチック・スポーツウエア（競技種目ごとの外衣全般）
  - エクササイズ・ウエア（トレーニング・ウエア、レオタードなど）
  - レジャー・スポーツウエア（ジョギング、キャンピングなどのウエア）
  - マリン・スポーツウエア（サーフ・ウエア、ヨット・ウエア）
  - マウンテン・スポーツウエア（マウンテン・パーカーなど）

- ジーンズ ── （ボトムのほか、トップスを含む）
- ワーキング・ウエア、学生服 ── （軍服、警官服、消防服、宇宙服、オフィス・ユニフォームを含む）
- レインウエア

（注）繊維製品だけでなく、ファー、レザー、ビニール・フィルム、紙、ゴム、生地などを用いた製品を含む。

あとがき

　平成の時代も終わりになろうとするこの2月、私はファッション界に入ってちょうど50年の節目を迎えた。この記念すべきときに、私の41作目となる『新版・ファッション大辞典』が出版されたことは、まことに喜ばしいできごととなった。

　私の50年にわたるファッション生活のほとんどは、ファッション用語の採集とその解説に終始してきたような気がする。私はいつのまにかファッション評論家というよりは、ファッション新語アナリストとでもいうべき性格を強くしてしまっていたのである。

　本書は、2010(平成22)年8月に刊行された『ファッション大辞典』の続編となる最新のファッション用語辞典である。

　旧版からおよそ9年、その間に登場したファッション関係の新語は約3000語に上り、それらが加筆された。

　また本書の原稿を締め切った2018年9月末の時点から、すでに100語ほどの新語が登場している。この世界の動きはそれほど速い。いずれさらなる続編を作ることになるだろう。そのために日々、新語のストックを重ねることに手を緩めない。生涯を通しての仕事、すなわちライフワークなのだから当然のこととなる。

　生命の続く限り、私とファッション用語との格闘は終わらない。

　おしまいにここにお世話になった方たち、とりわけ本書の編集・校正を担当していただいた繊研新聞社出版部の山里泰氏、ならびに制作担当のスタジオ スフィア・徳平加寿也氏には深い感謝を申し上げる次第である。本当にありがとうございました。

2019年春　　吉村 誠一

《主な参考文献》

吉村誠一『ファッション新語事典　1977年版』繊維マーケティング・センター
吉村誠一『ファッション新語事典　1978年版～87年版まで各年』チャネラー
吉村誠一『ファッション・ビジネス新語事典　1988年版』チャネラー
吉村誠一『ファッション新語事典97年版』チャネラー
吉村誠一『最新流行ファッション用語事典』サイバースリー、1999年
吉村誠一『メンズファッション用語辞典』スタイル社、1991年
吉村誠一『ファッション蘊蓄事典』アポロ出版、2004年
吉村誠一『増補最新版ファッション新語辞典』繊研新聞社、2007年
吉村誠一『メンズファッション大全』繊研新聞社、2007年
吉村誠一『メンズファッション用語大事典』誠文堂新光社、2010年

石山彰編『服飾辞典』ダヴィッド社、1972年
『新ファッションビジネス基礎用語辞典』織部企画、1995年
『新現代衣料事典』アパレルファッション、1981年
『ファッション辞典』文化出版局、2000年
田中千代『新・田中千代服飾事典』同文書院、2002年
若月美奈・杉本佳子『日米英ファッション用語イラスト事典』繊研新聞社、2007年
『男の定番事典』婦人画報社、1991年
堀洋一監修『男の服飾事典』婦人画報社、1993年
『ファッション基礎事典』メンズクラブ別冊付録、2015年
出石尚三『スーツの百科事典』万来舎、2010年
『現代用語の基礎知識2018』自由国民社、2017年
大廣保行・大森克夫監修『新インテリア用語辞典』トーソー出版、2000年

『プロシード英和辞典』福武書店、1989年
『ランダムハウス英和大辞典』小学館、1989年
『ライトハウス和英辞典』研究社、1993年
『スタンダード和佛辞典』大修館書店、1977年
『クラウン独和辞典』三省堂、2006年
『イタリア語小辞典』大学書林、1976年
『広辞苑　第七版』岩波書店、2018年

　その他多くの雑誌・新聞またウェブ等の出版物から貴重なる情報を参照いたしました。
　伏してお礼申し上げます。

●プロフィル

吉村 誠一（よしむら・せいいち）
ファッション文化研究家／ファッション新語アナリスト

　1945年、京都府生まれ。メンズファッション研究所卒業。69年よりファッションプロデューサー、ファッション評論家、ファッション専門学校講師など、主にメンズファッションの分野で活動。現在はファッション文化の研究とともに、ファッション新語の収集と分析をライフワークとしている。

　主な著書に『ファッション蘊蓄事典』（アポロ出版・2004）、『メンズファッション大全』（繊研新聞社・2007）、『'50s 〜'60s メンズ・ファッション・スタイル』（誠文堂新光社・2007）、『メンズ・ファッション用語大事典』（誠文堂新光社・2010）、『ファッション大辞典』（繊研新聞社・2010）などがある。ほかに小説家・邑 游笮（むら・ゆうさく）としての顔も持つ。

新版・ファッション大辞典

2019年3月30日　　初版第1刷発行

著　　　者　　吉村 誠一
発 行 者　　佐々木 幸二
発 行 所　　繊研新聞社
　　　　　　　〒103-0015　東京都中央区日本橋箱崎町 31-4　箱崎 314 ビル
　　　　　　　TEL. 03 (3661) 3681　　FAX. 03 (3666) 4236
制　　　作　　スタジオ スノィア
印刷・製本　　株式会社シナノパブリシングプレス
乱丁・落丁本はお取り替えいたします。

Ⓒ SEIICHI YOSHIMURA, 2019 Printed in Japan
ISBN978-4-88124-329-9 C3560